Handwörterbuch des deutschen Aberglaubens

Band 1

Handwörterbuch des deutschen Aberglaubens

Herausgegeben von

Hanns Bächtold-Stäubli

unter Mitwirkung von

Eduard Hoffmann-Krayer

3., unveränderte Auflage mit einem neuen Vorwort von Christoph Daxelmüller

Band 1

Aal – Butzemann

W DE G

Walter de Gruyter · Berlin · New York

2000

Unveränderter photomechanischer Nachdruck der Ausgabe
Handwörterbuch des deutschen Aberglaubens
herausgegeben unter besonderer Mitwirkung von E. Hoffmann-Krayer
und Mitarbeit zahlreicher Fachgenossen
von Hanns Bächtold-Stäubli, (Handwörterbuch zur deutschen Volkskunde,
herausgegeben vom Verband deutscher Vereine für Volkskunde,
Abteilung I, Aberglaube), erschienen 1927 bis 1942 bei
Walter de Gruyter & Co. vormals G. J. Göschen'sche Verlagshandlung –
J. Guttentag, Verlagsbuchhandlung – Georg Reimer – Karl J. Trübner –
Veit & Comp., Berlin und Leipzig.
Abbildung auf dem Einband und der Kassette:
Hieronimus Bosch, Der Garten der Lüste, Madrid, Museo del Prado

Die Originalausgabe dieses Bandes erschien 1927

CIP-Kurztitelaufnahme der Deutschen Bibliothek

Handwörterbuch des deutschen Aberglaubens / hrsg. von Hanns Bächtold-Stäubli unter Mitw. von Eduard Hoffmann-Krayer. Mit einem neuen Vorw. von Christoph Daxelmüller. – Unveränd. photomechan. Nachdr. – Berlin ; New York : de Gruyter
ISBN 3-11-016860-X (Ausg. 2000)
ISBN 3-11-011194-2 (Ausg. 1987)
Bd. 1. Aal–Butzemann. – Unveränd. photomechan. Nachdr. der Ausg. Berlin und Leipzig, de Gruyter, Guttentag, Reimer, Trübner, Veit, 1927, 3., unveränd. Aufl. – 2000

Printed in Germany

Einbandgestaltung: +malsy, Bremen
Druck: H. Heenemann GmbH & Co, Berlin
Bindearbeiten: Lüderitz & Bauer-GmbH, Berlin

Vorwort

„Fast möchte man das Wort wagen: aller Aberglaube ist alte Wissenschaft, alle Wissenschaft neuer Aberglaube [...] was heute Aberglaube ist, war einst Wissenschaft". Mit dieser Formulierung skizzierte Franz Strunz in seinen „Beiträgen und Skizzen zur Geschichte der Naturwissenschaften" den Fortschritt der Wissenschaften[1]. Was über Jahrhunderte feste Lehrmeinung war, nämlich, daß sich die Sonne um die Erde drehe, was Zweiflern wie Galileo Galilei beinahe Kopf und Kragen gekostet hätte, erweist sich heute als Aberglaube, und welcher niedergelassene Arzt verfügt in seinem Therapieangebot über Blutegel und Schröpfköpfe?

Der Jahreswechsel 1999/2000 hatte einmal mehr die Mechanismen der Erfindung von Aberglauben deutlich gemacht und unsere vermeintlich aufgeklärte, säkulare, naturwissenschaftlich denkende Gesellschaft als irrational, als abergläubisch demaskiert[2]. Nun aber wird sie zum zweiten Mal mit dem Nachdruck eines zehnbändigen Werkes konfrontiert, das seit seiner Erstpublikation in den Jahren 1927 bis 1942 nicht nur Spuren, sondern auch Flurschäden hinterlassen hat; sie wirken bis heute nach und lassen das an zahlreichen deutschsprachigen Universitäten vertretene Fach „Volkskunde" (Europäische Ethnologie, Empirische Kulturwissenschaft) als eine kulturhistorische wie kulturwissenschaftliche Disziplin in einem eigenartigen, ja anrüchigen Licht erscheinen: die Volkskunde als Gralshüterin des Altartigen, Altfränkischen, des Prärationalen, des Mythischen, als überzeugte Vertreterin eines Bildes vom Menschen, der nach wie vor mit beiden Beinen fest in der Tradition wurzelt und sich beim Gang zur ländlichen Zauberin das Trachtenmieder und die Lederhose anzieht, als Fürsprecherin alternativer esoterischer Heilmethoden in einer Landschaft, die sich ansonsten durch flächendekkende medikale Versorgung mit Höchstleistungskliniken und Rehabilitationseinrichtungen auszeichnet.

Bereits 1987 hatte man sich der Frage nach der Berechtigung des Nachdruckes des „Handwörterbuchs des deutschen Aberglaubens" (im folgenden: HDA) zu stellen, das den durch ein halbes Jahrhundert völlig überholten Forschungsstand repräsentiert, ebenso nach dem Bedürfnis, sich heute über Aberglauben, der so

---

1 FRANZ STRUNZ: Beiträge und Skizzen zur Geschichte der Naturwissenschaften. Hamburg/Leipzig 1909, S. 1.

2 CHRISTOPH DAXELMÜLLER: Endzeitängste. In: Bayerische Blätter für Volkskunde NF 1 (1999), Heft 1, S. 5–14.

offenkundig dem aufgeklärt-rationalen Denken unserer Zeit zu widersprechen scheint, informieren zu müssen[3].

Die Volkskunde zählt das HDA nicht mehr zu ihren wissenschaftlichen und wissenschaftshistorischen Standardwerken. Allerdings demonstriert die Neuauflage auch eine keinesfalls monokausal zu erklärende Situation innerhalb der Volkskunde, die es bis heute nicht erreichte, das HDA auf den neuesten wissenschaftlichen Stand zu bringen. Immerhin kommt die Neuauflage dem Verfasser des Vorwortes entgegen: Er kann nun alle kritischen Abschnitte des Verworts von 1987, die seinerzeit der „Kürzungsschere" zum Opfer gefallen waren, wieder rekonstruieren; sie betreffen vor allem die Ausführungen zum Nationalsozialismus und zur völkischen Ideologie, die sich in zahllosen Stichwörtern niedergeschlagen hat.

Manche Anzeichen sprechen dafür, daß das 20. Jahrhundert in die Geschichte nicht nur als eine Epoche eingehen wird, in der die Menschen ihre vorläufig letzten Grenzen durchbrachen, in den Weltraum vordrangen, sich mit Hilfe der Gentechnologie zum Schöpfer von Homunculi machten, in der sie endgültig die Schranken des von der mittelalterlichen Curiositas-Lehre Erlaubten niederrissen und ihre wissenschaftliche Neugierde selbstzerstörerische Ausmaße annahm. Man wird von ihm vielmehr auch als einer neuen Periode des Aberglaubens sprechen müssen, des Ausbruchs aus dem normierenden Zwang der Industriegesellschaft und des erneuten Aufbruchs ins Prä- und Irrationale. Wer das gegenwärtige, nur zu häufig schamlose Geschäft mit okkultistischer, spiritistischer und parapsychologischer Literatur, wer den Erfolg östlicher Sekten, Heilslehren und Meditationstechniken, die Flucht in Mystik und Magie beobachtet, wird darin unschwer den Wunsch nach einem geistigen Freiraum erkennen, in dem neben mathematischen, physikalischen und chemischen Formeln auch Platz für das Unerklärliche, das Widersinnige ist.

Doch Aberglaube im 20. Jahrhundert ist längst nicht mehr nur das, was das HDA uns auf Tausenden von Spalten vorzustellen versucht, auch nicht die zur Konvention gewordene Verniedlichung glücksbringender Fliegenpilze und Schornsteinfeger oder unglücksverheißender Schwarzer Kater, jener kleine Aberglaube, die Magie des Alltags, die Iørn Piø zusammengestellt hat[4]. Ob allerdings der Nachdruck des HDA allein deswegen zum wissenschaftlichen Anachronismus gerät, bedarf einer näheren Überprüfung.

Sicherlich besitzt die Neuauflage ihre Berechtigung als Ausweis für einen Verlag, der sich vor allem in der Person Gerhard Lüdtkes zu einem Zeitpunkt für ein Fach engagierte, als dieses noch um allgemeine wissenschaftliche Anerkennung und akademische Institutionalisierung zu kämpfen hatte, als wissenschafts- und

---

[3] Vgl. hierzu CHRISTOPH DAXELMÜLLER: Wotans Wiedergeburt. Von alten Themen und neuem Aberglauben. In: Bayerisches Jahrbuch für Volkskunde 1994, S. 151–159; DERS.: Die Erfindung des zaubernden Volkes. In: Jahrbuch für Volkskunde N. F. 19 (1996), S. 60–80.

[4] IØRN PIØ: Den lille overtro. Handbog om hverdagens magi. København 1973.

methodengeschichtliches Dokument und schließlich als Sachzeuge für eine wichtige, ja entscheidende Entwicklungsphase innerhalb der deutschsprachigen Volkskunde sowohl in organisatorischer wie inhaltlicher Hinsicht. Denn wie kaum ein zweites Großunternehmen vertritt das HDA das Leistungsvermögen einer damals noch verhältnismäßig jungen Volkskunde, ihren Weg zur Zusammenarbeit auf internationaler Grundlage, zur institutionellen Selbständigkeit und nicht zuletzt ihr Ringen um Anerkennung durch die akademischen Nachbardisziplinen.

Diese Argumente dürfen andererseits nicht vergessen lassen, daß sich inhaltlich nichts geändert und daß die erste Neuauflage von 1987 auch dazu beigetragen hat, die Menschen in ihrem Aberglauben zu bestätigen. Das HDA schuf sogar neuen Aberglauben; so erzählte mir eine Bekannte, daß sie Zeit ihres Lebens den Haushaltsmüll dann aus der Wohnung geschafft habe, wenn der Mülleimer gefüllt gewesen sei. Nach der Lektüre einschlägiger Stichwörter habe sie Angst vor dem Müll und den Folgen ihres bisherigen leichtsinnigen Tuns bekommen und die Anweisungen des HDA befolgt. Da mag man Ludwig Marcuse recht geben: Der Glaube an das Gedruckte gehöre seit Gutenberg zum mächtigsten Aberglauben der Welt.

Dennoch bleibe eingangs nicht unerwähnt, daß sich unter den auf zehn Bänden verteilten Stichwörtern und Eintragungen hin und wieder auch Artikel finden lassen, die bis heute Gültigkeit besitzen und dazu zwingen, das Unternehmen HDA in seiner Entstehung und in seinen Entstehungsbedingungen einer differenzierenden, ideologisch nicht einseitigen Analyse zu unterziehen.

Die Geschichte des HDA: Enzyklopädisierung und Arbeitsorganisation

Die zehn Bände des HDA erschienen zwischen 1927 und 1942. In den letzten Jahren häuften sich zwar die ausgefallenen Stichwörter, auf die in den Texten immer wieder verwiesen wurde, doch eine Zusammenstellung zeigt, daß sich darunter nur wenige wichtige Begriffe befinden. Grundsätzlich bleibt festzustellen, daß das HDA in der Geschichte der deutschsprachigen Volkskunde das einzige enzyklopädische Projekt darstellt, das – mehr oder weniger vollständig – seinen Abschluß fand. Vergleicht man in diesem Zusammenhang hierbei das einzige ehrgeizige und in seinen Dimensionen vergleichbare Projekt der deutschen Volkskunde, die von Kurt Ranke begründete, von Rolf Wilhelm Brednich fortgeführte und ebenfalls vom Verlag Walter de Gruyter herausgegebene „Enzyklopädie des Märchens", gelangt man zu folgender Erkenntnis: War das HDA mit einer Laufzeit von fünfzehn Jahren mit den beiden Schweizer Volkskundlern Eduard Hoffmann-Krayer und Hanns Bächtold-Stäubli ein Zweimann-, später ein vornehmlich auf Bächtold-Stäubli zugeschnittenes Einmannprojekt, so beteiligt sich heute an der „Enzyklopädie des Märchens" neben mehreren Mitherausgebern ein personell vorzüglich besetzter Redaktions- und MitarbeiterInnenstab. Standen den Schweizern neben zerschnittenen und auf Karteikarten aufgeklebten Publikationen, wie der riesige, heute im Seminar für Volkskunde der Universität Göttingen aufbewahrte Originalzettelkasten zeigt, vornehmlich Schreibmaschine, Füllfederhalter, Bleistift, Radiergummi und Klebstoff zur Verfügung, so können die Redakteure der „Enzyklopädie des Märchens“ auf EDV-Anlagen, digitalisierte Bibliothekskataloge, Internet und die sekundenschnelle Kommunikation mittels E-mail zurückgreifen. Während des HDA nach fünfzehn Jahren abgeschlossen wurde, befindet sich die „Enzyklopädie des Märchens“ nach inzwischen 23 Jahren, als – nach längerer Vorlaufzeit – 1977 der erste Band erschien, derzeit beim Buchstaben „N“. Dies aber fordert dazu auf, sich nicht nur über die Wissenschaftsorganisation, sondern auch über die alltäglichen Arbeitsbedingungen von Gelehrten Gedanken zu machen.

Die Wurzeln des HDA reichen in die 20er Jahre unseres Jahrhunderts zurück, die für die Volkskunde eine Periode der Konzentration durch straffere Organisation einerseits, der Enzyklopädisierung andererseits bedeuteten. Am 6. April 1904 hatten sich in Leipzig die regionalen volkskundlichen Vereine zum „Verband deutscher Vereine für Volkskunde“ zusammengeschlossen[5], in Hamburg 1919 Otto Lauffer den ersten Lehrstuhl für deutsche Volks- und Altertumskunde erhalten[6]. Die Volkskunde begann, sich an den Universitäten zu einer konkurrenzfähigen Wissenschaft zu entwickeln. Wollte sie dies aber bleiben, mußte sie ihre Kräfte bündeln. Die auf zahlreiche regionale Zeitschriften und Heimatblätter verteilten Publikationen und das in ihnen behandelte Material zu den einzelnen Bereichen populärer Kultur zeichneten sich nur zu oft durch den Charakter des Zufälligen und nicht durch systematisch-methodische Aufarbeitung aus. Was in ihnen an Erzählgut, Volksliedern, Äußerungen von Volksglauben und an Dingen des täglichen Gebrauchs zusammengetragen worden war, beeindruckte zwar in seiner Fülle, doch die Entlegenheit so mancher Veröffentlichung erschwerte eine sinnvolle Forschungsarbeit mehr, als sie ihr nützte.

Es hieß daher, die Arbeit zu rationalisieren und hierfür nicht nur die Bildung von Fachkommissionen zu fördern, sondern vor allem auch Nachschlagewerke zu erstellen, die dem Fachmann wie den interessierten Vertretern der Nachbarwissenschaften den schnellen Zugriff auf Informationen und die Übersicht über den aktuellen Forschungsstand der Volkskunde gestatten sollten. Beschleunigung des Informationsflusses und Reputation nach außen aber trafen sich im enzyklopädischen Zeitalter, wie Fritz Boehm in einer Besprechung des HDA anmerkte: „Wör-

---

[5] S. John Meier/Friedrich Heinz Schmidt: 50 Jahre Verband der Vereine für Volkskunde 1904–1954. o. O. (1954), S. 8 und 31.

[6] Zur Situation der Volkskunde an den Universitäten vgl. z. B. Fritz Boehm: Zur Pflege der Volkskunde im Universitätsunterricht. In: Zeitschrift des Vereins für Volkskunde 35/36 (1925/26), S. 114–115; s. auch Wolfgang Brückner/Klaus Beitl (Hrsg.): Volkskunde als akademische Disziplin. Studien zur Institutionenbildung. Referate eines wissenschaftsgeschichtlichen Symposions vom 8.–10. Oktober 1982 in Würzburg (Österreichische Akademie der Wissenschaften, Philosophisch-Historische Klasse, Sitzungsberichte, 414. Band. Mitteilungen des Instituts für Gegenwartsvolkskunde Nr. 12). Wien 1983.

terbücher der verschiedensten Wissenschaften sind im Erscheinen begriffen oder geplant, erinnert sei nur an das Ebertsche der Vorgeschichte, an das Merker-Stammlersche der Literaturgeschichte, an das Rechtswörterbuch, das Wörterbuch der Assyriologie u. a. m. Solche auch für die Volkskunde zu schaffen sei eine der Hauptaufgaben [...], die sich der Verband deutscher Vereine für Volkskunde für die nächsten Jahre gesetzt hat, an Aberglaube, Märchen, Lied, Sage ist dabei zunächst gedacht. Der erste Grund für alle diese Unternehmungen ist zweifellos das Bedürfnis des Forschers, das nötige Material für seine Untersuchungen zur Hand zu haben und so dem Zwang eigener Durchackerung der für jede Wissenschaft unübersehbar gewordenen Masse von Einzelpublikationen überhoben zu sein"[7].

Die meisten dieser volkskundlichen Lexikonprojekte, hinter denen der Berliner Verlag Walter de Gruyter stand, kamen jedoch über die Anfänge nicht hinaus. Vom „Handwörterbuch des deutschen Märchens" erschienen lediglich zwei Bände[8], das 1927 in Angriff genommene „Handwörterbuch des deutschen Volkslieds" brachte es gar nur zu einer Stichwortliste und wurde 1937 eingestellt. Einzige Ausnahme bildete trotz zahlreicher ausgefallener und auch im Nachtragsband nicht mehr berücksichtigter Stichwörter das HDA.

Die Vorgeschichte des HDA

Dieses Aberglaubenslexikon entstand jedoch nicht von heute auf morgen. Vielmehr reichten die Pläne zur Schaffung eines Nachschlagewerkes zu populären Glaubensformen sehr viel weiter zurück. Mit ihnen verbinden sich die Namen von Eduard Hoffmann-Krayer, seines Schülers Hanns Bächtold-Stäubli und nicht zuletzt von John Meier. Ihnen gemeinsam war vor allem der Einsatz für organisatorische Belange.

John Meier (1864–1953), Schüler der Germanisten Eduard Sievers (1850–1932) in Tübingen und Hermann Paul (1846–1921) in Freiburg i. Br., seit 1899 Inhaber des germanistischen Lehrstuhls an der Universität Basel, leistete Bahn-

---

[7] Fritz Boehm: Rezension von: Handwörterbuch des deutschen Aberglaubens, Band I, 1. Lieferung. Berlin/Leipzig 1927. In: Zeitschrift des Vereins für Volkskunde 37/38 (1927/28), S. 139–140. Er bezieht sich hierbei auf folgende Lexika: Max Ebert: Reallexikon der Vorgeschichte. 15 Bde., Berlin 1924–1932; Paul Merker/Wolfgang Stammler (Hrsg.): Reallexikon der deutschen Literaturgeschichte. 2. Aufl., neu bearbeitet, hrsg. von Werner Kohlschmidt und Wolfgang Mohr. Bd. 1 , Berlin 1958 (ursprünglich 4 Bde., 1925–1931); Erich Ebeling/Bruno Meissner (Hrsg.): Reallexikon der Assyriologie. Bd. 1 , Berlin/Leipzig 1928 (Herausgeber ab Band 3: Ernst Weidner/Wolfram von Soden; ab Band 4: Dietz Otto Edzard).

[8] Lutz Mackensen (Hrsg.): Handwörterbuch des deutschen Märchens. Bd. 1–2 (Handwörterbücher zur deutschen Volkskunde, Abteilung 2). Berlin/Leipzig 1930–1940.

brechendes vorwiegend im Bereich der Volksliedforschung[9]. Ihm ist z. B. die „Rezeptionstheorie“ zu verdanken. 1905 in Rheinfelden zum Obmann der „Schweizerischen Gesellschaft für Volkskunde“ gewählt, zugleich mit dem Vorsitz der „Kommission zur Sammlung schweizerischer Volkslieder“ betraut, gründete er 1906 in Zusammenarbeit mit Hoffmann-Krayer das „Schweizerische Volksliedarchiv“ und regte im gleichen Jahr auf der ersten Tagung des „Verbandes deutscher Vereine für Volkskunde“ in Hamburg eine ähnliche Initiative an, deren Leitung er ebenfalls übernahm. 1914 richtete er nach langjährigen Vorbereitungen in Freiburg, wohin er 1912 unter Niederlegung seiner Baseler Professur gezogen war, das „Deutsche Volksliederarchiv“ ein. Doch nicht weniger verdienstvoll als seine forscherischen Aktivitäten war sein Einsatz für den „Verband deutscher Vereine für Volkskunde“, den er von 1911 bis 1949 mit großem Geschick leitete. Er organisierte die systematische Sammlung der deutschen Segens- und Beschwörungsformeln, der Flurnamen, der Überlieferung über Glocken und – vor dem Hintergrund des Ersten Weltkriegs – der Soldatensprache[10]. Er rief den „Atlas der deutschen Volkskunde“ ins Leben, zu dessen Erstellung er 1927 durch die Abgeordnetenversammlung des Verbandes in Freiburg den Auftrag erteilen ließ, ferner die – später internationale – „Volkskundliche Bibliographie“[11], als deren Redakteur

---

[9] Zu JOHN MEIER s. ERICH SEEMANN: John Meier zum Gedächtnis. In: Schweizerisches Archiv für Volkskunde 49 (1953), S. 212–218; DERS.: John Meier. Sein Leben, Forschen und Wirken (Freiburger Universitätsreden, Neue Folge, Heft 17). Freiburg 1953 ; vgl. ferner HANS TRÜMPY: Volkskundliche Forschung und Lehre an den deutsch-schweizerischen Universitäten und die Schweizerische Gesellschaft für Volkskunde. In: BRÜCKNER/BEITL: Volkskunde als akademische Disziplin (wie Anm. 6), S. 63–76; WILHELM HEISKE: Das deutsche Volksliedarchiv. Ein Bericht zu seinem 50jährigen Bestehen. In: Zeitschrift für Volkskunde 60 (1964), S. 242–251. Zur Volkskunde in der Weimarer Republik s. grundsätzlich WOLFGANG JACOBEIT/HANNJOST LIXFELD/OLAF BOCKHORN (Hrsg., in Zusammenarbeit mit JAMES DOW), Völkische Wissenschaft. Gestalten und Tendenzen der deutschen und österreichischen Volkskunde in der ersten Hälfte des 20. Jahrhunderts. Wien/Köln/Weimar 1994.

[10] Vgl. u. a. HANS BESCHORNER: Die deutsche Flurnamenliteratur der Jahre 1938–1940 (nebst Nachträgen für die früheren Jahre). IV. Anschlußbericht zu dem Handbuch der deutschen Flurnamenliteratur bis Ende 1926. Dresden (1941); PAUL SARTORI: Das Buch von deutschen Glocken. Im Auftrage des Verbandes deutscher Vereine für Volkskunde geschrieben. Leipzig/Berlin 1932; HANNS BÄCHTOLD: Deutscher Soldatenbrauch und Soldatenglaube. Herausgegeben vom Verhand deutscher Vereine für Volkskunde (Trübners Bibliothek, Bd. 7). Straßburg 1917; vgl. auch JOHN MEIER: Das deutsche Soldatenlied im Felde (Trübners Bibliothek, Bd. 4). Straßburg 1916.

[11] EDUARD HOFFMANN-KRAYER: Volkskundliche Bibliographie. Im Auftrage des Verbandes deutscher Vereine für Volkskunde herausgegeben von Eduard Hoffmann-Krayer. Straßburg 1919; später unter PAUL GEIGER (Hrsg.): Bibliographie Internationale des Arts et Traditions Populaires/International Folklore Bibliography/Volkskundliche Bibliographie. Années 1939–1941. o.O. 1949; seit 1950 (für die Jahre 1942–1947) unter Mitwirkung von ROBERT WILDHABER, seit 1954 (für die Jahre 1948 und 1949) unter dem Titel „Internationale Volkskundliche Bibliographie“ (Basel 1954) allein redigiert von WILDHABER, seit 1977 (für die Jahre 1973 und 1974) von WILDHABER und ROLF W. BREDNICH, seit 1979 (für die Jahre 1975 und 1976) allein von BREDNICH, seit 1985 (für die Jahre 1979 und 1980) von BREDNICH und JAMES R. DOW herausgegeben. Zur Geschichte der Internationalen Volkskundlichen Bibliographie vgl. ROBERT WILDHABER: Das Werden und die Aufgaben

und Herausgeber er seinen Baseler Freund Hoffmann-Krayer gewinnen konnte. Meier brachte schließlich die Zusammenarbeit mit dem Folkloristischen Forscherbund (FF) in Helsinki zustande. In seine Amtszeit aber fiel nicht zuletzt die Entstehung und Herausgabe des HDA, das unter besonderer Mitwirkung Hoffmann-Krayers, wie es im Titelblatt lautet, entstand.

„Wenn auch die Anteilnahme Hoffmann-Krayers am Handwörterbuch des deutschen Aberglaubens seit 1918", also längst vor Erscheinen des ersten Bandes, wie sich Hanns Bächtold-Stäubli erinnerte, „nicht mehr sehr gross war (er hat im oben erwähnten Artikel ‚Volksglaube und Volksbrauch' in der Behaghel-Festschrift darüber Auskunft gegeben), so hat er eben das sehr grosse Verdienst, dass er Mitinitiant war und bis in die allerletzte Zeit hinein immer zur Verfügung stand, wenn Fragen grundsätzlicher Natur zu lösen waren. Sein Name ist darum mit vollem Rechte im Titel des Handwörterbuches aufgeführt [...]; ohne seine vielen Anregungen, ohne seinen Ansporn, ohne seinen Rat und seine Hilfe würde es nicht, endlich, bald fertig werden"[12].

Eduard Hoffmann-Krayer (1864–1936) war 1890 nach dem Studium der Germanistik, Romanistik und Sprachwissenschaft in Basel, Freiburg, Leipzig und Berlin mit einer Arbeit über den Vokalismus der Basler Mundart promoviert worden, ein Jahr später habilitierte er sich mit der Untersuchung „Stärke, Höhe, Länge. Ein Beitrag zur Physiologie der Akzentuation" (Straßburg 1891) in Zürich für das Fach deutsche Philologie. Dort wirkte er auch bis 1900 als Privatdozent, arbeitete von 1896 bis 1899 am Schweizer Idiotikon und folgte 1900 einem Ruf als Extraordinarius für Phonetik, Schweizerische Mundart und Volkskunde an die Universität Basel. Dort wurde er 1909 Ordentlicher Professor für „Deutsche Sprache und Literatur" und nach dem Ausscheiden John Meiers und der Teilung der germanistischen Professur 1912 Professor für „Germanische Philologie mit besonderer Berücksichtigung der Sprache und älteren Literatur"[13].

In erster Linie sei er Germanist, betonte Hoffmann-Krayer immer wieder, zur Volkskunde sei er vor allem durch die Mitarbeit am Idiotikon gekommen, für das er die mit „-nacht" zusammengesetzten Stichworte wie „Fastnacht" oder „Weih-

---

der Internationalen Volkskundlichen Bibliographie. In: Humaniora. Essays in Literature, Folklore, Bibliography. Honoring Archer Taylor on his Seventieth Birthday (ed. Wayland D. Hand/ Gustave O. Arlt). Locust Valley, New York 1960, S. 219–228; Ders.: Die Internationale Volkskundliche Bibliographie. In: Volkskunde 66 (1965), S. 94–102.

[12] Hanns Bächtold-Stäubli: Eduard Hoffmann-Krayer (5. XII. 1864–28. XI. 1936). Erinnerungen an meinen Lehrer und Freund. In: Schweizerisches Archiv für Volkskunde 35 (1936), S. I-XV, hier S. X-XI.

[13] Zu Eduard Hoffmann-Krayer s. Bächtold-Stäubli (wie Anm. 12), ferner Fritz Boehm: Eduard Hoffmann-Krayer. In: Zeitschrift für Volkskunde 45 [N. F. 7] (1937), S. 212–214; John Meier: Worte des Gedenkens an Eduard Hoffmann-Krayer. In: Schweizer Volkskunde 27 (1937), S. 47–49; Paul Geiger: Eduard Hoffmann-Krayer 1864–1936. In: Ders.: (Hrsg.): Eduard Hoffmann-Krayer, Kleine Schriften zur Volkskunde. Basel 1946, S. I-XVIII; KARL MEULI: Die Eduard Hoffmann-Krayer-Stiftung. In: Schweizer Volkskunde 27 (1937), S. 1–4, sowie Trümpy (wie Anm. 9).

nacht" übernommen hatte. 1896 gründete er zusammen mit E. A. Stückelberg und Emil Richard die „Schweizerische Gesellschaft für Volkskunde", gab seit 1897 das „Schweizerische Archiv für Volkskunde" heraus, neben das seit 1910 als Korrespondenzblatt der Gesellschaft die „Schweizer Volkskunde" trat. Er, der es als Germanist zumeist mit Wörtern zu tun hatte, war davon überzeugt, daß zu ihnen auch die Sachen gehörten, und so gründete er 1904 die „Abteilung Europa" des Museums für Völkerkunde in Basel (heute „Schweizerisches Museum für Volkskunde") und leitete sie bis zu seinem Tode 1936 ehrenamtlich. Der „Schweizerischen Gesellschaft für Volkskunde" stand er von 1896 bis 1899, 1914 bis 1920 und noch einmal von 1928 bis 1935 vor.

Hoffmann-Krayers Haupttätigkeit bildete das Sammeln. Er hinterließ eine kaum überschaubare Anzahl von Notizen, Exzerpten, Zeitungsausschnitten und Bildern, und so kam es nicht von ungefähr, daß ihn der „Verband deutscher Vereine für Volkskunde" beauftragte, die – später „Internationale" – „Volkskundliche Bibliographie" zu übernehmen, die er von 1919 bis 1930 herausgab[14]. Ferner gehörte Hoffmann-Krayer dem Ausschuß des „Atlas der deutschen Volkskunde" und der „Deutschen Volkskunstkommission" sowie von 1912 bis 1937 dem geschäftsführenden Ausschuß des „Verbandes deutscher Vereine für Volkskunde" an.

Doch über all der organisatorischen Tagesarbeit – er beklagte sich einmal, daß andere „arbeiten und publizieren" könnten, „er aber müsse nur ‚erledigen'"[15] – darf seine Bedeutung für die Methodik der Volkskunde als einer damals noch reputationsbedürftigen Wissenschaft nicht vergessen werden. Seine Baseler Antrittsvorlesung 1900 bestritt er mit der später berühmt gewordenen „Volkskunde als Wissenschaft"; er grenzte sie entschieden von der Ethnologie und der Kulturgeschichte ab und schuf das Schlagwort vom „vulgus in populo"[16]. An sie sollte sich in der Folgezeit eine ebenso lebhafte wie für die theoretische Entwicklung des Faches fruchtbare Diskussion anschließen.

Einer seiner Schüler aber war Hanns Bächtold-Stäubli (1886–1941). Er hatte bereits während seiner Tätigkeit als Lehrer in Stein volkskundliches Material gesammelt, bevor er durch John Meier und Eduard Hoffmann-Krayer, bei dem er 1914 mit einer Dissertation über das Brauchtum bei Verlobung und Hochzeit promovierte[17], intensiver mit der Volkskunde in Berührung kam[18]. Sein wissenschaftliches Oeuvre war wie das seines Freundes Hoffmann-Krayer, dem er bis an

---

14 Sie umfaßte das Schrifttum von 1917 bis 1924; vgl. auch Anm. 11.

15 Geiger (wie Anm. 13), S. XI.

16 Eduard Hoffmann-Krayer: Die Volkskunde als Wissenschaft. Zürich 1902; nachgedruckt u. a. in GEIGER (wie Anm. 13), S. 1–23.

17 Hanns Bächtold: Die Gebräuche bei Verlobung und Hochzeit mit besonderer Berücksichtigung der Schweiz. Eine vergleichende volkskundliche Studie (Schriften der Schweizerischen Gesellschaft für Volkskunde, 11). Basel/Straßburg 1914.

18 Zu Bächtold-Stäubli s. Paul Geiger: + Dr. Hanns Bächtold-Stäubli (28. März 1886–10. Oktober 1941). In: Schweizer Volkskunde 31 (1941), S. 89–92.

sein Lebensende eng verbunden blieb, sehr vielseitig. 1913 hatte er zusammen mit Samuel Singer die vergleichenden Anmerkungen zu Johannes Jegerlehners „Walliser Sagen" verfaßt, 1916 die „Flurnamen der schaffhausischen Enklave Stein" und ein Bändchen „Schweizer Märchen" herausgegeben[19]. Doch vor allem zeichnete er sich durch sein organisatorisches Talent aus. Neben seiner sozialpolitischen Tätigkeit gehörte er seit 1913 dem Vorstand der „Schweizerischen Gesellschaft für Volkskunde" an, für die er bis 1921 als „Schreiber" (Schriftführer) tätig war, und redigierte zudem seit 1925 zusammen mit Hoffmann-Krayer deren beide Publikationen. Er entwarf den Plan zu einem großen volkskundlichen Institut und einer internationalen Zeitschrift, beteiligte sich maßgeblich während des Ersten Weltkrieges an der Aufzeichnung der Soldatensprache und des Soldatenbrauchs[20] und organisierte zu Beginn der 30er Jahre die große Enquête, mit der Material für eine internationale Volkskunstausstellung erhoben werden sollte. Als sich diese nicht verwirklichen ließ, wurde das Projekt als Bestandsaufnahme des lebenden Volksguts durchgeführt, woraus sich später der von Richard Weiss und Paul Geiger realisierte „Atlas der Schweizerischen Volkskunde" entwickelte.

Doch stets unterstützte er Hoffmann-Krayer bei dessen Unternehmungen, sei es im Museum, sei es in der Gesellschaft, mit ihm zusammen bereitete er das HDA vor, das schließlich die beiden letzten Jahrzehnte seines Lebens voll in Anspruch nahm und das er dank seines unermüdlichen Fleißes noch kurz vor seinem Tode abschließen konnte.

Die Entstehung des HDA

Das mit zehn Bänden bis heute immer noch umfangreichste Nachschlagewerk der deutschsprachigen Volkskunde war, wie sich Bächtold-Stäubli erinnerte, dem allgemeinen Bedürfnis nach wissenschaftlichen Arbeitshilfen entsprungen: „Als ich vorwiegend in seiner [Hoffmann-Krayers] prächtigen Bibliothek meine Doktorarbeit über ‚Verlobung und Hochzeit' schrieb, jammerten wir beide recht oft darüber, dass es keine zusammenfassenden Lexika gebe, aus denen man über verschiedenste Fragen der Volkskunde Material und Bibliographie schöpfen könnte. Bei einem der vielen gemütlichen Schoppen in der alten Veltlinerhalle in Basel beschlossen wir deshalb, gemeinsam ein solches Lexikon der gesamten Volkskunde herauszugeben. Die Grundlage dazu sollten die erwähnten bibliographischen Exzerpte Hoffmann-Krayers bilden. Dr. Gerhard Lüdtke, damals Leiter des Strassburger Verlages K. J. Trübner, war mit uns begeistert von dem Plan, aber geschäftskundiger als wir, riet er uns, zunächst ein Gebiet in Angriff zu neh-

---

19 Johannes Jegerlehner: Walliser Sagen (Die Schweiz im deutschen Geistesleben, Bd. 10). Leipzig 1922; Hanns Bächtold: Die Flurnamen der schaffhauserischen Enklave Stein am Rhein. Frauenfeld 1916; Ders.: Schweizer Märchen. Basel 1916.

20 S. Anm. 13.

men, und es entstand so schon im 1. Kriegsjahr 1914 ein erster Vertrag über ein ‚Aberglaubenslexikon' berechnet auf zwei Bände zu je 40 Druckbogen, Manuskript abzuliefern bis zum Ende des Jahres 1915!"[21].

Das HDA entsprang somit einer Weinlaune, oder besser: einer Schnapsidee. Tatsächlich sah der Plan ursprünglich sehr viel bescheidener aus. Hoffmann-Krayer und Bächtold-Stäubli hatten eine erweiterte Neubearbeitung von Adolf Wuttkes „Deutschem Volksaberglauben der Gegenwart"[22] beabsichtigt, Bächtold-Stäubli diesen Plan 1908 in Straßburg Lüdtke vorgetragen. Am 23. September 1929 schrieb Lüdtke rückblickend an Bächtold: „Du erinnerst Dich ja gern der Stunde im Kammerzellschen Haus, als wir über die Neuauflage von Wuttke sprachen und ich dieser Deiner Absicht den Plan entgegensetzte, ein Reallexikon wie Hoops zu machen und damit für die Volkskunde ein Monumentalwerk zu schaffen. Wir haben uns ja im Laufe der Jahre weidlich darüber gezankt, und dann ist das Unternehmen zustande gekommen, bei dem nicht alle Blütenträume reiften, das aber für Jahrzehnte die [sic!] der Forschung sein sollte"[23]. Wie es dann später im Vorwort zum ersten Band des HDA (1927, S. V) hieß, sei Wuttkes Werk zwar eine außerordentlich verdienstvolle Leistung, doch sowohl im Hinblick auf das mitgeteilte Material wie auch auf die naturmythologischen Interpretationen inzwischen völlig überholt.

Daß dennoch ein Aberglaubenslexikon zu solchem, die ursprünglichen Vorgaben weit überschreitenden Umfang anwachsen konnte, war nicht zuletzt ein Verdienst des Verlages Walter de Gruyter und hier insbesondere des promovierten Germanisten Gerhard Lüdtke, Leiter des Verlages Karl J. Trübner, bis 1881 in Straßburg, dann in Berlin, später als Abteilung Trübner im Berliner Verlag Walter de Gruyter & Co. aufgegangen. Walter de Gruyter, seit 1906 Teilhaber des Verlages von Karl J. Trübner, Straßburg, hatte ihn 1907 nach dessen Tod als alleiniger Inhaber und mit ihm nicht nur eine Reihe volkskundlicher Publikationen vornehmlich südwestdeutscher und schweizerischer Autoren, sondern auch Max Eberts „Reallexikon der Vorgeschichte" und das von Johannes Hoops von 1910 bis 1918 in vier Bänden herausgegebene „Reallexikon der germanischen Altertumskunde" übernommen[24]. Daran erinnerte sich Lüdtke: „Vor dem Kriege war die Volkskunde bei Karl J. Trübner schon beheimatet, aber sie stand noch nicht im Vordergrunde unseres Interesses. Man nahm die volkskundlichen Arbeiten eben mit, wie sie kamen; Elard Hugo Meiers Bücher waren aus diesem Kreise

---

[21] Bächtold-Stäubli (wie Anm. 12), S. X.

[22] Adolf Wuttke: Der deutsche Volksaberglaube der Gegenwart. 2. Aufl. Berlin 1869, 3. Aufl. Berlin 1900, 4. Aufl., bearbeitet von Elard Hugo Meyer, Leipzig 1925 (1. Aufl. 1860).

[23] Brief Gerhard Lüdtkes vom 23. September 1929 an Hanns Bächtold-Stäubli; Verlag Walter de Gruyter & Co., Berlin, Archiv.

[24] Ebert (wie Anm. 7); Johannes Hoops (Hrsg.): Reallexikon der Germanischen Altertumskunde. 4 Bde., Straßburg 1911–1919; Herbert Jankuhn/Hans Kuhn/Kurt Ranke/Reinhard Wenskus (Hrsg.): Reallexikon der Germanischen Altertumskunde. Begründet von Johannes Hoops. Zweite, völlig neu bearb. und stark erweiterte Aufl. Bd. 1 (ff.), Berlin/New York 1968 (ff.).

noch die besten. Buchhändlerisch gesprochen, war aber mit ihnen auch nicht viel anzufangen“[25]. Diese Zeilen wie zahlreiche Briefe, die sich heute im Archiv des Verlages Walter de Gruyter, Berlin, und im Deutschen Volksliedarchiv, Freiburg i. Br., befinden, zeigen, daß sich Lüdtke selbst mit einem seltenen persönlichen Engagement gerade der volkskundlichen Literatur annahm, die für den Verlag oft ein Verlustgeschäft darstellte[26]. Doch hierin besaß er das Einverständnis und die Rückendeckung durch Walter de Gruyter, der sich stets den Traditionen der von ihm übernommenen Verlage verpflichtet fühlte[27].

Allerdings war es für das HDA längst noch nicht so weit. Mit Feuereifer machten sich Bächtold-Stäubli und Hoffmann-Krayer nach der ersten Absprache mit Lüdtke an die Arbeit: „Samstag für Samstag war ich von morgens früh bis abends spät bei ihm und arbeitete Probeartikel mit ihm aus. Dann, als der Weltkrieg leider weiter dauerte, gingen wir an die Aufstellung des Stichwortverzeichnisses; dabei zeigte es sich sehr bald, dass ein Stichwortverzeichnis nicht auf Grund von Sachregistern einiger grösserer volkskundlicher Werke geschaffen werden könne, sondern dass wir es nur auf einer umfassenden Materialsammlung aufbauen könnten. So fingen wir dann an, Material zu sammeln. Von 1916 bis 1925 kamen über 600 000 Zettel zusammen, alphabetisch nach Stichwörtern geordnet, aus denen sich leicht entscheiden liess, was ein Stichwort geben müsse“[28].

Zudem mußte eine Systematik erarbeitet werden. Am 19. Februar 1915 äußerte sich Bächtold-Stäubli in einem Schreiben an den Verlag Trübner zu diesem Punkt: „Ihre Absicht, das Buch über den deutschen Volksaberglauben in verschiedenen Bändchen der ‚volkskundlichen Bibliothek‘ erscheinen zu lassen, ist ja zweifellos vom buchhändlerischen Standpunkte aus ausgezeichnet. Ich habe auch für Professor Hoffmann-Krayer und mich eine kleine Disposition gemacht und versucht, den ganzen Stoff zu gliedern, dass er in 5–6 Einzelbände aufgeteilt werden könnte. Diesen Plan hatte ich vorher Professor Hoffmann-Krayer gesandt und ihn gebeten, seinerseits zu überlegen, ob sich unser Werk so ausführen lasse. Es ging aber Professor Hoffmann-Krayer ganz ähnlich, wie es mir ging: Wir hatten uns das Buch über den Volksaberglauben rein äusserlich ganz anders vorgestellt: Es sollte nach unserer Auffassung ein ‚Standard-Werk‘ werden, das selbstverständlich über Wuttke hinausgehen und auch den deutschen Volksaberglauben des Mittelalters berücksichtigen sollte. Wir dachten uns, dass es für die gesamte volkskundliche Forschung eine Art Quellen-Werk geben sollte, in dem der gesamte deutsche Volksaberglauben enthalten und jede einzelne abergläubische Mei-

---

[25] Lüdtke (wie Anm. 23).

[26] S. Heidemarie Schade: De Gruyter und die Volkskunde bis 1945. Ein Verlagsarchiv als wissenschaftliche Quelle. In: Brückner/Beitl (wie Anm. 6), S. 145–159, hier S. 150; vgl. auch Gerhard Lüdtke: Der Verlag Walter de Gruyter & Co. Skizzen aus der Geschichte der seinen Aufbau bildenden ehemaligen Firmen, nebst einem Lebensabriß Dr. Walter de Gruyters. Berlin 1924 (Nachdruck Berlin 1978).

[27] Lüdtke (wie Anm. 23).

[28] Bächtold-Stäubli (wie Anm. 12), S. X.

nung und Handlung mit ihren wesentlichen lokalen Varianten verzeichnet sein sollte. Es würde sich aber nicht nur um eine umfassende Zusammenstellung dessen, was Wuttke und Grimm und was gerade in den letzten zwei Jahrzehnten in den zahllosen Publikationen und Zeitschriften an Volksaberglauben mitgeteilt haben [sic!], handeln, sondern dazu käme noch, eine Verarbeitung, das heißt Rückführung auf die Quellen, Klärung des Ursprungs und Deutung der einzelnen abergläubischen Meinungen und Handlungen.

Die Disposition haben wir uns in der folgenden Weise gedacht:

Erster allgemeiner Hauptteil

A Einleitung (Geschichte und Bedeutung der Erforschung des Volksaberglaubens, Definitionen)

B Die Weltanschauung des Volkes
1. Die Vorstellung von der Seele
2. Naturdeutung und Naturverehrung
3. Dämonen (Geister und Hexen) Glaube
4. Heidnisches und Christliches (Schicksal, Hölle, Mythen u.s.w.)
5. Kult, Opfer, Verehrung u.s.w.

Zweiter spezieller Hauptteil

A Defensiver Aberglaube
1. Allgemeines über Schutz- und Abwehrhandlungen
2. Schutz und Abwehr der Krankheiten
   a) Die volkstümlichen Anschauungen von der Krankheit
   b) Kirchliche Mittel (Amulette)
   c) Weltliche Mittel
   d) Gegenzauber (Sympathiemittel, Besprechen, Abstreifen, Vergraben, Schwemmen u.s.w.)
3. Schutz gegen (und Abwehr von) Unglück
   a) Die Ursachen des Unglücks
   b) Natürliche Ursachen des Unglücks
   c) Der Bosheitszauber als Ursache des Unglücks
4. Erhaltung von Glück und Gesundheit (Abwendung des bösen Schicksals)

B Offensiver Aberglaube
1. Zauberei
   a) Zauberische Zeiten
   b) Zauberische Orte
   c) Zauberische Zahlen
   d) Zauberische Dinge

e) Zauberische Handlungen (Unterlassen, wirkliche Handlungen: böser Blick, Segen, Fluch, Gebärden u.s.w.)
f) Zaubernde Personen
g) Bosheitszauberei
h) Zauberformeln
i) Literatur (Albertus Magnus, geistlicher Schild, Romanusbüchlein u.s.w.)

C Expetitiver Aberglaube
1. Wahrsagung aus sich selbst darbietenden Wahrzeichen
a) Aus der Himmelswelt
b) Aus Tieren und Pflanzen
c) Aus anderen Wahrzeichen
2. Die Wahrsagekunst
3. Beeinflussung der Zukunft
4. Erlangung von Zauberkräften

Professor Hoffmann-Krayer ist mit diesem ersten provisorischen Plan, den ich ihm vorlegte, einverstanden, ist aber mit mir der Meinung, dass ein definitiver Plan erst gemacht werden könne, wenn die grössere Hälfte des gesamten Materials gesammelt sei. Denn selbstverständlich muss die Disposition des Werkes sich von selbst aus dem Stoffe heraus ergeben. Man könnte ja zur Not erklären, dass der erste Hauptteil in einem, der zweite Hauptteil in 3–5 Bändchen der volkskundlichen Bibliothek zu je 20 Bogen ungefähr veröffentlicht werden könnte"[29].

Noch war also von einem mehrbändigen Werk die Rede, nicht von einem großen Lexikon. Bis es dazu kam, mußten Fragen wie die der Herausgeberschaft und der Mitarbeiter geklärt werden. Ganz als Verlagsmanager erwies sich Lüdtke in einem Brief vom 13. September 1921 an Bächtold-Stäubli: „Nach Deiner neuesten Mitteilung weiss ich nun nicht, ob Ihr daran festhaltet, dass Hoffmann-Krayer und Du das Wörterbuch beide schreibt. Aber ich fürchte, dass dann doch mindestens fünf bis sechs Jahre vergehen werden, bis Ihr zu Ende kommt. Hoffmann-Krayer ist durch Berufsgeschäfte zu sehr in Anspruch genommen und auch kein schneller Arbeiter. Deshalb dachte ich daran, ob Ihr nicht einen grössern Kreis von Mitarbeitern heranziehen wolltet, wie es beim Hoops'schen Reallexikon der Fall war. Ich meine, diese Mitarbeiter sollten sich finden lassen. Dazu gehört allerdings eine genaue Aufstellung einer Stichwortliste und evtl. die Übermittlung des das betreffende Stichwort gesammelten Materials an diese Mitarbeiter. [...] Du und Hoffmann-Kreyer [sic!] würden als Herausgeber fungieren"[30].

---

[29] Brief Hanns Bächtold-Stäublis an den Verlag Karl J. Trübner, Straßburg, vom 19. Februar 1915; Verlag Walter de Gruyter & Co., Berlin, Archiv. Die Systematik von 1915 ähnelt auffallend derjenigen Matthias Zenders in Günter Wiegelmann/Matthias Zender/Gerhard Heilfurth: Volkskunde. Eine Einführung (Grundlagen der Germanistik, Bd. 12). Berlin 1977, S. 149.

[30] Brief Gerhard Lüdtkes vom 13. September 1921 an Hanns Bächtold-Stäubli; Verlag Walter de Gruyter & Co., Berlin, Archiv.

Die langjährigen Überlegungen und Vorbereitungen nahmen 1925 endlich konkrete Gestalt an. Der „Verband deutscher Vereine für Volkskunde" und der Verlag Walter de Gruyter waren sich über die Erstellung größerer volkskundlicher Nachschlagewerke einig geworden. Man plante das unter Johannes Boltes Mitwirkung von Lutz Mackensen herausgegebene „Handwörterbuch des Märchens", von dem lediglich zwei Bände erschienen, ein von John Meier und Harry Schewe zu bearbeitendes „Handbuch des Volksliedes", das Friedrich Panzer anvertraute „Handwörterbuch der Sage" und schließlich das zu diesem Zeitpunkt in seinen Vorarbeiten am weitesten fortgeschrittene HDA[31]. Ferner konnte sich der Verband neben der „Volkskundlichen Bibliographie" auf die Kommission für Segens- und Beschwörungsformeln, eine Volkstrachtenkommission und die Volksliedkommission berufen, die bereits über ein Material von 112300 eingesandten Liedern verfügte.

Vom 25. bis 27. September 1925 versammelten sich unter John Meiers Vorsitz die Vertreter der volkskundlichen Vereine und verwandter Institutionen in Stuttgart. Hoffmann-Krayer und Bächtold-Stäubli vertraten dabei die „Schweizerische Gesellschaft für Volkskunde". Auf dieser Tagung berichtete Bächtold als Redakteur des HDA nicht nur über die Anlage des Lexikons und über die vorliegenden Zusagen von Autoren, sondern er betonte auch, daß „weitere Meldungen zur Mitarbeit [...] der Herausgeber (Basel, Benkenstr. 25) gern entgegennähme"; man hoffe, „daß das Werk in verhältnismäßig kurzer Zeit fertig vorliegen und dem Volkskundeforscher viel zeitraubende Sammelarbeiten ersparen wird". Um dem Projekt Nachdruck zu verleihen, hielt Bächtold-Stäubli zudem einen öffentlichen Vortrag über „Glaube und Aberglaube", in dem er den engen Zusammenhang zwischen beiden Bereichen aufzeigte, noch einmal den Plan des Handwörterbuchs entwickelte und um Mitarbeit bat[32].

Äußere Arbeitsbedingungen

Auf der Abgeordnetenversammlung des „Verbandes deutscher Vereine für Volkskunde", die am 5. und 6. September 1928 in Freiburg i.Br. stattfand, konnte John Meier mit besonderem Danke mitteilen, „daß der Herausgeber des Wörterbuches des Aberglaubens, Herr. Dr. Bächtold-Stäubli, sein über 600 000 Zettel umfassendes Material, unter Vorbehalt der eigenen Benutzung auf Lebenszeit", dem Verband übereignet habe[33]. Nach Bächtolds eigenen Angaben soll es sich

---

[31] Vgl. Anm. 8.

[32] S. Fritz Boehm. Abgeordneten-Versammlung des Verbandes deutscher Vereine für Volkskunde in Stuttgart. In: Zeitschrift des Vereins für Volkskunde 35/36 (1925/26), S. 115–117, hier S. 116.

[33] Fritz Boehm: Abgeordnetenversammlung des Verbandes deutscher Vereine für Volkskunde in Freiburg i. Br. (5. und 6. September 1928). In: Zeitschrift des Vereins für Volkskunde 37/38 (1927/28), S. 154–155, hier S. 155.

sogar um annähernd 1,5 Millionen Karteikarten gehandelt haben[34], die nicht nur zur Erstellung der Stichwortliste gedient hatten, sondern auch den Autoren zur Verfügung gestellt wurden.

Diese Zahlen sind nicht aus der Luft gegriffen. Denn das HDA-Material befindet sich heute, geordnet in 69 Karteikästen, die ihrerseits wieder je zwei Kästen voll mit Zetteln enthalten, im Archiv des Seminars für Volkskunde der Universitat Göttingen. Wer sie durchblättert, kann sich einen Eindruck von der Arbeitsweise, vor allem aber von dem nahezu unglaublichen Fleiß der Herausgeber und hier insbesondere Bächtold-Stäublis verschaffen. Die Karteikarten enthalten handschriftliche Notizen, Literaturhinweise und kleine, aus Büchern und Zeitschriften ausgeschnittene und aufgeklebte Abschnitte, selten jedoch längere Exzerpte (Abb. 2). Die Arbeitsbedingungen, unter denen diese Sammlung und damit das HDA entstand, nötigen heute, im Zeitalter großer Redaktionsstäbe und der elektronischen Datenverarbeitung, uneingeschränkte Bewunderung ab. Denn in der das HDA betreffenden Korrespondenz hat sich eine Reihe von Bettelbriefen erhalten, in denen Bächtold um die kostenlose Zusendung von einschlägigen Veröffentlichungen zum Zerschneiden bat; so schrieb er am 15. Mai 1915 an Lüdtke: „Unsere Vorarbeiten zum Volksaberglauben schreiten vorwärts. Die ganze Woche hat ein Arbeitsloser bei mir geklebt, was ich an gedrucktem schweizerischen Material zerschnitten und verzettelt habe: einige tausend Zettel müssen jetzt geordnet werden. Ich wäre Ihnen dankbar, wenn Sie uns von dem für Vorarbeiten bewilligten Kredit von Mk. 500.- die folgenden Bücher verschaffen würden und zwar in je zwei Exemplaren. [...] Alle diese Werke enthalten ein grosses Material, das ich zunächst verzetteln möchte. Selbstverständlich werden noch andere folgen, bei denen das Zerschneiden ebenfalls weitaus rascher geht und billiger ist als das Kopieren. Antiquarisch sollten sie jetzt verhältnismassig billig zu haben sein"[35].

Wo dies unmöglich war, begnügte sich Bächtold-Stäubli auch mit einem Exemplar, das er sich mit anderen Kollegen teilte. Am 18. Juni 1915 schrieb er an John Meier, daß ihm ab 1. Juli 1915 eine Sekretärin bei der Materialsammlung behilflich sei und unter seiner Anleitung die Zerschneidung und Verzettelung der gedruckten Literatur vornehmen würde: „Wenn Sie für die Zwecke des Volksliedarchivs ‚Köhler, Volksbrauch' benützt haben, so bin ich Ihnen sehr dankbar für gefl. Zusendung des Ueberrestes, damit wir ihn dann für uns weiter verarbeiten können. Ausser ‚Andree, Braunschweiger Volkskunde' haben wir noch Engelien und Lahn, der ja auch Liedermaterial enthält, sowie Rochholz, Kinderlied in einem Exemplar. Dieses letztere sollten wir allerdings auch für unser Schweizer Volksliedarchiv verzetteln. [...] Allerdings wäre es vielleicht gut wenn die Verzettelung beider, des Aberglaubens und der Lieder, an einem Orte geschehen würde,

---

34 Angabe nach MEIER/SCHMIDT (wie Anm. 5), S. 22.

35 Brief Hanns Bächtold-Stäublis vom 15. Mai 1915 an Gerhard Lüdtke; Verlag Walter de Gruyter & Co., Berlin, Archiv.

in solchen Fällen wenigstens, wo Lieder und Aberglaube nicht in bestimmten gesonderten Kapiteln behandelt sind, sondern über das ganze Buch verstreut sind. Sonst könnte unter Umständen eine Unordnung in die übriggebliebenen Buchreste Kommen [sic!], die recht unangenehm sein würde und zeitraubend. Da ich die Grundsätze kenne, nach denen Sie die Lieder verzetteln, so schlage ich Ihnen vor, dass in solchen Fällen dies unter meiner Leitung und Verantwortlichkeit in Basel geschieht; denn diejenige des Aberglaubens bietet doch grössere Schwierigkeiten und kann nur in Basel ausgeführt werden"[36].

Zur Schwierigkeit der Materialbeschaffung und -bearbeitung trat der Umstand, daß Bächtold-Stäubli nur nebenamtlich am HDA tätig sein konnte. In einem Brief vom 15. Mai 1915 schrieb er an Lüdtke: „Die Tätigkeit als Militärzensor strengt mich neben der Schule sehr an, da ich viel Nachtschicht habe. Aber es lässt sich dabei doch gerade eine mechanische Arbeit, die man jederzeit unterbrechen kann wie das Verzetteln sehr gut ausführen. Was ich bisher dafür leistete, entstand meist nachts auf der Zensur, so zwischen 2½ und 7 Uhr morgens, gerade die rechte Zeit für den Aberglauben"[37].

Doch die Arbeit als Militärzensor brachte auch manchen unverhofften Fund, wie aus einem Brief an Lüdtke vom 26. September 1915 hervorgeht: „Ich habe eben einen 6stündigen Nachtdienst auf der Zensur hinter mir von Samstag auf den Sonntag, der mir etwa 5 Stunden Zeit liess, ein wertvolles Aberglaubemanuscript, das ich durch Vermittlung des mir vorgesetzten Armeestabes in Bern erhielt, zu kopieren, während der Zensursekretär eine interessante Clavicula Salomonis abschrieb, die ein Regimentskommandant bei einem seiner Soldaten aufstöberte und uns ebenfalls für die soldatische Volkskunde zustellte. Sie sehn also, die Schweiz. Armee unterstützt unser Unternehmen und ist, da er ja auch der Firma Trübner so dient, eigentlich nicht ganz neutral!"[38].

Als 1927 endlich der erste Band des HDA erschien, die nächsten regelmäßig und in relativ kurzen Abständen (II: 1929/30; III: 1930/31 usw.) folgten, war dies vor allem der Unermüdlichkeit und Hartnäckigkeit Bächtold-Stäublis zu verdanken. Die anfängliche Begeisterung aber wich bald pessimistischeren Tönen. Hatte Lüdtke am 31. März 1915 noch von dem zu erwartenden verlegerischen Erfolg gesprochen und betont, daß nach Abschluß des „Reallexikons der germanischen Altertumskunde" und der „neuen Auflage von Schraders indogermanischer Altertumskunde" ein Werk, „das dem Mittelalter gewidmet sein soll, wenigstens im Plane vorhanden" sei, „eine grosszügige Darstellung des Volksaberglaubens [...] eine Einheit der Kulturdarstellung, die viel Anziehendes hat und Erfolge ver-

---

36 Brief Hanns Bächtold-Stäublis vom 18. Juni 1915 an John Meier; Deutsches Volksliedarchiv Freiburg i. Br.

37 Brief Hanns Bächtold-Stäublis vom 15. Mai 1915 an Gerhard Lüdtke; Verlag Walter de Gruyter & Co., Berlin, Archiv.

38 Brief Hanns Bächtold-Stäublis vom 26. September 1915 an Gerhard Lüdtke; Verlag Walter de Gruyter & Co., Berlin, Archiv.

spricht", „mit sich bringen würde"[39], so mußte er am 15. August 1929 an Bächtold schreiben: „Das Aberglaubenlexikon steht an einem toten Punkt. Die Zunahme der Abonnenten ist jetzt sehr gering, und die Deckungsziffer für die einzelnen Lieferungen liegt hoch, wesentlich höher als bei den anderen Werken, die wir haben. Du weisst, wie sehr ich Deine Tätigkeit schätze und wie ich an den endgültigen Erfolg Deines Lexikons, das für Jahrzehnte die Grundlage der Forschung sein wird, glaube. Aber ich muss mit der Tatsache rechnen und die Dispositionen für die nächste Zukunft danach einrichten. Der überstarke Pessimismus ist etwas gewichen, aber seine Nachklänge werden doch in den nächsten Jahren wirksam bleiben"[40].

Zudem war eine erhebliche Überschreitung des ursprünglich angenommenen Umfangs abzusehen, weswegen Lüdtke am 23. September 1929 gegenüber Bächtold-Stäubli seine Verärgerung kaum mehr verbergen konnte: „Dass ich oft darüber geflucht habe, welchen Umfang Dein Aberglauben-Lexikon bekommt, das weisst Du. Und dass ich bis zum Ende meines Lebens darüber fluchen werde, kannst Du mir glauben. Wir wollen uns nichts vormachen; es werden schon fünf Bände werden. Ihr beiden Schlaumeier, Du und John Meier, habt mich gemeinsam in eine Situation laviert, die für die buchhändlerische Berechnung des Werkes nicht grade günstig ist"[41].

Lüdtke verschätzte sich ein weiteres Mal. Denn als das HDA 1942 mit dem von ihm und Margarete Kailuweit erarbeiteten Register abgeschlossen vorlag, umfaßte es nicht fünf, sondern zehn Bände. Allerdings ist die Stagnation, die seit 1930 eintrat, nur schwer zu übersehen. Denn zu diesem Zeitpunkt begannen Manuskripte auszubleiben, und Bächtold-Stäublis Schaffenskraft ließ durch die Vorzeichen der Krankheit, der er später erliegen sollte, nach. Um das regelmäßige Erscheinen dennoch zu gewährleisten, kamen er und Lüdtke überein, nur noch die gelieferten Beiträge zu drucken und ansonsten auf die Nachträge zu verweisen. Am 11. Oktober 1938 schrieb deswegen Lüdtke an Bächtold: „Kannst Du schon etwas über die Nachträge sagen? Der 9. Band hat ja einen geringeren Umfang als die übrigen Bände. Lohnt es gegebenenfalls die Nachträge abzuwarten und sie in den Band hineinzubringen oder dauert es noch so lange, daß wir lieber den Band jetzt ausgeben und die Nachträge später mit dem Register in einem besonderen Band bringen?"[42]. Während in Band 3 und 4 nur jeweils zweimal und in Band 5 viermal auf den Nachtrag verwiesen werden mußte, nahm die Zahl der ausgefallenen Stichwörter in den folgenden Bänden rapide zu: Band 6 mit 33, Band 7 mit

---

39 Brief Gerhard Lüdtkes an Hanns Bächtold-Stäubli vom 31. März 1915; Verlag Walter de Gruyter & Co., Berlin, Archiv.

40 Brief Gerhard Lüdtkes vom 15. August 1929 an Hanns Bächtold-Stäubli; Verlag Walter de Gruyter & Co., Berlin, Archiv.

41 Brief Gerhard Lüdtkes vom 23. September 1929 an Hanns Bächtold-Stäubli; Verlag Walter de Gruyter & Co., Berlin, Archiv.

42 Brief Gerhard Lüdtkes vom 11. Oktober 1938 an Hanns Bächtold-Stäubli; Verlag Walter de Gruyter & Co., Berlin, Archiv.

88, Band 8 mit 94 und Band 9 mit 75 Nachtragsverweisen, von denen nur ein geringer Teil dann tatsächlich in Band 9 bearbeitet wurde. Dies brachte dem HDA bis heute erhebliche und berechtigte Kritik ein, da so zentrale Begriffe wie „Teufel“ oder „Zahl“ mit einer Kette von Quer- und Unterverweisen fehlen. Andererseits aber verdeutlicht die Zusammenstellung der fehlenden Stichwörter (s. S. 61*), daß so manches ursprünglich geplante Lemma aus heutiger Sicht überflüssig war. Ein zusätzlicher Nachtragsband, den Lüdtke im Vorwort zu Band 10 angekündigt hatte, kam nicht mehr zustande, auch nicht, als Paul Geiger und Will-Erich Peukkert nach 1945 noch einmal auf diesen Plan zurückgriffen, jener Peuckert, dem man wegen seiner für das HDA verfaßten Artikel „Jude, Jüdin“, „Freimaurerei“ und „Ritualmord“ ein staatspolizeiliches Verfahren angehängt hatte[43].

Die zeitgenössische Rezeption des HDA

Es mag Anerkennung für Bächtold-Stäubli, der die vorletzte Lieferung noch selbst betreuen konnte, genug gewesen sein, daß die zeitgenössische Aufnahme des HDA durchwegs positiv war. Immer wieder unterstrichen die Rezensenten die zu erwartende Arbeitserleichterung für den Benutzer. Wer bislang „von irgend einer Wissenschaft her kommend die Hilfe der Volkskunde in Anspruch nimmt und sich über ein Gebiet des Aberglaubens orientieren will, muß mühsam das Material zusammensuchen aus landschaftlichen Monographien, die oft kaum aufzutreiben sind, und aus den verschiedenen volkskundlichen Zeitschriften. Und dann ist er erst nicht sicher, ob ihm nicht eine wertvolle Quelle entgangen ist“, schrieb Paul Geiger 1928, und er verlieh der Hoffnung Ausdruck, daß es „ein Werk zu werden verspräche“, „worin man auf jede mit dem Aberglauben zusammenhängende Frage nicht nur Material, sondern auch Erklärungen oder wenigstens Deutungsversuche finden wird“[44]. Otto Weinreich strich ebenfalls die Bedeutung des HDA für die Nachbarwissenschaften heraus: „Denn ein leitender Gesichtspunkt des Gesamtwerkes ist es, die Probleme historisch [im Original gesperrt] aufzufassen, das Material für die deutschen Erscheinungen an ihrem geschichtlichen Platz in der Entwicklung des menschlichen Denkens einzuordnen, die Vorstufen in der antiken, orientalischen, nordischen Altwelt zu berücksichtigen, kurzum die Volkskunde als Zweig der Geschichts- und Geisteswissenschaft weitblickend zu betreiben. Das gibt dem Werk, um dies gleich vorauszuschicken, einen besonderen Wert für die Disziplinen; der Altphilologe, den das Fortleben der Antike interessiert, den Orientalisten jeder Sparte, der Theologe, dem die niedere Welt des Glaubens nicht gleichgültig sein darf, der Jurist, der Ethnologe, sie alle werden wie die Neueren Philologien hier ein Nachschlagewerk benutzen, das

---

43 S. Wolfgang Emmerich: Zur Kritik der Volkstumsideologie. Frankfurt a. M. 1971, S. 118.

44 Paul Geiger: Rezension von: Handwörterbuch des deutschen Aberglaubens, Band 1, Lieferung 1. Berlin/Leipzig 1927. In: Schweizerisches Archiv für Volkskunde 28 (1928), S. 134–136.

sich an Qualität neben die besten deutschen und internationalen Enzyklopädien stellen darf"[45].

Die Volkskunde sei nun endlich konkurrenzfähig geworden, jubelte Richard Beitl 1931 in seiner ausführlichen Besprechung: „Die deutsche Volkskunde, auf manchem Gebiet von den Unternehmungen benachbarter Nationen überflügelt, scheint mit mächtigen Schritten in wenigen Jahren diesen Vorsprung einholen zu wollen. Das Handwörterbuch des deutschen Aberglaubens stellt eine großzügige und zuverlässige Zusammenfassung der Forschungsergebnisse im weiten Gebiet des deutschen Aberglaubens und in den meisten Fällen schon eine entschlossene Blickwendung auf den zukünftig von der Wissenschaft einzuschlagenden Weg dar. Nicht nur durch die Weitung und Bereicherung des Inhalts, auch im wissenschaftlichen Ziel stellt das Werk einen neuen Typus des Handwörterbuchs dar. Wie seine Gründung befördert wurde durch den Aufschwung der Volkskunde im deutschen Sprachgebiet, so gibt es diesem – selbst noch im Werden begriffen – schon heute mit jedem Heft neue Antriebe durch bisher in dieser Klarheit unbekannte Überblicke und daraus entspringende fruchtbare Fragestellungen"[46].

Kritische und ergänzende Anmerkungen beschränkten sich zumeist auf einzelne Artikel, was bei der Größenordnung eines solchen lexikographischen Unternehmens und der Vielzahl seiner Autoren nicht verwundert. Doch manche Äußerungen reichten tiefer. Otto Weinreich etwa wandte sich in seiner ansonsten durchwegs wohlwollenden Besprechung gegen die „Inflation von Lexika"; sie sei ein „Zeichen der Zeit, die jedes Wissensgebiet in eine möglichst rasch und praktisch benutzbare Kartothek, die Studierstube in ein gelehrtes Büro zu wandeln strebt. Eine Gefährdung des Triebes zum Selbstlernen ist nicht von der Hand zu weisen. Das Nebeneinander von verschiedenartigsten Forscherindividuen auf benachbarten Teilgebieten kann die große, systematische Darstellung nicht ersetzen, die *eine* Forscherhand, *ein* Forschergeist in einem tiefdurchdachten Lebenswerk niederlegt. Ist ein Mann wie J. Bolte nicht wichtiger als 5 oder 6 Bände Märchenlexikon? Doch dieser Gedanke an das überhandnehmende Spezialistentum unserer Zeit und die Lexikaflut als Form ihres utilitaristischen Strebens soll uns die Freude gerade am HDA nicht vergrämen"[47].

Man kann diese Beschwörung des längst der Vergangenheit angehörenden Bildes vom polyhistorisch gebildeten Wissenschaftler als anachronistischen Seitenhieb abtun, der die Substanz des HDA wenig zu treffen scheint. Andere Bemerkungen jedoch bezogen sich bereits während des Erscheinens des Handwörterbuchs auf unübersehbare Schwachstellen. Man tadelte einerseits das ständige Verweisen bei ausgefallenen Stichwörtern, andererseits wurden die Herausgeber be-

---

[45] Otto Weinreich: Volkskunde (1925–1931). In: Archiv für Religionswissenschaft 29 (1931), S. 244–284, hier S. 256 (zum HDA: S. 255–258).

[46] Richard Beitl: Rezension von: Handwörterbuch des deutschen Aberglaubens, Band 1–3. In: Zeitschrift für Volkskunde 41 (N. F. 3) (1931/32), S. 71–77, hier S. 71–72.

[47] Weinreich (wie Anm. 45), S. 258.

reits 1928 mit dem Vorwurf konfrontiert, daß die methodische Durcharbeitung des Stoffes der zwar eindrucksvollen, aber kaum reflektierenden Materialsammelei zum Opfer gefallen sei. Am 2. August 1928 schrieb der Münchener Anglist Prof. Dr. Max Förster in einem Brief an Eduard Hoffmann-Krayer: „[...] Freilich mischt sich auch mancherlei Bedenken bei. Es [= HDA] ist in erster Linie doch eine Material-Sammlung und wird daher denjenigen Wasser auf ihre Mühle bringen, die behaupten, die Volkskunde sei über das Stadium des Materialsammelns noch kaum herausgekommen. Bei dem ausserordentlichen Umfang, den das Wörterbuch annimmt, werden die meisten Benützer doch wünschen, mehr Bearbeitung der Themen zu erhalten, wenn sie dafür auf auch [sic!] die lückenlose Ausbreitung der Belege verzichten müßten“[48]. Hoffmann-Krayer wehrte sich gegen diesen Vorwurf; am 7. August 1928 legte er das Schreiben Försters einem Brief an Bächtold-Stäubli bei, wobei er anmerkte: „F. hat eine merkwürdige Vorstellung von den Zielen und Grenzen eines Aberglauben-Wbs. Namentlich der Vorwurf der Materialsammlung ist absurd. Wollte Gott, wir hätten eine denkbar vollständige Materialsammlung des deutschen Aberglaubens!“[49].

Aus heutiger Sicht allerdings trifft diese Kritik Försters nicht nur zu, sie offenbart einen der fundamentalen Schwachpunkte des gesamten Werks; denn über dem Bemühen, aus möglichst vielen Quellen und Informationen ohne Rücksicht auf historische und soziale Hintergründe und Prozesse eine Phänomenologie des Aberglaubens zu entwickeln, blieb die tatsächliche Geschichte populärer Vorstellungen von den Dingen und Ereignissen der Welt auf der Strecke.

Das HDA, die Germanen und der Nationalsozialismus

Das HDA entstand in einer Zeit der Versuche, die Volkskunde an den Universitäten aus ihrer Randständigkeit herauszuführen, die Disziplin gegen den Dilettantismus von ungeschulten Amateuren zu schützen und eine Verwissenschaftlichung zu erzielen. Es bot zwar den Kulturwissenschaften eine immense Stoffülle an, reproduzierte jedoch die Vorstellung von einer einheitlich-urtümlichen „Volkskultur“ und blickte nicht über die gängige Bauernverherrlichung hinaus[50]. So heißt es im Stichwort „Bauer“ im ersten Band von 1927: „Der Bauernstand bildet den Kern des ganzen Volkes und eine Quelle gesunder Lebenskraft, aus der die übrigen Schichten der Bevölkerung immer wieder schöpfen“[51].

---

48 Hans Trümpy: Aus Eduard Hoffmann-Krayers Briefwechsel. In: Schweizerisches Archiv für Volkskunde 60 (1964), S. 113–132, hier S. 129.

49 Trümpy (wie Anm. 48).

50 Peter Assion: Von der Weimarer Republik ins „Dritte Reich“. Befunde zur Volkskunde der 1920er Jahre. Mit einem Beitrag von Reinhard Schmook. In: Jacobeit/Lixfeld/Bockhorn (Hrsg.): Völkische Wissenschaft (wie Anm. 9), S. 33–83, hier S. 37.

51 HDA I, 1927, Sp. 939–941.

Als 1987 der preislich erschwingliche Nachdruck des HDA erschien, reagierte die überwiegende Mehrzahl der deutschen Universitätsvolkskundler empört, ja wütend[52]. Sie befürchteten mit vollem Recht, daß die desolaten Interpretationen des HDA fröhliche Urstände feiern und erneut weite Kreise ziehen würden, daß die unkritische Benutzung durch Laien"volkskundler" in der Heimatpflege, durch Verfasser von Ortschroniken, vor allem aber durch die Multiplikatoren in den Redaktionsstuben der Zeitungen, Rundfunk- und Fernsehanstalten den innerhalb der Volkskunde erreichten Standard zunichte machen und die Volkskunde wieder ins 19. Jahrhundert zurückkatapultieren würden. Ein Universitätsfach, das sich nach dem Zweiten Weltkrieges wie kaum eine andere akademische Disziplin radikal mit seiner Verstrickung in das nationalsozialistische Gewaltregime und in die Ideologie der „Herrenmenschen" konfrontiert[53], dem die „Münchener Schule" mit Hans Moser und Karl-Sigismund Kramer das exakte historische Arbeiten beigebracht und die Überzeugung von Kontinuitäten in der Volkskultur bis in eisgraue heidnische Vorzeiten ausgetrieben, das sich verstärkt der Analyse rezenter kultureller Prozesse zugewandt und erkannt hatte, daß in Deutschland die Industriegesellschaft längst die agrarisch geprägte Kultur verdrängt hatte und das sozialempirische, sozialgeschichtliche und kulturanthropologische Sichtweisen in sein Repertoire aufgenommen hatte, sah nun das Erreichte gefährdet. Denn ein Lexikon verleitet zum raschen und ungenauen Arbeiten, und insbesondere Journalisten fehlt in der Hektik der alltäglichen Text- und Bildproduktion die Zeit. Da hilft der schnelle Blick ins HDA, um sich auf den Zeitungsartikel oder das Kurzinterview zu so obskuren wie obsoleten Themen wie der Quitte als heidnischem Liebessymbol oder Freitag dem 13. vorzubereiten. Gerade die Feste des Jahreslaufs bieten für die Sonn- und Feiertagsbeilagen der Tageszeitungen reichlich Material: Zusammen mit anderen Bräuchen sei auch der Weihnachtsbaum ursprünglich *germanisches* Kulturgut, in der dunklen Zeit tummeln sich die *heidnischen* Dämonen, die mit *germanischen* Ritualen und Peitschen ausgetrieben würden; im übrigen sei das gesamte Fastnachtsbrauchtum *heidnisch*, das Scheibenschlagen im südwestdeutschen Raum führe sich auf *germanische* Sonnenkulte zurück, an Ostern spiele die Auferstehung Christi nur eine untergeordnete Rolle

---

52 Vgl. hierzu CHRISTOPH DAXELMÜLLER: Wotans Wiedergeburt. Von alten Themen und neuem Aberglauben. In: Bayerisches Jahrbuch für Volkskunde 1994, S. 151–159.

53 S. hierzu u. a. HELGE GERNDT (Hrsg.): Volkskunde und Nationalsozialismus. Referate und Diskussionen einer Tagung der Deutschen Gesellschaft für Volkskunde München, 23. bis 25. Oktober 1986 (Münchner Beiträge zur Volkskunde, Bd. 7). München 1987; JACOBEIT/LIXFELD/BOCKHORN (Hrsg.): Völkische Wissenschaft (wie Anm. 9); JAMES R. DOW/HANNJOST LIXFELD (Hrsg.): The Nazification of an Academic Discipline. Folklore in the Third Reich (Folklore Studies in Translation). Bloomington/Indianapolis 1994; CHRISTOPH DAXELMÜLLER: Die deutschsprachige Volkskunde und die Juden. Zur Geschichte und den Folgen einer kulturellen Ausklammerung. In: Zeitschrift für Volkskunde 83 (1987), S. 1–20; DERS.: Nationalsozialistisches Kulturverständnis und das Ende der jüdischen Volkskunde. In: GERNDT (Hrsg.): Volkskunde und Nationalsozialismus, S. 149–167; DERS.: Nazi Conceptions of Culture and the Erasure of Jewish Folklore. In: DOW/LIXFELD (Hrsg.): The Nazification of an Academic Discipline, S. 69–86.

hinter dem Treiben einer Göttin Ostara, wie grundsätzlich sich der Osterhase auf eine bronzezeitliche, selbstverständlich *germanische* „Osterhasen-Göttin" zurückführen lasse, die sogar in einer Felszeichnung im norwegischen Rødøy (Trøndelag) dargestellt und an den langen Ohren erkennbar sei[54]. Während sich die zeitlich daran anschließende Sommer- und Urlaubszeit in den Medien relativ germanenfrei gibt, da sich die Teutonen wie einst ihre Urahnen zur Völkerwanderung in Richtung Süden aufmachen, kehrt die germanische Götterwelt im dunkler werdenden Herbst allmählich wieder zurück, um sich in dämonischem Outfit den Menschen wieder erkennen zu geben und ausgetrieben zu werden, gerne im Rahmen touristischer Inszenierungen in den Ferienorten und seit geraumer Zeit sogar in vermeintlich „wissenschaftlich" betriebenen Freilicht- und Freilandmuseen. Selbstverständlich erscheinen in unserer Gesellschaft, die in der Adventszeit seit Jahren vom amerikanischen Weihnachtsmann beherrscht wird, Schreckgestalten wie Frau Hulda, Frau Percht und Knecht Ruprecht als Gesandte der germanischen Götterobrigkeit, und man beginnt sich zu wundern, wo denn die Kelten abgeblieben seien, die bekanntlich den süddeutschen Raum besiedelt und germanenfrei gehalten hatten. Da schlägt es dem Faß nicht einmal den Boden aus, wenn in einer Fernsehsendung über Berchtesgaden auch die gestandenen Vertreter der Berchtesgadener Weihnachtsschützen zu Wort kommen: Der Brauch, im Winter mit Handfeuerwaffen Pulver zu verschießen und damit Lärm zu erzeugen, gehe auf germanische Ursprünge zurück. Folglich haben nicht die Chinesen, sondern die Germanen das Pulver erfunden und ihr okkultes Wissen direkt an die bajuwarisch-alpinen Prachtexemplare in Berchtesgaden weitergereicht.

Was sich hier wie eine bittere Realsatire liest, bedeutet harte Wirklichkeit in den Tageszeitungen, deren statistische Auswertung nicht lohnt, da das Ergebnis nahezu 100prozentig ausfällt; noch die moderne Volkskultur scheint ihre Herkunft aus der germanischen – nicht: keltischen – Mythologie nicht verleugnen zu können, denn schließlich sei bei den Germanen auch das Wagenrad archäologisch nachweisbar, ohne das der moderne PKW nicht denkbar wäre.

Solche Fehldeutungen finden ihre Leser und Anhänger, und sie setzen sich im Gegensatz zu den tagespolitischen Ereignissen in den Hirnen fest. Sie sind populär, und es erleichtert die Sachlage nicht, daß die unsinnigen mythologischen Spekulationen nicht nur die Laienvolkskundler erreichen, sondern auch renommierte HistorikerInnen. Die „zeitliche Versetzung" etwa der Magie als eines denkerischen und handelnden Anachronismus führte immer wieder zur Theorie des heidnischen Ursprungs, der trotz des Protestes einer sich kulturhistorisch und kulturwissenschaftlich verstehenden Volkskunde als unumstößliches Dogma von Lehrkathedern und Buchseiten verkündet wird[55]. Man ruft zur Inquisition gegen Ungläu-

---

[54] Åke V. Ström/Haralds Biezais: Germanische und Baltische Religion (Die Religionen der Menschheit, Bd. 19/1). Stuttgart/Berlin/Köln/Mainz 1975, S. 154 und 280.

[55] Z. B. Eva Labouvie: Zauberei und Hexenwerk. Ländlicher Hexenglaube in der frühen Neuzeit. Frankfurt a.M. 1991, S. 61–62; vgl. hierzu Daxelmüller: Wotans Wiedergeburt (wie Anm. 52),

bige und Ketzer auf, die schlichtweg aus dem Kreis der seriösen Hexen- und Magieforscher ausgeschlossen werden[56]. Die Überzeugung vom heidnisch-germanischen Untergrund der Magie hat sich derart verinnerlicht, daß hier auf eine Zusammenstellung der Belege, nicht jedoch auf eine Feststellung Paul Merkers verzichtet werden kann:

„Statt sich einer mehr oder weniger phantastischen Germanenromantik mit Runenmysterien und angeblich astrologischen Urweisheiten hinzugeben, sollte man lieber mit handfester Quellenforschung versuchen, [...] sich ein gesichertes Bild von dem Leben [...] dieser nordischen Menschen [...] zu machen"[57].

Die Gemengelage von germanischem Heidentum, Aberglaube und Bräuchen, die ihrerseits „Aberglauben" in ritualisierte Handlungen umsetzen, finden allzu offene Ohren. Man begeistert sich für die mythologischen Deutungen, da man mit ihnen einer technisierten Welt entfliehen und sich in vermeintliche heile heidnische Zeitschichten zurückbegeben zu können glaubt, und sie blühen in einer Epoche der Esoterik, der Entstehung neuheidnischer Bewegungen und des Rechtsradikalismus. Einen Beitrag hierzu leistet der schwindende Stellenwert der Amtskirchen, die ihre Gläubigen kaum mehr erreichen, damit jedoch Leerräume entstehen lassen, die man individuell mit Spirituellem und Magischem, Naturmystischem und Okkultem zu füllen versucht. Die technische Entwicklungsarbeit aber leistete und leistet hierbei das HDA.

Mythologische Interpretationen, Germanenkult und Umdeutung der christlichen in eine arische Kultur aber prägten die schrecklichesten zwölf Jahre innerhalb der deutschen Geschichte, die für die Täter zwar kurzen, für die Millionen Opfer aber quälend langen zwölf Jahre des Nationalsozialismus und seiner Rassen- und Germanenideologie. Zwölf Jahre lang zwischen 1933 und 1945 hatten die Ideologen in den Zentralstellen nationalsozialistischen Wahnsinns, Alfred Rosenberg etwa und sein „Amt Rosenberg" oder Heinrich Himmler und sein „SS-Ahnenerbe" mit allen Mitteln und mit ihren Funktionsträgern vor Ort daran gearbeitet, aus dem deutschen einen germanischen Herrenmenschen zu machen, das Jüdische nicht nur aus dem Christentum, sondern auch aus der Gesellschaft auszurotten, das Weihnachtsfest durch das Julfest zu ersetzen und aus alten brauchtümlichen Versatzformen eine Inszenierung germanisch-nationalsozialistischer Machtpolitik zu machen. Da behandelt etwa eine Bild-Textreportage den Brixentaler Flurritt, einen sich traditional gebenden Umzug auf Pferden, bei der die Fahne des Andreas Hofer mitgetragen wird. Sie befindet sich in der Gesellschaft

---

S. 151–159; s. auch Hans Schuhladen: Frühneuzeitliche Volkskultur im Griff der Magie? Zu Ansätzen der volkskundlichen historischen Methode und einer historischen Anthropologie. In: Jahrbuch für Volkskunde 1994, S. 183–198.

56 Wolfgang Behringer: Wotansaustreibung. In: Frankfurter Allgemeine Zeitung, 21. August 1993 (Besprechung von: Christoph Daxelmüller: Zauberpraktiken. Eine Ideengeschichte der Magie. Zürich 1993).

57 Paul Merker: Volkskundliches im altisländischen Recht. In: Mitteilungen der Schlesischen Gesellschaft für Volkskunde 35 (1935), S. 1–25, Zitat S. 25.

der Hakenkreuzfahne, was die Vereinnahmung des Brauches als nationalsozialistischer Propagandaveranstaltung eindeutig dokumentiert[58]. Indem sich der Nationalsozialismus neben die Volksbewegung des Andreas Hofer stellte, suchte er seine eigene Geschichte nicht nur zu verlängern, sondern auch zu legitimieren.

Die längst in ihrer Obsoletheit erkannten germanisch-mythologischen Deutungen von Magie, Aberglaube und Brauch aber versammelt das HDA in der überwiegenden Mehrzahl seiner Artikel. Sie sind der „mythologischen Schule" verpflichtet, mithin ahistorisch und komparativ, einer Arbeitsmethode verpflichtet, die heute nicht mehr angewandt wird. Berechtigt aber diese Erkenntnis, das HDA als nationalsozialistisches Machwerk zu verdammen, da es wichtige Bausteine der menschenverachtenden Ideologie des Nationalsozialismus transportiert?

Die Beantwortung dieser Frage erfordert Differenzierung auf mehreren Ebenen. Bis zu seinem Abschluß verblieb das HDA in den Händen der Schweizer Volkskundler Bächtold-Stäubli und Hoffmann-Krayer, der in einem Brief seinem Freund John Meier mitteilte, daß er in Zukunft von Reisen nach Deutschland, etwa zu Vorträgen, Abstand nehmen werde. Andererseits war das Aberglaubenslexikon fest mit anderen Editionsprojekten der deutschen Volkskunde verbunden; der Verband der deutschen Vereine für Volkskunde nahm sich seiner als dem aussichtsreichsten Projekt an, und der Berliner Verlag Walter de Gruyter betreute es.

Betrachtet man hingegen das Verhältnis der Machthaber zu Bereichen wie Aberglaube, Magie oder Zauber- und Hexenwesen, so verwundert es, daß die Publikation des HDA unbehindert blieb. Zwar huldigten, wie wir heute wissen, die Nationalsozialisten in der Chefetage der Macht, ob Adolf Hitler oder Heinrich Himmler, ihrem eigenen Gebräu von Esoterik, alternativen Heilweisen, Astrologie, Runenmagie und Gralsmystik, wofür sie sich unter Ausbeutung von KZ-Häftlingen, hier insbesondere der inhaftierten Zeugen Jehovas („Ernste Bibelforscher") in der Wewelsburg ihr Kultzentrum schufen[59]. Andererseits planten sie, systematisch gegen dörfliche Heiler, gegen Hexen mithin, vorzugehen. Hierfür richtete ein Sonderkommando Himmlers die „Hexenkartei" ein und suchte in dem Lehrer, Volksaufklärer und Bekämpfer moderner Hexen- und Zaubereivorstellungen, Johann Kruse (1889–1983), einen Verbündeten.

Das Beispiel Kruse legt das gespaltene Verhältnis der Nazis gegenüber allem Okkulten bloß. Der in ärmlichen Verhältnissen geborene Kruse stand zeit seines Lebens der Arbeiterschaft und der Sozialdemokratie nahe. Seine Kirchenfeindlichkeit behinderte seine Karriere als Pädagoge, als Linker geriet er in Widerspruch zur NSDAP[60]. Die nationalsozialistischen Machthaber aber faszinierte an

---

[58] Ernst Otto Thiele: Der Brixentaler Flurritt. In: Deutsche Volkskunde. Vierteljahresschrift der Arbeitsgemeinschaft für Deutsche Volkskunde 2 (1940), S. 134–144, hier S. 135, Abb. 107.

[59] Karl Hüser: Wewelsburg 1933–1945. Kult- und Terrorstätte der SS. Eine Dokumentation (Schriftenreihe des Kreismuseums Wewelsburg, Bd. 1). 2. Aufl. Paderborn 1987.

[60] Zu Kruse s. Joachim Friedrich Baumhauer: Johann Kruse und der „neuzeitliche Hexenwahn". Zur Situation eines norddeutschen Aufklärers und einer Glaubensvorstellung im 20. Jahrhundert

Kruse die antikirchliche Haltung und das Engagement zur Bekämpfung des Hexenglaubens, dessen soziale Folgen für die als „Heiler" und „Hexen" Beschuldigten Kruse seit seiner Kindheit kennengelernt hatte. Dies paßte in die Idee des 1935 auf Veranlassung Heinrich Himmlers beim SD eingerichteten „Hexen-Sonderkommandos"[61]. Man hätte den säkularen Aufklärer Kruse gerne in SS-Diensten gesehen, doch Kruse entzog sich dem Zugriff und tauchte bis 1945 unter.

Kruse seinerseits hatte, getragen von seinem sozialen Verantwortungsbewußtsein, bereits 1923 u. a. die Verbindung zwischen der Hexe als dörflichem und dem Juden als nationalem Sündenbock erkannt:

„Nein, erkrankt oder stirbt auf einem Hofe das Vieh, geraten die Kinder einer Familie nicht, kommt ein Bauer oder Handwerker usw. in seinem Betrieb nicht vorwärts, so sucht er nicht lange nach den natürlichen Gründen seines Unglücks, da ihm dies das unangenehme Bewußtsein seiner Untüchtigkeit und Nachlässigkeit eintragen würde. Und um diesen Verdacht und das sich einstellende Gerede von sich abzuwenden, ist es natürlich ein Leichtes, auf Grund der Unbildung seiner Mitmenschen einen anderen, der aus Neid oder aus Rachsucht das Unglück verursacht haben sollte, der Hexerei zu verdächtigen. Dieses Mittel, die Schuld von sich auf andere zu schieben, wozu die Denktätigkeit unseres Volkes ja geradezu herausfordert, sehen wir heute im Großen angewandt in der von einer fluchbeladenen, mit historischer Schuld belasteten ‚Herrenkaste' in Szene gesetzten Judenhetze"[62].

Nach 1945 griff Kruse diesen Aspekt verstärkt auf. Indem er diffamierende Vorstellungen über die zauberischen Fähigkeiten von Juden, Zigeunern und Freimaurern zusammentrug, versuchte er, das ungebrochene Fortleben antisemitischer und rassistischer Überzeugungen in der jungen Bundesrepublik nachzuweisen. Sehr viel eindringlicher noch als 1923 deckte er den Zusammenhang zwischen dem historischen Hexenwahn und den nationalsozialistischen Verbrechen auf:

„Die beiden schändlichsten Kapitel der deutschen Geschichte – die Zeit der Hexenverbrennungen und die Zeit der Judenvernichtung unter Hitler – stehen in ursächlichem Zusammenhang. Was die Volkskunde bei der einseitigen Herausstellung abergläubischer Vorstellungen unterschlug, ist die Tatsache, daß von den Hexenverbrennungen im Mittelalter über den durch das ‚6. und 7. Buch Moses' geschürten Hexenwahn eine gerade Blutlinie des Hasses und der Grausamkeit zur Judenvernichtung im Nazireich führt"[63].

---

untersucht anhand von Vorgängen in Dithmarschen (Studien zur Volkskunde und Kulturgeschichte Schleswig-Holsteins, Bd. 14). Kiel 1984.

[61] S. hierzu GERHARD SCHORMANN: Hexenprozesse in Deutschland (Kleine Vandenhoeck-Reihe, 1470). Göttingen 1981; DIETER HARMENING: Himmlers Hexenkartei. Ein Lagebericht zu ihrer Erforschung. In: Jahrbuch für Volkskunde N. F. 12 (1989), S. 99–112.

[62] JOHANN KRUSE: Hexenwahn in der Gegenwart (Kultur- und Zeitfragen, 4). Leipzig o.J. [1923], S. 43.

[63] JOHANN KRUSE: Kurzer Bericht über den gegenwärtigen Stand des Kampfes gegen den Hexenwahn. Masch. Manuskript, unveröffentlicht, um 1967, S. 30; zitiert nach BAUMHAUER (wie Anm. 60), S. 81.

Sensibilisiert für die von der Majorität organisierte Judenhetze zog Kruse die Volkskunde als Wissenschaft in einer Schärfe zur Verantwortung für das Schicksal der Juden wie zuvor und auch nach ihm kein zweiter: sie habe durch einseitige Forschung und Publikation zur Tradierung und Verbreitung antijüdischer, bzw. antisemitischer Stereotypen beigetragen: „In zahlreichen Büchern haben Volkskundler (Professoren, Doktoren usw.) diesen Wahn gefördert“[64]. Er bezog sich mit dieser Feststellung konkret auf die von Paul Zaunert im Eugen Diederichs-Verlag herausgegebenen Sagenbände. Insbesondere aber griff er die „Schlesischen Sagen“ seines Intimfeindes Will-Erich Peuckert von 1924 an[65], die – wie allgemein üblich – auch einige „Judensagen“ enthielten. Doch sein Vorwurf traf ausgerechnet den Falschen[66].

Der Fall Kruse, der Aberglauben dadurch bekämpfte, indem er ihn systematisch sammelte – sein Nachlaß befindet sich heute im Hamburgischen „Museum für Völkerkunde“ – demonstriert die Gespaltenheit nationalsozialistischer Pragmatik. Bei ihm, der als Sozialdemokrat und durch seine weltanschauliche Haltung beruflich stigmatisiert war und sich im offenen Widerspruch zu den völkischen Hirngespinsten der Machthaber befand, hätte die SS Heinrich Himmlers alle Augen zugedrückt, wenn sie ihn für die eigenen aberglaubensbekämpfenden Projekte hätte gewinnen können. Bereits eine oberflächliche Durchsicht volkskundlicher Veröffentlichungen zwischen 1933 und 1945 zeigt, daß im Gegensatz zu der in nationalsozialistische Feiern wie das Julfest oder die Sonnwendfeuer umsetz- und instrumentalisierbaren Brauchforschung wie auch zur Lied- und Erzählforschung, mit der sich zum einen politische Okkupationsansprüche auf „Sprachinseln“ wie die Gottschee oder auf Südtirol untermauern, zum anderen gängige Stereotypen vom Juden transportieren ließen[67], oder aber zur Sinnbildforschung, die schlichtweg jedes symbolische Bildkonstrukt auf germanischen Ursprung zu-

---

[64] Kruse: Kurzer Bericht (wie Anm. 63), S. 29; zitiert nach BAUMHAUER (wie Anm. 60), S. 81.

[65] Will-Erich Peuckert: Schlesische Sagen (Deutscher Sagenschatz, 3). Jena 1924.

[66] Zu Kruses Engagement für die Juden, zu seinem Einsatz für die Einrichtung von Gedenkstätten und die Anbringung von Mahntafeln sowie zu seiner Untersuchung über die „Vertreibung der Juden aus Schleswig-Holstein und ihre Vernichtung im KZ“ s. Baumhauer (wie Anm. 60), S. 82.

[67] Fritz Kynass: Der Jude im deutschen Volkslied. Eine Teilstudie. Phil. Diss. Greifswald 1934; Franz Maria Goebel: Jüdische Motive im märchenhaften Erzählungsgut. Studien zur vergleichenden Motivgeschichte“ (Phil. Diss. Greifswald 1932) Gleiwitz 1932; Josef Prestel: Märchen als Lebensdichtung. Das Werk der Brüder Grimm. München 1938; Matthes Ziegler, Volkskundler im Amt Rosenberg, sah in seiner Greifswalder Dissertation „Die Frau im Märchen“ ([Deutsches Ahnenerbe, II. Abteilung, Fachwissenschaftliche Untersuchungen 2], Leipzig 1937, S. 7) in der Existenz eines semitischen Märchens „einen Widerspruch in sich selbst“. S. ferner Hannjost Lixfeld: Matthes Ziegler und die Erzählforschung des Amts Rosenberg. Ein Beitrag zur Ideologie der nationalsozialistischen Volkskunde. In: Rheinisches Jahrbuch für Volkskunde 26 (1985/86), S. 37–59; Christoph Daxelmüller: Volkskunde – eine antisemitische Wissenschaft? In: Hans Otto Horch/Horst Denkler (Hrsg.), Conditio Judaica. Judentum, Antisemitismus und deutschsprachige Literatur vom Ersten Weltkrieg bis 1933/38. Interdisziplinäres Symposion der Werner-Reimers-Stiftung Bad Homburg v.d.H. Dritter Teil. Tübingen 1993, S. 190–226.

rückführte und damit die arisch-germanischen Wurzeln des deutschen Herrenmenschen manifestierte[68], Sammlungen und Untersuchungen zu populären Aberglaubensformen und zur Magie eine untergeordnete Rolle spielten.

Es ist hier nicht möglich, die Geschichte der Volkskunde im Nationalsozialismus wie auch der nationalsozialistischen Volkskunde referieren[69]. Zu betonen bleibt jedoch, daß sie nicht erst mit dem Jahr 1933 begann, sondern in ihrer mythologischen, völkischen und rassentheoretischen Ideenbildung weit ins 19. Jahrhundert zurückreichte; sie mußte 1933 nicht gleichgeschaltet werden, sondern paßte sich nahtlos den Vorstellungen der Parteiideologie an. Denn seit dem Beginn des 19. Jahrhunderts war jene Volkstumsideologie vorgedacht, auf die sich nach 1933 die Nationalsozialisten als geistige Handhabe zum Völkermord berufen konnten. Hermann Bausinger hat diese Entwicklung in einem prägnanten Satz zusammengefaßt: „Wenn irgendwo in einer Wissenschaft der Nationalsozialismus nicht als Einbruch von außen, sondern als innere Konsequenz verstanden werden muß, dann in der Volkskunde“[70].

Zwei Konzepte erwiesen sich für die Volkskunde generell wie für die überwiegende Zahl der Artikel im HDA als verbindlich: die Suche nach den Ursprüngen von Volkskultur im germanischen Altertum und die Beschränkung der Sichtweisen auf ein zuerst nationales, dann nationalistisches und schließlich nationalsozialistisches Verständnis von „Volk“, das ausschließlich die *deutsche* und eine auf das Christentum bezogene *konfessionalistische* Kultur berücksichtigte, mithin systemimmanent historische wie rezente religiöse oder ethnische Minderheiten wie die Juden, Italiener oder Türken ausschloß. Die hierfür entwickelten Theorien aber bekommen wir bereits im 19. Jahrhundert zu fassen.

So folgenschwer der „Hexenhammer“ (Malleus maleficarum) der beiden Inquisitoren Jacob Sprenger und Heinrich Institoris für die Hexenverfolgung der frü-

---

[68] Rolf-Wilhelm Brednich: Das Weigelsche Sinnbildarchiv in Göttingen. Ein Beitrag zur Geschichte und Ideologiekritik der nationalsozialistischen Volkskunde. In: Zeitschrift für Volkskunde 81 (1985), S. 22–38.

[69] S. hierzu u. a. Gerndt: Volkskunde und Nationalsozialismus (wie Anm. 53); Jacobeit/Lixfeld/Bockhorn: Völkische Wissenschaft (wie Anm. 9); Dow/Lixfeld: The Nazification of an Academic Discipline (wie Anm. 53); Daxelmüller: Die deutschsprachige Volkskunde und die Juden (wie Anm. 53); Daxelmüller: Nationalsozialistisches Kulturverständnis und das Ende der jüdischen Volkskunde (wie Anm. 53); Daxelmüller: Nazi Conceptions of Culture and the Erasure of Jewish Folklore (wie Anm. 53).

[70] Hermann Bausinger: Volkskunde. Von der Altertumsforschung zur Kulturanalyse (Untersuchungen des Ludwig-Uhland-Instituts der Universität Tübingen, Sonderband). Tübingen 1979 (ursprünglich Berlin/Darmstadt/Wien 1971), S. 63; vgl. auch Ders.: Volksideologie und Volksforschung. Zur nationalsozialistischen Volkskunde. In: Zeitschrift für Volkskunde 61 (1965), S. 177–204; Wolfgang Emmerich: Germanistische Volkstumsideologie. Genese und Kritik der Volksforschung im Dritten Reich (Volksleben. Untersuchungen des Ludwig-Uhland-Instituts der Universität Tübingen, Bd. 20). Tübingen 1968; Ders.: Zur Kritik der Volkstumsideologie. Frankfurt a.M. 1971; zum Gesamtkomplex s. u. a. Heinrich August Winkler (Hrsg.), Nationalismus (Neue Wissenschaftliche Bibliothek, Bd. 100: Geschichte). Königstein/Ts. 1978.

hen Neuzeit werden sollte[71], so der von mehreren Wissenschaften als Ahnvater in Anspruch genommene Jacob Grimm und seine „Deutsche Mythologie" für die Geschichte der Volkskunde und ihrer Germanomanie[72]. Vor dem Hintergrund einer protestantisch-nationalstaatlichen Idee ging es in diesem Werk um eine deutsch-germanische Altertumskunde, die ihren politischen Impetus nicht verbarg: Daß christliche Missionare gewaltsam die religiöse Kultur der Germanen ausgerottet, die solchermaßen mißhandelten Opfer sich jedoch insgeheim damit zur Wehr gesetzt hätten, indem sie den ihnen aufgezwungenen Heiligen und Festen die Züge der alten Götterwelt und ihrer Rituale verliehen, Freya weiter unter dem neuen Namen Maria verehrten und es nicht unterließen, ihre magischen Operationen an Kreuzwegen, Felsen und anderen okkulten Orten durchzuführen[73], entsprach weniger exakter historisch-philologischer Arbeit als vielmehr dem neuen Nationalismus und der Kontroverse mit einem internationalistischen Katholizismus; das transalpine Zentrum Rom regiere mittels der Konfession in die sich bildenden Nationalstaaten hinein.

Damit war die Idee eines Germanentums, das noch in den Kulturmustern der Gegenwart vor allem bei einfachen, „bäuerlichen" Menschen den Glauben und den Alltag bestimme, wenn schon nicht geboren[74], so doch autoritativ und gerade für volkskundliche Projekte verbindlich vorformuliert; ob Wilhelm Mannhardt, ob im 20. Jahrhundert die „Wiener Mythologische Schule", die Ansicht, daß altartige, bizarr-exotisch anmutende Bräuche und Glaubensformen nicht christlicher, sondern germanischer Herkunft seien, entwickelte sich zur Doktrin. Begeistert feierte etwa Wilhelm Schwartz 1850 die germanische Ursprungstheorie:

„Es gab eine Zeit, und sie liegt nicht so fern, – wo man eine deutsche Mythologie nicht kannte, wo man, was sich an sogenanntem Aberglauben, Sagen, Märchen und Gebräuchen in Deutschland, besonders beim Landvolke, vorfand, meist verächtlich bei Seite schob, bis Jacob Grimm, wie auf andern Gebieten schöpfe-

---

71 Jacob Sprenger/Heinrich Institoris: Malleus maleficarum. Speyer 1492/93; Malleus Maleficarum 1487 (Hexenhammer). Von Heinrich Kramer (Institoris). Nachdruck des Erstdruckes von 1487 mit Bulle und Approbatio. Hrsg. und eingeleitet von Günter Jerouschek (Rechtsgeschichte, Zivilisationsprozeß, Psychohistorie – Quellen und Studien, Bd. 1). Hildesheim 1990; ‚Nürnberger Hexenhammer' 1491. Von Heinrich Kramer (Institoris). Faksimile der Handschrift von 1491 aus dem Staatsarchiv Nürnberg, Nr. D 251. Hrsg. von Günter Jerouschek, mit Transkription des deutschen Textes und Glossar (Rechtsgeschichte, Zivilisationsprozeß, Psychohistorie – Quellen und Studien, Bd. 2). Reprint Hildesheim 1990; Jacob Sprenger/Heinrich Institoris: Der Hexenhammer (Malleus maleficarum). Zum ersten Male ins Deutsche übertragen und eingeleitet von Johann W. R. Schmidt. Teil 1–3, Berlin 1906 (Nachdruck: Darmstadt 1980).

72 Jacob Grimm: Deutsche Mythologie. 3 Bde., 4. Aufl. Berlin 1875–1877.

73 Holger Homann: Der Indiculus superstitionum et paganiarum und verwandte Denkmäler. Phil. Diss. Göttingen 1965.

74 Zu den Vorläufern von Jacob und Wilhelm Grimms Spekulationen s. Christoph Daxelmüller: Disputationes curiosae. Zum „volkskundlichen" Polyhistorismus an den Universitäten des 17. und 18. Jahrhunderts (Veröffentlichungen zur Volkskunde und Kulturgeschichte, Bd. 5). Würzburg 1979.

risch, so auch hier mit kundiger Hand die Zauberwelt deutschen Glaubens wieder heraus beschwor und zeigte, dass eben jene Sagen, Märchen, Gebräuche und Alles [sic!], was man gewöhnlich Aberglauben nennt, in seinen Hauptmassen die letzten Reste des alten deutschen Heidenthums seien“[75].

Daß sich Germanophilie in Verbindung mit der eigenen Autobiographie zur persönlichen Anbiederung an die nationalsozialistischen Machthaber auswirken konnte, zeigt das Beispiel Otto Höflers und der von ihm und Lily Weiser(-Aal) erfundenen „Männerbünde“, für welche die immer wieder herangezogenen Zeugnisse des Tacitus oder der isländischen Sagas einer strengen Quellenkritik nicht standhalten. Die germanische Altertumskunde hatte im 19. und noch im frühen 20. Jahrhundert die Germanen als friedliches, unbedarftes Bauernvolk gesehen. Dieses Bild veränderte sich, als 1927 Lily Weiser, wie Otto Höfler Schülerin des Wieners Richard Much, ihre Schrift „Altgermermanische Jünglingsweihen und Männerbünde“ publizierte[76]. Otto Höfler baute ihre Theorie sieben Jahre später in seinem Werk „Kultische Geheimbünde der Germanen“ weiter aus[77]. Der Wiener „Mythologischen Schule“ entstammend interpretierte er wie Weiser rezente Volks- und Fastnachtsbräuche, so die im Alpenraum weit verbreiteten Perchtenläufe, ferner die populären und erzählgeschichtlich gut dokumentierten Sagenkreise um das Wilde Heer und die Wilde Jagd als direkte Reminiszenz an vorchristlich-germanische Vorstellungen; daraus versuchte er die Existenz von kriegerisch-ekstatischen Männer- und Geheimbünden abzuleiten. Man verband die Berserker mit dem etwa aus Johann Jakob Christoffel von Grimmelshausen her bekannten Motiv des „Bärenhäuters“[78], und Richard Wolfram stellte mit den Schwerttänzen weiteres, diese These angeblich erhärtendes Material zur Verfügung[79]. Unter Berufung auf die Aussagen des Tacitus zu den Chatten und den Hariern rekonstruierte man mit den kultischen Geheimbünden ein Weihekriegertum, das – dem Gott Odin/Wotan geweiht – einen ekstatischen Toten- und Ahnenkult pflegte, sich mit äußerer körperlicher Verwilderung, nicht zuletzt durch den Haarwuchs, einen gruppenspezifischen Ausdruck verlieh, sich in tranceartigen Zustand versetzen und dann identisch mit dem Geister- und Totenheer fühlen konnte. Dadurch hätten die Mitglieder u. a. als Berserker Unverwundbarkeit und

---

[75] Wilhelm Schwartz: Der heutige Volksglaube und das alte Heidenthum mit Bezug auf Norddeutschland und besonders die Marken. Berlin 1850, S. 1.

[76] Lily Weiser: Altgermanische Jünglingsweihen und Männerbünde. Ein Beitrag zur deutschen und nordischen Altertums- und Volkskunde (Bausteine zur Volkskunde und Religionswissenschaft, Bd. 1). Bühl 1927.

[77] Otto Höfler: Kultische Geheimbünde der Germanen, Bd. 1. Frankfurt a.M. 1934.

[78] Heinz Rölleke: Bärenhäuter. In: Enzyklopädie des Märchens Bd. 1, Berlin/New York 1977, Sp. 1225–1232.

[79] Richard Wolfram: Schwerttanz und Schwerttanzspiel. In: Wiener Zeitschrift für Volkskunde 37 (1932), S. 1–6; Ders.: Altersklassen und Männerbünde in Rumänien. In: Mitteilungen der Anthropologischen Gesellschaft in Wien 64 (1934), S. 112–128; Ders: Schwerttanz und Männerbund. 3 Bde., Kassel 1936–1937.

Unbesiegbarkeit im Kampf erzielt. Die Körperbemalung der Harier in der Schlacht diente zudem nicht nur der Abschreckung der Feinde, sondern auch zur Identifikation der Krieger mit dem Heer der Geister, des Todes und der Nacht. Die Aufnahme in diese kriegerischen Männerbünde erforderte nach Weiser unterschiedliche Initiationsriten wie das Wachsenlassen der Haare oder das Anlegen eines Ringes, eine Lehr- und Probezeit und schließlich das Erlegen eines Tieres oder eines Feindes. Das Haar- und Bartscheren mache dann nach Abschluß dieser Periode den Jüngling zum Mann[80].

Obwohl Höflers Schrift nach ihrem Erscheinen heftiger Kritik ausgesetzt und auch innerhalb der nationalsozialistischen Volkskunde nicht unumstritten war[81], popularisierte sie ein neues Germanenbild und kam vor allem den völkischen und nationalsozialistischen Männerbundideologien entgegen[82]; so stand für Höfler der ekstatische Kultverband als Träger der Herrschaft und der staatsbildenden Macht fest[83]. 1938 und 1940 erweiterte Höfler seine Theorie der germanischen Kultkontinuität, indem er Kultur grundsätzlich als „die Entwicklungsform der völkischen Lebensformen" sah. Nicht nur hier wird der Einfluß deutschnationalen und nationalsozialistischen Gedankenguts übermächtig, das sich auch in der politischen Überzeugung Höflers wiederspiegelt; als 21jähriger gehörte er der deutschnationalen „Ordnertruppe" in Wien, die 1922 in die SA umgewandelt wurde, seit 1921 dem Wiener Akademischen Verein der Germanisten an, der von seinen Mitgliedern schriftlich die ehrenwörtliche Erklärung über deutsch-arische und deutschvölkische Gesinnung verlangte[84], und er bekannte sich früh zum Nationalsozialismus[85]; in Heinrich Himmlers SS-Ahnenerbe war er als freier Mitarbeiter tätig[86].

Der Fall Höfler zeigt stellvertretend für zahlreiche andere Fachvertreter die politische und ideologische Brisanz einer Germanomanie, die im Kern bereits im 19. Jahrhundert völkisches Gedankengut in sich trug. Zudem stellte man seit Ja-

---

80 Weiser: Jünglingsweihen (wie Anm. 76) , S. 70–76.

81 Friedrich von der Leyen: Rezension von: Otto Höfler, Kultische Geheimbünde der Germanen. In: Anzeiger für deutsches Altertum und deutsche Literatur 54 (1935), S. 153–165; Friedrich Ranke, Das Wilde Heer und die Kultbünde der Germanen. Eine Auseinandersetzung mit Otto Höfler. In: Ders.: Kleinere Schriften, 1971.

82 Olaf Bockhorn: Von Ritualen, Mythen und Lebenskreisen. Volkskunde im Umfeld der Universität Wien. In: Jacobeit/Lixfeld/Bockhorn: Völkische Wissenschaft (wie Anm. 9), S. 477–526; Ulrich Hunger: Die Runenkunde im Dritten Reich. Ein Beitrag zur Wissenschafts- und Ideologiegeschichte des Nationalsozialismus (Europäische Hochschulschriften, Reihe 3, Bd. 227). Frankfurt a.M./Bern/New York/Nancy 1984; Hannjost Lixfeld: Rosenbergs „braune" und Himmlers „schwarze" Volkskunde im Kampf um die Vorherrschaft. In: Jacobeit/Lixfeld/Bockhorn: Völkische Wissenschaft (wie Anm. 9), S. 255–269; Klaus von See: Das „Nordische" in der deutschen Wissenschaft des 20. Jahrhunderts. In: Jahrbuch für Internationale Germanistik 15 (1984) S. 8–38.

83 Helmut Birkhan: Otto Höfler. Nachruf. In: Almanach der Österreichischen Akademie der Wissenschaften 138 (1988), S. 385–406, hier S. 390.

84 Bockhorn: Von Ritualen, Mythen und Lebenskreisen (wie Anm. 82), S. 482.

85 Birkhan (wie Anm. 83), S. 401.

86 Lixfeld: Rosenbergs „braune" und Himmlers „schwarze" Volkskunde (wie Anm. 82), S. 266.

cob Grimms „Deutscher Mythologie" die wissenschaftliche Methode nie in Frage. Grimm hatte zu keinem Zeitpunkt beabsichtigt, eine *germanische Volkskunde* zu definieren, sondern die äußerst mangelhafte archäologische, historische und literarische Quellensituation durch späte, häufig aus ihrem Zusammenhang gerissene Textpassagen, Hinweise auf Brauch-, Glaubens- und Aberglaubensformen zu ersetzen. Er schritt nicht von der Zeit und Kultur der Germanen, über die wir bis heute nicht allzu viel wissen, bis in historische Epochen oder gar in seine eigene Gegenwart vor, sondern versuchte, ahistorisch und fernab jeglicher geschichtswissenschaftlicher Arbeitsweise und Text- wie Quellenkritik, zudem phänomenologisch vergleichend, aus den Überlieferungen des Mittelalters und der Neuzeit dann, wenn sie von anders erklärbaren kulturellen Mustern abwichen, retrospektiv germanische Kultur und Mythologie zu rekonstruieren und damit die riesigen überlieferungsfreien Flächen einer vorchristlichen Kultur zu füllen. Diese ahistorisch-komparatistische Methode, zur Vollblüte in der Zeit zwischen 1933 und 1945 gelangt und, als ob nichts geschehen wäre, noch Jahrzehnte nach der Beendigung des Zweiten Weltkrieges in der Nachkriegszeit praktiziert, bis heute fest verankert in den Hirnen von selbstberufenen Hobbyvolkskundlern, Journalisten und Unterhaltungskünstlern in den Redaktionsstuben der Rundfunk- und Fernsehanstalten, prägte nicht nur das volkskundliche Forschen, sondern auch und gerade weite Teile des HDA.

Einige wenige Beispiele mögen das mythologische Gebräu des HDA verdeutlichen. Bis heute zählen die Feuerbräuche in den Beilagen der Tageszeitungen und den literarischen Ergüssen von Ortsheimatpflegern als Inbegriff germanischen Kultwesens; die Bestätigung findet man in Herbert Freudenthals Beitrag „Feuer" im HDA[87]. Da steht zu lesen, daß das „Christentum [...] mit seiner ausgebildeten Vorstellung von Fegef[euer ...] und Hölle [...] die germanischen Anschauungen vom Orte der abgeschiedenen Seelen" verdrängt habe[88], was sachlich wie historisch falsch ist. Denn die Missionare, die den Heiden das Christentum in der Missionszeit fürchten lehrten, wußten noch nichts von einer Fegefeuerlehre, da sich diese, von Frankreich ausgehend, erst im Hochmittelalter entwickelte und für die Sünder zwischen der Ausschließlichkeit von Himmel und Hölle, Erlösung und Verdammnis, ein Zwischenstadium der Reinigung (*purgatorium*) einschaltete[89]. Andererseits kann das Fortleben germanischer Feuerkulte etwa im Johannisfeuer, dessen Asche „mitgenommen und in Haus, Feld, Garten und sogar in der Krankenpflege als Schutzmittel verwendet" worden sein soll[90], mit historischen und textkritischen Methoden ebensowenig wie mit archäologischen nachgewiesen wer-

---

87 Herbert Freudenthal: Feuer. In: HDA 2 (1929/30; 1987), Sp. 1389–1402.

88 Ebd. Sp. 1392.

89 Jacques le Goff: Die Geburt des Fegefeuers. Vom Wandel des Weltbildes im Mittelalter. München 1990.

90 Belinda Haas: Der Sonne verbunden. Gedichte vom „richtigen" Johanniskraut und von anderen Heilpflanzen. In: Mittelbayerische Zeitung 56. Jg., Nr. 138, Samstag/Sonntag, 17./18. Juni 2000, unpag.

den, da es sich bekanntlich bei Feuer und Flamme um ephemeres, mithin vergängliches und zudem nicht nur wärmendes, sondern auch zerstörendes Material handelt.

Noch die „Geschlechtsteile (Genitalien)" bleiben im festen Griff der Germanen. Das HDA liefert keine Realsatire, sondern feste Überzeugung, wenn es feststellt: „Nach nordischer Überlieferung kann ein Jagdgewehr ‚gebunden' werden, wenn jemand, mit der Hand seine G[eschlechtsteile] anfassend, das Gewehr, womit ein anderer zielt, starr anblickt: dann geht der Schuß nicht los"[91]. Ob dafür andere Schüsse losgehen, erfährt der faszinierte Leser nicht, und daß dieser „Aberglaube" keinen Eingang in militärische Abwehr- und Schutztechniken fand, mag verständlich sein: Soldaten, die ihre Hand nur am Penis halten, taugen zum Kriegführen und Totmachen nicht.

Die Aufgabe, aus der überwiegenden Zahl der Aberglaubensinterpretationen des HDA ein humoristisches Lesebuch zu erstellen, fiele nicht schwer; doch die Folgen solcher Theorien waren tragisch genug.

Wie die mythologischen Spekulationen von einer lückenlosen Kontinuität des „Germanischen" reichen auch die beiden anderen, von den Nationalsozialisten pragmatisierten Ansätze der Volkskunde, die völkische und die rassistische Theorie, weit ins 19. Jahrhundert zurück. Hatte man jedoch im 19. Jahrhundert neben der Begrenzung auf eine deutschnationale Volkskunde zumindest noch „ethnographische Parallelen" zugelassen und in der theoretisch diffusen „Völkerpsychologie" einen Blick über den nationalen Tellerrand gewagt, so verschaffte sich im 20. Jahrhundert die Eingrenzung auf das „deutsche Volkstum", auf den „deutschen Volkskörper", der auf „deutschem Boden" lebt und „deutsches Blut" in seinen Adern fließen läßt, vorrangige Geltung. Stellvertretend für zahllose völkische Pamphlete sei Lutz Mackensen, eine der Gallionsfiguren nationalsozialistischer Volkskunde, zitiert:

„Es ist seltsam zu beobachten, zu welchen Irrgängen gerade das starre Festhalten an den Volksgrenzen als Aufgabengrenzen die Volkskunde verleitet hat. Denn man sah zwar sehr bald, daß manche eigenvölkischen Kulturformen außerhalb der Landesgrenzen ihre Entsprechungen finden, und das Aufsuchen solcher ‚ethnographischen Parallelen' bildete lange Zeit eines der Hauptziele volkskundlicher Arbeit. So sehr man aber nun einerseits die Stoffbearbeitung auf das eigene Volkstum und nur auf dieses einschränkte, so unbekümmert benutzte man andererseits fremde, oft weit hergeholte Formen zur Deutung eigenvölkischer Kulturerscheinungen. Es genügte eine äußerliche Gleichheit oder auch nur eine Ähnlichkeit, um etwa deutsche und Negersitten auf die gleiche Wurzel zurückzuführen oder einem nordischen Volksglauben die gleichen Voraussetzungen unterzuschieben, die ein Indianerritus nachweislich hat. Stoffbefangen, wie die ganze Zeit war, übersah man ganz, daß jeder Stoff nur Ausdrucksform einer seelischen Haltung ist. Unter dem eindrucksvollen Kennwort ‚vergleichende Volkskunde' hat diese schon durch ihre bequeme Handhabung bestechende Methode Gleichungen auf-

---

[91] Geschlechtsteile (Genitalien). In: HDA 3 (1930/31; 1987), Sp. 730–735, Zitat Sp. 731.

gestellt, die uns zwar heute absurd erscheinen, die aber gänzlich zu beseitigen noch viel Mühe kosten wird"[92].

Wie die mythologischen Spekulationen ging auch die Rassentheorie nicht auf Ideologen des Dritten Reiches wie Alfred Rosenberg oder auf den Rassenchef-theoretiker Hans F. K. Günther zurück[93], sondern lag bereits im 19. Jahrhundert ausformuliert vor. So trennte der besser als „Turnvater" bekannte Nationalpatriot Friedrich Ludwig Jahn (1778–1852), nach dessen vier F („frisch, fromm, fröhlich, frei") sich die deutschen Turner bis heute die Körper verrenken, in seinem „Deutschen Volkstum", das bis 1944 mindestens 16 Neuausgaben erlebte[94], am Beispiel einer Redewendung scharf zwischen der Ehrbarkeit des deutschen Volkes und den unehrlichen Minderheiten:

„'Das ist die rechte Nation!' und der Sprachgebrauch meint Zigeuner, Gaunergesindel, Landstreicher und Schacherjuden"[95].

Die Juden befinden sich also im Volksmodell des Antisemiten Jahn in keiner guten Gesellschaft. Der Turnvater aber bediente sich einer Technik, die sich wie ein roter Faden durch die Geschichte des Verhältnisses der deutschen Volkskunde zu den Juden ziehen sollte; man nannte sie nicht beim Namen, doch als Objekte blieben sie nonverbal präsent. Jahn nahm zudem jenen biologischen Volksbegriff vorweg, der sich mehr als ein Jahrhundert später in den Nürnberger Rassegesetzen so verhängnisvoll für die Juden auswirken sollte:

„Mischlinge von Tieren haben keine echte Fortpflanzungskraft, und ebensowenig Blendlingsvölker ein eigenes volkstümliches Fortleben. Es läßt sich ein Edelauge in den Wildling setzen, ein Edelreis auf den Wildstamm, die Geschichte mag mit Beispielen dies Bild anpassen; aber das Immerwiederüberpropfen taucht [sic!] nicht in der Baumschule und in der Völkerzucht noch weit weniger[96].

Fernab solcher bei den Nazis äußerst beliebter botanischer Sprachbilder aber zog Jahn folgenden Schluß:

„Das spanische Sprichwort ‚Traue keinem Maulesel und keinem Mulatten' ist sehr treffend, und das deutsche ‚nicht Fisch nicht Fleisch' ist ein warnender Ausdruck. Je reiner ein Volk, je besser; je vermischter, je bandenmäßiger"[97].

---

92 Lutz Mackensen: Volkskunde in der Entscheidung. Versuch einer Standortbestimmung (Philosophie und Geschichte. Eine Sammlung von Vorträgen und Schriften aus dem Gebiet der Philosophie und Geschichte, 63). Tübingen 1937, S. 25–26. Zur Sprache des Nationalsozialismus s. Johannes Zischka: Die NS-Rassenideologie. Machttaktisches Instrument oder handlungsbestimmendes Ideal? (Europäische Hochschschulschriften, Reihe III: Geschichte und ihre Hilfswissenschaften, Bd. 274). Frankfurt a.M./Bern/New York 1986.

93 Hans F. K. Günther: Rassenkunde des deutschen Volkes. München 1922; Ders.: Deutsche Rassenbilder. München 1924; Ders.: Rassenkunde des jüdischen Volkes. 2. Aufl. München 1930.

94 S. Ingeborg Weber-Kellermann: Deutsche Volkskunde zwischen Germanistik und Sozialwissenschaften (Realienbücher für Germanisten. Abt. A: Literaturwissenschaft und Geisteswissenschaften/Sammlung Metzler 79). Stuttgart 1969, S. 16–17.

95 Friedrich Ludwig Jahn: Deutsches Volkstum. Frankfurt a.M. o.J. S. 15.

96 Ebd. S. 22–23.

97 Ebd. S. 23.

Zwischen den Zeilen begründete Jahn, warum die Juden innerhalb des deutschen Volkes letztlich ebensowenig zu suchen hätten wie in einer Geschichtsschreibung der deutschen Nation. Die Wurzeln jener anthropologischen Wahnideen, welche die systematische Ausrottung des Juden als eines rassischen Volksschädlings, als Ungeziefer rechtfertigen, um die Sprachpirouetten des Turnvaters fortzuführen, reichen folglich weit ins 19. Jahrhundert zurück.

Die Spurensuche führt von hier zu Wilhelm Heinrich Riehl (1823–1897), der 1858 seine Münchener Antrittsvorlesung mit einem Vortrag über „Die Volkskunde als Wissenschaft"[98] bestritten und zu dessen Bedeutung für die volkskundliche Fachgeschichte sich vor einer Reihe von Jahren eine ebenso materialreiche wie kontrovers geführte Diskussion zwischen Hans Moser[99], Klaus Guth[100], Helge Gerndt[101], Günter Wiegelmann[102] und Konrad Köstlin[103] entzündet hatte. Zwar strich man Riehls Einfluß auf die Volksideologie des Nationalsozialismus klar heraus[104], doch den Antisemiten Riehl übersahen die Autoren. Hierzu wird man lediglich in Wolfgang Emmerichs Tübinger Dissertation von 1968 fündig[105]. Riehl hatte die Kategorie der jüdischen Entwurzelung eingeführt, in der erstmals 1851 erschienenen „Bürgerlichen Gesellschaft" nicht nur das „jüdische Geistesproletariat" des „Hasses gegen die Gesellschaft wie gegen den Staat" beschuldigt[106] und die „Heimatlosigkeit" und das „Vagabundenleben" der „Schacherjuden" angeprangert[107], sondern in seinem populären Werk „Land und Leute" die Rastlosigkeit der Juden der Bodenständigkeit des (deutschen) Volkes gegenübergesetzt[108]. Durch den Schriftsteller und Kulturhistoriker Gustav Freytag erhielt

---

98 WILHELM HEINRICH RIEHL: Die Volkskunde als Wissenschaft. In: DERS.: Culturstudien aus drei Jahrhunderten. Stuttgart 1859, S. 205–229.

99 HANS MOSER: Wilhelm Heinrich Riehl und die Volkskunde. Eine wissenschaftsgeschichtliche Korrektur. In: Jahrbuch für Volkskunde N. F. 1 (1978), S. 9–66.

100 KLAUS GUTH: Wilhelm Heinrich Riehl und kein Ende ...? In: Jahrbuch für Volkskunde N. F. 2 (1979), S. 73–76.

101 HELGE GERNDT: Abschied von Riehl – in allen Ehren. In: Jahrbuch für Volkskunde N. F. 2 (1979), S. 77–88.

102 GÜNTER WIEGELMANN: Riehls Stellung in der Wissenschaftsgeschichte der Volkskunde. In: Jahrbuch für Volkskunde N. F. 2 (1979), S. 89–102.

103 KONRAD KÖSTLIN: Anmerkungen zu Riehl. In: Jahrbuch für Volkskunde N. F. 7 (1984), S. 81–95.

104 Z. B. MOSER (wie Anm. 99), S. 49–51.

105 EMMERICH: Germanistische Volkstumsideologie (wie Anm. 70), S. 172–173, Anm. 587.

106 WILHELM HEINRICH RIEHL: Die bürgerliche Gesellschaft. Hrsg. und eingeleitet von PETER STEINBACH. Frankfurt a.M./Berlin/Wien 1976 (1. Aufl. Stuttgart 1851), S. 231.

107 Ebd. S. 257–258.

108 WILHELM HEINRICH RIEHL: Land und Leute. Stuttgart/Augsburg 1854. Eine ähnliche These erscheint bei ADOLF WAHRMUND: Das Gesetz des Nomadenthums und die heutige Judenherrschaft (Berlin 1887); vgl. hierzu PAUL R. MENDES-FLOHR: Werner Sombart's: The Jews and Modern Capitalism. An Analysis of its Ideological Premises. In: Publications of the Leo Baeck Institute, Year Book XXI (1976), S. 87–107, hier S. 101, Anm. 129.

Riehls soziologisches Ständemodell und die Idee eines nomadisierenden Judentums eine erhebliche Breitenwirkung und antisemitische Dynamik[109].

Um die Bedeutung Riehls für den nationalsozialistischen Antisemitismus und seine ängstliche Vorstellung vom „Nomadentum“ zu verdeutlichen, sei hier bewußt nicht nach der Originalausgabe, sondern nach der 37., im Leipziger Hammer-Verlag 1934 erschienenen Auflage des „Handbuchs der Judenfrage“ von Theodor Fritsch zitiert, dem wohl einflußreichsten antisemitischen Standardwerk des Dritten Reiches. Fritsch sammelte darin u. a. „Urteile über die Juden nach den Freiheitskriegen bis zur Gegenwart“, unter die er auch die Stimme Riehls einreihte:

„Es ist nicht bloß die Arbeit schlechthin, sondern auch ein scharfer Unterschied in der Idee der Arbeitsehre und der Arbeitssittlichkeit, die den Semiten vom Arier trennt. [...] Er (der Jude) gibt sich oft umfängliche Mühe um eines höchst armseligen Gewinnes willen; er wendet Scharfsinn, Ausdauer, Willenskraft in einem Maße auf, welches er für die lohnendste ehrliche Arbeit niemals auch nur entfernt aufwenden könnte; im unverdrossensten Kopfzerbrechen ersinnt er Listen, über die jedem ehrlichen Manne der Verstand stille steht; er hält große Stücke auf die äußere Ehre seines Berufes, ja er ahnt sogar etwas von der Poesie der Arbeit und freut sich des Humors seiner Lumpenstreiche. – Es fehlt ihm nur eine Kleinigkeit zum wirklichen Arbeiter: das sittliche Motiv und das sittliche Ziel, und mit dieser Kleinigkeit fehlt ihm alles“[110].

Sah man im ausgehenden 19. und im frühen 20. Jahrhundert über die jüdische Kultur infolge eines national(istisch)en Volksbegriffs, oder schärfer noch wie Riehl, wegen der Doktrin von Entwurzelung und kulturfernem, unkreativen Nomadentum, hinweg, was später zum sprachlichen, kollektive Ängste schürenden Stereotyp in Alfred Rosenbergs „Mythus des 20. Jahrhunderts“[111] werden sollte, so erhielt die volkskundliche Argumentation bereits im Vorfeld des Nationalsozialismus eine vermeintliche Bestätigung durch die Pseudowissenschaft der Rassentheorie. Mit ihr glaubte man nämlich, die Volkstumsideologie nun auch naturwissenschaftlich begründen zu können. Begeistert begrüßte daher etwa Lutz Mackensen eine rassentheoretisch stabilisierte Volkskunde:

„Man hat in unseren Tagen nach einer Volkskunde auf rassischer Grundlage gerufen. Für viele, auch für mich, war dieser Ruf wie eine Erlösung. Aber Volk

---

[109] Vgl. hierzu Shulamit Volkov: Antisemitism as a Cultural Code. Reflections on the History and Historiography of Antisemitism in Imperial Germany. In: Publications of the Leo Baeck Institute, Year Book XXIII (1978), S. 25–46, hier S. 37; s. auch George L. Mosse: The Image of the Jew in German Popular Culture: Felix Dahn and Gustav Freytag. In: Publications of the Leo Baeck Institute, Year Book II (1957), S. 218–227; Ernst Kohn-Bramstedt: Aristocracy and the Middle Classes in Germany. Social Types in German Literature 1830–1900. London 1937, S. 132–149.

[110] Theodor Fritsch: Handbuch der Judenfrage. Die wichtigsten Tatsachen zur Beurteilung des jüdischen Volkes. 37. Aufl., Leipzig 1934, S. 461–462.

[111] Alfred Rosenberg: Der Mythus des 20. Jahrhunderts. Eine Wertung der seelisch-geistigen Gestaltenkämpfe unserer Zeit. 3. Aufl. München 1932.

und Rasse sind nicht das Gleiche; Rasse ist älter als das Volk. Es hieße eine entscheidende Entwicklungsstufe überspringen, sollten wir heute schon den Schritt von der deutschen zur rassischen Volkskunde wagen"[112].

Eine Volkskunde dieser Denkart aber mußte es zwangsläufig als ihre Hauptaufgabe betrachten, die Einzigartigkeit und Überlegenheit des deutschen Herrenmenschen unter Beweis zu stellen. Schlagwörter wie „Arteigenheit", „Artfremdheit" oder „Volkszersetzung" erhielten ihren makabren Sinne. In einer Ankündigung der vom „Verband deutscher Vereine für Volkskunde" betreuten, von deren Vorsitzendem John Meier (1864–1953) herausgegebenen Reihe „Deutsches Volkstum" traten die Absichten und Ziele klar zutage:

„Die Reihe soll, vom lebenden Volke ausgehend, die geistigen Mächte schildern, die das gemeinsame Gesicht unseres Volkes formen, und weiter zeigen, wieviel dabei an Ahnenerbe überkommen ist und welche Züge die jetzigen Geschlechter geschaffen haben. – Nicht Selbstzweck ist es, diese Feststellung zu machen, nicht tot bleiben sollen die Ergebnisse dieser Forschung, sondern befruchtend zu wirken ist vor allem ihre Bestimmung: sie sollen Leben zeugend dazu dienen, die aufbauenden inneren Kräfte deutschen Wesens pflegend zu umsorgen und uns instand zu setzen, die Deutschheit unseres Volkes, in Abwehr des Artfremden und Kräftigung des Eigensten, immer reiner und stärker zu entwickeln"[113].

---

112 Lutz Mackensen: Volkskunde in der Entscheidung. Versuch einer Standortbestimmung (Philosophie und Geschichte. Eine Sammlung von Vorträgen und Schriften aus dem Gebiet der Philosophie und Geschichte, 63). Tübingen 1937, S. 17.

113 Anhang in: Friedrich Pfister: Deutsches Volkstum in Glauben und Aberglauben (Deutsches Volkstum, Bd. 4). Berlin/Leipzig 1936, unpag.; s. Emmerich: Germanistische Volkstumsideologie (wie Anm. 70), S. 157; ähnlich hatte Adam Wrede 1936 in seiner in Osterwieck und Berlin erschienenen „Deutschen Volkskunde auf germanischer Grundlage" (S. 1) der Volkskunde die Aufgabe zugewiesen, die arteigenen Kräfte zu pflegen und zu entfalten, die artfremden jedoch auszumerzen. Der Antisemit Wilhelm Stapel, Verfasser der Schrift „Antisemitismus und Antigermanismus. Über das seelische Problem der Symbiose des deutschen und des jüdischen Volkes" (Hamburg/Berlin/Leipzig 1928) war zeitweise Herausgeber der Zeitschrift „Deutsches Volkstum. Monatsschrift für das deutsche Geistesleben"; s. ebd. S. 8. Ohne die Juden beim Namen zu nennen, formuliert einer der Hauptvertreter der nationalsozialistischen Volkskunde, Eugen Fehrle, über die „Zerstörungsarbeit fremder Rassen": „Den dritten großen Zersetzungsversuch deutschen Wesens haben wir alle miterlebt: rassefremde Menschen drangen in führende Stellungen des Staates und der Gesellschaft ein und versuchten, die deutsche Kultur nach ihrer Art zu gestalten. Zeitung, Theater, Kunst hatten sie schon an sich gerissen, hatten folgerichtig und schlau mit Spott und Hohn, mit ausgeklügelter Verstandesschärfe, was uns heilig und erhaben war, als minderwertig hinzustellen versucht. Denken wir zurück an einige unserer Witzblätter zur Weihnachtszeit. Wie niederträchtig haben sie alles, was uns im Herzen bewegte, mit kalter Verstandesklugheit zersetzt und in den Dreck gezogen! Gegen diese Entartung des deutschen Wesens erhob sich der Nationalsozialismus und betonte als Grundlage aller Gesundung der Volksgesamtheit das Reinhalten deutscher Art, das Sich-Besinnen auf deutsches Volkstum"; Eugen Fehrle, Das Wesen des Volkes (Grundlagen, Aufbau und Wirtschaftsordnung des nationalsozialistischen Staates. Erster Band: Die weltanschaulichen, politischen und staatsrechtlichen Grundlagen des nationalsozialistischen Staates. Gruppe 2: Die politischen und staatsrechtlichen Grundlagen). Berlin o.J. [1936], S. 3.

Nicht nur die kämpferische Sprache, sondern auch die Ideen vom Völkischen, dem in Blut und Boden verwurzelten Volkskörper reichen mithin weit ins 19. Jahrhundert zurück. In der Zeit des Nationalsozialismus aber steigerte sich die Wut gegen alles Fremdartige. Damit man nun nicht mehr in den Einzelveröffentlichungen mühsam suchen mußte, stellte ein weiterer Vertreter der nationalsozialistischen Volkskunde, der Greifswalder Privatdozent Karl Kaiser, die einschlägigen Aussagen in einem „Lesebuch" zusammen[114]. Da liest man etwa von Herbert Freudenthal, dem das HDA u. a. das Stichwort „Feuer" verdankte:

„Beim Volk der Volkskunde handelt es sich danach, kurz gesagt, um die Lebensäußerungen des unbekannten, deutschen Menschen, der in einem ursprünglichen, natürlichen, gemeinschaftsgetragenen Verhalten eine blut- und bodenbestimmte geistig-seelische Grundhaltung bekundet"[115].

Mag diese aus Worthülsen zusammengesetzte Sprache noch wenig präzise sein, so ließ Freudenthal 1935 die Katze aus dem Sack. In seinem Aufsatz „'Mein Kampf' als politische Volkskunde der deutschen Gegenwart auf rassischer Grundlage" huldigte er seinem Führer Adolf Hitler:

„Das Bekenntnisbuch des Führers umfaßt – wie die nationalsozialistische Weltanschauung, deren Grundbuch es ist – das Ganze einer neuen deutschen Lebensführung. In Ihm liegt deshalb überall, wo wir uns auf Einzelheiten unseres Tuns besinnen, Ausgang, Wegweisung und Ziel zugleich; es ist Prüfstein für die Lebensfrische aller gedanklichen Ausgestaltungen; wer im ‚Kampf' nicht eine Bestätigung, Ausrichtung, Vertiefung seiner Überlegungen findet, der hat irgendwie am Wesentlichen, d. h. am Gegenwärtigen und Politischen, vorbeigezielt.
Das gilt auch für die Wissenschaft und innerhalb ihres Gesamtbereiches damit in erster Linie für eine Teilwissenschaft, die nahezu als einzige bereits in ihrem Namen das Grundgefüge der Nation umschließt: die Volkskunde. […]
Mit dieser Fülle volkspsychologischer Kennzeichnungen haben wir einen Gesamtaufriß des volkstümlichen Lebens vor uns, der uns berechtigt, den ‚Kampf' als eine ‚politische Volkskunde der deutschen Gegenwart auf rassischer Grundlage' zu bezeichnen. Der Beschluß dieser Ausführungen mag ein Hinweis sein auf die vorbildliche Grundhaltung dessen, der sich in diesem Sinne mit seinem Volke beschäftigt. Er kann seine Einsichten nicht aus der Studierstubenbesinnung gewinnen, sondern nur aus tagtäglicher, eindringlicher freudiger und bitterer Erfahrung im unmittelbaren Umgang mit seinem Volkstum bei den andern und sich selbst"[116].

---

[114] Karl Kaiser: Lesebuch zur Geschichte der deutschen Volkskunde (Volkskundliche Texte, hrsg. von Lutz Mackensen, Heft 10). Dresden 1939.

[115] Herbert Freudenthal: Deutsche Wissenschaft im Kampf um das Volk. Zur volkserzieherischen Sendung der Volkskunde. Berlin/Leipzig 1935, S. 17–18; auch in Kaiser: Lesebuch (wie Anm. 114), S. 174.

[116] Herbert Freudenthal: ‚Mein Kampf' als politische Volkskunde der deutschen Gegenwart auf rassischer Grundlage. In: Zeitschrift für Volkskunde N. F. 6 (1935), S. 122 und 134–135.

Damit wird klar, was Volkskunde zu sein hat: Wissenschaft des Nationalen und zugleich nationalsozialistische Staatswissenschaft, aufbauend auf den vom „Führer“ vorgegebenen Prinzipien und nur dann in die Praxis umzusetzen, wenn Wissenschaftler mit nationalsozialistischer Überzeugung und Lebensführung hinter ihr stehen.

Hier aber schließen sich die im 19. Jahrhundert vorformulierten theoretischen Segmente einer Volkskunde des Nationalsozialismus zum Kreis: Die Überzeugung, sich als Deutscher auf die nun seit dem 20. Jahrhundert nicht mehr als friedliche Bauern, sondern als wilde Krieger geltenden „Germanen“ zurückführen zu können, trägt nicht nur zu einer neuen nationalen Identität bei, sondern schafft auch einen Überbau für religiös-konfessionelle Eigenheiten. Der Blick reduziert sich auf das „deutsche“ Volk. Mit der Pseudowissenschaft der Rassentheorie findet man eine vermeintlich anthropologisch fundierte Rechtfertigung, „Fremdkörper“ wie die Juden, aber auch andere Minderheiten zuerst aus dem wissenschaftlichen Wahrnehmungshorizont und dann aus der Gesellschaft auszuschließen. Nicht personell, sondern ideologisch hat sich die deutsche Volkskunde am Massenmord an Juden, Sinti und Roma mitschuldig gemacht.

Das HDA aber gerät zum Vorzeigeprojekt dieser Volkskunde, und es enttäuscht sie nicht mit seinen mythologischen, völkischen und rassistischen Spekulationen. Da schreibt z. B. der Würzburger Religionswissenschaftler Friedrich Pfister in dem zentralen Artikel „Religion“ von einer „germanisch-deutschen Glaubensenergie“[117], in der sich der „Kampf gegen nicht artgemäße Ansprüche und Forderungen des Christentums [...] machtvoll entfaltet“[118]. Da unterscheidet er im „deutsch-germanischen“ Glauben zwischen „Unterschieden des Blutes“ und „Unterschieden des Bodens“[119]. Die „Artfremdheit“ des Christentums beruhe auf seiner Herkunft aus dem „semitischen Kulturkreis“, was „erst in neuester Zeit [...] im Zusammenhang mit der modernen Rassenforschung“ erkannt worden sei[120]. Doch dann legt Pfister sein nationalsozialistisches Manifest vor: Zur „radikalen Verwerfung des Christentums [...] gehören, um nur ein paar der Haupterscheinungen zu nennen, Arthur [sic!] Rosenberg und sein Buch ‚Der Mythus des 20. Jahrhunderts‘, 1. Aufl. 1930, ferner die von dem Tübinger Indologen und R[eligions]wissenschaftler Wilhelm Hauser begründete Deutsche Glaubensbewegung und die Gruppe um General Ludendorff und seine Frau Mathilde“. Obwohl der Text in Band 7 des Neudrucks unschwer nachzulesen ist, sei er hier in voller Länge zitiert:

„Das Christentum wird verworfen, ebenso natürlich auch die Bücher des Alten und Neuen Testaments, und zwar mit der Begründung: weil diese R[eligions]form aus dem Orient, aus dem semitischen Kulturkreis stammend, artfremd dem deut-

---

117 Friedrich Pfister: Religion. In: HDA 7 (1936; 1987); Sp. 652–681, hier Sp. 664.

118 Ebd. Sp. 605.

119 Ebd. Sp. 607.

120 Ebd. Sp. 675.

schen Glauben ist. Diese Forderung und ihre Begründung beruht auf der modernen Rassenforschung. Aber diese ist nicht von Anfang an radikal ablehnend gegen das Christentum gewesen. Noch Chamberlain, dessen Grundlagen des 19. Jh.s 1899 erschienen sind, suchte im wesentlichen das Christentum zu retten. Für ihn war ja Jesus kein Jude der Rasse nach, und seine Lehre stand nach Chamberlain geradezu im Gegensatz zu aller semitischen R[eligion], und so verwirft Chamberlain lediglich die Form der katholischen Kirche, nicht aber die christliche R[eligion] selbst. Auf diesem Standpunkt stehen also etwa auch die vorhin genannten Vertreter der sog. Deutschkirche. Eine Bekämpfung des gesamten Christentums nach rassistischen Gesichtspunkten vom völkisch-deutschen Standpunkt aus sehen wir in starker und ausgeprägter Form nach einigen früheren Ansätzen erst nach dem Weltkrieg hervortreten. Denn die Rassenforschung lehrte nun folgerichtig weiter, daß die Rasse nicht nur in körperlichen, sondern auch in geistigen Eigenschaften sich auspräge und daß jede Rasse ihre eigene Kultur und auch ihre eigene R[eligion] hervorbringe, die nur für sie paßt und sich eignet und für andere Rassen ein fremdartiges Element ist, das als artfremd nicht annehmbar ist. So hängt mit dieser Betonung der arteigenen R[eligion] noch ein Weiteres auf engste zusammen: die Bekämpfung des Anspruchs *einer* R[eligion] und zumal der christlichen [Religion], die absolute R[eligion] zu sein und für alle Völker, auch die nichtsemitischen, zu gelten, und ferner die weitere Forderung: daß das Christentum der Kritik des arteigenen Glaubens eines Volkes unterliege. So tritt neben die Rassenforschung als Grundlage dieser deutsch-völkischen Forderung die Lehre der modernen R[eligion]swissenschaft, daß auch die christliche [Religion] wie jede andere R[eligion] eine historisch gewordene, keine in Wirklichkeit geoffenbarte R[eligion] sei, woraus das Recht der Kritik auch gegenüber dieser R[eligion] abzuleiten ist, der Kritik vom Standpunkt des arteigenen Glaubens des deutschen Volkes aus“[121].

Pfister stellte damit im HDA die Grundsätze der nationalsozialistischen Religionspolitik vor, die vielen Geistlichen der beiden großen Konfessionen[122], den Zeugen Jehovas[123] und nicht zuletzt den Juden das Leben in den Konzentrationslagern gekostet hat, und es fällt auf, daß gerade in den nach 1933 erschienenen Bänden der Begriff „jüdisch“ durch „semitisch“ ersetzt wurde.

---

[121] Ebd. Sp. 679–680.

[122] S. z. B. Christoph Daxelmüller: „... in heilloser Angst alles aus den Taschen verschwinden zu lassen, was nicht hineingehört: Rosenkranz, Zigarettenstummel, Abortpapier, Fetzen zum Umwikkeln der wunden Füße ...“ Frömmigkeit im Konzentrationslager. In: KulturGeschichten. Festschrift für Walter Pötzl zum 60. Geburtstag. Hrsg. von Alexandra Kohlberger im Auftrag des Heimatvereins für den Landkreis Augsburg e.V. (26. Jahresbericht 1997/1998/1999). Augsburg 1999, Bd. 2, S. 1007–1046.

[123] Christoph Daxelmüller: Solidarität und Überlebenswille. Religiöses und soziales Verhalten der Zeugen Jehovas in Konzentrationslagern. In: Hans Hesse (Hrsg.): „Am mutigsten waren immer wieder die Zeugen Jehovas“. Verfolgung und Widerstand der Zeugen Jehovas im Nationalsozialismus. Bremen 1998, S. 21–34; DERS.: Interreligiosität im Konzentrationslager. In: Bayerische Blätter für Volkskunde N. F. 1 (1999) Heft 2, S. 165–192.

Allein der Beitrag Pfisters böte Grund genug dafür, sich von einem erneuten Nachdruck des HDA entschieden zu distanzieren. Doch genügt die einstige, für die *deutsche* Volkskunde weitgehend verbindliche nationalistische, völkische und auch rassentheoretische Ideologie, um das HDA insgesamt als *nationalsozialistisches* Machwerk abzuqualifizieren? Auf den ersten Blick erscheint dies gerechtfertigt, da seine Publikation mit der Geschichte des volkskundlichen Gesamtverbandes in Deutschland ursächlich verbunden war. Ist es ferner möglich, die beiden Hauptinitiatoren des HDA, die Schweizer Eduard Hoffmann-Krayer und Hanns Bächtold-Stäubli, als Vertreter der nationalsozialistischen Volkskunde zu bezeichnen?

Hoffmann-Krayer hatte in seiner volkskundlichen Antrittsvorlesung vom „vulgus in populo" gesprochen. Dies genügte, ihn aus der Sicht der überzeugten nationalsozialistischen Volkskundler als Verfechter eines „liberalistischen Geistes", ja eines „liberalistisch-soziologischen Irrsinns" abzuqualifizieren, so 1935 der Nationalsozialist Adolf Helbok[124].

Zudem war Hoffmann-Krayer neben Richard Andree der einzige deutschsprachige Volkskundler, der die 1898 in Hamburg von dem dortigen Rabbiner Dr. Max (Meïr) Grunwald (1871–1953) ins Leben gerufene „Gesellschaft für jüdische Volkskunde"[125] zur Kenntnis nahm und sich sogar von ihr wesentlich beeinflussen ließ. Denn unter dem Eindruck eines Besuchs des Hamburger „Museums für Völkerkunde" im April 1914, in dem sich inzwischen ein Teil der Sammlungen des von Grunwald eingerichteten „Museums für jüdische Volkskunde" befand, regte Hoffmann-Krayer in Basel die Einrichtung einer „Kommission für jüdische Volkskunde" innerhalb der „Schweizerischen Gesellschaft für Volkskunde" an[126]. Anläßlich der ersten Sitzung am 7. März 1917 formulierte er die Ziele dieser Arbeitsgruppe:

„Durch die mannigfachen Forschungen und Veröffentlichungen, besonders des letzten Jahrzehnts über Juden und Judentum, hat sich immer mehr die Überzeu-

---

124 ADOLFF HELBOK: Was ist deutsche Volkskunde? Ziele, Aufgaben und Wege. Berlin/Leipzig 1935, S. 3 und 9–10.

125 CHRISTOPH DAXELMÜLLER: Die „Gesellschaft für jüdische Volkskunde" in Hamburg. In: Die Juden in Hamburg 1590 bis 1990. Wissenschaftliche Beiträge der Universität Hamburg zur Ausstellung „Vierhundert Jahre Juden in Hamburg". Hrsg. von ARNO HERZIG in Zusammenarbeit mit SASKIA ROHDE (Die Geschichte der Juden in Hamburg 1590–1990, Bd. 2). Hamburg 1991, S. 361–382; DERS.: Wissenschaft im Ghetto. Jüdische Volkskunde in Deutschland. In: Beiträge zur Geschichte der Volkskunde. Eine Wissenschaft im Widerspruch zwischen Leistung und Versagen (Wissenschaftliche Zeitschrift der Humboldt-Universität zu Berlin –Geistes- und Sozialwissenschaften 40, Heft 11, 1991). Berlin 1991, S. 93–102; DERS.: Jüdische Volkskunde in Mittel- und Osteuropa. Überlegungen zur Wissenschaftsgeschichte einer vergessenen Institution. In: Aschkenas. Zeitschrift für Geschichte und Kultur der Juden 2 (1992), S. 173–204; DERS.: Hundert Jahre jüdische Volkskunde – Dr. Max (Meïr) Grunwald und die „Gesellschaft für jüdische Volkskunde". In: Aschkenas. Zeitschrift für Geschichte und Kultur der Juden 9 (1999), Heft 1, S. 133–143.

126 Vgl. hierzu FLORENCE GUGGENHEIM-GRÜNBERG: Eduard Hoffmann-Krayer und die jüdische Volkskunde. In: Schweizerisches Archiv für Volkskunde 60 (1964), S. 133–140.

gung Bahn gebrochen, daß nicht nur die in der Vergangenheit liegende Geschichte der Juden und nicht nur ihre kultisch-religiösen Institutionen von höchster Bedeutung sind, sondern daß auch das heutige jüdische Volkstum für die junge Wissenschaft der Volkskunde voll der bedeutendsten Probleme ist"[127].

Gegen Will-Erich Peuckert aber, einen der wenigen deutschen Volkskundler, die den Faschismus mit ideologisch weißer Weste überstanden hatten und dem nach Ausbruch des „Dritten Reiches" die *venia legendi* entzogen worden war, der den Nationalsozialismus schriftstellernd in seiner schlesischen Heimat überlebt hatte, wurde wegen des Artikels „Jude, Jüdin" im „Handwörterbuch des deutschen Aberglaubens", in dem er u. a. die „Bedeutung der ostjüdischen als einer deutschen Kultur" in blasphemischem Widerspruch zum herrschenden Zeitgeist hervorgehoben hatte[128], ein staatsanwaltschaftliches Ermittlungsverfahren eingeleitet[129]. 1935/36 tauchte Peuckert wieder im HDA auf, mit dem durch seine Materialfülle beklemmenden Beitrag „Ritualmord", nun vorsichtiger geworden, doch versteckt erneut Stellung beziehend: „Es liegt hier nahe, eine Summe zu ziehen. Aber – und dieses Gefühl ist auch auf antisemitischer Seite klar vorhanden, Beschuldigungen lehren nichts, solange die Beweise mangeln. Der Breslauer Kindermord von 1926 ergab, so weit ich ihn in den Berichten der Polizei verfolgen konnte, nichts, was berechtigte, auf einen R[itualmord] zu schließen [...]"[130].

Zu diesem Thema wird die Position Peuckerts in seinen „Schlesischen Sagen" sehr viel deutlicher als im HDA. Dort hatte er im Anschluß an das „Raubgesindel", Mordschützen also und Zigeuner, populäre Erzählstoffe über Juden veröffentlicht, die bekannte, lediglich nach Schlesien verortete Motive wie Kinderraub, Ritualmord und Hostienfrevel enthielten[131]. Doch er unterschied sich grundlegend von seinen weniger reflektierenden Zunftgenossen; er ließ nicht nur – (selbst)ironisch – dem Abschnitt über die Juden ein Kapitel über die „Gelehrten" folgen, die ähnlich „verwunderlich wie die Juden mit ihrer Geheimnistuerei" seien[132], sondern er trug durch Kommentierung zur Aufklärung des Lesers bei; die „Gerüchte der Feindschaft" seien „jahrhundertealt" und „längst bekannt": „War es ein Wunder, daß aller Haß, der aus dergleichen Sagen entstand, die Armen bedrückte und daß sie begierig Hilfe ersehnten?"[133]. Im Gegensatz zu anderen volkskundlichen Narrativisten, die das historische Denken nie erlernt hatten und deren wissenschaftliches Verantwortungsbewußtsein beim Füllen von Papier

---

127 Eduard Hoffmann-Krayer: Jüdische Volkskunde. In: Schweizer Volkskunde 7 (1917), S. 93–94.

128 Will-Erich Peuckert: Jude, Jüdin. In: Handwörterbuch des deutschen Aberglaubens Bd. 4, Berlin/Leipzig 1932 (Reprint Berlin/New York 1987), Sp. 808–833, Zitat Sp. 809.

129 Zu Will-Erich Peuckert s. Brigitte Bönisch-Brednich/Rolf-Wilhelm Brednich (Hrsg.): „Volkskunde ist Nachricht von jedem Teil des Volkes". Will-Erich Peuckert zum 100. Geburtstag (Beiträge zur Volkskunde in Niedersachsen, Bd. 12). Göttingen 1996.

130 Will-Erich Peuckert: Ritualmord. In: HDA 7 (1935/36; 1987), Sp. 727–739.

131 Peuckert: Schlesische Sagen (wie Anm. 65), S. 43–45.

132 Ebd. S. 45–46, Zitat S. 45.

133 Ebd. S. 44.

verloren gegangen war, schloß Peuckert das Judenkapitel mit einer Sage über die Messiaserwartung der Juden in Zeiten höchster Not[134].

Doch auch andere Beiträge im HDA zeigen, daß es durchaus anders gehen konnte. Den „Gebildbroten", Lieblingsobjekten nationalsozialistisch-völkisch-mythologischer Sinnbilddeutung, widmete das HDA einen (über)langen Beitrag[135]. Da liest man, ganz im Widerspruch zum Zeitgeist, daß es „vollkommen verkehrt" wäre, hinter jeder Tiergebäckform oder hinter jedem Teigmännchen" einen „tieferen Sinn zu vermuten"[136], und: „Wie hier, so läßt uns auch die Überlieferung im Stich, wenn wir aus der Masse der bekannten Gebäcke die wirklich germanischen oder deutschen Arten absondern wollen. Die ältesten Stellen sind nur allgemein gehalten, schlecht überliefert oder falsch gedeutet"[137].

Hier deutet sich historische Kritik an, die zahllosen anderen Beiträgen fehlt. Das HDA hielt neben den gängigen Interpretationen auch Nischen offen, in denen der gesunde Menschenverstand zum Ausdruck kam. Ich möchte daher die Frage, ob das HDA ein *genuin* nationalsozialistisches Machwerk war, vorsichtig verneinen; allerdings transportierte es das mit der nationalsozialistischen Ideologie weitgehend identische Selbstverständnis der deutschen Volkskunde. Nationalsozialisten waren seine beiden Herausgeber keinesfalls, doch man hätte ihnen mehr Kritik und ein größeres Durchsetzungsvermögen gegen äußere Zwänge, vor allem aber mehr Autoren wie Will-Erich Peuckert gewünscht.

Aberglaube. Das Eigenverständnis des HDA

Die Aufgabe, den Begriff „Glaube" befriedigend zu erklären, ist nahezu unmöglich. Definitionsversuche erwiesen sich vor allem dann als Irrwege, wenn man ihn in seinen wahrnehmbaren Ausdrucksformen erfassen wollte. Dies gilt in erhöhtem Maße für den „Aberglauben". Da er bedeutungsgeschichtlich stets vom Glauben ab- und ausgegrenzt wurde, verbanden sich mit den Bestimmungsversuchen nur zu oft sehr konkrete historische, subjektive und ideologische Absichten. Ihn zudem noch auf lexikalische Stichwörter zu reduzieren mußte und muß erhebliche Vorbehalte auslösen. Was ein zeitgenössischer Kritiker wie Max Förster mit Recht als unreflektierte Materialsammlung ablehnte, erscheint heute als unzulässige, da verzerrende Beschreibung vermeintlich populärer Denkweisen.

Denn zwischen dem Aberglaubensbegriff des HDA und dem modernen, sehr viel vorsichtigeren Umgang mit den Strukturen und Inhalten populärer Vorstellungswelten bestehen erhebliche Unterschiede. Eduard Hoffmann-Krayer hatte

---

134 Ebd. S. 44–45.

135 HDA 3 (1930/31; 1987), Sp. 373–405.

136 Ebd. Sp. 373.

137 Ebd. Sp. 397.

selbst den umfangreichen Artikel Aberglaube verfaßt, damit die Richtung des Werkes vorgegeben[138] und im Vorwort sich mit der ursprünglichen Überlegung auseinandergesetzt, statt „Aberglaube“ den neutralen Begriff „Volksglaube“ zu verwenden und sich dadurch des wertenden Urteils über außerkanonische Glaubensvorstellungen zu entledigen. Doch Volksglaube, so Hoffmann-Krayer, umfasse mit populären Ansichten über Gott und die Heiligen, über Sünde und Gnade vorwiegend den religiösen Bereich. Ein wertfrei betrachteter Aberglaube erlaube hingegen auch die Berücksichtigung ausschließlich literarisch bezeugter Superstitionen, die nie das Volk erreicht hätten.

So fortschrittlich, da umfassend orientiert, dieses Bemühen 1927 war, am Problem der Ausgrenzung änderte sich – aus heutiger Sicht – wenig; vielmehr wurden abergläubische Vorstellungen und Praktiken als Bestandteil einer Eigen- und Gegenkultur der Unterschichten festgeschrieben. Trotz der Betonung einer objektiven Annäherung bestand die Wertung von Aberglaube durch das subjektive Messen am offiziellen religiösen Standpunkt weiterhin fort, blieb er als irriger, irregeführter Glaube ein Widerspruch zum offiziellen System, da er Glaube an die Wirkung und Wahrnehmung naturgesetzlich unerklärter Kräfte sei, soweit diese nicht in der Religionslehre selbst begründet sind[139]. Religion bedeute die gläubige, allerdings nicht an ein bestimmtes kirchliches Umfeld gebundene Hingabe des Menschen an eine göttliche Macht. Dies schließe allerdings den Aberglauben aus kirchlich-religiösen Handlungen nicht aus.

Hoffmann-Krayer wies dem Aberglauben drei Funktionen zu: Praktiken zur Erfahrung des Verborgenen, etwa durch Deutung von Vorzeichen, die Abwehr oder das Zufügen von Unheil und schließlich den sich auf Anschauungen über den Menschen, die Natur und die übernatürlichen Wesen beziehenden „absoluten“ Aberglauben. Davon trennte er, heutigem Erkenntnisstand widersprechend, die magischen Wissenschaften, zu denen er die komplizierten Divinationstechniken und die Geheimkünste rechnete; über sie informiert das HDA tatsächlich äußerst unzureichend. Das enge Zusammenspiel von Glaube und Handlung aber erfordere es, ansonsten selbständig zu betrachtende Quellengruppen wie die Sage, die Volksmedizin, Segensformeln oder Kalender-, Bauern- und Wetterregeln, soweit diese superstitiös geprägt seien, in den Bereich des Aberglaubens einzubeziehen. Seinen Ursprung und seine Wirkung besitze der Aberglaube in der Überzeugung von magischen Kräften in der Natur, die entweder von sich aus wirksam seien oder vom Menschen bewußt in Anspruch genommen werden könnten. Ein wesentliches Merkmal bilde daher die magische Handlung und das gesprochene oder geschriebene Zauberwort, die beide auf Analogiedenken beruhten. Ihr Ziel sei das materielle Wohlergehen des Menschen, sein Schutz und sein Heil.

---

138 HDA 1, Sp. 64–87.
139 HDA 1, Sp. 66.

Das Bewußtsein des Aberglaubens

Hoffmann-Krayer legte in seiner Systematisierung eine Leitlinie fest, die man mit vollem Recht als Definition von außen bezeichnen darf: Aus irgendwann einmal als „Aberglaube“ festgeschriebenen Denk- und Handlungsmustern entsteht ein Gerüst von Abweichungen, von Überzeugungen, die nicht den gesellschaftlich und wissenschaftlich verbindlichen Leitideen, sondern eigenen, magischen Kausalitäten folgen. Aberglaube wird damit zum Ausdruck einer präscientistischen Welt- und Naturdeutung, die ihre Lebenskraft aus einer längst überholten Auffassung vom Kosmos schöpft. Er gibt sich im Verständnis Hoffmann-Krayers, Bächtold-Stäublis wie des gesamten Handwörterbuchs als objekt- und handlungsorientiert und erweist sich nur insofern als ein historisches und entwicklungsgeschichtliches Phänomen, als er aus dem Gegensatz von geistigem Fortschritt und dumpfem Beharren auf traditionellem Glauben zu resultieren scheint. Zudem steht hinter dem HDA eine Methode der Datenerhebung und -interpretation, die von der Volkskunde bis weit ins 20. Jahrhundert hinein, ja vereinzelt und im Widerspruch zur historisch-archivalischen Arbeitsweise, wie sie vor allem Karl-Sigismund Kramer und Hans Moser vertraten, und trotz der Neuorientierung des Faches bis heute angewandt wird: die Analyse von nur oberflächlich vergleichbarem Material, ohne dessen Geschichtlichkeit zu berücksichtigen. Der zeitgenössische Vorwurf der unkritischen Kompilation an das HDA auf Kosten der exakten historischen Zuordnung läßt sich heute noch schärfer formulieren: Der Mensch als geschichtlicher Träger und Betroffener von Aberglauben spielt keine Rolle. Im Vordergrund stehen Objektivationen wie Hostienzauber, Blutaberglaube oder populäre Kryptognostiken und Krankheitsdiagnosen, von ihren Erforschern längst mit dem Gütesiegel „superstitiös“ versehen und aus weder zeitlich noch räumlich vergleichbaren Schichten zu allgemeinen Ausdrucksformen abstrahiert. Der Mensch in der schwer bestimmbaren Summe „Volk“ wird als Garant von Kontinuität stillschweigend vorausgesetzt, historischer Wandel tritt hinter dem Postulat von Traditionen zurück, die unverändert in vorchristliche, und dies leider nur zu oft in germanische Urzeiten zurückgeführt werden. Der Grund für solche Verkürzungen liegt sicherlich nicht allein im Zwang der lexikalischen Beschränkung, welche die Rekonstruktion der häufig sehr diffizilen individuellen und kollektiven Entwicklungen in der gebührlichen Ausführlichkeit verhinderte. Aus einem geläufigen, liturgisch bestätigten Gebet entwickelt sich nicht so ohne weiteres ein zauberähnliches Gebilde, und die Rolle des Menschen als „activum“ und „passivum“, um mit den Worten Hoffmann-Krayers zu sprechen, kann nicht in wenigen kargen Zeilen geschildert werden. Die durch das HDA repräsentierte volkskundliche Aberglaubensforschung begnügte sich mit einer letztlich blut- und menschenleeren Kultur des Altartigen und Überholten, des Relikts als Merkmal unterschichtlicher Lebensweisen. Begriffe wie Angst vor Aberglauben, Verzauberung, angehexter Krankheit, psychischer Verletzung, vor Denunziation und Diffamierung als Hexe und Magier waren in diesem Zusammenhang ebenso unbekannt wie die Notwendigkeit von Aberglauben dort, wo Menschen z. B. infolge fehlender ärztlicher Versorgung auf dem Land weiterhin die mit alten Heilweisen vertrauten Weisen Frauen und Männer des Dorfes konsultieren mußten. Die Verfasser der einzelnen Beiträge des HDA beschrieben Phänomene, niemals jedoch die Einstellung der Menschen zu abergläubischen Praktiken. Dadurch aber werden die meisten Darstellungen erheblich angreifbar.

In der Sage sah Hoffmann-Krayer ein wichtiges Zeugnis zur Erschließung historischer (Aber-) Glaubensformen; für ihn bedeutete diese Erzählform noch in der Verfremdung durch eine längst wissenschaftlich reglementierte Aufzeichnungs- und Wiedergabetechnik einen Ausdruck des „absoluten" Aberglaubens. Doch es fällt auf, wie leicht die narrative Einheit Sage zum Aberglaubensbericht formalisiert und aus diesem wiederum zur Sage restituiert werden kann; man mutmaßt forscherische Eingriffe zu Lasten einer wirklichkeitsgetreuen Erhebung populären Denkens, wenn man an die Mühelosigkeit der Umwandlung denkt. Gerade hier bedarf es erhöhter Vorsicht bei der Benutzung des im HDA interpretierten Materials. Denn bereits das Literatur- und Abkürzungsverzeichnis wie auch die Anmerkungsapparate der einzelnen Artikel lassen den heute nicht mehr gültigen Begriff von „Geschichtlichkeit" ahnen, dem sich Herausgeber und Autoren verpflichtet fühlten und der u. a. zur unkritischen Auswertung des Sagenmaterials führte. Sie waren dem Grimmschen Verständnis vom historischen Bezug der Sage gefolgt, folglich mußte sich in Erzählungen und Memoraten von wunderlichen und abnormen Dingen, von Gespenstern und magischen Riten, von Frauen, die über ungewöhnliche Fähigkeiten und geheimes Wissen verfügten, von Freveltaten und ihren Bestrafungen immer auch historisches Denken wiederfinden lassen und mit ihm die Tatsächlichkeit des Superstitiösen. Dem muß aus heutiger Sicht entgegengehalten werden, daß viele Aussagen nur erschlossen, rekonstruiert und in bürgerlich-akademische Denkmuster eingepaßt wurden. Rudolf Schenda hat die beinahe zum Glaubensbekenntnis gewordenen Hinweise „aus mündlicher Überlieferung", mit denen viele frühe Sagensammler operierten, als Literaturexzerpte nachgewiesen, sie selbst als Schreibtischtäter entlarvt[140]. Schon ihre Vorbilder, Jacob und Wilhelm Grimm, waren gleichfalls dem schriftlich überlieferten Material, vor allem aber dem Geschichtsverständnis und den wissenschaftlichen Verfahrensweisen des 18. Jahrhunderts bei der Bearbeitung und Deutung von Sagenstoffen verpflichtet gewesen[141]. Was in der Gefolgschaft der Grimms als Aberglaube festgelegt und dann von einer Volkskunde der heilen Welt aufgezeichnet

---

140 Rudolf Schenda: Mären von deutschen Sagen. Bemerkungen zur Produktion von Volkserzählungen zwischen 1850 und 1870. In: Geschichte und Gesellschaft 9 (1983), S. 26–48; Ders.: Volkserzählung und nationale Identität: Deutsche Sagen im Vormärz (1830–1848). In: Fabula 25 (1984), S. 296–303; Ders.: Jacob und Wilhelm Grimm: Deutsche Sagen Nr. 103, 298, 337, 340, 350, 357 und 514. Bemerkungen zu den literarischen Quellen von sieben Schweizer Sagen. In: Schweizerisches Archiv für Volkskunde 81(1985), S. 196–206.

141 Vgl. hierzu Daxelmüller: Disputationes curiosae (wie Anm. 74), S. 187–254.

wurde, besitzt folglich seine eigene definitorische Geschichte. Bevor sich das HDA ihm zuwenden konnte, war er längst präfiguriert; man wußte, wie, wonach und warum man zu suchen hatte. Man war von der Langlebigkeit abergläubischen Wissens überzeugt, aber man vergeudete keine Mühe darauf, die Bedingungen für die vermeintliche jahrhunderte-, ja jahrtausendealte Konstanz zu überprüfen. So entstand ein Destillat, das keinesfalls den Aberglauben als ein historisches Faktum, sondern eher den Umgang einer elitären Bildungsschicht mit den ihr absonderlich, dennoch kulturell interessant, da altertümlich erscheinenden Äußerungen bezeugt; mit anderen Worten: Vor die Benutzung des HDA haben die Götter den Schweiß gesetzt, sich zuerst den Forschungsstand und die Forschungsintentionen der Entstehungszeit des HDA wie grundsätzlich den Stellenwert der volkskundlichen Aberglaubensforschung zu vergegenwärtigen und sich dann die damals angewandten, heute unzulänglichen Erhebungstechniken und Quellenanalysen bei der Deutung von Kulturformen vor Augen zu halten. Denn Volkskunde ist längst nicht mehr eine Hilfswissenschaft der germanischen Altertumskunde, geschweige denn eine Forschungsdisziplin, aus der sich die Bestätigung holen ließe, daß der Fliegenpilz schon bei den Germanen als Glücksbringer bekannt gewesen sei.

Aberglaube als geschichtliches Problem

Seit dem HDA haben sich Inhalte und Methoden der volkskundlichen Beschäftigung mit dem Aberglauben grundlegend geändert, ja es stellt sich die Frage, ob man heute ein vergleichbares Werk mit diesem Namen überhaupt noch in Angriff nehmen könne. Dennoch, eine allgemein gültige Definition von Aberglaube ist ebenso wenig möglich wie zu Bächtold-Stäublis und Hoffmann-Krayers Zeiten. Denn wie damals überwiegt die Ab- und Ausgrenzung, von kirchlichen und naturwissenschaftlichen Lehrmeinungen ebenso wie von gesellschaftlichen Übereinkünften. Wenn der Aberglaube trotzdem wenig von seiner Faszination verloren hat, dann verdankt er dies seiner magischen Komponente, der Überzeugung, daß es hinter einer physikalisch erklärbaren Gesetzmäßigkeit noch eine verborgene, okkulte Wirklichkeit gebe, die es zu aktivieren gilt. Der Aberglaube, so stellvertretend für zahllose Bestimmungsversuche das „Praktische Bibellexikon", äußere sich darin, „Dingen u[nd] Handlungen übernatürliche Kräfte zuzuschreiben, die sie an sich nicht haben"[142].

Eine allseits befriedigende Erklärung wird auch deswegen nur schwer möglich sein, da sie immer eine Frage des jeweiligen Standpunkts ist. Man kann den Aberglauben entwicklungsgeschichtlich darstellen, ihn als überholten Glauben an paranormale Zusammenhänge in der Natur, an die den Menschen und Dingen eigenen magischen Kräfte („virtutes"), die einst auf einem in sich logischen System beruhten, am gültigen Erkenntnisstand messen. Der Glaube an die Heil-

[142] ANTON GRABNER-HAIDER: Praktisches Bibellexikon. Freiburg/Basel/Wien 1969, S. 3.

und Wirkkraft von Mineralien etwa, die man mit analogen Zusammenhängen begründete, weswegen man z. B. den Hämatit wegen seiner roten Farbe und nicht aus Kenntnis seines chemischen Aufbaus als Mittel für Blutstillung anwendete, wurde durch die moderne Laboranalyse und Pharmazie, der Einfluß der Planetenkonstellationen und -konjunktionen auf Edelsteine durch die Anwendung von Spurenelementen in synthetisch produzierten Drogen, die Kabbalistik mit ihren wort- und symbolbefrachteten, kaum mehr lesbaren Schutzzetteln und Amuletten durch das nicht minder komplizierte „Systema sephiroticum" chemischer Formeln ersetzt. Die Naturwissenschaft des 17. und 18. Jahrhunderts, die sich zunehmend von ihrer einstigen Bindung an die Theologie zu lösen, der Welt eine eigene, dem menschlichen Verstand zugängliche Gesetzmäßigkeit einzuräumen und der übernatürlichen Heilkraft wallfahrtsmäßig aufgesuchter Quellen mit der Feststellung natürlicher therapeutischer Stoffe zu entgegnen begann, entzog sich behutsam den engen Grenzen des mittelalterlichen Naturverständnisses, indem sie von den im Schöpfungsakt in der Natur festgelegten „qualitates occultae", den verborgenen Eigenschaften sprach. Diese Kräfte forderten die Naturphilosophen und -wissenschaftler des späten 16. und des 17. Jahrhunders heraus und wurden ihnen zur Verpflichtung, die entmythologisierte Natur zu erforschen und zu entschlüsseln. Johann Jakob Hvals (1656–1712) sprach das zukunftsorientierte forscherische Wollen stellvertretend für seine akademischen Zeit- und Zunftgenossen aus: Auch wenn man derzeit noch nicht in der Lage sei, übernatürlich anmutende Phänomene oder die Ursachen wunderbarer Geschehnisse und Kräfte in der Natur zu erklären, so bedeute das nicht, daß es spätere Zeiten nicht vermöchten[143].

Glaube gerät folglich dort zum bekämpfenswerten Aberglauben, wo neue erkenntnistheoretische Positionen erreicht sind. Dies zeigen die Auseinandersetzung des Frühchristentums und der Kirchenväter mit dem heidnischen Bildungsgut, vor allem jedoch die für die Entwicklung der christlich-abendländischen Begrifflichkeit maßgebliche Superstitionenlehre des Augustinus (354–430). Dieter Harmening hat die Übernahme des lateinischen Wortes „superstitio" durch die frühchristliche Apologetik eingehend untersucht[144]. Sie führte den römischen Religionsbegriff zur Kennzeichnung fremder und neuer Kulte fort, um nun allerdings das Heidentum selbst damit zu brandmarken; wie dem Römer jede nichtrömische, so wurde dem Christen jetzt jede nichtchristliche Religion zur „superstitio", jede sich nicht an den christlichen Gott richtende Verehrung zum Götzendienst (idolo-

143 Johann Jakob Hvalsø (Präses)/Joachim Højer (Respondent): Dissertatio valedictoria de miraculis non miraculis seu de naturae arcanis, qvae vulgo miracula falsò putantur. Kopenhagen 1684, S. 44–46.

144 Dieter Harmening: Superstitio. Überlieferungs- und theoriegeschichtliche Untersuchungen zur kirchlich-theologischen Aberglaubensliteratur des Mittelalters. Berlin 1979; Ders.: Aberglaube und Alter. Skizzen zur Geschichte eines polemischen Begriffes. In: Volkskultur und Geschichte. Festschrift für Josef Dünninger, hrsg. von Dieter Harmening/Gerhard Lutz/Bernhard Schemmel/Erich Wimmer. Berlin 1970, S. 210–235.

latria). Doch die Theologen erweiterten dieses Bedeutungsfeld, indem sie unter Aberglauben auch jedes der wahren Religion hinzugefügte, sie zur „falsa religio" machende Element, jeden überflüssigen Brauch, verstanden. Thomas von Aquin (um 1225–1274) interpretierte „superstitio" als Götzendienst, als „cultus divinus cui non debet", als „cultus exhiberi deo vero, modo indebito", als etwas überflüssig-abergläubisches (superfluum et superstitiosum), das über die „dei et ecclesiae institutionum, vel contra consuetudinem communem" hinausginge[145].

Aberglaube bedeutet folglich in seiner frühen Begrifflichkeit zum einen den Verstoß gegen das erste Gebot des Dekaloges, zum anderen die Erkenntnis, daß der Mensch selbst unfähig zu zaubern und seine Umwelt mittels Magie zu beeinflussen sei. Diese Theorie führt sich auf den Kirchenlehrer Augustinus und seine Rezeption der spätantiken, insbesondere der neuplatonischen Dämonologie und Kosmologie zurück. Ihr Kernpunkt lautet: Zur Ausübung der operativen Magie bedarf es der Hilfe eines Dämons, dem der Mensch seine zauberischen Absichten kundtun kann. Die augustinische Magie- und Aberglaubenstheorie beruhte auf der Dämonisierung der synkretistischen Götterwelt und der Überzeugung vom Wirken medialer Wesen als Urheber der Magie, soweit sich diese nicht natürlich („magia naturalis"), mithin als schöpfungsimmanent erklären ließ: Die Erzählung von den drei Weisen, die durch Sternbeobachtung den neugeborenen Christus fanden (Mt. 2, 1–12), und von der Sonnenfinsternis beim Tode Christi adelte die Astrologie und Horoskopstellerei im Mittelalter und in der frühen Neuzeit zur legitimen Wissenschaft und lukrativen Nebenbeschäftigung von Universitätsrektoren wie dem Wittenberger Martin Pollich. Der Dämon hingegen trat als Vermittler zwischen Mikro- und Makrokosmos, zwischen Mensch und göttlichem oder höllischem Jenseits auf. Nicht das vom zaubernden Menschen gesprochene machthaltige Wort, die Beschwörung, nicht die von ihm vollzogene analoge Tat, z. B. der Zauber mit Bildern[146], bewirkten den magischen Effekt, sondern der herbeizitierte Dämon. Ihm war der Wunsch des Zauberers vorzutragen, wie der Mitmensch oder die Natur zu beeinflussen, zu schädigen oder zu töten waren. Die Nekromantie, später zur „Nigromantia", zur „Schwarzen Kunst" verballhornt, suchte den Toten zu beschwören, um mit dessen Hilfe Wissen über Verborgenes und Zukünftiges zu erlangen. Dieses magische Kausalitätsprinzip vom Dämon als höllischem Partner und Handlungsgehilfen schuf nicht nur den Mythos vom europäischen Erzzauberer Dr. Johann Faust, sondern prägte noch die Anleitungen der späten Zauberschriften wie des „Sechsten und Siebten Buches Mosis"[147].

---

145 Summa theologiae II. II. 92, 2; II. II. 93, 2.

146 Wolfgang Brückner: Überlegungen zur Magietheorie. Vom Zauber mit Bildern. In: Leander Petzoldt (Hrsg.), Magie und Religion. Beiträge zu einer Theorie der Magie (Wege der Forschung, 337). Darmstadt 1978, S. 404–419.

147 Christoph Daxelmüller: Zauberpraktiken. Eine Ideengeschichte der Magie. Zürich 1993 (spanisch: Historia social de la magia. Barcelona 1997; italienisch: Magia. Storia sociale di un'idea. Saggio introduttivo di Luciano Parinetto. Milano 1997); Ders.: Aberglaube, Hexenzauber, Höllenängste. Eine Geschichte der Magie. München 1996.

Um sich jedoch den Dämon zu verpflichten, bedurfte es, so die verbindliche Magietheorie, eines von beiden Partnern benutzten und für beide verständlichen Kommunikationssystems, dessen Theorie wir ebenfalls Augustinus zu verdanken habe. Er formulierte seine Dämonen- und Magielehre vornehmlich in seinen Schriften „De civitate dei" (entstanden zwischen 413 und 427) und „De divinatione daemonum" von 406.

Im Gegensatz zur neuplatonischen Götter- und Dämonenlehre, die ausgehend von sympathetischen Strukturen in der sublunaren Zone annahm, daß die Dämonen durch einen nahezu naturgesetzlich wirkenden Automatismus in die Dienste des Magiers gezwungen werden könnten, schuf Augustinus die den späteren Teufelspakt vorwegnehmende Zeichen-Pakt-Theorie: Die Kenntnis bestimmter Zeichen, die sich aus den dem sympathetischen „Anhang" eines Gottes entsprechenden Mitteln, Manipulationen, Gebärden und Worten zu einem Zeichensystem vereinigten, ermöglichte die Verständigung, das Einverständnis und die Verbündung (*pactum*) zwischen Mensch und Dämon. Hierzu aber sei ein ursprünglicher Vertrag über den Bedeutungsinhalt magischer Zeichen erforderlich; denn „wie die Sprache unter Menschen auf Übereinkunft beruhe und ihr Gebrauch die stillschweigende Anerkennung ihrer Verbindlichkeit voraussetze, so liege auch der magischen Kunst (*magica ars*) ein ‚Kommunikationsvertrag' mit den Dämonen zugrunde"[148]. Aberglaube stellt sich damit als Komplex der für die Kommunikation mit den Dämonen vereinbarten Zeichen dar. Ähnlich wie die Sprache erfordert auch der Aberglaube einen „Kommunikationsvertrag" mit den Dämonen. Hier schuf Augustinus ein nahezu duales Modell von der teuflischen Gegenkirche; denn wenn man die Menschen zum Bekenntnis einer Religion nur durch die „Bindung an gemeinsame sichtbare Zeichen oder Sakramente" zusammenführen könne[149], dann müßten auch die superstitiösen Zeichen als – verwerfliche – „Sakramente" zum Bekenntnis der Dämonenverehrung betrachtet werden.

Damit aber war der Aberglaube zuerst einmal festgeschrieben als Sünde gegen das erste, das wichtigste Gebot: Nicht dem alleinigen Gott, sondern dem helfenden Dämon kam die Verehrung zu. Was das spätantike Zauberwesen eher praktisch als theoretisch vorgeführt hatte, erhielt durch Augustinus seine Umsetzung zur sozial folgenschweren Lehrmeinung: Magie entsteht aus den Absichten des Zauberers und den Fähigkeiten des assistierenden und weisenden Dämons. Die juristische Implikation konnte sich folglich nicht mehr nur auf die Moral der magischen Tat, sondern auch auf ihre Grundsubstanz, den Verkehr mit den Dämonen beziehen. Damit war die Idee des Teufels, Satans, Beelzebubs als Helfer von Zauberer und Hexer geboren, die Grundlage für Phantasmagorien vom geschlechtlichen Umgang mit dem Dämon, vom Zusammentreffen auf dem Blocks-

---

148 Dieter Harmening: Von der Spätantike zur Renaissance. In: Marie-Louise Thomsen/Dieter Harmening/Christoph Daxelmüller: Magie. In: Kindlers Enzyklopädie „Der Mensch", Bd. 6. Zürich/München 1983, S. 691–696, Zitat S. 693.

149 Augustinus: Contra Faustum Manichaeum 19, 11.

berg, vom Teufelskult und schließlich von der Schwarzen Messe geboren, die erstmals bei den Würzburger Geistlichen-Prozessen des 17. Jahrhunderts gleichsam als Berufsphantasie begegnet.

Doch es sollten Jahrhunderte vergehen, bis diese Idee tiefgreifende gesellschaftliche Folgen zeitigen sollte. Aberglaube als Götzendienst legitimierte die Auseinandersetzung der römischen Rechtgläubigkeit mit abweichenden Lehrmeinungen oder mit politischen Gegnern. Sicherlich politisch bedingt und weitgehend auf die herrschende Oberschicht begrenzt waren die südfranzösischen Zauberprozesse im Umfeld des ebenso ängstlichen wie magiegläubigen Avignoner Papstes Johannes XXII. Der Feldzug gegen die südfranzösischen Katharer und die Prozesse gegen die „bon hommes", die „homines boni", die mit ihrem Glauben an die Gleichrangigkeit von Gut und Böse gnostisches Gedankengut wiedererweckten, legitimierten sich ebenfalls aus dem „abergläubischen" Götzendienst, den man den Betroffenen unterstellte, und als der römischen Kirche in ihrer Angst vor der politischen und wirtschaftlichen Macht des Templerordens die Argumente auszugehen begannen, besann man sich ebenfalls auf den Aberglauben der *falsa religio*, der falschen Religion, unterstellte den Rittern Teufelsverehrung, die Anbetung eines Götzen namens Baphomet und Rituale, bei denen die Templer der Abschwörung ihres Glaubens durch Spucken auf ein Kruzifix Ausdruck verliehen haben sollen. Hier speiste der Begriff des Aberglaubens die großen politischen und religiösen Auseinandersetzungen des Mittelalters, auch die antijüdische Kirchenpolitik, doch ansonsten stand man der Kunst des Zauberns, der *ars magica*, relativ interesselos gegenüber. Fälle von Zauberei im Mittelalter sind selten, und noch seltener führten sie zur Todesstrafe.

Auch die Superstitionenlehre des Mittelalters sah im Aberglauben einen Rest von Heidentum, zu dessen Konstitutiven der Dämonenkult gehört. Damit erhielten abergläubische Handlungen zugleich einen dämonologisch-magischen Charakter. Denn in einem Weltbild, in dem Gut und Böse gleichermaßen existieren, ja in dem das Böse selbst Bestandteil des göttlichen Heilsplans ist, handelt der Mensch aus eigener Entscheidungs- und Willensfreiheit. Für seine Wahlmöglichkeit zwischen Gott und Satan aber schuf die christliche Systematisierung der neuplatonischen Dämonologie eine der Grundvoraussetzungen. In der Allgegenwart der auch körperlich-wesenhaft erfahrbaren Dämonen repräsentiert sich zugleich die Verfaßtheit des Menschen und seine in der Erbsünde angelegte Neigung zum Bösen. Der Schritt von der „superstitio artis magicae" zum „crimen magiae", vom Götzendienst der Dämonenverehrung zum spät- und nachmittelalterlichen Hexenwahn war bereits in der frühchristlichen Theologie vorgezeichnet.

Was aber hatte sich im Mittelalter verändert? Der Akt der Übereinkunft mit dem Dämonen im augustinischen Sinne besaß keine rechtliche Verbindlichkeit, die Verfolgung des *crimen magiae*, des Zaubereideliktes, oblag vornehmlich der kirchlichen Gerichtsbarkeit. Doch Thomas von Aquin machte die augustinische Zeichentheorie zur Grundlage seiner Lehre vom Dämonen*pakt*, einem Vertrag mit Rechtscharakter: Wenn ein Gegenstand eine Wirkung zeigt, die seinem natürlichen Wesen nicht entspricht, dann kann er nur ein Zeichen für den Wunsch sein, sich der Hilfe der Dämonen zu versichern[150]. Mit dem Paktcharakter des Verkehrs zwischen Mensch und Dämon aber lag nun ein Rechtsgrundsatz vor, der nicht nur von der kirchlichen, sondern auch von der weltlichen Legislative übernommen werden konnte. Es fällt auf, in welchem Maße geistliche Autoren wie die Verfasser des berüchtigten und folgenschweren „Hexenhammers", des „Malleus maleficarum", Jakob Sprenger und Heinrich Institoris, aber auch Autoren wie der Arzt Johann Hartlieb in seinem „Puch aller verboten kunst" um die Beteiligung der weltlichen Gerichtsbarkeit bei der Verfolgung des Hexengesindels buhlten und schließlich Erfolg hatten: Mit dem 16. Jahrhundert begann die Welle der Hexenverfolgungen, die sich aus den unterschiedlichsten Motiven speisten, aus Umwelt- und Hungerkatastrophen ebenso wie aus Denunziation, Machtbegier, Besitzanspruch, und erst jetzt war der Teufel als Gegengott in der Gesellschaft des Hexengesindels präsent. Man war überzeugt, daß in dem Augenblick, in dem der ruhige Rythmus des Alltags plötzlich aus den Fugen geriet, daß bei Unfall, plötzlicher Erkrankung, Impotenz, Vernichtung der Ernte durch plötzliche und nur ein bestimmtes Feld treffende Hagelschauer Zauberei am Werk war. Die konfessionspolitischen Wirrungen der Nachreformationszeit hinterließen ihre Spuren; so fragte der „Kelheimer Hexenhammer" einleitend die Verdächtigte(n), „unter welcher Gestalt" sie die Eucharistie eingenommen hätte(n), also ob sie gut katholisch sei(en) oder mit den Lehren Martin Luthers sympathisierte(n). Mit dem „Hexenhammer" schränkte sich die Verfolgung – im Gegensatz zu den mittelalterlichen Zaubereiprozessen – in der Mehrzahl auf die Frau ein; sie sei, so die beiden Dominikaner, leichtgläubiger, verführbarer und damit den Einflüsterungen Satans leichter zugänglich. Begründet wurde dies mit der – aus heutiger Sicht – falschen Ethymologie des lateinischen Wortes „femina" als „fe minus": „geringer im Glauben" (als der Mann). Diese Begründung reichte im 17. Jahrhundert nicht mehr aus, nachdem sich die Naturwissenschaften zu emanzipieren begonnen hatten. „Debilis" sei die Frau, „schwächlich" und daher für den Teufel empfänglich. Man erklärte diese These mit der Säftelehre der nach wie vor verbindlichen antiken Medizin: Solange die Körpersäfte im Einklang miteinander stünden, sei der Mensch gesund. Gerate das Gleichgewicht jedoch durcheinander, etwa durch den Verlust eines Körpersaftes, dann erkranke der Mensch, was den Hexentheoretikern des 17. Jahrhunderts zufolge bei der Frau durch den regelmäßigen Blutverlust bei der Menstruation der Fall sei. Männer blieben von der Theorie des mangelnden Säftegleichgewichtes im Zusammenhang mit der Zaubertheorie zwar ausgespart, doch sie litten bis in die 50er Jahre unseres Jahrhunderts an den Spätfolgen der Lehrmeinung: Onanie führe zu Geisteskrankheiten und zu Rückenmarksschwund, konnte man in den Aufklärungsschriften noch der späten 50er Jahre lesen, und so mancher Jugendliche dieser Zeit spürte zwar nicht das Feuer der

[150] Summa theologiae II. II. 96, 2.

Hexenverbrennung, wohl aber das Höllenfeuer der eigenen Versuchung und die wenig positive Aussicht auf baldigen geistigen Schwachsinn.

„Debilis" aber war im 17. Jahrhundert auch das Kind wegen der noch nicht zusammengewachsenen Fontanellen, und so wundert es nicht, daß das 17. Jahrhundert die Epoche der Prozesse gegen Kinder als Hexer wurde[151]. Das Modell des Aberglaubens als Gegenkirche zur Rechtgläubigkeit, als Kirche Satans, war gesellschaftlich verbindlich, Aberglaube bedeutete ein Defizit im Glauben, und da der Teufel nur mit Erlaubnis Gottes als Teil seines eigenen Heilsplans in der Welt wirken könne (*permissu Dei, permittente Deo*), blieb den Gelehrten nicht der geringste Spielraum für Kritik; denn den Teufel in Frage zu stellen hieße, die Allmacht Gottes in Frage zu stellen, und als dies der Amsterdamer Pastor Balthasar Bekker in seinem Werk „Die bezauberte Welt" wagte, war in Europa buchstäblich der Teufel los[152]. Der Teufel war ebenso Wirklichkeit wie die okkulte Kraft natürlicher Dinge, etwa der Pflanzen und Mineralien bei der Behandlung von Krankheiten und zum Schutz vor Unheil. Nicht das Mittelalter, sondern die Gegenwart und insbesondere das Jubiläumsjahr 1998 haben aus der Nonne Hildegard von Bingen die esoterische Kräuterhexe gemacht, die nun für Dinkelkissen und andere Rezepturen ihren Namen hergeben mußte.

Wie konstant dieses Verständnis von Aberglauben war, beweist die von Georg Dietrich Thies 1717 unter dem Präsidium von Gottlieb Samuel Treuer angefertigte Helmstedter Dissertation „De superstitionis conditoribus et propagatoribus": Aberglaube sei die bis zur Unsinnigkeit übertriebene Furcht und Verehrung des Übernatürlichen sowie der vom göttlichen Ratschluß losgelöste Vollzug von Handlungen.

Die Diskriminierung des Aberglaubens geschah somit nicht, weil man an der Möglichkeit magischer Effekte zweifelte, sondern weil er aus der Konfrontation des spätantik-heidnischen Glaubens mit den neuen christlichen Lehren die Qualität des Unmoralischen erhielt, des Fehlglaubens, der Abirrung menschlichen Verhaltens.

Es liegt auf der Hand, daß für die Tradition solcher Inhalte, Kategorisierungen und Wertungen die kleine elitäre Schicht der Gelehrten maßgeblich war und blieb. Sie wußte in langen lateinischen Traktaten zu trennen, was rechtmäßige, kollektive Überzeugung und was Aberglaube sei. Wo sich jedoch alte Wissenschaft zum neuen superstitiösen Denken entwickelte, implizierte dies immer auch eine soziale Bedingung: auf der einen Seite die Schicht der Gebildeten, die über Wissen verfügte, von dessen Rechtmäßigkeit sie überzeugt war, auf der anderen Seite die große Zahl der Analphabeten und Ungebildeten, die infolge ihres Standes und ihrer Lebensumstände von der Bildung und vom Informationsfluß ausgeschlossen waren, seit dem 17. Jahrhundert die beginnende Herrschaft der Vernunft auf der

---

151 Hartwig Weber: Kinderhexenprozesse. Frankfurt a.M./Leipzig 1991.

152 Balthasar Bekker: De Betoverde Weereld. Amsterdam 1691; Ders.: Bezauberte Welt. 3 Bde. Leipzig 1781–1782 (deutsche Erstausgabe: Amsterdam 1693).

einen, Menschen, die wegen mangelnder sozialer Aufstiegsmöglichkeiten nicht am Fortschritt des Denkens teilhaben konnten, sondern an alten Denkweisen und Verhaltsmustern festhalten mußten, auf der anderen Seite. Nirgendwo wird diese geistige Spannung zwischen Bildung und Ungebildetsein deutlicher als in der Aufklärung. Sie hatte es sich zum Ziel gesetzt, mit überholtem Glauben und unsinnig gewordenen Traditionen aufzuräumen und durch Weiterreichung des neuen Wissensstandes den Menschen zu verbessern; denn nur so könne er sich zu einem aufgeklärten, in der letzten Konsequenz dann wirtschaftlich und fiskalisch produktiven Untertanen entwickeln. Wie hervorragend hierbei die Aufklärung des 18. Jahrhunderts auf die Aberglaubensbekämpfung vorbereitet war, zeigen nicht nur die Modethemen Magie, Superstition oder Spektrologie, über die man seit der zweiten Hälfte des 17. Jahrhunderts an den europäischen Universitäten zahlreiche Dissertationen und Traktate verfaßt hatte[153], sondern auch volkssprachliche Kompilationen wie das Aberglaubensbrevier des Georg Christoph Zimmermann (1663–1744)[154].

Die Geschichte des alten Aberglaubens und der Magie endete, als der populäre Zauber begann. Der Widerspruch löst sich ohne Mühe auf: Weder Winkelautoren und Buchdrucker noch die Heil- und Kräuterkundigen auf dem Lande mußten fortan um ihr Leben und ihre Ehre fürchten, wenn sie kuriose Zauberanleitungen über den Kolportage- und später über den Versandhandel vertrieben, bzw. sich verschafften und sich im „6. und 7. Buch Moses", in den „Höllenzwängen" oder den Albertus Magnus zugeschriebenen Traktaten kundig machten. Die Aufklärung des 18. Jahrhunderts, vorbereitet durch die wachsende Skepsis der Universitätsgelehrten seit der zweiten Hälfte des 17. Jahrhunderts, ließ die einst menschheitsbedrohende Sekte des Hexen- und Zauberergesindels zu einfältigen Bauern und alten Weibern verkommen, die – bildungsunwillig und jedem geistigen Fortschritt abhold – weiterhin „fabulae aniles", Ammenmärchen erzählten, um sich selbst und den Kindern das Fürchten zu lehren. Aufklärerische Kompilationen wie Johann Georg Schmidts (1660–1722) „Gestriegelte Rocken-Philosophie" (Chemnitz 1718) versuchten sich an der systematischen Erfassung alten Aberglaubens, um die durchwegs mit der ländlichen Bevölkerung identifizierten Ungebildeten von der Unsinnigkeit ihres Denkens und Tuns zu überzeugen. Ironisch, bisweilen auch mit sarkastischer Heftigkeit geißelten sie magische und divinatorische

---

[153] Vgl. hierzu CHRISTOPH DAXELMÜLLER: Bibliographie barocker Dissertationen und Traktate. Teil I. In: Jahrbuch für Volkskunde N. F. 3 (1980), S. 194–238; Teil II. In: ibid. N. F. 4 (1981), S. 225–243; Teil III. In: ibid. N. F. 5 (1982), S. 213–224; Teil IV. In: ibid. N. F. 6 (1983), S. 230–244; Teil V. In: ibid. N. F. 7 (1984), S. 195–240.

[154] GEORG CHRISTOPH ZIMMERMANN: Den in vielen Stücken allzuabergläubigen Christen [...] zum besseren Unterricht. Frankfurt/Leipzig 1721; vgl. hierzu ADOLF SPAMER: Zur Aberglaubensbekämpfung des Barock. Ein Handwörterbuch deutschen Aberglaubens von 1721 und sein Verfasser (Georg Christoph Zimmermann). In: Miscellanea Academica Berolinensia II, 1 (Berlin 1950), S. 133–159.

Praktiken, die vielleicht nur in ihren eigenen, am Schreibtisch geschulten Hirnen existierten. Da verwies Schmidt in seiner Beschimpfung des „von super-klugen Weibern hochgehaltenen Aberglaubens“ auf die Therapie einer Krankheit, gegen die bis heute noch kein Kraut gewachsen ist: „Wenn ein Weib den Schnupfen hat / soll sie in ihres Mannes Schuh riechen“:

„Warum soll sie denn in des Mannes Schuh riechen? Resp. Wenn sie den Gestanck der Schuhe nicht empfindet, so weiß sie gewiß / daß sie den Schnupffen hat; so sie ihn aber riechet, so ist der Schnupffen vergangen. Dieser Punct aber weiset eigentlich und hauptsächlich dahin, daß, wenn das Weib in des Mannes Schuh riechet, ihr hiervon der Schnupffen vergehen soll. Woraus abzunehmen ist, was vor unglaubliche Kräffte alles, was von den Männern ausgehet, hat, daß auch wenigstens der Gestanck ihrer Füsse, s. v. ein Mittel ist wider der Weiber Schnupffen. Darumb die Weiber wohl Ursach haben, die Männer hoch zu achten“.

Die Aufklärer machten sich lustig über abergläubische Menschen, und die Vertreter der akademischen Kameralistik und Statistik, die nun Land und Leute entdeckten und diese in ihren Schriften nicht nur vom technologischen, sondern auch vom geistigen Fortschritt zu überzeugen beabsichtigten, brandmarkten den Aberglauben, die überkommenen Heilmethoden etwa des Besprechens von Warzen, der Segen und Beschwörungen, des Räucherns und anderer obsolet gewordener Heilmethoden. Der Aberglaube hatte seine Bedeutung verändert: nicht mehr die Verehrung einer teuflischen Gottheit neben dem einzigen und wahren Gott, sondern längst überholter Glaube, sozial ungefährlich, jedoch wirtschaftlich und fiskalisch hinderlich. Kranke Bauern, die sich blindlings der Kur durch dörfliche Weise Frauen oder Schmiede anvertrauen, können nicht erfolgreich produzieren, weswegen dem Staatswesen Einnahmen fehlen. Aberglaube signalisierte Unwillen zum Fortschritt und Dummheit bildungsunwilliger Sozialschichten vor allem auf dem flachen Land.

Doch von solchen tendentiösen, vorwiegend literarischer Überlieferung verpflichteten Werken auf die konkrete historische Wirklichkeit abergläubischer Vorstellungen und Praktiken schließen zu wollen, wie es das HDA mit größter Selbstverständlichkeit tut, ist schlechthin unmöglich. Sie dienten dazu, den alten Sauerteig des Heidentums auszurotten, wie es der dänische Bischof Erik Pontoppidan (1698–1764) in einer einschlägigen Schrift von 1736 formulierte[155], nicht der folkloristischen Aufzeichnung populärer Kulturformen. Diese Polemiken sahen im Aberglauben Wissen wider besseres Wissen, und hatten die Kirchenväter und die Theologen des Mittelalters ihn als Sünde des Götzendienstes bezeichnet, so war er jetzt zur Sünde der Ungebildetheit geworden, der Verletzung der neu erkannten Fähigkeiten des menschlichen Denkens. Dennoch benötigte die neue Vernunft den

---

[155] Erik Pontoppidan: Fejekost til at udfeje den gamle surdeig eller de i de danske lande tiloversblevne og her for dagen bragte levninger af saavel hedenskab som papisme. 1736. Oversat og forsynet med indledning of Jørgen olrik (Danmarks Folkeminder, Nr. 27). København 1923.

Aberglauben als Negativargument, um sich im Vergleich mit seiner Rückständigkeit selbst rechtfertigen zu können.

Von Beginn an verband sich somit die Intoleranz des Dogmatischen, das Unumstößliche der Rechtgläubigkeit mit den Kriterien für das Abergläubische. Dies wird in der Sprache der Konfessionspolemik zwischen dem Protestantismus und dem Katholizismus deutlich. Die reformatorische Befreiung der „religio" von unnötigem bildlichen und dinglichen Beiwerk, von Marien- und Heiligenverehrung, von rituellen Gebärden wie dem Kreuzzeichen und liturgischen Symbolen wie dem Weihwasser, ging mit dem massiven Vorwurf des papistisch-heidnischen Aberglaubens, des römischen Götzendienstes an die Adresse derjenigen einher, die schon aus Gewohnheit nicht auf die jetzt bekämpften Ausdrucksformen verzichten konnten oder wollten. Man setzte der fast magisch zwingenden Mechanik liturgischer Formeln, dem Vertrauen auf die Macht geweihter Medaillen und gesegneter Kräuter oder die dämonenbannende Kraft des Kreuzzeichens und des Glockenklangs den Glauben an Gott und die Unterwerfung unter seine Vorsehung entgegen. Beide Parteien aber warfen sich, jeweils überzeugt von der Rechtmäßigkeit ihres Denkens und Tuns, gegenseitig Aberglauben vor, falschen, „heidnischen" Glauben also, der vom Weg hin zu Gott ablenke und direkt in die Fänge des Bösen führe.

Daß der von Reformation und Gegenreformation mit solchen Mitteln und Argumenten um Macht und um die Seele des Menschen geführte Streit seine Folgen zeitigte, steht außer Zweifel. Aberglaube wurde zum Kampfmittel religiöser Gruppen, zum Kriterium für soziale Kontrollen und letztlich für die Verwirklichung von Machtansprüchen. Er war nicht nur Ausdruck gesellschaftlicher Ängste, sondern selbst Ausgangspunkt von Angst. Auch hier versuchte die Aufklärung einen Schlußstrich zu ziehen. Heute mutet die „Juristische Entscheidung der Frage: Ob einer einem andern/wegen Furcht vor Gespenstern die Haus-Miethe wieder auffsagen könne?", die der große Rechtsgelehrte und Streiter gegen den Hexenwahn und die Folter, Christian Thomasius (1655–1728), 1711 in Halle veröffentlichte, unsinnig an. Doch er versuchte, die Ängstlichen zu beruhigen: „Wie aber/ wenn ein Weib das Hauß gemietet hat/ darff denn auch dieselbe in der Miete nicht wiederum zurücktreten/ aus Furcht vor den Gespenstern? Es wäre ja unhöflich/ daß man von einer Frau begehrete/ daß sie eine Furcht haben solle/ welche einem hertzhafften Manne begegnen kan. Es ist aber genug/ daß diese Furcht von Gespenstern gantz und gar nichtig ist/ und nicht einmal einer hertzhafften Frau begegnen kan. So wird denn auch eines Weibes Furcht dem der das Haus vermietet hat/ nicht schaden/ sondern/ wenn sie nicht bleiben will/ ist sie schuldig dem Mietherren die Miete zu bezahlen"[156].

Dieses Beispiel aber verdeutlicht vor allem die anthropologische Dimension des Aberglaubens, auch seine Gefährlichkeit. Eine der Grundvoraussetzungen von

---

[156] CHRISTIAN THOMASIUS: Juristische Entscheidung der Frage: Ob einer einem andern/ wegen Furcht vor Gespenstern/ die Haus-Miethe wieder auffsagen könne? Halle 1711, S. 32.

Glaube ist die Überzeugung und Verinnerlichung von verstandesmäßig nicht wahrnehmbaren Dingen und nachvollziehbaren Axiomen. Er kann weder aus natürlichen und geschöpflichen Prämissen deduziert werden, noch erschließt er sich restlos einer rationalen Auflösung. Daher darf man die Steuerungsmechanismen auch des Aberglaubens auf das alltägliche Leben nicht verkennen, nicht die sich in Superstitionen ausdrückenden irrationalen Ängste und Hoffnungen.

Ein weiterer Aspekt des historischen Interesses am Aberglauben ist seine Gleichsetzung mit ethischen Absichten. Er galt als Gefahr für den Menschen wie für die Gesellschaft, da er von Normen abwich, die theologisch festgeschrieben waren. Hierbei wirkte sich die Verbindung von „superstitio" mit dem „paganum", dem Heidnischen, in doppelter Hinsicht folgenschwer aus, sozial und forschungsgeschichtlich. Im Mittelalter war aus dem abergläubischen „ethnicus", dem Nichtchristen im frühchristlichen Wortsinn, der christliche Häretiker, der Ketzer aus der Sekte der Katharer, der Zauberer, später dann der Katholik, der Protestant und schließlich der Ungebildete geworden. Mit diesem „ethnicus" aber setzte eine gerade für die Frühgeschichte der Volkskunde verhängnisvolle Entwicklung ein. Denn die gebildeten Autoren des 17. und 18. Jahrhunderts fanden ihren heidnischen Aberglauben bei der traditionell unterprivilegierten Schicht der „rustici", der ungelehrten, zum Stereotyp verkommenen Bauern, die falschen, heidnischen, allerdings nicht im Sinne der Mythologen des 19. Jahrhunderts vorchristlich-germanischen Anschauungen nachhingen. Durch ihre mangelnde Bildung standen sie am Rande der Hölle; die aufklärerische Aberglaubensbekämpfung, nach deren Auffassung jedoch nur umfassenderes und besseres Wissen ein gottgefälliges Leben gewährleisten konnte, erfüllte somit neben ihrer intellektuellen auch eine christlich-missionarische Aufgabe.

Zur Gleichsetzung des „ethnicum" mit dem „superstitiosum" kam das Verständnis von Geschichte als einem sich in Personen, Ereignissen und Objekten verwirklichenden Kontinuum hinzu. Es prägte das historische Interesse der Humanisten wie die Bearbeitung der in der Renaissance wiederentdeckten antiken Schriftsteller. Mit Hilfe des Vergleichs geschichtlicher Phänomene war es möglich, zeitgenössische mit antiken, europäische mit außereuropäischen Kulturformen zu verbinden, sie aus der Antike heraus zu interpretieren. Fastnachtsbräuche ließen sich an die Bacchanalien und Lupercalien der Römer, so mancher Hochzeitsbrauch an heidnisch-römische Kultformen anschließen. Aberglaube ergab sich folglich auch aus dem direkten Kulturvergleich.

Ohne sich der Methode des ahistorischen Vergleichs sofort zu entledigen – sie hätte damit gegen gültige wissenschaftliche Argumentationsverfahren verstoßen –, differenzierte die Aufklärung dennoch den Begriff „Aberglaube". Sie sah in ihm einen zu überwindenden Rest des Mittelalters, die Vorenthaltung von Bildung. Der geistig noch im Mittelalter verbliebene, die Krankheiten seines Viehs berufende „rusticus", die alten Weiber und ihre „Rockenphilosophie" (philosophia colus) und „Ammenmärchen" (fabulae aniles) erschienen den Aufklärern

Berechtigung genug, engagiert gegen die Überreste solchen Heidentums der Nichtkonformität vorzugehen.

Doch der Schritt von diesem „ethnicum“ zu den Mythologen und zur volkskundlichen Aberglaubensforschung seit dem 19. Jahrhundert war nun nicht mehr groß. Es bedurfte lediglich der romantischen Neubewertung von Volk als Träger alten, ja uralten, weit in die vorchristliche Zeit hineinreichenden Wissens. Aus dem bekämpfenswerten heidnischen Aberglauben wurde eine wichtige Quelle zur Rekonstruktion *germanischer* Religion und Kultur. Jacob Grimm formulierte dieses Umdenken in seiner Deutschen Mythologie: „Wir sind froh, des vielen aberglaubens ledig zu gehn; doch erfüllte er das leben unsrer voreltern nicht allein mit furcht, sondern auch mit trost“[157]. Dennoch befand er sich mit der Zuweisung des Aberglaubens an den Bauern in alten Fahrwassern: „Was unsere vorfahren hoften oder fürchteten bezog sich mehr auf krieg und sieg, der heutige landmann sorgt um sein getraide und sein vieh. Wenn die heidnische zauberin durch ihren hagel das feindliche heer verdirbt, so macht die hexe wetter für des nachbars acker. Ebenso prophezeit sich der bauer gedeihlichen acker aus dem zeichen, das in der vorzeit sieg bedeutete. Aber auch landbau und viehzucht reichen in ein hohes alterthum und eine menge abergläubischer gebräuche, die mit ihnen zusammenhängen, zieht sich unverrückt durch lange jahrhunderte. Daneben sind alle richtungen des aberglaubens auf häusliche verhältnisse, auf geburt, freien und sterben, natürlich und fast unwandelbar in dem lauf der zeiten; der aberglaube bildet gewissermaßen eine religion für den ganzen niederen hausbedarf“[158].

Das HDA ist solchen mythologischen Fehldeutungen in hohem Maße erlegen. Wie jedoch die Geschichte der Superstitionenüberlieferung und -kritik zeigt, entstammten die Normen und Katalogisierungen des Aberglaubens einem letztlich in der spätantik-mediterranen Welt entwickelten Deutungssystem. Der Codex germanicus monacensis 632, eine Handschrift von 1459 vermutlich aus dem Benediktinerkloster Attel bei Wasserburg, enthält eine Aberglaubensliste, die u. a. den in einem Bonifatius-Brief verbotenen Aberglauben der Tischbereitung während der Perchtnacht rügt. Die Quellenkritik konnte, so Dieter Harmening,

„das Bonifatiuszeugnis als Notiz einer römischen Festsitte erweisen! Was machen? Eine römische Festsitte? Oder eine germanische?, von solchen ‚Quellen‘ bezeugt und von späterer handgreiflicher Praktik in Bayern über die mittelalterliche Quelle zurück, doch wieder auf die Bonifatiusstelle beziehbar? Und dann die Parallelen bei Caesarius von Arles, Atto von Vercelli, Burchard von Worms, Ivo von Chartres, Gratian? – Gleisknoten eines riesigen mythologisch-superstitiosologischen Verschiebebahnhofes. Hat nicht vielleicht die Kritik das Kritisierte, das Verbot das Verbotene erst erzeugt, wäre das ein Fall von zentralen Maßnahmen (Zentraldirigierung) mit gegenteiliger Wirkung? Jedenfalls: im ethnographischen

---

157 Grimm: Deutsche Mythologie (wie Anm. 72), Bd. 2, S. 960.

158 Ebd. S. 926.

Umgang mit normativer Literatur und ihrer Auswertung ist Vorsicht geboten und Quellenkritik unerläßlich"[159].

Der Bezug auf diese Epoche, den die Humanisten wie auch die Gelehrten des 17. und noch des 18. Jahrhunderts auf Grund der ihnen nur in beschränktem Maße zur Verfügung stehenden Informationen suchten, kommt aus der Sicht des heutigen Forschungsstandes der historischen Wahrheit sehr viel näher als die Hypothesen der mythologischen Schule des 19. Jahrhunderts und nicht zuletzt des HDA.

Dieter Harmening hat überzeugend nachgewiesen, daß die Aberglaubenskataloge des Mittelalters, auf Vollständigkeit bedachte Kompilationen, nur geringen Quellenwert für zeitgenössische Erscheinungen besitzen, daß sie in der Spätantike entwickelte Musterbücher für den Missionar und Kleriker darstellten, damit dieser bei seinem Kampf gegen das Heidentum keine Möglichkeit nichtchristlichen Verhaltens übersähe. Aberglaube wird hier nicht als Problem des historischen Alltags, sondern lediglich als Denkkonstrukt, als Zuweisung einer gebildeten Elite deutlich, als Ausdruck einer Idee. Das inhaltliche Raster existierte längst, bevor sich die Volkskundler und Kulturhistoriker mit dem Aberglauben zu beschäftigen begannen.

Das HDA und seine Folgen

Wie kaum ein zweites wissenschaftliches Unternehmen der deutschsprachigen Volkskunde wirkte das HDA von Beginn an über den kleinen Kreis der Fachgelehrten sowie über Landes- und Sprachgrenzen hinaus. Seine Popularität verdankte es nicht zuletzt und trotz moderner Vorbehalte der unbestreitbaren inhaltlichen Vielfalt, der recht umfassenden Annäherung an den Gegenstand und der beeindruckenden Materialfülle. So verwundert es nicht, daß es auch von anderen kulturwissenschaftlichen Disziplinen rezipiert wurde, von der Archäologie und Vor- und Frühgeschichte ebenso wie von der Geschichtswissenschaft, der Ethnologie, der Theologie und der Religionswissenschaft oder der Medizingeschichte. Wer sich schnell informieren oder auch nur über den Wissens- und Forschungsstand einer mit ähnlichen Materialien befaßten Wissenschaft unterrichten wollte, schlug in ihm nach, ja es hat bis heute unumgängliche Zitiertraditionen geschaffen.

Daß es bereits während des Zeitpunkts seines Erscheinens längst den Kreis akademischer Wissenschaft verlassen hatte, bezeugt Richard Beitl in seiner Besprechung von Band 4 bis 6 des HDA: „Den Lesern dieser Zeitschrift braucht

---

159 Harmening, Dieter: Superstition – ‚Aberglaube'. In Edgar Harvolk (Hrsg.): Wege der Volkskunde in Bayern. Ein Handbuch (Veröffentlichungen zur Volkskunde und Kulturgeschichte, Bd. 25 / Beiträge zur Volkstumsforschung, Bd. XXIII). München/Würzburg 1987, S. 261–292, hier S. 269.

dieses Werk nicht mehr empfohlen zu werden. Sie benutzen es alle sicher seit Jahren. Auch Forscher auf benachbarten Wissensgebieten bedürfen kaum noch des Hinweises auf dieses in den Fragestellungen wie in deren geographischer und historischer Ausweitung gleich umfassende Lexikon. Der Völkerkundler und Kulturhistoriker, der klassische Philologe wie der Germanist und der Religionswissenschaftler können seine Hilfe nicht entbehren. In den Handbüchern und Enzyklopädien, die benachbarte Wissenschaften in den letzten Jahren geschaffen haben (z. B. Buchberger, Lexikon für Theologie und Kirche), nicht minder natürlich in den bekannten Nachschlagewerken, die sich an den allgemeinen Leserkreis wenden, ist das Aberglaubenswörterbuch das meist zitierte volkskundliche Werk. Für das seit 1933 so stark gewordene Bedürfnis nach tieferem Wissen um Glauben und Brauch des Volkes ist es unzähligen die zuverlässige Auskunftsstelle geworden. Der Schreiber dieser Zeilen kennt Schriftleiter, die sich das Werk, solange es noch nicht in der Redaktionsbücherei stand, heftweise ausgeliehen haben, und Stadtpfarrer in Berlin, die sich im Lesesaal der Staatsbibliothek seiner Hilfe bedient haben, um ihre Osterpredigt zu bauen“[160].

Erzählte er etwa seinen Schäflein, daß der Brauch, unter oder auf den Tisch zu klopfen, den man in Frankreich als „toucher le bois“, in England als „touch the wood“ kennt, sich, so das HDA, auf den Holzwurm zurückführen lasse, der den Tod verkörpere und den man durch das Klopfen von seinem schädlichen Tun abhalten wolle? Zu viel der Ehre für ein für Möbelbesitzer lästiges Tier, dessen Existenz endlich ist wie das menschliche Leben, sobald es mit Holzschutzmitteln in Berührung kommt.

In dieser Breitenwirkung aber lag und liegt die Gefahr des HDA, für die Volkskunde selbst wie für denjenigen, der methodisch nicht mit ihm umzugehen weiß, der nicht über den Stand der modernen volkskundlichen Beschäftigung mit Bereichen wie Magie und den Strukturen populären Glaubens informiert ist. Hier kommt man um die Feststellung nicht herum, daß wie keine andere Publikation das HDA das Bild vom Folkloristen als einem Archäologen des Alt- und Abartigen, des Kuriosen geprägt hat, die Vorstellung von einer Wissenschaft, die sich mit Magie und Aberglauben, herkömmlicher Sitte und altüberliefertem Brauch, vorindustriellen Lebensformen und maschinenlosem Kampf gegen die Natur auseinandersetze, einer Welt also, in der sich die Gegenwart direkt mit der Urzeit verband, sich der Mythos gegen den Materialismus und gegen einen naturwissenschaftlichen Rationalismus stellte. Der Volkskundler hingegen vertritt, so der durch das HDA vermittelte Eindruck, jene kleine, nostalgische Schicht, die sich das Gefühl für eine verflossene, archaische, anachronistisch gewordene Kultur bewahrt hat und mit archäologischem Spürsinn Verschüttetes offenlegt. Er fungiert als Garant für den Ausgleich zwischen moderner Vernunft und traditionalen

---

160 Richard Beitl: Rezension von: Handwörterbuch des deutschen Aberglaubens, Bd. 4–6. In: Zeitschrift für Volkskunde 45 (= N. F. 7) (1935/37), S. 167–173, hier S. 167.

Ätiologien und Wertungen. Das Panoptikum des Magischen und Superstitiösen, wie es das HDA zusammengestellt hatte, trug sicherlich durch seine Popularität dazu bei, dem Volkskundler die Aura des Spezialisten für das Magische, des Hilfsparapsychologen und Exorzisten, des Geisterjägers und Geisterbanners anzuheften. Die phantastische Literatur und nicht zuletzt die Horrorgeschichten eines Howard Phillips Lovecraft oder Algernon Blackwood sind ein beredtes Zeugnis für den Topos des Folkloristen. Er agiert in den Horrorfilmen oder in den Büchern eines Stephen King als mit okkulten Handschriften vertrauter Forscher, der bei dämonischer Gefahr aus dem Jenseits zum Retter der Welt wird, vergleichbar mit der Figur des Archäologen, Wissenschaftlers, Abenteurers und Schatzjägers Indiana Jones, die Steven Spielberg geschaffen hat. Aus eigenem Erleben: die Bereitwilligkeit gegenüber der Regionalpresse, Auskunft über Geschichte und Bedeutung Freitags des 13. zu geben, geriet zur dicken Schlagzeile: „Volkskundler warnt vor Aberglauben".

Es wäre vermessen, zwischen HDA und Lovecraft eine direkte Verbindung ziehen zu wollen, doch die Breitenwirkung dieses Lexikons des Paranormalen, Mythischen und Magischen bleibt unbestritten. Dazu verhalf ihm die Faszination des Aberglaubens selbst, aber auch der Versuch der lexikalischen Systematisierung. Doch während nach dem Zweiten Weltkrieg innerhalb der Universitätsvolkskunde eine fruchtbare Diskussion um die Berechtigung des alten Forschungskanons und um Erhebungsverfahren einsetzte, man auf exaktes historisches Arbeiten pochte, zugleich die Volkskunde aus dem Dunstkreis der Altertumswissenschaft heraus- und sie an die Probleme der Gegenwart heranführte, lebte das HDA als wissenschaftlicher Monolith weiter fort. Analysiert man den Begriff Volkskunde und ihre Forschungsaufgaben, wie ihn heute die Medien vermitteln, dann erkennt man, daß er ungeachtet der Entwicklung weiterhin identisch mit den Inhalten des HDA ist. Wer als Volkskundler einschlägige Fernsehsendungen, wie sie vorwiegend von den Regionalprogrammen ausgestrahlt werden, verfolgt, sieht sich selbst mit dem Bild des Volkskundlers Lovecraftscher Prägung als Erforscher des Alten, Geheimnisvollen und Mythischen konfrontiert. Er kennt die sich Jahr für Jahr hartnäckig wiederholenden Anfragen der Presse an den Brauchterminen Weihnachten, Fastnacht, Ostern, Pfingsten oder Allerseelen, um Sendezeiten oder Spalten in Sonder- und Wochenendbeilagen von Tageszeitungen zu füllen. Hier hat das HDA, direkt und indirekt, sehr viel geistiges Unheil angerichtet, nicht zuletzt aber aus dem Blickwinkel der breiten Öffentlichkeit das Bewußtsein um die tatsächlichen Aufgaben des Volkskundlers erheblich verfälscht.

Der zweite Nachdruck eines inzwischen zur Wissenschaftsgeschichte gewordenen Werkes muß sich diesen kommentierenden Anmerkungen stellen. Das HDA ist methodisch überholt, aber es stellt auch eine monumentale editorische Leistung dar, die bis heute kaum ihresgleichen gefunden hat. Bei dem Reprint aber sollte man es nicht bewenden lassen; es wäre dringend notwendig, es in einigen Jahrzehnten durch eine völlige Neubearbeitung auf den modernen Forschungsstand zu bringen. Bis dahin bleibt es das einzige Nachschlagewerk dieser Art und dieses Umfangs, und – seien wir ehrlich – wenn wir wie die Journalisten keine Zeit haben, schauen auch wir in ihm nach.

Würzburg, im Juli 2000 Christoph Daxelmüller

Verzeichnis der mit dem Hinweis „Nachtrag" versehenen Stichwörter

* Die mit * gekennzeichneten Stichwörter wurden in den Nachträgen (Bd. 9) berücksichtigt.

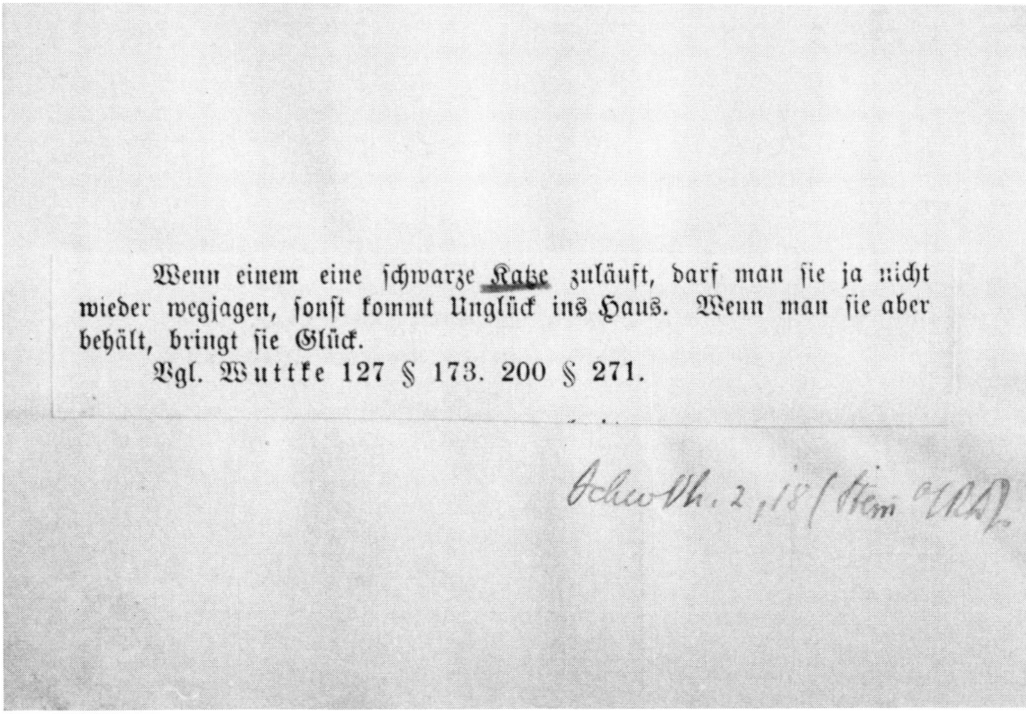

Wenn einem eine schwarze Katze zuläuft, darf man sie ja nicht wieder wegjagen, sonst kommt Unglück ins Haus. Wenn man sie aber behält, bringt sie Glück.

Vgl. Wuttke 127 § 173. 200 § 271.

Schw Vk. 2, 18

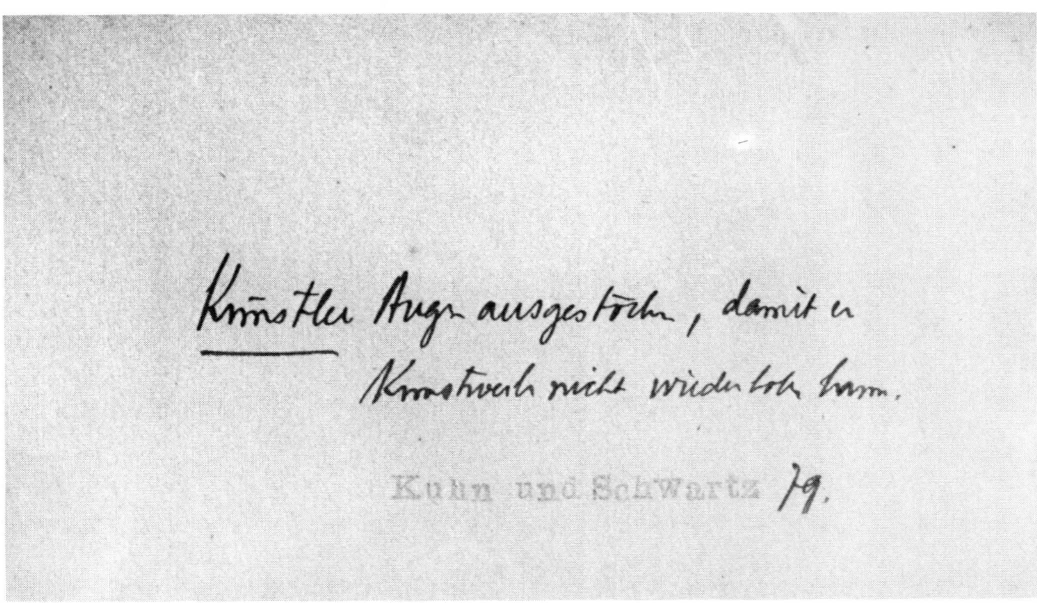

Künstler Augen ausgestochen, damit er Kunstwerk nicht wiederholen kann.

Kuhn und Schwartz 79.

Abb. 1: Originalzettel zu den Stichwörtern „Katze“ und „Künstler“; Originalgröße. HDA-Materialien, Seminar für Volkskunde, Universität Göttingen, Archiv

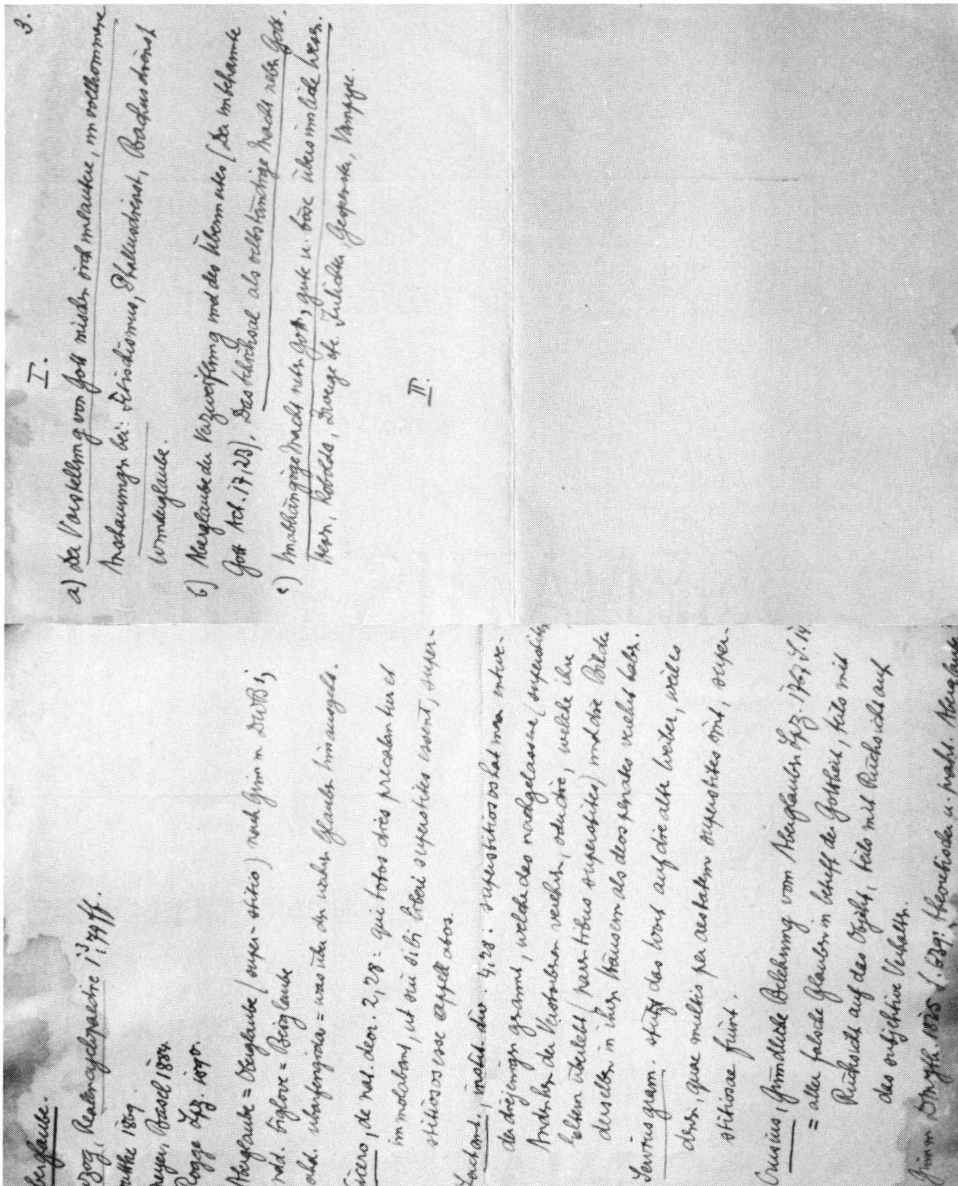

Abb. 2: Originalzettel zum Stichwort „Aberglaube“; verkleinert. HDA-Materialien, Seminar für Volkskunde, Universität Göttingen, Archiv

Vorwort

Das Handwörterbuch des deutschen Aberglaubens setzt sich zwei Ziele. Das eine ist, die in zahllosen, oft seltenen und entlegenen Publikationen zerstreuten Materialien über die einzelnen abergläubischen Überlieferungen zusammenzufassen; das andere, Ursprung und Bedeutung des einzelnen Aberglaubens darzulegen, so weit das uns heute möglich ist.

Das Handwörterbuch ist also zunächst eine K o m p i l a t i o n. Wer in der volkskundlichen Arbeit steht oder von einem andern Forschungsgebiete her sich über einen Aberglauben orientieren will, der weiß, wie mühsam es ist und wie sehr man bei der Arbeit dadurch aufgehalten wird, wenn man die verschiedenen Formen oder Vorkommen eines Aberglaubens aus der fast unübersehbaren Literatur volkskundlicher und ortsgeschichtlicher Zeitschriften und Einzelpublikationen zusammensuchen muß, und wie leicht man dabei Gefahr läuft, entweder wichtige und für die Erklärung des Aberglaubens gerade wesentliche Überlieferungen nicht zu erfassen oder aus unvollständigem Material Fehlschlüsse zu ziehen.

Zwar haben wir schon eine Zusammenfassung deutschen Aberglaubens in Adolf Wuttkes Deutschem Volksaberglauben der Gegenwart. Dieses Werk war seinerzeit eine außerordentlich verdienstvolle Leistung. Für grundlegende Forschung ist es aber heute sowohl in bezug auf das mitgeteilte Material als auch die gegebenen Erklärungen ungenügend. Es gibt keine Quellen an (nur in der von E. H. Meyer besorgten 3. Bearbeitung finden sich gelegentlich solche), und die systematische Anordnung des Buches, die ganz der naturmythologischen Schule seiner Zeit entspricht, tut sehr vielen Überlieferungen Zwang an und verleitete zu falschen Deutungen.

Dem gegenüber geht das Handwörterbuch des deutschen Aberglaubens darauf aus, bei seltener vorkommenden abergläubischen Erscheinungen möglichst alle Belege, die uns bekannt sind, mitzuteilen, dagegen bei solchen, die sich häufig finden, oder gar allgemein verbreitet sind, meist nur ihre typischen Formen und als Belege solche Werke zu geben, die leicht zu beschaffen sind und ihrerseits wieder weitere Literaturangaben bieten, so daß der Benützer durch sie den Kreis seiner Belege nach Bedürfnis erweitern und die Verbreitung eines Aberglaubens auch geographisch verfolgen kann. Grundsätzlich hielten wir aber dafür, daß eher zu viel Literatur mitgeteilt werden solle als zu wenig.

Der Begriff des Aberglaubens wurde möglichst weit gefaßt: Feste und Bräuche, die auf alte Kulte zurückgehen, volksmedizinische Anweisungen, bei denen nicht ohne weiteres klar ist, daß sie auf naturwissenschaftlich begründeter Grundlage stehen, die Sagen, die mit Ausnahme der rein geschichtlichen meist nichts anderes sind als in Form von Erzählungen berichtete abergläubische Anschauungen, sind miteinbezogen worden.

Das Handwörterbuch des deutschen Aberglaubens ist, im Gegensatz zu Wuttke, nicht systematisch angeordnet, sondern in Form eines Lexikons, in dem versucht wird, das große, heute bekannte Material des deutschen Aberglaubens in etwa 2500 Stichwörtern zusammenzufassen. Diese lexikographische Darstellung erschien Verlag und Herausgebern entsprechend dem heutigen Stand der Forschung die richtige zu sein, weil sie nicht die Gefahren der Systematisierung mit sich bringt, denen Wuttke zum Teil erlag. Die einzelnen Artikel werden, gemäß der verschiedenen Einstellung der Mitarbeiter, namentlich aber auch gemäß der Verschiedenartigkeit ihres Stoffes, in Umfang und Behandlung weit auseinandergehen. Grundsätzlich unterscheiden wir drei Arten: 1. Spezialartikel, die einen ganz speziellen Gegenstand, z. B. Messer, Brennessel, in allen Aberglaubenäußerungen vereinzelt darstellen; 2. Sammelartikel, die ganze Gruppen von Objekten zusammenfassen, z. B. Fisch, Pflanze; 3. Allgemeine Artikel, die zumeist abstrakte Begriffe behandeln, z. B. Abwehrzauber, Animismus. Ein sehr weit in die Einzelheiten gehendes Sachregister am Schlusse des Handwörterbuches soll die rasche Auffindung eines Aberglaubens erleichtern.

In mehr als zehnjähriger Sammelarbeit haben die Herausgeber ein über 600 000 Zettel umfassendes, nach Stichwörtern alphabetisch geordnetes Material zusammengebracht, das den Mitarbeitern zur Verfügung gestellt wurde und ihnen ihre Arbeit erleichterte. Dieses Material soll nach Fertigstellung des Handwörterbuches weiter vermehrt werden und den Grundstock für ein Archiv des deutschen Aberglaubens bilden.

In der Hauptsache behandelt das Handwörterbuch den deutschen Aberglauben des 19. und 20. Jahrhunderts, so wie er in der volkskundlichen Literatur enthalten ist. Wo es möglich war, wurden auch mittelalterliche Quellen und solche des 15.—18. Jahrhunderts beigezogen.

Das Handwörterbuch verfolgt aber als zweiten Zweck, wenn immer möglich, die äußere und innere Geschichte der einzelnen abergläubischen Erscheinungen kurz darzulegen und gegebenenfalls ihren Ursprung und Sinn zu deuten. Die Herausgeber legen Wert darauf zu erklären, daß sie dabei den Mitarbeitern vollständig freie Hand gelassen haben. Jede wissenschaftlich begründete Deutung eines Aberglaubens, auch wenn sie von derjenigen der Redaktion abweicht, wurde aufgenommen, in der Meinung, daß ein solches Vorgehen der volkskundlichen Forschung nur die allergrößten Dienste leisten könne. Die Verantwortung für ihre Erklärungen tragen die einzelnen Mitarbeiter. Derselbe Aberglaube kann, von verschiedenen Mitarbeitern unter verschiedenen Stichwörtern behandelt, von dem einen so, von dem zweiten anders gedeutet werden: ein Zeichen dafür, daß oft ein und derselbe Aberglaube an verschiedenen Orten und zu verschiedenen Zeiten tatsächlich verschiedenen Ursprungs sein kann.

Ein Wort noch über den Titel des Werkes. Es wurde uns nahegelegt, an Stelle von Aberglaube den Ausdruck Volksglaube zu wählen. Die Befürworter desselben wiesen nachdrücklich darauf hin, daß „Aberglaube" ein Werturteil ausspreche und deshalb unwissenschaftlich sei. Mit „Volksglaube" umfasse die Volkskunde objektiv alle Erscheinungen des Glaubens, so weit sie in das Gebiet der Volkskunde gehörten. „Volk" sei hier in demselben Sinne gebraucht wie in Volkslied, Volksbrauch und in dem Worte Volkskunde selbst. Wir fänden also Volksglauben in allen Bevölkerungsschichten, wie die Volkskunde die Vorstellungswelt nicht einer bestimmten, sozial abzugrenzenden Gesellschaftsschicht behandle. Es komme hier wie bei der Volkskunde überhaupt auf die Denkart der Menschen und auf die Gestaltung ihrer Vorstellungswelt an. Die Volkskunde habe nicht nach rationalistischen oder ethischen Gesichtspunkten abzugrenzen, ob der Glaube des Volkes gut oder verwerflich sei; das sei Aufgabe der Theologen; die Lösung werde auch dort immer verschieden ausfallen, je nachdem der Beurteiler Katholik oder Protestant, Christ oder Nichtchrist, freidenkend oder lehrgläubig sei. Brauchten wir aber das Wort Aberglaube, so fällten wir derartige Urteile, die nur relativ und wissenschaftlich nicht bestimmbar seien. Noch ein anderer Grund spreche für das Wort Volksglaube. Im Handwörterbuch sei es nicht zu umgehen, daß Glaubenserscheinungen besprochen würden, die in den Bereich christlicher Lehre gehörten. Die Kirche werde sich dagegen wehren, daß wir Glaubensäußerungen, die sie billige und zulasse, als Aberglauben bezeichneten. Und von ihrem Standpunkte aus habe sie auf alle Fälle recht. Wir aber könnten das Recht nicht für uns beanspruchen, weil das Urteil über das, was Glaube oder Aberglaube ist, nur relativ sein kann. Nicht aus ängstlicher Nachgiebigkeit solle man Rücksicht auf die Kirche nehmen, sondern aus wissenschaftlichen Gründen in diesem Falle mit ihr Hand in Hand gehen.

Innere und äußere Gründe bewogen Verlag und Herausgeber trotz diesen in manchen Punkten richtigen Erwägungen nicht den Terminus „Volksglaube“, sondern „Aberglaube“ zu wählen; sie sind größtenteils schon im Artikel Aberglaube (1, 32 ff.) selbst aufgeführt.

Das Wort „Aberglaube“ mag insofern mißverständlich sein, als es in seinem gewöhnlichen Gebrauche eine Wertschätzung in sich schließt. Noch mißlicher erscheint uns aber die Bezeichnung „Volksglaube“; denn unter „Volksglauben“ müssen wir doch den ganzen Umfang der religiösen Betätigungen und Empfindungen des Volkes verstehen, seine Auffassung und Gestaltung des Christentums mindestens in gleichem Maße wie die vor- und nebenchristlichen Rudimente, die es sich bewahrt hat. Im „Volksglauben“ scheinen uns die christlichen Bestandteile einen weit breiteren und wesentlicheren Umfang einzunehmen als im sog. „Aberglauben“. Ein Handwörterbuch des Volksglaubens müßte, um ein Beispiel zu geben, auch die volkstümlichen Gottesbegriffe, die Stellung des Volkes zu Christus, den Widerstreit der primitiven mit der christlichen Ethik im Volksleben usw. behandeln. Wenn hier Kirchliches gestreift oder erwähnt wird, so geschieht es doch immer nur im Hinblick auf die abergläubischen Vorstellungen, die sich daran knüpfen oder daraus entwickelt haben, und jeder unvoreingenommene Geistliche wird aus der Erfahrung bestätigen, wie oft kirchlich Sanktioniertes zu unkirchlichen Zwecken verwendet wird. Daß auch in der Kirche heute manches als Irrung beurteilt wird, das früher als Recht anerkannt worden war, sei nur nebenbei bemerkt (Hexenglaube). Unser Werk enthält weiter manches, das nicht in das Volk Eingang gefunden hat, wie z. B. einzelne Kapitel der Mantik, Geheimwissenschaften u. dgl., ja sogar mancherlei Tier- oder Pflanzenaberglauben, der sich nur als gelehrte Überlieferung nachweisen läßt. Wenn wir also „Aberglaube“ in dem weitesten Sinne und ohne verketzerndes Urteil gebrauchen, so tun wir nichts anderes, als was zahlreiche Forscher schon vor uns getan haben und was auch die Franzosen und Engländer mit ihrem „superstition“ tun. Das Wort „Aberglaube“ ist in unserer Sprache tiefer eingewurzelt als „Volksglaube“, und so wird auch der Benutzer klarer darüber sein, was er in einem Handwörterbuch des „Aberglaubens“ als des „Volksglaubens“ zu suchen hat.

Es bleibt uns noch übrig, den Mitarbeitern für ihre große Bereitwilligkeit und Ausdauer unsern Dank abzustatten. Sie haben eine sehr große und oft undankbare Arbeit mit bewundernswerter Freudigkeit geleistet und damit gleichzeitig den Beweis geliefert, wie solche Handwörterbücher von allen Forschern auf dem Gebiete der Volkskunde für eine gedeihliche Weiterentwicklung volkskundlicher Forschung sehnlich gewünscht werden. Unser Dank gebührt aber auch dem Verlage, der seit mehr als einem Jahrzehnt Anteil an unserm Plane genommen und ihn auch unter den schwierigen Verhältnissen des Krieges und der Nachkriegszeit stets gefördert hat. Herr Dr. Gerhard Lüdtke ist uns ein steter, getreuer Eckart gewesen. Sein Verdienst am Zustandekommen des Werkes ist sehr groß.

Basel, im Juni 1927.

E. Hoffmann-Krayer. Hanns Bächtold-Stäubli.

Abkürzungsverzeichnis

a. = anno
A. = Anmerkung
a. a. O. = am angeführten Orte
Abb. = Abbildung
ae. = altenglisch
afries. = altfriesisch
afrz. = altfranzösisch
agerm. = altgermanisch
ags. = angelsächsisch
ahd. = althochdeutsch
aind. = altindisch
air. = altirisch
aisl. = altisländisch
allg. = allgemein
Anm. = Anmerkung
anord. = altnordisch
as. = altsächsisch
aschwed. = altschwedisch
A. T. = Altes Testament
Aufl. = Auflage
b. = bei
bayr. = bayerisch
Bd. = Band
Bde. = Bände
Beil. = Beilage
bes. = besonders
c. = caput, Kapitel
ca. = circa
dass. = dasselbe
ders. = derselbe
dgl. = dergleichen
d. h. = das heißt
dial. = dialektisch
Diss. = Dissertation
dt. = deutsch
ebd. = ebenda
ed. = editio
engl. = englisch
estn. = estnisch
f. = folgende Seite
ff. = folgende Seiten
Fig. = Figur
fries. = friesisch
frz. = französisch
geb. = geboren
germ. = germanisch
gest. = gestorben
got. = gotisch
H. = Heft
hd. = hochdeutsch
hg. v. = herausgegeben von
Hs.(s) = Handschrift(en)
J. = Jahr
id. = idem
idg. = indogermanisch
i. e. = id est
Jg. = Jahrgang
Jh. = Jahrhundert
Jhh. = Jahrhunderte
isl. = isländisch
ital. = italienisch
lat. = lateinisch
l. c. = loco citato
lit. = litauisch
lt. = laut
MA. = Mittelalter
ma. = mittelalterlich
md. = mitteldeutsch
me. = mittelenglisch
m. E. = meines Erachtens
mhd. = mittelhochdeutsch
mlat. = mittellateinisch
mnd. = mittelniederdeutsch
mndl. = mittelniederländisch
n. Chr. = nach Christus
nd. = niederdeutsch
ndl. = niederländisch
nds. = niedersächsisch
ne. = neuenglisch
nfrz. = neufranzösisch
nhd. = neuhochdeutsch
nlat. = neulateinisch
nnd. = neuniederdeutsch
nndl. = neuniederländisch
nord. = nordisch
norw. = norwegisch
Nr. = Nummer
N. T. = Neues Testament
obd. = oberdeutsch
o. J. = ohne Jahrangabe
ON. = Ortsname
o. O. = ohne Ortsangabe
ostd. = ostdeutsch
österr. = österreichisch
Progr. = Programm
Reg. = Register
röm. = römisch
russ. = russisch
s. = siehe
S. = Seite
s. a. = siehe auch
SA. = Sonderabzug
sächs. = sächsisch
s. d. = siehe dies
slaw. = slawisch
s. o. = siehe oben

sog. = sogenannt
spätlat. = spätlateinisch
s. u. = siehe unten
s. v. = sub voce, verbo
s. w. = siehe weiter
u. a. = unter anderm
u. a. m. = und anderes mehr
übers. = übersetzt
urgerm. = urgermanisch
usf., usw. = und so fort, weiter
u. v. a. = und vieles andere
v. Chr. = vor Christus
vgl. = vergleiche
vulglat. = vulgärlateinisch
westf. = westfälisch
z. B = zum Beispiel

Verzeichnis der Mitarbeiter

Professor Dr. Wolfgang Aly, Freiburg i. Br.
Professor Dr. Walter Anderson, Dorpat.
Dr. Hanns Bächtold-Stäubli, Basel.
Privatdozent Dr. Otto Basler, Berlin.
Professor Dr. phil. et theol. Karl Beth, Wien.
Dr. phil. et. jur. Marianne Beth, Wien.
Studienrat Dr. Fritz Boehm, Berlin.
Lizenziat Dr. L. F. Werner Boette, Marburg a. L.
Professor Dr. Ludwig Deubner, Freiburg i. Br.-Berlin.
Professor Dr. Franz Dornseiff, Greifswald.
Professor Dr. F. Eckstein, Freiburg i. Br.
Professor Dr. Hans Fehr, Bern.
Professor Dr. Eugen Fehrle, Heidelberg.
Herbert Freudenthal, Hamburg.
Dr. Paul Geiger, Basel.
Professor Dr. V. Geramb, Graz.
Professor Dr. Emil Goldmann, Wien.
Paul Groth, Greifswald.
Professor Dr. Hermann Güntert, Heidelberg.
Professor Dr. Artur Haberlandt, Wien.
Professor Dr. J. W. Hauer, Marburg a. L.
Dr. Kurt Heckscher, Hannover.
Landesgerichtsdirektor Dr. A. Hellwig, Potsdam.
Professor Dr. Karl Helm, Marburg a. L.
Professor Dr. Hugo Hepding, Gießen.
Professor Dr. Ludwig Herold, Karlsbad.
Professor Dr. E. Hoffmann-Krayer, Basel.
Professor Dr. R. Hünnerkopf, Heidelberg.
Pfarrer Dr. A. Jacoby, Luxemburg.
Professor Dr. Gustav Jungbauer, Prag.
Professor Dr. R. F. Kaindl, Waltendorf-Graz.
Dr. Bernhard Karle, Donaueschingen.
Professor Dr. A. Klein, Waltendorf-Graz.
Dr. Kurt Klusemann, Waltendorf-Graz.
Dr. Bernhard Kummer, Leipzig.
Dr. Johannes Künzig, Freiburg i. Br.
Dr. F. Lüers, München.
Privatdozent Dr. Lutz Mackensen, Greifswald.
Dr. med. Alfred Martin, Nauheim.
Dr. Carl Mengis, Karlsruhe.
Studienprofessor Dr. Heinrich Marzell, Gunzenhausen.
Kurt Meschke, VDM., Greifswald.
Privatdozent Dr. Karl Meuli, Basel.
Direktor Dr. H. Mötefindt, Beuthen O.S.
Studienprofessor Dr. Walther Müller-Bergström, Ettenheim.
Professor Dr. Hans Naumann, Frankfurt a. M.
Dr. Ida Naumann, Frankfurt a. M.
Dr. F. Ohrt, Kopenhagen.
Studienrat Professor Dr. Karl Olbrich, Breslau.
Professor Dr. F. Panzer, Heidelberg-Berlin.
Dr. Adelgard Perkmann, Wien.
Dr. Will-Erich Peuckert, Breslau.
Professor Dr. F. Pfister, Würzburg.
Professor Dr. F. Ranke, Königsberg.
Professor R. Riegler, Klagenfurt.
Dr. Oskar Rühle, Tübingen.
Professor Dr. Paul Sartori, Dortmund.
Professor Dr. Isidor Scheftelowitz, Köln.
Dr. Harry Schewe, Freiburg i. Br.
Ruth Schmekel, Greifswald.
Professor Dr. E. Schneeweis, Belgrad.
Dr. A. M. Schneider, Kaplan, z. Z. Rom.
Dr. Rosa Schömer, Wien.
Dr. Marianne Schusser, Wien.
Dr. Erich Seemann, Freiburg i. Br.
† Dr. med. S. Seligmann, Hamburg.
Professor Dr. Th. Siebs, Breslau.
Professor Dr. S. Singer, Bern.
Professor Dr. A. Spamer, Dresden.
Professor Dr. W. Stammler, Greifswald.
Dr. Victor Stegemann, Heidelberg.
Privatdozent Dr. Walter Steller, Breslau.
Professor Dr. E. Stemplinger, Rosenheim.
Professor Dr. R. Stübe, Leipzig.
Professor Dr. Archer Taylor, Chicago.
Karl-Albrecht Tiemann, Greifswald.
Professor Dr. A. Webinger, Waltendorf-Graz.
Professor Dr. O. Weinreich, Tübingen.
Privatdozent Dr. Lily Weiser, Wien.
Professor Dr. A. Wirth, Dessau.
Professor Dr. A. Wrede, Köln.

Literaturverzeichnis

(Ein Nachtrag erscheint am Schlusse des Werkes.)

AA.SS. — Acta Sanctorum, hg. v. Joh. Bolland u. a. Antwerpen 1643 ff.

Abeghian *Armenien* — Manuk Abeghian Der armenische Volksglaube. Diss. Jena 1899.

AbhLpz. — Abhandlungen der sächsischen Akademie der Wissenschaften in Leipzig.

Abt *Apuleius* — Adam Abt Die Apologie des Apuleius von Madaura und die antike Zauberei. Gießen 1908 (= RVV IV, 2).

Ackermann *Shakespeare* — August Ackermann Der Seelenglaube bei Shakespeare. Eine mytholog.-literarwiss. Abhandlung. Zürcher Diss. Frauenfeld 1914.

ADB. — Allgemeine deutsche Biographie. Leipzig 1875 ff.

AfdA. — Anzeiger für deutsches Altertum.

AfnF., AnordF. — Arkiv for nordisk Filologi. Kristiania, Lund 1883 ff.

AGermMus. — Anzeiger des germanischen Nationalmuseums in Nürnberg.

AGVorarlb. — Archiv für Geschichte und Landeskunde Vorarlbergs. Bregenz.

Agrippa v. Nettesheim — Hch. Corn. Agrippas von Nettesheim Magische Werke. Berlin 1916. 5 Bde.

Aigremont *Fußerotik* — Dr. Aigremont Fuß- und Schuh-Symbolik und -Erotik. Leipzig 1909.

— *Pflanzenwelt* — Dr. Aigremont Volkserotik und Pflanzenwelt. Leipzig 1919.

AKultG. — Archiv für Kulturgeschichte.

Albers *Das Jahr* — J. H. Albers Das Jahr und seine Feste. 3. Aufl. Stuttgart 1917.

Albertus Magnus — Albertus Magnus Bewährte ägyptische Geheimnisse für Menschen und Vieh. Brabant.

— 1508 — Albertus Magnus Das buch der versammlung oder das buch der heymligkeiten Magni Alberti von den tugenden der krüter und edelgestein und von etlichen thieren. Straßburg 1508.

— *De Animalibus* — De animalibus libri XXVI. Nach der Cölner Urschrift hsg. von H. Stadler. Münster i. W. 1916—20 (= Beitr. zur Gesch. der Phisophie des MA. XV—XVI).

— *De Vegetabilibus* — Alberti Magni ex ordine Prädicatorum De Vegetabilibus Libri VII. Ed. crit. ab Ernesto Meyero coeptam absolv. Carolus Jessen. Berolini 1867.

Albrecht *Leipzig* — Karl Albrecht Die Leipziger Mundart. Leipzig 1881.

Alemannia — Alemannia. Zeitschrift für Sprache, Literatur u. Volkskunde des Elsasses und Oberrheins, hg. v. A. Birlinger. 1873 ff.

Alpenburg *Tirol* — J. N. Ritter v. Alpenburg Mythen u. Sagen Tirols. Zürich 1857.

Altbayern — Altbayerische Sagen. Ausgew. vom Jugendschriftenausschuß des Bezirkslehrervereins. München o. J.

Alt-Recklinghausen — Alt-Recklinghausen. Zweimonatsschrift für Geschichte u. Volkskunde der Stadt und des Vestes Recklinghausen. 1920 ff.

Aly *Märchen.* — Wolf Aly Volksmärchen, Sage und Novelle bei Herodot und seinen Zeitgenossen. Göttingen 1921.

Amersbach *Grimmelshausen* — Karl Amersbach Aberglaube, Sage und Märchen bei Grimmelshausen. 2 Tle. Progr. Baden-Baden 1891 und 1893.

— *Lichtgeister* — Karl Amersbach Licht- und Nebelgeister. Ein Beitrag zur Sagen- und Märchenkunde. Baden-Baden 1901.

Amira *Grundriß* — K. v. Amira Grundriß des germanischen Rechts. Straßburg 1913 (= Grundriß d. germ. Philol. 3. Aufl. Bd. 5.)

— *Stab* — Karl v. Amira Der Stab in der germ. Rechtssymbolik. München 1909.

— *Todesstrafen* — Karl v. Amira Die germ. Todesstrafen. Abh. d. bayer. Ak. d. Wiss., phil.-histor. Kl. 31. Bd. 13. Abt. (1922).

AnBoll. — Analecta Bollandiana. Brüssel 1882 ff.

Andel *Volksgeneeskunst* — Martinus Antonie van Andel Volksgeneeskunst in Nederland. Diss. Leiden 1909.

Andreae *Chymische Hochzeit* — (Jo. Sal. Andreae) Chymische Hochzeit Christiani Rosencreutz Anno 1459. Neudruck der Ausgabe Straßburg 1616 von Ferd. Maack. Berlin 1913 (= Geheime Wissensch. 1).

Andree *Anthropophagie* — Richard Andree Die Anthropophagie. Eine ethnographische Studie. Leipzig 1887.

— *Braunschweig* — Richard Andree Braunschweiger Volkskunde. 2. Aufl. Braunschweig 1901.

— *Juden* — Richard Andree Zur Volkskunde der Juden. Bielefeld u. Leipzig 1881.

— *Parallelen* — Richard Andree Ethnographische Parallelen und Vergleiche. 2 Tle. Leipzig 1878 u. 1887.

Andree *Votive* — Richard Andree Votive und Weihegaben des katholischen Volkes in Süddeutschland. Ein Beitrag zur Volkskunde. Braunschweig 1904.
Andree-Eysn *Volkskundliches* — Marie Andree-Eysn Volkskundliches. Aus dem bayrisch-österreichischen Alpengebiet. Braunschweig 1910.
Andrian *Altaussee* — Ferd. Freiherr von Andrian Die Altausseer. Ein Beitrag zur Volkskunde des Salzkammerguts. Wien 1905.
— *Höhenkultus* — Ferd. Freiherr v. Andrian Der Höhenkultus asiatischer u. europäischer Völker. Wien 1891.
— *Wetterzauberei* — Ferd. Freiherr v. Andrian Über Wetterzauberei. S.-A. aus Mitth. d. Anthropolog. Ges. in Wien 24 (1894).
Angl. — Anglia.
AnglBbl. — Anglia, Beiblatt.
AnglF. — Anglistische Forschungen.
Anhorn *Magiologia* — (Anhorn) Magiologia, Christlicher Bericht von dem Aberglauben und Zauberey, fürgestellt durch Philonem. Basel 1674; 1675.
AnordF., AfnF. — Arkiv för nordisk filologi.
AnSpr. — Archiv für das Studium der neueren Sprachen.
Anthr. — Anthropos.
AntTidskr. — Antikvarisk Tidskrift för Sverige.
ANuG. — Aus Natur- u. Geisteswelt.
AnzfKddV. — Anzeiger für Kunde der deutschen Vorzeit. 1835 ff.
ARw. — Archiv für Religionswissenschaft.
ASiebLk. — Archiv des Vereins für siebenbürgische Landeskunde.
ATradpop. — Archivio per lo studio delle tradizioni popolari. Palermo e Torino 1881 ff.
Aufruf — Aufruf zur Sammlung der deutschen Segen- u. Beschwörungsformeln. Hg. v. Verband deutscher Vereine für Volkskunde. O. O. u. J. (1914).
AUngMus. — Anzeiger der ethnographischen Abteilung des Ungarischen Nationalmuseums.
Avé-Lallemant *Bockreiter* — F. Chr. B. Avé-Lallement Die Merseburger Bockreiter des 18. u. 19. Jhs. Leipzig 1880.

Baader *Sagen* — Bernhard Baader Volkssagen aus dem Lande Baden. Karlsruhe 1851.
— *NSagen* (1859) — Bernhard Baader Neugesammelte Volkssagen aus dem Lande Baden u. den angrenzenden Gegenden. Karlsruhe 1859.
Bacher *Lusern* — Jos. Bacher Die deutsche Sprachinsel Lusern. Innsbruck 1905.
Bachofen *Gräbersymbolik* — J. J. Bachofen Versuch über die Gräbersymbolik der Alten. Basel 1859.
— *Mutterrecht* — J. J. Bachofen Das Mutterrecht. 2. Aufl. Basel 1897.
— *Tanaquil* — J. J. Bachofen Die Sage von Tanaquil. Heidelberg 1870.
Bächtold *Hochzeit* — Hanns Bächtold Die Gebräuche bei Verlobung und Hochzeit. I. Bd. Basel 1914 (= Schriften d. Schweiz Ges. f. Volksk. 11).
BadHmt. — Badische Heimat.
BadWb. — Badisches Wörterbuch, bearbeitet von E. Ochs. Lahr i. B. 1926 ff.
Bang — s. *Norske Hexefml.*
Bartels *Medizin* — Max Bartels Die Medizin der Naturvölker. Ethnologische Beiträge zur Urgeschichte der Medizin. Leipzig 1893.
— *Pflanzen* — W. Bartels Pflanzen in der englischen Folklore. Beilage zum Programm der Realschule auf der Uhlenhorst zu Hamburg über das Schuljahr 1899—1900. Hamburg 1900.
Bartisch — Georg Bartisch von Königsbrück Augen-Dienst. Sultzbach 1686.
Bartsch *Mecklenburg* — Karl Bartsch Sagen, Märchen und Gebräuche aus Mecklenburg. Wien 1879—1880. 2 Bde.
Basile *Pentamerone* — Giambattista Basile Il Pentamerone ossia la fiaba delle fiabe. Tradotta da Benedetto Croce. Bari 1925.
Bäßler *Legenden* — Ferd. Bäßler Altchristliche Geschichten und Sagen, gemeinhin Legenden genannt. 1864.
Bastian *Elementargedanke* — A. Bastian Ethnische Elementargedanken in der Lehre vom Menschen 2 Tle. Berlin 1895.
Batereau *Tiere* — Otto Batereau Die Tiere in der mittelhochdeutschen Literatur. Diss. Leipzig 1909.
Bauer *Volksleben* — L. Bauer Volksleben im Lande der Bibel. Leipzig 1903.
Bauernfeind *Nordoberpfalz* — Wolfg. Bauernfeind Aus dem Volksleben. Sitten, Sagen und Gebräuche der Nordoberpfalz. Regensburg 1910.
Bauern-Philosophie. 2 Bde. Passau 1802.
Baumberger *St. Galler Land* — Georg Baumberger St. Galler Land — St. Galler Volk. Einsiedeln 1903.
Baumgarten *Aus der Heimat* — Amand Baumgarten Aus der volksmäßigen Überlieferung der Heimat. S.-A. 3 Teile. Linz (Mus.-Progr.) 1862—1869.
— *Jahr u. s. Tage* — Amand Baumgarten Das Jahr und seine Tage in Meinung und Brauch der Heimat. Linz 1860.
Bavaria — Bavaria. Landes- und Volkskunde des Königreichs Bayern. München 1860 ff.
BayHfte. — Bayerische Hefte für Volkskunde.
Bayld. — Das Bayerland.
BdböVk. — Beiträge zur deutschböhmischen Volkskunde s. die einzelnen Verfasser.
Beauqier *Faune et Flore* — Charles Beauquier Faune et Flore populaires de la Franche-Comté. 2 vol. Paris 1910.
Bechstein *Thüringen* — Ludwig Bechstein Thüringer Sagenbuch. 2. Aufl. Leipzig 1885. 2 Bde.
Beck *De juribus Judaeorum* — J. J. Beck Tractatus de juribus Judaeorum, Vom Recht der Juden. Nürnberg 1731.

Becker *Frauenrechtliches* — Albert Becker Frauenrechtliches in Brauch und Sitte. Kaiserslautern 1913.

— *Frühlingsfeiern* — Albert Becker Pfälzer Frühlingsfeiern. Kaiserslautern 1908 (= S.-A. aus HessBl.).

— *Pfalz* — Albert Becker Pfälzer Volkskunde. Bonn u. Leipzig 1925 (= Volksk. rhein. Landschaften).

Beissel *Heiligenverehrung* — Stephan Beissel Die Verehrung der Heiligen und ihrer Reliquien in Deutschland. Freiburg i. Br. 1890 u. 1892.

Berge *Husgudar* — Rikard Berge Husgudar i Norge. 1921.

Bergen *Animal and Plant-Lore* — Fanny D. Bergen Animal and Plant-Lore. Collected from the oral tradition of English speaking Folk. 1899 (= Memoirs of the American Folk-Lore Soc. Vol. VII).

— *Superstitions* — Fanny D. Bergen Current Superstitions. Collected from the oral tradition of english speaking Folk. (= Memoirs of the American Folk-Lore Society. Vol. IV). Boston and New York 1896.

Bergmann — Bergmann Bergmännisches Wörterbuch. Chemnitz 1773.

— *DWb.* — Karl Bergmann Deutsches Wörterbuch. Zugleich 3. Ausgabe des etymologischen deutschen Wörterbuches von P. J. Fuchs. Leipzig 1923.

— *Deutscher Wortschatz* — Karl Bergmann Der deutsche Wortschatz. Gießen 1912.

Bernoulli *Merowinger* — Carl Albrecht Bernoulli Die Heiligen der Merowinger. Tübingen 1900.

Berthold *Unverwundbarkeit* — Otto Berthold Die Unverwundbarkeit in Sage und Aberglauben der Griechen. Gießen 1911 (= RVV XI, 1).

Bertsch *Weltanschauung* — Heinrich Bertsch Weltanschauung, Volkssage und Volksbrauch. Dortmund 1910.

Beth *Religion u. Magie* — Karl Beth Religion und Magie bei den Naturvölkern. Leipzig und Berlin 1914; 2. umgearbeitete Aufl. 1927.

— *Religgesch.* — Karl Beth Einführung in die Religionsgeschichte. Leipzig u. Berlin 1920 (= ANuG 658).

Bezzenberger *Litauische Forsch.* — Adalbert Bezzenberger Litauische Forschungen. Beitr. z. Kenntnis der Sprache u. des Volkstums der Litauer. Göttingen 1882.

BF. — Bulletin de Folklore. Liège.

Bilderatlas z. Religgesch. — Bilderatlas zur Religionsgeschichte, hsg. v. Hans Haas. Leipzig u. Erlangen 1924 ff.

Binder *Sagen* — W. Binder Schwäbische Volkssagen, Geschichten u. Märchen. Stuttgart 1845.

Bindewald *Sagenbuch* — Theodor Bindewald Oberhessisches Sagenbuch. Aus dem Volksmunde gesammelt. Neue vermehrte Ausgabe. Frankfurt a. M. 1873.

Birlinger *Aus Schwaben* — Anton Birlinger Aus Schwaben. Sagen, Legenden, Aberglauben usw. Neue Sammlung. Wiesbaden 1874. 2 Bde.

— *Volksth.* — Anton Birlinger Volksthümliches aus Schwaben. Freiburg i. Br. 1861—1862. 2 Bde.

— *Wb.* — Anton Birlinger Schwäbisch-augsburgisches Wörterbuch. München 1864.

Bischoff *Jenseits d. Seele* — Erich Bischoff Das Jenseits der Seele. Zur Mystik des Lebens nach dem Tode. Berlin 1919 (= Geheime Wissensch. 18).

— *Kabbalah* — Erich Bischoff Die Elemente der Kabbalah. Berlin 1913—14 (= Geheime Wissensch. 2).

— *Zahlen* — Erich Bischoff Die Mystik und Magie der Zahlen (Arithmetische Kabbalah). Berlin 1920 (= Geheime Wissensch. 20).

Black *Folk-Medicine* — W. G. Black Folk-Medicine, a chapter in the History of culture. London 1883.

BlAlbV. — Blätter des schwäb. Albvereins.

Blau *Zauberwesen* — Ludwig Blau Das altjüdische Zauberwesen. 2. Aufl. Berlin 1914.

Blaufuß *Röm. Feste* — Hans Blaufuß Römische Feste und Feiertage nach den Traktaten über fremden Dienst (Abodazara) in Mischna, Tosefta, Jerusalemer u. babylonischem Talmud. Progr. Nürnberg 1909.

BlBayGymn. — Blätter für das bayerische Gymnasialwesen.

BlBayVk. — Blätter zur bayerischen Volkskunde. Würzburg.

BlhessVk. — Blätter für hessische Volkskunde 1—3. Gießen 1899—1901.

BlPommVk. — Blätter für Pommersche Volkskunde, hg. v. O. Knoop und A. Haas.

Blum *Schutzgeister* — Ida Blum Die Schutzgeister in der altnordischen Literatur. Diss. Straßburg 1912.

Bock *Kreuterbuch* — Hier. Bock New Kreutterbuch von underscheydt, würckung und namen der kreütter so in Deutschen landen wachsen. Straßburg 1539 (u. Ausg. v. 1551).

Böckel *Handbuch* — Otto Böckel Handbuch des deutschen Volksliedes. 4. gänzl. neugestaltete Ausgabe von A. F. C. Vilmars Handbüchlein. Marburg 1908.

— *Psychologie* — Otto Böckel Psychologie der Volksdichtung. Leipzig 1906.

— *Volkslieder* — Otto Böckel Deutsche Volkslieder aus Oberhessen. Marburg 1885.

— *Volkssage* — Otto Böckel Die deutsche Volkssage. Übersichtlich dargestellt. Leipzig 1909 (= ANuG. 262).

Boecler *Ehsten* — Joh. Wolfg. Boecler Der Ehsten abergläubische Gebräuche, Weisen und Gewohnheiten. Mit auf die Gegenwart bezüglichen Anmerkungen beleuchtet von Fr. R. Kreutzwald. Petersburg 1854.

Bodemeyer *Rechtsalterth.* — Hildebrand Bodemeyer Hannoversche Rechtsalterthümer. 1. Beitrag: Die Luxus- und Sittengesetze. Göttingen 1857.

Böhme *Kinderlied* = Franz Magnus Böhme, Deutsches Kinderlied und Kinderspiel. Leipzig 1897.

Bohnenberger — Karl Bohnenberger Mitteilungen über volkstümliche Überlieferungen in Württemberg Nr. 1. Stuttgart 1904 (S.-A. aus den Württemb. Jahrb. f. Statistik u. Landesk. 1904).

Boll *Lebensalter* — Franz Boll Die Lebensalter. Ein Beitrag zur antiken Ethnologie und zur Geschichte der Zahlen. Leipzig und Berlin 1913.

— *Offenbarung Joh.* — Franz Boll Aus der Offenbarung Johannis. Hellenistische Studien zum Weltbild der Apokalypse. Leipzig u. Berlin 1914.

— *Sphaera* — Franz Boll Sphaera. Neue griechische Texte u. Untersuchungen zur Geschichte der Sternbilder. Leipzig 1903.

— *Sternglaube* — Franz Boll Sternglaube und Sterndeutung. Die Geschichte und das Wesen der Astrologie. Unter Mitwirkung von Carl Bezold dargestellt. Leipzig u. Berlin 1918 (= ANuG. 638).

Boll-Gundel — Boll-Bezold Sternglaube u. Sterndeutung. 3. Aufl. hg. v. W. Gundel. Leipzig 1926.

Bolte-Polívka — Johannes Bolte und Georg Polívka Anmerkungen zu den Kinder- und Hausmärchen der Brüder Grimm. Leipzig 1913—18. 3 Bde.

Boese *Superst. Arelat.* — Ricardus Boese Superstitiones Arelatenses e Caesario collectae. Diss. Marpurgi 1909.

Brand *Pop. Ant.* — John Brand Observations on popular Antiquities of Great Britain. London 1908. 3 Bde.

Brandenburg — Landeskunde der Provinz Brandenburg. Bd. III: Volkskunde. Berlin 1912.

Brandstetter *Wuotan* — Renward Brandstetter Die Wuotansage im alten Luzern, in „Geschichtsfreund“ 62 (1907), 101—160.

Braun *Sage* — J. Braun Naturgeschichte der Sage. Leipzig 1864. 2 Bde.

Bräuner *Curiositaeten* — Joh. Jacob Bräuners Physikalisch und Historisch eroerterte Curiositaeten; oder Entlarvter Teufflischer Aberglaube von Wechselbälgen usw. Franckfurt a. M. 1737.

Brehm *Tierleben* — Brehms Tierleben. Leipzig u. Wien.

Bressl. Samml. — Sammlungen von Natur- und Medizin- wie auch hierzugehörigen Kunst- und Literaturgeschichten, hg. v. Joh. Kanold. Erfurt 1717—1726; zitiert nach „Versuchen“; Rgb. = Registerband.

Brissaud *Express. popul.* — Edouard Brissaud Histoire des expressions populaires relatives à l'anatomie, à la physiologie et à la médecine. Paris 1892.

Britten and Holland *Plant-Names* — J. Britten and Robert Holland A Dictionary of English Plant-Names (= Engl. Dial. Soc. Series C) London 1878. 1886.

Brnd. — Brandenburgia.

Brodmann *Ettingen* — Paul Brodmann Heimatkunde d. Dorfes u. d. Pfarrei Ettingen. Basel 1883.

Bronner *Sitt' u. Art* — Bronner Von deutscher Sitt' u. Art. Volkssitten und Volksbräuche in Bayern u. den angrenzenden Gebieten im Kreislauf des Jahres dargestellt. München 1908.

Brückmann — U. F. B. Brückmann Abhandlung von den Edelsteinen. 2. Aufl. Braunschweig 1773.

Brückner *Reuß* — G. Brückner Volks- u. Landeskunde des Fürstenthums Reuß j. L. Gera 1870.

Brunfels *Kreuterbuch* — Otho Brunfels Contrafayt Kreuterbuch nach rechter vollkommener art usw. Straßburg 1532. Ander Teyl 1537.

Brunner *Ostdeutsche Volksk.* — Karl Brunner Ostdeutsche Volkskunde. Leipzig 1925.

— *Rechtsgeschichte* — Brunner Deutsche Rechtsgeschichte, hsg. von E. v. Künnsberg. Leipzig.

BRw — Beiträge zur Religionswissenschaft, hg. v. d. religionswissensch. Gesellschaft in Stockholm.

Buch *Wotjäken* — Max Buch Die Wotjäken. Eine ethnologische Studie. Helsingfors 1882.

Bücher *Rhythmus* — Karl Bücher Arbeit und Rhythmus. 3. Aufl. Leipzig 1902.

Buchmüller *Beatenberg* — Georg Buchmüller St. Beatenberg. Geschichte einer Berggemeinde. Bern 1914.

Buck *Volksmedizin* — M. R. Buck Medizinischer Volksglauben und Volksaberglauben aus Schwaben. Ravensburg 1865.

Bugge *Heldensagen* — Sophus Bugge Studien über die Entstehung der nordischen Götter- und Heldensagen. München 1889.

Bühler *Davos* — V. Bühler Davos in seinem Walserdialekt. Heidelberg 1870 ff.

Bull. Glossaire — Bulletin du Glossaire des patois de la Suisse Romande. 1902 ff.

Busch *Volksglaube* — Moritz Busch Deutscher Volksglaube. Leipzig 1877.

Buxtorf *Judenschul* — Joh. Buxtorf Synagoga judaica Das ist Judenschul usw. Basel 1643.

Caesarius v. Heisterbach — Alexander Kaufmann Caesarius von Heisterbach. Ein Beitrag zur Culturgeschichte des 12. und 13. Jhs. 2. Aufl. Cöln 1862.

— *Dialogus* — Dialogus Miraculorum. ed. Jos. Strange. Coloniae 1854.

Caminada *Friedhöfe* — Christian Caminada Die Bündner Friedhöfe. Eine kulturhistorische Studie aus Bünden. Zürich 1918.

— *Glocken* — Christian Caminada Die Bündner Glocken. Zürich 1915.

Car. — Carinthia. Mitteilungen des Geschichtsvereins für Kärnten. Klagenfurt.

Carus *Zoologie* — J. Victor Carus Geschichte der Zoologie bis auf Joh. Müller und Charles Darwin. München 1872 (= Gesch. d. Wissensch. in Deutschland 12).

C a s p a r i *Homilia* — C. P. Caspari Eine Augustin fälschlich beigelegte Homilia de sacrilegiis. Christiania 1886.

C a s s e l *Kirchenbuch* — Paulus Cassel Das Kirchenbuch. Friedenau-Berlin 1892.

C a s t r é n *Finn. Myth.* — Alex. Castréns Vorlesungen über die finnische Mythologie. Petersburg 1853.

Cat.cod.astr. — Catalogus codicum astrologorum Graecorum, ed. Fr. Boll, Fr. Cumont usw. Bruxelles tom. I—VIII, 4. X.

CCA. s. Cat. cod. astr.

C i s z e w s k i *Künstl. Verwandtsch.* — Stanislaus Ciszewski Künstliche Verwandtschaft bei den Südslaven. Diss. Leipzig 1897.

C l e m e n *Leben n. d. Tode* — Carl Clemen Das Leben nach dem Tode im Glauben der Menschheit. Leipzig u. Berlin 1920 (= ANuG. 544).

— *Neues Test.* — Carl Clemen Religionsgeschichtl. Erklärung des Neuen Testaments. Gießen 1909.

— *Persische Relig.* — Carl Clemen Die griechischen und lateinischen Nachrichten über die persische Religion. Gießen 1920 (= RVV XVII, 1).

— *Reste* — C. Clemen Die Reste der primitiven Religion im ältesten Christentum. Gießen 1916.

d e C o c k *Oude Gebr.* — A. de Cock Spreekworden en Zegswijzen afkomstig van oude Gebruiken en Volkszeden. 2. Aufl. Gent 1908.

— *Volksgeloof* — A. de Cock Spreekworden, Zegswijsen en Uitdrukkingen op Volksgeloof berustend. 1. Bd. Antwerpen 1920.

— *Volksgeneeskunde* — A. de Cock Volksgenees kunde in Vlaanderen. Gent 1891.

— *Volkssage* — A. de Cock Volkssage, Volksgeloof en Volksgebruik. Antwerpen 1918.

— *Vrouwen* — A. de Cock Spreekwoorden en Zegswijzen over de Vrouwen, de Liefde en het Huiwelijk. Gent 1911.

C o c k a y n e *Leechdoms* — Oswald Cockayne Leechdoms, Wordcunning and Starcraft of early England. 3 Vol. London 1864—1866.

C o h n *Tiernamen* — Hugo Cohn Tiernamen als Schimpfwörter. Progr. Berlin 1910.

C o r r e v o n *Gespenstergesch.* — Hedwig Correvon Gespenstergeschichten aus Bern. Bern 1919.

C o r s o *Folklore* — R. Corso Folklore, Storia, obbietto, metodo, bibliographia. Roma 1923.

C r e c e l i u s *Wb.* — Wilh. Crecelius Oberhessisches Wörterbuch. Darmstadt 1897.

C r o o k e *Northern India* — W. Crooke An Introduction to the popular Religion and Folklore of Northern India. Allahabad 1894.

C u m o n t *After Life* — Franz Cumont After Life in Roman Paganism. New Haven 1923.

— *Orient. Rel.* — Franz Cumont Die orientalischen Religionen im römischen Heidentum. 2. Aufl. Berlin 1914.

C u r t z e *Waldeck* — L. Curtze Volksüberlieferungen aus dem Fürstenthum Waldeck. Arolsen 1860.

C y s a t — Renw. Brandstetter Renward Cysat 1545—1614, der Begründer der Schweiz. Volkskunde. Luzern 1909.

D ä h n h a r d t *Natursagen* — Oskar Dähnhardt Natursagen. Eine Sammlung naturdeutender Sagen, Märchen, Fabeln und Legenden. Leipzig 1907 ff.

— *Volkst.* — Oskar Dähnhardt Volkstümliches aus d. Königreich Sachsen, auf d. Thomasschule gesammelt. 2 Hefte. Leipzig 1898.

D a l l a T o r r e *Tiernamen* — V. Dalla Torre Die volkstümlichen Tiernamen in Tirol und Vorarlberg. Innsbruck 1894 (S.-A. aus „Beiträge z. Anthropologie von Tirol").

Danm. Tryllefml. — F. Ohrt Danmarks Trylleformler. I. II. København og Kristiania 1917 bis 1921.

D a n n e i l *Plattdeutsches Wb.* — J. F. Danneil Wörterbuch der altmärkisch-plattdeutschen Mundart. Salzwedel 1858.

DanSt. — Danske Studier.

D a r e m b e r g et S a g l i o — Dictionnaire des antiquités grecques et romaines, publié sous la direction de A. Daremberg et Edm. Saglio. Paris 1877 ff.

D a u z a t *Géogr. linguistique* — Albert Dauzat Essais de géographie linguistique: Noms d'animaux. Paris 1921.

Davoser Landbuch — Landbuch der Landschaft und Hochgerichts-Gemeinde Davos im Eidg. Stand Graubünden. Davos 1912.

DbotMon. — Deutsche botanische Monatsschrift. Hg. v. Leimbach 1883 ff.

D e e c k e *Lübische Sagen* — Ernst Deecke Lübische Geschichten u. Sagen. 2. Ausgabe. Lübeck 1857.

D e i g e n d e s c h *Arzneibuch* — Johannes Deigendesch (Scharfrichter) Nachrichters Pferd- oder Roß-Arzneibuch. Neue Aufl. Stuttgart 1857.

D e l r i o *Disquisitiones* — Martin Delrio Disquisitionum magicarum libri sex. Mainz 1606. Köln 1679.

D e M é l y — De Mély Les lapidaires de l'antiquité et du moyen-âge. Paris 1896.

D e m i t s c h *Russ. Volksheilmittel* — Wassily Demitsch Russische Volksheilmittel aus dem Pflanzenreich. Eine literarisch-pharmakologische Studie. In: Histor. Studien aus dem Pharmakolog. Institut der kais. Univers. Dorpat. Hg. v. Kobert. Halle a. S. 1 (1889), 134—266.

D e o n n a *Croyances relig.* — W. Deonna Les croyances religieuses et superstitieuses de la Genève antérieure au christianisme. Genève 1917 (= Bulletin de l'Institut genevois XLII).

D e t t l i n g *Hexenprozesse* — A. Dettling Die Hexenprozesse im Kanton Schwyz. Schwyz 1907.

D e V i s s e r — M. W. De Visser Die nicht menschengestaltigen Götter der Griechen. Leiden 1903.

DG — Deutsche Gaue. Kaufbeuren.

DGQ — Deutschlands Geschichtsquellen im Mittelalter bis zur Mitte des 13. Jahrhunderts. Berlin, W. Hertz.

DHmt. — Deutsche Heimat (Wien).

Die deutschen Mundarten s. Frommann.

Diels *Zuckungsliteratur* — H. Diels Beiträge zur Zuckungsliteratur des Okzidents und Orients. Berlin 1908.

Diener *Hunsrück* — W. Diener Hunsrücker Volkskunde. Bonn 1925.

Dieterich *Abraxas* — Albrecht Dieterich Abraxas. Studien zur Religionsgeschichte des spätern Altertums. Leipzig 1891.

— *Byzanz* — Karl Dieterich Hofleben in Byzanz. Zum ersten Male aus den Quellen übersetzt. Leipzig s. a. (= Voigtl. Quellenbücher 19).

— *Kl. Schr.* — Albrecht Dieterich Kleine Schriften. Leipzig u. Berlin 1911.

— *Mutter Erde* — Albrecht Dieterich Mutter Erde. Ein Versuch über Volksreligion. 2. Aufl. Leipzig und Berlin 1913. 3. Aufl. hsg. v. E. Fehrle, ebd. 1925.

— *Mithrasliturgie* — Albrecht Dieterich Eine Mithrasliturgie. 2. Aufl. Leipzig u. Berlin 1910. 3. Aufl. v. O. Weinreich, ebd. 1923.

— *Nekyia* — Albrecht Dieterich Nekyia. Beiträge zur Erklärung der neuentdeckten Petrusapokalypse. 2. Aufl. Berlin 1913.

Dioskurides *Mat. med.* — Dioskurides Pedanii Anazarbei De Materia Medica Libri V. ed. M. Wellmann. Berolini 1907—1914. 3 Vol.

Dirksen *Meiderich* — Carl Dirksen Volkstümliches aus Meiderich (Niederrhein). Bonn 1895 (= Zur deutschen Volkskunde 2).

Dobeneck *Mittelalter* — Friedr. Ludw. Ferdin. Dobeneck Des deutschen Mittelalters Volksglauben und Heldensagen, hg. v. Jean Paul. Berlin 1815. 2 Bde.

Döhring *Etym. Skizzen* — Alfred Döhring Etymologische Skizzen. Beiträge zur indogermanischen Sprach- und Sagenkunde. Progr. Königsberg 1912.

Domaszewski *Religion* — Alfred v. Domaszewski Abhandlungen zur römischen Religion. Leipzig u. Berlin 1909.

Dörler *Innsbruck* — Sagen aus Innsbrucks Umgebung mit bes. Berücksichtigung des Zillertales, ges. und hsg. von A. F. Dörler. Innsbruck 1895.

Dornseiff *Alphabet* — Franz Dornseiff Das Alphabet in Mystik und Magie. Leipzig und Berlin 1922. 2. Aufl. ebd. 1925.

DoW. — Deutsche optische Wochenschrift.

Drechsler — Paul Drechsler Sitte, Brauch und Volksglaube in Schlesien. Leipzig 1903 bis 1906. 2 Bde.

— *Haustiere* — Paul Drechsler Das Verhältnis des Schlesiers zu seinen Haustieren und Bäumen. Progr. Zabrze 1901.

Duller *Deutsches Volk* — Eduard Duller Das deutsche Volk in seinen Mundarten, Sitten, Gebräuchen, Festen und Trachten. Leipzig 1847.

Durand *Rationale* — G. Durand Rationale divinorum officiorum. Lugduni 1565.

Durmayer *Reste* — Joh. Durmayer Reste altgermanischen Heidentums in unsern Tagen. Nürnberg 1883.

DVöB. — Deutsche Volkskunde aus dem östlichen Böhmen.

DWb. — Deutsches Wörterbuch von Jacob und Wilhelm Grimm. Leipzig 1854 ff.

Dyer *Plants* — F. F. Dyer The Folk-Lore of Plants. London 1889.

Eberhard *Landwirtschaft* — A. Eberhard Sitte und Brauch in der Landwirtschaft. Mitteilungen über volkstümliche Überlieferungen in Württemberg Nr. 3. Stuttgart 1907 (= S.-A. aus Württemb. Jahrb. f. Statistik u. Landesk. 1907).

Eberli *Thurgau* — J. Eberli Beitrag zur Thurgauischen Volksbotanik. In: Mitteil. d. Thurgauischen Naturforschenden Gesellsch. 16 (1904), 129 ff.

Ebermann *Blutsegen* — Oskar Ebermann Blut- und Wundsegen in ihrer Entwicklung dargestellt. Berlin 1903 (= Palaestra XXIV).

Eckart *Südhannover. Sagen* — Rud. Eckart Südhannoversches Sagenbuch. Leipzig s. a.

Edlinger *Tiernamen* — August v. Edlinger Erklärung der Tiernamen aus allen Sprachgebieten. Landshut 1886.

Egerl. — Unser Egerland.

Eisel *Voigtland* — Robert Eisel Sagenbuch des Voigtlandes. Gera 1871.

Eisen-Erkes — M. J. Eisen Estnische Mythologie. Übertragen v. E. Erkes. Leipzig 1925.

Eisler *Weltenmantel* — Robert Eisler Weltenmantel u. Himmelszelt. Religionsgeschichtliche Untersuchungen zur Urgeschichte des antiken Weltbildes. München 1910. 2 Bde.

— *Mysteriengedanken* — Robert Eisler Orphisch-Dionysische Mysteriengedanken in der christlichen Antike. Leipzig u. Berlin 1925 (= Vorträge der Bibliothek Warburg 1922—23. II. Teil).

Eitrem *Opferritus* — S. Eitrem Opferritus und Voropfer der Griechen und Römer. Kristiania 1915.

Elsäß. Monatsschr. — Elsässische Monatsschrift für Geschichte und Volkskunde, hg. v. Alb. Fuchs 1 (1910) ff.

Encycl. Superstitions — Encyclopaedia of Superstitions, Folklore and the Occult Sciences of the World. Editorial Staff: Cora Linn Daniels and C. M. Stevans. 3 Vols. Chicago and Milwaukee 1903.

Enders *Kuhländchen* — Joh. Nep. Enders (gen. Johann v. Hadrisch) Das Kuhländchen. Ethnographisch-geographisch-historische Schilderung. Neutitschein 1868.

Endt *Sagen* — Johann Endt Sagen und Schwänke aus dem Erzgebirge. Der Zauberer P. Hahn, der Wunderdoktor Rölz u. a. Prag 1909 (= Beitr. z. deutsch-böhm. Volksk. X).

Engelien u. Lahn — A. Engelien u. W. Lahn Der Volksmund in der Mark Brandenburg. Berlin 1868.
ERE — siehe Hastings.
Erk-Böhme — Ludwig Erk und Franz M. Böhme Deutscher Liederhort. Leipzig 1893 bis 1894. 3 Bde.
Estermann *Rickenbach* — Melchior Estermann Geschichte der Pfarrei Rickenbach. Der Heimatkunde für den Kt. Luzern 4. Lieferung. Luzern 1882.
Evans *Animal symbolism* — E. P. Evans Animal symbolism in ecclesiastical architecture. London 1896.

Fahz *Doctrina magica* — Ludovicus Fahz De poetarum Romanorum doctrina magica quaestiones selectae. Gissae 1904 (= RVV. II, 3).
Falk *Ehe* — Franz Falk Die Ehe am Ausgang des Mittelalters. Eine kirchen- u. kulturhistorische Studie. Freiburg i. Br. 1908 (= Erläuterungen ... zu Janssens Geschichte VI 4).
Falk u. Torp *Etym.Wb.* — Norwegisch-dänisches etymologisches Wörterbuch von H. S. Falk und A. Torp. 2 Bde. Heidelberg 1910—1911.
Fatab. — Fataburen. Kulturhistorisk Tidskrift. Stockholm 1906 ff.
FdM. — Fortschritte der Medizin. Leipzig (Verlag Vogel).
Fehr *Aberglaube* — Joseph Fehr Der Aberglaube und die katholische Kirche des Mittelalters. Stuttgart 1857.
Fehrle *Baden* — Eugen Fehrle Badische Volkskunde. I. Teil. Leipzig 1924.
— *Geoponica* — Eugen Fehrle Studien zu den griechischen Geoponikern. Leipzig u. Berlin 1920 (= Stoicheia 3).
— *Keuschheit* — Eugen Fehrle Die kultische Keuschheit im Altertum. Gießen 1910 (= RVV VI).
— *Volksfeste* — Eugen Fehrle Deutsche Feste und Volksbräuche. Leipzig u. Berlin 1916 (= ANuG. 518). 2. Aufl. ebd. 1920.
— *Zauber u. Segen* — Eugen Fehrle Zauber und Segen. Jena 1926 (= Deutsche Volkheit).
Feilberg *Bjaergtagen* — H. F. Feilberg Bjaergtagen. In: Danmark Folkeminder 5 (1910).
— *Dansk Bondeliv* — H. F. Feilberg Dansk Bondeliv, saaledes som det i Mands Minde førtes navnlig i Vestjylland. 2 Tle. København 1899.
— *Ordbog* — H. F. Feilberg Bidrag til en ordbog over jyske almues mål. 4 Bde. Kopenhagen 1886—1914.
— *Festskrift til Feilberg* — Festskrift til H. F. Feilberg. København 1911.
FFC. — F. F. Communications (s. die einzelnen Verfasser).
Fient *Prättigau* — G. Fient Das Prättigau. Ein Beitrag zur Schweiz. Landes- u. Volkskunde. 2. Aufl. Chur (Davos) 1897.

Finder *Vierlande* (Progr.) — Ernst Finder Die Vierlande um die Wende des 16. und 17. Jahrhunderts. Ein Beitrag zur Kulturgeschichte Niedersachsens. Progr. Hamburg 1907.
— *Vierlande* 1, 2 — Ernst Finder Die Vierlande. Beiträge zur Geschichte, Landes- und Volkskunde Niedersachsens. 2 Bde. Hamburg 1922.
(Fischer) *Aberglaube* — (H. L. Fischer) Das Buch vom Aberglauben. Leipzig 1790—91, Hannover 1794.
— *Altertumsk.* — Hermann Fischer Grundzüge der deutschen Altertumskunde. 2. Aufl. Leipzig 1917 (= Wissenschaft und Bildung 40).
— *Angelsachsen* — A. Fischer Aberglaube unter den Angel-Sachsen. Progr. Meiningen 1891.
— *Aufklärung* 1794 — (H. L. Fischer) Beiträge zur Beantwortung der Frage, ob Aufklärung schon weit genug gediehen oder vollendet sei. Anhang zu dem Buch vom Aberglauben. Hannover 1794.
— *Hexenprozesse* — Fr. Fischer Die Basler Hexenprozesse i. d. 16. u. 17. Jahrhundert. Basel (1840).
— *Oststeierisches* — Rosa Fischer Oststeierisches Bauernleben. Mit einer Vorrede von Peter Rosegger. Wien (1903).
— *Probenächte* — F. C. J. Fischer Über die Probenächte der deutschen Bauernmädchen. Neudruck. Leipzig (1880).
— *SchwäbWb.* — Hermann Fischer Schwäbisches Wörterbuch. Tübingen 1901 ff.
FL. — Folk-Lore, a quarterly review of myth, traditions etc. London 1889 ff.
Flachs *Rumänen* — A. Flachs Rumänische Hochzeits- und Totengebräuche. Berlin 1899.
Flügel *Volksmedizin* — Flügel Volksmedizin und Aberglaube im Frankenwald. München 1863.
FoF — Folkminnen och Folktankar. 1914 ff.
Fogel *Pennsylvania* — Edvin Miller Fogel Beliefs and Superstitions of the Pennsylvania Germans. Philadelphia 1915 (= Americana Germanica).
Foltin *Alpensagen* — A. Foltin Tiroler Alpensagen. Stuttgart 1897.
Fontaine *Götterwelt* — Ed. de la Fontaine Die deutsche Götterwelt im Luxemburger Lande. 1906.
— *Luxemburg* — Ed. de la Fontaine Luxemburger Sitten und Gebräuche. Luxemburg 1883.
Fossel *Volksmedizin* — V. Fossel Volksmedizin und medizinischer Aberglaube in Steiermark. Graz 1886.
Fox *Saarland* — N. Fox Saarländische Volkskunde. Bonn 1927.
Fraenger s. JbhistVk.
Fraenkel *Mythologie* — Georg Fraenkel Niedere Mythologie im mhd. Epos. Diss. Breslau 1903.

Franz *Benediktionen* — Adolph Franz Die kirchlichen Benediktionen im Mittelalter. Freiburg i. Br. 1909. 2 Bde.

— *Nik. de Jawer* — Adolph Franz Der Magister Nikolaus Magni de Jawer. Freiburg i. Br. 1898.

Franzisci *Kärnten* — Franz Franzisci Cultur-Studien über Volksleben, Sitten und Bräuche in Kärnten. Wien 1879.

Frauenzimmerlexikon — Amaranthes (Corvinus) Frauenzimmerlexikon. Leipzig 1715.

Frazer — J. G. Frazer The Golden Bough. A Study in magic and religion. 3d. ed. London 1913—18. 12 Bde.

— *Totemism* — J. G. Frazer Totemism and Exogamie. A treatise of certain early forms of superstitions and society. London 1910. 4 Bde.

Freisauff *Salzburg* — R. von Freisauff Salzburger Volkssagen. Wien usw. 1880.

Freudenberg *Wahrsagekunst* — F. Freudenberg Die Blicke in die Zukunft. Die Wahrsagekunst im Spiegel der Zeit und der Völkergeschichte. Berlin 1919 (= Geheime Wiss. 19).

Freybe *Leben im Recht* — Albert Freybe Das Leben i. Recht. 2. Aufl. Gütersloh 1889 (= Züge deutscher Sitte u. Gesinnung. 2. Heft).

Frickart *Kirchengebräuche* — J. J. Frickart Beiträge zur Geschichte der Kirchengebräuche im ehemaligen Kanton Bern seit der Reformation. Aarau 1846.

Fricke *Westfalen* — W. Fricke Das mittelalterliche Westfalen oder die alten Sitten, Gesetze, Gerichte, Zustände und Gewohnheiten der Roten Erde. Minden i. W. 1890.

Friedberg *Bußbücher* — Emil Friedberg Aus deutschen Bußbüchern. Ein Beitrag zur deutschen Culturgeschichte. Halle 1868.

Friedli *Bärndütsch* — Emanuel Friedli Bärndütsch als Spiegel bernischen Volkstums. Bern 1905 ff.

Friedreich *Symbolik* — Friedreich Symbolik u. Mythologie der Natur. Würzburg 1859.

Frischbier *Hexenspr.* — H. Frischbier Hexenspruch und Hexenbann. Ein Beitrag zur Geschichte des Aberglaubens in der Provinz Preußen. Berlin 1870.

— *Naturkunde* — H. Frischbier Zur volkstümlichen Naturkunde. Beiträge aus Ost- und Westpreußen. In: Altpreußische Monatsschrift. N. F. 22 (1885), 218—334.

— *PreußWb.* — H. Frischbier Preußisches Wörterbuch. 2 Bde. Berlin 1882 u. 1883.

Frommann *de Fascinatione* — Joh. Christ. Frommann Tractatus de Fascinatione. Nürnberg 1675.

— *Mundarten* — Karl Frommann Die deutschen Mundarten. Vierteljahrsschrift. Nördlingen.

Fronius *Siebenbürgen* — Fr. Fr. Fronius Bilder aus dem sächsischen Bauernleben in Siebenbürgen. 3. Aufl. Wien u. Hermannstadt 1885 (= Siebenbürgisch-deutsche Volks-Bücher III).

Fuchs *Kreuterbuch* — Leonhard Fuchs New Kreuterbuch usw. Basel 1543.

Fuchs-Bergmann *Deutsches Wb.* — s. Bergmann.

Führer — Hermann Führer Lithotherapie. Berlin 1902.

Fundgruben — s. Hoffmann *Fundgruben.*

Gander *Niederlausitz* — Karl Gander Niederlausitzer Volkssagen vornehmlich aus dem Stadt- und Landkreise Guben. Berlin 1894.

Ganzlin *Sächs. Zauberformeln* — Ganzlin Sächsische Zauberformeln. Ein Beitrag zur Kenntnis des deutschen Volksglaubens. Progr. Bitterfeld (1902).

Garbe *Mineralien* — Richard Garbe Die indischen Mineralien. Leipzig 1882.

Garbini *Antroponimie* — A. Garbini Antroponimie ed omonimie nel campo della zoologia popolare. 2 Bde. Verona 1925.

Gaßner *Mettersdorf* — J. M. Gaßner Aus Sitte u. Brauch der Mettersdorfer. Ein Beitrag zur siebenbürgisch-sächsischen Volkskunde. Progr. Bistritz 1902.

GddV — Die Geschichtsschreiber der deutschen Vorzeit in deutschen Bearbeitungen, hg. v. G. H. Pertz, Jac. Grimm u. a. 2. Gesamtausgabe fortgesetzt unter der Oberleitung von Mich. Tangl. Leipzig 1884 ff.

Geistl. Schild — Der wahre Geistliche Schild. Erie bei Jakob Keim.

Gelpke *Sagengeschichte* — C. F. Gelpke Die christliche Sagengeschichte der Schweiz. Bern 1862.

Gennep *Religions* — Arnold van Gennep Religions, Moeurs et Légendes. Paris 1909 ff. 5 Bde.

— *Rites de passage* — Arnold van Gennep Les rites de passage. Paris 1909.

Geramb *Brauchtum* — V. v. Geramb Deutsches Brauchtum in Österreich. Graz 1924.

Gerhardt *Französische Novelle* — Max Gerhardt Der Aberglaube in der französischen Novelle des 16. Jahrhunderts. Diss. Berlin 1906.

Gering *Aeventyri* — Hugo Gering Islendzk Aeventyri. Isländische Legenden, Novellen und Märchen. Halle 1884.

— *Weissagung* — Hugo Gering Weissagung und Zauber im nordischen Altertum. Kiel 1902.

Germania — Germania. Vierteljahrsschrift für deutsche Altertumskunde, hg. v. Franz Pfeiffer. Stuttgart 1856 ff.

Gervasius v. Tilbury s. Liebrecht.

Ges.Ab. — Gesamtabenteuer, hg. v. F. H. von der Hagen. 3 Bde. Stuttgart und Tübingen 1850.

Gesemann *Regenzauber* — Gerhard Gesemann Regenzauber in Deutschland. Diss. Braunschweig 1913.

Geßmann *Pflanze* — G. M. Geßmann Die Pflanze im Zauberglauben. Wien, Pest, Leipzig s. a.

Geßner *d. f. l.* — Conrad Geßner De rerum fossilium, lapidum et Gemmarum maxime figuris et similitudinibus. Tiguri MDLV.
— *Thierbuch* — C. Geßner Thierbuch, durch C. Forer in das Teutsch gebracht und in eine kurze komliche ordnung gezogen. Zürich 1563.
Gihr *Meßopfer* — Nikolaus Gihr Das heilige Meßopfer, dogmatisch, liturgisch und aszetisch erklärt. 17.—19. Aufl. Freiburg i. Br. 1923.
Glitsch *Gottesurteile* — Heinrich Glitsch Gottesurteile. Leipzig s. a. (= Voigtländers Quellenbücher 4).
Globus — Globus. Illustrierte Zeitschrift für Länder- und Völkerkunde. Braunschweig 1862 ff.
Gloning *Oberösterreich* — Kajetan Alois Gloning Oberösterreichische Volks-Sagen. 2. Aufl. Linz 1912.
Goblet d'Alviella *Migration* — Goblet d'Alviella La migration des symboles. Paris 1891.
Gockel *Tractatus* 1717 — Eberhard Gockel Tractatus Polyhistoricus Magico-Medicus Curiosus. Frankfurt und Leipzig 1717.
Goedsche *Riesengebirge* — Otto Goedsche Die Sagen des Riesengebirges. Warmbrunn 1884.
Goldmann *Andelang* — Emil Goldmann Der andelang. Breslau 1912 (Untersuchungen usw., hsg. von Gierke 111).
— *Einführung* — Emil Goldmann Die Einführung der deutschen Herzogsgeschlechter Kärntens in den slovenischen Stammesverband. Breslau 1903 (= Untersuchungen usw., hsg. v. Gierke 68).
Goldschmidt *Volksmedizin* — J. Goldschmidt Volksmedizin im nordwestlichen Deutschland. Bremen 1854.
Golther *Mythologie* — Wolfgang Golther Handbuch der germanischen Mythologie. Leipzig 1895.
Gomis *Zoologia* — Cels Gomis Zoologia popular catalana. Barcelona 1910.
Götze *Luther* — Alfred Götze Volkskundliches bei Luther. Weimar 1909.
Goyert-Wolter — Georg Goyert und Konrad Wolter Vlämische Sagen, Legenden und Volksmärchen. Jena 1917.
Grab d. Abergl. — s. Keller.
Graber *Kärnten* — Georg Graber Sagen aus Kärnten. 3. Aufl. Leipzig 1912.
Grabinski *Mystik* — Bruno Grabinski Neuere Mystik. Der Weltkrieg im Aberglauben und im Lichte der Prophetie. Hildesheim 1916.
— *Sagen* — Ludwig Grabinski Die Sagen, der Aberglaube und abergläubische Sitten in Schlesien. Schweidnitz s. a.
Graefe-Saemisch — A. Graefe u. Theod. Saemisch Handbuch der gesamten Augenheilkunde. Leipzig 1874—77.
Grässe *Jägerbrevier* — J. G. Th. Grässe Jägerbrevier. Berlin 1885. 2. Aufl. des Jägerhörnlein 1861.
Grässe *Preußen* — J. G. Th. Graesse Sagenbuch des preußischen Staats. 2 Bde. Glogau 1866—1871.
— *Sachsen* — J. G. Th. Graesse Der Sagenschatz des Königreichs Sachsen. 2. Aufl. Dresden 1874.
Gredt *Luxemburg* — N. Gredt Sagenschatz des Luxemburger Landes. Luxemburg 1885.
Grellmann *Kleinigkeiten* — H. M. G. Grellmann Historische Kleinigkeiten, zum Vergnügen und Unterricht aus der Zerstreuung gesammelt. Göttingen 1794.
Greß *Holzlandsagen* — Kurt Greß Holzlandsagen. Sagen usw. aus den Vorbergen des Thüringer Waldes. 2. Aufl. Leipzig (1898).
Grimm *DWb.* — s. DWb.
— *KHM* oder *Märchen* — s. Bolte-Polívka.
— *Kl. Schr.* = Jakob Grimm Kleinere Schriften. 8 Bde. Berlin 1864—90.
— *Myth.* — Jacob Grimm Deutsche Mythologie. 4. Ausg., besorgt von E. H. Meyer. Berlin 1875—78. 3 Bde.
— *RA* — Jacob Grimm Deutsche Rechtsaltertümer. 4. Ausg. Leipzig 1899. 2 Bde.
— *Sagen* — Deutsche Sagen, hg. von den Brüdern Grimm. 4. Aufl., besorgt von Reinhold Steig. Berlin (1903).
Grohmann — Jos. Virgil Grohmann Aberglauben und Gebräuche aus Böhmen und Mähren. 1. (einz.) Bd. Leipzig 1864.
— *Sagen* — Jos. Virgil Grohmann Sagen aus Böhmen. Prag 1863 (= Sagen-Buch aus Böhmen 1. Theil).
Groß *Handbuch* — Hans Groß Handbuch für Untersuchungsrichter als System der Kriminalistik. 6. Aufl. München, Berlin und Leipzig 1914.
Grüner *Egerland* — Sebastian Grüner Über die ältesten Sitten u. Gebräuche der Egerländer. 1825 für J. W. Goethe niedergeschrieben, hsg. von A. John. Prag 1901 (= Beiträge zur deutsch-böhm. Volksk. IV, 1).
Gubernatis *Plantes* — Angelo de Gubernatis La mythologie des plantes ou les légendes du règne végétal. 2 tom. Paris 1878. 1882.
— *Tiere* — Angelo de Gubernatis Die Thiere in der indogermanischen Mythologie. Übersetzt von M. Hartmann. Leipzig 1874.
Gundel *de stell. appell.* — Guilelmus Gundel De stellarum appellatione et religione Romana. Gissae 1907 (= RVV III, 1).
— *Sterne* — W. Gundel Sterne u. Sternbilder im Glauben des Altertums und der Neuzeit. Bonn 1912.
Gunkel *Märchen* — Hermann Gunkel Das Märchen im Alten Testament. 4.—6. Taus. Tübingen 1921 (= Rel.-geschichtl. Volksbücher II, 23—26).
Güntert *Göttersprache* — Hermann Güntert Von der Sprache der Götter und Geister. Untersuchungen zur homerischen und eddischen Göttersprache. Halle 1921.

G ü n t e r t *Kalypso* — Hermann Güntert Kalypso. Bedeutungsgeschichtl. Untersuchungen auf dem Gebiet der indogermanischen Sprachen. Halle 1919.

L. v. **H.** *Magia divina* — L. v. H. Magia divina Oder Grund- und deutlicher Unterricht Von denen fürnehmsten Caballistischen Kunst-Stücken . . . Franckfurt u. Leipzig 1745.

H a a s *Usedom* — A. Haas Sagen u. Erzählungen von den Inseln Usedom und Wollin. Stettin 1903.

H a a s u. W o r m *Mönchgut* — A. Haas u. Fr. Worm Die Halbinsel Mönchgut und ihre Bewohner. Stettin 1909.

H a h n z o g *Predigten* — Chr. Ludw. Hahnzog Predigten wider den Aberglauben der Landleute. Magdeburg 1784.

H a l b e r s t a d t *Semmering* — Arthur Halberstadt Eine originelle Bauernwelt. Das Volksleben im Semmeringgebiete. 2. Aufl. Wien 1912.

H a l l a u e r *Chansons de geste* — Marguerite Hallauer Das wunderbare Element in den Chansons de geste. Diss. Basel 1918.

H ä l s i g *Zauberspruch* — Fr. Hälsig Der Zauberspruch bei den Germanen bis um die Mitte des XVI. Jahrh. Diss. Leipzig 1910.

H a l t a u s *Calendarium* — Christ. Gottlob Haltaus Calendarium medii aevi praecipue germanicum. Lipsiae 1729.

H a l t r i c h *Abergl.* — Jos. Haltrich Die Macht u. Herrschaft des Aberglaubens in seinen vielfachen Erscheinungsformen. Schäßburg 1871.

— *Siebenb. Sachsen* — Josef Haltrich Zur Volkskunde der Siebenbürger Sachsen. Kleinere Schriften. In neuer Bearbeitung hg. v. J. Wolff. Wien 1885.

H a n d e l m a n n *Weihnachten* — Heinrich Handelmann Weihnachten in Schleswig-Holstein. Kiel 1866.

H a n d t m a n n *Brandenburg* — E. Handtmann Neue Sagen aus der Mark Brandenburg. Ein Beitrag zum deutschen Sagenschatz. Berlin 1883.

— *Märk. Heide* — E. Handtmann Was auf märkischer Heide sprießt. Märkische Pflanzen-Legenden und Pflanzen-Symbole. Berlin (1892).

H a n s e m a n n *Aberglaube* — D. v. Hansemann Der Aberglaube in der Medizin u. seine Gefahr für Gesundheit u. Leben. 2. Aufl. Leipzig-Berlin 1914 (= ANuG. 83).

H a n s e n *Friesische Sagen* — C. P. Hansen Friesische Sagen und Erzählungen. Altona 1858.

— *Hexenwahn* (oder *Quellen*) — Josef Hansen Quellen und Untersuchungen zur Geschichte des Hexenwahns und der Hexenverfolgung im Mittelalter. Bonn 1901.

— *Zauberwahn* — Josef Hansen Zauberwahn, Inquisition und Hexenprozeß im Mittelalter und die Entstehung der großen Hexenverfolgung. München und Leipzig 1900 (= Histor. Bibliothek 12).

A r n o l d v. H a r f f — Die Pilgerfahrt des Ritters Arnold von Harff, 1496—1499, hg. v. E. v. Groote. Cöln 1860.

H a r t l a n d *Paternity* — Edwin Sidney Hartland Primitive Paternity. The Myth of supernatural Birth in relation to the History of the Family. London 1909—10.

— *Perseus* — E. S. Hartland The Legend of Perseus. London 1894—96.

H a r t l i e b — s. U l m.

H a r t m a n n *Dachau u. Bruck* — Fz. X. Hartmann Sitten und Gebräuche in den Landbezirken Dachau u. Bruck bei der Geburt, der Hochzeit u. dem Tode. S.-A. 1875.

— *Weihnachtslied* — August Hartmann Weihnachtslied und Weihnachtsspiel in Oberbayern. München 1870 (= S.-A. aus Bd. 34 des Oberbayer. Archivs).

— *Westfalen* — Hermann Hartmann Bilder aus Westfalen. Osnabrück 1871 und Minden i. W. 1884.

H a s a k *Christl. Glaube* — Vincenz Hasak Der christliche Glaube des deutschen Volkes beim Schlusse des Mittelalters. Regensburg 1868.

H a s t i n g s — Encyclopaedia of Religion and Ethics, edited by James Hastings. Edinburgh 1908 ff.

H a u c k — s. H e r z o g - H a u c k.

H a u f f e n *Gottschee* — Adolf Hauffen Die deutsche Sprachinsel Gottschee. Graz 1895.

H a u p t *Lausitz* — Karl Haupt Sagenbuch der Lausitz. Leipzig 1862 (= S.-A. aus Neues Lausitzer Magazin).

H a u s e r *Paznaun* — Sagen aus dem Paznaun u. dessen Nachbarsch., ges. u. hg. v. Christ. Hauser. Innsbruck 1894.

H e c k e n b a c h *de nuditate* — Josephus Hekkenbach De nuditate sacra sacrisque vinculis. Gießen 1911 (= RVV IX 3).

H e c k e r *Tanzwut* — J. F. C. Hecker Die Tanzwuth, eine Volkskrankheit im Mittelalter. Berlin 1832.

H e c k s c h e r — Kurt Heckscher Die Volkskunde des germanischen Kulturkreises. An Hand der Schriften Ernst Moritz Arndts und gleichzeitlicher wie neuerer Parallelbelege dargestellt. Hamburg 1925.

— *Hannov. Volksk.* — Kurt Heckscher Hannoveranische Volkskunde I: Die Volkskunde der Provinz Hannover. Bd. 1: Die Volkskunde des Kreises Neustadt am Rübenberge. 1927.

H e e g *Hermetica* — Joseph Heeg Hermetica (Ex Catalogo codicum astrologorum Graecorum 8, 2 scorsum expressum. Brüssel 1911.

H e e r *Altglarn. Heidentum* — Gottfried Heer Das altglarnerische Heidentum in seinen noch vorhandenen Überresten. Zürich 1887.

H e f e l e *Conciliengeschichte* — Carl Joseph von Hefele Conciliengeschichte. 2. Aufl. Freiburg i. Br. 1873 ff.

H e i m *Incantamenta* — Ricardus Heim Incantamenta Magica Graeca-Latina. Jahrbücher f. klassische Philologie, hg. v. A. Fleckeisen. XIX. Suppl.-Bd. Leipzig 1892.

H e i n z e r l i n g *Wirbellose Tiere* — J. Heinzerling Die Namen der wirbellosen Tiere in der Siegerländer Mundart. Beilage z. Jahresbericht d. Siegener Realschule 1879.

H e l l w i g *Aberglaube* — Albert Hellwig Verbrechen und Aberglaube. Skizzen aus der volkskundlichen Kriminalistik. Leipzig 1908 (= ANuG. 212).

— *Kalender* — L. Chr. von Hellwig curiöser Hauskalender. Erfurt 1726.

— *Weltkrieg* — Alb. Hellwig Weltkrieg u. Aberglaube. Leipzig 1916.

H e l m *Religgesch.* — Karl Helm Altgermanische Religionsgeschichte. 1. Bd. Heidelberg 1913.

H e l m o n t *Morgenröte* — Joh. Baptista v. Helmont Die Morgenröthe. Sulzbach 1683 (Neudruck).

Hembygden — Hembygden. Tidskrift för svensk Folkkunskap och Hembygdsforskning i Finland. Helsingfors 1910 ff.

H e n d e r s o n *Folk-Lore* — W. Henderson Notes on the Folk-Lore of the Northern Counties of England and the Borders. London 1879.

H e n r i c i *Volksheilmittel* — A. A. v. Henrici Weitere Studien über Volksheilmittel verschiedener in Rußland lebender Völkerschaften. In: Hist. Studien aus dem pharmakol. Institut der Kaiserl. Universität Dorpat. 4 (1894), 1—165.

H e p d i n g *Attis* — Hugo Hepding Attis, seine Mythen und sein Kult. Gießen 1903 (= RVV 1).

H e r t z *Abhandl.* — Wilhelm Hertz Gesammelte Abhandlungen, hg. v. F. v. d. Leyen. Stuttgart und Berlin 1905.

— *Elsaß* — Wilhelm Hertz Deutsche Sage im Elsaß. Stuttgart 1872.

— *Werwolf* — Wilhelm Hertz Der Werwolf. Beitrag zur Sagengeschichte. Stuttgart 1862.

H e r z o g *Schweizersagen* — H. Herzog Schweizersagen. Für Jung und Alt dargestellt. 3. Aufl. Aarau 1913. 2 Bde.

— *Volksfeste* — H. Herzog Schweizerische Volksfeste, Sitten u. Gebräuche. Aarau 1884.

H e r z o g - H a u c k — Herzog Realencyclopaedie für protestantische Theologie und Kirche. 3. Aufl. Leipzig 1896 ff.

H e s e m a n n *Ravensberg* — Heinrich Hesemann Beiträge zur Ravensbergischen Volkskunde. Diss. Greifswald 1909.

HessBl. — Hessische Blätter für Volkskunde.

Hessenl. — Hessenland.

HessHmt — Hessische Heimat.

H e ß l e r *Hessen* — Carl Heßler Hessische Landes- und Volkskunde. Marburg 1906—1907. 2 Bde.

H e u g r e n — Paul Heugren Husdjuren i nordisk folktro. Oerebro 1925.

Hexenhammer — Der Hexenhammer von Jakob Sprenger u. Heinrich Institoris, übersetzt von J. W. R. Schmidt. Berlin 1920. 3 Bde.

H e y l *Tirol* — Joh. Adolf Heyl Volkssagen, Bräuche und Meinungen aus Tirol. Brixen 1897.

H i g e l i n *Sundgau* — Die Sagen des Sundgaues, gesammelt von Maurice Higelin. Altkirch 1909.

H i l d e g a r d *Physica* — Hildegard Physica sive Subtilitatum diversarum Naturarum Creaturarum libri IX. In: Migne Patrologiae Cursus completus. Tom. CXCVII. Paris 1882. Sp. 1225 ff.

H i l l n e r *Siebenbürgen* — Johann Hillner Volksthümlicher Glaube und Brauch bei Geburt und Taufe im Siebenbürger Sachsenlande. Progr. Schäßburg 1877.

HmtblRE. — Heimatblätter der roten Erde. Münster i. W.

Hmtg. — Heimatgaue. Zeitschrift f. oberösterreich. Geschichte, Landes- u. Volkskunde. Linz.

HmtK. — Die Heimat (Kiel).

Hmtl. — Mein Heimatland (Karlsruhe 1914 ff.).

HmtM. — Die Heimat (Meran).

HmtVrlb. — Heimat. Volkstüml. Beiträge zur Kultur- u. Naturkunde Vorarlbergs (Innsbruck 1920 ff.).

H o c k e r *Hohenzollern* — Nicolaus Hocker Die Stammsagen der Hohenzollern u. Welfen. Düsseldorf 1857.

— *Volksgl.* — N. Hocker Deutscher Volksglaube in Sang und Klang. Göttingen 1853.

H o f f m a n n *Fundgruben* — A. H. Hoffmann Fundgruben f. Geschichte deutscher Sprache u. Literatur. 2 Bde. Breslau 1830 ff.

H o f f m a n n *Ortenau* — J. J. Hoffmann Trachten, Sitten, Gebräuche und Sagen in der Ortenau und im Kinzigtal. Lahr i. B. 1899.

H o f f m a n n - K r a y e r — Eduard Hoffmann-Krayer Feste und Bräuche des Schweizervolkes. Zürich 1913.

H ö f l e r *Allerseelen* — Max Höfler Allerseelengebäcke. Eine vergleichende Studie der Gebildbrote zur Zeit des Allerseelentages. Wien 1907 (= ZföVk. 13).

— *Botanik* — Max Höfler Volksmedizinische Botanik der Germanen. Wien 1908.

— *Fastnacht* — Max Höfler Gebildbrote der Fasching-, Fastnachts- und Fastenzeit. Wien 1908 (= ZföVk. 14, Suppl. V).

— *Hochzeit* — Max Höfler Gebildbrote der Hochzeit. Wien 1911 (= ZföVk. 17, Suppl. VII).

— *Kelten* — M. Höfler Volksmedizinische Botanik der Kelten. In: Archiv für Geschichte der Medizin. 5 (1911), 1—35. 241—279.

— *Krankheitsnamen* — M. Höfler Deutsches Krankheitsnamen-Buch. München 1899.

— *Organotherapie* — Max Höfler Die volksmedizinische Organotherapie und ihr Verhältnis zum Kultopfer. Stuttgart, Berlin u. Leipzig s. a.

— *Ostern* — Max Höfler Ostergebäcke. Eine vergleichende Studie der Gebildbrote zur Osterzeit. Wien 1906 (= ZföVk. 12, Suppl. IV).

H ö f l e r *Volksmedizin* — M. Höfler Volksmedizin und Aberglaube in Oberbayerns Gegenwart und Vergangenheit. München 1888. Neue Ausgabe ebd. 1893.

— *Waldkult* — Max Höfler Wald- und Baumkult in Beziehung zur Volksmedizin Oberbayerns. München 1894.

— *Weihnacht* — Max Höfler Weihnachtsgebäcke. Eine vergleichende Studie der germanischen Gebildbrote zur Weihnachtszeit. Wien 1905 (= ZföVk. 11, Suppl. III).

H o f m a n n *Bad. Franken* — Karl Hofmann Die Sagen des badischen Frankenlandes. Ein Beitrag zur Heimatkunde. Progr. Karlsruhe 1911.

H ö h l *Rhönspiegel* — Leopold Höhl Rhönspiegel. Würzburg 1881.

H ö h n *Geburt* — H. Höhn Sitte und Brauch bei Geburt, Taufe und in der Kindheit. Mitteilungen über volkstümliche Überlieferungen in Württemberg. Nr. 4. Stuttgart 1910 (= S.-A. aus Württ. Jahrb. f. Statistik und Landeskunde 1909).

— *Hochzeit* 1, 2 — H. Höhn Hochzeitsbräuche (1 und 2); ebd. Nr. 5 u. 6. Stuttgart 1910 u. 1912 (= S.-A. ebd. 1911 u. 1912).

— *Tod* — H. Höhn Sitte und Brauch bei Tod und Begräbnis: ebd. Nr. 7. Stuttgart 1913 (= ebd. 1913).

— *Volksheilkunde* 1 — H. Höhn Volksheilkunde 1. ebd. Nr. 8. Stuttgart 1920 (= ebd. 1917/18).

H o l u b y *Trentschin* — J. L. Holuby Über einige auf Pflanzen bezügliche abergläubische Gebräuche bei dem slovakischen Volke des Trentschiner Comitates. In: Verhandl. des Ver. für Natur- und Heilkunde zu Preßburg. N. F. 4. Heft. Preßburg 1881, 1—10.

H o e l z l *Galizien* — Karl Hoelzl Über die Heil- und Zauberpflanzen der Ruthenen in Ostgalizien und der Bukowina. In: Verhandl. der k. k. zool.-bot. Ges. in Wien 11 (1861), 149—160.

H o m b e r g *Baum des Lebens* — Uno Homberg Der Baum des Lebens. Annales Academicae Scientiarum Fennicae XVI/3 (1922).

H o m e y e r *Dreissigster* — Carl Gustav Homeyer Der Dreissigste. Abh. d. Kgl. Ak. d. Wiss. Berlin 1864.

H o o p s — *Pflanzennamen* — Johannes Hoops Über die altenglischen Pflanzennamen. Diss. Freiburg i. Br. 1889.

— *Reallex.* — Johannes Hoops Reallexikon der germanischen Altertumskunde. Straßburg 1911—19. 4 Bde.

— *Sassenart* — Heinrich Hoops Sassenart. Niedersächsische Volkssitten und Bräuche. Bremen 1922.

H o p f *Tierorakel* — Ludwig Hopf Thierorakel und Orakelthiere in alter und neuer Zeit. Stuttgart 1888.

H o p f n e r *Offenbarungszauber* — Th. Hopfner Griechisch-ägyptischer Offenbarungszauber. 2 Bde. Leipzig 1922—24.

H ö r m a n n *Volksleben* — Ludwig v. Hörmann Tiroler Volksleben. Ein Beitrag zur deutschen Volks- und Sittenkunde. Stuttgart (1909).

— *Volkstypen* — Ludwig v. Hörmann Tiroler Volkstypen. Beiträge zur Geschichte der Sitten und Kleinindustrie in den Alpen. Wien 1877.

H ö s e r *Volksheilkunde* — Jos. Höser Oberpfälz. Volks-Heilkunde. 1921.

H o v o r k a u. K r o n f e l d — O. v. Hovorka und A. Kronfeld Vergleichende Volksmedizin. Stuttgart 1908—09. 2 Bde.

H u l m e *Natural History* — F. Eduard Hulme Natural history, lore and legend. London 1895.

H ü s e r *Beiträge* — Hüser Beiträge zur Volkskunde. 2 u. 3. Warburg 1898 u. 1900.

H u ß *Aberglaube* — Karl Huß Die Schrift „Von Aberglauben“, 1823, hg. v. A. John. Prag 1910 (= Beitr. z. deutsch-böhm. Vkde.).

H y l t é n - C a v a l l i u s — Gunnar Olof Hyltén-Cavallius Wärend och Wirdarne. Stockholm. 1864 ff.

J ä c k e l *Oberfranken* — Andr. Joh. Jäckel Aphorismen über Volkssitte, Aberglauben und Volksmedizin in Franken mit bes. Rücksicht Oberfrankens. In: Abhandl. d. naturhist. Gesellsch. zu Nürnberg 2 (1861), 148 bis 258.

JäF. — Jahreskurse für ärztliche Fortbildung. München.

Jägerhörnlein — Jägerhörnlein. Jägerlügen, Jägerlieder, Thierzauber. Des Jägerbreviers anderer Theil (hg. v. Graesse). Dresden 1861.

J a h n *Hexenwesen* — Ulrich Jahn Hexenwesen und Zauberei in Pommern. Breslau 1886.

— *Opfergebräuche* — Ulrich Jahn Die deutschen Opfergebräuche bei Ackerbau und Viehzucht. Breslau 1884 (= German. Abhandl. III).

— *Pommern* — Ulrich Jahn Volkssagen aus Pommern u. Rügen. 2. Aufl. Berlin 1890.

JAmFl. — Journal of American Folk-Lore.

Janus — Archives internationales pour l'histoire de la médecine et la Géographie médicale. Amsterdam, später Harlem.

J a s t r o w *Birth-Omens* — Morris Jastrow Babylonian-Assyrian Birth-Omens and their cultural significance. Gießen 1914 (= RVV XIV, 5).

JbArchInst. — Jahrbuch des Deutschen Archäologischen Instituts.

JbElsaß-Lothr. — Jahrbuch für Geschichte, Sprache und Literatur Elsaß-Lothringens. Straßburg 1884 ff.

JbhistVk. — Jahrbuch f. historische Volkskunde, hg. von Wilh. Fraenger. Berlin 1925 ff.

JbjüdVk. — Jahrbuch für jüdische Volkskunde. 1923 ff. (Fortsetzung der MjüdVk.)

JbMusLpz. — Jahrbuch des städtischen Museums für Völkerkunde zu Leipzig.

JbndSpr. — Jahrbuch des Vereins f. niederdeutsche Sprachforschung.

JbSAC. — Jahrbuch des Schweizer Alpenclubs.

J e c k l i n *Volkstüml.* — Dietrich v. Jecklin Volkstümliches aus Graubünden. (Neue Ausgabe.) Chur 1916.

J e g e r l e h n e r *Sagen* 1, 2 — J. Jegerlehner Sagen aus dem Unterwallis. Basel 1909 (= 1).
J. Jegerlehner Sagen und Märchen aus dem Oberwallis. Mit vergleichendem Anhang von H. Bächtold. Basel 1913 (= 2). (= Schriften d. Schweiz. Ges. f. Volksk. 6 und 8.)

J e n n i n g s *Rosenkreuzer* — H. Jennings Die Rosenkreuzer, ihre Gebräuche und Mysterien. Berlin 1912. 2 Bde.

J e n s e n *Nordfries. Inseln* — Christian Jensen Die nordfriesischen Inseln Sylt, Föhr, Amrum und die Halligen vormals und jetzt. Hamburg 1891.

J e n z e r *Schwarzenburg* — J. J. Jenzer Heimathkunde des Amtes Schwarzenburg. 1. Bern 1869.

J e r e m i a s *Religgesch.* — Alfred Jeremias Allgemeine Religionsgeschichte. München 1918.

IF. — Indogermanische Forschungen.

J i r i c z e k *Heldensagen* — Otto Luitpold Jiriczek Deutsche Heldensagen. 1. Bd. Straßburg 1898.

J o h n *Erzgebirge* — E. John Aberglaube, Sitte und Brauch im sächsischen Erzgebirge. Annaberg 1909.

— *Oberlohma* — Alois John Oberlohma. Geschichte und Volkskunde eines Egerländer Dorfes. Prag 1903 (= Beitr. z. deutschböhm. Volksk. IV, 2).

— *Westböhmen* — Alois John Sitte, Brauch und Volksglaube im deutschen Westböhmen. Prag 1905 (= ebd. IV, 4).

J o l l y *Recht und Sitte* — Julius Jolly Recht und Sitte. Straßburg 1896 (= S.-A. aus Grundriß der indoarischen Philologie II, 8).

J ö r g e r *Vals* — J. Jörger Bei den Walsern des Valsertales. Basel 1913 (= Schriften der Schweiz. Ges. f. Volksk. 10).

J ö r i m a n n *Rezeptarien* — Julius Jörimann Frühmittelalterliche Rezeptarien. Diss. Zürich 1925.

J ü h l i n g *Tiere* — Johannes Jühling Die Tiere in der deutschen Volksmedizin alter und neuer Zeit. Mittweida (1900).

J u n g b a u e r *Bibliogr.* — Gustav Jungbauer Bibliographie des deutschen Volksliedes in Böhmen. Prag 1913 (= Beitr. z. deutschböhm. Volksk. XI).

— *Böhmerwald* — Gustav Jungbauer Böhmerwald-Sagen. Jena 1924 (= Deutscher Sagenschatz).

— *Volksdichtung* — Gustav Jungbauer Volksdichtung aus dem Böhmerwalde. Prag 1908 (= Beiträge zur deutsch-böhm. Volksk. VIII).

K a m p e r s *Kaiseridee* — Franz Kampers Die deutsche Kaiseridee in Prophetie und Sage. München 1896.

K ä m p f e n *Hexen* — Peter Jos. Kämpfen Hexen und Hexenprozesse im Wallis. Stans 1867.

K a p f f *Festgebräuche* — Rud. Kapff Festgebräuche. Mitteilungen über volkstüml. Überlieferungen in Württemberg. Nr. 2. Stuttgart 1906 (= S.-A. aus Württ. Jahrb. f. Statistik u. Landeskunde 1905).

— *Schwaben* — Rudolf Kapff Schwäbische Sagen. Jena 1926 (= Deutscher Sagenschatz).

K a u f m a n n — s. C a e s a r i u s.

K a u f f m a n n *Balder* — Friedrich Kauffmann Balder. Mythus und Sage. Straßburg 1902 (= Texte u. Untersuchungen z. altgerm. Religionsgesch. I).

K a u t *Hessische Sagen* — G. Kaut Hessische Sagen, Sitten und Gebräuche. Offenbach a. M. 1846.

KblAnthr. — Korrespondenzblatt der dt. Gesellschaft für Anthropologie.

KblGesVer. — Korrespondenzblatt des Gesamtvereins deutscher Geschichts- u. Altertumsvereine.

KblndSpr. — Korrespondenzblatt des Vereins für niederdeutsche Sprachforschung.

KblSbLkde — Korrespondenzblatt des Vereins für Siebenbürgische Landeskunde.

K e h r e i n *Nassau* — Josef Kehrein Volkssprache u. Volkssitte im Herzogtum Nassau. Weilburg 1862. 3 Bde.

K e l l e r *Antike Tierwelt* — s. K e l l e r *Tiere.*

— *Erzählungen* — Erzählungen aus altdeutschen Handschriften, gesammelt von Ad. von Keller. Stuttgart 1855.

— *Grab d. Abergl.* — (Ernst Urban Keller) Das Grab des Aberglaubens. Frankfurt u. Leipzig 1777—86. 5 Bde.

— *Haustiere* — C. Keller Die Stammesgeschichte unserer Haustiere. Leipzig 1909 (= ANuG. 252).

— *Tiere* — Otto Keller Thiere des classischen Alterthums in culturgeschichtlicher Beziehung. Innsbruck 1887. 2. Aufl. u. d. Titel „Die Antike Tierwelt". Leipzig 1909—13. 2 Bde.

K e l l n e r *Heortologie* — H. Kellner Heortologie oder die geschichtliche Entwicklung des Kirchenjahres und der Heiligenfeste von den ältesten Zeiten bis zur Gegenwart. 3. Aufl. Freiburg i. Br. 1911.

K e r l e r *Patronate* — Dietrich Heinrich Kerler Die Patronate der Heiligen. Ulm 1905.

K i e s e w e t t e r *Faust* — Carl Kiesewetter Faust in der Geschichte und Tradition. Leipzig 1893.

— *Occultismus* — Carl Kiesewetter Geschichte des neuern Occultismus. Geheimwissenschaftliche Systeme von Agrippa von Nettesheim bis zu Carl du Prel. Leipzig 1891.

K i r c h e r *Wein* — Karl Kircher Die sakrale Bedeutung des Weines im Altertum. Gießen 1910 (= RVV IX, 2).

K i e ß l i n g *Drosendorf* — F. X. Kießling Die Bründlein von Drosendorf und Umgebung. Ein Beitrag zur Volkskunde. Horn (Niederösterreich) 1899.

K l a p p e r *Erzählungen* — Joseph Klapper Erzählungen des Mittelalters in deutscher Übersetzung und lateinischem Urtext. Breslau 1914 (= Wort und Brauch 12).

— *Schlesien* — Joseph Klapper Schlesische Volkskunde auf kulturgeschichtlicher Grundlage. Breslau 1925 (= Schles. Volkstum 1).

K l e e b e r g e r *Fischbach* — C. Kleeberger Volkskundliches aus Fischbach i. d. Pfalz. Kaiserslautern 1902.

K l i n g n e r *Luther* — Erich Klingner Luther und der deutsche Volksaberglaube. Berlin 1912 (= Palaestra LVI).

Kloster, Das — s. N o r k.

K l u g e *Bunte Blätter* — Friedrich Kluge Bunte Blätter. Kulturgeschichtliche Vorträge und Aufsätze. Freiburg i. Br. 1908.

K n o o p *Hinterpommern* — Otto Knoop Volkssagen, Erzählungen, Aberglauben, Gebräuche und Märchen aus dem östlichen Hinterpommern. Posen 1885.

— *Pflanzenwelt* — O. Knoop Volkstümliches aus der Pflanzenwelt. In: Deutsche Gesellschaft für Kunst und Wissenschaft in Posen. Zeitschr. der Naturwissensch. Abteilung. 11 (1904), 52—59. 72—88; 12 (1905), 13—17.

— *Posen* — O. Knoop Sagen u. Erzählungen aus der Provinz Posen. Posen 1893.

— *Posener Märchen* — O. Knoop Posener Märchen. Lissa 1909 (Rogasener Progr.).

— s. Rogasener Familienblatt.

— *Schatzsagen* — O. Knoop Posener Geld- und Schatzsagen. Ein Beitrag zur Heimat- und Volkskunde der Provinz Posen. Lissa 1908 (Rogasener Progr.).

— *Tierwelt* — O. Knoop Volkstümliches aus der Tierwelt. Rogasen 1905.

K n o r r n *Pommern* — Knorrn Sammlung abergläubischer Gebräuche (aus dem Stettiner Regierungsbezirk). In: Baltische Studien 33 (1883), 113—147.

K n o r t z *Amerik. Aberglaube* — Karl Knortz Amerikanischer Aberglaube der Gegenwart. Leipzig 1913.

— *Insekten* — Karl Knortz Die Insekten in Sage, Sitte u. Literatur. Annaberg 1910.

— *Körper* — Karl Knortz Der menschliche Körper in Sage, Brauch und Sprichwort. Würzburg 1909.

— *Reptilien* — Karl Knortz Reptilien u. Amphibien in Sage, Sitte u. Literatur. Annaberg 1911.

— *Streifzüge* — Karl Knortz Folkloristische Streifzüge. 1. Bd. Leipzig 1899.

— *Vögel* — Karl Knortz Die Vögel in Geschichte, Sage, Brauch und Literatur. München (1913).

K n u c h e l *Umwandlung* — Eduard Fritz Knuchel Die Umwandlung in Kult, Magie und Rechtsbrauch. Basel u. Berlin 1919 (= Schriften d. Schweiz. Ges. f. Volksk. 15).

K o b e l l *Pflanzensagen* — Fr. v. Kobell Über Pflanzensagen und Pflanzensymbolik. München 1875.

K o c h *Animismus* — Th. Koch Zum Animismus der südamerikan. Indianer. 1900. (= Internat. Arch. f. Ethnographie. Suppl. zu Bd. 13).

— *Siebenschläfer* — J. Koch Die Siebenschläferlegende, ihr Ursprung und ihre Verbreitung. Eine mythol. - literaturgeschichtliche Studie. Leipzig 1883.

K ö c h l i n g *de coronarum vi* — Josef Köchling De coronarum apud antiquos vi atque usu. Gießen 1914 (= RVV XIV, 2).

K ö h l e r *Kl. Schr.* — Reinhold Köhler Kleinere Schriften. 3 Bde. Weimar 1898 — Berlin 1900.

— *Sagen* — Joh. Aug. Ernst Köhler Sagenbuch des Erzgebirges. Schneeberg u. Schwarzenberg 1886.

— *Voigtland* — Joh. August Ernst Köhler Volksbrauch, Aberglauben, Sagen und andere alte Überlieferungen im Voigtlande, mit Berücksichtigung des Orlagaus und des Pleißnerlandes. Leipzig 1867.

K o h l r u s c h *Sagen* — C. Kohlrusch Schweizerisches Sagenbuch. Nach mündlichen Überlieferungen, Chroniken etc. Basel 1854.

K o l b e *Hessen* — Wilhelm Kolbe Hessische Volkssitten und Gebräuche im Lichte der heidnischen Vorzeit. 2. Aufl. Marburg 1888.

K o n d z i e l l a *Volksepos* — Franz Kondziella Volkstümliche Sitten und Bräuche im mhd. Volksepos. Mit vergleichenden Anmerkungen. Breslau 1912 (= Wort und Brauch 8).

K o p p *Beiträge* — Hermann Kopp Beiträge zur Geschichte der Chemie. 3 Stücke. Braunschweig 1869—75.

K o r t h *Bergheim* — Leonhard Korth Volkstümliches aus dem Kreise Bergheim (= Annalen des Hist. Ver. f. d. Niederrhein 52, 1 ff.). (Köln 1891.)

— *Jülich* — Leonhard Korth Volkstümliches aus dem Kreise Jülich (= S.-A. aus Zs. d. Aachener Geschichtsver. XIV [1893], 72 ff.).

K o t e l m a n n — L. Kotelmann Die Ophthalmologie bei den alten Hebräern. Hamburg u. Leipzig 1910.

K r a i n z — J. Krainz Mythen und Sagen aus dem steirischen Hochlande. Bruck a. M. 1880.

K r a u s e *Westpreußen* — K. Krause Sitten, Gebräuche u. Aberglauben in Westpreußen. Berlin 1913.

K r a u ß *Relig. Brauch* — Friedrich S. Krauß Volksglaube und religiöser Brauch der Südslaven. Münster 1890 (= Darstellungen aus dem Gebiete der nichtchristl. Religionsgesch. 2).

— *Sitte u. Brauch* — Friedrich S. Krauß Sitte und Brauch der Südslaven. Nach heimischen gedruckten und ungedruckten Quellen. Wien 1885.

Krauß *Slav. Volkforschung* — Friedrich S. Krauß Slavische Volkforschungen. Abhandlungen über Glauben, Gewohnheiten, Sitten, Bräuche und die Guslarenlieder der Südslaven. Leipzig 1908.

Kräutermann — V. Kräutermann Der thüring. Th. Paracelsus. Arnstadt u. Leipzig 1730 (Neudruck).

— *Zauber-Arzt* — Valentin Kräutermann Der curieuse u. vernünftige Zauber-Arzt. Frankf. u. Leipz. 1725.

Krohn — Kaarle Krohn Skandinavisk mytologi. 1922.

Kroll *Aberglaube* — Wilhelm Kroll Antiker Aberglaube. Hamburg 1897.

Kronfeld *Krieg* — E. Kronfeld Der Krieg im Aberglauben und im Volksglauben. München (1915).

— *Zauberpflanzen* — M. Kronfeld Zauberpflanzen u. Amulette. Wien 1898.

Krüger *Mecklenburg* — Die volkstümlichen Pflanzennamen Mecklenburgs. In: Archiv des Vereins der Freunde der Naturgeschichte in Mecklenburg 71 (1917).

Krünitz *Encyklop.* — Ökonomisch-technologische Encyklopädie, oder allgemeines System der Staats-, Stadt-, Haus- u. Land-Wirthschaft, und Kunst-Geschichte, in alphabetischer Ordnung; von Joh. Georg Krünitz. Berlin 1773 ff.

Kruspe *Erfurt* — H. Kruspe Die Sagen der Stadt Erfurt. Erfurt (1877). 2 Bdchen.

Kück *Lüneburger Heide* — Eduard Kück Das alte Bauernleben der Lüneburger Heide. Leipzig 1906.

— *Wetterglaube* — E. Kück Wetterglaube in der Lüneburger Heide. Hamburg 1915.

Kück u. Sohnrey — Ed. Kück und Heinrich Sohnrey Feste und Spiele des deutschen Landvolkes. 2. Aufl. Berlin 1911. 3. Aufl. ebd. 1925.

Kuhn *Herabkunft d. Feuers* — Adalbert Kuhn Die Herabkunft des Feuers und des Göttertrankes. Ein Beitrag zur vergleichenden Mythologie der Indogermanen. Berlin 1859.

— *Märk. Sagen* — Adalbert Kuhn Märkische Sagen u. Märchen nebst einem Anhange von Gebräuchen und Aberglauben. Berlin 1843.

— *Mythol. Stud.* — Adalbert Kuhn Mythologische Studien, hg. v. Ernst Kuhn. Bd. 2: Hinterlassene mytholog. Abhandlungen. Gütersloh 1912.

— *Westfalen* — Adalb. Kuhn Sagen, Gebräuche und Märchen aus Westfalen und einigen andern, besonders den angrenzenden Gegenden Norddeutschlands. Leipzig 1859. 2 Bde.

— u. Schwartz — A. Kuhn u. W. Schwartz Norddeutsche Sagen, Märchen und Gebräuche etc. Leipzig 1848.

Kühnau *Breslauer Sag.* — Richard Kühnau Breslauer Sagen. Breslau 1926.

— *Brot* — Richard Kühnau Die Bedeutung des Backens und des Brotes im Dämonenglauben des deutschen Volkes. Patschkau 1900 (Progr.).

Kühnau *Oberschlesische Sagen* — Richard Kühnau Oberschlesische Sagen geschichtlicher Art. Breslau 1926.

— *Sagen* — Richard Kühnau Schlesische Sagen. Leipzig 1910—13. 3 Bde. (= Schlesiens Volkstüml. Überlieferungen Bd. III—V).

Kunst-Buch — Nigromantisches Kunst-Buch, handelnd von . . . den dienstbaren Krystall- u. Schatzgeistern . . . Köln 1743. Neudruck. Scheible.

Kunze *Suhler Sagen* — Friedrich Kunze Suhler Sagenbuch. Sagen u. Merkwürdigkeiten aus Suhl und Umgebung. Suhl 1920.

Künzig *Baden* — Badische Sagen. Ges. u. hg. v. Joh. Künzig. Leipzig-Gohlis 1925.

Kuoni *St. Galler Sagen* — J. Kuoni Sagen des Kantons St. Gallen. St. Gallen 1903.

Küster *Schlange* — Erich Küster Die Schlange in der griechischen Kunst und Religion. Gießen 1913 (= RVV XIII, 2).

Kutsch *Heilgötter* — Ferdinand Kutsch Attische Heilgötter und Heilheroen. Gießen 1913 (= RVV XII, 3).

Lachmann *Überlingen* — Theodor Lachmann Überlinger Sagen, Bräuche und Sitten mit geschichtlichen Erläuterungen. Ein Beitrag zur Volkskunde der badischen Seegegend. Konstanz 1909.

Laistner *Nebelsagen* — Ludwig Laistner Nebelsagen. Stuttgart 1879.

— *Sphinx* — Ludwig Laistner Das Rätsel der Sphinx. Berlin 1889.

Lammert — G. Lammert Volksmedizin und medizinischer Aberglaube in Bayern usw. Würzburg 1869.

Land — Das Land. Hsg. von H. Sohnrey. Berlin 1893 ff.

Landsteiner *Niederösterreich* — Karl Landsteiner Reste des Heidenglaubens in Sagen und Gebräuchen des niederösterreichischen Volkes. Krems 1869 (Progr.).

Landtman *Folkdiktning* — Finlands Svenska Folkdiktning VII, utgivet av Gunnar Landtman. Helsingfors 1919.

Laube *Teplitz* — Gustav E. Laube Volksthümliche Überlieferungen aus Teplitz und Umgebung. Prag 1896. 2. Aufl. 1902. (= Beiträge z. deutsch-böhm. Volksk. I, 2).

Lauffer *Niederdeutsche Volksk.* — Otto Lauffer Niederdeutsche Volkskunde. Leipzig 1917 (= Wiss. u. Bildung 140).

Le Braz *Légende.* — A. Le Braz La légende de la Mort chez les Bretons armoricains. 2 Bde. Paris 1923.

Lehmann *Aberglaube* — Alfr. Lehmann Aberglaube u. Zauberei von den ältesten Zeiten an bis in die Gegenwart. Deutsche Ausgabe von Petersen. Stuttgart 1898. 2. Ausg. ebd. 1925.

— *Sudetendeutsche* — E. Lehmann Sudetendeutsche Volkskunde. Leipzig 1926.

Leist *Franken* — Friedrich Leist Aus Frankens Vorzeit. Kleine Kulturbilder. Würzburg 1881.

Leithaeuser *Berg. Pflanzennamen* — Julius Leithaeuser Bergische Pflanzennamen. Elberfeld 1912.

Lemke *Ostpreußen* — Elisabeth Lemke Volksthümliches in Ostpreußen. Mohrungen 1884—99. 3 Tle.

Lenggenhager *Sagen* — Hs. Georg Lenggenhager Volkssagen aus dem Kanton Baselland. Basel 1874.

— *Schlösser* — Joh. Georg Lenggenhager Die Schlösser u. Burgen in Baselland . . . nebst einer Menge Volkssagen. 2. Aufl. Ormalingen 1875.

Leoprechting *Lechrain* — Karl Freiherr v. Leoprechting Aus dem Lechrain. München 1855.

Lepner *Littauer* — Theodor Lepner Der Preusche Littauer. Danzig 1744.

Lessiak *Gicht* — Primus Lessiak Gicht. Ein Beitrag zur Kunde deutscher Krankheitsnamen (= S.-A. ZfdA. 53, 1911, 101—182).

Lévy-Bruhl *Fonctions mentales* — L. Lévy-Bruhl Les fonctions mentales dans les sociétés inférieures. 5me éd. Paris 1922.

Lewalter-Schläger — Johann Lewalter Deutsches Kinderlied und Kinderspiel. In Kassel aus Kindermund gesammelt. Abhandlung und Anmerkungen von Georg Schläger. Kassel 1911.

vdLeyen *Märchen* — Friedrich v. d. Leyen Das Märchen. Ein Versuch. Leipzig 1911 (= Wissenschaft u. Bildung 96).

— *Sagenbuch* — Friedrich v. d. Leyen Deutsches Sagenbuch. I: Die Götter u. Göttersagen der Germanen. Neue Bearbeitung. München 1920.

— *Weltuntergang* — Friedrich v. d. Leyen Deutsche Sagen vom Weltuntergang. Volkskunst u. Volkskunde 1907.

Liebrecht *Gervasius* — Felix Liebrecht Des Gervasius von Tilbury Otia imperialia. In einer Auswahl hg. Hannover 1856.

— *Zur Volksk.* — Felix Liebrecht Zur Volkskunde. Alte und neue Aufsätze. Heilbronn 1879.

Liliencron *Deutsches Leben* — Rochus Freiherr von Liliencron Deutsches Leben im Volksliede um 1530. Stuttgart (1884) (=Deutsche Nationalliteratur 13).

Lippert *Christentum* — Julius Lippert Christentum, Volksglaube und Volksbrauch. Geschichtliche Entwicklung ihres Vorstellungsinhaltes. Berlin 1882.

— *Kulturgeschichte* — Julius Lippert Kulturgeschichte der Menschheit in ihrem organischen Aufbau. Stuttgart 1886—87. 2 Bde.

Llano *Cantares* — Aurelio de Llano Esfoyaza De Cantares asturianos. Oviedo 1924.

Lloyd — L. Lloyd Peasant life in Sweden. London 1870.

Löbe *Altenburg* — I. Löbe Aberglaube und Volksheilmittel aus dem Altenburgschen. In: Mitteil. d. Geschichts- und Altertumsforschenden Gesellsch. des Osterlandes. 7 (1874), 441—457.

Locher *Venediger* — Emma Locher Die Venedigersagen. Diss. Tübingen 1922.

Lohmeyer *Saarbrücken* — Karl Lohmeyer Die Sagen des Saarbrücker und Birkenfelder Landes. Leipzig, Stuttgart 1920. 2. Aufl. ebd. 1925.

Lonicer *Kräuterbuch* — Adam Lonicer (Eucharius Rößlins) Kreuterbuch. Frankfurt a. M. 1564.

Lorenz *Edelsteine* — M. Lorenz Die okkulte Bedeutung der Edelsteine. Leipzig 1915.

Losch *Balder* — Friedrich Losch Balder und der weiße Hirsch. Ein Beitrag zur deutschen Mythologie. Stuttgart 1892.

Loewe *Pflanzennamen* — Richard Loewe Germanische Pflanzennamen. Etymologische Untersuchungen über Hirschbeere, Hindebeere, Rehbockbeere u. ihre Verwandten. Heidelberg 1913 (= Germ. Bibliothek II, 6).

Löwenstimm *Abergl.* — August Löwenstimm Aberglaube und Strafrecht. Berlin 1897.

Löwis of Menar *Balten* — August Löwis of Menar Märchen und Sagen. Die Baltischen Provinzen Bd. 5. Berlin 1916 (= Ostsee und Ostland I).

Lucius *Heiligenkult* — Ernst Lucius Die Anfänge des Heiligenkults in der christlichen Kirche, hg. v. Gustav Anrich. Tübingen 1904.

Luck *Alpensagen* — Georg Luck Rätische Alpensagen. Gestalten und Bilder aus der Sagenwelt Graubündens. Davos 1902.

Lüers *Sitte und Brauch* — F. Lüers Sitte und Brauch im Menschenleben. München 1926.

Lütjens *Zwerg* — August Lütjens Der Zwerg in der deutschen Heldendichtung des Mittelalters. Breslau 1911 (= Germ. Abhandl. 38).

Lütolf *Sagen* — Alois Lütolf Sagen, Bräuche, Legenden aus den fünf Orten Lucern, Uri, Schwiz, Unterwalden und Zug. Lucern 1862.

Lüttich *Zahlen* — Selmar Lüttich Über bedeutungsvolle Zahlen. Eine kulturgeschichtliche Betrachtung. Naumburg a. S. 1891 (Progr.).

Lynker *Sagen* — Karl Lynker Deutsche Sagen und Sitten in hessischen Gauen. 2. Ausg. Cassel u. Göttingen 1860.

Maack *Lübeck* — Martin Maack Kultische Volksbräuche beim Ackerbau aus dem Gebiete der freien und Hansestadt Lübeck, aus Ostholstein und den Nachbargebieten. Zürcher Diss. Wetzikon 1915.

Maaß *Mistral* — Albert Maaß Allerlei provenzalischer Volksglaube, zusammengestellt nach F. Mistrals „Mirèio". Diss. Berlin 1895.

Mackensen *Nds. Sagen* — Lutz Mackensen Niedersächsische Sagen (II. Hannover-Oldenburg). Leipzig-Gohlis 1925.

MAG. — Mitteilungen der anthropologischen Gesellschaft Wien.

Magiologia = Magiologia. Das ist: Christlicher Bericht. Von dem Aberglauben und Zauberey .... Durch Philonem. Augustae Rauracorum 1675 (vgl. A n h o r n).

M a g n u s *Augenheilkunde* — Hugo Magnus Die Augenheilkunde der Alten. Breslau 1901.

M a i l l y *Niederösterreich* — Anton Mailly Niederösterreichische Sagen (= Eichblatt 12). Leipzig-Gohlis 1926.

M a n g o l t *Fischbuch* — Gregor Mangolt Fischbuch. Von der natur vnd eigenschaft der vischen / insonderheit ... im Bodensee. Zürich 1557. Neudruck in „Thurgauische Beiträge z. vaterländ. Gesch." 45 (1905), 119—185.

M a n n h a r d t — Wilhelm Mannhardt Wald- und Feldkulte. 2. Aufl., besorgt v. W. Heuschkel. Berlin 1904—05. 2 Bde.

— *Aberglaube* — W. Mannhardt Die praktischen Folgen des Aberglaubens mit besonderer Berücksichtigung der Provinz Preußen. Berlin 1878 (= Zeit- u. Streitfragen VII, 97—98).

— *Forschungen* — Wilhelm Mannhardt Mythologische Forschungen, hg. von Herm. Patzig. Straßburg 1884 (= Quellen u. Forsch. LI).

— *Germ. Mythen* — Wilhelm Mannhardt Germanische Mythen. Forschungen. Berlin 1858.

— *Götter* — Wilhelm Mannhardt Die Götter der deutschen und nordischen Völker. Berlin 1860.

— *Korndämonen* — Wilh. Mannhardt Die Korndämonen. Beitrag zur germ. Sittenkunde. Berlin 1868.

— *Roggenwolf* — Wilhelm Mannhardt Roggenwolf und Roggenhund. Beitrag z. germ. Sittenkunde. Danzig 1865.

M a n n h a r t *Zauberglaube* — W. Mannhart Zauberglaube und Geheimwissen. 4. Aufl. Berlin 1909.

M a e n n l i n g — Joh. Christ. Maennling Denckwürdige Curiositaeten. Franckfurt u. Leipzig 1713.

M a n s i k k a *Ostslaven* — V. J. Mansikka Die Religion der Ostslaven I (= F. F. Communications No. 43). Helsinki 1922.

M a n z *Sargans* — Werner Manz Volksbrauch und Volksglaube des Sarganserlandes. Basel und Straßburg 1916 (= Schriften d. Schweiz Ges. f. Volksk. 12).

M a r c e l l u s E m p i r i c u s — Marcellus Empiricus De medicamentis, ed. G. Helmreich. Leipzig 1889.

M a r s h a l l *Arznei-Kästlein* — William Marshall Neueröffnetes wundersames Arzenei-Kästlein. Leipzig 1894.

M a r t i *Altes Testament* — Karl Marti Die Religion des Alten Testaments unter den Religionen des vorderen Orients. Tübingen 1906.

M a r t i n *Badewesen* — Alfred Martin Deutsches Badewesen in vergangenen Tagen. Nebst einem Beitrag zur Geschichte der deutschen Wasserheilkunde. Jena 1906.

M a r t i n u. L i e n h a r t *Elsäss.Wb.* — E. Martin und H. Lienhart Wörterbuch der elsässischen Mundarten. 2 Bde. Straßburg 1899—1907.

M a r t i n y *Molkerei* — Benno Martiny Aberglaube im Molkereiwesen. Ein Beitrag zum Verständnis des Aberglaubens und zur Geschichte des Molkereiwesens. Bremen 1891.

M a r t i u s *Magie* — J. N. Martius Unterricht von der wunderbaren Magie. Frankfurt und Leipzig 1719 (Neudruck).

M a r z e l l *Bayer. Volksbot.* — Heinrich Marzell Bayerische Volksbotanik. Volkstümliche Anschauungen über Pflanzen im rechtsrheinischen Bayern. Nürnberg (1926).

— *Heilpflanzen* — Heinrich Marzell Unsere Heilpflanzen. Ihre Geschichte u. ihre Stellung in der Volkskunde. Freiburg i. Br. 1922.

— *Kräuterb.* — Heinrich Marzell. Neues Illustriertes Kräuterbuch. Eine Anleitung zur Pflanzenkenntnis usw. 2. Aufl. Reutlingen 1923.

— *Pflanzennamen* — Heinrich Marzell Die Tiere in deutschen Pflanzennamen. Ein botanischer Beitrag zum deutschen Sprachschatze. Heidelberg 1913.

— *Pflanzenwelt* — Heinrich Marzell Die heimische Pflanzenwelt im Volksbrauch und Volksglauben. Skizzen zur deutschen Volkskunde. Leipzig 1922 (= Wiss. u. Bildung 177).

— *Volksleben* — Heinrich Marzell Die Pflanzen im deutschen Volksleben. Jena 1925.

M a t t h i a s *Gottesurteile* — Matthias Beiträge zur Erklärung der germanischen Gottesurteile. Burg 1900 (Progr.).

M a u r e r *Isländ. Sagen* — Konrad Maurer Isländische Volkssagen der Gegenwart. Leipzig 1860.

M a x w e l l — William Maxwell Drei Bücher der magnetischen Heilkunde. Stuttgart 1855.

Medicina Salernitana — Medicina Salernitana, ed. Joh. Curio. Francofurti 1612.

Medizet — Medizinische Zeitschrift für Gebildete 1 (Berlin 1925) ff.

M e g e n b e r g *Buch der Natur* — Das Buch der Natur von Conrad von Megenberg. In Neuhochdeutscher Sprache bearbeitet usw. von Hugo Schulz. Greifswald 1897.

— — ed. Franz Pfeiffer. Stuttgart 1861.

M e i c h e *Sagen* — Alfred Meiche Sagenbuch des Königreichs Sachsen. Leipzig 1903 (= Veröffentlichungen der Ver. für sächs. Volksk.).

M e i e r *Schwaben* — Ernst Meier Deutsche Sagen, Sitten und Gebräuche aus Schwaben. Stuttgart 1852. 2 Thle.

Mélusine — Mélusine. Recueil de mythologie . ., traditions populaires et usages. Paris 1883 ff.

M e n g h i n *Südtirol* — Alois Menghin Aus dem deutschen Südtirol. Mythen, Sagen, Legenden usw. Meran 1884.

M e n k — Menk Hannov. Wendland. Hannover 1910.

M e n s i n g *Schlesw.Wb.* — Schleswig-Holsteinisches Wörterbuch (Volksausgabe) hg. v. Otto Mensing. Neumünster 1926 ff.

M e n z e l *Symbolik* — Wolfgang Menzel, Christliche Symbolik. 2 Bde. Regensburg 1856.

M e s s i k o m m e r — H. Messikommer Aus alter Zeit. Sitten und Gebräuche im Zürcher Oberlande. Zürich 1909—11. 3 Bde.

M e y e r *Aberglaube* — Carl Meyer Der Aberglaube des Mittelalters und der nächstfolgenden Jahrhunderte. Basel 1884.

— *Baden* — Elard Hugo Meyer Badisches Volksleben im 19. Jahrhundert. Straßburg 1900.

— *Germ. Myth.* — Elard Hugo Meyer Germanische Mythologie. Berlin 1891 (= Lehrb. d. germ. Philologie I).

— *Religgesch.* — Rich. M. Meyer Altgermanische Religionsgeschichte. Leipzig 1910.

— *Rendsburg* — Gustav Friedr. Meyer Amt Rendsborger Sagen. Rendsburg 1925.

— *Volksk.* — E. H. Meyer Deutsche Volkskunde. Straßburg 1898.

— *Weihnacht* — Arnold Meyer Das Weihnachtsfest. Seine Entstehung und Entwicklung. Tübingen 1913.

M e y e r - L ü b k e *REWb.* — W. Meyer-Lübke Romanisches etymologisches Wörterbuch. Heidelberg 1911.

MG. — Monumenta Germaniae historica inde ab anno Christi quingentesimo usque ad annum millesimum et quingentesimum. Hann. et Berol. 1826 ff.

MG. Schul. — Monumenta Germaniae historica in usum scholarum edita. Berlin, Weidmann.

M i g n e *PL.* — Migne Patrologiae cursus completus. Series latina. Paris 1844 ff.

Mitteil. Anhalt. Gesch. — Mitteilungen des Vereins f. Anhaltische Geschichte und Altertumskunde.

MjdVk. — Mitteilungen zur jüdischen Volkskunde.

MK. — Medizinische Klinik. Berlin.

MkaschVk. — Mitteilungen des Vereins für kaschubische Volkskunde.

MnböhmExc. — Mitteilungen des Nordböhmischen Excursionsclubs. Leipa.

M o g k *Mythologie* — Eugen Mogk Mythologie, in: Paul, Grundriß der germ. Philologie. 2. Aufl. 3, 230—406. Straßburg 1900.

— *Relgesch.* — Eugen Mogk Germanische Religionsgeschichte und Mythologie. Berlin u. Leipzig 1921 (Sammlg. Göschen).

MoM. — Maal og Minne. Norske Studier. Oslo.

Mones Anzeiger s. AGermMus. u. AnzfKddV.

M o n e *Schauspiele* — F. J. Mone Schauspiele des Mittelalters. Neue Ausg. Mannheim 1852. 2 Bde.

M o n t a n u s *Volksfeste* — Montanus Die deutschen Volksfeste und Volksbräuche in Sagen, Märlein und Volksliedern. Iserlohn s. a.

Mosis, 6. u. 7. Buch — Sechstes u. siebentes Buch Mosis oder der magisch-sympatische Hausschatz. Philadelphia.

M o s t *Encyklopädie* — G. F. Most Encyclopädie der gesamten Volksmedizin oder Lexikon der Hausmittel. Leipzig 1843.

— *Sympathie* — G. F. Most Die sympathetischen Mittel u. Curmethoden. Rostock 1842.

MQ — Mitteilungen aus dem Quickborn.

MsäVk. — Mitteilungen des Vereins für sächsische Volkskunde.

MschlesVk. — Mitteilungen der Schlesischen Gesellschaft für Volkskunde.

MSchönhVk. — Mitteilungen zur Volkskunde des Schönhengster Landes.

MSD. — Müllenhoff u. Scherer Denkmäler deutscher Poesie und Prosa aus dem 8.—12. Jahrhundert 3. Ausg. Berlin 1892.

M ü l h a u s e — E. Mülhause Die aus der Sagenzeit stammenden Gebräuche der Deutschen, namentlich der Hessen. Kassel 1862 (S.-A. aus Zeitschr. d. Ver. f. Hess. Gesch. u. Landesk.).

— *Hessen* — Elard Mülhause Die Urreligion des deutschen Volkes, in hessischen Sitten, Sagen usw. Cassel 1860.

M ü l l e n h o f f *Altertumsk.* — Karl Müllenhoff Deutsche Altertumskunde. Berlin 1890, 1906, 1892, 1920, 1908. 5 Bde.

— *Natur* — K. Müllenhoff Die Natur im Volksmunde. Berlin 1898.

— *Sagen* — Karl Müllenhoff Sagen, Märchen und Lieder der Herzogthümer Schleswig-Holstein und Lauenburg. Kiel 1845.

M ü l l e r *Altertumsk.* — Sophus Müller Nordische Altertumskunde. Nach Funden und Denkmälern aus Dänemark und Schleswig. Straßburg 1897—98. 2 Bde.

— *Essays* — Max Müller Essays. 1. u. 2. Bd. 2. Aufl. Leipzig 1879—81. 3. u. 4. Bd. Leipzig 1872—76.

— *Hexenglaube* — Friedrich Müller Beiträge zur Geschichte des Hexenglaubens und des Hexenprozesses in Siebenbürgen. Braunschweig 1854.

— *Isergebirge* — Wilhelm Müller-Rüdersdorf Aberglaube und Volksmeinung im Isergebirge. Friedberg 1920.

— *RheinWb.* — Josef Müller Rheinisches Wörterbuch. Bonn u. Leipzig 1923 ff.

— *Siebenbürgen* — Friedrich Müller Siebenbürgische Sagen. 2. Aufl. Wien u. Hermannstadt 1885 (= Siebenb.-deutsche Volksbücher I).

— *Stilform* — Martin Müller Über die Stilform der altdeutschen Zaubersprüche bis 1300. Diss. Gotha 1901.

— *Urner Sagen* — Josef Müller Sagen aus Uri. Aus dem Volksmunde gesammelt. Basel 1926 ff. (= Schriften d. Schweiz. Ges. f. Volksk. 18).

M ü l l e r - F r a u r e u t h — Karl Müller-Fraureuth Wörterbuch der obersächsischen und erzgebirgischen Mundart. Dresden 1911 ff.

M u r r *Pflanzenwelt* — Josef Murr Die Pflanzenwelt in der griechischen Mythologie. Innsbruck 1890.

M u u s *Altgerm. Relig.* — Rudolf Muus Die altgermanische Religion nach kirchlichen Nachrichten aus der Bekehrungszeit der Südgermanen. Diss. Bonn 1914.

MVerBöhm. — Mitteilungen des Vereins für Geschichte der Deutschen in Böhmen.

MwürttVk. — Mitteilungen über volkstümliche Überlieferungen in Württemberg (s. die einzelnen Verfasser).

N a r d o *Zoologia veneta* — C. A. Nardo Zoologia popolare veneta, specialmente Bellunese. Palermo 1887.

N a s o *Phoenix* — E. J. Naso Phoenix redivivus Ducatuum Suidnicensis et Jauroviensis. Breßlau 1667.

N a u m a n n *Gemeinschaftskultur* — Hans Naumann Primitive Gemeinschaftskultur. Beiträge zur Volkskunde und Mythologie. Jena 1922.

— *Grundzüge* — Hans Naumann Grundzüge der deutschen Volkskunde. Leipzig 1922 (= Wiss. u. Bildung 181).

— *Schutzgeister* s. B l u m.

NdlTVk. — Nederlandsch Tijdschrift voor Volkskunde.

Nds. — Niedersachsen.

NdZfVk. — Niederdeutsche Zeitschrift für Volkskunde, hg. v. E. Grohne. Bremen 1925 ff.

N e c k e l *Walhall* — G. Neckel Walhall. Studien über germanischen Jenseitsglauben. Dortmund 1913.

N e i d h a r t *Schwaben* — Franz X. Neidhart Die Pflanzen in religiöser, abergläubischer u. volkstüml. Beziehung. Ein Beitr. z. Volksbotanik Schwabens. 19. Bericht des Naturhistor. Vereins in Augsburg 1867, 3—66.

N e m n i c h — Phil. Andr. Nemnich Allgem. Polyglotten-Lexikon der Naturgeschichte. Hamburg u. Halle 1793.

N e u m a n n *Steinkreuze* — R. Neumann Alte Steinkreuze in der Gegend der mittl. Saale. Progr. s. l. e. a.

Neuphilologische Mitteilungen. Helsingfors Bd. 1 ff.

NJbb. — Neue Jahrbücher für das klassische Altertum usw., hg. von Joh. Ilberg.

N i e d e r b e r g e r *Unterwalden* — Franz Niederberger Sagen, Märchen und Gebräuche aus Unterwalden. Sarnen 1908—14. 3 Bde.

N i e d *Heilige* — Edmund Nied Heiligenverehrung u. Namengebung. Diss. Freiburg i. Br. 1924.

NieddZ. s. NdZfVk.

N i e d e r h ö f f e r *Meckl. Sagen* — A. Niederhöffer Mecklenburgs Volkssagen. 4 Bde. Leipzig 1858—62.

N i l s s o n *Griech. Feste* — Martin P. Nilsson Griechische Feste von religiöser Bedeutung mit Ausschluß der attischen. Leipzig 1906.

— *Jahresfeste* — Martin P. Nilsson Die volkstümlichen Feste des Jahres. Tübingen 1914 (= Relig.geschichtl. Volksbücher III, 17 bis 18).

N i l s s o n *Religion* — Martin P. Nilsson Primitive Religion. 1.—6. Tausend. Tübingen 1911 (= ebd. III, 13—14).

— *Time-Reckoning* — Martin P. Nilsson Primitive Time Reckoning. A Study in the origins and first development of the act of counting time among the primitive and early culture peoples. Lund 1920.

N o r d e n *Aeneis* — Eduard Norden P. Vergilius Maro Aeneis Buch VI. 2. Aufl. Leipzig u. Berlin 1916.

— *Geburt* — Ed. Norden Die Geburt des Kindes. Geschichte einer religiösen Idee. Leipzig und Berlin 1924 (= Studien der Bibliothek Warburg III).

N o r k *Festkalender* — F. Nork Der Festkalender. Stuttgart 1847 (= Das Kloster VII).

— *Sitten* — F. Nork Die Sitten u. Gebräuche der Deutschen. Stuttgart 1849 (= Das Kloster XII).

— *Volkssage* — F. Nork Mythologie der Volkssagen. Stuttgart 1848 (= Das Kloster IX).

Norske Hexefml. — A. Chr. Bang Norske Hexeformularer og magiske Opskrifter, Videnskabsselskabets Skrifter. II. Historisk-Filos. Klasse. 1901 Nr. 1. Kristiania 1901—02.

O b e r h o l z e r *Thurgau* — A. Oberholzer Thurgauer Sagen. Frauenfeld 1912.

O c h s *BadWb.* — s. BadWb.

OdZfVk. — Oberdeutsche Zeitschrift für Volkskunde, hg. v. E. Fehrle 1 (1927) ff.

O h r t s. *Danm. Tryllefml.*

O l r i k *Ragnarök* — Axel Olrik Ragnarök. Die Sagen vom Weltuntergang, übertragen von Wilh. Ranisch. Berlin 1922.

Ons Hémecht, Festschrift zur Feier des 30-jährigen Bestehens des Vereins 1894—1924. Luxemburg.

O s e n b r ü g g e n *Studien* — Eduard Osenbrüggen Studien zur deutschen und schweizerischen Rechtsgeschichte. Basel 1881.

O t t e *Glockenkunde* — H. Otte Glockenkunde. 2. Aufl. Leipzig 1884.

P a c h i n g e r *Steinreich* — A. M. Pachinger Glaube und Aberglaube im Steinreich. München 1912.

P a l a n d e r *Ahd. Tiernamen* — Hugo Palander Die althochdeutschen Tiernamen. Darmstadt 1899.

P a n z e r *Beitrag* — Friedrich Panzer Beitrag zur deutschen Mythologie. München 1848 bis 1855. 2 Bde.

— *Sigfrid* — Friedrich Panzer Studien zur germanischen Sagengeschichte. II: Sigfrid. München 1912.

P a p a h a g i *Folklorul romanic* — Tache Papahagi Din folklorul romanic şi cel latin. Studiu comparat. Bucureşti 1923.

Paracelsus — F. Freudenberg Paracelsus und Fludd. Berlin 1918 (= Geheime Wiss. 17).

P a r t h e y — G. Parthey Zwei griechische Zauberpapyri des Berliner Museums. Berlin 1866.

Paullini *Dreck-Apotheke* — K. F. Paullini Heilsame Dreck-Apotheke. Nach der Ausgabe von 1714 neugedruckt. Stuttgart (Scheible) 1847.

Paulus *Hexenwahn* — Nikolaus Paulus Hexenwahn u. Hexenprozeß vornehmlich im 16. Jahrhundert. Freiburg i. Br. 1910.

Pauly-Wissowa — Paulys Real-Encyclopädie der classischen Altertumswissenschaft. Neue Bearbeitung. Hg. v. G. Wissowa u. a. Stuttgart 1893 ff.

PBB — Paul u. Braune Beiträge z. Geschichte der deutschen Sprache und Literatur.

Perdelwitz *Petrusbrief* — Richard Perdelwitz Die Mysterienreligion und das Problem des 1. Petrusbriefes. Gießen 1911 (= RVV XI, 3).

Perger *Pflanzensagen* — A. Ritter v. Perger Deutsche Pflanzensagen. Stuttgart u. Oehringen 1864.

Peter *Österreichisch-Schlesien* — A. Peter Volkstümliches aus Österreichisch-Schlesien. Troppau 1865.

Peters *Pharmazeutik* — Hermann Peters Aus pharmazeutischer Vorzeit in Bild und Wort. 1. Bd. 2. Aufl. Berlin 1891. 2. Bd. ebd. 1889.

Petersen *Hufeisen* — Chr. Petersen Hufeisen und Roßtrappen oder die Hufeisensteine in ihrer mythologischen Bedeutung. Kiel 1865 (= Bericht XXV der Schleswig-Holstein.-Lauenburg. Gesellsch. f. d. Sammlung vaterl. Alterth.).

Peuckert *Schlesien* — Will-Erich Peuckert Schlesische Sagen. Jena 1924 (= Deutscher Sagenschatz).

Pfalz *Marchfeld* — Anton Pfalz d. Ä. Bauernlehr' und Bauernweis'. Volkstümliche Redensarten und Wörter, Bräuche u. Meinungen, Sitten u. Sagen ... aus dem Leben eines Marchfelders. Wien 1914.

Pfannenschmid *Erntefeste* — Heino Pfannenschmid Germanische Erntefeste im heidnischen und christlichen Cultus mit besonderer Beziehung auf Niedersachsen. Hannover 1878.

— *Weihwasser* — Heino Pfannenschmid Das Weihwasser im heidnischen und christlichen Cultus unter besonderer Berücksichtigung des germanischen Alterthums. Hannover 1869.

Pfeiffer *Arzneibücher* — Franz Pfeiffer Zwei deutsche Arzneibücher aus dem 12. und 13. Jahrhundert. In: Phil.-hist. Sitz.-ber. der Akademie. Wien 2 (1863), 110—200.

— *Sternglaube* — Erwin Pfeiffer Studien zum antiken Sternglauben. Leipzig u. Berlin 1916 (= Stoicheia II).

Pfister *Hessen* — Hermann v. Pfister Sagen und Aberglaube aus Hessen und Nassau. Marburg 1885.

— *Reliquienkult* — Friedrich Pfister Der Reliquienkult im Altertum. Gießen 1909—12. 2 Bde. (= RVV V).

Pfister *Schwaben* — Friedrich Pfister Schwäbische Volksbräuche, Feste und Sagen. Augsburg 1924.

Philipp *Ermland* — Max Philipp Beiträge zur ermländischen Volkskunde. Diss. Greifswald 1906.

Pick *Aachen* — Rich. Pick Aachener Sitten und Bräuche in älterer Zeit. Rheinische Geschichtsblätter 1 (1894), 8 ff.; 2 (1895), 177 ff.

Pieper *Volksbotanik* — Richard Pieper Volksbotanik. Unsere Pflanzen im Volksgebrauche, in Geschichte u. Sage usw. Gumbinnen 1897.

Pitrè *Fiabe* — G. Pitrè Fiabe e leggende. Palermo.

— *Usi* — Gius. Pitrè Usi e Costumi, credenze e pregiudizi del popolo siciliano. 4 Bde. Palermo 1889.

Plenzat *Sage u. Sitte* — Karl Plenzat Sage und Sitte im Deutschherrenlande. Breslau 1926.

Pley *de lanae usu.* — Jakob Pley De lanae in antiquorum ritibus usu. Gießen 1911 (= RVV XI, 2).

Plinius — C. Plinius Secundus Naturalis Historia.

Ploß *Kind* — Heinrich Ploß Das Kind in Brauch und Sitte der Völker. 3. Aufl. Hg. v. B. Renz. Leipzig 1911—12. 2 Bde.

— *Weib* — Hch. Ploß u. Max Bartels Das Weib in der Natur- u. Völkerkunde. 10. Aufl. Leipzig 1913. 2 Bde.

Pollinger *Landshut* — Johann Pollinger Aus Landshut und Umgebung. Ein Beitrag zur Heimats- und Volkskunde. München 1908.

Pöttinger *Niederösterreich* — Jos. Pöttinger Niederösterreichische Volkssagen. Wien 1924.

Pradel *Gebete* — Fritz Pradel Griechische und süditalienische Gebete, Beschwörungen und Rezepte. Gießen 1907 (= RVV III, 3).

Praetorius *Anthropodemus* — Johann Praetorius Anthropodemus Plutonicus das ist Neue Weltbeschreibung von allerley wunderbaren Menschen. Magdeburg 1666.

— *Blocksberg* — J. Praetorius Blockes Berges Verrichtung. Leipzig 1668.

— *Deliciae pruss.* — Matthäus Prätorius Deliciae prussicae oder Preußische Schaubühne, hg. v. W. Pierson. Berlin 1871.

— *Phil.* — J. Praetorius Philosophia colus oder Pfy lose vieh der Weiber usw. Leipzig und Amsterdam 1662.

Preuß *Medizin* — Julius Preuß Biblisch-talmudische Medizin. Berlin 1911.

— *Naturvölker* — K. Th. Preuß Die geistige Kultur der Naturvölker. Leipzig u. Berlin 1914 (= ANuG. 452).

Pröhle *Harz* — H. Pröhle Harzsagen, zum Theil in der Mundart der Gebirgsbewohner. Leipzig 1886.

— *Unterharz* — Heinrich Pröhle Unterharzische Sagen. Aschersleben 1856.

Psellus — M. Psellus De lapidum virtutibus ed. Bernard. Lugd. Batav. 1745.

Quensel *Thüringen* — Paul Quensel Thüringer Sagen. Jena 1926.
Quenstedt — Fr. Aug. Quenstedt Handbuch d. Mineralogie. 2. Aufl. Tübingen 1863.
Queri *Bauernerotik* — Georg Queri Bauernerotik und Bauernfehme in Oberbayern. München 1911.
Quitzmann — Anton Quitzmann Die heidnische Religion der Baiwaren. Erster faktischer Beweis der Abstammung dieses Volkes. Leipzig und Heidelberg 1860.

Radermacher *Beiträge* — Ludwig Radermacher Beiträge zur Volkskunde aus dem Gebiete der Antike. Wien 1918 (= Akad. d. Wiss., philos.-hist. Kl. 187, 3).
Rank *Böhmerwald* — Josef Rank Aus dem Böhmerwalde. Bilder u. Erzählungen aus dem Volksleben. 1. Gesamtausgabe. Leipzig 1851. 3 Bde.
Ranke *Sagen* — Friedrich Ranke Die deutschen Volkssagen. München 1910. 2. Aufl. ebd. 1923 (= F. v. d. Leyen, Deutsches Sagenbuch 4).
Rantasalo *Ackerbau* — A. V. Rantasalo Der Ackerbau im Volksglauben der Finnen und Esten mit entsprechenden Gebräuchen der Germanen verglichen (F. F. Communications Nr. 30 ff.). Sortavala 1919 ff.
Ratzel *Völkerkunde* — Friedrich Ratzel Völkerkunde. 3 Bde. Leipzig 1886—1888.
Rehm *Feste* — Herm. S. Rehm Deutsche Volksfeste und Volkssitten. Leipzig 1908 (= ANuG. 214).
Reichborn-Kjennerud *Laegeurter* — J. Reichborn-Kjennerud Våre folkemedisinske laegeurter. Tillej til Tidskrift for den Norske Laegeforening. 1922.
Reinfried *Buchari* — H. Reinfried Bräuche bei Zauber und Wunder nach Buchari. Freiburger Diss. Karlsruhe 1915.
Reinsberg *Böhmen* — O. Freiherr v. Reinsberg-Düringsfeld Festkalender aus Böhmen. Neue Ausgabe. Prag (1861).
— *Festjahr* — O. Freiherr von Reinsberg-Düringsfeld Das festliche Jahr in Sitten, Gebräuchen und Festen der germanischen Völker. Leipzig 1863.
— *Meran* — O. Freiherr v. Reinsberg-Düringsfeld Culturhistorische Studien aus Meran. Leipzig 1874.
Reiser *Allgäu* — Karl Reiser Sagen, Gebräuche und Sprichwörter des Allgäus. Kempten s. a. (1897—1902). 2 Bde.
Reiterer *Ennstalerisch* — Karl Reiterer Ennstalerisch. Volkstümliches aus der nordwestl. Steiermark. Graz 1913.
— *Steiermark* — Karl Reiterer 's steirische Paradies. Graz 1919.
Reitzenstein *Wundererz.* — R. Reitzenstein Hellenistische Wundererzählungen. Leipzig 1906.
Reling u. Bohnhorst *Pflanzen* — H. Reling u. J. Bohnhorst Unsere Pflanzen. 3. Aufl. Gotha 1898.
REthn. — Revue d'Ethnographie et des Traditions populaires.
Reusch *Samland* — R. Reusch Sagen des Preußischen Samlandes. 2. Aufl. Hsg. v. d. Lit. Kränzchen zu Königsberg. Königsberg 1863.
Reuschel *Streifzüge* — Karl Reuschel Volkskundliche Streifzüge. Dresden u. Leipzig 1903.
— *Volkskunde* — Karl Reuschel Deutsche Volkskunde im Grundriß. Leipzig u. Berlin 1920 u. 1924 (= ANuG. 644 u. 645).
Reuterskiöld *Speisesakr.* — Edgar Reuterskiöld Die Entstehung der Speisesakramente. Übersetzt v. Hans Sperber. Heidelberg 1912 (= Relig.-wiss. Bibl. 4).
Rev. intern. — Revue internationale.
RGG. — Die Religion in Geschichte und Gegenwart. Tübingen 1909—13. 2. Aufl. ebd. 1927 ff.
Rhein.Wb. — s. Jos. Müller.
Rhiner *Waldstätten* — Josef Rhiner Volkstümliche Pflanzennamen der Waldstätten. Schwyz 1866.
RhMus. — Rheinisches Museum für Philologie.
RHRel. — Revue de l'Histoire des Religions.
Riegler *Tier* — Richard Riegler Das Tier im Spiegel der Sprache. Dresden u. Leipzig 1907.
— *Tiernamenkunde* — Richard Riegler Zur Tiernamenkunde (Dachs, Rebhuhn, Raupe). Progr. Pola 1909. Zugleich erschienen in Festschrift d. 50. Versammlung deutscher Philologen u. Schulmänner. Graz 1909.
Rietschel *Weihnacht* — Georg Rietschel Weihnachten in Kirche, Kunst und Volksleben. Bielefeld u. Leipzig 1902 (= Sammlung illustr. Monographien 5).
Rochholz *Gaugöttinnen* — E. L. Rochholz Drei Gaugöttinnen Walburg, Verena und Gertrud als deutsche Kirchenheilige. Leipzig 1870.
— *Glaube* — E. L. Rochholz Deutscher Glaube und Brauch im Spiegel der heidnischen Vorzeit. Berlin 1867. 2 Bde.
— *Kinderlied* — E. L. Rochholz Alemannisches Kinderlied und Kinderspiel aus der Schweiz. Leipzig 1857.
— *Naturmythen* — E. L. Rochholz Naturmythen. Neue Schweizersagen gesammelt und erläutert. Leipzig 1862.
— *Sagen* — E. L. Rochholz Schweizersagen aus dem Aargau. Aarau 1856. 2 Bde.
— *Tell* — E. L. Rochholz Tell und Geßler in Sage und Geschichte. Heilbronn 1877.
Rockenphilosophie — Die gestriegelte Rockenphilosophie oder Aufrichtige Untersuchung derer von vielen superklugen Weibern hochgehaltenen Aberglauben. 5. Aufl. Chemnitz 1759.
Rogasener Familienblatt — O. Knoop Rogasener Familienblatt. Rogasen.

Rohde *Psyche* — Erwin Rohde Psyche. Seelencult und Unsterblichkeitsglaube der Griechen. 7. u. 8. Aufl. Tübingen 1921. 2 Bde.

— *Kl. Schr.* — Erwin Rohde Kleine Schriften. Tübingen und Leipzig 1901. 2 Bde.

Röhr — J. Röhr Der okkulte Kraftbegriff im Altertum. Leipzig 1923.

Rolland *Faune* — Eugène Rolland Faune populaire de la France. 13 Bde. Paris 1877 ff.

— *Flore* — Eugène Rolland Flore populaire ou histoire naturelle des plantes dans leurs rapports avec la linguistique et le folklore. Paris 1896 ff. 11 Vol.

Romanusbüchlein — Romanusbüchlein oder Gott der Herr bewahre meine Seele. Schwäbisch-Hall.

Roscher *Fünfzig* — Wilh. Heinr. Roscher Die Zahl 50 in Mythus, Kultus, Epos und Taktik der Hellenen und anderer Völker, besonders der Semiten. Leipzig 1917.

— *Lex.* — W. R. Roscher Lexikon d. griech. u. röm. Mythologie Leipzig 1884 ff.

— *Omphalos* — Wilh. Heinr. Roscher Omphalos. Eine philologisch-archäologisch-volkskundliche Abhandlung über die Vorstellungen der Griechen und anderer Völker vom „Nabel der Erde". Leipzig 1913 (= Abhandl. sächs. Ges. d. Wiss. phil.-hist. Kl.. XXIX. Bd., Nr. IX).

— *Omphalosgedanke* — Wilh. Heinr. Roscher Der Omphalosgedanke bei verschiedenen Völkern, bes. den semitischen. Ein Beitrag zur vergleichenden Religionsgeschichte, Volkskunde u. Archäologie. Leipzig 1918.

— *Sieben- u. Neunzahl* — Wilh. Heinr. Roscher Die Sieben- und Neunzahl im Kultus und Mythus der Griechen. Leipzig 1904.

— *Tesserakontaden* — W. H. Roscher Die Tesserakontaden der Griechen und anderer Völker. Abh. sächs. Akad. (1909).

Rosegger *Sittenbilder* — P. Rosegger Sittenbilder aus dem steierischen Oberlande. Graz 1870.

— *Steiermark* — P. K. Rosegger DasVolksleben in Steiermark in Charakter- und Sittenbildern dargestellt.Wien, Pest, Leipzig 1881.

Rosén *Död och begravning* — H. Rosén Död och begravning. S.-A. aus: Västsvensk Forntro och Folksed. Göteborgs Jubileumspublikationer 1923. Göteborg.

— *Dödsrike* — H. Rosén Om dödsrike och dödsbruk i fornnordisk religion. Lund 1918.

Rosenkranz *Pflanzen* — C. Rosenkranz Die Pflanzen im Volksaberglauben. 2. Aufl. Leipzig 1896.

Rothenbach *Bern* — J. E. Rothenbach Volkstümliches aus dem Kt. Bern. S. A. Zürich 1876.

Rowald *Bauleute* — Paul Rowald Brauch, Spruch und Lied der Bauleute. Hannover 1892.

RTrp. — Revue des Traditions populaires. Paris 1886 ff.

Rubin *Kabbala* — S. Rubin Kabbala und Agada in mythologischer, symbolischer und mystischer Personifikation der Fruchtbarkeit in der Natur. Wien 1895.

Ruska *Aristoteles* — Jul. Ruska Das Steinbuch des Aristoteles. Heidelberg 1912.

Rußwurm *Eibofolke* — C. Rußwurm Eibofolke oder die Schweden an den Küsten Esthlands und auf Runö. 2 Theile. Reval 1855.

RVV — Religionsgeschichtliche Versuche und Vorarbeiten (s. die einzelnen Verfasser).

Sainéan *Etym. franç.* — L. Sainéan Les sources indigènes de l'étymologie française. 2 vol. Paris 1925.

Samter *Familienfeste* — Ernst Samter Familienfeste der Griechen und Römer. Berlin 1901.

— *Geburt* — Ernst Samter Geburt, Hochzeit und Tod. Beiträge zur vergleichenden Volkskunde. Leipzig u. Berlin 1911.

— *Religion* — Ernst Samter Die Religion der Griechen. Leipzig u. Berlin 1914 (= ANuG. 457).

— *Volkskunde* — E. Samter Die Volkskunde im altsprachl. Unterricht. Berlin 1923.

Sann *Sagen* — Hans von der Sann Sagen aus der grünen Mark. 3. Aufl. Graz 1922.

Sartori *Sitte u. Brauch* — Paul Sartori Sitte und Brauch. Leipzig 1910—14. 3 Bde. (= Handbücher z. Volkskunde 5—8).

— *Totenspeisung* — Paul Sartori Die Speisung der Toten. Dortmund 1903 (Progr.).

— *Westfalen* — Paul Sartori Westfälische Volkskunde. Leipzig 1922.

Satter *Gottscheer Pflanzennamen* — Johann Satter Volkstümliche Pflanzennamen aus Gottschee. 2. Jahresber. des k. k. Staatsuntergymnasiums zu Gottschee. Gottschee 1898, 3—21.

Saupe *Indiculus* — Heinrich Albin Saupe Der Indiculus superstitionum et paganiarum. Ein Verzeichnis heidnischer und abergläubischer Gebräuche und Meinungen aus der Zeit Karls d. Gr., aus zumeist gleichzeitigen Schriften erläutert. Leipzig 1891 (Progr.).

SAVk. — Schweizerisches Archiv für Volkskunde. Basel 1897 ff.

Saxl *Verzeichnis* — Saxl Verzeichnis astrol. u. mythol. illustrierter Hss. des latein. Mittelalters in römischen Bibliotheken. Sitz.-Ber. Heidelb. Akad. phil. hist. Kl. 1915, 6.—7. Abh.

Schade — O. Schade Althochdeutsches Wörterbuch 2. Aufl. Halle 1872—82.

— *Klopfan* — Oskar Schade Klopfan. Ein Beitrag zur Geschichte der Neujahrsfeier. Hannover 1855 (= S.-A. aus Weimar. Jahrb. II).

— *Ursula* — Oskar Schade Die Sage von der heiligen Ursula und den elftausend Jungfrauen. Ein Beitrag zur Sagenforschung. 3. Aufl. Hannover 1854.

Schäfer *Verwandlung* — August Schäfer Die Verwandlung der menschlichen Gestalt im Volksglauben. Darmstadt 1905 (Progr.).

— Thomas — Geheim- und Sympathie-Mittel des alten Schäfer Thomas. 6. Aufl. Altona s. a. 12 Bdchen.

Schambach *Wb.* — Georg Schambach Wörterbuch der niederdeutschen Mundart der Fürstenthümer Göttingen und Grubenhagen. Hannover 1859.

Schambach u. Müller — Georg Schambach und Wilhelm Müller Niedersächsische Sagen und Märchen. Göttingen 1855.

Schefold u. Werner — Schefold und Werner Der Aberglaube im Rechtsleben. Halle 1912.

Scheftelowitz *Bauernglaube* — Isidor Scheftelowitz Altpalästinensischer Bauernglaube. Hannover 1925.

— *Huhnopfer* — Isidor Scheftelowitz Das stellvertretende Huhnopfer. Mit besonderer Berücksichtigung des jüdischen Volksglaubens. Gießen 1914 (= RVV XIV, 3).

— *Schlingenmotiv* — Isidor Scheftelowitz Das Schlingen- und Netzmotiv im Glauben und Brauch der Völker. Gießen 1912 (= RVV XII, 2).

Schelenz *Shakespeare* — Hermann Schelenz Shakespeare und sein Wissen auf den Gebieten der Arznei- und Volkskunde. 1. Leipzig und Hamburg 1914.

Schell *Bergische Sagen* — Otto Schell Bergische Sagen. Elberfeld 1897.

— *Berg. Volksk.* — Otto Schell Bergische Volkskunde. Elberfeld 1924.

Scherke *Primitive* — F. Scherke Über das Verhalten der Primitiven zum Tode. Langensalza 1923 (= Fr. Manns Pädagog. Magazin Heft 938).

Schild *Großätti* — Fr. Jos. Schild Der Großätti aus dem Leberberg. 2 Bde. Solothurn 1863 u. Grenchen 1873.

Schiller *Tierbuch* — C. Schiller Zum Thier- und Kräuterbuche des mecklenburgischen Volkes. Schwerin 1861 ff.

Schindler *Aberglaube* — Heinrich Bruno Schindler Der Aberglaube des Mittelalters. Ein Beitrag zur Culturgeschichte. Breslau 1858.

Schleicher *Sonneberg* — August Schleicher Volkstümliches aus Sonneberg im Meininger Oberlande. 2. Aufl. Sonneberg 1894.

SchleswWb. s. Mensing.

Schlossar *Steiermark* — Anton Schlossar Cultur- u. Sittenbilder aus Steiermark. Graz 1855.

Schlosser *Galgenmännlein* — Alfred Schlosser Die Sage vom Galgenmännlein im Volksglauben und in der Literatur. Diss. Münster 1912.

Schmeller *BayWb.* — J. A. Schmeller Bayerisches Wörterbuch. 2. Ausg. München 1872—1877. 2 Bde.

Schmid-Sprecher — M. Schmid und F. Sprecher Zur Geschichte der Hexenverfolgungen in Graubünden mit besonderer Berücksichtigung des Heinzenberges, der Gruob, des Schanfiggs und des Prättigaus. Chur 1919.

Schmidt *Geburtstag* — Wilhelm Schmidt Geburtstag im Altertum. Gießen 1908 (= RVV VII, 1).

— *Gottesidee* — P. W. Schmidt Der Ursprung der Gottesidee. Eine historisch-kritische und positive Studie. I: Historisch-kritischer Teil. Münster 1912.

— *Griech. Märchen* — Bernhard Schmidt Griechische Märchen, Sagen und Volkslieder. 1877.

— *Kräuterbuch* — Georg Schmidt Mieser Kräuter- und Arzneibuch. Prag 1905 (= Beitrag z. deutsch-böhm. Volksk. V, 3).

— *Kultübertr.* — Ernst Schmidt Kultübertragungen. Gießen 1910 (= RVV VIII, 2).

— *Name* — Wilh. Schmidt Die Bedeutung des Namens in Kult und Aberglauben. Progr. Darmstadt 1912.

— *Volksk.* — Erich Schmidt Deutsche Volkskunde im Zeitalter des Humanismus und der Reformation. Berlin 1904 (= Histor. Studien Heft 47).

— Nachrichter — Maister Franntzn Schmidts Nachrichters inn Nürmberg all sein Richten, hg. v. Albr. Keller. Leipzig 1913.

Schmitt *Hettingen* — Emil Schmitt Sagen, Volksglauben, Sitten und Bräuche aus dem Baulande (Hettingen). Ein Beitrag zur badischen Volkskunde. Baden-Baden 1895 (Progr.).

Schmitz *Bußbücher* — H. J. Schmitz Die Bußbücher und das kanonische Bußverfahren. Düsseldorf 1898.

— *Eifel* — J. H. Schmitz Sitten und Sagen, Lieder, Sprüchwörter und Räthsel des Eifler Volkes, nebst einem Idiotikon. Trier 1856 bis 1858. 2 Bde.

— *Siebengebirge* — Ferdinand Schmitz Volkstümliches aus dem Siebengebirge. S.-A. aus d. Rhein. Gesch. Bl. Bonn 1901 (= Zur deutsch. Volksk. 5).

Schneeweis *Weihnacht* — Edmund Schneeweis Die Weihnachtsbräuche der Serbokroaten. Ergänzungsband XV zur WZfVk. Wien 1925.

Schneller *Wälschtirol* — Christian Schneller Märchen und Sagen aus Wälschtirol. Ein Beitrag zur deutschen Sagenkunde. Innsbruck 1867.

Schönbach *Berthold v. R.* — Anton E. Schönbach Studien zur Geschichte der altdeutschen Predigt. II. Teil: Zeugnisse Bertholds von Regensburg zur Volkskunde. Wien 1900 (= Sb. Akad. Wien, phil.-hist. Kl. CXLII).

— *HSG.* — Schönbachs handschriftliche Sammlung von Segen in der Gießener Universitätsbibliothek.

Schönwerth *Oberpfalz* — Fr. Schönwerth Aus der Oberpfalz. Sitten und Sagen. Augsburg 1857—59. 3 Tle.
Schöppner *Sagen* — A. Schöppner Sagenbuch der Bayerischen Lande. München 1852 bis 1853. 3 Bde.
Schrader *Indogermanen* — O. Schrader Die Indogermanen. 3. Aufl. Leipzig 1919 (= Wiss. u. Bildung 77).
— *Reallex.* — O. Schrader Reallexikon der indogermanischen Altertumskunde. Straßburg 1901. 2. Aufl. (im Erscheinen).
— *Sprachvergleichung* — O. Schrader Sprachvergleichung und Urgeschichte. Linguistisch-historische Beiträge zur Erforschung des indogermanischen Altertums. 3. Neubearb. Jena 1906—07. 3 Tle.
Schramek *Böhmerwald* — Josef Schramek Der Böhmerwaldbauer. Eigenart usw. Prag 1915 (= Beiträge z. deutsch-böhm. Volksk. XII).
SchrBod. — Schriften des Vereins für Geschichte des Bodensees u. seiner Umgebung.
Schreiber *Wiesen* — Hans Schreiber Die Wiesen der Randgebirge Böhmens und ihre Verbesserung. Staab 1898.
Schröder *Apotheke* — Joh. Schröder Trefflich versehene Medicin = Chymische Apotheke. Nürnberg 1685.
— *Germanentum* — Franz Rolf Schröder Germanentum und Hellenismus. Untersuchungen zur germanischen Religionsgeschichte. Heidelberg 1924 (= German. Bibliothek II, 17).
— *Rigveda* — Leopold von Schröder Mysterium und Mimus im Rigveda. Leipzig 1908.
Schulenburg — Wilibald von Schulenburg Wendische Volkssagen und Gebräuche aus dem Spreewald. Leipzig 1880.
— *Wend. Volksthum* — Wilibald von Schulenburg Wendisches Volksthum in Sage, Brauch und Sitte. Berlin 1882.
Schullerus *Pflanzen* — Pauline Schullerus Pflanzen in Glaube und Brauch der Siebenbürger Sachsen. In: Archiv des Vereins für siebenbürgische Landeskunde. Hermannstadt N. F. 40 (1916—23), 78—188. 348 bis 426.
— *Siebenbürgen* — A. Schullerus Siebenbürgische Volkskunde im Umriß („Deutsche Stämme, Deutsche Lande"). Leipzig 1926.
— *Siebenb.Wb.* — Adolf Schullerus Siebenbürgisch-sächsisches Wörterbuch. Straßburg i. E. 1908 ff.
Schultz *Alltagsleben* — Alwin Schultz Alltagsleben einer deutschen Frau zu Anfang des 18. Jahrhunderts. Leipzig 1890.
— *Höfisches Leben* — Alwin Schultz Das höfische Leben zur Zeit der Minnesänger. Leipzig 1879—80. 2 Bde.
— *Leben* — Alwin Schultz Deutsches Leben im XIV. u. XV. Jahrh. Wien 1892.
Schurtz *Altersklassen* — Heinrich Schurtz Altersklassen und Männerbünde. Eine Darstellung der Grundform der Gesellschaft. Berlin 1902.
— *Tracht* — Heinrich Schurtz Grundzüge einer Philosophie der Tracht. Stuttgart 1891.
Schütte *Dänisches Heidentum* — Godmund Schütte Dänisches Heidentum (Kultur und Sprache). 2 Bde. Heidelberg 1923.
Schwab *Vocabulaire* — Moïse Schwab Vocabulaire de l'Angélologie d'après les manuscrits hébreux de la Bibliothèque Nationale (= Mémoires prés. par divers savants à l'Académie des Inscr. et Belles-Lettres, Ier série, t. 10, 2e partie. Paris 1897.
Schwartz *Heidentum* — F. L. W. Schwartz Der heutige Volksglaube und das alte Heidentum. 2. Aufl. Berlin 1862.
— *Mythologie* — (F. L.) W. Schwartz Der Ursprung der Mythologie. Dargelegt an griechischer und deutscher Sage. Berlin 1860.
— *Naturanschauungen* — (F. L.) W. Schwartz Die poetischen Naturanschauungen der Griechen, Römer und Deutschen in ihrer Beziehung zur Mythologie. 2 Bde. Berlin 1864 u. 1879.
— *Studien* — (F. L.) W. Schwartz Prähistorisch-anthropologische Studien. Mythologisches und Kulturhistorisches. Berlin 1884.
— *Volksglaube* — (F. L.) W. Schwartz Indogermanischer Volksglaube. Ein Beitrag zur Religionsgeschichte der Urzeit. Berlin 1885.
Schwebel *Tod u. ewiges Leben* — Oskar Schwebel Tod und ewiges Leben im deutschen Volksglauben. Minden i. W. 1887.
Schweda *Wilder Jäger* — Valentin Schweda Die Sagen vom wilden Jäger und vom schlafenden Heer in der Provinz Posen. Diss. Gnesen 1915.
SchweizId. — Schweizerisch. Idiotikon. Frauenfeld 1881 ff.
Schwenckfelt *Catalogus* — Stirpium et Fossilium Silesiae catalogus concinnatus per Casparum Schwenckfelt. Lipsiae 1601 (zitiert als 1). Theritropheum Silesiae. Lignicii anno 1603 (zitiert als 2).
Schwenn *Menschenopfer* — Friedr. Schwenn Die Menschenopfer bei den Griechen und Römern. Gießen 1915 (= RVV XV, 3).
SchwVk. — Schweizer Volkskunde. Basel 1911 ff.
Scr. rer. germ. — Scriptores rerum Germanicarum, in usum scholarum ex monumentis Germaniae historicis separatim editi.
Sébillot *Folk-Lore* — Paul Sébillot Folk-Lore de France. Paris 1904—07. 4 Bde.
— *Métiers* — P. Sébillot Légendes et curiosités des métiers. Paris s. a.
— *Paganism* Paul Sébillot Le paganism contemporain. Paris 1908.
Seefried-Gulgowski — Ernst Seefried-Gulgowski Von einem unbekannten Volke in Deutschland. Ein Beitrag zur Landes- und Volkskunde der Kaschubei. Berlin 1911.

Sehling *Evang. Kirchenord.* — Emil Sehling Die evangelischen Kirchenordnungen des XVI. Jhs. Leipzig 1902—13. 5 Bde.

Seligmann *Augendiagnose* — S. Seligmann Augendiagnose und Kurpfuschertum. Berlin 1910.

— *Blick* — S. Seligmann Der böse Blick und Verwandtes. Ein Beitrag zur Geschichte des Aberglaubens aller Zeiten und Völker. Berlin 1910. 2 Bde.

— *Zauberkraft* — S. Seligmann Die Zauberkraft des Auges und das Berufen. Hamburg 1922.

Senn *Charakterbilder* — Walter Senn Charakterbilder schweizerischen Landes, Lebens und Strebens. Glarus 1870.

Sepp *Religion* — Sepp Die Religion der alten Deutschen und ihr Fortbestand in Volkssagen, Aufzügen und Festgebräuchen bis zur Gegenwart. München 1890.

— *Sagen* — Sepp Altbayerischer Sagenschatz zur Bereicherung der indogermanischen Mythologie. Neue Ausg. München s. a.

Seyfarth *Sachsen* — Carly Seyfarth Aberglaube und Zauberei in der Volksmedizin Sachsens. Ein Beitrag zur Volkskunde des Königreichs Sachsen. Leipzig 1913.

Seyffert *Dorf u. Stadt* — O. Seyffert Aus Dorf und Stadt. Volkskundliche Bilder. Dresden 1920.

Sieber *Sachsen* — Friedr. Sieber Sächsische Sagen. Jena 1926.

Siecke *Götterattribute* — Ernst Siecke Götterattribute und sog. Symbole. Jena 1909.

Simrock *Mythologie* — Karl Simrock Handbuch der deutschen Mythologie mit Einschluß der nordischen. 6. Aufl. Bonn 1887.

Singer *Schweiz. Märchen* — S. Singer Schweizer Märchen. Anfang eines Kommentars zu der veröffentlichten Schweizer Märchenliteratur. Bern 1903. 1. Fortsetzung. Ebd. 1906 (= Untersuchungen zur neueren Sprach- u. Lit.-Geschichte 3 u. 10).

Sittl *Gebärden* — Carl Sittl Die Gebärden der Griechen und Römer. Leipzig 1890.

SitzbBerl.
SitzbHeid.
SitzbLeipz.
SitzbMü
SitzbWien — Sitzungsberichte d. Akademien von Berlin, Heidelberg, Leipzig, München u. Wien, Philologisch-historische Klasse.

Sklarek *Märchen* — Elisabeth Sklarek Ungarische Volksmärchen. Leipzig 1901.

Sloet *Dieren* — Sloet De Dieren in het germaansche volksgeloof en volksgebruik. 's Gravenhage 1887.

Söhns *Pflanzen* — Franz Söhns Unsere Pflanzen. 6. Aufl. Leipzig 1920.

Soldan-Heppe — Soldan-Heppe Geschichte der Hexenprozesse. Neubearbeitet hsg. von Max Bauer. München (1911). 2 Bde.

Sommer *Haar* — Ludwig Sommer Das Haar in Religion und Aberglauben der Griechen. Diss. Münster i. W. 1912.

Sommer *Sagen* — Emil Sommer Sagen, Märchen und Gebräuche aus Sachsen und Thüringen. 1 Heft. Halle 1846.

Sommert *Egerland* — Hans Sommert (Ernst Freimut) Tillenwunder. Ein Sagenkranz aus dem Egerlande. 2. Aufl. Eger (1924).

Spano *Voc. sard.-it.* — Spano Vocabulario sardu-italiano e italiano-sardu. Kalaris 1851.

Spee *Niederrhein* — J. Spee Volksthümliches vom Niederrhein. 2 Hefte. Köln 1875.

Spencer *Prinzipien* — Herbert Spencer Prinzipien der Ethnologie. Deutsch von Vetter u. Carus. 1875 ff. 1901 ff.

Spieß *Fränkisch-Henneberg* — Balthasar Spieß Volksthümliches aus dem Fränkisch-Hennebergischen. Wien 1869.

— *Mythos* — Karl von Spieß Der Mythos als Grundlage der Bauernkunst. Wiener-Neustadt 1911 (Progr.).

— *Obererzgebirge* — Moritz Spieß Aberglauben, Sitten und Gebräuche des sächsischen Obererzgebirges. Abhandlung zum Programm der Realschule zu Annaberg. Dresden 1862.

— *Prähistorie* — Karl von Spieß Prähistorie und Mythos. Wiener-Neustadt 1910 (Progr.).

Spiller *Dornröschen* — Reinhold Spiller Zur Geschichte des Märchens vom Dornröschen. Frauenfeld 1893 (Progr.).

SS. — Monumenta Germaniae etc. Abt. Scriptores.

Staehlin *Mantik* — Rudolf Staehlin Das Motiv der Mantik im antiken Drama. Gießen 1912 (= RVV XII, 1).

Stalder — Franz Jos. Stalder Versuch eines Schweizerischen Idiotikon. 2 Bde. Basel 1806 und 1812.

Staricius — Joh. Staricius New-reformirt- und vermehrter Helden-Schatz usw. 1679.

Starck *Alraun* — Adolf Tayler Starck Der Alraun. Ein Beitrag zur Pflanzensagenkunde. Baltimore 1917.

Staub *Brot* — (F. Staub) Das Brot im Spiegel schweizer-deutscher Volkssprache und Sitte. Leipzig 1868.

Stauber *Zürich* — Emil Stauber Sitten und Bräuche im Kt. Zürich. 2 Tle. Zürich 1922 und 1924 (= 122. und 124. Neujahrsblatt der Hilfsgesellschaft in Zürich).

Stebler *Lötschberg* — F. G. Stebler Sonnige Halden am Lötschberg. Bern 1914.

Steiger *Frömmigkeit* — Karl Steiger Ruinen altschweizerischer Frömmigkeit. 1. Sitten und Sprüche aus der Heimat. St. Gallen 1839.

Steiner *Mineralreich* — C. J. Steiner Das Mineralreich nach seiner Stellung in Mythologie und Volksglauben usw. Gotha 1895.

Steinmeyer *Sprachdenkmäler* — Elias v. Steinmeyer Die kleineren althochdeutschen Sprachdenkmäler. Berlin 1916.

Stemplinger *Aberglaube* — Eduard Stemplinger Antiker Aberglaube in modernen Ausstrahlungen. Leipzig 1922 (= Das Erbe der Alten).

— *Sympathie* — Eduard Stemplinger Sympathieglaube u. Sympathiekuren in Altertum und Neuzeit. München 1919.

— *Volksmedizin* — Eduard Stemplinger Antike und moderne Volksmedizin. Leipzig 1925 (= Das Erbe der Alten X).

Stengel *Opfergebräuche* — Paul Stengel Opfergebräuche der Griechen. Leipzig und Berlin 1910.

Stephan *Askanische Volksk.* — Oskar Stephan Beiträge zur Askanischen Volkskunde. Aschersleben 1926.

Stern *Türkei* — Bernhard Stern Medizin, Aberglaube und Geschlechtsleben in der Türkei. Berlin 1903. 2 Bde.

Sterzinger *Aberglaube* — Don Ferdinand Sterzingers Bemühung den Aberglauben zu stürzen. München 1785.

Stöber *Aberglaube* — August Stöber Zur Geschichte des Volks-Aberglaubens im Anfange des XVI. Jahrhunderts. Basel 1856.

— *Elsaß* — August Stöber Die Sagen des Elsasses. Neue Ausgabe. Straßburg 1892.

Stoll *Suggestion* — Otto Stoll Suggestion und Hypnotismus in der Völkerpsychologie. Leipzig 1904.

— *Zauberglaube* — Otto Stoll Zur Kenntnis des Zauberglaubens, der Volksmagie und Volksmedizin in der Schweiz. Jahresbericht der geogr.-ethnographischen Gesellschaft in Zürich 1908/09.

Stolle *Kirchenväter* — Gottlieb Stolle Aufrichtige Nachricht von dem Leben, Schriften und Lehren der Kirchen-Väter usw. Jena 1733.

Storfer *Jungfr. Mutterschaft* — A. J. Storfer Marias jungfräuliche Mutterschaft. Berlin 1914 (= Neue Studien z. Gesch. d. menschl. Geschlechtslebens 1).

Strack *Blut* — Hermann L. Strack Das Blut im Glauben und Aberglauben der Menschheit. 5.—7. Aufl. München 1900.

Strackerjan — Ludwig Strackerjan Aberglaube und Sagen aus dem Herzogtum Oldenburg. 2. Aufl. hg. v. Karl Willoh. Oldenburg 1909. 2 Bde.

Strafforello *Errori* — Gostavo Strafforello Errori e pregiudizi volgari. 2 a ediz. Milano 1911 (Manuali Hoepli).

Strauß *Bulgaren* — Adolf Strauß Bulgarische Volksdichtungen übersetzt. Wien und Leipzig 1895.

Stübe *Himmelsbrief* — R. Stübe Der Himmelsbrief. Tübingen 1918.

Suolahti *Vogelnamen* — Hugo Suolahti Die deutschen Vogelnamen. Straßburg 1909.

Taubmann *Nordböhmen* — Josef Alfred Taubmann Märchen und Sagen aus Nordböhmen. Reichenberg 1887.

Tegethoff *Amor u. Psyche* — Ernst Tegethoff Studien zum Märchentypus von Amor und Psyche. Bonn und Leipzig 1922 (= Rheinische Beiträge 4).

Tegethoff *Märchen, Schwänke* — Ernst Tegethoff Märchen, Schwänke u. Fabeln. München 1925 (= Bücher des MAs. 4).

Temesvary *Geburtshilfe* — Rudolf Temesvary Volksbräuche und Aberglauben in der Geburtshilfe und der Pflege des Neugeborenen in Ungarn. Leipzig 1900.

Temme *Altmark* — J. D. H. Temme Die Volkssagen der Altmark. Berlin 1839.

— *Pommern* — J. D. H. Temme Die Volkssagen von Pommern und Rügen. Berlin 1840.

Tettau u. Temme — W. J. A. von Tettau und J. D. H. Temme Die Volkssagen Ostpreußens, Litthauens und Westpreußens. Berlin 1837.

Tetzner *Slaven* — Franz Tetzner Die Slaven in Deutschland. Braunschweig 1902.

Thalhofer *Liturgik* — V. Thalhofer Handbuch der katholischen Liturgik. 2. Aufl. v. L. Eisenhofer. 2 Bde. Freiburg i. Br. 1912.

Tharsander — Tharsander (= G. Wilh. Wegner) Schau-Platz Vieler Ungereimten Meynungen und Erzehlungen. Berlin. I (1736), II (1739), III (1742).

Theatrum Diabol. — Theatrum Diabolorum. Frankfurt 1569.

Thiele *Folkesagn* — I. M. Thiele Danmarks Folkesagn. København. I (1843), II (1843), III (1860).

Thiers *Traité* — Jean-Batiste Thiers Traité des Superstitions qui regardent les sacremens. Paris 1697 ff. et Avignon 1777. 4 Bde.

Tiede *Gotteserkenntnis* — Ernst Tiede Urarische Gotteserkenntnis. 2. Aufl. Berlin 1920 (= Geheime Wiss. 15).

Tille *Weihnacht* — Alexander Tille Die Geschichte der deutschen Weihnacht. Leipzig 1894.

Tobler *Epiphanie* — Otto Tobler Die Epiphanie der Seele in deutscher Volkssage. Diss. Kiel 1911.

— *Kl. Schr.* — Ludwig Tobler Kleine Schriften zur Volks- und Sprachkunde, hg. v. J. Bächtold und A. Bachmann. Frauenfeld 1897.

Toeppen *Masuren* — M. Toeppen Aberglauben aus Masuren. 2. Aufl. Danzig 1867.

Trede *Heidentum* — Th. Trede Das Heidentum in der römischen Kirche. Bilder aus dem religiösen und sittlichen Leben Süditaliens. 4 Teile. Gotha 1889—1891.

Treichel *Westpreußen* — A. Treichel Volkstümliches aus der Pflanzenwelt, besonders für Westpreußen. I—VI in: Schriften der naturforschenden Gesellschaft zu Danzig. N. F. 5 und 6; VII—XII in: Altpreußische Monatsschrift 24 (1887), 513—607; 31 (1894), 240—319; 431—469; 32 (1895), 259—295. 425—432.

Tritheim *Wunderbuch* — Johannes Tritheim's Wunder-Buch. Passau 1506. Neudruck (Scheible).

Troels Lund — Troels Lund Dagligt liv i Norden i det 16de Aarhundrede. Folkeudgave. København 1903—1904. 14 Bde.

Troels *Gesundheit* — Troels Lund Gesundheit und Krankheit in der Anschauung alter Zeiten. Leipzig 1901.
— *Himmelsbild* — Troels Lund Himmelsbild und Weltanschauung im Wandel der Zeiten. 4. Aufl. Leipzig 1913.
Trusen — Trusen Sitten, Gebräuche und Krankheiten der alten Hebräer. 2. Aufl. 1853.
Tylor *Cultur* — Edward B. Tylor Die Anfänge der Cultur, ins Deutsche übertragen von J. W. Sprengel und Fr. Poske. Leipzig 1873. 2 Bde.

Ulm *Hartlieb* — Dora Ulm Hartliebs Buch aller verbotenen Kunst. Halle 1914.
Ulrich *Volksbotanik* — August Ulrich Beiträge zur bündnerischen Volksbotanik. 2. Aufl. Davos 1897.
Unger u. Khull *Steir. Wortsch.* — Th. Unger und F. Khull Steirischer Wortschatz als Ergänzung zu Schmellers Bayer. Wörterbuch. Graz 1903.
Ungnad *Deutung d. Zukunft* — Arthur Ungnad Deutung der Zukunft bei den Babyloniern und Assyrern. Leipzig 1909 (= Der alte Orient X, 3).
Unoth — Der Unoth. Zeitschrift f. Geschichte u. Alterthum des Standes Schaffhausen, hg. v. Johannes Meyer. Schaffhausen 1868.
Unwerth *Totenkult* — Wolf von Unwerth Untersuchungen über Totenkult und Odinverehrung. Breslau 1911 (= German. Abhandl. 37).
Unzer *Der Arzt* — Der Arzt. Eine medicinische Wochenschrift von Joh. Aug. Unzer. Neueste Ausgabe. Hamburg, Lüneburg und Leipzig 1769.
Urdhs-Brunnen — Am Urdhs-Brunnen. Monatsschrift für Volkskunde (Vorläufer des „Urquell").
Urquell — Am Ur-Quell. Monatsschrift für Volkskunde. 1890—1897.
Usener *Kl. Schr.* — Hermann Usener Kleine Schriften IV: Arbeiten zur Religionsgeschichte. Leipzig und Bonn 1913.
— *Sinthflut* — Hermann Usener Die Sinthflutsagen. Bonn 1899.
— *Weihnacht* — Hermann Usener Das Weihnachtsfest. 2. Aufl. Bonn 1911 (= Religionsgeschichtl. Unters. I).

Veckenstedts Zs. — Zeitschrift f. Volkskunde, hg. von Edm. Veckenstedt. 1889—1892.
Veckenstedt *Sagen* — Edm. Veckenstedt Wendische Sagen, Märchen u. abergl. Gebräuche. Graz 1880.
Ven *Volksleven* — D. J. van der Ven Neerlands Volksleven. 1920.
Vernaleken *Alpensagen* — Theodor Vernaleken Alpensagen. Volksüberlieferungen aus der Schweiz usw. Wien 1858.
— *Mythen* — Theodor Vernaleken Mythen und Bräuche des Volkes in Österreich. Wien 1859.
Vilmar *Wb.* — A. F. C. Vilmar Idiotikon von Kurhessen. Marburg u. Leipzig 1868.
Vintler *Pluemen* — Hans Vintler Pluemen der Tugend. Hg. v. Zingerle. Innsbruck 1874.
Visscher *Naturvölker* — H. Visscher Religion und soziales Leben bei den Naturvölkern. Bonn 1911. 2 Bde.
VjVorarlb. — Vierteljahrsschrift für Geschichte u. Landeskunde Vorarlbergs.
VkBll. — Volkskunde-Blätter aus Württemberg u. Hohenzollern.
Vld. — Das deutsche Volkslied.
Voges *Braunschweig* — Th. Voges Sagen aus dem Lande Braunschweig. Braunschweig 1895.
Vogt *Weihnachtsspiele* — Friedrich Vogt Die schlesischen Weihnachtsspiele. Leipzig 1901 (= Schlesiens volkstümliche Überlieferungen 1).
Volkskunde — Volkskunde. Tijdschrift voor Nederlandsche Folklore. 1888 ff.
Volksleven — Ons Volksleven. Tijdschrift voor Taal-, Volks- en Oudheitkunde. Te Brecht 1888 ff.
Vonbun *Beiträge* — F. J. Vonbun Beiträge zur deutschen Mythologie. Gesammelt in Churraetien. Chur 1862.
— *Sagen* — F. J. Vonbun Die Sagen Vorarlbergs. Innsbruck 1858.
Vordemfelde *Religion* — Hans Vordemfelde Die germanische Religion in den deutschen Volksrechten: 1. Der religiöse Glaube. Gießen 1923 (= RVV 18, 1).

W. — siehe Wuttke.
Wächter *Reinheit* — Theodor Wächter Reinheitsvorschriften im griechischen Kult. Gießen 1910 (= RVV IX, 1).
Wackernagel *Kl. Schr.* — Wilh. Wackernagel Kleinere Schriften. 3 Bde. Leipzig 1872—74.
Wagenfeld *Münsterland* — Karl Wagenfeld Über die Pflanzen und ihre Namen im Plattdeutschen des Münsterlandes. In: Jahresber. des westf. Prov.-Vereins für Wissenschaft und Kunst (Botan. Sektion) 40 (1912), 227—245.
Wagner *Sagen* — Karl Wagner Pinzgauer Sagen (= Deutsche Hausbücherei Bd. 142). Wien 1925.
Wagstaff *Hexerei* — Johann Wagstaff Von der Hexerei usw. Halle 1711.
Waibel u. Flamm — Badisches Sagenbuch, hg. durch J. Waibel u. H. Flamm. 1. Sagen des Bodensees usw. 2. Sagen des Breisgaus. Freiburg i. Br. 1899. 2 Bde.
Waizer *Culturbilder* — Rud. Waizer Cultur- u. Lebensbilder. Klagenfurt 1882.
Walde *LEWb.* — Alois Walde Lateinisches etymologisches Wörterbuch. 2. Aufl. Heidelberg 1910.
Wallberger *Zauberbuch* — Joh. Wallberger's Berühmtes Zauberbuch. Frankfurt u. Leipzig 1760 (Neudruck).

Walliser Sagen — Walliser Sagen, hg. v. d. Historischen Verein von Oberwallis. Brig 1907. 2 Bde.

Wartmann *St. Gallen* — B. Wartmann Beiträge zur St. Gallischen Volksbotanik. 2. Aufl. St. Gallen 1874.

Waschnitius *Perht* — Viktor Waschnitius Perht, Holda und verwandte Gestalten. Wien 1914 (= Sb. Wiener Akad. phil.-hist. Kl. 174, 2).

Waser *Charon* — Otto Waser Charon, Charun, Charos. Berlin 1898.

Wasserschleben — F. W. H. Wasserschleben Die Bußordnungen der abendländischen Kirche. Halle 1851.

Weber *Theologie* — Ferdinand Weber Jüdische Theologie auf Grund des Talmuds und verwandter Schriften. 2. Aufl. Leipzig 1897.

Wegner — s. Tharsander.

Weigand-Hirt *DWb.* — Deutsches Wörterbuch v. Fr. L. K. Weigand, 5. Aufl. hg. v. Hermann Hirt, 2 Bde. Gießen 1909.

Weinhold *Festschrift* — Beiträge zur Volkskunde. Festschrift Karl Weinhold zum 50-jährigen Doktorjubiläum dargebracht. Breslau 1896 (= Germ. Abhandl. XII).

— *Frauen* — Karl Weinhold Die deutschen Frauen in dem Mittelalter. 3. Aufl. Wien 1897. 2 Bde.

— *Neunzahl* — Karl Weinhold Die mystische Neunzahl bei den Deutschen. Berlin 1897.

— *Ritus* — Karl Weinhold Zur Geschichte des heidnischen Ritus. Berlin 1896.

— *Weihnachtsspiele* — Karl Weinhold Weihnachtsspiele und Lieder aus Süddeutschland und Schlesien. Neue Ausgabe. Wien 1875.

Weinkopf *Naturgeschichte* — Ed. Weinkopf Naturgeschichte auf dem Dorfe. Wien 1926.

Weinreich *Heilungswunder* — Otto Weinreich Antike Heilungswunder. Gießen 1909 (= RVV VIII, 1).

— *Triskaid. Stud.* — Otto Weinreich Triskaidekadische Studien. Beiträge zur Geschichte der Zahlen. Gießen 1916 (= RVV XVI, 1).

Weise *Mundarten* — Oskar Weise Unsere Mundarten, ihr Werden und ihr Wesen. Leipzig u. Berlin 1910 (= ANnG).

Weiser *Jul* — Lily Weiser Jul, Weihnachtsgeschenke und Weihnachtsbaum, eine volkskundliche Untersuchung ihrer Geschichte. Stuttgart 1923.

Wellhausen *Reste* — J. Wellhausen Reste arabischen Heidentums. 2. Ausg. Berlin 1897.

Wessely 1 — C. Wessely Griechische Zauberpapyri von Paris und London (Denkschriften der Kaiserl. Adademie der Wissenschaften in Wien, Philos.-Histor. Kl. Bd. 36). Wien 1888.

— 2 — C. Wessely Neue griechische Zauberpapyri (Denkschr. d. K. A. d. W. in Wien, Phil.-Hist. Kl. Bd. 42). Wien 1893.

Wettstein *Disentis* — Emil Wettstein Zur Anthropologie und Ethnographie des Kreises Disentis. Zürcher Diss. Zürich 1902.

Wetzer u. Welte — Wetzer u. Welte Kirchenlexikon. 2. Aufl. Freiburg i. Br. 1882 bis 1903.

Widlak *Synode v. Liftinae* — Franz Widlak Die abergläubischen und heidnischen Gebräuche der alten Deutschen nach dem Zeugnisse der Synode von Liftinae im Jahre 743. Znaim s. a.

Wiedemann *Esthen* — F. J. Wiedemann Aus dem inneren u. äußeren Leben der Esthen. St. Petersburg 1876.

Wilde *Pfalz* — Julius Wilde Die Pflanzennamen im Sprachschatze der Pfälzer. Neustadt a. d. H. (1923).

Wilutzki *Recht* — Paul Wilutzki Vorgeschichte des Rechts. Breslau 1903. 2 Bde.

Winteler *Naturlaut* — J. Winteler Naturlaut u. Sprache. Aarau 1892.

Wirth *Beiträge* — A. Wirth Beiträge zur Volkskunde von Anhalt (1. Geisterglaube, 2.—3. Menschliches Leben, 4.—5. Tiere, 6.—7. Pflanzen). Dessau o. J.

Wirz *Zürich* — Joh. Jacob Wirz Historische Darstellung der urkundlichen Verordnungen, welche die Geschichte des Kirchen- und Schulwesens in Zürich . . . betreffen. Zürich 1793—94. 2 Bde.

WissMittBosnHerc. — Wissenschaftliche Mitteilungen aus Bosnien und der Hercegowina. Hg. vom Bosn.-Herc. Landesmuseum in Serajevo. Wien 1893 ff.

Wissowa *Religion* — Georg Wissowa Religion u. Kultus d. Römer. 2. Aufl. München 1912.

Wittstock *Siebenbürgen* — O. Wittstock Volkstümliches der Siebenbürger Sachsen. In: Beiträge zur Siedlungs- und Volkskunde der Siebenbürger Sachsen. S.-A. aus A. Kirchhoff Forschungen zur deutschen Landes- und Volkskunde. Stuttgart 1895.

Witzschel *Thüringen* — August Witzschel Kleine Beiträge zur deutschen Mythologie . . aus Thüringen. Wien 1866 u. 1878. 2 Bde.

Wlislocki *Magyaren* — Heinrich von Wlislocki. Aus dem Volksleben der Magyaren. München 1893.

— *Sieb. Volksgl.* — H. v. Wlislocki Volksglaube und Volksbrauch der Siebenbürger Sachsen. Berlin 1893.

— *Volksglaube* — Heinrich von Wlislocki Volksglaube u. religiöser Brauch der Zigeuner. Münster i. W. 1891 (= Darstellungen a. d. Gebiete der nichtchristl. Relig. IV).

— *Zigeuner* — Heinrich von Wlislocki Volksdichtungen der siebenbürgischen und südungarischen Zigeuner. Wien 1890.

Wolf *Beiträge* — J. W. Wolf Beiträge zur deutschen Mythologie. Göttingen und Leipzig 1852 und 1857. 2 Bde.

— *Niederl. Sagen* — Joh. Wilh. Wolf Niederländische Sagen. Leipzig 1843.

— *Sagen* — J. W. Wolf Hessische Sagen. Göttingen 1853.

W o s s i d l o *Mecklenburg* — Richard Wossidlo Mecklenburgische Volksüberlieferungen. Bd. 1, 2, 3. Wismar 1897 ff.
W o e s t e *Mark* — J. F. L. Woeste Volksüberlieferungen in der Grafschaft Mark nebst einem Glossar. Iserlohn 1848.
— *Wb.* — Friedrich Woeste Wörterbuch der westfäl. Mundart. Norden u. Leipzig. 1882.
W r e d e *Rhein. Volksk.* — Adam Wrede Rhein. Volkskunde. Leipzig 1919. 2. Aufl. 1922.
— *Eifeler Volksk.* — Adam Wrede Eifeler Volkskunde. Bonn 1922.
WS — Wörter u. Sachen.
W u c k e *Werra* — Sagen der mittleren Werra, gesammelt v. Chr. Ludw. Wucke. 3. Aufl. Eisenach 1921.
W u n d t *Mythus u. Religion* — Wilhelm Wundt Völkerpsychologie. 4.—6. Bd.: Mythus und Religion. 1. Bd. 3. Aufl. Leipzig 1920; 2. und 3. Bd. 2. Aufl. Ebd. 1914—15.
W ü n s c h e *Lebensbaum* — August Wünsche Die Sagen vom Lebensbaum und Lebenswasser (Ex oriente lux. 1—2, 3). 1905.
— *Teufel* — Aug. Wünsche Der Sagenkreis vom geprellten Teufel. Leipzig u. Wien 1905.
WürttVjh. — Württembergische Vierteljahrshefte f. Landesgeschichte.
W ü s t e f e l d *Eichsfeld* — Karl Wüstefeld Eichsfelder Volksleben. Duderstadt 1919.
W ü s t e r *Tiere* — Gustaf Wüster Die Tiere in der altfranzösischen Literatur. Diss. Göttingen 1916.
W u t t k e — Adolf Wuttke Der deutsche Volksaberglaube der Gegenwart. 3. Bearbeitung von E. H. Meyer. Berlin 1900.
— *Sächs. Volksk.* — Robert Wuttke Sächsische Volkskunde. 2. Aufl. Leipzig 1903.
W y s s *Milch* — Karl Wyss Die Milch im Kultus der Griechen und Römer. Gießen 1914 (= RVV XV, 2).
— *Reise* — J. R. Wyß Reise in das Berner Oberland. Bern 1816.
WZfVk. — Wiener Zeitschrift für Volkskunde (s. a. ZföVk.).

Y e r m o l o f f *Volkskalender* — Alexander Yermoloff Der landwirtschaftliche Volkskalender. Autor. Ausgabe. Leipzig 1905.

Z a c h a r i a e *Kl. Schr.* — Theodor Zachariae Kleine Schriften. Bonn und Leipzig 1900.
Z a h l e r *Simmenthal* — Hans Zahler Die Krankheit im Volksglauben des Simmenthals. Diss. Bern 1898.
ZAlpV. — Zeitschrift d. deutschen u. österreichischen Alpenvereins.
Z a u n e r t *Natursagen* — Paul Zaunert Deutsche Natursagen. I.: Von Holden u. Unholden. Jena 1921.
— *Rheinland* — Paul Zaunert Rheinland-Sagen Jena 1924. 2 Bde. (= Deutscher Sagenschatz).
— *Westfalen* — Paul Zaunert Westfälische Sagen. Jena 1927.
ZDMG. — Zeitschrift der deutschen morgenländischen Gesellschaft.
ZdVfVk. s. ZfVk.
Z e d l e r — Zedlers Großes vollständiges Universallexikon aller Wissenschaften und Künste. Bd. 1—64; Suppl. 1—4. Halle, Leipzig 1732—1754.
Z e l e n i n *Russ. Volksk.* — Dmitrij Zelenin Russ, (Ostslavische) Volksk. Berlin u. Leipzig 1927 (= Grundriß d. slav. Philologie).
Z e u m e r *Formulae* — K. Zeumer Formulae Merovingui et Karolini Aevi (Monumenta Germaniae historica legum sectio 5).
ZfäF. — Zeitschrift f. ärztl. Fortbildung. Jena.
ZfdA. — Zeitschrift für deutsches Altertum. Berlin 1841 ff.
ZfDkde. — Zeitschrift für Deutschkunde.
ZfdMda. — Zeitschrift für deutsche Mundarten.
ZfdMyth. — Zeitschrift für deutsche Mythologie u. Sittenkunde. Göttingen 1853—59.
ZfdPh. — Zeitschrift für deutsche Philologie, begründet von Jul. Zacher. Halle 1868 ff.
ZfdU. — Zeitschrift für den deutschen Unterricht; s. a. ZfDkde.
ZfEthn. — Zeitschrift für Ethnologie. Berlin 1868 ff.
ZfGORh. — Zeitschrift für Geschichte des Oberrheins.
ZföVk. — Zeitschrift für österreichische Volkskunde. 1894 ff.
ZfrheinVk. (u. ZfrwVk.) — Zeitschrift des Vereins für rheinische u. westfälische Volkskunde. 1904 ff.
ZfvglRw. — Zeitschrift für vergleichende Rechtswissenschaft.
ZfvglSpr. — Zeitschrift für vergleichende Sprachforschung.
ZfVk. — Zeitschrift des Vereins für Volkskunde.
Z i m m e r m a n n *Bezaar* — Zimmermann Bezaar, wider alle Stich, Straich und Schüss, voller grossen Geheimnussen (Hd. d. Herz. Bibliothek zu Gotha, chart. fol. No. 566, circa 1591), vgl. ZfdA. 43 (1899), 89 ff.
— *Volksheilkunde* — Walther Zimmermann Badische Volksheilkunde. Karlsruhe 1927 (= Vom Bodensee zum Main Nr. 29).
Z i n g e r l e *Johannissegen* — Ignaz von Zingerle Johannissegen und Gertrudenminne. Sb. der kaiserl. Akad. der Wiss., phil.-hist. Classe XL (Wien 1862), 177 ff.
— *Sagen* — Ignaz Zingerle Sagen aus Tirol. 2. Aufl. Innsbruck 1891.
— *Tirol* — Ignaz v. Zingerle Sitten, Bräuche und Meinungen des Tiroler Volkes. 2. Aufl. Innsbruck 1871.
ZRG. = Zeitschrift f. Rechtsgeschichte.
Z ü r i c h e r *Kinderlied* — Gertrud Züricher Kinderlieder der deutschen Schweiz. Basel 1926 (= Schriften der Schweiz. Ges. für Volkskunde 17).

A.

Aal. 1. Biologisches[1]. Die noch heute wie im Altertum[2] und MA.[3] geltende Anschauung, daß der A. beide Geschlechter in sich vereinige, also ein Zwitter sei, und lebende Junge gebäre, beruht wohl auf der Tatsache, daß sich nur Weibchen in den Flüssen aufhalten. Diese ziehen, nachdem sie sich aus kleinen, durchsichtigen „Glasaalen" bis zu 2 kg schweren „Blankaalen" herausgemästet haben, nach dem Meere, wo die Paarung in Tiefen von über 1000 m stattfindet; dort laichen sie, und erst wenn die Jungen ausgeschlüpft sind, steigen die Weibchen unter ihnen wieder in die Flüsse hinauf. Auch die Meinung, daß der A. aus Schlamm entstanden sei, findet sich schon bei Aristoteles und Plinius[4]. Nach Hovorka-Kronfeld (1, 3) nahm man im MA. Entstehung aus Pferdehaaren oder Gras an (Quelle?). Ferner hat die richtige Beobachtung, daß der A. dank seiner engen und verschließbaren Kiemenöffnung längere Zeit auf dem Trockenen leben bleibt (Plinius spricht sogar von 6 Tagen), zu dem Glauben geführt, er besuche nachts die Erbsen- oder Bohnenfelder und verzehre die jungen Erbsen oder die Bohnenblüten[5]. Auch daß das Blut des A. giftig und den Augen schädlich sei[6], ist in der Natur begründet (Ichthyotoxin). Die verbreitete Ansicht, daß der A. zu den Schlangen gehöre, zeigt sich auch in der schon mittelalterlichen Meinung, er paare sich mit Schlangen[7]. Anderseits sagt Gesner[7a]: „Es sol der A. ein hassz gegen der Schlangen haben." Zuweilen wird der A. mit der Schlange verwechselt[8]. Er bezeichnet einen Menschenfeind, denn er lebt abgesondert[9]. A.e nannte man in Holstein die in wurmförmiger Gestalt sich zusammenziehenden Säfte einiger Fische zur Rogenzeit; sie verursachen beim Menschen Bandwurm[10].

1) v. Linstow *Fortpflanzungsgeschichte der A.e.* Stuttg. 1900; Brehm[4] *Fische* 329 ff.; Neresheimer *Fische* (1923) 71 ff. 2) Aristoteles, Plinius u. a. s. Pauly-Wiss. s. v. A. 3) Albertus Magnus *Anim.* I, 61; VI, 81. 87; XXI, 50; Megenberg *Buch d. Nat.* ed. Pfeiffer 244; vgl. Vincentius Bellovacensis *Speculum naturale* l. 17, c. 31; Gesner *Fischb.* 178b. 4) Pauly-Wiss. l. c.; Isidor *Etym.* XII, VI, 41; Alb. Magn. XXIV, 8 (auch aus Regenwürmern). 5) Lemke *Ostpr.* 1, 96; BlPomVk. 7, 18; MschlesVk. H. VIII, 2; SchweizId. 5, 177; Schulenburg *Wend. V.* 158; Knoop *Tierw.* 1; Alb. Magnus XXIV, 8; Gesner *Fischb.* 178b. 6) AfdA. 27, 220; BlPomVk. 7, 19. 7) Alemannia 12, 82; Schulenburg *Wend. V.* 158; Megenb. ed. Pf. 242 (vgl. Isidor *Etym.* l. 12, 82; Alb. Magn. XXIV, 8; Vinc. Bellov. XVII, 71 (de murena); Mannhardt *Germ. Mythen* 82 A. 1; lat. *anguilla* „kl. Schlange"; Schrader und Hoops *Reallex.* s. v. A.; Hans v. Waldheim a. 1474, in: Arch. d. hist. Ver. d. Kt. Bern 35, 97. 7a) *Fischb.* 179a. 8) MschlesVk. H. VIII, 1 ff. 9) Agrippa v. Nettesh. 1, 256. 10) Mensing *Schlesw.-H. Wb.* 1, 3 f.

2. In der Volksmedizin finden der A. und seine Teile nicht selten Verwendung. Pferden lasse man gegen Bauchschmerzen „einen lebenden A. in den Hals laufen, so kreucht er ganz wieder heraus"[11]. Zur Förderung des Geschlechtstriebs läßt man eine Kuh einen lebendigen A. verschlucken[12]. Sein Blut wird gegen Warzen[13], Hühneraugen[14], Krämpfe[15], Bauchgrimmen[16] verwendet und vertreibt Feuermäler[17]; es wird aber auch als augenschädlich bezeichnet (s. Anm. 6). Ein in Branntwein oder Wein ersäufter A. kuriert Trunksüchtige für immer, wenn man ihnen von

dem Trank zu kosten gibt[18]). Der Sud von seinem Fleisch ist gut gegen Auszehrung[19]). Als besonders wirksam aber wird sein Fett angesehen: Schwerhörigkeit wird durch Einträuflungen in das Ohr gebessert[20]), Augenleiden, Wunden und Hämorrhoiden geheilt, Haar und Hautfarbe gekräftigt[21]), durch das Fett der Leber ein Fremdkörper aus dem Auge entfernt[22]). Die Leber ist fördernd bei Schwergeburten[23]). Dem gleichen Zweck dient die Galle; ferner ist sie gut gegen Augen- (vgl. Fisch) und Gehörleiden, Gelbsucht und Schlaflosigkeit[24]). Die Haut, einer Schwangeren um den Leib gelegt, gibt ihr Kraft[25]), einer Wöchnerin pulverisiert eingegeben, beschleunigt sie die Nachgeburt[26]), auf eingeklemmte Brüche gelegt und um ein verrenktes oder schmerzendes Glied gewunden oder darauf gebunden, beseitigt sie den Schaden[27]), um den Arm gebunden stillt sie Nasenbluten[28]), unter den Kopf gelegt heilt sie ein an Gichtern erkranktes Kind[29]); als Strumpfband getragen ist sie gut gegen Krampf[30]). Warzen bestreiche man mit der Schnittfläche eines A.kopfs und vergrabe diesen; wenn er verwest, verschwinden sie[31]). Zerkleinert man einen halben A.schwanz und gibt ihn einer Kuh zu fressen, so bekommt sie reichlich Milch[32]). Fieber kann auf den A. übertragen werden, indem man die Krankheit auf ein Papier schreibt und dieses ins Wasser wirft[33]), oder die Nägelabschnitzel werden in einem Leinwandsäckchen einem lebenden A. an den Hals gebunden und dieser wieder ins Wasser gebracht[34]); ein lebender A., dem Menschen auf den Bauch gelegt, zieht Kolik an (s. Fisch)[35]). Läßt man einen A. in der Hand totlaufen, so gewinnt die Hand eine besondere Heilkraft (Holst.)[36]). Von einem Kraftmenschen sagt man in Schleswig, er habe von dem großen A. gefressen[37]). Ein Krankheitssegen in Köperitz (Ruppin) lautet: Der Schwamm und der A. / Gingen beide zur Wahl; / Der A. gewann, / Und der Schwamm verschwand[38]).

11) Drechsler 2, 115; Gesner *Fischb.* 179a. 12) Mensing *Schlesw.-H. Wb.* 1, 3. 13) Jühling 20; Seyfarth 295 (1787); Bartsch 2, 120. 14) Bartsch ebd. 15) BlPomVk. 7, 19. 16) Jühling 17 (n. Gesner, 16. Jh.). 17) BlPomVk. 7, 19; Jühling 21; Mensing *Schlesw.-H. Wb.* 1, 3; Hovorka-Kr. 2, 351. 18) BlPomVk. 7, 19; Jühling 20; Strackerjan 2, 174; SchwVk. 2, 78; vgl. Kamp *Danske Folkeminder* (Odense 1877) S. 178 und schon Megenberg 244; vgl. Vinc. Bellov. l. 17 c. 31, n. Isidor *Et.* XII, VI, 41; Gesner *Fischb.* 179a. 19) Jühling 17 (n. Gesner). 20) BlPomVk. 7, 19; Jühling 17 (n. Gesner); Megenberg 244 (vgl. schon Vinc. Bellov. l. 17 c. 31). 21) Jühling 17—19; Gesner l. c. 22) Jühling 20. 23) Ebd.; Höfler *Organotherapie* 191. 24) Ebd. 226; Jühling 18—20. 145. 150. 211; Lammert 91, 231. 25) Alemannia 12, 82. 26) Jühling 20. 27) Ebd. 20. 21; SAVk. 4, 5; 8, 151; ZfrwVk. 1, 198; Knoop *Tierw.* 59; Meier *Schwaben* 514; Mensing *Schl.-H. Wb.* 1, 3; Fogel *Pennsylv.* 269. 297. 328; Schmidt *Kräuterb.* 50; Dirksen *Meiderich* 47; ZfVk. 4, 325: die A.-haut muß bleiben, bis sie von selbst abfällt. Bemerkt man das, so darf man nicht dergleichen tun. 28) Fogel *Pennsylv.* 301. 29) Meyer *Bad.* 41. 30) Stoll *Zaubergl.* 46; Zahler 39; vgl. ZfVk. 24, 299 (1612). 31) Mensing 1, 3; ZfVk. 8, 199. 32) BlPomVk. 7, 20; ZfVk. 8, 175 (Vielleicht, weil nach dem Volksglauben im Schwanz die Lebenskraft des A.s sitzt, Sébillot 3, 340). 33) Strackerjan 1, 82. 34) Agr. v. Nettesh. 1, 228. 35) Hovorka-Kronfeld 1, 3. 36) Mensing 1, 3. 37) Ebd. 38) ZfVk. 8, 57.

3. Von sonstigem Aberglauben wäre zu nennen, daß, wer einen weißen A. fange, die Gabe der Weissagung erhalte[39]), ebenso wer das Herz eines A.s warm esse[40]); vogelsprachekundig wird man nach einer niedersächs. Sage durch den Genuß eines weißen A.s[41]); wer einen A. auf dem Lande erblicke (s. o.), müsse sterben (Posen); auch könne der A. einen badenden Menschen erdrosseln (Posen)[42]). In der Sommersonnenwende soll man keinen A. essen[43]).

39) ZfEthn. 15, 101. 40) Wolf *Beitr.* 1, 249 (Frankr.). 41) Schambach u. Müller 50. 338. 42) Knoop *Tierw.* 1. 43) Höfler *Organoth.* 150.

4. Sagen berichten von dämonischen, riesigen[44]), oder von Unheil verkündenden A.en[45]) (s. Fisch). Gesner[46]) berichtet, daß im Genfersee wenig A.e seien, weil sie „von einem Bischoff Guilielmus genannt mit beschweerung oder fluch vertriben / also die sag ist".

[44]) BlPomVk. 7, 21; Mannhardt *Germ. Mythen* 82 A. 1. [45]) Strackerjan 1, 44; Kuhn u. Schwartz 293. [46]) *Fischb.* 177^b.

5. Der A. ist Symbol des Phallus [47]). Über den A. bei exotischen Völkern s. Hastings 1, 514a.

[47]) Gubernatis *Tiere* 600 ff.

Hoffmann-Krayer.

Aalraupe (Aal-) Quappe, Quakaal, Rutte, Drüsche, Trische, Rufurken, Rufolk, lat. lota vulgaris, bei Gesner mustela fluviatilis. Volksmedizinisch braucht man im Kt. Schwyz die A. gegen Gelbsucht: „Kauf ein lebendige Drischen, wie man dir solche bietet (d. h. ohne zu feilschen), red nichts in, dann wann du abends gehn schlafen geist, so leg dise Drischen in ein Duch eingewunden über den Magen, lass sei (sie) druff sterben, so wird die Drischen ganz gelb.“ [1]) (s. Fisch 4). Der erzgebirg. Magister Lehmann nennt es „altvettelische Lappalien“, wenn man einer A. den Kopf abbeiße, ihn dörre, pulvere und dem Kindlein vor der Taufe eingebe, um es „für den Fresel“ zu bewahren“ [2]). Das Fett der Leber ist gut gegen Augenleiden [3]) (s. Fisch 4), und nach Konr. Gesner „soll das Mäglin der Trüschen ein herrliche krafft haben wider alle Krankheiten der Mutter (Gebärmutter) der Weiber, insonderheit soll er, im Tranck gegeben, die Nachgeburt gewaltig treiben, auch das Bauchgrimmen hinnemmen“ [4]).

Eine A. in der Tasche getragen (?), schützt vor Geldmangel (Schweinfurt) [5]).

[1]) SAVk. 15, 177 (17. Jh.). [2]) Seyfarth *Sachsen* 298. [3]) Köhler *Voigtl.* 353; C. Gesner *Fischbuch* (1598) 174 b; Höfler *Organoth.* 190. [4]) *Fischbuch* l. c. [5]) ZfVk. 5, 415.

Hoffmann-Krayer.

Aas, Tierleichnam. Wenn Kinder unversehens einem A. begegnen, spucken sie dreimal darauf und schreien: „Pfui Teufel! daß məẽ Vatər und Muətər itt rəidig wëərət“ [1]). „Der veldtbau“ (Straßburg 1556, buch 15, cap. 1) erzählt nach Varro r. r. 2,5, wie aus dem faulenden Fleische eines toten Stieres Bienen entstehen. Nach dem Gl. Salom. entstehen aus dem faulen Fleische der Esel Wespen, aus dem der Maultiere Drohnen, aus dem der Pferde Hornissen, aus dem der Kälber Bienen (s. d.) [2]). In einigen Orten der Rheinprovinz nagelt man dem Schnitter der letzten Halme den Kadaver irgendeines kleinen Tieres an die Wand seines Hauses [3]). Legt man im Voigtlande ein Stück Luder unter die Stallschwelle, so ist kein Pferd aus dem Stalle zu bringen [4]). Hat ein Obstbaum wenig Früchte getragen, so legt man einen A.knochen in seine Äste; dann schämt er sich und trägt im folgenden Jahre reichlicher [5]). Stört man den wilden Jäger (s. d.) auf seiner Fahrt oder erzürnt man ihn gar, so wirft er ein Stück A. herab, das nur durch ihn selbst wieder abgeholt werden kann oder mit Hilfe des Scharfrichters verbannt werden muß [6]).

S. a. Fleisch, Knochen, Totenknochen.

[1]) Birlinger *Volksth.* 1, 458 Nr. 31. [2]) Grimm *Myth.* 3, 202; 2, 579; Diutisca 2, 194; Buch d. Richter 14, 8; Plinius 11, 20. [3]) Mannhardt *Forschungen* 182 = *Korndämonen* 19. [4]) Wuttke 267 § 392. [5]) Grohmann 87. 143 Nr. 1050 = Wuttke 15 § 13; 427 § 669. [6]) Kühnau *Sagen* 2, 453 Nr. 1053; Meiche *Sagen* 407 Nr. 535; Wolf *Beiträge* 2, 149.

Bächtold-Stäubli.

Aba, Zauberwort in der Formel: + Aba Aluy + Abafroy + Agera + Procha usw. [1]), um im Spiel zu gewinnen.

[1]) Thiers 1, 356.

Jacoby.

Abaddon, Fürst der Furien, der Stifterinnen des Unheils [1]). Die Figur des A. stammt aus der Offenb. Joh. 9, 11, wo er als βασιλεύς, König, der dämonischen Heuschrecken bezeichnet wird, als Engel des Abgrunds, der hebräisch Abaddon und griechisch Verderber (’Αβαδδών-’Απολλύων) genannt ist. אֲבַדּוֹן ist im Alten Testament der „Untergang“, das „Totenreich“, in der griech. Übersetzung ἀπώλεια, Vulgata: perditio vgl. Hiob 26, 6. 28, 22. 31, 12. Prov. 27, 20. Ps. 88, 12. Ps. Sal. 14, 6. 15, 10. 11. Targ. Jon. Ez. 31, 16 [2]). Schon Hiob 28, 22 personifiziert den A., ebenso der Talmud [3]) und die Schrift de morte Josephi 23, 9 [4]): „Da kam A. herein und nahm die Seele meines Vaters Joseph hinweg usw.“, in der A. mit dem „Tod“ wechselt. Als „Abathon“ erscheint der

Name neben Sabaoth in einem koptischen Zaubertext [5]).

[1]) Agrippa v. Nettesheim 3, 110ff. [2]) Herzog-Hauck 1, 14. [3]) Weber *Theol.* 172. [4]) Lagarde *Aegyptiaca* (1883), 28. [5]) *Gnost. Trakt.* 17 (Rossi *Cinque manoscritti* in Memor. Accad. Torino ser. 2, 43). Jacoby.

abbacken. I. Das Brot ist abgebacken[1]), wenn die Rinde sich von der Krume, „dem innern, weichen Teil des Brotes" [2]), loslöst, so daß zwischen Kruste und Krume ein Hohlraum entsteht; das wird oft beim unreifen Getreide beobachtet; im Rheinland [3]) sagt man: „de Kösch es afgebacke = die Kruste hat sich gelöst"; in Schleswig [4]) heißt es: „dat Brood is afbackt". Das Volk führt diese unangenehme Eigenschaft des fehlerhaft gebackenen Brotes auf bestimmte Umstände zurück. Schon die Rockenphilosophie [5]) warnt: „Sieht ein hund in den backofen, wo man backt, so wird das brot erlöset oder abgebacken" (vgl. backen § 5). In Mecklenburg [6]) darf man nicht in den Backofen blasen, wenn Brot darin ist, sonst backt es ab; in Westböhmen [7]) darf man sich, während das Brot im Ofen ist, nicht auf den Backkübel setzen, sonst bekommt man abgebackenes Brot oder „dalaist's" Brot (= erlöstes Brot) [8]). Wenn man in Mecklenburg [9]) „ein sogenanntes Probebrot anschneidet, um zu sehen, wie es geraten ist, so darf man die erste Scheibe nicht ganz abschneiden, sondern muß sie zuletzt abbrechen, weil das noch im Ofen befindliche Brot sonst abbackt; oder man macht auch vorher drei Kreuze darüber." In Schleswig [10]) hat die „Aufschlägerin" ihre Seele ins Brot gebacken, wenn es abgebacken ist; auch gilt besonders in Südschleswig [11]) abgebackenes Brot als üble Vorbedeutung. Auch in Schlesien sucht man zu vermeiden, daß das Brot erlöst wird: man streut Salz kreuzweise über den Teig; wird es erlöst, so stirbt jemand in der Familie [12]). Meistens ist das Brot, das Löcher hat, mit abgebackenem identisch, besonders in Mittel- und Süddeutschland, wo man den Begriff und das Wort „abbacken" nicht kennt. In Schleswig-Holstein [13]) sagt man allgemein, der Bäcker habe seine Seele ins Brot gebacken, wenn ein Loch darin ist; sonst hört man auch [14]): der Bäcker ist durchgekrochen, eine Maus ist durchgekrochen oder der Bäcker ist mit seiner Frau „hindurchgeschlupft" [15]) (Heidelberg). Ähnlich wie in Schleswig das A. des Brotes, ist sonst das Vorkommen von Löchern ein schlimmes Omen: es wird jemand krank [16]), oder es gibt Trauer in der Familie [17]).

[1]) Grimm *DWb.* 1, 11; Frischbier *Preuß. Wb.* I, 4. Dagegen: Fischer *Schwäb. Wb.* 1, 4; Schmeller *Bayer.Wb.* 1, 194—195; [2]) H. Paul *DWb.*[3] 303. [3]) Müller *Rhein. Wb.* 1, 372. [4]) Mensing *Schleswig-Holstein. Wb.* 1, 58; de Vries en te Winkel *Woordenboek der Nederlandsche Taal* 1, 848—49; abgebackenes Brot heißt auch „afköstig": Mensing 1, 73; Frischbier *Preuß. Wb.* 1, 4. [5]) Grimm *Myth.* 3, 435 Nr. 32; Ders. *DWb.* 3, 907; Drechsler *Schlesien* 2, 13; vgl. den Aberglauben in Frankreich, wo das Eintreten einer Katze in die Bäckerei als gefährlich gilt: Sébillot *Folk-Lore* 3, 99. [6]) Bartsch *Mecklenburg* 2, 136 Nr. 595. [7]) John *Westböhmen* 246. [8]) Grimm *DWb.* 3, 907. [9]) Bartsch 2, 135. 590. [10]) Mensing l. c. 1 207. [11]) Ders. 58. In Oldenburg bedeutet abgebackenes und querüber geborstenes Brot Unglück: Strackerjan *Oldenburg* 1, 38. [12]) Drechsler 2, 13. 203. [13]) ZdVfVk. 24 (1914), 56. 7; Mensing 1, 525; vgl. Grimm *DWb.* „Seele" 25 a, γ; ebenso bei den Deutschamerikanern: Fogel *Pennsylvania Germans* 188 Nr. 916; vgl. Zingerle *Tirol* 57, 494. Baumgarten *Jahr u. s. Tage* 7. [14]) Staub *Brot* 56; Schweiz. Id. 5, 924; [15]) Alemannia 33 (1905), 304. [16]) SAVk. 8, 269 Nr. 33; vgl. S. 146, 4. [17]) Urquell 1 (1890), 9. Eckstein.

abbacken. II. Eine uralte volksmedizinische Heilart ist das A. Kranker, vor allem skrophulöser, tuberkulöser Kinder und Rheumatiker. Bereits Bußordnungen des 11. Jahrhunderts verbieten den Müttern bei strenger Strafe, fieberkranke Kinder in den Ofen zu legen [1]). Die Rockenphilosophie[2]) schildert den Brauch ausführlich: „Sie binden die Arme dem ohnedem schmachtenden Kinde auf eine Kuchen-Scheibe und schieben solche nach ausgenommenem Brote etliche Male in einen Back-Ofen, daß es nicht Wunder wäre, das Kind erstickte in der Hitze."

Bei solch alt aussehenden Kindern, die das „Älterlein" (s. d.) haben, sagte man den Spruch: „Alt hinein und jung heraus."

Noch heute wird dieses Ab- oder Umbacken von Kranken im Erzgebirge vorgenommen. So versuchte ein rheumatischer Bauer im November 1906 seine Schmerzen abzubacken. Er rieb sich mit Petroleum ein und legte sich dann in den noch warmen Backofen. Nach einigen Stunden fand man ihn als Leiche, da er offenbar durch die im Ofen sich entwikkelnden Gase erstickt war [3]).

Einen symbolischen Ersatz für das menschliche A. sehen wir in dem sog. Darrabbacken in manchen Gegenden Preußens. Drei Donnerstage hintereinander und zwar bei abnehmendem Mond nach Sonnenuntergang knetet man einen Teig, formt daraus 3 Brote und bäckt sie im Backofen. Währenddessen geht ein anderer ums Haus und fragt beim Küchenfenster: „Was backst?" Antwort: „Ich backe dem (der) N. N. die Darre (= Abzehrung)ab." Jener: „Back, Back!" Das geschieht dreimal und so noch an zwei folgenden Donnerstagen. Jedesmal werden die gebackenen Brote in ein fließendes Wasser geworfen [4]).

s. a. Transplantation, backen 2.

[1]) Friedberg *Bußbücher* 28. 90. [2]) 1, 123. [3]) Hellwig *Abergl.* 55; Ders. *Das „Backen" von Kranken:* Arch. f. Kriminalanthrop. 28, 360. [4]) Frischbier *Hexenspr.* 43. Stemplinger.

abbeißen (im Gegensatz zu abreißen, abschneiden) (s. d.) der Fingernägel kleiner Kinder wird vielfach gefordert: „Viele glauben," schreibt J. Albert Conlin in seinem ‚Abergläubischen Narren' (1710), „der kleinen Kinder ihre Nägel müssen zum erstenmal (oder im ersten Lebensjahr) von der Mutter abgebissen werden, sonst lernen sie stehlen." Dieser Glaube ist außerordentlich weit verbreitet [1]), auch die Chemnitzer Rockenphilosophie kennt ihn [2]). Da und dort ist vergessen worden, weshalb man sie a. muß [3]), oder die Begründung ist eine andere: in der Wetterau bekommt das Kind sonst Nagelwurz [4]), im Erzgebirge schneidet man ihm sonst das Glück ab [5]), auf der Lüneburger Heide verkürzt man ihm die Lebensdauer [6]); die ursprünglich wahrscheinlich allgemeine, heute noch fränkische Vorschrift, daß die Mutter die Nägelabfälle dann verschlucken müsse (damit das Kind leicht zahne) [7]), läßt den Ursprung dieses Glaubens erraten: er wurzelt in der Anschauung, daß die Hexen über den Gewalt erhalten, von dessen Körper oder Eigentum sie etwas in ihre Hände bekommen [8]). Das besagt deutlich eine schwäbische Regel: kleinen Kindern werden die Nägel nicht abgeschnitten, höchstens abgebissen, sie mögen sich damit auch noch so sehr zerkratzen, damit die Hexen nicht zukommen. [9]) — Wer die Nägel einer Leiche abbeißt, befreit sich von einem unheilbaren Uebel [10]) (s. Leiche). — Aber auch sonst findet sich das A. an Stelle des Abschneidens: Gegen Zahnweh beißt man einer Maus den Kopf ab [11]). Wenn ein Kind die Zähne schwer bekommt, muß jemand einer lebenden Maus den Kopf a. Der Kopf wird dann in ein Säckchen genäht und dem Kinde umgehängt. In jedem Orte um Landshut findet sich leicht eine Person, die gegen ein kleines Trinkgeld einer Maus den Kopf a. [12]). Das Zahnen wird auch erleichtert, wenn man einer Maus den Schwanz abbeißt und ihn dem Kinde umhängt [13]). Die Rockenphilosophie weiß zu berichten, daß, wer eine abgebissene Maulwurfspfote bei sich trägt, wohlfeil kauft und teuer verkauft [14]) (s. a. Aalraupe, Maulwurf, Maus). — Pflanzen, die man für gewisse Zwecke verwenden will, müssen ebenfalls abgebissen werden. Gegen Fieber geht man in Westfalen vor Sonnenaufgang zu einem Kirschbaum und beißt, rückwärts gewandt, indem man den Namen Gottes ausspricht, die Knospen ab [15]). Im Böhmerwald steckt man jungen Ochsen, die am Fastnachtdienstag zum ersten Male eingespannt werden, zwei Ähren in das Joch, welche sich an einem Halme befinden; dadurch werden sie kräftig zum Ziehen. Der Halm darf aber nicht abgerissen, sondern muß abgebissen werden [16]). Nach einem Berichte aus Patschkau (Kreis

Neiße) müssen die Kirschenzweige, die man am Andreastag ins Wasser stellt und die an Weihnacht blühen sollen (s. Barbarazweig), unter strengem Stillschweigen abgebissen und nach Hause getragen werden [17]. Seltsam ist der Aberglaube der Rockenphilosophie (317 Nr. 1), wonach „in der Mitternacht vor St. Johannistag der Teufelsabbiß an der mittleren Wurzel nicht stumpf sei, sondern eine ganze Wurzel gerade in die Erde habe, weil zu solcher Zeit der Teufel (als welcher denen Menschen diese Wurzel, um ihrer großen Kraft willen, nicht gönnet, und sie deßwegen alle abbeißet) keine Gewalt haben soll, solche abzubeißen, biß wieder nach Mitternacht, alsdenn ist keine mehr unabgebissen anzutreffen" (s. a. Teufelsabbiß) [18]. — Eine Näherin, die an einem Totenhemde arbeitet, beiße ja den Faden nicht ab, sonst werden die Zähne faul und fallen aus [19] (s. Leichenkleid). Einem neu eingezogenen jungen Ehepaar hielt der erste Ackerknecht ein Weißbrot zum A. hin; je nachdem der Biß ausfiel, war auch das künftige Schicksal der Ehe [20]. — Vgl. weiter auch abreißen, abschneiden § 5, beißen.

[1]) Birlinger *Aus Schwaben* 1, 392; Ders. *Volksth.* 1, 498 Anm. 1; Alemannia 27 (1900), 229; Schweiz. Id. 4, 1689; Vernaleken *Alpensagen* 395 Nr. 57; Panzer *Beitrag* 1, 258; Pollinger *Landshut* 244; ZfrheinVk. 2 (1905), 184; Curtze *Waldeck* 371 Nr. 8; Drechsler 1, 215 Nr. 244; Grohmann 110 Nr. 805; ZfVk. 6 (1896), 255 (Iglau); Hillner *Siebenbürgen* 52 Nr. 11; Fogel *Pennsylvania* 54 Nr. 153 (wo auch englische Parallelen); Meyer *Aberglaube* 219; ZfdMyth. 2 (1854), 420 Nr. 31; ZfVk. 14 (1904), 429 Nr. 5; Wuttke 392 § 600. [2]) Rockenphilosophie 33 Nr. 23 = Grimm *Mythol.* 3, 435 Nr. 23. [3]) SchwVk. 10, 4; Birlinger *Volksth.* 1, 498 Nr. 32; Andree *Braunschweig* 292; Schramek *Böhmerwald* 257; Grüner *Egerland* 40. [4]) Wuttke 392 § 600. [5]) Ebd. [6]) Kück 8. [7]) Wuttke 392 § 600. [8]) Haltrich *Siebenbürgen* 313 f.; Germania 26 (1881), 205; Mülhause 8. [9]) Birlinger *Aus Schwaben* 2, 239. [10]) Wuttke 463 § 733. [11]) Pollinger *Landshut* 285. [12]) Ebd. 291. [13]) Ebd. 285; vgl. Wuttke 393 § 602. [14]) Grimm *Myth.* 3, 443 Nr. 261. [15]) Kuhn *Westfalen* 2, 205 Nr. 581. [16]) Schramek *Böhmerwald* 240. [17]) Kühnau *Sagen* 3, 35. [18]) Vgl. auch Grimm *Myth.* 3, 440 Nr. 189. [19]) Kuhn *Westfalen* 2, 53 Nr. 151. [20]) Strackerjan 1, 105 § 118; 2, 224 § 475. Bächtold-Stäubli.

abbeten. A. kann man eine Krankheit, die man als Folge des Anwünschens und der Hexerei oder als durch Geister hervorgerufen betrachtet, dadurch, daß man Zaubersprüche und Gebete darüber spricht. Der Ausdruck ist weit verbreitet [1]. Auch der Ausdruck Verbeten kommt vor [2]. S. Krankheit, Gebet, Zauberformel.

[1]) Hovorka u. Kronfeld 2, 403. 724; Rosegger *Steiermark* 69; Pollinger *Landshut* 290. 293 f.; SchwVk. 10, 3; ZföVk. 9 (1903), 212; WZfVk. 31 (1926), 51 ff. [2]) Hovorka u. Kronfeld 2, 500. Pfister.

abbilden s. Bild, Photographie.

abbinden (abschnüren). Das A. ist eine chirurgische Operation, die auch in der heutigen Medizin noch angewendet wird [1]. Im Volksbrauch ist es aber meist entweder mit abergläubischen Handlungen verbunden oder bedeutet eine ganz andere nicht mechanische Handlung. a) Warzen werden abgebunden, indem man sie mit einem Faden oder einem Roßhaar umwindet und durch allmähliches Zusammenziehen entfernt [2]. In Sachsen bindet man mit einem Seidenfaden ab und wirft ihn dann rückwärts fort [3]; man tut dies, während die Glocken zu einem Begräbnis läuten und spricht: „Sie läuten einer Leich, Meiner Warze zugleich" [4]; um Landshut macht man darauf so viele Knoten in den Faden, als man Warzen hat und vergräbt ihn oder das Roßhaar unter die Dachtraufe [5]. b) Krankheiten werden „abgebunden", bei denen eine mechanische Abschnürung nicht möglich ist. So umbindet man einen „übertretenen" Fuß mit einem Faden roter Seide, worauf man alsbald von den üblen Schmerzen befreit sein soll [6]. Den Wadenkrampf beseitigt man, indem man einen hohlen Schlüssel an die Wade oder Kniekehle hält und einen Schwefelfaden um das Bein bindet [7]. Nasenbluten hört auf, nachdem man den kleinen Finger der linken Hand mit einem Zwirnsfaden fest umwickelt hat [8]. Auch Wunden werden abgebunden. Zunächst spricht man dreimal den Spruch: „Die Wunde verbinde ich in drei Namen † † †, daß du an dich nimmst Gliedmaßen, Geschwulst und Eiter und Alles, was die Wunde schaden mag“ usw., dann fährt man mit einem Faden dreimal um die Wunde herum, legt den Faden gegen die rechte Ecke (?) gegen die Sonne und spricht: „Ich lege dich daher im Namen Gottes und † † †“ usw. [9]). Gegen Halsgeschwulst empfiehlt die Rockenphilosophie (385 Nr. 31) stillschweigend in die Mühle zu gehen, ein Band von einem Sacke zu stehlen und um den Hals zu binden [10]), und Magister Lehmann überliefert aus dem 17. Jh., daß man „wider das Schwinden eine Mauß unangegriffen fangen, einen Faden mit der Nadel durch ihre Augen ziehen und diesen um das schwindende Glied binden“ müsse [11]). Das A. berührt sich in diesen Fällen stark mit dem Binden überhaupt und dem Bannen durch das Umbinden. — c) Schließlich werden als A. auch Heilhandlungen bezeichnet, die mit dem eigentlichen Abschnüren gar nichts mehr zu tun haben. Der Fieberkranke geht zu einem Baum und bindet unter gewissen Formeln ein Strohseil um den Stamm, dadurch wird das Fieber gefesselt; wer das Seil wieder abbindet, bindet auch das Fieber wieder los und erhält es selbst [12]). Oder er wickelt einen blauen Wollenfaden neunmal um eine Zehe des linken Fußes und trägt ihn neun Tage daran, dann geht er vor Sonnenaufgang stillschweigend an einen Holunder- oder Fliederstrauch, bindet ihm den Faden um und sagt:

Goden Abend, Herr Fleder,
Hier bring' ik min Feber,
Ik bind' em Di an
Und gah davan [13]).

In anderer Form findet sich dieses Fieberabbinden (ebenfalls als „Abbeten, Ablaufen“ bezeichnet) in Belgien: fieberkranke Männer binden sich mit einem Strohseil fest um einen Obstbaum, reißen sich dann mit großer Anstrengung los und laufen unter Hersagung abergläubischer Gebete möglichst schnell nach Hause [14]). Auf der Lüneburger Heide wird auch das Gliederreißen abgebunden. Man legt einen Tannenzweig um den Arm oder das Bein und spricht leise: „Ich binn di an, nimm mi dat af“ usw. Das muß dreimal nach Sonnenuntergang geschehen, am Dienstag, Donnerstag und Samstag und in den beiden folgenden Wochen wiederholt werden [15]).

S. übertragen, vergraben, verpflöcken usw. der Krankheit.

[1]) Meyer *Konvers. Lex.* s. v. [2]) Hovorka-Kronfeld 2, 879; DWB 1, 13; Schweiz.Id. 4, 1345; Pollinger *Landshut* 279; Fogel *Pennsylvania* 321 Nr. 1703 f. [3]) Seyfarth *Sachsen* 234. [4]) Ebd. 214. 234. [5]) Pollinger *Landshut* 289. [6]) Seyfarth *Sachsen* 234. [7]) Ebd. [8]) Köhler *Voigtland* 350 = Seyfarth 234. [9]) Seyfarth 235. [10]) Vgl. ebd. 235. [11]) *Historischer Schauplatz* . . 901 = Seyfarth 235. [12]) Wuttke 328 § 488, wo auch noch weitere Beispiele; Schweiz Id. 4, 1345. [13]) Hovorka-Kronfeld 2, 878 f. [14]) Wolf *Beiträge* 1, 219 Nr. 256. [15]) Kück *Lüneburger Heide* 8 Anm. 2; vgl. auch Bartsch *Mecklenburg* 2, 320 f.; ZfVk. 13 (1903), 67. Bächtold-Stäubli.

Abbiß s. Teufelsabbiß.

Abboth, Zauberwort. Steht auf einem Lederfleck in folgender Form: „דברא Abboth dabat. Von Gott“ [1]). Die hebr. Buchstaben bedeuten wohl דברא = דְּבָרָה „Ausspruch, Formel“. Auch A. wird hebräisch und Hoheitsplural sein: אָבוֹת „Väter = Vaterschaft“ für „Gott“ [2]). In einem koptischen Zaubertext findet sich ein Engelnamen „Abôthêl“ [3]), d. h. wohl „Vaterschaft Gottes“. Das Ganze würde also lauten: „Formel. Gott (hebr.) hat (es) gegeben (latein.). Von Gott (deutsch wiederholt)“.

[1]) Seyfarth *Sachsen* 157. [2]) Gesenius-Kautzsch *Hebräische Grammatik* (1881), 248. [3]) *Turiner gnost. Traktat* f. 19 in Rossi *Cinque manoscritti,* Memor. Accad. Tor. ser. 2, 43. Jacoby.

Abc. 1. Erlernung. An die Alphabetreihe knüpft sich mannigfacher Aberglaube und sonst für den Volkskundler Belangreiches. Das Alphabet enthält die Zeichen für alles, was in Wort und Schrift mitgeteilt werden kann, und so ist seine Erlernung ein wichtiger Schritt. Daher sucht man auf zauberische Weise nachzuhelfen. Die badische Mutter verhackt die Buchstaben des großen und kleinen Alphabets ganz fein mit einem Karfreitagsei und gibt es vor dem ersten Schulgang (beim Beginn des neuen Schuljahres an Ostern) dem Knaben zu essen, damit er lernkräftig werde [1]). In Langenbach bei Vöhrenbach wird dem Neugeborenen mit dem ersten Papp (Mus) das „Abc îgstriche", denn die Mutter hat einen mit dem Abc beschriebenen Zettel darin gekocht [2]). In Crailsheim in Württemberg gibt man dem Kind drei Buchstaben in den Brei oder in eine Eierspeise, damit es gescheit wird [3]). Wir kennen ähnliche neugriechische Zauberrezepte [4]): in Sizilien legt man dem Neugeborenen ein Abizzé in die Wiege [5]); aus dem römischen Altertum kennen wir den Brauch, den Kindern zum Erleichtern des Alphabetlernens Kuchen zu geben, was wahrscheinlich auch in diesen Zusammenhang gehört [6]). Nach einer altirischen Lebensbeschreibung des hl. Columba hat diesem sein Lehrer das Alphabet auf einen Kuchen geschrieben. Columba verzehrte dann die eine Hälfte für das Land im Osten, die andre für das Land im Westen des Meeres, was auf seine Missionstätigkeit gedeutet wurde. Durch das Verschlucken des Abc-Kuchens lernte aber Columba ganz von selbst das Lesen [7]). In alter Zeit waren in Deutschland Schultafeln aus Lebkuchenteig sehr verbreitet, auf denen die Buchstaben in einem dem römischen Metallspiegel ähnlichen Rahmen dargestellt waren [8]). Auch im jüdischen Schulunterricht ist ein ähnlicher Brauch belegt (seit dem 11. Jahrhundert): Der Lehrer nahm eine Tafel mit den vier ersten und den vier letzten Buchstaben des Alphabets [9]) sowie einigen Bibelversen. Der Schüler mußte die Buchstabennamen nachsprechen und die mit Honig bestrichene Tafel ablecken, um so die Süssigkeit der Lehre zu empfinden [10]).

[1]) Meyer *Baden* 109; Ders. *Germ. Myth.* 310; Höfler *Ostern* 17. [2]) Meyer *Baden* 16. [3]) Bohnenberger Nr. 1, 18. [4]) Dornseiff *Alphabet* 20. [5]) Ebd. 77. [6]) Ebd. 17; Becker in Philol. 76 (1920), 234. [7]) Andree in ZfVk. 15 (1905), 95. [8]) Höfler *Weihnacht* 34. [9]) Zur Erklärung dieser Reihenfolge Dornseiff *Alphabet* 136. [10]) Lewy in ZfVk. 15 (1905), 181; Dornseiff *Alphabet* 171.

2. Die hergesagte und hingeschriebene Alphabetreihe als Zauber. Das Hersagen des Abc ist eine Art Zählen. Daher machen sich die Kinder als Abzähltext aus dem Alphabet, das sie ja alle gut auswendig können, eine Folge von Worten zurecht, deren Anfangsbuchstaben die Alphabetreihe darstellen. Das kann dann wie eine Anhäufung von Schimpfwörtern aussehen: Adler, Bendling, C-Fleisch, Dordreck, Eierfresser, Fettgans (Fingerlecker), Grünes Gras usw. (aus Lauenburg in Pommern), oder wie eine Reihe von Personennamen: Anna Boyken, Christian Doyken, Erkel Fredden usw. (aus Sylt) [11]). Das schnelle Hersagen des Alphabets gilt als Heilmittel gegen den Schlucker. [12]). Aus dem Altertum ist das Alphabet — in ebenso unmagischer Weise — als Mittel gegen Jähzorn überliefert [13]).

Von der Lust am Hersagen der Alphabetreihe und aus einem gewissen Glauben an ihre zwingende Macht stammt ferner die Verwendung des Alphabets als Akrostichis in beliebten Kirchenliedern, die ihrerseits wieder nur die letzten Ausläufer einer sehr alten Tradition im jüdischen und griechisch-byzantinischen Altertum sind [14]).

Die ganze hingeschriebene Alphabetreihe gilt als zauberkräftig. In der Umgegend von Graudenz gibt man neun Tage lang dem Beschrieenen in einem Stück Brot Asa foetida und die 25 Buchstaben des Alphabets. Dann betet man jedesmal: Jesus Christus Ueberwinder, wende ab den Teufelsfluch [15])! Um einem Kinde die Gichter zu vertreiben, legt man ihm das Abc-Buch unter den Kopf [16]). Der merkwürdigste Beleg für den Glauben an die Macht der Alphabetreihe ist die geltende Vorschrift der katholischen Kirche, daß bei der Einweihung einer Kirche der Bischof mit einem Stab zwei griechische Alphabete auf ein auf den Boden gestreutes Aschenkreuz schreibt. Diese Vorschrift hat in ihrem Zusammenhang mit den antiken Abc-Denkmälern Albrecht Dieterich erläutert [17]). Auch die Worte Christi in der Offenbarung des Johannes: „Ich bin das A und das O", legten jederzeit mystische Vertiefung der Alphabetreihe nahe [18]). Die Alphabetreihe ganz oder teilweise als

Inschrift auf Glocken und auf Münzen gehört wohl in ähnliche Zusammenhänge [19]).

Die Alphabetmagie und -symbolik der Juden, wie sie in der Kabbala ausgebildet worden ist, stammt hauptsächlich aus der Notwendigkeit, den Text ihrer heiligen Schrift allegorisch auszulegen. Es hat sich da eine Reihe von Regeln der Buchstabenvertauschung entwickelt, deren Wirkung ab und zu auch in deutschem volkskundlichem Bereich in Betracht zu ziehen ist [20]). Seltener wird man wohl der Gematria begegnen, d. h. der Umsetzung der Buchstaben eines Wortes in ihren Zahlenwert, den sie als Zahlbuchstaben darstellen, eine Kunst, die Griechen und Juden schon von den Babyloniern überkommen haben [21]); am ehesten wohl noch in der Spielerei der Chronosticha, d. h. Zeilen, in die auf diese Methode eine Jahreszahl hineingeheimnisst ist [22]).

[11]) Urquell 4 (1893), 55. 150. 260; 5 (1894), 114. 192. [12]) Lammert 241. [13]) Dornseiff *Alphabet* 73 f. [14]) Ebd. 147 ff. [15]) Seligmann *Blick* 1, 287. [16]) Rochholz *Kinderlied* 335. [17]) RhMus. 56 (1901), 77 ff. = *Kl. Schr.* 202 ff. [18]) Dornseiff *Alphabet* 122 ff. [19]) Ebd. 77. [20]) Ebd. 79. 136. [21]) Ebd. 91 ff. [22]) Ebd. 113; Hallo in ARw. 23 (1923), 173.

3. Losen und Wahrsagen. Als die festgelegte Reihe sämtlicher Bestandteile der Sprache ist die Alphabetzeile ferner wie geschaffen, um beim Losen und Wahrsagen aus ihr auszulesen. In Thüringen, Schlesien, Erzgebirge, Mecklenburg schreibt die heiratslustige weibliche Jugend am Andreasabend die 24 Buchstaben des Alphabets an die Tür und faßt dann mit verbundenen Augen darnach oder stößt darnach mit dem Stock; der getroffene ist der Anfangsbuchstabe des künftigen Gatten [23]). Auch werden die Buchstaben auf einzelne Zettel geschrieben, diese unter das Kopfkissen gelegt, und in der Nacht greift man zum gleichen Zweck darnach; auch den künftigen Beruf kann man durch solche Zettel erfahren [24]). Das sind uralte Verfahren, die ihre Vorläufer im griechisch-römischen Altertum haben. Man nahm etwa ein Becken, an dessen Rand die 24 Buchstaben standen, und ließ einen an einer Schnur herabhängenden Ring anschlagen. Oder man verwandte das sog. Hahnorakel, ἀλεκτρυομαντεία (s. d.). Hier bediente man sich eines Kreises mit 24 Feldern; auf jedem Felde lag ein Korn, und jedem entsprach zugleich ein Buchstabe des Alphabets. Es kam nun darauf an, welche Körner ein herbeigeholter Hahn wegpickte [25]). Oder man schrieb die Buchstabenreihe in Asche (vgl. oben über die Kirchenweihe), es kam dann darauf an, welche Buchstaben der Wind stehen ließ (τεφρομαντεία) (s. d.) [26]). Äußerst altertümlich ist auch eine Mantik, die aus Schlesien und Ostpreußen berichtet wird [27]): man schreibt die 25 Buchstaben in der Neujahrsnacht auf einzelne Zettel und zieht drei davon; die drei entsprechenden Verse des „Goldenen Abc", d. h. des Liedes: „Allein auf Gott setz' dein Vertrauen", sind die für das künftige Jahr bedeutsamen. Dieses alphabetisch-akrostichische Kirchenlied wird da nämlich in der genau gleichen Weise als Losbuch benutzt wie antike Losorakelgedichte, die hauptsächlich in Kleinasien auf Stein gefunden worden sind [28]). Eine neugriechische Parallele bietet Pradel Gebete 14 ff. und 70: wenn man wissen will, was der Traum der letzten Nacht bedeutet, so soll man den Psalter nehmen, ihn hinter sich legen, drei Vaterunser sprechen und dann das Buch öffnen. Beim ersten Buchstaben, den du siehst, beachte, was dir das Alphabet sagt (folgt eine Liste der Buchstaben mit Angabe ihrer Bedeutungen). — Ein andres Omen: wenn man unwillkürlich einen Vers sagt und zählt die Silben im Alphabet nach, so gibt der Buchstabe den Namen einer Person, die an einen denkt (Heidelberg) [29]).

[23]) Wuttke 233. [24]) Ebd.; Urquell NF. 1 (1897), 71; Bartsch *Mecklenburg* 2, 238. [25]) Rieß in Pauly-Wissowa 1, 1363; Mannhardt *Korndämonen* 18 Anm. 46; Meyer *Aberglaube* 284; Dornseiff *Alphabet* 154. [26]) Meyer ebd. [27]) Wuttke 242. [28]) Dornseiff *Alphabet* 151. [29]) Alemannia 33 (1905), 304.

Dornseiff.

Abdankung. Abschluß der Teufels- oder Geisterbeschwörung, durch die der Teufel resp. Geist verabschiedet, „abgedankt" wird. Vielfach geschieht es durch Rückwärtslesen (s. d.) der Beschwörungsformel[1]). Oft sind dazu aber auch ausführliche besondere A.s-formeln nötig[2]).

[1]) Baumgarten *A. d. Heimat* 1, 75; Ders. *Jahr u. s. Tage* 17. [2]) Vgl. z. B. ZfVk. 9 (1899), 271; Kiesewetter *Faust* 408 f.; Mannhardt *Zauberglaube* 172.
Bächtold-Stäubli.

Abdecker. Die A. gehörten wie die Fahrenden und Spielleute, Bader, Müller, Leineweber, Schäfer, Scharfrichter und Schergen zu der Kategorie der unehrlichen Leute, die durch ihr anrüchiges Gewerbe der Standesehre für ihre Person verlustig gegangen waren[1]). Eine Rechtsfolge dieses Zustandes bestand darin, daß die Angehörigen solcher Berufe und ihre Kinder von der Aufnahme in andere Zünfte ausgeschlossen waren.

In ganz besonderem Maße war die Tätigkeit des A.s wie die des Scharfrichters, der im Nebenamt auch oft das Schinderhandwerk ausübte, verrufen[2]). Diese Leute waren von der Stadt- und Dorfgemeinschaft ausgeschlossen, sie mußten abgesondert wohnen, und niemand wollte mit ihnen und ihren Dienstleuten in Berührung kommen. Nach den Statuten der Engelsgesellschaft in Rotweil „soll kein Engelsgeselle tanzen, wo des Schinders Gesindlein tanzt" [3]). „Wer dem Henker und dem Schinder abkouffet hat Schmalz oder Unschlitt, dem soll die Zunft verboten sein ein Jahr" [3]).

Diese Gesinnung reichte auch noch über das Grab hinaus: „In Gundelfingen wollte anno 1748 das Weberhandwerk die vier aufgestellten Totengräber vom Handwerk ausschließen, weil sie den Wasenmeister zu Grabe getragen" [4]).

Die Verachtung, mit der man den A. betrachtete, gibt sich auch in den bösen Schelt- und Schimpfworten kund, die mit seinem Namen gebildet werden, z. B. Schindershund, -bua, -kerl, Schelmenschinder; jemand einen „Schinder heißen" wurde bestraft[5]).

Der Volksmund kennt für den A. zahlreiche Bezeichnungen; außer den bereits genannten z. B. Fall-, Feld-, Klee-, Wasenmeister, Racker usw., die z. T. als Decknamen aufzufassen sind, da sie zur Umschreibung des eigentlichen, jedoch anstößig gewordenen Namens gebraucht wurden. Im Schelten-Wörterbuch von Klenz werden allein 23 Namen für den A. aufgezählt[6]).

Seinem verrufenen Gewerbe verdankte er aber gewisse anatomische Kenntnisse, und durch diese, sowie durch die erzwungene Ausschließung aus der bürgerlichen Gesellschaft kam er in den Ruf geheimer Heil- und Zauberkräfte[7]), so daß nicht nur das Volk, sondern auch Angehörige höherer Stände sich gegebenenfalls mit ihren Anliegen an ihn wandten[8]).

In seinen Kuren mischten sich, wie bei allen Heilkundigen aus dem Volke, alte, durch viele Generationen vererbte volksmedizinische Kenntnisse und durch die Klöster überlieferte antike Heilkunst mit abergläubischen Vorstellungen, denen aber die größte Wichtigkeit beigemessen wurde. Dabei spielt auch sein Handwerkszeug, das Schindmesser, eine Rolle: Kindern, welche den Gurfel (Milchschorf) hatten, mußte er dasselbe zur Heilung dreimal durch den Mund ziehen, berichtet der Egerer Scharfrichter Karl Huß in seiner Chronik von 1823[9]).

Dieses Messer diente auch zur Unehrlichmachung beim Strafvollzug an Personen, die sich Unterschleife öffentlicher Gelder hatten zuschulden kommen lassen, indem es ihnen hiebei vom Scharfrichter unters Kinn gesetzt wurde[10]). Der A. steckte es ferner demjenigen, der ihm ins Handwerk gepfuscht, d. h. ein gefallenes Stück Vieh selbst enthäutet hatte, in den Türpfosten, zum Zeichen, daß er sich dafür bei ihm lösen müsse[11]).

Die Figur des A.s tritt auch im Gefolge des Schimmelreiters beim Brechelfest in Kärnten[12]) und beim Faschingsrennen in Krakaudorf[13]) auf, die beide deutlich als Fruchtbarkeitsbräuche gekennzeichnet sind.

[1]) Materialien über A. und Scharfrichter aus süddeutschen und Schweizer Quellen gesammelt bei Birlinger *Aus Schwaben* 2, 441 ff.; Ders. *Volksth.* 2, 235 ff.; aus Norddeutsch-

land bei Beneke *Von unehrlichen Leuten* 167 ff. Vgl. auch Feilberg *Iysk Ordbog* 3, 8 ff.; Suppl. 326; Hoops *Reallexikon* 4, 373. [2]) Vgl. Scharfrichter, für den in vieler Hinsicht das hier über den A. Gesagte gilt. [3]) Ruckgaber *Gesch.* 1, 278 (Birlinger *Aus Schw.* 2, 445); Rotw. Rechtsb. 127a (Birl. a. a. O.). [4]) Birl. a. a. O.. [5]) A. a. O. 2, 448. [6]) S. 1 ff. (mit Worterklärungen). [7]) Volkskundeblätter aus Württemberg u. Hohenzollern 1911, 11: ein alter Kleemeister versteht die Kunst des Festbannens. [8]) Höhn *Volksheilkunde* 1, 68; Flügel *Volksmedizin* 26; Fossel *Volksmedizin* 43; Wuttke 488 § 778. [9]) ZföVk. 6, 120 u. 123; Hovorka u. Kronfeld 2, 78 (zu „Gurfel" vgl. Grimm *DWb.* 5, 2805 s. v. „Kurfes".) [10]) Birlinger *Aus Schw.* 2, 498 Nr. 41. [11]) Beneke *Unehrl. L.* 280. [12]) ZföVk. 17, 148 ff. [13]) Sitzb. d. Anthr. Ges. Wien 1926/27, 170 ff. Schömer.

Abdontag. Am Tage Abdons, eines Märtyrers unter Kaiser Decius (30. Juli), soll man Gras schneiden, Farn ausreißen, Schilf aus den Teichen, Dornen aus den Feldern rotten [1]), Schwamm am Hause beseitigen [2]), Ungeziefer vertilgen [3]), Kugeln gießen [4]). Hühneraugen, an diesem Tage geschnitten, wachsen nie wieder [5]). Holz und Kraut, das angerührt oder leicht angehauen wird, vertrocknet [6]). In allen Fällen ist der Glaube auf den Anklang des Namens an „abtun" zurückzuführen. Im Bergischen heißt der Tag daher „Abtu-Tag" [7]). Um die Kenntnis von seinen unheilvollen Eigenschaften verschwinden zu lassen, hat man ihn „Beatrix" umbenannt [8]).

[1]) Grimm *Myth.* 3, 439 (140); ZfVk. 24, 12; Reinsberg *Böhmen* 379; ZfrwVk. 11, 157. 270; Sartori *Sitte u. Brauch* 3, 240. [2]) ZföVk. 13, 139. [3]) Schönwerth *Oberpfalz* 3, 283; Wolf *Beitr.* 1, 218; Pfister *Hessen* 164; ZfVk. 10, 212; [4]) Kronfeld *Krieg* 115. [5]) ZfrwVk. 11, 157; Bartsch *Mecklenburg* 2, 294; ZfVk. 24, 12 (Vogesen). [6]) Knoop *Hinterpommern* 175; Schulenburg 255; Jahn *Pommern* 350. [7]) ZfrwVk. 11, 270. [8]) Jahn *Pommern* 350. Sartori.

Abek, Zauberwort zur Blutstillung: „A., Wabek, Fabek" [1]) u. ä. Klangworte, von denen das erste sich wohl schon in der Formel: „Horner. larci, habech ... Cisius. elaoro hodier laciaon Virtus coeli libera pellet ...." gegen den „morbus comitialis" in einem Cod. Cavensis saec. XI [2]) findet.

[1]) Stemplinger *Sympathie* 81; Ders. *Aberglaube* 82; Wuttke 171 § 230; Hovorka u. Kronfeld 2, 371. [2]) Heim, *Incantamenta* 539 Nr. 226. Jacoby.

Abel. 1. König oder Herzog A., eine der vielen, örtlich und zeitlich begrenzten Substitutionen für den wilden Jäger (s. d.), der als dämonische Figur älter, verbreiteter und unvergänglicher ist als jeder seiner wechselnden göttlichen oder geschichtlichen Namen. Wie König Waldemar I. in Dänemark, jagte König A. in Schleswig, dem Schauplatz seines Verbrechens, als wilder Jäger nach dem Glauben des Mittelalters und dem der Neuzeit bis ins 19. Jahrhundert [1]); die historische Beziehung war zu dieser Zeit freilich schon lange verloren gegangen. Sein Urbild ist jener Herzog A. [2]), Sohn Waldemars II., der am 10. August 1250 seinen Bruder, den dänischen König Erich Pflugpfennig, auf der Schlei ermorden ließ und der, selbst nun König, 1252 von den Nordfriesen erschlagen wurde. Da er als Wiedergänger umging, nahm man seine Leiche aus dem Dom zu Schleswig und versenkte und verpfählte sie in einem Sumpf bei Gottorp. Von da aus jagt er nun, schwarz, von 3 oder 10 feurigen oder weißen Rüden begleitet, nach Mösunde, wo Erich starb, und wieder zurück in den Sumpf.

[1]) S. die älteren, noch historisch begründeten Sagen, sowie einige jüngere mit den typischen Zügen der Sagen vom wilden Jäger bei Müllenhoff *Sagen* Nr. 487, 488, vgl. Grimm *Mythol.* 788; danach Mannhardt *Götter* 119; Wolf *Beiträge* 2, 130. 137. 151; Simrock *Mythol.* 198, 208; E. H. Meyer *German. Mythol.* 237. Ganz willkürlich bezieht Meyer ebda. 256 das Haferopfer auf dem Hesterberg (Müllenhoff Nr. 490) auf König Abel. [2]) Das Historische bei Dahlmann *Dänische Geschichte* 1, 403 ff. S. noch Abel 2.

2. Der biblische Abel. Das Blut A.s als mystisch-sakraler Gegenstand erscheint neben dem Haupt Christi, dem Herz Eliä usw. in einem Tiroler Segen [3]); doch möchte ich vermuten, daß es sich um eine Verderbnis für das in solchen Fällen viel gebräuchlichere Blut Adams handelt. — Daß A. in der Vorhölle des Redentiner Osterspiels als erster

den Schein im düstern Grund bemerkt, hängt vielleicht mit der Lehre des Epiphanius [4]) zusammen, Abel sei durch das Licht der Natur selig geworden. — Das Bewußtsein von A. als dem Opfer des weitverbreiteten Brudermordmärchens [5]) hat schließlich in jener oben behandelten Geschichte des Königs A. den historischen Vorgang umgekehrt, denn Dahlmann [6]) kann berichten: „mir selber sind im Dome (scil. von Schleswig) Gebeine und Ketten gezeigt, einem König A. gehörig, der von seinem Bruder erschlagen sei."

[3]) ZfVk. 9 (1899), 374. [4]) Stolle *Kirchenväter* 337. [5]) Vgl. darüber Gunkel *Märchen* 130. 138. [6]) *Dänische Geschichte* 408.

H. Naumann.

Abend. 1. Mit der einbrechenden Dämmerung (s. d.) und dem Sonnenuntergang (s. d.) bildet der A. den Übergang zur Nacht (s. d.). Ursprünglich hat man sich bei Zeitangaben wohl nur an den Sonnenuntergang allein gehalten, weshalb eine eigene Benennung für die Übergangszeit, den A., nicht nötig war. Hiefür besitzen auch die idg. Sprachen bezeichnenderweise keinen einheitlichen, auf eine gemeinsame Urform zurückweisenden Ausdruck [1]), und im Germanischen kommen zwei verschiedene Wortstämme in Betracht, die nicht voll geklärt sind, aber doch im allgemeinen dasselbe wie Sonnen- oder Tagesuntergang zu bedeuten scheinen. Einerseits ahd. *âband*, ags. *æfen*, an. *aptann* (got. *sagqs*, eigentl. 'Sinken der Sonne'), andrerseits an. *kveld*, ags. *cwyldseten* (Abendsetzung), ahd. *chwilti-wërch* (Abendarbeit), nhd. *kilt* (alem.), was wahrscheinlich 'Tod' des Tages (ags. *cwelan* = sterben) bedeutet [2]).

Als die römische Tageseinteilung von der christlichen Kirche übernommen und zu fünf Gebetszeiten (*horae canonicae*) umgestaltet wurde (*Matutina, Tertia, Sexta, Nona, Vespera*) deckte sich die *Vespera* (*hora vespertina*) mit der Abendzeit. Im 5. Jahrhundert schob man zwischen Matutin und Terz eine *hora prima* und zum Schluß des Tages die *Completa* oder das *Completorium* ein, wodurch die Vesper auf eine Stunde früher verschoben wurde [3]). Im Laufe der Zeit verschob sie sich noch mehr gegen den Mittag zu, so daß sie vielfach ausdrücklich vom Abend unterschieden wird. Schon zu Beginn des 16. Jahrhunderts findet man die Vesperzeit bis auf 2 Uhr nachmittags zurückverlegt, so daß damit nur mehr der Spätnachmittag bezeichnet wird [4]). Das Volk, das sich ursprünglich bei seiner Tageseinteilung dort, wo von den Klöstern und Stiftskirchen die 7 Horen durch Glockenläuten verkündet wurden, nach diesen richtete, gewöhnte sich, nachdem später das Ave-Maria-Läuten am Morgen und A., später auch mittags, eingeführt worden war [5]), dieses Abendläuten (s. d.) als den Beginn des A. zu betrachten. Es hat fast keine zeitliche Übereinstimmung mit dem Sonnenuntergang, da es gewöhnlich im Sommer um 8 Uhr und im Winter um 7 Uhr erfolgt [6]).

Zur Erklärung des Aberglaubens kommen die gleichen Grundlagen und Umstände in Betracht wie bei der Nacht (s. d.). Die Eigentümlichkeit, daß dem A. auch Zukunftsbedeutung beigelegt wird, erklärt sich daraus, daß er ursprünglich ein zeitlicher Anfangspunkt war, indem die nach Nächten zählende altgermanische Zeitrechnung den Tag mit dem vorangehenden A. begann [7]), was auch bei den alten Griechen [8]) und wahrscheinlich schon in der idg. Urzeit [9]) üblich war.

[1]) Schrader *Reallex.* 1 ff. u. *Sprachvergleichung* 2, 237. [2]) Hoops *Reallex.* 1, 3 f.; Schrader a. a. O.; Grimm *Myth.* 2, 624. [3]) Gustav Bilfinger *Die mittelalterlichen Horen und die modernen Stunden* (Stuttgart 1892) 2 ff. [4]) Ebd. 54 f. [5]) Ebd. 5 f. [6]) Geramb *Brauchtum* 81. [7]) Hoops *Reallex.* 1, 3 f. [8]) Schultz *Zeitrechnung* 59 f. [9]) Schrader *Reallex.* 2.

2. Bei Durchsicht der volkstümlichen Überlieferungen, besonders der Sagen, ergibt sich, daß der A. meist als ein Teil der Nacht erscheint, die die im Wechsel der Jahreszeiten sich verschiebende Zeit vom Sonnenuntergang bzw. Gebetläuten bis zum Schlafengehen bedeutet [10]). So zeigen sich auch schon

am A. fast alle jene Geister, denen die Nacht (s. d.) gehört und deren Macht um Mitternacht (s. d.) am größten ist.

Die Unterirdischen kommen heraus [11]), tanzen a.s im Mondenschein [12]) und strafen den, der ihnen zusieht, mit Erblindung [13]). Am A. nimmt das Bergmännlein teil an einem Hochzeitstanz [14]), Zwerge verplaudern die Abendstunden bei den Menschen [15]), die Zwergin kommt zur Bäuerin, damit sie ihr als Wehmutter beistehe [16]); Zwerge beginnen auch schon am A., wie die eigentlichen Hausgeister, ihr geschäftiges Werken in Haus und Hof [17]). Ein Todesfall steht bevor, wenn sich am A. der Hausgeist mit traurigem Gesicht zeigt [18]) oder wenn das Klageweib kläglich jammert [19]). Im Hochgebirge, namentlich in Tirol, steigen mit Anbruch des A.s die wilden Leute und ihre unheimlichen Weiber, die Fanggen, von den Bergen herab und gefährden die Menschen, und der wilde Mann verfolgt die wunderschönen Saligen [20]). So jagt auch der wilde Jäger die weiße Frau bereits am späten A. [21]), an dem die Holzweiblein Kuchen backen [22]), und schreckt, straft oder entführt die Unvorsichtigen, welche ihm in den Weg kommen [23]) oder gar ihn zu höhnen wagen [24]). Der schlesische Nachtjäger [25]) beginnt zuweilen schon um 7 Uhr a.s seine Streifen [26]). In Norddeutschland vermeidet man a.s auszugehen und hält die Türen verschlossen, wenn die Zeit der Zwölften ist, weil dann Frau Gode, wie die Gstampe in Tirol [27]), an der Spitze des wilden Heeres umherzieht [28]). Der Wassermann, der sich sonst zu Mittag (s. d.) sonnt, zeigt seine dämonische Natur besonders am A., wo er sein Opfer sucht [29]) und Menschen heranlockt, indem er kläglich um Hilfe schreit [30]) oder sich in Roßgestalt als Reittier anbietet [31]). Aus dem Klückensee bei Arnswalde ruft die drei letzten Tage vor dem Tode eines Opfers eine Stimme A. für A. den Namen dessen, der dem See zur Beute werden soll [32]). Anderseits kommt er aber auch in friedlicher Absicht a.s zu den Menschen, bittet auf der Suche nach seinem Weibe um ein sonderbares Nachtlager [33]) oder holt eine Wehmutter [34]). Am A. besuchen die Töchter des Wassermanns oder die See- und Wasserjungfrauen, wie in Schlesien sogar die Töchter des Nachtjägers [35]), Tanzunterhaltungen, müssen aber vor Mitternacht wieder heimgekehrt sein [36]). Am A. waschen Wasserjungfern auch Wäsche [37]).

Mit Eintritt des A.s beginnt auch der Teufel seine Tätigkeit [38]), setzt mitunter schon das Treiben der Hexen ein [39]), und zum Schlafengehen stellen sich die bösen Druckgeister ein, der Alp, die Truden, Mahrten [40]) oder Walriderskén [41]). Dazu gesellt sich vereinzelt der Werwolf. So überfielen vor mehr als 200 Jahren in der Gegend von Greifswald die Werwölfe alle Leute, welche nach acht Uhr a.s sich außer dem Hause sehen ließen [42]).

Es heißt, daß der durch eigene oder fremde Schuld vor der Zeit ums Leben Gekommene solange vom Abendläuten an bis zum Morgenläuten umgehen muß, bis die abgerissenen Lebensjahre vollendet sind [43]). Und so ist der A. auch die Zeit, wo ferner die armen Seelen, oft in Gestalt weißer Frauen [44]), und ruhelose Tote erscheinen. Die verstorbene Mutter sorgt für ihr Kind [45]), der tote Bräutigam holt die Braut [46]), und der Gutsherr poltert im Schlosse, wenn seine Witwe nicht gegen 9 Uhr a.s die Gruft besucht [47]). Sonst findet jeder, der die Ruhe der Toten am Friedhof in den Abendstunden stört, seine Strafe [48]). In dieser Zeit zeigen sich auch schon der Grenzsteinversetzer [49]), Selbstmörder [50]) und Ermordete [51]), oder unter schrecklichen Umständen ums Leben Gekommene [52]), Neck- und Schreckgeister [53]), die den Leuten aufhocken [54]), und kopflose Spukgestalten [55]). Manche erscheinen, wie der Feuermann [56]), in feuriger Gestalt [57]). A.s eilen auch die Irrwische, die Seelen ungetaufter Kinder, herbei und zeigen dem Wanderer den Weg zu einem Wasser, damit er sie taufe [58]). Sonst dienen Irrlichter als Wegweiser [59]), führen aber auch in die Irre [60]).

Arme Seelen, die noch erlöst werden können, meist aber auf ewig Verdammte, begegnen am A., wie der Wassermann und Teufel, auch als Tiere, als schwarze Hunde[61]) oder Hunde mit feurigen Augen[62]), als Pferde[63]) u. a. Nach Schweizer Volksglauben soll man a.s allein weidenden Kühen nicht zu nahe kommen[64]). Am A. zeigen sich natürlich auch schon die geheimnisvollen Nachttiere (s. d.), wie etwa der unheimliche Vogel in Luxemburg oder die Habergeiß in Steiermark[65]). Von sonstigem Abendspuk ist zu nennen das Irregehen dessen, der in den Abendstunden auf eine Irrwurzel tritt[66]) oder, wie in Budweis in Südböhmen, zwischen 9 und 10 Uhr über den sog. Irrstein am Ringplatz geht[67]), oder auf einen Irrfleck oder über eine Irrwiese kommt[68]). Umgekehrt gibt es wieder unheimliche Stellen, von welchen die a.s vorbeigehenden Leute nicht wegkommen[69]). An anderen Punkten darf sich nach dem Abendläuten niemand blicken lassen[70]). Auf ruhelose Tote und arme Seelen deuten die Gespensterfuhrwerke[71]) und allerlei feurige Erscheinungen, die auch schon am A. sichtbar werden, so feurige Fässer[72]) oder Lichter, die anderer Art als die Irrlichter sind[73]). Und wie das Auge am A. mancherlei Seltsames sieht, so hört auch das Ohr rätselhaftes Lärmen und Geräusch an gewissen Plätzen[74]). Auf einem Schlosse der Grafschaft Glatz geriet sogar an allen A.en das Wasser in sämtlichen Gefäßen in wallende Bewegung, bis man an jedem Sonnabend den Rosenkranz betete[75]).

Um die Kinder zu zwingen, mit Einbruch des A.s nach Hause zu kommen, erinnert man sie an Schreckgespenster, z. B. an den Schwanewert in der oberen Emsgegend[76]) und erfand sogar eigene abendliche Schreckgestalten, so den Wauwau im Böhmerwald[77]) oder die „blind Naihre" in Schwaben, die mit ihrer Nadel die Kinder sticht, welche mit der Betglocke nicht heimkehren[78]). Bei den Tschechen ist die Abendglocke selbst zu einem solchen Kinderschreck geworden, indem der Klekaniček (= Abendglocke) die nach dem Betläuten noch im Freien weilenden Kinder holt[79]).

[10]) Vgl. Kühnau *Sagen* 1, 310 Nr. 283 (Es war ungefähr abends 10 Uhr). [11]) Grimm *Sagen* 32 Nr. 46; Zaunert *Natursagen* 1, 30 f. [12]) Ranke *Sagen*² 153. [13]) Zaunert *Rheinland* 1, 202. [14]) Grimm *Sagen* 27 Nr. 39. [15]) Kühnau *Sagen* 2, 77 Nr. 744. [16]) Zaunert *Rheinland* 1, 198. [17]) Ebd. 1, 200. [18]) Kühnau *Sagen* 2, 51 Nr. 711. [19]) Ebd. 2, 54 Nr. 715. [20]) Zaunert *Natursagen* 1, 66 ff. [21]) Ranke *Sagen*² 117 f. [22]) Kühnau *Sagen* 2, 176 Nr. 806. [23]) *Zimmerische Chronik*, hg. von K. Barack (Freiburg und Tübingen, 2. Aufl. 1881) 4, 122 ff. = Kapff *Schwaben* 7 ff.; Jahn *Pommern* 16 Nr. 18, 25 Nr. 33; Strackerjan 1, 457 ff. Nr. 249b—i; Heyl *Tirol* 239 Nr. 52², 517 Nr. 84, 800 Nr. 247; Jungbauer *Böhmerwald* 89. [24]) Ranke *Sagen*² 121. [25]) Kühnau *Sagen* 2, 445 ff., bes. Nr. 1060, 1077. [26]) Peuckert *Schlesien* 197. [27]) Heyl *Tirol* 165 Nr. 75. [28]) Kuhn u. Schwartz 413 Nr. 174. [29]) Peuckert *Schlesien* 163 (als weißer Pudel), 205. [30]) Jahn *Pommern* 153 Nr. 190. [31]) Jungbauer *Böhmerwald* 61. [32]) Jahn *Pommern* 151 Nr. 186. [33]) Grimm *Sagen* 41 Nr. 59. [34]) Kühnau *Sagen* 2, 352 f. Nr. 957. [35]) Peuckert *Schlesien* 197. [36]) Grimm *Sagen* 217 Nr. 306; Kühnau *Sagen* 220 Nr. 856, 262 Nr. 909, 331 Nr. 933; Jungbauer *Böhmerwald* 62. [37]) Kühnau *Sagen* 2, 247 Nr. 892. [38]) Grimm *Sagen* 154 Nr. 201; Strackerjan 1, 301 Nr. 190e; Jahn *Pommern* 275 Nr. 344; Kühnau *Sagen* 2, 554. Nr. 1201, 678 ff. Nr. 1304, 1308; Ranke *Sagen*² 267; Jungbauer *Böhmerwald* 182 ff. [39]) Heyl *Tirol* 800 Nr. 246; Kühnau *Sagen* 3, 64 f. Nr. 1423, als Katzen ebd. 28 ff. Nr. 1381 ff.; Wuttke 380 § 577. [40]) Grimm *Sagen* 185 Nr. 248; Jahn *Pommern* 371 ff. Nr. 470, 472, 475, 480; Kühnau *Sagen* 3, 27 Nr. 1380, 112 ff. Nr. 1468, 1472; 122 Nr. 1492 (Alpdrücken sogar schon vor dem Schlafengehen); 138 f. Nr. 1521, 1525; Ranke *Sagen*² 16 f. [41]) Strackerjan 1, 464 Nr. 250ab = Zaunert *Westfalen* 256; Hoffmann-Krayer 42. [42]) Jahn *Pommern* 379 Nr. 483. [43]) Pfalz *Marchfeld* 122. [44]) Kühnau *Sagen* 1, 159 Nr. 564. [45]) Jahn *Pommern* 407 f. Nr. 516; vgl. Kühnau *Sagen* 1, 617 Nr. 653. [46]) Jahn *Pommern* 404 Nr. 515; Kühnau *Sagen* 1, 360 Nr. 351. [47]) Peuckert *Schlesien* 123. [48]) Kühnau *Sagen* 1, 20 f. Nr. 12. [49]) Ranke *Sagen*² 62; Jungbauer *Böhmerwald* 70. [50]) Peuckert *Schlesien* 114. [51]) Kühnau *Sagen* 1, 111 Nr. 122. [52]) Schöppner *Sagen* 3 (1874), 309 Nr. 1324. [53]) Jahn *Pommern* 421 ff. Nr. 531, 537; Kühnau *Sagen* 1, 42 Nr. 35, 204 ff. Nr. 196 (Erlösung eines Hostienfrevlers an

einem Freitag um 7 Uhr abends), 233 Nr. 223, 252 Nr. 233 [1], 290 ff. Nr. 247; Ranke *Sagen* [2] 95; Goyert und Wolter 116 ff.; ZfVk. 18 (1908) 183. [54]) Kühnau *Sagen* 1, 319 Nr. 294. [55]) Ebd. 1, 49 ff. Nr. 46, 70 f. Nr. 84, 307 f. Nr. 277, 326 f. Nr. 307, 309, 372 f. Nr. 366, 565 Nr. 603; Jungbauer *Böhmerwald* 26 f. [56]) Kühnau *Sagen* 1, 391 f. Nr. 392, 398 Nr. 403; Peuckert *Schlesien* 85. [57]) Wucke *Werra* 367 Nr. 637, 391 Nr. 688, 404 Nr. 713; Zaunert *Rheinland* 1, 224. [58]) Goyert u. Wolter 170; Ranke *Sagen* [2] 72. [59]) Kühnau *Sagen* 1, 387 Nr. 384, 404 ff. Nr. 419, 423; Ranke *Sagen* [2] 70. [60]) Kühnau *Sagen* 1, 421 f. Nr. 438 f.; Jungbauer *Böhmerwald* 71 f. [61]) Jahn *Pommern* 422 Nr. 532; Strackerjan 1, 321 Nr. 196 b; Kühnau *Sagen* 1, 509 Nr. 548. [62]) Kühnau *Sagen* 1, 508 Nr. 545. [63]) Schöppner *Sagen* 3 (1874), 202 Nr. 1181. [64]) Manz *Sargans* 102. [65]) Ranke *Sagen* [2] 219. [66]) Jungbauer *Böhmerwald* 72. [67]) Ebd. 103. [68]) Peuckert *Schlesien* 166 f. [69]) Ebd. 167. [70]) Ebd. 175. [71]) Strackerjan 1, 278 Nr. 185 d, 286 Nr. 185 g. [72]) Jungbauer *Böhmerwald* 232 f.; Kühnau *Sagen* 1, 429 Nr. 451. [73]) Kapff *Schwaben* 136. [74]) Kühnau *Sagen* 1, 54 f. Nr. 54, 129 Nr. 139. [75]) Peuckert *Schlesien* 116. [76]) Zaunert *Westfalen* 216. [77]) Verf. [78]) Kapff *Schwaben* 75. [79]) Grohmann 15.

3. Der A. bringt daher viele Gefahren für den Menschen, denen er mit erhöhter Vorsicht und entsprechenden Schutzmaßnahmen begegnen muß.

Vor allem trachtet er jede Berührung mit den bösen Geistern zu vermeiden. Man soll sich nach dem Gebetläuten nicht im Freien aufhalten [80]). Besonders gefährlich ist dies für Leute, bei deren Taufe (s. d.) sich die Paten aus Unachtsamkeit im Gebete geirrt haben, die daher leicht von feindlichen Wesen entführt werden können [81]), ferner für Brautpaare, die vom Tage des ersten Ehegelöbnisses an nach dem Gebetläuten nicht mehr ohne Begleitung das Haus verlassen dürfen, dann für eine Braut [82]) (s. d.) und noch mehr für die Wöchnerin (s. d.), die vor dem ersten Kirchgang das Haus unbedingt nicht verlassen darf [83]). Am A. aus dem Hause getragene Säuglinge werden verhext [84]), und bei größeren Kindern, in Frankreich bei Kindern vor Vollendung des 7. Lebensjahres [85]), sieht jeder ordentliche Hausvater darauf, daß sie nach dem Abendläuten daheim sind [86]). In Schöllbronn in Baden dürfen auch Erstkommunikanten nach dem Betzeitläuten nicht mehr über die Schwelle [87]) (s. d.).

Muß man aber a.s ausgehen, so soll man sich vorher mit Weihwasser besprengen [88]). Und will in Sachsen eine Mutter, die ein noch nicht ein halbes Jahr altes Kind hat, a.s fortgehen, so stellt sie die Wiege über den Stubenwechsel hinüber, da man glaubt, daß die Wechselbutten nicht über diese kleineren, angestückelten Bretter des Fußbodens kämen [89]). Hält man sich im Freien auf, so soll man jeden Lärm vermeiden. Wie überhaupt das Pfeifen vor dem Schlafengehen den Teufel anlockt [90]), so freut sich, wie es in Mecklenburg heißt, der Teufel, wenn man a.s flötet [91]). In einer norddeutschen Sage rät der Tod einem Manne, er möge sich a.s beim Ausgehen immer hübsch ruhig verhalten und das gottlose Pfeifen, Singen und mit den Hunden hetzen lassen; dann holt er ein Mädchen mitten aus singenden Flachsbrechern heraus [92]). Im Sommer soll man a.s im Freien stets eine Kopfbedeckung aufsetzen, sonst kommen die Fledermäuse ins Haar [93]), oder sie pissen hinein, und man bekommt einen Kahlkopf [94]).

Im Hause selbst ist es gefährlich, am A. die Türen offen zu lassen, wenn ein kleines Kind im Hause ist, das leicht von Zwergen gestohlen [95]) oder vertauscht [96]) werden kann. Im Egerland steckte die Kindesmutter sogar den hölzernen Kochlöffel vor die sorgsam versperrte Tür in das Schloß, um so alles zu verriegeln, daß „kein Alb, kein Druit, noch Erdgeist und Hexe hinein kann" [97]). In Schwaben darf man, wenn man a.s jemand besucht, nicht anklopfen (s. d.); es würde auch niemand „herein" rufen, weil sonst eine Hexe oder der Böse eintreten könnte [98]). In Tirol sieht es der wilde Mann nicht gern, wenn nach dem Betläuten noch die Haustür offen steht [99]), in der Eifelgegend kommt dann der schwarze Mann in die Stube und setzt sich auf den Feuerherd [100]).

Ein weiteres Gebot ist, daß man a.s nichts draußen lassen soll, am wenigsten Kinderwindeln[101]), weil die Kinder an Siechtum leiden, so lange dies geschieht, oder überhaupt Kinderwäsche[102]), in die sich nach niederösterreichischem Volksglauben die Trud hineinwickelt[103]). Nach dem Glauben der Rumänen in der Bukowina hängen sich an solche Windeln unreine Geister, weshalb man sie vor dem Gebrauch mit Kümmel ausräuchern muß[104]). Auch sonstige Wäsche soll, wie in gleicher Weise das Viehfutter, vor dem Gebetläuten hereingebracht werden[105]).

Man soll mit dem Anbruch des A.s überhaupt jede Verbindung mit der gefährlichen Außenwelt abbrechen, nichts verborgen und nichts verkaufen[106]), wie etwa Milch, Butter, Eier u. a., weil sonst der Segen aus dem Hause gegeben wird. Dies geschieht auch, wenn man Kehricht oder Mist a.s hinausträgt[107]), wie man das Auskehren selbst am A. unterlassen soll, weil dann der Teufel auf dem Besen reitet[108]), oder weil man damit das Glück[109]), oder den Schlaf[110]) hinauskehrt. Arbeit nach dem Abendläuten ist besonders am Sonnabend (s. d.) und Feierabend (s. d.) verpönt. Bei den Rumänen in der Bukowina darf a.s, wenn ein kleines Kind im Hause ist, weder Feuer noch Kohle aus dem Hause gegeben werden, sonst kann das Kind die ganze Nacht nicht schlafen[111]).

Anderseits soll man nach dem Abendläuten auch nichts in das Haus hineinnehmen. Darum darf man in Franken der Wöchnerin nichts mehr in die Stube bringen, besonders kein Wasser, weil sonst die Hexen mit hineinkommen könnten[112]); in Baden darf man aus dem gleichen Grunde a.s keine Katze zum Fenster hereinlassen[113]), und in Niederösterreich vermeidet man, a.s aus dem Brunnen zu trinken, weil man sonst den Teufel hineintrinken könnte[114]). Dieser erscheint einem in der Nacht, wenn man a.s in einen Spiegel blickt[115]) (s. Nacht).

Zum Schutze des ungetauften Kindes brennt man auch vom Beginn des A. an durch die ganze Nacht Licht in der Stube[116]). Wenn die Mutter das Kind a.s schlafen legt, so muß sie das Kreuz über das Kleine machen, damit es kein Alp werde, wozu in Schlesien eine eigene Segensformel gesprochen wird[117]).

Eine Erweiterung ursprünglichen Volksglaubens liegt vor, wenn nicht allein das Haus, sondern auch die Gesamtheit der Häuser, die Stadt, in der Abendzeit mehr Sicherheit bietet als das Freie. In einer Sage aus Enns in Oberösterreich hofft der Teufel, einen Wüstling als Beute zu erlangen, wenn er ihn einmal nach den letzten Tönen der geweihten Abendglocke außerhalb der Tore der Stadt ertappe[118]).

Besondere Bedeutung kommt den A.en bestimmter Wochentage, so des Donnerstags[119]) (s. d.) und Samstags[120]) (s. d.), und bestimmter Tage des Jahres zu, an welchen meist erhöhte Gefahren bestehen, die verstärkte Abwehr erfordern. In der Zeit der Zwölften (s. d.), in welcher man sich besonders vor dem Ausgehen hüten[121]) und bestimmte Arbeiten unterlassen muß[122]), sind vor allem wichtig der Weihnachtsabend[123]) (s. d.), der Silvesterabend[124]) (s. d.) und der A. vor Dreikönig[125]) (s. d.). Gefahrvoll ist ferner der Walpurgisabend[126]) (s. d.), und allerlei Zauber waltet am Johannisabend[127]) (s. d.). Im Untergailtale in Kärnten durfte sich auch am Kirchtage, der durch einen Tanz im Freien unter der Dorflinde gefeiert wurde, nach dem Abendläuten kein Mädchen mehr unter der Linde sehen lassen[128]). Nur an drei Tagen des Jahres kann der Bilwesschnitter während des Abendläutens (s. d.) sein Zerstörungswerk verrichten[129]), und bestimmte Tage des Jahres sind stets auch gemeint, wenn es z. B. in Sagen heißt, daß „zu gewissen Zeiten" abends dies oder jenes geschehe, etwa versunkene Burgen wieder auftauchen[130]).

Betreffs der Abwehr böser Wesen an besonderen A.en des Jahres, z. B. am Walpurgisabend, s. die einzelnen Stichwörter.

Vgl. auch Gebet, Opfer.

[80]) Heyl *Tirol* 239 Nr. 52 (2). 517 Nr. 84. [81]) Jungbauer *Böhmerwald* 89. [82]) (F. X.) Hartmann *Dachau u. Bruck* 208 Nr. 42; Heyl *Tirol* 800 Nr. 246. [83]) Schönwerth *Oberpfalz* 1, 189; Kühnau *Sagen* 2, 153 Nr. 783; Drechsler 1, 204; Ranke *Sagen*[2] 102; vgl. Zaunert *Westfalen* 22; Grohmann 114 (Tschechen). [84]) ZfVk. 11 (1901), 446 (Südtirol); Fogel *Pennsylvania* 51 Nr. 137. [85]) Sébillot *Folk-Lore* 1, 143. [86]) Pfalz *Marchfeld* 88; Reiser *Allgäu* 233. [87]) Meyer *Baden* 116. [88]) Pfalz *Marchfeld* 142. [89]) Seyfarth *Sachsen* 14. [90]) Strackerjan 1, 330 Nr. 200. [91]) Bartsch *Mecklenburg* 2, 4. [92]) Jahn *Pommern* 35 Nr. 45. [93]) Reiser *Allgäu* 2, 449. [94]) Wuttke 406 § 628. [95]) Jahn *Pommern* 66 Nr. 81. [96]) ZföVk. 2 (1896), 161 (Südwestmähren). [97]) Huß *Aberglaube* 40. [98]) Wuttke 404 § 624. [99]) Heyl *Tirol* 346 Nr. 17, 351 Nr. 20. [100]) ZfrwVk 1909, 275. [101]) Heyl *Tirol* 167 Nr. 76; Zaunert *Westfalen* 22. [102]) ZfVk. 11 (1901), 446 (Südtirol). [103]) Pfalz *Marchfeld* 84. [104]) ZföVk. 3 (1897), 117. [105]) Heyl *Tirol* 800 Nr. 246 f. [106]) ZfVk. 9 (1899), 444. [107]) Wuttke 405 § 625; 397 § 610. [108]) Urquell 1 (1890), 48 (Königsberg). [109]) Pfalz *Marchfeld* 54. Auch im Böhmerwald, Verf. [110]) Ebd. 129. [111]) ZföVk. 3 (1897), 183. [112]) Lammert 174 (Oberpfalz); Wuttke 380 § 577. [113]) Meyer *Baden* 555. [114]) Pfalz *Marchfeld* 33. [115]) Rogasener Familienblatt 8. Nr. 2, 8. [116]) Jahn *Pommern* 52 Nr. 66; John *Erzgebirge* 52; Wuttke 383 § 583; Zaunert *Natursagen* 1, 34; ZföVk. 2 (1896), 286 (Rumän. Bukowina). [117]) Kühnau *Sagen* 2, 154 Nr. 786. [118]) Gloning *Oberösterreich* 51. [119]) Wuttke 60 § 70. [120]) Ebd. 62 § 72. [121]) Heyl *Tirol* 165 Nr. 75; Kuhn u. Schwartz 413 Nr. 174. [122]) Wuttke 63 ff. § 74. [123]) Ebd. 68 § 78. [124]) Ebd. 65 § 75. [125]) Ebd. 69 § 79. [126]) Ebd. 75 ff. § 88 f. [127]) Ebd. 78 ff. § 92. [128]) Geramb *Brauchtum* 83. [129]) Leoprechting *Lechrain* 20 f. [130]) Zaunert *Rheinland* 1, 32.

4. Da der A. ursprünglich zum folgenden Tage gerechnet wurde und so ein zeitlicher Anfang war, kommt ihm auch Zukunftsbedeutung zu.

Spinnen am A. bedeuten Glück[131]):

Spinne am Abend
Ist heilsam und labend [132]).

Daher soll man in der Abendzeit auch keine töten [133]). In Mecklenburg gilt der A. auch als günstig für den Dienstantritt; den Knechten und Mägden wird dann das Jahr nicht lang [134]). Er ist auch die geeignete Zeit zur Erforschung der Zukunft, besonders der Vorabend wichtiger Festtage, die einen neuen Zeitabschnitt einleiten, wie der Weihnachtsabend [135]), der Silvesterabend [136]) und der A. vor Dreikönig [137]), in bezug auf Liebe und Ehe vornehmlich der Andreasabend [138]). Bei einzelnen Menschen löst der A. auch die Gabe des Hellsehens aus [139]). In Tirol sehen Leute nach dem Abendläuten manchmal Leichenzüge; dann stirbt die Person, welche sie unmittelbar hinter der Bahre gehen sehen [140]). An einem Septemberabend 1759 hatte Swedenborg das berühmt gewordene Ferngesicht vom Brande Stockholms [141]). Diese mit dem „zweiten Gesicht" begabten Menschen sehen meist nur das Unheil der Zukunft voraus. Darauf deuten auch andere Anzeichen des A.s. In der Schweiz glaubt man, daß ein außergewöhnlich roter Himmel am A. (oder am Morgen) Krieg anzeigt [142]). Im Rheinland sah man einmal spät a.s eine ganze Stunde lang den Himmel auf Frankreich zu blutrot und alle meinten: „Das bedeutet Krieg oder eine Pest" [143]).

Aus verschiedenen Abendzeichen schließt man auf das künftige Wetter, doch hat man es hier nicht allein mit abergläubischen Meinungen, sondern auch mit Tatsachen zu tun, dem Ergebnis guter Naturbeobachtung und uralter Erfahrung. Nach allgemeinem Glauben tritt schönes Wetter dann ein, wenn am A. die Mücken recht tanzen, wenn die Spinnen fleißig im Freien weben, wenn die Johanniswürmchen ungewöhnlich leuchten und glänzen und wenn, was wieder die Voraussetzung für das lustige Treiben der Tiere ist, ein schönes Abendrot (s. d.) am Himmel steht. Auch ein Regenbogen am A. kündet schönes Wetter an. Schlechtes Wetter kommt, wenn sich die Tiere am A. verbergen oder wenn sie unruhig sind. Kräht z. B. der Hahn noch a.s, so regnet es am folgenden Tage, was auch bei dickem Nebel oder Wind am A. vorauszusehen ist [144]).

Zum Teil spielt der Gedanke an die Zukunft herein, wenn hie und da der A. für die Aussaat gewählt wird[145]). Ursprünglich tat man dies, um unbemerkt von den schädlichen Tieren zu bleiben, die um diese Zeit bereits schlafen, und so den ausgestreuten Samen oder die Setzlinge vor ihnen zu sichern. Dies erweiterte sich dann zu dem Glauben, daß bei einer Aussaat am A., nach Sonnenuntergang (s. d.), in der Nacht (s. d.) oder vor Sonnenaufgang (s. d.) auch die zukünftige Frucht vor den Schädlingen verschont bleibt. So sät man in der Schweiz den Mohn a.s in der dritten Stunde, weil man glaubt, daß sonst die reifen Kapseln von den Raben geöffnet werden[146]).

[131]) Wuttke 206 § 283; Laube *Teplitz* 53. [132]) Vld. 9 (1907), 170 (Oberschefflenz). [133]) Andree *Braunschweig* 406. [134]) Bartsch *Mecklenburg* 2, 131 = Sartori *Sitte u. Brauch* 2, 40. [135]) Baumgarten *Jahr u. s. Tage* 15; Wuttke 67 § 78. [136]) Wuttke 65 § 75. [137]) Ebd. 69 § 79. [138]) Ebd. 86 § 104. [139]) Zaunert *Rheinland* 2, 194. [140]) Zingerle *Tirol* 47 = Wuttke 225 § 322. [141]) Vgl. Friedr. zur Bonsen *Das Zweite Gesicht*[5] (Köln 1920), 62. [142]) SAVk. 19, 209. [143]) Zaunert *Rheinland* 1, 49. [144]) Reinsberg *Wetter* 31 ff.; B. Haldy *Die deutschen Bauernregeln* (Jena 1923) 112 ff.; John *Westböhmen*[2] 236. Bei den Kaschuben bringt Krähen einer Henne am Abend dem Besitzer Unglück, Seefried-Gulgowski 180. [145]) Meyer *Baden* 420; FFC. Nr. 31, 60 ff. [146]) Zürich-Bülach (hs.).

5. In der Volksmedizin ist der A. als die Zeit nach dem Sonnenuntergang (s. d.) günstig. Die an bestimmten A.en gesammelten Heilkräuter haben besondere Kraft. In Tirol sammeln am A. vor Mariä Himmelfahrt, also in der segensreichen Zeit der Frauendreißigst (s. d.), Frauen, Mädchen und Kinder nach dem Gebetläuten Heilkräuter, die an den folgenden Marientagen in der Kirche geweiht werden[147]). Auch verschiedene Heilhandlungen werden am A. durchgeführt, so in Franken Fieberkuren um 7 Uhr a.s wegen Joh. 4, 52[148]). Wer Gicht hat, geht Freitags um Betglockenzeit aufs freie Feld (Pforzheim)[149]), oder er tritt drei Montage und Freitage a.s (auch bei Morgengrauen) unter einen jungen Birnbaum und spricht: „Mein lieber, guter Birnbaum, ich klage dir all mein Reißen und Spleißen und die schwellende Gicht, die mich plagt Tag und Nacht, daß sich Gott im Himmel erbarmen mag. Der erste Vogel, welcher fliegt über diese Kluft, nehme die Schmerzen mit in die Luft." Dann betet er ein Vaterunser[150]). Um Teplitz vertrieb man den Kropf, indem man dreimal an drei folgenden A.en das Gesicht gegen den zunehmenden Mond kehrte, die Hand an den Hals legte und sprach: „Was ich anschaue, soll wachsen, was ich befühle, soll vergehen!" Darüber mußte aber Stillschweigen beobachtet werden[151]). Auch gegen Schwäche der Kinder[152]), gegen fressende Flechte[153]), Zahnschmerzen[154]), Bruch[155]), die englische Krankheit[156]) u. a. erfolgen die Heilhandlungen am A. An diesem kann man auch behexte Kinder heilen. Hiezu stellt sich im Marchfelde die Mutter abends nach dem Ave-Maria-Läuten unter die Haustür mit dem Gesicht gegen den Hof und schwingt das verschrieene Kind dreimal hinaus; dann geht sie rücklings in die Stube zurück[157]).

[147]) Geramb *Brauchtum* 72. [148]) Wuttke 324 § 480. [149]) Grimm *Myth.* 3, 455 Nr. 623. [150]) Hovorka u. Kronfeld 2, 281 (Westböhmen). [151]) Laube *Teplitz* 52. [152]) Seyfarth *Sachsen* 190. [153]) Ebd. 193. [154]) Ebd. 196. [155]) Ebd. 200. [156]) Ebd. 236. [157]) Pfalz *Marchfeld* 85. Jungbauer.

Abenddämmerung s. Dämmerung.

Abendessen s. Essen, Mahlzeit.

Abendgebet s. Gebet.

Abendglocke s. Abendläuten, Glockenläuten.

Abendläuten. 1. Von den sieben Glokkenzeichen der Klöster und Stiftskirchen, welche den sieben Gebetszeiten (*horae canonicae*) entsprachen, kamen für den Abend das Vesperläuten, das sich aber im Laufe der Zeit immer mehr auf den Nachmittag verschob, und das Completläuten in Betracht[1]). Nachdem das zuerst im 11. Jh. auftauchende Ave-Maria mit dem erweiterten Mariendienst dem Vaterunser gleichgestellt und allgemein beliebt geworden war, führten alle Kirchen etwa vom 13. Jh. an das Ave Maria-Läuten oder Angelusläuten zunächst morgens und abends, dann auch mittags ein [2]). Papst Johann XXII. verordnete 1326 ausdrücklich, das Ave Maria dreimal am Tage (morgens, mittags, abends) zu beten und jedesmal dazu das Zeichen mit der Glocke zu geben [3]).

Das Ave-Maria-Läuten am Abend oder A., oft auch kurz „Gebetläuten" genannt, da das Morgen- und Mittagläuten (s. d.) minder wichtig ist, ist sonach nicht, wie behauptet wird [4]), polizeilichen Ursprunges. Polizeilichen Zwecken dienten und dienen noch hie und da in Städten besondere Formen des A.s, die mit dem kirchlichen Läuten nichts zu tun haben, so z. B. früher die Weinglocke und die Feuerglocke [5]) und heute noch, besonders auf schwäb.-alem. Gebiet, die meist die Sperrstunde anzeigenden Neuner-, Buben- oder Lumpenglöcklein [6]) u. a. (s. läuten, Glocke). Doch gilt auch das kirchliche A. in manchen Gegenden als Zeichen der Sperrstunde. In Schwaben [7]) und im Böhmerwald betet man während des A.s im Gasthause und verläßt dieses in einzelnen Dörfern des Böhmerwaldes sofort nach dem Beten [8]).

Einige Orte haben neben dem gewöhnlichen Gebetläuten am Abend noch ein zweites A., über dessen Entstehung meist Sagen berichten. Vielfach geht es auf fromme Stiftungen und Gelübde zurück, die in späterer Zeit vergessen wurden, weshalb dann die Sage dieses rätselhafte zweite A. zu erklären suchte. So ist in Heßberg an jedem Donnerstag kurz nach dem Gebetläuten ein zweites Läuten üblich, der Sage nach von einer der edlen Frauen von Heßberg gestiftet, die sich im Walde verirrt hatte und durch das Abendgebetläuten in Heßberg gerettet worden war [9]). Auf die Verordnung eines Bischofs Piwitt von Osnabrück, der sich auf der Jagd verirrt und nach dem Läuten einer Kirchenglocke wieder zurechtgefunden hatte, wird zurückgeführt, daß im ganzen Osnabrücker Land von Allerheiligen bis Lichtmeß an jedem Samstag nach dem Angelusläuten noch einmal geläutet wird, was Piwittläuten oder Nachtgesang genannt wird. Nach einer anderen Überlieferung soll der verirrte Bischof ein mit den Worten „*Piae vitae*" beginnendes Lied verfaßt und bestimmt haben, daß dieses Lied unter Glockengeläute von Allerheiligen bis Lichtmeß in den Klöstern abends gesungen werde. In Wirklichkeit dürfte es sich, da dieses zweite Läuten auch an Vorabenden hoher Festtage stattfindet, um ein besonders feierliches Einläuten der Sonn- und Festtage handeln, wobei auch hier ersichtlich ist, wie entsprechend der alten Zählung nach Nächten der Abend schon zum nächsten Tag gerechnet wird. In einem Ort bei Osnabrück erfolgt das Piwittläuten in der angegebenen Winterzeit an allen Donnerstag- und Sonntagabenden [10]), wo der heilige Tag, der Donnerstag (s. d.), gemäß der alten auf die vorchristliche Zeit zurückweisenden Überlieferung, und der Sonntag selbst betont erscheint.

Nur dort, wo dieses zweimalige Läuten an jedem Abend der Winterszeit erfolgt, darf man annehmen, daß es tatsächlich auch den Zweck hatte, Verirrte auf den richtigen Weg zu führen, so das Siebenuhrläuten in Aub von Martini bis zum 22. Februar [11]), das zur selben Abendstunde übliche Galliläuten in Öttingen vom Gallustage (16. Oktober) an bis Lichtmeß [12]) u. a. Bestimmt ist dies der Fall, wenn dieses Läuten an jedem Abend des Jahres eingeführt ist, wie etwa in Jever [13]) oder bei dem Säumerglöcklein in Prachatitz, dem Endpunkt des „goldenen Steiges", der uralten Säumerstraße zwischen Bayern und Böhmen, das um 9 Uhr abends geläutet wird [14]).

Das eigentliche A. oder abendliche Gebetläuten erfolgt im Sommer meist um 8 Uhr, im Winter um 7 Uhr [15]), vor Sonn- und Feiertagen aber schon früher, wo es den Feierabend (s. d.) auch schon nachmittags einläutet und dann zuweilen Vesperläuten genannt wird [16]).

[1]) G. Bilfinger *Die mittelalterlichen Horen u. die modernen Stunden* (Stuttgart 1892), 5. [2]) Ebd. 6. [3]) Meyer *Konv.-Lex.* 2 (1904), 197. [4]) Hoops *Reallex.* 4, 305. [5]) Bilfinger a. a. O. 55 f. [6]) SchweizId. 2, 614; vgl. 3, 1507, 1511; Martin u. Lienhart 1, 257; Kapff *Schwaben* 92. [7]) Birlinger *Volksth.* 2, 442. [8]) Verf.; vgl. BdböVk. 17, 120. [9]) Wucke *Werra* 5 Nr. 7. [10]) Strackerjan 2, 335 f. Nr. 537 b. [11]) Schöppner *Sagen* 2 (1874), 205 f. Nr. 657. [12]) Kapff *Schwaben* 92. [13]) Strackerjan 2, 398 Nr. 588 e; vgl. Nr. 595 b. [14]) Jungbauer *Böhmerwald* 74. [15]) Geramb *Brauchtum* 81. [16]) Strackerjan 2, 335 Nr. 537 b; SchweizId. 3, 1507.

2. Das A. bezeichnet das Ende des Tages, an Werktagen den Abschluß der Tagesarbeit [17]). Darnach darf nicht mehr gearbeitet werden; denn vom A. bis zum Morgenläuten ist die Zeit der Geister [18]), denen die Nacht (s. d.) gehört (s. Abend, Dämmerung, Feierabend, Samstag, Sonnenuntergang).

Vor dem A. erscheinen nur selten Geister, die meist durch den Klang der Betglocke verscheucht werden [19]). Viel wichtiger ist die kurze Spanne Zeit während des A.s. Sie ist segensvoll und begünstigt allerlei Zauber, kann aber auch zu bösem Zauber benützt werden. Zuweilen kommt dem A., wie dem Abend (s. d.) überhaupt, Zukunftsbedeutung zu. Die Behauptung, daß im Abendgeläute die vergangene und im Morgengeläute die zukünftige Zeit spricht [20]), ist unrichtig. Wichtig ist der Abend bestimmter Tage für die Bräutigamsschau, die oft an die Zeit des A.s selbst geknüpft ist. In Tirol zeigt sich den heiratslustigen Mädchen der Zukünftige, wenn sie am Johannistag während des A.s rasch ein Kränzchen winden, das mit dem letzten Glockenschlage fertig sein muß. Wenn sie dieses Kränzlein nicht mehr berühren, sondern in ein gespaltenes Holz gezwängt heimtragen und vor dem Schlafengehen unter den Kopf legen, so erscheint ihnen im Traum der Zukünftige [21]). Zu dem gleichen Zwecke kehrt in Kärnten das Mädchen ebenfalls am Johannisabend während des A.s die Kammer aus. Kommt sie dabei zur Tür, so erscheint der Zukünftige an der Tischecke, auf die man vorher einen Brotlaib und ein Messer legen muß. Das Mädchen muß aber noch vor Ende des A.s aus der Tür sein, sonst stößt ihr der Teufel das Messer in den Rücken [22]). Auch für die Bräutigamsschau am Andreas-, Thomas- und Christabend kommt manchmal das A. in Betracht [23]). Nach Tiroler Glauben hat der, welcher während des A.s am Johannistage Zweiklee findet, noch dasselbe Jahr Glück im Heiraten [24]).

Das A. am Johannistag ist überhaupt sehr wichtig. Wer am Vorabend dieses Tages während des A.s ein Stücklein Holz, das eine Öffnung hat, aus einem Baume haut, kann durch dieses Holz am Johannistage während der Wandlung die Hexen zum Opfer gehen sehen [25]). In Tirol läutet man am Johannis- und Sonnwendabend nur kurz, weil die Hexen während des A.s Giftkräuter zum Wettermachen und andere Zauberkräuter sammeln [26]). Ebenso gibt der Mesner in Essenbach bei Landshut am Johannisabend nur ein kurzes Zeichen durch einige Schläge mit der Glocke, weil man glaubt, daß an diesem Tage, aber nur während des A.s, der Bilwesschneider in die Felder geht [27]). Sonst heißt es vom Bilmschnitter oder Bilwesschnitter (s. d.), daß er nur an drei Tagen des Jahres (Veitstag, Johannistag, Peter- und Paultag) während des A.s sein Unwesen treibt [28]).

Unsichtbar kann sich der Mann machen, der sich während des A.s vor einem hohen Festtag in Weiberkleidern in einen Bach legt, aber so weit von der Kirche entfernt, daß man das Läuten nicht mehr hört und von niemand gesehen wird. Dabei ertrank in Tirol 1782 ein Knecht am Vorabend vor Fronleichnam [29]). Dies erinnert an den tschechischen Volksglauben, daß der Wassermann über jene Gewalt hat, welche während des A.s baden [30]). Ein Dieb kann das ganze Jahr ungefährdet stehlen, wenn er am Silvesterabend während des A.s schweigend und unbeschrieen sich in ein

Haus einschleicht, welches im letzten Jahre keinen Toten hatte, und dort, ohne ertappt zu werden, ein Stück Brennholz stiehlt [31]).

Durch Zauberhandlungen während des A.s kann man ferner Geld und Reichtum erwerben [32]) oder, wie man früher bei den Tschechen glaubte, die Glücksnummern des Lotto erfahren [33]). Ein entlaufener Hund kommt zurück, wenn man an drei Abenden während des A.s seinen Namen dreimal durch ein Wagenrad ruft [34]). Endlich gedeihen Kürbisse am besten, wenn man sie am Abend vor Christi Himmelfahrt während des A.s pflanzt [35]), und Obstbäume tragen im nächsten Jahre reichlich, wenn sie während des A.s bestimmter Tage mit Stroh umwickelt werden [36]).

Während des A.s zünden beim Osterfeuer in Franken die Knaben ihre Besen an [37]), wie überhaupt das A. oft das Zeichen zum Beginn irgendeines Umzuges oder Brauches ist [38]). Während des A.s wird, oft auch im Freien, das Abendgebet (s. Gebet) verrichtet.

An die Zeit nach dem A., das so den Beginn des Abends darstellt, knüpfen sich eine Menge abergläubischer Überlieferungen (s. Abend).

Vgl. Abend, Gebetläuten, Mittagläuten, Morgenläuten.

[17]) SchweizId. 2, 615. [18]) Zingerle *Sagen* (1859) 131 Nr. 218; Pfalz *Marchfeld* 52; Zaunert *Natursagen* 1, 30. [19]) Reiterer *Steiermark* 96. [20]) *DWb.* 1, 24. [21]) Heyl *Tirol* 758 Nr. 41 = Geramb *Brauchtum* 61. [22]) Ebd. 61 f. [23]) Wuttke 238 § 341; 251 § 364. [24]) Zingerle *Tirol* 158 Nr. 1346. [25]) Ebd. Nr. 1349. [26]) Ebd. Nr. 1345. 1348; Geramb *Brauchtum* 61. [27]) Pollinger *Landshut* 220 f. [28]) Leoprechting *Lechrain* 20 f.; Wuttke 268 § 394. [29]) Heyl *Tirol* 803 Nr. 266. [30]) Grohmann *Sagen* 149 = Grohmann 12 = Wuttke 49 § 54. [31]) Wuttke 271 § 400 (Franken). [32]) Pfalz *Marchfeld* 52. [33]) Wuttke 254 § 367. [34]) Ebd. 434 § 680 (Waldeck). [35]) Ebd. 78 § 91 (Norddeutschland); 426 § 667. [36]) Haltrich *Siebenb. Sachsen* 283. [37]) Wuttke 70 § 80. [38]) Geramb *Brauchtum* 9. 11. 96. 104.

Jungbauer.

Abendmahl.

1. Überblick über die ideengeschichtliche Entwicklung der A.slehre. — 2. Das A. als kirchliche Sitte. — 3. Das A. im Aberglauben. — 4. Die Elemente des A.s im Aberglauben. — 5. Krankenkommunion. — 6. A.sprobe.

1. Das A., bis zum heutigen Tag von allen christlichen Kirchengemeinschaften als Sakrament gefeiert, ist nach Ursprung und Wesen ein viel umstrittenes Problem. Das eine ist sicher: es wurde von Jesus nicht als Sakrament gestiftet, sondern war einfach ein Gedächtnismahl nach üblichem jüdischem Hausgebrauch. Lassen die Berichte aus der jüdischen Urgemeinde (Mark. 14, 22 ff.; Matth. 26, 26 ff.; Luk. 22, 15 ff.) diesen ursprünglichen Sinn des A.s noch deutlich erkennen, so finden wir bei dem stärker im Hellenismus wurzelnden Paulus die Idee des Sakraments mit dem A. verbunden (I. Kor. 11, 20 ff.). Zur Erklärung dieses Tatbestandes genügt es nicht, auf die kultischen Mahlzeiten der hellenistischen und synkretistischen Mysterienkulte oder auf die gemeinsemitische Anschauung vom sühnenden Charakter des Opfers hinzuweisen. Es gibt in der Umwelt des Christentums auffallend parallele Vorstellungen; z. B. lesen wir in einem demotischen Zauberpapyrus, Osiris habe der Isis in einem Becher sein Blut in Gestalt von Wein zu trinken gegeben, damit sie ihn nicht vergesse [1]). Solche Gedanken haben höchstens Formelemente zur Bildung der paulinischen A.slehre abgegeben, haben ihre magisch-dingliche Ausprägung geschaffen — doch ist damit der Quellpunkt der für das Christentum zentralen Idee vom A. als Sakrament nicht aufgezeigt. Deren letzter Ursprung liegt im Christuserlebnis des Paulus, als Geheimnis, das nicht weiter zerlegt werden kann, weil es ein Stück von dem unfaßbaren Geheimnis ist, das wesentlich jede Religion lebendig erhält.

Für Paulus ist das A. ein Mahl der Gemeinschaft mit dem erhöhten Christus. Wenn er über dieses Thema an seine Gemeinde etwa in Korinth schreibt, so knüpft er zu besserem Verständnis an vorhandene und geläufige uralte Vorstellungen, wie die von der mystischen Vereinigung mit der Gottheit durch Essen und Trinken an. Äußerlich bestand ja zwischen dem „Herrenmahl" und dem heidnischen Opfermahl so große Ähnlichkeit, daß Justin der Märtyrer im Kultmahl der Mithras-Verehrer eine vom Teufel bewirkte Nachbildung und Verhöhnung des christlichen A.s sehen konnte [2]).

Diese Formelemente, die Paulus nicht betont wissen wollte, verschmolzen jedoch im Fortgang der Entwicklung mit den Wesenselementen, so daß uns im nachapostolischen Zeitalter ein starker Realismus in der A.sauffassung entgegentritt. Für Ignatius von Antiochia ist das A.sbrot ein Heilmittel zur Unsterblichkeit [3]). Für Tertullian sind Brot und Wein wirklich Leib und Blut Christi. Die Elemente werden kultisch verehrt, vom „Körper des Herrn" darf nichts zu Boden fallen oder verloren gehen [4]). Bei Irenäus ist der Realismus besonders ausgeprägt [5]), während sich bei Origenes eine mehr symbolische Auffassung anbahnt. Das Brot ist nur Hinweis auf die wahre Seelenspeise, das göttliche Wort.

Die theologischen Streitigkeiten des folgenden Jahrtausends um den Sinn des A.s sind nichts anderes als der Kampf der symbolischen mit der realistischen, d. h. magisch-sakramentalen Auffassung. Verfocht auch Augustin die symbolische Sakramentsauffassung [6]), so setzte sich doch die realistische mehr und mehr durch, bis sie durch Papst Innozenz IV. auf dem 4. Laterankonzil 1215 mit der Lehre von der Transsubstantiation zum Dogma erhoben wurde; d. h. also: die Substanz von Brot und Wein wird durch die Weihe des Priesters in die Substanz von Leib und Blut Christi verwandelt — ein Lehrsatz, der bis heute im Katholizismus unentwegt gilt.

Luther blieb im wesentlichen bei der Lehre von der Transsubstantiation, wenn er sie auch durch Hinzufügen des Ubiquitätsgedankens, d. h. der Lehre von der Allgegenwärtigkeit des Leibes Christi, erträglicher zu machen suchte. Art. 10 der Augsburger Konfession verdammt alle, die nicht glauben, quod corpus et sanguis Christi vere adsint et distribuantur vescentibus in coena domini. Demgegenüber sind sich Zwinglianer und Calvinisten einig, daß im A. von Leib und Blut Christi nur als von geistlichen Gütern die Rede sein kann. Dieser Gegensatz, der sich in Luthers „das ist mein Leib" und Zwinglis „das bedeutet meinen Leib" in seiner ganzen Schärfe spiegelt, durchzieht noch heute unheilvoll den gesamten Protestantismus. Dank der Arbeit der religionsgeschichtlichen Schule vor allem setzt sich in der Wissenschaft mehr und mehr die symbolische A.sdeutung durch. Das darf aber nicht darüber hinwegtäuschen, daß in Laienkreisen, und zwar bei hoch und niedrig, die magische Anschauung durchaus vorherrscht. Damit ist nun die Anknüpfung gegeben für die Verbindung des A.s mit abergläubischen Vorstellungen.

[1]) Reitzenstein *Wundererzählungen* 103 [2]. [2]) Apol. I, 66. [3]) Epheserbrief 20, 2, Smyrnäerbrief 7, 1. [4]) *de corona* 3. [5]) *adv. haer.* 4. 18. 5. [6]) *epist.* 98, 9. — Die Literatur zur Frage nach der Entstehung und Entwicklung der A.slehre ist unübersehbar. Treffliche Fingerzeige geben die Artikel von Heitmüller und Scheel in RGG.[1] 1, Sp. 20 ff. und Sp. 52 ff., sowie von K. L. Schmidt und Wiegand in RGG.[2] 1, Sp. 6 ff. und Sp. 16 ff. — Vgl. Harnack *Lehrbuch der Dogmengeschichte*, 1909 [4], Reg.

2. Nach heutigem Sprachgebrauch ist A. (auch Nachtmahl) beschränkt auf das Sakrament der protestantischen Kirchen. Das katholische Gegenstück ist die Eucharistie, die aber nicht als selbständige Erscheinung, sondern nur als Wesensbestandteil der Messe von Bedeutung ist. Überall, wo im deutschen Sprachgebiet evangelisches Christentum lebendig ist, gehört der Besuch des A.s zur guten kirchlichen Sitte. Mindestens einmal im Jahr geht der Christ, der etwas auf sich hält, zum Tisch des Herrn, häufig an hohen Festtagen, Palmsonntag, Gründonnerstag, Karfreitag, Ostern, Pfingsten oder am Bußtag [7]). In Handschuhsheim bei Heidelberg haben die Leute ihren bestimmten „A.stag" [8]). Besonders gerne wird bei besonderen und feierlichen Anlässen der A.stisch aufgesucht, etwa

von Schwangeren vor der Geburt [9]); in einer Kirchenordnung von 1589 wurde sogar Schwangeren der Empfang des heiligen Mahles zur Pflicht gemacht [10]). Mancherorts in Baden gehen Brautleute vor der Hochzeit oder junge Eheleute bald nachher gemeinsam an den Tisch des Herrn [11]). Auch nach überstandener Krankheit oder nach einem Todesfall in der Familie wird das A. besucht, ebenso vor Antritt einer Reise, besonders vor Auswanderung [12]). Die Idee dieser A.s-besuche ist deutlich: man will die wichtigen Vorgänge im Menschenleben heiligen. Selbst bei dem rauhen Bergvolk der Montenegriner wird eine Wahlbrüderschaft dadurch besiegelt, daß die beiden „Brüder" das A. nehmen, und zwar trinken sie zugleich dreimal aus dem Kelch [13]).

[7]) Meyer *Baden* 523; vgl. auch SAVk. 19, 13. [8]) Meyer *Baden* 523. [9]) Ebd. 388, 523 = Höhn *Geburt* 258. [10]) Lammert 164. [11]) Meyer *Baden* 523. [12]) Ebd. 523. [13]) Ciszewski *Künstl. Verwandtsch.* 34.

3. Wie vom Heiligen zum Dämonischen nur ein kleiner Schritt ist, so verbinden sich mit der heiligen Handlung des A.s naturgemäß unterwertige Momente des Zaubers. Das A. wird als Zaubermittel benutzt, um sich in egoistischer Weise reale Vorteile zu verschaffen. Man erhofft vom Tisch des Herrn eine leichte Geburt und kräftiges Leben für das neugeborene Kind [14]). Oder es wird das A. als Amulett betrachtet, das sicher durch das Todestal führt [15]). Dieser Gedanke liegt der aus Oberschwaben bezeugten Sitte zugrunde, daß den Verstorbenen das Nachtmahlsbüchlein in einem selbstgesponnenen weißen Tuch in den Sarg gelegt wird [16]). Vielfach gilt das A. als Heilmittel gegen Krankheiten. Im Lauenburgischen muß sich der Geistliche gelegentlich sagen lassen, man habe ihn geholt, weil der Doktor zu teuer sei, oder man wolle es noch mit dem A. versuchen, nachdem die eingenommenen Arzneien nichts genutzt hätten [17]). A.sgenuß bewirkt, daß die Dämonen und der Teufel keine Gewalt über den Menschen haben [18]). Wer an Petri Stuhlfeier geboren ist und an Petri Kettenfeier in 3 aufeinanderfolgenden Jahren das A. genommen hat, kann den reichen Schatz im Kirschauer Raubschloß heben [19]). Ebenso kann die Schatzjungfrau erlösen, wer das A. genommen hat [20]). Im Voigtland sucht man seine Zahnschmerzen loszuwerden, indem man beim A. hinter dem Altar in eine mitgebrachte Semmel beißt [21]). Aus Ostpreußen ist der Glaube belegt, wer nach Empfang des A.s hinter dem Altar mit einem Peitschchen knallt, könne hexen [22]). Um Kugeln und Schwerter treffsicher zu machen, muß man das A. unter Anrufung des Teufels nehmen [23]). Im Böhmerwald herrscht der Glaube, daß sich die Bäuerin, die Hühner zur Aufzucht ansetzen will, während des A.s nicht von ihrem Platze rühren darf [24]). Selbst zum Liebeszauber wird das A. benutzt. Nimmt man zum Tisch des Herrn eine Blume mit und wischt sich damit nach dem Genuß des Weines den Mund ab, so erhält die Blume die Kraft, den, der sie annimmt, dauernd in Liebe zu fesseln [25]). Nicht nur das vom Pfarrer gereichte A., auch ein selbst veranstaltetes hat zauberische Wirkung. Eine junge Meistersfrau in Zürich, die ihren Mann gern losgehabt hätte, legte am Altjahrabend auf vier Tische je ein Brot und setzte ein Maß Wein dazu. Dann sprach sie die Einsetzungsworte des heiligen Nachtmahls und aß und trank von allen vier Tischen. Sogleich bewegte sich zur Tür herein ein Leichenzug, hinterher auf schönem Roß ein schlanker, junger Bursche. Nach wenigen Tagen starb der Alte, und ein Junger nahm die Witwe zur Ehe [26]).

Der Genuß des A.s verleiht besondere Kräfte. In Oldenburg glaubt man, das Vieh gedeihe besonders gut, wenn man es gleich beim Nachhausekommen vom A. füttert [27]). Man ist ängstlich darauf bedacht, diese durchs A. empfangene Kraft nicht wieder zu verlieren. So gehen die Mädchen nach dem A. nicht gern zum Flachsbrechen. Sie fürchten, es umsonst genossen zu haben, wenn sie sich am Finger verwunden [28]). Der Gedanke ist wohl der, daß mit dem Blut das kraftspendende Blut des Herrn, das sie im Wein getrunken haben, entweiche.

Durch falsches Verhalten beim A. kann sich der Mensch schaden. Vor allem darf man sich nicht umsehen (s. d.). Wer sich umsieht, bekommt böse Augen, und alles, was er mit diesen bösen Augen ansieht, hat keinen Segen, junges Vieh wird versehen [29]. Wer das Brot fallen läßt oder den Wein verschüttet, zumal beim ersten A.sgang, wird sehr unglücklich [30]. Ebenso bedeutet es Unglück, wenn man den Rest des Weines aus dem Kelch zu trinken bekommt [31]. Da haben die andern die beste Kraft schon weggetrunken. Dagegen bedeutet es Glück, wenn man einen vollen Becher erhält [32]. Im Erzgebirge glaubt man, daß ein Kommunikant, dem frisch eingeschenkt wird, bald Gevatter stehen muß [33]. Ganz schlimm ist es, wenn man beim A. eine lädierte Oblate bekommt [34].

14) Hoffmann-Krayer 23. 15) Meyer *Baden* 523. 16) Höhn *Tod* 321. 17) Wuttke 140. 18) Kühnau *Sagen* 1, 243; Jahn *Pommern* Nr. 547. 19) Meiche *Sagen* 734 Nr. 906. 20) Schell *Bergische Sagen* 503 Nr. 17. 21) Köhler *Voigtland* 412. 22) Töppen 13. 23) Kronfeld *Krieg* 91. 24) Schramek *Böhmerwald* 117. 25) Frischbier *Hexenspr.* 159. 26) SAVk. 2, 270. 28) Strackerjan 1, 123 = 2, 9. 28) Kuhn u. Schwartz 445 Nr. 358. 29) Bartsch *Mecklenburg* 2, 55 = Kuhn u. Schwartz 444 Nr. 342. 30) Bartsch *Mecklenburg* 2, 56. 31) SAVk. 21 (1917), 58. 32) Ebd. 24 (1922), 67. 33) John *Erzgebirge* 58 = Panzer *Beitrag* 1, 263. 34) Bartsch *Mecklenburg* 2, 56.

4. Die Elemente Brot und Wein, die realiter Leib und Blut Christi darstellen, sind schlechthin heilig und daher vor jeder Profanierung unter allen Umständen zu schützen. Schon die Kirchenordnungen der alten Kirche gebieten, sorgsam darauf zu achten, daß kein Ungläubiger am heiligen Mahle teilnimmt und es durch seine Teilnahme profaniert [35]. Cyprian von Karthago erzählt von einem Kind, das Überreste einer heidnischen Opfermahlzeit genossen hatte und sich von dem Diakonen, der ihm den Kelch des Herrn reichen wollte, abwandte. Dem Diakon gelang es aber doch, dem Kind etwas Wein einzuflößen. Da erbrach es sich, denn der zum Blut des Herrn geweihte Trunk konnte nicht in dem entheiligten Magen bleiben [36]. In einem hussitischen Verzeichnis aus dem Anfang des 15. Jhs. finden sich unter denen, die vom A. ausgeschlossen sein sollen: Wahrsager, Zauberer, Exorzisten und solche, die durch Benediktionen Kranke auf widernatürliche Weise heilen [37]. Gelegentlich kann das Heilige sogar zur Selbsthilfe greifen, um sich vor Entweihung durch Ungläubige zu schützen. In Konstantinopel geht eine Sage: Als die Türken die Stadt eroberten, wurde in der Sophienkirche gerade das heilige A. gefeiert. Sofort schlossen sich von selbst die Türen des Allerheiligsten. Sie bleiben solange geschlossen, bis die Türken die Stadt verlassen haben [38].

Als Entheiligung schwerster Art gilt es, wenn von den Elementen etwas zu Boden fällt und gar mit den Füßen getreten wird. Schon im 4. Jh. wird es dem Kleriker als Todsünde angerechnet, wenn er vom Brot fallen läßt oder vom Wein verschüttet [39]. In mittelalterlichen Bußbüchern ist bestimmt, daß der, der die Eucharistie nicht bewahrt, so daß sie von einer Maus gefressen werden kann, 40 Tage büßen muß. Alles, was mit dem geweihten Brot unrechtmäßig in Berührung kommt, muß verbrannt werden [40]. Von Luther hören wir, daß er einer Frau, die das „Blut des Herrn" auf ihre Jacke geschüttet hatte, befahl, das befeuchtete Stück herauszuschneiden und zu verbrennen [41]. Noch bis ins 18. Jh. hinein konnte es dem Ansehen eines Geistlichen schaden, wenn er etwas vom Kelche vergoß [42]. Wurde eine Altardecke befeuchtet, so genügte es nicht, sie einfach zu waschen, sie mußte dreimal gewaschen werden [43]. — Die Kirche traf allerlei Vorkehrungen, um das zu-Bodenfallen der heiligen Elemente zu verhüten. Um die Gefahr auf ein Minimum zu beschränken, bildete sich allmählich die Sitte heraus, daß der Geistliche dem A.sgast Hostie und Kelch unmittelbar zum Munde führt, während es in älteren Zeiten selbstverständlich gewesen war, daß jeder Brot und Kelch wie bei einer häuslichen Mahlzeit selbst gehandhabt hatte. Vielleicht spielten solche Gesichtspunkte auch bei der Frage der Kelchentziehung neben autokratischen Gelüsten des Klerus eine Rolle [44]).

Daß die Elemente des A.s nicht nur für die Seele, sondern auch für den Körper heilkräftig sind, hat schon Cyrill von Jerusalem um die Mitte des 4. Jhs. gelehrt [45]) — ein Glaube, der noch heute allenthalben verbreitet ist. Sogar dem Stallvieh wird von den heiligen Speisen verabreicht [46]).

A.s w e i n gilt als das letzte und sicherste Heilmittel [47]), er befreit Frauen vom Blutfluß [48]), in der Lausitz trinkt man ihn gegen Epilepsie [49]). Zur Förderung des Zahnens bestreicht man im Erzgebirge dem Säugling den Mund mit einem Taschentuch, das die Mutter beim A. mit Wein befeuchtet hat [50]). Die Esten bestreichen mit dem Tuch, mit dem sie sich nach dem Genuß des A.sweines den Mund gewischt hatten, kranke Augen und Ohren [51]). Überreste des A.sweins gibt man in der Leonberger Gegend Kindern, die schwer sprechen [52]) oder schwer lernen [53]). In Ostpreußen wird für Kranke gern eine Flasche Wein auf den Altar gestellt, damit der Wein beim A. mitgesegnet wird [54]).

Bleibendes Glück kann man sich schaffen, wenn man beim A. das geweihte B r o t nicht genießt, sondern unversehrt im Mund behält und dann aufbewahrt [55]). Im Berner Land hängt man ein Stückchen A.sbrot im Stall auf, damit bei den Tieren keine Seuche ausbricht [56]), ein krankes Kind wird durch den Genuß geweihten Brotes gesund [57]). Auch im Liebeszauber wird A.sbrot benutzt. Im Kaffee gegessen, macht es den Mann seinem Weib so treu, daß er mit keiner andern mehr etwas zu tun haben will [58]). Eine besondere Rolle spielt das A.sbrot in Form der Oblate im Schießzauber. Eine Büchse, mit einer Oblate geladen, trifft unfehlbar [59]). Im Vogtland gewinnt man einen Freischuß (d. h. die Fähigkeit ein Ziel immer zu treffen, selbst wenn man es nicht sieht) (s. Freikugel), wenn man die A.soblate an einen Baum nagelt und darnach schießt [60]). Freilich kann der Schießzauber auch einmal versagen. Der Jäger Brandt in der Rostocker Heide hatte seine Flinte mit einer Oblate geladen und schoß damit auf einen Keiler. Er verwundete das Tier aber bloß, so daß dieses auf ihn losfuhr und ihm den Bauch aufschlitzte [61]). Das Vertrauen auf die helfende Kraft des A.sbrotes geht soweit, daß manche Verbrecher glauben, ungestraft einen Meineid schwören zu können, wenn sie eine Oblate bei sich tragen [62]). Im MA. zumal war die Verwendung von Hostien zu zauberischen Handlungen allgemein üblich — in solchem Ausmaß, daß die kirchliche Gerichtsbarkeit einschreiten mußte. Aus der Praxis des berüchtigten Inquisitors Bernhard Guidonis von Toulouse († 1331) ist uns ein Formular für das Urteil gegen einen, der mit der Eucharistie Malefizien treibt, erhalten. Ein solcher ist je nach der Schwere des Falles mit Exkommunikation oder mit lebenslänglicher Kerkerhaft zu bestrafen. Auch muß er, um sofort als Schänder des Leibes Christi von jedermann erkannt zu werden, bei allen Kleidern auf Brust und Rücken eine große Hostie in gelb aufgemalt tragen [63]).

Nicht nur die heiligen Elemente selbst sind von besonderer magischer Wirkung, sondern auch andere Dinge, die mit ihnen in Berührung kommen und der Kraft teilhaftig werden. Im A.s k e l c h sich spiegeln, heilt die Gelbsucht [64]), sei es, daß man ihn nach Hause holen läßt, sei es, daß man in der Kirche versucht, auf den Grund zu sehen [65]). Hierbei sind Momente des Analogiezaubers im Spiel: der Glaube, daß von Gleichem zu Gleichem und von Ähnlichem zu Ähnlichem geheime, wunderbare Fäden weben. Der Kelch ist in der Regel innen vergoldet, und so spiegelt man sich gelb darin. — Eine geheimnisvolle Sage wird von dem A.skelch zu Grimma erzählt: bald nach der Umwandlung des Klosters in eine Schule hörte man aus einem verschlossenen Gang immerfort Stimmengewirr. Der Rektor Adam Siber sammelte seine stärksten Schüler um sich, und sie stiegen in den unterirdischen Gang hinab. Obgleich sie die Erscheinung eines eisgrauen, alten Mönches warnte, gingen sie immer weiter, bis sie vor einer Tafel standen, um die bei brennenden Kerzen Mönche mit Totengesichtern saßen. Einer von ihnen erhob sich und bat die Eindringlinge, sie möchten doch die Ruhe der Toten nicht stören, und schenkte ihnen zum Andenken einen vergoldeten Kelch. Sofort war die Erscheinung verschwunden, und bebend flohen die Schüler ans Tageslicht. Noch heute wird in Grimma dieser Kelch benutzt, wenn den Fürstenschülern das A. gereicht wird [66]). Das ist eine ätiologische Sage, welche die wunderbare Herkunft eines besonders schönen Kelches erklären soll. Die Sage bedient sich dazu des bekannten Motivs der Entrückung in einen Berg.

Auch die Kleidung, die man beim A. getragen hat, ist wunderkräftig [67]). So wird z. B. den kleinen Kindern im Erzgebirge als Heil- und Schutzmittel gegen Krämpfe ein beim A. getragenes Stück untergelegt [68]). In Oldenburg gibt man einem kranken Kalb Salz und Wasser aus einem Schuh zu trinken, den man beim letzten A. angehabt hat [69]). Aus diesem Glauben an die magische Kraft der beim A. getragenen Kleider erklärt sich auch der seltsame Brauch der Esten, daß sie sich in der auf den A.stag folgenden Nacht nicht ausziehen oder mindestens die Strümpfe anbehalten [70]). Und sicherlich trägt dieselbe Vorstellung wesentlich zur Beibehaltung einer besonderen A.stracht bei, wie sie noch heutigentags etwa in Westfalen [71]), der Lüneburger Heide [72]), im Nassauischen [73]), im Vogtland [74]), in Sachsen [75]) im Gebrauch ist.

[35]) Achelis *Die ältesten Quellen des orientalischen Kirchenrechts* 1 (1891), 119. [36]) *de lapsis* 25. [37]) Grohmann *Aberglaube* 149. [38]) Schwartz *Studien* 184. [39]) Achelis a. a. O. 120. [40]) Friedberg *Bußbücher* 20. [41]) HessBl 4, 195. [42]) Ebd. 4, 204. [43]) Friedberg *Bußbücher* 20. [44]) Vgl. die ausführlichen Darlegungen von Drews in HessBl. 4, 176 ff.; [45]) *4. mystagogische Katechese über Leib u. Blut Christi.* [46]) Schramek *Böhmerwald* 116. [47]) Wuttke 140. [48]) Bohnenberger 24. [49]) Wuttke 355. [50]) John *Erzgebirge* 54 = Seyfarth *Sachsen* 274. [51]) Boecler *Ehsten* Script. Rer. Livon. II. 673. [52]) Höhn *Geburt* 278. [53]) Bohnenberger 24. [54]) Töppen 12. [55]) Wuttke 304. [56]) SAVk. 8, 153. [57]) Ebd. 146. [58]) Ebd. 18, 115. [59]) Kuhn u. Schwartz 429 Nr. 254. [60]) Eisel *Voigtland* 221. [61]) Bartsch *Mecklenburg* 1, 155. [62]) Strack *Blut* 34. [63]) Hansen *Hexenwahn* 54 f. [64]) Drechsler *Schlesien* 2, 244. [65]) Töppen 12 = Hovorka u. Kronfeld 2, 108. [66]) Meiche *Sagen* 30 f. [67]) Urquell NF. 1, 132 = Strakkerjan *Oldenburg* 2, 9; [68]) Seyfarth *Sachsen* 274 = John *Erzgebirge* 54. [69]) ZfVk. 4, 149. [70]) Boecler *Ehsten* Script. Rer. Livon. II, 673. [71]) Sartori *Westfalen* 36. 101. [72]) Kück *Lüneburger Heide* 128 f. [73]) Hottenroth *Nassau* 1905, s. Register. [74]) Köhler *Voigtland* 267. [75]) Wuttke *Sächs. Volkskunde* 544.

5. Die Krankenkommunion ist allverbreitete christliche Sitte. Dem Schwerkranken, bei dem man merkt, daß es allmählich zu Ende geht, wird vom Pfarrer meist im Beisein der Angehörigen das A. gereicht. Er kann dann seliger sterben, weil ihm die Sündenvergebung verkündigt ist [76]). Man stirbt nicht gern, ohne das A. genommen zu haben. Selbst der erbittertste Feind, der einem das ganze Leben lang den Besuch des A.s durch seine feindselige Gesinnung unmöglich gemacht, eilt zur Versöhnung ans Sterbelager, damit der Sterbende die letzte Wegzehrung versöhnt genießen kann [77]). Auch wer im Leben nichts von der Kirche hatte wissen wollen, verlangt auf dem Sterbebett nach dem Tisch des Herrn. In Hinterpommern weigerte einmal der Pfarrer einem ganz unkirchlichen Manne das letzte A. Der Kranke starb. Wenige Tage darauf erschien dem Pfarrer der Geist des Verstorbenen und führte ihn auf den Gottesacker, wo er ihm befahl, an seinem Grab das A. auszuteilen. Zitternd erhob der Pfarrer seine Hände und spendete dem Geist das A. Als die heilige Handlung vorüber war, verschwand der Geist und kam nicht wieder [78]). Im MA. kam es vor, daß auf dem Schlachtfeld ein Ritter seinem sterbenden Gesellen ein Blatt als Ersatz für das geweihte Brot in den Mund schob, damit er ja nicht ganz ohne Kommunion sterben mußte. Oder der Sterbende raufte selbst mit Aufbietung seiner letzten Kraft drei Halme Gras aus der Erde und aß sie [79]). Wenn sich der Sterbende einmal weigert, das A. zu nehmen, so bestehen die Angehörigen

darauf. Aus Franken wird ein solcher Fall berichtet. Die Söhne wollen dem Vater Hände und Füße festhalten, das Maul aufsperren, dann solle der Pfarrer es ihm einschütten [80]). Auch hier wiederum eine durch und durch dingliche Auffassung vom A. und seiner Wirkung!

Vom Genuß des A.s erwartet man für den Verlauf der Krankheit eine Entscheidung. Entweder tritt Besserung oder der Tod ein [81]). Der Pfarrer kann aus dem gefüllten Kelch sehen, ob der Kranke sterben oder wiedergenesen wird [82]). Man gibt acht, wohin der Rauch der ausgelöschten Lichter zieht. Zieht er zur Tür hinaus, so muß der Kranke sterben, senkt er sich, so bleibt er am Leben [83]). Im Erzgebirge glaubt man, daß der Kranke stirbt, wenn er nach empfangenem A. zu essen verlangt; verlangt er zu trinken, dann kommt er auf [84]).

Vielfach wird das Kranken-A. solange als möglich hinausgeschoben, weil man meint, wenn ein Kranker einmal das heilige Mahl genossen habe, dann müsse er unter allen Umständen sterben [85]). Dieser Aberglaube erklärt sich natürlicherweise daher, daß man Kranken das A. erst reicht, wenn nach menschlichem Ermessen keine Hoffnung auf Genesung mehr besteht. Die Erfahrung zeigt somit, daß der, der auf dem Krankenbett das A. genommen hat, stirbt [86]). Wenngleich der Tod mit dem Genuß des A.s schlechterdings in keinem ursächlichen Zusammenhang steht, gilt doch hier der primitive Grundsatz post hoc ergo propter hoc (vgl. Ölung, letzte).

[76]) Vgl. Höhn *Tod* 314. [77]) Wuttke 455. [78]) Knoop *Hinterpommern* 18 f. [79]) Schultz *Höfisches Leben* 2, 265. [80]) Wuttke 456. [81]) Urquell 4, 49 f. = Höhn *Tod* 313. [82]) Drechsler *Schlesien* 1, 287 = Bartsch *Mecklenburg* 2, 124 = Köhler *Voigtland* 396. [83]) Ebd. 396 = Kuhn u. Schwartz 436. [84]) Grimm *Myth.* 3, 450. [85]) Wuttke 141 = Panzer *Beitrag* 1, 268 = Lammert 98 = Höhn *Tod* 313 = Alemannia 27, 239. [86]) Keller *Grab d. Abergl.* 3, 68 ff.

6. Endlich wird das A. zu einer bestimmten Art des Gottesurteils, der sog. A.s p r o b e benutzt. Wir haben eine Erscheinung vor uns, die zwar gänzlich der Geschichte angehört, aber doch bis über die Ritterzeit herauf von so einschneidender Wirklichkeit war, daß ein kurzes Wort darüber in diesem Zusammenhang gesagt werden muß. Der Sinn der A.sprobe ist der: Ist jemand irgendeines Verbrechens verdächtig, und es gelingt nicht, ihn zu überführen, so soll durch Gottesurteil die Wahrheit ans Licht gebracht werden. Unter besonderem Zeremoniell wird dem Verdächtigen die heilige Hostie gereicht; kann er sie ohne schädliche Wirkung genießen, so liegt seine Unschuld klar zutage; stirbt er an dem Genuß, so ist er schuldig und zugleich bestraft. Zwei Momente sind in der A.sprobe vereinigt: das uralte Gottesurteil in Form des geweihten Bissens, wie es Neger [87]), Indianer [88]), Inder [89]), Israeliten [90]), vor allem die altgermanischen Volksrechte [91]) kennen, und die christliche Anschauung „Wer unwürdig isset und trinket, der isset und trinket sich selber zum Gericht" [92]). Nur eine ganz dinglich-magische Sakramentsauffassung hat diese Verbindung ermöglicht.

Zum erstenmal begegnet die A.sprobe deutlich als Institution der kirchlichen Gerichtsbarkeit auf der Synode von Worms 868, auf der beschlossen wird, daß Mönche sich durch die Kommunion zu reinigen haben [93]). Das Kirchengesetz des Königs Kanut von Dänemark ordnet an, daß ein Geistlicher sich bei einfacher Klage durch einfache A.sprobe zu reinigen habe, bei dreifacher Klage unter Beistand von 7 Genossen („A.shelfern") [94]). Mit Vorliebe scheint man die A.sprobe bei Ehebruchklagen angewandt zu haben. Das bekannteste historische Beispiel geht auf Regino von Prüm zurück, der zum Jahr 869 in seiner Chronik berichtet: König Lothar II. von Austrasien unterhielt ehebrecherische Beziehungen zu Waldrada, der Schwester des Erzbischofs Günther von Köln, und verstieß seine rechtmäßige Gemahlin Thietberga. Die Sache kam schließlich vor den Papst, der den Streit schlichten sollte. Lothar und seine Gefolgschaft schworen den Ehebruch ab. Der Papst reichte dem König das A. zur Bekräftigung seines Schwurs.

Der Unsinnige nahm es — und starb kurz darnach auf der Rückreise von Rom in Piacenza [95]). Sibico, der Bischof von Speyer, reinigte sich vor der Generalsynode von Mainz 1049 von der Klage der Verführung einer Frau dadurch, daß er die Hostie nahm und gesund blieb [96]). Lambert von Hersfeld erzählt, nach der Lossprechung des Königs Heinrich IV. vom Bann habe Papst Gregor VII. feierlich die Messe genommen, um sich von den Anschuldigungen, die der König gegen ihn vorgebracht hatte, zu reinigen, und habe auch Heinrich die Eucharistie zur Bekräftigung seines Schwures reichen wollen. Dieser habe sich aber der A.sprobe durch Ausflüchte entzogen [97]). Ob die Sache sich wirklich so zugetragen hat, wird sich mit Sicherheit nicht ausmachen lassen; aber daß sie berichtet werden konnte, ist ein Beweis für die allgemeine Verbreitung des festen Glaubens an die untrügliche Entscheidung der A.sprobe. Weiteres siehe unter Gottesurteil.

[87]) Glitsch *Gottesurteile* 34. [88]) Globus 29, 40. [89]) Glitsch *Gottesurteile* 31; Wilutzky *Recht* 3, 148. [90]) 4. Mose 5, 18 ff. [91]) Hch. Brunner *Deutsche Rechtsgeschichte* 2 (1892), 412; Grimm *RA.* 2, 597. [92]) I. Kor. 11, 20. [93]) Franz *Benediktionen* 2, 340. [94]) Ebd. 2, 340. [95]) MGSS. I, 580 f. [96]) Adam v. Bremen *Kirchengesch.* III, 29; MGSS. VII, 346. [97]) MGSS. V, 259 f. Rühle.

Abendopfer s. Opfer.

Abendröte. Weitesten Kreisen ist es bekannt, daß bei klarer A. das Wetter für den folgenden Tag gut wird, im Gegensatz zur Morgenröte (s. d.). Die Erklärung dafür ist darin zu suchen, daß der für die nördlich der Alpen gelegenen Länder feuchtigkeitsfreie Ostwind gegen Westen Nebelmassen und Dunstteile in starkem Maße zusammenballt, die sich der Sonne vorlagern. In ihnen werden die blauen und violetten Strahlen der Sonne absorbiert, so daß nur die roten Strahlen bis zu unserm Auge gelangen.

1. Wetterprophezeiungen. Der Volksglaube hat diese Beobachtung des Naturvorganges zu Wetterregeln zusammengefaßt, in denen naturgemäß nicht die Deutung des Wetters aus dem Ostwind als der natürlichen Ursache von Wichtigkeit ist, sondern die rote Farbe der Sonne und des Abendhimmels. Den ältesten, mir bekannten Beleg bringt die Bauernpraktik (Ausgabe von 1508 fol. V verso; s. Bauernpraktik II Ende) [1]) in einem wohl von einem Mönch gedichteten Vers: Nocte rubens caelum cras indicat esse serenum u. L. Reynmans Wetterbüchlein S. 5 u. nach der Ausgabe von 1510 (älteste von 1505; s. Wetterbüchlein): „Item wenn jm auf vñ nÿdergang der sonnen schein vor jr geen auf die nacht rot sein; bedeüt den nächsten tag schön wetter" [1]). Widerschein der A. im östlichen Gewölk gilt in ganz Deutschland, der Schweiz und Österreich als ganz besonders gutes Zeichen eines folgenden schönen Tages [2]): „Abendrot — in der Früh Sonn ins G'schrott" (= Almwiese) [3]) „Abendrot, Morgens god" [4]), „Abendrot makt'tWett'r got" [5]) (beides aus Holstein). Ähnliches wird aus der Lüneburger Heide berichtet [6]). Bemerkenswert ist der Vers: „geiht de Sünn unner gäl, gift et häil Rägen väl, geiht de Sünn unner rod, ward dat Wäder häil goud" [6]). Meist sind in diesen Sprüchen A. und Morgenröte drastisch kontrastiert; so lautet der vorletzt genannte Spruch vollständig: „Abendrot makt't Well'r got; Morgenrot bringt Wat'r in'n Sod" (= Brunnen) [7]). Weiter: „Gut Wetter kündet Abendrot, Morgenrot bringt Wind und Kot" (Mecklenburg) [8]); „Abendrot gut Wetter bot, Morgenrot bringt Dreck und Kot" (Landsberg a. W.) [9]); „Abendrot bringt Brot, Morgenrot fällt in Kot" (Schlesien) [10]); „Abendrot bringt heitern Tag, Morgenrot nicht weilen mag" (Mecklenburg) [11]). — Merkwürdig ist der Unterschied, den man mit der Farbe des Abendrotes in der Lechgegend macht: „Abendrot (goldfarbig) gut Wetter bot — Abendrot (feuerfarbig) morgens Kot" [12]) [13]).

[1]) Edition in „Neudrucke von Schriften und Karten über Meteorologie und Erdmagnetismus hrsg. von G. Hellmann Bd. 5. *Die B.* Faksimile hinter S. 72; L. Reynman *Von warer erkanntnuss des wetters* . . . = Neudrucke, hrsg. von G. Hellmann Bd. 1. Faksimile der Ausg. von 1510 nach S. 42. [2]) ZfVk. 4 (1894), 82. [3]) Steiermark: Reiterer 56. [4]) ZfVk. 24

(1914), 59. [5]) Ebd. [6]) Kück *Wetterglaube in der Lüneburger Heide* (1915) 108 ff. [7]) Vgl. *Geoponika* ed. H. Beckh 1895 I 3, 2: καὶ ὁ ἥλιος δὲ ἐρυθρὸς ἀνατέλλων καὶ μελαινόμονος ὄμβρους δηλοῖ. Von *Sonnenuntergang* und A. ist hier und sonst bei antiken Schriftstellern nie die Rede (s. Morgenröte und Anm. 13). [8]) Bartsch *Mecklenburg* 2, 211. [9]) Engelien u. Lahn 281. [10]) Drechsler 2, 135 f. [11]) Bartsch *Mecklenburg* 2, 211. [12]) Leoprechting *Lechrain* 154; (Keller) *Grab d. Abergl.* 4, 207 f.; Andree *Braunschweig* 411. Kück 108 ff. [13]) Die Regeln sind auf dem nördlich der Alpen gelegenen Gebiet heimisch. Von den antiken Wetterregeln dieser Art, wie man sie bei Aratos Phainom. Vers 820 ff. und nach ihm bei Vergil Georg. I, 438 ff. liest, weichen sie stark ab. A. wird überhaupt nie erwähnt als Wetterzeichen. Ein Beispiel: Vergil Georg. I, 438 ff. (besonders 453): (Sol) caeruleus pluviam denuntiat, igneus euros: Der Euros (Südostwind) ist im Süden feucht und bringt Regen (Belege bei Pauly-Wissowa s. v. Euros Bd. 6 Sp. 1313. — Einfluß antiker Wetterregeln in der Bauernpraktik (s. d.) sonst sehr deutlich; über dieselbe vgl. Wetterregel). — Nachträglich zu A. noch einen Beleg aus der französischen Westschweiz: „Raveu du nïn, / Bio tein du dzo que vïn / . Raveu du matïn, / Aminne o carapïn (Rougeur de l'horizon, le soir, beau temps du jour qui vient. Rougeur du matin amène le carapin (= petite couche de neige) (SAVk. 2, 240).

2. Sonstiger Volksglaube knüpft sich an die A. in eigentümlichen Vorstellungen an. „Schau, die Muttergottes bacht Küchlein", sagt man in manchen Gegenden Schwabens den Kindern, wenn die A. besonders leuchtend ist [14]). In Biel (Schweiz) ist der Glaube verbreitet, bei A. brate der liebe Gott die kleinen Kindlein [15]). Sind die Gedanken, die zur Bildung solcher Anschauungen führten, teilweise schwer zu ermitteln (doch vgl. Atmosphäre 2), so gilt das nicht von der Prophezeiung des Krieges aus der A. [16]). So scheint auch die bekannte Stelle bei Schiller, Wallensteins Lager, verstanden werden zu müssen [17]):

Am Himmel geschehen Zeichen und Wunder,
Und aus den Wolken blutigrot
Hängt der Herrgott den Kriegsmantel runter.

Hier liegt antike Tradition zugrunde, die aus der roten Farbe (s. d.) vor allem bei siderischen Erscheinungen, den Krieg weissagt. A. selbst ist, soweit ich sehe, in der Antike allerdings nicht als Kriegsomen aufgefaßt worden. Über die Übernahme und Weiterbildung antiker Astronomie und Astrologie im deutschen MA. s. Sterndeutung, Planeten [18]).

[14]) Birlinger *Aus Schwaben* 1, 104. [15]) SchwVk. 10, 37. [16]) Lemke *Ostpreußen* 3, 116 Nr. 80. Ähnliches auch in Oldenburg: Strackerjan 2, 63 f. Weitere Literatur Brandenburgia 1916, 162. [17]) 8. Auftritt, Vers 24 ff. [18]) Vgl. Hephaistion von Theben ed. Engelbrecht S. 82 von der roten Farbe bei Finsternissen: ἐπὶ τῶν τελείων ἐκλείψεων τὸ μὲν χρῶμα τὸ μέλαν θάνατον τοῦ ἄρχοντος... σημαίνει· τὸ δὲ ἐρυθρὸν τῆς χώρας κάκωσιν. Der zweite Reiter in der bekannten Stelle der Offenbarung Johannis (6, 3—4), der über Krieg und Frieden entscheidet, reitet ein feuerrotes Roß (Boll *Offenbarung Johannis* 83). Dem Planeten Ares-Mars gehört in der späten, d. h. griech.-ägypt. Astrologietradition die rote Farbe und der Krieg (Catalogus codicum astrol. graecorum VII 217, 22. 219, 6; Hephaistion v. Theben 79, 31 ff.).

3. Mythologisches. Grimm [19]) schreibt, daß das edlere Wort *Abendrot* (statt Abendröte), mhd. abentrôt, in der Mythologie als männlicher Riese des Abends aufgefaßt werde. Diese Personifikation wirkt noch in der von Grimm a. a. O. notierten bäuerlichen Anschauung nach: die A. zieht über Land [19]).

a) In der germ. Mythologie bildet Abentrôt mit Ecke und Fasolt eine Trias; alle drei sind in der Luft wirkende Dämonen oder Riesen, die den segnenden Lichtgeistern der Höhe feindlich gegenüberstehen. Tag und Nacht kämpfen miteinander den Kampf, in dem Abentrôt das Dunkel über den Himmel heraufführt und den Sonnenstrahlen den Weg zur Erde hemmt. Der Kampf endet mit dem Siege der Nachtgeister [20]).

b) Inwieweit in dem blutigen Tode Swanhilds (Swanhild als mythische Personifizierung der Sonnenstrahlen aufgefaßt) die A. zu Recht zu erkennen ist, wie Simrock und Mannhardt [21]) die Sage der Edda (Guđrúnarhvǫt 14—16) erklären, wage ich nicht zu entscheiden. Swanhild Goldfeder (Svanhildr Gullfjöđr) als Tochter von Tag und Sonne (Fornaldurs. II 7) wird Guđrúnarhvǫt 15 ausdrücklich einem lichten Sonnenstrahl verglichen [22]).

c) Die im Abendrot aufleuchtende Wolke (s. d.), ist als feurige Mauer oder von Feuer umlohte Burg der Riesin Gerðr und der Valkyrie Brynhildr aufgefaßt [23]).

[19]) Grimm *DWb.* s. v. A. [20]) Mannhardt *Germ. Mythen* 90. 354; Grimm *Myth.* 2, 624; Meyer *Germ. Myth.* 144. [21]) Simrock *Mythologie* 30; Mannhardt *Germ. Mythen* 376. [22]) „Allen schien sie (scil. Swanhild) / in unserer Halle, / als sei sie ein lichter / Sonnenstrahl". [23]) Meyer *Germ. Myth.* 88 f. Stegemann.

Abendsegen s. Gebet.

Abendstern. Nur die selbständigen Vorstellungen, die an den A. anknüpfen, sind im folgenden behandelt; aller Volksglaube, in dem der A. als Venus im Zusammenhang mit der Planetenreihe erscheint, ist s. v. Planeten besprochen.

1. Allgemeines. Weitaus den meisten Völkern gilt der Aufgang des A.s als Anbruch der Nacht, d. h. Ruhezeit, als Zeitpunkt zur Vermählung und Liebeszusammenkunft. Über die Liebenden breitet der Stern einen Schimmer der Verklärung; Liebende, die getrennt sind, senden ihm ihren Gruß. Schon die griechische Dichterin Sappho huldigt dem Aufgang des A.s mit gefühlstiefen Worten [1]). Herrliche Töne fand der römische Dichter Catull in seinem Hochzeitsgedicht (Nr. 62). Ähnliche Stimmen in der jüngeren deutschen Literatur sind bekannt, hier sei nur an Wolframs Lied an den A. von Wagner erinnert. Aber auch in der ältern deutschen Literatur findet sich manches, was hierher gehört. Von dem, was mir zufällig begegnet ist, sei folgendes zitiert: in dem aus dem 13./14. Jahrhundert stammenden Gedicht von „zwei Kaufmann" (nach Vers 935 verfaßt von dem sonst unbekannten Dichter Ruprecht v. Würzburg) stehen die Verse (180 ff.) [2]):

„nu begund die sunne sigen
vnd der abentsterne stigen
nach der alten gewonheit,
ob mir ist geseit die warheit:
die beide do ein bett emphing,
ein vil lieb da ergieng" usw.

Ein weiteres Zitat aus diesen älteren Zeiten findet sich in der von der Hagenschen Ausgabe der Minnesänger [3]). Bei dem für die Neugestaltung der deutschen Literatur wichtigen Dichter Weckherlin findet sich der Vers:

„bis den Menschen der A. zu der ruh widerführet" [4]).

Weitere Belege bringen die Gedichte v. Salis-Seewis' (18. Jh.). So liest man in dem „Abendbilder" überschriebenen Gedicht (1786) in der letzten Strophe [5]):

bis der liebe
Stern so trübe
in der Abendröte schwimmt.

Manches auch in den Hochzeitsgedichten von Opitz [6]).

[1]) Pauly-Wissowa s. v. Hesperos. Sp. 1254; Roscher *Mythol. Lexikon* 1 396 unten. [2]) J. Grimm *Altdeutsche Wälder* Cassel 1 (1813), 41. 66; Piper *Höfische Epik* 3, 538 (Deutsche Nat.Lit.). [3]) 1, 125 c. [4]) Weckherlin hrsg. v. K. Goedeke, Leipzig 1873 (= Deutsch. Dicht. d. 17. Jahrh. 5) 226. [5]) ed. Frey Deutsche Nat.Lit. 41,2, 268; vgl. ebd. 256 Nr. 3 „Abendwehmut". [6]) Opitz *Werke* ed. Oesterle in Deutsche Nat.Lit. 27, 35 ff.

2. Mythologisches zum A. kennt der deutsche Volksglaube so gut wie gar nicht.

Schon in der arischen Urreligion spielte der A. keine hervorragende Rolle [7]). Spuren göttlicher Verehrung des Morgen- und A.s hat man wohl in dem Kult der Asvins der Inder zu finden geglaubt; aber wenn man überhaupt in diesem Dämonenpaar A. und Morgenstern sehen darf, so gilt die Verehrung mehr dem Bruderverhältnis der beiden, als ihrer Göttlichkeit [8]). Doch ist das Wesen jener Gottheiten noch viel zu wenig geklärt und mit der Darlegung ihrer sideralen Eigenschaften nicht erschöpft [9]). Aber wichtig bleibt die Beobachtung, daß nicht nur im deutschen Volke der A. in der Mythologie keine Rolle spielt, sondern daß er überhaupt von den Völkern arischen Stammes nicht verehrt worden ist. Das beweisen auch die lettischen Naturmythen (13. Jh.), die noch indogermanische Anschauungen enthalten [10]). Von Gestirnkultus ist auch in ihnen nie die Rede. Wenn der A. der herabsinkenden Sonne das Lager bereitet [11]), wie er im antiken Volksglauben abends die Himmelslichter (d. h. die

Sterne) anzündet [12]), so ist das Ganze ein Bild schlicht personifizierten Naturgeschehens wie auch in der Anschauung vom Morgenstern, der in jenen lettischen Liedern der Sonne das Feuer entzündet [13]). (Dazu vgl. die antiken Darstellungen von Morgen- und A. mit gehobener und gesenkter Fackel) [14]).

A.- und Morgenstern sind weder im Mythus des deutschen Volkes noch der antiken Völker jemals identifiziert worden; obgleich die Babylonier bereits um 2000 v. Chr. die Identität der beiden Sterne beobachtet haben, läßt sich diese Erkenntnis im Okzident (Hellas) nicht vor dem 6. Jahrhundert v. Chr. nachweisen [15]), und selbst dann noch trennt der Mythus beide Erscheinungen des gleichen Gestirns (so noch in den Dionysiaka des Nonnos von Panopolis, 5. Jahrhundert n. Chr.) [16]). Für das Römische hat Gundel die gleiche Feststellung gemacht [17]): er kommt zu dem weiteren Schluß, daß selbst die Planetennatur der Gestirne lange Zeit von den Römern nicht erkannt worden ist.

Auch das deutsche Heidentum wird die Identität von Morgenstern und A. kaum erkannt haben; noch weniger glaube ich, daß man in germanischer und fränkischer Zeit in Volkskreisen etwas von der planetarischen Natur der Venus wußte (gegen Grimm, Myth. 603). Bei der vollkommenen Uninteressiertheit der frühdeutschen Zeit für astronomische Dinge (s. Sterndeutung) scheint mir eine Erkenntnis wie die der planetarischen Natur der Venus und der Identität von Morgenstern und A. undenkbar. So laufen seit dem Ahd. die Ausdrücke A. und Morgenstern nebeneinander her, wie im lateinischen Sprachgebiet Vesper und Lucifer. Ahd. heißt die abendliche Venus *âpantsterno*. *tunkelsterne* scheint *vesperugo* zu sein, der in der Dämmerung aufleuchtende A. Weiter begegnet *nahtfare*; dies ist die einzige mythische Bezeichnung des A.s, nach Grimm ein Name für die nachts ausfahrende weise Frau oder Hexe [18]). Einen modernen Beleg für die Trennung von Morgenstern und A. kenne ich aus der Oberpfalz [19]): Wenn unser lieben Frauen vom Schlafe aufsteht, gehen die Nachtsterne unter und der Morgenstern auf, und umgekehrt. Dieser Stern ist also der ständige Begleiter unser lieben Frauen. Die Vorstellung weist inhaltlich noch eine Besonderheit auf; denn christlicher Einfluß auf die u r s p r ü n g l i c h e (indogerman.?) Fassung dieses Mythologems von der Sonne, bei deren Erheben die Sterne erbleichen, ist unverkennbar; denn auf lettischem Gebiet begegnet in jenen Liedern ein Synkretismus, der Maria der Sonnentochter substituiert [20]).

[7]) G r i m m *Myth.* 603. [8]) M e y e r *Relig.-gesch.* 106. [9]) S t e n K o n o w in C h a n t e p i e d e l a S a u s s a y e *Lehrbuch der Religionsgeschichte* [4] 2, 33. [10]) S i e c k e *Götterattribute* 21; berührt sich zum Teil mit M a n n h a r d t *Die lettischen Sonnenmythen* ZfEthnologie VII; C h a n t e p i e d e l a S a u s s a y e a. a. O. [11]) S i e c k e 32. [12]) G u n d e l *Sterne und Sternbilder im Glauben des Altertums und der Neuzeit* 22. [13]) S i e c k e 31. [14]) Literatur bei R o s c h e r *Myth. Lex.* 1 [2], 2604 s. v. Hesperos. [15]) B o l l - B e z o l d *Sternglaube und Sterndeutung* [3] 6. [16]) V. S t e g e m a n n *Nonnos v. Panopolis und das astrologische Weltbild der Dionysiaka.* Index s. v. Abendstern. [17]) G u n d e l *de stell. appell.* 24. [18]) G r i m m *Myth.* 2, 603, woselbst die Zitate der Quellen. Gr. bemerkt noch zu englischen Vorstellungen verwandter Art: „Den A n g e l s a c h s e n hieß der A. svâna steorra (bubulcorum stella), weil die Hirten, sobald er aufging, heimtrieben. [19]) S c h ö n w e r t h *Oberpfalz* 2, 80 f. [20]) S i e c k e a. a. O. 25.

3. V o l k s g l a u b e knüpft sich, entsprechend der nicht göttlich verehrten Erscheinung des A., nur in geringem Maße an das Gestirn an. Man kennt ihn wohl nur im Liebessegen; das Mädchen tritt vor die Tür des Hauses und richtet an den A. die Bitte, ihr ihren Liebsten treu zu erhalten [21]). Gelegentlich ist der A. in Verbindung mit dem Monde (s. d.) angerufen; zu dieser Kombination von A. und Mond vgl. die griechische, von Hesiod (Theog. 986 ff.) erzählte Sage vom Raube des Phaethon-A. durch Aphrodite = Mondgöttin [22]). In der Oberpfalz heißt es [23]):

Grüß dich Gott, mein lieber Abendstern,
Ich seh dich heut und allzeit gern.
Schaut der Mond übers Eck
Meinem Herzliebsten aufs Bett,
Laß ihm nicht Rast

Laß ihm nicht Rou,
Daß er zu mir kommen mou.

Zu diesem Spruch teilt Müllenhoff aus Schleswig-Holstein einen ähnlichen mit[24]), der zu Orakelzwecken verwendet wird: „Will eine Jungfrau ihren zukünftigen Bräutigam sehen, so muß sie zur Mitternacht vor Neujahr rückwärts (s. d.) in der Küchentür stehen und sprechen:

Gott grüß dich, Abendstern,
Du scheinst so hell von fern,
Über Osten, über Westen,
Über alle Kreiennesten.
Ist einer zu mein Liebsten geboren?
Ist einer zu mein Liebsten erkoren?
Der komm als er geht
Als er steht
In sein täglich Kleid[25]).

[21]) Schönwerth *Oberpfalz* 1, 133. [22]) Roscher *Myth. Lex.* 1, 396. [23]) Schönwerth *Oberpfalz* 1, 133 (dort noch eine andere, doch ähnliche Fassung). Ferner Weinhold, *Neunzahl* 51 (ebd. Liebessegen); ZfVk. 26, 198. [24]) Müllenhoff *Sagen* 519 Nr. 37. [25]) Ein venezianisches Märchen erzählt von einer Prinzessin, die ihren Gemahl verloren hat und sich in ihrer Verzweiflung an den A. wendet, der sie an die Sonne weiterverweist. Diesem Märchen liegt die gleiche Auffassung des A.s in seiner Beziehung zum Liebessegen zugrunde. Vgl. G. Widder und A. Wolf *Volksmärchen aus Venetien* = Jahrb. f. rom. Lit. 7 (1866), 251.

4. Deutung. Die Beziehungen des A.s zum Liebeszauber sind keinesfalls in den schwachen Ansätzen einer mythischen Auffassung des A.s bei den Ariern begründet, so naheliegend der Gedanke sein mag. Auch als „astrologisch" kann man diese Beziehung kaum deuten, weil die Sterne nach der Lehre der Astrologie dem Weltgesetz gegenüber, das ihre Tätigkeit regelt, keine Freiheit haben, also Gebeten, die an sie gerichtet würden, keinesfalls Gehör schenken könnten[26]). Vielmehr ist die Verbindung von A. und Liebe in Gefühlsmomenten verwurzelt. Es ist derselbe Trieb des Gefühls, der in so viel stärkerem Maße bei allen abendländischen Völkern die Mondgöttin zur Gefährtin im Liebeszauber gemacht hat[27]) (s. Mond).

[26]) Doch vgl. Firmicus Maternus *Matheseis* 4, 16, 9; Cat. cod. astr. VIII 3, 154 ff.; Boll in Pauly-Wissowa s. v. Hebdomas Sp. 2571 Mitte; Bouché-Leclerq *L'astrologie Grecque* (Paris 1899), 466, 2; 616, 4. [27]) Wilamowitz Hermes 18, 419. Stegemann.

Abendtau s. Tau.

Abentrot s. Riese, Abendröte 3a.

Aberacula, Zauberwort gegen Fieber[1]). Nebenform von Abracadabra (s. d.), flügelförmig geschrieben s. u. Zauberwort.

[1]) Alemannia 27, 114; Höhn *Volksheilkunde* 1, 154; Ganzlin *Sächs. Zauberformeln* 20 Nr. 36; Seyfarth *Sachsen* 171; DG. 17, 59. Jacoby.

Aberglaube.

1. Etymologie. — 2. Begriff. — 3. Einteilung und Inhalt des A.s. — 4. Momente u. Zweck des A.s. — 5. Ursprung und Geschichte des A.s. — 6. Quellen des deutschen A.s. Chronologische Bibliographie.

1. Das Wort A. ist zuerst in einer Randnote zum St. Trudperter „Hohen Lied" (12. Jh., alemann. oder bayr. Ursprungs) belegt: 'dehein ab^s^glo^v^be'[1]), viell. spätere Randnote. Kluge[2]) stellt *Aber-*, das nhd. auch in *Aberwitz*, früher in *Aberlist* 'Unklugheit', *Abergunst* 'Mißgunst', *Aberwandel* 'schlechter Lebenswandel', schweiz. *abersinnig* 'unsinnig', *Aberwillen* 'Widerwillen' usw. vorkommt, zu mhd. *abe* 'ab', Paul[3]) und Weigand-Hirt[4]), wohl richtiger, zu *aber* (das neben ‚wieder' den Sinn von „gegen" hat)[5]). Die Herleitung aus *Ober-*, wegen ndl. *overgeloof*, dän. *overtro*, die Grimm[6]) und Lexer[7]) vertreten, ist wegen der verhältnismäßig zahlreichen Zusammensetzungen mit *Aber-*, bes. im Schwäbischen und Bairischen, wo sie sowohl „wieder" und „nach" als „wider" bedeuten können[8]), unwahrscheinlich. Das ndl. *ofergeloof* (16. Jh.) scheint an *ofer* 'über' (vgl. lat *superstitio*) angelehnt[9]); sonst gilt ndl. *bijgeloof*[9]), eigentl. 'Nebenglaube', das schon mndd. als *bigelove* bezeugt ist[10]), isl. *hjátrú* ‚Bei- oder Nebenglaube', an. *hindrvitni* ‚Afterglaube', schwed. *vidskepelse*, eigentl. ‚Beigestalt'. Die Grundbedeutung von lat. *superstitio* ist noch nicht aufgeklärt. „Überbleibsel" scheint eine moderne Deutung. Das griech. δεισιδαιμονία heißt einfach „Furcht vor Göttern".

[1]) *Das Hohe Lied*, hrsg. von Jos. Haupt (1864) 176, zu 95, 13. [2]) *Etym.Wb.* [9] (1921), 3. [3]) *Dt.Wb.* [2] (1908), 5. [4]) *Dt.Wb.*[5] 1 (1909), 6. [5]) Vgl. Detter in ZfdA. 42, 53. [6]) *DWb.* 1, 32 (in der *Grammatik* 2, 710 dagegen zu ahd. *avar* „wieder"). [7]) *Mhd.Wörterb.* 1. 12. [8]) Fischer *SchwäbWb.* 1, 18 ff.; Schmeller *BayrWb.* 1, 12 f. [9]) Woordenboek der Nederlandsche Taal 2, 2609; 2, 1710. [10]) Schiller u. Lübben *MnddWb.* 1, 332.

Seit Anfang des 19. Jhs. wird statt A. vielfach die Bezeichnung Volksglaube verwendet [11]). Das Wort wurde geschaffen aus dem Gefühl der Unsicherheit, wie weit die Grenzen des A.s, in dem man ein Werturteil erblickt, zu ziehen seien. Die Bezeichnung „Volksglaube" mag also vorsichtiger und auch objektiver scheinen, indem sie kein subjektives Urteil über die betr. Glaubenssatzungen ausspricht; anderseits aber schiebt sie den hohen Begriff „Glauben" in den unwürdigen Gegensinn hinüber und schränkt ihn außerdem ein; denn „Volksglaube" umfaßt sämtliche auf das Religiöse bezüglichen Empfindungen, Anschauungen und Betätigungen des Volkes, die doch weit über das hinausgehen, was mit „Aberglaube" bezeichnet wird. Zum Volksglauben gehören die Anschauungen des Volkes über Gott, Christus, den Hl. Geist, die Dreieinigkeit, seine Stellung zu Sünde, Gnade u. a. m. [12]).

Wenn wir das Wort A. für vorliegendes Wörterbuch beibehalten, so geschieht es also in völlig objektivem Sinn, ohne ein Werturteil auszusprechen; wie es auch vor uns zahlreiche Forscher getan haben, und wie es auch die französischen und englischen Folkloristen mit ihrem Wort „superstition" tun, obwohl auch hier die verurteilende Nebenbedeutung vorliegt. Außerdem wird in diesem Lexikon mancher nur literarisch bezeugter A. (z. B. aus mittelalterlichen Tierbüchern) Aufnahme finden, der nie in das Volk gedrungen ist. Sehr wesentlich ist auch die praktische Frage, bei welchem Terminus der Benützer mehr im klaren ist, was er in dem Lexikon zu finden hat, und hier scheint uns „A." den Vorzug zu verdienen (s. Vorwort).

[11]) Ältester mir bekannter Beleg: F. L. v. Dobeneck *Des deutschen Mittelalters Volksglauben und Heroensagen*. Berl. 1815. [12]) Goethe scheint unter Volksglaube die Anthropomorphisierung u. Personifikation des Leblosen oder Nichtmenschlichen durch die Phantasie des Volkes zu verstehen und sieht in ihm poetische Werte (W. 41, I, 128—131).

2. Begriff. Eine allgemein befriedigende Definition von A. ist bis jetzt noch nicht geboten worden und kann auch nicht geboten werden, solange man sich auf den subjektiv- religiösen Standpunkt stellt und mit A. ein Werturteil ausspricht, d. h. ihn als „irrigen", „gesetzwidrigen" Glauben, als „Wahnglauben" usw. bezeichnet. Verschiedene Definitionen gibt Rud. Hofmann in Herzog-Hauck 1, 78 f. wieder, darunter seine eigene: „A. ist der irrige Glaube von einem der Vernunft und Offenbarung widersprechenden, die Naturgesetze ignorierenden Kausalnexus übersinnlicher Kräfte und sinnlicher Wirkungen und umgekehrt." Auch Strümpells Formulierung: „Der A. ist ein Fürwahrhalten, welches sein Dasein und seine Stärke dadurch empfängt, daß der Mensch seinen rein subjektiven Gemütszuständen das Recht einräumt zu entscheiden, was außer ihm wirklich ist und wirklich geschieht", wird durch das Moment der „Gemütszustände" einseitig. Je komplizierter und subjektiver eine Definition ist, um so eher gerät sie mit einzelnen Teilen der A.-Erscheinungen in Konflikt. So möchten wir denn mit möglichster Objektivität sagen:

A. ist der Glaube an die Wirkung und Wahrnehmung naturgesetzlich unerklärter Kräfte, soweit diese nicht in der Religionslehre selbst begründet sind.

Dabei möchten wir „Religion" allerdings im höchsten Sinne fassen: als gläubige Hingabe des Menschen an eine alliebende, seine Geschicke leitende Macht, nicht als ein bestimmtes kirchliches System der Gottesverehrung und des Gottesdienstes; denn nur allzu leicht knüpfen sich an Wesenheiten und Gegenstände von Religionssystemen Anschauungen und Handlungen an, die in den Bereich des A.s im obigen Sinne gehören (z. B. der Gebrauch der Hostie im Zauber), und überdies können sich auch die Auffassungen über gewisse Erscheinungen innerhalb ein- und desselben Religionssystems wandeln. Die Hexen werden heute selbst in theologischen Darstellungen als Erzeugnisse des A.s behandelt; früher wurde ihre Zauberabsicht allgemein geglaubt, und selbst ein Rückwandel ist nicht ausgeschlossen. Wie endlos abgestuft ist ferner der Glaube an die Wirkung und der Gebrauch von Segenssprüchen, Devotionalien u. dgl., und wie verschieden, nach Zeiten und Gegenden, die Einstellung der Geistlichkeit zur Verwendung dieser Dinge durch das Volk!

3. Einteilung und Inhalt des A.s. Die Einteilung des A.s begegnet großen Schwierigkeiten, da bei jeder abergläubischen Anschauung mehrere Gesichtspunkte in Betracht kommen. So können wir z. B. bei der Vorstellung, daß aus dem Aufblühen eines an Weihnachten ins Wasser gestellten Kirschbaumzweiges auf die Fruchtbarkeit des kommenden Jahres geschlossen werden könne, drei verschiedene Gesichtspunkte unterscheiden: 1. das Orakel, 2. die Pflanze, 3. die heilige Zeit. Demnach ließe sich dieser A. nach dem Zweck (Fruchtbarkeit), nach dem Mittel (Kirschbaumzweig), nach dem Ausgangspunkt (Weihnacht) einteilen. Wissenschaftlich am ehesten zu rechtfertigen scheint uns die Einteilung nach dem Zweck oder Ergebnis des A.s, soweit überhaupt ein Zweck vorliegt.

O. Stolls Einteilung *(Zauberglauben)* in defensive, offensive und expetitive (d. h. erstrebende) Verfahren ließe sich gut als Grundlage annehmen, nur fehlt ihr die große Gruppe des absoluten, anscheinend ziellosen A.s (s. u. III).

Wir möchten folgende Einteilung vorschlagen, obschon auch in ihr nicht alle A.serscheinungen restlos aufgehen:

I. Kündung oder Erforschung des Unbekannten (Vorzeichen, Anzeichen, Omen, Orakel):

A. Passiv (ohne Zutun des Menschen):

Bricht einem heiratsfähigen Mädchen beim Nähen eines Kleides die Nadel, so näht es an einem Brautkleide. — Weiße Flecken an den Fingernägeln bedeuten lange Lebensdauer, da das Holz zum Sarge noch „blüht". — Setzt sich eine Elster auf das Haus, so gibt es darin Streit.

B. Aktiv (durch menschliche Handlung):

Um zu wissen, ob ein Kranker stirbt oder nicht, nimmt man Brot, streicht es dem Kranken über die Stirn und gibt es einem Hund zu fressen. Frißt er's, so bleibt der Kranke am Leben, andernfalls stirbt er. — Holt man sich nachts zwölf Uhr aus dem Totenhause einen Totenknochen und blickt durch ihn hindurch, so sieht man, wie die Hexen rückwärts auf den Friedhof kommen.

II. Abwehr oder Antun von Unheil bzw. Herbeiführen oder Verhindern von Heil:

A. Verfahren zugunsten des Objekts.

1. Abwehr von Unheil:

Gegen den Umlauf („Wurm") am Finger spricht man: „Wurm, ich beschwöre dich bei dem hl. Tag!" usw. — Krankheiten vergehen, wenn man sie mit einem Gegenstand bestreicht und diesen in einen Balken oder Baum verpflöckt, oder wenn man das kranke Glied durch ein Loch stößt oder den ganzen Leib durch einen gespaltenen Baum zieht. — Schutzmittel gegen Behexung und zauberische Gegenwirkung: C. M. B. (die Namen der hl. Dreikönige) über der Tür. — Brotrinde in der Tasche schützt vor bösem Blick. — Findet sich ein Karfreitagsei im Hause, so ist dieses vor Blitzschlag geschützt.

2. Herbeiführen von Heil:

Ein Leichenzahn, ohne Knoten in ein leinenes Säckchen genäht, erleichtert das Zahnen. — Um sich bei den Leuten angenehm zu machen, trage man ein Wiedehopfauge bei sich. — Um rechtzeitig aufstehen zu können, spricht man beim Schlafengehen: „St. Vit, ich bitte dich" usw.

B. Verfahren zuungunsten des Objekts:

1. Antun von Unheil:

Die Behexung in ihren zahllosen Formen, z. B.: Wenn man Kinderwäsche über Nacht draußen hängen läßt, zaubert die Hexe etwas Böses hinein. — Auf der Grenze zwischen II, A 2 und II, B 1 steht der Liebeszauber, z. B.: Man nehme drei Stücklein Brot, trage dieselben so lange unter dem Arm, bis sie von Schweiß durchtränkt sind, und mische sie dem Geliebten in die Speise.

2. Verhindern von Heil:

Eine weiße Haselwurzel unter die Schwelle der Stalltüre gelegt, bewirkt, daß die Kühe unfruchtbar werden.

III. Absoluter Aberglauben (d. h. Anschauungen und Handlungen ohne Beziehung auf Vorzeichen oder Orakel und Verfahren zugunsten oder zuungunsten des Objekts):

A. Anschauungen und Handlungen in bezug auf Mensch, Natur, menschliche Einrichtungen:

Die Wöchnerin ist unrein, bis sie zum erstenmal nach der Niederkunft wieder zur Kirche geht. — Kinder bekommen den Charakter ihrer Taufpaten. — Der Mittwoch ist Unglückstag, weil er kein „Tag" ist. — Das Vieh bekommt in der Christnacht menschliche Sprache, Wasser verwandelt sich in Wein. — An Ostern geht die Sonne hüpfend auf. — Im Augustkrebs soll man Heilkräuter sammeln.

B. Anschauungen und Handlungen in bezug auf übernatürliche Wesen:

Die Seele des Menschen kann aus dem lebenden Körper entweichen (oft in Gestalt einer Hummel, eines Schmetterlings u. dgl.) und wieder in denselben zurückkehren.

Eine scharfe Abgrenzung dieser drei Gruppen ist nicht immer möglich. So wird man z. B. das Auffinden von Ertrunkenen mit Hilfe eines Stückes geweihten Agathenbrotes, das auf das Wasser geworfen wird, zu I B oder II A 2 stellen können. Der A., daß das Schneiden der Haare im Zeichen des Steinbocks dieselben bald ergrauen lasse, kann als I B (Zukünftiges) oder aber (und wohl besser) als III A gedeutet werden; dagegen reiht sich die Vorschrift, die Haare im Leu zu schneiden, richtiger in II A 2, als in III A ein. Daß der 18. August ein Unglückstag sei, läßt sich ebensogut als I wie als III deuten. Die Vorschrift, nur an einem fleischlosen Tag (Freitag) am Kohl zu arbeiten, da die Fleischtage Graswürmer herbeiführen, kann als I A, II A oder III A aufgefaßt werden usw.

Seinem Inhalt nach fassen wir also unter A. (wie Grimm Myth. 925) sowohl die passiven Anschauungen wie die aktiven Verfahren zusammen, im Gegensatz zu Alfr. Lehmann (Aberglaube), der mit „A." nur die Theorie (Anschauung), die Praxis dagegen mit „Zauberei" oder „Magie" bezeichnet. Anderseits glauben wir von dem Begriff A. im landläufigen Sinne die sog. magischen Wissenschaften fernhalten zu sollen, wie Astrologie, Geomantie, Chiromantie, Nekromantie und andere systematisch betriebene Mantik; ferner die Kabbalah (jüd. Geheimwiss.), die Alchemie, sowie die Geheimwissenschaften (Okkultismus, Spiritismus), wenn es auch nicht zu leugnen ist, daß sich Spuren dieser höheren Magie und des Okkultismus im Volksaberglauben finden. Sie sind daher auch, so weit es uns tunlich schien, in dieses Wörterbuch aufgenommen worden.

Aus obiger Einteilung ist zu erkennen, daß gewisse volkskundliche Forschungsgebiete, die oft gesondert behandelt werden, wenigstens teilweise sich in den A. einreihen. Zunächst die Sage. Die zahlreichen Hexen-, Zwergen-, Drachensagen und solche über gespenstische Tiere (Dorfhund, dreibeinige Hasen usw.), irrende Seelen, zu bestimmten Zeiten sich sonnende Schätze und vieles andere mehr, lassen sich dem absoluten A. (III) angliedern. In der Volksmedizin sind eine Unzahl von Heilmitteln und die Vorschriften zu ihrer Gewinnung und Anwendung rein abergläubischer Natur; ebenso die Segensformeln. Andere Volksmittel aber dürften sich als medizinisch begründet erweisen. Ähnlich steht es mit den Kalender-, Bauern- und Wetterregeln. Abergläubisch wäre z. B. die homonymische Bauernregel, daß am Bonifaztag die Bohnen gepflanzt, oder die Analogieregel, daß die Haare im Zeichen des Widders geschnitten werden sollen, damit sie kraus werden. Vieles andere ist dagegen landwirtschaftlich oder meteorologisch durchaus gerechtfertigt.

4. Momente und Zweck des A.s. Der A. wurzelt in der Vorstellung magischer Kräfte, die im Reich des Unkörperlichen wie des Körperlichen wohnen und walten. Diese Kräfte können von sich aus wirken oder gedeutet werden; sie können aber auch vom Menschen als Mittel zum Zweck verwendet werden. Magische Kräfte besitzt alles, was man als heilig betrachtet: Dinge (Hostie), Zeichen (Kreuz), Worte (Johannes-Evan-

gelium), Handlungen (läuten), Orte (Kirche, Grab), Zeiten (Weihnacht) u. a.; ferner die anthropomorph übersinnliche Welt, die sich auch wahrnehmbar verkörpern kann: Dämonen, Geister, Seelen; der Mensch selbst (und Teile von ihm) in bestimmten Beschaffenheiten, Zuständen und Eigenschaften: Geschlecht (Begegnung mit einem Knaben), Jugend und Alter, Berufe (Schäfer), Rassen (Juden), Körperbeschaffenheit (Bucklige), Nacktheit, Ungetauftheit, geistige Abnormität, Tod, dämonische Fähigkeiten (böser Blick), Blut, Speichel, Harn usw.; Tiere, die mit besondern Eigenschaften begabt erscheinen, Pflanzen wegen ihres Aussehens, biologischer Erscheinungen, Wirkungen usw.; Steine, Metalle u. a. Mineralien, denen heilbringende oder übelabwehrende Eigenschaften verschiedenster Art zugeschrieben werden: von Steinen namentlich durch Gestalt oder Farbe auffallende: durchlochte Steine, vorgeschichtliche Artefakte, Versteinerungen, Bernstein (vom Volke als Stein aufgefaßt); ferner Edelsteine, Edelmetalle, Eisen, Salz, Erde. Hier mag auch Feuer und Wasser angeschlossen werden. Meteorologisches: Tau, Regen, Regenbogen usw. Natürlich auch die Gestirne, besonders der Mond und der Tierkreis. Menschliche Erzeugnisse, an deren magische Kraft teilweise schon in ältesten Zeiten geglaubt wurde, wie Brot, Wein, Kleid, Spiegel, Sieb, Schlüssel, Geld, Besen, Hufeisen, Axt; als deutliches Bindungssymbol der Knoten. Oft gibt ein Akzidens dem Gegenstand magische Kraft: wenn er gefunden, gestohlen, ererbt ist u. a. Zauberische Orte sind (außer den geweihten) namentlich im Hause; die heilige Feuerstätte, der Herd, ferner der Ofen, die Schwelle, die Dachtraufe u. a. Außerdem: Kreuzwege, vorgeschichtliche Kultstätten u. dgl. Hier seien auch die Himmelsrichtungen, sowie rechts und links genannt. Bedeutungsvollen Zeiten (Stunden, Wochen- und Kalendertagen) und Zahlen (besonders 3, 7, 9) wird ebenfalls magische Kraft beigemessen. Von Farben ist Rot die bedeutsamste.

Ein sehr wichtiges Moment ist die magische Handlung und das gesprochene oder geschriebene Zauberwort, deren Kräfte auf die verschiedensten Ursachen zurückgeführt werden müssen. Gewissermaßen als seelischer Teil des Menschen wird der Atem betrachtet; daher ist für den Zauber das Hauchen und Blasen wichtig, von Substanzausscheidungen das Spucken. Von Bewegungen sind wesentlich: das Umkreisen, das Abstreifen, die Rückwärtsbewegung. Bestimmte Vorschriften knüpfen sich ferner an das Kaufen und Verkaufen, Leihen, Stehlen.

Sehr vielen Handlungen, wie abergläubischen Vorstellungen überhaupt, liegt der Analogiegedanke zugrunde: man verbindet ein Stuhlbein zur Heilung eines gebrochenen Tierbeins, man hält das wächserne Abbild des zu Schädigenden über das Feuer, man macht an eine Schnur so viele Knoten, als man Warzen hat, usw. Auch die befreiende und übertragende Handlung (wegschwemmen, verpflöcken, abstreifen, auf Tiere und Menschen übertragen u. v. a.) haben ihre Zauberkraft in der Analogie des Vorgangs, wie auch der Zauberspruch in seinem epischen Eingang meist ein analoges Geschehen erzählt.

Wesentlich ist ferner das Unterlassen der Handlung: schweigen, nicht arbeiten, nüchtern sein u. a. m.

Die Zwecke oder die Ergebnisse des aktiven und des passiven A.s sind so mannigfache, daß sie an dieser Stelle nicht einmal beispielsweise mitgeteilt werden können. In den meisten Fällen ist es Herbeiführung von Glück, Gelingen, Fruchtbarkeit usw. und ihrer Gegenteile; vielfach bezieht er sich auch auf Vorkommnisse im menschlichen Leben (Geburt, Kinderzahl, Liebe, Heirat, Hausbezug, Besuch, Krankheit, Tod usw.), auf häusliche und landwirtschaftliche Vornehmungen, auf die Lösung gewisser Gebundenheiten (von Bann, Behexung, das Wiederfinden von Verlorenem u. v. a.), auf die Erwerbung von

Fähigkeiten (Hellsehen, unsichtbar machen, unfehlbarer Schuß usw.), auf Handel und Berufliches, Prozeß und Gericht.

Das Glück also und das materielle Wohl des Menschen, bzw. das Unglück seines Widersachers, steht beim A. weit im Vordergrund. Psychische und ethische Momente kommen meist nur dann in Betracht, wenn sie entweder auch wieder auf Vorteile für das leibliche Leben oder auf Belohnung bzw. Strafvermeidung im Jenseits Bezug nehmen. In dem Erdreich des absichtslos Guten schlägt der A. keine Wurzeln [13]).

[13]) L. Mackensen *Volksreligion* im SAVk. 27, 161 ff.

5. Ursprung u. Geschichte des A.s. Der Begriff „A.“ als einer verwerflichen oder sinnlosen Anschauung kann natürlich erst in einer Zeit entstanden sein, wo man sich über den A. zu erheben begann. Der Abergläubische selbst sieht in dem A. etwas Berechtigtes und glaubt an seine Wirkungen. Der A. geht also in die Urzeiten der Menschheitsgeschichte zurück; denn von dem Augenblicke an, wo der Mensch äußere Vorgänge zu beobachten und daraus Schlüsse zu ziehen begann, mußte sich auch der A. einstellen. Dieser uranfängliche A. baute sich jedoch keineswegs auf einer Grundvorstellung auf, etwa dem „Animismus“, „Manismus“ u. dgl., sondern mußte sich bei dem Fehlen naturgesetzlichen Wissens und Denkens zunächst überall da bilden, wo entweder etwas Eindrucksvolles, Seltenes sich ereignete oder wo mit einer wichtigen menschlichen Handlung eine auffallende Erscheinung zusammenfiel. Das Einschlagen eines Blitzes in ein Ackergerät bewirkt eine heilige Scheu vor dem getroffenen Objekt, die verbietet, es weiter zu profanem Zweck zu verwenden. Dabei denkt man aber primär noch nicht an einen Blitzgott, wenn nicht etwa schon ein solcher im Religionssystem vorhanden ist. Das Finden eines vierblättrigen Kleeblatts bedeutet Glück wegen seiner Seltenheit; das auffallende Zurückschauen eines Pferdes am Leichenwagen erweckt die Vorstellung, daß dieses Tier weitere Todesopfer anblicke, und man glaubt daher, daß bald einer aus dem Leichengeleite dem Toten nachfolgen werde. Das bloße Erstaunen über das auffallende Ereignis und die unwillkürliche Frage nach seiner Bedeutung sind somit die älteste Form des A.s. Der Glaube an dämonische Kräfte und Wesen und weiterhin ihre Gunsterwerbung oder ihre Abwehr mag sich unmittelbar an diese primäre Empfindung anschließen; er zeigt uns aber bereits eine Schlußfolgerung aus den Erscheinungen: der Blitz wird zum Blitzdämon, das Pferd erhält dämonische Orakelkräfte. Eine dritte Stufe wäre die Anwendung der fest gewordenen Anschauungen auf die Vorgänge des Lebens, z. B. die Verwendung der Hostie zum Zauber oder eines schwarzen Geißbockes zur Dämonenabwehr. Die 3 Stufen können, wie das bei primitiven Völkern geschieht, durch Ausbau und Festigung bestimmter Vorstellungen zu Religionsformen oder gar -Systemen werden (s. Fetischismus, Animismus, Manismus, Totemismus u. a.). — Alle 3 Phasen setzen in ihren Anfängen einen direkten, ja bewußten Zusammenhang zwischen der abergläubischen Vorstellung und der ihr zugrundeliegenden Tatsache voraus, und solche direkten Zusammenhänge werden in allen 3 Phasen auch heute noch überall da sich anknüpfen, wo ein A. sich neu bildet; denn die Aufstellung obiger 3 Stufen ist nicht etwa so zu verstehen, als ob eine die andere restlos abgelöst hätte, sondern die älteste kann sich heute noch in gleicher Weise bilden, wie die neueste; aber wenn ein solcher lebendiger primärer A., wie wir ihn nennen möchten, einmal fest geworden und auf andere Menschen, die ihn nicht selbst unmittelbar erlebt haben, übertragen worden ist, pflanzt er sich gedankenlos weiter von Mensch zu Mensch, von Land zu Land, von Geschlecht zu Geschlecht und wird so zum traditionellen, sekundären A. Sekundäre A. können sich,

weil sie nicht mehr mit der ursprünglichen Vorstellung verbunden sind, *wandeln*, infolge von Gedächtnisfehlern, Vermischungen oder logischen Erwägungen. So ist die ältere Ansicht, daß die Irrlichter vor Flüchen entweichen, vielfach durch den umgekehrten Glauben ersetzt worden; ebenso der Glaube, daß Regen am Hochzeitstage Glück bringe u. v. a.

Eine ganz späte Ausartung ist natürlich der *teleologische A.*, wie z. B. der, daß Kindern gewisse Dinge mit abergläubischer Begründung verboten werden (pädagogischer A.). Der betr. A. selbst kann uralt sein, aber seine zweckzielende Anwendung ist spät.

Aus diesen Gründen läßt sich eine *Entwicklungsgeschichte des A.s* selbst nicht schreiben; denn eine abergläubische Vorstellung, die sich vor 10 000 Jahren gebildet hat, kann noch in der Gegenwart am gleichen Objekt sich neuerdings bilden. Nicht zu leugnen ist jedoch, daß im *Mittelalter* der A. sowohl stofflich wie in bezug auf die Zahl der abergläubischen Subjekte eine weit größere Ausdehnung hatte als heute. Eine Entwicklungsgeschichte der *Stellung des Rechts und der Kirche zum A.* ist also wohl denkbar (Lit. s. am Schluß d. Art.). Kirchliche und weltliche Organe bis hinauf zu Papst und Kaiser waren nicht nur von der Existenz, sondern auch von dem Eingreifen dämonischer Mächte in das menschliche Leben und von der Fähigkeit des Menschen, sich dieselben dienstbar zu machen, überzeugt. Wenn daher Karl d. Gr. in einem Kapitular das Wahrsagen, Traumdeuten, Zaubern, Wettermachen verbietet oder sich gegen den Gebrauch des Chrisma zu Heilungen und Malefizien wendet, so tut er das nicht, weil er als Aufgeklärter dieses abergläubische Treiben verurteilt, sondern weil er, wie die Kirche, das unheilvolle Eingreifen gottfeindlicher Dämonen in die Geschicke des Menschen fürchtet. Es unterliegt daher keinem Zweifel, daß die Synodalbeschlüsse, Pönitentialbücher, päpstlichen Erlasse wie die weltliche Strafgesetzgebung durch ihre Verbote den A. nur bestätigt und befestigt haben, und einzig die empirische Naturbetrachtung konnte einer nüchterneren, *rationalistischen Auffassung* der Dinge Raum schaffen.

Die ersten Ansätze zu einer Kritik der kirchlichen Dämonologie zeigen sich bei den großen Naturbeobachtern des 13. Jhs.[14]), unter denen namentlich der 'Doctor mirabilis' *Roger Bacon* (1214—1294) bahnbrechend wurde. Seine 'Epistola de secretis operibus artis et naturae et de nullitate magiae' ist ein glänzendes Zeugnis für die Geistesfreiheit, zu der er sich aus dem Wust scholastischen Dämonenglaubens emporgehoben hatte[15]). In ähnlichen Bahnen wandelt, wenn auch weniger kühn vorstoßend und vielfach noch in herkömmlichen Anschauungen wurzelnd, sein Zeitgenosse, der 'Doctor universalis' *Albertus Magnus* (1193—1280). Aber sonderbar: gerade das immense Wissen dieser Universalgeister hat sie in den Geruch der Zauberei gebracht, die sie bekämpfen, und bei Albertus sogar dazu geführt, daß jetzt im Volke zahlreiche Zauberbücher unter seinem Namen kursieren, die mit seinen authentischen Schriften kaum irgendwelche Berührung haben[16]). Als Dritter im Bunde mit dem Engländer und dem Deutschen sei der Franzose *Jehan Clopinel de Meun* (gest. gegen 1305) genannt, der in seinem 'Roman de la Rose' (um 1270) mit Schärfe gegen den Wahnglauben seiner Zeit vorgeht[17]). Ja, seine freien Ansichten müssen so nachhaltig gewirkt haben, daß sich mehr als 100 Jahre später (1402) der Pariser Kanzler *Jean Gerson* bewogen sah, sie in einer Gegenschrift zu bekämpfen. — Bald aber überwucherte die *Dämonologie der Scholastik* wieder die kaum entsprossenen Keime des Rationalismus, und während beinahe zweier Jhh. blieb die europ. Kultur unter dem Banne des Dämonenglaubens eines *Petrus Lombardus* ('Liber sententiarum' 1150), *Thomas v. Aquino* ('Summa theologiae' 1265—73), *Bonaventura* (Kommentar zu des Lombardus Sentenzen ca. 1250). Die Inquisition, die in ihrer offiziellen Form mit dem ersten Viertel des 13. Jh. einsetzte, nachdem schon lange Zeit vorher gegen Ketzer vorgegangen worden war, kann nur als eine Frucht dieser tiefgewurzelten Anschauungen betrachtet werden, wenn auch eine Frucht, die ihrerseits wieder 'fortzeugend Böses gebären' mußte; denn mit der Aufspürung und gerichtlichen Bestrafung der Ketzer war auch der Grund zur Hexenverfolgung gelegt, die in den nachfolgenden Jhh. (besonders im 16. und 17. Jh.) die ganze menschliche Gesellschaft in Schrecken bannte; ist doch der „Hexenhammer" (1487), jenes Grundwerk des Hexenwahns, nichts anderes als eine Darstellung des Inquisitionsverfahrens und eine Fortsetzung der Inquisitorien eines Guidoni (um 1320), Petrucci († 1345), Eymericus (1376), die sämtlich von Dämonen- und sonstigem A. strotzen. Das Festhalten an der Inquisition bis in die Neuzeit (Italien 1859, Spanien 1834, Frankreich 1772, Deutschland: Reformation) mußte notgedrungen den A., der mit der „Ketzerei" und ihren Nebenerscheinungen aufs innigste verknüpft war, im Volke nur bestärken [18]). Um so verdienstvoller ist die Arbeit der namentlich seit der zweiten Hälfte des 16. Jhs. wieder zahlreicher auftretenden Gegner des A.s, insbesondere der Hexenverfolgung, auf deutschem Boden. Es seien hier nur die wichtigsten genannt: Joh. Wier (Weyer) ('De Praestigiis Daemonum' 1563), Thomas Erastus ('De Lamiis et Strigibus' 1577), Aug. Lerchheimer ('Christl. Bedenken von der Zauberei' 1585), Frid. Spee ('Cautio criminalis' 1631), Joh. Praetorius (namentl. 'Philosophia Colus' [Rockenphilosophie] 1662), der Holländer Balth. Bekker ('De betooverde Wereld' 1691) und Chr. Thomasius ('Kurze Lehrsätze vom Laster der Zauberei' 1703). Aber noch in der zweiten Hälfte des 18. Jhs. entbrannte eine heftige Kontroverse über den Hexenglauben zwischen den Patres Ferd. Sterzinger und Angelus (al. Agnellus) März, die eine reiche Literatur für und wider auslöste (s. Grässe, Bibl. mag. S. 65 f.).

Eine wesentliche Verschiebung hat der Begriff des A.s durchgemacht: Während man in älterer Zeit unter A. Anschauungen und Handlungen verstand, denen wirklich vorhandene Dämonenkräfte zugrunde liegen, pflegt man heute im landläufigen Sinne den A. als Wahnglauben aufzufassen, der irrtümlich solche unsichtbar wirkende Kräfte voraussetzt. Von beiden subjektiven Standpunkten hat sich die Volkskunde als Wissenschaft fernzuhalten und den A. in der Gesamtheit seiner Erscheinungen, ob sie sich auf Transzendentes oder Irdisches, auf Abstraktes oder Konkretes beziehen, als reines Forschungsobjekt zu betrachten.

[14]) Hansen *Zauberwahn* 130 ff. [15]) Ebd. 150. [16]) Albertus Magnus als Zauberer s. Grimm *Sag.* Nr. 495 = Trithemius *Annales Hirsaugenses* (1515). Zu dem A. über Alb. mögen die ihm fälschlich zugeschriebenen Werke *'Liber aggregationis seu liber secretorum Alberti M. de virtutibus herbarum et animalium'*, *'De mirabilibus mundi'* und *'De secretis mulierum'* beigetragen haben. Vgl. Hertling *Albertus Magnus in Geschichte u. Sage* Köln 1880; Saintyves *Albert le Grand* in RTrp. 28, 556 ff. [17]) Hansen *Zauberw.* 147. [18]) Lea *A History of the Inquisition* New York 1888; deutsch: Bonn 1905—13. Nicht zugänglich war mir Lynn Thorndipe *A History of Magic and experimental Science during the first thirteen Centuries of our Era. Lond.* 1923.

6. Quellen des deutschen A.s. Schon in den ältesten Berichten über Deutschland und germanische Länder überhaupt finden sich vereinzelte Angaben über A. Nur Weniges freilich bei Caesar (50 v. Chr.) und Strabo 10 v. Chr.), Reichliches dagegen bei Tacitus (100 n. Chr.), der nicht nur Angaben über german. Götter überliefert, sondern auch mancherlei über Priestertum, heilige Bilder und Feldzeichen, Prophetinnen, Weissagung, heilige Haine, Quellen und Pferde, Menschen- und Tieropfer. Vereinzeltes auch bei Claudian (ca. 400), Ammianus Marcellinus (5. Jh.) und Agathias (6. Jh.). Reichhaltiger sind die einheimischen Zeugnisse des frühen MA., wie sie uns in den ältesten Heiligenleben, Ge-

schichtsdarstellungen, Konzilsakten, weltlichen und geistlichen Rechtsquellen entgegentreten. So berichtet uns im 6. Jh. Ennodius in der 'Vita Antonii' von Menschenopfern, Gregor v. Tours in der 'Historia Francorum' von Götterbildern und -hainen, das Konzil von Auxerre (578) von Votiven an Bäumen und Quellen, von der heidnischen Neujahrsfeier [19]), die Lex Salica (ca. 500) und ihre Malbergische Glosse berühren Abergläubisches und Zauberisches in den teilweise noch dunkeln Ausdrücken 'chrenechruda, thornecallis, chreoburgio, charistado, alatrude' und erwähnen bereits die 'stria' (Hexe). Aus dem 7. Jh. ist wichtig eine Predigt des heiligen Eligius, Bischofs von Tournay (588—659), wegen ihrer zahlreichen Angaben über A. [20]), von Heiligenleben die 'Vita Columbani' Johanns von Bobbio und die 'V. Barbati', von sonstigen geistlichen Schriften: Gregors d. Gr. 'Dialoge', von Rechtsquellen: die Lex Rotharis. — Mit dem 8. Jh. setzt eine so reiche Literatur ein, daß wir nur noch das Wesentliche hervorheben können. Besonders sind es die Pönitentialien (Bußbücher) [21]), die eine Fülle des bedeutendsten Stoffes enthalten; vor allen das Pœnitentiale Gregors II. [22]), das fränk. Pœnitentiale Pseudo-Romanum (ca. 700), das Pœnitentiale Egberts v. York (ca. 750) und das P. Vindobonense. Wichtig sind ferner die Erlasse Karls d. Gr.: Die Capitulatio de partibus Saxonum (ca. 780) und die Capitularia de villis (789 u. 812). Eine karoling. Predigt von ca. 790 wendet sich gegen Toten- und andere Opfer, Wahrsagen, Schutzmittel, Beschwörungen [23]); Predigten, Statuten, Briefe des heiligen Bonifatius [24]) gegen allerhand abergläubische Bräuche, und in dasselbe Jahrhundert gehört der Indiculus superstitionum (743) [25]), jenes vielerörterte Verzeichnis von 24 heidnischen Bräuchen. Endlich sei noch das Einsiedler-Manuskript De Sacrilegiis erwähnt, das laut Mélusine (II, 218) reich an interessantem A. sein soll. — Das 9. Jh. setzt die Pönitentialien fort. Weitaus das wertvollste Dokument dieser Art ist die Schrift des Abtes Regino v. Prüm 'De synodalibus causis et disciplinis ecclesiasticis' (ca. 900) [26]), in der dt. Konzilbeschlüsse und Kapitularien des 9. Jhs. zusammengefaßt sind; weniger bedeutend das fränk. Poenitentiale Ps. Theodori [27]). — Das 10. Jh. scheint verhältnismäßig arm an kirchlicher Literatur über abergläubische Bräuche gewesen zu sein; dagegen seien als wichtige Quelle des 11. Jhs. Burchards v. Worms († 1024) 'Canones' [28]) genannt, in denen ebenfalls auf alte Bräuche zurückgewiesen wird. — Das 12. Jh. ist wieder eine Zeit der Ebbe für unser Stoffgebiet, während in das 13. Jh. die an volkskundlichen Angaben so reichhaltigen Predigten Bertholds v. Regensburg († 1272) [29]) und der 'Dialogus miraculorum' des Caesarius v. Heisterbach fallen [30]). — Das 14. Jh. bringt die wertvollen Schriften des Frater Rudolfus 'De officio Cherubyn' [31]), des Nicolaus v. Dinkelsbühl 'De preceptis decalogi' (1370) [32]) und eine Zürcher Hs. vom J. 1393 [33]); besonders reich ist aber wieder das 15. Jh. an Schriften abergläubischen Inhalts. Wir nennen des Nicolaus Magni de Jawor 'Tractatus de superstitionibus' (1405) [34]), den anonymen 'Tractatus de Daemonibus' [35]), Hans Vintler 'Blumen der Tugend' [36]), Heinrich v. Gorkums 'Tractatus de superstitiosis quibusdam casibus' (ca. 1425) [37]), Johann Niders 'Formicarius' (1435—1437) [38]), Thom. Ebendorfer, 'De decem praeceptis' (1439) [39]), Joh. Wunschilburgs 'Tractatus de Superstitionibus' (ca. 1440) [40]), Felix Hemmerlins Schriften: 'Dialogus de nobilitate et rusticitate' (1444 bis 50), 'De exorcismis' (ca. 1455), 'De credulitate daemonibus adhibenda' (ca. 1455—60) [41]), Michael Behaims Meistergesang über Ketzer und Zauberer (ca. 1460) [42]), Gottschalk Hollens 'Sermones dominicales' [43]), Hartliebs 'Buch aller verboten Kunst' [44]), das

'Buch der zehen Gebot' (1458) [45]) und die Hs. in St. Florian [46]). In dasselbe Jahr fällt vermutlich auch die erste (franz.) Fassung der Rockenphilosophie (Evangile des Quenouilles) [47]), die auf dt. Sprachgebiet bis tief ins 18. Jh. Neuauflagen und Bearbeitungen gefunden hat. Am Ausgang des Jhs. steht eine Hauptquelle des A.s: der 1486 vollendete 'Hexenhammer' (Malleus maleficarum) des Heinrich Institoris und Jakob Sprenger [48]), welches Werk in späteren Drucken noch allerhand andere Schriften über Zauberei und Hexenwesen in sich vereinigt, so z. B. Ulr. Molitoris' 'De laniis (so!) et phytonicis mulieribus, teutonice unholden vel hexen' (1489) [49]), Thomas Murners 'Tractatus de phitonico contractu' (1499) [50]). Eine Anzahl Breslauer Hss. aus dem 14. u. 15. Jh. sind im Anschluß an Antonin v. Florenz (geb. 1389) auszugsweise mitgeteilt in MschlesVk. 21, 63 ff.

[19]) SAVk. 7, 117 ff. 187 ff. [20]) Im Auszug: Grimm *Myth.* 3, 401. [21]) Wasserschleben *Die Bußordnungen der abendl. Kirche.* Halle 1851; J. Schmitz *Die Bußbücher u. die Bußdisciplin der Kirche.* Mainz 1883 u. 1898. [22]) Wasserschleben 13, 173. 200; Migne *P. L.* 132. [23]) ZfdA. 12, 439. 442. [24]) Meyer *Myth.* 20. [25]) Grimm *Myth.* 3, 403; Saupe *Der Ind. Sup. erläutert.* Leipz. (Programm) 1891; PBB 25, 586; Fr. Widlak *Die abergl. u. heidn. Gebr. der alten Deutschen, nebst d. Zeugn. der Synode v. Liftinae.* Znaim o. J. [26]) Wasserschleben 84; Meyer *Myth.* 21. [27]) Wasserschleben 595. [28]) Grimm *Myth.* 3, 404; Wasserschleben 89. 624. [29]) Schönbach *Berth. v. R.* [30]) hrsg. von W. Strange 1851; vgl. Ph. Schmidt *Der Teufels- und Dämonenglaube bei Caes. v. H.* Diss. Basel 1926. [31]) Franz in: Theol. Quartalschrift 1906, 411 ff. [32]) Panzer *Beitr.* 2, 256 ff. [33]) Grimm *Myth.* 3, 411 ff. [34]) Ebd. 3, 414; A. Franz *Der Magister Nicolaus Magni de Jawor.* Freiburg i. B. 1898; Hansen *Quellen* 67 ff. [35]) Ebd. 82 ff. [36]) Grimm *Myth.* 3, 420; Zingerle *Sitten*² 283 ff.; ZfVk. 23, 1 ff. 113 ff. [37]) Hansen *Quellen* 87. [38]) Ebd. 88 ff. [39]) ZfVk. 12, 3. [40]) Hansen *Quellen* 104.; ZfVk. 11, 272 (laut Franz *Bened.* 1, 108 ungenau). [41]) Hansen *Quellen* 109 ff. [42]) Ebd. 207. [43]) Zeitschr. f. vaterländ. Gesch. u. Alt. Westfalens 47, 85. [44]) Grimm *Myth.* 3, 426; Hansen *Quellen* 130 ff.; hrsg. von Dora Ulm. Halle 1914. [45]) Panzer *Beitr.* 2, 262 ff. [46]) Grimm *Myth.* 3, 415. [47]) *Les Evangiles des Quenouilles.* Nouv. éd. Paris 1855 (Préface. Bibliographie p. XII sq.). [48]) Westdeutsche Ztschr. 17, 119 ff.; Hansen *Zauberwahn* 473 ff.; Ders. *Quellen und Unters.* 300 ff. [49]) Ebd. 243. [50]) Ebd. 254.

Im 16. u. d. f. Jhh. ist die A.literatur kaum mehr zu übersehen und spezialisiert sich immer mehr auf bestimmte Gebiete, besonders das Dämonen- und Hexenwesen, die verschiedenen Formen der Mantik u. a., so daß wir hier nur an Hand der (oft unzuverlässigen) Bibliographien (s. u. die Lit.) Werke allgemeineren Inhalts zitieren können, ohne Garantie absoluter Genauigkeit.

16. Jh.: Über Luther s. E. Klingner L. u. d. dt. Volksa. Berl. 1912; ferner die Werke von Agrippa v. Nettesheim (1510 ff.), Johannes Trithemius (1508 ff.; manches untergeschoben) und Paracelsus (ca. 1570 ff.). Einzelnes: Ulr. Tengler „Layenspiegel". Augsb. 1511 (bes. Zauberei); Geiler v. Kaisersberg „Emeis" 1516 (vgl. A. Stöber, Z. Gesch. d. A.s im Anf. d. 16. Jhs. Basel 1856); Ioannes Boemus „Omnium gentium mores . . ." 1520, wo im 3. Teil Deutschland; Seb. Franck „Weltbuch". 1534 (s. Er. Schmidt Deutsche Volkskunde i. Zeitalter d. Hum. u. d. Ref. 1904, 128); Casp. Peucerus „Commentarius de praecipuis generibus divinationum". Wittenb. 1560; Joh. Wier De Praestigiis Daemonum. Basel 1563; (Deutsch von Joh. Füglin. Basel 1565); Zimmerische Chronik 1566 (hrsg. von K. A. Barack² 1881—82); Theatrum Diabolorum. Frankf. 1569 (darin bes. Ludw. Milich „Der Zauber Teuffel"); Joach. Camerarius „Comm. de generibus divinationum". Leipz. 1575; Nic. Hemmingius „Admonitio de superstitionibus magicis vitandis". Kopenh. 1575 (deutsch: Wittenb. 1586); Ludw. Lavater „Von Gespänsten, vngehüren, fälen vnd andern wunderbaren dingen". Zürich 1578; J. Bodinus „De daemonomania magorum", übers. von Fischart. Straßb. 1581 (dazu: Dav. Stumpf „Erklär. d. Zaubergreuel, welche aus J. Bodini daemonomania gezogen sind". Frankf. 1620); P. Frisius „Des Teufels Nebelkappen, d. i. . . . von der Zauberei". Frankf. 1583; Augustin Lercheimer „Bedenken v. d. Zaubern". Heid. 1585; Bened. Pererius „Advers. fallaces et superstit. artes . . ." Ingolst. 1591; Nic. Remigius „Daemonolatria". Leyden 1595 (Deutsche Übers. Frankf. 1598); Grosius Henningus „Magica". Istebia 1597 (deutsch 1600); Mart. Delrio „Disquisitionum magicarum libri VI". Löwen 1599 (später in Mainz u. Köln gedruckt).

Sehr reichhaltig, bes. an A. in Sagenform sind die hs. Kollektaneen des Luzerner Stadtschreibers Renward Cysat (s. SAVk. 14, 198 ff. 272 ff.).
Undatiert ist: Magica, Eisleben, Typ. Grosianis (Graesse 51).

Für das 17. Jh. sind die Schriften von Joh. Praetorius kennzeichnend, besonders „Philosophia Colus" (Rockenphilosophie). Arnstadt 1662. Weiteres: Simon Majolus „Dies caniculares". Mainz 1607 ff.; „Des hertzog Maximilians in Bayern ... landtgebott wider den aberglauben ... München 1611 (s. Panzer *Beitr.* 2, 264); „Astronomia Teutsch". Frankf. 1612 (darin: „Der alten Weiber Philosophey"; s. ZfdMyth. 3, 329); Piccart „Orat. de magia veteri et recenti". Leipzig 1614. Eine ganze Reihe von Dissertationes de magia (1617—1693), verzeichnet bei Graesse S. 53 f. 57 f. (Evenius wohl 1612, nicht 1512). 60; Ant. Praetorius „Gründl. Bericht v. Zauberei". Frankf. 1629; Jo. Rüdinger „De magia illicita" ... (deutsch). Jena 1630; „Der wahre Geistliche Schild" (zuerst 1647; bis ins 19. Jh.; enthält vorwiegend Segen und Gebete); R. Gwerb „Bericht v. d. abergläubigen Leuthu. Vych besägnen und andern Zauberkünsten". Zürich 1646; Gisb. Voetius Selectae disputationes theologicae. Utrecht 1648 (s. Wolf *Beitr.* 1, 241); Jo. Rud. Salkmann „Magiae contemplatio .." Straßb. 1655; Mart. Geier „Disq. theolog. de superstitione". Leipzig 1660; Jos. Arndius „Tract. de superstitione". Güstrow 1664; Const. Ziegra et G. Fr. Magnus „Diss. de magia". Witt. 1665; Aeg. Rothe et Ge. Schubart „Diss. de magia". Witt. 1670. Eines der inhaltsreichsten Werke ist Barth. Anhorn, „Magiologia". Basel 1674, 1675 unter den Pseudonym Philo. Wohl allgemeinerer Natur dagegen Jo. Joach. Zenkgrafius Diss. de superstitione. Straßb. 1677; Jo. Christoph. Hartungus „Diss. de superstitione". Jena 1685; Jo. Adam Osiander „Tract. de magia". Tüb. 1687. Von großem Einfluß auf seine Zeit (s. o. Nr. 5 Sp. 77): Balth. Bekker „Die bezauberte Welt". Amst. 1693 (zuerst holländ. 1691. Streitschrr. u. Übersetzgg. Graesse 61). In mehrfachen Auflagen ist erschienen Joh. Staricius' „Heldenschatz" (z. B. 1679). Endlich sei, wenngleich franz. Ursprungs, als wichtigstes Werk über A. genannt: J. B. Thiers, „Traité des superstitions". Par. 1679 ff.

Am Eingang des 18. Jhs. stehen die vielumstrittenen Schriften von Chr. Thomasius. Darunter: „De crimine magiae diss." Halle 1701. (Dazu: Hieron. a S. Fide „Gründl. Abfertigung ...." Frankf. 1703). Dann J. G. Schmidts berühmte „Gestriegelte Rokkenphilosophie". Chemn. 1705, eine deutsche Bearbeitung des franz. „Evangile des quenouilles" (s. o. bei Anm. 47). Außerdem seien erwähnt: Joh. Christ. Maennling „Denkwürdige Curiositäten". Frankf. u. Leipz. 1713; Fr. Maurer „Ausführl. Ber. v. d. größten u. geheimsten Wundermächten ..." Nürnb. 1714; Tharsander (Pseud. f. Wegner) *Schauplatz vieler ungereimten Meinungen* 3 Bde. ... Berlin u. Leipz. 1736. 1739. 1742; J. J. Bräuner Physikal. u. histor. erörterte Curiositäten. Frankf. 1737. E. U. Keller „Das Grab des A.s". Frankf. u. Leipzig 1777; (H. L. Fischer) „Das Buch vom Aberglauben" Leipz. 1790. Einige verstreute Aufsätze mit A.-Stoff druckt Grimm in s. *Myth.* 3, 434 ff. ab.

Durch die Jahrhunderte hindurch ziehen sich, oft undatiert, eine Reihe von Volkszauberbüchern, von denen die wichtigsten teilweise bei Wuttke § 258 ff., nach Düntzer in Scheibles Kloster 5, 116, erwähnt sind: Fausts Höllenzwang, das Romanusbüchlein, Albertus Magnus' ägyptische Geheimnisse, der Feurige Drache, die Sieben Himmelssiegel, die Sieben Schloß, das Sechste u. Siebente Buch Mose. Weitere in einem Konstanzer Hirtenbrief von 1754 s. SAVk. 17, 186 ff. Vgl. auch den Artikel Zauberbuch.

Im folgenden seien nun noch einige Schriften und Bücher des 19. u. 20. Jhs. erwähnt, die als Stoffsammlungen von Bedeutung sind, wobei wir uns der Ergänzungsbedürftigkeit des Verzeichnisses sehr wohl bewußt sind. Die in unserm Literaturverzeichnis enthaltenen Schriften geben wir in Abkürzungen wieder. „Wunderbüchlein ...". Kempten 1806 (Auszug b. Panzer *Beitrag* 2, 292 ff.); Dobeneck *Mittelalter*, 1815; Huß *Aberglaube*, 1823; Grüner *Egerland*, 1825; J. A. Scholtz Über den Glauben an Zauberei in den letztverfloss. 4 Jhh. Bresl. 1830; Grimm *Myth.*[1] 1835; Tettau u. Temme, 1837; C. F. Stertzing in ZfdA. 3, 360 ff. (1843); Kuhn *Märk. Sagen*, 1843; Kuhn und Schwartz 1848; Panzer *Beitrag*, 1848; Woeste *Mark*, 1848; Schwartz Heidentum[1], 1849; Meier *Schwaben*, 1852; Wolf *Beiträge* 1852—57 (Material 1, 205 ff.); Leoprechting *Lechrain*, 1855; Liebrecht *Gervasius*, 1856; Schönwerth *Oberpfalz*, 1857; Zingerle *Tirol*[1], 1857; Rochholz *Kinderlied*, 1857; Mannhardt 1858 ff.; Schindler *Aberglaube*, Bresl. 1858; Vernaleken *Alpensagen*, 1858; Schleicher *Sonneberg* 1858 (1894[2]); Kuhn *Westfalen*, 1859; Curtze *Waldeck*, 1860. — Einen Markstein in der Aberglaubenliteratur bezeichnet das Erscheinen der 1. Auflage von Wuttke Berlin 1860 (2. Aufl. Berl. 1869, 3. Aufl., bearb. v. Elard Hugo Meyer, Berlin 1900); Baumgarten *Jahr*, 1860. Birlinger *Volkst.*, 1861; Baumgarten *Aus der Heimat*, 1862—69; Vonbun *Beiträge*, 1862; Spieß Aberglaube, Sitten und Gebräuche des sächs. Obererzgebirges.

Progr. Annaberg 1862; Kehrein *Nassau* 1862; Lütolf *Sagen*, 1862; Flügel *Volksmedizin*, 1863; Grohmann 1864; Toeppen *Masuren*, 1866 (² 1867); Witzschel *Thüringen*, 1866; Strackerjan 1867; Rochholz *Glaube*, 1867; Köhler *Voigtland*, 1867; Lammert 1869; Landsteiner *Niederösterreich*, 1869; Birlinger *Aus Schwaben*, 1874; Rothenbach *Bern*, 1876; Mor. Busch *Dt. Volksglaube* ², Leipz. 1877 (ohne Quellen); Hillner *Siebenbürgen*, 1877; Liebrecht *Zur Volksk.*, 1879; Bartsch *Mecklenburg*, 1879 ff.; Lippert *Christent.*, 1882; Meyer *Aberglaube*, 1884; Lemke *Ostpreußen*, 1884; Schwartz *Volksgl.*, 1885; Haltrich *Siebenb. Sachsen*, 1885; Knoop *Hinterpommern*, 1885; Pfister *Hessen*, 1885; Fossel *Volksmedizin*, 1886; Saupe *Indiculus*, 1891; Wlislocki *Volksglaube*, 1891; Ders. *Siebenb. Volksgl.* 1893; Schmitt *Hettingen* 1895; Andree *Braunschweig*, 1896 (1901 ²); Laube *Teplitz*, 1896 (² 1902); Heyl *Tirol*, 1897; Löwenstimm, Abergl., 1897; Reiser *Allgäu* (1897—1902). Hüser *Beiträge*, 1898, 1900; E. Mogk in Wuttke *Sächs. Volksk.*, 1900; Meyer *Baden*, 1900.

20. Jh.: Hansen *Zauberwahn*, 1900; Ders. *Quellen*, 1901; Kleeberger *Fischbach*, 1902; Fischer *Oststeir. Bauernl.*, 1903; Drechsler 1903—06; John *Oberlohma*, 1903; Ders. *Westböhmen*, 1905 (² 1924). Hessler *Hessen*, 1904; Hellwig *Aberglaube*, 1908; Stoll, *Zauberglauben*, 1908; Hovorka u. Kronfeld, 1908 f.; Andree-Eysn *Volkskundliches*, 1910; John *Erzgebirge* 1909; Freybe, *Der deutsche Volksaberglaube*. Gotha 1910; Höhn *Geburt, Hochzeit, Tod, Volksheilkunde*, 1910—20; Seyfarth *Sachsen*, 1913; Fogel *Pennsylvania*, 1915; Schramek *Böhmerwald*, 1915; Manz *Sargans*, 1916; De Cock *Volkssage*, 1918; Ders. *Volksgeloof*, 1920. Müller *Isergebirge*. 1922; Sartori *Westfalen*, 1922; Stemplinger *Aberglaube*, 1922; Wrede *Eifler Volkskunde*, 1922; Ders., *Rhein. Volkskunde*, 1922; A. Wirth *Beiträge zur Volkskunde in Anhalt*. Dessau 1923 ff.; Kurt Heckscher *Die Volkskunde des germanischen Kulturkreises*. Hamburg 1925; Becker *Pfalz*, 1925; W. Diener *Hunsrücker Volkskunde*. Bonn 1925.

Stoffreichere Zeitschriftenartikel: ZfdMyth. 1 (1853), 240 ff.; 2, 99 ff. 420 ff.; 3, 329 ff.; 4, 1 ff. 174 ff.; Alemannia 1, (1873), 194 ff.; 3, 82 ff. 134. 172 ff. 263 ff.; 12, 26 ff.; 13, 142 ff.; 17, 239 ff.; 19, 162 ff.; 20, 280 ff.; 22, 74 ff.; 25, 126 ff; 33, 299 ff.; 37, 3 ff. VeckenstedtsZs. 1 (1889), 35 ff. 94 ff. 202 f. 239 ff. 362 f. 397 ff. 435 ff. 483 ff.; 2, 33 ff. 77 f. 160 ff. 200 ff. 243. 257 ff. 440 ff.; 3, 30 ff. 148 ff. 229 ff. 393 ff. 437; 4, 269 ff., 326 ff. 387 ff. ZfVk. 1 (1891), 178 ff.; 3, 380 ff.; 4, 80 ff.; 8, 394 ff., 11, 272 ff.; 12, 1 ff.; 20, 382 ff.; 23, 1 ff. 113 ff., 277 ff.; 24, 55 ff. 175 ff. 293 ff. BlPomm-Vk. 1 (1893), 62 ff.; 3, 66 ff.; 5, 39 ff. 103; 9, 1 ff. 17 ff. 65 ff. 113 ff. 129 ff. 153 ff. 161 ff. MSchlesVk. Bd. 1, H. 1 (1894), 4 ff.; Bd. 2, H. 3, 3 ff.; Bd. 7, H. 13, 43 ff., H. 14, 70 ff.; Bd. 8, H. 15, 74 ff.; Bd. 12, 121 ff.; Bd. 17, 19 ff.; Bd. 20, 41 ff.; Bd. 21, 63 ff.; Bd. 23, 59 ff. ZföVk. (später WZfVk.) (1895 ff.) 3, 279 f.; 6, 107 ff.; 11, 188 ff.; 13, 18 ff.; 15, 169 ff. MsäVk. (1897 ff.) 2, 251 ff.; 3, 203 ff. 233 ff. 263 ff. 278 ff. 307 ff. 316 ff.; 4, 49 ff. 103 ff. 131 ff. 163 ff. 205 ff. 236 ff.; 7, 110 ff. 152 ff. SAVk. 1, (1897) 218 ff.; 2, 215 ff. 257 ff.; 4, 176 f.; 7, 131 ff.; 8, 267 ff.; 10, 22 ff.; 12, 149 ff. 213 f. 278 ff.; 13, 206 ff.; 14, 198 ff. 268 ff.; 15, 1 ff. 147 ff.; 17, 168 ff.; 19, 215 ff.; 20, 54 ff.; 21, 31 ff., 198 ff.; 24, 61 ff. 292 ff; 25, 65 ff. 152 ff.; 26, 196 ff. HessBl. (1902 ff.) 10, 114 ff.; 15, 129 ff. BayHefte (1914) 1, 227 ff. ZfrwVk. (1904 ff.) 2, 177 ff. 277 ff.; 4, 116 ff. Zahlreich, aber meist in kleinere Partien zerstückelt, sind die Artikel in der Zs. Am Urquell (1890 ff.).

Allgemeine Literatur. Fehr Der A. u. d. kath. Kirche des MA. Stuttg. 1857; Herm. Gerlach Das canon. Recht wider den A.: Arch. f. kath. Kirchenr. 1865, II, 161; Aug. Thellung Der A. (Vortr.). Biel 1867; Otto Pfleiderer Die Theorie des A.s (Vortr.). Berl. 1873; T. H. Simar Der A. ² 1878, ³ 1894; Lippert *Christentum*. Berl. 1882; Ludw. Strümpell Der A.: was er ist, woraus er entspringt, wie er sich überwinden läßt. Ein Beitr. z. Volksbildung. Leipzig 1890; Chr. Rogge A., Volksglaube und Volksbrauch. Leipzig 1890; Alfr. Lehmann A. u. Zauberei v. d. ält. Zeiten an bis in d. Gegenwart. Stuttgart 1898; ² 1908. (Wertvoll f. die Geschichte der einz. Systeme, bes. Geheimwiss., Okkultismus, Spiritismus, mag. Geisteszustände. Wenig Volks-A.); Rud. Trebitsch Versuch einer Psychologie d. Volksmedizin u. d. A.s. MittAnthrGes. Wien, B. XLIII, H. 5 (1913). C. Clemen Wesen u. Ursprung der Magie. Arch. f. Religionspsych. 1921, H. 2/3; W. Manz Was ist A.? Schweiz. Lehrerztg. 1923, 17., 24. Nov., 1. Dez. C. Read Man and his Superstitions. 2[d] ed. Cambridge 1925 (¹ 1920). H. Bächtold-Stäubli Aberglauben in: Deutsche Volkskunde, hrsg. v. John Meier. Berl. 1926, 101 ff.

Außerdem die Artikel „A." in den Enzyklopädien: Herzog-Hauck ³ (Rud. Hofmann); Wetzer u. Welte ² (Simar); RGG. ² (Rühle); Hastings (Alice Gardner); alle mit weiterer Lit.

Bibliographie: J. G. Th. Graesse Bibliotheca magica et pneumatica. Leipzig 1843 (zahlreiche Fehler, aber reichhaltig. Sachl. geordnet); Schindler *Aberglaube* 1858, S. XI ff. (ca. 160 Nr.; nur das Sch. Zugängliche; ungenau); manches bei Migne Patrol. lat. Indices vol. 221, col. 449. Unbekannt ist mir geblieben: J. P. Migne Dictionnaire des sciences occultes ... 2 vol. Par. 1861. Reichhaltig ist Jacques Rosenthals Antiqu. Kat. 31—35: „Bibl. mag. et pn." Mü. 1904 (8875 Nr., aber außer dem A. viele andere Kulturerscheinungen; sachl. geordnet). F. Heinemann Aberglaube usw. (Bibliogr. d. Schweiz. Landeskunde. Fasz. V 5, Heft 1), Bern 1907. Alb. L. Caillet Manuel bibliographique des Sciences psychiques ou occultes. 3 vol. Paris 1912 (11 609 Nr. Für die einzelnen Titel genauer als Graesse, aber sehr lückenhaft); H. Bächtold-Stäubli in Deutsche Volkskunde. Berl. 1926, 316 ff.

Für die neuere Zeit sind zu vergleichen: Die Jahresberichte über die Erscheinungen auf dem Gebiete der germanischen Philologie. Jahrg. 1879—1909; A. Abt Die volkskundliche Literatur des Jahres 1911 (Leipzig 1913), E. Hoffmann-Krayer, Volkskundliche Bibliographie, Jahrg. 1917 ff. (Berl. 1919 ff.); C. Clemen Religionsgeschichtl. Bibliographie, Jahrg. 1914 ff. (Leipzig 1917 ff.).

Für die älteren Quellen siehe namentlich Meyer *Germ. Myth.* 15 ff. und Hansen *Zauberwahn.* Hoffmann-Krayer.

Aberraute s. Eberreis.

Abgaben als Reste früherer Opfer vgl. z. B. Jahn Opfergebräuche 136 ff. und Register S. 339 s. v.; s. weiter Almosen, Armer, Opfer.

Bächtold-Stäubli.

Abgarsage. 1. Die A. liegt in ihrer ältesten Überlieferung vor bei Eusebius, Hist. eccl. I, 13, 6—22. Sein Bericht geht auf ein syrisches Original zurück, das sich angeblich im königlichen Archiv von Edessa befand. Die Tendenz der Sage ist, die Gründung der Kirche von Edessa in die apostolische Zeit zu verlegen. Im Mittelpunkt steht der Briefwechsel des Königs Abgar V. Ukkama von Edessa (13—50 n. Chr.) mit Jesus. Der erkrankte König bittet hier Jesus, nach Edessa zu kommen, um ihn zu heilen. Jesus antwortet mit dem Lobe seines Glaubens und verheißt, einen seiner Jünger zu schicken, um Abgar zu heilen. Als solcher kommt Thaddäus (Addai) nach Edessa, der durch seine Predigt die Stadt christianisiert. Die Sage kann erst nach der Einführung des Christentums in Edessa unter dem ersten christlichen König Abgar IX. (179—214), wohl in der 2. Hälfte des 3. Jhs., entstanden sein [1]).

2. Verbreitung der Sage. Eusebius hat an die Echtheit des Briefwechsels geglaubt. In Syrien ist er besonders hochgehalten und in der syrischen Doctrina Addai (um 400) weiter ausgebildet worden. Im Morgenland tritt er in armenischer und arabischer Überlieferung auf. In Gallien ist er um 388 bezeugt. Durch Rufinus, den Übersetzer des Euseb, hat sich die Sage im Abendland weit verbreitet. In den „Acta Thaddaei" (nach 544) tritt zuerst im Zusammenhang der A. auch die Legende von dem wunderbar entstandenen Bilde Jesu hervor, die auf griechischem Boden entstanden ist. Schon das Decretum Gelasianum bezweifelt die Echtheit des Briefwechsels. Augustin und Hieronymus erklären ausdrücklich, daß Jesus nichts Schriftliches hinterlassen habe. Trotzdem wurde der Briefwechsel im 16. Jh. von den „Magdeburger Zenturien" als echt behandelt, und sogar im 19. Jh. haben hervorragende Gelehrte wie Cureton und Phillipps an seine Echtheit geglaubt. Otto Bardenhewer hat mit Recht geltend gemacht, daß er in der alten Kirche nie als echt gegolten hat. Die Unechtheit des Briefes ist schon durch seine literarische Abhängigkeit von Evangelienstellen erwiesen; Abgar benutzt Matth. 5, 11, in der Antwort Jesu klingt Joh. 20, 29 an [2]).

3. Die Bedeutung der Briefe beruht darauf, daß sie als wunderwirkende Reliquie geschätzt wurden. Syrische Schriftsteller des 4. und 5. Jhs. (Ephraem Syrus, Josua Stylites, Jakob von Sarug) bezeugen das hohe Ansehen, das die Briefe in Edessa genossen. Sie wurden als Schutzmittel gegen feindliche Angriffe an die Stadttore von Edessa geheftet. Im 4. Jh. soll der Brief die Stadt von der Belagerung durch die Perser befreit haben [3]). Im 4. Jh. ist dem Briefe Jesu ein Schlußwort beigefügt worden, das ihm solche Wunderkraft zuschreibt. Auch in Privathäusern wurden die Briefe als Schutzmittel gegen Gefahren benützt. In einer jüngeren Gestalt des Textes empfiehlt Jesus selbst seinen Brief als Schutzmittel. Die Zauberkraft des Briefes hat ihn durch alle Jahrhunderte erhalten; noch im 19. Jh. war

er in englischen Bauernhäusern an den Türpfosten als Talisman befestigt [4]).

S. a. Himmelsbrief.

[1]) Deutsche Übersetzung: *Neutestamentliche Apokryphen*. Herausgeg. v. Edg. Hennecke. Tübingen 1904, 76—79; Bardenhewer *Patrologie* 1, 453 f.; Dobschütz ZWTh. 1906, 422—86; K. Schmidt bei Herzog-Hauck³ 1, 98 f. [2]) Phillips *The Doctrine of Addai the Apostle*. London 1876; Dashian *Zur Abgar-Sage*. (Wiener Ztschr. f. K. d. Morgenl. 4 [1917], 177 ff.); Baessler *Legenden* (1864), 21 ff.; Stübe *Himmelsbrief* 37 ff. [3]) Lucius *Heiligenkult* 192 f. 245. [4]) Fogel *Pennsylvania* 364 Nr. 1947.
Stübe.

abgewöhnen s. entwöhnen.

abgraben s. vergraben.

Abgrund (abyssus) als Ort der Hölle vgl. Grimm Myth. 1, 261; 2, 672. 837; 3, 279 f.; s. a. Hölle, Nobiskrug.
Bächtold-Stäubli.

abhauen (Krankheit). Hat man den Knürrband an der Hand (Verstauchung der Hand), so muß man die Hand auf einen Block legen und mit einem Beile ein Ende davon a., d. h. die Bewegung des Hauens über der kranken Stelle machen lassen. Der Hauende sagt dabei: „Ich hau, ich hau." Darauf fragt der Kranke: „Was haust du?" Jener antwortet: „Knürrband" und fügt dreimal hinzu: „Im Namen Gottes" usw. Einzige mir bekannte Belege aus der Gegend von Fehrbellin, Kr. Ost-Havelland: ZfVk. 7 (1897), 289 Nr. XXVIII und aus Mensing Schleswig-Holst. Wb. 1, 68.

S. a. Krankheit. Bächtold-Stäubli.

Abia, Zauberwort in Formeln wie „abia, obia, sabia" oder „abia, dabia, fabia" u. ä. Die Formel wird zu sicherem Schuß auf den Flintenlauf geschrieben oder auf einen Stock, um jemand aus der Ferne zu prügeln [1]). Vielleicht sind es mit Abracadabra zusammenhängende Klangworte. An hebr. אֲבִיָּה, 'Αβιά, A. (Eigenname im A. T. 1. Sam. 8, 2; 1. Chron. 7, 8 usw.) „mein Vater ist Jahwe (Gott)", als magische Formel gebraucht, ist kaum zu denken. „Alfā, Bētā, Yŏtā", also „abi", kommt in einem äthiopischen Zauberwort vor [2]). Auf einem Amulett gegen Hagel stehen bei Stoiber [3]) neben SAB + Z (aus dem Zachariassegen s. d.) und NDSMB (aus dem Benediktsegen s. d.) und Agla (s. d.) die Buchstaben + A B + + I A + d. i. Abia, also wohl auch Abkürzung aus Bibelsprüchen oder Gottesnamen.

[1]) Dieterich *Kl. Schr.* 200; SAVk. 19, 228. Mitteil. Anhalt. Gesch. 14, 10; Schönwerth *Oberpfalz* 3, 202; Kuhn *Westfalen* 2, 192 Nr. 523; Baumgarten *Aus der Heimat* 2, 91; Speyergau-Blätter 1925, Nr. 25, 90. [2]) Worrell *Studien z. abessin. Zauberwesen* (1909), 23. [3]) Ubald Stoiber *Armamentarium Ecclesiasticum arma spiritualia* etc. 2 (Augustae Vindelic. 1726), 64. Jacoby.

abklopfen. Wenn man etwas rühmt, seine Gesundheit, sein Glück usw., so soll man immer sagen „unberufen" (s. d.) und dazu dreimal auf die untere Seite der Tischplatte klopfen, *toucher du bois*, wie der Franzose sagt [1]). Im Nahetal klopft man unter dem Tisch an die Tischplatte und spricht „unberufen", oder „zur guten Stunde gesprochen", „die Zukunft nicht heraufbeschwören", wenn man von etwas Unangenehmem redet, das man für die Zukunft befürchtet [2]). — Verwandt mit diesen Bräuchen sind wohl die voigtländischen: Mancher Wirt von altem Schrot und Korn klopft auch auf den Tisch, wenn er das Geld einstreicht. Läßt ein Gast seinen Branntwein zum Trinken weitergeben, so wird ebenfalls vom Zutrinkenden mit dem Finger auf den Tisch gepocht [3]).

S. a. Feierabend, klopfen.

[1]) SAVk. 7 (1903), 139 Nr. 99; Havers in BlbayVk. 10 (1925), 12 ff.; Seyfarth *Sachsen* 47; John *Erzgebirge* 52; Bartsch *Mecklenburg* 2, 312 Nr. 1516. [2]) ZfrwVk. 2 (1905), 206. [3]) Köhler *Voigtland* 208.
Bächtold-Stäubli.

Ablaß besteht nach kathol. Auffassung in dem völligen oder teilweisen Nachlaß der zeitlichen Sündenstrafen nach vergebener Sündenschuld, gegen Vollbringung bestimmter guter Werke. Er kam im 11. Jh. auf und ist sachlich verwandt mit der Redemption (Umwandlung schwerer kanonischer Bußstrafen in leichtere Ersatzwerke), eine Uebung, welche aus dem germanischen Recht (Wergeld!) in die kirchl. Bußpraxis überging. Bedeutenden Aufstieg nahm das Ablaßwesen durch die Kreuzzüge und die seit 1300 gefeierten Jubiläen. Die Ausartungen des Spätmittelalters wurden durch die Reformation beseitigt. Die A.e gelten zunächst für den, der sie „gewinnt"; seit dem 14. Jh. kann man sie aber auch an bestimmten Tagen den Verstorbenen „zuwenden" [1]). Beliebt ist der sog. „Ablaß", der darin besteht, daß für einen Verstorbenen vor der Beerdigung 3 mal 5 Vaterunser gebetet werden [2]), oder auch der „kleine Ablaß", welcher denen gewährt wird, die beim Versehgang zu einem Kranken das „Allerheiligste" begleiten [3]). Werden einem Lande große A. verliehen, so glaubt man, daß die Dämonen weniger werden [4]) oder daß die Macht des Teufels sich vermindert [5]). Der A.-Pfennig [6]), der früher gleichsam als Quittung für das geleistete Almosen verabreicht ward, diente mancherorts als Amulett [7]), oder man brachte einen solchen als Unheil abwehrendes Mittel über der Stalltüre an [8]) (s. a. Medaille).

[1]) Heyl *Tirol* 782 Nr. 103. [2]) Meyer *Baden* 590. [3]) Birlinger *Volksth.* 2, 419 ff. und 466. [4]) Heyl l. c. 322 Nr. 138. [5]) Ebd. 103 Nr. 66. [6]) Schönwerth *Oberpfalz* 1, 311. [7]) Pollinger *Landshut* 274. [8]) Ebd. 154. Schneider.

ablecken s. lecken.

ablösen s. lösen.

abnehmen s. messen.

abnehmender Mond s. Mond, Planeten.

Abnehmekraut s. Ziest.

Abnormität s. Monstrum.

Abort. 1. Sachkundliches. Der A. ist im volkstümlichen Hause noch heute sehr oft nicht in die Wohnung einbezogen, sondern wirklich ein Ab- (abseitig gelegener) Ort. Das war in früheren Zeiten natürlich viel mehr der Fall. Selbst in der deutschen Adelsburg geschah seine Einfügung in das Innere des Wohnteiles erst im Mittelalter [1]), und noch in der fürstlich ausgedachten karolingischen Klosteranlage im Plane von St. Gallen erscheint der *exitus necessarius* [2]) durch einen längeren Gang vom Gesamtkomplex der Klostergebäude getrennt. — Die älteren Bezeichnungen für den A. (z. B. an. *valtgangr, ganga til gards, gangr, gang,* ahd. *feltgang*) [3]) sprechen deutlich genug von der Ursprünglichkeit jener Einrichtung, und was wir im heutigen bäuerlichen Hof davon sehen, ist ein starker Beweis für die Langlebigkeit volkstümlicher Primitivkultur. Hier liegt der A. selbst im 19. u. 20. Jh. noch häufig im Freien neben der Dungstätte [4]), oder wie in der Lüneburger Heide hinter der Scheune, und gar nicht selten kann man auch in hochkultivierten Gebieten die, übrigens auch den kriegszeitlichen Feldlatrinen wohlbekannte, Anlage finden, bei der jeder seine Notdurft *oewern Knüppel,* d. h. über einer Querstange verrichtet, die auf zwei in den Boden gerammten Pfählen befestigt ist [5]). Auch wo dem A. ein eigenes Bretterhäuschen errichtet ist, was beim bäuerlichen Hause des 15. Jhs. noch eine Seltenheit gewesen zu sein scheint [6]), und was ihm in neuerer Zeit in ganz Österreich die Benennung *'s Häusl* und in Schwaben *Häusle* [7]), schweiz. *Hüsli* gebracht hat, ist dieses dennoch häufig vom Hause gesondert im Freien oder doch nur als loser Anbau am Ende des Hausganges aufgestellt, wovon es in Schwaben auch *Läublin* und *Läubli* [7]) genannt wird.

[1]) A. Schultz *Höfisches Leben* 107 f. [2]) Meringer in MAG. Wien 23 (1893), 174 f. Abb. 164/65 u. 169. [3]) Schrader *Reallex.* 4 f. u. 1008; Hoops *Reall.* 1, 13; Heyne *Wohnungswesen* 97 u. 181. [4]) Leoprechting *Lechrain* 226. [5]) Kück *Lüneburger Heide* 216. [6]) Auf einem Bild der *ars memorativa* (Augsburg c. 1480) b. Heyne *Wohnungswesen* 181, Fig. 31 verrichtet der Bauer (unkundig der Einrichtung) seine Notdurft vor dem Häuschen. [7]) Birlinger *Aus Schwaben* 2, 376 f.

2. Die Unheimlichkeit dieses abseitigen, wüsten Ortes ist uns bei verschiedenen Völkern schon aus früher Zeit mehrfach bezeugt [8]). Vielleicht hängt es damit zusammen, daß die A.-Anlagen in Skandinavien und Finnland noch heute (bisweilen auch noch in den österr. Alpenländern) und ehedem scheinbar in vielen Gegenden so eingerichtet waren, daß sie gleichzeitig von mehreren Personen benützt werden konnten. Im

Klosterplan von St. Gallen zeigt der eine *exitus necessarius* sechzehn, ein anderer acht Stellen. Und ein angelsächsischer Mönch des 11. Jhs. klagt in einem Briefe [9]) über den Brauch, daß die Frauen am A. fröhliche Gelage begehen. Im *thorsteinthattr skelks* (aufgezeichnet im 13. Jh.) wird der A. am Hofe Olaf Tryggvasons als mit elf Sitzen auf jeder Seite (also 22sitzig) geschildert [10]). Die alte deutsche Bezeichnung Sprachhaus (*sprâchhûs*) [11]) für A. ist ebenfalls aus der gemeinsamen, gesellschaftlichen Benutzung des Ortes erklärlich.

[8]) Belege neuerdings zusammengefaßt und vermehrt von R. Meißner *Atlakviđa* ZfdA. 61 (1925), 24. [9]) Kluge in Engl. Stud. 8, 62. [10]) *Fornmannasögur* 3, 199; Weinhold *Altnord. Leben* 228; *Olafs s. helga* c. 81. [11]) Heyne *Wohnungswesen* 97, Anm. 125.

3. A. als Erscheinungsstätte der Geister und Teufel. Die Unheimlichkeit dieser „Unstätte“ [12]), die man bei Nacht kaum allein zu betreten wagte, ist begründet. Denn bei Isländern, Skandinaviern, Deutschen u. Arabern [13]) gilt der A. als die Erscheinungsstätte von Totengeistern und Teufeln. Ausdrücklich als solche bezeichnet, erscheint er in einer irischen Mönchsregel, die auch die Segensformel angibt, mit der die Mönche den A. zu betreten haben [14]). Dasselbe ist auch aus mehreren nordischen Sagen ersichtlich [15]). In der erwähnten Thorsteinsage z. B. warnt König Olaf seine Gäste ausdrücklich, den A. des Nachts allein aufzusuchen. Thorstein tut es dennoch und hat dabei denn auch ein sehr gefährliches Abenteuer mit einem Teufel zu bestehen, der sich ihm als Totengeist eines im Kampf gefallenen Recken zu erkennen gibt. Nur dadurch, daß im letzten Augenblick die Kirchenglocken zu läuten beginnen, wird Thorstein gerettet [16]). Ebenso erscheinen in einer Sigurdsage am A. die Schatten abgeschiedener Geister [17]). Daß derselbe Glaube auch in Deutschland verbreitet war, geht aus einer Nachricht bei Thietmar von Merseburg (4, 72) hervor, in der von einem A. im Krankenzimmer eines Klosters erzählt wird, aus dem zum Entsetzen eines Schwerkranken Dämonen emporstiegen.

[12]) Höfler *Krankheitsdämonen* in ARw. 2, 98. [13]) Lane *Manners and customs of the modern Egyptians* cap. X; Snouck Hurgronje *Mekka* 2, 41 (zit. nach R. Meißner a. a. O.). Zu einem Gott des A. haben es nach Grube *Religion und Kultus der Chinesen* 172, die Chinesen gebracht. [14]) Transactions of the R. Irish Acad. vol. 24. *Antiquities* pl. II. (Dublin 1864) 209 (zit. nach R. Meißner a. a. O.). [15]) R. Meißner a. a. O. 23 f. [16]) *Fornmannasögur* 3, 199 (übersetzt u. a. ZfdMyth. 1, 320 ff.). [17]) ZfdMyth. 1, 321 Anm.

4. Es ist deshalb erklärlich, daß der A. als die Stätte allerlei Zaubers und Aberglaubens erscheint. Cäsarius von Heisterbach berichtet [18]) von einer Jüdin, die über die christliche Taufe ihrer Tochter aufs höchste aufgebracht war und der Tochter drohte, die Wirkung der Taufe aufheben zu wollen, indem sie sie durch das Loch eines A. ziehen werde: „Ego tribus vicibus te sursum traham per foramen latrinae, sicque remanebit ibi virtus baptismi tui.“ — Ein Gegenstück dazu ist es, wenn norwegische Frauen kranke Kinder durch das Loch des A. zogen [19]). In beiden Fällen verquickt sich die Zauberkraft des A. mit der des Durchziehens (s. d.). Aber auch ohne das Durchziehen kann man den A. zu zauberischen Handlungen benützen, weil er eben die Stätte ist, an dem der Teufel und die Geister ihr Spiel haben [20]). In einer der ältesten Nachrichten über schlesischen Volksglauben [21]) heißt es von den Mädchen: „faciunt et laxivam et cum pectine, avena, modica carne ponunt ad cloacam dicentes: veni dyabole, balnea te et pecte. Equo tuo da avenam, accipitri carnem et ostende mihi virum meum.“ — Ähnliche Dinge sind auch im heutigen deutschen Volksglauben noch erhalten. Im württembergischen O.A. Blaubeuren glaubt man Blut stillen zu können, wenn man mit einem Stock darüber streicht und dann den blutigen Stock in den A. steckt [22]). Um Warzen und Überbeine zu vertreiben, nimmt man in Sachsen einen Tuchlappen, den man im Freien zufällig gefunden haben muß, und reibt mit ihm die betr. Stelle ein. Dann wirft man den Lappen in den A. und zwar womöglich

in den Kot [23]). Vor Zahnleiden schützt man sich im Fränkischen, indem man am Karfreitag in den A. riecht [24]), im Erzgebirge, indem man dreimal in den A. spuckt [25]). Fast im ganzen deutschen Sprachgebiet ist der Glaube verbreitet, daß die Paten auf dem Wege zur Kirche und solange sie den Patenbrief bei sich tragen, nicht auf den A. gehen dürfen, sonst kann später das Kind das Wasser nicht halten und verunreinigt sich selbst als Leiche. Im Notfalle müssen die Paten wenigstens den Patenbrief aus der Tasche nehmen [26]). Läßt man ein Kind allein am A. sitzen, so holts der Hoggemann (Aargau) [27]). Überhaupt gilt es als gefährlich, Kinder unter einem Jahre auf den A. mitzunehmen. Sie bekommen dann leicht böse Augen [28]) oder einen übelriechenden Atem [29]). Letzteres widerfährt auch Erwachsenen, wenn sie am A. essen [30]). In Baden müssen Erwachsene ihre abgeschnittenen Haare vergraben oder in den A. werfen, sonst bekommen sie Läuse [31]).

Vielleicht halb scherzhaft aufzufassen sind folgende Volksmeinungen: Wenn ein Mann und ein Weib, die sich nur wenig kennen, zufällig am A. zusammenkommen und beide erschrecken, so heiraten sie sich [32]). Wer an einem offenen A. vorüber muß, wird dem gram, der die Türe nicht schloß [33]). Die erstere der beiden Meinungen (oder sind es nur mehr Redensarten?) erinnere ich mich auch in Steiermark mehrmals gehört zu haben.

[18]) Caesarius v. Heisterbach *Dialogus* 2, 96; ZfVk. 17 (1907), 315. [19]) Nyrop b. Gaidoz *Un vieux rite médical* (1892), 54. [20]) Drechsler 2, 191. [21]) MschlesVk. 17 (1915), 40. [22]) Bohnenberger Nr. 1, 14. [23]) Seyfarth *Sachsen* 220. [24]) Wuttke 351 § 526, ähnlich Schönwerth *Oberpfalz* 3, 244. [25]) Seyfarth *Sachsen* 220. [26]) Wuttke 388 § 593. [27]) Rochholz *Kinderlied* 317. [28]) John *Erzgebirge* 56. [29]) Köhler *Voigtland* 423. [30]) Drechsler 2, 12. [31]) Meyer *Baden* 512. [32]) Drechsler 1, 227 u. 2, 195. [33]) John *Erzgebirge* 35. Geramb.

Abortus s. Abtreibung.

Abracadabra, ein schon dem Mediziner Q. Serenus Sammonicus [1]) um 200 n. Chr. bekanntes Zauberwort, das nach dem Schwindeschema geschrieben wurde; andere Formen: Abrasadabra usw. Es wird oft bis heute gegen Fieber, Zahnschmerz, Wunden, auch beim Buttern benutzt. Über den Ursprung des Wortes gibt es verschiedene Erklärungen. Wuttke, Kaufmann, Seligmann, Höhn führen es auf Abraxas (s. d.) zurück [2]); so auch schon Thiers [3]). Eine andere Deutung [4]) will darin a = ab (Vater), b = ben (Sohn), ruach (Geist) sehen, leitet es also aus dem Hebräischen ab. Ebenso eine dritte [5]): אַבְּרָא כְּדַבְרָא „entfleuch diesem Worte gemäß", bzw. אַבְּדָא „nimm ab (d. W. g.)", mit Bezug auf das Schwinden der Buchstaben. Wieder andere [6]) glauben darin ein Schwindewort ohne Sinn wie Αβλαθαναλβα, ακρακαναρβα sehen zu sollen, mit Beeinflussung durch den magischen Gebrauch des Alphabets α-βα-γα-δα. Für die Verbindung mit Abraxas spricht die Aufschrift auf einem synkretischen Amulett mit Horus auf dem Lotus, umgeben von 7 Sternen (Planeten): Αω ΑΒΡΑΚ [7]), wohl Ἰαώ Ἀβρακ, vgl. Abrac o. Vielleicht geht das auf αβρα = αρβα אַרְבַּע „vier", vgl. Tetragrammaton in dem ἀρβάθ Ἰαώ bzw. ἀβράθ Ἰαώ der hellenistischen Zaubertexte, zurück, womit auch Abraxas zusammenhängen könnte, so daß das Wort ein Spiel mit der die Gottheit bezeichnenden Vierzahl wäre (אַרְבַּע כַּד אַרְבַּע) [8]).

[1]) v. 935 vgl. Heim *Incantamenta* 491. [2]) Wuttke 181 § 246. 179 § 244; Seligmann *Blick* 2, 300; Höhn *Volksheilkunde* 1, 154; C. M. Kaufmann *Handb. d. christl. Archäologie* (1913), 635. [3]) Thiers 1, 364. 427. [4]) ZdVfV. 5 (1895), 37. [5]) Bischoff *Kabbalah* (1903), 95; *Kabbalah* 2 (1913), 192. 195, vgl. Ohrt in DanSt. 1919, 11 ff. Auf die Verwandtschaft mit שברירי macht schon Buxtorf *Lexic. Chald.* ed. Fischer (1879) 1152 aufmerksam, der auch auf Agrippa l. 3 c. 11 verweist. [6]) Heim a. a. O. 491; Dieterich *Kl. Schriften* 515; Dornseiff *Alphabet* 64; Eitrem *Papyri Osloenses* 1 (1925), 135. [7]) King *The gnostics and their remains* (1887) Taf. 5, 1. [8]) Vgl. noch ZföVk. 4 (1898), 143; 9 (1903), 217; Urquell 1 (1890), 186; 3 (1892), 68; Hov. u. Kronf. 1, 3. 29. 141. 2, 111. 235. 336. Stemplinger *Sympathie* 81; Clément DanSt. 1919, 160 ff.; Franz *Nik. de Jawor* 186; Agrippa v. Nettesheim 3, 66. 4, 194; Lammert 261; Schramek *Böhmerwald* 319; Frischbier *Hexenspr.* 104; Andree *Braunschweig* 419; Seyfarth *Sachsen* 169. 170; Keller *Grab des*

Abergl. 4, 231; Wlislocki *Magyaren* 146; Peters *Pharmazeutik* 1, 225. Jacoby.

Abraham. 1. Der biblische Erzvater, der gemäß der Legende 1000 Jahre nach dem Sündenfall den von Gott ausgerissenen und auf die Mauer des Paradieses geworfenen Baum der Erkenntnis fand und ihn in seinen Garten pflanzte, worauf eine Stimme ihm verkündete, daß dies der Baum sei, an dessen Holz der Heiland werde gekreuzigt werden [1]).

[1]) Wright *Chester Plays* 1, 239; Liebrecht *Gervasius* 125; jüdische Sagen: bin Gorion *Sagen der Juden:* Die Erzväter (1914), 137—362; zahlreiche Parallelen aus der rabbinischen Lit.: bin Gorion *Sinai und Garizim* (1926) 91—132.

2. Alttestamentlicher, jüdischer Vorname, in früheren Jahrhunderten ebenfalls bei Christen und noch jetzt bei orthodoxen Protestanten in den Niederlanden im Gebrauch, daher auch im Kalender, wo er am 20. Dezember erscheint, der als A.stag bei den Magyaren [2]) einer der Tage ist, an denen man versuchen soll, Schätze zu graben, bei den Egerländern in Zaubersegen [3]) wider das kalte Fieber aufgeführt. Er kommt auch in verbreiteten Diebssegen vor: „A. hat's gebunden usw.“ [4]).

[2]) Wlislocki *Magyaren* 98. [3]) Fehrle *Zauber u. Segen* 61. [4]) Jacoby in HessBl. 25 (1926), 200 ff.

3. A.sfest feiern, den 50. Geburtstag feiern (nach Joh. 8, 57), dazu die Redensart „A. gesehen haben“, d. i. über 50 Jahre alt sein, ebenso die Frage: „Er ist noch nicht 50 Jahre und hat schon A. gesehen“? [4a]).

[4a]) Wander *Sprichww.* 1, 14; Rhein.Wb. 1, 28; Zoozmann *Zitatenschatz* 11; Fischer *SchwäbWb.* 1, 51.

4. A.sgarten, im Hirtensegen und anderswo angeführt, z. B. im Orendel 1240 „ez leit uns in A.s garten“ [5]), in Baden (Dürrenbüchig) neben A.Rain beim Hühnerkauf in dem Vers „Geh naus in A.Rain, am 6 kumm da widda haim“ [6]) gebraucht (s. Landwirtschaftl. Segen § 2 a).

[5]) Grimm *Myth.* 3, 1037. [6]) Badisches Wb. 1, 14.

5. A.s Schoß, in A.s Schoß eingehen, sprichwörtlich nach Lukas 16, 26, wo Lazarus im Schoße Abrahams gehegt wird und dieser vom Himmel herab dem aus der Hölle emporflehenden Reichen sagt: „Über das alles ist zwischen euch und uns eine große Kluft befestiget . . .“. Das von Christus gebrauchte anschauliche Bild der Vergeltung des Guten (Abholung der Seele des Armen und Übertragung in A.s Schoß) wird vom Dichter des Heliand in die Worte gefaßt: „Godes engilôs antfêngun is ferah endi lêddun ina forth thanan, that sie an Abrahâmes barm thes armon mannes sêola gisettun“ [7]).

[7]) Heliand ed. Heyne, 3. A., 67/68.

6. A.s Zauberbücher, eine Astrologia apotelesmatica und ein Buch über die Traumdeutung. Im Nischmath Chajim (Ovat. III, cap. 29) heißt es: „Unser Vater A. verfaßte die Massichta, in welcher er alle Arten der Magie und ihre Wirkungen durch die Macht der bösen Geister beschreibt, in ähnlicher Weise, wie er im Buche Jezirah von den heiligen Namen schrieb“ [8]). Letzteres soll von Joseph ben Akiba herrühren.

[8]) Kiesewetter *Faust* 319; Bischoff *Kabbalah* 1 (1913), 220, 158.

7. Mit Isaak häufig in Kinderreimen, Scherzfragen und Rätseln genannt [9]).

[9]) RheinWb. 1, 28. Fischer *SchwäbWb.*; Böhme *Kinderlied* S. 389; Züricher *Kinderlied* Nr. 4467 ff. (auch A. u. Sara). Wrede.

Abraham, hl., Abt [1]) von Saint-Cirgues bei Clermont, gest. um 472. Sein Name erscheint in einem dt. Augensegen [2]) des 15. Jhs., auch in andern Augenbenediktionen. Die Aufnahme in diese erklärt sich aus der Stelle bei Gregor von Tours: „Erat mirae virtutis, fugator daemonum inluminatorque caecorum, aliorum quoque morborum potentissimus medicator“ [3]).

[1]) AA.SS. Boll. 15. Jun. II, 1058 f. [2]) ZfDA. 38, 17. [3]) *Liber vitae patrum* c. 3 (M.G.SS. rer. Mer. I 2, 672). Wrede.

Abraham Julita, Zauberworte, die nach dem Schwindeschema geschrieben, gegen Fieber benutzt werden [1]); zusammengesetzt aus den Namen Abraham und Julita, deren es mehrere Heilige gibt [2]).

[1]) Hovorka u. Kronfeld 1, 144; 2, 329; John *Westböhmen* 271; ZföVk. 6 (1900), 116. [2]) Vgl. Registerband der Acta Sanctorum Boll. Jacoby.

Abraut s. Eberreis.

Abraxas, Gottesname, der in den hellenistischen Zauberpapyri und auf zahlreichen Amulettsteinen des Altertums und des Mittelalters begegnet; die häufigere Form ist nicht 'Αβραξάς, sondern 'Αβρασάξ. Der Dämon Abrasax ist der Jahresgott; sein Name besteht aus 7 Buchstaben (vgl. 7 Tage der Woche) und hat den Zahlenwert 365 (vgl. die Tage des Jahres). Die Zurückführung des Namens auf den Gnostiker Basilides wird kaum richtig sein, da er sich ganz allgemein in den ersten Jahrhunderten unserer Zeitrechnung findet. Man hat viele Deutungen des Wortes, das durch seinen Zahlenwert keineswegs erklärt wird, versucht, bis jetzt umsonst; auch die neueste von Eisler bei Dornseiff scheitert daran, daß sie die weniger häufige Form zum Ausgang nimmt. Ob es mit Abracadabra zusammenhängt, ist fraglich; in abra könnte das hebr. Zahlwort für „vier" stecken [1]).

[1]) Herzog-Hauck 1, 113 ff.; Pauly-Wissowa 1, 109 ff.; RGG. 5, 1054; Dieterich *Abraxas* 46; Ders. *Kl. Schr.* 225; Reitzenstein *Poimandres* 272; Delatte im Musée Belge 18 (1914), 27 ff.; Usener *Weihnacht* 29; Dornseiff *Alphabet* 42. 105; Seligmann *Blick* 2, 310. 319; Hovorka u. Kronfeld 1, 3 f.; Kronfeld *Krieg* 41 f.; Mannhardt *Zauberglaube* 63; Lippert *Christentum* 230; Seyfarth *Sachsen* 170; Jennings *Rosenkreuzer* 2, 227 (Reg.); Albers *Das Jahr* 254; MschlesVk. 22 (1920), 14; Heim *Incantamenta* 481. 537. 542. 543. Jacoby.

abreißen. Wie man gewisse Dinge abbeißt (s. d.), um sie nicht abschneiden (s. d.) zu müssen, so kommt auch das A. vor. Im Fränkisch-Hennebergischen schreibt ein Mittel gegen schweres Zahnen vor: Man geht vor Sonnenaufgang an eine wilde Rosenhecke und reißt davon drei Dornen rückwärts ab. Diese näht man in ein leinenes Säckchen und hängt es dem Kind um den Hals [1]). Gegen Verstopfung reißt man in der Oberpfalz einen jungen Trieb des schwarzen Hollers abwärts ab [2]).

S. weiter Pflanze.

[1]) Spieß *Fränkisch-Hennebergisch* 101; [2]) Schönwerth *Oberpfalz* 3, 269 f. Nr. 5. Bächtold-Stäubli.

Abreißkalender s. Kalender.

abringeln, ein anscheinend von M. Höfler [1]) geprägter Terminus, zur Beseitigung von Krankheit und Abwehr von Schadenzauber durch Umkreisung. S. Kreis, Ring.

[1]) *Volksmedizin* 36 f. Bächtold-Stäubli.

Abschabsel der Fingernägel, der Ecken des Tisches, der Mauer usw. wurden in Heil- u. Zaubertränken früherer Zeiten viel verwendet [1]). Das sog. „Äscherchen", ein Mittel der Siebenbürger Sachsen gegen das Berufensein der Kinder, wird durch A. von Ecken der Zimmer und der Hausgeräte usw. hergestellt [2]). Je weniger Leute (ebendort) von der Stunde der Geburt Kenntnis haben, desto leichter verläuft dieselbe; von den Ecken jener Häuser, deren Bewohner darum wissen, muß man etwas Mörtel abkratzen, denselben in Wasser auflösen und der Gebärenden zu trinken geben [3]).

[1]) Vgl. z. B. SchweizId. 8, 16; DWb. 1, 94, wo Belege aus Seuter *rosarznei* (1599) und Rößlin *hebammenbüchlein* (1563) angeführt sind; Schmeller *BayWb.* 2, 351 f. [2]) Wittstock *Siebenbürgen* 72. [3]) Ebd. 74. Bächtold-Stäubli.

abschneiden, Abgeschnittenes. I. 1. Die Handlung des A.s, die wir ohne hemmende Vorstellungen mit nüchterner Selbstverständlichkeit vorzunehmen pflegen, ist für den primitiven, von Dämonenangst beherrschten Menschen in bestimmten Fällen eine verantwortungsvolle Zeremonie. Die Dämonenfurcht und die peinliche Beobachtung bestimmter Vorschriften ist dann besonders groß, wenn es sich um Teile des Körpers handelt, und gerade um jene Teile, in denen nach offenbar allgemein menschlichem Glauben die Seele oder die Lebenskraft sitzt, die Haare und Nägel [1]). Frazer [2]) hat in „The Golden Bough" das Material für das Haar von der Antike bis zu den heutigen Primitiven gesammelt, die Deutung der einzelnen Fälle muß nachgeprüft werden, was Sommer [3]) und Schredelseker [4]) für die Antike getan haben. Die Vorstellung, daß man mit dem A. des

Haares auch das Leben in Besitz nimmt, ist in der Simson[5])-Nisosgeschichte[6]) gerade so lebendig, wie im Skalpieren der Indianer[7]). Die Verehrung der Haare und Nägel als Sitz der Seele und des Lebens und die Bedenken beim A. sind bei den Indonesiern[8]) besonders lebendig, und in Deutschland ist ein Rest dieser Vorstellung in dem Verbot enthalten, im ersten Jahr das Haar des Knaben zu schneiden, da er sonst den Mut[9]) oder Verstand[10]) verliere. Daneben wirkt die Vorstellung herein, daß das Haar dämonisch und gefährlich ist[11]); so wird dann das A. zur Reinigungszeremonie[12]). Einen solchen offenbar uralten Zauber haben wir aus der Oberpfalz überliefert: bevor die Braut zur Kirche geht, muß ihr die Mutter oder die „Taufbod" oder eine Freundin die Nägel an Händen und Füßen a. und verbrennen, damit sie als Weib keine Krankheit durchmache; auch schneidet man ihr Haare vom Kopfe ab und wickelt sie um die Nägel, um damit Kopfweh und Rotlauf zu verbrennen[13]). Im Haaropferritus, der in der Antike[14]) eine größere Rolle spielt als heute, ist das abgeschnittene Haar Substitut für den ganzen Menschen oder das Tier; in diesem Sinne findet sich das Haarabschneiden im Totenkult[15]) und bei Gelübden[16]). Andererseits darf ein im heiligen Dienst Stehender[17]) oder der Mensch als Objekt[18]) einer kultlichen Verehrung Haare und Nägel nicht schneiden. Unter solch einem kultlichen Gebot stand auch der junge Chatte[19]), der das Haar nicht a. durfte, bis er einen Feind getötet hatte, und in demselben Sinne läßt der Bataver Civilis[20]) im Rachekampf gegen die Römer das Haar lang wachsen. Auch im Rechtsleben spielt das A. oder Nichtabschneiden der Haare eine Rolle: so müssen sich alle Teilnehmer an einer Grenzhandlung in Schlesien den Bart a., nur nicht der Bürgermeister (1587)[21]). Abschneiden der Haare galt auch als Strafe und Schmach z. B. in der Hrolf-Kraki-Saga[21a]) besonders für Mädchen[21b]).

[1]) Wundt *Völkerpsychologie* 5[2], 129. 132; vgl. 4, 1, 101 u. 103; 4, 1, 210 ff.; ARw. 12, 128; 17, 599 u. 602; 18, 315; SAVk. 1 (1897), 203. [2]) 2[3], 258 ff. [3]) L. Sommer *Das Haar in Religion und Aberglauben der Griechen*. Diss. Münster 1912. [4]) Schredelseker *de superstitionibus Graecorum, quae ad crines pertinent*. Diss. Heidelberg 1913; vgl. Deubners Rezension in ARw. 20, 417—18. [5]) *Buch der Richter* c. 16, 17—19; Wundt *Völkerpsychol*. 4, 1[2], 101. [6]) Kroll bei Skutsch *Gallus und Vergil* L. 1906 Anhang; Sommer in Pauly-Wissowa 7, 2, 2106; Ders. Diss. 16 ff. u. 7 ff.; Schredelseker passim. [7]) Bethe im *Rheinischen Museum* (1907) 62, 466 A.; 57 (1902), 217; Grimm *KHM* 29 = Bolte-Polivka 1 279 ff.; ARw. 16, 381 A. 2. [8]) ARw. 17, 599. 602; vgl. 12, 128; 18, 315. [9]) Wolf *Beiträge* 1, 209, 57; vgl. Knoop *Hinterpommern* 157, 23. [10]) In Schwaben: Fischer *SchwäbWb*. 3, 1164; vgl. Baumgarten *Heimat* 3, 28. [11]) Wundt l. c. 4, 1, 399; daher schneidet man nach Anhorn *Magiologia* 1016 der Hexe alle Haare am Körper ab; in den Haaren steckt die Teufelskraft; auch die Nägel werden der Hexe abgeschnitten: Hansen *Hexenwahn* 155, 25. [12]) Frazer 2[3], 283—285; reinigend ist das Haarabschneiden bei der Wöchnerin, bei der alles dämonisch infiziert wird, besonders die Haare: Frazer 2[3], 284; für die Antike: Sommer *Diss*. 44 ff.; Döller 97; vgl. 284. [13]) Schönwerth *Oberpfalz* 1, 77, 5; vgl. Sommer Diss. 34 ff.; Döller 284—85; Weinhold *Frauen* [3] 1, 338. [14]) Sommer *Diss*. 53 ff.; Pauly-Wissowa 7, 2, 2108 ff.; Stengel *Opferbräuche* 44 ff. [15]) Sommer 64 ff.; Thanatos nimmt vom Menschen Besitz durch A. der Haare: Sommer l. c. 61—64; ZdVfV. 1899, 319; diese Vorstellung noch jetzt in Griechenland: B. Schmidt *Griechische Märchen, Sagen, Volkslieder* L. 1877 Nr. 20. A. als Zeichen der Trauer bes. bei den Juden: SAVk. 17 (1913), 24—26. [16]) Sommer l. c. 79 ff.; hier opfert man das Haar zum Dank der Gottheit und gibt sich so in deren Gewalt; berühmt die Locke der Berenike; Catull c. 64. [17]) Frazer 2[3], 16. 260 ff.; 2[3], 194: während des Brütens des Seidenwurmes in Mirzapur. Vgl. die Vorschrift für ein Opfermedium auf Sumatra: ARw. 18, 336; in Böhmen darf man die Nägel u. Haare nicht schneiden, während man unter dem Arm den Sotek ausbrütet: Grohmann *Aberglaube* 16, 77. [18]) So darf bei den Primitiven in Afrika der Vater von Zwillingen in der Zeit, da man mit ihm als Fruchtbarkeitsüberträger einen Kult treibt, Haare und Nägel nicht schneiden: Frazer 1, 2[3], 102. [19]) Tacitus *Germania* c. 31; Grimm *RA*. 1, 203; Frazer 2[3], 261—262; dieses Gelübde ist im Krieg uralt und allgemein: Frazer 2, 261; 1, 1[3], 127 (Malaien). [20]) Tacitus *Historien* 4, 61. [21]) Grimm *RA*. 1, 203; Vordemfelde *Religion* 112 ff.

115; Drechsler 2, 26. [21a]) Programm v. Forgan 1905, 22; Grimm *RA* 1, 396; 2, 287. [21b]) Zingerle 11, 101; Krauß *Sitte und Brauch* 193; vgl. Birlinger *Volksth.* 2, 398, 344.

2. Diese religiös-kultlichen Gesichtspunkte für das A. von Haaren und Nägeln zeigen einmal das Gemeinsame in der Scheu vor diesen Körperteilen, welche das Abtrennen zu einer Staatsaktion stempelt, wir sehen aber auch daraus, daß die Motive für das A. oder das Verbot des A.s sehr verschieden sein können, wie sich wohl die Vorstellungen vom Opfersubstitut und vom Haar als Seelensitz verbinden können und andererseits das Haar als dämonisches Tabu gefürchtet wird.

Die Hauptquelle aber, aus der der Abschneideaberglaube entspringt, ist die Angst, daß irgendein Gott, Geist, Dämon oder ein böser Mensch mit den Haar- und Nagelteilen dämonische Macht über den Menschen selbst bekomme und mit diesen Körperabfällen Schadenzauber verüben könne. Ebenso groß ist natürlich die abergläubische Verehrung dieser Körperteile, wenn sie von einem gewaltigen Menschen, Priester oder Heiligen stammen; wir kennen ja die Amulette aus Haaren und Nägeln toter Heiliger bei den verschiedensten Völkern [22]), ebenso Amulette aus Toten- und andern Nägeln [23]).

Wohl die älteste aktenmäßige Erwähnung der abergläubischen Verehrung abgeschnittener Nägel und Haare auf germanischem Gebiet, treffen wir im Concilium Romanum (745): Deneardus, der Legat des Bonifazius, überbringt die briefliche Beschwerde seines Herrn über Eldebert dem Papst Zacharias [24]); dieser Eldebert „ungulas suas et capillos dedit ad honorificandum et portandum cum reliquiis sancti Petri principis apostolorum" [25]); der Papst verdammt diesen Aberglauben: „quis enim aliquando apostolorum . . . ex capillis suis aut ungulis pro sanctualia populis tribuerunt" [26]); und auch das ganze Konzil verdammt diesen Aberglauben [27]).

[22]) Frazer 1, 2 [3], 6. [23]) G. Kropatscheck *de amuletorum apud antiquos usu capita duo.* Diss. Greifswald 1907, 26; Wlislocki *Zigeuner* 98; Döller 70—71. [24]) M. G. leg. sectio III tom. II, 1 concilia 38, 5 ff. [25]) l. c. 39, 42—43. [26]) l. c. 40, 25 ff. [27]) l. c. 43, 13—14; vgl. tom. II, 2, 1010, wo Deubner Plinius XXVIII, c. 5, 40, 70, 86 zitiert; ARw. 14, 618 m. A. 2. Aus späterer Zeit vgl. Hansen *Hexenwahn* 447, 22.

3. Wie bei vielen Völkern über die Art des Haarabschneidens strenge Vorschriften beobachtet werden [28]) (vor allem bei Kindern) [29]), so treffen wir auch auf Zeremonien beim Nägelabschneiden: für die Römerin [30]) war es „religiosum", schweigend vom Zeigefinger an die Fingernägel an den nundinae zu schneiden; Buxtorf [31]) berichtet: ungues etiam quotquot diebus Veneris resecant, idque peculiari adhibita superstitione. A sinistra enim incipientes, digiti quarti unguem primo demunt, dein ad secundum digitum transeunt, postea ad quintum, inde ad tertium, tandem in pollicem desinunt; adeo ut nunquam duorum digitorum ungues deinceps cultello purgentur, sed digitus intermedius semper transmittatur; memoriale huius ordinis est דבהגא; Ad manum dextram ubi devenerunt, initium faciunt a digito secundo, inde ad quartum transitur et ita in reliquis. Huius memoriale est: בדאגה. Der Aberglaube der Isländer schreibt vor: man soll jeden Nagel in drei Stükken abschnippsen oder abbeißen; denn wenn die Nägel ganz abgeschnitten werden, macht der Böse daraus schöne Schiffe [32]) (vgl. Nägel der Leiche); mit dem Messer, mit dem man die Nägel abgeschnitten hat, muß man dreimal in Holz schneiden, damit man sich gegen Zauberei sichert [33]) (Norwegen) oder mindestens damit schnitzeln [34]); den Sinn dieser abergläubischen Angst vor dem Schadenzauber, der sogar durch das beim A. gebrauchte Messer die Person selbst beherrscht, erklärt uns eine bergische Sage, deren Hauptzug allerdings von einer andern Seite her verstanden werden muß [35]): Ein Mädchen schneidet sich auf der Überfahrt

über den Rhein die Nägel; ein Jude kauft ihm das Messer ab und entzieht der Jungfrau mit dem Messer Blut, wie die Hexen den Kühen die Milch, und das Mädchen stirbt. Das Messer, mit dem die Nägel beschnitten sind, gibt dem Zauberer dieselbe Macht, wie die Nägel selbst; aber wichtig ist auch das A. auf dem Wasser; hier kommt uns eine Notiz bei Petron[36]) zu Hilfe: „audio enim non licere cuiquam mortalium in nave neque ungues neque capillos deponere, nisi cum pelago ventus irascitur". Sommer[37]) erklärt den Aberglauben richtig mit der Angst, daß die Wasserdämonen durch die abgeschnittenen Haare Gewalt über den Seemann bekommen; in der bergischen Sage ist der Jude ein solcher Dämon. Wenn man sich beim A. der Nägel nach Norden wendet, stirbt man (Island)[38]).

28) Frazer 2^{3}, 264 ff.; Mitt. Antiquar. Ges. in Zürich 3 (1846—47), 100. 29) Frazer 266 ff.; Wlislocki erzählt seltsame Zeremonien der Zigeuner: *Zigeuner* 80 u. 84. 30) Plinius *N. H.* XXVIII, 28 = IV, 285, 4 ff. Mayhoff. 31) *Judenschul* 225—26; zu dieser Zeremonie vgl. Bartsch *Mecklenburg* 2, 110, 413. 32) Liebrecht *Zur Volksk.* 367, 2; vgl. SAVk. 1 (1897), 203 mit Literatur. 33) Liebrecht 330, 153. 34) ebd. 314. 22. 35) Schell *Bergische Sagen* 270, 29. 36) Petronius *Saturae* c. 104 = 71, 36 ff. Bücheler^{4} vgl. c. 103. 37) Sommer l. c. 81 ff.; ARw. 20, 417. 38) Liebrecht 369, 13.

4. Über die Zeit des A.s herrschen uralte Vorschriften: In den astrologischen Kodices finden wir ein Kapitel περὶ ὀνύχων, worin die Frage beantwortet wurde, um welche Zeit man am besten die Nägel (Haare) schneidet[39]). Eine verderbte Stelle bei Varro[40]) rät, die Haare bei abnehmendem Mond zu schneiden, Tiberius[41]) nahm die Prozedur an Neumond vor; in Schwaben[42]) schneidet man sich die Haare am dritten Tag des Neumonds, dann wachsen sie gut; bei Vollmond muß man sich ans Fenster stellen, die Haare a. und dabei sprechen: Was ich sehe, nehme ab, was ich schneide, nehme zu (Schlesien)[43]); in Mecklenburg[44]) wählt man zunehmenden Mond (bei abnehmendem Mond schert man die Schafe)[45]), in Tirol[46]) gilt diese Vorschrift für Haare und Nägel[47]) und auch allgemein, dann hat man Glück und bewahrt sich vor Zahnschmerzen[48]). In der Schweiz vermeidet man das Sternbild des Fisches, sonst gibt es Schuppen, aber im Löwen[49]) abgeschnittene Haare wachsen gut[50]); die Schwaben glauben, man müsse sie im Zeichen des Bären schneiden, um krause Haare zu erhalten[51]). Über den Tag des Nägelschneidens herrscht keine Einigkeit: die Römerin[52]) wählte die nundinae, sonst ist allgemein der dies Veneris[53]), der Freitag, vorgeschrieben; die Rockenphilosophie sagt: „wer freitags die nägel abschneidet, hat Glück"[54]), sonst Geld[55]); und „freitags nägel an Händen und Füßen geschnitten, hilft gegen Zahnweh"[56]). In Mecklenburg schneidet man an einem Freitag vor Aufgang oder nach Untergang der Sonne von den Nägeln kreuzweise etwas ab; die Schnitzel hüllt man in reines Linnen und verpflöckt dies in einem grünen Eichenbaum[57]) (gegen Gicht); in Schleswig-Holstein[58]) wird dieselbe Prozedur für 3 Freitage vorgeschrieben. Besonders wirksam ist das Nägelschneiden am Karfreitag[59]): Man schneidet Finger- und Zehennägel ab und vergräbt sie unter einem Berberitzenstrauch[60]); in Schwaben schützt man Kinder vor bösen Leuten, indem man am Karfreitag Nägel an Händen und Füßen und drei Schnipfel Haare abschneidet und verbrennt oder in die Mistgrube wirft[61]). Wenn man am Karfreitag früh die Nägel an Händen und Füßen abschneidet, diese in ein Lümplein bindet und das an einem Kirschbaum aufhängt, so hat man das ganze Jahr kein Zahnweh[62]). Andererseits soll man sich am Freitag die Nägel nicht a. (Norwegen)[63]), auch die Haare[64]) nicht. „Will man das Kind vor Zahnschmerzen bewahren, so soll man ihm nicht Freitags die Fingernägel a." (Isergebirge)[65]); schneidet man am Freitag die Fingernägel ab, so müssen die armen Seelen sie verzehren[66]). Nach Berner[67]) Aberglauben soll man die Nägel gegen Zahnweh am Freitag und Montag[68]) schneiden, nach anderm Aberglauben an keinem Tag, welcher mit einem „r"

geschrieben wird [69]). In Schleswig-Holstein muß man die Nägel entweder Freitags bei abnehmendem Mond oder Dienstags a.[70]). „Sonntags die Nägel beschnitten, gibt Verdruß" [71]); oder es verursacht Gedankenlosigkeit (Isergebirge) [72]); aber: schneidet man alle Montag und Freitag die Nägel, so nimmt man alle Zähne mit ins Grab[73]). Am Abend geschnittene Nägel werden oft eines gesunden Mannes Tod (Island) [74]); am besten geschieht das A. vor Sonnenaufgang und nach Sonnenuntergang [75]). Auch die Haare werden am besten am Freitag geschnitten, sonst bekommt man Kopfweh [76]), oder am Karfreitag [77]); bei Plinius lesen wir [78]): „religiosum est capillum (resecari) contra defluvia ac d o l o r e s c a p i t i s XVII luna atque XXVIIII".

Der günstigste Tag nach badischer Ansicht ist der 22. Juli [79]), der Tag der Maria Magdalena [80]).

39) So haben wir eine Überschrift περὶ ὀνύχων im codex Laurentianus, Plut. 28, 3 = Nr. 11 des catalogus codicum astrologorum Graecorum I, 51 (Brüssel 1898); im cod. Angelicus 29 = V, 1, 24 Fol. 67 steht: περὶ ἀφαιρέσεως τριχῶν: μὴ ἀφαιρήσῃς ἀπὸ τῶν τριχῶν — ἐν τῷ Ζυγῷ· περὶ κόψεως ὀνύχων· μὴ ἐπιχειρήσῃς κόψαι — τῷ Λέοντι. 40) V a r r o rer. rusticar. I, 37, 2 = 174, 1 ff. Keil: ego istaec, inquit Agrasius, non solum in ovibus tondendis, sed in meo capillo a patre acceptum servo, ni (= ne) d e c r e s c e n t e luna tondens calvos fiam; aus P l i n i u s XVI, 194 u. XVIII, 321—22 geht hervor, daß Keil richtig crescente geschrieben hat. 41) P l i n i u s *N. H.* XVI, 194; P a u l y - W i s s o w a 1, 40. 42) M e i e r *Schwaben* 511, 421; SAVk. 15 (1911), 7, sonst allgemein im zunehmenden Mond: F i s c h e r *SchwäbWb.* 3, 1164; SchweizId. 2, 1504; ZfEthnologie 15, 913; SAVk. 12 (1908), 151, 454; ZrwVk. 1918, 78 (Rheinland); vgl. W l i s l o c k i *Magyaren* 79. 43) D r e c h s l e r 2, 132. 187; vgl. M e y e r *Baden* 50; Z i n g e r l e l. c. 28, 175; dagegen 29, 182. 44) B a r t s c h *Mecklenburg* 2, 122, 480; 199, 344; ebenso in Schleswig-Holstein, damit das Haar gut wächst: ZdVfV. 1910, 386, 18; vgl. M e y e r *Baden* 50; ZfEthnol. 15 (1883), 91 (Berlin); W l i s l o c k i *Magyaren* 49; S é b i l l o t 1, 44—45; SAVk. 12 (1908), 151, 454; Unoth 1, 188, 158. 45) B a r t s c h 2, 199, 348; ebenso V a r r o *rer. rusticar.* I, 37, 2 = 174, 1 ff. Keil. 46) H e y l *Tirol* 803, 262; dagegen: Z i n g e r l e l. c. 28, 173. 47) Auch in Schlesien: D r e c h s l e r 2, 132, 510. 48) W. 71; SAVk. 8 (1905), 142, I, 2; P o l l i n g e r *Landshut* 286. 49) Vgl. A. 39. 50) SchweizId. 2, 1504; SAVk. 17 (1913), 64. 51) F i s c h e r l. c. 3, 1164; SchweizId. 4, 683, ebenso im W i d d e r u. S t i e r: Z i n g e r l e 29, 184; L ü t o l f *Sagen* 554, 561; SAVk. 17 (1913), 64; im Zeichen des S k o r p i o n gibt es L ä u s e: Z i n g e r l e 28, 174. 52) P l i n i u s *N. H.* XXVIII, 28 = IV, 285, 4 ff. Mayhoff. 53) B u x t o r f *Judenschul* 225. 54) G r i m m *Myth.* 3, 442, 249; vgl. W o l f *Beiträge* 1, 238, 455; M a n n h a r d t *G. M.* 629 A. 1; D r e c h s l e r 2, 187. 55) P a n z e r *Beitrag* 1, 157, 4; M a n n h a r d t l. c.; W. 632; ZfEthnol. 15 (1883), 91: sonst wachsen die N. nicht nach (Berlin). 56) G r i m m l. c. 445, 340; W i t z s c h e l *Thüringen* 2, 195, 17; K e h r e i n *Nassau* 2, 257, 97; M e y e r *Bad.* 512; ZrwVk. 1917, 179—80; 1914, 163—64; M a n n h a r d t l. c. 629; T e t t a u u. T e m m e 283; D r e c h s l e r 2, 187; B a r t s c h 2, 217, 1129; 122, 482; SAVk. 8 (1905), 150; 8, 272, 72; W. 17; F i s c h e r l. c. 2, 1509, vgl. 4, 1925; SchweizId. 4, 683; W l i s l o c k i *Zigeuner* 83; A n h o r n, *Magiologia* 131; 134; M a e n n l i n g 224; SAVk. 12 (1908), 152, 468; 4 (1900), 228; das A. am Freitag schützt gegen „N a g e l b r ü h": SAVk. 12 (1908), 278; Z i n g e r l e 122, 1100. 57) B a r t s c h 2, 110, 413; BlPommVk. 8, 174, 197; SAVk. 10 (1906), 35 u. 39; W. 87. 501; vgl. 526. 58) ZdVfV. 1910, 386, 14. 59) D ä h n h a r d t *Volkst.* 1, 80 Nr. 3; in Ungarn ist der K. verboten, weil das A. Augenweh verursacht: ZdVfV. 1894, 395. 60) D r e c h s l e r 1, 90, 98. 61) M e i e r *Schwaben* 390, 59; W. 607; SAVk. 12 (1908), 152, 474; 15 (1911), 5 vgl. 9. 62) B i r l i n g e r *Schwaben* 1, 386; vgl. S e l i g m a n n 2, 142; vgl. 288. 330; W. 87; K r a u ß *Relig. Brauch* 41; ein ähnlicher Zauber ist in der Schweiz belegt: SchweizId. 4, 683. 63) L i e b r e c h t 314, 22, ebenso in Schwaben: F i s c h e r l. c. 4, 1925 und Ungarn: ZdVfV. 1894, 395; S a r t o r i *S. u. B.* 3, 143 und einmal in der Schweiz: SAVk. 8 (1905), 142, I, 2. M a e n n l i n g 224; L i e b r e c h t *Gervasius* 234, 171. 64) SAVk. l. c. 65) ZdVfV 1917, 149; ebenso S c h u l t z *Alltagsleben* 241. 66) C a m i n a d a *Friedhöfe* 112. 67) SAVk. 8 (1905), 272, 72. 68) Auch in Schwaben: F i s c h e r l. c. 1509. 69) M a n n h a r d t *G. M.* 629 A. 1, oder an keinem Fleischtag, sonst wachsen die Nägel ins Fleisch: SAVk. 12 (1908), 456. 70) ZdVfV. 1910, 386, 12, am besten am Fastnachtsdienstag: Z i n g e r l e 137, 1204. 71) ZfVk. 1910, 386, 15; oder man hat diese Woche Unglück: W o l f *Beiträge* 1, 217, 179; M a n n h a r d t *G. M.* 629 A. 1; W. 66; in England ist dies Geschäft am Christfest verboten: W o l f 1, 246, 530; M a n n h a r d t l. c. 72) ZdVfV. 1917, 149. 73) F i s c h e r l. c. 4, 1925. 74) M a n n h a r d t *G. M.* 628. 75) B a r t s c h 2, 109, 413; W. 464; über die Zeit: M e y e r *Baden* 512. 76) M e y e r l. c.; vgl. F i s c h e r l. c. 3, 1164; C u r t z e *Waldeck* 414 Nr. 211; dagegen SAVk. 8 (1905), 142, I, 2. 77) M e y e r l. c. 503—4. 78) P l i n i u s *N. H.* XXVIII, 28 = IV, 285, 7 M a y h o f f;

vgl. XVI, 194 (Varro). [79]) Meyer l. c. u. 50; vgl. SAVk. 14 (1910), 290 I. [80]) Künstle *Ikonographie der Heiligen*. Freiburg 1926, 430 ff.

5. Wichtig ist das Haar- und Nägelschneiden in den entscheidenden Stadien der Kinderentwickelung[81]): Im ersten Lebensjahr soll man dem Kind nicht die Haare schneiden[82]), sonst verliert es den Verstand[83]), den Mut[84]), die Kraft[85]), oder es stirbt[86]), oder es stiehlt[87]); auch die Nägel dürfen nicht abgeschnitten werden, sonst stehlen die Kinder[88]); „die nägel an den kleinen Kinderhänden soll das erste Mal die mutter abbeißen[89]) (s. d.), sonst lernen sie stehlen" (Rockenphilosophie)[90]); diese Ansicht ist gemeineuropäisch und auch sonst belegt[91]). Manche Völker warten den Zeitpunkt der Namengebung ab, um dann das Haar, das bis dahin als Sitz der Seele und der Kraft unberührt blieb, feierlich zu schneiden, so die Polen[92]), Peruaner[93]) und Uganda[94]). Nach deutschem Aberglauben darf man vor dem siebenten Jahre (das siebente Jahr leitet nach deutscher Ansicht einen wichtigen Abschnitt ein)[95]) das Haar nicht schneiden, wenn man nicht den Mut rauben will[96]); andere Völker schneiden z. B. die Nägel im sechsten Monat oder im vierten Jahr[97]). In Baden[98]) schneidet man am 22. August den kleinen Mädchen etwas von den Zöpfen ab, damit die Haare wachsen (siehe oben 4). In Nassau[99]) „stümpft" man die Haare zur Zeit des jungen Lichtes, in Schwaben[100]) an den drei Donnerstagen vor Weihnachten. In Ostpreußen[101]) tragen die Kinder die ersten abgeschnittenen Haare als Amulett[102]) gegen Zahnweh; in der Schweiz macht der erste Schnitt kugelfest[103]).

[81]) Döller 285; Sommer l. c. 21 ff. drei „Schübeli" Haar, bei der Geburt abgeschnitten, schützen den Träger vor allem Uebel: SAVk. 15 (1911), 10. [82]) Bartsch *Mecklenburg* 2, 51, 119; ZdVfV. 1910, 386, 16 (Schl.-Holstein); ZdVfV. 1903, 385 (Nordthüringen); Urquell 6, 65; Dähnhardt *Volkst.* 2, 89, 366; Bergen *Current superstitions* (Boston 1896) 25, 55; Sartori 1, 44; wenn in der Gironde das erste Kind ein Knabe ist und man will ein Mädchen haben, schneidet man dem Knaben die ersten Nägel unter einem Rosenstock: Sébillot 3, 391; Bulletin de la Société de Géographie 7, Nr. 9. [83]) Fischer l. c. 3, 1164. [84]) Wolf *Beiträge* 1, 209, 57; vgl. Knoop *Hinterpommern* 157, 23; W. 607. [85]) Baumgarten *Heimat* 3, 28. [86]) W. 600. [87]) Meyer *Baden* 50; ZfrwVk. 1915, 58; Kehrein *Nassau* 2, 263, 168; Pollinger l. c. 243. [88]) Bartsch 2, 51, 120. Zingerle 6, 46; 9, 72. [89]) BlPommVk. 9, 73; dagegen heißt es in Nassau: Wenn man die Fingernägel abbeißt, bekommt man die Zehrung: Kehrein 2, 265, 194. [90]) Grimm *Myth.* 3, 435, 23; Pollinger *Landshut* 244; Meyer *Baden* 50; W. 600; Grohmann 110, 805; ZfEthnol. 15 (1883), 84 (Berlin); Fischer l. c. 4, 1925. [91]) Frazer 2, 262 ff., mit Literatur. In Ungarn schneidet man den Säuglingen die Finger- und Fußnägel bei abnehmendem Monde ab, damit sie nicht Diebe und Vagabunden werden: Wlislocki *Magyaren* 49. [92]) Grimm *RA.* 1, 203. [93]) Mannhardt *G. M.* 630 A. 5; Frazer 2, 263. [94]) Frazer 2 ³, 263. [95]) Grimm *RA.* 1, 568. [96]) Wolf *Beiträge* 1, 209, 57; W. 607. [97]) Frazer l. c. 262—63. [98]) Meyer *Baden* 50, 512. [99]) Kehrein *Nassau* 2, 263, 167; in Tirol am Fastnachtsdienstag: Zingerle 137, 1204. [100]) Fischer l. c. 1164, an Sylvester geschnittene Nägel helfen in Ungarn zu einem Schatz: ZdVfV. 4, 317. [101]) Urquell 1, 134. [102]) Vgl. das berühmte ostpreußische Amulett: Mannhardt *G. M.* 629 f. [103]) SchweizId. 2, 1504.

6. Ängstlich sucht man zu verhindern, daß die abgeschnittenen Nägel und Haare in fremde Hände gelangen, aus Angst vor Schadenzauber[104]): „abgeschnittene haare sind zu verbrennen oder in laufend wasser zu werfen; trägt sie ein Vogel weg, so fallen dem Menschen die Haare aus" (Journal 1790 aus Schwaben)[105]); man muß sie in der Erde oder unter Steinen verbergen; baut ein Vogel mit solchem Haar, so bekommt man Kopfweh[106]). „Wer über abgeschnittene nägel geht, wird dem gram, dessen sie gewesen sind" (Rockenphilosophie)[107]). Wer in Nassau auf seine Nagelschnitzel tritt, bekommt die Zehrung[108]). Schon Zarathustra[109]) gebot, man solle die abgeschnittenen Nägel und Haare vergraben, damit sie nicht in die Hände von bösen Geistern fallen; und bei den Römern[110]) wurden dem flamen dialis die Nägel unter Zeremonien abgeschnitten und unter einem Lebensbaum vergraben; in Deutschland[111]) vergräbt man das A. unter dem Hollunderbaum, in Schleswig unter der Türschwelle[112]). Wer diese

Vorsicht versäumt, muß nach norwegischem Aberglauben am jüngsten Gericht die Nägel wieder sammeln (vgl. Brosamen), oder wenn die Haare auf fremdes Feld kommen, wird man krank [113]), oder die Elben machen Kugeln und schießen das Vieh [114]); nur die ersten dem Kinde abgeschnittenen Haare darf man nicht verbrennen, sonst verbrennt man das Gedächtnis [115]).

[104]) Haltrich *Siebenbürg. Sachsen* 314; Soldan Heppe 2, 362; Kühnau *Sagen* 3, 26. 38. 56. 60. 62. 189; Frazer 1, 1 ³, 57. 64. 65—66; 2 ³, 267 ff. 274 ff. 276 ff. 281 ff.; ZfEthn. 15, 91; Zingerle 28, 178 f. auch im Gegenzauber: Seligmann 1, 264. 318; Nägel im Bannzauber: ARw. 15, 315 mit Literatur; Wundt *Völkerpsychologie* 4, 1 ³, 279. 420. 490. 499; W. 418; Krauß *Slav. Volksforschungen* 51; Buxtorf 226: qui ungium praesegmina pedibus subicit, summe impius habetur. Sic enim in Diaboli potestatem veniunt et homines nequam illis ad fascina et maleficia abutuntur. [105]) Grimm *Myth.* 3, 457. 676; Wundt l. c.; vgl. ZdVfV. 1902, 177. [106]) Birlinger *Volkstüml.* 1, 493, 705 = Meier *Schwaben* 509, 407; Bartsch *Mecklenburg* 2, 316, 1557; Kehrein *Nassau* 2, 266, 201; Fischer l. c. 3, 1164; Frazer 2 ³, 282—83; Pollinger *Landshut* 277; vgl. Grimm 3, 473, 1027; Witzschel *Thüringen* 2, 282, 69; Meyer *Baden* 512; ZdVfV. 1910, 386, 20—21 (Schlesw.-Holstein); vgl. Wlislocki *Zigeuner* 81; SAVk. 12 (1908), 278; 15 (1911), 150; vgl. 7; BlPomm. Vk. 3, 68, 20; Zingerle 28, 180—181; 177. [107]) Grimm *Myth.* 3, 444, 319; vgl. Plinius *N. H.* XVI, 194; XXVIII, 28. [108]) Kehrein *Nassau* 2, 265, 195. [109]) Mannhardt *G. M.* 629; SAVk. 15 (1911), 7. [110]) Frazer 2 ³, 14. 275 ff. mit Literatur. [111]) W. 141; vgl. Grimm 3, 456, 630 u. Mannhardt *G. M.* 630; vgl. Frazer 2 ³, 276. [112]) ZdVfV. 1910, 386, 12; die alten Weiber in Danzig verstecken die Nägel unter der Türschwelle; das soll Glück bringen: Mannhardt *G. M.* 630. [113]) Liebrecht 319, 48. [114]) Ders. 330, 152; Frazer 2 ³, 281 ff. [115]) Rochholz *Kinderlied* 317.

7. Auf Grund der Vorstellung, daß man bei der Auferstehung auch die Haare und Nägel haben muß [116]), worüber schon Augustinus [117]) Betrachtungen anstellte, bewahrt man das A. sorgfältig auf und versteckt es an geheimen und heiligen Orten, in Baden in einer Mauer [118]) (genau so die Inkas in Peru) [119]) oder auf dem Friedhof [120]); die Balten [121]) trugen früher die Nagelreste auf der Brust im Kleid, weil der Mensch nach dem Tode über eine gläserne Brücke auf einen gläsernen Berg klettern müsse. Ehe man die Leiche in den Sarg legt, muß man ihr die Nägel schneiden (wer sie abbeißt, befreit sich von einem unheilbaren Übel) [122]), damit die Welt noch nicht untergehe (Schwaben) [123]); ebenso nach dem Gebot der Edda [124]), damit der Bau des Totenschiffes „Naglfar" und damit der Weltuntergang verhindert wird; aber in Schleswig-Holstein darf man der Leiche die Nägel nicht a. [125]); Haare zum Andenken soll man der Leiche nicht a. [126]), weil sie mit der Leiche vergehen.

[116]) Frazer 2 ³, 279 ff. [117]) Augustinus *de civitate dei* 22, 19 = v. II, 522, 34 ff. Dombart. [118]) Meyer 512. [119]) Frazer 2, 279. [120]) Ders. l. c. 276 ff. [121]) ARw. 17, 487—88; Frazer l. c. 280 (Esten); Mannhardt *G. M.* 630 (Kassuben). [122]) W. 733; dagegen Kehrein l. c. 2, 265, 194. [123]) Birlinger *Volkst.* 2, 407, 356; Schönwerth *Oberpfalz* 1, 244; Rochholz *Glaube* 1, 181 ff.; ZrwVk. 5, 248; Sartori 1, 132; vgl. Baumgarten *Heimat* 3, 108. [124]) Simrock *Mythologie* 149 ff. dagegen: Mannhardt *G. M.* 630—31; SAVk. 1 (1897), 203; Archiv f. Anthr. NF. 4 (1906), 148; E. H. Meyer *Germ. Mythologie* 134. 160; Ders. *Baden* 513; Grimm *Mythologie* 2, 679; 3, 241. [125]) ZdVfV. 20 (1910), 386, 17. [126]) W. 733.

8. Das A. im Heilzauber. Über Zahnschmerzen siehe oben § 4. Gegen Fieber verwendeten schon die Römer abgeschnittene Nägel [127]), ferner kennen sie das A. der Haare an bestimmten Tagen gegen Kopfweh [128]), die erste Haarschur der Knaben gegen Podagra [129]); genau so wird das oben zitierte A. der Nägel gegen Gicht in Mecklenburg verwendet (vgl. § 4, Anm. 57). Am häufigsten wendet man die Zeremonie gegen Fieber an: In Schleswig-Holstein schneidet man Freitags die Nägel ab, um sich gegen Fieber zu schützen [130]). In Bayern [131]) schneidet man an den 10 Fingern und 10 Zehen die Nägel ab; die Schnitzel nimmt der Abbeter zu sich; hierauf muß man an je 5 Tagen stufenweise 1—5 Vaterunser und wieder zurück beten; ebenso heilen Sympathieheilkun-

dige in Baden [132]) und in Rußland [133]) das Fieber durch A. der Nägel; hier kommen die Nagelteile in ein Ei, das ein Vogel davontragen soll [134]). Im Rheinland [135]) heilt man die Gelbsucht, indem man von jedem Nagel ein Stück abschneidet und alles dem klugen Mann gibt, der es den Hund fressen läßt, ähnliche Fieberheilung in der Schweiz [136]). Einen 1879 in Berlin beobachteten Übertragungszauber an einer Wegkreuzung erwähnt Krause in ZfEthnol. [137]); fast genau denselben Zauber lesen wir bei Plinius [138]). In Oldenburg bindet man, nachdem die Nägel abgeschnitten sind, die Teile einem Bachkrebs auf den Rücken und wirft diesen ins Wasser [139]), oder der Fieberkranke schneidet sich die Fingernägel ab und vergräbt die Schnitzel unter einer Espe [140]). Andererseits berichtet ein Weimarscher Medicus [141]) (1732): „es seind auch viel abergläubische Kranke, welche sich nicht getrauen, die Nägel abzuschneiden, wie sie ich weiß nicht was für eine Gefahr sich dadurch zuziehen sollen." Die Zigeuner verwenden die Freitags abgeschnittenen Nägel zu verschiedenartigem Heilzauber [142]). Um einen Bruch zu heilen, verpflöckt man 3 Büschel Haare und Nägel (am Karfreitag A.) in einer Weide [142 a]).

[127]) Plinius *N. H.* XXVIII, 86 = IV, 305, 15 Mayhoff. [128]) Ders. XXVIII, 28 = IV, 285, 7, Mayhoff; vgl. XVI, 194; nach altem Rezept in Uri: Haare im Krebszeichen a. SAVk. 10 (1906), 270. [129]) Plinius XXVIII, 41 = v. IV, 290, 1 ff. (Mayhoff); vgl. Ostpreußen, wo man die ersten abgeschnittenen Haare gegen Zahnweh als Amulett trägt: Urquell 1, 134. [130]) ZdVfV. 1910, 386, 13. [131]) Pollinger *Landshut* 293. [132]) Meyer 512. [133]) Mannhardt *G. M.* 630. [134]) Plinius XXVIII, 86 berichtet von der Übertragung auf Ameisen. [135]) ZrwVk. 1914, 173. [136]) SchweizId. 4, 683 (a. 1646). [137]) 15 (1883), 79. [138]) XXVIII, 86. [139]) Mannhardt *G. M.* 630; W. 499; vgl. Frankreich Sébillot 2, 300. [140]) W. 477; dasselbe in Frankreich: Sébillot 3, 414—15. [141]) Mannhardt l. c. 628. [142]) Wlislocki *Zigeuner* 83. [142 a]) SAVk. 15 (1911), 5 vgl. 9; 4 (1900), 328; vgl. 12 (1908), 152, 474.

9. Im Fruchtbarkeitszauber treffen wir das A. der Nägel auf oldenburgischem [143]) Gebiet, wie es schon Harsdörfer 1653 erwähnt [144]): „Schneide dem Impotenti überall an den Orten, wo er am ganzen Leibe Haare hat, etwas davon ab; ingleichen beschneide ihm alle Nägel an Händen und Füßen, tue alles zusammen in ein Tüchlein, bohr alsdann ein Loch in einen Holunderbaum und thue das Büschlein darein, vermache das Loch mit einem Zapfen oder Pflock von Hagedorn, merke aber, daß dies drei Tage vor dem neuen Monde geschehen müsse, und soll der Patient nicht gar lang mit der Cur warten; mit diesem ist vielen geholfen worden." Ähnliches berichtet Wlislocki von den Zigeunern [145]).

[143]) Mannhardt l. c. 630. [144]) *Großer Schauplatz lust- und lehrreicher Geschichten* = *Kloster* 6, 206—207; Seligmann 1, 292. [145]) *Zigeuner* 83.

II. Einfachsten Analogie- und pädagogischen Aberglauben haben wir in den Ansichten und Augurien, die sich an das Brot- und Butterabschneiden (vgl. anschneiden) knüpfen; diese Handlung wird gerade bei Brot und Butter beobachtet und ausgedeutet, weil wir es mit Fruchtbarkeitssymbolen und Gegenständen der größten Verehrung zu tun haben. Das Brotabschneiden ist eine das Hausglück vermehrende Zeremonie, sobald ein Besuch kommt; diesen fordert man in Schwaben zum A. auf; tut er es nicht, so nimmt er den Frieden mit [146]); in der Walachei sagt man: schneid herum, daß es gerate [147]); kommt in Schwaben eine ledige Person, so heißt es wie in Böhmen, sie möge herumschneiden, daß der Schatz nicht absage [148]). Wer in der Weihnachtszeit kommt, muß vom Kletzenbrot a. [149]). Man soll das Brot nicht abwürgen oder mit einem schlechten Messer „abgigen", sondern sauber und glatt a. [150]); ein a. Stück soll man nicht zerschneiden, sondern brechen [151]) (Schwaben) [152]). Wenn man Probebrot anschneidet, darf man die erste Scheibe nicht ganz a., sondern muß sie abbrechen (Mecklenburg) [153]). Bei Bielefeld macht man beim A. ein Kreuz, um das Brot gegen Hexerei zu schützen [154]) (vgl. anschneiden); wer kein Brot a. kann, kann auch keins verdienen (Böhmerwald)[155], er darf keine Frau nehmen, da er sie nicht ernähren kann, parallel auch von der Frau (Dithmarsen)[156]. Aus der Art, wie jemand das Brot abschneidet, kann man auf seine Eigenschaften u. Handlungen schließen und seine Zukunft erkennen. Schon bei Prätorius[157] lesen wir: „Schneid das Brot gleich, so wirst du reich"; und die Rokkenphilosophie bringt den Reimspruch in anderer Version[158]: „wer will werden reich, schneide das brot fein gleich" (allg.). Diesen Rat geben unter andern auch die Holzweibl, Zwerge usw.[159]. Wer das Brot nicht gleich schneidet, wird nicht reich, oder er ist mit dem linken Fuß zuerst aus dem Bett aufgestanden, oder er hat in der Nacht ebenso krumm im Bett gelegen[160] (Schweiz), er darf noch nicht bald heiraten (Braunschweig)[161], oder aber er hat nach alter allgemeiner Ansicht gelogen oder lügt noch: „wer brot ungleich aufschneidet, hat den Tag gelogen" (Rockenphilosophie)[162]. Eine Art Indifferentismus treffen wir in der Schweiz und in Südbaden, wo man sich mit der Tatsache abfindet: „Der Ebe und der Unebe hänt mit enand en Laib Brot g'gessen"[163]. Entsteht beim Brotabschneiden eine Kerbe, so hat man vorher gelogen (Vogtland)[164]. Wer das Brot schief schneidet, bekommt einen schiefen Mann[165] (Schles.-Holst.); ein Mädchen, das ein Stück Brot dick anschneidet, „macht en guti Schtifmutter", sagt der Deutschamerikaner[166] (Heidelberg); wer das Brot rauh abschneidet, bekommt einen rauhen Mann (Schlesw.-Holst.)[167]; wer das Brot hinten herum anschneidet, schneidet dem lieben Gott die Ferse ab[168]; oder es ist nicht gegönnt; in diesem Falle macht man drei Einschnitte hinein (Schwaben)[169]; dem Gast hält man die schmale Seite des Laibes hin und sagt, wenn er ledig ist:

Schneid hintz rum,
Stoht der Schatz it um[170].

Wenn man am breiten Rande schneidet, schneidet man die Liebe ab; schneidet man das Brot quer, so geht alles quer[171]; wenn einem das Messer tief ins Brot hineinfährt, so ist man hungrig[172]; fährt das Messer heraus, so hat man keinen Hunger[173]. Ein Stück Brot, das beim A. zerbricht, zeigt an, daß der Empfänger nicht betet (Bayern und Schlesien)[174]; „wenn man zu tische brot verschneidet und ungefähr ein stück mehr, als leute da sind, so ist ein hungriger Gast unterwegs" (Rockenphilosophie)[175]; „schneidet man Brot ab, während ein anderer den Laib hält, verliert ersterer die Kraft" (Böhmerwald)[176]. Am Hochzeitstage schneiden Braut und Bräutigam von einem Brot je ein Brautränftel ab; wessen Ränftel zuerst vermodert, der stirbt zuerst (Schlesien[177] und sonst). Wer in Bayern in der Weihnachtszeit in ein Haus kommt, muß ein Stück Kletzenbrot a.[178]; bei den Esten schneidet die schwangere Frau beim Brotanschneiden zuerst einen Bissen ab, damit das Kind einen schönen Mund bekommt[179].

[146]) Fischer l. c. 1, 1440 mit alten und modernen Belegen (Auerbach); Birlinger *Aus Schwaben* 2, 379, 8; Grohmann 146, 1080; Fontaine *Luxemburg* 96; Rosegger *Steiermark* 1, 65—66. [147]) Grohmann l. c. [148]) Birlinger l. c.; vgl. Grohmann l. c. 1081. [149]) Das bayrische Inn-Oberland 3 (1904), 67. [150]) Staub, *Brot* 57—58. [151]) Dagegen geboten die Pythagoreer: τὸν ἄρτον μὴ καταγνύναι; die antiken und modernen Erklärungen befriedigen nicht oder sind unsicher: Pauly-Wissowa 1, 50; Göttling *Gesammelte Abhandlungen aus dem klassischen Altertum* 1 (Halle 1851) 313—314. [152]) Birlinger *Volkst.* 1, 494, 10. [153]) Bartsch *Mecklenburg* 2, 135, 590. [154]) ZfrwVk. 1906, 202, wo aber wohl das Anschneiden gemeint ist. [155]) Schramek *Böhmerwald* 254. [156]) ZdVfV. 1913, 280, 24; vgl. Köhler *Voigtland* 395; Andree *Braunschweig* 402. [157]) Praetorius *Phil.* 41 (nach Artophylax?); vgl. Bronner *Sitt u. Art* 205—6. [158]) Grimm *Myth.* 3, 435, 38; Bechstein *Thüringer Sagenbuch* 2, 185; Drechsler *Schlesien* 2, 14; John *Erzgebirge* 30; Köhler *Voigtland* 431 u. 434; Pfister *Hessen* 171; Unoth 1, 186, 125; Wolf *Beiträge* 1, 218, 195; W. 457; ZdVfV. 1895, 416; Bayernland 29 (1917), 20. [159]) Bechstein *Thüringen* 2, 185, 322. [160]) Staub l. c. 57. [161]) Andree *Braunschweig* 402. [162]) Grimm *Mythol.* 3, 437, 99; Staub l. c. A. 9; Drechsler 2, 14; Grohmann 226, 1601; John *Westböhmen* 247. 248. 251; Pollinger *Landshut* 164; Schramek *Böhmerwald* 254; ZdVfV.

1895, 416; Schönwerth *Oberpfalz* 1, 404, 4; Strackerjan *Oldenburg* 1, 37; 2, 224, 475; W. 317; Alemannia 1905, 304; Schmitt *Hettingen* 17; man haut dem Herrgott die Zehen ab: Meiche *Sagen* 125, 52. [163]) Staub 57; *Zettelkasten des Freiburger Seminars.* [164]) Köhler *Voigtland* 395. [165]) ZdVfV. 1913, 281, 25 u. 26. [166]) Fogel *Pennsylvania* 369 Nr. 1974. [167]) ZdVfV. 1913, 281, 26. [168]) Schönwerth 1, 404, 4; W. 457; vgl. Meiche l.c. [169]) Birlinger *Volkst.* 1, 493—94, 5. [170]) Ders. *Schwaben* 2, 379, 8. [171]) W. 457. [172]) Praetorius *Phil.* 168. [173]) Drechsler 2, 15; Globus 42, 105. [174]) Panzer *Beitrag* 1, 266, 164; Drechsler *Schlesien* 2, 15; W. 293. [175]) Grimm *Myth.* 3, 445, 332; Unoth 180, 15; Meyer *Aberglaube* 227; W. 293. [176]) Schramek *Böhmerwald* 254. [177]) MschlesVk. 1897, Heft 4, 57; John *Westböhmen* 247; Seyfarth *Sachsen* 270; Strackerjan *Oldenburg* 1, 31; W. 567. 291; in Hinterpommern wird das Brot abgebissen: Temme *Pommern* 338—39. [178]) Das bayrische Inn-Oberland 3 (1904), 67; Sartori *Sitte u. Brauch* 3, 31; vgl. Birlinger *Schwaben* 2, 379, 8; Fontaine *Luxemburg* 96; Rosegger *Steiermark* 1, 65—66. [179]) Grimm *Myth.* 3, 488, 24.

III. Mit heiligem Schweigen und besonderen Zeremonien ist meist auch das A. der Zweige von apotropäischen Lebensbäumen (Wünschelrute) verbunden, wobei bestimmte Zeiten vorgeschrieben sind (vgl. I § 9: A. der Nägel); so wird in einem hessischen[180]) Zauberbuch der Zauberstecken nach besonderer Vorschrift abgeschnitten oder im Berliner[181]) Aberglauben ein Holunderzweig für Heilzauber; Leoprechting[182]) berichtet von einer Zeremonie: ein für einen Widerzauber verwendeter Elsenbeerholzzweig „muß an einem goldenen Sonntag vor Sonnenaufgang in drei Schnitten gegen Morgen gewendet geschnitten werden, ohne An- u. Widergang"; eine Zauberrute muß man unter einem Zauberspruch im Vollmond unbesehen a. Anderseits darf man eine für Buttergegenzauber bestimmte Rute[183]) nicht mit dem Messer a., und die zu Weihnachtsaugurien bestimmten Kirschzweige darf man in Schlesien[184]) nicht a., sondern muß sie mit den Zähnen unter strengem Stillschweigen abbeißen (s. § 5). Nicht nur die Zahl der Schnitte für das A. (bald 1, bald 3) ist festgelegt[185]), sondern auch die Jahres- und Tageszeit[186]) (Karfreitag, Johannisnacht) und die Himmelsrichtung (der Schneidende muß gegen Osten schauen)[187]); manchmal ist das A. noch durch die Vorschrift erschwert, daß der Zweig dabei nicht berührt werden darf[188]).

[180]) Dieterich *Kl. Schr.* 199—200. [181]) ZfEthnol. 15 (1883), 82—83. [182]) Leoprechting *Lechrain* 29; vgl. 98; Woeste *Mark* 25. [183]) Grimm *Myth.* 3, 474, 1058; vgl. Schönwerth 3, 259 Nr. 4. [184]) Kühnau *Sagen* 3, 35, 1389 (Kreis Münsterberg); auch abbrechen: Bartsch *Mecklenburg* 2, 351, 1648 (Johannisnacht). [185]) Gredt *Luxemburg* Nr. 1093 = Ranke *Sagen* 286; Leoprechting *Lechrain* 98; SAVk. 2, 261 Nr. 126; über das A. der Wünschelrute grundlegend Weinhold ZdVfV. 1901, 11 mit Lit.; vgl. 1903, 205; Meier *Schwaben* 245, 268; Zingerle 74, 626; 104, 890; 149, 1281; 189, 1560 Bartsch *Mecklenburg* 2, 104, 388; 258, 1349; 285, 1431; 288, 1439, 351, 1648; 371, 1736 c. 293, 1460 a—c; BlPommVk. 8, 137, 119; Kuhn-Schwartz 393, 90. [186]) Leoprechting a. a. O. 98. [187]) Gredt a. a. O. Nr. 1093; Kuhn *Westfalen* 199 Nr. 559. [188]) SAVk. 2, 261 Nr. 126.

Eckstein.

abschreiben. 1. Die gewöhnliche Anschauung ist, daß z. B. Zauberformeln durch A. an Kraft verlieren; deshalb hütet man die handschriftlichen Sammlungen sorgfältig, vererbt sie von Generation zu Generation und vermeidet es, so lange es nur geht, sie abzuschreiben[1]). Aber es gibt doch Fälle, da man etwas a. muß: Der in der Luft hängende Himmelsbrief (s. d.) neigt sich dem zu, der Lust hat, ihn abzuschreiben; wer dazu nicht Lust hat, vor dem flieht er in die Luft. „Wer den Brief hat und nicht offenbart", heißt es weiter darin, „der sei verflucht von der herrlichen Kirche Gottes und von meiner allmächtigen Hand verlassen. Dieser Brief wird einem Jeden gegeben abzuschreiben"[2]). Ein gleiches Gebot enthalten auch die sog. Kettenbriefe oder -gebete (s. d.): „Dieses Gebet erhielt ich mit der Bitte, es weiter zu verbreiten. Jeder, der es erhält, soll es neun Tage hintereinander einem andern ohne Unterschrift zuschicken. Die Kette darf nicht unterbrochen werden. Es ist die Sage, daß, wer dieses versäumt, kein Glück mehr hat; wer es aber weiterschickt, soll am 9. Tage eine große Freude erleben und von allen Sorgen befreit sein. Genau a.!"

2. Gegen verschiedene Krankheiten wendet man das sog. A. an. Man läßt den Kranken ein mit gewissen Namen oder Zeichen beschriebenes Papier eine Zeitlang an einem Bande über der Herzgrube tragen; nach einiger Zeit bringt man es an einen Ort, wohin weder Mond noch Sonne scheinen, und läßt es dort ruhig liegen. Die Krankheit vergeht dann allmählich. Wer das Papier aufhebt, erhält die Krankheit [3]). Fieber z. B. wird abgeschrieben, indem man Zauberworte auf einen Streifen Papier schreibt und diesen, in Brot gelegt, durch den Kranken essen (s. d.) läßt. Bartsch berichtet von einem Falle, da man Verse einer horazischen Ode auf einen derartigen Fieberzettel schrieb [4]). Meist wird jedoch der Name des Kranken auf das Papier geschrieben und das Papier in eine Weide verpflöckt (s. d.) oder vernagelt (s. d.) [5]), oder einem Krebs auf den Rücken gebunden [6]) und auf das Tier übertragen (s. d.). Der Name muß in Franken verkehrt (s. d.) geschrieben werden und das Papier wird dann in den Schornstein gehängt; sobald es verräuchert ist, ist die Krankheit weg [7]). In Bayern wird das Fieber in der Weise abgeschrieben, daß Name und Alter des Patienten aufgeschrieben und das Papier einem „Sympathetiker" geschickt wird; das Vertrauen auf dessen Heilkraft genügt und hilft [8]). Auf der Lüneburger Heide schreibt man in drei Nächten an einsamer Stätte Namen, Geburtsort und Geburtsjahr des vom kalten Fieber Befallenen nieder; in Frage kommen nur die drei Nächte, die zwischen zwei „Tagen" liegen, also zwischen Sonntag und Montag, Montag und Dienstag und Donnerstag und Freitag. Das nennt man „den frost afschriwen" [9]). Eine sonderbare Weiterbildung ist uns aus Mecklenburg überliefert; dort werden Flechten „abgeschrieben", indem man die kranke Stelle mit einer Nadel kreuzweise ritzt, bis Blut kommt, und die Nadel darauf rückwärts über den Kopf wirft [10]).

S. weiter Fieber, Krankheit, Name, Zahnweh.

[1]) Vgl. z. B. Haas u. Worm *Mönchgut* 75. [2]) SAVk. 2, 278. [3]) Bartsch *Mecklenburg* 2, 319 f. 394 Nr. 1842 d.; Wuttke 342 § 509. [4]) Bartsch 2, 105 Nr. 389; Wuttke 342 § 509. [5]) Wuttke 330 § 491; Hovorka u. Kronfeld 2, 846. [6]) Wuttke 335 § 499; Hovorka u. Kronfeld 2, 326 f. [7]) Wuttke 339 § 505. [8]) Lammert 263. [9]) Kück 241. [10]) Bartsch 2, 107 Nr. 39.

Bächtold-Stäubli.

Abschwörung. Die Texte der Teufelspakte (s. d.) enthalten seit alters oft neben der positiven Verschwörung in Teufelsgewalt auch das entsprechende negative Moment, die Abschwörung (Entsagung, abrenuntiatio) Gottes (Christi, Marias usw.). So nicht bloß gelehrtere, sondern auch volkstümliche Formen wie diese (Prozeß vom J. 1551): „Ick vorszacke godt vater vnnde moder, vnde loue ann den boszen Szatennasz" [1]). Eine eigene Gruppe sehr volkstümlicher, aus bloß zwei Sätzen bestehender Sprüche, teilweise aus Hexenprozessen bekannt, geben bloß der negativen Seite direkten Ausdruck, die positive wird durch einen symbolischen Ritus (mit entspr. „Ritusaussage", s. Segen § 3) bezeichnet. Beispiele, um 1600: „Hie stehe ich auf diesem Mist und verleugne den Herrn Jesum Christ." Vom J. 1689: die Hexe soll „an den witten stock griepen undt gott vorlahten" [2]); der weiße Stock ist nach Grimm Symbol Zedierender. Die gebr. Verba sind „abschwören" (selten), „verschwören", „entsagen", „verleugnen" (Mark. 14, 30), „verlassen", „vergessen" (beide 5. Mosis 32, 18). Riten außer obiger u. a.: unter der Weide sitzen, an den „Kirchenring" greifen. Obgleich diese Riten und Worte mehrfach von den „Hexen" selbst vor Gericht eingestanden sind, mögen sie jedoch ursprünglich „sagenhaft" sein, also die Volksmeinung über Hexen wiedergeben. — Ausländische Beispiele aus Dänemark [3]); englisch v. J. 1617, jedoch ohne Ritus: „I renounce God the Father" usw. [4]).

[1]) Ztschr. des Hist. Vereins f. Niedersachsen 1867, 236. [2]) ZfdMyth. 2, 64; ZfdPh. 6, 161. Weiter Urquell 3, 101 (J. 1619); Beyer *Kulturgeschichtl. Bilder aus Mecklenburg* (1903), 84 (J. 1651); ZfVk. 21, 294 (J. 1662); SAVk. 2, 269; Strackerjan [1] 1, 295 ff.; Müllenhoff *Sagen* 210; Jahn *Hexenwahn* 4; Schindler *Aberglaube* 280; Soldan-Heppe 1, 272 f.; Grimm *Myth.* 2, 900

Anm. 2. [3]) *Danmarks Trylleſml.* I Nr. 992 ff. [4]) Murray *The witchcult* 67. Ohrt.

absitzen s. sitzen.

Abstinenz s. Enthaltsamkeit.

abstreichen s. streichen.

abstreifen gehört nach Hofschläger neben lecken, spucken, saugen, blasen, hauchen, streichen, wälzen zu den „tierischen" Heilhandlungen; er findet ihren Ursprung in der tierischen Vorzeit des Menschen: Gleich wie die Tiere triebhaft sich an Bäumen, Mauern, Felsen scheuern und reiben, um lästige Parasiten zu beseitigen und den Juckreiz bei Geschwüren und Hautkrankheiten zu vermindern, so taten es auch die Menschen und tun sie es noch. Ein Anklang daran ist der volksmedizinische Gebrauch des A.s, der weit verbreitet ist, heute aber nicht mehr geschieden werden kann von dem des Durchkriechens (s. d.). Welche Idee die ursprüngliche oder die vorwiegendere ist, diejenige der „Wiedergeburt" durch das Durchkriechen oder diejenige des A.s, ist schwer festzustellen. Hofschläger glaubt, daß das Durchkriechen „ursprünglich eine primitive Heilform mit dem realen Zwecke des Abstreifens lästiger Parasiten sei"; Seyfarth dagegen meint, daß die Sitte des Durchkriechens nur von jenem tierischen Heilverfahren, wie noch von vielen anderen mit beeinflußt worden und ursprünglich als ein Akt magischer Wiedergeburt zu betrachten sei [1]). Wieder anders deutet es Stemplinger [2]), nämlich als „eine Nachahmung des Schlangenbrauches, wovon der Physiologus zu erzählen weiß: „Wenn sie jung werden will, so fastet sie vierzig Tage und vierzig Nächte, bis ihre Haut welk wird. Und sie sucht einen Fels und eine enge Öffnung, und hineinschlüpfend preßt sie den Körper hindurch und streift die alte Haut ab und wird wieder jung."

[1]) *Über den Ursprung der Heilmethoden* in Festschrift zur Feier des 50jährigen Bestehens des Naturwissenschaftl. Vereins zu Krefeld (1908), 135—218; Seyfarth *Sachsen* 239 ff. 247 f. [2]) *Sympathie* 73. Bächtold-Stäubli.

Abton s. Widerton.

Abtreibung. Künstliche Beseitigung der Leibesfrucht wird in den altdeutschen Rechten (lex Sal. 19, 4 c. 5; lex Baiuwar. 8, 18; lex Wisigoth. 6, 3, 1) mit hohen Geldbußen, teilweise sogar mit dem Tode bestraft; auch die Kirche ging aufs schärfste dagegen vor: nach den alten Bußordnungen wurde die A., wenn sie 40 Tage nach der Konzeption erfolgte (zu dieser Zeit nahm man schon ein Leben des Foetus an) mit 3 Jahren, wenn vorher, mit 1 Jahr Kirchenstrafe belegt [1]); die Synoden zu Bamberg und Würzburg 1298, 1446, 1491 verweisen dies Verbrechen unter die dem Bischof reservierten Fälle [2]).

Für uns kommen von den verschiedenen Abortivmitteln nur die Zaubermittel in Betracht. Daß natürlich Hexen hier im Spiel sein können, versteht sich [3]). In Thüringen glaubt das Volk, die Schwangerschaft verschwinde, wenn die betr. Frau einen Tropfen ihres Blutes unter gewissen Zeremonien in ein Baumloch fließen läßt und verbohrt [4]). Der Diptam wirkt nach Plinius so stark, daß man ihn nicht einmal auf das Bett einer Schwangeren legen darf, sonst treibt er die tote Frucht aus. In der Schweiz trinkt man Wasser, in das alte, rostige Nägel gelegt wurden [5]); ebendort glaubt das Volk, Mädchen seien schwerer abzutreiben als Knaben [6]). Die fromme Legende weiß übrigens in Siebenbürgen zu erzählen, daß eine Mutter, die eine abortio zuließ oder betrieb, im Jenseits dieses Kind auf ewig herumtragen muß [7]).

Andernteils gibt es auch Zaubermittel, um den natürlichen oder gewünschten Abortus zu verhindern. Schon Plinius empfiehlt (10, 12) das Tragen des Aëtites (Adlerstein s. d.) ebenso wie der Talmud; im MA. waren auch noch andere Amulette in Verwendung, insbesondere der Jaspis, schon von Dioskurides (5, 159) empfohlen. In Deutsch-Pennsylvanien gibt man der Kuh ihre eigenen Schamhaare gegen Abortus zu fressen [8]). Grimm [9]) gibt folgende Anweisung aus Thüringen wieder: Ist eine Ledige im Verdacht der Schwangerschaft, so soll der Knecht vor Sonnenaufgang einen Erntewagen in zwei Teile teilen, die Vorderseite gegen Mittag, die Hinterräder gegen

Mitternacht kehren und so stellen, daß das Mädchen genötigt ist, bei ihren Geschäften zwischen dem ausgespannten Wagen durchzugehen (s. d.); dadurch wird sie gehindert, ihre Frucht abzutreiben. Die Symbolik dieses Verfahrens ist ja ohne weiteres ersichtlich.

[1]) Friedberg 41; Brunner *Rechtsgesch.* 2, 680. [2]) Feuerbach *Merkw. Verbrechen* 2, 97. [3]) Soldan-Heppe 2, 417; Hansen *Hexenwahn* 701 (Register s. v.). [4]) Ploß-Bartels *Weib* 1, 1012. [5]) Stoll *Zauberglaube* 70; [6]) Ebd. 108. [7]) Hillner *Siebenbürgen* 27 Nr. 11. [8]) Fogel 165 Nr. 784. [9]) *DM.* 3, 468 Nr. 929; Liebrecht *Zur Volksk.* 349. Stemplinger.

abtrocknen. Gegen Zahnschmerz soll es ein gutes Mittel sein, wenn man sich beim Waschen zuerst die Hände und dann das Gesicht abtrocknet [1]). Oder man fährt beim Beginn des Waschens mit dem rechten nassen Daumen hinter das Ohr und trocknet zuerst die Handgelenke ab [2]). Hühneraugen wäscht man in laufendem Wasser, während man einer Leiche ins Grab läutet, darf sie aber nicht a.[3]). Liebende dürfen sich ihre Hände nicht am selben Handtuche a., sonst werden sie einander gram; aus dem gleichen Grunde darf das Mädchen den Mann sich nicht an ihrer Schürze a. lassen [4]).

S. a. Handtuch.

[1]) Seyfarth *Sachsen* 237. [2]) Ebd.; Köhler *Voigtland* 427. [3]) Seyfarth 213. [4]) Drechsler *Schlesien* 2, 195 Nr. 563; Wuttke 366 § 553; 405 § 624. Bächtold-Stäubli.

abtun. Gegen Gicht werden an manchen Orten der Pfalz um die schmerzhaften Glieder rote Bänder gebunden, geblasen und mit der Hand gerieben, was man a. nennt [1]). Ebenfalls in der Pfalz läßt sich der am Fieber Leidende von einem, der dasselbe „a.“ kann, seinen Namen auf einen Zettel schreiben, geht morgens nüchtern hinaus, fängt sich einen Frosch, steckt demselben den zusammengewickelten Zettel ins Maul und wirft ihn rücklings unter Anrufen der drei höchsten Namen ins Wasser [2]). Über die sprachgeschichtliche Entwicklung von a. vgl. Fischer, SchwäbWb. 1, 80 f.

S. Abdontag.

[1]) Hovorka u. Kronfeld 2, 274. [2]) Ebd. 2, 326. Bächtold-Stäubli.

Abundia, *domina Abundia (Habundia), dame Habonde*, eine, wie es scheint, nur auf französischem Sprachgebiet erscheinende, nur im MA., jedoch heute kaum mehr lebendige Figur der Advents- (Epiphanien-) Zeit, verwandt mit Epiphania (Befana, s.d.) und Perchta (s. d.) und schon im Spätmittelalter durch Theologen des 15. Jhs. (s. u.) mit ihnen identifiziert, ausschließlich jedoch freundlicher Natur, die *princeps dominarum nocturnarum*, mit denen sie durch Wälder und würzige Wiesen streift, die Häuser besucht, die Ställe ableuchtet, die Mähnen der Rosse zierlich verflicht, von den offen stehengelassenen Vorräten verzehrt (Albenmahlzeit, Speiseopfer, Gedeckter Tisch), die sich indessen nicht vermindern, und Segen und Überfluß bringt [1]). Die Hauptzeugnisse liefern der Rosenroman (ed. Méon 18622 f.) und Wilhelm von Paris (Bischof Guilielmus Alvernus, † 1248), Opera I 1036. 1066, 1068 [2]). Die deutschen spätmittelalterlichen Zeugnisse aus Bußpredigten und Traktaten, besonders das Zeugnis des Nikolaus von Jauer 1405 in seinem Traktat über den Aberglauben [3]), das Zeugnis des Nikolaus von Dinkelsbühl († 1433) in seinem Zehngebotetraktat [4]) und in seinen Predigten, das Zeugnis des Thomas de Haselbach in seinem Decalogus preceptorum von 1439 [5]), die Tegernseer Hs. von 1448 [6]), die Trierer Hs. des 15. Jhs. [7]), das Zeugnis aus der Predigtsammlung des Dominikaners Joh. Herolt [8]), gehen sämtlich auf Wilhelm von Paris zurück und sagen also für einen deutschen Glauben an A. nichts aus. Thomas identifiziert A. direkt mit Epiphania und Perchta; die Abbreviatur von Habundia bei Nikolaus von Jauer wurde für Huldie gelesen. Identifizierung und Einsetzung haben möglicherweise auf den deutschen Frau Holle-Glauben in einigen Zügen eingewirkt [9]), denn die Verbreitung jener Traktate und Predigten war zum Teil ungeheuer.

Schon Wilhelm von Paris leitete, wie *Satia* von *satietas*, so *Abundia* von *abundantia* ab. Bringt man die Dämonin danach mit der römischen Göttin Abundantia [10]) in Zusammenhang, die wie

Copia und Ubertas eine Personifikation des nationalen Glückes zur Kaiserzeit war, so muß man ihre Popularität in der Volksüberlieferung der römischen Provinzen allein von Münzbildern ableiten, auf denen sie von Heliogabal bis Maximian erscheint, denn Kult oder Heiligtum besaß diese Göttin nicht. In der sich aufdrängenden Frage nach ihrem Verhältnis zur germanischen Göttin Fulla, Volla, wird man sie heute nicht mehr, wie die Früheren gern wollten, für eine Substitution der germanischen Göttin halten, sondern man wird angesichts der Fülle apotheosierter Abstrakta in der römischen Religion [11]) und angesichts des zweifelhaft gewordenen germanisch-heidnischen Charakters des 2. Merseburger Zauberspruchs [12]) Fulla eher für eine — etwa fränkische — Entlehnung aus Abundia = Abundantia ansehn. — Auch die englische Queen Mab wird von Domina Abundia abgeleitet [13]).

[1]) Die wesentlichen Züge schon bei Grimm *Mythol.* 237 ff. 256. 778 und danach ohne Neues bei Wolf *Beiträge* 2, 147 f. 166. 273; Mannhardt *Götter* 273; *Germ. Mythen* 725; Simrock *Mythologie* 197. 225.367 f.; E. H. Meyer *Germ. Mythol.* 140. 273; Mschles-Vk. 17 (1915), 47; Tylor *Cultur* 2, 390; ZfVk. 8, 138 Anm. 2; 25, 122 Anm.; Soldan-Heppe *Hexenprozesse* 1, 303; Lütolf *Sagen* 448; Vogt *Weihnachtsspiele* 109. [2]) Die Zeugnisse zitiert bei Grimm. [3]) Abgedruckt bei Hansen *Hexenwahn* 68 f. [4]) Abgedruckt bei Panzer *Beitrag* 2, 262; Friedberg *Bußbücher* 54; vgl. Hansen *Hexenwahn* 69, Anm. [5]) Schönbach ZfVk. 12 (1902), 6 (vorher schon Schmeller *Bayr. Wb.* 1, 270); Waschnitius *Perht* 62 f.; ARw. 19, 122; 20, 222; Hansen *Zauberwesen* 133. [6]) Schmeller *Bayr. Wb.* 1, 271; Waschnitius *Perht* 62. [7]) Abgedruckt bei Hansen *Hexenwahn* 82 ff. [8]) Vgl. Klapper *Schles. Vk.* 220. [9]) Ebd. [10]) Wissowa *Religion* 276; Pauly-Wissowa 1, 1, 125 f. [11]) Usener *Götternamen* 365. [12]) R. Christiansen FFC. 1914. [13]) Ackermann *Shakespeare* 97. H. Naumann.

abwägen s. messen, wägen.

abwärts, aufwärts. Bei verschiedenen Zauber- und Heilhandlungen ist es von Bedeutung, ob sie ab- oder aufwärts erfolgen. Wasser, das für Zauber- oder Heilzwecke verwendet werden soll, muß meist stromabwärts und stillschweigend vor Sonnenaufgang geschöpft werden [1]); dieser Vorschrift ist namentlich auch das Osterwasser (s. d.) unterworfen [2]). Dagegen tritt man, um Überbeine (s. d.) u. dgl. zu vertreiben, an ein fließendes Wasser, wenn man einem Toten ins Grab läutet, schöpft mit der Hand daraus stromaufwärts Wasser und spricht: „Sie läuten einem Toten ins Grab usw.“ [3]).

Einzelne Heilpflanzen wirken verschieden, je nachdem sie a. oder aufwärts abgeschnitten oder geschabt werden. So führt eine Abkochung von Holunderrinde ab, wenn die Rinde von oben nach unten geschabt ist, wenn aber von unten nach oben, so wirkt sie als Brechmittel [4]). Das gleiche ist der Fall bei der Rinde des Faulbaumes (Rhamnus frangula) [5]) und beim Apfel [6]). Schon Agrippa von Nettesheim (1, 235) kennt diese verschiedene Wirkung der Heilpflanzen und sucht sie zu deuten: „Die Miene und die Gebärden, die Bewegung und Stellung des Körpers und unsere ganze Figur tragen zur Aufnahme der himmlischen Gaben bei, setzen uns dem Einflusse des Oberen aus und bringen gewisse Wirkungen in uns hervor, gerade wie es bei der Nieswurz der Fall ist. Wenn man nämlich beim Einsammeln dieses Krautes die Blätter entweder a. oder aufwärts zieht, so verursacht diese Bewegung, daß sie beim Purgieren die Säfte entweder nach oben oder nach unten leiten.“ Auch Staricius [7]) weiß darüber zu berichten (im Kapitel über die Waffensalben) und wendet sich ausführlich und mit seiner ganzen „Gelehrsamkeit“ gegen Zweifler:

„Nun ad propositum zu kommen / so weiß ich zwar / daß diese descriptiones curationum morborum, in vieler Leute Gehirne / seltzame Gedancken / und noch viel seltzamere judicia hiervon / causiren werden: Denn weil man nicht alsobald / die ursachen ihrer Würckungen / eigentlich geben kan / und mancher Asinus cum puncto, auch sinistrè hiervon zu reden / nicht unterlassen: Ich will aber den großgünstigen Leser gebeten haben, nicht alsobald mit unzeitigem Urtheil einzuplumpen: Sondern er wolle alles dasjenige / was zuvor schon angezogen / recht ponderiren / wird er in denselbigen als meistentheils simplicibus et a natura productis eben so wenig / als in diesen / eine rechte waare Ursache / ihrer wunderbaren Wirckungen anzeigen können: Wolt er aber Sympathiam et Antipathiam vorbringen / werden dieselbigen eben so wol / auch hier statt haben / und gelten können: Oder es gebe mir einer Ursache / woher es komme / daß der rothe Beyfuß / so man das Messer von unten ansetzet / und herauffwärts gegen dem Menschen zu / abschneidet / die Menses stille: Wird aber der schnidt von dem Menschen hinabwärts gegen die Erden zu / gethan / so promoviret er dieselben. Ein geschelter Borsdörffer Appfel / gegen der Blüte zu / geschabet und gessen / laxiret, schabet man ihn aber gegen dem Stiele zu / und isset dasselbige / so stopffet es. Was mag wol die Ursache seyn / daß die grüne und andere Rinde deß jährigen Hollunder wachses / so unter der obersten ist / wenn man sie auffwarts / und dem wachsen des Holtzes nach / abschabet / hernach in einer Milch kochet / und alsdann die durchgesiegene und außgedruckte Milch trincket / per vomitum die humores nexios, placide expelliret, schabet man sie aber hinunterwarts / unnd wie das Holtz gegen dem Stamm gestanden / abe / so purgiret sie per inferiora alleine: In summa, naturae mysteria, quo quis plus scrutatur, eo plus, quo rimari, quo admirari possit, invenit."

Auch in der W u n d b e h a n d l u n g spielen die beiden Richtungen eine Rolle: Hat sich jemand verwundet, so muß man ein Stück von einem Obstbaumzweige aufwärts abschneiden, dies an die frische Wunde halten, so daß Blut daran kleben bleibt, und es dann an einen Ort des Hauses legen, wo es ganz finster ist, so hört die Blutung auf [8]). Wenn man in Westfalen [9]) am Peterstag vor Sonnenaufgang stillschweigend und mit einem Schnitt eine Espe von unten nach oben abschneidet, so heilt ein Span von derselben alle Wunden schneller und besser als das beste Pflaster. Den Grund, weshalb aufwärts abgeschnitten werden muß, deutet Staricius [10]) an: „Wann nun einer verwundet worden / und du das Gewehr haben kanst / auch gewiß ist / an welchem Orte / und wie weit es ins Fleisch gegangen / so schmiere die (Waffen-) Salbe an demselben Orte auff das Waffen / also / daß wo er gehawen / du herunterwärts zu dem Rücken zu der schärffe schmierest / sonst heilets oben / und bleibet unten offen / ist er aber gestochen / so bestreiche die Wehre von oben herab / gegen der Spitzen zu."

In Schwaben muß man in der hl. Nacht um 12 Uhr in drei Schnitten den Bindnagel aufwärts schneiden, dann kommt kein Ungeziefer an die Garben [11]).

Beim S t r e i c h e n (s. d.), d. h. Massieren, wird meist vorgeschrieben, daß es (dreimal) abwärts erfolge [12]), ebenso kommt es beim B l a s e n (s. d.) vor [13]). In der Oberpfalz unterscheidet man zwischen vorwärts und rückwärts „vermeinen" (behexen, verschreien). Dagegen spricht man Zauberformeln und fährt dem Verschrieenen mit der Hand vom Kopfe an den Rücken abwärts, oder vom Kreuzbeine zum Kopfe hinauf, je nachdem er vor- oder rückwärts vermeint ist [14]).

Das B u t t e r n kann verhindert werden, wenn man die Butterfaßreifen von unten aufwärts und nicht wieder von oben herab zählt (s. d.) [15]). Fällt (s. d.) man aufwärts, so bedeutet es Glück [16]), ebenso, wenn eine Spinne an einem hinaufläuft, Unglück aber, wenn sie abwärts kriecht [17]). Bei der Taufhandlung wurde früher in Siebenbürgen [18]) das Kind mit dem Gesichte nach abwärts gekehrt, welcher Brauch sich dort auch jetzt noch an einigen Orten erhalten hat.

[1]) G r i m m *Myth.* 1, 487; 3, 437 Nr. 89 (Rockenphilosophie). [2]) Ebd. 3, 461 Nr. 775 (Osterode am Harz); L e o p r e c h t i n g *Lechrain* 173 f. [3]) Urquell 3 (1892), 210. [4]) S t r a c k e r j a n 1, 93; 2, 18 Nr. 276; W u t t k e 322 § 477; 358 § 540; F o g e l *Pennsylvania* 278 Nr. 1457; S c h ö n w e r t h *Oberpfalz* 3, 269 f.; W o e s t e *Mark* 56 Nr. 25; G r i m m *Myth.* 3, 358; 2, 979; vgl. S c h ö n w e r t h *Oberpfalz* 3, 269 Nr. 4. [5]) K ö h l e r *Voigtland* 353 = S e y f a r t h *Sachsen* 299. [6]) W u t t k e 358 § 540. [7]) *Heldenschatz* 543 ff.; vgl. auch S. 66. [8]) K u h n u. S c h w a r t z 437 Nr. 308. [9]) B a r t s c h 2, 293 Nr. 1460 b; vgl. 2, 104 f. Nr. 388 (Mittel gegen Bruch). [10]) *Heldenschatz* 535. [11]) B i r l i n g e r *Volkst.* 1, 466 Nr. 6. [12]) K u h n u. S c h w a r t z 442 Nr. 332; F o g e l *Pennsylvania* 275 Nr. 1439; ZfVk. 7 (1897), 288 Nr. 3 (Neu-Ruppin). [13]) E n g e l i e n u. L a h n 256 Nr. 136 a. [14]) S c h ö n w e r t h 3, 260. [15]) Rockenphilosophie 539 Nr. 7 = G r i m m *Myth.* 3, 444 Nr. 286 (hier fehlt aber „n i c h t wieder von oben herab"; der Sinn ist deshalb bei G r i m m falsch). [16]) F o g e l *Pennsylvania* 111 Nr. 483. [17]) B a u m g a r t e n *Aus der Heimat* 1, 123; W u t t k e 206 § 283. [18]) W i t t s t o c k 78.

Bächtold-Stäubli.

abwaschen s. w a s c h e n

Abwehrzauber (Griech. Apotropaion).

1. Abwehr menschlicher Bosheit. — 2. Abwehr von Hexen und Hexerichen. — 3. Abwehr der Toten. — 4. Abwehr von Dämonen und Geistern. — 5. Abwehr böser Kräfte.

A. heißt jene weit verzweigte Gruppe von zauberischen Maßnahmen, durch die schädigender Zauber ferngehalten oder, wenn schon herangebracht, unwirksam gemacht werden soll. Diese Bräuche sind ihrem Sinne nach vor allem verschieden je nach der Ursache des abzuwehrenden Zaubers, die entweder in einem lebenden Menschen oder einem Toten oder einem Dämon oder einer unpersönlichen, unsinnlichen Energie liegen kann. Demzufolge können wir vier Hauptgattungen von Abwehrriten unterscheiden mit Bezug auf das durch die Handlungen zu treffende Objekt. Nicht freilich lassen sich unter diesem Gesichtspunkt verschiedene Arten der Abwehrriten unterscheiden, da die meisten dieser Maßnahmen, welche in einem Falle zur Anwendung gelangen, auch in den anderen benützt werden, indem zumeist nur eine äußerliche, das Wesen des Ritus nicht beeinträchtigende Änderung der Form durch Beziehung auf das eine oder andere Objekt bedingt wird. Auch gehen naturgemäß die Einstellungen auf das Objekt selbst bisweilen durcheinander. Denn je nach der Stufe der Anschauung, auf welcher ein solcher Ritus beobachtet wird, ist er entweder gegen einen lebenden Menschen, den man nicht kennt, oder gegen einen unsichtbaren Verstorbenen oder gegen einen Dämon oder gegen ein fluidal vorgestelltes Böses, gegen einen Krankheitsstoff oder einen Krankheitsdämon, gegen Teufel oder gegen Hexen gerichtet, und manchmal fließen diese Einstellungen, in denen sich zu differenzieren der Mensch einer Übergangsepoche unfähig ist, ineinander. Auf den einen oder anderen einzelnen Fall gesehen, muß daher die Durchführung einer solchen Einteilung etwas Gewaltsames an sich haben; sie ist gleichwohl zwecks Erreichung einer irgendmöglichen Anordnung empfehlenswert.

Auch ist nicht immer klar zu scheiden zwischen einem reinen Abwehrmittel und einem Heilmittel (s. Schutzzauber), namentlich wenn es sich auf Krankheiten bezieht; nicht immer reinlich zwischen der Aufdeckung und Bestrafung eines Verbrechers, eines Diebes usw. Wir stehen vor einem übergroßen System von Mitteln und Handlungen, die im primitiv-naiven Glauben der Völker, im Aberglauben später Geschlechter zusammengetragen und bewahrt werden und in unseren Tagen entweder in voller Deutlichkeit oder in abgeschwächten und entstellten Formen weiterleben. Alle Reiche der Natur, alle Arten von Wesen oder Gegenständen werden in den Dienst der Abwehrriten als Mittel hineingezogen. Für diese Mittel sind als Bezeichnungen eingebürgert lat. servatoria (rettend), griech. apotropaia (Abwehrmittel), phylakteria (Schutzmittel), (pro-)baskania (Tötung durch den Blick) [1]).

1. Bei den Abwehrhandlungen gegen die menschliche Bosheit handelt es sich um Unwirksammachung eines feindlichen Zaubers, einer Verwünschung und Vernichtung des bösen Blickes, um Abwehr aller möglichen Schädigungen des Eigentums.

a) Unwirksammachung eines feindlichen Zaubers bedeutet im allgemeinen Anwendung eines Gegenzaubers (s. d.), der in Kraft tritt, wenn der feindliche Zauber ausgeführt wurde.

b) Verwünschungen wird begegnet durch Ausspeien oder Anspucken, oder durch die Worte „auf dein Haupt". Vielfach wird das Lob (s. loben), namentlich das der Schönheit eines Kindes gespendete Lob, als übelwirkend gefürchtet, so daß man das Unheil desselben durch Ausspeien abzuwenden sucht. Kinderfrauen sind vielfach besorgt, wenn Vorübergehende das im Wagen liegende Kind wohlgefällig anlächeln, und suchen durch schnelles Umwenden des Wagens und Bedecken des Kindes letzteres gegen den Blick zu schützen, denn der Blick könnte

c) ein b ö s e r sein, gegen den eine unübersehbare Menge von Talismanen erfunden worden ist (s. böser Blick unter: Auge)[2]. Die blaue Glasperle, die der Muslim seinem Pferde in die Mähne bindet, ist das gute Auge, das dem bösen Auge seinen Zudrang wehrt. In Südeuropa streckt man gegen den bösen Blick den Zeige- und kleinen Finger aus. Vielleicht war, wie Schön vermutet, auch das ,,d e n L e t z t e n g e b e n" durch Handklopfen auf die Schulter oder den Rücken ursprünglich eine Art abwehrenden Zaubers[3].

d) Ganz besonders lebendig ist der Zauber zum S c h u t z d e s E i g e n t u m s[4]. Die von den verschiedenen Völkern her bekannten Handlungen dieser Art weichen zwar in Einzelheiten voneinander ab, stimmen aber doch im Kern durchaus überein und gehen entweder darauf aus, den Dieb oder den Schädiger wirklich vom Eigentum fernzuhalten oder vor demselben zur Umkehr zu bewegen oder darauf, durch irgendwelche Schädigung seines Organismus ihn zur Herausgabe des Gestohlenen zu bewegen. Im strengen Sinne apotropäisch sind nur die ersteren dieser Verhaltungsweisen, welche bezwecken, den D i e b s t a h l als solchen oder eine S c h ä d i g u n g d e s E i g e n t u m s u n m ö g l i c h zu machen. Da steht vor allem der D i e b s b a n n voran, ein geschriebener Spruch, der an gefährdeten Stellen angebracht oder in der Tasche getragen wird (s. Diebssegen). Der Dieb bleibt gebannt, bis er gelöst wird durch den Sprecher (s. Gegenzauber)[5]. Oder man schreibt ans Haus das Wort ,,Nichtskosemich" (Brandenburg), worunter Wuttke den heiligen Nicasius vermuten möchte[6], vielleicht aber auch ,,nichts koste es mich" verstanden werden kann (?). Um das Geflügel gegen Raub zu sichern, rupft man am Karfreitag früh allem Federvieh je drei Federn aus und trägt sie in eine Nachbargemeinde. Dadurch wird das Geflügel im selbigen Jahre vor Raubzeug geschützt[7]. Das wird weniger eine Abschlagszahlung oder ein Loskaufopfer an den Dieb oder dessen Schutzgeist sein, als eine Prozedur zur I r r e f ü h r u n g des Diebes, seiner Seele oder seines Dämons; es entspricht in diesem Falle den zahlreichen Irreführungszeremonien, die man mit den Toten vor und bei ihrer Bestattung vornimmt, um ihnen das Finden des Rückweges zu verwehren. Man kann auch das Vorgehen des Diebes gegen den Wachhund abwehren, wenn man letzterem von jedem Brot, das ihm etwa der Dieb zuwerfen könnte, die Bäckermarke zu fressen gibt, denn alsdann kann ihm kein Dieb sein Bellen nehmen[8].

Ist der Diebstahl erfolgt, so muß für die eigentliche Abwehrmaßregel ein Ersatz eintreten, damit das Eigentum zurückgezwungen (sein Fernbleiben abgewehrt) werde. Zu diesem Zwecke wirkt man entweder auf das gestohlene Gut direkt ein, indem man einen von ihm übriggebliebenen Rest um den Klöppel einer Kirchenglocke wickelt, so daß das nächste Geläute den Dieb zur Rückgabe mahnt[9], oder man wirkt auf den Dieb direkt ein, indem man z. B. ein Kirchengeläute anordnet, weil dann der Dieb regungslos wird und gefaßt werden kann, oder indem man für den Dieb betet, der infolgedessen feurige Kohlen auf seiner Zunge spürt und das Gestohlene zurückbringt[10]. Die meisten anderen Maßnahmen, vor allem diejenigen, durch welche der Dieb erkrankt oder getötet wird, gehören mehr zu der Klasse des Gegenzaubers. Aber der Colomanisegen ist ein Bann von vorwiegend abwehrender Wirkung: der Bestohlene betet diesen Segen in weitem Umkreis um die Stelle, wo das Gut zuletzt lag; kommt der Dieb in diesen Kreis, so ist er festgebannt und kann ihn nur auf seinen eigenen hingebreiteten Kleidern langsam verlassen, oder indem er rückwärts im Kreise gehend den Zauberfaden abwickelt[11]. Der Dieb ist hierdurch für immer von diesem Orte gebannt. Ähnlich wirkt bei wiederholten Diebstählen die Kunst des ,,Feststellens" (s. bannen); wer über sie verfügt, spricht einen so heftigen Bann, daß der zurückkehrende Dieb starr und steif dasteht, bis er von dem Bannenden selbst wieder frei gelassen wird[12].

Hierher gehören auch die Abwehrriten, welche gegen die Entwendung von Eigentum durch solche Zauberei veranstaltet werden, welche sie entweder als Hexen oder Hexeriche erkennen läßt. Wir befinden uns mit diesen Erscheinungen auf einem Gebiete des Übergangs zu den Hexen selbst und in einer Anschauung, welche auf der Grenze zwischen Animismus (s. d.) und Präanimismus (s. d.) sich befindet. Der zauberisch Entwendende ist entweder unsichtbar, mit seinem Geiste tätig, oder in Tiergestalt. Beispiel für ersteres der Küchlidieb [13]), durch dessen Wirkung die Frau die übrigen Küchlein bis auf drei aus der Pfanne verschwinden ließ. Zur Abwehr stößt sie in den drei höchsten Namen mit der Gabel durch alle Küchlein kräftig bis auf den Boden des Geschirrs; zugleich erhält der Dieb eine Gabelstichwunde in der Hand und wird dadurch an weiterem Bösen verhindert. Beispiel fürs zweite: die Verarmung des reichen Bauern, während der Nachbar reich wird, dadurch, daß des letzteren Frau als Kröte hinter den Mistwagen des ersteren kriecht, drei Mäuler voll Dung nimmt und auf den eigenen Düngerhaufen trägt; „so wird mir der Nutzen des Nachbars"; sie verrät, daß man sie mit dem mittleren Zinken der Mistgabel durchstechen muß; als die Kröte gestochen, stirbt die Bäuerin [14]). Oder wenn das Buttern durch Zauber verhindert wird, tut man Salz und Brot ins Butterfaß oder eine Silbermünze. Der Zauber kann aber auch nichts ausrichten, wenn der Dieb durch das Anbringen eines Reifens unter dem Faß getäuscht wird und nun beim Zählen der Reifen sich stets verzählt [15]), u. ä. m. [16]).

Abwehrzauber ist im westlichen Deutschland besonders ausgebildet gegen den Bilwisschnitter (s. d.). Da der Glaube in vielen Gegenden ganz allgemein ist und das ganze Dorf von dem Auftreten des B. betroffen werden kann [17]), werden namentlich kirchliche Weihen für die Gegenstände, die gegen den B. in Verwendung kommen, in Anspruch genommen. Das Saatkorn wird geweiht [18]). Später wird zu Ostern, Walpurgis und Pfingsten kirchlich geweihtes Wasser, Holz und Palmkätzchen auf die Äcker gebracht, wodurch der Feind abgehalten wird [19]). Aus dem Holz, welches beim Verbrennen des Judas am Karsamstag angebrannt worden, macht der Bauer Kreuzchen und steckt sie an drei Ecken des Feldes auf (aus dem Kreuz vom Judas-Holz wurde: „den Juden in den Acker stecken") [20]), damit der Bilwis bei der vierten Ecke heraus muß und kann. Auch Eichenlaub und Wacholder werden auf die Saaten gelegt. Mit Kugeln, die bei der Ostermesse geweiht worden, schießt der Bauer quer über ein Feld, oder man bindet in die erste Garbe etwas von der Streu und den Kränzchen, die am Antlaßtage auf dem Wege zum Altar gedient haben [21]), und noch beim Dreschen des Getreides wehrt man den Bilwis ab, namentlich indem man zuerst das Unkraut ausdrischt und dessen Körner und Beeren mit der Rechten über die Linke hinwegschleudert mit den Worten: „Nimm, was dein ist" [22]). Wenn auch der Bilwis sich fast immer, wo man ihm näher tritt, als der diebische Nachbar entpuppt, so ist doch der Glaube an das unsichtbare und geheimnisvolle Bilwiswesen daraus entstanden, daß ein durch das Christentum entthronter Erntegott seinen Tribut verlangt. Er ist dann freilich, eben unter dem Einfluß des christlichen Glaubens, zu einem Diener des Teufels geworden und wird als solcher behandelt. Die Loskaufzeremonie jedoch wird durch die ursprüngliche Abzweckung auf ein göttliches Wesen verständlich. Gegen den Bilwis hilft auch, wenn man einen Bohrer in den mittleren Balken des Stalles steckt; der Nachbarbauer hatte darauf den Bohrer im Knie und hinkte seitdem [23]).

[1]) Seligmann *Blick* 2, 4. [2]) Ebd., vielfach; Hovorka-Kronfeld 1, 37. [3]) ZfVk. 21 (1911), 299. [4]) SAVk. 25, 65 ff. [5]) Schönwerth *Oberpfalz* 3, 213. [6]) Wuttke 388 Nr. 642. [7]) Schönwerth *Oberpfalz* 1, 352. [8]) Wuttke 680. [9]) Ebd. 388. [10]) Ebd. 389. [11]) Schönwerth *Oberpfalz* 3, 213 f. [12]) Schell *Bergische Sagen* 209, Nr. 166. [13]) Lütolf *Sagen* 251 Nr. 185. [14]) Schönwerth *Oberpfalz* 1, 378. [15]) Ebd. 1, 337. [16]) Lütolf 225. [17]) Pan-

zer *Beitrag* 1, 240; Grimm *Myth.* 1, 393 f. [18]) Schönwerth 1, 433. [19]) Ebd. 434. [20]) Ebd. 434 Nr. 5. [21]) Ebd. 435 Nr. 6 u. 7. [22]) Ebd. 435 f. [23]) Ebd. 438.

2. Die zuletzt erwähnten Fälle, in denen der menschlichen Person, die letzten Endes hier gemeint war, doch gelegentlich ein Geistwesen substituiert wurde, leiten zu solchen Abwehrriten über, die gegen Hexen und Hexeriche als teufelsbündnerische Personen, die mit fremdem Antlitz oder in Tiergestalt alles mögliche Böse verüben, unternommen werden (s. Hexe). Sie sind Wesen, die man sich von Hals und Bett, von Haus und Hof halten muß und gegen die man sich, weil ihre Annäherung, im wesentlichen unsichtbar, zuweilen plötzlich durch die Luft geschieht, auf ähnliche Weise wie gegen Dämonen schützen muß. Der Umkreis ihrer Betätigungen ist jedoch ein immerhin ziemlich begrenzter, geschlossener, so daß auch der Kreis der hier in Betracht kommenden Abwehrriten ein so geschlossener ist, daß sich die A. gegen Hexenwesen am besten hier zwanglos einfügen. Es wird bei diesen Bräuchen kaum je außer acht gelassen, daß es sich im Grunde um menschliche Wesen handelt, die man fernzuhalten sucht; es darf jedoch nicht vergessen werden, daß das Unwesen der Hexen größtenteils die Stelle einnimmt, welche in vorchristlicher Zeit dem dämonischen Treiben zufiel, während sie natürlich auch die Rolle der Zauberer in primitiver Kulturschicht, der Inhaber der Schwarzen Magie, übernommen haben. Daher summiert sich im Glauben an die böse Macht der Hexen und Hexeriche im MA. der Glaube an Zauber und Dämonie und bedeutet noch heut den Rest von beiden. Darum werden auch zur Verscheuchung der Hexen nicht allein Mittel, wie sie sonst gegen menschliche Übeltäter in Anwendung sind, benützt, sondern spezifisch antidämonische Praktiken, wie sie vor allem das Gorgoneion (s. § 4) ist. Da der Hexenglaube in seiner Eigenart erst im christlichen Spätmittelalter sich verbreitet hat, so sind auch kirchlich geweihte Gegenstände als Gegenmittel besonders beliebt. Ein geweihter Benediktus- oder Ablaßpfennig unter der Stalltüre hält die Hexen ab; aber auch der an die Stalltür gezeichnete Drudenfuß läßt die Drude umkehren, und ein vom Elsenbaum geschnittener Keil, der mit einem Bockshaar umwickelt und an die Türschwelle des Stalles geschlagen ist, treibt die Hexe davon [24]). Die alten, mehr der primitiven Sphäre angehörigen Mittel und die christlichen werden in der Regel miteinander verbunden [25]). Gegen das von den Hexen beliebte Auswechseln der Kinder (s. Wechselbalg) versagt selbst das Weihwasser seine ihm sonst gegen diese Wesen eignende Kraft in den ersten Wochen, in denen die Fernhaltung der Hexen am nötigsten wäre. Von den Hausangehörigen kann überhaupt nur der Vater dagegen etwas tun (s. Vater), der die Mutter nicht allein lassen darf. Von Erfolg kann sein, daß jeder ins Haus eintretende Fremde das Kind mit Weihwasser bespritzt (s. Fremder), und daß ein Stahlgerät auf die Wiege gelegt wird. Denn Stahl ist, als ein „modernes" Material, von bösen Geistern und Hexen sonderlich gemieden [26]).

Weil die Hexen ihr Unwesen zu besonderen Jahreszeiten hervorragend treiben und ihre bestimmten Tage oder Nächte haben, wird auch zu diesen Zeiten der gegen sie gerichtete A. besonders angewendet. Es sind die Vornächte zum ersten Mai (Walpurgis), zum Karfreitag, zum Mittsommer und zu Weihnachten. Man begegnet ihren schädlichen Machenschaften zu diesen Zeiten mit Weihwasser, Weihrauch, Glockengeläute und ungeheurem Lärm und Getöse, das man durch allerlei Instrumente und eiserne Geräte anstellt. In Tirol wird ein sehr umständliches „Verbrennen der Hexen" vorgenommen. Drei Tage zuvor schon wird in den Häusern ein großes Reinemachen veranstaltet (denn Reinlichkeit ist die erste Bedingung, um Hexen abzuhalten), und alle Räume und Ställe und Scheunen werden mit Wacholderbeeren und Rauten ausgeräuchert. Darauf werden Kienspäne zusammengebunden und am Walpurgisabend zusammen mit Schierling, Wolfsmilch und Schlehdornzweigen von Leuten verbrannt, die sich zuvor in der Kirche volle Absolution geholt haben. Alles muß unter fürchterlichem Lärm und Getöse geschehen, wobei auch die losgelassenen Hunde durch ihr Gebell helfen. Angezündet wird, sobald die Glocken ertönen, und der Hexe wird zugerufen, wegzufliegen, wenn es ihr nicht übel ergehen solle [27]). Im Voigtlande vertreibt man die Hexen durch drei Kreidekreuze an der Stalltüre oder durch Aufhängen von Johanniskraut, Majoran und anderen scharf riechenden Kräutern an den Ställen. Die Burschen gehen mit Peitschenknallen, Schießen, Schwenken brennender Besen lärmend hinaus, um die Hexen vom Orte abzuwehren [28]). Auch im übrigen Thüringen finden sich ähnliche Bräuche, die, wenn sie gut ausgeführt werden, auch Hagel- und Blitzschaden fernhalten [29]). Ebenso sind in Bayern und Böhmen die Bräuche den eben beschriebenen verwandt. Die jungen Leute gehen auf einen Hügel vor dem Orte, um die Hexen durch Peitschenknallen zu vertreiben, wobei die Peitschenschnüre mit recht viel Knoten versehen werden, um den Knall zu verstärken, während die Hirten von den umliegenden Triften mit ihren Hörnern und Schalmeien einstimmen [30]). In Böhmen, wo man gleichfalls Dorngestrüpp auf die Stallschwellen und vor die Türen des Wohnhauses legt, um das höllische Gesindel fernzuhalten, wird auch eine aus Lumpen hergestellte Puppe unter großem Lärm verbrannt. In der Gegend von Öls in Schlesien bewaffnen sich am Karfreitag die jungen Leute mit alten Besen und treiben unter fürchterlichem Geschrei die Hexen von Haus und Hof [31]).

[24]) Schönwerth *Oberpfalz* 1, 310 f. [25]) Zahler *Simmenthal* 42; Meyer *Aberglaube* 251 ff. [26]) Kuhn und Schwartz 29 ff.; Wuttke 360 Nr. 583. [27]) Alpenburg *Tirol* 260 ff. [28]) Eisel *Voigtland* 210. [29]) Witzschel *Thüringen* 2, 262 f. [30]) Reinsberg *Festjahr* 137; Bavaria 2, 272; 3, 302 f. [31]) Drechsler *Schlesien* 1, 86.

3. Wir wenden uns zur Abwehr der Toten. Die Furcht vor einer Rückkehr des Toten und der von ihm zu besorgenden Rachehandlungen ist fast durch die ganze Menschheit verbreitet und bestimmt die Grundformen der meisten Totenfeierlichkeiten schon bei den primitiven Völkern. Wie solche Abwehrmaßregel beispielsweise bei australischen Völkern darin besteht, daß mit der Leiche eine ziemlich lange Zeit, oft stundenlang, im Kreise herum und kreuz und quer im Busche gelaufen wird, auf daß der Tote die Orientierung verliert und den Heimweg nicht mehr zu finden imstande ist [32]), so haben sich bei uns Totenbräuche erhalten, welche den Verstorbenen, wenigstens ihrem ursprünglichen Sinne nach, verhindern sollen, seinen Weg zurückzufinden. Diese Bräuche gehen in eine Zeit zurück, da man noch nichts von einer dem Körper gegenüber selbständigen Seele wußte (s. Präanimismus). Man wußte es eben nicht anders, als daß der Tote in seiner vollen Leiblichkeit wiederkommen könne. Gemeinhin zwar nicht derjenige, welcher in auszehrender Krankheit langsam hingesiecht war, wohl aber der, welcher aus seiner besten Lebensblüte hingegangen war. Die nordgermanischen Sagas legen beredtes Zeugnis davon ab, wie nachdrücklich das Sinnen und Denken, Sorgen und Zagen der isländischen Bevölkerung durch diese Anschauungsweise bestimmt wurde. Schon bei ihren Lebzeiten als gewalttätig und eigenmächtig hervortretende Persönlichkeiten sind nach dem Tode nicht ruhig, sondern stören nach wie vor den Frieden ihrer Sippe, so daß man sich ihrer erwehren muß. In jedem offenen Kampfe aber unterliegt der lebende Mensch dem lebenden Leichnam. Neues Begraben, Aufwerfen eines Walles ums Grab macht den unverwesten Leichnam des Thorolf der Eyrbyggja Saga [33]) ebensowenig wie den des Hrapp der Laxdaela Saga [34]) und den Glam der Grettir Saga [35]) unschädlich. Bei allen hilft nur das Verbrennen der Leiche; bei den beiden ersten wird die Asche ins Meer gestreut, während Glams Asche in einem Sack dort eingegraben wird, „wo am wenigsten Schaf-

weide und Menschenpfade waren". Die Zähigkeit der Anschauung bestätigt der Fall von Leichenschändung im Jahre 1913 zu Putzig[36]): Ein Arbeiter, in dessen Familie kurz nacheinander sieben Todesfälle vorgekommen sind, weiß, daß seine vor zweieinhalb Jahren verstorbene Mutter die Schuld trägt und für die Zukunft an solchem umgängerischen Wesen gehindert werden muß. Das Mittel ist, der ausgegrabenen Leiche den Kopf abzuschlagen und vor die Füße zu legen (wie Glam seinen abgeschlagenen Kopf zuletzt vor der Verbrennung am Gesäß trug).

Viele niedere Völkerstämme, aber auch alte Kulturvölker, wie die Ägypter in prähistorischer Zeit, wenden als Abwehrmittel das Ein- und Zusammenschnüren der Toten oder das Brechen von Beinen und Rückgrat an. Mit gutem Grunde hat man vermutet, daß jede Fesselung, Schnürung, Einwickelung der Leiche ursprünglich diesem einen Zwecke diente, den Toten bewegungsunfähig zu machen und ihn dadurch am Wiederkommen zu hindern. Ist doch diese Meinung bis in die allerneueste Zeit in dem Volke immer wieder hervorgetreten. In Niederzimmern mußte 1798 verboten werden, „den Verstorbenen die Arme und Beine zu binden, da sie wieder lebendig werden könnten"[37]), und 1901 wurde die Leiche eines Vagabunden im Spritzenhaus von Lichtenhain bei Jena mit Strohseilen an Armen und Beinen von einigen jungen Leuten gebunden, welche ihr das Herumstrolchen benehmen wollten[38]).

Weiter folgt hieraus eine ganze Reihe von Maßnahmen, welche, außer den schon genannten, dem Toten die Wiederkehr unnötig, bzw. unmöglich machen wollen. Vor allem muß alles, was der Tote als Speisegeräte in Lebzeiten benützt hat, überhaupt alles, dessen er sich zuletzt besonders gern bediente, entweder ins Grab mitgegeben oder vernichtet werden. Hier macht sich die animistische Auffassung geltend, daß der Seelen- oder Vitalstoff des Menschen (s. Animismus 2) an seinen Gebrauchsgegenständen haftet. Solange die hiermit behafteten Gegenstände im Hause vorhanden sind, besteht zwischen dem Toten und ihnen eine Art sympathischen Verhältnisses, das bewirken kann, daß der Tote sich zurücksehnt und zurückkehrt (sehr allgemein; bes. Mecklenburg, Brandenburg, Hessen, Thüringen, Ostpreußen, Schlesien). Das von ihm benützte Geschirr wird daher am besten zerschlagen und an einen Kreuzweg getragen, von wo aus dem Toten der rechte Weg zumindest erschwert wird (Hessen). Das durch die Leichenwaschung animistisch infizierte Wasser muß an einer Stelle des Hofes oder Gartens ausgegossen werden, wo es dem Toten, der von hier aus kommen könnte, den Weg versperrt, da Tote nicht über Wasser gehen. Daß er aber, wenn überhaupt, nur von hinten her zum Hause zurückkehren kann, und auch dadurch ihm das Finden des Einganges unmöglich wird, wird so erreicht, daß der Sarg, falls er nicht gar durch die Hintertür hinausgeführt wird, vor der Haustüre nach verschiedenen Seiten kreuzweise gewendet wird, so daß die Richtung verwirrt wird. Selbst die Nadel, mit der das Leichengewand genäht wurde, ist mit seinem Vitalstoffe behaftet und muß deshalb, gewöhnlich in dem Gewande steckend, mitgegeben werden (Westfalen, Oldenburg; falsche Deutung: der Tote solle selbst nähen). Nur Schuhe darf man ihm nicht anziehen, weil er sonst, bis sie zerreißen, als Gespenst umgeht (Böhmen). Man darf den Toten nicht unrasiert oder mit ungeordnetem Haar lassen, weil er sonst wiederkommt. Auch das Stroh, auf welches die Leiche gelegt wurde, muß verbrannt werden. Aus der jüngeren Zeit, welche der Seele eigene Existenz zuerkennt, treten einige Maßnahmen hinzu. Das Fenster muß bei Eintritt des Sterbens geöffnet werden und bis zum Begräbnis offen bleiben, damit die Seele ungehindert hinausfliegen kann; unter Umständen muß die Seele auch durch Schwenken von Tüchern hinausgejagt werden (Erzgeb.), und die Töpfe im Haus müssen umgestürzt werden, damit die Seele nicht in einem derselben sich aufhalte (Thür.)[39]).

[32]) Beth *Religgesch.* 9. 83 f. [33]) Eyrbyggja S. c. 33 ff. [34]) Laxdaela S. c. 24 ff. [35]) Grettis S. c. 32—35; vgl. Beth *Religion u. Magie* [2] 12—17. [36]) Naumann *Gemeinschaftskultur* 56. [37]) Ebd. 58. [38]) Ebd. [39]) Wuttke 431 ff. Nr. 728 ff.; Schönwerth *Oberpfalz* 1, 243—256; Sartori 1, 147 f.; Wittstock *Siebenbürgen* 61 ff.

4. Das Treiben der Dämonen, Geistwesen aller Art, welche Menschen und Tiere peinigen, allerlei Übel an Leib und Besitz zufügen, oder auch, falls sie nicht rein boshaft sind, doch als launische, neidische und unzuverlässige Wesen Unheil und Schabernack stiften, sucht der Mensch dadurch abzuwehren, daß er entweder sie selbst nicht in seine engere Seinssphäre hineinkommen läßt oder ihre Einflüsse verhindert. Solche Abwehrmaßnahmen sind unter allen Völkern gebräuchlich, zum Teil auch kultlich-systematisch geregelt (s. Dämon) [40]). Zu den apotropäischen Riten im weiteren Sinne gehören auch die Versuche, diese Geister zu beschwichtigen und zu versöhnen, indem man ihnen Kleidungsstücke, Gerätschaften, die sie sich sonst holen kommen würden, aus freien Stücken an ihrem mutmaßlichen Aufenthaltsort niederlegt oder aufhängt (propitiatorische oder Versöhnungsriten) [41]). Die apotropäischen Bräuche im engeren Sinne haben aber nicht so sehr defensiven als offensiven Charakter. Der Sinn dieser Art von spezifisch-antidämonischen Versöhnungsriten, bei denen sich der Mensch in der Regel irgendeines Gegenstandes zugunsten der Dämonen entäußert, ist das gerade Gegenteil von den religiösen Opfern (s. d.), durch welche der Gott nach alter Vorstellung Kraft erhalten oder in seiner Kraft gemehrt werden soll; hier handelt es sich darum, daß den Dämonen ihre Kraft und Wirkungsmöglichkeit entzogen wird, falls man nicht sie selbst völlig verscheuchen kann. Von Opfern an die Dämonen kann daher in diesem Zusammenhange nur in uneigentlichem Sinne gesprochen werden. Bisweilen bestehen diese Riten in der Säuberung von solchen Dingen, welche, wie Schmutz, die Dämonen anziehen, aber auch von solchen, die den Menschen von den Dämonen, wie ja mancher religiösen Auffassung nach auch von den Göttern, geneidet werden; dadurch gewinnen solche Riten äußerlich den Anschein der Verzichtleistung und Askese. In diesem Zusammenhange sei auch gleich erwähnt, daß manche Bräuche, deren Wirkung anscheinend Abwehr ist, zu diesem Sinne nur auf einem Umwege der Umdeutung gelangen; namentlich sind das solche, die ursprünglich den Fruchtbarkeitsriten zugehören, z. B. phallische Bräuche. Das Vorzeigen oder Aufstellen einer Nachbildung des Phallus oder auch der weiblichen Genitalien wirkt nicht abschreckend auf die Dämonen [42]) (wie diese Bräuche später umgedeutet worden sind), sondern anregend auf das, was gedeihen soll, sei es Feldfrucht oder tierische oder menschliche Nachkommenschaft. Die vermeintliche abwehrende Wirkung, etwa durch erregte Abscheu, ist eine spätere Auffassung von Riten, die, weil viel älter als derartige antidämonische Gebarungen, ursprünglich mit einer Repräsentanz des frischen Lebens arbeiten, das keimhaft in den Genitalien oder frischen Pflanzenzweigen enthalten ist [43]). In jenem übertragenen Sinne allein konnten die Lykerinnen den Poseidon durch Aufheben ihrer Röcke verscheuchen, wie die Frauen einer provenzalischen Stadt die Belagerer dadurch fortzujagen versuchten, daß sie von der Mauer herab ihre entblößte Scham zeigten [44]). Die Umwandlung in Schreckgestalten vollzog sich daher auch unter Anwendung von äußeren Hilfsmitteln, die erst den neuen Sinn diesem ursprünglich anders lautenden Sinne verliehen: rote Farbe oder Blut wird den Phallen angestrichen [45]), damit sie als Schreckmittel dienen können.

Das Abschrecken der Dämonen durch gräßliche Gesichter, durch Köpfe von Ungeheuern, Gorgonenhäupter, Sphinxe war und ist etwas Gewöhnliches. Zum Teil sind diese Gepflogenheiten heute umgekehrt, indem da, wo die Dämonenfurcht nicht mehr zum lebendigen Bestandteil der Volksmentalität gehört, aus den schreckenden Figuren diejenigen von Schutzgeistern geworden sind. Eine solche Verdrehung, d. i. Modernisierung, sind die bunten Püppchen (mascottes), die wir heute an den Hinterfenstern vieler Automobile sehen. Aber in die christlichen Kirchen sind die alten Abwehrmittel noch in ihrem ursprünglichen Sinne herübergenommen worden, und so sehen wir zu unserer Verwunderung manchmal in den Kirchen ein Gorgonenhaupt oder einen Löwenkopf, obwohl dieselben als medusisch-sphingide Figuren dort nichts zu tun hätten [46]). Gewiß kann man auch, falls man ein solches Abschreckungsmittel nicht zur Verfügung hat, dasselbe symbolisch bezeichnen: ein Medusenhaupt aus einem Tuch knoten, auch den Namen wirksam aussprechen. Der Priester zeigt dem Teufel, der einen Menschen besessen hält, das Kruzifix und nennt den Namen Jesu, vor dem jener entweicht. Den Namen Jesu zu nennen, ist immer eins der sichersten Mittel, um den Teufel und seinen Heerbann samt Hexen und allem unflätigen Gelichter abzuwehren. Es hilft auch dann, wenn man dem Teufel schon den kleinen Finger gegeben hat, wie jener Schneider bewies, der mit des Teufels Hilfe Butter gezaubert hatte und nun in das ihm vorgelegte Buch, das die Namen aller Teufelsjünger enthielt, statt des eigenen den Namen „Jesus" einschrieb [47]). Dadurch war dem Teufel sogar die Macht über alle Hexen und Zauberer genommen. Das Wort ist vor allem gegen die neidigen Geister gute Abwehr. Wie die Göttinnen Nemesis und Adrasteia durch Ausrufe wie „Adrasteia sei freundlich", oder „jeder Götter Neid sei fern" abgewehrt werden [48]) oder durch ein „Weiche von uns!", „procul a nobis" [49]), so kann man böse Geister noch immer vertreiben, indem man sie einfach hart abweist, gute, indem man ihnen schmeichelt oder etwas verspricht und gibt. Deshalb wird vielfach auf dem Lande den Holden, die zugleich Unholde sind (vgl. Goethes getreuer Eckart), das gute Gebäck abends vor die Tür gestellt. Auch der Pferdekopf, der noch heute auf dem Dachgiebel der Bauernhäuser angebracht wird, ist teilweise den Neid der guten Geister abzuwehren bestimmt gewesen. Das zeigt die wenigstens früher im Norden übliche „Neidstange" (s. d.) mit dem Pferdekopf, bei deren Errichtung einst ein Pferdeopfer gebracht wurde [50]). Anders dürfte es sich mit dem an Stalltüren angebrachten Ziegenbockkopf oder seinen Hörnern allein verhalten, was wahrscheinlich nicht Rest eines früheren Opferbrauches ist. Der Zweck ist nach Höfler apotropäisch, nämlich das Fernhalten der Rindviehseuche [51]). Der Ursinn ergibt sich wohl daraus, daß der vollständige Akt in der Einstellung eines Ziegenbockes (s. d.) in den Stall besteht, d. h. des von Fruchtbarkeit überquellenden männlichen Tieres als Reservoirs unversieglicher Jungkraft. Der Glaube, daß der Ziegenbock, der im Rahmen der alten Fruchtbarkeitsriten zur Arkanmedizin im Viehstall wurde, alle Krankheitsstoffe an sich ziehe, wie die Bauern heute sagen, entspringt dem Unverständnis der alten Idee.

Üble Dämonen werden gerne durch übelriechende Stoffe, vor allem durch starkwürzige Pflanzen (s. o. 3, Hexen) wie Thymian, Kümmel, Lauche, auch Baldrian und Tausendgüldenkraut verjagt. Nicht minder hilft Menschenkot (álfrak) gegen das Nahen elbischer Wesen [52]). Luther empfahl gegen den Teufel, der die Milch (schon im Leib der Kuh) stiehlt, „Dr. Pommers (Bugenhagens) Kunst", daß man den Teufel „mit Dreck plaget und den oft in der Milch rühret. Denn als seinen (Bugenhagens) Kühen die Milch auch stohlen wurde, so streifte er flugs die Hosen ab und broket dem Teufel einen Wächter in einen Asch voller Milch und rührets um und sagt: „Nun fret Teufel!" Darauf ward ihm die Milch nimmer entzogen" [53]).

Auch helfen gewisse Produkte der neuen Kultur, mit der sich ein Dämon so wenig befreunden kann, daß er davor von dannen läuft: ein Zeichen dessen, wie solcher Dämonenglaube (vgl. den vorigen Abschnitt) im Aberglauben etwas Selbstkritik in sich trägt, da er ja die

Dämonen selbst für rückständig und eigentlich einer fern vergangenen Zeit angehörig erachtet, für Wesen, die genau genommen in unserer heutigen Welt keinen Platz mehr haben. So hilft vor allem hier Stahl und Stahlgerät; um die Dämonen, welche am Sonnabend vor Weihnachten zueinander auf Besuch kommen und dabei die Gehöfte brandschatzen, fernzuhalten, schlägt man in Norwegen spätestens an diesem Tage eine Axt oder etwas anderes aus Stahl über jede Stalltüre [54]). In Schweden wirft man Stahl ins Badewasser, um den Nöck zu bannen [55]). Auf diese Verwendung des Stahles [56]) geht auch wohl die abwehrende Kraft des „carsprenn" der Landleute in der oberen Bretagne zurück [57]). Das ist zwar eine hölzerne Gabel, aber sie dient dem Reinigen der stählernen Pflugschar. Wenn sich die Korigans einem Menschen nähern, werden sie abgeschreckt, sobald sie merken, daß er seine Pflugforke in der Hand hält. In der Oberpfalz schlägt man mit Messern auf eine alte Pfanne oder Sense, um umgehende Geister zu vertreiben, wobei Brosamen und Zweige ins Feuer geworfen werden [58]). Gegen die Kindervertauschung seitens der Zwerge schützt man die Kinder in der ersten Woche oder den ersten neun Lebenstagen, in denen solche Auswechslung stattfinden kann (s. Wechselbalg), durch verschiedene Zaubermittel: Zettel mit Zauberformeln in die Wiege gelegt, Stahlgeräte, also vor allem Messer, am besten zwei kreuzweis gelegte, oder eine offene Schere; den Hausschlüssel, Trauring; besonders beliebt ist, in die Wiege einen rechten Hemdsärmel und einen linken Strumpf zu legen (d. h. eine antecipando vorgenommene Vertauschung, die so gründlich ist, daß sie nicht überboten werden kann und daher weiteren Austausch unmöglich macht) [59]).

Manche Abwehrbräuche gegen Geister, namentlich solche neueren Ursprungs, sind auf die Unbeholfenheit und Dummheit der Dämonen berechnet. Wie der Volksglaube den Teufel als den leicht zu Prellenden kennt, so natürlich erst recht die anderen bösen Geister. Sie sind so zu überlisten wie das Emu, das der Wilde fängt, nachdem er in sein Wasserloch einen Rauschtrank gemischt hat [60]), wie Salomo den Asmodi durch den in die Quelle geschütteten Wein trunken machte, der, um freizukommen, dem Könige das wichtige Geheimnis verriet. So kann man Geister trunken machen, indem man die Quelle ableitet und Wein oder Schnaps hineingießt. In den Ardennen kann man sich der Dämonen erwehren, wenn man Papier in kleine Stückchen zerreißt und auf den Weg wirft; sie unterhalten sich dann mit dem Aufsammeln und vergessen den Wanderer [61]). In diese Klasse der Überlistungsbräuche sind auch die Kleidervertauschungen einzurechnen, insoweit sie wirklich magische Abwehrbedeutung haben [62]). Wenn der Mann sich keine Weiberhaube aufsetzen darf, damit der Alp sich ihm nicht nähert, so setzt das voraus, daß letzterer dadurch getäuscht und die vermeintliche Frau plagen würde [63]).

[40]) Beth *Religgesch.* 83. [41]) Ebd. 84. [42]) Stemplinger *Aberglaube* 84. [43]) Liebrecht *Zur Volksk.* 343 f. [44]) SAVk. 21 (1917), 97. [45]) ZfVk. 23 (1913), 255. [46]) Stemplinger *Aberglaube* 88. [47]) Schönwerth *Oberpfalz* 1, 370 f. [48]) Seligmann 2, 365. [49]) ZfVk. 8 (1898), 134; Hiob 21, 14. [50]) Simrock *Mythologie* 357. 510. [51]) Höfler *Organotherapie* 94. [52]) Meyer *Germ. Myth.* 136 f. [53]) Luther *Tischreden* II; Liebrecht *Zur Volksk.* 353. [54]) Ebd. 311. [55]) Meyer *Germ. Myth.* 137. [56]) Mannhardt 1, 132. [57]) Sébillot 1, 163. [58]) Schönwerth *Oberpfalz* 2, 55. [59]) Wuttke 359 Nr. 581. [60]) B. Spencer and F. J. Gillen *The native tribes of Central Australia* 20. [61]) Sébillot 1, 162 f. [62]) Beth *Religgesch.* 87. [63]) Wuttke 267 Nr. 419.

5. Neben den bisher angeführten A.n, die sich gegen bestimmte Subjekte, von denen Unheil und Bosheit zu befürchten ist, richten, gibt es solche A., welche sich anscheinend lediglich gegen das Böse selbst wenden und dieses als das zu vertreibende Objekt ansehen. Schon das Bauopfer (s. d.), das so gern als Versöhnungs- und Besänftigungsopfer an einen Dämon, der dem Bauwerke schaden könnte, aufgefaßt wird, hat

ursprünglich keine Beziehung auf irgendwelchen Geist, sondern bedeutet das Erhalten eines frischen Lebens und seiner alles überdauernden Kraft in dem Fundament, welches hierdurch gegen alle bösen Einflüsse gesichert bleibt. Deshalb bringt auch ein eingemauertes Huhn dauernd gutes Wetter [64]); natürlich nicht deshalb, weil es einem in der Erde vorhandenen oder in die Mauer eingezogenen Wetterdämon als Geschenk dargebracht ist, sondern weil das eingemauerte Leben selbst darin erhalten wird. Daß Kinder hierfür bevorzugt werden, ist ebenfalls aus der animistischen Vorstellung zu erklären, daß das Jugendliche und Unbeschädigte die größte Gewähr des Fortbestandes in sich birgt. Burgen, Tore, Brücken, Mauern, Deiche, überhaupt Bauwerke [65]), von deren Sicherung sehr viel abhängt [66]), werden auf diese Weise gefeit [67]). Vielleicht werden wir mit diesem Brauche auch in die präanimistische Periode hinaufgeführt (s. Kinderopfer). Denn die Dschagga zeigen noch deutlich, daß es sich bei den lebendig begrabenen Kindern um deren wachsame Fortexistenz handelt. Stets wird ein Knabe und ein Mädchen am Landeingange, aber gesondert voneinander, an verschiedenen Stellen lebendig begraben, und jedes von ihnen heißt „Kind, das Land zu binden (oder zu festigen)", und man erwartet vor einem feindlichen Einfalle die Warnlaute der Kinder, ein Summen und Dröhnen in der Erde [68]). Es ist also das fortdauernde Leben und das gerade diesem jungen Leben einwohnende energetische Fluidum (s. Präanimismus).

Dieser Anschauung entsprechend wird auch durch Amulette (s. d.), denen an sich eine unsinnliche Kraft anhaftet, Krankheit, Seuche abgewehrt [69]); auch hier steht nicht die Kraft gegen den Dämon, sondern Kraft gegen Kraft. Solche Abwehrmittel begegnen uns noch in ganz primitiven Formen als die einfachsten hygienischen Maßnahmen, welche den Schutz der Gesunden und noch nicht von einer Seuche ergriffenen Ortschaften zum Zwecke haben, aus welchem Grunde auch immer der hierfür benützte Stoff, das Gewebe, der Stock oder der Stein als Träger der erforderlichen Kraft gedacht sein mag [70]). Wenn auf den Molukken der Pockenstoff durch ein an einer Stange aufgezogenes Stück weißen Zeuges aufgefangen und tagelang in der See abgewaschen wird [71]), so ist das ganz dieselbe Maßnahme und Vorstellung, welche das Bei-sich-tragen von Friedhofserde in der Tasche zur Abwehr jeder Krankheit, oder das Bei-sich-tragen von bestimmten Kräutern zum gleichen Zwecke, oder das Trinken von Storchblut gegen Krankheit und für langes Leben [72]) und vieles ähnliche bedeuten [73]). Ein ganz primitiver Glaube an ein Böses schlechtweg, das an Dingen haftet, aber auch frei existiert und dem man durch Gegenstände, an denen die entgegengesetzte gute Kraft haftet, wehren kann, ist augenscheinlich die solchen Vorstellungen und Bräuchen zugrunde liegende Anschauung. Zu vergleichen ist z. B. der Arunkulta-Glaube der australischen Aranda [74]), zu dem ich deutsche Parallelen aufgezeigt habe [75]), sowie der irokesische Glaube an das Otkon [76]). Gewisse Arten von Krankheiten, sowie gewisse Todesfälle kommen von diesem an sich Bösen; das Berühren der Gegenstände, an denen es haftet, das bloße Vorübergehen an einer Örtlichkeit, wo es ursprunghaft weilt, hat das Übel im Gefolge. Innerhalb dieser Anschauung versteht sich auch am besten die Wirkung des magischen Kreises. Es gibt einen Kreis (im uneigentlichen und eigentlichen Sinne) (s. Kreis), der das Gute in sich faßt, und einen solchen, der das Böse enthält. Es läßt sich folglich ein Kreis des Guten ziehen, um damit das Böse auszuschließen, das über seine Peripherie nicht gelangen kann; dies ist der Sinn des Schutzkreises [77]). In einem von guten Menschen gebildeten Kreis hat der Böse keine Macht, heißt es dann auf der Stufe des Dämonenglaubens (s. Asyl und Besitzergreifung).

Das Austreiben des (neutrischen) Bösen

hat eine große Rolle namentlich auch im Ackerbauleben gespielt, und viele Erinnerungen daran sind durch die Variationen hindurch wohl erkennbar. Beim Austreiben der Süntevögel, Sunnenvögel, Sommervögel denkt der heutige Westfale, wie aus den dabei gesungenen Versen hervorzugehen scheint, zunächst an die Schmetterlinge, bzw. genauer deren Raupen und Puppen. Am Peterstage (22. Februar) gehen die Kinder, Knittelverse singend, mit hölzernen Hämmern von Haus zu Haus und fordern die Sommervögel zum Abzuge auf, und die Bewohner der Häuser gehen unter Beklopfen durch alle Räume. Das Unterlassen dieser Zeremonie würde Ratten-, Mäuse- und Raupenplage zur Folge haben[78]. Man könnte geneigt sein, an einen alten Ritus des Winteraustreibens zu denken, wofür ja sicherlich der Zeitpunkt spricht. Indes sind doch Wort und Handlung zu speziell auf schädliche Tiere, unter denen in manchen Versen auch Schlangen und Molche genannt werden, zugespitzt, und diese erscheinen dem Landmann als die spezifischen Repräsentanten der ihm bös gegenüberstehenden Macht. Es ist gewiß unverkennbare Verwandtschaft mit der Zeremonie einer Frühjahrsreinigung vorhanden, aber doch nicht im Sinne einer Aufforderung an die Insekten, aus ihren Puppen herauszukriechen, da ja der Schluß des Liedes zu deutlich die Tiere in die Steingrube zum Verfaulen verweist. Nach allem erklärt sich eine Zeremonie wie diese am einfachsten als eine Maßnahme gegen die der Fruchtbarkeit feindliche böse Macht, die in jenen Tieren repräsentiert erscheint.

[64]) Grimm *Myth.* 2, 1040. [65]) Rochholz *Sagen* 2, 93. [66]) Strackerjan 1, 107 f. [67]) Lippert *Christentum* 457. [68]) Bruno Gutmann *Das Recht der Dschagga* (1926) 395. [69]) Hovorka u. Kronfeld 2, 296. [70]) Beth *Religion u. Magie*[2] 151 ff.; Lippert *Christentum* 311. [71]) Hovorka u. Kronfeld 2, 298. [72]) Wuttke 158. [73]) Ebd 117. [74]) Beth *Religion u. Magie*[2] 300 f. [75]) Ebd 302 f.; Müllenhoff *Sagen* Nr. 364 u. 366. [76]) Beth *Religion u. Magie*[2] 263 f. u. 377 f. [77]) Knuchel *Umwandlung* 10 u. 97. [78]) Kuhn *Westfalen* 2, 119 ff; Woeste *Mark* 24; Montanus *Volksfeste* 21 f.; Jahn *Opfergebräuche* 94 ff.

K. Beth.

abwiegen (den Tag). Panzer[1]) überliefert: „In der Westenvorstadt in Eichstädt befindet sich eine Grotte, das Hohloch, und eine zweite, das Hexenloch genannt. In dem Hexenloch sitzt das Drudenweibl ganz nackt am Johannistag morgens auf einer Stange, nach andern auf einem Baumast, singt ein Gesänglein und wiegt den Tag ab". Laistner[2]) bringt diese Sage in Verbindung mit dem Durchscheinen der Sonne durch Felsspalten und erinnert an die schweizerischen Martinslöcher[3]).

[1]) *Beitrag* 2, 201 Nr. 350. [2]) *Nebelsagen* 304 zu S. 167. [3]) Vgl. Vernaleken *Alpensagen* 80 Nr. 65; Heer in Gemälde der Schweiz, *Kt. Glarus* 112; Schwld. 3, 1035.

Bächtold-Stäubli.

abwischen. Wie man Blut, Schweiß, Eiter oder dergleichen äußerlich zutage tretende Dinge abwischt, so entfernt man auch Krankheiten. Die eigentliche Bedeutung des Brauches ist aber gänzlich verblaßt; an seiner Stelle finden wir heute andere Manipulationen, z. B. abstreifen, streichen, waschen usw.[1]). Erhalten hat er sich namentlich in den slawischen Gegenden Böhmens[2]). Wenn man etwas mit Papier abwischt, gibt es Verdruß ins Haus[3]).

[1]) Weinreich *Heilungswunder* 31. 54. 97, 2; ARw. 7, 106. [2]) Grohmann 177 Nr. 1256 = Hovorka-Kronfeld 2, 53 f. [3]) Urquell 1 (1890), 48.

Bächtold-Stäubli.

abzählen s. zählen.

Achat. Griech. ἀχάτης, angeblich nach einem Flusse in Sizilien genannt, wohl aber auf ein semitisches Wort zurückgehend. Ein alter deutscher Name ist für den bekannten Stein nicht überliefert; erst im späten MA. tritt neben dem Lehnwort *achate*, *agates* die Bezeichnung *agestein agatstein* auf, womit man aber auch den Bernstein und Magnet bezeichnete[1]). Im Alpengebiet nennt man einen kugelförmigen A. mit eigenartigen Schichten wegen seiner Ähnlichkeit mit einem Augapfel „Augenstein". Er wird in Silber gefaßt und als Amulett an der Uhrkette getragen [2]). In den Adern und Wellenlinien des „bunten Steines“ glaubte man im Altertum mythologische Gestalten, im MA. Heiligenbilder, Buchstaben, mathematische Figuren u. a. zu erkennen [3]). Die alten Angelsachsen schrieben dem A. besonders große Kräfte zu: er sollte seinen Träger vor Blitz und Zauber, das Haus gegen feindliche Geister schützen, die Wirkung von Giften vereiteln und, eingenommen, versteckte teuflische Krankheiten an den Tag bringen [4]). Aus dem Altertum übernahmen die mittelalterlichen Quellen eine Fülle von Wirkungen, die der zauberkräftige Stein haben sollte: als Amulett den Biß der Schlangen und Skorpione unschädlich machen; unter der Zunge getragen, stark abkühlen und den Durst löschen; die Augen stärken, fruchtbar und bei den Menschen angenehm machen; unter das Haupt gelegt vielerlei Traumbilder erzeugen; vor Gefangenschaft schützen und den Sieg verleihen (vgl. Siegstein); überhaupt vor jedem Unfall bewahren [5]).

[1]) Pauly-Wissowa 1, 211 f.; Schrader *Reallex.*² 1, 211; Hoops *Reallex.* 1, 7; Bergmann 12. [2]) Andree-Eysn 140. [3]) Plinius *n. h.* 37 § 5 und § 140; Brückmann 232; Ath. Kircher *Mundus subterraneus* 2, 31; Liebrecht *Gervasius* 110. [4]) Fischer *Angelsachsen* 41. [5]) Plinius *h. n.* 37 § 139; Schade 1320; Agrippa v. N. 1, 114; Volmar 191 f.; hl. Hildegard 289 = Meyer *Aberglaube* 57; Lonicer 57 = Alpenburg *Tirol* 411; Witzschel *Thüringen* 2, 288 Nr. 135; Megenberg 372; De Mély 2, 177; Hovorka-Kronfeld 1, 4 f.; Schindler *Aberglauben* 159; Volmar 206 f.; Liebrecht *Gervasius* 110; Kronfeld *Krieg* 165; vgl. Seligmann 2, 28 (A. bei den Türken Amulett für Sieg).

Von den Verwendungen des A.s in der mittelalterlichen Heilkunde sagt Konrad von Megenberg, er vertreibe Epilepsie, Mondsucht und Wahnsinn, wenn man dem Kranken zehn Monate hindurch die Speisen mit Wasser zubereitet, in dem ein A. bei zunehmendem Monde drei Tage gelegen [6]).

[6]) Megenberg 372; vgl. hl. Hildegard 282.

Ein A. ist nach Schade (1387) auch der von Megenberg (387) genannte *lagapis* (lapis ἀγαπητές, der beliebte und beliebt machende Stein), vielleicht auch der von Megenberg (374) angeführte *absynthus*.

Von den genannten magischen Kräften des A.s weiß heute das Volk nichts mehr. In Schwaben soll er noch als Amulett gegen Zahnschmerzen getragen werden [7]). Beliebt ist er als Schmuck; als Monatsstein wird er von den im Juni Geborenen getragen und bringt ihnen angeblich langes Leben, Reichtum, Gesundheit und Glück [8]). — Zu den Wirkungen des „Bluta.s“ s. Blutstein, Schreckstein.

[7]) Lammert 234. [8]) Hovorka-Kronfeld 1, 106; dafür der verwandte Calcedon s. Monatssteine und Th. Körner *Die Monatssteine* Str. 6. Olbrich

Achatius (Agatius, Acacius), hl., Hauptmann aus Kappadokien, 8. Mai, oder Anführer der 10 000 Märtyrer vom Berge Ararat, 22. Juni [1]). Zählt zu den 14 Nothelfern, fast nur in bayerischen Diözesen [2]). Reliquien des Heiligen sind in einem Rodel von Engelberg (Schweiz) aus dem 12. Jh. aufgeführt mit einem Hinweis auf seine Wunderkraft: Multum valet contra ignem [3]).

[1]) Günter *Legenden-Studien* 117. Künstle *Ikonographie der Heiligen* 25. [2]) Nied *Heiligenverehrung* 79; Günter a. a. O. 123. [3]) Stückelberg *Reliquien* CVIII, Z. 36; Höfler *Fastengebäcke* 18. Wrede.

Achsel. Die A. bezeichnet beim aufrechten Menschen den höchsten Teil der oberen Gliedmaßen, gilt daher seit alten Zeiten als Maß [1]). Sie ist im Zauber bedeutsam; in Rußland mußte der Andersgläubige, der zur griechisch-kathol. Kirche übertrat, seine erste Taufe widerrufen, Vater und Mutter verschwören und dreimal über seine A. speien [2]). Dabei spielt rechts und links eine Rolle. Um die Zwerge sehen zu können, muß man in der Schweiz über die rechte A. schauen [3]); dagegen muß man in Pennsylvanien verschüttetes Salz über die linke A. werfen, besagt der Aberglaube deutscher Einwanderer [4]).

Der penetrante Schweißgeruch der A.-höhle ist, wie so oft bei scharfen Gerüchen zu bemerken ist, beim Zauber wirksam. Um Hunde oder andere Haustiere anhänglich zu machen, legt man sich in Schlesien, Böhmen, Voigtland, im Rheinland, in Tirol ein Stück Brot unter die A.höhle, läuft sich in Schweiß und gibt das Stück — in Niederbayern Haare [5]) — dem Tier zu fressen [6]). In Deutschböhmen reißt sich das verliebte Mädchen Haare aus der A.höhle, trocknet und pulverisiert sie und bäckt sie in einen Kuchen, den sie dem geliebten Mann zu essen gibt; dieser ist dann unlöslich an sie gefesselt [7]).

Die A.höhle ist der passende Platz, um den Teufelspakt darin zu verbergen [8]); wenn man während der Christnacht unter jede A. ein Ei steckt, dann in der Kirche die drei ersten Schritte rückwärts geht und durch die Eier hindurchschaut, erkennt man die Hexen, heißt es in der Oberpfalz [9]); ja in Österreich glaubt man: wenn man das siebente Ei einer schwarzen Henne sieben Tag lang ununterbrochen unter der linken A. trägt, brütet man ein kleines Teufelchen (Sparifankerl) aus, welches dem betreffenden Menschen zeitlebens alle Wünsche erfüllt, natürlich gegen Überlassung seiner Seele [10]). Die A.höhle ist ein beliebter Sitz von Dämonen (s. a. Schulter).

[1]) Grimm *RA.* 1, 140; Höfler *Krankheitsnamen* 1. [2]) ZfVk. 11 (1901), 436. [3]) Rochholz *Sagen* 2, 162. [4]) Fogel *Pennsylvania* 363. [5]) Pollinger *Landshut* 157. [6]) Wuttke § 679. [7]) Ders. § 552. [8]) Cäsar. v. Heisterbach 153. [9]) Bavaria 2, 241; Wuttke § 375. [10]) Vernaleken *Mythen* 261 f.

Stemplinger.

Acht s. Zahlen B 8.

Achthundert, Achttausend, s. Zahlen B 800, 8000.

Achtundsiebzig s. Zahlen B 78.

Achtundzwanzig s. Zahlen B 28.

Achtzehn s. Zahlen B 18.

Achtzig s. Zahlen B 80.

Acker, Ackerbau.

1. Ackerdämonen u. Ackergottheiten. — 2. Umwandlung. — 3. Wortzauber. — 4. Ackergruß. — 5. Wasser. — 6. Feuer. — 7. Erde, Salz, Metall. — 8. Pflanzen — 9. Tiere. — 10. Der Mensch.

1. Der A.bau hat als eine nicht nur der ältesten, sondern auch konstantesten menschlichen Wirtschaftsformen eine Fülle altüberlieferter Glaubensvorstellungen erhalten. Die wesentliche Abhängigkeit von Naturgewalten hat eine große Zahl guter und böser A.geister entstehen lassen, ursprünglich wohl umstilisiert aus Totendämonen [1]). Die guten Vegetationsdämonen haben sich alsdann mit fortschreitender mythologischer Entwicklung zu A.gottheiten verdichtet: im alten Indien der Himmelsgott Djaus und die Mutter Erde Prithivi [2]), die zu einem festverbundenen Götterpaare Dyavaprithivi werden [3]), bei den Römern als Hauptackergottheiten Himmel und Erde in der Fassung Jupiter, Terra oder Tellus und Ceres, neben die, vermehrt um altitalische und griechische Gottheiten, von den Priestern ausgeklügelte Sondergottheiten treten, die die einzelnen Teilhandlungen des A.baus beschützen [4]), bei den Germanen Donar [5]), besonders Wodan [6]). Das Christentum setzte an Stelle solcher Gottheiten die A.heiligen [7]), aber immer noch wirken die vorchristlichen Götter fort: in Litauen wurde noch 1866 die Erdgöttin Zemyna in einem Liede angefleht, die Ä. zu segnen [8]), und heidnischer Opferkult hat sich bis heute in manchen Gebräuchen der Saat (s. d.), besonders aber der Ernte (s. d.), erhalten. Immer noch herrscht der dumpfe Glaube an unheimliche Dämonen, die nur in ihrem Walten, nicht in ihrem Wesen zu erkennen sind [9]), und auf die zum Schutz des A.s, den ja der Bauer fast als persönliches Wesen auffaßt [10]), magisch eingewirkt werden muß, sei es im Kreis der Hausgemeinde für den eigenen A.-besitz, sei es für die ganze Gemeinde kollektiv [11]).

Vgl. für den ganzen Artikel die wertvolle Arbeit von A. V. Rantasalo *Der Ackerbau im Volksglauben der Finnen und Esten mit entsprechenden Gebräuchen der Germanen verglichen.* I—III: Sortavala 1919—1920. IV—V: Helsinski 1924—1925 (= FFC 30—33. 55. 62).

[1]) Naumann *Gemeinschaft*.9. [2]) ZdVfV. 14, 11. [3]) Ebd. 14, 148. [4]) Ebd. 14, 12 f. [5]) Grimm *Myth.* 1, 146 f.; E. H. Meyer *Germ. Myth.* 214 f. [6]) Ebd. 254 f. [7]) Bernoulli *Heilige der Merowinger* 279. [8]) ZdVfV. 14, 15 = Mannhardt 2, 250 ff. [9]) John *Erzgebirge* 219; Ders. *Westböhmen* 183; Maack *Lübeck* 17. [10]) Meyer *Baden* 415. [11]) Knuchel *Umwandlung* 73.

2. Ein altes Schutzzaubermittel ist die Umwandlung. Wie bei den Germanen Nerthus in einem Wagen umgefahren wurde und es in Gallien Sitte war, Götterbilder, mit einem Tuche bedeckt, auf dem A. umzutragen [12]), was noch der Indiculus superstitionum verbietet (de simulacro quod per campos portant) [13]), so wurde noch im Jahre 1613 in einem Zauberprozeß der Angeklagte beschuldigt, oft vor Sonnenaufgang, besonders am Karfreitag, seine Felder schweigend umschritten zu haben [14]), so wird noch heute am Neujahrsmorgen der A. schweigend umwandelt [15]), oft unter Mitführung eines Heiltums [16]), am Dreifaltigkeitssonntag unter Abbeten eines Rosenkranzes [17]), in der Nacht zum Ostersonnabend unter Verrichtung einer Andacht vor drei im Felde stehenden Kreuzen [18]). Am Ostersonntag geht man beim „ums Korn singen" früh aufs Feld und singt Osterlieder [19]), nach Beendigung der gesamten Feldbestellung ziehen die Schulkinder mit dem Lehrer an der Spitze durch die Ä. und singen bestimmte Gesangbuchlieder [20]). Am Pfingstmontag umreiten Dorfrichter und Dorfgenossen auf schönen Pferden langsam und mit Andacht, singend und betend die Ä., um guten Saatenstand zu erlangen [21]). Die Dämonenvertreibung durch Umgehen wird abgelöst von der durch magisches Jagen, wenn am Karfreitag und am Ostersonntag der A. vor Sonnenaufgang unter Peitschenknallen und Büchsenschießen in rasender Schnelligkeit umritten wird [22]).

[12]) Pfannenschmid *Erntefeste* 364; Mannhardt 574 ff. [13]) Grimm *Myth.* 3, 404; Saupe *Indiculus* 32. [14]) ZdVfV. 7, 190. [15]) Strackerjan *Oldenburg* 2, 229 = Knuchel 75. [16]) John *Westböhmen* 31. [17]) Meyer *Baden* 505. [18]) Drechsler *Schlesien* 82. [19]) Sartori *Sitte* 3, 162 = Gusinde *Schönwald* 39. [20]) ZdVfV. 7, 151. [21]) Vernaleken *Mythen* 306. [22]) Baumgarten *Jahr* 21 f.

3. In den meisten dieser kultischen Bräuche ist neben das Zaubermittel der Umwandlung schon das der Wortmagie getreten, negativ durch Beobachten kultischen Schweigens, positiv durch gesprochenen Zauber. Als letzteres gehört die Benediktion der Felder zu den kirchlichen Institutionen des MA.s [23]), und noch heute ist es in katholischen Ländern allgemein Brauch, an bestimmten Tagen unter Vorantritt des Geistlichen und unter Mitführung von Heiltümern Prozessionen und Bittgänge durch die Felder zu halten [24]). Auch der einzelne geht betend um seine Äcker, am Ostersonntag unter Abbeten des Rosenkranzes [25]), am Karsonnabend beim „Kranzeltragen" [26]), am 1. Mai unter Abbetung der heiligen fünf Wunden [27]). Mit nichtkirchlichen Zaubersegen umgeht man die Fluren gegen A.dämonen, z. B. den Bilwesschnitter [28]).

[23]) Franz *Benediktionen* 2, 15. [24]) Pfannenschmid *Erntefeste* 46 ff.; Mannhardt 1, 397 ff.; Sepp *Religion* 110 f.; Lachmann *Ueberlingen* 443 ff.; Baumberger *St. Galler Land* 137; Schönwerth *Oberpfalz* 1, 441; weitere Nachweise Sartori *Sitte* 2, 70. [25]) Pollinger *Landshut* 212. [26]) Schönwerth *Oberpfalz* 1, 434. [27]) Meyer *Baden* 505. [28]) Eisel *Sagenbuch* 209.

4. Schützender Wortzauber ist auch der A.gruß. Vorübergehende rufen den auf dem A. Arbeitenden statt des sonst üblichen Grußes die Bitte um göttliche Hilfe zu [29]). Solche Grußformeln sind „Glück to!", „Help ju de lewe Gottke!" [30]) oder „Gott helfe euch!", worauf als Gegengruß erfolgt: „Gott gebe es"! [31]) Erntearbeiter grüßt man mit „Helf' Gott!" oder „Walt's Gott!" [32]) Wer während der Saat ohne Gruß am A. vorbeigeht, nimmt den Segen des Feldes mit sich [33]). Am Dreschfelde vorübergehende Männer müssen den Hut lüften, Frauen die Schürze wehen lassen [34]).

[29]) Sartori *Sitte* 2, 77. [30]) Urquell 1, 184. [31]) Drechsler *Schlesien* 2, 49. [32]) ZVfVk. 7, 151. [33]) Wlislocki *Magyaren* 151. [34]) Sartori *Sitte* 2, 78.

5. Aus vorchristlicher Zeit übernommenes und kirchlich umgedeutetes Schutz-

zaubermittel ist auch das Wasser. Gegen Wetter und Hagel besprengt man den A. mit „Ostertauf", geweihtem Osterwasser [35]), oder trägt mit Weihwasser gefüllte Eierschalen aufs Feld [36]). Beim „Kreuzeltragen" am Karsonnabend [37]) wie beim „ums Korn Gehen" am Ostersonntag [38]) benetzt man die Saaten mit Karsamstagswasser. Beim Palmen am Maitage werden mit Weihwasser besprengte Weidenzweige in den A. gesteckt [39]). Zu Pfingsten wird die Sommerfrucht mit „Pfingsttauf" gesegnet [40]). Auch am Fronleichnamstage sprengt man Weihwasser auf die Felder [41]). Ebenso erhalten Bäume am Maitag diese Segnung [42]). Mit Johannissegen, am Feste des Evangelisten geweihtem Wein, besprengt man die Ä. gegen Würmer und Unkraut [43]) (die in sehr vielen A.kultriten als spätere Substitute der ursprünglichen bösen A.geister auftreten), wie auch das am Ostertag in den Acker gesteckte Palmkreuz mit Johanniswein begossen wird [44]). Osterwasser, am Ostersonntag vor Sonnenaufgang aus fließendem Bach schweigend geschöpftes Wasser, gibt Gartensaaten gutes Gedeihen [45]).

35) Meyer *Baden* 503; Eberhard *Landwirtschaft* Nr. 3, 3. 36) Kuhn *Westfalen* 2, 147. 37) Schönwerth *Oberpfalz* 1, 434. 38) Pollinger *Landshut* 212. 39) Kuhn *Westfalen* 2, 155. 40) Eberhard *Landwirtschaft* Nr. 3, 3. 41) Schramek *Böhmerwald* 156. 42) Meyer *Baden* 99. 43) Heyl 765. 44) Panzer *Beitr.* 2, 534. 45) Heckscher *Hannoversche Volksk.* 1, § 77.

6. Zauberabwehrend wie das Wasser wirkt auch das Feuer. Der in dem oben erwähnten Prozeß vom Jahre 1613 wegen Zauberei Angeklagte wird beschuldigt, im Frühling und Herbst, wenn er seine Felder zu bebauen beginne, auf ihnen ein kleines Feuer angezündet zu haben [46]). In englischen Landschaften werden am Dreikönigsabende auf dem eben zu sprießen beginnenden Winterweizen 12 kleine und ein großes Feuer angemacht, die man unter Lärmen und Trinken umringt: das wassailing oder Gut-Heil-Wünschen [47]). Auf Bergspitzen werden in der Neujahrsnacht Strohbündel ausgedroschener Garben angezündet [48]), zum Schluß der Fastnacht auf dem Felde Wein, Schnaps und Brot verbrannt [49]). Am Lichtmeßtage umtanzen die Kinder auf dem Acker angezündete Holz- und Strohhaufen mit dem Ruf: „Lank Flaß!" [50]) Die Osterfeuer haben überall den Sinn der Dämonenvertreibung [51]): so weit sie leuchten, werden die Felder fruchtbar [52]). Dasselbe gilt vom Johannisfeuer [53]): der A., der das Sonnwendfeuer trägt, „freut sich neun Jahre darauf" [54]). Auch in der Martins- und Michaelisnacht werden diese Zauberfeuer abgebrannt [55]). Enger noch ist die Berührung der Saat mit dem Feuer beim Fackellauf. Wie man schon beim Osterfeuer an in die Erde gegrabene Stecken oben mit Teer bestrichene Strohbüschel gebunden hatte [56]), so werden diese Feuer endlich ganz frei beweglich und als Fackeln über die Felder getragen. Man läuft mit ihnen am Dreikönigstage durch die Felder und um die Hofstätten [57]), im Jura am Sonntag Invocavit mit dem Ruf: „Plus de fruits que de feuilles"! [58]) Zu Ostern sollen diese Fackeln Menschen, Vieh und Feldfrüchte gegen die Hexen schützen [59]). Beim „Judassehen" am „krummen Mittwoch" dienen zu diesem Zwecke in Teer getauchte brennende Besen [60]). Auch angezündete Reisigbündel [61]), wie das brennende Strohrad [62]), sind solche mobilen Feuer. Die in diesen kultischen Feuern angekohlten Holzstücke gelten ebenso als Schutzmittel des A.s. Im Jahre 1653 verbietet der Rat zu Nürnberg, solche Brände vom Johannisfeuer in die Ä. zu stecken [63]). Gräbt man sie in Leinsaatfelder, so wird der Flachs lang [64]). Kohlen vom Osterfeuer schützen den A. vor Hagel, Mißwachs und Ungeziefer [65]). Beim „Juden in den A. stecken" werden im Feuer des „Judasverbrennens" am Karsamstag morgen angekohlte Kreuzchen alle Büchsenschuß weit in den A. gesteckt, das angebrannte Ende nach oben [66]). Mit den am Karfreitag angebrannten Holzstäbchen wird auch Asche vom Osterfeuer aufs Feld geworfen [67]), ebenso wie die Asche der verbrannten menschengestaltigen letzten

Garbe (s. Ernte) [68]. Kirchlich geweihte Kohlen werden im Frühjahre gegen die Hexen untergeackert [69]. Wachs von Kerzen, die in der Kirche gebrannt haben, in den A. vergraben, halten Hagel und Überschwemmung ab [70]), ebenso wie man mit Osterlichtern zur Hagelabwehr durch die Felder geht [71].

[46]) ZdVfV. 7, 190. [47]) Ebd. 14, 270 = Mannhardt 1, 538. [48]) Haltrich 283. [49]) Meyer *Baden* 209. [50]) Sartori *Sitte* 3, 85 = Kück-Sohnrey 69 f. [51]) Vgl. Osterfeuer. [52]) Andree *Braunschweig* 337. [53]) Vgl. Johannisfeuer. [54]) Baumgarten *Jahr* 27. [55]) Birlinger *Aus Schwaben* 2, 133. [56]) Strackerjan *Oldenburg* 2, 73. [57]) Mannhardt 1, 537. [58]) Ebd. 1, 536. [59]) Strackerjan *Oldenburg* 2, 73. 75. 90 = Wuttke 70. [60]) Drechsler *Schlesien* 1, 78. [61]) Wuttke 94, 417. [62]) ZfdMyth. 2, 105; vgl. Sonnwendfeuer. [63]) Grimm *Myth.* 1, 515. [64]) Schönwerth *Oberpfalz* 1, 441. [65]) Wuttke 71. [66]) Schönwerth *Oberpfalz* 1, 434. [67]) Heyl 756; Panzer *Beitr.* 2, 79. 114. [68]) Mannhardt *Forschungen* 332. [69]) Heyl 108. [70]) Wlislocki *Magyaren* 150. [71]) Eberhard *Landwirtschaft* Nr. 3, 4.

7. Erde, von 7 Gräbern genommen, nachts zwischen 11 und 12 Uhr auf den A. gestreut, hält die Sperlinge von der Saat ab [72]. Dasselbe bewirkt am Georgstag auf die Felder geworfene Graberde und Salz [73]. Geweihtes Salz, am Dreifaltigkeitssonntag gestreut, hält den Hagel ab [74]. Zauberabwehrend wirkt auch das Metall [74]. Am Neujahrstage werden im freien Felde Waffen gezeigt [75]. Kommt die Hexe als Wirbelwind über den ausgebreitet auf dem Felde liegenden Hanf, so wirft man ein Dreikreuzmesser auf sie [76]. Ein in die Felder gelegter Dreifuß oder ein krummes Messer schützt die A.tiere vor Wölfen und andern Untieren [77]. Der Metallzauber verbindet sich mit dem Opferzauber, wenn bei der Urbarmachung neuen Landes oder der ersten Bestellung neuerworbenen Besitzes die Hälfte einer Silbermünze auf den A. geworfen, während die andere Hälfte sorgfältig verwahrt wird [78].

[72]) Haltrich *Siebenbürgen* 305. [73]) Wlislocki *Magyaren* 48. [74]) Meyer *Baden* 505. [75]) ARw. 20, 364. [76]) Meyer *Baden* 438. [77]) Wolf *Beitr.* 1, 253. [78]) Krauß *Religiöser Brauch* 166; ZdVfV. 8, 274.

8. Auch Pflanzen vermögen den A. zu schützen. Holunderzweige, auf den Flachsa. gesteckt, vertreiben die Mäuse [79], wie sie auch das Vieh schützen [80]. Am Jakobitag in den A. gesteckte Stangen, die oben mit einem Spalt, in den man Knoblauch klemmt, versehen sind, wehren Unheil ab [81]. Pflöcke, vor Sonnenaufgang am Fastnachtmorgen geschnitten und am Karfreitagmorgen in den A. gerammt, schützen das Feld, soweit der Schall reicht, vor Maus und Maulwurf [82]. Gegen den Bilmesschnitter werden an den vier A.ecken Kreuzchen der Elsbeere eingegraben, die vor Sonnenaufgang ,am besten am Karfreitag und Ostersonntag, geschnitten sind [83]. Leinsaat schützt man gegen ihn durch in die A.ecken gesteckte Palmkätzchen [84]. In katholischen Gegenden werden besonders die kirchlich geweihten „Palmen", Weidenzweige, zu diesem Zwecke verwandt [85], zumeist zu Ostern [86] und Palmsonntag [87], doch auch am Maitag [88]. Am Johannisabend werden an einem Elsenstecken geweihte Palmen, Eiben und Weghalten in den Flachsa. gesteckt [89]. Zweige vom Altar des Fronleichnamsfestes dienen demselben Zweck [90]. Oft läßt man solche Zweige Kreuze bilden [91] und verbindet so den Pflanzenzauber mit dem Zeichenzauber. Man formt liegende Kreuze, indem man zwei sich überschneidende Zweige in den A. steckt [92], oder stehende, indem man einen Palmzweig oben spaltet und einen Querarm [93] oder je als halben Querbalken einen Zweig des Lebensbaums und einen Weidenzweig mit Kätzchen hineinlegt [94]. Ein solches Kreuz wird auf jedes dritte Beet gesteckt [95]. Am Maitag steckt man in jede A.ecke ein Kreuz, das aus dem am Karsamstag geweihten „Osterbengel" gefertigt wird [96]. Um Ungeziefer von den Kohlfeldern abzuhalten, steckt man um sie die Pfingstmaie [97]. Auch am Antoniustag gesegnetes Brot wird aufs Flachsfeld gelegt [98]. Weihnachten werden die Tischabfälle [99] wie auch der Backofenwisch auf den A. getragen [100]. Georgi werden alte Besen gegen die Hexen

in die Ä. gesteckt [101]). Damit die Feldfrucht gedeihe, muß der Bauer Stroh zum Winteraustreiben geben [102]).

[79]) Kuhn *Westfalen* 2, 68. [80]) Grimm *Myth.* 3, 474. [81]) Wlislocki *Magyaren* 48. [82]) Schönwerth *Oberpfalz* 1, 401. [83]) Eisel *Sagenbuch* 209. [84]) Schönwerth *Oberpfalz* 1, 412. [85]) Pfannenschmid *Erntefeste* 528; Mannhardt 1, 291; Schmitz *Eifel* 1, 95; Hüser *Beiträge* 2, 34; Bronner *Sitt' und Art* 145 f.; kommt in Baden zu Ostern nicht vor: Meyer *Baden* 96. [86]) Mannhardt 1, 291; Sartori *Sitte* 3, 164; Kuhn *Westfalen* 2, 144 f. 148.; ZrwVk. 1906, 147; ZdVfV. 8, 339 f. [87]) Baumgarten *Jahr* 21. [88]) Kuhn *Westfalen* 2, 155; Meyer *Baden* 505; Mannhardt 1, 291. [89]) Panzer *Beitrag* 2, 550. [90]) Schramek *Böhmerwald* 78. [91]) Panzer *Beitrag* 2, 534; Pollinger *Landshut* 212. [92]) Kuhn *Westfalen* 2, 155. [93]) Pollinger *Landshut* 211. [94]) Mannhardt 1, 291. [95]) Schönwerth *Oberpfalz* 1, 434. [96]) Meyer *Baden* 99. [97]) ZdVfV. 7, 78. [98]) Kuhn *Westfalen* 2, 111. [99]) Baumgarten *Jahr* 9; Sartori *Sitte* 3, 35. [100]) Baumgarten *Jahr* 9. [101]) Ebd. 24. [102]) Wrede *Rhein. Volksk.* [2] 251.

9. Als tierisches Schutzzaubermittel dient, in starkem Maße von der Kirche übernommen, das Ei. Eier werden im A. vergraben [103]). Zu Ostern wirft man Schalen von Eiern [104]), zuweilen rotfarbige [105]), auf den A. Der Bauer geht mit seinen Dienstboten um jeden A. und legt neben das in jede Ecke gesteckte Palmkreuz Stücke der Schalen eines geweihten Eis, während er in die Mitte des Feldes neben Palmkreuz und Zweck, einem Karfreitags angebrannten Holzkeil, ein geweihtes rotes Hühnerei eingräbt [106]). Besonders wirksam ist das am Gründonnerstag gelegte Ei, das Antlaßei [107]), das am Ostersonntag am A.rand vergraben wird [108]). Die Burschen erhalten zu Ostern von den Mädchen Eier, nachdem sie gemeinsam „übers grüne Korn", d. h. auf den Feldrainen hin gegangen sind [109]). Wie man dem A. durch Eier die in diesen in potenzierter Form enthaltene Wachstumskraft zauberisch übermittelt, so geschieht ein gleiches durch Tierknochen. Um den A. vor Mißwachs, Ungeziefer und Vögeln zu schützen, werden Knochen von Schweinen oder Schafen in ihn gesteckt [110]). Auf Pfähle gesteckte Pferdeschädel, ein bis in germanische Zeiten zurückreichendes Schutzzaubermittel [111]), finden sich noch heute am Gartenzaun, wie im Felde [112]). Wenn rote Korallen, in den A. gegraben, den Hagel abhalten [113]), so verbinden sich in ihnen der Tierleichenzauber mit dem Farbenzauber, in dem ja besonders die das Blut ersetzende rote Farbe eine Rolle spielt.

[103]) ZdVfV. 25, 218. [104]) Pollinger *Landshut* 212. [105]) Leoprechting *Lechrain* 175. [106]) Panzer *Beitrag* 2, 534. [107]) E. H. Meyer *Germ. Myth.* 215 f.; vgl. Andree-Eysn *Volkskundliches* 107. [108]) ZdVfV. 8, 339; Panzer *Beitrag* 2, 212. 354. [109]) Sartori *Sitte* 3, 162. [110]) Mannhardt 1, 400; Ders. *Forschungen* 187 ff.; Drechsler *Schlesien* 2,57. [111]) Heckscher 390. [112]) Wlislocki *Magyaren* 26. [113]) Heyl *Tirol* 795.

10. Wie ja schon durch die Umwandlung vermag der Mensch noch auf andere Weise magisch auf den A. einzuwirken, indem er seinen Leib mit ihm in nahe Berührung bringt. Die menschliche Zeugungskraft überträgt man durch Abhalten des „Brautlagers" auf die Saaten: Burschen und Mädchen wälzen sich zu Paaren auf dem A. [114]). Die kultische Nacktheit wirkt als magisches Mittel, wenn man den A. nackt umgeht, um die Saat vor Sperlingen zu schützen [115]), wenn eine das Flachsfeld nackt umgehende Jungfrau den Maulwurf abhält [116]), oder wenn ein in der Georgsnacht den A. nackt umlaufendes Weib den Hagel abwehrt, was ebenso mit Wasserschaden geschieht, wenn ein Mann dabei an den vier A.ecken sein Wasser läßt [117]). Die Wöchnerin hingegen schadet dem A., einerseits, weil sie in ihrem Zustand die Zeugungskraft verloren hat, andererseits, weil sie bei der Geburt als einem Übergangsstadium den Einflüssen böser Geister ausgesetzt ist und deren Bosheitszauber auf den A. übertragen kann. Der A. verdirbt, wenn eine Wöchnerin darüber geht [118]); arbeitet sie auf ihm, so schlägt der Schauer ein [119]). Auch eine Leiche darf nicht über den A. geführt werden, da sie den Erntesegen mitnimmt [120]). Ist jemand

gestorben, so muß man etwas Getreide auf den Acker streuen, sonst gedeiht die Saat nicht [121]). Andererseits wird das Stroh, auf dem die Leiche gelegen hat, aufs Feld geworfen, damit es schnell verfaule und mit ihm der Leichnam, der damit Ruhe hat [122]). Um das Getreide vor Vögeln und Mäusen zu schützen, muß man das Feld mit einem Löffel, mit dem ein Verstorbener zu Lebzeiten gegessen hat, dreimal umkreisen, wobei man in einem Bannspruch sagt, die das Feld plündernden Vögel und Mäuse sollten ebenso vergehen, wie der Tote, der mit dem Löffel einst gegessen hat [123]). Auch sonst ist unter gewissen Umständen die menschliche Berührung dem A. schädlich. An bestimmten Tagen darf man nicht ins Feld gehen, um nicht den Hagel anzuziehen [124]). Besonders darf man in der Osterwoche [125]) am Karfreitag und Karsonnabend [126]), wie am Himmelfahrtstag [127]) nicht auf dem A. arbeiten; Gründonnerstagsarbeit ist ihm dagegen günstig [128]). Bestimmte Arbeiten, wie das Spinnen, sind überhaupt auf freiem Felde verboten [129]). Wenn man sich auf dem A. die Hände wäscht, kommt Brand ins Getreide [130]).

[114]) L. v. Schröder *Arische Religion* 2, 324 ff.; *Rigveda* 282 f.; Abt *Apuleius* 242; Mannhardt 1, 480 ff.; Ders. *Forschungen* 340 ff. [115]) Haltrich *Siebenbürgen* 280. [116]) Heckscher *Hann. Vkde.* 1 § 66 f. [117]) Wlislocki *Magyaren* 48. [118]) Grimm *Myth.* 3, 435. [119]) Hartmann 203. [120]) Boecler *Ehsten* 69. [121]) Urquell 3, 52. [122]) Wuttke 466. [123]) Urquell 3, 149. [124]) Eberhard *Landwirtschaft* Nr. 3, 3. [125]) Wolf *Beiträge* 1, 228. [126]) Grimm *Myth.* 3, 458; Baumgarten *Jahr* 21; Fogel 198. [127]) Fogel 248. [128]) Bartsch *Mecklenburg* 2, 258. [129]) Grimm *Myth.* 3, 463. [130]) Haltrich *Siebenbürgen* 306. Heckscher.

Ackermann s. Korndämon.

Ackermonat s. März.

Ackersegen s. Landwirtschaftliche Segen.

Ackerwinde s. Winde.

Adalbert, slaw. Voitech, Bischof von Prag, Apostel der Preußen, gest. als Märtyrer 997, besonders in den östlichen Bistümern verehrt, Kalendertag 23. April.

1. In Böhmen schrieb man seiner Fürbitte mehreren Quellen bzw. Brunnen, die in der Nähe ihm geweihter Kirchen oder Kapellen liegen, besondere Heilkraft zu [1]).

[1]) Reinsberg *Festkalender* 190—194.

2. In Polnisch-Oberschlesien galt sein Tag als eine Art Lostag. Man glaubte, die Frösche müßten soviel Tage nach A(da)lberti verstummen, als sie vorher geschrien hätten, und führt dies auf eine Legende zurück, nach der der Heilige den Fröschen, als sie ihn durch ihr Quaken im Gebete störten, die Mäuler stopfte, so daß sie sie vor A(da)lberti nicht öffnen können [2]).

[2]) Kühnau *Sagen* 3, 298.

3. In Russisch-Polen führte man das Verschwinden der Schlangen aus der Gegend von Wielun auf den hl. A. zurück. Er habe einer Schlange auf den Kopf getreten, und sofort hätten alle Schlangen ihre Köpfe verloren, seien versteinert worden und für immer auf eine Meile im Umkreise verschwunden [3]).

[3]) Kühnau a. a. O. Wrede.

Adam 1. Der biblische Urvater, in der Sage als Zwitter oder zweigeschlechtiges Urwesen gedacht [1]), oder aus den vier Elementen gebildet [2]), oder aus acht oder sieben Teilen geschaffen [3]), wie in zahlreichen slawischen, romanischen und germanischen Überlieferungen verbreitet ist, als deren Quelle eine verlorene griechische Fassung aus dem zu Anfang unserer Zeitrechnung in jüdisch-hellenistischen Kreisen entstandenen Henochbuch sich ausweist. Er verlor, wie die Gnostiker behaupteten, seine himmlische Natur, weil er sich in einem Spiegel beschaute und sich in sein eigenes Bild verliebte, also durch Autofaszination mittels Spiegels [4]). Ihm schrieb man bereits eine tiefere Kenntnis der geheimen Naturkräfte, der Sympathien und Antipathien, des Sternenlaufs und seiner Bedeutung zu, also die natürliche Magie [5]). Nach einer weitverbreiteten Kreuzholzlegende soll A. einen Apfel oder einen Ableger vom Baum der Erkenntnis aus dem Paradies mit sich genommen und eingepflanzt haben. Daraus sproß der Baum hervor, aus dessen Holz das Kreuz Christi gemacht wurde [6]). Weiterhin sind nach dem Volksglauben A. und Eva im Monde zu sehen [7]). Als A.s Nachkommen gelten u. a. die Saligen (s. d.) [8]).

[1]) Helm *Religionsgesch.* 1, 330; ARw. 9, 172; ZdVfV 24 (1914), 97; Stern *Türkei* 2, 348. [2]) ZdVfV. 12 (1902), 351. [3]) Germania 7 (1862), 350 ff.; Golther *Mythologie* 517; ZdVfV. 19 (1909), 121; Boll *Offenbarung Johannis* 62 ff.; ARw. 11, 477 ff. [4]) Seligmann *Zauberkraft* 284 [5]) Soldan-Heppe 1, 294. [6]) Heyl *Tirol* 131 Nr. 22; Mannhardt 1, 242; Ranke *Volkssagen* 273. [7]) Urquell 4 (1893), 121; Seefried-Gulgowski *Kaschubei* 169. [8]) Heyl *Tirol* 401 Nr. 90.

2. Der Tag A. und Eva, 24. Dez. Ißt man an diesem Tage einen Apfel, so bleibt einem das Gehäuse im Halse stecken [9]).

[9]) Rhein. Wb. 1, 55.

3. Der männliche Vorname, von den Juden aus religiösen Gründen gemieden, dagegen von den Christen von Anfang an gebraucht und in einzelnen Gegenden besonders verbreitet als Taufname [10]), vielfach wie Eva unehelichen Kindern beigelegt [11]). Anderseits nannte man Knaben A. und Mädchen Eva, um ihnen zum voraus ein langes Leben zu sichern [12]), oder man legte Neugeborenen diese Namen bei, wenn bereits mehrere Kinder nacheinander gestorben waren, ebenfalls, um ersteren ein langes Leben zu sichern [13]).

[10]) Mannhardt 1, 242; Schönwerth *Oberpfalz* 1, 165 Nr. 14. [11]) Drechsler *Schlesien* 1, 194. [12]) Birlinger *Aus Schwaben* 1, 392; Meyer *Aberglaube* 228. [13]) Boecler *Ehsten* 18; Drechsler *Schlesien* 1, 194; Höhn *Geburt* Nr. 4, 274. Zum Ganzen vgl. ferner Grimm *Myth.* 3, 435 Nr. 26; Keller *Grab* 4, 249 u. 5, 384 ff.; Fogel *Pennsylvania* 36 Nr. 34 u. 377 Nr. 2024.

5. Im Zauberspruch, um das Blut zu verstellen: „Durch A.s Blut kommt her der Tod (Paulus, Römerbrief V, 12). Ich gebiete dir Blut, stehe still im Namen Jesu Christi Blut, †††.“ Dreimal zu sprechen [14]).

[14]) Lammert 192; ZdVfV. 24 (1914), 157.

6. A.stanz, ausgeführt am Pfingsttage von Nackttänzern bei dem Dorfe Wirchow in der Mark Brandenburg, infolgedessen die Tänzer zur Strafe in Stein verwandelt wurden [15]).

[15]) Kuhn *Märkische Sagen* 251 f.

7. Im Kinderspiel, in Rätseln, Scherzfragen und Redensarten beliebt [16]).

[16]) Erk-Böhme 3, 874; Fontaine *Luxemburg* 57; Meyer *Baden* 176; Urquell 4 (1893), 232; Rhein. Wb. 1, 54 f.

8. A. = Mensch in geschriebenen Segensformeln für gebärende Frauen [17]).

[17]) Franz *Benediktionen* 2, 201. Wrede.

Adam kommt im Zauber, freilich nicht deutsch, gelegentlich vor, so in den Geoponica 13, 8, 4 und 14, 4 [1]) zum Schutz des Taubenschlags, bei Marcellus 28, 72. 73 [2]) in einem Spiel mit dem Alphabet: adam bedam alam betur alam botum, in Geburtssegen [3]), wohl in der ursprünglichen Bedeutung „Mensch“.

[1]) Heim *Incantamenta* 524. Das Mittel wird noch von Thiers 1, 361 erwähnt. [2]) Heim a. a. O. 533. [3]) Franz *Benediktionen* 2, 201. Jacoby.

Adam von Bremen.

Ausgaben: Lappenberg MG. SS. VII, 267—389; Bernhard Schmeidler *Scr. rer. germ.* 10 [3] Hannover und Leipzig 1917 (mit wichtiger Einleitung). Deutsch von Laurent, neu bearb. von W. Wattenbach, GddV. [2] Bd. 44. Leipzig 1893. Literatur s. Wattenbach *DGQ.* II [6], 78 ff.; Hoops *Reallexikon* 1, 35—36.

1. A. v. B. stammt wahrscheinlich (n. Schmeidler) aus dem nördlichen Ostfranken zwischen Main und dem Oberlauf der Werra, und wurde wohl in Bamberg gebildet. Er kam 1067 nach Bremen, wo er 1069 eine Urkunde des Erzbischofs Adalbert als magister scolarum unterschreibt; später nennt er sich sanctae Bremensis ecclesiae canonicus. Sein Todesjahr ist unbekannt.

2. Er schrieb zwischen 1072 und ca. 1076 die dem Erzbischof Liemar von Bremen (1072—1101) gewidmeten Gesta Hammaburgensis ecclesiae pontificum in vier Büchern. Seine Darstellung beruht zum Teil auf der mündlichen Tradition der Bremer Kirche und vielen Gewährsmännern, unter denen König Svend Estridson von Dänemark zu nennen ist, teils auf einer außergewöhnlich

großen Zahl schriftlicher Quellen, die er gewissenhaft, aber nicht fehlerlos zitiert. Lebensbeschreibungen und Geschichtsschreiber, Traktate und Briefe, Urkunden und Kirchenschriftsteller liefern ihm das Material, antike Schriftsteller, vor allem Sallust und Vergil, geben das formale Vorbild.

Wichtig ist das Werk in erster Linie für Geschichte, Ethnographie, Mythologie und Bekehrung des germanischen Nordens; diesem dient das vierte Buch, die Descriptio insularum aquilonis ausschließlich. Von deutschen Stämmen berücksichtigt A. in stärkerem Maße nur die Sachsen, von deren Art und Bekehrung er in Buch I, cap. 3—15 berichtet. Die hier in cap. 7 f. enthaltene, der Translatio Alexandri sehr nahe stehende Schilderung des sächsischen Heidentums ist — mit Ausnahme der Erwähnung der echt sächsischen Irminsul — nichts weiter als eine Wiederholung der allgemeinen Angaben des Tacitus über das germanische Heidentum, Germania 9—11, also ohne Quellenwert. — Im Anhang auch einiges über britannisches, wohl keltisches, Heidentum. Helm.

Adamas s. Diamant.

Adamsapfel. Die vorstehende Knickung des Schildknorpels (Cartillago thyreoidea) am Kehlkopf heißt *Adamsbiß*, *Adamsapfel* (englisch: *Adams bit;* schwedisch: *Adams aplebit;* dänisch: *Adams äble*, holländisch: *Adamsbrok*); die Volkssage [1]) erklärt, dem Adam sei beim Apfelbiß im Paradies ein Stück (der Griebs) in der Kehle stecken geblieben; daher rühre der Name.

[1]) ZföVk. 5 63; vgl. Volkskunde 23, 196; s. weiter Dähnhardt *Naturs.* 1, 208; Höfler *Krankheitsnamen* 15. Stemplinger.

Adamsbaum. 1. Ein sog. Wetterbaum, ein Wolkengebilde, das einem Baume gleicht. In der Ukermark heißt es, wenn der A. nach Mittag zu blühe, so gebe es gut Wetter; wenn nach Mitternacht zu, Regen. An einigen Orten sagt man: der Abrahamsbaum blüht, es wird regnen [1]).

[1]) Kuhn u. Schwartz 455 (412); Meyer *Germ. Mythol.* 81; Schwartz *Urspr. d. Mythol.* 130; *Poet. Naturansch.* 2, 22; Zum Abrahamsbaum: Menzel *Symbolik* 1, 17; Liebrecht *Gervasius* 69. 125.

2. Eine Art Vorläufer des Maibaums. Am Sonntag nach Lichtmeß trug in Saulgau ein in Schafspelze eingehüllter Mann den A., an dessen zugespitzten und abgeschälten Ästchen Äpfel und andere eßbare Dinge staken, dreimal um jeden Brunnen; dann warf man den A. in die Jugend hinein [2]).

[2]) Birlinger *Volkst.* 2, 50 f.; Mannhardt 1, 246. 605; Bertsch *Weltanschauung* 419. Sartori.

Adatiel heißt der Luftgeist, der Fausts Mantelfahrt vermittelte [1]). Der Name ist eine der zahlreichen Bildungen mit El = Gott. Der erste Bestandteil des Namens kann mit חדד „rasch sein" zusammenhängen; vgl. den Eigennamen חֲדַד Gen. 25, 15. 1. Par. 1, 30: Hadad, mit der Bedeutung: „Schärfe, Raschheit". Die Umschreibung des zweiten ד mit t ist ebenso nachweisbar in der Transskription des Gottesnamens „Hadad, Adad" in Βαράδατος und Ἄδατος [2]). Darnach würde der Name bedeuten: „Meine Raschheit, Schnelligkeit ist Gott."

[1]) Mannhardt *Zauberglaube* 175; Kiesewetter *Faust* 274; [2]) Haucks *Realencyclopädie* 7, 284. 290. Jacoby.

Adebar s. Storch.

Adel [1]). Krankheitsname: jaucheartiges Geschwür, Fingerwurm (panaritium) z. B. in der Grafschaft Ruppin [2]).

[1]) Höfler *Krankheitsn.* 2; Jühling *Tiere* 301. [2]) ZdVfV. 7, 53; Peters *Aus pharmaz. Vorzeit* 1, 223. Stemplinger.

Adelgras s. Wegerich.

Adelgunde (Aldegunde), geb. um 630 unter König Dagobert (622—638), gründete, unterstützt von den hl. Bischöfen Amandus u. Autbertus, das Doppelkloster Malbodium (Maubeuge a. d. Sambre), als dessen Äbtissin sie am 30. Januar 685 (oder 694?) starb, begraben dort in der A.skirche.

1. Als sie 661 aus den Händen des Bischofs Autbertus das Nonnenkleid empfing, soll ihr der Hl. Geist in Gestalt einer Taube den Schleier umgelegt haben. Einst verwandelte sich Wasser, das sie gerade trinken wollte, in Wein. Auf ihr Gebet entsprang eine Quelle plötzlich aus der Erde, um ihren Durst zu stillen. Weitere Nachrichten über Wunder und gesteigerte Verehrung knüpfen sich an die Erhebung ihrer Gebeine i. J. 1161. Von ihrem Leichnam ging bei der Öffnung des Grabes (1161 u. 1439) ein überaus angenehmer Geruch aus. Sie gilt als Schutzpatronin gegen Krebs [1]).

[1]) Acta Sanctorum 30. Januar 2, 1035 ff.

2. Anscheinend in der Augsburger Kirche frühzeitig hochgeehrt und in einem handschriftlichen Kalendarium des Augsburger Domkapitels bereits im 12. Jh. auf den 30. Januar vermerkt, Schutzherrin der Kirche zu Anhausen (Augsburg) [2]).

[2]) BayHfte. 6 (1919), 145—149.

3. Auf dem Staffelberg links des Mains wurde ihr eine Kapelle geweiht, deren endgültige Stelle sie auf wunderbare Weise bezeichnete, ein beliebtes Legendenmotiv. Bausteine und Holz verschwanden nachts von der für die Kapelle zuerst vorgesehenen Stelle und fanden sich anderntags dort wieder, wo heute die Kapelle steht. Sand zum Mörtel fand man durch einen Raben, der mit dem Schnabel den Boden pickte, und dies erkannte man als ein Zeichen der Heiligen. Im Schwedenkrieg schützte sie das Heiligtum vor Raub und Plünderung, indem sie im schwarzen Schleier erschien und die räuberischen Schweden mit aufgehobenem Finger bedrohte. Während einer Zeit der Teuerung legte sie dem hungernden Meßner einen Kuchen auf den Kirchenstuhl; von diesem aß der Meßner alle Tage, ohne daß der Kuchen weniger ward [3]).

[3]) Panzer *Beitrag* 2, 193. Wrede.

Adelheid (Adeleidis, Aleidis), Tochter des rheinfränkischen Grafen Megingoz von Geldern († 998) und der Gerbig von Hennegau, erste Äbtissin des 986 gegründeten Stiftes Vilich bei Beuel gegenüber Bonn, † 5. Febr. 1015 als Äbtissin von S. Maria im Kapitol in Köln, jedoch in Vilich beigesetzt, wo aber heute nur noch Teile ihrer Reliquien ruhen.

1. Nach einer Legende, die ohne Gegenstück ist, soll sie im Kloster Vilich Schwestern, die beim Chorgesang mit ihrer Stimme nicht den richtigen Ton trafen, durch einen Schlag für alle Zeit ihres Lebens eine helle reine Stimme verliehen, ebenso durch Schelten kranke Nonnen geheilt haben [1]).

[1]) M. G. SS. XV, 755 ff.

2. A.sbrünnchen, A.spützchen, auch Dollepötzche, Brunnen der hl. A. in Pützchen bei Beuel, nach der Legende zur Zeit großer Dürre auf ihr Gebet hin entquollen, später Heilbrunnen, aus dem man Wasser gegen Augenübel schöpft, früher am Johannistage [2]), jetzt besonders am 2. Sonntag im September, an dem zahlreiche Menschen zum Pützchensmarkt pilgern [3]). Ein A.brünnlein bei Kitzingen galt ähnlich als Heilquelle gegen das Fieber [4]). Mit einem wundertätigen Born, der hinter dem Altar eines Kirchleins zwischen Greitz und Reichenbach i. V. sprudelt, brachte man außer der hl. Apollonia auch die hl. A. in Verbindung [5]).

[2]) E. M. Arndt *Rhein- u. Ahrwanderungen* 389. [3]) Rhein. Prov.-Blätter 1 (1835), 279; Rhein. Wb. 1, 59; Schell *Berg. Sagen*² 412 Nr. 1054. [4]) Lammert 260; hiernach offenbar auch bei Hovorka u. Kronfeld 2, 324. [5]) Eisel *Voigtland* 255 Nr. 641.

3. A.stag, in Vilich „Dollendaach", Tag, an dem an die Kinder Dollenbrütche verteilt werden [6]). Eine ältere Überlieferung spricht vom sog. St. Alen-Brot, das in Vilich an einem der Pfingstfeiertage ausgeteilt wurde, sechs Jahre aufbewahrt werden konnte ohne zu verderben, und auch gern dem kranken Vieh gereicht wurde [7]).

[6]) Rhein. Wb. 1, 59. [7]) Stadler *Heiligenlexikon* 1.

4. Früher besonders im Rheinland verbreiteter weiblicher Vorname, in Neckrufen, Kinderreimen und Rätseln beliebt. Wrede.

Adelinde (Adalinde), Äbtissin des adeligen Frauenstiftes in Buchau am Federsee in Württemberg, lebte Ende 9. Jh.

und erste Hälfte 10. Jh. Fest 28. Aug.[1]) Wurde nach der Sage Gattin Hattos, eines Enkels des als Knabe nach Deutschland gebrachten Bonosius von Tarent. Hatto soll mit seiner jungen Gattin bei Warthausen einen Kessel voll Gold und Silber erhoben, die Kesselburg erbaut und drei Söhne mit ihr gezeugt haben. Im Kampfe gegen die Hunnen seien Hatto und die drei Söhne gefallen, worauf die trauernde Adelinde deren Gebeine in der Kirche zu Buchau begraben, dort ein Kloster gestiftet und dieses als Äbtissin bis zu ihrem Tode verwaltet habe. Wird in mehreren Martyrologien gefeiert und auf Gemälden (Buchau, Rathausgang und Kirche) dargestellt.

1) AA.SS. Boll. 28. Aug. VI, 492 ff. 2) Birlinger *Volksth.* 1, 23. 500. Wrede.

Ader. Eine auffallend hervortretende A. ist ominös. So glaubt man in Norddeutschland (Schlesien[1]), Ostpreußen[2]), Braunschweig[3]), Westfalen[4]), Mecklenburg[5])): wenn ein neugeborenes Kind auf der Stirn oder über der Nase eine streifenartige A. hat, so wird es nicht alt. In Süddeutschland nennt man diese A. „Totenbäumchen" (s. d.). Im nördlichen Island[6]) heißt es, die A. auf dem Handrücken des Menschen bildeten stets einen Buchstaben; der Buchstabe auf dem linken Handrücken ist der Anfangsbuchstabe des Namens der zukünftigen Frau oder des künftigen Mannes, welche den gleichen A.zug haben.

1) Drechsler 1, 184. 2) Urquell 1, 51. 3) Andree *Braunschweig* 288. 4) ZrheinVk. 10 (1913), 166. 5) Bartsch *Mecklenburg* 2, 42 Nr. 54. 6) ZdVfV. 8, 449. Stemplinger.

Ader, goldene[1]). Das spontane Bluten der varices der Mastdarmvenen galt für goldwertig, weil es das ärztliche Honorar für den Gewohnheitsaderlaß ersparte[2]). Doch dürfte die Bezeichnung eher von der biblischen Erzählung herzuleiten sein, die von den Philistern berichtet (1. Sam. 4 ff.): nach ihrem Sieg über die Israeliten hätten sie die Bundeslade mit fortgeschleppt; Gott aber habe sie dafür an heimlichen Orten geschlagen; die Plage aber wich erst von ihnen, als sie die Lade zurückgaben und „fünf goldene Ärse" opferten; d. h. die Philister wurden mit Beulen (Hämorrhoiden) geschlagen und weihten Abbildungen davon als Votive[3]).

In Westböhmen verordnet man, eine Kröte zu Pulver zu verbrennen und dies Pulver aufzustreuen[4]); in der Schweiz ist von einem Hämorrhoidenring die Rede aus Blei oder Zinn[5]); in Oldenburg wird Glockenschmiere äußerlich dagegen gebraucht[6]).

1) Höfler *Krankheitsn.* 4; Hovorka-Kronfeld 2, 136. 476; Lammert 254. 2) Jühling 301. 3) Hoffmann-Redslob *Allgemeines Volks-Bibellexikon* (1853), 98. 4) Hovorka-Kronfeld 2, 139. 5) SAVk. 21, 91. 6) Strackerjan 1, 79 Nr. 82. Stemplinger.

Aderlaß. Blutentziehungen durch Aderlaß, Schröpfen, Blutegel u. dgl. waren schon den ältesten Völkern bekannt und wurden zu allen Zeiten geübt.

Da nach primitiver Ansicht Blut gleich Leben ist, so bedeutete ursprünglich das Blutlassen nichts anderes als einen Ersatz für das Menschenopfer. Deutlich erhellt das aus dem Götterkult in Yukatan: man durchbohrte sich die Ohren und Schultern, sammelte das Blut in einem Schwamm und drückte diesen über den Opferschalen aus, die vor den Götterbildern standen[1]).

Diese Selbstverwundung erhielt sich später nur mehr als Zeichen der Trauer und als medizinischer A. Wir haben aber auch diesen nur insofern zu betrachten, als damit abergläubische Bräuche verbunden sind. Nach antiker Ansicht ist jeder Teil des menschlichen Leibes einem bestimmten Sternbild zugeteilt z. B. der Kopf dem Widder, Hals und Nacken dem Stier, den Zwillingen die Schultern, dem Krebs die Brust, dem Löwen die Seiten, der Jungfrau der Unterleib, der Sonne die rechte, dem Mars die linke Seite usw.[2]). In den Volkskalendern waren bis in die jüngste Zeit herein sog. A.männchen und A.tafeln verzeichnet. Letztere mußten im Fränkischen auf Antrag der medizinischen Fakultät zu Würzburg seit 1769 wegbleiben[3]). Die A.männchen bilden eine nackte Figur, an der für die einzelnen Glieder die „Zeichen" angegeben sind, in denen es gut ist, sich zur Ader zu lassen. Phlegmatischem Komplex sind feurige Zeichen nützlich. So der Widdermonat für den Kopf, der Schützmonat für die Hüften. Melancholischen sind die luftigen Zeichen gut. So die Wage für den Podex, der Wassermann für die Waden und Schienbeine. Die wässerigen Zeichen taugen den Cholerikern. So der Krebs für die Lunge und Brustadern, die Fische für die Fußadern [4]). Außerdem sind bestimmte A.-tage vorgeschrieben, die „umb großer Gefahr Leibes u. Lebens willen zu meiden sind" [5]); so der 23. u. 29. Febr., 2. u. 24. Mai, 3. Juni, 3. und 25. Juli, 15. Aug., 29. Sept., 3. u. 21. Nov. Ferner, wer sich am Liebfrauentag (25. März), an Simon und Juda (28. Okt.), am Andreastag (30. Nov.) zur Ader läßt, der überlebt das Jahr nicht.

Demgegenüber stehen sehr günstige „Laßtage", so der Blasiustag (3. Febr.), der Philipp-Jakobitag (1. Mai), der Bartholomäitag (24. Aug.) als „erster Herbsttag", der Martinitag (11. Nov.), der alte Opfertag. Außerdem werden der Valentinstag (14. Febr.), Stephanstag (26. Dez.), der erste Freitag im Mai u. a. zu den guten Laßtagen gezählt [6]). Der Karfreitag gilt im Allgäu als ganz ausgezeichneter Tag zum Aderlassen für Mensch und Vieh [7]). Die Zusammenhänge der sog. „verworfenen" und guten Laßtage mit dem übrigen Aberglauben sind leider noch nicht erforscht.

Außerdem sind beim A. noch einige Absonderlichkeiten zu verzeichnen. Wenn man zum ersten Male sich zur Ader läßt, heißt es in Bayern, soll man das Blut unter einen Rosenstock schütten, dann bekommt man rote Backen [8]). Der Analogiezauber ist offensichtlich. Ebenda sagt man, beim Aderlassen müsse man das Blut in fließendes Wasser schütten, sonst eitere die Wunde [9]). Das entspricht dem Brauche, nichts achtlos vom menschlichen Leib wegzuwerfen, damit es nicht bösen Dämonen verfällt.

S. a. Horoskopie.

[1]) Lippert *Kulturgesch.* 2, 328. [2]) Stemplinger *Volksmedizin* (Tabelle) 108 f. [3]) Lammert 199; z. B. Braunschweiger Kalender von 1707; Hist. Kalender . . . auf das Jahr Christi 1825 (Bern); eine Aderlaßtafel in ZrheinVk. 10 (1913), 229 oder bei Baumgarten *Jahr u. s. Tage* 29, in den beliebten Aderlaßbüchlein von Al. Seitz (Marburg 1529), Dr. Dierbach (1535), Joh. Hebenstreit (1559); in dem Auszug aus dem Hauskalender von 1733 bei Hovorka-Kronfeld 1, 6. [4]) Stemplinger *Aberglaube* 109 und Hovorka-Kronfeld 1, 6; 2, 377; Troels-Lund *Gesundheit* 56. [5]) ZföVk. 9 (1903), 234; Leoprechting *Lechrain* 151; SAVk. 2, 168; Schönwerth *Oberpfalz* 3, 226; Fischer *Angelsachsen* 24. [6]) Pollinger *Landshut* 272. [7]) Reiser 2, 115. [8]) Panzer *Beitrag* 1, 257. [9]) Grimm *Myth.* 3, 473 Nr. 1022; Wuttke 33.

Stemplinger.

Adler (aus *adel-ar* „Edel-Aar") [1]). In weitaus den meisten Fällen versteht man darunter den Stein- oder Golda. (Aquila chrysaëtus *Linn.*) [2]), ganz vereinzelt auch den Seea. (Haliaëtus *Savign.*) [3]). Auch mit dem Geier (s. d.) mögen gelegentlich Verwechslungen vorkommen.

[1]) Kluge *Et. Wb.* [9] s. v. Adler; Ders. in ZfdPh. 24, 311. [2]) Brehm *Tierleben* [4] 6, 355. [3]) Ebd. 330.

Von der weiten und großen Bedeutung, die dem A. im Orient und in der klassischen Antike zukam, hat sich wegen der Seltenheit des A.s fast gar nichts in den späteren Aberglauben hinübergerettet. Die mittelalterlichen und frühneuzeitlichen Tierbücher (bis Conr. Gesner und Aldrovandus) beruhen in den für uns wichtigen Punkten fast ausschließlich auf der Antike, besonders Aristoteles, Älian, Plinius; es muß daher hier weiter zurückgegriffen werden, als bei alltäglich begegnenden Tieren [4]).

[4]) Reichen Stoff bieten: Pauly-Wissowa Bd. 1 (im folgenden = PW.); Keller *Tiere* (= K.); Walther Arndt *Die Vögel in der Heilkunde der alten Kulturvölker* in Journal f. Ornithologie 73 (1925), 46 ff. 214 ff. 475 ff. = A.); Aristoteles περὶ ζώων ἱστορίαι (= Aristot.); Plinius *Naturalis Historia* (= Plin.), die Buch-, Kapitel- und Abschnittzitate nach der dt. Übersetzung von Külb (Stuttgart 1840); Aelian περὶ ζώων (= Ael.); brauchbare Auszüge bei H. O. Lenz *Zoologie der alten Griechen und Römer.* Gotha 1856; Albertus Magnus (13. Jh.) *De animalibus* ed. Stadler. Münster 1916—20 (= Alb.), Zitate nach Buch- und Marginal-

zahlen; Vincentius Bellovacensis (13. Jh.) *Speculum naturale.* Wiegendruck s. a. (= Vinc.B.), Zitate nach Buch u. Kapitel; Konr. v. Megenberg (14. Jh.) *Buch der Natur,* hrsg. v. F. Pfeiffer 1861 (= Meg.); Conr. Gesner *Vogelbuch,* deutsch von R. Heusslin. Zürich 1557 (= Gesn.); eine sehr stoffreiche Kompilation ist: Ulysses Aldrovandus *Ornithologia.* Frankf. 1630.

1. Allgemeines. Der A. ist der König der Vögel[5]), was sich in manchen Sagen (s. u. 6) von seiner Königswahl spiegelt[6]). Von den andern Vögeln wird er als solcher anerkannt und gefürchtet[7]). Er ist daher auch das Tier von Göttern, besonders des höchsten Gottes Zeus und Jupiter[8]), ferner Indra, Wischnu, Agni[9]), Ormuzd[10]), Odin[11]); in Odins Saale ist ein A. schwebend angebracht[12]). Der A. weilt bei den Göttern[13]), er ist Waffenträger des Blitz- und Donnergottes[14]), trägt das Flammenbündel des Blitzes in seinen Fängen[15]) oder im Schnabel[16]), wird aber nie vom Blitz getroffen[17]); noch heute gilt in Brixen: Der A. und der Feigenbaum können vom Donner nicht getroffen werden[18]); dasselbe sagt ein schweiz. Rezeptbuch vom A.[19]). Sein Schnabel blinkt durch die Gewitterwolken[20]). Als Vogel Odins umflattert er die Walkyren[21]) und als Bote des Gottes führt er dessen Befehle aus[22]). Aber auch die Götter selbst können A.gestalt annehmen[23]) oder sind a.häuptig; Odin hat den Zunamen Arnhǫfdi (A.haupt)[24]). Seltener ist die A.gestalt mit Menschenhaupt (Syrien)[25]). A.gestaltig sind auch Dämonen: Riesen[26]), besonders ein Windriese[27]) (über den A. als Windschaffer s. u. 4.), in Schlesien der Wassermann[28]), in einer österreich. Sage erscheint der Teufel in A.gestalt[29]), in Friesland die Hexen[30]). Über sagenhafte Verwandlungen in A. s. u. 4[121—126].

Als Göttertier ist der A. selbst göttlich u. heilig[31]); sogar der A. auf dem Signum der römischen Legion wird als Gottheit angesehen und verehrt[32]). Seine Göttlichkeit wird zuweilen mit seinem himmelstrebenden Fluge begründet[33]); hochfliegende Vögel gelten im alten Island überhaupt als „gute" [34]). Der A. wird daher auch mit dem Sonnenkult in Verbindung gebracht[35]); anderseits ist er der Geleiter der Seelen ins Jenseits[36]) und figuriert als Seelenvogel oft auf Gräbern[37]). Christlich ist das Symbol der Auferstehung Christi[38]) und der Wiedergeburt durch die Taufe[39]). Als göttliches Tier ist er am Giebel der Tempel (freilich auch der Häuser und Zelte) angebracht[40]). In den Mysterien bedeutet der A. einen Mystengrad[41]).

Der König der Vögel ist Symbol der Könige und Kaiser[42]), Der A.kultus Napoleons I., dessen Sohn den Zunamen Aiglon erhielt, ist bekannt. Die Apotheose der Könige und namentlich der römischen Kaiser wird dargestellt durch einen A., der sie himmelwärts trägt[43]). Im Palast Karls d. Gr. war ein eherner A. angebracht[44]). Von dem Landgrafen von Thüringen wird gesagt: „der Düringe herre ist milte ûz kindes jugent, ob ime ein adelar ze allen zîten ist mit hôhen vlügen her gewesen" [45]), und B. Anhorn[46]) berichtet „von einem kunstreichen Meister zu Nürnberg, welcher einen schönen großen A., mit sonderbarem kunstlichem Uhrwerk also zubereitet, daß er bei dem Keiserlichen Einzug (Karls V.) daselbst in der Lufft geflogen" (vgl. u. 2[72]). Könige und Tyrannen der Diadochenzeit ließen sich „A." benennen[47]); ebenso Geschlechter[48]). Daß auch bei den Germanen Männer, wenn auch nicht ausdrücklich Fürsten, nach dem A. benannt wurden, sei nur nebenbei erwähnt[49]). Auf dem königlichen Zepter steht ein A.[50]). Über weitere Verwendungen des A.s in der Kunst s. u. 9.

[5]) K. 239; PW. 374[59]; Cumont *Etudes syriennes* 59 Anm. 1; Vinc. B. 16, 33; Meg. 166 (nach Augustinus); Gesn. II a. [6]) Dähnhardt *Natursagen* 4, 160 ff. [7]) Gesn. II a. [8]) K. 238. 239. 433 Anm. 43; PW. 373[55]; Sittl *Der A. u. die Weltkugel als Attrib. d. Zeus,* in Jahrb. f. kl. Phil. Suppl. Bd. 14. [9]) Grimm *Myth.* 3, 193; Gubernatis *Tiere* 479. 481; Kuhn *Herabkunft* 29. 153; Siecke *Götterattr.* 183 A. 1; ARw. 22, 109; Hastings 2, 37 b. [10]) K. 432 Anm. 29. [11]) Meyer *Germ. Myth.* 183. [12]) Ebd. 232; Panzer *Beitr.* 2, 459; Grimnirlied Str. 17. [13]) K. 238. [14]) Ebd. 239; PW. 374[12]; Usener *Kl. Schr.* 4, 466. 489. 491 ff. [15]) K. 239. 245; Fehrle *Geopon.* 7. [16]) K. 245. [17]) PW. 374[16],

Fehrle *Geopon.* 7; Franz *Benediktionen* 2, 38 (n. Plin. u. Geopon.); Vinc.B. 16, 32; Gesn. Va; Plin. (II, LVI) ist von Megenberg offenbar falsch verstanden worden, wenn er (S. 94) sagt: „under den tieren sêrt der blitzen allermaist den Adlarn, under den paumen allermaist den lorpaum". [18]) Heyl *Tirol* 797. [19]) SAVk. 6, 60. [20]) PW. 374[19] (n. Plin.). [21]) Meyer *Germ. Myth.* 177. [22]) K. 246; PW. 373[68]; Hopf *Tierorakel* 11. [23]) PW. 374[37]; Sittl (s. o. 4); Meyer *Germ. Myth.* 152. 183. 232. [24]) K. 251; Meyer *Germ. Myth.* 230; Kuhn *Herabkunft* 153. [25]) K. 446 A. 266. [26]) Grimm *Myth.* 1, 526; Meyer *Germ. Myth.* 142. 151. 152. [27]) Im Wafthrudnirlied Str. 37 wird Hräswelg („Leichenschlinger") als Windriese in A.gestalt genannt. [28]) ZfVk. 11, 203. [29]) Vernaleken *Mythen* 10. [30]) Müllenhoff *Sagen* 212. [31]) K. 238; Clemen *Reste* 65 (mit weiterer Lit.); Ägypten: K. 254; aegaeisch: Hastings 1, 145 b. [32]) K. 243. [33]) PW. 373[45] (Aristoteles); Hopf *Tierorakel* 11; Gesn. IVa: fliegend auch gar hoch . . ., darum auss allen vöglen allein der A. für einen göttlichen vogel gehalten; im AT.: Flug gegen den Himmel: Spr. 23, 5; 30, 18. 19; Hiob 9, 26; 39, 27; Jerem. 4, 13. [34]) Meyer *Germ. Myth.* 110. [35]) K. 254. 442; ARw. 16, 558; Cumont *Etudes syriennes* 61 f. [36]) Dieterich *Mithraslith.* 184; Frazer 5, 126; namentl. Cumont *Etudes syriennes* 62 f. 76 f. 87. [37]) ARw. 16, 558 (dagegen ARw. 20, 199); Cumont 38 ff. 50. 352. [38]) Kraus *Real.-Enc. d. chr. Alt.* 1, 21 a. [39]) Ebd. 1, 20 b; Cabrol *Dict. d'arch. chr.* 1, 1, 1036; K. 251. [40]) K. 274; Grimm *Myth.* 3, 181; Panzer *Beitr.* 2, 456 f. 460. 260. [41]) Dieterich *Mithrasl.* 54. 151; ARw. 19, 553. [42]) K. 240 f.; PW. 374[62]; Cumont 35 ff. [43]) K. 241 (Alexander). 251. 252; PW. 275[13]; ausführl. Cumont 35 ff. [44]) Grimm *Myth.* 1, 527. [45]) Minnesinger ed. v. d. Hagen 2, 4 (II, 1 b). [46]) *Magiologia* 238. [47]) K. 242. [48]) Ebd. 248 f.; Gennep *Religions* 2, 19. [49]) W. Wackernagel *Kl. Schr.* 3, 200; Schönfeld *Wörterb. d. altgerm. Pers.- u. Völkernamen* 23. 26; Förstemann *Altd. Namenb.*[2] 1, 135 ff. [50]) K. 240.

2. Aus der Göttlichkeit des A.s ergeben sich von selbst seine divinatorischen und auguralen Eigenschaften: er ist Orakeltier und weissagend[51]) bei den Völkern des Altertums[52]) wie bei den alten Germanen[53]) und den Deutschen des Hochmittelalters[54]). Nach der Eyrbyggja-Saga gilt ein A., der einen Hund davonträgt als 'fyrirburðr' (Vorzeichen)[55]). Besonders der Angang wurde beobachtet[56]). Noch heute gilt in Ostpreußen A.begegnen als großer Glücksfall[57]). So in der Antike[58]). Den Schiffern des alten Griechenland, wie Nordamerikas gilt der Flußa. (Pandion haliaëtus?) als gutes Omen[59]). Glückbringend ist auch der ein Hirschkalb oder eine Gans tragende A.[60]), auf Kindersegen deutet ein eine Henne tragender A.[61]). Dagegen verkündet der schlangentragende A. Unglück[62]). Krimhild träumt, daß ihr Falke (Siegfried) von zwei A.n zerfleischt werde, was von Ute als Tod gedeutet wird[63]). Den Tod der Freier verkündet der würgende A. in Penelopes Traum[64]). Als Kaiser Wilhelms I. Leben 1879 durch Attentäter in Gefahr war, soll ein von Raben verfolgter Adler über Berlin gesehen worden sein[65]); in Frankreich ist der Schrei der orfraie (Seea.) todkündend[66]). Nach Theophrast v. Eresus[67]) gilt der kasuistische Aberglaube, daß es Tod bedeute, wenn beim Ausgraben von schwarzem Helleborus (Veratrum nigr.) — man schaute dabei gegen Sonnenaufgang und betete zu Apollo und Asklepios — ein A. herfliege. Natürlich ist, wie bei den meisten Augurien, die Richtung des Fluges bedeutungsvoll: von rechts: Glück, von links: Unglück[68]). Noch Johann Hartlieb (1456) sagt: „es sind lüt, die groß glauben haben an den aren vnd mainent ye, wann er taschenhalb flieg, es sull bedeuten groß geluck oder großen gewin"[69]). Namentlich im Kriege ist der A.flug ominös. Meist zeigt er den Sieg an, besonders von rechts fliegend[70]), im Norden wenn hoch fliegend[71]).

Als Kaiser Karl V. den Krieg gegen die Neugläubigen begann, sah man einen A., der in der Luft über des Kaisers Heer stand, auch kam aus dem Walde ein Wolf gelaufen und lief zwischen der Spanier Fußvolk. Daraus hat man auf Sieg geschlossen[72]). Am 30. Oktober 1593 zeigte sich in Zittau ein riesiger zweiköpfiger A. am Himmel, auf den glühende Pfeile schossen, ohne ihn zu verletzen. Einen Monat später kam die Nachricht von dem Sieg Kaiser Rudolfs II. über die Türken[73]). Sogar der römische Legions-A. ist vordeutend[74]). In der Gunnlaugssaga bedeuten zwei A. im Traum zwei Stürme[75]) (vgl. u. 4[121] ff.). Durch eine besondere

Sprache warnt der A. bei Gefahr (Kuhländchen)[76]. Verschiedene Traumdeutungen finden sich bei Artemidor[77]. In Spanien wird der Zwerga. (Eutolmaëtus pennatus *Gmel.*?) zum Ziehen von Glücksnummern in der Lotterie verwendet[78].

51) Hopf *Tierorakel* 87 ff.; K. 245 ff. 52) K. 245 ff. 262. 445 Anm. 250; PW. 373 [48]; Staehlin *Mantik* (Register); Gubernatis *Tiere* 491; Hopf 87 f. 89 f. (Griechen). 88. 90 f. (Römer). 53) Hopf 89; K. 246; Grimm *Myth.* 2, 948. 54) Hopf 89: Michael Scotus, der Kanzler Friedrichs II.: 'volatus et cantus auguria considerantur'. 55) Meyer *Germ. Myth.* 110 ob. 56) Müllenhoff *Altert.* 4, 229; Grimm *Myth.* 2, 946 (vom *mûs-ar*, wohl der Mäusebussard, Buteo buteo *Linn.*); Schönbach *Berth. v. R.* 32 (ebenso). 57) Stemplinger *Abergl.* 46. 58) PW. 1, 68. 59) Ebd. 371 [67]; K. 262 (Dionysius *De avibus* II, 1). 60) Hopf 88 (Homer). 61) Ebd. 88 (Plin.). 62) Ebd. 89; Küster *Schlange* 127 (Il. 12, 200 ff.). Auch sonst ist der A. zuweilen Unglücksvogel: Clemen *Reste* 65. 63) Nib. Str. 13 f. 64) Odyssee 19, 538 ff. 65) Schulenburg *Wend. Volkst.* 167 A. 1. 66) Sébillot *Folk-Lore* 3, 195. 67) *Hist. plant.* IX, 8, 8 (K. 245. 437 Anm. 119). 68) Hopf 88. 90; K. 246. 438 Anm. 131; Panzer *Beitrag* 2, 455. 456 (2 sich bekämpfende A.). 458; Küster *Schlange* 128 (Doppeldeutigkeit je nach dem Standpunkt der Troer u. der Hellenen). 69) Ulm *Hartlieb* 43; Grimm *Myth.* 2, 946; 3, 429. 70) PW. 374 [5]; K. 245. 241. 244. 71) Meyer *Germ. Myth.* 110 ob. 72) Wolf *Dt. Märchen* 501 f. 73) Kühnau *Sagen* 3, 450 f. 74) K. 243. 75) cap. 2. 76) Enders *Kuhl.* 78. 77) *Oneirokritika* allg.: 4, 56, spez. 2, 20. 78) Hopf 91 f. (nach Brehm, in dessen 4. Aufl. jedoch die Notiz fehlt).

3. Mannigfach ist der biologische Aberglaube, doch wurzelt auch er zumeist in der antiken Zoologie und Symbolik und ist kaum je Volksglauben gewesen. Der A. erreicht ein hohes Alter und bleibt auch in diesem noch jugendlich[79]. Die Ursache seines Todes ist nicht Altersschwäche, sondern Hunger, weil sein Oberschnabel zu sehr in die Länge wächst und sich verkrümmt[80]; das zwingt ihn zu trinken, der sonst nie Flüssiges genießt[81]; doch die Jungen trinken Blut[82]. Den zu langen Schnabel zerschlägt er an einem Stein[83], oder er wetzt ihn und die Klauen an einem Stein[84]; denn auch diese krümmen sich im Alter so ein, daß er keine Beute mehr halten kann[85]; die Flügel werden weiß und schwer[86].

Nicht ganz sicher ist der Ursprung des Aberglaubens von der Verjüngung des A.s. Psalm 102, 5 (jetzt 103, 5) sagt: renovabitur ut aquilae juventus tua, Jes. 40, 31: Qui autem sperant in Domino, mutabunt fortitudinem, assument pennas sicut aquilae, current et non laborabunt, ambulabunt et non deficient. Es fragt sich, ob nicht schon diese Äußerungen auf einem alten Aberglauben beruhen; jedenfalls haben sie Anlaß gegeben zu dem weiter ausgebildeten Glauben, daß, wenn dem A. im Alter die Augen schwach werden, er zu einer Quelle fliege und von dieser sich erhebe bis zur Sonne; dort verbrenne er seine Flügel und kläre seine Augen; auf die Erde gefallen, tauche er dreimal in der Quelle unter und sei verjüngt[87]. Nach Hieronymus[88] berichtet der Physiologus[89]: „So der are alt wirdit, so fliugit er uf an den luft und brennit sine federen unt vellet danne in sin nest. so ziehent in sine iungen, unz (bis) er federen gewinnit als er e (vorher) hete." Von den verbrannten Flügeln des „Geiers" Sampâti spricht die indische Sage[90]. Das A.-weibchen legt 3 Eier, die es 30 Tage lang bebrütet[91]. Anderwärts nirgends gefunden habe ich den Aberglauben aus Steinhöwels Äsop S. 244: „Darvon ist ensprungen, daz die a. nit iunge habent, ouch nit ayer legent zuo den zyten, so die hurnussel (Hornissen) synt"[92]. Die Bruthitze ist beim A. sehr groß, „als wenn man die eyer kochte", sagt Gesner II b, und III a: „Der A. ist also hitzig, daß er die eyer mit dem brüt gar verkochte, wenn er den allerkeltesten stein Gagatem nit darzu legte, als Lucanus schreybt." Weiter unten (III b) berichtet er, daß die Eier in einen Fuchs- oder Hasenbalg gelegt und von der Sonne gebrütet würden, nach Albertus Magnus würden sie einem andern A. untergelegt[93]. Öfter wird berichtet, der A. ziehe nur 1 Junges auf; die überzähligen würden aus dem Neste geworfen und von einem andern A. (Geier?) aufgezogen[94]. Seine Jungen zwingt er, in die Sonne zu schauen;

welches Junge das nicht vermag, wird ausgestoßen[95]). Anderseits rühmt man ihm vorsorgliche Liebe für seine Jungen nach. Er schützt sie mit seinem Leib gegen den Jäger[96]). Er lehrt sie auf seinem Rücken fliegen, eine Anschauung, die schon im Pentateuch ausgesprochen[97]) und von den mittelalterlichen Tierbüchern übernommen wird[98]). Nach Gesn. (III a) überfliegen die Jungen die Alten oder helfen ihnen im Flug, wenn sie schwerfällig werden (III b). Eine im MA. verbreitete Überlieferung ist, daß der A. mit andern Vögeln seinen Raubteile, sie selbst aber verzehre, wenn er dabei zu kurz komme[99]). Anderseits hat er in der Tierwelt viele Feinde, die ihn sogar überwältigen können, wie den Greiffalken (Lämmergeier?)[100]), Schwan[101]), Kranich, Storch, Reiher[102]), Krähe, Elster[103]). Besonders verfeindet ist er mit dem Specht und dem Zaunkönig, weil ihm der Specht die Eier zerbricht[104]) und der Zaunkönig den Königstitel streitig macht[105]). Von Tieren anderer Klassen ist als erbittertster Feind des A.s die Schlange zu nennen[106]). Über einen Kampf mit einem Polypen berichtet Gesner[107]). Die Schildkröte, die sonst eine Lieblingsnahrung des A.s ist[108]), und die von ihm das Fliegen lernen will[109]), besiegt nach einem Zitat aus Achaios den A.[110]). Eine Sage der Siebenbürger Szekler läßt eine Katze den A. überlisten[111]). Die Pflanze Symphyton (Beinwurz) tötet den A.[112]). Seine Wasserbeute zieht der A. (Seea.?) mit den Federn ans Ufer[113]). Wenn seine Federn mit denen anderer Vögel zusammengebracht werden, zerstören sie diese[114]).

Der A. ist vielwissend[115]) und spürt die Feinde von weitem[116]). Sein scharfes Auge, das ungeblendet in die Sonne blicken kann und die Beute aus schwindelnden Höhen erschaut, ist sprichwörtlich[117]); nur in der Brutzeit „sol der A. auss dem gschlächt schlahen und übel sehen, also das er dem raub nit mag nachkommen, dannenhär er Exaetos genannt wird"[118]). Unbekannt ist uns die Herkunft des mittelalterlichen Aberglaubens, daß der rechte Fuß des A.s größer sei, als der linke[119]); nach Albertus Magnus[120]) ist beim kleinen Fischa. der eine Fuß Schwimm-, der andere Greiffuß.

79) K. 268; PW. 372^{50}; Gesn. IV b. 80) K. 267; PW. 372^{30} (Aristot., Antigonus, Plin.); Physiologus: Fundgruben 1, 33; Vinc. B. 16, 32. 81) K. 267; PW. $372^{44. 47}$; Gesn. II b. 82) Vinc. B. 16, 35 (c. 33 dagegen allgemein: aquila sanguinem lambit); Gesn. II b, nach Hiob 39, 30. 83) Physiologus: Fundgr. 1, 33 (nach Augustin); Lauchert *Gesch. d. Physiologus* 9 Anm. 3. 84) Vinc. B. 16, 36; Rolland Faune pop. 9, 11; Alb. Magn. *Anim.* 6, 46; Gesn. IV a. 85) Vinc. B. 16, 35. 86) Ebd.; Physiologus ebd. 87) Lauchert *Gesch. d. Physiologus* 9 f.; PW. 372^{56}; Hastings 6, 116 a unten; Swainson *Folk-Lore of British Birds* (1886) 134 (zitiert Albertus Magnus; in der Stadlerschen Ausgabe unauffindbar); Rolland *Faune pop.* 9, 11 (mit weiterer Lit.); Physiologus: l.: Wilhelm *Denkm. dt. Prosa* (Münchener Texte H. 8) Abt. A 24; lat. Text ebd. Abt. B. 37; Die Hochzeit (12. Jh.) Vers. 580 ff.; Hugo v. Langenstein *Martina* (Ende 13. Jh.) 107, 1 ff. (Dazu Köhler *Kl. Schr.* 2, 135 f.); Rolland *Faune pop.* 9, 9 f. (m. weiterer Lit.); Sébillot *Folk-Lore* 3, 174; Swainson *Folk-Lore of British Birds* 134; Vinc. B. 16, 36 (nach Physiologus u. Jorath [unbekannt]); Megenberg *B. d. Nat.* (Pfeiffer) 166 (nach Adelinus = Aldhelm, dieser nach Augustin); Klapper *Erzählungen* Nr. 208; Gesn. IV a; Delrio *Disqu. mag.* l. II, qu. 23; und noch Lauremberg *Scherzgedichte* 1, V. 322 ff. 88) In Isaiam 40, 27 (Migne *Patr. lat.* 24, 426 D f.). 89) ed. Wilhelm (s. o. Anm. 87) S. 25; Lauchert *G. d. Ph.* 9 A. 3; zur Ätzung durch die Jungen: K. 268. 447 Anm. 294 (Ennodius *dictio* 17). Eine auffallende Parallele hiezu von dem großen Vogel, dessen Gefieder von zwei andern erneuert werden, und der nach einem Bad verjüngt ist, in altkelt. Erzählungen, bei Tegethoff *Märchen, Schwänke und Fabeln* 1925 S. 53. 90) Gubernatis *Tiere* 483. 91) Albert. Magn. *Anim.* 6, 46 (nach Melissus). 47; Vinc. B. 16, 35. 36 (nach Arist. u. Plin.). 92) Nach Dähnhardt *Naturs.* 4, 276; im Anschluß an die Fabel von dem Käfer, A. und Zeus. 93) Gesn. III b. 94) PW. 372^{39} (Aristot., der diesen Vogel φήνη nennt. Beizufügen wäre noch Plin. X, 4, 2: ossifraga); K. 268; Albert. Magn. *Anim.* 6, 46; Vinc.B. 16, 32 (n. Ambrosius). 35; Gesn. II b. 95) K. 268 (der eine oriental. Fabel vermutet); PW. 371^{53} (Aristot., Plin.); Lauchert *G. d. Ph.* 10 Anm. (2 mal); Isidor *Etym.* XII, VII, 11; nach ihm Vinc.B. 16, 35; Megenberg *B. d. Nr.* 166; Wernher vom Niederrhein 68 ff. (laut K. 268); Hugo v. Langenstein *Martina* 107, 19 ff. (dazu Köhler *Kl. Schr.* 2, 135 f.). 96) Megenberg 167^{23}; Vinc.B. 16, 35. 97) Exodus 19, 4;

Deut. 32, 11. [98]) Vinc.B. 16, 35; Megenberg 167 [14. 21] (nach Gamaliel [?]); Gesn. III b. [99]) König Rother (ed. Massmann) V. 4979 ff.; Hugo v. Langenstein *Martina* 107, 41 ff. (dazu Köhler *Kl. Schr.* 2, 135); Megenberg 167 [5]; J. J. Werner *Üb. 2 Handschr.* (Diss. Zürich 1904) 176; Gesn. III b (nach Albertus M. ?). [100]) Megenberg 167 [17]; Vinc.B. 16, 33. [101]) Gesn. IV a (nach Albertus M. ?, zit. auch Aeneis 9); Plin. (X, 95, 1) sagt nur: „In Zwietracht leben die Schwäne und die A." [102]) Gesn. IV a (n. Aelian). [103]) Alb. Magn. *Anim.* VIII, 13. [104]) Gesn. IV a; Plin. X, 17, 2: bei Nigidius heißt ein Vogel, der die Eier der A. zerbricht, Subis. [105]) Schon Plin. X, 95, 1; Kuhn *Herabkunft* 109; Rolland *Faune pop.* 2, 4; Sébillot *Folk-Lore* 3, 178; Swainson *Folk Lore of Br. Birds* 36. 135; Reusch *Samland* 39; Woeste *Mark* 39; namentlich Dähnhardt *Natursagen* 4, 161 ff. (deutsche Sagen 166 ff.). [106]) Antikes (schon mykenisch) s. bei Küster *Schlange* 52 f. 127 ff. (Kampf der Luftregion mit der chthonischen); Weinreich *Heilungswunder* 163. 166; K. 247. 248; Weiteres: Gubernatis *Tiere* 480; Hastings 2, 315 a; Grimm *Myth.* 2, 665; Bugge *Studien* 498; Hahn *Griech. Märchen* 2, 57; Alb. Magn. *Anim.* VIII, 12; Vinc.B. 16, 32; Gesn. IV a; Christl. Symbolik: Kampf des Lichtes mit dem Teufel: Kraus *Real-Encykl.* 1, 21 a. [107]) IV b, nach Aelian VII, 11. [108]) K. 257. 443 Anm. 209 bis 212; PW. 372 [65]; Vinc.B. 16, 34; Gesn. IV b (nach Oppian); indisch: Gubernatis *Tiere* 487; Rolland *Faune pop.* 9, 7 [23]. Ein nordamerikanisches Märchen erwähnt K. Knortz *Die Vögel* (1913) 166 f. Über den Tod des Aeschylos durch eine Schildkröte, die ein A. auf seinen Kopf fallen ließ: K. 257 ff.; Vinc.B. 16, 34. [109]) Dähnhardt *Naturs.* 4, 269. [110]) Diogenes Laërtius II, 133 aus „Omphale" (s. Dähnhardt *Naturs.* 4, 90). [111]) Ebd. 4, 25. [112]) Aelian *nat. an.* VI, 46. [113]) Isidor *Etym.* XII, V, 10; nach ihm Vinc.B. u. Gesn. II b. [114]) PW. 68 [19]. 373 [12] (Plin. Aelian); daher das griech. Sprichwort: Du willst A.federn mit andern Federn mischen. Köhler *Tierleben im Sprw.* 7; Alb. Magn. *Anim.* VIII, 27 bestätigt das aus eigener Beobachtung; Vinc.B. 16, 33; Megenberg 167 [10]; Gesn. II a; vgl. noch Rolland *Faune pop.* 2, 4; 9, 6; Swainson *Folk-Lore of Brit. Birds* 135. [115]) Gesn. III a; Gylfaginning cap. 16. [116]) Vinc.B. 16, 35. [117]) K. 268. 433 Anm. 40; PW. 371 [50]; Swainson *F. L. of Brit. Birds* 134; Isidor *Etym.* XII, VII, 10; Vinc.B). 16, 32; Gesn. II b. [118]) Ebd. (Quelle ?). [119]) Vinc.B. 16, 33; Megenberg 167 [13]. [120]) VII 31.

4. Magische Kräfte wohnen dem A. inne. Verbreitet ist der Glaube, daß er den Wind schaffe. Ob schon gewisse Stellen im griechischen Altertum dahin zu deuten sind, lassen wir dahingestellt [121]); dagegen scheint bei den Germanen der A. zum Wind in Beziehung gesetzt worden zu sein. Windriesen haben A.gestalt [122]). Nach der jüngeren Edda sitzt Hræsvelgr als A. an der Nordseite des Himmels, und wenn er die Flügel schwingt, erheben sich unter ihnen die Winde [123]), und noch Heinrich v. Veldeke singt: jârlanc ist reht, daz der ar winke dem vil süezen winde [124]). Zwei A. im Traume bedeuten zwei Stürme [125]). Bei andern Völkern herrschen ähnliche Vorstellungen [126]). Anderseits schützt der A. Heilige vor Sturm [127]). Über seine Immunität gegen den Blitz s. o. 1 [17] ff. Aber auch sonstige Kräfte gehen von ihm aus: Sein Bild auf einem Smaragd, hält die Heuschrecken fern [128]), seine Federn vertreiben die Wanzen [129]); nach einem siebenbürgischen Zigeunermärchen kann man dem menschenraubenden A.könig entfliegen, wenn man sich eine Feder aus seinem linken Flügel verschafft [130]), nach einem sizilianischen sich in einen A. verwandeln [131]). A.flaum auf dem Hut schärft die Augen und gibt Mut beim Raufen (Tirol) [132]). Wer A.fleisch ißt, kann zaubern (Wales) [133]), ein alter König wird durch A.fleisch geheilt (Kt. Wallis) [134]). Der rechte Flügel schützt vor Hagel (antik) [135]), auf einer altägyptischen Goldplatte wirkt er offenbar als Talisman [136]). Die A.kralle wehrt auf Island die Feuersbrunst ab [137]); ebenda kann man mit ihr (nebst andern Zutaten) Augentäuschungen hervorrufen [138]). In Alpengegenden (bes. Tirol) wird sie als Amulett an der Uhrkette getragen [139]). A.mist vertreibt die Schlangen (antik) [140]). Die A.zunge verleiht nach indianischem Aberglauben als Amulett übernatürliche Kräfte [141]). Über den A.stein s. d.

[121]) Panzer *Beitr.* 2, 455 f. (Il. 12, 207 ff.; Od. 2, 147 ff.). Die Etymologie ἀετός zu ἄημι „wehen" (ebd.) ist wohl ebenso falsch wie die des Festus *aquilo* ventus a vehementissimo volatu ad instar aquilae appellatur; vgl. Grimm *Myth.* 1, 528. [122]) s. o. Nr. 1 Anm. 27; Grimm *Myth.* 1, 526; Panzer *Beitr.* 2, 454. [123]) Grimm *Myth.* 1, 527. [124]) Ebd.

[125]) Meyer *Germ. Myth.* 112. [126]) Grimm *Myth.* 1, 527 f.; 3, 181. [127]) Swainson *F. L. of Br. Birds* 135. [128]) K. 436 A. 93; PW. 373 [22] (Plin.). [129]) PW. 373 [11] (Galen). [130]) Wlislocki *Zigeuner* 303. [131]) Gonzenbach *Siz. Märchen* 1, 35. [132]) ZfVk. 8, 168; Alpenburg *Tirol* 384. [133]) Thomas *Welsh Fairy Book* (1915) 191. [134]) Jegerlehner *Sagen* 1, 142. [135]) PW. 68 [21]. 373 [20]; Fehrle *Geop.* 7. [136]) Seligmann *Blick* 2, 112. [137]) Sloet *Dieren* 189 (nach Maurer *Isl. Volkssagen* 170). [138]) ZfVk. 13, 275. [139]) ZföVk. 13, 113. [140]) PW. 373 [24] (Geopon.). [141]) Frazer 8, 270.

5. Volksmedizin. In einem Ruppiner Zaubersegen gegen die Flechte wird der A. genannt: „Der A. und die Flechte / Flogen beide zur Rechte; / Der A., der gewann 't, / die Flechte, die verschwand“ [142]). Ein Teil der Ossifraga (vielleicht Seea. oder Lämmergeier) „gebrennt und getrunken“, wird gegen Fallsucht verwendet [143]), an die Hüfte gehängt, heilt er den Krampf [144]). Der Balg, über Magen und Bauch gelegt, befördert die Verdauung [145]). Das letzte Darmstück der Ossifraga angebunden, ist gut gegen Darmgicht [146]). Die A.feder (s. o. 3 Anm. 114. 129) stärkt das Gedächtnis [147]). Federn und ganze Flügel von A.n legte man Gebärenden unter die Füße, um die Geburt zu erleichtern [148]). Bei den Bulgaren wird A.fett gegen Schwindsucht gebraucht [149]), die Füße im Altertum gegen Lendenweh oder Podagra [150]). Die A.galle, die sehr scharf ist [151]), macht klare, scharfsichtige Augen [152]), heilt Aussatz u. a. Hautkrankheiten [153]) und Fallsucht [154]), A.hirn die Gelbsucht [155]), Schwindel [156]) und Harnbeschwerden (Tirol) [157]); Augen mit A.hirn bestrichen, werden klar [158]). Ein A.kopf ist gut gegen Kopfweh, und zwar muß, nach Galen, bei linksseitiger Migräne ein linker Schädelknochen und umgekehrt aufgebunden werden [159]). A.-kot hilft gegen Verschiedenes [160]), insbesondere Warzen [161]), Brechreiz, Halskrankheiten [162]), Magenkrankheiten und Dysenterie [163]), Husten [164]) und fördert die Geburt [165]). In einem siebenbürgischen Zigeunermärchen verwandelt er Menschen zu Stein [166]). Die Leber heilt die Fallsucht [167]). Der Magen des A.s, bzw. der Ossifraga, Blasenkrankheiten [168]), Sehnenkrankheiten [169]), schlechte Verdauung [170]); die A.zunge ist gut gegen Husten im alten Rom [171]) wie in Bayern [172]); im Tirol und in Bayern trägt man sie auf sich, um ohne Atemnot steigen zu können [173]).

[142]) ZfVk. 7, 72. [143]) Gesn. X b (nach Plin. u. Dioscurides). [144]) Ebd. [145]) Gesn. V b; A[rndt] (S. o. Anm. 4) 75 (Plin., Kyraniden). [146]) Gesn. X b (nach Plin XXX, 20). [147]) Sloet *Dieren* 189 (nach Maurer *Isl. Volkssagen* 170). [148]) Gesn. V b; A. 75 (Plin. Kyraniden). [149]) Strauß *Bulgaren* (1898) 388. [150]) Gesn. VI a; Vinc.B. 16, 37; PW. 373 [8] (Plin.) A. 74 (Kyran.). 75 (Plin.). [151]) Gesn. I b. V b (n. Galen und Dioscurides). [152]) Gesn. V b (n. Älian); PW. 373 [2]; Höfler *Organother.* 218 (Plin. XXIX 38; Sextus Papyriensis XXIII; Vinc.B. 16, 37 (nach Äskulap, Plin.). [153]) Gesn. X b. A. 68 (Kyran.). [154]) Gesn. VI a (Kyran.). [155]) Ders. V b (n. Plin.); PW. 373 [41]; A. 54 (Persien). [156]) Gesn. V b (n. Kyran.). [157]) ZfVk. 8, 168; Alpenburg *Tirol* 384. [158]) Vinc.B. 16, 37; Gesn. V b (n. Plin.). [159]) Ders. V b; A. 74. [160]) Gesn. X b; der Glaube wird von Galen XII, 305 bekämpft (PW. 373 [9]). [161]) Gesn. VI a; A. 68 (Kyran.). [162]) Gesn. VI a; [163]) A. 69 (Kyran.). [164]) Ebd. [165]) Ebd. [166]) Wlislocki *Zigeuner* 302. [167]) Gesn. V b; A. 67 (Kyran.). [168]) Ders. X b (Plin.); A. 67 (Marcellus, Dioscurides); PW. 68 [23]. [169]) A. 67 (Plin.). [170]) PW. 373 [7] (Marcellus). [171]) Gesn. VI a (Galen). [172]) Hovorka-Kronf. 2, 25. [173]) ZfVk. 8, 168; Alpenburg *Tirol* 384. Hov.-Kr. ebd.

6. Von dem Reichtum an A.-Sagen und -Mythen, wie ihn der alte Orient, Griechenland und noch Rom aufweist, ist im mittelalterlichen und neuzeitlichen Okzident sozusagen nichts mehr vorhanden. Auch der Norden erscheint jenen gegenüber dürftig. Vereinzeltes wurde schon oben gestreift: die Königswahl des A.s (1 [6]. 3 [105]), der Götterbote (1 [22]), Götter (1 [23]), Dämonen (1 [26. 27. 28]), Teufel (1 [29]), Hexen (1 [30]), Menschen (4 [10 a]) in A.gestalt, der A. als Tier der Könige (1 [45]), das vordeutende Erscheinen des A.s (2 [60. 61]), in bezug auf Fürsten (2 [65. 72. 73]), A.träume in der Sage (2 [63. 64]), A. und Sturm (2 [75]; 4 [122. 123]); A. und Tiere (3 [92. 105. 110. 111]), A. in der Heiligenlegende (4 [127]), Teile des A.s (4 [130. 134]; 5 [167]). Im folgenden noch einige für den Aberglauben bedeutungsvolle

Züge. — Bei Helgis Geburt rauschen die A. [174]), wie sich bei Alexanders Geburt 2 A. auf den Giebel des Palastes setzen [175]). In Rhodus setzt sich ein A. auf das Haus des Tiberius [176]). In dem babylonischen Mythus will Etana, auf einem A. reitend, das geburtfördernde Kraut bei der Himmelskönigin Ischtar holen [177]); Fürsten werden durch A. geschützt oder den Verfolgern entführt [178]) (Gilgamesch [179]), Achämenes [180]), Aristomenes) [181]); in der Apokalypse 12, 14 wurden dem Weibe, das geboren hat, die Flügel des großen A.s verliehen, damit es vor dem Drachen in die Wüste entfliehen kann [182]). Einen Hirten trägt ein A. von einem Felsen ins Tal [183]), nach einer talmudischen Legende ein Gemsenjunges [184]). Auch sonst tritt der A. als Retter auf [185]). Sagen von zahmen und treu-anhänglichen A.n begegnen mehrfach [186]).

Auch von schattenspendenden und Kühlung wehenden A.n wird berichtet [187]). Wohltätern gegenüber erweisen sie sich als dankbar [188]). Über die Tötung des Äschylus s. o. 3 [108], über Verwandlungen in A. s. die obigen Zitate [189]). Altnordisch ist der Mythus von der Weltesche und dem daraufsitzenden vielwissenden A. [190]); ebenso die Geschichte von Loki, der dem ochsenraubenden A. eine Stange in den Leib stößt und von ihm weggeschleppt wird [191]); immerhin werden hiezu entferntere Parallelen erwähnt [192]); ganz auffallend sind dagegen die Übereinstimmungen in einem siebenbürgischen Zigeunermärchen [193]). Spätere Geschichten erzählen von A.s Hochzeit [194]), seiner betrügerischen Werbung um die Eule [195]), seinem Schiedsgericht zwischen Eule und Fledermaus (Wales) [196]), dem Raub eines Pfluggespanns [197]); den Mönch eines versunkenen Klosters zieht ein feuriger A., aus dem See auftauchend, in diesen hinunter [198]), einen Eremiten führt er [199]), den Gründungsort eines Klosters zeigt er durch Umkreisung im Flug an [200]).

Eigentümlich ist die oldenburgische Geschichte von dem reich gewordenen Zimmergesellen, der an jeden Stachelbeerbusch einen goldenen A. hängt [201]). Nur vorübergehend seien erwähnt die Sagen vom Raub des Ganymed [202]) und einer Jungfrau [203]), während die Berichte von geraubten Kindern und sogar halbwüchsigen Menschen zum Teil verbürgt sind [204]). Zeus wird von dem A. geschützt und getränkt [205]). Die Sage von dem leberfressenden A. (Prometheus) scheint vereinzelte Parallelen zu haben [206]). Das hübsche Märchen von dem Raub des Schuhes der Rhodopis bei Älian Var. hist. XIII, 32. Astronomische Mythen über das Sternbild des A.s s. bei Pauly-Wiss. 1, 374 [55].

174) Meyer *Germ. Myth.* 112. 175) K. 241. 176) Gesn. II a (n. Sueton). 177) Hastings 2, 315a; Cumont *Etudes syr.* 82 f.; Ebert 1, 22. 178) Ebd. 179) Cumont 83. 180) Ebd. 85 An. 4; PW. 1, 99. 181) Cumont 83, A. 2; Günter *Leg.* 56. 182) Clemen *Reste* 65. 183) Günter *Leg.* 61. 184) Ebd. 126. 185) K. 255 f. 186) Pyrrhus: Gesn. III b (n. Älian II, 40); Knabe: Älian VI, 29; dazu Ausg. v. Jacobs Bd. 2, 224; Jungfrau: Gesn. III b (n. Plin. X, 18). 187) Grimm *Myth.* 2, 948 (Rolland 21, 20); Wiener Oswald, Hs.D, Vers 346 c; Günter *Leg.* 125; Swainson *F. L. of Brit. Birds* 135 ob.; Hahn *Griech. Märchen* (1864) 1, 317; 2, 57. 188) K. 272; PW. 373 [36]; Marx *Griech. Märchen v. dankb. Tieren* (1889) 29 ff.; Hahn *Gr. Mär.* 1, 317; Warnung vor Schlangengift: Gesn. IV b (n. Aelian XVII, 37; dazu Jacobs in s. Anm.); Köhler *Kl. Schr.* 1, 560 f.; Gubernatis *Tiere* 486 Anm. 1; Gonzenbach *Siz. Märchen* 1, 34 f.; Sébillot *Folk-Lore* 3, 213. 189) Außerdem K. 240. 251; PW. 374 [43]; Gubernatis *Tiere* 492; Dähnhardt *Naturs.* 3, 431. 190) Gylfaginning c. 16; Grimm *Myth.* 2, 664; Meyer *Germ. Myth.* 112; Braun *Sage* 2, 282 (griech. Parallele aus Nonn. 40, 443); Hahn *Sagenwiss. Stud.* 517; Bugge *Studien* 498 ff.; (christlich-antiker Einfluß); Eisler *Weltenmantel* 577 [3]. 580 A. 583. 590. 191) Bragarœđur: Edda, dtsch. v. Gering 353; Hahn *Sagenwiss. St.* 143. 192) A. Stiere jagend PW. 372 [19]; Älian II, 39 (dazu Jacobs II, 83: „verdächtig"); Gubernatis *Tiere* 487 A. 2. 193) Wlislocki *Zigeuner* 302. 194) Dähnhardt *N. S.* 3, 139. 177. 195) Erk-Böhme 1, 528; ZfdA. 7, 333. 196) Dähnhardt 3, 270. 197) Reiser *Allgäu* 1, 313. 198) Vernaleken *Alpens.* 49. 199) Klapper *Erzähl.* 349. Der weisende A. von Gwernabwy: Tegethoff *Märchen, Schwänke u. Fabeln* (1925) 88 f. 200) Grimm *Myth.* 2, 955 (n. Flodoard, 10. Jh.); vgl. W. Wackernagel

Kl. Schr. 3, 204. [201]) Strackerjan 1, 228. [202]) K. 249; Cumont *Et. syr.* 85. [203]) Wlislocki *Zigeuner* 304. [204]) K. 249; Walliser Sagen 1, 181 f.; Tschudi *Tierleben*⁸ 289; Brehm⁴ 6, 358 (Adler). 322 ff. (Bartgeier). [205]) PW. 374 [24]; Kuhn *Herabkunft* 178 (176 ff. weitere Mythen). [206]) K. 256. 443.

7. Aus dem dt. Volksbrauch läßt sich erwähnen, daß bei Schlettstadt die aufgerichtete Weinlesetanne einen goldpapierenen A. trägt [207]), und in Nieder-Finow und Liepe die Knechte am 2. Pfingsttage mit einem Gänseaar (Haliaëtus albicilla) umziehen, der am Himmelfahrtstage aus dem Neste genommen worden ist [208]).

[207]) Mannhardt 1, 203. [208]) Sartori *Sitte* 3, 198 A. 24.

8. Ein Rechtsbrauch grausamster Art ist das A.- (auch Eule-) schneiden des germ. Nordens, das darin bestand, daß einem besiegten Feinde in den Rücken Einschnitte in Gestalt eines A.s gemacht und flügelartig aufgerissen wurden [209]).

[209]) Grimm *RA.* 2, 271; v. d. Hagen-Edzardi *Altdt. u. altnord. Heldens.* 3, 330 A. 1. 371; Gubernatis *Tiere* 488 A. 1 (Parallelen in russ. Volksmärchen).

9. In Kunst und Heraldik ist der A. als Götter- und Königstier ein weitverbreitetes Motiv [210]). Er kommt als Tempel-, Haus- und Gräberschmuck vor [211]), außerdem auf Münzen [212], Wappen [213]), Zepter [214]), Helm [215]), Legionssigna [216]), Schleuderbleien [217]) u. a. m.

Der Doppela. ist altorientalischen Ursprungs [218]). Vgl. Geier.

[210]) Antik: K. 273 ff.; christl.: Cabrol *Dict. d'arch. chrét.* I, 1, 1037; Kraus *Real-Enc.* s. v. [211]) s. o. 1 [37. 40. 43]. [212]) K. 239. 241. 242. 243. 244 ff. 261 f. 264. 436 A. 92; Imhoof-Blumer u. Keller *Tier- u. Pflanzenbilder* 1889. (Register). [213]) K. 240 f. 244 ff. [214]) Ebd. 240. [215]) Ebd. 242. [216]) Daremb.-Saglio IV, 1310 ff.; K. 242; Gennep *Religions* 2, 19. [217]) K. 244. [218]) Goblet d'Alviella *Migration d. Symboles* 28 ff.; Frazer 5, 133 A. (Hettiter); Cumont *Et. syr.* 116 u. Anm. 5; PW. 375 [11].

Hoffmann-Krayer.

Adlerfarn s. Farn.

Adlerstein (Aëtit). Griech. ἀετίτης (von ἀετός = Adler), mhd. athites; nhd. Adlerstein, an der Nordseeküste Gosarensteen (Gänsea.), auch Krallenstein genannt, weil die Adler ihn angeblich in ihren Krallen zum Horst tragen, um diesem Festigkeit zu verleihen und ihn und ihre Jungen vor Gefahren zu beschützen (weitere Benennungen s. u.). Die Fabel von dem A. und seinen Wirkungen stammt aus dem Altertum und ist von dort in die naturwissenschaftlichen Werke des MA.s und aus diesen in das Volk gedrungen. Die A.e sind runde oder ovale Gebilde aus Braun- oder Toneisenstein von der Größe einer Nuß bis zu der eines Kindskopfes. Im Innern haben sie einen Hohlraum, in dem abgelöste Steinchen eingeschlossen sind; wenn man den Stein schüttelt, klappern sie. Man nennt den Stein deshalb auch „Klapperstein" [1]). Da der eingeschlossene und bewegliche Kern an die Leibesfrucht einer schwangeren Frau erinnert, bestand von jeher der Aberglaube, der A. sei als Amulett (similia similibus) gebärenden Frauen dienlich. Plinius (n. h. 10 § 12) nennt ihn lapis praegnans (Schwangeren-Stein), und ihm folgend berichten antike und mittelalterliche Schriftsteller, der A. besitze die magische Kraft, das keimende Leben im Mutterleibe zu schützen, vor einer Frühgeburt zu bewahren und der Kreißenden die Wehen zu erleichtern. Zu diesem Zwecke sollte er inwendig an die linke Lende der Gebärenden gelegt, zum Schutz gegen Fehlgeburt aber von der Frau als Amulett getragen werden [2]). Einige Beispiele sollen die große Bedeutung zeigen, die der A. als geburtserleichterndes Mittel früher hatte. Ibn al-Beitar berichtet (nach Aristoteles):

Dieses (scil. der A.) ist ein Stein, von Indien herstammend, der, wenn er bewegt wird, den Ton eines andern Steines, der sich in seinem Bauch bewegt, von sich gibt und der gr. Aetites genannt wird, welches einen die Geburt erleichternden Stein bedeutet. Die Menschen verfielen auf die Eigenschaft dieses Steines durch die Adler, und zwar weil zu dem Weibchen dieses Vogels, wenn es Eier legt und dieses Geschäft mit Beschwerden verbunden ist, das Männchen mit diesem Stein herbeikommt, denselben unter das Weibchen legt, worauf das Eierlegen erleichtert wird und jeder Schmerz verschwindet. Ebenso wirkt dieser Stein bei den Weibern und den übrigen weiblichen Tieren, wenn er unter sie gelegt wird, und erleichtert ihre Geburten" [3]).

Ähnliche Auskunft gibt das Vogelbuch des Dionysius [4]):

„Cum parturiunt (sc. aquilae), lapidem nidis imponunt, ut tempestive pariant, neque, per vim pulso fetu immaturo, abortiant. Non constat autem de hoc lapide: sunt qui de montibus Caucasiis, alii ab Oceani littore peti tradunt, colore candidissimo, spiritu gravidum, qui etiam ex agitatione sonum edit. Feminae praegnanti alligatus abortum amolietur; contacta aqua in lebete fervente ignis vim penitus domabit."

Vincentius Bellov. berichtet über ihn in seinem „Speculum naturale":

„In nido gemmam ponit, ut pullos a serpentibus defendat" (l. XVI, cap. XXXIII); „Jorath (?) aquila de pullorum suorum cibo solicita ponit amatistin in nido suo: et ab eis venenum fugat." (l. XVI, cap. XXXV). „Dicunt et alii philosophi quod duos lapides preciosos nomine indes in suo nido collocat, sine quibus parere non potest" (ib.). Über den „ethites quem aliqui dixere gagitem" s. ebd. cap. XXXIV.

Volmar „besingt" den A. in seinem „Steinbuch" (13. Jh.) [5]):

„Ein stein ist etite genant, / des kraft ist mir wol bekant. / der ist dicke und roter var. / den hat niwan der adelar / hohe uf sime neste. / swa man den stein weste, / da möhte man in gerne suochen. / man hat uns an den buochen / von dem steine vil geseit. / swer in an der linken hant treit / der ist iemer riche, / und sag iu waerliche / daz im der stein vil sere frumet, / swa er ze strite kummet: / so nement die viende fluht, / und büezet ouch die vallnde suht. / und ob er denne weiz den man, / daz er zwifelt dar an / ob er im vriunt oder vient si, / daz beseh er da bi, / daz im doch nit mac geschaden: / er sol in zuo sime tische laden / und sol des niht vergezzen, / er lege im in daz ezzen / den stein, daz er es nicht enweiz, / die wile die spise si heiz: / ob er denn sin friunt ist niht / als er sich hin zim versiht, / swaz er sin nimt in den munt, / daz kumt im niemer für den slunt / als groz als kleine gruz / und muoz ez zehent spien uz: / so man den stein dan genimet, / so izzet er swes im gezimet."

Conrad Gesner widmet dem A. in seinem „Vogelbuch" (Zürich 1557), Fol. VI a bis VII a ein ganzes Kapitel, in welchem er u. a. die volksmedizinische Seite behandelt. Fol. III a schreibt er:

„Der Adler ist also hitzig, daß er die Eier mit dem brüt gar verkochte, wenn er den allerkeltesten stein Gagatem nit darzulegte / als Lucanus schreibt. Etliche meinend auch, daß der stein Aetites die hitz der eyeren und des Adlers miltere: die andern, daß er die neere und läblich mache: etliche daß sy nit brechind welches gantz falsch ist / dan sy ee von dem stein dan von jnen selbs aneinanderen gestossen zerbrochen wurdend / sagt Albertus. Der Adler und Storck legend allzeyt einen stein in jr näst / der Adler den Aetiten / der Storck den Lychniten / damit die eyer fürkommind / vnd die schlangen jnen nit nahind. Es sagend andere natürliche meister / daß der Adler zwen edel stein in sein näst lege / mit namen Indes / on welche er nit möge gebären. Es ist auch gwüss, dass etliche vögel zwüschend jre eyer stein legend / als die krench. Plinius sagt, man find in des Adlers näst zwen stein Aetites / das weyblin vnd das männlin / vnd on dies mögind die Adler nit gebären. So sy aber geschleufft (ausschlüpfen gemacht) habend / so legend sy den stein Achaten vnder / der die jungen vor gifft beware: wiewol der stein Gagates mehr den schlangen widerig ist dan der so Achates genennt wirt.

Auch im französischen Glauben spielte der A. eine sehr große Rolle. Bei Godefroy (III, 366) findet sich folgende Stelle:

„De la pierre d'aigle qui a nom indiose, l'aigle va en criant por cele pierre, ne ne puet (so!) ponre ne eschepir (faire éclore) devant que elle ait cele pierre."

und Rolland, Faune populaire (IX, 8 f.), gibt aus Werken des 16. u. 17. Jhs. mehrere weitere Belege an [6]).

Aber auch in anderer Hinsicht war der A. heilsam. Zahler erwähnt, daß man den Leibbruch der Kinder in Kürze zu heilen glaubte, wenn man einen A. darauf festband [7]). Unter den vielen fabelhaften Wirkungen des Aëtit, die Schade aus mittelalterlichen Quellen zusammenträgt, findet sich, daß er seinem Träger den Sieg verleiht [8]) (s. Siegstein). In der Oberpfalz hing man früher A.e an den Betthimmel oder an das Haustor gegen Behexung der Bewohner, in den Stall zu Häupten der Pferde als Schutz gegen Krankheiten (vgl. Drudenstein) [9]). Der Glaube an die magische Kraft des A.s war im MA. weit verbreitet, erhielt sich bis ins 18. Jh. und soll auf Rügen und in Oldenburg noch bestehen [10]).

Auch in der Volksheilkunde fand gestoßener A. vielfache Verwendung, z. B. bei Entbindungen, gegen Vergiftungen, Epilepsie, Kopfweh, Augenflüsse usw [11]). In der altrömischen Medizin wurde er verwendet, um das Fallen der Epileptiker zu verhüten, Wassersucht zu beseitigen, die Heilung von Knochenbrüchen zu begünstigen; er verhütet Empfängnis, vermehrt die Milch der Stillenden, ja es gelingt mit seiner Hilfe sogar Diebstähle zu entdecken, da Diebe Brot, in dem ein Aëtites, nicht hinunterschlucken können (Dioscorides, Plinius, Galen, Aelian, Sextus, Kyranides). Je nach dem Inhalt, ob hart oder tonig weich, unterschied man männliche und weibliche A.e; daneben wurden afrikanische, cyprische und taphiusische verschieden bewertet [12].

[1]) Pauly-Wissowa 1, 704 f.; Plin. *n. h.* 36 § 149; Weinreich *Heilungswunder* 18; Keller *Tiere* 269; Andree *Parallelen* 2, 33; Lonicer 35; Zedler s. v. Klapperstein 5, 691 und Adlerstein 1, 525; Seligmann 2, 28; Wolf *Beiträge* 1, 249; Strackerjan *Oldenburg* 2, 178 Nr. 412; Lammert 31; Kühnau *Sagen* 2, 132; Hovorka-Kronfeld 2, 564; Quenstedt 625; Bergmann 13; Amersbach *Grimmelshausen* 2, 63; Abbildungen bei Seligmann 1, 249 und Gesner *d. f. l.* 10. [2]) Plin. *n. h.* 30 § 130; Megenberg *Buch der Natur* 445; Agrippa v. N. 1, 92; Marbod c. 27; Männling *Curiositäten* 175 (= Meyer *Aberglaube* 59 und 101); Lonicer 60; Schade s. v. aetit 1333 f.; Grimm *DWb.* 5, 477; Hovorka-Kronfeld 2, 543; Lammert 169; Staricius *Heldenschatz* (1706), 479 f.; Zahler *Simmenthal* 83 f.; Birlinger *Aus Schwaben* 1, 390; Andree-Eysn 140; Drechsler *Schlesien* 1, 182; ZföVk. 13 (1907), 107 (nach Rueffs *Hebammenbuch*) HessBl. 5, 133 f. = Sartori 1, 23. Über ähnlichen Aberglauben bei anderen Völkern vgl. Daremberg et Saglio 2, 2, 1461 f.; Schade 1335; Hovorka-Kronfeld 1, 8; Andree-Eysn a. a. O [3]) Arndt in Journal f. Ornithologie 73 (1925), 58. [4]) Paraphrasis librorum Dionysii de avibus (παράφρασις τῶν Διονυσίου ὀρνιθιακῶν) (lat. Übers.) lib. I, c. III. In: Poetae bucolici et didactici, ed. Ameis, Lehrs. usw. (Paris 1862). [5]) Ed. Lambel Vers 373 ff. Dazu Anm. S. 56. [6]) Pomet *Histoire des Drogues* 1694; Olivier de Serres *Théâtre d'agriculture* (1600) 849; Dariot *Prép. des médicaments* (1589), 54. [7]) Zahler a. a. O. 84. [8]) Schade a. a. O. [9]) Panzer *Beitrag* 2, 429. [10]) Brückmann 375. [11]) Zedler s. v. Klapperstein a. a. O.; Hovorka-Kronfeld 1, 8; Zahler a. a. O. 83 f.; Lonicer 60 (gegen Fallsucht), vgl. SAVk. 15 (1911), 91. [12]) Keller *Tiere* 269; Arndt in Journal f. Ornithologie 73 (1925), 58.

Weitere Literatur: Ephemerides naturae curiosorum 1690, p. 136—138; Revue des Soc. sav. 1872, 432; Laborde *Emaux* 2 (1853), 440; De Villamont *Voyages* 1602, 217; G. Laurembergius *Descriptio aetitis*. Rostock 1627. Olbrich.

Mit Nachträgen von Hoffmann-Krayer.

Adolfmonat s. August.

· **Adonai,** hebräische Bezeichnung Gottes, zumal in späterer Zeit, als Ersatz für den nicht mehr ausgesprochenen Namen Jahwe [1]); eigentlich „mein Herr". Adon ist ein ähnliches Gottesepitheton wie Baal und Mari und speziell phönizisch und hebräisch [2]). Die hellenistischen Zauberpapyri verwenden das Wort oft in ihren Anrufungen [3]). Es ist dann auch in die Zauberformeln der späteren Zeit übergegangen und findet sich nicht selten bis in unsere Tage [4]). Jüdische Formeln und Kabbala haben dabei miteingewirkt.

[1]) G. Dalman *Der Gottesname Adonaj und seine Geschichte* (1889); Ders. *Die Worte Jesu* (1898), 149 f.; RGG. 1, 156. [2]) Graf Baudissin *Adonis und Esmun* (1911), 65 ff.; Frazer *Golden Bough* 12, 149. [3]) Abt *Apuleius* 180; Wessely 1, 155 (Reg.); 2, 79 (Reg.). [4]) Pradel *Gebete* 20, 10. 46 f.; Agrippa von Nettesheim 3, 56. 57; SAVk. 15 (1911), 179; Tylor in Encyclopedia Brittanica 15, 202; Horst *Zauberbibliothek* 2, 132; Thiers 1, 359. 413; Heim *Incantamenta* 523. 552; Turiner gnost. Traktat f. 9 in Rossi *Cinque manoscritti*, Memor. Accad. Tor. ser. 2, 43; Ons Hémecht. Festschrift 9; Franz *Benediktionen* 1, 409. 430; 2, 169. 497. Jacoby.

Adoption. 1. Eltern- und Kindesverhältnis wird nicht immer nur durch leibliche Abstammung vermittelt. Auch künstlich kann zwischen einem Mann oder einer Frau und einem Kind dieses Verwandtschaftsverhältnis hergestellt werden. Der meist verbreitete Brauch ist die Form der Adoption durch Nachahmung der leiblichen Geburt, welche im MA. auch von Männern geübt wurde. Als der Fürst von Edessa Balduin adoptierte, preßte er ihn an seinen nackten Leib [1]). Ursprünglich scheint diese Adoptionsart meist von Frauen geübt worden zu sein. Als Hera den Herakles auf Wunsch des Zeus adoptieren sollte, ließ sie sich auf ihr Ehelager nieder, nahm ihn an ihren Körper und ließ ihn durch ihre Kleider zu Boden gleiten [2]). Die bosnische Türkin stopft den Adoptivsohn ihres Mannes durch ihre weiten Pluderhosen [3]). Die

Bulgarin zieht ihn umgekehrt von unten nach oben durch ihre Kleider [4]). In modifizierter Form wird von Maria Cantacucena berichtet, daß sie ihr Obergewand ausbreitete und damit die Adoptivkinder umschloß [5]). Bei Südseestämmen läßt sich eine Frau auf einem erhöhten Stuhle nieder, und das Adoptivkind kriecht von rückwärts durch ihre Füße durch. Rahel, welche den Sohn ihrer Magd adoptieren will, läßt diese „auf ihrem Schoße" gebären [6]). Im alten Rom finden denn auch die Adoptionen vor dem ehelichen Lager statt, seit Nerva im Tempel des Jupiter [7]). Und die Arrogationsformel betont, daß das Adoptivkind, als von diesem Vater und seiner Ehefrau geboren, zu gelten habe [8]).

[1]) Ducange *Des adoptions d'honneur en fils*; Grimm *RA.* 1, 219. 638; Liebrecht *Zur Volkskunde* 432; ZfVk. 20, 140 ff. [2]) Diodor 4, 39. [3]) Ciszewski *Künstliche Verwandtschaft* 103. [4]) Ders. l. c. 104. [5]) ZdVfVk. 20 (1910), 146. [6]) 1. Mos. 30, 3, 6. [7]) Plinius *in panegyr.* 8. [8]) Gellius 5, 19.

2. Adoption durch das Schuhsteigen. Nach altnordischem Brauch schlachtet der Vater einen dreijährigen Ochsen, von dessen rechtem Fuß die Haut abgezogen wird. In den daraus verfertigten Schuh steigt zunächst der Vater, hierauf die Erben und Freunde [9]). Der Schuh spielt eine Rolle im Hochzeitszeremoniell [10]) der Südslawen und auch beim Zeremoniell anläßlich der Weigerung eines berufenen Erben, die Leviratsehe zu vollziehen im A T. [11]). Es kann sich hier um einen Fruchtbarkeitsritus handeln, aber auch um ein Symbol für künftige Identität untereinander und mit dem Opfertier.

[9]) Weinhold *Altnordisches Leben* 290; ZdVfVk. 4 (1894), 166. [10]) Ciszewski *Künstliche Verwandtschaft* 108. [11]) 5. Mos. 25, 3.

3. Kniesetzung ist ebenfalls ein sowohl bei der A. [12]) wie bei der Verlobung vorkommendes Symbol [13]). Der Dänenkönig Harald hatte den Eirikssohn Harald durch Kniesetzung zum Pflegesohn angenommen. Harald Harfagr, der Gründer der dänischen Alleinherrschaft in Norwegen, ließ den Sohn einer Magd dem englischen König Aethelstan aufs Knie setzen und behauptete, hiedurch sei auch ohne Willen des Königs eine A. zustande gekommen.

Auch Handauflegung dient gelegentlich zur Bezeichnung der A. [14]), ebenso Zusammenbinden mit einem Gürtel [15]). Bisweilen wird auch nur eine feierliche Erklärung abgegeben [16]). Die Goten kannten auch A. durch das Schwert, Langobarden und Franken durch Bart und Haar [17]). In Rom gab es auch eine testamentarische A., welche weder Vermögens- noch Sippenrechte übertrug, wohl aber für die Übertragung politischer Macht, des Kaisertums, sehr gerne verwendet wurde.

[12]) Grimm *RA.* 1, 598. [13]) ZdVfVk. 4 (1894), 166. [14]) 1. Mos. 48, 14. [15]) Krauss *Sitte u. Brauch* 599 f. [16]) Ebd. [17]) Grimm *RA.* 1, 638 ff.

4. Der Adoptierte ist ein „Wunschkind", altn. öskabarn, „Wahlkind". Er wird in das Haus aufgenommen, um die Fortsetzung des Geschlechts oder des Totenkultes zu sichern, oder auch um einem Alleinstehenden die Wirtschaft zu führen, bisweilen auch, weil man sich davon einen günstigen Einfluß auf die Fruchtbarkeit der Adoptiveltern verspricht [18]), aber auch, um jemandem ein Erbteil zuwenden zu können [19]). Nach älterem römischem Rechte konnte nur ein Mann die A. vollziehen. Der Adoptierte galt als mutterlos [20]). Bei primitiven Völkern entschließen sich im allgemeinen Eltern sehr schwer, eines ihrer Kinder in eine andere Sippe adoptieren zu lassen; doch sind die Übergänge zwischen Pflege-, Pfand- und Adoptivkindern fließend [21]).

[18]) Hartland *Primitive Paternity* 1, 147 ff. [19]) 1. Mose 48, 19. [20]) Bachofen *Mutterrecht* 261. [21]) Gutmann *Das Recht der Dschagga* 228 ff. Vgl. weiter Ploss *Kind* 2, 674 ff.

M. Beth.

Adrian, hl., aus vornehmer römischer Familie, Kriegsoberster im Heere des Galerius Maximianus in der letzten großen Christenverfolgung (303), 8. Sept. [1]).

1. Seit dem 12. Jh. in Nordfrankreich und Flandern Schutzpatron gegen den plötzlichen Tod, ebenda neben dem hl. Georg bei Soldaten und Söldnern als Beschützer beliebt. Seit dem Ende des 14. Jhs. auch als Pestheiliger angerufen.

[1]) AA.SS. Boll. 8 Sept. 3, 219 ff. 200 ff.

2. Abgebildet als Krieger mit Palme und Schwert oder als Ritter, einen Amboß neben sich, auf dem man ihm nach der Legende die Gliedmaßen zerschmetterte, deshalb von den Schmieden zum Patron erwählt (naive Bildexegese), ähnlich von den Scharfrichtern und Kerkerwärtern, für letztere auch mit einem Schlüssel in der Hand dargestellt.

3. Auf einem Flugblatt des 16. Jhs. mit sog. Bauernregeln in Verbindung mit einem Speisegebot gebracht: „iß pfanzelten (= Pfannkuchen) Adriani", von Höfler (Fastengebäcke 85) auf einen Volksbrauch bezogen, „beim Umzuge der Erdgöttin diese mit heißen und fetten Speisen zu feiern", ebenda als Adrianstag (4. März) gekennzeichnet [2]).

[2]) Künstle *Ikonographie der Heiligen* (1926) 31—32; Baeßler *Legenden* 168; Bartels *Bauer* 46. Wrede.

Advent. 1. Der A. beginnt mit dem ersten Sonntag nach dem 26. November, dauert bis Weihnachten und schließt vier Sonntage ein. Er wird als Vorbereitung auf das Weihnachtsfest erst im 6. Jh. (in Gallien) erwähnt, doch war eine Art Rüstezeit schon früher vorhanden. Sie bestand in Fasten, das am Martinstage begann und dreimal wöchentlich bis Weihnachten geübt wurde. In Deutschland wurde die Feier der A.szeit mit Fasten und andern Übungen zuerst auf der Kirchenversammlung zu Aachen (836), dann auf der Synode zu Erfurt (1. Juli 932) eingeschärft. 1022 verfügte die Synode zu Seligenstadt, daß alle Gläubigen 14 Tage vor Christi Geburt fasten sollten, und daß von Beginn des A.s bis zur Oktav von Epiphanias niemand heiraten dürfe. Mit dem ersten A.ssonntag beginnt bei Katholiken und Protestanten das Kirchenjahr.

Anfänglich galt der A. der Buße und Abtötung; daher das Fasten. Später sah man in der A.szeit auch eine Erinnerung an das alte Testament oder an die Zeit vor Christus. Daß in ihr keine feierlichen Hochzeiten noch sonst öffentliche Lustbarkeiten gehalten werden durften, blieb auch bei den Protestanten noch lange Sitte. Frauen und Mädchen kamen in schwarzer Kleidung zur Kirche, und in manchen Kirchen pflegen Altar und Kanzel noch jetzt schwarz behangen zu sein. Allmählich traten Milderungen ein, und die fröhliche Weihnachtszeit sandte ihren Glanz mehr und mehr auch in die A.szeit, so daß diese im Glauben und Brauch ein merkwürdiges Doppelgesicht trägt [1]).

[1]) Pfannenschmid *Erntefeste* 517 ff.; Kellner *Heortologie* [3] 120 ff.

2. Zu den kirchlichen A.s-Vorschriften und -Sitten stehen folgende Volksmeinungen und -bräuche in Beziehung:

a) Der Besuch der Roratemessen oder „goldenen Ämter", die am A.ssonntage in aller Frühe beginnen, gilt wegen der damit verbundenen Beschwerden bei Frost und tiefem Schnee als besonders verdienstlich [2]).

b) Hier und da (z. B. in Mittelschlesien) gehen die Frauen beider Bekenntnisse noch heute in der A.szeit schwarz oder dunkel gekleidet in die Kirche [3]).

c) Daß keine Hochzeiten gefeiert werden dürfen, drückt man in Gossensaß mit den Worten aus: „Die Kathrein (25. Nov.) stellt das G'spil (die Hochzeitsmusik) ein"; oder: „A. ist da, die Diandln sein in den Rauch gehängt" [4]). Auch anderswo gilt die A.szeit noch als „geschlossen" [5]).

d) In früheren Zeiten wirkten die Hirten mit bei der Darstellung der Geburtsgeschichte Christi in den Kirchen, stimmten in der Mitternachtsmesse an der Krippe auf ihren Hörnern und Pfeifen ein Weihnachtslied an und bliesen auch auf bestimmten Plätzen. Davon hat sich im nördlichen Westfalen noch die Sitte des A.sblasens erhalten. Vom ersten A.ssonntage an blasen die Burschen jeden Abend im Freien ihr Mittwinterhorn, hier und da auch noch auf dem Wege zur Weihnachts-Uchte (frühmorgens) [6]). Wahrscheinlich aber liegt eine Wurzel dieses Brauches auch in der Absicht, die bösen Geister dieser finsteren Jahreszeit zu vertreiben. Dasselbe gilt vielleicht von dem sog. „Feldgeschrei", das in Ehrenfriedersdorf die Musikanten während der A.szeit wöchentlich dreimal vom Kirchturm in die Nacht hinausblasen [7]).

[2]) Schramek *Böhmerwald* 175; Hörmann *Volksleben* 204; Meyer *Baden* 487; vgl. Volkskunde 19, 140 ff. [3]) ZfVk. 4, 86. [4]) Ebd. 4, 131. [5]) Alemannia 27, 241; Höhn *Hochzeit* 2, 1 f. [6]) Sartori *Sitte u. Brauch* 3, 14 Anm. 19; Strackerjan 2, 33. [7]) John *Erzgeb.* 139.

3. In der A.szeit treiben Geister aller Art mit besonderer Lebhaftigkeit ihr Wesen. Am Lechrain schon von Allerheiligenabend an [8]). Im Elsaß ist Geisterkirche [9]). Die Hexen halten ihren Sabbat [10]), und man räuchert gegen sie den Stall aus [11]). Das Holzfräulein kommt zu den Leuten in die Stube [12]), das Filzmoosweible zeigt sich im Freien [13]). In einer Mühle bei Tiefenbach sieht man schwarze Männer mit glänzenden Kugeln werfen [14]). In Sulz zeigt sich ein Reiter auf weißem Schimmel mit dem Kopf unter dem Arm [15]); ebenso der „A.sreiter" in Schmalkalden [16]); in Würzburg ein betrügerischer Kaufmann [17]), im Steinfelder Walde ruft der Huimann [18]). So gehen ferner um: Irrlichter und feurige Männer [19]), der wilde Jäger in seinen verschiedenen Gestalten [20]), Kobolde im Walde [21]), die „A.smännchen" im Stalle [22]), weiße Frauen [23]), gespenstische Tiere, namentlich Hunde [24]), und Leichenzüge [25]). An schwäbischen Orten zeigt sich ein weißes „Säule" [26]). Das „A.sschwein" in der Zehntscheuer von Hugstetten bei Freiburg bedeutet Glück [27]). Man hört Musik [28]) und Beten in der Luft [29]). Besonders die Donnerstagsnächte der A.szeit sind „verworfene", „scheuliche", „ungeheure" Nächte [30]).

[8]) Leoprechting 32. [9]) Stöber *Elsaß* 1, 33. [10]) Meyer *Baden* 556. [11]) Ebd. 396. [12]) Schönwerth *Oberpfalz* 2, 359. [13]) Reiser *Allgäu* 1, 115. [14]) Schönwerth 3, 145. [15]) Meier *Schwaben* 107. [16]) Witzschel *Thür.* 2, 156. [17]) Schöppner *Sagen* 2, 260. [18]) Ebd. 3, 44. [19]) Grimm *Sagen* Nr. 277; Meier *Schwaben* 31; Drechsler 1, 315; Kühnau *Sagen* 1, 394. 422. [20]) Meier *Schwaben* 117. 119. 120; Bindewald *Sagenbuch* 35. 39. 40. 43. 49; Bohnenberger 3. 7; Kühnau *Sagen* 2, 489; Vogt *Weihnachtsspiele* 113 f. [21]) Leoprechting *Lechrain* 32; Panzer *Beitr.* 2, 81. [22]) Knoop *Posen* 74. [23]) Meier *Schwaben* 26; Bindewald 23; Pröhle *Harzsagen* 252; Kühnau *Sagen* 1, 83. 92. [24]) ZfdMyth. 1, 35; Meier *Schwaben* 1, 31; Kühnau 3, 442; Grohmann *Sagen* 252. [25]) Kühnau 1, 222. [26]) Meier *Schwaben* 225. [27]) Meyer *Baden* 489; vgl. auch die „Adventskräm" oder „Adventssâ" bei d. Siebenbürger Sachsen; Simrock *Myth.*[2] 560; Jahn *Opfergebr.* 265; Meyer *Germ. Myth.* 102. [28]) Kühnau 1, 40. [29]) Baader *NSagen* 65. [30]) Meyer *Baden* 196; ders. *Germ. Myth.* 140.

4. In die A.szeit fallen allerlei Umzüge und Bettelgänge, meist von Armen und Kindern ausgeführt [31]). Sie klopfen dabei oft an die Türen und Fenster oder werfen Erbsen, Bohnen und kleine Steine dagegen (s. Klopfnächte). Aber auch andere Gestalten, Schimmel und Schimmelreiter, Bär, Storch, Jude, Zigeuner, Hexen u. dgl., im Salzburgischen die „schiachen Perchten", wandern von Haus zu Haus und machen in den Stuben ihre Späße oder toben und lärmen auf den Feldern umher zur Freude des Bauern, der sich davon ein gutes Erntejahr verspricht [32]). Durch all diese dämonisch sich geberdenden Wesen sollen feindliche Mächte vertrieben und zugleich die Fruchtbarkeit gefördert werden. Im Salzburgischen wird in der A.szeit ein Madonnenbild, Mariä Heimsuchung darstellend, jede Nacht in ein anderes Gehöft getragen. Wohin es kommt, bringt es Segen [33]). Manchmal ziehen „Sommer und Winter" um [34]). Der gleiche Gegensatz kommt auch in den christlichen A.spielen zum Vorschein, die von Haus zu Haus aufgeführt wurden [35]). Da tritt neben das lichte Christkind der wilde Ruprecht oder Ruklâs, oder wie er sonst heißt.

[31]) Sartori 3, 11 ff. [32]) ebd. 3, 13 f.; Lemke *Ostpr.* 1, 28 ff.; Handelmann 15 f. [33]) ZfVk. 9, 154 ff.; Andree-Eysn *Volkskundliches* 73 ff. [34]) Sartori 3, 13, Anm. 14. [35]) Vogt *Weihnachtsspiele* 88 ff.

5. Sonstiger Aberglaube. Man schüttelt die Bäume, damit sie viel Obst bringen [36]); man wäscht sich die Sommersprossen mit A.-wasser weg [37]). Die Wünschelrute muß am ersten A. um Mitternacht auf der Landesgrenze gebrochen werden [38]).

Schätze kann man nur in der A.szeit heben [39]. Erbsen und Linsen dürfen nicht gegessen werden, sonst gibt es Schwären im künftigen Jahre [40]. Kinder, die im A. auf die Welt kommen, werden geistersichtig [4].

[36]) Tetzner *Slaven* 380 (Polaben). [37]) Meyer *Baden* 548. [38]) Lynker *Sagen* 104. [39]) Kühnau *Sagen* 3, 628. [40]) Witzschel *Thür.* 2, 156 (8). [41]) Wolf *Beitr.* 1, 230; Reiser 2, 230.

6. Der A. als Jahresbeginn ist auch für die Zukunft maßgebend. Der Traum am ersten A.sonntag geht in Erfüllung [42]. Was man in den Nächten der vier A.sonntage träumt, geht in den vier Vierteljahren des künftigen Jahres in Erfüllung [43]. Man übt Bleigießen und Schuhwerfen [44]. Der Flachs wird so lang wie die Eiszapfen an A. [45]. Die Witterung der A.sonntage ist das Vorzeichen der Witterung für den ganzen Winter [46]. Wenn der „Dreiwochenwind" recht geht, gibt es viel Obst, denn da paaren sich die Bäume [47]. Wenn's auf den ersten A. auf dem Boden rumpelt, so stirbt bald der Hausvater [48]. Wer in der Neujahrsnacht beim Aufschlagen des Gesangbuches ein A.slied findet, darf auf Familienzuwachs rechnen [49].

Viel Brauch und Glaube hat sich an einzelne Tage der A.szeit angeknüpft. Vgl. also Andreas-, Barbara-, Nikolaus-, Lucien-, Thomastag, Klopfnächte.

[42]) Drechsler 1, 17. [43]) Ebd. 2, 202. [44]) Heckscher 358. 359. [45]) Eberhard *Landwirtschaft* 9. [46]) Witzschel 2, 136 (5). [47]) Engelien u. Lahn 238 (37). [48]) Wolf *Beitr.* 1, 230; vgl. Drechsler 1, 17. [49]) John *Erzgeb.* 117. Sartori.

Adventsmonat s. Dezember.

Adventsmütterchen s. Weihnachtsumzüge.

Advokat. Derb und deutlich äußert das Volk seine Meinung über die Advokaten, die es als geldgierig und rechtsverdreherisch bezeichnet [1]. Im Himmel ist keiner von ihnen zu finden, wie St. Petrus in einem Tiroler Schwank [2] bedauernd dem Müller antworten muß, der von ihm einen Advokaten heischt; aber in der Hölle wird ihnen ein sicherer Platz bereitet. Diese Anschauung, die einen grimmigen Humor verrät, ist so feststehend, daß sie sogar in abergläubischen Formeln wiederkehrt, die auf dem Lande zur Eingewöhnung von Haustieren (Schweinen, Tauben, Hühnern) an einen neuen Platz gesprochen wurden. Ein solcher Spruch für die Tauben lautete in Bayern: „Flieg' aussi, flieg' eini, Flieg' ein in dein G'stell, Wie der A. in die Höll'" [3].

Die Volkssage läßt schlechte A.en nach ihrem Tode die Sünden in der Hölle abbüßen oder als Spukgeister auf Erden wandeln [4]. Eine bayrische Sage erzählt, daß die Seele eines gewissenlosen A.en in Vogelgestalt (Seelenvogel) vom Teufel geholt wurde [5]. Von dem sächsischen Plagegeist Katzenveit, dessen Streiche an Rübezahl erinnern, wird ein geldgieriger A. derb verdroschen und seines zusammengewucherten Reichtums beraubt [6]. Der Teufel verschmäht es nicht, in Gestalt eines Advokaten vor Gericht zu erscheinen, um sich eine sündige Menschenseele zu sichern [7].

In scherzhafter Weise wird der A. auch mit dem Wetter in Verbindung gebracht. Ein Quatemberlostag heißt im Anhaltischen „Avkat" [8], und in Oldenburg sagt man, wenn es bei Sonnenschein regnet, „dann kriggt de Düwel 'n A.enseel'" [9]. Es ist dies eine der zahlreichen im Volke umlaufenden humoristischen Erklärungen dieser meteorologischen Erscheinung.

[1]) Dieselbe Ansicht bekunden auch zahlreiche Sprichwörter, vgl. z. B. Wander *Sprichwörter-Lexikon* 1 (1867), 32 ff.; Schweiz-Id. 1, 89; Fischer *Schwäb. Wb.* 1, 106; Meyer *Baden* 544; Mensing *Schleswig-Holst. Wb.* 1, 71. [2]) ZfVk. 9, 374. [3]) Bavaria 3, 345; Köhler *Voigtland* 428. [4]) Zingerle *Sagen* 252 Nr. 443; Correvon *Gespenstergesch.* 53 ff.; Kunze *Suhler Sagen* 34. [5]) Bavaria 1, 312. [6]) Köhler *Voigtland* 518. [7]) Grimm *Sagen* 160 Nr. 210 und Kuhn *Märk. Sagen* 258. [8]) Mitteil. Anhalt. Gesch. 14, 16. [9]) Strackerjan *Oldenburg* 1, 330. Schömer.

Aeiei, Zauberwort in der Formel gegen Krämpfe bei Pferden [1]: + AEIEI + ANA + AZAL + MALTE +. Hebräisch?

[1]) Grohmann 128. Jacoby.

Aeromantie. (ἀερομαντεία, aeromantia, bisweilen finden sich daneben die Formen aerimantia, arimancia, aremancia u. ä.) Weissagung aus der Luft.

1. Altertum. In der von Varro (116 bis 27 v. Chr.) [1]) überlieferten Einteilung der Divinationsarten nach den vier Elementen, die für die ganze spätere Divinationsliteratur die Grundlage bildet, steht die A. neben der Geo-, Pyro- und Hydromantie. Näheres über Wesen und Ausführung gibt Varro nicht an, denn die im Anschluß an das Varrozitat bei Servius gegebene Erklärung, die die A. mit der Vogelschau gleichsetzt, geht, wie Servius ausdrücklich hervorhebt, nicht auf Varro zurück. So erklärt sich die große Unsicherheit und Verschiedenheit späterer Deutungen. Tzetzes [2]), der die Bezeichnung aeroskopia [3]) gebraucht, sieht in ihr die Beobachtung der in der Luft, d. i. am Himmel und in den Wolken sich zeigenden Farben sowie der Finsternisse, Nebensonnen, Regenbogen, Kometen u. dgl.; Augurium und Beobachtung des Himmels und der Wolken werden, ohne Nennung der A., in einem Aristophanesscholion [4]) zusammengefaßt.

[1]) Isidor *Etym.* VIII, 9, 13; Serv. *Aen.* III, 359. [2]) Exeg. Iliad. ed. Hermann 107, 17; 111, 7. [3]) Vgl. Schol. Iliad. I, 63 (Nikanor). [4]) Nubes v. 332.

2. Mittelalter. Da die mittelalterliche Behandlung der Divinationen in der Hauptsache auf das Altertum zurückgeht, herrscht auch hier in Beziehung auf die A. eine gewisse Unsicherheit, die noch dadurch verstärkt wird, daß bei der A. die Beteiligung dämonischer Mächte schwieriger einzusetzen war, als bei den anderen „elementarischen" Divinationsarten Varros. In den meisten Fällen wird sie neben diesen und der Nekromantie ohne weitere Erklärung aufgeführt [5]). In den listenartigen Aufzählungen, die die spätere Zeit so liebt (s. Divination), wird die A. entweder einfach registriert [6]) oder bezeichnenderweise auch fortgelassen, so in dem Weissagungskapitel 26 des „Ackermanns aus Böhmen" [7]) und in dem Traktat des Nicolaus Magni „De superstitionibus" [8]). Hartlieb im „Buch aller verbotenen Kunst" führt sie ebenfalls in jenem Zusammenhang auf [9]), bezieht sie aber dann in seiner ausführlichen Beschreibung [10]), ausgehend von der Erklärung „gät zu mit dem luft, auch was darynn swebt und lebt", zunächst auf die Vogelschau, ja überhaupt auf den Angangsaberglauben ganz allgemein, was natürlich falsch ist. Erst später [11]) ist die Rede von abergläubischer Beobachtung der Windrichtungen bei Jagden und ähnlichen Gelegenheiten. In den folgenden Kapiteln verbreitet er sich über Gebräuche und Vorstellungen, in denen die Luft eine sekundäre Rolle spielt und die z. T. mit Mantik gar nichts zu tun haben. Man merkt die Verlegenheit des Verfassers, die überlieferte Kategorie der A. mit Einzelbegriffen zu füllen, wenn er z. B. unter diesem Stichwort das Niesen („das nyesen komt von warmen luft") und die Rachepuppen behandelt („hencken das jn die lüft, vnd so der wind das rürt, so mainent sy . .") Nur in den Schlußkapiteln [12]) kommt er, mit Abschweifungen auf das astrologische Gebiet, auf die mantischen Beobachtungen von Himmels- und atmosphärischen Erscheinungen zu sprechen. Diese werden in den späteren Definitionen der A. in erster Linie genannt, so in M. Behaims Meistergesang gegen Ketzer und Zauberer [13]). Die Mitwirkung des Teufels und der Dämonen wird in verschiedener Weise eingeführt, aktiv z. B. in dem hsl. Traktat des Joh. Vincentius Adversus magicas artes [14]) (um 1475: teuflische Stimmen in der Luft), in G. Reischs Margarita Phylosophica [15]) (1504: teuflische Erscheinungen in der Luft), passiv „ex aëre coniurato" bei Georg Pictorius [16]). Nach ihm bedeutet Wind aus Osten Glück, aus Westen Unglück, aus Süden Unsicherheit, aus Norden Geheimnis u. a. m. Auch die Deutung der Erscheinungen des Stein- und Eisenregens, wie sie unter den römischen Prodigien aufgeführt werden, sei Aufgabe der A. Ein Taschenspielerkunststück ist die von Pictorius nach Cardanus [17]) beschriebene Form der A., bei der es sich darum handelt, hinter einem vor das Gesicht gehaltenen Tuch in ein mit Wasser gefülltes Gefäß Worte

hineinzusprechen, das Wasser dadurch in Blasen zu verwandeln und allmählich auszuleeren u. dgl. Diesen Trick läßt Delrio [18]) als einzige Erklärung der A. gelten, da die Beobachtung der atmosphärischen Erscheinungen zum Augurium, der Himmelserscheinungen zur Astrologie, der Luftphantome u. dgl. zur Teratologie gehöre. Übrigens bespricht Cardanus [19]), ohne die A. zu nennen, an anderer Stelle [20]) die Vorbedeutungen in der Luft. Auch nach Agrippa von Nettesheim [21]) benutzt die A. die verschiedenen Erscheinungen der Luft, Winde, Regenbogen, Hof um Sonne und Mond, Nebel und Wolken, Bilder in den Wolken und Erscheinungen in der Luft; ähnlich der Anonymus in Agrippas Werken [22]).

Bei dieser Unbestimmtheit der Quellen kann es nicht wundernehmen, daß die modernen Erklärer sich z. T. auf allgemeine Wendungen oder auf Wiedergabe der alten Erklärungsversuche, besonders des Agrippa, beschränken [23]).

[5]) So z. B. bei Hrabanus Maurus, Migne *P. L.* 110, 1098 b; Burchard von Worms ebd. 140, 840 b; Ivo von Chartres ebd. 161, 761 a. 1318 b; Hugo von St. Victor ebd. 176, 810 b; Decretum Gratiani, Corp. iur. canon. ed. Friedberg 1, 1024; Thomas Aqu. *Summa Theol. Sec. Sec. qu.* 95 art. III, Opera Rom 1897 Bd. 9, 315; näheres vgl. Divination. [6]) Z. B. Zürcher Hs. v. J. 1393 bei Grimm *Myth.* 3, 411; Joh. Camerarius *De generibus divinationum* (1575) 9; Rabelais *Garg.* 3 cap. 25, Uebers. von Gelbcke 1, 398, vgl. Gerhardt *Franz. Nov.* 169. Den Titel Aeromanticus legt sich neben vielen anderen der historische Faust in seinem Brief an Trithemius 1507 bei, vgl. Wittkowski in Zs. f. Geschichtswiss. N. F. 1, 343; B. H. van 't Hooft *Das holl. Volksbuch vom Dr. Faust* (1926), 4. [7]) Burdach in seiner Ausgabe 1917, 346 Anm. 1. [8]) Franz *Nik. de Jawer* 179. [9]) ed. D. Ulm Halle 1914, 35 f. cap. 53. [10]) cap. 67 ff. Ulm 43 f.; vgl. Grimm *Myth.* 3, 429. [11]) cap. 69/70. [12]) cap. 71—79. [13]) Hansen *Hexenwahn* 207. [14]) Ebd. 231. [15]) Straßburg 1504, VII, 2, 2, 171 v. [16]) *De speciebus Magiae* 1559 cap. X, 61, wiederholt bei Agrippa *Op.* ed. Bering 2, 483, Deutsche Ausg. Berlin 1916, 4, 169. Ähnliches bei Cardanus *De Sapientia* IV, Op. Lugd. 1663, 1, 566 a. [17]) a. a. O. [18]) *Disquisit. Mag.* IV cap. 2 qu. 6. Mainz 1603, 2, 171. [19]) Ebd. 196 ff. [20]) *Rer. var.* XIV cap. 70, Basel 1557. 937 und XV cap. 88, 1044 ff. [21]) *De occ. philos.* I cap. 57. Ed. Bering. 1, 89 Dt. Ausg. 1916 1, 274. [22]) *Op. Ber.* 1, 690. Dt. Ausg. 5, 358. [23]) Schindler *Aberglaube* 213; Freudenberg *Wahrsagekunst* 36.

3. Gegenwart. Was in dem heutigen deutschen Glauben an die Vorbedeutungen atmosphärischer Erscheinungen antikes Gut ist, läßt sich kaum feststellen, wenn auch kein Zweifel darüber bestehen kann, daß viele unserer Bauernwetterregeln auf die griechisch-römische Antike und sogar auf altindische und assyrisch-babylonische Vorbilder zurückgehen [24]). s. Luft, Luftspiegelung, Regenbogen, Wetterregel, Wind, Wolke.

[24]) A. Yermoloff *Der landwirtschaftl. Volkskalender* (1905); G. Hellmann *Die Anfänge der Meteorologie* in Meteorol. Zs. 25 (1908), 481; J. Paffrath in Stimmen aus Maria Laach 88 (1915), 493; SAVk. 26, 1 ff. für die tatsächliche Bedeutung s. H. Kaserer *Bauernregeln und Lostage in kritischer Beleuchtung.* Wien 1926. Boehm.

Aëtit s. Adlerstein.

Afa, Afra, nostra [1]), Zauberworte, um eine Flinte versagen zu lassen. Klangworte wie abia usw., apra usw.

[1]) Mitteil. Anhalt. Gesch. 14, 9. Jacoby.

Afel. Unter A. versteht das Volk jede Entzündung einer Wunde und Verletzung überhaupt, also Hautabschürfung, schmerzhafte Hautröte, Rotlauf, Entzündung, Brand; äfeln heißt dann wundreiben; äflich ist bei Paracelsus soviel wie hitzig, febrisch. Gegen diese „Wundsucht" hilft das A.kraut (Chelidonium maius) [1]).

[1]) Höfler *Krankheitsn.* 128 (unter Ab-Fell); DWB. 1, 181. Stemplinger.

Affe [1]). Der Volksglaube sagt, A.n seien von Gott verwünschte Menschen [2]); Hans Folz erzählt in seinem Spruch „von wannen die A.n kommen", ein Schmied habe in Nachahmung der Verjüngungskur St. Peters bei seiner Schwiegermutter die gleiche Prozedur versucht, aber diese sei zum maulrümpfigen, stumpfnasigen A.n geworden. Seine Frau und Schwägerin hätten in schwangerem Zustand zugesehen und hätten beide Affen geboren, die man später in die Wälder trieb [3]).

In deutschen Volkssagen erscheinen Geister öfter in A.ngestalt [4]), insbesondere der Teufel [5]), den schon Wier [6]) einen A.n Gottes nennt.

Nach Schweizerlegenden kommen Junggesellen nach dem Tod in den „A.nwald" [7]), d. h. sie sind verwünscht.

Während aber in der Antike [8]) der A. in Volksmedizin u. Zauber eine bedeutende Rolle spielt, findet sich davon im deutschen Aberglauben nichts; etwaige Hinweise bei Gesner u. a. sind nur Zitate aus Plinius, Aelian u. a.[9]).

[1]) Carus *Zoologie* 46. 129. 199; Gubernatis *Tiere* 414; Hoops *Reallex.* 1, 40; Hopf *Tierorakel* 52; Keller *Tiere* 1; Lippert *Kulturgesch.* 1, 633; Marzell *Pflanzennamen* 211; Peters *Aus pharmaz. Vorzeit* 1, 96. 289; Reuterskiöld *Speisesakrament* 50. 56; Schrader *Reallex.* 19; Staehlin *Mantik* 228; Kressner in Arch. f. d. Stud. neu. Spr. 55, 264. [2]) Rochholz *Schweizersagen* 1, 364; SAVk. 8, 300; Lütolf *Sagen* 349; Argovia 17, 67. [3]) ZfdA. 8, 537. [4]) Eisel *Voigtland* 128 Nr. 332; Quitzmann *Baiwaren* 177. [5]) Heyl *Tirol* 279 Nr. 96; Klingner *Luther* 27; ZfVk. 6, 441. Im Orient allg. s. Littmann *1001 Nacht in der arab. Lit.* 6 (euphem. „Glückbringer"). [6]) Wierus *De praestig. daemon.* (Frankf. 1586), 86. [7]) SAVk. 2, 56. [8]) Pauly-Wissowa 1, 707. [9]) Jühling *Tiere* 1.
Stemplinger

Afra, hl., von heidnischen Eltern, die von der Insel Cypern auswanderten, in Augsburg geboren, 5. August [1]).

1. Von ihrer Mutter Hilaria dem Dienste der Venus geweiht, eine Legende, mit der die Verehrung der Venus in Augsburg zusammenhängen dürfte.

[1]) AA.SS. Boll. 5. Aug. 2, 55 ff.

2. Erduldete i. J. 304 während der Diokletianischen Christenverfolgung auf einer Lechinsel bei Augsburg bei unversehrtem Leibe den Feuertod, an den die kirchliche Überlieferung die Entstehung der ältesten Augsburger Christengemeinde knüpft (ein Relief im Kloster Nonnberg bei Salzburg zeigt dieses Martyrium). Über ihrer Grabstätte erhob sich bald eine Kapelle, die eine vielbesuchte Wallfahrtsstätte wurde, später erhöht in ihrer Bedeutung durch das daneben errichtete Ulrichsgrab.

3. Auf einem Glasgemälde im Querschiff des Freiburger Münsters trägt die mit Namen genannte Heilige Salbenbüchse und Palme.

4. Kräuter in den St. Afraturm in Augsburg gelegt, sind geschützt vor allem Ungeziefer; Apotheker mach(t)en sich das zunutze [2]).

[2]) Baeßler *Legenden* (1864), 200; Beissel *Verehrung der Heiligen* 1, 5; Schönbach *Berthold v. R.* 10. 12. 153; ZdVfVk. 11 (1901), 229; ARw. 19, 419; Birlinger *Aus Schw.* 1, 410.
Wrede.

Agat s. Achat, Bernstein.

Agathe, hl. 1. Märtyrerin unter Decius. Sie wurde u. a. auf glühende Kohlen gelegt und ihr eine Brust abgeschnitten. Sie ist Schutzpatronin von Catania auf Sizilien, wo sie 251 gestorben sein soll. Ihr Festtag ist der 5. Februar [1]). Sie heilte Kranke und Besessene, befreite Catania von Pest und Hungersnot und beschwichtigte öfters durch ihren Schleier die Flammen und Lavaausbrüche des Ätna. Vor ihr wurde auf Sizilien eine andere „Gute", die Bona Dea, als Heil- und Segensgöttin verehrt, von der wohl einige Züge auf sie übergegangen sind [1a]). In Deutschland wird A. namentlich im schwäbisch-alemannischen Gebiete verehrt. Brot und Lichter sind ihre Opferspenden. In Lenzkirch wurden abends für jeden Anwesenden und auch für die verstorbenen Angehörigen auf dem „A.brett" Wachskerzen angezündet. Wessen Kerze zuerst herunterbrannte, der mußte zuerst sterben. Von der Asche wurde etwas in den Stall und auf den Fruchtspeicher gebracht und unter das Getreide gemengt [2]). Anderswo wurde das abgetropfte Wachs zu Kreuzchen geknetet und dem Hirtenbuben in den Hosensaum eingenäht [3]). In Westfalen läßt man noch auf einzelnen Höfen in allen Ställen Lichter brennen [4]). Hier opfert man der A. auch Flachs [5]). Im Kr. Meschede wird auf A. ein Faden ums Haus gespannt und dann als Docht für Kerzen verwandt; diese zündet man an und läßt sie den ganzen Tag brennen [6]).

[1]) AA.SS. Boll. 5. Febr. 1, 615 ff. 637 ff. [1a]) Nork *Festkal.* 153 ff.; Trede *Heidentum* 3, 53 ff. 379 ff. 392 f.; Eisler *Weltenmantel* 1, 132 ff. 145 ff.; Meyer *Baden* 496 f.; Höfler *Fastnacht* 16 f. [2]) Meyer *Baden*

497. 499. [3]) Ebd. 138. [4]) Hüser *Beitr.* 2, 24. [5]) ZfrwVk. 7, 32. 33. 41. [6]) Hüser Progr. v. Brilon 1893, 9.

2. A. ist vor allem Patronin in Feuersgefahr. Ihre Fürbitte schützt vor zeitlichem und ewigem Feuer [7]). Als „Feuermagd" verehrt man sie namentlich in Glashütten und Hammerwerken [8]). „A.nzettel" werden gegen Feuersbrunst in den Häusern aufbewahrt oder an den Türen angebracht (s. A.nzettel) oder Sprüche an die Haustüren geschrieben. Viele Häuser sind auch mit dem Bilde der hl. A. geschmückt [9]).

[7]) Meyer *Baden* 499 f.; Zingerle *Tirol* 132 (1182); Manz *Sargans* 50 f.; Stoll *Zauberglauben* 71; Laistner *Nebelsagen* 240. [8]) Meyer *Baden* 500. [9]) Sartori *Westfalen* 22; Laistner *Nebels.* 236 f.

3. Die Befreierin Catanias von Pest und Hungersnot ist auch Brotheilige [10]). Am Vorabend des 5. Februar geht der Geistliche in die Bäckereien und weiht das Brot [11]), oder es wird am Tage der Heiligen in der Kirche geweiht. Man ißt davon und gibt es dem Vieh beim erstmaligen Austrieb, beim Kalben, und wenn man ein neugekauftes Stück in den Stall bringt [12]). Manche magischen Eigenschaften, die auch dem Brote i. a. zugeschrieben werden, sind auf das A.nbrot im besonderen übertragen worden. Es schützt die Äcker vor Ungeziefer und Kornbrand [13]) und dient zur Erkundung des Schicksals der Saaten [14]). Es wird ins Butterfaß gelegt, wenn es lange keine Butter geben will [15]). Es schimmelt nicht [16]); wenn es das doch tut, so muß eines aus dem Hause sterben [17]). Ins Wasser geworfen, zeigt es die Stelle, wo ein Ertrunkener liegt, indem es über ihm stillsteht [18]). Es ist (wie das Hausbrot überhaupt) ein Mittel gegen Heimweh [19]) und wird Kindern, die in die Fremde gehen, mitgegeben, damit ihnen nichts Böses widerfahre [20]), auch neueintretenden Dienstboten als Einstandsbrot [21]). Es schützt gegen böse Geister und Hexen [22]) und gegen die verschiedensten Krankheiten und Gebrechen [23]). S. a. unten § 4. 5.

Am A.tag läßt man auch Mehl und Korn segnen, die als Schutzmittel gegen „hitzige Krankheiten" aufbewahrt werden [24]). Manche holen sich aus dem Walde ein „A. hölzel", das Wunden zu heilen vermag [25]). Auch Früchte werden geweiht [26]), und die Bauern schlagen am Vorabend ihre Bäume, um viel Obst zu erhalten [27]).

[10]) Staub *Brot* 55. 112 ff. [11]) Stoll *Zauberglauben* 71; Höfler *Fastnacht* 17. [12]) Sartori 3, 87; Manz *Sargans* 50. [13]) Birlinger *A.Schw.* 1, 421; Meyer *Baden* 500; Jahn *Opfergebr.* 75. [14]) ZfVk. 15, 319; Höfler *Fastnacht* 18. [15]) Meyer *Baden* 500. [16]) Ebd. 497; Manz *Sargans* 50. [17]) Meyer *Baden* 498. 577; Höhn *Tod* 313. [18]) Reiser *Allgäu* 2, 45; Meyer *Baden* 507; Wolf *Beitr.* 1, 236; Manz 50; Höfler 17 f. [19]) Manz 50; ZfVk. 15, 319; Stoll *Zauberglauben* 70; Meyer *Baden* 500; Alemannia 25, 45. [20]) Stoll 58. [21]) Höfler 17. [22]) Manz 50; Birlinger *A.Schw.* 1, 421. [23]) Meyer *Baden* 500; Birlinger 1, 424. 425. 426; SAVk. 15, 91. [24]) Höfler 16. [25]) Sartori 3, 88. [26]) Franz *Benediktionen* 1, 772. [27]) Sébillot *Folk-Lore* 3, 378 (Bigorre).

4. Als Mittel gegen Feuer und Brand wird das A.nbrot zuerst von Geiler von Kaisersberg (1516) erwähnt [28]). Es wird in die Flammen geworfen [29]). In manchen Gegenden ist die Erinnerung daran in Abzählreimen erhalten geblieben [30]). A.nbrot ist auch gut, „wenn man Unglück leidet in Schmelzöfen" [31]).

[28]) ZfVk. 15, 319. [29]) Stoll *Zauberglauben* 71; Manz *Sargans* 50; Drechsler 2, 139; Brunner *Ostdtsche Volksk.* 246. [30]) Rochholz *Sagen* 1, 338; ZfVk. 21, 124; ZfrwVk. 8, 58. [31]) Birlinger *A.Schw.* 1, 421.

5. Im Hinblick auf ihr Martyrium wird A. bei Brustschmerzen der Frauen zu Hilfe gerufen [32]). Im bayrischen Isarlande gibt man den Brustkrebskranken A.nbrot [33]). Bei Weizen (Baden) wallfahrten am A.ntage unfruchtbare Frauen [34]).

[32]) ZfVk. 8, 399 (Bayern); Birlinger *A.Schw.* 1, 45; Fontaine *Luxemb.* 107; Sébillot 4, 135. [33]) Höfler *Fastnacht* 17. [34]) Meyer *Baden* 500.

6. Sonstiges: Wer am A.ntage Weihwasser trinkt, den sticht keine Schlange [35]). Wenn der A.ntag schön ist, kriegt der Faule auch noch eine Streu [36]). Die Tschechen sagen: St.A. bringt den meisten Schnee [37]). Man sperrt

an diesem Tage die Gänse ein, damit sie nicht in andere Ställe gehen [38]).

[35]) Grohmann 52. 82. [36]) Pollinger *Landshut* 230. [37]) Reinsberg *Böhmen* 44. [38]) Meyer *Baden* 500. Sartori.

Agathenzettel. Die Vita der Hl. Agatha berichtet, daß ein Engel, wie man annahm der der Märtyrerin, an ihrem Grabe zu Häupten der Heiligen eine Marmortafel niedersetzte, auf der die Worte standen: ,,Mens Sancta, Spontaneus Honor Dei Et Patriae Liberatio" [1]), auch wohl nur M. S. S. H. D. E. P. L. [2]). Diese Tafel bzw. Inschrift hatte die Eigenschaft, Brände zu löschen [3]). Bereits S. Willibald [4]) erzählt in seinem Hodoeporicon (8. Jh.), daß man in Catania auf Sizilien die Ausbrüche des Ätna mit dem Schleier der Hl. A. unschädlich mache. Die Legende gab Anlaß dazu, im späteren MA. geweihte Lichtmeßkerzen mit den Worten der Inschrift zu beschreiben und sie gegen Brandgefahr zu benutzen [5]). Später fertigte man auch Zettel mit der Inschrift und dem Zusatz: ,,Ignis a laesura protege nos, o Agatha pia", die dem gleichen Zweck aber auch gegen andere Nöte wie das Schrätele usw. dienten [6]). Es gab dazu besondere Benediktionsformeln [7]). Die Heilige wird auf den Zetteln auch mit der brennenden Kerze in der Hand abgebildet [8]).

[1]) AA. SS. Boll. Febr. 1, 595 ff. 609. 618. 620. 623. 628; Durant *Rationale* (Straßburg 1487) lib. 7 fol. 234. [2]) AA. SS. 634 Nr. 32. [3]) ebd. 634 Nr. 31. [4]) Tobler-Molinier *Itinera Hierosolymitana* 1 (1879), 2. 256; Acta S. a. a. O. 618. 620. 630. [5]) Der Sele trost (1483) Bl. 9 b; vgl. Geffcken *Der Bildercatechismus des 15. Jahrhunderts* 1 (1855), 56; Henr. de Gorchen *Tractatus de superstitiosis quibusdam casibus* (c. 1425) vgl. Hansen *Hexenwahn* 87. [6]) Meier *Schwaben* 384; Birlinger *Volkstüml.* 1, 305 Nr. 488; Meyer *Baden* 497 ff.; Ders. *Volkskunde* 255; JbElsaß-Lothr. 9, 45 ff.; Reinsberg *Böhmen* 40 f.; Bronner *Sitt' u. Art* 70 f.; Fontaine *Luxemburg* 108; Sartori *Sitte u. Brauch* 3, 87; Hoffmann-Krayer 124; Lambs *Über den Aberglauben im Elsaß* (1880), 80; Staub *Brot* 113 f.; Alemannia 2 (1874), 145; DG. 15, 172; Höfler *Fastnacht* 16; Schild *D'r Fenner-Joggeli* (1885), 215; Eberhard *Landwirtschaft* 13; SAVk. 17 (1913), 227; auch auf alten gedruckten Haussegen (,,glückliches Hauskreuz"). [7]) Franz *Benediktionen* 1, 272 nach Cilia *Thesaurus locupletissimus continens ... benedictiones* etc. (1750), 51 ff. [8]) ZfrwVk. 7 (1910), 3 f. Jacoby.

Ägidius, hl., angeblich in Athen geboren, lebte zuletzt in einer Einöde bei Arles als Einsiedler, gest. um 725, Fest am 1. Sept. Patron zahlreicher Kirchen und Kapellen in Deutschland, Frankreich, Ungarn und Polen [1]).

1. Aus dem reichen Legendenkranz seiner Vita ist das vielverbreitete Motiv der Hirschkuh als Ernährerin hervorzuheben. Eine solche spendete ihm während seines Einsiedlerlebens die Milch, und weil er Gott bat, er möge ihm die Hirschkuh erhalten, wurde er im ausgehenden MA. zum Patron der stillenden Mütter. Die einstmals vom westgotischen König Wamba und seinem Jagdgefolge verfolgte Hirschkuh führte den König zur Höhle des Heiligen. Ägidius wurde dabei von einem Pfeile, der seiner Hirschkuh galt, getroffen; daher wurde er auch als Viehpatron verehrt. An seinem Feste fand in einigen spanischen Diözesen die Weihe des Fenchels, eines Heilmittels bei Erkrankungen des Viehes, mittels besonderer Formel statt [2]).

[1]) AA.SS. Boll. 1. Sept. 1, 299 ff. [2]) Künstle *Ikonographie der Heiligen* 33; Günter *Legenden-Studien* 39; AA.SS. 1. Sept. 1, 301; Franz *Benedikitonen* 1, 417.

2. Wegen der Hilfe, die er seelisch bedrängten Sündern, nach der Legende besonders Karl Martell, angedeihen ließ, gilt er als Zuflucht der Sünder und wurde wohl deshalb in die Gruppe der 14 Nothelfer aufgenommen [3]).

[3]) Günter a. a. O. 121, 123; Nied *Heiligenverehrung* 66.

3. In der Nähe von Köln angeblich angerufen für Kinder, die viel weinen, daher auch Krieschgilles genannt, im Elsaß gegen Ohrenleiden [4]).

[4]) Rhein.Wb. 1, 79; Hess.Bl. 3, 165.

4. Sein Tag, Ägidiustag 1. Sept., ist ein besonders bedeutsamer Lostag. Weit verbreitet ist bei den Bauern die Vorstellung oder wenigstens die Redensart, daß Ä. den Herbst macht und dessen Länge und Güte und Windrichtung bestimmt. Im Böhmerwald gilt der Ä.tag als erster

Herbsttag. Ist es an ihm schön, so folgt ein langer und schöner Herbst. Vielfach heißt es, Ä. halte das Wetter vier Wochen fest. Regnet es am Ägidiustage, so folgt vier Wochen hindurch Regenwetter, andernfalls ist es vier Wochen schön. Dementsprechend lauten die Arbeitsgebote und Verhaltungsmaßnahmen für die Bauern. In mehreren Überlieferungen und Redensarten wird statt des Ä. der an diesem Tage auf die Brunst gehende Hirsch entsprechend eingesetzt, z. B.: Wenn de Hirsch natt (naß) up de Brunst geit, gift et natt wedder; geit hei dröge up de Brunst, gift et dröget Wedder [5]).

[5]) Schramek *Böhmerwald* 160; Pollinger *Landshut* 231; Reiterer *Ennstalerisch* 57; ZfrwVk. 11 (1914), 271 (Untere Wupper); John *Westböhmen* 92, 256; Birlinger *Aus Schwaben* 1, 388; Drechsler *Schlesien* 1, 151; Bartsch *Mecklenburg* 2, 295; Eberhard *Landwirtschaft* Nr. 3, 11; Ebd. 2; ZdVfVk. 4 (1894), 405; Leoprechting *Lechrain* 193; Andree *Braunschweig* 412; Leoprechting a.a.O.; Urquell 6 (1896), 16; ZfrwVk. 2 (1905), 300; ZdVfVk. 24 (1914), 59; vgl. auch Schweiz. Id. 1, 131. Wrede.

Agla, hebräisch אג״לא, abgekürzt aus אַתָּה גִּבּוֹר לְעוֹלָם אֲדֹנָי ,,du bist gewaltig für ewiglich, Herr". Der Satz ist liturgischen Ursprungs und stammt aus dem jüdischen Gebet Schemoneh esreh nach der babyl. Rezension [1]). Schon im 10. Jahrh. finden wir es wohl als Ogla in einer Formel für ein Gottesurteil [2]); es wird dann als Aufschrift auf Schutz- und Schwertbriefen vom Frater Rudolfus erwähnt [3]) (er verwechselt allerdings das Wort mit עֶגְלָה ,,egla", denn er erklärt ,,agla, quod interpretatur vitulus") und weiter vorzüglich als Brunstzauber gegen Feuersgefahr verwendet (sogar amtlich anempfohlen) [4]), aber auch sonst gebraucht [5]). Aus A. entstellt sind wohl Formen wie: + Aiglo + Kauter + Geanathan [6]) (zu Kauter vgl. cauterius ,,Wallach"; es handelt sich um einen Pferdezauber), Aglati, Aglata [7]) (in einer Beschwörung), Amen + Aglodt + Beder + [8]) (in einem Gichtsegen), 'Agēlāheh (in einer äthiop. Beschwörungsformel) [9]).

[1]) Buxtorf *Lexicon Chaldaicum* usw. ed. Fischer (1879), 134; Dalman *Worte Jesu* 1 (1898), 301; Staerk *Altjüdische liturgische Gebete* (1910), 15; Franz *Benediktionen* 2, 65. [2]) Zeumer *Formulae* 643; Franz a. a. O. 1, 294; 2, 397. 569. [3]) MschlesVk. 17 (1915), 55. 225. 18 (1916), 275. [4]) Nork *Sitten u. Gebräuche der Deutschen* in Scheibles Kloster 12, 510. [5]) Ons Hémecht Festschrift 9; SchwVk. 10, 13; John *Westböhmen* 274; Köhler *Voigtland* 409; Avé-Lallement *Bockreiter* 57; MschlesVk. 19 (1917), 263; Schindler *Aberglaube* 121; Niderberger *Unterwalden* 3, 600; (Keller) *Grab des Aberglaubens* 4, 201; Vernaleken *Alpensagen* 416; Staricius *Heldenschatz* (1679), 32 f.; Sébillot *Folk-Lore de France* 3, 133 (Abgla); Agrippa von Nettesheim 4, 121. 123; Thiers 1, 412; Horst *Zauberbibliothek* 2, 132; Hess. Bl. 20 (1921), 2. [6]) Alemannia 2 (1874), 138; Seligmann *Blick* 1, 206. [7]) Thiers 1, 166. 168. [8]) Seyfarth *Sachsen* 141. [9]) Worrell *Studien z. abessin. Zauberwesen* (1909), 22. Jacoby.

Agnes I. hl., gewöhnlich mit einem Lamm, am Boden zu ihren Füßen oder in ihren Armen, dargestellt [1]), eine der beliebtesten Heiligen auch im dt. Volk der Vergangenheit, Fest 21. Jan., Nachfeier 28. Jan. [2]).

1. Erlitt aus Liebe zur Jungfräulichkeit 304 (unter Diokletian) in ihrem 13. Lebensjahre den Märtyrertod, daher verehrt als das Vorbild der christlichen Jungfrauen und vorzüglich der fleckenlosen Unschuld, auch Patronin der Kinder. In neuerer Zeit wurden vielfach Heime für Arbeiterinnen unter Anrufung der hl. A. eingeweiht [3]). Im Rheinland wird der Name gern spöttisch auf Frömmlerinnen unter den Mädchen übertragen [4]).

[1]) Künstle *Ikonographie der Heiligen* 39—42. [2]) AA. SS. Boll. 21. Jan. II, 351 ff. [3]) Samson *Kirchenpatrone* 106. [4]) Rhein. Wb. 1, 80.

2. Heiratslustige Mädchen glaubten früher, in der Nacht zum A.tag ihren zukünftigen Gatten im Traume erblicken zu können, nachdem sie vorher gefastet und anderes erfüllt hatten [5]). Dieses Eheorakel steht in merkbarem Widerspruch zu der Heiligen selbst.

[5]) Nork *Festkalender* 115/16; Fogel *Pennsylvania* 59 Nr. 179.

3. Der Kalendertag (21. Jan.) als Beginn und Fristtag: An ihm erscheinen nach dem Volksglauben die ersten Lerchen, und die Bienen schwärmen aus. Nach dem Glauben der Wipp- u. Eisak-

taler sowie der Etschländer heiraten an diesem Tage die Vögel. Die Hühner legen fleißig, wenn man sie am A.tag mit den ersten Küchlein, die aus der Pfanne kommen, füttert (Steinbach, Bühl). Neujahrswünsche werden bis zum A. noch rechtzeitig dargebracht [6]).

[6]) Albers *Das Jahr* 69; Höfler *Fastengebäck* 11; Hörmann *Tiroler Volksleben* 39; Meyer *Baden* 411; Wrede *Rhein. Volksk.*[2] 238; Rhein.Wb. 1, 80.

4. An einigen Orten Belgiens herrschte früher der Brauch, daß die Männer an diesem Tage, dem Neetendag, die Frauen und Mädchen beschenkten [7]).

[7]) Reinsberg-Düringsfeld *Das festliche Jahr*[2] 40. Wrede.

Agnes II. Sehr zu unterscheiden von der hl. A. ist die mythische A. bei Sievering (Wien), die Braut des wilden Jägers Karl und mit diesem Gegenstand eines bunten Mythenkreises, der auf Wodan zurückführt [1]).

[1]) Vernaleken *Mythen* 6 ff. 16. 19. 22; Laistner *Nebelsagen* 167. 304. Wrede.

Agnus Dei. Allgemein das Lamm Gottes als Symbol Christi, im besonderen aber seine Ausformung in kirchlich geweihtem Wachs als Amulett. Seit wann die A. D. in dieser Form hergestellt und gebraucht worden sind, ist nicht zu ermitteln; sie scheinen in Rom aber schon im 8. Jh. bekannt gewesen zu sein und sind vielleicht dem Bedürfnis entsprungen, den bei der Austeilung der zerstückelten Osterkerze nicht bedachten Gläubigen die dem Wachs beigelegten Segnungen in anderer, ähnlicher Weise zukommen zu lassen [1]). So weihte man neben der Osterkerze größere Mengen von Wachs, das, in kleine Stücke gebracht, mit einer Prägung in Form des A. D. versehen oder plastisch zu diesem Bilde ausgeformt wurde. Sie erhielten dadurch die gleiche Bedeutung wie die als Symbol Christi aufgefaßte Osterkerze (s. d.). „Agnus dei soliti sunt benedici a summo pontifice primo anno pontificatus et deinde septimo quoque, dum vivit". Diese Anweisung des Bischofs und Zeremoniars Patrizi Piccolomini († 1496) [2]) kennzeichnet einen Abschluß in der Entwicklung der äußeren Weihehandlung, wie er sich um das Jahr 1400 herausgebildet hat: die Weihe und Verteilung der A. D. wird nicht mehr alljährlich und nicht mehr von den geistlichen Beamten der Kurie vorgenommen, sondern von den Päpsten selbst im 1., 7., 14. usw. Jahr ihres Pontifikats. Dadurch steigert sich das Ansehen der A. D. erheblich, und die Nachfrage wächst ins Ungeheure. Mancherlei Mißstände, vor allem die Tatsache, daß die A. D. zum Handelsobjekt werden, veranlassen die Päpste wiederholt zur Herausgabe regelnder und einschränkender Verfügungen. Unter ihnen findet sich auch ein Erlaß Sixtus' IV. von 1471, der Anfertigung, Weihe und Vertrieb der „cereae formae innocentissimi agni imagine figuratae, quas Agnus Dei communis usus appellat" [3]), dem Papste und den von ihm Beauftragten vorbehält und allen andern Personen streng untersagt. Trotzdem werden auch weiterhin außerhalb Roms A. D. angefertigt, so z. B. in Einsiedeln mit Genehmigung des Stiftes, noch um die Mitte des 17. Jhs. Doch haben diese mit den römischen nur den Namen und die medaillenartige Form gemeinsam; es ist ihnen nicht das Lamm Gottes eingeprägt, sondern ein Kruzifix, das Herz Jesu, ein Bild der Maria oder Ähnliches [4]). Vorher hatte man schon in Rom angefangen, auch den Revers durch biblische Szenen aus den Weihegebeten, später durch Heiligen- oder auch Papstbilder auszugestalten. Diese Sitte hat sich bis in die Gegenwart erhalten. Heute zeigt das A. D. auf dem Avers das Lamm Gottes mit der Umschrift „Ecce Agn(us) Dei Qui tol(lit) Pec(cata) Mun(di)" und darunter das päpstliche Wappen sowie Namen und Regierungsjahr des Papstes, auf dem Revers ein Heiligenbild mit der entsprechenden Bezeichnung, z. B. „S. Franc. De Paula, Conf. Ord. M. F." [5]). Die im 16. Jh. aufgekommene Bemalung der A. D. wurde schon 1572 durch Gregor XIII. verboten, während die Fassung in Kapseln aus Edelmetall oder Holz erlaubt blieb. Eine Sonderstellung nimmt das A. D. von dem Englischen Fräulein in Altötting ein; es enthält in einer um den Hals oder an der Uhrkette getragenen Kapsel ein vom Papst geweihtes Stückchen Wachs, darunter ein Spruchband mit „Agnus Dei" und „St. Notburga", sowie ein Miniaturbild der Mutter Gottes von Altötting [6]).

Der Vorgang der Weihe vollzog sich, seitdem die Päpste sie vornahmen, in der Weise, daß der Papst zunächst das Wasser weihte, in das er darauf Balsam und Chrisam unter Hersagung kurzer Formeln hineingoß. Darauf weihte er durch drei Gebete die vor ihm in Behältern liegenden A. D., die nun in das Wasser getaucht und zum Abtrocknen auf Tücher gelegt wurden. Den Schluß der Weihehandlung bildeten wiederum zwei Gebete des Papstes [7]). Die Weiheformeln waren im Gegensatz zu den bei der Kerzenweihe an Lichtmeß gebräuchlichen recht lang und schwerfällig, und auch spätere Kürzungen haben nur sprachliche Verbesserungen gebracht und dogmatisch bedenkliche Stellen ausgemerzt. Die Länge erklärt sich vor allem aus dem Bestreben, die segensreichen Wirkungen der A. D. nicht, wie bei der Kerzenweihe, in einer allgemeinen Bitte summarisch anzugeben, sondern im einzelnen aufzuführen. Außer den amtlichen Formeln erscheinen, zuerst in Handschriften des 15. Jhs., auch mehr oder weniger volkstümliche Verse, in denen diese Wirkungen geschildert werden; so heißt es in einer längeren deutschen Fassung aus der zweiten Hälfte des 15. Jhs.:

„. . . . . ders hatt und eret,
Sein sundt, gotz gnad jn meret
Alsz das rosenvarb cristi pluet,
Vor gehen tod ist er pehuet,
Vor veinten sigtigen und unsichtigen,
Vor allem geburm und uncziver giftigen,
Und allem hagel, tonerschlag und scheuer,
Auch ungestüm des wassers und feuer.
Ausz diser nott es hilft gar czall (= schnell),
Der es hoch wirdigt mit indacht,
Dieb mayneidschwirer und falsch tzungen
Von disem gotz lamp werden getwungen,
Das sy niht schedlich mugen wessen.
An der frauen gepurdt thue ich lessen (= löschen, beendigen),
Welche es hat, der nit misselinget;
Vor greulichen gesicht iren muet ringett (= erleichtern).
Noch hat es bestiger tugent vil
Die ich nit aller czelen will . . . ." [8]).

In diesen Versen ist alles ausgedrückt, was man sich von den A. D. erhoffte: neben der Fähigkeit, unmittelbar auftretende Nöte, so Wasserflut [9]) und Feuersbrunst, zu wenden, vor allen Dingen eine apotropäische Kraft gegen die Nachstellungen der Dämonen und bösen Menschen. Und in dieser letzteren Bedeutung hat sich das Ansehen und der Gebrauch der A. D. in Deutschland trotz der schon mit Luther einsetzenden protestantischen Polemik [10]) erhalten. Eine besondere Rolle spielen sie in den Hexenprozessen. Häufig bekunden die der Zauberei Verdächtigten, daß der Teufel bei seinem ersten Besuche verlangt habe, das am Halse oder sonstwie getragene A. D. fortzunehmen, damit ihm der Zutritt freigemacht werde [11]). Andrerseits hängten die Jesuiten den verstockten Hexen wiederum ein A. D. um und sorgten durch Beaufsichtigung dafür, daß sie sich dessen während ihrer Kerkerhaft nicht entledigten oder es durch teuflische Amulette ersetzten; man wollte so die Verbindung mit dem Bösen unterbrechen und besonders bei der peinlichen Befragung die vom Teufel verliehene Unempfindlichkeit gegen Schmerzen aufheben [12]).

Im volkstümlichen deutschen Brauch der Gegenwart tritt das A. D. hauptsächlich noch in zwei Formen auf: entweder wird es zum Schutz der eigenen Person vor den genannten Gefahren am Halse getragen [13]), oder zum Schutze von Haus und Hof gegen Blitz und Hagel wie die Wettersegen und andere abwehrkräftige Dinge in der Wohnung aufbewahrt; in der Umgebung des Chiemsees sieht man sie zu dem gleichen Zwecke als Beschirmer der umliegenden Äcker auch in Feldkapellen [14]).

[1]) Zur Geschichte der A. D. und ihrer Weihe vgl. außer Krauß *Real-Encyclopädie der christlichen Altertümer* Freiburg i. B. 1 (1882), 29, vor allem die erschöpfenden Ausführungen von Franz *Benediktionen* 1, 553 ff. Hier findet sich auch die einschlägige Literatur verzeichnet, zu deren Ergänzung noch heranzuziehen ist: Meyer *Aberglaube* 258; Seligmann *Blick* 2, 337; Alemannia 10, 157 ff.; Nork *Sitten* 534. [2]) Franz *Benediktionen* 1, 557. [3]) Hansen *Hexenwahn* 21, wo im Gegensatz

zu Franz: 1478. [4]) SAVk. 22, 190. [5]) Franz *Benediktionen* 1, 575; Andree-Eysn *Volkskundliches* 106. [6]) Pollinger *Landshut* 274. [7]) Vgl. die ausführliche Darstellung in Alemannia 10, 155 f. nach der Übersetzung von H. Barbier de Montault *Von der Andacht zu den Agnus Dei*. Aachen 1871. [8]) Franz *Benediktionen* 1, 573; hier auch andere, lateinische Formeln und Verse. Vgl. Andree-Eysn *Volkskundliches* 106 f. [9]) Zur Beschwichtigung in das stürmische Meer geworfen (1583): Z. f. schweiz. Kirchengesch. 12, 72. [10]) Franz *Benediktionen* 1, 574; Alemannia 10, 162. [11]) Birlinger *Aus Schwaben* 1, 173; Alemannia 10, 158 ff.; Hess. Bl. 10, 40 ff. [12]) Soldan-Heppe 1, 97; Alemannia 10, 158. [13]) Vgl. Alemannia 10, 161; Wrede *Rhein. Volkskunde* 82. [14]) Andree-Eysn *Volkskundliches* 106. Freudenthal.

Ägomantie. Weissagung durch Ziegen (αἴξ = Ziege).

Der Name ist eine vermutlich aus dem 16. Jh. stammende Neubildung [1]) zur Bezeichnung einer von Tertullian [2]) und Clemens von Alexandria [3]) erwähnten Form der Weissagung durch Ziegen. Wie diese bewerkstelligt wurde, wird nicht überliefert; ausgeübt wurde sie durch herumziehende „Magier", die die Ziegen (ebenso wie Raben: Clemens) irgendwie zum Weissagen abrichteten. Das Altertum schrieb der Ziege, wie vielen anderen Tieren, die Fähigkeit zu, Hungersnöte, Erdbeben, Wetter, Ernteausfall usw. vorauszuahnen [4]), im Kultus und Mythus des delphischen Orakels spielt die Ziege eine gewisse Rolle; Ziegen führten zur Entdeckung des bekannten Erdschlundes, durch dessen Ausdünstung sie selbst in einen ekstatischen Zustand versetzt wurden [5]). Einen Ziegenkopf benutzten angeblich die Langobarden zur Weissagung [6]). Vgl. Kephalomantie.

[1]) Bulengerus *Opusc.* (1621) 215; Fabricius *Bibliogr. antiqu.*[3] (1760) 593. [2]) *Apologet* 23. [3]) *Protr.* 2, 11, 6 P = Euseb. *Praep. ev.* 2, 3 p. 135, 11 G. [4]) Aelian. *Hist. an.* 6, 16. [5]) Diodor 16, 26; Roscher *Neue Omphalosstudien* (1915) 32 f. [6]) St. Gregor bei Bulengerus a. a. O. Boehm.

Agrimonia s. Odermennig.

Agrippa von Nettesheim.

1. Biographisches. — 2. Werke. — 3. Art seines Wissens. — 4. A. und die Magie. — 5. A.s Nachwirkung.

1. Heinrich Cornelius Agrippa von Nettesheim [1]), geb. 1487 zu Köln, gest. 1535 zu Grenoble, Dr. der Medizin und beider Rechte, Theologe und Humanist. Ein Mann von unstetem Geist, begegnet er uns als Schüler (Köln, Paris, Würzburg), Lehrer (Vorlesungen zu Dôle in Burgund 1508 über Reuchlins Schrift *De verbo mirifico*, zu Köln 1510 über theologische Fragen, zu Pavia 1515 über Hermes Trismegistos) und Gelehrter, als Abenteurer und Gefangener, als Kriegsmann (1512 kaiserlicher Hauptmann und Ritter, 1524 in französischem Kriegsdienst), als Arzt (1523 zu Freiburg in der Schweiz, 1524 zu Lyon Leibarzt der Königin-Witwe von Frankreich) und Beamter (1511 Kaiserlicher Rat, 1518 Syndikus zu Metz, 1529 Kaiserlicher Archivar und Historiograph bei der Statthalterin der Niederlande, Margarethe von Österreich) in fortwährendem Ortswechsel wiederholt in den verschiedensten Ländern: Deutschland, Frankreich, Spanien, Italien, Burgund, Schweiz, England, Niederlande. Daß er in der Fremde starb, ist der natürliche Abschluß seines bewegten Lebens.

[1]) Delff in *ADB*. 1, 156—158 und die Einleitung zur deutschen Ausgabe von A.s Magie (Anm. 2).

2. Von seinen Werken [2]) sind außer zahlreichen Briefen und einigen theologischen Schriften (darunter *De triplici ratione cognoscendi deum* 1515) vor allem zwei wichtig: *De vanitate et incertitudine scientiarum* [3]) und das Hauptwerk *De occulta philosophia sive de magia* in drei Büchern [4]).

[2]) Henrici Cornelii Agrippae ab Nettesheym, armatae militiae equitis aurati, et juris utriusque et medicinae doctoris *Opera in duos tomos concinne digesta*, Lugduni, per Beringos fratres s. a. (1580). [3]) Zuerst 1532; *Opera* II, 1—247; deutsch von Sebastian Franck unter dem Titel *Was von Künsten und menschlicher Weyshait zu halten sei*. Ulm o. J. [4]) *Opera* I, 1—404; deutsch: *Heinrich Cornelius Agrippas von Nettesheim Magische Werke samt den geheimnisvollen Schriften des Petrus von Abano, Pictorius von Villingen, Gerhard von Cremona, Abt Tritheim von Sponheim, dem Buche Arbatel, der sogenannten Heil.-Geist-Kunst und verschiedenen anderen. Zum ersten Male vollständig ins Deutsche übersetzt. Vollständig in fünf Teilen*

mit einer Menge Abbildungen. Anastatischer Neudruck, Berlin (Herm. Barsdorf) 1916 (= Geheime Wissenschaften hrsg. von A. v. d. Linden, Bd. 10—14).

3. A. ist ein glänzender Kompilator, aber ohne Originalität und auch ohne starke und festwurzelnde Überzeugungen. Selbst auf religiösem Gebiet ist seine Stellung verschwommen: er schreibt mystisch als ein Außenstehender, er bleibt Katholik und äußert sich anerkennend über die Reformation; ebenso polemisiert er gegen das weltliche Wissen des Humanismus und macht die humanistischen Studien zu einer der Grundlagen seines Systems der Magie.

4. Mit den magischen Wissenschaften hat er früh Fühlung genommen. Das Problem des Steins der Weisen beschäftigt schon den Jüngling: Mit zwanzig Jahren gründet er von Paris aus eine sich rasch auch nach Deutschland verbreitende Gesellschaft zu Studium und Anwendung der geheimen Wissenschaften, und — nach seinen eigenen Worten — kaum ins Jünglingsalter eingetreten schreibt er sein Hauptwerk „De occulta philosophia". Um 1510 hat er es dem Abt Tritheim zu Würzburg zur Verbesserung übersandt. Aber erst viel später, als gegen seinen Willen das Werk in verstümmelten und fehlerhaften Abschriften verbreitet wurde, entschloß er sich, es in authentischer Gestalt, neu bearbeitet und mit Besserungen, herauszugeben, obwohl er, wie er sagt, nicht mehr auf demselben Standpunkt stehe und manches schon in der Schrift De vanitate zurückgenommen habe: man möge das Werk also nicht nach der Zeit der Veröffentlichung, sondern als das weit zurückliegende Werk eines Jünglings beurteilen.

Zweck des Werkes war ihm nicht eine Darstellung des landläufigen Aberglaubens. Gegen diesen nimmt er zum Teil Stellung in seinem Widerspruch gegen Hexenwahn und Hexenverfolgung, den er als Syndikus zu Metz auch praktisch betätigte [5]). Wie wenig er aber im übrigen sich um die Dinge seiner Zeit bemüht, kann etwa Buch 1, cap. 72 „von der wunderbaren Gewalt der Zauberformeln" zeigen, wo von Apuleius, Lucan, Virgil, Ovid, Tibull, Cato, Salomo und Celsus die Rede ist, mit keinem Wort aber der lebenden Zauberformeln gedacht wird. Das positive Ziel des Werkes war eben dies, die auf antiker und kabbalistischer Grundlage erwachsene alte Magie möglichst rein unter umfassender Benutzung der alten Quellen darzustellen. Diese Magie beruht, nach A., auf den in drei Welten, der elementarischen, himmlischen und geistigen, wirkenden Kräften, die durch die Wissenschaften der Physik, Mathematik und Theologie erkannt werden. Der Magier verbindet die Kräfte der natürlichen Welt nach den Regeln der Astrologen und Mathematiker mit den Kräften der höheren himmlischen Welt; er verstärkt und befestigt dann alles vermittelst heiliger und religiöser Zeremonien. Die richtige Erkenntnis schenkt ihm die Macht, die Kräfte zu beherrschen. Deshalb gibt A. in Buch 1 ein Weltbild, handelt in Buch 2 von den Zahlen und geometrischen Figuren als Grundlage der Gestirnbeobachtung, in Buch 3 von der Bedeutung der Religion für die Magie [6]). All das wird in vorsichtigster Form vorgetragen. Wie er schon am Ende des ersten Kapitels den Leser bittet, er möge dem Vorgetragenen nur insofern Beistimmung geben, als es von der Kirche nicht verworfen werde, so sagt er im Schlußwort: niemand möge zürnen, wenn ich die Wahrheit dieser Wissenschaft in Rätsel gehüllt und an vielen Orten zerstreut vorgetragen habe; denn nicht für die Weisen , sondern für die Gottlosen habe ich dieselbe verborgen und in eine solche Redeweise eingekleidet, daß sie zwar den Unverständigen verschlossen bleiben soll, den Weisen aber leicht zugänglich gemacht ist.

[5]) Soldan-Heppe 2, 1 f. [6]) Kiesewetter *Occultismus.*

Ein viertes Buch *de ceremoniis magicis* [7]) schließt sich in den Ausgaben an mit allerhand praktischen Anweisungen zur Anwendung der Magie: Berechnung von Geisternamen, Anfertigung magischer Mittel, Geister- und Totenbeschwörung. Da das Schlußwort von Buch 3 deutlich den Abschluß des Werkes zeigt und A.s Schüler Joh. Weier (s. d.) erklärt, dieses sogenannte vierte Buch sei erst 1562 entstanden, muß es trotz Kiesewetter als unecht bezeichnet werden.

[7]) Kiesewetter *Faust*² 2, 105 ff.

Von A. wurde geglaubt [8]), er sei selbst ein großer Zauberer, sein Hund sei ein in seinen Diensten stehender böser Geist gewesen und nach seinem Tode verschwunden.

[8]) Meyer *Aberglaube* 334.

5. Der Einfluß A.s ist wohl nicht gering gewesen (vgl. oben Francks Verdeutschung), aber bei dem kompilatorischen Charakter seiner Werke auch gerade für sein Hauptwerk schwer exakt nachzuweisen. Doch ist wichtig, daß ein Mann wie Seb. Franck sich seines einen Werkes angenommen hat und daß A.s Kampf gegen die Hexenprozesse von Joh. Weier fortgeführt wurde [9]).

[9]) Kiesewetter *Occultismus*. Helm.

Agtstein s. Achat, Ambra, Bernstein.

Ägypten. Ä. gilt dem MA. als eines der Länder, in denen vor anderen die Zauberei gepflegt wird. Die Auffassung geht auf 2. Mos. cap. 7 u. 8 zurück. Seit Hieronymus deutet die mittelalterliche Theologie den Namen als Finsternis; nach Ä. zurückkehren heißt ins Heidentum zurückfallen, so im Aberglaubenverzeichnis des Bruder Rudolf (s. d.) Nr. 53 [1]). Die als Heiden zu denkenden heiligen drei Könige erscheinen manchmal als ägyptische Magier, bei Joh. Hartlieb [2]) und öfter. Entsprechend werden auch jetzt noch manche Segen (Feuersegen u. a.) und Zaubersammlungen als ägyptisch bezeichnet; vgl. die dem Albertus Magnus u. a. zugeschriebenen ägyptischen Geheimnisse, Traumbücher usw. S. das folgende.

[1]) MschlesVk. 17, 38. [2]) Ulm *Hartlieb* LVI. Helm.

Ägyptische Geheimnisse s. Geheimnisse, ägyptische.

Ägyptische Tage. Die *dies aegyptiaci* sind in Rom entstanden und zwar nicht vor der Kaiserzeit, weil sie die von Augustus eingesetzten *dies senatus legitimi* voraussetzen [1]), wie schon aus der bloßen Gegenüberstellung ersichtlich ist.

	Dies senatus legitimi	*Dies aegyptiaci*
Jänner	1. 9. 23	2. 6. 16
Februar	3. 13	7. 25
März	3. 14	3. 24
April	1. 13	3. 21
Mai	1. 15	3. 21
Juni	3. 13	7. 20
Juli	1. 17	6. 18
August	3. 15	6. 21
September	1. 13	2. 19
Oktober	3. 15	3. 20
November	1. 12	2. 24
Dezember	3. 13	4. 14

Während die *dies senatus legitimi* sich nach den Kalenden und Iden richteten, weshalb sie auch auf die erste Monatshälfte fielen, sind die *dies aegyptiaci*, von welchen ebenfalls auf jeden Monat zwei Tage und auf den Jänner drei Tage entfallen, deutlich nach jenen angesetzt, wobei ein nicht näher bestimmbarer Gesichtspunkt maßgebend war. Zwei Tage stimmen überein und in sechs Fällen handelt es sich bei den *dies aegyptiaci* um Nachtage zu den entsprechenden *dies senatus legitimi*. Solche gelten im Volksglauben oft als Unglückstage, wie der Montag (s. d.) bei uns. Bei den Römern waren die Tage nach den Kalenden, Nonen und Iden (*dies postridiani* oder *atri*) *dies religiosi* [2]). Abzuweisen ist die Behauptung, daß die ä. T. auf die Julianischen *fasti* zurückgehen [3]).

Die ä. T. werden zuerst im Kalender des Philocalus und in handschriftlichen Listen der späteren Kaiserzeit vermerkt [4]) und wurden bald auch in der christlichen Bevölkerung stark beachtet. Sonst hätte sich Augustinus [5]) nicht genötigt gesehen, gegen diesen Aberglauben einzuschreiten. Freilich dürfte man schon frühzeitig den Namen ä. T. für Unglückstage überhaupt verwendet haben. Auch von den Theologen des MA.s wurde der Glaube an die *dies aegyptiaci* bekämpft, so von Wilhelm von Paris [6]), vom Magister Nikolaus Jauer [7]), vom Bußprediger San Bernardino da Siena, der sie nach dem italienischen *oziaco* auch *dies oziagi* nennt [8]).

Das MA. hat aber andrerseits den Aberglauben auch wesentlich gefördert, indem man zum leichteren Behalten der ä. T., ähnlich wie die Verse der Cisio Janus (s. Kalender) zum Einprägen der Festtage dienten, eigene Merkverse in Form von Hexametern schuf. Diese lauten nach Durandus [9]):

Augurior decies, audito lumine clangor:
Liquit olens abies, coluit colus, excute gallum.

Jedem dieser Wörter entspricht der Reihe nach ein Monat. Der Anfangsbuchstabe der ersten Silbe eines jeden Wortes bezeichnet durch die Stelle, die er im Alphabet einnimmt, den ersten ä. T. des Monats, wobei vom ersten Monatstag weg gezählt wird; der Anfangsbuchstabe der zweiten Silbe bezeichnet den zweiten ä. T., wobei man aber vom letzten Tag des Monats zurückrechnet. — Da *augurior* den Jänner vertritt und a der erste Buchstabe im Alphabet ist, so ist der 1. Jänner ein ä. T. usw.

Nach diesen Merkversen sind ä. T.:

Jänner	1. 25	Juli	13. 22
Februar	4. 26	August	1. 30
März	1. 28	September	3. 21
April	10. 20	Oktober	3. 22
Mai	3. 25	November	5. 28
Juni	10. 16	Dezember	7. 21

Auch für jeden Monat gab es solche Merkverse, so für den Jänner: *Jani prima dies et septima fine minatur* [10]).

Diese ä. T. weichen wesentlich von den römischen ab, was vielleicht der Erfinder der Merkverse selbst verursacht hat. Doch ist die allgemeine Anordnung — je zwei im Monat und auf den Anfang und das Ende des Monats verteilt — die gleiche. Diese neuen ä. T. haben sich dort, wo schriftliche Überlieferung in Betracht kommt, und in gelehrten Kreisen im großen ganzen unverändert erhalten. Mit einigen Abweichungen werden sie auch bei Maennling [11]) aufgezählt. Bei der mündlichen Überlieferung mußten sie, zumal dann, wenn die grundlegenden Merkverse in Vergessenheit gerieten, stark verändert werden. Eine solche Umbildung sind die verworfenen Tage (s. d.) im engeren Sinne, die aber noch immer ihre Herkunft von den ä. T. erkennen lassen.

Zum Namen bemerkt Durandus [12]), daß diese Tage so heißen, weil sie von einem ägyptischen Astrologen festgestellt wurden, nach andern aber, weil Gott an diesen Tagen die Ägypter mit seinen Plagen heimgesucht habe, was auch sonst zur Erklärung angeführt wird [13]). In Wirklichkeit dürften die Römer diesen Namen deshalb gewählt haben, weil sie als die Quelle jeder Art von Mathematik und so auch des Zahlenglaubens die Ägypter betrachteten [14]).

Schon früh liebte man es, bei jedem ä. T. auch seine unglücklichste Stunde (s. d.) zu vermerken [15]). Wer in dieser erkrankte, mußte sterben [16]).

[1]) Mommsen *CIL.* I², 296 f. [2]) Emil Aust *Die Religion der Römer* (Darstellungen a. d. Gebiete der nichtchristl. Religgesch. 13. Bd. Münster 1899) 56; Wissowa *Religion* 444. [3]) C. Wachsmuth *Joannis Laurentii Lydi liber de ostentis* (Leipzig 1863) XXXVII. [4]) Wissowa *Religion* 443⁸. [5]) Friedberg *corp. jur. canon.* 1, 1021, 1045. [6]) ZfVk. 11 (1901), 276, 278. [7]) Franz *Nik. de Jawer* 189. [8]) ZfVk. 22 (1912), 117². 125. 128 Anm. = Zachariae *Kl. Schr.* 344. 353. 357. [9]) *Rationale divin.* (Ausgabe 1672) lib. 8, cap. 4, p. 474 f. Statt *liquit* ist wohl *liquet* zu lesen. [10]) Mitteil. der antiquar. Ges. in Zürich 12 (1858 bis 1860), 27. Hier S. 26 steht in den Jahresmerkversen *decios* statt *decies* und *liquens* statt *liquit*. [11]) Maennling 188 = Schultz *Alltagsleben* 238. [12]) *Rationale divin.* a. a. O. — [13]) ZföVk. 9 (1903), 141. [14]) Mommsen a. a. O. [15]) Mitteil. der antiquar. Ges. in Zürich a. a. O. 27. [16]) Alemannia 23 (1895), 50.

Jungbauer.

Ahasver s. Jude, ewiger.

Ahlkirsche s. Traubenkirsche.

Ahnenglaube. Sage und Brauch in unserm Volksleben geben uns Kunde von den Kollektivvorstellungen, die die Sippe beherrschen, d. h. die Gemeinschaft der Lebenden und Toten, die alle das Blut des Urahnen in sich fühlen und wissen. Die neuen Beziehungen, die sich zwischen beiden durch den Tod ergeben, d. h. durch den Riß, der das Individuum von seiner sozialen Gruppe trennt, sind beherrscht durch Trauer, Mitleid, Furcht und Verehrung, d. h. durch eine Fülle von Empfindungen, die gleichzeitig aus einer innigen Anteilnahme und einer numinosen Scheu entspringen. Da Ahnenkult und Ahnenverehrung heidnische Angelegenheiten sind, liefert die Hauptzeugnisse auf germanischem Gebiet die altnordische Literatur.

Die Krankheit, die im Glauben der Kaffern von den Geistern der Vorfahren verursacht wird [1]), die Sitte, daß in Tongking am Vorabend des Ahnenfestes die verstorbenen Verwandten durch einen auf dem Hof aufgepflanzten Bambus zum Mahle eingeladen werden [2]), der Brauch, daß man vor Kirchweihfesten im Alemannischen die Gräber der Ahnen aufsucht [3]) und in der Gegend von Saarlouis sogar die verstorbenen Verwandten an ihren Gräbern zur Hochzeit einlädt, daß das Hochzeitspaar in Thüringen noch heute die Gräber der Vorfahren zu seinem Feste schmückt, der Schutz, den die Ahnfrau dem Thorstein infolge ihrer magischen Bindung mit ihm zuteil werden läßt [4]), sind Beweise für die Gefühle und Empfindungen, die den toten Ahnen entgegengebracht werden. Sie sind die Grundlage des Ahnenkults und der Ahnenverehrung, wie wir sie aus Caesar, Tacitus, Ammianus Marcellinus, Jordanes, Saxo Grammaticus und Adam von Bremen kennen. Sie zeigen uns auch zugleich das Ineinandergreifen von Ahnenglauben und Schutzgeisterglauben [5]).

Die Sagen haben alle diese Vorstellungen, die uns, wie alle Völker der Erde, in den Anfängen der Entwicklung beherrschten, in schier unfaßbarer Treue Jahrhunderte hindurch festgehalten, und an Hand neuerer volkskundlicher Forschung erkennen wir, wie tief in Sitte, Brauch und Sprache wir noch in ihnen befangen sind.

Die Feindseligkeit der Ahnengeister der Kaffern, die durch Zauber beigelegt wird, die Feindseligkeit toter Ahnen [6]), die man durch Kult und Opfergaben besänftigt, beruht oft genug auf einer magischen Schuld des Lebenden. Der Tote [7]) wie der Gott [8]), dem man sich geweiht und in dessen Dienst man sich und sein Leben gestellt hat (denn die Vorstellung vom Götterkult geht oft in die vom Ahnenglauben über), verlangt seinen Kult [9]), sonst wird er gefährlich und rächt sich. So ist die Welt der Toten dem Lebenden besonders gefahrvoll und verstrickt ihn durch eine Unkenntnis der Gesetze jener Welt oder durch ein unerfülltes Versprechen ohne sein Wissen in eine magische Schuld dem Toten gegenüber. Hierfür bieten der Volksglaube sowohl als auch die altnordische Überlieferung unzählige Belege.

So wissen wir aus Jordanes [10]), daß die Goten ihren Kriegsgott mit der Opferung der Kriegsgefangenen verehrten, in der Meinung, ihn durch Menschenblut versöhnen zu müssen. Die Erstlinge der Beute wurden ihm gelobt und an den Bäumen aufgehängt, überhaupt verehrten sie ihn so „als erwiesen sie göttliche Verehrung ihrem Stammesvater". Sie feierten die Taten ihrer Vorfahren mit Gesang und Zitherspiel, und ihre Namen standen bei ihnen in so hohem Ansehen, wie im Altertum kaum die der Heroen.

Die Wiederkehr des Toten zu verhindern und ihn seinem Totenreich ungestört zuzuführen, ist Pflicht der Hinterbliebenen, und der Abwehr dieses Wiederkommens dienen die Totenhilfen [11]), das Mitgeben der neben dem Toten aufgestellten Wachsrodel in Friesland, wie überhaupt die Grabbeigaben, die wir aus altgermanischen Gräberfunden kennen, ihr dienen fernerhin auch die Rehbretter draußen in Wald und Feld, die teilweise im rohen Umriß eine menschliche Gestalt aufweisen [12]), das *hylja hræ*, d. i. Erde auf den Toten legen. Vielleicht hat man auch aus Abwehrmaßnahmen heraus die Toten fern von den Wohnstätten, in Wäldern, Heiden und auf einsamen Hügeln bestattet [13]), denn die primitive Sitte verlangte die Bestattung der Toten im Haus, im Gehöft [14]). Gräber, Hügel, auf denen man *hauga-eldr* (Hügelfeuer) brennen sieht, müssen von den Angehörigen insonderheit gepflegt werden, in ihnen liegt der Tote unverwest und ist zumeist ein Wiedergänger [15]). In der Grettissaga sieht Grettir auf einem Hügel ein starkes Feuer aufleuchten. Der Hügel ist das Grab Kars des Alten. Dort sitzt der Alte auf einem

Stuhl, umgeben von seinen Schätzen. Grettir ringt schwer mit ihm, trennt ihm den Kopf vom Rumpf und setzt den Kopf ans Ende des Rückens. Nur so kann er den Toten zur Ruhe zwingen und bringen — oder der Tote wird in ein anderes Grab gelegt, und wenn er auch da nicht zur Ruhe kommt, wird er verbrannt [16]), oder die Leiche wird, wie auf Grönland, gepfählt [17]).

Dem Ahnen schulden Sippe wie Blutsbruder die Totenpflege, die Totenklage oder das Preislied, das Totenopfer bei der Leichenwache und die Blutrache als oberste Pflicht. Der alte Odd auf Island bittet seine Freunde, ihn auf der Höhe des Skaneyberges zu bestatten; von dort will er über das ganze Stromland hinschauen [18]); Hrapp bittet seine Frau, ihn nach dem Tod beim Tor des Heizhauses zu begraben und ihn stehend beizusetzen, damit er genauer seinen Hof überblicken könne [19]). Asmund läßt dem toten Blutsbruder den Grabhügel aufwerfen, gibt ihm sein Roß mit Sattel, Zaum und aller Waffenrüstung, dazu seinen Falken und Hund mit und steigt, wie er versprochen, mit dem Toten selbst hinein. Der saß unten in voller Rüstung auf seinem Stuhl. Auch Asmund ließ sich seinen Stuhl in den Hügel bringen und setzte sich darauf. So ward der Hügel geschlossen. In der ersten Nacht stand der Tote vom Stuhl auf, erschlug den Falken samt dem Hunde und aß beides. In der zweiten erschlug er das Roß, zerlegte es und verzehrte auch dieses, wobei er Asmund zu Gaste lud. In der dritten war Asmund eingeschlafen und erwachte davon, daß ihm der Tote seine beiden Ohren abriß. Da ergriff Asmund das Schwert, schlug ihm den Kopf ab, verbrannte ihn zu Asche und verhalf ihm so zur Grabesruhe [20]), weil er als Blutsbruder dieselbe Pflicht hatte wie sonst die Sippe.

Die Vorstellung vom Herdfeuer als dem Sitz der Manen ist noch im Volksglauben lebendig, wenn man ihnen Brosamen oder etwas Schmalz ins Feuer wirft [21]), oder wenn man die Hausschlange (die Hausotter, das Heimchen, die Unke), die von den Langobarden des 7. Jhs. als Ahnen- oder Hausgeist in Gestalt von goldnen Schlangenbildern [22]) verehrt wurde, im Herdwinkel [23]) mit Milch füttert, eben weil man sie für den Ahn hält, sich nicht in magische Schuld verstricken und sich seine Feindschaft zuziehen, sondern ihn sich durch Dienstbezeugung gewinnen will. Die dt. Sagen nennen auch die Kobolde, die Haus- und Schutzgeister, gelegentlich „Ahnen“ [24]), denn für die primitive Vorstellungswelt bedarf das Erscheinen des Verstorbenen in veränderter Gestalt so wenig der Erklärung, wie die Vermenschlichung der Tiere im Märchen für das Kind der Erläuterung, bedarf. Der Tod ist vielfach, und ganz natürlich für ihr Empfinden, nur mit einer andern Erscheinungsform des Ahnen verbunden, und die Sagen, in denen die Ahnfrau als weißer Geier erscheint [25]), die Ahnherrn als schwarze Rosse [26]), ertrunkene Ahnen sich als Seehunde [27]) zeigen, sind lebendige Zeugnisse dafür.

Für die weiße Ahnfrau, die so oft todverkündend in den Sagen erscheint [28]), verweise ich auf den Fylgjenglauben (s. d.). Die Totengedächtnisfeste werden in Form des Erbbiers in heidnischer Zeit zu bestimmter, jeweils von der Sippe, d. h. dem Erben, festgesetzter Frist vor dem leeren Hochsitz des toten Ahnherrn gefeiert. Erst nach erfüllter Totenpflicht, auch erst nach Erfüllung der Blutrache besteigt der Erbe nach dem Minnetrunk den Hochsitz [29]).

Die Pfeiler dieser Hochsitze, die meist geschnitzt sind und Bilder tragen, wie wir sie in Wachsmaskenform im römischen Atrium wiederfinden, sind mit den heiligen Holzbildern, den Gesichtsurnen [30]), den Rehbrettern mit ihren Abbildungen, den Stangen auf den langobardischen Gräbern [31]) und den Neidstangen aus der Wikingzeit [32]) zweifellos ursprünglich Kultzeichen [33]). Thorgerd Hölgabrud und ihre Schwester Irpa [34]), zwei lebensgroße Frauenbilder, zu beiden Seiten des Thorbildes im Gotteshaus aufgestellt, sind Ahnfrauen des Drontheimschen Jarlsgeschlechts. Sie erinnern an Kap. 25 des dt. Indiculus superstitionum: „*De eo, quod sibi sanctos fingunt quoslibet mortuos.*“ [35]).

Das Ineinandergehen von Ahnen- und Herrscherkult und ihr Aufgehn im Götterkult, wie wir es aus Altbabylonien und Griechenland kennen [36]), gilt auch für germanische Verhältnisse.

Menschen, die man bei Lebzeiten hochgeschätzt hatte, deren Kriegstaten für Land und Volk bedeutsam waren, werden auch nach dem Tode und da erst recht verehrt. Die numinose Scheu verklärt sie desto mehr, je mehr man von ihnen in ihrer neuen unbekannten Erscheinungsform in der andern Welt Hilfe und Beistand erwartet.

Als König Ivar, der Sohn Ragnar Lodbroks, in England starb, gebot er, ihn dort zu bestatten, wo das Land feindlichen Angriffen ausgesetzt sei. So, sagte er, würden die Feinde nicht siegen können. Und in der Tat — dem war so —, bis Wilhelm der Bastard Ivars Hügel ausgrub. Er fand ihn unverwest und verbrannte ihn; dann erst konnte sein Sieg gelingen [37]).

Nach Jordanes verehrten die Goten ihre Vorfahren mit einem Kult, wie er Göttern und Helden zukam (s. o.). Hákonarmál und Eiriksmál sind Preislieder auf apotheosierte Könige. Die Schweden verehrten vergötterte Menschen, denen sie wegen ihrer großen Taten Unsterblichkeit verliehen [38]); den König Erich von Schweden haben die Götter in ihr Kollegium aufgenommen [39]). König Gudmund [40]) wurden nach seinem Tode Opfer dargebracht, und die Leute nannten ihn ihren Schutzgott. Dasselbe berichtet Saxo Grammaticus von Haldan, der öffentlich vom Volk geehrt wurde und dem Opferkuchen dargebracht wurden [41]). Dem König Olaf sind Fruchtbarkeitsopfer bezeugt [42]); als er zu Geirstad starb, wurde auf seinem Grabhügel um Fruchtbarkeit geopfert, und er wurde Alf von Geirstad genannt [43]).

König Halfdans Glieder wurden an verschiedene Hügel zum Segen der Umgegend gegeben, und ihnen wurde göttliche Verehrung zuteil [44]). Ammianus Marcellinus berichtet von den Westgoten, daß sie die Taten der A h n e n , d. h. d e r G ö t t e r , preisen und Adam von Bremen [46]) schreibt, daß die Germanen auch Götter verehrten, die sie sich aus Menschen gemacht hatten und denen sie Unsterblichkeit verliehen.

Thorolf [47]), Thorsteins Sohn, läßt seinen Großvater Grim, den ersten Besiedler der Färöer, nach seinem Tode mit Opfern verehren, und auch Aud, die Tochter Ketil Flachnases und Ahnfrau des großen Geschlechts der Lachswassertäler, wird nach ihrem Tode mit Tempel, Opfer und Gebet verehrt [48]); Bard Snœfellsáss wird für einen Schutzgott gehalten, weil er dem einen Glück auf dem Meere, dem andern Sieg, dem dritten Schutz gewährte [49]).

Die magische Verbundenheit ist besonders stark zwischen der Ahnfrau und ihrem Geschlecht und Wohnsitz, wie überhaupt bei Menschen, die sich von der Stätte ihres Wirkens nur schwer lösen können. So erscheint die Ahnfrau [50]), die am Wohl und Wehe ihrer Sippe teilnimmt und durch dies Verbundensein nicht zur Ruhe kommt, bei jeder Schicksalsänderung, so kommt die Ahnfrau des Glum [51]) beim Tode seines Großvaters Vigfuss zu ihm, dem Enkel. So warnt die Ahnfrau den Thorstein vor dem Ritt zum Thing[52]). So beugt sich in der Volkssage die Ahnfrau über die kleine Tochter [53]), so warnt die Ahnfrau Signy vor der Heirat mit Siggeir [54]), so kommt die Ahnfrau des Hallfred zum jungen Hallfred [55]), und so gibt die Mutter Joreid noch nach ihrem Tod ihrem Sohn Thorstein Ratschläge [56]).

Diese Verbundenheit mit dem Ahnengeist, der Kraft und Macht des Geschlechts verbürgt [57]), geht Hand in Hand mit der persönlich nahen Verbindung zwischen Mensch und Schutzgott, der genau so zum Schutzgeist wird wie der Ahnengeist. Wie wir im Jarlstempel die Statuen von Thor und den Ahnen in gleichem Kultanrecht nebeneinander stehen sahen, so sehen wir auch den H e i l i g e n b e r g des Thorolf Mosterbart [58]), in den er mit all seinen Verwandten einzugehen hoffte und dem er große Verehrung zollte, d. i. einen steinigen Hügel, bei dem auf seiner Fahrt nach Island die Hochsitzpfeiler angetrieben wurden, und der bei der Besitznahme des Landes mit Feuer umgangen wurde, genau die gleiche wichtige Rolle spielen wie den Thorstempel. Diesen hatte man dem Familiengott Thor gebaut, der der Schutzgott der Sippe war, in dessen Dienste sich die Familie ebenso gestellt hatte, wie der Gott sich ihr dankbar und schützend erwies und ihr zu Walhallfreuden verhalf. Das erkennen wir aus Kap. 11 der Eyrbyggjasaga, wo geschildert wird, wie der Schafhirte den Hügel offen sieht, darin am Feuer Lärm und fröhlichen Hörnerklang vernimmt und gleichzeitig hört, wie die Ahnen dem ertrunkenen Thorstein Dorschbeisser und seinen Gefährten ihren Gruß entbieten und ihm versichern, er werde auf dem Hochsitz seinem Vater Thorolf Mosterbart gegenübersitzen. Hier gehen Ahnen- und Götterkult so ineinander über, daß Thorstein, der dem Gott geweihte Sohn Thorolfs, dem Gott die gleiche Verehrung zollt wie seinem Vater und den Ahnen, die dann im Jenseits ihm sowie dem Vater ihre Kultbemühungen in gleicher Weise danken.

So bitten auch Glums Ahnen dessen Götterfreund Freyr um Hilfe für ihren Erben, der ins Unglück gekommen ist [59]).

So gibt es auch in unserm dt. Volksglauben Gebräuche [60]), die, wie das dreimalige Umwandeln des Herdfeuers bei der Hochzeit, ähnlich wie oben in der Eyrbyggjasaga, dessen uralte Heiligkeit, die den Ahnen und Manen heilige Kultstätte, bezeugen; und Sagen, wo auch wie dort ein Berg sich dem Grafen Günther öffnet und ihm daraus ein prächtiges Methorn zum Trunk dargeboten wird [61]). Zeugnisse dafür, daß die Ahnen nach Helgafell (Heiligenberg) kommen, stellt Grimm zusammen [62]), wie es auch in Deutschland Berge gibt, die „Großvater" heißen im Volksmund [63]).

Wie weit der Glaube an ein Wiederaufleben des Toten in einem andern Menschen den Germanen vertraut war, ist nicht ganz klar. Helgi und Sigrun werden wiedergeboren als Helgi Haddingjaskati und Kara [64]). Der Sammler der Eddalieder sagt: „Das war in alter Zeit Glaube, daß Menschen wiedergeboren werden könnten, jetzt heißt es aber alter Weiber Wahn" [65]). Olaf der Heilige, der nach dem Glauben seiner Zeitgenossen der wiedergeborene Geirstada-alf sein soll, bestreitet als Christ einen solchen Glauben (s. o.) — aber Starkad der Alte erzählt, er sei ein wiedergeborener Riese, nämlich sein Großvater Starkad [66]). „Wir kommen wieder", sagten die Leute im Sätterdal, wenn der Tod sie abrief. Und Appian [67]) berichtet von den Germanen des Ariovist, sie seien Verächter des Todes gewesen infolge ihrer Hoffnung auf eine Wiedergeburt. Die Tatsache, daß *Enkel* ahd. *eninchilî* „der kleine Großvater", heißt [68]), spricht für die Annahme einer solchen Vorstellung im germanischen Heidentum.

1) Levy-Brühl *Das Denken der Naturvölker* 244. 2) ZfVk. 17 (1907), 382. 3) Meyer *Baden* 236. 4) Vatnsdœlasaga c. 36. 5) Die *aettarfylgja*, der Familienschutzgeist, der auf Nachkommen übergeht Meyer *Germ. Myth.* 67. 6) Olafssaga Tryggvasonar c. 215. 7) Fornaldarsögur 2, 85; Egilssaga c. 44. 8) Floamannasaga c. 20, Thor rächt sich an Thorgils für dessen Treubruch. 9) Meyer *Germ. Myth.* 167. 10) Jordanes *De rebus Geticis* cap. V. 11) Njalssaga c. 154; Eyrbyggjasaga c. 33; Egilssaga c. 61. 12) Meyer *Baden* 70. 13) Riehl *Land und Leute* 254; Grimm *Sagen* Nr. 181; Höfler *Wald- und Baumkult* passim. 14) Pauly-Wissowa 10, 2144. 15) Grettissaga c. 18. 16) Eyrbyggjasaga 34, 63. 17) Thorfinssaga Karlsefnis 5. 18) Hönsna-Thorissaga c. 17. 19) Laxdœlasaga c. 17. 20) Fornaldarsögur III, 365. 21) Germania 11, 20. 22) Jahn *Opfergebräuche* 292. 23) Ahnenkult, Hausgeister s. Kühnau *Brot* 41 ff. 24) Grimm *Sagen* Nr. 71. 25) Jungbauer *Böhmerwaldsagen* 98. 26) Lütolf *Sagen* 44, 472; Waibel u. Flamm 2, 339 (Ahnen als Pferde schleppen Baumstämme). 27) Meyer *Germ. Myth.* 66. 28) Keller *Grab des Aberglaubens* 3, 59; Bindewald *Sagenbuch* 60 f.; Eisel *Voigtland* 99 ff.; Meiche *Sagenbuch* 167 Nr. 225, 125 Nr. 164; Sommer *Sagenbuch* 23 Nr. 17; Baader *Volkssagen* 85; Kuhn *Westfalen* 1, 129 Nr. 261. 29) Edda, Atlamal Str. 75; Fornmannasögur 1, 161. 280; K. Maurer *Bekehrung des isl.-norw. Stammes zum Christentum* 2, 428. 30) Höfler *Wald- und Baumkult* 39. 31) Paulus Diaconus *Historia Langobardorum* 5, 34. 32) Egilssaga c. 57. 33) Helm *Religionsgesch.* 1, 220. 34) Njálssaga c. 88. 35) Vgl. häuslichen Ahnenkult in Griechenland bei Rohde *Psyche* 1, 254; Samter *Familienfeste* 10 f.; Pfister *Reliquienkult*, passim; die Ausstellung von *imagines* in den Häusern der röm. Nobilität bei Pauly-Wissowa 10, 2144 findet ihre Entsprechung in China, wo die Ahnenbilder die Verstorbenen

repräsentieren. Zu Beginn des Kults werden die Ahnen gebeten, in den Bildern Platz zu nehmen, Bastian Verhandl. d. Berl. Ges. f. Anthropol. 24 (1892), 105 f.; De Groot Annales du Musée Guimet XI, 19; Hovorka-Kronfeld 1, 180 f. [36]) Ebert *Reallexikon* 1, 77; 7, 125. [37]) Ragnarssaga Lodbróks, 19. [38]) Adam von Bremen IV, 26. [39]) Vita Anscarii cap. 26. [40]) Hervararsaga c. 1; Maurer *Bekehrung* 2, 77. [41]) Saxo Grammaticus ed. Holder 220. [42]) Golther *Mythologie* 34; Mogk *Mythologie* 385. [43]) Fornmannasögur 4, 27; 10, 212; Flateyjarbók II,7. [44]) Halfdanssaga c. 9; Fagrskinna c. 4. [45]) Ammianus Marcellinus XXXI, 7, 11. [46]) Adam von Bremen IV, 26. [47])Islendingasögur I, 47. [48]) Laxdœlasaga c. 5, c. 7; Landnámabók II, 12. 16. 19. [49]) Bardarsaga c. 6. [50]) Grillparzer *Die Ahnfrau*; Schell *Bergische Sagen* 110 Nr. 62; Kühnau *Sagen* 1, 73; 1, 607, 608; Bechstein *Thür. Sagenbuch* 1, 247 f. [51]) Vígaglúmssaga c. 9. [52]) Vatnsdœlasaga c. 36. [53]) Kühnau *Sagen* 1, 607; vgl. Bartsch *Mecklenburg* 1, 152, Müllenhoff *Sagen* 180 Nr. 247. [54]) Völsungasaga c. 4. [55]) Hallfredarsaga, Fornsögur 114. [56]) Thorsteinssaga Siduhallsson c. 7. [57]) Vatnsdœlasaga c. 30. [58]) Eyrbyggjasaga c. 4. [59]) Glumssaga c. 26. [60]) Kuhn u. Schwartz 443 Nr. 279; Goldmann *Andelang* 44 ff. [61]) Kuhn u. Schwartz 280 Nr. 314. [62]) Grimm *Myth.* 2, 682 ff. [63]) ZfdA. 1 (1841), 26. [64]) Edda, Helgakviđa Hundingsbana II, 50. [65]) Edda, Helgakviđa Hjörvardssonar 43. [66]) Fornaldarsögur 3, 56. [67]) *Historia Rom.* I, lib. IV De rebus Gallicis. [68]) Kluge *Etym.Wb.* sub Enkel.

I. Naumann.

Ähnlichkeit s. Analogiezauber und Similia similibus.

Ahnung s. Vorahnung.

Ahorn (Acer-Arten). 1. Botanisches. Die drei häufigsten in Mitteleuropa vorkommenden A.-Arten sind der Berg-A. (A. pseudoplatanus), der Spitz-A. (A. platanoides) und der Feld-A. (Maßholder; A. campestre) [1]). Im Volksglauben werden diese Arten meist nicht näher unterschieden.

[1]) Marzell *Kräuterb.* 99 f.

2. Auf alten Kult weist der Bericht von einem großen Berg-A. beim Hofe Moseid (Vennersland) hin, neben dem die Bewohner alle Jahre Bier ausgießen [2]). Personifiziert erscheint der Baum, wenn aus seinem Holz Blut fließt, z. B. bei einem A. am Millstätter See in Kärnten [3]) und bei einem A. bei der St. Annaquelle in Disentis (Schweiz) [4]).

[2]) ZfVk. 8, 142. [3]) Mannhardt 1, 38; Graber *Kärnten* (1914), 16. [4]) Wettstein *Disentis* 157.

3. Der A. gilt als antidämonisch. Zapfen von A.holz in die Türen und Schwellen geschlagen, verhindern, daß die Hexe in den Stall kommt [5]); das gleiche glaubt man in Westpreußen von den an Johanni (24. Juni) gepflückten A.zweigen [6]). In der westpreußischen Kaschubei werden an Johanni Zweige an die Türen und Fenster gesteckt gegen Hexen und Zigeuner. Auch das Einschlagen des Blitzes sollen diese Zweige verhindern. Die Kartoffeläcker werden ebenfalls mit A.zweigen umsteckt [7]). A.-sträußchen steckte man im Ravensbergischen in die Flachsfelder, angeblich um die Maulwürfe (s. d.) zu vertreiben [8]). Im Elsaß verhindern A.zweige, daß Fledermäuse in die Häuser kommen [9]). Wer nachts ausgeht, soll geweihte A.zweige zu sich stecken (Dalmatien) [10]).

[5]) Bartsch *Mecklenburg* 2, 38. [6]) Treichel *Volkstüml.* IV, 2. [7]) Das Land 18, 519. [8]) 25. Bericht hist. Ver. Ravensberg 1911, 18; vgl. auch E. H. Meyer *Deutsche Volkskunde* 1898, 228. [9]) Gubernatis *Myth. des plantes* 2, 129 (nach Rolland *Faune pop.*). [10]) Wiss. Mitt. Bosn. Herz. 4, 594.

4. Kühe, die mit Maßholderzweigen geschlagen werden, geben blutige Milch (Westfalen) [11]). Im Dep. Finistère glaubt man, daß Tiere, die man nur leicht mit einer Maßholderrute berührt, zugrunde gehen [12]) (s. Hasel). In der Antike galt der A. als ein „unglücklicher" Baum [13]).

[11]) Wagenfeld *Pflanzen* 229. [12]) Sébillot *Folk-Lore* 3, 387. [13]) Murr *Pflanzenwelt* 25.

5. In der Volksmedizin werden die an Johannis gepflückten A.blätter getrocknet und später in kochendem Wasser erweicht; sie gelten als heilkräftig bei allen Wunden [14]). Im Gouv. Smolensk bestreicht man gegen Kopfweh das Haupt mit den an Johannis gebrochenen Maßholderzweigen [15]). A.wurzel dient zur Beförderung der Menstruation [16]).

[14]) Frischbier *Naturkunde* 320. [15]) Yermoloff *Volkskalender* 295. [16]) Stoll *Zauberglaube* 107.

6. Wenn die A.blätter recht fett sind, so gibt es eine gute Ernte (Oberbayern)[17].

[17]) Marzell *Bayr. Volksbot.* 126. Marzell.

Ähre s. Getreide.

Ährenkönigin, -mutter s. Korndämonen.

Ährenschnitt s. Bilwis.

Akelei (Aquilegia vulgaris). 1. Botanisches. Die zu den Hahnenfußgewächsen gehörige A. besitzt doppelt dreizählige, gekerbte Blätter. Sie ist an den fünf großen, in einen hakig gekrümmten Sporn ausgezogenen, blauen oder violetten Honigblättern leicht zu erkennen. Die A. ist auf Waldwiesen und in Laubwäldern meist nicht selten[1]). Die A. wird seit alters in Gärten als Zierpflanze gezogen, als Heilkraut ist sie heutzutage vergessen[2]).

[1]) Marzell *Kräuterbuch* 472. [2]) Kronfeld *Zur Geschichte der Akelei*, in: Wien. Med. Wochenschr. 1914, Nr. 29.

2. Ein aus der A. bereiteter Trank sollte gegen „Nestelknüpfen" wirksam sein. „So einem Mann seine Krafft genommen / und durch Zauberey oder andere Hexenkunst zu den ehelichen Wercken unvermöglich worden were / der trinck stätig von dieser Wurtzel und dem Samen / er genieset / und kompt wieder zurecht"[3]). Auch Matthioli[4]) empfiehlt das Mittel dem Bräutigam, der durch Zauberei zu den ehelichen Werken ungeschickt geworden ist. Zu diesem Zweck sollte das membrum virile mit dem Absud der A. gewaschen werden[5]). Vielleicht sollte die A. wegen ihrer auffälligen Blütenform (vgl. Löwenmaul) zauberwidrig wirken? Das Mittel geht wohl mehr auf die gelehrt literarische[6]) Überlieferung als auf einen deutschen Volksaberglauben zurück.

[3]) Tabernaemontanus *Kräuterbuch* 1613, 100. [4]) Ebd. 1563, 248. [5]) Schroeder *Med.-Chym. Apotheke* 1693, 877. [6]) Vgl. Seligmann *Blick* 1, 386 f. Marzell.

Al palot elsna, Zauberworte im Liebeszauber. Zur Entdeckung der Untreue eines Mädchens[1]). Auch Al Galal Eismu[2]).

[1]) Urquell 3 (1892), 3; Ohrt *Trylleformler* 2, 87. [2]) Ohrt a. a. O. 2, 87. Jacoby.

Alabaster. Griech. ἀλάβαστρος, vermutlich aus arab. Al-Basra, Stein aus Basra[1]). Konrad von Megenberg sagt: „Nicanor oder Alabastrum ... dieser Stein verleiht den Sieg und erhält die Freundschaft unter den Menschen (vielleicht eine Verwechslung mit einem anderen Stein?) ... er ist weiß und sehr kalter Art, man kann deshalb Salben lange in ihm aufheben"[2]). Solche pyxides unguentariae aus Alabaster waren in den Apotheken seit alters im Gebrauch[3]). Man bereitete auch, wie bereits im Altertum, Alabastersalben, die gegen alle Schmerzen des Hauptes, auch bei heftigem Fieber und gegen die Schlaflosigkeit dienlich sein sollten[4]). In Böhmen heilt man an den Fraisen (krampfhaften Zuckungen) leidende Kinder, indem man ihnen geriebenen A. mit Wasser eingibt[5]).

[1]) Schrader *Reallexikon*[2] 1, 397; Pauly-Wissowa 1, 1271 f. [2]) Megenberg *B. d. N.* 389; vgl. Schade s. v. Nikomar (νίκη Sieg) 1399; Plin. *n. h.* 36 § 60. [3]) Gesner *d. f. l.* 97 (aus Agricola); Abbildung. eb. 112. [4]) Plin. 36 § 61 u. 37 § 143; Zedler s. v. Alabastrites Bd. 1, 898. [5]) Wuttke 369 § 542 = Grohmann 175. Olbrich.

Alan, Zauberwort in der Formel zum Schutz für Schweine[1]): „alan tabalim fugan, ab omni malo, exaudita est oracio tua", vgl. „alan fugan, saladdiel". Die Erklärung von Franz ist, wenn auch die Worte vielleicht hebräisch sein sollen, sehr fraglich.

[1]) Franz *Benediktionen* 2, 139; Hattemer *Denkm. d. Mittelalters* 1 (1844), 410; v. Scheffel *Ekkehard* Anm. 214. Jacoby.

Alant (Inula helenium). 1. Botanisches. Korbblütler mit großen gelben Blütenköpfen, die in rispigen Dolden angeordnet sind. Die aus Vorderasien stammende Pflanze wird vielfach in Gärten (besonders auf dem Lande) zu Heilzwecken gezogen[1]). In der Antike und im MA. war der A. eine häufig verwendete Heilpflanze[2]).

[1]) Marzell *Kräuterb.* 166 f. [2]) Marzell *Heilpflanzen* 202 ff.

2. Der A. gilt besonders bei den Slawen als Abwehr- und Zaubermittel[3]). In Steiermark räuchert man am Christabend mit A.[4]). Im Sauerland spielt

der „Olantskopp" eine Hauptrolle im Kräuterbund an Mariae Himmelfahrt; für jede Kuh im Stall wird ein „Olantskopp" in den Kräuterbund gesteckt [5]). Als Pflanze des Abwehrzaubers ist der A. auch ein altes Pestmittel. Bei den Wenden hat der „schwarze Tod" selbst die Heilkraft des A. verkündet [6]). Bei den Angelsachsen wurde der A. mit einer Beschwörung ausgegraben [7]).

[3]) Bezzenberger *Litauische Forsch.* 75; Grohmann 138; ZföVk. 6, 170; Wiss. Mitt. Bosn.-Herz. 4, 447; Krauß *Sitte u. Brauch* 176. [4]) Unger u. Khull *Steir. Wortsch.* 15. [5]) Orig. Mitt. von Hennemann 1923; vgl. Montanus *Volksfeste* 140; ZfrwVk. 5, 34. [6]) Schulenburg *Wend. Volkst.* 162; vgl. Bibernelle. [7]) Fischer *Angelsachsen* 33; Payne *Engl. Med. in Anglo-Saxon Times* 1904, 117 f.; Hoops *Pflanzennamen* 53; FL. 4, 506. Marzell.

Alaun. Lat. alumen; mhd. alûn; griech. στυπτηρία (γῆ) = zusammenziehende Erde[1]). Der Ruf der Stypteriaerde als Adstringens, als antikonzeptionelles und bei Augenleiden wirksames Mittel war im Altertum weit verbreitet; der natürliche A. (Alumen Romanum) wurde im MA. zu medizinischen Zwecken, hauptsächlich zusammenziehender und ätzender Art verwandt, z. B. bei Blutungen, Fisteln, Krebs, Kehlenblattern u. a.[2]). Auch die Volksmedizin machte von dem A. vielfach Gebrauch. Das meiste davon, namentlich die Verwendung als blutstillendes und ätzendes Mittel, ist auch in der wissenschaftlichen Medizin gebräuchlich [3]). In das Gebiet des Aberglaubens aber fällt die Anwendung des A.s als Amulett: als Vorbeugungsmittel gegen die Rose trug man stets ein Stück A. bei sich, gegen Gesichtsrose legte man ein Säckchen mit A. um den Hals oder nähte A. in den Saum eines Unterrockes, den man täglich anhatte [4]). In der Türkei, Persien und Ägypten wird der A. als Abwehrmittel gegen Bezauberung und Geister getragen [5]).

[1]) Schrader *Reallexikon*² 1, 39; Kluge *Etym. Wörterb.*, s. v.; Bergmann 15. [2]) Pauly-Wissowa 1, 1296 f.; Plinius *n. h.* 35 § 185; ZdVfVk. 26 (1916), 105; Lonicer 53; Paracelsus 200; Peters *Pharmazeutik* 2, 134 ff.; Höfler *Organotherapie* 202. [3]) Hovorka-Kronfeld 1, 10; 2, 392 u. 267; Lammert 229; G. Schmidt *Mieser Kräuterbuch* 44. 82; ZföVk. 4 (1898) 217; Bartsch *Mecklenburg* 2, 22. [4]) Urquell 3 (1892), 71; ZrwVk. 1 (1904), 102. [5]) Seligmann 1, 280 u. 262 f.; 2, 31 f.; Stern *Türkei* 2, 378; Samter *Geburt* 161 [5]. Olbrich.

Alb, Alf s. Alp, Elben, Elfen.

Alban, hl., 406 bei der Zerstörung von Mainz getötet, dargestellt, wie er sein Haupt auf der Hand trägt, das er der Legende gemäß nach seiner Enthauptung selbst zur Begräbnisstätte getragen haben soll, einst vielverehrter Heiliger der Mainzer Kirche, auch in Basel und sonst in Deutschland, Fest 21. Juni [1]).

1. Im bayrischen Volk als Patron gegen Ungewitter, Kopf- und Halsschmerzen, Leibschaden, Harn und Gries, Epilepsie angerufen; bemerkenswert ist dabei die starke Mischung der verschiedenartigsten Übel[2]). Hierhin gehört ein Bild des hl. A. in der A.kapelle in Taubenbach, unter dem geschrieben steht: „Durch A.s Fürbitte wird geheilt Fraiß, Kopfweh und Gliedersucht." Ebenda wurden dem Heiligen Tonköpfe geopfert, einfach „Köpfe" genannt, wohl als Votive oder Weihegaben für Befreiung von einem Kopfübel. Ein weiteres Bild (Votivbild) in der Kapelle zeigt einen Mann mit drei Gesichtern, von denen er durch Fürbitte des hl. A. geheilt worden sein soll [3]).

[1]) AA. SS. Boll. 21. Juni IV, 88; Beißel *Verehrung der Heiligen* 1, 4; ARw. 3, 245. [2]) ZdVfVk. 1 (1891), 297. [3]) Hovorka-Kronfeld 1, 335.

2. Als Taufname war A. in Oberösterreich nicht beliebt. Man sagte dort, er locke die Kleinen an sich, diese stürben frühzeitig. Um dies zu verhüten, taufte man nicht leicht auf seinen Namen und opferte ihm die Erstlingskleider der Säuglinge [4]). Ähnlich wurden ihm in Attenhausen (Schwaben) Kinderkleider geopfert [5]).

[4]) ZdVfVk. 7 (1897), 100 f. [5]) Birlinger *Aus Schwaben* 2, 242.

3. Am A.stage ritten früher die Bauern aus der Umgegend von Aitrang (Allgäu) auf ihren Pferden dreimal um das Wallfahrtskirchlein zu St. A. [6]).

[6]) Reiser *Allgäu* 1, 395. Wrede.

Alber s. Berggeister, Zwerge.

Alberich s. Zwerge.

Albertus. Sizilianischer Karmelitermönch [1]), gest. 1306. Mit ihm ist die Vorstellung des A.wassers verbunden, das gegen Fieber und in Geburtsnöten hilft und dessen Weiheformel auch in Deutschland bekannt ist [2]).

[1]) Vita in den AA. SS. August 2, 215—237. [2]) A. Franz *Benedictionen* 1, 211 f.; 2, 196 f. 474. 479. Helm.

Albertus Magnus.

J. Sighart *Albertus Magnus. Sein Leben und seine Wissenschaft.* Regensburg 1857. Bach *Des Albertus Magnus Verhältnis zu der Erkenntnislehre der Griechen, Lateiner, Araber und Juden.* Wien 1881. Georg von Hertling *Albertus Magnus. Beiträge zu seiner Würdigung.* Festschrift. Köln 1880; 2. Aufl. Münster 1914; derselbe *ADB.* 1, 156—158; A. Schneider *Albertus Magnus. Sein Leben und seine wissenschaftl. Bedeutung.* Rektoratsrede. Köln (1927).

1. Albert, Graf von Bollstatt, der große Scholastiker, auch Doctor universalis genannt, geb. zu Lauingen in Schwaben zwischen 1193 und 1206. Seit 1222 Dominikanermönch und im Auftrag des Ordens vielfach als Lehrer und Prediger in Italien, Frankreich und Deutschland wirkend; 1248—54, 58—59 und von 1267 an mit kurzen Unterbrechungen bis zu seinem Tode in Köln; 1254 Dominikanerprovinzial für Deutschland, vorübergehend (1260—62) Bischof von Regensburg; gest. 1280 zu Köln, hier und in Regensburg kirchlich verehrt, 1622 selig gesprochen.

2. Ein guter Teil der zahlreichen wissenschaftlichen Werke [1]) Alberts ist zu charakterisieren als eine Art von „Paraphrasen" von philosophischen und naturwissenschaftlichen Werken des Aristoteles [2]). In anderen Schriften behandelt A. naturphilosophische Probleme seiner Meinung nach im Sinne des Aristoteles, in Wirklichkeit vielfach von ihm abweichend nach anderen Quellen [3]). Der dritte Teil seiner Werke enthält Kommentare zu biblischen und dogmatischen Schriften. Ein Zug zur Mystik ist bei ihm unverkennbar.

[1]) Außer älteren und neueren Einzelausgaben die nicht ausreichende Gesamtausgabe *Opera omnia* ed. R. Jammy, 21 Bde., Leiden 1651. Krit. Ausgaben eines Teiles der naturwissenschaftlichen Werke; *A. Magni de vegetabilibus libri VII, historiae naturalis pars XVIII* hrsg. von Ernst Meyer u. Karl Jessen, Berlin 1867; Albertus Magnus *De animalibus libri XXVI.* Nach der Cölner Urschrift, hrsg. von Hermann Stadler. Münster i. W. 1916—1920 (= Beitr. z. Geschichte der Philosophie des MA. Texte u. Untersuchungen Bd. XV—XVI). [2]) Hertling a. a. O. 52 ff. [3]) a. a. O. 84 f.

3. Vereinigung von Philosophie und Theologie ist der Inhalt von A.s Lebenswerk. Dabei liegt seine Hauptbedeutung auf den Schriften weltlichen Wissens [4]). Gegenüber der Magie beobachtet er vorsichtige Zurückhaltung. Er glaubt, daß viele Fälle auf bewußter Täuschung beruhen; alle Zauberer benutzen sie, und das Volk hält dann das für notwendig, was lediglich Zufall ist (*parum literati putant necessarium esse quod contingens est*). Andererseits steht die Existenz der magischen Kunst für ihn ebenso fest wie der ganzen Theologie seiner Zeit, und er gibt zahlreiche Beispiele dafür [5]). So bespricht er im Anschluß an Petrus Lombardus den Impotenzzauber, er glaubt an Succubus und Incubus, weiß von Besprechungen aller Art, vom zauberischen Gewinnen und Gebrauchen heilkräftiger Pflanzen, glaubt an Verwandlungen und Entrückungen, an Unglückstage und vieles andere.

[4]) Vgl. auch Kopp *Beitr.* 64—85. [5]) Hansen *Zauberwahn* 153 und passim.

4. Die Gestalt des A. M. ist schon frühe vom Sagenwerk umrankt worden, wobei er als Meister in allerhand Zauberkünsten erscheint [6]). Schon in einer zeitgenössischen Vision tritt er in der Peterskirche in Rom als Schlangenbeschwörer auf [7]). Wenig jünger ist die Sage von der zauberischen Entführung der Königstochter von Frankreich, wovon noch ein Meistergesang des 16. Jhs. zu erzählen weiß [8]). Dem 15. Jh. gehört die Überlieferung der sicher älteren Sage an, daß er bei einem Besuch König Wilhelms von Holland mitten im Winter einen blühenden Garten hervorgezaubert habe [9]). Die Sage erzählt

ferner von A.s Ritt nach Rom auf dem Rücken des Teufels [10]), vom Emporklettern an einem in die Luft geworfenen Knäuel [11]), von seinem Zauberbecher, mit dem er Kranke heilt [12]), dem Zaubersack [13]), der Erschaffung eines künstlichen Menschen [14]), von den Vögeln, die ihm dienen in der Geschichte von der buhlerischen Königin [15]).

[6]) Sighart a. a. O. 67—75. [7]) Meyer *Abergl.* 155. [8]) Bolte-Polivka 2, 538 f. [9]) Grimm *DS.* Nr. 489. [10]) Sighart 74. [11]) Bolte-Polivka 2, 539 f. [12]) Sighart 74. 267. [13]) Ebd. 73 f.; Bolte-Polivka 1, 361. [14]) Sighart 71. [15]) Ebd. 72.

5. Dementsprechend finden sich unter den vielen Werken, die man ihm mit Unrecht zugeschrieben hat [16]), auch in alter und neuer Zeit einige vielverbreitete Zauberbücher (s. d.). Solche sind: Liber aggregationum sive secretorum de virtutibus lapidum et animalium, De mirabilibus mundi und als das wichtigste: A. M. bewährte und approbierte sympathetische und natürliche Ägyptische Geheimnisse (s. d.) für Menschen und Vieh [17]).

[16]) Ein Verzeichnis der unechten Werke des A. bei Sighart 297 f. [17]) Gedruckt Braband 1816. 1839 u. ö.; vgl. Albr. Dieterich *Kl. Schr.* 198 ff. (= BlhVk. 2, 5 ff.). Helm.

Albinus, Bischof von Angers, gest. 549, Fest 1. März oder A., Märtyrer, dessen Reliquien um 984 von der Kaiserin Theophana von Rom mitgebracht und der Abtei S. Pantaleon in Köln geschenkt wurden, Fest 22. Juni, vielfach mit dem hl. Albanus, Protomartyr von England (22. Juni) verwechselt [1]).

1. Albinmonat bei Fischart = März [2]).

[1]) AA. SS. Boll. 1. März 1, 57 ff.; Korth *Die Kirchenpatrone im Erzbistum Köln* 9; Samson *Kirchenpatrone* 108; Günter *Legenden-Studien* 77; Nied *Heiligenverehrung* 65. [2]) Fischart *Aller Practick Großmutter.*

2. Unter den schwäbisch-alemannischen Volksheiligen wird auch A. genannt, so in der Kirchbierlinger Gegend, wo übrigens von einigen der hl. Alban unter ihm gemeint ist. „Ununterrichtete Bauersleute kommen nicht selten und wollen Messen haben zu St. Albin fürs Roß. St. Albin vertritt hier St. Leart (Leonhard, einen der größten Volksheiligen Süddeutschlands) und St. Blasius" [3]).

[3]) Birlinger *Aus Schwaben* 1, 54—55.

3. Als Helfer gegen Krankheiten des Hornviehes in Luxemburg angerufen [4]).

[4]) Fontaine *Luxemburg* 109. Wrede.

Alchemie.

1. Name. — 2. Entstehung. — 3. A. als mystische Wissenschaft. — 4. Ziel alchemistischer Arbeit. — 5. Geschichte der A. — 6. A. u. Aberglaube. — 7. Alchemistenverspottung. — 8. Neue Literatur.

1. Name. Er ist entstanden aus dem arabischen Artikel *al* und dem Wort *chemeia.* In früherer Zeit bestanden zwei verschiedene Schreibweisen nebeneinander: Alchemie und Alchymie. Alchymie stellt die spätere dar [1]) und soll von dem griechischen *chymós* = Saft, Brühe gebildet sein. Demnach wäre A. die Kunst, mit Auflösungen und Flüssigkeiten zu arbeiten, eine Erklärung, die jetzt allgemein als erledigt gilt [2]). Neuerdings ist vergeblich versucht worden, das Wort von *chŷma* = Metallguß herzuleiten [3]). Fast allgemeine Zustimmung findet jetzt die Ableitung von *chemeía*, einem aus dem Griechischen schlechthin unerklärlichen Fremdwort. Es stammt vielmehr aus dem Ägyptischen. Nach Plutarch [4]) wird das schwarzerdige Ägypten von seinen Priestern als chemia bezeichnet, dem auch der hieroglyphische Name Ägyptens „Keme" = das Schwarze, das Schwarzerdige entspricht. Von der Bedeutung chemie = schwarz ausgehend, ist demnach chemeia die Beschäftigung mit dem „Schwarzen", welches nichts anderes als das „schwarze Präparat" [5]) sein kann. Als grundlegender Prozeß der Metallverwandlung galt bei den alten Alchimisten die *mélansis, melánosis* = Schwärzung; deswegen wurde das Schwarzblei, das unter den Metallen der Schwärze am nächsten stand, als Urmaterie angesehen. So ist das „Schwarze" das den Ausgang bildende Gemischte; die „schwarze Kunst" bestand darin, sowohl dieses Schwarze zusammenzumischen, als auch die eigenartigen Stoffe daraus zu isolieren. Von ihrem Urprodukte und Ursprungslande erhielt die Kunst ihren Na-

men [6]). Über die Herleitung des Wortes *chemeia* dachten indessen die Alten anders. Sie leiteten den Namen der Wissenschaft vom Verkünder derselben ab. Ein solcher wird schon bei Zosimus (4. Jh.) unter dem durchsichtigen Namen Chemes (Chimes, Chymes) angeführt und von den nachfolgenden Autoren als Prophet und Offenbarer hoch gefeiert. Damit wird der Sachverhalt umgekehrt. Zuerst war die Wissenschaft vorhanden. Von ihr aus erst wurde der notwendig werdende Name des héros epónymos gebildet [7]).

[1]) G. Hoffmann in Ladenburgs *Handwörterbuch der Chemie* 1, 530. [2]) H. Kopp *Beiträge* (1869), 65 ff. [3]) H. Diels *Antike Technik* (1914), 108 ff.; E. v. Lippmann *Entstehung und Ausbreitung der A.* Berlin (1919), 296. [4]) *De Iside et Osiride* 33. [5]) Lippmann 302. [6]) E. Färber *Die geschichtliche Entwicklung der Chemie.* Berlin (1921), 23. [7]) Lippmann 293.

2. Entstehung. Als Vorläuferin der A. ist eine in Ägypten in jahrhundertelangem Werdegang zur Blüte gelangte Tempelwerkstattkunst (hierá, theía téchnē), ursprünglich von Techniten ausgeübt, anzusehen. Ihre Fertigkeiten bestanden darin, kostbare Metalle, Edelsteine und Farbstoffe für die Bedürfnisse des Kultus zu bearbeiten, aber auch infolge der starken Nachfrage solche Stoffe durch minderwertige, täuschende Nachahmungen zu ersetzen [8]). Der unrichtigen Beobachtung eines technischen Vorganges konnte leicht eine bisher unbekannte Metallabscheidung als Neuhervorbringung eines Metalls gelten; auch konnte eine an den Metallen auftretende Färbung für eine Metallverwandlung gehalten werden. Wurden nun, um den Bedürfnissen der synkretistischen Geisteswelt vom 1. Jahrhundert v. Chr. an entgegenzukommen, die technisch so erzielten Resultate mit Geheimtuerei umhüllt, so war die A. als Geheimwissenschaft fertig. Den notwendigen philosophischen Unterbau hatten dann nur noch Platos und Aristoteles' Lehren von den Verwandlungen der Materie zu liefern, die in abgeänderter und verzerrter Form der damaligen Zeit geläufig waren. Es scheint, daß die ägyptisch-hellenistischen Priester, bei denen sich die Kenntnis der technischen Arbeitsmethode mit der Philosophie vereinigt fand, als geistige Väter der A. anzusehen sind; dieses esoterische Wissen verstanden sie trotz aller äußeren Umstände streng unter sich zu wahren. So kommt es, daß noch später Alchemisten sich als Priester und Mysten der geheimen, göttlichen, heiligen Kunst bezeichnen und sie als Weisheit altägyptischer Priester ausgeben.

[8]) Lippmann 275 ff.

3. A. als mystische Wissenschaft. Die Bezeichnungen Myste und Adept, die sich die Alchemisten beilegten, weisen auf die religiösen Mysterienverbände hin. Das Wissen gilt nur für einen kleinen Kreis Eingeweihter, in welchem es der Meister dem würdigen und zuverlässigen Schüler weiterüberliefert. Bei der Aufnahme als Adept scheint ein ähnliches Zeremoniell wie bei den Mysterien gebräuchlich gewesen zu sein. Der Novize hatte den Eid [9]) zu leisten, das ihm teilzuwerdende Wissen keinem Uneingeweihten mitzuteilen [10]). Der Meister seinerseits hatte später zu versichern, alles übernommene Wissen restlos mitgeteilt zu haben [11]). Für die Aufnahme wurden auch sittliche Qualitäten wie Reinheit, Wahrhaftigkeit, Neidlosigkeit gefordert. Die Alchemistensprache war selbst dunkel und versteckt [12]), handelte es sich doch um die Offenbarung verborgener Worte [13]). Der Sinn mußte entweder durch einen Mystagogen [14]) oder durch Offenbarungsvisionen erschlossen werden. Solche Visionen beginnen bei dem im 4. Jh. n. Chr. lebenden Zosimus und reichen in ununterbrochener Kette durch das MA. hindurch bis in die Neuzeit [15]). Außer der Sprache waren auch die Zeichen und Symbole der alchemistischen Traktate voller Geheimnisse. So erhält das vieldeutige „göttliche Wasser", ein Sammelname für alle verwandelnden Präparate „des weißenden, wandelbaren, beweglichen, giftigen Quecksilbergeistes", die Schlange, die ihren Schweif verschlingt (drácon urobóros) [16]) als Symbol. Für die Namen der Metalle finden sich schon in den ältesten Handschriften die Zeichen für die sieben Pla-

neten eingesetzt [17]). Abkürzungen für Maße und Gewichte sind sehr gebräuchlich. Manches ist nicht zu enträtseln, da es vermutlich auf Abkürzungen griechischer oder ägyptischer Worte zurückgeht. Einzelne Geheimlehren scheinen in Rätsel eingekleidet worden zu sein, deren bekanntestes dem Agathodaimon zugeschrieben wird [18]). Sehr beliebt war auch die allegoristische Darstellung alchemistischer Vorgänge, wofür als bekanntestes Beispiel die Osterspaziergangsstelle im Faust anzuführen ist.

[9]) Kopp *Beiträge* 520 ff. [10]) Berthelot *Collection des anciens alchemistes grecs.* Texte grec. Paris (1887), 112, 17. [11]) Ders. 27, 5 ff. [12]) 114, 3. [13]) 112, 5. [14]) 114, 1; 13. [15]) Karle *Der Alchemistentraum des Zosimus* (Diss.) Freiburg (1925), 33 ff. 62 ff. [16]) Lippmann 305; H. Silberer *Probleme der Mystik und ihre Symbolik.* Wien-Leipzig (1914), 76 ff.; Fr. Carter *The Dragon of the Alchemists.* London (1926). [17]) Berthelot *Introduction à l'étude de la chimie des anciens au moyen-âge.* Paris (1889) 104 ff.; Lippmann 347 ff.; R. Meyer *Vorlesungen über die Geschichte der Chemie.* Leipzig (1922), 22. [18]) Kopp 506 ff.

4. Das Ziel alchemistischer Arbeit. Die Alchemisten sahen ihre Aufgabe nicht allein darin, täuschende Legierungen herzustellen oder die äußere Veredelung eines niederen Metalles in ein nächst höheres bis zur scheinbaren Goldgewinnung, sogar unter Vermehrung des Gewichtes, fortzusetzen, sondern auch in der Zerlegung der niederen Metalle in ihre form- und eigenschaftslose Urmaterie, welche als Schwärze, schwarze Brühe, schwarze Asche bezeichnet wird. Aus dieser mußte sich durch gewisse Zusätze das „große Mysterium", die Bildung unverfälschter, edler Metalle erreichen lassen. Diese Ansicht schließt sich an die Neuschaffungen im Kosmos oder an die Neuentwicklung im Pflanzen- und Tierreiche an. Dazu war noch ein besonderes Elixier notwendig, das „Stein der Weisen" (s. d.) genannt wird [19]). Die Goldmacherkunst (s. d.) und die Herstellung des Steines der Weisen sind daher sowohl theoretisch wie praktisch mit der allgemeinen A. unlöslich verknüpft. Diese allgemeine A. umfaßte eigentlich das Gesamtgebiet der heutigen Chemie. Sie enthält in ihrem Schoße in gleicher Weise wie ihre Schwesterdisziplin, die Astrologie [20]), die Keime zu der exakten Wissenschaft, aber im Dunkel, das sie umgab, konnten sie erst mit Beginn der Neuzeit zur Entwicklung gelangen [21]). So mußten die empirischen Beobachtungen, die sich beim Filtrieren, Destillieren, Sublimieren und Schmelzen ergaben, im Wust magischer Geheimkrämerei unfruchtbar bleiben, da die Hypothesen der theoretischen A. verdarben, was die praktische Experimentiererei erreicht hatte.

[19]) H. Bauer *Geschichte der Chemie* ³ (Berlin 1921), 23; Meyer *Aberglaube* 41. [20]) Ebd. 41; Boll *Sternglaube* 34. [21]) Dieterich *Kl. Schr.* 514.

5. Geschichte der A. a) Altertum. Die alten Schriftsteller erwähnen die alchemistische Tätigkeit [22]) erst in verhältnismäßig später Zeit. Dunkle Andeutungen hat man zwar schon bei Manilius und Firmicus Maternus sehen wollen. Aber eine unzweideutige Bezeichnung findet sich erst von der 2. Hälfte des 4. Jhs. an. Der syrische Kirchenschriftsteller Ephräm sagt in einem Hymnus: „Daß die Schätze der Menschheit in gleicher Weise durch Tugendhafte wie durch Goldmacher vermehrt werden" [23]). Um 500 setzt der Rhetor Aeneas von Gaza die Auferstehung mit den verklärten Leibern in einen Vergleich mit der Verwandlung gemeinen Metalles zu Gold [24]). Wiewohl die Sache klar erwähnt ist, der besondere Name für die alchemistische Tätigkeit fehlt. Die älteste Bezeichnung [25]) des Wortes Chemie scheint sich bei dem byzantinischen Lexikographen Suidas (10. Jh.) zu finden, der unter dem Stichwort *Chemeia* erwähnt, Kaiser Diokletian habe anläßlich des alexandrinischen Aufstandes (296) die von den Alten über die Chemie des Silbers und Goldes verfaßten Bücher aufsuchen und verbrennen lassen [26]). Unter Chemie scheint zu Diokletians Zeiten die den verwerflichsten Zwecken (Münzfälschung) dienende Kunst der Verfertigung von Silber und Gold verstanden worden zu sein [27]).

Als älteste Dokumente, die eigentlich zur Vorgeschichte der A. zu rechnen sind, besitzen wir den Leidener Papyrus X und den Stockholmer, Sammlungen kurzer, technischer Rezepte über die Gewinnung und Fälschung der Metalle, über Perlen und Edelsteine und Purpurfärben. Durch ihre nüchterne Form unterscheiden sie sich von der ganzen späteren alchemistischen Literatur, die erfüllt ist von mystischem und magischem Beiwerk, von zauberischem und abergläubischem Wesen. Als Erstling dieser Art stellt sich das Werk Pseudodemokrits [28]) (1. Jh. v. Chr.) dar. Es war leicht, diese Schrift dem Philosophen aus Abdera († 350 v. Chr.) anzufügen, da dieser auf seinen Reisen in Ägypten von den ägyptischen Priestern in Memphis in ihre Geheimnisse eingeweiht worden war. Der späteren Zeit genügte diese Initiation nicht mehr. Demokrit mußte seine Lehre vom berühmten persischen Magier Ostanes, der seltsamerweise als Perser ägyptischer Oberpriester gewesen sein soll, empfangen haben. Auch die bekannte Vielseitigkeit der Schriftstellerei Demokrits gestattete mühelos eine Erweiterung durch ein pseudepigraphisches Werk, das sich „Physica et Mystica" betitelt. Doch läßt sich hinter der Schrift eine Persönlichkeit mit festen alchemistischen Anschauungen verspüren. Als Demokrits Mitschüler bei Ostanes werden außerdem der Ägypter Pammenes und die jüdische Maria genannt, deren Werke noch in kleinen Stücken bei den späteren Alchemisten erhalten sind. Auch Komarius gehört zu dieser Schule; seine Schülerin war Kleopatra, die ein Werk über das „Goldmachen" verfaßte. Eine Reihe apokrypher und pseudepigraphischer Autoren füllt die Lücke zwischen 100—300 n. Chr. aus. Sie tragen alle die Namen berühmter Offenbarungsträger und Weiser, wie Hermes [29]), Agathodaimon, Isis, Chimes, Ostanes, Petesis, Jamblichos, Moses und Johannes. Hermes galt den hellenistischen Schriftstellern als Ägypter und wurde den altägyptischen Göttern Pthah, Thot, Chnum gleichgesetzt [30]). In ihm sah die hellenistische Zeit die Personifikation des Wissens, der Wissenschaft, des in allen Künsten, namentlich aber in den Geheimkünsten (hermetischen) erfahrenen und schöpferischen Geistes, den Hüter und Bewahrer aller alten Erbweisheit [31]). Der Alchemist Johannes, ein Hermesschüler und Erzpriester von Euagia, wurde ungefähr um 1200 mit Johannes Evangelista gleichgesetzt. So kommt es, daß der Augustinermönch Adam de St. Victor in einem Hymnus vom Heiligen sagt: „Inexhaustum fert thesaurum / Qui ex virgis fecit aurum, / Gemmas ex lapidibus" [32]). Mit Africanus (3. Jh.) gewinnt die Tradition wieder festen Boden. Als bedeutendster Alchemist dieser Zeit (3./4. Jh.) gilt Zosimus aus Panopolis. Seine Visionen [33]) stehen im engsten Zusammenhang mit der hermetischen Literatur. Die Zahl seiner Schriften ist nicht gering. Doch sind diese z. T. nur aus späteren Kommentatoren rekonstruierbar. Seinen Werken nach scheint Zosimus noch praktisch die A. ausgeübt zu haben. Von seinen Nachfolgern ist dies nicht mehr zu berichten; ihre Arbeit bestand lediglich in der theoretischen Ausgestaltung und Ausschmükkung alchemistischer Vorgänge, auch im Kommentieren der früheren Alchemisten. Dem 4. Jh. gehören außerdem Pelagius, Pibpechius, Heliodor [34]), der ein alchemistisches Lehrgedicht verfaßte, und der Demokritkommentator Synesius an. Mit Olympiodor beginnt im 5. Jh. die Reihe der byzantinischen Alchemisten, aus denen Stephanus von Alexandrien (7. Jh.) hervorragt [35]). Ihre Namen sind: der Christ Pappus, Cosmas (7. Jh.), die Jambendichter Theophrast, Hierotheus und Archelausos [36]), Salmanas (9./10. Jh.), Psellos (11. Jh.) und Nikephoros (13. Jh.). Die Schriften der Alchemisten sind in einer Handschrift des 11. Jh., die sich in Venedig befindet (Marcianus M.), überliefert. Von ihr hängen die Pariser und auch die anderen zahlreichen Handschriften ab [37]).

b) Mittelalter. Mit Stephanus schließt die alexandrinische Periode der steril gewordenen A. ab infolge der Eroberung durch die Araber. Neben Astrologie und Medizin reizte besonders A. als praktische Wissenschaft die Wißbegier der Araber. Zu Anfang des 8. Jhs. wurde die A. von den Arabern sehr eifrig betrieben.

Sie hielten sich griechische Laboranten und übersetzten die griechischen Traktate in ihre Sprache. Die griechischen Ausdrücke blieben zuweilen unverändert stehen, es wurde meist nur der arabische Artikel *al* vorgesetzt (*alchemie*)[38]. Der Übersetzung ins Arabische verdanken wir einige alchemistische Werke, die in ihrer griechischen Fassung uns nicht mehr erhalten sind. Dazu gehört das Buch des Krates [39]) und die Schrift des Ostanes [40]). Zu den wichtigsten arabischen Schriftstellern über A. gehört Dschabir oder Geber (9. Jh.), von dessen Leben nichts Sicheres, aber dafür um so mehr Mythisches berichtet wird. Von zahlreichen, ihm zugeschriebenen Schriften [41]), welche eine Fülle chemischer Beobachtungen enthalten, stellte jedoch die neueste Forschung fest, daß sie gar nicht von ihm herrühren, sondern einer viel späteren Zeit angehören. Die im Abendland nach 1300 entstandenen lateinischen „Übersetzungen" stellen Kompilationen dar, die man jetzt einem „Pseudo-Geber" zuschreibt. Obschon der arabische Gelehrte Abi Sina, Avicenna genannt (980—1037), als ausgesprochener Gegner der A. [42]) bezeichnet wird, wurden trotzdem im MA. seinem Namen alchemistische Abhandlungen untergeschoben [43]).

Von den Arabern aus Spanien fand die A. ihren Weg über Frankreich (Paris) und Italien (Salerno und Bologna) nach Deutschland. Als einer der frühesten Alchemisten wird Albert von Bollstatt, geb. 1193 zu Lauingen, Albertus Magnus genannt, erwähnt. Seine vielseitige Gelehrsamkeit beschäftigte sich auch mit den Metallen. Der ihm zugeschriebene „Liber de Alchemia" ist jedoch nicht von ihm. Die scholastische Spekulation über die materia prima machte Alberts Schüler Thomas von Aquino mit der theoretischen A. näher bekannt. Roger Bacon in England schrieb ein „Speculum Alchemiae". Unter Alchemia speculativa verstand er die Kunst, Metalle zu verwandeln vermöge gewisser Umänderungen der in ihnen enthaltenen Elemente. Ins 13. Jh. gehören noch Arnaldus von Villanova und Raymundus Lull, denen verschiedene alchemistische Abhandlungen zugeschrieben werden. Vom 13. Jh. an mehrt sich die Zahl der Alchemisten stark. Die Klöster und unter ihnen hauptsächlich die Benediktinerklöster nehmen sich eifrig der A. an. In Maulbronn erinnert der Faustturm an die alchemistische Tätigkeit des Dr. Faustus im dortigen Kloster. In England taten sich Georg von Ripley und Thomas Norton als Adepten hervor [44]). Am Ausgang des MA.s ist in Deutschland der Benediktinermönch Basilius Valentinus wegen seines alchemistischen Wissens zu großem Ansehen gelangt. Der verschiedenartigen Abhandlungen halber wird ihm ein „Pseudobasilius" entgegengestellt [45]). Im allgemeinen reicht die Weisheit der mittelalterlichen Alchemisten über die hellenistischen Grundlagen der A. nicht hinaus.

c) N e u z e i t. Einen starken Aufschwung nimmt die A. mit dem Beginn der Renaissance. Neue Gedanken führt ihr Theophrastus Paracelsus von Hohenheim [46]) zu. Den beiden Aufgaben der A., Goldmachen und Herstellung des Steines der Weisen, weist er als dritte die Erzeugung des chemischen Menschen (Homunculus) zu [47]). Unter dem Einfluß des Paracelsus und der Paracelsisten beginnt sich in der Folgezeit die Iatrochemie von der A. loszulösen. Auch die technischen Fortschritte auf dem Gebiete der Keramik und Färberei schmälern den Bereich der A. und kristallisieren langsam die exakte Wissenschaft, die Chemie, heraus. Nichtsdestoweniger blüht im 16. Jh. die allgemeine Wahnvorstellung, dem Geldbedarf durch alchemistische Goldherstellung abhelfen zu können. Jedes Kloster und jeder Fürstenhof hat seine Adepten, der Kaiser hält Leibalchemisten. Da aber die Einzelforschung immer noch nicht zum ersehnten Ziele führte, glaubte man im 17. Jh. durch den Zusammenschluß zu alchemistischen Gesellschaften die Sache am besten zu fördern [48]). Schon 1539 bildete sich in Paris ein Hermetischer Verein. Zu Beginn des 17. Jh. entstand die Gesellschaft der „Rosenkreuzer" [49]). Noch an der Wende des 18. Jh.s gab es eine Hermetische Gesellschaft, die durch Kortum, den Dichter der Jobsiade, weithin bekannt wurde [50]). Doch konnten sich die Vereine trotz allem romantisch-mystischen Zauber nicht halten. Zu stark erhob sich die Stimme der Alchemiegegner und -verächter.

[22]) Lippmann 282 ff. [23]) Berthelot *La Chimie au moyen-âge* Paris 1 (1893), Vor. 5. [24]) Kopp *Beiträge* 35 ff. [25]) Rieß bei Pauly-Wissowa 1, 1338. [26]) Kopp 83 ff. [27]) Lippmann 293. [28]) Ders. 27 ff. 327 ff.; I. Hammer-Jensen *Die älteste Alchymie.* Kopenhagen (1921), 80 ff. [29]) H. Schelenz *Geschichte der Pharmazie.* Berlin (1904), 218 ff. [30]) Kiesewetter *Geheimwissenschaften.* Leipzig (1895), 7; Eisler *Weltenmantel* 2, 328 A 1. [31]) Lippmann 53 ff. 56. [32]) Adam de St. Viktor (ed. Gautier) Paris (1894); Lippmann 72. [33]) Reitzenstein *Poimandres* (1904), 9 ff. 368 ff. [34]) Goldschmidt *Heliodori carmina* IV = RVV. XIX, 2. [35]) Reitzenstein *Zur Geschichte der A. und des Mystizismus* = Gött. gel. Nachr. (1919), 1 ff. [36]) Goldschmidt a. a. O. [37]) Kopp 257 ff.; Berthelot *Introduction* 173 ff.; *Catalogue des manuscrits alchimiques grecs* I. *Les Parisini* (Lebègue) III. *les manuscrits des îles britanniques* (Singer) Brüssel (1924). [38]) Schmieder *Geschichte der A.* Halle (1839), 85 f. [39]) Berthelot *Moyen-âge* 3, 45 ff.; Reitzenstein in *Festschrift für Andreas* (1916), 34 ff. [40]) Berthelot 3, 116 ff. [41]) Ders. 3, 31 ff. [42]) Lippmann 405. [43]) Kiesewetter 33; Lippmann 485. [44]) Schelenz 232. [45]) Meyer *Vorlesungen* 18; Kiesewetter 52 ff. [46]) Freudenberg *Paracelsus und Fludd* (Geh. Wiss. 17), 193 ff. [47]) Stemplinger *Volksmedizin* 122. [48]) H. W. Schäfer *Die A.* Progr. Flensburg (1887), 29 f. [49]) Silberer 110 ff. [50]) Schelenz 265.

6. A. und Aberglaube. Die Allgemeinheit freilich konnte sich von dem mystischen und magischen Aberglauben, ohne den ihr die „schwarze Kunst" unmöglich schien, nicht losmachen. Noch Luther weiß sehr wohl, daß es bei der eigentlichen A. nicht so ganz mit rechten Dingen zugeht. Daher sein Sprüchlein: „Hüte dich für der Alchymisten Süple"[51])! Er erzählt auch von einem Küster, der die A. erlernen wollte und nachher vom Teufel geholt wurde [52]). Daß der Alchemist mit dem „Schwarzen" im Bunde steht, gilt ihm als ausgemachte Sache: „Natürlich mit des Teufels Beistand kann ein Alchemist wohl Gold kochen" [53]). Das hindert ihn aber nicht, ein andermal zu sagen: „Das sie mit der Alchymei fürgeben, ist großer ständiger Betrug. Man weiß wohl, daß die Alchymei nichts ist und kein Gold machen kann ohne Sophistereien" [54]). Nach der Meinung des Volkes machten die Alchemisten in ihrer Retorte auch schönes Wetter und künstlich kleine Kinder [55]).

[51]) Klingner *Luther* 110. [52]) Ders. a. a. O.; auch Eisel *Voigtland* 212 Nr. 555. [53]) Klingner a. a. O. [54]) Ders. 111. [55]) Gerhardt *Franz. Novelle* 138.

7. Alchemistenverspottung. Solche Anschauungen mußten den Spott der Gegner geradezu herausfordern. Die Spottschrift des Joh. Val. Andreae (1586 bis 1654) „Chymische Hochzeit Christiani Rosenkreuz" führte, weil ihre Ironie mißverstanden wurde, zur Gründung zahlreicher Rosenkreuzvereine [56]). Eine wirksame Verhöhnung stellt die Schrift des Benediktus Figulus dar, betitelt „Paradisus aureolus hermeticus, Pandora magnalium" (1600), die mit derbem Witz die Darstellung des Goldes aus tierischen Stoffen geißelte und, um die Vorstellungen zu übertrumpfen, die Goldbereitung aus Juden lehrte. In gleicher Bahn bewegt sich die Schrift des Pfarrers Joh. Clajus aus Herzberg: „Alkumistica, das ist die wahre Goldkunst, aus Mist durch seine Operation und Prozeß zu gut Goldt zu machen, Wider die Betrieglichen Alchymisten usw." [57]). Die Verbote [58]), die gegen die Alchimisten erlassen wurden, richteten sich hauptsächlich gegen das Goldmachen.

[56]) Schelenz 246. [57]) Ders. 248. [58]) Peters *Pharmazeutik* 1, 266.

Neue Literatur seit Lippmann (1919). Bei Lippmann nicht zitiert: I. Ferguson *A Catalogue of the Alchemicae, Chemicae and Pharmaceuticae Books in the Collection of the late James Young of Kelly and Jurris* I. II. Glasgow (1906); J. Hammer-Jensen *Die älteste Alchymie.* Kopenhagen (1921); J. E. Mercer *Alchemy, its Science and Romance.* New-York (1921); H. St. Redgrove *Alchemy ancient and modern* [2]. London (1922); R. W. Councell *Apologia alchymiae. A restatement of Alchemy.* London (1925); A. E. Waite *The secret tradition in Alchemy.* London (1926). Karle.

Alchemilla s. Frauenmantel.

Aldegunde s. Adelgunde.

Alectorius s. Hahnenstein.

Alektryomantie. Hahnweissagung, griech. ἀλεκτρυομαντεία, ἀλεκτορομαντεία.

1. Altertum. Neben der mehrfach belegten apotropäischen Bedeutung wurde dem Hahn bei den Griechen und Römern auch zukunftkündende Kraft zugeschrieben, beides vielleicht ein Rest indogermanischer Vorstellung vom Hahn als dem Vogel des dämonenfeindlichen und allwissenden Sonnengottes [1]). Man schloß aus seinem Verhalten auf Wetteränderungen [2]), sein unzeitiges Krähen galt als böses Omen [3]), dagegen wurde es als glückverheißendes Vorzeichen gedeutet, als dem Kaiser Vitellius ein Hahn auf Kopf und Schultern flog [4]). Bei der offiziellen römischen Auguralmethode, der Beobachtung der signa ex tripudiis (Verhalten beim Fressen), scheint es sich in erster Linie um junge Hühner (pulli)gehandelt zu haben [5]). Weissagende Hähne wurden angeblich auch in Syrien in einem nicht näher bezeichneten Tempel gehalten [6]). Aus Syrien stammte wohl auch die Weissageform, die man als A. im engeren Sinne bezeichnen darf, und über die von mehreren Autoren des ausgehenden Altertums ausführlich berichtet wird [7]): Um festzustellen, wer der voraussichtliche Nachfolger des Kaisers Valens (364 bis 378) sein werde, veranstalteten die Sophisten Libanios und Iamblichos, beide Syrer, folgendes: Sie schrieben die 24 Buchstaben des Alphabets in den Sand, legten auf jeden ein Getreidekorn, setzten unter Beschwörungen einen Hahn davor und beobachteten, in welcher Reihenfolge er die Körner aufpickte. Die ersten 4 Körner ergaben ΘΕΟΔ, worauf der Kaiser angeblich zahlreiche Träger von so beginnenden Namen (Theodoros, Theodosios, Theodotos u. a.) ermorden ließ, die Veranstalter der A. aber verhaftete, von denen sich Libanios mit Gift tötete; in der Tat wurde später Theodosios Kaiser [8]). Nach den Worten des Zonaras handelte es sich um eine öfters geübte Weissagemethode, Kedrenos verfaßte angeblich eine Schrift darüber. Freilich bieten die Zauberpapyri keinen Beleg [9]). Zu einem Ringpendelzauber, wie er von zwei anderen wißbegierigen Höflingen ebenfalls zur Feststellung von Valens' Nachfolger veranstaltet wurde [10]), diente wahrscheinlich eine in Pergamon gefundene bronzene Zauberscheibe mit 24 Feldern, die Vokalkombinationen und Zaubercharaktere tragen [11]).

2. Mittelalter und Neuzeit. Die oben beschriebene Spezialform der A. wird im eigentlichen MA. nicht erwähnt, die späteren Schriften über Divinationen usw. begnügen sich mit einer Wiederholung der Darstellung des Zonaras [12]), von einer wirklich noch bestehenden Ausübung ist nirgends die Rede. Parodiert ist der antike Bericht in Rabelais' Gargantua, wo die von dem „coq vierge" des Herrn Trippa (Agrippa?) aufgepickten Körner die Buchstaben COQU SERA ergeben [13]). Der Glaube an die prophetische Gabe des Hahnes war jedoch im MA. sicher ebenso lebendig wie der an die apotropäische; so lautet eine Beichtfrage aus dem Augsburger „Spiegel des Sünders" (1470) „hastu gelaubt an der hanen oder hennen kreen?" [14]). Das Fortleben dieser Vorstellungen beweisen vor allem die zahlreichen abergläubischen Gebräuche und Meinungen der Neuzeit. Der A. in engerem Sinne ziemlich nahe kommt ein für Breslau belegter Brauch, wonach am Andreasabend jedes Mädchen ein Häufchen Körner vor sich auf den Tisch legt. Darauf wird ein Hahn auf den Tisch gesetzt; das Mädchen, von deren Körnern er pickt, wird sich in dem nächsten Jahre verheiraten [15]). Damit verwandt ist die Sitte schwäbischer Mädchen, am Donnerstag nach Weihnachten eine schwarze Henne in ihren Kreis zu setzen und einzuschläfern; auf welche sie zuerst beim Erwachen zugeht, die heiratet zuerst [16]) (vgl. das ähnliche Orakel mit einem Gänserich, dem die Augen verbunden sind) [17]). Auch die wetterkündende Bedeutung des Hahnenschreis [18]) und das üble Omen des unzeitigen Krähens [19]) ist für die Neuzeit belegt, erstere sogar außerordentlich reichlich. Tod kündet es, wenn der Hahn in ein Haus hineinkräht [20]) oder Hahn und Hühner Stroh schleppen.

Mehr dem Charakter eines Orakels nähert sich der Diebermittlungsbrauch, eine Henne mit Ruß zu bestreichen und sie durch die Diebstahlverdächtigen betasten zu lassen; wer keine schwarzen Hände bekam, war der Dieb [21]). Am stärksten ist der Orakelcharakter betont in dem weitverbreiteten Brauch, daß an bestimmten Lostagen, besonders am Andreas-, Weihnachts- und Silvesterabend, die Mädchen an den Hühnerstall klopfen oder die Hühner sonstwie aufstören, wobei dann der Spruch gilt: „Gackert der Hahn, kriegt s' en Mann, gackert die Henn', wer weiß wenn!" oder ähnlich [22]). Auch beim Heiratsorakel des Zaunrüttelns (s. d.) ist das Krähen eines Hahnes vorbedeutend [23]). Zu divinatorischen Zwecken wurde bisweilen auch der Hahnenkampf veranstaltet [24]).

Vgl. noch Hahn, Hahnenkampf, Hahnenkrähen, Huhn, Vogelorakel, Wettervorzeichen.

[1]) Baethgen *De vi ac significatione galli.* Diss. Gött. 1887, 12 f.; Hopf *Tierorakel* 163; Lorentz *Kulturgesch. Beiträge.* Progr. Wurzen 1904, 11 f.; Fehrle in SAVk. 16, 69; Stemplinger *Aberglaube* 56; Hopfner *Griech.-ägypt. Offenbarungszauber* 1 (1921), § 459. Ältere Literatur s. Fabricius *Bibliogr. antiqu.*[3] (1760), 593, darunter die weitschweifige Monographie von Joh. Praetorius *Alectryomantia.* Frankf. a. M. und Leipzig 1681. [2]) Aelian *Hist. an.* 7, 7; Roscher *Hermes der Windgott* 161. [3]) Petron. *Sat.* 74, 1; Clemens Al. *Strom.* 7, 4, 24; vgl. Lewy in ZfVk. 3, 30. [4]) Sueton *Vit.* 9. [5]) Wissowa *Rel.* 532; eine besondere Pullomantie verzeichnet Fabricius *Bibliogr. antiq.* 609. [6]) Plutarch *De diis. Syr.* 48. [7]) Zonaras 13, 16; Kedrenos ed. Bonn. 1, 548; vgl. Zosimos 4, 13; Tzetzes *Chil.* 13 hist. 474, 193. [8]) Bouché-Leclerq *Hist. de la divin.* 1, 145: Rieß b. Pauly-Wissowa 1, 1363; Hopfner *Offenbarungszauber* 2 § 301; ders. b. Pauly-Wissowa Suppl. 4, 12; Dornseiff *Alphabet*[2] 154. [9]) Hopfner *Offbz.* 2 § 301. [10]) Ebd. 1 § 305. [11]) Wünsch *Ant. Zaubergerät* 48. [12]) z. B. Delrio *Disquis. Mag.* (1603) 185; Bulengerus *Opusc.* (1621) 225. [13]) Gargantua 3, cap. 25, Dt. Ausg. v. Gelbke 1, 400; Gerhardt *Franz. Novelle* 111. [14]) Hasak *Der christl. Glaube beim Schluß des MA.* (1878) 47. Die von Delrio 187 erwähnte Ornithomantie hat mit A. nichts zu tun; es handelt sich dabei um die noch heute von herumziehenden Wahrsagern betriebene Methode, durch abgerichtete Vögel Zettel mit Prophezeiungen aus einem Kasten holen zu lassen. [15]) Drechsler *Schlesien* 1, 11. [16]) Stemplinger *Aberglaube* 56. [17]) Grimm *Myth.* 3, 464; Wuttke § 242; Witzschel *Thüringen* 2, 155. 177; Lehmann *Sudetendeutsche Vk.* 125. 127. [18]) z. B. Praetorius *Alectr.* 47; Drechsler *Schlesien* 2, 199; Fehrle in SAVk. 16, 69; Schell in ZfrwVk. 11, 264. [19]) Drechsler *Schlesien* 2, 90. [20]) Ebd. [21]) Stemplinger *Aberglaube* 56; ein anderes Mittel, einen Dieb durch Krähen eines Hahnes festzustellen, bei Cardanus *Opera* 1 (Lugd. 1663), 567 b und Praetorius *Alectr.* 18; doch handelt es sich in beiden Fällen vielleicht weniger um ein ernstgemeintes Orakel als um einen Scherz oder ein Schwankmotiv. [22]) Witzschel *Thüringen* 1, 179; Wuttke § 341; Andree *Braunschweig* 329; Drechsler *Schlesien* 1, 11; Prümer in ZfrwVk. 3, 82; Fehrle in SAVk. 16, 69; Lehmann *Sudetendt. Vk.* 133; Klapper *Schles. Vk.* 251; Baumgarten in: Heimatgaue 1926, 7; Zelenin *Russische Volksk.* (1927) 378. [23]) Drechsler *Schlesien* 1, 10. [24]) Ebd. 2, 90. Boehm.

Aleuromantie. Weissagung durch Mehl (s. d.) (von ἄλευρον feines Mehl, besonders Weizenmehl).

1. Altertum. Die A. wird zuerst von Clemens Alexandrinus (2. Jh. n. Chr.) erwähnt, der diese und andere niedere Weissagungsformen in spöttischer Tendenz neben den großen anerkannten Orakeln aufzählt [1]). In gleichem Sinne oder mit wörtlicher Entlehnung sprechen sich spätere Kirchenschriftsteller aus [2]), und zwar ist immer von ἀλευρομάντεις (einmal ἀλευρομαντεῖα), nie von ἀλευρομαντεία die Rede, was auf eine gewerbsmäßige Ausübung durch herumziehende Winkelpropheten deutet, wie denn auch Pollux (2. Jh. n. Chr.) unter den ἀγύρται sowohl Aleuro- wie Alphito- und Krithomanteis nennt [3]). Nach Hesych s. v.[4]) führte Apollon sogar den Beinamen Aleuromantis; vielleicht liegt hier ein gewolltes oder ungewolltes Mißverständnis vor. Über die Ausführung der A. machen die antiken Gewährsmänner keinerlei Angaben, ebenso fehlt jede Anweisung in den Zauberpapyri. Einen nicht zu unterschätzenden Hinweis bietet unter diesen Umständen eine Weissagungsmethode aus dem heutigen Sizilien (Belpassi) [5]): Hier wird am Johannistag von den Mäd-

chen abgewandten Gesichtes Mehl durch ein Sieb geschüttelt und aus den unter dem Sieb sich bildenden Figuren auf den Beruf des zukünftigen Gatten geschlossen, eine Verbindung von A. und Koskinomantie (s. d.), die angesichts des vielfach zu beobachtenden Fortlebens antiker Vorstellungen und Gebräuche auf sizilischem Boden vielleicht unmittelbar auf die Antike zurückgeht. Solche Mehlfiguren konnte man auch erzielen, indem man Mehl in Wasser warf und sich setzen ließ, ähnlich wie es beim Prophezeien aus Kaffeegrund geschieht; im Museum für Volkskunde zu Antwerpen werden denn auch beide Methoden als heute noch nebeneinander bestehend veranschaulicht [6]. Auch bei einem in China geübten Mehlorakel spielen derartige Figuren eine ausschlaggebende Rolle: hier muß der Befragende eine mit feinem Mehl bestreute Platte frei in der Hand halten; durch das unwillkürliche Zittern derselben entstehen auf der Platte jene Figuren [7]. Hinter dieser Erklärung der A. müssen andere Vermutungen zurücktreten, wenn sie auch nicht völlig von der Hand zu weisen sind, so z. B., daß man Mehl ins Feuer warf und die Art des Verbrennens beobachtete, wie — freilich in anderer Absicht — das Mädchen beim Liebeszauber in Theokrits Idyll Gerstenschrot und Kleie ins Feuer wirft [8]. Ganz unwahrscheinlich ist die Vermutung von Ganszyniec [9], daß der Mehlprophet aus der Qualität des Mehles, den ihm anhaftenden Unreinigkeiten, Würmern usw. weissagte. Über die zur Erklärung von Hesekiel 13, 19 herangezogene syrische Weissagung vermittelst Gerstenmehl und Dattelkernen [10] ist im einzelnen zu wenig bekannt, um sie zur Erklärung der A. heranziehen zu können.

2. Mittelalter und Neuzeit. Die spätere Zeit bringt über die Praxis der A. nichts bei; man begnügte sich, sie, meist eng verbunden mit der Alphito- und Krithomantie, neben den anderen Divinationen zu registrieren und die antiken Fundstellen anzugeben [11]. Rabelais [12] verbindet sogar die A. und die Krithomantie, die er unter den Künsten des Monsieur Trippa (Agrippa?) aufführt, gewissermaßen organisch (meslant du froment avec de la farine). In der Neuzeit wird Mehl ebenfalls in Orakelgebräuchen verwendet: im Harz errichten die Mädchen am Andreasabend spitze Mehlhäufchen; wessen Häufchen über Nacht einfällt, dem ist in dem nächsten Jahre der Tod bestimmt [13]. Bei dem Fehlen von Angaben über die antike A. ist nicht festzustellen, ob hier etwa ein Nachleben antiken Brauches vorliegt, wahrscheinlich ist es nicht.

Vgl. noch Alphitomantie, Krithomantie, Mehl, Kleie.

1) *Protr.* cap. 2, 10 f. Pott. p. 11 Stählin. 2) Eusebius *Praep. evang.* 2, 3, 3; 5, 25, 3; Johannes Chrysost. *in Jerem.* 1, 15 E; Theodoret. *Disp.* 10, 590, 242 Raeder, vgl. Suidas s. v. προφητεία. 3) *Onom.* 7, 188. 4) Vgl. *Etym. Magn.* s. v.; *Anecd. Bekk.* 382 (1193). 5) Pitrè *Usi e costumi* (1887) 14, 3. 6) Andree in ZfVk. 17, 460; Ungnad *Deutung der Zukunft* 18 (Keilsschrifttext). 7) Hopfner *Offenbarungszauber* 2 § 320. 8) Theokrit *Id.* 2, 18. 33, nachgeahmt von Verg. *ecl.* 8, 82. 9) Pauly-Wissowa Suppl. 3, 78. 10) Robertson Smith in Journ. of Philol. 13, 284 f. 11) Z. B. Camerarius *De generibus divinationum* (1575) 10; Delrio *Disquisit. Magicae* (1603), 176; Bulengerus *Opusc.* (1621) 222; Fabricius *Bibliogr. antiqu.*[3] (1760) 593. 12) *Gargantua* 3, cap. 25, Deutsche Ausg. v. Gelbke 1, 398; Gerhardt *Franz. Novelle* 109. 13) Wuttke § 330. Boehm.

Alex, ob zu Alexander oder dem selteneren Vornamen Alexius gehörig, zweifelhaft bei der Bezeichnung für merkwürdige Gestalten.

1. „Bruder A." hieß die Strohpuppe, die als Symbol der Fastnacht in Ottobeuren am Aschermittwoch auf einem über die Straße gespannten Seile hin und her gezerrt wurde, bis sie herabfiel, dann im Orte umhergefahren und zuletzt in die Günz geworfen wurde [1]. Im Rheinischen spielt noch heute eine ähnliche Rolle bei der Kirmes der Zachäus (s. d.), genannt nach jener biblischen Person, die im Evangelium am Kirchweihfeste erwähnt wird.

1) Reiser *Allgäu* 2, 91.

2. Ein in der Kirche zu Horka (Schles. Lausitz) befindliches altes, roh aus Holz geschnitztes Heiligenbild, A. genannt, für viele Gegenstand der Furcht und des

Schreckens und in mancherlei Volkssagen [2]) erwähnt.

[2]) Kühnau *Sagen* 3, 400. Wrede.

Alexander, Name für mehrere hl. Märtyrer, unter denen Papst A. I., gemartert um 132 (Fest 3. Mai) [1]), und A., einer der sieben, unter Antoninus Pius hingeschlachteten Söhne der hl. Felicitas (Fest 10. Juli), hervorstechen. Auf ersteren wurde schon früh, freilich irrig, der sonst uralte kirchliche Brauch zurückgeführt, Wasser mit gesegnetem Salz zu weihen [2]). Der Leib des an zweiter Stelle genannten hl. A. wurde 851 nach Wildeshausen (Bistum Münster) übertragen, von wo mehrere Kirchen das Patrozinium des hl. A. annahmen [3]). Dort mußten einige Bauern aus der Gemeinde Visbeck alljährlich dem Prediger an der Hauptkirche zu Wildeshausen Roggen liefern, wofür ihnen der Prediger den Sarg des hl. A. zeigte, sowie einen Scheffel Walnüsse und eine Tonne Bier spendete. Auf dem Stadtsiegel von Wildeshausen war ehedem der Kopf A.s angebracht, ebenso am Hunte- und Delmenhorster Tor, die nicht mehr dastehen [4]).

[1]) AA. SS. Boll. 3. Mai I, 371 ff. VII, 556. Künstle *Ikonographie* 46. [2]) Franz *Benediktionen* 1, 82. [3]) Samson *Kirchenpatrone* 109. 184. [4]) Strackerjan *Oldenburg* 2, 299. Wrede.

Alexius, Bekenner, aus vornehmem römischem Geschlecht, verließ der Legende gemäß an seinem Hochzeitstage Braut und Heimat, weilte lange Jahre als Pilger und Bettler in der Fremde, kehrte zurück und lebte dann unerkannt unter einer Treppe des elterlichen Hauses als Bettler, Fest 17. Juli [1]).

1. Die äußerst romanhafte Legende war im MA. sehr beliebt und wurde öfter dichterisch bearbeitet; den besten Text der mhd. A.legende gestaltete Konrad von Würzburg [2]). Dem Volk wurde das Motiv geläufig durch Lieder, genauer Balladen, vom wiederkehrenden Freier oder Gatten [3]). Als Volksschauspiel im Böhmerwald mehrfach bearbeitet [4]).

[1]) AA.SS. Boll. 17. Juli IV, 254 ff.; Künstle *Ikonographie der Heiligen* 47—49; Nied *Heiligenverehrung* 56. [2]) ZfdA. 3 (1843), 534 ff. Vgl. jetzt die neue Ausgabe von Paul Gereke *Altd. Textbibl.* Nr. 20 (1926). [3]) Hauffen *Die deutsche Sprachinsel Gottschee* 221, 268—271. 397, 415. [4]) *Volksschauspiele aus dem Böhmerwald.* Gesammelt, wissenschaftlich untersucht u. herausgeg. von J. J. Amman, 2. Teil.

2. Schutzpatron der Begarden bzw. Alexianerbrüder und der Bettler.

3. Am A.tag gilt als Bauernregel: Wenn's an Alexi regnet, schlägt's Korn auf [5]).

[5]) Birlinger *Aus Schwaben* 1, 388; Fischer *Wb.* 1, 130. Wrede.

Alf s. Alp, Elben, Elfen.

Alfmedi im Segen [1]): „Die heiligen drei Könige gingen über das Feld, do mutten (begegneten) ihnen A., Alfinne" d. i. Elfenmädchen, Elfinnen; s. Alp. Delrio [2]) erwähnt „den Alvinnen Berch" im Brabant und erklärt [3]): Germani inferiores vocant (die Lamien) Alven et Alvinnen; Gotthi (d. i. die Gothen = Schweden) Elvas".

[1]) Wolf *Beiträge* 1, 254. [2]) *Disquisitiones magicae* (Köln 1679), 309. [3]) a. a. O. 319. Jacoby.

Alfrauen [wohl = Alf-Frauen; vgl. siebenb. Alf = Alp; Siebenb.-sächs. Wb. 1, 80], kärntnerische Berggeister, die in den Felsen wehklagen. Dargebrachte Speise belohnen sie, indem sie die Schüssel mit Gold und Silber füllen; Betrug in diesem Punkte rächen sie furchtbar.

Graber *Kärnten* Nr. 39 = Vernaleken *Alpensagen* Nr. 156. H. Naumann.

Aligell, Zauberwort auf Amulett gegen Totschlag [1]): × 3 P N Aligell d. i. crux 3 pater noster A., vgl. Balligel [2]), wohl entstellt aus Belial; auch allia (alligens), Heiligenname in einem Augensegen [3])?

[1]) SAVk. 19, 219. [2]) Bang *Hekseformularer og Magiske Opskrifter* (1902), 648, vgl. 647. [3]) Franz *Benediktionen* 2, 491. Jacoby.

Alivia, Zauberwort: Alivia + zorobamur + usw. [1]), vgl. Alluviam. Zalabandum usw. [2]); unverständlich.

[1]) Alemannia 10 (1882), 278. [2]) Ons Hémecht, Festschr. 28. Jacoby.

Alke (âlke). Name eines im „Alkenkrug", einem Wassertümpel bei Alfhausen (Kr. Bersenbrück, Westf.) hausenden Spukgeistes. Den Spötter, der ihm zuruft: „âlke kumm, geist du met?" verfolgt A. in Gestalt eines feurigen Rades, Wiesbaums oder Drachen. A. gilt als der Geist eines Krugwirts gleichen Namens, der wegen seiner Gottlosigkeit mit seinem Krug versunken ist [1]. — A. heißt aber auch, ebenfalls in Westfalen, der Hund des Wilden Jägers, den dieser in dem von ihm durchzogenen Hof zurückläßt und nach einem Jahr mit dem Rufe: „âlke, wiltu met?" wieder mitnimmt [2]. Im Emslande sind die Aulken Zwerge [3]. — Der Name A. (auch Aulke) ist wohl kaum, wie Ad. Kuhn wollte [4], als Koseform von alt, sondern eher mit Laistner [5] und E. H. Meyer [6] aus alveke = Elbchen abzuleiten. — Der Sage von der gottlosen Krügerin A.[7] liegt eine volksetymologische Deutung des Namens (A. = Koseform von Adelheid) zugrunde. Vgl. Hulkan.

[1]) Kuhn u. Schwartz Nr. 357; Kuhn *Westf.* 1 Nr. 33 b; Mannhardt 2, 110 [3]. [2]) Kuhn *Westf.* 1, 1 (u. Anm.) u. 8. [3]) Nds. 13, 393; vgl. auch JbNdSpr. 33, 45 f. [4]) Kuhn u. Schwartz Anm. zu Nr. 152; Kuhn *Westf.* 1 Nr. 7 Anm.; Ders. *Mythol. Stud.* 2, 21. [5]) Germania 26, 190. [6]) E. H. Meyer *Germ. Myth.* 120. [7]) Mitt. des hist. Ver. zu Osnabrück 2 (1850), 399 = Kuhn u. Schwartz 485; Kuhn *Westf.* 1 Nr. 33 a. Ranke.

Allbeseelung s. Animatismus.

Allerheiligen. Ein Fest für sämtliche heiligen Märtyrer am 1. November ist in Deutschland unter Ludwig dem Frommen (835) eingeführt worden. In Britannien wurde es schon im 8. Jh. am 1. November (Beginn des keltischen Jahres?) gefeiert [1]. Auf keltischem Gebiete war das Anzünden großer Feuer üblich [2]. In der Hoch-Bretagne sagt man, daß das am letzten Oktober gesäete Getreide das beste Mehl gebe, weil alle Heiligen dann die Felder segnen [3]. Dagegen soll man in Oldenburg am A.tage nicht säen und kein Land bestellen [4]. Auch in Deutschland bezeichnet der Tag Sommerende (den „Altweibersommer", s. d.) [5] und Winterbeginn [6]. Man kann am A.tage erfahren, was für ein Winter werden [7] und wie sich die Zukunft — namentlich in Liebesangelegenheiten — gestalten wird [8]. Im Ösling teilen die Mädchen unter ihre Bevorzugten Nüsse aus [9], und in Northumberland werfen junge Leute ein paar Nüsse ins Feuer; liegen sie still und brennen sie zusammen, so weissagt das eine glückliche Ehe, fahren sie aber krachend voneinander, eine unglückliche [10]. Wenn an diesem Tage die Sonne scheint, sterben viele Kindbetterinnen (Isartal) [11]. Die an A. (wie die am Christtag und in den Zwölften) Geborenen können Geister sehen [12]. Bei Gloggnitz (Niederösterreich) pflegt sich am A.abend das Volk an einem kanzelähnlichen Felsen zu versammeln und zu beten. In der Nacht fängt der Stein dann mit Windesschnelle an sich zu drehen. In ihm liegt ein Schatz verborgen [13]. — I. ü. s. Allerseelen.

[1]) Frazer 6, 83; 10, 224 f.; Kellner *Heortologie* 240 ff. [2]) Frazer 10, 245 f.; Le Braz *Légende* 2, 68 f.; Sartori *Sitte u. Br.* 3, 262 Anm. 14. [3]) Sébillot *Folk-Lore* 3, 454. [4]) Strackerjan 2, 94. [5]) Leoprechting *Lechrain* 200; Drechsler 1, 153; Wrede *Eifler Volksk.* 225. In Westfalen sagt man: De allerhilligensuəmer dûert 3 stunnen, 3 dâge àder 3 weken: Woeste *Wb.* 5. [6]) Strackerjan 2, 94; John *Westb.* 237; Wrede *Eifler Volksk.* 226; Mensing *Schlesw.-Holst. Wb.* 1, 105; Vgl. Sartori 3, 264 (Kelten). [7]) Ebd. Anm. 26. [8]) Ebd. Anm. 27; Frazer 10, 240 ff.; Vernaleken *Alpensag.* 124; John *Westb.* 97. [9]) Fontaine *Luxemb.* 75. [10]) Grimm *Myth.* 3, 476 (1105). [11]) ZfVk. 21, 256. [12]) Höhn *Geburt* 261. [13]) Vernaleken *Alpensag.* 123. Das Gold, das in einem Tumulus von Finistère eingegraben ist, steigt am Allerheiligentage bis dicht an die Oberfläche: Sébillot 3, 44. Sartori.

Allerheiligenmonat s. November.

Allermannsharnisch (Neunhemderwurz, Siegwurz; Allium Victorialis).

1. Botanisches. Liliengewächs (Lauchart) mit netzfaserigen Zwiebelhüllen, lanzettlichen Blättern und weißlichen bis grünlichgelben, sechszähligen Blütensternen. Der A. wächst in den Alpen und Voralpen, hin und wieder auch in den Vogesen, im Schwarzwald und im Riesengebirge. In Nordtirol ist besonders der im „Teufelswurzgarten" (Kaisergebirg) wachsende A. bekannt [1]. Auch andere zauberabwehrende Pflanzen, wie die echte Siegwurz (Gladiolus communis)

oder in St. Gallen die Meisterwurz (Imperatoria ostruthium) [2]) führen die Bezeichnung A. Ebenso wird der A. manchmal mit dem Alraun (s. d.) zusammengeworfen [3]). Die „Glücksalraune", die zu Beginn des 20. Jhs. im Kaufhaus Wertheim zu Berlin (!) für 1,50 Mark das Stück verkauft wurden, enthielten die Faserhüllen des A.s [4]). In den Apotheken, wo früher der A. als Victorialis longa oder V. mas (im Gegensatz zur Siegwurz, der V. rotunda oder femina) offizinell war, wird der A. ab und zu von abergläubischen Leuten verlangt.

[1]) Alpenburg *Tirol* 406. [2]) Manz *Sargans* 70. [3]) Vgl. Vonbun *Beiträge* 132. [4]) Verh. Bot. Ver. Prov. Brandenburg 48 (1906), III.

2. Wegen der vielen Zwiebelhüllen („Neunhemderwurz"), in denen man die „Signatur" eines undurchdringlichen Panzers erblickte, gilt der A. seit alters als zauberisches Mittel, um sich hieb- und stichfest zu machen. „Etlich meynen / so yemant dißes kreutlin an halß trag / sampt der langen Sigwurtz / Victorialis genennt / daß er nit wund solt werden im kryeg / und alle sein feind überwinden", sagt Brunfels [5]). Im 17. Jh. äußert sich die medizinische Fakultät der Universität Leipzig, daß sich niemand weder mit dem Alraun noch mit der Siegwurz festmachen könne [6]). Auch die Chemnitzer Rockenphilosophie kennt den A. als Mittel, um sich unverwundbar zu machen [7]). Im Weltkrieg lebte der Glaube an die „festmachenden" Eigenschaften des A. wieder auf [8]). Mit dem Glauben an den unverwundbar machenden A. hängt es wohl zusammen, daß er vor allem bei heftigen Blutungen (auch Nasenbluten) gute Dienste leisten soll, indem die Zwiebelhäute auf die Wunde gelegt werden oder die Zwiebel fest in der Hand gehalten wird [9]). Die einmal gebrauchte Wurzel, die einem anderen zum Gebrauch weitergegeben wird, verliert ihre Wirksamkeit [10]).

[5]) *Kreuterbuch* 1532, 240. [6]) Fromann *De fascinatione* 813. [7]) Grimm *Myth.* 3, 447 Nr. 387. [8]) Manz *Sargans* 147. [9]) Wartmann *St. Gallen* 11; Rhiner *Waldstätten* 3; SAVk. 17, 64; Dalla Torre *Tirol* 10. [10]) Stoll *Zauberglauben* 95.

3. Nach der Signatur der schützenden Zwiebelhüllen und als stark riechende Lauchart (s. Knoblauch) gilt der A. ganz allgemein als Hexen und allen bösen Zauber vertreibend [11]). In früheren Jahrhunderten sollte der A. vor allem die „Erzknappen" (Bergleute) vor den bösen Berggeistern bewahren [12]). In der Schweiz vertreibt er das „Doggeli" (Alp) [13]): die Zwiebel wird in ein Loch über der Stalltür [14]) oder auch in die Türschwelle verbohrt [15]) oder in die Kästen und Kommoden gelegt [16]). A. wird von den Kapuzinern gegeben, wenn der Käse nicht geraten will [17]). In Tirol [18]) gibt man den „vermeinten" Tieren A., in Altaussee wird er in einem Säckchen gegen das Verschreien getragen [19]). Stupp von A. hilft gegen Milchzauber bei Kühen [20]). Auch in Siebenbürgen mischt man den A. unter das Pulver, mit dem man das berufene Vieh räuchert [21]), im Vogtland wird der A. dem behexten Vieh gereicht [22]). Der verhexten Kuh bindet man in Dänemark für 2 Schillinge A. an das Horn [23]). Den Kindern wird ein „Mannli und Wibli" (d. h. zwei aneinander gewachsene Zwiebeln) des A.es an den Hals gehängt oder unter das Kopfkissen gelegt, dadurch werden die bösen Geister vertrieben [24]). Wenn die Kinder nicht saugen wollen (infolge von Verzauberung), so reibt man ihnen den Mund und der Mutter die Brustwarze mit „Neunhemlern" ein [25]).

[11]) Seligmann 2, 70. [12]) Schroeder *Apotheke* 1685, 1093; Tabernaemontanus *Kreuterbuch* 2 (1731), 875. [13]) ZfdMyth. 4, 175; vgl. auch SAVk. 8, 146. [14]) Wartmann *St. Gallen* 11. [15]) Schw. Id. 4, 1507; ebenso im Elsaß: Martin u. Lienhart *Wb.* 1, 338. [16]) Ulrich *Volksbotanik* 7. [17]) SAVk. 15, 13. [18]) Alpenburg *Tirol* 406. [19]) Adrian *Altaussee* 406 [20]) Unger u. Khull *Steir. Wb.* 15. [21]) Schullerus *Pflanzen* 1916, 98. [22]) Köhler *Voigtland* 355. [23]) Feilberg *Ordbog* 4, 9. [24]) Wartmann *St. Gallen* 11; vgl. Manz *Sargans* 56. [25]) Zahler *Simmental* 191.

4. In der Greifswalder Gegend wird der A. von Eheleuten als Mittel gegen Unfruchtbarkeit getragen [26]). Zur Erleichterung der Geburt gibt man zwei aneinander gewachsene Zwiebelschalen des A.es der Gebärenden in

die Hand [27]). Die „fingerförmig verzweigte A.wurzel“, die der Gebärenden zur leichteren Entbindung auf die Brust gelegt wird [28]), dürfte eher die Wurzelknolle eines Knabenkrautes (s. d.) sein. Das „Allermannsherrnkraut“, das im Harz von den heiratslustigen Mädchen am Himmelfahrtstage gesucht wurde [29]), kann nicht der A. sein, da diese Pflanze gar nicht im Harz vorkommt. Möglicherweise ist die Weißwurz (Polygonatum officinale) unter dem „Allermannsherrnkraut“ zu verstehen. Ebenso ist der „Andermannsharnisch“, der an Pfingsten gesucht wurde [30]), nach der Beschreibung nicht unser A. Auch in diesen aphrodisischen Wirkungen berührt sich der A. mit dem Alraun (s. d.).

[26]) Ploß *Kind* 1, 7. [27]) Wartmann *St. Gallen* 11. [28]) Vonbun *Beiträge* 132 f.; vgl. Manz *Sargans* 86. [29]) ZfdMyth. 1, 201; Pröhle *Harzbilder* 1855, 84. 86. [30]) Kuhn *Westfalen* 2, 170.

5. Die Wurzeln des A. sind verwandelte Zwerge, die durch die Menschen verdrängt wurden [31]).

[31]) Wartmann *St. Gallen* 11. Marzell.

Allerseelen. 1. Ein allgemeines Seelenfest am 2. November ist i. J. 998 von Odilo von Clugny in allen Benediktinerklöstern angeordnet und 1006 von Papst Johann XIX. für die ganze katholische Christenheit eingeführt worden [1]). Im Volksglauben und -brauch werden auch die umliegenden Tage mit einbezogen, wie überhaupt die dem Wiederkommen der Seelen eingeräumte Zeit viel länger ist [2]). So dauert die bayrisch-österreichische Seelenzeit vom 30. Oktober bis zum 2. November. In der Oberpfalz freuen sich die Seelen das ganze Jahr auf diesen Tag und seine Oktave und zeigen sich oft 14 Tage vorher als kleine Lichtlein, damit man ihnen zu Hilfe komme [3]).

Die Seelen haben schon vom Mittagsläuten am Allerheiligentage an Freiheit, das Fegefeuer zu verlassen und ihre alten Wohnungen wieder aufzusuchen. Am andern Morgen beim ersten Läuten müssen sie wieder von dannen [4]). Anderswo beginnt das Läuten erst später, nachmittags oder abends oder um Mitternacht, und wird mitunter bis zum Mittag des A.tages fortgesetzt [5]). In Eweringen läuteten früher in der Nacht vor A. die Glocken fortwährend, wodurch man die flehenden Stimmen der Verstorbenen versinnbilden wollte [6]).

[1]) Kellner *Heortologie* 242 f.; Sartori *Sitte u. Br.* 3, 259 ff.; ferner Frazer 6, 51 ff.; Sartori *Speisung d. Toten* 46 ff.; Meyer *German. Myth.* 74; Pfannenschmid *Erntefeste* 443; Feilberg *Jul* I; Volkskunde 15, 135 ff. [2]) Eisen-Erkes *Estnische Myth.* 43. [3]) Schönwerth 1, 283. [4]) Zingerle *Tirol* 176; Hörmann *Volksleben* 185. 188. [5]) John *Westb.* 96; Schramek *Böhmerwald* 166; Volkskunde 14, 173 f. 180; 15, 205; Sartori 3, 260 A. 5. [6]) Fontaine *Luxemb.* 75.

2. Schon am Tage Allerheiligen werden die Friedhöfe gereinigt und die Gräber geschmückt [7]). Am Abend beginnt der Besuch [8]). Die Gräber werden, um die Qualen der Seelen im Fegefeuer zu lindern, mit Weihwasser besprengt [9]), und es werden Speisen daraufgestellt (Brot, Wein, Bohnen) [10]) und Kerzen oder Lämpchen darauf angezündet [11]). An Gräbern von Selbstmördern darf kein Licht brennen, sonst werden die Kinder wieder Selbstmörder [12]). Die Lichter sollen die Seelen anlocken und ihnen den Weg zum Ruheplatze ihres Körpers weisen; man sagt auch wohl, daß sie sich daran wärmten [13]). Aber die Absicht, durch das Feuer eine sichernde Schranke zwischen sie und die Lebenden zu setzen, spricht auch mit. Um Iglau soll das auf den Gräbern angezündete Licht die bösen Geister vertreiben [14]).

[7]) Sartori 3, 260 A. 6. [8]) Leoprechting *Lechrain* 199; Reiser *Allgäu* 2, 170; Meier *Schwaben* 452; Wrede *Rhein. Vkde.* 277. [9]) Sartori 3, 261 A. 9. [10]) Zingerle *Tirol* 226; Meyer *Baden* 510; Birlinger *A. Schw.* 2, 136; Höfler *Allerseelen* 6 f. 8 f.; Sartori 3, 262, A. 16. [11]) Drechsler 1, 304; John *Westb.* 97. 179; Schramek *Böhmerwald* 165. 167; Meyer *Baden* 601; Wrede *Rhein. Vkde.* 277; Fontaine 75; Volkskunde 14, 178 f. [12]) Drechsler 1, 153. [13]) ZfVk. 17, 382 ff. [14]) Ebda. 6, 411.

3. In den Häusern lassen die Angehörigen den Seelen der Ihrigen alle

mögliche Pflege angedeihen. Auf dem Tische bleiben Speise und Trank (Milch, Wasser, Brosamen) für sie stehen [15]. Ins Feuer wird Mehl geschüttet zur Kühlung der Leidenden im Fegefeuer. Zu gleichem Zwecke essen die Leute kalte Milch, und die Hauswirtinnen spritzen den Mägden davon ins Gesicht, damit sie nicht schläfrig seien, wenn sie ins Gras gehen [16]. Keine leere Pfanne darf über dem Feuer stehen, damit sich nicht eine arme Seele dareinsetze [17], und keine Ofengabel verkehrt hingestellt werden, denn das schmerzt sie [18]. Man darf auch kein Messer mit der Schneide nach oben auf dem Tische liegen lassen, die armen Seelen müßten darauf sitzen. Die Tür darf nicht knarren und nicht zugeschlagen werden [19]. In den ostdeutschen und letto-russischen Gebieten wird den Seelen Gelegenheit zum Baden geboten [20]. Auf dem Herde wird Feuer angezündet oder bleibt brennen; daran sollen sich namentlich die Seelen, die die „kalte Pein" leiden, erwärmen [21]. Auf den Tisch in der Küche oder in andere Räume werden brennende Lichter gesetzt. Vor ihnen betet man für die Ruhe der Seelen; das Licht verhilft ihnen zum ewigen Lichte [22]. Wessen Licht am ersten erlischt, der stirbt vor den andern [23]. Die ganze Nacht hindurch brennt eine Lampe, die aber nicht mit Oel, sondern mit Fett oder Butter gefüllt ist, damit die Seelen ihre Brandwunden kühlen können [24]. Bei den Esten ersucht am Schlusse der Bewirtung in der Badstube der Hausvater die Seelen der Verwandten nunmehr ihres Weges zu gehen, sich aber zu hüten, auf das Roggengras zu treten und die Wurzeln zu verletzen [25].

[15]) Schönwerth *Oberpfalz* 1, 283; Panzer *Beitr.* 2, 103; Zingerle *Tirol* 176 (1468); Volkskunde 14, 176 f.; Sartori 3, 262 A. 16; ZfVk. 18, 376; Eisen-Erkes *Estnische Myth.* 44. [16]) Grohmann 198. [17]) Rosegger *Steiermark* 382. [18]) Bavaria 3, 309 (Oberfranken). [19]) Pollinger *Landshut* 224; Rosegger *Steiermark* 382. [20]) ZfVk. 18, 376; Eisen-Erkes 44. [21]) Schönwerth 1, 283; Zingerle *Tirol* 177 (1472); Rosegger 381; Volkskunde 14, 176 f.; Sartori 3, 261. [22]) Schönwerth 1, 283; Volkskunde 14, 177 f.; Sartori 3, 261. [23]) John *Westb.* 97. [24]) Hörmann *Volksleben* 186; Zingerle *Tirol* 176 f.; Grohmann 198 (1391); ZfdMyth. 3, 342. [25]) Boecler *Ehsten* 89.

4. Auch beim Gottesdienst in der Kirche werden Lichter für die armen Seelen angezündet [26]. Für sie werden auch allerlei Speisen und Gebäcke an den Altären geopfert [27].

[26]) Sartori 3, 261 A. 11. [27]) Birlinger *Volksth.* 2, 210; Leoprechting 199; Höfler *Allerseelen* 25 f.; Stemplinger *Aberglaube* 61 f.

5. In dieser Zeit sind die Seelen überall zugegen. Sie gehen mit um den Altar und zum Opfer [28], wandeln um die Kirche herum [29] und sitzen auf der Totenbahre [30]. Weit verbreitet sind die Sagen von der Geistermesse (s. d.) in der Kirche, deren Besuch für die Lebenden gefährlich wird [31]. Jeder Schmuck muß dabei von den Altären und Bildern entfernt sein, sonst würden die Toten alles in kleine Stücke zerreißen [32]. Auf dem Oybin halten die Erdmännchen am Abend des Allerheiligentages Gottesdienst [33]. Stellt man sich nachts auf einen Grabhügel, so sieht man alle, die im nächsten Jahre sterben sollen, über die Gräber gehen [34]. Auch die Toten selbst nennen diejenigen, die im nächsten Jahre sterben [35].

[28]) ZfdMyth. 1, 240 (9: Mosel); Zingerle *Tirol* 177 (1473). [29]) Rogasener Familienblatt 5, 3. [30]) Zingerle 177 (1474). [31]) Bolte-Polívka 3, 472; Sartori 3, 259 A. 2; Kühnau *Sagen* 1, 212 f. 375 f.; Knoop *Posen* 136 ff. [32]) Drechsler 1, 154. [33]) Meiche *Sagen* 335 (435). [34]) Schuller Progr. v. Schäßburg 1863, 21 (11); vgl. ZfVk. 8, 400 (Bayern); [6] Frazer 6, 73. [35]) Sébillot *Folk-Lore* 4, 131.

6. Die Seelen besuchen ihre Gräber [36], wandern als Lichter auf dem Kirchhofe [37] und schweben als Vögel um die Grabsteine [38]. Man muß sehr vorsichtig sein, denn sie sitzen auf jedem Grashalm des Kirchhofes [39] und auf allen Feldern und Wegen [40]. In den Alpenländern werden sie als Kröten sichtbar, denen man daher nichts zuleide tun darf [41]. Sie fahren im Winde durch die Luft [42] und zeigen

sich als weiße Nebel [43]). Sehen können sie nur besonders begnadete Menschen; aber man kann sie um Mitternacht singen hören [44]). Oder sie machen sich durch Knistern im Zimmer oder durch Ächzen unter der Erde auf dem Kirchhofe bemerkbar [45]). In der Umgegend von Dinan reiten sie die Pferde, die die Landleute auf den Feldern gelassen haben [46]).

[36]) Schönwerth 1, 281 (4); Drechsler 1, 154. [37]) ZfdMyth. 1, 242 (Mosel). [38]) Drechsler 1, 153; vgl. Sébillot 2, 443. [39]) Volkskunde 14, 174 f. [40]) Ebd. 14, 175; Drechsler 1, 154; Sartori 3, 259. [41]) Zingerle *Tirol* 178 (1477); Rosegger *Steiermark* 382. [42]) Zingerle 176 (1469); Volkskunde 14, 173; Festschrift f. Ed. Hahn 1917, 248. [43]) Sébillot 2, 140. [44]) Drechsler 1, 154. [45]) Birlinger *A. Schwaben* 1, 389; Baumgarten *Jahr u. s. Tage* 30. [46]) Sébillot 3, 118.

7. Wer sich im Dunkeln ins Freie wagt, muß sterben [47]). Überhaupt ist die Nacht von Allerheiligen auf A. voll von Spuk und Zauber, und alle Geister schalten frei [48]). Der ewige Jäger zieht um [49]). Versunkene Städte zeigen ihre Schätze [50]) und lassen ihre Glokken hören [51]). Manche Verrichtungen sind am A.tage verboten [52]): Man soll kein Korn säen [53]) und nicht auf die Gemsjagd gehen [54]). Solange ein Lumpen, am A.tage auf einen Baum geworfen, hängen bleibt, ist das Vieh vor dem „Vermeynen" sicher [55]). Durch das „Totenbahrenziehen" kann man alles erhalten, was man wünscht [56]).

[47]) Sartori 3, 259 A. 3. [48]) Panzer *Beitr.* 1, 46; Bohnenberger 7; Leoprechting 200; Hörmann *Volksleben* 188; Hartmann *Westfalen* N.F. 43; Volkskunde 14, 181; Höfler *Allerseelen* 3; Sébillot 2, 353. 429. [49]) Pollinger *Landshut* 121; Sébillot 1, 178. [50]) Ebd. 2, 104. [51]) Ebd. 2, 451. [52]) ZfVk 4, 405 (Ungarn); Volkskunde 14, 175. 176. [53]) Strakkerjan 2, 94. [54]) Baumgarten *Jahr u. s. Tage* 30. [55]) Schönwerth 1, 310. [56]) Zingerle *Tirol* 177 (1474).

8. Für die Lebenden sind besondere Speisen vorgeschrieben. Die vegetabilischen und Milch überwiegen durchaus. Man glaubt damit den Seelen wohlzutun [57]). Man bespritzt sich mit der Milch oder spritzt sie gegen den Herd, darf nichts davon verschütten und nicht zu viel davon essen [58]). Im Moseltal wird am Allerheiligenabend in jedem Hause Hirsebrei gegessen; so viel Körner man ißt, soviel Seelen befreit man aus dem Fegefeuer [59]). Gebildbrote in verschiedener Gestalt werden in Menge angefertigt und an Familienmitglieder und Dienstboten verteilt [60]).

[57]) Sartori 3, 263 A. 23; Höfler *Allerseelen* 7 ff. [58]) John *Westb.* 96 f. 179. [59]) Sébillot 3, 515. [60]) Höfler *Allerseelen* 7 ff. John *Westb.* 96. 97. 179. 291; Hörmann *Volksleben* 190; Baumgarten *Jahr u. s. Tage* 30; Volkskunde 14, 138 ff.; Sartori 3, 263 A. 22; Franz *Benediktionen* 1, 596.

9. Vor allem werden die Armen mit solchen Spenden bedacht, oft durch Stiftungen und Vermächtnisse [61]). In Basel werden noch im 15. Jh. Stiftungen erwähnt „pro panibus super sepulchro ipso ponendis et postea pauperibus erogandis" [62]). In Lüsen stellt man Milch und Krapfen am Vorabend des A.tages nach dem Nachtessen auf den Tisch und läßt sie unberührt bis zum andern Tage stehen, wo sie an Arme verteilt werden [63]). Anderswo macht man es ähnlich mit gekochten Bohnen [64]). Übrigens wird in Tirol an die Hausarmen auch Flachs und Werg verabfolgt [65]).

[61]) Schönwerth 1, 284; Reiser *Allgäu* 2, 172; Birlinger *Volksth.* 2, 166; *A. Schw.* 1, 135; Sartori 3, 262 A. 18. [62]) Höfler *Allerseelen* 6. [63]) Zingerle *Tirol* 176 (1468). [64]) Ebd. 226. [65]) Hörmann *Volksleben* 191.

10. Auch für die Kinder fällt vieles ab. Sie werden (wie auch an Allerheiligen) von den Paten mit Brot und Kuchen beschenkt [66]), ziehen aber auch — wie die Armen — von Haus zu Haus, singen und empfangen „um der armen Seelen willen" Gaben an Äpfeln, Getreide, Mehl, Schmalz, Geld, vor allem aber an Brot [67]). In Ehingen a. D. suchen sie auf den Gräbern kleine Münzen, die Mutter oder Geschwister dorthin gelegt haben, und kaufen sich dafür „Seelenbirnen" oder Gebäcke [68]).

[66]) Birlinger *Volksth.* 2, 135; Pollinger *Landshut* 224; John *Westb.* 119. 120; Baumgarten *Jahr u. s. Tage* 30; Sartori 3, 263 A. 20; Höfler *Allerseelen* 17. 26. 29; [67]) Zingerle *Tirol* 223 (1782);

Baumgarten *Jahr* 30; Schramek *Böhmerwald* 167; Sartori 3, 263 A. 21; Ders. *Westfalen* 168. [68]) Birlinger *A. Schw.* 2, 135 f. Sartori.

Almadel, eine der Künste zur übernatürlichen Erlangung von Wissen und Kenntnissen, nach Albertus Magnus [1]) auf Salomo zurückgeführt. Das Wort wird wohl von לָמַד „lernen" und אֵל „Gott" kommen und „Lehre Gottes" o. ä. bedeuten (vgl. auch ars notoria). Auch die „sciences armandelles" des Jean Belot, die 1623 von der theol. Fakultät in Paris verdammt wurden [2]), sind vermutlich dasselbe. Agrippa von Nettesheim [3]) macht A. zu einem Araber, der über die Geomantie geschrieben habe, während das vierte, apokryphe Buch der Occulta philosophia [4]) richtig „Salomos Tafel A." nennt, die man benutze, um Orakel zu erhalten. Auch eine Ausgabe der Claviculae Salomonis erwähnt in dem Titel „Les vraies Clavicules du Roi Salomon par Armandel" [5]) wohl diese Schrift (s. o. sc. armandelles).

[1]) K. Kiesewetter *Geheimwissenschaften* 2. Aufl. 306; ders. *Faust* 88. 341; Delrio *Disquisitionum magicarum libri sex.* (Mainz 1606) 1, 237. [2]) Feret *La Faculté de Théologie de Paris. Ep. mod.* 3 (Paris 1904), 407. [3]) 1, 273. [4]) 4, 101. [5]) Graesse *Trésor de livres rares et précieux* 2 (1861), 196 nach Catalogue Filheul p. 81 ff. (manuscr. franç). Jacoby.

Almandin. Konrad v. Megenberg beschreibt den A. als einen in bunten, mannigfaltigen Farben schimmernden Stein; er „zerstört jedes Gift, verleiht dem Menschen Sieg gegen alle Feinde und die Gabe, Träume deuten zu können" [1]). Schade behandelt ihn unter „alabanda" und hält ihn für eine edle Granatart, deren Farbe vom Kirschrot bis zum völligen Braun wechselt [2]). Andere wollen unter ihm den Rubin oder eine Spinellart verstehen. Zedlers Bezeichnung „carbunculus Alabandinus" weist auf den Granat hin [3]). In E. T. A. Hoffmanns Erzählung „Die Bergwerke von Falun" entdeckt Elias Froböm den kirschrot funkelnden A., der schön ist wie ein Rubin und mit seinem Liebesglück eng verbunden ist [4]).

[1]) *Buch der Natur* 375. [2]) Schade 1320 (Plin. *n. h.* 36 § 63). [3]) Zedler 1, 1285. [4]) Ausgabe Hesse 6, 112. Olbrich.

Almosen (s. a. Armer). 1. A. gr. ἐλεημοσύνη, kirchenlat. eleemosyne, über das gallisch-roman. al(i)mosna schon ahd. alamuosan [1]), Opfergabe aus eigenem Besitz an Mitmenschen oder höhere Mächte um des Heiles einer Seele willen: erlösendes A. — oder als Mittel gegen Schadenzauber: abwehrendes A. Es verbinden sich hier die christliche Vorstellung der A.pflicht Besitzender gegen Notleidende und der heidnische Drang, sich des Wohlwollens gefährlicher Dämonen durch Opfer (s. d.) zu versichern, ehe diese schaden können, oder nachdem sie zu schaden begonnen.

[1]) Kluge *Etymolog. Wb.*[9] 12.

2. Zur Lehre der christlichen Moral, die das A.geben als eine Pflicht der Nächstenliebe gebietet [2]), tritt von Anfang an die Ansicht einer sündentilgenden Wirkung des A.s, gestützt auf Äußerungen der Schrift [3]), klassisch formuliert durch Chrysostomus: pauper venit, qui paradisum vendit, et dicit: da panem et accipe paradisum [4]); Augustinus: eleemosynis . . . purgantur quotidiana peccata, und: defunctorum animas pietate suorum viventium relevari [5]); Innocenz III.: eleemosynas . . . posse prodesse defunctis credimus [6]). Die „Verdienstlichkeit" und Pflicht des A.s werden seit dem Auftreten der Bettelorden noch unterstrichen. Dieser leichter faßbare erlösende Charakter des A.s leuchtet allgemein dem Volksempfinden ein (s. a. fasten).

a) Man gibt A. nicht nur zum Heil der eigenen Seele [7]), sondern auch zur Errettung fremder armer Seelen (s. d.) [8]), besonders der Seelen umgehender Verbrecher (s. d.) [9]) und verstorbener A.verweigerer. Das heidnische Opfer zur Abwehr der Toten erscheint in eine Spende zugunsten der Toten umgesetzt, schon im Frühchristentum und nicht spezifisch christlich; das alte Totenopfer erhält sich noch in dem Brauch, Brosamen und Krugreste den armen Seelen zu spenden [10]). Kein A. austeilen verdirbt. Wer hartherzig gewesen ist, muß seine

Schätze hüten[11]) oder nach dem Tode umgehen, bis die nachgeholten A. ihn erlöst haben[12]). Ähnlich müssen durch Betrug gesammelte Schätze als A. verteilt werden, damit der gebannte Geist erlöst werden kann[13]). Besonders rohe Verweigerung des A.s kann sogar plötzlichen Untergang treffen[14]), oder man wird noch in diesem Leben von einem Strafwunder befallen, von dem nur A.-geben befreit[15]). Entsprechend verwandelt sich ein aus Geiz beschnittenes Brot, das einem Heiligen als A. gereicht werden soll, in Stein[16]).

Die Hinterbliebenen spenden A. für das Seelenheil des Verstorbenen nicht nur an Arme (Thüringer „Armenspende", Siebenbürger „Tränenopfer")[17]), sondern auch an Mönche und Weltgeistliche[18]). Neben dem besonderen Anlaß eines Todesfalles bestehen allgemeine Gabentage, in erster Reihe natürlich Allerseelen, wo in Böhmen Söllawecken = Arme-Seelen-Wecken verteilt werden[19]), Karfreitag (A.gröschel, gute Freitagsgröschel)[20]), aber auch jeder Sonntag[21]); es werden A. in St. Valentins Namen gesammelt (Augsburg 1472)[22]). Man errichtet schließlich A.stiftungen an Kirchen, die man nicht beschneiden darf[23]). Wenn eine solche A.spende vernachlässigt wird, kommen die toten Stifter selbst, den Pfarrer zu mahnen[24]).

b) Das erlösende A. bringt zuletzt nicht nur ewigen, sondern in vergröberter Auffassung auch schon zeitlichen Vorteil, wie das allgemein verbreitete Sprichwort besagt: „Almose ge armet nid"[25]). So spendet ein Mildtätiger seine ganze Ernte als A., zum Lohn wird seine Scheune durch Wunder wieder gefüllt[26]); gegebenes A. verhilft zu einer rettenden Warnung[27]). Noch deutlicher erhellt diese drastische Auffassung daraus: „Was-me^{n} zur vordere Tür us z'Allmuese gid, chund zur hindere dopplet wider ine"; „Zürich, deine A. erhalten dich!" (1688)[28]); denn „d'Almose^{n} lüge^{n} net", sie bringen schon zeitlichen Nutzen[29]).

²) Wetzer u. Welte 1, 569 ff.; Herzog-Hauck 1, 381 ff. ³) Daniel 4, 24; Luk. 11, 41; Matth. 25, 31 ff. ⁴) Chrysostomus *Homilia de eleemosyna* c. 3. ⁵) Augustinus *Serm.* IX, 11, 17; Lucius *Heiligenkult* 27. ⁶) Denzinger *Encheiridion Symbolorum et Definitionum* [15] 427; vgl. Catechismus Romanus IV, c. 14 q. 16, 3. ⁷) Klapper *Erzählungen* Nr. 131. ⁸) Alemannia 2, 142; Kühnau *Sagen* 1, 205 f. ⁹) Mackensen 13 Nr. 16. ¹⁰) Lucius *Heiligenkult* 27; Grohmann 190; Baumgarten *Aus der Heimat* 1869, 126. ¹¹) Heyl *Tirol* 60 Nr. 17. ¹²) Strackerjan 1, 247; Alpenburg *Tirol* 208; Birlinger *Aus Schwaben* 1, 211; Meier *Schwaben* 1, 269; Meyer *Aberglauben* 351. ¹³) Birlinger *Volksth.* 1, 70; Alpenburg *Tirol* 183. ¹⁴) Grässe *Sachsen* 2, 354; ZfdMyth. 2, 350 f.; Böckel *Handbuch* 369. ¹⁵) Hey. *Tirol* 158 Nr. 60; Rochholz *Sagen* 2, 47; Klapper *Erzählungen* Nr. 142. ¹⁶) Bavaria 1, 315. ¹⁷) Witzschel *Thüringen* 1, 260; Speisen und Kleider: Kondziella *Volksepos* 140 f.; Malter Brot: Hess.Bl. 4, 10; Geld: Reiser *Allgäu* 2, 307. ¹⁸) Belege mittelalterlicher Dichtung: Kondziella *Volksepos* 36. ¹⁹) Schramek *Böhmerwald* 166 f.; Grohmann 190; Baumgarten *Aus der Heimat* 1869, 133 f.; Heyl *Tirol* 762 Nr. 54. ²⁰) Drechsler 1, 91. ²¹) Birlinger *Volksth.* 2, 458 (Schaffhausen). ²²) Birlinger *Aus Schwaben* 2, 396. ²³) Ebd. 2, 395; Rochholz *Sagen* 2, 93. ²⁴) Heyl *Tirol* 455 Nr. 14. ²⁵) SchweizId. 1, 192; Fischer *SchwäbWb.* 1, 146. ²⁶) Klapper *Erzählungen* Nr. 32. ²⁷) Vernaleken *Mythen* 79. ²⁸) SchweizId. 1, 192. ²⁹) Fischer *Schwäb. Wb.* 1, 146.

3. Neben diese christliche, erlösende Seite des A.s tritt eine abwehrende Eigenschaft, die dem heidnischen Opferbrauch im Kampf gegen böse Mächte entspringt[30]) (s. a. Abwehrzauber). a) Am klarsten erhalten die A. nach der Ernte (auf dem Feld wird Sammlet gelassen), nach dem Ausdreschen, nach der Obsternte den Sinn der heidnischen Getreide- und Obstopfer (s. Opfer)[31]). Finnische Gebräuche zeigen deutlich die alte Opferform an hilfreiche Geister und bedrohliche Tiere, die das Christentum in A. für die Armen, besonders Witwen und Waisen, umgewandelt hat[32]). Alte heidnische Opfer an Gottheiten bleiben als A. an Mönche und ihre Heiligen, die geradezu einen Zoll erheben, wie es einst Arndt auf einer Donaureise erlebt hat[33]). Um vor dem Dämon des bösen Blicks des Bettlers geschützt zu sein, muß man das verlangte A. geben, ein allgemein verbreitetes Gefühl[34]). Namentlich eine

Schwangere soll um jeden Preis allen Bettlern ein A. spenden [35]). Der erste Bettler nach Geburt eines Kindes oder beim ersten Hervorgang der Wöchnerin bekommt ein Stück Brot, um Unglück fernzuhalten [36]). Daher verteilt man auch A. am Hochzeitstag [37]). Ebenso gibt man beim Viehkauf dem ersten begegnenden Bettler oder Armen den „Gottesheller" (s. d.), damit das neu erworbene Vieh gedeihe [38]). Vor allem gefährlich sind Zigeuner-Gräfinnen: wenn sie ihr gewünschtes A., hauptsächlich Speck, nicht erhalten, lassen sie das Haus verbrennen (Luzern 1739) [39]). Man schickt aber auch keine reisenden Handwerksburschen unbeschenkt fort [40]). Sie könnten sich rächen wie die wandernden Müllerburschen der schlesischen Sage, die bösen Zauber über die ungastliche Mühle senden [41]). Nicht immer kann der Bettler mit dieser Abwehrsorge rechnen; daher suchte man sich einst A. auch durch andere Mittel zu erzwingen, z. B. den Glauben, „wann einer ein von einem Aussezigen gebettletes Stuck Brot esse / könne einem solchen niemand kein A. mehr versagen / ob ers gleich weder werth noch nottürfftig sey" [42]).

Die vorbeugende Wirkung wohnt allgemein dem A. inne, wie einer Tiroler A.spende, die seit einer Pest im 14. Jh. eingeführt ist [43]), oder der alljährlichen Verteilung eines halben Tagesertrages an Käse und Zieger unter die Armen in der Johannisnacht zur Fernhaltung der so gebannten Viehseuche [44]). Gegen „Antoniusfeuer", eine Art Bräune, schützt das kirchliche Opfer von Antoniusferkeln, die österreichische Bauern im Herbst einst Mönchen als Fürbittern dargebracht [45]). A.geben bewahrt sogar vor dem Feind [46]).

b) Wie man zu fürchtendes Unheil durch A. bannt, so wendet man auch wirklich eindringende böse Mächte durch A. zwingend ab. Man schleudert verfolgenden Irrlichtern einen Sechser zu, um sie unschädlich zu machen [47]). Wenn der Wind, Melusina, heult, muß man Mehl und Salz, auch Butter, in den Ofen oder zum Fenster hinaus werfen [48]) oder Salz und Mehl, auch drei A., in die Luft streuen (s. Windfüttern) [49]). Gerade diese stilisierte Form der Gaben als drei — weiße (s. d.) — A. übt eine besondere Zauberkraft; sie gelten als sehr „vornehm", d. h. wirksam, um einen Wunsch zu erreichen, z. B. Mehl, Milch, Eier [50]). Merkwürdig ist eine frühere Schweizer Gewohnheit, einem regelmäßig erscheinenden, weißgekleideten Zug von Zigeuner-Wahrsagern von jedem Hausbesitzer drei weiße A. (Eier, Mehl, Butter) zu verabreichen [51]). Eben drei A. finden sich auch als Bußvorschrift [52]). Der Druck der Drud (s. d.) wird verjagt, wenn man zu ihr zu sagen vermag: „Komm morgen um Salz zu mir", wozu diese dadurch gezwungen wird, oder sie wird auf 12 Uhr mittags des andern Tages bestellt und mit Brot und einem Viertelkreuzer lautlos abgefertigt [53]). Man spricht zur Drud, sobald sie zu drücken beginnt: „Komm um drei A." [54]), „Komm morgen um die drei weißen Gaben" (ein Ei, eine Hand voll Salz und eine Handvoll Mehl) [55]). Die drei A. vertreiben auch andere Krankheitsgeister. Die Urheberin einer Krankheit wird durch Verbrennen des behexenden Federkranzes im Bett genötigt, dreimal etwas Weißes zu verlangen: Salz, Mehl, Kreide; hier wird umgekehrt durch die Verweigerung der A. ihre Macht gebrochen [56]) (s. leihen). Sonst müssen auch dazu die drei A. gegeben werden, und zwar an Arme, so zur Bekräftigung eines Spruchs gegen Fieber, Friesel, Brand, Rotlauf, neben wiederholten dreimaligen Gebeten, die Spende jedesmal aus der rechten Hand des Kranken [57]). Dies dreifache A. soll etwa Geld, Brot und „Schmutz" (Fett) sein [58]) oder Brot, Wein und Geld [59]). Es bedeutet ein Mißtrauen gegen die Zauberkraft des A. selbst, wenn mit dem A. der Wunsch verknüpft wird, der Beschenkte solle für den Leidenden beten [60]). Diese Macht zeigen aber drei A., die die Mutter für das kranke Kind morgens nüchtern und unbeschrien heischt, um eine Suppe daraus zu kochen [61]). So haben auch silberne Ringe aus erbetteltem A. die Kraft, „gewisse" Krankheiten zu heilen (s. betteln) [62]). Die gleiche wiederherstellende

Wirkung wird für den Milchsegen des Viehs erwartet. Nach dem Kalben gibt man der Kuh selbst deshalb drei weiße A.: Milch, Mehl, Butter oder auch an Arme Geld, Brot und Schmalz [63]). Nach dem Aussäugen opfert man den Armen drei Häfen voll Milch, um dadurch die Kuh zum Milchgeben für den eigenen Gebrauch zu veranlassen [64]). Ein Segensrezept des 16. Jh.s gebietet, nach Anbringen eines Amuletts die erste Milch, die in den Kübel kommt, dem ersten Menschen zu geben, der um ein A. bittet, „unde acht nicht, wer er sey" [65]). Wenn es nicht Käse und Anken geben will, soll man drei A. von einem, der sie um Gottes Willen geheischen hat, an einem Sonntag zu bekommen suchen und mit Angelikawurzeln der Kuh zu lecken geben, dazu vor dem Käsemachen drei Stäpfli Salz in das Kessi schütten [66]). Damit man mit gekauftem Rindvieh Glück habe, soll es (neben andern Mitteln) über beliebige Geldstücke, die einem Bettler geschenkt werden müssen, den Stall betreten [67]). Anderseits darf man wieder, wenn eine Kuh gekälbert, drei Tage nichts aus dem Haus geben, auch kein A. [68]). So erscheint das A. als ein hilfreicher Verbündeter im Kampf gegen böse Geister aller Art.

[30]) Heckscher 139; Grimm *Myth.* 1, 34. [31]) Eberhard *Landwirtschaft* 7. 9. 12; vgl. FFC. Nr. 66, 161—209. [32]) FFC. Nr. 66, 187. [33]) Heckscher 140. [34]) Seligmann *Blick* 1, 91 f. 345 f.; Seligmann *Zauberkraft* 125. 135; Meyer *Baden* 346; Zingerle *Tirol* 222; Sartori *Sitte u. Brauch* 2, 170. [35]) Südbaden; vgl. Krauß *Sitte u. Brauch* 536; Baumgarten *Aus der Heimat* 1869, 27. 32. [36]) John *Westböhmen* 108. [37]) Birlinger *Aus Schwaben* 2, 297; Zingerle *Tirol* 21 Nr. 131. [38]) Kuhn *Westfalen* 2, 63; ZfrwVk. 2, 293; Sartori *Sitte u. Brauch* 2, 140. [39]) Lütolf *Sagen* 252 f.; vgl. Anm. 51. [40]) Meyer *Baden* 346. [41]) Peuckert 93 f. [42]) Anhorn *Magiologia* (1675) 149. [43]) Heyl *Tirol* 757 Nr. 33. [44]) Lütolf *Sagen* 115. [45]) Heckscher 140. [46]) Klapper *Erzählungen* Nr. 55. [47]) Brückner *Reuß* 207. [48]) Grohmann 2 f. [49]) Birlinger *Aus Schwaben* 1, 100. [50]) Lütolf *Sagen* 555 Nr. 567; Alpenburg *Tirol* 267; Laistner *Sphinx* 1, 184. [51]) Rochholz *Naturmythen* 24. [52]) Friedberg *Bußbücher* 5. [35]) Vernaleken *Mythen* 270 f. [54]) Zingerle *Tirol* 70 Nr. 593. [55]) ZfVk. 8, 396; Alpenberg *Tirol* 267. 302. [56]) Strackerjan [1] 1, 359 § 238 d. [57]) Höhn *Volksheilkunde* 1, 157. [58]) Meyer *Baden* 564. [59]) Ebd. 347. [60]) Ebd. 347; Höhn a. a. O. [61]) Meyer *Baden* 43. [62]) Anhorn *Magiologia* 226; vgl. Clemens Alexandrinus *lib. III paedag.* c. 2; Rockenphilosophie (1706) 400, c. 84. [63]) Eberhard *Landwirtschaft* 17. [64]) Ebd. 17; Schönbach *Berthold v. R.* 132. [65]) Buchmüller *Beatenberg* 421. [66]) Eberhard *Landwirtschaft* 15. [67]) Schramek *Böhmerwald* 240. Müller-Bergström.

Almrausch s. Alpenrose.

Almtier s. Alpgeister.

Aloë. I. Pflanze. Die Droge stellt den eingetrockneten Saft von afrikanischen und westindischen A.arten (hauptsächlich von A. ferox) dar, der aus den dickfleischigen Blättern gewonnen wird. Eine Reihe von A.arten werden als Zierpflanzen in Zimmern gezogen. Im Volke wird nicht selten die amerikanische Agave (Agave americana), die alle hundert Jahre nur einmal blühen soll [1]), als A. bezeichnet. Offenbar als Sympathiemittel werden A.blätter bei Nasenbluten aufgelegt [2]) und gegen Krämpfe benutzt [3]). Im Orient gilt die A. als Mittel gegen Hexerei und Zauberei [4]).

[1]) Z. B. Manz *Sargans* 148. [2]) Ebd. 70. [3]) Urquell 4, 279. [4]) Seligmann *Blick* 2, 54; FL. 19, 469. Marzell.

II. Name einer der heiligen drei Frauen im Segen [5]). Ein Zauberwort αλων steht bereits auf einer antiken Hagelbeschwörung [6]). Im koptischen Physiologus wird ein dem Phönix paralleler Vogel Alloê bzw. Allôê genannt [7]); da dieser Vogel mit der Auferstehung Christi in Beziehung gesetzt wird [8]) und die Frau des Segens eine der 3 am Grabe Jesu weilenden Frauen ist, könnte eine Verbindung bestehen. Erwähnt sei auch, daß der hebr. Name הַלֹּחֵשׁ (der Murmeler, Beschwörer) Neh. 3, 12 'Αλλωής 10, 24 'Αλωής geschrieben wird; es gab also einen bibl. Namen dieses Klanges. Nach von Lemm hat der Vogel seinen Namen vermutlich von der Pflanze ἀλόη.

[5]) Kronfeld *Krieg* 215; Frischbier *Hexenspr.* 36 f.; ZdVfVk. 5, 37. [6]) Heim *Incantamenta* 542. [7]) O. von Lemm *Koptische Miscellen* 1 (1914), 231. [8]) Erman-Krebs *Aus den Papyrus d. königl. Museen* (1899), 251. Jacoby.

Aloysius, hl., S. J., geb. 1568, gest. 1591, heilig gesprochen 1726, durch Papst Benedikt XIII. i. J. 1729 zum Patron der Jugend, besonders der studierenden, erhoben, Fest 21. Juni [1]). Irrigerweise mit Loy, dem zu Cadillac bei Limoges geborenen, 659 als Bischof von Noyon gestorbenen Eligius, afrz. Eloi, gleichgesetzt, z. B. in Bechsteins Deutschem Sagenbuch, wozu u. a. die bayrisch-mundartliche Form Loisl (Aloys) leicht führen konnte. Bei Seligmann, Der böse Blick 2, 352—353, ist „sant Alar" in Schutzgebeten für Pferde aus der Niederbretagne mit hl. A. wiedergegeben und von Prozessionen von Pferden um Kapellen des hl. „A" und von Weihegaben an „diesen" zum Heile der Pferde oder gegen Pferdekrankheiten gehandelt. Hier liegt entweder eine ähnliche Verwechslung vor oder eine Übertragung, da sonst der hl. Eligius in Frankreich als Patron der Pferde verehrt wird, Translationsfest 25. Juni. Auch in Deutschland galt Eligius als Patron für Pferde in seiner Eigenschaft als Patron der Schmiede (s. Eligius).

[1]) AA. SS. 21. Juni IV, 914—1057. Wrede.

Alp (Alptraum).

1. Wesen u. Entstehung des A.traums. — 2. Der A.mythus. — 3. Benennungen des A.s. — 4. Beschreibungen des A.s. — 5. Wer ist der A.? — 6. Warum drückt der A.? — 7. Tätigkeiten des A.s. — 8. Gegenmittel.

1. Wesen und Entstehung des A.traums [1]). Der A.traum hebt sich aus der Masse der gewöhnlichen Träume durch eine gewisse Typik seines Inhalts und seiner Formen heraus: der vom A. befallene Schläfer glaubt meistens, daß ein Wesen tierischer oder menschlicher Gestalt sich auf seiner Brust niederlasse und ihn bis zur Erstickungsgefahr drücke; er fühlt sich dabei im Zustande hochgradiger Angst und außerstande, sich zu rühren oder einen Laut von sich zu geben (eigentlicher A.traum), bis endlich eine energische Bewegung, ein Aufschrei oder dgl. ihn zum Erwachen bzw. zu traumlosem Weiterschlafen befreit. Nicht selten sind mit dem A.druck erotische Träume verbunden (erotischer A.traum) [2]). Hervorgehoben wird von den meisten Beobachtern eine ungewöhnliche Lebhaftigkeit und Einprägsamkeit der A.traumvisionen [3]). — Der A.traum entsteht dadurch, daß der Schläfer auf irgendeine Weise (Bedecken von Mund und Nase mit der Bettdecke, Bauchlage mit in die Kissen gedrücktem Gesicht, Schnupfen oder andre Erkrankungen der Atmungsorgane) im Atmen behindert wird; verbrauchte Luft im Schlafraum, Belastung des Magens mit schwer verdaulichen Speisen, gewisse Krankheiten befördern das Zustandekommen des A.traums. Die Art des im A.traum gesehenen Wesens (ob haarig oder glatt)und seiner Angriffsweise (ob plötzlich überfallend oder langsam beschleichend) hängt oft nachweislich mit der Beschaffenheit des die Atemhemmung bewirkenden Gegenstandes (ob Wolldecke oder Leinen) und mit dem Tempo des Eintretens der Atemhemmung zusammen [4]). — Häufig wiederholter A.traum kann schwere Gesundheitsstörungen, Geisteskrankheit, epileptische und hysterische Zustände, Schlagfluß herbeiführen [5]).

[1]) J. Börner *Über d. A.drücken.* Würzburg 1855; C. Cubasch *Der A.* Berlin 1877; Roscher *Ephialtes* 5 ff.; E. Jones *Der Alptraum in s. Beziehungen zu gewissen Formen des mittelalterlichen Aberglaubens,* dtsch. von E. H. Sachs. Leipzig 1912. [2]) Börner 10 f. 27 f. [3]) Roscher 10 f. [4]) Börner 22. [5]) Roscher 13.

2. Der A.mythus [6]). Obgleich schon die antike [7]) und mittelalterliche [8]) Wissenschaft die Entstehung des A.traums auf natürliche Weise zu erklären wußte, hat der Volksglaube aller Zeiten und Völker an der Realität des im A.traum Gesehenen und Erlebten festgehalten. Der aus dem A.traum entwickelte A.mythus gehört zu den ältesten und verbreitetsten mythischen Vorstellungen der Menschheit [9]) und ist auch heute im deutschen Volksglauben noch voll lebendig [10]), da er dem Volke nicht nur durch zahllose Sagen und Bräuche bezeugt, sondern auch durch das Erlebnis des (in seinem Inhalt seinerseits oft wieder durch den A.mythus beeinflußten [11])) A.traums immer aufs neue wachgerufen wird. —

Die große Bedeutung des A.traums für die Mythenbildung hat vor allem L. Laistner in seinem bahnbrechenden, aber vielfach allzukühn vorstoßenden Buch *Das Rätsel der Sphinx. Grundzüge einer Mythengeschichte* nachgewiesen.

[6]) Laistner *Sphinx* 1, 41 ff.; Ranke *Sagen* ² 14 f.; Höfler *Krankheitsnamen* 10 f. [7]) Roscher *Ephialtes* 18 f. [8]) Liebrecht *Gervasius* 39 u. Anm.; Vocabular v. 1482, vgl. Lexer *Mittelhd. Hdwb.* 1, 2041; Schmeller *BayWb.* 1, 649; Hansen *Hexenwahn* 258; Cysat 48. [9]) Schrader *Reallex.* 1 ² s. v. alp.; Ebert *Reallex.* 3, 346; Wundt *Mythus u. Rel.* 1, 205 f.; Tylor *Cultur* 2, 190 f.; Maaß *Mistral* 24 f.; Sébillot *Folk-Lore* 4, 436 (s. v. *cauchemar*). [10]) Vgl. z. B. ZfVk. 7, 249; Urquell 2, 168 f.; dagegen z. B. Kühnau *Sagen* 3, 118. [11]) Zahler *Simmenthal* 32.

3. Benennungen des A.s [12]). Der mythische Verursacher des A.traums wird in den verschiedenen Landschaften Deutschlands sehr verschieden bezeichnet. Das in die Schriftsprache aufgenommene Wort Alp gilt ihm im Volksmund, vor allem in Mitteldeutschland (einschl. Sudetengebiet [13]) und Siebenbürgen) [14]), aber auch in Hinterpommern [15]); es ist identisch mit Alb, Alf und Elbe (s. d.), dessen Bedeutung erst in neuerer Zeit (gegen Ende der mhd. Periode?) [16]) auf den Dämon des A.traums eingeengt wurde. — In Norddeutschland, von den Niederlanden bis Ostpreußen, herrscht die schon altgerm. Bezeichnung Mahr (s. d.) mit ihren Nebenformen Mahrt, Nachtmahr(t), Bocksmahrte (im Altenburgischen) [17]) und ihren slawischen Entsprechungen Mora (polnisch), Zmora (Kaschubisch), Murawa (wendisch) usw. Daneben gilt auf altem friesischem Gebiet (Oldenburg und Ostfriesland) Walriderske (s. d.) und Rittmeije (Baltrum) [18]). — Süddeutschland und die Schweiz kennen als die beiden verbreitetsten Bezeichnungen das ebenfalls erst in neuerer Zeit auf den A.dämon eingeschränkte Schrättele (s. Schrat) mit seinen Nebenformen *Schrättlig, Schrätzel, Schrecksel, Schreckle, Schrätzmännel, Strädel* [19]), *Rettele, Rätzel, Ritzel* [20]), und zwar im allgemeinen mehr auf alemannischem Boden (während im S.O. *Schr.* noch in der weiteren Bedeutung den Kobold bezeichnet, der nur gelegentlich auch den A.druck erzeugt und andere Tätigkeiten des A.dämons ausübt), aber auch z. B. im Vogtland [21]), und Drud (s. d.), auch *Trud, Drutt, Trudd,* vor allem im bayr.-österr. Gebiet, aber auch in Schwaben [22]) und bis nach Mittelfranken [23]), Sachsen (neben dem männlichen Alp) [24]), Lausitz [25]), Vogtland [26]), Böhmen [27]), im Kuhländchen [28]) und in Siebenbürgen [29]); in Tirol sagt man: „*Das Schrattl ist für das Vieh, was für den Menschen die Trud ist*" [30]). In der Schweiz (allgemein), in Vorarlberg [31]), im Elsaß [32]) und am Kaiserstuhl [33]) heißt der A.dämon auch Dockeli (s. d.), *Toggeli, Doggi, Dockje.* — Andre vereinzelte Benennungen sind z. B. fränkisch *Trempe* (die Trampelnde, Tretende) [34]), mhd. *Stempe* (die Stampfende) [35]), elsässisch *Letzekäppel* (der das Mützchen „letz", d. i. verkehrt, aufhat) und *Letzel* [36]), und die durchsichtigen Neubildungen *Druckerle* [37]), *Drück(er)männchen* [38]), *Nachtmännle* [39]), *Nachtfraueli.*

[12]) Mogk *Mythologie* 268 f.; Meyer *Myth. d. Germ.* 130 f.; Heckscher 341. [13]) Lehmann *Sudeten* 40. [14]) Müller *Siebenbürgen* 40. [15]) Knoop *Hinterpommern* 82. [16]) *Mhd.Wb.* 1, 24; Kluge *Etym.Wb.* s. v. *Alp*; Lütjens *Zwerg* 110. [17]) Grimm *Myth.* 3, 372; Kuhn u. Schwartz 520 zu XV. [18]) Kuhn u. Schwartz 420 Nr. 199, vgl. 505. [19]) Stoll *Zaubergl.* 160. [20]) Meyer *Baden* 550. [21]) Wuttke *Sächs. Volksk.* 323. [22]) Meier *Schwaben* Nr. 194. [23]) Panzer *Beitrag* 2, 550. [24]) Wuttke *Sächs. Volksk.* 323. [25]) Haupt *Lausitz* 1, 61. [26]) Köhler *Voigtland* 479 f. [27]) John *Westböhmen* 267. Schramek 258. [28]) Enders *Kuhländchen* 91 ff. [29]) Haltrich *Siebenb. Sachsen* 311. [30]) Alpenburg *Tirol* 369. [31]) Vonbun *Sagen* ² 76. [32]) Stöber *Elsaß* 1, 37 Nr. 54; Higelin 102 f. [33]) Meyer *Baden* 550. [34]) Grimm *Myth.* 1, 231, 3, 90; Wolf *Beiträge* 2, 264. [35]) Grimm *Myth.* 1 230. [36]) Stöber 176 u. 110; Laistner *Sphinx* 1, 155. [37]) Meier *Schwaben* 1, 171; Höhn *Volksheilkde* 1, 136. [38]) Wrede *Rhein. Volkskde* ² 133; Lohmeyer *Saarbr.* 8. [39]) Meier *Schwaben* 1, 171; Kühnau *Sagen* 3, 105 f.; Haupt *Lausitz* 73 Nr. 68.

4. Beschreibungen des A.s. Die Angaben über das Aussehen des A.s entsprechen zu einem großen Teil der in der A.traumvision gesehenen Schreckgestalt: der A. erscheint entweder als

Tier („darf jede Tiergestalt annehmen, nur nicht die der Taube, des Schafs, der Biene“) [42]), und zwar meistens rauhhaarig, zottig [43]) (vgl. lat. *pilosus*) [44]), als Katze oder Kater (allgemein) [45]), mit glühenden Augen [46]), als Pudel [47]), schwarzer Hund [48]), Affe [49]), Fuchs [50]), Bock („Bocksmahrte“) [51]), Pferd mit feurigen Augen [52]), „Nachtpferd“ [53]), als schwarze Henne [54]), „Atzel“ (Elster) [55]), Vogel [56]); seltener „glatt wie ein Aal“ [57]), als Schlange [58]), schleimiges kleines Tier [59]), Kröte [60]) oder (weißes) Schwein [61]); oder in menschlicher Gestalt, als schwarze Dame [62]), weiße Frau [63]), altes Weib [64]) mit langer Nase [65]), großen Augen [66]), eiskalter Hand [67]), mit schwerem Klotz in den Armen [68]), mit langen Haaren [69]), breiten latschigen [70]), platten [71]), siebeneckigen [72]) Druden- oder Krottenfüßen [73]), die auch wie Vogelfüße beschrieben werden: mit drei langen Zehen, von denen zwei nach vorn, einer nach hinten steht [74]), mit nur einem Fuß [75]); oder als häßliches [76]), buckliges [77]), graues [78]) oder rotes [79]) Männlein [80]) mit dickem Kopf [81]) und unheimlichen Glotzaugen [82]), ohne Rücken [83]), als Soldat [84]); oder mehr oder weniger gestaltlos: als häßliches Wesen mit großem Kopf, ohne Arme und Beine [85]), „wie ein paar lange schwere Brüste [86]), „wie ein Kuhwampen“ [87]), wie ein Faß [88]), eine Kruke [89]), ein Sieb [90]), weich anzufühlen und ohne Knochen [91]), mit ekelhafter Feuchtigkeit [92]), als zottige Wolldecke [93]), er fällt „wie ein Sack“ vom Bett auf den Boden [94]), man hört ihn kommen, „wie wenn einer einen nassen Sack über den Boden schleift“ [95]), er „latscht, als wenn einer auf Filzschuhen ginge“ [96]), mit tappsenden, schwerfälligen Schritten [97]), rollt „wie ein Kuderwickli“ ins Zimmer [98]), als Knäuel Wolle [99]), und verschwindet wie eine Feuerflamme [100]), ein weißer Nebel [101]), ein Zugwind [102]). — Aus der nächtlichen Situation und dem Motiv des A.fanges (s. Abschnitt 8) erklärt es sich, wenn der A. die Gestalt von irgendeinem Gegenstand aus dem Bett oder der Schlafkammer annehmen kann: man fängt oder findet ihn als Strohhalm (allgemein), Kornähre [103]), Feder [104]), Pantoffel [105]), bleierne [106]) Nadel [107]), Wollfaden [108]), Menschenhaar [109]); seltsamerweise auch als Apfel [110]) und Birne [111]) (N.O.-Deutschland). — Endlich spielen auch die Vorstellungen von der Gestalt der menschlichen Seele in den A.mythus hinein: der A. erscheint als Maus (allgemein), als Fliege [112]) mit rotem Streifen um den Hals [113]), als weiße Taube [114]) (aber s. oben) [42]), als kleiner weißer oder grauer Schmetterling [115]) („Toggeli“ bezeichnet in der Schweiz sowohl den A. als den Schmetterling) [116]), als Rauch [117]); auf volksetymologischer Umdeutung des Namens „Mahrt“ wird es beruhen, daß der A. auch als Marder geht [118]) (oder ist der Marder Seelentier) [119])? — Echt traumgemäß ist die Verwandlungsfähigkeit des A.s [120]): er kann sich z. B. aus einer Maus in eine Katze mit haarigem Menschengesicht [121]), aus einer Katze in einen Strohhalm [122]) oder in eine Schlange und wieder zurück [123]), aus einer Schlange in einen Frosch und in einen Strohhalm [124]) verwandeln; er kann sich wie ein Blutegel zum Knäuel zusammenziehen oder riesenhaft ausdehnen [125]); um dünn zu werden und durchs Schlüsselloch schlüpfen zu können, haspelt er sich die Gedärme aus dem Leib [126]).

[42]) Strackerjan 1, 463 Nr. 250; vgl. Krauß *Slav. Volkforschungen* 148. [43]) Urquell 2, 119; Strackerjan 1, 463; Birlinger *Volksth.* 1, 304. [44]) Roscher *Ephialtes* 63 f. [45]) Schon Cysat 48. [46]) Stoll *Zauberglauben* 160 f. [47]) Kuoni *St. Galler Sagen* 50 f.; Strackerjan 1, 463 Nr. 250. [48]) Kühnau *Sagen* 3, 114. 120. [49]) Ebd. 118; Haas u. Worm 77. [50]) Kuoni Nr. 185. 238. 239. 280. 318. [51]) Knoop *Posen* 65 Nr. 93; Wuttke *Sächs. Volksk.* 323; Grimm *Myth.* 3, 372. [52]) Schell *Berg. Sagen* 250 Nr. 234. [53]) Kühnau *Sagen* 3, 120. [54]) Ebd. 133; Birlinger *Volksth.* 1, 305 Nr. 481. [55]) Wolf *Sagen* 58 Nr. 92. [56]) Haas *Pommern* 20 Nr. 38; BayHfte 1, 123 f. [57]) Urquell 2, 191. [58]) Drechsler 2, 273; Leoprechting 39. [59]) Sartori *Westfalen* 64. [60]) ZfdMyth. 2, 40. [61]) Plecklin *Volksthüml.* 364. [62]) Schell *Berg. Sagen* 373 Nr. 11. [63]) Meiche *Sagen* 286 Nr. 374. [64]) Kohlrusch *Sagen* 294. [65]) Kühnau *Sagen* 3, 114. [66]) Ebd. 3, 115; Mannhardt *Germ. Mythen* 259. [67]) Kuhn und Schwartz 298 Nr. 338. [68]) Haupt *Lausitz* 73 Nr. 68 = Kühnau *Sagen* 3, 105.

69) Keller *Erzählungen* 320, 36; Grimm *Myth.* 3, 466 Nr. 878; Kühnau *Sagen* 3, 121; Vonbun *Beiträge* 42; Strackerjan 1, 475. 70) Birlinger *Volksth.* 1, 305. 71) Graber *Kärnten* 160. 72) Vernaleken *Mythen* 270. 73) Kühnau *Sagen* 3, XXXIII. 74) Vernaleken *Mythen* 268. 75) ZfVk. 1, 216. 76) Wittstock *Siebenbürgen* 68. 77) Drechsler 2, 173. 78) Kühnau *Sagen* 3, 131. 134. 110 f. 79) Haupt *Lausitz* 73 Nr. 68. 80) Stoll *Zaubergl.* 160. 81) Wrede *Rhein. Volksk.* 133. 82) Höhn *Volksheilk.* 1, 136. 83) Mannhardt 1, 121; ders. *Germ. Mythen* 259; 84) Seyfarth *Sachsen* 6. 85) Vonbun *Sagen*² 76. 86) Kuhn *Westfalen* 2, 21 Nr. 57. 87) Reiterer *Ennstalerisch* 40. 88) Graber *Kärnten* 160 Nr. 204. 89) Meyer *Rendsborg* 98. 90) Kühnau *Sagen* 3, 121 f. 91) Strackerjan 1, 473. 92) Manz *Sargans* 105. 93) Graber *Kärnten* 160. 94) Zahler *Simmental* 32. 95) ZfVk. 4, 304. 96) Ebd. 4, 304; Birlinger *Volksth.* 1, 305. 97) Seyfarth *Sachsen* 9. 98) Meyer *Baden* 551. 99) Knoop *Hinterpommern* 26 Nr. 46. 100) Strackerjan 1, 474. 101) Gander *Niederlausitz* Nr. 78, 1. 102) Kühnau *Sagen* 3, 106. 103) Wolf *Sagen* 59 Nr. 93. 104) Heyl *Tirol* 289 Nr. 107; Schönwerth *Oberpfalz* 1, 214; Altbayern 116; Birlinger *Volksth.* 1, 304; Wucke *Werra* Nr. 640, 776; Seefried-Gulgowski 188; Wuttke 274 § 404. 105) Wolf *Sagen* 58 Nr. 91; Drechsler 2, *173*. 106) Wuttke 273 § 402. 107) Seyfarth *Sachsen* 8; Zahler *Simmenthal* 33; Higelin 105. 108) Drechsler 2, 173. 109) Ebd. 110) Urquell 2, 189; Jahn *Pommern* 377 Nr. 480; Knoop *Hinterpommern* 83; Seefried-Gulgowski 188; Toeppen *Masuren* 29. 111) Ebd.; vgl. Laistner *Sphinx* 1, 133; 2, 7 112) Drechsler 2, 173. 113) Grohmann 26 Nr. 126. 114) Wolf *Sagen* 60 Nr 94. 115) Grimm *Myth.* 1, 382; Ders. *Sagen* Nr. 81; Manz *Sargans* 105; Meiche *Sagen* 286 Nr. 375; Haupt *Lausitz* 73 Nr. 68. 116) Rochholz *Sagen* 1, 347; vgl. Güntert *Kalypso* 225. 117) Grimm *Sagen* Nr. 249; Kühnau *Sagen* 3 124. 118) Temme *Altmark* 81; Kuhn *Märk. Sagen* 48, 374 u. VIII; ZfrwVk. 17, 48; Sartori *Westfalen* 64; Bartsch *Mecklenburg* 1, 197; Knoop *Posen* 62 Nr. 86. 119) Riegler in Arch. f. d. Stud. d. n. Spr. 1926, 109 f. 120) Laistner *Sphinx* 1, 62 f. 121) Pfister *Hessen* 94. 122) Knoop *Posen* 64 Nr. 90. 123) Kühnau *Sagen* 3, 118 f. 124) Toeppen *Masuren* 30. 125) Kohlrusch 317. 126) Vonbun *Sagen* 22.

5. Wer ist der A.? Nur noch verhältnismäßig selten und fast nur im S.W. gilt der A. als selbständiger Dämon, nach Art der Zwerge und Kobolde (Schweiz und Steiermark) [127] oder als Dorfgespenst (Elsaß) [128]; auch der Teufel (s. incubus) [129] und die Habergeiß (s. d.) [130] können den A.druck verursachen. — Gelegentlich ist der A., wie im altgermanischen Wiedergängerglauben [131], der Geist eines Verstorbenen [132] (man befreit sich vom A.druck, indem man hl. Messen für den Toten lesen läßt) [133]; nach mittelalterlichem Glauben entsteht der A. aus „unzeitigen" Kindern, d. h. Frühgeburten) [134]. — Die heute herrschende Vorstellung ist durchaus, daß der A.druck von einem lebenden Menschen weiblichen (allgemein) oder männlichen (mehr in N.- u. M.-Deutschland) [135] Geschlechts herrühre, der entweder seine Seele, seinen „Geist" als A. aussendet oder, nach präanimistischer Denkweise [136], leibhaftig und dann meist in verwandelter Gestalt, als A. über den Schläfer kommt. Im ersteren Falle schlüpft die Seele dem A.sender in einer der in Abs. 4 genannten Gestalten des Seelenglaubens aus dem Munde (allgemein), oder als Schmetterling aus seinen (zusammengewachsenen) Augenbrauen [137] und begibt sich auf die A.fahrt; bis zu ihrer Rückkehr liegt sein Leib leblos, wie in tiefem Schlaf; man darf ihn nicht anstoßen oder bewegen, sonst könnte die Seele den Rückweg nicht finden und der Mensch müßte sterben (allg.); ebenso versperren drei auf den Leib des A.senders gezeichnete Kreuze ihr den Rückweg [138]; ein beliebtes Sagenmotiv erzählt, daß die als A. gefangene Seele erst nach einigen Tagen freigelassen wird und wieder in ihren Leib schlüpft, der eben als tot beerdigt werden soll und nun wieder erwacht [139]. Eine Vermischung dieser Vorstellung mit der vom selbständigen A.dämon ist es, wenn man in Schlesien den vom A. „besessenen" Menschen dadurch von seinem A.tum erlösen kann, daß man dem aus seinem Mund entwichenen Mäuschen durch ein über seinen Kopf geworfenes Tuch den Rückweg versperrt [140]. — Nach der präanimistischen Denkweise muß der (in verwandelter Gestalt) gefangene A. am Morgen in seiner wahren Menschengestalt (meistens nackt) erscheinen, oder es zeigen sich die Spuren der dem A.

angetanen Mißhandlung am andern Tage am Leibe des Menschen [141]). — Man erkennt einen solchen „alpenden" Menschen an den zusammengewachsenen Augenbrauen (Rätzel) [142]), am starren, kalten Blick [143]), dem mageren und blassen Aussehen [144]), den platten Füßen [145]), blauen Lippen und doppelter Zahnreihe [146]); solche Menschen schlafen besonders leicht ein (hysterische Bewußtseinsstörung?) [147]); wer sich auf zwei Schemel setzt, ist ein A. [148]); der A. läßt sich nicht ins Auge sehen, denn man sähe sich darin verkehrt wie im Auge der Hexe [149]); man erkennt, wer Trude (oder Hexe) ist, wenn man in der Christmesse auf einen aus neunerlei Holz gefertigten Schemel kniet [150]). — In Schlesien schreibt man auch den von den Fenixmänneln gebrachten Wechselbälgen (s. d.) das A.tum zu [151]). — Dem über Norddeutschland (und in Dänemark) verbreiteten Sagentypus von der in einem Kahn, Mulde, Siebrand übers Wasser oder durch die Luft von weither, aus „Engelland", kommenden Mahrt [152]) scheinen alte Vorstellungen vom Totenreich jenseits des Wassers zugrunde zu liegen; dem heutigen Volksglauben ist auch die „Mahrt aus Engelland" nicht mehr ein totes, sondern ein lebendes menschliches (oder dämonisches?) Wesen.

[127]) SAVk. 25, 135 [1]; Lütolf *Sagen* 50 f.; Rochholz *Sagen* 1, 348; Kohlrusch *Sagen* 11 f.; Herzog *Schweizersagen* 2, 141 f.; Vonbun *Sagen* [2] 78; Krainz Nr. 310. [128]) Stöber *Elsaß* 1, 37 Nr. 54. [129]) Stemplinger *Abergl.* 62; Schindler *Abergl.* 283. 308; Hansen *Hexenwahn* 696 s. v. incubus; Hertz *Elsaß* 74; Mensing *Wb.* 1, 954. [130]) Krainz Nr. 253. [131]) WS. 2, 161. [132]) SAVk. 10, 3; Meyer *Baden* 550; Kühnau *Sagen* 1, 179 f.; 3, 109; MschlesVk. 11, 77 f. (1591), 83; Grohmann *Abergl.* 191; Müllenhoff *Sagen* [2] 192 Nr. 286. [133]) Seefried-Gulgowski 188. [134]) Hansen *Hexenwahn* 208; vgl. Schmeller *Bayr. Wb.* 1, 64. [135]) Beispiele aus dt. u. skandinav. Überlieferung: WS. 2, 182; dazu ZfVk. 1, 71; ZfrwVk. 3, 208; Schell *Bergische Sagen* 215 Nr. 179. [136]) Naumann *Gemeinschaftskultur* 50 f. [137]) Grimm *Sagen* Nr. 81. [138]) Wucke *Werra* Nr. 206. [139]) z. B. Ranke *Sagen* [2] 14 f. (= Wolf *Sagen* Nr. 95); Schambach u. Müller Nr. 245 u. Anm.; Sommer *Sagen* 46 Nr. 40. [140]) Kühnau *Sagen* 3, 115. [141]) Laistner *Sphinx* 1, 55 f. 171 f.; 2, 1 ff.; Zahler *Simmenthal* 33. [142]) Hertz *Elsaß* 73; Schambach u. Müller 366 zu Nr. 245. [143]) Alpenburg *Tirol* 267; Seyfarth *Sachsen* 7. [144]) Vernaleken *Mythen* 268. [145]) Graber *Kärnten* 160; Drechsler 2, 175. [146]) Drechsler 2, 175. [147]) Kühnau 3, 116 Nr. 1477 Anm., vgl. 112 Nr. 1467. [148]) Drechsler 2, 175. [149]) Ebd. [150]) Weinhold *Neunzahl* 23 f. [151]) Kühnau *Sagen* 2, 153. 154. 162; vgl. Schmeller *BayWb.* 1, 64. [152]) Mannhardt *Germ. Mythen* 344 ff.; ZfVk. 7, 283.

6. Warum drückt der A.? „Wenn ein junger Mann stark an seine Liebste denkt, kommt sie in der folgenden Nacht als Mahrt zu ihm" [153]). Blickt hinter dieser Formulierung die Subjektivität des A.-erlebnisses noch wie hinter Schleiern hervor, so kennt der dt. Volksglaube im allgemeinen den Wirkungszusammenhang zwischen den Phantasien des A.träumers und seinem Traum nicht. Wer drücken geht, tut dies nach der herrschenden Vorstellung zwar nicht freiwillig, aber auch nicht durch den Träumer gerufen, sondern entweder eigener Liebessehnsucht [154]), oder noch öfter einem krankhaften Drange folgend, der meist schon seit der Geburt oder seit frühester Kindheit in ihm liegt. Denn das „Schrattweisgehn" ist ein von der Mutter ererbter Zwang [155]). „Von 7 Knaben oder 7 Mädchen ist eines ein Nachtmahr, weiß aber selber nichts davon" [156]). Zum A. wird ein Kind, das mit Zähnen zur Welt kommt (gibt man ihm als Erstes Fleisch [d. h. die Mutterbrust] in den Mund, so geht es als A. auf Menschen, falls Holz, auf Bäume) [157]); zum A. werden ferner Kinder, die Sonntags [158]) oder zur „Scheechzeit" (in der Gespensterstunde) [159]), in unglückseliger Stunde oder unter einem bösen Stern [160]) oder 3 Tage vor St. Galli (16. Okt.) geboren sind [161]); ferner solche, bei deren Geburt die Mutter in den Wehen den Teufel anrief oder die Wehmutter einen Zauber anwandte [162]), oder die einen A. zum Paten hatten [163]), bei deren Taufe einer der Paten an den A. gedacht [164]) oder dem Täufling angewünscht hat, Mahr zu werden [165]), oder bei Verkündung des Taufnamens leise „Mahr" gesagt [166]), oder

sonst ein Versehen gemacht [167]), z. B. das Kind auf der Fahrt zur Kirche vor der ersten Grenze auf den andern Arm umgebettet [168]), oder mit dem Kind nicht an der Kirchentür gewartet hat, bis der Priester ihn hereinrief [169]), oder bei deren Taufe ein Fremder durchs Schlüsselloch der Sakristei zugeschaut hat [170]); ebenso Kinder, die der Geistliche anstatt im Namen des Vaters und des Sohnes im Namen ,,des Mahrtes und des Mondes" getauft hat [171]) (man kann solche Menschen dadurch vom A.tum befreien, daß man sie nochmals tauft) [172]); oder Kinder, deren Mutter vor Ablauf der 6 Wochen unausgesegnet zur Kirche gegangen ist [173]), oder die (nach dem Tode eines später geborenen) von der Mutter noch einmal an die Brust gelegt [174]), also gewissermaßen zu unnatürlicher Sauglust erzogen wurden. — Aus allen diesen Bestimmungen spricht die Auffassung des A.tums nicht als einer Bosheit oder Schuld, sondern als eines Verhängnisses oder einer Krankheit, etwa ähnlich der Mondsucht (s. d.), die im Volksglauben dem A.tum nahesteht: Mondsüchtige heißen Klettermahrten [175]), man darf die Nachtmahrt während ihrer Wanderung nicht beim Namen rufen, sonst ,,kann sie Arme und Beine brechen" [176]). Die Krankheit kann schwinden, wenn der Mensch zum zweitenmal getauft (s. oben) oder wenn ihm erlaubt wird, als A. das beste Pferd, die beste Kuh im Stalle, einen Hund, eine Henne oder sonst etwas Lebendes, das ihm freiwillig geschenkt ist, zu Tode zu drücken [177]). Im allgemeinen wird die Mahrt oder Drude von der aus Bosheit schädigenden Hexe unterschieden und mit einem aus Grauen und Mitleid gemischten Gefühl betrachtet [178]); doch ist die Grenze zwischen A. und Hexe fließend [179]): ,,aus jungen Truden werden alte Hexen" [180]); A.drükken nur beim Menschen, ,,beim Vieh ists die Hexe" [181]). Jedenfalls erscheint A.tum eines Mädchens als ausreichender Grund, ein Verhältnis mit ihr zu lösen [182]).

[153]) Haas *Usedom* 23 Nr. 38; vgl. Frobenius *Atlantis* 1, 107. [154]) z. B. Schell *Bergische Sagen* 52 Nr. 80, 215 Nr. 179; Kuhn u. Schwartz 419 Nr. 196; Gander *Niederlausitz* Nr. 78; Knoop *Hinterpommern* 27; Engelien u. Lahn 124; skandinavisch: WS. 2, 172. [155]) Birlinger *Volksthüml.* 1, 305, vgl. Plenzat *Sagen u. Sitten* 52. [156]) Kuhn u. Schwartz 420 Nr. 198; vgl. Müllenhoff *Sagen* ² 259 Nr. 387; Bartsch *Mecklenburg* 2, 41; Strackerjan 1, 465 Nr. 251. [157]) ZföVk. 10, 142; Grohmann *Abergl.* 25 Nr. 122. [158]) Kuhn u. Schwartz 419 Nr. 194. [159]) Seyfarth *Sachsen* 7. [160]) Alpenburg *Tirol* 267; Kühnau *Sagen* 3, 125. [161]) Strackerjan 1, 249 a. [162]) Alpenburg *Tirol* 267. [163]) Kühnau *Sagen* 3, 110; Seefried-Gulgowski 188. [164]) Ebd. 122. 188. [165]) Ebd. [166]) Frischbier *Preuß.Wb.* 1, 465 Nr. 251. [167]) Kuhn u. Schwartz 1; Kuhn *Westf.* 2, 22 Nr. 59. [168]) Plenzat *Sagen u. Sitten* 52. [169]) Kühnau *Sagen* 3, 146; Drechsler 1, 195. [170]) Engelien u. Lahn 248. [171]) Jahn *Pommern* Nr. 480. [172]) N.O.-deutsch: Mannhardt *Germ. Mythen* 633 u. Anm.; Seefried-Gulgowski 189; Haas *Usedom* 22 Nr. 36; Toeppen *Masuren* 30. [173]) Kühnau *Sagen* 3, 146 f. [174]) Strackerjan 1, 465 Nr. 251; Kühnau *Sagen* 3, 146; Grohmann *Abergl.* 110. [175]) Sommer *Sagen* 46; vgl. Kuhn *Westf.* 2, 22 Nr. 59. [176]) Kuhn Ebd. Nr. 58. [177]) Laistner *Sphinx* 1, 105; vgl. z. B. Alpenburg *Tirol* 268; Zingerle *Sagen* 481 Nr. 818 und 819; Kuoni *St. Galler Sagen* 180; Manz *Sargans* 113; Birlinger *Aus Schwaben* 1, 130; Künzig *Bad. Sagen* 55 Nr. 161; Vonbun *Sagen* ² 23. 77 f.; Reiser *Allgäu* 1, 198; Grohmann *Abergl.* 23. [178]) z. B. ZfVk. 3, 393; Birlinger *Volksthüml.* 1, 305; Strackerjan 1, 465; Seefried-Gulgowski 188. [179]) z. B. SAVk. 2, 272 u. 275; Höhn *Volksheilk.* 1, 136; Meyer *Baden* 550 f.; Alpenburg *Tirol* 266; ZföVk. 6, 124; ZfrwVk 17, 48; Kuhn *Westfalen* 1, 18 Nr. 22; 80 Nr. 71; MschlesVk. 13, 84; Krauß *Volkforschungen* 147 f. [180]) Leoprechting 9. [181]) Alemannia 25, 34; SAVk. 8, 305. [182]) z. B. Schell *Berg. Sagen* 52 Nr. 80; Wucke³ 368 Nr. 640; ZfVk. 7, 104; Kühnau *Sagen* 112 Nr. 1467.

7. Tätigkeiten des A.s. Die Haupttätigkeit des A.s ist das ,,Drükken" oder ,,Treten", vgl. schon anord. *mara trađ han* [183]), mhd. *mich drucket der alp* [184]). Hierzu kommt er nachts (,,nur zwischen 12 und 1") [185]) durchs Schlüsselloch, durch ein Astloch in Tür oder Wand (,,nur durch ein Loch, das mit einem Harkenbohrer gemacht ist") [186]), durchs Hühnerloch [187]), durch den Rauchfang [188]) oder sonst auf geheimnisvolle Weise (aber nie durch das geöffnete Fenster, die geöffnete Tür!) in die Schlafkammer; sein Kommen kündigt sich durch Rauschen

und Klingeln an [189]), man hört ihn wie das Knabbern einer Maus oder den leisen Tritt einer Katze [190]). Wacht sein Opfer noch, so bewirkt er durch Blick oder Anhauch, daß es einschläft [191]). Dann stürzt er mit einem Satz auf die Brust des Schläfers, oder kriecht ihm langsam von den Füßen herauf zur Brust, die er mit seinem schweren Gewicht drückt, zum Hals, den er würgt, oder bis zum Mund, in den er seinen Finger [192]) oder seine haarige Zunge [193]) steckt, um den Schläfer zu erwürgen; er tastet ihm mit den Fingern in den Mund [194]) und nach den Zähnen, um sie zu zählen [195]), bläst ihm in den Mund [196]) oder „verschluckt seinen Atem" [197]); er kneift ihn ins Bein [198]), zerkratzt sein Gesicht [199]) und pißt ihm auf die Hand (Sommersprossen) [200]). Das Drücken wird zum Reiten, wobei der A. sein Opfer (durch Überwerfen eines Halfters, vgl. ostpreuß. *mărzaum*) [201]) in ein Pferd verwandelt und die ganze Nacht tummelt: mhd. *der alp zoumet dich, dich hăt geriten der mar* [202]). Der A. drückt auch kleine Kinder, die dann wimmern und verwirrt aus dem Schlaf auffahren (pavor nocturnus) [203]). — Aber der A. drückt nicht nur, er s a u g t auch, bes. an Kindern [204]), daß ihre Brüste schwellen und Milch geben [205]), aber auch an Männern [206]) und Frauen, bes. Wöchnerinnen, deren Brüste dadurch unverhältnismäßig groß werden [207]). Auf slawischem Gebiet berührt sich der saugende A. mit dem Vampyr (s. d.), indem er seinem Opfer das Blut aussaugt, er beißt es dazu in Arm und Beine [208]). — Der A. drückt, reitet und saugt auch T i e r e, bes. Pferde (allg.), ihre Mähnen flicht er dabei zum Alp.-, Mâr-, Druden-, Doggeli-, Schretteles- oder „Weichselzopf" (s. d.), einem unauflösbaren Gewirr, das ihm bei seinem Ritt als Zügel und Steigbügel dient [209]) und das man mit geweihter Kerze ausbrennen oder mit einem Kreuzschnitt ausschneiden und verbrennen muß [210]); das vom A. gerittene Pferd ist am andern Morgen mit Schweiß bedeckt und keucht wie nach anstrengendem Ritt [211]); ähnlich reitet und quält der A. Kühe (allg.) [212]), denen er die Euter anzieht [213]) und die Seile verflicht, mit denen sie im Stall angebunden sind [214]), Ziegen [215]), Schweine [216]), Kaninchen [217]) (die von ihm breit- und totgedrückt werden) [218]), Gänse [219]) und Hühner [220]) (darum „Hennenteufel") [221]). — Der A. muß aber auch H o l z, Balken, Bäume (bes. Birken und Eschen) und Büsche drücken oder reiten [222]), die dann beständig zittern und schließlich eingehn [223]); zwischen dem gedrückten Baum und dem Leben des A.s besteht dabei ein geheimnisvoller Zusammenhang: wird der Baum gefällt, so muß der alpende Mensch sterben [224]). — Wie die H e x e fährt auch der A. (im rollenden Siebrand [225] oder als rollendes Rad) [226]) im Wirbelwind [227]), der darum Drudenwind genannt wird und den man anschreit: „Truht, Truht, Saudreck!" [228]). Wo der A. bei solcher Fahrt auf Bäumen rastet, oder als Folge seines Drückens, entsteht das „A.-nest", „Mahrennest", der „Drudenbusch", „Drudenpflätsche", „Marentakken" [229]), eine krankhafte Verwirrung der Zweige, bzw. die Mistel (s. d.) [230]). Wer von Tau- oder Regentropfen aus solchem A.nest getroffen wird, den drückt in der Nacht der A.[231]). — Wie die Hexe schießt der A. plötzlich auftauchende Krankheiten, sein Geschoß ist der Belemnit (s. d.), der darum A.schoß [232]), Drudenstein, Schrattenstein, Mahrenzitze u. ä. heißt [233]) und zur A.abwehr dient; aber auch der Tritt in die „Trudentrappe" bringt plötzliche Lähmung [234]). Besonders geistige Störungen, Verblödung werden, z. T. mit Recht (s. oben Abs. 1), auf den A. zurückgeführt; ein törichter, linkischer, schwachsinniger Mensch heißt daher Alp, Elwe, Trottl (s. Drude) [235]), Alpschuß [236]), Alpschwanz [237]) oder Elbentrötsch (s. d.). — Wie der K o b o l d klopft oder schmiedet das Doggeli [238]) und das Schratelmannel (Kärnten) [239]) in den Wänden der Schlafkammer; wie der Kobold setzt sich der A. auf Gegenstände, die nicht zu finden sind [240]). — Der dem klassischen Altertum geläufige Glaube, daß der A. mit dem von ihm heimgesuchten Weibe buhle und K i n d e r z e u g e [241]), bildete (von dort übernommen?) [242]) im dt. MA. und bis ins 18. Jh. ein vielbesprochenes Kapitel des Hexen- und Teufelsglaubens [243] (s. auch incubus und succubus), scheint aber heute fast erloschen [244]. Als Frucht von A. und Weib gilt gelegentlich das „Alperkalb", eine Miß- und Frühgeburt [245]. — Die Sagen von der gefangenen, geheirateten, zuletzt wieder entfliehenden Mahrt („Mahrtenehe") [246] sind zwar aus (A.-)Traumphantasien erwachsen, verlegen aber die Vereinigung nicht in den A.traum selber, gehören also für den Volksglauben nicht hierher (in der Schweiz holt die Hebamme die kleinen Kinder unterm „Doggelistein" hervor) [247]. — Dagegen wird der Wechselbalg (s. d.) gelegentlich (und ursprünglich?) [248] vom A. gebracht [249]. — Im Hühnerstall bewirkt der A. dementsprechend das „Drudenei", ein ungewöhnlich kleines Ei, das nach dem Volksglauben von der Trud kommt, die das größere dafür weggenommen hat; ein solches Ei wirft man (rücklings) über das Hausdach: wenn es platzt, zerspringt die Trud [250].

183) *Ynglingasaga* Kap. 13; vgl. WS. 2, 173. 184) ZfdA. 8, 514 v. 138. 185) Stoll *Zaubergl.* 160 f. 186) Müllenhoff *Sagen*[2] 260. 187) Künzig *Bad. Sagen* 55 Nr. 162. 188) Hillner *Siebenbürgen* 24[86]; vgl. Maass *Mistral* 26. 189) Schell *Berg. Sagen* 40 Nr. 53. 190) Kuhn u. Schwartz 418 Nr. 188. 191) Drechsler 2, 173. 192) Kühnau *Sagen* 1, 183. 193) Veckenstedt *Wend. Sagen* 132 Nr. 5; Toeppen *Masuren* 29, vgl. Laistner *Sphinx* 1, 41 f. 194) Kühnau *Sagen* 3, 146. 195) ZfVk. 2, 5. 196) Strackerjan 1, 464. 197) Temme *Altmark* 81. 198) Stoll *Zaubergl.* 160. 199) ZfrwVk. 4, 275. 200) Drechsler 2, 174. 201) Frischbier *Ostpr.Wb.* 2, 53. 202) *Ges.-Abenteuer* 3, 60, 46; 61, 75; Grimm *Myth.* 1, 384; Laistner *Sphinx* 1, 171; Mackensen *Ndd. Sagen* 48 Nr. 68; Strackerjan 1, 471, 467. 203) Roscher *Ephialtes* 11[14]; Höfler *Krankheitsnamen* 11 b. 204) z. B. Cysat 48; SAVk. 8, 305; 24, 61; Vonbun *Sagen*[2] 76; Meyer *Baden* 42. 205) Meier *Schwaben* 1, 173; Zingerle *Sagen* 113 Nr. 184. 206) Meier *Schwaben* 1, 172; Kühnau *Sagen* 3, 126. 207) Laistner *Sphinx* 1, 70; Zahler *Simmenthal* 33; Meier *Schwaben* 1, 173. 208) Drechsler 2, 178; Grohmann *Abergl.* 24 f.; vgl. Krauß *Volkforschungen* 147; Tylor *Cultur* 2, 193. 209) Meyer *Rendsborg* 98. 210) Strackerjan 1, 467 b. 211) Höfler *Krankheitsnamen* 12 b XIII u. 243 a. 212) Vgl. *Leg. aurea* (= Wolf *Beiträge* 2, 272). 213) Lütolf *Sagen* 512. 214) SAVk. 15, 12. 215) Vonbun *Sagen*[2] 76. 216) SAVk. 24, 65; Alpenburg *Tirol* 369; Schmeller *BayrWb.* 1, 64. 217) Alpenburg *Tirol* 369. 218) Meiche *Sagen* 286 Nr. 373. 219) Seyfarth *Sachsen* 7. 220) Alpenburg *Tirol* 369. 221) Jecklin *Volkstüml.* 537 f. 222) Laistner *Sphinx* 1, 99; Kühnau *Sagen* 3, 125. 145; Drechsler 2, 175; Panzer *Beitrag* 1, 88; Alpenburg *Tirol* 267; Zingerle *Sagen* 481 Nr. 817; Vernaleken *Mythen* 272. 223) ZfdMyth. 2, 140; Strackerjan 1, 479 Nr. 252; Urquell 3, 219; Kühnau *Sagen* 3, 143. 224) Kühnau *Sagen* 3, 138. 139 f. 144; Laistner *Sphinx* 1, 99. 225) Knoop *Pommern* 62 Nr. 85. 226) Haas *Pommern* 19 Nr. 55. 227) Mannhardt *Germ. Mythen* 45 f.; ZfdMyth 2, 141; Alpenburg *Tirol* 269; Hillner *Siebenbürgen* 24[86]; Strackerjan 1, 378 f. 228) Panzer *Beitrag* 2, 164 u. 209. 229) Wolf *Niederländ. Sagen* 689. 230) Meyer *Germ. Myth.* 121; Wolf *Beiträge* 2, 271; Urquell 3, 219; Müller *Siebenbürgen* 142. 231) Kuhn u. Schwartz 419 Nr. 192; ZfVk. 19, 403. 232) Zedler 1, 1040 s. v. 233) Schmeller *BayrWb.* 2, 479 (vom Jahr 1618); Mannhardt *Germ. Mythen* 79; Meyer *Germ. Mythol.* 119. 234) Müller *Siebenbürgen* 134. 235) Hertz *Ges. Abh.* 485; ZfdPh. 3, 331. 236) Pfister *Hessen* 94. 237) Kühnau *Sagen* 3, 106 Anm. 238) Cysat 48; SAVk. 19, 47. 239) Grimm *Myth.* 3, 138. 240) SAVk. 7, 133; ZfVk. 7, 253. 241) Roscher *Ephialtes* 34 ff. 242) Aber vgl. Jordanes *De reb. gest. Got.* Cap. 24. 243) Soldan-Heppe 1[2], 181; Roskoff *Teufel* 1, 321; 2, 232. 251; Wolf *Beiträge* 2, 265 f.; Franz *Nik. de Jawer* 175; Vintler *Pluemen* v. 1797; Meyer *Aberglaube* 266; Prätorius *Weltbeschreibung* 1, 415 ff.; Bräuner *Curiositäten* 15; Höfler *Mediz. Abergl.* (= Zentralbl. f. Anthropol. usw. 1900 Heft 3). 244) ZföVk. 6, 123 (Huß *Vom Abergl.*). 245) ZfVk. 6, 54. 246) Laistner *Sphinx* 1, 108 ff.; Tegethoff *Amor u. Psyche* 71. 247) SAVk. 11, 10. 248) Laistner *Sphinx* 1, 65 ff. 249) Prätorius *Weltbeschreibung* 1, 42; Kühnau *Sagen* 3, 109. 147—149; Hillner *Siebenbürgen* 24; Müller *Siebenbürgen* 40; John *Westböhmen* 107; Manz *Sargans* 106; ZföVk. 6, 123 f. 250) Schmeller *BayrWb.* 1, 649; Schönwerth *Oberpfalz* 1, 347 Nr. 3; DG. 13, 205.

8. Gegenmittel. Die Lebendigkeit des A.glaubens erhellt am besten aus den fast zahllosen und sehr verschiedenartigen Angaben von Mitteln, den A. fernzuhalten, zu vertreiben oder seiner habhaft zu werden. Diese Mittel sind nur zum kleinsten Teil natürlicher Art wie der Rat, spät (d. h. möglichst lang nach

der letzten Mahlzeit) schlafen zu gehn [251]), oder, vom A. befallen, eine plötzliche Bewegung zu machen [252]) oder sich auf die (rechte) Seite zu drehen [253]) („dann sieht man den A. in seiner wahren Menschengestalt vorm Bett stehn") [254]); die Mehrzahl ist magisch, zum mindesten ins Magische ausgebaut oder (wie das zuletzt angeführte) mit einer magischen Erklärung versehen. Wir unterscheiden Mittel der A.abwehr, der A.vertreibung und des A.fangs, ohne diese Einteilung durchaus innezuhalten, da das gleiche Mittel gelegentlich verschiedenen Zwekken dient.

Den A. von Haus, Stall, Schlafkammer, Bett, Wiege oder vom Menschen selber f e r n z u h a l t e n, dient allgemein das magische Zeichen des Penta- oder Hexagramms (s. Drudenfuß), an Tür, Bett, Wiege usw. gemalt oder geschnitzt, evtl. durch die Buchstaben C + M + B verstärkt [255]), oder aus geweihtem Wachs gefertigt und auf dem Herzen getragen [256]). Gleiche apotropäische Wirkung hat in Tirol das „leicht aus 5 schmalen, ineinander geschobenen Spänen von geweihtem Palmholz zu fertigende" „Schrattlgatterl" [257]).

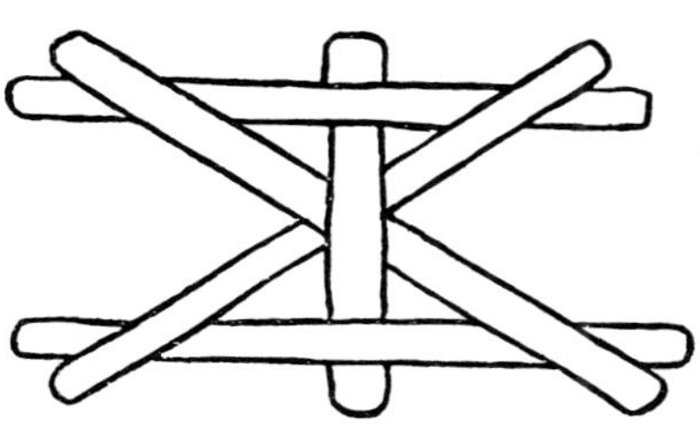

Schrattlgatterl. Nach A l p e n b u r g *Tirol* 369.

Man haut zur A.abwehr auch das Kreuzzeichen in den oberen Türsturz [258]) oder schreibt die Namen Enoch und Elias mit Dreikönigskreide an die Kammertür, oder mit Rotstift auf einen Zettel (E + u. + E +), den man dem Kind aufs Herz legt [259]), bringt geweihte Palmen [260]), Zweige von der Stechpalme (Schrattlbaum), mit Palmweiden zusammengeflochten [261]), oder einen hölzernen Kochlöffel [262]) außen an der Tür an, stellt Besen (zwei gekreuzte) [263]) umgekehrt hinter die Tür [264]) oder in die Stubenecke [265]), legt einen Besen auch in die Wiege [266]) und Stechpalmzweige in die Hühnersteige [267]). — Andre durch ihre allgemeine magische Kraft dauernd wirkende Abwehrmittel gegen den A. sind z. B. Weihwasser [268]), Brot [269]), bes. Agathenbrot (s. d.) [270]), Allermannsharnisch (s. d.) [271]), die Mistel (Marentakken oder Alfranke) [272]) und der Donnerstein (A.schoß) [273]), ein Strohband unters Kopfkissen gelegt (vgl. den A.fang) [274]), ferner das Horn von einem schwarzen Bock [275]) (der auch selber, im Stall gehalten, diesen vor dem A. [und vor den Hexen] schützt) [276]), der Zahn von einem Wolf [277]), ein Wolfs- oder Eselsfell als Zudecke [278]), ein Pferdeschädel zu unterst in die Krippe gelegt [279]) (von W. v. Unwerth als Rest eines alten Pferdeopfers gedeutet) [280]). — Das Schlüsselloch oder andre Löcher, durch die der A. kommen könnte, sichert man, indem man sie (mit geweihtem Werg) [281]) verstopft [282]) oder einen Schlüssel mit Kreuzzeichen hineinsteckt [283]), etwas Heiliges, Bibel oder Gesangbuch, davorlegt [284]), oder ein Kleidungsstück davorhängt [285]); man bohrt aber auch eigens ein Loch in die Türschwelle oder unten in die Tür, füllt es mit geweihtem Wachs und verpflöckt es [286]) (s. verpflöcken), oder verstopft es mit Schweinsborsten [287]) (um Pferde vor dem A. zu schützen, legt man Haare von dem Pferde in ein zu diesem Zweck gebohrtes Loch und schlägt einen Pflock hinein) [288]), oder man läßt das Loch zwar offen, stellt aber einen Kübel voll Wasser an die Tür, so daß der A. hineinfällt und ertrinkt [289]). — Eine ähnliche Überraschung bereitet man dem A. in Stall und Stube durch Messer oder andre scharfe oder spitze Gegenstände aus Stahl, an denen er sich verletzen soll, oder die er scheut, weil Stahl alles Ungerade vertreibt (s. Stahl): man steckt dazu ein oder zwei Messer mit der Schneide nach außen in den Eckpfeiler des Stalls [290]), oder mit der Schneide nach oben, am besten kreuzweis, ins Kopfstück der Bettlade [291]) oder in die Wand über der Bettstatt [292]), in die

Tür [293]) oder in die Türschwelle [294]), legt sie mit der Spitze gegen die Tür gerichtet vors Bett [295]), unters Bett [296]), unters Kopfkissen [297]), oder (ein Messer, das vom Paten geschenkt sein muß) [298]) in die Wiege [299]). Ein solches „Truden"- [300]), „Doggeli"- oder „Schrättelimesser" muß besonderer Art sein: ohne Feder und mit breitem Rücken [301]), mit 3 Kreuzzeichen versehen [302]). Man hängt zwei Degen kreuzweis in die Stube oder legt sie in die Wiege [303]), legt einen Säbel aufs Bett [304]), eine Scheere ins Bettstroh [305]), Seitengewehr und Scheide kreuzweis aufs Bett [306]), ein Beil mit der Schneide nach oben ins Bett (der Gebärenden) [307]) oder mit der Schneide nach der Wand unters Bett [308]); man hängt Sensen mit der Schneide nach oben im Stall auf [309]), desgleichen in den Rauchfang [310]) oder hängt dem Kind, bzw. Tier, einen Feuerstahl um den Hals [311]). — Im Stall bringt man an der Decke überm Pferdestand Spiegel (s. d.) an [212]), ebenso in der Schlafkammer: 3 solche „Trudenspiegel", vor denen geweihte Kerzen brennen müssen, erschrecken die Trude so, daß sie sofort verschwindet [313]). An die Wiege hängt man den „Drutenstein", einen kleinen, runden Stein mit einem Loch [314]), oder einen Spinnwirtel, dessen Klappern das Doggi vertreibt [315]), oder an dem es die Nacht über spinnen muß [316]); oder man spaltet ein doppelt angespitztes Holz zur Hälfte, klemmt ein Bündlein Reiste hinein und steckt's in die Wand: dann muß das Doggi daran spinnen [317]); man macht eine Puppe aus Stroh und Lumpen und legt sie in die Wiege (um den A. zu täuschen) oder bringt sie über der Tür an: wenn der A. kommt, spielt er mit ihr [318]). — Abends ißt man angerauchte Speisen, bes. angerauchte Milch [319]), nicht zu viel (von der Milch an Allerheiligen) [320]) oder umgekehrt tüchtig (vom Festessen am Berchtentag) *(ezzet vaste, daz iuch Berhte [Stempe] niht trete)* [321]), läßt das Abendessen auf dem Tische stehn („denn wenn über Nacht der A. oder die Mahr kommt und einen gedeckten Tisch findet, so drückt er die Menschen nicht im Bett und das Vieh nicht im Stall") [322]) oder stellt Öl auf den Tisch [323]), beides wohl als Opfer an den A. gedacht. Man läßt einen Topf am Feuer sieden [324]); man rückt den Stuhl, auf dem man zuletzt gesessen hat [325]). Vorm Schlafengehn kreuzt man Arme und Beine [326]); beim Entkleiden stellt man die Schuhe, bzw. Pantoffeln, verkehrt vors Bett (allgemein) [327]), oder so, daß die Spitzen sich berühren [328]); dann meint der A., der Mensch sei schon wieder aus dem Bett gestiegen [329]), oder altertümlicher: dann kann der A. nicht in die Schuhe treten (und darum nicht ins Bett gelangen) [330]); man hängt einen hölzernen Stiefel über das Bett [331]) oder setzt einen Strauchbesen davor, auf den der A. sich niederläßt [332]). — Die Kindbetterin zieht ein altes Hemd ihres Mannes an [333]), oder man legt ihr des Mannes Hose aufs Kindbett [334]) oder unter den Kopf [335]); der Mann schmiert sich Kot auf die Brustwarzen [336]), dem Kind legt man die schmutzigen Windeln auf die Brust [337]) oder reibt seine Brüstchen mit Hühnermist und Tabakssaft [338]) oder mit Steinöl ein [339]). — Beim Schlafengehn [340]) (oder vor Betzeitläuten) [341]) spricht man den Mahrt- oder Trudensegen (s. A.drucksegen), der dem A. Aufgaben stellt, die er vor Tagesanbruch nicht lösen kann (s. Aufgabe), oder sagt: „Doggeli, wenn du chunst, so bätt" [342]), steigt rücklings ins Bett [343]), legt sich auf den Bauch (!) [344]) oder zum mindesten nicht auf den Rücken [345]), oder schützt sich, indem man einen ungebleichten Garnfaden mit 3 Knoten [346]), ein Kreuzchen aus Eichenholz, durch dessen 4 Enden und Mitte 5 spitze Stahlstifte (die fünf Wunden Christi bedeutend) geschlagen sind [347]), eine Hechel [348]) oder ein Messer [349]), mit der Spitze, bzw. Schneide, nach oben sich auf die Brust legt (zwischen die gefalteten Hände nimmt) [350]); oder man legt auch einen Holzklotz ins Bett, sich selber aber unter das Bett: der A., über die List erzürnt, kommt nicht wieder [351]).

[251]) Birlinger *Aus Schwaben* 1, 129 f.; vgl. Rochholz *Sagen* 2, 55. [252]) Meyer *Baden* 551. [253]) Ebd.; Meyer *Rendsborg* 98; Kühnau *Sagen* 3, 128 [1]; Grohmann

Abergl. 24 Nr. 114. 254) Gander *Niederlausitz* Nr. 78, 1. 255) ZfrwVk. 1905, 182. 256) Alpenburg *Tirol* 268. 257) Ebd. 369; ZfVk. 23, 119; Höfler *Waldkult* 134; Bronner *Sitt u. Art.* 148; Andree-Eysn *Volkskundliches* 114. 258) Manz *Sargans* 105. 259) Birlinger *Aus Schwaben* 1, 129. 260) Ders. *Volkstüml.* 1, 305. 261) Hovorka u. Kronfeld 1, 402. 262) John *Westböhmen* 105. 263) Birlinger *Volkst.* 1, 305. 264) Manz *Sargans* 112. 265) Drechsler 2, 177. 266) Hillner *Siebenbürgen* 24. 267) Hovorka u. Kronfeld 1, 402. 268) Pfister *Hessen* 94; Kühnau *Sagen* 3, 116. 269) Hillner *Siebenb.* 24. 270) Kohlrusch *Sagen* 280 f. 271) Wuttke 101 § 127. 272) Vernaleken *Mythen* 271. 273) Müllenhoff^2 260. 274) Gander *Niederlausitz* Nr. 78, 1. 27) Alpenburg *Tirol* 268. 276) Manz *Sargans* 113; Meyer *Baden* 371; Fischer *Schwäb.Wb.* 1, 1242. 277) Zedler *s.v. Alp.* 1, 1328. 278) Ebd. 279) Prätorius *Weltbeschr.* 1, 162 f. 280) WS. 2, 174. 281) Alpenburg *Tirol* 268. 282) Schell *Berg. Sagen* 441 Nr. 39; ZfVk. 3, 393. 283) Wolf *Beitr.* 3, 274. 284) Strackerjan 1, 472. 285) ZfdMyth. 1, 33. 286) Manz *Sargans* 106. 287) Grimm *Myth.* 3, 466 Nr. 878; 288) Urquell 2, 120. 289) SAVk. 10, 3. 290) Ebd. 24, 65. 291) Ebd. 10, 3; 21, 193. 292) Lütolf *Sagen* 7; SAVk. 7, 140. 293) SAVk. 2, 272. 294) Birlinger *Volkst.* 1, 305. 295) SAVk. 10, 3. 296) Lütolf *Sagen* 118. 297) ZfVk. 1, 190; Vernaleken *Alpensagen* 395 Nr. 57. 298) Zahler *Simmenthal* 45. 299) Hillner *Siebenbürgen* 24^{86}; vgl. ferner z.B. Liebrecht *Gervasius* 99; Jahn *Pommern* 467; ZfrwVk. 10, 219; Schönwerth *Oberpfalz* 1, 214; Rappolt *Kärnten* 74; Graber *Kärnten* 204; Sébillot *Folk-Lore* 1, 141. 300) ZfVk. 20, 239; Hovorka u. Kronfeld 1, 423; Andree-Eysn *Volkskundl.* 136. 301) Lütolf *Sagen* 512. 302) Kohlrusch *Sagen* 280; Meyer *Baden* 551. 303) Stöber *Elsaß* 37 Nr. 54. 304) Meyer *Baden* 551; Künzig *Bad. Sagen* 56 Nr. 164. 305) Bartsch *Mecklenb.* 2, 3. 306) Gander *Niederlausitz* Nr. 78, 1. 307) ZfrwVk. 1905, 178. 308) Gander *Niederlausitz* Nr. 78. 309) Lütolf *Sagen* 512; Manz *Sargans* 112. 310) Hillner *Siebenb.* 24^{86}. 311) Vonbun *Sagen*^{2} 76 f. 312) Reiser *Allgäu* 2, 440; Manz *Sargans* 113; vgl. Seligmann *Blick* 1, 178. 313) ZföVk. 7, 180. 314) Panzer *Beitr.* 2, 164. 428 f. 315) Cysat 48. 316) Lütolf *Sagen* 116 f. 317) SAVk. 19, 41. 318) Kühnau 3, 132, 113. 319) Grohmann *Abergl.* 26 Nr. 129. 320) John *Westböhmen* 97. 321) Golther *D. Myth.* 493; vgl. ZfVk. 14, 264. 322) Tettau u. Temme 286. 323) Gander *Niederlausitz* Nr. 78. 324) John *Huß* 31 (= ZfdMyth. 311 Nr. 22). 325) Grimm *Myth.* 3, 438 Nr. 125 (aus d. Rockenphilosophie = D. alten Weiber Philosophey: ZfdMyth. 3, 310 Nr. 15); Wolf *Beitr.* 2, 274; John *Huß* 31 (= John *Westböhmen* 267). 326) Kuhn u. Schwartz 419 Nr. 189. 327) Reiche Literatur: ZfVk. 4, 304; skandinavisch: WS. 2, 175; Wallonisch: Sébillot *Folk-Lore* 1, 141. 328) ZfVk. 1, 190. 329) ZfVk 1, 71; 2, 393; Seefried-Gulgowski 190. 330) Meyer *Rendsborg* 97 Nr. 106; WS. 2, 173; Sébillot *Folk-Lore* 1, 141. 331) Zingerle *Sagen* 113 Nr. 184. 332) Tettau u. Temme 275. 333) Reiser *Allgäu* 2, 229. 334) Drechsler 1, 187. 335) Schramek *Böhmerwald* 184. 336) Wolf *Beitr.* 1, 227. 337) ZfrwVk. 1905, 181; Grohmann *Abergl.* 26 Nr. 128. 338) Kühnau *Sagen* 3, 135 f. 339) Lammert 118. 340) ZfrwVk. 1905, 281. 341) Meyer *Baden* 551. 342) SAVk. 15, 12. 343) Bartsch *Mecklenburg* 2, 3; Meyer *Rendsborg* 97 Nr. 106. 344) Wuttke 285 § 419. 345) John *Westböhmen* 267. 346) Schramek *Böhmerwald* 259. 347) SAVk. 8, 313. 348) Kuoni *St. Galler Sagen* 70; Lütolf *Sagen* 117; Manz *Sargans* 112; Vonbun *Sagen*^{2} 79; Grimm *Sagen* Nr. 80; ZfVk. 3, 393; Strackerjan 1, 473; Jahn *Pommern* Nr. 469; Bartsch *Mecklenburg* 1 Nr. 251; Laistner *Sphinx* 1, 108. 349) Kohlrusch *Sagen* 318; Wolf *Niederl. Sagen* 344. 350) Graber *Kärnten* 160. 351) Knoop *Posen* 62 Nr. 87, vgl. 65 Nr. 92.

Ist trotz aller Vorsichtsmaßnahmen der A. über einen Schläfer gekommen, so gilt es, den Unhold zu vertreiben und ihm womöglich das Wiederkommen zu verleiden. Zu diesem Zweck müssen etwa Anwesende den Befallenen anrufen [352], und zwar bei seinem Taufnamen [353] (denn das ist der Name seines Schutzheiligen) [354], oder eine Schüssel mit Wasser über ihn gießen [355]. Oder der Befallene selbst muß, sobald er dazu imstande ist, sich bewegen, sich auf die Seite drehen (s. oben); die kleinste Bewegung genügt: die Daumen einziehen [356], den Bettzipfel um den Finger wickeln [357], mit der großen Zehe wackeln [358] oder dreimal gegen das Fußbrett drücken [359], mit der Zunge dreimal am Gaumen ein Kreuz schlagen [360]; er muß einen Schrei [361] oder Fluch [362] ausstoßen, beten [363], die Namen Jesus [364], Jesus Maria und Joseph [365] aussprechen, den Namen von Vater und Mutter [366] oder den Taufnamen des Bruders [367], oder, falls er vermutet, wer der A. ist, diesen beim Namen rufen [368], andernfalls ruft er aufs geratewohl verschiedene Frauennamen, bis er den richtigen trifft (polnisch) [369]; denn „kennt man den Namen eines Doggi (oder eines Fänken), so hat man es in seiner Gewalt" [370]). — In dem Augenblick, in dem der A. entweicht, muß man ihm nachrufen und ihn auf den andern Morgen (oder den nächsten Sonntag) [371]) einladen, indem man ihm eine Brotschnitte [372]), das „Kleinbrötchen" (das aus dem Rest des Teiges gebackene Brot) [373]) oder sonst etwas zu essen oder zu trinken [374]) oder „die 3 weißen Gaben" (Salz, Mehl, Ei) [375]) verspricht oder ihn auffordert, etwas zu entleihen [376]) („was wir nicht haben") [377]) oder Feuer zu holen [378]); der A. muß sich am andern Morgen in seiner wahren Gestalt einfinden, ist also erkannt und kann (mit Besen) hinausgehauen werden, oder er nimmt das Versprochene (das mit der linken Hand gereicht werden muß) [379]) in Empfang und kommt nicht wieder. — Oder der vom A. Befallene muß, sobald der Druck nachläßt, sein Wasser lassen (ursprünglich wohl natürliches A.-prohibitiv) [380]), und zwar in ein neues Gefäß, und dieses fest verschließen; dann kommt der A. am andern Tag in seiner wahren Gestalt und bittet, das Gefäß zu öffnen; denn solang es verschlossen ist, kann er selbst sein Wasser nicht lassen und muß, wenn man ihm seine Bitte abschlägt, elend zugrunde gehn [381]).

[352]) Kuhn *Westf.* 2, 21 Nr. 57. [353]) z. B. Lütolf *Sagen* 557 Nr. 580; SAVk. 2, 272; 8, 150; 15, 12; 21, 193; Alpenburg *Tirol* 267; Meier *Schwaben* 1, 170 f. Nr. 193; Schönwerth *Oberpfalz* 1, 213. 223. 227; Seyfarth *Sachsen* 9; Gander *Niederlausitz* Nr. 78; Engelien u. Lahn 124; Kuhn *Märk. Sagen* 185; Bartsch *Mecklenburg* 1, 97 f.; Knoop *Hinterpommern* 27. [354]) Drechsler 2, 174; vgl. Kühnau *Sagen* 3, 117 Nr. 1478. [355]) Urquell 1, 69. [356]) Alpenburg *Tirol* 267; Grimm *Sagen* Nr. 81; Knoop *Posen* 63 Nr. 89. [357]) Kühnau *Sagen* 3, 117 f. [358]) Gander *Niederlausitz* Nr. 78; vgl. Grohmann *Abergl.* 25 Nr. 121; Plenzat *Sage u. Sitte* 52; Toeppen *Masuren* 29; Mailly *Friaul* 14. [359]) Veckenstedt *Wend. Sagen* 131. [360]) Grohmann *Abergl.* 24 Nr. 114. [361]) Stoll *Zaubergl.* 160. 161. [362]) Birlinger *Volkstüml.* 1, 481; Manz *Sargans* 111. [363]) Alemannia 25, 34. [364]) ZfVk. 2, 5. [365]) Manz *Sargans* 111; Drechsler 2, 173. [366]) Kuhn *Westf.* 2, 18 Nr. 52; ZfVk. 1, 190. [367]) ZfVk. 1, 190. [368]) Kuhn u. Schwartz 419 f. Nr. 195. 196; Schönwerth *Oberpfalz* 1, 212. 217; Grohmann *Abergl.* 26 Nr. 126. [369]) Drechsler 2, 174. [370]) Bühler *Davos* 1, 365 Nr. 28. [371]) Meyer *Baden* 551. [372]) Urquell 2, 120. [373]) Kühnau *Sagen* 3, 110 f. 113 f. 117. 120 f. 125. 132. 139; Gander *Niederlausitz* Nr. 78, 1; Laube *Teplitz* 59. [374]) Urquell 1, 69; Strackerjan 1, 474; Kuhn u. Schwartz 419 Nr. 194; Seyfarth *Sachsen* 9; Gander *Niederlausitz* Nr. 78, 3; Kühnau *Sagen* 2, 153; 3, 105 f. 114; Meyer *Baden* 551. [375]) Alpenburg *Tirol* 267; vgl. Strakkerjan 1, 359 § 238 d; ZfVk. 8, 396; Zingerle *Tirol* 70 Nr. 593; Laistner *Sphinx* 1, 184; *Salz* auch Vernaleken *Mythen* 270. [376]) Prätorius *Weltbeschr.* 2, 160 = Grimm *Sagen* Nr. 81; Birlinger *Volkstüml.* 1, 304. [377]) Meyer *Baden* 551. [378]) Reiser *Allgäu* 1, 198. [379]) Alpenburg *Tirol* 302. [380]) Vgl. Mailly *Friaul* 14 Nr. 16. [381]) Schell *Berg. Sagen* 41 Nr. 53; 165 Nr. 62; Lütolf *Sagen* 118; Manz *Sargans* 110; SAVk. 21; 193; Stoll *Zaubergl.* 161; Kuoni *St. Gallen* 178; Meyer *Baden* 551; Leoprechting 12; vgl. Wolf *Beiträge* 1, 238 Nr. 443.

Um den A. zu fangen, verstopft man (meistens ein Kamerad des Befallenen), sobald er im Zimmer ist, das Loch, durch das er kam, so daß er nicht mehr zurück kann (allgemein) [382]). Oder der Befallene muß den entweichenden A. trotz aller Fluchtversuche und Verwandlungen (s. oben Abs. 4) festhalten; das geschieht am besten mit (Er-) Handschuhen [383]), oder nachdem man sich die Hände mit grüner Seife eingeschmiert hat [384]), oder mit einem Strohseil, das sich der Schläfer vorher unter den Leib gelegt hat, und dessen Enden er in den Händen hält [385]), oder mit einem Tuch, das man vorher über den Schläfer gebreitet hat [386]), oder indem man das Ergriffene an der Wand festnagelt [387]); man fängt den A. auch, indem man den Brotlaib in der Schublade umdreht (dann kann die Trude nicht aus dem Zimmer) [388]), oder indem man rechtzeitig ein Kopfkissen mitten ins Zimmer wirft, auf das der A. nun gebannt ist [389]); „weil man aber in den meisten Fällen durch den Schrecken über das Erscheinen der Drud wie gefesselt ist, so gelingt dieses Mittel nie" [390]). — Ist der A. gefangen, so erscheint er während der Nacht zunächst als Strohhalm, Nadel oder dgl. (s. Abs. 4); man kann ihn in dieser Gestalt mißhandeln (anbrennen, zum Ring biegen, peitschen, zerschneiden usw.) und dann freilassen; die Spuren der Mißhandlung zeigen sich andern Tags am Leibe des „alpenden" Menschen, der nun nicht mehr wiederkommt (allgemein)[391]), (ähnlich verfährt man auch mit der aus dem „Weichselzopf" geschnittenen Haarsträhne: man klopft sie zwischen zwei Feldsteinen und klopft damit „die Mahr tot") [392]). Man kann den gefangenen A. aber auch auf ein anderes Ding verweisen, auf einen Baum [393]), auf „den höchsten Mastbaum in der See" [394]) oder auf ein Tier, das einem gehört: erlaubt man dem A., dies Tier totzudrücken, so ist er von seinem A.tum erlöst (s. oben Anm. 177). — Bleibt der A. bis zum hellen Morgen gefangen, so erscheint er in seiner wahren Gestalt, meistens als nacktes Mädchen, das nun als Magd oder auch als Gattin bei dem A.fänger bleibt, bis endlich das verstopfte Loch frei wird; dann, oder auf ein Scheltwort des Gatten oder dgl., entflieht die A.frau [395]). Mit diesem Motiv von der „Mahrtenehe" sind wir aus dem Bereich des lebendigen A.glaubens bereits in das der episch ausgestalteten Volkssagen übergetreten.

[382]) Laistner *Sphinx* 1, 110 f.; Ranke *Sagen* ² 17 f. [383]) Kuhn u. Schwartz 419 Nr. 188; vgl. Kuhn *Märk. Sagen* 374. [384]) ZfdMyth. 2, 140. [385]) Seyfarth *Sachsen* 8. [386]) Wolf *Sagen* 9; Schell *Berg. Sagen* ² 366 Nr. 948. [387]) Laistner *Sphinx* 1, 55 f. [388]) Grimm *Myth.* 3, 459 Nr. 720. [389]) ZfrwVk 4, 275; Reiser *Allgäu* 1, 198; Schönwerth 1, 212. [390]) Vernaleken *Mythen* 269 f. [391]) Vgl. oben Anm. 141. [392]) ZfVk 1, 71; vgl. Frischbier *Preuß. Wb.* 2, 54. [393]) ZdfMyth. 2, 140. [394]) Strakkerjan 1, 473. [395]) Literatur bei Kuhn *Westf.* 1, 218; Laistner *Sphinx* 1, 108 f. Tegethoff *Amor u. Psyche* 71 f. Ranke.

Alpauffahrt, -abfahrt s. Austrieb.

Alp (druck) segen. Je nach dem besprochenen Übel zerfallen diese in zwei Gruppen.

1. Das Leiden (die Bezauberung) ist allgemeinerer Art und wird gewöhnlich recht unbestimmt geschildert. Schon um 800 beschwört ein lateinischer Exorzismus (aus England) den Alp und zwar als teuflischen Geist: „*Adiuro te, satanae diabulus, aelfae . . . ut refugiatur ab homine illo*" [1]). — Gewöhnlich treten in dieser Gruppe männliche und weibliche Dämonen zusammen auf, so in einigen lateinischen Beispielen dieser Art seit dem 15. Jh., z. B. „. . . *adiuro vos eluos et eluas . . . vt non noceatis huic famulo dei N*" [2]) (es ist von „*morbi corporis et anime*" die Rede). In den deutschen Varianten [3]) wollen Alp und Elbin (oder die Elben) gewöhnlich Bein brechen, Fleisch und Blut saugen, ganz wie in anderen Segen der Wurm oder andere Dämonen. Neben den bloß beschwörenden Formen (die sich mit einigen Verdrehungen auch als Schadenzauber finden), kommen im Deutschen epische vor, nach dem Muster des Begegnungsschemas (s. Segen § 5). In der ältesten epischen Variante aus dem 15. Jh. [4]) sind die Namen in *afel vnd äflin* verkehrt (und auf *afel*, Hautröte, Wundsucht, bezogen [5]) s. d.); diese begegnen mit ihren Kindern der „*fraw sand Amarey*" (oder *Santa Marei*), sie wollen „*vel reissen vnd pain prechen vnd plut lapffen*"; die Heilige gebietet ihnen übers Meer in einen „äfligen" Brunnen zu fahren. — Mitunter will der Alp den Kühen zusetzen; „ick wilt, segt de Elhorn (sic, hier doch wohl die Elbin), to der koöen hus . . . ick will se milk und botter nehmen", Prozeß vom J. 1608 [6]), ähnlich auch lateinisch [7]).

[1]) Franz *Benediktionen* 2, 578 Anm. 3. [2]) Ohrt *Danmarks Trylleformler* 2 Nr. 1259. [3]) z. B. Grimm *Myth.* 3, 502 f. Nr. XXXVIII; 504 Nr. XLII; Diehl Zeitschr. f. Kulturgeschichte 8, 299; Alemannia 17, 245; ZfVk. 11, 83; Ed. Jacobs *Der Brocken u. sein Gebiet* 345 f. [4]) ZfVk. 1, 173. [5]) Vgl. Höfler *Krankheitsnamen* 128. [6]) Zeitschr. der Gesellsch. f. schlesw.-holst. Geschichte 45, 121. [7]) Hyltén-Cavallius *Wärend* S. XIV.

2. Das besprochene Übel ist der nächtliche Alpdruck (*pavor nocturnus* u. dgl.). Keine lateinischen Belege; der älteste deutsche um 1300 [8]) (?), wo *alb unde elbelin* mit der drückenden und reitenden *mare* zusammen (und wohl auch in derselben Bedeutung) stehen. Die übrigen Aufzeichnungen, alle in Versform, stammen aus späterer Zeit und sind sich recht ähnlich, z. T. wohl dem Romanus-

büchlein entlehnt, oft jedoch den Mundarten angepaßt, also sehr populär. Der Alp ist hier in der Regel bloß einer, und zwar männlich. Besonders viele Aufzeichnungen liegen aus östlichem Gebiete (Schlesien, Böhmen) vor [9]). Eine recht typische Form ist diese: „Alp, Alp, du bist geboren wie ein Kalb, alle Wasser sollst du waten, alle Bäume mußt du blaten (alle Berge mußt du steigen), alle Kirchen mußt du meiden, und ob du das wirst thun, derweile werd ich gut ruhn" [10]). Dem Alp wird also eine innerhalb dieser Nacht unerfüllbare Bedingung gestellt (s. Aufgabe, Segen § 3). Statt als Alp wird in diesen u. ä. Sprüchen der Dämon auch als *Mahrte*, *Nachtmahr* oder *Trude*, *Trottenkopf*, *Bettzaierle* [11]) angeredet. Dem Trottenkopf wird auch der Zugang zu den Pferden und Kühen verboten.

Eine tschechische und eine flämische Aufzeichnung [12]) gehen auf den deutschen Vers zurück.

[8]) Hälsig *Zauberspruch* 25. [9]) z. B. Romanusbüchlein 7; Kühnau *Sagen* 3, 107 ff. 131 ff.; Grohmann 23 Nr. 113 f.; ZfVk. 6, 213 f. [10]) Grohmann 23 Nr. 113. [11]) ZfVk. 6, 213 ff.; 10, 64; Kuhn *Westfalen* 2, 191 Nr. 541; Hovorka u. Kronfeld 1, 424; MschlesVk. 2 (1897), H. 3, 25; 3 (1899), H. 6, 32; Hess.Bl. 8, 50 Nr. 1; Seyfarth *Sachsen* 9 Anm. 8; ZfdMyth. 4, 114; ARw. 12, 579; Hess.Bl. 8, 96. [12]) Grohmann 26 Nr. 130; Grimm *Myth.* 2, 1041; Mannhardt *Germ. Mythen* 45; Volkskunde 26, 27; Wrede *Rhein. Volksk.* 96 f. Ohrt.

Alpenrose (Almrausch, Donnerrösl; Rhododendron-Arten).

1. Alpine Heidekrautgewächse mit holzigem Stengel, lederartigen Blättern und glockig-trichterförmigen roten Blüten. Die bei uns vorkommenden Arten, die behaarte (Rh. hirsutum) und die rostbraune A. (Rh. ferrugineum), werden im Aberglauben nicht weiter unterschieden [1]).

[1]) Marzell *Kräuterb.* 503 f.

2. Nach dem Volksglauben zieht die A. (wie viele andere rotblühende Pflanzen) das Gewitter (den Blitz) an [2]), anderseits gilt sie aber in Nordtirol als blitzabwehrend [3]). Wenn die A. als Brennholz verwendet wird, dann brennt alles an (vgl. Seidelbast), und man muß die Feuerstätte verändern [4]). Ein „Dorrosenkranz" (Donnerrose = A.) verdorrt auf dem Haupt einer Jungfrau, bleibt aber frisch auf dem einer Gefallenen [5]). Besonderes Ansehen genießen die weißblühenden A.n (vgl. die weiße Wegwarte), sie zeigen Schätze [6]) oder Goldadern an [7]).

[2]) ZfdMyth. 1, 75; Zingerle *Sagen* 162. [3]) ZfdMyth. 3, 338. [4]) Schweizer Aberglaube des 18. Jhs.: SchwVk. 1, 5. [5]) Unger und Khull *SteirWb.* 162. [6]) Zingerle *Sitten* 1857, 60. [7]) Andree-Eysn *Volkskundl.* 207. Marzell.

Alperkalb s. Alp 7.

Alpgeister, Almgeister. Von A.n, die im Herbst die Alphütten nach Abzug der Sennen beziehen und bis zu deren Rückkehr im Frühjahr bewohnen, im Sommer in Wäldern und Tobeln hausen, gelegentlich aber auch die Hütten heimsuchen, weiß der Volksglaube im ganzen Alpengebiet [1]). Sie heißen auch Alm-, Alpenbütze (und werden dann gern nach der Alpe benannt, auf der sie hausen: Hüttlabutz, Novabutz usw.) [2]), Alperer [3]), Käsmanndeln [4]), Kasermanndln (Tirol) [5]); auch das Alpmueterli (s. d.) gehört zu ihnen.

In den A.n verkörpert sich das Grauen vor den in der Bergeinsamkeit leerstehenden menschlichen Behausungen. Sie erscheinen, einzeln oder in Scharen, seltener in tierischer (als Katze [6]), als Roß oder Stier mit feurigen Augen [7]), als „Almtier" [8]), „in Geißen verwandelt") [9]) als in menschlicher Gestalt, nur selten zwerghaft [10]), meist von etwa menschlichem, manchmal auch von riesigem Maß [11]); das Kasermanndl hat gelegentlich nur ein Auge mitten auf der Stirn [12]).

Die A. treiben wie Kobolde die Verrichtungen der Sennen [13]): man hört sie in den Hütten die Kühe melken, buttern, käsen, mit dem Milchgeschirr klappern [14]), ihr gespenstisches Vieh austreiben, draußen die Schweine locken [15]) und wie Naturdämonen pfeifen, johlen und lärmen [16]). — Gegen die Menschen sind die A., solange man sie nicht reizt, im allgemeinen freundlich, können aber auch aufhocken [17]), verblenden [18]), Kinder auswechseln [19]), und Neckerei, Unfug oder Bosheit grausam bestrafen [20]). — Sie scheuen Stahl und Stein, Hund und Geiß [21]). — Beziehungen der A. zum Nachtvolk und Totenzug ergeben sich z. B., wenn die abziehenden Kasermanndeln dem Begegnenden das Beil in den Rücken schlagen oder ein Auge zustreichen [22]), oder wenn die von den A.n nachts verspeiste Kuh am andern Morgen unversehrt erscheint; s. Wiederbelebung; Thors Böcke.

Die A. gelten gelegentlich als Seelen gottloser Hirten oder Sennen [23]) und können dann erlöst werden [24]); meist erscheinen sie als selbständige Gespenster. Im Walsertal hält man sie für gefallene Engel, die beim Höllensturz an den Bergschroffen hängen geblieben sind [25]). — Weit verbreitet ist die Erzählung von der von Sennen geschnitzten und getauften Holzpuppe, die zum A. wurde und die gottlosen Spötter bestrafte [26]).

s. Berggeister.

[1]) Auch in Frankreich: Sébillot *Folk-Lore* 1, 230 f. [2]) Vonbun *Sagen* ² 59 und 83 ff.; Reiser *Allgäu* 1, 342; Dörler *Innsbruck* 21. [3]) Zingerle *Sagen* ² 409, 410; ZfdMyth. 2, 61; Alpenburg *Tirol* 143. [4]) Vernaleken *Alpensagen* 195 ff. [5]) z. B. Zingerle *Sagen* ² Nr. 141. 142; Heyl *Tirol* 73. 441. 612; Alpenburg *Tirol* 133, 140 ff.; Dörler *Innsbruck* 17. [6]) Reiser *Allgäu* 1, 343; Vonbun *Sagen* ² 86. [7]) Mannhardt 2, 105; Zingerle *Sagen* ² Nr. 414. [8]) Ebd. Nr. 404; Urquell 3, 244. [9]) Dörler *Innsbruck* Nr. 25, 1. [10]) Vernaleken *Alpensagen* 195. [11]) Jecklin *Volkstüml.* 1, 37. [12]) Mannhardt 2, 105. [13]) Ebd. 104. [14]) Urquell 3, 244; Vonbun *Sagen* ² 83 ff.; Reiser *Allgäu* 1, 346. [15]) Vonbun *Sagen* ² 87; Hauser *Paznaun* 33. [16]) Reiser *Allgäu* 1, 63, 344; Mannhardt 2, 104. [17]) Reiser *Allgäu* 1, 62. [18]) Ebd. [19]) Heyl *Tirol* 357 Nr. 30. [20]) Zingerle *Sagen* ² 235 ff. Nr. 404—409 u. 636 zu Nr. 404. [21]) Vonbun *Sagen* ² 65; Zingerle *Sagen* ² 411; Dörler *Innsbruck* 18; Hauser *Paznaun* 44. [22]) Dörler *Innsbruck* 25, 2—4. [23]) z. B. Reiser *Allgäu* 1, 63. 342; Alpenburg *Tirol* 141 f.; Zingerle *Sagen* ² 208 Nr. 354; Dörler *Innsbruck* 23. [24]) Jecklin *Volkstüml.* 1, 37; Dörler *Innsbruck* 23. 25, 3; Hauser *Paznaun* 31 ff.; Reiser *Allgäu* 1, 346. [25]) Vonbun *Sagen* ² 60; vgl. Singer *Zu Wolframs Parz.* (Abhandlungen zur Germ. Philol. Halle 1898) 361 f. [26]) z. B. Zingerle *Sagen* ² Nr. 407 u. Anm.; Hauser *Paznaun* 48; Vernaleken *Alpensagen* 203; vgl. Jecklin *Volkstüml.* 1, 7; Lütolf *Sagen* 119 ff. Ranke.

Alpgeschrei. Klagendes Geschrei unbekannter Herkunft („wehliches Kindergeschrei") in einigen Bergen der Schweiz, das als Vorzeichen von schlechtem Wetter oder Unglück gedeutet wird [1]). Vgl. Klage, Wehklage.

[1]) Lütolf *Sagen* 108. 130. Ranke.

Alpha et O(mega), der aus Off. 1, 8. 11. 21, 6. 22, 13 bekannte Gottesname, der in der christlichen Kunst [1]), aber auch im Zauber eine große Rolle spielt; er bezeichnet die Gottheit als die allumfassende (α und ω, der erste und letzte Buchstabe des Alphabets), den Aion [2]). Beispiele im Zauber sind nicht selten und weit verbreitet [3]).

[1]) Hauck *RE.* 1, 1 ff.; RGG. 1¹, 1; 1², 228. [2]) Reitzenstein *Poimandres* 286; Dornseiff *Alphabet* 122 ff. [3]) Heim *Incantamenta* 543. 551; Heeg *Hermetica* 34. 36; Ons Hémecht, Festschrift 9; HessBl. 20 (1921), 3. 8. Bang *Hekseformularer* 650 (halfa + asio = alfa et o); Worrell *Studien zum abessinischen Zauberwesen* (1909), 22. 33; Erman-Krebs *Aus den Papyrus der kgl. Museen* (Berlin (1899), 262 (A. O. Chr. Ch. Ch.); Franz *Benediktionen* 1, 351. 430; 2, 95. 482. 483. 508. 587; SAVk. 27 (1926), 85. Kiesewetter *Faust* 403. 406. 448. 464. Jacoby.

Alphabet s. A B C.

Alphitomantie. Weissagung durch Graupen (von ἄλφιτα = Gerstengraupen).

Die erste Erwähnung der A. findet sich bei Aelian (2. Jh. n. Chr.), wo sie neben der Koskino- und Tryomantie genannt wird [1]). Die späteren Quellen [2]) fließen für die A. ein wenig reichlicher, als für die mit ihr aufs engste verwandte Aleuro- und Krithomantie, doch fehlt auch hier jegliche Angabe über die Ausführung, so daß wir auf die bei der Aleuromantie angeführten Vermutungen angewiesen sind; auch hier deutet die Bevorzugung der Bezeichnung ἀλφιτόμαντις auf gewerbsmäßigen Betrieb. Ebenso ist, was das MA. und die Neuzeit betrifft, auf das zur Aleuromantie Gesagte zu verweisen. Auch die A. wird von Rabelais [3]) unter den Künsten des Monsieur Trippa genannt mit dem Zusatz: designée par Theocrite en sa Pharmaceutrie (2, 18).

Vgl. noch Aleuromantie, Krithomantie, Mehl, Kleie.

[1]) *De nat. anim.* 8, 5. [2]) Pollux *Onom.* 7, 188; Hesych s. v. ἀλφιτόμαντις und ἀλφιτοσκόπος; Anekd. Bekk. 52; Eusebios in Jes. 6, 198; Jamblichos *De myst.* 3, 17; Josephos *Hypomn.* ed. A. Fabricius (1741) cap. 144. [3]) *Gargantua* 3 cap. 25, Deutsche Ausg. v. Gelbke 1, 398; Gerhardt *Franz. Novelle* 109. Boehm.

Alpmutter, Alpmueterli. Weiblicher Alpgeist (s. d.), der die Alphütten [1]), aber auch die Bauernhöfe [2]) heimsucht. Die A. wird beschrieben als altes buckliges Weib, umgeben von dienenden Kobolden in Tiergestalt, deren einer auf ihren Befehl Schmalz „chotzt“ [1]); ihr Erscheinen zeigt schlechtes Wetter an [2]). Ein „Alpmutterloch“ kennt man auch im Allgäu [3]). Von Singer wird die A. wohl zu Unrecht mit der Kornmutter (s. d.) zusammengestellt [4]).

[1]) Vonbun *Beiträge* 30 f.; ders. *Sagen* 85 = Jecklin *Volkstüml.* 345 und 535. [2]) Kuoni *St. Galler Sagen* 167 f., vgl. 140 f.; SchweizId. 4, 591. [3]) Reiser *Allgäu* 1, 137. [4]) Singer *Schweiz. Märchen* 1, 23. Ranke.

Alpranke s. Mistel.

Alprücken s. Viehrücken.

Alprute oder Donnerbesen ist ein struppiges, verwirrtes, nestartiges Gewächs auf Baumästen, dessen Erzeugung der Aberglaube dem Blitz zuschreibt [1]). In Westfalen heißt es auch „Alfloddern“; unter ihnen darf man nicht durchgehen, sonst bekommt man einen schlimmen Kopf [2]). Wenn man eine solche A. von Erle oder Esche beim Schlafen unter den Kopf legt, bekommt man das Alpdrücken nicht [3]). In Nordthüringen stellt man sich eine A. her, indem man aus der Saalweide einen Stock schneidet, an welchem man oben an der Spitze drei Ästchen hat stehen lassen, die also eine Gabel bilden. Mit dieser A. berührt man krankes Vieh und spricht dazu: „Im Namen des Vaters usw.“ Wenn man dies dreimal getan hat, wird das Vieh wieder gesund [4]).

[1]) Grimm *Myth.* 1, 153; vgl. ebd. 1, 156; Seyfarth *Sachsen* 8; Meyer *Germ. Myth.* 121; Schwartz *Volksglaube* 102 f.; Laistner *Nebelsagen* 328 f. [2]) Kuhn *Westfalen* 2, 55 Nr. 158; Kuhn u. Schwartz 419 Nr. 192. [3]) Seyfarth *Sachsen* 8. [4]) ZfVk. 10 (1900), 213. Bächtold-Stäubli.

Alpsegen. 1. Kurze Zeit vor oder nach dem Alpaufzuge wird die Alp von Geistlichen ausgesegnet, um Gefahr und Krankheit zu bannen [1]).

[1]) Sartori 2, 149; Niederberger *Unterwalden* 3, 377; Reiser *Allgäu* 2, 379 f.; ZfVk. 12 (1902), 13; SchweizId. 7, 451 f., wo aber Alpsegen (= „Alpsegnung“) mit dem Betruf zusammengeworfen wird.

2. A. wird auch oft der Segen genannt, den der Senn allabendlich über die Alp ausruft. In der Schweiz hat dieser bei den Älplern den Namen „Betruf.“ (s. d.) Stübe.

Alpuntergang s. Untergang.

Alraun.

1. Name. — 2. Botanisches. Die Mandragorapflanze als Alraun. — 3. Der A.glaube im Altertum. — 4. Der A. im MA. — 5. Aussehen und Herstellung. Der Handel mit A.n. Der A. in Hexenprozessen. 6. Gewinnung des A.s. — 7. Eigenschaften des A.s — 8. Der A.glaube in der dt. Literaturgeschichte. — 9. Der A.-glaube bei nichtdeutschen Völkern. — 10. Herkunft und Deutung des A.glaubens. — 11. Literatur.

1. Name. Nach Kluge [1]) ist A. (ahd. alrûna) „ein uralter Name für altgermanische mythische Wesen, die im geheimen wirken; ahd. alaruna könnte Eigenname (wie Gudrun) für weibliche Kobolde sein“. Etymologisch soll das Wort zu got. runa „Geheimnis“, ahd. rûnên „heimlich und leise reden“ (raunen), anord. run „Geheimnis, Rune“ gehören. Im besonderen bezeichnet A. die aus den fleischigen Wurzeln gewisser Pflanzen geschnitzten menschenähnlichen Gestalten, die zu zauberischen Zwecken verwendet wurden.

[1]) *EtWb.*[9] 12; vgl. auch Mod. Lang. Notes 34 (1919), Heft 1.

2. Botanisches. Die A.pflanze des Altertums (und auch heute noch in Kleinasien) ist die Mandragora. Diese zu den Nachtschattengewächsen (Solanazeen) gehörige Gattung kommt in drei Arten im Mittelmeergebiet vor, besonders in Italien, Griechenland und Kleinasien; in Deutschland wachsen keine Mandragora-Arten. Die häufigste ist die M. officinarum L. Sie besitzt eine grünlichgelbe Blüte, kugelige Beeren und eine oft tief gespaltene Wurzel, die einer

primitiven Phantasie Anlaß zum Vergleich mit zwei menschlichen Beinen geben kann. Die Mandragora ist gleich vielen anderen Nachtschattengewächsen (z. B. Tollkirsche, Bilsenkraut, Stechapfel) sehr giftig, da sie verschiedene Solanazeen-Alkaloide enthält [2]). Beide Eigenschaften, menschenähnliche Gestalt der Wurzel und Giftigkeit, waren jedenfalls die Ursache für die Rolle der Mandragora im Zauberglauben. Die Solanazeen-Alkaloide verursachen Aufregungszustände (Schwindel, Unruhe, veitstanzähnliche Bewegungen, Tobsucht usw.), denen das paralytische Stadium mit Schlaftrunkenheit folgt [3]). Diese physiologischen Wirkungen mußten die Pflanze dem Primitiven als wunderbar erscheinen lassen. Auch andere Solanazeen wie die Tollkirsche, die Skopolie (Scopolia carniolica), ferner die ebenfalls giftige Zaunrübe (s. d.) werden da, wo die echte Mandragora fehlt, als Ersatz dafür gebraucht. Schließlich treten dann auch nichtgiftige Pflanzen, wie das Knabenkraut und die Schwertlilie, lediglich wegen der Gestalt der Wurzelknollen, bzw. des Wurzelstockes, als Mandragora-Ersatz auf.

[2]) M. Wentzel *Über die chemischen Bestandteile der Mandragorawurzel.* Diss. Berlin 1900; Wehmer *Pflanzenstoffe* 1911, 688.
[3]) Schmiedeberg *Pharmakologie* [6] 1909, 171 f.; vgl. auch Fühner *Solanazeen als Berauschungsmittel* in Arch. exper. Pathol. und Pharmakol. 111 (1925), 281—294.

3. Der A.glaube im Altertum. Im alten Ägypten war die Mandragora sicher bekannt, wie aus Darstellungen auf einer Grabwand der XVIII. Dynastie hervorgeht; ob aber die Wurzel in der Zauberei eine Rolle spielte, steht nicht fest [4]). Die in der Genesis vorkommende Pflanze *dudaim*, der aphrodisische Wirkung zugeschrieben wird, deutet man vielfach als die Mandragora [5]), jedenfalls läßt sich die Mandragorafabel auch bei den Juden nachweisen [6]). Welche Pflanze botanisch unter Mandragora (der Name soll vom pers. mardom ghiah = Manneskraut oder mehr-e-giah = Liebeskraut kommen [7]); die Ableitung von μάνδρα = Stall und ἀγείρω = sammle dürfte ins Gebiet der gelehrten „Volksetymologie" zu weisen sein) zu verstehen sei, war offenbar den botanischen und medizinischen Schriftstellern der griechischen Antike schon nicht mehr klar, woraus man wohl schließen darf, daß der A.-glaube seine eigentliche Heimat nicht in Griechenland hat. Die Mandragora (ὁ μανδραγόρας) des Theophrast [8]) soll die Tollkirsche sein. Er sagt von ihr, daß sie als schlafmachendes Mittel und zu Liebestränken gebraucht werde. Beim Ausgraben der Mandragora solle man die Pflanze dreimal mit einem Schwerte umschreiben und sie graben mit dem Antlitze gegen Westen. Ein anderer aber solle dabei im Kreise umhertanzen und viel vom Liebeswerk (aphrodisische Wirkung!) sprechen. Theophrast betrachtet übrigens das Ganze als eine betrügerische Fabel der Wurzelgräber. Dioskurides [9]) handelt ausführlich über die Mandragora, schildert ihr Aussehen und ihre physiologische Wirkung, schreibt aber nichts von zauberischen Eigenschaften. Jedoch weist das Synonym der Pflanze, Κιρκαία (= Kraut der Kirke), und die Abbildungen in den alten Handschriften auf die zauberische Verwendung der Pflanze hin. Plinius [10]) gibt die Grabevorschrift des Theophrast wieder. Die Hauptquelle jedoch für den mittelalterlichen A.glauben ist eine Stelle aus der Geschichte des jüdischen Krieges von Flavius Josephus (geb. 37 n. Chr.). Er schreibt [11]): „Das Tal, welches die Stadt Machärus auf der Nordseite einschließt, heißt *Baara* und erzeugt eine wunderbare Wurzel gleichen Namens. Sie ist flammend rot und wirft des Abends rote Strahlen aus; sie auszureißen ist sehr schwer, denn dem Nahenden entzieht sie sich und hält nur dann still, wenn man Urin und Blutfluß (Menstrualblut) daraufgießt. Auch dann ist bei jeder Berührung der Tod gewiß, es trage denn einer die ganze Wurzel in der Hand davon. Doch bekommt man sie auf andere Weise und zwar so. Man umgräbt sie rings so, daß nur noch ein kleiner Rest der Wurzel unsichtbar ist: dann bindet man einen Hund daran, und wenn dieser dem Anbinder schnell folgen will, so reißt er

die Wurzel aus, stirbt aber auf der Stelle als ein stellvertretendes Opfer dessen, der die Pflanze nehmen will. Hat man sie einmal, so ist keine Gefahr mehr. Man gibt sich aber soviel Mühe um sie wegen folgender Eigenschaften: Die Dämonen, d. h. böse Geister schlechter Menschen, welche in die Lebenden hineinfahren und sie töten, wenn nicht schnell Hilfe geleistet wird, werden von dieser Pflanze ausgetrieben, sobald man sie dem Kranken auch nur nahebringt." Ganz ähnlich wie Flavius Josephus das Ausgraben der Wurzel baara(s) schildert, beschreibt Aelian[12]) das der Pflanze κυνοσπαστος und ἀγλαοφωτίς.

[4]) Keimer *Die Gartenpflanzen im alten Ägypten* 1 (1924), 20; vgl. dagegen Heide *Alrunen i det gamle Aegypten* in Tidskr. for hist. Bot. 1 (1918/19), 9—22. [5]) Frazer *Jacob and the Mandrakes*. In Proceed. Brit. Acad. 8 (1917); Ders. *Folklore in the Old Testam.* 2 (1918), 372—379; ARw. 13, 77. [6]) Loew *Flora d. Juden* 3 (1924), 363 ff. [7]) ZfEthn. 23 (737). [8]) *Hist. plant.* VI, 2, 9; IX, 8, 8 und 9, 1; es ist jedoch zu beachten, daß das 9. Buch des Theophrast höchst wahrscheinlich unecht und späteren Datums ist! [9]) *Mat. med.* 4, 75. [10]) *Nat. hist.* 25, 148. [11]) *Bellum judaicum* VII, 6, 3; Werke übers. von Cotta und Gförer, Philadelphia 1838, 762. [12]) *Hist. anim.* 14, 27.

4. Der A. im Mittelalter. Auf die obige Schilderung des Flavius Josephus und des Aelian beziehen sich die meisten mittelalterlichen bildlichen Darstellungen des Grabens der Zauberwurzel, besonders in medizinischen Handschriften, z. B. in Dioskurides-Handschriften (vgl. oben) und vor allem in denen des (Pseudo-)Apuleius (4./5. Jh.)[13]). Ausführlich schreibt die hl. Hildegard[14]), die 1179 als Äbtissin auf dem Rupertsberge bei Bingen starb, über die Mandragora. Wegen ihrer Menschenähnlichkeit wohne der Pflanze der Teufel mehr inne als anderen Kräutern. Wenn man sie aus der Erde gezogen, solle man sie baldigst in Quellwasser (queckborn) einen Tag und eine Nacht legen, so werde alles Böse aus ihr getrieben. Wenn man aber die Mandragora nicht in der beschriebenen Weise wasche, dann könne man sie zu zauberischen Zwecken verwenden. Wenn ein Mann infolge magischer Einflüsse oder aus Begierlichkeit des Körpers unenthaltsam sei, dann solle er einen ,,weiblichen" A. (s. unten), der in Quellwasser gereinigt ist, zwischen Brust und Nabel anbinden, sodann die Frucht (Wurzel?) in zwei Teile spalten und über die Lenden binden; ferner die linke Hand dieser Gestalt (des A.s?) zerreiben, mit etwas Kampfer mischen und so essen, dann werde er geheilt werden .... Wenn ein Mensch von Natur aus melancholisch sei, dann solle er die Mandragora nehmen, sie gewaschen, wie oben beschrieben, ins Bett legen, bis das Kraut von seinem Schweiß warm werde, und sprechen: ,,Gott, der du den Menschen aus Erde ohne Schmerzen geschaffen, jetzt lege ich dies in diese Erde, die niemals gesündigt, neben mich, damit auch mein irdischer Leib den Frieden fühle, wie du ihn geschaffen." Habe man keine Mandragora, so schließt Hildegard, so genügten auch Buchentriebe. Albertus Magnus[15]) und Konrad von Megenberg[16]) beschränken sich auf die Bemerkung, daß die Wurzel der Mandragora menschenähnlich sei, und bringen weiter nichts Abergläubisches. Dagegen berichten die Kräuterbücher des 16. Jhs.[17]) mehr oder minder ausführlich über den A.aberglauben, von der Herstellung der A.e, den Fälschungen usw.

[13]) Vgl. z.B. Payne *Anglosax. Medic.* 1904, 72 f. [14]) *Physika* 1, 56; der lateinische Text ausführlich wiedergegeben von Killermann in Natw. Wochenschr. N. F. 16 (1917), 141. [15]) *De Veget.* ed. Meyer u. Jessen 1867, VII, 2, cap. 12, 379. [16]) *Buch der Natur* ed. Franz Pfeiffer 406. [17]) Z.B. Fuchs *Kreuterbuch* 1543, cap. 201; Bock *Kreuterbuch* 1551, 336 r; Matthioli *Kreuterbuch*, Prag 1563; vgl. auch Marzell *Pflanzenwelt* 95 f.

5. Aussehen, Herstellung der A.e und Handel mit A.en. Wenn auch ab und zu durch Reisende echt orientalische A.figuren nach Deutschland gekommen sein mögen, so wurden doch sicher die meisten der in Deutschland gebrauchten A.e aus den Wurzeln einheimischer Pflanzen hergestellt. Es fanden z. B. Verwendung die Wurzeln der Zaunrübe, des Enzians, der Tormentille (Blutwurz) oder auch des Wegeriches[18]). Die im Abendlande verfertigten A.e

unterscheiden sich von den orientalischen dadurch, daß sie bekleidet sind. Ihre Form war sehr verschieden, gewöhnlich waren sie nicht mehr als handbreit, es soll aber auch solche von einigen Fuß Länge gegeben haben [19]). Auch männliche und weibliche A.e wurden unterschieden. In Museen und wohl auch im Privatbesitz sind noch vielfach solche A.-figuren erhalten, z. B. in der einstigen K. K. Bibliothek zu Wien, wo sie seit 1680 aufbewahrt werden [20]). Auch das märkische Museum in Berlin [21]) und das pflanzenphysiologische Institut in München besitzen solche A.e. Es wurde ein schwunghafter Handel damit getrieben. So wurde 1690 ein gewisser Hartmann Hanß beschuldigt, auf dem Zurzacher Markt (Schweiz) versucht zu haben, eine „allraune" zu verkaufen und sie um 100 Taler feilgeboten zu haben [22]). Die „A.-krämer" waren neben anderen Gauklern eine bekannte Erscheinung auf Märkten [23]). 1540 wurden in Cölln bei Meißen A.e das Stück bis zu 10 Taler verkauft [24]). Zu Anfang dieses Jahrhunderts verkaufte das Warenhaus Wertheim in Berlin „Glücksa.ne" (s. Allermannsharnisch), das Stück für 2,25 Mark. Sie bestanden aus Stücken vom Allermannsharnisch und der Siegwurz (Gladiolus communis), die in einem kleinen Medaillon eingeschlossen waren. Dem Medaillon war ein kleiner, bedruckter Zettel beigegeben, auf dem vermerkt war, daß der Glücksa. Reichtum und Gesundheit verschaffe, die Liebe einer Person erwerbe, wider Inkubus und Sukkubus schütze, Schätze finden und Prozesse gewinnen lasse [25]). Anfangs der 90er Jahre des vorigen Jahrhunderts wurden in Goldap (Ostpreußen) Wurzelstöcke der „Glückswurzel" (von der gelben Schwertlilie, Iris pseudacorus, stammend) für 10—50 Pfennig das Stück verkauft. Diese „Wurzeln", die bis nach Berlin Absatz fanden, sollten Reichtum und Kindersegen verschaffen [26]), was beweist, daß auch heute noch der A.glaube nicht ganz verschwunden ist. Schließlich spielt der A. auch in Hexenprozessen nicht selten eine Rolle [27]).

[18]) ZföVk. 6, 125. [19]) ZfEthn. 23 (738). [20]) Vgl. Perger in den Ber. u. Mitt. des Altertumsver. zu Wien 5 (1861), 259 ff. [21]) ZfVk. 13, 126. [22]) SAVk. 16, 102. [23]) Praetorius *Von der Zauberei . . . gründlicher Bericht* 1613, 52. [24]) Ztschr. f. Kulturgesch. 5 (1898), 338. [25]) Trojan *Aus d. Reiche der Flora* 1910, 159. [26]) ZfEthn. 23, 745 f. [27]) Z. B. Soldan-Heppe 1, 29. 531; Hansen *Hexenwahn* 231; ZfdMyth. 2, 70; SAVk. 24, 127.

6. Gewinnung des A.s. Die Gewinnung des A.s (mit Hilfe des schwarzen Hundes usw.) wird im deutschen Volksaberglauben öfters so geschildert [28]), wie wir sie bei Flavius Josephus und Aelian (s. o.) kennen lernten. Das A.männchen wächst besonders auf dem Falkenberg bei Neukirch und in der Muskauer Heide (Lausitz). Man gräbt es in der Mitternachtsstunde der Johannisnacht (vgl. Farn) aus, wobei es einen Schrei ausstößt, durch den man sich aber nicht schrecken lassen darf [29]). Hier spielt deutlich der Volksglaube vom „Johannishändchen" (vgl. Knabenkraut) mit herein. Der A. heißt auch Galgenmännlein. Es entsteht aus dem Harne oder dem Sperma eines gehängten Diebes unter dem Galgen. Beim Ausgraben schreit der A. so entsetzlich, daß der Ausgräber, an dessen Ohr dieser Schrei dringt, sterben muß. Um den A. zu erlangen, muß man am Freitag vor Sonnenaufgang, nachdem man die Ohren mit Baumwolle, Pech oder Wachs verstopft hat, mit einem schwarzen Hund hinausgehen, drei Kreuze über den A. machen und den Hund mit dem Schwanz an die Wurzel des A.s binden. Dann hält man dem Hund ein Stück Brot vor und läuft eiligst davon. Der Hund, gierig nach dem Bissen, schnappt danach und zieht so die Wurzel aus dem Boden, fällt aber auf den Schrei des A.s hin tot zu Boden [30]). Auch Thurneyssers Reim [31]):

„der grabt Alrauna undrem Gricht
Loufft weck das ers hör schreien nicht"

spielt gleichfalls auf den Aberglauben an.

In einem Rottenburger (Württemberg) Hexenprozeß v. J. 1650 soll der Angeschuldigte behauptet haben, um sich jederzeit Geld zu verschaffen müsse man sich im Walde nackt ausziehen, seinen

Samen (der A. entsteht auch aus dem Sperma des Gehenkten!) in ein kleines Geschirr lassen und dieses in der Erde verbergen. Daraus entstehe dann ein Ding, das jederzeit Geld verschaffe [32]). Noch im Jahre 1820 soll unter dem Hochgericht auf dem Leinberg bei Göttingen das „Alruneken" mit Hilfe des schwarzen Hundes gewonnen worden sein [33]). Sonst heißt es noch, daß der A. unter einer dreigipfeligen Haselstaude gegraben werden müsse, oder daß man ihn unter einer „weissen" Haselstaude finde, auf der Mistel wächst [34]). Vgl. dazu Haselwurm.

[28]) z. B. Drechsler *Schlesien* 2, 212. [29]) Kühnau *Sagen* 2, 45. [30]) Grimm, *Myth.* 2, 953. 1005 ff.; *Sagen* 75 Nr. 83, 484; Grohmann 88; MnböhmExc. 25, 355. [31]) *Archidoxa* 1575, 49 v. [32]) Birlinger *Aus Schwaben* 1, 162; hier zeigt sich eine deutliche Beziehung zum zauberischen „Farnsamen", s. Farn. [33]) Korrespondenzbl. d. Deutsch. Ges. f. Anthropol. 40 (1909), 52. [34]) Appenzell: SAVk. 10, 127; vgl. ZfVk. 11, 12; Lütolf *Sagen* 192.

7. Eigenschaften und Wirkungen des A.s. Der A. gilt als Glück und Reichtum bringend: Ein Geldstück, das man zu ihm legt, hat sich bis zum nächsten Morgen verdoppelt, der Wohlstand mehrt sich [35]). Das Geld trägt der A. durch den Schornstein ins Haus [36]). Von einem, der schnell reich geworden ist, sagte man in der Gegend von Dortmund: „De hat'n Arun" [37]), und in Wien heißt es von einem, der Glück im Spiel hat: „Der muß a Oraunl im Sack haben" [38]). Häufig erscheint der A. als aphrodisisches Mittel [39]), was vielleicht auf einen Import aus dem Orient deutet (vgl. auch oben die Stelle aus Theophrast). Heute gelten ja in Kleinasien die geschnitzten Mandragorawurzeln als unfehlbare Aphrodisiaka [40]). Im Bergischen müssen Schwangere den A. bei sich tragen, das erleichtert die Geburt [41]). Der A. ist ferner der Hausgeist (Spiritus familiaris) (s. d.). In der althessischen Familie der Freiherrn von Riedesel bewahrte man eine Puppe, die in einem gläsernen Kästchen lag und die man jeden Tag aufmerksam beobachtete. Was nämlich einem Familienmitglied geschah, das ereignete sich vorher, oder doch gleichzeitig, an der Puppe. Stürzte z. B. eines und brach sich Arm oder Bein, so lag auch der A. mit gebrochenen Gliedern da [42]). Der A. erscheint auch als der Satan, mit dem man ein Bündnis geschlossen hat [43]), oder als der „Geist in der Flasche", übrigens ein Motiv orientalischen Ursprungs [44]). In Niederösterreich spricht das Volk auch von „Uraundeln" und „Tragerln", die teils gute, teils böse Wirkung haben. Als böse Geschöpfe quälen sie das Vieh, machen es krank und verursachen, daß die Kühe keine Milch geben, andrerseits teilen sie aber ihrem Besitzer die größten Geheimnisse mit. Sie müssen in einer Flasche oder in einer Schachtel an einem geheimen Orte aufbewahrt werden [45]). Auch als Kröte [46]), als geflügeltes Tier (Drache), das alle Tage ein Goldei legt [47]), als wunderliches Tier, das nachts mit rollenden Augen herumläuft [48]), wird der A. geschildert. Wer als Besitzer eines A.s starb, dem mußte man Brot und Geld ins Grab mitgeben [49]). Der Besitzer des A.s war dem Teufel verfallen. Diesem Schicksal konnte er nur durch Verschenken des A.s entrinnen. Kam aber die Wurzel auf diese Weise in die dritte Hand, so konnte man sie nicht mehr los werden, sie kehrte immer in die Hand des Besitzers zurück [50]).

[35]) Grimm *Sagen* 75; Strackerjan *Oldenburg* [2] 1, 484. [36]) Strackerjan a. a. O. [37]) Kuhn *Westfalen* 2, 27. [38]) Hovorka-Kronfeld 1, 17. [39]) Vgl. auch Macchiavellis Komödie „*La Mandragola*". [40]) ZfEthn. 23 (728). [41]) Leithaeuser *Berg. Pflanzennamen* 1912, 6; vgl. auch Lammert 150. [42]) Wolf *Sagen* 58. [43]) Oder man muß, um den A. zu bekommen, ein Bündnis mit dem Teufel eingehen: Strackerjan *Oldenburg* [2] 1, 484. [44]) Starck *Alraun* 60. [45]) Vernaleken *Mythen* 258. [46]) Lütolf *Sagen* 192 f.; Herzog *Schweizersagen* 2, 78 f. [47]) z. B. Vernaleken *Mythen* 260; Rochholz *Sagen* 2, 43. [48]) Rochholz a. a. O. 2, 42. [49]) Meyer *Aberglaube* 64. [50]) Manz *Sargans* 99.

8. Der A.glaube ist in der deutschen Literatur vielfach verwertet worden. Hans Sachs spricht von gefälschten A.en, die ein Krämer verkaufte [51]). Grimmelshausen schreibt an verschiedenen Orten über das

Galgenmännlein [52]). Im 19. Jh. benutzte Achim von Arnim [53]) und De la Motte Fouqué [54]) das A.motiv als novellistischen Stoff. Goethe läßt im „Faust“ [55]) den Mephisto sprechen:

„Da stehen sie umher und staunen,
Vertrauen nicht dem hohen Fund,
Der eine faselt von Alraunen,
Der andre von dem schwarzen Hund.“

Schließlich hat in neuester Zeit der Schriftsteller Hans Heinz Ewers in seinem grotesken Roman „Die Alraune“ (1911) den alten Sagenstoff wieder aufleben lassen.

[51]) Ausg. v. A. Keller (Tübingen) 9, 16. [52]) Amersbach 2, 51 ff.; Schlosser *Galgenmännlein* 54 f.; Starck *Alraun* 53. [53]) In „Isabella von Ägypten“. [54]) „Mandragora“, eine Novelle. 1827. [55]) 2. Teil 4977 ff.

9. Auch in nichtdeutschen Ländern ist der A.- bzw. Mandragoraglaube noch vielfach lebendig. Es gilt dies vor allem für den Orient, der ja wohl die Heimat des Mandragorakultes [56]) ist. Bei den Chinesen hat Lauffer [57]) den Mandragoraglauben nachgewiesen. In Griechenland werden der M. noch heute Zauberkräfte zugeschrieben [58]). Eine armenische Überlieferung kennt das Motiv der mit Hilfe des Hundes aus der Erde gezogenen Zauberpflanze [59]). Als Adamowa golowa (Adamshaupt) [60]) und als „pevenka trava“ (= das Kraut, das schreit [beim Herausziehen aus der Erde]) [61]) ist der A. bei den Russen bekannt. Bei den Südrussen gilt die Pflanze „perestupeny“ (Zaunrübe, s. d.) als geheimnisvolle Wurzel. Sie entsteht aus den ungetauft ermordeten Kindern. Wer die Pflanze schneidet oder sie ausreißt, den lähmt sie und nimmt ihm den Verstand. Durch Opferung eines Stückes Brot, geweihter Butter und eines Kreuzers kann man die Pflanze versöhnen [62]). Bei den Tschechen wird die A.wurzel (mužiček) ebenfalls zu abergläubischen Zwecken ausgegraben [63]). Auch „hospodáriček“ (Hausväterchen) heißt sie dort [64]). Bei den Litauern zeigt die mit der Mandragora verwandte Scopoliawurzel in ihrer Verwendung manche sonst dem A. eigene Züge [65]). Bei den Rumänen in Galizien ist „matraguna“ (aus mandragora) geradezu Kollektivname für Hexentrank geworden [66]). Im besonderen ist „matraguna“ im Rumänischen die Bezeichnung für die Tollkirsche (Atropa belladonna). Die italienische Bevölkerung in den Abruzzen kennt ebenfalls das Graben der Mandragora mit Hilfe des schwarzen Hundes [67]), desgleichen ist der Glaube an den A. bei den Franzosen nachgewiesen [68]). Nach verschiedenen Stellen bei Shakespeare [69]) muß die Mandragora (Mandrake) auch in England recht bekannt gewesen sein [70]). Auf Island ist die „thjofarót“ (Diebswurzel), die unter einem Galgen gewachsen ist und vermittels des Hundes herausgezogen wird, deutlich das Galgenmännchen [71]). In Skandinavien ist die Zauberwurzel „alrune“ ebenfalls wohlbekannt [72]). Schließlich spielt auch die holländische Benennung „pisdiefje“ für den A. auf die Gewinnung des Galgenmännleins an [73]).

[56]) ZfEthn. 23 (726 ff.); Stern *Türkei* 1, 316 ff. [57]) *La Mandragore*. In: T'oung-pao. 2e Série Vol. XVIII (1917), 1—30. [58]) Heldreich *Nutzpflanzen* 1862, 36; ZfVk. 15, 391. [59]) Rolland *Flore pop.* 8, 124. [60]) Pallas *Reise durch versch. Provinzen des russ. Reiches* 1 (1776), 33. [61]) Gubernatis *Myth. des plant.* 1, 123. [62]) ZföVk. 2, 352 ff. [63]) Hovorka-Kronfeld 1, 286. [64]) Grohmann 19. [65]) H. Fühner *Skopoliawurzel als Gift und Heilmittel bei den Litauern und Letten*. In: Therap. Monatshefte 33 (1919), 221—227. [66]) Hoelzl *Galizien* 158; vgl. auch Hovorka-Kronfeld 1, 287. [67]) Atrad pop. 8 (1889), 213. [68]) Rolland *Flore pop.* 8, 126. [69]) Ackermann *Shakespeare* 34; Herrigs Archiv 142, Heft 3/4; BayHfte 1, 199; Schelenz *Shakespeare* 1 (1914), 213 f. 233 ff. [70]) Vgl. auch die altenglische Apuleius-Übersetzung bei Cockayne *Leechdoms* 1 (1864), 245. [71]) Maurer *Isländ. Volkssag.* 1860, 178. [72]) Feilberg *Ordbog* 4, 10. 359; Falk u. Torp *Norw.-Dän. Wb.* 1911, 151 f.; Reichborn-Kjennerud *Laegeurter* 82 f. [73]) Volkskunde 20, 46—48; Andel *Volksgeneeskunst* 50 ff.

10. **Herkunft und Deutung des A.glaubens.** Zusammenfassend läßt sich sagen, daß der A.-Mandragoraglaube orientalischen Ursprungs ist, daß er auf verschiedenen Wegen (von Südosten und von Süden her), und zwar hauptsächlich durch die gelehrt-magische Literatur, nach Mitteleuropa kam und

sich da mit schon vorhandenen Anschauungen über gewisse Zauberpflanzen (s. Farn [74]), Irrwurz [75]), Knabenkraut, Springwurz) vermischte. Ebenso wurden auf germanischem Gebiet Anschauungen über den Hauskobold, der Reichtum verschafft, gepflegt werden muß usw. [76]), mit dem A.-Mandragorakult vermengt. Wirklich volkstümlich waren die Sagen vom Graben des A., vom Galgenmännlein usw. in Deutschland wohl nicht. Inwieweit indogermanische Vorstellungen über die Blitz-, Soma- und Totenpflanze bei der Entstehung des A.-glaubens mitgewirkt haben [77]), wird sich schwer feststellen lassen: einstweilen handelt es sich hier um nicht beweisbare mythologische Spekulationen.

[74]) Z. B. Meyer *Aberglaube* 212. [75]) Urquell 1, 110. [76]) Vgl. z. B. Kuhn u. Schwartz 423. 521; Müllenhoff *Sagen* 321 ff. [77]) Vgl. Kuhn *Herabkunft* 260 ff. und darauf fußend Schlosser *Galgenmännlein* 103 ff.

11. Die Literatur über den A.-aberglauben ist außerordentlich reich. Viele Schriften sind aber nur Zusammenfassungen früherer und bringen nichts Neues. Am besten unterrichtet A. T. Starck [78]). Sehr wichtiges und kritisch gesichtetes Material bringen v. Luschan, Ascherson und Beyer [79]). Ch. B. Randolph [80]) geht vor allem auf die medizinische Verwendung der Mandragora und den damit verbundenen Zauberglauben ein. Reichen, aber unkritisch verarbeiteten Stoff bringt A. Schlossers Dissertation [81]). Kürzer gefaßt sind die guten Darstellungen von A. v. Perger [82]). E. v. Lippmann [83]) und S. Killermann [84]). Sehr bemerkenswertes Material über einzelne Züge des A.-glaubens verzeichnet W. Hertz [85]). Genaue bibliographische Angaben macht J. G. Th. Graesse [86]). Ältere Darstellungen und Berichte wie von Schmidel [87]), Thomasius [88]), J. S. Schmid [89]), J. Praetorius [90]), Frommann [91]), Roth [92]), Keyßler [93]), Bräuner [94]), Tharsander [95]), Horst [96]), Scheible [97]), bringen z. T. sehr bemerkenswertes kulturgeschichtliches Material über den A.glauben.

[78]) *Der Alraun. Ein Beitrag zur Pflanzensagenkunde.* Baltimore 1917. VIII, 85 S. [79]) Verhandl. d. Berl. anthropol. Gesellsch. Sitzung v. 17. Okt. 1891 in ZfEthn. 23 (726)—(746). [80]) *The Mandragora of the Ancients in Folk-Lore and Medicine.* In Proceed. of the Americ. Acad. of Arts and Sciences. XL (1905), 487—537, vgl. die Besprechung in ZfVk. 18, 343. [81]) *Die Sage vom Galgenmännlein im Volksglauben und in der Literatur.* Münster i. W. 1912. 139 S. [82]) Ber. u. Mitt. des Altert.-Ver. zu Wien 5 (1861), 259—269. [83]) *Über einen naturwissenschaftlichen Aberglauben.* In Abhandl. der naturforsch. Gesellsch. zu Halle XX (1894), 259—270. [84]) *Der Alraun [Mandragora].* In Naturwissensch. Wochenschr. N. F. 16 (1917), 137—144; mit wichtigen Abbildungen. [85]) *Abhandl.* 259. 273 ff. [86]) *Beitr. z. Literatur und Sage des Mittelalters* 1850, 45—60. [87]) *Dissertatio de Mandragora* 1655. [88]) *De Mandragora* 1653 und 1669. [89]) *De alrunis Germanorum.* Halle 1739. [89]) *Saturnalia.* Lipsiae 1663, 154 ff.; *Anthropodemus Plutonicus* 2, 172 ff. [91]) *De fascinatione* 1675, 666—677. [92]) *De imagunculis Germanorum magicis quos Alrunas vocant* 1737. [93]) *Antiq. sel. Germaniae septentr.* 1720, 504—520. [94]) *Curiositäten* 1737, 225 ff. [95]) *Schauplatz vieler ungereimter Meinungen* 1735, 1, 556 bis 571. [96]) *Zauberbibliothek* 5 (1825), 321—345; 6 (1826), 277—310. [97]) *Kloster* 6 (1847), 180 ff.

Marzell.

alt, Alter, altern. 1. Das gesunde Volk kennt keine Verneinung des Lebens, also keinen Pessimismus als System, es will leben und alt werden. Gewisse Vorzeichen bekunden, ob ein Kind alt wird oder jung sterben muß [1]): Neugeborene Kinder, die mit den Augen nach dem Himmel schauen, werden selten alt; die Mutter hat genau in acht zu nehmen, wie viel Wochen ihr Kind bei diesem Anlasse alt ist [2]). Man soll die Kinder nicht Altmännchen (s. Altvater) oder Altweibchen nennen, sonst altern sie [3]). Die Kräfte Altgewordener erhalten sich, indem die Alten junge, kräftig gedeihende Kinder bei sich schlafen lassen, den Kindern aber schadet es. Das Alter zehrt von den Kräften der Jugend. Greise werden verjüngt, wenn sie sich mit jungen Mädchen verheiraten, die Jugend aber altert [4]). — Die Kinder der Wasserfrau altern nicht [5]). Unter den Wassern liegt nach irischem Glauben ein von Elfen bewohntes Land, „das Land der Jugend", weil darin niemand altert. Dort scheint die Sonne, die Wiesen grünen, die Bäume blühen. Leute, die viele Jahre dort zubrachten, glaubten, nur einen Augenblick dort gewesen zu sein [6]). Der Gedanke des Nichtalterns durch Gemeinschaft mit Geistern oder Toten kehrt wieder in der Erzählung vom Kuhlenmaker, dem Totengräber, der lange Jahre unter den Toten weilt, und als er zu den Seinen zurückkehren will, des Glaubens ist, nur wenige Stunden unter der Erde geweilt zu haben. Er nimmt das hl. Abendmahl, sinkt zusammen und stirbt [7]).

[1]) SAVk. 2, 218. [2]) Wuttke § 605; Lammert 118. [3]) Grimm *Myth.* 3, 435 u. 443; DWb. 1, 273; John *Erzgeb.* 57; Pollinger *Landshut* 277. [4]) Mitt. Anhalt. Gesch. 14, 22; Fogel *Pennsylvania* 43 Nr. 85; Lammert 245; Stern *Türkei* 2, 250; SchwVk. 10, 4; Niederberger *Unterwalden* 1, 79. [5]) Schönwerth *Oberpfalz* 2, 212 f. [6]) Mannhardt *Germ. Mythen* 457. [7]) Müllenhoff *Sagen* (1921) Nr. 269.

2. Das Alter der Geister ist im Verhältnis zu der Lebensdauer der Menschen verschieden. Die Zwerge sind mit 3 Jahren ausgewachsen und mit 7 Jahren Greise. Der Wechselbalg (s. d.) kann von sich sagen, daß er älter sei als der Westerwald. Noch älter ist das wilde Weiblein in Oberpurstein [8]). Die Idee der Vergeltung wird wirksam, wenn die Herren einer Burg verzaubert waren, sobald sie ein gewisses Alter erreicht hatten [9]), oder wenn ein Zauberer im Karfunkelschloß auf lange Zeit verwünscht ist [10]). Greise dürfen ihr Alter nicht sagen, sonst müssen sie bald sterben [11]). In der deutschen Sage verlangt der Kobold zuweilen, daß sein Alter erraten werde [12]), und der Teufel verrät sein Alter selbst, da er den Bauer, listig versteckt, in einem Baume des Waldes rufen hört und spricht: Hunderttausend Jahre bin ich alt, und nie hörte ich den Kuckuck zu dieser Jahreszeit.

[8]) Heyl *Tirol* 606. [9]) Ebd. 461 Nr. 20. [10]) Ebd. 459 Nr. 19. [11]) Seligmann 2, 260 u. 263; Strackerjan 1, 48; Urquell 6 (1896), 11. [12]) Bolte-Polivka 1, 497.

Boette.

Altar. Er findet sich fast bei allen heidnischen Völkern [1]), im Judentum [2]) wie im Christentum [3]). Auf die Form des christlichen A. wirkte beeinflussend Abendmahlstisch und Märtyrergrab. Auch soll er Abbild sein des himmlischen As, unter dem die Seelen der Märtyrer sind (Apoc. Joh. 6, 9). Seit dem 4. Jh. besteht der A. aus Stein, wird feierlich konsekriert, mit Weihwasser und Chrisam gesalbt, sowie mit Reliquien ausgestattet. Daneben gibt es auch noch bewegliche A. für die Reise oder für den Krieg (Felda.) [4]). Die sog. „Hausa.chen" dienen lediglich der privaten Andacht [5]). Infolge seiner Bedeutung im Kultus und seiner hohen Weihe gilt der A. als heilig und unverletzlich. Daher rührt der Glaube, daß solche, die frevelhafterweise daraufsteigen, dort festgehalten werden, bis sie Gebet oder Zauberspruch löst [6]) — der A. ist eben „tabu" [7]).

Andererseits ist der A. wieder in so hohem Maße wunderkräftig, daß sogar schon seine Nähe besondere Wirkungen ausstrahlt. Das Gewand, in dem man vor den A. tritt, schützt gegen böse Mächte [8]). Beißt man, hinter dem A. stehend, in eine Semmel, so vergeht das Zahnweh [9]); wirft man die Nabelschnur hinter (oder unter) den A., so hilft das gegen Bauchweh [10]) des Kindes, oder das Kind lernt dadurch gut laufen und wird fromm [11]). Wasser, unter den A. gestellt, wird wunderkräftig [12]). Sand, der davor liegt, befreit von Behexung [13]). Wenn ein Paar vor dem A. steht, so stirbt der zuerst, unter dessen Füssen der Boden feucht wird [14]). Fromme Priester können die Seelen Abgeschiedener auf dem Altar beschwören und ihr Schicksal erfahren [15]). Auch beim Losorakel spielte der A. eine Rolle [16]). Schlupfaltäre befreien von Krankheiten [17]). Besondere Kraft besitzt natürlich Materie, die dem A. selbst entnommen ist oder auch bloß die Berührung desselben. So war es schon in der Antike, wie uns Wunderinschriften aus dem Asklepiostempel auf der Tiberinsel zu Rom berichten [18]). Diese Anschauungen gingen auch in das Christentum über [19]). Abschabsel vom Holz oder Stein des A.s schützt gegen Zahnweh, Epilepsie und andere Übel [20]).

Am meisten geübt wird jedoch der „Umgang" (s. d.) des A.s. Diese Sitte ist uns wiederum schon aus griechisch-römischem Kult bekannt [21]). Aus diesem ging sie ins Christentum über. Man findet sie auch bei Neugriechen und Slaven. In Frankreich wendet man diesen Ritus hauptsächlich gegen Kinderkrankheiten an [22]). Auf deutschem Gebiet ist der A.-umgang nach der Taufe eines Kindes weit verbreitet; meist wird dabei noch „geopfert" [23]). Diese Sitte ist bereits verwischt, wo man mit dem Neugetauften nur an den Stufen des A.s niederkniet [24]). Dieser Umgang soll, ganz wie in der Antike, Reinigung des Umwandelnden und Bindung der Dämonen bewirken [25]). Als Reinigungsritus ist es wohl auch anzusprechen, wenn Leidtragende während des Totengottesdienstes um den A. gehen und darnach von den Anwesenden mit „Glück ins Leid" begrüßt werden [26]). Als Fruchtbarkeitsritus wird der Umgang von Frauen gemacht, welche schwanger werden wollen [27]). Auch zu Heilzwecken ist der Umgang bezeugt [28]), manchmal findet er an bestimmten Heiligenfesten statt. Die Kraft des A. geht ferner auch auf die ihn umhüllenden Tücher über, man deckte solche über Besessene und Epileptiker, um sie zu heilen [30]).

Eine besondere Rolle spielt die A.-kerze [31]) (s. a. Kerze), die gern als Lichtorakel verwendet wird. Ihr Erlöschen zeigt einen Sterbefall an, und zwar stirbt eines von der Seite der Kirche, auf der sie erlosch [32]). Mancherorts zeigt das Erlöschen aber den Tod des Pfarrers oder Küsters an [33]). Solange nach einem Seelenamt der Docht der ausgelöschten Kerze glimmt, steigen arme Seelen „aus dem Fegfeuer" [34]). Das Wachs der Kerzen heilt Nabelbrüche und Zahnschmerzen [35]) oder dient sonst als Zaubermittel [36]). Auch beim „Mord- und Diebesbestrafungszauber" spielt die A.-kerze eine Rolle [37]). Der A. kommt auch in Sagen vor (goldener A. usw.) [38]).

[1]) Pauly-Wissowa 1, 2, 1640 ff.; RGG² 1, 229 ff. [2]) Marti *Altes Testament* 86. [3]) Fr. Wieland *Mensa und Confessio*. München 1906; Jos. Braun, S. J. *Der christliche Altar in seiner geschichtl. Entwicklung*. 2 Bde. 1924. [4]) Kronfeld *Krieg* 143. [5]) Meyer *Baden* 353. [6]) Knoop *Hinterpommern* 129; Bartsch *Mecklenburg* 1, 362. [7]) Pfister *Reliquienkult* 2, 477 u. 531. [8]) Bohnenberger Nr. 1, 24. [9]) Seyfarth *Sachsen* 270. [10]) Meyer *Baden* 26. [11]) Drechsler *Schlesien* 1, 183; Bartsch l. c. 2, 45. [12]) Franz *Benediktionen* 1, 80. [13]) Seligmann 1, 281. [14]) Wolf *Beiträge* 1, 211. [15]) Strackerjan 1, 220; 2, 9 Nr. 265. [16]) Stemplinger *Abergl.* 51. [17]) Pollinger *Landshut* 277; Panzer *Beitrag* 2, 432. [18]) Weinreich *Heilungswunder* 63. 64 Anm. 2. [19]) Günter *Legendenstudien*. Köln 1906, 144; Lucius *Heiligenkult* 402. 407 Anm. 5. 466. [20]) Reiser *Allgäu* 2, 153; Wuttke 355 § 532; Heyl *Tirol* 292 Nr. 110. [21]) Mannhardt *Myth. Forschungen* 138 f.; Goldmann *Einführung* 100 f. [22]) Knuchel 8. 9. 20. 59; Sébillot *Folk-Lore* 2, 278; 4, 152; RTrp. 21, 165 [23]) Meyer *Baden* 28. 393; Jensen *Nordfries. Inseln* 235 f.; Knuchel 8. [24]) Meyer l. c. 28. [25]) Knuchel 9. [26]) Meyer l. c. 595. [27]) RTrp. 21, 164 f. [28]) ZfVk. 14, 117; 17, 97. [29]) Meyer l. c. 497. [30]) Stemplinger l. c. 41. [31]) Albers *Das Jahr* 187. [32]) Wuttke 215 § 301; Bartsch l. c. 2, 56; ZfVk. 15, 438. [33]) Grimm *Mythol.* 3, 439 Nr. 150 und 473 Nr. 1038; ZfVk. 15, 347; 2, 208; Wuttke 215 § 301. [34]) Birlinger *Volkst.* 1, 284. [35]) Wuttke 142 § 195; Drechsler *Schlesien* 2, 244. [36]) Köhler *Voigtland* 419. [37]) Drechsler l. c. 2, 260 und 244. [38]) Meiche *Sagen* 476 Nr. 617; 572 Nr. 711; Schell *Bergische Sagen* 497 Nr. 7; Kühnau *Sagen* 2, 625; Kuhn und Schwartz 141, 486. Schneider.

Alte, der; Alte, die; alte Leute.

1. Allgemeines. — 2. Alte Weiber als Unglücksbringer. — 3. Der Alte, die Alte als Personifikation des Winters. — 4. Dämonische Gestalten. — 5. Mythos oder sprachliches Symbol? — 6. Verweise.

1. Die a. L. erfreuen sich bei den meisten Naturvölkern einer so bevorzugten und einflußreichen Stellung [1]), daß die geringschätzige Art, mit der sie in unserm Volksleben oft behandelt und angesehen werden, unverständlich wäre, wollte man nicht dieses berücksichtigen: als „alt" gelten den Naturvölkern alle Personen zwischen 35 und 60 Jahren [2]); das gebrechliche und untätige Alter, das meist nach diesem Zeitpunkt beginnt, genießt durchaus keine Hochschätzung, und Tötung und Aussetzung der für das Staats- und Volksleben unnützen und hinderlich scheinenden Greise ist keine Seltenheit. Von hier aus versteht sich das tiefe Mißtrauen, das das Volk bei uns den Alten entgegenbringt und das sich in einer Reihe abergläubischer und symbolisierender Meinungen kundtut.

[1]) Ebert *Reallex.* 1, 112; Schrader *Reallex.* 1 [2], 43 ff. [2]) Ebert *Reallex.* 1, 114.

2. Die Abneigung gegen die a.n L. beruht zum großen Teil auf ihrem häßlichen und verrunzelten Aussehen. Kinder soll man nicht „Altmännchen" nennen, sonst „verbutschen" sie und bekommen Runzeln an der Stirn [3]); auch lasse man Kinder nicht bei Alten schlafen, weil diese sich an dem jungen Leben stärken und dadurch die Kinder siechen machen [4]). Zwar gelten die a.n L. allgemein als klug [5]); aber ihre Klugheit, besonders die der alten Weiber, hat etwas Unheimliches und Übernatürliches. Sie richtet sich auch vorzugsweise auf geheimnisvolle Dinge, die andern Menschen verschlossen sind; alte Weiber als Traumdeuterinnen sind uns in Deutschland seit dem 14. Jh. [6]), als Wahrsagerinnen aus nicht viel späterer Zeit [7]) bezeugt. Daher sind denn auch die alten Weiber nicht nur ganz allgemein als Kräutersammlerinnen berühmt [8]); sie sind auch die prädestinierten Hexen [9]) und verstehen sich aufs „Brauchen" [10]). Auch der Alp erscheint gelegentlich in Gestalt eines alten Weibes [11]). So sieht man sie als unheilbringend an; begegnet man morgens [12]) oder auf der Freite [13]) einem alten Weibe, so hat man Unglück; ein altes Weib darf nicht als erste ein neues Haus betreten [14]) und wird ängstlich von der Wochenstube ferngehalten [15]). Kommt beim Liebesorakel des Harzer Mädchens in der Andreasnacht zuerst ein altes Weib, so wird das Mädchen noch ein Jahr ledig gehen [16]). Flachs soll man in Ellwangen (am 13. Juni) säen, ehe die alten Weiber aufstehen, sonst nimmt ihn der Altweiberwind fort [17]).

[3]) DWb. 1, 273. [4]) SAVk. 10, 4; mir auch aus dem übrigen Deutschland (Berlin, Ostpreußen, Baden) bekannt. [5]) RheinWb. 1, 136 ff. [6]) In einer schles. Hs. aus der Mitte des 14. Jhs. findet sich die Stelle: *quod vetularum esset obseruare sompnia*; vgl. Klapper *Erzählungen* 241. [7]) Lorichius berichtet 1593, daß alte Weiber aus Fastnachtsfeuern zu wahrsagen pflegten. Vgl. Jahn *Opfergebräuche* 91. [8]) Vgl. z. B. Müllenhoff *Sagen* (1921), 238 Nr. 352. [9]) Vgl. z. B. ebd. 229 f. Nr. 338; 230 Nr. 339; 235 Nr. 347; 239 Nr. 354; 240 Nr. 356; 246 Nr. 368; 247 Nr. 370; RheinWb. 1, 140; Krauß *Relig. Brauch* 112; Meisinger *RappenauWb.* 52. [10]) Meisinger *RappenauWb.* 52. [11]) Mackensen *Niedersächsische Sagen* (1925), 49 Nr. 68. [12]) RheinWb. 1, 139; Finder *Vierlande* 2, 249; Lehmann *SudetenVk.* 106; Wuttke [3] S. 208. [13]) Hesemann *Ravensberg* (Diss. 1909) S. 67. [14]) Wuttke [3] S. 209. [15]) Wrede *Eifeler Vk.* [2] 138. [16]) Wuttke S. 254. [17]) Eberhard *Landwirtschaft* Nr. 3, 3.

3. Als deutliche Personifikation des Winters erscheinen der A. und die A. in einigen Frühjahrs- und besonders Fastnachtsbräuchen, die darauf hinauslaufen, das Ende der winterlichen, den Beginn der sommerlichen Herrschaft anzuzeigen. In einigen Gegenden wird das alte Weib (die Strohhexe, des Winters Großmutter) als Strohpuppe an einem Tag der Fastenzeit verbrannt (Hessen, Schweiz, Schwaben [18]), Welschtirol) [19]); diese Gestalt, sei sie nun als Weib oder Mann gedacht, als Tod zu bezeichnen, scheint (nach Usener) zunächst slavische Besonderheit [20]). Einige Fastnachtsbräuche zeigen deutliche Anklänge an die alte Sitte; so jener aus Groß-Badegast [21]) und Porst [22]) (Anhalt), der die Mädchen des Dorfes eine als alten Mann gedachte Strohpuppe um die Wette in eine Grube karren läßt, ein Brauch, der ganz ähnlich in Burg b. Halle wiederkehrt, nur daß es hier die Burschen zu Pfingsten versuchen, mit verbundenen Augen „den alten Mann ins Loch zu karren" [23]). In ganz ähnlicher Weise bildet im alemannischen Gebiet „den Alten verlochen" einen Teil eines Frühlingsfestes [24]). Anderwärts — wiederum zunächst in slavisch oder romanisch beeinflußten Gebieten — wird die A. (der Tod als Strohweib, der A. usw.) ersäuft [25]); romanische Eigentümlichkeit ist es, die A. zu zersägen, eine Sitte, die in Italien, Südtirol, Südschweiz, Portugal und Spanien, in Kärnten, Krain und bei den Zigeunern teils in vollem Umfange, teils rudimentär geübt wird [26]). Hermann Usener hat über diese und verwandte Bräuche ausführlich und, wie es scheint, abschließend gehandelt [27]); nach seinen Ausführungen ist es wahrscheinlich, daß diese Sitten auf römische Tradition (Ersäufen der Anna Perenna an den Iden des März) zurückgehen, eine Beobachtung, die gut zum Verbreitungs-

gebiet der Bräuche stimmt. Als ursprünglich deutsch können diese Anschauungen von einem als altes Weib oder alter Mann gedachten Winter demnach wohl nicht gelten; wären sie germanisch, so hätten wir mehr Belege aus den skandinavischen und norddeutschen Ländern. Vielmehr treten sie in größerer Dichte und stärkerer Durchbildung nur da in deutschem Sprachgebiet auf, wo römischer oder slavischer Einfluß wirksam war oder ist; das sollte zu denken geben. Auch die Tatsache, daß der Winter zuweilen (in Südtirol [28]), lausitzisch-wendisch [29]), als altes Paar gedacht wird, ist geeignet Useners Ansicht zu stützen (vgl. Mars und Anna Perenna) [30]). Bei den Wenden [31]) und in England [32]) taucht der A., die A. oder das alte Paar auch in Weihnachts- und Neujahrsumzügen auf, in denen die Figuren anscheinend das alte Jahr symbolisieren sollen. Vgl. im übrigen den Artikel Todaustragen.

[18]) Jahn *Opfergebräuche* 91 ff. [19]) Schneller *Welschtirol* 234 f. [20]) H. Usener *Kleine Schriften* 4 (1913), 100. [21]) ZfVk. 7, 91. [22]) Ebd. [23]) Sommer *Sagen* 152. [24]) Schweiz Id. 1, 295. [25]) Usener *Kl. Schr.* 4, 100 ff. [26]) SAVk. 2, 145; Sartori *Sitte und Brauch* 3, 81; Mannhardt *Germ. Mythen* 510; Wlislocki *Zigeuner* 145; Grimm *Mythologie* 1, 505; Usener *Kl. Schr.* 4, 102 ff.; dazu Liebrecht *Zur Volkskunde* 409. [27]) Usener a. a. O. 4, 100 ff. [28]) Jörger *Vals* 61; Mannhardt 1, 427. [29]) Mannhardt 1, 427; Schulenburg *Wend. Volkstum* 128. [30]) Vgl. ferner hierzu: Preller *Röm. Myth.* 1, 345; Reich *Mimus* 245. 593. 649. 875; Schröder *Rigveda* 90. 169 f., 440. [31]) Schulenburg 137; Sartori *Sitte und Brauch* 3, 81. [32]) Schröder *Rigveda* 440 f.

4. Hinter manchen Gestalten des Volksglaubens, die als der oder die A. bezeichnet werden, mögen ältere mythologische Ideen stehen. Wenn zwar am Rhein der Schneefall als ein Staubwirbel aufgefaßt wird, der entsteht, wenn *de al weiwer* im Himmel ihre Röcke ausschütteln [33]), so kann dies sehr wohl ein recht junger mythologischer Gedanke sein; bedenklicher muß es uns schon stimmen, wenn im niederdeutschen und friesischen Sprachbezirk der Teufel als *de lütje ôle* [34]), *de uald, de uald knecht* [35]) bezeichnet wird. Es ist nicht unmöglich, daß wir hier Rudimente einer alten Gewittergottheit vor uns haben; in Schweden heißt es heute noch bei Gewittern: „*Goldgubben åker*" = der gute A. fährt [36]). Die Zeugnisse sind zu dürftig, als daß es erlaubt ist, weitere Schlüsse zu ziehen, wie das oft und gern geschehen ist (Verselbigung des Alten mit Donar usw.); die Möglichkeit von Beziehungen zum altgerm. Kult kann nicht geleugnet werden, wie diese Beziehungen aber aussehen, ist durchaus nicht zu erkennen. Auch am Rhein wird der Wind Kindern gegenüber als *der al van ze johren* personifiziert [37]); diese Gestalt gilt heute nur noch als Kinderschreck, und wesentliche Beziehungen nach rückwärts lassen sich auch hier nicht aufzeigen. Daß die Modocindianer den Wirbelwind u. a. auch *Kennitch* = „den Alten" nennen [38]), kann höchstens als Parallele, nicht als Beweis gelten. — Am Rhein wird die Sonne *de al* = „die Alte" genannt [39]), ohne daß diese Personifikation als alt erwiesen werden könnte. — Dämonische Gestalten von nur lokaler Bedeutung sind die „Alten", die auf der Löffelspitz und dem Greiner (Tirol) hausen: uralte Männer riesischen Charakters, mit weißen Haaren und Bärten, zur Bauerntracht Wetterhut und grüne Strümpfe tragend, die Wetter machen und sich beliebig verwandeln können. Mit Vorliebe rauchen sie stinkigen Bauerntabak, und ihre Freßlust ist bekannt; so läßt man ihnen beim Herbstabzug von der Alm Butter, Käse und Brot zurück [40]). — In einer niedersächsischen Sage [41]) bringt ein nicht näher bezeichneter und beachteter *oler, swaker mann* es fertig, einen Glockenstein, den 10 andere Männer nicht bewegen konnten, mit einer Hand vom Platze zu bringen; möglicherweise verbirgt sich auch hinter ihm, uns heute unerkennbar, eine dämonische Figur. — Ein altes Weib, das bei Mondschein im Monde spinnt und den, der sie anruft, in den Tod hetzt, ist aus Wiederau bei Rochlitz bekannt [42]).

[33]) RheinWb. 1, 140, 143. [34]) Andree *Braunschweig* [2] 396. [35]) Müllenhoff *Sagen* (1921) 282 f. Nr. 415; Mannhardt *Germ.*

Mythen 143. [36]) Mannhardt *Germ. Mythen* 233; ZfdMyth. 2 (1854), 304. [37]) RheinWb. 1, 143. [38]) Urquell 2 (1891), 2. [39]) RheinWb. 1, 143. [40]) Alpenburg *Tirol* 104. [41]) Mackensen *Niedersächsische Sagen* (1925), 194 f. Nr. 262. [42]) Wilke *Religion der Indogermanen* (1923), 148.

5. Es ist nicht ausgeschlossen, daß hinter mancher Redensart, die „den alten Mann" oder „das alte Weib" anführt, ältere mythische Tatsachen stehen. Ich führe hier einiges an, ohne mehr als Möglichkeiten andeuten zu wollen. Ein abgebauter Stollen heißt ganz allgemein bergmännisch *alter mann*; stoßen die Bergleute auf ein solches Feld, so heißt es: „Wir haben *'nen alten mann erschlahn*!" und: „*Der alte ist schon an dem orte gewesen*! [43])" Möglicherweise dürfen wir in diesen Ausdrücken Erinnerungen an einen Berggeist wiederfinden. — Manche Tiere heißen im Volksmund „der Alte", so der Bär in Schweden (den gamle) und Siebenbürgen („der alte kluge Mann") [44]), ein großer, schwer zu fangender Fisch in Basel, Zürich und im Elsaß („du hast den Alten gefangen" = dein Meisterstück gemacht) [45]), der (getötete) Hühnerhabicht in Siebenbürgen, mit dem die Kinder von Haus zu Haus ziehen und dazu singen: „Wir bringen euch den alten Mann!" [46]). Mythische Beziehungen sind hier überall möglich, ohne daß sie auch nur wahrscheinlich gemacht werden könnten. In der Rappenau heißt ein Wurm im Obst Altvater [47]) (s. d.). Als Gebäcknamen ist sowohl *altes weib* wie *alter mann* in Holland [48]), Baden [49]) und der Schweiz [50]) bekannt. Beim hochzeitlichen Altweibertanz [51]), sowie bei der rhein. Altweiberfastnacht [52]) sind abergläubische Gebräuche nicht zu beobachten.

Seltsam bleibt ein ziemlich verbreiteter Segen gegen das Fieber, in der „die Alte" vom Teufel geholt werden muß, wenn die erkrankte Person genesen soll [53]). „Die Alte" steht hier in irgendeiner nicht näher erkennbaren Beziehung zum Fieber, das so mit ihr verbunden ist, daß es mit jener verschwindet. Augenscheinlich sind die uns vorliegenden Fassungen so verstümmelt, daß alle intensiveren Deutungsversuche über den Wert von Hypothesen nicht herauskommen können.

[43]) RheinWb. 1, 413; DWb. 1, 264. [44]) Meyer *Germ. Mythol.* 104. [45]) SchweizId. 1, 295; ElsässWb. 1, 34. [46]) Siebenbürg.-Sächs.Wb. 1, 88. [47]) Meisinger *RappenauWb.* 2, 9. [48]) Dijkstraa 1, 31. [49]) BadWb. 1, 36. [50]) SchweizId. 1, 293. [51]) Wrede *Rhein. Volkskunde* ² 134; Andree *Braunschweig* ² 310. [52]) Wrede *Rhein. Volkskunde* ² 134; Becker *Pfalz* 302. [53]) Gesammelt bei Wuttke 169 § 227; Hovorka-Kronfeld 2, 325.

6. Über „die Alten" = Zwerge s. Zwerg; über „den Alten" oder „die Alte" im Erntebrauch s. Korndämonen.

Mackensen.

Alte Jungfer, Junggeselle.

1. Allgemeine Grundlagen. — 2. Straforte. — 3. Fastnachtsspiele. — 4. Verspottung der Unfruchtbarkeit. — 5. Strafarbeiten. — 6. Verwandlungen. — 7. Junggesellen. — 8. Vereinzeltes.

1. A. J.n, d. h. Jungfrauen höheren Alters, sind bei den Naturvölkern so gut wie unbekannt [1]); auch außerehelicher Geschlechtsverkehr wird im allgemeinen nicht als unmoralisch angesehen, selbst wenn er Folgen hat — im Gegenteil wird dies sogar oft begrüßt und als Empfehlung für das Mädchen, das somit eine gewisse Befähigung nachgewiesen hat, betrachtet [2]). Sterilität bedeutet für den auf sein Zweckdasein eingestellten Volksmenschen einen Fluch, und wo sich die a. J.n nicht, wie im germanischen Altertum und im MA., in den Schutz des Kultes oder der Kirche flüchten konnten, waren und sind sie überall dem Spott und der Verachtung des Volkes ausgesetzt. Diese setzen sofort ein, nachdem die Heiratsgrenze um ein paar Jahre überschritten ist: auf Korea gelten Mädchen mit 20 Jahren schon als a. J. und kommen ins Gerede der Leute [3]); bei uns ist es gewöhnlich das 25.—30. Lebensjahr, das als äußerste Grenze im Volksleben betrachtet wird. In zahllosen, z. T. den a. J. selbst in den Mund gelegten, Spottliedern wird die Heiratsgier der Mädchen besungen, die diese Grenze überschritten haben [4]); sie werden mit wenig schmeichelhaften Namen belegt, die zumeist auf ihre Unfruchtbarkeit und ihr unnützes Leben

zielen („altes Scheit“: Innsbruck, „*vieille guenille* = Lumpen: Normandie [5]), „alte Schachtel“, „Alteisen“: allgemein, „Altwis“ = alte Wiese, die nur einmal im Jahre gemäht werden kann: Bayern [6]), „Tschabab“ = nichts mehr wert: Schweiz) [7]), oder an ihre Unansehnlichkeit („Vogelscheuche“) [8]) erinnern [9]); man ruft ihnen nach:

„Jumfere Maijer,
Hett Hüener und kaini Aijer,
Hett Räbe und kai Wi —
Wär möcht au Jumpfere Maijer si“ [10])!

Ein im Rheinischen übliches Lied gibt den Rat, sie als etwas völlig Unbrauchbares in eine Kanone zu laden und nach Amsterdam zu schießen, und eine in der gleichen Gegend übliche Redensart besagt, wo eine a. J. wohne, da sei auch der Teufel nicht weit [11]). In Schlesien heißt es, sie werde heiraten, wenn der Sommersonntag auf Montag fällt [12]); im Oberinntal läuft zu Fasching ein verkleideter Barbier den a. J. nach, um ihnen mit hölzernem Rahmmesser den Bart abzuscheren [13]): es ist vielleicht nicht zufällig, daß es in den beiden letzten Belegen Frühlingsfeiern mit starker Tendenz zum Fruchtbarkeitszauber sind, die mit den a. J. in Beziehung gebracht werden (vgl. Abschnitt 3). Daß all diese Neckereien nicht allzu böse gemeint sind, zeigt schon der in Deutschland ehemals weitverbreitete Brauch, den a. J. als Ersatz für ihre nie erlebte Hochzeit beim Begräbnis den Brautschmuck zu gewähren; es ist vielmehr das Ungewöhnliche, Unverständliche ihres Lebens, das die a. J. außerhalb der übrigen Gemeinschaft stehen läßt und sie eben als Außenstehende zur Zielscheibe des Spottes und der meist mythisch arbeitenden Phantasie des Volkes macht.

1) Ploß *Weib* 2, 65. 2) Fehlinger *Geschlechtsleben der Naturvölker* 17 f. Einen ähnlichen Grund mag es haben, wenn man sich — nicht nur im Bergischen — vor dem Rückgang einer Verlobung fürchtet, weil die Mädchen leicht a. J. werden: Schell *Berg. Volksk.* 114 Vgl. zum folgenden auch *Ortnît* 171, wo eine kinderlose Witwe Landes verwiesen wird: A. Dexel *Über gesellschaftliche Anschauungen, wie sie in den mhd. höfischen und Volksepen hervortreten* (phil. Diss. 1909), 31. 3) Buschan *Sitten der Völker* 2 (1915), 4. 4) Vgl. z. B. Hesemann *Ravensberg* 68; SAVk. 2, 29; 7, 79; 19, 127 f.; Lehmann *Sudeten Vk.* 85; E. K. Blümml *Schottkys Volksliedernachlaß* 15 Nr. XIX, 80; Andree *Braunschweig*² 297; v. Reinsberg *Meran* 58. 5) Reinsberg ebd. 58. 6) Schmeller 1², 868. 7) SchweizId. 1, 32. 8) Knortz *Volkskundl. Streifzüge* 411. 9) In Lothringen bedeutet das bloße *juffer* „alte Jungfer“: M. F. Follmann *Wörterbuch der deutsch-lothr. Mundarten* (1909), 269. 10) z. B. G. A. Seiler *Die Basler Mundart* (1879), 182; Züricher *Kinderlieder* Nr. 4582 ff. 11) Rhein Wb. 1, 139. 12) Drechsler *Schlesien* 1, 282. 13) Hörmann *Volksleben* 11.

2. Ihrer Unfruchtbarkeit und der allgemeinen Abneigung gegen diese entsprechend, hat man denn den a. J. auch besonders einsame und unfruchtbare Örtlichkeiten zum Aufenthalt nach dem Tode angewiesen. Diese Absonderung auch nach dem Tode scheint recht weit verbreitet [14]). Bei den Parsen mußten die a. J. bis zur Auferstehung in der Hölle bleiben [15]); ähnliches scheint auch im Alemannischen (Luzern) angenommen worden zu sein, wie die bei der Hochzeit einer a. J. übliche Redensart beweist: „S'ischt e Seel us (d)em Fegfür erlöst worde!“ [16]). Oder man gibt ihnen (in Ostpreußen) leer stehende Speicher oder einsame Wälder zum Aufenthaltsort [17]); auf den Färöern kommen die a. J. auf die *Skålebänk* [18]). Mädchen, die als Bräute sterben, müssen auf Kreuzwegen so lange tanzen, bis die Verlobten nachsterben [19]), und am Lichtmeßtage stehen die a. J. auf der Traunbrücke und rufen:

„Zeit, Zeit, Überzeit,
wia mei liaba Vada schreit“ [20])!

Gelegentlich findet man sie auch auf kahle Bergspitzen verbannt: der Breiten- und Röthelstein im Voigtland [21]), in Bayern die Einöde des Pfötschengartens [22]), der Gletscher des Rottals (unterhalb der Jungfrau im Berner Oberland) [23]) sind so als Aufenthaltsorte gestorbener a. J. bekannt. Vornehmlich aber sind es Sümpfe, Moore und Wassergegenden, an denen sie hausen müssen, sie, die ebenso unfruchtbar sind wie jene; schon Pomponius Mela erzählt von 9 zur ewigen Jungfrauschaft verdammten Jungfrauen, die auf der sumpfigen Insel Sena im

Atlant. Ozean lebten [24]). Für Ostpreussen gilt die Zählau, ein großer Bruch bei Friedberg, in erster Linie als Altjungfernort (*auf die Zählau kommen* = nicht heiraten) [25]); in Sachsen ist es der Altjungfernteich bei Grimma, der die Seelen der a. J. aufnimmt [26]); in Bayern sitzen sie im sumpfigen Haidweiher bei Amberg, strecken ihre dürftigen Arme über das Wasser und rufen: „Einen Mann! Einen Mann!" [27]). Für Luxemburg spielt der Wawerner Weiher [28]), für die Schweiz das Wangener Ried [29]) und das Giritzenmoos [30]), für Tirol das Sterzinger Moos [31]), das auch in Kärnten bekannt ist [32]), und das Plausermoos, für den Pinzgau das Brugger Moos [33]), für Appenzell das Hühnermoos [34]) die gleiche Rolle. Am bekanntesten unter diesen allen sind das Sterzinger- und das Giritzenmoos (obd. *moos* = Moor, Sumpf), jenes ein ehemaliger Seeboden, der sich an der tiefsten Stelle des Sterzinger Talbeckens $^1/_{12}$ Quadratmeile weit erstreckt, dieses örtlich nicht gebunden, ein mythischer Strafort, den man sich kahl, nur mit Disteln, Stauden und verkrüppelten Bäumen bestanden denkt [35]) und den man entweder 7 Meilen hinter der Hölle [36]) oder in unmittelbarer Nähe des Dorfes ansetzt. Giritz ist = Kiebitz, *Giritzenmoos* bedeutet also „Kiebitzbruch" (pfälz. *Kiwitzenwêd* als Altjungfernort); der Kiebitz gilt ganz allgemein für den Gesellen des Kuckucks; euphemistisch kommt „Kiebitz" auch für „Teufel" vor [37]). Als Republikaner unter den Vögeln [38]) wird er als Einsiedler und zanksüchtig angesehen; auch im Harz gilt ein Kiebitzbruch als geeignetster Strafort für eine besonders unbeliebte Person [39]).

14) Vgl. Bastian *Verbleibsorte der abgeschiedenen Seelen* (1893), 21. 15) Hertz *Abhandlungen* 214 = Ploß *Weib* 2, 645. 16) SAVk. 2, 56; vgl. tirolisch: „Von 10 Jungfrauen fahren 9 zum Teufel!": Zingerle *Tirol* 59 Nr. 512 = Sartori *Sitte und Brauch* 1, 121 f. 17) Reinsberg *Meran* 59. 18) Ebd. 59 f. Im Statut einer Kilbigesellschaft vom Anfang des 19. Jhs. werden den a. J.n die *Schiffig* (?) oder gar der *Nobiskratten* verheißen: SAVk. 19, 184. 19) Naumann *Gemeinschaftskultur* 39. 20) Baumgarten *Jahr u. s. Tage* (1866), 17. 21) Köhler *Voigtland* 519. 22) Quitzmann *Baiwaren* 123. 23) Tobler Zeitschrift f. Völkerpsych. 14, 69 = *Kl. Schr.* 136. 24) III, 48; vgl. Becker *Frauenrechtliches* 74. 25) Reinsberg *Meran* 59. 26) Meiche *Sagenbuch* 153 Nr. 205. 27) Quitzmann *Baiwaren* 135. 28) Fontaine *Luxemburg* 25. 29) SchweizId. 4, 471. 30) Reinsberg *Meran* 60; Tobler Zeitschrift für Völkerpsych. 14, 78 ff. = *Kl. Schr.* 137 ff.; Rochholz *Schweizersagen* 2, 44. 31) Quitzmann *Baiwaren* 123; ZfdMyth. 2 (1854), 360. 32) Hörmann *Volksleben* 24, wo auch ein neapolitanisches Volkslied erwähnt wird, das gleichen Inhalt wie das Sterzingermooslied hat. 33) Reinsberg *Meran* 60. 34) Ebd. 35) SchweizId. 4, 470; das wird nun in buntester Weise ausgemalt: es gibt dort nur rotes Flöschwasser, statt Blumen Binsen, als Obst *näspli* und *bramb̂eri*, Bremsen plagen die Bewohner usw. Sal. Landolt hat ein Gemälde vom Giritzenmoos gemalt. 36) SchwVk. 3, 73; vgl. oben das zu Anm. 16 Gesagte! 37) DWb. 5, 657. 38) Vgl. das bekannte Fabelmärchen von der Königswahl der Vögel (s. a. Adler): Grimm *Märchen* Nr. 117; ferner Andree *Braunschweig* ² 645, wo der gleiche Glaube für den ganzen Norden von Oldenburg bis Rügen bezeugt ist. 39) Tobler Zeitschr. f. Völkerpsych. 14, 73 = Pröhle *Unterharz* Nr. 125 = Rochholz *Schweizersagen* 2, 47. Vgl. im übrigen den Artikel Kiebitz.

3. An die Volkssage vom Sterzinger- und Giritzenmoos knüpfen sich nun Fastnachtsbräuche, die ihrerseits wohl sehr zum Fortbestande jener älteren abergläubischen Ideen beigetragen haben. In Sterzing werden die a. J. — d. h. die jungen Burschen des Orts in der Maske der a. J. — auf einen Wagen geladen, um unter Gesang „aufs Moos" gefahren zu werden, wo sie der Verwalter desselben in Empfang nehmen wird. Das Spiel endet mit einem Tanz im Wirtshaus [40]). Ganz ähnlich ist das Grättziehen, wie es im All- und Vinschgau geübt wird; auch hier wurden die als „alte Madeln" verkleideten Burschen auf einem großen Karren (*grätt*) ins Moos gefahren; die Burschen, die den Wagen zogen, waren als „Schemen" maskiert; eine Hauptrolle spielte das Krautweibele, das die Umstehenden mit stinkigem Kraut zu bewerfen hatte [41]). An vielen schweizerischen Orten wird statt dessen die Giritzenmoosfahrt aufgeführt; die einzelnen Spiele, die unter sich sehr verschieden sind, stimmen in diesen Punkten untereinander und mit den Tiroler Spielen überein: Vermummung

von Burschen als a. J. (oder auch wirkliche ledige Mädchen über 24 Jahre als Spielerinnen), die gezwungen werden, auf einem Wagen Platz zu nehmen, um ins Giritzenmoos gefahren zu werden [42]). Im Fricktal (Aargau) wird der Wagen beim ersten Graben umgeworfen, die ganze Gesellschaft zieht ins Wirtshaus, wo den Mädchen Wein in die Schürze gegossen und dann mit ihnen getanzt wird. Im Rottal (Luzern) wird der Wagen vom Tod, in Luzern vom Giritzenvater geführt. Gelegentlich (Fricktal, Luzern) wird auch Gericht über die a. J. abgehalten, ihre Sünden werden ihnen vorgehalten und sie werden — leibhaftig oder die vermummten Burschen — abends versteigert. Auch die jungen Burschen werden gelegentlich durchgehechelt. Im Muotatal (Schwyz) sollen in früheren Zeiten die ledigen Mädchen, als Kühe verkleidet und benannt, mitgespielt haben; ähnlich war das Salzburger Kuhtreiben [43]). Anscheinend auf Veranlassung der Geistlichkeit ist das Giritzenspiel an einigen Orten heute durch ein Kampfspiel zwischen Bacchus und einem Bußprediger ersetzt, dem der Name „Moosfahrt" seltsam ansteht [44]).

Schon die kritische Sichtung dieser Belege kann uns auf den eigentlichen Kern dieser Fastnachtsbräuche führen. Die große Rolle, die das Krautweibel im Vinschgau spielt, muß uns bedenklich stimmen; wesentlicher noch ist wohl die Tatsache, daß im Fricktal den Mädchen nach der Moosfahrt und vor dem Tanz Wein in den Schoß gegossen wird; auch die beim Spiel beteiligten Schemen weisen auf die Grundgedanken des Brauches. Die vermummten Burschen sind zweifellos Substitute der wirklichen a. J., die sich begreiflicherweise nicht überall gutwillig zu den oft derben Späßen der Burschen bei Umfahrt und Versteigerung hergeben. Das Giritzengericht erinnert sehr stark an das Mailehen und wird wohl nur eine etwas modifizierte Form desselben darstellen, also ursprünglich nichts mit der Moosfahrt zu tun haben. Sehr eigentümlich endlich ist das alte Zeugnis aus dem Muotatal, das von der Kuhvermummung der Jungfern redet; auch hier liegen die Beziehungen zu Fruchtbarkeitsbräuchen auf der Hand. Wir erhalten also etwa dieses Grundschema der ursprünglichen Moosfahrt: Umfahrt der ledigen Mädchen auf einem Wagen, die mit irgendeinem Fruchtbarkeitszauber (Krautweibele, Schemen, Wein in die Schürze, Kuhvermummung) in Verbindung steht.

Hierzu stellen wir einige historische Zeugnisse, die eine deutlichere Sprache reden: Pfeiffer erzählt uns in seiner *Leipziger Chronik* (II 53) um 1500: *mos erat antiquitus Lipsiae, ut* . . . (zur Fastnachtszeit) *personati iuvenes per vicos oppidi aratrum circumducerent, puellas obvias per lasciviam ad illius jugum accedere etiam repugnantes cogerent, hoc veluti ludicro poenam expetentes ab iis, quae innuptae ad eum usque diem mansissent.* Den gleichen Brauch berichtet Hans Sachs von Regensburg (hsg. Keller V 179), Wiedemann in seiner *Chronik von Hof* [45]) und Sebastian Frank in seinem *Weltbuch* (S. 51 a) vom Rhein, Franken „*vnd etlichen andern orten*". Bei diesen Pflugumzügen zu Fastnacht handelt es sich ganz deutlich um Fruchtbarkeitsriten; die Verwandtschaft mit unserm Moosfahren liegt auf der Hand. Sehr ähnlich ist das Blockziehen, wie es noch heute im Gailtal (Dellach) geübt wird: wenn ein Jahr lang kein Mädchen geheiratet hat, müssen alle Mädchen unter Führung eines als Narr verkleideten Burschen einen Baumstamm, auf dem ein riesiger Strohmann sitzt („der Bräutigam der sitzengebliebenen Mädchen!"), auf einem Schlitten durchs Dorf ziehen; ein fast gleicher Brauch ist in Tirol bekannt [46]). Eine recht ähnliche Sitte wird in Luxemburg geübt, wo die a. J. am Aschermittwoch „auf den Waweweiher geführt" werden, ebenfalls in Form eines Umzuges mit Wagen [47]). Eine dürftige Erinnerung an solchen Fruchtbarkeitszauber zum Besten der a. J. endlich finden wir in der Pfalz, wo am Sonntag Lätare der Hansl Fingerhut in dem nach ihm genannten Spiele sagt:

„Ich hab' schon lang' im Bruch gesessen
und hab' mit den Kiebitzen gefressen,
die machen: quä" [48])!

Von saarländischen Fastnachtsspielen, in denen verkleidete Burschen (bis ins 20. Jh. herein) die verklagten Weiber darstellten, wissen wir zu wenig, als daß wir sie mit Bestimmtheit hierher stellen könnten [49]).

[40]) ZfVk. 10 (1900), 83; Hörmann *Volksleben* 18 ff. [41]) Reinsberg *Festjahr* 65 f.; ZfdMythol. 2 (1854), 360; Hörmann *Volksleben* 11 f. [42]) Tobler in Zeitschr. f. Völkerpsych. 14, 78 f.; SAVk. 11, 265 f.; 1, 139 ff.; 3, 123 ff.; 4, 471; 7, 295 ff.; 9, 131; 8, 89; ZfdPhil. 18, 473 ff.; Lütolf *Sagen* 172. 566. 177; Estermann *Rickenbach* 194; Hoffmann-Krayer 131, 59, 132; Laistner *Nebelsagen* 230 f.; Sébillot *Haute-Bretagne* 89; Stauber *Zürich* 2, 145. [43]) Tobler in Zeitschr. f. Völkerpsych. 14, 83. [44]) SchweizId. 1, 1035; Herzog *Volksfeste* 224 f. [45]) Sächs. Provinzbl. 8, 347. Vgl. im übrigen den Artikel Pflugziehen. [46]) Franzisci *Kärnten* 119 f. Vgl. im übrigen den Artikel Blockziehen. [47]) Fontaine *Luxemburg* 25. [48]) Becker *Frauenrechtliches* 54. [49]) Fox *Saarland* 408.

4. An diese Fastnachtsbräuche schließt sich oft noch eine besondere Verspottung der a. J., die darin besteht, daß man ihnen etwas schenkt, was sie ganz besonders auf ihre Unfruchtbarkeit hinweist. So nagelt man ihnen einen Strohmann an die Haustür (Uri, Luzern) [50]), hängt ihn vors Fenster (Neuvorpommern, Rügen) [51]) oder stellt den „Dottermann" aufs Dach (Westböhmen) [52]), an die Dachrinne (Mülhausen, Sarganserland) [53]), einen Tannenbusch aufs Haus (Schweiz) [54]), malt ein Pfingstmannli an ihr Haus (Rüthi, Kanton St. Gallen) [55]) oder schenkt ihnen vorjähriges Moos (Schweiz) [56]). Ähnlich ist der Brauch der südslavischen Burschen, ihren a. J. zu Aschermittwoch Röhricht an die Haustüren zu hängen [57]).

[50]) Reinsberg *Festjahr* 65 f. [51]) Anthropophyteia 7, 210. [52]) John *Westböhmen* 74. [53]) Sartori *Sitte und Brauch* 3, 65; SAVk. 1, 153. [54]) SAVk. 6, 116. [55]) SAVk. 8, 166. [56]) SchweizId. 4, 471. [57]) Ploß *Weib* 2, 645.

5. An den Orten, an die sie nach dem Tode verbannt sind, müssen nun die a. J. eine Reihe von Arbeiten erledigen, die ebenso zwecklos sind, wie — nach der Anschauung des Volkes — ihr Leben war. Der Volkswitz ist hier unerschöpflich gewesen, sich neue unsinnige Arbeiten auszudenken. Im Sterzinger Moos sitzen sie unter Aufsicht einer Vorbeterin, die ruft: „Mi reut's, daß i net g'heirat' hab!", worauf alle antworten: „Mi aa! Mi aa!", und stößeln Leinsamen auf oder säubern Bachscheiter [58]); sie müssen das Moos nach Fingerspannen ausmessen [59]), Kleie auseinander lesen [60]), Schnee reitern, Felsen abreiben, in Thüringen: die Löwenburg scheuern, Brücken abreiben, Schneeflocken zupfen, Kiebitzen oder Fröschen Gamaschen stricken, in Hohenstein: Frösche mit langen Peitschen über den Hag treiben, in Schlesien: Flederwische verkaufen [61]), den Knopf des Patschkauer Kirchturms scheuern [62]), in Straßburg: die Zitadelle einbändeln helfen, in Wien: den Stephansturm abreiben, in Frankfurt a. M. und Basel: den Pfarr- (Münster) turm bohnen (wischen) [63]); im Böhmerwald: Federn sieben [64]), Schnee rieseln [65]), in Breslau: die Magdalenenbrücke kehren [66]), in Österreich: alte Karten scheuern [67]), in Nürnberg: den weißen Turm mit den Bärten von Junggesellen fegen [68]), in der Oberpfalz: Kiebitze hüten [69]); oft sind ihre Aufgaben auch geradezu unästhetisch, freilich wiederum mit deutlicher Beziehung auf das Sexuelle: so müssen sie in Tirol Hosenlätze dreschen, kauen (Solothurn) [70]) oder plätzen (flicken) [71]). In Frankreich frisieren sie die hl. Katharina, in Belgien helfen sie der hl. Anna bei der Garderobe, in England führen sie Affen zur Hölle oder flechten das Haar der hl. Katharina [72]). Oder sie müssen aus abgenutzten Sonnen Sterne zuschneiden [73]), einen Berg durchsägen helfen (Lausitz) [74]) oder schmutzige Ziegen aufschwänzen (ostpreuß.) [75]), Frösche nach Jerusalem treiben [76]) und was solcher Strafen, die mit jeder Generation wechseln können, mehr sind. Bei Moscherosch heißt es, sie müßten in der Hölle Schwefel und Zunder feilhalten [77]); Gryphius kennt bereits den Handel mit Flederwischen, der eine schlesische Eigentümlichkeit zu sein scheint [78]). Mit diesen Strafen verglichen gewinnt die Hypothese an Wahrscheinlichkeit, daß auch die Danaiden ursprünglich als a. J. ihre Strafe im Hades erlitten haben [79]); daß zwischen den deutschen und griechischen

Altjungfernstrafen direkte Beziehungen bestehen (insofern nämlich diese jene historisch veranlaßt hätten), halte ich nicht für wahrscheinlich.

[58]) Hörmann *Volksleben* 18. [59]) Alpenburg *Tirol* 350 f. [60]) Kuoni *St. Galler Sagen* 87; Friedli *Bärndütsch* 6, 334. [61]) Becker *Frauenrechtliches* 50 f.; z. T. = Urquell 3 (1892) 165; Drechsler *Schlesien* 1, 282. [62]) Drechsler *Schlesien* 2, 31; Kühnau *Sagen* 3, 47. [63]) ZfdMyth. 1, 405; A. Askenasy *Die Frankfurter Mundart* (1904), 31, wo ein Bild vom Jahre 1801 drei a. J.n zeigt, die den Pfarrturm bohnen. In Frankfurt mußten die a. J.n auch „de Pingstwääd plästern" = die Pfingstweide (ehem. Hammeltrift) pflastern. Ebd. 30. [64]) Schramek *Böhmerwald* 249. [65]) John *Westböhmen* 237. [66]) Kühnau *Sagen* 3, 46 f. [67]) ZföVk. 13 (1907), 133. [68]) Ploß *Weib* 2, 784. [69]) Schönwerth *Oberpfalz* 2, 175. [70]) Tobler Zeitschr. f. Völkerpsych. 14, 81. [71]) SchweizId. 4, 471. [72]) Reinsberg *Meran* 58. [73]) Mannhardt *Germ. Mythen* 378 = Müllenhoff *Sagen* 359 Nr. 482 = Ausgabe 1921 378 Nr. 558. [74]) Haupt *Lausitz* 1, 220. [75]) Reinsberg *Meran* 59. [76]) Fehrle *Volksfeste* 91. [77]) Ausgabe 1642, 6. Gedicht, 389. [78]) 1 (1662), 953. [79]) Waser ARw. 2, 61; ders. SAVk. 2, 55 ff.; Becker *Frauenrechtliches* 73.

6. Religionspsychologisch älter als die Verbannung der a. J. an Straforte und ihre Beschäftigung mit unnötigen Arbeiten ist es wohl, wenn sie nach dem Tode Verwandlungen durchzumachen haben. So werden a. J. allenthalben als Wiedergänger [80]) (bei den Wadschagga als böse Geister [81]), bei den Serben als Vilen) [82]) sehr gefürchtet. Ihre Verbannung aufs Giritzenmoos, wo sie Giritze (Kiebitze) hüten müssen, ist wohl jüngere Umbildung einer älteren Anschauung, nach der sie selbst zu Kiebitzen verwandelt im Sumpf leben müssen. Darauf deuten noch gelegentliche Anspielungen: in Luxemburg müssen sie nach dem Tode „Pivitsch!" rufen [83]); andernorts werden die an den Straforten umherfliegenden Kiebitze noch geradezu als a. J. aufgefaßt [84]). In Esthland glaubt man in leicht durchschaubarer Symbolik, die Brachvögel seien a. J. [85]), in Wollbach (Baden) läßt man sie in Bremsen, in Pforzheim in Eidechsen verwandelt werden; der griechische Glaube sah in einer Art Grille oder Heuschrecke (μάντις, γραῦς, σέρ(ι)φος, νύμφη), deren Blick jedem Schaden brachte, a. J. [86]). Im südlichen Ostdeutschland (Sachsen, Böhmen, Mähren) hält man die Unken für verwandelte a. J. [87]).

[80]) Naumann *Gemeinschaftskultur* 38; Fehrle *Keuschheit* 20. [81]) Naumann *Gemeinschaftskultur* 39. [82]) Haberland Globus 34, 205 ff. [83]) Traditionisme 1906, 74. [84]) Vernaleken *Alpensagen* 396 f.; Wuttke [3] 56; Ackermann *Shakespeare* 40. [85]) Tobler in: Zeitschr. f. Völkerpsych. 14, 73. [86]) Ebd. [87]) Grohmann *Aberglaube* 83; Meiche *Sagen* 153 Nr. 205.

7. Die Junggesellen (Hagestolze) sind, obwohl auch sie nicht gerade gern gesehen werden [88]), doch weit weniger dem allgemeinen Spott ausgesetzt als die a. J. Zwar setzt man auch für sie Straforte (Tirol: Floiten und Stilup, Seitentäler des hintern Zillertales [89]), Roßkopf, Petereck, Wipptal [90]), Solothurn: Affenwald, Wallis: Aucendakluft bei Gex [91]), ferner: Bruch bei Fischhausen [92]) usw.) und Strafarbeiten an (Stubben roden, Wolken schieben, Felsen abreiben, Steinböcke — die es in der Gegend nicht gibt — einsalzen, Nebel schichten, einer winzigen Ameisensorte Ringe durch die Nase ziehen, Linsen aufklaftern [93]), sich mit den Gaubitzeln = Kiebitzen unterhalten), a. J. oder Kühe (vgl. den 3. Abschnitt) auf den Hintern klatschen [94]), in durchlöcherten Körben aus der Rhone Sand zu Berge tragen [95]), schwarzen Gänsekot zu weißem Wachs kauen [96]), Schnee sieben, sich mit dem Stiefelknecht verheiraten [97]) usw.), aber all diese Dinge stellen sich doch deutlich als Nachahmungen zu den Altjungfernstrafen und -orten dar und haben daher keinen primären Wert. Am deutlichsten läßt sich das Verhältnis bei den Spottliedern beobachten, die auf Junggesellen gesungen werden (z. B. das Tiroler Peterecklied) [98]); diese sind offensichtliche Nachbildungen der Altjungfernlieder, die am gleichen Ort, etwa bei Fastnachtsspielen, gesungen werden.

[88]) Schrader *Reallexikon* 1 [2], 548; Bekker *Pfalz* 226; Usener *Kl. Schr.* 4, 297. [89]) Hörmann *Volksleben* 22. [90]) Reinsberg *Meran* 61; Quitzmann *Baiwaren* 123; Alpenburg *Tirol* 350 f. [91]) Tobler

Zeitschr. f. Völkerpsych. 14, 69; SAVk. 1, 220. [92]) Reinsberg *Meran* 61. [93]) Ebd. [94]) Hörmann *Volksleben* 22. [95]) Tobler Zeitschr. f. Völkerpsych. 14, 69. [96]) Alpenburg *Tirol* 350 f. [97]) Drechsler *Schlesien* 1, 282 f. [98]) Hörmann *Volksleben* 23 f.

8. In den übrigen Verspottungen der a. J. findet sich nur vereinzelt Abergläubisches. Eine märkische Sage erzählt, daß eine a. J. abseits, an abgesonderter Stelle auf dem Friedhof, begraben sei [99]); als außerhalb der Gemeinschaft Stehende (vgl. Abschnitt 1) und als daher gefährliche Tote (vgl. Abschnitt 6) dürfen sie auch im Tode nicht an der Gemeinschaft teilnehmen. Wie der alten Weiber, so bedeutet auch der a. J. Angang Unglück, bes. zu Neujahr (tirol.) [100]). Ganz vereinzelt glaubt man auch an eine Feindschaft zwischen Mäusen und a. J. (wo viel Mäuse, da wenig a. J. und umgekehrt) [101]), eine Ansicht, die vielleicht auf die Katzenliebhaberei der a. J. zurückzuführen ist.

[99]) Engelien-Lahn 1, 81. [100]) ZdMyth. 2 (1884), 421. [101]) MschlesVk. 9 (1902), 9 f.
Mackensen.

Älterlein. Die Atrophie der Kinder nennt man: Ä., Elterlein. „Wenn das Kind nicht zunimmt, so hat es das E." [1]). Diese Erscheinung, wenn die Kinder ein greisenhaftes Aussehen und eine runzelige, pergamentartige Haut im Gesicht und auf der Stirne haben, heißt in Oberösterreich *'sGölta* (das Gealtetsein) [2]). In der Oberpfalz und im Egerland sagt man, solche Kinder haben den „Altvater" [3]) (s. d.), oder anderswo heißt es, sie haben den „Altmann", das „Altmännchen"; in den Niederlanden legte man solche Patienten unter den hl. Lindenbaum; das von den Blättern fallende Naß sollte die Krankheit beseitigen [4]). Anderswo glaubte man durch Abbacken (s. d. II), das Leiden heben zu können, das nicht selten „beschrieen" schien [5]).

[1]) Nemnich unter d. W. und Höfler *Krankheitsnamen* 9. [2]) ZföVk. 9, 211. [3]) Schönwerth 1, 187 Nr. 13; Grüner *Egerland* 36; John *Oberlohma* 131, 160. [4]) Urquell N.F. 1, 34 f. [5]) Schönwerth a. a. O.
Stemplinger.

Alter Mann. Man wird bei Untersuchung des gesamten Materials zur Ansetzung einer Figur gelangen, die man den numinosen Alten benennen kann. Sie liegt auch den Vorstellungen Altvater 1 und 2 letzten Endes zugrunde. Eine Hildesheimer Sage vom steinalten Mann am Eichbaum mit Donnerwetter und Feuerstrahl scheint von ihren Nacherzählern willkürlich stark nach Donar stilisiert [1]). Man muß sich hüten, unmittelbar an verblaßte heidnische Göttergestalten zu denken, vielmehr wird der numinose Alte auch jenen zuweilen zugrunde liegen. Die auch aus Deutschland belegte Wandersage vom alten einkehrenden Bettler mit Lohn und Strafe für Gewährung oder Verweigerung der Gastfreundschaft [2]) ist in erster Linie eine Bettlersage; ihn numinoser erscheinen zu lassen, gesellt sich das Alter hinzu. Ein a. M. bringt glücklichen Angang [3]) oder ist bei Antritt der Jagd (durch bösen Blick) von numinoser Bedeutung [4]). In Böhmen geht vor der wilden Jagd ein Greis her und warnt die Leute vor Gefahr [5]). Ein a. M. in Stülphosen erschien im Kanton Baselland als Spukgestalt [6]); s. a. Eckart.

[1]) Mannhardt in ZfdMyth. 2 (1854), 305 nach Seifart *Sagen aus Hildesheim* 9. [2]) Wolf *Beiträge* 2, 41 ff.; Zingerle *Sagen* 1, 106. [3]) Schönwerth *Oberpfalz* 3, 274. [4]) Seligmann *Blick* 1, 232. [5]) Grohmann *Sagen* 79. [6]) Lenggenhager *Sagen* 53.
H. Naumann.

Altersklassen s. Burschenschaft.

Altersstufen s. Jahr.

alterwicken s. wicken.

Altes Weib. 1. Angang (s. d.). Der Aberglaube vom Angang hat durch das ganze MA. die tiefsten Wurzeln geschlagen. Worauf ein Mensch frühmorgens beim ersten Ausgang stieß, das bezeichnete ihm Heil oder Unheil, es konnte Mensch, Tier oder Sache sein [1]). Im allgemeinen gilt die Begegnung alter Leute für ein übles Vorzeichen, die Begegnung junger dagegen für ein glückliches [2]). Wer irgend etwas Wichtiges vorhatte, stand davon ab, wenn ihm alte Leute begegnet waren [3]). Dem gesunden, strebenden Menschen ist alles Ungesunde und Verwelkende, Kranke, Krüppel und alte Weiber, auf die mit der Zeit der ganze Zauber herabsank [4]), widerwärtig und unheimlich [5]). Man kann in diesem Angstglauben eine dreifache Steigerung unterscheiden: 1. Die Begegnung alter Weiber wird überhaupt als unheilverkündend angesehen [6]). Einem Fischer darf kein altes Weib begegnen, sonst fängt er nichts [7]). Ein Jäger kehrt wieder um, oder schlägt einen Seitenweg ein, oder spuckt aus, wenn ihm beim Aufbruch zur Jagd eine alte Frau aufgestoßen ist. Es gibt eine Reihe von Mitteln, durch die der üble Angang unwirksam gemacht wird [8]). Grimm erwähnt das Beschreien [9]). 2. Schlimmer als sonst wirkt die Begegnung alter Weiber am frühen Morgen [10]). Der Glaube, daß man alsdann kein Glück habe, zum mindesten nicht für den ganzen Tag, ist allgemein [11]). Wenn sich vor der Marktbude eines Krämers zuerst ein a. W. einstellt, so hat der Verkäufer am ganzen Tag kein Glück [12]). Ein junger Bursch, der frühmorgens zur Verlobung ausgegangen ist, dreht wieder um, falls die erste Begegnende eine alte Frau war [13]). 3. Am schlimmsten wirkt die Begegnung alter Weiber am Neujahrsmorgen [14]). Wem dann eine Alte das Neujahr abgewonnen hat, der kann sich vor Schaden noch bewahren, indem er spricht: Euch ebensoviel [15]).

[1]) Grimm *Myth.* 2, 937; Helm *Relig.-gesch.* 1, 121. [2]) Müller *Isergeb.* 9; SAVk. 19, 21. [3]) Urquell 1 (1890), 65. [4]) Grimm *Myth.* 2, 1028 f.; Stemplinger *Abergl.* 95. [5]) Panzer *Beitrag* 2, 302. [6]) Rogasener FamBl. 1 (1897), 23; Schönwerth *Oberpfalz* 3, 293. 1, 405. [7]) Fogel *Pennsylvania* 265; Sartori 2, 102. [8]) Strackerjan 1, 29; Drechsler *Schlesien* 2, 194. [9]) Grimm *Myth.* 2, 940. [10]) Wuttke § 288; Dirksen *Meiderich* 49 Nr. 7; ZföVk. 13 (1907), 134. [11]) Grohmann *Abergl.* 220; Stoll *Zauberglauben* 187; Grimm *Myth.* 3, 441 Nr. 380; Schw.Vk. 4, 42 (Baselland). [12]) Reiser *Allgäu* 2, 427; Bartsch *Mecklenburg* 2, 313. [13]) Jensen *Nordfries. Inseln* 290. [14]) Vernaleken *Mythen* 352; Reiser *Allgäu* 2, 23; Sartori *Sitte und Brauch* 3, 64; ZdVfVk. 8, 400; Strackerjan 1, 29. [15]) Grimm *Myth.* 3, 471 Nr. 976.

2. In der Ablenkungsformel: „Euch ebensoviel" bezeugt sich die Furcht des Gegrüßten, daß die alte Frau Zauberkräfte habe und sie zum Unheil des Nächsten anwende. Alte Weiber sind Hexen [16]), im wilden Heer reiten sie mit, sie können die verschiedensten Gestalten annehmen, als Katzen gehen sie um [17]), den ungetreuen Liebhaber wissen sie durch einen ausgesandten Bock zurückzuholen. Die Verwandtschaft mit Geistern [18]) und Gespenstern [19]), die man alten Leuten gern zutraut, wird in besonderer Weise den alten Weibern zuerkannt. Unordentliches Wesen, wirres Haar, stechender Blick erhöhen den üblen Eindruck [20]). In den Beschwörungsformeln spielen die alten Weiber eine Rolle [21]). Die Pest wird gedacht als eine bleiche, dürre Alte [22]). Das Sprichwort: „Lange Nase, spitzes Kinn, sitzt gewiß der Teufel drin", ist gang und gäbe. Eine Reihe von Volkserzählungen hat am Ende die Lehre: Wo der Teufel nicht hinmag, da schickt er ein a. W. hin [23]). — So gelten alte Weiber vielfach als die Verkörperung alles Bösen [24]). In ihnen können sich sogar kinderraubende Dämonen verbergen [25]), und die Wöchnerin hat es oft nicht gern, wenn sich alte Weiber über die Wiege ihres Kindes beugen [26]). Kinder wissen zu berichten, daß sie beim Beerensammeln im Walde eine beerensuchende Alte erblickt haben, die plötzlich verschwunden war [27]). Aus härteren Zeiten ist bei uns der Brauch geblieben, drohendes Unheil auf alte Frauen abzuladen. Deshalb wird eine alte Frau als erste Person in die Wohnung der Neuvermählten geschickt. Das drohende Unheil trifft die Alte [28]).

[16]) Grimm *Myth.* 2, 902 u. 1, 223. [17]) Sébillot *Folk-Lore* 3, 122 f. [18]) Urquell 2 (1891), 149. [19]) Correvon *Gespenstergesch.* 6 f. [20]) Krauß *Relig. Brauch* 12; ZdVfVk. 22 (1912), 132. [21]) Meier *Schwaben* 2, 519. [22]) Grimm *Myth.* 2, 994. [23]) Kühnau *Sagen* 2, 577 f.; Schönwerth *Oberpfalz* 3, 86 f.; Lütolf *Sagen* 187 f.; Bavaria 2, 232. [24]) Schönwerth *Oberpfalz* 1, 114 Nr. 78. [25]) Radermacher *Beitr.* 93. [26]) Meyer *Baden* 36; Baumgarten *Aus der Heimat* 3, 27. [27]) Kühnau *Sagen* 1, 468; Meiche *Sagen* 347 Nr. 458; Sepp *Sagen* 606 Nr. 165. [28]) Seligmann 2, 292.

3. Weil alte Frauen Zauberkraft haben [29]), so werden sie oft zu Beschwörungen gebraucht [30]). Ein verschrienes

Kind wird von einem alten Weibe als Büßerin geheilt [31]). — Eine „kluge Frau" macht ein Kind gesund, es wird aber wieder krank, da es dem bösen alten Weibe aufs Neue begegnet [32]). Der böse Blick ist manchen a.n W.n eigen [33]). Ein Gutsbesitzer will hartherzig einen Schuldner auspfänden lassen. Die alte Frau im Hause des Schuldners weiß es so einzurichten, daß sie den Mann sieht, worauf dieser dann sofort ruft: Meine Beine sind gebrochen [34]).

[29]) Grimm *Myth.* 2, 868; ZfdMyth. 3, 309. [30]) Hovorka u. Kronfeld 2, 58; Haltrich *Siebenb. Sachsen* 276; Grimm *Myth.* 2, 868; Kuhn u. Schwartz 451 Nr. 386; Franz *Nikol. Jawer* 155 f. [31]) Grüner *Egerland* 36. [32]) Strackerjan 1, 373. [33]) ZdVfVk. 2 (1901), 320. [34]) Ebd. 11, 318; Seligmann 1, 248. Boette.

Ältester (s. a. Jüngster). Der Begriff vom Ältesten schließt ein gewisses Vorrecht vor dem Jüngeren in sich. Der Älteste schneidet, wenn die Ernte begonnen wird, die ersten Halme und macht von Ähren, Buchsbaum und künstlichen Blumen einen Strauß, der dem Gutsherrn überbracht wird [1]). — Wenn das älteste Kind im Hause das Kalb anbindet, so kann keine Hexe Schaden tun [2]). Bei mystischen Krankenheilungen, also zu dem „Betreten der Kranken", wird der älteste Sohn oder die älteste Tochter herbeigeholt, zu Beschwörungsformeln das älteste Kind [3]). Der älteste Sohn erscheint so geweiht, daß sein Name wie ein Tabu wirkt [4]). Dem ältesten Sohne im Hause stehen gewisse Vorrechte zu, weil er die Erstgeburt ist, die erste Äußerung von der Kraft der Eltern. Die Verbindung mit den Vorfahren wird durch den ältesten Sohn erhalten, er wird nach dem Großvater genannt, wie die Tochter nach der Großmutter [5]). An den Rechten des Ältesten soll nichts gekürzt werden. Es bringt, wie das Volk urteilt, dem Hof keinen Segen. Die zärtliche Sorge um das Wohlergehen des ältesten und jüngsten (s. d.) Kindes äußert sich in der Vorschrift, nichts auf dem Tische liegen zu lassen, sonst kann das älteste oder jüngste Kind im Hause nicht schlafen [6]).

[1]) Mannhardt 1, 204. [2]) Grimm *Myth.* 3, 456 Nr. 439. [3]) Hovorka und Kronfeld 2, 288. [4]) Frazer 12, 255 f. [5]) Höhn *Geburt* Nr. 4, 274. [6]) Grimm *Myth.* 3, 437 Nr. 91. Boette.

Althe s. Eibisch.

Altmütter heißen in Böhmen „noch heute" die Wolken; erhebt sich ein Gewitter, so sagt man: „die A. erheben sich" [1]). Im böhm. Märchen heißen die 3 weissen Schicksalsfrauen A.chen [2]). — Den hessischen Flurnamen Ellermutter im Stammheimer Walde hat wohl nur Weigand fälschlich als Ältermutter gedeutet [3]).

[1]) Grohmann *Sagen* 87. [2]) Ders. a. a. O. 3. [3]) ZfdMyth. 1 (1853), 3. H. Naumann.

Alto, schottischer Edelmann, Mitte 8. Jh.s nach Bayern gewandert, gest. 760, Fest 9. Febr.

1. Er stiftete zwischen München und Augsburg ein Kloster, Altomünster genannt, bei dem sich ein gleichnamiger Markt entwickelte. Unter den Reliquien des Heiligen gilt als Hauptstück die Hirnschale in moderner Silberfassung; aus dieser wurde an seinem Feste den Gläubigen Wein gereicht [1]).

2. In Altomünster ein von ihm geweihter Brunnen, dem keine Frauensperson sich nahen darf [2]).

[1]) Bavaria 1, 308; ZfVk. 22 (1912), 12. [2]) Höfler *Waldkult* 70, 13. Wrede.

Altvater. 1. *A.*, *Älterlein* (s. d.), *Altmännchen*, ndl. *de oude man*, nordfranz. *le petit vieillard*, heißt eine Kinderkrankheit und nach primitiver Denkart kollektivistisch auch zugleich das Kraut, das dagegen gewachsen ist, desgleichen die vermeintliche Ursache der Krankheit, der Bilwis. Unter dem Namen A. ist ein hexenvertreibendes Kraut bezeugt aus Freystadt in der Oberpfalz [1]); anderwärts heißt es *Altmann-* oder *Greiskraut* (daraus fälschlich *Kreuzkraut*), *Erigeron acre, Senecio, senex vulgaris* oder *Berufs-*, *Beschreikraut*, engl. *oldmans woozard* (*Clematis vitalba*); auch wird das *A.-mark* (s. 2.), *Sterca montana*, als Heilmittel gebraucht [2]). Die Krankheit hat ihren Namen von dem greisenhaft-abgezehrten Aussehn des Kindes und von der Vorstellung, daß dies Kind nicht mehr das rechte Kind sei, sondern ein von Unterirdischen (Bilwissen), die selbst als alte Männchen gedacht sind, eingetauschter Wechselbalg, mindestens aber, daß es durch deren Machenschaft und Zauber, womöglich schon vor der Geburt, selbst zum Altmännchen, A. geworden sei [3]). A. ist also ein sehr interessanter Kollektivbegriff, und wir befinden uns mit diesem Kapitel nach Denkart und Glauben auf dem Boden der primitivsten Gemeinschaftsmedizin.

[1]) SAVk. 23 (1921), 171. [2]) Urquell N. F. 1 (1897), 33. [3]) Strackerjan *Oldenburg* 1, 497. 498; Urquell a. a. O.

2. A. ist der Name eines Berggeistes oder des Obersten der Berggeister in weißer Gestalt, mit großem weißen oder grauen Bart [4]); er bestraft in mährischer Sage den habsüchtigen Schäfer, den er vorher in seine Schatzkammer geführt hat [5]). Oft erscheint diese Figur in Mehrzahl [6]), besonders in Dreizahl [7]); drei A. sitzen in einem verwunschenen, nicht wiederaufzufindenden Gemach auf der Kynsburg (Kreis Waldenburg) in langen Kleidern, mit weißen Bärten, an einem Tisch, auf dem ein großes Buch liegt [8]). Manchmal erinnert der Aspekt des A.s an den Kaiser im Berg [9]). Lowags [10]) A.-sagen sind stark verfälscht, sie lassen ihn mit seinen Gnomen meist als deus ex machina auftreten. Die mährische Sage endet: „Seitdem steht da, wo die schöne Wiese lag, ein hoher Berg, welcher der A. genannt wird." Ein großer Felsblock bei Kalmbach im Schwarzwald (im Walde bei Calw) heißt A. [11]), der zu Unrecht früher mit Donar in Verbindung gebracht wurde. Es besteht also eine Beziehung zwischen dem Namen des Berggeistes und dem Bergnamen A. Den Bergnamen A. bezog auf Donar als Herrn des ihm geheiligten Berges zuerst J. Grimm [12]). Aber Regell [13]) wies nach Veith *Vater* als Bergmannswort nach: „die Stelle, wo ein nutzbares Mineral in seiner natürlichen Lagerstätte neu aufgedeckt wird." Dies Etymon sei auch für den mährischen A. anzusetzen. Der nicht mehr verstandene Name hätte den Anlaß zur Sagenbildung als Deutungsversuch ergeben. „Aus der Verbindung mit dem Glauben an vergrabene Schätze . . erwuchs dann sehr natürlich (!) die Erzählung von den Schätze hütenden (!) drei (!) A.n." Unsere Ausrufungszeichen deuten die Sprünge dieser Erklärungsweise an. Die Vorstellung des numinosen Alten liegt jedenfalls noch dahinter; ihre Herbeiziehung mag der mißverstandene Terminus vielleicht veranlaßt haben.

[4]) E. H. Meyer *Germ. Myth.* 243; Graber *Kärnten* 99 Nr. 118, 5; Kuhn *Westfalen* 1, 69 ff. Nr. 57 ff. [5]) Kühnau *Sagen* (nach Büsching) 3, 663; 2, 407. [6]) Bindewald *Sagenbuch* 1 ff., 10. [7]) Ebd. 10, 137. [8]) Kühnau *Sagen* 1, 539. [9]) E. H. Meyer *Germ. Myth.* 243; Graber, Kuhn a. a. O. [10]) Vgl. Kühnau *Sagen* 2, 407. [11]) Meier *Schwaben* 1, XIX, 97; Sepp *Altbayr. Sagenschatz* 81. [12]) *Mythol.* 1, 140. [13]) Beiträge zur Volkskunde, Festschrift für Weinhold, 1896, 139; Veith *Deutsches Bergwörterbuch* 1871.

3. A.väterchen hießen bis zum 14. Jhdt. die Hausgötter in Böhmen [14]).

[14]) Grohmann *Aberglaube* 16 f.

H. Naumann.

Altweibermühle s. Verjüngung.

Altweibersommer.

A. Entstehung des A.s. 1. Terminbezeichnungen. — 2. Flugsommer. — 3. Gespinste. — 4. Kleiderfetzen. — 5. Altweibersommer. — 6. Vereinzeltes. — B. Abergläubisches.

A. 1. Die von winzigen jungen Spinnen herrührenden Fäden, die an sonnigen und warmen Frühlings- und besonders Herbsttagen durch die Luft fliegen, werden, da ihre eigentliche Herkunft zumeist unbekannt ist, vom Volke verschieden ausgedeutet. Eine große Reihe von Bezeichnungen deutet lediglich auf die Zeit hin, in der diese Spinnweben beobachtet werden; die hierher gehörigen Namen [Nachsommer [1]); Sommerfäden [2]); Sonnenfäden [3]); Herbstfäden [3]) [4]); Spätsommer, ungar. utónyár = Nachsommer [4]); franz. St. Mauritiussommer (22. IX.) [4]); tschech. St. Wenzelssommer (28. IX.) [4]); vlämisch, ungarisch Michelssommer (29. IX.) [4]); schwed. Brittasommer (8. X.) [4]); franz. Dionysiussommer (9. X.) [4]); lombard. Sommer der hl. Theresia (15. X.) [4]); brandenb. [4]), tirol. [5]) Gallussommer (16. X.); griech., russ. Demetriussommer (26. X.) [4]); deutsch Allerheiligensommer [4]) [6]) = schwed. Allerheiligenruhe [4]) (1. XI.)]

entbehren jedes abergläubischen Inhalts und sind als Terminbezeichnungen aufzufassen.

[1]) Grimm *Mythologie* 2, 654. [2]) Lauffer *Niederdeutsche Volksk.*[2] 74. [3]) BadWb. 1, 38 f. [4]) A. Lehmann *Altweibersommer* (phil. Diss. Berlin 1911 = Landwirtschaftl. Jb. 1911), 3, 10. [5]) Kluge *Etym. Wb.* [10] 14. [6]) RheinWb. 1, 151.

2. Verhältnismäßig nahe lag der Gedanke, die fliegenden Fäden als geflügelte Boten des Sommers, wenn sie im Frühling, als seinen Scheidegruß zu empfinden, wenn sie im Winter erschienen. Darauf deuten Namen wie fliegender Sommer, Flugsommer, Sommerflug [7]), dän. flyvende sommer [8]), tschech. babj leto ljta („der Weibersommer fliegt umher") [8]), Herbstflug [9]), ziehendes Sommergewebe [9]). Man meint, die im Frühling bemerkten Fäden bringen den Sommer, mit den Herbstfäden fliege der Sommer hinweg [10]). Für Deutschland ist dieser Glaube, soweit ich sehe, 1739 zuerst bezeugt [11]); in der Literatur des 18. und. 19 Jh.s findet er sich häufig, bes. bei Jean Paul [12]).

[7]) Grimm *Mythologie* 2, 654; Lauffer *Niederdeutsche Volksk.*[2] 74; P. Herrmann *Deutsche Mythologie* (1898) 99. [8]) A. Lehmann *Altweibersommer* 6. [9]) Ebd. 10. [10]) Ebd. 6. [11]) Kirsch *Cornu copiae* 2, 299: „Der im Herbst fliegende Sommer". [12]) Z. B. 1795 *Fixlein* 182 u. ö.

3. Wesentlich länger bezeugt als diese Anschauung ist, wenigstens für deutsche Verhältnisse, eine andere, die in den Fäden Gespinste erblickt. In vielen Fällen begnügt man sich mit dieser Erkenntnis, ohne weiter nach dem Urheber der Gespinste zu fragen; Bezeichnungen solcher Art sind: Graswebe [13]), Herbstgarn [14]), schweiz. Spinnwubbele [15]), frz. filandres, engl. floating cobwebs [16]), Feldwebe, Sommerseide (Altmark), Herbstgewebe, tschech. Spinnwebensommer [17]). Meist jedoch arbeitet die Phantasie des Volkes weiter; man fragt nach der Spinnerin und findet diese in der Jungfrau Maria, die mit den 11 000 Jungfrauen im Herbst umzieht und das Land mit Seide überspinnt (Altmühltal, dafür im Donautal: Mutter Gnut mit den 11 000 Jungfrauen, in Passau: die Madonna mit den Elben) [18]). Daher denn auch die Bezeichnungen: Marienfäden, Mariensommer [19]), Mariengarn [20]), westf. Unser laiwe Fruen Suemer [21]), Unser lieben Frauen Gespinst (bayr.), Muttergottesgespinst, Marienseide [22]), Liebfrauenfäden, Frauensommer, Garn der hl. Jungfrau, Unserer lieben Frauen Sommer, frz. fils de la Vierge, holl. Mariendraadjes, poln. lato swieto marčinskie (= Mariensommer), ital. filamenti della Madonna [23]). Wenn man mit Grimm [24]) geneigt ist, die Stelle des *Indiculus: de petendo quod boni vocant sanctae Mariae* durch Konjektur (*pendulo* statt *petendo*) auf unsern Glauben zu beziehen, würde dieser auf ein beträchtliches Alter zurückblicken; für das 17. Jh. wird er durch drei über den Gegenstand angefertigte Dissertationen (*De filamentis D. Virginis* 1665 Halle, 1666 Wittenberg, 1671 Jena) deutlich bezeugt [25]). Kein Zweifel jedoch kann darüber bestehen, daß Maria hier wie in vielen andern Fällen die Nachfolge älterer mythol. Gestalten angetreten hat, die sich gelegentlich im Volksbewußtsein erhalten haben. So wird die Mondspinnerin [26]) für die Fäden des A.s verantwortlich gemacht (Altmark [27]), Oberpfalz [28]), südslav.) [29]), oder Frau Holle ist es, die als Spinnerin, den Fleiß der Mädchen prüfend, durch das Land geht (schles.) [30]); auch die Zwerge sollen daran schuld sein [31]) (bes. nd.[32]), vgl. schwed. dvärgsnät = Zwergnetz für Spinngewebe). In Niederdeutschland, und zwar, wie es scheint, über das ganze Gebiet hin, sind es die Metten (Metken, Mättchen), die die Fäden spinnen [33]) (daher *metjensamer*, falsch verhochdeutscht als *mädchensommer*), mythische Weiber, die auch im Wasser sitzen und mit langen Armen die Kinder zu sich herabziehen [34]). Der Name *metje, metke* gehört wohl zu *Matthias*; ursprünglich würde *metkensamer* also = Matthiassommer sein und sich zu den unter 1. aufgeführten Bezeichnungen stellen, die sich vom Termin des Erscheinens der Fäden herleiten; die Mythologisierung dieser Personen wäre also, freilich nach älteren Vorbildern, erst in verhältnismäßig später

Zeit erfolgt. Eine Identifizierung der Metten mit den altgerm. Schicksalsgöttinnen ist jedenfalls abzulehnen. Diese scheinen sich nur in Schweden als Urheberinnen des Altweibersommers im Gedächtnis des Volkes erhalten zu haben [35]; das ital. Sprichwort *ve' quant' hanno filato questa notte le tre Marie* [36], mit dem die Fäden im Frühling begrüßt werden, beruht wohl auf jüngerer legendärer Bildung.

[13]) Grimm *Mythologie* 2, 654; Lauffer *Niederdeutsche Volksk.*² 74. [14]) BadWb. 1, 38 f. [15]) Friedli *Bärndütsch* 6, 694. [16]) Lehmann *Altweibersommer* 9. [17]) Ebd. 10. [18]) Mannhardt *Germ. Mythen* 640. [19]) Grimm *Mythologie* 1, 390; Wuttke 28 § 27. [20]) Wuttke 28 § 27. [21]) Mannhardt *Germ. Mythen* 639 f. [22]) Kluge *EtymWb.*¹⁰ 14. [23]) Lehmann *Altweibersommer* 10. [24]) *Mythologie* 3, 234. [25]) Lehmann *Altweibersommer* 7. Die Diss. von 1665 ist von Prätorius (*Sacra filamenta Divæ virginis*), die von 1671 von Madeweis. [26]) Über die Beziehungen des Mondes zum Spinnen s. Wilke *Religion der Indogermanen* (1923) 148. [27]) Mannhardt *Germ. Mythen* 640. [28]) Schönwerth *Oberpfalz* 2, 69. [29]) Krauß *Relig. Brauch* 13. [30]) Klapper *Schlesien* 221. [31]) Bei den Zwergen sitzt eine Alte und spinnt: Mannhardt *Germ. Mythen* 304 ¹. [32]) Grimm *Mythologie* 1, 390; Lauffer *Niederdeutsche Volksk.* ² 74. [33]) Meyer *Germ. Myth.* 169; Grimm *Myth.* 3, 234; 2, 654; Lauffer *Niederdeutsche Volksk.*² 74; Mannhardt *Germ. Mythen* 639 f.; Müllenhoff *Sagen* (1921), 378 Nr. 556; Lehmann *Altweibersommer* 11. Das Wort entspricht völlig einem *metke, metje* = Made, mit dem es die Volksetymologie auch zusammenbringt; so kommt es, daß in Bremen und Hamburg *slammetje* = Regenwurm auch den Flugsommer bedeuten kann. [34]) Heckscher 338; Strackerjan 1, 419; Meyer *Germ. Myth.* 130. Das Wort *mette* = Altweibersommer findet sich bei Klopstock, Voß, Annette v. Droste u. a. [35]) Rochholz *Schweizersagen* 1, 356. [36]) Grimm *Myth.* 3, 234.

4. Auf beträchtliches Alter läßt die Anschauung schließen, die die Spinnweben des A.s von einem göttlichen Wesen herrühren läßt und sie als Fetzen oder Fäden vom Gewand der Göttin betrachtet. Nach einer Krakauer Sage stammten sie von den Heidengöttern *Lel* und *Polel*, die sich auf dem Felde jagen und dabei ihre Gewänder zerreißen [37]. Die gleiche Vorstellung scheint aus der Vermutung zu sprechen, daß sich die Fäden bei der Verfolgung „des alten Weibes" losgelöst hätten [38]. Auch dieser Glaube hat sich wiederum an die Jungfrau Maria angeschlossen: aus dem Mantel, den sie bei ihrer Himmelfahrt trug, sollen die Fäden stammen [39]. Engl. *gossamer*, auch einfach *samar*, *simar* = (Gottes) Schleppkleid scheint auf den gleichen Aberglauben zu deuten [40]; die Bezeichnung *capillitium Veneris*, die für den A. in der Humanistenzeit auftaucht [41], möchte ich angesichts dieser Parallelen als gelehrte Übersetzung einer hierher gehörigen volkstümlichen Vorstellung auffassen.

[37]) Grimm *Myth.* 2, 654. [38]) Liebrecht *Gervasius* 188. [39]) Wuttke 198 § 267 u. ö. [40]) Mannhardt *Germ. Myth.* 639 f.; Grimm *Myth.* 2, 654. Es geht aber nicht an, das Wort *sommer* in Zusammensetzungen wie *mariensommer* u. ä. als volksetym. Umdeutung von *samar* = Schleppe aufzufassen. [41]) Lehmann *Altweibersommer* 7.

5. Die Bezeichnung A. endlich, heute die gebräuchlichste, ist recht jung (zuerst bei Campe 1807 gebucht) [42] und wird daher wohl mit den eben erwähnten myth. Vorstellungen (Verfolgung des „alten Weibes") nichts zu tun haben. Sie faßt vielmehr die Spätsommererscheinung als Nachblüte des Sommers auf und vergleicht sie sentimentalisch mit gealterten Frauen, vgl. rhein.: *die alte jungfer kömmt en den aulwiwersommer* (Rhein.Wb. 1, 151); hierher gehören auch Benennungen wie schweiz. Witwensömmerle [43], bayr. Änlsommer [44]. Es ist möglich, daß sie durch Beeinflussung von Osten her in Deutschland Eingang gefunden hat; vgl. tschech. *babj leto*, böhm. *babí leto, babske leto, babj*, poln. *babckie lato, babie lato*, russ. *babje leto*, ungar. *ven asszonyok nyara* = A.[45].

[42]) Kluge *EtymWb.* ¹⁰ 14. [43]) Lehmann *Altweibersommer* 10; SchweizId. 7, 980. [44]) Schmeller *BayrWb.* 1, 85. [45]) Lehmann *Altweibersommer* 11.

6. Nur vereinzelt findet sich die Auffassung der Sommerfäden als Engelshaar (Vierlande) [46]. Der Inder bezeichnet sie als *Maruddhvag'a* = Fahne des Marots [47]. Die franz. Benennung *filets de saint Martin* [48] mischt Vorstellungen, wie sie unter

4. besprochen wurden, mit einer Terminbezeichnung. In Böhmen heißt die Erscheinung wláč'ka = Egge [49]).

[46]) F i n d e r *Vierlande* 2, 231. [47]) W o l f *Beitr.* 1, 53. [48]) ZfdA. 5, 490. [49]) G r i m m *Myth.* 2, 654.

B. Ganz allgemein ist die Vorstellung, daß die fliegenden Fäden dem Menschen, an dessen Kleider sie sich heften, Glück bringen [50]); wer sie mit sich herumträgt, wird berühmt (Schweiz) [51]); kranke Augen soll man mit dem Tau, der an ihnen hängt, bestreichen [52]). Andernorts hält man sie für giftig und gibt acht, daß sie das Vieh nicht zugleich mit dem Grummet frißt [53]). Daß sie zu Zauberzwecken benutzt wurden, läßt eine Notiz aus Schlesien vermuten [54]). Im übrigen dienen sie als günstige Wetterboten: Aldewiwersommer — Herwst drög (rhein.) [55]), die auf einen guten Herbst schließen lassen [56]).

[50]) D r e c h s l e r *Schlesien* 2, 193; W o l f *Beiträge* 2, 237; W u t t k e 198; H e r r m a n n *Deutsche Mythologie* (1898) 99. [51]) F r i e d l i *Bärndütsch* 6, 694. [52]) Aus Czarnikau: ZdVfVk. 22 (1912) 91. [53]) L e h m a n n *Altweibersommer* 9. [54]) K ü h n a u *Sagen* 3, 19. [55]) RheinWb. 1, 151. [56]) Auch russisch: L e h m a n n *Altweibersommer* 7.
Mackensen.

Alviß s. Z w e r g.

Amacha borum, Schwindeformel [1]), d. h. Zauberwort, bei dem links und rechts immer je ein Buchstabe weggelassen wird; die dadurch entstehenden verkürzten Worte werden stets unter das vorhergehende gesetzt, bis nur noch ein Buchstabe, hier ein a, übrig bleibt. Solche Schwindeformeln sind schon aus dem antiken Zauberbrauch bekannt und werden dort κλίμαξ genannt [2]).

[1]) K ö h l e r *Voigtland* 410. 411; S e y f a r t h *Sachsen* 172. [2]) Pap. Berl. 1, 13 ff. Parthey 120; D o r n s e i f f *Alphabet* 58 f. 63 ff.

Die Formel wird gegen Zahnschmerzen und Fieber gebraucht. Verbirgt sich hinter amacha הַמַּכָּה „o Wunde, Krankheit" und hinter borum בְּרִי, בֹּרִי „Gesundheit", vgl. als Mittel gegen Nasenbluten die Aufschrift: Boris, Borus [3]).

[3]) T h i e r s 1, 365. Jacoby.

Amalberga, hl., Name zweier, in den Niederlanden vielverehrter Heiligen, einer älteren um 690 gestorbenen Verwandten Pipins von Landen, und einer jüngeren, 740 in Flandern aus fürstlichem Geschlecht geborenen und 772 als Klosterfrau verstorbenen; Fest 10. Juli [1]). Unter den Amalbergasagen spielen die vom gebrochenen oder ausgerissenen Arm, von einem Stör, auf dessen Rücken die Heilige bis gegen Temsche getragen wird, und von der wunderbaren Erweckung einer heilkräftigen Quelle eine Rolle, besonders letztere, in der es heißt, daß A. aus dem Brünnlein eines Geizigen mittels eines Siebes mit vielen Löchern Wasser geschöpft und an der Stelle der neuen Quelle ausgegossen habe, worauf das Brünnlein des Geizigen versiegt sei [2]).

[1]) K ü n s t l e *Ikonographie der Heiligen* 50—51. [2]) W o l f *Niederländische Sagen* 166. 659. 679. 707; D e r s. *Beiträge* 1, 186; 2, 90; L a i s t n e r *Nebelsagen* 204. 347. Wrede.

Amara, Zauberwort in Formeln wie: Amara Tonta Tyra post hos usw. [1]), vgl. amara + thauta + thirin usw. [2]), amara + tauta + Cyri usw. [3]), vielleicht auch: amatha + anathola + yo usw. [4]), ferner unter hebr. Gottesnamen [5]): Tetragrammaton, Adonai, Agla, Sabaoth, Ladi, A., Eli usw. Schon in den hellen. Zauberpapyri kommt ein solches Wort αμαρα [6]) vor (Name?), auch ἀμαρω [7]) und im Palindrom λιγεταραμαι αμαρα ταγελ [8]), hier vielleicht ארמי, vgl. αραμει Ιαω = אֲרָמִי יָהוּ [9]); die Form mit ω weist vielleicht auf eine aramaisierende, verdumpfte Aussprache des ה ָ hin, und das Wort wäre dann semitisch. Dafür spricht auch das A. unter den hebr. Gottesnamen. Ein Engel Ἀμαριήλ [10]) = אֲמַרְאֵל kommt im Henochbuch vor, vgl. dazu den Eigennamen Ἀμαρία(ς) = אֲמַרְיָה „Gott hat gesprochen" und Ἀμρί bzw. Ἀμαρί = אִמְרִי „mein Wort" oder ähnlich im A. T. Im griechischen Schatzzauber des MA.s wird τὸ μυριώνυμον ὄνομα Ἀμαρίθ κτλ genannt [11]), was wie eine Femininbildung auf ִית aussieht [12]): אַמְרִית. Man könnte demnach in A. eine Form von אָמַר suchen und den Anfang der Formel, die gegen Besessenheit und Irrsinn wirken soll, umschreiben:

אִמְרָה טַצוּתָא תִּירָא „Sprich, Irrgeist (vgl. wer behaft ist mit dem posen veint, so spreche ym ain priester dise wort in daz ore, so meldet er sich, wes man in fragt), du sollst dich fürchten (im folgenden ist wohl zu lesen: post hoc . . .; Elypolis, d. i. wohl Heliopolis, dürfte vielleicht auf Jes. 19, 18. Jer. 43, 13 zurückweisen).

[1]) ZdVfVk. 1 (1891), 139 (15. Jh.); Heim *Incantamenta* 538 A. 2. [2]) Aufruf 8. [3]) Ebd. 14. [4]) Ebd. 8. [5]) Horst *Zauberbibliothek* 2, 132. [6]) Wessely 1, 65 Z. 827; Dieterich *Mithrasliturgie* 218 f. [7]) Wessely 1, 107 Z. 2516; R. Wünsch *Aus einem griech. Zauberpapyrus* (1911), 10. [8]) Wessely 1, 89, Z. 1793. [9]) Ebd. 1, 49, Z. 204. [10]) Das Buch Henoch ed. Flemming-Radermacher (1901), 24 nach Syncellus. [11]) Byzant. = Neugriech. Jahrbücher hrsg. von N. Bees 3 (1922), 277. [12]) Strack-Siegfried *Lehrbuch d. neuhebr. Sprache* (1884), 50 § 64 b. Jacoby.

Amazapta s. Ananisapta.

Amboß. An Samstagen vor Feierabend [1]) oder jeden Abend [2]) fällt der Schmied einen [1]) oder drei [2]) gewaltige Schläge auf den leeren A. Innerhalb eines geschlossenen Gebietes vom nördlichen Abhang der Alpen bis zur Donau [3]), darüber hinaus nur in Böhmen [4]), ist der Brauch mit der Vorstellung vom gefesselten Luzifer verbunden, der seine Kette, die durch die Schläge wieder fest wird, durchzufeilen sucht. Sonst sind Brauch und Sage verbreitet bei den Slaven [5]) und südlich des Kaukasus, wo der Brauch seit dem 5. Jh. n. Chr. bekannt ist, aber nur an bestimmten Festtagen geübt wird.

Wahrscheinlich ist der Brauch älter als die Legende [6]). Vergleicht man die Behandlung anderer Werkzeuge nach Abschluß der Arbeit, besonders die dänische Sitte, den Hammer auf den A. zu legen, damit die Kobolde kein Unheil damit anrichten, so scheint der ursprüngliche Sinn der Schläge Abwehr gegen böse Mächte zu sein. Dafür sprechen auch die verschiedenen Zeitpunkte: Ende des Tagewerkes, Ende der Woche, Anfang der Woche (Westschweiz), Festtage: Jakobitag (Bayern), Michaelstag (Böhmen) [7]).

Vgl. Hammer, Kette, Samstag, Schmied.

[1]) Heyl *Tirol* 766 Nr. 73. [2]) Rosegger *Steiermark* 67. [3]) ZfdMyth. 4, 413 Nr. 15 (Kärnten); Zingerle *Sagen* (1859), 290 Nr. 516; Alpenburg *Tirol* 252; Mannhardt *Germ. Mythen* 87 (Salzburg); Panzer *Beitrag* 2, 56 Nr. 69 = Sepp *Sagen* 607; v. d. Leyen in Volkskunst u. Volkskunde (1907), 65 (Bayern); Quitzmann 100; Rochholz *Glaube* 2, 58; Sébillot *Métiers* 16 (Westschweiz); Bächtold-Stäubli in SchwVk. 14 (1924), 9 ff. Den Schmiedebrauch erzählt dem Hörensagen nach eine Sage: Jahn *Pommern* 298 Nr. 378; Olrik *Ragnarök* 234 ff. [4]) Grohmann 27 Nr. 133. [5]) Schneeweiß 116, Anm. 1. [6]) Ein andrer außerdeutscher Zweig der Legende läßt Gott jährlich die Kette erneuern: Olrik *Ragnarök* 241 ff. [7]) Ebd. 240. Weiser.

Ambra. Arab. ambar, griech. ἄμβαρ, lat. ambar, mhd. amber, amer, franz. ambré, ital. ambra [1]).

Aus dem Amber stellte man früher eine wohlriechende Essenz her, auch schrieb man dieser Spezerei unbekannter Herkunft große Heilkräfte, besonders eine Haupt, Herz und Magen stärkende Wirkung zu [2]). Lange Zeit war man im Ungewissen, ob diese auf dem Meere schwimmende, wohlriechende Masse vom Pflanzen- oder Tierreich stamme [3]), bis sie als ein Erzeugnis des Pottfisches festgestellt wurde. Von dem grauen Amber unterschied man den hellgelben (amber citrius), den Zedler succinum nennt. Es ist der Agtstein, unser Bernstein [4]). Grimm weist darauf hin, daß der Amber mit Unrecht mit dem Bernstein verglichen werde [5]). Die zahnenden Kindern umgehängten A.perlen bestehen aus Veilchenwurzeln [6]).

[1]) Schade s. v. [2]) Zedler 1, 1691 ff.; vgl. Seligmann 2, 54. [3]) Bergmann 18 f. [4]) Zedler a. a. O. u. 3, 1394. [5]) Grimm *DWb.* 1, 277. [6]) Most *Enzyklopädie* 13. Olbrich.

Ambrosius, hl., Bischof von Mailand, einer der vier großen abendländischen Kirchenlehrer, gest. 397, Fest 7. Dez. [1]). Vielfach als Bienenpatron aufgeführt, weil nach der Legende Bienen einst auf die Lippen des Kindes Honig niederlegten und in seinem Munde eine Weile ein- und ausflogen, um sich dann so hoch in die Lüfte zu erheben, daß keines Menschen Auge sie sehen konnte. Trotz dieser anmutigen Erzählung hat es A. bei

Imkern nicht zur Volkstümlichkeit bringen können. Das Volk wandte sich für seine Bienen an beliebtere, weil viel bekanntere Tierpatrone, in Bayern an den hl. Leonhard, an dessen Verehrungsstätten sich Bienen aus Wachs und Eisenblech oder Bienenkörbe aus Eisenblech als Weihegaben finden. Dem hl. A. werden die Hymnen „Squalent arva soli pulvere multo" und „Obduxere polum nubila coeli" zugeschrieben, die in Zeiten der Dürre, bzw. anhaltenden Regens, zur Erflehung guter Witterung gebräuchlich waren [2]). Der Todestag des Heiligen, der 4. April, heißt der Brosientag, an dem früher ein Schulbischof unter den Kindern ernannt und ein Kinderfest gefeiert wurde [3]).

[1]) Künstle *Ikonographie der Heiligen* 53 bis 56; Nied *Heiligenverehrung* 59. [2]) Franz *Benediktionen* 2, 137 und 8. [3]) Nied a. a. O. Wrede.

Amecht (auch Amicht) (das), ein Erntefeuer in Luxemburg, das nach der Erntezeit auf den Kirchweihsonntag fiel. Es wurden Feuer angezündet und dabei in einem Korbe eine Katze lebendig verbrannt. Das Wort stammt vom ahd. *ambaht*, mhd. *ambet*, nhd. *Amt*, und bezeichnete ursprünglich eine Art Wald- und Feldgericht, auch Sittengericht.

N. Gredt *Das Amecht, eine mythologische Studie*. Progr. d. Athenaeums zu Luxemburg 1870—71, 45—63; Joh. Engling *Die früher hierlands üblichen „Amichter"*. Publications de la Section historique de l'Institut 25 (1869/70), 299—302; Jos. Kalbersch *Gebrauch und Mißbrauch geistiger Getränke, oder Wein und Branntwein im Mittelalter und in unserer Zeit* 2 (1854), 179—183; Dom. Const. Münchens *Versuch einer kurz gefaßten Statistisch-Bürgerlichen Geschichte des Herzogtums Lützelburg* (geschr. 1814—1818), herausgeg. von Martin Blum. Luxemburg 1898, 313—314; Jahn *Opfergebräuche* 231. 242 ff.; Pfannenschmid *Erntefeste* 593 ff.; La Fontaine *Luxemburg* 83 ff. Bächtold-Stäubli.

Ameise [1]). Über die Herkunft der A. gibt es verschiedene Legenden [2]). Nach der hl. Hildegard entstehen sie aus der Feuchtigkeit, welche die Gewürze hervorbringen [3]; die oberpfälzische Volkssage weiß, daß St. Petrus sie erschuf [4]). In Basel, der Ostschweiz und Altbayern sagt man den Kindern, aus den in den Honig gefallenen Ranftbrosamen entstünden A.n.

Kannte schon die Antike eine Menge von Verwandlungssagen der A.[5]), so weiß auch unser Volk von Riesen [6]), die in A. verwandelt wurden, von Verstorbenen, die zu bestimmten Zeiten in A.ngestalt die Familienstätten aufsuchen [7]), von Gottlosen, die in A. verzaubert wurden [8]). Damit hängt die Ansicht zusammen, daß A. durch den Klang geweihter Glocken vertrieben werden [9]).

Wie die Antike [10]) weiß auch unser Aberglaube viel von der mantischen Bedeutung der A. zu erzählen [11]). Ein rascher Todesfall trifft ein, wenn plötzlich (schwarze) A.n im Haus erscheinen [12]). Sie prophezeien auch das Wetter. Sind die A.n im Herbst oben im Bau, so wird der Winter mild, sonst ist Kälte zu erwarten [13]); tragen sie ihre Larven an die Oberfläche des Baues, gibt es schönes Wetter [14]); fliegende A.n, die um den Laurentiustag herum erscheinen, bedeuten heftigen Sturm oder starke Gewitter [15]).

Will man wissen, ob ein Neugeborenes lang leben wird, legt man vor Sonnenaufgang ein Stück von der Nachgeburt in einen A.nhaufen; schleppen es die A.n bis Sonnenuntergang fort, ist ein langes Leben sicher [16]). Findet man am Johannismorgen unter einem Stück Rasen rote A.n, so bedeutet dies Glück [17]). A.n im Geldkasten verheißen Geld [18]), drum steckt man sie sogar hinein [19]).

A.n werden im Zauber vielfach gebraucht. A.neier oder der Stein, den man in einem A.nhaufen findet, machen unsichtbar [20]); in A.nhaufen gelegte Zaubermittel erlangen besondere Kraft [21]); so verleiht eine Flasche mit Wein, die man lange Zeit in einem A.nhaufen lagern läßt, riesenhafte Stärke [22]); der Geruch von A.n stärkt das Gedächtnis [23]); beim Liebeszauber legt man einen Zettel mit dem Namen der geliebten Person oder einen Frosch in einen A.nhaufen, und jener ist die Liebe angetan [24]). Ähnliches gilt beim Schußzauber [25]). In manchen A.nhaufen kann man ein Ei finden (Pechkugel); welches Vieh man damit bestreicht, das findet auf dem Markt sofort einen Käufer [26]). Schwarze A.n gelten auch als Schatzwächter [27]).

Am meisten aber werden seit der Antike [28]) die A.n zu Heilzwecken gebraucht. A.n essen schützt vor Fieber [29]) und hilft gegen den „Satt" [30]). A.neier nützen bei schlechtem Gehör [31]), Kopfgrind [32]), Wassersucht [33]), Augenleiden [34]), Kolik [34]); unter das Bett des Kranken gestellt, vertreiben sie Fieber [35]). Der Saft getöteter A.n ist gut bei Triefaugen [36]), „verwachsenen" Ohren [37]), englischer Krankheit [38]), Schwindel [39]) und „Ritzigkeit" der Pferde [40]). Das Pech aus A.nhaufen ist nützlich gegen alte Schäden [41]). Am wirksamsten bei Gicht und allen rheumatischen Schmerzen ist der A.ngeist aus gebrühten lebenden A.n [42]).

Eigentümlich ist schließlich noch das Verfahren, mit Hilfe eines Zwischenträgers Krankheiten in einen A.nhaufen zu vergraben und so auf diese Tiere zu übertragen (s. Übertragen).

1) Baumgarten *Aus der Heimat* 1, 108; Carus *Zoologie* 136; Frazer 3, 105. 12, 161; Ders. *Totemism* 4, 325; Gubernatis *Tiere* 371; Hopf *Tierorakel* 38. 208; Hovorka-Kronfeld 1, 18; Laistner *Nebelsagen* 229. 237; Liebrecht *Gervasius* 73; Lütolf *Sagen* 359; Marzell *Pflanzennamen* 211; Pauly-Wissowa 1, 2, 1820; Praetorius *Delic. pruss.* 187; Sartori *Westfalen* 48; Scheftelowitz *Schlingenmotiv* 37; Schrader *Reallex.* 39; Vonbun *Beitr.* 114; Sloet *Dieren* 430 ff. 2) Reusch *Samland* Nr. 36. 3) Hovorka-Kronfeld 1, 18. 4) Schönwerth *Oberpfalz* 3, 307. 5) Pauly-Wissowa 1, 2, 1821. 6) Haupt *Lausitz* 1, 82; Kühnau *Sagen* 2, 511 f.; Meiche *Sagen* 586 Nr. 729; Grässe *Sachsen* 529. 7) ZdVfVk. 20, 127. 8) Meiche *Sagenbuch* 586 Nr. 729. 9) Heyl *Tirol* 651 Nr. 120. 10) Pauly-Wissowa 2, 1821. 11) Agrippa v. Nettesheim 1, 255; Franzisci *Kärnten* 48; Grimm *Mythol.* 2, 951. 12) Höhn *Tod* 308; Hopf *Tierorakel* 211; Messikommer 1, 191; SAVk. 2, 217. 13) Bartsch *Mecklenburg* 2, 206. 14) Schramek *Böhmerwald* 250. 15) ZfdMyth. 3, 274; Lynker *Sagen* 133. 16) Urquell 3, 147. 17) Drechsler *Schlesien* 1, 144; 2, 219; Hopf *Tierorakel* 211. 18) John *Erzgebirge* 240. 19) Köhler *Voigtland* 646; Wuttke § 149. 633. 20) Klingner *Luther* 117; Weinhold *Neunzahl* 19. 21) Strackerjan 2, 176 Nr. 409; Bartsch *Mecklenburg* 2, 320; Wuttke § 149. 22) Bartsch *Mecklenburg* 2, 352; Drechsler *Schlesien* 2, 265; John *Westböhmen* 319; Strackerjan *Oldenburg* 1, 114; Wuttke § 149. 455; ZdVfVk. 8, 176. 23) SAVk. 21 (1917), 59. 24) Hovorka-Kronfeld 2, 175; ZrheinVk. 1, 61. 25) Baumgarten *Aus der Heimat* 2, 94. 26) Bartsch *Mecklenburg* 2, 351; Grimm *Mythol* 3, 441 Nr. 199; John *Erzgeb.* 205; Leoprechting 91; Meyer *Abergl.* 227; Pfister *Hessen* 167; Wuttke § 149. 710; ZföVk. 4, 308; SAVk. 25, 155. 27) Knoop *Schatzsagen* 22 Nr. 42; Lachmann *Überlingen* 401; Meiche *Sagenbuch* 303 Nr. 393. 28) Pauly-Wissowa 1, 2, 1821. 29) Hovorka-Kronfeld 1, 152. 30) ZdVfVk. 8, 177. 31) Jühling 85. 86. 341; ZdVfVk. 8, 170. 32) Jühling 84. 33) Ebd. 85. 34) Ebd. 86. 35) Leoprechting *Lechrain* 91; Meyer *Baden* 572; Panzer *Beitr.* 2, 207; Wuttke § 149. 494; ZdVfVk. 8, 176. 36) ZdVfVk. 8, 177. 37) Ebd. 38) ZrheinVk. 1, 203. 39) Bartsch *Mecklenburg* 2, 425. 40) ZdVfVk. 8, 176. 41) Jühling 86; ZdVfVk. 8, 176. 42) Hellwig *Abergl.* 134, 12; Höhn *Volksheilk.* 1, 128. 142; Hovorka-Kronfeld 1, 18; 2, 237. 245. 284; Jühling 84. 85. 87. 88; Lammert 157. 226. 269; Manz *Sargans* 82; Rosegger *Steiermark* 69; Stoll *Zaubergl.* 97; Zahler *Simmental* 69; SAVk. 2, 258; ZföVk. 9, 241; 13, 131; ZfrwVk; 1, 198; 3, 186; 4, 293; Urquell 3, 69.

Stemplinger.

Ameisenei s. Weihrauchstein.

Amen. Das hebräische Wort A. wird als Adverbium im Alten Testament im Sinne von „Ja, also geschehe es" gebraucht und zwar immer zur Bekräftigung der Worte anderer, nicht der eigenen Rede. So wurde es auch am Schluß eines Gebetes von der jüdischen und altchristlichen Gemeinde als Zustimmungsformel gesprochen. Später hat im christlichen Gottesdienst das A.sagen der Priester übernommen [1]). Aus dem jüdischen Gottesdienst also stammend hat A. als fremdsprachiges Wort auch die Bedeutung der vielen ὀνόματα ἄσημα und βάρβαρα angenommen, die als Zauberworte eine Rolle spielen [2]). Im Griechischen hat das Wort 'Αμήν die Psephos 99, d. h. der Wert der als Zahlzeichen dienenden griechischen Buchstaben von A. ergibt zusammengezählt 99. Daher wird A. in griechischen und koptischen Schriften gelegentlich durch die Zahl 99 ersetzt [3]). — Bei Zaubersprüchen und Gebeten, die als Zauberspruch dienen, wird zum Schluß öfters das A. gesprochen. Häufig aber findet sich auch das Verbot, bei dieser Gelegenheit A. zu sagen. Schlesien: In den Zwölfnächten werden schadenbringende Gegenstände geweiht im Namen des Dreieinigen, ohne A., ebenso heilbringende Gegenstände am Johannisabend [4]). In gleicher Weise bei Beschwörungsformeln aus Ostpreußen [5]), Böhmen [6]), Preußen [7]) und sonst [8]). Angerburg: Kommt man mit dem Vieh zum erstenmal auf dem Felde an, so muß man niederknien und das Vaterunser ohne A. beten; diese Handlung schützt gegen den Wolf [9]). Oder es wird vorgeschrieben, erst nach dreimaligem Sagen des Spruchs das A. zu sprechen [10]), oder es wird dreimaliges A.sagen befohlen [11]). Zu einem Spruch gegen die Rose heißt es: Dreimal wird A. gesagt, bei jedem A. läßt man einen hörbaren Wind fahren, der ungefähr klingt wie „Wat" [12]).

So hat auch das A. als heiliges Wort übelabwehrende und zauberlösende Bedeutung. Eine Sage aus Oberschlesien erzählt vom Teufel, der durch einen mächtigen Felsblock eine Kirche zerschmettern wollte: Aber noch ehe er sein Vorhaben ausführen konnte, sagte auf das Krähen des Hahnes der Geistliche „Amen" in der Kirche und entkräftete dadurch den Satan, so daß er den Stein von sich werfen mußte [13]). Unerklärt ist der Gichtspruch aus Neu-Ruppin [14]): „Die A. und die Gicht, / Die gingen beide zu Gericht; / Die A. die gewann, / Die Gicht verschwand". In Varianten dieses Spruches heißt es auch: „Der Schlagfluß, die Vormundschaft und die Gicht" oder „Der Heidmann und die Gicht" oder „Jesus Christus und die Gicht".

[1]) Glaue in Ztschr. f. Kgesch. 44 (1925), 184 ff. und RGG [2] 1, 293. [2]) Dornseiff *Alphabet* 35 f.; Dieterich *Kl. Schr.* 488. [3]) Dornseiff 112. 131; Phil. Wochenschr. 1926, 1427. [4]) Drechsler 1, 18. 143. [5]) Frischbier *Hexenspr.* 26. 128; Hovorka u. Kronfeld 2, 128. [6]) Hovorka u. Kronfeld 2, 54; Grohmann 164. [7]) ZfVk. 7 (1897) 65. [8]) Kuhn *Westfalen* 2, 204 Nr. 580; 206 Nr. 587; Baumgarten *Aus der Heimat* 2, 84; Weinkopf *Naturgesch. auf dem Dorfe* 1926, 36. 115. [9]) Frischbier 151. [10]) Grohmann 129; Frischbier 26. [11]) Kuhn 2, 211 Nr. 599; Hovorka u. Kronfeld 2, 406. [12]) Bartsch *Mecklenburg* 2, 418. [13]) Kühnau *Sagen* 2, 628 f.; s. auch Knuchel *Umwandlung* 86; Löwis of Menar *Balten* 46 f.; Mitteil. Anhalt. Gesch. 18; über arabische Amenformeln: Goldziher Riv. degli Studi Orientali 1, 207. [14]) ZfVk. 7 (1897), 166.

Pfister.

Amethyst. Griech. ἀμεθύστης, nicht, wie meistens angenommen wird, ἀ-privativum und μεθύω = trunken sein, sondern wahrscheinlich verderbt aus ἀμέθυσος weinfarben, wenn nicht entstanden aus arab. gamast. Demnach kann die dem Stein zugeschriebene Wirkung gegen Trunkenheit erst aus der irrtümlichen Ableitung von μεθύω entstanden sein. Mhd. ametiste aus gr.-lat. amethysta, 1561 als A. zuerst verzeichnet [1]).

Aus dem Altertum übernahm das MA. den Aberglauben, daß der A. als Amulett gegen Gift, giftige Schlangen, vor allem aber gegen Trunkenheit schütze [2]). Seine Wirkung gegen das Trunkenwerden erklärte man sich dadurch, daß er die Dünste nicht in den Kopf steigen lasse. Wer nicht trunken werden wollte, trug den A. im Fingerring oder legte ihn auf den Nabel oder nahm ihn in zerriebenem Zustande ein [3]). Von den Tugenden des A. rühmt Konrad v. Megenberg: „macht den Menschen wächig (wacker) und vertreibt die bösen Gedanken, bringt gute Vernunft, macht ihn mild und sanft" [4]). Nach dem Buche „Adeliches Weydwerk" (1661) trugen Jäger und Weidmänner gern einen A. bei sich, weil sie glaubten, er bringe gut Glück zum Jagen und Streiten [5]). Ähnliches berichtet John aus Westböhmen [6]). Auch im Kriege wurde der A., im Ringe, getragen, als Schutzmittel geschätzt [7]).

Im Altertum wurde dem A. die Kraft zugeschrieben, Regen- und Gewitterwolken zu vertreiben [8]).

Von all diesen fabelhaften Wirkungen des A. ist heute kaum noch etwas bekannt. Doch führt ihn Mörike in seinem „Stuttgarter Hutzelmännlein" noch an: „Er (der Bauren-Schweiger, von „geschweigen, stillen") war gemacht aus einem großen A., des Name besagen will: Wider den Trunk, weil er den schweren Dunst des Weines geschwinde aus dem Kopf vertreibet, ja schon von Anbeginn dawider tut, daß einen guten Zecher das Selige berühre; darum ihn auch weltliche und geistliche Herren sonst häufig pflegten am Finger zu tragen".

Der A. gehört seit jeher zu den Monatssteinen und wird als solcher noch heute von den im Februar Geborenen gern als glückbringender Stein gekauft [9]).

[1]) Schrader *Reallexikon* [2] 1, 211; Pauly-Wissowa 1, 1828 f.; Kluge *Etym. Wörterb.*, s. v.; vgl. Brückmann 136 und Bergmann 19. [2]) Ruska *Aristoteles* 86; Plin. *n. h.* 37, § 124; Volmar 5, 219 f.; Schade s. v. 1321 f.; Meyer *Aberglaube* 57; Hovorka-Kronfeld 1, 106; Frazer 1, 65. [3]) Jacobus Schopperus „*Das biblische Edelgesteinbüchlein*" (1614), 171; vgl. Zedler s. v. 1, 1728. [4]) Megenberg *B.d.N.* 371 f., vgl. Schade a. a. O. und Zedler a. a. O.; Lonicer 59. [5]) Alemannia 7 (1879), 82; Grässe *Jägerbrevier* 1, 106 Nr. 14 u. 121. [6]) John *Westböhmen* 324. [7]) Kronfeld *Krieg* 41. [8]) Andrian *Wetterzauberei* 86; Plin. a. a. O.; Meyer *Aberglauben* 57; vgl. Frazer 1, 345 (Wetterzauber am Obernil). [9]) Hovorka-Kronfeld 2, 883; vgl. Monatsstein und Th. Körner „*Die Monatssteine*", Str. 2. Olbrich.

Amiant s. Asbest.

Ammal s. Muttermal.

Ammer. Von der Goldammer (*Emberiza citrinella* Amritze, Ammerling, Amring, Emmerling, Galammer, Gelbauch, Gelartsche, Gelmöschen, Goldítsche, Gelbgänschen, Leckschit) [1]) sagt man, sie zeige baldigen Schnee an, wenn sie in Scharen zieht [2]) oder sich auf dem Misthaufen niederläßt [3]). Wenn man eine G. in die Erde picken sieht, so wird eine große Hitze eintreten, wie sie in der Hölle herrscht. Die Felder werden verdorren, und deswegen trägt die G. ihre Nahrung in die Erde, um dann, wenn alles vertrocknet ist, Nahrung zu haben [4]).

Ihr Ruf wird so ausgedeutet, daß sie im Winter den Bauer um Unterkunft oder Nahrung bitte, im Sommer ihn verachte, oder im Winter zu ihm sage: „Herr Vetter, Herr Vetter", im Sommer: „edel edel bin ich". Daneben gibt es auch andere Stimmendeutungen [5]).

In Böhmen glaubt man, daß die G. deshalb von den Landleuten verfolgt werde, weil sie am 1. Mai drei Tropfen von des Teufels Blut erhalte [6]).

G.n ziehen Gelbsucht an [7]).

[1]) Österreichische Namen s. ZfVk. 12, 459; pommersche: BlpomVk. 5, 30; schlesische: MschlesVk. H. 19, 86. Weiteres ZfVk. 1, 285. [2]) Ebd.; Bartsch *Meckl.* 2, 212. [3]) Schönwerth *Oberpf.* 2, 136. [4]) Veckenstedt Ztschr. 3, 394. [5]) ZfVk. 23, 189; 10, 222; 12, 459; 13, 93; ZfdMyth. 3, 178; Urquell 5, 53; ZföVk. Suppl. 1, 43; Rochholz *Kinderl.* 75; Müllenhoff *Natur* 48. [6]) Grohmann *Aberglaube* 73 Nr. 518. [7]) MschlesVk. H. 19, 86. Hoffmann-Krayer.

Ammonit. Griech. ἀμμονίτης = Ammonshorn; bei Zedler: Ammonshörnlein. Die bei Plinius bezeugte lateinische Benennung Ammonis cornu bezieht sich auf die ebenso gewundenen Widderhörner des Jupiter Ammon [1]).

A.en sind Schalen ausgestorbener Kephalopoden. Ihre versteinerten Gehäuse sind scheibenförmig, in einer Ebene spiralig eingerollt, im Innern in Kammern geteilt. Diese seltsame Gestalt, zusammen mit den mannigfach gewundenen Linien, in denen die Scheidewände mit den Kammerwänden verwachsen sind, erregten des Volkes Staunen und gaben Anlaß zu mancherlei Deutungen. Als deutsche Benennungen führt Abel an *Ziehorn, Scherhorn, Drachenstein* [2]). Auch Gesner scheint den auf den Schweizerbergen oft gefundenen, gewundenen Stein für die Versteinerung einer Schlange zu halten [3]). In Bayern nennt man den A. *Sonnenstein*, in Schwaben *Sonnenstein, Sonne, Mond*. Man glaubte, auf dem A. ein rundes, strahlendes Gesicht zu erblicken und meinte, die Sonne habe ihr Bild darauf eingebrannt oder ein Riese habe seinen Kopf (gemeint ist wohl Gesicht) darauf gestoßen [4]). Veranlassung zu diesem schnurrigen Glauben gab außer der Scheibengestalt wohl die Auffindung von A.en, die ihre prächtige Perlmutterfarbe noch hatten (Mond) oder, von Schwefelkies durchzogen, goldartig glänzten (Sonne). Darauf bezieht sich auch das

„goldgelbe Auge" (der Steinkern), das in Schwaben zu der Benennung „Goldmucken" führte, und das als „goldfarbiger Edelstein" beschriebene cornu Ammonis des Plinius [5]). Wahrscheinlich wegen seiner gewundenen Linien glaubt man in der Oberpfalz, der A. sei die Spur, die der Teufel oder die Hexen beim Tanzen zurücklassen [6]). In Schwaben verführte der goldige Glanz des A.en zu dem Glauben, diese Versteinerungen enthielten Gold, weshalb man sie oft zerschlägt [7]). Die in Baden hier und da eingemauerten A.en sollen vermutlich ebenso wie Belemnit, Donnerkeil und Echenit die Gebäude vor Blitzschlag schützen [8]). Wie diese legte man auch den A. in den Melkeimer der Kühe zum Schutze gegen Hexen [9]). In der Volksheilkunde galt der A. als gutes Mittel gegen Rheumatismus [10]).

[1]) Kluge *Etym. Wörterb.*, s. v. [2]) Abel *Fossilien* 115 (der auch erwähnt, daß die Wolgarussen den Ammonit „Goldrad" nennen); Gesner *d. f. l.* 47 u. 159 (Beschreibung nach Plin. und Agricola); Zedler 6, 1385 (Drachenstein); Grimm *DWb.* 2, 1325 (Drachenstein). [3]) Gesner *d. f. l.* 167. — In Irland hält man die Ammoniten für Schlangen, die der hl. Patrik in Stein verwandelte; Engländer holen sie aus Irland, um sie als Schutz ihrer Gärten gegen giftige Würmer zu benutzen (Tylor *Cultur* 1, 366). [4]) Sepp *Sagen* 104; Meier *Schwaben* 1, 254 Nr. 283; vgl. Simrock *Myth.* 552. [5]) Meier a. a. O.; Brückmann 370; Plin. *h. n.* 37 § 167. [6]) Schönwerth *Oberpfalz* 3, 44. [7]) Meier a. a. O. 254; Sepp a. a. O. [8]) Meyer *Baden* 361. [9]) Abel a. a. O. [10]) Lammert 269 u. 399; Hovorka-Kronfeld 2, 283.
Olbrich.

Amniomantie. Weissagung durch die innere Embryonalhülle (ἄμνιον).

Der Name ist nicht antik, sondern eine der zahlreichen gelehrten Neubildungen der Divinationsliteratur des 16. und 17. Jhs. Er taucht anscheinend zuerst bei Delrio [1]) auf und wird in der Folgezeit mehrfach erwähnt [2]). Daß man schon im Altertum der bisweilen dem neugeborenen Kinde noch anhaftenden Hülle besondere Bedeutung beimaß, zeigt eine Notiz über den Sohn des Kaisers Macrinus (217—218 n. Chr.), Antoninus, dem bei der Geburt das Amnion in Gestalt einer Stirnbinde anhaftete, weswegen er Diadematus, später Diadumenos benannt wurde [3]). Offenbar sah man darin ein günstiges Omen für die Nachfolge in der Regierung (das Diadem entspricht im Altertum der Krone). Der römische Historiker fügt hinzu, daß die Hebammen solche Hüllen verkauften, da sie vor Gericht Glück brächten. Möglicherweise wurde, wie im deutschen Aberglauben, das Geborenwerden mit solcher Haube allgemein als glückliches Vorzeichen gedeutet; doch weissagten die Frauen im MA. auch aus der Farbe des Amnions die Zukunft des Kindes, wobei rötliche Färbung als Glück, schwärzliche als Unglück vorbedeutend ausgelegt wurde; zur Abwehr des Unheils mischte man Stückchen der Haut in den Trank des Kindes [4]). Ob sich hinter den „detestanda", die mit dem Amnion nach Angabe des Zisterziensers Rudolfus (1250) getrieben wurden [5]), auch Divinationsgebräuche verbergen, ist ungewiß. Für den deutschen Aberglauben s. Glückshaube.

[1]) *Disqu. Mag.* 2 (1603), 177. [2]) Bulengerus *Opusc.* (1621) 220; Fabricius *Bibliogr. antiqu.*³ (1760) 593. [3]) Aelius Lampridius *Scriptores Hist. Aug.* 4, 1, 197 ed. Peter; vgl. Bulengerus a. a. O.; Roscher *Omphalos* 16. [4]) Lemnius *De occultis naturae miraculis* (1573) 178 (die hier zitierte Stelle des Jovius findet sich *Opera* 2 (Basel 1578), 298 im Leben des Fernando d'Avalos von Pescara); Delrio a. a. O.; Bulengerus a. a. O.; Zedler *Universal-Lex.* 1, 1761. [5]) Klapper in MschlesVk. 17, 30; vgl. a. G. Fr. Pico della Mirandola *De rerum praenotione* (1507) VII 7. — Allg.: Ploß *Das Kind*³ 1, 54 ff.
Boehm.

Amor, hl., angeblich ein Schüler Pirmins und Stifter des Klosters Amorbach am Main, Patron der Kirche zu Amorsbrunn, Fest 17. August [1]). Aus dem Brunnen der dem Heiligen geweihten Kapelle bei Amorbach pflegten (und pflegen?) unfruchtbare Frauen zu trinken, um Kindersegen zu erlangen [2]). Elisabeth, Gemahlin Karls VI., und deren Tochter Maria Theresia sollen sich des Wassers mit Erfolg bedient haben; letztere habe sich Amorwasser nach Wien kommen lassen [3]). Offenbar geht dieser Brauch auf eine naive Exegese des Namens Amor zurück.

[1]) Künstle *Ikonographie* 56; Potthast *Wegweiser* 2, 1161. [2]) Lammert 25; nach diesem Meyer *Abergl.* 98 und Hovorka-Kronfeld 1, 361. [3]) Lammert 25 Anm. 1. Wrede.

Ampfer (Rumex-Arten). 1. Botanisches. Gattung der Knöterichgewächse (Polygonazeen) mit grünen, unscheinbaren, in traubigen oder rispigen Ständen angeordneten Blüten. Am bekanntesten ist der überall auf Wiesen wachsende Sauer-A. (R. acetosa), dessen Blätter, eine alte Sammelnahrung, häufig von den Kindern gegessen werden [1]). Auch einige großblättrige A.arten wie der Grind- (R. obtusifolius), der Kraus- (R. crispus) und der Knäuel-A. (R. conglomeratus) [2]) spielen im Volksaberglauben eine Rolle.

[1]) Marzell *Pflanzenwelt* 54 f. [2]) Ders. *Kräuterb.* 355 f.

2. Volksmedizinisches. Vielerorts, z. B. im Bergischen [3]), in Oberbayern [4]), in der Schweiz [5]), glaubt man, daß der Genuß des Sauer-A.s, besonders mit Blüten und Früchten, Läuse verursache [6]). Vielleicht hängt dies damit zusammen, daß in Hungerzeiten, wo wegen der schlechten Ernährung Parasiten häufig auftraten, Sauer-A. gegessen wurde [7]), oder man verglich die zahlreichen kleinen Früchte des A.s mit Läusen (Signaturlehre). Die Samen des Sauer-A.s, als Amulett getragen, sollen, besonders wenn sie von einem unschuldigen Knaben oder einer Jungfrau gepflückt wurden, gegen nächtlichen Samenfluß (Pollutionen) dienlich sein [8]). Hier dürfte es sich kaum um einen „germanischen“ Aberglauben handeln, sondern eher um eine alte medizinische Schulmeinung. Vielleicht bestehen hier Beziehungen zu dem früher in Klostergärten gezogenen „Mönchsrhabarber“, einer A.-art (Rumex Patientia). Gegen die „Maden des Viehs“ wird das kranke Tier mit zusammengefalteten Sauer-A.blättern unter Hersagen einer Besegnung bestrichen [9]). Räucherungen mit den abgestreiften Samen des Kraus-A.s gelten als heilsam gegen das „hilge Wark“ (Rotlauf) [10]). Im bayrischen Schwaben gibt man die Samen des Kraus-A.s in die „Weihsange“ (Kräuterwisch an Mariä Himmelfahrt, 15. August) und läßt sie mitweihen. Die Samen werden dann gegen Durchfall des Viehes teils in Gestalt einer Räucherung verwendet, teils werden sie unter das Futter gestreut [11]). Der beim Schneiden des Getreides gefundene A. wird in die Garbe zum Schutz des Rindviehs vor Krankheit gebunden [12]).

[3]) Leithaeuser *Berg. Pflanzennamen* 6. [4]) Orig.-Mitt. von Stock 1907. [5]) SAVk. 8, 153; Wartmann *St. Gallen* 67; Ulrich *Volksbotanik* 38; Rochholz *Kinderlied* 317. [6]) Ebenso in den Vereinigten Staaten von Amerika: Bergen *Animal and Plant Lore* 120. [7]) Vgl. Höfler *Botanik* 27; Brockmann-Jerosch *Surampfele und Surchrut* 1921, 6. [8]) Staricius *Heldenschatz* 1689, 30; Most *Sympathie* 160; Lammert 154; Höhn *Volksheilkunde* 1, 118; vgl. auch Höfler *Botanik* 28. [9]) Osthavelland: ZfVk. 8, 309. [10]) Schambach *Wb.* 79. [11]) Neidhart *Schwaben* 48. [12]) Kt. Zürich: SchweizId. 1, 240.

3. Wenn die Jäterin oder Schnitterin bei ihrer Arbeit auf einen A. stößt, dann wird dessen Wurzel ausgegraben. Wohin die Wurzel zeigt (die Pfahlwurzeln des A.s sind nicht selten etwas gebogen), aus dieser Richtung kommt der Zukünftige [13]).

[13]) Oberbayern: Marzell *Bayr. Volksbot.* 64; Aargau: SchweizId. 4, 1091; vgl. auch Baumgarten *Aus der Heimat* 1862, 134; Grimm *Myth.* 3, 372. Marzell.

Amputation s. Glied.

Amsel (Turdus merula). 1. Biologischer Aberglaube. Konr. v. Megenberg berichtet von einer weißen A. im Besitze des Dompropstes von Regensburg, deren weiße Farbe er damit zu erklären sucht, „daz der selb vogel von ainem kalten sâmen komen was und daz sein vater ain kalt dinch gezzen het, oder in der pruot ist ain kaltes dinch zuo dem ai gevallen, wan (denn) in dem nest wâren zwuo swarz A.n und zwuo weiz und ain swarzen, diu het ainen weizen zagel“ (Schwanz) [1]).

[1]) *Buch d. Natur* ed. Pfeiffer 206.

2. Magische Kräfte wohnen der A. inne: In ein Haus, wo sie weilt, schlägt der Blitz nicht ein [2]). Streut man ihr im Winter Futter, so bringt sie Glück und verhindert Fieber [3]). Wird eine Feder aus dem rechten

Flügel an einem roten Faden aufgehängt, so können die Hausbewohner keinen Schlaf finden (Tirol) [4]. Ein A.-herz, unter das Kopfkissen gelegt, bewirkt, daß der Schlafende auf Fragen antworten muß [5].

[2]) Montanus *Volksfeste* 177. [3]) Ebd. 178. [4]) Alpenburg *Tirol* 378 = ZfVk. 8, 169 = Propyläen (München) 9 (1912), 571 (n. „Mizald *Arcana* 2, 74 [1592]"). [5]) Ebd. 572.

3. Volksmedizin [6]. A.fleisch wird gegen Bauchweh, rote Ruhr, „hinder sich starrenden Hals" (steifen Nacken?), Hüftweh [7] und Melancholie [8] verwendet, A.kot im MA. gegen Hautkrankheiten [9]. „Bindet man die Beine eines Menschen mit einem A.kopf zusammen, so wird der Mensch kühn und fürchtet den Tod nicht; legt man sie [!] unter den linken Arm, so kommt man hin, wohin man will und sonder Gefahr wieder heim. Gibt man sie [!] einem Hunde mit einem Wieselherzen zusammen zu fressen, so gibt er fortan keinen Laut mehr von sich, sollte man ihn sogar töten" [10].

[6]) Verschiedenes aus dem Altertum: Journal f. Ornithologie 73 (1925), 61 (stuhlanhaltend; gegen Kolik). 62 (gegen Ischias). [7]) Gesner *Vogelbuch* XVIII a. [8]) Propyläen 9, 572 (n. „Mizald *Centur.* II, 14"). [9]) Vincentius Bellov. *Speculum naturale* XVI, 107. [10]) Grässe *Jägerhörnlein* 132 (ohne Quellen- und Ortsangabe; in ihrer Unklarheit höchst zweifelhaft).

4 Orakel. Einen harten Winter kündigt sie an, wenn sie hoch baut [11], baldigen Schnee, wenn sie 3 Tage hintereinander an derselben Stelle erscheint [12], Regen, wenn sie anhaltend singt [13]. Singt eine A. vor März, so wird das Korn teuer [14]. Ihr Angang bedeutet Unglück [15]; singt sie auf dem Hauszaun: Tod eines Hausbewohners [16].

[11]) BlpomVk. 9, 174; vgl. Sébillot *Folk-Lore* 3, 202. [12]) Müller *Isergebirge* 16. [13]) Fogel *Pennsylv.* 227; vgl. Swainson *Folk-Lore of British Birds* 7; Sébillot *F.-L.* 3, 202. [14]) Montanus *Vfeste* 177. [15]) Grimm *Myth.* 3, 323 (n. „Wirsung *Cal.* J 2 b"); in Frankreich Glück: Sébillot *F.-L.* 3, 191. [16]) Wuttke § 281 („Süd-Deutschland") = Rochholz *Glaube* 1, 153.

5. Gespenstische Töne werden in Schlesien als Amselgesang bezeichnet (Aberglaube?) [17].

[17]) Kühnau *Sagen* 1, 454; Drechsler *Schlesien* 2, 228. Hoffmann-Krayer.

Amtmann. Schwer und hart mag oft die Hand des zehent- und robotfordernden A.s den armen Bauer gedrückt haben, und nicht ohne Schärfe wird seiner in Sage und Sprichwort gedacht. „Amtmänner kommen schwer in den Himmel", lautet ein altes Sprichwort, und eine oberösterr. Sage berichtet, daß die Teufel einander vom Tode eines A.s Botschaft sagen [1]. Nach anderen Überlieferungen finden schlechte und meineidige Amtmänner keine Ruhe im Grabe, sondern sind zum Umgehen [2] als Irrwisch [3], wilder Jäger [4] verdammt. Ein ungerechter A. wird um Mitternacht in einer Kutsche von Gespenstern über die Heide gehetzt [5].

[1]) Baumgarten *Aus der Heimat* 2, 105. [2]) Birlinger *Aus Schwaben* 1, 208 Nr. 201; Rochholz *Sagen* 2, 97 Nr. 329 u. 121 Nr. 348. [3]) Lynker *Sagen* [1] 114 Nr. 175. [4]) Köhler *Voigtland* 511 Nr. 101. [5]) Montanus *Vorzeit* 2, 512 Anm. Schömer.

Amulett. 1. Etymologie und Sprachgebrauch. Das Wort A. kommt vom lateinischen *āmulētum*, das uns zuerst durch Varro, dann durch Plinius bezeugt ist, im übrigen aber in der römischen Literatur nicht allzu oft begegnet. Die alte Erklärung [1], wonach das Wort vom arabischen *hamalet* kommt, ist abzulehnen, zumal *hamalet* nicht Anhängsel, sondern Obliegenheit bedeutet [2]. Auch der vielfach angenommene Zusammenhang von *amuletum* mit *āmōliri* ist ganz unsicher. R. Wünsch [3] stellt es mit ἄμυλον, Stärkemehl, zusammen. Zu untersuchen wäre, ob es zu μῶλυ gehört, dem Namen des aus der Odyssee bekannten schützenden Zauberkrautes, über dessen Etymologie Güntert [4] gehandelt hat, freilich ohne Berücksichtigung von *amuletum*. Von andern antiken Namen, die bei Kropatschek [5] aufgezählt sind, begegnen in lateinischen Schriften des MA.s *ligamentum, ligatura, phylacterium*, während *amuletum* so gut wie nicht hier vorkommt. Im Althochdeutschen hieß das A. *zoubar* (Zauber), im Altnordischen entsprechend *taufr*; in althochdeutschen Glossen wird *phylacterium* mit *pleh, plehhir* übersetzt, weil die A. vielfach aus Blech bestanden. Ein späterer deutscher Name ist *Angehenke* (s. d.)[6]. Im 16. und 17. Jh. werden diejenigen, die A. oder Schutzbriefe im Krieg bei sich trugen, *Pessulanten* oder *Charakteristiker* genannt[7]. Heutzutage gebraucht man etwa in Schwaben[8]) die Wörter *Bändele* und *Bändelesmacher*, im Badischen[9]) *Mamlette* und *Ammenetli*, in der Schweiz[10]) *Bündeli*, in der Oberpfalz[11]) *Büscherl*, in der Landshuter Gegend[12]) *Amadedl*. Das Wort A. selbst tritt in der deutschen Sprache erst zu Anfang des 18. Jhs. vereinzelt auf, im Französischen Ende des 16. Jhs.

[1]) Von v. Hammer 1814 aufgestellt, übernommen u. a. von Seligmann *Blick* 2, 3; Seyfarth *Sachsen* 250. [2]) Gildemeister ZDMG. 38, 140 f. [3]) Glotta 2, 219 ff. [4]) *Göttersprache* 93 f. [5]) *De amuletorum apud antiquos usu*. Diss. 1907, 9. [6]) Grimm *Myth*. 2, 982; 3, 466 Nr. 869 f. [7]) Fox *Saarl. Volksk*. 1927, 464 f. [8]) Höhn *Volksheilkunde* 1, 143. [9]) Meyer *Baden* 38. [10]) SAVk. 21 (1917), 47; SchweizId. 4, 1364 f. [11]) Wuttke 182 § 247. [12]) Pollinger *Landshut* 274.

2. Begriffsbestimmung und Zweck. A. ist ein kleinerer, kraftergefüllter (orendistischer) Gegenstand, dessen Kraft sich dort wirksam zeigt, wo er angehängt oder befestigt wird[13]). Vom Talisman (s. d.) unterscheidet sich das A. höchstens dadurch, daß das Wort Talisman gelegentlich auch auf größere Gegenstände wie Bildsäulen angewandt wird. Zum Wesen des A. aber gehört seine leichte Tragbarkeit und Anhängbarkeit. Das A. kann einem vierfachen Zweck dienen, denselben 4 Zwecken[14]), deren Erreichung allgemein im Gebiet der Religion wie in dem der Zauberei durch Kult- bzw. Zauberhandlungen hervorgerufen werden kann. Das A. kann also 1. apotropäisch wirken, d. h. es kann böse Geister, Einflüsse usw. abwehren (s. d.). Es kann 2. Zwangshandlungen ausüben, insbesondere zu Analogiezauber (s. d.) gebraucht werden. Ferner kann es 3. die Kraft des Trägers stärken, d. h. die Kraft des A. wird der Kraft des Trägers zugefügt, beide werden vereinigt (sakramentale Wirkung). Und 4. kann durch das A. die Kraft göttlicher Wesen gestärkt, diese erfreut werden (euergetische Wirkung).

[13]) Pauly-Wissowa 11, 2156 f. 2169; Suppl. 4, 337 f.; Die Völkerkunde 1926, 42 f. [14]) Pauly-Wissowa 11, 2108. 2151. 2164; Suppl. 4, 331; BlBayVk. 10 (1925) 65 f.

3. Ursprung des A.glaubens. Der Ursprung der Kleidung, den man gelegentlich entweder in einem physischen (Schutz gegen Witterung) oder in einem psychologisch-moralischen (Schamgefühl) oder in einem ästhetisch-sexuellen Grund (Wirkung auf das andere Geschlecht) suchte, ist wahrscheinlich, der des Schmuckes (s. d.) sicher in einem mystisch-magischen Grund zu sehen. Man schmückte sich mit Teilen der Jagdbeute (Felle, Krallen, Zähne, Federn) oder erschlagener Menschen (Skalp, Stück des trepanierten Schädels), um sich die Kraft und Eigenschaften dieser Menschen und Tiere anzueignen. Man hängte sich Teile von Pflanzen (Blätterschmuck, Kränze) und bunte, glänzende Steine usw. an, um die darin vermuteten Kräfte sich zuzufügen. Man bemalte und tätowierte (s. d.) seinen Körper, um seine eigene Kraft zu stärken. Das sind alles zugleich primitive Formen des A., die aber auch bei Kulturvölkern vorkommen; der primitive Schmuck wirkt also als A. Einem Forschungsreisenden[15]) wurde ein Halsschmuck geschenkt, der aus dem Schwanzhaar eines Elefanten bestand, an dem die Kralle eines Leoparden und eines Adlers, der Zahn eines Seefisches und eines Krokodils hing (zugleich Beispiel eines Komposit-A.; s. u. § 5.). Haar und Krallen sollten auf der Jagd schützen, im Wald und Gras scharfsichtig und behende machen; die Zähne sollten vor den Gefahren des Wassers behüten. Oder: Herakles wickelte nach griechischer Sage[16]) den kleinen Aias in das Fell des unverwundbaren Löwen von Nemea, wodurch sich die Unverwundbarkeit auf den Kleinen übertrug. So ist die ursprüngliche Bedeutung des Schmucks und des

A. die Zufügung von Kraft auf den Träger, also die sakramentale Bedeutung. Von diesem orendistischen Glauben aus, der sich im Gebrauch des A. bereits in der Steinzeit nachweisen läßt, konnten sich die übrigen Formen des A.-Gebrauchs entwickeln.

[15]) Peschuël-Loesche *Loango-Expedition* 3, 2, 352. [16]) Berl. phil. Wochenschr. 1912, 1028 ff.; Pauly-Wissowa 11, 2158.

4. Verbreitung und Geschichte; Vergleichendes Material. Der Gebrauch von A.n ist eine der einfachsten Formen im Bereich der orendistischen Vorstellungen und daher überall bei Natur- und Kulturvölkern verbreitet und von den prähistorischen Zeiten bis zur Gegenwart zu verfolgen. Auf das Wesentliche gesehen, gibt es in dem Vergleichsmaterial, das andere Völker bieten, nichts, was nicht auch im deutschen Volksglauben vorkäme. Einzelheiten unten. Es sei vorerst allgemein hingewiesen auf verschiedene primitive Völker [17]), ferner auf die Inder [18]), Assyrer und Babylonier [19]), Ägypter [20]), Israeliten [21]), Griechen und Römer [22]), Zigeuner [23]), Chinesen [24]), Japaner [25]), ferner auf die Italiener [26]) und auf die Prähistorie [27]). So hat also das sich verbreitende Christentum überall den Gebrauch von A. vorgefunden, und es hat seinerseits auch hier christlichen Ersatz zu bieten gesucht, was um so leichter geschehen konnte, als auch dem N. T. orendistische Vorstellungen nicht fremd waren [28]). Insbesondere die Reliquien (s. d.) im weitesten Sinn, sowie die Heiligenbilder (s. d.), Skapuliere (s. d.) und sonstige geweihte Gegenstände wurden schon früh im Sinne von A. verwendet; dabei ist zu beachten, daß der christliche Reliquienkult von Anfang an im allgemeinen sehr viel mehr orendistisch war als der antike. Der Gebrauch von Reliquienpartikeln als A. ist nicht antik, sondern geht auf orientalischen Einfluß zurück [29]). Auch geschriebene A. mit Stellen aus dem A. und N. T. waren bei den Christen im Gebrauch [30]); s. a. Bibelamulett. Die katholische Kirche hat dabei von jeher den Unterschied zwischen eigentlichen A., die vom christlichen Standpunkt aus nicht erlaubt waren, und den kirchlich gebilligten Heiltümern gemacht, erstere als Zaubermittel und Aberglaube verboten, den Gebrauch letzterer als religiös empfohlen. Dieser Kampf gegen die magischen A. zieht sich durch alle Jahrhunderte hin [31]). Es ist derselbe Kampf, in welchem z. B. die Christen der ersten Jahrhunderte die heidnischen Wundertaten im Gegensatz zu den Taten Christi als Zauberei bezeichneten, während die Heiden umgekehrt Christus und die Apostel als Zauberer hinstellten [32]). Jener Unterschied wird demgemäß auch von der katholischen Religionswissenschaft vertreten [33]), während der Volksglaube der katholischen Bevölkerung eine solche Unterscheidung im praktischen Gebrauch kaum, sondern nur in der Theorie [34]) macht. Aber selbst hohe katholische Geistliche wie der 1749 verstorbene Fürstbischof Anselm Franz von Würzburg trugen gelegentlich magische A. [35]). Der Protestantismus kennt keine A.-ähnlichen heiligen Gegenstände; doch finden sich A. selbstverständlich auch bei der protestantischen Bevölkerung, sogar oft A., die von katholischen Priestern oder Mönchen geweiht sind [36]). — Wie in den Ländern des Mittelmeergebiets, so hatte das Christentum auch in Deutschland gegen den nichtkirchlichen Gebrauch der A. zu kämpfen, da auch den Germanen der Gebrauch etwa von Runenzeichen und Bildern als A. nicht unbekannt war [37]). Dazu kam im abendländischen MA. auch der Einfluß der antiken Kultur und ihrer Ausläufer, der den Glauben an A. förderte und in zahlreichen Schriften einen Niederschlag fand. Die Vorschriften für Verwendung und Herstellung von A. wurden zu einer Pseudo-Wissenschaft, wie sie uns etwa bei Arnold von Villanova [38]) im 13. Jh. und später bei Agrippa von Nettesheim [39]) entgegentritt. Dieser okkulten Literatur des MAs. läßt sich etwa die moderne Schrift von Laarss [40]) zur Seite stellen. Insbesondere im 16. und 17. Jh. ist dann eine bedeutende Zunahme des A.glaubens festzustellen [41]). A. wurden fabrikmäßig hergestellt, so etwa von Leonhard Thurn-

eysser [42]) aus Basel im 16. Jh., so wie auch heute noch viele „Braucher" und Wunderdoktoren A. anfertigen [43]) und besonders auch während des Weltkriegs in den Handel gebracht haben [44]); denn insbesondere Leute, die im Besitze magischer Kenntnisse und Kräfte [45]) gelten, vermögen A. herzustellen, bei uns der Braucher, oft auch, besonders im MA., Geistliche und Mönche [46]), bei den Mohammedanern Scheiks, Derwische und besonders Europäer [47]); von letzteren auch sonst den Eingeborenen gegebene medizinische Rezepte werden von diesen oft als A. um den Hals gehängt [48]). Im wesentlichen ist die mittelalterliche Verwendung der A. nicht verschieden von der der Jetztzeit, so daß sich aus den von Schindler und Meyer verwendeten und genannten Quellenschriften zahlreiche Parallelen zu dem heutigen Volksglauben anführen lassen. Daher kommt es auch, daß sogar mancher antike Brauch im A.wesen noch im heutigen Volksglauben weiterlebt [49]).

[17]) Bartels *Medizin* 225 ff.; Schurtz AAnthr. 22 (1894), 57 ff.; Stumme ZfEthn. 1911, 91 ff.; Bellucci *Parallèles ethnographiques* 1915 (mit vielen Abb.); Graebner *Weltbild der Primitiven* 1924. [18]) Oldenberg *Religion des Veda*⁴ 1923. [19]) Hastings 3, 409 ff. In diesem Artikel *Charms and amulets* findet sich Material für fast alle Völker, ebenso in den Werken von Seligmann, insbesondere in dem im Druck befindlichen *Die magischen Heil- und Schutzmittel.* [20]) Wiedemann *Die Amulette der alten Ägypter* (DAO. 12, 1, 1910); ARw. 8, Beih. 23 ff.; 21, 481 ff.; Z.f.Äg. 43 (1907); 45 (1909). [21]) Hastings 3, 451 ff. [22]) Pauly-Wissowa 1, 1984 ff.; 3, 1048 ff.; 6, 2009 ff.; 11, 2156. 2169; Kropatschek a. a. O.; van Hoorn *De vita atque cultu puerorum.* Diss. Amsterdam 1909, 22 ff.; Stemplinger *Sympathieglaube* 1919; s. auch u. Anm. 58; Fahney *De Pseudo-Theodori additamentis.* Diss. Münster 1913. [23]) Globus 59, 257. [24]) ARw 18, 457 f. [25]) Chantepie *Lehrbuch*⁴ 1, 309 ff. [26]) Bayon *Amulettes d'Italie* RTrp. 5, 219; Bellucci *Catalogo dei Amuleti italiani contemporanei* 1898. [27]) Wilke *Rel. der Indogermanen*; Schrader-Nehring 1, 47 f.; Ebert *Reallexikon* 1, 158 ff. [28]) Pauly-Wissowa 11, 2116. 2158. [29]) Pfister *Reliquienkult* 2, 607 ff. [30]) *Papyri Jandanae ed.* Kalbfleisch 1, 1912; Eitrem und Fridrichsen *Ein christliches A. auf Papyrus* 1921. Antike Gegenstücke bei Heim *Incantamenta.* [31]) Herzog-Hauck 1, 467 ff. [32]) Pauly-Wissowa Suppl. 4, 325. 342 f. [33]) Wunderle *Religion und Magie* 1926, 10 f.; Grabinski *Mystik* 84. [34]) Sage vom teuflischen A., das man durch kirchliche Hilfe wieder los wird: Meiche *Sagen* 560 Nr. 695. [35]) Lammert 274. [36]) SAVk. 21 (1917), 47. [37]) Hoops *Reallexikon* 1, 80 ff.; Helm *Religgesch.* 1, 164 ff. [38]) Lehmann *Aberglaube*³ 192 ff. [39]) Agrippa v. Nettesheim 1, 209 ff.; 5, 286 ff. [40]) *Das Geheimnis der Amulette und Talismane. Herstellung derselben nach alten Autoren auf magisch-astrologische Weise* 1919. [41]) Schindler *Aberglaube* 123 ff.; Meyer *Aberglaube* 255 ff. [42]) Schindler 127; Meyer *Abergl.* 31. [43]) Meyer *Baden* 565; ZfrwVk. 7 (1910), 64. [44]) Hellwig *Weltkrieg* 51 f. [45]) Pfister *Schwaben* 26 ff. [46]) Schindler 128 f.; Hovorka u. Kronfeld 1, 22. [47]) Seligmann *Blick* 2, 302. [48]) Ebd. 2, 303. [49]) Stemplinger *Aberglaube*; Ders. *Volksmedizin.*

5. Stoff der A. Da das Wesentliche des A.s die in ihm wohnende Kraft ist, kann als A. alles dienen, dem nach dem Glauben des Trägers eine solche Kraft innewohnt: und das ist nahezu alles. Also Teile von Menschen (Haare, Nägel, Knochen, Menstrualblut, Nabelschnur, Nachgeburt) oder Nachbildungen von Körperteilen wie Phallos und Vulva und die sog. Feige oder etwa die Zunge des Nepomuk [50]) und das Auge; ferner Tiere [51]), Pflanzen [52]), Steine [53]), Metalle [54]) (s. Einzelartikel). Ferner Münzen und besonders die Brakteaten [55]), prähistorische Steingeräte [56]), Donnerkeile [57]), Faden und Knoten [58]). Besonders zu erwähnen sind noch die geschriebenen A., die heute wie im Altertum zahlreich vertreten sind: Himmelsbriefe (s. d.), Gichtzettel, magische Quadrate (s. d.) usw. Ihre Verwendung beruht auf dem Glauben an die magische Kraft des Buchstabens, der Zahl, des Wortes, Namens oder Spruchs, die durch das Aufschreiben auf das Papier übertragen wird und so auch dieses zu einem orendistischen Gegenstand macht; s. auch Bibelamulett, Gebet, Zauberspruch. Auch sinnlose, unverständliche, fremdsprachige Worte spielen dabei eine Rolle. Da häufig die Kraft des Zauberspruchs durch die in ihm erzählte Geschichte gegeben wird, kann man ein A. auch dadurch herstellen, daß man auf einem Gegenstand die Geschichte bildlich darstellt, deren Verwirklichung man

durch einen Analogiezauber (s. d.) erhofft. Auch andere geweihte Bilder können als A. gebraucht werden. Neben solchen Bild-A. gibt es auch andere, die ein orendistisches Zeichen wie Doppelaxt, Kreuz, Trudenfuß, Pentagramm, Hörner, den kreuzartigen Buchstaben T (Tau) u. a. m. enthalten, wie uns solche seit der altkretischen Kultur bekannt sind; s. Bild, Tätowieren. Aber auch Gebet- und Zauberbücher (s. d.), die Bibel (s. d.) u. a. heilige und orendistische Bücher können als A. dienen. Als besonders erwähnenswert nenne ich noch das Komposit-A., das aus vielen Bestandteilen besteht und ebenfalls seit der prähistorischen Zeit allgemein verbreitet ist. Ein solches wurde in einem Brandgrab (Bronzezeit) auf Seeland bei Lyngby gefunden: Ledertasche, darin Schwanz einer Natter, eine kleine Konchylie aus dem Mittelmeer, ein kleines zugeschnittenes Stück Holz, Bruchstück einer Bernsteinperle, Stück eines roten Steines, Feuersteinsplitter, Falkenklaue, ein Lederfutteral mit Unterkiefer eines Eichhorns und einige in ein Stück Blase eingehüllte Steinchen [59]). Ähnliche Komposit-A. kennen wir aus dem Kongo-Gebiet [60]), aus der Türkei [61]), aus dem Germanischen Museum in Nürnberg [62]) und sonst [63]). Weshalb ein einzelner Stoff als wirksam galt, ist oft schwer zu sagen [64]).

[50]) Andree-Eysn *Volkskundliches* 127 f. [51]) Zahler *Simmenthal* 40; Fahney 55 ff. Jühling *Tiere*; Andree-Eysn 142 ff. Auch Nachbildungen von Tieren wie die ägypt. Skarabäen. [52]) Fahney 47 ff.; Marzells Arbeiten; Kropatschek 41 ff. [53]) Meyer *Aberglaube* 55 ff.; Führer *Lithotherapie* 1903; Andree-Eysn 139 ff. [54]) Z. B. Eisen, daher eiserne Ringe; Pauly-Wissowa 1 A, 807 ff.; Andree-Eysn 136 f.; Goldziher ARw. 10 (1907), 41 ff.; Pfister *Schwaben* 64 ff.; Höfler *Volksmed.* 174 ff. [55]) Hoops *Reallexikon* 1, 81. 307; Andree-Eysn *Volkskundliches* 126 f. [56]) ZfVk. 13 (1903), 312. [57]) S. d.; Fox *Saarl. Volksk.* 291. [58]) Wolters und Bissing ARw. 8 Beih. 1 ff.; Scheftelowitz *Schlingenmotiv*; Pley *De lanae usu* 91 ff.; Heckenbach *De nuditate* 106 ff. [59]) Schrader-Nehring 1, 47; Helm *Religionsgesch.* 1, 165 ff. [60]) Söderblom *Werden des Gottesglaubens* 77 ff.; Pauly-Wissowa 11, 2187 f. [61]) Seligmann *Blick* 2, 100. [62]) Kronfeld *Krieg* 44. [63]) Seligmann *Blick* 2, 96 f.; Seyfarth *Sachsen* 139; Kropatschek 69 f.; Schönwerth *Oberpfalz* 3, 256; Andree-Eysn 144 f. [64]) Vermutungen bei Netolitzky *Pharmazeut. Nachr.* 1926, H. 11.

6. Verwendung des A. Der vierfache Zweck, dem die A. dienen können, läßt sich bei Betrachtung der vielfachen praktischen Verwendung oft nicht scharf auseinanderhalten. Der wichtigste Zweck ist im heutigen Volksglaugen der apotropäische. Wenn A. oder andere orendistische oder geweihte Gegenstände (z. B. Palmen oder Weihbüschel) in die Bettzipfel, insbesondere des Brautbettes, eingenäht werden [65]), so soll damit Glück und Fruchtbarkeit in der Ehe erzielt, d. h. die Kraft des A. dem Ehebett zugefügt werden (sakramentaler Zweck). Am Bett der Wöchnerin [66]) befestigt oder am Körper der Schwangeren und Wöchnerin [67]) getragen, oder am Bett des Säuglings [68]) oder des Kranken [69]) angebracht, soll das A. die drohenden Dämonen, Hexen oder Krankheiten abwehren (apotropäischer Zweck). Wenn Brautleute beim Kirchgang A., Rosmarin, Salz, Kornähren u. a. tragen [70]), so kann das abwehrende und stärkende Bedeutung haben, ebenso wenn Soldaten im Krieg A. tragen [71]). Vielfach führt man sein ganzes Leben lang ein A. bei sich, oft auch nur bei besonderen Gelegenheiten, bei Geburt, Hochzeit und Krankheit. Insbesondere in Krankheitsfällen wurden zu jeder Zeit A. empfohlen [72]). Sie helfen aber auch gegen Wetter und Blitz [73]), gegen den bösen Blick [74]) und werden auch den Toten mit ins Grab gegeben [75]). Als Indikations-A. zeigen sie schon durch gewisse charakteristische Veränderungen an, wenn der böse Blick auf sie fällt, und warnen so den Träger [76]). Bei Zauberhandlungen wehren sie böse Einflüsse ab [77]), Bergleute tragen sie zum Schutz [78]). Ebenso helfen A. auch den Tieren. Um einer Sau die Geburt zu erleichtern, hing eine katholische Frau dem Tier ihr in der Kirche geweihtes A. um, das einst in schwerer Stunde ihr selbst gegeben war [79]). Auch sonst werden Tiere mit A. geschmückt [80]). Schließlich

kann man A. und A.artige Gegenstände auch an Häusern, Ställen, Türen usw. anbringen oder dort die entsprechenden Zeichen, Bilder, Buchstaben, Worte direkt aufmalen oder einschneiden [81]).

Meist wirkt so das A. apotropäisch; doch ist auch die sakramentale Bedeutung nicht ganz verschwunden, wofür schon einzelne Beispiele angeführt sind. Sie zeigt sich besonders in dem Brauch, das A. zu essen. Entweder wird es in Wasser getaucht und dann das Wasser, das jetzt die Kraft des A. enthält, getrunken, oder das A. wird pulverisiert eingenommen, oder besonders hierzu bestimmte „Eßzettel" werden verschluckt [82]). Auch durch Küssen des A. kann man sich dessen Kraft aneignen [83]). Auch aus der allgemeinen Anschauung, daß das A. berühmt, reich, stark, klug, beliebt macht [84]), kann man auf den Glauben an die kraftzuführende Eigenschaft des A. schließen. Um Zauberkraft zu erhalten, trägt es der Zauberer wie der Schamane [85]). Der euergetische Gebrauch des A. läßt sich nur da nachweisen, wo Götterbilder und Fetische existieren, deren Kraft durch Anhängen von A. verstärkt wird, wie z. B. beim ägyptischen Horus. Analogiezauber (s. d.) bewirken A., auf denen durch Wort oder Bild das dargestellt ist, dessen wirkliche Erfüllung man von ihm erwartet. Ebenso glaubt man an eine magische Wirkung, wenn man im Erzgebirge und sonst dem Säugling den einer lebendigen Maus abgebissenen Kopf anhängt, um ihm das Zahnen zu erleichtern [86]).

[65]) Birlinger *Aus Schwaben* 1, 396. [66]) Grüner *Egerland* 35. [67]) Höhn *Geburt* 260; Pollinger *Landshut* 239. [68]) Grüner 36; Meyer *Baden* 26; Sartori *Sitte und Brauch* 1, 27; Egerl. 4 (1900), 6; John *Westböhmen* 107; Pollinger 239. [69]) Manz *Sargans* 80. [70]) Sartori *Sitte und Brauch* 1, 82. [71]) Kronfeld *Krieg*; Hellwig *Weltkrieg*; Sartori 2, 169; Meyer *Aberglaube* 277; ZfVk. 14 (1904), 126; Fox *Saarl. Volksk.* 240; 464 f. [72]) Hovorka und Kronfeld 1, 19 ff. mit Abb.; Kropatschek 14 ff.; Andree-Eysn *Volkskundliches* 63 ff.; Höfler *Volksmedizin* 38 ff. [73]) Sartori 2, 14; Andree-Eysn 122 f. [74]) Seligmann *Blick*; Ders. *Zauberkraft.* [75]) Kees *Totenglauben u. Jenseitsvorstellungen der alten Ägypter* 1926, 249; Ebert *Reallexikon* I, 158 ff.; Kropatschek 16 f; Meyer *Aberglaube* 256. [76]) Seligmann *Blick* 1, 266; *Zauberkraft* 446. [77]) Kropatschek 12; Fahz *Doctrina magica* 35. [78]) Drechsler 2, 170. [79]) Maack *Lübeck* 27. [80]) Zingerle *Tirol* 223; Zelenin *Russ. Volksk.* 64. [81]) Sartori 2, 19; Meyer *D. Volksk.* 69 ff.; Andree *Votive* 52; Andree-Eysn 63 ff. 99 ff. 123. [82]) ZfVk. 8 (1898), 248 f.; Andree-Eysn 120 ff.; Pauly-Wissowa 11, 2156. 2171 ff.; Pfister *Schwaben* 33 f. 36; Kropatschek 19. [83]) Kropatschek 19; Pauly-Wissowa 11, 2158 f. [84]) Kropatschek 16 ff.; Meiche *Sagen* 560 Nr. 695; ZfVk. 10 (1900), 288 f.; Lammert 151. [85]) Nioradze *Der Schamanismus bei den sibir. Völkern* 1925, 60 ff. [86]) Seyfarth *Sachsen* 298; Lammert 126 f., wo noch andre Mittel angegeben sind.

7. Die Kraft des A. Die Kraft, die in dem A. wirkt, kommt ihm entweder an sich zu durch das Material, aus dem es besteht, oder durch die magischen Zeichen, Worte und Bilder, die es trägt, oder auch sie ist ihm vom Zauberer oder vom Priester durch eine magische Handlung oder Weihung verliehen worden, oder sie ist durch Berührung mit geweihten Gegenständen (Heiligenbilder, Reliquien) in das A. übergegangen. Letztere A. sind sog. „angerührte" Gegenstände [87]). Sie beruhen auf dem allgemeinen Glauben, wonach man auch künstliche Reliquien durch Berührung mit wirklichen Reliquien [88]) oder, wie in Polynesien, A. aus roten Federn herstellen kann, die man mit einem Götterbild in Berührung gebracht hat [89]). Da das A. ein orendistischer Gegenstand ist, ist es auch tabu; daher findet man gelegentlich das Verbot, ein A. zu öffnen [90]) oder es anzuhauchen [91]).

Eine umfassende Darstellung des A.-wesens fehlt noch; eine listenartige Sammlung aller A.typen wäre wünschenswert.

[87]) Andree-Eysn 117. [88]) Pfister *Reliquienkult* 2, 431 f.; 533 f. [89]) Visscher *Naturvölker* 1, 241 ff. [90]) Meyer *Baden* 565; Hovorka-Kronfeld 1, 22; Andree-Eysn 125; ZfrwVk. 7 (1910), 64. [91]) Birlinger *Aus Schwaben* 1, 397. Pfister.

Anaël, ein Großfürst der Hölle unter dem Planeten Venus, dessen Regent Haniel heißt, ein Thronengel Jehovas; er erscheint Freitags als schöne Jungfrau [1]).

Beim Schatzheben wurde „das 7. Sigillum Anaël“ gebraucht, ein Stein mit Engelnamen, darunter der letzte A.[2]). Der Name ist der gleiche wie der Num. 34, 23. 1. Chron. 7, 39 genannte Eigenname חַנִּיאֵל, auch nabatäisch חנאל „mein Erbarmen ist Gott“, griech. Ἀνιήλ und Ἀννήλ, Vulgata: Hanniel und Haniel. Als Engelname in jüdischen Zaubertexten [3]), ebenso in griechischen des MA.s [4]) als Ἀνήλ und Ἀνιήλ, in koptischen Amuletten [5]), als Stundenengel der 7. Stunde des Freitags Ἀνιέλ [6]) und als Engel der Aphrodite [7]). Aus solchen Verzeichnissen ist der Name wohl auch in Fausts Höllenzwang übergegangen.

[1]) Kiesewetter *Faust* 161. [2]) Handschr. aus dem 17. Jh. [3]) Stübe *Jüdisch-Babylonische Zaubertexte* (1895), 23 ff.; Reitzenstein *Poimandres* 292; MjdVk. 19 (1906), 117. [4]) Reitzenstein a. a. O. 301. [5]) Erman-Krebs *Aus den Papyri der königl. Museen* (Berlin 1899), 262; Ägyptische Urkunden a. d. kgl. Museen Berlin. Kopt. Urk. 1 (1902), 23 Nr. 24. [6]) Heeg *Hermetica* 19 Z. 12. [7]) Ders. a. a. O. 40 Z. 33. Jacoby.

Analogiezauber. 1. Begriffsbestimmung. Unter A. soll hier der Zauber verstanden werden, bei welchem durch eine vom Subjekt, etwa dem Zauberer, vorgenommene Darstellung die tatsächliche Erreichung des Dargestellten beabsichtigt wird, wobei Darstellung und erwartete Wirklichkeit in ihrer Erscheinung parallel miteinander gehen und in einem magischen Zusammenhang stehend gedacht werden. Eine solche Darstellung kann, wie jede Darstellung, durch viererlei Mittel oder Ausdrucksmöglichkeiten geschehen: A. Durch das gesprochene Wort, durch eine Erzählung; B. durch das geschriebene Wort, d. h. die Erzählung wird aufgeschrieben; C. durch bildliche Darstellung, Bild, Zeichnung usw.; D. durch eine mimische Handlung. Danach kann man also je nach dem Mittel der Darstellung vier Arten von A. unterscheiden: Analogie-Wortzauber, Analogie-Schriftzauber, Analogie-Bildzauber, Analogie-Handlungszauber. Das Wesentliche am A. ist also die begriffliche (mündliche oder schriftliche) oder bildliche oder mimische Darstellung, ausgeführt durch das Subjekt, das einen der Darstellung analogen wirklichen Vorgang zu bewirken sucht. Wo eine solche Darstellung fehlt, möchte ich von einem eigentlichen A. nicht reden, zum Unterschied von andern Forschern, die den Begriff A. weiter fassen. Der Zauber- und Heilbrauch, z. B. similia similibus, bei welchem eine Krankheit durch ein Heilmittel geheilt oder eine andere Wirkung durch ein Mittel hervorgebracht wird, das durch irgendeine Eigenschaft in Beziehung zur Krankheit oder zur beabsichtigten Wirkung steht (etwa: Donnerkeil hilft gegen Blitz; gelbes Johanniskraut heilt Gelbsucht; Auge einer Katze heilt kranke Augen; Körner des Stechapfels gegen Seitenstechen angewandt; Ähnliches z. B. von Paracelsus [1]) empfohlen), fällt nicht unter den Begriff A. in unserem Sinne und wird unter dem Stichwort Similia similibus besprochen. Dieser Gedankengang begegnet auch beim Gebrauch von Amuletten: Der Eskimo näht ein Stückchen des Herdsteins in die Kleider und hofft dadurch auf langes Leben und Stärke im Unglück, da es Generationen hindurch dem Feuer widerstanden hat, und seine Frau trägt den Kopf eines Vogels bei sich, der kleine Eier legt, um nicht zu große Kinder zu gebären [2]). Ebensowenig ist A. im engeren Sinn die in vielen Berichten mit dem Motiv ὁ τρώσας καὶ ἰάσεται wiederkehrende Erscheinung, wobei das, was den Schaden verursacht hat, ihn auch heilt. Und ebenso hat nur entfernte Verwandtschaft mit dem A. die geglaubte magische Verbindung einer unabhängig vom Zauberer oder wünschenden Subjekt vorhandenen Erscheinung mit dem Erstrebten, da hier die zum Begriff des A. notwendige, vom Subjekt selbst vorgenommene Darstellung fehlt; also etwa: Warzen soll man bei abnehmendem Mond (s. d.) besprechen, damit sie abnehmen [3]), oder Bohnen soll man stecken, wenn viele Leute zum Markte gehen, damit es viele Bohnen werden [4]). Sowie aber eine solche Erscheinung vom Zauberer auch nur begrifflich dargestellt wird, ist es ein A., wenn etwa im Zauberspruch vom

Abnehmen des Mondes erzählt wird [5]). Also die irgendwie (auf eine der vier genannten Weisen) gegebene Darstellung gehört notwendig zum A., wie wir ihn hier fassen. Eine weitere Erscheinung, die man ebenfalls gelegentlich unter A. begreift, s. unter Etymologie; anderes unter Sympathie. Auch Weissagungen und Deutungen von Zeichen beruhen häufig auf der Schlußfolgerung aus ähnlichen Erscheinungen. Beispiele: Weibspersonen, die beim Waschen nasse Schürzen bekommen, kriegen einst einen Säufer zum Mann [6]). Wenn das Herzle(in) der Pflanze weiß ist, stirbt jemand im Haus [7]). Wenn das Feuer im Ofen pratzelt, entsteht Zank im Haus [8]) u. a. m.

1) Bavaria 1, 462; Reuschel *Volksk.* 2, 16 f.; Schönwerth *Oberpfalz* 1, 152 Nr. 2. 2) ARw. 14, 220. 3) Grimm *Myth.* 2, 595 f. 4) Eberhardt *Landwirtschaft* 3, 2; ähnliches bei Grimm *Myth.* 3, 461 Nr. 762. 5) Seyfarth *Sachsen* 95 ff. 6) Panzer *Beitrag* 1, 267 Nr. 184. 7) Höhn *Tod* 309. 8) Panzer 1, 264 Nr. 134.

2. Mittel des A.s; Beispiele [9]). Diese vier Arten des A. sollen zunächst durch Beispiele belegt werden, eine Auswahl aus dem ungeheuern Material, das alle Zeiten und alle Völker bieten.

A. und B. Analogie-Wort- u. Schriftzauber. Der durch das gesprochene Wort, eine Erzählung (Historiola nach Heim [10]) benannt), hervorgerufene A.: Es wird eine Geschichte im Zauberspruch erzählt, und analog soll das Gewünschte geschehen. Belege hierzu bieten die Zaubersprüche in Masse. Schreibt man diese Geschichte oder diesen Zauberspruch auf, so hat man ein Amulett oder einen wunderkräftigen Zettel, der das gleiche hervorruft. Im 2. Merseburger Zauberspruch (s. d.) wird erzählt, wie Balders Fohlen seinen Fuß verrenkte und dann geheilt wird: so hilft auch der Spruch mit dieser Erzählung gegen ähnlichen Schaden. Dieser Spruch war in unendlich vielen Abwandlungen im Gebrauch [11]). Oder der sog. Jordansegen [12]), der in einfachster Form etwa lautet: Blut, steh' still, wie das Wasser im Jordan still stand; es ist eine Sympathie (s. d.) zwischen Gleichnis und Wirklichkeit. Solche einfachen Gleichnisse begegnen oft in Zaubersprüchen, z. B. „Blatter fall' aus dem Aug' / Wie der Regen aus der Trauf'" [13]). Oder: In der Ilias wird geschildert, wie der verwundete Diomedes von Athena geheilt wird; Dunkelheit hat schon seine Augen umfangen. Da erfüllt ihn die Göttin mit neuem Leben und sagt zu ihm: „Auch das Dunkel nahm ich den Augen dir, welches sie deckte, daß du wohl erkennest den Gott und den sterblichen Menschen." Diese Verse werden in späterer Zeit als Zauberspruch für Augenkranke benützt [14]). In vielen Fällen wird die Erzählung des Zauberspruchs dem Mythus oder der religiösen Legende entnommen, etwa aus dem homerischen Epos oder dem Alten oder Neuen Testament [15]). So sind auch die ägyptischen Mythen von Anubis [16]), der von einem Skorpion gestochen und von Isis geheilt wird, und von Horus [17]), den Thot heilt, im Zaubersegen verwendet worden. Oder: Will die Bauersfrau in Bretten (Baden) viele junge Hühnchen und wenig Hähnchen bekommen, so sagt sie zur Henne, die sie auf die Eier setzt: „Es geht a Hochzich in d'Kerch, 'senn lauter Weibsleut un numma a Mann" [18]). Oder um einer Kuh das geschwollene Euter zu heilen: „De Hisch un Hasch / die geh'n über'n Bach / un nemme de Kuh / 's g'schwollene Euter ab" [19]). In jeder Sammlung von Zauberformeln (s. d.) finden sich solche Beispiele [20]). Erwähnt sei noch der Gichtzettel [21]), in dessen Text die Geschichte von Gicht und Gichtin erzählt wird, die über Land gehen und dabei Christus begegnen; er frägt sie, wohin sie gehen wollen; sie antworten: zu den Menschen. Christus verbietet ihnen das und bannt sie in den wilden Wald. „Das sei dir, N. N., zu Buß gezählt. Im Namen usw."

9) Die Völkerkunde 1926, 42 ff. 10) *Incantamenta* 495 ff. 11) Ebermann *Blutsegen* 1 ff. 12) Ders. 24 ff.; Grimm *Myth.* 3, 508. 13) Seyfarth *Sachsen* 76 f.; Ganzlin *Sächs. Zauberformeln* 8. 14) Lukian *Charon* 7; Heim *Incantamenta* 495 ff. 15) Seyfarth *Sachsen* 130 ff. 16) Reitzenstein ARw. 8, 167 ff.; Abt *Apuleius* 278. 17) Pauly-Wissowa 8, 2447. 18) Fehrle *Baden* 1,

64. [19]) Ders. 1, 65. [20]) Abt 155 f.; Pradel *Gebete* 86; Tambornino *De antiquor. daemonismo* 79. 101; Seyfarth *Sachsen* 101 ff.; Ganzlin a. a. O. 9 f.; Frazer 7, 104 ff. [21]) Die Völkerkunde 1926, 38 ff.; ganz ähnliche Sprüche: Panzer *Beitrag* 2, 305; Hovorka u. Kronfeld 1, 455; 2, 700; Höfler *Volksmedizin* 31 f.; SchwVk. 1916, 98 f.

C. Der Analogiebildzauber. Man braucht eine Geschichte nicht durch Worte zu erzählen oder durch Buchstaben aufzuzeichnen, sondern kann sie auch durch ein gezeichnetes, gemaltes, geschnitztes usw., mehr oder minder deutlich ausgeführtes oder auch nur andeutendes Bild darstellen. Durch ein solches Bild erhält der damit versehene Gegenstand, auch wenn es nur ein Stück Papier ist, die Kraft eines Amuletts oder Fetischs, vorausgesetzt, daß das Bild eine wirkende Kraft enthält. Ein solches Bild kann lediglich Kraft zufügend, d. h. heiligend, weihend, sakramental, kräftigend wirken (z. B. in Altkreta das Bild der Doppelaxt, bei den Germanen der Hammer), oder es kann apotropäisch wirken (z. B. abgebildete Hörner, schreckhafte Masken) — über diese beiden Erscheinungen s. u. Bild u. Bildzauber — oder es kann einen A. hervorrufen: dies letztere, wenn das Bild einen Vorgang darstellt, der analog dem gewünschten ist. Diesem Zweck verdankt wahrscheinlich ein Teil der aus der Steinzeit stammenden, an die Höhlenwände in Südfrankreich und Spanien gemalten Bilder ihr Dasein, insbesondere soweit sie Jagdszenen darstellen, und dasselbe ist bei den Buschmannszeichnungen neueren Datums der Fall [22]): Wie aus Südafrika auf dem Bild das Tier vom Jäger erlegt wird, so soll auch in Wirklichkeit ihm das Jagdglück hold sein. So ist auch die in der hellenistischen und römischen Kunst öfters sich findende Darstellung zu erklären: Horus, der auf den Köpfen zweier Krokodile steht oder mit der Lanze ein Krokodil erlegt [23]). Auch die Darstellung des heiligen Georg, der mit dem Drachen kämpft, ist hier zu nennen, eine Legende, die doch wohl irgendwie mit dem Mythus von Horus zusammenhängt [24]). Derartige Bilder, ursprünglich als A. gedacht, können dann auch als apotropäisch wirkende Talismane (s. d.) aufgestellt werden, auf jeden Fall sind sie, eben durch die bildliche Darstellung, orendistische Gegenstände. Hierher gehören auch die spätantiken Amulette [25]), die etwa Salomon oder einen Engel darstellen, der eine weibliche Gestalt mit einem Speer durchbohrt; dabei die Inschrift, etwa: φεῦγε, μεμισημένη, Σαλομῶν σε διώκει. — Moderner Jagdzauber aus Schwaben [26]): „Bei dem Bannen des Wildes verfährt man also: Man macht aus Silber, Kupfer oder Zinn das Bild eines Mannes, der in der rechten Hand einen gespannten Bogen hält, worauf ein Pfeil liegt; im Gießen und Stechen spricht man: Durch dieses Bild binde ich alles Wild im Walde, Hirsche, Rehe, Hasen, Füchse usw. Wenn nun der dritte Grad des Löwen aufsteigt, so steche man auf ein gleiches Metall alle Arten Wild, und bei der Arbeit spreche man: Durch dieses Bild binde ich alles Wild usw. Hierauf werden beide Bilder so zusammengelegt, daß die Seiten, worauf gestochen, zusammenstoßen, und dann festgebunden und in ein grünseidenes Tuch gewickelt und bei sich getragen. Man darf aber zu keiner andern Zeit auf die Jagd gehen, als wenn der Mond im Widder, Löwen oder Schützen ist.“ Als A. sollte wohl auch das Bild dienen (den Kopf eines Gendarmen darstellend, umgeben von vier Messern, die auf ihn zugerichtet sind), das Zigeuner einige Tage vor der von ihnen ausgeführten Ermordung des Betreffenden auf eine halbverfallene Mauer zeichneten [27]). Altgermanische und altgriechische Amulette stellen einen durch einen Vogel oder einen Menschen gefangenen Fisch dar und dienten als Fischfangzauber [28]). Eine Art von Analogiebildzauber stellen auch diejenigen Zauberzettel dar, die ein Zauberwort durch Weglassen immer des letzten Buchstabens so oft wiederholen, bis nur ein Buchstabe noch übrig bleibt; z. B.

Abraham Julita
Abraham Julit
Abraham Juli

usw. Wie das Wort abnimmt, so soll das Fieber zurückgehen. Der A. wird hier noch verstärkt durch das beigezeichnete Bild des Krebses, des rückwärts gehenden Tieres [29]. S. auch Artikel Tätowieren. Nicht zu verwechseln mit diesem A.-bildzauber ist der gleich zu besprechende A., der durch Behandlung eines Bildes ausgeübt wird, wobei also das Bild in einer Zauberhandlung das Medium darstellt.

[22]) R. R. Schmidt *Die Kunst der Eiszeit* 1923; Kühn *Kunst der Primitiven* 1, 923; v. Sydow *Kunst der Naturvölker und der Vorzeit* 1923; Hörnes *Urgesch. der bildenden Kunst*³ 1925; Mainage *Les religions de la préhistoire* 1921; Ebert *Reallexikon* 7, 142 ff.; Lehmann *Aberglaube*³ 29 f.; ZfEthn. 58 (1926), 58 ff. [23]) Bilderatlas zur Rel.gesch. Lief. 2—4, Abb. 126; Roscher *Myth. Lex.* 1, 2750. [24]) Berl. phil. Woch. 1914, 1492. [25]) Rev. des ét. gr. 4, 287 ff.; 5, 74 ff.; Pauly-Wissowa 4, 2376; Heim *Incantamenta* 480 f.; Roscher *Lex.* 3, 2027 f.; Eitrem Videnskapsselskapets Forhandlinger 1921, 17 ff. [26]) Birlinger *Aus Schwaben* 1, 484. [27]) Groß *Handbuch* 1, 416 f. [28]) Scheftelowitz ARw. 14, 372. 391. [29]) Fehrle *Zauber* 61 f.; Seyfarth *Sachsen* 169 f.

D. Der Analogiehandlungszauber. Durch eine mimische Darstellung oder Handlung wird das parallel damit Gehende, was wirklich sich ereignen soll, hervorgerufen. Bei dieser Gruppe können wir wieder zwei Arten unterscheiden: Entweder ist die Darstellung eine einfache parallele, mehr oder minder deutliche oder auch nur einige wesentliche Punkte hervorhebende Nachahmung, oder aber durch ein Medium kommt eine Verbindung zwischen mimischer Darstellung und Wirklichkeit zustande; das Medium gehört der Wirklichkeit an und wird in der Darstellung benützt; es kann sich dabei um ein Bild, um ein Kleidungsstück, Teil einer Person, um Namen oder auch nur Schatten handeln. — Beispiele für die einfache parallele Darstellung. Hier handelt es sich um Körperbewegungen, Tänze, mimische Handlungen: Hierher gehören die Jagd- und Fischtänze der Primitiven, Büffeltänze der Indianer, Känguruhtänze in Australien u. a. m., der Regenzauber in einem altmexikanischen Fest [30]. In ersterem Falle ahmen die Indianer, als Büffel verkleidet (s. Maske), die Bewegungen dieser Tiere nach, und andere Indianer schießen mit stumpfen Pfeilen auf sie. Also, was auf den prähistorischen Höhlenbildern und nach der schwäbischen Vorschrift bildlich dargestellt wird, wird hier mimisch vorgeführt: immer zum gleichen Zweck des A. Auch die alten Griechen kannten solche δρώμενα [31], die auch zu beachten sind, wenn man nach der Entstehung des griechischen Dramas fragt [32]. Etwa der Regenzauber in Arkadien, wobei bei anhaltender Dürre die Oberfläche einer Quelle unter Gebeten vom Priester mit einem Eichenzweig gerührt wurde [33], oder in Rom das Fest der Robigalia [34], bei dem eine Hündin getötet wurde: Wie sie getötet wird, so soll der schädigende Rost des Getreides vernichtet werden. Ähnlicher A. auch bei den Hethitern und sonst nachgewiesen [35]. Auch von deutschen Gebräuchen gehören unzählige hierher: die Begattung auf dem Feld (Heilige Hochzeit, Fruchtbarkeitszauber) [36]; das Feuerrad, das, an Fastnacht angezündet, den Berg herabgerollt wird [37] (Sonnenzauber; er wird auf den schwedischen Felszeichnungen der Bronzezeit [38] durch eine bildliche Darstellung bewirkt); der Brauch mit dem Pfingstlümmel (s. d.) und andere Arten des Regenzaubers (s. d. u. Anm. 33); das Werfen des süßen Rahms in den Nidelnächten (s. d.) u. a. m. Noch ein paar Einzelheiten: Beim Säen des Flachses soll man den Beutel oder das Säetuch recht hoch in die Luft werfen, damit der Flachs hoch wächst [39]. In Anhalt steckt man, bevor man mit der Aussaat beginnt, einen möglichst langen Holunderstock in alle vier Ecken des Flachsfeldes, umtanzt ihn und ruft: So lang sollst du werden [40]. In Württemberg soll sein Wachsen dadurch gefördert werden, daß man an Fastnacht das Spinnrad hoch oben unter das Dach schiebt [41] oder daß man mit entsprechenden Liedern (z. B. Flix, Flax, daß mein Flachs über vier Ela wachs) möglichst hoch durch das Johannisfeuer springt [42]. In Schlesien sollen die Kleidungsstücke, die das Kind bei der Taufe getragen hat, an einer hochgelegenen Stelle im Hause aufbewahrt werden, damit das Kind später im Leben zu einer hohen Lebensstellung gelangt [43]). Aus Böhmen, wenn ein Bursche ein Mädchen verläßt und eine andere heiratet: Dann nimmt wohl die Verlassene, während der Bursche mit der andern in der Kirche bei der Trauung ist, einen Hund, eine Katze und eine Henne und sperrt alle drei in eine Stube ein. Das neue Ehepaar wird sich dann ebenso zanken, wie sich Hund, Katze und Henne in der Stube während ihrer Trauung raufen [44]). Auch in kleineren Handlungen tritt dieser A. oft zutage: Wird im Tale der Kleinen Vils der Gevatter zur Taufe gebeten, so zieht er eiligst den Gevatterrock an; dies muß schnell geschehen, damit der Neugeborene recht flink werde [45]). Oder: Wird die Aussteuer der Braut in das neue Heim gefahren, so darf der Knecht, der den Wagen fährt, nicht mit der Peitsche schnalzen, da sonst die Braut im Ehestand Hiebe bekäme [46]). Vor allem auch im Heilzauber spielt die analoge Handlung eine Rolle: Um einen Beinbruch zu heilen, umwickelt man ein vorher zerbrochenes Stuhlbein und stellt den Stuhl in die Ecke [47]).

Oft wird auch ohne Willen des Handelnden ein A. durch eine Handlung oder einen Vorgang hervorgerufen: Wenn man eine Weide zum Holzbinden in einem Stalle dreht, darin Hühner, Gänse, Enten brüten, bekommen die Jungen krumme Hälse [48]). Wenn beim erstmaligen Baden des Kindes die Badewanne rinnt, wird das Kind ein Bettnässer [49]).

[30]) Preuß in Globus 86, 378. 388 f.; Schröter *Anfänge der Kunst*. Diss. 1914; Bertholet NGG, Geschäftl. Mitteil. 1926/27, 5 f. [31]) Pauly-Wissowa 11, 2142. 2164 ff. [32]) Dieterich ARw. 11, 163 ff.; vergleichendes Material bei Winterstein *Der Ursprung der Tragoedie* (Imago-Bücher 8) 1925. [33]) Pauly-Wissowa 7, 2208. 2210; 9, 2135; Pfister *Schwaben* 85 ff.; ARw. 13, 34; Franz *Benediktionen* 2, 17 ff.; Gesemann *Regenzauber* 63. [34]) Pauly-Wissowa 1, A 949 ff. [35]) Friedrich *Aus dem hethit. Schrifttum* 1925; Ehelolf BSB. 1925, 267; Lesky ARw. 24, 73. [36]) Pauly-Wissowa 11, 2168 f.; Dieterich *Mutter Erde* 92 ff.; Höfler *Hochzeit* 59 f. [37]) Pfister *Schwaben* 84 f.; anderer Sonnenzauber: ARw. 11, 150 f. [38]) Bilderatlas Lief. 1, Abb. 10. [39]) Andree *Braunschweig* 226; Sartori *Sitte u. Brauch* 2, 57. 109 f.; Grimm *Myth.* 3, 475 Nr. 1078; s. auch 3, 448 Nr. 432. [40]) Knuchel *Umwandlung* 77. [41]) Eberhardt *Landwirtschaft* 5. [42]) Pfister *Schwaben* 83; Marzell *Volksleben* 66 f. [43]) Drechsler *Schlesien* 1, 198. [44]) Grohmann 211. [45]) Pollinger *Landshut* 240. [46]) Ders. 253. [47]) Seyfarth *Sachsen* 176 ff. [48]) Grimm *Myth.* 3, 446 Nr. 373. [49]) Pollinger 243; Wettstein *Disentis* 172.

Die zweite Art des Analogie handlungs zaubers ist die mimische Darstellung, bei der man sich eines Mediums bedient, das eine Verbindung mit der Wirklichkeit herstellt. Dies Medium kann etwa ein Bild sein, das eine Person darstellt. Mit dem Bild werden Handlungen vorgenommen, durch die man analog die Person selbst beeinflußt. Dieser Bildzauber (s. d. und den Art. Atzmann) wird vor allem zum Liebes- und Schadenzauber gebraucht. Aber auch ein Kleidungsstück der betr. Person, ein Stück ihres Eigentums, ein Teil ihres Körpers (Haare, Nägel, Schweiß in einem Lappen) kann als Objekt dienen, mit dem, ebenfalls zu beiden Zwecken, die Zauberhandlung vorgenommen wird. Der Zauberer in Australien tötet dadurch einen Menschen, daß er ein Stückchen seiner Kleidung mit Leichenfett am Feuer röstet [50]). Nach deutschem Aberglauben bearbeitet man den Rock eines Menschen mit Haselruten und glaubt, daß die betreffende Person unsichtbare Hiebe verspürt. Es braucht nicht einmal der Rock jenes Menschen selbst zu sein; es genügt ein beliebiger Rock, über welchen man den Namen des betr. Menschen ausspricht [51]). Damit im Zusammenhang steht auch der verbreitete Glaube, daß, wenn das Kleidungsstück eines Lebenden in einen Sarg mit eingeschlossen wird, er dahinsiecht, so wie das Stück im Grabe verfault [52]). Der Glaube, daß man mit Haaren, Nägeln usw. einen A. ausführen kann, ist seit Apuleius in mancher Erzählung, auch humoristisch, verwertet [53]). Schließlich kann man auch mit dem Namen (s. d.) einer Person, auch mit ihrem Schatten (s. d.), einen A. ausführen. Auch das Tritt- oder Stapfenstechen, d. h. das Zaubern mit der Fußspur (s. d.), gehört hierher. Oder: Hat eine Hexe durch ihre Künste einer Kuh die Milch ausgemolken, so muß man bald hernach die Kuh noch einmal melken. Diese Milch setzt man aufs Feuer und schlägt dann mit einem Stock drein, bis das letzte Tröpflein aus dem Gefäß weg ist; je mehr man zuhaut, desto besser. Jeden Schlag bekommt die Hexe vom Teufel auf den Rücken [54]).

[50]) Chantepie [4] 1, 155. [51]) Wrede *Eifler Volksk.* 95; Fehrle *Zauber* 65; Groß *Handbuch* 1, 541; s. Art. Prügeln. [52]) Wuttke 186, 255. [53]) Apul. *met.* 3, 16 ff.; Pfister *Schwaben* 44 f.; Bartsch *Mecklenburg* 2, 352; Wesselski *Märchen* 196, wo weitere Nachweise. [54]) Wolf *Niederländische Sagen* 370 f.

3. Zweck. Der Zweck des A. kann nach vorstehenden Beispielen ein mannigfaltiger sein. Er kann sich an Personen richten als Liebes-, Heil- und Schadenzauber, gegen Tiere als Jagdzauber, und schließlich kann er Fruchtbarkeits-, Wachstums- und Wetterzauber sein; s. die Einzelartikel.

Zur Erklärung s. noch W. Stern *Die Analogie im volkstümlichen Denken* 1893; Dieterich *Mutter Erde* 99; Preuß ARw. 9, 97; 13, 416. 434; Bohnenberger 106 ff. (S.-A. 16 ff.). Pfister.

Ananisapta, auch Ananizapta und Amazapta, alte Pestabwehrformel, die im Ausgang des MA.s auftritt und gewöhnlich als Akrostichon erklärt wird: „**A**ntidotum **N**azareni **a**uferat **n**ecem **i**ntoxicationis, **s**anctificet **a**limenta **p**oculaque **t**rinitas. **A**men" [1]). Nach Bergner [2]) ist das Wort ein Notarikon wie Agla, dessen Deutung noch ausstehe. Ein Versuch, das Wort auf Mt. 27, 46; Mk. 15, 34: „asabthani" zurückzuführen [3]), scheitert an der Überlieferung; das aram. שְׁבַקְתַּנִי wird griech. σαβαχθανεί, von der Vulg. sabacthani (nur in vereinzelten Lesarten ζαφθανεί, zapthani u. ä.) umschrieben [4]) und somit dem A. wenig entsprechend. Auch die von Seligmann [5]) gegebene Erklärung עֲנֵנִי זְבַד אֵל „erhöre mich, Zabd (Engel) Gottes", hat eine Reihe Bedenken. Delrio u. a. [6]) denken an Anani-divinatio, aber die Wörterbücher verzeichnen kein solches Wort und עֲנַן, aram. עֲנָנָא müßte doch wohl mit O-laut transskribiert werden, wie von Theodotion zu Jes. 57, 3: υἱοὶ ὠνενά (עֹנְנָה). Am wahrscheinlichsten ist noch die akrostichische Deutung, vgl. auch den nicht lange danach auftretenden Zacharias- und den Benedictussegen [7]).

[1]) HessBl. 20 (1921), 1 ff.; 21 (1922), 56 f.; Dornseiff *Alphabet* 179. [2]) H. Bergner *Grundriß d. kirchl. Kunstaltertümer* (1900), 353. [3]) HessBl. 21 (1922), 56 f. [4]) Dalman *Gramm. d. jüd.-paläst. Aramäisch* (1905), 365; Tischendorf *Novum Testamentum Graece* 1 (1869), 202. [5]) HessBl. 20 (1921), 12. [6]) a. a. O. 9. [7]) Vgl. noch J. Wolff *Scrutinium amuletorum medicum* (Leipzig u. Jena 1690), 371 mit Literatur aus den Schriften über die Pest. Jacoby.

Anasages, Zauberwort zur Heilung von Zahnschmerz [1]).

[1]) Thiers 1, 361. Jacoby.

Anastasia, hl., Märtyrin, genoß hohe Verehrung in den römischen Donauprovinzen, Fest 25. Dez. [1]). Von der Hirnschale der Heiligen ruht ein Stück seit 1053 in Benediktbeuren (Bayern). Kopfleidenden wird diese Reliquie aufs Haupt gesetzt, um sie zu heilen [2]). Ähnliche Heilkraft maß man den Anastasiahäublein bei, Häubchen von schwarzem Taft, die während einer Messe zuerst der Hirnschale der Heiligen aufgesetzt wurden [3]). Außerdem sollen Anastasiazettel heilbringend wirken [4]).

[1]) Künstle *Ikonographie* 56—57. [2]) Andree-Eysn *Volkskundl.* 120. [3]) Schmeller *Bay.Wb.* 1 (1872), 86, nach dieser Quelle (1. Ausg. 1, 64) Lammert 26, ebenso wohl ZdVfVk. 1 (1891), 295. [4]) Andree-Eysn a. a. O. Wrede.

Anastasiushaupt. Auf Pestschutzbriefen (s. Breve) kommt neben andern Heiligenbildern nicht selten das anscheinend gewaltsam vom Körper abgetrennte Haupt des hl. Märtyrers Anastasius, des Persers, vor, das noch überdies eine deutliche Hiebwunde an der Stirn trägt [1]). Das Bild scheint in der Legende begründet, nach der Anastasius mit einer Axt erschlagen und enthauptet worden ist [2]). Aus diesem Grunde ist er auch Patron gegen Kopfweh [3]).

[1]) Abbildung s. Andree-Eysn *Volkskundliches* 68. [2]) AA. SS. Boll. (22.) Jan. 3, 35 ff. [3]) Kerler *Patronate der Heiligen* (1905) 206. Hoffmann-Krayer.

anbauen. Das Fieber wird „gewendet“ oder „angebaut“, indem man Leinsamen unter Hersagen eines Segens auf dem Acker anbaut: wie der Same aufgeht, muß das Fieber weichen [1]). Vgl. Fieber, (Krankheit) übertragen.

[1]) Höfer *Wb. der ... in Österreich üblichen Mundart* 3 (Linz 1815), 131 = Grimm *Myth.* 2, 981 f. Bächtold-Stäubli.

anbinden. Heilkräftige Mittel werden angebunden, umgeknüpft, um den Arm, Hals, Leib getragen. Die lateinischen Quellen des MA.s nennen dies ligamenta, ligaturae, phylacteria [1]). Der neuere Name ist „Angehenke“ [2]), vgl. Angebinde (s. d.) [3]). In Schlesien wird a. im Sinne von „stellen“ (s. bannen) gebraucht [4]).

S. Amulett, Angehenke, Bündelchen, Einbund.

[1]) Grimm *Myth.* 2, 982. 1003 f.; 3, 345. [2]) Ebd. 2, 982; 3, 466 Nr. 869. 870 (aus Ettners *Hebamme* 859 u. 862). [3]) *DWb.* 1, 338. [4]) Kühnau *Sagen* 3, 189 Nr. 1561; 3, 224 Nr. 1586. Bächtold-Stäubli.

anblasen s. blasen.

Anblick. Ausdruck für den bösen Blick bei den Wenden im Spreewald.

Schulenburg *Wend. Volkstum* 100. 106. 107. 202. Seligmann.

Anblicks- oder Angesichtskörner, d. s. Päonienkörner. Sie schützen bei den Wenden die Menschen vor dem bösen Blick, epileptischen Krämpfen und plötzlichem Unwohlsein, das Vieh vor dem Igel.

Veckenstedt *Wend. Sagen* 470, § 20—22; ZfEthn. 1877, 450; Seligmann *Blick* 2, 79. Seligmann.

Andorn (Gottvergeß, Berghopfen, weißer Dorant, Mariennessel; Marrubium vulgare).

1. Botanisches. Lippenblütler (Labiate) mit gegenständigen, filzig behaarten Blättern und weißen Blüten, deren Kelchzipfel zottig behaart sind. Hin und wieder auf Schutt und an Dorfstraßen [1]).

[1]) Marzell *Kräuterbuch* 332 f.

2. Der A. wird manchmal dem geheimnisvollen Dorant (s. d.), dem bekannten hexenwidrigen Mittel, gleichgesetzt [2]). Auch der bereits in den ahd. Glossen belegte Name „Gottvergeß“ (‘gotvirgeze’, ‘gotvergeze’) weist auf abergläubische Beziehungen. Als hexenvertreibend erweist sich der A., wenn er, nachts zwischen 11 und 12 Uhr auf einem Friedhof gepflückt, zum Scheuern der Milchgefäße benutzt wird, damit die Butter zusammengeht [3]), oder wenn er dem freßunlustigen Vieh an den Hals gehängt wird [4]). Der A. muß in der Johannisnacht geholt werden [5]). Unter die Bienenstöcke gelegt, soll er die Bienen zum Brüten reizen [6]). In der Sympathiemedizin scheint der A. früher öfter gebraucht worden zu sein [7]).

[2]) SAVk. 23, 167. 171 f. [3]) Anhalt: Wirth *Pflanzen* 32. [4]) Wilde *Pfalz* 4. [5]) Prov. Sachsen: Veckenstedts Zs. 3, 308. [6]) Urquell 5, 22. [7]) HessBl. 5, 166; Sébillot *Folk-Lore* 3, 497; ZfVk. 21, 153. Marzell.

Andreas, hl. Der erstberufene Apostel, im Range nur dem Petrus und dem Paulus nachstehend. Sein Attribut ist das schief gestellte Kreuz (s. A.kreuz).

1. Mit dem A.tage (30. Nov.), der fast mit dem Beginn des Kirchenjahres zusammenfällt und daher manche Neujahrsbräuche an sich gezogen hat, beginnt eine aller Art von Weissagung offene Zeit. Was einem in der A.nacht träumt, geht in Erfüllung [1]). Der Bursche, der am A.tage einem Mädchen zuerst begegnet, wird ihr Mann [2]). Die A.nacht ist eine der sog. Losnächte. Vor allem suchen heiratslustige Mädchen den zukünftigen Liebhaber zu Gesichte zu bekommen, sei es im Traume oder in einer Spukgestalt, oder wenigstens irgendeinen Anhaltspunkt für seine Herkunft und Art zu gewinnen [3]). Die dazu angewendeten Mittel sind fast zahllos, wiederholen sich übrigens zum großen Teile auch zu anderer Zeit und Gelegenheit, namentlich zu Neujahr. Die häufigsten sind folgende: Das Mädchen kniet am Abend vor ihr Bett und bittet den hl. A. in einem herkömmlichen Spruche, ihr im Traum den künftigen Liebsten zu zeigen [4]). Oder es setzt sich dazu auf den Bettrand [5]) oder steigt rückwärts oder mit dem linken

Fuße zuerst ins Bett [6]), springt darauf herum [7]), tritt gegen die Bettlade [8]) und schüttelt sie [9]). Geschüttelt wird auch der Zipfel der Bettdecke [10]), der Zaun [11]), im besonderen der Gartenzaun (der erste, der vorbeigeht, ist der Zukünftige) [12]) oder ein Erbzaun (ein bellender Hund zeigt dann die Richtung an, woher der Ersehnte kommt) [13]); ferner die Wäschestange [14]) oder ein Baum [15]). Auch wickeln die Mädchen bunte Bänder um Zaunpflöcke, sehen am andern Morgen zu, wie der Zaun beschaffen ist und entnehmen daraus die Art ihres Bräutigams [16]). Das Mädchen legt auch ein Silberstück vors Bett, tritt mit dem Fuße darauf und betet, daß ihr der Zukünftige im Traume erscheine [17]). Zu gleichem Zwecke streut es Getreide oder Leinsaat unter das Kopfkissen [18]) oder in alle vier Winkel der Kammer [19]). Oder es legt Zettel und Sprüche unter den Kopf [20]) oder einen Spiegel [21]); oder es sieht in den Spiegel [22]) oder durch ein Astloch [23]). Auch setzt es sich an den Herd und sagt ein Vaterunser rückwärts her [24]) oder sieht nackt in den Schornstein [25]). (Nacktheit ist überhaupt bei vielen dieser Handlungen Vorschrift [26]).) Verbreiteter Brauch ist, daß das Mädchen (nackt, mit einem neuen Besen) die Stube fegt [27]) oder den Tisch deckt und mit Speisen besetzt [28]). Allerlei Schlüsse kann man auch aus dem Bleigießen ziehen [29]), sowie aus dem ins Wasser geschütteten Weißen eines Eies [30]), aus schwimmenden Schälchen und Lichtern [31]) oder Papierpfennigen [32]). Im klaren Wasserspiegel, selbst im Wasserglase, kann man den Freier schauen [33]). Das Greifen von Gegenständen aus dem Wasser gibt manchen Hinweis [34]), desgleichen das Scheitergreifen [35]) und das Greifen in den Schafstall [36]). Nicht minder bedeutsam ist das Horchen auf das Echo [37]), auf die Reden im Nachbarhause [38]), auf die Stimmen im Hühnerstall nach dem Anklopfen [39]) oder auf die Antwort der Kuh [40]). Auch Kreuzwege laden zum Horchengehen ein [41]), und selbst auf das frische Grün legt das Mädchen sein Ohr und lauscht, ob nichts zu hören sei [42]). Das Körnerpicken des Hahnes [43]) und der sich der Glücklichen zuwendende Gänserich [44]) verheißen Heirat. Das Mädchen schreibt auch die 24 Buchstaben mit Kreide an die Tür und greift mit verbundenen Augen danach. Der getroffene ist der Anfangsbuchstabe des Namens des künftigen Geliebten [45]). So werden auch auf zwölf Zettel die Namen begehrenswerter Freier geschrieben und unter dem Zwölfuhrläuten zum Fenster hinausgeworfen bis auf einen, den das Mädchen unter das Kopfkissen legt; am andern Morgen weiß sie ihren Zukünftigen [46]). In verschiedener Art kommt das Werfen zur Anwendung, namentlich des Schuhes [47]), eines Strohkranzes oder Holzspanes auf einen Baum [48]), oder einer heil gebliebenen Apfelschale, die den Namensanfang des künftigen Liebhabers ergibt [49]). Das Essen eines Apfels bewirkt dessen Erscheinen [50]); auch das Essen eines Herings [51]). Die Mädchen tun auch Strumpf- oder Kopfbänder in eine Mulde, schwingen sie, und die, deren Band zuerst herausspringt, heiratet zuerst [52]). Aus den in Wasser gestellten Apfel- oder Hollerzweigen, die zu Weihnachten blühen, schließt man auf die Zeit der Hochzeit [53]). Wenn ein Mädchen am A.morgen an einem Gewässer eine Knospe an einem Strauche entdeckt, wird es bald heiraten [54]). Im Emmental backen die Mädchen Brötchen, zu denen sie das Mehl aus drei Häusern zusammengebettelt haben. Im Traum erscheint dann der Zukünftige [55]). Im Sarganserland zwingt das Mädchen den künftigen Freier zu einem Stelldichein, wenn es „Gschirrblätz" siedet und immer darin herumstochert [56]). Alle diese Mittel und noch manche andere gehen untereinander verschiedenartige Verbindungen ein und sind oft noch mit allen möglichen Einzelbestimmungen belastet und in ihrer Ausführung erschwert. Obrigkeit und Kirche verurteilen diese

„schädliche superstitiones", auch wenn sie nicht unter Anrufung des Teufels geschehen [57]), der sich mitunter hineingemischt haben soll [58]). Die Frauen überwiegen in der Anwendung dieser Wahrsagungsmittel. Doch werden sie auch von den Männern nicht verschmäht [59]). So sagt Logau: „Wann St. A.-Abend kümt, pflegt jeder, der sich will beweiben, Auch die, die sich bemannen wil, ein hitziges Gebet zu treiben" [60]).

[1]) Schramek *Böhmerwald* 113. [2]) Hoffmann-Krayer 96. [3]) Urquell N.F. 1, 69 ff.; Sartori *Sitte u. Brauch* 3, 10 f.; Drechsler 1, 3 f. [4]) Urquell 1, 70; Reiser *Allgäu* 2, 177; ZfdMyth. 1, 87 (Oberharz); Strackerjan 1, 108; Frischbier *Hexenspr.* 162. [5]) Messikommer 1, 157 f. [6]) SchwVk. 1, 14; 10, 28; Hoffmann-Krayer 97; Vernaleken *Alpensagen* 337; John *Erzgeb.* 143 f. [7]) Reinsberg *Böhmen* 517. [8]) Meier *Schwaben* 2, 455; Birlinger *Volksth.* 1, 342 f.; SchwVk. 1, 86; Vernaleken *Alpensag.* 337; ZfVk. 5, 415. 8, 398.; Frischbier 162; Köhler *Voigtland* 383; John *Westböhmen* 5; Schramek *Böhmerwald* 113; Urquell 1, 100 (Isergebirge). [9]) Meyer *Baden* 167. [10]) ebd. 167; Birlinger *Volksth.* 2, 444; John *Westböhmen* 3. [11]) Lehmann *Sudetendeutsche* 127. [12]) Manz *Sargans* 140; Urquell 1, 100. [13]) Nork *Festkalender* 750; Köhler *Voigtl.* 400; Wolf *Beitr.* 1, 121 (Oberharz); Urquell N. F. 1, 71 (Harz). Bloßes Hundebellen: Grimm *Myth.* 3, 470 (964) [14]) Köhler *Voigtl.* 382. 572; John *Erzgeb.* 142. [15]) John *Erzgeb.* 141. [16]) Hovorka-Kronfeld 2, 176. [17]) Reiser *Allgäu* 2, 177. [18]) Frischbier *Hexenspr.* 162. [19]) Haupt *Lausitz* 1, 200; Reinsberg *Böhmen* 517 (auf den Fußboden). [20]) Meyer *Baden* 167; Urquell N.F. 1, 73 f. (Polen). [21]) Stoll *Zauberglauben* 152. [22]) Lauffer *Niederd. Volksk.* 115. [23]) Reinsberg *Böhmen* 517. [24]) Urquell N.F. 1, 79. [25]) Schambach-Müller 238. [26]) Weinhold *Ritus* 6 f.; Reuschel *Volksk.* 2, 21; Sartori *S. u. Br.* 3, 10, A 2. [27]) Meier *Schwaben* 2, 455; Birlinger *Volksth.* 1, 341; SAVk. 2, 216; SchwVk. 10, 28; Hoffmann-Krayer 96; Manz *Sargans* 140; Stoll *Zaubergl.* 152 f.; Meyer *Baden* 168. [28]) Schönwerth *Oberpfalz* 1, 140 f.; Wolf *Beitr.* 1, 121 f.; Drechsler 1, 13; Urquell N.F. 1, 73 f.; Köhler *Voigtl.* 383; SAVk. 13, 3; 25, 144; Manz *Sargans* 140; Grimm *Sagen* [2] 149 (115); Mitt. Anhalt. Gesch. 14, 17 f. [29]) Hörmann *Volksleben* 204; Birlinger *Volksth.* 1, 341; Schramek *Böhmerwald* 111; John *Westb.* 2. [30]) Meier *Schwaben* 2, 454 f.; Meyer *Baden* 166. [31]) Urquell N.F. 1, 73; Schramek 112. [32]) John *Erzgeb.* 141. [33]) ZföVk. 3, 9; Messikommer 1, 158; Hoffmann-Krayer 96; Stoll *Zaubergl.* 178 f. [34]) Köhler *Voigtl.* 400; aus Töpfen: John *Westb.* 2; Schramek 112. [35]) ZfVk. 9, 442; Schulenburg *Wend. Volkst.* 126; Reinsberg *Böhmen* 515 f.; SAVk. 15, 3; Kapff *Festgebr.* 5. [36]) SAVk. 15, 3; Hoffmann-Krayer 96. [37]) Wuttke 367 (Ostpreußen). [38]) Köhler *Voigtl.* 383; Reinsberg *Böhmen* 516. [39]) Drechsler 1, 11; John *Erzgeb.* 142. [40]) John *Erzgeb.* 142. [41]) Drechsler 1, 11; Köhler *Voigtl.* 383. [42]) Brunner *Ostd. Vk.* 160. [43]) Drechsler 1, 11. [44]) Meyer *Abergl.* 215. [45]) Wuttke 333. Ähnlich das „Stippeln" in Ostpreußen: Brunner *Ostd. Vk.* 159. [46]) John *Erzgeb.* 142; vgl. Schramek *Böhmerwald* 112. [47]) Messikommer 1, 158; Hoffmann-Krayer 97; Manz *Sargans* 140; John *Westb.* 2 f. [48]) John *Erzgeb.* 140; Lehmann *Sudetendeutsche* 128. [49]) Manz 140; Vernaleken *Alpensag.* 337 f.; Sébillot *Folk-Lore* 3, 398. [50]) Urquell N.F. 1, 71 f. (Elsaß); Birlinger *Volksth.* 1, 341; Wuttke *Sächs.Vk.* 371. [51]) Köhler *Voigtl.* 380; Brunner *Ostd. Vk.* 160. [52]) Schulenburg *Wend.Volkst.* 126. [53]) Mitt. Anhalt. Gesch. 14, 17 f. [54]) Reinsberg *Böhmen* 519 [55]) SAVk. 15, 3. [56]) Manz *Sargans* 140. [57]) Panzer *Beitr.* 2, 271. 273. [58]) Meyer *Baden* 169. [59]) Meyer *Baden* 168; Birlinger *A.Schw.* 1, 380. In Schlesien tun sich Mädchen und Burschen zusammen: Lehmann *Sudetendeutsche* 128. [60]) Drechsler 1, 3.

2. A. gilt überhaupt als Heiratsvermittler und wird daher von den Mädchen um einen Mann angefleht [61]). Um einen Freier zu bekommen, schneidet das Mädchen sich am A.abend von dem „Gesichte" am Bienenstock ein Spänchen Holz ab und trägt dies immer bei sich [62]). In der ermländischen Kathedrale küßt es zu gleichem Zwecke die am A.tage ausgestellte Statue des Heiligen [63]). Durch Kranzbinden wird auch die Treue des Schatzes erforscht [64]). Endlich wird A. im südlichen Baden auch um Kindersegen angefleht [65]), und das Kloster Arnsburg hatte die Verpflichtung, den Frauen von Münzenberg, die guter Hoffnung waren, jährlich am A.tage einen mit Weizen gemästeten Eber zu liefern [66]).

Zur Erklärung der Bedeutung des hl. A. für Ehe, Liebe und weibliche Fruchtbarkeit führt man verschiedene Gründe an: eine Beziehung zum Gotte Frô, zum Gleichnis von den 10 Jungfrauen am letzten Sonntage vor Advent, zur Antiphon „concede nobis hominem justum etc." im Festes-Offizium am A.-tage und zum griechischen ἀνήρ [67]). Das meiste wird zur Zauberkraft des Tages schon der Umstand beigetragen haben, daß er eben die zauber- und geheimnisreiche Adventszeit eröffnet.

[61]) Urquell N.F. 1, 76. 78 f. 2, 113 f.; Wolf *Beitr.* 2, 101. [62]) Köhler *Voigtland* 381. [63]) Brunner *Ostd. Vk.* 246. [64]) Schramek *Böhmerwald* 112. [65]) Meyer *Baden* 168. [66]) Urquell N.F. 1, 192. [67]) Ebd. 1, 76.

3. Auch der Tod kündet sich an diesem Tage an. Wenn ein Bursche oder ein Mädchen einen Sarg hinter einem Baume sehen, so sterben sie ledig [68]). Wenn beim Horchen am Fenster der Nachbarn von einem Begräbnis die Rede ist, erfolgt ein Todesfall [69]). Das Auseinanderfallen eines Häufleins Salz oder Mehl droht das gleiche an [70]). Aus der Lage des geworfenen Schuhes ergibt sich Auswanderung, Sterben oder Gesundbleiben [71]).

[68]) SAVk. 15, 4; Hoffmann-Krayer 96. [69]) John *Westb.* 3. [70]) Köhler *Voigtl.* 381; Wuttke 330. [71]) Schramek *Böhmerwald* 111.

4. A. wird um gutes Wetter angegangen [72]). Sein Tag ist für die Witterung maßgebend [73]). Er bringt den Winter heran [74]). A.schnee „tut den Saaten weh" und bleibt hundert Tage liegen [75]). Aus einem Glase Wasser kann man sehen, ob ein nasses oder ein dürres Jahr folgen werde [76]). Zwiebel- oder Nußschalen, mit Wasser gefüllt, geben Auskunft über die Witterung der nächsten zwölf Monate [77]).

[72]) Urquell N.F 1, 77. [73]) Sartori *Sitte u. Br.* 3, 11, A. 4. [74]) Urquell N.F. 1, 77. 78. [75]) Leoprechting *Lechrain* 201; Reiser *Allgäu* 2, 179; SAVk. 2, 280; John *Westb.* 5; Schönwerth 2, 135; Urquell 1, 100, N.F. 1, 77. [76]) Drechsler 1, 14; Grimm *Myth.* 3, 470 (963). [77]) SAVk. 2, 222.

5. A. ist der Gesundheit förderlich. Er wird als Gichtpatron und gegen die A.krankheit (ignis sacer = Milzbrand, Rotlauf) angerufen [78]). Ein am A.tage von einem Weißdorn geschnittenes „Sprisenhölzli", in der Tasche getragen, zieht Holzsplitter aus dem Körper [79]). Münzen mit dem A.-segen gelten als blutstillendes Mittel [80]), helfen auch gegen Schlagfluß [81]). Kinder, die an Husten leiden, müssen die Statue des Heiligen umarmen [82]) oder sein angebliches Grab berühren [83]). Vom A.brunnen in einem Seitentale des Idarbaches holte man sich noch um 1680 heilwirkendes Wasser [84]). Mädchen, die am A.abend baden, werden davon gesund und heiraten bald [85]). Und wer am A.tage stirbt, kommt vom Mund auf in den Himmel [86]). Auch die Fruchtbarkeit der Bäume fördert es, wenn man sie am A.abend, während die Feierabendglocke läutet, mit Strohseilen umwickelt [87]).

[78]) Birlinger *A.Schw.* 1, 449; ZfVk. 5, 5; Urquell N.F. 1, 71; vgl. 192. [79]) Hoffmann-Krayer 96. [80]) Hovorka u. Kronfeld 2, 372. [81]) ZföVk. 13, 102. [82]) Sébillot *Folk-Lore* 4, 150. [83]) Ebd. 4, 160. [84]) Diener *Hunsrück* 81. [85]) Hovorka u. Kronfeld 2, 177. [86]) Hörmann *Volksleben* 204; Urquell N.F. 1, 71. [87]) Drechsler 1, 14.

6. Besonders günstig ist die A.nacht, um verborgene Schätze zu heben [88]). In einem über Nacht aufgestellten Wassergefäße hofft man Geld zu finden [89]). Überhaupt treibt allerlei Spuk und Zauber sein Wesen. Wenn man sich in der A.nacht auf einen Kreuzweg stellt, so bringt der Teufel Schätze [90]). Die Hexen von Meseritz feiern ihre Zusammenkünfte [91]). Am A.abend soll man Zweige abschneiden und ins Wasser stellen; wenn einer dann am Weihnachtsabend blüht, soll man ihn in die Kirche mitnehmen, dann sieht man dort alle Hexen [92]). Milch darf am A.tage nicht aus dem Hause gegeben werden, sonst wird sie behext [93]). Der Feuermann zeigt sich in der A.-nacht [94]). Wer mit einem in dieser Nacht geschnittenen Haselstock auf ein Kleid schlägt, kann damit die Person treffen, die er im Sinne hat [95]). Die Fischer von Hartheim sagen: Andrees macht den Lachs bös [96]).

[88]) Meyer *Baden* 481; Messikommer 1, 158. [89]) Hoffmann-Krayer 96. [90]) Vernaleken *Alpensag.* 337. [91]) Knoop *Posen* 82; vgl. Hoffmann-Krayer 96.

[92]) Schulenburg *Wend. Volkst.* 126; Vernaleken *Mythen* 285; Reiser, auf A. in Wasser gestellt, gehen Weihnachten auf: Sartori 3, 11 A. 5. Blühen sie dann, so kommt der Bund mit der Liebsten zustande: John *Erzgeb.* 143; blühen sie nicht, so blüht auch das Geschäft nicht: ebd 252. [93]) Wuttke § 705. [94]) Meiche *Sagen* 280. [95]) Meyer *Baden* 482. [96]) Ebd. 463.

7. Schon am A.tage beginnen die der ganzen Adventszeit eigentümlichen Umzüge verkleideter und mehr oder weniger lärmender Gestalten, die der Austreibung böser Mächte und der Fruchtbarkeit der Felder dienen [97]). Die A.nacht ist die erste Klöpflesnacht (s. Klopfnacht) [98]). Arme ziehen als Sternsinger umher [99]) und gehen um das „Andreas Troad" (Getreide) betteln [100]). Kinder hängen ihre Strümpfe ans Fenster und kriegen darin beschert [101]). — Von der Bedeutung des A.tages als Feiertag zeugen noch Sagen, die von seiner Entweihung durch Arbeit am Vorabend und von der Strafe dafür erzählen [102]). Am Tage vorher soll niemand spinnen [103]).

[97]) Hoffmann-Krayer 103; Lütolf *Sagen* 104; Wolf *Beitr.* 2, 101; Schulenburg *Wend. Volkst.* 126; Witzschel *Thüringen* 2, 155; Meyer *Baden* 33. [98]) ZfVk. 1, 304; Sartori 3, 12 A. 11. [99]) ZfdMyth. 3, 336 f. [100]) Hörmann *Volksleben* 204. [101]) Reinsberg *Böhmen* 518. [102]) Meier *Schwaben* 1, 294 f.; Birlinger *A.Schw.* 1, 73. 173 f. [103]) Schulenburg *Wend. Volkst.* 126; Sébillot *Folk-Lore* 1, 140 (Nieder-Bretagne). In Böhmen aber gehört den Mädchen alles Garn, das sie an diesem Abend spinnen: Reinsberg *Böhmen* 518.
Sartori.

Andreaskreuz nennt man ein Kreuz, das aus zwei schräggestellten Balken (×) besteht. Die Tradition erzählt, daß der Apostel Andreas an einem solchen Kreuz den Märtyrertod erlitten habe, doch ist diese Überlieferung erst mittelalterlich und läßt sich im christlichen Altertum noch nicht nachweisen [1]). Es wird im Zauber gebraucht, so bei einer Praxis, um Diebe zu entdecken [2]): „deinde scutella cum aqua imponatur circulo, transversa obliquaque mixtim cruce insignito", als Schutzmittel gegen Blitz [3]), man lost damit [4]), benutzt Schlüssel, in deren Bart sich ein A. befindet [5]); auch wird seine Form für die gewöhnliche † öfters in Formeln angewendet, um anzudeuten, daß ein Kreuz geschlagen werden soll. Das A. findet sich häufig auf übelabwehrenden Gegenständen.

[1]) Herzog-Hauck *Real-Encycl.* 11, 96; O. Zöckler *Das Kreuz Christi* (1875), 75; L. Couard *Altchristl. Sagen a. d. Leben Jesu u. d. Apostel* (1909), 85; Albers *Das Jahr* 298; Wuttke *Sächs. Volksk.* 453 f.; Schönwerth *Oberpfalz* 3, 276; Bechstein *Thüringen* 1, 259; Drechsler *Schlesien* 1, 14; Liebrecht *Zur Volksk.* 388. [2]) Wier *De praestigiis daemonum* (Basel 1577), 523 lib. 5 c. 5. [3]) Sartori *Sitte u. Brauch* 2, 14. [4]) Urquell N.F. 1 (1897), 191. [5]) Seligmann *Blick* 2, 10.
Jacoby.

Andreasmonat s. Dezember.

Andvari s. Zwerg.

Anemone s. Windröschen.

Anfang, anfangen. A.szauber nennt man die Anstalten, welche durch besondere Vorsicht und Berücksichtigung der magischen Zusammenhänge [1]) bei Inangriffnahme eines Unternehmens diesem die besondere Gunst des Schicksals sichern sollen [2]). Dachte [3]) man doch, daß vom Anfang eines Unternehmens oder Vorgangs auf dessen Fortgang weitgehende Wirkungen ausgeübt werden [4]).

Man war daher bestrebt, Tage von allgemein günstigem Einfluß auszuwählen, ungünstige zu vermeiden. Solche Tagwählerei (s. d.) kannte schon das Judentum [5]), noch mehr das alte Babylon und Ägypten [6]). Nach altem Kalenderglauben standen die einzelnen Tage der Woche in Zusammenhang mit gewissen planetarischen Ereignissen, welche ihrerseits den Fortgang jeder Arbeit, wie eben jedes irdische Geschehen, beeinflussen. Da jeder Planet mit einem besonderen Gott in Verbindung gebracht war, galt es entsprechend auch für angebracht, gerade am Tage des Gottes jene Geschäfte zu besorgen, denen eben dieser Gott vorstand, wie auch jene zu unterlassen, die ihm zuwider waren. So beginnt man einen Kampf am Dienstag, dem dies Martis (s. Krieg), obwohl dieser Tag ebenso wie der Mittwoch sonst nicht als Glückstag gilt. Am Donnerstagabend soll man nicht spinnen, am Donnerstag, dem Thorstag, auch kein Holz hauen. Heiraten soll man am Dienstag, damit bei Beachtung der drei Tobiasnächte das erste Beilager am Freitag, dem Tage der Freya stattfinde; allenfalls auch am Donnerstag [7]).

Neben den Wochentagen spielt für den Anfang eines Werkes auch wohl der Mond- und Gestirnstand eine Rolle. Heiraten soll man bei zunehmendem Monde [8]); zunehmender Mond ist allem Beginnen, das eine Zunahme herbeiführen will, günstig.

Nichts Neues soll man am Unschuldigen Kindertag [9]), am Freitag [10]), am Samstag [11]), Mittwoch [12]) oder Dienstag [13]) anfangen; am Donnerstag (Hexentag) nichts Wichtiges, vor allem keine Ehe beginnen [14]). Ein Werk soll man am Montag [15]) oder am kürzesten Tage [16]) oder zu Neujahr [17]) beginnen, wobei die symbolischen Zusammenhänge zwischen dem Wachsen der Woche (der Tageslänge) und dem Wachsen der Arbeit zutage liegen. Doch soll man nach anderer Überlieferung Montags nicht anfangen zu säen [18]), und ebenso meinen andere, es bringe Glück, Freitags eine Arbeit zu beginnen [19]). Dieser scheinbare Widerspruch begegnet schon in alten Traditionen. Der Sabbattag als Saturntag galt bald als günstig, bald als ungünstig [20]), weil Saturn selbst ein ambivalenter Planet ist. Die Tage haben auch Einfluß auf den Verlauf des Wetters. Wie das Wetter sich an einem Monatsersten, der auf einen Donnerstag fällt, anläßt, so bleibt es [21]). Wenn es Freitag anfängt zu regnen, regnet es die ganze Woche [22]). Das Wetter am Neujahrstag ist maßgebend für das ganze Jahr [23]).

Das mittelalterliche Christentum (Eligius) bekämpfte bisweilen die Tagwählerei [24]).

[1]) Widlak *Synode v. Liftinae* 27. [2]) Schmidt *Gottesidee* 1, 468. [3]) Meyer *Weihnacht* 73 ff. [4]) Bohnenberger Nr. 1, 19. [5]) Jeremias *Altorientalische Geisteskultur* 170. [6]) Ders. *Das Alte Testament im Lichte des Alten Orients* 63 f. [7]) Simrock *Mythologie* 600. [8]) Ebd. 600. [9]) *Grab d. Aberglaubens* 2, 237. [10]) Fogel *Pennyslvania* 260 Nr. 1360; 261 Nr. 1364. [11]) Ebd. 261 Nr. 1361. [12]) Ebd. 250 Nr. 1298 f. [13]) Schultz *Alltagsleben* 241. [14]) Liebrecht *Zur Volksk.* 337; Wolf *Beiträge* 1, 69 ff. [15]) Grimm *Myth.* 3, 463 Nr. 821. [16]) *Grab d. Aberglaubens* 1, 13. [17]) Grimm *Myth.* 3, 480 Anm. 7. [18]) Ebd. 3, 441. [19] Fogel *Pennsylvania* 250 Nr. 129. [20]) Jeremias *Das Alte Testament im Lichte des Alten Orients* 65. [21]) ZdVfVk. 1914, 60. [22]) Ebd. 1914, 59. [23]) Nilsson *Studien zur Vorgeschichte d. Weihnachtsfestes*, ARw. 19, 69 ff. [24]) Grimm *Myth.* 3, 401; ARw. 20 (1920), 116.

2. Man versucht deshalb auch bei Beginn einer Fahrt sich durch ein „Weiß Gott der liebe Herr“ [25]) unter höheren Schutz zu stellen [26]). „Helf Gott“ sagt der Bauer, bevor er ein Gerät anfaßt oder eine neue Arbeit beginnt [27]). Das Brot wird vor dem Anschneiden (s. d.) mit dem Kreuzeszeichen, das Butterfaß mit Salz und Weihwasser gesegnet (s. Abwehrzauber). Aller wichtigen landwirtschaftlichen Tätigkeiten A. ist mit einer Weihe verbunden [28]). Der Einzug des Neuen Jahres wird mit festlichen Gelagen gefeiert, damit das Jahr so weiter in Überfluß sich fortsetze [29]). In ähnlicher Gedankenverbindung läßt man von den Speisen etwas über Nacht übrig [30]). Ein Kind, das zum erstenmal ausgetragen wird, bringt man zuerst die Treppen hinauf, ehe man hinuntersteigt, damit es auch im Leben steige [31]); wird es zum erstenmal in eine fremde Wohnung gebracht, reicht man ihm etwas Eßbares, ein Ei [32]). Beim ersten Kleidchen des Kindes darf nichts abgehandelt werden [33]), das erste Geschenk muß ihm entweder die Mutter [34]) oder der Pate [35]) geben.

Den ersten Käufer darf man nicht fortgehen lassen [36]); auch der Preis, den Kaufleute und Gastwirte für den ersten Verkauf erhalten, ist bedeutungsvoll [37]). Der A. vom Hochzeitstag ist bedeutsam für die Ehe [38]); das Hochzeitsfest ist denn auch überall mit A.szauberbräuchen umgeben [39]).

Beim Beziehen einer neuen Wohnung wird zuerst Brot und Geld [40]) hineingebracht, man läßt eine Katze voranlaufen [41]).

Nicht eigentlich A. im aktiv magischen Sinn, sondern Zauber im passiv abergläubischen, ist die Beobachtung der verschiedenen Zeichen (s. Angang), durch welche die Schicksalsmächte ihre Hilfe und Zustimmung versprechen oder verweigern.

Fängt ein Unternehmen schlecht an, so ist dies als Warnung des Schicksals aufzufassen, daß es einen üblen Verlauf haben wird [42]). Man soll eben deshalb sich eines guten A.s nicht allzu sehr rühmen. „Den Vogel, der früh singt, frißt abends die Katze" [43]). Man bemüht sich daher durch Befragung [44]) des Schicksals, den Willen Gottes oder die Verhängung des Fatums zu erforschen (s. Los). Vor Beginn einer Treibjagd wirft der Treiber seinen Stock in die Höhe: fällt er flach, gibt es keinen Erfolg; spießt er sich in die Erde, so hat man Glück und zwar auf das sovielte Mal, als der Stock geworfen [45]).

[25]) Drechsler *Schlesien* 2, 18. [26]) Tiede *Gotteserkenntnis* 332. [27]) Maack *Lübeck* 16 ff. [28]) Sartori 2, 54. [29]) Ebd. 3, 266. [30]) Ebd. 3, 29. [31]) Fogel *Pennsylvania* 38 Nr. 55; 39 Nr. 58, 59. [32]) Sartori 1, 26. [33]) Rockenphilosophie 2, 198. [34]) Fogel *Pennsylvania* 37 Nr. 44. [35]) Ebd. 37 Nr. 45. [36]) Rockenphilosophie 1, 139; 2, 109. [37]) ZdVfVk. 11 (1901), 278. [38]) Bohnenberger Nr. 1, 19. [39]) Schönwerth *Oberpfalz* passim; Sartori 1, 93. [40]) Sartori 2, 11. [41]) Liebrecht *Zur Volksk.* 358. [42]) Köhler *Voigtland* 394; John *Erzgebirge* 34; Wuttke 209 und 290; Drechsler *Schlesien* 2, 194. [43]) Strackerjan *Oldenburg* 1, 47. [44]) ARw. 20, 384. [45]) Schönwerth 3, 273 ff.

K. Beth.

anfassen s. berühren.

Angang. Vorbemerkung. Im Interesse einer möglichst klaren Darstellung des außerordentlich vielseitigen A.s-aberglaubens empfiehlt sich zunächst die Festlegung einer bestimmten Terminologie. Der einfachste Fall eines A.s kann auf zwei Weisen ausgedrückt werden: 1. „Der Jäger begegnet einem alten Weib" und 2. „Dem Jäger begegnet ein altes Weib". In diesem Musterbeispiel können Subjekt und Objekt vertauscht werden, ohne daß sich der Sinn verändert. Nicht möglich wäre dies in dem gleichfalls noch zum A.saberglauben zu rechnenden Beispiel: „Der Wanderer findet eine Nadel". Da außerdem in dem ersten Beispiel der Jäger die bewußte, denkende, die Begegnung deutende und von ihr beeinflußte, das alte Weib dagegen die zufällige, unbewußt wirkende Komponente des Vorgangs ist, bezeichnen wir in unserer Darstellung die dem Jäger des Musterbeispiels entsprechenden Faktoren als Subjekt des A.s, die dem alten Weibe entsprechenden als Objekt des A.s.

Begriffsbestimmung. Unter A. versteht man im allgemeinen das zufällige Zusammentreffen eines, meist menschlichen, Subjektes mit einem oder mehreren Objekten aus der belebten, seltener der unbelebten Natur, insoweit diesem Zusammentreffen nach geltender abergläubischer Meinung eine für das Subjekt zukunftkündende Bedeutung innewohnt. Die überaus zahlreichen Wettervorzeichen, die aus dem Erscheinen oder dem Verhalten gewisser Tiere gezogen werden, sowie andere, einer persönlichen Beziehung auf das Subjekt entbehrenden Deutungen bleiben daher hier unberücksichtigt.

Verbreitung (allgemeine). Der Glaube an den A. ist eine der am weitesten über Zeiten und Räume verbreiteten Erscheinungsformen des Aberglaubens [1]), er ist bei den alten Babyloniern und Assyrern [2]) ebenso festzustellen wie in der Neuzeit, in Neuseeland [3]) ebenso wie in Deutschland. Hier kann, von gelegentlichen Vergleichen abgesehen, nur der deutsche A.sglaube behandelt werden, wobei jedoch auf sein Auftreten im germanischen und griechisch-römischen Altertum kurz eingegangen werden muß, da hier vielfach zweifellos eine wurzelhafte Verbindung vorliegt.

Germanische und antike Wurzeln des A.sglaubens. Der heutige A.sglaube geht einerseits auf Anschauungen der germanischen Vorzeit, andererseits auf antike Einflüsse zurück, die im dt. Aberglauben, z. T. als ungewollte Wirkung kirchlicher Verbote und Beichtfragen, vielfach zu beobachten sind. Die Hauptstelle für A.sglauben im Altnordischen ist Reginsmál 20 ff. [4]), wo Odin den Sigurd über die für den zum Kampf Ziehenden günstigen Angänge belehrt (vorauffliegender Rabe, vorbeiziehendes Kriegerpaar, heulender und vorauslaufender Wolf). Von den Germanen berichtet Tacitus [5]), daß sie auf

Vorzeichen (auspicia) ebenso wie auf Losweissagung großen Wert legten; unter ersteren dürften die Angänge miteinbegriffen sein. Auf A. ist auch die weitere Angabe des Tacitus zu beziehen, daß es bei den Germanen üblich gewesen sei, avium voces volatusque interrogare [6]). Im griech.-röm. Altertum war, wie u. a. die unten zusammengestellte reichhaltige Nomenklatur beweist, der Glaube an A. außerordentlich stark verbreitet und zwar sowohl in der Form der Deutung zufälliger Begegnungen, als auch in der einer kunstmäßig nach bestimmten Regeln vollzogenen Beobachtung, wie sie vor allem in der römischen Vogelschau vorliegt [7]). So nimmt denn auch der Glaube an den A. in der Polemik der Kirche gegen das Heidentum eine wichtige Stelle ein; Ausgangspunkt ist z. T. der ins Decretum Gratiani aufgenommene und dann immer wiederholte Passus des Augustinus gegen den A. und andere heidnische Meinungen. Die Konzilienkanone sowie die Bußordnungen und Predigten vom frühen MA. bis tief in die Neuzeit hinein wiederholen das Verbot immer aufs neue, und zwar meist in wörtlicher Übereinstimmung. Schon daraus geht hervor, daß man dabei nicht den speziellen A.sglauben der verschiedenen Länder, sondern die aus dem Altertum bekannten Formen im Auge hatte [8]). Eine zusammenfassende Darstellung auch nur des deutschen A.sglaubens gibt es noch nicht, doch wird er, wie die folgende Zusammenstellung zeigt, an zahlreichen Stellen der vkdl. Literatur mehr oder weniger ausführlich behandelt. Vollständigkeit der Quellenangaben ist, zumal bei seinen bekanntesten und verbreitetsten Erscheinungsformen, unmöglich und gerade in diesen Fällen auch kaum erforderlich.

[1]) Tylor *Primitive Culture* 1 (1920), 119; deutsche Ausg. von Sprengel und Poske 1, 120; Andree *Parallelen* 1, 8; Hopf *Tierorakel* 1 ff. [2]) Ungnad *Deutung der Zukunft* (Der Alte Orient 10, 3) 29. [3]) Danzel *Magie und Geheimwissenschaften* 11 ff. [4]) Edda übers. v. Genzmer (Thule 1) 130; Grimm *Myth.* 2, 940; Golther *Myth.* 639; Gering *Weissagung* 10; weitere Stellen s. Grimm a. a. O. Anm. 2. [5]) *Germ.* cap. 10, dazu Müllenhoff *Altertumsk.* 4, 222 f. [6]) Müllenhoff a. a. O. 229 verweist auf Josephus *Antiqu. Jud.* 18, 6, 7, wo ein gefangener Germane dem späteren König Agrippa das Erscheinen eines Uhus als glückverheißend deutet, freilich im Gegensatz zu der sonst üblichen Bedeutung seines A. [7]) Potter *Antiqu. of Greece* 1 (1818), 397; Grimm *Myth.* 2, 937; Bouché-Leclerq *Hist. de la divin.* 1, 121; Hopf *Orakeltiere* 9 ff.; Halliday *Greek Divination* 172. 253; Stemplinger *Aberglaube* 44. [8]) Augustin. *de doctr. christ.* 2, 20; Decret. Gratiani 26, q. 2 c. 6; Klapper MschlesVk. 21, 88 f. Zusammenstellung der Konzilienbeschlüsse usw. bei Thiers *Traité* 1, 196, am reichhaltigsten bei Boese *Superstit. Arelat.* 12. 42. 47. 64.

Name. Die allgemeinste Bezeichnung ist altn. *heill* ahd. *heil*, ags. *hæl*, auf alle Arten von Vorzeichen bezüglich; die Beobachtung derselben wird ahd. mit *heilisôn*, *heil scouwôn*, ags. mit *hâlsian*, *hæl sceávian* bezeichnet [9]). Eine besondere Form der A.sbeobachtung, die bei dem Subjekt das Motiv des Zufälligen dadurch aufhebt, daß der A. unter bestimmten Zeremonien erwartet wird, war vielleicht die in nordischen Quellen vielfach erwähnte *útiseta* [10]), bei der sich der Seher oder die Seherin nachts draußen, d. h. im Freien, hinsetzen mußte. Damit zu vergleichen ist ahd. *hleodarsâza* = sitzen, um Orakel (ahd. *hliodar*, ags. *hleóðor* = Stimme, Orakel) zu hören. Ebenso wie das Christenrecht der norwegischen Gesetze (nicht der isländischen) die *útiseta* als heidnisch bekämpft und *hleodarsâza* von der Kirche verdammt wurde, wird in mittelalterlichen Beichtfragen das „Sitzen am Kreuzweg auf einer Stierhaut, um die Zukunft zu erkennen" als heidnische Sünde bezeichnet [11]). Die mhd. Bezeichnung ist *aneganc*, *widerganc*, *widerlouf*, mnl. *ghemoet* (schwed. *mot*). Im ma. Latein werden neben dem klassischen *augurium*, das sich ursprünglich nur auf die Vogelschau bezieht, auch die Bezeichnungen *superventa*, *congressionum initia*, *initialia* [12]), *observantiae* [13]) gebraucht. Im Griechischen bezeichnet man die A. als ἐνόδιοι σύμβολοι [14]), ἐνόδια σύμβολα [15]), ἐνόδια συναντήματα, ἐκ συναντήματος οἰωνίσματα, ἀπαντήσεις [16]), auch ἐνόδιον schlechtweg [17]), man sprach von einem ξύμβολος ὄρνις [18]), einem δυσάντητον θέαμα oder einem σύσφημον κληδώνισμα [19]). Im heutigen deutschen Sprachgebrauch ist die Bezeichnung „Angang“ mehr ein volkskundlicher Fachausdruck als ein im Munde des Volkes lebendes Wort, und zwar bezeichnet man damit sowohl den Vorgang der Begegnung selbst als auch die gute oder schlechte Bedeutung des Objektes („der Hase hat einen schlechten A.“) oder auch das Objekt selbst; vereinzelt findet sich auch für die tierischen Objekte die Bezeichnung „Lostiere“. Eine Spur des A.sglaubens liegt vielleicht in der Ausdrucksweise: „Was ist dir denn begegnet“ u. ä. vor [20]).

[9]) Grimm *Myth.* 2, 940; Müllenhoff *Altertumsk.* 4, 229. [10]) Meißner ZfVk. 27, 100. [11]) Ebd. 102; Müllenhoff a. a. O. [12]) Grimm *Myth.* 2, 937. 940; 3, 323; Franz *Nik. de Jawor* 189. [13]) Vincentius Bellov. *Spec.* Mor. (Ausg. v. 1624) 1119. [14]) Aischylos *Prom.* 487. [15]) Eustathios Il. 1, 62. Nach Suidas s. v. Μελάμπους gab es unter dem Namen dieses apokryphen Autors eine Sonderabhandlung περὶ συμβόλων. [16]) Bouché-Leclerq *Hist. de la divin.* 1, 121. [17]) Cramer *Anekdota* 4, 241. [18]) Aristoph. *Aves* 721. [19]) Lukian *Eun.* 6; *Pseudol.* 8. 17. [20]) Höfler *Organotherapie* 289.

Art, Zeit, Ort und Verlauf des A.s. Im allgemeinen beschränkt sich das Subjekt des A.s darauf, die sich ihm zufällig irgendwie bietenden Objekte zu beachten und zu deuten. Doch kommt es auch vor, daß der A. gewissermaßen herausgefordert wird, indem sich das Subjekt an Orten und zu Zeiten, die irgendwie zauberische Bedeutung haben oder annehmen können, hinsetzt oder aufstellt und auf die dort sich bietenden A., besonders den ersten, wartet. Am kunstmäßigsten ist diese Form in der etruskisch-römischen Vogelschau ausgebildet, doch findet sich Verwandtes auch im Deutschen [21]). Das bewußt Zauberische dieser Form des A.sglaubens spricht sich auch darin aus, daß das Subjekt bestimmte magisch wirkende oder als Opfergaben zu deutende Gegenstände mit sich führen oder gewisse magische Handlungen vollziehen muß. In Siebenbürgen reitet z. B. die Schwangere, um das Geschlecht des Kindes zu erkunden, auf einem Stecken mit geschlossenen Augen auf die Gasse und wartet auf A. von Mann oder Frau [22]). In Oberösterreich geht die Dirne mit den Abfällen des Störi (= Fastnachts)-Brotes am Weihnachtsfasttag 12 Uhr mittags auf ein Weizenfeld und späht, ob nicht irgendwo ein Mann geht. In der Richtung heiratet sie im nächsten Jahr. Oder man geht am hl. Abend während des Gebetläutens zum Brunnen, um Wasser zu holen; wer einem auf dem Wege begegnet, den heiratet man [23]). Sehr häufig wird allein oder hauptsächlich die erste Begegnung auf einem Gange im Jahre, in der Woche, am Tage berücksichtigt [24]).

Neben diesen als Anfangstermine (s. d.) zu deutenden Zeiten sind gewisse Tages-, Jahres- und Festzeiten besonders wichtig zur Beobachtung von Angängen. So Mittag [25]), Mitternacht [26]), Frühjahr [27]), Dreikönigstag [28]), Weihnachten [29]).

[21]) Meißner ZfVk. 27, 100 ff. (*útiseta*); Wuttke 248 § 359; ZrwVk. 3, 65 (Silvesternacht, Kreuzweg); Schönwerth *Oberpfalz* 1, 140 (Neujahrsmorgen, Torweg, nach Genuß bestimmten Gebäcks). [22]) Hillner *Siebenbürgen* 12. [23]) Baumgarten *Das Jahr*, neu hrsg. von Depiny Heimatgaue (Linz) 7, 9 f.; vgl. Pfister *Hessen* 166. [24]) Lukian *Pseudol.* 17 ἐκτρεπόμεθα καὶ μάλιστα εἰ ἕωθεν ἴδοιμεν αὐτούς . . . ἐν ἀρχῇ δὲ καὶ ἐν θύραις ἐπὶ τῇ πρώτῃ ἐξόδῳ καὶ ἕωθεν τοῦ ἅπαντος ἔτους, vgl. Eunuch. 6; Ovid *Fasti* 1, 178: omina principiis inesse solent; Agrippa *De occ. philos.* 1 cap. 54 (1, 78 ed. Bering, Dt. Ausg. 1916, 1, 252); Unoth 1, 182; ZrwVk. 12, 58; SAVk. 24, 64; Heyl *Tirol* 417. 751 f.; Grimm *Myth.* 2, 942 (Saxo über Slaven). Vgl. das Märchenmotiv der Weihung des Erstbegegnenden. — Neujahr: Grimm *Myth.* 2, 941; Wuttke 208 § 288; Sartori *Sitte u. Brauch* 3, 64; Albers *Das Jahr* 49; Baumgarten *Das Jahr*, Heimatgaue 7, 13; Vernaleken *Alpensagen* 343. 345; Stauber *Zürich* 2, 127; Hoffmann-Krayer 118; Manz *Sargans* 123; Wrede *Rhein. Volksk.*² 120; Fogel *Pennsylvania* 98 nr. 399; ZfVk. 4, 318; 8, 400; 27, 2; SAVk. 12, 214; 21, 201; Alemannia 25, 52. — Montag: Schönwerth *Oberpfalz* 3, 274; Wuttke 208 § 288; Herrmann ZfVk. 4, 306; Boecler *Ehsten* 97. — Morgens: Grimm *Myth.* 2, 941; 3, 471; Wuttke 208 § 288; Meyer *Aberglaube* 135; Caspari *Homilia* 7 § 9; Schönwerth *Oberpfalz* 3, 273; Wrede *Rhein. Volksk.*² 120; Fogel *Pennsylvania* 108 nr. 459; ZfVk. 4, 326; 17, 453 (Perrault, vgl. Thiers *Traité* 1, 209; Sébillot *Folk-Lore* 3, 22); SAVk. 12, 214; ZrwVk. 12, 58. [25]) ZrwVk. 11, 258 (Spinne, vgl. 12, 58; Unoth 1, 186 nr. 114; Gerhard *Franz. Novelle* 73;

Hovorka u. Kronfeld 1, 30); beim Warten auf A.: Baumgarten *Das Jahr*, Heimatgaue 7, 9. [26]) Fogel *Pennsylvania* 99 nr. 402, vgl. Sébillot *Folk-Lore* 3, 100. [27]) Allgemein beim Erblicken erster Zugvögel, wie Kuckuck, Schwalbe, Storch, auch des ersten Bauern und der ersten Bachstelzen, Grimm *Myth.* 3, 475 nr. 1086/87. [28]) Hoffmann-Krayer 122 (Dämmerung); Heyl *Tirol* 417. [29]) Meyer *Baden* 199; Baumgarten in Heimatgaue 7, 10.

Allgemeine und besondere Deutungen des A.s. In den meisten Fällen wird ein A. schlechthin als günstig (**g.**) oder ungünstig (**ug.**) bezeichnet. Hat das Subjekt einen bestimmten Beruf (s. u.), so spezialisiert sich dementsprechend die Bedeutung des A.s; der Jäger hat günstigen oder ungünstigen Jagderfolg, der Kaufmann Gewinn oder Verlust zu erwarten usf. Andere Spezialbedeutungen sind durch die Natur des Objekts oder eine naheliegende sympathetische Auslegung zu erklären. Dahin gehört vor allem die Bestimmung des Geschlechtes des nächsten Kindes [30]), des nächsten Toten [31]), des zu erwartenden Kalbes [32]), je nachdem der Begegnende ein Mann oder eine Frau ist. Aus dem Vornamen oder Namen der ersten Person des anderen Geschlechtes, der man unter bestimmten Voraussetzungen begegnet, schließt man auf den Namen des oder der Zukünftigen [33]), bisweilen ist sie überhaupt das zukünftige Gemahl [34]); ein Arzt bedeutet Krankheit [35]), ein Soldat oder Richter Gefängnis [36]). Tiere, die durch ihr Aussehen oder ihre Stimme unheimlich sind, künden den Tod, so Krähe, Dohle, Elster, Uhu und andere Eulen, Kiebitz [37]), heulender Hund [38]). Schwarze Farbe ist stets von ug. Bedeutung, weiß meist, wenn auch nicht immer, g. [39]). Sympathievorstellungen liegen zugrunde, wenn das auf dem Dache singende Rotschwänzchen Feuer [40]), die schwatzhafte Elster Besuch [41]), ein dem Leichenzug begegnendes Zwiegespann [42]) oder auch dem Brautzug begegnende Verwandte [43]) eine unglückliche Ehe, eine Frau mit leeren Händen einen vergeblichen Besuch [44]) bedeuten. Zum Teil auf mythische oder sympathetische Bedeutung, z. T. wohl auf Willkür geht es zurück, wenn der Hase [45]) oder das Rebhuhn [46]) Feuer, Bachstelze und Katze einen Brief [47]), ein Schimmel Verheiratung [48]), der Kuckuck Geld [49]), die Bachstelze Zusammentreffen mit Bekannten [50]) verkündet. Andere Sonderbedeutungen werden bei der Behandlung der einzelnen A.stiere zur Sprache kommen, besonders bei Storch und Schmetterling.

[30]) Grimm *Myth.* 3, 437; Amersbach *Grimmelshausen* 2, 75; Bartsch *Mecklenburg* 2, 45; Hillner *Siebenbürgen* 12. 38; Wolf *Beiträge* 1, 212. [31]) Grüner *Egerland* 61; Höhn *Tod* 7, 345; John *Westböhmen* 166; Ders. *Oberlohma* 161; Reiser *Allgäu* 2, 313; Strackerjan *Oldenburg* 1, 32; SAVk. 2, 218; 7, 132; Urquell 1, 9; ZfVk. 5, 97. [32]) Witzschel *Thüringen* 2, 278. [33]) Pfister *Hessen* 166; Wolf *Beiträge* 1, 210. [34]) Meyer *Baden* 199 (auf dem Kirchgang am ersten Weihnachtstag). [35]) Wuttke 208 § 288. [36]) Wuttke ebd. [37]) Drechsler *Schlesien* 2, 230 f.; Wuttke 201 § 274; Unoth 1, 183 nr. 66. [38]) allgemein, vgl. Wuttke 198 § 268. [39]) s. u. Sp. 424 f. unter Hund, Katze, Pferd, Rind, Nadel. [40]) Drechsler *Schlesien* 2, 227. [41]) Ebd. 2, 230, vgl. Qvigstad *Lappischer Aberglaube* (1920) 14. [42]) Köhler *Voigtland* 254. [43]) Wuttke 210 § 291. [44]) Köhler *Voigtland* 393. [45]) Drechsler *Schlesien* 2, 234. [46]) Wuttke 205 § 281. [47]) ZrwVk. 12, 58. [48]) ZfVk. 12, 388. [49]) Drechsler *Schlesien* 2, 193. 228; ZrwVk. 11, 258. [50]) ZrwVk. 12, 58.

Ist das Objekt ein lebendes Wesen, so ist die übliche und daher meist nicht besonders betonte Form des A.s das Entgegenkommen oder Kreuzen des Weges. Bisweilen jedoch werden Unterschiede gemacht; entgegenkommende Schafe bedeuten Glück, von rechts nach links kreuzende Unglück [51]), ein entgegenkommender Sämann ebenfalls Glück [52]). Während im allgemeinen den Griechen die rechte, den Römern die linke Seite als günstig gilt, gibt es im deutschen Aberglauben darüber keine Einheitlichkeit, wie sich unten bei der Behandlung der einzelnen Objekte erweisen wird. Unterschieden wird auch, ob das Objekt an dem Subjekt vorbei- [53]) oder ihm voran- [54]) oder hinter ihm hergeht [55]). Handelt es sich um zwei Subjekte, so wird das Hindurchgehen des Objekts zwischen beiden allgemein als ug. angesehen [56]); ebenso gilt das Hindurchgehen zwischen zwei Objekten als ug. [57]).

Die Anzahl der Objekte ist auch sonst bedeutungsvoll [58]), ebenso die drei- oder mehrmalige Begegnung desselben Objekts. Bei Schwalbe, Käfer, Storch (s. d.) wird beobachtet, ob man sie fliegend (g.) oder sitzend (ug.), beim Frosch (s. d.), ob man ihn im Wasser (g.) oder auf der Erde (ug.) sieht; weitere Spezialbestimmungen über Art und Ort der Begegnung werden bei der Einzelbehandlung der Objekte erwähnt werden. Von Wichtigkeit ist auch Zweck und Ziel des Weges, auf dem der A. eintritt. In den meisten und daher hier nicht einzeln zu belegenden Fällen heißt es: „wenn man über Land geht, auf einem Besuch oder Geschäftsgange, einer Reise ist" u. dgl.; von besonderer Wichtigkeit sind die Angänge, die sich auf dem Wege zur Taufe [59]), Trauung [60]) und zum Begräbnis [61]), zur oder von der Kirche [62]) einstellen. Dasselbe gilt, wenn sich das Subjekt in einem bestimmten Zustand befindet, daher müssen Freunde [63]), Liebende und Freiersleute [64]), Ledige [65]), Hochzeitsreisende [66]), Schwangere [67]), Wöchnerinnen [68]) besonders sorgfältig auf A. achten; selbst beim neugeborenen Kind wird beobachtet, was es außer Mutter und Hebamme zuerst sieht [69]).

[51]) Klapper MschlesVk. 21, 88; Grimm *Myth.* 2, 944; 3, 466. [52]) Wuttke 208 § 288. [53]) Katze g., sonst meist ug., Hund ug.: Fogel *Pennsylvania* 101 nr. 417. [54]) Grimm *Myth.* 2, 938. 940; Fogel a. a. O. 108 nr. 464 (Hase g., sonst fast immer ug.). [55]) Wuttke 199 § 268 (Hund g., sonst oft ug.); Grimm *Myth.* 2, 947 (Elster von vorn gesehen g., von hinten ug); Wuttke 202 § 275 (Elster über den Weg laufend ug.). [56]) Augustinus *de doctr. christ.* 2, 20 (Hase, Hund, Knabe), daraus im Decretum Gratiani und in ma. Hss., s. Klapper MschlesVk. 21, 85 f., vgl. Grimm *Myth.* 3, 467 nr. 894. [57]) Fogel *Pennsylvania* 111 nr. 478; Grimm *Myth.* 2, 941. [58]) Zwei Elstern g.; eine ug.: Drechsler *Schlesien* 2, 230; drei Männer g.: Grimm *Myth.* 3, 323; SAVk. 2, 211; ähnlich in Italien: Andree *Parallelen* 1, 9; in Belgien: RTrp. 27, 144. [59]) Hillner *Siebenbürgen* 38; Höhn *Geburt* 4, 270; Schönwerth *Oberpfalz* 1, 168 nr. 6. [60]) Grimm *Myth.* 3, 463 nr. 833. 475 nr. 1088; Fogel *Pennsylvania* 67 nr. 215; Grohmann nr. 916; Wuttke 210 § 291; SAVk. 12, 214; 15, 10; ZrwVk. 5, 118. [61]) Höhn *Tod* 7, 345; John *Erzgebirge* 115; *Westböhmen* 166; Grüner *Egerland* 61; Köhler *Voigtland* 254; Reiser *Allgäu* 2, 313; Wuttke 469 § 746; SAVk. 2, 218; Urquell 1, 9. [62]) Meyer *Baden* 199; SAVk. 24, 66. [63]) Grimm *Myth.* 3, 467 nr. 894; Fogel *Pennsylvania* 99 nr. 405; Liebrecht *Zur Volksk.* 327; Urquell 3, 247. [64]) Grimm *Myth.* 2, 942; Hesemann *Ravensberg* 67, vgl. Boecler *Ehsten* 71; Thiers *Traité* 1, 297. [65]) Grimm *Myth.* 3, 475 nr. 1087; Wuttke 208 § 275. [66]) SAVk. 7, 132. [67]) Hillner *Siebenbürgen* 12; ZfVk. 4, 318. [68]) Grimm *Myth.* 3, 437; Amersbach *Grimmelshausen* 2, 75; Bartsch *Mecklenburg* 2, 45; Wolf *Beiträge* 1, 212. [69]) Wuttke 209 § 288.

Beschaffenheit und Verhalten des Subjekts. Abgesehen von den im vorigen Abschnitt aufgezählten Modifikationen spielt der A. für bestimmte Berufe, meist für solche, die besonders von der Gunst des Zufalls abhängig sind, eine bedeutsame Rolle, in erster Linie für Jäger [70]), ferner für Bettler [71]), Diebe [72]), Fischer [73]), Handwerksburschen [74]), Krieger [75]), Milchfrauen [76]), Säende [77]), Schiffer [78]), Totengräber [79]). Auch für Tiere kann der A. von Bedeutung sein, so für die Kuh, die vom Bullen kommt; hier bestimmt das Geschlecht des Objekts das des zu erwartenden Kalbes [80]).

Je nach ug. oder g. Bedeutung des A.s regelt sich das Verhalten des Subjekts. Im ersten Fall wird meist empfohlen umzukehren, wieder heimzugehen und auf den Weg zu verzichten [81]); übrigens ist unzeitiges Umkehren selbst ein böses Vorzeichen [82]), ebenso wie das Stolpern (s. d.). Sehr zahlreich sind die apotropäischen Handlungen bei einmal erblicktem A., wenn man nicht etwa aus der Ferne dem A. ausweicht und einen anderen Weg einschlägt [83]) oder das A.stier einfach verjagt oder erschießt [84]) oder dem A. ausweicht, wobei bald die linke, bald die rechte [85]) Seite empfohlen wird. Solche Abwehrmittel sind: Man spuckt aus [86]), man geht drei Schritte zurück [87]), man dreht sich dreimal um [88]), man bekreuzt sich [89]) oder spricht eine Besegnungsformel [90]), man wirft drei Steine über die Übergangsstelle [91]), man hält den Daumen gegen das A.stier [92]), man macht drei Verbeugungen [93]), man sagt zu der begegnenden alten Frau: „Euch ebensoviel" [94]). Wer einen Rothaarigen gesehen hat, trachtet danach, hinterher einen Schimmel zu erblicken [95]). Der Jäger, dem eine alte Frau begegnet ist, legt sich zu Boden und läßt sie über sich wegschreiten [96]), oder er geht zurück, umschreitet einmal sein Haus und verrichtet seine Notdurft [97]), oder er kehrt um, sieht in der Küche zum Rauchfang empor und dreht sich um oder setzt sich im Zimmer einen Augenblick nieder [98]). In bestimmten Fällen muß man, um sich die Erfüllung eines g. A.s zu sichern, gewisse Handlungen vornehmen, so sich wälzen oder auf die Tasche klopfen, z. B. beim ersten Erblicken von Kuckuck, Schwalbe und Bachstelze [99]).

[70]) Grimm *Myth.* 2, 940 ff.; 3, 323; Fogel *Pennsylvania* 98 nr. 401; Klapper MschlesVk. 21, 87; Ders. *Schles.Volksk.* 257; Sartori *Sitte u. Brauch* 2, 164; Witzschel *Thüringen* 2, 277; ZrwVk. 11, 257, vgl. Andree *Parallelen* 2, 42; Boecler *Ehsten* 71; Thiers *Traité* 1, 208. [71]) Schönwerth *Oberpfalz* 3, 275. [72]) Wuttke 204 § 280. [73]) Grimm *Myth.* 2, 940; 9, 323; Fogel *Pennsylvania* 112 nr. 486; Sartori *Sitte u. Brauch* 1, 162; vgl. Boecler *Ehsten* 71; Harou *La mer* 413; Sébillot *Folk-Lore* 3, 99. [74]) Schönwerth *Oberpfalz* 3, 275. [75]) Grimm *Myth.* 2, 939. [76]) Grohmann 230. [77]) Kronauer Amt mdl. Mitt. [78]) Grimm *Myth.* 2, 938 (MA.). [79]) ZfVk. 5, 97. [80]) Witzschel *Thüringen* 2, 278. [81]) Zahllose Belege; bereits im Altertum, s. Lukian. *Eunuch.* c. 6 und im MA. Meyer *Aberglaube* 227. [82]) Drechsler *Schlesien* 2, 194; John *Westböhmen* 251. [83]) Wuttke 208 § 288; 288 § 422 u. ö. [84]) Drechsler *Schlesien* 2, 230 (schreiende Elster mit einem Besen); Wuttke 200 § 270. [85]) Dähnhardt *Volkst.* 2, 89; Wuttke 200 § 270 (Schweineherde. Von links kommender Hase; dabei muß man wegsehen). [86]) Drechsler *Schlesien* 2, 193. 227 (dreimal), 234 (auf einen Stein und wirft diesen über die Stelle); MschlesVk. 2, 64 (dreimal auf die Übergangsstelle); Haltrich *Siebenb. Sachsen* 317 (dabei eine Nadel und etwas Heu fallen lassen); Schönwerth *Oberpfalz* 3, 273; vgl. Boecler *Ehsten* (dreimal, dabei fluchen). [87]) Bräuner *Curiositäten* 489; Bronner *Sitt u. Art* 159; Drechsler *Schlesien* 2, 234; Laube *Teplitz* 50 (dabei ausspeien); Schönwerth *Oberpfalz* 3, 274. [88]) Drechsler *Schlesien* 2, 234; Wuttke 200 § 270; ZfdMyth. 3, 310 (a. 1612). [89]) Grimm *Myth.* 2, 942. [90]) Wolf *Beiträge* 1, 257, doch ist hier vielleicht mehr ein Mittel gegen Räuber gemeint; s. John *Erzgebirge* 34. [91]) Drechsler *Schlesien* 2, 234; MschlesVk. 2, 65; vgl. Theophrast *Char.* 16. [92]) Grimm *Myth.* 3, 456 nr. 643 (a. 1787). [93]) Drechsler *Schlesien* 2, 234 (Schweine). 118 (Schweine, 3 Knickse, 3 Verbeugungen und Berührung von Eisen), vgl. die Sitte, dem Wiesel Schmeicheleien zu sagen: Sébillot *Folk-Lore* 3, 24, dort weitere Entsprechungen aus franz. Aberglauben. [94]) Grimm *Myth.* 3, 471 nr. 976. [95]) Fogel *Pennsylvania* 104 nr. 435. [96]) Grimm *Myth.* 2, 941. [97]) Drechsler *Schlesien* 2, 201. [98]) John *Westböhmen* 251. [99]) Drechsler *Schlesien* 2, 193. 227. 228.

Die Objekte des A.s.

A. Menschen. 1. Nähere Bestimmungen allgemeiner Art. Der A. eines guten oder eines schlechten Menschen am Neujahrstage ist vorbedeutend für den Charakter des ganzen Jahres [100]), besonders g. ist, zumal für Jäger, ein schönes Mädchen [101]), g. sind fröhliche Männer [102]), ug. zornige [103]). Junge [104]) Menschen gelten fast ausnahmslos als g., alte [105]) als ug., unverheiratete [106]) Personen und schwangere [107]) Frauen als g. Die sorgfältige oder nachlässige Kleidung des ersten zu Neujahr begegnenden Mannes ist maßgebend für den Verlauf des ganzen Jahres [108]), ein Begegnender in Trauerkleidung ist g., wenn man auf dem Wege zum Trauerhause ist [109]), eine Person in blauem Kleid galt im 17. Jh. als ug. [110]). Rothaarige sind ug. [111]), Männer mit dem Vornamen Johannes g. [112]). Wichtig ist darauf zu achten, was der Begegnende trägt [113]): Wasser [114]) oder leere Gefäße [115]) oder gar nichts [116]) Tragende, besonders wenn es Frauen sind, sind ug., ebenso Kranzträger [117]); Leute mit vollen Gefäßen dagegen g. [118]). Gehende sind ug., Reitende im allgemeinen g. [119]), Pflügende g. [120]), Grabende ug. [121]), Säende g. [122]). Menschen, die mit einer Krankheit oder körperlichen Gebrechen behaftet sind, gelten im allgemeinen als ug. [123]), doch kommt auch die gegenteilige Ansicht vor. Krüppel [124]), Hinkende [125]), Blinde oder Einäugige [126]) werden als ug., Schielende [127]) und Bucklige [128]) bald als g. bald als ug. gedeutet; Aussätzige [129]) galten im MA. als g. Geliebte Personen sind g., ebenso Hausgenossen und Freunde, besonders wenn man sie nicht gleich erkennt [130]), Verwandte dagegen für einen Brautzug ug.[131]). Ein Taufzug [132]) ist g., ein Leichenzug [133]) ug., besonders für einen Tauf- oder Brautzug sowie für Soldaten [134]). Bisweilen gilt ein Leichenzug mit einem leeren Leichenwagen als ug., mit einem gefüllten als g.[135]).

[100]) Sartori *Sitte u. Brauch* 3, 64. [101]) Andree *Parallelen* 1, 9; SAVk. 24, 64; häßliche ug. in England: Wolf *Beiträge* 1, 246. [102]) Grimm *Myth.* 3, 323. [103]) Urquell 4, 160. [104]) Grimm *Myth.* 3, 473 nr. 1015 (a. 1791); 3, 323; Andree *Braunschweig* 402; Bartsch *Mecklenburg* 2, 128; Grohmann 220; John *Westböhmen* 27; Meyer *Baden* 515; Sartori *Sitte u. Brauch* 3, 64; Strackerjan *Oldenburg* 2, 204; Vernaleken *Alpensagen* 343; Wuttke 208 § 288; SAVk. 15, 10; 23, 206; 24, 66; MschlesVk. 2, 64; Unoth 1, 182 nr. 44; Urquell 1, 66; ZrwVk. 3, 65; 12, 58; ZfVk. 8, 400; 20, 382. Vereinzelt nur ist ein junger Mann für Milchfrauen ug.: Dähnhardt *Volkst.* 2, 86; bei „Mädchen" Wuttke *Sächs. Vk.* 300 handelt es sich vermutlich um Jungfrauen im engeren Sinne; deren A. bekanntlich ug. (s. u.). [105]) Vgl. das unten zu „Mann" und „Frau" Angeführte. [106]) Unoth 1, 182 nr. 44/45. [107]) Hillner *Siebenbürgen* 13; John *Westböhmen* 27; Sartori *Sitte u. Brauch* 3, 64. [108]) Drechsler *Schlesien* 1, 47. [109]) John *Erzgebirge* 115. [110]) Amersbach *Grimmelshausen* 2, 75. [111]) Fogel *Pennsylvania* 104 nr. 435; Wunderlich *Rote Farbe* 66; Grimm *Myth.* 3, 323 (engl.). [112]) Grimm ebd. [113]) Traktat des hl. Eligius, Migne *Patrol. Lat.* 87 col. 530; Boese *Superst. Arelat.* 64: nullus .. observet .. quid .. portantem viderit, vgl. Cramer *Anekd.* 4, 241: τόδε βαστάζων ἢ τόδε; Grimm *Myth.* 2, 938; 3, 403. [114]) Grimm *Myth.* 2, 942; 3, 443 nr. 257; Meyer *Aberglaube* 227. [115]) Grohmann 220; Haltrich *Siebenb. Sachsen* 316; John *Erzgebirge* 34; Zachariae in ZfVk. 15, 77; Urquell 4, 116. 273. [116]) Köhler *Voigtland* 393. [117]) ZrwVk. 11, 218 (man muß links vorbeigehen, um kein Unglück zu haben). [118]) S. Anm. 113 (genau so bei den Kols in Ostindien: Andree *Parallelen* 1, 10). [119]) Grimm *Myth.* 941 f.; ZfVk. 20, 382 vgl. 12, 384 (Bokhara); 27, 2 (Schottland); nur für einen Leichenzug ist ein Reiter ug.: Wuttke 469 § 746. [120]) Grimm *Myth.* 3, 475 nr. 1086 (a. 1791); auch der pflügende Ochse ist g.: ZrwVk. 11, 258. [121]) ZfVk. 27, 2 (Schottland). [122]) Wuttke 208 § 288 (entgegenkommend). [123]) ZfVk. 8, 400; Grimm *Myth.* 2, 941. [124]) Grimm 2, 938 (MA.). [125]) Ebd. 2, 940; 3, 323; Birlinger *Aus Schwaben* 1, 376 (Zimmernsche Chronik); auch in der Antike: Lukian *Pseudol.* 17 (τοὺς χωλοὺς τῷ δεξιῷ ἐκτρεπόμεθα). [126]) Grimm *Myth.* 2, 938 (Antike und MA.); Wuttke *Sächs. Volksk.* 300. [127]) Fogel *Pennsylvania* 107 nr. 455—457. [128]) Grimm *Myth.* 2, 938. 942 (MA.); Wuttke *Sächs. Volksk.* 300; ZrwVk. 11, 255 (Ein Buckel zur Rechten gibt was zu fechten, Ein Buckel zur Linken gibt was zu winken) 11, 268; vgl. RTrp. 27, 144 (1 oder 2 bucklige Frauen = ug., eine 3. hebt die Wirkung auf; ein buckl. Mann = g. Antwerpen). [129]) Grimm *Myth.* 2, 938. 942. Im Altertum Epilektiker und Eunuch ug: Theophrast *Char.* 16; Lukian *Eunuch* 6; *Pseudol.* 17; s. Grimm *Myth.* 3, 323; vgl. ZfVk. 17, 453 (Perrault, 17. Jh. französ.); Liebrecht *Zur Volksk.* 359 (Molukken). [130]) Grimm *Myth.* 2, 942; Urquell 3, 247; Fogel *Pennsylvania* 99 nr. 405 (im norwegischen Abergl. dagegen ist das Nichterkennen sich begegnender Freunde ug.: Liebrecht *Zur Volksk.* 327. [131]) Wuttke 210 § 291. [132]) ZfVk. 6, 254. [133]) Amersbach *Grimmelshausen* 2, 75; Bartsch *Mecklenburg* 2, 97; John *Erzgebirge* 33; Meyer *Baden* 593; Strackerjan *Oldenburg* 1, 32. [134]) Höhn *Geburt* nr. 4, 270; SAVk. 12, 214; ZrwVk. 5, 118; mdl. Mitt. [135]) Fogel *Pennsylvania* 101 nr. 415.

2. Besonderheiten in Geschlecht, Nationalität, Beruf. Für das Geschlecht des Objekts gilt im allgemeinen die Regel: Männer g., Frauen ug.[136]). Eine Ausnahme von der ug. Bedeutung der Frau tritt nur ein, wenn es sich um eine Braut [137]) oder eine junge Person handelt (s. o.); beim Mann wird die g. Bedeutung durch Jugend verstärkt, daher gelten Knaben [138]) als besonders g. Andrerseits macht das Alter auch den A. des Mannes ug.[139]), und kein Aberglaube ist wohl verbreiteter als der von dem üblen A. eines alten Weibes [140]). Während Jungfrauen [141]) im Altertum und MA., vielleicht auch in neuerer Zeit als ug. gelten, ist der A. einer Hure [142]) allgemein g. Über die Bedeutung des A. von Mann oder Frau für das Geschlecht des nächsten Kindes, des nächsten Toten usw. s. o. Sp. 415. Ähnlich entscheidet sich für Hochzeitsreisende nach dem ersten A., wer von beiden zuerst sterben wird [143]).

Auch die Nationalität des Objekts ist von Bedeutung, ohne daß man ein einheitliches Prinzip für die Ausdeutung feststellen könnte. Juden sind teils g.[144]), teils ug.[145]), Zigeuner g.[146]), in Siebenbürgen gilt der A. eines walachischen Popen den Deutschen als ug.[147]).

Von den Berufen, denen die A.-person angehört, gelten als g.: Essenkehrer [148], Jäger [149], Krankenschwester [150], Sämann [151], Schäfer [152], als ug.: Arzt [153], Gerichtspersonen [154], Mönche und Priester [155]; schwankend ist die Wertung beim Bettler [156] und Krieger oder Soldaten [157].

136) Männer: Bartsch *Mecklenburg* 2, 128; 2,45 (für Wöchnerin beim 1. Kirchgang, vgl. Wolf *Beiträge* 1, 212); Fogel *Pennsylvania* 98 nr. 399 (Neujahr). 108 nr. 459; Höhn *Geburt* Nr. 4, 270 (für Taufzug); Liebrecht *Zur Volksk.* 323; Meyer *Baden* 515; Sartori *Sitte u. Brauch* 3, 64; Schönwerth *Oberpfalz* 1, 168; Stauber *Zürich* 2, 127 (Neujahr); Wrede *Rhein. Volksk.*² 120; SAVk. 21, 201; 2, 211 (3 Männer); Urquell 1,65. Vgl. Boecler *Ehsten* 71; ZfVk. 4, 318 (Magyaren). 27, 2 (Schotten). — Frauen: Grimm *Myth.* 2, 938. 941 f. (mit unbedecktem Kopf, vgl. dagegen Thiers *Traité* 1, 209 mit aufgelösten Haaren, vgl. Liebrecht *Zur Volksk.* 323: ohne Schürze); 3, 323; 3, 439 (spinnend, vgl. Potter *Antiqu. of Greece* 1 (Ausg. v. 1818), 397; ZfdMyth. 3, 315); Fogel 108 nr. 459; 98 nr. 399 (Neujahr); 112 nr. 486 (für Fischer); Höhn *Geburt* Nr. 4, 270 (für Taufzug); mdl. a. d. Kronauer Amt (für Sämann); Stauber *Zürich* 2, 127 (Neujahr); Vernaleken *Alpensagen* 345 (dgl.); Wrede *Rhein. Volksk.*² 120; Alemannia 25, 52; SAVk. 21, 201. Vgl. Boecler *Ehsten* 71; Grimm *Myth.* 2, 941 (Samogitien, Schweden); Harou *La mer* 413 (Frankreich); ZfVk. 4, 306. 318 (Montag, Neujahr, Schweden). 3, 135 (Juden, mittelalterlich, zwischen Freunden durchlaufend). Bei Köhler *Voigtland* 393 gilt eine etwas tragende Frau als g., eine mit leeren Händen als ug. (s. o. Sp. 420). 137) Dähnhardt *Volkst.* 2, 89. 138) Hoffmann-Krayer 118; Manz *Sargans* 123; Sartori *Sitte u. Brauch* 3, 64 (Neujahr); Klapper MschlesVk. 21, 87 (14./15. Jh., als erster Käufer); Meyer *Baden* 515; Schönwerth *Oberpfalz* 3, 274; 1, 168 (für Taufzug); Wuttke 208 § 288. Als ug. galt im Altertum ein Knabe, wenn er zwischen zwei Freunden hindurchlief: Augustin *de doctr. christ.* 2, 20, vgl. Klapper MschlesVk. 21, 85. Den Namen des Zukünftigen kündend: Wolf *Beiträge* 1, 210. 139) Vernaleken *Alpensagen* 343; Wuttke 208 § 288; SAVk. 15, 10; ZfVk. 8, 400 vgl. 4, 318 (Magyaren) und Liebrecht *Zur Volksk.* 359 (Molukken). Nur nach Schönwerth *Oberpfalz* 3, 274 gilt der A. eines Greises als g. 140) Grimm *Myth.* 2, 940 f.; 3, 323 (mhd.); 471 nr. 976; 473 nr. 1015 (a. 1791); Bartsch *Mecklenburg* 2, 128; Birlinger *Aus Schwaben* 1, 376 (Zimmernsche Chronik); Bronner *Sitt u. Art* 159; Drechsler *Schlesien* 2, 201 (für Jäger); Fogel *Pennsylvania* 111 nr. 482; Hesemann *Ravensberg* 67 (für Freiersleute); John *Erzgebirge* 34; *Westböhmen* 251 (für Jäger); Klapper MschlesVk. 2, 64; 21, 88 (Hss. 14./15. Jh.); Meier *Schwaben* 2, 500; Meyer *Baden* 515; Schönwerth *Oberpfalz* 1, 168 (für Taufzug); 3, 273; Schulenburg *Wend. Volksthum* 124; Schultz *Alltagsleben* 241; Vernaleken *Alpensagen* 343; Witzschel *Thüringen* 2, 277; Wuttke *Sächs. Volksk.* 300; Wuttke 208 § 288; SAVk. 12, 214; 15, 10; 19, 44; 21, 81; 24, 64; Urquell 1, 65; 3, 39; ZföVk. 6, 109; ZrwVk. 11, 255; 12, 58; ZfVk. 4, 326; 8, 400; 20, 382. (Die Belege ließen sich nach Belieben vervielfachen; auf außerdeutsche Entsprechungen kann nicht eingegangen werden.) 141) Grimm *Myth.* 2, 938. 941; Stemplinger *Aberglaube* 44; Thiers *Traité* 1, 209; Wuttke *SächsVk.* 300. 142) Grimm *Myth.* 2, 938. 941 (Antike u. MA.); Stemplinger *Aberglaube* 44 (dgl.); Meyer *Aberglaube* 135 (MA.); Klapper MschlesVk. 21, 87 (14./15. Jh.); Schönwerth *Oberpfalz* 3, 274; Wuttke *Sächs.Vk.* 300; vgl. Thiers *Traité* 1, 208. Dagegen galt in der Antike der A. eines Kinäden als ug., s. Lukian *Pseudol.* 17; Grimm *Myth.* 3, 323. 143) SAVk. 7, 132. 144) John *Westböhmen* 251; vgl. ZfVk. 4, 318 (Magyaren). 145) Klapper MschlesVk. 21, 88; Ders. *SchlesVk.* 257 (14./15. Jh.); Wuttke 208 § 288. 146) Haltrich *Siebenb. Sachsen* 317; ZfVk. 4, 318 (Magyaren). 147) Hillner *Siebenbürgen* 38 u. Haltrich a. a. O. In der Antike galt der A. eines Mohren als ug.: Stemplinger *Aberglaube* 45 (nach Theophrast *Char.* 16). 148) John *Erzgebirge* 38. 149) Meyer *Baden* 515. 150) ZrwVk. 11, 268. 151) Wuttke 208 § 288 (entgegenkommend). 152) Meyer *Baden* 515. 153) Wuttke 208 § 288 (kündet Krankheit); in Indien auch der Barbier: Zachariae in ZfVk. 15, 76. 154) Wuttke ebd. (Neujahr; kündet Gefängnis). 155) Grimm *Myth.* 2, 938. 941 f.; 3, 323 (MA. und neuere Zeit); Caspari *Homilia* 8 § 11 (MA.); Hasak *Christl. Glaube* 105 (a. 1483); 192 (a. 1495); Klapper MschlesVk. 21, 87; Ders. *SchlesVk.* 257 (14./15. Jh.); Wuttke *SächsVk.* 299; vgl. Thiers *Traité* 1, 209; Gerhardt *Franz. Novelle* 64 f. und Anm. 156) ug.: Grimm 2, 940 f.; 3, 323; Amersbach *Grimmelshausen* 2, 75. g.: Sartori *Sitte u. Brauch* 1, 170, vgl. ZfVk. 12, 383 (Indien). 157) g.: Grimm *Myth.* 2, 939 ff. (Edda); ug.: Wuttke 208 § 288 (kündet Gefängnis).

B. Tiere. 1. Säugetiere. Von den Haustieren gilt als vorwiegend g. nur das Pferd [158], als vorwiegend ug. angesehen werden Katze [159] und Ziege [160], im MA. auch Esel [161] und Maultier [162], für die aus neuerem Aberglauben keine sicheren Zeugnisse vorliegen. Schwankend ist die Bewertung bei Hund [163], Rind [164], Schaf [165] und Schwein [166].

Etwas reichhaltiger ist die Liste der für den A. in Betracht kommenden, in der Freiheit lebenden Säugetiere, was erklärlich ist, da bei ihnen eher von einem zufälligen Begegnen die Rede ist als bei den Haustieren. Für manche freilich liegen nur Zeugnisse aus dem älteren Aberglauben vor, da sie in heutiger Zeit in Deutschland kaum noch wild vorkommen. Wie bei den Haustieren wird auch der A. der wild lebenden Tiere ziemlich selten als g. gedeutet, so beim Bär[167]), Eber[168]), Eichhörnchen[169]), Hirsch[170]), Wolf[171]); größer ist die Anzahl der ug. Wertungen: Fledermaus[172]), Gemse[173]), Hase[174]), Fuchs[175]), Maulwurf[176]), Maus[177]), Wiesel[178]). Doch schwankt die Stellung des Volkes gegenüber diesen A. stark, wie, abgesehen von Abweichungen im deutschen Aberglauben, besonders Vergleiche mit dem fremder Völker beweisen. Ohne Zweifel sprechen hier religiöse und kulturgeschichtliche Bedingtheiten mit.

[158]) Grimm *Myth.* 2, 938 (MA.); Wrede *RheinVk.*[2] 120 (besonders Schimmel); ZrwVk. 11, 258 (bes. wiehernd); ZfVk. 12, 383. 388 (Schimmel Ehe kündend). Vgl. Sébillot *Folk-Lore* 3, 98; Archivio delle trad. pop. 18, 126; 15, 20 (Schimmel für Nüchterne ug.). Über die apotropäische Bedeutung des Schimmels beim A. eines Rothaarigen s. o. Sp. 420, Anm. 111. Als ug. (todkündend) gilt der A. des Schimmels in Böhmen: Wuttke 199 § 269, wohl weil man Schimmel als Leichenwagenpferde benutzte, sonst der Rappe: Grimm *Myth.* 3, 323. Nicht zum A.glauben gehört das Pferdeorakel (s. d.). [159]) Grimm *Myth.* 2, 940; 3, 456 nr. 643 (über Verwandlung von Hexen in Katzen 2, 918 f.); Bronner *Sitt u. Art* 159; Drechsler *Schlesien* 2, 227; Fogel *Pennsylvania* 98 nr. 400. 401 (für Jäger); Hopf *Tierorakel* 53; Hoops *Reallexikon* 1, 7; Leoprechting *Lechrain* 89; Wuttke *Sächs. Vk.* 299; ZrwVk. 11, 258; ZfVk. 20, 382; MschlesVk. 2, 65; 5, 9. Besonders ug. ist der A. einer schwarzen Katze: John *Westböhmen* 251; Drechsler *Schlesien* 2,193; Witzschel *Thüringen* 2, 284; Wuttke 200 § 271, vgl. Wolf *Beiträge* 1, 246 (engl.); Sébillot *Folk-Lore* 3, 98 f. Eine schwarze K. nachts zu treffen, ist ug., eine weiße g.: Fogel *Pennsylvania* 99 nr. 402, eine vorbeigehende ist g.: ebd. 101 nr. 417. Schlechtweg g.: Klapper MschlesVk. 21, 87 (14./15. Jh., vgl. Grimm *Myth.* 3, 324); A. Brief kündend: ZrwVk. 12, 58. [160]) Grimm *Myth.* 2, 938 (MA.); ZrwVk. 11, 258; Leoprechting *Lechrain* 89 (schwarzer Bock); vgl. Thiers *Traité* 1, 269 = Wolf *Beiträge* 1, 252; Sébillot *Folk-Lore* 3, 29. [161]) Grimm *Myth.* 2, 938 (MA.); Amersbach *Grimmelshausen* 2, 75. Antike: Hermippos b. Joseph. c. Ap. 1, 22 (FHG 3, 41); vgl. Georgeakis-Pinaud *Folkl. de Lesbos* 302. [162]) Grimm *Myth.* 2, 938 (MA.) [163]) ug.: Grimm *Myth.* 2, 940; Augustin. *de doctr. christ.* 2, 20 (zwischen zwei Freunden hindurchlaufend); vgl. Klapper MschlesVk. 21, 85 (14./15. Jahrh.); Wuttke 199 § 268); Bronner *Sitt u. Art* 159; Fogel *Pennsylvania* 101 nr. 417 (vorbeilaufend); Antike: Terentius *Phorm.* 4, 4, 30; Plautus *Cas.* 5, 4, 4; Horaz *carm.* 3, 27, 2; MA. Juden: ZfVk. 3, 135; 23, 384. Babylonien: Ungnad *Deutung der Zukunft* 29; England: Wolf *Beiträge* 1, 246. — g.: Wuttke 199 § 268; ZrwVk. 11, 258 (bes. kleiner H.); vgl. Sébillot *Folk-Lore* 3, 99; Archivio delle trad. pop. 15, 24. [164]) g.: Grimm *Myth.* 2, 938 (MA.); ZrwVk. 11, 258 (pflügender Ochse). ug.: Franz *Nik. de Jawor* 189 (MA. Ochse); ZrwVk. 4, 261; 11, 258 (Kuh); ZfVk. 11, 278 (15. Jh. Stier); Drechsler *Schlesien* 2, 193 (schwarze Kuh). [165]) g.: Grimm *Myth.* 2, 938 (MA.). 944; 3, 466 nr. 882; Bartsch *Mecklenburg* 2, 128 (Herde); Grohmann 220 (Herde); Klapper MschlesVk. 21, 88 (14./15. Jh.) (entgegenkommend); Schönwerth *Oberpfalz* 3, 274; Witzschel *Thüringen* 2, 284; Wrede *Rhein.Vk.*[2] 120; SAVk. 24, 64; ZrwVk. 12, 58; Unoth 1, 186 nr. 15 (Herde). — ug.: Franz *Nik. de Jawor* 189; Hovorka u. Kronfeld 1, 30; ZfVk. 11, 278 (15. Jh.). — Oft wird der A. von Schafen verschieden beurteilt, je nachdem sie von l. nach r. oder von r. nach l. über den Weg laufen: l. g.. — r. ug.: Grimm *Myth.* 2, 944; 3, 466 nr. 882; Drechsler *Schlesien* 2, 117. 193 (mit Vers); Wuttke *SächsVk.* 299; ZrwVk. 12, 58 (Vers); Urquell 3, 107. — r. g.: — l. ug.: ZrwVk. 11, 258; Urquell 3, 107. Vgl. Sébillot *Folk-Lore* 3, 99 (wenn ein Mädchen 9 Hammel kommen sieht, wird sie den ersten jungen Mann heiraten, der ihr hinterher die Hand gibt); FL. 20, 72 (ug., wenn man Lämmer blöken hört, bevor man sie zum ersten Male sieht). [166]) Abweichend von dem verschieden erklärten, vielleicht aus der Spielersprache stammenden Ausdruck »Schwein haben« wird der A. des Schweines meist als ug. gedeutet. g.: Hovorka u. Kronfeld 1, 30; Wuttke *SächsVk.* 299 (Chemn. Rockenphilos.); ZrwVk. 11, 258 (nach Montanus); 5, 119 (Herde, für Hochzeitszug), vgl. Boecler *Ehsten* 71; Andree *Parallelen* 1, 9. Durch drei Verbeugungen kann man den ug. A. abwenden oder g. machen: Drechsler *Schlesien* 2, 235; MschlesVk. 2, 64. Bisweilen gilt nur der A. einer trächtigen Sau oder einer Sau mit Ferkeln als g.: Andree a. a. O.; Simrock *Myth.* 541; vgl. die bekannte römische Sage von der Sau des Aeneas, Vergil *Aen*

3, 389 ff.; Varro *de ling. Lat.* 5, 144; Dionys. Halic. 1, 56 f. — ug.: Grimm *Myth.* 2, 944; 3, 466 nr. 882; Bartsch *Mecklenburg* 2, 128 (Herde); Drechsler *Schlesien* 2, 118; Grohmann 220; Klapper Mschles.Vk. 21, 88 (14./15. Jh.); Meier *Schwaben* 2, 500; Witzschel *Thüringen* 2, 284; Wrede *RheinVk.*² 119; Wuttke *SächsVk.* 299; Wuttke 200 § 272 (bes. Herde); ZrwVk. 12, 58; Unoth 1, 186 nr. 115. Vgl. Sébillot *Folk-Lore* 3, 98 (on sera „regrogné"). Bisweilen wird, wie beim Schaf, rechte und linke Seite des A. verschieden bewertet, und zwar gilt l. als g., r. als ug.: Drechsler *Schlesien* 2, 118. 193 (Vers). [167]) Grimm *Myth.* 2, 943 (norw.); 3, 438 nr. 128 (Chemn. Rockenphilos.). [168]) Grimm *Myth.* 2, 943; 3, 438 nr. 128; ZfdMyth. 3, 310 (a. 1612); dagegen ug. Thiers *Traité* 1, 209. [169]) ZrwVk. 11, 258; dagegen ug. Grimm *Myth.* 2, 940 (schwed.); Boecler *Ehsten* 140. [170]) Grimm *Myth.* 2, 943; 3, 438 nr. 128; dagegen ug. Thiers a. a. O.; ZfVk. 3, 135 (MA. Juden); Hovorka u. Kronfeld 1, 32 (Dayaks). [171]) Grimm *Myth.* 2, 938 ff. 943; 3, 438 nr. 128 (altnordisch, MA. Neuzeit); ZfVk. 12, 9 (MA.); Klapper MschlesVk. 21, 87 (14./15. Jh.); Hasak *Christl. Glaube* 105. 192 (a. 1483. 1495); ZfVk. 11, 278 (15. Jh.); ZfdMyth. 3, 310 (a. 1612); Camerarius b. Wolf *Beiträge* 1, 231; Wuttke 200 § 271. — ug.: Amersbach *Grimmelshausen* 2, 75, vgl. Thiers *Traité* 1, 209 = Wolf *Beiträge* 1, 252, dagegen g. im heutigen Frankreich: Sébillot *Folk-Lore* 3, 22. Schwankende Wertung bei den Römern: Hopf *Tierorakel* 60. [172]) Wlislocki *Sieb. Volksgl.* 162. 176; Ders. *Zigeuner* 114. 115; Ders. *Magyaren* 71. [173]) Wuttke 201 § 272 (doch nur weiße, todkündend). [174]) Grimm *Myth.* 2, 938—944; 3, 323. 492 nr. 9 (Antike, MA., Neuzeit, Schweden, Litauen, Preußen); Augustin. *de doctr. Christ.* 2, 20 (zwischen zwei Freunden hindurchlaufend); Meyer *Aberglaube* 143; ZfVk. 12, 9 (MA.); Klapper MschlesVk. 21, 85 (14./15. Jh.); Hasak *Christl. Glaube* 105. 192 (a. 1483. 1495); ZfVk. 11, 278 (15. Jh.); Birlinger *Aus Schwaben* 1, 376 (15. Jh. u. Zimmernsche Chronik); Camerarius b. Wolf *Beiträge* 1, 231; Amersbach *Grimmelshausen* 2, 75; Bräuner *Curiositäten* 489; Männling b. Schultz *Alltagsleben* 241; Bronner *Sitt u. Art* 159; Drechsler *Schlesien* 2, 193. 234; Hesemann *Ravensberg* 67; Höfler *Organotherapie* 58; John *Westböhmen* 251; Leoprechting *Lechrain* 88 (mit apotropäischem Vers); Meyer *Baden* 514; Schönwerth *Oberpfalz* 3, 274 f. (Brand kündend); Witzschel *Thüringen* 2, 277; Wuttke *SächsVk.* 299; Wuttke 200 § 270 (bes. von l. kommend); Unoth 1, 184 nr. 82; ZföVk. 13, 134; ZrwVk. 11, 258; 12, 58; ZfVk. 4, 326; 20, 382; 23, 17 (Kindervers). Vgl. Boecler *Ehsten* 71; Thiers *Traité* 1, 209; Sébillot *Folk-Lore* 3, 23. 26; Archivio delle trad. pop. 15, 136 (Siena, 15. Jh.); Georgeakis-Pinaud *Folklore de Lesbos* 339; Liebrecht *Zur Volksk.* 314 (Norwegen); ZfVk. 8, 246 (Südslaven). Verschiedene Wertung je nach Art des A.: Drechsler *Schlesien* 2, 234 (nicht ug., wenn man dreimal ausspuckt, wenn der H. von links nach rechts kreuzt oder wenn er auf einen zukommt); Fogel *Pennsylvania* 108 nr. 464; 110 nr. 475 (ug. wenn er über den Weg springt, g. wenn er voranläuft). Unsicherheit in der Deutung auch in der Antike: Grimm *Myth.* 2, 944. [175]) Grimm *Myth.* 2, 940 f.; 3, 492 nr. 9 (auch Preußen); auch im alten Rom und in Frankreich: Horaz *carm.* 3, 27, 4; Sébillot *Folk-Lore* 3, 23 f. Bisweilen auch g.: Wuttke 200 § 271 (Ostpreußen); Grimm *Myth.* 2, 944. [176]) Leoprechting *Lechrain* 89; vgl. Sébillot *Folk-Lore* 3, 23. [177]) Grimm *Myth.* 2, 949; Klapper MschlesVk. 21, 88 (14./15. Jh.); Wuttke 201 § 273 (bes. vor die Füße laufend). [178]) Höfler *Organotherapie* 78. Auch in der Antike: Grimm *Myth.* 944. 1081; 3, 324; Frankreich: Sébillot a. a. O. 3, 24 f.; Rolland *Faune pop.* 1, 53; 7, 123; ZfVk. 174, 53 (Perrault); 3, 135 (MA. Juden). g.: Boecler *Ehsten* 138.

2. Vögel. Für die Griechen und Römer waren die Vögel die wichtigsten irdischen Künder der Zukunft; es ist zwar drastisch ausgedrückt, entspricht aber im Grunde den Tatsachen, wenn in den „Vögeln" des Aristophanes der Chorführervogel sagt: „Wir sind euch der wahre Orakelapollon" [179]). Die Worte für „Vogel" (ὄρνις, οἰωνός, avis) sind im Griechischen wie im Lateinischen zur weiteren Bedeutung „Vorzeichen" gekommen, der οἰωνιστής wie der *augur* ist vielfach der Prophet schlechthin, die „Vogelschau" *auspicium* hat nicht nur dieselbe Bedeutungserweiterung wie *avis* und *augurium* erfahren, sondern ist zu einem wichtigen staatsrechtlichen Begriff geworden. Die einfache Beobachtung des zufälligen A. hat sich bei bei den Völkern, besonders bei den Römern, zu einer verwickelten, kunstmäßigen Disziplin ausgebildet und als solche sich eine eigene Fachliteratur geschaffen. Das Althochdeutsche übersetzt *augurium* mit *fogalrarta*, *auspicium* mit *fogilrartôd* [180]), doch von einer entsprechenden Ausdehnung des Glaubens an die Vogelweissagung kann bei den Germanen keine Rede sein [181]). Die Polemik der christlichen Bekehrer gegen die Beobachtung des Fluges und der Stimmen der Vögel [182]) geht oft zweifellos, wie bei vielen anderen

Formen des Aberglaubens, von den heidnisch-antiken Vorstellungen aus, trotz der Angabe des Tacitus (s. o. Sp. 410). War schon in der Antike die Auswahl der prophezeienden Vögel beschränkt, so ist, wie die folgende Übersicht zeigt, ihre Anzahl im Deutschen ziemlich klein, zumal wenn man sich auf den eigentlichen A. beschränkt und besonders von den Wetterankündigungen durch Vogelgeschrei absieht, die häufig auftreten.

Noch spärlicher als bei den Säugetieren ist die Ausbeute bei dem Hausgeflügel. An erster Stelle sind hier zu nennen Hahn und Huhn [183]), während für Eule [184]), Gans [185]) und Taube [186]) nur ganz wenige Zeugnisse vorliegen, die sich noch dazu bei der Ente ausschließlich und bei der Gans z. T. auf die wilde Form beziehen.

Die etwas reichlicher fließenden Zeugnisse für die in Freiheit lebenden Vögel geben wir in alphabetischer Folge: Adler [187]), Amsel [188]), Bachstelze [189]), Dohle [190]), Elster [191]), Eulen [192]), Falke [193]), Kiebitz [194]), Krähe [195]), Kuckuck [196]), Martinsvogel [197]), Mäusebussard [198]), Rabe [199]), Rebhuhn [200]), Rotkehlchen [201]), Rotschwänzchen [202]), Schnepfe [203]), Schwalbe [204]), Schwan [205]), Specht [206]), Sperling [207]), Star [208]), Storch [209]).

[179]) *Aves* 724. [180]) Grimm *Myth.* 3, 324. [181]) Über Vogelwahrsagung bei den Germanen im allgemeinen s. Grimm *Myth.* 2, 945; 3, 324. [182]) Grimm *Myth.* 3, 403; Caspari *Homilia* 7/8 § 9/11; Boese *Superstit. Arelat.* 47 f.; Klapper MschlesVk. 21, 75. 79. [183]) Hahn ug.: Drechsler *Schlesien* 2, 90 (über den Weg laufend); Leoprechting *Lechrain* 89 (schwarzer); Wuttke 202 § 276 (g. und ug., in das Haus hineinkrähend oder ins Fenster hineinsehend); sehr verbreitet, aber nicht eigentlich zum A. gehörend, ist das ug. Omen des unzeitigen Krähens: Klapper MschlesVk. 21, 88 (14./15. Jh.); Grimm *Myth.* 2, 949; Wuttke a. a. O. — Huhn: ug.: ZrwVk. 11, 258; Grimm *Myth.* 2, 947 (Frankr., kahles und gerupftes); Wolf *Beiträge* 1, 246 (Engld. roughfooted hen); ZfVk. 27, 2 (Schottld., Kopf unter den Flügeln). Allgemein ug. krähende Henne: Grimm *Myth.* 2, 949; Klapper MschlesVk. 21, 88; Wuttke a. a. O. [184]) ug. Bräuner *Curiositäten* 489 (über den Weg fliegend); ZfVk. 27, 2 (Schottld., Kopf unter den Flügeln). [185]) ug.: Fogel *Pennsylvania* 101 nr. 420; Bräuner a. a. O. (wilde, über den Weg fliegend). [186]) g.: Grimm *Myth.* 2, 938 (Petrus v. Blois ep. 65); Grohmann nr. 916; Wuttke 203 § 277. [187]) g., wenn er „taschenhalb" (d. h. von rechts) kommt: Hartlieb c. 67, ed. Ulm 43; bei Grimm *Myth.* 2, 946; Raubvögel überhaupt g.: Simrock *Myth.* 541; ZrwVk. 11, 258; Wuttke 201 § 274. [188]) ug.: Grimm *Myth.* 3, 323; Hopf *Tierorakel* 135. [189]) g.: Drechsler *Schlesien* 2, 193. 228 (Geldgewinn kündend, dreimal auf die Tasche schlagen); ZrwVk. 12, 58; Grimm *Myth.* 3, 475 nr. 1087 (a. 1791, 2 Stück, für Ledige); Wuttke 203 § 278. [190]) ug.: Drechsler *Schlesien* 2, 230, vgl. Boecler *Ehsten* 67; Ungnad *Deutung der Zukunft* 29 (Babylonien, von rechts nach links oder voranfliegend g.). [191]) ug.: Bronner *Sitt u. Art* 159; Leoprechting *Lechrain* 89; Schönwerth *Oberpfalz* 3, 275 (bedeutet vor allem Kommen des Bettelvogtes, daher „Schergen-Elster" genannt); Witzschel *Thüringen* 2, 277; Wuttke 202 § 275 (über den Weg laufend); SAVk. 21, 201; ZrwVk. 11, 258. — Von vorn gesehen g.; von hinten ug.: Grimm *Myth.* 2, 947; zwei g., eine ug.: Drechsler *Schlesien* 2, 230, vgl. Grimm *Myth.* 3, 326 (Pies en nombre impair — signe de malheur); ug., wenn man sie hört, ohne sie zu sehen, g., wenn man sie sieht: Wuttke 202 § 275. [192]) Gemeint ist wohl in den meisten Fällen das Käuzchen. ug.: Grimm *Myth.* 2, 939. 950; 3, 327. 485 (Frankr.); vgl. ZfVk. 17, 453; Rolland *Faune pop.* 2, 46; Klapper MschlesVk. 21, 88 (14./15. Jh.); Drechsler *Schlesien* 2, 231; ZrwVk. 11, 258. [193]) Der von Grimm *Myth.* 2, 938. 946 nach Johannes v. Salisbury *Polycrat.* 1, 13 als g. genannte albanellus ist nach Hopf *Tierorakel* 92 identisch mit dem Baumfalken. [194]) ug.: Drechsler *Schlesien* 2, 231. [195]) Was Johannes v. Salisb. *Polycrat.* 1, 13, Grimm *Myth.* 2, 938 von der Krähe im allgemeinen sagt, ist für die verschiedenen beim A. zu beobachtenden Besonderheiten (s. o. Sp. 415) so vortrefflich ausgeführt, daß wir die Stelle im Wortlaut anführen: *quid cornix loquatur, diligenter ausculta, situmque eius sedentis aut volantis nullo modo contemnas. refert enim plurimum, a dextris sit an a sinistra, qua positione respiciat cubitum gradientis, loquax sit an clamosa an silens omnino, praecedat an sequatur, transeuntis exspectet adventum an fugiat quove discedat.* Wie Grimm *Myth.* 2, 947 notiert, beobachtete Olaf Tryggvason, obgleich Christ, ob die K. auf dem rechten oder linken Fuß stand und weissagte sich daraus Gutes oder Böses; seine Feinde nannten ihn daher *krâkubein*. Der A. der Kr. ist sonst fast immer ug.: Grimm *Myth.* 2, 946; Drechsler *Schlesien* 2, 230; Schönwerth *Oberpfalz* 3, 274; Wuttke 201 § 274; Unoth 1, 183 nr. 66. Auch in Italien: Archivio delle trad. pop. 15, 16 (Siena, 15. Jh.); Bastanzi *Superst. delle Alpi Venete* 196. — Von links nach rechts fliegend g.: Grimm

2, 946; 3, 408 (Burchard v. Worms); Klapper MschlesVk. 21, 87 (14./15. Jh.). — g.: Leoprechting *Lechrain* 89. [196]) Die Zeugnisse beziehen sich ausnahmslos auf den Ruf, offenbar weil der K. sehr scheu und daher nur selten sichtbar ist. Er ist, beim Ausgehen gehört, g., für einen Dieb ug.: Wuttke 204 § 280. Zum erstenmal gehört, bedeutet er Geld: Drechsler *Schlesien* 2, 193, 228 (3 mal auf die Tasche klopfen); ZrwVk. 11, 258. Öfters ist der Ruf von rechts g., von links ug.: Grimm *Myth.* 2, 945. 563; Klapper MschlesVk. 21, 88 (14./15. Jh.). Das Kuckuckorakel (Zahl der Lebensjahre, Kinder usw.) gehört nicht mehr zum A. [197]) g.: Grimm *Myth.* 2, 938. 946; 3, 326 (nach Johannes v. Salisbury u. Späteren). Nach Grimm eine Falkenart (albanellus?), nach Hopf *Orakeltiere* 146 der Buntspecht. [198]) g.: Grimm *Myth.* 2, 939. 946; 3, 325 (Burchard v. Worms, Berthold v. Regensburg: mûsar); Klapper MschlesVk. 21, 87 (14./15. Jh.). [199]) Von Hopf *Tierorakel* 110 mit Recht als der deutsche Orakelvogel κατ' ἐξοχήν bezeichnet, bei den Römern rechts g., links ug.: Cicero *de div.* 1, 12; 1, 85; Plautus *Aul.* 4, 3, 1 (dagegen links g. Corrector Burchardi b. Friedberg *Bußbücher* 93; Gerhardt *Franz. Novelle* 73; Wuttke 201 § 274). S. ferner Jahrb. d. V. f. Volksk. u. Linguistik in Prag 1893; Duhn ARw. 12, 167. g.: Grimm *Myth.* 2, 938. 940 (Edda, Kriegern folgend); Leoprechting *Lechrain* 89; ZrwVk. 11, 258. — ug.: Bronner *Sitt u. Art* 159; Drechsler *Schlesien* 2, 218; Höfler *Organotherapie* 124; Klapper MschlesVk. 21, 88; Schönwerth *Oberpfalz* 3, 274; Wuttke 201 § 274; Unoth 1, 183 nr. 66. [200]) ug: Wuttke 205 § 281; John *Oberlohma* 164 (übers Haus fliegend, Feuer kündend); vgl. Archivio delle trad. pop. 15, 136 (Siena, 15. Jh.). [201]) g.: Grohmann nr. 916; Drechsler *Schlesien* 2, 227. [202]) ug: Drechsler a. a. O.; ZrwVk. 11, 258 (Brand kündend). [203]) ug.: Grohmann Nr. 916; Wuttke 205 § 281. [204]) g.: Grimm *Myth.* 3, 475 nr. 1086 (a. 1791. Erste im Frühjahr); Drechsler *Schlesien* 2, 227 (dgl., sich wälzen); Grohmann Nr. 916; Leoprechting *Lechrain* 89. — fliegend g., sitzend ug.: ZrwVk. 11, 258; Wuttke 203 § 278 (außerdem: bei Ersterscheinen im Frühjahr einzelne = Heirat, mehrere = Ledigbleiben oder auch umgekehrt. Junggesell muß unter seinem Fuß nachsehen, ob darunter ein Haar liegt; dies zeigt Haarfarbe der Zukünftigen). In der Antike meist ug.: Hopf *Tierorakel* 136. [205]) Grimm *Myth.* 2, 938 (Johann von Salisb.): g. für Schiffer, vgl. Hopf *Tierorakel* 176. [206]) Von rechts g.: Grimm *Myth.* 2, 947 (MA.). [207]) Caspari 7 § 9 (MA. nichts über g. oder ug.). [208]) ug: Grimm *Myth.* 3, 323. [209]) g.: Leoprechting *Lechrain* 89. Reichhaltige Kasuistik b. Wuttke 203 § 279 (beim Ersterscheinen im Frühling für Mädchen: fliegend = Fleiß, Brautwagen, Glück; stehend = Faulheit, Gevatterstehen, Unglück; klappernd = Geschirr zerbrechen; sich putzend = Krankheit und Tod. In Haufen über Menschen fliegend = Tod. Hat man beim ersten Erblicken Geld in der Tasche, so hat man es das ganze Jahr. Sich wälzen, schon im Altertum, s. Philostratos *Epist.* 8).

3. Sonstige Tiere. Von Kriechtieren und Lurchen werden Eidechse [210]), Schlange [211]), Frosch [212]) und Kröte [213]) bald als g., bald als ug. gedeutet. Von den Insekten ist an erster Stelle die Spinne [214]) zu nennen, bei der fast immer die Tageszeit, zu der sie erscheint (s. o. Sp. 414, Anm. 25), und die Richtung, in der sie spinnt, berücksichtigt wird. Beim Schmetterling [215]) fällt besonders die verschiedene Deutung der Farbe auf. Vereinzelte Zeugnisse beweisen außerdem für MA. und Neuzeit die Beachtung des A.s von Biene [216]), Floh [217]), Heuschrecke [218]), Marienkäfer [219]) und Zikade [220]).

[210]) g.: Schönwerth *Oberpfalz* 3, 274; ug.: Leoprechting *Lechrain* 88, so auch im Altertum: Hopf *Tierorakel* 181 und in Frankreich: Thiers *Traité* 1, 209. [211]) g.: Franz *Nik. de Jawor* 189 (MA.); Klapper MschlesVk. 21, 87 (14./15. Jh.); Panzer *Beitrag* 2, 259; ZfVk. 11, 278 (15. Jh.); vgl. Archivio delle trad. pop. 15, 136 (Siena, 15. Jh.); ZfVk. 3, 37 (MA. Juden, aufs Bett fallend); Liebrecht *Zur Volksk.* 328 (Norw.); Georgeakis u. Pinaud *Folklore de Lesbos* 339. — ug.: ZrwVk. 11, 258; vgl. ZfVk. 3, 135 (MA. Juden, rechts vorbei oder zwischen mehreren hindurchlaufend); in der Antike war die Deutung ebenfalls schwankend, ug. z. B.: Theophrast *Char.* 16; Clemens Al. *Strom.* 7, 4, 25; Horatius *carm.* 3, 27, 5; Terentius *Phorm.* 4, 4, 29. g.: Cicero *de div.* 1, 36; Scriptores hist. Aug. rec. Peter 1, 125, 19; 2, 25, 6; vgl. Küster *Schlange* 131 f.; Grimm *Myth.* 2, 949. [212]) g. im Wasser, ug. auf dem Lande: Grimm *Myth.* 2, 947; ZrwVk. 11, 258; Boecler *Ehsten* 140; Dähnhardt *Volkst.* 2, 87: hüpft im Frühjahr ein F. über den trockenen Weg, so muß man das Jahr über so viel Tränen weinen, daß er sich baden kann. [213]) g.: Franz *Nik. de Jawor* 189 (MA., ebenso Antike: Hopf *Tierorakel* 196; Frankreich: Thiers *Traité* 1, 209). — ug.: Bronner *Sitt u. Art* 159. [214]) Im allgemeinen gilt das Schema des in verschiedenen Fassungen gebräuchlichen Verses (Morgen — Sorgen, Mittag — Glück am 3. Tag oder kleiner Gewinn, Abend — labend): ZrwVk. 11, 258; Unoth 1, 186 nr. 114; auch franz.: Gerhardt *Franz. Nov.* 73; Hovorka u. Kronfeld 1, 30; oft auch nur der Morgen (ug.) genannt: Grimm *Myth.* 2, 951;

F o g e l *Pennsylvania* 106 nr. 446; vgl. 80 nr. 288. 289; 95 nr. 384; M e i e r *Schwaben* 221; ZrwVk. 12, 58 (doch morgens g.: W i t z s c h e l *Thüringen* 2, 277). Ferner: g. von oben spinnend oder an jemand aufwärtslaufend: G r i m m *Myth.* 2, 938; W u t t k e 206 § 283, ug. für einen Kranken an der Wand neben dem Bett oder über das Bett laufend oder an jmd. abwärts laufend: M e i e r *Schwaben* 221; W u t t k e a. a. O. Große ug. (Zank), kleine g. (Glück): W o l f *Beiträge* 2, 457; weiße ug. (Tod): F o g e l a. a. O. 115 nr. 503. [215]) Erster im Frühling weiß = Glück in Geldsachen oder Unglück und Tod, grau = Unglück, rot = Augenschmerzen, gelb = Glück, Gevatterstehen W u t t k e 205 § 282. [216]) ug. einen Schwarm in einem Baum zu finden ZfdMyth. 3, 311 (a. 1612), so auch in der Antike, G r i m m *Myth.* 2, 951. [217]) Auf die Hand springend = unerwartete Neuigkeit, M o n t a n u s *Volksfeste* 136; F o g e l a. a. O. 91 nr. 359 (Brief). [218]) ug. G r i m m 2, 938 (Johann v. Salisb.). [219]) g. Unoth 1, 187 nr. 145; W u t t k e 205 § 282 (bes. auf jemand zufliegend oder sich auf die Hand setzend). [220]) g. G r i m m *Myth.* 2, 338 (Joh. v. Salisb.).

4. P f l a n z e n und G e g e n s t ä n d e. Das zufällige Stoßen auf gewisse Pflanzen und Gegenstände kann nur zum Teil zum A.sglauben gerechnet werden, da das Moment der Belebtheit des Objekts fortfällt. Bewegt ist dieses wenigstens im Falle des Wagens, dessen A. etwa mit dem des Leichenzuges (s. o. Sp. 415) zu vergleichen ist, bei welcher Gelegenheit er als Leichenwagen auch schon genannt wurde. Er wird, meist mit Rücksicht auf seine Ladung, g. oder ug. gedeutet [221]). Im Zusammenhang mit dem A. der Vögel verdient Erwähnung, daß es g. ist, ein Vogelnest mit brütendem Weibchen und Jungen zu finden [222]). Schließlich sei noch auf das Finden einer Nadel hingewiesen, wo die genaue Beobachtung der Lage an ähnliche Spezialbestimmungen bei belebten Objekten erinnert [223]). Dagegen sind für das Finden bestimmter Pflanzen, besonders des vierblättrigen Kleeblattes, sowie des Hufeisens, die entsprechenden Sonderartikel zu vergleichen.

[221]) g.: S a r t o r i *Sitte u. Brauch* 3, 64; J o h n *Westböhmen* 27; W u t t k e 209 § 290 (beladen); D r e c h s l e r *Schlesien* 2, 193 (mit Heu beladen); D ä h n h a r d t *Volkst.* 2, 89 (dgl., doch muß man links vorbeigehen); ZfVk. 20, 382 (von jungem Mann gelenkt). ug.: W u t t k e 469 § 746 (für Leichenzug); K ö h l e r *Voigtland* 254; H ö h n *Tod* 7, 345 (Zwiegespann Leichenzug begegnend = Zwiespalt in der Ehe); D r e c h s l e r *Schlesien* 2, 193 (mit Stroh beladen); G r i m m *Myth.* 3, 475 Nr. 1088 (a. 1791, mit Mist beladen, für Brautpaare). [222]) ZfVk. 11, 277. 462 f.; 19, 142 f. [223]) g.: F r a n z *Nik. de Jawor* 189; ZfVk. 11, 279; F o g e l *Pennsylvania* 106 nr. 451. Kopf dem Subjekt zugekehrt ebd. nr. 449. 466. Spitze zugekehrt 107 nr. 450; 109 nr. 467. ug.: Nähnadel mit schwarzem Faden D r e c h s l e r *Schlesien* 2, 200.

E n t s t e h u n g. Allem A.sglauben und so auch dem deutschen liegen vermutlich zum größten Teil primitive Gedankengänge magischen Charakters zugrunde, besonders spielen, wie sich aus den vorgebrachten Beispielen leicht erkennen läßt, sympathetische Vorstellungen eine große Rolle. Sowohl in den Grundregeln wie auch in den häufigen kasuistischen Unterscheidungen (rechts — links, schwarz — weiß, für dieses Subjekt g., für jenes ug. usw.) besteht engste Verwandtschaft mit der auf die gleichen primitiven Vorstellungen zurückgehenden „symbolischen" Traumdeutung, wie sie z. B. aus dem Traumbuch Artemidors bekannt ist. So ist es nicht nötig, ja nicht zulässig, in den A.stieren grundsätzlich die Verkörperungen von Totenseelen [224]) oder Dämonen [225]) zu sehen; aus der Eigenart, der Farbe, der Stimme der Tiere erklären sich vielfach die Deutungen von selbst [226]). Doch ist es andrerseits auch unmöglich, alle Erscheinungen des Tier-A.sglaubens auf diese Weise zu erklären, etwa alle „kampflichen" Tiere für g., alle „unkriegerischen" für ug. zu erklären [227]); z. B. würde sich die g. Deutung des Hirsches diesem Schema nicht einfügen. Vielmehr wird man annehmen müssen, daß dem weiten Sammelbecken des A.sglaubens neben jenen allgemeinen primitiven Anschauungen auch spezielle, aus der Religion, dem Mythus und der Kultur des eigenen Volkes entsprungene oder von fremden Völkern übernommene Vorstellungen zugeflossen sind. So erklärt Grimm den ug. A. der alten Frau aus dem Hexenglauben, des Priesters aus der irdische Geschäfte unterbrechenden und vereitelnden Erscheinung des heidnischen und später des christlichen Gottesmannes, den g. A. des Wolfes aus seiner Natur als siegbringendes Tier des Odin u. a. m.[228]). Doch auch er muß z. B. gegenüber der Frage, warum eines Blinden, Hinkenden und Bettlers A. für ug., eines Buckligen und Aussätzigen als g. galt, auf eine Erklärung verzichten. Dasselbe gilt auch in den meisten Fällen, in denen ein und dasselbe Tier schlechthin bald als g., bald als ug. gedeutet wird, eine Erscheinung, die auch im A.sglauben der Antike, der zweifellos durch christliche Vermittlung vielfach auf den deutschen eingewirkt hat, wiederholt zu beobachten ist.

[224]) Mogk *Myth.* 229. [225]) Bronner *Sitt u. Art* 159. [226]) Auf eine interessante spontane A.sdeutung auf christlicher Grundlage bei J. Gotthelf (zwei weiße Tauben = Friede und Eintracht) verweist Sprenger in ZfdU. 6, 438. [27]) Simrock *Myth.* 640 f. [228]) Grimm *Myth.* 2, 941 f. Boehm.

Angebinde. Noch lebende Bräuche lassen erkennen, daß man Gaben, die man heute A. nennt, ohne sich etwas Besonderes dabei zu denken, wenn schon der Sprachgebrauch das Wort auf bestimmte Geschenke zu beschränken scheint (Patengeschenke, Geschenke für ganz kleine Kinder), ehedem wirklich angebunden hat, um sie dauernd mit dem Beschenkten zu verbinden [1]). In Heimstetten (Baden) binden die Paten dem Kinde nach der Taufe hinten in der Kirche je eine Mark ein [2]). Vergleichbar ist das Anbinden als Form der Weihung. Im Württembergischen entspricht dem das sog. *Kissesteket.*

Vgl. anbinden, binden, Eingebinde, Patengeschenk.

[1]) Kondziella *Volksepos* 100; Grimm *Myth* 2, 982 f.; Ders. *Kl. Schriften* 2 (1865), 191 ff., wo eingehend über das A. gehandelt ist; die Abhandlung von J. J. Hornus *Über die alterthümliche Sitte der A. bei Deutschen, Slaven u. Litauern.* Prag 1855, war uns nicht zugänglich. [2]) Meyer *Baden* 25. Aly.

Angehenke, Name für heilkräftige Mittel, die angehängt, angebunden, angeknüpft werden, etwa Amulette (s. d.). Grimm [1]) zitiert aus Ettner, *Des getreuen Eckhards unvorsichtige Hebamme* (1715) S. 859: „Vom hollunder, der in den weiden wächst, macht man den kindern ein a., neun stücklein in einen zundel mit einem rothseidnen faden, so dass er auf der herzgrube liegt.“ S. 862: „a. vom rechten auge des wolfs, säcklein von steinen, blinden schwalben aus dem magen geschnitten.“ Das Wort Amulett (s. d.) kommt in der deutschen Literatur erst spät vor.

s. anhängen, Anhängzettel.

[1]) Grimm *Myth.* 3, 466; vgl. 2, 982. Pfister.

Angelica s. Engelwurz.

angeln s. fischen.

Angelusläuten s. Abendläuten, Betglocke.

Angesicht s. Gesicht.

Angla achila achtila, Zauberworte im Liebeszauber, um ein Mädchen sich zu Willen zu zwingen [1]).

[1]) Urquell 3 (1892), 3; Ohrt *Trylleformler* 2, 89. Jacoby.

Angst (Furcht, Schrecken). Die Sorge um die Sicherheit im Leben begleitet die wilden Völker mehr als die Völker der gesicherten Kultur. Die Sorge steigert sich in manchen schwachbegabten Völkerschaften bis zur fortwährenden A. vor Unglück bringenden Dämonen [1]). Die Furcht vom Tage her vollendet sich im A.traum der Nacht [2]). Mit der steigenden Kultur ermäßigt sich allmählich die Furcht vor Träumen [3]), doch wird es immer Menschen geben, die von gewissen A.gefühlen geplagt sind. Gegen ihre unerklärliche Herrschaft hilft der Zauber. Wer die Zehe eines Toten anrührt, wird frei von der A.[4]). Das Verfahren, jemandem die „A. anzutun“ und einen entlaufenen Liebhaber zurückzubringen, beschreibt Grimm Myth. 3, 470 Nr. 961.

„Die A.“ bedeutet in Bayern ein Gebet, das, am Gründonnerstag abends im Stall gebetet, das Vieh vor Krankheit schützt [5]).

[1]) Frazer 9, 72 ff.; Visscher *Naturvölker* 2, 192 u. 196. [2]) Wundt *Mythus und Rel.* 2, 125 ff. [3]) Ders. 1, 577. [4]) Grimm *Myth.* 3, 453 Nr. 544. [5]) Reiser *Allgäu* 2, 113 Nr. 5; Fischer *Schwäb. Wb.* 1, 213; Schmeller *Bayr. Wb.* 1, 105. Boette.

anhängen. Das heimliche A. von kleinen Gegenständen oder das Anbringen von Spottfiguren an den Kleidern der Straßengänger muß trotz den spärlichen Belegen, die wir bis jetzt finden konnten, in ganz Westeuropa verbreitet gewesen sein. Eine allgemein befriedigende Erklärung kann ebensowenig gegeben werden, wie für die Foppbräuche im April (s. d.), zumal da die Tage, an denen das A. ausgeübt wird, verschiedene sind: 2. Febr. (Lichtmeß) [1]), Fastnacht [2]), Aschermittwoch [3]), Donnerstag nach Asch.[4]), in den Fasten [5]), speziell Mittfasten [6]), am häufigsten 1. April [7]), vereinzelt Palmsonntag [8]), bei der Weinlese [9]). Meist werden Tuchläppchen in einer bestimmten Figur ausgeschnitten, mit Kreide geweißt und unmerklich auf dem Kleide abgedrückt. Solche Figuren sind: Esel(skopf) [2]) (Usener) [6]), [8]), Teufel(skopf) [6]), Säge [2]) (Us.)[6]), Leiter [2]) (Us.); Fisch? [7]), oder es werden die Tuchfetzchen selbst angehängt [2]) (Lancashire) [7]) (Franche-Cté); andere Gegenstände: schmutzige Lappen [2]) (Sizilien), Papierstreifen [2]) (Portugal) [7]) (Belgien), Aschensack [3]), Klämmerchen [4]), Zopf [7]) (Belgien), Lämmerschwanz [2]) (Sizilien), Kalbsschwanz [7]) (Franche-Cté), tote Maus [2]) (Sizilien), tote Ratte (Franche-Cté), Püppchen [9]), Papierpfropfen [1]). Eine Sonderstellung nimmt der Würzburger Brauch ein, insofern, als der „Palmesel" nicht heimlich angebracht wird, sondern als Schandenbezeugung für Kinder, die am Palmsonntag keine neuen Kleider angezogen hatten [8]). Die „Poppeli", die in Graubünden bei der Weinernte angehängt wurden, werden von Bühler [9]) als Phallus, d. h. als Fruchtbarkeitssymbol, gedeutet. Möglicherweise hängen mit diesem Brauch die Redensarten zusammen: ein Blechlein [10]), Siechblechlein [11]), Bletzlein [12]), Flecken [13]), Klämmerlein [14]), Klämperlein [15]), Kläpperlein [16]), Klette [17]), Klebläpplein [18]), Schelle [19]), Schlötterlein, -ling, Schletterlein, Schlätter [20]), Spettlein, Spätlein, Spätzle [21]), eins oder etwas anhängen [22]) i. S. v. „verspotten, schmähen, übel nachreden".

[1]) G. u. F. Hegi *Tösstal* (Zür. 1913), 66. [2]) Liebrecht *Z. Volksk.* 408, verweist auch auf Usener in Rhein. Mus. N.F. 30, 192 (Sizilien, Portugal). [3]) Aus dem Posener Lande 4 (1909), 79. [4]) „Chlupper-Donstig", d. i. Klämmerchen-Donnerstag (Appenzell) SAVk. 1, 275. [5]) Liebrecht *Z. Volksk.* 408 (Lancashire). [6]) Gubernatis *Tiere* 284, A. 1 (Piemont). [7]) SAVk. 6, 143 (Thurgau); eigene Erinnerung (Basel); Reinsberg *Festjahr* 94 (Vlamen); Reinsberg *Traditions* 1, 203 (Belgien); Albers *Festpostille = Das Jahr* 142 (Friesland, Holland); Beauquier *Les Mois en Franche-Comté* (Paris 1900), 52; La Tradition 10, 76 (Südostfrankr.). [8]) Schöppner *Sagen* 3, 56. [9]) Bühler *Davos* 1, 373; dazu SAVk. 11, 268; SchweizId. 4, 1423. [10]) DWb. 1, 367; 2, 85; Fischer *Schwäb. Wb.* 1, 1186; SchweizId. 5, 6; Hs. Sachs *Schwänke* 26, 33. [11]) Schmeller *Bay.Wb.* 1, 322. [12]) Geiler *Granatapfel* 1511 biij 1 a; DWb. 2, 110. [13]) Ebd. 1, 367. [14]) Ebd. 5, 940. [15]) Ebd. 5, 943. [16]) Ebd. 5, 943. 954. 969. 1143. 1152; 9, 651 a. [17]) Ebd. 9, 651 [18]) Ebd. 8, 2494. [19]) Ebd. u. 9, 651 u. [20]) Ebd. u. 788; SchweizId. 9, 965. 985. 994; Martin-Lienh. 2, 476; Schmeller *BayWb.* 2, 537; Fischer *Schwäb.Wb.* 900. 901. [21]) Brant *Narrenschiff* (ed. Zarncke) 21, 5; 42, 14 (mit Anm.); Murner *Schelmenzunft* 18, 25; Ders. *Narrenbeschw.* 77, 44; Ders. *Mühle v. Schw.* 601; DWb. 10, 1998. 2195 f.; SchweizId. 9, 785. [22]) DWb. 1, 368. Hoffmann-Krayer.

Anhängsel s. Schmuck.

Anhängzettel. Man nennt so eine besondere Art von Amulett (s. d.); es ist ein um den Hals gehängter Zettel, auf den, wie die Beispiele bei v. Lindern zeigen, unverständliche Zauberformeln geschrieben sind. Unter der Voraussetzung, daß der Benutzer nicht lesen kann, hat wohl auch ein Schalk Banalitäten darauf geschrieben, so gegen Schwangerschaft: Lege dich nicht zum Manne, so wirst du nicht schwanger [1]). Das Wort fehlt in Grimms Wörterbuch, der Brauch ist jedoch schon für Luther vorauszusetzen, der Spr. Sal. 3, 3 übersetzt: *Gnade und Treue werden dich nicht lassen. Hänge sie an deinen Hals und schreibe sie an die Tafel deines Herzens* [2]).

S. Amulett, Brief, Zettel.

[1]) *Venusspiegel* 3. Aufl. Straßburg 1743; vgl. Alemannia 8, 285. [2]) DWb. 1, 367 f. unter „anhängen". Aly.

anhauchen s. Hauch.

Animatismus bedeutet die Anschauung von der Beseelung sämtlicher Gegenstände der Natur und des menschlichen Gebrauchs (Allbeseelung). Der Ausdruck erhielt besondere Bedeutung in der Theorie R. R. Maretts, welcher davon ausgeht, daß der naive Mensch in allem, was ihm Auffälliges begegnet oder was auf ihn nachdrücklich einwirkt, etwas Seelisches erkennt [1]). Indem der Mensch solchen Gegenständen gegenüber seine psychische Grundregung entfaltet, erscheinen sie ihm als etwas „Supernaturales". Die Regungen nämlich, durch welche der Mensch seine Einstellung zu den Dingen gewinnt, sind nach Marett die Gefühle der Furcht, des Schauders und der ehrfurchtsvollen Scheu. Diesen A. ordnet Marett dem Animismus (s. d.) als allgemeinere Form über, da er letzteren Ausdruck in dem engen Sinn Tylors als Geisterglauben nimmt. Sonach sei der A. auch der Anfang alles religiösen Glaubens. Man wird sagen dürfen, daß die Neigung des Menschen zur Allbeseelung der lebensvollen religiösen Anschauung diensam gewesen ist und die Bildung religiöser Vorstellungen unterstützt hat, daher auch immer wieder gelegentlich bei Bildung abergläubischer Vorstellungen beteiligt ist. Man kann auch gegen Wundts ganz abweisende Kritik des A.[2]) zugeben, daß in dem Sinne, wie Marett den A. faßt, etwas von ursprunghaft religiösen Regungen damit bezeichnet wird: dies nämlich, daß in den Dingen, welche beseelt werden, etwas „Übernatürliches" erfaßt und mit heiliger Scheu betrachtet wird.

[1]) R. R. Marett *The threshold of religion* [2]. 1914. [2]) W. Wundt *Mythus und Religion* 2, 173 ff.
K. Beth.

Animismus. 1. A. ist ein zuerst in der Medizin eingebürgerter, von G. E. Stahl in seinem Werke über die Drüsen (erstes Drittel 18. Jh.) geprägter Ausdruck für die Auffassung, daß das oberste Prinzip des lebenden Organismus die Seele (*anima*) ist, die jedoch einerseits etwas Unsterbliches und Überlogisches, anderseits als *anima vegetativa* nichts anderes als die *natura* der Alten ist. Jeder Körperteil hat nach Stahl ein Leben für sich, das auch für sich allein gestört werden kann [1]). Die Vorstellung von der Körperseele und den Organseelen, wie sie Wundt bei den Naturvölkern findet [2]), ist auch in dieser Stahlschen Theorie vorhanden, und diese Ansicht von dem in dem Leib waltenden Seelischen zeigt ihre Nachwirkungen in sehr vielen volkstümlichen, dem Aberglauben angehörigen Heilmitteln und -verfahren.

[1]) Franz Carl Müller *Geschichte der organischen Naturwissenschaften* 9 f. [2]) Wundt *Mythus u. Religion* 1, 139 ff.

2. Als ethnologisch-religionsgeschichtlicher Fachausdruck wird A. gleichfalls im zweifachen Sinne verwendet: a) für den Glauben an ein besonderes Seelisches, gleichsam ein Seelenwesen im Körper oder außerhalb desselben, und b) für den Glauben an den Vitalstoff, der alles Lebendige durchzieht und, als unsichtbares Fluidum anhaftend, alles charakterisiert, was mit einer Person in Berührung gekommen ist.

a) Nach B. G. Tylor ist der A. als Glaube an die Existenz geistiger Wesen mit oder ohne bestimmte Körper „die Religion und Philosophie aller nichtzivilisierter Völker" und die Grundlage oder erste Stufe aller Menschheitsentwicklung, aus der jede höhere geistige Betätigung, vor allem Religion und Kunst hervorgegangen sind (animistische Theorie) [3]). Sicher ist indessen nur, daß der A. sehr alt, allgemein verbreitet und bis in unsere Zeit und Kultursphäre hinein dauerhaft ist. Nicht haltbar hingegen ist die Meinung, daß dieser A. die älteste geistige Stufe der Menschheit bezeichne. Denn das würde besagen, daß die Vorstellung von Seelen- oder Geistwesen und der Glaube an eine im menschlichen Körper vorhandene, ihm gegenüber irgendwie selbständige Seele früher vorhanden gewesen sei, als die Idee des in den Körpern vorhandenen Unsinnlichen, eine Annahme, die mit den Ergebnissen der Primitivenforschung in Widerspruch steht. Man kannte sowohl ein selbständiges Unsinnliches, das nicht seelischer Art ist, wie auch den als völlige Einheit existierenden und lebenden Menschen, ehe man animistisch empfand und dachte, worüber im besonderen Zusammenhange zu verhandeln ist (s. Präanimismus).

Tylor definiert die Seele in dem Sinn der Primitiven, der sich jedoch durch alle Kulturschichten hindurch erhalten hat, als dünnes, körperloses Gebilde, das auch dort, wo der Körper nicht ist, das Individuum darstellt und erkennen läßt. Der hierauf gegründete A. ist der Meinung, daß alles, was irgendwie auf den Menschen einwirkt, und überhaupt alle Erscheinungen, die ihm aufstoßen, von einem denkenden und wollenden Geistwesen hervorgerufen sind und daß alle Wesen und Dinge, welche irgendeine Erscheinung verursachen, von solchem Geist oder solcher Seele getrieben werden. Dieser A., eine eigentlich dualistische Ansicht, besagt, daß in allem Lebendigen eine Seele die Ursache der Lebendigkeit, der einzelnen Lebenserscheinungen, ist. Er beruht daher auf dem Versuch einer rationalen Erklärung der Lebenserscheinungen und bewährte sich wahrscheinlich zuerst an den Erfahrungen, die der Mensch mit Schlaf, Traum und Sterben machte. Das Entschwinden des Wachbewußtseins im Schlaf, das Auswandern des Ich im Traum und der Besuch der anderen Iche während unseres Traumes, das Aufhören der Lebenserscheinungen mit dem Moment des Sterbens, schließlich das Erschlaffen der Lebensfunktion bei Krankheit, legen den Schluß nahe, daß es eine besondere Ursache der Lebenserscheinungen gibt. Analog erkannte der Mensch bei den Tieren, von denen sich der Primitive grundsätzlich nicht zu unterscheiden pflegt, dasselbe Agens (s. Tiere). Weiter stellte er aber in den leblosen Naturgebilden und -erscheinungen dasselbe Agens als ein Seelisches fest und stellte sie dadurch als belebt vor. Diesen Vorstellungs- oder Denkprozeß, durch welchen schließlich alles mit Seelen begabt gedacht wird, nennt man auch Animatismus (s. d.) = Vorstellung von der Belebtheit alles Seienden.

Mit dem Seelischen meinte der Mensch zunächst sicherlich nichts weiter als das Prinzip der Bewegung (wie ja got. *saiwala* = Seele, die Bewegliche, das sich Bewegende, bedeuten und mit griech. *aiolos* = Wind verwandt sein wird). Möglich ist indes auch, daß die Wurzelbedeutung Wind bestimmend war, nach E. H. Meyer[4]): Wurzel *an*, führt zum Begriff Ahne und Verstorbener; darum wird eine durch gewaltsamen Tod ausgepreßte Seele zum heftigen Wind, entsteht bei Selbsterhängung Sturm, beim beichtelosen Tod einer Wöchnerin Wirbelwind, und die Seelen Unverheirateter müssen als Wind Nebel schöbern und Felsen abreiben[5]). Nach Einführung des Christentums ziehen im wütenden Heere nur noch die Seelen der Bösen stürmisch dahin, während ursprünglich alle Seelen nach dem Tode in die Windsphäre eintraten. Auch im Winde ist aber die Bewegung (sowohl das sich Bewegende, wie das das andere Bewegende) das hervorstechende Merkmal und dasjenige, was auf den Primitiven den größten Eindruck macht, wie auch der sich bewegende Schatten, der gleichfalls als Seele aufgefaßt wurde; denn diese Bewegung ist das sinnlich Hervortretende dessen, was an sich etwas Unsinnliches als Kern enthält, und es ist doch zugleich die geheimnisvolle Kraft der Veränderungen. Gegenstände, die sich bewegen oder sich zu bewegen scheinen, machen auf den naiven Menschen den Eindruck von Körpern, die durch eine verborgene Kraft in Bewegung gesetzt werden, oder von Körpern, die, wie der eigene, mit einem bewegenden Agens, wie dem Willen, begabt sind. Und von dem System der so angeschauten Dinge gab es und gibt es für den primitiven Menschen keine Ausnahme; denn kraft seines symbiotisch-sympathetischen Grundgefühles[6]) weiß er sich mit allen einzelnen Teilen, lebenden wie leblosen, des Universums ebenso eins, wie jene alle unter sich gleichsam wie Teile eines Ganzen verbunden sind; Menschen, Tiere, Pflanzen, Berge, Quellen, Flüsse, Himmelskörper sind vermöge der universellen Symbiose als wesenhaft gleiche Gegebenheiten betrachtet.

Diese animistische Vorstellung kommt in der Anschauung von den Toten zu besonderer Geltung. Bei Eintritt des Todes wird das Fenster, die Tür oder Luke geöffnet, auf daß die Seele hinaus kann, ebenso wie bei Geburt des Kindes, damit eine Seele hinein kann. Die Seele geht beim Sterben hinweg als Tier, indem sie sich verwandelt in einen Vogel oder ein Insekt (Käfer, Schmetterling), oder in ein kriechendes Tier (Schlange, Eidechse, Maus). Wie nach der Vorstellung der vorangegangenen Epoche der Verstorbene jederzeit als ganze Persönlichkeit wiederkehren kann, so nach der Vorstellung der animistischen Epoche seine Seele.

Die Vorstellung der Seele als Schatten ergab sich aus dem Schatten, welcher dem Menschen folgt oder voraufgeht usw., und daraus wieder entwickelte sich der Glaube an den Folgegeist (an. fylgja), den weiblichen Schutzgeist, welcher den Menschen stets begleitet oder wie sein zweites schützendes Ich (der ägyptische Ka) gleichsam an oder hinter ihm wie angehaftet ist. Indem sich die fylgja mehr und mehr von der Person ablöste, wurde sie zu einer selbständigen, Tod und Gefahr verkündenden höheren Macht[7]; vgl. später die weiße (Ahn-) Frau (s. d.). Ebenso wie schützende gibt es auch schädliche und verfolgende Geister, Bringer von Landplagen und Hausunglück. Als solche treten die Seele eines Verstorbenen oder ein Drache oder andere, phantastisch gestaltete, Tiere auf, die die Vorstellung einer unangenehmen Kraft bedeuten. Es ist indessen eine von Irreführung nicht ganz freie Hypothese, allgemeinhin zu behaupten, daß alle persönlich gearteten Geistwesen, Dämonen usw., animistischen Ursprungs, durch einen Akt der Beseelung von etwas an sich auch seelenlos zu Denkendem entstanden seien. Riesen und Zwerge sind zweifellos voranimistisch und daher auch eine ganze Reihe von anderen Geistern, ohne daß es gelingen könnte, die Grenze zwischen beiderlei Bildungen theoretisch rein auszuziehen[8].

[3]) Tylor *Kultur* 1, 422. [4]) *Mythologie* 91. [5]) Laistner *Nebelsagen* 42 u. 237. [6]) Beth *Religion u. Magie*[2] 185 ff. 321 ff. 397 f. [7]) Njals Saga 12; Vatnsdaela Saga 36. [8]) Naumann *Gemeinschaftskultur* 83 ff.

b) Von entschieden größerer Bedeutung ist die Seelenstoff-Anschauung, die von vielen als der eigentliche A. im engeren Sinne heute gewertet wird. Der Seelenstoff, besser Vitalstoff[9]), setzt nicht die Vorstellung einer Seele voraus und geht nicht aus einer irgendwie und -wo vorhandenen Seele hervor, sondern wird auch dort angenommen, wo an ein einheitliches seelisches Gebilde in dem Lebewesen noch nicht gedacht ist, findet sich aber auch noch neben einer solchen Seele angenommen vor. Der Seelenstoff ist ein dem Körper immanentes, ihn völlig durchdringendes, in allen seinen Teilen gleicherweise vorhandenes Agens. Es ist so wesentlich für den Körper und seine Teile, daß es auch abgeschnittenen Teilen, wie Haaren und Nagelspitzen, dem Speichel und Auswurf und selbst der Kleidung (Kraft, Ausdünstung und Schweiß) und auch Gebrauchsgegenständen anhaftet. Man könnte versucht sein, diese Auffassung für älter zu halten, als die Annahme einer den Körper leitenden, ihm gegenüber jedoch mehr selbständigen Seele. Zu einer Zeit, aus der die selbständige und selbständig überlebende Seele im germanischen Norden noch nicht bezeugt ist, wo vielmehr der Verstorbene als ganze Persönlichkeit weiterlebend gedacht wurde, existierte der animistische Eigentumsbegriff. Dieser gründet in der Vorstellung, daß alles, was mit dem Toten bei Lebzeiten zusammenhing, von seinem vitalen Fluidum an sich trägt und dadurch ihm für immer zugehört. Hierauf, und nicht allein auf dem Gedanken, daß der Tote alles wirklich noch brauche, ruht der Brauch, die hauptsächlichsten Geräte, Waffen und Kleidungsstücke mit ins Grab zu geben, bzw. mit zu verbrennen; denn auch durch Verbrennung wird der Seelenstoff nicht verzehrt. Interessant hiefür ist, wie das große periodische Sterben in der Sippe des Bauern Thoroolf dadurch zum Stillstand gebracht wird, daß das liegen gebliebene

Vermögen einer Verstorbenen ihr durchs Feuer nachgesandt wird [10]); der Tote selbst müßte aber auch immer wieder an den Ort seines Vitalstoffes zurückkommen, solange sich derselbe auf der Erde befindet [11]).

An der Selbständigkeit, Beweglichkeit und Beharrlichkeit des Vitalstoffes hängt Leben und Gesundheit. Krank wird der Mensch, wenn der Vitalstoff ganz oder teilweise entweicht oder wenn sein Zusammenhang mit dem Körper gelockert wird. Der Schamane heilt die Krankheit dadurch, daß er den entwichenen Vitalstoff zurückholt, den gelockerten festigt. Gelingt ihm dies nicht, so stirbt der Kranke. Die Prozedur des Zurückholens ist mannigfaltig, stets aber dreht sich die Handlung darum, des entflohenen Seelenteilchens durch Anrufen, Pfeifen, Beschwatzen oder Drohen habhaft zu werden. An der Schnur der „Seelenpeitsche", eines hierfür bewährten Instrumentes, wird ein Päckchen befestigt, das nicht einmal immer Vitalträger (Haare, Kleidung) des Patienten enthalten muß, sondern bloß von ihm oder von einem ihm Nahestehenden berührt zu sein braucht, um dermaßen mit des Kranken Vitalität imprägniert zu sein, daß dasselbe, wenn der Arzt nächtlicherweile im Walde die Peitsche schwingt, den entschwundenen Seelenstoff des Kranken anzieht. Triumphierend bringt der Schamane die Seele ins Haus und praktiziert sie in den Leib des Patienten, der genest [12]).

Mit dem Atem hat dieser Vitalstoff, wie sich nachweisen läßt, in der Regel nichts zu tun, sondern ist von demselben klar zu unterscheiden. Z. B. bei den australischen Wurunjerri fand der herbeigeholte Arzt den *murup* des Kranken schon weit weg, bloß noch etwas Atem in dem Manne. Der Medizinmann ging nun auf die Suche und brachte den *murup* nach einiger Zeit in seinem Opossumfelle heim; er hatte ihn noch eben an der Grenze des Sonnenunterganges gefunden. Hätte der *murup* diese Grenze überschritten, so wäre er unwiederbringlich verloren gewesen und der Kranke gestorben [13]). Im günstigsten Falle wirft sich der Arzt mitsamt dem wiedergeholten Seelenstoff über den Kranken und treibt jenen in diesen hinein. Das Weggehen und -bleiben des (hierbei wenigstens zum kleinsten Teile wohl irgendwie „seelisch" vorgestellten) Vitalstoffes erinnert an die Rolle des Todes in deutschen Märchen. Wie der Medizinmann herausfindet, wo die Seele ist, so weiß der Jüngling, ob der Tod zu Häupten oder zu Füßen des kranken Mägdeleins steht, ob er bleiben oder gehen will.

Mittels solchen „Seelenträgers" oder Vitalstoffes kann jede Art guten oder bösen Zaubers ausgeübt werden. Man verschafft sich irgendeinen Fetzen von der Kleidung eines Menschen, oder ein paar Haare oder Nägelschnitzel, oder Auswurf, oder von ihm gekauten Betel und behandelt sie, in Blätter oder andere Hüllen, oder in ein Bambusrohr gesteckt, ebenso wie man den ganzen Menschen behandelt wissen will. Umständliche Verrichtungen folgen hieraus, z. B. der bekannte *Guliwill* bei den südöstlichen Australiern. Man darf jedoch nicht mit Wundt behaupten, das ganze Zauberwesen sei aus dem Animismus hervorgegangen, da es ja „direkten" Zauber gibt, der keines Vitalagens bedarf, bzw. solchen Zauber, der ohne irgendwelche sinnlich-konkrete Vermittlung stattfindet [14]). Seine Wurzel hat der Vitalstoffglaube in der Repräsentatividee: vom Körper gelöste Teile vermögen den ganzen Körper zu vertreten oder zu ersetzen. Daß zu Zeiten das eine oder andere Organ des Leibes im besonderen als Sitz des Vitalstoffes angesehen wurde, ist für das Verständnis der Anschauung als solcher fast belanglos. Daß der Jäger die Krallen des Jaguars, die Zähne des Büffels bei sich trägt, erklärt sich am ungezwungensten animistisch, ähnlich wie die Gepflogenheit der Kopfjagd und der Schädelkult, oder das Umhängen von getrockneten Menschennieren mit dazu gehörigen Fett-Teilen, oder wie die Menschenfresserei und das Verschlingen des rohen Kamelfleisches bei arabischen Riten und das Rohfleischessen bei der ersten orphischen Einweihung [15]): es handelt sich allemal um die Zueignung des Vitalstoffes, der eigentlichen Lebensenergie eines Wesens, das in irgendwelcher Hinsicht einen Vorzug hat. — Hierher gehören auch die häufigen Maßnahmen, die Seele eines Menschen durch eine höherwertige zu ersetzen, was unter Umständen auf Dämonen und Götter der Fruchtbarkeit angewendet wird, indem der Gott des scheidenden Jahres mit der neuen Haut eines zu diesem Zwecke geschlachteten Menschen bekleidet wird (klassisches Land hierfür Mexiko) [16]). Hierher gehört ferner die Sitte, Könige, Häuptlinge oder Zauberer beim ersten Anzeichen herannahenden Todes zu töten, damit die Vitalstoffe, die Lebensenergien auf den Stamm übergehen und in ihm bewahrt bleiben, gegebenenfalls auch dem Nachfolger zugute kommen.

(Über die Verehrung der beseelt gedachten Naturgegenstände und -erscheinungen, über Dämonenkult, Gespenster und ähnliches, was im Anschluß an die Tylorsche Definition und Theorie vielfach noch in den A. einbezogen wird, s. die betreffenden Artikel.)

[9]) Beth *Religion u. Magie* [2] 153. [10]) Eyrbyggya Saga 52—55. [11]) Hans Schreuer in Ztschr. f. vgl. Rechtswiss. 33 u. 34 (1916). [12]) Ch. Keysser in R. Neuhauß *Neuguinea* 3. 141 ff. [13]) Howitt *Native Tribes of Southeast Australia* 385 ff. [14]) K. Beth *Religion u. Magie* [2] 142. [15]) Euripides *Bakchen* 135. [16]) K. Th. Preuß *Phallische Bräuche* in Arch. f. Anthropol. N.F. 1 (1904), 140 ff.

Im allgemeinen vgl. A. E. Kruyt *Het Animisme in den Indischen Archipel*. 1906; Jul. Lippert *Seelenkult* 1881; Ders. *Kulturgeschichte*; A. W. Nieuwenhuis *Die Wurzeln des A*. Supplement zu Internat. Arch. f. Ethnographie 24 (1917). K. Beth.

Anis (Pimpinella anisum). 1. Botanisches. Aus den östlichen Mittelmeerländern stammendes Doldengewächs (Umbellifere), dessen eirunde Früchte als Gewürz dienen. Die Grundblätter sind langgestielt, ungeteilt oder dreilappig, die Stengelblätter dreiteilig, die Blüten sind weiß. Bei uns wird der A. ab und zu angepflanzt [1]).

[1]) Marzell *Kräuterb.* 200; *Heilpflanzen* 103 f.

2. Ähnlich wie der verwandte Kümmel dient auch der A. wegen seines aromatischen Geruches als antidämonisches Mittel [2]). Gekauften Tauben gibt man A., um sie an den Schlag zu fesseln [3]). Man buk an Lichtmeß A.brote und fütterte vier Wochen lang die Tauben, damit sie recht gedeihen sollten [4]).

[2]) Bechstein *Thüringen* 2, 106 f. [3]) Staricius 1679, 476; Eberhardt *Landwirtschaft* 20. [4]) Mitteil. Anhalt. Gesch. 1922, 19. Marzell.

Ankehrkraut s. Mondraute.

ankleiden s. Kleid.

anklopfen. Wenn man bei Nacht einen Besuch macht, so soll man an der Zimmertür nicht a.; denn bei Nacht klopfen die Hexen an. Wer mit den Füßen anklopft, ist willkommen, weil man weiß, daß er die Hände voll hat [1]). S. w. klopfen, Klopfnächte.

[1]) Fischer *Schwäb.Wb.* 1, 225. Bächtold-Stäubli.

ankünden (sich) s. künden.

anmessen s. messen.

Anna, hl., Mutter Marias, Fest 26. Juli.

1. Der A.kult kam in Deutschland seit dem 14. Jh. in großen Aufschwung, in erster Linie als ein Mutterkult. Hier wurden Mainz und später Düren, wo sich seit 1501 die ehemals in Mainz aufbewahrte Annenreliquie befindet, ein Stück von der Hirnschale der Heiligen, Stätten ihrer Verehrung. A.s große volkstümliche Beliebtheit spricht sich in zahlreichen ihr geweihten Kirchen und in vielen Patronaten aus [1]).

[1]) Korth *Die Patrozinien im Erzbistum Köln* 15—19; daselbst umfangreiche Quellen- u. Literaturangabe; Samson *Kirchenpatrone* 119—123; E. Schaumkell *Der Kultus der hl. Anna am Ausgang des MA.s*; Beissel *Heiligen-Verehrung* 2, 135; Samson *Die Schutzheiligen* 51 ff.

2. Frühzeitig galt die Mutter Marias als mächtige Patronin der Schwangeren und Gebärenden [2]). Deshalb wurde ihr Name in gesprochenen und geschriebenen Segensformeln für diese besonders aufgeführt, letztere auch als „Briefe“, also wohl Zettelchen, von hoffnungsvollen Frauen getragen; desgleichen wurden

Messen de sancta Anna für solche Frauen empfohlen und von diesen gebraucht [3]). Weil A. selbst, der kirchlichen Überlieferung gemäß, vor der Geburt Marias lange Jahre kinderlos war, verrichteten und verrichten noch heute unfruchtbare oder kinderlose Frauen täglich Gebete zu ihr, um durch ihre Fürbitte Leibeserben zu erhalten [4]).

[2]) Wetzer u. Welte *Kirchenlexikon* 1, 862. [3]) Franz *Benediktionen* 2, 190—200. 202; ZdVfVk. 1 (1891), 300; 6 (1896), 252. [4]) Stoll *Zauberglauben* 105; Reinsberg-Düringsfeld *Festkalender aus Böhmen* 369.

3. In weiterer Entwicklung dieses Patronatsgedankens erscheint A. als Schutzheilige der Ehe und Eheleute, der Eltern und vorzüglich der Mütter, in letzterer Hinsicht oft durch die Kunst verherrlicht [5]). Junge Mädchen wenden sich an sie, um vor Schande bewahrt zu bleiben, anderseits, um einen Mann zu erlangen: Hl. St. A., Gib alle Meitschi Manna! [6]).

[5]) Samson *Kirchenpatrone* 122; Reinsberg-Düringsfeld *Das festliche Jahr* 217—218. [6]) Fontaine *Luxemburg* 112; Kuoni *St. Galler Sagen* 20 Nr. 35.

4. Sehr nahe ihrem Mutterwesen steht die Rolle, die sie als Beschützerin armer Witwen und Helferin ärmerer Stände wie Dienstboten, Arbeiterinnen, Näherinnen, Spitzenklöpplerinnen (Flandern) spielt [7]).

[7]) Samson bzw. Reinsberg-Düringsfeld a. a. O.

5. Bemerkenswerterweise wurde sie auch Patronin der Schiffer, an der Elbe früher Nothelferin in Wassersgefahren [8]).

[8]) Samson *Kirchenpatrone* 121; Reinsberg-Düringsfeld a. a. O.; Ders. *Festkalender aus Böhmen* 370; Kühnau *Sagen* 3, 728—729.

6. Nicht minder eigenartig ist ihr Schutzpatronat für den Bergbau und die Bergleute. Bereits im MA. schrieb man reiche Ausbeute der Bergwerke ihrer Hilfe zu; der Glaube daran ist in Sagen genugsam verbreitet. Infolgedessen finden sich in erzreichen, namentlich silberreichen Gebirgen häufig St. Annenkirchen [9]).

[9]) Samson *Kirchenpatrone* 121; Reinsberg-Düringsfeld a. a. O.; Ders. *Festkalender aus Böhmen* 370; Kühnau *Sagen* 3, 728—729.

7. Mit diesem Bergwerkspatronat hängt wohl wiederum der Glaube an die Heilige als Geldspenderin zusammen; wenigstens soll sie früher ad numos elargiendos angerufen worden sein. In einer Anweisung, durch eine Beschwörung Geld zu erlangen, heißt es zum Schluß: Es kommt die hl. Mutter A. zu dir hinein in das Zimmer, bringt dir ein Gelt [10]).

[10]) Vernaleken *Mythen* 264; ZdVfVk. 15 (1905), 424.

8. Auch gegen eine Reihe leiblicher Gebrechen wurde und wird sie angerufen. Als Medium diente außer Gebeten das zu ihrer Ehre geweihte Annenwasser, Aqua sanctae Annae, das auf deutschem Boden am Ausgang des MA.s, zur Zeit der höchsten Blüte des A.kultes, entstand. Es galt als Heilmittel in allen möglichen Nöten: nach einem der Weiheformel angeschlossenen Verzeichnis gegen das Fieber, gegen die „Franzosen", für schwangere Frauen, gegen Kopf-, Brust- und Bauchweh und viele andere Krankheiten, auch gegen Besessene [11]). A.brünnlein oder -Quellen waren häufig und weitverehrt und in Volkssagen gepriesen, weil ihr Wasser Blinde sehend gemacht hatte [12]). In Luxemburg empfahl man sich bei Erkrankung der Augen St. A. zu Mecher [13]). Mit Hilfe der hl. A. beschwor man die Gicht und bannte sie durch Sprüche, in denen St. A. den personifizierten Gichtern gebieterisch entgegentritt und sie in das wilde Heer, in das wild Granit (so!), in das wilde Grummet usw. verweist [14]). Auch als Beschützerin gegen die Pest erscheint sie laut Pestblättern des 16. u. 17. Jhs. und Weihetafeln [15]).

[11]) Franz *Benediktionen* 1, 212—214. [12]) ZdVfVk. 1 (1891), 300; Panzer *Beitrag* 2, 46; Pfannenschmid *Weihwasser* 94; Meiche *Sagen* 612 Nr. 755. [13]) Fontaine *Luxemburg* 107. [14]) Lammert 82; Meyer *Baden* 39; Birlinger *Aus Schwaben* 1, 488; Fehrle *Zauber u. Segen* 53. [15]) Andree-Eysn *Volksk.* 33; DG. 5, 125.

9. Von den Wochentagen ist ihr der Dienstag gewidmet, da sie nach der kirchlichen Überlieferung an einem solchen geboren wurde und starb. Deshalb wird dieser Tag als Vermählungs- und Hochzeitstag empfohlen und auch gewählt [16]).

[16]) Allgemein; Grohmann 117 Nr. 878.

10. Der Annentag (26. Juli) wird vielfach noch heute festlich begangen mit kirchlichen Feiern, Volksbelustigungen, Feuerbränden und Illuminationen. Feiert man ihn nicht gebührend, so entstehen furchtbare Gewitter [17]). Für die Landwirtschaft bedeutet dieser Tag einen besonderen Merk- und Lostag, namentlich einen Merktag für die Frucht, vorzugsweise das Korn, für das Wachstum der Kartoffeln, der Rüben usw. Für diesen Tag gelten daher mancherlei Bauernregeln. Regen an St.A.tag wird vom Volk in Süddeutschland Mitgift der hl. A. genannt.

[17]) Schramek *Böhmerwald* 160; John *Westböhmen* 91; Reinsberg-Düringsfeld *Böhmen* 368; Leoprechting 189; Meier *Schwaben* 2, 436; Nork *Festkalender* 1, 492; Reinsberg-Düringsfeld *Das festliche Jahr* 218—219.

11. Vor dem Schneiden des Korns ruft man sie an mit den Worten: Hl. Anne, treib's Gewitter von danne! usw.[18]).

[18]) ZfrwVk. 12, 110; RheinWb. 1, 196; BadWb. 1, 57; Reinsberg-Düringsfeld *Böhmen* 375; Meyer *Baden* 426; Schmitt *Hettingen* 18; Wettstein *Disentis* 165 [26].

12. Der Taufname A. ist neben Maria, wenigstens früher allgemein und in ländlichen Gegenden vielfach noch heute, der gebräuchlichste gewesen. Infolgedessen erscheint er auch in zahlreichen Redensarten, Reimsprüchen und Kinderliedchen, auch im Volkslied. Wrede.

Anniversarium s. Jahrtag.

anpusten s. blasen, pusten.

anreden s. Geist, reden, schweigen.

anrühren s. berühren.

Ansa, Zauberwort in der Formel [1]): O lîpeo. ansa. amur. eus. theus. hus. Mon. liberatius Geratius (11. Jh., contra sagittam diaboli), vgl.: ansa amurhus deus, hus mun, hus anger, liberazius, ierosus [2]) gegen Fieber (10./11. Jh.). Es läßt sich ϑεός bzw. deus erkennen, sonst unverständlich.

[1]) Heim *Incantamenta* 551. [2]) Franz *Benediktionen* 2, 484. Jacoby.

ansagen s. Tod ansagen.

anschauen s. Auge.

anschneiden. 1. Entsprechend der heiligen Ehrfurcht, die dem Brote (s. d.) erwiesen wird, ist das A. des Brotes ehemals eine ernst gemeinte Zeremonie gewesen, die nur der Brotherr [1]) vornehmen durfte; als sich einst im Kanton Zürich ein „Brotesser" [2]), ein Knecht, dieses Hausherrnrecht anmaßte, bekam er eine Ohrfeige [3]); das Kind darf vor der Konfirmation kein Brot a.[4]); wenn der Hausvater den Laib anschneidet, so bleibt das Glück im Haus [5]). Schon Liebrecht [6]) in seinem Kommentar zu den Otia imperialia des Gervasius von Tilbury weist auf die apotropäische Bedeutung des A.s mit dem Messer hin und zitiert den schwäbischen Spruch [7]): Eine Frau soll das Brot nie unangeschnitten auf den Tisch bringen. Rieß [8]) möchte damit die schon in der Antike verschieden erklärte Vorschrift der Pythagoreer in Verbindung bringen: τὸν ἄρτον μὴ καταγνύναι [9]); der Sinn scheint aber nach einer ganz anderen Richtung zu deuten. Daß das A. mit dem Messer wirklich apotropäisch gemeint ist, zeigt eine andere Vorschrift, nach der man über Nacht ein Messer ins Brot stecken muß [10]). Apotropäisch und bannlösend wirkt das A. im Namen Gottes; als ein Bauer in einer schlesischen Sage [11]) die verhexte Butter anschneidet, wird sie zu Kuhdreck; von dieser Sage aus wird der feierliche Akt des A.s, bei dem das Kreuzzeichen eine Rolle spielt, besonders beleuchtet [12]).

[1]) Staub *Brot* 57; Kluge *Etymol.Wb.*[10] 74—75; Drechsler *Schlesien* 2, 14; John *Erzgebirge* 30; Urquell N.F. 1 (1897), 178; Sartori *Sitte u. Brauch* 2, 33; Mühlhause 55—56. [2]) Psalm 41, 10; Staub 56. [3]) SAVk. 1 (1897), 77; SchweizId. 5, 944. [4]) SchweizId. l. c. [5]) Urquell N.F. l. c. [6]) Liebrecht *Gervasius* 100; umgekehrt übt das A. auf das Metzgermesser die Wirkung aus, daß es die „Tödtung" verliert: Alpenburg *Tirol* 365; ZfVölkerpsychol. 18, 280.[7]) Meier *Schwaben* 498, 327. Ebenso sagt man: wenn der *Laib* Brot *unangeschnitten* in der Tischlade liegt und es kommt während der Zeit jemand ins „Gevatterbitten", so stirbt das Kind: Baumgarten *Heimat* 3, 16. [8]) Pauly-Wissowa 1, 50; das ganze Material bei Boehm *De symbolis Pythagoreis*. Diss. Berl. 1905, 43 bis 44. [9]) Göttling *Gesammelte akademische Abhandlungen aus dem klassischen Altertum* 1 (Halle 1851), 313 f. [10]) Staub 55, vgl. 22;

Höfler *Ostern* 16; bei den Inselesten beißt man, bevor man das Brot aus der neuen Ernte ißt, auf ein Stück Eisen: ZfVölkerpsychol. 18, 18; vgl. dagegen die Sitte der Preußen: Scheible *Kloster* 9, 193; für die Juden berichtet Buxtorf, daß der Hausvater „ab ea parte, ubi bene et eleganter coctus est, *incisuram* imprimit (penitus enim dissecare nefas); hierauf wird das Brot gebrochen: Judenschul (Basel 1641), 186 vgl. 188; über Anschneiden als Trauersitte in der jüdischen Literatur: ARw. 17, 136. [11]) Kühnau *Sagen* 3, 79. 1436; vgl. 81. [12]) Höfler *Ostern* 16.

2. Zu diesem Zeremoniell, mit dem das Brot und besonders das A. umgeben war, berichtet schon Praetorius [13]): „Wenn man das Brot auff schneidet / so muß man es unten fein be-Creutzen; sonst kann es bezaubert werden; es ist zwar ein altes / daß man das liebe Brot zeichne / und ist solches schon bey den Juden üblich gewesen: vide Schickard in scriptis"; der gute Praetorius fährt dann fort [14]): „Die Bürger machen gemeinlich auch nach / subtiler Höfflichkeit / Kleine Creutze übers Brod: die Bauern aber pflegen / nach angebohrener Grobheit / das Creutz über das ganze Brot zu machen" (!). Dieser Brauch war früher allgemein verbreitet und wird von der konservativen Bauernfrau noch geübt: man macht (kritzelt) mit der Messerspitze [15]), mit dem Messerrücken [16]) oder dem Daumen [17]) gewöhnlich drei Kreuze [18]) oder auch ein [19]) Kreuz meist auf die Unterseite des Brotes oder das Kreuzzeichen über dieses [20]), der Querstrich muß nach der Brust hin gezogen werden [21]); auch der Gast, dem man zum Segen des Hauses den Laib Brot reicht, macht ein Kreuz darüber und schneidet ihn mit einem frommen Spruch an [22]); dabei muß man das Brot aufsetzen und auf der rechten Seite a.[23]); nach Berliner Anschauung soll man mit dem Messer dreimal das Kreuz auf der Unterseite schlagen oder leicht einritzen [24]); im Erzgebirge soll das A. nur in der Stube geschehen (Angst vor bösen Dämonen, vgl. Brot). Man legt auch den Anschnitt über das Brot und bekreuzt es so [25]); man drückt die drei Kreuze mit einem Model auf den Laib [26]). Wenn überhaupt Gründe für diese heilige Handlung angegeben werden, so sind es folgende: Das Brot gibt länger aus und gedeiht besser [27]), es geht nie aus [28]), es wird nicht behext [29]), es gereicht dem Genießenden zum Segen [30]) und sättigt mehr [31]), sonst bekommt man Mitesser [32]), die Tochter des Hauses muß noch ein Jahr umsonst freien [33]). Man darf beim A. nicht das Messer im Brot stecken lassen, sonst sticht man den Heiland [33a]).

[13]) *Philosophia colus* 42; Maennling 302. [14]) *Philosophia colus* 43. [15]) Reiser *Allgäu* 2, 447, 228; Meier *Schwaben* 493, 309; Birlinger *Schwaben* 2, 379; SAVk. 21 (1917), 203, h; Ausland 1874, 469. [16]) Bartsch *Mecklenburg* 2, 135, 585. [17]) John *Westböhm.* 247. [18]) Staub 57; Lütolf *Sagen* 554. 563; Dähnhardt *Volkst.* 1, 97, 4. Beispiel vom Jahre 1400 im SchweizId. 5, 945; Schönwerth *Oberpfalz* 1, 403, 4; vgl. 3, 26, 179; Kuhn-Schwartz 445, 350; Heyl *Tirol* 805, 277; vgl. Panzer *Beitrag* 1, 257, 14; Birlinger *Volkst.* 1, 493, 706; Meier *Schwaben* 2, 493, 309; Reiser *Allgäu* 2, 447, 228; Frischbier *Hexenspr.* 124; Müller *Rhein.Wb.* 1, 1615; Fischer *Schwäb.Wb.* 1, 1440; John *Westböhmen* 247; Ders. *Erzgebirge* 30; Ders. *Oberlohma* 161—162; Köhler *Voigtland* 430; Laube *Teplitz* 52; Pollinger *Landshut* 164; Witzschel *Thüringen* 2, 285, 97; Urquell 1 (1890), 47, 14; 3 (1892), 40; W. 457, vgl. Alemannia 24, 145; Fontaine *Luxemburg* 102; Kuhn *Westfalen* 2, 61, 186; Urquell 1 (1890), 185, 16; Landsteiner *Niederöst.* 69; Höfler *Ostern* 16; Staub 22; Enders *Kuhländchen* 80; Bavaria 2, 305. [19]) Bartsch *Mecklenburg* 2, 135, 585; Birlinger *Schwaben* 2, 379; Andree *Braunschweig* 402; Bohnenberger 1, 24; Kuhn *Märkische Sagen* 381, 41; Schramek *Böhmerwald* 254; SAVk. 21 (1917), 203, h.; ZdVfVk. 1894, 81; Rogasener Familienbl. 2 (1898), 48; Rosegger *Steiermark* 1, 65/66; besonders feierlich ist das A. des Neujahrbrotes in Dänemark: Feilberg bei Höfler *Neujahrsgebäcke*: ZföVk. 9 (1903), 193. [20]) Andree *Braunschweig* 402; Frischbier *Hexenspr.* 124; Fox *Saarländer Volkskunde* 399; BlPommVk. 3, 150; Birlinger *Volkst.* 1, 493, 706; Panzer 1, 257, 14; Schönwerth 1, 403; vgl. Höfler l. c.; Globus 42, 105. [21]) ZdVfVk. 1894, 81 (Schlesien). [22]) Rosegger *Steiermark* 1, 65—66; Fontaine *Luxemburg* 96; vgl. Birlinger *Schwaben* 2, 379, 8; Fischer *Schwäb.Wb.* 1, 1440; Grohmann *Aberglaube* 146, 1080—81. [23]) Staub 57; SchweizId. 5, 944. [24]) ZfEthnol. 15 (1883), 90. [25]) Schönwerth 1, 404; Bavaria 2, 305. [26]) Bronner *Sitt' u. Art* 203. [27]) Frischbier *Hexenspr.* 124; Heyl *Tirol* 805, 277; vgl. Panzer *Beitrag* 2, 257, 14; Pollinger

Landshut 164; Schönwerth 1, 403, 4; Urquell 1 (1890), 185, 16; 47, 14; 3 (1892), 40; ZdVfVk. 4 (1894), 81; SAVk. 21 (1917), 203; W. 457; Mensing *Schleswig-Holsteinisches Wb.* 1, 528. [28]) Andree *Braunschweig* 402. [29]) Bartsch 2, 135, 585; John *Erzgeb.* 30; besonders auf Rügen: Haas l. c. 76, 134 II. [30]) Bartsch l. c.; Kuhn *Märkische Sagen* 381, 41; ZfEthnol. 15, 90. [31]) Kuhn-Schwartz 445, 350; Birlinger *Volkst.* 1, 494, 8. [32]) Bartsch l. c. [33]) Mensing *Schleswig-Holst.Wb.* 1, 528. [33a]) SchweizId. 5, 945.

3. Wenn man diese schützende und segnende Maßregel unterläßt, so wird man nicht satt [34]), man „verkirnt" sich [35]), es kommt Unglück in die Familie [36]); alle Laibe, welche der Mensch beim A. nicht mit dem Zeichen des heiligen Kreuzes bezeichnet, fallen dem Höllenbuben zum Opfer [37]), oder „Trank und Speise derer, die unter dem Galgen sich versammeln, besteht aus den Nägeln und Überresten von Bier und Wein, welche die Menschen in den Gläsern stehen lassen, und jenem Brot, über welches die Menschen beim A. kein Kreuzzeichen gemacht haben" [38]). Der Anschnitt soll nicht gegen die Tür und Sonnenuntergang liegen, sonst zieht der Höllenbube die Hälfte für sich hinaus [38a]).

[34]) Birlinger *Volkst.* 1, 494, 8. [35]) l. c. 494, 13; wenn man das Vorbrot gierig ißt, blutet das Brot beim A.: Rochholz *Sagen* 1, 50 (vgl. blutendes Brot). [36]) Rogasener Familienbl. 2 (1898), 48. [37]) Schönwerth 3, 26. [38]) Ders. 3, 179. [38a]) ders. 1, 404, 5.

4. Das Brot darf nicht da angeschnitten werden, wo es aufgeplatzt ist [39]) oder wo es den Anschuß hat [40]), sonst geht der nächste Teig nicht mehr im Trog; schneidet man im Erzgebirge [41]) den Anstoß an, so stößt man überall an; gepiptes [42]) Brot muß man zuletzt a.; während das Brot im Ofen backt, darf man keinen Kuchen a. [43]). Wenn man ein bereits angeschnittenes Brot an einer anderen Stelle nochmals anschneidet, so schneidet man dem lieben Gott die Ferse [44]) oder den Arm [45]) ab. Wird ein Brot abends angeschnitten, so schwindet der Segen aus dem Hause [46]); wenn man aber an jedem der drei heiligen Abende der Rauchnächte ein frisches Brot anschneidet, so schützt das gegen Unglück [47]). Wird ein noch warmes Brot angeschnitten, so muß man etwas Salz hineinstecken [48]). Ein Fuhrmann [49]) darf kein Brot a., sonst fällt der Wagen um; in einer schlesischen Sage darf ein wandernder Müller Brot und Butter nicht a. [50]) (Zauberer!). Den Kuchen, welchen die Zwerge dem pflügenden Bauern anbieten (über dieses in Thüringen, Sachsen und Schlesien sehr verbreitete Motiv vgl. Backen § 1), muß dieser zuweilen essen „ohne ihn anzuschneiden", wie der Kutscher in der Kamenzer Sage [51]), welcher „aus dem Kuchen das Mittlere herausschnitt" (in einer andern Sage gibt der hilfreiche Wassermann dem Knecht diesen Trick an) [52]), dadurch rettet sich der Knecht vor dem Tode (vgl. dagegen die Stromberger Sage, wo der Knecht später grausam getötet wird) [53]). Unklar ist die vereinzelte schwäbische Vorschrift: Man soll kein Brot schneiden, sondern brechen; vielleicht stammt sie vom Kult des Abendmahlsbrotes her [54]); oder handelt es sich einfach um Brot, das schon abgeschnitten ist?

[39]) Witzschel *Thüringen* 2, 285, 98: das Brot würde sonst fest werden. [40]) Schönwerth 1, 404, 4. [41]) John *Erzgebirge* 30. [42]) Witzschel 2, 265, 18. [43]) Schönwerth 1, 407, 17; ZrwVk. 1905, 205; W. 620. [44]) Drechsler *Schlesien* 2, 121; John *Oberlohma* 161 ff.; Globus 42, 105. [45]) Drechsler l. c. 14. [46]) John *Erzgebirge* 30; vgl. 154 (Butter). [47]) W. 451. [48]) Urquell 1, (1890), 47, 15; Frischbier *Hexenspr.* 123. [49]) W. 717. [50]) Kühnau *Sagen* 3, 201. [51]) Meiche *Sagen* 392, 514. [52]) Ders. 380, 501. [53]) Ders. 211, 276 ² = Kühnau *Sagen* 2, 71, 738. [54]) Birlinger *Volkst.* 1, 494, 10; vgl. Rieß bei Pauly-Wissowa 1, 50 u. Liebrecht *Gervasius* 100; vgl. Glotta 15 (1926), 62.

5. Überall finden wir die Meinung, daß eine unverheiratete Person oder Brautleute, die Brot oder Kuchen oder Butter a., noch sieben Jahre warten müssen [55]) (wenn nicht noch in demselben Jahre die Hochzeit ist) [56]) oder, daß die Jungfrau (ausgenommen die Jungfer-Pate) [57]) keinen Mann bekommt [58]) oder unter den Brautleuten Streit entsteht [59]). Dieser Aberglaube hat seinen Grund darin, daß das Brota. Sache des Hausherrn ist, das Buttera. aber Hausrecht der Frau [60]); im Zusammenhang damit stehen die Sprich-

wörter: Wenn ein Mann kein Brot schneiden kann, so darf er keine Frau nehmen, weil er sie nicht ernähren kann [61]), und kann eine Frau kein Brot a., so kann sie auch keinen Mann kriegen [62]) (vgl. abschneiden II.).

[55]) Staub 57; Bartsch 2, 57, 166a und b; Engelien u. Lahn 245, 77; Curtze *Waldeck* 375, 25; Meiche *Sagen* 121, 11; John *Erzgebirge* 75; Laube *Teplitz* 52; Seefried-Gulgowski *Kaschubei* 109; W. 547. 553; Urquell 1 (1890), 123, 4; MschlesVk. 8 (1901), 28; Köhler *Voigtland* 427, 438; Andree *Braunschweig* 296; Drechsler *Schlesien* 1, 226; SAVk. 12 (1908), 214; weitere Literatur: Globus 42, 105; SchweizId. 5, 945. [56]) ZrwVk. 2 (1905), 206. [57]) Drechsler 1, 226; vgl. § 229. [58]) SAVk. 12 (1908), 214 (Schaffh.); 7 (1903), 134, 34; MschlesVk. 1905 Heft 13, 45 Nr. 23. [59]) W. 553. [60]) Drechsler 2, 14; John *Erzgeb.* l. c.; Sartori *Sitte u. Brauch* 2, 33. [61]) ZdVfVk. 23 (1913), 280ff.; Schramek *Böhmerwald* 254. [62]) W. 717.

6. Weil der Hausherr allein das Recht des Abschneidens hat, so gehört der Anschnitt ihm [63]); auf alle Fälle gehört das „Ramftla" den Verheirateten [64]); die Mädchen, die den Anschnitt essen, bekommen Zwillinge [65]) oder nur Knaben [66]); man darf den Anschnitt nicht verschenken, sonst gibt man das Glück aus dem Haus [67]); wenn man ihn weggeben muß, so schneidet man in Mecklenburg ein Stück aus ihm kreuzweis heraus [68]); wer den Anschnitt allein ißt, wird geizig [69]); nach schwäbischem Aberglauben läuft ihm beim Fahren das Vieh nicht, so daß er es beständig antreiben muß [70]) (?).

[63]) John *Erzgebirge* 30. [64]) MschlesVk. 8 (1901), 28; Drechsler 2, 14 dagegen: 1, 177. [65]) Knoop *Hinterpommern* 158, 36. [66]) Kühnau *Sagen* 1, 584, 618; Globus 42, 105. [67]) Urquell N.F. 1 (1897), 178; Bartsch 2, 135, 587a, b, c; Landsteiner *Niederösterreich* 69; ZdVfVk. 1914, 55; Mensing *Schleswig-Holst.Wb.* 529; Sartori 2, 34; W. 458. [68]) Bartsch l. c. [69]) Panzer *Beitrag* 1, 267, 181; Bavaria 2, 305; W. 457. [70]) Meier *Schwaben* 498, 327; vgl. Liebrecht *Gervasius* 100.

7. Bei Festbroten hat das A. und der Anschnitt eine durch den Kult gesteigerte Bedeutung und Kraft; wie das Brot der Rauchnächte Fruchtbarkeit überträgt und daher für Liebesleute als Liebespfand und Orakel verwendet wird (s. Brot), so gilt das insbesondere vom A. und Anschnitt: In Dänemark [71]) schneidet der Bauer feierlich das Neujahrsbrot an und bewahrt den Anschnitt bis zur Saatzeit; im Inntal [72]) wird der Weihnachtszelten feierlich angeschnitten. In Tirol und Bayern laden die Mädchen ihre Liebhaber am Stephanstag zum A. des Klötzenbrotes, zum Schörzela. ein [73]); man geht in Rauris in d'Schörz [74]). Von einem der beim A. gebräuchlichen Liebesorakel berichtet Baumgarten [75]): In Elbestal-Zell, wo auch sonst noch viele alte Gebräuche erhalten sind, stellt man sich mit dem Weihnachtsstöri nachts 12 Uhr auf den Misthaufen und spricht: „Wer mir vor Gott und der Welt beschaffen ist, der komme und schneide dieses Störi an"; dann kommt die Braut oder der Bräutigam; läuft man davon, so fliegt einem ein Messer nach. Auch am Ostermontag [76]) erhält der Bursch den Anschnitt als Liebespfand. In Schwaben [77]) sagt man: Wenn die Mädchen die Knauzen (Anfangs- und Endstück) vom Brote allemal essen, so bleibt ihnen der Schatz treu. Im Voigtland [78]) schneidet die Braut feierlich das Hochzeitsbrot an; der Anschnitt wird als Haussegen in Schlesien, Sachsen, Oldenburg, Böhmen aufgehoben [79]).

[71]) Höfler *Neujahr* = ZföVk. 9 (1903), 193. [72]) Ders. *Weihnachten* 32, vgl. 73; Leoprechting *Lechrain* 211. [73]) Bavaria 1, 387; 4, 830; ZdVfVk. 1898, 252; Höfler *Weihnachten* 74; vgl. 28—29; vgl. aber MschlesVk. 8 (1901), 28. [74]) Höfler l. c. 73 bis 74; die Neujahrsbrezel, das Geschenk des Burschen, darf am Kaiserstuhl das Mädchen erst an Dreikönig a.: Meyer *Baden* 201; Jahrbuch f. Geschichte Sprache u. Literatur f. E.-Lothringen 7, 202. [75]) Baumgarten *Jahr* 10; Höfler l. c. 22. [76]) ZdVfVk. 1911, 258/59 (Isartal). [77]) Birlinger *Aus Schwaben* 1, 415. [78]) Köhler *Voigtland* 235. [79]) MschlesVk. (1897) Heft 4, 57; Seyfarth *Sachsen* 270; Strackerjan *Oldenburg* 1, 31; John *Westböhmen* 247; Kloster 12, 169; das Brautränftel hilft gegen Krankheit: Meiche *Sagen* 122, 19.

8. Opfer bei der Zeremonie des A.s. Beim Brota. gibt man dem Hunde etwas von der ersten Scheibe [80]); in der Oberpfalz geht folgende Sage um [81]): Eine Frau wird dafür, daß sie ihr Kind mit

Brot reinigte, vom Engel [82]) gestraft, der die Getreidehalme auf ihrem Acker von unten nach oben abstreift; sie bittet um Halme wenigstens für Hund und Katze; da läßt der Engel die oberen Ähren stehen; dafür wird seither vom ersten Brot der neuen Ernte das erste Stück dem Hund und der Katze gegeben; bei den Esten wirft man vom ersten Brot etwas beiseite für den unsichtbaren Geist [83]). In Schleswig-Holstein wirft die Hausfrau die erste Scheibe unter den Tisch oder vor die Tür für die Haustiere [84]). Beim Brota. (in Estland) schneiden schwangere Mütter einen Bissen ab, damit die Kinder einen schönen Mund bekommen [85]); vom ersten selbstgebackenen Brot gibt das junge Paar beim A. etwas in den Backkübel, damit das Brot nie ausgehe [86]).

[80]) Bartsch 2, 135, 586. [81]) Schönwerth 1, 408, 20; vgl. Brot § 7 b. [82]) Vgl. Buxtorf *Judenschul* 191: angelum nomine Nabel huic muneri propositum (esse), ut illos observet, quibus panis in terram excidit, ita ut pedibus conculcetur: illos enim in paupertatem conicit. [83]) Grimm *Myth.* 3, 491, 87; Boecler *Esten* 129; Grimm l. c. 197; im Norden wird der Anschnitt von Käse u. Brot auf den Boden geworfen: Niederd. ZfVk. 1 (1926), 14. [84]) Mensing *Schleswig-Holst.Wb.* 1, 528. [85]) Grimm 3, 488, 24; das erste Stück eines a. Brotes muß klein sein, sonst bekommen die Kinder einen großen Mund: Boecler *Esten* 40. [86]) Grüner *Egerland* 54.

9. Wie beim Abschneiden (s. d.), wo die Quellen oft keine Klarheit geben, ob es sich dabei zugleich um a. handelt, gilt auch hier der Spruch [87]):

Schneid das Brot gleich,
So wirst du reich.

Wer das Brot krumm anschneidet, muß noch 7 Jahre ledig bleiben [88]), darf nicht heiraten [89]), hat gelogen [90]); schneidet ein Mädchen das Brot in der Mitte an, so bekommt es einen Witwer [91]). Wenn das Brot beim A. viele Löcher hat, so wird jemand krank [92]) (s. abbacken u. backen).

[87]) Dähnhardt *Volkstüml.* 1, 97, 5; ZdVfVk. 1895, 416 (Franken); SchweizId. 5, 945; siehe abschneiden [88]) Mühlhause 55 bis 56. [89]) Birlinger *Volkstüml.* 1, 493, 2 (Rottenburg). [90]) H. L. Fischer *Das Buch vom Aberglauben* (1790) 240 (Exzerpt aus der Rockenphilosophie); Birlinger l. c.; Andree *Braunschweig* 402; Schmitt *Hettingen* 17; Alemannia 33 (1905), 304 (Heidelberg); ZdVfVk. 1895, 416 (Franken). [91]) Schramek *Böhmerwald* 254. [92]) SAVk. 8 (1905), 146, IV 10.

10. Was vom Brota. Unverheirateter gesagt wurde, hat für das Buttera. erhöhte Gültigkeit. Das Journal 1787 berichtet als Aberglaube aus dem Erzgebirge um Chemnitz [93]): „Butterbüchsen sind bei Tauf- und Hochzeitsmahlen immer angeschnitten, sonst bekommen die gegenwärtigen Junggesellen, wenn sie freien, Körbe." Dieser Glaube ist weit verbreitet: das Mädchen bekommt keinen Mann [94]), muß 7 Jahre ledig bleiben [95]), aber auch: „wer der Butter de Jungfernschop nimmt, heiratet noch in diesem Jahr" [96]); kommt aber am hl. Abend ein angeschnittenes Stückchen Butter auf den Tisch, so zieht Nahrungsmangel ein [97]). Hexenbutter schneidet man im Namen Gottes an, dann wird sie zu Kuhdreck [98]).

[93]) Grimm *Myth.* 3, 450, 480; Mensing *Schleswig-Holst.Wb.* 1, 460. [94]) Andree *Braunschweig* 296; SAVk. 7 (1903), 134, 34. [95]) Meier *Schwaben* 506, 383; Martiny *Molkerei* 12 = W. 547 u. Grimm *DWb.* 2, 584; Bartsch *Mecklenburg* 2, 57, 166 b; Curtze *Waldeck* 375, 25; Meiche l. c. 121, 11; MschlesVk. 1905, Heft 19, 45 Nr. 23; Laube *Teplitz* 52; John *Erzgebirge* 75; Strackerjan *Oldenburg* 1, 50, 42 b; 2, 225, 476; ZrwVk. 1906, 82; Urquell 1 (1890), 11, 1 (Ostpreußen); 3 (1892), 40; Mensing l. c.; SAVk. 8, 281; vgl. 7, 731 ff. [96]) Mensing l. c.; Meier *Schwaben* l. c. [97]) John *Erzgebirge* 154. [98]) Kühnau *Sagen* 3, 79, 1436, vgl. 81; vgl. 201. Eckstein.

ansegnen s. besprechen.

ansingen s. Neujahr.

ansprechen s. besprechen.

anspucken s. spucken.

anstoßen s. stolpern.

Ante, Zauberwort in der Formel: Ante, parante, suparante in nomine Patris etc. [1]) zur Heilung verrenkter Pferde. Bedeutung?

[1]) Thiers 1, 361 f.; Delrio *Disquisitiones magicae* (Köln 1679), 492. Jacoby.

Anthropogonie, Sage oder Mythus von der Entstehung des Menschengeschlechts bzw. einzelner Menschen, findet sich bei Natur- wie Kulturvölkern, ist aber in der

Regel von der Welterschaffung nicht deutlich abgetrennt, bisweilen mit der Theogonie unmittelbar verbunden. Der Mensch wird daher durch die A. gern in eine besonders enge verwandtschaftliche Beziehung zu anderen Teilen der Welt, namentlich zu Tieren und Pflanzen, oder auch zu den Göttern gesetzt. Daß er sowohl mit diesen wie jenen als etwas irgendwie zu ihnen Gehöriges zusammengenommen werden kann, ist schon im Grundzuge mancher ganz primitiver A.n erkennbar und kehrt in geistiger Vertiefung in höheren Kulturlagen immer wieder, hat daher auch in Sage und Märchen der Völker mancherlei Spuren hinterlassen. Im folgenden unterscheiden wir die A.n nach den Subjekten, von denen die Menschheit oder Menschen ihren Ursprung herleiten, also nach Baumursprung, Steinursprung, Tierursprung, Herkunft von Heroen und Herkunft von Göttern.

1. Daß die ersten Menschen ihren Ursprung in Bäumen haben sollen, ist eine gar nicht verwunderliche Vorstellung, sobald man erwägt, daß Menschen, welche mit der Natur aufs engste zusammenleben und sich zu den verschiedenen Teilen der Naturwelt in einem Verhältnis symbiotischer und sympathetischer Innigkeit befinden, ihre ganze Lebenssphäre an die Natur gebunden fühlen und daher sich ebenso mit Bäumen wie mit Tieren in einem wurzelhaften Lebenszusammenhange wissen. Bei Indianern und Kariben hat man den Glauben angetroffen, daß ein bestimmter Baum als Vater angesehen und angeredet und als der Ursprungsort des Volksstammes (und damit der Menschheit) erklärt wird; und solcher Glaube wird in abgewandelter Form dort vorliegen, wo in einem Baum der Ahne eines Hauses anwesend gedacht wird [1]). Auch der Ritus der Bestattung in Bäumen, ebenso wie die Sagen von Verwandlung eines Menschen in einen Baum oder in eine Frucht eines Baumes, wie die Verwandlung des Bata in die Baumfrucht in dem ägyptischen Märchen „Von den zwei Brüdern“ [2]), legen nahe, an die Nachwirkung solchen Glaubens zu denken; wie ja auch die Seele des Verstorbenen nicht selten in einen Baum oder eine Pflanze übergeht. Jedoch sind diese Sagen nur auf das Individuum bezüglich, ebenso wie das Wort der Penelope an Odysseus: „Du stammst ja nicht von der vielbesprochenen Eiche oder vom Felsen her“ [3]); hiermit läßt sich der Volksglaube vergleichen, daß, wenn jemand seinen Vater nicht zu nennen weiß, letzterer „auf einem Apfel- oder Nußbaum ertrunken“ ist [4]). Daß menschliche Wesen aus Früchten oder Bäumen entstanden sind, findet sich besonders häufig in griechischen Volksmärchen [5]) und hat wohl dort seine letzte psychische Wurzel darin, daß im alten Griechenland das Menschengeschlecht von gewissen Bäumen hergeleitet wurde. Solcher Baumursprung der Menschheit ist ausdrücklich bezeugt bei Hesychios, wo die Menschen als die „Früchte“ der Honig träufelnden Esche, der Melia, bezeichnet werden. Bei Hesiod hat das dritte eherne Geschlecht der Menschen eben diesen Ursprung [6]). Da wir diesen Glauben als primitiv kennen, so ist anzunehmen, daß die Anmerkung eines Scholiasten zu Hesiod, daß die Meliai genannten Nymphen die Urheber der Menschen seien, auch eine Anschauung jüngeren Datums verrät und selbst auf Unkenntnis der älteren beruht [7]). Nicht unmöglich ist ein wenigstens geistiger Zusammenhang (s. Elementargedanke) dieser griechischen Anschauung mit der germanischen Erzählung, daß, nachdem schon gelegentlich der Zwergenerschaffung aus Blut und Gebein einige menschenähnliche Wesen entstanden waren, die Börssöhne das erste Menschenpaar Askr und Embla (Esche und Ulme?) entweder am Strande in noch unfertigem Zustande, kraft- und blutlos vorfanden und zu leibhaftig-lebendigen Menschen machten, oder nach anderer Auffassung aus zwei am Strande gefundenen Bäumen erschufen, indem Odin durch Spendung von Seele und Leben, Vili (oder Hodr) durch Spendung von Vernunft, Vé (oder Lodr) durch Spendung von Sprache, Gehör und Gesicht daran beteiligt waren [8]),

[1]) Mannhardt *Baumkulte* 32. [2]) Alfred Wiedemann *Ägyptische Sagen und*

Märchen 58 ff. [3]) Homer *Odyssee* 19, 163 f. [4]) Grimm *Myth.* 538 Anm. 1. [5]) Schmidt *Griech. Märchen u. Volkslieder* 5. [6]) Hesiod *Werke u. Tage* 147. [7]) O. Gruppe *Griech. Mythologie u. Religionsgesch.* 439. [8]) Edda Völuspá 17. 22—24.

2. Ziemlich häufig wird auch behauptet, daß die Menschheit aus Steinen oder einem Fels hervorgegangen ist. Der Felsstein ist das Urbeständige in den Augen der Sioux-Indianer, welche die ganze Welt durch eine Eruption des im chaotischen Urmeere ragenden Urgesteins erklären, auch die Menschen darauf zurückführen und deshalb in heiligen Liedern den Fels als den Urvater ihres Volkes besingen und anrufen[9]). Auch der erste König der Sachsen, Aschanes, ist aus einem Felsen im Harz erwachsen, mitten im Walde bei rieselndem Quell[10]). Dieselbe Anschauung bei den Griechen bezeugt schon das oben (Sp. 462) angeführte Wort der Penelope. Daher ist auch die Sage von Deukalion, dem griechischen Noah, der nach der Sintflut auf Geheiß des Hermes Steine hinter sich wirft, die sich in Männer verwandeln, während die von seiner Frau Pyrrha geworfenen Steine Frauen werden, aus einer sowohl ethnologisch wie auch im hellenischen Geiste selbst gesicherten Grundanschauung verständlich und braucht nicht, wie manche wollten, auf den Gleichklang der griechischen Worte für Leute (laoi) und Steine (laes) zurückgeführt zu werden. Der ganze lokrische Adel leitete sich persönlich von Deukalion her, während das ihnen untergebene Volk aus den Steinen geworden sein sollte[11]). Die Herkunft der Menschen aus Steinen ist auch den Australiern bekannt und ebenso wie diejenige aus Bäumen in ihrer totemistischen Gesamtanschauung begründet (s. Totemismus). Die mittelaustralischen Aranda glauben, daß der Keim jedes Menschen entweder aus einem Felsen (oder von einem Steinhaufen), oder aus einem sehr alten Baume in die Mutter hineinfliegt, weil die betreffenden Felsen, Steine oder Bäume das Totemgrundwesen in sich enthalten und nach den totemistischen Sagen selbst aus Totemurwesen, den sagenhaften Urfahren der Klans, bei ihrem Abscheiden aus dem irdischen Dasein entstanden sind[12]).

[9]) Beth *Religion u. Magie* [2] 360 f. [10]) Grimm *Sagen* 293 Nr. 408. [11]) Gruppe *Griech. Mythologie u. Religionsgesch.* 95. 97. 441. [12]) Beth *Religion u. Magie* [2] 305. 309.

3. Daß auch Tiere die unmittelbaren Erzeuger von Menschen, Urväter eines Stammes, d. i. des einen Volkes — und damit auch, da die Sagen in die Urzeit, in welcher das Volk sich nur mit sich selbst beschäftigte, zurückgehen, der Menschheit — sind, liegt im Wesen naiver Auffassung. Der Übergang von der tierischen zur menschlichen Existenzform wird bei australischen Völkern nach dem Schema folgender Beispiele beschrieben: Der Stammvater des Unmatjera-Volkes war zuerst eine Eidechse. Er lag in der Sonne, wärmte sich und streckte seine Beine, und wie er neben sich schaute, war da eine zweite Eidechse. Verwundert rief er aus: „Das ist ja mein Ebenbild". Und wieder lag er, und wieder schaute er, und wieder war eine neue Eidechse da, und so vervielfältigte er fortgesetzt durch Hinschauen sein Sein. Sie alle kamen aus seinem Leibe, sprangen von demselben ab, ohne daß er es merkte. Und wie er nun wieder stille dalag, wuchs er zu einem Menschen. Nun belehrte er das Wallaby, auf dieselbe Weise sowohl andere Wallabys zu erzeugen als auch zu einem Menschen zu werden. Andere Menschen, Stammväter eines Volkes oder eines Klans, sind von einer Krähe (oder einem anderen Vogel) gemacht worden, die an den halbfertigen, noch unvollständigen Menschen mit ihrem Schnabel herumhackte. Wieder andere entstanden aus Vögeln und Oppossums, welche selbst durch mancherlei Umbildungen aus anderen Tierformen zu diesen Tieren geworden waren. Eine ganze Reihe ähnlicher Erzählungen werden aus dem Bereiche der Australneger berichtet[13]). Volksstämme, welche sich mit gewissen Tieren identisch wissen, wie die Bakaïri Südamerikas mit dem roten Papagei, haben auch irgendeine anthropogonische Sage über ihren entsprechenden

Ursprung [14]). Aus Griechenland ist die Geschlechtersage bekannt, nach welcher die Aiakiden ihre Untertanen von den fleißigen Ameisen, die Zeus in Menschen verwandelte, ableiteten (das Volk der Myrmidonen): eins der vielen Beispiele, wie der griechische Adel seine eigenen Geschlechtssagen bildete, um sich von dem gewöhnlichen Volk auch hierdurch zu unterscheiden. Im Märchen lebt solche A. nicht selten fort als Erzählung von Schicksalstieren und Schicksalspflanzen, in Märchen, die den einen Elternteil aus der Tierwelt gekommen sein lassen und die, ähnlich wie jene einfachen Mythen, das Verlangen des Menschen erkennen lassen, seine Existenz noch aus einer andern, in irgendeinem Sinne für höher oder reiner gedachten Welt herzuleiten.

[13]) Spencer and Gillen *The Northern Tribes of Central Australia* 399 ff. [14]) K. v. d. Steinen *Unter den Naturvölkern Zentralbrasiliens* [3] (Volksausgabe) 308 ff.

4. Wie in der einen Version der unter 3 angegebenen Anschauungsformen die menschlichen Wesen in einer noch nicht ganz vollendeten Form einfach vorausgesetzt werden, ohne daß gefragt wird, woher sie sind, so wird diese selbe Annahme auch dort gemacht, wo man gewisse heroenartige Wesen, Urfahren des Klans, mit dem Geschäft der Menschenbildnerei betraut weiß. In der Urzeit, erzählen die Aranda, lebten Urfahren der verschiedenen Totemklans, die mit gewaltigen Kräften ausgerüstet waren. Nach ihrer Herkunft fragt man nicht und darf nicht fragen, und ihr Name *altjirangamitjina* bedeutet nach Strehlow die „ewigen Unerschaffenen" [15]). Sie traten meist in menschlicher oder teilweise menschlicher Gestalt auf, haben diejenigen Tiere, deren Namen sie führten, hervorgebracht und konnten sich jederzeit selbst in solche Tiere verwandeln. Sie sind also Urtiere und Urmenschen zugleich [16]). Mit ihnen gleichzeitig lebten nun auch schon menschenähnliche Wesen mit zusammengewachsenen Gliedern, ungeöffneten Augen und Ohren und mit einer kleinen Öffnung an Stelle des Mundes, mit an der Brust angewachsenen Händen und in den Leib eingezogenen Beinen; ja diese Wesen waren sogar aneinander gewachsen. Einige lebten auf dem Lande, andere im Wasser. Immer wird nun erzählt, daß sie durch einen mächtigen Urfahren (Totemgott nennt man ihn auch mißverständlicherweise) mit einem Steinmesser operiert und dadurch zu wirklichen Menschen gemacht wurden [17]). Ähnlich erzählen die Loritja [18]). Die Urfahren der primitiven Völker, welche als Leben-, Kultur- und Heilbringer tätig sind, gehören auf dieselbe Linie wie die Heroen der Kulturvölker und sind gewissermaßen als ihre religionsgeschichtliche Vorstufe zu bezeichnen. Es ist im Grunde dieselbe Vorstellung dort wie hier, daß nämlich demiurgische halbgöttliche, vormenschlich-übermenschliche Wesen dem Menschen ins Dasein verhelfen. Die Vorstellung wandelt sich nach und nach insofern, als man die Heroen mehr mit ihrer persönlichen Kraft an der Menschenentstehung beteiligt sein läßt und dabei das außermenschliche Gebiet der Natur allmählich ausscheidet. War in der Deukalionsage die Person des Heros eigentlich nur ein an sich entbehrliches Instrument, durch welches den Steinen der Antrieb zur Wandlung in Menschen gegeben wurde, so setzt eine spätere Zeit einen Heros mit seiner persönlichen Wirkung an die Stelle der instrumentalen Figur. Man fragte, woher denn Deukalion stamme, daß er jene Bedeutung haben konnte, und wußte nun, daß er von Prometheus abstammt, dieser jedoch von dem halbgöttlichen Urmenschen Japetos [19]), dem Sohne des Uranos und der Gaia, des Himmels und der Erde; oder Prometheus war der Sohn der Zeustochter Themis oder der Sohn des Eurymedon und der Hera [20]); er wurde nun selbst zum Menschenbildner (nach Norden zuerst als solcher nachweisbar bei Protagoras) [21]), der die Menschen aus Lehm formt. Ein anderer Sagenkreis nennt Peleus als den Erschaffer der Menschen (seinem Namen gemäß aus „Lehm"). Es ist aber zugleich ersichtlich, daß der Ur-

sprung des Menschengeschlechts letzten Endes auf die Mutter Erde oder den Himmel (und die Erde) zurückgeführt werden soll. Auch manche Geschlechtssagen leiten den Ahnherrn urtümlich aus der Erde (oder von einem Baum) ab, oder sie begnügen sich damit, den Ahnherrn aus der Verbindung eines Gottes mit einer Frau oder einer Göttin mit einem Mann zu begreifen und setzen dabei, ähnlich wie die Klansagen, das Vorhandensein von Menschen voraus, da ihnen lediglich an der Erklärung des eigenen Stammes gelegen ist [22]). In dem indischen Rig-Veda, wo beiläufig der Gott Agni als Erschaffer der Menschen genannt wird [23]), erscheinen „der Gandharva in den Wassern und die Wasserfrau" als Eltern des Urmenschenpaars Yama und Yami, aber auch das Urelternpaar Himmel und Erde [24]).

[15]) C. Strehlow *Mythen, Sagen und Märchen des Aranda-Stammes* (*Die Aranda- und Loritja-Stämme I*) 3. [16]) Beth *Religion und Magie* [2] 304 f. [17]) Strehlow 3—8. [18]) Ebd. 2, 4. [19]) Gruppe *Griech. Mythologie und Relig.gesch.* 415. [20]) Ebd. 440 ff. [21]) Ebd. 441 Anm. 8. [22]) Ebd. 435 f. 438 f. [23]) H. Oldenberg *Religion des Veda* 125 f. [24]) Ebd. 154 Anm. 275.

5. Die mittelbare Ableitung der Menschheit von den Urgottheiten (Uranos und Gaia) wird zur unmittelbaren, indem man einen Gott selbst mit der Erschaffung der ersten Menschen befaßt sein läßt. In Ägypten wurde der Gott Chnum dargestellt, wie er auf der Töpferscheibe Menschen bildet. Aber der Zauberpapyrus Nesiamsu läßt die Menschen von dem höchsten Gott abstammen, der zugleich der Sonnengott und der Ewige, durch nichts anderes und aus sich selbst Gewordene ist, Cheperj, der Werdende. Er ist der Schöpfer zunächst der großen Götter, derart daß, nachdem er „sich selbst begattet und seinen Schatten umarmt" hatte, aus seinem Munde die Götter Schu und Tefnut emaniert wurden. Diese erzeugten den Erdgott und die Himmelsgöttin und diese die vier Geschwister Osiris, Seth, Isis und Nephthys, und da fügt der Text die Worte an: „Deren Kinder aber sind viele auf dieser Erde." Und hernach hat derselbe Sonnengott ein Auge verloren, worüber er viele Tränen vergießt, und „da entstanden die Menschen aus den Tränen, die aus dem Auge kamen", eine Sage, die, wie viele in ägyptischen Texten, auf bloßem Wortspiel zwischen den ähnlichen Worten *remjt* (Träne) und *romet* (Mensch) beruht [25]).

Unter den griechischen hierher gehörigen A.n sei die orphische erwähnt. Mit Persephone zeugte Zeus in Schlangengestalt den Dionysos-Zagreus, in welchem der Urlicht-Gott Phanes wiedergeboren wird. Zagreus wird von den Titanen zerrissen und teilweise verzehrt, diese werden dafür von Zeus mit dem Blitz erschlagen, und aus ihrer Asche machte Zeus die ersten Menschen, die sonach zwar in der Hauptsache titanisch-materiell sind, aber doch Dionysos-Elemente, Zeus-Substanz in sich tragen [26]). — Die iranische A. kennt den einen Gott Ahura Mazda als den Schöpfer des Alls, der zuerst die Geschöpfe „auf himmlische Weise" schuf, welche sich zur Vollendung eignen und die sich 3000 Jahre selig im Himmel befanden. Als aber der böse Geist Ahriman seinen Angriff unternahm, nach seiner Zurückschlagung wieder erschien und auf einen nach 9000 Jahren abzuhaltenden Kampftag einging, schuf Ahura Mazda die materiellen Geschöpfe: Himmel, Wasser, Erde, Bäume, Tiere und zuletzt die Menschen. Was aber die letzteren betrifft, so schuf er zunächst nur die Frohars der Menschen, welche, vor die Wahl gestellt, ob sie himmlisch oder irdisch leben wollten, die irdische Lebensweise des Kampfes gegen die Mächte des Bösen wählten, um nach Abschluß des Kampfes vollendet zu werden, d. h., wie Kap. 15 des „Bundehesch" den Text der „Din" auslegt: zuerst wurde der selbsttätige Geist des Menschen geschaffen und dann der Leib für diesen [27]). Der Bundehesch kennt nun, ganz wie die Edda, eine zweite A. nach dem Weltuntergang, indem sich das neue Menschenpaar Maschia und Maschioi erhebt. Die indischen Veden kennen auch die Entstehung der Menschheit aus dem Leibe des großen tausendköpfigen und tausendfüßigen Urmenschen Puruscha. Als die Götter mit ihm als Opfertier ein Opfer darbrachten, ward dabei aus seinen Teilen Himmel und Erde, Sonne und Mond, der Brahmane aus seinem Gesicht, der Fürst aus seinen Armen, der Bauer aus seinen Schenkeln und der Knecht aus seinen Füßen [28]). In der Periode der Brahmanas wurde der Gott, der vor allen andern dagewesen war, zum Erschaffer der Menschheit, der „Herr der Geschöpfe", Prajāpati, der „eine Mehrheit zu sein" verlangte, deshalb sich in Kasteiung mit der Glutenergie (dem Tapas) anfüllte, merkte, wie in ihm die Kraft sich mehrte, und indem er sich nun entleerte, die Welten und Wesen erschuf, auch den Menschen [29]). In einer Upanischad heißt es: der Schöpfer hatte die Götter gemacht, denen er ein Rind vorführte, das ihnen aber nicht genügte; ebensowenig ein Pferd; da führte er ihnen einen Menschen vor, und sie sagten: das ist wohl gelungen [30]). Eine andere Upanischad wieder macht Puruscha zum Urheber der Menschheit, jedoch in der eigentümlichen Wendung, daß er das Universum selbst ist und sich nun nach einem zweiten (seines Selbst) sehnt. Zu diesem Zwecke spaltet sich der mannweiblich gedachte Puruscha, erhält dadurch eine Gattin und zeugt mit dieser die Menschen [31]). — Ganz anders sind die Andeutungen von A.n in babylonischen Texten. Ea schuf in seinem Herzen ein Bild und bildete so einen Menschen („Höllenfahrt der Ischtar"). Das Opfer wird auch hier als Ursprungsmittel der Menschheit angesehen: „Gott Lamga, wohlan, wir wollen schlachten und aus dem Blut die Menschheit schaffen" [32]). In dem Schöpfungsepos „Enuma elisch" wird Tafel 6 erzählt, wie, nachdem alles andere schon erschaffen war, Marduk beschließt, Blut (oder Lehm?) zu nehmen, ein Bein zu bilden, den Menschen herzustellen [33]). Im Gilgameschepos erschafft die Göttin Aaru, nachdem sie gebeten worden ist, in ihrem Herzen ein Ebenbild (des Anu? oder des Gilgamesch?). Sie wusch ihre Hände, kniff Lehm ab, spuckte darauf und schuf einen Gewaltigen, den Engidu [34]).

Immer suchen die Menschen nach einem Ursprung ihres Geschlechtes jenseits der Grenzen der materiellen Welt. Das in dem Menschen vorhandene Bewußtsein eines unsinnlichen Bestandteiles, der als der wichtigere empfunden wird, weckt etwas wie Ahnung eines Zusammenhanges mit der anderen, unsinnlichen Welt. Daher denn auch die Vorstellung von einem Zustande nach dem Tode und von der Überleitung zu ihm hin, die Vorstellung von Erlösung und Seligkeit, mit der A. in Zusammenhang stehen. Das Verhältnis zwischen den beiden Vorstellungsreihen ist aber dies, daß die Zukunft die Anteilnahme mehr in Anspruch nimmt als die Vergangenheit, daß daher das Sinnen sich zunächst mehr auf den zukünftigen Zustand erstreckt und daß auf die Vergangenheit, den Ursprung zumal, zurückgeschlossen wird von dem Bilde, das von der Zukunft besteht. Bei den Primitiven sind es unsinnliche Kräfte, welche in symbiotischer Verbindung mit den natürlichen Gestalten erfaßt werden, Totemkräfte, Manakräfte usw., die in irgendeiner Weise an der A. beteiligt gedacht werden. In dem Maße wie die persönlich gestalteten Götter als die bestimmenden Gewalten des Schicksals des Menschen erkannt werden, werden sie folglich auch an seinem Ursprung beteiligt gedacht, während in den Zeiträumen, da der Mensch sein eigentliches Sein und Wesen, auch sein unsinnliches Teil, in den Kräften der ihn umgebenden Natur erspäht, aus dieser zugleich der Anfang der Menschheit zu begreifen versucht wird. So erklärt sich auch, weshalb die Hochgötter der Naturvölker nur in Ausnahmefällen als Schöpfergottheiten auftreten; sie werden es erst dann und insoweit, wann und wie sie Garanten des Seins oder Lebens nach diesem Leben werden.

[25]) A. Erman *Altägyptische Religion* 31. [26]) Gruppe a. a. O. 431 f. [27]) Windischmann *Zoroastrische Studien* 215. [28]) Oldenberg *Religion des Veda* 276 f. [29]) Ders. *Weltanschauung der Brahmanatexte* 166. [30]) Ebd. 180 f. [31]) Oldenberg *Lehre der Upanischaden* 79. [32]) A. Jeremias *Das Alte Testament im Lichte des alten Orients* 42. [33]) Ebd. [34]) Ebd. 43. K. Beth.

Anthropomantie. Weissagung durch Menschen, d. h. menschliche Eingeweide.

Die Bezeichnung ist nicht antik, sondern eine humanistische Neubildung auf Grund antiker Zeugnisse über die Verwendung menschlicher Eingeweide (s. d.) zur Erforschung der Zukunft. Der Vorwurf, diese ungeheuerliche Art der Eingeweideschau [1]) zu betreiben, wurde nicht nur gegen Zauberer, Hexen usw.[2]) im allgemeinen, sondern auch gegen bestimmte historische Persönlichkeiten erhoben, so von Domitian gegen Apollonius von Tyana [3]), ferner gegen die Kaiser Heliogabal [4]), Valerian [5]), Maxentius [6]) und Julian [7]), sowie gegen Simon Magus [8]). Die humanistische Divinationsliteratur beschränkt sich in der Hauptsache auf die antiken Berichte, wobei gewöhnlich nur das Beispiel des Heliogabal angeführt wird [9]). Da in den meisten Fällen Kinder als Opfer der A. bezeichnet wurden, findet sich im „Ackermann aus Böhmen" auch die Bezeichnung Pädomantie [10]), die sich jedoch in der späteren Literatur nicht durchgesetzt hat. Daß A. im MA. und später tatsächlich oder auch nur angeblich ausgeübt wurde, scheint sich quellenmäßig nicht belegen zu lassen. Das Schlachten von Kindern gehört zwar zu den stehenden Klagepunkten in den Hexenprozessen, doch geschah dies angeblich, um die Kinder zu verzehren oder aus ihren Eingeweiden Salben und Tränke herzustellen, etwa wie es in der bekannten Canidiaepode des Horaz [11]) der Fall ist.

[1]) Tzetzes *Exeg. Iliad.* 108, 14 ff.; ed. Hermann (1812) beginnt die Besprechung der Eingeweideschau mit den Worten: ἄνθρωπον ἀνατεμόντες ἤ τι ζῷον ἕτερον. [2]) Juvenal. 6, 548; Lucan. *Pharsal* 6, 706. [3]) Philostrat. *Vit. Ap.* 7, 20. 8, 5. 7 ed. Kayser 1, 274. 300. 315. 318 ff.; Hopfner *Offenbarungszauber* 1 § 633 ff. [4]) Aelius Lampridius *Heliog.* 8, 1. 2 = Scriptores Hist. Aug. ed. Peter [2] 1, 225. [5]) Rufin. 7, 10, 4 = Euseb. *Kirchengesch.* ed. Schwartz 2, 650/51. [6]) A. a. O. 8, 14, 5, ed. Schwartz 2, 780/81; doch diente in diesem Falle die Schlachtung der Kinder nicht unmittelbar der Mantik, sondern der Beschwörung weissagender Dämonen, s. Ammian. 39, 2, 17, vgl. Cicero *in Vatin.* 14. [7]) Theodoret *Hist. eccl.* 3, 26 ed. Parmentier 205 = Cassiodor. 6, 48, Migne *P. L.* 69, 1026. [8]) Ps.-Clemens *Recogn.* 2, 13; Migne *P. G.* 1, 1254. [9]) Pictorius *Magia* (1539) 2, 54; bei Agrippa *Op.* ed. Bering 1, 479, Dt. Ausg. 4, 162, danach Freudenberg *Wahrsagekunst* 36; die A. auch unter den Künsten des M. Trippa bei Rabelais *Garg.* 3 cap. 25, Dt. Ausg. v. Gelbcke 1, 400, vgl. Gerhardt *Franz. Nov.* 110; von ihm abhängig Cardanus *De sapientia* lib. 4, Opera (Lugd. 1663) 1, 563. Reichhaltiger die Darstellung bei Delrio *Disqu. Mag.* (1603) 2, 176, davon abhängig Bulengerus *Opusc.* (1621) 198; Fabricius *Bibliogr. antiqu.*[3] (1760) 594. [10]) Cap. 26 Z. 33 bis 34: Pedomancia mit kindergedirme ..... luplerin, dazu Burdach *Ackermann* 364. [11]) *Epod.* 5, 32 ff.

Boehm.

Anthropometrie s. messen, wägen, zählen; vgl. ZfVk. 13 (1903), 256. 353 ff.; 15 (1905), 349 f.

Anthropomorphismus wird gewöhnlich im Sinne der Vorstellung Gottes, eines Gottes, einer göttlichen Kraft unter menschlichen Eigenschaften gemeint. Der griechische Philosoph Xenophanes wurde durch den von ihm an den alten griechischen Göttergestalten festgestellten A. zu scharfer Kritik veranlaßt und behauptete, daß diese Vorstellung etwas Allzumenschliches sei, dessen Unwert man sich am besten dadurch klarmache, daß Kühe, Löwen und Pferde, falls sie ein entsprechendes Vermögen besäßen, ihre Götter sich in ihrer Gestalt denken würden — wie es ja in Äthiopien eine schwarze Maria gibt. Der daraufhin oft wiederholte Satz aber, daß sich der Mensch immer die Götter nach seinem Bilde forme und vorstelle, ist falsch, weil zu sehr verallgemeinert. Denn erstens hat es einer beträchtlichen Entwicklung bedurft, bis sich die Menschen bei ihren religiösen Vorstellungen des A. bedienten, bis sie überhaupt das Göttliche unter dem Bilde von irdischen Gestalten sich dachten, und zweitens war auch dann der A. noch nicht die erste Vorstellungsform für das Göttliche. Ihm ist nicht selten voraufgegangen, was man in entsprechender Wortbildung Chrematomorphismus und Theriomorphismus nennen darf, die Vorstellung des Göttlichen unter dem Bilde von Dinglichem und unter dem Bilde von Tieren [1]).

Jedoch auch mit diesen beiden in diesem Zusammenhange notwendig zu besprechenden Vorstellungsweisen verhält es sich nicht so einfach, wie man oft gemeint hat. Nur mit großer Bedachtsamkeit dürfen wir von diesen beiden Ausdrücken Gebrauch machen. Die Religionsgeschichte hat immer wieder und immer nachdrücklicher darauf hingewiesen, daß es Zeiten gegeben hat, in denen der Mensch das Göttliche unter gar keinem Bilde von irdischer Wesenheit oder Dinglichkeit vorgestellt hat, sondern wo vielmehr die irdischen Dinge und Wesen bloß gelegentlich als Manifestationen (oder auch Behausungen, Beherbergungen) der göttlichen Kraft dienten, diese selbst jedoch frei von Umhüllungen und irgendwelcher endlichen Erscheinungsweise gedacht wurde. Es erscheint uns immer wieder höchst verwunderlich und durchaus achtunggebietend, daß primitive Menschen mit unausgebildeten Geistesfunktionen, mit schwach betätigtem Denkvermögen zu dieser Vorstellung des Göttlichen gekommen sind; denn wir erblicken gewöhnlich in solchen Ideen von göttlicher Wesenheit etwas „rein Geistiges". Indessen, dies letztere ist nicht der Fall, auf primitiver Stufe freilich nicht mit der Idee der Gottheit verbunden, und erklärlich wird jener Sachverhalt, wenn man sich klarmacht, daß von diesen Menschen das Göttliche überhaupt nicht durch das Mittel des Verstandes und Denkens erfaßt wird, sondern allein gefühlsmäßig, durch Ein- und Zusammenfühlung mit dem unerklärlichen Unsinnlichen, unter dessen Gewalt, oder sollen wir vielleicht besser sagen: in dessen Seins-Sphäre man sich mit dem Universum zusammen, soweit man dieses kennt, befindet. In diesem Stadium der Religion werden Gegenstände, von denen Wirkungen, die man für „göttliche" halten muß, ausgehen, mit Scheu und Ehrfurcht betrachtet (s. Präanimismus). Die unsinnliche Kraft wird nicht mit dem Gegenstande gleichgesetzt, auch nicht unter dem Bilde des Gegenstandes vorgestellt, sondern lediglich in ihm enthalten gedacht. Das Zepter des Agamemnon, von dem Pausanias berichtet [2]) und das kurzweg „Holz" hieß, wurde in Chaeronea höher als alle Götter verehrt, in der Wohnung des Priesters verwahrt und mit Speise bedacht. Dieser letztere Zug zeigt einen Übergang von der chrematischen Manifestation zur Personifikation, aber noch nicht zur Vermenschlichung. Das Beispiel ist besonders gut geeignet, den Unterschied von A. und Personifikation (s. d.) anzuzeigen. Die meisten heiligen Steine sind zur selben Zeit etwa bei den Griechen noch nicht personifiziert; man wickelt sie in schöne Tücher ein, färbt sie auch wohl, aber speist sie nicht und richtet nicht Gebete an sie; man erwartet nur Wirkungen von ihnen. Wodan, der in Naturerscheinungen, wie dem Sturme, erkannt wird, ist in diesem Falle durchaus nicht anthropomorph gemeint. Tatsächlich ist denn auch diese Naturerscheinung erst ziemlich spät, nachdem sie als solche schon längst religiöse Verehrung genossen hatte, auf einen Gott namens Wodan übertragen worden; genauer müßte man sagen, daß die Anwendung des göttlichen Personennamens auf die im Sturm manifestierte göttliche Macht eine Übertragung auf Andersartiges ist. Es steht mit Wodan hier ähnlich wie mit Jahweh, zur Zeit, da dieser in der Bundeslade manifestiert gedacht wurde. Überhaupt ist Jahweh höchst selten anthropomorph gedacht, da, wenn der Prophet von seiner „ausgereckten Hand" u. a. spricht, reine Bildrede vorliegt. Der A. wird aber in den Geschichtsbüchern des Alten Testaments bisweilen ganz naiv auf „Gott" (Elohim) angewendet, der sich im Paradies ergeht, sein eigenes Werk begutachtet, dem Noah die Tür der Arche selbst zuschließt u. ä.

Daneben findet sich jedoch der Chrematomorphismus und desgleichen — ob später, wie einige meinen, das läßt sich beim besten Willen nicht entscheiden, vielleicht auch früher — der Theriomorphismus. Unter Chrematomorphismus ist die Vorstellung zu verstehen, nach welcher das Göttliche sich nicht mehr bloß in Dingen bekundet, sondern die Dinge selbst für das Göttliche angesehen werden. Die auf altgriechischem Boden häufig angetroffene Doppelaxt, ebenso wie die einfache Axt, ist selbst als der Inbegriff der göttlichen Kraft, der Gottheit, angesehen [3]). In demselben Sinne ist der Theriomorphismus diejenige Vorstellung, in welcher die Tiere nicht mehr als Träger des göttlichen Fluidums, sondern selbst als göttliche Mächte angesehen werden [4]). Es scheint, daß diese beiden Wandlungen einer sicherlich älteren Vorstellung zu diesen Vergegenwärtigungen der Gottheit selbst unter der Gestalt endlicher Bildungen sich durch ein Nachlassen der ursprünglichen Anspannung religiöser Scheu vollzogen hat. Weiter begegnet die Mischform des Therio-Anthropomorphismus. Der Hochgott Altjira der australischen Aranda ist zwar im wesentlichen als Mensch beschrieben, jedoch mit Hundebeinen und Emufüßen, und ähnlich seine Familienglieder. In Ägypten ist nicht nur die Sphinx von dieser Art, sondern zahlreiche Götter vereinen Tiermerkmale mit menschlicher Oberpartie. Die dabei obwaltende Tendenz ist einleuchtend. An sich strebt die volkstümliche Vorstellung vom Gott dem A. entgegen, sie wird indes auf diesem Wege durch mancherlei Empfindungen und Erwägungen aufgehalten und gekreuzt; denn der Mensch hält sich gegenwärtig, daß die Gottheit, welche das Gedeihen von Tieren und Pflanzen bedingt, sicherlich das Grundkraftprinzip der Tiere und Pflanzen gleicherweise in sich enthalten muß, wie nicht minder das der Menschen, deren Vater oder Mutter oder Patron ein Gott ist. Es ist im letzten Grunde derselbe Gesichtspunkt, der hierbei den Ausschlag gibt, wie auch bei der Ausgestaltung eines polytheistischen Göttersystems. Denn die verschiedenen menschlich gebildeten Götter dienen eben mit der Fülle der von ihnen insgesamt beherrschten Seinsgebiete der Möglichkeit, die Ursprünge und Bedingungen aller mannigfaltigen Seinsweisen in sie hineinzusehen, oder, bei anderer Betrachtungsweise, aus ihnen herzuleiten. Es ist auch derselbe Gesichtspunkt, welcher sich bei ausgebildetem A. sinnenfällig zur Geltung bringt in der Vorstellung der mannweiblichen Wesenheit vieler Götter. Schon der Polytheist kann sich seinen Gott und seine Götter nicht ohne weiteres und unbedenklich als einem der beiden Geschlechter angehörig denken, und um das Übergeschlechtige, mindestens das die beiden Geschlechtspotenzen in sich befassende und daher vor der geschlechtlichen Einseitigkeit bewahrte göttliche Wesen zum Ausdrucke zu bringen, wählt er die androgyne Form in Darstellung und Beschreibung, überträgt er seinen bedeutenden Gottheiten die Kräfte, Prädikate und Wirkungen sowohl des männlichen wie des weiblichen Prinzips in einem.

Auf germanischem Gebiet beobachten wir den Prozeß der Anthropomorphisierung in verschiedener Stärke gegenüber verschiedenen Göttern. Bei den Nordgermanen ist, ganz im Gegensatz gegen südliche Völker, noch in der Bronzezeit der Sonnengott nicht anthropomorphisiert. Der Sonnenwagen von Trundholm zeigt, daß man nur der auf dem Wagen einherzufahrenden Sonnenscheibe für den Sonnenkult bedurfte [5]). Und noch die Sagas lassen erkennen, daß man die Sonne als Naturerscheinung und Naturkraft selbst göttlich verehrt, aber keineswegs einen menschengestaltigen Gott dabei vorstellt. Zahlreich finden sich, namentlich im Norden, die Rad-Darstellungen als Abbildungen der Sonne, während man nichts von einem menschengestaltigen Sonnengotte aus diesen Gegenden weiß. Desto menschlicher werden die Gewittergewalten. Lange Zeit hindurch ist allerdings die Gewittermacht hauptsächlich durch den Hammer, die Axt, dargestellt worden, auch durch Blitzsteine, die wohl auf dem berühmten Grabwandstein von Kivik neben den Äxten dargestellt sind [6]), und noch dem menschengestaltigen Gewittergott Thor merkt man an, daß er ein menschgewordener Hammer ist: wenn sein Hammer ihm entwendet wird, so ist er selbst kraft- und tatenlos, weil er eigentlich der Hammer *ist*, sowie Odin der Speer *ist*. D. h. in diesen menschgewordenen Kraftsymbolen ist noch immer nicht dieselbe anthropomorphe Umgestaltung der Idee der Götter erreicht worden, wie sie z. B. bei den olympischen Göttern Griechenlands vorhanden war. Das bedeutet, daß sich die Ehrfurcht nicht so sehr der menschlichen Gestalt als vielmehr der unsinnlichen Gottheit zuwendet, die nur mehr zufällig menschlich eingekleidet erscheint.

Etwas anders ist die Entwicklung abgelaufen, wo hölzerne Idole mit menschlichen Gliedern und Köpfen gebildet wurden, wie sie z. B. die Figur von Friesack in Brandenburg zeigt [7]). Da liegt wahrscheinlich ein Erzeugnis naiver Anthropomorphisierung vor, die einen ähnlichen Weg nimmt, wie die beiden Hochsitzsäulen in der Halle des nordischen Hauses, die nicht selten in dem Kopf des Gottes Thor endeten. Von hier aus wird verständlich, wie auch die „Hermensäulen", die ja ursprünglich nichts als Holzklötze oder Pfeiler waren (vgl. die semitischen Acheren), allmählich menschengestaltig ausgeformt wurden und wie sie vor allem das Haupt und die Flügel des Gottes erhalten, der als der Götterbote angeschaut wurde. — Was Tacitus über die südlichen Germanen auf dem Festlande erzählt, spricht dafür, daß auch ihre Vorstellungen von den göttlichen Wesen noch keinen durchgeführten A. hatten. Schon die Bildlosigkeit legt ganz allgemein dafür Zeugnis ab. Der heilige Hain der Semnonen enthielt augenscheinlich kein Götterbild, wenn auch das dort begangene Fest mit der Opferung eines Menschen eingeleitet wurde. Der ganze Hain galt als vom Wesen des Göttlichen durchwaltet, und die Ehrfurcht vor dem Walde war so groß, daß, wer darin zum Straucheln gekommen war, nicht wieder aufstehen durfte, sondern kriechend auf den Knien den Ausweg zu gewinnen suchen mußte, weil die den Hain durchwebende Gottheit ihn zu Falle gebracht hatte [8]). Auch die Göttin Nerthus (Herthus, Hertha), die nach Tacitus bei den sieben Stämmen an der Ostsee verehrt wurde, ist nicht anthropomorph vorgestellt. Der Kultus dieser Göttin war wohl weiter verbreitet als nach Tacitus scheinen könnte, da in Ortsnamen wie Erdingen in Bayern und Harthagau im Harz der Name anzuklingen scheint. Uns interessiert hier die Eigenart der in diesem Kult zum Ausdruck gelangenden Frömmigkeit. Im heiligen Hain stand der geweihte Wagen, den allein die Priester berühren durften. In Prozession wurde er umhergefahren, wenn das große Fest der Göttin, das Fest des Erntesegens, gefeiert wurde. Der Priester allein weiß, wann die sprossende Erdgottheit im Wagen anwesend ist. Gezogen wurde das Gefährt von Kühen, den Repräsentanten der göttlichen Fruchtbarkeit (vgl. die Urkuh Audhumbla, das lebengebende Prinzip in der Edda). Von einem Bilde der Göttin wird nichts berichtet [9]). Im Wagen ist das „numen ipsum" (wäre das in diesem Falle ein Bild, Tacitus hätte diese Abweichung von seinem sonstigen Befund nicht verschwiegen).

Auf einer fortgeschritteneren Stufe des A. macht man Statuen der Götter. Nicht als wären Statue und Gottheit identisch. Wir kennen zufällig aus der ägyptischen Religionsgeschichte die Vorstellungsweise, daß die Götter die für sie gefertigten Statuen besiedeln. Der Gott Ptah, so heißt es in einer Urkunde, habe die Statuen der Götter gebildet, auf daß die Götter selbst in sie einziehen und zeitweilig in ihnen Wohnung nehmen. Die hier unverkennbar vorliegende Vorstellung, daß die Götter selbst etwas gegenüber solchen Bildnissen durchaus Selbständiges sind, ist es ja auch, welche bei den Germanen im großen und ganzen die bildliche Darstellung überhaupt verhindert hat. Die großen Götter des skandinavisch-isländischen Nordens werden in der mythologischen Darstellung nach Menschenart gezeichnet, leidend und liebend, strebend und irrend, mit Fehlern und Tugenden, im Kampf und Frieden, werden verwundet und verlieren Glieder ihres Leibes, bedürfen der Speise und des Tranks, sind auch letzten Endes nicht unsterblich. Alle diese menschlichen Züge eignen ihnen (Anthropopathismus), ohne daß sie bildlich dargestellt wurden.

[1]) Beth *Relig.gesch.* 16. [2]) Pausanias *Griechische Reise* IX, 40. [3]) Beth *Relig.gesch.* 10—16. [4]) Ebd. 26—30. [5]) Helm *Relig.gesch.* 1, 173 ff. [6]) Ebd. 189 Abb. 29; Ebert *Reallex.* 6, 368 ff. [7]) Helm 217. [8]) Tacitus *Germania* cap. 39. [9]) Ebd. cap. 40. K. Beth.

Antichrist. I. Der A. in der Bibel. Die Sage vom A. geht auf eschatologische Äußerungen im N.T. zurück. 1. Joh. 2, 18; 4, 3; 2. Joh. 7 kennen allein die Gestalt unter dem Namen ἀντίχριστος. — Die Stelle wird als Zeugnis angeführt, daß zur Zeit der Abfassung des Briefes der A.-Glauben durchaus verbreitet war. Man wird einschränken müssen: in den kleinasiatischen Gemeinden, an die der Brief gerichtet ist. Der Schreiber wendet den Ausdruck (2, 18) auf christl. Häretiker an (4, 3; 2, 22; 2., 7); es sind viele A.e, und das sind die gnostischen Irrlehrer [1]). Damit wird eine Deutung angeschlagen, die lange nachklingt, und die später von Origines bevorzugt wurde. — Der paulinische Begriff vom A. ist (sofern 2. Thessal. von Paulus herrührt) [2]) wesentlich anschaulicher. Zwar wird der Name nicht genannt, aber man ist seit den ältesten Zeiten darin in Übereinstimmung, daß der große Frevler der A. sein soll. Er ist hier so gezeichnet, wie ihn die spätere Sage kennt: der Gesetzlose, den Satan mit Kraft begabt, der im Tempel sitzen wird (das spricht für jüdische Herkunft der Sage [3]); die Tempelschändung ist das ärgste; vgl. Dan. 9. 27; 11, 36) und sich dort als Gott ausgibt, der Wunder tut, bis ihn Christus mit dem Hauch seines Mundes tötet. Noch wird er zurückgehalten: „κατέχειν" heißt in dem wohl absichtlich zwischen masc. und neutr. schwankenden apokalyptischen Terminus 'in Banden halten' [4]). Der A. ist der Gebundene, der am Ende der Welt hervorkommt und Vernichtung bringt, der gefesselte Unhold, Satan selbst [5]).

In der Apokalypse Joh. sucht man den A. in einem der beiden Tiere c. 13, und zwar deutete man das Tier aus dem Meere auf das röm. Imperium, das zweite Tier auf den A. Die sieben Häupter des ersten Tieres sind sieben Cäsaren. Ein Haupt scheint tödlich wund, wird aber heil. Zur Zeit des sechsten Hauptes schreibt Johannes (17, 10); das Tier (17, 8) ist das achte. Die Deutung auf Nero als das wiederkehrende Tier wird durch Zeugnisse aus dem damaligen Volksglauben ebenso gestützt [6]), wie durch die Ausrechnung der Zahl 666 = als Dreieckszahl von 8, was auf 17, 11, den wiederkehrenden Nero gehen würde, oder gematrisch קסר נרון = Käsar Neron. [7]). Das zweite, nicht näher gekennzeichnete Tier, wird 16, 13; 19, 20; 20, 10 ψευδοπροφήτης genannt. Bousset erklärt: „Die spätere Apokalyptik des Judentums hat eine doppelte Ausprägung des großen göttlichen Widersachers geschaffen; sie faßte diesen bald als einen gottfeindlichen, furchtbaren Herrscher, bald als einen verführerischen Propheten" [8]). Lohmeyer weist dagegen [9]) auf Mark. 13, 21 f. hin, daß vorm Ende ψευδόχριστοι καὶ ψευδοπροφῆται erscheinen würden. — Von allen neueren Exegeten angenommen [10]) ist Gunkels Erklärung [11]), daß als Prototyp für die beiden Tiere die Urungeheuer Behemoth (s. d.) und Leviathan (s. d.) zu gelten haben, die aus dem Tausendgebirge und dem Meer aufsteigen und gegen Gott angehen. Die alten Widersacher aus der Urzeit leihen jetzt dem A. Gestalt, werden christianisiert und politisiert. Johannes sah Nero redivivus als A. kommen [12]). — Zu diesem Bilde haben die Synoptiker (Mark. 13, 21 f.; Luk. 21, 8; Matth. 24, 4 f. und Johannes 5, 43) einzelne Züge gefügt, die uns doppelt wichtig wären, wenn wir sie als echte Herrenworte ansehen dürften.

Nicht sehr viel später als die A.-Schilderung der Joh.-Apokalypse — um die Wende des 1. Jhs. [13]) — entstand eine Beschreibung des A.s, welche bereits viele der späteren Züge aufweist; das Stück ist in die Ascensio Jesaiae aufgenommen. Beliar steigt herab, nimmt die Gestalt des Muttermörders (Nero) an, zerstört die Pflanzung der 12 Apostel; einer der 12 fällt ihm zu. Wunder tut er; er läßt sich als Gott anbeten, stellt sein Bild auf, die Gläubigen fliehen zur Wüste. So regiert er 3 Jahre 7 Monate und 27 Tage = 1332 Tage (vgl. Dan. 12, 12), bis Christus mit seinem Heer herniedersteigt und Beliar mit seinem Heer in die Gehenna schleppt (Asc. Jes. 4, 1—15) [14]). Wenn man mit Bousset [15]) eine mündliche Tradition annimmt, die bis in die Tage des Hippolyt und Martin von Tours reichte, wird man sich den A. der mündlichen Überlieferung ungefähr in dieser Gestalt vorstellen dürfen [16]).

Ob und wie groß der Einfluß eines gnostisch infizierten Judentums auf die Bildung der A.-Legende gewesen ist, hat M. Friedländer [17]) festzustellen versucht. M. E. sind zeitgeschichtliche Begebenheiten nicht stark genug, solchen Nachdruck zu hinterlassen, und wir werden um die mythische Grundlage nicht herumkommen.

[1]) W. Bauer *Evangelium, Briefe und Offenbarung d. Johannes* 1908 [3] 336. 348. [2]) Martin Dibelius im Lietzmannschen *Handbuch z. N.T.* 1925, Bd. 11 [2], 48 f. [3]) Ebd. 39. [4]) Ebd. [5]) Ebd. 40 ff.; vgl. A. Olrik *Ragnarök* c. 5. 6; Kaarle Krohn in Finnisch-ugrische Forschungen 7, 129 ff.; v. d. Leyen in „Prager deutsche Studien" H. 7. Satan: Aug. Frh. v. Gall Βασίλεια του θεου 1926, 295 f. [6]) Bauer 401 f.; Rohde *Psyche* 2, 377 [1]. [7]) Lohmeyer 115 f. u. Ztschr. f. neutestamentl. Wiss. 13, 293 ff. Vgl. ebd. 19, 11 ff.; Wilh. Bousset *Die Offenbarung Johannis* 1906, 374. 369 ff. [8]) Ebd. 377 f. Vgl. Carl Weizsäcker *Apostol. Zeitalter d. christl. Kirche* 1892 [2], 496 ff. [9]) Lohmeyer im Lietzmannschen *Handbuch* 1926, Bd. 16, 111 f. Doch vgl. dazu unten III 3 u. Carl Weizsäcker *Das apostol. Zeitalter d. christl. Kirche* 1892, 496 ff. [10]) Ebd. 110 ff.; Bousset 378 f.; RGG. [2] 1, 375 f.; v. Gall 292 Nr. 1. [11]) *Schöpfung und Chaos* 51; H. Gunkel *Genesis* 1917 [4], 122; Bousset-Greßmann *Religion des Judentums* 1926, 251. 254. [12]) RGG. [2] 1, 375 f. [13]) Edgar Hennecke *Neutestamentl. Apokryphen* 1904. 292. [14]) Ebd. 295 f.; v. Gall 294. [15]) *Antichrist* 18 f. [16]) Vgl. dagegen Bousset 53 zu dieser Stelle, dessen Bedenken (jüd. Herkunft) m. E. hier nichts austragen. [17]) *Der Antichrist in den vorchristl. jüdischen Quellen* 1901, 132 ff.

II. Jüdische Grundlagen der A.-Sage. Bousset setzt die Entstehung der A.-Legende vor die Abfassung der Apoc. Joh., ja geraume Zeit vor die Zerstörung Jerusalems. Dann müssen ihre Grundlagen jüdisch sein. Der Endkampf Gottes ist ein Kampf gegen Ungetüme (siehe I). Auch der Kampf gegen die Weltmächte wird als solcher gezeichnet: Jes. 27; Dan. 7, 11 f; 8, 1 ff.; Ps. Sal. 2, 25; endlich gestaltet sich der Endkampf zum Kampf gegen Beliar [18]): Buch der Jubiläen 23, 29 [19]), Testamente der 12 Patriarchen, Levi 18 [20a]), Evg. Joh. 16, 11, Assumptio Mos. 8 ff. [20b]), Apoc. Joh. 17. — Die Vorzeichen des Weltendes sind ebenfalls der jüd. Apokalyptik entnommen (vgl. Eschatologie). Hinter dem Judentum steht die spätiranische Anschauung vom Wiedererscheinen des letzten „Gesandten" = Mithras: ein falscher Gesandter erscheint; es gibt auf der Welt nicht solchen Trug, List, Zauberei, die er nicht vermöchte durch die Kraft seines Vaters, des Dämonen. Er verkündet: Seit langem habt ihr gehofft, Gottes Sohn, Mithra, der Erlöser, soll kommen; jetzt bin ich gekommen; Verehrung sollt ihr mir darbringen, an mich sollt ihr glauben. Reitzenstein sagt dazu, daß auf einem Boden, wo die Vorstellung von einem Kampf des Lichtgottes gegen den Dämon uralt ist und die Vorstellung von ἀντίθεοι in hellenistischer Zeit fortlebt, die A.-Vorstellung ihre Wurzel gehabt haben muß; in das Judentum ist sie nur übertragen.

[18]) Bousset-Greßmann *Religion d. Judentums im späthellenistischen Zeitalter* 1926, 251 ff.; Hauck *RE.* 1 s. v.; Bousset *Antichrist* 81. [19]) Bousset-Greßmann 333 ff. [20a]) Kautzsch *Apokryphen u. Pseudepigraphen d. alten Testaments* 1900. [20b]) Reitzenstein in Ztschr. f. neutestamentl. Wissensch. 20, 16 f. Doch vgl. v. Gall Βασίλεια του θεου 1926, 291. 296 ff.; Scheftelowitz in ZfMissionskunde 42 (1927), 287 f.

III. Die A. Sage im 1. Jahrtausend. 1. Der A. ist die Hauptgestalt der mittelalterlichen Eschatologie. Verhältnismäßig wenig wird im 2. und 3. Jh.: von ihm gefabelt. Dieser Zeit ist der A. = Nero redivivus, so schon im 1. Jh.: Sib. 5, 33 f., 214—227; 8, 139 bis 159; Ascensio Jesaia 4, 2 ff., später Victorinus von Pettau († 303) in seinem Apoc. Kommentar [21]), Lactanz, de morte pers. 2, Hieronymus in Dan. 11, 17, Augustin, de civitate dei 20, 13 [22]). Das währt bis ins späte MA.: Beatus von Liebana († 798) [23]) und Otto v. Freising, Chronicon 1. 3 c. 16: Arbitrantur, Neronem non mortuum, sed humanis rebus vivum subtractum, usque ad ultimum tempus in ea qua tunc fuit aetate appariturum, ipsumque fore Antichristum [24]).

2. Daneben geht der Glaube an den Katechon her, als den man das imperium verstand [25]); der A. kann erst erscheinen, wenn dieses untergeht [26]), wenn der römische Kaiser auf dem Ölberg seine Krone Gott zurückgibt [27]).

3. Bousset hat nachzuweisen versucht [28]), daß Irenäus [29]) wie Hippolyt noch einer mündlichen Tradition gefolgt sind. Hippolyt parallelisierte Christus und den A. Περὶ τοῦ 'Αντιχρίστου c. 6 heißt es: Ein Löwe ist Christus und ein Löwe der A.; in der Beschneidung kam der Heiland in die Welt, und er wird in gleicher Weise kommen usw.[30]). H. hat auf diese Weise wohl neue Züge für das Bild des A.s gewonnen; daneben benützte er uns verlorene Traditionen (c. 15: und ein andrer Prophet sagt, der A. wird seine Macht versammeln von Sonnenaufgang bis Sonnenuntergang usw.) [31]). Bousset [32]) hat diese Traditionen in Verbindung gebracht mit einer Sibylle (deren Überarbeitung Sib. 2, 154 ff.), die wieder Lactantius (Inst. div. 7, 16) und Commodian (Carmen apologeticum) benützten [33]). Gemein ist der Gruppe Lactanz, Commodian und Martin v. Tours (Sulpicius Severus Dialogus 2, 14) der Glaube an einen doppelten A.[34]). Die beiden Tiere Apoc. Joh. 13 werden auf Nero, den dämonischen Herrscher, und einen in Jerusalem erscheinenden A. gedeutet. Diese Anschauung läßt sich bis in das 16. Jh. verfolgen[35]). Die Deutung des ersten Tieres auf Nero lag, wie wir sahen, nahe; daß man im zweiten Tier den A. sah, dürfte seinen Grund darin haben, daß es zwei Hörner hatte gleich wie ein Lamm, ohne ein Lamm zu sein. Der gehörnte Widder ist in Israel Symbol des Messias: „Mann der Hörner" wird er genannt [36]). Die Fassung der A.-Legende bei Sulpicius Severus, auf die hier nicht näher eingegangen werden kann, gibt wieder, was man im 4. Jh. im Westen vom A. zu erzählen wußte.

4. Den größten Einfluß auf die Ausgestaltung des Glaubens hat eine Gruppe eschatologischer Schriften oströmischer Herkunft gehabt. Dort entstand im 4. Jh. eine Sibylle. Sackur findet in ihr [37]) Begebenheiten aus der Zeit um 360 widergespiegelt; Bousset dachte [38]) zweifelnd an die Zeit Constantins I., die wohl in Frage kommt, wie ein Vergleich der Sibylle [39]) mit Eusebius K. G. VIII—X ergibt; der ungerechte Herrscher ist Maximin, der verheißene Constans Constantin I. Aber dahinter scheint noch ein älterer, Alexander der Große, zu stehen [40]). Fast zu gleicher Zeit entstand Pseudo-Ephraems Sermon von A.[41]); aus ihm und der Sibylle geht die syrische Schrift des Pseudo-Methodius Ende des 7. Jhs. hervor [42]), die von einem fränkischen Mönch syrischer Herkunft, Petrus, ins Lateinische übersetzt wurde [43]). Doch müssen, wie sich aus der Scholasticus Fredegarius Chronik c. 66 erweist, schon um 642 Nachrichten über Gog und Magog (s. d.), deren Zusammenhang mit der A.-Legende bekannt ist, nach dem Westen gekommen sein [44]). Wir haben dabei wohl an die Sibylle zu denken [45]). Das Fortleben sibyll. Schriften im Osten bezeugt im 10. Jh. noch Liudprands Gesandtschaftsbericht [46]). Vgl. weiteres unter Sibylle. Aus Pseudo-Method. und westlichen Überlieferungen entstand zwischen 949 und 954 Adsos, des Abtes von Moutier-en-Der [47]), Epistola ad Gerbergam reginam de ortu et tempore Antichristi, die immer und immer wieder ausgeschriebene Schrift über diesen Gegenstand [48]). — Adsos Quellen sind außer Pseudo-Method. und (Michael tötet den A.) der tiburtinischen Sibylle vor allem Haymo Halberstadensis [49]), Alcuin, de fide Trinitatis [50]), Hippolyt [51]) und eine Reihe von Notizen, die bei Sulpicius Severus belegt sind: Nascetur autem ex patris et matris copulatione, sicut et alii homines, non, ut quidam dicunt, de sola virgine, sagt Adso, und Martin weiß ihn malo spiritus conceptus [52]); Templum etiam destructum, in statum suum restaurabit dürfte mit Martins ab illo et urbem et templum esse reparandum zusammengehen [53]). Das scheint auf ungelehrte Überlieferungen zu deuten, denn

an andrer Stelle bemerkt Adso ausdrücklich: Tradunt autem doctores, quod in monte Oliveti A. occidetur in papilione et in solio suo, in illo loco, contra quem ascendit Dominos ad celos [54]. Auf mündliche, ungelehrte Überlieferung möchte ich auch die Angabe „triginta annos tunc latebit incognitus a populo" in einem Rhythmus des 10. Jh.[55]) zurückführen. Solche Überlieferung wird bezeugt durch Sulpicius Severus Angabe, er habe die A.-Sage nach einem mündlichen Vermächtnis des Martin v. Tours aufgezeichnet [56]). — Wir sind demnach in der glücklichen Lage, ein Zeugnis aus dem 4. und eins aus dem 10. Jh. für die A.-Tradition im westlichen Europa zu besitzen. Die Merovinger- und Karolingerzeit ist reich an Äußerungen über den A.[57]).

[21]) Bousset *Antichrist* 1895, 52. 110. [22]) Vgl. ferner die Angaben bei Bousset 57 ff. [23]) F. Kampers *Kaiseridee* 14 und Noten. [24]) Vgl. ferner Ottonis Frisingensis *chronic.* 1. 8 c. 1 ff. [25]) Wetzer-Welte 1, 923; Hauck *RE.* 1 [3], 580; Kampers 12. [26]) Dionysius v. Lützenburg *Leben Antichristi* 1716, 13 f. [27]) So die Überlieferungsreihe III, 4. [28]) Bousset *Kommentar* 49 f. 51. [29]) Stolle *Kirchenväter* 88. [30]) Bousset *Antichrist* 15. [31]) Ebd. 17. [32]) Ebd. 51. [33]) Ebd. 50; Ztschr. f. Kirchengesch. 20, 110 f. [34]) Bousset *Antichrist* 50; Kampers 13 f.; Ivo *Decretorum opus* bei Migne *Patr. lat.* 161, 1009. Vgl. auch Ztschr. f. Kirchengesch. 20, 109 ff. [35]) Hauck *RE.* 1, 584. [36]) Kampers in MschlesVk. 17, 145 f. [37]) Ernst Sackur *Sibyllinische Texte u. Forschungen* 1898, 158 ff. 162 f. [38]) *Antichrist* 39. [39]) Sackur 183 Mitte — 185 oben. [40]) Ztschr. f. Kirchengesch. 20, 280 ff. 285 f. [41]) Bousset *Antichrist* 34 ff.; Ztschr. f. Kirchengesch. 20, 117 f. [42]) Bousset 30 ff.; Sackur 45 ff. 53 ff. Über spätere Einschübe vgl. Ztschr. f. Kirchengesch. 20, 261 ff. bes. 280. [43]) Sackur 56. [44]) Zeitschr. f. Kirchengesch. 20, 114 zählt Bousset die Fundorte auf; diese sind so entlegen, daß wohl nur tiburt. Sibylle in Betracht kommt. [45]) Sackur 186. [46]) Mon. Germ. SS. 3, 347 = Kampers Note zu 50. [47]) Gerhard v. Zezschwitz *Vom römischen Kaisertum deutscher Nation* 1877; Gutschmid in Hist. Ztschr. 41, 148; Bousset 27 ff.; Sackur 97 ff., Textabdruck ebd. 104 ff. [48]) K. Reuschel *Untersuchungen z. d. deutschen Weltgerichtsdichtungen des 11.—14. Jhs.* Diss. Leipzig 1895, 2. [49]) Vgl. Sackurs Noten zum Text: Sackur 104 ff. [50]) Alcuin ebd. [51]) Sackur 105 Abs. 1, vgl. zur Hippolytstelle III, 3. [52]) Ders. 107 Abs. 2; Sulp. Severus *Dialogus* 2, 14; doch vgl. Pseudo-Ephraem 6 (zit. Bousset 92): ex semine viri et ex immunda vel turpissima virgine malo spiritu vel nequissimo mixto concipitur. [53]) Sackur 107 unten; Sulpic. Severus *Dialogus* 2, 14; Bousset 105 mit weiterer Parallele aus Haymo. [54]) Sackur 113 oben. [55]) *Poetae latini aevi Carolini* 4, 644 f. [56]) Bousset 19. [57]) *Poetae latini aevi Carolini* 4, 491 ff.: De Enoch et Haeliae . . *Passio Leudegarii* in SS. Meroving. 5, 296; *Vita Bononi* ebd. 6, 129. De tempore Antichristi unter des Theodulfi carmina: *Poetae latini* 1, 475; *Predicatio sancti Eligii episc. de supremo judicio:* SS. Meroving. 5, 758 f.; vgl. dazu ZfdPh. 41, 410 f.

IV. Der A. im hohen MA. 1. Mit Adsos Schrift ist die Entwicklung der Legende wesentlich abgeschlossen; seine Darstellung wird in der Redaktion Albwins [58]) übernommen und weitergegeben. Das MA.[59]), die Scholastik [60]), die katholische Kirche bis auf Suarez (1601) [61]) kennen nur den A. Adsos. Auch die späteren Redaktionen der tiburtinischen Sibylle aus der Zeit Heinrichs III. und aus dem 12. Jh. [62]), auf die Honorius v. Autun zurückgeht [63]), fügen nichts Neues zu. Erwähnt seien von den auf Adso beruhenden epischen Dichtungen: der Friedberger A.[64]), der Linzer Enticrist [65]), von dem Anticriste [66]) (Anfang des 13. Jhs.) und Freidanks Spruch 49, wie der northumbrische Cursor mundi [67]), während Frau Avas Gedicht auf mehrere Quellen, auch auf des Honorius Elucidarius [68]), des Pamphilus Gengenbach Nollhart (1517) [69]) auf den neugedruckten Ps. Method zurückgeht [70]). Auch der ludus de Antichristo aus Tegernsee [71]) hat in Adso seine Quelle; dies Spiel mit politischem Untergrunde muß s. Zt. oft gemimt worden sein; Zezschwitz hat Teile desselben in einem Benediktbeurer Weihnachtsspiel entdeckt [72]). A.-Spiele scheinen überhaupt beliebt gewesen zu sein; in Frankfurt a. M. wurde 1469 eins, wohl das „von den Herzogen von Burgund" [73]), wegen der Judenschaft verboten [74]); in Xanten ward 1473 und 1481 das „alte große spil vom uff- und untergang des Antichrists aus dem lateinischen verdeutscht" aufgeführt [75]). Ein „Schimpf" war „des Entkrist Vasnacht" [76]) aus dem 15. Jh., wie das engl. Chesterspiel vom Antichristen [77]). Es ist verständlich, daß ein mönchisch gesinnter

Mann wie Gerloh von Reichersberg (1093 bis 1069) in einer großen Schrift de investigatione Antichristi [78]) gegen die spectaculis theatricis auftrat. Otto von Freising, der in seiner Chronik den augustinischen Gedanken vom Gottesstaat durchzuführen versuchte, handelt im 8. Buch der Chronik c. 1—8, wie eine Reihe mhd. Spruchdichter [79]), vom A.[80]). Es seien schließlich aus den kaiserlich-päpstlichen Kämpfen des 14. Jhs. noch Lupold von Bebenburg [81]) und Engelbert von Admont [82]) erwähnt.

2. Diese Schriftsteller sind trotz ihrer politischen Haltung für uns nicht unwichtig. Man war sich dessen sicher, daß der A. als König erscheinen werde [83]); im Tyrannen, im rex iniquus, in jedem, der sub specie religionis handelte, sah man den A. oder einen A.[84]). Denn Augustin de civ. dei XX, 10 hatte auf Grund der johann. Ausführungen (siehe I. 1) geschlossen, daß es mehrere A. gebe, die figurae Antichristi (Antiochus, Epiphanes, Nero . . . und manger der noch hiute lebt) [85]), deren letzter der eigentliche sei [86]). Man war jederzeit gewärtig, den letzten A. vor sich zu haben [87]); so hat Bernhard von Clairvaux in Anaklet II. den A. gesehen; erst nach seinem Tode, als die böse Zeit anhielt, machte er ihn zu einem Vorläufer des A.[88]); hier ist es, wo sich der augustin-gregorianische Begriff des Tyrannen mit dem eschatologischen des A. verbindet [89]).

3. Es ist begreiflich, daß es nahe lag, auch den unrechtmäßigen Papst zum A. zu machen. Nicht nur die johann. Anschauung gab dafür Stützen; es kam dazu, daß man den Tempel, in dem er sein Bild aufrichten würde, in Rom sah. Die Variante, daß der A. sein Idolum im Tempel errichten wird, ist in der Tradition so verwischt worden, daß man unter dem Idolum den A. selber verstand. Daher konnte in Zeiten des Schismas Papst und Gegenpapst als idolum in sancta sede bezeichnet werden. So kann die Meinung entstehen, der A. werde als Papst erscheinen [90]). Arnulf v. Orléans deutet schon 991 dergleichen an [91]); Siegmund Meisterlin erhebt 1488 in seiner Chronik der Reichsstadt Nürnberg den begründeten Vorwurf, Ludwigs des Bayern Kanzler Ulrich Hangenor habe schändliche Schreiben gemacht und „hieß den babst ein thier und bestia und den entecrist" [92]). Der Name wird mehr und mehr zur Allegorie; die „geistlichen" Auslegungsarten nahmen überhand; Hus [93]) sei erwähnt, die böhmischen Brüder, Joachim v. Fiore, Katharer und Waldenser [94]), Luther (adv. execrabilem A. bullam) bis zu den Schmalkaldischen Artikeln (der Papst ist der rechte Endchrist oder Widerchrist) [95]). Nur die Flugblattliteratur kennt noch den persönlichen A. [96]). Im catalogus testium veritatis hat Flaccius Illyricus die geistliche Auslegung der Lutheraner (der A. ist keine individuelle Person) dem „persönlichen A." der Katholiken (er komme aus Dan usw.) gegenübergestellt [97]). Der Katholik Cochlaeus aber versuchte, Luthern, widernatürlich gezeugt, den Anschein des A. zu geben: Sunt qui affirmant Lutherum a spiritu immundo sub Incubi specie prognatum esse. Und Luther: Cocleus heißt mich einen Wechselbalk und einer Bademagd Sohn [98]). Endlich ist das Wort zum Schimpfwort geworden [99]).

4. Erwähnt sei Joachim von Fiore, der im 13. Jh. in Italien von vielen Antichristen zu sagen wußte und den letzten erwartete [100]); mit ihm vor allem setzt die Auffassung ein, die A.-Legende sei als Allegorie zu deuten, eine Auffassung, die bis zu Luther und weiter gilt, während die Katholiken daran festhielten, daß der A. wirklich erscheinen werde. Seine Anhänger sorgten für die Verbreitung und Auslegung der Idee, wovon besonders Salimbene von Parma ein ergötzliches Beispiel liefert, der erzählt, wie einer Alphons X. von Castilien zum A. machte [101]). Salimbene hat übrigens Friedrich II. selbst ganz antichristliche Züge gegeben [102]); hat doch auch Telesphorus von Cosenza geschrieben, „Friderich der drit (der erwartete Friedensfürst), der wirt der groß endecrist" [103]).

[58]) Sackur 99. [59]) Schon in einer ags. Homilie (Grimm *Myth.* 678) findet sich ein Passus (Sackur 111 oben) wörtlich. Für

Bernhard v. Clairvaux ist dieser Beweis trotz Radcke 60 noch nicht erbracht. [60]) Zusammenfassung der scholast. Auffassungen: Hans Preuß *Die Vorstellungen vom A. im späteren MA., bei Luther* . . . 1906, 11 ff. Hierher gehört auch der Basler Elucidarius: Wilh. Wackernagel *Die altdeutschen Handschriften d. Basler Univ.-Bibl.* Rektorats-Programm 1836, 22 f. [61]) P. Fr. Suarez *Commentariorum ac disputationum in tertiam partem D. Thomae* T. II, 1601 Praef. = Preuß 252 f. [62]) Kampers *Kaiseridee* 49 ff.; Sackur 126 ff. Die Texte: Mon. Germ. SS. 22, 145. 375 ff. [63]) *Gemma animae* l. III c. 134. [64]) MSD. 1892 [3], N. Nr. 33. [65]) Heinr. Hoffmann *Fundgruben* 2 (1837), 110. [66]) ZfdA. 6, 369 ff. Ausführungen über den A. in größeren Dichtungen vgl. K. Reuschel *Unters. z. d. deutschen Weltgerichtsdichtungen.* Diss. Leipzig 1895, 19 ff. Ins 14. Jh. gehört das von Mone *Schauspiele* 1, 306 erwähnte Gedicht aus Kreuzlingen bei Konstanz. [67]) Eberts Jahrb. 5, 191 ff. [68]) Reuschel 6 ff. Text: ZfdPh. 19, 128 ff. 355 ff. [69]) K. Gödeke *P. Gengenbach* 114 ff. [70]) Sackur 3 f. [71]) Zezschwitz *Vom röm. Kaisertum deutscher Nation* 1877; Wilh. Meyer aus Speier *Ges. Abhandlungen z. mittellateinischen Rhythmik* 1 (1905), 136 ff.; Michaelis in ZfdA. 54, 61 ff. Texte bei Meyer und Friedr. Wilhelm *Münchener Texte* (1912) Nr. 1. [72]) Zezschwitz 242 ff. [73]) Bibl. literar. Ver. Stuttgart 28, 169 ff. [74]) G. L. Kriegk *Deutsches Bürgertum im MA.* 1868, 440. [75]) Zezschwitz 104. [76]) Bibliothek d. literar. Ver. Stuttgart 29, 593 ff. [77]) Zezschwitz 195 ff. [78]) *Opera* I. ed Friedrich Scheibelberger 1875 1, I, c. 5. [79]) Reuschel 32 f. [80]) Ottonis Frisingensis episc. *Chronica*, Mon. Germ. SS. in usum schol. [81]) *Ritmaticum querulosum* 113 f.: Nec in meo (sc. Roman. imper.) tempore Antichristus nascetur, Deus nequaquam sinet, quod mecum dominetur: Böhmer *Fontes* 1, 482. [82]) Riezler *Die literar. Widersacher d. Päpste z. Zeit Ludwigs d. Bayern* 1879, 168. [83]) Hippolyt c. 6, König ist Christus und König der A. [83]) Ernst Bernheim *Mittelalterliche Weltanschauungen* 1, 73. 93 f. Vgl. Ottonis Fris. *Chron.* 8 c. 3. [85]) Adso bei Sackur 105 unten. Von dem Antichriste = ZfdA. 6, 371 Zeile 72 ff.; Reuschel 18, N. 2; Hans Preuß *Die Vorstellungen vom A. im späteren MA.* 1906, 25. 47 f.; Stolle *Kirchenväter* 277 N. 3. [86]) Bernheim 74, N. 1; Ottonis *Chron.* 8, c. 1. [87]) Bernheim 75. [88]) Wadstein 39, 104 und Radcke. [89]) Bernheim. [90]) Ebd. [91]) Wadstein 39, 101 f. [92]) Die Chroniken d. deutschen Städte. Nürnberg 3, 123. [93]) Hans Preuß *Die Vorstellungen v. A. im späteren MA., bei Luther usw.* 1906, 49 ff. [94]) Ebd. 45 ff.; Wadstein 39, 117 ff. [95]) Ausführlich über Luthers Anschauungen handelt Preuß von S. 83 ab. [96]) In der Kunst: ebd. 28 ff. 66 ff. 198 ff. — Flugblätter: ebd. 183 ff. 239 f. [97]) Ebd. 222 f. [98]) Ebd. 215 u. Nr. 2; Peuckert *Schlesien* 47. [99]) Erwähnt sei noch die Feststellung von Preuß 247 ff., daß niemals von katholischer Seite L. als A. hingestellt worden ist, was immerhin für den Gegner nahe lag. [100]) Preuß 45 ff. [101]) Geschichtsschreiber d. deutsch. Vorzeit 94, 118. [102]) Ebd. 93, 355 ff. [103]) Kampers *Kaiseridee* 95 ff.

V. Der A. im 16.—17. Jh. Die Buchdruckerkunst ermöglichte, dem Volk zeitungsartige Literatur zuzuführen; so wird Deutschland seit dem Ende des 15. Jhs. mit fliegenden Blättern überschüttet, unter denen Prognostica usw. die erste Stelle einnehmen. Der persönliche A. wird wieder geglaubt. Die Praktika 1492 verheißt: In Oberdeutschland wird ein Prophet auftreten; man wird ihn den A. nennen [104]). Und um 1500: Corda nostra plurimum concutiuntur, dum de die extremi judicii et de A. tanta dicuntur [105]). Heinrich Vogel kannte 1605 eine alte Weissagung, daß der A. kommen werde, wenn das Evangelium und die Alchemie wiederum herfürkommen, das eine aber habe Luther, das andere Paracelsus vollbracht [106]). Die von Paracelsus [107]) ausgehende pansophische Bewegung, die joachitische Ideen aufnahm [108]), kannte auch den A.-Glauben [109]), und er hat sich bei den Pansophen ebenso wie bei Schwärmern bis in den Anfang des 18. Jhs. gehalten [110]). Die „geistliche Auslegung", seit Joachim bei allen gegenkatholischen Strömungen geübt, mußte absterben, als der Kampf gegen die Kirche durch einen Frieden beendet wurde, der den evangelischen Kirchen Gleichberechtigung gab und so den Anlaß zum Kriege beseitigte. Dafür erwachte unter den Katholiken (Malvenda) der alte Glaube an den wirklichen A. zu neuem Leben, und er hat sich in katholischen Landen bis heute gehalten, ein letztes lebendes Stück Barock [111]). Vom 21. Jan. 1707 haben wir eine Flugblatt-Copia eines von Malta gekommenen „Schreibens des zu Babylon neugebohrnen Antechrists" betreffend. Aus dem Jahre 1716 stammt das bombastisch-barocke Buch des Paters Dionysius von Lützenburg, das einen wahrhaftigen Roman vom A. darstellt [112]). In vielen Sekten ist von ihm, freilich wieder als vom geistlichen A., die Rede[112a]. Im Badischen fürchtete man, früher noch mehr als jetzt, den Endechrist, für dessen Vorläufer man den alten Napoleon hielt[112b].

[104]) Preuß 25 N. 4. [105]) Ebd. 27. [106]) Offenbarung der Geheymnussen der Alchimy 1605, Aijr = Peuckert *Rosenkreutzer* 1927. [107]) *Sermones de Antichristo* 1619. Vgl. K. Sudhoff *Versuch einer Kritik d. Echtheit d. Paracels. Schriften* 1899, I, Nr. 311. 313; 2, 764 (Nr. 199) 412. 579. 587. 596 f. Vor allem 552 und *Schriften P.* ed. Huser 9, 191. [108]) Sudhoff 2, 764 Nr. 199. [109]) Ebd. 2, 571 mit Prognostica auf 1579 und 1600. Vgl. Peuckert *Rosenkreutzer* 1927 und Peuckert *Die pansophische Bewegung* 1928. [110]) Christ. Kotters Weißgerbers in Sprottau *Weissagungen über den A.* bei A. Comenius *lux e tenebris* 1 (1655) c. 9, 45; 16, 40 ff.; Jakob Böhme Ausgabe v. 1730 im Register. Quirinus Kuhlmann, Gichtel usw. [111]) ZfVk. 30/32, 109. [112]) *Leben Antichristi* 1716. [112a]) Bernheim 78 Nr. 1; Angelus Silesius *Ecclesiologie* 1677. 1, 713 f. [112b]) Meyer *Baden* 521.

VI. Erscheinungen des A. Ich verzeichne eine Reihe von Angaben über die Erscheinung usw. des A., die den dauernden Glauben an ihn beweisen. In der Verfolgung des Septimus Severus dachte ein Mann aus Juda ihn ganz nahe[113]). 380 meinte Martin v. Tours, er sei schon im Knabenalter[114]). 591 wollte Gregor v. Tours einen Betrüger, der sich für Christus ausgab, den A. nennen[115]). 854 erklärte Alvarus, seine Zeit sei da und Mohammed sein Vorläufer[116]); auch Otto von Cluny[117]) (Anfang 10. Jh.) hielt seine Zeit für gekommen; Notker schrieb: Sanctus Paulus kehiez tien, die in sînên zîten uândôn des suonetagen, taz er êr nechâme, êr romanum imperium zegienge unde Antichristus rîchesôn begondî ... So ist nû zegangen romanum imperium[118]). Abbo v. Fleury schrieb 990: Über das Ende der Welt habe ich in meiner frühen Jugend eine Predigt in einer Kirche zu Paris gehört, daß sofort, nachdem das 1000. Jahr abgelaufen sein würde, der A. erscheinen werde[119]). 1080 war es Bischof Ranieri v. Florenz gewiß, daß er schon lebe[120]). Walther von Lille sah in Barbarossa seinen Vorläufer[121]). 1105 hielt man zu Florenz eine Synode, in quo (concilio) cum episcopi loci de Antichristo, quia eum natum dicebat, satis disputatum est[122]). 1185 hielt aus astrologischen Gründen Magister Johannes von Toledo seine Zeit für gekommen[122a]). 1190 antwortete Joachim von Fiore dem Richard Löwenherz, er sei schon in der Stadt Rom geboren (R. = Babylon)[123]). 1210 ist ein Pseudoprophet aufgestanden, qui dicebat A. jam esse adultum[124]). 1227 verkündet der Minorit Petrus de Boreth in Acre, er wachse heran und werde im März 10 Jahre sein[125]). 1297 setzt Arnold von Villanova ihn zwischen 1300 und 1400 fest[126]). 1321 erklärt ein Begharde auf Grund der Lektüre des Johannis Olivi, er sei schon geboren et habebat ultra XX annos aetatis[127]). Die Lehninsche Weissagung sah in Ludwig d. Bayern den A.[128]). Barthol. Janovesius aus Mallorca erwartete ihn Pfingsten 1360[129]). Auch Roger Baco wollte seine Zeit berechnen[130]). Milič von Kremsier wußte ihn 1346 geboren und schlug das 1367 an der Peterskirche an, ja erklärte Karl IV., dieser sei der A. major[131]). Sein Schüler Matthäus v. Janov meinte: Tanta fama fuit et est de adventu A. per universam ecclesiam, et ita est descriptus, ut etiam pueri decipi non possent per eundem[132]). Der gewaltige Dominikaner Ferrer schrieb 1412 Papst Benedikt XIII., daß er 1403 geboren und jetzt schon 9 Jahre sei[133]). Seit dem Anfang des großen Schismas glaubte ihn das Volk 1385 in Babylon geboren[134]). Zum Jahre 1401 verheißt ihn die Prophezeiung der hl. Hildegard[135]). Mehr als 100 Männer und 300 Frauen aus der niederen lombardischen Bevölkerung traten in den „dritten Orden" des hl. Dominikus ein und zogen 1420 unter Ferrers Ordensbruder Manfred von Vercelli nach Rom, wo ihnen Manfred martyrium et victoriam contra A. versprach[136]). Seit 1522 erwartete ihn Luther[137]). Auch Rabelais wußte: L'Antichrist est desja né[138]). Und etwa 1550 wurde gedruckt: Antichristus, seu Prognosticatio finis mundi. 1574 ist er zu Babilonia auf der Grenzen Labea geboren worden, dann 1578, und endlich in diesem jetzt laufenden Jahr 1592 in einer Stadt Consa[139]). 1664 hat A. Bourignon nach einer Vision erklärt: Cet Antechrist est né, ja plus d'un an passé [140]).

[113]) Eusebius *Kirchengesch.* VI. 7. [114]) Sulpici Severi *Libri qui supersunt*, ed. Halm 1866; *Dialogus* II. 14 p. 197. [115]) Gregorius Turens. *Hist. Franc.* 10 c. 25. [116]) *Indiculus luminosus:* Migne 121, 554 ff. Paschasius Radbertus sah ihn von den Sarazenen kommen: Wadstein in der Ztschr. f. wissensch. Theol. 39, 124; Innozenz III. hielt Mohammed für den A.: Migne 216, 818; (Vgl. Joh. Albr. Bengel *Erklärte Offenbarung Joh.* 1746, 1112.) Hier beginnt die von Joachim aufgenommene Lehre, die Türken seien der östl. A., der Papst der westl. [117]) Migne *Curs. patr. lat.* 133, 641. [118]) Notker *Vorrede zum Boethius.* [119]) *Vita S. Abbonis Floracensis:* Bouquet 10, 332. [120]) Döllinger im Hist. Taschenb. 5. F. 1, 270. Ebenso der Stifter des Prämonstratenserordens Norbert von Magdeburg: Acta SS. Maii 7 pag. 139; Radcke 21 ff. [121]) Müldner *10 Gedichte des*... 1859 Nr. 5. 6. 7. Bibl. d. literar. Ver. Stuttgart 16, 49. [122]) Watterich *Vitae Rom. pont.* 2, 6 = Bengel *Erklärte Offenb.* 1108. [122a]) Annales Marbarenses M.G.SS. in usum scholarum ed. Reinike-Bloch 1907, 56. [123]) Joachim *Expositio in Apocal.* 1527, 133 = Wadstein 82 f. [124]) Mon. Germ. SS. 8, 466. [125]) Ebd. 23, 920. [126]) Wadstein 91. [127]) Ebd. und Nr. 4. [128]) Kampers *Kaiseridee* 131. [129]) Malvenda *de Antichristo* 1647. 1, 119. [130]) Wadstein 90. [131]) Ebd. 84 f. Vgl. Fontes rer. Austriac. 6. 2, 40 ff.; Preuß 50, Nr. 4. [132]) Höfler *Concilia Pragensia* in Abhandlungen kgl. böhm. Ges. Wissensch. 5. F. 12, XLI. [133]) Malvenda 1, 119 ff. [134]) Wadstein 88 nach *Opp. Gersonis*, edid. Du Pin, 1, 517. [135]) Kampers *Kaiseridee* 137. [136]) Wadstein 89. In Flandern hielten Wahnsinnige sich selbst für den A.: J. Huizinga *Herbst des MA.s* 1924, 262. [137]) Preuß 168. Vgl. Malvenda 1, 119 zum Jahre 1533. [138]) Gerhardt *Franz. Novelle* 114. [139]) Joh. Janssen *Gesch. d. deutschen Volkes* 6, 432. [140]) Bengel *Erkl. Offenb.* 1160.

VII. Beziehungen zu fremden Mythologien. 1. Armillus. Armillus ist die hebräische Form für Ρωμύλος; den Juden ist Rom der A. Satan oder frevelhafte Heiden zeugen ihn, indem sie mit einem steinernen Jungfrauenbild Unzucht treiben, das Gott selbst schuf und das in Rom steht. Nach 9 Monaten spaltet es sich und gebiert ein riesenhaftes Kind [141]), ein Ungeheuer, mit roten Augen und zwei Köpfen [142]), das von den Juden in der Wüste Anbetung verlangt. Da er keine Wunder tun kann, kehren sie sich ab; er verfolgt sie; Michael und Gabriel werden ihn töten, oder der Messias ben David wird ihn mit dem Hauch seines Mundes niederwerfen. Bousset setzt die Entstehung der von der A.-Sage abhängigen Sage ins 7./8. Jh. [143]).

2. Deddjal. Mohammed hatte geglaubt, daß in seiner Zeit der A. al masih al deddjal, der falsche Messias, lebe und hat nach der Tradition einen Juden aus Medina, Saf ibn Said, dafür gehalten. Die Mohammedaner haben den Mythus vom gefesselten Unhold auf ihn übertragen; er ist mit Eisenketten gebunden und an eine eiserne Säule angeschmiedet [144]).

3. Der A. im ahd. Gedicht Muspilli [145]) aus Bayern in der 2. Hälfte des 9. Jh. [146]) hat zu vielen Deutungsversuchen Anlaß gegeben. Grimm suchte in ihm einen heidnischen Gott der Bayern und Alemannen, ein dem nord. Surtr ähnliches Wesen [147]), Karl Bartsch den Fenriswolf [148]), Müllenhoff hielt christliche Unterlage für gegeben [149]), und Zarncke forderte nachdrücklichst, daß man versuchen müsse, solche Deutungen zu unterlassen, solange man mit christl. Motiven auskomme [150]). Weder Grau [151]) noch Guntermann [152]) haben eine christl. Quelle für den Passus vom A. gefunden, Ehrismann [153]) endlich hat keine Einzelquelle, sondern die lateinische Predigtliteratur als Vorlage angesprochen. Schon Vetter erklärt: Um das alles (die Kirchenlehre) kümmert sich unser Dichter nicht; er gab eben einfach, was Glaube war, voll volkstümlicher Züge [154]).

Der A.-Abschnitt findet sich wieder in der as. Genesis [155]). Dort streitet Henoch allein gegen den A., während in Muspilli Elias allein steht. Dieser Zug läßt sich sonst nirgends mehr nachweisen; nur in der Vita Landiberti des Sigebert von Gembloux aus dem 11. Jh. heißt es noch einmal: Helyas in celum raptus expectat adhuc per A. gladium victorie palmam [156]). Handelt es sich hier um eine sächsische Tradition? — Die uueroltrehtuuîson sagen, daz sculi der antichristo mit Eliase pâgan, sprechen also von einem Zweikampf, und zwar in der Luft, in dem der A. sigalôs wird. Auch davon wissen die kirchlichen Quellen nichts; die schreiben: Doh uuanit des vilo . . . gotmanno, daz Elias in demo uuige aruuartit uuerde. Und so mag Neckel recht haben, wenn er hier einen älteren, wurzelverwandten Mythus durchschimmern sieht [157]. Endlich ist fremd, daß Satan den A. varsenkan scal. Ehrismann hat für dieses Stück (v. 37—47) bereits gesehen, daß die Quelle volkstümlich ist; weil sie nicht kirchlich ist, findet sie sich auch sonst nicht in der geistlichen Literatur [158]. Ich möchte dabei die Vermutung äußern, daß v. 50 an v. 47 angeschlossen war und nur v. 48 f. Einschub ist; wäre das der Fall, dann wäre der A., der „uunt pivallan" sollte, derjenige, von dessen Blut die Erde entbrennt. Auf Elias wurde das erst bezogen, als durch den Einschub v. 48 f. von Elias als dem Verwundeten die Rede war; ein gedankenloser Abschreiber hat dann „sô daz Antichristes pluot" in „sô daz Eliases pluot" geändert. Dafür, daß durch ihn die Erde entzündet wird, würden wir heimische Belege haben, für Elias als Stifter des Weltbrandes nur östliche [159].

4. Den Kampf zwischen dem A. und Elias hat Grimm auch im Norden wiederfinden wollen [160]; Simrock hat den A. in der Mitgardsschlange [161], E. H. Meyer in Surtr (Völuspá Str. 52) [162] und dem Kinde der Alten im Eisenwalde (Völuspá) [163] erkennen wollen. Man wird zugeben dürfen, daß christliche Motive nach dem Norden gewandert sind und zwar, als dort der alte Glaube noch galt; Dichter haben sie aufgenommen und verwertet. Aber eine bewußte Verkleidung christlicher Lehren in Göttermythen dürfte kaum vorgekommen sein. Was Surtr betrifft, so scheint mir Neckels Versuch beachtenswert, welcher in ihm den gefesselten Unhold sieht [164], der in einer Höhle liegt und sich nach seinem Flammenschwert reckt.

VIII. Der A. in der Volkssage. Nur aus katholischen Gegenden, wie ja des Flavius Illyrius Bemerkung erwarten ließ, liegen Aufzeichnungen vor. Er heißt Antenchrist, denn die Menschen werden am Ende tierartig, mit Entenschnäbeln geboren [165] (die im MA. üblichen Namen [165] sind vergessen). Er kommt, wenn alle zu Christus bekehrt sein werden [167], zur Zeit allgemeinen Abfalls [168]; wenn er 19 Jahre ist, wird fast die ganze Welt abgefallen sein [169], Pseudopropheten treten auf [170]; so wie der Teufel ledig ist [171]. Stürme im Christmonat zeigen Ankunft an [172]. Manche glauben, er regiere schon [173]; besonders 1848 dachte man das [174]; andere denken, es wird noch lange dauern [175]. Sichere Vorzeichen sind: eine vierzigjährige Dürre und Hungersnot [176], in welcher Zeit kein Regenbogen zu sehen sein wird [177]; Bruderhaß [178]; wenn die Pfarrkirche zu Söll (Tirol) versinkt [178 a], der ganze Küchelberg bei Meran urbar gemacht ist [178 b]; im Kanton St. Gallen glaubt man, er komme, wenn die eisernen Stangen auf dem Breitfelde ausgeackert wer-

[141]) J. Scheftelowitz *Alt-palästinensischer Bauernglaube* 1925, 33. [142]) Bousset *Antichrist* 66 ff. u. Register s. v. Vgl. Liebrecht *Gervasius* 69; Löwis of Menar im ARw. 13, 517 ff. 14, 641 ff. 15, 305 ff. [143]) Dionysius v. Lützenburg *Leben Antichristi* 1716, 421 f.; Ztschr. f. Kirchengesch. 20, 120. [144]) Paul Casanova *Mohammed et la fin du monde* 1911, 29. 47; A. Olrik *Ragnarök* 1922, 276 ff. [145]) Ich zitiere nach Wilh. Braune *Althochdeutsches Lesebuch* 1911 [7], 82 ff. — [146]) v. Unwerth-Siebs *Gesch. der deutschen Literatur bis zur Mitte des 11. Jhs.* 1920, 153. [147]) *Myth.* 2, 677. [148]) Germania 3, 17. [149]) ZfdA. 11, 392. [150]) Berichte d. kgl. sächs. Ges. d. Wissensch. Phil.-hist. Kl. 18, 213 ff. [151]) Gustav Grau *Quellen u. Verwandtschaften d. ält. germ. Darstellungen d. jüngsten Gerichts* = Stud. z. engl. Phil. 31, 232 ff. [152]) ZfdPh. 41, 410 f. 412. Vgl. AfdA. 35, 192 f. [154]) Ferd. Vetter *Zum Muspilli* 1872, 119 ff. 124; v. Unwerth deutet auf Crist III als Quelle hin, dort fehlt aber die A.Episode: PBB. 40, 365 f. Vgl. auch Neckel in Sitzb. Heidelb. 9, 32 f. [155]) v. 139 b ff. = Grau 233 f. = Bousset 180. [156]) Mon. Germ. SS. Meroving. 6, 398. [157]) Neckel 30 f. [158]) Eine Scheidung zwischen beiden Kampfschilderungen hat Ehrismann AfdA. 35, 192 f. vorgeschlagen, der auch v. Unwerth PBB. 40, 365 f. zustimmt. [159]) Ztschr. f. d. österr. Gymnasien 43, 748 (Christus entzündet Brand = Anton E. Schönbach *Altdeutsche Predigten* 1888, 2, 14). [160]) *Myth.* 2, 676. [161]) *Mythologie.* [5] 133 f. [162]) *Völuspá* 1889, 206 ff.; *Germ. Myth.* 149 f. [163]) *Myth. d. Germanen* 459 ff. [164]) Gust. Neckel *Studien zu d. germ. Dichtungen v. Weltuntergang.* Sitzber. Heidelb. Akad. 9, 30. 46. 48 f.

den und das dort vergrabene Bäumchen ausschlagen und so groß sein wird, daß ein Offizier aufrecht darunter stehen kann [179]; er kommt nach der Walser Schlacht [180]), wenn Karl V. oder Kaiser Friedrichs Bart dreimal um den Tisch gewachsen ist [180a]), wenn der in der Königskaul bei Trittenheim versunkene König den Türken schlägt [180b], wenn die Leute hohe Hüte tragen und ohne Rosse fahren werden [181]); nachdem 7 Jahre kein Kind mehr [182]), nur Mädchen geboren wurden [183]); im Kreise Leobschütz glaubt man, es werden 30 Jahre nur Mädchen und dann nur Knaben geboren; der erste derselben ist der A. [184]). Unter Donner und Blitz wird er geboren [185]), außerm Fern tuts drei Donnerschläge [186]); Feuer fällt vom Himmel [187]), die Blumen schwitzen Blut [188]). Er kommt aus dem Stamme Dan [189]). Seine Mutter ist ein altes [190]), böses Weib [191]), eine alte Witwe [192]), eine Hexe [193]), eine Hure [194]), von der 9. Hure her [195]), eine 70jährige Jüdin [196]), eine jüdische Hure [197]) (die Tochter eines jüdischen Fürsten aus dem Stamme Juda, eine Zauberin und angebliche Jungfrau [198]), ein lediges Judenmädchen [199]), eine Jungfrau, die ihn von Dämonen empfängt) [200]); aus dem Stamm Dan werden 12 Fischer einen Fisch fangen; dessen Kopf ißt eine Jungfrau und wird mit dem A. schwanger [201]). Er gehört der babylonischen Hure [202]). Sein Vater ist ein 90jähriger Greis [203]) (ein jüdischer Zauberer aus Dan) [204]) oder er wird vom Teufel empfangen [205]), (der Teufel ist bei der Empfängnis mitwirkend beteiligt) [216]). Mönch und Nonne sind seine Eltern [207]). Vater und Tochter zeugen ihn [208]). Seine Mutter erschricket unde zevert in der gepurt ouf der stat [209]). Er wird von einer Schlange mit einer alten Jüdin erzeugt [210]); ist ein Lintwurm aus dem Ei eines 7jährigen Hahnes, und wird durch die Anbetung eines Mädchens zum schönen Jüngling [211]), ist ein Unterweltwesen [212]), der Drache [213]). Geboren wird er zu Babylon [214]) (am Euphrat) [215]). Gott ordnet ihm wie jedem Menschen einen Schutzengel bei [216]), obwohl Satan in ihm wohnt [217]). Seine Mutter trägt ihn zwei Jahre [218]); er peinigt sie im Mutterleibe [219]); sobald er zur Welt kommt, kann er laufen und sprechen [220]). Jeder sieht ihn in andrer Gestalt [221]). Sonst wird er als klein [222]) und rothaarig [223]) geschildert, mit einem Mal an der Stirn, wo ihn der Blitz treffen wird [224]), oder an der rechten Hand und am linken Fuß [225]). Als Ungeheuer mit sieben Köpfen soll er erscheinen [226]) (Zauberer erziehen ihn) [227]).

Er wird auftreten, wenn der römische Kaiser sein Reich Gott zurückgibt [228]); wenn Gog und Magog, die roten Juden im Kaukasus, erscheinen [229]), die sein Vorläufer, der sich Elias nennen wird, ruft [230]). Mit 30 Jahren, wenn wieder abwechselnd Knaben und Mädchen geboren werden [231]), fängt er an [232]); so lange hält er sich (in Galiläa) [233]), unsern Herrn nachahmend, verborgen [234]); dann zieht er nach Jerusalem [235]). Er tut Wunder [236]), weiß alles, weswegen man 1445 einen 20jährigen Spanier an der Pariser Universität, wie Trithemius erzählt, für den A. hielt [237]); kann alle Sprachen der Welt [238]). Er gewinnt mit Ehrungen, Liebkosungen und Geld die Leute [239]). Alle vergrabenen und ungehobenen Schätze werden sein [240]); mit ihnen lockt er die Menschen [241]), er fährt mit vier schwarzen Rossen durchs Land und sät Geld aus [242]); wer ein einziges Geldstück aufhebt, gehört schon dem Teufel an [243]). Der A. will die Weltherrschaft gewinnen [244]); er sendet 12 Jünger predigend aus [245]). Das mosaische Gesetz wird wieder gültig [246]). Die Juden fallen ihm zu [247]), und er läßt sich in Jerusalem beschneiden [248]), oder ist es schon seit dem 8. Tage seiner Geburt [249]); er wird ihr Messias [250]) und baut den Tempel wieder auf [251]). In diesem sitzt er [252]) oder er setzt sich in den Tabernakel [253]) und läßt sich anbeten [254]). Die Christen müssen Gott abschwören [255]); er wütet gegen den katholischen Glauben [256]); fängt eine Christenverfolgung an [257]); Elias und Henoch predigen umsonst [258]), doch ist auch einmal von Bekehrungen durch sie die Rede [259]). 30 Jahre predigt er wie Christus [260]), andere reden von 3 Jahren [261]), oder er lebe 3 Jahre verborgen und

3 öffentlich [262]). Seine Anhänger erhalten ein Mal an die Stirn und zwar ein N., was nego bedeutet [263]); von anderen Zeichen weiß man im MA. [264]). Dann werden die Menschen wild leben [265]); es gibt nur noch sieben oder neun Katholische [266]), die Elias unter einem Birnbaum [267]), einem Apfelbaum sammelt [268]). Auf einem Esel will er Leute übers Wasser setzen und läßt sie ertrinken [269]).

Elias wird sein Beiläufer sein [270]); oder Elias und Enoch [271]) (und Johannes) [272]), oder Moses und Elias treten gegen ihn auf und besiegen ihn [273]); Enoch predigt den Heiden, Elias den Juden [274]). Nach einer Disputation [275]), läßt er sie, — sie haben 3/4 Jahre gewirkt [276]) — mit allen Foltern martern [277]) und erschlagen [278]). Seine letzte Freveltat wird seine Himmelfahrt sein [279]). Es heißt auch, er wolle nach 3 Jahren im feurigen Wagen auffahren [280]), oder er stirbt und fährt nach 3 Tagen auf [281]). Da erschlägt ihn Christus mit dem Hauch seines Mundes [282]), oder dem Ruf: Getötet werde der A.! [283]), oder ein Blitz [284]); unter Donner und Blitz im Schwefelregen vertilgt ihn Gott [285]). Michael [286]) oder Elias [287]) töten ihn. Es heißt auch, Elias streite mit einem Engelsheer gegen ihn [288]); der schlafende Kaiser wird auf dem Walserfeld mit ihm kämpfen [289]) oder vom Kyffhäuser zum Ölberg gegen ihn ziehen [290]). Gottes Blitz schlägt ihn in die Erde [291]), er muß zur Hölle fahren [292]); die Erde berstet und verschlingt ihn [293]). Der Blitz, der ihn bei seiner Himmelfahrt trifft, wirft ihn nieder, daß er in tausend Stücke berstet; wo ein solches Stück hinfällt, entzündet sich die Erde [294]). Oder man sagt, Elias werfe ihn ins Meer [295]). Die Erde aber wird nach seinem Sturz lauter Wasser [296]). Vierzig Tage darnach erscheint der Herr zum Gericht [297]).

Ich zitiere ausgiebig Bousset *Antichrist*, der die Zeit bis Adso, Preuß *Die Vorstellungen vom Antichrist*, der die Scholastiker zusammenfaßt und Dionys von Lützenburg, der die barocke Meinung über den A. spiegelt.

165) Schönwerth *Oberpfalz* 3, 338; Quitzmann 203. 166) Bousset *Antichrist* 86 ff. 99 f.; Bernheim *Mittelalterl. Weltanschauungen* 1, 76 f. 167) Peuckert *Schlesien* 71. 168) Preuß 24; Lützenburg 23 ff. 169) Ebd. 91 f. 170) Sulpic. Severus *Vita S. Martini* c. 24. 171) Schönwerth *Oberpfalz* 3, 334. 172) Ebd. 3, 338. 173) Ebd. 338. 174) Birlinger *Volksth.* 1, 182. 175) Meyer *Baden* 401. 176) Preuß 24; Bousset 129. 177) Preuß 24. 178) Bousset 76. 178 a) Zingerle *Sagen* 1859, 260 Nr. 463; ZfdMyth. 4, 207. 178 b) Zingerle *Sagen* 1859, 406. 179) Kuoni *St. Galler Sagen* 297 f. 180) Grimm *Myth.* 2, 799. 180 a) Grimm *Sagen* Nr. 28; Bechstein *Volkssagen Österreichs* 1 (1840), 75. 180 b) Sepp *Sagen* 629. 181) Reiser *Allgäu* 1, 419. 182) Zingerle *Tirol* 227. 183) Peuckert *Schlesien* 70. 184) Birlinger *Volksth.* 1, 181; Reiser *Allgäu* 1, 419. 185) Schönwerth *Oberpfalz* 3, 334. 335. 186) Zingerle *Tirol* 227. 187) Ebd. 337; Aurbacher *Ein Volksbüchlein* (ed. Jos. Sarreiter) 2, 62. 188) Kuoni *St. Galler Sagen* 306. 189) Bousset 112 ff. 190) Quitzmann 203; Vernaleken *Alpensagen* 68, aus Salzburg; Preuß 15 Nr. 4. 191) Wilh. Wackernagel *Die altdeutschen Handschriften d. Basler Univ.-Bibl.* Rektoratsprogramm 1835, 22: Elucidarius des 14. Jhs. 192) Zingerle *Sagen* 408. 193) (Gossensaß) ZfVk. 6, 306. 194) Aurbacher 2, 62. 195) Schönwerth *Oberpfalz* 3, 335; Preuß 15. 196) Ebd. 334. 338 f.; Preuß 15, N. 4. 197) Birlinger *Volksth.* 1, 180. 198) Lützenburg 57 ff. 71 f. 199) Peukkert *Schlesien* 70. 200) Sackur *Sibyll. Texte* 106; vgl. oben III. 4; Liebrecht 201) *Gervasius* 6, 68. Zeitschrift für Kirchengeschichte 20, 288 nach einem griech. Ps. Method. 202) Reiser *Allgäu* 1, 419. 203) Schönwerth *Oberpfalz* 3, 334; Preuß 15 N. 4. 204) Lützenburg 71 f. 205) Reiser *Allgäu* 1, 419; Bousset 91. 206) Bousset 92; Preuß 15. 207) Franz *Nic. de Jawer* 151 f.; Preuß 15 N. 4. 208) Ebd. 209) Heinrich v. Neustadt *von gotes zuokunft* ed. Strobl 1875, V. 4921 f.; vgl. Reuschel a. a. O. 27; Aytingers *Ps. Method. von 1498.* 210) Schönwerth *Oberpfalz* 3, 338 f.; Aurbacher 2, 62. 211) Vernaleken *Alpensagen* 68 aus Salzburg = Quitzmann 203 = ZfdMyth. 4, 203; vgl. A. Olrik *Ragnarök* 1922, 100 f. 97 ff. 212) Bousset 99. 213) Ebd. 94 ff. 214) Schönwerth *Oberpfalz* 3, 339; Aurbacher 2, 62; Zingerle *Sagen* 408; Bousset 113; Preuß 16. 215) Lützenburg 63 entscheidet sich zwischen einem afrikan. und asiat. B. für letzteres. B. = Rom: Preuß 16. 216) Lützenburg 77; Preuß 15 f. 217) Bousset 88 f. 90; A. Olrik *Ragnarök* 85; A. = Satan Bousset 89 f. 91. 218) Schönwerth *Oberpfalz* 3, 335. 219) Ebd. 220) Birlinger *Volksth.* 1, 180. 221) Schönwerth *Oberpfalz* 3, 338; Georg Steindorff *Die Apokalypse des Elias* 1899, 91. 222) Schönwerth 3, 335. 223) Ebd. 335. 224) Ebd. 335. 225) 337. 226) Simrock *Myth.*[5] 482; Bousset 101 f.;

vgl. auch Steindorf *Apokalypse d. Elias* 1899, 91 f. [227]) Wackernagel a. a. O. 22 f.; Lützenburg 83 f.; Preuß 17. [228]) Vgl. die Literatur zum ludus de Antichristo; Bousset 77 ff. 27 ff.; Preuß 17. 24. Nr. 3; Lützenburg 45 f. [229]) Lützenburg 113 ff.; Preuß 17 f.; Ztschr. f. Kirchengesch. 20, 113 ff. [230]) Lützenburg 113 ff. [231]) Peuckert *Schlesien* 70. [232]) Schönwerth *Oberpfalz* 3, 338. 339; Aurbacher 2, 62; Birlinger *Volksth.* 1, 181. [233]) Preuß 17. [234]) Birlinger *Volksth.* 1, 181. [235]) Preuß 17. [236]) Schönwerth *Oberpfalz* 3, 335. 339; einzelne Wunder werden außer der Himmelfahrt nicht genannt; vgl. dagegen Bousset 115 ff.; Preuß 19 f.; G. Steindorff *Apok. d. Elias* 1899, 89. [237]) Wadstein in Zeitschrift f. wissensch. Theologie 39, 87 f.; Lützenburg 84; Preuß 24. [238]) Lützenburg 83. [239]) Schönwerth *Oberpfalz* 3, 337. Vgl. dazu Adso bei Sackur *Sib. Texte* 108; Preuß 18 ff.; Anton Schönbach *Altdeutsche Predigten* 2 (1888), 13. [240]) Renner 5100 bei Grimm *Myth.* 2, 819; Zingerle *Sagen* 408; Lützenburg 92. 102; Preuß 20; Schönwerth *Oberpfalz* 3, 339. [241]) Ebd. 337. 339; Zingerle *Sagen* 408; Preuß 202. [242]) Peuckert *Schlesien* 70; Schönwerth *Oberpfalz* 3, 335. 338. [243]) Ebd. 338; Peuckert *Schlesien* 70. [244]) Schönwerth *Oberpfalz* 2, 336; Bousset 126 ff. Vgl. auch die barocken Ausführungen Lützenburgs. [245]) Birlinger *Volksth.* 1, 181; Preuß 18; Bousset 124 f. [246]) Lützenburg 178. 198 f.; Bousset 108; Preuß 17. [247]) Preuß 17. [248]) Preuß 17. [249]) Lützenburg 77 f. [250]) Bousset 108 ff. [251]) Aurbacher 2, 63; Preuß 18. Schon bei Adso, vgl. III. 4. [252]) Bousset 104 ff. [253]) Zingerle *Sagen* 1859, 408. [254]) Ebd.; Aurbacher 2, 62; Preuß 18. [255]) Vernaleken *Alpensagen* 68. [256]) Schönwerth *Oberpfalz* 3, 335. [257]) Reiser *Allgäu* 1, 419; Vernaleken *Alpensagen* 68 f.; Zingerle *Sagen* 1859, 408; Bousset 139 ff.; Preuß 21. [258]) Schönwerth *Oberpfalz* 3, 336; Bousset *Kommentar* 51. [259]) Ebd. 337 f.; Peuckert *Schlesien* 70 f.; Bousset 139. [260]) Schönwerth *Oberpfalz* 3, 337. [261]) Ebd. 338; Aurbacher 2, 63; [262]) (Gossensaß) ZfVk. 6, 306. [263]) Schönwerth *Oberpfalz* 3, 337; Aurbacher 2, 63. [264]) Bousset 132 ff.; Radcke a. a. O. 14 Nr. 6; Schönbach *Predigten* 2, 13; Lützenburg 333 ff. [265]) Preuß 16 Nr. 7. [266]) Schönwerth *Oberpfalz* 3, 337. 336. [267]) Ebd. 336 = Quitzmann 205. [268]) Schönwerth *Oberpfalz* 3, 338. [269]) (Gossensaß) ZfVk. 6, 306. [270]) Schönwerth 3, 338. 335. Vgl. Zarncke in Ber. d. kgl. sächs. Ges. d. Wissensch. 18, 213 ff. 218. [271]) Schönwerth *Oberpfalz* 3, 337. 339; Quitzmann 204; Peuckert *Schlesien* 70 f.; Reiser *Allgäu* 1, 419; Bousset 134 ff.; Schönbach *Predigten* 2, 13. [272]) Zarncke 216 f. (Hieronymus); Stolle *Kirchenväter* 133; Olrik *Ragnarök* 358; Bousset 137 f. [273]) Zingerle *Sagen* 1859, 408. [274]) Preuß 22. [275]) Ebd. 22. [276]) Birlinger *Volksth.* 1, 181. [277]) Ebd. [278]) Ebd; Schönwerth *Oberpfalz* 3, 337. 339. [279]) Ebd. 336. 338; Birlinger *Volksth.* 1, 181. [280]) Aurbacher 2, 63. [281]) Schönwerth *Oberpfalz* 3, 339; Bousset 152; Preuß 20. 23; Lützenburg 372 ff. Vgl. auch Bousset 95 ff. [282]) Bousset 149. Vgl. ZfdA. 52, 273 (nd. Apokalypse). [283]) Preuß 23. [284]) Schönwerth *Oberpfalz* 3, 336. 337; Quitzmann 204; Birlinger *Volksth.* 1, 181. [285]) Schönwerth *Oberpfalz* 3, 339; Lützenburg 379. [286]) Schönwerth *Oberpfalz* 3, 338. 339; Quitzmann 204; Aurbacher 2, 63; Bousset 150 ff. 175; Preuß 23. [28] Quitzmann 204; Elias u. Enoch: G. Steindorff *Apok. d. Elias* 1899, 105. [288]) Vernaleken *Alpensagen* 68 f.; vgl. G. Steindorff *Apok. d. Elias* 1899, 97 ff. [289]) Grimm *Sagen* Nr. 28; Simrock *Mythologie* [5] 148. [290]) E. H. Meyer *Mythologie der Germanen* 1903, 63 (382); vgl. Bousset 153. [291]) Birlinger *Volksth.* 1, 181. [292]) Reiser *Allgäu* 1, 419; G. Steindorff *Apok. d. Elias* 1899, 105. [293]) Aurbacher 2, 63; Lützenburg 377. 379. [294]) Schönwerth *Oberpfalz* 3, 386; Quitzmann 203; Birlinger *Volksth.* 1, 181. Vgl. Bousset 159 ff. [295]) Vernaleken *Alpensagen* 68 f. aus Salzburg. [296]) Schönwerth *Oberpfalz* 3, 337. [297]) Preuß 23. Peuckert.

Antimon. Im Altertum wurde das Antimonium als Schminke und in Form von Pulver oder Schmalz bei Flüssen, Geschwüren, Wunden usw. verwendet [1]).

Bis zum 15. Jh. verstand man unter Stibium, Antimonium, Spießglas immer die natürlich vorkommende dunkle Schwefelverbindung des A.s, die zu äußerlichen Zwecken, namentlich gegen Fisteln, Krebs, Blutungen, Augentriefen, in der Heilkunst verwendet wurde. Das metallische A. fand im 17. und 18. Jh. medizinische Verwendung. In den Klöstern dienten aus diesem Metall hergestellte Becher dem löblichen Zwecke, Mönchen, die dem Bacchus zu sehr ergeben waren, den Geschmack zu verleiden und ihnen Widerwillen gegen jedes Trinken zu erzeugen. Von A.metall waren auch die „ewigen Pillen" unserer Vorfahren, die als teure Familienerbstücke sich auf ganze Geschlechter vererbten; denn „wenn sie gleich hundertmal eingenommen und wieder ausgegeben, würden sie doch alle Zeit purgieren und man große Not haben zu merken, daß sie etwas verringert werden" [2]).

[1]) Pauly-Wissowa 1, 2436 f.; Plinius 33 § 100 f. [2]) Peters *Pharmazeutik* 2, 121 f. und 1, 208; Lonicer 55; vgl. Bresl. Samml. Regb. 514 und 308.

Zur weiteren Verwendung des A.s in der älteren Volksmedizin vgl. Flügel *Volksmedizin* 16; Schwenkfelt *Catalogus* 1, 393; Kräutermann 97 ff. Olbrich.

Antipathie s. Sympathie.

Antlaß s. Gründonnerstag.

Anton s. Zwerg.

Antoniterkreuz oder Antoniuskreuz wird die Thauform des Kreuzes (T, crux commissa) genannt, weil sie nach einer späten Überlieferung auf den ägyptischen Einsiedler Antonius zurückgeht, der mit diesem Zeichen die Dämonen vertrieben, die Götzen gestürzt und die Pest bekämpft haben soll [1]). Er habe es auf seinem Mantel und an seinem Stab getragen, eine Tracht, die in Wirklichkeit auf die Antonierherren des MA.s zurückgeht, einen Orden, dessen Geschichte mit dem Wüten einer Epidemie, des Antoniusfeuers (morbus sacer), zusammenhängt [2]). Daher soll das A. gegen Pest und ähnliche Krankheiten schützen [3]). Man hat es auch mit dem sogenannten Henkelkreuz, daher ägyptisches Kreuz [4]), und mit dem Thorshammer [5]) in Verbindung gebracht. Vgl. auch u. Thau (nicht Tau).

[1]) Zöckler *Das Kreuz Christi* (1875), 76; Herzog *RE.* 8 (1857), 61; Bergner *Grundr. d. kirchl. Kunstaltertümer* (1910), 338. 345; Hauck *RE.* 11, 96. [2]) Hauck *RE.* 1, 606; Franz *Benediktionen* 1, 214; 2, 131. [3]) Vgl. HessBl. 11, 49 ff.; ARw. 13, 81; Elworthy *Evil Eye* 278; Folklore 21, 60 ff. Storfer *Jungfr. Mutterschaft* 158. [4]) Dornseiff *Alphabet* 109. [5]) Urquell 2 (1891), 4. Jacoby.

Antonius, der Einsiedler, auch der Abt genannt, lebte in der thebaischen Wüste und starb angeblich 356 in seinem 105. Lebensjahre. Sein Tag ist der 17. Januar.

1. In Neapel und Sizilien ist er Beschützer gegen Feuersnot und Hüter des Herdfeuers [1]). Als Antoniusfeuer (s. d.) (St. Antons Plag, Pein, Rache) werden im MA. Karbunkel, Lupus, Rose, Pestbeulen usw. bezeichnet [2]). Im Jahre 1090 sollen durch die Reliquien des Heiligen in Frankreich viele Menschen von der Rose geheilt worden sein [3]). In Graveson (Rhonemündung) tauchte man am 27. April seine Statue dreimal in einen Bach, um gute Ernte, Schutz vor epidemischen Krankheiten und gefahrlose Entbindungen zu erzielen [4]). A. war auch Pestpatron, und es wurden ihm seit der großen Seuche von 1348 oft Armen- und Krankenhäuser, Pesthäuser und Kapellen geweiht [5]).

[1]) Trede *Heidentum* 3, 98. 105. [2]) Höfler *Krankheitsnamen* 134. 472. 488; Reinsberg *Böhmen* 22. [3]) Nork *Festkal.* 95; HmtblRE. 2, 125. [4]) Sébillot *Folk-Lore* 2, 378. [5]) Andree-Eysn *Volkskundl.* 66; HmtblRE. 2, 119 ff.

2. In Italien ist St. Antonio Schutzpatron der Haustiere [6]). An seinem Festtage werden diese an seinen Kirchen mit Weihwasser besprengt und gesegnet; das soll sie gegen bösen Blick schützen und das ganze Jahr vor Unglück bewahren [7]). In Frankreich läßt man in der Messe Hafer segnen und gibt ihn dem Vieh, den Schweinen und den Hühnern [8]). Auch in Süddeutschland schützt A. vor Viehkrankheiten [9]). Im Kt. Tessin werden an seinem Tage die Pferde gesegnet [10]).

Die Fischpredigt wird ihm, aber auch dem hl. A. von Padua zugeschrieben [11]). In einigen Sagen wird er mit wunderbaren Fischen in Beziehung gebracht [12]).

[6]) Trede *Heidentum* 3, 98 ff.; Menzel *Symbolik* 1, 69. [7]) Trede 3, 102 ff. 108. 400; Andree *Votive* 36; Nork *Festkalender* 98 f.; Meyer *Abergl.* 191; Rochholz *Naturmythen* 23 (Madrid). [8]) Sébillot *Folk-Lore* 3, 490. [9]) Zingerle *Tirol* 130 (1153); ZfVk. 8, 400; Meyer *Baden* 169. 409. [10]) Hoffmann-Krayer 123. [11]) Nork *Festkal.* 96. [12]) ZfrwVk. 3, 298.

3. Vor allem nimmt sich A. der Schweine an, und seinen Bildern ist häufig das Schwein beigegeben [13]). Man hat darin u. a. einen Hinweis auf die Dämonen gesehen, die dem Heiligen so grimmig zu schaffen machten. Aber das Schwein schmiegt sich ihm meist

freundlich an. Es wird daher auf seine nahen Beziehungen zu Ackerbau und Viehzucht hinweisen. Die Mönche in den Klöstern und Kirchen des A. waren hervorragende Schweinezüchter [14]). An manchen Orten wurde das „T ö n l - s c h w e i n" auf Gemeindekosten gehalten und lief mit einem Glöckchen am Halse frei in Stadt und Dorf herum. Zu Weihnachten oder Silvester wurde es, mit dem gegen Bräune und Bezauberung schützenden Efeu bekränzt, zum Schlachter geführt, sein Fleisch zur Weihe in die Kirche gebracht und dann an die Armen verschenkt [15]). — Wie der Heilige in Italien Antonio del porco genannt wird — die Esten haben Tônn gar zum Schweinegott gemacht [16]) —, so heißt er im westfälischen Münsterlande Swiene-Tüns, im Kr. Arnsberg Fickelntüenes [17]), in Tirol Fackentoni [18]), in der Schweiz Säu-Antoni [19]), in Baden Su-Antoni [20]). Er ist Patron der S c h w e i n e h i r t e n, der M e t z g e r [21]) und der B ü r s t e n - m a c h e r. Man nennt die am 17. Jan. geschlachteten Schweine A n t o n i u s - s c h w e i n e und opfert Fleisch von ihnen, Halbköpfe, Rückenstücke und Schinken am Altare des Heiligen [22]).

In Herdringen (Kr. Arnsberg) verzehrte an diesem Tage jede Familie ein H u h n [23]). In der Umgegend von Liesborn redete man von S o a p - T ü n s wegen des Frühschoppens, mit dem man den halben Feiertag beging [24]).

[13]) HmtblRE. 2, 119 ff.; HessBl. 15, 33. [14]) Volkskunde 14, 195 f.; T r e d e *Heident.* 3, 101. [15]) HmtblRE. 2, 122. 123. [16]) E i s e n - E r k e s 149. [17]) HmtblRE. 2, 124. [18]) A n - d r e e *Votive* 35. [19]) H o f f m a n n - K r a y e r 123. [20]) M e y e r *Baden* 409. [21]) Nach W o l f *Beitr.* 2, 86 soll das ein anderer Antonius sein. [22]) S a r t o r i *Sitte und Brauch* 3, 28 A. 12. [23]) ZfrwVk. 17, 49. [24]) HmtblRE. 2, 124. 311.

4. Auf St. A.tag wird B r o t gesegnet; es schimmelt nicht, ist heilkräftig, auch gut auf das Flachsfeld zu legen [25]) und wehrt von den Haustieren Unheil ab [26]). Heute besagt die Inschrift „für St. A.-brot" an Opferstöcken in Kirchen und Klöstern vielfach nur noch, daß von den Gaben Lebensmittel für Arme angekauft werden [27]).

[25]) K u h n *Westfalen* 2, 111 (332); J a h n *Opfergebr.* 75. 196. [26]) H ö f l e r *Fastnacht* 10 f.; A n d r e e *Votive* 36 f. [27]) HessBl. 8, 69.

5. W e t t e r - u. B a u e r n r e g e l n: Am Niederrhein sagt man: „Zint Tüenes mäckt Is, off hä breckt öt" [28]). Die Esten halten seinen Tag für W i n t e r s m i t t e, und früher gingen viele abends in die Schenken, um „des Winters Rückgrat zu zerbrechen" [29]). Wenn der Schlern, ein Berg bei Kastelruth, eine Nebelkappe hat, wird das H e i d e k r a u t gedeihen [30]). Ein Spruch warnt für den A.tag vor A d e r l a s s e n, das tot oder blind mache [31]).

[28]) HmtblRE. 2, 126. [29]) B o e c l e r *Ehsten* 75. [30]) Z i n g e r l e *Tirol* 130 (1154). [31]) ZföVk. 9, 234.

6. Im östl. Allgäu wird A. als Patron gegen W a n z e n angerufen und heißt davon „Wanzentone". Man soll am 17. Januar kein Zimmer auskehren, damit man keine Wanzen kriege [32]).

[32]) R e i s e r *Allgäu* 2, 41. Sartori.

Antonius von Padua, hl., geb. in Lissabon 1195, gest. in Padua am 13. Juni 1231. Er war ein Franziskaner von solcher Heiligkeit, daß er das Christuskind auf dem Arme tragen durfte.

1. Sein Festtag gilt in Italien als Beginn der S o m m e r z e i t, und die Frauen und Mädchen in Neapel legen die schneeweiße Jacke an [1]). Im Gegensatze zu ihm wird A., der Abt in Baden, „Winterantoni" genannt [2]). Weil er Portugiese war, verehren ihn besonders die portugiesischen S e e l e u t e, binden und bedrohen aber auch sein Bild, damit er ihnen guten Wind gebe [3]). In der Bretagne glauben die Matrosen, wenn Windstille eintritt, der Heilige (Patron des Windes) sei eingeschlafen, schimpfen auf ihn und pfeifen aus Leibeskräften [4]).

[1]) T r e d e *Heidentum* 1, 191. [2]) M e y e r *Baden* 409. [3]) ZfVk. 35/36, 156 f. [4]) S é b i l - l o t *Folk-Lore* 1, 103.

2. Das B i l d des Heiligen wird als beständiger Begleiter und Schützer in der Tasche getragen und bei Nacht unters Kopfkissen gelegt [5]). Ein solches Bildchen, das später viele Wunder tat, gruben einst die Schweine von Oberachern aus [6]).

[5]) Stoll *Zaubergl.* 60; Seligmann *Blick* 2, 327. [6]) Baader *NSagen* 54 f.

3. Um Verlorenes oder Gestohlenes wieder zu erhalten, wallfahrtet oder betet man zu A.[7]). In der Kirche zu Lauterbach läutet man die Glocke, um den Heiligen aufmerksam zu machen [8]). Selbst Mörder ausfindig zu machen, mutet man ihm zu [9]). In Schlesien heißt es, wenn man trotz eifrigen Suchens etwas nicht finden kann, der Teufel halte seinen Schwanz darüber. Drei Vaterunser zum hl. A. vertreiben ihn [10]). — Wie auch sonst nicht selten, wird A. von Padua mit dem Einsiedler verwechselt und auch diesem die Fähigkeit, Verlorenes, namentlich verlaufene Gänse und Hühner wiederzufinden, zugeschrieben [11]).

[7]) Andree-Eysn *Volkskundl.* 17; Meyer *Baden* 531. 567; Stoll *Zaubergl.* 61 f.; SchwVk. 10, 38; Zingerle *Tirol* 157 (1341). In Frankreich: ZfVk. 24, 140. 151. In Italien: Trede *Heident.* 1, 128. Ein Beispiel persönlichen Eingreifens des Heiligen: Reiser *Allgäu* 1, 437. [8]) Andree-Eysn *Volksk.* 17. [9]) HmtblRE. 2, 82. [10]) Drechsler 2, 124. [11]) Meyer *Baden* 409. 410.

4. Auch den verlorenen Geliebten schafft A. wieder [12]). Den Mädchen beschert er einen Mann [13]). Zum Antonibrunnen gehen die Mädchen, um sich einen Bräutigam zu erbitten und auch um Verlorenes wiederzufinden [14]). Die Frauen bitten A. um Kindersegen [15]).

[12]) SAVk. 2, 282. [13]) Meyer *Baden* 169; Pollinger *Landshut* 248; Andree *Votive* 12; Zingerle *Tirol* 157 (1342); ZfVk. 17, 102 (Böhmerwald); Trede *Heidentum* 3, 48. [14]) Höfler *Waldkult* 86. [15]) ZfVk. 4, 199 A. 3 (Tirol).

5. Sein Tag ist in Bayern beliebt zur Leinsaat [16]). Der Antoni-Flachs gilt als der beste [17]).

[16]) Leoprechting *Lechrain* 181. [17]) ZföVk. 5,196. Sartori.

Antoniusfeuer. Der ignis sacer der Römer, die Gesichtsrose, der im MA. unter gefährlichen Symptomen auftretende Ergotismus gangraenosus, wurde „A.", Antoniplage, Antoniraach (Rache), engl. Anthony's fire genannt. Im Feldarzneibuch von Gersdorf (1517) betet ein Mann, dessen rechter Fuß abgefallen und dessen Hand angeschwollen und verunstaltet ist:

„O heiliger Antoni groß,
Erwirb uns Gnad' ohn' Unterloß.
Ablaß der Sünden, Gottes Huld und Gunst,
Behüt uns vor deiner schweren Brunst" [1]).

Zur Pflege derer, welche am A. erkrankt waren, wurde 1095 in Südfrankreich ein Orden des hl. Antonius (Antoniter) gestiftet, welcher ein T als Ordensabzeichen trug; er besaß angeblich ein Geheimmittel gegen das hl. Feuer [2]) (s. Antoniterkreuz). Die Übertragung des lateinischen Namens auf den Heiligen ist schon im 12. Jh. nachweisbar; damals schon half Wasser, in das man Reliquien des Heiligen getaucht hatte, wider das Leiden [3]). In Schlesien vergeht das Leiden, wenn an einer männlichen Person eine weibliche (u. umgekehrt) mit einem Feuerstahl dreimal Funken auf den leidenden Teil schlägt [4]).

[1]) ZdVfVk. 1 (1891), 297. [2]) Beissel *Heiligenverehrung* 2, 81; Lammert 5. [3]) Höfler *Krankheitsn.* 134. [4]) Drechsler *Schlesien* 2, 292; Hovorka-Kronfeld 2, 736 (Milzbrandrotlauf), dagegen Epilobium angustifolium (Unholdenkraut). Stemplinger.

Antoniussegen. Die alte Antiphon „Ecce crucem etc." (s. d.) wurde auch als „Segen des hl. Antonius von Padua" bezeichnet und zum Schutz gegen böse Geister gebraucht [1]); ein Zachariaskreuz (s. d.) zeigt das Bild des A. mit der Antiphon [2]). Die Kirche hat den abergläubischen Brauch des Spruchs zensuriert [3]). Diese Verwendung der Worte geht zurück auf eine Erzählung in den Miracula des Hl. [4]), nach der er einer Besessenen im Schlaf einen Zettel mit der Antiphon um den Hals hängte und sie so heilte. Auch im Schatzzauber wird Antonius von Padua zum Bannen der bösen Geister, die den Schatz hüten, angerufen [5]).

[1]) Stoiber *Armamentarium ecclesiasticum* 1 (1726), 270; Behringer *Die Ablässe, ihr Wesen und Gebrauch* (1900), 126; Nisard *Histoire des livres populaires* 2 (1864), 55; Abraham a. S. Clara *Iudas der Ertz-Schelm* 2 (M. Haan, Salzburg 1689), 259 ff.; in einer „Oratio contra omnes tum maleficorum, tum Daemonum incursus", approbiert

von Fr. Bartholomaeus Rocca, die auch als fliegendes Blatt im 17. Jhdt. gedruckt und verbreitet wurde (Exempl. in meinem Besitz). [2]) Deutsches Archiv f. Gesch. d. Medizin u. med. Geographie hrsg. von H. Rohlfs (1885), 467. [3]) Acta S. Sedis 31 (1898), 742 decret. de indulg. apocr. fol. IX. [4]) Acta Sanct. Boll. Juni 2, 736. [5]) WürttVjh. 13 (1890), 249 Nr. 375.
Jacoby.

antun s. verhexen.

Antwort, antworten. „Wenn eine Hexe einen um etwas fraget, soll man nicht mit Ja antworten, sonst kann sie durch ihre Zauberey einem etwas nehmen" [1]). Wer auf die Fragen (s. d.) der Mittagsfrau (s. d.) nicht zu antworten weiß, wird von ihr getötet [2]).

S. w. Geist, Mittagsfrau, reden, schweigen.

[1]) Rockenphilosophie 78 Nr. 60 = Grimm *Myth.* 3, 436 Nr. 59 (der den Aberglauben jedoch nur unvollständig wiedergibt); 2, 923. [2]) Meiche *Sagen* 354 Nr. 463.
Bächtold-Stäubli.

Anula, Zauberwort in einer Fieberbeschwörung: A. Sinula. Adea [1]) (10. Jh.); Bedeutung? Die Vermutung von Franz, A. hänge vielleicht mit Ani El = „Ich bin Gott" zusammen, ist nicht wahrscheinlich.

[1]) Franz *Benediktionen* 2, 481. Jacoby.

Anwaht. Im Alemannischen heißt ein plötzlich auftretendes Kopfweh A., das man einem dämonischen Anblasen, Anhauchen (von anwehen) zuschrieb, so schon Paracelsus [1]); in einem Blaubeurer Zauberspruch heißt es geradezu „das wilde Geschoß Anwart" [2]), und Paracelsus stellt „Drachenschuß" (Hexenschuß) und A. nebeneinander; bei dieser Krankheit wird das Vermessen (s. d.) mit Vorliebe angewendet.

[1]) *opera* 2 (1616), 19. [2]) Höhn *Volksheilk.* 1, 121; Fischer *SchwäbWb.* 1, 284.
Stemplinger.

anwünschen s. verhexen.

Anzeichen s. Vorzeichen.

Aper, hl., im Martyr. Rom. Aprus, Bischof von Toul in Lothringen, gest. zu Anfang des 6. Jh.s, Fest 15. Sept. [1]) Schutzpatron der Schweinehirten, wohl auf Grund einer realistischen Erklärung seines Namens. Eine von einem Fischbacher Bürger kurz nach 1477 gestiftete Kapelle wird noch jetzt vom Volk besucht, wenn ansteckende Krankheiten unter den Schweinen herrschen [2]).

[1]) Samson *Die Heiligen als Kirchenpatrone* 130. [2]) SAVk. 2, 282. Wrede.

Apfel(baum) (Pirus malus).

1. Vorgeschichtliches. — 2. Gedeihen des A.-baumes. — 3. Der A.(baum) in der Fruchtbarkeitssymbolik, a) in der Antike, b) im deutschen Volksglauben, c) in Hochzeitsbräuchen, d) der A.(baum) als Liebessymbol, e) der A.(baum) als Liebesorakel. — 4. Der A.baum als „Lebensbaum". — 5. Der A.(baum) in der Sage a) an Weihnachten blühende A.bäume, b) der A.baum als unheimlicher Baum. — 6. Der A. in der Volksmedizin.

1. Vorgeschichtliches. Während die meisten heutzutage in Deutschland gezogenen Obstsorten erst durch die Römer bei uns bekannt wurden, läßt sich die Kultur des A.baumes in Mittel- und Nordeuropa bis in die Steinzeit verfolgen. Dagegen dürften die zahlreichen heute kultivierten A.sorten nicht von dem A. der Pfahlbauern abstammen, sondern wie die anderen Obstsorten durch die Römer nach Deutschland gekommen sein [1]). Das hohe Alter des A.baumes als Fruchtspender erklärt auch den zahlreichen Aberglauben, der sich an Baum und Frucht knüpft.

[1]) Hoops *Reallex.* 1, 112 ff.

2. Gedeihen des A.baumes. Damit die A.bäume gut tragen, müssen sie am Karsamstag beim Glorialäuten [2]) oder am 25. März vor Sonnenaufgang [3]) geschüttelt werden. Der A.baum wird mit einem Stock geschlagen [4]) oder an Silvester während des Glockenläutens mit Stroh umwunden [5]). Wenn man den Kadaver eines jungen Schafes in den A.baum hängt, dann trägt er besser [6]). Bei der A.-ernte muß man ein oder zwei Ä. am Baum hängen lassen (Opfer an den Baumgeist) [7]). Trägt ein A.baum zum erstenmal, so darf man die Ä. nicht pflücken, sondern muß sie abfallen lassen, sonst trägt der Baum nie wieder [8]). Die Früchte eines zum erstenmal tragenden A.baumes muß man (auch wenn es nur ein A. ist) in einem großen Korb nach Hause tragen [9]). Die

Kerne der an Weihnachten verspeisten Ä., in den Garten gepflanzt, geben das beste Obst und bedürfen keiner Veredelung [10]). Vgl. auch Baum, Obstbaum.

[2]) Oberbayern: Niedermaier *Glonn* 1909, 162. [3]) Fogel *Pennsylvania* 211. [4]) Mannhardt 1, 276. [5]) ZfdMda. 1918, 135; Fogel *Pennsylvania* 209; vgl. auch Rolland *Flore pop.* 5, 79. [6]) Fogel *Pennsylvania* 210. [7]) DbotMonatschr. 4, 44; Urquell 1, 50; Hüser *Beiträge* 2, 26; Haas *Rügen* 1891; Becker *Pfalz* 247; vgl. Sartori 3, 121. [8]) DbotMonatschr. 4, 44. [9]) Niederbayern (Originalmitt.). [10]) Montanus *Vorzeit* 1 (1870), 240; Schell *Berg. Volkskde* 107; Leeb *Sagen Niederösterr.* 1892, 70.

3. Der A. als Fruchtbarkeitssymbol.

a) In der Antike spielt der A. (ebenso wie die a.ähnliche Quitte) eine bedeutsame Rolle in der Fruchtbarkeitssymbolik [11]). Ä. waren Attribute der Demeter und besonders (wie Quitte und Granata.) der Aphrodite. Die goldenen „Ä." der Hesperiden, die Gaia als Hochzeitsgeschenk für Hera hatte aufsprießen lassen, sind wohl als Quitten zu deuten [12]).

b) Auch die nordische Sage (Edda) von den goldenen Ä.n der Idun und den elf Goldä.n, mit denen Freyr um Gerd wirbt, zeigt deutliche Beziehung zur Fruchtbarkeitssymbolik [13]). Die Motive sind möglicherweise den antiken Hesperidenä.n und dem biblischen Lebensbaum nachgebildet [14]). Wölsungs Zeugung wird durch einen A. vermittelt [15]). In Märchen und Sagen verleiht der Genuß eines A.s die (ersehnte) Fruchtbarkeit [16]). Bei den Kirgisen wälzen sich unfruchtbare Frauen unter einem einzelstehenden A.baum, um Nachkommen zu erhalten [17]). Auch im deutschen Volksglauben steht der A. häufig in Beziehung zur Fruchtbarkeitssymbolik. „Sie hat des A.s Kunde nit", heißt es von einem Mädchen, das noch nichts vom geschlechtlichen Umgang weiß [18]). Gibt es in einem Jahre viel Ä., so gibt es im nächsten Jahre viele Buben [19]). Eine Jungfrau soll keinen Doppela. essen, sonst bekommt sie Zwillinge [20]), ein Glaube, der sich auch sonst an den Genuß von Doppelfrüchten durch eine Frau findet. Im besonderen symbolisiert der A. das weibliche Geschlecht (vgl. dagegen unter 6.). Vergräbt man die Nachgeburt einer Wöchnerin unter einem A.baum, so bekommt sie das nächste Mal ein Mädchen, vergräbt man die Nachgeburt unter einen Birnbaum, so kriegt sie einen Buben [21]). Noch häufiger gilt dieser Glaube von der kalbenden Kuh: vergräbt man deren Nachgeburt unter einem A.baum, so gibt es das nächste Mal ein Kuhkalb [22]).

c) Entsprechend seiner Bedeutung als Fruchtbarkeitssymbol erscheint der A. bei allen indogermanischen Völkern in Hochzeitsbräuchen [23]). Hieher gehört der Wettlauf nach dem „Braut-a.", einem mit Geld gespickten A. [24]). Die Braut läßt hinter dem Altar zwischen ihrem Leib und Gürtel einen A. hinabgleiten zur Erleichterung der künftigen Entbindung [25]). Der Tänzer auf der Hochzeit überreicht seiner Tänzerin einen Krug Bier und bekommt dafür einen A. [26]). In Siebenbürgen winkt der Brautführer der Braut in der Kirche mit einem roten A. (oder einer Pomeranze) [27]). Aus den Figuren, welche die Schalen des beim Hochzeitsmahle von den Brautleuten und dem Brautführer geschälten A.s bilden, wird geweissagt [28]). Bei den Südslaven tritt der A. in verschiedenen Hochzeitsbräuchen immer wieder hervor [29]). In Frankreich bestand zur Zeit der Renaissance der Brauch, daß der Bewerber seiner Auserwählten einen A. überreichte, den sie verzehren mußte [30]).

d) Als Liebessymbol tritt der A. vielfach auf. Schon in der Antike galt das Zuwerfen eines A.s als Liebeszeichen [31]). Um auf zauberische Weise die Liebe einer Person des anderen Geschlechtes zu erwerben, werden geheimnisvolle Buchstaben auf einen A. geschrieben, und dieser wird der betr. Person zu essen gegeben [32]), oder es wird in einen A. ein Papier, auf das mit Blut der eigene und der geliebten Person Name geschrieben ist, gesteckt und der A. unter das Kopfkissen des Mädchens gelegt [33]). Anscheinend aus der italienischen Novellenliteratur stammt die schon von Pauli in „Schimpf und Ernst" [34]) gebrachte Erzählung von einem „Liebesapfel", der, für ein Mädchen bestimmt, von diesem einem Schwein gegeben wurde, das dann den Hersteller des A.s unablässig verfolgte [35]. Mit einem A., der unter der Achsel [36] oder auf den Genitalien [37] gelegen war und tüchtig durchschwitzt wurde, kann man die Liebe eines Mädchens erwerben. Andrerseits wird auch umgekehrt behauptet, daß dieses Mittel die Liebe auseinanderreiße [38]. Im slavischen Liebeszauber wird dem Mädchen ein A., der ein Stück Fledermausherz enthält, am Sonntag im Neumond zu essen gegeben [39]. A.-kerne, zu Staub gebrannt und mit dem Menstruationsblut vermischt, einem Jüngling in die Speise gemengt, soll ihn zu toller Liebe treiben [40]. Beim sog. ,,Goldapfeln" in der Christnacht wird ein A. auf die Erde geworfen und nach Abbeten eines Vaterunsers mit dem linken Fuß rückwärts in den nächsten Bach geschleudert. Um 12 Uhr begibt man sich an jene Stelle und sucht den A., muß aber um 1 Uhr wieder unter der Dachtraufe seines Hauses sein, sonst kann man nie wieder trinkbares Wasser aus dem Bache schöpfen. Hat man den A. glücklich gefunden, so wird er mit Salz und Brot an einen verborgenen Ort gelegt, wo er am anderen Morgen als ein goldener A. gefunden wird. Er ist aber so klein wie ein Stecknadelkopf geworden. Trägt ein Mädchen diesen ,,Goldapfel" im Haar, so werden ihm alle Burschen geneigt [41].

e) Im besonderen bedient man sich des A.s im L i e b e s o r a k e l. Allgemein durch Deutschland ist der Brauch verbreitet, am Andreasabend [42], an Weihnachten [43], an Silvester [44] oder Neujahr [45] einen A. so zu schälen, daß die Schale nicht abreißt, und diese dann über die Schulter nach rückwärts zu werfen. Aus der Figur der am Boden liegenden Schale kann man den Anfangsbuchstaben des ,,Zukünftigen" herauslesen. Häufig wird auch keine besondere Zeit für die Anstellung dieses Orakels angegeben [46]. Das geschilderte Orakel ist auch in Ungarn [47], Frankreich [48], England [49] und in den Vereinigten Staaten von Amerika [50] bekannt. A.k e r n e werden an einer Nadel über eine Flamme gehalten. Wenn sie in der Hitze mit Geknister platzen, so geht der Wunsch, den man sich dabei denkt, in Erfüllung [51]; Mädchen finden auf diese Weise, welcher von mehreren Freiern der Gatte wird [52]. Oder es wird ein A.kern (meist mit Hersagung eines Spruches) zwischen Daumen und Zeigefinger fortgeschnellt; wohin er springt, daher kommt der Zukünftige [53]. Dieses in ganz ähnlicher Weise bereits in der Antike [54] geübte Orakel wird auch aus Frankreich [55] und England [56] berichtet. Der Zukünftige erscheint, wenn man sich in der Thomasnacht nackt ins Bett legt, dreimal in einen erbettelten A. b e i ß t und mit einem Spruch ähnlich wie beim ,,Bettstatt-Treten" den Zukünftigen herbeibeschwört [57]. Oder man legt am Andreasabend einen (angebissenen) A. unter das Kopfkissen, dann erscheint der Zukünftige im Traum [58]. In England wird dieses Orakel an Allerheiligen angestellt [59]. Man beschreibt drei Ä. mit Namen und legt sie am Andreasabend unter das Kopfkissen. Erwacht das Mädchen nachts, so ergreift es einen A. und i ß t ihn. Derjenige, dessen Name auf dem verzehrten A. steht, heiratet das Mädchen [60]. Das Mädchen schneidet am Christabend einen A., der aber nicht mit der bloßen Hand berührt werden darf, nachdem es ein Vaterunser vor- und rückwärts gebetet, mit dem Messerrücken entzwei und spricht dabei: ,,In zwoa Deil schnaid' i' dih — Zaig ma's Lieb, i bid schen dih!" Die linke Hälfte des A.s wird hinter die Tür gelegt, die rechte im Mieder verborgen. Sieht man nun um 12 Uhr Mitternachts hinter die Tür, so kann man sein Lieb sehen [61]. Häufig wird ein Weihnachts-A. vom Mädchen u n t e r d e r H a u s t ü r [62] am ersten Weihnachtsfeiertag oder am Neujahrstag [63] verzehrt; der erste Mann, der dann vorbeigeht, zeigt den Vornamen oder den Stand des Zukünftigen an oder ist dieser selbst [64]. In der Silvesternacht stellt das Mädchen auf den Tisch vor dem Bett eine Schüssel mit Wasser, legt Seife, Handtuch und einen A. dazu und spricht: ,,A., A., sag mir, wer einst mein Gatte wird sein", dann kommt der Zukünftige und wäscht sich [65]). Das Mädchen drückt so viele A.kerne an die Stirne als sie Verehrer hat. Derjenige ist der treueste, dessen Namen durch den am längsten haftenden Kern bezeichnet wird. So viele Kerne das Mädchen beim Verteilen eines A.s durchschneidet, so viele Verehrer hat es [66]). Ab und zu erscheint auch der A.-baum im Liebesorakel. In den Rauhnächten werfen die Mädchen einen Schuh dreimal über einen A.baum; woher dann ein Hund bellt, daher kommt der Zukünftige [67]). Oder es wird ein Stecken auf einen (Birn- oder) A.baum geworfen, bleibt er das drittemal hängen, so wird aus der Liebschaft eine Hochzeit [68]). In der Thomasnacht laufen die Mädchen mit A.schalen ins Freie und werfen sie auf den Weg. Woher dann ein Hund bellt, kommt im nächsten Jahre der Mann für sie [69]).

[11]) Vgl. auch E. Galtier *La pomme et la fécondité*. In: RTrp. 14, 65—71. [12]) Murr *Pflanzenwelt* 1890, 55 ff.; Pauly-Wissowa 1, 2, 2700 ff.; Hehn *Kulturpflanz.*[6] 241 ff.; vgl. auch Schroeder *Ar. Relig.* 2, 25; B. O. Foster *The Symbolisme of the apple in classical Antiquity*. In: Harvard Studies in classical philology 10 (1899); J. Rendel Harris *Origin and meaning of Apple Cults*. Manchester 1919; A. G. Drury *Legends of the Apple*. Cincinnati 1904, 52 p. [13]) Vgl. v. d. Leyen *Sagenbuch* 1, 200. [14]) Hoops *Reallex.* 1, 115. [15]). Simrock *Mythologie*[4] 175. [16]) v. d. Leyen *Märchen* 94; Hartland *Paternity* 1, 36. 40. 60. 113. 134. [17]) Frazer 2, 57. [18]) Wander *Sprichwörterlex.* 1 (1863), 109. [19]) Egerl. 10, 132; s. Hasel. [20]) Knoop *Pflanzenwelt* 11, 54. [21]) Meier *Schwaben* 475. [22]) Kuhn *Märk. Sagen* 379; ZfVk. 8, 44 (Tirol); BayHfte. 6, 205; Eberhardt *Landwirtschaft* 214; Wirth *Tiere* 6. [23]) Vgl. auch Eisler *Weltenmantel* 2, 776. [24]) Hüser *Beiträge* 1893, 6; Bahlmann *Münsterländische Märchen* 1898, 279; Sartori *Westfalen* 98; vgl. auch Fehrle *Volksfeste* 99; Knoop *Pflanzenwelt* 11, 54. [25]) Drechsler *Schlesien* 1, 262; ZfVk. 9, 443. [26]) Kuhn und Schwartz 435. [27]) Schullerus *Siebenb.Wb.* 1, 168. [28]) Sarmensdorf in der Schweiz: Düringsfeld *Hochzeitsbuch* 1871, 108. [29]) Düringsfeld a. a. O. 78; Krauß *Sitte u. Brauch* 386. 396. 401. 417. 419. 430. 459. [30]) Sébillot *Folk-Lore* 3, 392. [31]) H. Gaidoz *La réquisition d'amour et le symbolisme de la pomme*. In: Annuaire de l'Ecole prat. des hautes Etud. 1902, 5—33, vgl. dazu ZfVk. 13, 318; ferner Bolte-Polivka 3, 111; Krauß *Sitte u. Brauch* 168; Gubernatis *Myth. des plantes* 2, 301 ff.; Böckel *Handbuch* 202. [32]) *Practica des Bartholomaeus* hrsg. v. Oefele 1894, 104 a (Mittelalter); FL. 21, 376 (17. Jh.). [33]) *Secrets merv. du Petit Albert*. Lyon 1744 = Scheible *Kloster* 6 (1847), 197; FL. 10, 169 (aus dem heutigen Griechenland). [34]) Scheible *Kloster* 6 (1847), 201. [35]) Urquell 3, 59; vgl. auch Gander *Niederlausitz* 26. [36]) Urquell 5, 81 (galizische Juden). [37]) Schulenburg *Wend. Volksthum* 117. [38]) Urquell 6, 15 (Eiderstedt) = ZfVk. 23, 280. [39]) Anthropophyteia 6, 224. [40]) Urquell 3, 12. [41]) Vernaleken *Mythen* 334 (Niederösterreich); A., der an Weihnachten zu Gold wird, auch: ZfrwVk. 5, 227. [42]) Pröhle *Harzbilder* 1855, 48; Drechsler *Schlesien* 1, 6; MnböhmExc. 18, 348; John *Erzgebirge* 141. [43]) Schütze *Holstein. Idiotik.* 1 (1800), 44; Drechsler *Schlesien* 1, 24. [44]) Vekkenstedts Zs. 3, 441. [45]) Jäckel *Oberfranken* 161; Engelien u. Lahn 241; Andree *Braunschweig* 328. [46]) z. B. Wolf *Beiträge* 1, 210; SAVk. 7, 132; Veckenstedts Zs. 3, 148; Schullerus *Siebenb.Wb.* 1, 168; Meier *Schwaben* 507. [47]) ZfVk. 4, 318. [48]) Rolland *Flore pop.* 5, 87; Sébillot *Folk-Lore* 3, 398. [49]) Brand *Pop. Ant.* 1900, 208. [50]) Bergen *Superstit.* 1896, 38; Fogel *Pennsylvania* 64. [51]) Bartsch *Mecklenb.* 2, 312. [52]) Drechsler *Schlesien* 2, 218; ähnlich auch in Nord-Ohio: Bergen *Superstit.* 39. [53]) Strakkerjan 1, 104; Schullerus *Siebenb. Wb.* 1, 168. [54]) Horaz *Sat.* 2, 3, 272; vgl. Stemplinger *Antiker Aberglaube* 51. [55]) Rolland *Flore pop.* 5, 89. [56]) Dyer *Folkl. of plants* 93. [57]) ZfrwVk. 2, 201; Diener *Hunsrück* 99. [58]) Meier *Schwaben* 454; Drechsler *Schlesien* 1, 7; Wuttke *Sächs. Vk.* 371 (Wenden); ebenso in Frankreich: Sébillot *Folk-Lore* 3, 398; Rolland *Flore pop.* 5, 88. [59]) Dyer *Folkl. of plants* 99; Frazer *Balder* 1 (1913), 238; Brand *Pop. Ant.* 209; ähnlich in Amerika: Bergen *Superstit.* 38. [60]) Drechsler *Schlesien* 1, 67; ein ähnliches Orakel mit A.-schalen: DVöB. 9 (1909), 30 (Isergebirge). [61]) Vernaleken *Mythen* 331 f. (Niederösterreich). [62]) Vor der Kirchentür: Köhler *Voigtland* 364; bei den Südslaven wird der A. von den Burschen verzehrt: Schneeweis *Weihnachten* 137; an der Straßenecke: Dähnhardt *Volkst.* 1, 76. [63]) Am Matthiastag: Heßler *Hessen* 2, 94. [64]) Spieß *Obererzgebirge* 1862, 16; John *Erzgebirge* 181; Drechsler *Schlesien* 1, 24; Andrian *Altaussee* 128; ZfVk. 8, 398; Germania 21 (1876), 412; Egerl. 10, 48; ebenso bei den Südslaven: Schneeweis *Weihnachten* 63. [65]) ZfVk. 1, 179 (Brandenburg). [66]) Wirth *Pflanzen* 11. [67]) Schönwerth *Oberpfalz* 1, 139. [68]) Bavaria 2, 270 (Oberpfalz). [69]) Oberösterreich: Heimatgaue 3 (1922), 291.

4. Da der A.baum der „Lebensbaum" (vgl. oben 3 b) ist, dient seine Frucht als Orakel (vor allem an Weihnachten und Neujahr) über Leben und Tod [70]. Schneidet man beim Zerteilen des „Weihnachtsa.s" Kerne auseinander, so muß der Betreffende im Laufe des kommenden Jahres sterben [71]. Da sich dieser Glaube besonders im östlichen Deutschland findet und auch bei den Slaven allgemein bekannt ist [72], ist slavischer Ursprung wahrscheinlich. Erscheint beim Durchschneiden des Weihnachtsa.s eine kreuzförmige Figur, so bedeutet das Tod, wenn eine sternförmige, Leben [73]. Oder man beißt am Weihnachtsabend in einen roten A. und wirft ihn in die Höhe; fällt er auf die weiße Seite (Fruchtfleisch), so stirbt der Werfende binnen Jahresfrist [74]. So viele Kerne beim Zerteilen des „Weihnachtsa.s" durchschnitten werden, um so viele Jahre hat die betreffende Person weniger zu leben, als sie sonst zu leben hätte [75]. Die Figur der über den Kopf geworfenen A.schale gibt die Zahl der Jahre an, die man noch zu leben hat [76]. Es bedeutet Glück, wenn beim Schälen des „Weihnachtsa.s" die Schale ganz bleibt [77]. Träumt man im Winter von Ä.n, so bedeutet das eine Leiche [78]. Es bedeutet Tod, wenn ein A.baum im Herbste blüht [79]. Das gleiche gilt auch vom Blühen anderer Obstbäume (s. d.). An den am hl. Abend [80] oder an Neujahr [81] gegessenen A. muß man denken, wenn man sich im kommenden Jahr verirrt, dann findet man sicher den Weg. Ist damit der Glaube zu vergleichen, daß der Genuß von Ä.n ein gutes Gedächtnis machen soll [82]?

[70]) Vgl. auch Tille *Weihnacht* 50. [71]) Drechsler *Schlesien* 1, 27; Egerl. 10, 49. 132; John *Westböhmen* 16; Schramek *Böhmerwald* 116; Vernaleken *Mythen* 338. [72]) Schneeweis *Weihnachten* 63. 133. [73]) DVöB. 9 (1909), 27 (Isergebirge); ebenso bei den Tschechen: Urquell N. F. 1, 310. [74]) DVöB. 9 (1909), 28. [75]) Egerl. 10, 182. [76]) MschlesVk. 14, 70 (Posen). [77]) Ebd. 4, 49. [78]) ZfdMda. 1914, 45 (bergisch). [79]) z. B. Kuhn *Westfalen* 2, 58; ZfdMda. 1918, 135; Höhn *Tod* 309; JAmFl. 2, 31 (bei den Deutschen in Pennsylvanien), ebenso in England: FL. 5, 337; 19, 467; Gutch *County Folkl.* 1912, 30; Dyer *Folklore of plants* 109 und in der französischen Schweiz: Sébillot *Folk-Lore* 3, 394. [80]) MschlesVk. 6, 12; DVöB. 6, 193. [81]) Heimatbilder aus Oberfranken 6 (1921), 38. [82]) SAVk. 8, 143.

5. A.baum in der Sage.

a) Berichte bzw. Sagen von A.bäumen, die in der hl. Nacht blühen und dann gleich Früchte bringen (vgl. Farn), sind vielfach bekannt und schon früh aufgezeichnet worden [83]. Die Sage zeigt deutlich Beziehungen zum „Weihnachtsbaum" und gründet sich anscheinend auf die allegorische Auffassung Christi als „Lebensbaum" [84]. Auch die Sage vom Farn (s. d.), der in der Christnacht „blüht" und sogleich Früchte reift, scheint Beziehungen zu dem in der Christnacht blühenden A.baum zu haben. Hieher gehört wohl auch der Glaube, daß man den Himmel offen sieht, wenn man sich in der Christnacht unter einen A.-baum stellt [85].

b) Aber auch als unheimlich erscheint der A.baum. Auf dem Heuberg bei Rottenburg a. N. kommen Freitags die Hexen zusammen und tanzen unter einem großen A.baum, dem „Hexenbäumle" [86]. Der Alp erscheint in A.gestalt [87], oder der A. verwandelt sich in eine Kröte [88]. Der Eingang zu den Wohnungen der Unterirdischen (Zwerge) wird unter einen A.baum verlegt [89]. Stirbt jemand, so soll man das Tuch, mit dem der Tote gewaschen wurde, oder das Schweißtuch an einen süßen (= veredelten) A.baum binden. Solange man das Tuch sieht, bleibt der Tote erhalten [90]. Mit den Anschauungen über den A. als Totenspeise hängt es vielleicht zusammen, daß sein Genuß zu gewissen Zeiten als unheilvoll gilt (vgl. Bohne, Erbse). Wer an Weihnachten [91], Neujahr [92] oder am Bettage vor dem Gottesdienst [93] Ä. ißt, bekommt Geschwüre (Eiße), und zwar so viele, als er Ä. ißt [94]. Ebenso darf man am Sebastianstag (20. Januar) keine Ä. essen, „weil der Heilige unter einem A.baum den Tod erlitt" [95]. Wenn ein Totkranker kurz vor seinem Ende einen A. ißt, kann er das hl. Abendmahl nicht nehmen und wird verdammt [96].

[83]) z. B. Stift Würzburg, Altstädt bei Bayreuth, Schönbach in Mittelfranken, Katzenellenbogen, Gera, Tribur: Beckenmeyer *Cur. Antiquarius.* Hamburg (1712), 437. 439. 448. 539; Praetorius *Saturnalia* 1663, 49; Brown *Pseudodoxia epidemica* 1680, 534; Wolf *Sagen* 134; Köhler *Voigtland* 149; ZfdMyth. 1, 106; Kuhn *Westfalen* 2, 107; Hesemann *Ravensberg* 94; Schöppner *Sagen* 3, 42; Marzell *Bayr. Volksbot.* 12; Baader *Sagen* 47; auch in Dänemark: Feilberg *Ordbog* 3, 1138; in England geht die Sage von einem Weißdorn bei Glastonbury: Philpot *Sacred Tree* 1897, 168 f. [84]) Mannhardt 1, 243; *German. Myth.* 469; Weihnachtsblüten 1864, 169. [85]) Kuhn *Westfalen* 2, 106. [86]) Meier *Schwaben* 181. [87]) Kühnau *Sagen* 3, 112; Knoop *Posen* 117; Jahn *Pommern* 1886, 377. [88]) Strackerjan 1, 337; 2, 119; Schell *Bergische Sagen* 21. [89]) Mannhardt 1, 61; vgl. Ranke *Sagen* ² 134 f. [90]) SAVk. 15, 11; bei den Bulgaren werden Ä. neben den Toten gelegt: ZfVk. 17, 365. [91]) SchwVk. 10, 29; ebenso in Frankreich: Rolland *Flore pop.* 5, 86. [92]) H. B. Fischer *Aberglaube* 1794, 232; Wolf *Beiträge* 1, 220. 231; ZfrwVk. 3, 226; Fogel *Pennsylvania* 260. [93]) Rochholz *Kinderlied* 319. [94]) Vgl. auch Sébillot *Folk-Lore* 3, 390. [95]) DVöB. 6 (1906), 25. [96]) ZfVk. 11, 275 (15. Jh.).

6. In der volksmedizinischen Verwendung des A.s tritt häufig die apotropäische Wirkung des zu den heiligen Zeiten genossenen A.s zutage. Wer am Ostermorgen [97]), am Gründonnerstag [98]), am Karfreitag [99]), an Weihnachten [100]) oder an Pfingsten [101]) frühmorgens einen A. nüchtern ißt, der bleibt das ganze Jahr vor Krankheit (besonders Fieber, Zahnweh) geschützt. Der den „Palm" (s. d.) schmückende A. schützt vor Halsweh [102]) oder allgemein gegen Krankheiten [103]). Der A., der von dem Erstkommunikanten mit in die Kirche genommen und nachher gegessen wird, bewahrt zeitlebens vor Zahnweh [104]). Besonders aus früheren Jahrhunderten sind Rezepte genannt, in denen gegen Fieber ein mit Segensworten beschriebener A. von dem (an Fieber) Kranken gegessen wird [105]). Wie viele andere Bäume nimmt auch der A.baum Krankheiten auf. Gegen Fieber, Schwindsucht, Gicht, Zahnweh usw. geht der Kranke zu einem A.baum und spricht: „A.baum, ich tue dir klagen / die Schwindsucht tut mich plagen / der erste Vogel, der über dich fliegen tut / benehme mich der Schwindsucht gut" [106]). Gegen Zahnweh geht man in der Osternacht stillschweigend zu einem A.baum, setzt den rechten Fuß gegen den Stamm und spricht: „Neu Himmel, Neu Erde / Zahn ich verspreche dich / daß du mir nicht schwellst noch schwärest / bis wieder Ostern wird" [107]). Bei abnehmendem Monde oder früh vor Sonnenaufgang geht man zu einem A.baum, erfaßt einen Zweig und spricht: „Jetzt greife ich an den grünen Ast, der nehme von mir alle Last, alle meine böse Geschichte, das Schwinden und das Reißen soll aus meinen Gliedern weggehen und in den Ast entschleichen" [108]). Bei Gelbsucht wird der Harn des Kranken in einem neuen irdenen Nachtgeschirr unbeschrien unter einem A.baum vergraben [109]). Warzen (oder Hühneraugen) vertreibt man, indem man mit den Stücken eines entzwei geschnittenen A.s die Warze reibt [110]), die Stücke dann wieder zusammenfügt und den A. unter der Dachtraufe vergräbt [111]). Gegen Fieber ißt man einen mit Pfefferkörnern gespickten A. [112]). Ein geschälter A., nach oben zu geschabt, erregt Erbrechen, ein nach unten geschabter (d. h. gegen den Stiel zu) stopft den Durchfall [113]) (s. abwärts). Wenn Neugeborenen ein A. gegeben wird, so ist der ursprüngliche Sinn wohl der, daß die Frucht des „Lebensbaumes" Lebenskraft verleihen soll. Es wird aber im Volksglauben damit begründet, daß das Kind später rote Backen bekommt [114]), daß es am Tische nicht ungebührlich ißt und trinkt [115]), daß das Kind einen reinen Atem bekommt [116]). Auch das verschiedentlich geübte Ausschütten des ersten Badwassers unter einem A.baum, das meist dahin gedeutet wird, daß das Kind dann schöne rote Backen bekommt [117]), dürfte hieher zu stellen sein [118]). Eine Frau bekommt schöne Kinder, wenn sie während der Schwangerschaft viel Ä. ißt [119]). In der Volksmedizin gilt der A.baum vielfach als für das männliche Geschlecht bestimmt, der Birnbaum aber für das weibliche (vgl. dagegen unter 3 b). Gegen gelbes Fieber wird bei einem Mann der Harn unter einem A.baum vergraben, bei

einer Frau unter einem Birnbaum [120]). Das erste Badwasser eines Knaben schüttet man unter einen A.baum, das des Mädchens unter einen Birnbaum; oft gehört dann auch der betreffende Baum dem Kinde und trägt dessen Namen; verdorrt der Baum, so stirbt das Kind bald [121]). Die beschmutzte Windel eines Knaben, der immer schreit, wird unter einem A.baum vergraben, bei einem Mädchen unter einem Birnbaum [122]). Dagegen hilft bei Nasenbluten bei Weibern das Blatt eines A.baumes, bei Männern das eines Birnbaumes [123]). Um einem Säufer das Trinken zu verleiden gibt man ihm einen A., den ein Sterbender in der Hand gehalten hat [124]). Man wird nicht trunken, wenn man morgens einen sauren A. ißt und einen Trunk frischen Wassers darauf tut [125]). Das Essen eines A.s vor dem Schlafengehen macht gefeit gegen unkeusche Anfechtungen [126]). Eine Schwangere kann nicht gebären, wenn sie Ä. ißt, die auf einen Weißdornstamm (s. d.) gepfropft waren [127]).

[97]) Norddeutschland: DbotM. 4, 44; ZfVk. 7, 71; 8, 59; Bartsch *Mecklenburg* 2, 261; rheinisch: ZrwVk. 3, 227; Wrede *Rhein. Vk.* 93. [98]) Schleswig-Holstein: ZfVk. 23, 283; Schwaben: Thierer *Ortsgesch. v. Gussenstadt* 1 (1912), 250; Nördlinger Zeitung v. 25. Sept. 1925 (gegen Augenkrankheiten). [99]) Reiser *Allgäu* 2, 115. [100]) Wer mit einem A. in der Tasche in die drei Weihnachtsämter geht: Meyer *Baden* 488; ähnlich in Frankreich: Sébillot *Folk-Lore* 3, 422. [101]) Bartsch *Mecklenburg* 2, 281. [102]) Heimatgaue 1 (1919/20), 194 (Oberösterreich); ebenso in Frankreich: Sébillot *Folk-Lore* 3, 412. [103]) Manz *Sargans* 47. [103]) Meyer *Baden* 114; bei den Polaken wurde den Konfirmanden ein A. gereicht mit der Weisung, nach Empfang des Brotes dreimal hineinzubeißen, das hilft gegen Zahnweh: Tetzner *Slaven* 373. [105]) So heißt es in einem Beichtbuch des 14./15. Jhs. von denen, „die in epphil schreiben fremde wort und den lewtin czu essin geben": ZfdPhil. 16, 191; vgl. ZfVk. 12, 10; Zeugnisse aus dem 15./16. Jh.: ebd. 1, 174 f.; MschlesVk. 18, 22 f.; Alemannia 27, 115 f.; MittjüdVk. 18 (1906), 116; ebenso in Wales im 13. Jh.: *Meddygon Myddvai* ed. Pughe 1861, 51; in Rußland (14./16. Jh.): Mansikka *Zauberformeln* 1909, 107 und in Mazedonien: Abbot *Maced. Folkl.* 1903, 232. [106]) Alte Zeugnisse: Fromann *de fascinatione* 30; Alemannia 17, 244 (nach Dannhawer 1667); aus neuerer Zeit: ZfVk. 7, 167; 8, 59. 203; Bartsch *Mecklenburg* 2, 403. 450; Jahn *Hexenwesen* 266; auch wird der Kranke bei Sonnenaufgang unter einen A.baum getragen: Bartsch *Mecklenburg* 2, 101. [107]) Witzschel *Thüringen* 2, 198. [108]) Niederlausitzer Mitt. 15 (1921), 148 (Luckau). [109]) Höhn *Volksheilkunde* 1, 107. [110]) Oder auch mit dem Blut aus der Warze beträufelt: Bayerland 25 (1913/14), 233; Manz *Sargans* 60. [111]) Fromann *de fascinatione* 1006; Most *Sympathie* 63; Schönwerth *Oberpfalz* 1, 80; Drechsler *Schlesien* 2, 285; Fossel *Volksmedizin* 140; Urquell 5, 286; Veckenstedts Zs. 1, 202; Bartsch *Mecklenburg* 2, 121; Fogel *Pennsylvania* 316; ebenso bei den Tschechen (gegen Wunden und Entzündungen): Grohmann 170 und in Frankreich: Rolland *Flore pop.* 5, 85. [112]) Brandenburg im 16. Jh.: Urquell 3, 199; die galizischen Juden essen gegen Fieber einen gebratenen mit Salz bestreuten A.: Urquell 4, 142. [113]) Most *Sympathie* 161; vgl. Holunderrinde. [114]) Rockenphilosophie 1707 4, 259; ebenso John *Erzgebirge* 61. [115]) *Der alten Weiber Philosophie* (1571) in Festschrift Germanist. Ver. zu Breslau 1902, 50. [116]) Sartori *Westfalen* 77; in Frankreich läßt man das Kind an einem A. saugen, damit die ersten Zähne des Kindes leicht kommen: Sébillot *Folk-Lore* 3, 422. [117]) Mädchen außerdem noch einen vollen Busen; vgl. auch Schuster *Der Apfel in der Symbolik, ein Bild der Mutterbrust.* In: Natur. Leipzig 4 (1913), 227. [118]) John *Erzgebirge* 50; John *Westböhmen* 104. [119]) Höhn *Geburt* 257. [120]) Ders. *Volksheilkunde* 1, 155. [121]) Andrian *Altaussee* 109; Baumgarten *Aus der Heimat* 1862, 126; Fossel *Volksmedizin* 63; auch der Mensch stirbt binnen Jahresfrist, wenn ein von ihm gesetzter A.baum verdorrt: John *Erzgebirge* 114. [122]) Wilde *Pfalz* 9. [123]) Schönwerth *Oberpfalz* 3, 246; vgl. auch Marzell *Bayer. Volksbot.* 156; das Moos von einem sauern A.baum stillt ebenfalls das Blut: SAVk. 11, 48. [124]) Höhn *Tod* 318; BayHfte 6, 205 f. [125]) *Der alten Weiber Philosophey* (1571), in: Festschr. germanist. Ver. Breslau 1902, 83. [126]) 15. Jh.: Schönbach *Berthold* 148. [127]) Meier *Schwaben* 474.

Marzell.

Apfelschuß s. Meisterschuß, Tell.

Aphrodisiaca. 1. Name. In der heute üblichen Bedeutung kommt Aphrodisiacum bei den Griechen und Römern nicht vor. Die Griechen setzen dafür meistens philtron, die Römer amatorium. A. ist demnach eine neuere Bildung, welcher aphrodisia = Liebe, Liebesgenuß zugrunde liegt.

2. Begriff. Unter A. versteht man Mittel zur Anregung, Steigerung und Stärkung des Geschlechtstriebes und

der geschlechtlichen Leistungsfähigkeit [1]). Vom Liebestrank unterscheiden sie sich durch den Wegfall der Zauberpraktiken, unter welchen dieser hergestellt und angewendet wird. Die A. können sowohl dem menschlichen Körper als auch dem Tier- und Pflanzenreich entnommen sein.

[1]) F. Scheuer im *HWb. der Sexualwissenschaft* ² 33.

3. Herkunft und Verbreitung. Der Gebrauch zahlreicher A. ist schon seit der ältesten Zeit bei Völkern jeder Kulturstufe verbreitet; bereits Genesis 30, 14 erwähnt die aphrodisische Wirkung der Dudaïm. Der Glaube an die liebeerzeugende Kraft gewisser Stoffe stammt vermutlich aus dem Orient, wo bei dem aufs höchste gesteigerten Geschlechtsleben sich der Wunsch entwickeln mußte, Stoffe in der Natur zu finden, welche die Liebe erregen und befördern können [2]). Bei Griechen wie bei Römern fanden in gleicher Weise A. häufige Verwendung zu Liebestränken. Gegen das Überhandnehmen dieser Gepflogenheit in der ersten Kaiserzeit mußte sich schließlich ein Senatus consultum [3]) wenden, welches die Verkäufer von Mitteln, die zur Erregung der Wollust (lustramenti causa) dienten, mit der Ausweisung bedrohte. Über den Gebrauch der A. bei den Griechen unterrichtet uns hauptsächlich die Arzneimittellehre des Arztes Dioskurides, bei den Römern die Naturgeschichte des älteren Plinius. Die Kenntnisse der Alten wurden von Albertus Magnus dem MA. vermittelt. Doch scheint es im MA. nicht bloß bei dem theoretischen Wissen um die Wirkung der A. geblieben zu sein, denn die Medizinalverordnung Friedrichs II. vom Jahre 1224 [4]) nimmt die amatoria pocula porrigentes in Strafe. Zu Beginn der Neuzeit unterweisen die Kräuterbücher in der Benützung der A. Das 17. und 18. Jh. hatte seine pastilles galantes. Diavolini und Morsellen waren und sind noch heute bei den romanischen Völkern beliebt. Gegenwärtig stehen organotherapeutische Drüsenextrakte (Testiculin [5]), Oophorin, Hormin) und pharmazeutische Präparate (Yohimbin [6]), Puaambra) im Vordergrund.

[2]) Lammert 150 = Hovorka-Kronfeld 2, 169. [3]) Digesten 48, 8; 3, 2 u. 3 = H. Schelenz *Geschichte der Pharmazie* 1904, 156. [4]) Schelenz 315. [5]) Scheuer 34. [6]) Hovorka-Kronfeld 2, 167.

4. Anwendung. Die A. werden entweder einzeln oder in Verbindung mit gleichgearteten und auch ungleichartigen Stoffen benützt. Es werden jedoch meistens gleich mehrere A. zu einem Rezept zusammengestellt, damit die erwartete Wirkung um so sicherer eintritt. In der Art der Anwendung unterscheidet man einen äußerlichen und inneren Gebrauch. Äußerlich dienen sie zum Bestreichen und Einreiben der Genitalien und als Amulette, innerlich werden sie den Speisen und Getränken beigemischt.

5. Wirkung. Nach dem Urteil der modernen Medizin besitzen wir eigentlich keine Stoffe, welche direkt zum Beischlaf reizen, doch wird als Teilerscheinung oder Folgezustand der Wirkung mitunter eine Erhöhung des Geschlechtstriebes [7]) infolge gesteigerten Blutzuflusses beobachtet [8]). Nach dem Volksglauben jedoch werden die unmittelbare Stärkung der männlichen Kraft, die Behebung der Impotenz und die Fruchtbarmachung unfruchtbarer Frauen als Wirkungen der A. angesehen.

[7]) Möller in *R.E. d. ges. Heilkunde* ⁴ 1907, 1, 694. [8]) Iwan Bloch *Sexualleben unserer Zeit* ⁶ 1908, 500; A. Abels *Gifthaltige „Zauber"-Mixturen als Aphrodisiaca* = H. Groß Archiv f. krim. Anthropologie u. Kriminalistik Bd. 66 (1916), 237; 245.

6. Die verschiedenen A.

a) Teile des menschlichen Körpers. Mit Vorliebe werden sie aus der Genitalregion entnommen, wie Sperma, Menstrualblut, Vaginalsekret, Urin, Schamhaare u. a. m. Meistens werden diese Absonderungen und Bestandteile zu einem Liebestrank zusammengebraut (vgl. Liebestrank).

b) Tierische Bestandteile. Dem menschlichen Samen gleichwertig galt schon seit jeher derjenige von solchen Tieren, die entweder für sexuell kräftig (Stier, Hengst, Hirsch, Hahn) oder für sehr fruchtbar (Hase, Sperling) gehalten wurden. Diejenigen Körperteile, in denen der Sitz der Geschlechtslust und des Lebens überhaupt angenommen wird, wie Leber, Herz, Galle, Gehirn und besonders die Geschlechtsteile selbst erhalten den Vorzug. Meistens ist zu beachten, daß Geschlechtsteile von männlichen Tieren den Mann stimulieren und die Erzeugung eines Knaben bewirken, während die weiblichen Organe die ihnen entsprechende Auswirkung haben. Doch ist dieser Gebrauch nicht immer genau differenziert, oft sogar geben die Rezepte entgegenstehende Anweisung. In der Sphäre der Volksmedizin sind solche Durchkreuzungen nicht weiter verwunderlich. Doch sind bei diesen vielgestaltigen Anwendungen in manchen Fällen die Hauptprinzipien der wissenschaftlichen Organotherapie, die sich auf die Erkenntnisse der inneren Sekretion gründen, nicht zu verkennen.

Vom Bären fördert die Galle die Empfängnis [9]; gebratene Bärenniere in der Hochzeitsnacht unter das Brautbett gestellt, soll nach dem Glauben der alten Preußen fruchtbar machen [10]. Bibergeil [11] (s. d.) galt als ein zu allen Zeiten geschätztes A. Die Bocksniere [12] wirkt genau wie die Bärenniere. Nach Albertus Magnus [13] soll Bocksgalle und Bocksunschlitt, um das männliche Glied geschmiert, den Mann der Frau, auch wenn sie ihn nicht will, unentbehrlich machen. In Schwaben [14] macht Bocksgalle, an die Geschlechtsteile geschmiert, tapfer in Venere. Den Esel hielten schon die Römer für ein aphrodisisches Tier. Nach Plinius n. h. 28, 261 stimulieren Eselsunschlitt, der rechte Eselshoden, mit Wein gegessen oder am Armband getragen, zum Koitus. Die Hebamme Salpe empfiehlt, das Geschlechtsglied eines Esels siebenmal in siedendes Öl zu tauchen und die betreffenden Teile damit zu bestreichen (28, 262); Haare, aus dem Schwanz einer Mauleselin gerissen, bewirken, daß die Weiber wider ihren Willen empfangen (30, 142). Nach dem Tierbuch von C. Gesner, Zürich 1563 III, 44 bringen Eselschällen (Hoden) denen, so der weyber nit mächtig seyn mögen, geile. Gegen Unfruchtbarkeit genießen die Wanderzigeunerinnen der Donauländer Eselsmilch mit Fledermausblut [15]. Wolle, in Eselsmilch eingeweicht, macht fruchtbar [16]. Wird Wolle mit Fledermausblut getränkt, unter den Kopf gelegt, werden nach Plinius 30, 143 die Weiber geil. Das Blut der Fledermaus ist am wirksamsten, wenn das Tier in der großen Woche, d. h. in der Woche vor Weihnachten, geschossen war [17]. Im Liebeszauber gehören Fledermausblut und -eingeweide zu den festen Bestandteilen [18]. Fuchshoden [19] und eines Fuchs Zumpfel (penis) [20], pulverisiert und in die 'guldene porthenn' (vagina) getan, auch Fuchsgalle, bleiben nicht wirkungslos. Schon die Alten hielten Hasenfleisch für ein aphrodisisches Mittel [21]. Außer dem Fleisch befördern Galle, Hoden, Zagel [22] und Gebärmutter [23] beim Weib die Empfängnis, und zwar sind zur Erzeugung eines Knaben die Hoden wirksam [24], doch soll ein Knabe auch bei Verwendung der Gebärmutter und der Gedärme empfangen werden können [25]. Zur Behebung der Unfruchtbarkeit eignet sich besonders das Fleisch eines jungen Hasen, der noch nicht geboren, sondern aus dem alten Hasen geschnitten ist [26]. Der Hasenlauf eines am ersten Freitag im März geschossenen Hasen hilft gegen Impotenz [27]. Kaninchenhoden [28] bewirken dasselbe. Das ausgeprägte Liebesleben des Hirsches zur Brunstzeit [29] mußte auf die Wirksamkeit der Mittel, welche vom Hirsch gewonnen werden, geradezu hinweisen. Hirschhoden [30] pulverisiert werden von den Jägern als Kraftmittel verwendet. „Hirtzenhoden in starkem Weyn getrunken machet hurtig die so der weyber nit gebrauchen mögen" [31]. Die Hirschrute wirkt am stärksten, wenn der Hirsch zur Brunstzeit [32] erlegt wird oder noch besser in coitu durchschossen oder gefället wird [33]. Hirschmutter [34] hilft unfruchtbaren Weibern ab. Hirschbrunst [35] wird zum Zweck größerer Leistungsfähigkeit in coitu verordnet. Das Tragen des Knochens aus dem Herzen des Hirsches hilft gegen die Unfruchtbarkeit der Weiber [36]. Hirschfleisch im Oktober und Mai stärkt die männliche Kraft [37]. Auch die H ü n d i n wird als fruchtbar angesehen, besonders ihre Gebärmutter [38]). Noch fruchtbarer galt bei den Alten die H y ä n e. Plinius 28, 97 empfiehlt gegen Unfruchtbarkeit ein Hyänenauge, welches Empfängnis innerhalb dreier Tage bewirke. Wer die Öffnung ihres äußeren Darmendes am linken Oberarm trage, solle ein Weib so geil machen können, daß sie ihm sofort folge (28, 106). Der Genuß der Geschlechtsteile mit Honig, dergestalt, daß eine männliche Person den männlichen, eine weibliche den weiblichen Geschlechtsteil ißt, solle zum Beischlaf reizen, auch wenn die Männer ihn verabscheuen (28, 99). Die Berührung der Lippen mit Hyänenhaaren von der Schnauze mache geil (28, 101). Die Verwendung von K a t z e n g e h i r n als A. ist nicht stark verbreitet [39]). Mit M ä u s e fett, das nach bestimmten Vorschriften gewonnen werden muß, werden die testiculi eingerieben [40]). Vom P f e r d e galt den Alten hauptsächlich das Hippomanes [41]) als zauberkräftig. Schon Aristoteles berichtet davon. Man versteht darunter den Brunstschleim der Stuten und auch den dunklen, feigengroßen Auswuchs am Kopf des neugeborenen Füllens; auch die Hoden sollen nach Plinius 28, 261 aphrodisisch wirken. In Pommern bringt Pferdemist, in Branntwein eingenommen, dem Mann Lust [42]). Die Masuren in Westpreußen wenden gegen Unfruchtbarkeit der Weiber das Wasser an, welches vom Maule des Hengstes abläuft, nachdem er getrunken hat [43]). Wenn man die Milch eines weißen Rosses eine Zeitlang über die Frau hält und ihr dann beiwohnt, wird sie fruchtbar [44]). Nimmt man die Galle eines R e h bockes, so wird die Frau schwanger mit einem Knaben; die Galle des weiblichen Tieres bewirkt die Geburt eines Mädchens [45]). Den Harn eines S t i e r e s , den er nach dem Bespringen gelassen hat, soll man nach Plinius 28, 262 auf die Scham streichen. Für die „alten Kämpfer, so in bellis nocturnis nit wol fortkommen", sind Stierhoden fördernd [46]), ebenso geschabter Ochsenpensel [47]), in Schwaben Hägehoden [48]). Auch dem S c h w e i n wird nicht geringe Fruchtbarkeit zugeschrieben. Die Römer verwendeten Ebergalle und Schweinsmark nach Plinius 28, 261. Nieren und Leber eines Spanferkels, das ein Mutterschwein als einziges getragen hat, soll man dem Mann und der Frau als Pulver in den Wein geben, worauf sie 'Kinder machen sonder Zweifel' [49]). Dazu eignen sich auch die Hoden eines Ebers; Schweinefett wird als Einreibemittel des männlichen Gliedes empfohlen [50]). Im Schwanze des W o l f e s steckt nach Plinius' Bericht (8, 83) ein amatorium virus, das aber nur wirksam ist, wenn es dem Tiere beim Leben genommen wird. Doch scheint dieses A. infolge der gefährlichen Gewinnung nicht allzu häufig gewesen zu sein. Damit ein Weib nicht nebenaus gehe oder andern Männern nachlaufe, rät Albertus Magnus 314 die Abgabe einer Dosis Asche aus verbrannten Wolfssehnen und Haaren von dessen Augenlidern an. Das Mark aus dem linken Fuß des Wolfes soll den Mann der Frau wieder begehrenswert machen (218).

Unter den V ö g e l n gibt es nur einige, denen aphrodisische Eigenschaften zugeschrieben werden. E n t e n f l e i s c h hielten die Alten für Liebe erregend [51]), auch G ä n s e z u n g e n [52]) und Gänsemark [53]). „Der Gänsen hödlin geässen söllend die männlich natur meeren, Gänssgallen fürdert die empfencknuss" [54]). Selbstverständlich fanden die Hoden [55]) des leistungsfähigen H a h n e s leicht Eingang als A. Joh. Wittichus schreibt im Bericht von den wunderbaren Bezoardischen Steinen, Leipzig 1589, daß man die „geylen der Hanen nützen soll in der Speis" und erzählt eine ergötzliche Geschichte von der überstarken Wirkung des Mittels [56]). Nach der Vorschrift bei Kräutermann 164 hackt man zur Stärkung für den Koitus die Hoden von Hähnen unter das Wurstfleisch und verabreicht solche Würste. Hahnengalle und Fuchsgeile, drei Tage auf der Scham getragen, und nachher mit dem Mann gebuhlt, hilft nach Albertus Magnus 234 zur Geburt eines Knäbleins. Im 16. Jh. suchte man in Frankreich in den Eingeweiden des Kapauns nach einem Stein,

„qui rendait les hommes hardis et vertueux au combat du lit“ [57]). Stärkste Mehrung der Zeugungskraft verspricht sich das Volk vom Genuß der Eier [58]); in Schwaben gilt der sogenannte Hahnentritt, ein gallartiges Häutchen des Eies, das man für den Samen des Hahnes hält, besonders kräftigend [59]). Auch Ostereier [60]) haben besondere Kraft. Das Essen von frischen Eiern von Hennen, die keinen Hahn bei sich haben, soll auch hartnäckige Unfruchtbarkeit beseitigen [61]). Athenaeus zitiert in den Deipnosophisten 2, 65 mehrere Autoren für die aphrodisische Wirkung der Eier. Auch Alciphron schildert in einem seiner Hetärenbriefe die Folgen von Eierspeisen und sonstiger priapeischer Speisen [62]). Vom Raben wird nur die Galle gebraucht; sie hilft dem vergalsterten Menschen, dem seine Mannheit genommen ist [63]). Für Westböhmen [64]) und Friaul [65]) ist ihre Anwendung gegen Impotenz bezeugt. Auch die Eier des Rebhuhnes bringen dieselbe Hilfe [66]). Spatzenblut, an die männlich ruten gestrichen sterckt die Geilheit' [67]). Die Morsellen des Grafen von Pappenheim im Mars- und Venuskrieg bestanden wesentlich aus Spatzengehirn [68]). Schon Plinius 30, 141 empfiehlt das Essen von Spatzen und ihrer Eier.

Fischspeise gilt allgemein als aphrodisisch [69]). Die Heringsseele (Luftblase), am Karfreitag gegessen, hilft gegen Impotenz [70]).

Aus der Gattung der Kriechtiere zählt man einige A. Schon die Alten schrieben dem Krebs animalische Fruchtbarkeit zu [71]); auch Gesner hält Krebse für empfängnisbefördernd [72]). Griechen und Römer kannten auch die Schnecke als A. [73]). In Schwaben werden sie besonders im Frühjahr verspeist. „Wenn die Schnecke nu z' Nacht it kreiset (kriechen)“, ist eine obszöne Anspielung auf ihre Wirkung [74]). Das bekannteste A. rührt vom Skinkus marinus, Stenzmarie (s. d.), einer Eidechsenart, her.

Auch das Insektenreich stellt seine A. In Franken behob man die Unfruchtbarkeit der Weiber durch Halsbäder, in welchen man Ameisen gesotten hatte [75]). Wenn im Baltenland eine unfruchtbare Frau Bienen verzehrt, wird sie bald schwanger [76]). Damit ein Mensch allweil zum Buhlen tüchtig sei, soll man ihm nach Albertus Magnus 226 Johanniswürmchen zu trinken geben. Bei den Balten soll jedoch ihr Genuß Impotenz bewirken [77]). Als wirksamstes und zugleich auch gefährlichstes A. sind die Kanthariden oder Spanischen Fliegen anzusehen (s. d.).

[9]) C. Gesner *Tierbuch* (Übers. C. Forer) Zürich 1563, 3, 19 = Jühling *Tiere* 3. [10]) Ploß *Weib* [9] 1 (1908), 765. [11]) Jühling 5. 9. [12]) Ploß 1, 765. [13]) Albertus Magnus *Von den Geheimnissen der Weiber, wie auch von den Tugenden der Kräuter, Steinen und Tieren und den Wunderwerken der Welt.* Nürnberg (1755) 214. [14]) Buck *Volksmedizin* 50. [15]) Ploß 1, 771. [16]) Jühling 16. [17]) Ploß 1, 771. [18]) Anthropophyteia 3, 165. [19]) Jühling 141. [20]) Ebd. 43. [21]) O. Keller *Die antike Tierwelt.* Leipzig 1 (1913), 216. [22]) Jühling 49. [23]) Jühling 49. 58. [24]) Gesner 3, 72. [25]) Albertus Magnus 136. [26]) Jühling 54. [27]) M. Höfler *Volksmedizin* 209. [28]) Anthropophyteia 4, 292. [29]) Abels 250 A 2. [30]) Höfler 162. [31]) Gesner 3, 83. [32]) Höfler 162; V. Kräutermann *Zauberarzt* 163 f. [33]) Abels 250 A 2. [34]) Kräutermann 191. [35]) Ebd. 164; Gockelius *Tractatus Polyhistoricus Magiomedicus curiosus.* Frankfurt und Leipzig 5 (1699), 130 = Jühling 9; Höhn *Volksheilkunde* 1, 120; Buck 46; Z. f. Hennebergische Geschichte. Schmalkalden 1 (1875), 43. [36]) Lammert 157. [37]) Anthropophyteia 4, 292. [38]) Jühling 73. [39]) Höfler *Organotherapie* 77 f. [40]) Anthropophyteia 4, 293. [41]) Pauly-Wissowa 8, 1879 ff. [42]) Jühling 132. [43]) Ploß 1, 790. [44]) Lammert 156. [45]) Jühling 141. [46]) Stokker *Magia naturalis* (1613) = Hovorka-Kronfeld 1, 214. [47]) Kräutermann 163/64. [48]) Buck 46. [49]) Jühling 173. [50]) Ebd. 171. [51]) Keller 2, 230. [52]) Plinius 30, 143. [53]) Ebd. 28, 261. [54]) Gesner 1, 62. [55]) Anthropophyteia 4, 292. [56]) Bei Hovorka-Kronfeld 1, 214. [57]) Sébillot *Folk-Lore* 3, 242. [58]) Lammert 151. [59]) Buck 57. [60]) Höfler *Volksmedizin* 209. [61]) Jühling 212. [62]) Alciphron *Hetärenbriefe* (*Tusculumbuch*) 16. [63]) Jühling 226 [64]) Hovorka-Kronfeld 2, 165 [65]) Anthropophyteia 9, 344. [66]) Gesner 1, 196. [69]) Ders. 1, 221. [68]) W. Marshall *Neueröffnetes wundersames Artzney Kästlein.* Leipzig (1894) = Jühling 237.

[69]) Lammert 151. [70]) Höfler 209. [71]) Keller 2, 496; Höfler 209. [72]) Gesner 2, 127; Lammert 151. [73]) Keller 2, 520; Alciphron a. a. O. [74]) Buck 53. [75]) Joh. Nic. Seitz *Trost der Armen*. Nürnberg (1715) 248 = Lammert 157. [76]) Knoop *Baltische Studien* 6 = Jühling 88. [77]) Jühling 92.

c) Pflanzen. Auch die Liste der aphrodisischen Pflanzen ist nicht kurz. Die verschiedensten Gesichtspunkte lassen eine Pflanze zum A. geeignet erscheinen. Zunächst ist es der hohe Nährwert der Gemüsearten. Dann empfehlen Verdauungserscheinungen, die sich in Blähungen des Leibes, mit Erektionen verbunden, äußern, die Wahl bestimmter Kost. Dazu kommt die anregende Kraft der Gewürze und auch mancher gifthaltiger Pflanzen. Oft aber genügt schon die den Genitalien ähnliche Form der Knollen und Früchte, um die Pflanze zum A. zu stempeln.

Alraune (s. d.). Nach Dioskurides 3, 58 reizt Anis zum Beischlaf; am Niederrhein wird den jungen Leuten bei der Arbeit des Flachsschwingens und beim Tanz Anisbranntwein gereicht [78]). In Nordböhmen schafft Anissamen, in Wein getrunken, Anreiz zu den ehelichen Werken [79]). Die Wirkungen des Beifußes kannten schon die Alten [80]). Unter das Bett oder Kissen gelegt, bringt er unkeusche Begier [81]); die Frauen binden ihn an die Schenkel zur Erlangung der Fruchtbarkeit [82]). Die hodenförmige Gestalt und die Blähwirkung machen die Bohne zum A. Besonders die roten und scheckigen sollen den natürlichen Samen nähren [83]). Aus der Brechnuß wird das Strychnin gewonnen, das erst in neuerer Zeit (Abels 237 ff.) als A. angewendet wird. Drachenwurz soll man im Wein trinken [84]). Der Eichelschwamm (phallus impudicus) ist durch seine Form zum A. geradezu bestimmt; er kommt als Liebestrank in Wolfram von Eschenbachs Parzival 13, 643 vor. Bei den Alten galt das Eisenkraut zum Beischlaf antreibend [85]); am Marientage (15. August) geweiht, ist es den Weibern gut, so sie Kinder gewinnen sollen (15. Jh.) [86]). Eschensamen erregt unkeusche Gelüste [87]). Nach Bocks Kräuterbuch von 1530 stärken gedörrte Feigen die Natur [88]). Fenchelsamen wird mit Erfolg in Nordböhmen getrunken [89]). Wird die Galgantwurzel verspeist oder auf die Genitalien gelegt, ist ein ununterbrochener zwölfmaliger Beischlaf möglich [90]). Hanf, mit Gewürz gemischt, wird in den Konstantinopler Harems den schwachen Männern gegeben [91]). Auch die serbischen Zigeuner kennen dieses A. [92]). Daß dessen übermäßiger Genuß die gegenteiligen Wirkungen hervorruft, berichtet schon Dioskurides 3, 155. Von der Hauswurzel schreibt die hl. Hildegard, daß ein gesunder Mann nach ihrem Genuß in Liebeslust entbrenne [93]). Noch im 18. Jh. soll die Pflanze nach der Tradition einer Nonne des Dominikanerinnenklosters zu St. Markus in Würzburg zu Liebestränken benützt worden sein [94]). Hirschschwamm, sonderlich der wie ein Gemächt formiert ist, hat eine Kraft, welche die unkeuschen Glieder im Venushandel stärkt [95]). Hopfensprossen, als Salat genossen, werden in Steiermark gegen Unfruchtbarkeit gerühmt [96]). Der Wurzelstock des Ingwer hilft gegen Schwäche der Geschlechtsorgane [97]); auch in Schwaben ist dieses A. bekannt [98]). Kalmus ist weniger gebräuchlich [99]). Der Inder, der mit Kampfer, Safran und Sandel den Penis gesalbt hat, wird den Frauen zum Diadem in ihren Herzen [100]). Wer an natürlichen und ehelichen Werken nichts schaffen kann, der esse Knoblauch, er bekommt wieder Lust und Kraft [101]). Koriander mehrt den unkeuschen Samen [102]). Nach Dioskurides 2, 184 reizt Kresse (Cardamon) zum Beischlaf; Mattioli 211 A meint, der Samen der Gartenkresse mache lustig und begierlich zur Unkeuschheit. Mit Honig und Pfeffer gemischt und als Kuchen reichlich genossen, reizt Lein zum Liebesgenuß [103]); auch hilft er wieder dem kalten Mann auf den Gaul [104]). Im Liebeszauber spielt der Leinsamen keine geringe Rolle [105]). Liebstöckel, in Franken, Oberbayern und Schlesien als Amulett getragen, fesselt den Geliebten und ist sehr wirksam zu Zaubermitteln [106]). Süße Mandeln essen, mehrt die Natur [107]). Mandragora (s. Alraun). Mannstreu, den Männern ins Bett gestreut, erregt sie sinnlich [108]); schon im 16. Jh. war ein Mann bei der Frau wohlgelitten, wenn er eine männliche Wurzel dieser Pflanze bei sich trug [109]). Muskat- und Nelkengewürz war von den Liebenden des MA.s sehr geschätzt. Im „Jungbrunnen", der seit 1534 in zahlreichen Drucken überliefert ist, heißt es:

„In meines bůlen garten da sten zwei beumelein,
Das ein das tregt muscaten, das ander negelein" [110]).

Muskatöl auf das Glied schmieren, hilft zum Venushandel [111]). Den Gebrauch des Nabelkrautes [112]) oder Stergethron zu Liebesmitteln erwähnen Dioskurides 4, 90 und Plinius 25, 160. Natterzunge dient bei den Slowaken als A. [113]). Nelken sind als A. ziemlich allgemein bekannt [114]). Nesselblätter, in Wein gesotten, locken zur Unkeuschheit, Nesselsamen wirkt noch stärker [115]). Nach Mattioli mehren Nüsse in Zimmetröhren des Mannes Werk; viele Nüsse essen, macht jung und liebeskräftig [116]). Im Taunus gilt oder galt lange Zeit das Eintauchen des Gliedes und Hodensackes in einen Absud von Nußbaumblättern als kräftigend [117]). Als A. dient Haselholzrinde in einem Rezept aus dem 15. Jh. [118]). Wilde Petersilie, in weißem Wein gesotten, fördert zur Empfängnis bei den Weibern, die sonst unfruchtbar sind [119]). Pfeffer wird wie alle Gewürze häufig als A. verwendet [120]). Vom Pfeffer heißt es in Schwaben: „Pfeffer bringt den Mā ufs Roß und 's Weib in Erdeschoß". Ähnlich lautet auch der Spruch im Frankenwald. In Schwaben wird der Spanische Pfeffer auf Tanzböden gestreut, damit die Tänzerinnen geschlechtlich erregt werden [121]). Nach Dioskurides 3, 36 reizt der Saft der Pfefferminze, in Essig getrunken, zum Liebesgenuß. Die Frucht des Pistazienbaumes, die welsch Pimpernüßlein, mehren die Natur in Venerem [122]). Vom Poree (Lauch) sagt die Schule von Salerno: Porrum fecundas reddit persaepe puellas [123]). Auch die Raute zählt zu den A. [124]). In vielen Gegenden Süddeutschlands und Frankreichs essen die Männer Rettiche, um durch die sich ansammelnden Gase kräftige Erektionen zu erzielen [125]). In Friaul soll eine Waschung mit lauem Rosmarinwasser die Mädchen, Weiber und älteren Männer zum Koitus treiben [126]). Die Rosmarinzweige verwendet man in Oberbayern gegen Impotenz [127]). Ebenso wie der Rettich wird auch die Rübe durch ihre Form zum A. bestimmt. Nach Dioskurides 2, 134 reizt die gekochte Wurzel der weißen Rübe zum Liebesgenuß. Mattioli schreibt auch der gelben und roten Rübe diese Wirkung zu [128]). Hormin, der griechische Name der kleinen Salbei, besagt schon die Verwendung dieser Pflanze [129]). Salbei, in Wein genommen, bereitet Schwangerschaft [130]). Als volkstümliches A., das geile Träume erwecken soll, gilt Sellerie [131]). Nach Flügel, Volksmedizin 46, kann jemand geneckt werden, wenn er Sellerie oder Spargel gegessen hat. Auch bei dem von Alciphron erwähnten Gelage fehlt Sellerie nicht. Mancherorts wird Sellerie geradezu „Stehsalat" [132]) genannt. Weißer Senf reizt zur Unkeuschheit [133]). Spargel, in der Speise genossen, bringt lustige Begier den Männern [134]). In Schwaben heißt es von den Folgen des Spargelgenusses: „Was der Herr Pfarrer wohl weiß, drum baut er so fleißig Spargel" [135]). In Steiermark hilft Spargelsamen mit Wein gegen Unfruchtbarkeit [136]). Die Orchideen sind mit dem Namen Knabenkraut und Stendelwurz unter den A. vertreten. Sie eignen sich hierzu vorzüglich wegen ihrer hodenförmigen Knollen [137]). Nach Dioskurides 3, 131 soll die größere Knolle, vom Mann verzehrt, die Geburt eines Knaben, die kleinere aber, von der Frau genossen, die eines Mädchens bewirken. Albertus Magnus nennt die Orche satirion wegen ihrer aphrodisischen Wirkung [138]). Mattioli 369 c kennt die Stendelwurz als A. Ebenso Tabernaemontanus in seinem

Kräuterbuch von 1588 [139]). In Schwaben heißt die Stendelwurz Bubenschellen; sie soll unvermögenden Männern wieder aufs Roß helfen [140]). Die Trüffel gilt wegen ihres vorzüglichen Nährgehaltes als A. der Lebemänner. Vanille sollen nach Zimmermann, Von der Erfahrung 2 (1764), 352 junge Ehemänner trinken, um ihren Weibern Genüge zu leisten. Die Zwiebel endlich war ein sehr bekanntes A. der Alten. Athenaeus Deipnosophisten 2, 64 ff. handelt in einem ganzen Abschnitt über ihre aphrodisische Wirkung. Auch das Sprichwort auf einen Impotenten: „bulbus nihil profuerit" redet deutlich genug. Martial 3. 75, 3 nennt die Zwiebel salax = geilmachend.

d) Noch sei der Anwendung von Wohlgerüchen bei den Orientalen kurz gedacht. Der wollüstige Morgenländer liebt die Wohlgerüche über alles. Omer Haleby sagt: „Es ist gut, sich sowohl vor als nach dem Koitus mit Müsk (ein A., aus dem Blut kleiner Tauben und zarter Kamele und aromatischen Gewürzen bereitet) zu parfümieren. Wenn man dem Müsk Weihrauch und Myrrhe hinzufügt, wird man mit großer Kraft koitieren und den Abfluß des Samens und das Endentzücken beschleunigen können. Der Duft der Myrrhe animiert zum Koitus, Weihrauch beruhigt nachher" [141]).

e) Unter den Steinen schreibt man in Frankreich dem Jaspis und dem Smaragd erotische Kraft zu [142]). Vom Smaragd weiß Rabelais: „elle a la vertu errective et confortative du membre naturel" [143]).

[78]) Aigremont[2] 1 (1910), 122. [79]) Hovorka-Kronfeld 2, 165. [80]) Murr *Die Pflanzenwelt in der griechischen Mythologie* (1890), 201. [81]) Mattioli *Neu Kräuterbuch* (1563), 280 A. [82]) Aigremont 2, 12. [83]) Mattioli 140 B. [84]) Ders. 226 D. [85]) Murr 213. [86]) Aigremont 2, 17. [87]) Mattioli 39 D. [88]) Aigremont 1, 77. [89]) Hovorka-Kronfeld 2, 165. [90]) Aigremont 2, 80. [91]) Stern *Türkei* 2, 253. [92]) Urquell 3 (1892), 8. [93]) Lammert 150. [94]) Ders. 151. [95]) Mattioli 478 B. [96]) V. Fossel *Volksmedizin* 48. [97]) Aigremont 2, 81. [98]) Höhn 1, 120. [99]) Gokkelius 5, 130. [100]) R. Schmidt *Indische Erotik* 671. [101]) Mattioli 207 C. [102]) Ders. 316 D. [103]) Dioskurides 2, 125. [104]) Mattioli 131 A. [105]) Hovorka-Kronfeld 2, 173 f. [106]) Aigremont 2, 32; Höfler 110; Drechsler 1, 229. [107]) Mattioli 107 A. [108]) v. Perger *Pflanzensagen* (1861), 139. [109]) Brunfels *Herbarum Eicones* (1530) = Aigremont 2, 83. [110]) Sahr *Das deutsche Volkslied* [3] (1908), 12. [111]) Mattioli 111 B. [112]) Lammert 150 f. [113]) Hovorka-Kronfeld 2, 165. [114]) Höhn 1, 120; Hovorka-Kronfeld 2, 166; Mattioli 223. [115]) Mattioli 490 D.; Gokkelius 5, 130. [116]) Aigremont 1, 92. [117]) Anthropophyteia 4, 293. [118]) ZfVk. 11 (1901), 10. [119]) Mattioli 194 B. [120]) Dioskurides 2, 125; Höhn 1, 120. [121]) Flügel *Volksmedizin* 46; Buck 39. [122]) Mattioli 107 B. [123]) Aigremont 1, 141. [124]) Höfler 104. 195. [125]) Anthropophytheia 4, 293. [126]) Ebd. 9, 344. [127]) Höfler 98. [128]) 147 D.; 143 D. [129]) Dioskurides 3, 135. [130]) Mattioli 290 A. [131]) Alciphron 16. [132]) Aigremont 1, 146. [133]) Mattioli 195 D.; Höhn 1, 120. [134]) Mattioli 168 D. [135]) Buck 40. [136]) Fossel 48. [137]) Aigremont 2, 39 ff. [138]) I. Wimmer *Deutsches Pflanzenleben nach Albertus Magnus*. Halle a. S. (1908), 20. [139]) Aigremont 2, 42. [140]) Buck 40. [141]) Stern 2, 257. [142]) Gerhardt *Franz. Novelle* 88. [143]) Gerhardt 87.

7. Die Wirkung der A. wird durch die der Anaphrodisiaca (-An.) aufgehoben [144]). Diese dienen in der Hauptsache zur Verhütung der Empfängnis. Auch die Sorge um die Erhaltung der kultischen Keuschheit mag nach geeigneten Mitteln gesucht haben. Manches A., im Übermaß genossen, wird zum An.; auch die andersgeartete Anwendung eines A. verkehrt seine Wirkung. Doch liegt vielen Rezepten kein ersichtliches Prinzip zugrunde; was dem einen sein A. ist, wird dem anderen sein An. Die Zahl der An. animalischer Herkunft ist geringer als die der pflanzlichen.

Die A. werden gern in Form von Amuletten getragen. Harn und Kot gelten oftmals als An.

a) An. vom Menschen. Ein sehr seltenes mag dies gewesen sein: Wenn man die ersten Zehen eines Kindes, ehe sie die Erde berührt haben, in Silber faßt und einer Frau um den Hals hängt, wird diese nicht schwanger. Auch Urin und Ohrenschmalz eines Maidleins, im Getränk genommen, verhüten die Frucht [145]).

b) Tierische An. Nach Plinius 28, 117 soll durch die Leber eines Chamäleons die Liebestränke unwirksam werden. Eine in männlichem Harn gekochte Eidechse vertreibt die Liebeslust. Die Frau, die Hasenkot in einem Säckchen um den Hals trägt, wird nicht schwanger. Hasenharn, getrunken, wirkt dasselbe [146]). Auch Katerhoden, in Mauleselleder getragen, verhüten die Befruchtung [147]). Vom gepulverten rechten Löwenhoden wird das Gleiche berichtet [148]). Mauleselniere bewirkt nach Dioskurides 1, 109 Unfruchtbarkeit. Maultierschweiß, in die Gebärmutter getan, verhütet die Empfängnis. Nach Plinius 30, 143 soll das in Leinwand getragene Pulver der Sterneidechse, in der linken Hand gehalten, zum Beischlaf reizen, in der anderen Hand gehalten aber fortnehmen. Auch soll man durch Taubenmist (30, 141), in Öl getränkt, die Stimmung verlieren. Zur Verhütung der Schwangerschaft soll man Widderharn trinken [149]). Als unfruchtbar gilt auch das Wiesel [150]): „Deß Wiselins linckes hödlin in die Haut eines Maulthieres verwickelt, machet unbärhafft" [151]).

c) Pflanzen. Das Sprichwort (Lammert 152) von der Deumente (Mentha): „daß man zu Kriegszeiten weder Deumenten säen noch genießen soll, denn der Kaiser braucht Soldaten", weist sie als An. aus. Anhaltender Genuß von Dill schwächt nach Dioskurides III, 60 die Zeugungskraft, nach Mattioli 315 A nimmt er, dauernd genossen, die unkeusche Feuchtigkeit. Die Blätter des Felberbaumes (Silberweide), im kalten Wasser getrunken, wehren, daß die Weiber nicht schwanger werden [152]). Der giftige Fingerhut, innerlich wie äußerlich angewendet, schwächt den Geschlechtstrieb [153]). Flohkraut streuten an den Thesmophorien die Frauen auf ihre Sitze und Lager, um gegen den Geschlechtsreiz abgestumpft zu werden [154]). Bock, Kräuterbuch (1530) 37, schreibt von der Gartenraute: „Stets genossen, tilgt sie die Natur der ehelichen Werke. So sollten alle Kloster- und Ordensleute, welche keusch sein wollen und Reinigkeit zu halten vermessentlich geloben, stets in ihre Speis und Trank gebrauchen" [155]). Nach Mattioli 30 D benimmt der Kampfer die unkeuschen Gelüste, so man ihn mit Rautensaft auf das Gemächt streicht. Die Wirkungen des Keuschlammes sind schon Dioskurides 1, 134 bekannt. Da er in den Klostergärten von enthaltsamen Mönchen gepflanzt wurde, hieß er Mönchspfeffer, Klosterpfeffer, Mönchssamen. Nach Bock 405 löscht er des Fleisches Brunst und Begierde [156]). Schon nach der Ansicht der Alten setzt Lattich die Zeugungskraft herab [157]). Er vertreibt schamlose Träume [158]). Die Rinde der Pappel bereitet Unfruchtbarkeit [159]). Im MA. galt der Schierling als vorzügliches An. und wurde daher den Mönchen empfohlen [160]). Auch die hemmenden Wirkungen des Seidelbastes waren den griechischen Frauen bekannt [161]). Nach Ansicht der Alten sollten die Wurzeln der weißen See- und Wasserrose gegen Pollutionen getrunken werden. Eine mehrtägige Kur verursacht Schlaffheit des männlichen Gliedes, auch der Same der Pflanze [162]). Mattioli 372 D zählt als Wirkungen die Vertreibung unkeuscher Träume und Gelüste und die Verhinderung des Samens auf.

[144]) A. Ela *Anaphrodisiacs in History, Folk-Lore and Religion. Urol. and. Cutan.Rev.* (St. Louis) 24 (1920), 141—147; Aigremont 2, 88 ff. [145]) Jühling 279. [146]) Lammert 158; Jühling 50. [147]) Jühling 101. [148]) Ders. 280. [149]) Lammert 158. [150]) Jühling 249. [151]) Gesner 3, 52. [152]) Mattioli 65 C. [153]) Aigremont 2, 89. [154]) Ebd. 2, 22. [155]) Ebd. 2, 90. [156]) Ebd. 1, 105. [157]) Dioskurides 2, 164. 165. [158]) Mattioli 189 A. [159]) Dioskurides 1, 109. [160]) Aigremont 11, 48. [161]) Ebd. 2, 91. [162]) Dioskurides 3, 143. Karle.

Apokalypse. (A), Apokalyptiker (A.er) apokalyptisch (a.isch).

1. Inhalt der A. A.ische Literatur ist Offenbarungsliteratur (ἀποκαλύπτειν = enthüllen). Sie umfaßt drei Themen, ein kosmologisches, ein geschichtsphilosophisches und ein eschatologisches: von Einfluß auf die Entwicklung war nur das

letztere [1]). Man spricht gewöhnlich von A. nur im Hinblick auf die a.ischen Schriften etwa der Jahre — 150 bis + 150, und trennt (für uns erst in zweiter Linie wichtig) eine jüdische und christliche Apokalyptik. Von den Propheten unterscheidet sie, daß sie den Blick in die Zukunft wenden [2]). Gemein ist allen ihre Herkunft aus einem synkretistischen Kulturkreise und darum das „Internationale" der von ihnen verwendeten mythischen Stoffe. Man kann z. B. in der Joh.A. persische, babylonische, ägyptische, hellenistische und jüdische Motive feststellen [3]), von denen natürlich die jüdischen überwiegen. Aug. Freiherr v. Gall Βασιλεια του θεου 1926 hat das im einzelnen dargelegt. Auf persische Grundlage führt man das Motiv des Endgerichtes, des Unterganges durch Feuer, die dualistische Weltanschauung, die Aionlehre zurück, auf babylonische die Lehre vom Kampf mit den Chaostieren, die auf der Astrologie beruhenden Bilder (regina caeli A. Joh. 12), die Heuschrekken-Dämonen, auf ägyptische oder hellenistische den Ap. Joh. 12 durchschimmernden Isis-Horus- oder Letosmythus, auf hellenistische endlich die gematrische Kunst, die angewendet wird, die Tartarusvorstellungen usw. [4]). Natürlich handelt es sich nicht um direkte Entlehnungen; die a.ischen Schriftsteller entnahmen dem großen synkretistischen Sammelbecken, was sie brauchen konnten. Die jüdische wie christliche Apokalyptik verwertet mythologische Stoffe und Sagen, nicht nur solche eschatologischer Art.

Mehr oder weniger allen A.n sind folgende Motive [5]) eigen: es folgt auf diesen Aion ein andrer, besserer (Daniel: Reich der Tiere und Reich der Menschen; IV. Esra 7, 50; Epheser 1, 21). Der A.ker versucht, den Beginn des neuen Aion zu berechnen (vgl. unten V, 6); aber Gott kennt allein das Ende und den neuen Anfang (IV. Esra 4, 35 ff.; Marc. 13, 32). Das Ende ist vor der Tür (Marc. 13, 30). Die messianischen Wehen zeigen sein Kommen deutlich an (vgl. Eschatologie). Der Kampf Gottes gegen die Urzeittiere und den Antichristen, den Teufel, dann das Gericht über die Feinde des Volkes, zuletzt erweitert zum Gericht über alle Bösen, findet statt (vgl. Antichrist I; Dan. 7, 10; IV. Esra 7, 26 ff.; A. Joh. 20, 11 ff.). Nach dem Gericht beginnt ein freudenvolles, paradiesisches Zukunftsreich unter einem Friedenskönig. Frauen gebären ohne Schmerzen; die Schnitter schneiden ohne Mühe; der Fluch (Gen. 3, 16. 19) ist aufgehoben (Jes. 11. Syrische Baruch 73). Das Paradies, das in der Urzeit vorhanden war und das im Norden hinter den Bergen liegt, von einer Mauer umgeben, kehrt wieder; der Lebensbaum, das Lebenswasser sind da, die himmlische Stadt (Ezechiel 28, 11 ff., wo vom Urmenschen im Paradies die Rede ist), wo die weilen, die lebend entrückt wurden IV. Esra 6, 26; Syr. Baruch 29. 51; (IV. Esra 8, 52. Lebensbaum: Henoch 24, 4; 25, 4. Lebenswasser: A. Joh. 22, 1. Chaostiere als Speise: Syr. Baruch 29, 4. Mauer: A. Joh. 21, 12 [6]). Himmlische Stadt: A. Joh. 21). Die Gottlosen aber werden an den Ort der Qual, Gehenna, geworfen (IV. Esra 7, 36). An diesen Orten weilen die wieder erstandenen Toten im neuen Aion (Henoch 51; A. Joh. 20, 12), nachdem sie gerichtet worden sind und nachdem die jetzige Welt untergegangen ist. Wie ehemals durchs Wasser (Sintflut), wird sie jetzt durchs Feuer untergehen (II. Petr. 3, 5 ff. Namentlich bei den Sibyllen: IV, 172 ff.; V, 155 ff. 206 ff. 274 f. 447. 512 ff.; II, 196 ff.; VIII, 243 f. 337 ff. 412 f. Selbst das Meer wird verbrennen: A. Joh. 21, 1). Die neue Welt kommt herauf (bereits Jes. 65, 17; A. Joh. 21, 1). Als Offenbarungsliteratur — das ist eine äußere Gemeinsamkeit — arbeiten alle ausgiebig mit Zahlen- und Buchstabenrätseln [7]).

Diese a.ischen Anschauungen waren zur Zeit Jesu in Palästina bekannt. Im Urchristentum haben a.ische Hoffnungen einen nicht geringen Bestandteil des Glaubens ausgemacht [9]). Auch jüdische A.n wurden eifrig gelesen, vor allem Henoch und Daniel; so zitiert der Judasbrief (V. 14) die Henoch-A. Der apokryphe Barnabasbrief vom Anfang des 2. Jhs. zitiert eine a.ische Stelle sogar als Schriftwort. Jüdische A. wurden christlich überarbeitet, wie die Himmelfahrt Jesaia, das Testament der 12 Väter oder die Sibyllinen zeigen [10]).

Man hat bereits erkannt, daß hinter manchem der a.ischen Bilder ein Stück Astralmythus steckt [11]). Freilich wird man nicht glauben dürfen, das sei der letzte Grund; denn diese astrale Mythologie ist doch zum größten Teil erst ein spätes Produkt, vor ihr liegt älteres Gut [12]). Der Drache A. Joh. 12 war gewiß einmal ein mythisches Ungeheuer, ist dann zum Sternbild des Drachens geworden [13]) und in einer Zeit, die so deutete, in die A. Joh. eingegangen.

¹) Wundt *Mythus u. Religion* 3, 307 f. ²) RGG.¹ s. v. ³) Ebd. v. Gall Βασιλεια του ϑεου 1926, 265 ff. 81 ff.; Reitzenstein *Iran. Erlösungsmysterium* 231. ⁴) Dieterich *Nekyia* 225 ff.; Neckel *Studien z. d. germ. Dichtungen v. Weltuntergang* = Sitzungsber. d. Heidelberger Ak. d. Wiss. Phil.-hist. Kl. 1918. 9. Bd. 7. Abhandlg. St. 43 ff. Vgl. auch Olrik *Ragnarök*. ⁵) Ich folge Bousset-Greßmann *Religion d. Judentums im späthellenist. Zeitalter* 1926, 242 ff., wo eine Fülle von Belegen gesammelt ist. Vgl. dazu die neutestamentlichen bei C. Clemen *Neues Testament* 90 ff. ⁶) Vgl. dazu H. Greßmann *Ursprung d. israelit.-jüd. Eschatologie* 1905, 227 ff. ⁷) Boll *Offenb. Joh.* 20 ff. 26 ff. ⁹) C. Clemen *Neues Testament* 90 ff. ¹⁰) RGG. 1, 530. ¹¹) Boll *Offenb. Joh.* 16 ff. ¹²) Ebd. 125. ¹³) Ebd. 98 ff.

2. A.ische Literatur [14]). Die wichtigsten jüdischen A.n sind: Daniel (nach dem Kislew 168 und vor dem Kislew 165 geschrieben), äthiop. Henoch (zwischen — 164 und — 80 in Palästina mit späteren Einschüben), III. Sibylle um — 140 in Ägypten [15]), XII Testament. Patriarch. (Makkabäerzeit), Adamsbuch (A. Mosis) (zwischen Herodes Tempelbau und 70), Ascensio Mosis (erste christl. Jahrzehnte), slav. Henoch (Palästina vor 70), Sibylle I, 1—138 und II, 6—44 (um 70), Sibylle IV (bald nach 79), IV. Esra (nach 70, Zeit Domitians), syr. Baruch (nach IV. Esra), griech. Baruch (bald nach 136), endlich unbekanntere jüd. A.n wie die Abrahams [16]), das Buch Eldad und Modad [17]), die Offenbarung des Elias (3. Jh.) [18]).

Die wichtigsten christlichen sind: Ascensio Jesaia (Einschub um 100, Endredaktion 3.—4. Jh.) [19]), Hirt des Hermas (Rom Mitte 2. Jh.), Sibylle VI. VII. (Mitte 2. Jh.), VIII. (vor 180), V. Esra (2. Jh. Abendland), VI. Esra (zwischen 120 und 300, griechisch), Offenbarung Petri (2. Jh. Ägypten) [20]), christl. Elias-A. (spätestens Anfang 4. Jh.), A. Pauli (um 380). Über die Stellung der A.n in der Kirche unterrichtet die Notiz im Kanon Muratori um 200: A., die des Johannes und des Petrus nehmen wir allein an, welche letztere freilich einige der Unsern in der Kirche nicht gelesen haben wollen; den Hirten aber hat ganz kürzlich, in unserer Zeit, Hermas geschrieben, während auf dem Stuhl der Stadt Rom als Bischof sein Bruder Pius saß, und deshalb darf er zwar gelesen, in der Gemeinde aber dem Volk nicht kundgetan werden [21]). Heut anerkennt die Kirche die Offenbarung des Johannes oder die große, und die kleine A. Matth. 24 (= Marc. 13 = Luc. 21, 5 ff.).

¹⁴) Übersetzungen der jüd. Apokalypsen bei E. Kautzsch *Apokryphen u. Pseudepigraphen d. Alt. Test.* 2 (1900), 177 ff. Vgl. ferner Paul Volz *Die jüd. Eschatologie* 1903. Ost und West Bd. 22. 23. Die christl.: Const. Tischendorf *Apocalypses apocryphae* 1866, in Übersetzungen bei Edgar Hennecke *Neutestamentl. Apokryphen* 1904; vgl. auch ARw. 15, 254 u. 8, 298; Joh. Geffken *Aus d. Werdezeit d. Christentums* 1909. Die Datierungen folgen Bousset-Greßmann 11 ff.; v. Gall 266 ff. ¹⁵) Vgl. ebd. 18. ¹⁶) N. Bonwetsch *Die A. Abrahams* 1897 = Stud. z. Gesch. d. Theol. u. Kirche I 1. ¹⁷) Bousset-Greßmann 46. ¹⁸) G. Steindorff *Die A. des Elias* 1899 in Gebhardt-Harnacks *Texten u. Untersuchungen* N. F. II, H. 3 a. ¹⁹) s. Antichrist I. ²⁰) Ztschr. f. neutest. Wiss. 14, 65 ff.; ARw. 15, 254; Dieterich *Nekyia* 1 ff. 214 ff. 227 ff. ²¹) Hennecke 199.

3. Auch die antike Literatur enthält a.ische Stücke [22]); aber die eigentlich endzeitlichen Momente treten zurück; der kleinste Teil des Weltenjahres ist erst vorüber (Cicero Somnium Scipionis 15 f.); der Traum vom Friedenskönig erscheint in panegyrischen Dichtungen (Vergil IV. Ekloge) [23]). Typisch allein ist für die hellenistisch-römische Literatur die Schilderung der Hadesfahrt (Vergil, Aeneis VI) [24]). Nach Dieterich bilden pytha-

goräisch-orphische Anschauungen für diese Schilderungen (und dann auch für die Petrus-A. und Henochs Offenbarung) den Untergrund [25]), während Bousset die Himmels- und Höllenreise der Seele aus dem Iran herleiten will [26]), und über ihr Hervorgehen aus einer ekstatischen Praxis spricht.

Die eigentlich a.ische Literatur, für welche A. Joh. typisch ist, verstummt im MA.; die Paulus-A. um 380 scheint der letzte Ausläufer derselben gewesen zu sein [27]). Da wird wohl noch das Gericht geschildert, die Gewißheit, daß die Endzeit nahe sei, ist aber dahin; die Schilderung des Aufenthaltsortes der Seligen und Verdammten wie ihrer Strafen nimmt den größten Raum ein. Und diese, uns bereits aus den Hadesfahrten der antiken Literatur bekannte Episode, wird charakteristisch für das Schrifttum des MA.s. Bereits Minucius Felix im 2. Jh. verwendet sie unter Berufung auf die poetae [28]). Für die Zeit bis zur göttlichen Komödie hat man etwa 35 „Visionen" dieser Art [29]) zusammengebracht, doch reicht diese Art Literatur, wie Hans Engelbrechts „Warhafftige Geschicht vnd Gesicht vom Himmel vnd der Hellen 1640" und „Die Geschichte der Somnambule Philippine Demuth Bäuerle" (geb. 1816) und ihrer Reisen in den Mond, die Sterne und die Sonne ausweisen, bis fast in unsere Zeit [30]). Von A. wird man kaum sprechen dürfen; einmal handelt es sich nur um e i n e Episode a.ischer Weltanschauung; dann aber wird man auch in Betracht ziehen müssen, daß A.n literarische Werke sind. Jülicher nennt die Joh. A. ein in der Studierstube gefertigtes Kunstprodukt [31]), Boll nennt a.ische Dichtungen stets kompilatorisch [32]). Das können wirkliche Visionen natürlich nicht sein. Und wenn sich auch allmählich ein literarisches Schema ausbildet, so ist dieses doch zu eng, ganz auf die Darstellung der Hadesfahrt beschränkt, als daß man von A. sprechen dürfte. Am ehesten dürfte man noch die Aufzeichnungen der Hildegard von Bingen und der Elisabeth von Schonau hierher rechnen. Dennoch haben a.ische Schriften im MA. eine große Rolle gespielt. Die des Johannes hat nicht wenig zur Beunruhigung der Geister (vgl. Antichrist V) beigetragen [33]). Die Geschichte ihrer Auslegung unterrichtet zugleich über die Art, wie man sie las [34]). Auch apokryphe A.n waren bekannt; Heinrich von Hesler zitiert den verlorenen Sophonias, der „ein wissage was" [35]), Henoch scheint auf die „Visionen" von Einfluß gewesen zu sein [36]), die Paulus-A. ist seit dem 9. Jh. bekannt [37]); Jakob Böhme wie Paracelsus kennen den IV. Esra [38]). Man beachtete die Vorzeichen (vgl. Prophezeiung), berechnete die Endzeit (s. unten), sprach von der letzten Schlacht (s. d.), vom tausendjährigen Reich (s. d.) und jüngsten Gericht (s. d.).

Am höchsten scheint die Angst im 16. und 17. Jh. gestiegen zu sein (vgl. Antichrist), als sich die Furcht in neuen a.-ischen Gesichten entlud. Aus keiner Zeit sind mir so viele Berechnungen der a.-ischen Zahlen und Zeiten bekannt als aus dieser, in der sich die Pansophen besonders mit derartigen Grübeleien abgaben [39]). Neben solchen Rechenkünstlern wie Studion [40]), Adam Nachenmoser [41]) stehen die a.ischen Visionen pansophisch infizierter Schwenckfelder [42]), stehen die wirren Gesichte Kotters [43]), Rischmanns [44]) und die Schreiben Jakob Böhmes [45]) bis zu den Prophezeiungen des Braunschen Michels (geb. 1730) [46]). Sie alle reden eben aus der Angst vorm Ende heraus, sehen das Gericht, ihnen werden die Heimlichkeiten Gottes gewiesen und die zukünftigen Dinge. Die Prognostica Lichtenbergers von 1498 wie die in einem Karthäuserkloster gefundenen magischen Figuren müssen, lehrt Paracelsus, ihre Auslegung in der A. Joh. haben, wie diese in den Propheten [47]).

Für die Pansophen und Anhänger des Paracelsus fiel Theologie und „Philosophie" = Naturerkenntnis zusammen. Gott enthüllte sich in der Natur. Ihre Schriften erscheinen deshalb oft als A.n, wie etwa Gutmans „Offenbarung himmlischer Majestät" [48]), oder die Paracelsus zugeschriebenen alchymischen Bücher: Apocalypsis spiritus secreti Theopras: paracelsi, Apocalypsis Hermetis, Theophrasti

Apocalypsis de spiritu occulto, Apocalypsis D. D. Theophrastj Germanj Wider die müessigen ständt vndt falsche Aposteln [49]).

[22]) Norden *Aeneis* VI. 1903, 3 f [23]) Kampers in MschlVk. 17, 137 ff.; Boll *Offenb. Joh.* 12 f.; Dieterich *Nekyia* 33 Nr. 2. [24]) Dieterich *Nekyia* gibt die Geschichte dieser Literatur. Vgl. auch Reinach im ARw. 9, 312 ff. Über die Vorläufer Vergils ebd., die Nachahmer = G. Ettig *Acheruntica* 360 ff. [25]) Dieterich *Nekyia* 225 ff. 217 ff. 217 Nr. 3. [26]) ARw. 4, 155 ff. [27]) C. Fritzsche *Die lateinischen Visionen des Mittelalters bis zur Mitte d. 12. Jhs.* = Roman. Forschungen 2, 256; Liebrecht *Gervasius* 89 ff. [28]) Octavius c. 35 = Dieterich *Nekyia* 160. [29]) Roman. Forsch. 2, 245 ff. und 3, 337 ff. Vgl. die Ergänzungen bis auf Dante bei Norden 9 f. [30]) W. Gerard, Berlin. s. a. [31]) Pauly-Wissowa s. v. [32]) *Offenbar. Joh.* 4. Vgl. Wundt *Mythus u. Religion* 3, 304 f. 306. [33]) Vgl. auch Döllinger im Histor. Taschenbuch V. F. 1, 259 ff. u. Wadstein in Ztschr. f. wissensch. Theol. 38, 538 ff. [34]) Wilh. Bousset *Offenb. Joh.* 1906, 49 ff. [35]) Karl Helm 1907. Vers 18373 f. [36]) Das sah bereits Fritzsche: Roman. Forschungen 2, 252 f. [37]) Ebd. 2, 256. [38]) Peuckert *Leben Jak. Böhmes* 1924, 101. [39]) Vgl. Peuckert *Rosenkreutzer* 1927. [40]) Ebd. [41]) Ebd. [42]) Ebd. Vgl. auch Peuckert *Leben Jak. Böhmes* 1924, 2 f.; ders. *Schlesien* 71. [43]) Amos Comenius *Lux e tenebris* 1. I. [44]) Peuckert *Schlesien* 72 f. und Kühnau *Sagen* 3, 524 ff. [45]) Peuckert *Leben Jak. Böhmes* 1924, 6 f. [46]) Ders. *Schlesien* 71 f. [47]) Paracelsus *Liber Philosophiae de arte praesaga.* ed. Huser 1590, Bd. 9, 110 f. [48]) Peuckert *Rosenkreutzer* 1927. [49]) Karl Sudhoff *Versuch einer Kritik d. paracels. Schriften* 2, 733. 751. 760 f.

4. A.ische Vorstellungen im nordischen Mythus. Man hat längst die Beobachtung gemacht, daß Vorstellungen der Joh. A. im Nordischen wiederkehren; das ist besonders an der Völuspa aufgefallen. E. H. Meyer [50]) erklärte das vor allem aus dem Einfluß mittelalterlicher Predigtliteratur (wie etwa des Honorius von Autun Elucidarius), in die a.ische Vorstellungen aufgenommen worden waren. Olrik glaubte den Weg christlicher Vorstellungen über Irland nach dem Norden feststellen zu können [51]). Gewiß mag manchmal die irische Überlieferung von Einfluß gewesen sein; aber diese Wanderungen liegen zeitlich doch zu spät. Neckel hat m. E. ganz einwandfrei eine Nordwanderung a.ischer Vorstellungen vor der Wikingerzeit nachgewiesen [52]). Wie im 1. Jh. ein römischer Ritter die Bernsteinstraße wanderte, wanderten Geräte, Waffen, Gold und geistige Vorstellungen nach dem Norden. Die übermittelten Vorstellungen haben ein durchaus christliches Gepräge; ich halte deshalb die a.ische christliche Literatur, nicht die hellenistische Astralreligion, für den Ausgangspunkt; nicht aus dieser strahlte nach Norden und Süden a.isches Gut aus, die zeitliche Aufeinanderfolge muß 1. hellenistische Astralreligion, 2. A., 3. nördliche A. gewesen sein [53]). Auch nach Süden sind a.ische Ideen gewandert: „le Coran est une Apocalypse" [54]).

[50]) *Völuspa* 1880, 41 ff.; *Mythologie d. Germanen* 1903, 434 ff.; *Germ. Myth.* Register s. v. [51]) *Ragnarök* 1922, 127 ff. u. Kahle im ARw. 9, 64 ff. [52]) *Stud. z. d. germ. Dichtungen v. Weltuntergang*: Sitzb. Heidelb. 9. [53]) So scheint mir die Folge Schröder *Germanentum* 21 f. zu ändern zu sein. [54]) P. Casanova *Mohamed et la fin du monde* 68; Bertholet *Lehrb. d. Religionsgesch.* 1 (1925), 735.

5. Die A. im Volksglauben. Eine mythengeschichtl. Durchsicht der Joh.-A. fördert reiche Ergebnisse zutage. Hier kann nur Einzelnes angedeutet werden.

1. Michael als Drachentöter c. 12. Vgl. Michael [57]).

[57]) Lippert *Christentum* 500 f.

2. Der „Drache" c. 12 ist nach manchen das Urbild für die Drachengestalt der Volkssage [58]). Vgl. Drache.

[58]) Ebd. 492.

3. Das a.ische Tier c. 13 = Nero; vgl. Antichrist I. III.

4. Die 24 Ältesten c. 4, 4 wurden Anfang des 15. Jhs. in Obersteiermark an Donnerstagen abergläubisch verehrt. Man hielt sie für eine besondere Klasse von Heiligen und glaubte, Gott halte an den Donnerstagen der Quatember mit ihnen Rat, was im nächsten Quartal geschehen soll, wer sterben solle, wer Glück oder Unglück haben werde [59]).

[59]) Ztschr. kath. Theol. 15, 17 ff.; Ztschr. f. Kirchengesch. 13, 473.

5. Die Anfangsworte der Joh.-A. wurden in Segen und Beschwörungen zitiert [60]). Ebenso verwendete man die A. im Wetterzauber [61]).

[60]) Pradel *Gebete* 316. 321. Vgl. auch Mansikka *Über russ. Zauberformeln* 1909, 34 ff. 43. 55. 59. 66. [61]) Korrespondenzbl. d. Ges. f. Anthropologie 27, 113, nach J. Bois *Satanisme* 382.

6. Die wichtigste Rolle spielen die bibl. A.n in Notzeiten. Dann werden endzeitliche Hoffnungen und Ängste wach. Man versucht sich in Berechnungen. Schon die Dichter der A. haben sich ja mit derartigen Berechnungen beschäftigt, gar die ihrer Vorgänger zu lösen versucht, wie etwa Daniel 9 sich mit Jes. 29, 10 abgibt [62]). Gebräuchlich ist eine Zeitangabe von 70 Wochen (ebd.) [63]), eine solche von 6000 + 1000 Jahren = eine Weltwoche (Aion) nach Ps. 90, 4 auf Grund einer älteren rabbinischen Berechnung, die 2000 Jahre für die Zeit von der Schöpfung bis zum Gesetz, 2000 Jahre unterm Gesetz und 2000 Jahre der Gnade kannte [64]). Dieser Aion selbst wird eingeteilt in vier Zeiten von je 3000 Jahren (Dan. 2; IV. Esra 12, 11); das goldene, silberne, eherne und eiserne Zeitalter [65]), oder in sieben Zeiten [66]); hierher gehören wohl auch Daniels und Johannes (A. 12, 14; Dan. 7, 25) 42 Monate (A. 13, 5), 1260 (A. 12, 6) oder 1290 Tage (Dan. 12, 11). Endlich teilt IV. Esra 14, 11 den Aion in 12 Teile, von denen 9½ vergangen sind [67]). (Vgl. Weltzeitalter.)

Eine Übersicht über die Auslegungen, welche die Zahlen der bibl. A. erfuhren, — man wird noch 1300 (Dan. 8, 14), 1332 (Ascensio Jes. 4, 12 = 4, 14) und 1335 (Dan. 12, 12) zufügen dürfen — hat Bousset gegeben [68]). Es sei nur erwähnt, daß, nachdem die eschatologischen Erwartungen der beiden ersten Jahrhunderte verflogen waren, die Angst etwas nachließ. Ums Jahr 1000 ist — entgegen einer landläufigen Meinung — die Beängstigung nicht besonders groß gewesen; dagegen hat Abt Joachim von Floris das Jahr 1260 als Erfüllung der Weissagung A. Joh. 12, 6 ansehen wollen, und die Geißlerzüge waren die Reaktion auf seine Prophezeiung [69]). Um 1600 wieder, als nur noch wenige Jahre bis zum Jahre 6000 der jüd. Zeitrechnung blieben, stürzte man sich in derartige Berechnungen [70]). Die ausführlichsten im 17. Jh. hat wohl Bengel angestellt [71]).

[62]) Boll *Offenb. Joh.* 23 ff.; Bousset-Greßmann 246. [63]) Ebd. 247. [64]) Joh. Klausner *Messian. Vorstellungen d. jüd. Volkes.* 1904. 28 ff. [65]) Bousset-Greßmann 246. [66]) Ebd. 247. [67]) Ebd. Nr. 1. [68]) *Offenb. Joh.* 49 ff.; Bengel *Erkl. Offenb. Joh.* 1099 ff. 1135 ff.; vgl. Schindler *Aberglaube* 94 ff. [69]) Vgl. darüber Salimbene v. Parma in den Geschichtschr. d. deutsch. Vorzeit 94. [70]) Peuckert *Rosenkreutzer* 1927. [71]) Joh. Albrecht Bengel *Erklärte Offenbarung Johannis* 1746², 96 ff., 1059 ff.

7. Ich habe als Kind adventistische Schriften kennengelernt, in denen die „Vorzeichen" Matth. 24 auf historische Geschehnisse gedeutet wurden; sie erregten im Landvolk große Bestürzung. Ähnliches versucht nach dem Kriege die „Vereinigung ernster Bibelforscher", die dem Sturz des Gotenreiches i. J. 539 (?) 1260 Jahre zuzählt, um zum Jahre 1799, der Zeit des Endes, zu kommen. Zählen sie die danielischen 1335 Jahre zu, gelangen sie zum Jahre 1874, in dem des Herrn zweite Gegenwart fällig ist. 3½ Jahre als Zeit seines Wirkens werden zugezählt, so kommt man auf 1878. Dann beginnt die Ernte, die 40 Jahre dauern soll (entsprechend Jesu Lehrzeit und der Zeit der jüd. Ernte 33—73 nach Chr.); so kommt man auf 1918 [72]). Ähnliche Berechnungen waren im Weltkriege üblich [73]); ich bin selbst Zeuge gewesen, wie man in den Walddörfern des Isergebirges aus Dan. 12, 12 den Friedenstag ergrübeln wollte: wohl dem, der erreicht 1335 Tage.

Im Weltkriege — und deutlicher noch nach ihm — hat man die A. Joh. wieder als historische Weissagung auszubeuten versucht. Das ist in öffentlichen Vorträgen: „Das Geheimnis des Jahres 1924, Deutschlands Wiederaufstieg; das Ende des Tieres", ebenso wie in Schriften geschehen. So wird 10, 6 „es wird keine Zeit mehr sein" durch Einsteins Relativitätstheorie als erfüllt angesehen; c. 13, 13, das 2. Tier, das Feuer vom Himmel fallen läßt, ist die exakte Wissenschaft, die den Blitzableiter erfand [74]); c. 16 behandelt die gegenwärtige Zeit. Derartige Literatur findet sich häufig in Händen religiös gesinnter Arbeiter und Landleute, die sie vor ihren Geistlichen verbergen, weil sie empfinden, daß diese dergleichen ablehnen.

[72]) J. F. Rutherford *Die Harfe Gottes* (1922 ?), 224 ff. [73]) MschlesVk. 20 (1918), 60 f.; vgl. ZfrwVk. 15, 133. [74]) E. Schlegel *Die Geheimnisse der Offenbarung. Symbolik der Ap. Joh.* (1922), 28 ff. 48 f.

8. Märchenmotive in den A.n. Bereits Kauffmann hat das Märchen der volkstümlichen Visionsliteratur zuweisen wollen, einer den A.n eng benachbarten Gattung [75]). Eine Zusammenstellung der die A. berücksichtigenden Märchen des A. T. hat Gunkel gegeben [76]). Sie sei für die neutestamentliche A. ergänzt; ich berücksichtige dabei Ascensio Jes., V. Esra, Petrus-A., Hirt des Hermas, christl. Sibyllinen und A. Joh. — Märchenwanderung: A. Petri, Asc. Jes., Paulus-Ap. Fabelwesen: A. Joh. 13; 12, 9. Hirt d. H. 4. Vision. Märchenland mit Lebensbaum und Lebenswasser (vgl. auch I): A. Joh. 22, 1 f.; V. Esra 2, 12. 19. Hinter sieben Rosenbergen: V. Esra 2, 19; A. Petr. 15. Märchenstadt: A. Joh. 21, 2 ff. Wächter an Himmelspforte; Losungswort: Asc. Jes. 10, 24. Märchenberge: Hirt des Hermas 9. Gleichnis. Märchenjungfrauen ebd. Weiß wie Schnee, rot wie Rosen: A. Petr. 9. Jungfräuliche Schwangerschaft: Asc. Jes. 11; schwanger durch Anhauchen: Sibyll. 8, 462. Geburt ohne Schmerzen: Asc. Jes. 11, 9. Sonne still stehen lassen: Sibyll. 5, 228. Finstre Welt: Sibyll. 7, 142. Tote Zweige grünen aus: Hirt d. H., achtes Gleichnis. Tür öffnet sich unsichtbar: Asc. Jes. 6, 6. Zaubrische Blindheit: Asc. Jes. 11, 24. König verkleidet: Asc. Jes. 10, 7—11, 32. Name unbekannt: Asc. Jes. 9, 6. Dämonische Frau im Bad erblickt: Hirt d. H. Eingang. Frage vergessen: ebd. 9. Gleichnis. Ewiger Kampf zwischen Engelsheer und Dämonenheer in der Luft: Asc. Jes. 7, 9 ff. Sand verschüttet ein Land: Sibyll. 7, 104 f. Unter Eis versinken: Sibyll. 7, 107. Das Verzeichnis ist noch zu vervollständigen.

[75]) ARw. 15, 625 f. = Festskrift till H. F. Feilberg 421 ff. [76]) Gunkel *Märchen* Register unter „Apokalytik". Peuckert.

Apollinaris, hl., erster Bischof von Ravenna, um 75 gemartert, Fest 23. Juli. Seine Reliquien ruhen in Classe, der Hafenstadt Ravennas, wo sie 1173 noch unversehrt aufgefunden wurden. Die Überlieferung, seine Gebeine seien 1164 auf den Berg bei Remagen a. Rhein (Apollinarisberg) übertragen worden, ist daher unhaltbar. Die Remagener A.-kirche kann nur Überreste eines andern Heiligen gleichen Namens besitzen [1]). Der A.berg bei Remagen, vorher Martinsberg, bzw. die A.kirche (Martinskirche) dort, wurden vielbesuchte Wallfahrtsstätten [2]). Hier wird A. gegen Gicht angerufen. In Franken (Bayern) gilt er als Fürbitter gegen Steinkrankheit [3]). An Fallsucht Leidende lassen sich mit dem Haupt des Heiligen berühren. Als Opfergabe brachten solche früher so viel „Ähren", als ihr Gewicht betrug [4]).

[1]) Korth *Die Patrocinien im Erzbistum Köln* 23—25; Künstle *Ikonographie der Heiligen* 89—90; Nied *Heiligenverehrung* 60. [2]) Äg. Müller *Das hl. Deutschland* 2, 304 ff. [3]) Lammert 258. [4]) Reinsberg-Düringsfeld *Das festliche Jahr* 214. Wrede.

Apollo, der griechische Gott, ist durch die Epen, in denen er neben Tervigant Mahmet und Kahûn als sarazenischer Götze genannt wird [1]), in den Volksglauben übergegangen. Als bösen Geist nennt man ihn auch „phytonem appollinem" [2]). Python, der von Apollo getötete Drache, wird später zur Bezeichnung eines Wahrsagegeistes oder Dämons, z. B. Lev. 20, 27; Deut. 18, 11; 1. Sam. 28, 7; Act. 16, 16, wo die Vulgata python hat. Plutarch, de def. odac. 9: ἰγγαστριμύθονς (Bauchrednergeist) ... πύθωνας προσαγορωομόνους und Pseudo-Clement. hom. 9, 16: πύθωνις μαντιύονται, ἀλλ' ὑφ' ἡμῶν ὡς δαίμονις ἰκριζούμονοι φυγαδεύονται vgl. Hesychius πύθων δαιμόνιον μαντικόν. Der Versuch, den Phol = Baldr des zweiten Merseburger Zauberspruchs als A. zu erklären, ist abzulehnen [3]).

[1]) Vgl. z. B. Benecke-Müller *Mittelhochdt. Wb.* 1 (1854), 48; Gautier *La chanson de Roland* (1889), 47; SAVk. 22, 228. [2]) Grimm *Myth.* 3, 411; Weinhold *Festschrift* 7, 5. [3]) R. M. Meyer *Relig.gesch.* 311. Jacoby.

Apollonia, hl., Jungfrau u. Märtyrin, erlitt 249 den Feuertod, Fest 9. Febr.

1. Nach dem zeitgenössischen Bericht des Bischofs Dionysius v. Alexandrien, von Eusebius hist. eccl. II, 41 überliefert, wurden der Jungfrau vor ihrem Tode durch Schläge auf die Kinnbacken alle Zähne ausgebrochen. Laut einer späteren Legende sind ihr die Zähne mit einer Zange ausgerissen worden. Daher wird die Heilige vorzügl. seit dem 16. Jh. mit einer (glühenden) Zange als besonderem Attribut dargestellt [1]).

[1]) Samson *Kirchenpatrone* 131—132; Korth *Die Kirchenpatrone im Erzbistum Köln* 25; ARw. 19, 422; Künstle *Ikonographie der Heiligen* 90—93; Nied *Heiligenverehrung* 56 (s. bei Apollonius).

2. Patronin gegen Zahnleiden [2]). Grundlage für dieses Patronat, durch das die Heilige im Volk starke Verehrung und weite Verbreitung ihres Namens als eines Taufnamens gewann, bildet die Mitteilung bei Eusebius. Hinweise auf A.s Anrufung und den Volksglauben an ihre machtvolle Fürbitte gegen Zahnweh oder gegen „alle Schmerzen des Hauptes und der Zähne" bereits häufig seit dem 15. Jh.[3]).

[2]) E. Schmidt *Volkskunde* 126; Klingner *Luther* 119; Nork *Festkalender* 159; Germania 13 (1868), 180; Eisel *Voigtland* 255 Nr. 641; Fontaine *Luxemburg* 113; ZföVk. 4 (1898), 143; Bartsch *Mecklenburg* 2, 427. [3]) Nürnberger Passional fol. 374', Spegel der Sachtmödicheit. Lübeck 1487, Mainzer Brevier 1495, Kölner Brevier usw.

3. Die Hilfe der Heiligen sucht das Volk auf mannigfaltige Weise zu erwirken oder zu verstärken. Um von vornherein gegen Zahnschmerz gefeit zu sein, soll man täglich ein Vaterunser zur hl. A. beten [4]). Wer sich den Mund mit Wasser aus dem A.brunnen auf dem Kapellenberg in Sachsen (Staat) füllt, wird nach der Volkssage nie im Leben Zahnweh spüren [5]). Soll die Anrufung um so wirksamer sein, hängt man dem vom Schmerz Geplagten ein „Bildl" der Heiligen um den Hals [6]).

[4]) Lammert 233. [5]) Meiche *Sagen* 599 Nr. 742. [6]) ZdVfVk. 8 (1898), 399.

4. Andern die Anrufung begleitenden Handlungen liegt eine Art Übertragung des Leidens mittels Gegenständen aus dem Besitz des Leidenden zugrunde. Bei Staufen (Bonnd.) tragen Zahnleidende den Löffel, mit dem sie täglich essen, ins „Bildhüsli" oder „Löffelkäpili" (Kapelle) und legen ihn dort zu Füßen einer Statue der hl. A. nieder. Ebenda hängen Frauen, deren Kinder schwer zahnen, die Hemdchen oder Kittelchen dieser auf [7]).

[7]) Meyer *Baden* 535; Bad. WB. 1, 68.

5. Eine Art Heilsegen oder Heilspruch gegen Zahnweh, in dem der Name A. vorkommt, ist in französischer Fassung überliefert, deren ältere lateinische Vorlagen den Namen Petrus statt den der A. aufweisen [8]).

[8]) Wolf *Beiträge* 1, 260; ZfVk. 24 (1914), 136—137.

6. Als Ursache der Krankheit gilt wie bei andern der Wurm. Mittel gegen die „Würmer in den Zähnen" ist im oberen Tessin eine weiße, glockenförmige Blume, Fior di Sant' A. genannt. Man siedet sie und schnauft die Dämpfe, durch die „kleine, haarige Würmchen" aus den Zähnen kommen, so daß mit diesen das Zahnweh verschwindet [9]). In Bayern bedient man sich der Apollonienwurz, Aconitum Napellus, auch Teufelswurz genannt; dieses Apollonienkraut muß um St. Johannis gesammelt werden [10]).

[9]) SAVk. 19, 48. [10]) ZdVfVk. 1 (1891), 295; Hovorka-Kronfeld 2, 854 f. (ungenaue Wiederholung e. Beleges ohne Quellenangabe!).

7. Ganz vereinzelt erscheint A.s Anrufung gegen Flechten [11]).

[11]) MschlesVk. 14 (1905), 88.

8. A. im Wurmsegen [12]).

[12]) Germania 32 (1887), 459. Wrede.

Apoplexie s. Schlaganfall.

Apostel, Zwölfboten, insgesamt Inhaber eines Kirchenpatroziniums, Fest 15. Juli, genannt Apostelteilung, Divisio oder Dispersio Apostolorum, zum Andenken an den Tag, an dem die A., der frühchristlichen Legende gemäß, sich in die ihnen durchs Los zugefallenen Missionsgebiete zerstreuten [1]).

[1]) Künstle *Ikonographie der Heiligen* 93 bis 102; Benzerath *Kirchenpatrone* 56 f.; Dorn Arch. f. Kulturgesch. 13, 27 f.; Pfister *Reliquienkult* 1, 259 ff.

1. A.l o s, A.w a h l, A.z i e h e n, ein früher vielgeübter und weitverbreiteter Brauch [2]), indem man durch das Los, per sortes Apostolorum, einen einzelnen besonderen Apostel, specialem Apostolum, zur bevorzugten Verehrung erlangte [3]). Gewöhnlich wählte man mittels Loszettelchen, indem man die Namen der zwölf A. auf zwölf Blättchen schrieb und eins von diesen herauszog. Eine andere Art war die A.wahl mittels zwölf Kerzen. Diese wurden je mit einem A.namen verzeichnet, geweiht und auf den Altar gestellt. Dem A., dessen Name man mit der Kerze herauszog, brachte man vor den andern seine Verehrung dar [4]). Erzählungen, in denen die A.wahl an bestimmten eigenartigen Fällen dargestellt wird, sind mannigfach überliefert [5]). Wer einen im Volke weniger beliebten oder geschätzten A. erloste, zeigte sich auch weniger zufrieden und versuchte, durch Neulos, d. i. erneutes Ziehen, einen „besseren" zu gewinnen [6]). Solches Erlosen und Ziehen ist wie das Buchorakel, Aufschlagen des Psalters und ähnliches Befragen heidnischen oder gelehrten Ursprungs. Die Kirche verurteilte öfter den Brauch; aber dennoch wurde er jahrhundertelang geübt [7]). Auch für Benennung eines Neugeborenen bediente man sich der A.wahl, gewöhnlich mittels der Kerzen [8]). Ferner wurde Schwangeren empfohlen, dem zu erwartenden Kinde einen „zwelfboten" zu wählen, damit es nicht sterbe [9]).

[2]) Z a c h a r i a e *Kl. Schriften* 363 ff.; E. S c h m i d t *Volksk.* 127. [3]) C ä s a r i u s *Dialogus* 8, 56. 61. [4]) K a u f m a n n *Cäsarius* 64, 65; ZdVfVk. 22 (1912), 227; C ä s a r i u s *Dialogus* 8, 56; W o l f *Beiträge* 2, 88—89. [5]) K l a p p e r *Exempla* 1911 Nr. 74. 75; FL. 14, 51; W o l f *Beiträge* 2, 89. [6]) W o l f *Beiträge* 2, 88—91; D e r s. *Niederländ. Sagen* (1843), 499 Nr. 413. [7]) W o l f *Beiträge* 2, 89; S c h ö n b a c h *Zeugnisse* 33, 34; B o l t e *Wickram* 4, 282. [8]) ZdVfVk. 22 (1912), 228. [9]) G r i m m *Myth.* 3, 418 Nr. 39; 3, 415 Nr. 1.

2. Der A.t a g galt auch als Lostag, an dem man die Windrichtung beobachtete und aus dieser Schlüsse für die der folgenden Zeit zog [10]).

[10]) R e i n s b e r g - D ü r i n g s f e l d *Festkalender* 354; ZdVfVk. 4 (1894), 404; A l b e r s *Das Jahr* 180.

3. Die zwölf A. in Form silberner oder goldener Figuren wurden Gegenstand einer Reihe von Sagen, die den Charakter von Schatzsagen tragen [11]).

[11]) M e i e r *Schwaben* 1, 305; K ü h n a u *Sagen* 3, 680—82; S c h u l e n b u r g *Wend. Volkst.* 91.

4. Drei A. unbestimmten Namens, „unter einander Brüder", in einer Besprechungs- oder Beschwörungsformel gegen Geschwür handelnd aufgeführt [12]).

[12]) F r i s c h b i e r *Hexenspr.* 62.

5. A.brocken, -brot, -kuchen, -wecken, Brot- oder Kuchenspenden von teils eigenartiger Form und Füllung, die am Gründonnerstag allgemein, z. B. in Marburg, oder besonders an die A., 12 alte arme Männer, z. B. in Schwaben, sowie an Arme verteilt wurden oder noch werden [13]). Mancherorts durften die 12 A. in der Pfarre einen Rundgang machen und eine Brot- oder Kuchenspende heischen [14]). In Orten a. d. Maaß aß man am Gründonnerstag (witten donderdag) mittags die „discipelen- oder apostelensoep" (Suppe), die zwölferlei Kräuter würzten [15]).

[13]) H ö f l e r *Ostern* 6. 8. 43. [14]) S a r t o r i 3, 140; H ö f l e r *Ostern* 6. [15]) ZfrwVk. 3 (1906), 149; RheinWb. 1, 222. Wrede.

Apotheke. Der schon im 6. Jh. in Italien vorkommende apothecarius war ursprünglich ein Gewürz- und Kräuterhändler; A. bedeutete ursprünglich „Behälter, Speicher", im MA. „Niederlage von Spezereien und Arzneien [1]), Kräuterhaus". Vom frühen MA. an zogen welsche Hausierer nach allen Ländern und verkauften u. a. Heilwurzeln, Granatäpfel (gegen Fieber), Theriak, Balsame usw.; das mittelalterliche A.inventar entsprach den volksmedizinischen Ansprüchen; man kaufte dort gepulverte Edelsteine, gedörrte Kröten (noch 1815 von Virey im Journal de Pharmacie 319 als „empirisches" Mittel bei Epilepsie angeführt), gebrannte Maulwürfe, Elensklauen, Wolfsherz und -galle, Viehmist, Hirsch- und Bocksblut, Krebsaugen, Schlangen- und Mückenfett, geraspelte Menschenschädel, ägyptische Mumienteile (diese waren noch 1834 in österreichischen A.n offizinell), das Blut und Fett Hingerichteter u. ä. [2]).

vgl. i. a. Peters, Pharmazeutik 1.

[1]) DWb. 1, 537; Schulz *Fremdwörterbuch* 1 (1913), 42 f.; Schultz *Dt. Leben* (1892), 33; Heyne *Hausaltertümer* 1, 298. [2]) Lammert 11; Hovorka-Kronfeld 1, 37.
Stemplinger.

Apotropaion s. Abwehrzauber.

Apra, Zauberwort in der Formel: A., Alratortum, Aprunt, Apratur usw. [1]), gegen Krämpfe gebraucht, nach Seyfarth Verstümmelung von Abracadabra.

[1]) Ganzlin *Sächs. Zauberformeln* 21; Seyfarth *Sachsen* 172 Jacoby.

April (mhd. *aberelle*). 1. Der latein. Aprilis [1]) soll nach Ovid den Namen von *aperire* = öffnen haben, weil der Frühling alles öffnet [2]). Daneben ist seit der Zeit Karls des Großen die deutsche Bezeichnung Ostermonat (Ôstarmânôth) belegt. Diesem entspricht aber schon das ags. Eósturmônath des Beda (*De temp. rat. c.* 13), das dieser von einer fraglichen Göttin Eostra [3]) herleitet, der eine deutsche Ostara (s. d.) entsprechen soll [4]). Neben diesen beiden Namen kommen nur vereinzelt andere vor, so im holsteinischen (Bordesholmer) Kalender (16. Jh.) Koltenmaen [5]), bei den Nordfriesen Feskmuun [6]) (Fischmonat) und Puaskmuun, älter Paeschmaend [7]) (Ostermonat), in den Niederlanden Grasmaand [8]). Dän. heißt der A. Faaremaaned (Schafmonat). Schon das Breslauer Monatgedicht (15. Jh.) hebt hervor, daß in diesem Monat die Schafe geschoren werden [9]). Endlich schwed. Vårant oder Vårmånad [10]), und isl. Gaukmânadr, neuisl. Harpa [11]). Auch bei Fischart findet sich der Name Gauchmonat [12]), wohl weil sich um diese Zeit der Kuckuck als Bote des warmen Frühlings hören läßt. Sonst hat Fischart in „Aller Praktik Großmutter" noch die Namen Hirtenmonat [13]), Marxmonat [14]) (Markus, 25. April) und Stiermonat [15]), das letzte wohl, weil im A. die Sonne in das Zeichen des Stieres tritt [16]).

Eine Personifikation des A. begegnet in der neuisl. Harpa [17]) und in Volkserzählungen [18]).

[1]) Pauly-Wissowa 2, 1, 271; Weinhold *Monatsnamen* 30. [2]) Schon *Meinauer Naturlehre* 15. [3]) Hoops s. v. Eostra. [4]) Weinhold a. a. O. 51 f. [5]) Ebd. 47. [6]) Ebd. 37. [7]) Ebd. 52. [8]) Ebd. 39. [9]) Ebd. 37. [10]) Ebd. 59. [11]) Ebd. 38. 40. [12]) Ebd. 38. [13]) Ebd. 44. [14]) Ebd. 50. [15]) Ebd. 58. [16]) Ausdeutungen dieses Monatszeichens bei Nork *Festkalender* 245 ff. [17]) Weinhold a. a. O. 40. [18]) Bolte-Polívka 1, 107. Vgl. AnSpr. 98, 82; 100, 149; Köhler *Kl. Schr.* 1, 380.

2. In diesem Monat kommt dem 1. A. eine ganz besondere Stellung als Narrentag zu. Wenn wir auch die A.-scherze ausdrücklich erst 1631 auf deutschem Boden belegt haben [19]), so scheinen sie doch ein sehr hohes Alter zu haben, da sie in der ganzen idg. Welt bekannt sind [20]). Über den Ursprung der Sitte gibt es verschiedene Vermutungen: 1. Das veränderliche und trügerische A.wetter soll den Anlaß gegeben haben [21]). Doch finden sich die A.-scherze auch in Ländern, wo im A. beständiges Wetter herrscht [22]). 2. Es sei eine Erinnerung an das Herumschicken des Herrn von Pontius zu Pilatus [23]), das am 1. A. gewesen sein soll [24]). Damit aber stimmt schlecht zusammen, daß man bei diesem Brauch dumme und einfältige Leute herumschickt. 3. Da der Tag als der Geburtstag des Judas gilt, sei vielleicht die anfängliche Meinung, man müsse vor allerhand Schaden auf der Hut sein, später zur Vornahme von Schabernack mißbraucht worden [25]). 4. Es sei aus dem Narrenfest der Römer, den Quirinalia, entstanden [26]). 5. Es gehe auf das alte indische Hulifest zurück [27]). 6. Auf dem Reichstag zu Ausgburg (1530) sei, um Ordnung in das Münzwesen zu bringen, ein besonderer Münztag für den 1. A. festgesetzt worden. Dieser 1. A. war dann das Ziel großer Spekulationen. Und als der Münztag nicht stattfand, verlachte man diese Spekulanten, und der 1. A. wurde seit dieser Zeit Feiertag der Narren [28]). 7. Zusammenhang mit dem Beginn des neuen Jahres [29]).

Am meisten leuchtet ein, wenn man hier den Rest eines Frühlingsbrauches sieht [30]), der so den Narrenbräuchen der Fastnachtszeit zur Seite steht. Es äußert sich darin die ungebundene Fröhlichkeit, welche alle Menschen bei Beginn des Frühlings (s. d.) ergreift. Im besondern aber vertritt der A.narr, den man hinschicken kann, wohin man will, gewissermaßen den absterbenden, machtlosen Winter, mit dem der seine Herrschaft antretende Sommer tun kann, was er will [31]). Und wenn ein Hauptmerkmal der A.scherze Täuschungen sind, so hat man auf Beispiele der Mythologie hingewiesen, die zum Teil auch erkennen lassen, daß es sich um einen kultischen Frühlingsbrauch handeln dürfte, der auch in den Quirinalia und dem indischen Hulifest zugrunde liegt. Es wird erinnert an die Täuschung des Kronos durch Rhea-Kybele, die dem Kinder fressenden Gatten statt des neugeborenen Zeus einen in ein Ziegenfell gewickelten Stein darbot, dann an die Täuschung des Winterriesen Thrym in der Edda durch Thor, der als Freya verkleidet ihm naht, und insbesondere an das Täuschfest, das der Venus zu Ehren im Frühling gefeiert wurde. Der Venus war ja auch der 1. A. geweiht, und sie führte davon den Beinamen Aprilis. Auch der Name der indischen Liebesgöttin Maja, der Gemahlin der Brahma, hat die Bedeutung von „Täuschung" [32]). Es ist auch möglich, daß dieser alten A.feier, die heute mehr oder minder zu einem Kinderbrauch geworden ist, ursprünglich, wie anderen Frühlingsbräuchen (s. Weibermonat), eine erotische Grundlage zukam.

A.scherze, meist in der Form des „In den A. schicken", sind im ganzen deutschen Siedlungsgebiet daheim [33]). Bei den Flämen heißt der 1. A. deswegen auch „Versendungstag" [34]), in England wird er »*Allfools Day*« (Aller Narren Tag) genannt und das A.schicken mit »*making an April fool*« (einen A.narren machen) bezeichnet [35]). Besonders beliebt sind die A.scherze in Amerika [36]). In Frankreich spricht man vom A.fisch und heißt den Gefoppten wie auch den Streich, den man spielt, *poisson d'Avril*. Diese Bezeichnung ist auch bei den anderen romanischen Völkern, besonders in Italien (*Il pesce d'aprile*), üblich geworden [37]). Man hat sie auf verschiedene Art zu erklären versucht [38]). Wahrscheinlich entspricht dieser A.fisch dem deutschen A.kalb, A.ochse u. a., soll also ein dummes Tier bezeichnen. Dabei spielt aber sicher auch der Vergleich mit zwischen dem dummen Fisch, der sich mit Angel oder Netz fangen läßt, und dem A.narren, der ebenfalls auf den Leim gegangen ist. Daß unser A.brauch aus Frankreich stammt [39]), ist wenig wahrscheinlich, weil wir dann doch mit der Sache auch den Namen übernommen hätten. Dagegen haben ihn die Tschechen sicher von den Deutschen übernommen, weil sie die Wendung gebrauchen „jemanden in den A. schicken" (*posílati někoho Aprilem*) [40]), während sie sonst den Monat *duben* (Eichenmonat) nennen. Auch die Schweden [41]), Litauer, Polen [42]), Portugiesen [43]) kennen den A.brauch, den Südslawen ist er unbekannt [44]). Auch bei den Russen scheint zu Beginn des 18. Jhs. der 1. A. als Narrentag ganz unbekannt gewesen zu sein, und Peter I. hat es sehr übel aufgenommen, als der aus Danzig stammende Theaterdirektor Johann Kunst sich mit ihm und dem Theaterpublikum am 1. A. 1705 einen allerdings sehr einfältigen A.scherz erlaubte [45]).

In den A. werden natürlich meist nur einfältige Personen und unverständige Kinder geschickt. So heißt es in einem Reimsprüchlein:

Man schickt am 1. April
Den Ochsen, wohin man will;
Oft auch am 1. Mai
Den Ochsen in das Heu.
Schickt man ihn nah,
Ist er gleich wieder da;
Schickt man ihn weit,
So wird er gescheit [46]).

Im Nahetal sagt man:

Wer auf Narren hoffend blickt,
Der wird in den April geschickt [47]).

Es gibt verschiedene Arten von A.scherzen: 1. Man schaut oder zeigt irgendwohin. Läßt sich ein Anwesender verleiten, dasselbe zu tun, so ist er der A.narr [48]).

2. Man macht dem andern das Gesicht schwarz oder weiß oder hängt ihm etwas hinten an die Kleider, z. B. Papierpuppen, Heringe aus Pappe u. a., wie es besonders die Friesen und Holländer lieben [49]) (s. anhängen). In Lissabon werden Vorübergehende mit Wasser bespritzt, oder es wird ihnen Pulver ins Gesicht geblasen [50]).

3. Man schreibt scherzhafte Briefe, etwa einen mit dem Inhalt:

> Hätt'st du den Brief nicht aufgemacht,
> So würd'st du auch nicht ausgelacht [51]).

4. Es wird die Nachricht verbreitet, daß da oder dort etwas Besonderes geschehen oder zu sehen sei. Solche A.scherze bringen auch manche Zeitungen in der Nummer vom 1. A. oder in der vorausgehenden Abendausgabe [52]).

5. Am häufigsten aber ist das „In den A. schicken" mit unmöglichen Aufträgen. Es ist, meist aus der Apotheke, zu holen: Krebsblut oder Mückenfett [53]), Stecknadelsamen [54]), Dukatensamen [55]), Büberlsamen, zwei Ellen Baß, Gicht- und Gallzwicken [56]), Ipitum (Ich bin dumm) um einen Kreuzer [57]) Puckelblau [58]), rosagrüne Tinte, ein grades Häkchen, gedörrter Schnee [59]), gehackte Flohbeine, Kuckucksöl, für einen Pfennig Ohwiedumm [60]), ein hölzerner Holzschlägel, schwarze Kreide [61]), ein Sonnenbohrer oder Nebeltrenner [62]), gesponnener Sand, Kieselsteinöl [63]), Mystifit [64]) u. a. Studenten lassen sich auch für fünf Pfennige *»mens«* holen [65]). Bei Nagold in Württemberg schickt man die Kinder in die Häuser mit einem Zettel, auf dem steht:

> Aprilenbot, Aprilenbot!
> Schick den Narren weiter,
> Gib ihm auch ein Stücklein Brot,
> Daß er net vergebens goht [66]).

In Schlesien schickt man zum Nachbar um den Windsack, worauf ein mit Stroh gefüllter und mit Steinen beschwerter Sack übergeben wird [67]). Ebenda ist auch das Hiltpritschenfangen üblich. Man stellt die Leute mit einem Sack auf das Feld unter der Angabe, daß sie darin die Hiltpritschen, welche man ihnen zutreiben werde, auffangen sollen. Dies geschieht meist abends, und die Veranstalter entfernen sich in der Dunkelheit und lassen die Angeführten so lange stehen, bis sie selbst die Fopperei merken [68]).

Der Spottname des Angeführten lautet gewöhnlich A.narr [69]), im Saterland A.sgeck [70]), am Rhein Aprelsjeck [71]), was mit dem englischen *gock* verwandt ist. In Nordengland sendet man die Opfer von Haus zu Haus mit einem Brief, in welchem steht:

> *On the first day of April*
> *Hunt the gowk another mile* [72]).

Im Anschluß daran wollte man den A.brauch auch auf die Sitte zurückführen, den Kuckuck bei seinem ersten Erscheinen aufzusuchen und von Ort zu Ort zu verfolgen [73]). Sonst erhält der Angeführte Tiernamen, er wird mit dem Esel verglichen [74]) und A.bock [75]), A.kalb [76]) oder A.ochse [77]) genannt, ebenso wie man in der Schweiz die bei den gleichen Februar- und Märzbräuchen Gefoppten Hornibock und Merzafülli (s. März) nennt [78]). Der Name A.ochse dürfte bloße Übertragung vom Mai- oder Pfingstochsen (s. d.) sein [79]). Eine solche Übertragung vom Pfingstsonntag liegt ebenfalls vor, wenn auch der am 1. A. zuletzt Aufgestandene einen Spottnamen erhält und im Allgäu A.stier genannt wird [80]). In den Spottnamen A.bock oder A.kalb einen tieferen Sinn zu suchen, etwa einen Zusammenhang mit dem bei Fastnachtsumzügen mitgeführten Bock [81]) oder gar einen Dämon des neuen Jahres [82]), geht zu weit.

Ist der A.scherz gelungen, so wird der Angeführte nicht allein als A.narr u. a. verspottet, sondern es werden ihm auch eigene Spottreime zugerufen. Am bekanntesten ist:

> Heut' ist der erste April,
> Da schickt man die Narren hin,
> Wo man hin will [83]).

Oder:

> Angeführt,
> Mit Butter geschmiert,
> Mit Käse geleckt,
> Hat's gut geschmeckt [84]) ?

Oder:

Aprella-Narr!
Hätsch net g'schaut,
Wärscht ke Narr [85]).

Oder:

April, April,
De Katt schitt, wat se will [86]).

Oder:

Angeführt mit Löschpapier,
Morgen kommt der Unteroffizier
Mit der Peitsche hinter dir [87]).

Oder auch kurz „Angeführt mit Löschpapier" [88]).

Zuweilen gibt es auch eine Entschädigung des Gefoppten. Er kann auf Kosten dessen, der ihn in den A. geschickt hat, Wein trinken [89]) oder sich im Wirtshaus oder beim Krämer schadlos halten [90]). Der A.scherz kann auch in Unfug ausarten und dann leicht schwere Folgen nach sich ziehen. In einer ungarischen Stadt brachten sich zwei Frauen, Mutter und Tochter, ums Leben, weil ihnen jemand am 1. A. aus Budapest geschrieben hatte, daß ihr dort eingerückter Sohn, bzw. Bruder, vom Kriegsgericht zum Tode verurteilt worden sei, weil er abgetretene Absätze trage [91]).

Vom 1. A. wurden solche Scherze auch auf den 30. A. übertragen [92]), ferner auf den 1. Mai [93]) (s. d.) und sogar auf den 31. Mai (im St. Gallischen Taminatal auch im Februar und März) [94]). In Schwaben heißen die am 1. und 31. Mai Angeführten Maigänsle [95]).

[19]) ZfVk. 15 (1905), 127 = Reuschel *Volkskunde* 2, 56; Wossidlo *Meckl.* 3, 411. [20]) H. Hungerland in Ns. 1921, Nr. 14, 305 f. = Hoops *Sassenart* 57; Wander *Sprichw.* 1, 114. [21]) Reinsberg *Böhmen* 162; John *Erzgebirge* 196; Wuttke 85 § 100; Albers *Das Jahr* 142 f. [22]) Hoops *Sassenart* 57. [23]) Reinsberg *Böhmen* 162; John *Erzgebirge* 196; Albers *Das Jahr* 143. [24]) Bartsch *Mecklenburg* 2, 214. [25]) Reuschel *Volkskunde* 2, 56. [26]) Reinsberg *Böhmen* 162. [27]) Nork *Festkalender* 265 = Albers *Das Jahr* 143 f.; vgl. Reinsberg *Festjahr* 94. [28]) Volkskalender 1873 (Solothurn) 19. [29]) DWb. 1, 538; vgl. „in die Kalenden schicken"; Franscini *Der Kt. Tessin* (1835) 252. [30]) Drechsler 1, 104 f.; John *Erzgebirge* 196. [31]) vgl. ZfVk. 8 (1898), 253. [32]) Nork *Festkalender* 262 ff.; Hoops *Sassenart* 57 f. [33]) (Keller) *Grab d. Abergl.* 5, 440; Rosegger *Steiermark* 242 ff.; Leoprechting *Lechrain* 168; Schweiz.Id. 1, 364; Baumberger *St. Galler Land* 177; Messikommer 1, 115; Stauber *Zürich* 2, 168; Kapff *Festgebräuche* Nr. 2, 10; Fischer *Schwäb.Wb.* 1, 299 f.; Sepp *Religion* 70 f.; Pollinger *Landshut* 213; Bronner *Sitt und Art* 148 f.; Kück und Sohnrey 97 f.; Becker *Frauenrechtliches* 75; Wrede *Rhein. Volksk.* 189; Bartsch *Mecklenburg* 2, 214; Handtmann *Brandenburg* 232 f.; Schulenberg *Wend. Volksthum* 140; Urquell 4 (1893), 103; Knortz *Streifzüge* 49 ff.; Fontaine *Luxemburg* 41 ff.; de Cock *Oude Gebr.* 176 (mit zahlr. Parallelen). Weitere Lit. s. Sartori *Sitte u. Brauch* 3, 167, 287; dazu Franz Wichmann *Die Entwicklung der Aprilscherze* (Allg. Zeitung vom 4. 4. 1920. 127). [34]) Reinsberg *Festjahr* 93. [35]) Ebd.; Hazlitt *Faiths* 1, 12; Henderson *North. Count.* 92 ff.; Hone *Every-Day Book* 1, 409; 2. 486; Hoops *Sassenart* 58. [36]) Hoops a. a. O. [37]) Tradition 10 (1900), 97 ff.; Volkskunde 12, 175; RTrp. 15, 181; Giuseppe Pitrè *Il pesce d'aprile* (Palermo 1891) und *Curiosità di usi popolari.* Catania 1902; Gubernatis *Tiere* 194; [38]) Vgl. Nork *Festkalender* 266 = Albers *Das Jahr* 144; Fontaine *Lux.* 41; Hazlitt *Faiths* 1, 12; Hone *Year Book* 201; Brand *Pop. Ant.* 1 (1841), 76 ff.; Mülhause 141. [39]) Reuschel *Volkskunde* 2, 56. [40]) Reinsberg *Böhmen* 162. [41]) Hone *Every-Day Book* 1, 412; 2, 486 = Brand *Pop. Ant.* 1 (1841), 77. [42]) Tetzner *Slawen* 80, 490. [43]) Braga *O povo portuguez* 2, 266. [44]) Urquell 2 (1891), 147. [45]) Stern *Rußland* 1, 411. [46]) Drechsler 1, 105. [47]) ZfrwVk. 1905, 300. [48]) Böhmerwald (Verf.). [49]) Reinsberg *Festjahr* 94 = Albers *Das Jahr* 142. [50]) Nork *Festkalender* 263. [51]) John *Erzgebirge* 195; vgl. Sartori *Sitte u. Brauch* 3, 167. [52]) Vgl. Albers *Das Jahr* 142. [53]) Engelien u. Lahn 232; Kuhn und Schwartz 375 Nr. 28; John *Oberlohma* 149 (Krebsenblut); ZföVk. 3 (1897), 8 (Schneckenblut). [54]) Drechsler 1, 105. [55]) Ebd.; John *Westböhmen* 69. [56]) Geramb *Brauchtum* 31 (ebd. auch Schicken in den Wald, um die „gläserne" Tanne zu suchen). [57]) Schramek *Böhmerwald* 142; Pollinger *Landshut* 213. Vgl. DG. 6 (1905), 38. [58]) Andree *Braunschweig* 343. [59]) Meier *Schwaben* 2, 396. [60]) Wossidlo *Mecklenburg* 3, 244. [61]) Birlinger *Volksth.* 2, 93 Nr. 122. [62]) Reiser *Allgäu* 2, 132. [63]) Reinsberg *Festjahr* 94; Hoops *Sassenart* 58; Albers *Das Jahr* 141. [64]) Albers a. a. O. [65]) Drechsler 1, 105. [66]) Kapff *Festgebräuche* Nr. 2, 10. [67]) Drechsler 1, 105. [68]) Ebd. 105 f. [69]) Ebd.; Meier *Schwaben* 2, 396; John *Oberlohma* 149 u. *Westböhmen* 69; John *Erzgebirge* 195; Böhmerwald (Verf.). [70]) Strackerjan 2, 90. [71]) Wrede *Rhein. Volksk.* 189. [72]). Reinsberg *Festjahr* 93. [73]) ZfdMyth. 3, 217. [74]) John *Westböhmen* 70 (Erzgebirge). [75]) Mannhardt 2, 184; Birlinger *Volksth.* 2, 93. [76]) Ebd.;

Vonbun *Beiträge* 110. 77) Drechsler 1, 105; Mannhardt *Forsch.* 63. 78) SAVk. 7, 145 f. 79) Drechsler 1, 105. 80) Reiser *Allgäu* 2, 132 (Tannheim); vgl. Hesemann *Ravensberg* 92. 81) Mannhardt 2, 184 Anm. 82) Ders. *Forschungen* 63, vgl. 190. 83) F. M. Böhme *Deutsches Kinderlied und Kinderspiel* (Leipzig 1897) 275 Nr. 1294; Abraham a Santa Clara *Etwas für alle* (Würzburg 1733) 477 = Schultz *Alltagsleben* 477; Kuhn u. Schwartz 375 Nr. 28; Strackerjan 2, 90; Engelien u. Lahn 232 Nr. 15; Wossidlo *Mecklenburg* 3, 244; ZfrwVk. 1905, 300; Zingerle *Tirol* 144; John *Erzgebirge* 195; Hoffmann-Krayer 141. 84) Dähnhardt *Volkst.* 1, 79; John *Erzgebirge* 195. 85) F. M. Böhme a. a. O. 275 Nr. 1294. 86) Wossidlo *Mecklenburg* 244. 87) Engelien u. Lahn 233 Nr. 15. Vgl. John *Erzgebirge* 195. 88) Drechsler 1, 105. 89) ZfVk. 8 (1898), 253 (Gossensaß); vgl. Birlinger *Volksth.* 293 = Sartori *Sitte u. Brauch* 3, 167 Anm. 90) Reiser *Allgäu* 2, 132. 91) Urquell 2 (1891), 147. 92) Sartori a. a. O. 3, 167 ². Dazu Hüser *Beiträge* 2, 35 Nr. 14; SAVk. 9, 217 (Kt. Aargau, früher auch in Basel); Kuhn u. Schwartz 375. 93) Sartori a. a. O.; Meier *Schwaben* 396; Wossidlo *Meckl.* 3, 246; Egerl. 9, 5; ZfVk. 7, 302; Bauernfeind *Nordoberpfalz* 45; ZrwVk. 17, 53; Wrede *Rhein. Vk.* 266. Dazu Urquell 4 (1893), 55. 103. 174. 260. (Die Angeführten heißen in Norddeutschland Maikicker, in Quedlinburg Maikatzen); Wossidlo *Mecklenburg* 3, 246. 94) SAVk. 7, 146. 95) Meier *Schwaben* 2, 396.

3. Der 1. A. gilt allgemein als Unglückstag[96]), weil an ihm Judas geboren wurde[97]) oder sich erhängt hat[98]), oder weil an diesem Tage der Teufel in die Hölle gestürzt wurde[99]). Was man an diesem Tage unternimmt, mißlingt[100]); ausnahmsweise ist er in Neuenknick (Bez. Minden) Wechseltag der Dienstboten[101]).

A.kinder gelten überhaupt als Unglückskinder[102]); noch mehr aber sind es die am 1. A. geborenen. Sie werden krüppelhaft und leben nicht lange[103]), sie sind schwer aufzuziehen, können nicht recht tun und werden ihr ganzes Leben unglücklich sein[104]), sie müssen sich selbst unglücklich machen[105]), sterben eines unnatürlichen Todes[106]), entleiben sich selbst[107]) oder kommen unter den Strang, wenn sie nicht vorher in Armut und Elend zugrunde gegangen sind[108]). Bei den Südslawen glaubt man, daß sie Diebe und Lügner werden, auch nach syrischem Glauben werden sie Lügner[109]). Hält jemand Hochzeit am 1. A. oder 1. August oder 1. September (s. Unglückstage), so darf er auf keine Treue rechnen[110]).

In der Volksmedizin gilt der A. als gefährlich. Von den Alten und Kranken sagt man in Baden: „Was der März nicht will, das nimmt der A.“[111]). Und im Böhmerwald heißt es: „Der A. führt die alten Weiber in d'Hüll'“ (Hölle, aber auch Platz hinter dem Ofen)[112]). Der hundertjährige Kalender empfiehlt für den A.: „In diesem Monat mag der Mensch zur Ader lassen oder schröpfen, auch mag er seinen Leib wohl purgieren und baden“[113]). Dagegen heißt es im tschechischen Böhmen, daß alles Wasser bis zum 24. A. (Georg) giftig ist und man daher bis zu diesem Tage nicht baden soll[114]). Wenn ferner der hundertjährige Kalender vorschreibt „Gewürz, Hering, Pickling und dergleichen gesalzene Fische zu meiden“[115]), so ist ähnlich bei den Litauern der Pillkaller Gegend verboten, am Georgstag etwas von Tieren, Vögeln und Fischen Herrührendes zu essen[116]). Der Glaube an die besondere Kraft der Frühlingskräuter äußert sich, wenn man im A. gegrabene und gedörrte Baldrianwurzeln in die Schränke und Kasten legt, um Motten und Schaben von den Kleidern fernzuhalten[117]).

Auch im Wirtschaftsleben kommt dem 1. A. als Unglückstag besondere Bedeutung zu. Man darf nach Sonnenuntergang keine Milch aus dem Hause geben, sonst wird sie behext[118]), oder es stirbt die Kuh[119]), man darf auch kein Vieh aus dem Stalle führen[120]). Am 1. A. soll man nicht in den Wald fahren; an diesem Tage gearbeitete Werkzeuge bringen Unglück und Unheil allem, was damit in Berührung kommt[121]). Der 1. A. ist auch ungünstig für die Feldarbeit[122]). Man soll an dem Tage keine Gerste säen[123]). Die in der ersten A.woche gesäte Gerste wird Hederich[124]). Nach magyarischem Glauben soll man aber in der ersten A.woche an einem Mittwoch oder Donnerstag die Bienen zum erstenmal im Jahre ausfliegen lassen; sie werden dann fleißig, fett und munter[125]).

In Schlesien gilt der A. als Hafermonat, denn „Maihafer kein Hafer" [126]). Im Nahetal sagt man:

Der April liefert dem Mai (im guten Jahre)
Halb Laub und halb Heu[127]).

Am Rhein herrscht weiter der Glaube, daß der A. dem Mai die Ähren bringen muß, wenn das Jahr fruchtbar sein soll[128]). Saat oder Setzen von Pflanzen im A. gilt in Süddeutschland als vorzeitig. Der Gemüsesamen sagt:

Baust mi in April, kimm i, wann i will;
Baust mi in Mai, kimm i glei[129]).

Dasselbe sagt man im Böhmerwald[130]) und Egerland[131]) vom Erdäpfelsetzen. In Baden erfolgt dies aber schon im Mai bei Vollmond[132]).

Von den einzelnen Tagen des A. ist der Georgstag (s. d.) besonders wichtig für die Feld- und Viehwirtschaft[133]). An ihm, dem weißen Sonntag und dem 1. Mai waren am Lechrain die drei Freinächte der Ledigen, in welchen allerlei Unfug getrieben wurde[134]).

[96]) Lammert 95; Strackerjan 2, 91; Heer *Altglarn. Heidentum* 10; Schmitt *Hettingen* 13. [97]) Meier *Schwaben* 2, 395; Baumgarten *Jahr u. s. Tage* 23. 29; Pollinger *Landshut* 168; John *Erzgebirge* 196; John *Westböhmen* 70; Drechsler 1, 104. Auch bei den Südslawen: Stern *Türkei* 1, 385. [98]) Reiser *Allgäu* 2, 132; John *Westböhmen* 69. [99]) John *Westböhmen* 70; Geramb *Brauchtum* 31; Sartori *Sitte u. Brauch* 3, 167. [100]) Schramek *Böhmerwald* 142. [101]) Sartori a. a. O. 2, 39. [102]) Wuttke 85 § 100; Fogel *Pennsylvania* 31 Nr. 3. Sie werden wetterwendisch: John *Erzgebirge* 50. [103]) Meier *Schwaben* 2, 395. [104]) Reiser *Allgäu* 2, 132. [105]) SAVk. 2, 219. [106]) Drechsler 1, 184; vgl. Lammert 96. [107]) Höhn *Geburt* Nr. 4, 261. [108]) Lammert 118. [109]) Stern *Türkei* 1, 385. [110]) Meier *Schwaben* 2, 395. [111]) Vld. 7 (1905), 7 (Oberschefflenz). [112]) Jungbauer *Volksdichtung* 224. [113]) Hovorka u. Kronfeld 2, 379. [114]) Egerl. 16 (1912), 33 nach Grohmann 51. [115]) Hovorka und Kronfeld 2, 379. [116]) Tetzner *Slawen* 80. [117]) Drechsler 1, 108. [118]) Ebd. [119]) Wuttke 85 § 100. [120]) Eberhardt *Landwirtschaft* Nr. 3, 14. [121]) John *Westböhmen* 70. [122]) Landsteiner *Niederösterreich* 67. [123]) John *Westböhmen* 70. [124]) Grimm *Myth.* 3, 475 Nr. 1073. Vgl. Fogel *Pennsylvania* 206 Nr. 1034. [125]) Wlislocki *Magyaren* 149. [126]) Drechsler 2, 50. [127]) ZfrwVk. 1905, 300. [128]) Ebd. 11 (1914), 270. [129]) Vld. 21 (1919), 90 (Österreich). [130]) Schramek *Böhmerwald* 232. [131]) John *Westböhmen* 198. [132]) Meyer *Baden* 423. [133]) Vgl. Andree-Eysn *Volkskundliches* 180. 220 f.; Reuschel *Volkskunde* 2, 56; Sartori *Sitte u. Brauch* 3, 169. In Rom gab es im A. auf das Gedeihen des Viehs hinzielende Riten der Vestalinnen, vgl. Frazer 2, 229. [134]) Leoprechting *Lechrain* 168.

4. Im Wetterglauben wird vor allem die Veränderlichkeit des A.s betont. „Der A. tut, was er will" [135]), oder mit Hinweis darauf, daß auch im Mai nicht immer beständiges Wetter herrscht:

Der A. treibt sein Gspiel,
Der Mai hat auch noch allerlei[136]).

Er jagt die Sau neunmal unter d'Hüll[137]) (= hinter den Ofen), denn:

Ist der A. noch so gut,
Er schneit dem Hirten auf den Hut[138]).
(He göfft jedem Tunstaken en witten Hot)[139]).

Im A. brauchen die Wiesen und Felder namentlich Regen, daher:

Nasser A. ist der Bauern Will[140]),

oder:

Warmer Aprilregen
Großer Segen[141]).

Dagegen sagt man: Trockner A. ist nicht des Bauern Will' [142]). A.schnee düngt[143]) und ist so gut wie Schafmist[144]). Auf den warmen, feuchten A. soll ein kühler Mai und nasser Juni folgen:

A. warm, Mai kühl, Juni naß,
Füllt dem Bauern Scheuer und Faß[145]).

Im Saterlande bringt man den Aprilschauer mit dem Wassermann in Verbindung, dem Busekerl. Kommt ein solcher, so erheben die Kinder ein lautes Geschrei und rufen: „Der Busekerl kommt" [146]). Die Franzosen vergleichen die Schneeflocken des A.s mit Böckchen, die des März mit Kälbern und sagen bei einem Schneefall im A.: »*Ce ne sont pas des veaux de mars, ce sont des biquets d'avril*« [147]).

[135]) Zingerle *Tirol* 154; Reinsberg *Böhmen* 143 u. *Wetter* 117; B. Haldy *Die*

deutschen Bauernregeln (Jena 1923) 36; ZfVk. 9 (1899), 235; SAVk. 12 (1908), 20; Vld. 12 (1910), 71 (Oberösterreich); ZfrwVk. 1914, 269. [136]) Leoprechting *Lechrain* 169. [137]) Reiterer *Ennstalerisch* 58. [138]) Zingerle *Tirol* 154; Haldy a. a. O. 36, 39. [139]) ZfrwVk. 1914, 269. [140]) Leoprechting *Lechrain* 169. [141]) Zingerle *Tirol* 154; Reinsberg *Wetter* 113; Haldy a. a. O. 39; vgl. SAVk. 2, 241 (*Plodze d'avrî, Treso du pai = Pluie d'avril, trésor du pays*). [142]) Zingerle *Tirol* 154; Reinsberg *Böhmen* 143 und *Wetter* 112; Haldy a. a. O. 39; Alemannia 24, 153; ZfVk. 6 (1896), 183. [143]) Leoprechting *Lechrain* 169; Zingerle *Tirol* 154; Haldy a. a. O. 40. [144]) Reiterer *Steiermark* 120; Vld. 21 (1919), 90 (Österreich). [145]) Zingerle *Tirol* 154; Reinsberg *Wetter* 113; Haldy a. a. O. 37; Andree *Braunschweig* 412; Wäldlerkalender 4 (Oberplan 1926), 103; Fogel *Pennsylvania* 236 Nr. 1219 f.; vgl. Bartsch *Mecklenburg* 2, 215. [146]) Strakkerjan 1, 514 Nr. 259. [147]) Sébillot *Folk-Lore* 1, 87 f. Jungbauer.

Aquamarin s. Beryll.

Ara, Zauberwort in der Formel: A. Ira Ora / Ora A. Ira / Ira Ora A.[1]); die 9 Worte wurden in 3 Reihen untereinander geschrieben und bildeten so ein Quadrat. Diese Art der Zauberformel ist schon sehr alt und begegnet bereits in den hellenistischen Zauberpapyri z. B. in der Formel ψινωθερ νωψιθερ θερνωψι (Anrufung Gottes) [2]).

[1]) Bartsch *Mecklenburg* 2, 450. [2]) Pap. Par. 828 Wessely 1, 65, vgl. Pistis Sophia c. 136 ed. C. Schmidt *Kopt.-Gnost. Schriften* 1 (1905), 232. Jacoby.

Arac Amou usw. Zauberworte [1]). Die Parallele bei Thiers [2]): Abrac Amon usw. gibt vielleicht einen Fingerzeig zur Erklärung, indem das Abrac eine Kürzung von Abracadabra (s. d.) sein dürfte. Auch in der Formel: Abrac Abeor, Aberer, in des Petrus von Abano Heptameron [3]). Amon heißt nach Wierus, Pseudomonarchia daemonum ein Höllenfürst mit dem Kopf eines Ochsen und Schlangenschwanz [4]).

[1]) Hovorka u. Kronfeld 1, 29 nach dem böhmischen Prediger Mat. Steyer (1719). [2]) Thiers 1, 361; Delrio *Disquisitiones magicae* (Cöln 1679), 493. [3]) Agrippa v. Nettesheim 4, 128. [4]) Schwab *Vocabulaire* 388. Jacoby.

Ararita, Zauberwort [1]), ein kabbalistischer Akrostichon א"רא"רי ת"א = אחד ראש אחד אחדותו־ ראש יחידו ־תמורתו d. i. „Eins, der Anfang seiner Einheit, der Anfang seiner Einzelheit, sein Wechsel ist Eins" [2]), Gottesname.

[1]) Agrippa von Nettesheim 3, 67. [2]) Buxtorf *Lexicon Chaldaicum* ed. Fischer (1879), 137; Dalman *Aram.-Neuhebr. Handwb.* (1922), Anh. 12; HessBl. 20 (1921), 11. Jacoby.

Aratron, eine der sieben Planetenintelligenzen [1]), auch wohl Araton in nordischen Zauberzeichnungen [2]). Vermutlich eine Bildung wie Metatron s. d. = metator: arator (Sternbild des Pflügers vgl. Servius Georg. 1, 19).

[1]) Kiesewetter *Die Geheimwissenschaften* 2. Aufl. 286 nach Petrus von Abano *Heptameron* (Venedig 1469); Agrippa von Nettesheim 5, 111. [2]) ZdVfVk. 13 (1903), 276. Jacoby.

Arbatel, magisches Buch: „A., Von der Magie der Alten" [1]), nach Kiesewetter in naher Verwandtschaft mit der Clavicula Salomonis [2]), unter dem Titel: „A. De magia veterum" 1686 gedruckt [3]). Delrio [4]) gibt den hebr. Titel ארבעתאל und verurteilt die Schrift. ארבעתאל d. i. „die Vierzahl Gottes", eine Umschreibung des Tetragrammatons, die unter der Form ἀρβὰθ 'Ιαώ oder mit Metathese ἀβρὰθ 'Ιαώ d. i. „die Vierzahl des (Namens) Jao (יהוה) in den hellenistischen Zauberpapyri oft vorkommt [5]).

[1]) Agrippa v. Nettesheim 5, 95 ff.; Kiesewetter *Faust* 340; [2]) Kiesewetter *Der Okkultismus des Altertums* 765. [3]) Abt *Apuleius* 38 A. 4. [4]) *Disquisitiones magicae* (Cöln 1679), 10. 36. 62. [5]) Dieterich *Abraxas* 176 Z. 22; 182 Z. 9; 201 Z. 20; Wessely 1, 78 Z. 1327; 80 Z. 1414 usw. Jacoby.

Arbeit, arbeiten. 1. Vom Standpunkt des Aberglaubens kommen in der Hauptsache A.sverbote in Betracht.

a) Es ist verboten und hat üble Folgen, wenn die Heiligkeit des Sonn- oder Feiertags (s. d.) durch irgendwelche A. verletzt wird. Im Saalfeldischen arbeiteten die Frauen an hohen Festtagen nach dem Gottesdienste nicht mehr; taten sie es doch, so wurden sie lahm und vom Blitz erschlagen (zogen die Wolken ihnen nach) [1]). Wer in Hessen an einem ersten Feiertage eine unerlaubte A. tut, muß sie nach seinem Tode in Ewigkeit forttun [2]) (vom Mann oder der Spinnerin im Mond [s. d.], die sich dieser Sünde schuldig machten, bestehen sehr viele Erzählungen [3])) oder wird nach seinem Tode als Gespenst umgehen [4]). Nach dem Glauben im preußischen Samlande wurden die, welche den hl. Sonntag mit Werktagsa. zu beflecken wagten, in Steine verwandelt (s. d.) [5]).

wir sâzen unde wâben
dô die lantliute êrten disen tac ....
schiere runnen diu weppe von bluote,
daz ez uns des werkes erwante,

heißt es schon in dem Wiener Servatius [6]). Nur ungern wird Felda. an Sonn- u. Feiertagsnachmittagen geleistet, wenn trockene Tage zur Erntezeit sonst selten sind [7]); wer es aber ohne Not tut oder zu tun befiehlt, den ereilt die Strafe in dieser oder jener Form [8]). Die Hexen verzehren an ihren Versammlungen Brot, das des Sonntags gebacken, Fleisch, das Sonntags gesalzen wurde, und trinken Sonntags gefaßten Wein [9]). Der sog. Sonntags- (Himmels-) Brief (s. d.) befiehlt: „Am Samstagabend soll man früh Feierabend machen, am Sonntag keine Eier ausnehmen und den Brunnentrog nicht auswaschen (d. h. nur die allernotwendigste Arbeit tun), denn dies alles bringt Unglück [10]). Ihr habet sechs Tage in der Woche, euere Arbeit zu verrichten, aber den Sonntag sollt ihr mir heiligen. Wollet ihr mir es nicht tun, so will ich Krieg, Pestilenz, Hungersnot auf Erden schicken und mit vielen Plagen euch strafen, auf daß ihr es hart empfindet" [11]). Wie die Kirche, so verbot später auch weltliche Gesetzgebung die Sonntagsa.: „Si quis die dominico boves junxerit et cum carro ambulaverit, dexterum bovem perdat", bestimmt z. B. die Lex Bajuv. VI, 2, 1 [12]).

b) Selbstverständlich galt das Verbot der A. auch für die große Reihe der kirchlichen Feiertage und die Heiligenfeste: Als in Sateins (Vorarlberg) einmal an Fronfasten (s. d.) Wäsche gehalten wurde, kam das Nachtvolk und rief den Wäscherinnen zu: „Wüßten wir nicht, daß ihr Wermut und Raute im Hause habet, so würdet ihr nicht ungestraft zu Fronfasten waschen" [13]). Die hl. Magdalena (s. d.) strafte einen Tiroler Bauern damit, daß ein Blitz seine Ochsen tötete und ihm ein böser Brand ins Gebein fuhr, weil er an ihrem Tage fluchend geackert hatte [14]). Ähnlich wird der vom Donner erschlagen, der am Sonntag Trinitatis (s. d.) (Sonntag nach Pfingsten) arbeitet oder etwas an diesem Tage Geflicktes oder Gestricktes an sich trägt [15]). Auch an Michaelis (s. d.) wird auf dem Felde nicht gearbeitet und darf nicht gesponnen werden [16]). In den ehemals wendischen Dörfern zwischen der Altmark und dem Hannoverschen ruhte die A. am St. Veits- u. Johannistage (s. d.) [17]), und bei den Siebenbürger Sachsen darf an vielen Orten am Johannistage nicht gearbeitet werden, weil sonst Unglück über die Gemeinde kommt [18]). Zahlreich sind die Verbote der A. an Karfreitag, Himmelfahrt, Weihnacht. In der Karwoche (s. d.) soll man die A. aufs notwendigste beschränken, vor allem soll man nicht kehren; aufs Feld gefahrener Dünger hat keine Kraft [19]). Am Karfreitag (s. d.) u. -samstag getraute man sich im Ansbachischen nicht, in der Erde zu a., um Christum nicht im Grabe zu beunruhigen [20]). Wer am Karfreitag kehrt, bekommt viele Mücken ins Haus [21]). Als eine Frau in Oberhessen am Karfreitag ihre Haube wusch und stärkte, um an Ostern damit Hoffart zu treiben, wurde das Waschwasser plötzlich zu Blut [22]). — Wegen der Wettergefahr soll man am Himmelfahrtstage (s. d.) nicht a. und namentlich nicht nähen, sonst schlägt der Blitz ein [23]), das weiß schon die Rockenphilosophie [24]). Die Deutschen Pennsylvaniens vermeiden es, an Himmelfahrt an der Erde zu a. oder auszufahren usw., weil man sonst Unglück hat; das einzige, was man tun darf, ist fischen [25]). — Unter den Tagen, da A. verboten ist, spielt der Weihnachtstag (s. d.) eine große Rolle (s. unten sub c: Zwölften); gewisse A. darf nicht verrichtet werden, wenn nicht Unheil kommen soll [26]). Was man an einem hl. Abend vor der Weihnacht oder sonst an einem andern Vorbereitungsabend spinnt, das wird, zu Tuch verarbeitet, wenn man es über den Kirchhof trägt, wieder zu Risten [27]). Aus einem Berner Pfarrerkränzchen um 1825 erfahren wir, daß sich viele Leute „ein Gewissen daraus machen, an der alten Weihnacht zu a., während sie hingegen den Tag des Herrn aufs schändlichste entheiligen" [28]).

c) Wenn man im Braunschweigischen am Hagelfeiertag (s. d.) die geringste A. verrichtet, so wird die Saat nicht geraten [29]). Wo man in Schlesien zur Fastnachtszeit (s. d.) abends spinnt, lahmt das Vieh das ganze Jahr hindurch [30]). An einigen Orten der Grafschaft Mark darf man schon am Zimbertstage (Donnerstags vor Fastnacht) keine A. verrichten, bei welcher „wuot runt genk", also namentlich nicht spinnen, dreschen usw.[31]). Die pennsylvanischen Deutschen haben dieses A.sverbot an Fastnacht ebenfalls bewahrt [32]). — Vor allem in den Zwölften (s. d.) muß alle A. ruhen, darf man weder spinnen, noch waschen, backen, düngen [33]); nur die allernotwendigsten Arbeiten, wie das Viehfüttern, sind zu besorgen [34]). Weder Wagen noch Karren darf in Bewegung gesetzt werden, nichts darf „umgehen" oder „rund gehen" (d. h. sich drehen, s. d.) [35]), Knechte und Mägde brauchen in diesen „hilgen Tagen" keine A. zu tun [36]), in Hessen darf das Vieh nicht einmal gereinigt werden [37]).

[1]) Grimm *Myth.* 3, 451 Nr. 517 = Wolf *Beiträge* 2, 376, Anm. 1. [2]) Wolf *Beiträge* 1, 217 Nr. 175. [3]) Vgl. z. B. Grimm *Myth.* 2, 599. [4]) Grohmann *Aberglaube* 197 Nr. 1378. [5]) Reusch *Samland* 96 Nr. 82; Grimm *Myth.* 3, 71 (zu S. 159); vgl. Knoop *Hinterpommern* 127 Nr. 260. [6]) Hrsg. von M. Haupt, Vers 2880 = Grimm *Myth.* 3, 71. [7]) Leoprechting *Lechrain* 153 f.; Meier *Schwaben* 1, 46 Nr. 51. [8]) Vernaleken *Alpensagen* 249 Nr. 173; Grimm *Myth.* 3, 71. [9]) Grimm *Myth.* 2, 896 Anm. 2. [10]) SAVk. 24 (1922), 64; Stübe *Himmelsbrief* 11 ff. [11]) SAVk. 2, 278. [12]) Grimm *Myth.* 3, 71. [13]) Vonbun *Beiträge* 8 f.; Ders. *Sagen* 38 Nr. 41. [14]) Heyl *Tirol* 120 Nr. 13. [15]) Scheffers Haltaus 255 = Grimm *Myth.* 1, 159; 3, 70; Haupts Zs. 3, 360. [16]) Kuhn u. Schwartz 401 Nr. 118 f. [17]) Kuhn *Märk. Sagen* 329 f. [18]) Haltrich *Siebenb. Sachsen* 287. [19]) John *Erzgebirge* 193. [20]) Grimm *Myth.* 3, 459 Nr. 706 = Sartori *Sitte u. Brauch* 3, 143. [21]) Fogel *Pennsylvania* 255 Nr. 1327. [22]) Bindewald *Sagenbuch* 236. [23]) Grimm *Myth.* 3, 459 Nr. 703; 3, 461 Nr. 772; Bartsch *Mecklenburg* 2, 270 Nr. 1401; ZfVk. 14, 424 (Bärwalde); Vernaleken *Alpensagen* 372 Nr. 42; Sartori *Sitte u. Brauch* 3, 187 ff.; Bindewald *Sagenbuch* 237; Pfannenschmid *Erntefeste* 366. [24]) 59 Nr. 43 = Grimm *Myth.* 3, 436 Nr. 43. [25]) Fogel 248 f. Nr. 1286 ff. [26]) Sartori a. a. O. 3, 27; John *Westböhmen* 16; Hörmann *Volksleben* 228; John *Erzgebirge* 151; Bindewald *Sagenbuch* 233 ff. [27]) SAVk. 21 (1917), 42 Nr. 31. [28]) Ebd. 44. [29]) Andree *Braunschweig* 358. [30]) Drechsler *Schlesien* 1, 55. [31]) Woeste *Mark* 23. [32]) Fogel 254 Nr. 1321. [33]) Zahlreiche Literatur bei Sartori a. a. O. 3, 23 Anm. 2; Baumgarten *Jahr u. s. Tage* 14; Correvon *Gespenstergesch.* 14 f. [34]) Meyer *Baden* 197. 482. [35]) Kuhn *Westfalen* 2, 111 f. Nr. 333 f. [36]) Ebd. 2, 115 Nr. 351. [37]) Kolbe *Hessen* 9.

2. Auch für einzelne Wochentage gelten A.sverbote. Am Samstag (s. d.) oder am Vorabend eines gebotenen Feiertags muß die A. von 4 Uhr nachmittags an ruhen, sonst wird die Gemeinde von Hagel heimgesucht [38]). Als in Westfalen einmal Mägde Samstags noch lange nach Sonnenuntergang beisammensaßen und spannen, ging auf einmal das Fenster auf, ein ungeheurer, nackter Arm erschien, und eine Stimme rief: „Wer am Saterdag Abend spinnt, muß den nackten Arm bekleiden" [39]). Wenn früher die Bergleute Samstag abends in den Gruben der Kanderer Gegend arbeiteten, so kam stets das dortige Bergmännlein und verjagte sie [40]). — Schlesischem Volksglauben nach soll man Montags (oder Freitags, Samstags) (s. d.) nichts Neues anfangen oder unternehmen, weil die A. dann zu keinem erfreulichen Ende kommt [41]). Pädagogischen Charakter aber hat es, wenn die pennsylvanischen Deutschen erklären: „Wenn man Montags etwas fertig macht, kann man in der gleichen Woche noch viel a." [42]) — Alter Herkunft ist wohl das A.sverbot am Donnerstag (s. d.); es erscheint als ein Überrest der heidnischen Heilighaltung dieses Tages: „De feriis, quae faciunt Jovi vel Mercurio", überliefert der XX. Aberglaubensatz des Indiculus [43]). Zahlreich sind in den Bußbüchern des 7. bis 9. Jhs. diese Vorschriften, den Donnerstag

(s. d.) u n tätig zu verbringen [44]); aus den späteren Jahrhunderten bis auf die Gegenwart werden uns Beispiele überliefert, wie das Übertreten dieses Gebotes bestraft wurde [45]). Martin Weinreich erzählt uns in der Vorrede zu seiner Ausgabe von J. F. Picus Mirandulanus „Stryx, seu de ludificatione daemonum libri tres" (1612), daß einer Hausfrau, die in der Donnerstagsnacht ihre Magd häusliche Geschäfte verrichten ließ, ein Gespenst erschien und sie fragte: „dic mihi, cur solemni nocte, ipsoque die Jovis famulas mundare pateris" [46]) ? Der Mecklenburger Herzog Gustav Adolf erließ 1684 ein Dekret an alle Beamte „zur Ausrottung des Aberglaubens, daß man Donnerstags nicht spinnen dürfe" [47]). Auch Barth. Anhorn weiß in seiner Magiologia (1675) S. 133 zu berichten: „Am Donnerstag u. Sambstag solle von Knechten u. Mägden kein Stall gemistet werden . . . Diese abgöttische Weise, den Abend an dem Donnerstag zu feiren ist an vielen Orten bis auf unsere Zeiten kommen und in dem Jahr 1626 in dieser Landsgegend (Schweiz) in vielen Häusern auf der Landschaft noch sehr üblich gewesen" [48]). Das A.sverbot am M i t t w o c h (s. d.) läßt sich aus alter und neuerer Zeit seltener belegen [49]), dagegen erfahren wir durch den schon erwähnten M. Weinreich an derselben Stelle, daß „die gemeinen Leute in dem Jägerndorfischen Gebirge nach einem alten Aberglauben an einem M o n t a g e, D o n n e r s t a g e und S o n n t a g e nicht leichtlich Hausarbeiten vornehmen und selten waschen ließen . . ."[50]), daß also neben dem Donnerstag auch der Montag (und natürlich auch der Sonntag) durch teilweise A.sruhe gefeiert wurde.

[38]) S a r t o r i *Sitte u. Brauch* 2, 70 = R e i s e r *Allgäu* 2, 358 fg. [39]) K u h n *Westfalen* 1, 60 ff. Nr. 48; vgl. K u h n u. S c h w a r t z 447 Nr. 370. [40]) W a i b e l u. F l a m m 2, 210. 331. [41]) Urquell 3 (1892), 39. [42]) F o g e l 262 Nr. 1369. [43]) S a u p e *Indiculus* 25 f.; G r i m m *Myth.* 1, 159; 3, 403. [44]) S a u p e a. a. O. [45]) G r i m m *Myth.* 1, 159; 3, 70 f.; R o c h h o l z *Glaube* 2, 32 ff.; W o l f *Beiträge* 1, 69 f.; W o e s t e *Mark* 23; K u h n *Märk. Sagen* 336; S c h ö n w e r t h *Oberpfalz* 1, 339; G r o h m a n n 10. [46]) W o l f *Beiträge* 1, 69 = K u h n *Westfalen* 1, 61 f. Nr. 48; vgl. M a n n h a r d t *Germ. Mythen* 49. [47]) Mecklenb. Jahrb. 20, 189 = R o c h h o l z a. a. O. 2, 32. [48]) R o c h h o l z a. a. O. 2, 33. [49]) S a u p e a. a. O. 26. [50]) K ü h n a u *Sagen* 1, 183.

3. Aber auch i n n e r h a l b d e s T a g e s gibt es Zeiten, da nicht gearbeitet werden darf.

a) Als eine siebenbürgische Bäuerin ihre landwirtschaftliche A. fortsetzte, nachdem um die vierte Nachmittagsstunde die Dorfglocken zur Vesper geläutet hatten, erhob sich im nahen Walde lautes Getöse, und mit Peitschenknallen, Rufen und Schreien kam ein führerloser, schwerbeladener Wagen und trieb die Frau zur Flucht [51]). Unterwaldner Holzhauer, denen die Tage zu kurz waren, arbeiteten oft bis in die Nacht hinein. Als sie auch eines Samstags nach Betglockenzeit ihre A. fortsetzten, hörten sie plötzlich den Ruf „Firabä" (Feierabend) (s. d.). Ihre Väter erzählten ihnen, das komme oft vor; die Holzhauer mußte man seither nie mehr an den Feierabend mahnen [52]). Nach alter, frommer Sitte machte man im Zillertal am Vorabend hoher Festtage schon zu Mittag Feierabend. Ein Bauer, der dieses Gebot verletzte, wurde mit seinem Knechte und seiner Alm plötzlich vereist (eingeschneit u. vergletschert) [53]). Eine Sage aus dem Eisacktale berichtet, daß der Unrat, den die Bauern bei der A. nach Feierabend machten, in die Nahrungsmittel der „Saligen" falle [54]).

b) Vor allem aber ist n ä c h t l i c h e (s. Nacht) A. untersagt. Wer bei Mondschein arbeitet, dem wird ein Unglück begegnen, z. B. wer haspelt, dem werden seine Gedärme herausgehaspelt, meinte man im Kt. Bern [55]). Einer schwäbischen Spinnerin, die im Mondschein ohne anderes Licht spann, erschien einmal nachts mit dem Schlage zwölf ein Mann, brachte ihr einen ganzen Arm voll Spindeln und sagte: „Wenn du die nicht noch in dieser Nacht vollspinnst, so ists aus mit dir, und ich werde dich holen." Ihr guter Geist gab der Frau ein, daß sie die Spindeln nur einmal überspann und so mit allen Spindeln fertig wurde [56]). Tiroler Sagen berichten, wie Bauern, welche nachts noch auf dem Felde arbeiteten, eine Stimme zurief:

Dar Tog isch dein,
Die Nacht isch mein;
Glei scheir di heim,
Sust geats dar gleim [57]).

Auch in Frankreich ist Nachta. verpönt [58]).

c) Von Pankratius bis Bartholomäus (12. Mai bis 24. August) muß im Kreise Jülich während der Mittagspause (s. d.) (meistens von 12—2 Uhr) alle Felda. ruhen [59]). Zeigt sich um diese Zeit jemand auf dem Acker, dann verscheucht ihn die „Ennungerschmohr", das Mittagsgespenst (s. d.), das sich sonst meist nur im östlichen Deutschland gegen die slawischen Völker hin findet und durch sein Erscheinen die A. zwischen 12 und 2 Uhr unterbricht [60]).

[51]) Müller *Siebenbürgen* 62 Nr. 84 = Wittstock *Siebenbürgen* 68 f. [52]) Niederberger 2, 61. [53]) Heyl *Tirol* 87 Nr. 50; vgl. andere Strafe ebd. 116 Nr. 7. [54]) Ebd. 272 Nr. 88. [55]) SAVk. 21 (1917), 59 Nr. 9. [56]) Meier *Schwaben* 1, 233 Nr. 258. [57]) Heyl *Tirol* 224 Nr. 35; 370; vgl. 226 Nr. 36. [58]) Sébillot *Folk-Lore* 1, 136 f. 160. [59]) Korth *Jülich* 84 f. 98. [60]) Meiche *Sagen* 353 Nr. 463; Haupt *Lausitz* 1, 70 f. Nr. 74.

4. Das Verbot der A. findet sich noch bei andern Gelegenheiten. Wenn ein Toter (s. d.) im Hause liegt, so ruht alle A. außer Viehfüttern und Kochen bis nach der Beerdigung [61]). Namentlich soll man in Schwaben nicht in der Erde a., auch nichts unternehmen, womit kreisförmige Bewegungen verbunden sind, z. B. das Drehen des Rades beim Spinnen und Fahren [62]). — In der Oberpfalz soll die Wöchnerin (s. d.) nichts a., es wäre denn für sich und ihr Kind. Denn was sie in dieser Zeit unternimmt, mißrät oder bringt Unglück. Sie darf nichts einsieden, Eingemachtes, wie etwa Sauerkraut, nicht herausnehmen, ja nicht einmal eine Blume berühren. Geht sie in den Stall, so schadet sie dem Vieh, wenn auf das Feld, hat der Schauerschlag so weit die Macht, als sie gegangen ist [63]) — Auch die Braut (s. d.) darf während der Verlobungszeit keine Felda. verrichten [64]). Weit verbreitet ist die Meinung, daß man während eines Gewitters nicht a. dürfe [65]).

[61]) Reiser *Allgäu* 2, 294; Meyer *Baden* 583; Höhn *Tod* 324; Hoffmann-Krayer 44; John *Erzgebirge* 121; Grohmann 188 Nr. 1324; Gassner *Mettersdorf* 83; ZfVk. 10 (1900), 118 f.; 2 (1892), 186; Sartori *Sitte u. Brauch* 1, 140. [62]) Meier *Schwaben* 2, 490 Nr. 293. [63]) Schönwerth 1, 158 f. Nr. 14; 1, 159 Nr. 16; Hartmann *Dachau u. Bruck* 203 Nr. 27. [64]) Ebd. 208 Nr. 42; Bächtold *Hochzeit* 1, 224 ff. § 226 f.; Baumgarten *Aus der Heimat* 3, 91. [65]) Panzer *Beitrag* 1, 179.

5. Die sich nicht auf A.sverbote beziehenden Meinungen sind wenig zahlreich. Wenn ein Mädchen bei der A. einschläft oder seine A. nachlässig verrichtet, dann kriegt es einen Witwer (s. d.) zum Manne, glaubt man in Duderstadt [66]). Wenn das Kind zur Taufe (s. d.) getragen wird, muß die Mutter zu Hause neunerlei Arbeiten verrichten, damit das Kind tätig werde [67]). Gegen das Schreien des Kindes hilft, es in einen Kleiderschrank zu sperren, bis die Mutter neunerlei A. getan hat [68]). Vor dem Wechsel halten die Klöpplerinnen nicht auf, sonst drückt sie der Alp oder die A. kommt wieder zurück [69]). Ein sächsischerBerggeist will eine A. (das Schmieren eines Zapfens) selbst besorgen; als sie der Wärter einmal aus Versehen tut, wird ihm ein Arm abgerissen [70]). Gewisse Arbeiten müssen in einer bestimmten Zeit geleistet werden: Man erlöst eine Alp von einem Ungetüm, wenn man eine Kuh in einer Stunde fertig melkt und eine Nacht in der Hütte bleibt [71]). Wer, ehe eine Stunde um ist, die Tiere an den Schatzwagen spannen und den Wagen nur eine kleine Strecke herausbringen kann, dem fällt der Schatz (s. d.) zu [72]). — Wichtig ist namentlich auch der Abschluß der A. Wenn sie nicht in Gottesnamen beendet, nicht „niedergesegnet" wird, so „arbeitet es nach". Dieses Nacha. ist das Werk des Teufels. Für das Niedersegnen werden Formeln gebraucht wie z. B.: „Heiligs Kreuz, segn's und beschütz's da himmlisch Vada." Wenn es „nacharbeitet", hört man aus der Ferne einen Lärm wie von Deichselschlägen, auf den Futterböden wird Futter geschnitten, auf der

Straße lärmt es, als wenn Wagen rollten und Peitschen knallten, vom Wald her, als ob Holz gefällt oder gespalten würde. Dagegen tun z. B. die Schmiede drei kalte Schläge auf den Amboß [73]) (s. d.).

S. w. Aufgabe, Drehen, Spinnen, Tabu und die einzelnen angeführten Feste und Tage.

[66]) ZfdMyth. 2 (1854), 107 Nr. 3. [67]) Kuhn *Märk. Sagen* 365; Bartsch *Mecklenburg* 2, 46 Nr. 82. [68]) Grimm *Myth.* 3, 463 Nr. 817; Weinhold *Neunzahl* 36. [69]) John *Erzgebirge* 37. [70]) Köhler *Sagen* 124 Nr. 155 = Meiche *Sagen* 400 Nr. 524. [71]) Kohlrusch *Sagen* 78 Nr. 38. [72]) Ebd. 107 Nr. 55. [73]) Baumgarten *Aus der Heimat* 2, 113 ff.; Waschnitius *Perht* 164.

Bächtold-Stäubli.

Arbogast, fränkischer Einsiedler aus Aquitanien, auch St. Algast genannt, um 550 Bischof v. Straßburg, Fest 21. Juli. Held vieler Legenden. Wirkte, ehe er Bischof von Straßburg wurde, im Wald bei Hagenau viele Wunder, der daher „Heiliger Forst" hieß. In Dottingen (Baden) sowie namentlich in Oberwinterthur (Schweiz) A.kapellen, an letzterer Stelle mit altbesuchter Wallfahrt. Motive aus seiner Legende: Totenerweckung, Marienerscheinung.

Grimm *Sagen* 312 Nr. 432; Hertz *Elsaß* 185; Vonbun *Sagen* 108 Nr. 92.

Wrede.

Arebrodas, Zauberwort gegen Hundebiß [1]), das so geschrieben wird, daß immer ein Buchstabe links weggelassen wird; die verkürzten Worte, deren letztes as lautet, werden untereinander gesetzt nach alter, schon hellenistischer Praxis, die πτερυγοειδῶς „flügelförmig" hieß [2]). Das Wort ist eine Verstümmelung der Satorformel (areb[o] rodas) (s. d.).

[1]) Seyfarth *Sachsen* 172. [2]) Dieterich *Abraxas* 199; Pap. Mimaut 60 ff.; Wessely 1, 141; Pap. Berl. 2, 25; Parthey 150; Dornseiff *Alphabet* 63 ff. Jacoby.

Aria, Zauberwort zum Blutverband [1]) in der Formel: A .+ mit + Gott +. Vgl. ara (s. d.), ferner + aro + arca + nit + go + [2]).

[1]) Bartsch *Mecklenburg* 2, 381. [2]) ebd. 2, 380. Jacoby.

Arie, Tante, ein mit der Holle-Berchta-Wode naheverwandtes, ja bis ins einzelne übereinstimmendes weibliches Wesen, das voraussichtlich auf eine ursprünglich germanische, vielleicht burgundische Göttin oder Dämonin zurückgeht (vgl. Hariasa, Harimella, vro Here; zu „hari" Heer). Überlieferungen von ihr finden sich namentlich im Berner Jura und im angrenzenden Frankreich.

Vgl. E. Hoffmann-Krayer in ZdVfVk. 25 (1915), 116—123; Grimm *Myth.* 1, 342 Anm. 1; SAVk. 25, 192 ff.; 7, 175 ff.; Weinhold *Weihnachtsspiele* 41 Anm. 2; Sébillot *Folk-Lore* 1, 140; 4, 429.

Bächtold-Stäubli.

Ariel, Name eines Höllenfürsten bzw. Geistes. Das Wort ist hebräischen Ursprungs אֲרִיאֵל und אֲרִאֵל, griech. Ἀριήλ, Vulgata: A., und kommt als Eigenname 2. Sam. 23, 20; 1. Chron. 11, 22; Esra 8, 16 in der Bedeutung „Löwe Gottes" vor. Dagegen wird es Ez. 43, 10. 16 und in der Mesainschrift 12 von der Feuerfläche des Altars gebraucht und Jes. 29, 1 f. als Name Jerusalems [1]), in einem Wortspiel, in dem es zugleich den Feuerort der Unterwelt bezeichnen dürfte; in diesem letzten Sinn vergleicht es A. Jeremias [2]) mit dem babylonischen „arallû" (Hades). Schon in der koptischen Pistis Sophia [3]) wird A. als Höllengeist mit „seinen Feuergruben" erwähnt, der die Sünder straft; vielleicht hat man dabei auch von dem Pythongeist Jes. 29, 4 (nach Symmachus und Vulgata) auf die Hölle geschlossen. Andererseits begegnet A. auch als Name des Engels, der über die Landtiere gesetzt ist [4]); vgl. auch die Bezeichnung der Engel als אראלים [5]). Hippolyt [6]) nennt nach der Gnosis der Peraten den ἄρχων ἀνέμων τρίτος Ἀριήλ (wohl falsche Etymologie aus ἀήρ: Ἀεριήλ). A. begegnet vermutlich auch als Engelname in einem koptischen Zauberspruch [7]), ferner in einer altchristlichen gallischen Inschrift [8]) und in jüdischen Zaubertexten [9]). Der Name ist dann in den Volksglauben übergegangen [10]), und auch Shakespeare hat ihn benutzt [11]). Eine Verstümmelung ist vielleicht in der Formel für Treffsicherheit beim Schuß „Arill ad goll gotzo" [12]) zu suchen.

[1]) RGG. 1, 684. [2]) A. Jeremias *Das alte Testament im Lichte des älteren Orients* (1915), 603. [3]) C. Schmidt *Koptisch-gnostische*

Schriften (1905), 385 Reg. [4]) Weber *Theol.* 207. [5]) Buxtorff *Lexicon chaldaicum etc.* ed. Fischer (1879), 113; Dalman *Aramäisch-neuhebr. Handwb.* (1922), 38. [6]) *Refutatio omnium haeresium* 5, 13, 6 Wendland (1916) 109, 15. [7]) Ägypt. Urkunden a. d. Kgl. Mus. zu Berlin. Kopt. Urk. (1902), 12 Nr. 10. [8]) Ed. Le Blant *Nouv. recueil des inscriptions chrét. de la Gaule antér. au VIII siècle*, Docum. inéd. No. 32 p. 42. [9]) MjdVk. N.F. 2 (1916), 117; Schwab *Vocabulaire* 185. [10]) Pradel *Gebete* 58; Kiesewetter *Faust* 161 ff.; Agrippa von Nettesheim 3, 159. Württ. Vjh. 13 (1890), 251 Nr. 377. [11]) ZdVfVk. 5 (1895), 265; Ackermann *Shakespeare* 19. [12]) SAVk. 19, 228. Jacoby.

Aristoteles. Der bekannte griechische Philosoph, 384—322, der besonders seit Albertus Magnus (s. d.) und Thomas von Aquino auch von der mittelalterlichen Theologie als die Grundlage alles weltlichen Wissens anerkannt war.

Die Alexandersage hat schon früh auch seine Gestalt sagenhaft ausgeschmückt; er ist ihr nicht nur der große Weise, auch der Meister der Magie, der Zeichen deutet, Tote und Geister beschwört, seinem Zögling Siegzauber verleiht [1]). Dem MA. gilt er als Verfasser [2]) der im 12. Jh. aus dem Arabischen übertragenen Secreta secretorum (s. d.); es führt die darin enthaltene ärztliche und magische Weisheit auf A. zurück. In den franz. Chansons de Geste gilt A. als Verfertiger mechanischer Kunstwerke [3]). Bei den Juden wird A. heute noch als Weiser geehrt. [4]).

[1]) W. Hertz *Abhandlungen* 34 f. 49. 53 f.; Stemplinger *Antiker Aberglaube* 11. [2]) Hertz a. a. O. 156 ff. [3]) M. Hallauer *Das wunderbare Element in den Chansons de Geste.* (Diss. Basel 1918) 11 f. [4]) Bin Gorion *Born Judas* 3, 202 ff. 283 ff.; Zangwill *Children of the Ghetto* ch. II u. XII. Helm.

Arithmomantie s. Onomatomantie.

Arm. Neben den übrigen Auffälligkeiten des Teufels wird betont [1]), daß ein A. von ihm kürzer ist wie der andere.

Alt ist der Glaube, das Schauen durch den eingestemmten A. (A.ring, χηλή) mache geistersichtig. Schon Saxo Gramm. meldet: Als Bjarki den Odin, der dem Schwedenfeind beistand, in der Schlacht nicht zu erblicken vermochte, riet ihm Hrut: „adde oculum propius et nostras prospice chelas" [2]). Dasselbe berichtet eine Sage vom Odenberg in Hessen [3]). Über das A.kreuzen der Toten s. Kreuz; über wächserne A.e s. Votiv.

[1]) Schönwerth 3, 39. [2]) Grimm *Myth.* 2, 783. 927; Edda I, übertragen von Genzmer S. 134, Anm. zum Bjarkilied 31 [1—4]. [3]) Ranke *Volkssagen* 98. Stemplinger.

Armagedon s. Harmagedon.

Ärmel. 1. Für den Aberglauben kommt der Ä. an sich als Teil eines Kleidungsstückes, das die Person vertritt, dann aber auch wegen seiner Form in Betracht, da das Loch oder die Röhre des Ä.s den Anlaß zu allerlei Analogiezauber gibt.

Wie der Gürtel (s. d.), die Handschuhe (s. d.), der Mantel (s. d.) und andere Kleidungsstücke als Sinnbilder des Besitzes und der Übertragung und Übernahme eines Besitzes erscheinen, so war dies auch beim Ä. der Fall. Du Cange [1]) zitiert schon aus dem Jahre 907 nach Lobinell. tom. 2 Hist. Britan. col. 66 ein „Instrumentum", in dem es heißt: *Comes vero per manicam* (Ä.) *suam terram supradictam in manu Catluiant Abbatis graffiavit* [2]). Dieselbe rechtliche Bedeutung hat der Ä. bei feierlichen Adoptionsakten des MA.s, bei welchen das Motiv der Scheingeburt sich in dem Durchziehen des Adoptierten durch den Hemdä. des Adoptierenden äußert. Am bekanntesten ist die in verschiedenen Handschriften der Crónica general de España und an anderen Orten veröffentlichte Art der Adoption des Mudarra durch seine Stiefmutter. Diese legte an dem Tage, wo Mudarra getauft und zum Ritter geschlagen wurde, ein sehr weites Hemd über ihre Gewänder an, zog einen Ä. des Hemdes über den Stiefsohn weg und ließ ihn durch die Kopföffnung wieder herauskommen, wodurch sie ihn für ihren eigenen Sohn und Erben erklärte [3]).

Die Röhrenform des Ä.s spielt weiter eine Rolle im Liebeszauber. Um die Zuneigung eines Mädchens zu gewinnen, suchen die Burschen in der Gegend von Landshut ein von dem Mädchen während der monatlichen Reinigung getragenes Hemd (s. d.) zu bekommen und pissen durch den rechten Ä. (s. rechts).

Will man die Liebe wieder ertöten, so pißt man durch den linken Ä.[4]) (s. links). Eine Form des Saatzaubers in Finnland ist zuweilen, daß der Gerstensäer vor der Aussaat den Samen dreimal durch den Ä. laufen läßt, was erklärt wird mit der schützenden Eigenschaft der linken Achselhöhle und deren Schweiß [5]), aber richtiger dem gleichen Fruchtbarkeitszauber anzureihen ist, der mit dem Hemd (s. d.) und der Hose (s. d.) geschieht.

Eine Art Fernzauber durch das Ä.loch üben die Bienenzüchter in Bosnien. Um zu verhüten, daß der ausfliegende Schwarm zu hoch aufsteige oder davonfliege, ziehen sie ihr Hemd aus und schauen durch den Ä. auf den Schwarm, worauf sich dieser sogleich herabläßt [6]). In Oldenburg, wo man den ausgeflogenen Bienenschwarm durch einen Segen zum Sitzen zwingt, besteht in einzelnen Orten der folgende Glaube: Wenn man den ersten Schmetterling, den man im Frühling fängt, durch das Ä.loch des Rockes oder der Weste fliegen läßt, fängt man im Sommer einen Bienenschwarm [7]). In beiden Fällen dürfte Analogie zwischen dem Ä.loch und dem engen Flugloch des Bienenstockes vorliegen.

[1]) *Gloss. lat.* 4, 416. [2]) Bächtold *Hochzeit* 1, 134. [3]) Liebrecht *Zur Volksk.* 432; ZfVk. 20 (1910), 146 f. [4]) Pollinger *Landshut* 248. [5]) FFC. Nr. 31, 119 f. [6]) ZföVk. 5 (1899), 189. [7]) Strackerjan 1, 124 f. Nr. 146; 2, 12 Nr. 268.

2. Das Umkehren des Ä.s hat im Volksglauben den gleichen Zweck wie das Umkehren anderer Kleidungsstücke (s. Kleid, verkehrt). Es behebt Blendzauber. Nach einer Böhmerwaldsage finden sich in einem Irrwäldchen Verirrte erst zurecht, nachdem sie den rechten Ä. der ausgezogenen Jacke umgekehrt haben [8]).

In der Volksmedizin ist ein altes, weit verbreitetes Mittel gegen das Fieber, daß der Kranke nach einem andächtigen Morgengebet das Hemd (s. d.) auszieht und umkehrt, zuerst den linken Ä., und dazu spricht:

Kehr dich um, Hemd,
Und du, Fieber, wende dich!

Darauf ist, wenn ein anderer dies tut, der Name des Kranken zu nennen und zu sagen: „Das sage ich dir zur Buße. Im Namen Gottes des Vaters usw." Das Ganze ist drei Tage nacheinander zu wiederholen [9]). Auf diese Weise pflegte der Schäfer Krackow in Brütz das Fieber zu stillen [10]).

Keinerlei sinnbildliche Bedeutung kommt dem zu, wenn es im Rheinland heißt, daß die Freimaurer bei ihren Zusammenkünften aufgekrempte Ä. haben [11]). Hier schwebt das Bild des mit aufgestülpten Ä.n arbeitenden Maurers vor. In hohen Hemdä.n erscheint das geisterhafte Brackenweible des Allgäus [12]).

[8]) Jungbauer *Böhmerwald* 73 f. [9]) *Geistl. Schild* 156; Lammert 263; Hovorka u. Kronfeld 1, 139. 142; 2, 328; Seyfarth *Sachsen* 235 f. 271 (Altenburg); Höhn *Volksheilkunde* 1, 156; Urquell 3 (1892), 236; ZfrwVk. 1909, 290; ZfVk. 7 (1897), 68 (Neu-Ruppin). [10]) Bartsch *Mecklenburg* 2, 395 f. [11]) Zaunert *Rheinland* 2, 192. [12]) Reiser *Allgäu* 1, 126 = Fischer *SchwäbWb.* 3 (1911), 1417.

3. Von sonstigem Aberglauben ist zu erwähnen, daß man in Norddeutschland in die Wiege eines neugeborenen Kindes außer anderen Sachen auch einen rechten Hemdä. legt, dann kann der Nickert dem Kinde nichts anhaben [13]). Wenn in der Schweiz die Mutter dem etwa sechs Wochen alten Kinde ein angepaßtes Hemd mit Ä.n, wie sie die Erwachsenen tragen, anzieht, erhält das Kind eine schöne Gestalt [14]).

Im Herzogtum Koburg verwendet man die Ä. eines neuen Hemdes bei der Bräutigamsschau. Zu Weihnachten, Silvester und Dreikönig läßt das Mädchen einen Holzspan oder ein Zündhölzchen verglimmen und näht dann alle drei in den Ä. eines neuen Hemdes, um sie bei der ersten Wäsche mitzukochen. Erscheint dann bei der Wäsche zufällig ein junger Mann, so ist dies der Zukünftige [15]). Vereinzelt steht die Sitte in Huglfing bei Weilheim, daß die Person, welche eine Heirat vermittelt, ein leinenes Hemd mit drei Ä.n, der dritte Ä. am Rücken, nebst 50—100 Mark bekommt [16]).

Endlich soll ein Leichenkleid (s. d.), an den Ä.n wenigstens, keine geschlossene Hafte haben, weil sonst bald wieder jemand im Hause stirbt [17]).

[13]) Kuhn u. Schwartz 431 Nr. 266 = Wuttke 382 § 581. [14]) SAVk. 21 (1917), 38. [15]) ZfVk. 14 (1904), 279. [16]) DG. 5 (1903), 76. [17]) Meyer *Deutsche Volksk.* 267 ff. = O. Meisinger *Bilder a. d. Volksk.*² (Frankfurt a. M. 1922), 82. Jungbauer.

Armband s. Band, Schmuck.

Armer, Armut. Die Worte reich und arm setzen eine gewisse Entwickelung in der Kultur voraus. In der vorhistorischen Zeit scheinen sie zu fehlen. Mit der Seßhaftigkeit und dem Ackerbau sind die Begriffe gegeben [1]). Das abgeerntete Feld ist der arme Mann, die arme Frau [2]). Der Reiche gab gelegentlich von dem Seinen an Arme, z. B. bei Hochzeiten und Begräbnissen. Das Letzte hat sicher eine religiöse Beziehung. Man gab bei Begräbnissen an Fremde, die sich zufällig einfanden, man war des Glaubens, daß in armen Fremden die Seele des Toten verborgen sein konnte. Der Gedanke erweiterte sich, indem in den Armen überhaupt der Tote leben konnte. So entstanden die Gaben des Spendebrotes, des Totenbrots, des Tränenopfers bei Beerdigungen [3]). — Daneben war bei einem reichen Leichenbegängnis Brauch, daß die Gaben der Kirche, also dem Pfarrer und Meßner, und den Armen zugewendet wurden. Mit der Zeit hat die Kirche auf die Gaben verzichtet, die Gottesheller gehörten den Armen [4]). Der Armut erwächst ein Anspruch auf die Gaben der Reichen. Am Sonnabend [5]) erhoben die Armen in Hessen den sog. „Backofenzins". Es war auch üblich geworden, „Neujahrslaiberchen" für Arme zu backen. An bestimmten Tagen, zu Johanni [6]), Gründonnerstag [7]), auf Ostern empfingen die Armen ihre Gaben. Diese gründen sich auf Vermächtnisse, die von reichen Leuten aus Gutherzigkeit, zum Dank für eine Errettung [8]), oder auch gestiftet sind, um eine Untat zu sühnen.

Auf demselben Gedanken der Sühne beruht es, wenn Verstorbene den Lebenden erscheinen. Menschen, die vor dem Tode etwas nicht geordnet haben, hartherzig im Leben gewesen sind [9]), zeigen sich nach dem Tode den Ihrigen und ruhen nicht eher, als bis das Unrecht gutgemacht ist [10]). So gibt es auch das Seelenbrot auf Allerseelen, um armen Seelen Linderung oder Erlösung zu schaffen, indem die Armen für sie beten [11]). Der Gedanke einer nötigen und möglichen Sühne findet sich im katholischen wie im protestantischen Volke. Die Sühne geschieht durch die Armen, denen eine heiligende Kraft innewohnt, weil sie arm sind [12]). Man kann einen Brand verzögern, wenn man an Arme einen Scheffel Roggen schenkt [13]). Eine Frau wird geheilt, da sie einen armen Knaben einkleidet [14]). Schuhe sind eine Spende an Arme, der englische Volksglaube ist, daß die Gabe von dem Beschenkten dem Gebenden im Todestale vergolten wird [15]). — Unbefangen zeigt sich daneben in der Lüsener und Onacher Spende, daß von Wohlhabenden an Arme gegeben wurde, um in dem Gastmahle mitzugenießen. Der Unterschied zwischen Reich und Arm verschwand für eine Mahlzeit [16]). Wenn es aber nach dem Volksglauben nicht gut sein soll, in der Zeit des Brautstandes an Arme zu geben, weil dem Gebenden etwas „angetan werden könne", so erscheint das Haus des Reichen von der Welt für eine gewisse Zeit geschieden [17]).

Vgl. Bettler, Almosen.

[1]) Schrader *Reallex.* 663 f. [2]) Frazer 12, 418; 7, 23. [3]) Quitzmann *Baiwaren* 263; Kondziella *Volksepos* 140 f.; vgl. Sartori *Speisung.* [4]) Reiser *Allgäu* 2, 307; Schmitz *Eifel* 1, 96 f. [5]) Haltrich *Siebenb. Sachsen* 244. [6]) Kuhn u. Schwartz 120 f.; Heyl *Tirol* 758 Nr. 37. [7]) Rehm *Volksfeste* 11. [8]) Rochholz *Sagen* 1, 367. [9]) Sébillot *Folk-Lore* 4, 473; Vonbun *Beiträge* 105. [10]) Kühnau *Sagen* 1, 205 u. 206; ZrwVk. 9 (1912), 293. [11]) Heyl *Tirol* 781 Nr. 98. [12]) Waibel u. Flamm 2, 79 f.; Meyer *Abergl.* 156. [13]) Wuttke 288 § 422. [14]) SAVk. 21 (1917), 205 f. [15]) ZfVk. 11 (1901), 456. [16]) Heyl *Tirol* 760 Nr. 42, 756 Nr. 33. [17]) Hartmann *Dachau u. Bruck* 208 Nr. 42. Boette.

Arme Seelen. 1. Die Seelen der Menschen, die in Unbußfertigkeit, mit Sünden beladen, sterben, kommen in die Hölle, wo sie im Höllenfeuer brennen müssen; es sind die Verdammten. Dagegen muß die Seele des mit Gott versöhnt Gestorbenen im Fegfeuer als a. S. den Rest der Strafe abbüßen [1]). Die unsäglichen Qualen, welche die Verdammten in der Hölle, die a. S. am Reinigungsort auszustehen haben, werden den Lebenden öfters durch die bei gewissen Gelegenheiten im Diesseits erscheinenden a. S.n gezeigt [2]). Nach uraltem Glauben können Seelen ohne Bestattung des Leibes keine Ruhe finden, woraus sich manche grausamen Sitten und Gesetze des Altertums (z. B. die Schuldgesetze der XII tab. bei Liv. VIII 28) erklären. Die Seele geht mit der Leiche und hütet so lang das Grab (s. Friedhof), bis eine neue Seele sie ablöst. Aber auch die Seelen Ermordeter gehen nicht zur Ruhe ein, bis die Tat entdeckt und gesühnt ist [3]).

Oft müssen Seelen nach dem Tod Gewohnheiten beibehalten und Tätigkeiten ausüben, denen sie zu Lebzeiten oblagen. So sieht man an verschiedenen Orten Bayerns zu hl. Zeiten die Seelen verstorbener Priester in vollem Ornat die priesterlichen Funktionen ausüben (s. a. Geistermesse) [4]).

Nach dem Volksglauben muß die Seele nach dem Tod umgehen, in der Luft herumwandern, bis die Prüfung zu Ende, die Schuld abgebüßt ist oder ihre Angehörigen durch Gebet und gute Werke für sie die Gnade Gottes erlangt haben [5]).

Die Strafe der a. S., die vielfach am Ort der früheren Tätigkeit abgebüßt werden muß, entspricht meist ihrem Vergehen: Brosamen, die im Leben leichtfertig verloren wurden, muß der Verstorbene zusammensuchen (Tirol). Oder: Der Teufel backt einen Laib Brot daraus und wirft ihn einem nach, wenn man gestorben ist (Inntal) [6]). Geizige, Diebe, Meineidige, Mörder müssen „umgehen". Der Grenzfrevler geht an der Grenze auf und ab und trägt dabei den Grenzstein auf der Schulter. Andere zeigen sich als Feuermänner und Irrlichter (s. dd.) [7]). Die Entwicklung führt weiter zu dem Glauben an Gespenster (s. d.), die den Menschen allerlei Schabernack spielen, vor denen man sich hüten muß. Deshalb macht man in der Oberpfalz das Kreuzzeichen über das Grab, vor dem man steht, ebenso beim Hingehen und Weggehen, beim Verlassen des Friedhofs aber über alle Gräber, „damit die Seelen nicht nachkommen und nicht ankönnen" [8]). Das erinnert an den altattischen Brauch, die beim Haupttotenfest im Frühling (am Schluß des Dionysischen Anthesterienfestes) im Haus bewirteten Seelen mit dem Ruf zu verscheuchen: „Hinaus, ihr Keren, die Anthesterien sind zu Ende!" [9]) In Rom wurden die Geister der Verstorbenen an den Lemurien (9., 11. u. 13. Mai) nach der Speisung mit Lärm und apotropäischen Worten vertrieben (Ovid fast. V, 419 ff.). Möglich, daß auch die Hubertusjagd als Akt der Seelenvertreibung aufzufassen ist, im speziellen Anschluß an das herbstliche Totenfest [10]).

Die a. S. wie auch die Verdammten dürfen mit Gottes Erlaubnis von Zeit zu Zeit den Menschen erscheinen, entweder um sie zur Bußfertigkeit zu ermahnen und um Hilfe und Erlösung für sich zu bitten, oder um sie zu quälen. Dabei zeigen sie sich entweder in menschlicher Gestalt oder als Irrlichter oder Tiere. Gewöhnlich ist ihr Erscheinen jedoch an bestimmte Zeiten und Gelegenheiten gebunden. So darf alljährlich an ihrem Todestag die Seele zu ihren Verwandten zurück, um sich nach ihrem Ergehen zu erkundigen (Oberpfalz) [11]). Auch bei dem in der Schweiz im Frühjahr üblichen Alpsegen eilen die a. S. herbei [12]). Sonst ist die Zeit nach Sonnenuntergang, wie die Quatembertage, ihnen sehr günstig [13]); besonders sind es aber natürlich die Tage von Allerheiligen und Allerseelen, an denen sie wiederkehren. Denn sobald es am Allerheiligentag um 12 Uhr für die a. S. zu läuten anfängt, sind sie frei und können umgehen (Tirol) [14]). Sie lieben es, dabei in der Nähe von Feldkreuzen in verschiedenen Gestalten sich sehen zu lassen [15]). Als Vögel fliegen sie um die Kreuze der Friedhöfe (Schles., vgl. Seelenvogel) [16]), während sie anderwärts als Fische einen einsamen Bergsee bevölkern (Tirol) [17]. Am liebsten aber wählen die a. S. die Gestalt der Kröte, weshalb es streng verpönt ist, diesen Tieren etwas zuleide zu tun [18]. Deshalb sagen in Tirol die Bauern, wenn die Kröten recht hummen: „Heut jammern die a. S. wieder einmal recht" [19]. Nach bayrischem Volksglauben wallfahren a. S. als Kröten an bekannte Gnadenorte (z. B. Altötting), um dort Erlösung zu finden [20]. In einer oberbadischen Sage treten Frösche an die Stelle der Kröten [21]. In Tirol sah man in den in alter Zeit an gewissen Richtstätten besonders zahlreich vorkommenden Kröten und Fröschen a. S. In der Gegend von Wolfsgruben auf dem Ritten (Tirol) beobachtete man Frösche und Kröten, die brennende Lichtlein auf dem Rücken trugen und so sich als a. S. zu erkennen gaben [22]. Das erinnert nicht nur an das bekannte Märchenmotiv, in dem der Meisterdieb nachts Krebse mit aufgeklebten Wachslichtern über den Friedhof laufen läßt, welche Pfarrer und Küster für die Seelen Verstorbener halten, sondern auch an die wahrscheinlich auf einen Brief des Erasmus aus dem Jahre 1528 (Ausgabe 1538, S. 854) zurückgehenden, von den protestantischen Geistlichen Z. Rivander Fest-Chronica 1591, 1. Bl. 106 b und Gryse Spegel des antichristlichen Pawestdoms 1593, Bl. LI, 4 a (= Baltische Studien 36, 61) ausführlich, von Delrio Disqusitiones magicae 1612 p. 272 b in knapper Form wiedergegebenen Nachrichten de cancris vel testudinibus cum candelulis affixis. In Italien läßt man noch heute zum Totengedächtnis große Käfer, mit brennenden Kerzen auf dem Rücken durch die Kirche laufen, wozu in Senigallia die Knaben rufen: O'guarda un' anima che passa! [23]. Bei der Vorstellung der in Krötengestalt erscheinenden a. S. war zweifellos die Auffassung der Kröte als Seelentier (s. Tier § 4) mitbestimmend.

Nach gemeingermanischer Anschauung wohnten die Geister der Verstorbenen (Ahnen) oft in Bäumen (Ahnenbäume), an die der Volksglaube das Schicksal der Nachkommen knüpfte. So hängt man in der Oberpfalz das Martertaferl bei gewaltsam Verstorbenen an einen Baum, dann haust die a. S. bei Tag in dem Baum. Nahm man die Heiligenbilder aus den Nischen des Tafelbaumes oder wurde eine Waldkapelle niedergerissen, so zeigte sich täglich nach dem Aveläuten eine Höppin (Kröte, a. S.) solange, bis man das Heiligtum wiederherstellte. Auch die Rehbretter (Leichenbretter) stellt man an Waldbäume, Feldkreuze und Kirchwege [24]. In den Alpenländern glaubt man, daß die a. S. in der grimmigen Kälte der Gletscher ihre Sünden abbüßen müssen [25]. In Frankreich hält man geheimnisvolle Quellen (s. d.) für ihren Aufenthaltsort, weshalb man in diese Nadeln (s. d.) wirft, damit die frierenden Seelen im Winter ihr Leichentuch feststecken können [26].

Vielfach stellt man sich die Seele als bewegtes, lufthähnliches Gebilde vor, weshalb ihr plötzliches Entweichen Wind erregt. Darum kehren die Seelen der Verstorbenen als heftiger Wind wieder [27]. Deshalb weht an Allerheiligen ein starker Wind, der Allerseelenwind, in dem die a. S. umziehen [28]. Ein Bruchstück eines alten Gebets gegen Fieber und das böse Wetter (Andr. Gryphius Horribilicr. S. 768) lautet: „Das walte der es walten kann. Matthes gang ein, Pilatus gang aus, ist eine a. S. draus." „A. S., wo kommst du her?" „Aus Regen und Wind, aus dem feurigen Ring" [29]. Mit der Vorstellung der im Wind lebenden Seelen berührt sich eng die Anschauung, daß die Geister der Abgeschiedenen im wilden Heer und Gefolge alter Götter erscheinen. Auch in den dunklen Elben sah man die Seelen verstorbener Menschen [30]. Daher ist es nicht verwunderlich, daß die a. S. auch gelegentlich als Schatzwächter auftreten und den Schatzgräbern nach Kräften ihre Arbeit erschweren [31].

Anderwärts faßt man die wilde Jagd als den bösen Feind auf, der mit seinen Teufeln die Verdammten und die a. S. jagt (Oberpfalz). Dabei wird den Verfolgten auf jedem Stock, auf dem ein Dreieck mit verlängerten Schenkeln auf drei Hiebe beim Fällen des Baumes eingehauen ist, kurze Rast gegönnt. Auch die letzten Halme des Ackers bieten ihnen Zuflucht und Schutz. Besonders Holz- und Weidfrevler erleiden diese Strafe [32]). Ein seit Gregor d. Gr. in der abendländischen Apokalyptik sehr beliebtes Motiv ist das vom Kampf der guten und bösen Dämonen (Engel und Teufel) um den Besitz der Seele. Es läßt sich schon in der Eschatologie der Parsen nachweisen, von wo es wahrscheinlich über die Mithrasreligion in der christlichen Apokalyptik des ausgehenden Altertums und des MA.s Eingang fand [33]). Von hier kam es, wie das Motiv von der Brücke, über welche die Seele zur Prüfung gehen muß, in die mittelalterliche Erzählungsliteratur [34]) und hat sich in dem in zahlreichen Varianten vorliegenden Märchen vom Spielhansel (der dem Teufel im Spiel a. S. abgewinnt), nach der heiteren Seite gewendet, bis heute erhalten [35]). In der in Alemannien viel gebrauchten Redewendung: „Er ist drauf (gierig) wie der Teufel auf en arme Seel'" [36]), lebt es in alter Frische weiter.

[1]) s. die Artikel Fegfeuer und Hölle. [2]) Klapper *Erzählungen* 309 f. Nr. 94; 399 Nr. 194. [3]) Sepp *Religion* 409 f.; Schönwerth *Oberpfalz* 1, 281 Nr. 2; Hoffmann *Ortenau* 80. [4]) Schönwerth *Oberpfalz* 1, 281 f. Nr. 6. [5]) Ebd. 1, 280; Stöber *Elsaß* 1, 40 Nr. 60; Sébillot *Folk-Lore* 1, 146. [6]) Heyl *Tirol* 815 Nr. 322; Birlinger *Volksth.* 1, 283. [7]) Ranke *Sagen* 45 f.; Wittstock *Siebenbürgen* 9; Sébillot *Folk Lore* 1, 137 f. 147. [8]) Schönwerth *Oberpfalz* 1, 281 Nr. 5; Liebrecht *Zur Volksk.* 374. [9]) Rohde *Psyche* 216 ff.; Sartori *Totenspeisung* 51 f. [10]) Wissowa *Religion* 187; Sartori *Totenspeisung* 51; Lippert *Christentum* 666. [11]) Schönwerth *Oberpfalz* 1, 281; 3, 102 Nr. 3. [15]) Niderberger *Unterwalden* 2, 7 f. [13]) Sepp *Religion* 397 f.; Sébillot *Folk-Lore* 1, 136. [14]) Zingerle *Tirol* 176 ff. Nr. 1467; Kuhn *Mythol. Stud.* 2, 39. [15]) Pollinger *Landshut* 134 Nr. 19. 20. [16]) Sepp *Religion* 408. [17]) Heyl *Tirol* 64 Nr. 29. [18]) Leoprechting *Lechrain* 84; Quitzmann *Baiwaren* 177; Höfler *Waldkult* 83; Wittstock *Siebenbürgen* 11; Sepp *Religion* 397 f. 401; Schönwerth *Oberpfalz* 1, 286 Nr. 8. [19]) Heyl *Tirol* 789 Nr. 167. [20]) Sepp *Religion* 397 f. 401. [21]) Waibel u. Flamm 2, 164. [22]) Heyl *Tirol* 782 Nr. 103. [23]) Bolte-Polívka 3, 388 f. [24]) Höfler *Waldkult* 3 A. 1, 14, 32 f. [25]) Ranke *Sagen* 62; Niderberger *Unterwalden* 2, 7 f. [26]) Sébillot *Folk-Lore* 2, 203. 307. [27]) Wittstock *Siebenbürgen* 8. [28]) Zingerle *Tirol* Nr. 1469; Kuhn *Mythol. Stud.* 2, 40. [29]) Grimm *Myth.* 3, 503 Nr. XL. [30]) Grimm *Myth.* 1, 369. [31]) Heyl *Tirol* 67 Nr. 27. [32]) Schönwerth *Oberpfalz* 2, 147 Nr. 5, 150; Niderberger *Unterwalden* 2, 102; John *Westböhmen* 181. [33]) Norden *Aeneis* 7 A. 3; Rochholz *Glaube* 1, 169 f.; ZfVk. 15 (1905), 6. [34]) Klapper *Erzählungen* 362 Nr. 170; ZföVk. 4 (1898), 217; ZfVk. 1 (1891), 162; ZfrwVk. 5 (1908), 247. [35]) Bolte-Polívka 2, 189. [36]) Ochs *BadWb.* 1, 74.

2. Im Armeseelenmonat (November) wird „Aller Seelen" (2. November), im Abendland seit dem 10. Jh. [37]), gefeiert. Bei den Römern war der Februar, der letzte Monat des alten römischen Jahres, der Allerseelenmonat (Cic. de leg. 2, 21; dies parentales 13. bis 20. Febr., Feralia 21. Febr., Caristia 22. Febr.) [38]). Die eigentliche Zeit für die bei den meisten Völkern ausdrücklich mit der Ernte in Verbindung gesetzten Totenfeiern ist jedoch der Herbst [39]). So wurden die Genesia im alten Athen am 5. Boedromion (Sept.-Okt.) begangen [40]). Die Sachsen gedachten bei dem von ihnen nach Widukind am 1. Oktober gefeierten dreitägigen Fest der Toten [41]).

An Allerheiligen und Allerseelen bereitet man vielfach besondere Speisen. Schon 14 Tage vor Allerseelen zeigen sich die a. S. oft als kleine Lichter, um dann am Allerheiligentag aus dem Fegfeuer nach Hause zu kommen [42]). Man nimmt deshalb am Allerheiligenabend vielfach die aus Semmelmilch und Backobst bestehende Mahlzeit im Beisein der a. S. ein oder stellt nach dem Nachtessen Milch und Krapfen auf den Tisch und läßt sie unberührt bis zum andern Morgen stehen (Tirol), natürlich für die Seelen, die in dieser wie auch in der Christnacht und Neujahrsnacht auch zu nächtlichen Messen (s. Geistermesse) zusammenkommen (Ostpr., Tirol, Thüringen, Voigtl., Siebenb.) [43]). Vielerorts werden besondere Kuchen (Seelenwecken, Seelenzöpfe, Seelchen, s. Brot) gebacken, wovon in der Oberpfalz der Allerseelentag auch „Spitzeltag" (Form des Gebäcks) heißt. Mit diesen ursprünglich zur „Abspeisung" der a. S. bestimmten Seelenwecken pflegt man jetzt Kinder, Patenkinder und die Armen (der Allerseelentag ist auch der allgemeinen Mildtätigkeit gewidmet) zu beschenken [44]. Schon ein Innsbrucker Kalender von 1667 zählt als gute Dinge im Wintermonat auf: das seelerstuck, die klöpfelnacht und bratne kesten [45]. Auch in Belgien (zielenbrod) und England ist solches Gebäck bekannt [46]. Auch andere Speisen spendet man am Allerseelentag. In Kärnten wirft man beim Kochen etwas für die a. S. ins Feuer; in Böhmen erhalten sie Mehl und Brotkrumen. In der Oberpfalz stellt man Weihwasser, drinnen einige Brosamen zum „Abspeisen der a. S.", an die Gräber [47]. Eine ehemals wie das Brot aus Bucheckern bereitete Kultspeise, Büchele (= Bucheckern), wird am Allerseelentag in Bayern an Arme verschenkt [48]. In Südtirol (Brixen) spendet man den a. S. Korn, Obst und neuen Wein [49]. Die Seelenspeisung wird nicht nur durch Beschenken der Kinder und Armen mit Seelenbrot abgelöst, in manchen Bauernhäusern Tirols bereitet man am Tag nach Allerseelen ein reiches Mittagessen für die armen Kinder der Nachbarschaft [50], wobei der ursprüngliche Sinn dieser Spende fast ganz verwischt ist.

Vielfach finden sich die Seelenspeisungen auch in der Christnacht (urspr. Neujahrsnacht). Da in dieser Zeit die Verstorbenen die Ihrigen besuchen, ließ man im ganzen Norden den Weihnachtstisch, auf den man meist eine Kanne mit Bier für die Verstorbenen stellte (*änglaölet* = Engelsbier) [51], bis zum Dreikönigstag unberührt stehen. Ähnliches wird aus Schlesien und Lappland berichtet [52]. Berchta und ihr Heer erhalten Mehlspeisen oder Gemüse und Fische [53]. Hierher gehört auch das Opfer an die Mäuse am hl. Abend (Österreich) [54].

Bei den namentlich bei den Slawen (Bulgarien [55], Rußland [56] und in der Tschechoslowakei) [57] im Frühjahr (an verschiedenen Tagen der Fastenzeit vom Fastnachtsonntag bis Ostern) üblichen, mit Seelenspeisungen verbundenen Totenfeiern ist der Ursprung aus alten Opferspenden für die Erdgöttin unverkennbar [58]. Aber auch in Obersensbach (Odenwald) kochen viele Leute am Abend vor Fastnachtsonntag „für die lieben Engelein" das Beste, was sie im Haus haben, setzen es abends auf den Tisch, öffnen die Fenster und legen sich schlafen [59]. Ein ähnlicher Brauch aus Schwaben (für die Seelen) ist nach Lorichius (1593) „ein grober spöttischer und heidnischer Aberglaub" [60]. In Oberfranken speist man die Seelen auch an Quatembertagen ab, an denen auch mit Vorliebe die Kröten (Seelen) sich sehen lassen (Tirol) [61]. Im Böhmerwald legen die Kinder die ersten Erdbeeren, die sie finden, für die a. S. auf einen Baumstrunk [62]. Dasselbe tun in der Oberpfalz die Waldarbeiter mit Brotstückchen [63]. Backt man Brot, so opfert man den a. S. eine Handvoll Mehl oder ein Stück Teig, beim Küchlebacken ein Küchle; überhaupt gehören alle Speisenabfälle den Seelen (Oberpfalz) [64]. Eine Prise Salz, ins Feuer geworfen, tut ihnen wohl [65].

Der Brauch, für die hungrigen Seelen Speisen zu opfern — die nächtlich klirrenden Löffel verraten ihren Hunger (Tirol) [66] — wird schon durch die Feststellung der 2. Synode von Tours (567) belegt: Sunt etiam qui in festivitate cathedrae domini Petri apostoli cibos mortuis offerunt et post missas redeuntes ad domos proprias ad gentilium revertuntur errores [67].

Da die a. S. an ihrem Aufenthaltsort nach der einen Auffassung heftig unter der Kälte zu leiden haben, zündet man am Allerseelentag Feuer auf dem Herd an und wirft geweihtes Holz vom Karsamstag hinein (Oberpfalz) oder heizt besondere Stuben für sie [68]. Auch das Licht, das man für die a. S. anzündet, hat vielfach diese Bedeutung. Daneben soll es ihnen in der Dunkelheit leuchten. Die Vorstellung des Brennens im Fegfeuer liegt dem namentlich in Tirol verbreiteten Brauch zugrund, eine mit Öl oder Schmalz gefüllte Lampe am Allerseelenabend zu brennen. Mit dem Öl oder dem geschmolzenen Fett bestreichen dann die a. S. ihre Brandwunden [69].

In manchen Gegenden spielen die a. S. die Rolle gutmütig helfender Geister, von Kobolden, die im Hause ihren Sitz haben (Hessen), den Menschen zur gewünschten Zeit wecken (Bayern, Tirol, Schlesien), ihm in schwierigen Unternehmungen beistehen oder ihn mit Nebelkappe und Wunschring beschenken [70]). Sie scheuen sich aber auch nicht, dem Holzdieb unertappt stehlen zu helfen [71]). Die Gleichsetzung der Geister der Verstorbenen mit Zwergen und anderen Erdgeistern erhält dadurch neue Nahrung [72]).

Die a. S. warten auf ihre Erlösung (s. d.), daher die Redensarten: „Endlich ist die a. S. erlöst" (Bayern) [73]), „endlich hat die a. S. Ruh'" (Freiburg i. Br.). Die Erlösung kann herbeigeführt werden durch kirchliche Mittel (Gebet, Wallfahrt, Seelenmessen) [74]). Priester, die sich hierin Nachlässigkeiten zuschulden kommen ließen, werden von den a. S. im Jenseits verklagt [75]). Besonders können Sonntagskinder am Allerseelentag eine a. S. durch ihr Gebet erlösen. Sonst geht man am Laurentiustag in der Mittagsstunde auf den Friedhof und gräbt in einer Ecke in die Erde; etwa einen Fuß tief findet man drei Kohlen, nimmt sie mit nach Hause und betet 5 Vaterunser und 5 Ave, Credo und Ablaßgebet vor ihnen, wodurch eine a. S. erlöst wird. Die Kohlen verschwinden dann (Oberpfalz) [76]). Träumt man von einem Verstorbenen oder wächst auf seinem Grab eine Distel — in diesem Fall hatte der Verstorbene eine Wallfahrt gelobt, ohne sie auszuführen — so braucht die a. S. Hilfe [77]).

Außer durch Gebet und gute Werke werden die a. S., die sich am liebsten um Mitternacht oder während des Betzeitläutens in Menschen- oder Tiergestalt (Hund, Katze, Kröte) zeigen, um ihre Sehnsucht nach Erlösung zu offenbaren, durch zufällige Ereignisse erlöst: wenn zwei sich zu gleicher Zeit (s. a. gleichzeitig) grüßen, wenn man nachts niest [78]). Begegnet man einer a. S., so soll man sie ansprechen. Der Spruch ist: „Alle guten Geister loben den Herrn, sag an, was ist dein Begehren" [79]). Merkwürdig ist die Vorstellung, daß der Mensch, der eine a. S. erlöst hat, dafür von Unglück an Leib und Gut verfolgt wird (Oberpfalz) [80]). Anderwärts kann sich ein solcher Mensch Zeit und Stunde seines Todes selbst bestimmen [81]). Weit verbreitet ist das Motiv, daß der Baum erst aus dem Samenkorn ersprießen muß, dessen Holz die Wiege für das Kind abgeben muß, das die a. S. erlösen wird [82]).

Neben den oben erwähnten gehören hierher noch folgende Redensarten: auf die Erfüllung eines Wunsches harrt man wie eine a. S.; ist das Verlangen gestillt, ist auch eine a. S. erlöst (bes. wenn ein Mädchen nach langem Warten einen Mann bekommt); wer ein zehrendes Leiden mit sich herumschleppt, trägt seine a. S. im Arm herum [83]).

Schon die Orphiker lehrten, daß die Seelen durch das Gebet der Lebenden aus ihrer Verdammnis erlöst würden. Da dieselbe Lehre in einem gnostischen System vorkommt [84]), ist eine Beeinflussung der christlichen Anschauung von dieser Seite her durchaus möglich.

[37]) Lippert *Christentum* 368. [38]) Wissowa *Religion* 187; Sartori *Totenspeisung* 51. [39]) Sartori ebd. 53; Pfannenschmid *Erntefeste* 128 f. 164 f. 168. [40]) Rohde *Psyche* 215 f.; Sartori *Totenspeisung* 53. [41]) Golther *Mythologie* 586; Sartori *Totenspeisung* 53. [42]) Schönwerth *Oberpfalz* 1, 283 Nr. 1. [43]) Lippert *Christentum* 665 f. 681; Zingerle *Tirol* 176 ff. Nr. 1468; Kuhn *Myth. Stud.* 2, 40. [44]) Lippert *Christentum* 441. 665 f.; Schönwerth *Oberpfalz* 1, 283 f. Nr. 2; Zingerle *Tirol* Nr. 1470; Kuhn *Myth. Stud.* 2, 40; Pollinger *Landshut* 224; Sartori *Totenspeisung* 54; Grohmann 198; ZföVk. 4 (1898), 146. [45]) Schöpf *Tirol. Id.* 668; Kuhn *Myth. Stud.* 2, 41. [46]) Kuhn *Myth. Stud.* 2, 42 f. [47]) Lippert *Christentum* 441; Schönwerth *Oberpfalz* 1, 283 Nr. 1. [48]) Höfler *Waldkult* 83. [49]) Zingerle *Tirol* Nr. 1478; Kuhn *Myth. Stud.* 2, 40. [50]) Zingerle *Tirol* Nr. 1480; Kuhn *Myth. Stud.* 2, 40. [51]) ZfVk. 10 (1900), 200. [52]) Jahn *Opfergebräuche* 286; Lippert *Christentum* 682; Meyer *Germ. Myth.* 74. [53]) Jahn *Opfergebräuche* 283 ff. [54]) Vernaleken *Mythen* 315; Sartori *Totenspeisung* 51. [55]) Tylor *Cultur* 2, 36. [56]) Ebd. 2, 36 f.; Grohmann 190. [57]) Grohmann 190. [58]) Jahn *Opfergebräuche* 116 f.; Sartori *Totenspeisung* 52. [59]) Grimm *Myth.* 3, 487 Nr. 896; Sartori *Totenspeisung* 52. [60]) Birlinger *Aus Schwaben* 2, 54. [61]) Lippert *Christentum* 591. [62]) Ebd. 442. [63]) Schönwerth *Oberpfalz* 1, 285 Nr. 3. [64]) Ebd. 1,

284 ff. Nr. 4 u. 5. [65]) Wettstein *Disentis* 174 Nr. 41. [66]) Quitzmann *Baiwaren* 176; Lippert *Christentum* 441. [67]) Jahn *Opfergebräuche* 116 f. [68]) Schönwerth *Oberpfalz* 1, 279 f. 283 Nr. 1; Quitzmann *Baiwaren* 176; Lippert *Christentum* 665 f.; Zingerle *Tirol* Nr. 1472; Kuhn *Myth. Stud.* 2, 40; Sébillot *Folk-Lore* 1, 137. [69]) Schönwerth *Oberpfalz* 1, 281 Nr. 4; Heyl *Tirol* 761 Nr. 52; Leoprechting *Lechrain* 159; Zingerle *Tirol* Nr. 1470; Kuhn *Myth. Stud.* 2, 40; Wrede *Rhein. Volksk.* 277; Ochs *BadWb.* 1, 71. [70]) Quitzmann *Baiwaren* 176; Zingerle *Tirol* Nr. 1473; Drechsler 1, 310. [71]) Drechsler 1, 310. [72]) Kuhn *Myth. Stud.* 2, 39. [73]) Pollinger *Landshut* 224. [74]) Schönwerth *Oberpfalz* 1, 280; Höfler *Waldkult* 47; Ranke *Sagen* 60. 61 Nr. 1; Klapper *Erzählungen* 306 Nr. 90; 393 Nr. 190; ZfVk. 1 (1891), 427; SAVk. 21 (1917), 196. [75]) Klapper *Erzählungen* 403 Nr. 199. [76]) Schönwerth *Oberpfalz* 1, 288 f. [77]) Ebd. 1, 289 f. [78]) Ebd. 1, 289 ff.; Zingerle *Tirol* Nr. 231 f.; Quitzmann *Baiwaren* 177; Ochs *BadWb.* 1, 71. [79]) Schönwerth *Oberpfalz* 1, 290. 297 Nr. 4. [80]) Ebd. 1, 303 Nr. 9. [81]) John *Westböhmen* 181. [82]) Ranke *Sagen* 62; Höfler *Waldkult* 47. [83]) Schönwerth *Oberpfalz* 1, 291; Ochs *BadWb.* 1, 71. [84]) G. Anrich *D. antike Mysterienwesen in seinem Einfluß auf d. Christentum.* Göttingen 1894, 87, 4; 94, 4; 119, 3; Norden *Aeneis* 7, 3.

3. Manche solcher abergläubischen Vorstellungen haben deutlich eine erzieherische Tendenz. Ein Messer oder sonst etwas Schneidendes darf man nicht mit der Schneide nach oben über Nacht auf dem Tisch liegen lassen. Die a. S. müßten darauf sitzen, reiten (Bay., Tirol) oder auf der Schneide barfuß gehen (Österreich) [85]). Dasselbe gilt vom Rechen. Auch der Brotlaib darf nicht verkehrt mit dem Rücken nach unten auf dem Tisch liegen, sonst leiden die a. S.; weil sie ihn umdrehen wollen, bewegt er sich oft hin und her (Bay., Rheinl.) [86]). In der Samstagnacht ruhen die a. S. auf dem Tisch aus; deshalb darf man ihn mit keinem Besen abputzen, sondern muß ihn abwaschen (Bay.) [87]). Verschüttet man Milch oder läßt Speisen, besonders Brot, fallen, muß man die a. S. trösten. Solche Speisen darf man nicht unter den Tisch wischen (Schweiz) [88]). Trägt man Holz in die Küche, so muß man es langsam und ruhig absetzen, sonst spüren die a. S. den heftigen Stoß (Tirol) [89]). Wirft die Köchin Salz ins Feuer, so fällt es den armen Seelen in die Augen (Tirol); läßt sie den Pfannknecht leer über dem Feuer, sobald es gar gekocht ist, so müssen die a. S. darauf braten (Tirol) [90]). Wenn das Feuer brennt, ohne daß etwas darüber gestellt ist, müssen die a. S. stärker brennen [91]). In den Knoten der Strohseile haben a. S. ihr Fegfeuer. Deshalb muß man die Knoten lösen, ehe man das Stroh dem Vieh streut oder es verbrennt [92]). Am Samstag muß man den Kehricht aus der Stube schaffen, auch wenn er die ganze Woche über im Winkel hinter der Tür gelegen ist. Denn die Seele des letztverstorbenen Hausbewohners muß einen reinen Platz finden, wenn sie in der Samstagnacht kommt und sich hinter die Türe setzt (Oberpfalz) [93]). In den Türangeln sitzen die a. S., das Knarren und Ächzen der Türen ist nichts anderes als ihr Stöhnen [94]). Sie leiden deshalb besonders, wenn man die Türe zuschlägt [95]). In der Oberpfalz schreckt man Kinder, die eine Türe zuschlagen: „Wart nur, die a.n S.n kommen schon und tun euch was!" Auch das Knarren der Tür soll nach anderer Meinung ihnen Schmerz bereiten [96]). Verbrennt man die Spitze eines Zaunpfahls, so brennt man damit die a. S. In dem Loch, in das ein Pfahl geschlagen wird, sitzen die Seelen und leiden bei jedem Schlag, der später auf den Pfahl geschieht. Deshalb soll man die Pfähle gleich beim erstenmal fest einschlagen [97]). Auch in den Wagengeleisen müssen die a. S. schwer leiden, besonders wenn der Wagen schwer beladen ist [98]).

Bei abnehmendem Mond (Sympathie) muß man in drei aufeinanderfolgenden Nächten aufstehen und drei Vaterunser für die a. S. beten. Das hilft gegen den Kropf [99]).

Die a. S. sind auch Gegenstand des Volksliedes. Ein weitverbreitetes Fastenlied wird nach verschiedenen Melodien 1. in Hessen, Franken, Sachsen, Schlesien, am Rhein, 2. in Westfalen, 3. im südlichen Schwarzwald, 4. in der Altmark gesungen. Das in Thüringen in der Weihnachts- und Fastenzeit gesungene „Armer Kinder Lied" befaßt sich ebenso mit ihnen, wie das in der Bodenseegegend beliebte „die a. S. vor der Himmelstür"[100]).

[85]) Schönwerth *Oberpfalz* 1, 286 Nr. 9; Heyl *Tirol* 783 Nr. 112; Pollinger *Landshut* 224; Grohmann 198; Wuttke 312 § 460. [86]) Schönwerth *Oberpfalz* 1, 288 Nr. 15; Wrede *Rhein. Volksk.* 130; Grohmann 198. [87]) Schönwerth *Oberpfalz* 1, 288 Nr. 16; Pollinger *Landshut* 224. [88]) Schw. Vk. 5, 92. [89]) Heyl *Tirol* 783 Nr. 113. [90]) Ebd. 781 Nr. 99; 783 Nr. 111. [91]) Wettstein *Disentis* 174 Nr. 39. [92]) Schönwerth *Oberpfalz* 1, 287 Nr. 13; Ranke *Sagen* 61 Nr. 2; Grohmann 198. [93]) Schönwerth *Oberpfalz* 1, 287 Nr. 14; 3, 279 Nr. 2. [94]) Ebd. 1, 287 Nr. 14; Ranke *Sagen* 61 Nr. 3; Grohmann 198. [95]) Schönwerth *Oberpfalz* 1, 287 Nr. 14; Wrede *Rhein. Volk k.* 130; Pollinger *Landshut* 224. [96]) Schönwerth *Oberpfalz* 1, 287 Nr. 14; Pollinger *Landshut* 224. [97]) Schönwerth *Oberpfalz* 1, 287 Nr. 10 u. 11. [98]) Ebd. 1, 287 Nr. 12; Ranke *Sagen* 61 Nr. 4. [99]) Pollinger *Landshut* 291. [100]) Erk-Böhme 3, 734 ff. Nr. 2031—2038; ZfVk. 20 (1910), 403. Mengis.

Armetill s. Blutwurz.

Armsünder s. Hingerichteter.

Arnika (Fallkraut, Johannisblume, St. Lucianskraut, Stichkraut, Wohlverlei; Arnica montana).

1. Botanisches. Korbblütler mit gegenständigen eiförmigen Blättern und großen gelben Blütenköpfen. Meist um Johanni in schönster Blüte. Auf steinigen Wiesen, Moorwiesen, Heiden, besonders in den Alpen und Voralpen (in Nordostdeutschland selten)[1]). Von den antiken Schriftstellern wird die A. nicht erwähnt. Vielleicht ist sie die von der hl. Hildegard[2]) als „wolfesgelegena" erwähnte Pflanze[3]).

[1]) Marzell *Kräuterb.* 237 f. [2]) *Physica* 1, 156. [3]) Marzell *Heilpflanzen* 228 ff.

2. Die A. spielt besonders in Mittel- und Süddeutschland eine wichtige Rolle im Kult der Sommersonnenwende. Der Grund dafür ist einesteils in der Blütezeit andernteils wohl auch in den sonnenähnlichen Blütenköpfen (Sinnbild der Sonne) zu suchen. Aus Wucherblumen, Glockenblumen und A. machen die Kinder das „Johannisbett", legen Heiligenbilder darauf, unter denen sie dann am nächsten Morgen Geld finden[4]); am Morgen sieht man im Johannisbett den Abdruck des Hauptes des hl. Johannes, und die Blumen sind dann heilkräftig[5]). An Johanni gesammelt, hat die A. die größte Heilkraft[6]). Gegen Blitzschlag und Hagel wird A. unter das Dach gelegt, in der Stube aufgehängt, ans Fenster oder auch an die Ecken der Felder gesteckt[7]). Bei Gewitter wird getrocknete A. angebrannt mit dem Spruche: „Steckt A. an, steckt A. an, daß sich das Wetter scheiden kann"[8]). Die in den abgeblühten Blütenköpfen der A. befindlichen Puppen der A. fliege (Trypeta arnicae) schützen das Getreidefeld vor Ungeziefer, Mutterkorn und Brand[9]).

[4]) Böhmen: ZföVk. 6, 126. [5]) Tschechoslowakei: FL. 35, 43. [6]) Köhler *Voigtland* 376; Wuttke 106; ZrwVk. 12, 86. [7]) Marzell *Bayer. Volksbot.* 41; ZfVk. 11, 50; Schramek *Böhmerwald* 159; John *Westböhmen* 84; vgl. auch Frazer *Balder* 2 (1913), 58. [8]) Wirth *Pflanzen* 24; vgl. auch Hartheu. [9]) Oberösterreich: Naturw. Wochenschr. N. F. 9 (1910), 656.

3. In der Sympathiemedizin wird die A. gegen das „Verfangen" des Viehs verwendet[10]) und gegen Rückenblutungen[11]).

[10]) Neu-Ruppin: ZfVk. 8, 392. [11]) Bartsch *Mecklenburg* 2, 198; Urquell 3, 15; vgl. auch Schröder *Med.-Chym. Apotheke* 1693, 880. Marzell.

Arnold, Bekenner, nach der Überlieferung ein Harfenspieler aus Griechenland, Fest 18. Juli. Wurde als Musiker an den Hof Karls d. Gr. berufen. Gilt als Patron der Zithermacher. Er wirkte nach der Sage von dem Kaiser die Schenkung eines großen Waldbezirkes an 20 Gemeinden im Lande Jülich.

ZdVfVk. 1 (1891), 299; Simrock *Myth.* 542; Sébillot *Folk-Lore* 1, 409. 465. Wrede.

Aroba in der Formel: Scutur Aroba Dumuz Apora Role gegen Würmer bei Roß und Mensch[1]) ist, wie Seyfarth richtig vermutet, nichts anderes als das arepo in einer verstümmelten Satorformel.

[1]) M. R. Buck *Volksmedizin* 64; Seyfarth *Sachsen* 168. Jacoby.

Aronstab (Zehrwurz, Teigkraut; Arum maculatum). 1. Botanisches. Zu den Arongewächsen (Arazeen) gehörende

Frühjahrspflanze mit glänzenden, pfeilförmigen Blättern. Der Blütenkolben, der verschiedenartig ausgebildete Blüten trägt, ist von einer weißlichen tütenförmigen Blütenscheide umgeben. Der A. hat giftige Eigenschaften. Er wächst besonders in Süd- und Mitteldeutschland in schattigen Laubwäldern, unter Gebüsch und in Parken [1]).

[1]) Marzell *Kräuterb.* 480 f.

2. Bei dem Namen A.[2]) dachte man wohl an den blühenden Stab des Hohenpriesters Aaron in der Bibel [3]). In dem Blütenkolben sieht man das ganze Leiden Christi (die Marterwerkzeuge) ähnlich wie in der Passionsblume (Passiflora) oder im Kopf des Hechtes [4]) (s. d.).

[2]) Aus griech. ἄρον; vgl. Dioskurides *Mat. med.* 2, 167. [3]) ZfVk. 23, 29; ZrwVk. 2, 138; Gunkel *Märchen* 100; Fischer *SchwäbWb.* 1, 325. [4]) Birlinger *Volksth.* 1, 491; Buck *Volksmedizin* 32; vgl. auch Dähnhardt *Natursagen* 2, 229. 297.

3. In Süd- und Mitteldeutschland liest man aus der Gestaltung des Blütenkolbens das Orakel für die kommende Ernte ab („Zeigkraut"): Der obere Teil des Kolbens bedeutet das Getreide, die darauf folgenden das Heu, die männlichen Blüten das Obst, die weiblichen die Trauben u. ä. [5]). Wenn der A. tropft (Wasserausscheidung aus den Blättern?), wird schönes Wetter [7]).

[5]) ZrwVk. 2, 138 f.; Wilde *Pfalz* 11; Regel *Thüringen* 2 (1895), 677; Mitt. Badisch. Landesver. f. Naturschutz 1915, 369; Martin u. Lienhart *Els. Wb.* 2, 72; Marzell *Bayer. Volksbot.* 124; das Orakel ist auch in der Herzegowina bekannt: Wiss. Mitt. Bosn. u. Herz. 6, 623. [7]) John *Erzgebirge* 250.

4. Der A. wird am Himmelfahrtstag (oder auch an Pfingsten) gesucht [8]); er soll dann besonders heilkräftig sein und wird offenbar auch als Aphrodisiacum benutzt (vielleicht nach dem einem männlichen Gliede ähnlichen Blütenkolben, nach dem der A. auch den alten Namen „Pfaffenpint" = penis sacerdotis führt). A. ist auch ein Bestandteil eines Mittels, um die Liebe eines Mädchens zu erwerben [9]). Vielleicht ist der A. auch das „Zehrwurzelkraut", das die Mädchen, wenn sie zum Tanze gehen, in die Schuhe legen und dabei sprechen: „Zehrwurzelkraut, ich zieh dich in meine Schuh, ihr junge Gesellen lauft alle zu"! [10]).

[8]) Wilde *Pfalz* 11; um Frankfurt a. M.: Reinsberg *Festjahr* [2] 182; Askenasy *Frankfurter Mundart* 1904, 170; vgl. auch den Frankfurter Roman H. W. Geißlers *Der letzte Biedermeier.* Weimar 1916, 192, wo ein Frankfurter Mädchen am Himmelfahrtstag vor Sonnenaufgang in den Wald gehen will, um die „Aaronswurzel" zu suchen. [9]) Veckenstedts Zs. 4, 147. [10]) Chemnitzer Rockenphilosophie = Grimm *Myth.* 3, 447; vgl. auch Zaunrübe!

5. Wenn der A. gegen Gespenst und „Toggeli" (Alp) unter die Hausschwelle und Wiege gelegt wird [11]), so dürfte dies vielleicht auf eine Verwechslung des „Aruns" (schweizerischer Volksname des A.s) mit „Alraun" (s. d.) zurückgehen. A. und Bibernell (s. d.) werden in der Sage als Zaubermittel genannt [12]).

[11]) Rochholz *Kinderlied* 333. [12]) Panzer *Beitrag* 1, 248 f.; Lammert 158.

6. Wer den A. mit den Fingern berührt und diese dann an die Augen führt, kann erblinden [13]). Das Kauen der A.wurzel hilft gegen Schwindel [14]). Kinder, die an Bindehautentzündung der Augen leiden, müssen in einem Säckchen aus Leinwand die Wurzeln des A.s an hausgewobener Schnur um den Hals tragen [15]). Das Pulver von A. wird gegen den Biß toller Hunde auf die Wunde gestreut [16]). Ein ganzes Schaf vermag man zu essen und zu verdauen, wenn man beim Zubettgehen und Aufstehen ein haselnußgroßes Stück der A.swurzel ißt oder es um den Hals hängt [17]).

[13]) Leithaeuser *Berg. Pflanzennam.* 7; der A. enthält einen sehr scharfen Stoff. [14]) Fossel *Volksmedizin* 88. [15]) SAVk. 23, 188. [16]) ZrwVk. 1, 204. [17]) Aus einem handschriftl. Arzneibuch: SAVk. 6, 56. Marzell.

Arragonit. In der Oberpfalz nennt man den A. Eierstein; nach dem Volksglauben soll er Diamanten verbergen; Schnüre aus A. trugen Leichen in einem Heidengrabe an den Füßen. Veranlassung zu diesem Aberglauben gaben wahrscheinlich kugelförmige A.en mit kristallinischem Kern.

Schönwerth *Oberpfalz* 2, 434. Olbrich.

Arsenik. Griech. ἀρσενικόν (männliche Stärke), lat. auripigmentum, mlt. falcanus, nhd. Operment, A., Hüttenrauch, Rattenpulver. Seine giftige Wirkung wurde erst im 11. Jh. (Avicenna) erkannt. Das Altertum kannte es nur in Schwefelverbindungen [1]). In der Pfalz sollen Kurpfuscher durch Anwendung des giftigen Arsens viel Unheil angestiftet haben [2]). Wahrscheinlich beraten von solchen gefährlichen Pfuschern, gaben im Ennstal Dorfmädchen den Burschen Hüttenrauch, gewöhnlich in Branntwein gemischt, zu trinken, um geliebt zu werden und den Liebhaber feurig zu machen [3]). Von Zigeunern und Roßtäuschern wird weißes Arsen noch heute viel verwendet, um die zum Verkauf angebotenen Pferde feuriger und glatthaariger zu machen [4]).

Die berühmte Arseneisenquelle Mitterbad im Ultental bei Meran wird auch von zahlreichen Bauern benutzt, um eine Blutreinigungskur vorzunehmen. Der übertriebene Gebrauch des Arseneisenwassers und die Dauerbäder erschöpfen sie im hohen Grade, doch fassen sie gerade dies als günstiges und einen guten Erfolg versprechendes Zeichen auf [5]). Überhaupt wird in der Volksmedizin von dem gefährlichen Arsen viel Gebrauch gemacht, vor allem gegen Fieber [6]). Von der vielfachen Verwendung des A.s als eines gewaltigen Heilmittels, besonders als schweißtreibende und ätzende Medizin, vor allem des arsenikum fixum Agricolae, das alle unheilbaren Schäden heilen sollte, berichtet eingehend Zedler [7]). A.-säure gilt heute noch in manchen Gegenden als sicheres Abtreibungsmittel [8]). Im MA. machte man in Pestzeiten aus A. vor der Erkrankung schützende Amulette [9]). Die Gemsjäger in der Steiermark und in Tirol glauben ohne Beschwerden tagelang das Wild verfolgen zu können, wenn sie ein erbsengroßes Stück A. im Munde behielten [10]).

[1]) Schrader *Reallex.*² 1, 58; Peters *Pharmazeutik* 1, 296 und 2, 112 ff.; Plin. *n. h.* 34 § 178; vgl. Bergmann 31 f. 378 und 271 (Hüttenrauch); Schade 1335 s. v. falcanus. [2]) Lammert 208. [3]) Reiterer *Ennstalerisch* 100. [4]) Hovorka-Kronfeld 1, 41. [5]) Ebd. 2, 257 f. [6]) Ebd. 2, 342; 1, 41 und 140; Bressl. Samml. Regb. 515. [7]) Zedler Bd. 1, 1654 ff. s. v.; vgl. Plin. *n. h.* 34 § 178; Fossel 102; Hellwig 176 f. [8]) Hovorka-Kronfeld 1, 164. [9]) Zedler s. v.; Staricius *Heldenschatz* (1706), 488 f. und 491. [10]) Steiner *Mineralreich* 67. Olbrich.

Ars notoria (Gedächtniskunst). In seinem Überblick über die Formen des Aberglaubens nennt Luther [1]) auch die A. n. (huc pertinent qui scientiam quaerunt per artem notoriam, de qua in iure satis dicitur). Diese A. n. besteht darin, daß man mit Hilfe verschiedener Zeremonien und Gebete ohne die Mühe des Studiums in den Besitz der Wissenschaften gelangt, auch des Wissens um die Zukunft und verborgene Dinge (se consecuturum scientiam absque labore per quaedam ieiunia, orationes, inspectiones figurarum, prolationes verborum ignotorum, et alia similia vana et inefficacia) [2]).

[1]) *Werke* Witt. Ausg. 1, 401 ff.; *Werke* (Berlin, Schwetschke 1905), 4. Folge, *Verm. Schr.* 1, 61. [2]) Bonacinus Mart. Mediolan. *Opp.* 2 (Antwerpen 1632), 142.

Die A. n. wird schon von Gervasius von Tilbury [3]) erwähnt, der erzählt, man habe gelegentlich der Entdeckung der Gebeine Virgils bei dessen Haupt ein Buch über diese Kunst gefunden (effoditur post longos labores tumulus, in quo invenitur continuum corpus Virgilii et ad caput liber, in quo ars notoria erat inscripta cum aliis studii eius caracteribus .... Asportato ergo libro solo, magister abiit et nos quaedam ex ipso libro per venerabilem Johannem Neapolitanum, Cardinalem tempore papae Alexandri [nach Leibniz starb er 1175], per excerpta vidimus, et probari verissima rerum experientia fecimus). Danach wurde sie in das Altertum zurückdatiert. Auch die Scholastiker, Thomas von Aquin [4]), Alexander von Hales [5]), Gerson [6]) gedenken ihrer und verurteilen sie als unerlaubt, weil sie auf einem Bund mit den Dämonen beruhe, auch wirkungslos (inefficax) sei. Über sie schrieb ferner Raymundus Lullus [7]) (vgl. seine ars memorativa, ars alia memorativa, ars infusa, ars intellectiva, ars notanda [wohl: notoria]).

[3]) Comparetti *Virgil im Mittelalter* übs. v. H. Dütschke (1875), 235; Liebrecht

Gervasius 49. [4]) *Summa* (Antwerpen, Plantin 1569) 2 pars 2, 289 ff. [5]) *Summa* 2 p. 9 de sortil. [6]) *Opp.* (Paris 1521), 3 p. fol. CCCLXv. [7]) Act. SS. Boll., Juni 5, 697 ff.

In der Folgezeit wird die A. n. häufig genannt, oft unter Berufung auf Thomas, so von dem Erzbischof Antoninus Florentinus [8]), dem Heidelberger Theologieprofessor Johannes von Frankfurt (um 1412) [9]), dem Karthäuser Dionys [10]), Ebendorfer von Haselbach [11]), der sagt: „Ponuntur spirituales orationes, que habent verba ignota, nec latina nec greca nec hebraica" (also Zauberworte, Ephesia grammata), dem Traktat über die zehn Gebote von 1470 aus der Umgebung Kölns [12]): „Die mit den duuelen (Teufeln) ghemeenscap offte yenich verdrach maeckt, die verbodene Kunst alse ars notoria ende der gelijken studeren, schriuen, leren, of doen leren", dem Abt von Sponheim Trithemius [13]): „Talis fuit auctor profanae artis notoriae, qui characteribus et comixtura Graecorum, Hebraeorum, Arabicorum ad sortem confictorum nominum, vel etiam ad placitum, scientiam omnium, artium audet promittere." Trithemius nennt als besondere Arten die ars Encunctica, die ars des Johannes Monachus de Morigerato, flos coelestis genannt, und die ars Davidica des Frater Georgius, zu Rom an S. Maria de Minerva verfaßt. Auch Cornelius Agrippa [14]) schrieb ein Buch darüber, dagegen macht sich Erasmus [15]) darüber lustig. Ganz ausführlich ist der Verlauf der Zeremonien und der Wortlaut der Gebete (doch ohne Zauberworte, also wohl purgiert) gegeben in einem hs. Eintrag in einem Druck des 16. Jhs. [16]) unter dem Titel: „Certa aliqua secreta quae sunt compilata per S. Thomam et per b. Augustinum"; interessant ist, daß gerade Thomas und Augustin als Gewährsmänner genannt sind, von denen jener die Kunst ausdrücklich verwirft und sich dafür auf diesen beruft. An weiteren Zeugen seien notiert: Virgilius von Corduba [17]), Gregor von Valencia [18]), die Jesuiten Laymann [19]), Th. Sanchez [20]), Val. Reginald [21]), der Spanier Cirvelo [22]), Delrio [23]), Bonacinus [24]), Cajetan [25]), Segnius [26]), Thiers [27]), die zum Teil recht eingehend über die a. n. berichten; so nennt Delrio als besondere Arten die ars Almadel (wohl von למד lernen), ars Paulina, ars revelationum [28]).

[8]) *Summa theol.* (Verona 1740), 1142. [9]) Hansen *Hexenwahn* 80. [10]) *Opp. omnia* t. XXXVI *op. min.* IV (Tornaci 1908), 226. [11]) ZdVfVk. 12, 8. [12]) Geffcken *Bilderkatechismen des 15. Jhs.* (1855), Beil. 18 Sp. 166 f. [13]) *Antipalus maleficiorum* (Col.-Agripp. 1624), 280; W. Schneegans *Abt Johannes Trithemius und Kloster Sponheim* (1882), 227 f. [14]) Liebrecht *Gervasius* 161. [15]) *Colloquia* ed. Schrevel (1664), 631 ff. [16]) *Actus sacerdotalis: cum modo predicandi et alijs additionibus.* Per Joannem Singriener. Viennae Impressum 1522 (Bibl. München Liturg. 802). Abschrift in meinem Besitz. [17]) Heine *Bibliotheca anecdotorum s. veterum monumentorum eccles. collectio novissima* 1 (1848), 211 ff. [18]) *Commentar. theolog.* t. III (Ingolstadt 1695), 1988. [19]) *Theologia moralis lib.* 4 (Paris 1627), 232. [20]) *Opus morale in praec. decal.* (Antwerpen 1614), 320. [21]) *Praxis fori poenitentialis* (Mainz 1622), 2, 46. [22]) *Reprouacion de las supersticiones y hechizerias* o. J. 1548 (Staatsbibl. München). [23]) *Disquisitionum magicarum libri sex* 2 (Mainz 1606), 215. [24]) s. Anm. 2. [25]) *Summa, vox superstitio* vgl. Thiers 1, 244. [26]) Baptist Segnius *De vero studio christiano* c. 7 vgl. Delrio 2, 215 f. [27]) Thiers 1, 240 ff. [28]) Delrio 1, 237.

Die a. n. wurde 1324 in Paris verdammt [29]), ebenso 1623 ein Buch des Jean Belot über solche Künste [30]); die Werke darüber stehen 1634 und 1704 auf dem Index [31]).

[29]) P. Feret *La faculté de Théologie de Paris.* Moyen-âge 3 (1896), 163; Delrio 2, 215. [30]) Feret a. a. O. Epoque moderne 3 (1904), 407. [31]) *Index librorum prohib. Clementis VIII. jussu recognitus* (1634), 148; *Index* usw. (1704), 205.

Die Zurückführung der Kunst auf Salomo [32]) läßt sich leicht aus der Tradition über Salomos Weisheit 1. Kön. 5, 9 ff. 10, 24; 2. Chron. 1, 10 f. und der Schätzung Salomos als Magier in späterer Zeit verstehen. Augustin und Thomas galten als inspiriert; vgl. für letzteren: „Deus talem ei infudit scientiam, ut non dubitaret novas opiniones docere et scribere, quia deus dignatus esset noviter inspirare" [33]).

[32]) Thiers 1, 244. [33]) Wilhelm von Tocco vgl. Hauck *RE.* 19, 707.

Schon im Altertum benutzte man magische Mittel, um das Gedächtnis zu stärken, vgl. den 1. Berl. mag. Papyrus [34]) μνημονική: ein Amulett mit Zaubernamen, mit einer besondern Tinte geschrieben, soll mit Wasser aus 7 Quellen abgespült werden; von diesem Trank muß man nüchtern 7 Tage lang trinken, wenn der Mond im Aufsteigen ist, womit man die Fasten und Gebete, die Bedeutung der 7 Tage des Neumonds in den Zeremonien der A. n., den Trank aus destilliertem Wein und Veronikawurzel, das Essen von Lorbeerbeeren vergleichen kann. Ma. jüdische Rezepte [35]): Zauberworte, die man vom Neumond des Nisan ab drei Monate lang mit den 18 Segenssprüchen und einem Zusatz wiederholen soll; man nimmt ein Ei, mit Spruch beschrieben, und trinkt es mit starkem Wein. Den Kindern und Erwachsenen gab man vor dem Lernen Kuchen mit Engelnamen und Amulettzeichen [36]) vor dem Neumond des Sivan; die Zeichen s. im Sepher Raziel [37]). Die Jakobiten benutzten dazu die קלורא „collyris", Brote, mit einem Gebet ihres Psalters beschrieben [38]). Der Schüler mußte Kuchen mit Bibelversen essen oder Kuchen, Eier, Äpfel mit einer Zauberformel gegen den Dämon der Vergeßlichkeit [39]). Andere jüd. Formeln mit Engelnamen und Zauberworten [40]) gehören noch hierher und mohammedanischer Aberglaube über Gedächtniskraft und Vergeßlichkeit [41]).

[34]) Parthey *Zwei griechische Zauberpapyri* (Abh. Berl. Akad. 1866), 126. [35]) Gaster *The Sword of Moses* (Journal of the Royal Asiatic Society 1896) Nr. 216. 217. [36]) Zunz *Zur Geschichte und Literatur* 1 (1845), 167. [37]) Ed. Amsterdam (1701), 42. 45 a. [8]) Castelli *Lexikon Syriacum* ed. Michaelis (1788), 801. [39]) Güdemann *Geschichte des Erziehungs- u. Bildungswesens bei den abendl. Juden* (1880), 151 f. [40]) MjdVk. 19 (1906), 117. [41]) Goldziher in der Jubelschrift für Berliner.

Die „Geist-Kunst, welche der höchste Schöpfer dem Salomo geoffenbart" [42]), ist eine rein magische, nicht purgierte A. n. [43]). Dort [44]) steht auch das von Franz [45]) aus einer Admonter Hd. des 14. Jhs. veröffentlichte Gebet zur Erlangung von Gedächtniskraft und Beredsamkeit. Ein Buch: De arte notoria et memoria des Nic. Perazonus verbietet der Venediger Index von 1554 [46]). Auch Kiesewetter erwähnt die A. n. [47]).

[42]) Agrippa v. Nettesheim 5, 157—285. [43]) a. a. O. 170. 178. [44]) a. a. O. 171 f. 173 f. 257 f. 267. [45]) *Benediktionen* 2, 259 f. [46]) H. Reusch *Der Index der verbotenen Bücher* 1 (1883), 248. [47]) *Faust* 88. 341. Jacoby.

Arsch s. Hinterer.

Artemisia s. Beifuß.

Artomantie. Weissagung durch Brot (ἄρτος).

Die Bezeichnung stammt nicht aus dem Altertum, sondern ist eine moderne Neuschöpfung, vermutlich des 17. Jhs.[1]). Da in den Divinationslisten dieser späteren Literatur auch die Tyromantie (Käseweissagung) mehrfach auftaucht (s. d.), liegt die Vermutung nahe, daß mit diesen Bezeichnungen entweder das „Iudicium offae" oder „casei" selbst oder dessen im Aberglauben fortlebende Reste gemeint sind [2]). Es handelte sich dabei um ein Ordal, wobei dem Beschuldigten ein Bissen Brot (offa) oder Käse in den Mund gesteckt wurde; konnte er ihn verschlucken, so galt dies als Zeichen seiner Unschuld, blieb er ihm im Halse stecken, als Zeichen der Schuld; bisweilen bediente man sich dazu auch einer Hostie oder schrieb das Vaterunser oder Zauberworte auf den Bissen. Man benutzte diese Methode auch zur Erkennung von Dieben und Zauberern [3]). Eine andere, der Axinomantie (s. d.) verwandte Probe, war das „Drehen" des Brotes, das angeblich bei Nennung des Schuldigen erfolgte [4]). Übrigens wird gelegentlich das Brot auch auf andere Weise zur Erkennung der Zukunft verwendet: Wenn das Brot beim Backen auf dem Rücken spaltet, so stirbt eins in der Familie [5]). Bei der Hochzeit schneidet das Brautpaar von den auf dem Tische liegenden Laiben je einen an und bewahrt den Abschnitt auf. „Wessen Brot eher schimmelt, dessen Leib eher himmelt (stirbt)" [6]). Wenn die Person, die das „Störibrot" bäckt (zu Fastnacht in Weißkirchen, Oberösterreich), mit teigbelegten Händen zur Haustür hinausgeht und von draußen hineinschaut, so sieht sie, wenn sie im nächsten Jahre sterben muß, den Tod am Backtrog stehen [7]). In

Verbindung mit einem Messer dienen Brotscheiben zur Ermittelung von Leuten, die mit dem Bösen Blick (s. d.) behaftet sind [8]). In Rußland werden die „Aussaat-Brötchen" unter anderen magischen Zwecken auch zur Erkundung der Zukunft in mannigfacher Weise verwendet [9]), s. Brot.

1) Fabricius *Bibliogr. antiqu.* [3] (1760) 594; die dort zitierte Schrift „Brodteufel" des Joh. Praetorius wurde nach Pr.s Tod 1684 im Messekatalog angekündigt u. d. T. „Historische Traumschule item Artomantia oder Brod-Teufel"; ob sie tatsächlich erschien, ist zweifelhaft, s. Hayn Zeitschr. f. Bücherfreunde 12, 86. Eine mantische Verwendung von Brot teilt Praetorius in den *Saturnalia* (1663) nr. 64 mit (Heiratsorakel durch eine in der Christnacht unter den Kopf gelegte Semmelrinde), in enger Verbindung mit einem Traumorakel, s. Witkowski *Gesch. des literar. Lebens in Leipzig* (1909) 173. 180. 2) Du Cange s. v. Corsned; Grimm *RA.* 2, 597; *Myth.* 2, 929. 3) Grimm *Myth.* a. a. O.; Tuchmann in Mélusine 4, 424; Davidson in ZfVk. 13, 271 Nr. 10 (Island). 4) Tuchmann a. a. O.; Seligmann *Zauberkraft* 437. 5) Unoth 1, 189 Nr. 2. 6) John *Oberlohma* 161. 7) Baumgarten *Das Jahr*, neu hg. in Heimatgaue 7, 7. 8) Seligmann *Zauberkraft* 437. 9) Zelenin *Russische Volksk.* 27. Boehm.

Artus. Der große königliche Held des höfischen Romans und Herr der Tafelrunde ist vielfach Gegenstand von Volkssagen in Frankreich und Britannien geworden, die z. T. noch um 1900 fortlebten. Sagen von der Roßtrappe, vom vergrabenen Schatz, vom heiligen Springquell sind mit Beziehung auf A. aus der Bretagne bekannt und bei Sébillot zitiert [1]). Aber die wichtigsten der auf ihn übertragenen Motive sind die wilde Jagd und die Entrückung mit einstiger Wiederkehr. Bereits Gervasius von Tilbury [2]) kennt sie um 1214 beide: ein Diener des Bischofs von Catania, der ein Pferd sucht, trifft im Ätna den König A. in paradiesischer Pracht; die Waldhüter Britanniens erzählen von ihm als wildem Jäger zu mittäglicher und nächtlicher Zeit (dazu ein zweites engl. Zeugnis bei Grimm 786) [3]). Als wilden Jäger halten ihn verschiedene nördliche und südliche Landschaften noch in der Neuzeit fest [4]).

Während Gervasius als Ort der Entrückung den Ätna (s. d.) nennt, ist es nach Gottfried von Monmouth (ca. 1137) die paradiesische Insel Avalun, wo ihn die Fee Morgana pflegt, und von wo man seine Wiederkehr und neue Herrlichkeit erhofft; diese beiden letzteren Momente fügt indessen erst Gervasius an einer von Liebrecht nicht mit ausgehobenen Stelle seiner Otia imperialia hinzu [5]). Alanus ab Insulis fürchtet für denjenigen die Steinigung, der in der Bretagne Zweifel an der Wiederkehr des Königs äußere [6]). Von deutschen Autoren und Schriftwerken kennen sein Fortleben Hartmann von Aue im Iwein 14, Ulrich von Zatzikhoven im Lanzelot 6909, Manuel und Amande V. 105 ff. [7]), Caesarius von Heisterbach 18. 48. 143 (*rex Arcturus in monte Giber*), 146, der Wartburgkrieg, Strophe 83, Lohengrin, Strophe 24 ff.: mit Juno und Felicia, Sibillen Kind, wohnt er hier im Kreise seiner Hofgesellschaft in dem nach Indien verlegten Berg. Von deutscher Volkssage wird man trotz diesen Zeugnissen nicht sprechen können. Schottische Landschaft kennt sein Fortleben in Hügeln [8]); walisische und schottische Berge und Felsen tragen schon seit dem 12. Jh. seinen Namen [9]). — Einen Versuch, die deutsche Kaisersage von der Ätna-A.sage abzuleiten, macht Kampers [10]); einen solchen, die Figur des A. mit der kelt.-germ. Mythologie direkt zu verknüpfen, unternimmt Singer [11]). Beide Versuche überzeugen noch nicht.

1) Sébillot *Folk-Lore* 1, 168 f. 172. 241. 307. 384. 2, 178. 2) ed. Liebrecht 246. 3) Grimm *Myth.* 786, 802 f.; 3, 287; danach Mannhardt *Götter* 121, 137; *Germ. Mythen* 460; Simrock *Mythol.* 198. 209. 293; Hartland *Primit. Paternity* 1, 187; Rhys *Studies in the Arthuria legend.* 4) Sébillot 1, 167. 5) S. Singer *Die Artussage.* Bern 1926. 6) Ders. a. a. O. 7) Meyer-Benfey *Mittelhochdeutsche Übungsstücke* Nr. 18. 8) Mannhardt *Götter* 137. 9) San Marte *Die Arthussage* 12. 10) Kampers *Kaiseridee* 83 ff.; ders. *Kaisermystik* 4 und 134 ff. 11) Singer *Die Artussage.* Bern 1926. H. Naumann.

Arznei. Die A.en sind mit einer besonderen Kraft (Orenda) ausgestattet: so spricht z. B. Vergil von potentibus herbis (Aen. 12, 402). Durch das Verschlucken der A. wird ihre Kraft eingenommen, sie bildet das Gegengewicht bzw. die stärkere Dynamis gegenüber der Kraft der dämonisch bewirkten Krankheit [1]). Dazu kommt noch, daß nach primitivem Glauben die besondere Kraft des Tieres oder der Pflanze durch Einessen übergeht [2]). Daraus erklären sich die oft sonderbaren Vorschriften der Volksmedizin (s. Similia).

Der Aberglaube beachtet übrigens noch einzelne Absonderlichkeiten. So darf sich der Kranke für empfangene A.en nicht bedanken [3]) (Böhmen); schwangere Frauen dürfen keine A. nehmen (Thüringen) [4]); der Kranke soll womöglich von der zubereiteten A. keine Kenntnis haben, sonst hilft sie ihm nichts [5]); in Thüringen gibt man dem Toten die übriggebliebenen A.en mit ins Grab, weil sie, ihm gehörig und schon zum Teil gebraucht, den Lebenden schaden könnten [6]). Dagegen gilt jede A., die dem Verstorbenen zuletzt verordnet wurde, die er aber nicht mehr anwenden konnte, als Universalheilmittel und wird viel begehrt [7]).

[1]) Höfler in ARw. 12, 338 ff.; Pauly-Wissowa 11, 2, 2173. [2]) Frazer *Golden Bough* 2, 318 ff. [3]) Wuttke § 511. [4]) Ebd. § 571. [5]) ZföVk. 4 (1898), 215. [6]) Wuttke § 733. [7]) ZdVfVk. 3 (1893), 151. Stemplinger.

Arzt. Die ältesten Namen des A.es haben die Bedeutung von Zauberer, Beschwörer, Opferer [1]), d. h. der Begriff erbt sich fort, solange man an dämonische (teuflische) Krankheiten glaubt. Ferner hatte man die Ansicht, neben gewissen Heilgöttern gebe es auch Menschen, denen eine besondere Heilkraft innewohne, so ursprünglich Asklepios, später gewisse Heilige und weltliche Wundermänner, wie Simon Magus (Apostelgeschichte 8, 9). Außer Mönchen und Priestern teilte man seit alters auch Königen und Fürsten „von Gottes Gnaden" besondere Heilkräfte zu, so dem König Pyrrhus, dem Kaiser Hadrian, den französischen und englischen Königen (s. „Königskrankheit").

Das Mißtrauen des gewöhnlichen Volkes gegen die studierten Ä.e ist unausrottbar. Paracelsus gewann nur deswegen so großen Einfluß, weil er gegen die herrschende Schulmedizin aufs schärfste auftrat. Der okkultistische Zug im Volk, nicht bloß in niederen Kreisen, ist so übermächtig, daß weder das Christentum noch die gewaltigen Leistungen und Fortschritte der wissenschaftlichen Medizin das Vertrauen zu den alten Hausmitteln und zu den alten mystisch-theurgischen Heilformen der Sympathetik zu erschüttern vermögen [2]). Neben den sich forterbenden Mitteln der „Sympathie" treten von Zeit zu Zeit Wunderheilende auf, wie Valentin Greater in Irland, der Gastwirt Richter in Royen (Schlesien), Frau Louise Lateau in Belgien, der „Doktor Küpfer" in der Schweiz u. a. [3]).

Vgl. i. a. H. Peters *Der Arzt u. die Heilkunde in der deutschen Vergangenheit.* Leipzig 1900.

[1]) Gotisch: lêkeis, ahd. lâhhi, schwed. läkare, mhd. lâchenaere = Zauberer. Ahd. arzât, mhd. arzet, nhd. Arzt, ist griech. archiater (Erzarzt); vgl. ZfvglSprf. 5, 24. [2]) Vgl. Flügel *Volksmedizin* 9, 31; Höfler *Volksmedizin* 57; Meyer *Aberglaube* 105; Lammert 7. [3]) Stemplinger *Volksmedizin* 27. Stemplinger.

Asant s. Teufelsdreck.

Asarum s. Haselwurz.

Asbest. Griech. ἄσβεστος = unauslöschbar, mhd. abesto, abeston; auch Amiant genannt (ἀμίαντος = unbefleckt, rein), in der Bergmannssprache „Bergflachs". — Lonicer nennt den A. Steinflachs, Steindocht, Ewig-Licht; Kentmann führt als abergläubische Bezeichnung des Amiants an „Heilige-Geistsfedern"; Gesner stellt aus Agricola als weitere Bezeichnungen zusammen: Federweiß, Pliant, Salamanderhaar [1]). Die letzte Bezeichnung [2]) geht auf den alten Aberglauben zurück, daß (ebenso wie der A.) der Salamander unverbrennbar und feuerfest sei (Plin. n. h. 10 § 188). Gegenstände aus der Haut oder den Haaren des Salamanders werden nicht selten erwähnt, womit übrigens überall der A. gemeint ist. Ein Salamanderlaken als Geschenk eines Geistes findet sich in einer Sage bei Grimm [3]). Zur Bezeichnung des A.s als Salamanderhaar oder -wolle mag auch beigetragen haben, daß der gelockerte A. an Wollenklümpchen erinnert. Der an sich berechtigte Glaube an die Feuerfestigkeit des

A.s wurde im MA. stark übertrieben und führte von selbst zu dem schon im Altertum vertretenen Aberglauben, der A. schütze vor Zauberei und allen Giften, besonders den magischen. Wer z. B. ein A.gewand trug, ging nicht nur sicher durch das Feuer, sondern war auch gefeit gegen alle Hexerei [4]). In den alten Offizinen verarbeitete man den Amiant zu einer äußerlich gegen Krätze und Räude schützenden Arznei, wobei wohl der Name (rein, unbefleckt) mitwirkte. Auch bereitete man eine Salbe aus A.; wer seine Hand damit bestrich, konnte ohne Schaden ins Feuer greifen [5]).

[1]) Kentmann *Nomenclatura rerum fossilium* (1565) c. 27; Lonicer 60; Gesner *d. f. l.* 6 f.; vgl. namentlich A. Jacoby *Aus der Gesch. des A.es,* in: Société des Naturalistes Luxembourgeois 1924, 132 ff. [2]) Auch „Salamander" allein kommt vor: Lexer 2, 577; Jacoby 138; über den ligniformen A. Bergholz ebd. 151. [3]) Liebrecht *Gervasius* 13 u. 97, Anm. 30; Grimm *Sagen* Nr. 35; weiteres Jacoby 133 ff.; 139 ff. 148 ff.; Bräuner *Curiositäten* (1737), 591; vgl. Hovorka-Kronfeld 1, 368 f. [4]) Schade s. v. abeston 1316 f.; ZfdA. 18 (1875), 428 Nr. 1; Gesner a. a. O. 120; Plin. *n. h.* 36 § 139; Megenberg *Buch der Natur* 373 f.; Agrippa v. N. 5, 44 u. 1, 81; Seligmann 2, 32; Prätorius *Anthropodemus* 1, 309; Porta *Magie* 230 (linum asbestinum); Zedler s. v. Amianthus Bd. 1, 1729 f.; vgl. Bergmann 20; Quenstedt 272 f. [5]) Zedler a. a. O.

Olbrich.

Asche. 1. Die A. gilt seit den ältesten Zeiten bei den verschiedensten Völkern als mit besonders wirksamen, heilvollen Kräften ausgestattet, wohl deshalb, weil sie einerseits an die vernichtende Kraft des dämonenverscheuchenden Feuers erinnert, andererseits als Überrest des läuternden Feuers frei von dämonischem Stoff ist. Ferner hat sie als A.nlauge etwas Reinigendes, die Haut von Schmutz Befreiendes; alles aber, was den Schmutz, welcher ja die Stätte der Dämonen ist, beseitigt, ist ein kathartisches und apotropäisches Mittel.

Die aus verbranntem Kuhdung gewonnene A. gilt bei den Indern als ein Lustrationsmittel [1]). Mit solcher A. wurde der ganze Körper bestrichen [2]). Zum Schutze gegen Dämonen pflegte man in manchen Gegenden Indiens bei der Hochzeit A. nach der Braut zu werfen [3]). Aus demselben Grunde unterzog sich der altindische König täglich einer Reinigung mittels A. [4]), und wird der Leichnam hervorragender Gelehrter bis zur Verbrennung in A. aufbewahrt [5]). Im alten Persien mußte eine Frau, die ein totes Kind geboren hatte, ihr Inneres dadurch reinigen, daß sie 3, 6 oder 9 Tropfen A., die mit Kuhurin vermischt war, herunterschluckte (Vend. 5, 51). Bei den Todas (Indien) wird der Kopf und das Gesicht der Wöchnerin etwa 3 Tage nach der Geburt mit A. abgerieben [6]). Ebenso wird bei den Khasis (Indien) A. zur Bannung der Dämonen verwendet [7]). Auf den Neuen Hebriden wird Herda. auf den Weg gestreut, um Gespenster abzuwehren [8]). Mit der A. des angebrannten Besens macht in Malabar die Mutter ein Zeichen an der Stirn eines durch einen bösen Blick erkrankten Kindes [9]). Die Wotjäken reiben den Säugling gleich nach der Geburt mit A. ab und baden ihn dann in Salzwasser, und nach einem Leichenbegängnis reiben sie sich die Hände mit A. ab [10]). In Arauco streut ein Weib hinter der Leiche, die zur Bestattung getragen wird, A. aus [11]). Bei der zeremoniellen Aufnahme der mannbar gewordenen Australier in den Stamm werden sie mit der A. eines zu dem Zwecke angezündeten Feuers abgerieben, um die in ihnen wohnenden bösen Geister zu bannen [12]). A. wurde als Lustrationsmittel verwendet im alten Israel [13]), bei den Griechen und Römern [14]), Slawen [15]) und verschiedenen anderen Völkern [16]). Besonders gilt die A., die von einem religiösen Feste herrührt, als sehr wirksam. Der Armenier bewahrt die A. von dem am Lichtmeß angezündeten Scheiterhaufen als Apotropäum oder streut sie in die 4 Ecken des Daches des Viehstalles, in den Garten und auf die Weide, da diese A. Menschen und Vieh vor Krankheit und die Pflanzen vor Raupen und Würmern schützt [17]).

[1]) Dubois-Beauchamp *Hindu manners* [2] 1899, 183. [2]) *Vaikhāna Gṛ. S.* 1, 5, bearb. Th. Bloch 1896, 31, Bṛhajjabālopani-

sad, vgl. Th. Aufrecht *Sanskrit-Handschriften d. Staatsbibliothek München* 1909, 143 ff. [3]) Dīghanikaya XXVII, 16 (mit A. bestreuen s. a. Kṣemendra's Samayamatrika (dtsch.) 39. [4]) Agnipurāṇa 4. 5, 11 ff.; 6. 2, 7; 7. 1, 6. [5]) Journ. of the Roy. As. Soc. Bombay Br. VIII Nr. 24, 85. [6]) Rivers *Todas* 1906, 324. [7]) Ch. Lyall *Khasis* 1907, 107. [8]) F. Speiser *Südsee* (1913) 271. [9]) Thurston *Ethnograph. Notes in South. India* 1906, 256. [10]) Featherman *Soc. Hist. of Races of Mankind* 4, 532; Globus 40, 326. 249. [11]) Klemm *Allgem. Kulturgesch.* 5, 51. [12]) R. H. Mathews Proceed. Americ. Philos. Soc. XXXVII Nr. 157, 65. [13]) Ztschr. Alttest. Wiss. 1922, 113 ff. [14]) Weinreich *Heilungswunder* 202; Höfler *Organotherapie* 24 ff. [15]) Krauß *Relig. Brauch* 128; Tetzner *Slaven* 164; ZfVk. 17, 169; Grimm *Myth.* 2, 975. [16]) Hovorka-Kronfeld 2, 310. 369; Seligmann *Blick* 2, 92; Frazer 1 [2], 167 f.; Sébillot *Folk-Lore* 4, 437. [17]) Abeghian *Armenien* 73.

2. Im deutschen Volksbrauch spielt die A. gleichfalls eine wichtige Rolle. Wenn man sowohl in katholischen als auch in protestantischen Gegenden am Aschermittwoch mit A. bestreut wird [18]), so hat sich dieser Brauch aus der liturgischen Aschermittwochfeier der katholischen Kirche entwickelt. Seit dem 8. Jh. bildet nämlich der Aschermittwoch den Anfang der 40tägigen Fastenzeit. Die Austeilung geweihter A., die ursprünglich nur den öffentlichen Büßern galt, ist seit dem MA. zu einer für alle Gläubigen geltenden Zeremonie geworden [19]). Der Gebrauch der A. als dämonenabwehrendes Mittel stammt jedoch aus heidnisch germanischer Zeit. Bei den Germanen wurde die Notfeuerasche gegen Raupenfraß und Mißwachstum auf die Felder gestreut oder auch dem Vieh unter dem Futter mit eingegeben [20]). Zum Schutze gegen Ungeziefer (Raupen, Erdflöhe, Läuse) bestreut man den Acker, die Bäume und das Vieh mit A. [21]). Auf nd. Gebiete und in Westböhmen wird den Pflügern beim ersten Pfluggange von der Frau oder der Magd A. nachgeworfen zur Beseitigung der Erdflöhe [22]). Die A. ist besonders wirksam, wenn sie kirchlich geweiht [23]) ist oder an Aschermittwoch [24]), Fastnacht [25]), hl. Abend, Weihnachten [26]), Ostern [27]), Silvesterabend [28]) oder Karfreitag [29]) ausgestreut wird. Ebenso wird die A. aus den Zwölfnächten zu dem gleichen Zwecke sehr empfohlen [30]).

[18]) Meyer *Baden* 207; Meier *Schwaben* 378; Töppen *Masuren* 68; Witzschel *Thüringen* 2, 191; Leoprechting *Lechrain* 161 ff.; Haltrich *Siebenb. Sachsen* 284; Sommer *Sagen* 147. Über die westdeutsche Sitte, bereits am Fastnachtsabend A. zu werfen, vgl. ZfrheinVk. 1, 7. [19]) Wetzer-Welte [2] 1, 1475; Franz *Benediktionen* 1, 462 ff. Sich mit A., Kohle und Ruß beschmieren, zum Zeichen der Reue siehe *1001 Nacht* (Weil) 1, 92; A. auf Pfosten des Hauses gestreut bei Todesfall ebd. 1, 347; A. als Symbol der Buße u. Trauer bei den Hebräern s. Riehm *Handwb. d. bibl. Altert.* s. v.; I. Benzinger *Hebr. Archäol.* [2] 129. [20]) Grimm *Myth.* 504 A. 4; Golther *Mythologie* 571; SAVk. 11, 245. [21]) Schönwerth *Oberpfalz* 1, 399; Drechsler *Schlesien* 2, 55; Pollinger *Landshut* 175; Fogel *Pennsylvania* 209 Nr. 1048; ZfVk. 1, 179. [22]) ZfVk. 14, 143; John *Westböhmen* 186. [23]) Drechsler *Schlesien* 2, 56; Birlinger *Aus Schwaben* 1, 429. [24]) Meyer *Baden* 207. 413; Eberhard *Landwirtschaft* 14; Sartori 3, 116; Fogel *Pennsylvania* 195 Nr. 951; Bohnenberger Nr. 1, 24; Grohmann *Abergl.* 143; Wuttke 427 § 669; 142 § 196. Hierher die Stellen Fb. u. Fv. in der interessanten Schrift des niederelsässischen Pfarrers Heinrich Vogel *Bachanalia, Fastnacht, Bächteltag* (Straßburg 1599). „. . . Dann wenn sie in großer Andacht mit Eschen bezeichnet werden (am Aschermittwoch), so geht das Toben vil verheyter als vor nie. Da laßt man der heil. Aschen zu Ehren den Orsmeyer herumbreiten . . . bey der Aschen holen die Weiber Fruchtbarkeit . . ." Zum Schlagen mit A.-säcken s. SAVk. 1, 275; 2, 178; Jörger *Urchigi Lüt* 69; Kuhn u. Schwartz 402; Bartsch *Meckl.* 2, 223 (Weihnacht); vgl. Laube *Teplitz* [2] 39. Über das Anhängen von A.-säcken s. anhängen. [25]) Meyer *Baden* 413; Bohnenberger Nr. 1, 24; Grohmann *Abergl.* 143; Fogel *Pennsylvania* 254 Nr. 1327. [26]) Grohmann *Aberglauben* 143; John *Erzgebirge* 220; Jahn *Opfergebr.* 254 f.; Drechsler *Schlesien* 2, 50; ZfVk. 4, 313; Sartori 3, 44; John *Westböhmen* 15. [27]) Kuhn *Märk. Sag.* 312; John *Erzgebirge* 195; Andree *Braunschweig* 337; Wuttke 417 § 650; 419 § 652. [28]) Köhler *Voigtland* 362. [29]) Drechsler *Schlesien* 1, 90. [30]) Kuhn *Märkische Sagen* 386 Nr. 79; Köhler *Voigtland* 362; Mitteil. Anhalt. Gesch. 14, 18; ZfVk. 24, 62; Wuttke 414 § 650.

3. In der Volksmedizin wird die A. vielfach verwendet. Am hl. Abend oder im Frühling, wenn man die Rinder zum erstenmal ausläßt, streut man unter sie A. , damit sie niemals böse Füße bekommen [31]). Krankem Vieh gibt man A.

vom Osterfeuer ein [32]. Pferde- und Kuheuterwarzen werden durch A. geheilt [33]. Die A. eines an Pocken verendeten und dann verbrannten Schafes wird gegen die Pocken der Schafe angewendet [34]. Die unheilsame Wirkung einer Zauberin kann durch einen Malefizrauch, mit Besprengung benedicierter A.[34]), aufgehoben werden [35]. Aus diesem Grunde schüttet man in Estland heiße A. auf die Fußstapfen einer des bösen Blicks verdächtigen Person, wenn sie fortgeht [36]. Gegen „Berufen" [37]) und gegen Alp[38]) wird A. empfohlen. Flotta. vertreibt die Magenschmerzen [39]) und Flocka. die Flechten [40]. Die A. eines noch ungebrauchten, verbrannten Wolltuches heilt erfrorene Stellen [41]) und die A. von verbrannten Haaren einen Hundebiß [42]. Zeitungsa. wird gegen Zahnweh angewandt [43]. A. hält auch Kummer und Unheil fern. Um das Heimweh der Magd zu verscheuchen, werden ihre Füße mit A. bestreut [44]. Als Schutzmittel gegen Feuersbrunst vergräbt man am Aschermittwoch noch vor Sonnenaufgang etwas A. unter die Schwelle des Haustores [45].

[31]) John *Westböhmen* 15; Rothenbach *Bern* 34 Nr. 275. [32]) Andree *Braunschweig* 337; Wuttke 94 § 116; 436 § 686. [33]) Fogel *Pennsylvania* 317 Nr. 1680; 323 Nr. 1715. [34]) ZfVk. 8, 309. [35]) Birlinger *A. Schwab.* 1, 428. [36]) Seligmann *Blick* 2, 241. [37]) Haltrich *Siebenbürg. Sachs.* 260 f.; Hillner *Siebenbürg.* 21 ff.; Wittstock *Siebenbürgen* 74; Gaßner *Mettersdorf* 21 ff.; Birlinger *Schwaben* 1, 425. [38]) Maaß *Mistral* 26 f. [39]) ZfVk. 7, 291. [40]) Strackerjan *Oldenburg* 1, 87; 2, 423 Nr. 472; Urquell 4, 278. [41]) Lammert 218. [42]) Wuttke 322 § 477. [43]) Pollinger *Landshut* 281. [44]) Grohmann *Abergl.* 145. [45]) ZföVk. 4, 148.

4. A. wird auch zum Schutze gegen die Totenseele und die Leichendämonen gebraucht. Bei der Bestattung wird der Leiche A. nachgeworfen, und man fegt die Flur gleich nach dem Hinaustragen der Leiche stillschweigend und rückwärtsgehend aus [46]. Aus diesem Grunde wird man wohl A. zur Einbalsamierung der Leiche im MA. benutzt haben [47]. Ein Platz, auf dem etwas Dämonenhaftes sichtbar war, muß „mit der benedicierten A." lustriert werden [48].

[46]) E. H. Meyer *Germ. Myth.* 70; Bartsch *Mecklenburg* 2, 95. [47]) Schultz *Höf. Leben* 2, 404. 406. [48]) Birlinger *Aus Schwaben* 1, 932.

5. Da sich in der A. eine Fußspur leicht abdrückt, so wird sie bei den verschiedensten Völkern ausgestreut, um festzustellen, ob an einem gewissen Orte Geister, Dämonen oder Hexen erscheinen. Gewöhnlich haben die beiden ersteren Vogelfüße [49]. Sind gemäß dem elsässischen Glauben in solcher A. Gänsefüße erkenntlich, so stammen sie von Geistern [50]. Um die Spuren der Erdmännlein zu erforschen streut man A.[51]). Will im Rheinland eine Nachbarsfrau eine Wöchnerin besuchen, so muß sie erst mit den Füßen in A. treten, um sich hierdurch auszuweisen, daß sie keine Hexe sei, die der Kranken Unheil bringt [52]. In den Sagen des Basellandes wird häufig die Sitte erwähnt, A. auf den Weg zu streuen, um die Form der Füße zu erfahren [53].

Irgendwelche in der A. eingedrückte Zeichen können von Geistern herrühren, die dem Menschen hierdurch etwas Zukünftiges verkünden [54]. Ist in einem Aschenhäufchen, das man am hl. Christabend auf dem Herd gemacht hat, am andern Morgen ein Grübchen sichtbar, so stirbt bald ein Hausgenosse [55]. Auch bei anderen Gelegenheiten liest man in der A. des Herdfeuers etwas Zukünftiges [56].

[49]) Scheftelowitz *Altpalästinensischer Bauernglaube* 13. [50]) ZfdMyth. 1, 400; ZfVk. 25, 118, mit Literatur, der noch beizufügen: Schild *Großätti*[2] 2, 70; Henne *Volkssage* 347; Rochholz *Naturmythen* 126; Tegethoff *Französ. Märchen* 2, 117. 160. [51]) Grimm *Myth.* 2, 975; 3, 489. [52]) ZfrheinVk. 8, 150. [53]) Lenggenhager *Sagen* 11. 56. 87. [54]) Freudenberg *Wahrsagekunst* 137; Agrippa v. Nettesheim 4, 177; Boecler *Ehsten* 67. 73. 75. [55]) Meyer *Baden* 484. [56]) Strackerjan *Oldenb.* 2, 223 Nr. 472.

6. Es läßt sich auch die Vorstellung belegen, daß in der A. eines verbrannten, mit besonderen Kräften ausgestatteten Wesens noch dessen Kräfte enthalten sind, weshalb man mit solcher A. Zauberei treiben kann [57]. Daher muß die A. einer verbrannten Hexe vergraben werden [58]), denn streut man solche A. aus,

so wird hierdurch Dürre, Hagel und Unwetter hervorgerufen [59]. Am Schlusse des nächtlichen Hexentanzes brennt sich der große teuflische Bock zu A., die unter alle Hexen ausgeteilt wird und mit der sie Schaden stiften [60].

[57]) Meiche *Sagen* 500 Nr. 649. [58]) Dettling *Hexenprozesse* 9. [59]) Grimm *Myth.* 2, 909. [60]) Ebd. 2, 896.

7. Aus der heidnisch-deutschen Mythologie stammt die Auffassung, daß die eigentliche Opferspeise den Gottheiten gehört, hingegen die Aschenreste des Opfers den niederen Geistern. Die Hunde der wilden Jagd fressen, wenn sie in der Menschen Wohnung gelaufen kommen, ein ganzes Jahr nur A.[61]. Dem geisterhaften „Holzfräulein" werden Aschenkuchen hingestellt [62]. Ähnlich gehörte (nach Herod. IV 35) die A. der auf dem Altare der Artemis auf Delos verbrannten Schenkelstücke den 3 Horen oder hyperboreischen Jungfrauen, mit der allein sich diese abfinden mußten [63].

[61]) Mannhardt *Germ. Mythen* 302; Meyer *Germ. Myth.* 240; Ranke *Sagen* 83 f.; Kühnau *Brot* 26; Rochholz *Sagen* 2, 84 f.; vgl. auch Kuhn *Westfalen* 1, 6. [62]) Schönwerth *Oberpfalz* 2, 377. [63]) Nilsson *Griech. Feste* 207, 163. Scheftelowitz.

Äsche (lat. Thymallus). Das Schmalz der Ä. wird in Tirol und anderwärts gegen Gicht und „Fehlen" in den Augen (membrana oculi) angewendet [1]. Schon in früheren Jahrhunderten wird dieses Mittel gegen Augen- und andere Krankheiten empfohlen [2]. Öl, aus einer Ä. hergestellt, macht ein blindes Pferd sehend [3].

Über den Wohlgeruch der Ä. s. Alb. Magn. *Anim.* lib. 24 § 59 (mit Lit. in d. Anm.). — Nach dem Volksglauben der Haute Bretagne entsteht die Ä. aus der Paarung einer Barbe und einer „fritelle", einer großen Sardinenart [4].

[1]) ZfVk. 8, 175; Jühling *Tiere* 31. [2]) Mangolt *Fischbuch* 146; Gesner-Forer *Fischbuch* fol. 174 b. [3]) SAVk. 24, 304. [4]) Sébillot *Folk-Lore* 3, 345. Hoffmann-Krayer.

Aschermittwoch. 1. Seit Ende des 7. oder Anfang des 8. Jhs. war der Mittwoch vor der Quadragese der Anfang der Fasten. Er hat seinen Namen von dem Bestreuen mit Asche, das ursprünglich zu den Übungen der Kirchenbuße gehörte. Die Asche wird aus den Palmzweigen des letzten Palmsonntags bereitet und jetzt außerdem noch benediziert [1]. Die Gläubigen holen sich in der Kirche das Aschenkreuz, das ihnen an Leib und Seele nützen soll [2]. Die geweihte Asche gilt als Mittel gegen Kopfweh [3], wird aber auch auf die Äcker und die junge Saat gestreut, um ihr Gedeihen zu fördern [4], und rings um den Dunghaufen, um die Läuse darin zu hindern, weiter zu laufen [5].

[1]) Kellner *Heortologie* 79; Sartori *Sitte u. Br.* 3, 135 A. 1. Über die Bezeichnungen des Tages: Höfler *Fastnacht* 65 f. [2]) Birlinger *A.Schw.* 2, 59. [3]) Hovorka und Kronfeld 1, 91. [4]) Jahn *Opfergebr.* 99; Haltrich *Siebenb. Sachsen* 284. [5]) Meyer *Baden* 207.

2. Am A. ist der Fasching aus (s. Fastnachtvergraben), und die Burschen können nun ihre leeren Geldbeutel waschen und den Fasching mit der Laterne suchen [6]. Nichtsdestoweniger geht es auch jetzt noch in den Wirtshäusern lustig her [7] und die Männer trinken fleißig Bier, damit die Gerste gerate, und Schnaps, damit sie im Sommer nicht von den Mücken gebissen werden [8]. Burschen und Kinder heischen noch Gaben [9]; in böhmischen Orten heißt ein solcher Umzug „Aschenbraut" [10]. Die Mahlzeiten des A.s sind oft noch recht üppig. Fastnachtsküchlein werden noch weiter verschenkt und eingesammelt, bestimmte Gebildbrote treten auch an diesem Tage noch auf [11]. Wie mit den Fastnachtskuchen überhaupt [12], so ist auch mit denen des A.s Aberglaube verbunden. Mit dem „Klemmkuchen" klemmt man in der Niederlausitz dem Maulwurf das Maul zu. Auch geht man, den Kuchen unter der Achsel einklemmend, stillschweigend über die Wiesen und teilt ihnen dadurch Fruchtbarkeit mit [13]. Im 15. Jh. galt das Fett, das von den Kuchen am A. übrigblieb, als Mittel gegen allerlei Gebrechen, namentlich gegen den

sog. „Nageltritt“ [14]). Mit Anisbroten, die man am A. buk, fütterte man vier Wochen lang die Tauben, damit sie recht gedeihen sollten [15]). Auch andere Speisen dienen dem Zauber. In Hessen und im Meiningschen ißt man am A. (oder zu Lichtmeß) Erbsensuppe mit gedörrten Schweinsrippen. Die abgegessenen Rippen sammelt man und hängt sie am Stubenboden auf bis zur Aussaat. Dann werden sie in das besäte Feld oder in den zur Aussaat bestimmten Leinsamen gesteckt; das soll ein Mittel gegen Erdflöhe und Maulwürfe sein und bewirken, daß der Flachs gut und hoch wachse [16]). Christian Weise behauptet, Leute gekannt zu haben, die glaubten, wenn sie nicht am A. gelbes Mus äßen, so würden sie noch vor Martini zu Eseln [17]). Übrigens ließ man auch für die armen Seelen Fleischspeisen auf dem Tische stehen [18]).

[6]) Sartori 3, 126. [7]) Ebd. [8]) John *Westb.* 47. 184. [9]) Meyer *Baden* 209; Sartori 3, 93 A. 11; Höfler *Fastnacht* 67. 68. [10]) Reinsberg *Böhmen* 50. [11]) Höfler *Fastnacht* 67 f.; Reiser *Allgäu* 2, 91. [12]) Sartori 3, 114 A. 103. [13]) Höfler 67. [14]) ZfVk. 11, 273. [15]) Mitt. Anhalt. Gesch. 14, 19. [16]) Mannhardt *Forschungen* 187 f. 192. [17]) Grimm *Myth.* 3, 469 (940). [18]) Birlinger *A. Schw.* 2, 54.

3. Manche z. T. auch schon in der Fastnachtszeit geübte Bräuche dienen der Abwehr und der Reinigung. So das Topfwerfen, zunächst ein Trennungsbrauch, der aber der Vertreibung böser Mächte nützen soll [19]); daß dabei die Töpfe mit Asche gefüllt werden, hat der Name des Tages veranlaßt. Auch das „Begraben der Fastnacht“ hat sich mit dem Wunsche verbunden, die winterlichen und lebensfeindlichen Mächte zu beseitigen. Von einem als Adam bezeichneten, menschlichen „Sündenbock“, der in Halberstadt am A. seine Tätigkeit begann, erzählt Aeneas Silvius [20]). Die in verschiedenen Formen übliche Verspottung der alten Jungfrauen [21]) dient vielfach ursprünglich der Herbeiführung künftiger Fruchtbarkeit [22]) (s. Blockziehen). Im Aargau schüttete der Ätti-Ruëdi am A. ungedörrtes Obst in den Brunnen, und die Jugend mußte es unter Gefahr, von ihm bespritzt oder eingetaucht zu werden, aus dem Wasser holen [23]). Eine Egge zogen am A. Mädchen und Burschen durch die Donau [24]). In Franken wurden die Mädchen, die das Jahr über beim Tanze erschienen waren, von den Jünglingen auf einem Wagen in einen Fluß oder See gezogen [25]). Solche reinigende, Segen und Fruchtbarkeit vermittelnde Wassertauche findet auch anderswo an A. statt [26]). Dieselben Dienste soll es tun, wenn im Erzgebirge Schneeballen ins Haus geworfen werden; man sagt, sie hielten Unglück fern [27]). Wer am A. badet oder den Kopf wäscht, hat in dem Jahre keine Rückenschmerzen (15. Jh.) [28]). Oft wird der „Schlag mit der Lebensrute“ am A. vollzogen [29]), auch der Umzug mit der „Maibraut“ schon vorweggenommen [30]).

[19]) Sartori 3, 100 A. 42. [20]) Frazer 9, 214; Nork *Festkal.* 2, 830. [21]) Sartori 3, 104 f. Die Wiener sagen, am Aschermittwoch müßten die alten Jungfern den Stefansturm reiben: Nork *Festkal.* 830 f. [22]) Sartori 3, 104 f. [23]) Hoffmann-Krayer 130. [24]) Meyer *German. Mythol.* 286. [25]) Schöppner *Sagenbuch* 2, 249. [26]) Sartori 3, 106. Mannhardt 2, 433 f. [27]) John *Erzgeb.* 192. [28]) ZfVk. 11, 273. [29]) ZfVk. 7, 75 (Anhalt); Mitt. Anhalt. Gesch. 14. 19; Schulenburg *Wend. Volkst.* 141; Meyer *Baden* 207; Sartori 3, 101 f. A. 47. 102 A. 52. [30]) Mannhardt 2, 433 f. 437.

4. Man soll den Hühnern am A. die Schwanzfedern abschneiden, damit sie die Eier nicht verlegen [31]), und sie mit Reis (im Kreis?) füttern, damit sie die Hofreite nicht verlassen (Hessen) [32]). Um sie gegen Läuse zu schützen, reinigt man den Hühnerstall [33]). Wenn die Sonne hell erglänzt, säet man frühmorgens Lein [34]); auch Kohl wird gesäet [35]). Manchmal werden Fastnachtsbräuche, mit denen Fleischgenuß verbunden ist, aus Gegensatz zum Papsttum am A. noch fortgesetzt, wie das Hahnschlagen [36]).

[31]) John *Westb.* 47. 215. [32]) Volk u. Scholle 3, 136. [33]) Meyer *Baden* 207. 413; Mitt. Anhalt. Gesch. 14, 19. [34]) ZfVk. 11, 273 (15. Jh.). [35]) Strackerjan 2, 123. [36]) Höfler *Fastnacht* 66 f.; Sartori 3, 115 A. 104.

5. Vieles ist am A. verboten. Man soll nicht ins Holz gehen, weil der Teufel dann die Holzweibchen jage [37]), überhaupt seinen Wohnort nicht verlassen [38]), kein Vieh anbinden, austreiben oder verkaufen [39]), den Stall nicht misten [40]), nicht Dünger fahren [41]), die Stube nicht waschen (sonst wird sie grau) [42]), nicht spinnen [43]). Bei den sächsischen Wenden durchsticht ein Bursche den letzten Rokken mit einer Ofengabel oder einem Spieß, zum Zeichen, daß die Spinnstube ihr Ende erreicht hat [44]). Jene Verbote sind größtenteils mit den Fastnachtstagen überhaupt verbunden [45]), teils gelten sie dem Mittwoch besonders [46]). Auch daß der A. vereinzelt als Unglückstag gilt (der Teufel soll an ihm aus dem Himmel geworfen sein) [47]), teilt er mit dem Mittwoch [48]).

37) Meiche *Sagen* 348; Meyer *Germ. Myth.* 247. 38) John *Erzgeb.* 114. 192. 39) Wolf *Beitr.* 1, 228 (329); Köhler *Voigtland* 370; Boecler *Ehsten* 80. 40) Wolf *Beitr.* 1, 228 (329). 41) Schulenburg *Wend. Volkst.* 141. Dagegen mußte man bei den Esten ein Fuder Dünger aufs Feld fahren; dadurch sollte eine reichliche Kornernte erzielt werden: Sartori 3, 117 A. 122. 42) Wuttke 99 (Erzgebirge). 43) Mitt. Anhalt. Gesch. 14, 19; John *Westb.* 47. Man kriegt sonst krumme Gänse und Küchel: Kuhn u. Schwartz 371 (10) oder die Schweine kriegen im Sommer Würmer: Haltrich *Siebenb. Sachsen* 47. 44) Wuttke *Sächs. Volksk.* 358. 45) Sartori 3, 117 f. 46) Mannhardt *Germ. Mythen* 15 f. 47) Köhler *Voigtl.* 370. 48) Wuttke 69.

6. Wie das Wetter am A. ist, so ist es die ganze Fastenzeit [49]). Wenn es schneit, so schneit es bis zum Sommer noch vierzigmal [50]). Regnet es, so regnet es die ganze Woche [51]). Ist es trübe, so sterben in demselben Jahre alle Wöchnerinnen [52]).

49) ZfVk. 24, 59; Bartsch *Mecklenb.* 2, 256. 50) Zingerle *Tirol* 139 (1222). 51) SAVk. 15, 5. 52) Höhn *Geburt* 257.

7. Wer am A. geboren ist, versteht die Tiersprache (Böhmen) [53]).

53) Grohmann *Sagen* 230 f. Sartori.

Asmodeus, Name eines Dämons [1]), der zuerst in dem jüdischen apokryphen Buch Tobit begegnet, wo er 3, 8. 17 als Ἀσμοδαῖος τὸ πονηρὸν δαιμόνιον bezeichnet ist. Die jüd. Überlieferung weiß über ihn und sein Verhältnis zu Salomo mancherlei Legenden zu erzählen, die aber seinen Charakter anders darstellen als das Tobitbuch. Der Name ist persischen Ursprungs und entspricht einem aëshma-daëwa; im Avesta findet sich freilich nur ein Aëshma (ohne den 2. Bestandteil daëwa) als böser Geist [2]). Im Talmud Gitt. 68 a, Pesach. 110 a und Targ. Koh. 1, 11 ist er der König der Dämonen [3]). Der Name wird frühzeitig als Bezeichnung für den Teufel benutzt, so im 1. Pseudo-Cyprianischen Gebet [4]), wo er „der nichtswürdige Dämon" heißt, ging dann in andere Exorzismen über [5]), findet sich als Ἀσμοδαί und Ἀσμωδάς in den Verzeichnissen der Stundenengel und -dämonen der mittelalterlichen Astrologie [6]) und dann allgemein im Volksglauben [7]).

1) Hauck *RE.* 2, 142 f.; RGG.² 1, 583. 2) S. die Literatur in Hauck *RE.* a. a. O. 3) Buxtorf *Lexicon Chaldaicum* usw. ed. Fischer (1879), 126; Weber *Theol.* 254. 257. 4) Cyprian *Opp.* ed. Hartel 3, 145. 5) Franz *Benediktionen* 2, 401. 615. 6) Heeg *Hermetica* 15 Z. 35; 18 Z. 35. 7) Vgl. noch Gunkel *Märchen* 74; Tylor *Cultur* 2, 255; Hansen *Zauberwahn* 13; Mone *Schauspiele* 1, 197; Goedeke *Every-Man* (1865), 105; Agrippa von Nettesheim 3, 109. 121; Urquell 2 (1891), 196; 4 (1893), 120; Klingner *Luther* 15; Sepp *Sagen* 464 Nr. 126; Klapper *Erzählungen* 396, 27 f.; Müller *Siebenbürgen* 210.

A. in jüdischen Sagen: bin Gorion *Born Judas* 1, 229 ff. 252. 320. 349; 2, 195; 5, 289. Über Aschmedai in Salman u. Morolf s. P. Piper *Spielmannsdichtung* I (Kürschn. Dt. Nat.-Lit. II, 1) 197 u. Anm. Jacoby.

Aspekte s. Horoskopie.

Asphalt. Griech. ἄσφαλτος, von σφάλλομαι oder aus einem semit. Worte entstanden; lat. bitumen, deutsch Erdpech, Judenpech [1]).

Im Altertum gewann man den A. hauptsächlich aus dem Toten Meere; der größte Teil wurde nach Ägypten zum Einbalsamieren der Mumien verkauft. Aus antiken Quellen stammt der Aberglaube, der Geruch des A.s vertreibe böse Geister; so glaubte man, Besessene dadurch heilen zu können, daß man ihnen A.- (u. Schwefel-) dampf in die Nase, den

Weg zum Gehirn, blies [2]). In Meurers Geheimen Jägerkünsten wird geraten, verzauberte Jagdfalken mit einer A.-mischung zu beräuchern [3]). Ausgedehnt war schon im Altertum der Gebrauch des A.s zu Heilkuren, und gleich anderen medizinisch-pharmazeutischen Anschauungen der Griechen und Römer wanderte auch diese westwärts. Zu Gesners Zeiten verordnete man z. B. bitumen Avernicum bei Kolikanfällen und Uterusschmerzen als innerlich wirkende Arzenei [4]). Da man der Ansicht war, für die Einbalsamierung der Leichen sei besonders guter A. genommen worden, bediente man sich des sogenannten Mumiena.s und schließlich der Mumien selbst zu Heilzwecken [5]). Paracelsus kennt diese Verwendung der Mumie in den Apotheken, bestreitet aber, daß der einbalsamierte Menschenleib die rechte Mumie und heilkräftig sei [6]). Nach seinen Vorschriften stellte man in den alten Offizinen das „sympathische Ei" her, das Menschenblut enthielt und als richtige Mumie magnetisch die Krankheitsstoffe aus dem Körper ziehen sollte [7]). Die medizinische Verwendung der a.haltigen Mumie dauert bis ins 18. Jh., und das abergläubische Volk, das den Wunderdoktoren blindlings glaubte, bezahlte kleine Mumienstücke mit teurem Gelde. 1734 zerschnitt der Pharmazeut Krause in der Mohrenapotheke auf dem Salzringe zu Breslau drei Mumien zu medizinischem Gebrauche [8]), und selbst im 19. Jh. wurde in Merks pharmazeutischem Kataloge noch „Mumia vera Aegyptica, das Kilo, solange Vorrat, für 17,50 Mk." angeboten [9]). In Zedlers Lexikon wird die Verwendung des A.s als reinigendes und schließendes Mittel bei Wunden erwähnt; noch heute verwenden die Tataren ihn dazu [10]). Bei den Persern und Arabern galt der Mumiena. (mum, mom) lange als Heilmittel. Dem arabischen Worte numiya (einbalsamiert) bildeten die Europäer das Wort Mumie nach [11]).

[1]) Schrader *Reallexikon* ² 1, 65; Bergmann 276; Diels in KZ. 47, 193. [2]) Pauly-Wissowa 2, 1726 f.; Pradel *Gebete* 110; Rohde *Psyche* 1, 207 ³; Wächter *Reinheit* 42; Höfler *Organotherapie* 38; Plin. *n. h.* 35 § 178 u. § 180. [3]) Grässe *Jägerbrevier* 1, 117 Nr. 4. [4]) In Gesner *d. f. l.* „Averni bituminis descriptio" Anm. zu S. 3; [5]) Hovorka-Kronfeld 1, 316; Zedler 22, 742 f.; Stemplinger *Sympathie* 24; Lonicer 66. [6]) Paracelsus 165 u. 200. [7]) Peters *Pharmazeutik* 1, 228 f.; Lehmann *Aberglaube* 198. [8]) *Schles. Labyrinth* (Breslau 1737), 611 ff. [9]) Hovorka-Kronfeld 1, 315; Seyfarth *Sachsen* 289. [10]) Zedler a. a. O.; Hovorka-Kronfeld 1, 316. [11]) Ebd. 2, 366 und Kluge *Etym. Wb.*, s. v. Mumie. Olbrich.

Asphodeloswiese. Eine schöne, blumige Toten- oder Seelenwiese kennt als Reich der Abgeschiedenen auch der deutsche Volksglaube, insoweit er sich als solcher in Sagen und Märchen offenbart. Sie ist lokalisiert in Bergen oder auf dem Grunde von Gewässern oder auch ganz allgemein bei den Unterirdischen, oder aber man gelangt zu ihr auf der Erde durch irgendeinen traumhaften Übergang. Sie findet sich in den Bergen der entrückten Kaiser [1]), man sinkt auf sie hinab durch den Brunnen oder sonst ein Wasser [2]), sie finden sich bei den Unterirdischen [3]) oder vor der Hölle [4]), sie befinden sich auch im Besitz der weißen Jungfrau oder Frau [5]), hinter welcher sich ja meist ein Totengeist verbirgt. Wie in andern Bergen, finden sie sich natürlich und erst recht im Glasberg [6]). Es mag auch sein, daß Flurnamen, wie Totenwiese und ähnliche, auf diesen Glauben zu beziehen sind. Siehe auch Grüne Wiese.

Woher der Glaube in die deutschen Zeugnisse kommt, wieviel sich in ihm antike [7]), christliche oder — auf dem Umweg über die höfische Epik — irisch-bretonische Einflüsse geltend machen, muß vorläufig problematisch bleiben. Die Perspektive, in die Mannhardt [8]) einst den schönen Glauben rückte, wird heute niemand mehr billigen. An die *grôni godes wang* und *hebenwang* des Heliand [9]), an *Himinvang* der Edda [10]), die *grœna heima goða* Hákonarmál 13 und die Glanzheime himmlischer Wesen in der Edda und bei Snorri sei hier erinnert. Zeugnisse für die Wiesenvorstellung aus den Floredichtungen bei Grimm Mythol. 686. Daß Laurins Rosengarten, der sicherlich ursprünglich im Berge lag [11]), auch hierher gehört, kann nicht bezweifelt werden angesichts der verzauberten Elfengärten und blumigen Heiden des Bergkönigs, die auch sonst bezeugt sind [12]). Schon Gervasius und Geraldus bezeugen den Glauben an die Wunderwiese im Berg [13]).

Die wundervollen Baumgärten der Artusepen und die blumigen, gläsernen Berg- und Inselreiche der irischen Elfenmärchen kommen als Quelle jedenfalls stark in Betracht. Wir finden ihren Einfluß auch im Nordischen in dem Reiche Gläsiswellir (Glanzgefilde) des elbenhaften Königs Gudmund der nordischen Saga [14]), dessen schönen, früchtereichen Garten Saxo erwähnt [15]); auch Hadding bei Saxo kommt in ein Totenreich mit paradiesischen Zügen [16]). Ja, wir begegnen hier auch dem 'Land der Jugend' (*Tir-na-Oige*) aus dem irischen Elfenmärchen wieder, dem *Ódáins-akr* 'Unsterblichkeitsfeld', darinnen ein Augenblick vielen Erdenjahren entspricht [17]).

[1]) Grimm *Sagen* Nr. 291. 296. 27. 28; Kuhn *Nordd. Sagen* Nr. 247, 1; Baader *Bad. Sagen* Nr. 205 (vgl. S. 405). [2]) Das klass. Beispiel Grimm *Märchen* Nr. 24: Frau Holle (s. Bolte u. Polivka 1, 207), ferner bes. Jahn *Volksmärchen aus Pommern* Nr. 3: Prinz Alwin sinkt durch das Wasser auf eine große grüne Wiese; weiteres bei Siuts *Jenseitsmotive* S. 37. [3]) Kuhn *Nordd. Sagen* Nr. 292 (eine Treppe unterm Apfelbaum in Hofe führt hinab). [4]) Pröhle *Kinder- und Volksmärchen* Nr. 25. [5]) Bechstein 4, 221 Nr. 39; Hocker *Moselsagen* Nr. 51; Pröhle *Harzsagen* 160. 162. [6]) Arndt *Märchen u. Jugenderinnerungen* 1848, 1, 151. [7]) H. Güntert *Kalypso* 151. 196; E. Rohde *Psyche* 2, 96 [3]; Waser *Charon* 153; Panzer *Beitrag* 1, 323. 1179. [8]) Mannhardt *Germ. Mythen* 445 ff. [9]) Heliand 3082. 1682. 1686. 1323 u. ö. [10]) Helgakviða Hundingsbana 1, 8; 1. [11]) Mannhardt *German. Mythen* 452. [12]) R. Warrens *Schwed. Volkslieder* 44; Afzelius *Volkssagen u. Volkslieder Schwedens* übersetzt v. Ungewitter 2, 300. 297. [13]) *Gervasius von Tilbury* ed. Liebrecht 24 (S. 118 f.); Geraldus Cambricus im *Itinerarium Cambricum* 1, 8. [14]) Fornmanna sögur 3, 174; 3, 135; Fláteyjarbók 1, 359. 346 u. a.; siehe Heinzel *Über die Nibelungensage*, Wiener S.B. 1885, 109, 700; Weinhold *Altnord. Leben* 385; P. Herrmann *Dän. Gesch. des Saxo Grammaticus* 2, 587. [15]) Saxo ed. Holder 8, 289. [16]) Herrmann a. a. O. 102. [17]) Hervararsaga Fas. 1, 411 (513) cap. 1; Hálfdanarsaga Eysteinss. ed. Fr. R. Schröder cap. 1, vgl. Anm. 3, 90; eine Stunde Aufenthalt = 40 Erdenjahren; Afzelius 2, 297; Baader *Bad. Sagen* Nr. 205. H. Naumann.

Aspidomantie. Weissagung vermittelst eines Schildes (ἀσπίς). Die Bezeichnung bietet ein treffendes Beispiel dafür, wie in der Divinationsliteratur antike Namen für durchaus unantike Weissagungsarten erfunden wurden. Es handelt sich um einen für das 16. Jh. belegten Brauch der Indianer von Florida: Um „der Feinde Gelegenheit zu erkunden", läßt sich ein alter Zauberer den Schild eines französischen Leutnants geben, legt ihn auf die Erde und umschreibt ihn durch einen Kreis mit magischen Charakteren, kniet dann auf dem Schilde nieder und gerät in eine Art von ekstatischem Zustand, in dem er seine prophetischen Auskünfte gibt.

Bulengerus *Opusc.* (1621), 199. 223; Fabricius *Bibliogr. antiqu.*³ (1760) 595. Le Moyne *Indorum Floridam inhabitantium eicones* (Frankf. a. M. 1591) tab. XII, vgl. dt. Übers. (ebd. 1591) zu derselben Abbildung. Boehm.

Assa, bassa, wassa: Zauberworte [1]), vgl. dazu: Ysa basa olea basolea, Formel gegen Würmer im Kraut in einer Benediktion des 14. Jhs. [2]); die Deutung Ysa = Jesus bei Franz ist sehr unsicher, der Rest unverständlich.

[1]) Alemannia 15 (1887), 122. [2]) Franz *Benediktionen* 2, 168. Jacoby.

Assel. 1. Etymologisches. Man unterscheidet 2 Arten: Mauerassel [1]) (Oniscus murarius) und Kellerassel (Porcellio scaber). Letztere ist bei uns häufiger. Trotz Weigand-Hirt [2]) ist die Herleitung von lat. *asellus* „Eselchen", wegen der Farbe, aufrecht zu erhalten; vgl. griech. ὄνος, ὀνίσκος, lat. *asellus*, dt. *Esel* [3]), *Kelleresel, Kellereselein* [4]), *Dungesel* [5]), *Müllerese*l [6]). Andere Namen: *Kellerlaus* [7]), *Kellermaus, Kellerwurm* [8]), *Kellerschabe* [9]). Vergleiche mit dem Schweine (wegen seines unappetitlichen Aussehens): lat. *porcellus* [10]), ital. *porchetto* in zahllosen dialektischen Varianten [11]). Da ein Schweinchen der ständige Begleiter des hl. Antonius war, heißt die A. auch *porcellino di S. Antonio*. Mit dem hl. Anton hängt nach Sainéan [12]) die frz. Bezeichnung *cloporte* „Türschließer" zusammen, wie die alte Redensart *aller de porte en porte comme* *le pourceau de St. Antoine* vermuten läßt (wohl mit gleichzeitiger Anspielung auf das Vorkommen dieser Tiere auf Türschwellen). Zu *cloporte* stimmen poit. *freme à clé (ferme à clé)*, engl. *lock-chester*, ital. *serraporta, porta serrata* (Campobasso) [13]. Höfler [14] gibt eine rein rationelle Deutung: Das Tier versteckt sich in Schlüssellöchern. Als „Schwein" bzw. „Schweinchen", „Ferkel" wird das Tier ferner bezeichnet im Englischen: *sow*, im Schwedischen: *gråssugga*, „graue Sau", im Deutschen: *wilde Sau* (Nahetal) [15], *Chällerschwy* (Schweiz) [16]. Im Niederländischen heißt die Mauerassel *muurvarken*, im Mecklenburgischen *mûrsäg* [17]. Im 17. Jh. kommt im Deutschen für die A. auch *Schäfelein* vor [18].

[1]) Vgl. den schwäbischen Namen *Holzwentle* zu „Wand". Schon 1590 ist *holtzwentel* belegt: BayHfte. 1, 141. [2]) DWb. 1, 93. [3]) SchweizId. 1, 517. [4]) Edlinger *Tiernamen* 9 f.; DWb. 5, 515; Heinzerling *Wirbellose Tiere* 21. [5]) In Augsburg: Bay. Hfte. a. a. O. [6]) SchweizId. 1, 520. [7]) Zahlreiche Benennungen nach der Laus im Bretonischen, Englischen (z. B. *hoglouse, pigslouse, wall-louse, woodlouse*), im Französischen (*pou de cochon*) bringt Höfler in BayHefte. a. a. O. [8]) Auch *Wetterwurm, Mauerwurm, Steinwurm, Asselwurm*. Das Volk hält die A. für einen Wurm, wegen ihrer Bewegung auf der glatten Unterbauchseite (op. cit., a. a. O.). [9]) DWb. 5, 515. [10]) Der aus Gallien stammende Marcellus Empiricus nennt die Asseln *cutiones*: BayHfte., a. a. O. [11]) Garbini *Antroponimie* 778 f. [12]) *Etymologie française* 1, 252. [13]) Garbini op. cit. 793. [14]) BayHfte. 1, 141. [15]) ZfrwVk. 1905, 296. [16]) Manz *Sargans* 55. [17]) Heinzerling *Wirbellose Tiere* 21. Vgl. auch BayHfte. a. a. O., wo Benennungen nach dem Schweine im Franz., Ital., Port., Engl., Niederl. angeführt sind. [18]) Ebd.

2. Volksmedizin. Das Tier war im Altertum bekannt u. zw. kennt Aristoteles drei Arten, die sich heute jedoch nicht mehr naturwissenschaftlich bestimmen lassen [19]. Die Mauerassel wurde bei den Alten zu Heilzwecken verwendet, und zwar gegen Ohrenschmerzen und Angina [20]. — Im 17. Jh. waren die A.n offizinell [21]. Heute noch finden sowohl Mauer- wie namentlich Kellerassel [22] in der Volksmedizin Verwendung, besonders häufig gegen Kinderkrankheiten, worauf sich die alemannische Bezeichnung der A. als *Gsundtierle* [23] bezieht.

Der Mauerassel schreibt man Heilkraft zu gegen Keuchhusten und Fieber [24], Gicht [25], Bauchgrimmen [26], Gesichtsschmerzen [27]. Zu verschiedenen Heilzwecken dient die Kellerassel [28], und zwar wird sie entweder verzehrt (meist mit Speisen wie z. B. Brot, Äpfeln oder im Teig mitgebacken) oder zerstoßen und in Form von Pulver oder Saft äußerlich oder innerlich gebraucht. Sie soll gegen folgende Krankheiten helfen: Mundfäule [29], Fieber [30], Bräune [31], Krämpfe [32], Schwindsucht [33], Gelbsucht [34], Rotlauf [35], Kolik [36], Fingerwurm [37], Hämorrhoiden [38], Epilepsie [39], Rheumatismus (Reißen) [40], goldene Ader [41], Gliederverrenkung [42], Ohrenschmerzen [43], Zahnen (Zahnfreisen) [44], Kopfgrind [45], Harnkrankheiten [46]; auch als Mittel zum Trächtigmachen der Kühe verwendet [47]. Als Abwehrmittel gegen den bösen Blick erscheint die A. in Kalabrien [48].

[19]) Pauly-Wissowa 2, 2, 1744 f. [20]) Keller *Antike Tierwelt* 2, 483. [21]) BayHfte. 1, 142. [22]) Rochholz *Sagen* 2, 270; BayHfte. a. a. O. [23]) Meyer *Baden* 41. [24]) Ebd. [25]) Ebd. [26]) ZfVk. 8, 179. [27]) Bohnenberger Nr. 1, 22. [28]) Höfler in Janus 17, 213. [29]) Jühling *Tiere* 92; Zahler *Simmenthal* 72, 204; BayHfte. 1, 142. [30]) Jühling *Tiere* 92; SchwVk. 3, 14; Lammert 261; Hovorka u. Kronfeld 2, 325. 749; BayHfte. 1, 142; ZfrwVk. 1904, 199. [31]) Lammert 141; Jühling *Tiere* 93; BayHfte. 1, 142. [32]) John *Erzgebirge* 53; Seyfarth *Sachsen* 293. [33]) Meyer *Baden* 572; ZfrwVk. 1905, 284. [34]) Lammert 249; Jühling *Tiere* 93; SchwVk. 3, 14; Wuttke 355, § 531. [35]) Jühling *Tiere* 92. [36]) ZfrwVk. 1905, 296. [37]) Schramek *Böhmerwald* 284; SchwVk. 3, 15; BayHfte. 1, 142; Jühling *Tiere* 115. [39]) Ebd. 93; BlpommVk. 6, 29. [40]) Drechsler *Schlesien* 2, 307. [41]) Jühling *Tiere* 115. [42]) Ebd. [43]) SchwVk. 3, 15. [44]) Manz *Sargans* 55; BayHfte. 1, 142; SchwVk. 3, 14; Rochholz *Kinderlied* 339; Zahler *Simmenthal* 204. [45]) SchwVk. 3, 14. [46]) Stoll *Zauberglaube* 79; SchwVk. 2, 97 (hemmend); Jühling *Tiere* 115; Hovorka und Kronfeld 2, 143; SchwVk. 3, 15 (fördernd). Die A. enthält tatsächlich einen die Nierensekretion anregenden Stoff (BayHfte. 1, 142); daher ihre ndl. Bezeichnung als *pisse-bed* (a. a. O.; Edlinger *Tiernamen* 16). [47]) Stoll *Zauberglauben* 79 f. [48]) Seligmann *Blick* 2, 124. Riegler.

Ast s. Astloch, Zweig.

Astaroth, Name der phönizischen und kanaanäischen Göttin Astôret, Astarte, in der plural. Form עַשְׁתָּרוֹת (Astartebilder), die in der griech. Übersetzung Ri. 10, 6. 1. Sam. 7, 3. 12, 10. 31, 10 usw. als 'Ασταρώθ üblich ist, Vulgata: A.[1]); als 'Ασταροῦθ im Martyr. Bartholomaei ein Dämon, der die Menschen mit Krankheit plagt [2]), dann als höllischer Geist in den Volksglauben übergegangen [3]). Verstümmelt zu Asharo und Astriot usw. [4]).

[1]) Hauck *RE.* 2, 147 ff.; Pauly-Wissowa 2, 2, 1776; RGG. 1, 742. [2]) Couard *Altchristliche Sagen ü. d. Leben Jesu u. d. Apostel* (1909), 98. [3]) Schönbach *Berthold v. R.* 7 ff.; ZdVfVk. 22 (1912), 118; Meyer *Mythologie d. Germanen* 59; Franz *Nik. de Jawor* 176; Agrippa von Nettesheim 3, 111; Mannhardt *Götter* 85; Kiesewetter *Faust* 367; Goedeke *Every-Man* (1865), 103; Zachariae *Kl. Schr.* 345; Franz *Benediktionen* 2, 569; Schwab *Vocabulaire* 329. [4]) Bang *Hexeformularer* 648. 650. Jacoby.

Aster (Aster-Arten). Zu den Korbblütlern (Kompositen) gehörige, meist spätblühende Gartenpflanzen. Weiße Winteraster als Strauß ins Haus gebracht, bringen dem Empfänger den Tod (vgl. weiße Rose) [1]).

[1]) Wilde *Pfalz* 12. Marzell.

Asthma [1]). „Er hat den Schnaufer" „er schnauft sich hart", ist die volkstümliche Ausdrucksweise für A. Da es ähnliche Beschwerden hervorruft wie der Alpdruck, glaubt man im Schwäbischen [2]), es rühre vom Druck einer Hexe her.

Ein besonders merkwürdiges Mittel braucht man im Württembergischen: die Leute halten sich einen „Kauter" (männliche Taube) in einem Käfig, dann müssen sie nicht so schnaufen [2]).

[1]) Höfler *Krankheitsnamen* 18. [2]) Höhn *Volksheilk.* 1, 91. Stemplinger.

Astloch. Astlöcher sind für verschiedene Zauberhandlungen und für die Heilung einzelner Krankheiten sehr wichtig. a) Wer ein Gerstenkorn am Auge hat, schaut mit dem kranken Auge durch das A. eines Spans oder Brettes und spricht dazu: „Binkenlöcherl, Vertreib mir mein Wernlöcherl" (Eine Binke heißt nämlich der Ast eines Brettes, der gewöhnlich später herausfällt) [1]). Diese Heilhandlung ist sehr verbreitet [2]). In Neu-Ruppin sieht man durch das A. eines Bretterzaunes und läßt den Wind daran kommen, dann kehrt das Gerstenkorn niemals wieder [3]). — b) Wer während der Weihnachtsmette durch neun Föhrenspäne schaut, deren Astlöcher genau übereinander passen, der sieht mancherlei verborgene Dinge [4]). In Böhmen hat aber der Unglück, der durch einen solchen Gucker (ein auf dem Kirchhof geholtes Sargbrett mit einem A.) schaut. Steht ein Paar vor dem Altar und wird dort getraut, so gibt es, wenn man es durch jenes A. beschaut, eine traurige Ehe. Gehen Jäger auf die Jagd, die man durch diesen Gucker anschaut, so kommen sie gewiß ohne Beute heim [5]). In der Oberpfalz legt man während der Weihnachtsmesse zwei Späne mit dem Wurm- oder A. kreuzweise aufeinander, schaut durch diese Öffnung oder durch das A. eines Sargbrettes und kann dann die Hexen erkennen [6]). — c) Damit der zur Aussaat bestimmte Weizen nicht brandig werde, mengt man Holzasche vom hl. Abend unter den Samen, läßt einen Teil davon durch ein A. laufen und streut diesen in die vier Ecken des Feldes [7]). Den Tauben läßt man an Fastnacht das Futter durch ein A. zulaufen, damit kein Habicht sie bekommt [8]). Gibt eine Kuh blutige Milch, so führt man sie auf einen Kreuzweg und melkt sie dreimal durch einen Ast; die gemolkene Milch wird der Kuh dann dreimal rückwärts über den Kopf geschüttet [9]). In Oldenburg muß das Melken durch den Ring geschehen, welchen eine Eiche nach Absägung eines Astes um die Wunde herum bildet [10]). Durch ein handschriftliches westböhmisches Zauberbuch ist überliefert: „Wann dir Federvieh gestohlen worden, und noch lebendig ist, daß es dir wieder gebracht werde: Suche in deinem Haus oder Stall ein A. in einem bretternen Gegenstand und schreye durch denselben A. dreymal folgende Worte: Kom wieder in alle Teufelsnahmen. Das ist probat"[11]). Am Andreasabend kniet das Mädchen unter einen Birnbaum und horcht (s. d.) durch das A. eines Bretterzaunes; woher sie nun Hundegebell hört, von da kommt der Zukünftige[12]). Ein Tiroler Jäger riet, zur Erschießung eines Werwolfes, den man auf keine Weise töten konnte, ein Brett von einem halb verfaulten Totensarge zu nehmen, in welchem ein Loch von einem Aste sei, und durch dieses Loch auf den Wolf zu schießen[13]). — d) Astlöcher werden auch für das Verpflöcken (s. d.) benutzt. Um ein Kind für immer von Zahnschmerzen zu befreien, wird der erste hohl gewordene Zahn herausgedrückt und in aller Stille vor Sonnenaufgang in das A. eines Linden- oder Weidenbaumes gesteckt und vernagelt (s. d.)[14]). — e) Durch Astlöcher der Zimmerwand schlüpft der Alp aus und ein; verstopft man sie, so ist er gefangen und entpuppt sich als schönes Mädchen; zieht man den Pfropfen wieder heraus, so entflieht er wieder, unter Zurücklassung der eigenen Kinder[15]).

Über Ursprung und Sinn dieser verschiedenen Handlungen s. durchkriechen, Kreis, Ring, Sargholz, Alp, verpflöcken.

[1]) Schönwerth *Oberpfalz* 3, 239 Nr. 1. [2]) Pollinger *Landshut* 286; Engelien u. Lahn 264 Nr. 142; Seyfarth *Sachsen* 237; John *Oberlohma* 165; Wuttke 350 § 525. [3]) ZfVk. 7 (1897), 163. [4]) Baumgarten *Jahr u. s. Tage* 10; ZfVk. 19 (1909), 431; vgl. Wuttke 248 § 359; Grimm *Myth.* 1, 382. [5]) Grohmann 200 Nr. 1405 = Seligmann *Blick* 1, 173. [6]) Schönwerth 3, 174 Nr. 2 b. [7]) John *Erzgebirge* 220. [8]) John *Westböhmen* 41. 38. [9]) Grimm *Myth.* 3, 471 Nr. 979. [10]) Strackerjan 1, 444 Nr. 241; vgl. ZfrheinVk. 3 (1906), 203 Nr. 13. [11]) John *Westböhmen* 322 Nr. 4. [12]) Wuttke 254 § 367. [13]) Vernaleken *Alpensagen* 123 Nr. 99. [14]) Brückner *Reuß* 175 = Seyfarth *Sachsen* 281; vgl. Strakkerjan *Oldenburg* 2, 223 Nr. 470; Drechsler *Schlesien* 2, 278. [15]) Grimm *Myth.* 1, 382; Ranke *Sagen* 6 f.; Vonbun *Beiträge* 43; Drechsler *Schlesien* 2, 176; Wuttke 97 § 121; Simrock *Myth.* 437; Mannhardt *Germ. Mythen* 667 f.; Liebrecht *Zur Volksk.* 57; Wolf *Beiträge* 2, 272 f. Bächtold-Stäubli.

Astragalomantie s. Würfelorakel.

Astralmythologie ist diejenige Form des Mythus (s. a. Mythologie), welche die mythischen Gestalten und Vorgänge von Erscheinungen aus der Gestirnwelt hernimmt. Einzelne Sterne, Sonne, Mond, Arktur, Polarstern und Sternbilder werden wie menschliche Wesen angesehen (s. Anthropomorphismus), welche unter sich oder mit Bezug auf die Menschen irgend etwas unternehmen, was in ihren wechselnden Stellungen am Himmel, ihren Lebensbedingungen zu erkennen ist.

1. Den Hauptanlaß gaben natürlich die beweglichen Sterne, außer Sonne und Mond die Planeten, unter letzteren Venus voran, die bei den Babyloniern durch die Göttin der Liebe, Mutterschaft und Fruchtbarkeit, Ischtar, im Reigen der Götter vertreten war. Der Aufgang der Venus am 1. und 15. Monatstag, die Änderung ihrer Deklination, ihr Aufsteigen bis in die Nähe des Zenits, ihr Verschwinden im Osten oder Westen, ihr Unsichtbarbleiben auf einen oder zwei Monate, und endlich ihre „Erneuerung", ihr Wiedererscheinen, werden in dem Mythus von den Schicksalen der Ischtar, ihrer Fahrt zu der Totengöttin Erischkigal usw. beschrieben und bilden einen bedeutsamen Teil der altorientalischen A.[1]). Die Fixsterne und Sternbilder eigneten sich wegen der Unverrückbarkeit ihrer gegenseitigen Stellung weniger für direkte Einfügung in das astrale Göttersystem; aber sobald die Ekliptik der Sonnenbahn, der Gang der Sonne durch verschiedene Sternbilder, beobachtet war, wurden letztere und dann auch die übrigen der A. dienstbar gemacht. Während bei den Babyloniern die Einheit von Morgenstern und Abendstern (s. d.) schon um 2000 v. Chr. bekannt war, somit ein einziges göttliches Wesen ihnen entsprach, läßt der Morgensternmythus der Loritja Australiens die Zweiheit noch bestehen: Zwei erwachsene Zwillinge, die das böse Wesen mit ihren Speeren töten wollten, wurden von diesem verfolgt, versteckten sich in einer Höhle, die vom Bösen verstopft wurde, und „stiegen zum Himmel auf, wo der ältere von ihnen als Morgenstern zu sehen ist"[2]).

[1]) Alfred Jeremias *Altorientalische Geisteskultur* 215. 229. 253 ff. Vgl. Boll-Bezold *Sternglaube u. Sterndeutung* [3] 6. 9. 11. [2]) C. Strehlow *Mythen, Sagen u. Märchen des Loritja-Stammes* (Die Aranda- und Loritja-Stämme in Zentral-Australien 1, 2), 9 Nr. 3.

Es gibt eine (speziell „astralmythologisch" genannte) Richtung der Mythenforschung, welche alle Mythen aus astralen Beziehungen herleitet oder wenigstens behauptet, daß die ursprünglichen Mythen astralmythologischer Art gewesen und alle anderen mythischen Charaktere späteren Datums seien. Dahin gehören die Panbabylonisten (Alfred Jeremias, Hugo Winckler, Peter Jensen, Eduard Stukken u. a.). Diese einseitig erscheinende Erklärungsweise reizte zu scharfem Widerspruch (Gunkel, Wundt, Langer). Daß es rein astrale Mythen nicht nur gibt, sondern daß dieselben auch eine Vorherrschaft einnehmen, aber freilich nicht unter allen Völkern gleichmäßig, beweisen Mythen primitiver Völker der Gegenwart. Sie zeigen, daß die Grundlage astraler Mythen in der Beobachtung zu finden ist, daß Himmelskörper auf das Geschehen, welches sich auf der Erdoberfläche abspielt, einen bedeutenden Einfluß ausüben. Einige Wirkungen werden auch nach unserer Auffassung mit Recht der Gestirnwelt zugeschrieben, andere hingegen nicht. Niemand unter uns bedenkt sich, das Wachstum der Pflanzen wie auch ihr Verdorren dem wohltätigen oder versengenden Einfluß der Sonnenenergie zuzuschreiben, bzw. auch der Stärke der Regenfälle, die gleichfalls durch die Sonne, bzw. den Mond, bedingt erscheinen. Schon die primitiven Völker glauben die Wahrnehmung zu machen, daß der regelmäßige Ablauf der Wege der Gestirne, die Regelmäßigkeit ihres Aufstiegs und Untergangs Begleiterscheinungen in der Natur im Gefolge hat. In der Kultur fortgeschrittenere Völker werden außerdem darauf aufmerksam, daß auch die Gemütsverhältnisse der Menschen von der Gestirnwelt in Abhängigkeit stehen. Indem man die Ursachen oder Urbilder der irdischen Vorgänge in jenen astralen Vorgängen erblickt und die letztern selbst unter anthropomorphen Vorstellungen anschaut, entsteht der astralmythologische Apparat. Aber der Anfang solcher Mythen wurde lange, bevor man Gestirne und Sternbilder belebte, beseelte oder personifizierte, und ehe man sie zum Wohnsitz von göttlichen Wesen erklärte, gemacht. Die heutigen Australier haben den festen Glauben, daß es Menschen, Menschengruppen oder Klans und Individuen gibt, welche mit der Sonne oder mit dem Monde, dem Siebengestirn oder anderen Sternbildern auf unsichtbare, unsinnliche Weise verknüpft sind; das Gedeihen und die Taten solcher Menschen werden irgendwie in den Sternen vorgezeichnet bzw., nach den spezifisch australischen Vorstellungen, sie erfolgen durch jene Kraft, welche den Gestirnen und den betreffenden Menschen oder Menschengruppen gemeinsam ist als das sie verbindende, geheimnisvolle, unsinnliche Band. Daneben beobachten wir aber eben dort den zur Vergöttlichung der Gestirne führenden Prozeß, und es ist wichtig anzumerken, daß die Vergöttlichung derselben früher zur Geltung gelangt als der Glaube, daß Gottheiten in ihnen wohnen. Dieser Prozeß der Vergöttlichung vollzieht sich auf dem Wege der Mythenbildung. Sonnen- und Mond-Männer und -Frauen tauchen in den Märchen auf, welche die Weltanschauung der Leute zum Ausdruck bringen: Die Sonne stieg einst als eine übermenschliche Frau aus der Erde empor, begleitet von zwei anderen Frauen, zwei Schwestern. Die ältere dieser beiden Frauen trug ein neugeborenes Kind mit sich. Die übermenschliche Frau verließ jene beiden, stieg zum Himmel hinauf und tut so seitdem jeden Tag, während sie nachts dem Orte, von welchem sie einst ausging, einen Besuch abstattet. Das können bevorzugte Personen, wie Medizinmänner, des Nachts noch sehen [3]). Die Erzählung hat aber praktische Bedeutung, da sie die heilige Zeremonie der Leute vom Sonnentotem bestimmt: zwei ältere Männer übernehmen die Rollen der beiden menschlichen Frauen, und einer von ihnen trägt zwischen den Schenkeln ein Bündel, welches das neugeborene Kind bedeutet, während der andere die Sonne selbst darstellt und als Zeichen dessen auf dem Kopf einen schweren aus Haaren und Fellen hergestellten Turban trägt, der die Sonne, und den Mann also als die wandelnde Sonne, symbolisiert. Es ist deutlich, daß in diesem Mythus des Aranda-Volkes nicht die ursprüngliche Fassung vorliegt, sondern eine Zusammenwachsung aus zwei Formen des Sonnenmythus, wobei nur fraglich sein kann, ob derjenige Mythus, welcher von der einen übermenschlichen Sonnenfrau spricht, oder der, welcher die alte und neue Sonne zugleich einführt, der ältere ist. Da jedoch der Ritus stets konservativer zu sein pflegt als die Anschauung, so ist die Unterscheidung der alten und jungen Sonne wahrscheinlich älter, die Erkenntnis, daß die junge Sonne mit der alten, die bei einem bestimmten großen Stein ins Meer steigt, selbwesentlich ist, muß als die neuere Form angesehen werden. Die Zeremonie aber hat ja den Zweck, daß der Sonnen-Klan, welcher eben mit der Sonnenenergie symbiotisch verbunden ist, die Kraft der Sonne sowohl steigert als auch den an der Feier tätig Beteiligten zueignet [4]). Zu diesem Zwecke wird vor allem am Schlusse der Feier der Turban dem Hauptdarsteller abgenommen, damit ihn sich jeder einzelne gegen seinen Magen drücken kann. — Ganz ähnlich steht es mit der australischen Sage, daß das Siebengestirn eine (unbezifferte) Anzahl von Mädchen ist, die mit Feuerbränden in den Händen den Feuertanz aufführten und danach zum Himmel hinaufstiegen [5]) (eine dem Primitiven nicht verwunderliche Handlung), in einigen Wendungen an einem Strick hinaufkletterten [6]); diesem Mythus entspricht die wohl schon sehr umgebildete deutsche Sage von der Bäckerfrau und ihren sechs Töchtern, welche zum Lohn dafür, daß sie Christo das von dem Bäkkermeister selbst verweigerte Brot heimlich gaben, zum Siebengestirn wurden [7]). Die australischen Loritja wissen auch, daß die sieben Mädchen bisweilen auf die Erde zurückkehren und den Feuertanz aufführen; während dieser Zeit sind die Plejaden nicht am Himmel sichtbar [8]).

In einer Mysterienlegende der Omaha-Indianer ist die Idee angedeutet, daß der Mensch nach seinem Tode zum Sternenhimmel gehört. Die von dem himmlischen Boten getöteten vier Kinder werden von ihm mit den Zeichen des blauen Himmels, der Sonne, des Mondes, der Sterne und der Erde bemalt, damit sie hinübergehen können; Himmel, Erde und Sterne sind Brüder und bilden eine Einheit [9]). Man stellt sich also das Jenseits oben, im Himmel, vor, wie man auch die Leitung des Geschicks von dorther erwartet. Nach und nach werden dann die Götter oder wird der eine Hochgott oben im Himmel gedacht. Diejenigen Gestirne, welche man als Regenten der Erdvorgänge ansah, wurden als die göttlichen Kräfte angeschaut. Die Sonne und der Mond gewinnen neben dem Gewitter entscheidende Bedeutung. Weiter denkt man sich die Gestirne in Beziehung auch auf den einzelnen Menschen hold oder feindlich und bringt sie gerne durch ein ätiologisches Verfahren in Abhängigkeit von Göttern, wie nach der Edda [10]) die aus Muspillsheim im Luftraum herumfliegenden Feuerfunken durch die Götter ihren Sitz im Himmel angewiesen erhalten. Jeder Stern gehört zu einem Menschen; die himmlische Spinnerin (die Werpeja bei den Litauern) spinnt für jedes neugeborene Menschenkind im Himmel einen Faden, der in einem Stern endet [11]). Ist das Verhältnis weniger individuell gefaßt, so weiß man (z. B. bei Freidank), daß die Sterne dem Menschen hold und gram sein können. Die Nornen sitzen, wenn sie die Schicksalsfäden spinnen oder schnüren, gerade unter dem Saal des Mondes [11a]).

[3]) Spencer and Gillen *The Native Tribes of Central Australia* 561 ff. [4]) Beth *Religion u. Magie* [2] 324. [5]) C. Strehlow *Mythen, Sagen und Märchen des Aranda-Stammes in Zentralaustralien* (Die Aranda- und Loritja-Stämme in Zentralaustralien 1, 1), 19 f.

[6]) Spencer u. Gillen a. a. O. 566. [7]) Grimm *Myth.*[1] 691 f. [8]) C. Strehlow a. a. O. 9. [9]) A. Fletcher *The Omaha Tribe* 513 f. [10]) Edda, Grimnismal 36 f. [11]) Grimm *Myth.*[1] 685. [11a] Edda, Helgakviđa Hundingsbana 3 f.

2. In der mythologischen Wissenschaft ist vielfach nicht genügend beachtet worden, daß für die A. astronomische Beobachtungen und Wetterregeln eine große Bedeutung gehabt haben. Die Bewegung der Himmelskörper, der Jahreskreislauf der Sonne und die Bahn des wichtigen Zeitmessers, des Mondes, führten, vor allem in den polytheistischen Perioden, zu dem Gedanken, daß die Götter in irgendwelchem positiven Verhältnis zu den Veränderungen am Sternhimmel stehen, daß sich ihr und der Sterne Einfluß deckt und daß sich desgleichen besonders hervorragende Menschen, Heroen, in einer ausgezeichneten Beziehung zu den Sternen befinden. Die Gestirne spiegeln die untere Welt wider. Das Geschehen im Himmel ist das Urbild des Geschehens auf Erden, zwischen oben und unten herrscht völlige Reziprozität[12]). Für den Götterglauben selbst hatte diese vorstellungsmäßige Verbindung der göttlichen Wesen mit der astralen Anschauung die große Bedeutung, daß die Götter dadurch der Willkürlichkeit entnommen, gleichsam charakterfest wurden. Die Sterne sind festes Gesetz, unabwendbares Schicksal, ihr Sein und ihre Bewegung sind zuverlässig, und der Gott teilt nun diese ihre Eigenschaft. Der astrale Gott ist daher für den Menschen immer der hohe und ferne. Daß die Schicksalstafeln, welche — vornehmlich in der babylonischen Anschauung — das feste Gesetz des Himmels sind, den Göttern in die Hand gegeben werden (wie in dem babylonischen Schöpfungsmythus nach der Ermordung der Tiamat)[13]) bedeutet, religionsgeschichtlich angesehen, die Verabsolutierung der Götter, und zwar nicht nur hinsichtlich ihrer Macht, sondern auch vor allem hinsichtlich ihrer Beständigkeit. Freilich mag dann wohl noch immer einmal der frühere mehr anthropomorphe Gottesgedanke durchschlagen; so trachtet ein Odin mit magischen Mitteln das Schicksal zu bändigen, ohne es zu vermögen. Nur soweit er sich ihm beugt, ist er absolute Gottheit. — Odin und Mimir erscheinen als Sonne und Mond in der Edda. Einäugig kehrt Odin nach Asgard zurück, da er sein anderes Auge dem Mimir geschenkt hat, der, ähnlich wie der orphische Antauges, der Widerschein (der Sonne) oder der Mond ist. Auch daß der Mimir bloß Kopf ist, nachdem die Wanen den Leib abgetrennt und Odin den Freundesdienst der Salbung und Berunung des Kopfes vorgenommen hat, zeigt den Mondcharakter an. Und manchmal, so erzählt die Edda[14]), raunen beide nächtlicherweile miteinander. Das eigentliche Problem besteht hier darin, ob wir es mit einer lediglich ätiologischen Sage über die Entstehung des Mondes zu tun haben. Die Umständlichkeit der Erzählung spricht dagegen, und es ist durchaus nicht ganz von der Hand zu weisen, daß vielleicht in dieser wie in ähnlichen weiter unten zu erwähnenden Erzählungen eine Art dumpfer, weil durch viele Generationen überlieferter Erinnerung an wirkliche kosmische Vorgänge erhalten ist; an diejenige Zeit nämlich, in welcher der Mond von der Erde als Trabant auf- und eingefangen wurde, welcher Prozeß nach der Theorie von Fauth-Hörbiger statt der Abschleuderung des Mondes von der Erde anzunehmen wäre[15]). Einzelne Sterne entstehen zuweilen dadurch, daß irdische Dinge an den Himmel emporgeschleudert werden. So wurden die Augen des Riesen Thiassi, welche die Götter hinaufwarfen, zu Sternen[16]). Von Mondelfars zwei Kindern (Mond und Sonne) versetzten die Götter die Tochter (Sonne) wegen ihres Stolzes an den Himmel, wo sie zwei Hengste führen muß[17]).

[12]) Beth *Rel.gesch.* 110 f. [13]) Alfred Jeremias *Das Alte Testament im Lichte des alten Orients* (1916) 10. [14]) Edda, Völuspa. [15]) P. Fauth *Hörbigers Glazialkosmogonie* (1913); Edgar Dacqué *Urwelt, Sage und Menschheit* (1924) 188 ff. [16]) Edda, Thiassisage. [17]) Edda, Vafthrudhnismal 23.

3. Die Mythenforscher, welche auf den astralen Gehalt der Mythen so großen Nachdruck legen, daß sie den Urkern fast aller Mythen als einen astralen ansehen, wenden die Klassifikation von Sonne-, Mond- und Sternmythen nicht bloß auf solche Mythen an, in denen solche Himmelskörper noch deutlich eine im Bewußtsein vorwaltende Rolle spielen, sondern auf sehr viele andere, die nach dem Ton der Erzählung eine astrale Beziehung nicht aufweisen. Dabei wird allerdings zumeist die Einschränkung gemacht, daß sich Epochen, in denen der Mond und die anderen Gestirne die mythische Bezogenheit veranlaßt haben, ablösten. Der Mond wird z. B. von Ernst Siecke (Mythologische Briefe 1902. Drachenkämpfe 1907), Georg Hüsing, Wolfgang Schultz, Paul Ehrenreich (Die allgemeine Mythologie und ihre ethnologischen Grundlagen), die Sonne von Leo Frobenius (Im Zeitalter des Sonnengottes 1904), der Orion und die Plejaden von Eduard Stucken (Astralmythen 1896 bis 1907) als der bestimmende Faktor der Mythenbildung in der alten klassischen Zeit derselben angesehen. Bei den hierdurch nötig werdenden Einzeldeutungen werden die Stoffe der Ueberlieferung nicht selten vergewaltigt. Wenn Siecke den Herakles selbst, die von ihm überwundenen Ungeheuer, seine Keule, den Augias und seinen Stall als ursprüngliche Verkörperungen des Mondes ansieht [18], so ist z. B. die Keule durch kein Moment der Erzählung und keine greifbare Analogie als Mond bezeichnet, wie ja auch in den Abbildungen die Keule nie in der Bumerangform erscheint. Wenn der Drache auf den Mond weisen soll, weil er ja auf Erden überhaupt nicht vorkomme, während die Phasen und Verfinsterungen des Mondes das Phänomen der Verschlingung durch ein Ungeheuer anzeigen, und wenn deshalb der Drachenkampfmythus vom Himmel, und zwar genauer vom Mond, ausgegangen sein soll: so sind Grund und Folge verwechselt. Das Motiv des Verschlingens durch ein Ungeheuer kann gar nicht anders als von irdischen Verhältnissen, die es erfahrungsmäßig darbieten, auf den Himmel übertragen worden sein; nicht ohne das irdische Vorbild konnte man auf den Gedanken verfallen, daß sich Gestirne verschlingen. Und zudem ist es nicht unwahrscheinlich, daß die Drachengestalten der alten Mythen und Sagen wirklich irdische Prototypen haben, nämlich in Erinnerung an die den ältesten Menschen doch wohl noch gleichzeitigen Riesensaurier, abgesehen davon, daß die Menschen selbst in ihren Zeremonien und schwarzmagischen Bräuchen häufig Dämonen und Ungeheuer durch Masken darstellen. Von den zusammengesetzten Mythen der Kulturvölker lassen sich in der Regel nur einzelne Züge ohne Zwang auf ursprüngliche astrale Vorstellungen zurückführen, schwerlich aber der ganze Komplex eines Mythus. Die zwölf Werke des Herakles aus den zwölf Himmelszeichen des Tierkreises erklären, das heißt etwa soviel wie die in den Evangelien berichtete Leidensgeschichte Jesu Christi aus den Stationen eines Passionsweges ableiten wollen [19]). Dasselbe gilt von dem Versuche Jensens, den Helden des babylonischen Gilgamesch-Epos als Sonnengottheit aufzufassen [20]). Mag Jensen durchaus recht haben mit seinem Versuch des Nachweises, daß die Reisen des Gilgamesch mit ihren Aufenthalts- und Endpunkten dem täglichen Sonnenlaufe und zugleich den Teilen des Jahreslaufes entsprechen; mag vielleicht auch die Gestalt des Eabani (Engidu) auf Erdsymbolik beruhen: so ist gerade dieser Mythus so verzweigt und vielgestaltig, daß zu seinem Verständnis andere Analogien heranzuziehen sind, die mit der Sonne kaum mehr etwas zu schaffen haben, als daß sie sich eben alle im Bereich unseres Sonnensystems abspielen. Es ist ganz deutlich, daß einem bedeutsamen Teile dieses Epos gewaltige kosmische Vorgänge zugrunde liegen, durch welche bestimmte Züge des Mythus veranlaßt worden sind. Hierher gehört die ganze 6. Tafel, die das Werben der Göttin Ischtar um Gilgamesch, die Zurückweisung durch diesen, den Kampf beider Parteien, die auf Ischtars Bitte vorgenommene

Erschaffung des neuen Himmelsstiers (also eines bisher noch nicht existierenden Gestirns) durch Anu, dessen sofortige Tötung durch Engidu erzählt und darin endet, daß Engidu die Lende des Stiers der Ischtar vor die Füße wirft [21]). Für die gewöhnliche Sonnenbahn paßt das alles so wenig wie für das Gewitter, dessen Darstellung man hier wie in ähnlichen Mythen ebenfalls hat finden wollen. Es kann sich vielmehr nur um den psychischen Einfluß gewaltiger kosmischer Katastrophen handeln, wie sie auch dem Kolorit der neutestamentlichen Johannesapokalypse zugrunde liegen dürften und nicht minder den nordgermanischen Götter- und Riesensagen [22]). So kann es sich auch bei der Erzählung des Kampfes zwischen Thor und Hrungnir nicht um die Ausmalung eines Gewitters handeln, sondern um einzigartige kosmische Vorgänge. Wenn Thor, von Feuerlohe umgeben, durch das Steingebirge zum Höhlenbewohner fährt, Feuer und Hagel und Fluten durcheinander die Oberfläche heimsuchen, die Erde zerberstet, die Berge wanken und fallen: so ist es durchaus begreiflich, daß ein Stamm der Astralmythen das tatsächliche kosmische Erlebnis von Jahrhunderten oder Jahrtausenden, in epische Worte gefaßt, wiedergibt und verkleidete Universumsgeschichte übermittelt [23]).

Ähnlich dürfte es sich mit den zahlreichen Mythen verhalten, welche von der Sonnenheirat sprechen. In ihnen allen ist die Rede von einem dunkeln Weltkörper, der auf die Sonne zukommt, so daß die Gefahr einer erschütternden Vereinigung besteht. Träte sie ein, so würden ungeheure Ausbrüche des Sonnenkörpers die Folge sein. Der Gang eines solchen Mythus ist dieser: die Sonne wollte sich verheiraten. Da erschraken die Menschen und Tiere und sagten: Schon scheint die Sonne so heiß im Sommer, daß Steine und Bäume vergehen; wenn sie nun heiratet, wer weiß, wieviele Sonnen dann geboren werden, so daß wir alle lebendig verbrennen. Als die Sonne das hörte, tauchte sie zornig unter, und es ward finstere Nacht. Als alle Tiere in höchster Angst waren, sprach der Hahn: Seid unbesorgt, ich werde ihr morgen früh mein Lied singen und sie aus dem Meer herauslocken. Aber die Sonne erschien nicht. Da badete sich der Hahn im Meer, schlug mit den Flügeln und sagte der verwunderten Sonne auf ihre Frage: Meine Freunde wollten mich verheiraten, aber mir fällt's gar nicht ein, denn etwas Besseres als ledig sein gibt es nicht. Als das die Sonne hörte, freute sie sich mächtig, daß sie nicht heiraten müßte, und schien wie zuvor alle Morgen [24]). Nach dem deutschen Volksglauben der Gegenwart besteht ein Liebes- oder Eheverhältnis zwischen Sonne und Mond. In der Regel denkt man an bevorstehende Scheidung; der Mond aber folgt der Sonne, um sich wieder mit ihr zu vereinigen. Da jedoch beide das eheliche Verhältnis gebrochen, dürfen sie nie wieder in dasselbe zurückkehren. Die Hauptschuld daran trägt allerdings der Mond, den auch die größere Strafe trifft, sein steter Wechsel [25]). — Dies gespannte Verhältnis wird aber häufig in der Form aufgefaßt, in welcher sowohl primitive wie auch altorientalische A. es ansieht, nämlich, daß der Mond der Feind der Sonne ist (oder umgekehrt) [26]) und daß, wenn er ihrer Herr werden sollte, die Welt untergehen werde [27]). Demgemäß gibt es noch heute Bräuche, in denen der Mond daran verhindert werden soll. Man fällt auf die Knie und betet, zum Ofen gewendet, man schlägt mit Messern auf eine alte Pfanne oder auf eine Sense, damit es klingt, wie man es macht, wenn die Bienen schwärmen [28]). Noch heute gehen in Tiefenbach (Oberpfalz) bei anhaltender Obmacht der Finsternis über die Sonne die alten Leute in die Kirche, um gegen hereinbrechendes kosmisches Unglück zu beten. In Neuenhammer und Gefrees fallen die Leute auf die Knie und beten, daß die Sonne über den Mond Herr werde und keine Finsternis wiederkomme wie die dreitägige, schrecklichen Angedenkens [29]).

Es gibt indessen in der nordgermanischen Mythologie reichliche Anhaltspunkte für astrales Verständnis. Unverkennbar aus der A. stammt die Darstellung auf dem Goldhorn von Gallehus in Tondern (um 500 n. Chr.), das einzelne Sterne und zudem Figuren des Tierkreises zeigt: einen dreiköpfigen Menschen mit einem Hammer; man denkt sofort an den als Dreistern d. i. Orion aufgefaßten Gott Thor (Donar); am Bande hält er die Ziege, d. h. die himmlische Capella; daneben sind zwei Wolfs- oder Hundsköpfe, ein Eber, ein Fisch (?) und ein anderes vierfüßiges Tier [30]). Von hier aus verstehen sich auch einige der Felszeichnungen von Bohuslän leicht in astralem Sinn, wo z. B. wieder Thor als Orion dargestellt ist, und zwar in Verbindung mit den Zwillingen, dann wieder die Zwillinge mit dem großen Hund usw.[31]). Die drei Gürtelsterne des Orion gelten vielfach als Phallus, weshalb auch Thor, zumal wo er als Orion erscheint, phallisch abgebildet wird [32]). Ein Stein aus Gotland fordert durch die Zusammenstellung von mythischen Figuren, die zugleich an sonst als astral bekannte Gestalten gemahnen, unweigerlich dazu auf, A. festzustellen. Odin reitet auf dem achtfüßigen Rosse, um dessen Geschlechtsteil sich die Schlange windet, gewiß um, ähnlich wie es der Skorpion beim mithräischen Stiere in der spät-iranischen Mythologie tut, die Lebensdrüsen zu zerstören. Die Himmelsgöttin steht mit dem Schlüssel davor, und man denkt vielleicht dabei an die Jungfrau (als Sternbild) mit der Ähre (Spica) nach der uns sonst aus dem Euphrat-Tigris-Land bekannten Terminologie. Über dem Schimmelreiter aber hängt der Gott Odin am Galgen, jedoch quer gezeichnet [33]). Die Querstellung führt schon von sich aus auf die Vermutung, daß der Baum oder Galgen der quer über den Himmel sich erstreckende Baum, die Weltesche (oder die Milchstraße) ist, so daß dadurch die gesamte Darstellung dieses Steines einen durchaus astralmythologischen Eindruck macht, wie Hauser mit Recht ausführt [34]). Ist nun aber einmal der astralmythologische Gehalt einer solchen Gruppe von Gestalten der nordischen Mythologie erkannt und nicht von der Hand zu weisen, so drängen sich von da aus Schlüsse auf die Edda auf. Bleiben wir beim zuletzt Betrachteten stehen, so scheint nun auch der Vers, nach welchem Odin sich selbst neun volle Nächte „am windigen Baum", als Selbstopfer, hängen weiß, A. zum Gegenstande zu haben [35]). Als Himmelsbaum oder Weltesche ohne empirischen Ursprung ist ja dieser windige Baum durch den Beisatz gekennzeichnet, daß er jedem verbirgt, wo seine Wurzeln liegen. Hauser geht weiter in astralmythologischer Ausdeutung der altgermanischen Gestalten und will auch in der Göttin Nerthus (Nerd, altnord. Njordr) ursprünglich die Himmelsfrau, das Sternbild der Jungfrau erkennen [36]). Desgleichen sei der Hund, oder Wolf Garm, der am Ende des Weltenjahres von seinen Fesseln frei wird, astralmythologisch zu fassen [37]).

Wie tief die A. in Gemüt und Bewußtsein des Volkes sitzt, und wie stark sie den einfachen Gedanken- und Erzählungskreis beeinflussen kann, dafür legen die Märchen „Der gelernte Jäger" und „Der Dreschflegel vom Himmel" bei Grimm beredtes Zeugnis ab [38]), vor allem das erste. Otto Hauser, der den Versuch gemacht hat, die gesamte germanische Mythologie als A. zu begreifen, zu analysieren und darzustellen [39]), verlangt, daß jeder Mythus unseres Äons die Normalgestalt des Mythus der Fischperiode repräsentiere: „Die Fische halten ihre Hoch-Zeit mit den Zwillingen, die hier nicht Brüder, sondern Schwestern sein müssen, sie geraten dann in die Gewalt eines Weibes, der Jungfrau, die hier dunkel und böse dargestellt werden muß, ein Schütze aber nimmt sich in ihrer Gefangenschaft ihrer an und bewirkt ihre endliche Befreiung" [40]). Dies Schema läßt sich freilich in jenen Märchen kaum erkennen.

[18]) Siecke *Drachenkämpfe* 59 ff. [19]) Fritz Langer *Intellektualmythologie* 34. [20]) P. Jensen *Das Gilgameschepos in der Weltliteratur* 1. [21]) Ungnad u. Greßmann *Das Gilgameschepos*. [22]) E. Dacqué *Urwelt, Sage u. Menschheit* 203 ff. [23]) Ebd. 201 ff. [24]) Dähnhardt *Natursagen* 1, 132—146; Dacqué 193. [25]) Schönwerth *Oberpfalz* 2, 72 f. [26]) A. Jeremias *Altorien-*

talische Geisteskultur 75 ff. [27]) Schönwerth *Oberpfalz* 2, 55. [28]) Ebd. [29]) S. 56. [30]) s Näheres bei Müller *Nord. Altertumsk.* 2 (1898), 151 ff.; Otto Hauser *Germanisch. Glaube* (1926) 189. [31]) Kossinna *Die deutsche Vorzeit;* Ebert *Reallex.* 3, 218 ff. [32]) Hauser 36. [33]) Olrik *Nordisches Geistesleben* 38. [34]) Hauser 151 f. [35]) Edda, Havamal 139. [36]) Hauser 46. [37]) Edda, Gylfaginning 51; Hauser 71. [38]) *KuHM.* Nr. 111 und 112. [39]) Ähnlich Arthur Drews *Der Sternhimmel* (1923). [40]) Hauser 88. K. Beth.

Astrenze s. Meisterwurz.

Astrologie s. Sterndeutung; ferner Horoskopie, Planeten, Sternbilder.

Astronomie s. Sterndeutung; ferner Planeten, Sternbilder, Sterne.

Asyl. 1. A. ist der Zufluchtsort, wo Bedrohte vor ihren Verfolgern Schutz und Sicherheit finden. Ob die alten Germanen A.e kannten, ist strittig. Im MA. und bis ins 18. Jhd. spielt das auch heute noch von der Kirche beanspruchte Asylrecht der Kirchen [1]), Kirchhöfe [2]), Pfarrhöfe [3]) und Klöster [4]) eine große, segensreiche Rolle. Im Altertum besaßen semitische und klassische Heiligtümer diese, von der Kirche dann übernommene Gerechtigkeit, bei den Römern auch die Götterstatuen. Auf dem Asylrecht beruht die Größe Roms. Ganze Städte wurden im A. T. zu A.en erklärt [5]). Im besonderen waren natürlich die „Hütte des Herrn", der Altar und die Altarhörner Asyl, aber auch vom König nach Gutdünken bestimmte weltliche Orte [6]).

Es gab allgemeine A.e; andererseits auch solche, wo nur Sklaven [7]) oder nur Schuldner [8]) oder nur solche, welche unwissentlich Schuld auf sich geladen hatten, Aufnahme fanden. Mit der Zeit nahm die Kirche immer mehr strafbare Handlungen vom Asylschutz aus. Bisweilen wurde nur durch bestimmte Zeit Schutz gewährt [9]), meist solange, bis der Täter vor seinen ordentlichen Richter treten konnte, also z. B. 6 Wochen und 3 Tage [10]).

Durch Freibrief wurde auch weltlichen Städten, Fronhöfen, Freihöfen die A.-gerechtigkeit verliehen. In gewissen Herbergen gab es Freibänke und Freitische [11]). Herzog Leopold von Babenberg schuf auf dem noch heute „Freyung" genannten Platz vor seiner Burg in Wien eine A.stätte, für jene, welche einen eisernen Ring berührten. Die Erinnerung daran hat sich im Kinderspiel erhalten (wie auch anderwärts s. 2); wer im Spiel den schützenden Zufluchtsort erreicht, ruft „Leopold".

[1]) Osenbrüggen *Studien* 13; Lippert *Christentum* 270 ff.; Grimm *RA.* 2, 532 ff.; Hastings 2, 161 ff [2]) Wilutzky *Recht* 3, 112. 113; Bindschedler *Kirchliches Asylrecht* 39 ff. [3]) Bindschedler a. a. O. 43. [4]) Ders. a. a. O. 46 f. [5]) O. Gruppe *Griechische Mythologie und Religionsgeschichte* 1157, 4; Wissowa *Religion* 300, 474. [6]) 5. Mos. 19, 1—11; I. Kön. 1, 50; 2, 28 ff. 36 ff. [7]) O. Gruppe a. a. O. 597, 2. [8]) Bindschedler a. a. O. 28. [9]) SchwVk. 8, 15. [10]) Grimm *RA.* 1, 304 ff. [11]) Lütolf *Sagen* 397.

2. A. war vor allem auch das Haus — sowohl rechtlich gegen die verfolgende Behörde [12]), wie auch gegen alle möglichen zauberischen Bedroher. Wer das Haus erreicht und nicht etwa freventlich das Fenster oder die Tür öffnet, ist gegen die verfolgenden Hexen [13]), Toten [14]), die Wilde Jagd [15]) geschützt. Vor der Aussegnung darf daher die Wöchnerin das Haus nicht verlassen [16]). Während der ersten Zeit nach der Geburt muß sie sogar im Bette bleiben und die Vorhänge desselben geschlossen halten, ein A. im A. [17]).

Eine große Rolle in Magie und Aberglauben spielt der „Zauberkreis", als A. gegen andringende Dämonen [18]) (s. Besitzergreifung). Gegen die wilde Jagd schützt auch, sich auf einen Pflug zu setzen, den Kopf durch Radspeichen zu stecken [19]), den Mittelweg einzuhalten, auch Kreuz und Kreuzweg [20]). Gegen Fru Gode schützt es, unter einen Kessel zu kriechen [21]). Ältestes A. ist wohl der Herd [22]). Die mit einem Kreuzeszeichen versehenen Baumstümpfe bieten den Holzweiblein ein A. gegen den verfolgenden wilden Jäger [23]). Ahasver darf in gewissen Nächten auf den Eggen rasten. Das ist eine Erinnerung an den alten Rechtsbrauch, daß der Totschläger auf der Flucht vor seinen Verfolgern, wo er auf dem Felde ein paar aufgerichtete Eggen findet, solange rasten darf, „als man an einem Wecken für einen Pfennig ißt und dann — fort" [24]). Auch wirkt der A.schutz über den unmittelbaren Bereich heraus. Wer die Kirche nur „sieht", ist vor den Unholden geschützt, auch eine Analogie zu alten Rechtsbräuchen [25]).

[12]) Sébillot *Folk-Lore* 4, 429. [13]) E. Osenbrüggen *Der Hausfrieden* 4 f. [14]) Schönwerth *Oberpfalz* 1, 366. [15]) Ebd. 3, 150. [16]) Ranke *Sagen* 78. [17]) Schönwerth *Oberpfalz* 1, 159. [18]) Ebd. 1, 161. 189. 199. [19]) Grohmann *Sagen* 95. [20]) E. H. Meyer *Germ. Myth.* 238. [21]) Ebd. 247. [22]) Ebd. 280. [23]) Pauly-Wissowa 11, 2, 2145. [24]) Schönwerth *Oberpfalz* 2, 162. [25]) Frauenstätt *Blutrache* 73. [26]) Ebd. 74. M. Beth.

Atem. Der A. als Träger der Seele (s. d.) hat eine zauberische Wirkung. Darum ist der A. von Tieren wie Hirschen [1]), Drachen [2]) und gewissen Menschen wie Hexen [3]) giftig und tödlich. Andrerseits hat der A. Heilkraft (s. hauchen).

So versteht man auch die häufige Vorschrift, bei gewissen Gelegenheiten müsse man den A. anhalten. So mußte bei den Tschechen am hl. Abend die Großmagd dem Brunnen zum Opfer einen Apfel, eine Nuß u. Semmel bringen, und zwar mit angehaltenem A. [4]). In Hessen sagt man, wenn man die neugekaufte Kuh schweigend und mit zurückgehaltenem A. in den Stall führe, dann schreie sie nicht [5]).

[1]) Stemplinger *Sympathie* 14. [2]) Hertz *Abhandl.* 192. [3]) Horst *Zauberbibl.* 1, 179. [4]) Urquell (N. F.) 1, 310. [5]) Wuttke § 691. Stemplinger.

Atemnot s. Asthma.

Ätiologie bedeutet die Erklärung von irgend etwas Auffallendem, auch etwas ganz Gewöhnlichem, das nur aus irgendeinem Grunde einer Erklärung bedarf, mittels einer Ursache, welche durch die Phantasie hinzugedacht wird. Der Geist der Völker trägt eine Unmenge von in der Regel ungeschriebenen ätiologischen Sagen, welche veranschaulichen, wie außerordentlich stark das Fragen nach dem Warum und Woher den Menschen beschäftigt. Der Volksgeist verrät darin etwas beharrlich Kindliches, er bleibt mit großen, offenen Kinderaugen vor diesem und jenem stehen, fragt sein Weshalb und gibt sich selbst die Antwort. Diese gewinnt er dann in der Regel durch Inanspruchnahme irgendeines übernatürlichen, geheimnisvollen Faktors; er sieht irgendwelche jenseits des ihm verständlichen Geschehens waltende Kräfte an dem Zustandekommen dessen, was erklärt werden soll, beteiligt; er verbindet sein Erstaunen über das Unbegreifliche, vor dem er steht, mit der ihm einwohnenden Scheu vor dem Unbegreiflichen, das er in des Schicksals undurchschaubaren Windungen spürt, und gibt sich also auf diese Weise zugleich eine stückweise Antwort auf seine eigenen Fragen, die er ans Schicksal zu stellen hat. Irgendwie, wenn auch nicht immer in der ätiologischen Rede ohne weiteres erkennbar, ist die Idee des unsinnlichen oder schicksalhaften Faktors an den ätiologischen Antworten fast stets beteiligt, und dadurch gewinnen dieselben Bezug auf das menschliche Leben auch dann, wenn es sich um Gegenstände handelt, die ihm scheinbar fernliegen. In der dunklen Schicksalhaftigkeit seines eigenen Seins, in einem gewissen Erleben derselben liegt der Grund für die weite Verbreitung der Ä.

Auch die Wissenschaft wirft Fragen über eben dieselben Gegenstände auf, auch sie fragt nach Ursache und Sinn der Erscheinungen. Sie beantwortet sie anders, als der primitive und antike Volksgeist, und der heutige nicht selten, durch Beibehaltung jener älteren Antworten tut. Doch wird man gut tun, die Analogie mit den wissenschaftlichen Fragen und Antworten nicht zu vergessen; es ist urständliche Weisheit und urständliches Ringen nach Klarheit, nach Wissen und Weisheit fürs Leben, was in der Ä. zum Ausdruck kommt. Wenn wir diese Antworten heute als Aberglauben bezeichnen, so waren sie den Menschen in der Zeit, in der sie entstanden und als allein gültige Antworten angesehen wurden, heilige Einsicht und sittliche Besinnung und Regelung. Sie sind so tief im Intimsten des Gemütslebens verankert, daß die Dichter aller späteren Zeiten hier immer wieder Stoff finden, wenn sie an das Gemüt der Leser von ihrem eigenen Gemüt her einen neuen Zustrom suchen.

Die folgende Besprechung des wichtigsten ätiologischen Materials soll durch Betrachtung von vier, nach der Art der Objekte, welchen der Kausalitätsbetrieb sich zuwendet, unterscheidbaren Gruppen durchgeführt werden: Aussagen über die Herkunft von 1. Naturgegenständen, 2. Naturerscheinungen und -ereignissen, 3. Völker-, Orts- und Personennamen, 4. religiösen Kulten.

1. a) Ätiologische Aussagen über Naturgegenstände sind zweifellos die ältesten. Im einfachsten menschlichen Verbande fragt man nach den Ursachen der irgendwie auffälligen, in irgendeiner Beziehung abstechenden Bildungen in der umgebenden Natur. Eine so ganz außer Frage stehende Tatsache wie die schwarze Farbe des Raben ist dem einfachen Menschen dermaßen fragwürdig, daß es in vielen Völkerkreisen ätiologische Antworten auf diese Frage gibt, z. B. sagt Ovid [1]), der an sich weiße Rabe sei von Apollo (als Sonnengott) wegen seiner Schwatzhaftigkeit zur Schwärze verurteilt worden, während wilde Stämme, gleichsam die frühere Fassung bietend, wissen, daß der Rabe einst (der Urrabe) aus Unvorsichtigkeit oder bei Ausführung einer Wette der Sonne zu nahe kam und seitdem alle Raben verkohltes Gefieder tragen müssen. Afrikanische Neger wissen, daß die Schildkröte ein plattes Brustschild von einer Wette her hat, die sie mit dem Adler (Geier) ausfocht [2]). Sie war mit ihm zugleich am Himmel angekommen, weil sie sich unvermerkt von ihm hinauftragen ließ, aber sie war zuerst wieder unten, weil sie sich herabfallen ließ, dadurch sich aber auf der Erde breit schlug. Über weite Striche Afrikas wird der schwarze Rükkenstreifen des Schakals dadurch erklärt, daß dies Tier einst die Sonne vom Himmel stehlen wollte und sich dabei auf dem Rücken versengte. Des Menschen eigenes, schicksalhaftes Verhältnis zur Sonne liegt im Hintergrunde solcher Sagenbildungen (vgl. Ikaros). So ganz allgemeine, der ganzen Tiergruppe angehörende Eigentümlichkeiten wie die Zugespitztheit des Fischleibes regt das Kausalitätsbedürfnis an. Die germanische Mythologie hat eine Antwort aufbewahrt. Der Lachs ist hinten spitz, weil der Gott Thor den Loki, der sich in einen Lachs verwandelt hatte, beim Schwanz zu fassen bekam und zusammendrückte, als jener zum zweiten Male über das Netz sprang [3]). Daß später der heilige Fischer Petrus an der Benennung der Fische beteiligt war, ist nicht zu verwundern. So erzählt die Legende, daß Petrus, der geradezu an die Stelle des Gottes Thor getreten zu sein scheint, einen Fisch beim Fangen nicht mit der Hand zu halten vermochte und ihm deshalb endlich seinen Daumen fest ins Rückgrat drückte mit den Worten: „Du bist mir ja ein rechter Schelmfisch", woher der Name Schellfisch stammt [4]). Auch die Scholle hat natürlich ihr schiefes Maul nicht von Anbeginn. Der Grund der Verdrehung ihres Gesichtes ist in ihrem hämischneidischen Wesen zu suchen, das sie bekundete, als beim Königswettschwimmen der Hering voran war [5]). Die Rohrdommel und der Wiedehopf waren einst zwei Hirten, deren ersterer seine Herde auf überfetten grünen Wiesen hütete, der andere auf dürren Berghalden. Des ersteren Kühe waren des Abends so übermütig, daß der Hirt sie nicht zusammenbringen konnte und immerfort „bunt, herüm" rief; des zweiten Kühe dagegen waren so schwach, daß all sein „up-up"-Rufen nichts nützte. So riefen sie, so rufen sie noch, wo sie jetzt mit ihren Nachkommen in den Zweigen der Bäume sitzen [6]). Warum die Eule sich nicht mehr am Tage sehen läßt und warum der Zaunkönig so scheu ist, darauf antworten andere deutsche Märchen [7]). Weshalb die Ziegen Stummelschwänze haben, ist jedem klar, der weiß, daß sie ja eigentlich vom Teufel erschaffen wurden und dieser sie mit so langen Schwänzen gemacht hatte, daß sie sich damit immer verhäddern mußten — bis

ihnen schließlich der Teufel selbst die Schwänze abbiß, „wie noch heut an den Stümpfen zu sehen ist"; wobei das Märchen gleich hinzufügt, daß der später sehr wütende Teufel den Ziegen auch die Augen ausstach und seine eigenen Teufelsaugen einsetzte [8]).

Nur zwei Beispiele aus dem Pflanzenreich. Weshalb hat die Bohne eine Naht? Weil sie von einem Schneider wieder zusammengenäht wurde, als sie vor Lachen geborsten war, erzählt — und zwar in der überlieferten Form mit wenig glücklich eingefügtem Motiv — das Märchen „Strohhalm, Kohle und Bohne" [9]). Weshalb aber heißt denn ein Strauch „das keusche Lamm" (agnus castus)? Der Grund ist denen, die den Strauch, dem Sinne dieses Namens gemäß, verwenden, nicht bekannt, sondern sie halten sich teils an Hippokrates, der, schon auf der umgewandelten Bedeutung fußend, dem Genuß der Samenkörner die Wirkung zuschrieb, jede geschlechtliche Regung zu unterdrücken, teils an spätere Umbildungen des Motivs. Man muß beachten, daß der heutige, der Klostersprache entstammende Name der Pflanze auf einen antiken Brauch zurückgeht. Die in Nonnenklöstern benützten „Keuschlammzweige" oder der „Mönchspfeffer" (piper monachorum oder eunuchorum) ist über verschlungene Umwege zu seinem Namen gekommen von jener Verwendung her, welche die Zweige dieses Busches bei dem altgriechischen Feste der Thesmophorien erfuhren. Bei diesem Feste legten sich Frauen auf ein Lager von solchen Zweigen auf die Erde nieder und mußten sich, um durch Vermittelung der die Fruchtbarkeit steigernden Wirkung der Zweige von der Mutter Erde (oder von den Erddämonen) zu empfangen, während dieser Zeit jedes Umganges mit den Männern enthalten, damit die reine Befruchtung nicht gestört würde. Nun hat, wie Nilsson [10]) und Fehrle [11]) mit Recht annehmen, der Gleichklang des damaligen Namens der Pflanze *ágnos* mit *hagnós* (keusch) dahin geführt, daß man aus dem letzteren Worte die Sinnbedeutung des ersteren als einer die Keuschheit fördernden, den Geschlechtstrieb zurückdrängenden Pflanze herleitete. Indem man also annahm, die Pflanze heiße *ágnos*, weil sie *hagnós* mache, wurde auch das lateinische Wort *agnus* „Lamm" damit in Verbindung gebracht, wobei die christliche Vorstellung des *Agnus Dei*, des unschuldigen Gotteslammes, mitwirkte. Mit diesem Lamm wurde die heilige Agnes in Verbindung gebracht [12]). So erhielt der Strauch seinen heutigen Namen agnus castus (engl. chaste-tree, deutsch: Keuschlamm). Nonnen legten sich die Zweige ins Bett, um dadurch in ihrem Keuschheitsgelübde gestärkt zu werden, oder tranken aus den Zweigen oder Samenkörnern destilliertes Wasser [13]). Die Ä. der Rose hat Rückert im Gedicht verarbeitet: Der Dorn hat der Nachtigall das dem Lämmchen abgezwackte Wollflöckchen für den Nestbau gegeben; entzückt über das Dankeslied des Vogels „ist dem Rosendorn die Ros' entsprungen".

1. b) Eine besondere Gruppe der Naturgegenständen angeknüpften ätiologischen Sagen bilden die Erzählungen von versteinerten Menschen und von solchen Steinen, welche das Merkmal irgendeiner menschlichen Beeinflussung an sich tragen. Wenn in irgendeiner Landschaft ein Felsenvorsprung oder Aufsatz menschenähnlich aussieht, so setzte sich daran eine Sage, dieses Gebilde sei ursprünglich ein Mensch gewesen, der aus ganz bestimmtem Grunde in einen Felsen verwandelt wurde. Die alttestamentliche Erzählung von der zur Salzsäule versteinerten Frau des Lot [14]) — ein Stein im SW des Toten Meeres wird noch heute als die Frau oder die Tochter Lots bezeichnet [15]) — hat eine sehr nahe Entsprechung in der arabischen Geschichte von den zwei neidischen Schwestern [16]), zumal auch hier das Verbot des Zurückschauens übertreten wird. Gunkel erkennt in dem Rückwärtsschauen die strafwürdige Absicht, das Geheimnis der Gottheit belauschen zu wollen [17]). Auch die Geschichte vom versteinerten Prinzen in 1001 Nacht [18]),

sowie griechische die Sage von der in einen mit rieselndem Quell ausgestatteten Felsen verwandelten weinenden Niobe, und die Sage von Kadmos und Harmonia zeigen dasselbe ätiologische Motiv. — An der Eger sind eigentümliche Felsen, die das böhmische Volk Hans-Heilings-Felsen nennt. Der Mann, nach dem sie benannt sind, war ein reicher Sonderling, der sich jeden Freitag in seinem Hause verschloß. Man sagte ihm den Verkehr mit dem Bösen nach. Er liebte ein Mädchen, das ihm zuerst zugesagt und dann verweigert wurde. Bei deren Hochzeit erschien Heiling plötzlich um Mitternacht unter den Gästen und rief: „Teufel, ich lösche dir deine Dienstzeit, wenn du mir diese vernichtest." Der Teufel antwortete: „So bist du mein" und verwandelte die Hochzeitsgesellschaft in Felsensteine. Braut und Bräutigam stehen da, wie sie sich umarmen, die andern mit gefalteten Händen [19]). — Auf dem Ampferstein in Tirol sind sieben einander ähnliche Felsgebilde. Das sind die sieben versteinerten Brüder, welche einst dem benachbarten Burgherrn helfen wollten, seiner Tochter Liebe zu einem fahrenden Ritter dadurch zu vernichten, daß sie um den Besitz des Mädchens würfelten. Als der Burgpfaffe sich ins Mittel legte, stieß ihn der Burgherr mit dem Fuße hinweg. Während auf den Fluch des Priesters hin das Schloß versank, wurden jene sieben Brüder zu Stein und sitzen da bis zum jüngsten Gericht [20]). — Ein großer, einsamer Fels über Innsbruck, mitten auf dürrer Alm, gab zur Sage von der Riesin „Frau Hütt" Anlaß, welche ihren in den Morast gefallenen Sohn mit Brot abreiben ließ und für diese frevelhafte Verschwendung der Gottesgabe versteinert stehen muß bis zum jüngsten Tag [21]). Ihr entspricht der steinerne Mönch auf dem Drachenfels. Dort hatte ein Riese mit einem Zwerg um den Besitz des Bergmassivs gestritten. Sie hatten ausgemacht, daß derjenige Besitzer sein solle, der am nächsten Morgen zuerst auf den Gipfel komme. Der Riese aber stand zu spät auf und kam zu spät an. Als der Zwerg ihm von oben entgegenkrähte, verfluchte sich der Riese derart, daß er augenblicklich zu Stein ward [22]). — In nordischen Sagen werden oft Riesen, Ungetüme, Trolle durch den Anblick der Sonne in Stein verwandelt, z. B. im Alvisliede der Edda der Zwerg Alviß auf Thors Geheiß. — Der Fuchsturm bei Jena ist nach alter Überlieferung der Finger eines durch Schicksalsstrafe erschlagenen Riesen [23]). — Viele andere absonderliche Felsen und gewaltige (erratische) Blöcke verdanken ihr Dasein dem Teufel und seinem Gefolge. Sie haben sich damit belustigt, der Teufel selbst ist sehr oft genötigt worden, sie unabsichtlich fallen zu lassen. Solche Teufelssteine sind namentlich über den ganzen Norden Deutschlands und Skandinaviens verstreut. Einer derselben zeigt deutlich die Spuren von des Teufels Krallen; denn der Teufel, der zum Wurf gegen die Kirche ausgeholt hatte, mußte ihn plötzlich fallen lassen, weil gerade die Glocken zur Wandlung läuteten [24]).

Ein merkwürdiger großer Stein ist der Steintisch, welcher in Bingenheim in Hessen vor dem Rathaus stand; er wies drei Vertiefungen wie Sitze für Personen auf, und man erklärte sich diese „Sitze" daher, daß der Stein vordem einem wilden Geschlecht gehört habe, von dessen Leuten außerdem noch Handgriffe in dem Stein zu sehen wären. Ja, 1604 hat man wieder drei Leute in weißer Gewandung im Walde gesehen, die gewiß auf dem Stein Gericht halten wollten [25]). Mit der menschlichen Fußspur in einem Stein, der unter den Trümmern der Burg Rosenstein in der Alb sich befand, jedoch älter als die Burg sein sollte, wurde so viel Aberglauben getrieben, daß die Regierung den Stein sprengen ließ. Man glaubte, dieser und ein in der Nachbarschaft befindlicher Stein enthielten den rechten und linken Fußtritt Christi, der bei Lebzeiten dorthin gekommen sei, und man holte das in diesen „Fußspuren" angesammelte Regenwasser, um damit Augenkrankheiten zu heilen [26]) (vgl. den Stein auf dem Ölberg bei Jerusalem, welcher die traditionelle Fußspur enthält, die der zur Himmelfahrt sich abstoßende Christus hinterließ). Hier darf auch ein anderer Stein mit tiefen Eindrücken erwähnt werden, welche man auf menschliche Beine und eine menschliche Hand deutet: bei der Mindener Glashütte im Geismarwalde saß im Dreißigjährigen Kriege ein geschlagener Feldherr sinnend auf dem Stein und klagte seinem Hauptmann, er könnte so wenig siegen, wie der Stein, auf dem er säße, weich werden könnte. Als er sich erhob, waren seine Beine und selbst eine Hand in den Felsen eingedrückt als Vorzeichen seines Sieges [27]). Auch die Mohammedaner haben einen heiligen Stein, der den Eindruck des Propheten Mohammed hat; die Sage berichtet, daß der Stein unter dem auf ihm sein Gebet verrichtenden Propheten nachgegeben habe, als ob er Wachs gewesen sei [28]). Ganz dasselbe wird von dem Butterstein bei Salzwedel in der Altmark erzählt: 1469 wurde dort ein großer Stein mit einer tiefen Spalte gezeigt. Diese wird dadurch erklärt, daß vor langen Zeiten ein Feind die Stadt belagerte, ohne sie einnehmen zu können, weil Engel auf der Mauer standen, welche die Pfeile auffingen. Der feindliche Feldherr zog im Lager sein Schwert und sprach: „Soll ich die Stadt nicht gewinnen, so gebe Gott, daß ich in diesen Stein haue wie in einen Butterweck". Und er hieb in den Stein, der sich butterweich erwies [29]).

[1]) Ovid *Metamorphosen* 2, 534. [2]) Frobenius *Zeitalter des Sonnengottes* 21 f.; Beth *Relig.gesch.* 108 f. [3]) Simrock *Mythol.* 104. [4]) v. d. Leyen in AnSpr. 114, 16. [5]) Grimm *KHM.* 2, Nr. 172. [6]) Ebd. Nr. 173. [7]) Ebd. Der Zaunkönig Nr. 171. [8]) Ebd. Nr. 148. [9]) Ebd. Nr. 18. [10]) Nilsson *Griech. Feste* 48 f. [11]) Fehrle *Keuschheit* 152. [12]) RGG. 1 unter „Agnes die Heilige". [13]) Fehrle *Keuschheit* 151—153. [14]) Gen. 19, 26. [15]) Abgebildet bei Stade *Gesch. Israels* 1, 119. [16]) 1001 Nacht, übersetzt v. Weil, 3, 316 ff. [17]) Gunkel *Genesis* 213. [18]) Übersetzt von Weil 1, 49 ff. [19]) Grimm *Sagen* Nr. 328. [20]) Heyl *Tirol* 56. [21]) Grimm *Sagen* Nr. 233. [22]) Schell *Bergische Sagen* 498 f. [23]) Grimm *Sagen* Nr. 136. [24]) Schönwerth 2, 251. [25]) Grimm *Sagen* Nr. 166. [26]) Ebd. Nr. 184 samt Anmerkung. [27]) Ebd. 135. [28]) Ebd. Anm. zu Nr. 135. [29]) Ebd. Nr. 134.

2. a) Naturerscheinungen werden gleichfalls seit ältesten Zeiten, seit menschliches Denken ihnen gegenüber stand, ätiologisch behandelt. Über zahlreiche ethnographische Gebiete hin treffen wir eine Erklärung des Erdbebens an, welche mit einem lebenden, tierischen oder menschlichen Wesen operiert. Die Nordgermanen wußten, daß ein Erdbeben dadurch entsteht, daß der gefesselte Loki sich gewaltig schüttelt, wenn ihm in den kurzen Pausen, in welchen sein liebevolles Weib Sigyn die vom Gift der Schlange angefüllte Schale ausgießt, das Gift ins Gesicht tröpfelt [30]). Man denkt an Prometheus, der sich unter der Erde windet, bei dem Bemühen, seine Fesseln zu brechen. Auf Celebes ist es der die Welt tragende Eber, der sich an einem Baume scheuert, wodurch das Erdbeben entsteht. Bei manchen nordamerikanischen Indianerstämmen heißt es, das Erdbeben rühre von der Bewegung einer großen Schildkröte her, welche die Welt trage. Bei anderen Völkern sind es andere Tiere: in Indien die Elefanten, im Mongolenlande der Frosch, bei den Muslims der Weltstier, welche alle die Welt auf dem Rücken oder Kopf tragen und bei ihren Bewegungen erschüttern. Auf Tonga hält der neuseeländische Naturheros Maui die Erde auf seinem ausgestreckten Körper, so daß jedesmal ein Erdstoß erfolgt, wenn er sich in eine bequemere Lage dreht. — Die Japaner glauben, daß Erdbeben durch große Walfische verursacht werden, welche unter dem Boden hinkriechen [31]).

Während im letzteren Falle vielleicht, wie Tylor anzunehmen geneigt ist, die in der Erde aufgefundenen Riesenrippen paläontologischer Tiere zu dieser Vorstellung, daß solche Wesen unter der Erde Unruhe verursachen, beigetragen haben, werden solche Rippen anderswo, weil man sie mit bekannten Größen nicht identifizieren kann, feindseligen Riesen zugeschrieben. So stammt die große Rippe, welche in der Kirche von Oberburg im Kreise Cilly hängt, von einer „Heidenjungfrau", und man weiß ferner, daß alljährlich ein einziger Tropfen von der Rippe abfällt und der jüngste Tag dann da sein wird, wenn sie ganz vertröpfelt sein wird [32]).

Die einfachsten Naturereignisse werden auf diese Weise mit dem Kausalitätsgedanken getränkt. Die wilden Stürme toben, weil Wodan ein wildes Heer gesammelt hat, mit dem er durch die Lüfte fährt (s. Wilde Jagd) [33]). Andererseits beobachtete man, daß manchmal ein Baum Zweige besitzt, die menschlichen Armen sehr ähnlich sind, oder daß er einen Kopf bildet oder daß sein Rauschen einer Sprache ähnelt. Dann meint man, solcher Baum sei aus einer menschlichen Seele entstanden, deren leibliche Hülle an der Stelle vergraben wurde [34]). So ist oft der Glaube entstanden, daß aus den Gräbern der Verstorbenen Blumen oder Bäume emporwachsen, in welch letzteren die Seelen der Toten wohnen, oder durch die sich diese den Menschen vernehmbar machen. Die Seelen unschuldig Verurteilter erkennt man an den aus dem Grabe sprießenden weißen Lilien, sagt alter deutscher Glaube. Und so konnte das Märchen weiter spinnen, daß aus dem Grabe der Mutter ein Baum mit goldenen und silbernen Früchten wächst und diese Früchte die gute Tochter belohnen, die böse bestrafen. Wenn so von der eigenartigen Erscheinung solcher Bäume aus ihre Ä. gefunden wird, so ist doch nicht zu übersehen, wie hier der ätiologische Gedankengang durch den präanimistischen Glauben unterstützt wird, daß eines Menschen Seele mit einem bestimmten Naturgegenstande (Baum, Blume, Stein, Stab, Tier) identisch ist.

Daß die Flecken im Mond zu zahlreichen ätiologischen Sagen Anlaß gegeben haben, braucht ja nur erwähnt und an zwei Beispielen veranschaulicht zu werden. Ein Streu- und Rübendieb wird zur Strafe für immer in den Mond versetzt, damit er nun aufpassen kann, wann auf der Erde dasselbe Verbrechen begangen wird [35]). Gegenüber steht der anmutige Typus von der Spinnerin im Monde: eine Doppelwaise, in harten Dienst getreten, spann des Nachts beim Mondenlicht an ihrer Ausstattung und ließ den Mond ins offene Fenster hinein scheinen. Von ihrer Frau wurde sie darob getadelt und die Spinnerin im Monde genannt. Sie aber fühlte sich vom Monde angezogen: denn der Mond zieht alles an, besonders Mädchenherzen, weil er selber so unglücklich in seiner Liebe zur Sonne ist. Einmal schlief das Mädchen ermattet ein und träumte, es werde in den Mond hinaufgetragen. Als sie erwachte, befand sie sich wirklich im Mond. Und nun sieht man sie darin als Spinnerin mit ihrem Rädchen [36]). Die Geschichte geht noch weiter und erklärt auch die Sternschnuppen: da sich die Maid dort oben nach ihrem irdischen Bräutigam sehnte und dem Mond ihre Liebe nicht zuwenden konnte, so weint letzterer oft, und die Zähren, die er vergießt, schießen wie Sternlein herab. Der Nordländer fragte auch sehr belangreich, weshalb acht Monate des Jahres Winterzeit sei, und die Antwort war, daß Loki als der Gott des wohltätigen Feuers acht Monate unter der Erde weilt [37]). Oder der Hammer war dem Thor durch den (Winter-) Riesen entwendet und acht Rasten unter der Erde verborgen gehalten [37a]).

[30]) Simrock *Myth.* 104. [31]) Tylor *Cultur* 1, 358. [32]) Grimm *Sagen* Nr. 140. [33]) Simrock *Myth.* 167. [34]) v. d. Leyen in AnSpr. 114, 14. [35]) Schell *Bergische Sagen* 21, Nr. 54. [36]) Schönwerth *Oberpfalz* 2, 59 f. [37]) Edda Ögisdrekka 14. [37a]) Edda Thrymskvida; Simrock *Mythol.* 59 ff.

2. b) Unfruchtbare Stellen der Erdoberfläche, die augenscheinlich früher fruchtbar waren, haben oft Anlaß zur Erwägung gegeben, was für ein Fluch auf ihnen lastet. Z. B. an der Wupper: Ritter Gerhard von Steinbach erwies seine Unschuld gegenüber der Anklage des Meuchelmords durch heilen Sprung tief in den Fluß und verfluchte den Landstrich [38]). Die Steine auf den Hüttener Bergen bezeichnen ein unfruchtbar gewordenes Stück Landes [39]), und ähnlich der kahle Fleck, genannt die Düwelsporen auf der Insel Föhr [40]). Hier ist das anscheinend Sinnlose auf die Wirksamkeit des bösen Geistes zurückgeführt [41]). Etwas anderes und doch im Grunde, weil

das anscheinend Zweckwidrige auf den Teufel zurückführend, dasselbe sind die zwei hölzernen Brückenbogen in der Mitte der Sachsenhäuserbrücke in Frankfurt a. M., welche aus Gründen der Kriegführung zwecks schneller Unterbrechung des Mainübergangs angebracht waren. Die Sage weiß hier von einem Vertrag, den der Baumeister mit dem Teufel gemacht, das erste lebende Wesen, welches über die fertige Brücke gehen werde, dem Teufel zuzueignen. Als nun der Baumeister statt eines Menschen einen Hahn hinüberschickte, zerriß der wütende Teufel das Tier und warf seine Hälften durch die Brückenbogen, so daß die zwei Löcher entstanden, die nie mit Steinen zugemauert werden können, weil sie, so oft man das versucht hat, des Nachts immer wieder durch teuflische Gewalt niedergebrochen wurden [42]. — In diesem Zusammenhange möge auch die böse Einwirkung ähnlicher Art auf Menschen erwähnt werden, welche in solchen ätiologischen Sagen erscheint. Auf dem Gehöft Brockhausen befindet sich stets eine lahme Person, weil ein böser Bube, der den Zwergen ihr Brot absichtlich beschmutzte, von ihnen zur Lahmheit verflucht wurde [43].

[38]) Schell *Bergische Sagen* 324. [39]) Müllenhoff *Sagen* Nr. 364. [40]) Ebd. Nr. 366. [41]) Beth *Religion u. Magie* ² 301 ff. [42]) Grimm *Sagen* Nr. 185. [43]) Schell *Bergische Sagen* 226.

3. Die Ä. erklärt Völkernamen. Die Langobarden hießen früher Winiler. Auf Freias listigen Rat hin kamen eines Morgens die Frauen der Winiler heraus, nachdem sie ihre Haare zu langen Bärten vorne zusammengebunden hatten; als Wodan von seinem Fenster aus das sah, fragte er Freia: „Was sind das für Langbärte?" Worauf sie: „Hast du ihnen einen Namen gegeben, so mußt du ihnen auch den Sieg schenken." Seit der Zeit nannten sich die Winiler Langobarden [44].

Unzählige Ortsnamen haben zu ätiologischen Erzählungen Veranlassung gegeben. Um an Bekanntes zu erinnern, verweise ich darauf, daß die alten Hebräer den Stadtnamen Babel aus ihrer eigenen Sprache damit erklärten, daß Gott an jenem Orte die Sprachen der Menschen „verwirrt" (balal) habe [45]. Ebenso werden im Alten Testament Stadtnamen wie Beerscheba, Pnuel u.v.a. ätiologisch erklärt [46]. So werden auch in deutschen Sagen Ortsnamen, deren Sinn oder Ableitung nicht ohne weiteres deutlich ist, durch irgendeine Begebenheit, die man mittels Anklangs an den Namen damit in Verbindung bringt, zu erklären versucht. Über Schöneck im Voigtlande heißt es folgendermaßen: einst wurde der Kaiserliche Landvogt Heinrich Reuß (12. Jh.) auf der Jagd von seinem Gefolge getrennt und, wie er auf ein Bärenlager stieß, von der alten Bärin angefallen. Es wäre, da sein Schwert zerbrach, um ihn geschehen gewesen, wäre nicht ein junger Köhler auf seinen Hilferuf herbeigeeilt, der das wütende Tier von hinten mit dem Schürbaum erschlug. Der Landvogt erlaubte seinem Retter, sich eine Gnade auszubitten. Dieser gestand, wegen seiner Armut seine Geliebte nicht heiraten zu können; er bitte deshalb um einen Fleck für ein Häuschen und Holz zum Bauen. Da lachte der Reuß und sagte ihm, er möge sich in seinem Lande einen Platz aussuchen, Holz aber und Steine aus dem Walde holen, soviel er benötige, und so jemand ihn zur Rede stellen werde, solle er diesen seinen Ring und sein zerbrochenes Schwert vorzeigen. Als nun der Köhler mit seinem Liebchen im Voigtlande herumzog, kamen sie nach langem Suchen auf einen hohen Berg mit üppigem Graswuchs. Da riefen sie: „Das ist ein gar schönes Eckchen, da kann man weit aussehen." Davon heißt der Ort Schöneck [47]. — Etwas gehaltvoller, gleichfalls das Legendarische auf den ersten Blick verratend, ist die Entstehungsgeschichte von Plauen, die auf einen Hirtenknaben zurückgeführt wird. Er ging dem Klange eines schönen Flötens nach und fand ein Hirtenmädchen vor zwei himmelblauen Blumen knien, vor denen sie ihr Herz ausströmte und sagte, daß sie, um dieselben zu pflücken, zum Genossen einen Knaben haben müsse. Er bot ihr nun, entzückt von ihrer

Schönheit, seine Hilfe an. So knieten beide vor den blauen Blumen und begannen, sie aus der Erde zu graben. Er reichte ihr die seine und sie ihm die ihre, und sie schlossen einen Bund, dem der Himmel die Weihe gab. Bald prangte an dem Orte, wo die Wunderblumen geblüht, ein Kirchlein mit zwei Türmen, dem heiligen Johannes geweiht, zu dem von nah und fern die Leute strömten, so daß bald eine Stadt erwuchs, welche den blauen Blumen zum Gedächtnis Blauen genannt wurde [48]. — Der Name Sattelstädt gilt in der Sage als Umbildung aus Satansstadt, auf Grund dessen, daß die bösen Geister dort der englischen Königswitwe erschienen seien [49]. Der Name des Lügensteins auf dem Domplatz in Halberstadt wird auf den Vater der Lüge zurückgeführt, der auf dem Steine zur Zerstörung der Kirche herabschwebte, und, als ihm der Bau einer Weinschenke dicht neben der Kirche versprochen war, den Stein neben dem Dome niederfallen ließ [50]. Seligental an der Sieg hat seinen Namen daher, daß im Dreißigjährigen Krieg ein König seine Tochter wiederfand und rief: „O selig das Tal, wo ich mein Kind wieder fand“ [51]! Die Stadt Elterlein (die bis ins 15. Jh. Quedlinbug geheißen haben soll) empfing ihren jetzigen Namen angeblich von einer Kapelle am Ausgange des sächsisch-böhmischen Waldes, in welcher täglich ein Zisterzienserpater eine Dankmesse für die Reisenden wegen glücklicher Zurücklegung des gefährlichen Weges durch den Wald lesen mußte. Bald erhob sich dort ein kleiner Ort, den man „die Häuser am Altärlein“ nannte, und das dort entstandene Städtchen hatte in seinem Siegel ein Altärlein mit zwei Kerzen und einem Kelch. Noch lange sagten die Reisenden: „Wenn wir zum Altärlein kommen, wollen wir uns Messe lesen lassen.“ Der Ort selbst wurde daher so genannt und sein Name in Elterlein umgebildet [52]. — Werdau wurde von dem Bischof Egidius begründet, nachdem er, in der Jagdeinsamkeit eingeschlafen, beim Erwachen etwas neben sich spürte und „Wer da!“ rief. Es war ein von ihm verwundetes Reh, das seine Beine traulich auf ihn gelegt hatte. Er befreite es von dem Pfeil und pflegte es, ließ an der Stelle den Wald roden und den Ort anlegen [53]. Die Abtei Werden entstand dadurch, daß dem hl. Ludgerus die Gegend gefiel und er sich trotz des dichten Waldes dort niederlassen wollte. Seinen erstaunten Begleitern sagte er: „Was nicht ist, kann werden“ [54]. Lichtenstein soll früher Finsterstein geheißen und seinen neuen Namen empfangen haben, als der dichte Wald „lichter“ wurde [55]. Zwickau, lat. Cygnea, nach einigen auf den Herkulessohn Cygnus zurückgehend, nach anderen früher Schwanenfeld (Cygnus = Schwan) geheißen, weil die Fürstin Schwanhildis Karl dem Großen mutig gegen die Wenden dort beigestanden habe, wurde Zwickau benannt, als Heinrich I. die Stadt bei einer Besichtigung sehr „verzwickt“ fand. Da habe er gerufen: Cygnea, du bist gar sehr verzwickt, du sollst förder „Zwicke“ heißen [56].

Solche Ursprungserzählungen befinden sich oft genug im direkten Gegensatz zu dem tatsächlichen Ursprung eines solchen Ortes. Sie haben in der Regel keine geschichtliche Bedeutung, sind aber deshalb nicht wertlos, sondern vielmehr für die Kenntnis der Mentalität der in Frage kommenden Bevölkerungsschicht von Wichtigkeit. Wie leicht infolge eines Bestandteiles eines Ortsnamens eine dem wirklichen Tatbestande gegenüber willkürliche Erklärung gegeben werden kann, darauf hat Max Adler aufmerksam gemacht, indem er die Umnennung eines „Jubiläumsparkes“ in „Florapark“, nach dem Namen der Schwägerin eines Erziehers seitens der Zöglinge des betreffenden Institutes, erwähnt, während vielleicht nach 100 Jahren aus dem Namen in Verbindung mit dem Mittelrondell auf das ehemalige Vorhandensein eines Standbildes der Göttin Flora geschlossen werden würde [57]. Man nehme nur die Sage von Kaisersberg. Über dem Portal der altertümlichen Kirche befindet sich eine gemeißelte Gruppe der Krönung Mariä. Der gekrönte Jesus berührt mit der rechten Hand die Krone auf dem Haupte seiner Mutter. Vor ihm knien Engel mit Rauchgefäßen, die man auch für Beutel ansehen könnte. Da nun in der Überlieferung Kaiser Barbarossa statt seines Enkels Friedrich II. für den Gründer der Stadt und Kirche galt und sein steinernes Bild von alters den Brunnen bei der Kirche zierte, so wurde auch die gekrönte männliche Figur für Barbarossa gehalten, und die übrigen Figuren wurden dementsprechend gedeutet: er sei im Begriff, die Krone seiner Gemahlin zur Durchführung des Kirchenbaues zu versetzen, als ihm zur Belohnung seines frommen Eifers zwei Engel mit vollen Geldbeuteln erschienen, um die Krone einzulösen [58]). Ebenso offenkundig ist der Mißgriff in der Ä. von Crottendorf, welche erzählt, dem slavischen Priester wäre eines Tages der Missionar des Erzgebirges Conradus in die Hand gefallen, und er habe ihn vor dem Götzenbild des Crodo opfern wollen. Gerade in dem Augenblick, wo angesichts des Volkes der tödliche Streich geführt werden sollte, zuckte ein Blitz auf, und sogleich lag das Götzenbild samt dem Priester zerschmettert am Boden, so daß die Umstehenden zitternd zur Erde fielen und sich bekehren ließen. Der gerettete Conradus versammelte nun die Gemeinde auf dem Liebenstein, und man nannte das Dorf, in welchem das Crodobild verscharrt worden sei, Crodosdorf [59]). Von einem Götzen solchen Namens ist nichts bekannt, wohl aber ist hierbei anzumerken, daß es in Wien einen Krottenbach gibt, der seinen Namen von einstmals dort ansässig gewesenen Kroaten führen soll.

[44]) Grimm *Sagen* Nr. 389. [45]) Gen. 11, 9. [46]) Ebd. 21, 22 ff; 32, 23 ff. [47]) Meiche *Sagen* 811 Nr. 992. [48]) Ebd. 813 Nr. 994. [49]) Grimm *Sagen* Nr. 173. [50]) Ebd. Nr. 200. [51]) Schell *Bergische Sagen* 445. [52]) Meiche *Sagen* 823 f. Nr. 1010. [53]) Ebd. 818 Nr. 1000. [54]) Schell *Bergische Sagen* 8 Nr. 9. [55]) Meiche *Sagen* 819 Nr. 1001. [56]) Ebd. 819 f. Nr. 1003. [57]) ZfVk. 14 (1904), 117. [58]) Hertz *Elsaß* 133. [59]) Meiche *Sagen* 823 Nr. 1009.

4. Ätiologische Kultsagen entstehen gewöhnlich dadurch, daß kultische Gebräuche, die zu den zähesten Stücken der Religion gehören, späteren Geschlechtern nicht mehr verständlich sind. Auch uns geht es mit manchem Teil des kirchlichen Ritus und der kirchlichen Sitte ähnlich; der Brauch erhält sich, ohne daß immer sein ursprünglicher Sinn bekannt bleibt. In solchen Fällen wird der Kult konserviert, weil, wie jene Weddas zu dem Forscher Sarasin sagten, „unsere Vorväter es so gemacht", nämlich, Speise in den Baumstamm gelegt haben [60]). Ist man nun um den Sinn solcher Gebräuche bekümmert, so kommt man alsbald auf eine Geschichte von einem Vorfahren, dem irgend etwas zugestoßen ist, wodurch er zu dem Brauche veranlaßt wurde. So führen die eingeborenen Völker Australiens und viele andere primitive Völker ihre Kulte zum größten Teile auf eine weit zurückliegende Epoche zurück, indem sie erzählen, daß die Beschneidung (oder welch anderer Brauch oder Zeremonie es auch sei) von einem Urvater des Stammes, der in der Regel noch nicht einmal reiner Mensch, sondern ein halbes Tier war, an dem ersten Menschen des Stammes vollzogen worden sei [61]). Ähnlich erzählt das Alte Testament, daß die Israeliten die Beschneidung vornahmen, weil der Erstgeborene des Moses beschnitten wurde zum Ersatz für den Vater, dessen Blut Jahweh begehrte [62]). Und so ruhen wir am siebenten Tage von unseren Werken, weil Gott nach dem sechsten Schöpfungstage ausruhte. „Heilige Worte" nannte man bei den Griechen solche Erzählungen, die den Ursinn eines religiösen Brauches darlegen. Die ätiologischen Erzählungen erhalten aber deshalb noch lange keine verbindliche Kraft, was ihren Anschauungsinhalt anlangt. Der Ritus selbst gehört zur Orthodoxie, während seine Deutung sehr verschieden lauten kann, ohne daß sich infolgedessen ein Streit über rechte oder falsche Anschauung erheben müßte. Ganz ähnlich ist es bei abergläubischen Bräuchen, die als solche durchaus festgelegt erscheinen, während oft genug der eine oder andere „geschichtliche" Grund für ihre Entstehung und Geltung angegeben wird. Besonders anschaulich und ausgestaltet

treten uns derartige ätiologische Kultsagen als Stiftungslegenden der Mysterien entgegen. Das Muschelmysterium der Omaha-Indianer besitzt eine umständliche Stiftungssage von dem Abgesandten des himmlischen Tierreiches, welcher eine von ihm auserwählte Familie mit den Riten des Mysteriums und zugleich mit dem Kulturgut der Fleischkonservierung vertraut machte [63]). Der sog. Homerische Demeter-Hymnus enthält die Stiftungslegende der eleusinischen Mysterien. Die Orphiker wissen Ähnliches über den Ursprung ihrer heiligen Handlungen. Ein viertägiges Klagefest der Frauen in Israel wurde auf die Opferung der Tochter Jephthas durch ihren Vater zurückgeführt [64]). Wie die Erzählung von Isaaks beabsichtigter und verhinderter Opferung den Ersatz des Opfers des Erstgeborenen durch das Widderopfer als ein historisch bedingtes Faktum ansehen lehrt [65]), so erzählt Clemens von Alexandrien die Ablösung der Selbstentmannung der Attis-Diener durch ein Widderopfer [66]); und eine Ä. der Verstümmelung der Kastraten der großen Göttermutter Kybele findet sich in der Erzählung des Lukian, wonach Attis, von Rhea entmannt, als deren Weihepriester umherzog [67]). Zu den eleusinischen Bräuchen gehörte auch, dem erwähnten Hymnus zufolge, eine neuntägige Fastenperiode, welche auf das Vorbild des neuntägigen Fastens der Göttin Demeter zurückgeführt wird [68]). Und wahrscheinlich ist auch der Ausspruch des Odin, daß er neun Tage am Weltbaum gehangen habe, als Ä. der für ihn bestimmten und durch Aufhängen vollzogenen Opfer zu verstehen (ohne daß natürlich dadurch der Zusammenhang des Gottes selbst mit dem Hängen und sein Gehängt-sein erläutert wäre!). In dieser Weise gibt es nun, wie in griechischen und römischen so auch in deutschen Landen, eine große Zahl von ätiologischen Legenden über einzelne Lokalkulte, wundertätige Bilder, Kapellen usw.

[60]) Paul Sarasin *Religiöse Vorstellungen bei niedrigsten Menschenstämmen*. Verhandl. d. 2. internat. Kongresses für allgem. Rel.gesch. 1905, 138. [61]) Beth *Religion und Magie* ² 335 f. [62]) Exodus 4, 24 ff. [63]) Beth *Relig. u. Magie* ² 146. 259. [64]) AT. Richterbuch 11, 34—40. [65]) Gen. 22. [66]) Clemens v. Alex. Protreptikos 2, 15. [67]) Hepding *Attis* 2, 18. [68]) Ebd. 183 Anm. 1. K. Beth.

Atmosphäre. 1. Heidnisches. Die A. zerlegt sich im Volksglauben in die Elemente Wind, Wasser (Regen) und Feuer (Blitz), alle drei ursprünglich personifiziert in der Gestalt Wodans, der im Gewittersturm einherfahrend seinen Blitzspeer schleudert und mit befruchtendem Regen die Erde tränkt. Als Herrscher über das atmosphärische Feuer steht neben ihm Donar. Verwandt sind dieser göttlichen Personifikation der atmosphärischen Elemente die Wind- und Wetterdämonen sowie die Kobolde [1]).

Diesen Geistern der A. ist gemeinsam eine enge Beziehung zum Backen (s. d.) und zum Brot überhaupt, welches man ihnen als Opfer bringt. Es birgt sich hierin ein letzter Rest altgermanischer Naturdeutung; die Beobachtung vom Wachsen und Reifen des Getreides unter den atmosphärischen Einflüssen ließ die Menschen früh dazu kommen, die die A. bevölkernden Wesen dämonischer oder zwergenhafter Art sich durch allerhand Opfer und andere Dienste günstig zu stimmen. Andrerseits werden die Wind- und Wetterdämonen, Elben und Kobolde dann auch als die Spender des Brotes überhaupt aufgefaßt, die selbst das Brot backen. So wird die A. als ein riesiger Backofen gedacht, in dem Riesen ihre Tätigkeit verrichten. Die Menschen sind auf diese Geister, die ihnen das Brot spenden, angewiesen und zu Gegenleistungen mancherlei Art, besonders zu Opfern von Mehl, verpflichtet.

[1]) Kühnau *Brot*, wo man alles die germ. Mythologie betreffende, samt Literaturangaben, die weiterführen, findet; s. w. die Artikel Blitz, Wind, Wolke.

2. Christliches. Die germanische Auffassung der backenden Riesen hat unter christlichem Einfluß etwa seit dem 11.—12. Jh. eine interessante Umbildung erfahren. Hier ist an Stelle der Riesen Maria, die Mutter Gottes, getreten, die seitdem die Spenderin der

Feldfrucht ist. Wenn es schönes Abendrot ist, sagt man in Schwaben „Schau, die Mutter Gottes backt Küchlein“ (s. Abendröte 2); wogt der Wind im Kornfeld, spricht man in der Reinerzer Gegend (Schlesien): „Die Mutter Gottes scheubt Brot.“ Eine Erklärung, wie sie Kühnau, Schroller und andere geben, daß hier Maria an Stelle der Dämonen getreten sei, ist nicht genügend, weil sie das „wie“ nicht erklärt. Aber Schroller war auf dem richtigen Wege mit seinem Hinweis, daß Maria im MA. oft mit einem Ährenkleide dargestellt wird [2]). Maria mit der Ähre als Spenderin der Fruchtbarkeit aber ist eine Figur des antik-christlichen Sternenhimmels; es ist ein gesichertes Ergebnis der antiken Religionswissenschaft, daß man schon vor dem Jahre 70 n. Chr. Maria, die das Christuskind trägt, in der Parthenos-Demeter, dem Sternbild der Jungfrau, wiedererkannt hat [3]). Die Angleichung des Marienmythus an den ägyptischen von der Isis mit dem Horusknaben — die Parthenos-Jungfrau als Sternbild ist die Isis, wie unter anderem der Zodiakus von Denderah beweist [4]) — ließ jene Gleichsetzung von Jungfrau (Sternbild) und Maria im Orient möglich werden. Das Sternbild der Jungfrau aber wird immer mit der Ähre in der Hand abgebildet (Stern Spica); wesentliche Eigenschaft der Jungfrau als Demeter ist die Spende der Fruchtbarkeit. — Die Germanen verehrten als Fruchtbarkeitsgöttin die Frigg (Fria, Holda, Berchta). Mit Donar und Wodan wacht sie über Hauswesen, Feldarbeit und Fruchtbarkeit des Getreides [5]). Dieser germanischen Himmels- und Fruchtbarkeitsgöttin schob sich langsam die christliche Fruchtbarkeitsgöttin, eben die ährentragende Maria, unter [6]). Da astrologische Momente diese Angleichung allein möglich machen, kann sie nicht vor dem 11.—12. Jh. sich vollzogen haben [7]). Astrologisches zuerst in den Werken der Hildegard v. Bingen (ca. 1098—1178) [8]). In der gleichen Zeit wird auch der Donnergott Donar durch Petrus ersetzt worden sein (warum Petrus?) — seitdem wird vermutlich das Donnern als das Kegeln des Petrus bezeichnet (s. Art. Donner).

[2]) So in Salzburg: Alw. Schultz *Legende der Jungfrau Maria*; ferner K. Rathe *Ein unbestimmbarer Einblattdruck und das Thema der Ährenmadonna*, Mitt. d. Gesellsch. für vervielfältigende Kunst, Beilage d. graphisch. Künste, Wien 1922 Nr. 1, 16. Eine weitere Abb. Boll-Bezold *Sternglaube u. Sterndeutung* [3] (her. W. Gundel) Tafel V Abb. 8 u. 10). Vgl. Kühnau *Brot* 15; SAVk. 13, 209. [3]) Boll *Offenbarung Joh.* 98 ff. 115. [4]) Ebd. 109 f.; s. auch dessen *Sphära* 208. Das älteste Zeugnis in den Catasterismen des Eratosthenes (3. Jh. v. Chr.) c. 9. [5]) Mannhardt *Germ. Myth.* 294 ff. [6]) Kühnau *Brot* 15. [7]) Ich glaube diesen Zeitpunkt ansetzen zu müssen, da damals die große Durchdringung der abendländischen Geistigkeit durch die östliche Astrologie begann. Die Anfänge sind anscheinend schon im 10. Jh. zu suchen: Thorndike Bd. 1, 698 ff. Da mir das Marienbild mit der Ähre nicht vor dem Anfang des 15. Jhs. bekannt ist (s. Kühnau *Brot* 15; Saxl *Verzeichnis* 10 = cod. Pal. lat. 1066 fol. 243), im Altertum die Gleichsetzung Jungfrau (Sternbild) = Maria aber wesentlich nur im Orient verbreitet gewesen zu sein scheint, muß sich das Marienbild des Abendlandes später wesentlich gewandelt haben, eben seitdem die Astrologie im 11./12. Jh. in Deutschland die Gemüter erfaßte. Inwieweit byzantinische Marienvorstellungen hier halfen, weiß ich nicht zu sagen. — Dies Ergebnis ist mit den ähnlichen Ansichten von E. H. Meyer zu vergleichen, der für die Vernichtung des Heidentums in Deutschland durch die christliche Religion etwa den gleichen Zeitpunkt ausfindig macht und mit guten Gründen stützt, E. H. Meyer *Mythologie der Germanen* 58 ff. [8]) Vgl. Thorndike *A history of Magic and experimental Science.* New York 1923. Bd. 2, 150 f. Stegemann.

Ätna. Wie weit die sizilianische Sage vom Ä. als dem Aufenthalt der Abgeschiedenen antiker Überlieferung [1]) entstammt, ist noch zu untersuchen; im MA. wurde sie in einer milderen und in einer grimmeren Form dem Abendland bekannt. Als Paradies erscheint der Ä. in der Artussage (s. d.), und so berichtet Gervasius von Tilbury [2]). Nach Kampers [3]) ist diese sizilianische Ätna-Artussage dann im 13. Jh. auf die deutsche Kaisersage übertragen worden. Aber in den weitaus meisten Zeugnissen erscheint dieser Aufenthalt der Abgeschiedenen in höllischer Natur. Sigebert von Gembloux [4]) und Alberich berichten von dem Geschrei der Seelen, das aus seinem Schlunde dringt. Otto von Freising († 1158) überliefert, wie Dietrich von Bern hoch zu Roß in den Ä. fuhr. Thomas von Eccleston [5]) berichtet zwischen 1257 u. 1274, ein Mönch habe Kaiser Friedrich II. mit 5000 Rittern in die Hölle des Ä. ziehen sehn. Cäsarius von Heisterbach erzählt XII, 13 aus dem Munde zweier Äbte, wie die höllischen Geister für den Herzog Berthold von Zähringen das Feuer im Ä. schüren. Praetorius, Anth. plut. I, 266, und andere erzählen nach einem Brief vom 10. 4. 1536 von einem Kaufmann, dem zwischen Catania und Messina ein Maurermeister erklärte, er wandere mit seinen Gesellen zum Ätna — *per farvi certo edivitio*, und es erfolgen alsbald vulkanische Erscheinungen [6]).

[1]) Über den Ä. in antiker Mythologie spärliche Notizen bei Roscher *Lexikon der griech.-röm. Mythol.* 1, 202; Pauly-Wissowa 1, 1112; Sudhaus *Ätna* 47; auf eine unbest. Aristoteles-Stelle verweist Sepp *Altbayr. Sagenschatz* 706. [2]) *Otia imperialia* ed. Liebrecht 246, vgl. Cäsarius von Heisterbach 143 (12, 12); *Wartburgkrieg* Strophe 83; *Lohengrin* Str. 24 ff.; vgl. Singer *Artussage* (Bern 1926), 8. [3]) Kampers *Kaiseridee* 83—86. 100. 202; *Kaisermystik* 137 ff. [4]) Zum Jahre 998 vom Abt Odilo von Cluny, der bei der Heimkehr von Jerusalem am Ä. vorbeifahrend das jämmerliche Geheul der armen Seelen hört. [5]) Mon. Germ. hist. SS. 28, 568. [6]) Vgl. Bräuner *Curiositäten* (1737), 648 f.: der Teufel reist mit 21 seiner Gesellen zum Ä. S. noch C. Meyer *Aberglaube* 126; Frazer 12, 261; Sepp *Altbayr. Sagenschatz* 400. 706.
H. Naumann.

Atriel, Zaubername auf einem silbernen Zauberring [1]), der Engelname 'Ατριήλ, der schon im Henochbuch [2]) vorkommt, wohl הַדְרִיאֵל „mein Schmuck ist Gott" [3]) mit Wechsel des Dentallauts, wie er auch sonst vorkommt.

[1]) Andree-Eysn *Volkskundliches* 136. [2]) *Das Buch Henoch* ed. Flemming-Radermacher (1901), 24. [3]) R. Stübe *Jüdisch-Babylonische Zaubertexte* (1895), 23 f.; Reitzenstein *Poimandres* (1904), 292; Byzantinisch-Neugriechische Jahrbücher (1922), 275; Schwab *Vocabulaire* 221. Jacoby.

Attich (Feldholder; Sambucus ebulus). 1. Botanisches. Mit dem Holunder (Sambucus nigra) nahverwandte, 1 bis 1,5 m hohe Staude, mit unpaarig gefiederten Blättern, weißen Blütendolden und schwarzen Früchten. Hie und da an Waldrändern, auf Waldlichtungen, an Hecken und Zäunen [1]).

[1]) Marzell *Kräuterbuch* 455.

2. Der A. findet in der Volksmedizin ab und zu als Sympathiemittel Verwendung; dabei wird er nicht selten „besprochen", z. B. wenn er einem Vieh gegen Maden gegeben wird [2]). Der am Karfreitag während der Kirche auf dem Friedhof geholte A. hilft gegen jede Krankheit [3]). In Schwaben wird der A. als Sympathiemittel gebraucht mit den Worten: „Jetzt leg ich dir den A.; es ist gut vor den Käfer, Wurm, Schmerz und vor den Brand" [4]). Auch in Frankreich (Montagne noire) wird der A. gegen Würmer beim Vieh beschworen [5]). Eine antike Beschwörung des A.s (ebulus) gegen Schlangenbisse bringt die Schrift des (Pseudo-) Apuleius (4.—5. Jh.) [6]). Die Wurzel des A.s, im August bei abnehmendem Mond gegraben, wird den Kindern bei Geschwüren um den Hals gehängt [7]). Dem Vieh an den Hals gehängt, vertreibt die A.wurzel die Magenwürmer (wohl die Larven der großen Magenbremse, Gastrophilus equi) [8]). Für Heilzwecke muß der A. gesammelt werden am Abend vor Sonnwend, am Sonnwendtag vor Sonnenaufgang oder zwischen den beiden Frauentagen [9]) oder am Jakobstag [10]).

[2]) Schullerus *Siebenb.Wb.* 1, 215 f. [3]) Haltrich *Siebenbürger Sachsen* 286. [4]) Fischer *Schwäb.Wb.* 1, 349. [5]) Mannhardt 1, 12; Sébillot *Folk-Lore* 3, 413; Andree *Parallelen* 1, 32; auch von den Zigeunern wird der A. besprochen: Wiss. Mitt. Bosn. Herceg. 5, 437. [6]) *De medicam. herbarum*, rec. Ackermann 1788, 264, vgl. auch die altenglische Übersetzung bei Cockayne *Leechdoms* 1 (1864), 203 und Fischer *Angelsachsen* 33. [7]) Ostpreußen: Gottsched *Flora Prussica* 1703, 243. [8]) Martin und Lienhart *Els.Wb.* 2, 861. [9]) Baumgarten *Aus der Heimat* 1862, 127; auch auf Sizilien am Johannistag gesammelt: Pitrè *Usi e costumi* 3 (1889), 263; in Frankreich wird der A. ins Johannisfeuer geworfen: Rolland *Flore pop.* 6, 290. [10]) Ostpreußen: Gottsched *Flora prussica* 1703, 243.

3. Der A. ist auch eine Pflanze des Abwehrzaubers. Während eines Gewitters wird er verbrannt, um die

Hexen durch den Rauch zu vertreiben [11]). Der am Christinentag (die hl. Christina ist die Patronin gegen Ungeziefer!) ohne Eisen gegrabene und in alle Winkel des Hauses gehängte A. vertreibt Mäuse und Ratten [12]). In Siebenbürgen werden Kraut und Beeren gegen Mäuse und Kornwürmer gekocht [13]).

[11]) Gottschee: ZföVk. 15, 171; auch bei den Walachen gegen die Zauberkraft der „Sina": Schott *Walach. Märchen* 1845, 296. [12]) Aus einem alten Arzneibuch: Most *Sympathie* 66; SAVk. 6, 56. [13]) Schullerus *Siebenb.Wb.* 1, 216.

4. Um zu erforschen, ob ein Stück Vieh am Leben bleibt oder sterben wird, streut man an Johanni gesammelte A.blätter in den Stall. Legt sich das Vieh darauf, so wird es leben, bleibt es aber darauf stehen, so wird es zugrunde gehen [14]).

[14]) Alpenburg *Tirol* 397.

5. Der A. gilt im Elsaß für ein Irrkraut (s. d. und Farn!) [15]). Zu dieser Meinung hat vielleicht der Umstand beigetragen, daß der A. manchmal an abgelegenen Waldstellen wächst.

[15]) Martin u. Lienhart *Els.Wb.* 2, 575. Marzell.

Atzelmännchen, im Odenwald gebräuchlicher Name für den Alraun (s. d.), weil er gleich der geschwätzigen Atzel (Elster) alles schwätzt, was er weiß [1]).

[1]) Friedreich *Symbolik u. Mythol. der Natur* (1859), 274, 7; Schlosser *Galgenmännlein* 11. Pfister.

Atzmann. Die erste Silbe des Wortes gehört zu *ätzen* = verzehren lassen; *Ättich* bedeutet Auszehrung. A. ist ursprünglich Personifikation der Schwindsucht; so bei J. Paul [1]): „Der A. hätte mich ohnehin an die Kehle gegriffen." So sagt man auch „einem einen A. in Hafen setzen", d. h. durch ein magisches Mittel einer Person die Auszehrung antun [2]). Dies kann geschehen durch einen Bildzauber (s. d.), den man mit einem Wachsbild als Analogiezauber (s. d.) vornimmt. Auch dies Wachsmännchen (s. d.) heißt A. Um die Mitte des 16. Jhs. sagt Johann Hartlieb: „Zaubrerin, die machent pild und A. von wachs und andern dingen" [3]). Bei Martin Crusius in den Annales Suevici III 95 sagt eine Frau zu dem Edeln, der ihren Sohn gefangen hält: *Experieris, quid factura sim. Uredinem aut tabem eiusmodi tibi comparabo (ein solchen Atzmann), qua consumaris, priusquam filius meus putrescat.* Und Fischer fügt nach einer Stuttgarter Handschrift hinzu: „So sollt ihr wissen, daß ich euch ein A. will in ein Hafen setzen, das ihr müsset ausdorren."

[1]) *Titan* 2, 94; DWb. 1, 397. [2]) Fischer *Schwäb.Wb.* 1, 351. [3]) Grimm *Myth.* 3, 430. S. noch ebd. 2, 13; Ploß *Weib* 1, 662; ZfVk. 23 (1913), 13 f. u. Art. Wachsmännchen. Pfister.

Au, der alte Jäger Au, Aug oder Auf, auf die Probstei beschränkter Name des Wilden Jägers, lediglich bekannt aus zwei Sagen des 19. Jhs.[1]). Name unerklärt, vermutlich der eines einst daselbst wirklich lebenden Menschen (Übeltäters, schlimmen Herrn, allzu leidenschaftlichen oder Sonntagjägers o. dgl.).

[1]) Bei Müllenhoff *Sagen* Nr. 495, danach Ranke *Volkssagen* [1] 78, [2] 116. H. Naumann.

Auerhahn (Tetrao urogallus *L.*; schon spätahd. *ûrhano*; vielleicht von einem alten **ûr* „wild") [1]).

Volksmedizinisch wird der Magen [2]) gegen Kinderkrämpfe (Fraisen) u. epileptische Zustände pulverisiert eingegeben [3]), ebenso gegen Bandwurm [4]). Die im Magen gefundenen Quarzkörner helfen gegen Augenkrankheiten [5]). Die Zunge eines A.s, der im abnehmenden Mond geschossen wurde, vertreibt die Krämpfe bei Kindern, wenn sie ihnen im Zeichen des Krebses umgehängt wird (Steierm.) [6]); nach einer anderen Vorschrift muß dem in der Balzzeit geschossenen A. die Zunge sofort herausgerissen werden, weil er sie im Sterben verschlucke (Oberöst. u. Steierm.) [7]). Gegen die Epilepsie hilft eine im Schatten getrocknete und als Amulett getragene A.-zunge [8]). In Norwegen wurde das Herz zum Schutz vor Schlangen und Bezauberung als Amulett am Arm getragen [9]).

[1]) Suolahti *Vogelnamen* (1909), 249; über ähnliche Namen: ahd. *orrehuon*, schwed. *orre*, ndl. *woerhaan*, ags. *wôrhana* s. ebd.; Hellquist *Etymol. Bemerkungen* (1893), VIII;

Ders. *Svensk Etym. Ordbok* (1922), 553. [2]) Nach Hovorka-Kr. 1, 43 sind Mägen v. A.en chemisch untersucht u. ist darin ein besonderer Heilstoff gefunden worden. [3]) Lammert 124; Jühling 248; Hovorka-Kr. 1, 43. [4]) Schönwerth *Oberpf.* 3, 265; Hov.-Kr. 2, 98. [5]) Schwenckfeldt *Catalogus* 2, 370 f.; Hov.-Kr. 1, 43. [6]) ZfVk. 5, 412. [7]) Hov.-Kr. 1, 43. [8]) Ebd. 2, 215. [9]) Höfler *Organoth.* 251. Hoffmann-Krayer.

Auffahrt s. Himmelfahrt.

Aufgabe, unlösbare. Die u. A. erscheint im Volksglauben in drei verschiedenen Verwendungsformen: als Abwehrmittel gegen den Alpdämon, als Mittel, den dienenden, bösen Geist (Teufel, Kobold) loszuwerden, und als Schicksal büßender Toter. Nur die dritte Art reicht in ihrer literarischen Bezeugung bis ins Altertum zurück; doch ist damit über die Ursprungsbeziehungen zwischen den drei Verwendungsarten nichts gesagt.

1. Als Abwehrmittel gegen den Alpdämon erscheint die u. A. vor allem in dem weitverbreiteten Alp-(druck-)segen (s. d.), der dem Alp befiehlt, den Schläfer und sein Haus zu meiden:

„bis du alle Bichel grattelst
und alle Wasser wattelst,
bis du alle Zaunstecken melkst
und alle Läublein an Bäumen zählst" [1]).

[1]) Leoprechting *Lechrain* 26; vgl. z. B. Vernaleken *Mythen* 272; Manz *Sargans* 114; Drechsler 2, 264; Panzer *Beitrag* 1, 269; HessBl. 8, 48; Kuhn und Schwartz 461 Nr. 458; Kuhn *Westf.* 2, 191 Nr. 541; Wolf *Niederl. S.* Nr. 250. — Dazu Grimm *Myth.* 2, 1042; 3, 372; Mannhardt *Germ. Mythen* 45 f.; Meyer *Germ. Myth.* 79; Sébillot *Folk-Lore* 1, 141; RTrp. 6, 28.

2. Als Mittel, sich den gerufenen bösen Geist vom Halse zu schaffen, dient die u. A. in den Sagen vom Teufel (Kobold), der nach dem Sprichwort: „Wer den Teufel fordert, muß ihm Werk schaffen" [2]), von seinem Herrn immer neue Aufträge heischt, bis von ihm die u. A. verlangt wird: ein krauses Haar glattklopfen, einen Furz fangen, schwarze Wolle weiß waschen, einen Strick aus Sand drehen, einen im Schornstein angebrachten Stiefelschaft ohne Fuß mit Gold füllen, den Namen Gottes aussprechen u. dgl.[3]).

[2]) Grimm *Sagen* Nr. 203. [3]) Zusammenstellung bei Bolte-Polívka 3, 16 Anm.; Jegerlehner *Sagen* 1, 6 Nr. 3 u. Anm.; Wünsche *Teufel* 110 f.

3. Als Strafe büßender Seelen wird die u. A. besonders den alten Jungfern (s. d.) und Hagestolzen gestellt, die nach dem Tode an gewissen öden Plätzen, im „Giritzen- (= Kibitzen-) Moos" verurteilt sind, Wasser im Korb bergan zu tragen, Seile aus Sand oder Sägemehl zu drehen, Leinsamen zu spalten, Nebel zu schöbern, Wolken zu schichten, Holzscheite zu sieben u. dgl.[4]). Ältestes Beispiel dieser Art sind die Danaiden (s. d.), die nach griechischer Überlieferung im Hades Wasser mit dem Sieb in ein durchlöchertes Gefäß zu füllen haben; denn „die das τέλος γάμου, die Vollendung der Ehe, nicht erreicht haben, trifft das Trauergeschick, ewig vergeblich Wasser zum Hochzeitsbade zu schöpfen" [5]). Auch die u. A., Seile aus Sand zu drehen, das ἐξ ἄμμου σχοινίον πλέκειν kennen die Griechen unter den ἀδύνατα, vgl. auch die lat. Redensart *ex arena funem nectere* und die Verwendung des Motivs in der Geschichte vom weisen Haikar im indischen Märchen [6]).

[4]) Zusammenstellung bei Tobler *Kl. Schr.* 136 f.; Globus 34 (1878), 205 f.; Laistner *Nebelsagen* 43. 227. [5]) ARw. 2, 47 f.; SAVk. 2, 57; Pauly-Wissowa *s. v. Danaiden.* [6]) Zachariae *Kl. Schr.* 71; Bolte-Polívka 2, 513; ZfVk. 2, 296; Notes and Queries 146, 346.

4. Eine Vermischung von 1 und 3 scheint vorzuliegen, wenn gebannten Spukgeistern von ihren Bannern eine u. A. gestellt wird: die Heide zählen und, sobald fertig, wieder von vorn beginnen [7]), aus Hirse Erbsen klauben, die immer wieder zurückrollen u. dgl. [8]).

[7]) Ranke *Sagen* ² 64. [8]) Meiche *Sagen* 112 Nr. 148.

5. Nach ihrer inneren Struktur lassen sich drei Arten von u. A.n unterscheiden. Die Unlösbarkeit ergibt sich entweder aus dem Begriff des Unbegrenzten: „alle" Berge ersteigen, Wasser durchwaten, Sterne, Bäume, Gerstenspieren, die Heide, Leinsamen, Asche [9]) zählen u. dgl. (bes. in 1) — oder die Auf-

gabe erscheint als Versuch am untauglichen Objekt: schwarze Wolle weiß waschen, krauses Haar glätten, oder mit untauglichen Mitteln: Wasser im Sieb, Seile aus Sand (bes. in 2 u. 3) — oder endlich die Unlösbarkeit ist im Wesen des betr. Dämons begründet, dem es unmöglich ist, etwa den Namen Jesu Christi auszusprechen [10]), zu beten [11]), Salz zu liefern [12]) u. dgl. (bes. in 2).

[9]) Sébillot *Folk-Lore* 1, 141. [10]) Ranke *Sagen* [2] 165. [11]) SAVk. 15, 12. [12]) Laistner *Sphinx* 2, 239 f. Ranke.

Aufhocker. Unter den Tücken, die der Volksglaube den Gespenstern, Geistern und Dämonen nachsagt, ist vielleicht die verbreitetste, daß sie Wanderern „aufhocken", d. h. ihnen von hinten auf die Schultern springen und sich von ihnen tragen lassen, wobei ihr Gewicht mit jedem Schritte zunimmt, bis es dem Befallenen entweder glückt, den „A." loszuwerden, oder er unter der Last erschöpft zusammenbricht.

Die Vorstellung vom Aufhocken der Geister, die mit der Alpvorstellung verwandt, aber nicht identisch ist, hat zur psychophysischen Grundlage das ins „Numinose" gesteigerte Erlebnis der Angst in der Form der „Brustangst" (die Angst „versetzt einem den Atem", „will einem den Hals zuschnüren" u. dgl.) [1]), das gelegentlich durch hinzukommende Bedingungen: atembeklemmenden Nebel [2]), krankhafte Veranlagung der Befallenen [3]), verstärkt sein mag.

Typischer Verlauf des Erlebnisses: der (meist einsame) Wanderer wird durch irgendeinen Schrecken (Sinnestäuschung in Dämmerung oder Dunkel) in den Angstzustand versetzt und glaubt zu fühlen, wie sich ihm eine schwere Last von hinten auf den Rücken legt, die ihm den Atem zu rauben droht; zugleich fühlt er sich „wie gelähmt", unfähig, den Kopf zu wenden oder irgendeine freiwillige Bewegung zu machen; alle Aufmerksamkeit ist durch das „Ding" auf den Schultern gebannt. Das Erlebnis pflegt damit zu enden, daß entweder ein Sinneseindruck die Aufmerksamkeit nach außen ablenkt oder (wie im Alptraum) ein Schrei, eine krampfhafte Bewegung des Befallenen den Angst- und Beklemmungszustand von innen heraus zerbricht. — Diesem Verlauf entsprechen die Berichte von Begegnungen mit einem A., wo sie ausführlicher sind, sehr genau: die Rückenlast wird, meistens wohl schon vom Erlebenden selber, als Spukgeist gedeutet, den der Mensch auf den Schultern schleppen muß, der ihm die Kehle zuschnüren will (vgl. den Namen „Schnürbübel") [4]) und der erst durch Hundegebell, Glockengeläut, Lichter, durch einen Fluch, ein Gebet, einen Hieb mit dem Messer (denn „Stahl bannt allen Spuk") vertrieben wird. — Wenn der A. von sich aus an einer bestimmten Stelle von seinem Träger weicht: an der Dorfgrenze, am Kreuzweg, auf einer Brücke (denn er „darf nicht übers Wasser"), so mag sich zu den traditionellen Motiven auch ein psychisches Moment im tatsächlichen Erlebnis gesellen: die Erwartung, daß der Spuk hier weichen werde, führt zur Entspannung. — Wo die Begegnung mit schwerer Krankheit, Fieber, Lähmung oder mit dem Tod des Befallenen endet, darf an krankhafte Veranlagung gedacht werden, die auch das Zustandekommen des Erlebnisses bereits begünstigte, sofern es sich nicht nur um ein freies Sagen-Schlußmotiv handelt.

Der A. κατ' ἐξοχήν ist der Hockauf, ndd. Huckup; doch können sich, je nach der Natur des Schreckerlebnisses, das den Angstzustand auslöst (oder durch einfache Motivübertragung), die verschiedensten Arten von Gespenstern, Geistern und Dämonen gelegentlich als A. betätigen, bes. die Dorftiere (s. d.) und andere Tiergespenster, aber auch umgehende Tote, Scheidegänger, Irrlichter, weiße und schwarze Frauen und Männer, Werwölfe („Böxenwolf", s. Werwolf), Hexen, der Hemann, das Kasermanndl, Kobold, Zwerg, Wassermann, Habergeiß, Pestdämon [5]) usw.; nur selten wird der A. mit dem Alpdämon identifiziert und als Mahr bezeichnet [6]). — Als Anlaß des Aufhockens gilt meist die nicht weiter erklärte Bosheit des A.s, gelegentlich sein Wunsch, über die Grenze des Bezirks hinauszugelangen, in den er gebannt ist [7]), oder der Wunsch nach Erlösung [8]). — Eine Erklärung für das rätselhafte Gewicht des A.s fehlt meistens; in Luxemburg trägt er einen bleiernen Mantel [9]).

Besonders reich an A.sagen sind z. B. die Sammlungen von Reiser [10]), Kühnau [11], Wucke [12]), Bartsch [13]) und Gredt [14]); weitere Literatur verzeichnet z. B. Zingerle [15]). Älteste Bezeugungen in Deutschland: 1465 [16]), 1573 [17]), 1618 u. 1643 [18]). — Der Glaube an A. ist auch außerhalb Deutschlands weit verbreitet [19]); älteste Bezeugung in Spanien um 1200 [20]).

1) Ranke *Huckup* (= BayHfte. 9, 1 ff.) dort auch die Belege für alles weitere. 2) Laistner *Nebelsagen* 82. 3) Höfler *Krankheitsn.* 236 b. 4) Menges *Elsass* Nr. 74. 5) Haupt *Lausitz* 2, 130; vgl. Grimm *Myth.* 2, 993. 6) Laistner *Sphinx* 2, 222; Schell *Berg. Sag.* 523 Nr. 59; Jahn *Pommern* Nr. 478. 7) Kuhn u. Schwartz Nr. 157. 8) Bartsch *Mecklenburg* 1 Nr. 225; Schambach u. Müller Nr. 107, 2. 117, 1 u. 2; Jahn *Pommern* Nr. 314. 315; Knoop *Hinterpommern* 10 f.; Kuhn *Märk. S.* Nr. 111; Engelien u. Lahn Nr. 55; ZfVk. 27, 163. 9) Gredt *Luxemburg* Nr. 285. 691. 10) Reiser *Allgäu* 1,539 unter „Geist läßt sich tragen". 11) Kühnau *Sagen* 4, 99. 100 unter „Aufhocken" und „aufhockende Elben" 12) Wucke *Werra* ³ 468 unter „Hockauf". 13) Bartsch *Mecklenburg* 1, 174 ff. 14) Gredt *Luxemburg* Nr. 285. 323. 332. 580. 653 f. 686. 691. 796. 803. 1105. 1140. 1157. 15) Zingerle *Sagen* ² 634 zu 355. 16) ZfrwVk. 2, 86 f. 17) Meiche *Sagen* 348 Nr. 455. 18) *Annales Paderbornens.* III ad 1618 u. 1643, vgl. *Alt-Hildesheim* 1922, S. 29 f. 19) Björnsson *Thjodtru og thjodsagnir* 1 (1908), 211; K. Maurer *Isld. Volkssagen d. Gegenw.* 138; Grimm *Ir. Elfenmärchen* (1826), 160 ff.; Urquell 6, 61; Waitz-Gerland *Anthropologie* 6, 315. 20) Liebrecht *Gervasius* 32 f.; doch vgl. Roscher *Ephialtes* 122 f. Ranke.

Aufnahmeriten s. Deposition, hänseln.

aufstehen. a) Das Nachtessen an Weihnachten (s. d.) ist von bedeutungsvollem Zauber umgeben. Bevor nicht die Stubentür geschlossen wird, darf im Erzgebirge niemand vom Tisch a. Wer während des Essens aufsteht, stirbt im kommenden Jahr [1]). Vor allem darf die Hausfrau nicht ihren Platz verlassen, „weil Maria auch nicht a. konnte"; ihre Hühner werden sonst die Eier verlegen [2]). In Mährisch-Neustadt muß die Bäuerin am Weihnachtsabend eine volle Stunde auf dem gleichen Flecke sitzen bleiben, damit recht viel Geflügel ausgebrütet werde [3]). Die Rockenphilosophie macht sich über den abergläubischen Rat lustig, daß, wer Lein säet, sich auf dem Acker, worauf er säen will, erst dreimal auf den Sack, darinnen der Lein ist, setzen und wieder a. muß [4]). — b) An der Art, wie man aus dem Bette steigt, kann man erfahren, wie es einem tagsüber ergehen wird [5]). Wer beim A. den linken (s. d.) Fuß zuerst herausbringt, hat sich für den Tag um seine gute Laune gebracht oder verursacht im Hause noch ein Laster. Auch soll man nicht mit dem Rücken zuerst aus dem Bette, sonst ist man den ganzen Tag verdrießlich [6]). Wenn man morgens beim Erwachen sofort aus dem Bette springt, fällt man noch am gleichen Tag [7]). Wenn die Frauen waschen wollen, muß alles im Hause freundlich a., dann bekommt man schönes Wetter [8]). — Wenn man am Neujahrstage spät aufsteht, so tut man es im ganzen Jahre [9]). Wenn ein Mädchen spät aufsteht, d. h. lange schläft, bekommt es die Bleichsucht [10]).

S. aufwachen, sitzen, stehen.

1) John *Erzgebirge* 155; Sartori *Sitte und Brauch* 3, 33. 36. 2) John *Erzgebirge* 155; John *Westböhmen* 16. 3) Sartori a. a. O. 3, 36 Anm. 57, Schluß. 4) 835 Nr. 95 = Grimm *Myth.* 3, 477 Nr. 412. 5) Strackerjan *Oldenburg* 2, 12 Nr. 268. 6) Schönwerth *Oberpfalz* 3, 272 § 42 Nr. 3; Drechsler *Schlesien* 2, 17; Fogel *Pennsylvania* 88 f. Nr. 343; 89 Nr. 344 f; 94 Nr. 380; de Cock *Volksgeloof* 1, 212. 7) Fogel a. a. O. 84 Nr. 314. 8) Grimm *Myth.* 3, 475 Nr. 1092. 9) ZfrheinVk. 4 (1907), 13. 10) Drechsler *Schlesien* 2, 17 Nr. 375. Bächtold-Stäubli.

aufwachen. Wenn man frühmorgens a. will, so stoße man vor dem Einschlafen mit der großen Zehe des rechten Fußes so viel mal an das Bettende, als die Uhr beim Erwachen zeigen soll; einen Strich mit der Zehe macht man, wenn eine halbe Stunde angedeutet werden soll [1]). Vor allem wird der hl. Veit (s. d.) angerufen:

Heiliger St. Veit,
Weck mich auf zur rechten Zeit,
Daß ich mich nicht verschlafe
Und zur rechten Zeit erwache.

S. a. schlafen, wach.

[1]) Köhler *Voigtland* 435; Dähnhardt *Volkst.* 1, 98 Nr. 18; Drechsler *Schlesien* 2, 17 Nr. 375. [2]) Sartori *Sitte u. Brauch* 2, 25 § 5. Bächtold-Stäubli.

aufwärts s. abwärts.

Auge.

I. Sehen, Blick: 1. Ansichten über die Sehtätigkeit. Feuer im A. Sehstrahlen. — 2. A.nleuchten. Sehen im Finstern. — 3. Wirkung des A.nfeuers. — 4. Gesteigerte Sehfähigkeit. — 5. Geistersichtigkeit. — 6. Zweites Gesicht. Doppelgänger. 7. Erblicken von unsichtbaren Menschen. — 8. Zauberkraft des A.s. Stechendes A. Starkes A. Hypnotisieren. Bannen. — 9. Faszinationskraft des Tiera.s. — 10. Beeinflussung von leblosen Gegenständen. — 11. Böser Blick. — 12. Guter Blick. — 13. Liebevoller Blick. — 14. Früher sehen. — 15. Autofaszination. Sich umsehen.

II. Äußeres des A.s. 1. Große A.n. — 2. Rote A.n. — 3. Triefende A.n. — 4. A.nzieger. — 5. A.nfarbe. — 6. Pupille. — 7. A.npferdchen. — 8. A.npüppchen.

III. Physiologisches. 1. Blinzeln. — 2. Zwinkern. — 3. A.n verdrehen.

IV. 1. A.n bedecken. — 2. A.n verblenden.

I. Sehen. Blick. 1. Der helle Glanz der Hornhautoberfläche, das unheimliche A.nleuchten vieler Tiere, die Beobachtung, daß bei starkem Druck oder heftigem Schlag auf das A. ein feuriger Kreis erscheint oder Funken aus dem A. zu sprühen scheinen, hat den Glauben hervorgerufen, daß alle diese Glanz- und Lichterscheinungen durch ein im A.ninnern glimmendes Feuer verursacht werden, das aus der Pupille hervorleuchtet und das Sehen ermöglicht. Die alten griechischen Naturforscher betrachteten das Sehen nicht als rein aufnehmenden passiven Prozeß, sondern sahen darin etwas höchst Aktives, nämlich eine nach außen hin ausstrahlende Lichtwirkung des A.s[1]). Plato [2]) und Galenus [3]) sprechen von einem im A. glühenden kalten Feuer. Nach Epikur erfolgt das Sehen durch Ausströmen des Lichtes aus dem A. Empedokles und Plato lassen die Strahlen des Gegenstandes und des A.s einander begegnen [4]). Selbst spätere Naturphilosophen, wie Bruno, lehrten noch, daß das Sehen eine Tätigkeit des „Nervengeistes" sei, der zuerst mittels der vom A. ausgehenden Strahlen sich nach außen hin verbreitet, von den mit den verschiedensten Empfindungen beseelten Objekten berührt wird und sich dann wieder zusammenzieht [5]). Auch die arabische [6]) und indische [7]) Sehtheorie nimmt an, daß der Sehstrahl vom A. ausgehe und dadurch, daß er den Gegenstand trifft und gewissermaßen ihn beleuchtet, die Wahrnehmung vermittle.

[1]) Seligmann *Zauberkraft* 501—507. [2]) Plato *Timaeus* 45 (ed. Müller, 1857, VI, 164); Aquilonius *Optic.* Lib. I, Propop. XIII, 15—18. [3]) Galenus *De symptom. caus.* (1613) Lib. I, Cap. VI, in *Opera omnia*, ed. Kühn, 378 D. [4]) Hirschberg in Graefe-Saemisch *Handbuch d. Augenheilkunde* [2]. 1899, 150. [5]) Kiesewetter *Okkultismus* 1896, 490. [6]) ZDMG. 36, 213. [7]) Sitzb. Wien Bd. 120, 62.

2. Durch solche Ansichten war der Boden bereitet für den Glauben, daß es Menschen gebe, deren A.n bei vollständiger Dunkelheit leuchten und die dieses Licht als Laterne zu benutzen pflegen [8]). Nach Sueton [9]) und Plinius [10]) soll der Kaiser Tiberius (nach Megenberg: Kaiser Titus) durch ein aus den A.n ausgesandtes Licht des Nachts zu sehen gewohnt gewesen sein. Plinius erzählt auch von Menschen mit hellen A.n und weißen Haaren, die in Albanien geboren werden (Albinos, deren Pupillen bei Lichteinfall bekanntlich besonders schön rot aufleuchten) und die des Nachts besser sehen als am Tage [10]). Nach deutschem Aberglauben sehen die Zwerge mit ihren feurigen Augen besser bei Nacht als Menschen am hellsten Tage [11]).

[8]) Seligmann *Zauberkraft* 503; FdM. 11. Jan. 1922 (Separ.-Abdr. S. 2). [9]) Sueton *Tiberius* § 68; Plinius XI, 54; Megenberg *Buch der Natur* 6. [10]) Plinius VII, 2. [11]) Kuhn *Mythol. Stud.* 2, 63.

3. Nach der Volksansicht kann dieses aus dem A. dringende Licht sogar zur Erleuchtung der Umgebung dienen oder zum Feueranzünden (Deutschland, Afrika, Indien) [12]).

[12]) Seligmann *Zauberkraft* 506. 394. 374.

4. Mit dieser Lichtausstrahlung des A.s ist manchmal auch eine übernatürlich

gesteigerte Sehfähigkeit verbunden. Merkwürdigerweise sind es gerade kranke und minderwertige A.n, denen das Volk solche zauberhaften Leistungen zuschreibt. So traut man dem Einäugigen (s. d.) einen besonders scharfen Blick zu (daher auch das deutsche Sprichwort: „Ein A. sieht oft mehr als zwei") [13]), ferner den Schielenden (s. d.) [14]) und namentlich den mit einer A.nentzündung Behafteten [15]). Delrio erzählt von den spanischen Zahuris, deren A.n auffallend gerötet sind, daß sie imstande gewesen seien, alle unter der Erde verborgenen Dinge zu sehen [16]). Diese Gabe kann aber auch angeboren sein; so können Menschen, die an einem Sonntag oder auch Sonnabend geboren sind, vieles, anderen Leuten Verborgenes, sehen und erkennen, denn der Sonne ist nichts verborgen [17]). Schließlich kann man diese Gabe durch allerhand künstliche Mittel und Zauberprozeduren erlangen, dadurch daß man Farnblüte [18]), Schlangenkraut [19]), Springwurzel [20]), vierblättrigen Klee [21]), ein Gründonnerstagsei [22]), das Kreuz aus einem Hechtkopf (s. Hecht) [23]) oder das Herz eines dreijährigen Kindes [24]) bei sich trägt, durch das Johannisfeuer hindurchspringt [25]), durch ein durchsichtiges Tuch sieht, mit dem man einem Sterbenden den Todesschweiß abgewischt hat [26]), wenn man einen Strumpf oder das Hemd verkehrt anzieht [27]), oder indem man sich das Blut einer Fledermaus auf die A.nlider streicht [28]). Ein altkymrisches Mittel bestand darin, sich eine beißende Flüssigkeit ins A. zu träufeln [29]), und einer ähnlichen Prozedur unterwerfen sich die Ipuriná am Rio Purus und die Indianer Nordwestbrasiliens [30]). Wenn man sich die A.n scharfsichtiger Vögel einverleibt, erhält man die gute Sehkraft dieser Tiere. Deshalb verzehren die Inder ein Eulena. [31]), die Papua in Britisch Neuguinea die A.n eines Falken [32]). Dasselbe erreicht man, wenn man Teile von scharfsichtigen Tieren bei sich trägt: In Tirol steckt man sich deshalb Adlerflaum (s. Adler) an den Hut [33]), der Schamane der Huischolen in Mexiko trägt Flügel- und Schwanzfedern des Adlers und Falken [34]) und der Loangoneger Krallen des Adlers und des Leoparden [35]).

[13]) Wander *Sprichwörter-Lexikon* (1867), s. v. Einäugig Nr. 9; vgl. Midr. Echah 1; Sanh. 104 b; FdM. 11. Jan. 1922 (Separ.-Abdr. p. 3); Journ. of Anthrop. Instit. 1915, 49. [14]) Seligmann *Zauberkraft* 236. [15]) Ebd. 236. [16]) Delrio *Disquis. mag.* Lib. I, cap. 3, quaest. 4; vgl. Görres *Mystik* 3, 186—88. [17]) Wuttke § 66. 72. [18]) Ebd. § 123; Haltrich *Aberglauben* 24 Nr. 12. [19]) Wuttke § 92. [20]) Ebd. § 125. [21]) Ebd. § 130. [22]) Ebd. § 85. [23]) Knoop *Hinterpommern* 167 Nr. 126. [24]) Wuttke § 184. [25]) Ebd. § 93. [26]) John *Westböhmen* 319. [27]) Knoop *Hinterpommern* 167 Nr. 126. [28]) John *Westböhmen* 319; Albertus Magnus 1, 25 [29]) Hovorka u. Kronfeld 2, 781. [30]) Veröffentl. a. d. Kgl. Mus. f. Völkerk. 2 (1891), 67; Hovorka u. Kronfeld 2, 798. [31]) Crooke *Northern India* 1, 279. [32]) Journ. of Anthrop. Instit. 1916, 324. [33]) Alpenburg *Tirol* 384 f. [34]) C. Lumholtz *Unknown Mexico*. 2 (London 1903), 7—8. [35]) Ed. Pechuël-Loesche *Volkskunde von Loango*. (Stuttg. 1907), 352.

5. Auch die Fähigkeit, Geister zu sehen, kann angeboren, unfreiwillig oder freiwillig erworben sein (s. geistersichtig).

6. Verwandt mit der Geistersichtigkeit ist die unheimliche Fähigkeit des „zweiten Gesichtes" (s. d.). Der Ausdruck „zweites Gesicht" hatte ursprünglich wohl die engere Bedeutung eines Doppelgängers (s. d.), wobei der Mensch sich selbst vor sich sieht. In diesem Falle wird er im Laufe eines Jahres sterben. In Tirol ist dieses Doppelsehen in der Zeit von Weihnachten bis Neujahr bekannt. Gewahrt jemand in Böhmen, wenn er in den Spiegel sieht, neben seinem Gesicht noch ein anderes, so wird er bald sterben [36]).

[36]) Strackerjan 2, 181 Nr. 419; Wuttke § 268 f. 321 f.; Arch. f. d. tier. Magnetismus 8, 3. 96; Du Prel *Zweites Gesicht*. 1882. Zurbonsen *Zweites Gesicht* ³. 1908; Seligmann *Zauberkraft* 235 Anm.; FdM. 11. Jan. 22 (Separ.-Abdr. S. 7).

7. Viel erfreulicher als die Gabe des zweiten Gesichtes ist die Fähigkeit, jemanden zu erblicken, der die Kraft hat, sich selbst unsichtbar zu machen. So erzählt Ptolemaios Chennos, ein jüngerer Zeitgenosse Plinius' des Aelteren,

daß die Frau des Kandaules, Nysia, eine doppelte Pupille (s. d.) gehabt habe und ein äußerst scharfes Gesicht, weil sie im Besitz des Steines Drakontites (s. Drachenstein) war und deswegen den durch seinen Ring unsichtbar gemachten Gyges wahrnahm, als er durch die Tür hinausging. Der Bericht ist leider nicht ganz klar [37]).

[37]) Mythographi Graeci, ed. Westermann (1843), 192; Seligmann *Zauberkraft* 237.

8. In allen bisher erwähnten Fällen besteht die Zauberwirkung des A.s in einer übernatürlich gesteigerten Sehfähigkeit desselben. Nur der Besitzer eines solchen A.s hat den Vorteil oder den Nachteil seiner Gabe. In anderen Fällen dagegen tritt die Zauberkraft des A.s nach außen und wirkt auf andere Menschen und Objekte ein. Das kommt in abgeschwächter Form schon in dem scharfen durchdringenden Blick, der Geistern, Helden, ja ganzen Geschlechtern zugeschrieben wird, zur Geltung.

Der Ausdruck „Wurm im A." (ormr í auga) [38]), der nordischen Recken beigelegt wird, bedeutet nichts anderes als ein stechendes, scharfes A.

Und was die alten Sagen berichten, erzählt uns auch die Geschichte aller genialen Männer bis auf die Neuzeit [39]). Dieser Blick kann niederschmetternd, hoheitsvoll, dominierend, hypnotisierend sein, er kann sogar so „stark" sein, daß andere Menschen ihn unbewußt „fühlen". Es wird nämlich geglaubt, daß Individuen mit einem solchen starken Blicke imstande sind, einen Menschen, namentlich wenn er mit einem besonders „empfindlichen Gefühl" behaftet ist, zum Umsehen zwingen können, wenn sie ihn von hinten fest ansehen [40]). Zur Erklärung dieser angeblichen Blickwirkung reichen die oben erwähnten Sehstrahlen (s. o. unter 1) nicht aus, man nimmt daher seine Zuflucht zu einer anderen Art elektrisch-magnetischer Strahlen, die gleichzeitig mit den Sehstrahlen ausgesendet werden sollen, oder spricht von der Seele, die aus dem A. ausstrahlt, oder von einer eigenartigen Nervenkraft, von „Od", und in neuester Zeit sogar von Radioaktivität des A.s [41]). Dieser hypothetischen A.nkraft schreibt man nun die wunderbarsten Eigenschaften zu. Mit ihr soll man nicht nur hypnotisieren können, sondern auch imstande sein, Menschen [42]), Tiere (Löwen [43]), Tiger, Wölfe, Stiere [44]), Hunde [45]), Gemsen und Hirsche [46]), Kaninchen, Ratten [47]), Schlangen [48]), Eidechsen) [49]) und sogar Geister [50]) bannen und bändigen zu können.

[38]) ZfdMyth. 2 (1854), 307 f.; Seligmann *Zauberkraft* 490 (die nordischen Zitate dort sind fehlerhaft. Herausgeber); Hoops *Reallex.* 1, 305. [39]) Seligmann *Zauberkraft* 491. [40]) Ebd. 322—324; M. 1925 Nr. 13, 477—478. [41]) Seligmann *Zauberkraft* 488—489; M. 1925 Nr. 13, 478. [42]) Stoll *Suggestion* 1904, 566; Seligmann *Zauberkraft* 481 bis 482. [43]) ebd. 349. [44]) Ebd. 349—350. [45]) Ebd. 357—358. [46]) Ebd. 355—356. [47]) Ebd. 358. [48]) Ebd. 349. [49]) 359. [50]) Ebd. 301.

9. Nächst dem Menschen wird manchen Tieren ein solcher bannender Blick zugeschrieben. Am bekanntesten ist der lähmende Blick des Schlangena.s. Durch diesen sollen nicht nur kleinere Tiere, wie Vögel, Mäuse, Frösche, Kröten, Eichhörnchen, Hasen u. dgl. gelähmt werden, auch größere Tiere und sogar der Mensch sollen sich seinem Einfluß nicht entziehen können [51]). Ähnliche Faszinationskraft hat das A. des Löwen, des Tigers, des Jaguars, des Panthers, der Hyäne, der Katze, des Schakals, des Wolfes, des Hundes, des Fuchses, Marders und Iltis [52]), vieler Raubvögel [53]), der Kröte [54]), der Spinne, der Heuschrecke und des Polypen [55]).

[51]) Seligmann *Zauberkraft* 163—170. 514—521. [52]) Ebd. 150 ff. [53]) Ebd. 158—162. [54]) Ebd. 172 ff. [55]) ZfVk. 11, 424; 13, 213; Seligmann *Zauberkraft* 377—378; Hoops *Reallex.* 1, 305.

10. Die Zauberkraft des A.s geht aber noch weiter: sie beeinflußt sogar leblose Gegenstände: Schwerter (nordisches Altertum) [56]) und Werkzeuge, Bohrer (Dänemark), Sichel (Faröer Inseln) werden stumpf gemacht [57]), Pfeile im Fluge gehemmt (nordisches Altertum), Flinten und andere Waffen unschädlich gemacht (weit verbreitet) [58]), Speisen zerteilt [59]), Uhren zum Stehen gebracht (Kärnten) [60]), versperrte Schlösser ge-

öffnet (nordisches Altertum) [61]), Magnetnadeln abgelenkt (Deutschland), Pendel zum Schwingen gebracht (Deutschland) [62]), Flußufer voneinander entfernt oder genähert (Australien) [63]). Weit verbreitet ist die Ansicht, daß Spiegel getrübt und sogar durchlöchert werden können, wenn menstruierende Frauen hineinstarren. Im Altertum waren es Metallspiegel, später solche aus Glas. Der Grund dieser seltsamen Anschauung ist, daß man die Menstruation als eine Absonderung schlechter und verdorbener Körpersäfte ansah. Diese Körpersäfte sollten das Blut dick und schwarz machen und eine Art Blutdunst erzeugen, der wegen seiner Leichtigkeit nach oben zu den höchsten Körperstellen steigt und aus den Augen wie aus Glasfenstern als Lebensgeist, Dunst oder Emanation ausströmt. Trifft nun ein solcher Blutdunst die Oberfläche eines Spiegels, so verdichtet er sich auf ihm, frißt ihn an und zerstört ihn [64]).

56) Seligmann *Zauberkraft* 131. 376. 57) Ebd. 379. 58) Ebd. 305—306. 379. 59) Ebd. 381. 60) Ebd. 395. 61) Ebd. 376. 62) Ebd. 395. 63) Ebd. 91. 302. 64) Ebd. 374—375.

11. Selbst in die A.n eines anderen Menschen vermag dieser Blutdunst einzudringen. Dann gelangt er in das Blut und in das Herz dieser zweiten Person, verwundet dieses, verdickt sich und verwandelt sich wiederum in Blut. Dieses fremde Blut aber alteriert das Blut des Angeblickten und macht ihn krank. Wegen dieser verderblichen Eigenschaft des A.ndunstes oder der A.nstrahlen bezeichnet man diese ganze Art der A.nwirkung als bösen Blick. Und nicht nur menstruierende Weiber mit ihren schlechten Körpersäften haben einen solchen Blick, sondern alle Menschen, deren Seele durch irgendeine böse Eigenschaft, wie Zorn, Eifersucht, Neid und dergleichen, affiziert ist. Denn eine derartig verderbte Seele beeinflußt den Körper und seine Säfte und sendet aus den A.n gleichsam vergiftete Pfeile aus, die Menschen und Tiere krank machen und leblose Dinge zu beschädigen vermögen. Namentlich ist es der Neid, der die Seele und die A.nstrahlen beeinflußt, und deshalb nennt man den bösen Blick auch den „neidischen Blick" und die „A.nstrahlen" auch „Neidstrahlen", den Abwehrgestus „Neidfeige". Spricht nun der Neidische beim Betrachten eines begehrten Objektes noch ein Lobeswort aus, findet er das Objekt „schön" oder „vortrefflich", so „beruft" oder „beschreit" (s. d.) er dadurch das Objekt. Denn jede Bewunderung (s. loben) ist nach allgemeiner Volksansicht nur der Ausdruck des Neides. „Böser Blick" und „Berufen" gehören unzertrennlich zusammen. In vielen Ländern braucht man beim Anblick eines hübschen Kindes oder eines schönen Pferdes u. dgl. nur zu sagen: „Welch hübsches Kind!" oder „Was für ein schönes Pferd!", um sogleich in den Verdacht zu geraten, dasselbe mit bösem Blicke angesehen zu haben. Der Glaube an das „Berufen" oder „Beschreien" ist ja auch bei uns Deutschen so allgemein verbreitet, daß selbst gebildete Leute sich scheuen, das Lob eines Menschen zu verkünden, ohne dabei dreimal unter den Tisch zu klopfen (s. abklopfen) und ihr „Unberufen" oder „Unbeschrien" auszusprechen. Nach einer anderen Auffassung ist der böse Geist etwas höchst Reelles, nämlich ein Geist, der umhergeht und spricht, und der sich auf sein Opfer stürzt, um sein Fleisch zu essen und sein Blut zu trinken. Solche Geister des bösen Blickes, „Beschreiungsgeister" (urok), lauern nach südslawischer Ansicht überall herum; sie warten nur auf den Moment, wo ein mit dem bösen A. behafteter Mensch sie durch seinen Blick herbeiruft, um sich auf ihr Opfer zu stürzen.

Man kann zwei verschiedene Gruppen von Menschen unterscheiden, die die Macht haben, durch ihren Blick zu schaden: die bewußt Faszinierenden, das sind vor allem die Hexen und Zauberer, und die unbewußt Faszinierenden, das sind gute Menschen, die mit dieser entsetzlichen Eigenschaft behaftet sind und sie, ohne ihr Wollen und oft ohne ihr Wissen, ausüben. Die Fähigkeit des bösen Blickes kann angeboren sein, und man kann sie auch auf mannigfache Weise unabsichtlich bekommen oder absichtlich erwerben. Viele Leute, deren Blick oder deren Lobeswort verderblich wirkt, sehen aus, wie alle anderen Menschen. Daneben gibt es aber auch Individuen, die, wie der Volksmund sagt, „gezeichnet" sind, denen die Natur einen Stempel aufgedrückt hat, um sie sofort als verdächtig zu charakterisieren. Körperfehler aller Art, namentlich aber Besonderheiten an den A.n und A.nbrauen, desgleichen A.nkrankheiten kennzeichnen einen solchen Unglücklichen. Wer schielt (s. d.), wer einen Fleck auf dem A. hat, wessen A.nlider rot und entzündet sind, wer einäugig (s. d.) ist, wer zitternde A.n hat (s II, 7: A.npferdchen), wessen A.nfarbe und Pupille ungewöhnlich ist, wem das „Püppchen" im Auge fehlt oder verkehrt steht (s. II, 8), wessen A.nbrauen (s. d.) buschig oder zusammengewachsen sind oder wer zwischen den A.nbrauen eine auffallende blaue Ader hat, der ist in vielen Ländern ohne weiteres des bösen Blickes verdächtig (vgl. Ophthalmoskopie). Im MA. war es der Teufel, der zur Besiegelung des mit ihm eingegangenen Paktes seinen Verbündeten, den Hexen und Zauberern, ein derartiges Zeichen auf die A.n drückte. Ganze Völker (die Thibier) sollen nach antikem Aberglauben mit solchen A.nzeichen behaftet gewesen sein und daher den bösen Blick gehabt haben, und noch heute stehen in der Schweiz, Schottland, Irland, Palästina, Japan ganze Familien im gleichen Rufe. Alte Weiber, Hebammen, Prostituierte, Bettler sind ebenso gefürchtet wie Berserker, Gelehrte, Ärzte und Priester. Auch die verschiedenen Religionsgenossenschaften werfen sich gegenseitig den bösen Blick vor. — Es gibt wohl nur wenige böse Zauberwirkungen, die nicht im Laufe der Zeiten dem „bösen A." zugeschrieben worden sind. Nichts Lebendes, nichts Lebloses entgeht seiner Wirkung. Das Schöne und Gute hat am meisten und frühesten zu leiden; das männliche Geschlecht ist in höherem Maße betroffen als das weibliche, zarte Kinder mehr als das widerstandsfähigere Alter. Alle möglichen Krankheiten werden auf das Konto des bösen Blickes gesetzt: sowohl akute, vorübergehende wie Kopfweh, verdorbener Magen, Krämpfe, Ohnmacht, A.nentzündung, Syphilis, Impotenz, Unfruchtbarkeit u. dgl., als auch schwere, chronische Leiden, wie Skropheln, Lähmungen, Schwindsucht, Herzfehler, geistige Umnachtung. Ja, sogar der Tod wird in vielen Fällen dem bösen Blick zugeschrieben. — Wie auf den Menschen, so wirkt der Blick auch auf die Haustiere. Milchkühe verlieren ihre Milch, oder diese wird blutig, klebrig, wässerig, unbrauchbar. Pferde, Kamele, Maultiere werden scheu, sie sind nicht von der Stelle zu bringen, sie straucheln und brechen sich ein Bein. Schweine, Hühner, Enten und sonstiges Geflügel werden auf ähnliche Weise verzaubert. Wenn der Jäger kein Wild trifft oder wenn der Fischer keine Fische fängt, so ist er von dem bösen Blicke irgendeines alten Weibes behext worden. Es gibt nur wenige Menschen und Tiere, die gegen die Wirkung des bösen Blickes immun sind. Pflanzen welken unter seinem deletären Einfluß, sie gehen ein oder liefern bittere, ungenießbare Früchte. Wiesen und Felder werden verbrannt. Alle Arbeit, auf der er ruht, mißrät. Häuser stürzen ein, Spiegel zerspringen, Kronleuchter und Bilder fallen herab, Kleider fangen an zu brennen, Steine zerspringen, Quellen versiegen, ja selbst die Erde fängt an zu beben, Vulkane speien Feuer und der Himmel kann zerbrechen; kurz, die gesamte Natur ist dem bösen Blick untertan. — Nächst dem Menschen sind es die Dämonen, Riesen, Zwerge, Tote, ja sogar Statuen und Bilder, denen der böse Blick zugeschrieben wird, und mancherlei Ungeheuer und Fabeltiere, so die Meduse, der Katoblepos, der Basilisk. Die nordischen Sagen kennen eine ganze Anzahl solcher mit dem bösen Blick behafteter Wesen. — Dieser Aberglaube ist so alt wie das Menschengeschlecht und findet sich — abgesehen von einigen scheinbaren Ausnahmen — bei allen Völkern der Erde. Unzählige Inschriften auf babylonischen und assyrischen Tafeln beweisen uns sein Vorkommen in jenen entlegenen Zeiten. In den indischen Veden, im persischen Zend-Avesta, in ägyptischen und mexikanischen Hieroglyphen-Inschriften ist ebensowohl davon die Rede, wie bei den griechischen und römischen Schriftstellern, wie in der Edda und in der Saga-Literatur. Der altnordische Ausdruck ist „sjónkverfing", in Schweden heißt es „ha skarnsk ouga" (Gotland), „ha onda" (oder) „elaka ögon". Der Norweger spricht von „skjerdtungr", der Däne von „et ondt öje", „et ondt öjesyn" und „et slemt öje". Die deutschen ma.lichen Quellen berichten von den „twerhe ougen" oder „übel ougen". Noch heutigentages spricht der Norddeutsche von „Entsetzen", der Oldenburger von „Entsehen" oder „Schieren", der Ostfriesländer von „quad sehen" und „quaje ogen". In Bayern nennt man das Ausüben des bösen Blickes „verluegen" oder „verneiden", in Böhmen „übersehen", in Steiermark und Kärnten „verschauen" oder „vermeinen". — Zur Diagnostik des bösen Blickes wendet man eine Reihe magischer Prozeduren oder Orakel an. Man wirft in Deutschland z. B. ein Ei, glühende Holzkohlen, Eicheln u. dgl. Dinge in ein Gefäß mit Wasser und stellt die Diagnose des bösen Blickes daraus, ob die Gegenstände auf dem Wasser schwimmen bleiben oder untersinken. Auch das Bleigießen war ursprünglich eine Methode zur Erkennung der Behexung. Solche Prozeduren dienen auch manchmal dazu, um den „Werfer" des bösen Blickes (ital. jettatore) ausfindig zu machen. Häufig verwandelt sich sogar die diagnostische in eine Heilmethode oder eine solche schließt sich der Prozedur unmittelbar an. — Zur Heilung einer durch den bösen Blick bewirkten Krankheit und zum Schutz davor gibt es unzählige Mittel: Feuer, Wasser, Erde, Metalle, Mineralien, Pflanzen und Samen, Tiere und Tierbilder, tierische Teile (Augen, Hörner, Zähne, Krallen, Haare, Knochen), menschliche Organe, Sekrete und Exkrete, Finger- und andere Gesten, häufig obszöner Natur, magische Handlungen, Gegenstände aller Art, Zahlen und Zahlenquadrate, Farben, magische Figuren, Bilder von Menschen, Ungeheuern, Fabelwesen, Gestirnen, Dämonen, Göttern und Heiligen, geweihte, heilige Objekte, religiöse Handlungen, Opfer, Gebete, Abwehrworte und Zaubersprüche [65]).

[65]) Verh. d. Kgl. Sächs. Ges. d. Wiss. Phil.-Hist. Cl. VII (1855), 28—110; Andree *Parallelen* 1 (1878), 35 ff.; Elworthy *The evil eye* Lond. 1895; Tuchmann *La Fascination* in Mélusine II—XI, 1884—1912; Ann. f. nord. Oldkyndigh 1863, 145 f.; ZfVk. 11 (1901), 304—330. 420—430; Grimm *Myth.* 2, 920 ff.; Wuttke § 220.; Mor. Busch *Deutscher Volksglaube.* Leipzig 1877, 281—313; K. Knortz *Streifzüge.* Leipz. 1 (1899), 280 bis 291; Seyfarth *Sachsen* 22. 24. 46. 49. 50; Seligmann *Blick* 1910; Ueber Land und Meer 1910, 1133—1134; Arena 1911, 477 bis 482; Katalog d. Internat. Hygiene-Ausstellung. Dresden 1911, Histor. Abteilung, 374 bis 388; Archiv f. Geschichte d. Medizin. 6, Heft 2, 1912; Verh. d. Naturwissenschaftl. Vereins in Hamburg. Sitz. vom 19. Febr. 1913. p. LXVIII—LXX. Hamb. 1914; Wochenschr. f. Therap. und Hygiene d. Auges 17 (1914), Nr. 27, 227 und Nr. 28, 235; Klinisch-therapeutische Wochenschrift 21 (1914), 980—983. 1006—1008; HessBl. 1914, 124—129; Zeitschr. f. Augenheilkunde 1914, 340—347; 512—519; Kosmos 1914, 387—391; Mitt. z. Geschichte d. Medizin und d. Naturwissenschaften 1915, 88—90; Seligmann *Zauberkraft* 1922; FdM. 1922, Nr. 2 und 3; M. 1925 Nr. 13, 476—485; Hoops *Reallex.* 1, 305.

12. Neben dem bösen Blick gibt es auch einen guten Blick, d. h. es existieren Wesen (Götter, Heilige, Könige, auch gewöhnliche Sterbliche), deren Seele so vortrefflich ist, daß die durch sie beeinflußten Augenstrahlen Heil und Segen bringen. Bei der verschwindend geringen Menge des Guten aber, das sich im Menschen findet, spielt der gute Blick im Gegensatz zum bösen nur eine sehr geringe Rolle. Wer einen guten Blick hat, der kann die durch den bösen Blick hervorgerufenen Leiden wieder aufheben. Es gibt auch gute Menschen, die wider ihren Willen den bösen Blick haben; diese können den unfreiwillig verursachten Schaden durch ein zweites Hinblicken wieder heilen. In Oldenburg bannt man das Glück beim Karten- und Würfelspiel auf seine Seite, wenn man sich von jemandem, der einen guten Blick hat, in die Karten gucken läßt. Im Isergebirge läßt man neugeborene Kinder vielfach in den

Stall sehen, da man glaubt, daß sie besondere Glückbringer für die Viehzucht seien. In Spanien nennt man diejenigen, deren A.n einen wohltuenden Einfluß ausüben, „Benzedairos". Wenn der russische Jude vom guten A. (git Oig, güt Aeug) spricht, meint er damit jedoch euphemistisch das böse Auge [66]).

[66]) Seligmann *Zauberkraft* 450—457; vgl. Hess.Bl. 1909, 168—173; Sitzb. Mü. 1910, 4. Abh. 68. 116; N. Jahrb. f. d. klass. Altert. 1923, 130—152; R. M. Meyer *Religgesch.* 156.

13. Eine Abart des guten Blickes ist der liebevolle Blick. Schon die Platoniker glaubten allen Ernstes, daß die Liebe durch eine Bezauberung durch die A.n entstände [67]).

[67]) Seligmann *Zauberkraft* 453—455.

14. Weit verbreitet ist die Ansicht, daß man den Blick eines anderen Wesens (Mensch, Tier, Ungeheuer, Dämon) unschädlich machen kann, wenn man ihm durch den eigenen Blick zuvorkommt. Man muß es deshalb früher sehen als es selbst die A.n auf einen richten kann. Dies wird von den Prozeßgegnern (Deutschland) [68]), der Braut (Schweden, Westböhmen) [69]), den Hexen (nord. Altertum, Deutschland) [70]), Weibern, Katzen (Jütland) [71]), Hunden (Malayen) [72]), Wölfen (vielfach) [73]), Schlangen (Indien) [74]), dem Salamander (Frankreich) [75]), dem Basilisken (Appenzell, England) [76]), einem schwarzen Wurm (Ostfranken) [77]), dem Ungeheuer Senagia (Indien) [78]), dem Bilwisschnitter (Deutschland) [79]) erzählt.

[68]) Seligmann *Zauberkraft* 304. [69]) Ebd. 138—139. [70]) Ebd. 277. 303. [71]) Ebd. 317. [72]) Ebd. 155. [73]) Ebd. 153—155. [74]) Ebd. 164. [75]) Ebd. 172. [76]) Ebd. 190. [77]) Ebd. 194. [78]) Ebd. 184. [79]) Ebd. 206.

15. Man kann sich schließlich selbst bezaubern (Autofaszination), wenn man in einen Brunnen [80]) oder in einen Spiegel [81]) blickt, wenn man sich selbst (Doppelgänger) [82]) oder seinen Schatten [83]) sieht. Sowohl Spiegelbild als Doppelgänger, wie Schatten sind nach dem Volksglauben keine optischen Phänomene und Halluzinationen, sondern wirkliche, ätherisch feine, geisterartige Körper, und wenn deshalb das Erblicken seines eigenen Abbildes Unheil im Gefolge hat, so geschieht dies einesteils deshalb, weil die aus den A.n hervorgehenden verderblichen Strahlen wieder reflektiert werden, und andererseits aus dem Grunde, weil einen ein geisterartiges, mit dem bösen Blick behaftetes Wesen anblickt. Solche Geister gewinnen namentlich die Macht über einen, wenn man sich umsieht. Und daher stammen die zahlreichen Verbote des Sich-nicht-umschauens (s. umsehen) bei einer großen Anzahl magischer Handlungen [84]). Ebenso gefährlich wie der Anblick der Geister und Toten ist der Anblick der Götter und alles Göttlichen [85]), der Kultobjekte und tabuierten Plätze (Australien) [86]), des Totemtieres (Südafrika) [87]), das Anschauen unreiner Menschen und Gegenstände [88]), das Anschauen von Menschen, die mit bestimmten Krankheiten behaftet sind (A.nkranke [89]), Pestkranke [90]), Krebskranke [91]), Gelbsüchtige) [92]), von gewissen Tieren [93]), Gestirnen (Mond) [94]), Gegenständen [95]). Manchmal wirkt der Anblick von Gegenständen auch günstig (Gral, Stein der Weisen) [96]).

[80]) Seligmann *Zauberkraft* 283—284. [81]) Ebd. 284—288. [82]) Ebd. 288. [83]) Ebd. 288 bis 289. [84]) Ebd. 289. [85]) Ebd. 292—293. [86]) Ebd. 293. [87]) Frazer *Totemism* 1, 12—13; 2, 279. 290. 295. 297. 314. [88]) Seligmann *Zauberkraft* 294; Wächter *Reinheit* 138. [89]) Seligmann *Zauberkraft* 233—234. [90]) Ebd. 269—270. [91]) SAVk. 8, 147. [92]) Seligmann *Zauberkraft* 270—271. [93]) Ebd. 294. [94]) Ebd. 295. [95]) Ebd. 295. [96]) Ebd. 295.

II. Äußeres des A.s.

1. Große A.n. In Bayern, Franken und Böhmen glaubt man, daß Kinder, welche erst lange nach der Geburt getauft werden, besonders große und schöne A.n bekommen, und zwar, wie man in Böhmen sagt, aus Sehnsucht nach der Taufe [97]). Nach jüdischem Glauben werden die A.n der Kinder groß, wenn die Mutter während der Schwangerschaft Eier genießt [98]). Tiere mit großen A.n, wie das Pferd (in Frankreich auch das Rind), sehen alles zehnmal größer, als es wirklich ist; darum lassen sie sich so willig von dem kleinen Menschen leiten [99]). Man vergleicht die großen A.n der Geister und dämonischen

Tiere mit einem Kornscheffel, Teller, Pflugrad, Kartoffelkorb, Kirchenfenster, einer Marktzwiebel, Laterne, Obertasse oder einem Käsenapfe usw. [100]).

[97]) Grimm *Myth.* 3, 446 Nr. 375; Panzer *Beitrag* 1, 268; Grohmann 108; Wuttke 582; E. H. Meyer *D. Volksk.* 1898, 107; Kondziella *Volksepos* 23. [98]) Kotelmann 418; Preuß *Medizin* 311. [99]) Wuttke 269; Sébillot *Folk-Lore* 3, 88. [100]) Rochholz *Sagen* 2, 8. 158; Kuhn *Westfalen* 1, 217 Nr. 245; Birlinger *Volksth.* 1, 12; Laistner *Nebelsagen* 272; Meiche *Sagen* Nr. 533; Eisel *Voigtland* Nr. 185. 425.

2. Rote, entzündete und blutunterlaufene A.n sind immer eins der wichtigsten Merkmale von besonders unsympathischen, grausamen und bösartigen Menschen gewesen. Die schlimmen Heiden und Riesen werden stets rotäugig gedacht. Rote A.n haben die Dämonen, Zwerge und grauen Männlein [101]). Von den bösblickenden roten A.n (urentes oculi) sprach schon der römische Satiriker Persius, und am Ende des 11. Jhs. eiferte der französische Theologe Radulphus Ardens gegen diejenigen, die behaupteten, daß man mit solchen Augen faszinieren könne [102]). Bis in die Neuzeit hinein gelten rote A.n und A.nlider als Zeichen der Hexen und des bösen Blickes [103]). In Thüringen verwandeln sich die alten Weiber, welche rote A.n haben, mit Hilfe des Teufels in schwarze Katzen [104]).

[101]) Seligmann *Zauberkraft* 233; Schönwerth *Oberpfalz* 2, 304; Eisel *Voigtland* 42 Nr. 91. [102]) Seligmann *Zauberkraft* 239. [103]) Strackerjan 1, 374; Schönwerth *Oberpfalz* 2, 366; Meyer *Baden* 555; Meiche *Sagen* 490 Nr. 637; Kühnau *Sagen* 3, 21. 102; Wuttke § 213. 220; Schwartz *Volksglaube* 49; Leoprechting *Lechrain* 9; Boecler *Ehsten* 47; Seligmann *Zauberkraft* 233. [104]) ebd. 151.

3. Triefende, d. h. entzündete, eiternde A.n sind, wie die roten, ein Zeichen der Hexe, die Menschen und Vieh durch ihren Anblick bezaubert [105]).

[105]) Seligmann *Zauberkraft* 233; Grimm *Myth.* 2, 904; 3, 462 Nr. 787; ZdVfVk. 3 (1893), 389; Birlinger *Volksth.* 1, 325; Haltrich *Siebenb. Sachsen* 25; Jühling *Tiere* 302.

4. Den „A.nzieger", d. . körniger Schleim, der sich am Morgen oft im A. bildet, schreibt man dem Einflusse der Hexen zu, welche selber entzündete rote A.n haben [106]).

[106]) SAVk. 8, 143; Rochholz *Kinderlieder* 75—76.

5. A.nfarbe. Die Schale der Nuß, gepulvert und mit Öl vermischt, sollte, als Salbe angestrichen, graue A.n der Kinder in schwarze verwandeln [107]). Ein blauäugiges Kind bekommt schwarze A.n, wenn seine Mutter ihm dieselben öfter mit ihrer Milch ausspritzt (Siebenb. Sachsen) [108]).

[107]) ZfdMyth. 3, 102. [108]) Wlislocki *Sieb. Volksgl.* 154.

6. Pupille, das runde Loch in der Regenbogenhaut, das sich auf Licht und andere Einwirkungen hin beständig verengt und erweitert. Ist die Pupille unbeweglich — wie es bei Lähmungen und Verwachsungen der Regenbogenhaut mit der Linse vorkommt — so war dieses für die Juden in Deutschland und Frankreich im 12. und 13. Jh. ein Zeichen, daß man es mit einer Hexe zu tun hatte. Treten infolge von Verwachsungen der Iris Verzerrungen ein, so daß diese nicht mehr rund erscheint, sondern viereckig oder kreuzförmig, so ist dies in Schwaben ein Zeichen des bösen Blickes. Dasselbe ist der Fall bei den Polen, wenn die Pupille länglich wie bei einer Katze ist, und in Spanien, wenn die Pupillen von ungleicher Größe sind [109]). Unter der doppelten Pupille, die als Zeichen des bösen Blickes so häufig angeführt wird, hat man nicht eine Regenbogenhaut mit zwei Löchern zu verstehen, sondern eine doppelfarbige Iris oder zwei Augen von verschiedener Färbung [110]).

[109]) Seligmann *Zauberkraft* 249. [110]) Ebd. 237—247.

7. A.npferdchen. Im klassischen Altertum entstand die Fabel, daß es Weiber mit dem bösen Blick gebe, die in dem einen Auge das Bild eines Pferdes (equi effigiem) hätten. Plinius nimmt dies ganz buchstäblich und glaubt wirklich, daß sich in manchen Augen derartige Pferdebilder zeigen; die Dämonographen des MA.s nahmen dies ohne weiteres als richtig an, und selbst ganz

moderne Schriftsteller tragen kein Bedenken, den Satz des Plinius wörtlich wiederzugeben [111]). Im Lechrain heißt es: Wer sich getraut, die Augen einer Hexe recht deutlich anzuschauen, kann in denselben einen Roßkopf aufs Haar gezeichnet erblicken [112]). Rieß schreibt den Namen der Krankheit einem pferdegestaltigen Dämon [113]) zu, und Monseur glaubt, daß die Püppchenseele im A. der von Plinius erwähnten Weiber die Gestalt eines Pferdes gehabt habe, weil man glaubte, daß die dortigen Zauberer sich in Pferde verwandeln konnten [114]). Aber alle diese Erklärungen treffen nicht das Richtige. Es handelt sich nicht um ein wirkliches Pferdebild im A., sondern, wie schon Jahn [115]) richtig bemerkte, um eine Krankheit, die die Griechen „hippos", d. h. „Pferd" nannten, unter der die alten Ärzte Hippokrates und Galen das verstanden, was die heutigen A.närzte „Nystagmus" nennen, nämlich ein unruhiges, schnelles und stetiges Zittern der A.n Diese übertragene Bedeutung des Wortes hängt offenbar damit zusammen, daß es Pferde gibt, die niemals die Beine ruhig halten [116]). Bei den Makonde in Afrika gelten noch heute A.n, die nicht stille stehen, als Zeichen des bösen Blickes [117]).

[111]) Plinius VII, 2; Gellius IX, 4, 8; Solinus I, 59; Delrio *Controverses* (ed. 1611), 380; Vairus *De fascino* (Venet. 1589), 13; Sphinx 4, 70; Bienkowski *Eranos Vindobonensis* (Wien 1893), 296. [112]) Leoprechting *Lechrain* 18. [113]) Amer. Journ. of Philol. 1897, 195. [114]) Rev. de l'hist. des Relig. 1905, 13—15. [115]) Verh. d. Sächs. Ges. d. Wiss. VII, 35. [116]) Seligmann *Zauberkraft* 236—237; [117]) Weule *Forschungsreise in Deutsch Ost-Afrika* 1908, 124.

8. A.npüppchen, das kleine, verzerrte Spiegelbild, das man im A. eines anderen sieht und das als die Seele des Menschen angesehen wird, die im A. wohnt, die das Sehen vermittelt, die die Bewegung des Augapfels veranlaßt, die bewirkt, daß die verschiedenen Gemütsbewegungen aus dem A. herausstrahlen, die, von Zorn und Neid bewegt, ihren Wohnsitz zeitweise verläßt, um über den Gegenstand ihres Hasses herzufallen, und die schließlich beim Tod des Menschen verschwindet, um nimmer wiederzukehren [118]). Beim Besprechen der Flechte muß der Kranke dem Sprecher ins A. sehen, bis er sein „A.n-Mannli" schaut (Sarganserland) [119]). Gewisse Hornhauterkrankungen, bei denen die Hornhaut trübe und undurchsichtig wird, mögen auch zur Entstehung einiger merkwürdigen Ansichten über das Püppchen beigetragen haben. So heißt es, daß ein Mensch, in den „Holden" gezaubert sind, daran erkennbar ist, daß man in seinen A.n kein Männlein oder Kindlein sieht oder nur ganz trübe [120]). Ein sicheres Zeichen bei den Zigeunern für eine Zauberin ist, daß sie keine Pupille (hier = Püppchen) hat. Sie blickt nicht den Leuten in die A.n, in ihren A.n sieht man kein Menschenbild, aber sie blickt in die Zukunft [121]). Durch das undeutliche und verschwommene Bild, das die trübe Hornhaut widerspiegelt, mag auch der in Deutschland und Frankreich existierende Glaube entstanden sein, daß das Bild, das man im A. einer Hexe sieht, umgekehrt steht [122]). Es kann aber noch ein anderer Grund maßgebend für diese Anschauung gewesen sein: Die Hexenrichter pflegten die A.n der Angeklagten zu prüfen, indem sie sie auf den Kopf stellten. Dabei mußten sie dann konstatieren, daß das Püppchen eine anormale Stellung hatte. In Loango (Afrika) ist es noch heute ein sicheres Zeichen einer Hexe, wenn ihre A.n die Außenwelt verkehrt widerspiegeln [123]). Nach deutschem Glauben sieht man auch in dem A. eines verzauberten Menschen das Püppchen doppelt [124]). In dem angelsächsischen Dialoge „Adrianus und Ritheus" lautet die letzte Frage: „Woran kann man den nahe bevorstehenden Tod eines Menschen ersehen?" Ritheus antwortet: „In den A.n jedes Menschen sind zwei Menschenbilder; derjenige, in dessen A.n man diese Bilder nicht sieht, wird binnen 3 Tagen gestorben sein." Dies scheint auf eine jüdische Vorstellung zurückzugehen, welche schon im Talmud angedeutet wird: Dreißig Tage vor dem Tode eines jeden Menschen wird dieser im Himmel ausgerufen,

und von dem Augenblicke an verdunkelt sich der menschliche Schatten, und das Bild, das er auf die Wand wirft, verschwindet. In dem angelsächsischen Dialog ist der Schatten zum Schatten in den A.n geworden und sind die 30 Tage auf 3 reduziert [125]).

[118]) Grimm *Myth.* 2, 988; Tylor *Cultur* 1, 425; Seligmann *Zauberkraft* 498. [119]) Manz *Sargans* 67. [120]) Grimm *Myth.* 2, 898. [121]) Seligmann *Zauberkraft* 249. [122]) Grimm *Myth.* 2, 903; Urquell 2 (1891), 72. [123]) Seligmann *Zauberkraft* 249. [124]) Grimm *Myth.* 2, 988. [125]) Germania 26 (1881), 210—211.

III. Physiologisches.

1. Nach den Pythagoräern erkannte man die „Revenants" daran, daß sie nicht blinzelten [126]). Nach den Lehren der A.ndiagnose verrät sehr häufiges Oeffnen und Schließen der A.nlider einen furchtsamen und leicht aufbrausenden Charakter [127]). Wer im Radewormwald mit den A.n blinkt, hat nichts Gutes im Sinne [128]).

[126]) Lobeck *Aglaophamus* (1829), 894. [127]) Megenberg *Buch der Natur* 35. [128]) ZfrwVk. 11 (1914), 256 Nr. 19.

2. Das Zwinkern, Zucken oder Jucken der A.n ist schon bei den Griechen und Römern vorbedeutend, und zwar bedeutet es entweder überhaupt Unglück, oder das rechte A. sagt Glück, das linke Unglück an [129]). In den Niederlanden, wie meist in Deutschland, gilt der Glaube, daß das Jucken des rechten A.s Freude, des linken Leid verkünde [130]). Aber auch das Umgekehrte kommt vor; so in Husum (Schlesw.-Holst.) [131]), wie auch im alten Indien [132]). Zwinkern einem Kind die A.n, so bekommt es Schläge (Biel, Schweiz) [133]).

[129]) Grimm *Myth.* 2, 935. [130]) Volkskunde 23, 231; Grimm l. c.; Titus Tobler *Appenz. Wortschatz* 30. [131]) ZfVk. 20, 383. [132]) Grimm l. c., nach Hirzels *Sakuntala* 65. [133]) SchwVk. 10, 36.

A.n verdrehen. Wenn die Kinder die A.n aufwärts verdrehen, weint Unsere Liebe Frau [134]), oder das Jütel spielt mit ihnen [135]).

[134]) ZdVfVk. 12 (1902), 178. [135]) Seyfarth *Sachsen* 11.

IV. 1. A.n bedecken. Eins der natürlichsten und einfachsten Mittel, dem bösen Blicke von Menschen und Geistern zu entgehen, besteht darin, daß man den Kopf wegdreht oder dem verdächtigen Wesen den Rücken zeigt (vgl. I, 15). Ebenso sicher ist es, das Gesicht mit der Hand zu bedecken, den Kopf in ein Tuch oder einen Schleier einzuhüllen oder die A.n zu schließen und zu verbinden [136]). Namentlich hat die Braut solche Vorsichtsmaßregeln zu beachten. Bei den italienischen Juden des 14. Jhs. band man der Braut eine Binde vor die A.n [137]). Zahlreiche Völker bedienen sich bei der Hochzeit des Trauungsschleiers, um die Braut vor dem bösen Blick zu schützen [138]). Bei den Esten muß die Braut auf dem Wege zum Hause des Gatten die A.n geschlossen halten, damit keine Hexerei an ihr hafte. In Polen und im Samland hat die junge Frau, wenn sie im neuen Hause überall umhergeht und sie selbst oder ein Begleiter Opfergaben ausstreut, die Augen verbunden. Ebenso wird bei den oberpahlenschen Esten die junge Frau nach der Ankunft im neuen Hause mit verbundenen A.n vor den Ofen geführt, in den sie einige Scheite Holz hineinwerfen muß [139]). Dies geschieht sicher zum Schutz der Braut, dann aber auch, um die A.n der Braut, die dem Bräutigam gefährlich werden könnten, unschädlich zu machen [140]). Im Peloponnes schützen die Hebammen das Kind von der Geburt an, indem sie ihm einen Schleier über das Gesicht decken [141]). Auf dem Balkan wird das Gesicht der Wöchnerin mit einem weißen Tuch zum Schutz gegen den bösen Blick bedeckt [142]). Man verbindet sich auch die A.n zum Schutz der Tiere: Bringt man in Schlesien die kleinen Hühner, Enten, Gänse in einem Körbchen ins Freie, so muß man mit verbundenen A.n und rückwärts aus dem Hause gehen, sonst holt der Aar das junge Geflügel (Sprottau) [143]). Auch den Tieren selbst verbindet man die A.n, so in Böhmen der neu gekauften Kuh, ehe man sie in den Stall führt [144]), während man sich in Oldenburg und Ostpreußen damit begnügt, die Schweine mit einem Stück Zeug zu bedecken, damit kein Unbekannter ihnen durch seinen bösen Blick schaden kann [145]. — Ganz ähnliche Vorsichtsmaßregeln, wie sie der dem bösen Blick Ausgesetzte anwendet, übt auch derjenige aus, der durch seinen Blick andere schädigen kann (vgl. o. Braut). Entweder tut er es freiwillig im Bewußtsein seiner unheilvollen Kraft, oder er wird von anderen dazu gezwungen. Aus diesem Grunde wendet man den Kopf ab, senkt die A.n, bedeckt das Gesicht mit der Hand. Der mit dem bösen Blick Behaftete trägt häufig Brillengläser, damit die Vorübergehenden nicht von den Ausflüssen seines giftigen Blickes berührt werden (Süditalien). In der bayrischen Sage von den „drei Jungfrauen" oder „Schwestern" wird die eine blind oder, auf Denkmälern, mit verbundenen A.n dargestellt. Sie scheint durch bloßen Blick bezaubern zu können. Sie hatte üble A.n, welche geschlossen, verbunden sein mußten, um nicht zu schaden. Häufig gibt man jemandem den Rat, sein böses A. mit einer Binde oder einem Pflaster zu bedecken, damit es nicht schaden kann. Dem Verdächtigen wurden die A.n verbunden, oder sein Kopf wurde mit einem Schleier oder einem Sacke bedeckt. In der ganzen Welt ist die Sitte verbreitet, das Gesicht des Toten zu bedecken. Die A.n der Leiche (s. d.) sind ebenso gefährlich wie die A.n eines zum Tode Geführten; daher pflegte man dem Verbrecher bei seiner Hinrichtung die A.n zu verbinden. In der nordischen Sagaliteratur findet sich eine Reihe von Beispielen dafür: dem Betreffenden, Mann oder Weib, der gesteinigt, totgeschlagen, verbrannt oder ertränkt werden soll, wird ein Balg oder Sack über den Kopf gezogen. In bemerkenswerter Übereinstimmung mit diesen Sagen hat man in Sümpfen Dänemarks eine Anzahl von Kadavern gefunden, die anscheinend einer solchen Behandlung unterworfen wurden, bevor man sie in den Schlamm untertauchte: ihr Kopf war mit einem Fell eingehüllt. In Estland wurden die zum Tode verurteilten Zauberer vor der Hinrichtung dreimal um den Markt geführt, und in dem Augenblicke, wo sie aus dem Gefängnis traten, verband man ihnen die A.n, damit sie keinen bösen Blick auf die Zuschauer werfen konnten. Um den heiligen Desiderius zu töten, mußte man ihm erst die A.n verbinden — sein Blick wirkte auf die Marterknechte wie Pfeile, immer und immer wieder taumelten die rohen Patrone getroffen zurück. Tieren wurden aus demselben Grunde die A.n verbunden. In Waidhofen an der Thaya in Niederösterreich hat man einen Hahn eingemauert gefunden (Bauopfer), dessen Kopf mit einem leinenen Lappen umwunden war [146].

Das Verbinden der A.n beim Losen in der Andreas-, Thomas-, Neujahrsnacht [147], beim Brautkranzwerfen [148], Hahnenschlagen [149], Topfschlagen [150], Scheibenschießen [151] hat mit dem Aberglauben des bösen Blickes nichts zu tun. Es handelt sich hier darum, den eigenen Willen auszuschalten und ihn dem Zufall oder dem Wirken höherer Mächte zu unterwerfen.

In Grenheim in Schwaben werden am Pfingstsonntag einem Knaben die A.n verbunden; das macht ihn zum Wasservogel (Regenzauber) nach der Straußenweisheit: Wenn ich die andern nicht sehe, so sehen mich die andern nicht, bin ich unsichtbar, bin ich Dämon [152]; vgl. Regenzauber.

136) Seligmann *Blick* 2, 278; vgl. 1, 158 ff. 137) Ders. *Zauberkraft* 137. 138) Ders. *Blick* 2, 224. 139) Samter *Familienfeste* 3 f. 21; Ders. *Geburt* 149. 140) Seligmann *Zauberkraft* 137; Sartori *Sitte und Brauch* 1, 79. 141) Seligmann *Blick* 2, 224. 142) Ebd. 2, 70. 143) Drechsler *Schlesien* 2, 92 Nr. 457. 144) Wuttke § 691. 145) Seligmann *Blick* 1, 215. 146) Ebd. 1, 156; 2, 283 ff. 147) Wuttke § 333. 148) Ebd. § 335; Sartori *Sitte u. Brauch* 1, 103. 149) Wuttke § 426; Sartori *Sitte u. Brauch* 3, 114; vgl. dagegen Seligmann *Zauberkraft* 162. 150) Sartori 3, 237. 151) Ebd. 3, 235. 152) Gesemann *Regenzauber* 84 Nr. 3; Sartori 3, 202.

2. A.n verblenden. Man versteht darunter die Kunst, die A.n eines Menschen so zu blenden, daß er nicht die Wirklichkeit sieht, sondern das, was der Zauberer will. Zaubern nennt man in Dithmarschen oug'nverschröin, anders-

wo in Holstein auch ogenverschålen. Wer einen falschen Schilling oder einen vierblättrigen Klee bei sich trägt, kann Oug'nverschröin sehen [153]). In Masuren bewirken Komödianten, d. h. Seiltänzer, A.nverblendnis. Wenn man wissen will, was sie eigentlich vorführen, so muß man den Rock verkehrt anziehen [154]). Schon Bodinus berichtet von einem Gaukler Suitidas, dem die Augen ausgestochen wurden, weil er den Umstehenden die A.n verblendete [155]). In den alten Heldensagen konnte man durch einen Zauberblick seinen Gegner blenden. Olaus Magnus erzählt: Vitolf, Fürst der Helsinger, konnte die Gesichter der Feinde so blenden, daß sie der Sehkraft beraubt wurden, die nächsten Häuser nicht sehen und den Weg dahin nicht finden konnten [156]).

[153]) Urquell 2 (1891), 184—185; 3 (1892), 212. [154]) Töppen *Masuren* 41. [155]) Bodinus *Daemonomania*. Hamburg 1698, 385. [156]) Seligmann *Zauberkraft* 341; vgl. Kronfeld *Krieg* 120. † Seligmann.

Augenamulett und -talisman.

1. Um von bösen Taten abzuschrecken, brachte man in Deutschland (Alt-Essen) im Zimmer einen Halbkreis mit einem kleineren Kreis darin an, der das Auge Gottes, das alles sieht, vorstellen sollte [1]). Als Auge Gottes werden auch in Deutschland die Augen an Kirchen, Kirchenstühlen und Totenbrettern (Böhmerwald) erklärt [2]). Um sich in Dänemark gegen den bösen Blick zu schützen, war es eine verbreitete Sitte, die Zeichnung eines Auges auf das zu kratzen, was geschützt werden sollte; und in alten Bauernhäusern trifft man noch ab und zu hinter Glas und Rahmen einen „göttlichen Haussegen" oder einen Bibelspruch, über welchem ein Auge angebracht ist. Jetzt wird es wohl meistens als Sinnbild von Gottes Allwissenheit aufgefaßt [3]).

[1]) ZfrwVk. 10 (1913), 243. [2]) Busch *Volksgl.* 312; ZföVk. 10, 23 Nr. 14; vgl. ZdVfVk. 24 (1914), 267 Anm. 2. [3]) Janus 10, 631.

2. Steine mit einer ungewöhnlichen Zeichnung, wie das Belusauge (Bel oculus), verschaffen, in der Hand getragen, klare, helle Augen [4]), andere wie der Augenachat, das Katzenauge, der Malachit, der Sardonyx schützen vor bösem Blick, Hexerei, Bezauberung und jedem Unfall [5]).

[4]) Kräutermann *Zauber-Arzt* 72. [5]) Seligmann *Blick* 2, 28—31.

3. Pflanzen, die die Signatur des Auges haben, werden gegen Augenkrankheiten verwendet [6]).

[6]) Schindler *Aberglaube* 177; Stemplinger *Sympathie* 45. 47.

4. Viele Tieraugen waren, meistens gedörrt, als Amulette in Gebrauch. Ein Bärenauge schützte die Kinder vor nächtlicher Furcht [7])und Krämpfen (Norwegen) [8]). Ein Fledermausauge macht unsichtbar (Deutschland, Böhmen, Tirol) [9]). Ein Geierauge sicherte dem Besitzer die Huld seines Herrn (12.—13. Jh.) [10]) und bannte die Sorge vor einer Gerichtsverhandlung (Tirol, 15. Jh.) [11]). Ein Hasenauge schützte vor Augenerkrankung und Erblindung [12]). Ein Hirschauge diente zur Stärkung der sexuellen Potenz [13]). Ein Katzenauge schützt vor Augenleiden [14]) und macht geistersichtig [15]). Mäuseaugen heilen Augenkrankheiten (Galizien) [16]). Rehaugen schützen vor Zahnschmerzen [17]), Schlangenaugen vor Augenkrankheiten [18]), desgleichen Schwalbenaugen [19]). Ein Wachtelauge schützte vor Fieber (Tirol) [20]). Ein Wiedehopfauge schützte vor Hexereien, Truden und Teufelskünsten (Tirol) [21]), gegen Vergeßlichkeit, Verstandesschwäche (Bayern) [22]) und Betrug (Pommern) [23]). Es macht bei allen Menschen beliebt, verschafft Glück vor Gericht (Pommern, Tirol) [24]) und verleiht einem die Kraft, seine Feinde zu veranlassen, sich mit einem zu versöhnen (Frankreich) [25]). Ein Wieselauge schützte vor dem bösen Blick [26]). Ein Wolfsauge schützte vor Wölfen und anderen Tieren (Thüringen) [27]), vor Zauber, Dämonen und bösem Blick (Juden, 17. Jh.) [28]), gegen die Furcht (Frankreich, 17. Jh.) [29]), vor allen Gefahren [30]), vor allem Unrecht (Schwaben) [31]), vor jedem Unglück (Deutsche Pennsylvaniens) [32]), vor der nächtlichen Furcht der Kinder [33]), vor den Gichtern (Schweiz) [34]) und heilte alle Krankheiten (MA.) [35]).

Über das A. in außerdeutschen Ländern vgl. Seligmann, Blick 2, 144—164.

7) Marshall *Arznei-Kästlein* 90. 8) Janus 1912,10. 9) Wuttke § 166. 474. 10) Sitzb. Wien 1863, 155—156. 11) ZfVk. 1, 323; Lammert 228; Schönwerth *Oberpfalz* 3, 240. 12) Wuttke § 171. 525. 13) Agrippa v. Nettesheim V, 293. 14) Seyfarth *Sachsen* 179. 15) Bartsch *Mecklenburg* 2, 329 § 1593; vgl. Agrippa v. Nettesheim 1, 207. 16) Hovorka u. Kronfeld 1, 294. 17) Marshall *Arznei-Kästlein* 90. 18) Jühling *Tiere* 163. 19) Ebd. 230 (schon im Altert); Plinius XXIX, 38; Aristoteles *De animal.* 508 b, 5. 563 a, 13 (ed. Dithmeyer 63. 220). 20) ZfVk. 8 (1898), 170; Jühling *Tiere* 246. 247. 21) ZfVk. 8 (1898), 168. 22) Hovorka u. Kronfeld 2, 231. 23) Jahn *Hexenwesen* 186 Nr. 692—693. 24) Ebd. 186, Nr. 696; BlPommVk. 1900, 106; Wuttke § 164; Albertus Magnus 2, 9. 25) Rolland *Faune* 9, 167. 26) Ronsseus *Epist. medic.* (1661), Cap. 22 p. 75. 27) Witzschel *Thüringen* 2, 288 Nr. 136. 28) JbjüdVk. 1, 209—210 Nr. 175. 29) Thiers *Traité* 1 (ed. 1741), 383. 30) Mélusine 8, 32 s. v. Loup. 31) Buck *Volksmedizin* 49. 32) Journ. of Amer. Folk-Lore 1904, 110 Nr. 19. 33) Marshall *Arznei-Kästlein* 90. 34) SAVk. 10, 271 Nr. 45. 35) Mélusine 8, 32 s. v. Loup.

† Seligmann.

Augenbraue (= A.) und Wimper (= W.). A. und W. werden leicht verwechselt [1].

1. Zur Krankheitsbehandlung wurden Haare aus der rechten A. und Krähenblut verwendet [2]. Drei A.n der Geliebten, in einem Amulette getragen, sind eine Bürgschaft der Treue [3].

Zeichen der Verhexung. Wenn die A. eines Menschen an dem Rock des anderen hängen bleibt, so ist dieser von jenem verhext, und es gibt nur ein Mittel gegen dieses Unglück, das ist, wenn die A. verbrannt wird oder ihre Wurzel verloren hat [4]. Ob ein Kind verschrien ist, kann man auch an den A.n desselben erkennen. Man schlecke diese ab, und schmecken sie salzig, so ist das Kind verschrien. Die A.n wäscht man dann mit „Weihbrunn" (Weihwasser) ab [5].

Fehlen der A.n. In Hinterpommern erkennt man Leute, die als Mahrt reiten, daran, daß sie keine A.n (Brane) haben [6]. Die russischen Waldgeister haben keine A.n und W.n [7].

Menschen mit starken, borstigen A.n sollen viel denken und trachten, sie neigen zur Traurigkeit und haben eine unreine, grobe Sprache. Wer lange A.n hat, ist hoffärtig und unverschämt. Dünn gesäte A.n beweisen einen schwachen Charakter. Wenn die A.n nach der Nase hin abwärts und nach den Schläfen hin aufwärts gerichtet sind, deuten sie auf Schamlosigkeit und Stumpfsinn. Geschwungene A.n sind ein Zeichen des Ehrgeizes und des Stolzes [8]. Dicke, buschige A.n erwecken leicht einen unheimlichen Eindruck, deshalb werden den Hexen und Dämonen, Elben, Schratteln, Mätzeln, Zwergen solche „Wergbrauen" zugeschrieben [9].

Zusammengewachsene A.n. Aristoteles und die alten Physiognomiker hielten zusammengewachsene A.n für ein Anzeichen von Grämlichkeit und Melancholie [10]. Im alten Indien waren zusammengewachsene Brauen Zeichen der Zauberei [11]. Auch in Europa erkennt man daran die Hexen [12], den Alp oder die Mahrten, die den Schläfer drücken [13], den Werwolf [14] und den Vampir [15]. Solche Menschen haben den bösen Blick und können beschreien [16], aber sie können nicht beschrien werden [17]. In Irland hat der Sambrynn (d. h. der, welchem die A.n über die Nase zusammengewachsen sind) die Eigenschaft, daß ihm Gespenster nichts schaden können; auch kann ihm von vorn nichts Böses oder Unreines nahen, im Rücken aber ist er dadurch nicht geschützt [18]. Im Elsaß, in der Schweiz und in Bayern nennt man Leute mit aneinanderstoßenden buschigen A.n Rätzel oder Haarhammel und schreibt ihnen Geistersichtigkeit zu [19]. In der Schweiz (Bern) glaubt man, daß jemand, der solche A.n hat, leicht verrückt wird [20]. In Schlesien (Grünberg) [21] und in Brandenburg stirbt er keines natürlichen Todes [22]. Ebenso in Landshut. Auch ist er in der Ehe eifersüchtig [23]. Auf den nordfriesischen Inseln wird er reich und stirbt auf dem Meere [24].

Verkehrte A.n. Im Lechrain erkennt man die Trud daran, daß die A.n in verkehrter Richtung, statt den Schläfen der Nasenwurzel zu stehen [25].

Gegend zwischen den A.n. Soviel senkrechte Falten sich beim Zusammenziehen der A.n zwischen denselben bilden, so oft heiratet man (Mecklenburg) [26]). In Neapel erkennt man einen jettatore daran, daß sich zwischen seinen A.n eine Falte in Hufeisenform eingräbt, und in Spanien haben die aojadores oft eine deutliche blaue Ader zwischen den A.n. Das letztere Zeichen hat sonst eine andere Bedeutung: In Mecklenburg und in Österreich-Schlesien hält man Kinder, welche quer über die Nase einen blauen Strich oder eine Querader haben, für Todeskandidaten; sie sollen zwei Jahre nicht überleben. Im Bergischen (Elberfeld) nennt man daher ein solches Mal „Duadenläddschen" (= Sarg), in der Schweiz (Aargau) „Totenbäumchen". Kommt in Bayern ein Kind mit einem solchen bläulichen Streifen zur Welt, so dauert die Sorge der Mutter um das Leben ihres Kindes zwei volle Jahre; nach dieser Zeit ist aber die Gefahr vorbei. Wenn auf Haiti kleine Kinder diese Ader haben, die bis zum 7. Jahre dauert, dann werden sie kopfkrank. Um dies zu verhindern, knüpft man an das Halsband ein silbernes Kreuzchen [27]). Bei den Graekowalachen ist die Gegend zwischen den A.n eine bevorzugte Stelle zum Einritzen eines Kreuzes als Schutzzeichen gegen den bösen Blick [28]).

[1]) SAVk. 8, 142. [2]) ZfVk. 23 (1913), 127. [3]) Hovorka u. Kronfeld 2, 806. [4]) Ebd. [5]) ZföVk. 9 (1903), 214. [6]) Knoop *Hinterpommern* 82 Nr. 169. [7]) Mannhardt 1, 139. [8]) Megenberg *Buch der Natur* 35; Hovorka u. Kronfeld 2, 806. [9]) Seligmann *Zauberkraft* 250. [10]) Ebd. 251. [11]) Hertz *Werwolf* 86. [12]) Andree *Parallelen* 1 (1878), 44. 63; Wuttke § 213. 220; Seyfarth *Sachsen* 7. 38. 45; Fronius *Siebenbürgen* 19; Alpenburg *Tirol* 267; Köhler *Voigtland* 420; Fischer *Oststeierisches* 122; John *Westböhmen* 201; Stemplinger *Aberglaube* 68; Seligmann *Zauberkraft* 250. 403. [13]) ZfdMyth. 1, 198; Andree *Braunschweig* 379; Grimm *Sagen* 74 Nr. 80; E. H. Meyer *Germ. Myth.* 121 f.; Kuhn *Westfalen* 1, 286 Nr. 332; Kuhn u. Schwartz 419 Nr. 193. 520; Schönwerth *Oberpfalz* 1, 209; Eisel *Voigtland* 208 ff.; Grohmann 25; Wuttke § 405; Seyfarth *Sachsen* 7; Laube *Teplitz* 53; Güntert *Kalypso* 226; Egerl. 3 (1899), 59; Seligmann *Zauberkraft* 250. [14]) Mannhardt *Germ. Mythen* 633 Anm. 1; Hertz *Werwolf* 86; Meyer *Aberglaube* 270; Grimm *Myth.* 2, 918; Wuttke § 408; Seligmann *Zauberkraft* 250. [15]) ZfVk. 22 (1912), 132; Seligmann *Zauberkraft* 250. [16]) Wuttke § 220; Hovorka u. Kronfeld 1, 76; 2, 806; ZföVk. 4 (1898), 151; Fronius *Siebenbürgen* 19; Hillner *Siebenbürgen* 21; Graber *Kärnten* 203; Seligmann *Zauberkraft* 251. [17]) Köhler *Voigtland* 420 bis 421; Seyfarth *Sachsen* 45. [18]) Maurer *Isländ. Sagen* 88; Ders. *Bekehrung des norweg. Stammes zum Christentum.* München 2 (1856), 111 Anm. 35; ZfVk. 8 (1898), 285; Seligmann *Zauberkraft* 403. [19]) Rochholz *Sagen* 1, 358. [20]) SAVk. 8 (1904), 142. [21]) Drechsler *Schlesien* 1, 184. [22]) Engelien u. Lahn 250. [23]) Pollinger *Landshut* 163. [24]) Jensen *Nordfriesische Inseln* 217. [25]) Leoprechting *Lechrain* 9 f. [26]) Bartsch *Mecklenburg* 2, 70. [27]) Seligmann *Zauberkraft* 252. [28]) ZfVk. 4 (1894), 144.

2. Wimpern. Nach Pseudo-Galen kann ein Mensch ohne W. nicht mehr in gerader Richtung oder in die Ferne sehen [29]). Nach Galen sind niedergeschlagene W. Zeichen des Neides [30]). Dichte W. beweisen einen energischen Charakter [31]). Um Schlucken aufhören zu machen, soll man ein Haar aus der W. herauszupfen (Rumänen in der Bukowina) [32]). Fällt einem eine W. aus, so legt man sie auf den Rücken der Hand und wünscht sich etwas. Läßt sich die W. leicht wegblasen, so geht der Wunsch in Erfüllung [33]). — Wenn in Westfalen eine Kuh keine Milch mehr gibt, so gießt man an einem Sonntag ein wenig von der Milch der Kuh in ein neues Gefäß, reißt die W. von dem unteren Augenlid des Tieres aus, wirft sie in das Gefäß, verschließt dieses fest, läßt die Milch ein oder zwei Stunden lang kochen, gießt das Ganze in einen sehr reinen Filter, melkt dann die Kuh dreimal, filtriert die erhaltene Milch, gießt sie in ein neues Gefäß, wirft den Staub von dem Kehricht des Hauses hinein und setzt das Gefäß an die Eingangstür des Stalles [34]).

[29]) Pseudo-Galen *Introd.* X (K. XIV, p. 702). [30]) Seligmann *Zauberkraft* 255. [31]) Hovorka u. Kronfeld 2, 806. [32]) Ebd. 2, 789. [33]) Drechsler *Schlesien* 2, 197; John *Erzgebirge* 38; Urquell 3 (1892), 40; SAVk. 7, 133. [34]) Seligmann *Blick* 1, 356.

† Seligmann.

Augendiagnose s. Ophthalmoskopie.

Augenkrankheiten.

I. Als Ursache der meisten Augenerkrankungen, resp. der Blindheit, gelten der Fluß, die bösen Säfte, eine Schärfe (Blutschärfe, stockendes, hitziges Geblüt), ein Gift, das sich auf die Augen geschlagen oder geworfen hat, Kopfweh, grelles Licht, Hitze, dunkle Wohnung, vieles Wachen, nächtliches Arbeiten, Lesen von kleiner Schrift (sich blind sehen), viel weinen (sich blind weinen), frühe Fleischkost (bei Kindern und jungen Hunden) [1]), Erkältung, Verkühlung, Zug, namentlich, wenn man in einen giftigen Wirbelwind gerät (Schlesien) [2]), und in neuester Zeit der Krieg, d. h. irgendein (nebensächliches) Kriegserlebnis.

[1]) Bartisch 46; Flügel *Volksmedizin* 63; Hovorka u. Kronfeld 2, 785—786. 787. 788; Fossel *Volksmedizin* 93; Andel *Volksgeneeskunst* 186. [2]) Drechsler 2, 152; Hovorka u. Kronfeld 2, 787.

1. Der Augenzahn (Hundszahn) steht nach dem Volksglauben in innigster Beziehung zum Auge: dieses soll oft erkranken, wenn er bei Kindern nicht recht durchbrechen will oder zu rasch durchbricht. Bei Erwachsenen soll das Ausziehen desselben öfters Krankheit des Auges veranlassen; doch nach Umständen sollen auch nach Entfernung eines schadhaften Hundszahns Augenleiden gehoben werden [3]).

[3]) Fossel *Volksmedizin* 94; Hovorka u. Kronfeld 2, 787; Goldschmidt *Volksmedizin* 59.

2. Sehr häufig stößt man jetzt noch auf eine Antipathie, Brillen zu tragen. Die physiologisch und anatomisch begründete Abnahme der Sehschärfe bei Kurzsichtigkeit, Übersichtigkeit und Alterssichtigkeit wird auf ein getragenes Augenglas zurückgeführt. Die Abneigung, solche Gläser zu tragen, ging im 17. Jh. sogar so weit, daß alle möglichen, natürlich wirkungslosen Mittel empfohlen wurden, „um sich der Prillen zu enthalten und sich von ihnen zu entwehnen" [4]).

[4]) Bartisch 52—57.

3. Kranke Augen bekommt man, wenn man die Fingernägel bei Licht schneidet (Simmenthal) [5]). Man erblindet, wenn man einen Blindstein (weißen Kiesel) findet und nicht darauf spuckt und ihn rückwärts über den Kopf wirft (Insel Rügen) [6]); wenn man auf grünen Farrenkräutern liegt (Schweiz)[7]). Im MA.[8]) und noch heute in Mecklenburg soll es den Augen schaden, wenn man sich nach einer Fischmahlzeit die Hände nicht wäscht und mit den fischigen Händen die Augen berührt [9]).

Schwalbenkot in den Augen ist noch so sehr gefürchtet wie zu Tobias Zeiten, indes auch Kot anderer Vögel (Ätzwirkung wegen des Reichtums desselben an Harnsäure und harnsauren Salzen) [10]), desgleichen die Samenfäden des Löwenzahns (Augenblume) [11]), Staub eines ganz trokkenen Pilzes (Lycoperdon bovista) [12]), Hasenfett [13]), Aalblut (Ichthyotoxin) [14]), die Taufe (d. h. verunreinigtes Taufwasser, das in die Augen gelangt) [15]), Wasser von Heilbrunnen, das ein meineidiger Dieb zur Heilung seiner kranken Augen gebraucht hat [16]).

Man wird augenkrank oder blind durch das Ansehen eines Augensteines (Gnatzstein, Quarz) (Preußen) [17]), eines Maulwurfes (weil er scheinbar blind ist) [18]), eines Wiesels [19]), eines Augenkranken (Triefäugigen) [20]), seines eigenen Spiegelbildes (bei Kindern im ersten Lebensjahr) [21]), eines auf einem Baume sitzenden Frauenzimmers [22]), durch den Blick in die Sonne (der tatsächlich nicht nur vorübergehende Blendung, sondern auch dauernde Sehstörung hervorrufen kann)[23]), in den Mond [24]), auf die Sterne (Auge der Engel) [25]) und nach jüdisch-talmudischer Ansicht auf den Regenbogen, den Regenten und den segnenden Priester, denn in ihnen spiegelt sich die göttliche Majestät [26]).

[5]) Zahler *Simmenthal* 21. [6]) BlPommVk. 1900, 62 Nr. 11. [7]) Ulrich *Volksbotanik* 9. [8]) Wolfram v. Eschenbach *Parzifal* 487, 4; ed. Martin 2, 371. [9]) AfdA. 27 (1901), 109. 219. Das Berühren der Augen mit unreinen Händen galt schon im Talmud für gefährlich, weil es Blindheit im Gefolge haben konnte. (Blau 163; Kotelmann 414.) Mit dem Glauben, daß

der Genuß von Fischen, die wegen ihres Wasserreichtums ebenso wie das reichliche Trinken von Wasser als schädlich für die Augen und Star (Cataracta = Wasserfall) hervorrufend angesehen wurden, hat diese Ansicht wohl kaum etwas zu tun (Kotelmann 244—245; vgl. 373. 416; Preuß *Medizin* 305. 311. 328. 329). [10]) Tob. 2, 9; Kotelmann 195 bis 201; Flügel *Volksmedizin* 63. [11]) Drechsler 2, 296. [12]) Ebd. 2, 296; BlPommVk. 8 (1900), 62 Nr. 10. [13]) Drechsler 2, 296. [14]) BlPommVk. 8, 19. Im Talmud auch Eselsblut (Kotelmann 392). [15]) SAVk. 21 (1917), 57. [16]) Megenberg *Buch d. Natur* 415. Vgl. das Gottesurteil bei den Ewecrn: Um einen Dieb oder Mörder ausfindig zu machen, läßt man dem Verdächtigen Gift in die Augen bringen; ist er schuldig, so wird er blind werden, machts ihm nichts, so ist er unschuldig: ZfEthn. 38 (1906), 40. [17]) Frischbier *Hexenspr.* 32. [18]) Wuttke § 167. 525; auch bei einigen nordmexikan. Indianerstämmen: Frazer *Totemism* 1, 13 Anm. 1. Bei den Bakuena in Südafrika bekommt man kranke Augen, wenn man auf ein Krokodil (Totemtier) blickt: Frazer *Totemism* 1, 13. Im klass. Altertum sollte der Anblick des Seebarsches (Plin. 32, 8) Gift für die Augen sein. [19]) Wuttke § 170. [20]) Seligmann *Zauberkraft* 233—234. 508. [21]) Ebd. 285. Sie werden schielend (Westböhmen, Ungarn) oder erblinden (Ungarn). Nach epirotischem Glauben erblindet, wer nachts in den Spiegel blickt (Seligmann 285—286). Betrachtet sich jemand mit einem kranken entzündeten Auge längere Zeit in einem Spiegel, so wird auch das andere gesunde Auge angesteckt (Seligmann 287). [22]) Grimm *Mythol.* 3, 455 Nr. 621; Birlinger *Volksth.* 1, 493; ZfdMyth. 3, 31; Fogel *Pennsylvania* 212 Nr. 1065. Der Grund dieses Glaubens mag sein, daß man in dieser Position des Weibes ihre Genitalien zu sehen bekommt, und der Anblick derselben verursacht, wenigstens nach talmud. Glauben, Blindheit. Sogar blinde Kinder können geboren werden, wenn die Eltern bei der Kohabitation auf die Genitalien hinblicken (Kotelmann 300; Preuß *Medizin* 314). [23]) Schönwerth *Oberpfalz* 2, 51. Ähnlich gilt der Anblick des mit der Sonnensubstanz gesättigten Glutkessels beim indischen Pravargyaopfer für gefährlich und Blindheit verursachend (Seligmann *Zauberkraft* 226). [24]) John *Westböhmen* 234. [25]) Kuhn u. Schwartz 458; Časopis českého Musea 1855, 181; ZdVfVk. 25 (1915), 29 Anm. 29. Beim Weisen mit dem Finger muß man natürlich den Blick auf die Sterne richten. Photios erzählt, Philippos, der König Mazedoniens, habe als Kind auf Sternschnuppen geschossen und nachher sein Auge durch einen Mann namens Aster verloren: Photios *Bibl. cod.* 190, p. 149a (Bekk.). [26]) Seligmann *Zauberkraft* 293; in Australien auch auf die Tjurunga, das heilige Kultobjekt (Seligmann 293).

4. Die meisten Augenleiden entstehen durch die Tätigkeit der Hexen und Zauberer [27]), die Gegenstände wie Stecknadeln, Senkelstifte u. dgl. in die Augen hineinpraktizieren [28]) oder durch Beschreien [29]), bösen Blick [30]), das „Vermänte" (Steiermark, Kärnten) [31]) oder durch Anhauch [32]) A. und Blindheit hervorrufen. — Die Truden blenden, wenn man ihnen etwas abschlägt [33]).

Nächst den bösen Menschen sind es die Krankheitsgeister und elbischen Wesen, die das Auge beschädigen [34]): die Perchta [35]) oder ein Kind aus ihrer Schar [36]), der Teufel [37]), die Hexen [38]), die Unterirdischen, Norggen, der Alp [39]), der Bilwis [40]), die Kornmutter [41]), Knecht Ruprecht und Nicolas [42]) blasen oder pusten den Menschen, namentlich wenn diese sie neugierig belauschen, die Augen aus, d. h. sie blenden sie durch Blasen oder Blattern bildende A. In Schlesien wird ein besonders gefährliches Augenübel der Rinder „der Hauch" genannt [43]), ist also wahrscheinlich auf den Anhauch der Hexen zurückzuführen. Bei Goethe haucht die Sorge den Faust an, daß er erblindet [44]). Der wilde Jäger schlägt Neugierigen, welche aus den Fenstern sehen, mit seiner Peitsche (Blitz) die Augen aus [45]). Andere dämonische Mächte verletzen die Augen durch ein nagelartiges Geschoß, daher der Name „Nagel" für Hornhauttrübung [46]). Auch der nordwestdeutsche Ausdruck „mit wat forr de Ogen schaten" (geschossen) weist auf solche Geschosse hin [47]). St. Luzia steht in Beziehung zum Triefauge, das daher auch St. Lucienschein heißt [48]). Die zwerghaften Sandmännchen und Pechmännlein streuen Sand in die Augen (= Blepharolithiasis) und verkleben die Augenlider. Der Pöpelmann veranlaßt das Pöpeleinauge (Pippel-, Pöpel-, Bibelinauge = chron. Bindehautkatarrh) [49]), der Bielman den weißen Star [50]), die Poganeia das Hornhautgeschwür (Dalmatien) [51]).

[27]) Toeppen *Masuren* 56. [28]) Bartsch 385 u. Fig. 47 Der austral. Zauberer bringt Strohhalme u. dgl. seinem Opfer hinter die Augen (Bartels *Medizin* 210—212.) [29]) Ur-

quell 2 (1891), 62. [30]) Seligmann *Zauberkraft* 116. 126. 277. 308. 325. 326. 332. 333. 334. 340—341. 352. 407. [31]) Graber *Kärnten* 215; Seligmann *Zauberkraft* 39. [32]) Drechsler 2, 152. [33]) Müller *Siebenbürgen* 144 f. [34]) Seyfarth *Sachsen* 83; Hovorka u. Kronfeld 2, 793. [35]) Grimm *Mythol.* 1, 229; Vonbun *Beiträge* 9; Eisel *Voigtland* 104 Nr. 263. [36]) Alpenburg *Tirol* 64 Nr. 1. [37]) Müllenhoff *Sagen* 202 Nr. 276; Grimm *Mythol.* 3, 89; Simrock *Mythol.*[3] (1869), 456; Eisel *Voigtland* 6 Nr. 8. [38]) Simrock *Myth.*[3] 456; Drechsler 2, 152; Eisel *Voigtland* 90 Nr. 227. [39]) ARw. 2 (1899), 151. [40]) Ebd. [41]) Mannhardt *Forschungen* 309. 310. [42]) Grimm *Myth.* 1, 426. [43]) Peter *Öst. Schlesien* 2, 274; Drechsler 1, 37. [44]) Goethe *Faust* II. Teil, Akt V. [45]) Schwartz *Heidentum* 32 Anm. 2. [46]) Hovorka u. Kronfeld 2, 796. [47]) Goldschmidt *Volksmedizin* 57. [48]) ARw. 2 (1899), 151; 9 (1906), 253. [49]) Ebd. 2 (1899), 151—152. [50]) Hovorka u. Kronfeld 2, 788. 801. [51]) Seligmann *Zauberkraft* 47 Anm. 206.

5. Wie es nach antikem Glauben für gefährlich galt, „die Götter sichtbarlich zu schauen", weil sie dieses mit Erblindung ahndeten [52]), so ist es nach deutschem Glauben ebenso verhängnisvoll, den Geistern [53]), einer geisterhaften Feuererscheinung [54]), der Perchta [55]), dem wilden Heer [56]), den tanzenden Elfen [57]), dem Nachtvolk [58]), dem Hüttenmännchen (Harz) [59]), den Kasertörggelen (geisterhaften Kindern auf den Stubaier Almen) [60]), den Totenseelen im Berg [61]), den Toten während der Christmette in der Kirche (Kärnten) [62]) zufällig zu begegnen, sich nach ihnen umzusehen oder sie neugierig zu belauschen: sofortige Erblindung ist die Strafe für solches Tun oder Mißgeschick.

[52]) Ebd. 292. [53]) Ebd. 202. 204. 289 ff.; vgl. 156 (Seth); Heyl *Tirol* 583 Nr. 47; Eisel *Voigtland* 96 Nr. 246; Köhler *Kl. Schr.* 1, 599. [54]) Heyl *Tirol* 363 Nr. 38. [55]) Grimm *Myth.* 1, 229; Vonbun *Beiträge* 9; Alpenburg *Tirol* 63; Andree-Eysn *Volkskundliches* 161; SitzbWien 174, 2 (1913), 18. 30. [56]) Ranke *Volkssagen* 74; Meier *Schwaben* 1, 132. 136; Wolf *Beitr.* 2, 159; Birlinger *Volksth.* 1, 33. [57]) Schell *Bergische Sagen* 150 Nr. 25. [58]) Vonbun *Beiträge* 9; Ders. *Sagen* 35 Nr. 37; Reiser *Allgäu* 1, 47 f. [59]) Pröhle *Unterharz* 150 Nr. 377. [60]) Heyl *Tirol* 73 Nr. 36. [61]) Graber *Kärnten* 100. [62]) Ebd. 185.

6. Blindheit tritt auch sonst als Strafe für Neugier ein, so, wenn man die Freimaurer [63]), die Hexen [64]) und sprechenden Tiere [65]) belauscht, wenn man ein Amulettpapier aufmacht [66]), wenn man die Verwandelung des Brunnen- oder Flußwassers in Wein, die in der Weihnachts- oder Neujahrsnacht stattfinden soll, sehen will [67]). Man sagt den Kindern überall warnend, sie würden blind, wenn sie vorwitzig durchs Schlüsselloch des Zimmers schauten, in dem die Weihnachtsüberraschungen vorbereitet werden [68]). Vielleicht ist auch die bekannte Redensart „ein Auge riskieren" auf diesen Glauben zurückzuführen [69]). Sieht ein Uneingeweihter in ein Hexenbuch, so wird sein Auge verhext und es tritt einem Aste gleich hervor (Tirol) [70]).

[63]) Strackerjan 1, 362 Nr. 205 a; Wuttke § 387. [64]) Simrock *Mythol.*[2] (1864), 495. [65]) Köhler *Kl. Schr.* 1, 599. [66]) Wuttke § 533. [67]) Grimm *Mythol.* 3, 462 Nr. 192; Müllenhoff *Sagen* 169 Nr. 231; Kuhn *Westfalen* 1, 116 Nr. 125; 2, 107 Nr. 322; Strackerjan 2, 34 § 290; Wuttke § 77. 525; Reusch *Samland* 34 Nr. 26; Sartori *Sitte* 3, 151. [68]) MschlesVk. Heft 12 (1905), 67 Anm. 3; vgl. die Erblindung des lüsternen Neugierigen in der Legende von Lady Gullivan in Felix Dahns Gedicht „Jung Sigurd" (*Gedichte*, 2. Sammlung, 96). [69]) MschlesVk. Heft 13 (1905), 115. [70]) Heyl *Tirol* 800 Nr. 241.

7. Eine uralte Vorstellung ist die Blindheit als Strafe Gottes für ein Verschulden oder eine Sünde. Sie findet sich in der antiken „heidnischen" Welt [71]), bei Juden [72]), Mohammedanern [73]) und Christen [74]). So finden die Jünger Jesu es natürlich, ihren Meister zu fragen: „Wer hat gesündigt, dieser oder seine Eltern, daß er blind geboren ist"? [75]). Die deutschen Sagen erzählen von Frevlern, die als Strafe für begangene Grausamkeit [76]) oder Beschimpfung von Heiligenbildern [77]) erblindeten. Nach den Heiligenlegenden erblindete ein vornehmer Römer, der zum Vergnügen in die Kirche ging [78]); ebenso eine Frau, die sich dem Plane ihres Mannes, eine Kirche zu bauen, widersetzte [79]); ein Räuberhauptmann, der in ein Kloster eindrang [80]); ein Maler, der ein Heiligenbild besudeln wollte [81]).

[71]) Herodot *Histor.* lib. II, cap. 111; SAVk. 23 (1921), 222 f. [72]) Ex. 4, 11; Jerem. 31, 7; Dt. 28, 28; Sach. 14, 4; Preuß *Medi-*

zin 313. [73]) Koran Sure 2, 6. 19. [74]) Lippert *Christentum* 179. [75]) Joh. 9, 1. Durch Verbalsuggestion blendete in der Apostelgeschichte 13, 11 Paulus den Zauberer Elymas; ebenso Mohammed einen berüchtigten Zauberer durch Hersagen der Schutzsuren (Seligmann *Blick* 2, 342). Über eine Verbalsuggestion durch einen Fluch vgl. Seligmann *Zauberkraft* 481. [76]) Schell *Bergische Sagen* 438 Nr. 34. [77]) Kühnau *Sagen* 3, 409—410. [78]) Kerler 13. [79]) Ebd. 15. [80]) Ebd. 15. [81]) Ebd. 17; vgl. hierzu die japanische Anschauung, daß man den Reis nicht mutwillig vergeuden oder ungenießbar machen soll, weil man sonst schlimme Augen bekommt. Mitt. d. Deutsch. Gesellsch. f. Natur- u. Völkerk. Ostasiens 6 (1893—97), 339.

II. Spezielle A.

1. Hornhautflecke entstanden nach ma.lichem Glauben dadurch, daß der Teufel auf dem Hexensabbat den Zauberern und Hexen zur Besiegelung des mit ihnen eingegangenen Paktes ein Mal (Signum diabolicum) mit einem Goldstück in Form einer kleinen Kröte auf das Auge aufdrückte [82]).

[82]) Seligmann *Zauberkraft* 248.

2. Der Star soll entstehen infolge des Beschreiens [83]), wenn man Starfleisch ißt oder Wasser trinkt, von dem ein solcher Vogel getrunken oder in dem er sich gebadet hat [84]), wenn ein Star die ausgekämmten Haare in sein Nest trägt; vorsichtshalber soll man sie daher verbrennen [85]).

[83]) Urquell 2 (1891), 62. [84]) Bartisch 66. [85]) Grimm *Mythol.* 3, 473 Nr. 1027.

3. Nachtnebel bekommt man, wenn man in die Sonne zur Zeit ihres Unterganges oder in das Wasser, in das die Sonne scheint, oder in den Vollmond schaut. Auch Kinder, die durch ein Sieb gegen die Sonne schauen, bekommen Nachtnebel (Kroatien, Böhmen) [86]). In Marokko gilt der Genuß von Hühnerhirn als Ursache der Nachtblindheit (= Hühnerblindheit) [87]).

[86]) Hovorka u. Kronfeld 2, 804; Wuttke § 524. [87]) Stern *Türkei* 1, 166.

4. Augenjucken, -krimmen u. -beißen soll man bekommen, wenn man über einen Ort geht, auf den Aschenlauge geschüttet ist, daher der Name „Aschenschrimpff“ [88]).

[88]) Bartisch 180; vgl. Köhler *Voigtland* 547.

5. Augeneiterung der Neugeborenen (Infektion durch gonorrhoische Erkrankung der Mutter) wird als Folge der Lichteinwirkung angesehen, weshalb man bestrebt ist, das Zimmer der Wöchnerin im tiefsten Dunkel zu erhalten (Steiermark) [89]).

[89]) Fossel *Volksmedizin* 68.

6. Rote Augen (inversio palpebrarum) bekommt ein Kind, wenn es in der Wiege viel über sich sieht [90]).

[90]) J. Muralt *Hippocrat. helvet.* Basel 1692, 92; Rochholz *Kinderlieder* 290.

7. Übersichtigkeit entsteht, wenn man Kinder vom Kopfe her betrachtet [91]).

Schielen desgleichen, oder wenn die Wiege mit dem Kopfende gegen das Fenster steht (Steiermark) [92]). Man soll auch nicht mutwillig schielen, weil es sonst bleibt [93]). Schielaugen bekommt das Kind, wenn es durch ein Sieb (Bukowina) [94]) oder in den Spiegel (Westböhmen, Ungarn) schaut [95]) oder wenn die Mutter es an allen drei Fastnachtstagen stillt (Alt-Finnland) [96]).

[91]) Flügel *Volksmedizin* 63—64. [92]) Puerperium Marianum, d. i. *Unser L. Frawen Kindelbeth durch Christ. Marianum.* Costantz 1599, 124; Rochholz *Kinderlieder* 290; Fossel *Volksmedizin* 68. [93]) SAVk. 8, 151. [94]) Hovorka u. Kronfeld 2, 804. [95]) Seligmann *Zauberkraft* 285. In Palästina (Seligmann 286) und Marokko (Acta Academ. Aboens. 1, 17—18) darf man sich aus demselben Grunde nicht nachts in einem Spiegel besehen. Besonders gefährdet ist in Palästina die Wöchnerin (Seligmann 286). [96]) Seligmann *Zauberkraft* 265.

8. Gerstenkörner entstehen durch den Augenwurm (Werre), die fressenden Würmer [97]), den bösen Blick einer schwangeren Frau (Spanien) [98]); deshalb muß man sich hüten, einer Schwangeren einen Wunsch abzuschlagen (Bosnien, Abruzzen) [99]) oder überhaupt in ihrer Gegenwart zu essen (Asturien) [100]). Die schwangere Frau selbst bekommt Gerstenkörner, wenn sie einen Stuhl umgekehrt sieht und nicht auf ihn spuckt (Schweden) [101]). Kinder unter einem Jahre dürfen nicht Hirse essen, weil sie sonst Hirsekörner im Ge-

sicht und Gerstenkörner in die Augen bekommen (Voigtland) [102]. Man bekommt das Leiden auch, wenn man in die Verunreinigung auf einem Kreuzwege tritt (Siebenb. Sachsen) [103], wenn man an einem Kreuzwege uriniert (daher der Name Wegepisse) (Braunschweig) [104], oder ein anderes Bedürfnis verrichtet (daher der Name Wegscheißer) (Franken) [105], oder wenn man jemandem in den Hintern sieht (Schlesien) [106].

[97]) ARw. 2 (1899), 152; Časep 1855, 329. In China soll das Trachom durch einen Wurm entstehen, der mit gebogenen Nadeln getötet wird, die unter die Verwachsungen eingestoßen werden. (G. Mayer *Hygienische Studien in China*. Leipz. 1904, 118). [98]) Seligmann *Zauberkraft* 340. [99]) Ebd. 119; Hovorka u. Kronfeld 2, 537; Curiosità popolari tradizionali 13, 187. [100]) Seligmann *Zauberkraft* 382. [101]) Ebd. 295. [102]) Köhler *Voigtland* 424. [103]) Wlislocki *Sieb. Volksgl.* 82. [104]) Andree *Braunschweig* 421. [105]) Lammert 228. [106]) Drechsler 2, 297.

III. Angeborene Augenleiden. Sehr häufig wird den Eltern, speziell der Mutter, die Schuld an einem Augenleiden der Kinder zugeschoben. Schon das Brautpaar wird dafür verantwortlich gemacht, das anwesend ist, wenn das Aufgebot in der Kirche verkündigt wird; dann bekommen ihre zukünftigen Kinder kranke Augen (Böhmen) [107].

Am meisten gefährdet die schwangere Mutter das Kind. Drückt sie einer Leiche die Augen zu, so bekommt das Kind eingefallene Augen oder wird blind (Schlesien) [108]; badet sie, so wird das Kind blind (Thüringen) [109]; blickt sie den Mond an, so wird das Kind mondsüchtig oder kurzsichtig (Schlesien, Böhmen, Oberpfalz) [110]; „versieht" sich die Mutter beim Anblick von „blanken und bloßen Degen, Feuer, Plitzen, Büchsen abschießen, Sonnenstrahlen im Wasser, sterbenden Menschen oder solchen Leuten, die das Fraischlegt oder die schwere Not haben und ihre Augen scheußlich verwenden, item Tiere schlachten, die auch die Augen häßlich verkehren, oder noch endlich solche Menschen, die da selber schielen, mit Entsetzen ansehen und hefftig darüber erschrecken" [111], oder sieht sie durch eine Türspalte, durch ein Schlüsselloch oder durch ein Loch in der Mauer (Niedersachsen, Hannov. Wendland, Wenden, Schweden) [112], ißt sie Hasenfleisch (Serbien) [113], wird sie mit einer Spindel geschlagen, hat sie eine Schlange getötet oder zugesehen, wenn andere eine Schlange getötet haben (Ehsten) [114], so wird das Kind schielen.

Selbst während der Geburt ist das Kind gefährdet; wenn die Gebärende dabei die Augen zumacht, dann sieht das Kind nicht (Schlesien) [115].

In Indien war es schließlich noch die schlechte Muttermilch, die nach der Geburt die Augeneiterung der Neugeborenen hervorrufen sollte, während nach dem Talmud Triefäugigkeit entsteht, wenn die Mutter Gartenkresse [116], und unstete, zitternde Augen, wenn sie Fischsaft oder kleine Fische genießt [117].

[107]) John *Westböhmen* 129. [108]) Drechsler 1, 118; Wuttke § 571. [109]) Ebd. § 592; Hansemann 31. [110]) Wuttke § 571. Derselbe Glaube bei den Suaheli (C. Velten *Sitten u. Gebräuche der Suaheli*. Göttingen 1903, 253). [111]) Bartisch 24. Bei den Suaheli, wenn sie einen schielenden Menschen angeschaut hat (Velten 253). [112]) Ns. 15. Febr. 1914, 188; Menk 16; Wuttke *Sächs. Volksk.* 371; Lloyd 89. [113]) Globus 33 (1878), 349. [114]) Boecler *Ehsten* 127. [115]) Drechsler 1, 182. [116]) Kotelmann 155. [117]) Ebd. 416; Preuß *Medizin* 311. † Seligmann.

Augensegen. Diese wollen gewöhnlich nicht chronisch schwaches Gesicht oder Blindheit, sondern Entzündungen, Flekken (Blasen) auf der Hornhaut, Fremdkörper im Auge u. dgl. heilen; das Übel wird demnach häufig als „Blattern" im Auge, „Fell" (*pellis*), „Flecken" und „Mal" (*macula*), „Herbrate" usw. genannt [1]. — Zwei deutsche Segen schon aus dem 11. Jh.: der eine beschwört den *suam* (? Hschr. *suaz*) bei Gott und Christ [2], der andere („Regensburger A.") gedenkt des „regenplinten" (Joh. Ev. cap. 9) [3]. Älteste christliche lateinische Aufzeichnung: 12. Jh., Theclasegen (vgl. unten). Die lat. A. sind öfters sehr lang und mischen streng biblische Stücke (Tobias, die verschiedenen Blinden) mit grob legendarischen, nebst Beschwörungen bei den Engelmächten u. a. Die deutschen Segen sind gewöhnlich kürzer und einfacher. — Von den vielen Motiven der A. sind in Deutschland wohl folgende die beliebtesten:

1. Biblische u. dgl. Susannasegen. Die Formen variieren, Grundform vermutlich wie diese: „Susanna hat gebärt S. Anna, S. Anna hat gebärt Maria, Maria hat gebärt ... Jesus Christ; so wahr dies Wort ist, soll das Fell ziehen in diesem Aug" (usw. vgl. Gebärsegen § 2)[4]. Die meisten Aufzeichnungen sind ganz spät (eine aus dem 16. Jh.), keine lateinisch. Die „Susanna" ist hier ganz unbegründet und steht wohl bloß wegen des Anklangs an „Anna", vgl. im 15. Jh. in einem Dreifrauensegen (s. d.): „S. Ann, S. Osann, min frow S. Maria" (usw.)[5]. — Der Longinussegen (s. d.) ist in diesem Gebrauch unursprünglich. — Jesu Atem und Blut: „U. Herrgott sein Athem vertreibt dir dein' Blattern, u. H. sein Blut ist für die Augen gut"[6].

[1]) Vgl. Höfler *Krankheitsnamen* s. v. [2]) MSD. 1, 18 Nr. 7. [3]) ZfdA. 46, 303. [4]) Urquell 1 (1890), 170; vgl. Lammert 229; Seyfarth *Sachsen* 136; Germania 17, 76 (16. Jh.) u. a. [5]) Germania 25, 68. [6]) Meier *Schwaben* 2, 515.

2. Heiligenlegende. Nicasius: lateinisch als epischer A. seit dem 15. Jh.: „S. Nic. dyaconus et martir habuit dolorem oculorum et deprecatus est dominum, ut quicunque nomen suum portaverit, a macula liberaretur"[7]. Deutsch schon im J. 1349: „Der lieb Herr S. N. het ain vel in den augen u. bat" usw.[8]. Jetzt außer Gebrauch. Nach Franz ist hier der Bischof von Rouen (und nicht der Reimser) gemeint, weil nur von ihm ein Augenwunder berichtet wird. Aber die älteste Fassung des Segens, lat. aus angelsächs. Hschr. (um 1000?) spricht gar nicht von den Augen: „For poccas. S. N. habuit minutam variolam et rogauit ... ab hoc morbo"[9] (eine Legende betreffend die Pocken scheint sonst von keinem der beiden Heiligen erzählt zu sein). Die Änderung des Zweckes mag auf deutschem Boden vorgenommen sein wegen der Zweideutigkeit des Wortes „Blattern" (oder ist durch die Ähnlichkeit zwischen *Varulus*, Gerstenkorn und *Variola* veranlaßt). Ottilia s. Heilige in den Segen § 2.

Gespräch dreier Heiliger am Meere[10], nur lat., vom 12. Jh. an. Ältester, vollständiger Beleg: „.... S. Nazarius et S. Tecla et S. Aquilina sedebant supra petrus (l. petras) eius et mare; et dixit S. N.: Ambulemus, et dixit S. T.: Ambulemus, et dixit S. A.: Non, set macula de oculo isto delea(mu)s. Si alba est, desfacta est; si rubigo est, deus ... destruet ill(a)m"[11]. (Statt „ambulemus" auch „eamus" oder „sedeamus"). Der epische Text ist, wie von Franz bemerkt, eine Umformung des alten marcellinischen Dreijungfernspruches (s. Dreifrauensegen) mit eingesetzten Heiligen (die Namen oft sehr verdreht) und mit Gespräch statt Handlungen. Der berühmteste Name ist hier Thecla, die Begleiterin des Apostels Paulus, sehr früh als Augenpatronin verehrt, während Aquilina wohl sonst kaum als solche vorkommt. Das Auffallende in der Namenwahl und im Gegensatz Sitzen-Gehen könnte sich vielleicht erklären durch eine Spielerei des Verfassers über bedeutungsvolle Worte im Anfang der vielgelesenen Theclalegende: „Thecla" — (Pauli) „nasus" „aquilinus" — „sedens" („minime recedebat")[12]. — Eine byzantinische Variante[13] ist, wie es scheint, aus dem Lat. übersetzt. — Die Bedrohung der farbigen Körper im Auge (oft kommt noch „schwarz" hinzu) kommt auch ohne die Theclalegende vor, und auch französisch[14], später auch in den Wurm- und dem Hiobsegen (s. d.).

[7]) Schönbach HSG. Nr. 1011; vgl. Germania 32, 455; Franz *Benediktionen* 2, 487; Ohrt *Danmarks Trylleƒml.* 2 Nr. 1158. [8]) Schönbach HSG. Nr. 824; vgl. ZfdA. 24, 67. [9]) Payne *English Medicine in the Anglo-Saxon Time* (Oxford 1904), 130. [10]) Literatur Franz *Benediktionen* 2, 488 ff.; Jacoby Ons Hemecht 1924, 29 ff., mit Hinweisen. [11]) Neues Archiv f. ältere deutsche Geschichtskunde 13, 667. [12]) Mombritius *Sanctuarium* 2 (Milano 1476), 308. [13]) Vassiliev *Anecdota graeco-byzantina* 1 (Moskva 1893) 338. [14]) SchwVk. 11, 11; Mélusine 3, 113.

3. A n d e r e M o t i v e. Eine andere Zurechtlegung des Marcellusspruches, in der Neuzeit äußerst beliebt, liegt nur deutsch vor und erst seit den Prozessen des 16. und 17. Jhs. Die Jungfern sind hier namenlos wie bei Marcellus (nur eine einzige Variante [15]) hat hier „drei Marien") und sind entweder einfach „drei Jungfern" oder haben christliche Epithete („heilige" usw.). S. weiter Dreifrauensegen.

Über Segen gegen „böse Augen" s. Verhexung (Segen wider) § 2—3.

[15]) ZfrwVk. 1, 217. Ohrt.

Augenstein. Man versteht darunter: 1. Das Cuprum aluminatum oder „Nichts", „Augennichts" (Zinkoxyd), die man bei Augenkrankheiten anwendet. In bezug auf das letztere Mittel gilt die wortspielende Redensart: „Nichts ist gut für die Augen" [1]). — 2. Den Gnatzstein oder Quarz, der schlimme Augen verursacht, wenn man ihn längere Zeit ansieht (vgl. Augenkrankheiten I, 3) [2]). — 3. Achate (s. d.) mit ringförmigen Schichten, kugelförmig und so entfernt einem Augapfel gleichend, die, mit Silberringen umfaßt, an der Uhrkette als Amulette getragen werden (vgl. Augenamulett § 2) [3]). — 4. Die kalkreichen Schneckendeckel einer Trochusart [4]).

Augen werden durch Edelsteine ersetzt. So leuchten in dem nachgemachten Schädel des Servatius Edelsteine statt der Augen. Ein A. ist auch Alexanders Edelstein, der schweres Gold aufwiegt, mit einer Feder und ein wenig Erde bedeckt aber in der Wage aufschwebt [5]).

s. a. G a l i t z e n s t e i n, K u p f e r.

[1]) K ö h l e r *Voigtland* 353; S e y f a r t h *Sachsen* 263; R e i t e r e r *Ennstalerisch* 22. [2]) F r i s c h b i e r *Hexenspr.* 32. [3]) A n d r e e - E y s n *Volkskundl.* 140. [4]) Ebd. [5]) G r i m m *Myth.* 3, 362; H e r t z *Abhandlungen* 73 ff. † Seligmann.

Augentrost (Euphrasia Rostkoviana). 1. B o t a n i s c h e s. Kleiner Rachenblütler (Skrophulariazee) mit gegenständigen, eiförmigen, gezähnten Blättern und weißen oder bläulichen Blüten, die von violetten Längsadern durchzogen sind. Die Herbstform des A.s ist im Spätsommer und Herbst häufig auf Wiesen und Triften anzutreffen [1]).

[1]) M a r z e l l *Kräuterbuch* 277 f.

2. Die Blüte zeigt die „Signatur" des A u g e s (der dunkle Fleck in der Blüte wird mit der menschlichen Pupille verglichen) und gilt daher im Volk als Mittel gegen A u g e n k r a n k h e i t e n [2]). In einem Säckchen auf der Brust getragen, heilt der A. Augenkrankheiten [3]).

[2]) So auch in den Kräuterbüchern des 16. Jhs., vgl. M a r z e l l *Heilpflanzen* 179. [3]) Niederbayern: M a r z e l l *Bayer. Volksbot.* 132.

3. Die Hirten glauben, daß der A. dem Weidevieh die M i l c h e n t z i e h t; daher auch Volksnamen wie Milchschelm, Milchdieb (Österreich, Tirol, Schweiz). Insofern der A. als „Halbschmarotzer" die Gräser seiner Umgebung schädigt, hat diese Meinung eine gewisse Berechtigung. Auch blüht der A. meist zu einer Zeit, wo der Milchertrag zurückgeht [4]).

[4]) M a r z e l l *Heilpflanzen* 180.

4. Der A. gilt als O r a k e l für die Zeit der Wintersaat: Blüht er oben an der Spitze besonders reichlich, so kommt ein zeitiger Winter, und es muß auch zeitig gesät werden [5]). Wenn der A. reich blüht, so gibt es einen strengen Winter [6]). Volksnamen wie Gewitterblüml (Schlesien) und Donnerkräutchen (Hessen-Nassau) zeigen, daß man den A. mit dem Einschlagen des Blitzes in Verbindung bringt. S. G e w i t t e r b l u m e n.

[5]) Südostböhmen: Orig. Mitt. von T r e i b e r 1910; vgl. auch Heidekraut. [6]) Schwaben: M a r z e l l *Bayer. Volksbot.* 132. Marzell.

Augenwimper s. A u g e n b r a u e 2.

Augurium s. V o r z e i c h e n.

August. 1. Bei den Römern zuerst S e x t i l i s, der 6. Monat, genannt, erhielt er im Jahre 7 v. Chr. bei Berichtigung des Schaltwesens von Kaiser Augustus, der im Sextilis die meisten Siege erfochten hatte, den Namen. Der älteste deutsche Name ist E r n t e m o n a t (Aranmânoth) [1]), womit auch die ganze Erntezeit von Ende Juni bis August bezeichnet wurde [2]). Im MA. unterschied man auch zwischen dem e r s t e n A. (Juli) und a n d e r n A. (August), womit man aber auch, wie mit A u g s t i n, den September benannte [3]). Das Wort A u g s t selbst erhielt im Norddeutschen die Bedeutung Ernte [4]). Auf diese weist auch der Name

Schnittmonat des Tegernseer Kalenders (16. Jh.) hin [5]; noch heute sagt man im Böhmerwald statt Ende Juli oder August „im Schnitt" oder „in der Schnitterzeit" [6]. Als heißester Monat des Jahres hat der A. ferner die Namen Kochmonat [7] und im deutschen Banat Hitzemonat [8] und ist wohl auch der Bismânot, in dem das Vieh, von der Hitze und von Bremsen gequält, „biset", wie toll auf der Weide umherläuft [10]. Fischart bringt in „Aller Praktik Großmutter" noch den wohl selbst ersonnenen Namen Adolfmonat (Adolf, 29. A.) [10].

Bezüglich Personifikation des A. s. Monat.

[1]) Grimm *Myth.* 2, 632; Weinhold *Monatsnamen* 31. [2]) Weinhold a. a. O. 30. [3]) Ebd. 30 ff.; SAVk. 11 (1907), 96 f. [4]) Weinhold a. a. O. 32. [5]) Ebd. 54. [6]) Verf. [7]) Weinhold a. a. O. 47. [8]) Ebd. 44. [9]) Ebd. 33. [10]) Ebd. 39.

2. Der 1. A. (s. a. Petri Kettenfeier) gehört mit dem 1. April (s. d.) und 1. Dezember (s. d.) zu den größten Unglückstagen (s. d.) des Jahres [11]. An ihm wurde der Teufel aus dem Himmel geworfen [12]. Der an diesem Tage Geborene kann Geister und Hexen sehen [13], findet aber frühen oder unnatürlichen Tod [14]. Auch die Hochzeit soll nicht am 1. A. stattfinden [15]. Wer an diesem Tage Rüben sät, dem verrosten sie [16]; wer Flachs rauft, dem verbrennt er beim Dörren [17]. In Tirol gilt ferner der 17., in Niederdeutschland der 18. und in Böhmen der 27. A. als Unglückstag [18]. Am 1. A. fand noch im 16. Jh. in Köln das „Peter Vinkelsfeuer" (Petri Kettenfeier) statt [19]. In der Gegend von Rovereto in Südtirol bestand der Brauch, daß die Handwerker am 1. A. nachmittags sich bei Wein und Festgelagen bis in die Nacht belustigten. Dazu erbaten sie sich von ihren Kunden Wein oder Geld. Das nannte man „Feragosto", was wohl aus „*Feriae Augusti*" entstanden ist, da schon die alten Römer die *Calendae Augusti* mit Trink- und Gastgelagen feierten [20]. Ohne Zusammenhang damit und aus rein wirtschaftlichen Gründen begannen die Kalendarien westdeutscher Klöster im MA. mit dem A. als Neujahr wegen der Neuverpachtung des Klosterbesitzes [21].

Viel wichtiger ist, daß im A., in dem die Sonne in das Zeichen der Jungfrau tritt [22], die alten Römer das Fest der Jungfrau Diana (13. A.) gefeiert haben, das die Kirche in das Fest Mariae Himmelfahrt (s. d.) verwandelt hat [23]. Mit diesem Tage beginnt im deutschen Volksglauben der Frauendreißiger (s. d.), in dem die Pflanzen am meisten Kraft besitzen. Deshalb wird auch empfohlen, im A.wädel oder A.krebs, wie die zweite Hälfte des Monats auf alemannischem Gebiet heißt (s. Monat), die Heilkräuter zu sammeln, so Nesselsamen gegen die Wassersucht, die Blumen zu versetzen und den Winterspinat zu säen [24]. Auch in Bosnien sammelt man im A. die Heilkräuter [25]. Die im Frauendreißiger gelegten Eier heißen A.eier; sie verderben nicht [26]. Die am 15. A. „geschüttelten" oder „gerührten" Erdäpfel wachsen schneller [27]. Auch bei den Italienern ist diese Zeit bedeutungsvoll. So kann z. B. ein Schatz zu Cammarana bei Scoglitti nur in der Nacht vom 14. auf den 15. A. gehoben werden, jedoch bloß von einem Ehemann, den seine Heirat nie gereut hat [28]. Bei den Rumänen im Harbachtale (Siebenbürgen) ist der 18. A., wohl alten Stiles, Christi Verklärung, die der katholische Kalender am 6. A. feiert, ein hoher Feiertag [29]. Im Emmental hat der 18. A. als „Gottwaltstag" besondere Bedeutung. An diesem Tage gefällte Bäume werden nicht wurmstichig, und steigt man an ihm auf einen Baum, der keine Früchte trägt, so wird er in Zukunft Früchte tragen [30].

Zuweilen fällt in den A. schon ein Erntefest [31] oder irgendeine andere Festlichkeit [32]. Auf den Halligen ist schon vom 24. A. an freie Weide [33]; der A. gilt auch als günstige Zeit zum Pflügen [34]. Bei den Franzosen gelten Geburten [35] und Hochzeiten [36] im A. als unglücklich; dagegen glaubt man in Nordindien, daß die im A. während der Periode der Salomofestlichkeit Geborenen vor dem bösen Blick geschützt sind und auch die Macht besitzen, ihn zu vertreiben [37]). Betreffs der Gesundheit empfiehlt der hundertjährige Kalender wie für den Juli Mäßigkeit in allem [38]). Der A. ist im Wetterglauben der heißeste Monat. Was er nicht zur Reife bringt, wird schwerlich mehr reif, denn „Was der A. nicht kocht, kann der September nicht braten" [39]). Obst ist nicht mehr schädlich, wenn ein Augustregen darüber gegangen ist [40]). Mausern der Hühner im A. deutet auf einen kalten Winter [41]).

Als Lostage (s. d.) kommen in Betracht der 10. A. (Laurentius, s. d.), der 15. (Mariae Himmelfahrt, s. d.) und besonders der 24. (Bartholomäus, s. d.).

[11]) Reiser *Allgäu* 2, 230; Hoffmann-Krayer 165; Höhn *Geburt* Nr. 4, 261. [12]) Wuttke 84 § 100; Baumgarten *Jahr u. s. Tage* 29; John *Erzgebirge* 196; Pollinger *Landshut* 168; Höhn *Tod* Nr. 7, 311. [13]) Höhn *Geburt* Nr. 4, 261. [14]) Drechsler 2, 190; Höhn *Geburt* Nr. 4, 261 und *Tod* Nr. 7, 312. [15]) Meyer *Baden* 511. [16]) Drechsler 2, 54. [17]) Ebd. 2, 74. [18]) Reinsberg *Festjahr* 226. [19]) Wrede *Rhein. Volksk.* 194 f. [20]) Schneller *Wälschtirol* 238 Nr. 27. [21]) ZföVk. 9 (1903), 185. [22]) Ausdeutung bei Nork *Festkalender* 500 ff. [23]) Frazer 1, 12. 14 ff.; Domaszewski *Religion* 172 f. [24]) SAVk. 15 (1911), 7; Zahler *Simmenthal* 63. Vgl. SAVk. 7, 142; Schramek *Böhmerwald* 275. [25]) Stern *Türkei* 1, 386. [26]) Zingerle *Tirol* 169; Meyer *Baden* 411; Wuttke 430 § 674; J. Micko *Volksk. des Marktes Muttersdorf* (Muttersdorf in Westböhmen) 1926, 20. [27]) John *Erzgebirge* 224. [28]) Liebrecht *Zur Volksk.* 98. [29]) ZfVk. 22 (1912), 161. [30]) SAVk. 15 (1911), 5. [31]) Leoprechting *Lechrain* 192; Reinsberg *Festjahr* 256. [32]) Vgl. das Augsburger Monatsgedicht bei Birlinger *Aus Schwaben* 2, 152 f.; Reinsberg *Festjahr* 226 ff.; Kapff *Festgebräuche* Nr. 2, 19. [33]) Sartori *Sitte u. Brauch* 2, 153. [34]) FFC. 30, 62. [35]) SchwVk. 2, 72 (Lausanne). [36]) Sébillot *Haute-Bretagne* 113. [37]) Seligmann *Blick* 2, 2. [38]) Hovorka u. Kronfeld 2, 380. [39]) Reinsberg *Wetter* 160; Zingerle *Tirol* 170; B. Haldy *Die deutschen Bauernregeln* (Jena 1923) 71; Wrede *Rhein. Volksk.* 150; Pfalz *Marchfeld* 8; SAVk. 12 (1908), 16. [40]) Rothenbach *Bern* 31 Nr. 240. [41]) Fogel *Pennsylvania* 221 Nr. 1116. Jungbauer.

Augustinus, hl., Kirchenlehrer, dessen Schriften eine der Hauptgrundlagen der ganzen ma.lichen Theologie bilden, gest. 430, Fest 28. Aug.[1]). Schutzheiliger der Theologen. Befaßte sich eingehend mit der Wirksamkeit der Dämonen und bekämpfte die antiken abergläubischen Anschauungen und Übungen, vorzüglich die magischen Künste in den Schriften De civitate Dei und De doctrina christiana. Letztere, namentlich II, 19—26, diente im MA. als Grundlage zur Bekämpfung des Aberglaubens. Anderseits überliefert A. mancherlei Legendenstoff mit alten Volksmotiven wie Jenseitsvisionen u. a.[2]). Eigentliche Volkstümlichkeit erlangte der Heilige in Deutschland nicht. Infolge höchst naiver Namensexegese wurde er beim bayerischen Volk Patron der Augenkranken [3]), deren Helfer sonst Antonius, Liborius, Ottilia u. a. sind. In den Zeiten des Geistlichen Schildes, eines Büchleins mit vielerlei Segen, Gebeten und Anrufen (s. Geistlicher Schild), konnte man den Heiligen als Schildwächter für die Zeit von 12—1 Uhr mittags anrufen und seine besondere Fürbitte im Falle des Hinscheidens in dieser Stunde erflehen [4]).

[1]) Künstle *Ikonographie* 105. [2]) Günter *Christliche Legende*, Register. [3]) ZfVk. 1 (1891), 300. [4]) Geistl. Schild 119—121. Wrede.

Aurelia, hl., eine römische, zum Christentum bekehrte Jungfrau, Fest 15. Oktober [1]). A. mußte fliehen und gelangte nach der Legende mit einem Schritt von Fußach gegen Lindau. Man zeigte früher im Hafen von Lindau einen bemerkenswerterweise Hexenstein genannten Stein mit dem Fußtritt der Heiligen [2]). Nach einer weiteren Legende stieß sie zu der Gesellschaft der hl. Ursula (s. d.), bei deren Fahrt von Basel nach Köln sie in Straßburg wegen Krankheit zurückblieb. Hier befand sich ihr in der Reformation zerstörtes Grab in der Mauritiuskirche [3]). Desgleichen wurde sie hier mit den drei sagenhaften Jungfrauen Einbede, Wilbede und Warbede in Verbindung gebracht [4]). Zur Zeit des hl. Columban und später wurde sie in einer Kapelle bei Bregenz am Bodensee verehrt. Columban zerstörte hier im Verein mit S. Gallus die Bildnisse dreier heidnischer Götter, denen das Volk trotz des christlichen Altars weiter geopfert hatte [5]).

[1]) AA. SS. Oct. VII 27 ff. [2]) Birlinger *Aus Schwaben* 1, 43. [3]) Grandidier *Histoire de l'Eglise de Strasbourg* 1, 146. [4]) Wolf *Beiträge* 2, 175; Simrock *Mythologie* 609; Hertz *Elsaß* 202. [5]) Grimm *Myth.* 1, 89 f. Wrede.

Aurikel (Primula auricula). Mit der Schlüsselblume nahverwandte Pflanze der Alpen und Voralpen, die oft auf Felsen wächst und daher auch Gamsblümel, in der Schweiz Fluehblüemli (Fluh = Felsen) genannt wird. Weil sie im Gebirg nicht selten in „schwindelnden Höhen" wächst, heißt sie auch Schwindelkraut (vgl. Gemswurz) und gilt bei den Jägern als Mittel gegen den Schwindel[1]). Gegen das „Hinfallen" (Epilepsie) hilft der Tee aus den an der „Auffahrt" (Christi Himmelfahrt) gesammelten Flühblumen[2]).

[1]) Dalla Torre *Alpenpflanzen im Wissensschatze der Alpenbewohner* (1905), 57. [2]) Zahler *Simmental* 195. Marzell.

Aurin s. Tausendguldenkraut.

Ausfahrt (erste Ackerfahrt). Als günstige Tage für die erste Ackerfahrt gelten Dienstag, Donnerstag und Sonnabend[1]). Sie wird mit einem Spruch[2]) oder einem Gebet begonnen[3]). Ackergerät[4]) wie Zugtiere werden mit Weihwasser besprengt[5]). Den letzteren wird Geweihtes[6]), Brot[7]), Agathenbrot[8]) zum Fressen gereicht, bestreut mit geweihtem Salz[9]). Auch gibt man den Kindern oder dem Gesinde solches „Ackerbrot"[10]), oder dem Schmied, Wagner und Sattler das „Mähnebrot"[11]). Als „Pflugbrot" wird es auf den Acker gelegt[12]), zusammen mit einem Ei und einem Stück Geld; das Ei erhält der Pflüger, Brot und Geld ein vorübergehender Bettler[13]). Damit keine Dürre eintrete, wird dem Pflüger die Tasche mit Krapfen gefüllt und der Wagen vor der A. mit Fett geschmiert, in dem die Fastnachtkrapfen gebacken sind, wobei man die Vorderräder rückwärts, die Hinterräder vorwärts dreht[14]). Das Zugvieh wird über eine Axt getrieben[15]) und auf die Erde vor ihm mit der Peitsche das Zeichen des Kreuzes gemacht[16]).

[1]) Meyer *Baden* 418. [2]) Schönwerth *Oberpfalz* 1, 400. [3]) Birlinger *Volkst.* 2, 423; Reiser *Allgäu* 2, 351; Meyer *Bad.* 119, 417; Sartori 2, 60. Sartori *Sitte* 2, 60. [4]) Sartori 2, 60. [5]) Meyer *Baden* 417. [6]) Reiser *Allgäu* 2, 352. [7]) Meyer *Baden* 119. [8]) Ebd. 417. [9]) Ebd. [10]) Ebd. 417; ZdVfVk. 14, 140; Sartori *Sitte* 2, 60. [11]) Birlinger *Volkst.* 2, 423. [12]) Meyer *Baden* 417; Mannhardt 1, 317; vgl. unter Pflug. [13]) John *Westböhmen* 186; Egerland 4, 36. [14]) ZdVfVk. 14, 138. [15]) Mannhardt *Germ. Myth.* 12. [16]) John *Westböhmen* 186. Heckscher.

Ausfahrtsegen (Reisesegen). Die vielerlei Gefahren auf Reisen im MA. legten den Gebrauch von Ausfahrt- oder Reisesegen, sei es durch Vermittlung der Kirche, sei es privatim, nahe[1]). Die deutschen A. berühren sich eng mit den Morgen-, Schutz- und Waffensegen (s. diese, auch Gericht- und Tobiassegen), eine feste Grenze kann man nicht ziehen. Deutschsprachige Segen für die Ausfahrt liegen seit dem 12. Jh. vor; von alten Texten wären hervorzuheben: 12. Jh. „Weingartner Reisesegen" („Ic dir nach sihe" usw.)[2]), in welchem das alliterierende Zeilenpaar über die offenen und die geschlossenen Tore sehr altertümlich anmutet (vgl. Segen § 17); weiter der große kombinierte Murier Segen[3]); ca. 1200 „Münchener Ausfahrtsegen" („Ich slief mir hînt suoze" usw.)[4]); 14. Jh. „Ich wil hiut uf stan"[5]); „Hode dath ich uth ga" („Hiute ich ūs gē")[6]). Ähnliche Segen waren bis auf unsere Zeit in Umlauf. Vgl. auch Art. Maria in den Segen § 4 Anfang.

Aus den Motiven solcher Segen heben wir hervor:

Die Geleitschaft der Engel, schon im letztgenannten Segen, später gewöhnlich in Abendsegen, s. Engel.

Jesu Pfad, seit 15. Jh. bekannt; z. B. „Ich dryt heutt auff das pfatt, do vnsser lieber here Jh. Chr. selbs auff tratt (vgl. Psalm 17, 5), das was so linde vnd so gutt" usw.[7]). Später ähnlich im Romanusbüchlein: „Heut will ich ausgehen, Gottes Steg und Weg will ich gehen, wo Gott auch gegangen ist" usw.[8]). Jesu „Pfad" ist kaum der Weg nach Golgatha, eher der Weg des Sieges und der Erhöhung; vgl. (zwar in späten Hschr.): „Geh hin . . . ich befehl dich in den lieben Pfad, darin Gott der Herr trat, da er die Hölle zerbrach"[9]) (descensus ad inferos). In einer der altdeutschen Fassungen lautet der Schluß: „. . . also unser herre inbunden wart, do er nam die himelfart"[10]); sehr begehrt waren einst Erdbrocken von der Stelle, wo Jesus zum letzten Mal die Erde trat[11]) (in die Schuhe zu legen?).

Jesus mein Geselle; erst spät belegt. „Ich trete über das Thür-Geschwell, Jesus (Maria, Joseph, die hl. drei Könige uws.) seyen meine Weggesellen (der Himmel ist mein Hut, die Erde meine Schuh)"[12]) wird auch als Gerichtssegen verwendet. Verwandt ist der in die Abendsegen geratene Reim „Jesus ist mein Geleitsmann, der mir den Weg wohl weisen kann"[13]). (Die Zeilen über Himmel und Erde, als Glied eines Schutzsegens seit 1656 belegt, finden sich auch in Volksliedern, hier aber als Schilderung des Bettlerlebens)[14]).

Der stärkste Mann. „In Gottes Namen schreit ich aus, Gott der Vater sei ob mir, G. d. Sohn sei vor mir, G. d. h. Geist neben mir, wer stärker ist als diese drei Mann, der soll mir sprechen mein Leben an" usw.[15]). Eine ähnliche Form angeblich vom Markgrafen Albrecht dem Jüngeren († 1557) gebraucht[16]), sonst späte Aufzeichnungen. Zur räumlichen Verteilung der Schutzmächte im alten Segen vom Kreuze, s. Karlssegen.

[1]) Franz *Benediktionen* 2, 261 ff., bes. 266 ff. [2]) MSD. 1, 18 Nr. 8; Erläuter. 2, 54, mit Hinweisen; weiter Kögel *Gesch. d. dt. Lit.* 1, 2, 160 ff.; Steinmeyer 397; SAVk. 8, 65. [3]) MSD. 2, 286 f. [4]) Ebd. 1, 182 Nr. 3. [5]) Ebd. 2, 283. [6]) Ebd. 2, 290. [7]) ZfVk. 13, 19 vgl. MSD. 2, 284; Bartsch *Altdeutsche Handschr. in Heidelberg* 144. [8]) Romanusbüchlein 3. [9]) Alemannia 19, 139; vgl. *Danmarks Tryllefml.* 1 Nr. 791. [10]) MSD. 2, 284. [11]) Lucius *Heiligenkult* 193. [12]) ZfVk. 1, 308; 2, 175; vgl. 7, 536; Strackerjan 1, 61; Wuttke § 240 u. Sartori *Sitte u. Brauch* 2, 49 mit weiteren Hinweisen. [13]) Köhler *Kl. Schr.* 3, 323 f. [14]) Ebd. 3, 558 ff. [15]) Romanusbüchlein 25; Geistl. Schild 163. [16]) WürttVjh. 13, 254 Nr. 397. Ohrt.

Ausgang, ausgehen. Wem beim A. ein übles Vorzeichen (s. Angang) begegnet, der bleibe zu Hause[1]). Wird der Ausgehende wieder zurückgerufen, so hat er Unglück[2]); bleibt er an der Türe hängen (s. d.), so soll er lieber wieder umkehren[3]). Kreuzen Kinder und junge Mädchen beim A. unsern Weg, so haben wir Glück[4]); wer Brot im Sack hat, dem kann der Angang (s. d.) eines alten Weibes (s. d.) nicht schaden[5]). Ausgangssegen[6]) s. Ausfahrtsegen.

S. Angang, Aussegnung, Reise, Vorzeichen.

[1]) Wuttke 406 § 628. [2]) Ebd. 210 § 291. [3]) Ebd. 222 § 317. [4]) Strackerjan *Oldenburg* 2, 188 Nr. 431. [5]) Schönwerth *Oberpfalz* 1, 405 § 9. [6]) Grimm *Myth.* 3, 499 Nr. XX. Bächtold-Stäubli.

Auspicium s. Vorzeichen.

Aussaat s. säen.

Aussatz. Der A. (mhd. miselsuht) war im MA. eine in ganz Europa verbreitete Epidemie[1]), die man durch Isolierung der „Sondersiechen" zu bekämpfen suchte[2]). Natürlich rankte sich üppiger Aberglaube um diese entsetzliche Volkskrankheit.

Der Blick der Aussätzigen sollte dem Wasser von Brunnen und Quellen schaden[3]).

Die beste Heilung schrieb man dem Blut reiner Kinder und insbesondere von Jungfrauen zu[4]) (s. Blut).

[1]) Höfler *Krankheitsn.* 541. [2]) Martin *Badewesen* 199; Hoops *Reallex.* 1, 144; Mitteil. z. Gesch. d. Mediz. u. der Naturw. 7, 450. [3]) Seligmann *Blick* 1, 237. [4]) Bolte-Polívka 1, 56; Fehrle *Keuschheit* 61; Schwenn *Menschenopfer* 82. 84. 190. Stemplinger.

aussaugen s. lecken.

Ausschlag. Unter Hauta. versteht das Volk alle Hautkrankheiten: Flechten, Ekzem, Milchschorf (in der Pfalz Fresem genannt), Hitzbläschen, Wolf, Nesselsucht („Flug", „Flugfeuer"), Krätze usw.[1]).

Verhältnismäßig selten werden zauberische Mittel angewandt. Glaubt in Deutschböhmen eine hautkranke Person, sie sei verhext, dann geht sie vor Sonnenaufgang in den Mühlgraben und wirft mit beiden Händen das Wasser rückwärts über den Kopf. Sie wird rein, dafür aber wird die Hexe, die ihr den A. verursacht hat, von ihm behaftet[2]). In Preußen bestreicht man die kranke Stelle mit einem Feuerstahl und spricht einen Segen dabei[3]); gegen Flechten legt man in Bayern ein größeres oder kleineres Geldstück auf und macht dann mit dem Geldrand einen Kreis um die kranke Stelle[4]); Muttermäler berührt man im Ennstal mit einer Totenhand (s. Leiche)[5]).

[1]) Höfler *Krankheitsn.* 574; Hovorka-Kronfeld 2, 721. [2]) Grohmann 211.

[3]) Hovorka-Kronfeld 2, 720. [4]) Lammert 54. [5]) Hovorka-Kronfeld 724.
Stemplinger.

Aussegnung (der Wöchnerin) [1]). Die A. der Wöchnerin findet durch den Geistlichen beim ersten Ausgang statt, der die Kirche zum Ziel hat, daher auch die Bezeichnung „Vor- oder Hervorsegnen".

Die Wöchnerin wird dabei in kath. Gegenden von der Gevatterin oder der Hebamme begleitet, nicht immer nimmt sie das Kind mit [2]).

Der erste Ausgang wird in der Regel durch ein kleines Mahl gefeiert; besucht die Wöchnerin auf diesem auch die Paten und andere Verwandte, so schenken diese dem Kind einige frische Eier (Plausch-, Pappel- oder Schnatterei, s. d.) [3]). Die für den ersten Ausgang bevorzugten Tage sind je nach der Gegend verschieden: Der Sonntagnachmittag, der in anderen Gegenden bevorzugt ist, wird in Santheim (Münsingen) vermieden, im Oberamt Künzelsau ist Dienstag oder Donnerstag bevorzugt, dagegen Samstag verpönt; auch am Tag eines Requiems soll er nicht stattfinden.

Umgekehrt sollen die Besuche der Verwandten bei der Wöchnerin vor dem ersten Ausgang beendet und erfolgt sein [4]).

Gegen zu frühe A. der Wöchnerinnen eifert der Frankfurter Dr. Gg. Friedr. Hoffmann 1791, weil er dies für die Gesundheit der Frau für gefährlich hält. In Ebenhofen (Allgäu) wird der von der Vorsegnung heimkehrenden Mutter die Haustüre zugehalten und erst nach Herausgabe eines Trinkgeldes an die Magd geöffnet [5]). Das Kind soll vor der Vorsegnung der Mutter nicht aus dem Kissen heraus und ins Freie genommen werden [6]).

[1]) Baumgarten *Aus der Heimat* 3, 25ff.; Fehrle *Volksfeste* 81; Franz *Benediktionen* 2, 705 (Reg.); Fronius *Siebenbürgen* 26; Grimm *Myth.* 3, 460 Nr. 745 ff.; 3, 465 Nr. 868; Hillner *Siebenbürgen* 457; Jensen *Nordfries. Inseln* 235 ff.; Kuhn-Schwartz 432 Nr. 277; Leoprechting *Lechrain* 236; Niderberger *Unterwalden* 3, 157; Schönbach *Berthold von R.* 151; Schönwerth *Oberpfalz* 1, 176 ff.; Sébillot *Folk-Lore* 4, 479; Seefried-Gulgowski 122; Wittstock *Siebenbürgen* 80; Wrede *Rhein. Volksk.* 110; Zachariae *Kl. Schriften* 376 ff. [2]) Höhn *Geburt* Nr. 4, 266. [3]) ZdVfVk. 6 (1896), 255; Höhn *Geburt* Nr. 4, 267; John *Erzgebirge* 65. [4]) Höhn *Geburt* Nr. 4, 266; Birlinger *Aus Schwaben* 2, 236; Grimm *Myth.* 3, 460 Nr. 745. [5]) Reiser *Allgäu* 2, 227. [6]) Ebd. 229. Lüers.

Aussetzung. Ob auch in germ. Ländern die anderwärts bezeugte A. von Greisen und Kranken vorkommt [1]), ist zweifelhaft. Das Totschlagen von Greisen mit Hämmern, welche in den englischen Kirchen aufgehängt sein sollen, oder mit an den Stadttoren aufgehängten Keulen (s. d.), wird in der englischen wie in der deutschen Überlieferung erwähnt [2]), ebenso das Lebendigbegraben alter Frauen durch die „Heiden", z. B. bei Löwenburg [3]).

In der Sage fast aller Völker spielt eine große Rolle die A. eines Kindes [4]) oder von Mutter und Kind [5]). Die A. ist ein Sonderfall der auf niederen Kulturstufen häufigen Kindertötung [6]), welche bisweilen vorzugsweise das eine oder andere, gewöhnlich das weibliche Geschlecht [7]), betraf.

Der Vater besaß das Recht, das Kind auszusetzen, solange es nicht mit Wasser begossen war, oder Milch bzw. Honig genossen hatte [8]). Als König Aistulfs Mutter in einer Stunde fünf Kinder gebar, beschloß der Vater nur jenes aufzuziehen, das nach seinem Speer langen würde, eben König Aistulf; die übrigen wurden ausgesetzt [9]). Tötete der Vater das Kind, nachdem es durch Genuß von Speise oder Wasserbegießung in die menschliche Gemeinschaft voll aufgenommen und das Band zwischen Seele und Leib gebunden war [10]), so wurde diese Tat als Mord bestraft [11]).

Außer dem Vater und seinem Stellvertreter hatte niemand das Recht zur A. Die in Sage [12]) wie Märchen [13]) so vielfach erwähnten A.en oder Tötungen der Neugeborenen, welche die Schwiegermutter (s. d.) oder Stiefmutter (s. d.) verfügt oder vollzieht, sind wahrscheinlich Mißverständnisse alter Rechtsgebräuche in späterer Überlieferung oder abgekürzte Darstellungen der tatsächlichen Vorgänge, wo die geistige Urheberin der Tat zu ihrer alleinigen Urheberin gestempelt wird.

Bei herannahendem Unwetter hört man das Winseln der Seelen ausgesetzter Kinder [14]).

S. alte Leute 1, 328.

[1]) Sartori *Speisung* 4. [2]) Simrock *Mythologie* 238; Bartsch *Mecklenburg* 1, 458; Brandenburgia 16, 107; Knoop *Stargarder Sagen* 65. [3]) Schell *Bergische Sagen* 506 Nr. 24. [4]) Usener *Sintflut* 88, 110 f.; Siecke *Götterattribute* 152; Weinhold *Frauen* 1, 79. [5]) Genoveva-Sagen-Komplex; Naumann *Gemeinschaftskultur* 74. [6]) Storfer *Jungfr. Mutterschaft* 190. [7]) ZdVfVk. 11 (1901), 90. [8]) Schrader *Reallexikon* 1010; Friedberg 10. [9]) Grimm *Sagen* 289 Nr. 406. [10]) Mannhardt *Germanische Mythen* 310. [11]) Amira *Todesstrafen* 38. [12]) E. H. Meyer *Germ. Mythol.* 62. [13]) Grimm *Sagen* 389 Nr. 515, 42 Nr. 534. [14]) E. H. Meyer *Germ. Myth.* 62. M. Beth.

Austrieb (des Viehs).

1. Übergangsriten. — 2. Magische Zeiten. — 3. Magische Zeichen. — 4. Wortzauber. — 5. Lärmzauber. — 6. Metall. — 7. Erde, Salz, Teer. — 8. Feuer. — 9. Wasser. — 10. Pflanzen. — 11. Tier und Mensch.

1. Die beim A. angewandten magischen Schutzmaßnahmen sind Übergangsriten: sie haben den Zweck, die das Vieh beim Übergang von der Stallfütterung zur Weidefütterung bedrohenden Dämonen abzuwehren.

2. Als magische Zeiten sind unter den Wochentagen dem A. günstig: Sonntag und Donnerstag [1]), Dienstag und Donnerstag [2]), Dienstag, Donnerstag und Sonnabend [3]); ungünstig dagegen: Montag und Freitag [4]), Dienstag und Donnerstag (als „Fleischtage) [5]), Mittwoch und Freitag [6]), Freitag [7]). Er darf nicht erfolgen im Zeichen des Löwen [8]), des Krebses und der Fische [9]). Ist er an feste Jahrestage gebunden, so geschieht er am Sonntag Okuli, weil das Evangelium dieses Sonntags von der Austreibung des Teufels handelt [10]), Mariä Verkündigung (25. März) [11]), am Georgstag (23. April) [12]), Himmelfahrtstag [13]), Pfingsten [14]), Veitstag (15. Juni) [15]), im Riesengebirge erst am 24. Juni [16]), zumeist jedoch am Maitag [17]), zuweilen am alten Maitag [18]). Als ungünstig gelten die Tage der drei starken Männer Pankratius, Servatius, Bonifatius [19]).

[1]) Bartsch *Mecklenburg* 2, 143. [2]) Reiser *Allgäu* 2, 375. [3]) Meyer *Baden* 135; Wrede *Rhein. Volksk.*[2] 216. [4]) Boecler *Ehsten* 117. [5]) Drechsler *Schlesien* 2, 109. [6]) Reiser *Allgäu* 2, 375. [7]) Meyer *Baden* 375. [8]) Lütolf *Sagen* 333. [9]) Schönwerth *Oberpfalz* 1, 320. [10]) Frischbier *Hexenspruch* 141. [11]) Ebd. 142; Toeppen *Masuren* 97. [12]) Boecler *Ehsten* 83; Frischbier *Hexenspruch* 142; Meyer *Baden* 219; Kück u. Sohnrey *Feste*[3] 120; Frazer 2, 329 ff. [13]) Meyer *Baden* 219. [14]) Mannhardt 1, 389 ff.; Birlinger *Aus Schwab.* 2, 349; Meyer *Baden* 219; Eberhardt *Landwirtschaft* Nr. 3, 19; Drechsler *Schlesien* 2, 109. [15]) Hörmann *Tirol* 98; ZdVfVk. 4, 119. [16]) Sartori *Sitte* 2, 149. [17]) Frischbier *Hexenspruch* 142; Kuhn *Westfalen* 2, 156 f.; Rank *Böhmerwald* 127; John *Westböhmen* 75. 211; John *Erzgebirge* 198. 227; Schönwerth *Oberpfalz* 1, 320; Meyer *Baden* 219; ZdVfVk. 8, 360; Sartori *Sitte* 2, 148; 3, 181. [18]) Bartsch *Mecklenburg* 2, 283; Kuhn *Westfalen* 2, 157; Sartori *Sitte* 2, 148. [19]) Hüser *Beiträge* 2, 26.

3. Als magisches Schutzzeichen schlägt der Hirte während des Viehbesegnens allerlei Kreuze [20]). Es wird dem Vieh ein Kreuz auf die Stirn geschlagen [21]) oder mit Teer [22]) wie mit einer geweihten Kerze [23]) auf die Stirn, mit Dreikönigskreide auf den Rücken gezeichnet [24]). Auch wird ein Pentagramm über die Schwelle gezogen [25]).

[20]) Frischbier *Hexenspruch* 150. [21]) Sartori *Westfalen* 112. [22]) Kuhn *Westfalen* 2, 62; Boecler *Ehsten* 116. [23]) Kuhn *Westfalen* 2, 157. [24]) Schönwerth *Oberpfalz* 1, 320. [25]) Boecler *Ehsten* 116.

4. Dämonenvertreibender Wortzauber liegt in dem beim A. geübten Ruf, Sang und Spruch [26]). Man führt das Vieh an den Brunnen und schreit ihm ins Ohr: „Komm wieder nach Haus" [27])! Um das Unheil von der Weide zu bannen, spricht man beim A. magische Formeln [28]), das Vieh wird von Zauberern „versegnet" [29]), die Frau des Hirten spricht, am Heck kniend, allerlei Gebete [30]). Man entläßt das Vieh mit dem Segenswunsch: „Nun geht in Gottes Namen!" [31]), ruft Gott in den drei höchsten Namen an [32]) und spricht christliche Segen über die Tiere [33]). Dem A. geht ein

gemeinsames Gebet[34]), ein Gang zur Kirche[35]) oder eine Wallfahrt voran[36]); er ist selbst Gegenstand kirchlicher Fürbitte[37]). Im Alpsegen wird Vieh, Alm und Sennhütte vom Geistlichen gesegnet und mit Weihwasser besprengt[38]). Auch der Weggruß ist ein besonderer: dem „Wünsch' Glück!" des Zuschauenden antwortet der austreibende Hirte mit „Vergelt's Gott!"[39]). In Ostpreußen muß der Hirte schweigend das Vieh aus den Häusern holen und darf den ganzen Tag das Schweigen nur durch die nötigen feierlichen Reden unterbrechen[40]).

[26]) MschlesVk. 12, 97 ff.; Drechsler *Schlesien* 2, 109; Sartori *Sitte* 2, 204. [27]) Kuhn u. Schwartz 389. [28]) Manz *Sargans* 92; Seligmann 2, 350; Geistlicher Schild 172. [29]) Wuttke 440. [30]) Frischbier *Hexenspruch* 151 = Toeppen *Masuren* 97. [31]) Sartori *Westfalen* 112. [32]) Meyer *Baden* 138. [33]) Sartori *Sitte* 2, 150; John *Westböhmen* 211. [34]) Reiser *Allgäu* 2, 374. [35]) Meyer *Baden* 136; Sartori *Sitte* 2, 149. [36]) Meyer *Baden* 136. [37]) Frischbier *Hexenspruch* 140. [38]) Hörmann *Tirol* 136. [39]) Reiser *Allgäu* 2, 377. [40]) Frischbier *Hexenspruch* 146.

5. Dämonenvertreibung durch Lärmzauber bezwecken die tiergestaltigen Pfeifen, die beim A. Verwendung finden[41]). Bevor das Vieh aus den Häusern zusammenkommt und ebenso, wenn es auf der Weide anlangt, muß der Hirte dreimal knallen, um die Hexen zu vertreiben[42]). Die Mädchen treiben am Maitag ihr Vieh mit bändergeschmückten Peitschen auf den Anger[43]).

[41]) ZdVfVk. 10, 253; Drechsler *Schlesien* 1, 131. [42]) Schönwerth *Oberpfalz* 1, 321. [43]) Kück u. Sohnrey *Feste*³ 123.

6. Lärm- und Metallzauber vereinigen sich in den Kuhglocken. Beim A. erhalten die Kühe nur für diesen bestimmte außergewöhnlich große „Zugglocken" und „Zugschellen", die für den täglichen Weidegang durch kleinere ersetzt werden[44]). Beim Alpabzug kommen sie abermals zur Verwendung[45]). Am festlich begangenen Milchmeßtage jagen die Buben, mit den Kuhglocken schellend, durch die Alpen heimwärts, unterwegs in einer Kapelle ein Vaterunser betend[46]). Beim Austritt aus dem Stall muß das Vieh über Metall, besonders Stahl, schreiten[47]). Man legt deshalb eine Axt vor die Schwelle[48]) oder in den Torweg, mit der Schneide nach dem Felde: der Wolf soll die Herde so fliehen, wie er die Schärfe der Axt flieht[49]); ferner ein Beil[50]), wobei dem Vieh, das es berührt, Unglück bevorsteht[51]), ein Messer[52]), das namentlich vor Beinverletzung schützt[53]), einen Feuerstahl[54]), einen Erbschlüssel[55]), ein Pflugeisen[56]) oder eine Ofenrute, mit der das Vieh auch auf den Rücken geschlagen wird[57]). Auch werden Axt und Besen[58]) oder Mistgabel und Rechen[59]) gekreuzt vor die Schwelle gelegt. Man hängt ein Pflugrad unter den Torweg[60]) und vergräbt Stahl unter dem Hoftor[61]), wie auch die Weide beim A. „verstahlt", d. h. durch in jede der vier Ecken gesteckte Nadeln geschützt sein muß[62]).

[44]) Reiser *Allgäu* 2, 376. [45]) Ebd. 2, 384; vgl. Kück u. Sohnrey³ 127; Sartori *Sitte* 2, 150. [46]) SAVk. 2, 150. [47]) Grimm *Myth.* 3, 417; Heckscher 383. [48]) Mannhardt *Germ. Myth.* 11 = Tettau und Temme 263; Kuhn *Westfalen* 2, 154. [49]) Frischbier *Hexenspruch* 150. [50]) Grimm *Myth.* 3, 460; Mannhardt *Germ. Myth.* 11. [51]) Ebd. 11 = Rußwurm *Eibofolke* 2, 102. [52]) Kuhn *Westfalen* 2, 154. [53]) Hüser *Beiträge* 2, 26. [54]) Grimm *Myth.* 3, 460; Mannhardt *Germ. Myth.* 11. [55]) Schönwerth *Oberpfalz* 3, 219. [56]) Haltrich *Siebenbürgen* 276; ZdVfVk. 4, 398, Wlislocki *Magyaren* 47. [57]) Haltrich *Siebenbürgen* 276. [58]) Kuhn und Schwartz 447; Kuhn *Westfalen* 2, 28. [59]) Schönwerth *Oberpfalz* 1, 320. [60]) Kuhn *Märk. Sagen* 369. [61]) Mannhardt *Germ. Myth.* 11. [62]) Strackerjan 1, 434.

7. Auch Erde wird dem Vieh beim A. ins Maul gestopft[63]). Der Weideweg wird mit Sand bestreut, den man aus der Kirche geholt hat: so friedlich beisammen wie die Menschen in der Kirche, soll auch das Vieh auf der Weide sein[64]). Damit es den Heimweg wieder finde, wird der vor der Stalltür befindliche Sand, der die Fußspur des Viehs trägt, in den Stall zurückgeworfen[65]). Auf den Rücken oder zwischen die Hörner streut man dem Vieh Salz[66]). Mit der Sense wird ein Kreuz auf der Schwelle gezogen, in dessen

Furchen man Salz streut [67]). Kirchlich geweihtes Salz [68]), wie Dreikönigssalz [69]), bekommt das Vieh zu fressen, ebenso etwas gesalzenes Rindfleisch [70]). Horn, Glocken und Klappern werden mit Teer eingeschmiert, den man kreuzweise nacheinander den einzelnen Rädern des Wagens entnommen hat und den man mit aus der Kirche geraubtem Glockenfett untermischt [71]). Teer wird dem Vieh ebenso ins Maul gestrichen [72]).

[63]) Kuhn u. Schwartz 446. [64]) Frischbier *Hexenspruch* 150. [65]) Kuhn und Schwartz 447. [66]) Heckscher 380; ZdVfVk. 3, 389. [67]) Boecler *Ehsten* 116. [68]) Meyer *Baden* 500; Reiser *Allgäu* 2, 374; John *Westböhmen* 211; ZdVfVk. 14, 141. [69]) Höfler *Ostergebäcke* 33. [70]) ZdVfVk. 8, 43. [71]) Frischbier *Hexenspruch* 143. [72]) Kuhn *Westfalen* 2, 62.

8. Man treibt das Vieh ferner über ein im Tor angezündetes Feuer [73]); die Schweine durch den Rauch eines Feuers, das man durch Drehen eines Rades um eine mit Werg umwickelte, durch die Radnabe führende Stange erzeugt [74]); die Hausfrau schlägt Feuer auf einem Feuerstahl und läßt die Funken auf das Vieh springen [75]). Das Vieh wird durch Weihrauch gesegnet [76]), beim Gebet für das Vieh wird ein geweihtes Wachslicht angezündet, der Stall mit dem in einer Pfanne gebrannten vorjährigen Weihsang oder Kräuterboschen, auch mit geweihten Palmen ausgeräuchert und dem Vieh etwas zerriebene Karsamstagskohle eingegeben [77]). Auch wird es mit Asche vom Christklotz wie mit einem Pulver bestreut, das man zu Weihnacht aus Sargbrettern, Totenbein, Knoblauch und geweihten Hostien gebrannt hat [78]). Im Dorfe darf während des A.s kein Feuer brennen, und die Hirtenfrau darf an diesem Tage erst nach der Heimkehr ihres Mannes wieder Feuer anzünden [79]). Abgelöst ist in manchen Bräuchen das Feuer durch die rote Farbe: das Vieh muß beim A. über einen roten Rock [80]), über eine mit einem roten Weiberstrumpf überzogene Holzaxt [81]), über Metallstücke, die in eine blaue Schürze gewickelt sind [82]), schreiten, und gegen Behexung hängt man ihm ein rotes Flickchen an [83]).

[73]) Lütolf *Sagen* 333; Mannhardt *Germ. Myth.* 13; Heckscher 377 = Rußwurm *Eibofolke* 2, 102. [74]) ZdVfVk. 4, 404. [75]) Wlislocki *Magyaren* 48. [76]) ZdVfVk. 8, 360. [77]) Reiser *Allgäu* 2, 374. [78]) Wlislocki *Magyaren* 47 f.; ZdVfVk. 4, 398. [79]) Frischbier *Hexenspruch* 149 f. [80]) Kuhn *Märk. Sagen* 380; Mannhardt *Germ. Myth.* 11. [81]) Grimm *Myth.* 3, 468; Mannhardt *Germ. Myth.* 10. [82]) Grimm *Myth.* 3, 460. [83]) Grohmann 136; Mannhardt *Germ. Myth.* 11.

9. Auch der Wasserzauber findet beim A. seine Anwendung. Der erstaustreibende Schäfer wird von den Mägden mit Wasser begossen [84]), ebenso wie die vom ersten A. der Kühe heimkehrenden Knechte und Mägde, damit die Kühe recht viel Milch geben [85]). Wenn die Mägde die Kälber auf den Anger bringen, werden sie begossen [86]). Der am Georgstag in Zweige gehüllt umgeführte Georg wird zum Schluß ins Wasser geworfen, wobei ihm in einem Reim das Vieh anbefohlen wird [87]). Wer von den Hütejungen beim A. auf den Hornruf des Hirten hin zuletzt auf dem Sammelplatze erscheint, wird begossen, „damit er nicht bei der Herde einschlafe" [88]). Das Vieh selbst wird mit Weihwasser besprengt [89]). Der Hirt wirft nach dem Besprengen das Weihwassertöpfchen unter die Tiere, und die Besitzerin der Kuh, die er trifft, muß ihm Butter und Schmalz reichen [90]). Die erste Nutznießung des für besonders segenswirksam gehaltenen Morgentaus, zumal an Zaubertagen, ist der Sinn des Wettaustreibens. Das beim pfingstlichen A. im Tau gehütete Vieh gibt reichlich Milch [91]). Die erstausgetriebene Kuh bei Gemeinweide, wie ihr Hütejunge bei Einzelweide heißen Tauabwischer [92]), Tauseger oder Daudramper [93]).

[84]) ZdVfVk. 14, 142. [85]) Frischbier *Hexenspruch* 141. [86]) Kück und Sohnrey *Feste* [3] 122. [87]) Ebd. 120. [88]) Reinsberg *Festl. Jahr.*[2] 175; Drechsler *Schlesien* 2, 109; Reuschel *Volkskunde* 2, 35. [89]) Strackerjan 1, 430; John *Westböhmen* 211; ZrwVk. 3, 145; ZdVfVk. 11, 464. [90]) Kück und Sohnrey *Feste* [3] 124 f. = John *Westböhmen* 211. [91]) ZdVfVk. 10, 245. [92]) Schramek *Böhmerwald* 239. [93]) Meyer *Baden* 150; Heckscher *HannovVk.* 1 § 158 f.; Mannhardt 1, 389 f.

10. Pflanzen vermögen ebenso Schadenzauber beim A. abzuhalten. Vor die Schwelle legt man ein Stück Rasen [94]), einen geweihten Palmstekken [95]), Stroh, das mit der Fußspur der Tiere in den Stall zurückgeworfen wird [96]). Das Vieh wird beim Austritt aus dem Stall mit geweihten Kräutern beräuchert, die man in einer Schale vor der Stalltüre verbrennt [97]). Mit der Streu, auf der das Vieh mit den Vorderfüßen gestanden hat, wischt man ihm übers Kreuz [98]). Mit einer Taubenfeder wird ihm in die Nase Helzbeerenöl gestrichen [99]). Der Hirt umgeht das Vieh dreimal, Sprüche murmelnd, mit einem mit Zauberzeichen versehenen Ebereschenstabe, der bisweilen oben hohl und mit Quecksilber und Asa foetida gefüllt ist [100]). Mit dem Palmstock [121]), den man auch wie die „geweihten Ruten", Ruten aus Birkengerten mit geweihten Palmzweigen [102]), zum Nachtreiben beim A. benutzt [103]), wie mit einem Haselstecken als mit der „Lebensrute", wird das Vieh über den Rücken geschlagen [104]). Dasselbe geschieht beim „Kälberquieken", mit dem die Namengebung der im Winter geborenen Kälber verbunden ist [105]). An die Stelle der Lebensrute stellt die Kirche den Weihwedel [106]). „Damit die Milch nicht in die Hörner schießt", bindet man den Milchkühen die Früchte der Klette zwischen dieselben [107]). Auch Augenbündle, Kräuterbüschle erhält es in die Hörner [108]). Bei der Alpfahrt wird unter die Schwelle der Sennhütte ein Büschel geweihter Kräuter, in den „heiligen Dreißigen" gesammelt und am „großen Frauentag" geweiht, wie auch ein Stück vom Palm vergraben [109]). Die Kühe werden mit Kränzen geschmückt [110]). Brotkrusten [111]), geweihtes Brot [112]), das von Ostern her aufbewahrt ist [113]), wie „Agathenbrot" [114]) und die zu Weihnacht gebackenen „Kollsbrötchen" [115]), werden dem Vieh beim A. zum Fressen gegeben. Man läßt es über einen vor die Schwelle gelegten Besen [116]), der in den Zwölften gebunden sein muß [117]), oder über Besen und Körbe schreiten [118]) und streift mit einem Besen seinen Rücken [119]). Damit das Vieh sich nicht verlaufe, gräbt man unter dem Heck, dem Weidetor, einen Strick ein [120]).

[94]) Kuhn *Märk. Sagen* 380; Mannhardt *Germ. Myth.* 11 = Temme *Altmark* 85. [95]) Reiser *Allgäu* 2, 375. [96]) Kuhn u. Schwartz 447. [97]) Mannhardt *Germ. Myth.* 13. [98]) Grohmann 136. [99]) Reiser *Allgäu* 2, 438. [100]) Boecler *Ehsten* 116. [101]) Reiser *Allgäu* 2, 375; Leoprechting *Lechrain* 170. [102]) Reinsberg *Festl. Jahr* ² 175. [103]) Meyer *Baden* 96; Pollinger *Landshut* 156. [104]) ZdVfVk. 11, 9; Mannhardt *Wald- u. Fk.* 1, 272 f. = Leoprechting *Lechrain* 170. [105]) Woeste *Mark* 25; Kuhn *Westfalen* 2, 157; *Herabkunft des Feuers* 185; Sartori *Westfalen* 114; *Sitte* 3, 182; Maack *Lübeck* 47 f.; Mannhardt *Wald- u. Fk.* 1, 271; Kück u. Sohnrey *Feste* ³ 122. [106]) ZdVfVk. 8, 360. [107]) Kück u. Sohnrey *Feste* ³ 123. [108]) Meyer *Baden* 137. [109]) Hörmann *Tirol* 137 f. [110]) Birlinger *Aus Schwaben* 2, 94 f. 349; Meyer *Baden* 135. 137; SAVk. 24, 67; Eberhardt *Landwirtschaft* Nr. 3, 19; ZrwVk. 3, 194; Bartsch *Mecklenburg* 2, 283; Kück u. Sohnrey *Feste* ³ 127; Sartori *Sitte* 2, 150. [111]) Kuhn *Westfalen* 2, 157. [112]) Hörmann *Tirol* 100; ZdVfVk. 14, 141; John *Westböhmen* 211. [113]) Reiser *Allgäu* 2, 374; Höfler *Ostergebäcke* 33. [114]) Meyer *Baden* 500. [115]) Boecler *Ehsten* 57. [116]) Haltrich *Siebenb.* 277; Landsteiner *Niederösterreich* 58; Kuhn *Westfalen* 2, 28; Kuhn und Schwartz 447. [117]) Kuhn *Westfalen* 2, 28. [118]) ZdVfVk. 4, 397. [119]) Haltrich *Siebenbürgen* 277. [120]) ZdVfVk. 24, 61.

11. Als tierisches Zaubermittel wird beim A. unter die Schwelle ein Ei gegraben [121]). Der Hirte muß das Vieh mit einem Ei umkreisen, damit es beisammen bleibe [122]). Für das Stumpfen der Hörner erhält er ein Ei [123]). Zum Schutz gegen die Läuse werden den Kühen beim A. Haare ausgerissen und unter einem Baum vergraben [124]). Der Mensch wirkt als magisches Mittel, wenn beim A. der Schweine der Hirt nackt sein muß [125]), wenn die Hausfrau das Vieh dreimal nackt umlaufen muß [126]), wenn der Hirte es dreimal umgehen muß [127]), wenn er über jede Kuh spucken muß [128]), wenn beim A. der Schweine die Magd ihr Fürtuch (als sexuelles Zaubermittel) vor die Schwelle legen muß, damit die Tiere von selbst wiederkommen [129]), oder wenn am

Abend nach dem A. auf dem Felde getanzt wird[130]).

[121]) Boecler *Ehsten* 116; Kuhn *Märk. Sagen* 380; Mannhardt *Germ. Myth.* 11 = Temme *Altmark* 85. [122]) Knuchel *Umwandlung* 36. [123]) Eberhard *Landwirtschaft* Nr. 3, 19; Sartori *Sitte* 2, 148 f. [124]) Wlislocki *Magyaren* 48. [125]) Haltrich *Siebenbürgen* 279; Weinhold *Ritus* 43. [126]) Wlislocki *Magyaren* 48. [127]) Knuchel *Umwandlung* 35 f. [128]) Reuschel *Volksk.* 2, 35. [129]) Schönwerth *Oberpfalz* 1, 321. [130]) Sartori *Sitte* 2, 151.

Heckscher.

Automobil. 1. Der sich an das A. und A.-fahren anknüpfende Aberglaube ist meist international und raschen Wandlungen unterworfen. Nach einem mir nur aus Zeitungsnotizen bekannten englischen „Handbuch der okkulten Wissenschaften", dessen erste Auflage in 3333 Exemplaren erschienen und nach wenigen Wochen vergriffen gewesen sein soll, bedeutet z. B. das Platzen eines A.-reifens die baldige Entscheidung in einer wichtigen Lebensangelegenheit, ein plötzliches Versagen des Motors „Beginn neuer Beziehungen". Eine Panne auf offener Straße ist eine günstige Vorbedeutung, in unmittelbarer Nähe eines fließenden Gewässers deutet sie aber auf Ereignisse, die viel Seelenkraft und Energie erfordern. In einem frisch aus der Fabrik gekommenen A. darf man, wenn man Selbstfahrer ist, weder mit seiner Braut oder jungen Frau noch mit seiner Schwiegermutter fahren [1]). Bei A.rennen in Amerika werden keine Startnummern 13 mehr ausgegeben; es geschah dies auf französische Anregung im Jahre 1925, weil die Renner Nr. 13 mehrfach tödlich verunglückten [2]). Der berühmte italienische Rennfahrer Graf Masetti verunglückte auf Nr. 13. Der französische A.-Club gibt aber bei Rennen nicht nur keine Nr. 13 mehr heraus, sondern auch keine Nr. 17, gegen welche Zahl die Italiener ein Vorurteil haben. Ja, im Grand Prix werden überhaupt keine ungeraden (s. d.) Nummern mehr ausgeteilt [3]). Dagegen betrachtet der italienische Flieger Mario de Benardi die Zahl 13 als seine Glückszahl: er reiste am 13. des Monats mit 13 Mann für den amerikanischen Flugrekord ab; dieser fand an einem 13. statt, sein Apparat trug Nr. 13, sein Auto desgleichen, sein Hotelzimmer ebenso [4]) (s. Zahlen B 13).

Weit verbreitet sind heute die „Schutzpuppen" (mascottes) (s. Abwehrzauber Sp. 143), die im Innern der A.e aufgehängt sind. Die a.fahrenden Frauen in Paris schwören auf die wunderwirkende Kraft derselben: sie bewahren vor Unfällen, Motordefekten, Polizeistrafen usw. Die männlichen Automobilisten führen den „Père Jeannot", einen Bauer mit Zipfelmütze, mit sich; er soll u. a. auch für guten Geschäftsgang sorgen. Diese Puppen haben heute die früheren Talismane (Hufeisen, Elefanten, Kleeblätter usw.) fast vollständig verdrängt [5]); s. a. Puppe.

[1]) Nationalzeitung, Basel 1927. [2]) Sport (Zürich) Nr. 53 vom 10. Mai 1926. [3]) Schweizer Sport 9 (Basel 1926) Nr. 35 (20. Mai). [4]) Sport (Zürich) Nr. 146 vom 15. Dezember 1926. [5]) Nationalzeitung, Basel 1927.

2. In zahlreichen Prophezeiungen vom Weltuntergange heißt es: „Wenn die Bauernleute sich tragen wie die Herrenleute; wenn die roten Hüte kommen; wenn die Wagen auf der Straße ohne Roß laufen: dann dauert es nicht mehr lang. Es wird ein großer Krieg kommen usw." [6]).

[6]) Vgl. z. B. Pollinger *Landshut* 170.

Bächtold-Stäubli.

Aventinus.

W. Dittmar *Aventin.* Nördlingen 1862; J. v. Döllinger *Akad. Vorträge* 1, 318 ff.; W. Vogt in der Gesamtausgabe Bd. 1 (s. Anm. 1); Fr. X. v. Wegele *Aventinus.* Bayr. Bibliothek 10, Bamberg 1890.

Johannes Turmair, geb. 1477 zu Abensberg (danach der latinisierte Name), gest. 1534 zu Ingolstadt. Humanist, Schüler des Konr. Celtes; 1509—1512 Erzieher von drei bayrischen Prinzen, 1517 bayrischer Historiograph. Als Geschichtschreiber epochemachend durch seine klare Einsicht in die Notwendigkeit, möglichst auf primäre Quellen zurückzugehen. Seine Hauptwerke [1]) sind die Annales Boiorum 1517—1521 und deren deutsche Bearbeitung, die Bayrische Chronika, 1526 bis 1533. Auf seinen zu Quellenstudien unternommenen mehrjährigen Reisen beruht seine Kenntnis von Land und Leuten, die ihren Niederschlag in dem wichtigen Abschnitt über die Sitten des Landes Bayern gefunden hat [2]). Diese erste bayrische Volkskunde bietet außer sonstigem volkskundlichen Material auch wichtige Angaben über den Aberglauben, über Tiere und Pflanzen im Volksglauben, Bedeutung des Vogelflugs, geweihte Dinge in der Hand der Schwarzkünstler, Astrologisches (dabei Euringsweg, d. h. Iringesweg als Bezeichnung der Milchstraße). Versuche, an Altes anzuknüpfen, sind manchmal verfehlt, so die Herleitung der Druden von den Druiden, der Wallfahrt (als Waldfahrt) vom germanischen Waldheiligtum und anderes.

[1]) *Sämtliche Werke* hg. von der bayr. Akad. d. Wissenschaften, 5 Bde., München 1881—86. [2]) Georg Leidinger *Joh. Aventinus und die Volkskunde.* Bayerland 30, 259—270. Helm.

Avigazirtor, Zauberwort zur Heilung des Nestelknüpfens [1]).

[1]) Thiers 1, 359. Jacoby.

Avis, gravis, seps, sipa, Zauberworte [1]), von denen avis = ἅγιος ist, vgl. auis otheus, auis ageatus, eleison usw.[2]), d. i. ἅγιος ὁ θεός, ἅγιος ἀθάνατος, ἐλέησον; die Abfolge der Entstellung ist agyos-aios-aius-auis. Zu sipa s. u. sepa.

[1]) Hansen *Hexenwahn* 46. [2]) Franz *Benediktionen* 2, 481. Jacoby.

Axinomantie. Weissagung vermittelst einer Axt oder eines Beiles (ἀξίνη).

Die Bezeichnung ist nur einmal bei Plinius [1]) überliefert: nach dieser Notiz benutzten die Magier den Gagatstein (Jet) bei der sog. A., sein Nichtverbrennen deuteten sie als Zeichen dafür, daß das, was man sich wünschte, eintreffen werde. Außerdem erwähnt Plinius an anderer Stelle unter mehreren anderen Formen orientalischer Weissagung auch eine mit Hilfe von Äxten (securibus) vorgenommene [2]). Wie diese antike A. ausgeführt wurde, wissen wir nicht; wenn in der Tat der Gagatstein, dem mancherlei Kräfte zugeschrieben wurden [3]), dabei eine Rolle spielte, so ließe dies darauf schließen, daß sie von der im MA. und später geübten Form verschieden war [4]). Möglich ist andererseits, daß es neben der von Plinius erwähnten auch andere Arten der A. im Altertum gab, von deren Weiterleben dann die ziemlich zahlreichen Angaben späterer Zeit über A. zeugen würden. Zwei Formen werden unterschieden: 1. Man wirft eine Axt ins Wasser und weissagt aus den sich dabei ergebenden Bewegungen [5]); gemeint ist damit vielleicht entweder das Aufschlagen auf die Wasserfläche bei flachem Wurf [6]) oder die Wellenkreise beim Versinken [7]). 2. Weit häufiger wird eine andere Ausführung der A. erwähnt, die mit der Koskinomantie (s. d.) eine gewisse Verwandtschaft hat und deshalb auch bisweilen gleichzeitig mit dieser behandelt wird [8]). Bei beiden handelt es sich um Gleichgewichtsschwankungen eines Körpers, und beide werden vorzugsweise zur Entdeckung eines Diebes vorgenommen. Bei der A. wird eine Axt in ein Rundholz geschlagen und zwar offenbar so, daß sich dieses, horizontal auf eine Ebene gelegt, zusammen mit der genau senkrecht über dieser befindlichen Axt im labilen Gleichgewicht befindet. Man nannte nun die Namen der verdächtigen Personen und hielt diejenige für die schuldige, bei deren Namen der Aufbau umkippte, was bei dieser Anordnung natürlich bei der leisesten Bewegung eintreten mußte [9]). Einfacher ist der für die Neuzeit belegte Modus: man schlägt eine Axt in einen Eichenstamm und spricht dabei einen Zauberspruch; bei der Nennung des Täters erzittert der Axtstiel [10]).

[1]) *Nat. hist.* 36, 142. [2]) Ebd. 30, 14. [3]) Rose in Hermes 9, 485. [4]) Rabelais *Garg.* 3, Cap. 25, dt. Ausg. von Gelbcke 1, 399; vgl. Gerhardt *Franz. Nov.* 110, verbindet Beil und Stein in rein äußerlicher Weise, dgl. Delrio *Disqu. Mag.* (1603) 2, 171; Bulengerus *Opusc.* (1621) 216; Fabricius *Bibliogr. antiqu.* (1760) 596. [5]) G. F. Pico v. Mirandola bei Pictorius *Magia* (1539) cap. 18, 67 = Agrippa *Op.* ed. Bering 1, 487, dt. Ausg. 4, 177; vgl. auch Pico *De rerum praenotione* (1507) VII, 7. [6]) Freudenberg *Wahrsagekunst* 39. [7]) Schindler *Abergl.* 213. [8]) Peucer *Commentarius* 160 v; Zanchius *De div.* (1610) 12; Longinus *Trinum magicum* (1611) 93; Pfuel *Electa physica* (1665) 150; Meyer *Aberglaube* 284. [9]) Pictorius a. a. O. (dagegen wiederholt der Anonymus bei Agrippa 1, 692, dt.

Ausg. 5, 362 nur die Angabe des Plinius); Delrio 2, 171; Cardanus *Opera* (1663) 1, 567 a; Bulengerus 216; Fabricius, Peucer, Zanchius, Longinus, Pfuel a. a. O.; Thiers *Traité* 1, 219; Schindler *Aberglaube* 217; Grimm *Myth.* 2, 929. [10]) Schell in ZrwVk. 11, 267 nach Montanus); vgl. a. Tuchmann in Mélusine 4, 285. Boehm

Axt (Beil).

Vorbemerkung. Die Volkssprache ununterscheidet im allgemeinen, wie die Handwerkersprache, die meist zweihändige Axt, das keilförmig wirkende Werkzeug zum Anhacken und Spalten der Stämme, von dem meist einhändigen, einseitig geschliffenen Beil zum Behauen und Schlichten der Balken. Im Schrifttum und auch im täglichen Sprachgebrauch werden die „Sachen" indes vielerorts nicht mehr so auseinandergehalten, im Bayrisch-Österreichischen sind sie oft in dem allgemeineren Ausdruck „Hack'l" zusammengeflossen, was bei abergläubischen Vorstellungen um so leichter durchgreifen konnte, als hier nicht oder nicht mehr auf spezifische Leistungen Bezug genommen wird (Schmeller, *BayrWb.* 1, 165; 2, 148).

1. a) Als die ältesten dem Aberglauben richtunggebenden Grundformen haben wir wohl die Steinäxte unserer Altvordern aufzufassen, von denen sich Thors Hammer im Mythus herleitet und die auch das Vorbild der Äxte und Beile der Percht und anderer dämonischer Wesen, Riesen und Elben sein mögen, wenn sie auch unter neuzeitlicheren Formen vorgestellt werden, als es jene urtümlichen Steinwerkzeuge waren, zu denen das Volk als „Donnerkeilen" (s. d.) ja seine besondere Einstellung hat [1]). Bekannt ist das alteuropäischer Waffenübung entsprechende Werfen des Hammers, wie der A. und des Beiles, als reckenhafte Handlung, der in der Mythologie natursymbolhafte Bedeutung zuwuchs [2]). Im Angelsächs. drischt der Donner mit einer feurigen A., Wodan haut sein Beil, d. i. den Blitz, in den Eichstamm [3]). Anderseits ist der Wurf zum Rechtssymbol für die Abgrenzung eines bestimmten Macht- bzw. Besitzbereichs und im besondern zur Begründung einer Wohnstätte geworden. Das Motiv ist solchermaßen auch in die Heiligenlegende eingegangen, wobei die Platzwahl für die Kultstätte bei magischer Erstreckung des Wurfs gegenüber der Einhegung in den Vordergrund tritt (St. Wolfgangslegende) [4]). Als Heiligenattribut haben Beil und A., unter dem Begriff der „Hacke" zusammengefaßt, in Süddeutschland die Gestalt tragbarer Amulette (Wolfgangihackl) gewonnen, wofür typologische Vorformen schon aus der Antike zu verzeichnen sind [5]). Inwieweit historisch oder psychologisch Brücken vom neuzeitlichen Aberglauben zur fetischistisch anmutenden Errichtung eines Beilaltars etwa zu schlagen sind, steht noch dahin [6]).

b) Als Urwaffe mit dämonischer Kraft erscheinen A., Beil (oder „Hackel" kurzweg) in der Hand der Percht, der Elben und Zwerge oder anderen Nachtvolks, die es dem Wanderer nächtlicherweile in den Rücken oder ins Knie hauen. Erst nach Jahresfrist werden sie gegebenenfalls von diesem „Hexenschuß" erlöst [7]). Ist es die Erinnerung an das Hackel in der Hand solcher elbischen Wesen, daß Hexen just aus dem Helm einer in die Türsäule geschlagenen Axt nach dem alten Volksglauben zu melken verstehen? Geiler von Keysersperg hielt im Jahr 1508 Freitag nach Mitfasten sogar eine Predigt: „Wie das die Hexen Milch aus einem A.-helm melken", 1562 nehmen auch Büdinger Hexenprozeßakten darauf Bezug und ein zeitgenössischer Holzschnitt zeigt, wie lebhaft die Phantasie den Vorgang damals sich malte [8]).

Als Erinnerung an den Hammer in Thors Hand darf es wohl gewertet werden, wenn man in Dänemark am Vorabend des Gründonnerstags Beile auf die Saatfelder wirft. Ähnlicher Aberglaube begegnet auch in Schweden [9]).

[1]) Schrader *Sprachvergleichung* 2, 111 f.; Siecke *Götterattribute* 298 f.; Helm *Religgesch.* 1, 187 ff.; Mannhardt *Germ. Mythen* 109; Ebert *Reallex.* s. v. Axt. [2]) Mannhardt *Germ. Mythen* 180; Strackerjan *Oldenburg* 2, 233 Nr. 494; Waibel u. Flamm 2, 248; Vordemfelde *Religion* 1, 22. [3]) ZfdMyth. 3, 105. [4]) Grimm *RA.* 1, 78 ff.; Panzer *Beitrag* 1, 243; Meyer *Germ. Myth.* 211 f.; Andree-Eysn 5; Heyl *Tirol* 681 Nr. 1; Sepp *Altbair. Sagenschatz* 93 Nr. 29. [5]) Andree-Eysn 6 f.; Höfler *Waldkult* 36.; Seligmann 2, 16. [6]) Helm, *Religgesch.* 1, 189. [7]) ZfdMyth. 3, 105; Mannhardt

Germ. Mythen 661; Meyer *Germ. Myth.* 119; Vonbun *Beiträge* 9; *Sagen* 38 Nr. 41; Waschnitius *Perht* 32. 98. 110. 154. 174 f. [8]) Grimm *Myth.* 2, 896; Mannhardt *Germ. Mythen* 34 f. [9]) Mannhardt *Germ. Mythen* 138; Liebrecht *Gervasius* 100.

2. Als schneidende und spitzige Werkzeuge aus Eisen sind A. und B. ferner Abwehrmittel gegen dämonische Wesen und Einflüsse aller Art, wobei der Anwendungsbereich der A. (so die Belege!) sich in ganz auffälliger Art mit dem des Besens (s. d.) deckt.

a) Aus dem Jahr 1585 ist uns aus Böhmen bezeugt, daß man, um den Hagelschlag zu verscheuchen, beim Herannahen eines Unwetters eine Hacke gegen den Himmel warf, so wie man nach Palladius I 35, 1 in der Antike drohend blutige Beile zum Himmel erhob [10]). Heute noch legt man ein Beil mit der Schneide nach oben, damit der Hagel das Getreide nicht vernichte [11]), und in einem Drudensegen im niederösterreichischen Wechselgebiet kommt gleichfalls das Werfen eines blutigen Hackl's gegen die Erscheinung vor [12]). In der Oberpfalz schlägt man bei Gewitter mit der Hacke drei Kreuze auf den Boden [13]), in Ostpreußen wird der Wirbelwind gestillt, wenn man mit der A. in die Türschwelle haut [14]).

b) A. und Besen kreuzweis bewehren die Schwelle [15]). Sie schützen die Wöchnerin [16]) wie einen Kranken, wobei die A. mit Wasser und Kohlen besprengt wird [17]). Die Person, die das Kind zur Taufe trägt, oder der ganze Taufzug, schreiten über die A. hinweg, in Ostpreußen legt die Hebamme noch glühende Kohlen darauf [18]). Auch die jungen Eheleute steigen bei ihrem Einzug in das neue Haus in Hessen (Waldeck) [19]) und in Ostpreußen auf der Schwelle über die mit der Schneide nach oben gerichtete A., zu der manchmal auch der Besen gelegt wird. In Ostpreußen muß auch, wenn eine Leiche aus dem Haus getragen wird, eine A. oder ein Schloß auf der Schwelle liegen. Auch wird der Sarg gelegentlich an der Grenze des Grundstücks über zwei kreuzweis gelegte Äxte getragen [20]). In Ungarn darf ein am Luzientag (13. Dez.) eintretender Fremder nur über eine A. sich entfernen, damit er das Glück des Hauses nicht mit sich nehme [21]). Indes, schreitet ein Weib unversehens über eine A., so verliert sie ihre Schärfe gegen Geister. Kinder wachsen im gleichen Fall nicht, ziehen also hier den kürzern [22]). Mit der A. auf der Schwelle bannt man auch den Schlag (Apoplexie) [23]).

c) Bei der Entbindung wird die A. unter das Bett der Wöchnerin gelegt, wie es in der Pfalz heißt, damit das Herzblut nicht entfließe [24]). Kinder schützt sie gegen Mahre und Schrättel [25]); im Erzgebirge verhindert eine Hacke solchermaßen das Wundliegen, und selbst in Pennsylvanien lebt der Aberglaube noch fort [26]). Auch neben dem Bett schützt sie gegen böse Geister, wenn man sie nicht gar gleich Bibel und Gesangbuch sich unter das Kopfkissen legt [27]). Auch wird, wie bei den Römern, zum Schutz der Wöchnerin mit dem Beil in die Schwelle gehauen [28]). Kann ein Kind nicht schlafen, so haut man mit der Hacke in den Hackblock und legt sie dann wieder in die Wiege [29]). In Schlesien braucht man am Karfreitage nur mit einer Hacke an die Bettstelle zu schlagen, so verschwinden die Wanzen [30]).

d) Schreiten über die A. schützt das Vieh beim Einstand wie beim ersten Weidegang — wie in Frankreich, Skandinavien oder Rußland — wobei die Schneide nach außen gelegt wird. (S. a. Ei, Besen).

Schon in einem Papierkodex des 14. Jhs. zu S. Florian heißt es: „So man ein chue an die waid treibt, so grebt man ein ekkl unter den gatern und treibt das viech darüber, so mag man sew nicht zaubern" [31]). In Mecklenburg wickelt man die A. in ein Stück rotes Zeug, deckt einen roten Rock, eine Schürze oder einen Strumpf darüber, alles, damit das Vieh nicht das rote Wasser bekommt [32]), manchmal ist es auch eine blaue Schürze (Osterode, Preußen), oder man fügt ein Feuerzeug dazu [33]). Auch über der Stalltür wird die A. hingelegt [34]). Wird in den Zwölften, wo der Schutz besonders nötig ist [35]), in Mecklenburg das Vieh zur

Tränke getrieben, so legt man eine A. mit der Schneide zum Stall vor die Tür[36]), am Neujahrsabend haut man ein Beil in die Schwelle[37]). Treibt man das Vieh darüber, so ist es das ganze Jahr vor Hexen geschützt. Am Weihnachts- und Neujahrsabend oder am Maitag legt man A. oder Beil in die Krippe selbst[38]). In den Hühnerstall gelegt, bringt ein Beil gestohlene oder verlorene Hühner wieder[39]); in Galizien macht die in der Stube aufgehängteHacke sogar einen Dieb stellig[40]). Jungen Hunden gibt man, ebenso wie vom Besen, von einer A. zu fressen, und der behutsame Auerhahnjäger reicht in der Volkssage solchermaßen die Speise auch einer harpyenartigen Waldfrau[41]). Ein vererbtes Beil, über einen Schatz gedeckt, bannt ihn wenigstens zeitweilig[42]).

[10]) Grohmann 33; Fehrle *Geoponica* 15, 20. [11]) Grohmann 38. [12]) Mündlich durch Pfr. Teufelsbauer. [13]) Schönwerth *Oberpfalz* 2, 117 Nr. 1. [14]) Liebrecht *Gervasius* 99 (Anm.) = W. 303 § 444. [15]) Kuhn u. Schwartz 447 Nr. 357; W. § 565, § 729, § 736. [16]) Mülhause 3. [17]) Kuhn u. Schwartz 443 Nr. 337; Hovorka u. Kronfeld 2, 339; vgl. Krauß *Sitte u. Brauch* 535. [18]) Frischbier *Hexenspr.* 10. [19]) Lippert *Christentum* 393; Seligmann 2, 16 f. [20]) W. 371 §§ 563. 565; Fehrle *Geoponica* 20; vgl. Meyer *German. Myth.* 213. [21]) ZfVk. 4, 310. [22]) Urquell 4, 116; vgl. Boecler *Ehsten* 128. [23]) Grimm *Myth.* 2, 975. [24]) Meyer *Baden* 389; Lammert 168 = W. 378 § 574. [25]) Meyer *Baden* 43; Gaßner *Mettersdorf* 18; ZfVk. 6, 253; ZfrwVk. 1905, 178, vgl. Drechsler *Schlesien* 1, 182. [26]) John *Erzgeb.* 111; Fogel *Pennsylvania* 267 Nr. 1389. [27]) Seligmann 2, 17; W. 285 § 419. [28]) Liebrecht *Gervasius* 99. [29]) Grohmann 109 = W. 386 § 587. [30]) Drechsler *Schlesien* 1, 88. [31]) Lippert *Christentum* 393 = W. § 565; Grimm *Myth.* 3, 460 Nr. 752, 468 Nr. 927; Liebrecht *Gervasius* 100; Kolbe *Hessen* 135 f.; Engelien und Lahn 270; Eberhardt *Landwirtschaft* 3, 15; ZfrwVk. 1906, 204; Mannhardt *Germ. Myth.* 10 f.; W. 439 § 691; 440 § 693; Zelenin *Russ. Volksk.* 58. [32]) Bartsch *Mecklenburg* 2, 141. [33]) Mannhardt *Germ. Mythen* 10; ZfVk. 8, 389; Seligmann 2, 17. [34]) Grimm *Myth.* 3, 451 Nr. 516; Liebrecht *Volksk.* 320. [35]) Frischbier 13. [36]) Bartsch *Mecklenburg* 2, 228. 247. [37]) Ebd. 2, 233. [38]) Ebd. 2, 193. 151 f. [39]) Panzer *Beitrag* 1, 265 = W. 415 § 645; Bohnenberger 1, 21. [40]) Urquell 2, 126 f. [41]) Ebd. 4, 159; Mannhardt 1, 133 ff. [42]) Strackerjan *Oldenburg* 2, 233 Nr. 494.

3. Nach dem Grundsatz similia similibus stillt man Blut, heilt Wunden, indem man die A. in den Boden haut[43]) — sofern man diese typische Handlung (s. o.) nicht als Abschrekkungsmagie gegenüber den geisterhaften Wesen betrachten will. Auch stellt man ein Beil aufrecht, macht über die Schneide mit harziger Wagenschmiere und einem Leinwandfleck, wie sonst bei Wundbehandlung, eine Art Verband und zeichnet dreimal das Kreuz unter Anrufung der drei höchsten Namen darüber. Die Feuchtigkeit tritt aus der Wagenschmiere, und wie diese allmählich vertrocknet, heilt auch die Wunde[44]). Auch vergräbt man zu diesem Zweck eine A. unter der Dachtraufe[45]). Bei Verrenkung („Knirrband" in Mecklenburg) legt man die Hand oder den Arm auf den Hackblock und haut unter Frage und Antwort des Geschehens dreimal nebenhin, um die Zerrung in den Klotz zu hauen[46]). (s. besprechen; abhauen).

[43]) Reiser *Allgäu* 2, 441. [44]) Panzer *Beitrag* 2, 304; Fogel *Pennsylvania* 298 Nr. 1573 ff. [45]) Pollinger *Landshut* 284. [46]) Bartsch *Mecklenburg* 2, 111.

4. Die Handlung des Hauens und das Haften der A. im Baum beschäftigt die Volksphantasie mit allen ihren Weiterungen immer wieder. Sagen berichten von Beilen, die von selbst wieder an den Baum zurückkehren, und von Beilen und Äxten, die in ungehemmtem Schwung bis an den Mond fliegen[47]). Ein Beil wird auch in eine Kugel gehauen, um einen Schuldigen zu ermitteln. Bei Nennung des richtigen Namens setzt sich diese mit dem B. von selbst in Bewegung, ein Orakel, das offenkundig mit dem Sieborakel zusammenhängt[48]); vgl. Sieb; Axinomantie.

S. a. Messer, Schneidendes.

[47]) Bartsch *Mecklenburg* 1, 176; Strackerjan *Oldenburg* 2, 233 Nr. 494. [48]) Grimm *Myth.* 2, 896. — Vgl. dazu: Sébillot *Folk-Lore* 4, 457; Frazer *Golden Bough* 12, 173. 307.

Haberlandt.

Azazel, Aziel, begegnet im Aberglauben als Höllenfürst [1]), der beschworen wird [2]). Der Name A. stammt aus dem Ritual des jüdischen Versöhnungstages Lev. 16, 8. 10. 26 und bezeichnet einen Wüstendämon [3]), der sonst im A. T. und in der semitischen Mythologie nicht vorkommt. Die Etymologie ist strittig [4]). Neuerdings erklären Greßmann [5]) und Dalman [6]) die Form עֲזָאזֵל als absichtliche Änderung mit Umstellung des א aus עֲזַזְאֵל, d. i. ,,Gott ist stark''; das würde zu עֲזָאֵל, dem Namen eines gefallenen Engels Gen. 6, 4, passen [7]), der nach Targ. Jon. עֲזִיאֵל lautet [8]): ,,Gott ist meine Stärke''. Schon im apokryphen Henochbuch [9]) wird 'Αζαζήλ (griech.) = Azazel (äthiop.) als ein gefallener Engel und Verführer der Menschen erwähnt, ebenso nennt ihn Irenaeus [10]) 'Αζαζήλ, auch Jalkut Schim. und Bereschith r. 44 [11]), der Talmud im Tr. Joma f. 67, die Pirqe de R. Elieser 56, das Buch Zohar 2 f. 184 col. 2 [12]) kennen ihn. Er ging dann in die spätere Dämonologie über [13]).

1) Kiesewetter *Faust* 160. [2]) Schindler *Aberglaube* 114. [3]) RGG.[1] 1, 842. [4]) Hauck *RE.* 2, 321. [5]) RGG.[1] 1, 1021. [6]) Dalman *Aram.-neuhebr. Handwörterbuch* (1922), 309. [7]) Ders. a. a. O. 309. [8]) Buxtorf *Lexicon chaldaicum* ed. Fischer (1879), 797. [9]) *Das Buch Henoch* ed. Flemming-Radermacher (1901), 26. 27. [10]) *Adv. haer.* 1, 8. 17 ed. Harvey (1857), 1, 156. [11]) Weber *Jüdische Theologie* (1897), 253. [12]) Nork *Hebr.-Chald.-Rabb. Wörterbuch* (1842), 451; Schwab *Vocabulaire* 321. 329. [13]) Mannhardt *Forschungen* 131; Albers *Das Jahr* 17; Frazer *Golden Bough* 9, 210; E. H. Meyer *Germ. Myth.* 156. Jacoby.

Azod Ariel Mirei, Hagelbeschwörung [1]), etwa אזד אריאל מריא ,,weiche zurück, Ariel, Dämon''? Zu Ariel vgl. d. Art.

[1]) Vernaleken *Alpensagen* 414. Jacoby.

Azoth, magischer Name in einem Schutzbrief [1]), der mit kabbalistischen Elementen untermischt ist: ,,Revertatur cinis ad fontem aquarum viventium et fiat terra fructificans et germinit arborem vita per tria nomina quae sunt: Netsah, Hod, et Jesod in principis et in fine, per alpha et omega qui sunt in spiritus Azoth amen. In sale sapientiae aeternae et in aqua regenerationis et in cinere germinante terram novam omnia fiant per Cloim, Gabriel, Raphael et Uriel in secula et aeonas, amen.'' Der Anfang der Formel bezieht sich auf Gen. 2, 4 ff.; der Lebensbaum wird aber offenbar mit der arbor cabbalistica [2]) verknüpft, denn die drei Namen N., H., J. bezeichnen die 7.—9. Sephirah נֵצַח (Sieg), הוֹד (Hoheit, Glorie) und יְסוֹד (Basis, Fundament), die Prinzipien der Erscheinungswelt oder natura naturans [3]). Ähnlich deutet schon Simon Magus [4]) den Baum Dan. 4, 8. 17 als den Weltbaum, aus dem alles Sichtbare emaniert: er ist πάντων τῶν ὄντων αἰσθητῶν τε καὶ νοητῶν, ὧν ἐκεῖνος (Sim. Mag.) κρυφίων καὶ φανερῶν προσαγορεύει, θησαυρός, τὸ πῦρ τὸ ὑπερουράνιον. Dann folgt eine Beziehung auf Apc. Joh. 1, 8. 21. 6. Der spiritus A. stammt aus der Alchemie und ist dort Bezeichnung für das Quecksilber [5]), das als Urstoff, mercurius philosophorum, materia prima galt [6]), eigentlich Azoc, Azok, Azoch (arab. Wort), das die älteren lat. Wörterbücher als spätlat. aufführen. Aus Azoch hat Paracelsus den ,,Geist A.'' gebildet [7]), denn das Quecksilber galt seit alters als σῶμα und πνεῦμα [8]) und lebenspendend [9]); A. ist für den Mystiker das Symbol der Entstehung aller Dinge [10]). Ein unter dem Namen des Basilius Valentinus gehender alchem. Traktat führt den Titel: A. Philosophorum seu Aureliae occultae de materia lapidis (Frankfurt 1613) [11]). Den Schluß der Formel bilden Worte, die deutlich christlichen Ursprung verraten und auf die Taufe anspielen; sal sapientiae nennen die alten Taufformulare das bei dem Sakrament verwendete Salz [12]), hier vermutlich mit dem sal philosophorum [13]) vermengt, und zu aqua regenerationis ist Tit. 3, 5: lavacrum regenerationis, das Taufbad, zu vergleichen [14]). Statt Cloim ist Eloim (s. d.) zu lesen. Vielleicht ist auch Azod (s. d.) nach dem Vorstehenden zu erklären, was die Änderung des ד in ל unnötig machte.

[1]) SAVk. 19 (1915), 222 f. [2]) Hauck *RE.* 9, 675; Bischoff *Kabbalah* (1903), 53; Herzog *RE.* 7 (1857), 199. [3]) Bischoff a. a. O. 59; Hauck *RE.* 9, 674; Herzog *RE.* 7, 200; Buxtorf *Lexicon chaldaicum* usw. ed. Fischer (1879), 507; Kiesewetter *Occultismus* 396; Ders. *Faust* 405. [4]) Hippolyt *Refut. omn. haer.* 6, 9, 8. 9 ed.

Wendland 137. [5]) Lippmann *Entstehung und Ausbreitung der Alchemie* (1919), 359; A. Kircher *Mundus subterraneus* 2 (1678), 278 ff. 281. 283. 288. 344; Ducange 1, 519; Scheible *Kloster* 3, 229; H. von Fehling *Neues Handwörterbuch der Chemie* 1 (1874), 934; Dictionnaire des Dictionnaires 1, 751. [6]) Lippmann a. a. O. 41. 97. 99. 303. 345. 368. 391. [7]) Ders. a. a. O. 606. [8]) Ders. a. a. O. 83. 365. [9]) Ders. a. a. O. 365. 438 ff. 447 f. [10]) H. Schelenz *Geschichte der Pharmazie* (1904), 391. [11]) Kiesewetter *Die Geheimwissenschaften* 69. [12]) Franz *Benediktionen* 1, 91. 225; L. Duchesne *Origines du culte chrétien* (1925), 314. [13]) Kiesewetter *Die Geheimwissenschaften* 64 f. 87 f. 155. [14]) Vgl. auch Duchesne a. a. O. 329.

Jacoby.

B.

Baba. „In einzelnen Teilen Kärntens pflegt man um Mittfasten auf einem Holzladen die Gestalt der Berchta-B. aufzuzeichnen. In Anwesenheit aller Hausgenossen wird dann ein Bauernbursche aufgefordert, den Laden zurechtzurichten, zu welchem Behufe ihm der Laden so übergeben wird, daß er von der Zeichnung nichts wahrnimmt. Trifft es sich nun so, daß er die Zeichnung am Brettladen zerschneidet oder durchschlägt, so hat er den Spott aller zu ertragen. Ebenso ists der Fall, wenn man den Laden einer Dirne darreicht, und dieselbe die Zeichnung am Laden unwissentlich zerschneidet oder verstümmelt" [1]). Während hier B. mit Berchta zusammengebracht ist, ist B. bei den Slawen und in einzelnen Gebieten Ostdeutschlands die „Alte" (s. d.) oder „Kornalte" [2]). Die Weiberfratze eines Napfkuchen-Models deutet Höfler als B.[3]).

S. a. Bibiabinka, Babiabinka.

[1]) ZföVk. 2 (1897), 218. [2]) Mannhardt *Forschungen* 299 ff. 328 ff.; Frazer 7, 144 f.; 8, 332. 333. [3]) ZfVk. 11 (1901), 341 (wo weitere Literatur über B. angegeben ist); Höfler *Weihnacht* 52; DWB. 1, 1057.

Bächtold-Stäubli.

Bach s. Fluß.

Bachstelze (Motacilla alba *L.*). Die dt. Namen variieren sehr: Weiß-, Grau-, Blau-, Haus-, Stein-, Wasser-Stelz(e), Wege-, Quäck-, Quick-, Wäpp-, Wipp-Sterz, Bebe-, Wedel-, Wipp-Schwanz, Klosterfräulein, Nonne, Ackermännchen.

Bei Diefenbach [1]) finden sich folgende (in Ducange nicht vorkommende) mittellat. Namen: lucida, lucilia, lucilius, lucil(l)us, lucinio, luscinius (sonst Nachtigall!), ripivaga, furita, spitella, und dabei die mhd.: bach-, beg-, bein-, pflůg-, wasser-stelz(e), -sterz. Wörterbücher des 16. Jhs. geben als lat. Form: codatremula, Ducange: caudatremula.

[1]) *Glossarium latino-germanicum* (Frankfurt a. M. 1857), 337 b. c.

1. Biologisches. Da sich die B.n gern in der Nähe des weidenden Viehes aufhalten, glaubt man im Tirol, sie seien die Seelen verstorbener Haustiere, besonders der Kühe [2]).

[2]) ZfMyth. 2, 422. Über ihr Verweilen beim Vieh, auch Schafen, vgl. Swainson *Folk-Lore of British Birds* 44 f.; in Pommern heißt die B. deshalb „Håumelknecht": BlPomVk. 5, 30.

2. Die B. ist so gut wie heilig. Wer sie beunruhigt oder ihr die Jungen ausnimmt, wird „zitternd"; ebenso wer ihrem Rufe nachspottet. In Altmünster (Oberösterr.) heißt es allgemeiner: wer B.n beunruhigt, den trifft ein Unglück. Zerstört man ihr Nest oder tötet man sie, so hat man Unglück durch Wasser zu befürchten, der Bach tritt aus [3]). Auch für Hessen (Wetterau) gilt: „Wer eine B. tötet, den trifft Unglück" [4]).

[3]) Baumgarten *Aus d. Heimat* 1, 88. [4]) Wolf *Beitr.* 1, 232; Wuttke 122 § 160. In der Languedoc stirbt demjenigen ein Schaf, der eine B. tötet: Sébillot *Folk-Lore* 3, 188. Auf den Azoren darf man sie deshalb nicht töten, weil sie nach der Legende auf der Flucht nach Ägypten der heiligen Familie die Wegspuren im Sande verwischt habe, um die Verfolger irre zu machen. Daher bringt der Angang der B. auch Glück: Dähnhardt *Naturs.* 2, 272.

3. Die B. ist Orakeltier. Wer im Frühjahr 2 B.n nebeneinander sieht, heiratet in diesem Jahr (Oberpfalz, Schlesien, Westböhmen) [5]. Anderseits heißt es: Sieht man im Frühjahr zum erstenmal 4 B.n beieinander, so bedeuten diese 4 „Totenmänner", welche dieses Jahr Einen zu Grabe tragen; sieht eines der Eheleute zuerst eine B. allein, so stirbt das andere vorher (Oberpfalz) [6]. In Schlesien dagegen heißt es wie vom Kuckucksruf: wer beim Erblicken der ersten B. Geld in der Tasche habe, dem gehe es das ganze Jahr nicht aus [7]; dabei muß er dreimal stillschweigend auf seine Tasche klopfen [8]. Baut die B. hoch am Ufer, so ist eine „Güß" (Überflutung) zu befürchten [9]. Sieht man im Frühjahr die erste B. ruhig sitzend, so bleibt man in diesem Jahre, wo man ist; fliegt sie aber unruhig hin und her, so bedeutet das Wohnungswechsel oder Wanderung (Krugsreut in Westböhmen) [10]. Wer eine B. im Frühjahr zuerst auf einem Dache sieht, wird viel geehrt werden; wer sie auf einem Rasenplatze sieht, wird Freude erleben; wer sie am Wasser oder auf dem Acker sieht, wird trauern und weinen müssen (Schlesien) [11]. Ohne nähere Bestimmung bezeichnet Grimm [12] den Angang der B. als bedeutsam.

[5]) Grimm *Myth.* 3, 475 Nr. 1087 = Schönwerth *Oberpf.* 1, 146 Nr. 16; Drechsler *Schlesien* 2, 229; John *Westböhmen* 254. 295. [6]) Schönwerth *Oberpf.* 1, 265 Nr. 46/7. — In Dorset (Engl.) bedeutet das Picken der B. am Fenster Tod: Swainson *Folk-Lore of British Birds* 44. [7]) Urquell 3, 107 f. [8]) Drechsler *Schlesien* 2, 193. 228 f. [9]) Baumgarten *Aus d. Heimat* 1, 88. [10]) John *Westböhmen* 219. [11]) Grabinski *Sagen* 47; Drechsler *Schlesien* 2, 229. [12]) *Myth.* 3, 327 (nach Klemm *Allg. Kulturgesch. d. Menschheit* 2, 329); s. a. Anm. 4.

4. Volksmedizin. Beim ersten Erscheinen einer B. muß man sich zur Erde werfen und wälzen; das schützt vor Krankheiten (Oldenb.) [13]. Hat eine Kindbetterin dadurch Kopfweh bekommen, daß von ihren ausgefallenen Haaren welche in ein Vogelnest gebracht worden sind, so muß sie trachten, ein B.n- (oder Rotschwänzchen-) Nest zu erhalten, welches innen aus Menschenhaaren gemacht ist und noch die Eier enthält; dieses legt sie über das leidende Haupt mit der Seite, auf welcher die Eier gelegen haben, und das Kopfweh vergeht (Oberpfalz) [14]. „Das Hertz von einer B. wird mit gutem Nutzen als ein Amuletum an den Hals gehänget" gegen den Schlag [15]. Im Zauber: „Wenn man eine B.nzunge einem schlafenden Menschen unter den Kopf legt, so erwacht er spät oder nie" [16].

Über einen B.nstein (s. a. Blendstein) wissen Plinius [17]) und die isländische Volkssage [18]) zu berichten; in Deutschland vermag ich den Glauben nicht nachzuweisen.

[13]) Strackerjan 1, 68; 2, 169 Nr. 399. [14]) Schönwerth 1, 161. [15]) Höfler *Organotherapie* 257 = Jühling *Tiere* 249. [16]) ZfVk. 13, 275 (ca. 1720, deutsch). [17]) Plinius *NH.* 37, 56, 4: „Der Stein Chloritis hat eine grasgrüne Farbe. Die Magier sagen, er finde sich in dem Bauche der B. (motacilla), mit welcher er erzeugt werde, und geben die Vorschrift, man solle ihn in Eisen einfassen und zu gewissen Wunderdingen nach ihrer Art gebrauchen." [18]) In Island wird im Nest der B. ein Stein gefunden; man muß ihn in einem blutigen Halstuch bei sich tragen. Wenn man ihn in das rechte Ohr legt, so hört man alles, was man wissen will: Sloet *Dieren* 221 f. (n. Maurer *Volkssagen* 183). Hoffmann-Krayer.

Bachtier s. Dorftier.

Backe s. Wange.

Backen [1]).

1. B. der Fruchtbarkeitsdämonen. — 2. B. = Zeugung der Menschen. — 3. Das B. als Zeremonie mit Apotropaia. — 4. Das Bekreuzen und Pipen des Teiges. — 5. Vorsichtsmaßregeln beim Einschießen. — 6. Opfer beim B. — 7. Vorschriften für das Aufgehen des Brotes im Backofen. — 8. Backzeit und Backtage. — 9. Orakel beim B. — 10. B. und Zauber. a) Liebeszauber. b) Schadenzauber. — 11. Backverbot für Bräute und Schwangere. — 12. Sympathiekuren beim B. — 13. Allerlei Aberglaube. — 14. Hexen und Backgerät. — 15. Backtrog als Fruchtbarkeitssymbol.

1. Die Vertrautheit mit diesem lebenswichtigen Geschäft sitzt so tief im Bewußtsein des Volkes (B. im Kinderlied und -spiel!) [2]), daß es alle ähnlichen Vorgänge in Natur und Leben, die auf die Phantasie eine große Wirkung ausüben, unwillkürlich mit der ihm heiligen Tätigkeit des B.s vergleicht. Das Brauen (vgl.

Bier und brauen) und Kochen der Atmosphäre (s. d.), das Aufsteigen und Dahinstreichen des Nebels[3]) an den Bergen, das Poltern der Gewitter, all diese Vorgänge vereinigen sich in der Volksphantasie zum Bilde von der Tätigkeit der Vegetationsdämonen im gewaltigen Backofen der Natur[4]). Wenn der Dampf aufsteigt, kochen die Zwerge[5]), oder die Else kocht ihr Mahl[6]). Weit verbreitet ist die Sage von den zwei Riesen[7]), welche sich, da sie nur éinen Backofen haben, durch Zeichen mit dem Backgerät verständigen; oft aber vermeint der eine den anderen lärmen zu hören, wobei sich aber der nur am Kopfe gekratzt hat. In Schlesien[8]) und auch sonst hören wir oft davon, wie ein pflügender Bauer oder Knecht das Backgeräusch der Erdgeister hört und im Scherze ruft: „Backt mir doch einen Kuchen mit"; er bekommt dann auf einem eisernen Tisch (= Pflug[9])) einen feinen Kuchen serviert; sobald der Knecht aber frägt, warum kein Salz[10]) im Kuchen ist, verschwindet dieser; weil er ihn nur unangeschnitten essen darf, verzehrt er ihn listig, indem er ihn rundum ausschneidet[11]) (Salz und anschneiden wirken apotropäisch gegen alle Geister; vgl. anschneiden). Die Holzweibel im Voigtlande schenken der Magd Kuchen, in vier Teile geschnitten, auf einem weißen Tuche[12]) (vgl. Milch). Oft wird der Kuchen zu Stein oder Blei, oder es rollt Gold heraus[13]), der Kuchen geht nicht aus[14]); in Frankreich[15]) bekommt der Bauer, welcher die heißen Brote der Feen in der Furche holen will, eine Ohrfeige; in Kärnten[16]) b. die Seligen aus dem Mehl der Ähren, die der Bauer für sie auf dem Felde liegen läßt, Brot, das Segen ins Haus bringt; nach einer badischen Sage[17]) haben die Erdmännlein[18]) ein besonderes Backgeheimnis, das sie nicht verraten. Diese Sagen sind verschieden ausgelegt worden; die Deutung Mannhardts[19]) ist wohl der poetischeren und bestechenden Erklärung Laistners[20]) vorzuziehen. Wenn man die backenden Zwerge belauscht[21]) oder ihnen ein Kleid gibt[22]), verschwinden sie: so in der bergischen Sage; in der Kärntner Sage verschwindet das selige Fräulein mit den Worten[23]):

„Hinten schön, vür schön,
I kann nit mehr in Tag (Teig) gehn."

[1]) Über die Geschichte und Technik des B.s und die sich daran knüpfenden Gebräuche und Sprichwörter: Staub *Brot*, passim, bes. 20 ff.; Sartori *Sitte und Brauch* 2, 33; Weinhold *Frauen* 2, 53—57; Ders. *Altnordisches Leben* 227—228; Müllenhoff *Altertumsk.*[1] 4, 1, 150. 358; Schultz *Alltagsleben* 147; Wrede *Rhein. Volksk.* 59. 194. 283; Ders. *Eifeler Volksk.* 49 und 194; Diener *Hunsrück* 46. 206 ff.; Sartori *Westfalen* 28. 110; Drechsler *Schlesien* 2, 13 ff.; Bartsch *Mecklenburg* 2, 134 ff.; Kühnau *Brot* 1 ff. 13 ff. 35; Coler 13 ff.; Mensing *Schlesw.-Holst.Wb.* 1, 203—206; Heimat 2 (1892), 98 ff.; Müller *Rhein.Wb.* 1, 367 ff. 374 ff. 380 ff.; Fischer *Schwäb.Wb.* 1, 556 ff.; Schweiz.Id. 4, 957 ff.; 5, 930 ff.; Meyer *Baden* 376; ZfrwVk. 11 (1914), 54 ff.; Heyne *Hausaltertümer* 2, 268 ff.; Hoops *Reallex.* 1, 150 ff.; Rütimeyer *Urethnographie* 241 ff. (Urzeit); K. Mohr *Unser Backofen*[3]. Stuttgart 1926, 42 ff.; Richental über fahrende Backöfen: Kloster 6, 324; W. Hacker *Das B. bei den Völkern der Erde:* Deutscher Hausschatz. Ill. Fam. Zs. (Regensburg, Pustet) 46. Jahrg. (1919—20), Heft 2, 60 ff.; aus der Literatur des XVII. Jhs.: „*Bericht vom Brotbacken ... gestellt durch* Sebaldum Müllern, Bürgern zu Königsberg in Preußen L. 1616; über B. bei den Slawen: Zelenin *Russ. Volksk.* 111 ff.; über Traditionen aus der antiken Technik: Pauly-Wissowa 11, 2, 2090 ff.; H. Blümmer *Die Römischen Privataltertümer* 48. 164.
[2]) Wrede *Eifeler Vk.* 141; Staub *Brot* 20.
[3]) „De Püschweiblein kocha" sagt der Schlesier, wenn der Nebel steigt: Kühnau *Sagen* 2, 186 Nr. 817; vgl. 95. 102. 106. 177; BlPomVk. 4, 36. [4]) Kühnau *Brot* 13 ff. (grundlegend), vgl. Deutsche Literaturzeitung XXIV Nr. 41 Sp. 2494; Polivka in ZfVk. 1915, 119 und Bolte-Polivka 1, 206 ff.; Grimm *Mythol.* 1, 378; 3, 131; Bartsch *Mecklenburg* 1, 41 Nr. 61; 86 Nr. 92; Mannhardt 1, 65. 80. 103; Rochholz *Sagen* 1, 276. 281. 336.
[5]) Schambach und Müller 114—115.
[6]) Bindewald *Sagen* 93. [7]) Ranke *Sagen* 224; Curtze *Waldeck* 215, 35, 1; Schambach und Müller 148—150; Kühnau l. c. 14 und 32; Laistner *Nebelsagen* 270; fürs Rheinland: ZfrwVk. 9 (1912), 89 ff.; 12 (1915), 232.
[8]) Kühnau *Sagen* 2, 92 und 94; 4, 101; vgl. Schambach und Müller 119—120; Bartsch *Mecklenburg* 1, 41 Nr. 61; Meiche *Sagen* 211. 391—92; ZfVk. 1915, 119; Kühnau *Brot* 30 ff.; Kuhn *Westfalen* 1, 131 Nr. 139; dieselbe Sage in Frankreich: Sébillot 1, 451; ferner: Müllenhoff *Sagen*[2] 300 Nr. 445, vgl. 447; Rochholz *Sagen* 1, 281 Nr. 194; 282 Nr. 195; 335—36;

vgl. v. d. Hagens Germania 9, 97; Curtze *Waldeck* 222 a u. b. [9]) Kühnau *Sagen* 2, 98. 127—28. 131. 133—134; in Thüringen stirbt der Knecht, weil er den Kuchen von sich wirft: Witzschel *Thüringen* 1, 213 Nr. 211; bei Müllenhoff l. c. erscheint ein gedeckter Tisch, vgl. Rochholz l. c. 1, 282 Nr. 194. 335—36. [10]) Kühnau *Sagen* 2, 76 Nr. 743. [11]) L. c. 272 Nr. 738. [12]) Eisel *Voigtland* 16, 27; 18, 28; 24, 43; 25, 47—48; 26, 49. [13]) Kühnau *Sagen* 2, 104—107; vgl. Witzschel l. c. 1, 226. [14]) Kühnau l. c. 2, 96 Nr. 751; 3, 109 Nr. 755; Witzschel l. c. 1, 226, 223. [15]) Sébillot 4, 28. [16]) Graber *Kärnten* 56 Nr. 63. [17]) Künzig *Bad. Sagen* 41 Nr. 119; vgl. Nr. 118; 46 Nr. 133. [18]) Kloster 9, 522: Erdmannskuchen; in der Schweizer Sage jubelt ein Erdmännlein: „Heute wasch' ich, morgen back' ich . . .“ Schweiz. Id. 4, 957 = Lütolf *Sagen* 476. [19]) Mannhardt 1, 80 A. 1. [20]) Laistner *Nebelsagen* 298. [21]) Schell *Bergische Sagen* 523 Nr. 61. [22]) Graber l. c. 65 Nr. 72, 5. [23]) Ders. l. c.; vgl. ZfVk. 1915, 116. 119; Schell l. c.

Daß die Hausgeister beim B. helfen, ist bekannt aus der Sage von den Kölner Heinzelmännchen [24]); von einem eigenartigen Hausgeist berichtet Haupt [25]): „Anno 1650 . . . wurde ein armer Mensch gesehen, welcher . . . . sich einen spiritum familiarem gekauft, der ihm zum Mahlen und B. beförderlich gewesen. Weil er aber denselben nicht recht gebrauchte, ist er verrückt geworden.“ So verfolgt das Volk von den Riesen [26]) bis zu den Kobolden [27]) und Erdmännlein das Koch- und Backgeschäft der Naturgeister, mögen sie beim B. freundlich helfen [28]) oder, sobald sie b. oder ihre Gelüste stillen wollen, den Teig stehlen [29]), wie z. B. die wilde Jagd [30]) vom Teige raubt; manchmal leihen sie den Backtrog [31]) und lassen dafür kostbare Brote zurück, oder die Unterirdischen lassen den Brotschieber [32]) bei den Bauern reparieren und geben dafür Kuchen; sie benutzen auch gerne die Backöfen [33]) der Menschen und geben dafür Brot und Bier (b. und brauen!). In diesem Zusammenhang kann man auf die Vorliebe der elbischen Wesen und Hexen für den Backofen hinweisen: sie heißen im Gargantua „Backofentrescherlein“ [34]), man sah einmal die Strazeln zu sechs im B. dreschen [35]); die Vegetationsgeister und Totendämonen der Rauchnächte [36]) halten sich im Backofen auf; in Pommern erzählt man sich von einem verhexten Backofen; wenn man sich ihm nähert, bekommt man eine Ohrfeige [37]); ein anderer ist von einem Wanderburschen, der vergebens um Brot bittet, verwunschen [38]). Die thüringischen Waldweiblein [39]) schenken den Frauen, die ihnen mit Brot aushelfen und dies auf den Kreuzweg legen, Brot mit Talern gefüllt. Diese backenden Zwerge [40]), Fenixmännlein [41]), Venus- und Holzweiblein [42]), Waldweibchen [43]), Erdmännlein [44]), Unterirdischen [45]), Seligen [46]), Hollen [47]), Frau Holle [48]) deutet der christliche Glaube um; sowohl das Dämonische wie das Gütig-Helfende in ihrem Wesen: Wenn ein Gewitter lärmt, sagt man in Dithmarschen [49]): Der liebe Gott wirft mit dem Brotknust; wenn der Wind durchs Getreide fährt, „scheubt“ die Mutter Gottes Brot [50]) (hier wirkt die mittelalterlich-mystische Vorstellung herein von Maria mit dem ährendurchwirkten Mantel) [51]); bei Sonnenschein und Regen „chüechlet“ die Mutter Gottes [52]); wenn das Abendrot glüht und gutes Wetter ankündigt, backt in Schwaben [53]) die Mutter Gottes Küchlein, sonst das Christkindlein [54]), St. Nikolas [55]), „d'r Samichlaus“ [56]) oder der heilige Mann [57]); beim Morgenrot im Dezember backt nach havelländischem Glauben der heilige Christ Honigkuchen [58]); wenn in Westböhmen weiße Wolken am Himmel stehen, backt Petrus [59]) Brot. Dagegen sagt man in der Mark [60]) und in Schleswig-Holstein [61]), wenn es bei Sonnenschein regnet: die Hexen b. Pfannkuchen; auch sonst b. in der Sage und im Märchen, wenn atmosphärische Vorgänge sich regen, die Hexen [62]), welche ja nur eine dämonische Form der atmosphärischen Geister sind; Kühnau [63]) behandelt diese backenden Hexen mit ihren roten Haaren; man darf nur an die Backofenhexe in „Hänsel und Gretel“ erinnern. Auch von Tieren, in die sich elbische Wesen und Hexen gerne verwandeln, berichtet die Volkssage: Wenn nach Regen der Nebel aufsteigt [64]) oder der Wald raucht [65]), b. die Hasen; in Waldeck [66]) b. die Hühner Kuchen. Mit diesen atmosphärisch-mythischen Vorstellungen hängt die Bedeutung von b. = gefrieren [67]) wohl nicht zusammen, diese geht von der Vorstellung b. = kleben, fest werden, aus.

[24]) Kloster 9, 195—6; Wolff *Mythologie der Elfen* 2, 33. [25]) Meiche *Sagen* 302 Nr. 392. [26]) Kühnau *Brot* 14 ff. [27]) L. c. 29 III ff. [28]) L. c. 35 ff.; Ders. *Sagen* 2, 127; Meier *Schwaben* 1, 57, 6. [29]) Kühnau *Sagen* 2, 94 Nr. 751, 1; Mannhardt 1, 75. 92. 107; Schönwerth *Oberpfalz* 2, 377; interessant ist, daß in einer badischen Sage eine Hexe als schwarze Katze beim Bäcker den Teig stiehlt: Künzig l. c. 62 Nr. 181. [30]) Ranke *Volkssagen* 78; Frau Gaudens Hund: Mannhardt *Germanische Mythen* 303; Bartsch l. c. 1, 23; 2, 478 Nr. 677; dagegen schenkt der Nachtjäger in Schlesien Kuchen, die man nicht abschlagen darf: Kühnau *Sagen* 2, 474 Nr. 1082, 2. [31]) Bartsch l. c. 1, 47. 66; BlPomVk. 1, 179, 50. [32]) Müllenhoff *Sagen* ² 315, 472. [33]) Bartsch l. c. 1,86 Nr. 92; 80 Nr. 88; Schambach und Müller 120, 3; Schell *Berg. Sagen* 523 Nr. 61. [34]) Grimm *Mythol.* 9, 131; Ders. *DWb.* 1, 1068. [35]) Ders. l. c.; Schönwerth *Oberpfalz* 2, 299—300. [36]) Waschnitius *Perht* 18; E. H. Meyer *Germanische Myth.* 121; Bartsch l. c. 1, 311; der Ofen ist der Wohnsitz der Hausgeister: Simrock *Mythol.* ⁵ 453; Grimm *DWb.* 7, 1155. [37]) BlPomVk. 7, 179 Nr. 109; Kühnau *Sagen* 1, 491; 2, 503. [38]) BlPomVk. 3, 126. [39]) Witzschel 1, 226. [40]) Eisel *Voigtland* 16, 27; Rochholz *Sagen* 1, 335—36; Schambach-Müller 119—20. 114—15. 278 Nr. 191; Kloster 9, 522; Schell l. c. 523, 61; BlPomVk. 1, 179. 50. [41]) Kühnau *Sagen* 4, 121. [42]) Ders. l. c. 2, 96. 98. 109—2, 94. 140—2, 176; MschlesVk. 15 (1913), 136. [43]) Witzschel l. c. 1, 225, 223. [44]) Waibel-Flamm 2, 182; Lütolf *Sagen* 476; Rochholz *Sagen* 1, 281, 194; Künzig l. c. 41, 119; 46, 133. [45]) Bartsch l. c. 1, 80, 88; Müllenhoff ² 315, 472; 300, 445 vgl. 447. [46]) Graber l. c. 56, 63. [47]) Curtze *Waldeck* 222 a u. b; Mannhardt 1, 65. 154. [48]) Grimm *Märchen* Nr. 24; Bolte-Polivka 1, 207 bis 227. [49]) Müllenhoff *Sagen* ² 377 Nr. 555; Mensing *Schleswig-Holst. Wb.* 1, 530; Kuhn-Schwartz 475 A. 57. [50]) F. Schroller *Schlesien* 3, 331. [51]) ZföVk. 1912, 137—38; Mannhardt 1, 231—32; M. ist in den altdeutschen Predigten der Acker, der von Gottes Tau Korn trägt: A. Schönbach *Altdeutsche Predigten* 3, 217 Z. 6. [52]) Lütolf *Sagen* 386 Nr. 371. [53]) Birlinger *Schwaben* 1, 401; Fischer *Schwäb. Wb.* 1, 556; vgl. SchwVk. 10, 37; in den altdeutschen Predigten ist Maria das Morgenrot: Schönbach l. c. 1, 60 Z. 10. [54]) Laistner *Nebelsagen* 244; Müller *Rhein. Wb.* 1, 369. [55]) ZfrwVk. 12 (1915), 233. [56]) Schweiz. Id. 4, 957—8. [57]) Müller *Rhein. Wb.* 1,369. [58]) Schwartz *Studien* 153. [59]) Grohmann 32 Nr. 178. [60]) Kuhn-Schwartz 458 Nr. 430. [61]) Mensing l. c. 207. [62]) Kühnau *Brot* 15—16. [63]) L. c. 14 ff.; ZföVk. 3 (1897), 290; Peter *Österreichisch-Schlesien* 2, 164 ff.; über „Hänsel u. Gretel": Bolte-Polivka 1, 115—126. [64]) Meier *Schwaben* 264 Nr. 296; Fischer *Schwäb. Wb.* 1, 556. [65]) Birlinger *Schwaben* 1, 377, 1; vgl. Bindewald *Sagen* 93; BlPomVk. 4, 36. [66]) Curtze *Waldeck* 215 Nr. 35, 2. [67]) DWb. 1, 1066; Laistner l. c. 230. 323.

2. Entsprechend dem Backprozeß in der Natur wird auch das Zeugen des Menschen mit dem Brotb. [68]) verglichen; besonders die Franzosen lieben diese Metapher; so wird in Balzacs Contes drôlatiques (le dangier d'estre trop cocquebin) die junge Frau nach der Brautnacht gefragt: [69]) „combien de pains vous ha prins vostre mari sur la fournée." Die deutschen ähnlichen Redensarten bieten Grimm [70]) und Wander [71]); wir sprechen von „ungebacken aussehen" [72]) = schlecht aussehen und nennen einen „halbgeb." [73]); in der Schweiz ist einer „lîsbache" [74]) = verzärtelt, dort kennt man „erb." [75]) = einen schwächlichen Menschen am Leben erhalten. Eine ganz bildliche Assoziation vergleicht das Gewölbe des Backofens mit dem gewölbten Mutterleib, s. Backofen 6. So verstehen wir auch, daß ein schwächliches Kind mit greisenhaftem [76]) Aussehen umgeb. wird (s. abb.) [77]).

[68]) Drechsler *Schlesien* 1, 181; MschlesVk. 1901, 26; auf Hispaniola ist der Menschenschöpfer ein Bäcker: Liebrecht *Volksk.* 304. [69]) *Oeuvres complètes de Balzac*, ed. Lévy 42, 134 (Paris 1891). [70]) Grimm *DWb.* 1, 1066. 1068; 7, 1155 (Ofen). 663—64 (neugebacken); vgl. Ochs *BadWb.* 1, 106; Müller *RheinWb.* 1, 371; SchweizId. 4, 958 ff. [71]) K. F. W. Wander *Deutsches Sprichwörterlexik.* 1, 215. [72]) SchweizId. 4, 959. [73]) Grimm *DWb.* 4, 2, 201. [74]) SchweizId. 4, 960. [75]) L. c. 962; vgl. Grimm *DWb.* 3, 700. [76]) Grimm *Mythol.* 3, 437 Nr. 75. [77]) John *Westböhmen* 108; ARw. 1899, 92 ff.; W. 20. 588; über den Altvater der Kinder besonders: Brevinus Noricus Fago-Villanus (= Zimmermann s. Goedecke *Grundriß* 3, 242) *Den in vielen Stücken abergläubischen Christen* 12 ff. (Frankf. u. L. 1721, Exemplar in München, Döllingerbibliothek); ZföVk. 9 (1903), 211—12; 1908, 122; Hellwig *Aberglaube* 55 ff. 134, 11; Drechsler *Schlesien* 1, 188. 211; Hovorka-Kronfeld 2, 34. 722. 755;

Klingner *Luther* 76; Weinhold *Neunzahl* 29; vgl. ZfrwVk. 12 (1915), 259; siehe Gebildbrote; Sartori *Sitte und Brauch* 1, 24; ZfVk. 1917, 149; Mensing l. c. 200. Wenn in Tirol ein Weib unfruchtbar ist, soll sie in einen warmen B. hineinkriechen: Zingerle *Tirol* 26 Nr. 152; Schmitz *Bußbücher* 1, 316 cap. 92; 1, 537 XV, 2; vgl. 2, 535 cap. 116. 2, 430 cp. 95; Königer *Burchard v. Worms* 234.

3. Das B. ist ein heiliges Geschäft; auf den Marquesasinseln ist für den Mann beim B. geschlechtliche Enthaltung vorgeschrieben [78]); im Züricher Unterland [79]) ist die Backmulde heilig; sie wird apotropäisch gegen die Hexen [80]) gebraucht (vgl. Brot). Auch der Backofen ist heilig, wie der Herd; vor ihm wird sogar in Skandinavien geopfert [81]) (s. Backofen). Das Backgeschäft war in der Zeit der Eigenwirtschaft Domäne der Hausfrau [82]) (ags. heißt Hausfrau: hlaefdige = Brotkneterin, ne. lady) [83]) und ist auch heute noch das wichtige Ehrenamt der Bauersfrau [84]). In Mecklenburg bittet die Braut beim Eintritt ins Haus um Segen für ihre Hauptaufgaben [85]):

Help Herr Got:
Wenn ik bru, so hew ik Bier,
Wenn ik back, so hew ik Brot,
Wenn ik starw, so bün ik dot.

78) Frazer 2³, 201. 79) SAVk. 1925, 100; vgl. den Umgang um den Backtrog bei den Slawen: Knuchel 20. 80) Meyer *Baden* 376; Grohmann 3, 14; 39, 234; 43, 270. 81) Sartori *Sitte u. Brauch* 3, 87 A. 18; Kühnau *Brot* 12. 17 ff.; W. 620. 430; vgl. Grimm *Myth.* 1, 522 ff.; Jahn *Opferbräuche* 119 ff.; Höfler *Weihnacht* 56; Peter *Österreichisch-Schlesien* 2, 259. 82) Weinhold *Frauen* 2, 57; Sartori *Westfalen* 110; Baumgarten *Jahr* (1860) 20; vgl. Plinius 18, 107 = 3, 172, 1 ff.; Mayhoff: pistores Romae non fuere ad Persicum usque bellum annis ab u. c. super DCXXX; ipsi panem faciebant Quirites, mulierumque id opus maxime erat sicut etiam nunc in plurimis gentium. 83) Hoops *Reallex.* 1, 150. 84) John *Westböhmen* 246; Mülhause 55. 85) Bartsch l. c. 2, 65 Nr. 236.

In Schwedisch-Finnland [86]) darf ein Knabe kein Brot b., so sehr ist das B. Tabu der Hausfrau, vielleicht spielt auch die Hexengefahr herein. Bei diesem wichtigen Geschäft sind besondere Vorsichtsmaßregeln [87]) nötig; daher ist mit den Weibern nicht gut Kirschen essen, wenn sie Mehl an der Nase haben [88]), die Männer müssen sich dann aus dem Hause machen [89]). Besonders sucht man sich gegen den Schadenzauber der Hexen und, was dasselbe ist, gegen die Katzen [90]) zu schützen [91]), und gegen den bösen Blick [92]); nach badischer [93]) Sage stahl eine Hexe als Katze dem Bäcker immer vom Teig. Wie alt dieser Glaube an die Möglichkeit eines Schadenzaubers beim B. ist, zeigt eine Stelle aus einem Münchener Zauberbuch (14. Jh.) [94]): „Ut panis non intret. Accipe parum funis predicti (sc. suspensi hominis) et pone(in) instrumentum, cum quo mittitur panis in furnum et cum pistor voluerit mittere panem in furnum, non poterit, sed exiliet“; die ungarischen Hexen mischen Tau in den Teig, wodurch das Gebäck blutigrot wird, und von einer Hexe heißt es im Protokoll: „Fermentum alterius ac massam farinaceam ita corrumpere attentasse, ut nulli panes inde pinsi poturint“ [95]). Andererseits sollen die Bäcker in abstrusestem Aberglauben früher einen Lappen mit dem Blut eines armen Sünders in den Teig getan haben, damit die Kundschaft angezogen werde [96]). Ein Bäckermeister gesteht 1615, daß er aus den Furchen, welche durch die Räder eines Leichenwagens entstanden waren, Wasser schöpfte und unter den Teig mischte, damit das Brot gut gerate und Abgang finde [97]). Zimmermann (= Brevinus Noricus Fago-Villanus) berichtet [98]): „Nimm ein Stück von einem Diebesstrick und lege es auf die Platte, damit man das Brot in den Ofen schießt, so wird es nicht verbrennen“ (vgl. oben den Münchener Zauber) [99]).

Die Vorsichtsmaßregeln der Bauersfrau sind verschieden: In der Oberpfalz [100] soll, während das „Dampfl“ gemacht wird, die Stubentür nicht geöffnet werden; auch die slowenischen [101]) Hausfrauen pflegen sich einzuschließen, damit keiner mit seinem Blick den Teig verhexe. Die Rockenphilosophie warnt [102]): „Wer Teig im Trog hat, kehre die Stube nicht aus, bis der Teig hinausgetragen ist, sonst kehrt er ein Brot mit hinaus“; von demselben Aberglauben berichtet Fogel [103]) für die Deutschamerikaner. Den Teig darf man in Schlesien [104]) nicht loben, weil dann das Gebäck nicht gerät. Interessant ist der österreichische Aberglaube [105]), daß der von einem sanguinischen Weib angemachte Teig gut gärt, jener von einem phlegmatischen schlecht; nach dem Glauben in Rendsburg [106]) (Schleswig-Holstein) verhindert Märzschnee als „Sürwater" das Schimmeln des Brotes; in Holstein [107]) deckte man früher den Teig so mit einem Sack zu, daß das offene Ende der Tür zugekehrt war. Wenn der Backtrog leer ist, muß man ihn gut ausbrühen, damit die Seele nichts zu leiden habe, den „Ura" verbrennt man oder gibt ihn dem Vieh [108]). Auch der Tisch, auf dem die Brote liegen, bevor sie in den Ofen kommen, muß rasch reingewaschen werden [109]); soll das Brot gut aufgehen, so muß das Stroh, auf dem das Brot lag, rasch und hoch aufbewahrt werden [110]).

[86]) Folkloristiska och ethnografiska Studier 2 (1916), 27; vgl. Syrien, wo man die Kinder vom B. fernhält: Stern *Türkei* 1, 399—400. [87]) Sartori *S. u. B.* 2, 33; Bavaria 2, 304; man schlägt 3mal mit der flachen Hand auf den Sauerteig, daß es der Ofen hört, und sagt: „B. richt' Dich"!; W. 620; besondere Zeremonien an Weihnachten: ZföVk. 1912, 49. [88]) ZfdMyth. 2 (1854), 108 Nr. 12. [89]) SchweizId. 4, 957 (a. 1779). [90]) Man erkennt die Hexen am Katzengeschmack, so laut Aussage eines Hexenmeisters in einem Graubündner Hexenprozeß (1655); vgl. Waibel-Flamm 2, 134; Müllenhoff *Sagen*² 244—45; Schambach und Müller 179 Nr. 196. [91]) Staub *Brot* 20—21; Rochholz *Sagen* 2, 188; für Frankreich: Sébillot 3, 99. [92]) Grohmann l. c. 103 Nr. 723; ZfVk. 1911, 307 ff. [93]) Künzig *Bad. Sagen* 62 Nr. 181. [94]) Codex lat. Monacensis 7021, 159b bei Schönbach *Berthold v. R.* 149. [95]) Wlislocki *Magyaren* 155. [96]) Strack *Blut* 45. [97]) ZfVk. 1897, 195. [98]) L. c. 199. 332. [99]) vgl. Anm. 157—58. [100]) Schönwerth *Oberpfalz* 1, 406, 15. [101]) Seligmann *Blick* 1, 236. [102]) Grimm *Myth.* 3, 435 Nr. 33; daraus Fischer *Das Buch v. A.* 200; Birlinger *A. Schwaben* 1, 414 (ein Brot weniger). [103]) *Pennsylvania* 188 Nr. 917. [104]) Drechsler *Schlesien* 2, 259; vgl. *Tractatus polyhistoricus magicomedicus curiosus* ... von Eberhardo Gockelio (Frankf. u. L. 1699) 46—47 (Exemplar in Karlsruhe); Grimm *Myth.* 2, 923. [105]) ZföVk. 1897, 119 Nr. 213. [106]) Mensing l. c. 1, 207. [107]) Ders. 1, 527. [108]) Schönwerth l. c. 1, 248 Nr. 13. [109]) Mensing l. c. 528. [110]) BlPomVk. 3, 186, vgl. 149.

4. Um den Teig und das Brot zu schützen war und ist besonders eine Zeremonie gebräuchlich: Man macht über den ungesäuerten und gesäuerten Teig [111]) und über die Laibe, die man in den Ofen schießt, ein [112]) oder drei [113]) Kreuze; im Böhmerwald [114]) wird während des Backgeschäftes neunmal das Kreuz geschlagen. In der Oberpfalz [115]) bespritzt die Bauersfrau den Teig mit Weihwasser; genau so wird das Gerstenmehl für den geweihten Bissen im MA. mit Weihwasser angemacht [116]). Man drückt sogar dem Teig ein [117]) oder drei [118]) Kreuze ein, in Schlesien [119]) mit der Formel: „Im Namen Gottes ..." In Holstein [120]) wird mit der Hand das Zeichen des Kreuzes in den Teig gedrückt oder drei Kreuze gegen die Hexen und Nachtgeister [121]); dazu sagt die Frau die Formel, die wir aus Schlesien kennen, oder „nu dieh (gedeihe) as en Lögen int Dörp." In der Eifel (und auch in Luxemburg) [122]) wird das erste [123]) oder letzte [124]) Brot, welches in den Ofen kommt, mit einem Kreuz [125]) versehen, es heißt Kreuzbrot und wird zuletzt gegessen und nicht verschenkt [126]). In Westböhmen [127]) drückt man sogar das Zeichen IHS auf das Hausbrot. Diese Verwendung heiliger Zeichen als Apotropaia ist die christliche Ablösung [128]) des abergläubischen Zeichnens des Brotes (panis punctus) [129]); unter den erstaunlich vielen Gottheiten, die Lasicz [130]) aufzählt, gibt es auch eine Matergabia: „M. deae offertur a femina ea placenta, quae prima e mactra sumpta digitoque notata in furno coquitur." Gegen die Holzweiblein und andere Vegetationsdämonen, welche gerne Brot und Teig stehlen, um sich für die Hilfe beim B. bezahlt zu machen, wird das Brot gepipt [131]), d. h. die Fingerspitze [132]) wird in den Laib gedrückt; es gnügt auch, die Laibe zu zählen [133]). In Schwaben drückt man in den letzten Laib, den man einschiebt, die Fingerspitzen der linken Hand, dann haben die Hexen keine Gewalt über das Brot [134]). Die Holzweiblein selbst geben gute Lehren [135]):

Pip' kein Brot,
Schäl' keinen Baum,
Erzähl' keinen Traum,
Back' keinen Kümmel [126]) ins Brot,
So hilft dir Gott aus aller Not.

[111]) Curtze *Waldeck* 391 Nr. 106; BlPomVk. 3, 149; 4, 72 ff.; Heimat 2 (1892), 98 ff.; Fox *Saarländische Volksk.* 399 (über jeden gefüllten Teigkorb); vgl. Liebrecht *Gervasius* 240 Nr. 252 (afrz. Aberglaube). [112]) Meyer *Baden* 375; Andree *Braunschweig* 401; Mülhause 55; Frischbier *Hexenspruch* 122; Bartsch *Mecklenburg* 2, 134 Nr. 580; Fox l. c.; Liebrecht l. c. [113]) John *Westböhmen* 246; Schramek *Böhmerwald* 254; Witzschel *Thür.* 2, 265 Nr. 17 und 285 Nr. 97; Seligmann *Blick* 2, 352. 354; Curtze l. c.; H. L. Fischer l. c. 199; BlPomVk. 3, 149; W. 620. [114]) Schramek l. c. [115]) Schönwerth l. c. 1, 401 Nr. 15; vgl. Birlinger *Volksth.* 1, 198 ff. [116]) M G legum sectio 5, 691 Z. 12 ff. [117]) Staub *Brot* 22; Andree l. c. 401; Frischbier l. c.; ZfrwVk. 1905, 200; 1906, 202; ZfVk. 1914, 56; Heimat 2 (1892), 98—99; Kühnau *Brot* 27; Alemannia 24, 145. [118]) Kuhn-Schwartz 164; Birlinger *Volksth.* 1, 493 Nr. 706, 4. [119]) ZfVk. 1894, 81; vgl. England: Seligmann *Blick* 2, 352. [120]) Mensing l. c. 1, 207. 527. [121]) Heimat l. c. [122]) Fontaine *Luxemb.* 102. [123]) Schmitz *Eifel* 1, 68; Sartori *S. u. B.* 2, 33; Wrede *Eifel.Vk.* 290 (Nachtrag zu 194); Müller *Rhein. Wb.* 1, 1015. [124]) Wrede *Rhein.Vk.* 193. [125]) Kreuz als Apotropaion: Franz *Benediktionen* 1, 17; 2, 50—51; Heckscher 1, 135 ff.; Grimm *Mythol.* 2, 923—24. [126]) Müller l. c. 1015. [127]) John *Westböhmen* 247. [128]) Höfler *Weihnachten* 70 bis 71; Ders. *Ostern* 14; Kühnau *Brot* 27—28; Pfannenschmid *Erntefeste* 246 ff. [129]) Du Cange 6, 135. [130]) Usener *Götternamen* 95; Grimm *Mythol.* 2, 923. [131]) Kühnau l. c.; Grimm *Mythol.* 1, 401 ff.; 2, 923; Mannhardt 1, 75; Ranke *Volkssagen* 171; Höfler *Ostern* 25—26. [132]) Usener l. c. [133]) Grohmann l. c. 14 Nr. 65; ZföVk. 1908, 115; dagegen Bronner *Sitt' u. Art* 207: Laibe im Ofen nicht zählen. [134]) Birlinger *Volksth.* 1, 494 Nr. 12. [135]) Grimm *Mythol.* 1, 401; Witzschel l. c. 1, 214 Nr. 212; Ranke *Volkssagen* 171.

Daß das Bekreuzen wirklich die Ablösung des Pipens ist, beweisen die Sagen, nach denen die Unterirdischen aus Rügen [137]) und der Halbinsel Mönchgut [138]) auswandern, weil die Menschen Brot und Getreide bekreuzen und den Besen mit dem Stiel nach unten hinstellen (Hexen!). In Thüringen [139]) rächen sich die vertriebenen Waldweiblein, indem sie auf ihrer Flucht den Segen des Hauses mitnehmen. Überhaupt hängt an gepipten Broten (placenta digito notata) [140]) großer Segen; sie schützen gegen Feuersgefahr, so das „Behtenbrot" [141]) in Schwaben; in Thüringen [142]) schützen „drei Stopfen", die in das erste Brot (vgl. Kreuzbrot) mit dem Finger im Namen Gottes gestochen werden, das Haus vor den Tücken der Hexen. Dies Brot wird zuletzt angeschnitten; die drei ausgeschnittenen „Stopfen" vermehren, dem Vieh gefüttert, die Milch und schützen vor „Antun". Zum Zeichnen der Brote wird neben dem Kreuzzeichen [143]) auch der Hausschlüssel verwandt: Mit dem Schlüsselzeichen auf dem Brot verjagt man Gespenster, die sich aufdringlich zur Tafel setzen, so die Geistergäste beim Müller aus der Haarthmühle zu Neukirch [144]). In Steiermark [145]) macht die Hausfrau mit dem Schlüsselbart Eindrücke ins Kletzenbrot; wird das unterlassen, so läßt die Perht das Brot verbrennen, oder es ruht kein Segen darauf.

[136]) Fenchel und Kümmel im Brot verscheuchen im Voigtland die Zwerge: Eisel *Voigtland* 14 Nr. 26; über Kümmel: Franz *Benediktionen* 1, 417; Kühnau *Sagen* 2, 65. 145; Festschrift für Vollmöller 10; Köhler *Voigtland* 461; 453 Nr. 460; Simrock *Myth.*[5] 439; Festschrift für H. Baas (Hamb. u. L. 1908) 187—88 (Kümmelbrot als Heilbrot, weil dämonenabwehrend); Wünsch im Jahrb. d. kaiserl. deutsch. archäol. Instituts 6. Erg.-Band (1905), 28; F. Söhns *Pflanzen*[2] 52 ff.; BadHmt. 1 (1914), 90. Schon das Brotsalzen wirkt geistervertreibend; denn das Zwergbrot ist nicht gesalzen: Kühnau *Sagen* 2, 76. [137]) Haas *Rügensche Sagen*[5] 37 Nr. 68; ZfMyth. 2, 144 ff. [138]) Haas u. Worm *Mönchgut* 95 ff. [139]) Witzschel 1, 214—215; 2, 285 Nr. 100. [140]) Rochholz *Sagen* 1, 338; Grimm 2, 923. [141]) Birlinger *Volksth.* 1, 324 Nr. 526; Panzer *Beitrag* 2, 527; Höfler *Ostern* 26; vgl. Grohmann l. c. 41 Nr. 256. [142]) Witzschel 2, 265 Nr. 18. [143]) Die österlichen Kreuzbrote sind dämonenabwehrend und heilkräftig: Höfler *Ostern* 15; Ders. in Festschrift für H. Baas 178. [144]) Meiche *Sagen* 525 Nr. 671; Ders. *Sagenbuch der sächs. Schweiz* 51 Nr. 42. [145]) ZföVk. 1, 249.

5. Nächst dem Bereiten des Teiges ist das Einschießen des Brotes und das B. selbst mit abergläubischen Maßregeln und Zeremonien umgeben. Beim

Heizen stellt man in Mecklenburg Auguria an [146]). Ehe in Pommern [147]) die Frau das Brot in den Ofen schiebt, spritzt sie dreimal mit dem Lappen gegen die Öffnung, damit das Brot gerät. In Böhmen [148]) wirft man apotropäisch Erbsen in den Ofen; in Schlesien spuckt man dreimal hinein [149]). Beim Einschieben erfleht man besonders in Mecklenburg [150]) durch einen frommen Spruch Segen für das Brot; derselbe Spruch ist in Schleswig-Holstein [151]) belegt; entweder sagt man: „uns Härgott segne dat Brot in'n Aben(d)" oder:

Uns Brot is in Aben,
Uns Herrgott dorbaben,
Un all, de dorvun et,
Dat de em nich verget.

[146]) Bartsch l. c. 2, 134 Nr. 582; ähnlich auguriert die Tiroler Bauerndirne, wenn sie Brennholz holt zum Kochen der „Gstampanudeln": Heyl *Tirol* 753 Nr. 9. [147]) BlPomVk. 3, 185. [148]) Grohmann 103 Nr. 722. [149]) Drechsler *Schlesien* 2, 13; vgl. Grimm *Myth.* 2, 923. [150]) Bartsch l. c. 134 Nr. 584; Frischbier l. c. 123; BlPomVk. 3, 185; Knoop *Hinterpommern* 175; ZfVk. 1914, 56 Nr. 14 u. 15; ZfrwVk. 1905, 200; Urquell 1 (1890), 18. [151]) ZfVk. 1914, 56 Nr. 15; Mensing l. c. 1, 13. 207; vgl. BlPommVk. 3, 175. 185; ebenso in der Mark: Kuhn *Märkische Sagen* 381 Nr. 47.

Früher pflegten die Frauen, wenn der Ofen verschlossen war, hochzuspringen und zu jauchzen, damit das Brot gerate [152]). Im Saarland [153]) schlägt die Frau nach dem Einschieben ein Kreuz über den Backofen. Wenn das Brot im Backofen ist, darf man in Mecklenburg [154]) nicht auf den Schieber treten, sonst geht es nicht auf. Eine alte Urkunde aus Winterthur [155]) schreibt den Bäckern vor, daß sie den Backofen nicht verlassen dürfen, ohne ein „gewachsen Mensch" davor zu stellen; und die Rockenphilosophie [156]) warnt, einen Hund in den Ofen sehen zu lassen, sonst mißrät das Brot (s. abb.). Bei Mittweida [157]) ist 1697 beobachtet worden, wie das Brot im Backofen sich bewegte oder gar heraussprang, und eine Hexe in Wismar [158]) ließ 1425 das Brot „lopen". Hat man das Brot in den Ofen geschoben (kommt während des Einschiebens Besuch, so orakelt man für ihn) [159]), muß man den Tisch, worauf es gelegen, rasch rein waschen [160]); während des B.s darf nichts Frischgebackenes auf dem Tisch liegen [161]), und man darf nicht vor dem Ofen Urin lassen [162]), sonst wird das Brot „klamm". Vor allem darf man die Laibe im Ofen nicht zählen [163]). Das zuletzt in den Ofen geschobene Brot hieß man nach Christian Weise's Drei Erznarren „Wirt" [164]), mit ihm war der Segen des Hauses verbunden. Der Scherrlaib wird bis zur nächsten Bachet aufgehoben [165]); er heißt in Westböhmen [166]) „Klatschlaibeln", „Goteisch" usw.

[152]) Heimat 2 (1892), 99. [153]) Fox *Saarl. Vk.* 399; in Hinterpommern 3 Kreuze: Knoop *Hinterpommern* 175; nach einer schlesischen Sage verunglückte eine schwangere Frau, die das Kreuzzeichen vergaß: Kühnau *Sagen* 2, 108. [154]) Bartsch l. c. 2, 134 Nr. 583. [155]) Staub l. c. 21. [156]) Grimm *Myth.* 3, 435 Nr. 32. [157]) Meiche *Sagen* 565 Nr. 703; vgl. A. 99. [158]) Bartsch l. c. 2, 36 Nr. 15. [159]) ZföVk. 1898, 215 Nr. 515. [160]) Ebd. 1914, 56. [161]) John *Westböhmen* 246. [162]) ZfVk. 1891, 186 Nr. 4. [163]) Bronner *Sitt' u. Art.* 207. [164]) Grimm *Myth.* 3, 469 Nr. 946. [165]) Birlinger *Volksth.* 1, 494 Nr. 14; vgl. Schramek *Böhmerwald* 254. [166]) John *Westböhmen* 246.

6. Reste alter Opfer [167]) für die Vegetationsdämonen haben wir z. B. im Norden [168]), wo man früher ein Brot für die Unterirdischen hinlegte; in der Oberpfalz [169]) backt man für die Holzweiblein ein oder zwei Aschenkuchen mit; in Thüringen [170]) spritzt man für die Holzfrauchen etwas Mehl und Wasser auf die Kohlen; speziell die Hausgeister werden bedacht: so bei den Finnen [171]) und Altletten [172]); hier wirft die Hausfrau 3 Stücklein vom neugebackenen Brot für den verstorbenen Hausherrn in den Backofen; in der Mark [173]) wirft man, wenn das Brot beim B. einen Knutsch treibt, drei Stückchen davon rücklings in den B.-ofen, auch der Scherrlaib aus den Teigresten ist für die Hausgeister bestimmt [174]). In Tirol [175]) macht man aus den Resten den „Gott". In Mecklenburg [176]) ist das „Utschrapels" von „de Nijorsback" für das Vieh heilkräftig. In der Oberpfalz [177]) bekommen die armen Seelen ihr Teigopfer oder Mehlopfer in den Backofen geworfen. Ins Christliche übertragen, sind die Flammfladen für die lieben

Engelein[178]); im Rheinland[179]) backt man Flammschkuchen. Abgelöst sind diese Opfer durch Spenden an die Armen und Bettler. Wenn man in der Heimat des „Poppele von Hohenkrähen" backt, muß man dem ersten Bettler einen ganzen Laib Brot geben, sonst verschwindet das übrige Brot[180]); diese Hauskobolde werden totgeb.[181]); in der Oberpfalz[182]) backte man früher für ein armes Weib den „Gotteskuchen" mit, in Westböhmen[183]), in der Oberpfalz[184]) und Österreich[185]) kennt man das „Guatsloibl" oder „Guatslaiwl", „Gottesgab", in Westfalen[186]) die „Liewekeukens", in der Eifel[187]) die „Armeleutsplätzchen", in der Schweiz[188]) die „Lieb-Seelen-Mutscheli"; auch der altfranz. Aberglaube kennt diese Opferbrötchen[189]). Der Besuch erhält am Backtag einen Laib Brot[190]).

[167]) Rochholz *Glaube* 1, 323 ff. [168]) ZfVk. 1898, 137. 142. [169]) Schönwerth l. c. 2, 377; Mannhardt 1, 80 A. 1; Jahn *Opfergebräuche* 290 A. 2. [170]) Witzschel l. c. 2, 285 Nr. 100. [171]) ZfVölkerpsychol. 18, 14; vgl. das Opfer an die Matergabia: Anm. 130. [172]) Ausland 1874 Nr. 1, 213. [173]) Kuhn *Märk. Sagen* 381 Nr. 43; Festschrift für Vollmöller (1908) 6. [174]) Birlinger *Volksth.* 1, 494 Nr. 14; Höfler in der Festschrift für Vollmöller 11 vergleicht den κνηστὸς ἄρτος bei Athenaeus III 111 d (u. 516 d) u. XII 516 d. [175]) Zingerle *Tirol* 36, 293; in Ungarn formt man aus den Teigresten eine menschenähnliche Gestalt und opfert sie den schönen Frauen: ZfVk. 1894, 311; Höfler *Weihnachten* 56. [176]) Bartsch l. c. 2, 241 Nr. 1253 c. [177]) Schönwerth l. c. 1, 285 bis 286 Nr. 5; Sartori *Totenspeisung* 48; stäubt man in Westböhmen die Backschüssel in den Ofen, so hat man eine arme Seele erlöst: John *Westböhmen* 246; ZföVk. 1908, 115. [178]) Urquell 3 (1892), 247, 31. [179]) ZfrwVk. 1905, 205. [180]) Waibel-Flamm 1, 258; Rochholz *Glaube* 1, 323—24; in Pommern bekommt der Bettler frischgeback. Brot: BlPomVk. 3, 149. [181]) Rochholz *Sagen* 1, 367. [182]) Schörwerth l. c. 1, 407, 18. [183]) John *Westböhmen* 246. [184]) Schönwerth l. c. [185]) ZföVk. 1897, 116. [186]) Sartori *Westfalen* 110; grundlegend: ZfrwVk. 11 (1914), 54—56; dagegen das „Liwbrot" in Mecklenburg: Bartsch 2, 241 Nr. 1253 b. [187]) Schmitz *Eifel* 1, 68. [188]) Lütolf *Sagen* 555 Nr. 566. [189]) Liebrecht *Gervasius* 240 Nr. 252; Sébillot *Traditions et superstitions de la boulangerie* 11 ff. [190]) ZfVk. 1893, 52.

7. Wenn das Brot im Ofen ist, darf man nicht hineinblasen[191]), man darf keinen Kuchen mit dem Messer anschneiden, sonst wird das Brot spindig[192]) und hohl[193]). Findet man ein oder mehrere Löcher im Brot, so sagt man, der Bäkker[194]) ist hindurch geschlüpft, oder seine Seele[195]) wohnt darin, oder es gibt Trauer[196]) in der Familie; in München[197]) sagt man, wenn eine Semmel hohl ist, der Kuckuck ist darin. Nach Zimmermann[198]) soll das Brot „erschüpfen" (die Rinde von den Brosamen fallen, s. abbacken), „wenn man auskehret und ist der Teig noch im Backtrog"; um das Erschüpfen zu verhüten, soll man, wenn man ein Probebrot anschneidet, die erste Scheibe zuletzt abbrechen[199]). In Westböhmen ist es verboten, auf dem Backkübel zu sitzen[200]), wenn das Brot gut ausb. soll. Beim Herausnehmen der Brote macht man wieder das Kreuzzeichen[201]); man darf die Brote nicht heiß auf den Tisch legen[202]), sonst werden die Pferde bei der Arbeit müde. Sind zwei Brote zusammengeb., so zerbricht man sie im Nahetal über zwei körperlich zurückgebliebenen Kindern[203]) (vgl. Brot).

[191]) ZfrwVk. 1905, 200. [192]) Schönwerth l. c. 1, 407 Nr. 17; vgl. Schmeller *Bayr. Wb.* 2, 677—78; W. 620; Bavaria 2, 304. [193]) ZfrwVk. 1905, 205. [194]) Staub *Brot* 56; Alemannia 33 (1905), 304; Zingerle *Tirol* 57 Nr. 494. [195]) Staub l. c.; Baumgarten *Jahr* (1860), 7; DWb. Seele § 25 a, γ; ZfVk. 1914, 56; Fogel *Pennsylvania* 188 Nr. 916. [196]) SAVk. 8, 269 Nr. 33; Urquell 1 (1890), 9. [197]) ZfdMyth. 3, 400; über Kuckuck = Bäcker: Grimm *Myth.* 2, 564; 3, 441 Nr. 197; Rochholz *Gaugöttinnen* 166; Kloster 9, 385. 931; Heckscher 2, 349 A. 135; Mannhardt 2, 334 (vgl. Bäcker). [198]) Brevinus Noricus Fago-Villanus 121—22; vgl. A. 102; nach dieser Stelle wäre erschüpfen bei DWb. 3, 975 zu erklären; vgl. SchweizId. 8, 1082. [199]) Bartsch 2, 135 Nr. 590. [200]) John *Westböhmen* 246. [201]) Schramek l. c. 254; Bartsch l. c. 2, 135 Nr. 590. [202]) Frischbier *Hexenspruch* 123. [203]) ZfrwVk. 1905, 200.

8. Backzeit und Backtage: Während bei uns die Hausfrau auf dem Lande ungefähr alle zwei Wochen backt[204]), wird in Schweden[205]) das Knakebrod 2—4 mal im Jahre zubereitet, ebenso oft im Jahre buk man früher im Wallis[206]);

natürlich ist dies Brot steinhart wie im alten Lakonien [207]). Zu J. Gotthelfs [208]) Zeiten backte man aufs kürzeste alle 3 Wochen. Iulagalt [209]) muß man immer in gleicher Zahl b., sonst kommt ein Todesfall. Über den Backtag [210]) bestehen bestimmte abergläubische Vorschriften. Eine alte Schweizer Urkunde (a. 1380) bestimmt [211]): „es soll niemand an dem 'Mäntag' backen, wenn es nicht die Gebieter gebieten"; in Thüringen ist der Backtag für Hochzeiten der Montag [212]); eine Holsteiner [213]) Hexe (a. 1584) stellte mit Brot, das am Donnerstag geb. war, in † Namen mit Satans Hilfe ein Orakel darüber an, ob der Abwesende lebendig oder tot sei. Am Freitag [214]) darf man nicht b., das bringt Not und Zank oder einen Laib weniger [215]); ein Holzweiblein ruft einer fränkischen Bäuerin zu [216]):

Reiß nicht aus einen fruchtbaren Baum,
Erzähl keinen nüchternen Traum,
Back kein Freitagsbrot,
So hilft dir Gott aus aller Not.

[204]) SchweizId. 4, 957. [205]) Heckscher 292 und 525. [206]) Staub *Brot* 9; SAVk. 1916, 285. [207]) ZfEthnol. 57 (1925), 156. [208]) SAVk. 18 (1914), 114. [209]) Höfler *Weihnachten* 60. [210]) Staub l. c. 61; Kühnau *Brot* 18; ZfVk. 1894, 402. 404 (Ungarn); W. 620. [211]) SchweizId. 4, 957. [212]) Witzschel l. c. 2, 235. [213]) Bartsch l. c. 2, 21. [214]) Haltrich *Siebenbürg. Sachsen* 288; John *Westböhmen* 247; W. 71; Bavaria 2, 238; ZföVk. 1908, 115. [215]) Meier *Schwaben* 391 Nr. 61. [216]) Bavaria 3, 300; ZfVölkerpsychol. 18, 24.

In Schleswig-Holstein [217]) bäckt man am Samstag; B. am Sonntag [218]) ist eine Entweihung und wurde a. 1558 schwer geahndet. In Horb [219]) wird am Sonntag nie geb., weil die Fische das Brot verweigerten. Auch für bestimmte Jahresfeste und -tage kennt das Volk feste Gebräuche. In der Christnacht [220]) darf man nicht b., weil sonst der Teufel ins Brot pfuscht, ebenso in den Rauchnächten [221]). In Pommern [222]) muß man aber am Abend vor Neujahr auf dem Herde b.; wenn man auf Rügen [223]) am Neujahrsabend nicht bäckt, muß man das ganze Jahr den Puk füttern; als eine arme Frau 3 Aschenkuchen backt, verwandeln sich diese in schönes Weißbrot. Wenn man am Gründonnerstag [224]) backt, regnet es das ganze Jahr nicht. Am Karfreitag [225]) ist das B. wegen Hexengefahr verboten, nur in Schlesien [226]) ist an diesem Tag gut b. Dieses Brot hält sich nach rheinischem [227]) Aberglauben ein ganzes Jahr; nach dem Glauben der Deutschamerikaner [228]) ist Karfreitagsbrot gut für Wunden. In Österreich [229]) darf man in der ersten Woche von Ostern den Sauerteig nicht über Nacht stehen lassen, sonst kommt der Theodor und das Brot mißrät. In Mecklenburg [230]) muß man an Fastnacht auf dem Herde b., sonst tanzen die Hexen darauf. Nach rheinischem [231]) Aberglauben schimmelt das Brot nicht, das man an Walpurgis bäckt, und die Mäuse fressen es nicht. Am 25. Mai (Urbanstag) soll man kein Brot b., sonst schimmelt es das ganze Jahr [232]). Backt man am Vierteljahrstag [233]), so trocknet alles ein, was vom Rauch betroffen wird. Im Erzgebirge [234]) darf, solange ein Toter im Hause ist, niemand b., sonst fallen die Zähne aus. Am Backtag darf man nicht im Garten [235]) arbeiten, vor allem keine Bohnen und Erbsen [236]) säen, keine Rübenblätter [237]) holen, sonst werden die Rüben dürr. In Schwaben wird das Verbot, im Garten zu arbeiten, damit begründet, daß man sonst Maulwurfshaufen [238]) hineinbringt (Analogiezauber: Maulwurfshaufen = Brotlaibe); s. arbeiten.

[217]) Mensing l. c. 203. [218]) SchweizId. 4, 957. [219]) Meier l. c. 222 Nr. 251. [220]) Höfler *Weihnachten* 12. [221]) Meyer *Baden* 482; Müllenhoff *Sagen*² 372 Nr. 500; Ranke *Volkssagen* 77 ff.; DG. 13, 121; Sartori *Totenspeisung* 59¹ (Vogesen); W. 620; auch nach französischem Aberglauben bringt B. zwischen Nativité u. Circoncision Unglück: Liebrecht *Gervasius* 229, 127. [222]) BlPomVk. 10, 74. [223]) Haas *Rügensche Sagen*⁵ 93 Nr. 163. [224]) Bartsch l. c. 2, 256 Nr. 1339; 257 Nr. 1341 (das Brot schimmelt); Gesemann *Regenzauber* 33 A. 2; Kuhn *Märk. Sagen* 387 Nr. 102; W. 86. [225]) Höfler *Ostern* 12; John *Westböhmen* 61; Fontaine *Luxemburg* 37; vgl. Fogel *Pennsylvania* 188 Nr. 913; ebenso in Frankreich während der Rogations: Liebrecht *Gervasius* 233 Nr. 163. [226]) Drechsler l. c. 1, 91. [227]) ZfrwVk. 12 (1915), 60. [228]) Fogel l. c. 279 Nr. 1465. [229]) ZföVk. 1897, 181 Nr. 247. [230]) Bartsch l. c. 2, 255 Nr. 1327; vgl.

BlPomVk. 10, 74. [231]) Müller *RheinWb.* 1, 1015. [232]) ZföVk. 1898, 145. [233]) ZfVk. 1891, 186. [234]) Arch. f. Anthrop. N.F. 3 (1905), 97. [235]) Fogel l. c. 187 Nr. 911. [236]) Ders. 188 Nr. 912. [237]) W. 664. [238]) Bohnenberger Nr. 1, 18; Eberhardt *Landwirtschaft* Nr. 3, 3.

9. Orakel beim B.: Bei dieser wichtigen, mit Opfern verbundenen Handlung stellt man natürlich auch Auguria an. Christnachtauguria, wie sie die Mädchen in Ungarn [239]) am Backofen anstellen, um den Liebhaber zu sehen, sind bei uns weniger bekannt; dagegen berichtet Zingerle [240]) von einem Orakel beim Zeltenb. am Thomastage und an den Klöpfelabenden [241]), ähnlich in Schleswig-Holstein [242]). Baumgarten [243]) berichtet, daß das Mädchen, wenn es am Thomastag das erste Brot einschießt, den Schatz auf der Ofenschüssel zu sehen hofft. Wenn in Schleswig-Holstein [244]) die Frau beim Teigkneten niest, so stirbt ein Mitglied der Familie, ehe der Back aufgegessen ist. An Neujahr steigt man mit der Multer, in der der Neujahrsteig gemacht wurde, aufs Dach und kann alle sehen, die im Laufe des Jahres sterben [245]). Besonders ist das Aufgehen des Teiges und das Aufgehen der Laibe im Ofen von zukunftsverkündender Wichtigkeit. Die Hexen stören vor allem das Aufgehen des Teiges [246]). Schon der Indiculus [247]) eifert gegen die observatio pagana in foco beim Anfangszauber, und Burchard von Worms [248]) warnt ausdrücklich vor dem Orakeln aus dem Aufgehen des Brotes in der Neujahrsnacht: vel si panes praedicta nocte coquere fecisti tuo nomine [249]), ut, si bene elevarentur et spissi et alti fierent, inde prosperitatem tuae vitae eo anno praevideres; fast denselben Aberglauben erwähnt Grunau (Dominikanermönch aus Tolsemit, 16. Jh.) in seiner preußischen Chronik vom J. 1397 [250]): „so ein person jemant lieb hatte und der anderstwo war, so nam die Person ein Teig (am Feste circumcisionis domini) und machte ein Kiechlein und legte es in die Kachel, gieng es hoch auf, so war es ein Zeichen, und er fröhlich war und es im wol ging, gieng es aber nit auf, so glaubten sie und stunde nit wol umb in oder were todt." Auch heute noch weissagt die oberbayrische Bäuerin aus dem schlechten Aufgehen des Leblaibes [251]) oder Kletzenbrotes [252]) den Tod eines Familienmitgliedes (vgl. Neujahrsgebildbrote). Wenn beim B. das Brot (in der Mitte) [253]) springt, so bedeutet das eine Beerdigung [254]); ebenso ist nach allgemein verbreitetem Aberglauben das Grab für ein Familienmitglied offen, wenn das Brot auf dem Rücken springt [255]) (Analogie); dagegen im Harbachtal: springt ein Brot, kommt man zu Ehren, springen zwei, stirbt man [256]); „ist aber das Weißbrot in Dithmarschen ausgelaufen [257]), so werden Gäste kommen und mit davon essen"; ein Riß auf dem Laibrücken der Länge nach bedeutet bei den Sachsen in Siebenbürgen [258]) eine Niederkunft; in den Vierlanden [259]) bedeutet ein quer gerissenes Brot eine Braut, längs gerissen einen Toten; ist das Brot auf der Seite gerissen, so gibt es Arbeit (Schleswig-Holstein) [260]), reißt es unten, so kommt bald Hochzeit [261]) (Oberpfalz); hat es einen Mund, so gibt es Gäste [262]) (Schleswig-Holstein); schwarze Blasen deutet der Westböhme [263]) auf Unglück; wenn man Brot einzuschießen [264]) oder herauszunehmen vergißt [265]), so deutet das der Amerikaner [266]) auf einen Todesfall. Wer Brot mit weißer Rinde backt, stirbt bald [267]). „Wer bi'n Brotbacken dat Brot mit Bosten (Borsten) makt, kricht einen rugen Mann, wer den Deig glatt makt, kricht einen schiven" (Mecklenburg) [268]); wenn ein Mädchen in Holstein den Teig nicht leicht von den Händen löst, gilt es als geizig [269]); wenn aber eine Magd dem Burschen mit den Teigfingern ins Gesicht greift, bekommt er keinen Bart [270]).

[239]) Wlislocki *Magyaren* 88. [240]) Zingerle *Tirol* 184 Nr. 1520. [241]) Ders. 183 Nr. 1519; vgl. 36 Nr. 294. [242]) Mensing l. c. 201. [243]) Baumgarten *Jahr* 6. [244]) Mensing l. c. 1, 527. [245]) ZföVk. 9 (1903), 192—93. [246]) Fogel l. c. 138 Nr. 632; Sébillot 3, 99; Staub l. c. 21—22; vgl. Wlislocki l. c. 155. [247]) M G leg II, 1, 223; Grimm *Myth.* 3, 403 c 17; Saupe *Indiculus* 22 ff.; vgl. Aberglaubenverzeichnis des Antoninus: MschlesVk. 21 (1919), 68 Nr. 27. [248]) Schmitz *Bußbücher* 2, 423

cap. 62; Wasserschleben 663—64 c. 53a; ARw. 20, 363; Radermacher *Beiträge* 104; Jahn *Opfergebräuche* 280; Höfler *Ostern* 31; ZföVk. 1905, 235. [249]) ARw. 20, 418; vgl. MschlesVk. 16 (1914), 179 ff. [250]) Simon Grunaus *Preußische Chronik*, hrg. v. M. Perlbach 1 (Leipzig 1875), 694. [251]) Leoprechting *Lechrain* 210—11. [252]) Höfler *Weihnachten* 28; W. 300; Knoop *Hinterpommern* 178; Globus 42, 105. [253]) Curtze *Waldeck* 382 Nr. 65; Fogel l. c. 116 Nr. 515 (Kaiserslautern). [254]) Urquell 4 (1893), 19; Baumgarten *Heimat* 3, 102. [255]) Staub l. c. 53; Bartsch l. c. 2, 124 Nr. 496; Drechsler *Schles.* 1, 13. 287; Gassner *Mettersdorf* 80; Höhn *Tod* Nr. 7, 310 (wenn das Brot von selbst entzweibricht); Unoth 189; Kuhn-Schwartz 436 Nr. 298; Mensing l. c. 1, 528; Strackerjan 1, 38 (abgebacken oder quergeborsten); 2, 224 Nr. 475; Urquell 1 (1890), 9; W. 297; ZfVk. 1891, 184. [256]) ZfVk. 1912, 162. [257]) Ebd. 1914, 56 Nr. 11; Mensing l. c. 1, 528. [258]) Gassner *Mettersdorf* 17, anders in Dithmarschen: Mensing l. c. [259]) E. Finder *Vierlande* 2, 222. [260]) ZfVk. 1914, 56 Nr. 10; Mensing l. c. [261]) W. 294. [262]) ZfVk. 1914, 56 Nr. 12; Bartsch l. c. 2, 134 Nr. 582. [263]) John *Westböhmen* 246; ZföVk. 1908, 115. [264]) Fogel l. c. 116 Nr. 513. [265]) Ders. 117 Nr. 523. [266]) Drechsler *Schles.* 1, 287; 2, 13 (Unglück u. Tod). [267]) John *Westböhmen* 246; ZföVk. 1908, 115. [268]) Bartsch l. c. 2, 134. [269]) Mensing l. c. 1, 530. [270]) Rockenphilosophie: Grimm *Myth.* 3, 444 Nr. 303.

10. B. und Zauber. a) Liebeszauber. Im Samland [271]) soll eine Frau, wenn sie wahrnimmt, daß ihr Mann gleichgültig gegen sie wird, beim Brot- oder Fladenb. neunmal hintereinander etwas vom rohen Teig zurücklegen und ihm zuletzt einen Fladen daraus machen, so wird sich bei dessen Genuß die alte Liebe wiederfinden. Das Poenitentiale Arundel [272]) und Burchard von Worms [273]) tadeln einen Liebeszauber der Weiber, welche „super nates discoopertas" den Teig zu einem erotisch stimulierenden Brot kneten; eine schlagende Parallele bringt Krauß in seinen Anthropophyteia [274]): die serbischen Weiber kneten den Teig zu ihren Rundkuchen, mit dem sie den Mann liebestoll machen, ebenfalls auf diesem Körperteil.

b) Schadenzauber. In der Oberpfalz [275]) „schießt man einem ein Laibl": Manche tun es aus Bosheit, weil von nun an keine Bäck mehr vollständig gerät, bis man einen neuen Herd hineinmacht; die meisten finden darin ein sympathetisches Mittel gegen den „Frera" [276]), wenn sie einen Laib, mit allen menschlichen Abgängen vermischt, unbeschrien in den fremden Backofen bringen und verbrennen lassen; damit verbrennt auch der „Frera"; vgl. auch den § 3 angeführten Schadenzauber. Eine Schmalkaldener Hexe backt nach einem Protokoll zum Jahre 1598 „das aus dem Munde genommene Abendmahlsbrot in ein anderes Brot und gibt es auf Anstiften des Teufels ihrem Sohn zu essen [277]). Ein alter Schadenzauber rät: Gieß einem das Wasser, womit man beim B. das Brot bestreicht, vor die Tür in des Teufels Namen [278]).

[271]) Grimm *Myth.* 2, 922—23. [272]) Schmitz *Bußbücher* 1, 459 cap. 81. [273]) Ders. 2, 447 cap. 173; Wasserschleben 661 cap. 161; Grimm *Myth.* 3, 409—10. [274]) 5, 245 Nr. 30. [275]) Schönwerth 1, 407—08 Nr. 19. [276]) Frera = Kaltes Fieber: Höfler *Krankheitsnamen* 169; vgl. Birlinger *Volksth.* 1, 200 (gegen das wilde Feuer abbacken). [277]) Soldan-Heppe 1, 524. [278]) ZfdMyth. 3, 320; in Ungarn gießt man das Wasser, mit dem das Brot bestrichen wird, gegen die Hexen auf den Boden: Wlislocki *Magyaren* 23.

11. Backverbot für Schwangere und Bräute. Fast überall finden wir besondere Vorschriften und Einschränkungen für Bräute. In Thüringen und im Vogtland darf sich die Braut am B. des Hochzeitsbrotes nicht beteiligen [279]), ebenso kennen die Slawen [280]) das Verbot für die Bräute, beim B. zu helfen; der böhmische [281]) Volksglaube begründet das Verbot damit, daß die Braut sonst an allem Mangel haben wird; beim ersten B. im neuen Haushalt gab früher das junge Paar von den ersten Schnitten Brot in den Backkübel, damit nie Mangel an Brot entstehe [282]). In Schlesien [283]) darf eine Wöchnerin nicht „Kuchen schieben"; wenn in der Sächsischen Schweiz [284]) eine Schwangere in den Backofen sieht, bekommt das Kind rote Haare. Nach der Rockenphilosophie [285]) soll eine Wöchnerin nicht in den Teig greifen, sonst reißen dem Kind die Hände auf. In Schwaben [286]) mußte nach einer Vorschrift von 1612 ein schwangeres Weib

beim B. ein Stück vom Teig wegreißen (Opfer?) [287] und ins Feuer werfen; geht das Kind von ihr, so ist die Unterlassung schuld.

[279]) Sartori *S. u. B.* 1, 66 A. 3; Köhler *Voigtland* 235. [280]) Tetzner *Slaven* 372. [281]) Grohmann l. c. 118 Nr. 888. [282]) Grüner *Egerland* 54. [283]) Kühnau *Sagen* 2, 108 Nr. 753. [284]) Meiche *Sagenbuch der sächsischen Schweiz* 122 Nr. 23; vgl. Schulenburg 107; Müller *Isergebirge* 21; Staricius *Heldenschatz* 341 erzählt von einem alten Verbot (a. 1679), daß eine Schwangere nicht den Backofen mit Lehm bestreichen darf; vgl. Globus 92, 286; eine Erklärung gibt dieser Brauch auch nicht. [285]) Grimm *Myth.* 3, 449 Nr. 460. [286]) Birlinger *A. Schwaben* 1, 390—391. [287]) Sartori *S. u. B.* 1, 22.

12. B. u. Sympathiekuren: Als Sympathiemittel gegen Warzen gebraucht man in der Oberpfalz [288]) das Wasser, mit dem man das Brot geglättet hat. In Ostpreußen [289]) bekommen dies Backwasser die Schweine, damit sie glatt werden. In Bayern [290]) legt man auf jede Warze ein Stückchen Teig; ist der Ofen in Bowed (Glut), löst man die getrockneten Teigstückchen ab und wirft sie rückwärts in den Backofen. Nach Zimmermann drückt man Erbsen auf die Warzen und wirft diese in den Backofen; man muß aber davonlaufen, damit man die Erbsen nicht krachen hört [291]). In Rendsburg [292]) schlägt man über Warzen drei Kreuze mit einem Schlüsseltuch und wirft dies über die Schulter in die Glut des Backofens; die Deutschamerikaner [293]) werfen Bohnen und Salz in den Backofen. Wirft man beim B. drei Gerstenkörner hinter sich in den Backofen, so verliert man das Gerstenkorn am Auge (Westböhmen) [294]).

[288]) Schönwerth l. c. 3, 237 Nr. 3; vgl. Wlislocki *Magyaren* 23. [289]) W. 688. [290]) Pollinger *Landshut* 289—90; vgl. Birlinger *Volksth.* 1, 484; Töppen *Masuren* 55. [291]) Brevinus Noricus Fago-Villanus l. c. 364. [292]) Mensing l. c. 1, 200—201; vgl. ZfVk. 1898, 199 Nr. 16 b; Engelien u. Lahn 263 Nr. 140. [293]) Fogel 320 Nr. 1697; 322 Nr. 1710. [294]) John *Westböhmen* 246; ZföVk. 1908, 115.

13. Allerlei Aberglaube. Ißt man von frischgebackenem, ofenwarmem Brot, so wächst einem der Roggen aus dem Magen [295]). Träumen vom Feuer im Backofen bedeutet Kindersegen [296]) (vgl. § 2).

[295]) Birlinger *Volksth.* 1, 494 Nr. 9; Frischbier *Hexenspr.* 123. [296]) *Traumbuch Artemidori des griechischen Philosophen sampt einer Erinnerung* Philippi Melanchthonis (Straßb. 1624) 112.

14. Hexen und Backgerät: Die guten und schlimmen Vegetationsgeister haben, wie wir sahen, für die Volksphantasie eine wichtige Rolle im gewaltigen Back- und Brauprozeß der Natur; daher ist die Vorliebe der Elfen und Hexen für alle Backgeräte sehr verständlich. Auf Backtrögen (s. d.) fahren in der schlesischen Sage die Venusmändel [297]) übers Wasser; die Sigristin [298]) von Bremgarten fuhr im Brotkorb oder in der Backmulde die Reuß hinab; im Vogtland reiten die Hexen auf Backschaufeln [299]) (s. d.). In Mecklenburg [300]) muß man in der Walpurgisnacht alle Backgeräte fortschaffen, weil sonst die Hexen auf ihnen zum Blocksberg reiten. Der Rücken des Teufels ist hohl [301]) wie ein Backtrog [302]). Mit diesen Vorstellungen und mit dem Glauben an die Hexen als Wind- und Wetterdämonen hängt es zusammen, wenn man neben Brotschieber und -schüssel den Backtrog gegen Feuer verwendet, indem man ihn mit der hohlen Seite gegen den Wind stellt und dreimal dreht oder in ihm ein Brot kreuzweise vierteilt und das Messer stecken läßt, um den Wind zu wenden [303]). Zimmermann [304]) erörtert mehrere Beispiele dafür, daß man den Wind fing und forttrug, zum Teil mit Erfolg. Aus Pommern [305]) ist für das Jahr 1895 ein Fall bezeugt, daß ein Bauer gegen Blitzgefahr den Backtrog ins Freie stellte. Der Glaube, daß man den Wind fängt, wie Zimmermann sagt, will doch wohl bedeuten, daß man die böse Wetterhexe in dem ihr vertrauten Backtrog fängt?

Nach einer bayrischen Bauernregel [306]) soll man, wenn Hagel fällt, ein Brotkörbchen ins Freie stellen; der Backtrog ist ein ehrwürdiges Hausgerät, in ihm bewahrte die Frau in alter Zeit das Geld auf [307]).

[297]) Kühnau *Sagen* 2, 95. [298]) Rochholz *Sagen* 2, 58. 159; auch Geiler von Kaisersberg erwähnt einen Fall: Rochholz l. c. 2,

59. [299]) Frazer 7 [3], 2, 73. [300]) Bartsch l. c. 2, 265 Nr. 1382b. [301]) Graber *Kärnten* 300 Nr. 409. [302]) Waschnitius *Perht* 175 ff. [303]) ZföVk. 1913, 35—36; W. 443; Meyer *Baden* 376; vgl. Grimm *Myth.* 3, 449 Nr. 450; Mannhardt *Germ. Mythen* 133. [304]) Brevinus Noricus Fago-Villanus l. c. 95—98. 418. [305]) BlPomVk. 3, 188. [306]) Jahn *Opferbräuche* 59. [307]) ARw. 17, 136.

15. Die Rockenphilosophie [308]) erwähnt einen heute noch in Schlesien [309]) üblichen Brauch: Will die Braut über den Mann in der Ehe herrschen, so soll sie sich am Hochzeitstage im Backtrog (s. d.) anziehen. Ein Spiel mit dem Backtrog (Fruchtbarkeitssymbol?) als Augurium treffen wir in Siebenbürgen [310]): Die Frauen springen über den Backtrog, auf dem ein Licht steht; wer sich weigert, bekommt Mädchen. Auch mit dem Ofenhaken stellt man Orakel an [311]).

[308]) Grimm *Myth.* 3, 441 Nr. 204. [309]) Drechsler *Schles.* 1, 257. [310]) Wittstock *Siebenbürgen* 84. [311]) ZfdMyth. 4, 48.
Eckstein.

Backenstreich s. Ohrfeige.

Bäcker. Das B.gewerbe, das in den dt. Ländern seit dem frühen MA. nachweisbar ist, leitet seine Entstehung auf die Pfistereien der Gutshöfe und Klöster zurück [1]). In alten Zeiten wurde in jedem Bauernhof und Haushalt das notwendige Brot von den Frauen selbst gebacken, wie dies auf dem Lande auch heute noch der Fall ist. Eine Art Übergangsstufe liegt vor, wenn der B. den zubereiteten Teig zum Backen übernimmt.

Das Volk achtet „das liebe Brot" (s. d.), die tägliche Speise, als etwas Heiliges, und um so schärfer rügt es den B., wenn er das Gewicht nicht einhält oder sich an dem ihm anvertrauten Teig vergreift [2]). Brotwucher, insbesondere in Zeiten der Not, gab immer ein schweres Ärgernis, und die Volkssage weiß zu erzählen, daß einem B. in Dortmund, der sich dieses Vergehens schuldig gemacht hatte, all sein Brot zu Stein wurde [3]). Weit verbreitet und beachtenswert sind die Sagen von dem B. [4]), der zur Strafe für den Teigdiebstahl oder für seine Hartherzigkeit in einen Kuckuck (s. d.) verwandelt wurde. In anderen Sagen desselben Typus werden ein geiziges altes Weib, eine B.stochter oder eine Bauersfrau von dieser Strafe ereilt [4]). Dieselbe Anschauung, daß der Kuckuck ein verwandelter B. sei, scheint auch in dem Sprüchlein anzuklingen, womit der Frager diesem Vogel die Zahl seiner Lebensjahre ablauschen kann: „Kuckuck, Beckerknecht, sag' mir recht, wieviel Jahr' ich leben soll" [5]). Ebenso in den Redensarten, wenn eine Semmel hohl ist: „Da ist der B. hineingeschlüpft", oder „Da ist der B. drinnen" [6]). Rühmend gedenkt die Volkssage aber auch der B., die sich durch ihre Tapferkeit hervorgetan haben: Durch die Wachsamkeit eines B.gesellen wurde Wien während der Türkenbelagerung vor einer feindlichen Mine gerettet [7]), und B.jungen, heißt es, ist der glückliche Ausgang der schweizerischen Mordnächte zu danken [8]). Häufig wird eine solche wackere Tat als Ursache eines Zunftvorrechtes angegeben [7]).

Die B. nehmen auch, wie andere Handwerker, am Brauchtum teil, das den Verlauf des Jahres begleitet: Neujahrswünschen [9]) und Schlagen mit der Lebensrute [10]) durch die B.jungen, sowie Heischeumzüge [11]) zu Fastnacht in Norddeutschland, Eierlesen zu Ostern in der Schweiz [12]) und Pfingsttänze zu Frankfurt [13]) in alter Zeit. In Schweinsberg (Hessen) geht man in den Zwölften abends zu den Bäckern, um dort Backwerk und Honigkuchen auszuwürfeln [14]).

B. und Müller nehmen ungefähr die gleiche Stellung im Volksglauben ein, so daß Vieles von dem, was hier über den B. gesagt wurde, auch für den Müller gilt [15]). Beiden war in Velburg (Oberpfalz) der Sonderbrauch eigen, bei ihren Hochzeiten Gespann und Fuhrmann des Brautwagens mit blauen, nicht wie gewöhnlich mit roten Bändern zu schmücken [16]). B. und Müller werden auch mit dem Wetter in Beziehung gebracht. Sie spielen eine Rolle in einer Gruppe von Bauernregeln, die an den Jakobitag (25. Juli) geknüpft sind und sich mit dem Ausfall der kommenden Ernte beschäftigen, z. B.: Wenns an Jakobi regnet, so darf der Müller zum Wein gehen, aber der B. muß Wasser trinken (so gibt's viel, aber schlechtes Mehl) u. ä.[17]). Wenn es schneit, sagt man in Schwaben: Es schlagen sich B. und Müller u. ä.[18]). Hier werden die herabrieselnden Schneeflocken als das im Kampf verstäubte Mehl aufgefaßt.

Ein interessantes Beispiel für den Aberglauben der B. selbst bietet die Nachricht, daß ein B. in Franken für den Teufel täglich 3 Weißbrote in den Schornstein warf, um Glück im Geschäft zu haben [19]).

[1]) Hoops *Reallex.* 1, 150 ff. [2]) Vgl. z. B. die volkstüml. Sprichwörter: SchweizId. 4, 1108 und Fischer *SchwäbWb.* 1, 741; Klenz *SceltenWb.* 12 u. 100; ferner die ma.liche schimpfliche Strafe des „Beckenschupfens" s. Grimm *RA.* 2, 324. [3]) Grimm *Sagen* 1 [2], 287 Nr. 241. [4]) Ders. *Myth.* 2, 564 nach Prätorius *Weltbeschreibung* 1 (1668), 656: „Desselbigen gleichen schwatzet man auch von Störchen, von dem Guckuck, daß er ein Bekkenknecht gewesen"; Grimm a. a. O. 2, 608; Grohmann 68 (Deutschböhmen); Coremans *La Belgique et la Bohême* 46 (Flämen); Mannhardt 2, 334. [5]) Grimm a. a. O. 2, 441 (a. d. Chemnitzer Rockenphilosophie) u. 2, 563 ff.; Mannhardt in ZfdMyth. 3, 236 ff. (aus Österreich) u. 400; Kuhn *Herabkunft d. Feuers* 117; Rochholz *Gaugöttinnen* 165 ff.; Heckscher 349 Anm. 135. [6]) ZfdMyth. 3, 400; Fogel *Pennsylvania* 188 Nr. 916; Zingerle *Tirol* 57 Nr. 494. [7]) Birlinger *Aus Schwaben* 2, 529. [8]) SchweizId. 4, 1109. [9]) Sartori *Sitte u. Brauch* 2, 58 Anm. 21. [10]) A. a. O. 2, 101 Anm. 47. [11]) A. a. O. 2, 95 Anm. 17. [12]) SchweizId. 3, 1124; SAVk. 11, 260 ff.; ZfVk. 12, 210 ff. [13]) Lersner *Frankfurter Chronik* 1 (1706), 473. [14]) Heßler *Hessen* 2, 165 ff. [15]) S. den Artikel „Müller". [16]) Schönwerth *Oberpfalz* 1, 69. [17]) Eine ganze Reihe solcher Regeln gesammelt bei Fischer *SchwäbWb.* 4, 66/67; vgl. auch a. a. O. 1, 658, auf Bartholomäus bezogen; Birlinger *Aus Schwaben* 1, 387. [18]) Meier *Schwaben* 1, 261; Fischer a. a. O. 1, 741; Birlinger *Volksth.* 1, 198. [19]) Wuttke 298 § 438; Tylor *Cultur* 2, 409; Sébillot *Trad. et Superstit. de la boulangerie* 11 ff.; Kühnau *Brot* 11.

Schömer.

Backofen.

1. Sachkundliches. Ob die alten Germanen schon B. kannten, ist immer noch zweifelhaft. Rhamms Ansichten darüber [1]) haben sich namentlich in etymologischer Hinsicht nicht als haltbar erwiesen [2]). Wohl aber sind in den letzten Jahren auf heutigem süddeutschem Boden, nämlich im Federseemoor, pfahlbauzeitliche, in Entringen (O.-A. Herrenberg) hallstattzeitliche und in Hungerberg b. Hocheneck keltische, aus Lehm geformte Feuerstättenreste gefunden worden [3]), die man ihrer Form und der im selben Raume gefundenen Gegenstände (Mahlsteine, Getreidereste u. dgl.) halber als B. anspricht. Es ist also, falls die Germanen in älterer Zeit auch keine B. gehabt hätten (das got. Wort *auhns* spricht eher für Backtöpfe) [4]) wahrscheinlich, daß der lehmgewölbte und ausschließlich dem Backzweck dienende kuppelförmige B. mit der keltoromanischen Kultur von Süden her zu den germ. Völkern gekommen ist, wobei auch der Einfluß des römischen B.s [5]) geltend geworden sein wird. Diese B. unterscheiden sich wesentlich von der Hauptfeuerstätte des Hauses, vom Herd, und sind häufig aus der Küche hinausgebaut, oft auch ganz im Freien oder in einem eigenen Backhaus errichtet, bisweilen auch einem ganzen Dorfe oder einer Häusergruppe gemeinsam [6]), was vielleicht z. T. mit dem galloroman. Vorbild der Sippschaftsbacköfen (Fochanza > focarium) zusammenhängt [7]).

Eine ganz andere Art von B., die heute einem nordischen und östlichen Kulturkreis gemeinsam ist, drang von Osten her ins deutsche Gebiet ein. Diese Öfen sind aus Stein gebaut und dienen nicht nur zum Backen, sondern auch zum Kochen. Sie sind also gleichzeitig die Hauptfeuerstätte des Hauses, weshalb man sie mit Recht „Herdöfen" nennt. Auf ihnen wurde auch geschlafen und das Schwitzbad bereitet. Sie finden sich im skandinavischen Rauchofen, in den finnischen Rauchstuben, sie sind die slawische *pec* und die Feuerstätte des alpinen Rauchstubenhauses [8]). Da sich ihr Einfluß mit den Badestuben weit ins deutsche Gebiet verbreitete, so hat das auch auf den mit dem B. verbundenen dt. Volksglauben stark eingewirkt. In diesem spielt daher der B. verschiedene Rollen: Die mit dem Feuer und der Hauptfeuerstätte, dem Herde, zusammenhängenden Meinungen haben sich hier mit denen, die sich nur auf den Backzweck beziehen und mit denen, die sich aus dem in der Ofenhöhle eingeschlossenen Feuer erklären, reichlich und mannigfaltig vermengt und so den B. zur Stätte verschiedenartigster kultischer und mythischer Vorstellungen werden lassen.

[1]) K. Rhamm *Urzeitliche Bauernhöfe*. Braunschweig 1908, 630 ff. u. a. a. O. [2]) ZfVk. 20 (1910), 335 f. [3]) H. Reinerth *Das Federseemoor*. Schussenried 1923 und *Der Wohnbau der Pfahlbaukultur*. Winterthur 1924, und briefliche Mitteilungen von Otto Schlenker in Stuttgart. [4]) IF. 23, 289 ff. u. 295 f.; Schrader *Reallex*. 592; W. Schulz-Minden *Das germ. Haus*. Mannusbibl. Nr. 11, 98. [5]) K. Mohs *Unser Backofen* [3]. Stuttgart 1926, 42 ff. [6]) Hoops *Reall*. 1, 151 f.; SAVk. 11, 179 f.; ZfrwVk. 6, 60 ff. 196 f.; 7, 63 f. 150 f.; 8, 149 f.; Wrede *RheinVk*. 144, 100; Sartori *Westfalen* 28, 110; MsächsVk. 4 (1908), 349 ff.; John *Erzgebirge* 12. [7]) ZföVk. 9 (1903), 191. [8]) Geramb *Kulturgesch. d. Rauchstuben* in: WuS (1924).

2. Der B. als Aufenthaltsort mythischer Wesen. Totengeister wie die steir.-kärntische Seelenführerin „Bercht" oder die Gestalten des Seelenheeres, der wilden Jagd, spuken namentlich in den Zwölften im B.[9]). Vielleicht spielt hier neben dem Ahnen-Geisterglauben und der beim B. besonders wichtigen Rolle des Windes [10]) auch ein letzter Rest der Sitte herein, Leichen anzubrennen, zu dörren, wie sie aus dem altheidnischen Bestattungswesen bekannt ist [11]). Dafür würde die in einem engeren mdt. Kreis noch im 19. Jh. bezeugte Sitte sprechen, Leichen bis zur Einsargung in den B. zu legen [12]). Es versteht sich aus alledem auch, daß der B. Sitz anderer elbischer Wesen ist. Schon im hübschen Schwank vom „Schretel und Wasserbären" (um 1300) hat der Schretel seinen Aufenthalt im Backhaus, und der Wasserbär verkriecht sich vor ihm in den B.[13]). Gerne hausen hier auch die Zwerge, die schon im Gargantua „B.trescherlein" genannt werden [14]). In der Oberpfalz sah man einmal die „Strazeln" (Zwerge) zu sechst im B. dreschen, ein andermal ihrer vierzehn darinnen arbeiten [15]). Auch in der Schweiz hausen die Zwerge in den B. oder es hat doch noch der Hauskobold dort seinen Sitz, wie auch sonst im Alemannischen, wo nach einer Sage gelegentlich die Zwerge im B. übernachten [16]). Andererseits haben die Riesen und Zwerge auch in Felshöhlen ihre eigenen B., zu denen sie sich aber von den Menschen allerlei Backgerät entlehnen [17]). Bei anderen myth. Gestalten im B. spielt wohl auch der Glaube an Feuerdämonen mit, so besonders bei den Hexen. In Schleswig-Holstein weiß man, daß die Hexen, welche die Gestalt von Hasen oder Füchsen angenommen haben, vom Jäger angeschossen, in den B. flüchten, aus dem sie in ihrer Menschengestalt wieder herausschlüpfen [18]). Die brotbackenden wilden Frauen und rothaarigen Hexen [19]), die im Märchen und in der Sage wiederholt erscheinen [20]), sind in ihrer Verbindung als Wetter-, Wind- und Feuerdämonen beim B. besonders erklärlich. Bei einer Feuersbrunst muß man zuerst den B. aus dem Haus schleifen, dann muß die Flamme nach hinaus [21]). Wenn die Magd um Mitternacht Feuer anmacht, um Brot zu backen, so soll sie, ehe sie den Strohwisch anzündet, Weihwasser auf ihn spritzen, damit das Feuer nicht wild wird und zum B. hinausschlägt [22]). Dieses wild herauslodernde Feuer heißt in Schlesien „die Feuermutter" [23]) und in Mecklenburg „der Waul", der mit Hundgekläff durch die Lüfte tobt [24]). Daher soll man auch nicht in den B. blasen, weil dies den Wind reizt [25]), und eine Schwangere soll nicht in den B. kriechen, sonst bekommt das Kind rote Haare [26]).

[9]) Waschnitius *Perht* 18; Kuhn *Märk. Sagen* 71 f.; E. H. Meyer *Germ. Myth.* 121; Gander *Niederlausitz* 13 Nr. 3; Jahn *Pommern* 132; Bartsch *Mecklenburg* 1, 311; Strackerjan 1, 40 f. [10]) Kühnau *Brot* 13 ff. 20 ff. 24. [11]) Schrader *Reallex.* 83; Hoops *Reallex.* 4, 335; Naumann *Gemeinschaftskultur* 31; C. Schuchhardt Sitzb. Berl. 1920, 478 ff. [12]) Kondziella *Volksepos* 133; John *Westböhmen* 168; Bavaria 3 a, 365. [13]) ZfdA. 6, 179 v. 167 und 181 v. 264. [14]) Grimm *Myth.* 3, 131. [15]) Schönwerth *Oberpfalz* 2, 292—300. [16]) Rochholz *Sagen* 1, 335 f. [17]) Kühnau *Brot* 14 f. u. 32 f. [18]) Müllenhoff *Sagen* 230 Nr. 316 (neue Ausgabe 246 Nr. 369); Laistner *Sphinx* 2, 4 f. [19]) Kühnau *Brot* 14 ff.; ZföVk. 3 (1897), 290. [20]) Neben der bekannten B.-Hexe in „Hänsel u. Gretel" vgl. bes. Müllenhoff *Sagen* 449 f. u. Peter *Österreichisch-Schlesien* 2, 164 ff. [21]) Grimm *Myth.* 3, 449 Nr. 450 und Mannhardt

Germ. Mythen 133. [22]) Birlinger *Volksth.* 1, 198 ff. [23]) Kühnau *Brot* 18. [24]) Bartsch *Mecklenburg* 1, 12. [25]) Ebd. 2, 136. [26]) Schulenburg 107; Müller *Isergebirge* 21.

3. Opfer an den B. sind z. T. aus dem Glauben an die eben erwähnten mythischen Wesen, z. T. aus seiner Eigenschaft als Feuerstätte erklärlich. Im ungarischen Kalotaszeger Bezirk knetet man aus den Brotabfällen des Weihnachtstisches eine menschenähnliche Gestalt und wirft sie in den B. mit den Worten: „Esset, schöne Frauen" (euphemistisch für böse Feien) [27]). In Schweden und Norwegen ist um Lichtmeß das *dricka eldborgs skål* üblich: Frühmorgens hat schon die Frau Feuer in dem B. gemacht und versammelt nun ihr Gesinde in einem Halbkreis um denselben. Alle beugen die Knie, essen einen Bissen Kuchen und trinken *eldborgs skål.* Was von Kuchen und Getränken übrigbleibt, wird in die Flamme geworfen [28]). Im Oberamt Hall (Württemberg) steckt man beim Ausbruch einer Gänseseuche, um nicht alle Tiere zu verlieren, eine Gans lebend in den B.[29]). In Gernsberg b. Speyer tat man dasselbe noch im 18. Jh. mit Enten, Hühnern, Schweinen und anderen Tieren, in der Meinung, daß mit dem Opfer auch die Hexe, die die Seuche hervorgezaubert habe, mit verderben müsse [30]). Als eine Art Umkehrung solcher Vorstellungen mag vielleicht der böhmische Volksglaube anzusehen sein, daß sämtliche Jungen einer Gans ersticken müssen, wenn man ihr eine Feder aus dem Flügel oder Schwanz gerissen und im B. verbrannt hat [31]). Man opfert dem B. in Franken und in Böhmen auch die erste Garbe mitsamt einem geweihten Brote [32]) und wirft bei einer Feuersbrunst das erste frischgebackene Brot, oder in Böhmen ein am Neujahrstag in der Gestalt eines Wolfes geformtes Gebäck, genannt „Hauswolf", in den B.[33]).

[27]) ZfVk. 4 (1894), 311; Höfler *Weihnacht* 56. [28]) Grimm *Myth.* 1, 522 f.; Jahn *Opfergebräuche* 119 f.; ZfVk. 15 (1905), 21, 314. [29]) Bohnenberger Nr. 1, 20. [30]) Grimm *Myth.* 3, 453 Nr. 569 (vgl. 3, 456 Nr. 645). [31]) Globus 34, 77; Wuttke § 430. [32]) Bavaria 3, 937. [33]) Peter *Österreichisch-Schles.* 2, 259; Kühnau *Brot* 12.

4. Der B. als Mittelpunkt des Hauses, eine deutliche Funktion der Hauptfeuerstätte [34]), gibt sich in folgenden Vorstellungen zu erkennen: Gegen Heimweh steckt der Bäcker den Lehrling in den kalten B.[35]). Eine Katze, die nicht heimisch werden will, läßt man in einen geheizten B. sehen [36]). Dasselbe tut man mit einem Hund, der nicht anschlägt [37]). Als eine Umkehrung der letztern Meinung erscheint der in der Chemnitzer Rockenphilosophie erwähnte Glaube, daß das Brot schön abgelöset und ausgebacken wird, wenn ein Hund in den B. schaut, in dem man gerade bäckt [38]).

[34]) S. „Herd", mit dem der B., wie u. a. auch Sartori 2, 133 und Bächtold-Stäubli SchwVk. 14, 77 betonen, bisweilen gleichgestellt erscheint. [35]) John *Erzgebirge* 34. [36]) ZfVk. 23 (1913), 183. [37]) Ebd. 23 (1913), 183 und Müller *Isergebirge* 13 f. [38]) Grimm *Myth.* 3, 435 Nr. 32.

5. Der B. als Ort von Orakeln und allerlei Zauber erscheint nach dem Gesagten leicht begreiflich. Schon in einer altdt. Predigt des 14. Jhs. heißt es: ut panis non intret. Accipe parum funis predicti (sc. suspensi hominis) et pone (in) instrumentum, cum mittitur panis in furnum, et cum pistor voluerit mittere panem in furnum, non poterit, sed exiliet [39]). Bezieht sich dieser Zauber vor allem auf die Ofenschüssel, so betrifft es den B. selbst in folgenden Bräuchen: Wer in den B. guckt, erblickt eine Leiche, wenn bald jemand aus dem Haus sterben wird, und wer hineinhorcht, erfährt sein eigenes Geschick: einer, der beten hört, mag sich zum Sterben bereiten, wer aber musizieren hört, wird bald Hochzeit halten [40]). Kräht hinter dem B. ein Hahn, zu der Zeit, in der jemand im Hause im Sterben liegt, so stirbt im selben Jahr noch jemand aus demselben Hause nach [41]). Mehrfach bezeugt ist folgender B.-Zauber: In der Christnacht macht ein Mädchen aus drei Holzstückchen Feuer im B.; wenn dieses abgebrannt ist, kriecht das Mädchen nackt in den B., dreht sich drinnen auf den Rücken und kriecht so, auf dem Rücken liegend, langsam heraus. Wenn nur noch ihre Füße im B. sind, legt sie ihr

Haupt auf die Erde vor dem B. nieder und merkt sich die Stelle, wo ihr Kopf gelegen ist. Dann kleidet sie sich an und legt sich zum Schlafen auf jene Stelle nieder. Im Traum wird sie dann ihren künftigen Gatten sehen [42]). In Oberösterreich reicht der Künftige dem Mädchen, das in der Christnacht nackt in den B. kriecht, das Hemd hinein. Manchmal aber ist es der Tod [43]). Im Lüneburgischen und Braunschweigischen sagt man zu einem, der sich vor etwas fürchtet: „Kriech' in den B., dann bist du aus der Welt" [44]). Anderswo genügt es, um den zukünftigen Gatten (bzw. die Gattin) zu erschauen, in der ersten Stunde des Jahres in einen B. zu gucken, in dem 3 Jahre lang kein Feuer gebrannt hat, oder rücklings an einen gefegten B. heranzugehen und hineinzublicken [45]), oder in der Metten-, Neujahrs- oder Thomasnacht in den B. zu horchen oder zu schauen [46]). Der Brauch, in den B. zu horchen und aus seinem „Singen" zu orakeln (s. o.), hat sich auch bei den Deutschamerikanern erhalten [47]). Bisweilen muß der B. auch zum Schadenzauber herhalten. Will man zwei Liebende auseinanderbringen, so kratzt man von zwei B., die mit den Hinterseiten („Ärschen") zusammenstehen, etwas ab und zwar neunmal von jedem B. und wirft das Abgekratzte zwischen die beiden Menschen. „Dann können sie sich nicht mehr sehen (leiden) und die Liebe geht fort" [48]). Um ein gestohlenes Pferd wieder zu erhalten, nimmt man alles Reitzeug, das das Pferd jemals auf sich getragen hat, als Sattel, Decke, Zaum, Halfter usw., tut solches nach dem Backen in den noch heißen B., stopft das Loch mit nassem Stroh so fest zu, daß keine Hitze heraus und keine Luft hineindringen kann, und das Pferd muß dann nach Hause kommen. Dieser in Siebenbürgen erhaltene Glaube [49]) wird schon in einem Nürnberger Druckwerk des Jahres 1705 erwähnt [50]).

[39]) Schönbach *Altd. Predigt* SbW. 142/II, 149. [40]) ZfdMyth. 3, 336. [41]) Grüner *Egerland* 62. [42]) ZfVk. 4 (1894), 316 (aus Ungarn). [43]) Baumgarten *Jahr u. s. Tage* 11. [44]) Urquell 4 (1893), 79. [45]) Bartsch *Mecklenburg* 2, 238. [46]) ZfdMyth. 2, 241; 3, 336; Baumgarten *Jahr u. s. Tage* 11; Landsteiner *Niederösterreich* 43. [47]) Fogel *Pennsylvania* 123 Nr. 557. [48]) Schulenburg *Wend. Volksthum* 118 f. [49]) Haltrich *Siebenbürgen* 278. [50]) Germania 12, 258.

6. Der B. als Mutterleib. Leicht einzusehen ist die volkstümliche Assoziation, die den kuppel- oder tonnenförmigen B. als schwangeren Leib und das Herausziehen des gebackenen Brotes als Geburt ansieht [51]). Ist die Niederkunft einer Frau zu erwarten, so sagt man, „der B. wird bald einfallen", und nach erfolgter Geburt, „der Backofen ist eingefallen" [52]). Ein Ratloser, Unentschlossener und auch Kranker muß (schon in Grimmelshausens Simplizissimus) „umgebacken" werden, da er als „nicht ausgebacken" gilt [53]). Die Kinder aus der Verwandtschaft vergleicht man mit je einem Gebäcke, z. B. „er ist das kleine Brotel aus dem vierzehnten Gebäcke" [54]). Mit solchen Assoziationen hängt es wohl zusammen, wenn die schon für das Jahr 1679 bezeugte Vorstellung [55]), daß eine Schwangere den B. nicht mit Lehm ausschmieren darf, da sie sonst eine schwere Niederkunft hätte, noch heute z. B. in Rumänien [56]) Geltung hat. Vielleicht gehört hierher auch der Brauch, daß die Hausfrau, wenn ein B. neugebaut wird, den letzten Stein einfügen muß [57]). Daß die Assoziation alt ist, bezeugt ein Rätsel des ags. Exegetenbuches aus dem 8. Jahrh., in dem der Bäckerknecht als ein Mann erscheint, der einem Weib (B.) Gewalt antut [58]).

[51]) Drechsler *Schlesien* 1, 181 f; Grimm *DWb.* s. v. „backen" u. „Ofen"; Liebrecht *Zur Volksk.* 304. [52]) Hillner *Siebenbürgen* 17; Höhn *Geburt* Nr. 4, 260; Laistner *Sphinx* 2, 4 f.; Baumgarten *A. d. Heimat* 3, 37; BadWb. 1, 106; SchweizId. 1, 110; Müller-Fraureuth *ObersächsWb.* 1, 53; DWb. 7, 1155; RheinWb. 1, 382. [53]) Drechsler *Schlesien* 1, 181 ff. [54]) Weinhold in SbW. 14. Anh. unter „backen". [55]) Staricius 341. [56]) Kaindl im Globus 92, 286. [57]) Wuttke 403 § 620 und Woeste *Mark* 54 Nr. 8. [58]) ZfdA. 11, 476.

7. Der B. als Krankenheiler ist z. T. aus der oben behandelten Assoziation (ein Kranker ist nicht ausgebacken, er wird im B. wiedergeboren), z. T. vielleicht als Sitz von Wechselbälgen

(s. u.) und z. T. sicher aus seiner tatsächlichen gegendweisen Funktion als Badeofen (für Schwitzbäder) erklärlich. So, wenn man z. B. in nordischen Ländern bei gewissen Krankheiten heißen Sand, Asche oder Salzbäder im B. nehmen läßt [59]). Früher war die Gepflogenheit auch auf deutschem Boden viel mehr verbreitet und zwar bei verschiedenen Krankheiten, wie Wassersucht, Rheuma, Fieber, Ausschlägen [60]). Daß der Brauch alt ist, geht aus den verschiedenen ma.-lichen Kirchenverordnungen hervor, die es als Aberglauben verboten, „si qua mulier filium suum ponit . . in fornacem pro sanitate febrium" [61]) (s. backen 2). Namentlich gegen allerlei Hautkrankheiten galt das Schwitzbad im B. als heilsam. In Steiermark steckt man Krätzige in den B.[62]), in Pommern tut man es mit Kindern, die Sommersprossen haben [63]), in Schwaben gegen das „wild Feuer" [64]), in Litauen gegen Mitesser [65]). Am häufigsten wird der B. unter verschiedenen Handlungen gegen Warzen zu Hilfe gerufen: Man wirft da und dort, in einen Teig gewickelt, so viele Erbsen in einen glühenden B. als man Warzen hat, muß dann aber gleich, nach rückwärts gewendet, wegspringen, da das Übel sonst schlimmer würde [66]). Bei den Deutschamerikanern wirft man zum selben Zweck Bohnen oder Salz in den B.[67]). In Walchow (Grafschaft Ruppin) nimmt man ein Wischtuch, streicht damit über die Warzen, immer von sich weg, und wirft dann das Tuch in den geheizten B.[68]). In Brandenburg braucht man gar nur so zu tun, als ob man die Warzen „rin in den Backowen schmit". Wenns nur stillschweigend geschieht, vergehn die „Wratten" [69]). Endlich gehört es wohl auch noch hieher, wenn man sich in Schlesien bei „Reißen" (Rheuma, Neuralgien) auf die Stelle setzt, wo ein eben aus dem B. gekommenes Brot gelegen hat [70]).

Spielt bei allen diesen Prozeduren einerseits die Schwitzkur des Badeofens, anderseits die magische Heilkraft des Feuers hinein, so dürfte bei der folgenden Gruppe von B.-Heilungen schwächlicher, also „nicht ausgebackener", Kinder wohl auch die früher behandelte Assoziation der Geburt (bzw. Wiedergeburt) aus dem B. zugrunde liegen, wobei die Vorstellung des aus dem Totenreich vertauschten „Wechselbalges" [71]) zu dem Glauben vom Sitz der Totengeister im B. noch dazu tritt. Ist doch gerade dazu der Aufenthalt des Wechselbalges im B. bezeugt [72]), wie auch das von der Hexe beschriene Kind durch Einschieben in den B. aus ihrer Macht befreit wird [73]). Das runzelige Aussehen solcher „zu wenig ausgebackener" Kinder, die vom „Alter", „Älterlein", „Altvater" befallen sind, erinnert genügend an den noch nicht wiedergeborenen, aus dem Totenreich stammenden, Wechselbalg, und es wird ein solches Kind auch geradezu „verwechseltes" genannt [74]). Man legt es — und zwar tut es ein Mann, wenn es ein Knabe, ein Weib, wenn es ein Mädchen ist — auf die Ofenschüssel und schiebt es dreimal in den noch warmen B. mit den Worten: „Alter, ich schüß Dich ein, Junger, ich nehm dich heraus, im Namen der hl. Dreifaltigkeit" [75]). Der Brauch, der gegendweise stillschweigend vorgenommen wird, war im 18. Jh. vielen Dorfhebammen bekannt [76]), ist vielfach — auch schon in der Chemnitzer Rockenphilosophie [77]) — und aus verschiedenen dt. Gebieten bezeugt [78]), im Kreis Wittenberg sogar noch am Ende des 19. Jhs. [79]).

Vgl. auch backen 2, Bad.

59) Hovorka u. Kronfeld 2, 76. 60) Martin *Badewesen* 126; Seyfarth *Sachsen* 229; Hellwig *Das Backen von Kranken* in: Arch. f. Kriminal-Anthropol. 28 (1907), 361 ff. 61) Grimm *Myth.* 2, 975; 3, 406 Nr. 10, 14 Anm. 4; 408 Nr. 195 c; Urquell 4, 82; Wasserschleben 173 c, 117 und 200, XV § 2. 62) Fossel *Volksmedizin* 135. 63) Urquell 5, 279. 64) Birlinger *Volksth.* 1, 200. 65) Frischbier *Hexenspr.* 79. 66) Pollinger *Landshut* 289 f.; Birlinger *Volksth.* 1, 484; Schönwerth *Oberpfalz* 3, 237; Töppen *Masuren* 55. 67) Fogel *Pennsylvania* 320 Nr. 1697 u. 322 Nr. 1710. 68) ZfVk. 8 (1898), 199 Nr. 16 b. 69) Engelien u. Lahn 263 Nr. 140. 70) Drechsler *Schlesien* 2, 308. 71) Höfler in: ZfVk. 6, 52 ff. 72) Ranke *Sagen* 127. 73) Vernaleken *Alpensagen* 343 Nr. 7. 74) Grüner *Egerland* 36. 75) Ebd. 76) H. L. Fischer *Buch vom Aberglauben* 3, 139 f. 77) Grimm *Myth.* 3, 437 Nr. 75. 78) John *Westböhmen*

247; Ders. *Oberlohma* 160; Schönwerth *Oberpfalz* 1, 187 Nr. 13; Schleicher *Sonneberg* 145; Haltrich *Siebenbürg. Sachsen* 263 f.; ZföVk. 9 (1903), 240 (Böhmerwald). [79]) Reichhardt *Geburt, Hochzeit u. Tod* 8. Geramb.

Backschaufel (Backschießet, Ofenschüssel [mundartl. bayr. u. sächs. fem.] oder -schössel). Wie mit dem Backtrog (s. d.), wurde auch mit der Backschaufel (Ofenschüssel) in Niederösterreich und Steiermark noch vor einem Menschenalter das „Umbacken" oder „Göltawenden" an Neugeborenen mit greisenhaftem Aussehen (Gölta = mhd. Elterlein, Atrophie) geübt. Das Kind wird nach dem Ausbacken des Brotes auf den Ofenschüssel gebunden und dreimal in den noch warmen Backofen eingeschossen mit dem Spruch: „A olts schiaß i nei, A jungs tua i aussa." Diese Heilprozedur wurde schon in den Dekreten Burchards von Worms († 1024) bei Strafe verboten [1]).

Wenn das Brot eingeschossen ist, wirft man mit jeder B. drei Hände voll Erde auf die Kohlen, dann wächst das Brot im Ofen (Oberpfalz) [2]). In Ostpreußen bestreicht man ein Pferd bei Kolik dreimal mit der B. („Brotschieber"), wobei man eine Formel spricht und dreimal ausspuckt [3]). Wind bei drohenden Unwettern wendet man, indem man drei Stücke Rasen aussticht und umkehrt, unterdes dreht die Hausfrau die B. an der Dachleiter dreimal um und legt sie dann neben die Leiter [4]). Der Opfergedanke tritt rein hervor, wenn es in Westböhmen heißt, daß man eine arme Seele erlöst hat, wenn man die Backschüssel in den Ofen stäubt [5]).

Auch soll man in der Oberpfalz während des Backens nicht über die Backschaufel steigen [6]). Vor oder neben dem Hause wurden im Nahegebiet am 1. Mai die Backschieße und der „Backkiß" kreuzweise übereinander gelegt, was die Hexen fernhielt [7]). Hexen reiten auf Backofenkrücken, die aber nicht, wie Schulenburg, Wend. Volkst. 76 will, dienen, um Brot in den Ofen zu schieben, sondern um die Glut auszuräumen. In der Oberpfalz und südlich bis zur Donau nennt man den Wettlauf der Hochzeitsgäste nach einem Hut „Backofenschüssellauf (vgl. Backtrog).

[1]) ZföVk. 9, 211 f.; Grimm *Myth.* 3, 406. [2]) W. 402 § 620. [3]) W. 452 § 713. [4]) Toeppen *Masuren* 43. [5]) John *Westböhmen* 181. [6]) Schönwerth *Oberpfalz* 1, 407 Nr. 16. [7]) ZfVk. 12, 425. Haberlandt.

Backstein. Dieser ist in Gegenden des Mangels an natürlichem Mauerstein erfunden worden und dürfte in Babylonien [1]) seinen Ursprung haben.

Da der B. ein schlechter Wärmeleiter ist, verwendet ihn die Volksmedizin als Wärmespeicher. Der Aberglaube benützt den B. als Zaubermittel, indem man die gichtkranke Stelle [2]) unter Rezitierung eines Zauberspruches dreimal bestreicht.

Dem Wunsche, die Luft eines Raumes zu verbessern, entspringt der Gedanke, einen heißen B. aufzustellen, der die Gerüche in sich aufnehmen soll. So legt man zu diesem Zwecke in Gächingen-Urach [3]) einen glühenden B. in die Leichenkammer.

Orientalischer Auffassung entspricht die Sitte in Persien [4]), auf einen ungebrannten B. Öl zu tropfen, die Stellen, wohin das Öl gefallen ist, auszukratzen und sie als Augen zu bezeichnen. Das Verbrennen einer auf den B. gelegten Watte bezeichnet wohl die Vernichtung des Auges, das den bösen Blick bewirkt.

Alle angeführten Beispiele weisen auf den Umstand hin, daß die arische Volksreligion aus dem Ursprungslande des B. stammende Bräuche übernommen hat.

[1]) H. Schurtz *Urgeschichte der Kultur* 323. [2]) Hovorka u. Kronfeld 2, 273. [3]) Höhn *Tod* Nr. 7, 341. [4]) Seligmann *Blick* 2, 240 f. Klusemann.

Backtrog.

1. a) Aus einem Klotz oder Stammstück gehöhlt, hat der primitive B. oder die Backmulde mindestens seit altdt. Zeit [1]) wohl auch beim Bauern allgemeine Verbreitung besessen. Als einfache Mulde wird das Behältnis in unsern Ländern indes kaum mehr angetroffen. So wäre es von diesem Gesichtspunkt aus ansprechend, wenn E. H. Meyer dem Umstürzen des Tisches bei Feuersbrünsten in seinem westlichen Heimatgebiet (s. Tisch) den entsprechenden B.aberglauben, den er in

der Oberpfalz und noch weiter östlich gelegenen Gebieten fand (s. u.), zunächst als ältere Form gegenüberstellt [2]), wobei der Tisch einfach an Stelle des B.s getreten wäre. Nun erforderte dies zunächst aber die Feststellung, ob der Aberglaube an die alte Muldenform sich wirklich noch gebunden zeigt, was in Westböhmen, nach dem dort wie in Schlesien ihn häufig vertretenden „Backkübel" — der Sache nach ein runder Bottich — zu schließen, jedenfalls schon nicht mehr der Fall ist. So bliebe als weitere Begründung für die Unterschiedlichkeit von Ost und West die Zugehörigkeit zu verschiedenen Kulturen. In der Tat begegnet der B. in Glaube und Brauch der West- und Ostslawen besonders häufig [3]), vornehmlich auch bei der Hochzeitsfeier — und wenn man dazu hält, was hier das Brot als solches wie auch der Sauerteig und altes Brot als Nahrungs- und Genußmittelspender bedeuten, so werden wir diese Tatsache wohl auch bei der kulturgeographischen Betrachtung in den Vordergrund rücken müssen und in dem B.-aberglauben ein aus dem slawischen Osten nach Deutschland hereinreichendes Kulturmoment sehen.

b) Der Aberglaube nimmt in Deutschland auch kaum in besonderer Art auf die Bereitung des Brotes Bezug [4]). Doch soll man in der Oberpfalz nicht auf dem B. sitzen, wenn Teig darin ist, sonst wird das Brot spindig (i. e. speckig), noch den B. während des Backens in der Stube lassen [5]); auch wird man geizig, wenn man sich auf den B. setzt (Böhmen) [6]). Daß Scheuern des B.es Teuerung bedeutet, kann nur sekundär als Aberglaube bezeichnet werden, da der gleichmäßigen Gärung halber diese Behandlung ihm nur höchst ungern bei längerem Stillstand des Backgeschäfts zuteil wird. Über den Teig im B. werden öfter ein oder drei Kreuze gemacht [7]). Teigabschabsel vom B. ergeben ein „Arme-Seelenbrot", oder man erhofft sich von solchen „Schrappkügelchen" Heilwirkung [8]).

[1]) Heyne *Nahrungswesen* 279 (mit Anm. 82). [2]) Meyer *Baden* 376. [3]) Zelenin *Russ. Volksk.* 114. [4]) Maurizio *Getreidenahrung* 150. [5]) Schönwerth *Oberpfalz* 1, 406 f. Nr. 16. [6]) Grohmann 229 = W. 403 § 620. [7]) Spieß *Fränkisch-Henneberg* 131; Schramek *Böhmerwald* 254; W. 402 § 620. [8]) Ebda. 442 § 696.

2. Als klar umschriebener Ritus tritt uns das Ankleiden der Braut im B. entgegen, so in der Chemnitzer Rockenphilosophie [9]), in Oberösterreich [10]) und Schlesien [11]). Es hat seine Entsprechung bei Serben, Tschechen, Polen, wie besonders in der Ukraine im Rituale der Haubung (oder des Kämmens der Braut) auf dem B. [12]). In der Oberpfalz und südlich bis zur Donau heißt der um den Siegespreis eines emporgeworfenen Hutes von den Hochzeitsgästen nach dem Hochamt ausgetragene Wettlauf das „Backofenschüssellaufen" (s. Backschaufel), und man mag auch hiebei an die geradezu kultisch ausgestaltete Umgehung oder das „Umreiten" des B.s denken, wie es im gleichen Abschnitt der Hochzeitsfeierlichkeiten noch heute bei den Ukrainern geübt wird [13]). Wenigstens dem Namen nach wurde bei dem germ. Wettlauf die Entsprechung herbeigeführt. Während bei den Hochzeiten der Slawen die Beziehung zur vegetativen Fruchtbarkeit ganz unverkennbar ist, sagt der dt. Aberglaube in Schlesien nur mehr, daß die Braut dabei häuslich bleibe, oder sie soll wenigstens die Brautschuhe im B. anziehen, „um in der Ehe vor Schlägen sicher zu sein" [14]). Nach der Rockenphilosophie will sie die Herrschaft über ihren Mann haben.

Bedeutet es darum auch eine Taufe bei den Siebenbürger Sachsen, wenn man über den B. springt [15])? In Waidhofen a. d. Thaya im nördlichen Niederösterreich legt man in der Weihnacht einen Bund Kornstroh erst unter den B., dann gehen sämtliche Hausgenossen damit in den Hausgarten und umwinden jeden Baum mit einigen Halmen, damit er nächstes Jahr desto besser trage [16]).

Schweine schützt man vor Behexung und hitziger Krankheit, indem man dreimal in den B. spuckt (Oldenburg) [17]).

Der richtige Entwicklung des Teigs gewährende B. erweist sich auch als übelabwehrend, sofern man bei Konvulsionen der Kinder über die Wiege einen B. zu stülpen hat und einen Topf daran zerwirft, was Anrufung und Opfergedanken mit anklingen läßt[18]). Von daher rührt wohl auch die Weisung der Rockenphilosophie: Wer Schwären am Leibe hat, der soll sich in einen B. legen, so vergehen sie wieder. (V, 83.)[19]).

Wie der Tisch, wird manchmal auch der B. bei amerikanischen Deutschen ins Haus vorangetragen[20]). In der Oberpfalz[21]) und in Westböhmen wird der B. bei einem Todesfall gereinigt, bzw. aufgehoben und niedergesetzt, sonst soll der Teig nicht gehen[22]).

[9]) Grimm *Myth.* 3, 441 Nr. 204. [10]) Baumgarten *Aus der Heimat* 3, 93. [11]) Drechsler *Schlesien* 1, 257. [12]) Piprek *Hochzeitsbrauch* 17, bes. 31 ff. 58. 68. 75. 80. 86. 107. [13]) Schönwerth *Oberpfalz* 1, 93. [14]) Drechsler a. a. O. [15]) Wittstock *Siebenbürgen* 80. [16]) Piprek a. a. O. 36 f., 40 f.; Österr.-Ungarn, Niederösterr. 215. [17]) W. 438 § 688. [18]) Urquell 4 (1893), 170. [19]) Seyfarth *Sachsen* 270. [20]) Fogel *Pennsylvania* 147 Nr. 683. [21]) Schönwerth *Oberpfalz* 1, 248 Nr. 13. [22]) Grüner *Egerland* 60; John *Westböhmen* 167.

3. Von der Oberpfalz und Sachsen erstreckt sich über Böhmen und die Lausitz hinweg bis Schlesien, anderseits auch nach Niederösterreich, die Gepflogenheit, bei Gewitter oder Feuersbrunst auf die Seite, nach der der Wind zu weht, oder vor die Tür einen B. mit der Höhlung gegen das Feuer aufzustellen[23]). Bei Gewitter legt man nach einer Nachricht aus Prag ein Brot darein, schneidet es kreuzweis in vier Teile und läßt das Messer darin stecken, um es zum Verziehen zu bringen[24]); auch wird der Wind durch dreimaliges Herumdrehen des Trogs gewendet[25]).

[23]) Schönwerth *Oberpfalz* 2, 84. 86; Schulenburg *Wenden* 125; John *Westböhmen* 274; Drechsler *Schlesien* 2, 140; Wuttke *Sächs. Volksk.* 370; Urquell 3 (1892), 108; Meiche *Sagen* 563 Nr. 699; Kühnau *Brot* 13; Gander *Niederlausitz* 27 Nr. 70; Monatsbl. f. Landesk. v. Niederösterr. 7 (1908), 102. [24]) Grohmann 39. [25]) MschlesVk. 1, 10.

4. Nicht entschließen können wir uns, von all diesem Aberglauben eine Brücke zu der Vorstellung vom B.artig hohlen Rücken der Percht und anderer elbischer Wesen und Riesen zu schlagen[26]), mag diese Vorstellung im Norden auch so weit gediehen sein, daß es dort heißt, Riesinnen, Ellekoner und Huldrefrauen trügen einen Trog auf dem Rücken[27]). Schon Mannhardt hat hiebei mit vollem Recht Anknüpfung an die Anschauung hohler Bäume als Seelensitze gesucht[28]). Auch die Technik, Holzbildwerke vielleicht schon heidnischer Überlieferung, vor allem aber christliche Heiligenstatuen, an der Rückenseite trogförmig auszuhöhlen, mag diese Vorstellung geweckt oder gefördert haben.

[26]) Waschnitius *Perht* 87. 88. 175. [27]) Grimm *Myth.* 2, 902 f. [28]) Mannhardt 1, 121.
Haberlandt.

Backwisch (Backofenwischer). In Elbestalzell (Oberösterr.) wird auf Weihnachten 12 Uhr mittags der B. mit den Tischabfällen von der Großdirne auf das Weizenfeld getragen[1]). Er gilt einfach als Besen (s. d.). Raupen werden in Schwaben vernichtet, wenn man (ausdrücklich) mit dem B. über das Kraut fährt und sagt: „'s ist nirgends nichts"[2]). Knistert der B. beim Herausschaffen der Glut, so glaubt die Magd im Steirischen, es komme ein „Seltsamer" (unverhoffter Gast) zu ihr[3]).

[1]) Baumgarten *Jahr u. s. Tage* 10. [2]) Eberhardt *Landwirtschaft* 3, 4. [3]) Reiterer *Ennstalerisch* 100.
Haberlandt.

Bad, baden.

1. Entwicklung des deutschen B.ewesens. — 2. Abergl. Begründung des Nichtb.s. — 3. Die Wochentage. a) Sonntag und Freitag. b) Samstag. c) Andere Badetage. d) Donnerstag. — 4. Einfluß der Gestirne auf die Wahl des B.etages. — 5. Zahlenaberglaube bei der B.ekur. — 6. Jahreszeiten. a) Winter. b) Dreikönigstag. c) Märzenbäder. d) Karfreitag und Ostern. e) Frühlingsbäder. f) Sommerkultbadezeit (Johannisb.). g) Hochsommer und Herbst. h) B. in Tau, Flachs, Korn und Sand. — 7. B. im Fluß, See, Teich, Meer. — 8. B.estube und Ofen. a) B.estube. b) Ofen. — 9. Das B. in der Wohnung, Zauberbäder. — 10. B. zu Heilzwecken in kalten Quellen usw. a) Kalte Quelle. b) Eintauchen. c) Fernerkur. d) Kalmus. e) Meerbäder. — 11. Heilbäder. — 12. Das B. der Gebärmutter.

1. Ein kurzer Bericht über die Entwicklung des dt. B.ewesens ist zum Verständnis des B.eaberglaubens

notwendig. Sicher hat der Deutsche frühzeitig das warme Wasserb. benutzt. Daneben erscheint das Dampf- (Schwitz-) B., in dem der Dampf durch Begießen glühend gemachter Steine mit Wasser erzeugt und bei dem der Körper mit dem B.equast oder -wedel, einer meist aus Birkenzweigen gebundenen Rute, gepeitscht wird. Dieses B. findet sich bei den Nordgermanen, den baltischen Völkern und den Slawen und war in Deutschland Jahrhunderte lang das Reinigungsb. des Volkes. Seit wann es gebraucht wurde, ob die Slawen es den Germanen oder diese den Slawen brachten, ist strittig. Schrader [1]) erörtert die Fragen eingehend. Im Dampfb. rieb man den Körper vor dem eigentlichen B.e, dem Schwitzen, mit Lauge, einer Pottasche- (Kalium carbonicum-) Lösung ab, die man dadurch herstellte, daß Holzasche in einem Sack mit heißem Wasser übergossen wurde, aus dem sie abfloß. Seit dem Ende des 15. Jhs. nahm dies B. in Deutschland (auch in Skandinavien) allmählich ab. Zunächst wirkte der damals einsetzende Holzmangel. Das Auftreten der Syphilis und Kriege, namentlich der dreißigjährige, ließen es allmählich zu dem alle Quartal genommenen Schröpfb.e herabsinken, bei dem auch an Stelle des Dampfes Heißluft trat, das mit dem ausgehenden 18. Jh. verschwand. — Mit dem Auftreten des Dampfb.es als Reinigungsb. bekam das warme Wasserb. eine besondere Stellung. Es wurde das B. der Vornehmen, der Besitzenden, das B. zum Vergnügen und zu Heilzwecken. Man aß und trank darin wie in den natürlichen Heilbädern. Es wurde in der privaten und der öffentlichen B.estube genommen. — Mit dem Verschwinden der alten dt. B.estube verlor sich das B.ebedürfnis. Von den größeren Städten aus dringt seit den letzten Jahrzehnten das B.en wieder ins Volk, wenn auch bei der Landbevölkerung sehr langsam. — Das Flußb.en wurde, wo Gelegenheit dazu vorhanden war und dann nicht immer, von der Jugend, besonders der männlichen, mehr zur Erfrischung und zum Vergnügen, denn zur Reinigung, von jeher gepflegt. Fehlte die Gelegenheit, so war für viele, auch heute noch Lebende, das letzte Kindsb. das letzte B. im Leben. Auch bei den Völkern, in deren Kult das Wasser als Reinigungsmittel eine Rolle spielt, ist es oft mit dem wirklichen Reinigen durch Waschen und B.en schlecht bestellt. Das Eintauchen der Fingerspitzen genügt symbolisch als Waschung, das kultisch gebrauchte Wasser ist manchmal schmutziger als der Körper, und aus Aberglauben wird selbst das ärztlich für notwendig erachtete B. verweigert.

[1]) Schrader *Reallex.* [2] 1, 77. 461. Im übrigen s. Martin *Badewesen* (im folgenden stets nur Martin zitiert).

2. Eine abergläubische Begründung des Nichtb.ens ist selten. In Hänner bei Säckingen (Baden) ist das erste B. auch das letzte; denn Bäder sollen den Augen schädlich sein [2]). Aus dem Frankenwald liegt ein recht unbestimmter Bericht vor: das Neugeborene zu b.en, ist wenig gebräuchlich, man ist dem B.en sogar sehr abgeneigt und redet ihm allerlei Übles nach [3]). Hovorka und Kronfeld geben als im Volke weit verbreitete Anschauung an, daß regelmäßiges und gar häufiges B.en die Kinder schwäche, und beziehen dies auf das B.en des Kleinkindes [4]). In Dessau zehrt das B., wobei man das viele und lange B.en in der Mulde im Auge hat [5]).

Büßende badeten nicht. Der Teichner klagt im 14. Jh., daß Wallfahrer, die doch zu den Büßenden zählen, sich scheren und „gen gein pat". Der exkommunizierte Kaiser Heinrich IV. brachte die Weihnachtsfeiertage 1105 in Bichelsheim non balneatus et intonsus (nicht gebadet und ungeschoren) zu [6]). Auch Fastende badeten nicht (s. 3 b), womit das Nichtb.en am Freitag (s. 3 a) zu erklären ist. Besonders fromme Personen badeten nie, so der Bischof Reginald von Lüttich († 1037); Cäsarius von Heisterbach erzählt von einem frommen Mönche, dessen Körper vor Unsauberkeit und Ungeziefer starrte [6]). B.en galt eben als Vergnügen. Clemens von Alexandrien sagt, B.en zur Lust ist verboten; den Weibern ist es erlaubt, wenn sie es tun, sich zu reinigen und ihrer Gesundheit halber, den Mannspersonen aber nur der Gesundheit halber [7]). Der hl. Benedikt gestattete in seiner 515 entworfenen Ordensregel den Ordensbrüdern mäßigen Gebrauch der Bäder. Kranke sollten b., so oft es der Zustand erforderte, junge Leute nur selten [8]). Nach Wilhelm von Hirsau († 1091) war es zu seiner Zeit bei den Menschen üblich, nach dem Haarschneiden zu b. Aber von unseren Bädern (im Benediktinerkloster Hirsau in Württemberg) ist nicht viel zu sagen, denn nur an 2 Tagen darf man ohne besondere Erlaubnis b., vor Weihnachten und vor Ostern, in Krankheitsfällen mit Erlaubnis auch zu anderen Zeiten. Das im Kloster genommene B. (auch die Lauge) war zu segnen (Formel bei Franz) [9]). Das Aachener Konzil von 817 machte die Bäder der Mönche von der Erlaubnis des Priors abhängig [10]). Die B.eanlage im Kloster St. Gallen und das öftere Vorkommen des B.es in St. Galler Quellen [11]) spricht für häufige Erteilung dieser Erlaubnis.

[2]) Meyer *Baden* 16. [3]) Ploß *Kind* 1, 217 = Flügel *Volksmedizin* 51. [4]) 2, 641. [5]) Eigene Jugenderinnerung. [6]) Martin 9. [7]) Stolle *Kirchenväter* 101 Nr. XXIV. [8]) Martin 8. [9]) Franz *Benediktionen* 1, 644. [10]) Weinhold *Frauen* [1] 342. [11]) Martin 6 ff.

3. Die Wochentage. Ein altes Spruchgedicht sagt: „Am Montag b. die truncken, am Aftermontag die reichen, am Mittwoch die witzigen, am Donnerstag die gryndig vnd lausig seind, am Freytag die vngehorsamen, am samsstag die hochvertigen" [12]).

a) Sonntag und Freitag wurde nicht gebadet. 1599 erhielt der Türmer von Würzburg einen Verweis, weil er am Sonntag statt am Samstag B. gehalten [13]). — Bei den Esten wird das B. am Sonntag für eine sündhafte Handlung angesehen, und sie verweisen dabei auf die beiden „Mondleute", ein Ehepaar, das am Sonntag in die B.estube ging und, als es gerade den mit Wasser angefüllten Zuber forttragen wollte, von den zürnenden Göttern samt dem Wassergeschirr von der Erde aufgehoben und zum warnenden Beispiel im Monde aufgestellt wurde, wie jedermann im Vollmonde sehen kann [14]). B. am Sonntag s. 10, an Sonntagen im Mai, an Himmelfahrt s. 6 e, im August s. 6 g. — Vom Freitag heißt es 1466: „so findt er dann die kubel (in der B.estube) lere" [12]). Besondere Verbote für das Heizen der B.estuben am Freitag wurden erlassen in Nürnberg (13. u. 14. Jh.), Luzern 1320, Eßlingen (auch für die Fastenzeit) 1487. Eine Ausnahme machte Konstanz, wo 1483 den meisten mit „erlobung ains zunftmaisters" B. zu halten gestattet wurde, aber nur für die, welche das B. „gefrümpt" hatten [15]). — Auch das Kind soll an diesem Tage nicht gebadet werden, in Steiermark [16]), in Schwaben [17]), nach der Chemnitzer Rockenphilosophie, weil das Kind aus der Ruhe kommt [18]). — Im Berner Jura verbietet der Volksglaube das Eintauchen kranker Kinder in den (kalten) Brunnen der hl. Columba am Freitag [19]). B. an 3 Freitagen im März s. 6 c, in der Karfreitagsnacht s. 6 d. —

b) Der Hauptb.etag ist und war der Samstag, altnord. laugardagr = B.etag, schwed. lördag, dän. löverdag [20]). Christlicherseits wurde das Samstagsb. von Gläubigen als Kultb. (der körperlichen und geistigen Reinigung) wenigstens in früherer Zeit aufgefaßt. Die Eltern des gelehrten St. Galler Mönchs Iso († 871) badeten nach 40tägigem Fasten am hl. Samstag vor Ostern, und, als sie danach geschlechtlich verkehrt hatten, zum 2. Male [21]). Ein Bischof von Neustrien, der zur Fastenzeit Fleisch gegessen hatte, forderte am hl. Osterabend aus der ganzen Stadt viele B.ewannen zusammen und ließ allen Dürftigen warme Bäder darbieten. Er selbst nahm jedem einzelnen den Bart ab und reinigte mit seinen Fingern die Geschwüre der borstigen Körper. Zuletzt ging er selbst ins Bad und stieg mit gereinigtem Bewußtsein daraus hervor (Mönch von St. Gallen) [22]). — Das Volk sah im Samstagsb. ein Reinigungsb. vor dem Feiertag ohne kultischen Gedanken. Zu Anfang des 17. Jhs. sagt der steirische Physikus Guarinonius, der gemeine „Böffel" und viele ansehnliche Bürger aller Stände halten am „schweiß-

und dempfb. . . . dermaßen steiff vnd starck . . ., daß sie vermeyneten viel verloren vnd verabsaumbt zu haben, wann sie nit alle Sambstag vor dem Sontag, oder alle Feyrabend vor den Fest- und Feyrtägen (Sommer und Winter), in das gemeine feil und besondere Schweißb. gehen, schwitzen, sich reiben, fegen, butzen, vnd abwaschen lassen sollten." Alle Samstag laufen die Handwerker dem B.e zu, nicht allein ihren Schmutz und Wust, sondern auch den an ihnen vertrockneten Schweiß durch geringen Schweiß wieder vom Leib „abzuschwentzen" [23]). Man kann dies B. auch als Abschluß der Arbeitszeit auffassen, denn nicht nur am Ende der Arbeitswoche ging man ins B. (hörte früher mit der Arbeit auf und erhielt vom Arbeitgeber noch B.-geld), sondern auch nach Abschluß größerer Arbeiten, nach Vollendung von Bauten (Frankfurt 1429, 1436), der Ernte (Basel 1559, Mosbach 1527, Kloster Denkendorf bei Eßlingen), der Weinlese (Klosterneuburg 15. Jh.), der Jagd (Frankfurt 1338) [24]). Auch die Pariser Fakultät ging in der 2. Hälfte des 15. Jhs. einmal und zwar im Winter nach der letzten Disputation im Schuljahr auf Kosten der Baccalaurei ins B.[25]). — Die Auffassung des Samstagsb.es als Kultb. bestand in der Ukraine. Gogol beschreibt in einer Erzählung, der Saporoth'skaja Sëtsch oder Retsch, eine Sitte, nach der in alten Zeiten jeder, der in den Bund der Ukr.-Kosaken aufgenommen werden sollte, gefragt wurde, ob er orthodox sei, nach Bejahung der Frage, ob er Samstags auch regelmäßig sein Dampfb. nehme. Darauf wurde er aufgefordert, zur Bestätigung sich vor allen zu bekreuzigen. Am Samstag nicht zu b. (auch nicht das Haar zu schneiden und den Kopf zu waschen), zählt nach Johannes Herolt (aus Basel, 1. Hälfte des 15. Jhs.) [26]) zum Aberglauben [27]), weil damit nach jüdischer Art der Sabbat statt des Sonntags zum Feiertag gemacht wird. — Die Esten machen (1641) am Sonnabend (welches ihr B.etag ist) „niemaln die Lauge, womit sie sich waschen wollen, des Nachmittags, sondern verfertigen selbige des Freitags vorher oder des Sonnabends Vormittag. Nun hat einstmals ein sonst feiner und ehrbarer Mann aus ihnen erzählet, es sei einst in seinem Hause aus Unbedachtsamkeit der Magd des Sonnabends nachmittags Lauge gemacht worden, da wäre dieselbe alsobald zusammen gelofen und als geronnenes Blut geworden." In Wierland, wo von einigen (1854) die B.elauge, namentlich wenn sie damit ihren Kindern den Kopf waschen wollen, tags vorher bereitet wurde, gab man dafür als Grund an, die am Sonnabend bereitete Lauge verursache leicht Kopfausschläge [28]). Im ostrussischen Gouvernement Wjatka, wo man am Freitag badet, wird die Lauge am Donnerstagmorgen bereitet, wie mir eine dortige deutsche Dame mitteilte.

c) A n d e r e B.e t a g e. In Dörfern und kleinen Städten wurde nur Samstags gebadet, in Frankfurt a. M. aber durfte es während der Messe und an Fürstentagen mit Ausnahme der Karwoche und der Feiertage an allen Tagen geschehen. Zwickau hatte 1284 Montag, Mittwoch und Samstag als B.etage, öfter kommen Dienstag, Donnerstag und Samstag vor, z. B. 1536 in Durlach, so auch in Zürich, wo nach der Ordnung der 5 Meister Bader von 1604 im Sommer an den ungeraden Tagen gemeiniglich nicht geheizt wurde, für Fremde aber auch an anderen Tagen [15]). — Wenn nach dem obigen Spruchgedicht am Montag die Trunkenen b. (auch Clara Hätzlerin sagt das) [29]), so hängt dies wohl mit dem guten (blauen) Montag, an dem oft nicht gearbeitet wurde, zusammen. In Amberg durften die Gesellen alle 14 Tage ihren guten Montag, den sog. B.tag, erst des Nachmittags nach beendetem Tagwerk halten, und die Ulmer Meistersingertabulatur von 1644 bestimmte, daß der Krongewinner gleich den Montag nach der Freischule ein Singb. anstellen solle [30]). — In Schwaben soll das 1. Kindsb. am Mittwoch gegeben werden [17]).

d) Eine besondere Stellung hat der D o n n e r s t a g als B.etag. In ganz Schweden enthielt man sich am Donnerstag (Helga þôr)-Abend des Schwimmens [31]). Die Esten heizten (1641) keine

B.estube am Donnerstagabend (die Zauberer zeigen besonders Donnerstagsabend ihre Tätigkeit, namentlich in der B.estube, obgleich auch an anderen Tagen die Menschen von ihrer Schädigung nicht frei sind)[32], und während 1854 im Werroschen Kreise die Samstagsb.stube nur als körperliches Reinigungsmittel geachtet ist, geschieht das B.stubenheizen zu Heilzwecken nur am Donnerstag[33]. Dazu sei aus obigem Spruchgedicht wiederholt, daß am Donnerstag b., die grindig und lausig sind. — Hat sich eine Schwangere über einen Wolf erschreckt, dann soll das Neugeborene nach dem Glauben der Esten im Werroschen Kreise (1854) die Wolfsseuche bekommen. Das Kind schreit mit heiserer Stimme, verdreht die Augen und ist dabei sehr schreckhaft. Dagegen heizt man am Donnerstag die B.estube, badet und quästet (d. h. peitscht mit dem B.equast) dort das Kind, trägt es dann dreimal um die B.estube und schreit dabei: Hurjoh! Hurjoh!, als hetze man einen Wolf von der Herde fort. Schlägt die Kur nicht an, macht man 3 Donnerstage hintereinander ein Kreuz über das Kind und stößt dabei den obigen Ruf aus[34]. — In einem Fastnachtsspiele des 15. Jhs. werden die Wünsche einer Frau für jeden Tag angeführt: „Am phinztag sie zum pad begert“[15]). Die B.stuben- oder B.-waidordnung von Sonthofen in Bayern von 1544 schrieb vor, im ganzen Jahr wöchentlich 1 B. am Samstag zu halten, aber „mörzenbäder an den 3 Domstag in Mörzen“, und zu Rohrbach fanden „an den dreyen phinztagen im Merzen die Merzenpäder“ statt. In Kalenderversen Oswalds von Wolkenstein (15. Jh.) heißt es bei März: „âdryânus der wardt gesund phincztages inn merczischen pad“[35].

Man schreibt dem Donnerstagsb. also eine besondere Heilkraft zu, während der Abend zum B. gemieden wird. — B. der Kinder an 3 Mittwochen im Mai s. 6 e.

[12]) Lammert 51. [13]) Martin 175. [14]) Boecler *Ehsten* 103. [15]) Martin 183. [16]) Fossel *Volksmedizin* 67. [17]) Ploß *Kind* 1, 30. [18]) Grimm *Myth.* 3, 437 Nr. 88. [19]) Martin 20. [20]) Grimm *Myth.* 1, 104. [21]) GddV. 10. Jh. 9. Bd. (1878), 46. [22]) Martin 8 f. [23]) Ebd. 176. [24]) Ebd. 177 ff. [25]) La Gazette des Eaux 1914, 751. [26]) R. Cruel *Gesch. d. dt. Predigt im MA.* (Detmold 1879) 480. [27]) ZfVk. 22 (1912), 242. [28]) Boecler *Ehsten* 102 f. [29]) Martin 180. [30]) Ebd. 181. [31]) Mannhardt *Germ. Mythen* 147. [32]) Eisen *Estnische Mythologie* 10. [33]) Boecler *Ehsten* 101 f. [34]) Ebd. 62. [35]) Martin 16 ff.

4. Einfluß der Gestirne auf die Wahl des B.etages. Die Bestimmung der B.ezeiten auf astrologischer Unterlage ist, wenigstens die uns bekannte, fremdes, durch die Ärzte in unser Volk hineingetragenes Gut. Die Mainauer Naturlehre aus dem Ende des 13. Jhs., die älteste Bearbeitung des Regimen sanitatis, stimmt beinahe, wenn auch nicht wörtlich, mit einer in Basel aufbewahrten provenzalischen Handschrift aus Montpellier überein. Die auf obrigkeitlichen Befehl von Ärzten verfaßten Volkskalender, deren Unterlage meist der des Regiomontanus (Johannes Müller von Königsberg) ist, machten nach Erfindung des Buchdrucks das Volk mit dem Einfluß der Gestirne auf das B. bekannt. Im St. Galler Codex 760 ist angegeben, im abnehmenden Mond zu b. und wenn der Mond im Widder, Skorpion, Krebs oder den Fischen ist. Zugefügt ist noch, daß Meister Halevy spricht, in keinem heißen Zeichen als im Löwen, Jungfrau, Zwillingen und Steinbock in das B. zu gehen. Viele werden sich danach gerichtet haben. Sicher wird das bewiesen durch die Ordnung der 5 Meister Bader in Zürich von 1604: „Demnach söllent die fünff Meister ein täfeli haben, darjnnen sy mit jren nammen geschriben sind. Da sol nun je der eltist Meister zum vorderisten, vnnd dann also ein anderen nach, vom kräps, biß jnn Zwiling, diß täfeli by synen hannden haben. Derselbig Meister soll alßdann die anfrag thun, wann vnnd wie man jm schützen vnnd jm waßerman heitzen welle, vnnd waß sich dann dryg (3) vnnder jnnen mit einanderen verglichen thetind, sol alßdann der meister, der die Vmfrag vnnd diß täfeli hat, sölliches den vberigen beiden Meisteren verkünden, damit man also einheilig heitzen khönne, vßgenommen alle Sambstag, doran ein jeder sonst ze heitzen befügt jst.“ Die zum B. günstigen Himmels-

zeichen sind im Züricher Kalender bis 1826 samt dem Aderlaßmännlein angegeben. 1827 findet sich eine moderne Anweisung zum Gebrauch der Bäder mit dem Zusatze, daß die Alten einigen Wert auf den Einfluß, den der Mond auf unseren Körper habe, legten und deswegen der Kalender die Himmelszeichen noch bringe, damit niemand nichts vermisse. Von 1833 an wird das B. nicht mehr erwähnt [36]).

[36]) Martin 173 ff.

5. Ein Zahlenaberglaube bei der B.ekur, auch seitens Gebildeter, besteht heute noch. Zuweilen erklären mir Kranke in Bad Nauheim, die Kur sei nur wirksam, wenn sie 21 Bäder nehmen, seltener, daß die Kur 3 Jahre hintereinander gebraucht werden muß. In den meisten Schweizer Kurorten betrug Mitte des 19. Jhs. die Kur 21 Tage [37]). In Churrätien ist aber 1862 von einer ganzen Kur von 3—4 Wochen die Rede [38]).

Im Mitterbad im Ultental (dessen Arseneisenquelle seit ungefähr einem Jahrhundert namentlich bei Rheumatismus, Rückenmarksleiden, Bleichsucht und Frauenkrankheiten von Leuten aus der Meraner Gegend, dem oberen Etschtal und seinen Seitentälern besucht wird) b. zahlreiche Tiroler Bauern im Sommer ihre Blutreinigungskur. Meistens bleiben sie 14 Tage; immer wird eine ungerade Zahl von Bädern genommen, meist 9, 11, 13, mitunter auch bloß 3—7, in seltenen Fällen 17, 19, 21. Selten badet man unter 1, meist bis 2 Stunden [39]). Auch in Kärnten spielt im Bauernbad die ungerade Zahl eine Rolle. Im Karlbad am Fuße des Königstuhls kostet das B. 9 Kreuzer, wenn man die glühend gemachten Steine vom Ofen in der hölzernen Mulde in den B.etrog zum Erhitzen des Wassers selbst trägt, 13, wenn man es den Wirt tun läßt. 7 Bäder muß der Kurgast wenigstens nehmen, wenn er eine Wirkung verspüren will, 15 stellen den Kranken vollständig her, 21 heilen alle Gichtleiden und 27 machen auch Krüppel so frisch, daß sie an Kirchtagen tanzen können [40]).

Eine gesetzliche Festlegung der B.edauer gab es in Baden-Baden für Bettler um 1528, nämlich 3 Wochen [41]). Für die Städte Baden und Brugg im Aargau bestand um 1544 während der B.ekur Befreiung von der Zwangsgewalt der ordentlichen Gerichte: „Welcher heimischer oder fremder zů Baden (in der Schweiz) ein b.fart zu haben willens, der soll und mag ein b.fart haben sechs wuchen und dri tag und soll von mengklichen in diser zit aller ansprach halber fri sin" [42]). Hans Stockar von Schaffhausen gebraucht 1528 in seiner Hausb.estube eine Kur: „Uff dye Zitt hein jch 33 Dag Wasser badett jn mim Hus, und schlug heffdyg us" (bekam einen starken Badeausschlag) [43]). Der Augsburger Großkaufmann Lukas Rem hat über seine B.ekuren, die er wegen eines immer wiederkehrenden, akuten Gelenkrheumatismus gebrauchte, genau Tagebuch geführt. Er badete 1511 in Pfäfers vom 20. Mai an 19 Tage täglich 1—11 Stunden (auf- und absteigend), im ganzen 127 Stunden, im württembergischen Wildbad 1521 vom 23. September an 28 Tage (162 Stunden), 1525 vom 13. August an 28 Tage (177 Stunden), 1530 vom 7. März an, bei einem Aufenthalt von 28 Tagen, 27 Tage (177 Stunden), 1533 vom 1. September an während 41 Tagen Aufenthalt an 40 Tagen (188 Stunden), 1538 vom 26. August an 28 Tage (161 Stunden) und 1540 vom 3. August an 29 Tage (160 Stunden) [44]). Die Durchschnittsdauer war also 4 Wochen. Die Abweichungen sind durch das Auftreten des B.eausschlags und dessen Abheilen bedingt. Nach damaliger humeralpathologischer Auffassung, bei der ich nicht entscheiden möchte, ob sie ursprünglich der Schulmedizin oder dem Volksglauben angehört, trat die Krankheit mit dem Auftreten des B.eausschlags aus dem Innern des Körpers auf die Haut und war mit dem Abheilen desselben aus dem Körper entfernt. (Kam übrigens [1642] die Heilung ohne B.eausschlag zustande, dann hatte das Wasser [von Pfäfers] durch seine Kraft und Wärme die bösen Flüsse und Feuchtigkeiten ohne alle Schmerzen und Verletzung der Haut trotzdem ausgezogen) [45]. So kam es, daß die bei einer Kur gebrauchte B.ezeit und Bäderzahl dem Zahlenaberglauben nicht unterstand. — In früherer Zeit scheint die Zahl 9 eine Rolle gespielt zu haben. Nach dem Göttinger Bellifortis (des Konrad Kieser von 1405) [46]) sollten Kräuterbäder in jedem Monat mit Ausnahme des Hundsmonats 9 Tage hintereinander erlaubt sein [47]), und in Schwaben heißt es, daß ein einziges Bad in der Johannisnacht soviel wirkt wie 9 Bäder zu anderer Zeit [48]).

Anders verhielt es sich mit den verkürzten B.ekuren. An 3 Donnerstagen, auch an 3 Freitagen werden Bäder im März (s. 6 c), an 3 Mittwochen und an 3 Sonntagen im Mai (s. 6 e) und an 3 Sonntagen im August (s. 6 g) gehalten. Beim Kinderb. spielt die Zahl 3, gelegentlich auch die 9, eine Rolle, wie auch beim Gebrauch der kalten Bäder durch Erwachsene und einigen anderen (s. 6 e, 6 f, 6 h, 9, 10 a, 10 b, 10 e.). — Der Nordindier, der gegen die Angriffe des Tigers gefeit sein und selbst dessen Höhle ohne Gefahr betreten will, badet sich 7 mal an 7 Dienstagen [49]). Auch in Nordafrika kommt die 7 vor.

[37]) Martin 255. [38]) Vonbun *Beiträge* 133. [39]) Hovorka u. Kronfeld 2, 257. [40]) ZAlpV. 20 (1889), 210 f. [41]) Carl Koehne *Kurortwesen und Kurtaxe in geschichtlicher Entwicklung* (Berlin 1912) 18. [42]) Ebd. 17 u. 33. [43]) Martin 127. [44]) Medizinische Klinik 1917, 748 ff. [45]) Martin 252 ff. [46]) Ebd. 161. [47]) Oskar Rößler *Wann und wie einst in Baden-Baden die B.ekur gebraucht wurde* 5. S. A. Ärztl. Mitteilungen aus u. für Baden 1909 Nr. 2 u. 3. [48]) Meier *Schwaben* 2, 427 Nr. 116. [49]) ARw. 17 (1914), 407.

6. Jahreszeiten (das B. unter freiem Himmel zum Erfrischen und Vergnügen [s. 7] ist hier nicht aufgeführt). — Als Zeiten feierlicher Brunnenreinigung finde ich genannt den Sonntag Lätare im März, Pfingsten und den Johannistag [50]), oder Ostern, Pfingsten und Johannistag [51]). Das sind Hauptzeiten des alten Brunnenkultus und damit auch der aus alter Kultzeit stammenden Bäder, die, nur ein oder einige Male gebraucht, die Gesundheit das ganze Jahr erhalten oder gleich einer ganzen Badekur Krankheiten heilen.

Wir finden die 3 Zeiten in einem Brauch der Hildesheimer Schneidergilde. Deren Mitglieder waren verpflichtet, an den sog. „freien Montagen", d. h. am Montag nach Ostern, St. Johannis und in der Maiwoche, unmittelbar nach Beendigung der Messe das B. (in der B.estube) aufzusuchen. „Wem nicht gelüstet zu b., der soll dem Schaffer einen Pfennig zahlen" [52]). — Im Aberglauben begegnet uns noch eine 4. Jahreszeit, der Winter, mit 2 besonderen Tagen, den Vorabenden von Weihnachten und der Fastenzeit. Für letztere ist, wie aus dem Nachfolgenden hervorgeht, die Überlieferung verworren; ich halte den Aberglauben des Fastendienstags für fremdes, durch die Beichtspiegel in unser Volk hineingetragenes Gut, das vielleicht gar nicht angewandt wurde und lediglich in Beichtfragen und Verboten vorhanden war. Da der Aberglaube vom Fastendienstag und Weihnachtsabend in den Quellen miteinander verbunden vorkommt, gilt dies auch für den am Weihnachtsabend.

a) Winter. Ein „Merkzettel für die Beichte" einer Münchener Handschrift (Clm. 17523 f. 132r—132v, geschrieben 1468) [53]) erklärt für Aberglauben, wenn jemand am Fastendienstag (feria tertia carnis breuii) nicht ins B. geht [54]); Johannes Herolt (1. Hälfte 15. Jh.) [55]) ergänzt, weil das wirksam gegen Fieber ist [54]). Im Gegensatz dazu bezeichnet Nikolaus de Jawer in seiner Schrift de superstitionibus 1405 das B. am Vorabend der Weihnacht und der Fastenzeit gegen Fieber und Zahnschmerzen als Aberglauben [56]), ebenso Delrio (disquisitiones magicae) [57]). — Das Landgebot Herzog Maximilians in Bayern wider Aberglauben usw. von 1611 spricht von „denjenigen, welche am weynachtabent oder Faßnachttag wider das fieber und zahnweh b., so nit weniger abzustraffen" [58]). Hier ist aus dem Fastendienstag der Aschermittwoch geworden. Nach Johannes Wuschilburgk (Cod. 113 der Bibl. des Domgymnasiums in Magdeburg, im 15. Jh. wahrscheinlich in Erfurt entstanden) schützt das B. am Aschermittwoch und an Weihnachten gegen Fieber und Zahnweh [59]), wobei dem Übersetzer wohl ein auf beide Tage gehendes in vigiliis in der schwer leserlichen Handschrift entgangen ist (eine diesbezügliche Anfrage bei der Bibliothek blieb unbeantwortet). — Für mehrere Teile Frankreichs, besonders Eure et Loire, hat man den Brauch festgestellt, Kinder, bei denen man nicht mehr weiß, welche Behandlung man ihnen angedeihen lassen soll, in Quellen einzutauchen. So badete man ehemals die mit Fieber behafteten gegen die Weihnachtszeit in einer sehr kühlen Quelle zu Lury. Die Hälfte erlag der Behandlung [60]). — Vom Aschermittwoch führt Wuschilburgk als Aberglauben an: wer dann badet oder den Kopf wäscht, hat in demselben Jahre keine Rückenschmerzen, „und in demselben Jahre soll man nicht am Dienstag b." [59]). Philander von Sittewald gibt aber 1650 das Fernbleiben von Rückenweh im ganzen Jahr für das B. morgens nüchtern am Fastendienstag an [61]), die Rockenphilosophie jedoch für das B. am Fastnachtstage früh. Von der Christnacht sagt sie, wer dann ins kalte Wasser geht, der bekommt selbiges Jahr die Krätze nicht, und wenn er sie hat, vergeht sie [62]). Nach südslawischem Aberglauben darf man am Aschermittwoch ein Kind nicht b., sonst wird es krätzig [63]). Fromme Menschen badeten nicht in der Fastenzeit (s. 3 b), auch kommt das Verbot des B.heizens vor (s. 3 a). — Nicht zum Aberglauben gehört, wenn 1521 zu Weißenhorn in Schwaben am hl. Tag zu Weihnachten etliche „von wunders wegen" badeten [64]) (wegen des milden Wetters).

b) In Böhmen erhält man die Gesundheit, wenn man am hl. Dreikönigstage (6. Januar, dem Tauftag Christi, der großen Wasserweihe der griechischen Kirche) vor Sonnenaufgang badet [65]), nach anderem Bericht bleibt man dann dort das ganze Jahr gesund [66]). — In Schlesien badet oder wäscht man sich an diesem Tage im fließenden Wasser eines Flusses oder einer Quelle, das ist heilkräftig und läuternd [67]). — Bei den Bojken (Ruthenen) wird am Vorabende der hl. Dreikönige bei der Vesper Wasser geweiht. In manchen Gegenden pflegen Männer und Frauen mit ihren Kleidern in solches geweihte Wasser zu springen, um hierdurch gegen das Böse gefeit zu sein [68]). — Wenn auch kein Tag angegeben ist, gehört hierher wohl die Tatsache, daß der hl. Wilfried Bäder in Weihwasser zu nehmen pflegte, was viel Nachahmer gefunden haben muß, denn Bischof Atto von Vercelli († um 961) verbot dies B. als dem Zwecke des Weihwassers und der kirchlichen Tradition widersprechend [69]).

[50]) BlHessVk. 3 (1901), 2. [51]) Weinhold *Verehrung d. Quellen* 34. [52]) Martin 19. [53]) Mitteilung der Handschriftenabteilung der bayerischen Staatsbibliothek in München. [54]) ZfVk. 22 (1912), 242. [55]) R. Cruel *Geschichte d. dt. Predigt i. MA*. (Detmold 1879), 480. [56]) Franz *Nik. de Jawer* 182. [57]) Wolf *Beiträge* 1, 219 Nr. 260. [58]) Panzer *Beitrag* 2, 283. [59]) ZfVk. 11 (1901), 273. [60]) Sébillot *Folk-Lore* 2, 278. [61]) Martin 24. [62]) Seyfarth *Sachsen* 256. [63]) Krauß *Sitte und Brauch* 548. [64]) Martin 72. [65]) Wuttke 308 § 453. [66]) Ebd. 69 § 79. [67]) Drechsler 2, 147. [68]) ARw. 17 (1914), 407 f. [69]) Franz *Benediktionen* 1, 109.

c) Im März und zur Osterzeit haben wir die Bäder des Vorfrühlings. Märzenbäder (aber keine Maibäder) an den 3 Donnerstagen im März kommen, wie schon angeführt, in Sonthofen (1544) und Rohrbach (Bayern) vor, und Hadrian ward Donnerstags im Märzb. gesund (15. Jh.) (s. 3 d). In Schwaben hatte laut Rechnungen von 1558 der Sigertshofer Bader „ein guots wolgehaizts B., darzu zwei Maien- und zwei Merzenb. zu geben". Auch in Augsburg wird ein Merzen- und ein Maienb. genannt [70]). Die genannten Bäder wurden in der B.estube genommen. Ein Heilb. betrifft der Aberglaube, von dem der im württembergischen Wildbad tätige Geistliche Keller 1786 berichtet, wer im Märzen 3 Freitage nacheinander, besonders am Karfreitage badet, habe nicht nötig, eine ganze Badekur von 24 Bädern zu tun [71]).

d) Ein Bad in fließendem Wasser in der Karfreitagsnacht soll das Reißen vertreiben (Sayda in Sachsen), noch vor wenigen Jahren sollen deswegen im Erzgebirge Männer in besagter Nacht in einem kleinen, über Felsen rauschenden Bach gebadet haben, obgleich rund herum alles mit Schnee und Eis bedeckt war. In Rochlitz in Sachsen ging 1905 in der Karfreitagsnacht eine kranke Frau nackt, wie es der Aberglaube vorschreibt, in die Mulde, um sich gegen ein langwieriges Halsleiden mit Osterwasser zu waschen, rutschte aus und ertrank [72]). Wenn man in der Nacht vom grünen Donnerstag auf den Karfreitag „unbraffelt" seine Füße in dem Bach badet, der durch Mulfingen (Schwaben) fließt, so glauben die Mulfinger, es könne das ganze Jahr kein Rotlauf an die Füße kommen. Man sieht daher in dieser Nacht oft den ganzen Bach voll Leute stehen, ganz still, und die Füße b.[73]). In Brötzingen (Pforzheim) gehen manche am Karfreitagmorgen an den Bach, waschen, selbst b. sich unbeschrien als Mittel gegen alle Krankheiten [74]). B. vor Sonnenaufgang erhält die Gesundheit (Schlesien [75]); Bayern, Erzgebirge, Böhmen unter Betonung, daß es im Fluß geschieht) [76]), heilt Krätze und Ausschlag (Militsch-Trachenberger Gegend, Schlesien) [77]). Ein B. aus dem um Mitternacht des Karfreitags geschöpften Wasser läßt schwächliche Kinder gedeihen (Schlesien) [78]). Ohne Angabe der Tageszeit liegen folgende Angaben vor: Wer sich im Wunderwasser des Karfreitags badet, bleibt im folgenden Jahr von Krätze verschont und ist auch sonst an Leib und Seele fröhlich (Bunzlau 1791) [77]). Das B. in fließendem Wasser vertreibt Krätze (fränkisch-schwäbisches Grenzgebiet 1825 [79]), Oldenburg) [80]), befreit vom Wichtel (Österr.-Schlesien) [77]), ist heilkräftig und läuternd (Schlesien) [81]). Vor dem kalten Fieber (Malaria) schützt man sich, wenn man am Karfreitag badet [82]). Nach Lammert badete man einst gegen Malaria am Karfreitage oder Ostertage morgens nackt in den Flüssen. (Er nennt dies eine römische Sitte mit Bezug auf Horat. Satir. II. 3. 288 ff.) [83]). — Im Kalotaszeger und Aranyosszéker Bezirk (Ungarn) b. am Karfreitag die Hirten das Vieh, damit es gesund bleibe [84]).

Am O s t e r m o r g e n vor Sonnenaufgang gebadet, hilft gegen Grind oder sonst dergleichen (Osterode am Harz 1788) [85]), alle Art Ausschläge usw. (Prov. Preußen) [86]). Ein Bauernknecht, der gehört hatte, daß das Osterb. vor Sonnenaufgang die Krätze vertreibe, badete so und ertrank dabei (Chemnitzer Rockenphilosophie 1722) [52]). Wer sich am 1. Ostertag in kaltem Wasser badet, bleibt das ganze Jahr gesund (Bunzlau 1791 [87]), Gegend der Mittelelbe und Mitteldeutschland) [88]). Ein B. oder eine Waschung mit Osterwasser bringt Schönheit und Gesundheit und befreit von Sommersprossen, Geschwüren, Flechten und Hautausschlägen (Sayda in Sachsen). Kranke Kinder, vor allem mit dem „Ansprung", einer Art Ausschlag, werden in Osterwasser gebadet (Reichenbach) [52]). — In der Oberlausitz badeten die Bewohner von Rauschwitz und Kindisch am Ostermorgen sich und ihr Vieh in der aufgestauten Quelle am Hochstein, weil das fruchtbar mache [89]). Im Odenwald trieb um 1875 ein Fuhrmann in der Osternacht zwischen 11 und 12 Uhr seinen schlecht genährten Gaul in die Modau, damit er gesund werde und sich besser füttere [90]), und in Ostpreußen schwemmt man die Pferde in der Osternacht zum Fernhalten von Krankheit fürs ganze Jahr [56]). In einigen Gegenden Thüringens am Harz treibt man am Ostermorgen das Vieh ins Wasser, um es das Jahr über vor Krankheit zu bewahren [91]), in Sachsenburg a. d. Unstrut wird dabei vor „Sonnenaufgang" betont [92]).

[70]) B i r l i n g e r *Aus Schwaben* 396 f. [71]) (K e l l e r) *Grab d. Abergl.* 5, 42. [72]) S e y f a r t h *Sachsen* 254 f. [73]) B i r l i n g e r *Volksth.* 1, 140. [74]) M e y e r *Baden* 502. [75]) W u t t k e 308 § 453. [76]) ARw. 17 (1914), 408. [77]) D r e c h s l e r 1, 83. [78]) J o h n *Erzgebirge* 193. [79]) P a n z e r *Beitrag* 1, 258. [80]) S t r a k k e r j a n 1, 70. [81]) D r e c h s l e r 2, 147. [82]) W u t t k e 353 § 528. [83]) L a m m e r t 260. [84]) ZfVk. 4 (1894), 395. [85]) Journ. von u. für Deutschland 1788, 2. Hälfte, 425. [86]) F r i s c h b i e r *Hexenspr.* 66. [87]) D r e c h s l e r 2, 264. [88]) M a r t i n 23. [89]) W e i n h o l d *Verehrung d. Quellen* 26 = H a u p t *Lausitz* 1, 16. [90]) BlHessVk. 3 (1901), 1. [91]) A l b e r s *Das Jahr* 185. [92]) K u h n u. S c h w a r t z 374 Nr. 20.

e) Die F r ü h l i n g s b ä d e r fanden im Mai, zu Himmelfahrt und Pfingsten statt. Die Quelle von Pfäfers verjüngt sich mit dem Frühling (Paracelsus), das Wasser vom Leuker B. im Wallis ist im 18. Jh. dem Volksglauben nach im Mai am kräftigsten, ebenso das von Pyrmont 1597. „Man sagt wol: in dem meien da sind die brünlein gsund" (Volkslied). Darum erklärt die Mainauer Naturlehre (13. Jh.) vom Lenz: „So ist och dechaine zit besser ... zu badenne." Die Volkskalender und Anweisungen zur Gesundheit äußern sich ebenso. — Das Maibad ist immer ein Wasserb., sei es in der B.estube oder im Kurort. Ja, wir finden den Namen Maibad schlechthin für das Warmwasserbad (im Gegensatz zum Dampfbad), allerdings „fürnemlichen im früling", wie der Straßburger Chirurg Ryff 1549 sagt. Er spricht vom Warmwasserb. in der Badewanne: „Zum wasser Badt oder gemeinen Mayen Badt, ist auch das Regenwasser, wo man es haben mag, am aller bequemsten" und besser als Brunnen- und fließendes Wasser, weil es reiner, subtiler ist, die Wärme des Sonnenscheins und kräftige Influenz des Gestirns und dadurch seine schädliche Kraft zum Teil verändert und gemildert hat. (Die Stelle mag zugleich als Beispiel des Gelehrten-Badeaberglaubens dienen.) — Besonders gebrauchte man die Bezeichnung M a i b a d für das gewöhnliche Wasserb., wenn es ein lustiges B., mit Schmausen, Zechen und zuweilen auch Liebeleien verbunden war [93]). Nach der Zimmerschen Chronik ertrank Graf Jörg von Werdenberg 1415 bei einem Liebesabenteuer im Rhein. Am hl. Abend fanden Fischer die Leiche, „die haben in ußer dem maienbad widerumb zu landt gebracht" [94]). Die Maibilder der Volkskalender des 15. und 16. Jhs. zeigen Mann und Frau in der Wanne mit Essen und Trinken [93]). Der lutherische Sittenprediger Martinus Bohemus donnert 1608 gegen dieses Wohlleben der Weltkinder im Mai (wenn er auch das B. dabei nicht nennt), erklärt dagegen die Maibäder für recht: „das man seiner Gesundheit pflege, das man warm b.e, auch kreuterbade gebrauche" [95]). „Alle bad seind gutt, besonder kreuter bad", sagt eine astrologische Gesundheitsanweisung von 1556 beim Mai. „Bad ist gut vnd besunder wurtz beder (Msc. E. 102 vom Jahr 1467 der Züricher Zentralbibliothek). Auch Kräuter und Wurzeln haben im Frühling besondere Kraft. — In den Kurorten galt die Maib.ekur für die beste. „Im Meyen ist die beste Zeit, ein Badenfahrt anstellen" (Johann Jakob Müller in Luzern, 16. Jh.). „Im meyen farend wir gen baden" (in der Schweiz; Thomas Murner in der Geuchmatt 1519) [93]). Die ursprüngliche Auffassung des Maibades als Gesundheit erhaltendes und bringendes B. hat auch zu einer anderen Verallgemeinerung des Begriffs geführt, es wurde gleichbedeutend mit Heilb.: „Wie ain maien bad auffkam für die lemi und schäden von der Frantzosen plattern (Syphilis) Anno dni 1513 da stund ain maien bad auff, ligt im Pairland ½ meil von Starenberg, haist im Zeidelbach oder sant Petters brunnen." Gebadet wurde dort nicht nur im Mai, sondern von Sonntag Exaudi (zwischen 3. Mai und 6. Juni fallend) bis Matthäus (21. Sept.) [96]).

Aus dem Angeführten geht hervor, daß man die Maib.ekur nicht nur im Heilb., sondern überall, also auch im eigenen Hause, gebrauchen konnte. Kaspar Scheid sagt im Meyenlob (abgedr. in Hubs Volksbl. d. XVI. Jhs. S. 316), die Bresthaften, die ihre Häuser nicht verlassen können, lassen sich im Mai daheim warme Bäder zurichten [97]). Häufig wird es in der öffentlichen B.estube genommen, wobei zu beachten ist, daß einzelnen B.estuben in Süddeutschland, mehr noch in der Schweiz, heilkräftige oder als solche geltende Quellen zur Verfügung standen. 1429 fing „Caspar Sommer in Augsburg ein Maienbad an, daß man badete für dem Wertachbruggerthor". In einer Biberacher Chronik des 17. Jhs. wird Maienb. und Maienmilch den Kranken im Spital verordnet [98]). Es handelt sich hier um eine ältere Stiftung, denn Heinrich von Pflummern berichtet vor der Reformation: „Man hat auch im Mayen allweg die armen Leuth auch in Züber badet im spittal vor der Badtstuben. Da hat man dann Ihnen aber die handt boten mit Zuobussen: mit essen vnd Trinckhen." „Man hat auch den frembden vnd Haimbischen ain Badstuben da gehabt vnd sie badet: hat sie auch im Mayen Wasser badet“ [99]). Die „Kinder im Feld“ (Aussätzigen) zu St. Georg bei Winterthur in der Schweiz hielten in der Mitte des 16. Jhs. eine jährliche B.ekur in der B.estube des Sondersiechenhauses (Leproserie) ab. „Wenn sie im Mai baden, gibt man einem jeden, soviel im Hause sind, alle Fleischtage sein Pfund Fleisch und eine halbe Maß Wein und in der Badenfahrt 7 oder 8 Pfund süße Butter, auch einen Teller mit Eiern und Zieger (Kräuterkäse) und nach der Badenfahrt 2 Pfund B.geld und in der Badenfahrt 1 Viertel Mehl für Küchly“. Neben dem Maib. im Hause gab es also noch eine B.fahrt in einen Kurort (1813 im Juli) [100]). — Lorichius (Heidelberg, 16. Jh.) erklärt es für Sünde, am 1. Mai als heiligen Tag (der hl. Walpurga) „anfahen baden“, d. h. eine B.ekur zu beginnen, „eh sie in der Kirch gewesen oder auch der Meinung (sind), das es besser sey, dann an folgenden Tagen“ [98]).

Ich komme zu den konzentrierten Bädern dieser Zeit. Vom Dorf Leimen im elsässischen Sundgau eine halbe Stunde entfernt, fließt im Orte Helgenbronn neben der dortigen Walpurgiskapelle eine kräftige Wasserquelle, Helgenbronn und Kinderbrunnen genannt. Am 1. Mai kommen die Mütter mit ihren siechen Kindern hierher, um sie zu b. (Häufiger noch geschieht es auch an Johannis, daß man hier die durch Sommersprossen verunstaltete Haut wäscht) [101]). — Berühmt ist die Pfingstmontagswallfahrt zur Kapelle St. Pirmin im luxemburgischen Kanton Wilz mit dem etwas davon liegenden Pirminiusbrunnen, wobei skrophulöse Kinder 3mal eingetaucht werden [102]). — In einzelnen Gebieten von Cornwallis werden die Kinder, die an Rachitis und Gekrösekrankheiten leiden, die ersten 3 Mittwoche im Mai 3mal, gegen die Sonne gewandt, in eine Quelle getaucht, dann 3mal in der Richtung auf die Sonne zu über den Rasen bei der Quelle gezogen [103]). Im Westen von Cornwallis geschah es vor 50 Jahren an den ersten 3 Sonntagen im Mai vor Sonnenaufgang, um Gürtelrose (zona), Flechten und andere Krankheiten zu heilen und gegen den bösen Blick zu schützen. Die Eltern tauchten die Kinder, das Gesicht gegen die Sonne, ganz nackt 3mal ein. Dann gingen sie 9mal von Westen nach Osten um die Quelle, und während die Kinder nachher angekleidet schliefen, achtete man darauf, ob sie gut ruhten und das Wasser viel Blasen aufwarf. Das galt als gute Vorbedeutung. Alles mußte stillschweigend geschehen. Ein aus der Kleidung des Kindes gerissener (nicht geschnittener) Lappen wurde bei der am meisten gebrauchten Quelle nahe der Kapelle von St. Madron an einem in der Kapellenwand befestigten Dorn aufgehängt oder zwischen die Randsteine des Bächleins gesteckt. Die Frau, die dort Anweisung gab, durfte nicht in Geld, sondern nur in Naturalien bezahlt werden, oder man legte die Geschenke für sie neben der Quellfassung nieder [104]). In Ost-Cornwallis ist es üblich, an den 3 ersten Sonntagmorgen im Mai in der See zu b. [105]). — Westendorf berichtet, daß in einigen Gegenden Hollands am Maimorgen in lebendem, strömendem Wasser gebadet wird, um von allen Hautkrankheiten zu genesen oder dagegen gesichert zu sein [106]). — An der süditalischen und sizilianischen Küste nehmen viele in der Nacht vor Himmelfahrt ein Meerb., das als heilkräftig gilt [107]); auch in Armenien badet man in der Himmelfahrtsnacht wegen der kräftigen Heilwirkung [108]). — Lorichius sagt: „In der ersten Maynacht, weyl die Klock zwölfe schlecht, in eyl Wasser schöpfen, im selben den ganzen Tag für rauth vnd andere leybsgebresten b., ist ein spöttlicher ärgerlicher Aberglaub, dardurch der Dienst Gottes denselbigen Tag verhindert wird“ [98]). Vielleicht gehört das Druselwasser hierher, von dem Jul. Schmidt Reichenfels in Kassel hörte. In ihm zu b. wurde als heilsam gerühmt, es müsse aber mit dem Lauf, nicht gegen den Lauf geschöpft werden. (Wahrscheinlich ist die rechte Zeit dazu Walpurgis oder Johannis) [109]).

Weit bequemer war das Walpurgisnachtb. in den Kurorten, besonders in den natürlich warmen Bädern. Ich kenne es nur im deutschen Sprachgebiet. Dies Dauerb. findet vereinzelt auch an Himmelfahrt statt. Es ist gegenüber dem weit verbreiteten B. in der Johannisnacht verhältnismäßig selten. Um nicht zu wiederholen füge ich das Johannisb., wenn es am gleichen Ort auch vorkommt, hier ein. —

1631 heißt es von der Therme Pfäfers in der Schweiz: „Vnder andern, so pflegt auff den ersten Tag Maij, alten Calenders, ein vnzehlbare menge Volcks, zu Vesper vnd Abendts zeit, auß allen benachbarten Dörffern, Thälern vnd Gebirgen, mit einem Wort alles gemein, vnnd lauffige Gesinde, theyls Gesund(heits), theyls Lust vnd Fürwitz halber, herbey zukommen, in die Badschwämme, einzusitzen, vnnd die gantze Nacht, darinn wachtsamb zuzubringen, auch dise Nachtfrist, einer gantzen Bad Chur, jhres Sinns abzuschätzen; alsdann, folgenden Morgen, wann sie abreisen wöllen, jhre Hembder, zuvor in das Badwasser (das keine mineralischen Bestandteile hat) wol einzutrucken, vnd also anzuziehen, mit mainung, einer mit sich hinweg tragenden großen gefunden Krafft" (Kolweck). Im Basler Gebiet bei dem damals schwer zugänglichen (nicht natürlich warmen) B. Ramsen (Ramsach) „tryben sy uff den mey und Sant Johans oben (Abend) Superstitiones" 1572[110]. 1600 wird „im bad zu Ramseln uff St. Johannis abend und nacht neben großem muttwillen superstition und Aberglauben getriben, sonderlich von unsern Leuten (d. h. denen aus dem Basler Gebiet), welche diß tags halben dem Bad große Krafft zuschreiben", und 1605 „wird geklaget von wegen der Bädern Ramsen und anderswo, dz man deren kraft auf gewisse tage lege, sonderlich auf den tag S. Johannis Baptistae"[111]. 1606 wird das B. „aus Aberglauben vom Landvolck auff den tag der Himmelfahrt, Meytag und S. Johanstag besucht." Die (evangelische) Kirchenbehörde schlug zur Abstellung des Aberglaubens vor, den Bader anzuhalten, an diesen Tagen keine Gäste aufzunehmen und das B. nicht zu heizen[110]. — Von Baden-Baden, das natürlich warmes Wasser hat, schreibt 1673 ein Franzose, der dort die Kur gebrauchte: „Am 1. Mai kommen Scharen schwäbischer Bauern, erkenntlich an ihren althergebrachten Trachten, aus der weiteren Umgebung, um zusammen mit ihren Frauen ein „Maib." zu nehmen. Sie legen sich ins B. hinein, trinken und essen — so will es die deutsche Sitte —, dann legen sie sich zum Schlafen hin. Haben sie auf diese Art gebadet, bilden sie sich ein, sie blieben das ganze Jahr von Krankheiten verschont. So hält es die katholische Bevölkerung." Die Nichtkatholiken erscheinen 10 Tage später, am 1. Mai alten Kalenders[112]. 1632 kam Zeiller abends um 8 Uhr nach Baden-Baden und fand erst nach 1 ½stündigem Suchen Quartier, „weiln so viel Badleuthe, sonderlich Bauern, vorhanden waren, die wegen S. Johans Nacht jhnen einbildeten, wann sie selbigen Abent badeten, daß sie hierdurch das gantze Jahr für Kranckheiten solten befreyet sein"[113].

93) Martin 10 ff. 94) Bibl. d. literar. Ver. in Stuttgart 93 (1869), 3. 95) Birlinger *Aus Schwaben* 2, 94. 96) Die Chroniken der dt. Städte 25, 7 f. 97) Rochholz *Gaugöttinnen* 61. 93) Birlinger *Aus Schwaben* 2, 92 f. 99) Alemannia 17 (1889), 99. 100) Martin 19 f. 101) Rochholz *Gaugöttinnen* 60 f. 102) Weinhold *Quellen* 43 = Gredt *Luxemburg* Nr. 30. 103) Sébillot *Paganisme* 67. 104) Ebd. 67 u. 80. 105) Sartori *Sitte und Brauch* 3, 180. 106) Mannhardt *Germ. Mythen* 31. 107) Sartori *Sitte und Brauch* 3, 188 = Trede *D. Heidentum i. d. röm. Kirche* 3, 224. 108) Ebd. = Abeghian *Der armen. Volksglaube* 61 ff. 109) Grimm *Myth.* 1, 487. 110) Martin 15 f. 111) Ebd. 21. 112) Oskar Rößler *Ein Bericht über die Bäder von Baden-Baden aus d. J. 1673.* S. A. Ärztl. Mitteilungen aus u. für Baden 1915 Nr. 16. 113) Martin 22.

f) Die Sommerkultbadezeit ist bei uns, aber auch anderswo, der Vorabend des Johannistages bis Sonnenaufgang, in Portugal auch noch der des Peters- und des Antoniustages.

Der hl. Augustin sah in Lybien — er nennt es einen heidnischen Brauch und eifert dagegen —, daß Christen am Johannistage zum Meer gingen, um sich zu b.; und an anderer Stelle schreibt er, daß sie sich in der Nacht oder in den Morgenstunden des Johannistages in Quellen,

Sümpfen oder Flüssen zu waschen (b.) wagten [114]). Mit den gleichen Worten beschreibt Bischof Caesareus von Arles († 1. Hälfte 6. Jhs.) den Brauch und beschwört seine Landsleute, davon zu lassen [115]). Nochmals finden sich die Worte in einem Freisinger Homiliar des 8. Jhs.[116]) — 1330 sah Petrarca in Köln, wie er in einem Briefe an den Kardinal Colonna schreibt, am Vorabend des Johannistages einen alten Brauch. Bei Sonnenuntergang war das ganze Rheinufer mit Frauen bedeckt. Unglaublich war der Zulauf. Ein Teil der Frauen war mit wohlriechenden Kräuterranken bedeckt. Mit zurückgeschobenem Gewand fingen Frauen und Mädchen plötzlich an, ihre weißen Arme in den Fluß zu tauchen und abzuwaschen. Dabei wechselten sie in ihrer Sprache lächelnd einige Sprüche miteinander. Man erklärte ihm, daß dies ein uralter Brauch unter der weiblichen Bevölkerung Kölns sei, die meine, daß alles Elend des ganzen Jahres durch die bei ihnen an diesem Tag gewöhnliche Abwaschung im Flusse weggespült würde und gleich darauf alles nach Wunsch gelinge. Von einem ähnlichen Brauch in Neapel am Vorabend des Johannistages berichtet Benedikt de Falco 1580, wo Männer und Frauen zum Meer gingen und sich nackt wuschen [117]). Bei Nogent-le-Rotrou (Frankreich) gibt es eine Quelle, die wegen ihrer Heilkraft während der ganzen Johannisnacht berühmt ist. In ihr b. Männer und Frauen am Abend vor Johannis, und kein unzüchtiger Gedanke stört den Vorgang [118]). Bis in die jüngste Zeit badete man sich in Wallonien in den Flüssen oder trank auch das Wasser gerade um Mitternacht des Johannistages, um sich verschiedene Vorteile zu verschaffen, darunter das Recht, nicht zu ertrinken [119]).

Von den Dauerbädern in Heilbädern während der Johannisnacht wurden die zu Ramsen und Baden-Baden bereits beschrieben (s. 6 e). Bäder in der Johannisnacht, heißt es im Kanton Luzern, sind besonders heilsam [120]). Von „altfränkischen" Leuten wurde 1862 noch im Bade Schönau zu Tschaggüns (Churrätien) in der Johannisnacht gebadet, weil ein B., in dieser Nacht genommen, eine ganze Kur von 3—4 Wochen ersetzt [121]). — In Schwaben heißt es, ein einziges B. in der Johannisnacht wirkt soviel als 9 Bäder, die man zu anderer Zeit nimmt. Deshalb badeten die Leute früher immer während dieser Nacht in dem Mineralb.e Laimnau (O.-A. Tettnang); jetzt (1852) hält man weniger mehr darauf [122]).

1591 hatten „an Joannis Baptistae uff die Achzehn doch mehrentheils weibspersonen das Badt in der Eßlinger Vorstadt allhie (Stuttgart) besucht, die ganze nacht und den Tag, und allßo zwanzig vier stundt gebadet, welches auch andere Jahr uff Joannis Baptistae abends beschehen". Die Stuttgarter Synode bekämpfte dies als Aberglauben und drohte Bestrafung von Badern und B.leuten an. 1602 war das Konsistorium der gleichen Meinung, weswegen es „dem Sulzbäder zu Cannstat die St. Johanns Bäder zu halten abstricken ließ, doch zu der Oberkeit fernerem Erwägen". Der zu diesem Gutachten eingeholte Bericht des Vogts von Kannstatt lautete dahin, daß diese Bäder ein Überrest des Papsttums seien und hauptsächlich nur noch von den benachbarten Katholiken zu Hofen und Öffingen gebraucht würden und deswegen um so mehr abgeschafft zu werden verdienten, als sie nur Veranlassung zu Unfug gäben [123]). 1639 und 1666 wurden die Johannisbäder in Württemberg nochmals verboten [124]). 1673 spricht Salomon Braun in der Beschreibung des nach der Zerstörung neu errichteten Biberacher (also auch eines Württemberger) Bades von Mißbräuchen beim B., „darunter auch noch einer, als nicht der geringste zu mercken, daß auch bey uns dieser übele Gebrauch bey vielen sich gefunden (also im alten Biberacher B.e), die da zu verkürtzung der Zeit und Bade Cur desto länger, und wol gar continuirlich 24 Stunden im Zuber sitzen blieben, darinnen geessen, getruncken, geschlaffen, und ja theils so eine sonderliche Zeit, nemblich S. Johannis Baptistae Nacht dazu erwehlet, und meynen solche Leuthe, wenn sie nur frisch wider heimgehen können, haben sie die Sache wol getroffen" [125]).

Vom Solbad Niederbronn im Wasgau (Unterelsaß) heißt es 1593, daß „sonderlich vmb Johannis Baptistae alle jar ein große menge vom Landvolck dahin kommen, so ein tag zwen da gebliben, tag vnd nacht im wasser gesessen, in den Burgers Heusern dasselbig wärmen lassen, vnd darein in Bütten gesessen, daß das gantz Dorff voll Badgest vnd erfüllet gewesen, vermeynend, sie seien das gantz Jar hernacher von kranckheiten verwaret vnd sicher". Heliseus Rößlin, vom Sulzbad im Unterelsaß 1647: „Ich habe gesehen, zwar nicht in dem Sauerbrunnen, sondern in vnserm Sultzbad, das gemeine Leuthe an St. Johanns tag 24 stunden continue nach einander in dem bade gesessen, die baden Cur in solcher Zeit zu ende geführt, vnd in dem bade gessen, getruncken, geschlaffen, auch wol, wann sie in der grösten hitze gewesen vnd köpffe, so roth als die Zinßkappen gehabt, ein Glaß nach dem andern von dem gesaltzenen Wasser auß getruncken." (Sebitz) [126]). 1854 suchte der Straßburger Kirchenkonvent gegen die Johannisbäder als einen abergläubischen Brauch einzuschreiten [127]).

Schwenckfeldt schreibt 1607 von Warmbrunn bei Hirschberg in Schlesien: „Denn an S. Johannis Abendt, vnd an Johannis Tage vberaus viel Volckes von nahen und fernen Orthen, dahin sich findet, Gesunde, gesunden Leib vbers Jahr zubehalten, Krancke, Lahme, Krätzige, Außsetzige, Gichtbrüchige, jre Kranckheit zuwenden. Fellet hauffenweise vbereinander in Brunnen wie die Gänse, gäntzlicher meinung, daß Warme Bad were diesen Tag viel kräfftiger, als andere Zeit deß Jahres, vnd gebe in einer halben Stunde dem Leibe mehr Krafft als sonsten Vier oder Fünff Wochen." (Hier kam hinzu, daß dort St. Johannis zu Ehren eine Kapelle errichtet war, in der vor Zeiten am Tage des Heiligen den B.egästen eine Messe gelesen wurde, wozu große Wallfahrt war) [125]). Dasselbe gilt, sagt Drechsler, von dem Johannisbrunnen (Johannisb. [wohl das warme B. in Böhmen]) und dem Johannisbach im Riesengebirge, wohin am Johannistage viele Leute wallfahrten und dort b. und trinken, in der Meinung, Gesundheit davon zu schöpfen [128]).

In Norwegen wurden die heiligen Quellen vorzüglich am Johannisabend besucht, weil sie dann am kräftigsten sind [127]).

Es wurde, wie aus dem obigen ersichtlich ist, nicht immer nur die Nacht, sondern auch noch den Tag hindurch, ja 2 Tage gebadet. Das ursprüngliche war das Nachtb.

Um zu wissen, welche Quelle man zur Heilung am vorteilhaftesten gebraucht, wirft man in der französischen Provinz Limousin in ein mit Wasser gefülltes Gefäß Kohlen, aus Haselruten gebrannt, die am Vorabend des Johannistages geschnitten sind. Jede Kohle bezeichnet eine Quelle; die zuerst zu Boden fällt, zeigt die Quelle an, die man gebrauchen muß [129]).

Von den im Hause genommenen Johannisbädern kenne ich nur eins. Noch heutzutage rüstet man in Schlesien (z. B. in der Sprottauer Gegend) ein Johannisb., zu dem man Wasser nimmt, worin neunerlei Hölzer oder Kräuter gekocht sind [128]).

[114]) Grimm *Myth.* 1, 490. [115]) Boese *Superstit. Arelat* 19. [116]) Schmeller *Bay.-Wb.* 2, 302. [117]) Grimm *Myth.* 1, 489. [118]) Ebd. 3, 487 Nr. 33. [119]) Sébillot *Paganisme* 300. [120]) Hoffmann-Krayer 163. [121]) Vonbun *Beiträge* 133. [122]) Meier *Schwaben* 2, 427 Nr. 116. [123]) Martin 20. [124]) Ebd. 399. [125]) Ebd. 22 f. [126]) Ebd. 21 f. [127]) Weinhold *Quellen* 44. [128]) Drechsler 1, 143. [129]) Sébillot *Paganisme* 78 f.

g) Für den Hochsommer und den Herbst (ungefähr die Zeit der Hundstage) ist mir nur ein B. bekannt, das man als Kultb. auffassen kann. In früherer Zeit zog während der 3 ersten Sonntage im August, an den sog. „kalten B.sonntagen" viel Volk ins Krauchtal im Glarnerland, um im Krauchtaler B., einem Wasserbecken von mehreren Minuten Umfang, in das sich kalte Quellen ergießen, zu b. 1680 besuchten es die jungen Leute aus dem Glarner und Sarganser Land um den Anfang August, mehr um sich zu erfrischen als krankheitshalber. Um die Mitte des 19. Jhs.

hörte die Benutzung auf [130]). Daß nur ein solches B. für diese Zeit vorliegt, ist um so auffallender, weil die Volkskalender gerade das kalte B. empfehlen, während sie vor dem warmen B. warnen [131]). Dementsprechend wird im Göttinger Bellifortis (des Konrad Kieser, 1405) [132]) das Kräuterb. (9 Tage hintereinander), das für jeden Monat erlaubt ist, im Hundsmonat verboten. Auch vom Baden-Badener B. sagt der dortige Arzt Matthäus 1609: „In den Hundstagen soll man aber nicht b.“ [133]). Die Meinauer Naturlehre (13. Jh.) warnt im Herbst vor den Thermen [131]). Nach Emmentaler Glauben soll man während der Hundstage im August nicht b., es wird sonst eine Krankheit im Gefolge haben, aber Mädchen b. dort gerne, während die Rosen blühen, das gibt eine schöne gesunde Haut [134]).

[130]) Martin 27. [131]) Ebd. 173 f. [132]) Ebd. 160 f. [133]) Oskar Rößler *Wann und wie einst in Baden-Baden die Badekur gebraucht wurde.* S. A. Ärztl. Mitteilungen aus und für Baden. 1909 Nr. 2 u. 3, 5. [134]) SAVk. 24 (1922), 66.

h) Das B. im Tau, Flachs, Korn und Sand. Um nicht zu wiederholen, sei hier alles Hergehörige angeführt, auch wenn bestimmte Tage nicht genannt sind. — Als nach der Ermordung Kaiser Albrechts i. J. 1308 dessen Tochter Agnes die 63 Mann der Besatzung von Farwangen hatte hinrichten lassen, soll sie durch deren Blut mit den Worten geschritten sein: „Jetzt im Blute derer gehend, die meinen frommen Herrn ermordet haben, bade ich im Maientau“ [135]). Nach Tschudis Schweizer Chronik spazierte sie in der Entleibten Blut und sagte, sie b.e im Maientau [136]). So wird mancherorts unter B. im Maitau ein Durchschreiten der taunassen Wiesen oder Felder zu verstehen sein. In Groningen, im zütphenschen Teil von Gelderland und in Südholland nennt man das daawtrappen (Tautreten) oder daawslaan (Tauschlagen), man versammelt sich dazu im Mai oder am Morgen des 1. Pfingsttages vor Sonnenaufgang („vor dag en daauw“) im Feld und bekränzt sich mit Laub und Blumen [137]). Aber auch das B. des ganzen und zwar nackten Körpers kommt vor. — Ohne Angabe einer Zeit heißt es in der Oberpfalz, daß B. im Tau den Mädchen die verlorene Jungfrauschaft wieder gibt [138]). Es wird erzählt, daß sich Hexen nackend im Sande oder im Korn b.[139]). In Böhmen wälzen sich manche am Ostersonntag vor Sonnenaufgang nackt im Tau der Wiesen (Maschakotten) [140]). In Mersburg hörte Weinhold, daß die jungen Uhldingerinnen noch in der 1. Mainacht im taunassen Klee badeten [141]). Noch heute ist es in Sachsen Brauch, sich am Johannistage früh vollständig nackt im taufrischen Gras zu wälzen, um Krätze, Ausschläge und sonstige Unreinlichkeit aus der Haut zu beseitigen [142]). Im Saalfeldischen tanzen (1790) die Mädchen in der Johannisnacht um den Flachs, ziehen sich nackt aus und wälzen sich darin [143]). — In Schweden und Island badete man sich in der Johannisnacht im Tau, damit die Krankheiten des Körpers durch Wunder (miraculose) geheilt würden [144]). — Nach der Morningpost vom 2. Mai 1791 gingen in England am 1. Mai Scharen auf die Felder und badeten ihr Gesicht im betauten Grase, um dadurch Schönheit zu erlangen [145]). Zu Gervasius' von Tilbury Zeiten (1211) war das Pfingstbad selbst noch bei Vornehmen in Brauch [146]). In Launcaston hält man dafür, daß Kinder, die ein schwaches Kreuz haben, dadurch geheilt werden können, daß man sie am Morgen des 1., 2. oder 3. Mais durch das taubenetzte Gras zieht [144]). Um 1850 badete man in Cornwallis das kranke Kind am 1. Mai auf dem taubedeckten Rasen, was, um wirksam zu sein, an den 2 folgenden Morgen wiederholt werden mußte [147]). — Das B. am Johannistage im Tau ist in der Normandie üblich, um gegen Krätze und andere Hautkrankheiten geschützt zu sein, in den Pyrenäen zur Genesung von Hautkrankheiten, in der Bretagne gegen Fieber in einem betauten Haferfeld [145]). Sébillot sagt, daß in mehreren Gegenden Frankreichs das Taub. am Morgen des Johannistages von Krätze befreit. In Béarn (Nieder-Pyrenäen) spaziert der Kranke vollständig entkleidet in verschiedenen Richtungen durch ein Haferfeld und spricht wiederholt ein Gebet im Dialekt: „Reinige mich gut, frischer Tau" usw. Auch in Asturien (Spanien) wird man von Krätze frei, wenn man sich um Mitternacht des Johannistages ganz nackt im Tau wälzt, unter denselben Bedingungen in den Abruzzen (Italien), hier auch zu Himmelfahrt [148].

[135]) Rochholz *Gaugöttinnen* 61. [136]) Birlinger *Aus Schwaben* 2, 93. [137]) Mannhardt *Germ. Mythen* 29. [138]) Schönwerth *Oberpfalz* 2, 33. [139]) Grimm *Myth.* 2, 911. [140]) John *Westböhmen* 65. [141]) Meyer *Baden* 220 = Weinhold *Ritus* 41. [142]) Seyfarth *Sachsen* 252. [143]) Grimm *Myth.* 3, 452 Nr. 519. [144]) Mannhardt *Germ. Myth.* 30 f. [145]) Ebd. 28. [146]) Liebrecht *Gervasius* 57. [147]) Sébillot *Paganisme* 68. [148]) Ebd. 125.

7. Das B. unter freiem Himmel im Fluß, See, Teich und im Meer zur Erfrischung und zum Vergnügen hat seinen besonderen Aberglauben. Er bezweckt, die Gefahren dieses B.s zu beseitigen und gibt Schutz vor Ertrinken (s. Ertrinken und Wasseropfer). Ich muß aber doch darauf aufmerksam machen, daß gewisse Tage, an deren Vorabend die Nacht hindurch bis zum Sonnenaufgang das B. für besonders heilkräftig gilt im Freib. zur Erfrischung und zum Vergnügen verrufen sind, weil sie ein oder mehrere Opfer fordern, so der 1. Mai, der Himmelfahrtstag, besonders der Johannistag und auch der Peter- (und Pauls-) Tag. Es kommen auch noch einige andere Tage vor, bei denen das B. in der vorhergehenden Nacht nicht üblich ist. Für unser Klima bedeutet der Johannistag den Beginn des Freib.s, wenn auch an ihm selbst nicht gebadet werden soll. Eine besondere Stellung haben die Hundstage. Wie schon gesagt (s. 6 g) rieten die Volkskalender vom warmen B. im Hause und in der B.estube, wie in den Thermen, für diese Zeit ab, empfahlen aber das kalte B. Vielleicht geht ein Teil der nachfolgenden B.everbote auch nicht auf das kalte, sondern auf das warme B., wo nicht ausdrücklich vom Schwimmen die Rede ist.

In den Hundstagen darf man nicht b., denn dann ist das Wasser giftig (Norwegen) [149]), es ist gefährlicher als an anderen Tagen (Pennsylvaniendeutsche) [150]), es wird sonst eine Krankheit im Gefolge haben (Emmental) [151]), man soll nicht schwimmen gehen, sonst bekommt man „Geschwüre" (Heidelberg und Pennsylvaniendeutsche) [150]). Somit könnten bei uns für frühere Zeiten die Hundstage den Schluß des Freib.s bedeutet haben. — Am Laurentiustag (10. August) pißt in Ungarn der Hirsch ins Wasser, dann wird die Witterung kühl, und man darf nicht mehr b., und vom Stephanstage (20. August) heißt es ebenda, von diesem Tage an darf man nicht mehr b., denn der Hirsch pißt ins Wasser, und man wird krank davon [152]); vom gleichen Tage sagen die mährischen Tschechen, daß in der Nacht in jedem Gewässer Schlangen b. und ihr Gift in dasselbe lassen, daher soll niemand nach Stephani b.[153]). So ist für Ungarn und Tschechen Stephani der Schlußtag des Freib.s.

[149]) Liebrecht *Zur Volksk.* 337 f. [150]) Fogel *Pennsylvania* 260. [151]) SAVk. 24 (1922), 66. [152]) ZfVk. 4 (1894), 405. [153]) Grohmann 82.

8. B.estube und Ofen.

a) Die B.estube hat in Deutschland wenig Aberglauben hinterlassen, da sie zu einer Zeit einging, als man den Aberglauben noch nicht aufzeichnete. Wenn sie in den Beichtfragen nicht vorkommt, wird damit nur bewiesen, daß diese vom Süden zu uns gelangten, wo es unsere Dampfb.estube samt B.equast nicht gab. Das deutsche und nordische Seelb. und die Stellung des Donnerstags (s. 3 d) im B.estubenaberglauben mit ihren Parallelen im Baltikum und bei den Nordslawen lassen schließen, daß mancher bei diesen Völkern noch bestehende Aberglaube auch bei uns einst vorhanden war.

Bei den alten Juden galt trotz der Liebe zum B.e das B.ehaus als ein Ort des Schmutzes, der mit dem Abtritt auf gleicher Stufe steht, und jedes Thoragespräch ist daher im B.e verpönt. Mußte doch selbst das für das B. momentan zu erteilende Wort in profaner Sprache gesprochen werden. Der Hurenlohn und der Hundepreis sollen verwendet werden zu

Abtritten und Bädern [154]). Im Glauben der Wotjaken heißt es: „ In die B.ekammer trag dein Heilkreuz nicht mit; das in die B.ekammer mitgenommene Kreuz verliert seine (Fetisch-) Kraft und ist daher von keinem Nutzen mehr" [155]).

Bei der weißrussischen Landbevölkerung, bei der die Geburt im Sommer in der Banja (B.hütte) oder in einem leeren Stall, im Winter im Hause stattfindet [156]), vergräbt die Babka (Hebamme) die Nachgeburt meist unter der Diele der Banja, wobei sie sich nach allen 4 Himmelsrichtungen verbeugt, aber nicht bekreuzt, sondern die Hände auf dem Rücken hält, weil die Banja ein ungeweihter Raum ist [157]). — Den alten Letten galt die B.estube teils für heilig, teils für behext. In der Sage von Kurbrand werden 3 schöne Königstöchter, als sie sich einmal in der B.estube wuschen, von einem bösen Geist entführt. In derselben B.estube kocht Kurbrand einen Kessel Grütze. Der böse Geist wird vom Geruch angelockt. Kurbrand klemmt ihn in der Tür fest und verprügelt ihn, bis er ihm willfährig ist [158]). Bei den Esten rufen die Zauberer oft Krankheiten in der B.estube (Saun) hervor, aber die Weisen heilen die Kranken auch in der B.estube, und suchen sie von Zauberei zu befreien. Dabei muß vollständige Ruhe herrschen, auch ist es in keiner Weise erlaubt, die Pfeife des gehörnten Johannes (Sarve Jaan) zu blasen (pfeifen). Der Gesang oder die Pfeife des gehörnten Johannes ruft diesen sonst in die B.estube und macht die Heilung unwirksam. Der Weise heilt hauptsächlich mit B.equast und Worten. Gegen Geschwüre und ähnliche Schwellungen (!) schlägt er 3mal mit dem Quast unter die Fußsohlen und spricht dazu: „Kraut heraus!" Darauf schlägt er die kranke Stelle. Wird vermutet, daß den Kindern eine Krankheit angezaubert ist (aber oft auch im Fall anderer Krankheiten), beschwört der Weise beim Schlagen: „Schmutz, Schmutz ist über die Ader, Quastblatt über das (bezauberte) Blut" [159]). Bei den Wenden der Lausitz entledigt man sich des Wechselbalgs, indem man ihn mit einer Rute von Zweigen der Hängebirke (das ist der B.equast) kräftig durchpeitscht [160]).

Die Russen kennen einen „Mitternachtsgeist", welcher den Kindern die nächtliche Ruhe raubt. Man vertreibt ihn mit 7 aus einem B.ewisch (wohl B.equast) genommenen Ruten, indem man die Haustür öffnet und Besprechungsformeln hersagt [161]).

Zu Anfang des 19. Jhs. wurde in Wierland (Estland) das sog. Saksa-wihawõtmine — Befreiung von der deutschen Bosheit (Zorn) — häufig angewandt, wobei der Weise den vom Zorn Betroffenen in einer B.estube mit besprochenem Salz badete und dabei 3mal rief: „Die Herrschaft unter den Fußboden, du auf dem Fußboden!" Dabei verlangten manche Weise Blut von dem Schützling, der das Ansinnen oft (als Seelenverkauf) zurückwies [162]). Die Esten gießen (1854), wenn einem Kind durch ein „böses Auge" ein Leid zugefügt wurde, Wasser durch die Glühsteine eines B.stubenofens, werfen darauf 3mal 7 glühende Kohlen ins Wasser. Man gibt zuerst davon dem Kinde zu trinken und badet es dann darin. So wird das Übel glücklich gehoben, das böse Auge aber nicht selten mit einer Entzündung bestraft [163]) (s. auch 3 b, 3 d). Die Granen, die Krankheitsdämonen des Wechselfiebers, kommen gewöhnlich aus Lappland nach Estland, in den heißen Ofen und in die Hitze der B.estube wagen sie dem Kranken nicht nachzugehen [164]) (s. noch 3 c). Nach dem Poenitentiale Bedas wird die Mutter bestraft, wenn sie zur Heilung des Fiebers ihren Sohn aufs Dach oder in den Ofen (supra tectum aut in fornacem) legt, nach dem Egberti eboracensis (a. 748) auf das Haus oder den Ofen (supra domum vel fornacem) setzt [165]).

Daß Mädchen in Schlesien den Teufel (Wodan) zum B. in der Kloake (B.estube) baten, damit er ihnen den zukünftigen Mann zeige, berichtet Frater Rudolfus. Clm. 5931 der bayerischen Staatsbibliothek (im 15. Jh. geschrieben) [166]) hat (unter der Überschrift „De variis remediis, herbis usw.) [166]) die Stelle: „Pilsensamen in die padstuben auf den (Stein-)ofen gegossen, macht dy läut an einander slahen mit den padschefflein“ [167]) (nicht etwa B.ewannen, wie neuerdings gedeutet, sondern mit den kleinen Holzgefäßen, aus denen man Wasser auf die glühenden Steine des Ofens und am Schluß des B.es auf sich selbst goß). Für uns Heutige ist das kein Aberglaube, sondern Bilsensamenvergiftung. Ich erinnere mich einer Stelle, deren Quelle mir entfallen ist: „Machen, daß die Weiber nackend aus dem B. gehen, leg Bilsensamen unter die Schwelle der B.estube.“ Die Skythen warfen auf die glühenden Steine Hanfsamen (Herodot IV, 75) und schwitzten in dem Dampf. Das war ihr Reinigungsb. Wie Herodot meint, brüllten sie vor Freude [168]), in Wirklichkeit infolge der Haschischvergiftung. Vielleicht spielte bei den Deutschen in der Urzeit der Bilsensamen als Rauschmittel eine gleiche Rolle, damit wäre die Badestube dem Geisterglauben und dem Zauber weit offen gewesen.

In Norwegen glaubt man, wenn man einen Gang gehe und sich unterwegs bade, so kehre man unverrichteter Dinge zurück [169]). Die Wotjaken in Rußland sagen: „Nachdem du 3mal in die einmal geheizte B.ekammer hineingegangen bist, tritt zum 4. Mal nicht hinein, dann geht der Albasti (Wesen, das beim Alpdruck eine Rolle spielt) hinein“ [170]). Die Esten gingen 1641, wenn sie zum Abendmahl gewesen, nicht vor 3 Tagen nachher in die B.estube [171]). — In Ägypten wird man durch Anstoßen mit dem Fuß in der B.estube von Dämonen überfallen [172]).

[154]) Krauß *Talmudische Archäologie* 1 (Leipzig 1910), 232 f. [155]) Liebrecht *Zur Volksk.* 337. [156]) ZfVk. 17 (1907), 165. [157]) Ebd. 167. [158]) Victor v. Andrejanoff *Lettische Märchen.* Reclams Univ-Bibl. 3518, 27. [159]) Eisen *Estnische Myth.* 16 f. [160]) Ploß *Kind* 1, 104. [161]) Ebd. 1, 108 f. [162]) Boecler *Ehsten* 145. [163]) Ebd. 62. [164]) Eisen *Estn. Myth.* 55. [165]) Grimm *Myth.* 3, 406. [166]) Mitt. d. Handschriftenabt. d. bayer. Staatsbibliothek München. [167]) Schmeller *BayWb.* 1, 208. [168]) Schrader *Reallex.*^{2} 1, 74. [169]) Liebrecht *Zur Volksk.* 337. [170]) Urquell 2 (1893), 144. [171]) Boecler *Ehsten* 64. [172]) Der Islam 7 (1917), 3 Anm. 1.

b) Ofen. Im russischen Gouvernement Jaroslaw schwitzt der Kranke gegen Erkältungs-, aber auch viele andere Krankheiten in der B.estube, wo die Temperatur bei gesättigter Dampfatmosphäre auf bis 50—60 ^{0} Celsius steigt. Nachdem er sich alle möglichen Extrakte eingerieben hat, legt er sich auf das Treppenpodium, wobei er sich auf den Kopf entweder einen Tontopf oder einen Birkenbesen in der Art eines Hutes setzt. Nach dem Schweißausbruch schlägt man sich — wie beim B. — den ganzen Körper mit Birkenruten rot und trinkt dann das vorgeschriebene Kräuterinfus. Man geht aber auch nach Einnahme des Tranks in den russischen Ofen, wo die nötige Temperatur durch etwas auf die Steine gegossenes Wasser bestimmt wird — es darf nicht zischen, sondern muß ruhig verdampfen —, die Ofentür wird geschlossen, und der Kranke schwitzt. Laut Statistik von Rd. Tisjakow starben 1910 im Gouvernement Saratow 792 Menschen im Ofen [173]) (s. auch 8 a). — Auch in Deutschland schwitzte man im Ofen, allerdings dem Backofen und zwar auf Brettern nach Herausholen des Brotes. Nach Ryff (16. Jh.) muß sich zuweilen der arme Mann auf den Dörfern aus Notdurft gegen Wassersucht mit dieser Art B. behelfen. „Aber die meister der artznei bruchen es wenig“, sagt Phries (16. Jh.). Todesfälle werden 1610 und 1748 gemeldet [174]). In der Schweiz hat man deshalb (bekannt seit 1645) über dem Backofen besondere B.estuben errichtet, die Bäckerb.stuben hießen und fast wie die öffentlichen betrieben wurden. Das B. nannte man Brotb., wurde Hafer im Ofen gedörrt, Haferb., schüttete man 1 Glas Essig in den heißen Backofen, Essigdampfb. Die Bäder wurden gewöhnlich ½—1½ stündig 6 Tage lang gegen Rheumatismus und Gicht gebraucht. Sie kommen heute noch vor. Ein Zusammenhang mit Brotaberglauben ist ganz verloren gegangen [175]). Sicher war sich der „Gandahannes“, der wegen schweren Rheumatismus in der Valser Therme mit Erfolg gebadet hatte und, um den Weg zu sparen, daheim auf einem Brett als Sitz im verschlossenen Backofen die Kur mit gleichem Erfolg fortsetzte [176]), keines Aberglaubens bewußt. Auch in der Behandlung der Krätze im Backofen (Ungarn, Oberschlesien) [177]) kann ich keinen Aberglauben sehen. Er besteht nur bei der Behandlung des Kindes. Der rasch fortschreitende Körperschwund, eine schwere Erkrankung, bei der das Kind ein greisenhaftes Aussehen bekommt, die heute als Dekompensation (Finkelstein) bezeichnet wird [178]), in Karlsbad und Umgegend „Altvater" [179]), in Steiermark das „Älter" [180]), in der Rokkenphilosophie „Elterlein" [181]), in Siebenbürgen das „Hundsalter" [182]), in Niederösterreich (Neunkirchen) „'s Gölta" [183]) heißt, wurde durch Einschießen des Kindes auf einer Brotschüssel in den Backofen meist unter Hersagen eines Spruches vermeintlich geheilt. Man nannte das gewöhnlich Umbacken, in Niederösterreich Göltawenden. (S. weiteres bei backen Sp. 9 u. 760.) In Ungarn schiebt die Hebamme den vom Wassermann untergeschobenen Wechselbalg mit den Worten ein: „Hier hast du den Teufel, gib mir mein rechtes Kind zurück" [184]). In Stettin steckt man das Neugeborene ein Weilchen in den Backofen, so wird es keine Sommersprossen bekommen [185]) (s. auch 8 a).

[173]) Arch. f. Gesch. d. Med. 18 (1926), 264. [174]) Martin 126 f. [175]) Ebd. 112 f.; SAVk. 22, 129 ff. [176]) Jörger *Vals* 65. [177]) Arch. f. Kriminalanthropologie 28 (1907), 362. [178]) E. Feer *Diagnostik der Kinderkrankheiten* (Berlin 1924) 228. [179]) Ploß *Kind* 1, 130. [180]) Fossel *Volksmedizin* 84. [181]) Grimm *Myth.* 3, 437 Nr. 75. [182]) Hillner *Siebenbürgen* 51 Anm. 183. [183]) Hovorka u. Kronfeld 2, 657. [184]) Ploß *Kind* 1, 107. [185]) Urquell 5, 279.

9. Bad in der Wohnung, Zauberbäder. Im Hause wird das 1. Kindsb. genommen, dessen Aberglaube meist auf die späteren äußeren Verhältnisse, auch auf die Erhaltung der Gesundheit wirken soll. — Kleine Wiegenkinder bekommen im Böhmerwald Terminalknospen der Fichten und Tannen und andere Kräuter ins B., damit sie kräftig werden [186]). Die Siebenbürger Sachsen gebrauchen bei schwachen Kindern Zusätze von Eidotter, Kornschleim, altem Wein [187]), Milch; wenn das Kind vor Schwäche nicht stehen und gehen kann, tut man verrostetes Eisen ins B. — wie das Eisen stark ist, soll auch das Kind stark werden —, dann reibt man das Kind mit Natternfett ein [188]). — In Franken badet man beschriene Kinder mit Beschreikraut (Sideritis, wahrscheinlich Stachys recta) [189]). Im Voigtland wird gegen die englische Krankheit ein 2- bis 3maliges B. empfohlen, in dem ein vom Schindanger geholter Pferdekopf abgekocht ist (Reichenbach) [190]). In dem dem Voigtland benachbarten Reußischen nimmt man das Wasser zum B. aus einem Bach, über den eine Leiche getragen wurde, gegen Fräsel (Gefraisch) [191]). — In Schlesien weicht die Abzehrung (= Älterlein), wenn man das kranke Kind in dem Wasser badet, worin am Fronleichnam zusammengelesener Kalmus gekocht worden ist (Breslau, Brieg, Kreuzburg). Auch wird Kirchhoferde von 3 Gräbern in Flußwasser gekocht und das Kind darin gebadet. Am Abend streut man die Erde wieder auf die Gräber und gießt das Wasser in den Fluß zurück. Das wird dreimal gemacht, doch muß die Erde jedesmal von 3 anderen Gräbern genommen werden (Leobschütz). Man setzt das Kind auch in eine Wanne mit warmem Wasser, schmiert es mit einem Brei aus Weizenmehl und Milch, die beide geschenkt sein müssen, an 3 Freitagen ein, badet es und gießt dann das Wasser von einem Bergel herunter (Kreuzburg) [192]). Hat man in der Grafschaft Glatz (Schlesien) zur Genesung eines kranken Kindes (wohl auch beim Älterlein) einen Teigabdruck ohne Erfolg im Ofen gebacken, so geht man nachts 12 Uhr auf den Kirchhof, nimmt 3 Hände voll Gras und betet ein Vaterunser für die armen Seelen. Das Gras wird gekocht und das Kind in dem Absud gebadet. In 3 Tagen genest das Kind oder stirbt [193]). Die Siebenbürger Sachsen b. das Kind gegen das Hundsalter (Älterlein) in Bädern aus Erbsenstroh oder aus Heublumen; besonders kräftig ist das B., in dem zuerst ein junger Hund gebadet wurde (Rätsch) [194]). Sind die Geschlechtsteile des Neugeborenen durch Quetschung bei der Geburt angeschwollen, so wird eine Nuß, die

mit dem Wasser erwärmt wird, bis zur Heilung in jedes B. gelegt [187]). Um Gelbsucht eines Kindes zu heilen, wird ein Seidel Wein ins B.ewasser geschüttet, und gelbe Rüben, welche in feine Schnitten geschnitten und an einen Faden gereiht wurden, werden ins Wasser gegeben (Leschkirch in Siebenbürgen) [195]).

Sehr beliebt sind Bäder bei den Tschechen und Slowaken gegen Tuberkulose der Kinder. Hovorka und Kronfeld teilen eine Menge mit, bei denen die Herstellung und Anwendung meist sehr umständlich ist [196]). Grohmann gibt für die Tschechen nur an: Will man das Kind von der Schwindsucht (suchoty) heilen, so b.e man es mit einem Hunde oder mit einer Katze, nach dem Geschlecht des Kindes, im Wasser, welches aus 9 Quellen oder Brunnen geschöpft ist [197]). Von den Rumänen in der Bukowina sei ein Rezept gegen Konvulsionen der Kinder mitgeteilt. Man nimmt 9 Schaffüße, kocht sie an einem Fasttage in einem neuen Topf in „unangefangenem" Wasser, womit man dann das Kind vor den heiligen Bildern vor Sonnenaufgang, zu Mittag mitten im Zimmer und dann vor Sonnenuntergang bei der Tür badet und dann sogleich das B. hinausschüttet; tritt die Heilung nicht nach einem eintägigen B.en ein, so muß dieses an Montagen, Mittwochen und Freitagen wiederholt werden [198]).

Auch bei Erwachsenen sind derartige Bäder üblich. In altirischen Sagen macht man den Helden ein B. aus Fleischsud (Schweinefett und Kälberfleisch) [199]), sicher zur Stärkung. In Oberbayern ist heute noch ein Kälberfußbad volksüblich [199]). Gegen die Abzehrung gebrauchen die Bewohner des Riesengebirges Bäder aus Schafsfüßen, Rindsknochen und Rindermagen (Kuttelflecke genannt) mit aromatischen Kräutern im zunehmenden Mond, oder sie b. im Schlamm, in welchem neunerlei Hölzer verfault sind [192]). Pantaleon, Arzt in Basel, empfahl 1578 den Lungensüchtigen Wasserbäder, „so ab Kalbsköpfen und -füßen gesotten", an Stelle der Thermen. Pictorius erwähnt 1560 Bäder von Baumöl, Milch, Molken, Wein, Öl, in dem ein Fuchs oder Dachs zuvor gesotten wurde (wohl zu dem gleichen Zwecke), sagt aber, „man schreibt von ihnen" [200]). Der Züricher Stadtarzt von Muralt schreibt 1711, daß einem Kranken, der durch Zauberei zu „verdorren" anfängt, jeweils nach dem B.e alle Gelenke mit destilliertem Öl von Menschenschmalz und Beinen geschmiert werden sollen. Das soll dem Leib und auch der Vernunft des Kranken sehr wohl bekommen [201]). — Poppaea Sabina, Kaiser Neros Gemahlin, badete alle Morgen in Eselinnenmilch und führte auf ihren Reisen nach dem Bericht des Dio Cassius 50 Eselinnen in ihrem Gefolge mit; die Gemahlin des Kaisers Augustus soll gar die Milch gefangener keltischer und germanischer Frauen zu Bädern benutzt haben [202]), in beiden Fällen wohl als Schönheit erhaltendes Mittel. Nach Ryff (16. Jh.) war bei den Deutschen in Milch zu b. ebenso ungewohnt wie in Wein und Öl. 1793 aber benutzte man Milch- und Molkenbäder, wobei man glaubte, die Kranken damit zu ernähren [200]).

Das B. in Menschenblut galt als Mittel gegen Aussatz. Nach Plinius (hist. nat. 26, 8) wandten es die ägyptischen Könige gegen Elephantiasis (Aussatz?) an [203]). Ein Menschenblutb. soll von Aretaios (2. Jh. n. Chr.) als angeblich keltisches Heilmittel erwähnt worden sein [199]). Marcellus (Emp. XIX, 18, im 5. Jh. n. Chr.) empfahl es gegen Elephantiasis (Frankreich) [204]). Die hl. Hildegard, Äbtissin auf dem Ruppertsberg bei Bingen, rühmt Menstrualbäder gegen Aussatz [205]). Als Kaiser Konstantin der Große am Aussatz erkrankt war, wurden ihm Bäder aus kindlichem Blut verordnet; der Kaiser gab aber die gewaltsam beigebrachten Knaben und Mädchen den Müttern zurück, weil die Gottlosigkeit einer solchen verbrecherischen Tat ersichtlich, der Erfolg doch nur ungewiß sei [206]). Konrad von Würzburg läßt den Kaiser in Rom krank sein, die Meister des Kapitols raten ihm, im Blut unschuldiger Kinder zu b., worauf er 3000 nach Rom bringen läßt, „daz im würde ein bat gemachet ûz ihr bluote dô" [207]). Dem aussätzigen König Richard von England rät ein Jude, sich zur Befreiung von seiner Krankheit im frischen Blut eines neugeborenen Kindes zu b. und dessen Herz ganz warm und roh, so wie es aus dem Leibe genommen, zu verzehren (Marbachs Volksbücher, Leipzig 1841, 22). Für den Armen Heinrich (von Hartmann von Aue) kennt der berühmteste Arzt von Salerno zur Heilung des Aussatzes nur ein Mittel: das Blut einer reinen Jungfrau [208]). In den 7 weisen Meistern erklären 30 große Meister und Ärzte aus allen Ländern, daß sie den aussätzigen König Alexander von Ägypten nicht heilen können; eine Stimme sagt ihm aber, während er betet, sein Freund, Kaiser Ludwig von Rom, werde ihn heilen, wenn dieser ihn mit dem Blut seiner beiden, von ihm selbst getöteten Söhne wasche, was auch geschah [209]). Allen Ernstes berichtet der Zürcher Chorherr Wyck von einem Schreiben aus Ferrara vom 27. April 1587 an J. Hanns Ulrich Grebell (in Zürich), nach dem Signora Biancha Capella, Gemahlin des Herzogs von Florenz, „als sie etwas krank gewesen", auf den Rat jüdischer Ärzte 200 Kinder töten ließ, in deren Blut die Juden sie badeten. „Ist aber glich wol Ir kranckheit nit hingangen". Und der Berner Chronist Anshelm schreibt, 1483 habe sich König Ludwig XI. von Frankreich gen Tours zu St. Martin tragen lassen, der vor seinem Tode „insunders von wegen der Malacy (Aussatz) vil Kinderblut gebrucht" [207]).

Tierbäder, d. h. Bäder, bei denen der ganze Mensch oder einzelne Körperteile in frisch geschlachtete Tiere oder Organe derselben gehüllt wurden, sind nach Hovorka und Kronfeld ein allgemein verwendetes Volksmittel [210]). Bartels gibt an, daß ihm bei Naturvölkern nur ein Beispiel bekannt sei. Bei den Onkanagan-Indianern Nordamerikas wurde ein verzweifelter Fall von Schwindsucht angeblich dadurch geheilt, daß sie 42 Tage hindurch täglich einen Hund töteten, den Bauch aufschnitten und die Beine des Kranken in die noch warmen Eingeweide legten, wobei noch gewisse Rindenabkochungen gebraucht wurden [211]). Struck und Potoczky meinen (ohne Beleg), sie kämen bei Indianern nicht so selten, wie Bartels glaubt, vor, und sie seien in Afrika auch wohl bekannt. In Südwestafrika schlachtet der Reiche einen Ochsen und hüllt sich in den noch warmen Mageninhalt desselben ein, indem der Magen selbst soweit als möglich zur Bedeckung verwandt wird [212]). — Der spätere Abt Purchard von St. Gallen wurde 14 Tage vor der Zeit aus der toten Mutter durch Kaiserschnitt geboren und in das Fett eines frisch ausgenommenen Schweines gewickelt (10. Jh.) [213]). Caesar Borgia wird gegen Arsenvergiftung (nach anderer unwahrscheinlicher Vermutung gegen Schüttelfröste) in die Haut einer frisch geschlachteten Eselin eingehüllt [214]). Johannes von Muralt sagt 1697, daß man bei Schwindung von Gliedern einem Hund den Bauch öffnen, das Glied also warm hineinstoßen und hernach mit Menschen-, Dachs- oder Fuchsschmalz schmieren soll [201]). In der Bukowina wickeln die Rumänen ein tuberkulöses Kind in den einem geschlachteten Tier entnommenen Darm [215]).

In Gutentag (Herrschaft zwischen Radkersburg und Pettau in Steiermark) hatte 1661 eine Frau mit Hilfe einer Hexe einem Mann eine schwere Krankheit angezaubert. Sie bat später dieselbe Hexe um Rat, die Krankheit zu beseitigen, „welliche disser 9 felberne (Weiden-) Ruethen in ain Padt, absonderlich aber dass Fuepper Khrautt, Guldes Krautt zu kochen, die Stain aber mit denen von sich selbsten verdorbenen Kronobethern (Kranewitbeeren, Wachholder) zu hizen anbevolchen". Darein wurde der Kranke gebracht und genas [216]). Erklärend sei bemerkt, daß man heute noch in einzelnen Bädern Tirols das Wasser dadurch erwärmt, daß man erhitzte Steine in die hölzernen B.ewannen legt [217]). In der Practica des Berthol. Carrichter, Leibarztes Maximilians II., wird (wie Grimm aus Wolfg. Hildebrand, Von der Zauberei, Leipzig 1631 S. 226 entnimmt) ein Zauberb. beschrieben, das nicht an gemeinem (stahlgeschlagnem) Feuer gekocht werden darf. Es heißt: „Geh zu einem Apfelbaum, da der Donner eingeschlagen hat, aus dessen Holz laß dir eine Säge machen, mit dieser Sägen soltu auf einer hölzen Schwelle, darüber viel Volks geht, so lange sägen, bis es sich anzündet. Dann mach Holz aus Birkenschwämmen und zünd es bei diesem Feuer an, mit dem du das B. zurichtest, und laß es beileibe nicht ausgehn" [218]).

Es sei hier auch des Glaubens aus der Rockenphilosophie gedacht, ein gebrauchtes Fußb. soll nicht eher als den anderen Tag ausgegossen werden, man gieße sonst das Glück mit weg [219]).

[186]) Schramek *Böhmerwald* 181. [187]) Hillner *Siebenbürgen* 16. [188]) Gaßner *Mettersdorf* 15. [189]) Lammert 83. [190]) Köhler *Voigtland* 354. [191]) Seyfarth *Sachsen* 214. [192]) Drechsler 2, 314 f. [193]) Ploß *Kind* 1, 535. [194]) Haltrich *Siebenb. Sachsen* 264. [195]) Hillner *Siebenbürgen* 50. [196]) Hovorka u. Kronfeld 2, 659 ff. [197]) Grohmann 179. [198]) ZföVk. 4 (1898), 218. [199]) Zeitschr. f. Balneologie 6 (1913—14), 375. [200]) Martin 129. [201]) Otto Obschlager *Der Züricher Stadtarzt Joh. von Muralt*. Diss. (Zürich 1926), 41. [202]) Marshall *Arznei-Kästlein* 96. [203]) Urquell 3 (1892), 115. [204]) Zeitschr. f. Balneologie 4 (1911—12), 60. [205]) Hovorka u. Kronfeld 2, 616. [206]) Marshall *Arznei-Kästlein* 75. [207]) Martin 203 f. [208]) Lammert 190. [209]) Richard Benz *Die deutschen Volksbücher, die 7 weisen Meister* (Jena 1911), 145 ff. [210]) Hovorka und Kronfeld 2, 246. [211]) Bartels *Medizin* 135. [212]) Struck u. Pototzky *Die Hydrotherapie der Afrikaner*. SA. 6. Deutsche med. Wochenschr. 1908 Nr. 30. [213]) GddV. 10. Jh. 11 (Leipzig 1878), 129 f. [214]) Mitteilungen z. Gesch. d. Med. 25 (1926), 320. [215]) Hovorka u. Kronfeld 2, 663. [216]) ZfVk. 7 (1897), 191 f. [217]) ZAlpV. 20 (1889), 195. [218]) Grimm *Myth.* 1, 505. [219]) Ebd. 3, 445 Nr. 350.

10. Das B. zu Heilzwecken in kalten Quellen, in Gletscherspalten, in Fluß und See, im Meer.

Zu einem Teil untersteht dieses B. dem Zeitaberglauben (s. 6).

a) Über die verschiedenen Gebrauchsarten der kalten Quellen in England gegen die englische Krankheit der Kinder sind wir durch einen Brief Ellisons aus dem Jahre 1700 an den Arzt Floyer gut unterrichtet:

„Nichts ist gemeiner in diesem Lande und wird gemeiniglich nützlich zur Verhütung oder Kurierung der Rachitis befunden, als Kinder von 1 Jahr und darüber zu St. Bedes, Honwick oder St. Mungos Brunnen (welches sehr kalte Quellen sind) zu schicken und in den Monaten Juni und Juli des Abends 14 Tage lang und länger einzutauchen." Wenn die Kinder sehr zart sind, wird ein oder mehrere Tage ausgesetzt. „Einige tauchen sie 2—3mal über den Kopf in ihren Nachthemden und Kappen und lassen sie zwischen jedem Eintauchen ein wenig verblasen, andere tunken sie nur bis an den Hals (weil das Wasser ihnen den Atem benehmen könnte), tunken aber die Nachtkappen treulich ein und setzen sie naß auf ihr Haupt. Andere (wo der Brunnen nicht räumlich genug) sind zufrieden, ihre Kinder in einen Kübel voll von der Quelle gesammelten Wassers zu stecken und ihnen das Wasser über den Kopf zu gießen." Alles geschieht geschwind; in 3 Minuten erholen sich die Kinder vom Eintauchen. Andere tauchen aus Zärtlichkeit nur Hemd und Nachtkappen ein und legen sie den Kindern an. Nach dem Eintauchen werden diese mit den nassen Kleidern in warme Decken gehüllt, ins Bett gelegt und schwitzen. So liegen sie bis zum Morgen und bekommen dann trockene Hemden und Nachtkappen an. Man gibt ihnen stärkende Gallerten von Hirschhorn und Kalbsfüßen usw. Wenn das Laub zu fallen beginnt, sind sie völlig gesund oder doch besser. Hat das Eintauchen nicht geholfen, wird es im nächsten Jahr wiederholt. Die Diät wird nicht geändert, Purgiermittel werden vor und nachher nicht gegeben, auch Herzstärkungen nicht, außer einem Löffel Sektwein vor und nach dem Eintauchen, wenn ihn die Kinder nehmen wollen. Es muß acht gegeben werden, daß der Nacken der Kinder warm gehalten wird, damit sie sich nicht erkälten."

Ellison versichert, daß kein Todesfall bekannt geworden ist und seine eigenen 4 Kinder mit guter Wirkung eingetaucht worden seien. Von einer sehr kalten Quelle zu Scarborough in der Grafschaft York an der Nordsee sagt 1678 Robert Witte, daß dort die Mütter ihre rachitischen Kinder 5 bis 9mal mehrere Tage nacheinander eintauchen und sie nachher in warmen Betten schwitzen lassen [220]). Was hier von Ärzten berichtet wird, ist eine kunstgerecht ausgeführte, feuchte Pakkung. Außer der Tatsache, daß sie am hl. Quell stattfindet und dessen Wasser verwendet wird, hören wir nichts von Aberglauben, im Gegensatz zu den Berichten der Volkskundler, wo bestimmte Tage, Sonnenkult und Lappenaufhängen eine Rolle spielen. Außer den eben und unter 6 e genannten Quellen sei eine am Fuß des Cheviotberges bei Wooler in Cornwallis genannt, in der man die Kinder badete, nachdem man „Hey, how!" geschrien hatte. Nachher opferte man ein Stück Brot oder Käse darin [221]).

In Frankreich gebraucht man eine große Anzahl Quellen zur Heilung der Schwäche und der Rachitis der Kinder. Man läßt sie Wasser aus der hl. Quelle trinken oder taucht sie bis zum Hals ein. In eine Quelle von St. Vizia in Finistère (Nordwestfrankreich) werden die Kinder drei aufeinander folgende Montage eingetaucht. Man besprengt den Kopf mit dem Wasser, gießt es in die Ärmel und auf den Rücken, trägt sie 3mal um die Kapelle und rollt sie dann über den Altarstein. Auch der Brauch, das Hemd des kranken Kindes in die hl. Quelle zu tauchen und es ihm anzulegen, ist in ganz Frankreich verbreitet (auch im Veltlin an der Quelle des hl. Luigi, die gegen Behextsein hilft) [222]). In Finistère kam es 1830 vor, daß eine Mutter, deren Säugling am Fieber litt, 3 Bettler zur hl. Quelle schickte, die dort 9 Tage beteten und das eingetauchte Hemd zur Heilung mitbrachten [223]). — Bei Courfaivre im Berner Jura fällt in einer Grotte die ziemlich starke Quelle der hl. Columba in ein schmuckloses Becken. In dieses tauchen die Eltern ihre rachitischen (nach anderer Mitteilung verkümmernden) Kinder. Oft, wenn man die Straße entlang geht, hört man ein Gebrülle und Geschrei. Das sind die Kinder, die man eben ins kalte Wasser taucht. Nach Runge geht der Eintauchung ein Gebet voran, und der Volksglaube verbietet das Eintauchen der Kinder am Freitag [224]).

Im deutschen Sprachgebiet sind die kalten Quellenbäder der Kinder selten. Sie kommen im Luxemburgischen, im Elsässer Sundgau (s. 6 e) vor. In Schlatt bei Staufen (Baden) übte vor 50 Jahren der Müller über die am Bergli entspringende, schwach eisenhaltige, kalte Quelle das B.erecht aus, indem er am Sonntag vor der Vesper kranke Kinder 3mal mit einem Heilspruch hindurchzog und sie dann unter dem Gebet des Pfarrers auf den Altar des später durch St. Sebastian ersetzten St. Apollinaris legte [225]). Daß bei uns dieser Aberglaube einst stark heidnisches Gepräge trug, zeigt Johannes Wuschilburgk (15. Jh., wahrscheinlich Erfurter Gegend): „Einen mit einer Krankheit behafteten Knaben tragen sie zu einer sprudelnden Quelle und b. ihn darin (ex hoc [wohl besser mit „Wasser aus dieser" zu übersetzen]) an drei Tagen vor Sonnenaufgang und nehmen von dem Wasser etwas mit und tragen den Knaben in eine Pferdekrippe, die sie mit dem Wasser begießen, indem sie den Reim sprechen: „Loß dich lung und leber von dem ripp, Als das futir von der cripp" [226]).

b) Weniger hören wir vom B., bzw. Eintauchen kranker Glieder der Erwachsenen in die kalten Quellen der Gebiete, wo es bei Kindern Brauch ist. Der erwähnte Dr. Davison sagt (um 1700) von England, daß Leute vom 6. Monat bis zum 80. Jahr die Brunnen gegen eingewurzelte Schmerzen in Gelenken und Muskeln nach langwierigen Flüssen (Rheumatismen) und Quartanfiebern, wie auch von Verdrehung der Flechsen und Quetschungen, gegen Rachitis und alle Schwäche der Nerven entweder überhaupt oder eines besonderen Gliedes anwandten. Erwachsene blieben ¼—½ Stunde im Wasser. Kranke schwitzten darnach im Bette, Gesunde kleideten sich an und bewegten sich bis zur Erwärmung. Die Kur erforderte keine Vorbereitung und keinen Wechsel der Lebensweise und dauerte 14 Tage. Täglich wurde 2mal eingetaucht. In der Quelle von Scarborough (York) sollen (1678) Krampfkranke ½ Stunde ausgehalten haben. In St. Winfreds Brunnen (Wales), der schon i. J. 644 Wunder bewirkte, wurden ein Ritter von Bath von Aussatz geheilt (1606), ein Geschwür nach 3maligem B., ein gelähmter Quäker und eine Abgezehrte, die in England, Frankreich und Portugal vergebens Hilfe gesucht hatte, auf einmaliges B. [220]). — In Frankreich stehen mehrere Quellen auf der äduischen Hochebene im Ruf, gewisse Krankheiten zu heilen. Die Kranken machen das Zeichen des Kreuzes, rufen den Heiligen an, werfen, während sie die Glieder eintauchen, Geld und auch Nahrungsmittel in die Quelle und nehmen Wasser als Allheilmittel mit [227]).

In Steiermark entspringt seit „undenkbarer Zeit“ am „Stein“ bei Mittendorf am Fuße des Grimming eine Quelle gegen Gicht und Geschwüre und heißt „Heilbrunn“. In alten Zeiten war dort ein steinernes Becken vorhanden, und einem Bilde nach badete man die Füße darin. Weit häufiger wurden in der deutschen Schweiz die kalten Quellen von Erwachsenen benutzt. Man nannte sie Kaltbäder, auch Kaltwehbrunnen (wegen des Gebrauchs gegen Kaltweh, Malaria). In der Regel bestand die Kur in einem 3maligen Eintauchen, so hat man genug, wie Stumpf 1546 sagt. Rigikaltbad bestand aus einem Trog, in den der nie über 5 ° C warme Schwesternbrunnen (bei der Kapelle des Erzengels Michael) floß. 1661 heilte es Fieber und andere Gebrechen. Ein Kaltb. im Entlibuch hatte 1661 ähnliche Wirkung. Schwendikaltb. (Unterwalden) wurde 1576 nach Adam von Bodenstein von vielen besucht, „aber sie verharren nit lang darin, vertreibt etliche kranckheiten gar schnell“. Seit 1706 wurde es gewärmt benutzt, die Kur dauerte 1826 in der Regel 10 Tage, und zum Beschluß pflegte man noch einige Male den Körper oder das kranke Glied in kaltes Wasser einzutauchen. Im kalten B. im Krauchtal (Glarus) wurde an den 3 ersten Sonntagen im August, den kalten B.sonntagen, viel gebadet. Nach Stumpf (1546) wurden verfinsterte Augen erleuchtet, etliche bekamen das Gehör wieder, doch fügt er hinzu, daß etliche Gebrechen auch böser geworden seien. 1714 wurde dort, wenn auch nur zuweilen, noch gegen Krankheiten gebadet [224]). Zur Quelle von Augsport (Wallis) wallte 1574 täglich eine große Menge Menschen, die zum Teil aus weiter Ferne kamen, sie tranken von dem sehr kalten Wasser soviel sie vermochten, wuschen darauf den ganzen Körper oder das kranke Glied mit dem Wasser, das sie mit den Händen schöpften, und nahmen Heilwasser in Flaschen mit nach Hause [228]). Die Quelle von Sakramentswald in Unterwalden, die entstand, als Räuber auf der Alp das gestohlene Sakrament niedergelegt hatten, über der sofort eine Kapelle errichtet wurde, befreit die Badenden von allen Krankheiten, läßt sich aber nicht trinken und kann auch nicht herausgeführt werden [224]).

In dem erwähnten Schwendikaltb. behielt man zu Anfang des 18. Jhs., wenn auch nicht immer, beim Eintauchen die Kleider an, 1826 tauchte man nur noch bekleidet den ganzen Körper oder einzelne Teile ein, und trocknete die Kleider dann an der Sonne. Hier bestand auch vormals die Sitte, Leute für Geld zu dingen, um sich für einige Minuten ins kalte B. zu setzen für Rechnung und Frommen irgendeines Kranken, welcher diese Verrichtung an dem wilden, sehr entlegenen Orte nicht selbst übernehmen wollte oder konnte [224]).

c) Die Tiroler Bauern gebrauchen eine Fernerkur. Menschen, die an den „unteren Extremitäten“ leiden, halten sich dann und wann in einer dem Gletscher nahe gelegenen Hütte auf und lassen den Fuß in eine Spalte hineinhängen, weil ein Gletscher alles „auszieht“ [229]). Nach Paracelsus werden Räude (Pruritus) und Krätze (Scabies) durch Schneewasser in Gebirgen geheilt. Die erkrankten Glieder seien darin zu b., wodurch sie narkotisiert würden [230]).

d) Eine Eigentümlichkeit von Kärnten ist der ziemlich verbreitete Glaube an den gemeinen Kalmus, der insbesondere gegen Schwäche wirken soll. Man badet gern entweder in einem See oder in einem Fluß, an deren Ufer die Schäfte dieser Pflanze in Menge gedeihen, wie beispielsweise im Ausfluß des Ossiacher Sees zu St. Andrä bei Villach, welcher Ort als „Kalmusb.“ weit bekannt ist; oder man schneidet Kalmusstengel, die man in irgend einem Sumpfe gesammelt hat, in eine Badewanne und gießt Wasser darauf, wie es im sogenannten Kalmusb. bei Feldkirchen geschieht [231]).

e) Weit verbreitet ist der Glaube, durch Meerbäder Tollwut heilen zu können. Der Legende nach wurde der Dichter Euripides, als er vom tollen Hunde gebissen, von den ägyptischen Priestern ins Meer getaucht. In Italien, Frankreich, Holland und England waren sie in Gebrauch.

1783 nahm man sie am Mittelländischen Meer 9 Tage. In Marseille setzte man den Kranken auf den Knien ins Meer nahe dem Ufer und ließ 9 Wellen über ihn ergehen, wobei ihn 2 kräftige Leute niederdrückten. In Artois tauchte man 3mal ins Meer zu Ehren der Hl. Eurone und Hubertus. Vom 17. bis ins 19. Jh. war besonders das Meer bei Dieppe heilsam. 1775 hatte die Stadt dort besondere Leute zum Eintauchen angestellt, die es allein besorgen durften. Sie und der Kranke mußten vollkommen nackt sein (selbst die Ringe wurden abgezogen). 5mal mußte die Woge über den Kranken hinweggehen [232]). — In Portugal nahmen fiebernde Kinder 9 Kieselsteine, warfen sie zu dreien ins Wasser und riefen: „Fieber, Fieber, gehe ins Meer, während ich mich b.e, Fieber, gehe heraus aus meinem Körper" [233]).

In Swinemünde herrscht die Sitte, daß in der See b.de Frauen, wenn sie das letzte B. genommen, einen Kranz in das Meer werfen. Nimmt ihn die See mit fort, kommt das Uebel nicht wieder [234]). Gleiches wird aus Memel und anderen preußischen und kurischen B.eorten berichtet. Die Opfergaben sind Blumen, Kränze, auch kleine Münzen. Die B.efrauen glauben, zuweilen eine weiße Frau in der See zu sehen, die nach dem Lande hinwinke, denn eine der B.den müsse in jedem Jahr sterben, damit die anderen genesen können [235]). Alt können Glaube und Brauch, wenigstens in dieser Ueberlieferung, nicht sein, da die Ostseebäder erst Ende des 18. Jhs. aufkamen [236]).

[220]) Martin 29 ff. [221]) Sébillot *Paganisme* 67. [222]) Ebd. 66 ff. [223]) Ders. *Folk-Lore* 2, 278 f. [224]) Martin 24 ff. [225]) Meyer *Baden* 41 u. 569. [226]) ZfVk. 11 (1901), 275. [227]) Humbert Mollière *Mémoire sur le mode de captage et l'aménagement des sources thermales de la Gaule romaine* 52. SA. Mémoires de l'Academie de Lyon (1893). [228]) Martin 226. [229]) ZAlpV. 20 (1889), 204 f. [230]) Martin 28. [231]) ZAlpV. 20 (1889), 209. [232]) Bulletin de la Société française d'histoire de la médecine 6 (1907), 182 ff. und E. Wickersheimer *Hundegalskab og Strandbade* (Kopenhagen 1913), 1 ff. [233]) Sébillot *Paganisme* 303 f. [234]) Kuhn u. Schwartz 464 Nr. 478. [235]) Weinhold *Quellen* 54. [236]) Martin 62 f.

11. Der B.eaberglaube in den Heilbädern hat schon mehrfach Erwähnung gefunden (s. 5, 6c, 6e, 6f). Heute noch beruht die wissenschaftliche Bäderanwendung zum großen Teil auf der Erfahrung, für die meist eine erschöpfende Erklärung nicht gegeben werden kann. Sie hat sich aus dem Volksgebrauch und dem Volksglauben entwickelt. Das Eintauchen kranker Kinder in die kalten heiligen Quellen Englands z. B. gab dem Arzt Floyer die Unterlagen für eine aberglaubenfreie Wasserheilkunde, die den Gebrauch der See- und später der Solbäder nach sich zog und die Flußbadeanstalten veranlaßte [237]).

Das Volk hat heute noch eigene Anschauungen, die mit der Wissenschaft nicht in Einklang stehen. Zahlreich sind die Quellen, die gewöhnliches Wasser enthalten und die, auch wenn sie mit einem Kult keine Verbindung haben, für heilkräftiger als dieses gelten und zu B.ekuren gebraucht werden. Schon bei einzelnen kalt benutzten heiligen Quellen Englands sahen wir, allerdings nur wo Ärzte berichten, einen kurgemäßen Gebrauch (s. 10 a). — In den Tiroler Bauernbädern ist die Unterscheidung der Wasser in Augen-, Magen-, Glieder- und auch Herzwasser zu hohen Ehren gelangt und wird unter den verschiedenen Brunnen einer B.eörtlichkeit fast allgemein anerkannt. In einer Anempfehlung des Bades Ramswald (1203 m), über Ehrenburg im Pustertal gelegen, liest man, daß 5 Brunnen nebeneinander fließen. Eine Augenquelle hilft gegen Schwäche des Sehvermögens, eine Eisenquelle hilft blutarmen Leuten, die 3. ist die Magenquelle, die 4. eine Schwefelquelle gegen Rheuma, die 5. eine Schwefelquelle gegen Hämorrhoidalleiden. (Vermutlich enthalten alle das gleiche Brunnenwasser.) Dem „Geist des Wassers" schenken die bäuerlichen Sommerfrischler ihr ganzes Vertrauen [238]). In den Bauernbädern des Schwarzwalds wachte man eifrig darüber, daß ihre Heilkraft auch anerkannt wurde [239]). — Zuweilen kamen Brunnen mit und noch mehr ohne mineralische Bestandteile plötzlich und meist nur für kurze Zeit in den Ruf, Heilwunder zu bewirken, so der „gute Brunnen“ bei Treis a. d. Lumde Ende des 18. und in den 30er Jahren des 19. Jhs., der gewöhnliches Wasser enthielt [240]). Namentlich im 17. Jh. entstanden solche Wunderbrunnen, so die zu Hornhausen, 3 im Amt Stolzenau bei Müslering, die beim Dorf Lose und beim Kloster Lüne im Lüneburgischen, beim Dorf Nordhausen im Amt Kassel, zu Rastenberg bei Weimar [241]), zu Bielefeld [242]), zu Weihenzell bei Ansbach, zu Ham, die zu Walkertshofen (1551) und zu Burgbernheim in Bayern [241]), der zu Gontenschwyl im Aargau [243]). Hornhausen hatte das Schicksal, wie der Balneologe Zückert sagt, 3 mal besucht und gelobt und 3mal vergessen und verachtet zu werden [241]). Auch das heutige B. Pyrmont begann seinen Ruf 1556 als Wunderbrunnen. „Vnnd ist yetz ein so grosses zůlauffen dahin von allen orten vnnd enden, von den armen krüppeln, lamen, tauben, blinden, vnd besessenen menschen, ja auch was sie für kranckheiten haben das man nicht herberg noch behausung gnůg mag haben, sondern machen alda vff dem feld hütten, gleich wie in einem läger“, sagt Dr. Metobius [244]). Die Abbildungen zeigen, daß man im Freien unter Zelten und Hütten badete und das Wasser in Kesseln über dem offenen Feuer erwärmte [245]).

Das Heilwasser mußte als Gabe Gottes den Benutzern ohne Entgelt überlassen werden, in späterer Zeit wenigstens den Armen. „Es mögen zu diesem Brunnen kommen vngehindert, Adel oder vnadel, Reich oder Arm“, sagt Feurbergk (Pyrmontanus) 1597 von Pyrmont, „gratis datur gratis accipitur“ [246]), wobei Koehne darauf aufmerksam macht, daß letztere Stelle Matthäus 10, 8 steht [247]). In Baden in der Schweiz bezog das Freibad mit mehreren Wirtshäusern zusammen sein Wasser aus einer Quelle. Es wurde ängstlich darauf gesehen, daß zuerst die Armen genügend mit Wasser versorgt wurden, so noch 1641. In Baden-Baden beschwerten sich die Einwohner 1488 beim Markgrafen Christoph, als der Bader von den Armen Geld genommen hatte, mit Erfolg. Das hatte einen abergläubischen Grund. Dem Fabricius Hildanus erzählten 1610 die Einwohner von Pfäfers, ein Abt habe das B. mit Abgaben belegt, da sei der Brunnen verschwunden, bis der Zoll aufgehoben wurde. Ähnliches berichtet Wagner von Gontenschwyl bei Reinach im Aargau. Dort wurde 1640 eine Quelle entdeckt, die bei massenhaftem Zulauf viele Wunderkuren vollbrachte. Aber schon im folgenden Jahre hatte der Brunnen seine seltsame Heilkraft vollständig verloren, weil die Bauern aus Habgier das Wasser verkauften [246]). Auch von Carlsbad „ist vor etlichen Jaren ein Geschrey in viel Lender kommen, als solte das Wasser wegen der Inwohner Geitz aussen blieben sein“, wie Fabian Sommer im 16. Jh. berichtet, nachdem der Sprudel aber nur aufgehört, weil das Wasser an einem anderen Ort sich gesammelt und aufgesprungen war [248]). Metobius erzählt 1556, der Pyrmonter Brunnen habe 300 Jahre vorher große Krankheiten geheilt, als aber der Herr der Herrschaft Zins erheischte, versiegte der Brunnen [246]). Dem Brunnen sollte aber nicht göttliche Ehre erwiesen und er nicht zu einem Abgott gemacht werden, wie es im 1. Artikel der 1556 an einem Lindenbaum aufgehängten B.eordnung am (Wunder-) Brunnen von Pyrmont heißt [249]). Die B.eordnung des Glotterbades im Schwarzwald bestimmte: „Item es sollen auch die Bäder (B.den), noch Fremde, so die Bäder besuchen, dem B. nit Wasser sagen, bey Straff eines Fueder Weins mit zweyen Reiffen (= 1 Maß Wein) gepunden“ [250]), und die von Baden bei Wien 1679, wer das heilsame B. gemeinhin „Wasser“ nenne, zahle 24 Pfund [251]) (1 Pfund Strafgeld = 1 Pfennig) [250]), wobei zu beachten ist, daß es sich um halbscherzhafte Strafen des B.gerichts handelt, bei dem die B.-gesellen eine mit eigenen Ausdrücken gespickte Sprache (ähnlich der der Jäger und Studenten) führten [252]). — Verhöhnung des Heilbrunnens zog Strafe nach sich. Als 3 Landsknechte 1556 die Kraft und Wirkung des Pyrmonter Wassers verlachten, wurden 2 wahnsinnig und der 3. vom Teufel besessen wegen Verachtung der Gaben Gottes [253]), und als ein Jahr darauf der große Zulauf zum selben Brunnen aufhörte, vermutete man ein göttliches Strafgericht, das dem Wasser seine Kraft nehmen ließ, weil der gemeine Haufe öffentlich Sünde, Schande und Hurerei bei dem Brunnen getrieben und vornehme Weibspersonen den Brunnen beschuldigt hatten, durch ihn wassersüchtig geworden zu sein, welche Bosheit aber Gott durch die Geburt schöner Knäblein zuschanden machte [249]). — Das Heilwasser duldete nichts Unreines. Nach Leucippaeus (1598) kamen im württembergischen Wildbad beim gemeinsamen B. keine Ansteckungen vor, ,,dieweil des wassers natur nichts vnreines annimmt" [254]). Von Pfäfers heißt es 1610, es verletze die, welche mit Franzosen (Syphilis) behaftet seien, weil die hohe und heilige Arznei solche unreine und wüste Krankheit nicht annehme. Nach Thurneisser (1572) sollten sich vor Pfäfers auch die Goldschmiede hüten, die viel vergoldet hatten, die schwämen empor darin. Er kannte einen aus Lindau, der viel vergoldet und deshalb viel Quecksilber an sich gezogen hatte. Als dieser nun, mit dem Podagra beschwert, nach Pfäfers kam, konnte er nicht unter Wasser bleiben und mußte ungebadet wieder heimziehen, weil das Wasser kein Quecksilber litt [255]).

Einzelne Bäder hatten die Eigenschaft, nur zu bessern, bzw. zu heilen oder zu verschlechtern, ja zu töten. Paracelsus sagt von Plombières, einem von Deutschen viel besuchten B.e in Frankreich unter württembergischer Herrschaft, es habe einen unangenehmen Anhang: was zum Guten auf der Bahn sei, fördere es, aber auch das Böse, so zum Bösen geschickt sei [256]). Vom Liebenzeller B. schreibt Foltz (um 1480): wer mit Gelbsucht und gleichzeitig mit Schwindsucht behaftet ist und in 14 Tagen nicht gesund wird, muß sterben, und von der Leuker Therme: daß der Aussätzige beizeiten mag Heilung erwerben; badet er zu lange, so muß er drin sterben [257]). Von Pyrmont schreibt Metobius 1556: ,,der brunn ist auch der art wann ein krancker dahin geradt, vnd jn das wasser nit dolen will so wirffts jn auß, oder tödtet jn gar, bey dem villeicht ein kranckheit hat gar überhand genommen, welches doch selten geschicht" [258]). Pfäfers warf 1663 zwei Wassersüchtige aus, ein dritter badete weiter und starb [259]). Als Herzog Christoph von Württemberg 1545 in Wildbad badete und anscheinend ein Schlemmerleben führte, warnte ihn sein Vater Herzog Ulrich, sich in Hinsicht des B.es wohl vorzusehen, ,,sonst erwürgts dich, ehe du dichs versiehst" [260]). Aus all diesem klingt heraus, daß das B. immer heilt und nur die Menschen an einem unglücklichen Ausgang der B.ekur Schuld trugen, die entweder nicht kurgemäß lebten oder noch häufiger die Warnung des Bades (das Auswerfen oder daß die Krankheit in bestimmter Zeit nicht geheilt war) unbeachtet ließen.

Anschließend sei das B. im Stein Aptor erwähnt (Wigamur). ,,Vnd in dem selben stain badet kain man Der falschen muet ye gewan, Er wurde kranck, plaich, missefar Vnd des leybs vnkrefftig gar. Wer aber jn das pad gye, Der raine tugent mynnet ye, Von des staines macht und türe Vnd von des prunnen natüre, So er in dem pad gesaß, Aller swere er vergaß, Sein leyb ward ring, sein hercz fro, Sein kraft starck sein gemüt hoh, Der synnen ward er weiße, Sein leyb stund gar nach preiße; Suß lebt er ain manat Das jm kainerlay schlacht not Von freuden geschaiden mocht" [261]).

Im Karlbad am Fuße des Königsstuhls in Kärnten (1700 m hoch gelegen) erhitzt man das B. dadurch, daß man glühend gemachte Steine in die Badewanne (einen ausgehöhlten Baumstamm) wirft. Nicht im Wasser liegt dem Volksglauben nach die Kraft, sondern in den Steinen, womit es erwärmt ist, die im Bach sorgfältig ausgewählt werden. Nur Grauwacke ist das richtige Gestein [262]). —

In den Tiroler Bauernbädern muß das Wasser ordentlich gekocht sein. Über das ,,B.sieden" liegen 2 Berichte vor. Dr. Holer, Arzt in Reutte, schreibt 1823 in einer über das angebliche Schwefelb. Schattwald (Bezirkshauptmannschaft Reutte) verfaßten B.eschrift: „Jetzt (nach zweistündiger Kochung) jubelt und jauchzt das Volk: nun hat das Wasser erst volle Kraft, Macht und Herrlichkeit." „Kocht das Wasser nicht wenigstens durch vier Stunden, so hilft es nicht", glaubten damals die Leute, wie Dr. Philipp Wassermann (Das B. Ratzes, 1823) berichtet [263]. — In Pfäfers tauchten nicht nur die Bauern, die an Walpurgis badeten, ihre Hemden am Schluß in das (nicht Mineralien enthaltende) B.ewasser und zogen sie so an, in der Meinung „einer mit sich hinweg tragenden großen gesunden Krafft", sondern auch Vornehme und Edle netzten ihre Hemden und Leilacher (B.etücher) bei ihrem Weggang mit B.ewasser ein, die sie also getrocknet mit nach Hause nahmen und später gebrauchten [264].

Auffallend ist, daß man mit wenigen Ausnahmen bis in neuere Zeit die (kalten) Sauerbrunnen zum B. nicht benutzte, man trank sie. 1641 sagt Sebitz ausdrücklich vom 24stündigen B. am Johannistag, daß es nicht im Sauerbrunnen, sondern im Sulzb.e (im Unterelsaß) genommen und Salzwasser in Unmaß getrunken werde [265]. In Afrika benutzt man kalte Quellen überhaupt nicht zum B.[266]. Von den Indianern sagt von Öfele, daß sie die „auffälligen Säuerlinge" wenig beachteten [267]. Vielleicht hielt bei uns das mächtige Aufbrausen des Wassers durch Entweichen der Kohlensäure beim Einwerfen der heißen Steine vom Gebrauch zum B. ab, hatten doch schon die höher temperierten Schwefelthermen etwas Unheimliches an sich. Als Pipin vor der Erbauung der B.ehäuser in Aachen zum B.e ging, wirbelte, nach dem Mönch von St. Gallen, plötzlich der Dampf auf und trübte sich das Wasser, was er als einen Angriff des Teufels deutete, den er mit dem Zeichen des Kreuzes und dem Schwerte abwehrte, das dabei tief in den Boden fuhr [268]. Als 1374 in Aachen die Tanzkrankheit wütete, tauchte, nach dem Bericht eines gleichzeitigen Niederländers, der Priester Simon ein Mädchen, dessen Teufel keiner anderen Beschwörung weichen wollte, bis an den Mund in Weihwasser und mit Erfolg. Da einige Tage nachher in dem Karlsbade (wo er ebenfalls nicht hausen sollte) mehrere Menschen ertranken, glaubte man, das habe dieser Teufel bewirkt und schloß das B. „für immer" [269].

[237]) Martin *Das deutsche Heilbadewesen*. S. A. Balneologische Zeitung 1912. [238]) ZAlpV. 20 (1889), 194. [239]) Meyer *Baden* 568. [240]) Z. d. Ver. f. hess. Gesch. 7 (1858), 206. [241]) Martin 295 ff. [242]) Ebd. 257. [243]) Ebd. 333. [244]) Ebd. 286 ff. [245]) Ebd. Abb. 105. 124. 126. 127. [246]) Ebd. 330. [247]) Carl Koehne *Kurortwesen u. Kurtaxe in geschichtl. Entwicklung* (Berlin 1912), 19. [248]) Martin 405. [249]) Ebd. 293. [250]) Ebd. 343. [251]) Mitteilungen d. histor. Vereines für Steiermark 33. Heft (1885), 87. [252]) Martin 380 ff. [253]) Ebd. 289. [254]) Ebd. 269. [255]) Ebd. 331. [256]) Ebd. 294. [257]) Ebd. 201. [258]) Ebd. 290. [259]) Ebd. 332. [260]) Ebd. 302. [261]) Ebd. 225 f. [262]) ZAlpV. 20 (1889), 210. [263]) Nevinny *Das Badewesen Tirols* 32 f. S. A. Innsbrucker Nachrichten (1905). [264]) Martin 15. [265]) Ebd. 21 f. [266]) Zeitschr. f. Balneologie 2 (1909—10), 47 ff. [267]) Mitteilungen z. Gesch. d. Mediz. 13 (1914), 344. [268]) Martin 230. [269]) ZfVk. (1914), 229 f.

12. Das B. der Gebärmutter. Eine besondere Stellung nimmt das B. in der Heilung von Unterleibsleiden der Frauen ein, aus der Vorstellung heraus, daß die Gebärmutter eine Kröte ist. Nach Beispielen aus Tirol (Zill) und der Oberpfalz (Sulzbach) wandert die Bermutter, auch mit den daran hängenden Mutterbändern, wenn die Frau oder das Mädchen schlafend beim Weiher oder Bach im Grase liegt, zum Munde heraus, badet im Wasser und geht den gleichen Weg zurück. Dann ist das Unterleibsleiden gehoben. In Oberbayern (Tandern bei Aichbach) wird vorgeschlagen, den offenen Mund über eine Schüssel mit warmem Wasser zu halten, worauf die Bermutter das Gleiche tut. In Tirol und der Oberpfalz wandert sie auch aus dem Munde im Grase schlafender Männer, badet und kehrt zurück, wobei von Krankheit und demnach Krankheitsheilung nicht die Rede sein kann [270].

[270]) Panzer *Beitrag* 2, 195 f.

S. a. Hochzeitsb., Jungbrunnen, Kindsbad, Leichenwaschung.

Martin.

Bader (und Barbier). Die B.[1]), deren eigentliche Tätigkeit, wie schon ihr Name besagt, in der Verabreichung von Bädern an ihre Kunden bestand, befaßten sich, gleich den Barbieren, auch mit dem Haar- und Bartscheren, doch durften sie dies nur innerhalb der Badestuben, während die Barbiere nicht an ihre Scherstuben gebunden waren. Beide übten auch seit alters die niedere Wundarznei aus, indem sie auf Verlangen schröpften, zur Ader ließen, Brüche und Verrenkungen kurierten [2]). Diese gleichartige Tätigkeit führte später dazu, daß mit dem ausgehenden MA., als die großen Seuchen in Europa heerten und die öffentlichen Badestuben wegen der großen Ansteckungsgefahr, gegen die man sich damals noch nicht zu schützen wußte, mehr und mehr gemieden wurden, das B.-Handwerk allmählich mit dem der Barbiere verschmolz und in ihm aufging.

Die Angehörigen beider Zünfte waren nicht sonderlich hoch geachtet, gehörten sie doch zu den unehrlichen Leuten, und besonders den B.n wurden als üble Eigenschaften Trunksucht und große Geschwätzigkeit nachgesagt [3]), auch standen die Badestuben in einem üblen Ruf. Beide verschmähten es auch nicht z. B. die einfache Prozedur des Aderlasses mit allerlei abergläubischem Humbug zu verbrämen, um sich dadurch bei ihren Kunden mit dem Nimbus geheimer Wissenschaft zu umgeben, wie ihnen der alte Guarinonius vorhält [4]).

Da das Haar- und Bartscheren reiche Gelegenheit zu komischer Ausgestaltung bot, ist es zu einer beliebten Einrichtung bei der Aufnahme in volkstümliche Genossenschaften [5]), sowie bei den studentischen Depositionen geworden; ferner wird es als komischer Tanz an vielen Orten zu Fastnacht [5]) (auch bei Hochzeiten [6])) aufgeführt.

In einer eigenen Gruppe von Volkssagen tritt ein gespenstischer Barbier auf, der den Mut seines Gegners auf eine harte Probe stellt [7]) (zum ersten Male in Grimmelshausens Simplizissimus von 1669 nachgewiesen).

[1]) Zusammenfassende Darstellung bei Martin *Badewesen* 68 ff. [2]) Lammert 5. 9 f.; Höhn *Volksheilkunde* 1, 66. 74; Hovorka u. Kronfeld 2, 355. [3]) Vgl. „Salbaderei". [4]) *Die Grewel der Verwüstung Menschlichen Geschlechts* 1610, 1040 ff. [5]) Reiche Literaturangaben bei Becker *Pfälzer Frühlingsfeiern* (HessBl. 6. 162. 166 ff.); Meier *Schwaben* 2, 374; Reinsberg *Festjahr* 62; Jörger *Vals* 62. [6]) Urquell 1 (1890), 140; Strackerjan *Oldenburg* 2, 80; weitere Belege bei Feilberg *Ordbog* 4, Suppl. 22 (unter „Balberdans"). [7]) Bolte-Polikva 1, 24 mit zahlreichen Belegen. Schömer.

Bahre s. Totenbahre.

Bahrrecht s. Gottesurteil.

Baktromantie, Stabwahrsagung (βάκτρον = Stab), eine vereinzelt [1]) auftretende Bezeichnung für Rhabdomantie (s. d.).

[1]) van Dale, *Dissertationes de origine Idolatriae* (Amst. 1696) 370. Boehm.

Balder. Um den german. Gott B. selbst [1]), seinen vermutlich einheimisch-primitivagrarischen Kern [2]) und die fremden orientalisch-hellenistischen Beziehungen in seinem Kultus und Mythos [3]), kann es sich hier nicht handeln. Daß ihn auch die Südgermanen kannten, sehen wir durch sein Vorkommen in einigen alten dt. Ortsnamen [4]) und im 2. Merseburger Zauberspruch (s. d.), sowie aus allgemeinen Erwägungen für hinreichend erwiesen an. Hier kann es sich nur um die Möglichkeit seines Fortlebens im späteren Volksglauben handeln und um die etwaigen Zeugnisse dafür. Sie sind sehr dürftig und äußerst unsicher. Zu Hackelberg (s. d.), der nach beunruhigenden Träumen durch den Zahn eines Ebers stirbt, wird heute niemand mehr direkte Beziehung des Gottes annehmen [5]); es handelt sich um ein weitverbreitetes Sagenmotiv, das B. wie Hackelberg miteinander teilen [6]); in den Einzelheiten gibt es mannigfache Divergenzen. Nicht anders liegen die Dinge in der vermeintlichen Identität des Gottes mit dem Heiligen Gangolf oder Wolfgang (s. d.), zu dessen Legende die bei Saxo Grammaticus verzeichnete Fassung der B.- und Hothersage heranzuziehen war [7]). Bei Gangolf handelt es sich nicht um eine Quellerweckung wie bei B., sondern um eine auch sonst in der Legende verbreitete Quellenübertragung (durch eine Wolke); B.s Quellerweckung ist ein besonderer Zug, der mit der Sagennovelle selbst gar nicht in Beziehung steht. Die Untreue der Gattin des Heiligen hat keine Parallele in dem Verhalten Nannas in Saxos Hothersage, Nanna liebt Hother, und nicht B., von vornherein. Es bleibt nur die Tötung beider durch den Nebenbuhler und die Verwundung in der Seite. Das Wesentlichste der B.sage, die Verwundung durch den e i n e n oder durch den übersehenen Gegenstand [8]), fehlt in der Gangolflegende.

So bleibt vom Fortleben B.s in neuerer Zeit allein die nordschleswigsche Sage des 17. Jhs. von König Bolder in Boldersleben (Kreis Apenrade) und seinem Streit mit König Hother in Hadersleben. Er erschlug Hother und ruht im Hügel von Boldershöi [9]). Ähnliches wird um 1700 aus Jütland überliefert. Hier ist entweder anzunehmen, daß eine alte dänische Kleinkönigssage sich im Anschluß an die Ortsnamen bis ins 17. Jh. gehalten hat, oder daß die Sage von 1700 überhaupt erst durch gelehrte Saxokenner der Humanistenzeit in die Welt gesetzt ist. In beiden Fällen hätte die Angelegenheit mit dem G o t t e B. wenig zu tun. Das Fortleben des von Snorri bezeugten Namens der Hundskamille *Baldrsbrár* (B.s Braue) in ganz Skandinavien [10]) will für ein Fortleben der Gottheit selber im Volksglauben wenig oder nichts besagen. Neuerdings wird das Wort zu *ball-*,Ball' und *brehan* ,schimmern' gestellt und in *Baldrsbrár* eine gelehrte Etymologie Snorris gesehen [11]).

[1]) K a u f f m a n n *Balder* 1902; H o o p s *Reallex.* 1, 158 ff. [2]) F r. R. S c h r ö d e r *Germanentum u. Hellenismus* 1924. [3]) Schon S c h w a r t z *Volksglaube* 273; L i e b r e c h t *Zur Volksk.* 258; dann N e c k e l *Die Überlieferungen vom Gotte B.* 1920. [4]) E d w. S c h r ö d e r *Balder in Deutschland* Namn och Bygd 10 (1922), 1—13; die mit Phol, der vielleicht mit B. identisch ist, gebildeten Ortsnamen sind noch nicht wieder kritisch untersucht, s. G r i m m *Myth.* 1, 184. 186; 3, 79; P f a n n e n s c h m i d t *Weihwasser* 81 f.; L o s c h *Balder* 178; Germania 11 (1866), 429 f. [5]) So zuerst W. M ü l l e r *Altdeutsche Religion* 257, dann E. H. M e y e r *German. Myth.* 260 u. a. [6]) S i m r o c k *Myth.* 201. [7]) W o l f *Beiträge* 1, 136; Germania 11 (1866), 427; ausführlich L a i s t n e r *Nebelsagen* 196—294; danach E. H. M e y e r *German. Myth.* 260; kritisch B e e r in PBB. 13 (1888), 75 f. [8]) Material dazu bei B o l t e - P o l í v k a 3, 441. [9]) M ü l l e n h o f f *Sagen* 373 f.; die schleswigschen und jütischen Varianten K a u f f m a n n 89—92; wenn hiernach, wie K a u f f m a n n 92 sagt, B. von Hother getötet wird, steht dies der Quelle natürlich näher. [10]) G r i m m *Myth.* 1, 184; v. d. L e y e n *Sagenbuch* 109 f.; H o o p s *Reallex.* 1, 158. [11]) P a l m e r Arkiv f. nord. Filologie 34 (1917), 138.

H. Naumann.

Baldrian (Augenwurzel, Dennenmark, Katzenwurzel; Valeriana officinalis).

1. B o t a n i s c h e s. ½—1½ m hohes ausdauerndes Kraut mit gegenständigen, unpaarig gefiederten Blättern und hellroten Blütendolden. Der Wurzelstock hat einen unangenehmen Geruch. Der B. wächst gern an etwas feuchten Stellen (feuchte Wiesen, Ufergebüsch, Gräben) [1]). Ob die bei uns vorkommende B.art in der Antike bekannt war, ist unbestimmt, im dt. MA. war der B. jedenfalls eine vielfach verwendete Heilpflanze [2]).

[1]) M a r z e l l *Kräuterbuch* 422 ff.. [2]) D e r s. *Heilpflanzen* 193.

2. Offenbar wegen des starken Geruches des Wurzelstockes gilt der B. seit alters als h e x e n w i d r i g e Pflanze. Als solche erscheint er besonders in Verbindung mit Dosten und Dorant (s. d.) [3]). B. ist gut für allen Zauber [4]), besonders wenn er am Himmelfahrtstag gesammelt wird (Oberhessen) [5]). In den Stall gestreut oder gehängt, schützt der B. das Vieh vor Hexen [6]). „Verzauberten“ Pferden wird u. a. der an einem Freitag morgens vor Sonnenaufgang gegrabene B. gegeben [7]). Gegen Euteranschwellung (eine elbische Krankheit) der Haustiere hilft der an den drei Sonntagen zwischen den beiden Frauentagen bei Sonnenaufgang ausgegrabene B. [8]) (Zillertal). Wenn die Milch nicht zu Butter werden will, wird sie durch einen Kranz von B. gegossen [9]). Der B., ins Zimmer gehängt, läßt die Hexen erkennen [10]). Als h e x e n w i d r i g e s Kraut ist der B. auch nicht selten ein Bestandteil des an Mariae Himmelfahrt geweihten Kräuterbüschels [11]). Vor dem am Sonntag Nüsse pflückenden Knaben (Mädchen), der in der Hand B. hat, ergreift der Teufel die Flucht [12]). Auch in Schweden schützt der B. vor dem

Neid der Elfen [13]), und die Unholdin sagt: „Tibast och Vänderot stå mig emot" („Seidelbast und B. sind mir zuwider"); vgl. Dosten und Dorant [14]). Ebenso genießt der B. bei den Serben großes Ansehen [15]).

[3]) Wuttke 104. 281; SAVk. 23, 161 ff.; Meyer *Germ. Myth.* 136; Marzell *Bayer. Volksbot.* 220. [4]) Jahn *Hexenwesen* 180. 356. [5]) ZfdMda 1918, 135. [6]) Curtze *Waldeck* 394; Bartsch *Mecklenburg* 2, 37. [7]) Deigendesch *Pferdearznei* 1821, 80 = Alemannia 11, 94. [8]) Schrank u. Moll *Naturhistor. Briefe* 2 (1785), 110. [9]) Schiller *Tierbuch* 1, 16. [10]) Schambach *Wb.* 81; Andree *Braunschweig* 382; vgl. Meyer *Germ. Myth.* 141. [11]) Z. B. Philipp *Beitr. z. Ermländ. Volkskde* 1906, 126; in Unterfranken: Marzell *Bayer. Volksbotanik* 55. [12]) Kuhn *Westfalen* 2, 29; Bartsch *Mecklenburg* 2, 106; Jahn *Volkssagen* 1886, 491. [13]) Afzelius *Volkssagen*, übers. v. Ungewitter 2 (1842), 295; Mannhardt 1, 62. [14]) Fries *Krit. ordbok öfver Svenska Växtnamnen* 1880, 142; vgl. auch Reichborn-Kjennerud *Laegeurter* 91. [15]) Grimm *Myth.* 3, 1010.

3. In der Volksmedizin gilt der B. vor allem als Pestmittel [16]). Als solches wird er wie die Bibernelle (s. d.) und öfter zusammen mit dieser in Pestsagen genannt, nach denen eine geheimnisvolle Stimme (Vogel usw.) das rettende Mittel verkündete [17]). Ins erste Badwasser wird dem Kinde B. gegeben, um Krankheiten, vor allem die Pest, fernzuhalten [18]). In den alten Kräuterbüchern [19]) wird der B. häufig als Augenmittel (daher auch „Augenwurz") erwähnt. Die „Augebündeli", das sind Kräuterbündelchen, die als Sympathiemittel bei entzündeten Augen am Hals getragen werden, enthalten B.-wurzel (St. Gallen) [20]). In Siebenbürgen kaut man gegen trübe Augen B.wurzel und haucht den Atem über sich in die Augen [21]). Dem an „Gichtern" (Eklampsie) leidenden Kind wird B. unter das Kopfkissen gelegt [22]). Der B. soll bei Verwundungen so heilsam sein, daß er das Fleisch im Topfe (vgl. Sanikel) zusammenheilt [23]). Beim Ausgraben des B.s (zu Heilzwecken) wird eine Beschwörung gesprochen [24]). Auch alte B.segen sind bekannt [25]).

[16]) So auch in den alten Kräuterbüchern z. B. bei Bock *Kreutterbuch* 1551, 24 r. [17]) Köhler *Voigtland* 497; Meiche *Sagen* 316; Marzell *Bayer. Volksbot.* 184; Schulenburg *Wend. Volkstum* 162; Veckenstedt *Wend. Sagen* 1880, 336; vgl. auch Drechsler *Schlesien* 2, 213. [18]) John *Erzgebirge* 50. [19]) Z. B. Bock *Kreutterbuch* 1551, 24 r. [20]) SchweizId. 4, 1364. [21]) Schullerus *Pflanzen* 407. [22]) Marzell *Bayer. Volksbot.* 165. [23]) Grohmann 93. [24]) Schambach *Wb.* 256. [25]) Schönbach *Berthold v. R.* 148.

4. Der B. gilt als aphrodisisches Mittel. Wenn Mann und Weib B. in Wein trinken, so macht das gut „Freundschaft" [26]). Damit die Frauen nichts abschlagen können, trage man Eberwurz (s. d.) und B. bei sich [27]). Vielleicht hängt dies damit zusammen, daß die Katzen, die ja in der Erotik eine große Rolle spielen, eine besondere Vorliebe für den B. (Katzenkraut) haben sollen. Auch kann die B.wurzel als diuretisch wirkendes Mittel [28]) immerhin etwas auf die Geschlechtssphäre einwirken.

[26]) 15. Jh.: ZfVk. 1, 323; vgl. auch Brunfels *Kreutterbuch* 1532, 117. [27]) Lammert 151; Bartsch *Mecklenburg* 2, 353; Manz *Sargans* 144. [28]) Schulz *Arzneipflanzen* 1919, 283. Marzell.

Balken. Die Vorstellungen, die sich an B. knüpfen, haben z. T. eine sehr alte Grundlage. Meringer [1]) hat auf Grund zahlreicher sprachlicher Gleichungen B. = Götze im Indogermanischen gezeigt, daß die Indogermanen und damit die alten Germanen B., Pfosten und Pfähle göttlich verehrt haben. Ausgrabungen haben das bestätigt [2]). Wahrscheinlich gehört die Bedeutung des B. und Pfahles als Zeichen des Gerichtes in diesen Vorstellungskreis [3]). Auch im neueren Volksglauben erscheinen Haus- und Waldgeister in Gestalt eines B. [4]). Nicht nur einzelne B., sondern vor allem auch tragende B. im Hause wurden, in Norwegen noch bis in die neueste Zeit [5]), verehrt. Der Hauptb. spielt im Volksglauben eine ähnliche Rolle wie andere wichtige Stellen des Hauses, Herd, Schwelle, Dach, Bodenluke. Es sind die Lieblingsplätze der Geister, sowohl guter Hausgeister als auch schadenbringender Mächte. Unter dem B. steht der Sarg der Hausleute bis zum Begräbnis, hier kann man Orakel einholen, und man sucht ihn auf verschiedene Arten vor den Einflüssen böser Mächte zu schützen.

[1]) Meringer IF 16, 151; 17, 159; 18, 272; 19, 445; 21, 296; WS. 1, 168 ff. 199. *Die indogermanischen Pfahlgötzen* WS. 9/2; Much WS. 1, 39; De Visser passim. [2]) Helm *Religgesch.* 1, 214 ff. [3]) Lippert *Christentum* 686. [4]) NdZfVk. 4 (1926), 10 f. Sogar der Teufel erscheint als B.: Schmidt *Griechische Märchen* 141 Nr. 8. [5]) Berge *Husgudar* passim.

1. Geister in B. Der Kobold wohnt besonders gerne im Gebälk des Hauses [6]); deshalb darf man beim Umbau die B. nicht achtlos fortwerfen, sondern muß so viele wie möglich zum neuen Haus verwenden. Es kam vor, daß der Puck mit dem Gebälk verkauft wurde [7]). Der Hausgeist zieht nach dem Glauben der Schweden Finnlands im ersten B. ins Haus [8]). Das Gegenstück dazu findet sich im Oberwallis: beim Abbruch eines Hauses sieht man ein kleines Männchen auf dem letzten B. sitzen [9]). Nach Abbruch des Hauses verschwindet der lästige Geist, aber die B. mußten noch jahrelang auf dem Platze liegen bleiben, bis sie verfaulten [10]). Ein Gespenst sah man in einen B. verschwinden [11]). Wie der Kobold in den B. hineinkommt, kann man am Klabautermann (s. d.) sehen. Die Seele eines Menschen geht in einen Baum (s. d.) ein und kommt so auf das Schiff oder in das Haus [12]). Ähnliche Vorstellungen sind verbreitet: der B. aus einer Tanne, an der ein armer Bauer aufgeknüpft wurde, schließt einen Juden und einen Jäger ein [13]), oder eine Jungfrau mit Hündchen [14]). In Norddeutschland glaubt man, daß sich in der Schwelle und den Türpfosten Seelen- oder Vegetationsdämonen aufhalten, die im Frühjahr herausgeklopft werden [15]). Im Julblock (s. d.) sitzt der Sommervogel.

[6]) Rochholz *Sagen* 1, 73 Nr. 58. 59; Alpenburg *Tirol* 208 Nr. 85; Zingerle *Sagen* 349 Nr. 598; Mannhardt 1, 44. [7]) Kuhn u. Schwartz 15 Nr. 17, 18; Kuoni *St. Galler Sagen* 211 Nr. 373. [8]) Krohn 38. [9]) Jegerlehner *Sagen* 2, 258 Nr. 35. [10]) Lütolf *Sagen* 161 Nr. 98; Kuoni *St. Galler Sagen* 223 Nr. 386 c. [11]) Rochholz *Naturmythen* 73. [12]) Temme *Pommern* 302 Nr. 253; Frazer 2, 39. [13]) Lenggenhager *Sagen* 113. [14]) Ebd. 114. [15]) Schade *Klopfan* 137.

2. In B. gebannt. Außerdem werden mitunter lästige Dämonen, wie Nißpuck [16]), Hexe [17]), Gespenst [18]), sogar die Pest [19]) in B. gebannt; s. verpflöcken.

[16]) Müllenhoff *Sagen* 337 Nr. 1. [17]) Eberhardt *Landwirtschaft* 14 Nr. 3. [18]) Lütolf *Sagen* 157 Nr. 90; Kohlrusch *Sagen* 371 f. [19]) Jecklin *Volkstümliches* 292 f.

3. Kranke und Tote unter B. stellen. Der Sarg steht unter dem Leichenb. [20]). Das Bett eines Schwerkranken wird unter den Hauptb. der Stube gestellt, damit er sterben kann (Voigtland) [21]). In Böhmen soll dagegen das Bett eines Kranken nie unter einem Träger (Querb., der die hölzerne Stubendecke trägt) stehen, denn das verursacht ihm Schmerzen [22]).

[20]) ZfrwVk. 1907, 275. [21]) ZfVk. 18, 446. Vgl.: Wenn ein Hausb. oder Pfosten springt, so bedeutet das den Tod eines der Hausleute. Südslaw. ZfVk. 2 (1892), 184. [22]) Grohmann 151.

4. Orakel. In Südnorwegen ritt der Bräutigam nach der Trauung in die Stube und hieb mit seinem Schwert in den Hauptb., oder den B., der den Kessel trug. Je tiefer der Hieb ging, desto glücklicher sollte die Ehe sein [23]). Leute, die ein Feuer vorbrennen sehen, bezeichnen den B., der herausgenommen werden muß, um den Brand zu verhüten [24]). Waren beim Vorgesicht die Pfosten kalt, so dauert es noch lange, bis das Gesicht in Erfüllung geht, waren sie heiß, brennt es bald [25]). Der erste Traum in einem neuen Haus ist wichtig, doch müssen vor dem Einschlafen die B. gezählt sein [26]). Die neue Magd soll die B. zählen, wenn sie ins Bett geht, dann bekommt sie kein Heimweh [27]). Stellt man sich in der Silvesternacht unter einen B. oder ein Gerüst, das gegen Sonnenaufgang gerichtet ist, so sieht man alles, was im nächsten Jahre geschehen wird (Niederösterreich [28]), Sachsen) [29]). Wenn der Deckenb. nach der Mitte der Stubentür oder nach einem Fensterkreuz zuläuft, so kann man auch an der Stubentür oder am Fenster in der Weihnachts-, Neujahrs- oder Dreikönigsnacht „horchen" (Voigtland, Erzgebirge) [30]).

[23]) Berge *Husgudar* 105 ff. [24]) Grimm *Myth.* 3, 173. [25]) Sartori *Westfalen* 76. [26]) Grimm *Myth.* 2, 960; Fogel *Pennsylvania* 76 Nr. 267. [27]) Fogel ebd. 154 Nr. 296. [28]) Vernaleken *Mythen* 342

Nr. 43. [29]) Meiche *Sagen* 234 Nr. 296. [30]) Wuttke § 359.

5. Schutz des B.s. Darauf, daß sich im B. feindliche Dämonen bergen, scheint die Vorschrift zu deuten, man dürfe nicht unter dem B. buttern, sonst wird keine Butter [31]). In Dänemark heftet man einen Zettel mit einer Beschwörung an den B., wenn die Kuh kalben soll [32]). In Norwegen stößt man beim selben Anlaß ein Messer in den B.[33]). Gegen Hexen und Krankheit wird in den bayrisch-österreichischen Alpenländern und ganz Norddeutschland in den Mittelb. des Dachstuhles schon beim Zimmern ein Antlassei eingepflockt [34]). An Lichtmeß wird ein Wachskreuz am B. befestigt [35]). Vielleicht hatten auch die Schnitzereien, Rosetten oder heilige Zeichen [36]) auf dem Mittelb. der Bauernstube ursprünglich übelabwehrenden Zweck.

[31]) Knoop *Hinterpommern* 171 Nr. 146; Drechsler *Schlesien* 2, 111. [32]) Heurgren 13. [33]) Ebd. 14. [34]) Andree-Eysn *Volkskundliches* 107. [35]) Schmitz *Eifel* 1, 13. [36]) Fischer *Oststeirisches* 20.

6. Legendenhaft ist die Erzählung von dem bei einem Kirchenbau zu kurzen B., den der hl. Cyrillus auf Bitte des Geistlichen länger werden läßt, und dessen abgeschnittenes Ende Kranke heilt [37]), s. Kreuzesholz [38]).

[37]) Heyl *Tirol* 119 Nr. 10. [38]) Vgl. Wünsche *Lebensbaum* 31. 37. 66.

Vgl. Decke, Firstsäule, Haus 1, Hausabbruch, Julblock, Klabautermann, Kreuzesholz, Pfahl, Schwelle, Tür, verpflöcken. Weiser.

Ballspiel.

1. Das B. ist uns bereits aus dem klassischen Altertum bekannt; es wurde bei den Griechen und Römern als gymnastische Übung viel gepflegt [1]). Bei den Germanen ist es eins der beliebtesten Spiele [2]). In Deutschland ist es im MA. sehr beliebt; in den Städten bestehen zu seiner Pflege besondere Ballhäuser [3]). Ob es in allen Schichten geübt wurde, ist fraglich [4]); daß es bei den Bauern [5]) als Frühlingsspiel beliebt war, bezeugt Walther: ,,Sahe ich die megde an der strâze den bal / Werfen! so kaeme uns der vogele schal" [6]).

[1]) Pauly-Wissowa 2, 2, 2832. [2]) Hoops *Reallex.* 1, 160. [3]) Ebd. 161; Sepp *Religion* 153; Fischer *Altertumsk.* 104. [4]) Schultz *Höfisches Leben* 1, 421. [5]) Ebd. [6]) Hg. W. Willmann (1886), 74.

2. Als Frühlingsspiel tritt uns das B. in der Sitte des Osterballes entgegen. Das Osterb. war in ganz Norddeutschland und England verbreitet und besteht noch jetzt in einigen braunschweigischen Dörfern der Wesergegend [7]). Belegt ist es aus früherer Zeit aus Brandenburg [8]), Oldenburg [9]), der Lüneburger Heide [10]), Westfalen [11]), Sylt [12]), England [13]). An den verschiedenen Orten ist der erste, zweite oder dritte Ostertag zum Spiel bestimmt; der Termin darf nicht verlegt werden [14]). Alt und jung zieht an diesem Tag hinaus auf den Anger zum Ballschlagen; abends beschließt ein Tanz das Spiel. Dies heißt, ,,den Osterball feiern". Daß es Sache der ganzen Gemeinschaft war, bestätigt der englische Brauch, wo die Beamtenschaft des Ortes dem Spiel in Amtstracht beiwohnt [15]).

In diesem österlichen B. einen mythologischen Grundgedanken zu suchen, d. h. an eine dramatische Versinnbildlichung des Kampfes von Göttern und Riesen, der zu dieser Zeit stattgefunden haben soll, oder ähnliches zu glauben, ist reichlich abgelegen und entbehrt der Beweise [16]). An eine rituelle Verknüpfung des B.s mit Ostern könnte man vielleicht da denken, wo es Sitte ist, am ersten Ostertag vor Sonnenaufgang Ball zu spielen [17]), wenn die Sonne drei Freudensprünge über die Auferstehung Christi macht. Aber warum spielt man an demselben Tag auch bei Sonnenuntergang[18])? Wenn von Osten nach Westen gespielt wird, soll der Ball vielleicht magisch die Kraft der aufsteigenden Sonne beeinflussen [19]). Dieser Gedanke würde bestärkt werden dadurch, daß ähnliche Osterspiele mit Eiern und Holzscheiben veranstaltet werden, die Symbole der Fruchtbarkeit und der Sonne sind. Von diesen gelegentlichen Zeugnissen abgesehen, ist anscheinend der Osterball mit keinem abergläubischen Gedanken verknüpft [20]). Er ist also im allgemeinen den andern B.en gleichzustellen [21]), nur daß der Osterball als Frühlingsspiel (wie der Kreisel und das Reifenschlagen der Kinder) eine besondere Freude auslöst. Auch daß zu andern Zeiten: Himmelfahrt [22]), Mittsommer [23]), Fastnacht [24]), Weihnachten [25]), die Sitte eines gemeinsamen B.s üblich ist, bestätigt die Gleichstellung.

[7]) Andree *Braunschweig* 339. [8]) Kuhn *Märk. Sagen* 313. [9]) Strackerjan 2, 46. [10]) Kück *Lüneburger Heide* 38. [11]) Sartori *Westfalen* 156; Jostes *Westfäl. Trachtenbuch* 89; Kuhn *Westfalen* 2, 148. [12]) Jensen *Nordfries. Inseln* 366; Sartori *Sitte u. Brauch* 3, 161—163. [13]) Mannhardt 1, 476. [14]) Jostes *Westfäl. Trachtenbuch* 89; Kuhn *Märk. Sagen* 313. [15]) Mannhardt 1, 476. [16]) Mülhause 29. [17]) Kuhn *Märk. Sagen* 313; Mannhardt 1, 479. [18]) Simrock *Mythologie* 576. [19]) Sartori *Westfalen* 156; Kück u. Sohnrey 87. [20]) Sartori *Sitte u. Brauch* 3, 162. [21]) Naumann *Gemeinschaftskultur* 9; Jensen *Nordfries. Inseln* 366. [22]) Mülhause 29. [23]) Frazer 1, 195. [24]) Mannhardt 1, 475. [25]) Ebd. 478.

3. Wo beim Osterball der Unterschied der Jungverheirateten und Unverheirateten betont wird [26]), da mag er sich vielleicht auf den Brautball zurückführen lassen; denn diese Sitte des „Brautballholens" findet gewöhnlich zu Ostern oder Weihnachten statt [27]) und zwar auch in Norddeutschland und England. Belegt ist sie aus Brandenburg [28]), Thüringen [29]), dem Südharz [30]), Celle [31]), England [32]). Zwei Wochen vorher kommen die Burschen und Mädchen des Dorfes zu den Eheleuten, die zuletzt im Jahr geheiratet haben, und bitten in einem Reimspruch um den Brautball. Am Ostertag, bzw. in der Weihnachtszeit, kommen sie wieder und fordern den Brautball von der jungen Frau. Wenn der Ball, der im Hause ver steckt liegt, gefunden ist, geht es im gemeinsamen Zug zum Wirtshaus, wobei ein junges Mädchen den Ball vorantragen muß. Dort wird er an der Decke befestigt, und ein Tanz findet statt. Ist eine heimliche Braut unter den Tanzenden, so erhält sie am Schluß den gespendeten Brautball [33]). Dieser Sitte des „Ballholens" liegt zweifelsohne ein Fruchtbarkeitsgedanke zugrunde. Etwas verdunkelt ist derselbe Gedanke in dem Brauch, die jungen Eheleute „in die Knospen zu treiben" [34]). Am dritten Ostertag verstecken sie sich, werden gefunden und müssen ein paar junge Knospen essen. Dann entfliehen sie wieder und müssen sich, wenn sie nun gefunden worden sind, mit Bällen für die Kinder und jungen Leute loskaufen. — Jetzt ist die Sitte des „Ballholens" in Bettelei ausgeartet. In den Brautball wird Geld gesteckt, das derjenige erhält, der ihn zerschlägt [35]) oder, wie es in der Normandie Sitte ist, auffängt [36]) Man wirft ihn nämlich manchmal über das Tor des Hauses. Noch deutlicher ist der Gedanke der Bettelei im englischen Brauch ausgedrückt, wo junge Leute mit irgendeinem Ball von Haus zu Haus ziehen und Geld fordern [37]).

[26]) Mannhardt 1, 479. [27]) Kuhn und Schwartz 372; Kuhn *Märk. Sagen* 313; Kück u. Sohnrey 87. [28]) Kuhn *Märk. Sagen* 313. [29]) Kück u. Sohnrey 87. [30]) Ebd. [31]) Ebd. [32]) Mannhardt 1, 479. [33]) Hoops *Sassenart* 29. [34]) Kück u. Sohnrey 87. [35]) Ebd.; Kuhn u. Schwartz 372; Reinsberg *Festjahr* 116. [36]) Mannhardt 1, 473. [37]) Ebd. 475.

4. Vereinzelt findet sich der Brauch, den Ball als Orakel zu benutzen. Den Kindern soll er die Lebensdauer prophezeien, ähnlich wie der Kuckuck. So oft der Ball beim Spielen auf die Erde prallt, so lange lebt man. Bekannt ist dies in der Schweiz [38]). In Baden heißt es: „Bällchen, Bällchen, sag' mir doch, wieviel Jahre leb' ich noch?" Dabei wird der Ball auf den Boden oder an die Wand oder mit der Handfläche in die Luft geschlagen [39]). In Pommern gilt derselbe Brauch [40]).

[38]) SAVk. 25, 199. [39]) Mündl. Mitteilung von Frau Dr. M. Mackensen. [40]) mündlich.

5. Ganz vereinzelt ist auch die Sitte, von der Johann Beleth berichtet: Die Geistlichen von Poitiers spielten dort im Dezember in der Kirche mit ihren Untergebenen nach einer alten Tradition Ball [41]). Wieviel davon wahr ist, mag dahingestellt bleiben; besondere abergläubische Handlungen, die dabei vorgenommen seien, werden nicht erwähnt.

[41]) Beleth *Divinorum officiorum explicatio* 2 (1605), 546; s. auch Mannhardt 1, 472. Schmekel.

Balsam. Der B. spielt seit dem Altertum [1]) im deutschen Volksglauben eine große Rolle. Megenbergs „Buch der Natur" [2]) mischt Wahrheit und Dichtung vertrauensselig durcheinander. So wird das babylonische B.feld von einem Brunnen gewässert, in dem unsere liebe Frau unseren Herrn Jesus Christus gebadet hat. Getreulich zählt er auch die fabelhaften Heilwirkungen des B.s auf; noch heute kauft das Volk den „Wunderb." auf, wie z. B. in der Schweiz viele Soldaten stets ein Fläschlein „englischen Wunderb." bei sich führen [3]).

[1]) Pauly-Wissowa 2, 2, 2836. [2]) Neubearbeitet v. H. Schulz 307. [3]) SAVk. 19, 214. Stemplinger.

Balthasar. Einer der hl. drei Könige, für die sich Eigennamen zuerst bei Beda finden. In der Kirchenmalerei wird B. (seit dem 15. Jh.) als Mohr dargestellt [1]). Sein Tag ist der 11. Januar [2]). Unter den Sternsingern im westfälischen Sauerlande ist Kaspar schwarz, Melchior weiß und fein und B. gewöhnlich eigentlich nur ein Anhängsel, er „schlürt so mit" [3]). Weil er auf den Bildern der „hintere" der drei Könige ist, bezeichnet man auch wohl den Podex als B.[4]). Wenn die Wünschelrute Silber anzeigen soll, so muß man sie auf den Namen B. taufen [5]).

[1]) Menzel *Symbolik* 1, 499. [2]) Nork *Festkalender* 83. [3]) Grimme *Schwänke u. Gedichte* 35 f. [4]) Höfler *Krankheitsnamen* 26. [5]) Alpenburg *Tirol* 393. Sartori.

Band.

1. Das Wort B. bezeichnet im allgemeinen alles, was bindet oder was gebunden wird, z. B. Achselb., Armb. (s. Schmuck), Blumenb. (s. Kranz), Brustb., Gürtelb. (s. Gürtel), Haarb. (s. Haar), Halsb. (s. Schmuck), Hauptb., Hosenb. (s. Hose), Hutb. (s. Hut), Kopfb., Schuhb. (s. d.), Stirnb., Strohb., Strumpfb. (s. d), Zopfb.[1]). Auch der alte Ausdruck Gebände (Kopfputz) gehört hierher [2]).

Im übertragenen Sinn spricht man von dem B. der Zunge, von Liebesb.en, Todesb.en [3]) u. a., wobei die Bedeutung von Fessel vorherrscht, die sich in der abweichenden Bildung der Mehrzahl (die B.e, Bänder) äußert. Das Bild von den Todesb.en, den Fesseln des Todes, wird schon im Alten Testament (2. Sam. 22, 6; Ps. 18, 5 f.) gebraucht; auch Horaz (carm. III. 24, 8) spricht von den *laquei mortis* [4]).

[1]) DWb. 1, 1096; Fischer *SchwäbWb.* 1, 602 ff. [2]) Vgl. Schmeller *BayWb.* 1, 247. [3]) DWb. 1, 1096 ff.; vgl. M. Heyne *DWb.*[2] 1, 276. [4]) H. Güntert *Weltkönig u. Heiland* (Halle 1923), 126.

2. Für den mit dem B. verknüpften Aberglauben sind namentlich drei Punkte wichtig, die Farbe des B.es, die meist rot (s. d.) ist, dann der B.zauber selbst, der Umstand, daß etwas Gebundenes, ein Knüpfen oder Verknoten vorliegt (s. binden), und endlich die Beziehung zum religiösen Kult.

Ein B.zauber liegt in dem einfachen B. selbst, wenn es um etwas gebunden wird. Erhöht wird er aber, wenn Knoten (s. d.) in das B. gemacht werden. Dieses Schließen oder Schlingen eines B.es oder Knotens, zu dem auch das im MA. so häufige Nestelknüpfen (s. d.) gehört, findet sich im Aberglauben aller Völker. Die christliche Kirche hat ihn wiederholt bekämpft [5]). Wenn es sich um die Übertragung einer Krankheit handelte, so sollte das geschlungene B. wahrscheinlich die Einschließung der Krankheit andeuten [6]), die man auf andere Menschen, auf Bäume, an welchen man die Bänder befestigte, in das Wasser und auf andere Dinge übertragen wollte. In diesem Falle sind die Bänder einfache Zwischenträger der Krankheit. Böser Zauber liegt dann vor, wenn man die Krankheit mittels eines B.es auf eine bestimmte Person übertragen will und bei diesem B.zauber entsprechende Begleitworte spricht, etwa den Namen des Feindes nennt, dessen Krankheit oder Tod man herbeiführen will [7]).

Anderseits erscheint aber auch die Umkehrung dieses Glaubens. Wie man anderen durch den B.zauber Schaden zufügen kann, so sichert man sich selbst durch das gleiche oder das mit gleichen Knoten versehene B. So entstand das zum eigenen

Schutz als Amulett (s. d.) getragene B., das entweder allein getragen wird oder nur dazu dient, daß daran ein anderes Zaubermittel befestigt wird. Im zweiten Falle ist das B. zur Nebensache geworden. Auf einer späteren Entwicklungsstufe wurden solche Amulette und Anhängsel, z. B. Halsbänder, zu bloßem Schmuck [8]) (s. d.) verwendet.

Im religiösen Kult waren B. oder Binde schon in alter Zeit Sinnbilder der Gebundenheit. So sollten z. B. die Priesterbinden (offendimenta, taeniae, infulae) ihre Träger als „Gebundene", als Diener und Sklaven des Gottes bezeichnen [9]). Zu dieser passiven Rolle gesellte sich aber bald auch eine aktive. Es wurde ihnen eine bindende Kraft zugeschrieben, vor allem gebrauchte man diese Binden zum Liebeszauber [10]). Ebenfalls bei den antiken Völkern findet sich der Brauch, Bäume (s. Lappenbäume) dadurch für einen bestimmten Zweck zu weihen, daß man sie mit hl. Bändern behängte. Diese Bänder oder Binden wurden an dem Baume nicht als Weihegeschenke befestigt, sondern der hl. Weihe halber. Man hat Weihgegenstände, wenn sie nur neben dem Stamme aufgestellt wurden, ebenfalls durch Umwindung mit solchen Bändern konsekriert [11]). Dasselbe liegt vor, wenn Opfertiere mit Bändern, an deren Stelle oft Blumen treten [12]), umwunden werden.

Auch in christlicher Zeit schrieb und schreibt man noch heute dem B., das eine kirchliche Weihe erfuhr, besondere Kraft zu. Schon der hl. Eligius (588 bis 659) wendet sich mit den folgenden Worten gegen diesen Aberglauben: „Nullus (Christianus) ad colla vel hominis vel cuiuslibet animalis ligamina dependere praesumat, etiamsi a clericis fiant, et si dicatur quod res sancta sit et lectiones divinas contineat, quia non est in eis remedium Christi, sed venenum diaboli" [13]). In Baden verwendet man noch gegenwärtig sogar das B., das die geweihten Kräuter umgibt, zu Heilzwecken (s. u.), und in der Provinz Caserta in Campanien trägt man am linken Arm die, „Misure" genannten, ungefähr 50 cm langen Bänder, die im Namen des hl. Pantaleon oder der hl. Lucia geweiht sind [14]).

[5]) Widlak *Synode v. Liftinae* 18. [6]) Wundt *Mythus u. Religion* 1, 278 f. [7]) Ebd. 1, 281; vgl. 1, 420. [8]) Ebd. 1, 293 f. u. 296. [9]) H. Güntert *Weltkönig u. Heiland* (Halle 1923) 128. [10]) Fahz *Doctrina magica* 123; Abt *Apuleius* 71. [11]) Pley *de lanae usu* 55 ff. [12]) Vgl. Jahn *Opfergebräuche* 340. [13]) Grimm *Myth.* 3, 402. [14]) Seligmann *Blick* 2, 327.

3. Bändern, namentlich von roter Farbe, begegnet man oft bei bestimmten Sagengestalten. Vor allem wird vom Wassermann häufig überliefert, daß er mit bunten oder roten Bändern, bei welchen man vielleicht auch an Wasserblumen und an die bunten Lichtstrahlen der im Wasser sich spiegelnden Sonne denken kann, die Menschen an sich lockt, wie ein richtiger B.krämer solche Bänder, aber auch Schnüre, Tücher u. a. am Ufer ausbreitet [15]) und die, welche sich in einen Kauf einlassen oder nach diesen Dingen greifen, in die Tiefe zieht [16]). Umgekehrt kann man nach tschechischem Glauben den Wassermann mit farbigen Bändern abwehren, die man in den Teich wirft. Denn er springt neugierig danach und verwickelt sich darin so, daß er nicht herauskann und man Zeit zur Flucht hat [17]).

Ein schmales rotes B. hat der nach einer schlesischen Sage vom Wassermann getötete rohe Fleischer um den Hals [18]). Dies zeigt den gewaltsamen Tod durch Erwürgen an. Ebenso heißt es von der nach der Meinung des Volkes nachts in Düsseldorf erdrosselten Jakobe von Baden, daß ihr Geist mit einem roten B. um den Hals umgeht [19]). Dagegen gehört zu den verderbenbringenden Geistergeschenken (s. Gürtel) das rotseidene B., das nach einer Sage aus Hinterpommern ein Fremder einem Bauern schenkt, damit er es, um guten Wind zu bekommen, an den Mast des Schiffes binde, daheim aber dann seiner Tochter gebe. Als diese das B. um den Hals legt, wird es zur Flamme und verbrennt sie [20]).

Ein Kobold kann die Gestalt eines B.es annehmen. Wer ein solches findet und 24 Stunden bei sich läßt, wird den Kobold, der dann seine wahre Gestalt annimmt, nicht so leicht wieder los [21]). Von einem Hauskobold zu Pausitz bei Riesa wird berichtet, daß sein weißes Hemd mit roten Bändern am Hals und an den Ärmeln geschmückt war [22]). Rote Halsbänder haben drei weiße, gespensterhafte Hasen, welche am hl. Schutzengelfest Jägern erscheinen [23]). An einem roten Halsb. trägt ein weißes Schatzhündchen den Schlüsselbund (oder auch eine Schelle) [24]). Ein mit magischen Zeichen geziertes Halsb. soll der schwarze Hund getragen haben, in dessen Gestalt der Teufel den Zauberer Agrippa von Nettesheim (s. d.) begleitete. Als Agrippa vor seinem Tode das B. löste, enteilte der Hund und stürzte sich in die Saône [25]).

Ein häufiges Sagenmotiv ist, daß mit einem roten B. oder einer roten Masche gekennzeichnete Enten oder Gänse oder andere Tiere zur Erforschung eines unterirdischen Ganges bei einem Erdloch hineingejagt werden und dann meist an einer ganz unerwarteten Stelle wieder zum Vorschein kommen [26]).

Vereinzelt heißt es von den Zwergen am Dittersberge bei Schönau auf dem Eigen, daß sie bei dem Leichenzuge, der alle fünf Jahre in der Johannisnacht zu sehen ist, an den Hüten lange Trauerbänder haben [27]). Erwähnt sei endlich, daß nach allgemeinem Glauben der Tote im Grabe, wenn ihm ein B. oder ein Tuch (s. d.) in den Mund kommt, zum Nachzehrer (s. d.) wird [28]).

[15]) Jungbauer *Böhmerwald* 52 = Joh. Micko *Volkskunde des Marktes Muttersdorf* (Muttersdorf in Westböhmen 1926) 25; Peukkert *Schlesien* 205 f. [16]) Vernaleken *Mythen* 188 = Kühnau *Sagen* 2, 335 f. Vgl. ebd. 2, 283. 289. 295. 323. [17]) Grohmann 12 Nr. 49. [18]) Peter *Österreichisch-Schlesien* 2 (1867), 13 f. = Kühnau *Sagen* 2, 330 = Peuckert *Schlesien* 207. [19]) Zaunert *Rheinland* 1, 231. [20]) Knoop *Hinterpommern* 137. [21]) A. Haas *Rügensche Sagen u. Märchen* [2] (Stettin 1896) Nr. 23 = Ranke *Sagen* [2] 166 f. [22]) Sieber *Sachsen* 257. [23]) Jungbauer *Böhmerwald* 193. Vgl. Zaunert *Westfalen* 271. [24]) Wucke *Werra* 296 Nr. 513. Vgl. 56 Nr. 105. [25]) Zaunert *Rheinland* 2, 7. [26]) Jungbauer *Böhmerwald* 49; Peuckert *Schlesien* 268; Quensel *Thüringen* 158. [27]) Haupt *Lausitz* 1, 35 Nr. 30; Sieber *Sachsen* 141. [28]) Vgl. Sieber *Sachsen* 281 f.

4. Als Schutz- und Abwehrmittel kommt das B., vornehmlich wieder das rote, zunächst bei der Geburt und während der allerersten Kindheit, dann aber besonders bei der Hochzeit in Betracht, wobei sich allerdings zumeist das ursprüngliche Schutzmittel später in einen bloßen Schmuck verwandelte.

Dies war schon bei den Römern der Fall, wo die Kinder an einem Brustb. allerlei kleine Gegenstände trugen, die Crepundia (s. Klapper) hießen und danach den Zweck hatten, beim Gehen oder Schütteln einen Lärm zu verursachen (crepare = klappern) [29]). Später nur als Schmuck getragen, hatten sie ursprünglich wohl die gleiche Schutzkraft, die man heute den bunten, meist roten Bändern zuschreibt, welche man den Kindern, aber auch dem Vieh um den Hals bindet. In Österreich tragen die Kinder dieses rote B. gewöhnlich am rechten Handgelenk, in Schlesien am linken Handgelenk oder am Arm. Im Erzgebirge ist es meist ein rotes Seidenb.[30]). Im Marchfeld schützt dieses rote B. die Kinder vor dem Verschreien [31]). In Königsberg legt man ein B. aus blauer Schafwolle in die Wiege des Kindes, damit es nicht verhext werde [32]). Bei den Magyaren bindet man dem Kind, bevor man es zur Taufe trägt, ein B. um den Leib oder um den Arm mit der Begründung, daß die liebe Jungfrau daran eine Freude habe, weil sie selbst stets ein B. um den Leib gewunden trug [33]). An Stelle des roten B.es können auch rote Fäden (s. d.), Lappen (s. d.), Tücher (s. d.) u. a. treten, ein Beweis, daß hier weniger der B.zauber als die Farbe in Betracht kommt. Andere Schutzmittel, z. B. Geldstücke in Estland [34]), den Rosenkranz im Böhmerwald [35]), befestigt man am Wickelb. des Kindes.

Schon vor der Hochzeit spielt das B. im Liebesleben eine Rolle. Besonders im 18. Jh. war es Sitte, daß sich Liebende mit Bändern beschenkten und den Zweck dadurch erhöhten, daß sie der geliebten Person selbst das B. umb.en [36]). Goethes „mit einem gemalten B." übersandtes Liebeslied „Kleine Blumen, kleine

Blätter" ist vielleicht das verbreitetste volkstümliche Kunstlied [37]). Ein B.zauber liegt wohl auch in Goethes „Braut von Korinth" vor in der Kette, die das Mädchen dem Geliebten zurückläßt [38]). Umgekehrt bedeutet das zufällige Aufgehen bestimmter Bänder, z. B. der Schürze (s. d.), Untreue des Liebsten [39]).

Rot, die Farbe des Blutes, ist auch die Farbe der Liebe. Daraus erklärt sich die Vorliebe für rote Bänder bei der Hochzeit, denen allerdings auch noch anderer Sinn zukommt. Im Saterlande soll es früher Sitte gewesen sein, daß heiratslustige Burschen, um sich als solche kundzutun, an Sonn- und Festtagen einen roten oder sonst bunten Lappen auf den Rücken hefteten und so zur Kirche gingen [40]). Auch zur Besiegelung des Eheversprechens dienten neben andern Dingen Bänder, so nach einer Nachricht aus dem Aargau im Jahre 1772 ein Samt- und ein Strumpfb.[41]) (s. d.). Bei der Hochzeit selbst trägt die Braut häufig ein meist rotes B., in Baden und in Westfalen trägt sie ein solches aus roter Seide im Haar [42]). In Gröden gehört zu ihrem Hochzeitsschmuck ein breites, schwarzes Samtb. um die Stirn [43]). Auch sonst sind rote Stirn-, Haar- oder Zopfbänder im Brautschmuck der Alpenländer üblich zum Schutz gegen böse Einflüsse, aber vielleicht auch in Erinnerung an die frühere Sitte, die Braut mit dem Blute geschlachteter Opfertiere zu besprengen. Im Gailtale tragen auch die Männer bei der Hochzeit außer künstlichen Blumensträußen ein blutrotes B. am oberen Hutrande [44]). Bei den Weißrussen kommt dem roten Brautb. eine andere, an den Gürtel (s. d.), den Schleier und das auch im Brautschmuck eine Rolle spielende rote Tuch (s. d.) erinnernde Bedeutung zu. Dort tragen die Mädchen bis zum Hochzeitstage ein rotes Bändchen aus Wolle als Zeichen der Jungfräulichkeit. Wenn der Bräutigam am Hochzeitstage der Braut die Zöpfe aufbindet, nimmt er das Bändchen und schleudert es zu Boden [45]). Um den bösen Blick abzuwehren, wirft um Reval die Braut in jedes Dorf, durch das der Hochzeitszug geht, ein B.[46]). Eine leichte Geburt bezweckt das Lösen der Bänder an den Schuhen (s. d.) oder der Strumpfbänder (s. d.) bei Hochzeiten [47]).

Heute überwiegt das B. im Hochzeitskleid als bloßes Schmuckstück. Schon der Hochzeitslader ist gewöhnlich mit bunten Bändern geschmückt [48]). In der Bergstraße und dem Odenwald wird die Braut von ihren Freundinnen mit Bändern beschenkt, die sie nebst Zweigen von Rosmarin und Lorbeer beim Kirchgang an der Brust trägt [49]). Ein schwäbischer Hochzeitstanz, der Bändeletanz, der nicht zu verwechseln ist mit dem gleichnamigen Umzug in Freiburg i. B. (s. Jahr), hat seinen Namen davon, daß der tanzende Bursch an die um ihn tanzenden Mädchen mit deren Zopfbändern festgebunden war. Wenn die Bänder gelöst wurden, mußte sich die Braut auf die Hand des Tänzers (auf dem Boden) stellen [50]).

Auch die Maibraut (s. d.) hat meist Bänderschmuck und war in der Mark am 2. Pfingsttage so bebändert, daß ihr das Brautb. hinten bis zur Erde herabhing [51]). Mit bunten Bändern pflegt man endlich auch den Maibaum (s. d.) zu schmükken [52]).

Bunte Bänder, meist Halsbänder, dienten schon bei den alten Völkern zur Abwehr des bösen Blickes [53]). Heute zieht man hiezu nicht bloß in Deutschland, sondern auch in anderen Ländern, z. B. in Skandinavien und Schottland, rote Bänder vor [54]).

29) Seligmann *Blick* 2, 100. 166. 272. 30) Ebd. 2, 228. 248 ff. 31) Pfalz *Marchfeld* 85. 139. Vgl. WZfVk. 32 (1927), 44. 32) Ploß *Kind* 1, 135 = Seligmann *Blick* 2, 121. 246. Vgl. Wuttke 382 § 581. 33) Wlislocki *Magyaren* 160. 34) Seligmann *Blick* 2, 20. 35) Verf. 36) DWb. 1 (1854), 1096. 37) Vgl. Jungbauer *Bibliogr.* 269 Nr. 1781; Erich Schmidt *Charakteristiken* 2 [2], 195 ff. 38) Wundt *Mythus u. Religion* 1, 468 f. 39) Pfalz *Marchfeld* 101. 40) Strackerjan 2, 189 Nr. 435. 41) Bächtold *Hochzeit* 1, 134. 42) Seligmann *Blick* 2, 250. 43) Zingerle *Tirol* 24. 44) Geramb *Brauchtum* 121. 45) Stern *Rußland* 1, 433; 2, 378. 46) Boecler *Ehsten* 37 = Seligmann *Blick* 2, 228. 290. 47) Vgl. Heckscher 364. 48) Meyer *Baden* 269. 49) Wolf *Beiträge* 1, 211. 50) Fischer

SchwäbWb. 1 (1904), 604. [51]) Kuhn *Märk. Sagen* 314 ff. = Grimm *Myth.* 2, 657. [52]) Baumgarten *Jahr u. s. Tage* 24 = Mannhardt 1, 170. [53]) Seligmann *Blick* 2, 232 ff. 242. [54]) ZfVk. 23 (1913), 257.

5. Bänder aller Art finden in der Volksmedizin, meist als Zwischenträger der Krankheit, reiche Verwendung, besonders bei Halskrankheiten, Husten und Heiserkeit [55]). Zu diesem Zwecke geht man in neuester Zeit in Berlin in einen Posamentierladen Unter den Linden und fordert schweigend und ohne zu zahlen oder zu danken ein Stückchen Floretb., das man um den Hals bindet [56]). Hat bei den pennsylvanischen Deutschen ein Kind Keuchhusten, so holt man ein rotes B. aus einem Laden, ohne es zu bezahlen, bindet es um einen Fingerhut, in dem eine Spinne ist, und hängt es dem Kinde um [57]). In Lippe näht man ein schmales Samtb. so um den Hals, daß es nicht leicht weggenommen werden kann. Wenn es endlich von selbst abfällt, hat auch das Halsleiden ein Ende [58]). Die Pennsylvanier befreien sich von einem Gewächs dadurch, daß sie ein Bändchen einem Toten um den Finger wickeln, dann um das Gewächs geben und endlich das Bändchen in den Sarg legen. Wenn es verfault ist, vergeht auch das Gewächs [59]) (s. Grabbeigabe, Leichenfetisch). Farbenanalogie spielt mit, wenn sie bei Rotlauf oder Wildfeuer ein rotseidenes B. nehmen und damit über die geröteten Körperstellen streichen [60]). In Sachsen muß das an Krämpfen leidende Kind acht Tage lang ein schwarzes Samtb. um den Hals tragen, worauf es ins Wasser geworfen wird [61]). Einem solchen Kinde kann man auch das Halsband einer Ziege umbinden [62]). In Häg im Wiesental gibt man das B., mit dem geweihte Kräuter umwunden waren, um einen verrenkten Arm [63]). Nach Tiroler Glauben bekommt man, wenn man ein B. oder eine Schnur mit Knöpfen findet, so viele Aißen als Knöpfe daran sind [64]), im deutschen Ostböhmen heißt es allgemein, daß man sein eigen Unglück aufhebt, wenn man am Wege ein B. mit Knoten findet und zu sich nimmt [65]).

Bei den Tschechen verwendet man Bänder als Heilmittel, bzw. Zwischenträger, gegen Wechselfieber [66]), Kropf [67]) und Kinderausschlag [68]). Bei den Magyaren bindet man einem kranken Kinde ein B. um den Arm, das es so lange tragen muß, bis es einen Hut oder ein Kopftuch bekommt [69]). In Santiago und Villacosta in Galizien bindet man einem behexten Kinde mit einem B. die Daumen und großen Zehen zusammen, und die Mutter wartet nach Mitternacht auf einem Wege, bis jemand kommt, der das B. durchschneiden muß [70]). In Frankreich trägt man gegen Wassersucht ein B., das in das Wasser einer hl. Quelle getaucht wurde, neun Tage lang [71]) und heilt das Fieber durch Anhängen eines B.es an eine Espe, deren Zittern an die Krankheit erinnert [72]). Früher pflegten Weiber bei unregelmäßiger Menstruation ein weißes B., wenn sie verlangsamt, ein rotes B., wenn sie beschleunigt werden sollte, am Standbild der hl. Venice in der Kirche N.-D. von Nogent-le-Rotrou aufzuhängen [73]).

[55]) Wuttke 357 § 537. [56]) Ebd. 132 § 181. [57]) Fogel *Pennsylvania* 337 Nr. 1794. [58]) ZfrwVk. 4 (1907), 232. [59]) Fogel *Pennsylvania* 281 Nr. 1479. [60]) Ebd. 367 Nr. 1961. [61]) Seyfarth *Sachsen* 223. Vgl. Pfalz *Marchfeld* 126. [62]) John *Erzgebirge* 53 = Seyfarth *Sachsen* 187. [63]) Meyer *Baden* 570. [64]) Zingerle *Tirol* 35 Nr. 278. [65]) Grohmann 221 Nr. 1524. [66]) Hovorka u. Kronfeld 2, 330 f. [67]) Grohmann 182 Nr. 1278. [68]) Ebd. Nr. 1273. [69]) Wlislocki *Magyaren* 160. [70]) Seligmann *Blick* 1, 328. [71]) Sébillot *Folk-Lore* 2, 287. [72]) Ebd. 3, 413. [73]) Ebd. 4, 170.

6. Auch zum Schutz der Tiere bedient man sich in Frankreich roter Bänder, hängt solche in Paris an den Vogelkäfig [74]), in Wallonien an den Schwanz einer Henne [75]) und schmückt damit bei besonderen Anlässen den Bienenstock [76]). Für die Verwendung des B.zaubers bei Tieren liefert bereits eine Handschrift der Bibliothek zu St. Florian aus dem 14. oder 15. Jh. einen Beleg, wonach man einem Vieh, das nicht gehen mag, an einem Sonntag ein B. umbinden und den Knopf oben zumachen soll [77]). Die heute meist als Schmuck dienenden

Halsbänder der Zugtiere [78]) waren früher Schutzmittel. Im deutschen Südböhmen hat man aber noch jetzt am Geschirr rote Bänder oder Fleckchen, die „Neidfleckerl" heißen [79]). Dasselbe bezwecken die roten Bänder, welche die Magyaren den Füllen in die Mähnen binden [80]).

[74]) Sébillot *Folk-Lore* 3, 191. [75]) Ebd. 3, 228. [76]) Ebd. 3, 315. [77]) Grimm *Myth.* 3, 416 Nr. 17. [78]) Heckscher 294. [79]) Verf. [80]) Wlislocki *Magyaren* 160.

7. Rote Bänder wehren überhaupt bösen Zauber ab. In Hinterpommern legt man sie sogar auf beschriene Butterfässer [81]), und in Syrien bindet man sie um die Weinstöcke, damit sie gedeihen und gute Früchte tragen [82]).

[81]) Seligmann *Blick* 1, 331. [82]) ZfVk. 23 (1913), 258. — Zum B.zauber vgl. noch Scheftelowitz *Schlingenmotiv*, bes. 17 f. 59.

Vgl. Faden, Gürtel, Knoten, Lappen, Schmuck, Schuhb., Schürzenb., Strumpfb., Tuch.

Jungbauer.

Bank. An Stelle des Tisches erscheint beim Legen des Neugeborenen auf den Stubenboden manchmal auch die Stubenb. als der Ort, wo die Handlung in hergebrachter Art vollzogen wird. In der Schweiz (Appenzell) wurde und wird das Kind sogleich nach der Geburt unter die B. gelegt. Es sollte geschehen, wenn es etwas Wechselbalgartiges an sich hatte (so schon 1599), in der Neuzeit begründet man es damit, daß es solchermaßen sein Lebtag nicht den Geistern anfalle oder (mehr poetisch) damit es schamhaft sei [1]). Im Schwäbischen legt man es in seinem ersten Tragkissen unter die B., bevor man es der Mutter ins Bett reicht [2]). Es kann sich dann später überall gut einleben und bekommt kein Heimweh. In der Mark tut man so bei der Heimkehr von der Taufe; hierauf legt man das Kind in die Wiege und dreht es mehrmals um und um [3]). Windeln soll man in den Sechswochen nicht unter die B. werfen, sonst bekommt das Kind kein Ansehen [4]). Im Norddeutschen Kinderlied ist insbesonders vom Legen des wechselbalgartig veränderlichen Kindes auf die B. die Rede [5]). Man stürzt, sobald die Leiche hinausgetragen ist, die B. um [6]), und ein Gleiches ist mit Bänken und Stühlen, auf denen der Sarg gestanden hat, auch in Mitteldeutschland, der Pfalz und Österreich der Fall [7]) (s. Leichenzug).

[1]) Rochholz *Kinderlied* 279. [2]) Höhn *Geburt* 4, 260. [3]) Kuhn u. Schwartz 430 = Rochholz a. a. O. 290. [4]) Schönwerth *Oberpfalz* 1, 181 Nr. 11 [5]) Mannhardt *Germ. Mythen* 280. [6]) Kuhn u. Schwartz 435. [7]) Lippert *Christentum* 390 = W § 435; Grimm *Myth.* 3, 416 Nr. 9.

Haberlandt.

Bann (= B.), bannen (= b.), stellen (= st.), Stellung (= St.) ist der Zwang, den ein Mensch mittelst eines Zauberwortes oder einer Zauberhandlung auf andere Wesen (Menschen, Tiere, Geister u. a.) ausübt, meistens mit dem Zweck, den Gebannten unschädlich oder unfähig zu machen, seinen Willen zu betätigen. Das kann geschehen durch das Stellen, d. h. die zeitweilige Stillstellung oder Behinderung, das Verbannen (s. d.), d. h. die zauberische Versetzung aus dem Ort, wo der zu Bannende Schaden bringt, an einen andern, wo er unschädlich bleibt, das Beschwören (s. d.), d. h. das zauberische Verbieten des Übeltuns, oder auch, bei Geistern, das zauberische Zitieren.

B. wird zurückgeführt auf die Tätigkeit von Geistern, Zauberern und Hexen [1]). Es wird gebannt, wer in das Revier eines Geistes, besonders eines selbst gebannten, kommt [2]). So stellt auch der wilde Jäger [3]). Eigentümlich ist, daß Zigarrenrauchen das Gestelltwerden durch einen gespenstischen Leichenzug verhindert [4]). Deutlich erzieherischen Charakter hat die vom Untersee berichtete Erzählung, daß ein Bauer wegen Sonntagsarbeit von einem Geist gestellt wurde und von morgens 7 Uhr bis abends 7 Uhr zum Gespött aller Vorbeigehenden stehen mußte [5]). Daß auch Freimaurer (s. d.) in dieser Gesellschaft erscheinen [6]), ist bei der Einstellung weiter Volkskreise diesen gegenüber nicht verwunderlich. Sonst ist das B. nur wenigen Leuten bekannt, die mit B.-sprüchen und Beschwörungsformeln arbeiten (Verbalsuggestionen?) [7]). So kann ein Sonntagskind den Wind st.[8]). Außerdem sind zu solchen Künsten nur in der Schwarzkunst (s. Schwarzkünstler, Nekromantie) erfahrene Leute, besonders aber, offenbar von hrer Tätigkeit als Exorzisten her (s. a. Geisterb.), katholische Geistliche befähigt. Im Bergischen hält man den Abend für die einzige erfolgversprechende Zeit für das B., wofür der Ausübende ¼ Stunde Vorbereitungszeit benötigt[9]). Für das St., das in Tirol auch bezeichnend „gefroren machen", in der Oberpfalz „anfrören" heißt[10]), werden mannigfache Hilfsmittel genannt: so betet der Banner das Vaterunser rückwärts[11]), denselben Dienst tut das Umkehren des Glases oder eines Bildes[12]) oder das Festnageln eines in Beziehung zu dem zu Bannenden stehenden Gegenstandes (s. a. verpflöcken)[13]). Eine besondere Rolle spielt hierbei der B.-kreis, in den sich der Bannende entweder selbst hineinstellt[14]) oder aber, was weit häufiger ist, den zu Bannenden hineinb.[15]). Wir haben hier eine Erinnerung an den bei allen indogermanischen Stämmen, besonders bei den Slawen, z. T. noch heute geübten Brauch, den zu sakralen Zwecken dienenden oder sakral zu bannenden Gegenstand dreimal zu umkreisen[16]). Schließlich geht auch die Sitte, die Hühner an bestimmten Tagen innerhalb einer Sperrkette zu füttern, damit sie die Eier nicht verlegen, auf diesen B.-kreis zurück[17]).

Sagen und Geschichten, in denen das B. eine Rolle spielt, sind sehr zahlreich. Einmal wird ein Knabe durch den Fluch des jähzornigen Vaters gestellt und muß 3 Jahre auf derselben Stelle stehen, im 8. Halbjahr kann er wenigstens sitzen und wird nach 7 Jahren durch den Tod erlöst[18]). Anderwärts wirkt sich der Stellzauber beim Essen dahin aus, daß die Speisen stahlfest gemacht werden, so daß niemand abschneiden kann[19]), oder ein Wirt stellt Gäste zwei Tage lang, bis ein Fremder sie löst[20]). Sonst werden gebannt Tänzer und Streitende, böse Nachbarn, Zauberer, Zigeuner, selbst ein Leichenzug[21]).

Wie die Hexen so kann man Diebe, Räuber und Mörder durch Zauberspruch und magische Handlung b.[22]). Besonders verbreitet ist das B. des Obstdiebs auf dem Baum[23]). Im Kt. Zürich glaubte man, einen Dieb mit Hilfe von Nägeln festzustellen oder ihn zu bewegen, die Beute wieder zu erstatten[24]). Das B. des Diebs erfolgt durch den Diebssegen (s. d.)[25]). Man spricht ihn, indem man nach Sonnenuntergang dreimal um die Stelle geht (s. a. umkreisen), zu der vermutlich der Dieb kommt; dabei darf man sich aber nicht umsehen und muß genau an dem Punkt aufhören, wo man den Umgang begonnen hat. Wenn man dann zum Schluß noch dreimal „Im Namen Gottes" usw. sagt, so findet man am anderen Morgen den Dieb an der Stelle festgebannt[26]). Ein solcher Segen lautet: „Ich hier nene deinen Namen (s. d.), Kannst Du über mein gutt gehen oder Reiten, außer dem Dach oder unter dem Dach, kannst Du es nicht, so bleib stille stehen, zähle vorher alle Rägentropfen, alle Sterne, die am Firmament stehen und alle Steine, die in der Erde liegen, alles grüne Gras, So auf der Erde Stehed, alle Sandkörnlein, So im Meer liegen und alle Brunnen, so unter der Erde liegen. Kannst Du es nicht zählen, so Sollst und must Du stihle stehen, wie ein Block und Dich umsehen wie ein Bock"[27]). Ein Pforzheimer Artzneybüchlein von Carl Ludwig Schneidemann Ao. 1768 empfiehlt als sicher wirkendes Mittel zum B. eines Diebes das bekannte Sator (s. d.): „Auf ein Zettelein muß es aber stehen und an die Thür hingegleibt werden. Welcher Dieb das an der Thür ansiehet wird nicht mehr weggehen können bis er drappirt wird"[28]). Wenn der Dieb sich allerdings selbst auf das B. versteht, kommt es darauf an, wer die stärkeren Sprüche weiß[29]); dabei geht es dann oft recht erheiternd zu, wenn z. B. der Wilddieb die revidierenden Forstbeamten auf die Stühle am heißen Ofen bannt und sie schwitzen läßt[30]), oder wenn der Banner die Diebe mit „Knitteln ordonanzmäßig durchbritschen und abschmieren" läßt und sie nach Lösung des Bannes noch durch die „Mistlache" jagt[31]).

In Kriegsläuften nahm man natürlich ebenfalls gern seine Zuflucht zum B., so der „Krieger Bâthle“ in Wurmlingen, der im Schwedenkrieg einige Schwedenreiter auf 20 Schritte stellte, indem er mit seinem Pflugstecken dreimal in der Luft herumfuchtelte [32]), oder jener Bauer in Sotzbach, der im Siebenjährigen Krieg eine Schwadron Reiter bannte, daß sie einen halben Tag lang weder vorwärts noch rückwärts konnten [33]). Man bediente sich dabei in der Regel einer „sehr geschwinden Stellung“, wie sie etwa das Romanusbüchlein lehrt: „Du Reiter und Fußknecht kommst daher, wohl unter deinem Hut, du bist besprengt mit Jesu Christi Blut, mit den heiligen 5 Wunden sind dir deine Rohr, Flinten und Pistol gebunden, Säbel, Degen und Messer gebannet und verbunden, im Namen Gottes des Vaters, des Sohnes und des hl. Geistes. Amen“ (dreimal zu sprechen) [34]). Man verstand es demnach auch, wie man der eigenen Waffe Treffsicherheit anzaubern konnte, die des Gegners zu stellen oder zu „bescheißen“, Hieb- und Stichwaffen zu b. Eine Reihe der dazu nötigen Beschwörungsformeln sind erhalten. Neben dem Heiland und der Muttergottes werden dabei oft die Heiligen, vor allem die hl. Drei Könige, die vier Evangelisten, die Erzengel, die „12 Botten der Patriarchen“ u. a. angerufen [35]). Wie man so einen Angreifer oder Verfolger [36]) unschädlich machen konnte, so glaubte man auch, einen Feind oder Flüchtling dem Verfolger in die Hände b. zu können [37]).

Den Stellzauber muß man vor Sonnenaufgang (Sonnenuntergang) [38]) lösen, sonst stirbt der Gebannte, und sein Leib wird kohlschwarz. Der Gestellte ist zum Teufel geworden [39]). Diese Vorstellung beruht auf dem Glauben, daß man einem anderen durch Zauber die Seele (s. d.) entlocken kann, worauf der seelenlose Leib unbeweglich bleibt, bis der Banner ihm die Seele zurückgibt. Dies geschieht durch Lossprechung oder Abdankung von der Art: „Bist hergegangen in Teufels Namen, geh hinweg in Gottes Namen, lege ab das Gestohlene“ [40]).

Ist der Gebannte selbst zauberkundig, so kann er unter Umständen den Stellzauber selbst beseitigen, indem er die Schuhe auszieht und in den Strümpfen fortgeht oder den rechten Schuh an den linken Fuß, den linken an den rechten anzieht [41]). Kann er sich gar seinen Hosenträger zerschneiden, so büßt der Banner mit sofortigem Tod [42]).

Bei den Tieren wurde das B. vor allem zum St. von Wild zu bequemem Abschuß angewendet, aber auch um Krebse und Fische aus dem Wasser zu fangen [43]). Hunden und Mäusen konnte man die Mäuler durch B. verschließen, Wanzen in ein anderes Haus b., Schlangen und Ungeziefer (Raupen, Erdflöhe, Käfer u. dgl.) vertreiben [44]).

Das B. eines Wagens [45]) wurde gern von gewinnsüchtigen Handwerkern (Schmieden) praktiziert, um eine Ausbesserung vornehmen zu können [46]) oder aus Übermut [47]). Durch Besprechen wird das Fahrzeug wieder flott gemacht [48]). Drastischer sind folgende Mittel: man schlägt auf alle Radnägel des gebannten Fahrzeugs [49]) oder haut mit der Axt auf die Deichsel [50]). Zerschlägt man gar eine Radspeiche, so wird dem Banner dadurch mindestens ein Fuß abgehauen, meist trifft ihn der Schlag ins Herz, so daß er sofort tot ist [51]).

Krankheiten werden als Dämonen gefaßt und können deshalb durch B. vertrieben werden (s. a. Incantatio). Besonders geschieht das beim Alpdrücken. Schon die Alten kannten es ebenso wie das heute noch weit verbreitete Sympathiemittel des Verpflöckens (s. d.). Auch wird die Krankheit in einen Zauberkreis (s. a. Kreis) gebannt: in Franken und Österreich legt man auf eine Flechte ein Geldstück, macht dann einen Kreis herum und darauf kreuzweise Eindrücke. Ein ganz ähnliches Verfahren empfiehlt schon Marcellus [52]). Noch in der Gegenwart verschreibt man sich in der Lausitz „Bannmänner“ aus dem benachbarten Böhmen, vornehmlich um plötzlich krank gewordenes, d. h. behextes Vieh zu kurieren [53]). Andere bringen selbst stark fließendes Blut oder Schlangengift durch B. zum Stehen [54]).

[1]) Meiche *Sagen* 176 Nr. 240; Eisel *Voigtland* 78 Nr. 199; Andree *Braunschweig*

387; Köhler *Voigtland* 528 Nr. 133; ZfrwVk. 8, 155; ZfVk. 11 (1901), 68; Wuttke 159 § 216. [2]) Meiche *Sagen* 214 Nr. 277; 580 Nr. 721; Reiser *Allgäu* 1, 422; Kühnau *Sagen* 1, 500. [3]) Kuhn *Westfalen* 1, 178 Nr. 189. [4]) Meiche *Sagen* 242 Nr. 309. [5]) SAVk. 2 (1898), 18. [6]) Kühnau *Sagen* 3, 252. [7]) Stoll *Zauberglauben* 128; Agrippa v. Nettesheim 1, 183 ff.; (Keller) *Grab d. Abergl.* 1, 39 ff.; Luck *Alpensagen* 75; Lessiak *Gicht* 156; Amersbach *Grimmelshausen* 2, 37; Niderberger *Unterwalden* 3, 549; Fient *Prättigau* [2] 173; Kiesewetter *Faust* 226; ZfVk. 25 (1915), 352; MschlesVk. 6 (1899), 36; 7 (13) (1905), 96; DG. 13, 17 f.; SAVk. 21 (1917), 55. [8]) Lütolf *Sagen* 383. [9]) Schell *Bergische Sagen* 291 Nr. 1 a; 293 Nr. 1 c. [10]) Heyl *Tirol* 285 Nr. 103; 426 Nr. 113; Schönwerth *Oberpfalz* 3, 215 f. [11]) Schell *Bergische Sagen* 442 Nr. 43. [12]) Rank *Böhmerwald* 1, 166; Meiche *Sagen* 566 Nr. 704. [13]) ZfVk. 25 (1915), 352. [14]) Rochholz *Sagen* 2, 167. [15]) Kuhn und Schwartz 449 Nr. 378; Liebrecht *Zur Volksk.* 306. [16]) Goldmann *Einführung* 98 Anm. 3. [17]) Knuchel *Umwandlung* 37. [18]) Meiche *Sagen* 561 Nr. 696. [19]) Ebd. 559 Nr. 693. [20]) Schell *Bergische Sagen* 7 Nr. 8. [21]) Leoprechting 58 f. 60 ff.; Schell *Bergische Sagen* 49 Nr. 74 a; 399 Nr. 6; Reiser *Allgäu* 1, 209; ZfVk. 9 (1899), 372. [22]) Knuchel *Umwandlung* 85; Schell *Bergische Sagen* 27 Nr. 23; *Neue berg. Sagen* 83 Nr. 14; Andree *Braunschweig* 387; Andree-Eysn *Volkskundliches* 215 Nr. 38; Müllenhoff *Sagen* 517 f. Nr. 34; Wolf *Beiträge* 1, 153; Kuoni *St. Galler Sagen* 26 f. 86; SAVk. 15 (1911), 184 f.; 21 (1917), 199; ZföVk. 3 (1897), 6. [23]) Birlinger *Volksth.* 1, 510; Müllenhoff (-Mensing) *Sagen* 202 Nr. 302; Lütolf *Sagen* 250 f. [24]) ZfVk. 25 (1915), 352 f. [25]) Grimm *Myth.* 3, 505; Frischbier *Hexenspr.* 113; Waibel u. Flamm 2, 133; ZfVk. 11 (1901), 68. [26]) Kuhn u. Schwartz 449 Nr. 378; Ranke *Sagen* 271 f. [27]) SAVk. 2 (1898), 264; vgl. Schramek *Böhmerwald* 270. [28]) Weinhold *Festschrift* 115 f. [29]) Rochholz *Sagen* 2, 60; Eisel *Voigtland* 223 f.; Andree-Eysn *Volkskundliches* 215 Nr. 41 f. [30]) Schell *Neue berg. Sagen* 62 Nr. 9. [31]) Reiser *Allgäu* 1, 209. [32]) Birlinger *Volksth.* 1, 331. [33]) Bindewald *Sagen* 127 f. [34]) Romanusbüchlein 13; Schramek *Böhmerwald* 267; SAVk. 25 (1921), 67; vgl. Weinhold *Festschrift* 118; ZfrwVk. 1904, 301. [35]) Geistl. Schild 164; Amersbach *Grimmelshausen* 2, 37; Schramek *Böhmerwald* 273; ZfVk. 23 (1913), 15; SAVk. 19 (1915), 228 f.; 25 (1921), 68. [36]) Schell *Bergische Sagen* 286 Nr. 53 b.; Müller *Siebenbürgen* 75 f. [37]) Amersbach *Grimmelshausen* 2, 37; Meiche *Sagen* 566 Nr. 704. [38]) Kuoni *St. Galler Sagen* 69. [39]) Ranke *Sagen* 25 f. 271 f.; Leoprechting *Lechrain* 37; Kuhn und Schwartz 449 Nr. 378. [40]) Schramek *Böhmerwald* 275; Luck *Alpensagen* 75; ZfVk. 5 (1895), 297. [41]) Heyl *Tirol* 164 Nr. 72; Jecklin *Volkstüml.* 391; ZfVk. 4 (1894), 156. [42]) Schell *Bergische Sagen* 186 Nr. 112. [43]) Ranke *Sagen* 32; Andree-Eysn *Volkskundliches* 215; Reiser *Allgäu* 1, 207f.; SAVk. 25 (1925), 69; Amersbach *Grimmelshausen* 2, 37. [44]) Amersbach *Grimmelshausen* 2, 37. [45]) Baumgarten *Aus der Heimat* 2, 79; Meyer *Baden* 427; ZfVk. 11 (1901), 69. [46]) Kühnau *Sagen* 3, 236 f. [47]) ZfVk. 11 (1901), 69. [48]) Schell *Neue berg. Sagen* 21 Nr. 6. [49]) Grimm *Myth.* 3, 471 Nr. 977. [50]) Meiche *Sagen* 581 Nr. 723. [51]) Andree-Eysn *Volkskundliches* 215; Eisel *Voigtland* 223 f.; Schell *Bergische Sagen* 86 Nr. 5; 150 Nr. 27; 177 Nr. 93; 209 Nr. 165; *Neue berg. Sagen* 50 Nr. 27. [52]) Bartels *Medizin* 194 ff.; Naumann *Gemeinschaftskultur* 143 f.; Stemplinger *Sympathie* 75 f.; Wrede *Rhein. Volkskunde* [2] 133. [53]) Kühnau *Sagen* 2, 539. [54]) Heyl *Tirol* 802 Nr. 261.

S. a. Geisterb., Übertragung, verfluchen. Mengis.

Bannbüchlein. Mit diesem Namen bezeichnet man Beschwörungsbücher, die Sprüche und Mittel zum Stellen der Jagdtiere, der Diebe, zur Unschädlichmachung von reißenden Tieren und Schlangen, zum Bannen der Geister und des Teufels enthalten [1]). Damit sie bannkräftig werden, legt man sie einem Primizianten unbemerkt unter das Altarblatt. Um den Gefahren beim Gebrauch der B. zu entgehen, muß man sie rückwärts lesen können, wodurch der Zauber aufgehoben wird [2]). Bannen bedeutet: festhalten, zaubern, bezwingen [3]), vgl. Schlangen und Nattern bannen [4]), Diebe [5]), den Teufel oder die Geister bannen [6]), in der älteren Sprache: bannen und bennen, durch Zauber- oder Segenssprüche binden [7]); s. bannen.

[1]) Reiser *Allgäu* 1, 206; ZfVk. 9 (1899), 272; Birlinger *Aus Schwaben* 1, 405; Höhn *Volksheilkunde* 1, 80. [2]) Dornseiff *Alphabet* 63; ZfVk. 25 (1915), 246; Wuttke 183 § 250; HessBl. 20 (1921), 15 ff.; Seyfarth *Sachsen* 165. 169. [3]) Grimm *DWb.* 1, 1116. [4]) Panzer *Beitrag* 2, 272 Nr. 12; Grimm a. a. O. (Grimmelshausen, Simplizissimus). [5]) WürttVjh. 13 (1890), 205 Nr. 213; 213 Nr. 244. [6]) Panzer a. a. O. 2, 142. 201. 271 Nr. 8. 302; WürttVjh. a. a. O. 215 Nr. 250; SAVk. 20 (1916), 435. [7]) Lexer *MhdWb.* 1 (1872), 123. 181. Jacoby.

Bannprozession s. Flurumgang.

Bannsegen s. Segen, Verbannung.

Bär (Sternbild) s. Sternbilder II.

Bär (Tier).

1. Name. Der idg. Name des braunen B.en (Ursus arctos) gehört zu der Gruppe scr. ṛ̊ksha-, avest. arĕsa-, gr. ἄρκτος, lat. ursus [1]). Aus religiösen Gründen (Verbot, den Namen des Tieres zu nennen; vgl. Wolf) [2]) haben die germanischen und lituslawischen Sprachen das Wort verloren [3]). Die Germanen, wie die Wogulen und Lappen [4]), haben dafür „Bär", „der Braune" [5]), den aus der Tiersage bekannten Namen [6]), Petz, (betz, bätz), eine Kurzform von B. mit dem Kosesuffix -ze [7]). Die Slawen ersetzten schon in urslaw. Zeit den Namen durch medvědi = Honigesser, was in der Gegenwart wieder durch „Er", „Hausherr" usw. verdrängt ward [8]), so wie die Finnen von mesikämmen (Honighand), otso (Breitstirn) [9]) und vom „Alten" sprechen. Die Russen brauchen zvěri = Wild [10]), für den Jungbären Lontschak = Jährling, für den zwei- bis dreijährigen Pestun = Kinderwärter; er ist ein Owsjannik = Haferesser oder ein Sterwjätnik, ein Aasfresser [11]). Die Esten nennen ihn laijalg (Breitfuß) [12]). Bei verschiedenen türkischen und tatarischen Völkern hat der B. Bezeichnungen wie Vater, Mutter, Großvater; von den Schweden wird er hin gamle, store, storfan, Großväterchen, genannt [13]) oder auch kuse, bjäss und gullfot (Goldfuß), sötfot (Süßfuß) [14]). — Auch die Ungarn nennen ihn öreg = der Alte, toporjan = Fußschlepper, die Szekler: féreg, den schleppend gehenden Wurm [15]), die Lappen vari-aija (kluger Vater), während des B.festes: soive olma (heiliger Mann) oder härra (Herr), fruvva (Frau) [16]).

[1]) Schrader *Reallex.*² 1, 81; Feist *Indogermanen* 1913, 181. [2]) Schrader a. a. O. nach A. Meillet *Quelques hypothèses sur des interdictions du vocabulaire dans des langues indo-européennes* in Festschr. f. A. J. Vendryes zum 3. 7. 06 u. Ztschr. für deutsche Wortforschung 10, 167 ff.; Keller *Antike Tierwelt* 1, 178. [3]) Schrader a. a. O. [4]) Keller *Antike Tierwelt* 1, 178. [5]) Hugo Palander *Ahd. Tiernamen* 1899 56 f.; vgl. Usener *Kl. Schr.* 4, 57 Anm. 111. [6]) Grimm *Reinhart Fuchs* CCXXII ff. [7]) Richard Loewe *Germ. Sprachwissenschaft* 1 (1922), 87. [8]) Schrader *Reallex.*² 1, 81. [9]) Grimm *Reinhart Fuchs* LVI. [10]) Schrader *Reallex.*² 1, 81. [11]) Meerwarth-Soffel *Lebensbilder aus d. Tierwelt Europas* 1 (1920), 72. [12]) Grimm *Reinhart Fuchs* LVI. [13]) Keller *Tiere* 110; Riegler in WS. 4, 175. [14]) Grimm *Reinhart Fuchs* LV. [15]) Keller *Antike Tierwelt* 1, 178. [16]) Hammarstedt in Beiträge z. Rel.wissenschaft 2 (1918), 124 f.

2. Der B. im Glauben der alten und primitiven Völker. Als prähistorisches Jagdtier kannte man sowohl den Höhlen- wie den braunen B.en [17]). Die Knochen verarbeitete man zu Geräten [18]). Im Burgwall von Mecklenburg (slawische Zeit) fand man bei einer Grabung einen B.enschädel [19]); in germanischen Gräbern [20]) kamen B.enknochen zum Vorschein. Bei den Römern war er ein beliebtes Jagdtier; die lebend gefangenen wurden, abgerichtet, viel bei den Spielen im Zirkus verbraucht [21]). In der griechischen Mythologie erscheint er öfters. Er war das Tier der Artemis, deren Hypostase Kallisto B.engestalt hat, und deren Priesterinnen (brauronische A.) B.enkleider tragen [22]); an ihren Tempeln wurden erbeutete B.enköpfe aufgehängt [23]); ihr wurden B.en geopfert [24]). Im Heiligtum der syrischen Göttin Artemis zu Munichia wurden B.en gehalten [25]); in peloponnesischen (arkadischen) und attischen Kulten war er ihr Symbol [26]). Der großen Göttin der Syrer war er heilig [27]).

Die meisten Völker der nördlichen Zone wissen vom B.en zu erzählen. Über den B.en als Totemtier handelte Reuterskiöld [28]). Bei den Algonkins haben die Unterweltdämonen B.engestalt [29]); die Blackfoot wissen von plagenden Dämonen in B.engestalt [30]); die den Menomini (Algonkins) benachbarten Skidi-Pawnee kennen B.en als Begleiter der Hexe [31]); bei den Nahavos (Pueblas) bewachen B.en das Haus der Sonnenfrau [32]). Häufig ist in der indianischen Tiersage von ihm die Rede [33]), wie auch die Eskimos [34]) und nordamerikanischen Neger [35]) von ihm erzählen.

Auch die sibirischen Völker haben sich mit ihm beschäftigt. In einer Höhle Innerasiens fand Gmelin das Steinbild eines sitzenden B.en [36]). Die Ainos verehrten einen B.engott, an dessen Hauptfest ein von einer Frau gesäugter B. getötet und gegessen wurde [37]). Auch die Japaner kannten eine Berggottheit, welche als B. erschien [38]). Die Giljaken (an der Amurmündung und auf Sachalin) kennen einen Berg- und Waldgott Pal'-ys', der ihnen seine Hunde, die B.en, als Nahrung sendet. Diese B.en sind „Bergmenschen", niedere Götter, zugleich aber Gentilgenossen der Giljaken. Wieder finden sich bei den sibirischen Völkern Tiersagen, die an diejenigen der Indianer erinnern [39]). In Lappland wurde der B. im 18. Jh. noch als saivo = heilig, passevaitse = heiliges Wild, bezeichnet [40]). Die Ungarn sind von einem B.enkult ihrer Vorfahren überzeugt [41]). Die Finnen hielten, wenn sie den Kopf des getöteten B.en an einem Baum aufhingen, ein Fest ab, wobei ein Knabe und ein Mädchen als Brautpaar erschienen [42]).

[17]) Ebert *Reallexikon* 6, 140; 7, 134 ff.; W. Soergel *Die Jagd der Vorzeit* 1922, 54 ff.; O. Profe im Mannus 6, 107 ff.; W. Soergel *Das Aussterben diluvialer Säugetiere u. d. Jagd d. dil. Menschen* 1912 = Festschr. z. XLIII allgem. Vers. d. deutsch. anthropol. Ges. 47 ff.; vgl. auch Hoernes-Menghin *Urgesch. d. bild. Kunst* 1925, 147. 233. 244 f. 144—146. [18]) Sokolowsky in Mediz. Klinik 1918, 395 f. [19]) Nachrichtenbl. f. d. Vorzeit 3, 6. [20]) Keller *Tiere* 365. 366. [21]) Ders. *Antike Tierwelt* 1, 178 ff.; vgl. *Tiere* 115 ff. [22]) Keller *Antike Tierwelt* 1, 176; Pauly-Wissowa 2, 1344. 1434. [23]) Ebd. [24]) Ebd. [25]) Ebd. [26]) Pauly-Wissowa 2, 1434. [27]) Keller *Tiere* 114. [28]) Reuterskiöld *Speisesakramente* 14. 26. 29. 48. 77 f. [29]) W. Krickeberg *Indianermärchen aus Nordamerika* 1924, 52. 82. 373; vgl. Siuts *Jenseitsmotive* 269. [30]) Ebd. 135. [31]) Ebd. 143. 157. [32]) Ebd. 338. [33]) Dähnhardt *Natursagen* 3, 6. 58. 50. 57. 29. 253 f. 63. 77. 83 f. 97; 4, 207; Krickeberg 108. 217 ff. 176. [34]) Dähnhardt 3, 18. 252; Sock *Eskimomärchen* (1921), 70 ff. 78 f. [35]) Dähnhardt 3, 50 f.; 4, 44. [36]) Keller *Tiere* 110 = *Antike Tierwelt* 1, 177. [37]) Höfler *Organotherapie* 65; ZfVk. 6, 344; Andree *Parallelen* 1, 132; Globus 39, 232 f.; vgl. ebd. 32, 117; Keller *Antike Tierwelt* 1, 177. [38]) Karl Florenz *Die historischen Quellen d. Shintoreligion* 1919, 4 Nr. 18. 86; vgl. Grimm *Myth.* 3, 191: B.enfest der Lappen; Muus *Altgerman. Religion* 30 f. [39]) Dähnhardt 4, 282 f. [40]) Keller *Antike Tierwelt* 1, 137. [41]) Ebd. [42]) Beitr. z. Rel.wissensch. 2, 119 f.

3. Naturgeschichtlicher Aberglaube. Die Menschenähnlichkeit eines enthäuteten B.en ist stets stark aufgefallen [43]); die Ainos empfanden sie [44]) wie die Giljaken [45]); die Esten erklären, ein abgehäuteter B. habe große Ähnlichkeit mit einem Mädchen, besonders an Brust, Hüften und Beinen [45]). Seine Füße gleichen Menschenfüßen (mongolisch [47]), serbisch [48]), polnisch [49]), russisch) [50]); er hat menschlichen Verstand (Altajer [51]), mongolisch) [52]), aber nur einen kleinen, weil er von einer Frau abstammt (lettisch) [53]). Seine Zitzen sitzen wie bei den Menschenfrauen an der Brust, nicht am Bauch (Smolensk) [54]), und er hat eine weiße Brust wie eine Jungfer (estnisch) [55]). — Nach deutschem Volksglauben ist er ohne Knochen, besteht nur aus Muskeln und Sehnen [56]).

Solinus sagt, die B.en verehren die B.innen, die stärker sind als die B.en, heimlich [57]). Sie kohabitieren in gestreckter Lage wie die Menschen [58]). Die B.in wirft am 30. Tage darnach ein Junges, wenig größer als eine Maus [59]). Das ist ein ungeformter Fleischklumpen, der erst durch Belecken Glieder bekommt; vorher sind nur die Klauen zu sehen [60]). Wenn Zedler das 1733 abstreitet, muß also der Glaube damals noch lebendig gewesen sein [61]). Es ist nichts seltsamer anzusehen als eine gebärende B.in [62]). Die B.en genießen Ameisen und Krebse als Arznei, nach antiken Autoren kennen sie die Heilkräuter [63]). Der B. wächst fast unaufhörlich [64]); kocht man B.enfleisch, so wächst es auch [65]). Älian und Äsop behaupten, er rühre keinen Leichnam an [66]), Aristoteles, er fresse erst fauliges Fleisch [67]). Er ist so verpestet, daß verfault, was er anbläst [58]). Man habe ihn gefangen, erzählt Megenberg, indem man ihn mit Honig in eine Fanggrube lockte [69]) oder ihn durch Vorhalten eines glühenden Eisens blendete [70]). Die auf den B.en bezüglichen Ausdrücke der Jägersprache zählt Zedler auf [71]). Sein Brummen deuten die Siebenbürger Sachsen: „Ech bän der grest! oder: ech kun, ech frêsen dich" [72])! Sie wissen auch, daß man nur 99, nie 100 schießen kann [72 a]).

[43]) Megenberg *Buch der Natur* 133. [44]) Dähnhardt *Natursagen* 3, 449. [45]) Leo Sternberg im ARw. 8, 267. [46]) Dähnhardt 2, 278 Nr. 2 a. [47]) Ebd. 3, 450 Nr. 13 b. [48]) Ebd. Nr. 22. [49]) Ebd. 2, 99 Nr. 7. [50]) Aug. v. Löwis of Menar *Russische Volksmärchen* 1914, 218. [51]) Dähnhardt 3, 451 Nr. 22. [52]) Ebd. 3, 450 Nr. 13 b. [53]) Ebd. 3, 452 Nr. 19 b. [54]) Ebd. 2, 99 Nr. 4. [55]) Ebd. Nr. 10. [56]) Montanus *Volksfeste* 167. [57]) Megenberg *Buch der Natur* 134; Keller *Tiere* 123. 376 Nr. 207. [58]) Megenberg 134. [59]) Ebd., nach Ambrosius. [60]) Ebd. nach Plinius, der auf Aristoteles zurückgeht; vgl. Keller *Tiere* 122 f. 375 Nr. 199; Keller *Antike Tierwelt* 1, 180. [61]) Zedler *Universallexikon* 2, 115. [62]) Megenberg 134. [63]) Ebd. nach Aristoteles. (Vgl. Keller *Tiere* 122. 375 Nr. 193. 194.) Heilkräuter: Keller *Tiere* 122. 374 Nr. 188. 189; Höfler *Organotherapie* 65. [64]) Megenberg 134. [65]) Ebd. nach Plinius. [66]) Keller *Tiere* 123. [67]) Ebd. [68]) Megenberg 134. [69]) Ebd. nach Solinus. [70]) Ebd. [71]) *Universallexikon* 2 (1733), 116. [72]) Haltrich *Siebenb. Sachsen* 152. [72a]) Müller *Siebenbürgen* 25 f.

4. Der B. ist ein verwandelter Mensch; Bärensohn. Der B. ist asiatischen und slawischen Völkern ein Weib, andern Europäern ein männliches Wesen, das sich verwandelt hat. — Für die Verwandlung werden manche Gründe angegeben; die B.engöttin heiratet einen Menschen (Ainos) [73]), der Waldgeist ein halbtierisches Weib (Samojeden) [74]), oder weibliche Waldgeister Heldensöhne (Ostjaken, Wogulen) [75]); die Kinder sind B.en. Bei Mongolen, Bulgaren und Finnen ist der Mensch verwünscht [76]), in russischen, serbischen und bulgarischen Märchen strafweise verwandelt worden [77]). Am reinsten ist diese Sagenform ausgebildet in den Stücken, die von einer Verwandlung der Menschen berichten, welche den wandelnden Gott mißachten, entweder ihn durch Verkleidung oder Schreien erschrecken wollen (burjätisch, russisch, polnisch, ruthenisch, rumänisch, lettisch, litauisch, estnisch, französisch) [78]) oder ihn verspotten (estnisch, französisch) [79]) oder auf die Probe stellen, ob er allwissend sei (polnisch) [80]). In den Abruzzen werden die beim Jungschmieden Mißratenen zu B.en [81]). Norwegische, sibirische und finnische Sagen berichten, daß sich jemand freiwillig in einen B.en verwandelt habe [82]) oder durch einen Zauberer verwandelt worden sei (lettisch) [83]).

Daß der B. ein verwandelter Mensch sei, ist in Rußland noch Volksglaube [84]); im Märchen verwandelt sich der Vater, um den Mut der Tochter zu prüfen, in einen B.en [85]), ebenso der Jüngling, der sich vorm allwissenden Zaren verbergen soll [86]); die Hexe, die gegen den Helden kämpft [87]), Zigeuner und Zauberer [87a]), im schwedischen Volkslied die Stiefmutter zwei Brüder [88]). Zauberer verwandeln im Märchen häufig andere in B.en; die späteren Hexen können das nicht mehr [88a]). Der in einen B.en verwünschte Prinz oder König ist ein beliebtes Märchenthema, das bei Grimm [89]), im Niedersächsischen [89a]) an der Bergstraße, im Odenwald [90]), in Bayern [91]), Schleswig-Holstein [92]), Pommern [92a]), bei Vlämen und Franzosen [93]), auf dem Balkan [94]), in Estland [95]) und anderwärts vorkommt. Oft spielt das Psychemotiv hinein, so in norwegischen [96]) und estnischen Stücken [97]), bei den Franzosen [98]), und im Pentamerone findet sich eine verwünschte Prinzessin [99]), bei den ungarischen Armeniern geht eine Königstochter im B.enkleide nachts wie ein Werwolf aus [100]). Die Entzauberung erfolgt gewöhnlich durch Enthauptung, Verbrennen der Tierhülle oder Kuß [101]). Nahe steht diesem Motiv das von der B.enehe, ist sogar meist mit ihm verbunden [102]). Das in dieser Ehe erzeugte Kind ist ein dämonisches Wesen; Zeus als B. zeugt mit der Kallisto den Arcas [103]); in obd. und dänischen Berichten ist das Kind ein Ungeheuer [104]), in einem russischen ist Ivanko-Medviedko (Ivan B.ensohn) zur Hälfte Mensch, zur Hälfte Bär [105]), in deutschen Märchen ein mit Riesenkräften Begabter [106]): Peter B., B.enhansl, im Französischen Jean de l'ours [107]). Alte Geschlechter oder Völker leiteten ihre Herkunft von einer solchen B.enehe her; so berichtet Olaus Magnus von den Goten, Saxo von einem Schweden Ulvo [108]). In Borussia communissima narratur historia, virginem ab urso impregnatam filium peperisse, cui nomen Ursini . . . [109]). B.enkraft erhält, wer mit B.enmilch gesäugt worden ist; die Ammen des Zeus wohnen als B.innen in einem Gebirge bei Kyzikos [110]); Atalante wie Alexandros, der Sohn des Priamos, wurden ausgesetzt und von B.innen aufgesäugt [111]); auch auf Island weiß man davon [112]). Deshalb wird auch der Märchenheld ausgesandt, B.enmilch zu holen, um die kranke Schwester zu heilen (russisch, lettisch) [113]). Kraftproben wenden sich oft an den B.en, so soll der Held fünf lebendige B.en fangen (finnisch) [114]), einen B.en müde reiten (lettisch) [115]). Das kluge Schneiderlein erreicht durch List, was seiner Kraft unmöglich war [116]). In Tirol zähmt ein Knabe die B.en durch Harfenspiel [117]), so wie das Balkanmärchen von einem Derwisch weiß, der dem B.en vorredet, er sei stärker [118]). Hat nicht ein Schildbürger gar den B.en gefangen, indem er ihn eine Wagendeichsel in den Leib lecken ließ [119]), während die Schippenbeiler „B.enstecher" ihren Bürgermeister, der einen B.enpelz trug, als B.en erlegten (vgl. 5) [120]).

s. a. Bärenhäuter.

[73]) Dähnhardt *Natursagen* 3, 449 Nr. 11. [74]) Ebd. Nr. 12. [74]) Ebd. 3, 450 Nr. 14. [76]) Ebd. 3, 450 Nr. 13 a. 21. 24 b. [77]) Löwis of Menar *Russische Volksmärchen* 218 ff.; Dähnhardt 3, 451 Nr. 18 und 1, 222; 3, 452 f. Nr. 22; 1, 316. [78]) Burj. ebd. 2, 278 Nr. 1 russ. St. 99 Nr. 1—4; poln. St. 278 Nr. 3; ruten. St. 99 Nr. 5; rumän. ebd. Nr. 6; lettisch ebd. Nr. 8 und St. 279; litauisch St. 99 Nr. 9 und St. 279; estnisch St. 99 Nr. 10; franz. St. 278 Nr. 3. Vgl. Sébillot *Folk-Lore* 3, 5 f. [79]) Dähnhardt 2, 278 Nr. 2 St. 101 Nr. 11. [80]) Ebd. 2, 100 Nr. 7. [81]) Ebd. 2, 166. [82]) Ebd. 3, 450 ff. Nr. 14. 15. 16. 17. 24 a; Grimm *Myth.* 2, 918. [83]) Ebd. 3, 452 Nr. 19 b. Vgl. 1, 141 Note. [84]) Hovorka-Kronfeld 1, 49 f. [85]) Löwis of Menar *Russ. Volksmärchen* 178. [86]) Ebd. 259. [87]) Grimm *Myth.* 3, 317; vgl. Boehm-Specht *Lettisch-litauische Märchen* 1924, 98 f. [87a]) Luck *Alpensagen* 68; Heyl *Tirol* 180 f. [88]) ZfVk. 30/32, 77. [88a]) Grimm *Myth.* 3, 317. [89]) Grimm *KHM.* Nr. 161. Ich verweise auch auf meine *Märchen d. deutschen Schlesier.* [89a]) Schambach-Müller 263 ff. [90]) Wolf *Beiträge* 2, 65 ff. [91]) Quitzmann 243; Panzer *Beitrag* 1, 191 ff. [92]) Müllenhoff *Sagen* 384 f. [92a]) Jahn *Pommern* 435 f. [93]) Bolte-Polivka 3, 260; vgl. auch 1, 533 f. [94]) Aug. Leskien *Märchen aus d. Balkan* 1915, 199. [95]) Friedr. Kreutzwald *Estn. Märchen* 2 (1869), 34 f. [96]) Klara Stroebe *Nordische Volksmärchen* 2 (1915), 159. 174 ff. = Gubernatis *Tiere* 430 = Wolf *Beiträge* 65 f.; vgl. Gering *Weissagung* 16. [97]) Verhandl. gel. estn. Gesellsch. 20, 139. [98]) Sébillot *Folk-Lore* 3, 52. 53. [99]) Gubernatis 430 = Pentamerone 2, 6. [100]) Heinr. v. Wlislocki *Märchen u. Sagen d. Bukowinaer u. Siebenbürger Armenier* 1891, 91 ff. [101]) Bolte-Polivka 1, 9. [102]) Vgl. Anm. 89 ff.; ARw. 8, 249; Wolf *Beiträge* 2, 64 ff.; Gubernatis 430; Sébillot *Folk-Lore* 1, 436; 3, 60. [103]) Ebd. 431. [104]) Heyl *Tirol* 235 Nr. 48; Gubernatis 431. [105]) Löwis of Menar *Russ. Märchen* 214 = Gubernatis 431. [106]) Wolf *Beiträge* 2, 67 f. Vgl. ferner Köhler *Kl. Schr.* 1, 543 f.; Laistner *Sphinx* 2, 21 ff.; v. d. Leyen *Märchen* 64. 154 ff. Hierher stellen wird man auch Zaunert *Deutsche Märchen seit Grimm* 1912, 44; Wlislocki *Volksglaube* 92 f. und Paul Sock *Eskimomärchen* (1921), 67 ff. [107]) Sébillot *Folk-Lore* 1, 436; 3, 60. [108]) Wolf *Beiträge* 2, 64 f. Vgl. auch Hammarstedt in Beitr. z. Rel.wissensch. 2, 125; Liebrecht *Zur Vk.* 18; Arkiv för nordisk filologi 19; Volkskdl. Zeitschriftenschau 1903, 160. [109]) Männling *Curiositäten* 1713, 152. [110]) Keller *Antike Tierwelt* 1, 176. [111]) Schrader *Reallex.*² 1, 82 f.; Usener *Sintflut* 111. [112]) Naumann *Isländ. Volksmärchen* 1924, 97. [113]) Löwis of Menar *Russ. Volksmärchen* 102 = Gubernatis *Tiere* 430; Boehm-Specht *Lettisch-litauische Märchen* 53. [114]) Löwis of Menar *Finnische u. estnische Märchen* 120; Boehm-Specht *Lettisch-litauische Märchen* 58. Wohl auch russ.: ZfVk. 33/34, 36. [116]) Grimm *KHM.* Nr. 114; Kuhn *Märk. Sagen* 293 ff.; vgl. dazu Bolte-Polivka 2, 529 ff.; 1, 69; Laistner *Sphinx* 2, 10 ff. [117]) Zaunert *Deutsche Märchen aus d. Donaulande* 1926, 215. [118]) Aug. Leskien *Märchen aus dem Balkan* 208. [119]) Hauffen *Gottschee* 120. [120]) E. Krollmann *Ostpreuß. Sagenbuch* 1915, 94 f.

5. Der B. als Seelentier. Die Fylgja erscheint in B.engestalt, so die Bjarkis, während Bjarki schläft [121]); die Gunnars sieht Höskuld im Traum als B.en [122]). Im Alptraum erscheint die wandernde Seele zuweilen in B.engestalt [123]), wie wir von b.engestaltigem Spuk hören (Schlesien [124]), Voigtland [125]), Thüringen [126]), Sachsen [127]), Böhmen [128]), Bayern [129]), Baden [129a]), vielleicht auch Westfalen [130]), Basse-Normandie, am Char de la mort) [131]). Der Norden kannte den im B.enhemd umgehenden „Berserker" (s. d.).

[121]) Meyer *Germ. Myth.* 67. Doch vergleiche F. Genzmer *Edda* 1, 181 Nr. 1. [122]) *Njala* 23; vgl. ZfdA. 42, 288. [123]) Meyer 77. 104. [124]) Grässe *Preußen* 2, 204 f. [125]) Köhler *Voigtland* 535; Eisel *Voigtland* 127 f. [126]) Quensel *Thüringen* 338; Witzschel *Thüringen* 1, 184 Nr. 181. [127]) Fr. Sieber *Sachsen* 297; Niedersachsen: Schambach-Müller 196. [128]) Quitzmann 243. [129]) Grohmann *Sagen* 238. [129a]) Baader *N.Sagen* 70. [130]) Kuhn *Westfalen* 1, 153 Nr. 156 b. [131]) Sébillot *Folk-Lore* 1, 156; vgl. 3, 6 (Seele des Jägers geht in B.en über).

6. Der B. als Dämon. Dämonen und Elben nehmen zuweilen B.engestalt an [132]); so waren die wendischen Feldgeister, die Graben, in B.enhaut eingenäht [133]); in der Oberpfalz schreckt man Kinder mit dem Buzl- oder Böycherlb.en [134]); der wilde Mann (Tirol) ist zottig „wie ein B.“ [134a]); im polnischen Oberschlesien erschien ein b.enartiges Waldtier [135]); in Rußland ist der B. des Waldgeistes Ljeschi Diener, der bei ihm wacht [136]); ein B. bewacht den Eingang zur Abendburg im Isergebirge [137]). Vielleicht hängt dieser B. mit Rübezahl zusammen, denn von diesem berichtet der Wale Hans Man von Regensburg, er zeige sich unter anderm an der Abendburg in eines großen B.en Gestalt [138]); in einem Rübezahlabenteuer Lindners benützt der Berggeist einen B.en als Zugtier [139]). Vielleicht auch hütet er, wie in obd. Sagen [140]), den Schatz. Im Eisacktal erscheint der Klaubauf als B. [141]) .Der Blutschink (s. d.) des Paznauntales entsteigt seinem See in B.engestalt [142]). Fischer in einem See bei Groningen hörten aus dem Wasser rufen: „Laat mij ouden beer toch leven!“ Da scheint ein Wassergeist B.engestalt gehabt zu haben [143]). Die zu erlösende Schlangenjungfrau erscheint zuweilen als B. (Westfalen, Schwaben) [144]). Im Isental (Uri) hielt man 1820 einen B.en für den Flühlerteufel [145]). Die B.en sind die schwarzen Kühe der Hexe (russ.) [146]), die Herde der Trolle (norweg.) [147]), der Riesen (Tirol) [148]); sie gehören zu den Waldgespenstern im Zauberwalde (estnisch) [149]) und hüten den Eingang zum Zauber-, Unterweltschloß [150]) oder zur Hexenhöhle [151]), zum verborgenen Schatz [152]). B.enfleisch essen die Riesen (Alsen) [153]). Der B. (Eisernes-Fell) verwüstet Rußland wie jener in Ostpreußen, den die Sensburger erlegten [154]), ein B. raubt dem Pechvogel, den das Unglück treffen soll, die Kinder (türkisch) [155]); er fordert, was man zu Hause nicht weiß (russisch) [156]) und ist im Besitz der Wunschdinge, wie einer goldenen Kugel [157]). Daneben steht der dem Menschen wohlwollende B., der mit dem bösen Zwerge kämpft [158]), den bösen Hofmeister verjagt (Preußen) [159]) und der unter den hilfreichen Tieren, die den dritten Sohn begleiten, häufig vertreten ist [160]), aber (estnisch) doch nicht gegen die Hundsköpfe aufkommt [161]).

Von der B.engestalt des Teufels ist oft die Rede [162]); er erscheint so dem Wachtposten [163]); ist er in Menschengestalt, so hat er B.enklauen [164]), besonders als Buhlteufel der Hexen [165]). Den Mystikern des 17. Jhs. ist der B. ein Symbol des Teufels [166]), ja der Teufel selbst [167]). Beim Namen gerufen, erscheint der B. wie der Teufel (s. 13) [168]), und er erntet wie dieser die Farnblüte (litauisch) [169]). — Der Lauterfresser, ein Schwarzkünstler im obern Eisacktal, verwandelte sich in einen B.en [170]). Die alten Weiber, die H. Sachs dem Teufel schenken läßt, werden mit einer B.enhaut bedeckt [171]). Zuweilen nimmt auch die Hexe B.engestalt an, so die Müllerin in der behexten Mühle [172]) oder die mecklenburgische, die ein Jäger mit dem Erbknopf erschoß [173]). Doch ist der B. der Hexen Feind. Die bis vor kurzem überall umziehenden B.enführer mit tanzenden B.en [174]), von denen schon im Ruodlieb die Rede ist [175]), sind gern gesehene Gäste, weil die B.en Behexungen festzustellen vermögen. Sie weigern sich, in behexte Ställe zu gehen, solange der B.enführer den Zauber nicht entfernt hat (Ostpreußen [176]), Lechrain [177]), Schwaben [178]) und an andern Orten) [179]). In Westpreußen kratzt der B. selbst den Zauber heraus [180]), wie in Schlesien (Zobtenebene) [181]). In Rußland wird an gewissen Feiertagen zum Zweck der Reinigung ein Bock oder B. ums Dorf geführt [182]). Nahe liegt hier, an die Sage vom Schrättel und vom Wasserb.en zu erinnern. Die ursprünglich vom Wasserb.en

(Eisb.en) erzählte Sage ist auf den braunen B.en übertragen worden, der in der Mühle mit einem boshaften Kobold oder Wassermann kämpft und ihn bezwingt. Sie begegnet das erste Mal in einer mhd. Verserzählung des Heinrich von Freiberg zwischen 1290 und 1295 [183]). Bolte hat einen Überblick über das Vorkommen der Sage gegeben, nach dem sie weder westlich einer Linie Oberrhein-Weser, noch östlich der Oder (Pommern ausgenommen) vorkäme; ferner gehören Dänemark, Schweden, Norwegen, Finnland, Estland, Wendei und Böhmen-Mähren in dieses Gebiet [184]). Einige Ergänzungen zu seinem Vorrat folgen [185]). Über die Sage handelten Grimm[186]), Laistner[187]) und Bolte [188]). Die von Joh. Christoph Männling aus Bernstadt (Schlesien) berichtete Geschichte (Diebe stehlen B.en aus Kuhstall) erinnert an unsere Sage [189]).

[132]) Sébillot *Folk-Lore* 3, 57. [133]) Schulenburg *Wend. Volksthum* 69; vgl. Fr. Sieber *Wendische Sagen* 1925, 23. [134]) Schönwerth *Oberpfalz* 2, 351 f. [134a]) Heyl *Tirol* 235 Nr. 48. 49. [135]) Kühnau *Sagen* 2, 203 f. [136]) Mannhardt 1, 141. [137]) Kühnau 3, 752. [138]) Peuckert *Rübezahlsagen* 1926, 17. [139]) Ebd. 53. [140]) Baader *N. Sagen* 31; Panzer *Beitrag* 2, 99; Quitzmann 243; Wuttke § 59. [141]) Heyl *Tirol* 762 Nr. 56. [142]) Laistner *Sphinx* 2, 30 = Alpenburg *Tirol* 421; Meyer *Mythologie* 104. [143]) J. W. Wolf *Niederländische Sagen* 1843, 332 = Wolf *Beiträge* 2, 416. [144]) Meyer *Germ. Myth.* 283; Kuhn *Westfalen* 1, 242; Meier *Schwaben* Nr. 363. [145]) SchwVk. 4, 1. 2. [146]) Löwis of Menar *Russ. Volksmärchen* 179. [147]) Klara Stroebe *Nord. Volksmärchen* 2, 4 f.; wohl auch 2, 134, wo sie den Baum im Zauberwald umtanzen. [148]) Zaunert *Deutsche M. aus d. Donaulande* 214 f. [149]) Verhandlungen gel. estn. Gesellsch. 20, 152 f. [150]) Wilh. Busch *Ut ôler Welt* 1910, 98 f.; Zaunert *Deutsche M. seit Grimm* 1, 411; Knoop *Hinterpommern* 227. [151]) Friedr. Kreutzwald *Estn. Märchen* 2 (1869), 74. [152]) Ebd. 94. [153]) Müllenhoff *Sagen* 573. [154]) Löwis of Menar *Russ. Volksmärchen* 100 = Gubernatis *Tiere* 429. Vgl. Gubernatis 430; Grässe *Preußen* 2, 630. [155]) Fr. Giese *Türkische Märchen* 1925, 162. [156]) Gubernatis *Tiere* 428 f. [157]) Panzer *Beitrag* 1, 191 ff.; vgl. ZfVk. 4, 285. [158]) Grimm *KHM*. Nr. 161. Vgl. aber Zaunert *Deutsche M. seit Grimm* 2, 4 f. [159]) Grässe *Preußen* 2, 605 ff. [160]) Grimm *KHM*. Nr. 60 u. öfter. Vgl. dazu Bolte-Polikva 1, 530 ff. 332 Anm. 1; 2, 22 Anm. 451; 3, 23 ff. 322. Leider ist hier oft nicht angegeben, um welche Tiere es sich handelt. Ich trage darum nach: Zaunert *Deutsche M. seit Grimm* 4. 10; Panzer *Beitrag* 2, 93 f.; Zaunert *Deutsche M. aus d. Donaulande* 131 f. 81; Schönwerth *Oberpfalz* 2, 220 f.; Wolf *Hausmärchen* 230; Germania 27, 104; Löwis of Menar *Russische Volksmärchen* 26. 78. 102; v. Taube *Russ. Märchen* 1919, 83; Gubernatis *Tiere* 430; Boehm-Specht *Lettisch-litauische M.* 45. 53 ff. 75; Aug. Leskien *Märchen aus d. Balkan* 167. 199. 293; Löwis of Menar *Finnische u. estn. Märchen* 27. 64 ff. 148 ff.; Verhandlung. estn. Gesellsch. 20, 146. 148. 151; Stier *Ungarische Sagen u. Märchen* 2 ff. [161]) Bolte ZfVk. 33/34, 36. — Vgl. Köhler *Kl. Schr.* 1, 478; Aug. Wünsche *Der Sagenkreis v. geprellten Teufel* 1905, 94 ff. [162]) Drechsler *Schlesien* 1, 310 f.; Bindewald *Sagenbuch* 137; Zaunert *Westfalen* 299; Grässe *Preußen* 2, 565 f. [163]) Erasmus Francisci *Höllischer Proteus* 1725, 308; Müllenhoff *Sagen* 548 f. = *Theatrum Europaeum* 12, 1143 = J. W. Wolf *Deutsche Märchen u. Sagen* 1845, 448. [164]) Joh. Praetorius *Blockes-Berges Verrichtung* 1668, 363 nach Carpzow *Praxis Criminalis* P. I. Quaest. 50 Num. 66. Sent. XXVI; *Anabaptisticum et enthusiasticum Pantheon* 1702, 336. [165]) E. Francisci *Höll. Proteus* 1725, 863 nach Benedict Carpzow *Practica nova* F. 340. 2. [166]) In den Visionen der von Pordage 1651 gestifteten philadelphischen Gesellschaft: Horst *Zauberbibliothek* 1 (1821), 319. [167]) Adam à Lebenwaldt 1.—8. *Tractätel von deß Teuffels List vnd Betrug.* Saltzburg 8 (1680), 77. [168]) Grimm *Reinhart Fuchs* CXXX; *Myth.* 2, 556. [169]) Boehm-Specht *Lettisch-litauische Märchen* 292 f. [170]) Heyl *Tirol* 180 f. [171]) Simrock *Mythologie* 1878, 537. [172]) Laistner *Sphinx* 2, 8 f.; Stöber *Elsaß* 334; Jecklin *Volkstüml.* [1] 3, 173 f. [173]) Bartsch *Mecklenburg* 1, 131. [174]) SAVk. 25, 120. [175]) Seiler *Ruodlieb* 1882. 5, 84 ff.; Heyne *Rudlieb* 1897. 5, 87 ff. [176]) Frischbier *Hexenspr.* 8 Anm. Vgl. Seligmann 1, 266; Meyer *Aberglaube* 252. [177]) Leoprechting *Lechrain* 28. [178]) Birlinger 2, 138. [179]) Jahn *Hexenwesen* 13; vgl. Seligmann 1, 266; Meyer *Germ. Myth.* 104; Grimm *Myth.* 3, 476 Nr. 1099. [180]) Mannhardt *Aberglaube* 49 ff. 84 Anm. 26. [181]) Urquell N. F. 1 (1897), 20; Kühnau *Sagen* 3, 25 f. So auch Jägerhörnlein 126 f. [182]) ARw. 8, 274. [183]) Bolte in ZfVk. 33/34, 33 ff. [184]) Ebd. [185]) Peuckert *Schlesien* 215; Kühnau *Sagen* 2, 338; Sieber *Wendische Sagen* 1925, 39 f.; Ders. *Sachsen* 180 f. 332; Heinr. Lohre *Märkische Sagen* 1921, 31 f.; Brandenburg 175; Panzer *Beitrag* 2, 160 f. [186]) *Myth.* 1, 396. [187]) Laistner *Sphinx* 2, 15 ff.; Meyer *Germ. Myth.* 104. [188]) ZfVk. 33/34, 33 ff. [189]) 288 f.

7. Der B. in der german. Götterlehre. Der B. ist Thors Tier [190]);

er erscheint — wie der Donnergott — zu Sommeranfang. Bei Lappen und Finnen steht der Vertraute, der heilige Hund Gottes, ebenfalls dem Donnergott nahe [191]). Infolgedessen erscheint Bjorn als Beiname Thors [192]), und in Zusammensetzungen wie Asbjörn = ahd. Anspero, Thorbjörn. Schwed. hin gamle, der Alte, siebenb.-sächsisch Buschherrgott, Buschkönig, „der im braunen Kotzen", im Zonder (grauer Mantel, der „alte, kluge Mann") können auf Verehrung hinweisen [193]). Erich der Rote soll ja einen B.en göttlich verehrt haben [194]).

[190]) Meyer *Germ. Myth.* 208. [191]) Hammarstedt in Beitr. z. Religionswissensch. 2, 129 f. [192]) Grimm *Myth.* 2, 556; *Reinhart* XLVIII ff. CCXCV; Meyer *Germ. Myth.* 103. [193]) Haltrich *Siebenb. Sachsen* 6, 7. [194]) Meyer *Germ. Myth.* 104.

8. Der B. als Vegetationsdämon. Der B. ist eine der vielen Gestalten des Vegetationsdämons [195]). Wenn in Schweden der Wind durchs Korn geht, sagt man: Da laufen die Kornb.en [196]). In Gr. Berndten (Prov. Sachsen) ist der Kornb. der Sohn der Kornmutter [197]). Er sitzt im Korn [198]) und findet sich bei der Ernte in der letzten Garbe. Im Kreis Flatow (Westpreußen) wird diese in der rohen Gestalt eines B.en gemacht und unter Schelten und Brummen zum jüngsten Bauer gebracht [199]). In Niederösterreich bekommt den B.en ins Haus, wer zuletzt mit der Ernte fertig ist [200]). Wer den letzten Schnitt bei der Korn- oder Erbsenernte machte, bzw. die letzte Garbe ausdrischt, wird in verschiedenen Landschaften in Roggen-, bzw. Erbsenstroh eingewickelt und als Roggenb., Strohb., Erbsenb. gabensammelnd durchs Dorf geführt [201]). Daher mags kommen, daß die Mohriner (Brandenburg) ein Bund Erbsenstroh für einen B.en hielten und mit Forken auf ihn losgingen, wovon sie B.enstäker heißen [202]). Beim Haferkranz, Erntefest der Haferernte in Schlesien, begleitet ein in Schotenstroh gehüllter B. das B.enweib und B.enkind die Haferalte [203]). Haferb. oder Gratenb. ist in Lindau a. Isar, wer beim Hafer- oder Gerstedreschen den letzten Schlag tut [204]). Wer beim letzten Flegelschlag nachklappt, heißt Betze [205]). Weihnachten schüttet man in NW-Böhmen die Reste vom Christnachtmahl in den Garten zu den Bäumen: das bekommt der B.[206]). Da das Dreschen gewöhnlich um Fastnacht beendet ist, läßt sich leicht erklären, wie der B. in die Fastnachtgebräuche [207]) geraten ist, wo er besonders als Erbsenb. (s. u.) erscheint, während Hammarstedt glaubt, der Fastnachtsb. sei das Primäre, und der Brauch sei entstanden, weil der B. als Frühlingsbote, Sommerbringer galt [208]) (vgl. 14). Beim römischen Karneval (12. Jh.) wurde ein B. umgeführt und getötet [209]). So wird in Baden der Bandli, ein in Stroh gebundener Knabe, als B. am Seil herumgeführt, wie in Würmlingen bei Rothenburg [210]). In Bühl bei Tübingen ist der Fastnachtsb. ein Strohmann mit einer Blutwurst um den Hals, der angeklagt wird, eine blinde Katze getötet zu haben; er wird verurteilt, hingerichtet und am Aschermittwoch nach der Kirche beerdigt; das war: die Fastnacht begraben [211]), wie der Erbsenb. auch verbrannt wird [212]). Durch ganz Böhmen, bei Deutschen wie bei Tschechen, kennt man den Fastnachtsb.en, der in Erbsenstroh gehüllt, mit Strohbändern umwickelt, unter Musik umgeführt wird, wobei man Gaben sammelt; das Geld wird im Wirtshaus vertanzt und verfeiert, damit Flachs und Getreide gedeihe, denn je höher man springt, desto größer der Segen [213]); so ziehen im Leitmeritzer, im Saazer Kreise, im Riesengebirge, um Warnsdorf die als B. verkleideten Knaben oder Männer um, bei Warnsdorf in Begleitung eines B.enführers und Strohmannes [214]). Um Saaz rupfen beim „B.en ausführen", wie in tschechischen Dörfern, die Weiber Stroh vom B.en ab und legen es in die Hühnernester oder unter die Brutgans, weil das das Eierlegen und Brüten befördert [215]). Solche Umzüge finden in den Tagen Fastnachtssonntag bis Aschermittwoch statt [216]). Im Trebnitzer Kreise (Schlesien) zog ein Mann, die Beine mit Stroh umwickelt, als B., rechts und links je einen kleinen B.en, um [217]). So wird in Österreich.-Schlesien

ein Strohb. umgeführt [218]), in Oberschlesien [219]) wie in der Niederlausitz [220]) der B. in Gesellschaft des Schimmelreiters. In Niederhessen [221]) und auch bei Höxter (am Köterberg) tritt neben dem Fastnacht-Schimmel ein B. auf [222]). In Germete, Kreis Warburg (Westfalen), verkleideten sich Burschen als Büffel und B.en, ein Tanzb. wurde, in Erbsen- oder Bohnenstroh gehüllt, von einem Zigeuner umgeführt [223]); in Hörde am Hellweg hieß dieser B. Wullbâr [224]), am Niederrhein Ääzeb. [225]). Auch die Wenden kennen den Brauch; sie führen neben dem Pferd bara wozyc, den B.en um, in umgekehrtem Schafpelze, mit Stroh umwickelt; gewöhnlich ist das Haidusch- (Buchweizen-) Stroh; ein anderer führt ihn und läßt ihn tanzen [226]). In Zürich erschien der B., ein in ein B.enfell gekleideter Mann, neben andern Butzen im Fastnachtsumzug der Metzger, die den halben Isengrimm umtrugen; dabei ist auch eine Braut und ein Bräutigam umgezogen, die man am Ende in den Brunnen warf [227]). In Dalekarlien tritt er am 24. Februar (Frühlingsbeginn) in Begleitung eines Brautpaares auf [228]). Hölzerne B.masken waren im Obd. zu Fasching gebräuchlich [228 a]).

Vom Umführen des B.en zu andrer Zeit haben wir eine Reihe von Nachrichten. So mußte Anfang des 16. Jhs. zu Lätare in Halberstadt der Dompropst einen B.en umführen lassen und erhielt dafür ein Präsent, das B.enbrot; ähnliche Nachrichten haben wir aus Mainz und Straßburg [229]). In Molmerswende am Harz, wie in Hermerode und Berga, erscheinen B.en und Schimmel am 3. Pfingstfeiertag [230]); in der Grafschaft Kamburg stellen die sammelnden Burschen Pfingsten, in der Grafschaft Ziegenhain zum Frühjahrsumzug [231]), B.en und B.enführer dar [232]). In Hessen wird, wie in Schwaben die Fastnacht, von einem Zuge, in dem der B. die wichtigste Rolle spielte, die Kirmes begraben [233]), und in Andlau (Elsaß) geht ein ausgestopfter B. im (Kirchweih-) Zuge, dem jeder Brot in den Rachen werfen muß (s. u.) [234]). In Pirow in der Westpriegnitz findet das Borenleihen = B.enführen in der Woche vor Weihnachten statt [235]). In der Uckermark begegnet am Weihnachtstage und schon am Nikolaustage ein Umzug, die drei Witten oder Vorspöker, wobei auch B.en und Schimmel im Gefolge waren, ähnlich wie am Vorabende des Festes in Ermland, wo die Tiermasken (Schimmel ohne Kopf, B.en) Höllkröst heißen [236]). In der Begleitung des rû Clas erscheint Weihnachten am Elm zu Kl. Scheppenstedt und Cremlingen auch der B. an langer Kette [237]). Am Hochzeitabend erscheint an vielen norddeutschen Orten (Rügen, Altmark) der Schimmelreiter, und oft tritt da auch ein B. mit auf [238]). In Pommern [238 a]) wie Nordschweden kannte man einen Hochzeitsb.en, der von einem in B.enhaut gehüllten Burschen dargestellt und symbolisch getötet wurde. Der Bräutigam aber wurde B. genannt. Thor Trunkb. (Drykkjebassen) wird zur Hochzeit des Grafen Genselein geladen; in Uppland hieß der erfolgreiche Brautbitter Dräggebasse [239]). In Dänemark wurde beim Maifest der Gadeb., Gassenb. umgeführt und mit der Gadinde getraut [240]). Aber auch in Rußland kennt man zu Weihnachten und zur Hochzeit die Vermummung als B. [241]). In Böhmen war der B.entanz oder das Graupenstoßen ein Silvesterspiel, bei dem zwei sich mit dem Rücken gegeneinander stellen, mit den Händen umfassen und einander so wechselseitig aufheben [242]). Beim festlichen Umzuge führten ehemals die Kürschnergesellen einen in einen B.en verkleideten Mann mit sich (Siebenbürg.-Sachsen) [243]).

[195]) Reuterskiöld *Speisesakramente* 109. [196]) Mannhardt *Korndämonen* 2; *Forschungen* 166. [197]) Ebd. 112. [198]) Ebd. 166. [199]) Ebd. [200]) Ebd. [201]) Ebd.; Sepp *Religion* 282. Zum Namen: Mannhardt *Korndämonen* 4. [202]) B.enstäker: Brandenburg 221 = Kuhn *Märk. Sagen* 244 f. = Herm. Gloede *Märkisch-pommerische Volkssagen* 1907, 10. Vgl. auch Birlinger *Volkst.* 1, 445. [203]) Klapper *Schlesien* 277 f. [204]) Mannhardt *Forschungen* 112. [205]) E. H. Meyer *Dt. Volksk.* 1921, 237; Mannhardt *Roggenwolf* 23. [206]) Lehmann *Sudetendt. Volksk.* 1926, 134. [207]) Gubernatis 430. 426 Nr. 2. [208]) Beiträge zur Rel.wissenschaft 2, 122 f.; Mone *Niederländ. Volksl.* 35. 36; Altd. Blätter 1, 333. [209]) ARw. 20, 392. [210]) Meyer *Baden* 208; Meier *Schwaben* 373. [211]) Ebd. 371; Mann-

hardt 1, 335 ff. 212) Mannhardt *Korndämonen* XII. 213) Reinsberg *Festjahr* 63 f.; *Böhmen* 49 ff. 214) Ebd. 50; Spruch d. B.enführers: Jungbauer *Bibliogr.* 148 Nr. 899. 215) Reinsberg *Böhmen* 51. 52. 216) Lehmann *Sudetendt. Volksk.* 1926, 137 f.; John *Westböhmen* 38. 217) Peuckert *Schles. Volkskd.* 1928, 91. 218) Drechsler 1, 58 f. 219) Ebd. 220) Brunner *Ostdtsch. Volksk.* 1925, 212; Brandenburg 242. 221) Beiträge z. Rel.wissenschaft 2, 121. 222) Kuhn u. Schwartz 369. 223) Sartori *Westfalen* 146. 224) ZfdMyth. 1, 396 = Sartori *Westfalen* 146. 225) Wrede *Rhein. Volksk.* 247. 226) Schulenburg *Wend. Volkstum* 136. 138. 140. 227) Vernaleken *Alpensagen* 354 f. 228) Hammarstedt in Beitr. z. Rel.wissensch. 2, 120 f. 228a) Vonbun *Beitrag* 104; Panzer *Beitrag* 2, 463. 229) Grimm *Myth.* 2, 653. 655; Kuhn u. Schwartz 513 Nr. 68; Kolbe *Hessen* 1886, 93; Albers *Das Jahr* 131. 230) Kuhn u. Schwartz 384. 231) Grimm *Myth.* 2, 654. 232) Witzschel *Thüringen* 2, 205 = Sartori *Sitte u. Brauch* 3, 198; Fox *Saarländ. Volksk.* 1927, 231. 233) Sartori 3, 255; Kolbe *Hessen* 90 ff. 234) Albers *Das Jahr* 131. 235) ZfVk. 21, 179. 236) Brunner *Ostdt. Volksk.* 1925, 203. 205. Vgl. Brandenburg 240. 237) Kuhn u. Schwartz 402 f. = Meyer *Germ. Myth.* 218. 238) Kuhn u. Schwartz 433. 238a) Jahn *Pommern* 435 f. 239) Hammarstedt in Beiträge z. Rel.wissenschaft 2, 118 f. 131 f. 240) Grimm *Myth.* 2, 655; Meyer *Germ. Myth.* 217; Liebrecht *Gervasius* 188 Nr. 60. 241) Zelenin *Russ. Volksk.* 354 f. 242) Vernaleken *Mythen* 332 = Reinsberg *Böhmen* 602. 243) Haltrich *Siebenb. Sachsen* 10 f.

9. Gebildbrote. Daraus, daß der B. den Vegetationsdämon verkörpert, erklärt Reuterskiöld das Vorkommen von Gebildbroten (Brot als Machtkonzentration) in B.engestalt [244]. Höfler nennt als solches den Berner Mutz [245]. Auf Tellerbroten im Lüneburger Museum findet sich die B.entatze, nach Höfler als Zeichen des Jagdglückes, das zu Neujahr gewünscht wird [246].

244) *Speisesakramente* 118. 245) Höfler *Weihnacht* 66. 246) Ebd.

10. B.en werden gehalten. Bereits im 9. Jh. hören wir, daß B.en von Spielleuten umgeführt werden [247]; Ruodlieb berichtet davon [248]. Von Zirkusspielen mit B.en ist in den Heldenepen die Rede [249], das dürfte auf römische Zeit zurückgehen. Daß B.en gehalten werden, hören wir aus vielen Orten.

Die hl. Richardis erbaute bei Andlau (s. 8) ein Kloster über einer B.enhöhle [250]. Die Höhle — in einer unterirdischen Kapelle — galt als heilkräftig bei Beinschäden. Im Kloster hielt man zum Andenken B.en und begabte jeden B.enführer mit einem Brot und drei Gulden [251]. Auch im Kloster, das der hl. Gislen im Hennegau baute an dem Ort, den ein B. und Adler wies, ernährte man B.en [252]. Bern, das seinen Namen von B.en herleitet [253], hegt als Wappentier B.en, die im vorigen Jh. noch ihren eignen Unterhaltsfonds und ihre besondere Stadtbäckerei hatten [254]. Böblingen in Württemberg nährte laut alter Stiftung im Schloßgraben B.en, doch ist die Stiftung später umgewandelt worden [255]. Die von Köln bis Italien vorkommenden „Berlich" werden als B.enzwinger gedeutet; sie gehen wohl bis auf die Römerzeit zurück, so daß man für den Berner Brauch gleichen Ursprung annehmen dürfte [256]. Es ist begreiflich, daß auch andere Orte ihren Namen vom B.en herleiteten, wie B.walde in Hinterpommern [257], daß Wappensagen von ihm wissen [258], und daß er als Hausname (Brandenburg) [259] und Hauszeichen (Breslau) erscheint [260]; der Name großer B., kleiner B. in Breslau dagegen dürfte sich auf alte Befestigungen beziehen.

Über das Halten von B.en berichten auch die alten Rechtsquellen [261]. Klöstern war die Unterhaltung der Tiere untersagt [262].

247) Hincmar *Capit. ad. presbyt.* 14; Regino *De eccl. discipl.* 2, 213 = ZfdA. 6, 185. 248) Friedr. Seiler *Ruodlieb* 1882. 5, 84 ff. = Moriz Heyne *Rudlieb* 1897. 5, 87 ff. 249) ZfdA. 6, 185: Rolandslied 14, 29; 21, 9; 110, 5 ff.; Keller *Antike Tierwelt* 1, 178 ff.; *Tiere* 115 ff. 250) Wolf *Beiträge* 2, 416 f. 251) Ebd. 252) Ebd. 405 nach Wolf *Niederländ. Sagen* 225. Als weisendes Tier erscheint der B. auch Schulenburg *Wend. Volkstum* 2. 253) Wolf *Beiträge* 2, 405 nach Wolf *Dt. Märchen u. Sagen* 1845, 405; M. J. R. *Der politische u. lustige Passagier*. Eisenberg 1684, 63 f.; ZfdA. 6, 157; Rochholz *Eidgenössische Liederchronik* 11 ff. 254) Rochholz *Kinderlieder* 71. 255) Birlinger *Aus Schwaben* 2, 528. 256) Alfons Dopsch *Wirtschaftl. u. soziale Grundlagen d. europ. Kulturentwicklung* 1 (1918), 149 f.; Rich. Koebner *Anfänge d. Gemeinwesens d. Stadt Köln*. 1922. 53 f.

[257]) Knoop *Hinterpommern* 142; Gander *Niederlausitz* 110. [258]) Grässe *Preußen* 2, 630 Nr. 688 = Toeppen *Masuren* 136; Haltrich *Siebenb. Sachsen* 13. [259]) Brandenburg 88. [260]) ZfdA. 6, 185. [261]) Sachsenspiegel Landrecht 2, 62; Schwabenspiegel Landrecht 202; Augsburger Stadtrecht 112. Vgl. ZfdA. 6, 185. [262]) Ebd. nach Raumer *Hohenstaufen* 6, 410. 423.

11. Der B. in der deutschen Heiligensage. Er ist das Tier der Mutter Gottes [262a]). In Heiligensagen erscheint der B. als Reittier oder Diener. Corbinian, dem er das Roß zerrissen [263]), ebenso ein ungenannter Heiliger (Gossensaß) [264]), Romedius [265]), Lukan [266]) haben ihn als Reit- oder Saumtier gebraucht; der hl. Gallus ließ ihn Holz zum Feuer tragen [267]); dem hl. Magnus wies ein B. Silber- [268]) oder Eisenerzadern [269]), dem hl. Severin zeigte er den Weg [270]); Columban befahl einem andern, mit Äpfellesen einzuhalten, weil er welche brauche, ähnlich wie der hl. Maximin [271]). St. Vedast verweist ihn [271a]). Hierher ist auch zu stellen: Ein vom B.en überfallener Bauer (Pustertal) gelobte eine Kirche, da kuschte das Tier wie ein Hund nieder [272]).

[262a]) Zingerle *Sagen* 1859, 381. [263]) Wolf *Beiträge* 2, 417; Zingerle *Sagen* 1859, 122. Vgl. Sébillot *Folk-Lore* 4, 128. [264]) ZfVk. 2, 294. [265]) Zingerle *Sagen* 1859, 121. [266]) Ebd. 121 f.; Vonbun *Beitrag* 104; Herzog *Schweizersagen* 2, 219 f. [267]) Wolf *Beiträge* 2, 417 f. nach Walafrid Strabos *Vita des hl. Gallus* 1, 11. [268]) Wolf *Beiträge* 2, 418 nach Theodorus eremita *Vita des hl. Magnus* c. 12 = Kuoni *St. Gallen* 2 f. [269]) Heyl *Tirol* 12 f. [270]) Vita s. Severini in Mon. Germ. Auctores antiqu. 1, 2. St. 21 f. = c. 29 (nicht 28, wie Grimm *Myth.* 2, 954 f. sagt) = Migne *Patrolog.* 62, 1190 = c. 37. [271]) Wolf *Beiträge* 2, 418 nach derselben Vita c. 2 und nach Meichelbeck *Histor. frising.* 1, 10. 11. [271a]) Wolf *Niederländ. Sagen* 224. [272]) Heyl *Tirol* 551.

12. Weissagende Kraft; Angang. Brummt der B. beim Anblick eines Mädchens, ist es nicht mehr rein, sondern eine heimliche Hure (Hinterpommern) [273]). Die Zigeuner speien aus, wenn er brummt, denn er sieht dann einen Toten [274]). Träumt man von ihm, so entsteht Feuer (Ostpreußen) [275]), oder es steht einem eine schwere Arbeit bevor (Siebenbürgen) [276]). Sieht man einen B.en, so hat man nach altem Glauben Glück [277]); im 18. Jh. hielt man den Angang für unglückverheißend [278]). Nach siebenbürg. Glauben wird man, wenn man einen B. sieht, in seinem Unternehmen schwer vorwärtskommen [279]). Bei den Zigeunern gilt ein aufrecht gehender B. den Schwangeren glückverheißend; spielende Junge zeigen einem Brautpaar Treue und Eintracht an [280]). B.enspuren verheißen Glück [280]).

[273]) Knoop *Hinterpommern* 158. [274]) Wlislocki *Aus dem inneren Leben der Zigeuner* 1892, 118. [275]) Urquell 1, 203 Nr. 1. Vgl. Altdt. Blätter 1, 217. [276]) Wlislocki *Siebenb. Volksgl.* 166. Vgl. Negelein *Traumschlüssel des Somadeva* 206 f. [277]) Hopf *Tierorakel* 27. Vgl. Sébillot *Folk-Lore* 3, 22, aus dem 15. Jh.; Grimm *Myth.* 2, 943; 3, 438. [278]) Bräuner *Curiositäten* 488. [279]) Wlislocki *Siebenb. Volksgl.* 166. [280]) Ders. *Zigeuner* 1892, 118.

13. Schutz. Eine Breslauer Handschrift (Anfang 15. Jh.) verbietet Segen der Hirten gegen Wolf und B. [281]), wie etwa der Sarganser Betruf einen enthält: „Sant Peter, nimm die Schlüssel wol in die rechti Hand: Bschließ wol dem B.en sin Gang" [282]), und wie sie im Westfinnischen üblich sind [283]). Seinen Namen auszusprechen, ist gefährlich; man muß ihn Breitschädel nennen [284]). Man wirft die Flinte vor ihn hin und spricht: Wenn du Verstand hast, schreitest du über diese Flinte nicht hinweg [285]).

[281]) MschlesVk. 18, 40. [282]) ARw. 8, 558 nach Tobler *Schweizer. Volkslieder* 1 (1882), 198. [283]) F. A. Hästesko *Motivverzeichnis westfinnischer Zaubersprüche* 1914 = FFC. Nr. 19, 46. 49 ff. [284]) Adam à Lebenwald 1.—8. *Tractätl von deß Teuffels List.* Salzburg 1680. 8, 26; vgl. Sébillot *Folk-Lore* 3, 20. [285]) Urquell 4, 116.

14. Der B. im Wetterglauben. Nach Gubernatis ist der B. ein Gewitterdämon [286]): der starke B. der Maruts oder Winde in der donnernden Wolke wird schon in den vedischen Hymnen erwähnt [287]). Noch heute nennt man die finstere Regenwolke einen schwarzen B.n, einen schwarzen Mann [288]). Dem B.en schreibt man das Wissen ums künftige Wetter zu; Mariae Lichtmeß ist sein Lostag [289]). Wenn zu Lichtmeß der B. seinen Schatten sieht, so kriecht er wieder auf

sechs Wochen ins Loch, sagt eine Bauernregel [290]). Regnets oder schneits, so ist der Frühling nahe, und der B. reißt seine Hütte ein (Schlesien) [291]). Ähnliches weiß man in Ungarn; sieht da der B. Lichtmeß seinen Schatten, kriecht er noch tiefer in die Höhle, legt er sich auf die andere Seite [292]). Dasselbe, behaupten die Schweden, geschehe am 24. Februar [293]). In Kärnten heißts von Lichtmeß: Wenns am Morgen stürmt, so bleibt der B. außerhalb seiner Höhle; ist es aber klar, so macht er einen Rundsprung und kriecht wieder hinein [294]). Aber: Um Gertraud steht der B. auf (Vinschgau) [295]). So konnte der B. zum Frühlingsboten werden [296]).

Auch den Winter zeigt er an: „Wan der Peer zeitlich in den Lueg hinwökh gehet oder auch balt oder zeitlich im hörbst schwarz wierdet, so schnaibt es balt zue et e contra also auch mit seiner Prunfft" [297]). Gräbt er seine Höhle nahe dem Dorf, wird das Jahr wildreich sein [298]). Von einem Barmonat ist in alem. Quellen die Rede [299]). Nach finnischem Glauben pflegt ihn während des Winters die Waldgöttin, nach nordschwedischem die Unterweltsgöttin [300]).

[286]) *Tiere* 423; ZfVk. 4, 285 Nr. 1; Mannhardt *Götter* 193. [287]) Gubernatis a.a.O., nach Rigveda 5, 56, 3. [288]) ZfVk. 9, 231; Mannhardt *Korndämonen* 1. [289]) Zedler *Universallexikon* 2 (1733), 115. [290]) Haldy *Die deutschen Bauernregeln* 1923, 22. Vgl. Sébillot *Folk-Lore* 3, 13. [291]) Drechsler 1, 53. [292]) ZfVk. 4, 320. 321. Vgl. dagegen Wlislocki *Zigeuner* 154. [293]) Hammarstedt in Beiträge z. Rel.wissensch. 2 (1918), 123. [294]) ZföVk. 10, 52 Nr. 23. [295]) Zingerle *Tirol* 92 Nr. 711. [296]) Beiträge z. Rel.wissensch. 2, 122 f. Vgl. auch Fataburen 1918, 159 f. [297]) ZföVk. 10, 52. [298]) Urquell 4, 88. [299]) SAVk. 11, 92. [300]) Beiträge z. Rel.wissensch. 2, 126.

15. Medizin. Aberglaube. Schweißige Hände heilt man, indem man das Fell eines lebenden B.en streichelt (Schlesien, Thüringen) [301]). Ein B.enfellager wird dem bereitet, den ein toller Hund gebissen hat [302]). Auf einer B.enhaut kniend, pflegten manche Völker zu schwören [303]), bei den schwedischen Südlappen sitzt das Brautpaar auf einem B.enfell, ja sie werden „B.en" genannt [304]). B.enklauen trug man auf Lesbos gegen den bösen Blick [305]), trugen im MA. Schwangere als Amulett [306]), ebenso wie heut Zigeunerinnen, weil davon die Kinder stark werden [307]); sie wurden überhaupt gegen Zauberei angewendet [308]) und von den alten Preußen den Toten mitgegeben, damit die den Jenseitsberg ersteigen konnten [309]). Der Zahn war wohl in germanischer Zeit ein Amulett [310]). Der Schaum war kräftig (finnisch) und wurde gesammelt [311]). B.enblut galt nach dänischen Sagen als Stärkungsmittel, ebenso wie als Mittel zur Hautverschönerung [312]); das Trinken wurde von Lappen, Finnen, Schweden als kultische Handlung geübt [313]). Im MA. vertrieb man damit Warzen [314]). Der Genuß des Herzens gab Heldenmut [315]). Plinius und Celsus erwähnen das B.engehirn nicht, aber Agrippa v. Nettesheim spricht davon [316]). Wenn jemand B.en- oder Katzenhirn gegessen, so gerät er darüber in eine solche Phantasie [317]) und starke Imagination, daß er meint, er sei ein B. oder eine Katze geworden. Also hat auch eine Dirne zu Breslau in Schlesien sich eingebildet [318]), und Wierus erzählt es von einem spanischen Edelmann [319]). B.enfett war ein angesehenes Heilmittel [320]). Noch Zedler rühmt es [321]), und ein neumärkischer Apotheker verkaufte im vorigen Jh. jährlich 15 bis 20 Zentner amerikanisches Schweinefett als B.enfett für Frauen, B.innenfett für Männer, Hundeschmalz, Fuchslungenfett usw. [322]). In alten Salben wider die Zauberei war es ein wichtiger Bestandteil, es gehörte auch zur rechten Waffensalbe [323]) nach der Descriptio Monachi Cumicensis [324]), zu Herzog Hans Friedrichs Stichpflaster, so in 24 Stunden eine Wunde heilen soll [325]), zum Wasserpflaster Meister Jakobs [326]) und zu einem bewährten Fischköder [327]). B.enfett galt im Altertum als Haarwuchsmittel [328]), doch färbt es nach Zedler die Haare weiß [329]). Schrunden und Ritz an Händen und Füßen, so einem die scharfe Märzluft auftreibt, heilt B.enschmalz [330]), ebenso wie das Geschwür hinter den Ohren (Ornickel) [331]), an den Schienbeinen und Schenkeln [332]), den Bützel und andere

Drüsen [333]. Es ist gut zu verstrupften, verriegelten und troffenen Gliedern [334], gegen den Brand [335], das von den Nieren geschundene gegen das wilde Feuer [336]. In einer Salbe heilt es Lendenweh [337], Genickweh [338]; es dient auch wider Lähmung und Podagra [339], gegen das Reißen (Schlesien) [340], hilft in einer Salbe, wenn der Mensch kontrakt ist an Händen und Füßen [341]. Ein Pflaster davon heilt Bruchschäden [342], eine Salbe den Bruch des Gemächtes [343], das reine Fett ward gegen den Vorfall der Gebärmutter angewendet [344]. Das Fett zusammen mit der Blater (Blase) hilft gegen den Grind [345]. M. Christoph Hartknoch erzählt 1684 im alten und neuen Preußen, man habe dem Brautpaar testiculi vom B.en gebraten und vorgesetzt, das sollte die Braut fruchtbar machen [346]; sonst werden seit Plinius B.enhoden gegen die fallende Sucht angewendet [347]. B.enmilch ward gegen Ohrenkrankheiten in die Ohren geträuft [348]. Ein wichtiges Mittel ist auch die B.engalle. Sie galt (1683) als schweißtreibend [349]; Erfrorene wurden in Wasser gebadet, in dem man B.engalle aufgelöst hatte [350]. In Finnland brauchte man sie als eine Panacee, nahm sie ein und schwitzte darauf [351]. Sie war gut gegen Gliederbeschwerden (schon Plinius) [352], wurde gebraucht bei stumpfem Gesicht [353], bei den Zigeunern gegen Schneeblindheit [354], Zahnweh [355], mit Honig gegen Husten [356], dämpfigte (asthmatische) Leute tranken sie in Wasser [357]; sie vertreibt die fallende Siechtage [358], Schlag [359] und andere Lähme [360]; Dioskurides wandte sie bei Ohrenflüssen und Hautleiden an [361]; später ward sie gegen Gelbsucht gebraucht [362]. Sie heilt den Krebs und andere umfressende Schäden [363]. Sie gilt, vorm Coitus als Zäpfchen eingeführt, empfängnisfördernd [364]; „welcher eine B.engallen (B.engeil?) über die rechte hufft bindet, der ist Mann so offt er will" [365]. Schon Dioskurides wandte sie gegen giftigen Tierbiß an [366], und in altnordischen Hexenformularen wird sie gegen Wurm-(Schlangen-) Biß genannt [367]. Das B.enauge [368] hilft gegen das viertägige Fieber [369]; das rechte ausgegraben und exficcieret, hängt man den Kindern wider das Schrecken und Auffahren im Schlafe an [370].

301) Urquell NF. 1, 48; Drechsler 2, 288; Wuttke § 515. 302) Jühling *Tiere* 4. 303) Simrock *Mythol.* 1878, 537. 304) Hammarstedt in Beitr. z. Rel.wissensch. 2 (1918), 117 f. 305) Seligmann 2, 113. 306) Rochholz *Kinderlieder* 339. 307) Wlislocki *Zigeuner* 1892, 43 = Wlislocki *Volksglaube* 92. 93. 308) Montanus *Volksfeste* 167. 309) ARw. 17, 487. Vgl. Grimm *Myth.* 3, 191; Panzer *Beitrag* 2, 468 f. 310) Keller *Antike Tierwelt* 1, 179. 311) Grimm *Myth.* 3, 191. 312) Hovorka-Kronfeld 1, 417; Jägerhörnlein 126 f. nach Saxo. 313) Beiträge z. Rel.-wissensch. 2, 124. 314) Jühling *Tiere* 3. 315) Montanus *Volksfeste* 167. Vgl. ARw. 8, 458; Höfler *Organotherapie* 238 f. 316) Höfler 65; Agrippa v. Nettesheim 1, 196. 317) Männling *Curiositäten* 37. Vgl. Sébillot *Folk-Lore* 3, 48. 318) Höfler 65 f.; Eberhard Gockelius *Tractatus ... von dem Beschreyen und Bezaubern* 1717, 31. 319) *De praestigiis Daemonum* l. 3. c. 18. 320) Fehrle *Geoponica* 15. 321) Zedler *Universallexikon* 2 (1733), 116. 322) Brandenburg 159. 323) Staricius *Heldenschatz* 1706, 130. 494. 324) *Die Mylianische zusammengesammelten geheimen Artzneymittel*; Zugabe zu Eberhard Gockelius *Tractatus ... von dem Beschreyen und Bezaubern* 1717 (von der Hand des Dr. Georg Abraham Merklin). 170 (103). 185. 209. Vgl. auch Scheible 9, 1042. 325) Jühling *Tiere* 4. 326) Ebd. 327) Mangolt *Fischbuch* 164 § 11. 328) Keller *Tiere* 121; Plinius *Nat.hist.* 24, 13; 28, 163; 8, 127; Dioscorid. 2, 68 usw.; Sextus Platonicus (330 p. Chr.): Höfler 65; Hovorka-Kronfeld 1, 50. 329) Zedler *Universallexikon* 2, 116. 330) Jühling *Tiere* 2. 331) Ebd. 1 und Zedler 2, 116. 332) Jühling 2 und Zedler 2, 116. 333) Jühling a. a. O. 334) Ebd. 2. 335) Ebd. 1. 336) Ebd. 1. 337) Ebd 1. 338) Ebd. 1. 339) Ebd. 1. 340) Drechsler 2, 307; Zedler 2, 116. 341) Jühling *Tiere* 4. 342) ZfrwVk. 1914, 170. 176; Zedler 2, 116. 343) Jühling *Tiere* 4. 344) Ebd. 4 und Zedler 2, 116. 345) Jühling 4; ZfVk. 8, 40. 346) ZfEthn. 16, 133. 347) Hovorka-Kronfeld 2, 211; Jühling *Tiere* 3; Keller *Tiere* 121 nach Plinius *nat.hist.* XXVIII, 167. 348) Jühling *Tiere* 3. Vgl. Montanus *Volksfeste* 167. 349) Höfler *Organotherapie* 199. 350) Ebd. 351) Zedler 2, 116. 352) Jühling 198 nach Plinius XXVIII, 62. 353) Ebd. 199; Zedler 2, 116. 354) Wlislocki *Volksglaube* 176. 355) Höfler und Jühling *Tiere* 2; Zedler 2, 116. 356) Höfler 198 nach Plinius XXVIII, 53; Jühling *Tiere* 2. 357) Höfler 198 nach Plinius XXVIII, 55; ebd. nach Sextus Platonicus; Jühling

Tiere 2; Höfler 199; Zedler 2, 116. [358]) Dioskurides 2, 96 = Höfler 198; Sextus Platonicus: Ebd. A. 1563: Jühling *Tiere* 3; Höfler 199; Zedler 2, 116. [359]) Jühling ebd.; Höfler ebd. [360]) Ebd. [361]) 2, 96 = Höfler 198. [362]) Pseudo-Dioskurides (4. Jh.) = Höfler 198; 1563: Jühling *Tiere* 2; Höfler 199; Zedler 2, 116. [363]) A. 1563: Jühling *Tiere* 2 = Höfler 199; A. 1683: Ebd. 199; Zedler 2, 116. [364]) A. 1563: Jühling *Tiere* 3 = Höfler 199 vermutet Verwechslung mit Bibergeil. [365]) A. 1563: Jühling 2 = Höfler 199. [366]) 2, 96 = Höfler 198. [367]) Ebd. 199. [368]) Gubernatis *Tiere* 432. [369]) Jühling *Tiere* 3; Zedler 2, 116. [370]) Zedler 2, 116.
Peuckert.

Barbara, Jungfrau und Märtyrerin aus Nikomedien, Tochter eines reichen Heiden, wegen ihrer Schönheit in einem Turme verborgen gehalten, nach der Überlieferung von Origenes im christlichen Glauben unterrichtet, deswegen vom eignen Vater dem Richter überliefert und hingerichtet, Fest am 4. Dezember, auch in der griechischen Kirche an diesem Tage gefeiert, zählt zu den vierzehn Nothelfern und ist überhaupt eine vielseitige Patronin [1]).

[1]) Samson *Die Heiligen als Kirchenpatrone* 136—139; Korth *Die Patrozinien im Erzbistum Köln* 29; Künstle *Ikonographie* 112—115.

1. Aus ihrem reichen Legendenkranz sei wegen des Motivs jene Erzählung herausgegriffen, nach der sie durch einen Felsen hindurch der Verfolgung ihres Vaters entkam und den Hirten zu Stein verwünschte, der ihren Weg dem Verfolger verriet [2]). Eine andere, nach der sie der Steinwand des Tempels drei Kreuze mit dem Finger eindrückte, wird von Seb. Brant, Leben der Heiligen 2, 83, mitgeteilt [3]).

In der deutschen Sagengeschichte spielt sie eine gewisse Rolle. Sie trat an die Stelle der Gerpet - Borbet - Barbet (Werbet), die zu den Saligen Fräulein, den drei Schwestern Ainbet, Gerbet, Werbet gehört [4]). In einer badischen Sage ist sie zur Weißen Frau geworden [5]).

[2]) Laistner *Nebelsagen* 166. 239. [3]) Wolf *Beitr.* 2, 31. [4]) Höfler *Waldkult* 9. 59; Panzer *Beitrag* 64; Simrock *Myth.* 584, 86; Wolf *Beitr.* 2, 173. [5]) Baader *Sagen* 161; ZfVk. 13 (1903), 436.

2. Der B.tag, bereits in den ältesten Kölner Festkalendern aufgeführt [6]), gilt als besonderer Festtag, vorzüglich gefeiert von Bergleuten und Grubenarbeitern, Artilleristen und andern. In Hassel (Luxemburg), wo sie z. B. zu den besonderen Heiligen der Diözese gehört, lassen (oder ließen) die Frauen eine Messe lesen, legen beim Opfergang um den Altar ein Gebund feinsten Flachses oder Werges auf den Muttergottesaltar als Opfer bzw. Geschenk für den Geistlichen, der die Messe liest [7]). Der Tag ist am Rhein, ähnlich dem unmittelbar folgenden Nikolaustag, ein Geschenktag für die Kinderwelt [8]). Bei den Christen in Aleppo erhalten die Kinder einen Teller mit gekochten Weizenkörnern und Zuckerwerk, worin ein Kranz von kleinen Kerzen steckt [9]). In Kroatien gehen die Knaben im Dorf Gaben heischen.

[6]) Zilliken *Kölner Festkalender* 120. 131. [7]) Fontaine *Luxemburg* 2. [8]) Wrede *Rhein. Volksk.*² 227; Ethnol. Mitt. a. Ungarn 4, 173. [9]) Sartori 3, 12.

3. Man soll am B.tag nicht nähen, sonst legen die Hühner das ganze Jahr hindurch nicht [10]). Wer an ihm fastet, abends vor dem Schlafen einen Weiberrock unter das Kissen legt, kann im Traume seine zukünftige Lebensgefährtin sehen, wenigstens nach dem Glauben oder der Überlieferung der Südslawen [11]). Den Magyaren gilt er als einer der Tage, an denen man versuchen soll, Schätze zu graben [12]). Bei den Südslawen ist er vorzugsweise der Tag der Zauberei. Die altgläubige Bäuerin kocht an ihm „varice" (Feldfrucht) zu Brei und prophezeit aus diesem vielerlei heraus [13]). Er gilt auch als Lostag, wie der Spruch bezeugt: Kalt mit Schnee — Verspricht viel Korn auf jener (!) Höh [14]).

[10]) Aus Ungarn: ZfVk. 4 (1894), 407. [11]) Krauß *Sitte u. Brauch* 179. [12]) Wlislocki *Magyaren* 98. [13]) Krauß *Volkforschungen* 83. [14]) Drechsler 1, 166.

4. Als Schutzheilige der Sterbenden, vorzüglich Schwerverwundeter, wird sie in der Todesstunde angerufen [15]). Wer B. verehrte, wird vor einem jähen und unbußfertigen Tode, d. i. Tod ohne

Sterbesakramente, bewahrt [16]). Sie soll Schildwacht halten, wenn das letzte (!) Sterbestündlein nachts zwischen fünf und sechs fällt. Auf ihre Hilfe in Todesnöten weisen bereits ältere Sprüche und noch in jüngerer Zeit lebendige Gebete hin [17]). Nach der Legenda aurea wurde sie auch von (gebärenden) Frauen in unmittelbarer Lebensgefahr angerufen [18]).

[15]) ZfVk. 1 (1891), 304; 8 (1898), 396. 399; Drechsler 2, 274. [16]) Hörmann *Volksleben* 205; E. Schmidt *Volksk.* 126; Drechsler 2, 274. [17]) Geistl. Schild 126. 128 f. [18]) Franz *Benediktionen* 2, 202. 204.

5. Von den Artilleristen wird die Heilige zum Schutz gegen feindliche Geschosse angerufen und ihr Tag in außerordentlicher Weise gefeiert [19]). Auf Arsenalen brachte oder bringt man ihr Bild an, und auf französischen und spanischen Kriegsschiffen heißt nach ihr die Pulverkammer „Ste Barbe". Auch tragen wohl Kanoniere ihr Bild wie ein Amulett, mit einem Spruch versehen, etwa mit der Bitte: „Heilige Barbara, hilf in der Not, Schenk uns den Sieg, den Feinden den Tod" [20]). Anlaß zu diesem Patronat mag der Turm gegeben haben, den sie auf Abbildungen in der einen Hand oder in den Armen oder neben sich hat. Weiter wurde sie Schutzheilige aller, die mit Pulver arbeiten oder Feuer zu bekämpfen haben.

[19]) ZfVk. 1 (1891), 304; Hoffmann-Krayer 97; Wolf *Beiträge* 2, 90 (mit Hinweis auf Lasicz 144). [20]) Kronfeld *Krieg* 73. 141 f. Die an letzterer Stelle ausgesprochene Vermutung (B. als Nachfolgerin weiblicher Schlachtgottheiten aus heidnischer Zeit) ist abzulehnen.

6. Sie wurde auch Patronin der Berg- und Grubenarbeiter [21]), die an ihrem Tage die Arbeit ruhen lassen, in festtäglicher Tracht und feierlichem Kirchgang ihr Fest begehen und in manchen Gegenden von den Grubenbesitzern bewirtet werden [22]). Das B.brot genannte Gebäck, das die Knappen des Rauriser Goldbergwerks von der Bergwerksköchin auf Grund des Knappenrechts erhalten, ist eine sogenannte Strutz aus Lebzeltenteig. Die Knappen selbst stellen in der B.nacht Speise und Trank für die Bergmannl auf den Tisch der großen Stube des Berghauses, wie man sonst z. B. am Allerseelentag tut, Seelenopfer am Hausaltar. Die Bergleute empfehlen sich ihrem Schutze gegen plötzlichen Tod. Ein Bergmann, der ihr zu Ehren an ihrem Tage in der Grube ein Licht brennen läßt, stirbt eines natürlichen Todes [23]). Bei der Einfahrt ins Bergwerk stimmen Bergknappen des Gonzenbergwerks im Kanton St. Gallen ein Lied an, in dem am Schluß ihr Beistand erfleht wird: „Und wenn's wir aus- und einfahren, St. B. steh' uns bei" [24]).

[21]) Waibel u. Flamm 2, 247; ZfVk. 1 (1891), 304. [22]) MschlesVk. 13 (1905), 81; Klapper *Schles. Volksk.* 151. [23]) ZföVk. 4 (1898), 146. [24]) Baumberger *St. Galler Land* (1903), 165; Albers *Das Jahr* 305.

7. Auch gegen Blitzgefahr mußte und muß sie helfen und wird deshalb in Formeln (Wettersegen) des 15. und 16. Jhs. wiederholt genannt [25]), auch in Gewittersprüchen [26]) oder Bannsprüchen, z. B. bei den Südslawen (Hl. B., schiebe die Wolken auseinander) [27]), und in Liedern, die die Kinder bei einem Gewitter singen, besonders nachts [28]).

[25]) Franz *Benediktionen* 2, 98. 104. [26]) Schneller *Wälschtirol* 247. [27]) Krauß *Volkforschungen* 82. [28]) Liebrecht *Zur Volksk.* 391; Sébillot *Folk-Lore* 1, 106.

8. Nach ihr und den heiligen Jungfrauen Margareta und Katharina werden häufig Kirchenglocken benannt, besonders Wetterglocken, die bei schweren Gewittern geläutet werden [29]). Daher wird sie auch von den Glöcknern als Patronin verehrt. An ihrem Tage stattet man z. B. in der Schweiz den Glocken der Dorfkirche einen Besuch ab [30]).

[29]) Albers *Das Jahr* 301. 303. [30]) SchwVk. 12, 3.

9. Seltsamerweise wurde sie (oder wird sie) in Nennig gegen Blattern angerufen, die selbst B.blattern heißen [31]). Der Besitz der B.wurzel (Allium victoriale, Siegwurz, Kraftwurz) verleiht Unverletzbarkeit (Allermannsharnisch) [32]).

[31]) Fontaine *Luxemburg* 107. [32]) ZfVk. 1 (1891), 304.

10. Der mit mannigfaltigen Meinungen verknüpfte Brauch, am B.tage Zweige

von Obst-, vorzüglich von Kirschbäumen (Weichsel), oder von einer Birke, oder von anderen Bäumen zu brechen, in einen Wassernapf oder in eine Flasche zu stellen und an den oder auf den warmen Ofen zu setzen oder in die Zimmerecke zu bergen, wird noch in sehr vielen Gegenden gehegt [33]). In einigen gibt es noch bestimmte Vorschriften, wann man die Zweige holen soll, z. B. beim Vesperläuten [34]) oder ehe die Sonne anschlägt, d. i. voll drauf scheint [35]). Man erwartet, daß diese B.zweige am Christtage grünen und blühen. Bauer und Bäuerin orakeln aus dem Blühen das Gedeihen des kommenden Jahres, z. B. eine gute Obst- und vorzüglich Kirschenernte, oder allgemein, ein fruchtbares Jahr [36]). In manchen Familien wird für jedes Mitglied ein besonderer Zweig aufgestellt. Wessen Zweig zuerst oder am schönsten blüht, hat Glück zu erwarten [37]). Mädchen schreiben den Namen des Geliebten auf den Zweig, um aus dessen Grünen und Blühen auf Erfüllung ihrer Hoffnungen und Sehnsüchte zu schließen [38]). In Dellingen (Oberamt Ellwangen) glaubt man, daß jemand aus dem Haus im kommenden Jahr stirbt, wenn der Zweig nicht blüht [39]). Man mißt ihm auch sonst magische Kraft zu und glaubt, man könne verborgene Dinge sehen, wenn man ihn zur Christmette mit in die Kirche nimmt [40]). Vereinzelt wird er auch als Weihnachtsbaum aufgestellt [41]), aber mehr noch, ähnlich wie Zweige bei andern Gelegenheiten, als Lebensrute benutzt, in der die Triebkraft der Natur in den kommenden Frühling hineingetragen wird und mit der die weiblichen Mitglieder der Familie, das weibliche Gesinde und die Mädchen im Dorf an den Weihnachtstagen oder am Neujahrstage gepeitscht oder „gefitzelt" werden [42]). Martin Greif hat den Brauch in seinem Gedicht „B.zweige" verherrlicht.

[33]) Germania 21 (1876), 412; Baumgarten *Jahr u. s. Tage* (1860), 31; Vernaleken *Mythen* 340. [34]) Meyer *Baden* 385. [35]) ZfVk. 4 (1894), 109. [36]) Hoffmann-Krayer 97; ZrwVk. 4 (1907), 8; Meyer *Baden* 385; Meier *Schwaben* 2, 462. [37]) Niederösterreich: Vernaleken *Mythen* 340. [38]) John *Westböhmen* 5; ZfVk. 4 (1894), 109. [39]) Höhn *Tod* 309. [40]) Schramek *Böhmerwald* 113. [41]) Kapff *Festgebräuche* 8. [42]) Leoprechting 202; ZfdMyth. 2, 335; Reichenberger Deutsche Volkszeitung (Böhmen) vom 4. 12. 19; Sartori *Westfalen* 134. Wrede.

Barbarossa s. bergentrückt, Kyffhäuser.

Barbe (Flußbarbe, Barbus fluviatilis). „Sein rog / vnnd sunderlich im / Magen / hatt die krafft vnnd natur zuo laxieren vnnd stuolgang zemachen / sonderlich an müessiggendenn leüten / dann ich erfahrenn hab / dasz er an arbeitsamen nit gewürcket hat" [1]).

[1]) Mangold *Fischbuch* 147. Hoffmann-Krayer.

Barbiel, Höllenfürst [1]), vgl. schon im Pariser Zauberpapyrus den magischen Gottesnamen βαλβήλ [2]), der mit Vertauschung der beiden Liquiden auch βαρβήλ lauten konnte [3]), wie neben Βαρβηρώ ein Βαρβηλώ für die Muttergöttin der Barbelognostiker stand [4]). Part. Palpel von בַּלְבֵּל oder בַּרְבֵּל, mit abgeworfenem Praefix מְ „der Verwirrende"? Oder verkürzt aus βαρβαριήλ [5]), d. i. בַּרְבָּר־אֵל „Barbarengott", vgl. βαρβαραδωναί u. a. [6])? Doch kann βαλβηλ auch Βαλ, Βηλ „Baal, Bêl" (israel. und babyl.) Aussprache des gleichen Gottesnamens sein (das darauf folgende βολ ist vielleicht palmyr. Βωλ).

[1]) Kiesewetter *Faust* 158. [2]) Wessely 1, 69 Z. 1010. [3]) Strack-Siegfried *Lehrb. d. neuhebr. Spr.* (1884), 15 § 8. [4]) Bousset *Hauptprobleme der Gnosis* (1907), 14 f. [5]) Wessely 1, 70 Z. 1030. [6]) a. a. O. 1, 54 Z. 385. 47 Z. 91. Jacoby.

Barbier s. Bader.

Bärenhäuter. Der Glaube an B. gehört zu den Resten des Tierglaubens, einer typischen und geläufigen Äußerung des primitiv-mythischen Denkens, die jenseits aller Erfahrungsquelle liegt. Er stellt eine spezielle, auf den Bären bezogene Abwandlung desselben dar. Der Mensch, lebend oder tot, kann zugleich ein Tier, in unserm Falle ein Bär sein, zunächst völlig präanimistisch, leibhaftig, ohne das Medium einer Seele. Der Bär als Seelentier ist nicht anders eine sekundäre Vorstellung, wie die Vorstellung von dem Besitz einer bloßen Haut, eines Hemdes,

Eisenhalsbandes, Ringes oder Gürtels, der den Menschen zum Bären macht. Dergestalt gehört der altnordische Berserkerglaube (s. d.) in diesen Zusammenhang, er bildet die nordische Parallele zu dem statt dessen in Deutschland verbreiteteren Werwolfglauben (s. d.). Und vor allen Dingen empfängt die nordische Bjarki- (= Bärchen-) Sage [1]) von hier ihre Beleuchtung: solange Bjarki unbeweglich zu Hause bleibt, kämpft sein anderes Ich in Bärengestalt vor dem König her, sobald aber Bjarki, geweckt, sich zum Kampf erhebt, ist der Bär verschwunden, und die Kraft des Helden vermag ihn nicht zu ersetzen. Hier ist der Tierglaube auf deutlich dualistischer Stufe angelangt, und wir könnten diesen Bären bereits als Sympathietier (s. d.) Bjarkis bezeichnen.

Auf meist ganz präanimistischer Stufe gehört das deutsche B.-Märchen hierher, Verwandter einer internationalen Sippe, bereits bei Grimmelshausen belegt [2]). Im Dienst des Teufels muß ein Mann 7 Jahre lang Bär sein, altnordisch ausgedrückt „den Berserksgang" gehen, bis er erlöst ist [3]). Das weitverbreitete Bärensohnmärchen hängt damit aufs engste zusammen [4]). Eine Frau wird im Walde von einem Bär ergriffen, der selbst schon kein gewöhnlicher Bär, sondern ein Verwunschener ist [5]); beider Sohn wird der Held außerordentlicher Taten, trägt aber die Spuren der zwiespältigen Abkunft an sich (ist halb Bär, halb Mensch; sieht wie ein Bär aus; ist rauh; hat Bärenohren; heißt Hans Bär, Hans Bärensohn), die sich, wie man sieht, im Laufe der Zeit bis auf Andeutungen verflüchtigen. In gleicher Weise ist das Wort B. selbst in seiner Bedeutung mehr und mehr verblaßt, bis es als Schimpfwort identisch mit Faulenzer wurde, ein Vorgang, in den eine humanistische Ausschmückung von Tacitus, Germania 15 und 17, mit hineinspielen mag [6]). — Ob ein 1728 aus Zürich bezeugter Brauch [7]) hierher gehört, erscheint mir ungewiß.

s. a. Bär Sp. 885.

[1]) Vgl. Panzer *Beowulf* 364 ff. [2]) Amersbach *Grimmelshausen* 1, 27; Bolte-Polivka 2, 429. [3]) Grimm *Märchen* Nr. 101; Gaismaier *Die Bärenhäutersage*. Progr. Ried 1904. [4]) Panzer *Beowulf* 1—246; Ders. *Siegfried* 17 ff.; ZfVk. 21 (1911), 288; Anglia Beiblatt 31 Nr. 4; Strackerjan *Oldenburg* 2, 154 Nr. 382; Singer *Schweizer Märchen* 1, 74 ff.; Bolte u. Polivka 2, 293. 300. 317. 429 ff. 433. [5]) Wolf *Beitr.* 2, 67. [6]) Fischer *SchwäbWb.* 1, 641. [7]) Vernaleken *Alpensagen* 354. H. Naumann.

barfuß. 1. Das Gebot der Barfüßigkeit, das wir bei verschiedenen Zauberhandlungen finden, hat seinen tieferen Grund in uralten Kultanschauungen und ist ein Ersatz für ursprüngliche kultische Nacktheit [1]) (s. nackt); dazu kommt, daß gerade an den Schuhen viele Knoten sind, die ja jeden Zauber binden und hemmen würden [2]). Daß die Barfüßigkeit wie die Nacktheit in religiösen Anschauungen und Vorschriften fußen, zeigen jüdisch-antik-christliche Parallelen: Im alten Testament dürfen die Leviten nur b. das Gerät in den Tempel tragen [3]), und die Gläubigen dürfen nur b. den Tempel betreten; die gleiche Vorschrift gilt für Griechen und Römer; besonders die Pythagoreer [4]) beachteten diesen Ritus genau; im römischen Kult war bei der lavatio des Kultbildes der magna mater Entblößung der Füße vorgeschrieben, wie uns Prudentius in einem Märtyrerhymnus mitteilt [5]); bei Prozessionen [6]) treffen wir überhaupt diese Kultvorschrift immer; Usener [7]) hat in seinem Vergleich der antiken und christlichen [8]) Prozessionen auch dieses Moment betont, und noch in heutiger Zeit finden sich Reste bei katholischen Prozessionen [9]); Dieterich [10]) hat bei der Analyse des berühmten Gemäldes zu Ostia ebenfalls hervorgehoben, daß die Kinder aus rituellen Gründen b. dargestellt sind. In den Zauberriten wirkt aber neben der Anlehnung an den religiösen Kult noch eine andere nicht weniger wichtige Vorstellung herein: das Antaeusmotiv [11]). Die Erde, empirisch die gewaltigste Kraftquelle, verleiht dem Priester, aber auch dem Zauberer [11a]), übernatürliche Kräfte und Orakelkraft [12]), und diese Zauberkräfte fließen natürlich bei unmittelbarer Berührung wie ein ungehemmter Zauberstrom in den Menschen hinüber, besonders im Frühjahr, wenn die Erde zu neuer Fruchtbarkeit erwacht. Überall in den Prozeßvorschriften des MA.s treffen wir auf die besondere Vorschrift, bei der Verhaftung einer Hexe die Gefangene von der Erde aufzuheben, damit ihr nicht durch die Berührung mit der bloßen Erde Zauberkräfte zufließen; so erwähnt der Henker Diepolt Hartmann von Miltenberg aus seiner Berufspraxis folgende Maßregeln [13]: „Item wan man eyn zeyberin angriffen, so sollen die sie fahen .... alsbalde sie von der erden uff eynen Karen heben und sunst, daß sie die erden oder steyn nit ruren, ire augen zubinden und den münt verstoppen." Auch im Malleus maleficarum [14]) wird auf diese Schutzmaßnahme gegen bösen Blick und Berührung mit der Erde besonders hingewiesen. Die Rockenphilosophie knüpft an den Gebrauch, eine „zur Exekution oder Scheiterhaufen geführte Hexe nicht die bloße Erde berühren zu lassen", allerlei leere Bemerkungen [15]). In der Erzählung von Angelburg, der Geliebten Friedrichs von Schwaben, fliegt diese in Taubengestalt mit zwei Jungfrauen durch die Luft; sobald die Tauben die Erde berühren, werden sie zu Mädchen [16]). Sommer [17]) vergleicht dieses Motiv mit dem Glauben, daß den Hexen vom bloßen Boden Kräfte zuströmen; indessen wird in dem dürftigen Elaborat eines Unbekannten (14. Jh.) die Verwandlung nicht entsprechend hervorgehoben. Zu beachten ist, daß in Zauber und Magie diese (dämonische) Kraft der Erde bald zauberbrechend und bald zauberbindend wirken kann.

[1]) Deubner *de incubatione* 24; Nilsson *Griechische Feste* 345; Philologus N. F. 10 (1897), 5 ff.; für den deutschen Aberglauben vor allem: Weinhold *Ritus* 5; Wächter *Reinheit* 24; Döller *Speisegesetze* 289 zu S. 159. [2]) Wächter l. c. mit A. 2 (vgl. binden u. Knoten); Döller l. c.; bei Horaz sieht Priap die Zauberin „pedibus nudis passoque capillo": *Satiren* 1, 8, 24; Frazer 2, 311 A. 1; schon Servius zu Vergil *Aeneis* 4, 518 sagt: „in sacris nihil solet esse religatum". [3]) Heckenbach *de nuditate* 26. 31; ARw. 21 (1922), 237 f.; Weinhold *Ritus* 4 f.; Sartori in ZfVk. 1894, 178; Exodus 3, 5; Josua 5, 15; auch die Brahmanen dürfen beim Manenmahl nur b. und barhäuptig essen: ZfVölkerpsychol. 18, 260; anderseits ist aber auch die Entblößung für die Juden die größte Schande: ARw. l. c.; Jsaias 20, 4. [4]) Heckenbach l. c. 24; Nilsson l. c. 345; Wächter 23 f.; später schrieb man diese Vorschrift dem Umstand zu, daß das Leder, aus der Haut toter Tiere verfertigt, unrein sei: Varro *Lingua latina* 7, 84; Gruppe *Griech. Myth.* 2, 912 A. 5; ZfVk. 1894, 178. Eine wichtige Bestimmung der Symbola Pythagorea bezog sich auf ἀνυποδησία im Kult: θύειν χρὴ ἀνυπόδητον καὶ πρὸς τὰ ἱερὰ προσιέναι. Boehm hat in seiner Dissertation (*De symbolis Pythagoreis*. Berlin 1905, 9—10) die antiken Belegstellen und die moderne Literatur gesammelt; antike und moderne Parallelen: ZfVk. 1894, 178—180. [5]) Hepding *Attis* 174 mit Literatur; Fehrle *Kultische Keuschheit* 219; vgl. Wissowa *Religion* [2] 101; Heckenbach 67 f.; Wächter 23 f. [6]) Nilsson l. c. 339, 351; Gruppe *Griech. Myth.* 1, 912 A. 5; Dieterich *Mutter Erde* [2] 81 A. 2. [7]) *Weihnachtsfest* [2] 303 ff. 306 ff.; Heckenbach l. c. [8]) Dieterich *Kl. Schr.* 349; Andree *Votive* 31 ff. [9]) Trede *Heidentum* 1, 151; 2, 105. [10]) *Kl. Schr.* 349. [11]) Heckenbach 44—45. 47; Anrich *Das antike Mysterienwesen*. Gött. 1894, 212. [11a]) Beim Zauberer Merlin wird die B. betont: Kloster 9, 715. [12]) Fehrle l. c. 149 A. 5. [13]) Hansen *Hexenwahn* 593, 14; vgl. den „Layenspiegel" Tenglers: Hansen 303, 19—20. [14]) Heckenbach 45 nach Ennemoser *Geschichte der Magie* 808. [15]) 4. Hundert (1706) 309—12; Grimm *Myth.* 3, 444, 310; Lütolf *Sagen* 264, 134; Frazer 7, 1 [3], 5 f.; vgl. Grimm *Myth.* 3, 173, wo eine feuerlöschende Sechswöchnerin die Erde nicht berühren darf. [16]) v. d. Hagens Germania 7, 105; Goedeke *Deutsche Dichtungen im MA.* (1854), 865. [17]) Sommer *Sagen* 168 f. A. 9 zu Seite 12; zitiert bei Schambach-Müller 359.

2. Im germanischen und deutschen Kult und Aberglauben wurzeln die Vorschriften oder die Verbote der Barfüßigkeit in diesen kultlichen oder abergläubischen Vorstellungen. Ausgangspunkt für alle Untersuchungen ist Weinholds „Zur Geschichte des heidnischen Ritus". Wohl die erste Nachricht über die kultliche Barfüssigkeit bei einem Germanenstamm bringt uns Strabo [18]): Die Priesterinnen der Zimbern opferten mit bloßen [19]) Füßen die Gefangenen und weissagten aus ihrem Blute: προμάντεις παρηκολούθουν ... γυμνοπόδες ... ἐκ δὲ τοῦ προχεομένου αἵματος εἰς τὸν κρατῆρα μαντείαν τινὰ ἐποιοῦντο (hier erhöht die Verbindung mit der Erde die Orakelkraft). Einen Rest der „ἀνυπο-

δηαία [20]) religiosa" haben wir in dem Gebot, daß man den heiligen Forst des Pulch, den Kammerforst bei Trier, nicht mit „gesteppten Leimeln" (genagelten Schuhen) betreten durfte [21]). Früher zogen in Oldenburg die Wallfahrer zur Kapelle des hl. Nikolaus in Hatten, bevor sie die Hunte überschritten, die Schuhe aus [22]). Daß auch die Wallfahrten mit bloßen Füßen ein Substitut für nacktes Bittgehen sind, zeigen die von Andree erwähnten Beispiele; in einem Falle wird die Wallfahrt nackend und mit ausgespannten Armen gelobt; auch Altarumgänge mit bloßen Knien werden versprochen [23]). In Böhmen geht die fromme Sage, daß nur der die heilige Maria an dem Wunderort ihrer Epiphanie erblickt, der, von Sünden frei, sich dem Ort b. nähert [24]). In einer Sammlung von Wunderlegenden, welche Klapper nach einer Breslauer Handschrift ediert hat [25]) (de conversione peccatoris in sexta feria magna), sieht ein Räuber am Karfreitag eine Prozession von Pilgern „nudis pedibus [26]) incedere sanctorum limina"; als er einem Eremiten beichtet, bekommt er die Buße: „ut nudipes iret" [27]); dasselbe Motiv nahm Wolfram v. Eschenbach aus Chretien de Troyes auf [28]): Parzival wird durch den Anblick einer büßenden Ritterfamilie zur Einkehr gebracht: „si giengen alle barfuoz". Hier kommt zur kultlichen Bedeutung der Barfüßigkeit bei einem heiligen Gang die uralte Rechtsanschauung, daß man zum Zeichen der Unterwerfung, Buße und Demütigung b. geht [29]); in der Vita Liudgeri [30]) wird erzählt, wie ein junger Mann, der seinen Bruder im Streit getötet hat, „indicante Jona episcopo . . . discalceatus in exilium missus est". B. verzichtet man auf das Erbe [31]) und b. schwört der Bauer [32]).

Für die vornehme Dame des Frühmittelalters war es eine Schmach, wenn sie von einem Fremden b. gesehen wurde; das Chronicon Salernitanum [33]) berichtet uns von den schweren Folgen, die ein Erlebnis der Adelchisa nach sich zieht, als ein vornehmer Langobarde sie im Zelt sieht, wie sie die Füße wäscht; auch „ein riter soll niht vor frowen gân barfuoz" [34]); sonst war B.gehen ein Zeichen niederen Standes [35]); „der b. Begrabene kommt arm im Himmel an, und der Gang zum jüngsten Gericht wird ihm sauer" [36]). Der Wöchnerin aber, welche im Kindbett stirbt, muß man Schuhe anziehen, damit sie nicht b. ihr Kindlein zu besuchen braucht [37]). Schließlich ist Barfüßigkeit, besonders in der Antike, ein Zeichen der Trauer [38]).

[18]) 7, 2, 3 = Vol. 2, 404, 4 Meineke; Heckenbach 27; Grimm *Myth.* 1, 45 u. 79; vgl. Kloster 9, 836; der Seher auf den Hebriden geht bei einer Divinationshandlung b. und barhäuptig zur Türschwelle: ZfVk. 1917, 1. [19]) E contrario dürfen auf Borneo Priesterinnen bei rituellen Handlungen nicht die bloße Erde berühren: Frazer 7³, 1, 5; vgl. Grimm *Myth.* 3, 173 (Feuerlöschen durch Sechswöchnerin). [20]) ZfVk. 1894, 178. [21]) Grimm *Myth.* 3, 80: Anmerk. zu 1, 189. [22]) Strackerjan 2, 295 B; vgl. FL. 7, 50; Weinhold *Ritus* 5. [23]) Andree *Votive* 31 f.; in Frankreich macht man für einen Sterbenden einen Umgang mit nackten Füßen um die Kapelle von N.-D. de Rumengol: Sébillot 4, 136. [24]) Grohmann 227, 1628. [25]) Klapper *Erzählungen* 314 Nr. 101, 25 ff. [26]) l. c. 315, 1. [27]) 315, 5. [28]) *Parzival* 9, 447, 21 = Lachmann⁵ 216; Klapper l. c. [29]) Grimm *RA.* 1, 215; 2, 305; ZfVk. 1894, 179; vgl. Isaias 20, 2—4. [30]) M. G. Historica II, vita S. Liudgeri c. III, 19 = p. 418, 19; Grimm l. c. 2, 336. [31]) Berühmt ist Ruth 4, 7—8: wenn einer ein Gut nicht beerben wollte, so „zog der eine seinen Schuh aus und gab ihn dem andern"; Grimm l. c. 215; ZfVk. 1894, 178—180; Rochholz *Sagen* 2, LIV. [32]) Grimm l. c. 1, 166; 2, 556 f. [33]) M. G. Historica tom V, 505, 18 ff.; vgl. c. 83; Weinhold *Frauen* 1, 145. [34]) Seb. Brants *Cato*, vgl. Grimm *DWb.* 1, 1132. [35]) Heyne *Hausaltertümer* 3, 267—68. 316; vgl. die ἀνυποδησία bei Platon *Protagoras* 321 c; ZfVk. 1894, 178 A. 1 und 179. [36]) John *Erzgebirge* 123; wenn man das Messer auf den Rücken legt, müssen die armen Seelen darauf b. gehen: Schönwerth *Oberpfalz* 1, 286; 3, 280. [37]) Lütolf *Sagen* 551, 538; vgl. 552, 548; vgl. Pollinger *Landshut* 298; Bastian *Elementargedanke* 18. [38]) Heckenbach 31—32; Samter *Geburt* 110.

3. Rituelle Reste alter Opferfeiern sind gewisse Wettläufe und Tänze; auch hier finden wir die Barfüßigkeit als Rest ritueller Nacktheit: Am Bartholomäustag laufen beim Schäferlauf zu Markgröningen [39]) ledige Schäfermädchen und Burschen b. über ein Stoppelfeld, und am Funkensonntag, wenn in Oberschwaben

der Bursch beim Schatz seinen Funkenring holt, tanzen die Mädchen „alle ohne Ausnahme in Strümpfen"[40]). Ganz alt ist der Brautlauf in der Oberpfalz südlich der Donau, das sogenannte Backofenschüssellaufen, bei dem die Gäste vor der Kirche einen Wettlauf b. veranstalten[41]).

[39]) Meier *Schwaben* 437, 143; vgl. 451; Birlinger *Schwaben* 2, 209 ff.; Ders. *Volkst.* 2, 280. [40]) Ders. *Schwaben* 2, 64; das Strümpfigsein ist ein Ersatz der Nacktheit, wie die Vorschrift beim Hühnersetzen, daß die Strümpfe „lottern" sollen und die Haare fliegen: Grimm *Myth.* 3, 454, 575. [41]) Schönwerth *Oberpfalz* 1, 93, 3; ZfVk. 1893, 15 f.

4. Übertragung der im Frühjahr sich regenden Kräfte der Erde und der Wunderkraft des Frühjahrs, besonders des Maientaues auf den Menschen, soll das B.laufen im Frühjahr bewirken[42]). Wer während des ersten Mairegens b. und barhäuptig sich im Kreise dreht, dem wachsen die Haare gut (Böhmen)[43]); wenn man im Tau b. geht, zieht er alle Unreinigkeit aus dem Leibe (Oberpfalz)[44]); doch ist es nach dem Glauben im bayrischen Wald ratsam, erst nach Ostern b. zu laufen, weil dann die Erde geweiht ist[45]).

[42]) Höfler *Ostern* 41; vgl. Rosegger *Steiermark* 231. [43]) Grohmann 52, 331; W. 280. [44]) Schönwerth 2, 132, 3; W. 113. [45]) Bronner *Sitt' u. Art.* 137.

5. In dieser Vorschrift steckt die ins Christliche übertragene Angst vor bösen Kräften und Dämonen der Erde, die naturgemäß am Johannistag am stärksten ist: In Mecklenburg[46]) durften die Kinder nicht am Johannistag b. gehen, weil der böse Krebs[47]) an dem Tage fliegt, dessen Stiche tödlich sind. Interessant ist eine Stelle bei Buxtorf[48]): Die Kinder sollen nicht b. gehen „mense praesertim Decembri et Januario, quo feles catulientes discurrunt; facile enim aliquid venenati a felibus promanantis calcare possent, quo calcato pedes intumescerent nec adeo prompta et facilis sanatio foret". Beim Viehaustreiben darf die Dirne nicht b. gehen, damit das Vieh nicht hinkend wird (Oberpf.)[49]), das gleiche gilt im Böhmerwald[50]) für den Hirten. Die Wöchnerin (die besonders sich vor bösen Kräften hüten muß) darf nicht mit bloßen Füßen auf die Erde treten, sonst küßt ihr der Teufel die Fußstapfen[51]); wer böse Nachbarn hat, soll nicht früh des Morgens über eine Wiese oder eine betaute grüne Stelle b. gehen, sonst kann ein Feind die Spur mit dem Rasen ausschneiden; wenn er das Rasenstück im Rauch aufhängt, schwindet der Mensch in dem Maße, wie der Rasen eintrocknet[52]). Schon im Corrector Burchardi lesen wir: „Fecisti, quod quaedam mulieres facere solent, diabolicis adimpletae disciplinis? quae observant vestigia vel indagines christianorum et tollunt de eorum vestigio caespitem et illum observant, et inde sperant sanitatem aut vitam eorum aufferre"[53])? Wer beim ersten Kuckucksruf b. ist, bekommt böse Füße[54]). Harmloser warnt die Rockenphilosophie[55]): „Man soll kleine Kinder nicht b. auf den Tisch lassen treten, sonst bekommen sie böse Füße." Wo eine Schwangere ging (Ruthenen)[56]) oder eine Kuh zum erstenmal geworfen hat (Rumänien)[57]), darf man nicht b. gehen, sonst bekommt man Geschwüre (besonders in diesen Fällen ist die Dämonengefahr groß).

[46]) Bartsch *Mecklenburg* 2, 289 f. 1441 e; vgl. E. H. Meyer *German. Mythol.* 99. [47]) Bartsch 2, 285, 1432. [48]) *Judenschul* (1641) 108 f. [49]) Schönwerth 1, 320, 6; W. 684. [50]) Schramek *Böhmerwald* 241. [51]) W. 577. [52]) Schönwerth 3, 200; 2, 133, 4; Weinhold *Ritus* 41; dasselbe Motiv: Kühnau *Sagen* 3, 98; W. 395; die ganze Frage hat Frazer 1³, 1, 207—212 erörtert; vgl. 2, 74. [53]) Grimm *Myth.* 3, 410, 200; Schmitz 2, 447, 175; Wasserschleben 661 c. 163; W. 395; E. Gockelius *Tractatus polyhist.* (F. u. L. 1699) 92; Tharsander 2, 612. [54]) Köhler *Voigtland* 389. [55]) Grimm *Myth.* 3, 440, 165; Fischer *Aberglaube* 213. [56]) Hovorka-Kronfeld 2, 392. [57]) Urquell 3 (1892), 207, 15.

6. Bei allen Zauberhandlungen spielt, wie bei den heiligen Kulten, das berühmte Horazische[58]) „pedibus nudis passoque capillo" eine große Rolle; wie die Zauberin und Hexe Medea bei Ovid[59]) „nude pede" ihre Zauberkünste ausführt bei

Vollmond in nächtlicher Stille, so soll man nach böhmischem Aberglauben [60]) die Wegwarte am ersten Montag oder Freitag im neuen Mond mit einem Zauberspruch ausgraben; man muß beim Anfassen der Pflanze aber die Hand in ein weißes Tuch wickeln; auffallend paßt hierzu, was Plinius von den Druiden berichtet [61]): „Selago legitur sine ferro dextra manu per tunicam, qua sinistra exuitur velut a furante, candida veste vestito pureque lotis nudis pedibus, sacro facto priusquam legatur, pane vinoque ..... hanc contra omnem perniciem habendam prodidere druidae Gallorum". An einer andern Stelle beschreibt Plinius das Pflücken der Granatblüte [62]): „si quis unum ex his, solutus vinculo omni cinctus et discalciatus atque etiam anuli decerpserit duobus digitis, pollice et quarto, sinistrae manus atque ita lustratis levi tactu oculis in os additum devovaverit, ne dente contingat, adfirmatur nullam oculorum imbecillitatem passurus eodem anno." So muß auch im bekannten, von Burchard überlieferten Regenzauber die „puella nudata minimo digito dexterae manus" das Bilsenkraut pflükken [63]). Nicht nur der Zauber beim Pflükken der Heilkräuter, sondern auch der Heilzauber selbst schreibt Barfüßigkeit vor: Gegen Zahnweh läßt in Österreich [64]) die Frau, welche „wenden" kann, den Patienten im Keller b. auf einen Stein treten, dann fährt sie unter Zaubersprüchen dreimal über den Körper; in Mecklenburg gräbt der Gichtleidende [65]) stillschweigend ein Loch, setzt einen Gichtbaum hinein, tritt die Erde b. an den Baum, „wie die Sonne geht", geht schweigend um den Baum und spricht: Im Namen Gottes usw. Gegen Nabelbruch [66]) schlägt der Leidende schweigend einen Sargnagel in den Baum, mit dem er den Nabel berührt hat. Ansbachischer Aberglaube (Journal 1786) schreibt vor [67]): „Tritt man am ostertag nicht b. auf den stubenboden, so ist man vor fieber sicher." In Frankreich wird die Barfüßigkeit im Heilzauber ebenfalls vorgeschrieben; so geht der Rheumakranke b. zur Font Saint-Irieis de Lubersac, wäscht sich und opfert Votivgaben [68]). In Langenau in Schlesien ist der Hausherr bei der Heilkur und Segnung eines kranken Rindes gewöhnlich b. [69]). Im prophylaktischen Gegenzauber treffen wir die Entblößung der Füße bei den Steiermärkern [70]): Man wandelt in den Ennstaler Bergen am Pfingstsonntagmorgen b. im taunassen Gras, dann ist man das ganze Jahr gegen Hexenzauber gefeit. In Steiermark läuft man während der „Todesangstzeit" (Aveläuten) b. auf dem grünen Rasen, dann ist man das ganze Jahr vor Blitz geschützt [71]). Im Riesengebirge geht man am Karfreitag vor Sonnenaufgang b. durch alle Räume des Hauses und pfeift auf einem Pfeifchen, das aus dem Röhrenknochen des linken Hinterbeines einer Ratte gemacht ist; das vertreibt die Mäuse [72]); auf ähnliche Weise vertreiben die Schlesier am Gründonnerstag die Maulwürfe [73]). Beim Schatzgraben verstärkt die Barfüßigkeit die Kraft des Schatzhebers: Bei der Ottomühle (Sächs. Schweiz) haben die Franzosen 1813 einen Schatz vergraben; als einer diesen heben wollte, hielt ihn eine unsichtbare Kraft zurück; auch nicht als er ein Beil hinwarf und b. ging, konnte er zum Ziel kommen [74]). Im Fruchtbarkeitszauber treffen wir die Barfüßigkeit schon als rituellen Teil des römischen Regenzaubers an den nudipedalia [75]); das war ein aquaelicium [76]), ein Bittfest um Regen; bei größerer Dürre brachten die Beamten ein Opfer dar; daran schloß sich eine Bittprozession der Matronen [77]): „ibant nudis pedibus in clivum passis capillis, mentibus puris et Jovem aquam exorabant"; „dann regnete es in Kübeln", sagt Ganymedes in Petrons Cena Trimalchionis [78]), „und wir waren naß wie nasse Mäuse". Um die Raupen zu vertreiben, macht eine „mulier incitati mensis nudis pedibus recineta" einen Umgang [79]); hierher gehört die Barfüßigkeit zur Entblößung der αἰδοῖα als Apotropaion.

Sonstiger Aberglaube: Wenn ein barfüßiger Mensch zuerst mit dem einen Fuß in alle Kleider fährt, so fährt er ins Unglück; fährt er aber mit dem

Fuß heraus, so fährt er ins Glück [80]). Auch von barfüßigen Gespenstern weiß das Volk zu erzählen: eine feine Dame muß b. und barhäuptig herumgeistern, weil sie im Leben immer nur in der Kutsche fuhr und ihr Fuß nie den Boden berührte [81]). In früheren Zeiten hielten die Mütter streng darauf, daß die Kinder nicht eher b. liefen, ehe der Kuckuck gerufen hatte. — In frischem Schnee b. laufen, bis die Füße brennen, hilft gegen Frostbeulen [81a]).

[58]) *Satiren* 1, 8, 24. [59]) *Metamorphosen* 7, 182; vgl. Columella 11, 3, 64, wo einer Zauberin vorgeschrieben ist: solutis crinibus et nudo pede. [60]) Grohmann 91; W. 139 u. 467. [61]) *Nat. Hist.* 24, 103 = 4, 88, 9 Mayhoff; Grimm *Myth.* 2, 1010; 3, 351; Pauly-Wissowa 1, 56 ff. [62]) Plinius 23, 110 = 4, 35, 5 ff. Mayhoff. [63]) Wasserschleben 664 f.; Schmitz 2, 452, 194; Grimm 3, 410, 201 b: „nudis pedibus recincta" umwandelt auch im röm. Zauber die Frau „incitati mensis" die Bäume, um die Raupen zu vertreiben: Plinius 17, 266 = 3, 140, 22 Mayhoff; vgl. 28, 78; Heckenbach l. c. 51 ff. [64]) ZfVk. 1898, 228. [65]) Bartsch *Mecklenburg* 2, 409, 1893. [66]) Ders. 2, 104, 387. [67]) Grimm *Myth.* 3, 459, 711; vgl. Gockel 92 (Kur gegen Auszehrung); 99 Heilkur gegen Liebeszauber); 162 (gegen Bezauberung); Hovorka-Kronfeld 2, 324; Lammert 260. [68]) Sébillot 2, 287; in Bulgarien bei Epilepsie: Hovorka-Kronfeld 2, 224; für Tierheilzauber vgl. Seligmann *Blick* 1, 336: man pflückt an Johanni vor Sonnenaufgang mit nacktem Fuß 3 Handvoll Roggen. [69]) Drechsler *Haustiere* 12. [70]) ZfVk. 1895, 407; vgl. Urquell 4 (1893), 155; ZrwVk. 1913, 191; Krauß *Südslaven* 538. [71]) Rosegger *Steiermark* 231. [72]) Grohmann *Apollo Smintheus* (1862), 66; W. 616; Rochholz *Gaugöttinnen* 179—180. [73]) Drechsler 1, 81 f.; ganz ähnlich: Sébillot 3, 38—39; 37—38. [74]) Meiche *Sagen* 720, 892. In einer schlesischen Sage kann nur ein nackter Mann einen Schatz heben: Kühnau *Sagen* 3, 710; also ist in der sächsischen Sage die Barfüßigkeit ganz klar ein Substitut der völligen Nacktheit. [75]) ARw. 21 (1922), 331—22; Heckenbach 29; Wissowa *Religion*² 121. [76]) Festus 2, 24 Lindsay; Appel *de Romanorum precationibus* 203. [77]) Geschildert bei Petron *Satiren* c. 44 = Bücheler⁴ 23—30; Kommentar v. Friedländer 241. [78]) Petron 30, 1 Bücheler. [79]) Plinius 17, 266 = 3, 140, 22; Mayhoff 28, 78 = 4, 303, 6 M.; vgl. Samter *Geburt* 115; Keller *Grab* 5, 256 ff. [80]) ZfVk. 1898, 160. [81]) Herzog *Schweizersagen* 2, 199—201; vgl. Drechsler 2, 180: Waldgeist Barfuß. [81a]) Mensing *Schlesw.-Holst.Wb.* 1, 233.

7. Barfüßigkeit, auf einen Fuß beschränkt: Als Dido, zum Selbstmord entschlossen, den Göttern der Unterwelt opfert, tritt sie zum Altar unum exuta pedem vinclis in veste recincta [82]); wenn die Plataeer bei Thukydides [83]) ἦσαν εὐσταλεῖς τε τῇ ὁπλίσει καὶ τὸν ἀριστερὸν μόνον πόδα ὑποδεδεμένοι, so hat Frazer [84]) sicher recht, wenn er gegenüber der rein praktischen Begründung des Thukydides betont, daß dahinter ein tieferer Sinn steckt, die Weihe in großer Gefahr. In der Jasonfabel [85]) ist die Nacktheit des einen Fußes von schlimmer Vorbedeutung für Pelias; diese Deutung gibt ihr auch der deutsche Aberglauben: Wer nur in einem Schuh oder Strumpf geht, bekommt den Schnupfen (Rockenphilosophie) [86]); nach dem Journal warnte der Aberglaube in Bielefeld [87]): „Geht jemand, den einen fuß bloß, den andern beschuht, die Straßen einher, so erkrankt alles vieh, das dieses weges kommt"; Kinder [88]) dürfen nie an einem Fuß unbekleidet sein, weil sie sonst nach ostpreußischer Ansicht nie zu Brot kommen; eine Frau oder Braut darf nie an einem Fuß b. sein, sonst stirbt der Mann oder Bräutigam [89]).

[82]) Vergil *Aeneis* 4, 518; Heckenbach 48—49; 27—28. [83]) 3, 22, 2 = 203, 17 ff. Hude. [84]) 2, ³ 311 ff. mit Erörterung der gesamten Literatur; vgl. dagegen Philologus 35, 578; sicher rein praktisch ist Sallust *Bellum Iugurthinum* c. 94 aufzufassen; die einseitige Barfüßigkeit möchte man eher aus sakralen Motiven herzuleiten geneigt sein; vgl. Vergil *Aeneis* 7, 689—90. [85]) Pindar *Pythien* 4, 133 = 110 Schröder: τὸν μονοκρήπιδα πάντως ἐν φυλακᾷ σχεθέμεν μεγάλᾳ. [86]) Grimm *Myth.* 3, 445, 321; Rockenphilosophie 329—30. [87]) Grimm 3, 462, 788. [88]) W. 606. [89]) ZfVk. 1912, 163.

Eckstein.

barhaupt. Das Entblößen des Hauptes ist der äußere Ausdruck der Huldigung, Ehrfurcht und Demut vor dem Göttlichen [1]) und allem, was Ehrfurcht heischt; die Barhäuptigkeit ist also ein Teil des Ritus bei Gebet und Opfer, wie Grimm mit viel Material beweist [2]); nur die Priester der Goten „opertis capitibus tiaris litabant". So finden wir die Barhäuptigkeit in den Opferriten jeder Art, vor allem bei Fruchtbarkeits-[3]) und Ernteriten, bei Huldigungs- und Opferriten an Bäumen und Quellen. In dem Register de superstitionibus des Magisters Nicolaus von Gawe wird als besonders verwerflicher Aberglaube gerügt [4]): „Insuper hodie inveniuntur homines tam layii quam clerici, literati quam illiterati, et quod plus dolendum est, valde magni, qui cum novilunium primo viderint flexis genibus adorant; vel deposito capucio vel pileo inclinato capite honorant alloquendo et suscipiendo." In der Danziger Nehrung entblößen die Männer beim ersten Donnerschlag (des Jahres) unter Stoßgebeten das Haupt [5]); die Siebenbürger Sachsen sind bei Wetterbeschwörung barhäuptig [6]); in Schlesien entblößt man wohl auch das Haupt in abergläubischer Angst, wenn man an einen Ort kommt, wo ein Geist umgeht [7]). Einen Rest jener Verehrung der Quellen und Wasser mit Gebet und Opfer, die z. B. auch Burchard von Worms tadelt [8]), finden wir in einer alten Badeordnung [9]) des 17. Jhs. in Baden bei Wien: Nach der Badeordnung wird der bestraft, der das Bad nicht mit entblößtem Haupte beim Ein- und Ausgehen grüßte und segnete oder dasselbe „ein Wasser" nannte. Bevor man in Sachsen [10]) das Osterwasser aus dem Bach schöpft, betet man mit entblößtem Haupt ein stilles Vaterunser. Bevor man im alten Schleswig den Ellhorn (Holunder) niederhieb, sagte man ein Gebet, „welches teils mit gebeugten Knien, entblößtem Haupt und gefalteten Händen zu tun gewohnt" [11]). Häufig findet sich das Entblößen des Hauptes bei Frühlings- und Erntefesten und Säezeremonien: Am Scheibensonntag tanzt man in der Eifel [12]) um die „Burg" mit entblößtem Haupt. In Mittelfranken [13]) und Steiermark sät man b., in Leiselheim spricht der Bauer mit entblößtem Haupt den Saatsegen „und streut drei Handvoll gegen Osten unter Anrufung der drei höchsten Namen" [14]). Häufig begegnet uns die rituelle Barhäuptigkeit bei den Opfern am Schluß des Mähens: Nicolaus Gryse entrüstet sich (1593) über die Verehrung vom „Affgade Woden" [15]): die Schnitter lassen einen kleinen Platz stehen, „alle Meyers syn darumme hergetreden, ere Höde vam Koppe genamen", und dann beteten sie den „Wodendüvel" an; dieselbe Sitte beschreibt uns Grupen [16]) (1752) für Niedersachsen; bei diesem auch in Schaumburg Lippe [17]), Westfalen, Hessen [18]), Eisenach [19]) bezeugten Ernteopfer entblößen die Schnitter das Haupt; am Steinhuter Meer umtanzen die Burschen nach der Ernte ein Feuer mit Hutschwenken [20]). Im Heilzauber und Wachstumszauber ist das Entblößen des Hauptes oft mit Entblößen der Füße (s. barfuß) verbunden; so läuft man vor dem Fieberanfall b. über 7 oder 9 Raine [21]); Barhäuptigkeit beim Ausgraben von Heilpflanzen finden wir in Frankreich [22]) zusammen mit der Barfüßigkeit (Böhm.). Wer im ersten Mairegen barfüßig und b. ohne Rock sich im Kreise dreht, dem wachsen die Haare gut [23]); in Westböhmen [24]) genügt die Barhäuptigkeit im Mai, um schöne Haare zu bekommen. Von einem singulären Aberglauben berichtet Feilberg [25]): In einer Gerichtsverhandlung zu Andershöf (Schonen) 1704 trat bei der Untersuchung über einen eigentümlichen Brauch beim „Gänsegehen" die Ansicht zutage, daß, „wenn ein Mädchen, das sich nicht richtig gehalten, b. mit geflochtenem Haar umhergehe, schwangere Weiber und ihre Frucht und das Vieh Schaden nehmen"; die Erklärung gibt Seligmann (Blick 1, 93). Wenn einem eine Fledermaus auf den Kopf seicht oder in die Haare kommt, gibt es eine Glatze [26]); wenn man den Kopf gewaschen hat und geht mit entblößtem Haupt, so schüttet der Alp Läuse darauf [27]); wer im Mondschein ohne Kopfbedeckung schläft, verliert das Haar oder bekommt vorzeitig weiße Haare [28]). In den Rechts- und Volksgebräuchen spielt das Entblößen des Hauptes beim Schwören [29]) und bei Trauerfällen [30]) eine Rolle; im Fränkischen [31]) und in Braunschweig [32]) haben die Männer während der Bestattungszeremonie das Haupt entblößt, auch allgemein [33]); aber bei der Leiche darf man in Schlesien nicht mit bloßem Haupte stehen, sonst fallen die Haare aus [34].

[1]) Vgl. die berühmte Stelle: Paulus an die Korinther I, 11, 3—8; Fehrle *Keuschheit* 39 A. 1; Pley *de lanae usu* 12; 14; Cassel *Kirchenbuch* 83 ff.; ZfVölkerpsychol. 18, 260 (Brahmanen). [2]) *Myth.* 1, 26; 3, 21; der Seher auf den Hebriden ist b.: ZfVk. 1917, 1. [3]) Krauß bringt in seinen Anthropophyteia ein schlagendes Beispiel aus dem Liebesfruchtbarkeitszauber: 3, 32. 14; in *Sitte u. Brauch* 53 finden wir die Barhäuptigkeit beim Sippenfest als religiöse Zeremonie. [4]) Grimm 3, 414, 11 r. a. [5]) Frischbier *Hexenspr.* 107. [6]) Haltrich *Siebenbürg. Sachsen* 280. [7]) Drechsler 2, 322; die Irländer glauben, daß ein Gespenst einem nackten Mann nichts antut: Weinhold *Ritus* 10; Liebrecht *Zur Volksk.* 370, 20. [8]) Schmitz *Bußbücher* 2, 424, 66; Grimm 3, 407, 193 d. [9]) Savignys ZfRw. 15, 215—16; Grimm 3, 165. [10]) Seyfarth *Sachsen* 253. [11]) Müllenhoff *Sagen* 510, 6; vgl. die oblationes ad arbores bei Burchard l. c. [12]) Jahn *Opfergebräuche* 86 u. 97 = Schmitz *Eifel* 1, 21. [13]) ZfVk. 1904, 136. [14]) Meyer *Baden* 419; W. 652. [15]) Jahn *Opfergebräuche* 163 f. = Bartsch *Mecklenburg* 2, 307 Nr. 1491; vgl. Grimm 1, 128—129. [16]) Jahn 164. [17]) Ders. 166. [18]) Ders. 167; vgl. 168 f. [19]) Ders. 173. [20]) Ders. 238. [21]) W. 530 = Grohmann 52, 331. [22]) Grimm *Myth.* 2, 1010. [23]) Grohmann 52, 331; Böhme *Kinderlied* 211 Nr. 1044 f. [24]) John *Westböhmen* 76; vgl. Köhler *Voigtland* 266. [25]) ZfVk. 1901, 420—22; in der Bretagne „on perd son baptême, si on sort tête nue, quand le soleil n'est plus visible": Sébillot 1, 160. [26]) Fogel *Pennsylvania* 343, 1829 = ZfdMyth. 4, 47; Ders. 1830 = ZfdMyth. 4, 49; Böhme *Kinderlied* 147 Nr. 683 b; BlPomVk. 8 (1900), 61. 59. [27]) Schultz *Alltagsleben* 242 ff.; Maennling 315. [28]) SAVk. 15 (1911), 150 (Zigeuner). [29]) Grimm *RA.* 2, 556. [30]) So entblößt man in Baden beim Leichenzug das Haupt, sobald man die Leiche absetzt oder bei Gebetseinlagen: Meyer 594. [31]) Höhn *Tod* Nr. 7, 346. [32]) Andree *Braunschweig* 318. [33]) Für Rumänien u. Bukowina: Sartori *Sitte und Brauch* 1, 148; hier wohl Schutz gegen die Totengeister; vgl. Weinhold *Ritus* 10; Liebrecht *Z. Volksk.* 370, 20. [34]) Drechsler 1, 294. Eckstein.

Bärlapp (Drudenfuß, Hexenmehl, Krähenfuß, Johannisgürtel, Schlangenmoos, Teufelsklauen; Lycopodium-Arten).

1. Botanisches. Blütenlose Pflanzen mit aufrechten (L. selago) oder meist am Boden schlangenartig hinkriechenden Stengeln, die dicht mit kleinen Blättchen besetzt sind. Die beim Keulen-B. (L. clavatum) gegabelten Sporenähren entsenden einen weißlichgelben Sporenstaub (Hexenmehl). Der Keulen-B., die im Volke bekannteste (und oft zu den „Moosen" gerechnete) Art, ist in Nadelwäldern, auf Waldlichtungen usw. nicht selten anzutreffen [1]). Die antiken Schriftsteller scheinen den B. nicht zu erwähnen. Ob die Pflanze selago des Plinius [2]), die von den gallischen Druiden mit einem Zauberritus gesammelt wurde [3]), eine B.-Art ist, läßt sich nicht feststellen [4]).

[1]) Marzell *Kräuterbuch* 496 f. [2]) *Nat. hist.* 24, 103. [3]) Vgl. Grimm *Myth.* 2, 1010; Dyer *Plants* 282. [4]) Marzell *Heilpflanzen* 14.

2. Wie viele Volksnamen beweisen (vgl. oben), gilt der B. als ein Hexenkraut. Im Böhmerwald schützt er vor Verhexung [5]). Besonders bei den Slawen ist der B. als zauberwidriges Mittel bekannt. Das Vieh bekommt B. gegen bösen Blick [6]), die Schafhirten in der mährischen Walachei tragen B. am Hut gegen Verzauberung [7]), und bei den Slowaken schützt er gegen böse Geister [8]). Die Estländer legen den B. (offenbar als Apotropaeum) auf die Zunge der ungetauften Kinder [9]). Man hängt Kränze aus dem „Hexenkraut" über die Stubentür, ein solcher Kranz bewegt sich immerfort, ausgenommen, wenn eine Hexe oder ein Zauberer ins Zimmer kommt, dann bleibt der Kranz still stehen [10]). Die erwähnten Kränze werden auch zum Schutz vor Hexereien in Sofas und Stühle gestopft [11]). Wohl als hexenwidriges Mittel ist der B. ein Bestandteil des „Palms"; als „Alfkräutig" (Alpkraut) wird in Unterfranken der an Lätare umhergetragene B. in die Hühnerställe gebracht [12]).

[5]) Schreiber *Wiesen* 145. [6]) Bezzenberger *Litauische Forschungen* 75. [7]) ZföVk. 13, 24. [8]) Hovorka u. Kronfeld 1, 51. [9]) Boecler *Ehsten* 143. [10]) Pröhle *Harzbilder* 1855, 85 = Andree-Eysn *Volkskundliches* 90 = Marzell *Bayer. Volksbot.* 212. [11]) Pröhle a. a. O. [12]) Marzell *Bayer. Volksbot.* 28 f.

3. Der B. ist auch eine Unglückspflanze. Er darf nicht ins Haus gebracht werden, weil er den Blitz anzieht [13]). Desgleichen verhindert er, daß

die jungen Hühner aus den Eiern auskriechen (vgl. Küchenschelle und Gewitterblumen). Wenn man B. unter die Leute bringt, so entsteht Streit (Slowaken)[14].

[13]) Rogasener Familienblatt 4 (1900), 36 = HessBl. 3, 124; vgl. auch Montanus *Volksfeste* 147. [14]) Hovorka u. Kronfeld 1, 51; vgl. Teufelsabbiß.

4. In der Volksmedizin dient der B. als zauberisches Mittel gegen Krampf[15]); er wird daher in Oberbayern auch als „Gramkraut" (Krampfkraut) bezeichnet[16]).

[15]) Wartmann *St. Gallen* 47; Kück *Lüneburger Heide* 9. [16]) Marzell *Heilpflanzen* 17. Marzell.

Barmgrundsegen s. Krankheitssegen 3b.

Bärmutter s. Gebärmutter.

Barnabas, hl.[1]), gemäß der Überlieferung einer der siebzig Jünger Christi, aber nicht Apostel im eigentlichen Sinne, obwohl er öfter mit den Aposteln zusammen genannt wird, z. B. auch in einer Exorzismusformel[2]) gegen Besessene a. d. 9. Jh. (laut Hdschr. westfränkischen Ursprungs), bekannt als Begleiter des hl. Paulus auf dessen erster großen Missionsreise. Kalendertag: 11. Juni. Während B. als Heiliger in Deutschland nicht volkstümlich ist, wird sein Tag in Volkssprüchen genannt, vorzüglich in Wetterregeln. Regen am B.tage soll der Rebenblüte schaden. In Baselland heißt es: „Rägnet's am B. — So schwynt der Wy bis i's Faß"[3]). Die Erfahrung lehrt, daß mit Regen verbundene Kälterückfälle im Juni nicht selten sind. Es fällt auf, daß gerade der B.tag als Stichtag genannt wird. Der B.tag fiel im Julianischen Kalender auf den 22. Juni, lag also der Sommersonnenwende näher als der B.tag des Gregorianischen Kalenders (11. Juni). Noch bis in die neuere Zeit hat man diese Sonnenwende in Deutschland, Frankreich und England mit dem B.tag in Verbindung gebracht[4]).

[1]) Braunsberger *Der Apostel Barnabas*. Mainz 1876; Lucius *Heiligenkult* 161. [2]) Franz *Benediktionen* 2, 588. [3]) SAVk. 12 (1908), 16; Drechsler 1, 134; Eberhardt *Landwirtschaft* 3, 11. [4]) Sébillot *Folk-Lore* 4, 431. Bei Yermoloff *Die landwirtschaftliche Volksweisheit* 1, 14. 282 als Beweis f. d. Alter der Wetterregeln angeführt. Wrede.

Barsch (Flußbarsch, Bersig (-ch), Egli, Krätzer, Bürste(l), Bürstling, Rauhegel, Schratz, Anbeiß, Warschinger, Re(ch)ling, Zängel, Heuerling, Rührling[1]); Perca fluviatilis *L.*).

Biologisches. „Es ist die sag der fischeren umb den Genffer see / daß die Egle winters zeyt / so sy in ein garn gezogen / ein rotes bläterle zum maul auss henckind / welches sy mit gewalt bezwingt / oben in dem wasser entbor zu schwümmen / vermeinend es geschähe jnen von zorn"[2]). Im russischen Volksmärchen begründet der B. seine roten Finnen damit, daß er von dem Feuer des brennenden Rastoff-Sees angesengt worden sei[3]).

Die Legende berichtet: Einmal war dem heiligen Petrus der Himmelsschlüssel entglitten und fiel in den See. Der B. erhielt den Auftrag, den Schlüssel nach dem Himmel zu tragen. Aber er weigerte sich. Da wurden die andern Fische böse und schlugen auf ihn ein, daß er breite Striemen sein Lebtag herumschleppen muß. Nun wurde der Plötz (s. d.) entsandt, aber der Schlüssel war so schwer, daß dem Boten die Augen mit Blut unterliefen. Seit der Zeit hat der Plötz rote, wie mit Blut unterlaufene Augen[4]).

Das Männchen hat einen Stein in seinem Kopf (s. Fisch 1), welcher volksmedizinisch verwendet wird[5]). Nach Höfler[6]) sind es zwei kleine Knochen am Ende des Hinterkopfes (B.knochen, Beringsteine), die arzneilich verwendet werden. Der ganze Fisch war ein Mittel, um Hautverletzungen zur narbenlosen Heilung zu bringen[7]).

Zu den antiken Vorstellungen über den B. s. Pauly-Wiss. 3, 1, 27 f., wo aber nicht ganz klar, ob sie sich auf den Meer- oder den Flußb. beziehen.

Volksmedizin. „Bey den Teutschen werdend die Egle zu einer jeden zeyt des jars gelobt / aussgenommen im Mertzen vnd Aprellen so sy leichend. Bey vns (Schweiz) werdend die Egle im Augstmonat insonderheit geprisen / die Reling im Meyen"[8]).

S o n s t i g e s. In den polnischen Dörfern am Goplosee (Posen) glauben die Leute: „Wenn ein Mensch einen B. mit goldenen Stacheln nahe bei sich sieht (?), dann ist er dem Tode verfallen, und wenn er auch nur bis an die Knie im Wasser geht" [9]). Wenn man die A u g e n eines B.es ißt, wird man klug (Rogasen) [10]).

Vgl. K a u l b a r s c h.

[1]) G e s n e r *Fischb.* 168 b: „zů mercken ist, daß er seinen nammen verenderet nach der zal der jaren oder alter. Dann so bald sy worden / nach dem leych / werdend sy h e u r l i n g genant: so er größer worden doch im ersten jar / T r ä n l e. Im anderen jar / E g l e. Im dritten jar / S t i c h l i n g (mit St. wird heute der Gasterosteus aculeatus bezeichnet; s. S t i c h l i n g). Im vierdten und weyter werdend sy R e e l i n g / vnd B e r s i c h genant. Bey vns vmb den Costentzer see erstlich H ü r l i n g / so er größer worden / K r e t z e r / S t i c h l i n g. Im dritten S c h o u b f i s c h. Zum letzten E g l e." [2]) Ebd. [3]) D ä h n h a r d t *Natursagen* 3, 75. [4]) S e e f r i e d - G u l g o w s k i 102. [5]) G e s n e r *Fischb.* 168 b; P l i n i u s *NH.* 9, 24 (vom Wolfbarsch, Perca labrax); A r i s t o t e l e s Περὶ ζώων ἱστ. 8, 19; A e l i a n Περὶ ζώων 9, 7. [6]) *Organotherapie* 151. [7]) Ebd.; zitiert Marcellus aus Side p. 319. [8]) G e s n e r *Fischb.* 169 a. [9]) Veckenstedts Zs. 3, 395 = K n o o p *Tierwelt* 2 f. [10]) Ebd. 3.

Hoffmann-Krayer.

Bart. Der B., als Zeichen der Männlichkeit, enthält wie das Haar gleichsam die Substanz der betr. Person. Im B. liegt die Stärke [1]); wer seinen B. beseitigt, verliert die Kraft, heißt es in Westfalen [2]); wessen B. überaus groß wächst, der wird im Leben viel Glück haben [3]). Andrerseits geht die Manneskraft mittels des Bartes auf andere über; so heißt es in Mecklenburg: Wenn die Nachgeburt nicht kommen will, soll sich der Mann den B. abscheren und ihn nebst dem Seifenschaum der Wöchnerin eingeben [4]). Wer sich Haar oder B. abschneiden ließ, unterwarf sich dadurch der Gewalt des andern. Daher geschah die Adoption Erwachsener bei Goten, Langobarden und Franken symbolisch durch Abschneiden des B.es: so adoptierte Alarich, der Gote, den Frankenkönig Chlodwig [5]). Auch die sich Unterwerfenden schnitten sich den B. ab, wie Dithmar von Merseburg (6, 65) von den Lausitzern erzählt. Es galt als Schimpf, sich den B. verunglimpfen zu lassen. Um die Israeliten zu kränken, schoren die Ammoniter Davids Boten den B. zur Hälfte ab (2. Kön. 10, 4); daher stammen die Ausdrücke: „Gott läßt sich nicht in den B. greifen", d. h. nicht zu nahe treten, und „einem etwas in den B. werfen", d. i. einem einen Schimpf antun, so daß etwas an ihm hängen bleibt [6]).

Die Bedeutung des B.es erhellt auch aus der weitverbreiteten Sitte, daß schwörende Männer den B. berühren. Der gleichen Auffassung entspringt es, wenn der Flehende oder Beschwörende den B. des Mannes anfaßt; vgl. Il. 10, 454: καὶ ὃ μὲν ἔμελλε γενείου χειρὶ παχείῃ / ἁψάμενος λίσσεσθαι oder Gudrunlied (20): „dô was der Megde Hant an ir Vater Kinne."

Im B. vermutete man, wie im Haar überhaupt, die Lebenssubstanz; darum beschwört man durch Berührung des B.es den Angerufenen gleichsam bei seinem Leben. Wer aber sein Haar (B.haar) freiwillig der Gottheit darbringt, weiht sich nicht allein symbolisch derselben, sondern gibt sich ihr in die Gewalt. Damit hängt die depositio barbae bei den Römern zusammen [7]), damit die B.weihe der germanischen Jünglinge [8]). Weil nun der B. den Inbegriff des Lebens bedeutet, haben bergentrückte Helden, wie Barbarossa, lange Bärte, die fortwachsen, wenn der Held auch tot scheint, ja die oft zum dritten Male um den Tisch herumwachsen [9]).

Weil alles mit dem feurigen (rötlichen) Blitz in Beziehung Stehende dem Donar zugehörig galt (Eberesche, Hagebutte, der rötliche Fuchs, das Eichhörnchen, das Rotkehlchen, der Storch mit rotem Bein und Schnabel), dachte man sich auch den Gott selbst mit r o t e m B. [10]); als dann Donar zum Teufel degradiert wurde, bekam auch dieser den roten B. [11]), während die Zwerge als Hüter der unterirdischen Schätze mit goldenem B. erscheinen [12]).

Die Legende erzählt, daß Jungfrauen zum Schutze vor Notzucht plötzlich ein B. wuchs [13]); damit brachte man auch die Kümmernisbilder (s. d.) in Verbindung [14]), die bekanntlich auf die altbyzantinische Darstellung von Christus zurückgeführt werden.

Andrerseits weiß die Sage zu erzählen, daß b.losen Christusplastiken ein B. wächst; solches hört man von Niederbayern [15]) und Tirol [16]).

In Deutschland weitverbreitet ist der Glaube, daß Mädchen, mit dem Taufwasser eines Knaben getauft, bärtig werden; daß eine Frau, die einen Knaben über die Taufe hält, davon einen B. bekommen kann. Ferner heißt es: das Mädchen muß die Mutter, der Knabe den Vater zuerst küssen, sonst bekommt das Mädchen einen B., der Knabe keinen. Mädchen wird auch gern gedroht, wenn sie sich von Männern küssen ließen, würden sie bärtig [17]).

[1]) Schönwerth 3, 148. [2]) Kuhn *Westfalen* 1, 189. [3]) Urquell 4, 118. [4]) Bartsch *Mecklenburg* 2,43. [5]) Grimm *RA*. 1, 202. [6]) Ders. *DWb*. s. v. u. *RA*. 2, 307. [7]) Blaufuß *Röm. Feste* 35. [8]) Sommer *Haar* 21 ff. [9]) Schambach u. Müller 399 f.; Quitzmann *Baiwaren* 49; Grimm *Myth*. 2, 798. [10]) Grimm *Myth*. 1, 14 f. 3, 65; Mannhardt *Germ. Myth*. 125. [11]) Soldan-Heppe 2, 107. [11]) Müllenhoff *Sagen* 309. [13]) Grimm *Sagen* 146 n. 181; 234 n. 329. [14]) Sepp *Altbayer. Sag*. 175. 230; Panzer *Beitr*. 2, 425; Witzschel *Thüringen* 1, 203 Nr. 202. [15]) Pollinger *Landshut* 72. [16]) Heyl *Tirol* 398 Nr. 84. [17]) Grimm *DWb*. 1, 1143 Nr. 13. Stemplinger.

Bartflechte s. Flechte.

Bartholomäus. 1. Der nach der Legende in Armenien lebendig geschundene Apostel [1]). Sein Tag (24. August) gilt als Herbstbeginn [2]) und stellt sogar schon Schnee in Aussicht [3]). Zu Barthlmä gehen die Wetter heim [4]). Er ist ein wichtiger Lostag für die Witterung [5]). Wie B. der Wind steht, so bleibt er das ganze Vierteljahr [6]). Wie sich B. hält, so ist es den ganzen Herbst bestellt [7]). In Schlesien beginnt man die Mast der Speckschweine, dann nehmen sie zu [8]). Die Störche ziehen fort, und die Bienen müssen „geschlachtet" werden [9]). Die Knechte beginnen mit mächtigen Peitschen den Herbst „einzuschnalzen" [10]). Wer zuletzt an diesem Tage aufsteht, heißt B.-Sau [11]). Die alten Jungfern werden unter Lärm durchs Dorf geführt (am Sonntag nach B.) [12]), und die Schmiede schlagen einige Male auf den leeren Amboß (angeblich um die Ketten des Teufels anzuziehen) [13]). Lauter Übergangsbräuche. An manchen Orten wird Erntefest gefeiert [14]); denn die Ernte soll jetzt beendet sein [15]). Wenn der Hafer noch nicht gemäht ist, so kommt B. dazwischen und knickt ihn ein [16]). In Schleswig-Holstein sagt man: denn is Bartel mit'n Schimmel dor op west un hett dat dalreden [17]). In der Gegend von Torgau drohte man mit der Frau Herke, wenn Korn und Flachs nicht eingebracht waren [18]). Im Siegerland heißt es, wenn das Korn sich legt: Bardolomē gēat durch et koarn [19]). Die Mädchen sollen nicht ins Kraut blaten gehen (d. h. die gelben Krautblätter abnehmen), denn Barthel setzt jetzt die Häuptchen ein und würde verscheucht werden [20]). Man ißt auch keine Brombeeren mehr, denn Barthel hat sie beschmutzt, wie ihre weißblaue Färbung zeigt [21]). Holt man B. zum erstenmal neue Kartoffeln vom Felde, so trägt sie der „kleine Mann" mit der Mulde wieder weg, sagt man in der Mark Brandenburg (um diese Zeit setzen die Knollen an, und das macht der „kleine Mann") [22]). Verbote der Arbeit deuten darauf hin, daß B. einst zu den Feiertagen gehörte, wovon auch Sagen warnend erzählen [23]). Man soll nicht ackern, wenn man sich nicht einem Unfall aussetzen will [24]). Doch gilt der B.tag auch als Merktag der Herbstsaat [25]).

[1]) Menzel *Symbolik* 1, 110 ff. [2]) Sartori *Sitte u. Br*. 3, 243; Wrede *Rhein. Volksk*. 276; Fontaine *Luxemburg* 33; ZfrwVk. 13, 139 f. 142. In bulgarischer Legende muß der hl. B. mit den 12 Aposteln die Sonne bitten, damit sie aus dem Winter in den Sommer übergehe: Strauß *Bulgaren* 85. [3]) SAVk. 12, 16; Manz *Sargans* 124; Birlinger *A. Schw*. 1, 389. [4]) Pollinger *Landshut* 231; Reinsberg *Böhmen* 420. [5]) Leoprechting *Lechrain* 192; Zingerle *Tirol* 169 f.; Reiser *Allgäu* 2, 159; Hoffmann-Krayer 165; Wrede *Rhein. Volksk*. 124; ZfrwVk. 13, 143; Mensing *Schlesw.-Holst. Wb*. 1, 240; Reinsberg *Böhmen* 420. [6]) Wrede 97. [7]) ZfrwVk. 11, 271; 13, 143; John *Westb*. 92. [8]) Drechsler 2, 118.

[9]) Mensing *Wb.* 1, 240. [10]) Rosegger *Steiermark* 367 ff. [11]) Zingerle *Tirol* 170 (1420). [12]) Ebd. 170 (1421). [13]) Reinsberg *Böhmen* 420. [14]) Sartori 2, 94 A. 4. [15]) Ebd. 3, 243. [16]) Bartsch *Mecklenburg* 2, 294. [17]) Mensing 1, 240. [18]) Kuhn u. Schwartz 400 (112. 114). [19]) ZfrwVk. 13, 142. [20]) John *Westb.* 198; Drechsler 1, 151; Köhler *Voigtland* 378; Sartori 3, 243 A. 4. [21]) Sartori 3, 243; ZfrwVk. 13, 142; Mannhardt 2, 186; HessBl. 22, 9 (auch mit dem Heidelbeersammeln wird Schluß gemacht). [22]) ZfVk. 1, 186. [23]) Ebd. 8, 439 f.; Pfannenschmid *Erntefeste* 420; Lyncker *Sagen* 121. [24]) ZföVk. 4, 146; Rosegger *Steiermark* 367. [25]) Eberhardt *Landwirtsch.* 2; ZfrwVk. 13, 142; John *Westb.* 92; Bartsch 2, 294; Rantasalo *Ackerbau* 2, 35. 39 f.

2. B.brunnen sind öfters Heilquellen [26]). Vor allem aber besitzt die Butter, die am B.tag ausgerührt wird, (ungesalzen) besondere Heilkräfte [27]). Man setzt sie zu dem gewöhnlichen Mittagsmahl mit auf [28]), und in Obersteier erhält jedes Glied der Familie und des Gesindes einen pfundschweren Butterstriezel [29]). Man führt diese Bräuche darauf zurück, daß der Heilige seinen geschundenen Leib mit Butter kühlte. Barthel wird auch beim Buttern angerufen [30]).

[26]) ZfVk. 1, 300. [27]) Meyer *Baden* 43. 403. 509; Schramek *Böhmerwald* 160; Sartori *Westfalen* 167; ZfrwVk. 10, 68; Wrede *Eifler Volksk.* 96; Mensing *Wb.* 1, 240. [28]) Baumgarten *Jahr u. s. Tage* 29. [29]) ZfVk. 8, 439. [30]) Rochholz *Sagen* 1, 337.

3. Der B.tag hat etwas Unheimliches. In Antwerpen fährt das Totenheer durch die Luft, das sonst nur am Dreikönigstage und in der Nacht vor Ostern sichtbar wird [31]). Auf dem Bullerberge im Stargarder Kreise treibt der wilde Jäger sein Wesen [32]), desgleichen auf der Padrioloalp am Fuße des Berges Rosa, so daß nach dieser Nacht kein Vieh mehr dort bleiben kann [33]). Den Fuchsschäfer sieht man um B. mit seiner Herde umherschweben [34]). In der Nacht vor B. gehen Reiter um (Bayern) [35]). Auch als Tag der Hexenfeste wird B. genannt [36]), und der Brauch, einen Ziegenbock mit einem Reiter auf einem hohen Baume zu befestigen, der in Mülheim a. Möhne (Kreis Arnsberg) noch üblich ist, bezweckt vielleicht ursprünglich die Vertreibung der Hexen, wenn er auch später als ein Spott auf die Schneider gedeutet wurde [37]). Beifuß, den man früher zu allerlei Schwarzkünsten gebrauchte, grub man acht Tage vor oder nach B. aus [38]). Am B.tag wird einst der Blindensee ausbrechen und das Tal überschwemmen [39]). Harmloser ist die Zwergenhochzeit in der B.nacht [40]). Vereinzelt und unklar tritt der hl. Barthelmä als Zwerg, den Übergang über eine Brücke hindernd, auf [41]). Vereinzelt ist auch die Verwendung des Tages zum Liebesorakel in der Spinnstube [42]).

[31]) BF. 3, 171 (121). [32]) Grimm *Myth.* 2, 776. [33]) Vernaleken *Alpensag.* 88. [34]) Meier *Schwaben* 95. [35]) ZfVk. 1, 300. [36]) Grimm *Myth.* 2, 878. [37]) Sartori *Westfalen* 167. [38]) Hörmann *Volksleben* 130. [39]) Baader *NSagen* 41. [40]) Meiche *Sagen* 328. [41]) Jahn *Pommern* 423. [42]) Schulenburg *Wend. Volkst.* 145.

4. Auf den B.tag oder seine nächste Umgebung fallen viele Jahrmärkte, Kirchweihen und Volksfeste [43]); namentlich die Schäfer und Fischer begehen ihre Feiern, Tänze und Wettläufe [44]), auch die Schlachter [45]). Als einst das in Harzburg am B.tage übliche Spendbrot nicht ausgeteilt wurde, blieb im Salzwerk Juliushall die Sole aus [46]).

[43]) ZfVk. 1, 300 (Bayern); Meyer *Baden* 229. 230; Sartori 3, 243. [44]) Sartori 2, 148 A. 14; 2, 243. [45]) Wüstefeld *Eichsfeld* 210 f. [46]) Pröhle *Harzsagen* 8 f. Sartori.

Basilienkraut (Ocimum basilicum). Aus Asien stammender Lippenblütler mit weißen Blüten und angenehm säuerlichem Duft. Das B. wird bei uns ab und zu als Gewürzpflanze in geschützten Beeten oder in Töpfen gepflanzt [1]). Das B. ist keine Pflanze des deutschen Volksaberglaubens. Was sich in Sympathiebüchern usw. darüber findet, geht auf die Zauberliteratur des MA.s, bzw. der Antike, zurück. So wird als „deutscher" Volksglaube aufgeführt, daß das unter die Suppenschüssel gelegte B. die Keuschheit eines Weibes erkennen lasse: Wenn das Weib aus der Schüssel ißt, ist es keusch, wenn nicht, das

Gegenteil [2]). Der Glaube geht zurück auf die Geoponica des Cassianus Bassus [3]). An dieser Stelle heißt es jedoch nur, daß ein Weib, unter dessen Teller B. gelegt werde, nichts daraus essen könne, bevor das Kraut entfernt werde. Bei den Südslawen [4]), den Rumänen [5]) und anderen Balkanvölkern [6]), ferner bei den Italienern [7]) ist das B. eine sehr beliebte (besonders im Liebeszauber angewendete) Pflanze.

[1]) Marzell *Kräuterbuch* 158. [2]) Köhler *Voigtland* 416 = Wuttke 104 § 133; 239 § 342; vgl. SchwVk. 4, 33. [3]) rec. Beckh 1905, 11, 28, 3 = Mizaldus *Centuriae etc.* 1592, 160. [4]) Anthropophyteia 7, 264; Urquell 3, 277; Schneeweis *Weihnachten* 47. 52. 73. 136. [5]) ZföVk. 4, 214 f.; 6, 247; 8, 58; 18, 116; Veckenstedts Zs. 1, 199; Temesvary *Geburtshilfe* 25; Schullerus *Pflanzen* 113 ff. [6]) Abbot *Maced. Folkl.* 1903, 93 f.; Stern *Türkei* 1, 354; Strauß *Bulgaren* 466 f. [7]) Pitrè *Usi* 3 (1889), 249; Anthropophyteia 9, 345. Marzell.

Basilisk. Wenn ein alter Hahn (von 7, 9, 14 oder 20 Jahren [1])) ein Ei in den Mist legt und dies entweder durch die Wärme oder von einer Schlange bzw. Kröte ausgebrütet wird, entsteht aus einem solchen dotterlosen „Basiliskenei" ein seltsames Fabeltier von der allgemeinen Gestalt eines Hahns, aber mit Drachenflügeln, einem Adlerschnabel, einem Eidechsenschwanz und mit einem Krönlein auf dem Kopf [2]); denn er ist der „König undern Schlangen" [3]). Dieses Untier, also ein Mischwesen von Hahn und Drache, haust in Kellern, im Gestein, wo er Schätze hütet [4]), und besonders gern in tiefen Brunnenschächten [5]). Es hat einen giftigen Hauch, macht Gras verdorren und Steine zerspringen [6]). Des B.en gefährlichste Eigenschaft ist aber sein stechender Blick, der Menschen und Tiere tötet; entweder fällt man sogleich um, oder man ist wie gebunden und kann sich weder rühren noch von der Stelle fortbewegen [7]).

Um das Ungeheuer unschädlich zu machen, nähert man sich ihm mit Spiegeln; sieht es darin den eignen Blick, dann kommt es um [8]). Auch vermag es den Geruch des Wiesels nicht zu ertragen, weshalb man ein Wiesel in seine Höhle bringt, um es zu töten [9]). Im Jahr 1474 wurde vom Rat in Basel ein elfjähriger Hahn, der ein Ei gelegt haben sollte, zum Tode verurteilt, am 4. August enthauptet und ins Feuer geworfen; auch das Ei wurde feierlich verbrannt [10]).

Der Glaube an den B.en ist bei uns nicht bodenständig; er geht über die Antike [11]) in den Orient zurück. Das lehrt schon der fremde Name: griech. βασιλίσκος „der kleine König", lat. regulus (eo, quod sit rex serpentium Isid. orig. XII, 4). Nach Plinius 8, 38 ist er in Libyen zu Hause; die Ägypter nannten ihn *sit* (kopt. *sit*); vgl. auch arab. *sif*. Das B.enei hat man in Ägypten mit dem giftigen Ibisei, den B.en selbst wohl auch mit der Uraeusschlange in Zusammenhang gebracht [12]). Auf dem griechischen Wort beruht die Benennung des Fabelwesens im Abendland.

Der Glaube an den B.en [13]) ist ein Sonderbeispiel für die Macht des bösen Blicks und beruht auf der Tatsache des bannenden, faszinierenden Schlangenauges. Verbunden ist damit die Vorstellung vom Hahnenei (d. h. einem mißgebildeten Hühnerei), das ebenso wenig Gutes bringen kann — weil es eben naturwidrig ist — wie ein krähendes Huhn, dem man nach dem Volksglauben ja auch den Hals umdrehen soll [14]). Man läßt daher einen Hahn, und gar einen schwarzen, nicht alt werden. Auf alten Aderlaßschüsseln dient der B. als krankheitvertreibendes Symbol [15]).

[1]) Grimm *Mythol.* 3, 454 Nr. 583; Seligmann *Blick* 1, 143 ff.; Hovorka-Kronfeld 1, 53 f.; Bartsch *Mecklenburg* 2, 160; Kühnau *Sagen* 2, 387. [2]) Lonicerus *Kräuterbuch* 1679, 629; Reiser *Allgäu* 1, 268 f.; Heyl *Tirol* 729 Nr. 53; Seligmann 1, 146 ff.; Panzer *Beitr.* 1, 360 f.; 2, 373 f.; Lütolf *Sagen* 353; Müllenhoff *Sagen* 237 Nr. 325; Jecklin *Volkstüml.* (1916), 452; Schönwerth *Oberpfalz* 2, 348; Grohmann *Sagen* 242 f. [3]) Lonicerus a. a. O. [4]) Waibel und Flamm 1, 111 f.; Lachmann *Überl.* 61. [5]) Seligmann 1, 146; Fehrle *Geopon.* 19, 1. [6]) Megenberg *Buch d. Nat.* 222. [7]) Seligmann 1, 133; ZdVfVk. 2, 317. [8]) Grohmann *Abergl.* 18 f.; Kühnau *Sagen* 2, 382 ff.; Meiche *Sagen* 399; Müllenhoff *Sagen* 237; Rochholz

Naturmythen 192. [9]) Stemplinger *Sympathie* 15; Höfler *Organotherapie* 201; Vernaleken *Alpensagen* 266 f. [10]) Meyer *Abergl.* 73; Hovorka-Kronfeld 1, 53; ZrwVk. 1 (1904), 72. [11]) Pauly-Wissowa 3, 1, 100; Rohde *Kl. Schr.* 1, 397 f.; Keller *Ant. Tierw.* 2, 297. [12]) Spiegelberg *Kopt. Handwörterb.* (1921), 125; Keller a. a. O. 201. [13]) Vgl. noch Hertz *Abh.* 187; Schwartz *Studien* 71; E. H. Meyer *Germ. Myth.* 111; ferner ZdVfVk. 11 (1901), 317; A. de Cock *Volksgeloof* 1 (1920), 151 f., 172; Sébillot *Folk-Lore* 2, 309; 3, 268; 4, 432; SAVk. 25, 189; Tetzner *Slaven* 311; Urquell 1 (1890), 33. 50; Abel *Vorweltliche Tiere* (1923), 24 ff. [14]) ZrwVk. 1 (1904), 73. [15]) Hovorka-Kronfeld 1, 54. Güntert.

Basilius, hl., Bischof von Cäsarea und Kirchenlehrer mit dem Beinamen der Große, Vater des morgenländischen Mönchtums [1]), gest. 379, Fest 14. Juni, in Kölner Festkalendern des 13. und 14. Jhs. aufgeführt [2]). Dem hl. B. wird eine der in den liturgischen Büchern der griechischen Kirche aufgeführten Beschwörungsformeln gegen Besessene zugeschrieben. In diesem Exorzismus wird eine Reihe Tiere genannt, die in der Legenden- und Sagenwelt seit alters eine Rolle gespielt haben, auch in dem uralten Johannisgebet für den Zweck der Weinsegnung genannt werden [3]). Der B.tag wird bei slavischen Völkern besonders geachtet. Serbische Zigeunermädchen versuchen sich an diesem Tag mit Liebeszauber [4]). Des Heiligen Bild an das Hirtenhäuschen befestigt, schützt nach französischem Volksglauben die Herde vor dem Wolf [5]).

[1]) Künstle *Ikonographie* 120. [2]) Zilliken *Kölner Festkalender* 76. [3]) Franz *Benediktionen* 2, 576. [4]) Urquell 3 (1892), 12; ZfVk. 4 (1894), 160. [5]) Wolf *Beiträge* 1, 248; Sébillot *Folk-Lore* 3, 41. Wrede.

Bauchaufschlitzen, Gastrotomie, ein Verfahren, das zu den grauenhaften Betätigungen der Percht (s. d.), der Kinderscheuche und Spinnstubenfrau, gehört. Die Vorstellung selbst mag auf archaisch-primitivem Strafverfahren beruhen, das Motiv seinerseits vielleicht auf Alptraumerfahrungen [1]), weil es vielfach noch mit dem Essen in Verbindung steht. Wer am Perchtentag die primitiv-magische Schuld unvorschriftsmäßiger Nahrungsaufnahme auf sich lädt, dem füllt die Dämonin den aufgeschnittenen Leib mit Häckerling oder Backsteinen an, um ihn dann mit Pflugschar und Eisenkette wieder zuzunähen [2]). In Gastein ißt man reichlich, damit der Percht, wie die Knechte sagen, das Messer abgleite, wenn sie den ihr Zuwiderhandelnden den Bauch aufschneiden will [3]); ähnliches wird aus Traunstein berichtet [4]). Hier scheint die Schuld bereits moralischer Natur zu sein, wie in Obersteiermark und Salzburg, wo die Perchtel den faulen Dirnen den aufgeschnittenen Bauch mit Kehricht füllt [5]).

Ähnlich verfahrende Dämonen sind die bayr. Semper, der nordfränk. Hullepöpel, Hollepeter [6]), die mährische Schperechta [7]); sie bestrafen die bösen Kinder mit B.; ferner im Bayr. die Dremp [8]), die Frau Stampe, Stempe in den Ostalpen [9]), die Sperte im Egerlande am heiligen Abend [10]), die Pehtrababa im kärnt. Oberrosental [11]), und auch von Lucia wird das Verfahren berichtet [12]). Die Namen Schperechta, Sperte, Pehtrababa mögen wohl mit Perchta zusammenhängen.

[1]) Waschnitius *Perht* 155. 172. [2]) Grimm *Mythol.* 1, 226. 227; Vonbun *Beiträge* 41; Waschnitius 99. 102. [3]) Waschnitius 57. [4]) Ebd. 65. [5]) Weinhold *Weihnachtsspiele* 11; Waschnitius 65. [6]) Grimm *Mythol.* 1, 426; 2, 904 vergleicht Grimm serbische Überlieferungen damit. [7]) Grohmann 1 Nr. 5; Waschnitius 120. [8]) Panzer *Beitrag* 2, 117. [9]) E. H. Meyer *German. Mythol.* 276. [10]) Waschnitius 68. [11]) Ebd. 27. [12]) Pollinger *Landshut* 194. H. Naumann.

Bauchredner. Das Bauchreden galt in Zeiten, da man Dämonen und später Teufel hinter allem Auffälligen vermutete, als etwas Übernatürliches [1]), so bei den Kirchenvätern [2]), so im abergläubischen MA. [3]). Die Aufklärung meinte dann, wieder übertreibend, im Orakel zu Delphi, in den Asklepiaden u. a. steckten Künste von B.n dahinter.

[1]) Tylor *Cultur* 2, 458. [2]) Stolle *Kirchenväter*, Register. [3]) Meyer *Aberglaube* 289; Jean Bodin *Daemonomania* 2, 3. Stemplinger.

Bauchweh. Unter B. versteht das Volk alle Schmerzen, die im Leib sich fühlbar machen, mögen die verschiedensten Krankheitszustände sie verursachen.

In Altbayern hilft der hl. Erasmus dagegen, dem die Eingeweide aus dem Leib gehaspelt wurden [1]) (Analogie!); in Franken drückt man den Daumen der rechten Hand auf den Nabel des Patienten und spricht dreimal darüber den Koliksegen [2]). In der Schweiz hilft gegen Kolik, wenn man ein Messer mit einem weißen Heft bei sich trägt [3]); in Tirol nagelt man eine lebende Kröte am Estrich an und läßt sie so hängen: sie saugt alle „bösen Winde" an sich [4]); in Norddeutschland gibt man dem Patienten Käse zum Essen ein, auf dem zwei Zeichen eingeritzt sind [5]).

[1]) Hovorka-Kronfeld 2, 124. [2]) Ebd. 2, 126 u. 128. [3]) Busch *Volksgl.* 124. [4]) ZföVk. 2, 149. [5]) ZfVk. 13, 269. Stemplinger.

bauen s. Hausbau.

Bauer. Der B.nstand bildet den Kern des ganzen Volkes und eine Quelle gesunder Lebenskraft, aus der die übrigen Schichten der Bevölkerung immer wieder schöpfen. Kein Mensch ist so sehr mit der heimatlichen Scholle verwachsen wie der Landmann, dessen Hof in vielen Fällen schon die Arbeit seines Ahns und Urahns gewidmet war. In seinem Denken und Fühlen unterscheidet sich der aus grobem, aber festem Holz geschnitzte B. oft wesentlich von dem leichter beweglichen, der Natur bereits entfremdeten Städter. Zähe hält er am Althergebrachten und Überlieferten fest, weshalb bei keinem anderen Stand Leben und Arbeit so sehr von alten Überlieferungen umsponnen sind wie bei ihm.

Viel altes Gut, das anderwärts längst geschwunden oder zu einem unverstandenen Rest geworden ist, hat die bäuerliche Bevölkerung noch treu bewahrt, so daß hier für die Volkskundeforschung eine ergiebige Quelle fließt. Ackerbau [1]) und Viehzucht [1]), die beiden Grundpfeiler menschlicher Kultur, bilden auch die Sammelpunkte für den alten Glauben [1]) und Brauch [1]), der sich aus germanisch-heidnischen, antiken und christlichen Vorstellungen aufbaut. Gedeihliches Wachstum und Vermehrung bei Ackerpflanzen und Haustieren sollten hervorgerufen, Schadenzauber [1]) und Unheil [1]) abgewehrt werden. Diesen Zwecken dienten altertümliche Bräuche [1]) beim Pflügen [1]), Säen [1]) und Ernten [1]), wie bei der Pflege des Nutzviehs [1]). Sie reichen z. T. bis in die idg. Vorzeit hinauf [2]) und haben zahlreiche Parallelen bei ackerbau- und viehzuchttreibenden Völkern alter und neuer Zeit.

Aus dieser Sphäre stammt die vielgestaltige Schar der Vegetationsdämonen [1]), die Fruchtbarkeit [1]) und Gedeihen für Pflanze, Tier und Mensch verkörpern, denn auch das menschliche Leben dachte man diesen Gewalten unterworfen [3]). Sonne [1]) und Regen [1]), den befruchtenden Faktoren des Pflanzenlebens und mittelbar dadurch auch der Viehzucht, sind besondere Bräuche [4]) gewidmet. Auch dem Mond [1]) und den Zeichen des Tierkreises [1]) wird seit alters fördernder oder schädigender Einfluß zugeschrieben. Gewisse Zeiten [5]) und Tage [5]) lösen dunkle und gefährliche Kräfte aus, so daß sie zu Brennpunkten für allen Zauber [1])- und Dämonenglauben [1]) werden. Orakel [1]), Lostage [1]) und B.nregeln [1]) sollen den Gang des Jahres und die Gestaltung der Zukunft erforschen helfen, Beschwörungen [1]) und Segen [1]) werden gegen Krankheit [1]) und Unglück [1]) bei Mensch und Vieh [1]) gesprochen. Gerne nimmt man auch Zuflucht zu verschiedenen Heiligen, die wegen einer oft nur lose hergestellten Beziehung zu ihrer Legende in bestimmten Fällen angerufen werden [6]) und manchmal noch die Wesenszüge einer heidnischen Gottheit durchschimmern lassen [7]). Wallfahrten [1]) zu berühmten Gnadenorten werden von einzelnen wie von ganzen Dörfern gelobt und oft jährlich wiederholt, gemeinsame Flurumgänge [1]) und Schauerfeiern [1]) zum Schutze der keimenden Saaten [1]) abgehalten. Auch an Haus [1]) [8]) und Hof mit Hausrat [1]) und Wirtschaftsgerät [1]), wie an die Arbeitsverrichtungen [1]) [9]) selbst, sind vielfach alte Überlieferungen geknüpft. Als heilig und unverletzlich wurde der Markstein geachtet und wer ihn verrückte, mußte solange als feuriger, glühender Geist umgehen, bis der Stein wieder an seinen Platz kam.

Sitte [1]) und Brauch [1]) umgeben das ganze bäuerliche Leben mit festen, geregelten Formen [10]) und schaffen ein starkes Gemeinschaftsgefühl, das den B. und seine Familie, zu der auch das Gesinde [1]) zu rechnen ist, mit den Nachbarn [1]) zu gemeinsamer Arbeit, Hilfe und Lustbarkeit verbindet. Denn wenn der Erntesegen geborgen ist, Stall, Scheune und Keller gefüllt sind, dann darf auch die Lebensfreude ihr Recht fordern und ist es Zeit, mit Schmaus und Trunk, Tanz [1]) und Spiel [1]) Feste [1]) [11]) zu feiern.

Literatur: Feilberg *Jysk Ordbog* Suppl. 57. [1]) S. das betreffende Schlagwort. [2]) Z. B. der Schlag mit der Lebensrute. [3]) Maibaum (Maie), Perchten. [4]) Sonnenwende, Regenzauber. [5]) Mitternacht, Advent, die Zwölften, Weihnachten, Neujahr, Fastnacht, Ostern, Walpurgisnacht, Pfingsten, Sonnenwende, der Frauendreißiger; ferner beim Menschen Geburt, Hochzeit, Tod und die vorausgehenden und folgenden Übergangszeiten, Tagewählerei. [6]) Der hl. Blasius u. a. [7]) Der hl. Leonhard. [8]) S. a. Balken, Dach, Decke, Ecke, Herd, Schwelle, Stube. [9]) Z. B. pflügen, säen, mähen, dreschen, melken, buttern, spinnen, weben. [10]) Altersklassen. [11]) Kirchweih. Schömer.

Bauernpraktik. B. ist ein noch heute in manchen europäischen Ländern gekanntes und wohl auch häufig eingesehenes Büchlein, vornehmlich zur Bestimmung der Witterung des kommenden Jahres aus der planetarischen Natur und dem Wetter des Christtags. Die B. gehört den meteorologischen Schriften des MA.s an und fußt mit ihren Regeln größtenteils auf dem antiken Neujahrsglauben und der hellenistischen Zeitmystik von den die Monate und Jahre regierenden Sternen (Planeten oder Tierkreisbildern. Vgl. Sterndeutung). Die Wege, auf denen diese Vorstellungen im Laufe der Jahrhunderte nach dem Norden kamen, sind nicht deutlich; von den religiösen Momenten, die dem Glauben der alten Mittelmeerwelt an die hervorragende Bedeutung des den Jahresanfang regierenden Himmelszeichens innewohnen, ist in dem krausen Schriftchen wenig mehr zu spüren. Es ist eine naive Sammlung von Sprüchen, deren wahrer Sinn in Volkskreisen damals wohl nie mehr vollständig begriffen war. Aber die Tatsache der weiten Verbreitung des Buches und seine große Auflagenzahl sind ein Symptom für die seit dem 10./11. Jh. vom italienischen Süden heraufgedrungene, von der Astrologie nicht unwesentlich beeinflußte Religiosität, die seit 1500 auch die niederen Volkskreise in Deutschland und in den umliegenden Ländern zu durchsetzen beginnt (s. Sterndeutung).

1. Titel der Erstausgabe und spätere Erweiterungen desselben. Die Erstausgabe der B. vom Jahre 1508 zeigt als Titel auf dem ersten, größtenteils von einem Holzschnitt ausgefüllten Blatt über dem Holzschnitt den Satz: „In disem biechlein wirt ge- / funden der Pauren / Practick vnnd / regel darauff sy das gantz / iar ain auffmercken / haben vnnd / halten.“ Es ist ein 6 Quartblätter umfassender Druck (Blattzahlen auf dem R^to^ in der rechten unteren Ecke); er befindet sich in je einem Exemplar auf der Staatsbibliothek in Berlin und der Wiener Nationalbibliothek. Die zweitälteste datierte Ausgabe (1512) vermehrt den über einem großen, schönen Holzschnitt (Astronom am Pult beobachtet astrale Erscheinungen) gedruckten Titel um den bezeichnenden, hinter „gefunden“ eingeschobenen Zusatz [1]): „vnd / verstanden der pauren Lyessen vnd Regel Wie dan die weysen vnd klugen maister vnd sternseher habent funden darauff dan die paur treu das gantz iar“ usw. Die folgenden 32 deutschen datierten Ausgaben — die 34. wurde im Jahre 1854 gedruckt — vermehren den Titel immer mehr und verbinden mit der B. Anweisungen zum Aderlassen, „schrepffen“, reden vom Ab- und Zunehmen des Mondes (s. 27. Ausgabe) usw., so daß der Umfang der B. ständig wächst: die 32. Ausgabe von 1758 hat 110 gezählte Seiten! Die interessanteste Titelerweiterung dürfte die der undatierten Züricher Ausgabe von ca. 1517 sein, in der die „Buren practica“ als eine Offenbarung Raphaels an Heiny von Vre bezeichnet wird (fol. I^v^): „Es ist zu wissen das ein altt / man genant Heiny von Vre frum̄ vnd gerecht gewe / sen siech worden ist vnnd im der geyst entzückt dem / hatt gott durch den engel Raphael in dem entzückten geyst ge / offenbart dise her

nach geschribne zeichen / das er sy solt kuntt / thůn allen menschen" / usw.; — bis ins Einzelne zeigt sich hier eine Nachahmung der stereotypen Formeln, die wir in den antiken Apokalypsen finden und deren Kenntnis nicht sowohl der Apokalypse Johannis als den astrologischen Offenbarungsbüchern, hermetischen Schriften und anderer derartiger Literatur verdankt wird [2]). — Weiteres über die Textgeschichte findet man in der eingehenden Bibliographie der B. in der Einleitung des Faksimiledrucks der Ausgabe von 1508 ed. G. Hellmann [3]).

[1]) Dieser Zusatz steht in der Ausgabe von 1508 am Anfang der Einleitung Fol. I v. [2]) Vgl. über die Frage der Offenbarungen: Boll *Off. Johannis* 4 ff. Texte findet man in Cat. cod. Astr. z. B. VIII 3, 134 ff. insbes. 135, 27 ff. (Ms. XV, saec.). Ferner müssen Offenbarungsschriften der Hermetik herangezogen werden. Eine Arbeit über den Einfluß antiker Apokalypsen auf das nordische Mittelalter und das Mittelalter überhaupt fehlt noch. Als Ausgangspunkt von Studien über diese wichtige Frage muß die Textgeschichte astrologischer Hss. des Mittelalters gewählt werden; wichtige Vorarbeiten enthält das Buch von Ruska *Tabula Smaragdina* (= Arbeiten d. Inst. f. Geschichte d. Naturwissenschaft 4) Heidelberg 1926. Ferner vgl. Picatrix *Ein arabisches Handbuch hellenistischer Magie* (= Vorträge Bibliothek Warburg 1921/22, S. 94 ff.). Auch für die formale Seite der astrologischen und alchemistischen Geheimliteratur werden die Araber die Vermittler zwischen Antike und späterem Mittelalter gewesen sein. [3]) Neudrucke von Schriften und Karten über Meteorologie und Erdmagnetismus herausg. von G. Hellmann, Berlin. Nr. 5: *Die Bauern-Praktik*. Die in der Einleitung enthaltene Bibliographie sowie der kurze Kommentar S. 54 ff. werden durch manche der im folgenden dargestellten Ergebnisse meiner eigenen Untersuchung sowie der in den Anmerkungen zitierten Literatur ergänzt.

2. Beschreibung des Textes. Quellenfragen. Bei der folgenden Beschreibung des Textes beschränken wir uns darauf, die Erstausgabe zu betrachten. Fol. I v Einleitung: „Die weisen und klůgen Maister vnd sternschauwer haben funnden, wie man in der hailigen Christnacht mag sehen vñ mercken an dem wetter wie das gantz Jar in wirckung sein zůkunft werd thůn." Dann folgt eine Jahresweissagung aus dem am Christtag vorherrschenden Winde [4]).

Viel wichtiger ist der auf der selben Seite beginnende Abschnitt: Von dem Christtag, eine Bestimmung der Witterung des Jahres nach dem Zusammentreffen des einzelnen planetarisch regierten Wochentags mit dem Christtag. Der Brauch leitet sich aus der Antike her; in Rom wurden, ursprünglich allerdings bei Jahresbeginn, Opfer zur Bestimmung der Witterung des kommenden Jahres vorgenommen [5]). Von Planeten als Jahresregenten und ihrer Beobachtung in Ägypten berichtet das Werk des Vettius Valens (2. Jh. n.) [6]). Im Cat. cod. astr. VII 126 ist ein wohl judaisierter Text unter dem Namen des Astrologen Antiochos von Athen (2. Jh. n. Chr.) erhalten, der in den meisten Punkten mit dem Text der B. übereinstimmt. (Die antiken Texte erscheinen gelegentlich auch als Offenbarungen, so der gleichfalls unserm Text verwandte Abschnitt Cat. cod. astr. VII 171, 20 ff.) [7]). Als dann später der Jahresanfang des bürgerlichen Jahres auf den 25. Dezember übertragen wurde, gingen die an Neujahr geübten Bräuche auf den Weihnachtstag über; außerdem berichten uns Plinius und Cassianus Bassus (aus Didymos), daß man auch in Griechenland schon die Gewohnheit hatte, aus der Witterung des dies brumalis auf die Witterung des Jahres zu schließen [8]). Vom 6. Jh. an ist der Brauch dann kontinuierlich zu belegen bis ins 18. Jh. [9]). In seiner letzten Konsequenz geht er, wenn man die Einwirkung der Planetennatur des Neujahrstages berücksichtigt, auf den Hellenismus zurück, wo er sich (in Ägypten?) aus verwandten Tendenzen der babyl. Astrologie, die aus den Sternen am Neujahrsfest das Schicksal des kommenden Jahres weissagte, entwickelte [10]). — Von Rom breitete der Brauch sich über Gallien und England aus, wo wir bei Beda († 732) (der in der B. Fol. III auch zitiert wird s. u.) genau das Schema unseres Kalendologions der B. vor uns haben [11]).

Fol. II v: Von der Pauren practica überschreibt sich ein bis Fol. V r reichen der Teil, der im wesentlichen Weissagungen in

Anlehnung an den Zwölf-Nächteglauben — Weihnachten bis Epiphanias — bringt. Jeder Tag symbolisiert einen Monat des kommenden Jahres [12]). Da das erste Kapitel dieses Teils sich ausdrücklich ,,von der Sonnenschein die 12 zaichen" überschreibt, so vergleicht man ihm am besten die antiken Dodekaeteriden-Listen [13]) mit ihren Prophezeiungen: z. B. CCA. III 30; II 144ff.; V, 1, 21 4. Sind mir zwischen diesen Texten und der B. zwar nur einige Identifizierungen gelungen [14]), so bin ich trotzdem überzeugt, daß Listen dieser Art bereits mehr oder weniger überarbeitet, dem unbekannten Verfasser der Erstausgabe der B. vorlagen. Auch das folgende überschriftslose Kapitel vom Wind in den 12 Nächten geht vermutlich auf die Dodekaeteriden zurück [15]). Auffällig ist hier die Verteilung der Ereignisse: Manche Tage tragen nur politische Weissagungen, manche nur Fruchtbarkeitsprophezeiungen [16]). Da meines Wissens die antiken Dodekaeteriden stets in dieser Hinsicht ein einheitliches Gepräge tragen, d. h. entweder einseitig landwirtschaftlich oder politisch eingestellt sind [17]), so scheint es fast, als sei dieser Abschnitt der B. aus einer Kompilation mehrerer solcher Listen hervorgegangen; doch so, daß bereits die Vorlage des Verfassers der B. diese Vermengung aufwies, aus der dann ein (willkürlicher?) Auszug in unserer B. Aufnahme fand. Doch darf diese Ansicht nur als ein vorläufiges Resultat gelten. Diese ganzen Abschnitte sind einmal vor allem im Zusammenhang mit dem in seinem Ursprung noch immer unklaren Zwölfnächteglauben genau zu untersuchen [18]).

Das 3. Kap. ,,von der zeyt zu Weyhenachten" bringt wieder Regeln zur Bestimmung des Jahres aus dem Wetter und dem Wind der Christnacht. Dann folgen eine Reihe aus den Lostagen der 12 Monate (s. Bauernregeln) und ihrer Witterung abgeleiteter Wetterbestimmungen für die Monate und das Jahr. Fol. III wird als Quelle an einer Stelle, deren Zusammenhang mir unverständlich ist, Beda zitiert (Zeile 4 v. unten) [19]).

Fol. V^r folgen Wetterweissagungen aus den 3 Rauhnächten ,,Weihnacht, Neujahr und Heil. drei König", sowie unter der Überschrift ,,ein alter Paur" Voraussagen aus dem Wetter des St. Jakobstags (25. Juli). Diese letzten Abschnitte dürften größtenteils deutsch und christlich sein. Der Abschnitt ,,Wie es sol wittern nach den zwölff Monaten" (Fol. V^r) enthält eine Sammlung von teilweise planetarischen, teilweise atmosphärischen Witterungsbestimmungen. Als Autoren für etliche dieser Regeln, nach denen man aus den Wolkenfarben und den Farben der Sonne und des Mondes die Witterung erschließen soll, zitiert die B. zwar Solinus und Petrus [20]); beide Abschnitte gehen aber durch Mittelquellen auf Vergils Wetterregeln in den Georgica zurück, und zwar der erste (von Fol. V^r Zeile 1 von unten — Fol. V^v Zeile 8 von oben) auf Buch I, 441—464. Dann folgen zwei Verse in lateinischer Sprache, ein Hexameter und ein mittelalterlicher Reimspruch, beide aus Vergilschen Reminiszenzen zusammengeflickt. Die daran anschließenden Zeilen entsprechen wieder genau Vergil Georg. I, 424—435 [21]).

Ein ganz heterogener Abschnitt, ,,Von den XII gueten Freytagen" überschrieben, schließt das ganze Werk ab. Er enthält eine Aufzählung der 12 Fastentage nach St. Clemens (wohl Clemens von Rom gemeint) [22]), mit deren Einhaltung man sich sein Seelenheil erwirbt. Dies Stück soll dem sonst stark auf heidnischer Weisheit aufgebauten Buche den christlichen Mantel umhängen. Es geht auf eine lateinische Vorlage zurück, die dem cod. Vat. lat. 3838 (XII. saec.) entstammt. Der Text der B. ist eine bloße Übersetzung aus dem Lateinischen [23]).

[4]) Verwandtes in den Dodekaeteridenlisten des Altertums und Mittelalters: aus der Natur des das Jahr regierenden Tierkreiszeichens und des Windes weissagte man die Fruchtbarkeit des Jahres: Cat. cod. astr. II 144, 6 ff.; Boll *Offenb. Joh.* 80. [5]) s. Bilfinger *Das germanische Julfest* (Progr. Stuttgart 1901) 58 ff. Über den antiken Kalendenglauben ebd. 40 ff. Vor allem erhalten wir manche wertvolle Nachricht aus der christlichen Polemik gegen den Kalendenunfug: vgl. Joh. Chrysostomos (Migne *P.G.* 48, 953 ff.). [6]) Vettius Valens ed. Kroll I, 11, 27, wohl aus Nechepso-

Petosiris. [7]) Ähnliche Kalendologien in griechischer und lateinischer Sprache als Offenbarung Esras bei Boissonade *Notices et Extraits* XI, 2, 186; Du Cange *Gloss. graec.* 548; Studi e Testi V, 77 ff. Hier und Cat. cod. astr. VII, 126 A. 1 weiteres Material. [8]) Plinius *Nat. hist.* XVIII, 26, 62; Cassianus Bassus = *Geoponica* ed. Beckh I, 25. Weiteres Material über Prognosen der alten Völker am Jahresanfang (auch aus dem Aufgehen der Sothis [Sirius] in Ägypten) s. Hellmann a. a. O. 69. Bilfinger a. a. O. 58 ff. [9]) Bilfinger a. a. O. 59. Ältestes Zeugnis Lydus *de mens.* ed. Wünsch IV, 10; 71, 1 ff. [10]) s. H. Zimmern *Das babylon. Neujahrsfest* = Der alte Orient 25 (1926), Heft 3, 11. 16 f. Auf die dort zum 1. Nisan (Neujahrstag) vorgenommene Schicksalbestimmungsfeier gehen wohl die Dodekaeteridenlisten zurück. Vgl. auch Fr. Boll *Sphaera* 329 ff. [11]) Beda *Pronostica Temporum* (Migne *L.* 90, 951). [12]) Über den Zwölfnächteglauben Hellmann a. a. O. 64 und die A. 69—72. Ferner Bilfingers gründliche Untersuchung der Frage: *Das germanische Julfest* (Stuttg. Progr. 1901). — Die Zeit zwischen Weihnachten und Epiphanias galt schon dem 4. Jh. als heilig. [13]) Vgl. A. 10. [14]) Der 7. Tag mit seiner Teuerung und dem Mangel an (?) Wein und Korn entspricht anscheinend dem 7. Monat (Wage) einiger Dodekaeteriden: CCA VII 185, 24; 166, 10. Vgl. Boll *Offenb. Johannis* 85. Zum Frieden am 1. Tag vgl. CCA III 30, 6 (Widder) usw. [15]) Vgl. „Ist die 6. Nacht windig, so wird Wein, Korn und Öl genug sein: ähnlich CCA II 151, 6 ff. [16]) Hierzu vgl. CCA VII, 25, mit dem dieser Abschnitt der B. für die 1., 3. u. 12. Nacht parallel geht. Der Text des Catalogus reicht in seinen Grundbestandteilen bis in babylon. Zeit hinauf (Boll-Bezold *Reflexe astrolog. Keilinschriften bei griech. Schriftstellern* in Abh. Heidelberger Ak. der Wiss. 1911, 7, 50 ff.). [17]) Vgl. die in den Anm. 1—15 zitierten Texte des Catalogus codicum astrologorum. [18]) Vgl. A. 5. [19]) „Es spricht Beda drey tag vnd drey nächt seind / wirt dann ain kind geboren der leib bleybet gantz bis an den jüngsten tag. Das ist der Abent des Hornungs vnnd sein gehaym seind wunderlich vnnd wann ain holtz dar gehawen wirdt / das faullet nymer." In dieser Zeit regierte bereits der Wassermann den Februar. Nach Hephaistion von Theben wird unter dem Wassermann der zukünftige Weltenherrscher und -heiland geboren, der die Erde beglückt und befriedet. Sollte das die Erklärung für das Bedazitat sein? Zu der Hephaistionstelle: Boll *Sulla quarta ecloga di Virgilio*, Mem. della R. Acc. di Bologna, sc. mor. ser. II, V—VII 1923 S. A. 1—22. [20]) Wen man sich unter diesen beiden Gewährsmännern vorzustellen hat, ist nicht klar. An den spätantiken Kompilator Solinus ist doch wohl kaum zu denken. [21]) Vergil selbst greift wiederum auf die „Wetterzeichen" des hellenistischen Dichters Aratos von Soloi (ca. 200) zurück. Vgl. Phain. 773—861. [22]) So G. Mercati in Studi e Testi V (Roma 1901), S. 80 f.; Hellmann a. a. O. 55 denkt an den Kirchenvater Clemens v. Alexandria. [23]) Das erkannte zuerst M. Förster in Archiv f. Neuere Sprachen 110 (1903), 421.

3. Verbreitung und Nachwirkung. Kein Buch ist lange Zeit in Deutschland von solch gewaltigem Einfluß gewesen wie die B. In Deutschland feierte es in den Jahren 1530—1590 mit 29 Auflagen einen großen Triumph; das 16. Jh. kennt 40 Ausgaben; dann erfolgt ein starker Rückgang: das 17. Jh. weist 7, das 18. Jh. 10; das 19. Jh. nur noch 2 Ausgaben auf [24]). Kaum wird man ein bedeutenderes Symptom für die Verbreitung der Astrologie vor und während der Reformation bis in die Landbevölkerung hinein finden können. Von Deutschland verbreitet sich die Schrift nach England, Frankreich, Schweden, Dänemark, Finnland, Holland und der Cechei. Die jüngste Ausgabe ist aus Schweden bekannt; sie wurde 1893 gedruckt [25]). — Die späten Ausgaben sind vielfach mit Reynmanns Wetterbüchlein (s. d.) und nach Beda entworfenen Jahresprognosen aus dem Donner (s. Prognostikum) in den einzelnen Monaten kombiniert worden. In Schweden war die Blütezeit des Buches die Mitte des vorigen Jahrhunderts; der schwedische Text entstammt der gereimten deutschen Textfassung des 16. Jhs. [26]). In den ostslawischen und romanischen Ländern hat die B. merkwürdigerweise nie Eingang gefunden [27]).

[24]) s. Hellmann a. a. O. 25. Bei den Angaben sind die massenhaft aus der B. gemachten Auszüge nicht mitgerechnet. s. ebd. 26 ff. [25]) Ders. 52. Ebd. alle Hellmann bekannten Praktiken. Ergänzt wurde das Verzeichnis für das angelsächsische Sprachgebiet durch M. Försters Aufsätze: Archiv f. neuere Sprachen 110 (1903), 346 ff. 421; 120 (1908), 43 ff. 296 ff; 121 (1908), 30 ff. [26]) Ders. 121, 50. [27]) Ders. 54. Die der B. zugrunde liegende Idee ist, wie sich aus der Analyse ergibt, auch den romanischen Völkern bekannt. Vgl. Ders. 66 f.

Stegemann.

Bauernregeln nennt man die sich meist auf die Wettervorhersage beziehenden Sprüche des Volksmundes. Meist bei Kulturnationen vorhanden, fehlen sie auch primitiven Völkern nicht ganz. (Vgl. Hellmann Deutsche Rundschau 1924, 1, 45). Bald gereimt, bald ungereimt, sind die B., deren Kenntnis naturgemäß unter der Landbevölkerung am ausgedehntesten ist, teils auf lokale Witterungserscheinungen gegründet, teils als Traditionsgut aus der Antike übernommen (s. Bauernpraktik). Soweit die Sprüche antikes Gut bergen, sind sie durch Vermittlung der Kirche in Deutschland verbreitet worden; bekanntlich gehörte es schon frühe zu der Tätigkeit der Mönche, Feld- und Gartenbaukultur zu pflegen. Von diesen meist astrologisch beeinflußten Regeln, die vielfach das Ergebnis eingehender meteorologischer Beobachtungen des Altertums enthalten, sind ganz jene andern Sprüche zu trennen, die aus ungeschulter, naiver Naturbeobachtung des deutschen Volkes hervorgegangen sind und in die sich teilweise noch Relikte der deutschen Mythologie gerettet haben. Heute sind beide Richtungen so stark aneinander angeglichen, daß es unmöglich scheint, die Verbreitungsgebiete einzelner Vorstellungen geographisch gegeneinander abzugrenzen.

Die Form dieser, B. genannten, Sprüche ist stets ein Bedingungssatz. Nach den in dem Nebensatz dieser Perioden enthaltenen Bedingungen darf man die B. etwa in folgende vier Gruppen gliedern: 1. Astrologische Sprüche. 2. Sprüche, in denen aus der Witterung bestimmter Tage und Monate Aussagen für Ernte usw. gemacht werden. 3. An Windeswehen, Donner und Blitzerscheinungen angeknüpfte Regeln. 4. Weissagungen aus Erscheinungen der Tier- und Pflanzenwelt.

Die unter 1. genannten astrologischen B. sind, wie gesagt, zum großen Teil auf antike Einflüsse zurückzuführen, die teils im Gefolge der Christianisierung der Germanen, teils auch mit dem Einzug der Astrologie im 11./12. Jh. in Deutschland Eingang gefunden haben. Besonders müssen hier Vergils Georgica von Einfluß gewesen sein, die Buch I, 351—463 eine Fülle dieser Vorzeichen enthalten. Die ältesten deutschen Sammlungen solcher Sprüche sind die Bauernpraktik (s. d.) von 1508 und Reynmanns Wetterbüchlein (s. d.) von 1510.

Die unter 2. erwähnten Ernteweissagungen aus der Witterung bestimmter Monate und Tage gehören zu den auf lokale Beobachtungen durch die Landbevölkerung zurückgehenden Regeln. Beispiele: a) Monatsregeln: „März trocken, April naß, Mai lustig von beiden was, bringt Korn in'n Sack und Wein ins Faß.“ „Der Mai kühl, der Brachmonat nicht naß, füllt dem Landmann Speicher, Keller, Kasten und Faß“ (Pfalz). b) Wochentagsregeln: „Freitagswetter — Sonntagswetter.“ „Regnets Sonntags über das Meßbuch, so hat man die ganze Woch' genug“ (Eifel). c) Gehören in gewissem Sinne hierher auch die an die Witterung bestimmter Tage im Jahr (sog. Lostage) angeknüpften Regeln. Von Bedeutung sind: α) die Tage von Weihnachten bis Epiphanias, die sog. Zwölften (s. d.). Der Brauch, aus der Witterung dieser Nächte (in seinem Ursprung scheint er mir noch nicht aufgeklärt) die Witterung der Monate des kommenden Jahres zu erforschen, ist über ganz Europa verbreitet; in Deutschland findet er sich wohl frühestens 1468 erwähnt (in England schon um 1120 bekannt). Mit den Lostagen beschäftigt sich manche B. Ein Beispiel: „Wie sich die Witterung vom Christtag bis hl. Dreikönig verhält, so ist das ganze Jahr bestellt“ (Eifel). Vgl. Bauernpraktik. β) Eine Reihe meist kirchlicher Festtage: Lichtmeß (2. 2.), Mamertus, Pankratius, Servatius (11.—13. 5.), Urban (25. 5.), Medardus (8. 6.), Johannistag (24. 6.), Siebenschläfer (27. 6.), Maria Heimsuchung (2. 7.), Elias (20. 7.), Lorenz (10. 8.), Bartholomäus (24. 8.), Ägidius (1. 9.), Michaelis (29. 9.), Gallus (10. 10.), Lukas (18. 10.), Allerheiligen (1. 11.), Martini (11. 11.), Luzia (13. 12.; ehemals 25. 12.), Weihnachten (25. 12.). Ein Teil der zu diesen Tagen gedichteten Regeln besteht mit seinen Beobachtungen und Weissagungen der Witterung zu Recht: vor allem die an Weihnachten und den Johannistag angeknüpften Prophezeiungen, da mit der in diese Zeit fallenden Sonnenwende Witterungswechsel einzutreten pflegt. Die in diesen Versen geweissagte Länge von Regenperioden ist in ihrer Zahlangabe oft allerdings nur durch den Reim bedingt und entbehrt so jeder Beobachtungsgrundlage. Bei den hier verwendeten Zahlen spielt 40 eine große Rolle (wohl biblischen Ursprungs; vom Sintflutregen abgeleitet?). Außerdem beachte man, daß den B.n, die an die Lostage anknüpfen, der alte Cäsarische Kalender zugrunde liegt; zu dem heutigen Datum sind also stets 12 bzw. 13 Tage hinzuzuaddieren. Diese Feststellung ist das wichtige Ergebnis der großen Sammlung und Bearbeitung landwirtschaftlicher Volksweisheit in Sprichwort und Wetterregelform, die A. Yermoloff durchführte. Yermoloff hat den zwingenden Beweis liefern können, daß weitaus die meisten Regeln bis über das 16. Jh. zurückreichen und bis auf den heutigen Tag eine uralte, durch Gregors Kalenderreform (1582) ungebrochene Volkstradition darstellen (A. Yermoloff, Der landwirtschaftliche Volkskalender 1905, 13 f.). Zur Illustrierung auch hier wieder einige Beispiele: „Wenn an Lichtmeß die Sonne scheint, dauert der Winter noch lang" (Oelsnitz: Voigtland). „Nach Pankraz und Servaz schaden die Nachtfröste den Früchten nicht mehr" (allgemein). „Wenn es am Tage der Siebenschläfer regnet, so hat man vier Wochen lang Regen zu erwarten" (Planschwitz, Voigtland). „Egide Sonnenschein, tritt schöner Herbst ein" (Oelsnitz: Voigtland) usw.

Als 3. Gruppe nannten wir die Wind-, Blitz- und Donnersprüche. Beispiele: a) „Wie der Wind am 3., besonders aber am 4. und 5. Tage nach dem Neumond ist, so weht er den ganzen Monat hindurch." Diese auf Tage berechneten Windsprüche scheinen wieder auf antike Einflüsse zurückzugehen; auch das Altertum kennt Monats- und Jahresweissagungen aus den am Anfang des Zeitabschnittes wehenden Winden (s. Prognostikum, Bauernpraktik). Deutscher Beobachtung aber verdanken Regeln ihre Entstehung wie: „Wind vom Niedergang ist Regens Aufgang; Wind vom Aufgang, schönen Wetters Anfang" oder „Großer Wind ist selten ohne Regen".

b) „Wenn es im Westen blitzt, so blitzt es nicht um Nichts; wenn es aber im Norden blitzt, so ist es ein Zeichen von Hitz." Auch in diesen Sprüchen möchte man antike Einflüsse aus den Blitzbüchern (s. Blitz) vermuten. Antike Einflüsse sind gleichfalls wohl für die Donnerweissagungen maßgebend; wenn man Sprüche hört wie: „Wenn es donnert über dem nackten Holz, kommt der Schnee über das belaubte", oder: „Von wo im Frühjahr der erste Donner herkommt, von dort kommen im Sommer die gefährlichsten Wetter", oder: „Wenn es im Märzen donnert, wird es im Winter schneien", muß man an Verwandtes aus der antiken Literaturgattung der Donnerbücher (s. Donner) denken.

Unter den an atmosphärische Erscheinungen angeknüpften Regeln spielt auch der Regenbogen (s. d.) keine unbedeutende Rolle: „Regenbogen am Morgen, macht dem Schäfer Sorgen, Regenbogen am Abend, ist dem Schäfer labend", oder: „Zeigt sich ein Regenbogen, wird für den Augenblick schönes Wetter, bald regnets aber nach Ungnaden".

Die letzte Gruppe umfaßt die Regeln, die sich auf Erscheinungen der Tier- und Pflanzenwelt beziehen. Beispiele: „ Wenn die Bäume zweimal blühen, wird sich der Winter bis Mai hinziehen." „Wenn im Hornung die Mücken schwärmen, muß man im März die Ohren wärmen." Oder man erkennt die Witterung für die folgenden Tage aus dem Tun gewisser Kleintiere. So sagt der Bauer den Regen voraus, wenn er die Frösche schreien hört, wenn die Taube badet, die Gänse auf einem Fuß stehen, Hühner die Schwänze hängen lassen, Regenwürmer aus der Erde kriechen, wenn die Bienen sich nicht weit vom Bienenstock entfernen, massenhaft leer zurückfliegen usw.

Die eigentlich astrologischen Witterungsregeln spielen heute wohl kaum mehr eine Rolle. Die Kenntnis der andern Regeln wird aber bis auf unsere Tage durch die jährlich erscheinenden Bauernkalender, ferner durch die 100jährigen Kalender wachgehalten; diese Kalender sind neben dem Kreisblatt die fast tägliche, aber auch einzige Lektüre des Landmanns. Wie wichtig dem Bauern die Regeln dieser Kalender sind, mag ein Fall aus dem Jahre 1779 beweisen: Der von der Berliner Akademie der Wissenschaften herausgegebene und auf astrologischen Voraussetzungen aufgebaute 100jährige Kalender enthielt bis 1779 die astrologischen Regeln. Dann versuchte die Akademie, das unnütze Zeug fortzulassen; aber bereits 1781 mußte man es wieder aufnehmen, da der Kalender nicht gekauft worden war. Und dieses Traditionsbewußtsein ist in abseits gelegenen Dörfern bis zum heutigen Tage erhalten geblieben. — Im letzten Grunde geht die ganze Weisheit dieser Kalender auf die Praktikliteratur des späten MA.s zurück (s. Prognostikum), unter der das berühmteste Buch die schon erwähnte Bauernpraktik (s. d.) von 1508 ist. Ferner ist für die Verbreitung der Regeln, die übrigens schon lange vorher im Volksmunde umgegangen sein müssen, Reynmanns Wetterbüchlein (s. d.) von 1510 wichtig. Die Textgeschichte (s. Bauernpraktik II) dieser beiden Schriften läßt über die Macht des Glaubens an diese Sprüche manches ahnen. Während die Bauernpraktik im wesentlichen auf astrologischen Voraussetzungen aufgebaut ist, bringt das Wetterbüchlein vor allem die auf atmosphärische Erscheinungen gegründeten Beobachtungen. Ganz astrologisch fundiert ist das Calendarium perpetuum des Langheimer Abtes Knauer von 1701 (s. Kalender).

Eine Bearbeitung der B. unter starker Benützung antiker Parallelen — sicher sind Vergils Georgica, Germanicus Aratea, vielleicht auch Arats Diosemeia von Einfluß gewesen (s. Bauernpraktik II) — gibt es nicht. Inwieweit psychologische Unterschiede der Zeiten und Gegenden sich herausarbeiten lassen, und darauf müßte der Bearbeiter unbedingt achten, da sich manches für den deutschen Volksglauben daraus ergeben wird, z. B. in der Wahl der Bilder und Vergleiche usw., vermag ich natürlich noch nicht zu sagen.

Als Grundlage für eine derartige Arbeit kämen die großen Sammlungen der B. in Betracht, die für deutsche und ausländische B. A. Yermoloff *Der landwirtschaftliche Volkskalender* (1905) unter besonderer Berücksichtigung der russischen B. machte. Ferner G. Hellmann *Über den Ursprung der volkstüml. Wetterregeln*. Berl. Sitzber., phys.-math. Kl. 1923, 148 ff.; Reinsberg-Düringsfeld *Das Wetter im Sprichwort*. Leipzig 1864. Mit Literaturverzeichnis. Einzelne Gebiete Deutschlands: Köhler *Voigtland* Kap. X; Leoprechting *Lechrain* 154 ff.; MschlesVk. 6 (1899), 13 ff.; Kück *Wetterglaube in der Lüneburger Heide*. Hamburg 1915; R.-O. Frick *Le peuple et la prévision du temps*: SAVk. 26 (1926). Über die Fragen antiker Tradition der B. gibt Anregungen G. Hellmann *Wetterweisheit des Volkes*. Deutsche Rundschau 1924, 1. Teil, 45 ff. Stegemann.

Baum.

1. Kultische Verehrung. — 2. B. als „Seelensitz". Opfer an den Baumgeist. — 3. Anthropogene Mythen. Kleinkinderbäume. — 4. Wesensgleichheit von Mensch und B.; Lebens- und Schicksalsbäume. — 5. Übertragung der Vegetationskraft des B.es auf den Menschen. — 6. B. im Orakelwesen. — 7. Übertragen von Krankheiten auf B.e. Verpflöcken von Krankheiten.

1. Die kultische Verehrung des B.es, die sich bei allen indogermanischen Völkern nachweisen läßt, ist jedenfalls aus verschiedenen Wurzeln entsprungen [1]). Ausführlich über diese Fragen haben gehandelt Boetticher [2]), Mannhardt [3]), Wundt [4]), J. H. Philpot [5]), Frazer [6]), Grant Allen [7]), Tylor [8]), Weniger [9]), Höfler [10]). Über Aberglauben, der sich auf bestimmte B.e bezieht, vgl. die betr. Stichwörter, z. B. Apfel(baum), Buche, Eibe, Eiche, Esche, Linde, Hasel, Holunder, Kirsche, Walnuß(baum), ferner Obstbaum (hier besonders der auf Fruchtbarkeitskulte bezüglichen Aberglauben), Rute, Weihnachtsb., Yggdrasil, Zweig.

[1]) Hoops *Reallex*. 1, 181 f. [2]) *Der Baumkult der Hellenen*. 1856. [3]) *Wald- und Feldkulte der Germanen* [2]. 2 Bde. 1904/05. [4]) Z. B. *Völkerpsychologie* 4.—6. Band: Mythus und Religion, 1. Band [3] 1920, 2. und 3. Band [2] 1914/15, 1, 165 ff. 510; 2, 231 ff. [5]) *The sacred Tree or the Tree in Religion and Myth*. London 1897, 179. [6]) Z. B. *Golden Bough* 2, 12 ff.; *Totemism* 4, 374. [7]) *The Attis of Caius Valerius Catullus*. London

1892, vgl. ZfVk. 3, 98. [8]) *Anfänge der Cultur*, ins Deutsche übertragen von Sprengel und Poske 2, 116. 224. 458. [9]) *Altgermanischer Baumkultus*. Leipzig 1919, vgl. Phil. Woch. 40, 170—200. [10]) *Wald- und Baumkult in Beziehung zur Volksmedizin Oberbayerns*. München 1894.

2. Der B. gilt als Seelensitz, eine Vorstellung, zu der in einzelnen Fällen wohl die Sitte, daß Sterbende sich im Wald verbargen, Anlaß gegeben hat [11]). Der Wald (s. d.) gilt überhaupt als Aufenthaltsort der Abgestorbenen. Der B., der aus der Erde [12]) hervorsprießt, und besonders der aus den Gräbern Verstorbener [13]) hervorwachsende B. soll die Seele beherbergen. In der Sage wird der Geist in den B. gebannt [14]). Die Hexen halten sich zwischen Rinde und Holz des B.es auf [15]). Auf die Anschauung des B.es als eines beseelten Wesens gehen vielfach abergläubische Bräuche zurück. Der Holzfäller bittet den B., den er fällen will, vorher um Verzeihung [16]). Aus dem mit der Axt verletzten B. quillt Blut hervor [17]). Dem B.geist werden Opfer dargebracht [18]), die „oblationes ad arbores" werden häufig in alten Bußbüchern erwähnt [19]).

[11]) Wundt *Mythus und Religion* 1, 165; vgl. auch Frazer 2, 29 ff. [12]) Als Wohnung der Unterirdischen: die Zwerge wohnen unter Bäumen vgl. Mannhardt 1, 60 f. [13]) Wundt *Mythus und Religion* 1, 167; Koberstein im Weim. Jb. 1, 73 ff.; Köhler ebd. 479 = *Kl. Schr.* [14]) Z. B. Herzog *Schweizersagen* 2, 42; Hesemann *Ravensberg* 103; Meiche *Sagen* 125; vgl. Grimm *Myth.* 2, 544 f. [15]) Alpenburg *Tirol* 266. [16]) Sartori *Sitte u. Brauch* 2, 165; Hepding *Attis* 133. [17]) Z. B. Frazer 2, 18; Mannhardt 1, 34 f.; Schönwerth *Oberpfalz* 2, 335; Urquell N. F. 1, 67 f.; Höfler *Waldkult* 5. 25. 57; Gunkel *Märchen* 42; Hepding *Attis* 106; Wundt *Mythus und Religion* 1, 167; SAVk. 2, 108. [18]) Grimm *Myth.* 1, 540 f.; Mannhardt 1, 59 f.; Kolbe *Hessen* 109; Jahn *Opfergebräuche* 205 ff.; Liebrecht *Zur Volksk.* 8; ZfrwVk. 1, 59. [19]) Mannhardt 1, 71.

3. Bei vielen Natur- und Kulturvölkern sind Mythen bekannt, nach denen die Menschen aus B.en entstanden sind. Die Edda (Völuspa) läßt die ersten Menschen aus askr (Esche, s. d.) und embla (Ulme?) entstehen [20]). Möglicherweise beruht dieser Schöpfungsmythus auf totemistischer Grundlage [21]). Damit wäre die Volkssage zu vergleichen, daß die kleinen Kinder aus B.en kommen [22]). Die Hebamme holt die kleinen Kinder aus einem bestimmten hohlen B. (in der Schweiz „Kindlib." genannt) [23]).

[20]) Grimm *Myth.* 1, 465; Schäfer *Verwandlung* 6 ff.; Helm *Relig.gesch.* 1, 160 f.; Frazer² 1, 188; v. d. Leyen *Sagenbuch* 1, 74. [21]) Helm *Relig.gesch.* 1, 157 ff. [22]) Wolf *Beitr.* 1, 170; Schwebel *Tod und ewiges Leben* 22 ff.; Meyer *Germ. Myth.* 86. [23]) Wolf *Beiträge* 2, 358; ZfdMyth. 2, 92; Lütolf *Sagen* 366 f. 550; SchwVk. 3, 78; Meyer *Baden* 9. 14.

4. Tief eingewurzelt ist der Glaube an eine Wesensgleichheit von Mensch und B. Gewisse B.e werden mit „Frau" angeredet, z. B. die Hasel als „Frau Hasel" [24]). Der Holunder wird in Krankheitsbeschwörungen mit „Herr Flieder" begrüßt [25]). Im allgemeinen gelten die B.e (Fruchtbarkeit) als weiblich [26]). Die B.e reden und singen [27]). Was dem Familien- oder Schutzb. geschieht, das geschieht auch dem Menschen [28]). Das Verdorren des „Lebensbaumes" bedeutet auch den Tod seines Besitzers [29]). Der B., an dem sich einer erhängt hat, verdorrt ebenfalls [30]). Den B.en wird, wie den Haustieren, der Tod ihres Besitzers angesagt und sie werden geschüttelt, damit sie nicht absterben [31]). Häufig besteht die Sitte, daß für den Neugeborenen ein Bäumchen gepflanzt wird. Wie dieses gedeiht, so gedeiht auch das Kind [32]). Der Alp drückt nicht nur Menschen, sondern auch B.e [33]).

[24]) Mannhardt *Germ. Mythen* 475. [25]) Ebd. 1, 20. [26]) Fehrle *Kult. Keuschheit* 166; Kolbe *Hessen* 94. [27]) Schönwerth *Oberpfalz* 2, 335; ARw. 17, 132 ff. [28]) Mannhardt 1, 50. 53; Pfannenschmid *Erntefeste* 572 f.; ZfVk. 8, 141; Schwebel *Tod und ewiges Leben* 24 ff. 28 f. [29]) Meiche *Sagen* 11; Panzer *Beitrag* 1, 266; Rochholz *Kinderlieder* 287; John *Erzgebirge* 184. [30]) ZfrwVk. 1, 63; 3, 210. [31]) Frischbier *Hexenspr.* 132; Urquell 1, 10. [32]) Z. B. ZfrwVk. 5, 226. [33]) Kühnau *Sagen* 3, 138 ff.; Meyer *Germ. Myth.* 121.

5. Die dem B.e innewohnende Vegetationskraft kann auf magische Weise Menschen und Tieren mitgeteilt werden. Über die hieher gehörigen Vegetations- bzw. Fruchtbarkeitskulte und den sich daran knüpfen-

den Aberglauben vgl. Lebensrute, Maib., Obstb., Palmzweig.

6. Aus den obenerwähnten Anschauungen über den B. als Geistersitz, als beseeltes Wesen, als ein Wesen, dessen Wurzeln in die Tiefe, den Sitz der Unterirdischen, reichen, als Symbol und Verkörperung der Fruchtbarkeit entspringt die Verwendung des B.es im Orakelwesen[34]). Ähnlich wie die Priester der griechischen Antike aus dem Rauschen der Zeuseiche in Dodona die Stimme des Gottes vernahmen und daraus weissagten, so werden auch im deutschen Volksglauben die B.e häufig als weissagend gedacht. Besonders verbreitet ist die Sage vom dürren B. (s. d.), dessen Grünen die kommende Weltschlacht ankündigt[35]). Andere B.e (besonders Obstb.e) wieder werden im Liebesorakel gebraucht, sie werden in der Andreasnacht usw. geschüttelt; aus welcher Gegend dann ein Hund bellt, aus der wird der künftige Freier erscheinen (vgl. Apfel-, Birn-, Zwetschgenb.). Ungewöhnliche Blütezeit von B.en sagt Unglück voraus[36]). Hört man im Wald einen B. krachend fallen, so ist es eine böse Vorbedeutung[37]).

[34]) Vgl. auch Philpot a. a. O. 93—108. [35]) Meyer *Germ. Myth.* 86 f.; Zurbonsen *Die Völkerschlacht am Birkenbaum* [3]. Köln 1910; vgl. auch Birke, Birnbaum. [36]) ZfdMyth. 1, 236; vgl. auch Apfelbaum. [37]) Urquell 5, 88.

7. In der Volksmedizin dienen viele B.e zum Übertragen von Krankheiten, die Krankheit wird in den B. gebannt[38]). Ganz allgemein werden die Krankheiten auch in den Wald verbannt[39]). Gegen Gicht wird ein Gichtbaum gesetzt, mit dessen Wachsen die Krankheit abnimmt[40]). Ebenso werden die Krankheiten in B.e verkeilt oder verpflöckt[41]). Die ersten ausgefallenen Zähne eines Kindes müssen in einen hohlen B. geworfen werden, das schützt gegen künftiges Zahnweh[42]). Besonders gerne werden Finger- und Zehennägel, Haare, aber auch Kleidungsstücke (oder Fetzen davon) des Kranken in den B. verbohrt. Kleidungsstücke werden auch an den B. („Lappenb.e") [43]) gehängt. Eiserne Nägel werden in den B. geschlagen, um das Zahnweh zu vertreiben[44]). Gegen Zahnweh nimmt man ein Stück Holz von einem blitzgetroffenen B. und stochert mit einem Splitter davon den schmerzenden Zahn blutig[45]). Ähnlich schreibt Plinius[46]), daß man gegen Zahnschmerzen aus einem vom Blitz getroffenen Holz mit den auf den Rücken gelegten Händen (das Holz darf also nicht mit der Hand berührt werden!) etwas herausbeißen und an den Zahn halten müsse. Kranke kriechen durch B.e, die von Natur oder künstlich gespalten sind, oder sie werden hindurchgezogen (s. durchkriechen).

[38]) Grimm *Myth.* 2, 979; Mannhardt 1, 20; Hovorka u. Kronfeld 1, 116 f.; BayHefte 10, 35 ff. [39]) ZfVk. 5, 25. [40]) Engelien u. Lahn 267. [41]) Literatur z. B. bei Zahler *Simmental* 93. [42]) Rochholz *Kinderlieder* 337. [43]) Hovorka u. Kronfeld 1, 267. [44]) Andree *Braunschweig* 420; vgl. auch Hovorka u. Kronfeld 2, 874. [45]) Z. B. Andree *Braunschweig* 422; ein Span von einem solchen Holz bei sich getragen, macht stark: Wuttke 97. [46]) *Nat. hist.* 28. 45. Marzell.

Baum s. dürrer Baum.

Baumgans, nach der einen (häufigeren) Überlieferung die Bernikelgans (Brehm[1]): auch Nonnen-, See-, Nordgans, Branta leucopsis *Bechst.*; Leunis[2]): Bernicla leucopsis; Carus[3]): Anser bernicla), nach anderer die Ringelgans (Brehm: auch Bronk-, Kloster-, Rottgans, Branta bernicla *Linn.*, Anser torquatus; Leunis: Bernicla brenta *Steph.*, Anser torquatus *Frisch*). So verworren, wie die zoologische Bestimmung der B.[4]), ist die anscheinend in Deutschland nie Volksglaube gewordene Sage von ihrer Entstehung aus Baumfrucht oder aus Muscheln. Der Ursprung der Sage ist noch unaufgeklärt[5]), aber beide Vorstellungen sind wohl im 12. und 13. Jh. aus Irland oder England in Nordeuropa eingedrungen. Der älteste sichergestellte Bericht findet sich in den arabischen Reisenotizen aus dem 10. Jh., die Qawzini überliefert[6]): „Am Strande des Meeres der Insel Schâschîn[7]) wachsen Bäume, und bisweilen stürzen die Ufer ab, und ein Baum fällt ins Meer und schwankt infolge der Wogen, bis sich ein weißer Nebel bildet.

Das geht dann so fort und der Nebel nimmt zu, bis er sich in Gestalt eines Eis zusammenballt. Dann furcht sich das Ei in Gestalt eines Vogels: nur mit seinen beiden Füßen und mit seinem Schnabel haftet er noch fest. Wann dann Allah will, daß der Wind ihn anbläst, werden seine Federn erzeugt, und es lösen sich Füße und Schnabel vom Holz. So wird er ein Vogel, der über das Meer an der Oberfläche des Wassers dahinschießt. Niemals findet man ihn lebendig; wann aber das Meer brandet, wirft ihn das Wasser an den Strand, welcher al-ġaṭṭâsa (der Taucher) genannt wird. Aḥmed ibn ʿOmer al-ʿUhdrî / erzählt: Ein Mann brachte ein Holz, an dem sich schon ein Ansatz zu Eiern gebildet hatte, einem König, und der König befahl, darüber einen Kuppelbau, ähnlich einem Käfig zu bauen und es im Wasser zu lassen, und unausgesetzt blieb es am Ufer, bis sich die Vögel von dem Holze lösten innerhalb des Kuppelbaues." Weitere Berichte in den Otia imperialia des Gervasius von Tilbury (c. 1210)[8]), nach welchem es an der Meeresküste von Kent bei Faversham weidenartige Bäume gebe, in deren Früchten Vögel wüchsen, die dann, größer gewachsen, ins Meer fielen. Diese bekämen die Größe einer mittelmäßigen Gans und würden in Fastenzeiten gegessen. Das Volk heiße den Vogel Barnet(a). Ähnliches berichtet Silvester Giraldus (Cambrensis, geb. 1146)[9]). Nach Angabe des Jacobus de Vitriaco († 1240)[10]) sollen die B.e an der flandrischen Küste entstehen. Thomas Cantimpratensis († 1270)[11]), der sich auf Aristoteles beruft[12]), sagt: „die Barliaten (barliates) wachsen auf Bäumen; es sind die Vögel, welche das Volk Barnescas nennt"; ähnlich Vincentius Bellovacensis[13]): De Barliathe (nachher: Bartlathes) sive Berneka. Konrad v. Megenberg, der in seinem „Buch der Natur" (c. 1350) sonst Thomas Cant. folgt, braucht die uns unerklärlichen Namen Bachad(is), wek: (ed. Pfeiffer, S. 172):

„Bachadis haizt ain bachad und haizt etswâ ain wek. daz ist ain vogel der wehst von holz, und daz holz hât vil äst an im, dar auz die vogel wachsent, alsô daz ir zemâl vil an dem paum hangt. die vögel sint klainer wan die gens und habent füez sam die änten, si sint aber swarz an der varb reht sam aschenvar. si hangent an den paumen mit den snäbeln und hangent an den rinden und an den stammen der paum. si fallent pei zeit in daz mer und wahsent auf dem mer, unz si beginnent ze fliegen. etleich läut âzen die vogel, aber Innocentius der vierd pâbist des namen verpôt die selben vogel in einem concili ze Lateran."

Albertus Magnus (1193—1280) tut bei der Beschreibung der verschiedenen Gänsearten den Aberglauben mit den Worten ab: „(genus) quod vulgus dicit nasci de arbore"[14]). Auch Roger Bacon soll ihn (lt. Carus 193) ablehnen.

Wann zuerst die Ansicht von der Entstehung aus der Muschel Lepas anatifere aufgetaucht ist, vermag ich nicht zu sagen. Im 16. Jh. kommt sie bei verschiedenen Schriftstellern vor. So Olaus Magnus, C. Gesner[15]), Seb. Münster[16]), John Gerard(e) u. a.[17]). Interessant ist namentlich dieses letztern „Herbal" (1596)[18]), weil er behauptet, die aus Muscheln entstandenen Vögel selbst gesehen zu haben.

Ferner berichtet der Basler Thomas Plater der Jüngere 1599 in seiner englischen Reise, die handschriftlich auf der Universitätsbibliothek Basel aufbewahrt wird, daß er sowohl die Muscheln als einen Kopf dieser B. gesehen habe:

„Der Baumgänsen, wie ich naher Basel aus Languedock einen Krug voller Muschlen verschickt habe, hadt es in Engellandt, sonderlich aber in Schodtlandt auch viel. Und wagsen solche muschlen an alten beümen, schiffen, steinen und anderstwo, da sich der samen hinsetzen (?), werden erstlich kleine muschlen, die nach vnndt nach zunemmen biß endtlich die muschlen aufgeht vnndt wie auß einem Ey ein Baumgans (Bernick) herfür kompt vnndt schön groß halb weiß halb schwartz oder eschenfarb wirdt, wie dann solches glaubwirdige leut, vnndt ich einen rechten kopf solcher gans gesehen hab."

Die Anschauung schleppte sich weiter durch das 17. u. 18. Jh.; ja noch i. J. 1801 war in London „the wonderful goosetree or barnacle-tree, a tree bearing geese" ausgestellt.

Vermutlich handelte es sich bei diesen gänseerzeugenden Muscheln um die sog.

Entenmuscheln, die Pedunculaten, eine Unterordnung der Cirripedien, welche jedem Badegast am Meere bekannt sein dürften und in großer Menge an Pfählen und Baumstämmen hängen. Da nun die Gänse plötzlich an jenen Küsten an den Orkadeninseln erscheinen und bald wieder verschwinden, glaubte das Volk, jene Muscheln mit den federartigen Füßchen wären die jungen Gänschen, die dann schließlich aus der Schale hervorkröchen. Der Forscher Wilhelm Barentz, ein Holländer, sah jedoch 1595 diese Rotgänse in Grönland brüten und klärte die Sage auf.

Ausführlich handeln ferner über die B.e: Mich. Maier *Tractatus de volucri arborea absque patre et matre in insulis Orcadum forma anserculorum proveniente* ... Francof. 1619 (zitiert Plutarch, der aber, wie Aristoteles, nur von der Entstehung [19]) der Insekten aus oder in Bäumen spricht); F. Bassett *Legends and Superstitions of the Sea and of Sailors*. Chicago 1885, revised 1892, der die älteren Berichte zusammengestellt hat oder aus Landrin *Les monstres marins* entnimmt. Auch Max Müller hat in seinen *Lectures on the Science of Language*, 2nd series, 1864, 533—51 die Sage und den Namen von der Bernikelgans behandelt.

Der von Liebrecht [20]) beigezogene Bericht Wilhelms v. Malmesbury (c. 1095 bis c. 1142) l. 2, c. 8, 58, wonach König Edgar von England, „dum ad cacumen arboris oculos intendit, vidit poma, unum et alterum, delapsa in fluvium, quorum collisione bullis aquatilibus inter se crispantibus, vox articulata insonuit: ‚Well is thee', i. e. bene est tibi", scheint fernzuliegen.

1) *Tierleben* 6, 263. 2) *Synopsis* § 332, 2. 3) *Zoologie* 190. 4) Heute heißt die auf Bäumen nistende Gans Alopochen *Stejn* (Brehm 6, 250), die aber offenbar mit unserer sagenhaften auf Bäumen wachsenden B. nichts zu tun hat. 5) Carus *Zoologie* 193 f. zitiert unter anderm Petrus Damianus („Insel Thilon in Indien"), die cabbalistische Schrift Sohar und Schulchan Aruch, was auf Ausbreitung im Orient schließen läßt. 6) Georg Jacob *Arabische Berichte von Gesandten an germanische Fürstenhöfe aus dem 9. u. 10. Jh.* (Berlin 1927) S. 32. 7) In „Schâschîn" vermutet Jacob „Sachsen" = England, Holthausen in Germ.-Rom. Monatschrift 15 (1927), 380: Irland. 8) Tertia Decisio, cap. 123. Dazu die Anm. von Liebrecht in s. Ausgabe, S. 163. 9) *Topographia Hiberniae* cap. 11: De Bernacis ex abietibus nascentibus (nach Carus *Zoologie* 191 A. 162). 10) In der *Historia Hierosolymitana*, abgedruckt in den *Gesta Dei per Francos*. Hanoviae 1611, 1112 (n. Carus 192, A. 163). 11) *De natura rerum* (n. Carus 192, ohne genaues Zitat). 12) Bei Aristoteles ist nur die Entstehung von Insekten aus faulendem Holz erwähnt. 13) *Speculum naturale* 16, 40. 14) *De animalibus* ed. Stadler 23, 22. 15) *Vogelbuch*. Frankf. 1600, 73 (zitiert in einem längeren Bericht Turnerus, Gyraldus, Eliota, Olaus, Münster, Saxo, Aristoteles, Albertus [als ablehnend], Boethius [d. i. Boëce *Cosmographie of Albioun* 1541]). 16) *Cosmographie* Basel 1544, 40, wo noch ein Holzschnitt beigegeben. 17) Über die Verbreitung der Überlieferung im 16. u. 17. Jh. s. G. Funck (resp. G. Schmidt) *De avis britannicae vulgo anseris arborei ortu et generatione*. Regiomonti 1689; J. E. Hering (resp. Joh. Junghans) *De ortu avis britannicae*. Witebergae 1665. — Ferner Grässe *Beitr. z. Kunde des MA.s* 1850, 80 (nach Liebrecht *Gervasius* 163). 18) s. K. Knortz *Vögel* 37 f.; Swainson *Folk-Lore of British Birds* (London 1886) 150. 19) *Vögel* 38 Anm. 20) *Gervasius* 163 unten.

Hoffmann-Krayer.

Baumhacker s. Specht.

Bauopfer. Das B. 1) ist ein über die ganze Erde und bei Völkern aller Kulturstufen verbreiteter Brauch. Wir finden ihn in China, Japan, Indien, Siam, Borneo, in Afrika, bei den Semiten, auf Neuseeland, Tahiti, Hawaii, den Fidschi-Inseln und den Chibchas in Südamerika. Bei allen europäischen Völkern ist es im MA. verbreitet und lebt vielfach noch bis zur Gegenwart in einzelnen Bräuchen 2). Der Glaube, jeder Neubau fordere ein Opfer, beruht auf dem Gedanken, daß dämonische Mächte (Erd- und Flußgötter) versöhnt werden müssen, in deren Herrschaftsbereich der Mensch durch seine Bauten eingreift. So besteht in Schottland der Glaube, daß bei großen Bauten, z. B. alten Burgen, Menschenopfer Gebrauch seien. Eine gaelische Tradition, daß zur Versöhnung der Geister des Bodens bei einem Klosterbau ein Mensch eingemauert sei, zeigt noch deutlich den ursprünglichen Sinn des B.s 3).

Besonders bei slawischen Völkern ist das B. bis zur Gegenwart als Brauch erhalten 4).

Zweifellos waren die ursprünglichen B. Menschen, die lebend in die Fundamente eingemauert wurden 5). Besonders das Opfer von Kindern ist hier außerordentlich häufig 6). Bei weiterer Entwicklung mildert sich der Brauch; es treten Tiere [7]), Eier, Geld [8]), Spielkarten [9]), sogar der Schatten [10]) als B. auf und allerlei Ablösungsbräuche [11]) lassen das Opfer ganz zurücktreten.

Besonders das Kinderopfer bei Bauten tritt stark hervor in Sagen wie auch in Funden. Durch Einmauern eines Kindes wird eine Burg unüberwindlich gemacht [12]), und bei Dammbrüchen gelingt das Schließen der Lücke erst durch das Hineinwerfen eines Kindes, das bisweilen von armen Müttern oder Zigeunerinnen dazu gekauft wird [13]). Das Kinderopfer soll öfter freiwillig gebracht sein [14]). Auch zum Tode Verurteilte kommen als B. vor [15]).

S. a. Abwehrzauber 5 (1, 146 f.); Einmauern; Kinderopfer.

[1]) Als allgemeine Darstellungen vgl. Tylor *Cultur* 1, 94 ff.; Frazer 3, 90 ff.; Andree *Parallelen* 1 (1878), 18 ff.; Grimm *Myth.* 1, 37; 2, 813. 956 ff.; 3, 451 Nr. 499; R. M. Meyer *Relig.gesch.* 200 f. 426; Reuschel *Volkskunde* 2, 61; Böckel *Volkssage* 144 f.; Schwenn *Menschenopfer* 197; Jahn *Opfergebräuche* 340; Soldan-Heppe 2, 425; Lewalter-Schläger 2, 254 A; Kuhn und Schwartz 77. 479; Meiche *Sagen* 444 Nr. 580, 933 Nr. 1140; Hellwig *Aberglaube* 111 ff.; Strack *Blut* 203; Sartori 2, 195; ZfEthnol. 30 (1898), 1 ff.; Kurt Klusemann *Das Bauopfer. Eine ethnographisch-prähistorisch-linguistische Studie.* Graz 1919. [2]) Liebrecht *Zur Volksk.* 287. Für Indien: Urquell 4 (1893), 195; Crooke *Northern India* 297; ZfVk. 23 (1913), 149. Semiten: Marti *Altes Testament* 27; Urquell 5 (1894), 188; Seligmann 2, 291; Siam: Lippert *Christentum* 457. [3]) Liebrecht *Gervasius* 170 [4]) Krauß *Religiöser Brauch* 158 ff.; Mitteil. d. Anthropol. Ges. in Wien 17 (1887), 16 ff.; Kaindl *Hausbau und Bauopfer bei den Ruthenen* in Urquell 1, 83 f. und ZfVk. 1 (1891), 114; für Polen: Urquell 3 (1892), 165; Strauß *Bulgaren* 511. [5]) Einmauerung eines Gefangenen im Detmolder Schloß: ZfrwVk. 9 (1912), 229. Menschenopfer bei Deichbruch im friesischen Recht: Urquell 2 (1891), 190. [6]) Kinderopfer bei Bauten: Andree *Parallelen* 1 (1878), 18; Urquell 2 (1891), 110; Strackerjan 1, 126. 133; Bartsch *Mecklenburg* 1, 283; Schulenburg *W. S.* 39; Kuhn *Westfalen* 1, 115 Nr. 122. Bei Brückenbau: Wuttke § 440; Witzschel *Thüringen* 1, 281 Nr. 5; 2, 63 Nr. 74; Bechstein *Thüring. Sagenbuch* 1, 92. 246. [7]) Urquell 2 (1891), 110; 3 (1892), 165. 209. 233; 4 (1893), 195; Drechsler *Schlesien* 2, 1; John *Oberlohma* 164; Frischbier *Hexenspr.* 106; Scheftelowitz *Huhnopfer* 20. 66. [8]) Urquell 2 (1891), 190. [9]) Karten verschiedener Farben bei Stallbau eingemauert: John *Westböhmen* 245. [10]) Wittstock *Siebenbürgen* 60; ZfVk. 21 (1911), 111. [11]) Seligmann 2, 285; ZfEthnolog. 1898, 49; ZfrheinVk. 5 (1908), 173. [12]) Schambach u. Müller 326 Nr. 6 (Anm.); Grimm *Myth.* 2, 956; Müllenhoff *Sagen* 331; Grimm *D. S.* 182. [13]) Urquell 2 (1891), 189 f. 25; Strackerjan 1, 127 f.; Wuttke 300 § 440; [14]) Müllenhoff *Sagen* 242 Nr. 331 [15]) Witzschel *Thüringen* 1, 282 Nr. 280. Stübe.

bäuten s. besprechen.

Bazarachiel, Stammgeist [1]), einer der mit El-Gott zusammengesetzten Geister- und Engelnamen. Es ist wohl eine mit Einfügung der Silbe ζα gebildete Erweiterung von בֵּרַכְאֵל Βαραχιήλ, Vulg. Barachel Hiob 32, 2, d. i. „Gott hat gesegnet". Oder es ist an den Namen des Engels Baragiel Βαρακιήλ [2]) zu denken, der auf בְּרַקִי־אֵל „mein Glanz, Blitz ist Gott", vgl. auch בַּרְקַי „Morgenstern", zurückgeht; κ und χ werden oft vertauscht. Die Zusatzsilbe ζα z. B. in dem Gottesnamen Βαχυχ — Βαζαχυχ [3]) oder in dem Engelnamen Ἰαζαχαήλ [4]) usw.

[1]) Kiesewetter *Faust* 446. [2]) *Das Buch Henoch* ed. Flemming-Radermacher (1901), 24. 25. 87; vgl. MjdVk N. F. 2 (1906), 117; Reitzenstein *Poimandres* (1904), 292. [3]) Le Musée Belge 18 (1914), 23 ff. [4]) Reitzenstein a. a. O. 298. Jacoby.

Beatrix s. Abdontag.

Beatus, hl. Bekenner, Fest 9. Mai, gehört zu den alten Patronen des Schweizerlandes [1]), wo er als Einsiedler lebte und seine Zelle in dem später nach ihm benannten Sankt Batten (Beatushöhle) am Thunersee hatte, einer uralten Siedlungs- (und Kult-?)stätte, geschichtlich dunkel, da eine alte Vita fehlt und eine solche erst in des Basler Minoriten Agricola Heiligenbüchlein, der 1511 in Basel gedruckten Vita Beati, vorliegt. Seit Beginn des 13. Jh.s als Patron der Kirche von Beatenberg nachweisbar. Das Augustinerkloster Interlaken hatte die Gebeine des Heiligen mit Silberdraht aneinanderfügen und in einem silberbeschlagenen Sarg in der Höhlenkapelle Beatenberg beisetzen lassen [2]). Um 1300 wurde er auch durch einen Altar im

Fraumünster zu Zürich geehrt. Das alte Sankt Batten war bis 1528 der größte Wallfahrtsort Berns. Besonders in Pestzeiten wallfahrtete man zum Haupt und zu den Gebeinen des hl. Beat, sonst auch wegen Heilung erkrankter Kinder oder Erwachsener, wie das Sprüchlein eines Knaben zeigt: „Gott grüeß di, Sant Batt! Diesen Chääs schickt dir myn Att. Er het böösi Scheichen, Weltist (wollest) Besserung verleichen" [3]).

[1]) Stückelberg *Die schweizer. Heiligen* 14 f.; Künstle *Ikonographie* 122; vgl. weiter R. Steck *Zur Beatusfrage* in BlfBernische Gesch. 12 (1916), 273—295; Bächtold *Stretlinger Chronik* (Frauenfeld 1877), LII; Buchmüller *Beatenberg* 26 ff.; Gelpke *Sagengeschichte* 1—24; Wyß *Reise* 1, 297 ff.; Niderberger *Unterwalden* 3, 5 ff. [2]) Stükkelberg *Reliquien in der Schweiz* 1, XXXVI 80. 104; 2, 32. [3]) Buchmüller a. a. O. 52. Wrede.

Becher. Auf Grund der genaueren Fundkritik in der Vorgeschichtsforschung kann es als erwiesen gelten, daß die Sagen von B., die den Elben, Zwergen und Geistern, oft bei Gelegenheit eines Gelages in einem Grabhügel, entführt wurden, auf tatsächliche Bodenfunde zurückgehen, wenn auch das Motiv in seiner volkstümlichen Entwicklung zunächst als Wandermotiv überprüft werden muß [1]). Der aus vorgeschichtlicher Zeit fortgeerbten Form des Maserb.s schrieb man vielleicht giftabwehrende Kräfte zu [2]). Außer den ledernen oder hölzernen B.n zum Würfeln kennt unser Volk diesen Gefäßtypus aber kaum. Seit der Vorgeschichte ist er vielmehr den höheren Ständen eigen [3]), und so ist denn der B. auch in den hergebrachten Komplex magischer Handlungen nicht einbezogen worden. Trünke aus einem B. schildert uns das Volksmärchen freilich oft genug als verhängnisvoll oder irgendwie bedeutsam, doch eigentlich nur in jener lebensnahen Art, in der sie in älterer Zeit tatsächlich im gesellschaftlichen und politischen Leben Europas und namentlich des Orients eine solche Rolle spielten [4]). Es ist wohl kein Zufall, daß eine Sage von einem in neun Ecken gearbeiteten wundertätigen Pokal der Familie Neuneck in Württemberg diesen als Geschenk des Patriarchen von Konstantinopel an einen Vorfahren des Geschlechts gelegentlich eines Kreuzzugs bezeichnet [5]).

[1]) Wolf *Beitr.* 2, 154; Müllenhoff *Sagen* 293 ff. 576 f.; Liebrecht *Gervasius* 129; Ranke *Volkssagen* 131; Sepp *Sagen* 26 Nr. 10; Heyl *Tirol* 409 Nr. 95; Köhler *Voigtland* 554; Meiche *Sagen* 31 Nr. 29; Müller *Siebenbürgen* 140 f. [2]) IllVk. 3, 374. [3]) Vgl. Wolf *Beitr.* 2, 275. [4]) Meyer *Germ. Myth.* 218; Schultz *Zeitrechnung* 32 ff.; Sébillot *Folk-Lore* 4, 296. [5]) Birlinger *Volksth.* 1, 228. Haberlandt.

Becherpilz s. Pilz.

Becherwahrsagung s. Lekanomantie.

Becken (Musikinstrument). 1. Ausschwärmenden Bienen (s. d.) soll man, damit sie sich sammeln und anlegen, mit klingenden B. folgen [1]). Die Ansicht geht auf Angaben antiker Naturforscher [2]) zurück und wird auch durch Vergil und Ovid [3]) vertreten; ein Teil der Schriftsteller rät unbestimmt oder allgemein zu Geklingel mit Erz [4]). Furcht oder Musikliebe der Bienen soll der Grund für die Wirksamkeit des Mittels sein. Tharsander [5]) bezweifelt aus rationalistischen Gründen die Richtigkeit der Anschauung; Réaumur [6]) hat sie experimentell widerlegt.

[1]) [Nikel Jacob] *Gründtlicher vnd nützlicher vnterricht von wartunge der Bienen* (Görlitz 1593) cp. V; Andreas Picus *Ein Büchlin oder Tractetlin / von den Ihmen / . . .* o. O. 1595, der ander Theil, Kap. 2 (Bl. B V); Joh. Colerus *Oeconomia ruralis* 1 (Mayntz 1645), 547 u. 554; Becher *Erster Theil des klugen Hausvaters* (1708), 186 = BlPomVk 2 (1893), 26 = Heckscher 2, 384; Zedler *Univ. Lex.* 2 (1732), 980; s. ferner: Bartholomaei Anglici *de . . . rervm proprietatibus* (Francofurti 1601) lib. XVIII cp. 11 (S. 1019); [Fischart] *Bienenkorb deß heil. Röm. Immenschwarms* [1588] 7. Stück 6 Kap., S. 265 b; bildlich dargestellt auf dem Titelblatt von Thomae Cantipratani *Bonum Vniversale de Apibus* (1627). *DEr veldtbaw od' das bůch von der veld arbeyt . . . von dem Kayser Constantino dem vierdten / . . . beschriben, Vnd yetz newlich durch D. Michael Herren / . . . vertolmetscht.* Straßburg 1545 Bl. cxxxj v⁰; Ulyssio Aldrovandi *Philosophie de Animalibvs insectis libri septem.* Francofvrti M.DC. XXIII S. 38,

Sp. b; in einem Gedichte Harsdörfers von 1657 auf die Bienen, s. a. Idunna und Hermode, hgg. von Gräter, Jg. 1814, 109. Angeblich noch heute geübt: Jakob Mayer *Fachlicher Sachkommentar zu Vergils Preisgedicht auf die Bienen* (Budweis 1902), 29; H. Seemann *Annotationes in Vergilii Georgicon* ... (Neisse 1870), 5; Hmtl. 11 (1924), 40 mit weiterer Literatur. 2) Geoponicorum lib. XV, cp. 3, 7; Varro *rerum rusticarum* lib. III, 16, 7. 3) Virgil *Georgicon* lib. IV, 64; Ovid *fasti* lib. III, 739 ff. 4) Belege aus der Antike bei Pauly-Wissowa 3, 444; Vinc. Bellovacensis *Spec. nat.* (s. l. e. a.) lib. XXX, cp. 77 u. 86; Megenberg ed. Pfeiffer 292; Albertus Magnus *de animalibus* lib. VIII tract. 4, cp. 4 (ed. Stadler 1, 645/6); Joh. Jonstonus *Historiae Natvralis de Insectibus* lib. III, S. 12; *Insectorvm sive minimorum Animalium Theatrvm* Tho. Movfeti (London 1634), S. 17 usw. 5) *Schauplatz* 3, 383. 6) Mémoires pour servir à l'histoire des Insectes, Tome 5ème sec. Partie (Amsterdam 1741), 299. — s. w. Biene § 4.

2. Bei vielen Völkern herrscht der Glaube an die dämonenabwehrende Kraft des B.klangs [7]; er war auch in der Antike verbreitet und führte zu kultischer Verwendung des B.s [8]. Die Herstellung aus Erz (s. d. und Glocke) und der lärmende Klang des Instrumentes (s. Lärm) gaben Anlaß zu dieser Vorstellung. Wenn bei manchen deutschen, der Dämonenabwehr dienenden Umzügen Blechdeckel als Lärminstrumente Verwendung finden [9], so gibt sich darin ein auf gleicher Grundlage erwachsener Aberglaube zu erkennen.

7) Beispiele bei Samter *Geburt* 58 ff.; dazu ARw. 3, 108. 141; Frazer *Scapegoat* 147. 8) Pauly-Wissowa 11, 2152 ff. (Pfister); Roscher *Lex. d. Myth.* II, 1. 1615; Curt Sachs *Reallex. d. Musikinstrumente* (Berlin 1913) 42 b; Ders. *Die Musikinstrumente* (Breslau 1923), 22. 9) Z. B. „Martiniweiwel": BadHmt. 14, 278; Einglöckeln des Kasmandels: Adrian *Von Salzburger Sitt und Brauch* (Wien 1924), 211; bei Hochzeitsgebräuchen: ZfVk. 10, 202. 402. Seemann.

Beckenzauber s. Hydromantie.

Beda venerabilis s. Kreuzwörter, sieben.

bedauern, beklagen, beweinen. Wie man Sterbende (s. d.) nicht beklagen darf, weil es das Sterben erschwert [1], und die Mutter das Kinderwehe nur vergrößert, wenn sie ihren Säugling mitleidig anblickt [2], darf man auch Vieh, das geschlachtet wird, nicht bedauern, weil es sonst nicht sterben kann [3] und dadurch zu lange gequält wird [4].

s. a. schlachten, Sterbender, Tränenkrüglein, weinen.

1) Strackerjan *Oldenburg* 2, 215; Andree *Braunschweig* 315. 2) Rochholz *Kinderlied* 334 Nr. 906. 3) Rockenphilosophie 561 Nr. 19 (Nr. 319) = Grimm *Myth.* 3, 444 Nr. 297; Wolf *Beiträge* 1, 220 Nr. 218; Fogel *Pennsylvania* 160 Nr. 758; Wuttke 450 § 710; Sébillot *Folk-Lore* 3, 89. 4) Grohmann 143 Nr. 1049; Müller *Isergebirge* 13. Bächtold-Stäubli.

bedecken. Im religiösen Kult hat das B. und Verhüllen der Häupter eine ebenso tiefe Wurzel in der Scheu vor der Majestät des Göttlichen, wie die Barhäuptigkeit; Moses verhüllt sein Antlitz vor Gott [1]; denn der Mensch kann nicht Gott sehen und leben [2]; so wurde auch Tiresias nach einer von Callimachus [3] überlieferten Version in seiner Jugend geblendet, als er Athene nackt im Bade sah; während die Griechen aperto capite beteten, führte nach Varro [4] Aeneas die Sitte velandi capitis ein, „zur Abhaltung profaner Eindrücke" und innern Sammlung; im Germanischen Kult waren die Priester der Goten nach Jordanis' Getica c. XI: pilleati geheißen: „sacerdotes, nomen illis pilleatorum contradens, ut reor, quia opertis capitibus tyaris, quos pilleos alio nomine nuncupamus, litabant" [5]; bei Leutkirch [6] im bayrischen Allgäu umschreiten die Verwandten beim Seelenamt für einen Verstorbenen mit bedecktem Haupt den Altar (Verhüllen bei Trauerfällen?), ebenso im badischen Kinzigtal [7]. Im Rechtsleben finden wir einen eigentümlichen, nur durch Sagen belegten Brauch; darnach kann man eine solche Fläche Landes in Besitz nehmen, welche mit Erde, Samen oder einer Tierhaut (Dido!) [8] bedeckt werden kann; Widukind von Corvey beschreibt in seinen Res gestae Saxonicae [9], wie nach der Landung ein junger Sachse von einem Thüringer Erde kaufte, einen „sinus" voll; „sumpta humo per vicinos agros quam potest subtiliter sparsit et castrorum loca occupavit" [10]; neben dem Bestreuen mit

Erde ist bezeugt: Besäen mit Gerste oder Leinsamen und B. mit Ochsenhaut [11]). Außerdem wird als Buße für einen erschlagenen Hofhund auferlegt: man soll den Hund aufhängen, bis er mit der Schnauze den Boden berührt, und er soll mit rohem Weizen begossen werden, bis er bedeckt ist [12]). Der heutige Primitive kennt das B. des Körpers oder der Körperteile vor allem als Hauptmittel gegen den bösen Blick oder sonstigen Schadenzauber von Dämonen und bösen Menschen; und auch im deutschen Aberglauben haben sich Reste erhalten. Seligmann hat hier das meiste Material zusammengestellt; ob sich die Süditalienerin [13]) die Schürze über den Kopf deckt, wenn sie einen Fremden sieht, und die Frau auf Neuguinea [14]) vor dem Weißen das Gesicht mit den Händen bedeckt, oder ob viele Stämme Afrikas die Trinkgefäße verdecken und das Gesicht verhüllen, wenn der Häuptling speist [15]), oder ob die Braut [16]) mit einem roten Schleier verdeckt wird, oder ob in Schweden [17]) und auch sonst [18]) beim Eintritt verdächtiger Personen das Kind mit einem Tuch bedeckt wird, immer ist die Angst vor dem bösen Blick die Ursache. Zimmermann berichtet (l. c. 4) als eine der Maßnahmen nach dem Genuß des Abendmahles, man dürfe drei Tage nicht mit bloßen Füßen gehen und „man müsse etliche Tage noch darnach eine weisse (s. weiß) Haube aufsetzen / und dörffe 3 Tage nicht mit blossem Haupte gehen"; hier ist die weiße Farbe apotropäisch und das Bedecken. Zimmermann faßt die Zeremonie im Sinne der jüdischen Vorschrift auf (vgl. A 1). Als apotropäische Maßnahme ist wohl ursprünglich auch die bei Buxtorf [19]) und auch in der Schweiz [20]) belegte Vorschrift zu erklären, daß die Wöchnerin die Brust und das Haupt nicht entblößen soll; Buxtorf erklärt dieses Gebot mit der Achtung vor der göttlichen Majestät. In Deutschland bedeckt man die Butter, Milch oder Milch- und Buttergefäße, die man über den Hof oder die Straße tragen muß, mit einem Tuch oder der Schürze [21]) (vgl. Butter, Milch), und im Norden deckt man über das Bier, sobald man das böse Auge fürchtet, ein Tuch [22]) (vgl. Backen, Brauen). In Oldenburg [23]) und Ostpreußen [24]) bedeckt man die Schweine mit einem Stück Zeug. In Norwegen [25]) wird das Wasser zugedeckt, das für die kalbenden Kühe bestimmt ist, während man in Estland [26]) die Fische mit einem Tuch oder einer Schürze zudeckt. Entsetzliche Angst haben die meisten Völker vor dem Auge der Toten: der Grieche [27]) bedeckte die Leiche, das altindische [28]) Zeremoniell schreibt Bedeckung aller Gesichtsöffnungen vor, die Mongolen [29]) nähen die Augen der Leiche zu und b. sie mit einem schwarzen Tuch, der Kroate [30]) bedeckt das Auge mit einem Kreuzer, bei den Germanen [31]) mußte der Leichnam unbedingt bedeckt werden, sogar der Mörder achtete dieses Gebot; der Nordländer [32]) nähert sich der Leiche nur von rückwärts und mit bedecktem Kopf; in Mecklenburg [33]) muß in dem Zimmer, in dem eine Leiche liegt, sofort nach dem Tode der Spiegel verhängt werden, damit die Leiche nicht durch Abspiegelung sich verdoppelt, d. h. jemand im Hause stirbt. Die Juden in Galizien b. den Kranken mit einem schwarzen Tuch [34]).

Menschen, besonders Frauen, welche sich bewußt sind, einen gefährlichen Blick zu haben, b. selbst das Gesicht oder man verbindet ihnen die Augen (Hexen [35]), Verbrecher); das ist besonders bei den Frauen in menstruis der Fall; der Römer glaubte ja, daß der Blick der menstruierenden Frau bewirken könne, daß trächtige Stuten abortieren; Frazer [37]) und Seligmann [38]) bieten alles Material, besonders für primitive Völker. In der nordischen Sage [39]) wird erzählt, wie Svanhild von Pferden zertreten werden soll, wie aber die Pferde ihren Blick fürchten, worauf man ihr Haupt mit einem Sack bedeckt; eine Hexe in Norwegen [40]), der man die Binde von den Augen nimmt, versengt Felder und Wiesen; ebenso macht Stigandi in der Laxdaela-Saga [41]) durch ein Loch des Sackes, den man über seinen Kopf geworfen hat, eine Wiese unfruchtbar.

Im Fruchtbarkeitsritus finden wir das rituelle B. anläßlich des Einholens des Kreuzbaumes bei den Elbwenden [42]). Der gefällte Baum wird, mit den Röcken der Hauswirte bedeckt, ins Dorf gefahren. Die Rockenphilosophie schreibt vor: „Wer großköpfigte Hühner wünscht, tue beim Ansetzen der Gluckhenne einen feinen großen Strohhut auf" [43]); derselbe Gebrauch lebt noch in Baden [44]). Im Heilzauber erwähnt Seligmann [45]) das B. des Gesichtes eines Kranken mit einem weißen Tuch (Indier). Der Gespensteraberglauben der Böhmen [46]) schreibt vor, daß man das Gesicht b. muß, sobald man ein Irrlicht verspottet, sonst kratzt dies einem die Augen aus (vgl. dagegen barhaupt A 5).

Vgl. barhaupt, bloß, entblößen, verhüllen.

[1]) Moses II. Buch 3, 6; vgl. III, 21,10; über die Entblößung des Hauptes als Zeichen der Ehrfurcht vgl. Brevinus Noricus Fago Villanus 5 f.; der Bramane bedeckt das Haupt beim Verrichten der Bedürfnisse: Seligmann 1, 173. [2]) Moses II, 33, 20; vgl. III, 16, 13; Richter 13, 22; Seligmann *Blick* 1, 184—185. [3]) Hymnus auf das Bad der Pallas: 5, 75—82, p. 47 Wilamowitz; vgl. Anchises: Roscher *Lexikon* 1, 337 ff. [4]) Bei Macrobius *Saturnalien* 3, 6, 17 = 181, 9 ff Eyssenhardt; Sittl *Gebärden* 177; vgl. dagegen die berühmte Stelle Paulus an die Korinther I, 11, 3—8; dazu Brevinus Noricus 6; vgl. Fehrle *Keuschheit* 39 A; über andere Kultgebräuche vgl. Pley *de lanae usu* 12. 14; Cassel *Kirchenbuch* 83 ff. [5]) Grimm *Myth.* 1, 26; Jordanis *Getica* MG. auctores antiquissimi 5, 74. 22; Rochholz *Glaube* 2, 233; die Seher auf den Hebriden aber amtieren mit unbedecktem Haupt: ZfVk. 1917, 1; vgl. ZfVölkerpsych. 18, 260. [6]) Reiser *Allgäu* 2, 302 ff. [7]) Meyer *Baden* 595. [8]) Vergil *Aeneis* 1, 368. [9]) MGSS. 3, 418, 16 ff. [10]) l. c. 418, 32. [11]) Grimm *RA.* 1, 124—127; Kloster 9, 992. [12]) Grimm l. c. 2, 239 ff.; Kloster 12, 1125 (B. mit Gerste). [13]) Seligmann *Blick* 2, 280; Fehrle *Keuschheit* 39 A. [14]) Seligmann 1, 47, vgl. 46. [15]) l. c. 1, 239; Frazer 2^3, 117 ff. 120. [16]) Seligmann 2, 252 (Tartaren); vgl. 254. 224; 1, 101. 103; 2, 278 (zusammenfassend); Rochholz l. c. 2, 284. [17]) l. c. 2, 279. [18]) l. c. 2, 248 (Böhmen); vgl. 1, 132; auch die Wöchnerin: 2, 280; 2, 70 (hier auch Knoblauch als Apotropaion); 2, 243; W. 575. [19]) Buxtorf *Judenschul* 151—152. [20]) Lütolf *Sagen* 550. 535—36: die Wöchnerin, die noch nicht ausgesegnet ist, nimmt beim Verlassen des Hauses eine Schindel oder ein Brett auf den Kopf; eine schwangere Frau darf nicht mit unbedeckten Haaren ausgehen, sonst würde eine Frühgeburt erfolgen: Grohmann 114 Nr. 847; ebenso darf eine Wöchnerin nicht mit unbedecktem Haupte ausgehen: ders. 115 Nr. 863; den Kopf mit dem Tuch b., bedeutet bei den Südslaven das Ende der Mädchenzeit: Krauß Anthropophyteia 8, 118 ff. In Niedersachsen durfte früher keine Frau mit unbedecktem Haupte, ohne Mütze, vor die Haustür treten, sonst war sie den Zwergen verfallen: Schambach-Müller 300. 23; vgl. Frazer 7, 1^3, 22. 24. 25. 29. 44 ff. 48 ff. 90—92; wenn im Norden ein Verbrecher die bloße Brust einer Wöchnerin anschaut, geht die Milch aus: Seligmann *Blick* 1, 93. [21]) Liebrecht *Zur Volksk.* 318, 45; Bartsch *Mecklenburg* 2, 136, 599; Seligmann 1, 167. 226. 236. 235. 280; W. 706. 709; Bavaria 2 a, 303; aber die Gefäße der Holdae müssen unbedeckt sein: Nach einem vor allem in französischen Quellen überlieferten, aber auch in Deutschland nachweisbaren Aberglauben vermehren die Dominae oder Holdae die Opferspeisen, si vasa escarum sint discooperta et vasa poculorum non obstructa eis in nocte relinquantur; die Stellen aus Guilelmus Alvernus bietet Grimm *Myth.* 1, 237—38; weitere Parallelen auch für Deutschland: MschlesVk. 1915, 47—49 mit Literatur; l. c. 1926, 67 Nr. 17; auch der Tisch darf nicht über Nacht bedeckt bleiben, weil sonst die Engel, die daran wachen, im Himmel zu lange beten müssen: Drechsler 2, 12; W. 461. [22]) ZfVk. 1901, 306. 321; Seligmann 1, 236. [23]) Strackerjan 1, 372 Nr. 210. [24]) Lemke *Ostpreußen* 1, 85; Seligmann 1, 215; der Araber bedeckt sein Pferd: Seligmann 1, 214; vgl. 171. [25]) Ebd. 2, 226: mit Kittel, Hose oder Schürze; in Backnang muß eine frischmelkige Kuh zugedeckt werden, wenn man sie aus dem Stall führt; Eberhardt *Landwirtschaft* Nr. 3, 18. [26]) Seligmann 2, 279; auch in Ägypten: 1, 237. [27]) Sophokles *Aias* 915 ff.; Wächter *Reinheit* 45 A. 53; in Rom bedeckte man die Leiche vor dem Pontifex Maximus: Seligmann 1, 185. [28]) Ebd. 1, 161; [29]) Ebd. 1, 160. [30]) Ebd. 1, 160; vgl. 1, 181; 2, 454. [31]) Paul *Grundriß* 3, 427. [32]) Seligmann 1, 160. [33]) Bartsch 2, 89, 278; 90, 279; ZfVk. 1891. 157 (Südslaven); 1, 185 (Mark Brandenburg); Frazer 2, 94 ff; vgl. Grimm *Myth.* 3, 492, 2 (Litauer); Fox *Saarland* 371. [34]) Urquell 4 (1893), 170. 124; in der alten christlichen Kirche bedeckte man den Kranken mit dem cilicium, das man auch über den Kopf des Toten legte: Pley *de lanae usu* 18 u. 20 A. [35]) Schindler *Aberglaube* 292: Die Hexen werden rückwärts zum Verhör geführt wegen des bösen Blickes. [36]) Plinius 28, 79 = 4, 303. 14 Mayhoff: equas si sint gravidae, tactas abortium pati. [37]) 2, 7, 1^3, 22—25. 44 ff. 48 ff. 55, 92. [38]) 1, 95—96. 213; 2, 132. 279—284. 286. [39]) Seligmann 1, 213; 2, 285. [40]) Ebd. 2, 284; in Schweden bedeckt man den Kopf des Zau-

berers mit einem Seehundsfell: l. c. 2, 232. [41]) l. c. 1, 223; 2, 284 Laxdæla-Saga, hrsg. von Kr. Kalund (Halle 1896), 112—113. [42]) Mannhardt 1, 174. [43]) Grimm *Myth.* 3, 435. 19; Fischer *Aberglaube* 197; nach der alten Weiber Philosophy (1612) muß man „den sack auff das haupt setzen, dass die zipfelein über sich gewendet sind": ZfdMythol. 3, 315. 68; dagegen Grimm l. c. 454. 575 (Ersatz für Nacktheit) vgl. ZfVk. 1893, 38 u. 91. [44]) Meyer *Baden* 412. [45]) *Blick* 1, 331. [46]) Grohmann 232, 1682. Eckstein.

Beer, Johannes, Sohn eines Schweidnitzer Bäckers, hat in Krakau die schwarze Kunst studiert, dann aber die Bücher der heidnischen und fürwitzigen Künste hinweggetan, fleißig die heilige Schrift und Thauler gelesen. Um 1570 lebte er nicht weit von Bolkenhain, war Schulmeister in Reichenau und hauste in Schönberg. 1600 starb er und hinterließ eine Tochter, die mit dem Prediger in Adelsbach verheiratet war [1]). Sein Schüler Johannes Springer, in schlechtgemeinem Dorfhabit nichtsdestoweniger ein gelehrter Philosophus und geübter Medikus, bewahrte eine von B. hinterbliebene Handschrift „Gewinn und Verlust" auf, die er 1624 Abraham v. Franckenberg übergab, der sie veröffentlichte. Springer war es auch, der über B.s Gang zu den drei Männern im Zobten berichtete [2]).

B. gehörte zu den Pansophen des 16. Jh., die des Mysterii biblici und Magisterii philosophici nicht unkundig waren, die Gottes Wunder in der Natur auf philosophische Weise beschauten, und die durch Gebet endlich neben göttlicher und natürlicher Erkenntnis der Arznei auch die Gabe bekommen, in die untersten Orte der Erde einzugehen und den Geistern im Gefängnis zu predigen [3]).

[1]) Bohn in MschlVk. 20, 109 ff.; Peukkert *Leben J. Böhmes* 110 ff. Vgl. auch Peuckert *Rosenkreutzer* 1928, Register. [2]) Grimm *Sagen* 144 = Peuckert *Schlesien* 66; ausführlicher: Kühnau *Sagen* 1, 540 ff. = MschlVk. 20, 109 ff. Der allein noch benützbare Text Peuckert *Leben J. Böhmes* 111 ff. [3]) Vgl. Pansophie. Peuckert.

Beere. 1. Die eßbaren B.n des Waldes bildeten in der Urzeit eine wichtige und jedenfalls allgemein gesammelte Zukost. Funde in den steinzeitlichen Pfahlbauten beweisen ihre Beliebtheit [1]). Es kommen vor allem in Betracht Erd-, Heidel-, Preisel- und Himbeere (s. d.).

[1]) Hoops *Reallex.* 1, 203 f.; Höfler *Botanik* 57.

2. Weit verbreitet ist die Sitte der Kinder beim B.nsammeln die (drei) ersten gefundenen B.n auf einen Baumstumpf oder einen Stein zu legen oder über den Kopf (oder die linke Schulter) zu werfen; dann glauben sie, viele B.n zu finden. Diese ersten B.n „gehören den armen Seelen". In all diesen Bräuchen dürfen wir wohl den Rest eines Opfers an die Waldgeister sehen. Auch in den zahlreichen B.nliedern, wie sie beim Sammeln der Waldbeeren von den Kindern gesungen werden [2]), finden sich oft noch Anspielungen auf die Waldgeister. Über all diese Bräuche hat in ausgezeichneter Weise Hepding [3]) gehandelt.

[2]) Vgl. z. B. Marzell *Bayer. Volksbot.* 75 ff. [3]) Hepding *Die Heidelbeere im Volksbrauch* in: HessBl. 22, 1—58. Mit reichen Literaturangaben. Marzell.

Befana, Befania, die Fee B., eine der Holda, Perchta, Abundia (s. d.) verwandte, italienische Dämonin der Adventszeit, scheint auf den ersten Blick nichts anderes als die Personifikation eines Kalenderbegriffes, nämlich des Epiphaniasfestes (6. Jan.) zu sein, womit ihr Name natürlich auf jeden Fall zusammenhängt [1]). Schon J. Grimm äußert die Vermutung, daß ebenso auch die Figur der engverwandten Perchta im Deutschen aus der ahd. Übersetzung des Epiphanienfestes *zi deru perchtun naht, perhtenabend, perchtentag* abgeleitet sei [2]); der Name des Tages ist dann als Tag der Perchta verstanden worden. Wenigstens was den Namen anbelangt, so ist diese Ableitung ebenso wahrscheinlich [3]), wie die Ableitung der B. aus dem Epiphaniasfest sicher ist. Aber man darf nicht glauben, daß mit dem Namen auch schon die Figur der Dämonin selbst erklärt und gegeben sei. Es liegt in beiden Fällen der ältere Glaube an ein weibliches Gespenst, eine Totenführerin zugrunde, deren Erfindung der Name des Festes natürlich nicht erst veranlaßt hat, wie schon J. Grimm gleichfalls vermutete.

Er verlieh ihr nur einen neuen Namen; der unbestimmt kollektive Charakter solcher Gespenster und die numinose Scheu, ihren eigentlichen Namen zu nennen, mag diesen Umstand begünstigt haben.

[1]) Grimm *Mythol.* 1, 234; Liebrecht *Gervasius* 184; Usener in Rhein. Museum 30, 197; *Kl. Schr.* 4, 500; Fedor Schneider *Rom u. Romgedanke* 31. 33. [2]) Grimm *Mythol.* 1, 233; vgl. Mannhardt 2, 185, woselbst weitere derartige Personifizierungen. [3]) Waschnitius *Perht* 148. 149.
H. Naumann.

Befleckung s. unrein.

begegnen s. Angang.

begießen s. Wasserguß.

begleiten, Begleiter. In zahllosen Geister- und Gespenstergeschichten berichtet das Volk von Geistern, die nachts in die Nähe derjenigen kommen, die noch außerhalb des schützenden Hauses sind und sie in Menschen- oder Tiergestalt eine Strecke weit begleiten, um dann plötzlich wieder zu verschwinden [1]). In einer bergischen Sage sah ein abends heimkehrender Weber einen Mann „an der andern Wegseite dahinschreiten. Ging unser Weber schneller, so ging der geheimnisvolle Mann auch schneller, und ebenso verlangsamte er seinen Schritt, wenn jener weniger schnell ging. Blieb der Weber stehen, so ahmte sein Begleiter das sofort nach. Darnach wurde der rätselhafte Fremde immer größer und größer, bis zum Schultenhof, wo er plötzlich verschwand" [2]). Nachtbuben oder Mörder, die einem Geistlichen auflauern, sehen ihn plötzlich nicht allein, sondern in Begleitung Unbekannter (d. h. Engel) [3]).

s. a. Schutzgeist.

[1]) Vgl. z. B. Reiser *Allgäu* 1, 304 Nr. 387; 1, 336 Nr. 4; Schell *Berg. Sagen* 168 Nr. 69; Jegerlehner 1, 69 Nr. 13 und Anmerkung 2, 298. [2]) Schell *Berg. Sagen* 167 Nr. 68. [3]) Ebd. 167 Nr. 68; 183 Nr. 109 und Anmerkung S. 580; vgl. Caesarius v. Heisterbach 8, c. 43; Grimm *Mythol.* 2, 729 f.
Bächtold-Stäubli.

Begonie (Schiefblatt; Begonia-Arten). Häufig gezogene, aus den Tropen stammende Zimmerzierpflanze mit ungleichseitigen, schief-herzförmigen, oft gefleckten Blättern. Wenn sie im Frühjahr nicht mehr austreibt, bedeutet das den Tod eines Hausmitgliedes [1]). Die B. stört, im Zimmer gehalten, den Frieden bei Brautleuten und Jungvermählten (vgl. Hortensie) [2]).

[1]) Meyer *Baden* 577. Handtmann *Märk. Heide* 178.
Marzell.

Begräbnis.

I. 1. Allgemeines. 2. Teil- u. Doppelbestattung. 3. Lebendig begraben. 4. Grab machen. 5. Offenes Grab. 6. Grab schließen. 6. Umwandlung. 7. Schießen. 8. Vorzeichen. — II. B.ort. — III. B.zeit. — IV. B.wetter. — V. B.-kosten.

I. 1. Das B. unter Beobachtung aller Riten hat ursprünglich den Zweck, die Überlebenden von der Befleckung durch den Leichnam zu befreien und zugleich dem Verstorbenen den Übergang in eine andere Welt, zu dem Volk der Toten, zu erleichtern, damit er nicht weiter die Überlebenden beunruhige oder gar durch seine Bosheit schädige (Trennungsriten). Darum finden wir zweierlei Gefühle, die oft noch sehr deutlich aus den Bestattungsriten durchschimmern: einerseits Furcht vor dem Toten, der sehr oft als böse vorgestellt wird, anderseits Liebe und Pietät ihm gegenüber [1]). Eine psychologische Erklärung dieser entgegengesetzten Gefühle, dieser Ambivalenz, versucht Freud [2]). Aus beiden Gefühlen erklärt sich die große Sorge der Hinterbliebenen, daß bei der Bestattung alles richtig, der alten Sitte gemäß, hergehe, wobei oft noch der Glaube herrscht, der Tote beobachte und fühle alles, was um ihn her geschieht. Darum bemerkt man auch gerade bei den B.gebräuchen ein besonders zähes Festhalten an alter Sitte [3]). Heutzutage ist es unmöglich bei jedem Brauch zu bestimmen, ob er durch Furcht oder Liebe veranlaßt sei, weil oft dieselbe Handlung von dem einen noch als Abwehr gegen den Toten, von dem andern aber als pietätvolle Pflicht zur Ehrung des Verstorbenen empfunden oder erklärt wird.

Schon der Lebende sorgt, daß für seinen Tod alles Nötige bereit sei (Bruderschaften), und daß alles nach altem Brauch und nicht zu ärmlich zugehen werde (s. Leichenmahl). Das ist auch die Sorge der Hinterbliebenen, meist mit der Begründung, es sei eine Ehrung des Toten. Doch glaubt man auch, der Tote müsse sonst zurückkehren [4]). Darum hat alles, was beim B. unerwartet, gegen den gewöhnlichen Brauch geschieht, schlimme Vorbedeutung.

Vor allem war und ist es wichtig, daß der Tote überhaupt begraben werden kann (s. unbegraben), und daß er in der Heimat bei seinen Angehörigen liege. Drum werden alle Anstrengungen gemacht, z. B. die Leiche eines Ertrunkenen (s. d.) zu finden [5]). Bleibt die Leiche aber verschwunden, so soll ein Scheinb. dem Toten Ruhe verschaffen. Aus alter Zeit stammt der Bericht des Paulus Diaconus, daß bei den Langobarden, wenn einer im Kriege oder sonstwo umgekommen, seine Verwandten auf ihre Gräber eine Stange (perticae, id est trabes erectae) aufstellten, auf deren Spitze eine hölzerne Taube befestigt war, die nach der Gegend schaute, wo der Betreffende gestorben (ut sciri possit, in quam partem his qui defunctus fuerat quiesceret) [6]). Als Seelenvogel, als eine Bannung des Toten in die Stange, wird man das kaum auffassen können. Eine sichere Deutung scheint mir unmöglich; wahrscheinlich soll es ein „Heimweisen" des Toten sein, damit er bei seinem Geschlechte ruhe. Am nächsten damit verwandt scheint mir ein bei Crooke erwähnter indischer Brauch [6]). In Siebenbürgen begräbt man ein Kleidungsstück des in der Fremde Verstorbenen in die Erde eines Berges beim Heimatdorf [7]). Auf Föhr hält man einen Trauergottesdienst [8]), in Frankreich eine eigentliche Leichenfeier, wobei ein Kreuz den Toten vertritt [9]), ein Zeichen, daß man nur durch Ausführung der B.riten dem Toten zur Ruhe verhilft [10]). Die B.pflicht liegt den Verwandten ob, aber auch jedem, der eine Leiche antrifft (Sagen vom dankbaren Toten) [11]). Die Angehörigen sind am meisten den Angriffen des Toten ausgesetzt, und es heißt darum bis heute sehr oft, daß der Tote einen von ihnen nachholt, falls irgend etwas beim B. versehen wird.

Seit der Einführung des Christentums legte man Wert auf regelrechte Bestattung, weil man die Auferstehung des Leibes davon abhängig ansah, und dann besonders, weil alle die Riten der Kirche, insbesondere die Bestattung in geweihter Erde, als Hilfe für das Seelenheil des Toten betrachtet wurden [12]). In Sagen spuken Ermordete oder andere Tote, die in ungeweihter Erde begraben worden sind, bis man ihre Gebeine auf den geweihten Friedhof bringt [13]). Die Juden glaubten, wer in fremden Ländern sterbe, müsse sich durch unterirdische Klüfte wälzen bis ins gelobte Land, sonst werde er nicht auferstehen [14]). Verweigerung des „ehrlichen" Begräbnisses galt immer schon als Bestrafung und wurde gegen Verbrecher angewandt. Der Brauch geht in heidnische Zeit zurück und bestand wohl in der Versagung der üblichen Riten und im B. abgesondert von den Toten der Sippe [15]). In der christlichen Zeit liegt die Bestrafung darin, daß der Tote ohne die kirchlichen Zeremonien und in ungeweihte Erde bestattet wird, ein Vorgehen, an dem auch die protestantische Kirche anfangs festhielt [16]). Eine Verschärfung (in heidnischer und christlicher Zeit) war es, wenn die Leiche noch vernichtet oder weggeschafft, d. h. dem Feuer oder Wasser übergeben wurde; denn sie einfach liegen zu lassen, wäre zu gefährlich gewesen, da man gerade solche Tote besonders fürchten mußte. S. Leichenverbrennung, Selbstmörder, Wiedergänger [17]).

1) ERE. 4, 419. 426; 2, 21 f.; v. Gennep *Rites de passage* 209 ff.; Lévy-Bruhl *Fonctions mentales* 352 ff.; Scherke *Primitive* 156 ff.; Wasmansdorff *Die religiösen Motive d. Totenbestattung* (Progr. Berlin 1884); Lehrbuch d. Rel.gesch.[4] 2, 563 ff. 2) S. Freud *Totem u. Tabu* (1922) 70 ff. 3) Meyer *Germ. Myth.* 61 f. 4) Wittstock *Siebenbürgen* 100; John *Erzgebirge* 115; Strackerjan 2, 217; Baumgarten *Aus der Heimat* 3, 112; Hoops *Sassen* 119; Lucius *Heiligenkult* 26; vgl. Pauly-Wissowa 3, 333. 347; Feilberg *Dansk Bondeliv* 2, 111 f. 5) MschlesVk. 9. Heft 21. 53. 87; Sartori *Sitte u. Brauch* 1, 154; Kühnau *Sagen* 2, 281; Wittstock *Siebenbürgen* 60; Fogel *Penn-*

sylvania 135 Nr. 622; Le Braz *Légende* 1, 395; vgl. Dieterich *Mutter Erde* 52. [6]) Paulus Diaconus 5, 34; vgl. Meyer *Germ. Myth.* 63; Ebert *Reallex.* 4, 2, 492; Weicker *Seelenvogel* 10; Grimm *Kl. Schr.* 5, 447; Crooke *Northern India* 223 f. [7]) Wlislocki *Magyaren* 12; vgl. FFC. 41, 182; Mélusine 2, 418. [8]) ZfVk. 19, 277. [9]) RTrp. 12, 396; 14, 346; Le Braz *Légende* 1, 424 ff. [10]) ERE. 4, 428; Scherke *Primitive* 60 u. 170; ZfVk. 14, 401; 15, 5; Liebrecht *Z. Volksk.* 398 f.; Pauly-Wissowa 3, 333 f.; Crooke *Northern India* 230 f.; FL. 8, 334 f.; 15, 123; Zelenin *Russ. Volksk.* 326. [11]) Simrock *Mythologie* 117 f.; Brunner *Deutsche Rechtsgeschichte*² 1, 127; Pauly-Wissowa 3, 347; ERE. 4, 420; ZfVk. 14, 30 ff.; Bolte-Polivka 3, 490 ff. 511 f.; Schwebel *Tod u. ewiges Leben* 328 f.; ZfvglRechtswiss. 33, 359. [12]) Lucius *Heiligenkult* 25 f.; Wasmansdorff *Die religiösen Motive der Totenbestattung* 17 f. [13]) Meyer *Aberglaube* 351; Kühnau *Sagen* 1, 44. 46 ff. 56; Haupt *Lausitz* 1, 148 Nr. 169; Meiche *Sagen* 183 Nr. 251; Stemplinger *Aberglaube* 60; Meier *Schwaben* 1, 303; Feilberg *Dansk Bondeliv* 2, 128 f. u. 132. [14]) Buxtorf *Judenschul* 617. [15]) Brunner *Deutsche Rechtsgeschichte*² 1, 244. 246 f.; Amira *Grundriß* 238. [16]) Bodemeyer *Rechtsalterth.* 176 ff. [17]) AfdA. 28, 315 ff.; SAVk. 26, 145 ff.

2. Teil- und Doppelbestattung kommen in älterer Zeit noch vor. Bei Fürstenleichen wurden etwa Herz, Eingeweide, Kopf oder Gebeine besonders begraben. Dies wird z. B. von Barbarossas Leichnam berichtet [18]). Oder nur der Kopf wurde begraben, wahrscheinlich, weil er als Sitz der Seele galt [19]). Noch Durand erklärt: „Religiosa sunt, ubi cadaver hominis integrum, vel etiam caput tantum sepelitur . . . corpus vero vel aliquod aliud membrum absque capite sepultum, non facit locum religiosum" [20]) (s. Totenschädel).

Doppelbestattung kann man es nennen, wenn nach der Verwesung die Gebeine wieder begraben oder sorgfältig in einem Beinhaus gesammelt werden. Es scheint noch etwa der Glaube zu herrschen, daß an den Knochen etwas vom Toten haftet (s. Totenknochen). Ein Totengräber legt die Gebeine seiner Verwandten in das Grab eines unschuldigen Kindes mit der Behauptung, das tue den Toten noch im Himmel wohl, und es verkürze die Bußung [21]).

[18]) Chron. d. Otto v. St. Blasien c. 35; Sitzb. Berlin 1920, 478; Lünig *Theatr. Ceremon.* 2, 765 f.; Simrock *Myth.* 577; Schwebel *Tod u. ewiges Leben* 244 f.; Witzschel *Thüringen* 2, 17; Schultz *Höfisches Leben* 2, 464 f.; noch bei Franz Joseph (nach Zeitungsberichten Nov. 1916). [19]) Deonna *Croyances* 457; Amira *Todesstr.* 212; Weinhold *D. heidn. Totenbestattung* 42 u. 128; Ebert *Reallex.* 4, 455 f.; Helm *Religgesch.* 1, 132 f.; vgl. Graber *Kärnten* 168 Nr. 218. [20]) Durand *Rationale* (1565) 21b. [21]) Alpenrosen, ein Schweizer-Almanach 1813, 180; vgl. Jörger *Vals* 54; ERE. 4, 442; Scherke *Primitive* 74 ff.; Lammert 109; Pauly-Wissowa 3, 357; ZfVk. 18, 360; Rochholz *Sagen* 2, 159; ZfVk. 14, 33; ARw. 9, 385 ff.

3. Daß Leute lebendig begraben wurden, findet sich in sagenhaften Berichten; besonders wird es von den alten „Heiden" erzählt, oder es hat den Sinn eines Opfers (Bauopfer) [22]). Als Rechtsstrafe kam es früher häufig vor [23]).

[22]) Schell *Berg. Sagen* 506 Nr. 24; Korth *Jülich* 117 f.; Ders. *Bergheim* 26 f.; Müllenhoff *Sagen* 537 Nr. 530; Lütolf *Sagen* 253; Kuhn *Westfalen* 106 Nr. 109; Kuhn u. Schwartz 72 Nr. 74; Tetzner *Slaven* 377; Graber *Kärnten* 208 Nr. 281; 423 Nr. 576; vgl. Amira *Todesstr.* 214. [23]) Grimm *RA.* 2, 274 ff.

4. Schon das Grabmachen ist mit Gefahr verbunden. Wenn es nicht Aufgabe eines besonderen Totengräbers ist, so besorgen Nachbarn [24]) oder die Träger [25]) diese Arbeit. In Schwaben und Anhalt kam es vor, daß der jüngstverheiratete Bürger den Totengräberdienst übernehmen mußte, dafür aber jemand anstellte [26]). Seltener wurde es durch Verwandte besorgt [27]), es ist Angehörigen im Gegenteil verboten, beim Graben und Zuwerfen des Grabes beschäftigt zu sein, sonst stirbt bald jemand aus der Familie [28]). Manchmal bestimmt der Sterbende selbst noch die Leute, die das Grab fertig machen sollen, und keiner darf sich dieser Pflicht entziehen [29]). Die Grabmacher essen und trinken fleißig; doch darf von den Speisen und Getränken, die man ihnen auf den Friedhof schickt, nichts ins Trauerhaus zurückgebracht werden, sonst stirbt bald jemand aus dem Haus [30]). Die Nachbarn gossen von dem gespendeten Branntwein ins offene Grab, wenn sie mit der Arbeit

fertig waren [31]). Es kommt auch vor, daß den Leuten eine Spende an Geld oder Brot und Bier verabreicht wird [32]).

Als Abwehr ist es aufzufassen, wenn zu Beginn oder Ende der Arbeit, oder wenn das Grab zur Hälfte gegraben ist, mit der Glocke ein Zeichen geläutet wird [33]), oder wenn der Totengräber seine Arbeit mit einem Gebet beendigt [34]).

Das Grab darf nicht zu früh gegraben werden, erst am B.tage, sonst hat man vor dem Toten keine Ruhe [35]), oder es soll nicht an einem Tag fertig gemacht werden, die Arbeit muß dreimal unterbrochen und erst am Beerdigungstag fertiggestellt werden, damit der Tote seine Ruhe habe [36]). Schaufelt man alle Erde heraus, so fährt ein feuriger Drache, der „gehen“ muß, ins Grab, und das hat die Folge, daß die ganze Ortschaft ausstirbt [37]). Es liegt hier die Furcht vor bösen Geistern zugrunde, die sich im offenen Grab verstecken könnten. Umgekehrt heißt es auch, man müsse das Grab womöglich noch am Abend des Todestages beginnen, sonst könnte die arme Seele keine Ruhe finden, müsse umherirren oder Angehörige und Totengräber belästigen [38]); der Tote oder die Seele muß also sofort die Wohnung bereit finden.

Stößt einer der Nachbarn beim Grabmachen auf einen Knochen, so stirbt er im selben Jahr [39]).

Wichtig ist auch, daß das Grab tief genug sei; alte Verordnungen verlangen es meist aus sanitären Gründen [40]); es heißt aber auch, der Tote könne sonst umgehen [41]); drum findet ein spukender Toter Ruhe, als man seine Gebeine tiefer begräbt [42]). Wenn das Grab zu klein gemacht worden, so gehört der Tote nicht hinein, d. h. er ist scheintot [43]).

[24]) John *Westböhmen* 176; Andree *Braunschweig* 317; ZfVk. 1, 220; Wrede *Eifler Volksk.* 128; HessBl. 10, 109; Bavaria 1, 411; ZfVk. 19, 275; Gaßner *Mettersdorf* 87; Wirth *Beiträge* 2/3, 61; Fontaine *Luxemburg* 153; Baumgarten *Aus der Heimat* 3, 115; Strackerjan 2, 218; SchwVk. 12, 5; Volkskunde 13, 98; Diener *Hunsrück* 182; Bodemeyer *Rechtsaltertümer* 195; Volksleven 8, 17 u. 19; vgl. Thurston *Southern India* 210. [25]) HessBl. 6, 102; ZfVk. 8, 437. [26]) Birlinger *Volksth.* 2, 208; Wirth *Beiträge* 2/3, 61; vgl. Argovia 4, 421. [27]) Drechsler *Schlesien* 1, 304; Andree *Braunschweig* 317; Schuller Progr. v. Schäßb. 1863, 61; Le Braz *Légende* 1, 294; Brand *Pop. Ant.* 2, 240; vgl. Globus 89, 197. [28]) Bartsch *Mecklenburg* 2, 98; Graubünden mündl. [29]) Tetzner *Slaven* 160. [30]) HessBl. 6, 102; Witzschel *Thüringen* 2, 259; Wirth *Beiträge* 2/3, 61; vgl. Frazer 3, 142. [31]) Witzschel *Thüringen* 2, 258 f. [32]) Bavaria 1, 411; Graubünden mündl. [33]) HessBl. 6, 102; Brunner *Ostd. Vk.* 192; Le Braz *Légende* 1, 357; Otte *Glockenkunde* 41; Volksleven 8, 20; ZfVk. 30/32, 119. [34]) Höhn *Tod* 348; vgl. ZfVk. 18, 368; vgl. Frazer 3, 141 f.; ZfEthn. 8, 190; Globus 69, 90. [35]) Grimm *Myth.* 3, 469 Nr. 935; Tetzner *Slaven* 85; Volksleven 8, 19. [36]) Höhn *Tod* 344; Drechsler *Schlesien* 1, 288; Panzer *Beitrag* 1, 263. [37]) Höhn *Tod* 344; Le Braz *Légende* 2, 312; ZföVk. 7, 122. [38]) Höhn *Tod* 326. [39]) ZfrwVk. 15, 109. [40]) Lammert 111; Zürcher Stadtbücher 1, 62; Niderberger *Unterwalden* 3, 178 f.; HessBl. 24, 88 f. [41]) Wuttke 466 § 739; SAVk. 21, 5; Strackerjan 1, 196. [42]) Gander *Niederlausitz* 83 Nr. 211. [43]) Bern schriftl.

5. Ein offenes Grab ist gefährlich; denn, wie oben bemerkt, können sich böse Geister drin verbergen, besonders wenn es über Nacht offensteht [44]), speziell über die Neujahrsnacht [45]). Dasselbe ist wohl gemeint, wenn es heißt, es sterbe bald jemand, falls der Mond in ein offenes Grab scheine [46]). Man legt daher Bretter drauf [47]) oder einen schwarzgestrichenen Deckel als Schutz gegen böse Geister [48]). Der Gräber muß seine Grabwerkzeuge kreuzweis drüber legen, dann haben die Hexen keine Macht über das Grab [49]). Fällt eines der Werkzeuge hinein, so stirbt bald jemand aus der Familie; Hacke oder Schaufel weisen auf Mann oder Frau wie beim Grabschließen [50]). Besonders über Sonntag soll kein Grab offen sein, sonst stirbt noch in derselben Woche jemand aus der Pfarre [51]), oder in den nächsten 4 Wochen [52]), speziell ein Verheiratetes [53]). Auch über Freitag soll kein Grab offen sein, sonst erfolgt in der nächsten oder in den 3 folgenden Wochen ein Todesfall [54]), ebenso wenn am Karfreitag ein Grab offen steht [55]), und wenn dies in den Zwölften der Fall ist, gibt es im nächsten Jahr viel Leichen [56]). Weiteres siehe bei B.zeit (III, 4).

Ist während einer Hochzeit ein Grab offen, so stirbt bald ein Teil des Brautpaares, oder die Kinder werden ihm sterben [57]), im Thurgau heißt es: Brut und Bohr, Lich übers Johr [58]). Der Mann stirbt zuerst, wenn ein weibliches oder auch ein männliches Grab offen ist [59]). Ist am Tauftag ein Grab offen, so stirbt der Täufling bald [60]).

Regnet oder schneit es in ein offenes Grab, so stirbt bald wieder jemand [61]). Was die Witterung beim B. für das Schicksal der Toten bedeutet, siehe unter B.wetter (unten IV).

[44]) Köhler *Voigtland* 442; vgl. Kühnau *Sagen* 3, 255. [45]) ZAlpV. 54, 14. [46]) Pollinger *Landshut* 295; vgl. Schiller *Braut v. Messina* V. 2611. [47]) Caminada *Friedhöfe* 40. [48]) Bern schriftl. [49]) Zingerle *Tirol* 50; Wuttke 467 § 740; Mülhause 80; Knoop *Hinterpommern* 166; Kuhn *Westfalen* 2, 52 Nr. 147. [50]) Ebd. [51]) Baumgarten *Aus der Heimat* 3, 103; Wuttke 467 § 740; Thiers *Traité* (1679), 270; BF. 2, 364. [52]) Meier *Schwaben* 2, 491; Birlinger *Aus Schwaben* 1, 395; Wuttke 214 § 299; Stauber *Zürich* 1, 30; SchweizId. 2, 677; Lütolf *Sagen* 552; SAVk. 21, 201; Höhn *Tod* 345; RTrp. 15, 152. [53]) Höhn *Tod* 345. [54]) Reiser *Allgäu* 2, 313; Höhn *Tod* 344; RTrp. 15, 152; vgl. Le Braz *Légende* 1, 357. [55]) Birlinger *Aus Schwaben* 1, 386. [56]) Wuttke 215 § 300. [57]) Pollinger *Landshut* 256; Baumgarten *Aus der Heimat* 3, 93; MschlesVk. 11, 94; Rothenbach *Bern* 47 Nr. 438; Strackerjan 1, 31; Köhler *Voigtland* 438; Drechsler *Schlesien* 2, 200; John *Erzgebirge* 96; John *Westböhmen* 181; Lammert 154; SAVk. 21, 50; Peter *Österr.-Schlesien* 2, 226. [58]) Mündl. [59]) John *Erzgebirge* 96. [60]) Köhler *Voigtland* 436; John *Erzgebirge* 62; vgl. Höhn *Tod* 270; Mensing *Schlesw. Holst. Wb.* 1, 754. [61]) ZfVk. 14, 429; 8, 290; Höhn *Tod* 344.

6. Das Schließen des Grabes ist ein wichtiger Augenblick, weil nun der Tote endgültig in seine neue Wohnung verwiesen wird und man sorgen muß, daß ja nichts unterlassen werde, ihn darin festzuhalten. Nicht mit dem Tod, sondern erst mit der Bestattung erfolgt die Trennung des Toten von den Lebenden. Das Grab wird noch manchmal im Beisein der Trauerversammlung geschlossen, die Träger besorgen es, indem sie ein Kirchenlied singen, oder die jüngsten Männer des Geleites [62]), bei den Juden die männlichen Glieder der Gemeinde [63]).

Der Rest einer älteren Sitte, daß alle Angehörigen, das ganze Gefolge oder die ganze Gemeinde, sich am Zuschütten des Grabes beteiligen mußten [64]), wie es noch in einer Kärntner Sage vorkommt, wo jeder Soldat einen Helm voll Erde auf einen Toten wirft [65]), ist wohl in dem weitverbreiteten Brauch erhalten, dem Toten einige Handvoll Erde nachzuwerfen. Der Priester [66]), die Verwandten [67]) oder alle Teilnehmer [68]) werfen eine oder 3 Hand oder Schaufeln voll Erde in Kreuzesform [69]) auf den Sarg, damit man den Toten leichter vergesse [70]), um die Ruhe des Toten zu befördern [71]), damit der Verstorbene weniger Langeweile habe [72]), in Bulgarien, damit die Verwandten hiermit die Seele loskaufen [73]). Die Seele verläßt den Leichnam, wenn der Priester eine Handvoll Erde ins Grab wirft [74]). Zwar wird dabei der Wunsch ausgesprochen: „Möge dir die Erde leicht sein", und es kommt vor, daß sogar zuerst Heu auf den Sarg geworfen wird, damit diesem Wunsch Genüge getan werde [75]); doch wird der wahre Zweck im Gegenteil sein, den Toten festzuhalten [76]); darum sind vielleicht auch die Verwandten als die am meisten Gefährdeten von der Pflicht ausgenommen [77]). Bei den Huzulen sprechen die 2 Männer, die zuerst eine Schaufel voll Erde ins Grab werfen: „Damit du nicht wegläufst" und: „Damit du nicht heraufsteigst" [78]). Nach dänischem Glauben soll das Gebet des Geistlichen den Toten ins Grab bannen [79]). Auch Kränze und Blumen werden hinuntergeworfen [80]).

Wenn man von der Erde, die der Priester ins Grab geworfen, nimmt, sie in der Messe segnen läßt und über die Kirchtürschwelle legt, so können Hexen nicht drüber gehen, ein Glaube, der von der Friedhoferde (s. d.) her übertragen ist [81]).

Die Männer, manchmal nur Verwandte und Träger, müssen mit entblößtem Haupt das Grab umstehen. Die Angehörigen bleiben bis zuletzt auf dem Kirchhof, oder sie gehen zuerst hinaus [82]). Als Vorsichtsmaßregel aufzufassen ist es auch, wenn die Trauernden das Grab dicht umstellen müssen, weil sonst bald jemand nachstürbe [83]), oder daß früher 2 Träger beim Zuschütten zugegen sein mußten, für den Fall, daß etwas vorkommen sollte [84]).

Über das Klagen der Angehörigen, das die Wichtigkeit des Vorgangs beweist, siehe Totenklage.

Kirchliche Maßnahmen, die Ruhe des Toten zu sichern, sind das Besprengen des Grabes mit Weihwasser, im Wallis mit der Absicht, daß Gras und Blumen darauf gedeihen [85]), das Aufstellen des Grabkreuzes [86]), und auch wohl das Andauern des Glockengeläutes, bis die letzten Rasenstücke aufs Grab gelegt sind [87]).

Das Grab muß geschlossen bleiben, der Tote darf nicht herauskommen; es ist ein schlimmes Zeichen, wenn eine Stelle des Grabes sich nicht schließen will [88]). Darum werden noch verschiedene Maßregeln ergriffen. Wird einer in einem Erbbegräbnis beigesetzt, so muß man den Schlüssel wegwerfen, sonst sterben die andern bald nach [89]). Schaufel oder Spaten und Hacke werden nach dem Zuschütten des Grabs darein gesteckt oder kreuzweise draufgelegt [90]), damit der Tote Ruhe habe und der Böse nicht Macht darüber erlange [91]). Das zuletzt benutzte oder hingeworfene Werkzeug deutet auf das Geschlecht der nächsten Leiche, meist bedeutet Hacke = Mann, Schaufel = Frau [92]); dasselbe gilt je nach dem Werkzeug, das beim Zuschaufeln zuerst benützt wird [93]). Die Richtung, in der zuletzt gehauen wird, oder in der der Schaufelstiel liegt, zeigt an, woher die nächste Leiche kommen wird [94]). Geräte, die beim Grabmachen benutzt worden sind, werden unrein, oder erhalten Zauberkraft [95]). Auch die Bahre bleibt 8 Tage, oder Bahre samt Werkzeugen einige Tage [96]) auf dem Grab stehen, damit der Tote nicht wiederkomme [97]); ferner ebenfalls das Heck mit den Kränzen [98]). In Sargans wird ein Deckel, in Hannover ein schwarzes Holzkreuz in Rahmen auf das fertige Grab gelegt [99]); in Braunschweig wurde ein Totengestell aus Weidenruten, mit buntem Papier umwickelt und einer Wetterfahne aus Knittergold an der Spitze, aufgepflanzt. An andern Orten geschieht dies nur bei ledigen Toten (s. Totenkrone); auch eine Art Netz von farbigem Papier wird übers Grab gelegt [100]). Auch als Abwehr zu verstehen ist es wohl, wenn Kohlenstaub, Hammerschlag oder Eisenfeilspäne aufs Grab gestreut [101]) und brennende Lichter aufgestellt werden. Wenn im Kt. Graubünden die Butter aus der Lampe, die bei der Totenwache brennt, aufs fertige Grab geschüttet wird, muß man es eher als Totenspeisung betrachten [102]). Nach Durand wurden ins Grab Weihwasser, Weihrauch und Kohle geworfen, letztere „quod terra illa ad communes usus amplius redigi non potest. Plus enim durat carbo sub terra quam aliud" [103]). Das Verschließen des Grabes sollte wohl auch dadurch verdeutlicht werden, daß man die ausgestochenen Rasenstücke über dem Grab sorgfältig zusammenlegte, oder ein Rasenstück auf den Platz setzte, wo das Gesicht lag [104]).

Daß solche Vorkehrungen zur Abwehr dienen, ersieht man deutlicher aus den Ausnahmeriten, besonders bei W ö c h n e r i n n e n. In Schlesien wurden anfangs des 18. Jh.s ihre Gräber mit „Gegitter" umgeben [105]), in neuerer Zeit werden vier Holzpflöcke ins Grab geschlagen und durch weiße Leinenbänder oder Faden verbunden, das soll die Ruhe der Toten sichern [106]). Oder es wurde ein Garngewinde um 4 aufs Grab gesteckte Spindeln geschlungen, ein sog. Garnschneller, den die Tote bei ihrer kirchlichen Aussegnung zu opfern gehabt hätte [107]). Anderswo wurde das Bettuch, worauf sie verstorben, aufs Grab gelegt, 3 Löcher hineingeschnitten und das Tuch mit Pflöcken oder Steinen befestigt; es blieb auf dem Grab, bis es vermodert war [108]); in Meiderich wurde nur ein weißes Läppchen mit Schleifen an den 4 Enden aufs Grab gelegt [109]). In Graubünden müssen einige Jungfrauen während der Leichenrede das weiße Tuch, das man sonst ums Bett der Wöchnerin hängt, über ihr offenes Grab halten [110]). Tote Wöchnerinnen kehren besonders gern zurück, sie gehörten früher bei uns wie heute noch bei andern Völkern zu den gefürchteten Toten, nach Burchard v. Worms wurden ihre Leichen gepfählt. Die Fäden und Tücher sollten also wohl denselben Zweck erfüllen wie anderswo aufs Grab gelegte Dornbüsche [111]) (vgl. Grabbeigabe A 7).

Auch Gräber ungetauft oder sehr früh verstorbener Kinder (die nach weitverbreitetem Glauben als Irrlichter herumstreifen müssen) wurden ähnlich verwahrt, indem man eine Windel drauf befestigte, auch Tränentüchlein genannt [112]). Fetzen davon hatten Heilkraft, besonders gegen Zahnweh [113]).

Drastische Mittel, um den Toten im Grab zu halten, waren außer dem Pfählen das Bedecken mit Gestrüpp oder Dornen, das man gegen gefährliche Tote anwandte. Es hat sich beim Lebendigbegraben von Verbrechern bis übers Mittelalter hinaus erhalten. Mit dieser Dornenbedeckung wird man auch das Pflanzen von Dornbüschen auf Gräbern zusammenstellen müssen, wie es noch in Bosnien vorkommt [114]); noch deutlicher ist der Zweck ersichtlich, wenn in Bulgarien eine Vampirleiche mit wilden Dornrosen umgürtet wurde, um ihr das Aufstehen zu verunmöglichen [115]).

[62]) Höhn *Tod* 347; Jensen *Nordfries. Inseln* 345; Gaßner *Mettersdorf* 93; ZfVk. 8, 437. [63]) Höhn *Tod* 347; vgl. Buxtorf *Judenschul* 608. [64]) Rosén *död och begravning* 11; Feilberg *Dansk Bondeliv* 2, 118; Wellhausen *Reste* 180; ZfVk. 14, 34; Krünitz *Encyclop.* 73, 615; Koch *Animismus* 96; ZfEthn. 30, 354; ERE. 4, 437. [65]) Graber *Kärnten* 399 Nr. 552. [66]) Egerl. 9, 32; John *Westböhmen* 176; Seefried-Gulgowski 223; Jensen *Nordfries. Inseln* 344; Brand *Pop. Ant.* 2, 284; Globus 69, 198; Le Braz *Légende* 1, 365. [67]) Bern u. Graubünden schriftl.; SAVk. 24, 63; ZfVk. 6, 410; Gaßner *Mettersdorf* 93; ZfVk. 14, 30 ff.; ZföVk. 7, 123; Meyer *Baden* 594; Volksleven 11, 57; Feilberg *Dansk Bondeliv* 2, 118; Thurston *Southern India* 166. [68]) Brückner *Reuß* 195; Grimm *Mythol.* 3, 458; Globus 78, 322; Lemke *Ostpreußen* 2, 279; Wirth *Beiträge* 2/3, 66; John *Erzgebirge* 128; Fontaine *Luxemburg* 153; Höhn *Tod* 346; BF. 2, 363; ZföVk. 10, 106. [69]) Niderberger *Unterwalden* 3, 163. [70]) Köhler *Voigtland* 254. [71]) Grimm *Mythol.* 3, 458; Wirth *Beiträge* 2/3, 66. [72]) SAVk. 24, 63. [73]) ZfVk. 14, 34. [74]) Seefried-Gulgowski 223; vgl. Le Braz *Légende* 1, 211 u. 234; RTrp. 12, 447; Sébillot *Folk-Lore* 3, 250; Andree *Juden* 184; FL. 18, 366. [75]) ZfVk. 13, 390; vgl. BF. 2, 362. [76]) NieddZ. 1, 93 ff.; ZfVk. 14, 30; vgl. Scherke *Primitive* 64; Heyl *Tirol* 313 Nr. 130. [77]) MschlesVk. 3, 7. [78]) Globus 69, 91; vgl. Zelenin *Russ. Volksk.* 326. [79]) Feilberg *Dansk Bondeliv* 2, 119 u. 132; vgl. ZföVk. 10, 106. [80]) John *Erzgebirge* 128; Brand *Pop. Ant.* 2, 312; RTrp. 11, 311. [81]) Theatrum Diabol. (1569), 121[a]; BF. 2, 363. [82]) Höhn *Tod* 346 f.; vgl. Gaßner *Mettersdorf* 93; Brand *Pop. Ant.* 2, 274. [83]) Drechsler *Schlesien* 1, 304. [84]) Höhn *Tod* 347; vgl. MschlesVk. 25, 124; [85]) Osenbrüggen *Wanderstudien* 4, 24; Homeyer *Dreißigste* 156; BF. 2, 363; ZfVk. 18, 367; SchwVk. 17, 13. [86]) Niderberger *Unterwalden* 3, 171; Thalhofer *Liturgik* 2, 473. [87]) SAVk. 1, 46; Wirth *Beiträge* 2/3, 63. [88]) ZfdMyth. 1, 189; Meiche *Sagen* 522 Nr. 668; Kühnau *Sagen* 1, 183 f. [89]) Kuhn *Märk. Sagen* 387 Nr. 101 = Wuttke 468. [90]) HessBl. 6, 102; Bartsch *Mecklenburg* 2, 98; Engelien u. Lahn 249; Wirth *Beiträge* 2/3, 63; vgl. Feilberg *Dansk Bondeliv* 2, 119. [91]) Witzschel *Thüringen* 2, 253. [92]) Engelien u. Lahn 249; Bartsch *Mecklenburg* 2, 98; Knoop *Hinterpommern* 167; SAVk. 1, 46; Wuttke 214 § 299; Wallis u. Graubünden schriftl.; Wolf *Beiträge* 1, 215 f.; Kuhn *Westfalen* 2, 51 Nr. 146; Wirth *Beiträge* 2/3, 52. [93]) John *Erzgebirge* 117; Kuhn u. Schwartz 436 Nr. 303; Lammert 106. [94]) Kuhn *Märk. Sagen* 368; Gaßner *Mettersdorf* 81; Rochholz *Glaube* 1, 198; Wuttke 214 § 299. [95]) Wirth *Beiträge* 2/3, 63; Krauß *Relig. Brauch* 135; Scherke *Primitive* 74; vgl. Witzschel *Thüringen* 2, 129; Feilberg *Dansk Bondeliv* 2, 119. [96]) ZfVk. 8, 437; Wirth *Beiträge* 2/3, 63; Andree *Braunschweig* 318; Krünitz *Encyclop.* 73, 411; Zelenin *Russ. Volksk.* 326. [97]) ZfVk. 13, 390. [98]) Sartori *Sitte u. Brauch* 1, 157; vgl. BF. 3, 32; Feilberg *Dansk Bondeliv* 2, 119. [99]) SAVk. 6, 41; Tetzner *Slaven* 376; vgl. Reiser *Allgäu* 2, 304. [100]) Andree *Braunschweig* 318; HessBl. 10, 112; Volksleven 8, 20; 10, 75; vgl. ZföVk. 6, 65. [101]) SchweizId. 3, 1014; Hovorka-Kronfeld 1, 188 f.; Reiser *Allgäu* 2, 304; vgl. Zelenin *Russ. Volksk.* 326. [102]) Reiser *Allgäu* 2, 304; vgl. ZfVk. 17, 375 ff.; SAVk. 14, 81. [103]) Durand *Rationale* (1565) 454; vgl. ZfVk. 18, 367. [104]) Wirth *Beiträge* 2/3, 63; HessBl. 10, 112; vgl. Feilberg *Dansk Bondeliv* 2, 119. [105]) MschlesVk. 7, Heft 13, 101 ff. [106]) Ebd. 7, Heft 14, 59 f.; Höhn *Tod* 356; vgl. Crooke *Northern India* 225. [107]) Meyer *Baden* 586; vgl. Rochholz *Kinderlieder* 354. [108]) Kolbe *Hessen* 74; Mülhause 80; HessBl. 6, 106; Volksleven

8, 20. [109] ZfrwVk. 5, 270. [110] SAVk. 18, 165 f. und mündl. Mitteilungen. [111] Globus 80, 111; NJbb. 49, 214 ff. [112] Mülhause 80; HessBl. 6, 106; 10, 112. [113] HessBl. 10, 112. [114] ZföVk. 6, 65; Brunner *Deutsche Rechtsgesch.*² 1, 246; Grimm *Kl. Schr.* 2, 244; Grimm *Myth.* 3, 353; AfdA. 28 (1902), 316 f.; ZRG. 35, 354 ff.; 39, 264 ff.; Unwerth *Totenkult* 54; Pfannenschmid *Weihwasser* 53; NieddZschr. 1, 88 ff.; NJbb. 46, 205 ff.; Koch *Animismus* 98; Lévy-Bruhl *Fonctions mentales* 399 f.; Crooke *Northern India* 170. [115] ARw. 13, 159 f.

7. Ein selten gewordener Ritus ist die Umwandlung. Der Sarg wird ein- oder dreimal um die Kirche getragen[116], speziell wenn die Tote eine Wöchnerin ist[117]; die Angehörigen oder nur die Frauen[118] gehen dreimal um das zugeschüttete Grab; den Hügel Beowulfs umritten 12 Edelinge[119]. Der ursprüngliche Zweck ist Abwehr; der Tote soll an den Ort (Friedhof, Kirche, Grab) gebunden werden[120]. Die Ausübung ist aber mit Gefahr verbunden, eine Schwangere darf die Umwandlung nicht mitmachen, sonst stirbt ihr Kind[121]. Eine richtige Einhegung durch Zaun, Wall oder Graben wird in alter Zeit noch als Abwehr gebraucht[122].

[116] Knuchel *Umwandlung* 38 ff. (mit Lit.); Urquell 3, 300; Caminada *Friedhöfe* 193; Rochholz *Glaube* 1, 198; Sartori *Westfalen* 106; Finder *Vierlande* 23; Le Braz *Légende* 1, 296; Volksleven 8, 21; vgl. ARw. 17, 486; Brand *Pop. Ant.* 2, 268. [117] Temme *Pommern* 338. [118] Strackerjan 2, 218. [119] Knuchel a. a. O. 43 f.; Diener *Hunsrück* 185. [120] RTrp. 15, 154; Knuchel a. a. O. [121] Wittstock *Siebenbürgen* 72. [122] Thule 7, 88; Diener *Hunsrück* 186; Knuchel *Umwandlung* 116; ZfVk. 11, 266; Koch *Animismus* 98; NJbb. 49, 214 ff.

8. Nicht als Ritus, sondern nur als Ehrung empfunden wird das dreimalige Schießen beim B. eines Soldaten[123]. Der Brauch kommt in unserer Zeit auch noch vor.

[123] ZföVk. 4, 294; Hörmann *Volksleben* 428; Tetzner *Slaven* 326; vgl. Fischer *SchwäbWb.* 3, 777; Krünitz *Encyclop.* 73, 828; vgl. Soldatenlieder z. B. Böckel *Handbuch* 271.

9. Wie mit allen wichtigen Handlungen, die mit dem Toten vorgenommen werden, sind auch mit der Beerdigung allerlei Vorzeichen verbunden. Jede Störung im Lauf der B.handlungen wird als schädlich, gefahrbringend für den Toten oder die Überlebenden empfunden. So heißt es, wenn beim offenen Grab Erde herunterfällt, ein Stück, eine Seite einstürzt, wenn beim Herausschaufeln die Erde immer wieder zurückfällt, so stirbt bald wieder jemand aus der Familie, der Tote holt einen nach[124]. Die Seite, die einfällt, weist drauf hin, woher der nächste Tote aus dem Dorfe kommt[125]. Wenn die Erdschollen, die man ins Grab wirft, auf dem Sarg dumpf oder stark poltern, so stirbt bald jemand aus der Familie oder dem Orte[126] (vgl. die Vorbedeutung des dumpfen Tons beim B.-läuten(s. d.)). Fällt die erste Scholle aufs Fußende des Sargs, so ist die nächste Leiche ein Kind, wenn aufs Kopfende, ein Erwachsener[127]; wer von den Angehörigen die erste Schaufel Erde auf den Sarg wirft, stirbt zuerst[128].

Reißt beim Hinabsenken des Sargs das Seil, so stirbt die ganze Familie aus[129]; geht der Strick vom Sarg nicht los, so verwest der Tote bald[130]. Man muß den Sarg recht grad ins Grab senken, damit der Körper nicht schief liege[131]. Dreht sich der Pastor beim B. um, so stirbt bald jemand aus der Familie[132]. Schlägt die Kirchenuhr, solange der Sarg noch nicht unter der Erde ist, so stirbt vor dem 30. Tag jemand aus der Verwandtschaft[133]. Auf ein fröhliches Leichenbegängnis folgt ein trauriges[134].

Ein übles Vorzeichen ist auch das Einsinken des geschlossenen Grabes. Tritt dies bald ein, so stirbt bald jemand aus der Familie[135], oder die ganze Familie stirbt aus[136]; oder man sagt, der Tote habe Grenzsteine verrückt[137], er war ein Geizhals[138], der Tote sei in die Hölle gekommen[139]. Hier liegt wohl der Glaube zugrunde, das Einsinken sei ein Zeichen, daß der Tote das Grab verlassen habe und umgehe.

[124] Baumgarten *Aus der Heimat* 3, 104; Schmitt *Hettingen* 15; Kuhn u. Schwartz 436 Nr. 302; Schuller Progr. v. Schäßb. 1863, 30; Tetzner *Slaven* 339; Witzschel *Thüringen* 2, 257; MschlesVk. 8, Heft 15, 74; Strackerjan

1, 33; SAVk. 21, 32; Rothenbach *Bern* 43 Nr. 390; Schulenburg 114; Manz *Sargans* 122; Meyer *Baden* 595; Andree *Braunschweig* 314; Lemke *Ostpreußen* 1, 59; Toeppen *Masuren* 110; Schweizer. Merkur 2 (1835), 236; Graubünden mündl. [125]) Bartsch *Mecklenburg* 2, 97. [126]) Meyer *Baden* 595; Baumgarten *Aus der Heimat* 3, 104; Witzschel *Thüringen* 2, 253; Lammert 107; Urquell 1, 17; Krünitz *Encyclop.* 73, 359. [127]) Wuttke 214 § 299. [128]) Drechsler *Schlesien* 2, 200. [129]) John *Erzgebirge* 128; Mensing *Schlesw.Holst.Wb.* 1, 754. [130]) Tetzner *Slaven* 375. [131]) Keller *Grab d. Abergl.* 3, 57. [132]) Tetzner *Slaven* 239. [133]) Hartmann *Dachau u. Bruck* 228. [134]) Unoth 1, 189; Stoll *Zauberglauben* 141 f. [135]) ZfrwVk. 15, 110; MschlesVk. 8, Heft 15, 74; Fogel *Pennsylvania* 126 Nr. 577; Brückner *Reuß* 195; Reiser *Allgäu* 2, 314; Meier *Schwaben* 2, 511; Höhn *Tod* 357; SAVk. 12, 214; Lammert 107; Birlinger *Volksth.* 1, 474; Zingerle *Tirol* 47; Schultz *Alltagsleben* 235; SchweizId. 2, 352; Kuhn *Westfalen* 2, 52 Nr. 148. [136]) Meyer *Baden* 595 = Rochholz *Glaube* 1, 203. [137]) Drechsler 1, 305. [138]) Grohmann 193. [139]) Höhn *Tod* 357; umgekehrt RTrp. 15, 152.

II. B.ort.

1. Der B.ort ist wichtig, weil bei Einhaltung aller Riten der Tote oder die Seele an den Ort, wo der Körper liegt, gebannt bleibt. Je nach den Gefühlen, die man beim Toten vermutet, oder die die Überlebenden ihm gegenüber haben, wird man den B.ort wählen, falls ihn nicht der Verstorbene zu Lebzeiten selbst bestimmt hat wie Hrappr in der Laxdælasaga [140]).

In alter Zeit scheinen Gräber und Friedhöfe an Straßen und Kreuzwegen gelegen zu haben; später galten letztere als entehrende B.plätze [141]) (s. Selbstmörder).

Seit der Einführung des Christentums suchte man in oder bei der Kirche begraben zu werden [142]), und bis ins 19. Jh. hielt sich der Brauch, daß vornehme Personen und Geistliche in der Kirche oder wenigstens außen an der Mauer begraben wurden [143]). In Graubünden soll es bis in die neueste Zeit vorgekommen sein, daß alle Leute in der Kirche begraben wurden (mündl. Mitt.). B. in der Kirche sollte es der Seele erleichtern, in den Himmel zu kommen [144]). Wenn dies nicht möglich war, so wollte man wenigstens in geweihter Erde, im Friedhof (s. d.) ruhen.

Nur in Ausnahmefällen und in Sagen finden wir andere B.orte. Nach mündlichen Mitteilungen wurden im letzten Jahrhundert im Thurgau und Bern Frühgeburten und ungetaufte Kinder nachts im Keller beerdigt, in Schlesien (16. Jh.) unter der Schwelle [144a]). Die Tiroler Sage berichtet, man habe in alter Zeit ein Kind getötet und unter dem Herd begraben, das habe Glück gebracht [145]); nur komisch gemeint ist jedenfalls der Spruch der Pennsylvania-Deutschen: Wenn der Koch sich tot frißt, begräbt man ihn unter dem Herd [146]). Sagenhaft ist auch das B. bei oder in dem Haus bei boshaften Menschen angewendet; sie werden dadurch des Vorteils der geweihten Erde beraubt und an ihr Haus gebannt [147]). (Vgl. Arme Seelen.) Schreuer vermutet, die Sitte der Friesen im 13. Jh., den Leichnam eines Erschlagenen im Hause über den Rauch zu hängen, bis Blutrache geübt war, sei noch ein Rest des Brauchs, den Toten im Hause zu behalten und zu bestatten [148]). Um eine alte Bestattungsart handelt es sich wohl auch, wenn Alboins Leiche unter einer Treppe am Palast begraben wurde; der Tote wurde als Hüter des Palastes betrachtet [149]); ein Ausnahmeritus war am Platz aus zwei Gründen: es betraf einen König und einen gewaltsam Getöteten. Ein ähnlicher Ausnahmeritus einem toten König gegenüber war es wohl, wenn die Westgoten den Alarich im Flußbett des Busento begruben und den Fluß wieder drüber leiteten; genau dasselbe Verfahren, auch beim Tode eines Häuptlings, wird aus Afrika berichtet, sogar mit derselben Begründung: daß man dadurch die Grabstelle geheimhalten wolle [150]). Und in einer jüdischen Schrift des MA. (Toledoth Jeschu) heißt es, Judas habe die Leiche Christi in seinem Garten unter einem Wasserfluß begraben, den er zuerst ab- und dann wieder darüber geleitet habe [151]). Der ursprüngliche Grund wird wohl in einer Abwehr des mächtigen Toten durch das Wasser liegen, eine Vereinigung von Begraben und Wegschwemmen [152]).

[140]) C. 17; ZfvglRw. 34, 102 ff.; ZfrwVk. 14, 1 ff.; ERE. 4, 422; Urquell 3, 118. [141]) ERE. 2, 26 ff.; MschlesVk. 11, 74; Amira *Todesstr.* 215. [142]) Lippert *Christentum* 263 f.; Pfannenschmid *Weihwasser* 61; Kondziella *Volksepos* 37; HessBl. 24, 65 ff.; Wetzer u. Welte 7, 718 f.; Herzog-Hauck 10, 494; Paulus Diaconus 4, 47. [143]) MschlesVk. 25, 87; Caminada *Friedhöfe* 22; Niderberger *Unterwalden* 3, 177; SAVk. 24, 75; Osenbrüggen *Der Gotthard* (1877) 112; Pupikofer *Gesch. d. Thurgaus*[2] 2, 805. [144]) Keller *Grab d. Abergl.* 3, 104; 5, 4; Lucius *Heiligenkult* 305. [144a]) MschlesVk. 27, 143. [145]) Heyl *Tirol* 597 Nr. 59; vgl. Schrader *Reallex.*[2] 1, 334; Frazer 1, 104 f. [146]) Fogel *Pennsylvania* 187 Nr. 909. [147]) Müllenhoff *Sagen* 191 Nr. 262; Eisel *Voigtland* 225 Nr. 572. [148]) ZfvglRw. 34, 91. 105. 128 f.; vgl. ZfEthn. 42, 231; ERE. 4, 423; Weinhold *Altnord. Leben* 502 f. [149]) ZfvglRw. 34, 102 ff.; Koch *Animismus* 78 ff.; ZfEthn. 30, 352. [150]) Jordanes c. 30; Spencer *Prinzipien* 1, 199; Ratzel *Völkerkunde* 1, 121; Journal Anthrop. Instit. 15, 65 f.; Frazer 3, 15. [151]) Schwartz *Volksglaube* 271; The Jewish Encyclopedia 7, 170; vgl. Arch. f. Anthrop. NF. 12, 190 f. [152]) Vgl. ERE. 4, 421; Brunner *D. Rechtsgesch.*[2] 1, 249 f.; Germania 17, 215.

2. Besondere B.orte erhielten auch Verbrecher, Hingerichtete, Selbstmörder, Andersgläubige, in christlicher Zeit immer in dem Sinne, daß ihnen die geweihte Erde und somit jede Hilfe zur Erlangung des Seelenheils verweigert wurde [153]). Doch geht aus den Spukgeschichten klar hervor, daß man den Toten damit an einen besonderen Ort gebannt glaubte.

B.ort der Verbrecher ist meist die Hinrichtungsstätte, der Schindanger (vgl. Selbstmörder). Wenn geländete Leichen nicht im Friedhof, sondern im Dünensand begraben wurden, so kommt dies wohl von der Furcht der Leute, es könnte sich um einen Selbstmörder oder um einen auf andere „schlechte" Art Verstorbenen handeln [154]).

Über Unterschiede, die man auch beim B. innerhalb des Friedhofs machte, siehe Friedhof.

Ein in Sagen und Legenden häufig vorkommender Zug sind die weisenden Tiere, die anzeigen, wo der Tote begraben sein will. Oder der Tote findet, wohl mit göttlicher Hilfe, selbst den Weg, wie die Leichen, die man der Sage nach im Sarg die Rhone hinunterschwimmen ließ, bis sie von selbst bei Arles in Alischanz (= Campus Elisius) haltmachten und in dem besonders geheiligten Friedhof begraben wurden [155]).

[153]) RGG. 1[1], 1011; Klapper *Erzählungen* 114 Nr. 104; 164 Nr. 171; vgl. Rosén *Dödsrike* 57. 67; Zelenin *Russ. Volksk.* 328 f. [154]) Jensen *Nordfries. Inseln* 352; vgl. Meyer *Baden* 595; Feilberg *Dansk Bondeliv* 2, 132. [155]) Liebrecht *Gervasius* 3, 90; Mannhardt *Germ. Mythen* 360.

III. B.zeit.

1. Hie und da erkennt man noch, wie sich die zwei Auffassungen bekämpfen: entweder den Toten, dessen Unreinheit man fürchtet, möglichst schnell zu begraben, oder ihn möglichst lange bei sich zu behalten, im Glauben, er könnte übergroße Hast übel empfinden, man müsse der Seele Zeit lassen, sich vom Körper zu trennen; die Ausführung der verschiedenen Riten beansprucht an sich schon eine gewisse Zeit. Nach kirchlicher Lehre soll eine Frist eingehalten werden, damit man sicher den Tod konstatieren könne [156]). Vielleicht liegt in älteren, obrigkeitlichen Verboten, den Toten vor Ablauf einer bestimmten Frist zu bestatten, ein Hinweis, daß das Volk es eilig hatte [157]). Bei Wasserscheuen gestattete die württembergische Regierung rasche Beerdigung [158]). Lange Fristen bis zu 5 Tagen kamen im Bergischen vor, und in Württemberg wird ausnahmsweise eine Wöchnerin, deren Kind lebt, 3 Nächte im Hause behalten, andere Tote nur 2, vielleicht eine Vorsichtsmaßregel, um ihre Wiederkehr unnötig zu machen [159]).

[156]) ZfVk. 11, 19 ff.; 14, 23; Andree *Juden* 165. 184; Wellhausen *Reste* 178; ZföVk. 7, 122; Brand *Pop. Ant.* 2, 249; Thalhofer *Liturgik* 2, 466; Thurston *Southern India* 207. [157]) Lammert 112; Frickart *Kirchengebräuche* 139; Bodemeyer *Rechtsalterth.* 188 f.; Krünitz *Encyclop.* 73, 172 (damit der Tote zur Ruhe komme). [158]) Birlinger *Aus Schwaben* 2, 318. [159]) ZfrwVk. 5, 258; Höhn *Tod* 334.

2. Als Tageszeit wird meist der Vormittag[160]), auch der Morgen[161]) gewählt, selten der Nachmittag[162]). Man zog wahrscheinlich die zunehmende Hälfte des Tages vor. Abends oder nachts werden nur besondere Tote begraben. So die Selbstmörder. Kleine (ungetaufte) Kinder werden abends, während des Abendläutens, oder nachts bestattet[163]), ein Abortus wird nachts auf den Kirchhof gebracht und neben einem Freunde begraben; man darf dabei niemand grüßen, dem man begegnet[164]). Abend und Nacht werden wohl als gefährlich für den Toten oder auch für das Gefolge angesehen[165]).

[160]) Wallis, Thurgau schriftl.; Schönwerth *Oberpfalz* 1, 253; ZföVk. 4, 268; Höhn *Tod* 335; SAVk. 25, 72; Reiser *Allgäu* 2, 298; Spieß *Fränk. Henneberg* 154; Seefried-Gulgowski 222; Birlinger *Aus Schwaben* 2, 315. [161]) Unterwalden u. Luzern schriftl.; v. Rodt *Bern i. 19. Jh.* 91; ZföVk. 4, 294; ZfrwVk. 4, 280; Wrede *Eifler Volksk.* 127; Hörmann *Volksleben* 427; Becker *Pfalz* 237 f. [162]) Gaßner *Mettersdorf* 90; ZfrwVk. 5, 255. [163]) Gaßner *Mettersdorf* 86; Strackerjan 1, 33; J. Staffelbach *Reiseskizzen* (Luzern 1882) 31; vgl. Le Braz *Légende* 2, 36; Lütolf *Sagen* 554; Wallis, Graubünden, Thurgau mündl. Mitt. [164]) Jensen *Nordfries. Inseln* 341. [165]) RTrp. 15, 152; FFC. 41, 96; ERE. 4, 426; Pauly-Wissowa 3, 336; Scherke *Primitive* 62.

3. Gewisse Tage werden für B. vorgezogen oder vermieden: So ist der Sonntag beliebt[166]), gemieden werden Montag[167]), Mittwoch[168]), Freitag[169]), Samstag[170]), sonst stirbt jemand aus der Familie oder aus dem Dorf[171]), oder es wird eine Ehe durch Tod geschieden (Mittwoch oder Freitag)[172]). Doch kommt auch umgekehrt der Freitag als bevorzugter Tag vor[173]).

[166]) Jensen *Nordfries. Inseln* 341; ZfVk. 19, 277; Appenzell u. Thurgau mündlich; im Gegenteil: Baumgarten *Aus der Heimat* 3, 103; Höhn *Tod* 345. [167]) ZfVk. 19, 276; Thurgau mündlich; Höhn *Tod* 345; BF. 2, 364; ZföVk. 10, 106; Flachs *Rumänen* 55. [168]) ZfVk. 19, 276; Höhn *Tod* 345. [169]) Globus 59, 381; Höhn *Tod* 344; BF. 2, 364; Graubünden mündlich; FL. 10, 268. [170]) ZfVk. 19, 276; Thurgau mündlich; Höhn *Tod* 345. [171]) Höhn *Tod* 344; Globus 59, 381; BF. 2, 364; ZföVk. 10, 106. [172]) Höhn *Tod* 344 f. [173]) Jensen *Nordfries. Inseln* 341; ZfVk. 19, 276.

4. B. am Neujahr läßt im kommenden Jahr 12 Ehepaare auseinander sterben; wenn der Kirchhof offen ist zwischen Weihnacht und Neujahr, gibts viel Leichen im nächsten Jahr[174]). „Eine Leiche auf der Bahre zur Himmelfahrt — Bedeutet: die Gewitter haben keine Art", oder B. an Himmelfahrt, Karfreitag oder in der Marterwoche hält schwere Gewitter vom Orte fern[175]).

Wird eine Leiche im Vollmond begraben, so nimmt sie den Segen aus dem Hause[176]).

[174]) John *Erzgebirge* 128; Fogel *Pennsylvania* 128 Nr. 584. [175]) John *Erzgebirge* 128. [176]) Wuttke 58 § 65; Mensing *Schlesw.-Holst.Wb.* 1, 754; Lütolf *Sagen* 552 f.

IV. B.wetter.

Das Wetter beim B. wird meist als Anzeichen für das Schicksal des Toten, der Seele, aufgefaßt. Manchmal aber steht es in anderem Zusammenhang, besonders mit der Todesart (Selbstmörder), und es ist der Tote selbst, der das Wetter macht.

Weit verbreitet ist der Glaube, daß der Tote selig sei, wenn es vor oder beim B. ins Grab regnet, „dem Gerechten, Glücklichen regnets ins Grab"[177]), oder „die Engel weinen über den Tod"[178]). Zugrunde liegt ursprünglich der Glaube an die dämonenabwehrende Macht des Wassers[179]), was später nicht mehr verstanden und anders ausgedeutet wurde. Drum heißt es auch: Regen am B.tag ist ein Zeichen, daß der Tote viel gelitten hat und nicht gern gestorben ist[180]), oder ein Zeichen, daß über den nächsten Toten viel geweint wird[181]), oder daß der Tote gern Bier getrunken habe[182]), auch, daß ein naher Freund sterben wird[183]).

Unwetter beim B. bedeutet fast immer, daß der Tote böse war und in die Hölle kommt[184]). Ausnahmsweise verkünden Donner und Blitz, daß der Seele die himmlische Pforte geöffnet werde[185]). Weht der Wind nach dem Gehöfte, so bleibt die Wirtschaft im alten Geleise, weht er vom Gehöft weg, so kommt sie zurück[186]).

[177]) Grohmann 189; Schmitt *Hettingen* 18; Kolbe *Hessen* 82; Wolf *Beiträge*

1, 216; 2, 367; Lammert 105; Meyer *Baden* 595; Fogel *Pennsylvania* 91 Nr. 361; 135 Nr. 620; Rochholz *Glaube* 1, 198; Globus 59, 381; ZföVk. 3, 373; ZfrwVk. 2, 498; Brand *Pop. Ant.* 2, 285; Le Braz *Légende* 1, 365. [178]) Grohmann 189. [179]) ARw. 13, 20 ff. [180]) John *Erzgebirge* 128. [181]) Tetzner *Slaven* 375. [182]) Grohmann 189. [183]) Fogel *Pennsylvania* 126 Nr. 575. [184]) Rochholz *Glaube* 1, 198; SAVk. 8, 274; Bern mündl.; Grohmann 198; FL. 15, 453. Kühnau *Sagen* 1, 464; Müllenhoff *Sagen* 32 Nr. 30; Meiche *Sagen* 175 Nr. 238; 628 Nr. 773; Le Braz *Légende* 2, 313; vgl. Klapper *Erzählungen* 176 f. Nr. 180. [185]) Grohmann 189. [186]) Toeppen *Masuren* 109.

V. B.kosten.

Um anständig begraben zu werden, sparen sich die Leute schon bei Lebzeiten das Geld zusammen; niemand will „von Armen wegen" bestattet werden[187]). „Was von Toten herkommt" muß ehrlich erworben und bar bezahlt werden[188]). Die Gebühren an Pfarrer und Lehrer sollen möglichst bald, schon am Beerdigungstage, erlegt werden[189]), damit der Tote seine Ruhe habe und nicht wiederkommen müsse[190]). Man fragt den Schreiner nicht nach der Schuldigkeit, sondern gibt eine angemessene Belohnung[191]). (Vgl. Sarg.)

[187]) Strackerjan 2, 217. [188]) HessBl. 4, 10; 10, 110. [189]) Gaßner *Mettersdorf* 93; Meyer *Baden* 596. [190]) Keller *Grab d. Abergl.* 5, 42; Höhn *Tod* 348. [191]) Birlinger *Volksth.* 2, 405. Geiger.

Begräbnisläuten. 1. Selten wird das Geläute mit einem kurzen einseitigen Anschlagen der Glocken (Kleppen, Klenken) begonnen[1]). Häufig wird je nach Alter oder Geschlecht der Leiche mit einer größeren oder kleineren Glocke angefangen[2]). Das Geläute erfolgt einige Zeit vor Beginn des Leichenzugs[3]), oder beim Aufbruch[4]), während des Zuges[5]), bis die Leiche zum Dorf hinaus ist[6]), wenn der Zug ins Kirchdorf kommt[7]), solange er ein Dorf passiert[8]) oder bei einem Gotteshaus vorbeikommt[9]), und wenn die Leiche ins Grab gesenkt und mit Erde bedeckt wird[10]).

Die Glocken sind geweiht, wehren daher Dämonen ab[11]); das Geläute wird als Hilfe für den Toten aufgefaßt, so wohl auch, wenn seine Freunde es besorgen[12]). Die Verweigerung des Geläutes wird als Strafe empfunden[13]); ungern hat man einen Todesfall in der Karwoche, weil dann nicht geläutet werden darf[14]). Die Seele verläßt die Erde in dem Augenblick, wo der Sarg unter Glockengeläute aus dem Hause gehoben wird; man läutet, um die arme Seele leichter aus dem Fegfeuer zu lupfen[15]); der Tote verändert seine Farbe erst, wenn das Glockengeläute verkündet, daß das Grab fertig ist[16]). Bei der Beerdigung besonders frommer Menschen beginnen die Glocken von selbst zu läuten[17]).

Das Geläute soll aber auch die Lebenden vor dem Toten oder den Totengeistern schützen, so wenn beim Passieren eines Dorfes geläutet wird. Denn wenn man einen Toten über die Feldmark führt, ohne daß in dem Orte geläutet wird, so wird der Hagel die Felder zerschlagen[18]).

[1]) ZfVk. 15, 93; SchweizId. 3, 660; Otte *Glockenkunde* 44; Volksleven 8, 20; ZfVk. 30/32, 119. [2]) Höhn *Tod* 335. 341; Merz *Rechtsquellen d. Kt. Aargau* I, 6, 115; SAVk. 6, 41; Volksleven 8, 20; Stauber *Zürich* 1, 41 ff. [3]) Höhn *Tod* 335; Bavaria 1, 994. [4]) Höhn *Tod* 335; John *Erzgebirge* 126; ZfVk. 19, 275; DHmt. 4, 4; Egerl. 9, 30 f. [5]) Durand *Rationale* (1565), 20b; Wittstock *Siebenbürgen* 101; Hörmann *Volksleben* 427; Volksleven 8, 20. [6]) Jensen *Nordfries. Inseln* 350; Egerl. 9, 31. [7]) Hoops *Sassenart* 120. [8]) Reiser *Allgäu* 2, 299. [9]) Niderberger *Unterwalden* 3, 163. [10]) Unterwalden schriftl.; ZfVk. 13, 390; 30/32, 120; Hörmann *Volksleben* 427; Bodemeyer *Rechtsalterth.* 171 f.; Wirth *Beiträge* 2/3, 62. [11]) Thalhofer *Liturgik* 1, 474 ff.; Lavater *Von Gespänsten* (1569), 119; Meyer *Aberglauben* 185. [12]) Bern schriftl.; Höhn *Tod* 335; Volksleven 8, 20; vgl. Diener *Hunsrück* 183; ZfVk. 30/32, 119; ZfrwVk. 6, 207; 7, 170. [13]) Sartori *Sitte u. Brauch* 1, 153; Otte *Glockenkunde* 43; ZfVk. 8, 30. [14]) Hörmann *Volksleben* 424; Eidgenöss. Abschiede VI, 1, 1254. [15]) Wittstock *Siebenbürgen* 62; Bavaria 1, 412; Schulenburg *Wend. Volksth.* 113; vgl. Feilberg *Dansk Bondeliv* 2, 117; Grimm *Myth.* 3, 417. [16]) ZfVk. 8, 35. [17]) Schell *Bergische Sagen* 8; Heyl *Tirol* 570 Nr. 25; Baumgarten *Aus der Heimat* 1, 71. [18]) Haltrich *Siebenb. Sachsen* 301.

2. Beim B. wird Heilzauber getrieben; denn die Glocken haben, weil

dämonenabwehrend, Heilkraft, und durch Spruch, Nachwerfen, Begraben, Wegschwemmen, wird dabei symbolisch das Leiden der Leiche mit ins Grab gegeben [19]). Um Schmerzen zu beheben, reibe man den leidenden Teil mit dem Innern einer Speckschwarte und spreche: „Böses und Unrat, du sollst vergehn wie der Tot' im Grabe", und 3 Vaterunser; die Schwarte vergrabe man unter einer Dachtraufe [20]). Wenn man Hühnerwurzeln hat, eile man während des Läutens hinter dem Sarg her, reiße die Hühnerwurzeln ab und werfe sie mit den Worten: „Sie läuten einer Leiche, ich meine Hühnerwurzel streiche. Im Namen Gottes usw." in der Richtung auf die Leiche zu [21]). Um Gewächse oder Hühneraugen zu vertreiben, muß man, wenn man einen alten Menschen begräbt und es läutet, sprechen: „Man läutet zu der Leich, und was ich greif das weich, und was ich greif nimm ab, wie der Tote im Grab †††". Dabei muß man den Schaden in der Hand halten oder mit dem Finger drüber streichen, und solange es läutet den Spruch wiederholen. Wie der Tote verwest, so vergeht das Leiden. Bei einem Mann muß ein Mann begraben werden, bei einer Frau eine Frau [22]). Gegen Hühneraugen nimmt man ein Fußbad und sagt den Spruch [23]). Einen Leibschaden oder Geschwüre wäscht man mit Bachwasser [24]), oft genügt der einfache Spruch [25]).

Besonders häufig werden Warzen während des B.s vertrieben. Man reibt sie während des Läutens und sagt dazu den Spruch:

> Sie läuten einer Leiche,
> Meine Warze zu gleiche,
> Sie läuten ins Grab,
> Meine Warze geh ab [26]).

Man bestreicht die Warzen 3mal mit Speck und vergräbt ihn während des Läutens unter Hersagen des Spruchs [27]), oder man bestreicht sie mit Speichel und sagt den Spruch [28]). Häufig muß man dabei die Hände waschen [29]) im fließenden Wasser [30]), worüber die Leiche gefahren wird [31]), im Brunnen bei der Kirche [32]), im Bachschaum [33]), dazu den Spruch hersagen: „Sie läuten den Toten wohl in das Grab, ich wasche mir meine Warzen ab" [34]). Es muß bei einer weiblichen Leiche geschehen [35]). Eine alte Vorschrift von 1790 lautet, man solle einem Toten zu Grabe läuten und dann die Warzen an fließendem Wasser waschen [36]).

[19]) ZfVk. 8, 35; Seyfarth *Sachsen* 212. [20]) Hovorka u. Kronfeld 2, 362. [21]) MschlesVk. 25, 89. [22]) Lammert 184 u. 219; BayHfte. 6, 203. [23]) Stoll *Zauberglauben* 77. [24]) Grimm *Myth.* 3, 462 Nr. 798; Wolf *Beiträge* 1, 256 Nr. 15; Zahler *Simmental* 51. 100 f.; Witzschel *Thüringen* 2, 273 Nr. 71. [25]) ZfVk. 7, 165. [26]) Seyfarth *Sachsen* 213 f.; Bohnenberger Nr. 1, 14; Wettstein *Disentis* 174; Vernaleken *Mythen* 314; Wuttke 173 § 234; 335 § 497; Wirth *Beiträge* 2/3, 58. [27]) John *Erzgebirge* 110; Wuttke 331 § 492. [28]) Tetzner *Slaven* 163. [29]) Blätter f. Bernische Gesch. 9 (1913), 9; SAVk. 2, 280; ZfVk. 1, 203; 4, 325; ZfrwVk. 20/1, 44; Hesemann *Ravensberg* 91; Pollinger *Landshut* 290. [30]) ZfrwVk. 5, 97. 270; Woeste *Mark* 55 Nr. 14; Witzschel *Thüringen* 2, 291. [31]) Strackerjan 1, 90. [32]) SAVk. 15, 8; Zug schriftl. [33]) SAVk. 8, 147; Aargau mündl. [34]) SAVk. 8, 147; 2, 280; Strackerjan 1, 90; ZfrwVk. 5, 97; 20/1, 44; ZfVk. 4, 325; 1, 203; Hesemann *Ravensberg* 91. [35]) SAVk. 15, 8. [36]) HessBl. 15, 130.

3. Die Zeit, da der Tote hinausgetragen und begraben wird, ist besonders gefährlich; daher finden wir auch das Verbot, während des B.s zu essen, sonst bekommt man Zahnweh [37]) oder die Zähne fallen einem aus [38]). Ebensowenig soll man schlafen, sonst stirbt man [39]). Doch heißt es auch, man solle während des B.s Obstbäume rütteln, um sie tragbar zu machen [40]). (s. Leichenzug.)

[37]) Grimm *Myth.* 3, 435 Nr. 39; Sartori *Totenspeisung* 59; Vernaleken *Alpensagen* 349 Nr. 77; Fossel *Volksmedizin* 109 f.; Wolf *Beiträge* 1, 224; Wuttke 310 § 459; Wirth *Beiträge* 2/3, 63; Witzschel *Thüringen* 2, 259 Nr. 73. [38]) Spieß *Fränkisch-Henneberg* 153; Höhn *Tod* 345; ZfVk. 8, 30. [39]) Wuttke 313 § 462. [40]) Wirth *Beiträge* 2/3, 63.

4. Aus dem B. entnimmt man allerlei Vorzeichen, teils für den Toten, teils für die Hinterbliebenen. Tönt das Geläute hell, so ist der Tote „an einem guten Ort" [41]), tönt es dumpf, so ist der Tote schlecht gestorben [42]). Zerspringt

gar die Glocke, so wird ein Mensch mit schwerbelastetem Gewissen begraben [43]). Wenn es dumpf tönt, folgt bald ein Todesfall in der Familie [44]), es stirbt einer von den Begleitern [45]), oder es wird beim nächsten Todesfall große Trauer sein [46]). Aber auch wenn die Glocken hell läuten, folgt bald ein Trauergeläute [47]). Wenn eine Glocke ein wenig nachläutet, stirbt bald jemand [48]). Tönt die große Glocke zuletzt, so ist die nächste Leiche ein Mann, ist's die kleine, eine Frau [49]); oder Nachklingen der großen Glocke zeigt Tod einer ältern Person an, das der mittlern: Tod einer jüngern, das der kleinen: Tod eines Kindes, oder es betrifft Standesunterschiede [50]).

Auf welche Seite der Klöppel zuletzt anschlägt, von der wird die nächste Leiche im Dorf kommen [51]). Schlägt eine Glocke an, wenn die Leiche schon ins Grab versenkt worden ist, so folgen bald Verwandte [53]). Wenn ein Hund ins Grabgeläute heult, stirbt bald jemand [53]), ebenso wenn das Glockenseil beim Läuten sonderbar zittert [54]).

Wenn die Uhr ins Grabgeläute schlägt, so stirbt bald jemand aus der Familie [55]) oder aus der Gemeinde [56]). (Vgl. Sterbegeläute.)

[41]) Baumgarten *Aus der Heimat* 3, 124; Peter *Österreichisch-Schlesien* 2, 247; Rockenphilosophie 630. [42]) Wallis schriftl.; Meyer *Baden* 595; vgl. Le Braz *Légende* 2, 4. [43]) John *Erzgebirge* 128. [44]) Ebd.; Wirth *Beiträge* 2/3, 50; Rockenphilosophie 535; Feilberg *Dansk Bondeliv* 2, 98. [45]) Peter *Österreichisch-Schlesien* 2, 247. [46]) Schweizer.Merkur 2 (1835), 235. [47]) ZfrwVk. 4, 271; vgl. ZfVk. 8, 33; Schulenburg *Wend. Volksth.* 236. [48]) Spieß *Fränkisch-Henneberg* 153; John *Erzgebirge* 116; Wirth *Beiträge* 2/3, 50. [49]) Bühler *Davos* 1, 365; Wirth *Beiträge* 2/3, 50. [50]) John *Erzgebirge* 117; Witzschel *Thüringen* 2, 259; Peter *Österreichisch-Schlesien* 2, 247. [51]) Grimm *Myth.* 3, 476; Bartsch *Mecklenburg* 2, 95. [52]) Rothenbach *Bern* 43. [53]) Ebd. [54]) Graubünden mündl. [55]) Schild *Grossätti* 127; Witzschel *Thüringen* 2, 257; Brückner *Reuß* 195; Keller *Grab des Aberglaubens* 3, 64. [56]) Grimm *Myth.* 3, 450; Bühler *Davos* 1, 368; Höhn *Tod* 345; Meier *Schwaben* 2, 491; ZfVk. 8, 34; 13, 390; Pfister *Hessen* 165; HessBl. 15, 129; SchweizId. 2, 677; Mensing *Schlesw.Holst.Wb.* 1, 754.
Geiger.

Behemoth, das biblische Fabeltier, das Hiob 40, 15 ff. mit orientalischer Phantasie zur Verherrlichung Gottes geschildert wird, ist für den Aberglauben insofern von Bedeutung, als es die Entwicklung der volkstümlichen Drachenvorstellung beeinflußt hat [1]). Diese Beeinflussung zeigt sich vielleicht weniger in der Übertragung einzelner Züge, als vielmehr darin, daß in B. und seinem Genossen Leviathan die Existenz des Drachens biblisch sanktioniert ist und so der Glaube an das Vorhandensein ungeheuerlicher Drachenwesen auch in der Gedankenwelt christlicher Kreise lebendig blieb. B. selbst ist nicht zu einem Bestandteil des Volksaberglaubens geworden. Das unverletzbare, schnaubende Ungetüm Bemoth, von dem die isländische Novellistik des 14. Jh.s weiß [2]), steht vereinzelt da. Ob der nordische Fenriswolf Züge von B. übernommen hat, wie Elard Hugo Meyer meint [3]), ist doch recht zweifelhaft. Beiden sind vielmehr nur die allgemeinen Wesensmerkmale des Drachen gemeinsam, ohne daß unmittelbare Abhängigkeit anzunehmen ist. Wir können heute mit Sicherheit sagen, daß B. ein Nilpferd ist, das in die Sphäre des Mythischen erhoben wurde — ein Motiv, das die alten Israeliten aus Ägypten übernommen haben. Frühere Geschlechter hatten in völligem Mißverstehen des Textes in B. den Teufel gesehen, z. B. Gregor der Große [4]) und noch Luther [5]), auch an den Elefanten hatte man gedacht [6]).

[1]) E. H. Meyer *German. Mythol.* 96. [2]) Gering *Aeventyri* 1, 308 f.; 2, 244. [3]) E. H. Meyer *Mythol. der Germanen* 346. [4]) Migne *Ser. Lat.* 76, 644 ff. [5]) Klingner *Luther* 26. [6]) Braeuner *Curiositäten* 584.
Rühle.

behexen s. verhexen.

Beichtbücher s. Poenitentiale.

Beichte (ahd. bi-jiht-Bekenntnis, zu bijehan) ist das vor dem Priester abgelegte Bekenntnis der Sünden. Zuerst geschah dies öffentlich; seit dem 9. Jh. ist jedoch die geheime B. und Buße im Abendland völlig eingebürgert. Von alters her ist die Quadragesimalzeit (Aschermittwoch-

Gründonnerstag) für B. und Buße reserviert. Seit 1215 ist jeder verpflichtet, um die österliche Zeit [1]) zu beichten. Sonstige Anlässe, bei denen das Volk in größerer Anzahl zur B. geht („B.tage") [2]) sind: die Adventszeit, Anfang August (Portiunkula), das Kirchenpatronsfest und Allerheiligen; der Einzelne geht auch gerne vor Antritt eines wichtigen Geschäftes [3]). Für die Osterb. erhält mancherorts der Pfarrer noch seine „B.-eier" [4]), wohl die Ablösung des früher üblichen „B.pfennigs". Andere Naturalien erhält er mancherorts bei der Erstb. der Kinder [5]). Kann ein Schwerkranker nicht mehr beichten, so bekennt er wohl auch einem Laien seine Sünden. Diese „L a i e n b." war im Orient schon frühe beliebt, auch das MA. kannte und übte sie, jetzt ist sie wohl in Abgang gekommen und dient nur noch Schwänken als Unterlage [6]). Von besonderer Bedeutung sind die frühen Bußbücher [7]) und B.-spiegel [8]).

Zahlreich sind die Wirkungen, die man nach dem Volksglauben von der B. erwartete. Cäsarius v. Heisterbach erzählt viele Geschichten von solchen, denen ihre — meist sexuellen — Sünden von einem Besessenen vorgehalten werden. Gehen sie aber dann zur B., so muß der Besessene nachher bekennen, daß er gelogen und der Betreffende rein sei [9]). Ähnlich liegt der Fall bei den Ordalien. Wer sich einem solchen unterziehen mußte, der hoffte, trotz aller Schuld die Probe getrost bestehen zu können, wenn er seine Sünde vorher beichtete. Nur mußte er sich dann vor Rückfall hüten, sonst kam die Wahrheit doch noch ans Licht [10]). Ferner glaubt man, wer ohne B. zum Abendmahl gehe, dem bleibe der Mund offen bis er gebeichtet [11]). Hexen, welche an einem Wallfahrtsort zur B. gehen, verlieren ihre Kunst [12]). Der Sage nach sitzt auch der Teufel hie und da einmal im B.stuhl [13]).

Aus altdeutschem Glauben (Feueranbetung) ist es zu erklären, wenn ein drückendes Geheimnis in den Ofen „gebeichtet" wird oder in die Erde, einem Stein, einer Pflanze [14]).

Die B. bei nichtchristlichen Völkern s. H a s t i n g s s. v. C o n f e s s i o n s.

[1]) M e y e r *Baden* 522. [2]) R o s e g g e r *Steiermark* 225 f. [3]) M e y e r l. c. 522. [4]) W r e d e *Rhein. Volksk.* 186; auch vielerorts im Badischen. [5]) P o l l i n g e r *Landshut* 245. [6]) ZfVk. 8, 329. [7]) S c h m i t z *Bußbücher u. Bußdisciplin* 1883 und *Bußbücher u. Bußverfahren* 1898. [8]) MSD. 1892; ZfVk. 22, 241 f. [9]) C ä s a r i u s v. H e i s t e r b a c h 3, 2; 6 u. ö. [10]) F r a n z *Benediktionen* 2, 330 ff. [11]) Argovia 9 Nr. 1. [12]) SAVk. 3, 298. [13]) M e i c h e *Sagen* 462 Nr. 599. [14]) G r i m m *Myth.* 1, 523 f.; vgl. B ä c h t o l d - S t ä u b l i *Ofenbeichte* in SchwVk. 14, 73 ff. Schneider.

Beifuß. (Buck, St. Johanniskraut, -gürtel, Sonnwendgürtel; Artemisia vulgaris.)

1. Botanisches. — 2. B. als Apotropaeum. — 3. B. am Johannistag. — 4. B. gegen Müdwerden. — 5. B. im Liebeszauber. — 6. Volksmedizinisches. — 7. B. verhindert das Abziehen des Bienenschwarmes. — 8. Kohlen unter dem B.

1. B o t a n i s c h e s. ½ bis 1½ m hoher Korbblütler mit fiederteiligen, auf der Oberseite dunkelgrünen, unten weißfilzigen Blättern. Die kleinen unscheinbaren Blütenköpfchen sind ährig oder traubig angeordnet. Der B. ist meist häufig auf Schutt, in Hecken, an Wegen, Zäunen und Mauern [1]). Bei den antiken Schriftstellern [2]) stand die „artemisia" [3]) als Heilpflanze in hohem Ansehen; unter diesem Namen erscheint der B. auch öfter im deutschen Volksaberglauben (z. B. in Segensprüchen) [4]).

[1]) M a r z e l l *Kräuterb.* 360 f. [2]) D i o s k u r i d e s *Mat.med.* 3, 113; P l i n i u s *Nat. hist.* 25, 73. [3]) Bezeichnung für den B. und verwandte Arten, vgl. auch D e m i t s c h *Russ. Volksheilmittel* 182. [4]) M a r z e l l *Heilpflanzen* 222 ff.

2. Die „artemisia" ist (wohl wegen ihres aromatischen Geruches) zeitlich und örtlich als z a u b e r w i d r i g e s Mittel weit verbreitet. Ein griechischer Zauberpapyrus erwähnt ihren Saft als Zaubermittel [5]) und nach dem Kräuterbuch des (Pseudo-)Apuleius (4./5. Jh. n. Chr.) soll die im Hause aufgehängte artemisia die Dämonen vertreiben und den bösen Blick abwenden [6]). Ebenso erwähnt V i n t l e r s Aberglaubenliste [7]) den „pipffis", was m ö g l i c h e r w e i s e den B. (ahd. pipôz) bedeuten könnte [8]). Eine Gießener Hs. v. J. 1400 [9]) und eine solche aus

dem Schlosse Wolfsthurn bei Sterzing aus dem 15. Jh. [10]) kennen gleichfalls die „artemisia" als Mittel gegen Zauberei [11]). Die Kräuterbücher des 15. und 16. Jh.s erwähnen, jedenfalls auf Apuleius zurückgehend, den B. als zauberwidriges Mittel [12]). Wenn auch der B.aberglaube zum Teil auf antike Überlieferung zurückgeht [13]), so scheint der B. doch auch eine echt germanische Zauberpflanze gewesen zu sein [14]). Der B. wird gegen angezauberte Krankheiten verwendet (Solingen) [15]). Behexte Milch und Eier werden durch B. entzaubert [16]). Wenn das Vieh bezaubert ist, wird der am Philippus- und Jakobustag gesammelte B. im Stall aufgehängt [17]). In Mittelfranken und im Fichtelgebirge [18]) sowie in Tirol [19]) hält der B. bösen Zauber fern. Gegen Blitz und Seuchen schützt der am Dachfirst aufgehängte B. (Steiermark) [20]). Auch bei anderen germanischen Völkern stand der B. in hohen Ehren. Im altenglischen Neunkräutersegen (s. d.) wird er als „Mutter der Kräuter" („mater herbarum" im Mittellateinischen) angerufen [21]), und auch in Dänemark [22]) vertreibt er den Teufel. Ähnliches gilt auch für Frankreich [23]), Belgien [24]), für die Isle of Man [25]). Die Ainos in Japan und die Chinesen verwenden eine Artemisia-Art gegen Dämonen [26]).

[5]) Denkschr. Akad. Wiss. Wien. Phil. hist. Kl. 42 (1893), 15. [6]) Apuleius *De medicam. herbarum* rec. Ackermann 1788, 165 = Thesaurus pauperum 1576, 112. [7]) *Pluemen der Tugent* V. 7795. [8]) ZfVk. 23, 118. [9]) ZfdMyth. 2, 172. [10]) ZfVk. 1, 323. [11]) Vgl. auch Schönbach *Berthold v. R.* 148. [12]) Z. B. *Hortus Sanitatis*, Mainz 1485, cap. 1: Tabernaemontanus *Kreuterbuch* 1588, 37. [13]) Hoops *Pflanzennamen* 48 f. [14]) Höfler *Botanik* 74 ff.; ZfVk. 24, 14. [15]) ZfrwVk. 11, 172. [16]) Montanus *Volksfeste* 141. [17]) Saaltal: Schrift. d. Ver. f. Sachs.-Mein. Geschichte 1898, 54; Württemberg: Eberhardt *Landwirtschaft* 211; Anhalt: Mitteil. Anhalt. Gesch. 1922, 20. [18]) Marzell *Bayer. Volksbotanik* 201. 204. [19]) ZfVk. 15, 59. [20]) Kronfeld *Zauberpflanzen* 1898, 18. [21]) Hoops *Pflanzennamen* 47. 57. [22]) Feilberg *Ordbog* 1, 506. [23]) Sébillot *Folk-Lore* 3, 483. 486; Frazer *Balder* 2, 58. [24]) Reinsberg-Düringsfeld *Ethnogr. Kur.* 2 (1879), 142; Frazer *Balder* 2, 60. [25]) Frazer a. a. O. 59. [26]) Frazer a. a. O. 60; Seligmann *Blick* 2, 55 f.

3. Die apotropäische Verwendung des B.es gegen Krankheiten wird besonders mit dem Johannistag, bzw. dem -feuer in Verbindung gebracht [27]). Beim Tanz um das Johannisfeuer umgürtete man sich mit den Stengeln des B.es und warf diese dann ins Feuer. Das schützte das ganze folgende Jahr gegen Krankheiten [28]). Das Umgürten mit der vor Sonnenaufgang mit der linken Hand ausgerissenen artemisia als Mittel gegen Lendenschmerzen erwähnt schon der Gallier Marcellus von Bordeaux (4. Jh. n. Chr.) [29]). Heutzutage scheint die Verwendung des B.es beim Johannisfeuer nicht mehr bekannt zu sein, jedoch weisen Volksnamen wie Sonnwend- oder Johannisgürtel auf die alte Sitte hin. In Niederbayern werden zur Sonnwendzeit B.-kränze in den Ställen aufgehängt [30]). Auch in anderen Ländern werden dem an Johanni gesammelten B. besondere Kräfte (vor allem gegen Zauberei und Krankheiten) zugeschrieben, so auf Sizilien [31]), in Frankreich [32]), in Mähren [33]), in Böhmen [34]). Als „Johanniskraut" (s. d.) schützt der an Johanni gesammelte B. das Haus gegen den Blitz, wenn die Pflanze über die Haustür gelegt wird [35]), oder das Feld gegen Hagelschlag, wenn die vier Ecken mit B. besteckt werden (vgl. Arnika) [36]). In Vorarlberg schützt das aus dem B. verfertigte und über die Haustür gehängte „Johannisschäppel" das Haus vor Gefahren [37]).

[27]) Grimm *Myth.* 1, 514; Zingerle *Johannissegen* 212 f.; Meyer *Germ. Myth.* 99. [28]) Brunfels *Kreuterbuch* 1532, 237; Fuchs *New Kreuterbuch* 1543 cap. 13; Matthioli *Kreuterbuch* 1563, 357; Sebastian Frank *Weltbuch* 1534, 51 b; Boemus *Omnium gentium mores* 1539, 219; vgl. auch ZfVk. 24, 13 f.; 29, 41 f.; Schmeller *Bair.Wb.*² 2, 302; Jahn *Opfergebräuche* 42; Grimm *Myth.* 2, 1013. [29]) *De medicamentis* ed. Helmreich 26, 41; vgl. Höfler *Kelten* 245. [30]) Marzell *Bayer. Volksbotanik* 43. [31]) Pitrè *Usi* 3, 257. [32]) Frazer *Balder* 2, 59; RTrp. 25, 464. [33]) Hoelzl *Galizien* 153. [34]) Grohmann 90; Hovorka u. Kronfeld 2, 193; FL. 35, 43. [35]) Montanus *Volksfeste* 141; ebenso in Frankreich: Rolland *Flore pop.* 7, 64. [36]) Sebizius *Vom Feldbau* 1598, 10 = Meyer *Baden* 366. [37]) Vonbun *Beiträge* 131.

4. Als „Machtwurz", wie Höfler[38]) das englische mug-wort (vgl. auch die niederdeutschen Bezeichnungen Mâgert, Muggerk, Müggerk) deutet (ob mit Recht?), verleiht der B. Kraft und Stärke. Nach einem verbreiteten Zauberrezept gibt der Saft vom B., wenn die Glieder damit eingerieben werden, große Stärke[39]). Es geht dies wohl auf die Angabe des Plinius[40]) zurück, daß die an die Füße gebundene artemisia den Wanderer vor Müdigkeit schütze. Das Mittel ist (oft in der Form, daß der B. im Schuh getragen werden müsse) allgemein in die mittelalterliche Zauber- und Medizinliteratur übergegangen[41]) und erscheint häufig als „deutscher" Aberglaube[42]). Der Name B. wird (wohl volksetymologisch) mit diesem Aberglauben in Verbindung gebracht (weil man die Pflanze „bei Fuß" tragen müsse). Der gleiche Aberglaube gilt auch vom Eisenkraut (s. d.), das übrigens ebenfalls ein „Johanniskraut" ist. Möglicherweise ist der den Wanderer vor Müdigkeit schützende B. ursprünglich ein Apotropaeum.

[38]) *Botanik* 75. [39]) Jahn *Hexenwesen* 356; Buck *Volksmedizin* 33; Wirth *Beiträge* 6/7, 31. [40]) *Nat. hist.* 26, 150. [41]) Vgl. z. B. Megenberg *Buch d. Natur*, hrsg. von Pfeiffer 385; Meddygon Myddfai, transl. by Pughe 1861, 422; Hortus Sanitatis, Mainz 1485, cap. 1. [42]) Z. B. Zingerle *Tirol* 1857, 64; SAVk. 7, 48; 19, 216; ZfrwVk. 8, 146; Höhn *Volksheilkunde* 1, 158; Bohnenberger 113; Woeste *Mark* 56; Fogel *Pennsylvania* 284 (von der ähnlichen Ambrosia artemisifolia!); vgl. auch ZfVk. 4, 154.

5. Als „Johanniskraut" (s. d.) wird der B. auch im Liebeszauber gebraucht. Auch die antike Verwendung der artemisia als gynäkologisches Mittel[43]) dürfte hier mitbestimmend gewesen sein. Als Zaubermittel, um Liebe und Freundschaft zu erlangen (vgl. Eisenkraut), wird die artemisia in einem griechischen Zauberpapyrus (Pap. Lugdunensis) genannt[44]). Heiratslustige Witwen tragen den B. als Liebeszauber bei sich (Posen)[45]). Das „Bifotbrecken" (B.-brechen) der Mädchen an Johanni, um einen Blick in die Zukunft, besonders in Liebesangelegenheiten, zu tun, dürfte ebenfalls hierher gehören[46]). Auch sonst wurde anscheinend die artemisia in der Wahrsagerei benutzt[47]).

[43]) Plinius *Nat. hist.* 25, 73. [44]) Fleckeisens Jahrb. 16. Suppl. Bd. 1888, 784 = Abt *Apuleius* 92. [45]) Wuttke 106. [46]) Brunner *Ostd. Vk.* 234. [47]) Philo *Magiologia* 1675, 316.

6. In der antiken Medizin war die artemisia (Kraut der Artemis!) vor allem ein gynäkologisches Mittel[48]). Sie wird daher in den alten Kräuterbüchern[49]) ein „sonderlich frawenkraut" genannt. Ein Kranz davon gemacht, auf den Nabel gelegt und hernach bald wieder abgenommen, hilft in Kindsnöten[50]); auch zur Hervorrufung der Menses dient der B. in der Volksmedizin[51]). Wenn man den B. nach oben zu abschneidet, so stillt er den zu starken Monatsfluß, wenn nach unten (gegen die Erde), ruft er diesen hervor[52]). Überhaupt ist der B. ein Mittel, das Blut (auch bei Verwundungen) zu stellen (Simmental)[53]), was offenbar auf die Signaturenlehre zurückgeht, da die Stengel öfter rötlich überlaufen sind (daher auch in alten Kräuterbüchern als „roter Buck" bezeichnet). In Schottland verkündet eine Meermaid die Heilkraft des B.es (mugwort)[54]), vgl. Bibernelle. Wenn der B. einem Kranken, ohne daß er davon weiß, unter das Haupt gelegt wird und der Kranke einschläft, so wird er genesen. Wenn kein Schlaf kommt, wird der Kranke sterben[55]). Das gleiche gilt vom Eisenkraut (s. d.), mit dem ja der B. öfter zusammengeworfen wird. Vereinzelt steht der Aberglaube, daß die am Tag der hl. Rosalie gesammelte Wurzel des B.es unter das Kopfkissen gelegt gegen Zahnschmerzen gut sei[56]). Vielleicht darf man hier an die nicht seltene Verbindung Feuer (B. als Pflanze des Johannisfeuers!) — Blitz — Zahn denken[57]).

[48]) Marzell *Heilpflanzen* 222. [49]) Z. B. Brunfels *Kreuterbuch* 237. [50]) Schroeder *Med.-Chym. Apotheke* 1693, 881; nach Plinius *Nat. hist.* 25, 73 führt die Pflanze ihren Namen nach der Artemis Ilithya, der Geburtshelferin! [51]) Dioskurides *Mat. med.* 3, 113; Zahler *Simmenthal* 64; Stoll *Zauberglauben* 108. [52]) Gockel *Tractatus* 1717, 99; Most *Sympathie* 161; Montanus *Volksfeste* 141; Lammert 147. [53]) SAVk.

19, 230. [54]) Grimm *Myth.* 1014; Dyer *Folkl. of plants* 296; Britten and Holland *Plant-Names* 346. [55]) Lammert 98. [56]) Grohmann 91. [57]) Vgl. auch Marzell *Bayer. Volksbotanik* 45.

7. Um das Abziehen des Bienenschwarmes zu verhindern legt man B. in den Stock [58]). Zu dem gleichen Zweck werden auch andere aromatisch riechende Pflanzen wie die Melisse und der Quendel verwendet [59]).

[58]) Urquell 5, 22. [59]) Marzell *Heilpflanzen* 151. 158.

8. Der Glaube, daß man am Johannistag unter dem B. Kohlen, die gegen Epilepsie und Fieber wirksam seien, finde, ist häufig in der älteren botanischen und medizinischen Literatur verzeichnet [60]). Der Aberglaube wird auch aus der neuesten Zeit noch vielfach angegeben. Mit diesen unter dem B. gegrabenen Kohlen bestreicht man ein Stück Vieh, das man zum Markte führen will, tags zuvor, dann erhält es auf 48 Stunden ein feistes, stattliches Aussehen [61]). Sie helfen gegen Epilepsie und Krampf [62]). Man findet diese Kohlen am Johannistag, während es 12 Uhr mittags schlägt; hat die Glocke ausgeschlagen, sind sie verschwunden [63]). Auch bei den Litauern helfen die in der Johannisnacht zwischen 11 und 12 Uhr gegrabenen Kohlen gegen Fieber. Sie werden von einem schwarzen Hund bewacht [64]). Die „B.kohlen" kennt auch der russische Aberglaube [65]). In England werden diese Kohlen im Liebeszauber gebraucht [66]). Da der B. häufig auf Schuttstellen, verlassenen Kulturstätten und an ähnlichen Orten wächst, wäre der Fund von Kohlenresten erklärlich. Nach anderen sollen unter den „B.kohlen" die abgestorbenen Wurzelreste zu verstehen sein [67]). Vielleicht weisen aber diese „Kohlen", die ab und zu als „glühend" bezeichnet werden, auf den Feuerkult der Sommersonnenwende hin [68]). Nach einem böhmischen Aberglauben kann man am Karfreitag an der Wurzel vom B. ein schwarzes Würmlein (Gegenstück zur schwarzen Kohle?) finden, das man in ein Fläschchen tun und sorgfältig aufbewahren muß. Der Besitzer des Würmleins darf neun Tage lang nicht beten, sich nicht waschen und muß jeden Tag beim Mittagessen einen Bissen Brot unter den Tisch werfen. Am neunten Tag fängt das Würmchen zu reden an und gewährt dem Besitzer alles, was er will [69]). Hier spielt deutlich der Glaube an den Alraun (s. d.) herein („Geist in der Flasche"!).

[60]) Z. B. Brunfels *Kreuterbuch* 237; Wolff *Scrutinium amulet. medic.* 1690, 371; Schroeder *Med.-Chym. Apotheke* 1693, 881; Ephemerides naturae Curiosorum 1706, 243 ff.; Wolf *Beiträge* 1, 235; Brand *Pop. Ant.* 183; SAVk. 15, 180. [61]) Frischbier *Hexenspr.* 154; ähnlich auch im oberen Frankenwald: Marzell *Bayer. Volksbotanik* 43. [62]) Urquell 3, 67; Knoop *Hinterpommern* 181; Jahn *Hexenwesen* 361 = Knorrn *Pommern* 123. [63]) Bartsch *Mecklenburg* 2, 290. [64]) Bezzenberger *Lit. Forsch.* 76. [65]) Yermoloff *Volkskalender* 295. [66]) Kuhn *Westfalen* 2, 176. [67]) Marzell *Heilpflanzen* 224. [68]) Marzell *Volksleben* 92. [69]) Reinsberg-Düringsfeld *Böhmen* 130; vgl. Marzell *Heilpflanzen* 225. Marzell.

Beil s. Axt.

Bein. Der Ausdruck: „Der Storch hat die Mutter ins Bein gebissen" scheint auf die mythologische Vorstellung von der Geburt aus dem Bein zurückzugreifen [1]). Ob es sich dabei ursprünglich um einen Adoptions- bzw. Legitimationsritus handelt [2]), oder dieser später erst angeknüpft wurde, ist nicht zu erweisen.

Jedenfalls weisen manche altertümlichen Bräuche noch auf einen solchen Ritus hin. So muß in norddeutschen Gegenden das Kind zwischen den B.en des Vaters hindurchgehen [3]); im MA. mußte die Dienerschaft zwischen den B.en der Herrschaft durchkriechen [4]); beim Tierkauf soll das betreffende Tier dreimal um das rechte B. des Käufers gehen [5]) (s. a. durchziehen).

Einer ganz andern Sphäre gehört der Brauch an, bei gewissen Zaubereien zwischen den B.en hindurchzuschauen. Ursprünglich spielt der Abscheuzauber herein [6]); später blieb diese Geste nur mehr beim Zukunftsorakel erhalten.

Wenn ledige Leute erfahren wollen, ob sie im kommenden Jahr sich verheiraten oder nicht, müssen sie in der Silvesternacht sich rückwärts vor den brennenden

Ofen stellen und zwischen den B.en hindurch ins Feuer schauen (Pommern, Westfalen) [7]). Geht ein Mann am Karfreitag in Hemd und Unterhose auf den Friedhof und schaut durch die gespreizten B.e hindurch, sieht er seine zukünftige Frau (Ungarn) [8]); auch in Niederbayern hat sich ein schwacher Anklang an diesen Brauch erhalten [9]).

[1]) Mannhardt *Germ. Myth.* 305. Dionysos reifte im Schenkel des Zeus (μηροτρεφής); schon Euripides (Bakch. 285) hatte eine rationalistische Deutung dieser Schenkelgeburt versucht. Ebenso ward nach iranischer Sage Aurva von seiner Mutter Vâmôru (d. i. Linksschenkel) in ihrem Schenkel verborgen gehalten worden; aus dem geriebenen linken Schenkel des toten Vena kam ein Mann hervor. Liebrecht *Z. Volksk.* 490; SchwVk. 15 (1925), 21 ff. [2]) Bachofen *Mutterrecht* § 16. [3]) Kuhn u. Schwartz 462. [4]) Meyer *Abergl.* 222. [5]) Grimm *Myth.* 3, 474 Nr. 1061. [6]) So schreitet das isländische Zauberweib heute noch gebückt und durch ihre B. hindurchschauend rückwärts (ZfVk. 2, 426); in Rußland geht man am Johannisabend in den Wald, fällt eine junge Espe, sodaß sie nach Osten zu liegen kommt, bückt sich und spricht zwischen die B. hindurchschauend: „Onkel Ljeshy, erscheine nicht als Grauwolf, auch nicht als schwarzer Rabe oder als Föhre zum Brennholz, sondern in der Gestalt wie die meinige." (Ebd. 429). [7]) ZfVk. 11, 430; Kuhn *Westfalen* 2, 111. [8]) ZfVk. 11, 430. [9]) Pollinger *Landshut* 135^{22}.

Stemplinger.

Beinbruch. Die Spur, welche ein Ehebrecher eingedrückt hat, heißt im Saterland eine „quade"; wer hineintritt, bricht ein Bein [1]). Vor B. schützen in Albeins bei Brixen die Papierschnitzel, die man in den Fußspuren des „Kerzengeistes" finden kann [2]). In Hanstedt (Lüneburg) sammelt man Gaben für den „Pingsvoss", da er ein Bein gebrochen habe [3]). Die Mittel, gebrochene Beine zu heilen, sind recht mannigfaltig. Volksmedizinische [4]) werden oft verstärkt durch Segen (s. d.), wie z. B. den folgenden aus dem obersten Murtale:

B., ich segne dich auf diesen hl. Tag,/ daß du wieder werdest gerad,/ bis auf den 9. Tag,/ wie nun der liebe Gott Vater, Gott Sohn und Gott heiliger Geist es haben mag./ Heilsam ist diese gebrochene Wunde,/ heilsam ist dieser Tag,/ da Jesus Christus geboren ward./ Jetzt nehme ich diese Stunde, stehe über diese gebrochene Wunde,/ daß diese gebrochene Wunde nicht schwelle [5]).

Außerordentlich weit verbreitet ist der Analogiezauber, unter Anrufung der hl. Dreifaltigkeit ein vorher zerbrochenes Stuhlbein wie ein gebrochenes Bein zu binden und zu verschindeln und den Stuhl so in die Ecke zu stellen; das Bein des Patienten heilt dann in ganz kurzer Zeit [6]). Der „Walstein" oder „B." bei Besko (Lausitz) ist „auf mancherlei Art gestaltet, bald wie ein Arm, bald wie ein Bein, oder auch ein Finger; ja einer dieser Steine soll ganz die Gestalt eines Menschen gehabt haben. Er ist besonders heilsam für die, welche einen Arm oder ein Bein gebrochen haben" [7]).

[1]) Strackerjan 1, 53 § 50. [2]) Heyl *Tirol* 143 Nr. 35. [3]) Sartori *Sitte* 3, 196 Anm. 21 = Kück u. Sohnrey² 134. [4]) Über volksmedizinische Mittel vgl. Hovorka-Kronfeld 2, 408 ff.; Fossel *Volksmedizin* 161 f.; Höfler *Volksmedizin* 214 ff.; Flügel *Volksmedizin* 75 f. [5]) Fossel a. a. O.; Jahn *Hexenwesen* 88 f. Nr. 157 f. [6]) Grimm *Myth.* 2, 897; Seyfarth *Sachsen* 177; Kohlrusch *Sagen* 340; Buck *Volksmedizin* 70; ARw. 5, 3; ZfEthnol. 17, 230; vgl. Mannhardt *Germ. Mythen* 72. [7]) Haupt *Lausitz* 246 f. Nr. 300.

Bächtold-Stäubli.

Beinkleid s. Hose.

Beine kreuzen, verschränken. Ein mehrfach überlieferter Glaube besagt, es sei nicht gut, beim Essen die Beine über's Kreuz zu legen [1]). Tut man es doch, so bekommt man in Mecklenburg Leibschmerzen [2]), oder wird bewirkt, daß die am Tische sitzende Gesellschaft nicht mehr spricht oder in Streit gerät [3]). Deshalb pflegt man in der Oberpfalz [4]) und in Tirol [5]), wenn in einer Gesellschaft die Unterhaltung stockt und Stille eintritt, zu sagen: „Hat gewiß jemand die B. übereinandergeschlagen!", ähnlich wie anderwärts spaßhaft erklärt wird: „Es geht ein Engel durchs Zimmer" [6]).

Der zauberische Zweck des B.kreuzens tritt bei den weitern Beispielen sofort klar zutage: „Wenn jemand in der Mark [7]) schnell reich wird, so sagt man von ihm, er habe einen Kobold, welcher ihm Geld und Getraide zubringe, und zwar fliegt er dann als feuriger Drache durch die

Luft; das Feuer ist von rother Farbe, wenn er Geld bringt, von blauer, sobald er Getraide trägt. Es gibt auch Mittel, um den durch die Luft ziehenden Draak oder Drachen festzumachen; es müssen nämlich zwei mit gekreuzten B. sich gegeneinander stellen, dann wird der Drachen gezwungen, etwas von dem, was er trägt, abzugeben." Das B.kreuzen findet sich auch als Schutzmittel. Wiederum in Norddeutschland [8]) hilft gegen das Mårdrücken (Alpdruck) besonders, daß man Arme und B. vor dem Schlafengehen kreuze. Wenn man in Niederösterreich der wilden Jagd (dem Helljäger) begegnet, muß man sich schnell mit dem Angesicht zu Boden werfen und Hände und Füße kreuzen [9]). Im Badischen legten die Leute früher im Wirtshause gern die Füße in Kreuzform übereinander und tranken nie aus dem Glase eines andern, ohne zu sagen: „St. Johannessegen", wegen der Hexen, und noch machen sie ein Kreuzzeichen über den Mund, wenn sie nachts draußen gähnen. Als (ebenfalls im Badischen) einem Bauern zu Anfang der 1860iger Jahre alle Schweine krepierten, riet ihm einer, am nächsten Sonntag Nachmittag ein Päckchen in die Hände zu nehmen und die Füße übers Kreuz zu stellen, wenn die (von ihm auf diese Weise) „gestellte" Person erschiene. Bei der Mahlzeit fing nun daraufhin die gestellte Frau zu zittern an und stürzte fort. Von da an war alles in Ordnung im Schweinestall [10]).

Auch bei anderen Zaubereien spielt das B.kreuzen eine Rolle. Der Zauberer Hans Träxler aus dem Lungau [11]), gegen den im Jahre 1603 ein Prozeß geführt wurde, erzählte in gütlichem Verhör, daß ihm der böse Feind erschienen sei und von ihm begehrt habe, daß er sich in seinen Schoß setze, die Füße über den Stuhl kreuzweise halte und mit ihm ins Lurnfeld fahren solle. „. . . In ähnlicher Weise ist es ein Zauber", schreibt Agrippa von Nettesheim in seinen „Magischen Werken" [12]), „wenn man die Füße übereinander schlägt, und es ist dies deshalb bei den Beratungen der Fürsten und anderer Machthaber verboten, als etwas, das allen Handlungen ein Hindernis entgegensetzt". Agrippa schöpfte diese Stelle aus der Naturgeschichte des Plinius, der Buch XXVIII, cap. 17 sagt: „. . . Noch schlimmer ist's, wenn man die Hände um ein oder beide Knie legt, auch wenn man die B. übereinander schlägt. Daher haben die Alten verboten, dies in den Versammlungen der Feldherrn und Staatsmänner zu tun, weil dadurch jede Handlung vereitelt würde; ferner, in solcher Stellung Opfern und Gelübden beizuwohnen." „Der wahrhaftige feurige Drache", eines der Zauberbücher, aus denen das 6. und 7. Buch Mosis zusammengesetzt ist, empfiehlt (S. 64), beim Anschlagen des Gewehres „das linke Bein kreuzweise über das rechte" zu stellen und dazu einen Zauberspruch zu sprechen. Mehr als zweifelhaft ist ein Zeugnis aus Johann Fischarts „Philosophisch Ehzuchtbüchlein" (Straßburg 1578), wo uns Fischart die „Mäßigung" wie folgt schildert [13]): „Was dan die Mäsigung berürt, hat man sie ganz schlecht vnd aynfaltig in Jungfrauengestalt angebildet, beydes an kleydern vnd geberden, auf dem Haupt mit eim kranz von allerhand Blumen, ausserhalb der Rosen, dieweil dieselben der Veneri verwandt sint: vnd war solcher kranz mit jrem eygenen Haar vmflochten, wie die Bräut des Landes pflegten: auch hett sie die Recht Hand auff die Brust gelegt, vnd mit der Lincken hielte sie das weisse dünne Gewand an sich, wider das stürmend anwähen der Wind, schrencket auch zum behelff darwider die Füss, welche sonderlich vor andern beschucht waren . . ." Goldmann gibt diese Fischartstelle so stark gekürzt wieder, daß sie ganz aus dem Zusammenhang gerissen ist und die Meinung entstehen kann, die „Mäßigung" kreuze ihre B., um eine Art von Windzauber auszuüben. Uns scheint aber hier von einem Zauber keine Rede zu sein; die Beine werden wohl nur deshalb gekreuzt, um zusammen mit der linken Hand zu verhüten, daß „das stürmend anwähen der Wind" „das weiße dünne Gewand" zum Aufflattern bringe.

Gefährlich wirkte das B. als Zauberhandlung namentlich bei der Geburt. Der Verfasser des „Grab des Aberglaubens" teilt mit: „Bey Gebährenden soll man weder mit ineinander geschlagenen Händen, noch mit übereinander gelegten Füssen sitzen. Ein Spruch, der in den Ohren der alten Wehemütter ein Silberton ist." Er führt darauf die Stelle aus Plinius (XXVIII, 17) an: „Wenn man bey schwangern Weibern, oder wenn man jemand Arzney eingibt, mit ineinander geschlagenen Fingern, wie ein Kamm, sitzt, so ist dies eine schändliche Zauberey, und wie man sagt, hat solches die Erfahrung gezeigt, als Alkmene den Herkules zur Welt gebracht; noch schlimmer ist es, wenn man die Hände über eines oder beyde Knie zusammenschlägt" [15]). Reste dieses alten Glaubens finden sich noch da und dort. Alte Hebammen, erfuhr Panzer [16]) in Niederbayern, rieten den Männern, deren Frauen schwere Geburten hatten, die Knie aneinander zu drücken, in Unterfranken muß der Mann in solchen Fällen seine Frau so lange auf seinen Schoß setzen, bis die Geburt erfolgt, und oft werden die Knie zusammengebunden, „damit er länger aushalten kann" [17]). Dadurch soll wohl das B. unmöglich gemacht werden? In einer norwegischen Sage kneift ein Mann seine Hände über die Knie, damit die Frau nicht gebären kann. Es wird ihm nun vorgegeben, sie habe geboren, da läßt er los und die Geburt geht von statten [18]).

Das B. ist eine alte Zauberhandlung (Hemmungszauber) und verwandt mit dem Flechten, Binden, Knüpfen oder Verschlingen (s. dd.). Dem Richter war nicht nur vorgeschrieben, daß er sitzen, sondern auch daß er „ain pain auf das ander legen" müsse, gleich wie Walther von der Vogelweide in der Liederhandschrift dargestellt ist und wie der „Herzogsbauer" bei der Kärntner Herzogseinsetzung sich mit überschlagenen B.n auf den Fürstenstein setzen und den neugewählten Herzog so erwarten mußte [19]).

[1]) Wolf *Beiträge* 1 (1852), 217 Nr. 188 (rheinisch). [2]) Bartsch *Mecklenburg* 2, 133 Nr. 574. [3]) Schönwerth *Oberpfalz* 3, 273 § 43; Grohmann 222 Nr. 1550. [4]) Panzer *Beitrag* 2, 303. [5]) Alpenburg *Tirol* 372. [6]) SchwVk. 4 (1914), 95. [7]) Kuhn *Märk. Sagen* 373; vgl. die etwas andere, unklarere Redaktion bei Kuhn u. Schwartz 422 Nr. 219 = Bartsch *Mecklenburg* 2, 202 Nr. 976b. [8]) Kuhn u. Schwartz 419 Nr. 189. [9]) Landsteiner *Niederösterreich* 22 f.; vgl. auch als Schutz vor dem Teufel: Kühnau *Sagen* 2, 691 Nr. 1316. [10]) Meyer *Baden* 559; vgl. weiter ausländische Parallelen bei Seligmann *Blick* 2, 354. 289; SAVk. 14, 264. [11]) Goldmann *Einführung* 214. [12]) 1 (Berlin 1916), 233 f. [13]) Goldmann *Einführung* 214; Scheible *Kloster* 10 (1848), 530. [14]) Keller *Grab d. Aberglaubens* 5 (Stuttgart 1786), 257 ff. [15]) Samter *Geburt* 121 f.; Panzer *Beitrag* 2, 336 ff.; ZfVk. 25 (1915), 28 f. Nr. 28; Frazer *Taboo* (London 1919), 298 f. (= The golden Bough³ III). [16]) Panzer *Beitrag* 2, 347. [17]) Ebd. 2, 306 Nr. 72. [18]) Grimm *Myth.* 3, 345; Liebrecht *Zur Volksk.* 322 Nr. 72; vgl. Frazer *Taboo* 295. 298. [19]) Grimm *RA.* 2, 375 § 17; Goldmann *Einführung* 209 ff.; Bächtold-Stäubli in SAVk. 26 (1925), 47 ff.

Bächtold-Stäubli.

Beinverrenkung s. Verrenkung.

Beinwurm. Diese Art Knochenfraß (Caries) wurde vom Volk einem fressenden und zehrenden Wurm zugeschrieben; da vom kariösen Bein Splitter abgehen, ähnlich denen eines wurmstichigen Holzes, kam man zu dieser Anschauung [1]) (vgl. Wurm). Man sucht dem Leiden durch Beinsegen (s. Segen) und sympathetische Mittel beizukommen. So nimmt man in Steiermark um Mitternacht schweigend vom Friedhof weg ein Totenbein, bekreuzt damit dreimal die leidende Stelle und verscharrt den Knochen wieder nach einem Gebet für die arme Seele [2]).

[1]) Höfler *Krankheitsnamen* 823. [2]) Fossel *Steiermark* 314.

Stemplinger.

Beischlaf s. Geschlechtsverkehr.

beißen s. jucken.

beißen [1]), Biß. 1. Beim Zahnen gibt man dem Kinde schon seit dem Altertum Iriswurzeln u. ä. zum B. in den Mund [2]); ein Aberglaube ist es, wenn man dafür in der deutschen Schweiz Jungfernwachskerzen (s. Jungfernwachs) wählt [3]). In Durlach heißt es, ein Kind zahne leicht, wenn man es auf ein Ei b. läßt, das dann gebacken und von ihm verzehrt wird [4]), eine Vorstellung, die sich offenbar aus dem bekannten Brauch entwickelt hat, dem Säugling beim ersten Besuch in einem befreundeten Haus ein oder drei Eier zu schenken und sie dabei ihm an den Mund zu drücken oder darin herumzudrehen [5]). Im Zürcher Oberland beißt man mit den eigenen Zähnen einem lebenden Hasen die vorderen Zähne aus und hängt diese dem Kind um, damit das Zahnen leicht vor sich gehe [6]), also ein ähnliches Amulett wie der abgebissene Mauskopf und die Maulwurfspfote (s. abb., Maus, Maulwurf). In Kurhessen bestreicht die Mutter dem Kind vor dem ersten Zahnen die sog. „Bälle" stillschweigend mit drei Weckbrocken, die sie an ihrem Hochzeitstag von dem ihr beim Empfang in ihrem neuen Heim gereichten Milchbrot abgebissen und für diesen Zweck aufbewahrt hat [7]). Das abgebissene oder abgeschnittene Brauttränftel hat ja Heilkraft und bringt Segen [8]).

[1]) Vgl. SchwVk. 6, 14 f. [2]) Hovorka u. Kronfeld 2, 832. [3]) Ebd. 831 f. [4]) Meyer *Baden* 50. [5]) Z. B. Wuttke § 599; Pröhle *Harzbilder* 83. [6]) SAVk. 8, 144. [7]) Mülhause 10. [8]) MschlesVk. 4, H. 8, 31 f.; Höser *Volksheilkunde* 20; Knoop *Hinterpommern* 160.

2. Wenn bei Zahnweh in Biel empfohlen wird, auf ein Nägeli (Gewürznelke) zu b. [9]), so ist das kein Aberglaube. Das B. auf einen harten Gegenstand kann wohl in manchen Fällen ein Nachlassen der Schmerzen bewirken. Aber meist werden solchen volksmedizinischen Ratschlägen irgendwelche abergläubische Bestimmungen beigefügt, so heißt es z. B. in einer Predigt des Bernardino da Siena von 1443: „cum pulsantur campanae in die sabbati sancti, ponunt ferrum inter dentes" [10]) (also in heiliger, durch Glokkenklang geweihter Stunde), oder in der Mark Brandenburg: man zerbeißt auf dem Kirchhof Erbsen und wirft sie in ein frisches Grab [11]); hier wird durch das B. der Zahnschmerz auf die Erbsen übertragen und mit ihnen in das Grab geworfen, um dort zu vergehen oder zu ersterben [12]). Ganz ähnliche Mittel gegen Zahnweh kommen auch ohne die Vorschrift des B.s auf den Zwischenträger vor [13]). Auch der Berührung mit Leichenteilen, besonders mit Totenknochen, schreibt man Heilkraft zu [14]); statt des bloßen Berührens wird gelegentlich das B. auf ein Totenbein empfohlen, und zwar unberufen nachts 12 Uhr oder vor Sonnenaufgang [15]). Besonders beliebt bei Zahnschmerz ist natürlich die Verwendung eines Leichenzahns [16]), der aber nicht mit den Händen berührt werden darf [17]), im 17. Jh. sogar einer aufgebahrten Leiche ausgebissen werden mußte [18]), ein Aberglaube, der ganz ähnlich auch für Nordengland bezeugt ist: Man trage immer einen auf dem Kirchhof einem Schädel ausgebissenen Zahn in der Tasche zum Schutze gegen Zahnschmerzen [19]). Auch hier genügt es nach anderen Vorschriften, den kranken Zahn mit dem Leichenzahn zu berühren [20]) oder diesen (in Island) in den Mund zu nehmen [21]) (s. Totenzahn).

In der Provinz Namur beißt man bei Zahnschmerzen in ein am Weg errichtetes Sühnekreuz [22]). Auch das beliebte Krankheitsübertragen auf Bäume wird bei Zahnschmerzen in verschiedenen Formen geübt [23]), eine besonders intensive Verbindung wird dabei durch B. in den Baum hergestellt [24]), wobei neben dem Holunder [25]) gern ein durch Blitzschlag geheiligter Baum gewählt wird [26]). Schon im Altertum wurde bei Zahnschmerzen empfohlen, die Hände auf dem Rücken, ein Stück von blitzgetroffenem Holze abzub. und an den Zahn zu bringen [27]), und noch heute findet sich bei der Gewinnung von Zahnstochern aus Blitzbäumen [28]) bisweilen der Brauch, sie mit den Zähnen herauszub. [29]). In Hirschberg (Schlesien) geht man an einen Bach, an welchem Weiden stehen, und umbeißt von einem Weidenbaum drei Ruten mit den Zähnen und trinkt darauf drei Schluck Wasser aus dem Bach [30]) (häufiger ist das Verknoten des Zahnwehs in Weidenruten) [31]). In Warmbrunn geht man vor Sonnenaufgang an eine Stelle, wo drei zusammenstoßende Raine mit Getreide besät sind, und beißt die keimende Saat mit den Zähnen ab [32]). Zugrunde liegt wohl dieselbe Vorstellung, die wir für das Verzehren der ersten Blüten gewisser Pflanzen [33]) voraussetzen müssen, denen man besondere Heil- und Schutzkräfte zuschreibt. So schützt man sich auch in der Gironde gegen Zahnweh, wenn man in das erste Farnkraut im Frühling beißt (dasselbe Mittel soll in der Bretagne vor Fieber bewahren) [34]). Im Spreewald beißt man einem Rietwurm oder einem Molch den Kopf ab und spuckt ihn schnell aus [35]). Im Voigtland glaubt man sich von Zahnschmerzen befreien zu können, wenn man beim Genusse des Abendmahls hinter dem Altar in eine mitgenommene Semmel beißt [36]). Wenn man damit z. B. den aus Belfort belegten Brauch gegen Zahnschmerzen, einen Apfel in die Mitternachtsmesse mitzunehmen und dann zu Hause zu essen [37]), vergleicht, so darf man wohl annehmen, daß in dem voigtländischen Aberglauben das Abendmahl an die Stelle der heiligen Messe getreten ist.

[9]) SchwVk. 10, 33. [10]) ZfVk. 22, 122. [11]) ZfVk. 1, 193 = Correspondenzbl. f. Zahnärzte 34, 247. [12]) Vgl. Seyfarth *Sachsen* 210 ff. [13]) Z. B. Seyfarth a. a. O. 215; BayHfte 1, 231 Nr. 42. [14]) Vgl. Seyfarth a. a. O. 286 ff., für Zahnschmerzen z. B. Töppen *Masuren* 54. [15]) Birlinger *Volksth.* 1, 482 f.; Lammert 237. [16]) Vgl. Seyfarth 290. [17]) Köhler *Voigtland* 418. [18]) Seyfarth a. a. O. [19]) W. Henderson *Northern countries of England* 145. [20]) Seyfarth a. a. O. [21]) ZfVk. 8, 287. [22]) Hartland *Perseus* 2, 166. [23]) Seyfarth 196 ff. [24]) HessBl. 22, 21. [25]) Drechsler 2, 300. [26]) Urquell 1, 19. [27]) Plin. *nat. hist.* XXVIII 45; vgl. HessBl. 22, 21. [28]) Ebd. A 3. [29]) Krohn *Die folklorist. Arbeitsmethode* 31. [30]) ZfVk. 4, 270. [31]) Seyfarth 196. [32]) Drechsler 2, 301 (B. in die Saat im finnischen Schadenzauber s. FFC. 55, 17). [33]) HessBl. 22, 38 f.; 23, 124. [34]) Sébillot *Folk-Lore* 3, 490. [35]) Schulenburg 224. [36]) Köhler *Voigtland* 412. [37]) Sébillot a. a. O. 3, 422.

3. Auch bei anderen Krankheiten kann man durch B. in einen Baum das Übel auf diesen übertragen (Estland, Sizilien, Frankreich) [38]), und von Blitzbäumen abgebissene Späne sind für vieles gut (Schweiz) [39]). Gegen Keuchhusten läßt man in Posen das Kind vor Sonnenaufgang in den Schweinetrog b. [40]).

[38]) Frazer 6³, 54; Sébillot *Paganisme* 137. 138. [39]) HessBl. 22, 21; vgl. auch unten § 10. [40]) Wuttke § 544; vgl. den Brauch der Maori ARw. 10, 555.

4. „Gegen Biß hilft B." nach altnordischer Überlieferung. Und in Schweden glaubte man noch in der neueren Zeit, ein erstgeborenes Kind, das mit Zähnen auf die Welt gekommen sei, könne durch B. über einen schlimmen Biß diesen heilen [41]). Gegen den Biß toller Hunde schützt man sich in Böhmen, wenn man sich sofort in den Daumen der rechten Hand beißt [42]). Nach norwegischem Aberglauben soll ein Hirte, wenn ihn der Wolf zuerst sieht und dadurch bezaubern kann, sich über die beiden Gelenke des Daumens oder auch in den Rockkragen oder Handschuh, kurz in etwas Wollenes, b. [43]). Die Südslaven lassen ein Überbein dreimal von einem nachgeborenen (posthumen) Kind behauchen und darein b. [44]).

[41]) Grimm *Myth.* 3, 344 zu 982; 2, 964 und 3, 478 Nr. 29. [42]) Wuttke § 450. [43]) Liebrecht *Zur Volksk.* 334; vgl. ZfVk. 11, 316. [44]) Urquell N.F. 1, 24.

5. Wenn im Frühjahr infolge schlechten Futters ein Stück Vieh so abgemagert war, daß es vor Schwäche nicht aufstehen konnte, sagte man (am Hellweg): „He hett'n Wulf in'n Stiärt". Man ließ dann eine gewisse alte Frau kommen, die mußte dem Tier in den Schwanz b. Dann sprang die Kuh auf, und man glaubte, die Frau hätte den „Wolf" weggebissen [45]).

Im Visitationsbuch der Grafschaft Nassau-Idstein-Wiesbaden aus dem Jahre 1594 gesteht jemand, „wan ein gaul den Unflat hab, so beiß er denselben in ein Ohr vnd sprech einen gutten Segen" [46]).

[45]) ZrwVk. 17, 41; vgl. das Zehenb. bei epileptischen Anfällen in Südslavien: Urquell N.F. 1, 25. [46]) Volk und Scholle 5 (1927), 101 f.

6. Die Zwiebel spielt in der Volksmedizin eine große Rolle (s. Zwiebel). Im Land ob der Enns ließ man um 1787 die Wöchnerin sofort nach der Geburt des Kindes dreimal in ein Zwiebelhaupt b. [47]).

[47]) Grimm *Myth.* 3, 460 Nr. 732.

7. Für das Zehenb. bei Leichen sowohl, wie in Fastnachts- und Erntebräuchen s. Zehe, vgl. auch oben Anm. 44.

8. Auf Regenbogen, Sonne, Mond und Sterne soll man nicht mit den Fingern deuten [48]). Hat man es aus Versehen doch getan, so muß man sich sofort in den Finger b., dann schadet es nichts (Westfalen, Rheinland) [49]). Man will wohl durch Bestrafung des Fingers eine Genugtuung geben.

[48]) Vgl. z. B. Volkskunde 17, 46 f. [49]) Wuttke § 11.

9. Wenn einem das linke Ohr klingt, soll man in der französischen Schweiz es mit dem Finger berühren und dann auf diesen b., dann wird sich der Verleumder auf die Zunge b. [50]). In Schwaben beißt man sich dagegen auf die Zunge, dann soll der Tadler davon eine Blatter auf die Zunge bekommen [51]), und in Oldenburg beißt man in den linken Rock- oder Schürzenzipfel oder in den Ellenbogen, dann beißt sich der Verleumder auf die Zunge [52]).

[50]) SAVk. 25, 282. [51]) Meier *Schwaben* 2, 503 Nr. 362. [52]) Wuttke § 421; vgl. ZfVk. 20, 386.

10. Für den Hänselbrauch des „Kettenb.s", der heute fast nur noch in der scherzhaften Drohung weiterlebt, mit der man Kinder, die zum erstenmal in die Stadt mitgenommen werden wollen, schreckt und hier sogar zu abergläubischem Tun führen kann [53]), s. Kette. Hierhin gehört auch das Ängstigen der Kinder von Schönau mit dem sog. Klepfstein, der von einem Bären bewacht werde: jeder, der zum erstenmal ins Todtmoos pilgert, muß durch einen Biß in diesen Stein seine Würdigkeit erproben [54]), und wohl auch der Glaube in Ostfranken, es verirre sich nicht beim Beerensuchen, wer in einen Stein beißt [55]). Denn in Hergersdorf (Oberhessen) muß das Kind, das zum erstenmal mit in die Heidelbeeren geht, in einen der Nägel einer alten Hainbuche am Wege b., „sonst hat es Unglück auf dem Wege". Aus derselben Gegend wird berichtet, daß Kinder beim ersten Gang in die Beeren von zwei alten Bäumen Blätter abreißen und zerb. mußten. Das könnte eine abgeschwächte Form jenes Brauchs sein [56]). Auf dem Wege in die Zerzeralpe steht der sog. Dunderbam, der Stumpf eines Baumes, den der Donner gespalten hat; davon muß das Kind, das zum erstenmal auf die Alpe geht, zwei Splitter wegb., um vor dem Donner gesichert zu sein (Burgeis) [57]). Hier hat sich das Necken des Neulings mit dem Glauben an die Schutz- und Heilkraft eines Spans aus einem Blitzbaum [28]) [39]) verbunden. Mit Recht wird auch das in der Basler Schmiedezunft 1674 geübte „In den Schlüssel b." mit solchen Hänselbräuchen, die sehr nahe mit manchen Bräuchen bei der Aufnahme in Zünfte u. ä. verwandt sind, zusammengestellt [58]).

[53]) SAVk. 7, 305. [54]) Waibel u. Flamm 2, 162. [55]) SchwVk. 6, 15. [56]) HessBl. 22, 20; 23. [57]) Zingerle *Tirol* 101 Nr. 866 = HessBl. 22, 21. [58]) SchwVk. 6, 14 f.

11. Wer den eisernen Knopf am Elisabethentor des Heidelberger Schlosses zu zerb. vermag, wird Herr über das Schloß mit allem seinem Reichtum. Deutliche Beißspuren seien daran zu sehen [59]). Ich könnte mir denken, daß diese Vorstellung auch auf einen Hänselbrauch, wie die in § 10 behandelten, zurückgeht, halte aber Hoffmann-Krayers Zusammenstellung mit dem im folgenden Paragraphen besprochenen Luxemburger Brauch unter dem Gesichtspunkt der Sicherung des Reichtums [60]) nicht für richtig.

[59]) SAVk. 8, 224. [60]) SchwVk. 6, 14 f.

12. In Luxemburg biß das Volk früher auf die größeren Geldstücke, namentlich auf die Kronentaler, in der Meinung, sich hierdurch ihren Besitz zu sichern; es geschah dies größtenteils aus Furcht vor den Zigeunern, denen man die Macht zutraute, sich fremdes Geld durch Zauberkräfte anzueignen [61]).

[61]) La Fontaine *Luxemburg* 157. Entzauberndes B. auf Sichel oder Sense in Finnland s. FFC. 62, 16.

13. Hat man sich einen Dorn oder Splitter ausgezogen, so muß man ihn zerb., daß er nicht noch mehr schade [62]), die Wunde nicht schmerze und eitere (Schlesien, Schwaben, Bayern, Pommern) [63]), oder damit er nicht noch andere Personen steche (Württemberg) [64]).

[62]) Rockenphilosophie Cent. 4 Kap. 94 = Grimm *Myth.* 3, 446 Nr. 362. [63]) Wuttke § 516; Birlinger *Aus Schwaben* 1, 405; *Volksth.* 1, 486; Meier *Schwaben* 2, 511 Nr. 426; Reiser *Allgäu* 2, 445 Nr. 213; Jahn *Hexenwesen* 154 Nr. 477. [64]) Bohnenberger Nr. 1, 19.

14. Das „Semmelb." heiratslustiger Mädchen in Hof gehört zu den Liebesorakeln des Andreasabends (s. Andreas): man aß auf der Straße in der Dämmerung, solange der Verkehr noch nicht ganz erstorben war, auf drei Bissen eine halbe Kreuzersemmel; dann ging man lautlos auf der Straße hin. Der erste Mann, welchem das Mädchen nun begegnete, mußte aufmerksam betrachtet werden, denn ganz nach seinen Verhältnissen im bürgerlichen Leben gestalteten sich auch die des künftigen Ehemannes [65]).

[65]) Köhler *Voigtland* 380.

15. Heiratslustige Mädchen b. in das eiserne Gitter vor dem Heiligenbild in der Wallfahrtskapelle N.-D. de Nabléhaye (zwischen Herve und Bolland, Liège) [66]). Man sieht darin — ob mit Recht? — eine Nachwirkung des Glaubens an die magische Kraft des Eisens. Auch hier könnte vielleicht ursprünglich ein Hänselbrauch wie das „Kettenb." (§ 10) zugrunde liegen, das wir auch bei Wallfahrtskirchen und Kapellen finden [67]).

[66]) RTrp. 22, 457; Hartland *Perseus* 2, 213, 1 spricht von einer St. Josephskapelle bei Herve mit demselben Brauch [67]) Birlinger *Volksth.* 1, 249 Nr. 390.

16. In Schweden soll eine Braut, nachdem sie beim Hochzeitsmahl von allen aufgetragenen Speisen gekostet hat, ins Tischtuch b., dann wird sie nicht lüstern [68]).

[68]) Düringsfeld *Hochzeitsbuch* 2.

17. Wenn auf der Hochzeit die Hunde sich b., so schlagen später die Eheleute einander [69]).

[69]) Grimm *Myth.* 3, 448 Nr. 433 (aus der Rockenphilosophie). Hepding.

Bekker, Balthasar. Reformierter Prediger zu Amsterdam, gest. 1698 [1]). In seinem vierteiligen Werk *De betoverde wereld* (Die bezauberte Welt) [2]) bekämpft er, vom Teufelsglauben ausgehend, die gesamte Dämonologie. Der Teufel ist nach ihm keine Macht, sondern ein hilfloser gefallener Engel ohne besonderes Wissen und ohne die Fähigkeit, sich dem Menschen in sinnlich wahrnehmbarer Gestalt zu zeigen oder gar in seinem Dienst handelnd aufzutreten. Der ganze Glauben vom angeblichen Teufelspakt, von Zauberern und Hexen sei hinfällig.

Wegen dieser Ansichten wurde B. als Leugner des wahren Glaubens durch die Synode von Alkmaar 1692 seines Amtes enthoben. Doch datiert von seinem Auftreten der Umschwung in der Stellung der protestantischen Theologie zum Hexenglauben.

[1]) Soldan-Heppe [2] 2, 233—243; Meyer *Aberglauben* 333 ff. [2]) Leeuwen 1691 bis 1693; deutsch Leipzig 1693. Helm.

beklagen s. bedauern.

bekleiden s. Kleid.

bekränzen s. Kranz.

bekreuzen s. Kreuz.

belecken s. lecken.

Belemnit. Griech. βελεμνίτης (τὸ βέλεμνον = τὸ βαλλόμενον), das Geschleuderte, Geschoß, Blitz.

Als vom Himmel unter Blitz und Donner herabgeschleuderte und gegen den Blitz schützende Steine gelten im Volksaberglauben die prähistorischen Donnerkeile, die Echeniten und B.en [1]). Unter B.en versteht man die in der Jura- und Kreideformation häufig sich findenden versteinerten Reste von Vorläufern der Tintenfische. Es sind schlanke, nach oben spitz zulaufende, außen mit einem festen Feuersteinmantel bedeckte, innen meistens mit Kreidekalk gefüllte Hohlkegel, die genau der Form einer Zigarre gleichen [2]). Bei den Badegästen auf Rügen und an der Ostseeküste gelten sie noch heute als Blitzröhren, die durch die Glut einschlagender Blitze aus Kies und Sand zusammengeschmolzen sind [3]). Das Volk aber glaubt, sie seien beim Gewitter herabgeschleudert worden; als Schutz gegen das Gewitter legt man sie deshalb, wenn ein Wetter heranzieht, auf den Tisch, Herd oder auch auf das Fensterbrett [4]). Im Unterelsaß und Schaffhausen nennt man den B.en wegen seiner Gestalt „Teufelsfinger", im Aargau kommt daneben der Name „Stechehörndli" vor (Vergleich mit den spitzen Hörnlein des Hörndlimâ = Teufels), auch „Hämmerle", „Galützelstein", „Donnerstein". Nach dem Glauben des Aargauer Landvolkes sollen die B.en vor ihrer Versteinerung Kohlen gewesen sein und den Zwergen gedient haben [5]). In Schwaben hält man den B. für Abdrücke (Finger) einer Hand oder (der Zehen) eines Fußes; man nennt sie „Schrettelfüße" (Füße eines elbischen Wesens) [6]). In der Oberpfalz heißen sie „Teufelszehe", im Jura „Alp- oder Strahlsteine", in Ostpreußen „Pillersteen", „Ottertött" (Otterzitze), „Mohrenzitzchen", „Marezitze" [7]). Gesner sagt: Der B. stellt die Figur eines Pfeiles dar, weshalb ihn die Sachsen „Alpfescht", „Alpschoß" nennen und behaupten, er helfe bei Alpdrücken, gegen Behexung und nächtliches Blendwerk [8]). Wahrscheinlich hielt man sie in der Urzeit für Geschosse elbischer Geister, die im Gewitter einherfuhren [9]); an ihre Stelle traten später die Hexen (Hexenschuß!). Bei den Angelsachsen herrschte z. B. der Glaube, stechende Schmerzen rührten von dem Geschoß der Elfen oder Hexen her [10]). Auch Gesner berichtet, daß man die „Schoßsteine" (= B.) gegen die immer an einer Stelle stechenden Schmerzen der Pleuritis verwendete [11]). Einen gefundenen B.en soll man aufheben, denn er bringt Glück [12]). Als vorzügliches Heilmittel galten die B.en bei den Nordgermanen, besonders wenn Runen darauf geritzt waren [13]). Heute tragen in der Mark Brandenburg, wo B.en sich häufig im Kiessande finden, säugende Mütter sie als Schutzmittel gegen plötzliches Erschrecken, damit den Kindern die Milch nicht schadet [14]) (vgl. Schreckstein). Im Jura und Harz gibt man kranken Kindern etwas vom B.en abgeschabtes Pulver ein [15]); solches Pulver verwendet man in der Oberpfalz und in der Gegend von Wehdem zur Heilung von Wunden [16]). Zu gleichen Zwecken benutzten es früher die Ärzte in Preußen und Pommern, in Sachsen zum Brechen des Blasensteins [17]). Als Phallussymbole wurden B.en auch gegen Geschlechtskrankheiten, Sterilität usw. verwendet [18]). Der Name Donnerkeil ist außer für die Steinbeile auch für die B.en in Gebrauch, und mit dem Namen werden diesen auch fast genau dieselben Eigenschaften beigelegt [19]).

Zu Gesners Zeiten hielten einige Ärzte den B.en für den „Luchsstein" der Alten [20]). In der Tat entsteht, wenn man den B.en stark reibt, ein leichter, an Öl oder Ammoniak erinnernder Geruch; Abel bringt damit die Entstehung des Aberglaubens zusammen, die durch ihre hellgelbe, durchscheinende Farbe sich auszeichnenden B.en in der norddeutschen und niederländischen Kreide seien versteinerter Luchsurin, den diese Tiere in der Erde verscharrten [21]). Schade berichtet, daß in den alten Offizinen weinklare B.en unter dem Namen „Luchsstein" verkauft wurden [22]). Auch ein Bergmännisches Wörterbuch verzeichnet unter Luchsstein und Alpschoß den B.en [23]). Zu der vielseitigen Anwendung des B.en gegen mancherlei Krankheiten, besonders bei Harn-, Stein- und Blasenbeschwerden, vgl. M. B. Valentini Natur- und Materialienkammer (1705), s. v., u. P. Pomet, Histoire générale des Drogues (1694), 107, desgleichen Zedler s. v. Alpschoß 1, 1040 f.

[1]) Sartori 2, 13 f.; Seligmann 2, 25. [2]) Abbildungen bei Seligmann 1, 233; Gesner *d. f. l.* 91; Wossidlo *Zoologie* 322; Beschreibung bei Hovorka-Kronfeld 1, 59. [3]) mündlich; vgl. Müllenhoff *Natur* 21 Nr. 33 und Hovorka-Kronfeld 2, 564. [4]) Finder *Vierlande* 2, 243 u. 1, 226. [5]) Stöber *Elsaß* 445 Nr. 330; Rochholz *Sagen* 1, 193 Nr. 155 u. 2, 205; *Naturmythen* 118 oben; Grimm *Myth.* 1, 149 u. 2, 860; Müllenhoff *Natur* 15 Nr. 23. [6]) Meier *Schwaben* 172. [7]) Schönwerth *Oberpfalz* 2, 248; Meyer *Germ. Myth.* 119 § 162; Frischbier *Hexenspr.* 107; ZfVk. 15 (1905), 92. [8]) Gesner a. a. O. 89; Schönwerth a. a. O.; vgl. Agrippa v. N. 1, 93 (Luchsstein); Schwenkfeld *Catalogus* 3, 369. [9]) Grimm *Myth.* 1, 149. 381 u. 3, 363; vgl. Meyer a. a. O. 91 § 126; Mannhardt *Germ. Myth.* 48; Schwartz *Studien* 410; Andree-Eysn 25; Seyfarth 42. [10]) Fischer *Angelsachsen* 15. [11]) Gesner a. a. O. 92. [12]) ZfVk. 20 (1910), 384; vgl. Ausland 63 (1890), 534. [13]) Weinhold *Altnord.*

Leben (1856), 386. [14]) Ploß *Weib* 2, 399. [15]) Rochholz a. a. O. 2, 205; ZföVk. 13 (1908), 95; vgl. Sartori *Westfalen* 71; Lemke 2, 278. [16]) Schönwerth a. a. O.; ZfrwVk. 5 (1908), 95; vgl. ZfVk. 15, 92 (Mohrenzitzchen). [17]) Gesner a. a. O. 91; Haas *Rügen* 157. [18]) Vortrag in der Züricher Ges. f. Volksk. 16. 12. 1919. [19]) ZfVk. 13 (1903), 352; Seyfarth 261. [20]) Gesner a. a. O. 89 f.; vgl. Plin. *nat. hist.* 37 § 52 und 8 § 137; Ruska *Aristoteles* 4 u. 5[1]. [21]) Abel *Fossilien* 114. [22]) Schade s. v. Luchsstein 1394. [23]) Bergmann 336 u. 17. Olbrich.

Belial oder Beliar, Name des Satans II. Kor. 6, 15 Βελίαρ, aus hebr. בְּלִיַּעַל „Nichtsnutz", häufig in den jüdischen Apokryphen [1]); nach Bousset [2]) Name des Antichrist. Greßmann [3]) vermutet Zusammenhang mit der babylonischen Unterweltgöttin Belili (בעליל). Aus dem NT. übergegangen in den Volksglauben und Zauber [4]). Der Augsburger Büchsenmeister Zimmermann [5]) bildete davon das Wort „Belialia" zur Bezeichnung von Zaubermitteln.

[1]) Hauck *RE.* 2, 548. [2]) Bousset *Der Antichrist* (1895), 86 ff. 99 ff.; Ders. *Die Religion des Judentums* (1906), 292. 384 ff. [3]) RGG. 1, 1021. [4]) Agrippa von Nettesheim 3, 109; Kiesewetter *Faust* 201; Bang *Hexeformularer* 647. 650 (bilial). 648 (Balligel, verstümmelt); Franz *Benediktionen* 2, 431. 569; Ohrt *Trylleformler* 1, 521 Reg. [5]) Bezoar, Hd. Gotha Nr. 566 (ca. 1591) fol. 75 b (Abschrift in meinem Besitz). Jacoby.

Belomantie, Wahrsagung durch Pfeile (βέλος = Wurfgeschoß, Pfeil). Die Bezeichnung findet sich in der ausgehenden Antike nur einmal bei Hieronymus [1]) zu Ezechiel 21, 26: „Denn der König zu Babel wird sich an die Wegscheide stellen, vorn an den zwei Wegen, daß er sich weissagen lasse, mit den Pfeilen das Los werfe, seinen Abgott frage und schaue die Leber an. Und die Wahrsagung wird auf die rechte Seite zu Jerusalem deuten . . ." So Luther; Joh. Herrmann übersetzt [2]): „Der König . . . um das Losorakel einzuholen, hat die Pfeile geschüttelt . . . In seiner Rechten ist das Los Jerusalem". Hieronymus erklärt die Stelle so, daß die Pfeile mit dem Namen der anzugreifenden feindlichen Städte bezeichnet seien; der zuerst aus dem Köcher gegriffene Pfeil gäbe den Aufschluß. Er fügt hinzu, die Griechen hätten dafür die Bezeichnung B. oder Rhabdomantie. Über ihre Anwendung bei den Griechen ist sonst nichts bekannt, auch der Bericht Herodots [3]) über die Losbräuche der Skythen, der öfters in diesem Zusammenhange angeführt wird, spricht nicht von Pfeilen, sondern von Stäben. Dagegen war die B. im Orient seit alters weit verbreitet. Für die babylonisch-assyrische Kultur beweist es die Ezechielstelle, andere Belege, wie angebliche bildliche Darstellungen von Lospfeilen in der Hand von Göttern [4]), werden heute bezweifelt, auch die keilschriftlichen Quellen schweigen davon [5]). Die Kulte des Hubal bei der Kaaba und des Dhu l Chalaça in Tabâla und andere vorislamitische Kulte waren ebenfalls mit einem Pfeilorakel (Istiqsâm) verbunden; die Pfeile waren hier mit „ja" und „nein" und anderen allgemeinen Aufschriften versehen und wurden aus einem Sack gezogen [6]). Die 5. Sure des Koran verbietet diesen heidnischen Brauch [7]). Die Lospfeile waren stumpf und ohne Federn [8]), also Stäbchen, so daß hier in der Tat zwischen B. und Rhabdomantie kein wesentlicher Unterschied besteht. Doch gab es bei den Arabern auch eine andere Methode, nach der ein Priester aufs Geratewohl zwölf mit brennendem Werg umwickelte Pfeile abschoß, um je nach der Art ihres Niederfallens die Zukunft vorauszusagen [9]). Ob diese Form an zwei Stellen des AT. [10]) vorauszusetzen sei, wie meist geschieht, erscheint zweifelhaft. Von einer dritten Form der B. endlich berichtet der französische Reisende Thevenot († 1697), die bei den berberischen Seeräubern Sitte war: zwei Leute fassen je ein Paar Pfeile, von denen eins die Türken, eins die Christen bezeichnet, an den Spitzen an und haken die Kerben gegenseitig ineinander; beim Verlesen einer Zauberformel beginnen die Pfeile sich spontan zu bewegen, das eine Paar erhebt sich über das andere, und dementsprechend wird der Ausgang des bevorstehenden Gefechtes gedeutet. Eine nach Marco Polos Bericht vor Tschingiskhan mit einem gespaltenen Rohr in ähnlicher Weise vorgenommene Divination sah P. della Valle († 1652) in Aleppo mit vier Pfeilen ausgeführt, deren Spitzen sich unter den Beschwörungen eines Zauberers spontan näherten. In Indien wurde eine fast genau entsprechende B. mit zwei Pfeilen unter dem Namen „damo" noch 1833 zwecks Ermittlung eines Diebes angestellt [11]).

In der Divinationsliteratur der neueren Zeit wird die B. nur selten genannt [12]). Auf divinatorischen Gebrauch der Pfeile im deutschen Aberglauben des Mittelalters weist anscheinend nur das Verbot des Lanzkranna in der „Hymelstraß" (1484) gegen „verborgen schaͤcz mit pfeilen sůchen oder mit andern vnzimlichen dingen" [13]).

Vgl. a. Lose, Rhabdomantie.

[1]) Migne *PL.* 25, 125 b. [2]) E. Sellin *Komm. z. AT.* 11, 130. [3]) IV 67. [4]) Lenormant *Magie u. Wahrsagekunst der Chaldäer*, Dt. Ausg. (Jena 1878) 432. [5]) Ungnad *Deutung der Zukunft* 15; Meißner *Babylonien und Assyrien* 2 (1925), 275. [6]) Bate in Indian Antiquary 12, 1 ff.; Wellhausen *Reste* 45 ff. 131 ff. [7]) v. 4, 92. [8]) Lenormant a. a. O. 433. [9]) Ebd. 436. [10]) I. Sam. 20, 20—22; II. Reg. 13, 14 ff. [11]) H. Yule *The Book of Ser Marco Polo* 1 (London 1874), 237 f. [12]) Fabricius *Bibliogr. antiqu.* [3] (1760) 597. [13]) SAVk. 27, 132. Boehm.

Belzebub, Name des Teufels, der im Volksmund durch das bekannte „den Teufel mit B. austreiben" allgemein gebräuchlich ist. Er entstammt dem NT. Mrk. 3, 22; Mt. 10, 25; 12, 24. 27; Luk. 11, 15. 18. 19, wo aber in den Hdd. Βεελζεβούλ neben dem weniger häufigen Βεελζεβούβ steht; dagegen hat Vulgata und Syrus B. und בעל זבוב, auch belzebud. Nach der Erzählung der Evv. ist er ἄρχων τῶν δαιμονίων, woraus seine Rolle als Satan, Oberhaupt der Teufel, sich erklärt [1]). Merkwürdig ist nur, daß der Name Beelzebul sich nicht außerhalb des NT. findet, es sei denn, daß er deutlich auf die nt. Stellen zurückgehe [2]). Das macht auch die Ableitung aus בעל זבול „Mistbaal" als Spottname [3]) schwierig; nirgends verraten die Rabbinen oder die jüdisch-apokryphe Literatur eine Kenntnis des Namens. Auch Reitzensteins [4]) Hinweis auf jüdische Planetengebete, wo er als Dämon des Saturn erscheint, kann nicht helfen, weil die Gebete doch spät sind; daß der Dämon einer astrologischen Geheimlehre angehört, läßt sich nicht erweisen. Andererseits ist auch die Form בעל זבוב der Vulg. und des Syrers kaum ursprünglich, sondern wohl eher eine Angleichung an den phönizischen Beelzebub, den Gott von Ekron. II. Kön. 1, 2. 6, wo Symmachus Βεελζεβούβ transskribiert, die Septuaginta Βάαλ μυῖα, θεὸς Ἀκκάρων, also „Fliegenbaal", von זְבוּב „Fliege", übersetzen [5]). Man sieht nicht ein, wie und warum der Stadtgott von Ekron im NT. zum Haupt der Dämonen wurde. Nach mittelalterlichen arabischen Berichten ist Beelzebul der König der Dschinnen, der stirbt und beklagt wird, vgl. das Motiv vom toten Pan, vielleicht ein Nachklang des Tammuz- oder Adoniskults [6]). Bar Bahlul erläutert B. als elaha aziza verabba d. i. „starker und großer Gott" [7]). Möglicherweise ist auch an das Wort זְבֻל „Wohnung" zu denken im Sinne der Wohnung Gottes, des Himmels, also „Herr des Himmels", oder im Sinne von οἰκοδεσπότης Mt. 10, 24 „Hausherr" (Formen Baals); der vierte Himmel heißt so זְבוּל [8]). Nebenformen sind Belzebuth, Belzebuc, Besebuci usw. Im Zauber begegnet der Name oft [9]).

[1]) Hauck *RE.* 1, 514 ff.; RGG. 2, 1223; Pauly-Wissowa 3, 1, 185. [2]) Z. B. Hippolyt *Refut. omn. haer.* 6, 34, 1 Wendland 162; Ev. Nicod. 1, 1: Tischendorf *Evangelia apocrypha* (1876), 216; Testamentum Salomonis: Migne *PG.* 122, 1329; L. Allatius *de templis Graecorum* (1645), 126 f. [3]) Buxtorf *Lexicon Chaldaicum* etc. ed. Fischer (1879), 175; Dalman *Grammatik des jüd.-pal. Aramäisch* (1905), 137; Klostermann im Handbuch z. NT. hrsg. von Lietzmann 2 (1919), 31. [4]) *Poimandres* 75. [5]) Auch im Targum Dalman *Aram.-neuhebr. Handwörterbuch* (1922), 123. [6]) Graf Baudissin *Esmun und Adonis* (1911), 119. [7]) Castelli *Lexicon Syriacum* ed. Michaelis (1778), 290. [8]) Klostermann a. a. O.; Dalman *Handw.* 123. [9]) Heeg *Hermetica* 38 Z. 5; Vassiliev *Anecdota Graeco-Byzantina* 1 (1893), 336; Reitzenstein *Poimandres* 299; Liebrecht *Gervasius* 182; Golther *Mythologie* 410; Grimm *Myth.* 3, 295; Agrippa von Nettesheim 3, 108; Zachariae *Kl. Schr.* 377 ff.; Sepp *Religion* 321 ff.; Schmid-Sprecher 30; ZfVk. 22 (1912), 124. 237 f.; Goedeke *Every-Man* (1865), 99; Kronfeld 90; Bang *He-*

zeformularer 647. 648; Ohrt *Trylleformler* 1, 521 Reg. Jacoby.

bemalen s. Bild, tätowieren.

Benedikt, hl., Abt, Vater des abendländischen Mönchtums, geb. 480 zu Nursia (Umbrien), Einsiedler in der Nähe von Subiaco, gründete 530 zu Monte Cassino das Stammkloster des nach ihm genannten Benediktinerordens, gest. ebenda 543, Fest 21. März. Übertragung eines Teiles der Reliquien des Heiligen nach Fleury (St. Benoît-sur-Loire) 653. Partikeln in Benediktbeuern, Einsiedeln, Metten bei Straubing a. d. Donau und anderswo [1]).

[1]) Potthast *Bibliotheca historica medii aevi* 2 (1896), 1199; Korth *Kirchenpatrone im Erzbistum Köln* 33; Nork *Festkalender* 227—230; Samson *Die Heiligen als Kirchenpatrone* 143—144; L'Huillier *St. Benoît* (1905); Herwegen *Der hl. Benedikt* (1921).

1. Der Lebensbeschreibung des Heiligen hat Gregor d. Gr. das ganze zweite Buch seiner Dialoge (594) gewidmet [2]). In dieser Vita sind eine große Fülle bekannter und sich in der Hagiographie wiederholender Legendenmotive über B. ausgebreitet. Der Heilige macht ein zerbrochenes Gefäß wieder ganz, heißt einen Bruder über einen See eilen, um einen Ertrinkenden zu retten, füllt durch Gebet die leeren Ölfässer des Klosters, bewirkt durch sein Vertrauen und Ausharren im Glauben an Hilfe für die darbenden Brüder 200 Säcke Mehl, findet Goldstücke im Getreidekasten, um einem Armen zu helfen, befreit durch einen Blick einen gefangenen armen Bauer von seinen Fesseln, rettet sich selbst vor dem ihm zugedachten Giftbecher und wirkt vieles andere an Wundern und Taten, wie sie dem Zeitgeist gefielen oder gar Bedürfnis waren. Infolgedessen werden B. außer Abtsstab und Weihel mancherlei Attribute beigesellt: Dornbusch, Becher mit Schlange, Kind das er segnet, aufgeschlagenes Buch, Rabe mit Brot im Schnabel u. a. [3]), und findet er sich auch im Eingang von Zaubersprüchen [4]).

[2]) Migne *Patrol. lat.* 77, 149—429. Auszug daraus MG SS. rer. Langobard. 6—10 (1878), 525—540. [3]) Künstle *Ikonographie* 123—125. [4]) Ackermann *Shakespeare* 100.

2. Durch den von ihm gegründeten, weitverbreiteten Orden gelangte der Heilige in der Andacht des Volkes zu hohen Ehren. Der reiche Legendenkranz machte ihn zu einem zugkräftigen Volksheiligen, besonders in ländlich-bäuerlichen Kreisen. Weil er sich neun Tage vor seinem Tode das Grab öffnen und sich am sechsten in die Kirche tragen ließ, um sich dort mittels Empfangung des Altarssakramentes auf die „Reise zu richten", also in ebenso vorbildlicher wie vorsorglicher Weise sich auf den Tod vorbereitete, empfahl man sich ihm für die Sterbestunde und erbat ihn als „Schildwächter" für die Stunde von „9 Uhr des Tages bis auf 10 Uhr" im Falle des Todes [5]).

[5]) Geistl. Schild 113.

3. Der Festtag des Heiligen fällt in die Zeit der Frühlingssonnenwende, der Tag- und Nachtgleiche des Frühlings und des Frühlingsanfangs. Was dieser Tag als Einschnitt in das Kalender- und Wirtschaftsjahr im Glauben und Brauch des Volkes besonders an sich trug oder noch trägt, wurde gutenteils an den Namen des Heiligen geknüpft oder zu dem Heiligen in Beziehung gebracht. Es ist nicht unwahrscheinlich, daß das dem Namen B. zugrunde liegende benedicere, segnen, in der Form benedeien, mhd. benedîen in den deutschen Wortschatz aufgenommen, den Glauben bestimmter Volksteile und Volkskreise an die apotropäische und überhaupt an die magische Kraft des Tages oder der Zeit stärkte und stützte, wie dies in Vorschriften für die Landwirtschaft hervortritt. Zwar wenn es z. B. nach dem Volksglauben der Esten [6]) heißt, am B.tag erwachen die Schlangen, oder wenn man bei den Kroaten in Muraköz [7]) an diesem Tage die Rosse nicht aus dem Stall läßt, damit sie nicht behext werden, so spielt hier ohne Zweifel der eigentliche Kalendertag die bestimmende Rolle, ebenso wenn nach der Meinung der Gurkfelder die jungen Hühner der am B.tag gelegten und ausgebrüteten Eier besonders fleißig legen [8]), oder wenn man in Tschernembl meint, Schnee am B.tag

deute auf eine gute Heuernte [9]). Wenn dagegen die steirischen und kroatischen Slowenen am B.tag verschiedene Kräuter und Wurzeln weihen lassen, um mit diesen die Viehställe auszuräuchern und alles Hexenwerk zu vertreiben [10]), dann eben spielt wohl mehr Benedictus-benedicere eine Rolle oder überdeckt Älteres in Glaube und Brauch. Halb Ernst, halb Scherz mag die Vorschrift oder Empfehlung sein, Mohrrüben am B.tag zu säen, damit sie dick werden, „benedik" (beinedick) [11]). Auch setzt der Bauer Zwiebeln oder Knoblauch an diesem Tage um so lieber, als er, durch den Namen Benedikt verleitet, wünschend glaubt, daß solche Gewächse dann besonders dick werden. „Benedict, macht Zwiebel dick", sagt man geradezu, oder ähnlich „Benedik macht Zwiewele und Knowli dick" [12]). Man erkennt, wie die naive Buchstaben- oder Namensexegese vielleicht zunächst vom Scherzhaften aus allmählich sich zu Glaubensvorstellungen entwickelt. Ähnlich wie an andern Heiligentagen, früher und vielfach noch jetzt, wurden auch am B.tag im Kloster Chiemsee die sogenannten B.zeltel gereicht, kleine süße Brötchen in flacher Form, deren Genuß Segen bringen sollte [13]).

[6]) Boecler *Ehsten* 81. [7]) Ethnolog. Mitt. a. Ungarn 4, 173. [8]) ZföVk. 4 (1898), 145. [9]) Vgl. andere Wetterregeln: Baumgarten *Heimat* 1, 45; Wettstein *Disentis* 164. [10]) ZföVk. a. a. O. [11]) Engelien u. Lahn 271. [12]) Leoprechting *Lechrain* 167; Meyer *Baden* 423; Schmitt *Hettingen* 18; Lachmann *Überlingen* 401. [13]) Höfler *Fastengebäcke* 96; Bavaria 1, 367.

4. Das sogenannte Benediktenkraut, spätmhd. benedictenkrût, eine besonders in ihrer Wurzel heilkräftige Pflanze (Geum reptans L.), sowie die Benediktenwurz (Geum montanum L.), auch Blutwurz, Petersbart genannt, haben als vermutlich alte Kultpflanzen ursprünglich zu dem Tag der Frühlingstag- und Nachtgleiche Beziehung [14]) und wahrscheinlich mit fortschreitender volksmedizinischer Verwendung in christlicher Zeit ihre Anlehnung an B. erhalten. Erwähnt wird die „Benedictenwurzel" in einem magischen Mittel, gestohlenes Holz (Stämme) wieder zu erlangen [15]).

[14]) ZfVk. 1 (1891), 295. [15]) Wolf *Beiträge* 2 (1854), 117.

5. Durch des Heiligen Namen sind wie durch eine Art Marke mehrere Dinge besonders charakterisiert, die zu bestimmten abwehrenden, schützenden und heilwirkenden Zwecken verwandt wurden und noch werden, die B.schelle sowie das B.kreuz und der B.pfennig oder die B.medaille. Mit ersterer klingelte man in der Eifel [16]) dem Sterbenden oder um das Bett des Sterbenden in der Meinung und Absicht, böse Geister fernzuhalten. Auch in Westböhmen [17]) ging man (geht man?) klingelnd mit einem Glöckchen um das Bett des Kranken. Maß oder mißt man der Schelle allgemein apotropäische und ähnliche Wirkungen zu (s. Glocke), wie dies aus Umzügen, z. B. aus dem Perchtenlaufen bekannt ist, so konnte man dies bei einer B.schelle genannten Schelle wegen des im Namen steckenden benedicere-segnen um so mehr.

[16]) Schmitz *Eifel* 1, 65. [17]) ZfVk. 17 (1907), 362.

6. Sehr starke Verbreitung gewannen das B.kreuz und der B.pfennig im Volk und spielten besonders in der Zeit der Hexenprozesse (17. Jh.) eine große Rolle [18]). Über die Kräfte dieses zweigestaltigen (Kreuz- und Pfennigform) Amulettes verbreiten sich ältere Zusammenfassungen und Beschreibungen ausführlich. Nach dem Volksglauben eignen ihnen therapeutische und prophylaktische Kräfte mit Wirkung bei Menschen und Tieren, bei Wetter und Zauber aller Art. Man trägt die Medaille, hängt sie auf in Räumen und an Gegenständen oder an Tieren, vergräbt sie unter der Schwelle oder anderswo usw. Infolge ihrer großen Beliebtheit ist die literarische Überlieferung stark [19]). Nach der geographischen Seite sind volkstümlicher Gebrauch und Überlieferung vorzüglich in Süddeutschland im weitesten Sinne nachweislich.

[18]) SAVk. 15 (1911), 182; Dettling *Hexenprozesse* 40. [19]) Geistl. Schild 36; SAVk. a. a. O.;

Panzer *Beitrag* 2, 485—86; Leoprechting *Lechrain* 28. 222; Alpenburg *Tirol* 325; Schönwerth *Oberpfalz* 1, 311; 3, 105. 106; Birlinger *Aus Schwaben* 1, 428; ZfVk. 3 (1893), 173; Urquell 4 (1893), 154 u. genau so ZrwVk. 11 (1914), 163; Andrian *Wetterzauberei* 98; Heyl *Tirol* 292. 796; Weinhold *Neunzahl* 35; ZföVk. 4 (1898), 231—32; ZfVk. 8 (1898), 339; Meyer *Baden* 38. 290. 575. 560; John *Westböhmen* 282; Pollinger *Landshut* 154; Niderberger *Unterwalden* 3, 612; ZfVk. 19 (1909), 245; Andree-Eysn *Volkskundliches* 100. 126 (mit Abbildungen); Seligmann *Blick* 1, 151; 2, 337 (mit einer Abbildung).

7. Besonders bemerkenswert ist die Hineinziehung des B.pfennigs in das Gebiet des Liebeszaubers, wie es in einem Spruch „Sich lieb und wert zu machen" geschieht [20]).

[20]) Grimm *Myth.* 3, 505 Nr. 4. Wrede.

Benediktenkraut s. Nelkenwurz.

Benediktion s. segnen.

Benediktsminne. Ein Minnetrunk zu Ehren des heiligen Benedikt wird für das frühe 11. Jh. durch die miracula s. Benedicti [1]) bezeugt. Der Brauch beruht augenscheinlich auf der Legende, nach der verbrecherische Mönche vergeblich versuchten, den Heiligen durch Gift zu töten. Außer dieser einen Nachricht, die nach Fleury weist, ist die B. nicht belegt [2]).

[1]) Lib. II. Die Quelle entstammt etwa dem Jahre 1005. [2]) Vgl. Franz *Benediktionen* 1, 291 und den Artikel *Minne.* Mackensen.

Benediktussegen, ein Doppelspruch in lateinischen gereimten Versen, der gewöhnlich nur mit den Wortinitialen geschrieben auf den Benediktuskreuzen und -medaillen steht:

1. Vade Retro Satana, Nunquam Suade Mihi Vana
   Sunt Mala Quae Libas Ipse Venena Bibas.
2. Crux Sacra Sit Mihi Lux
   Non Draco Sit Mihi Dux.

Der erste Spruch dient auf den Medaillen als Umschrift, der zweite als Aufschrift des Kreuzes; in den 4 Kreuzwinkeln steht noch:

Crux Sancti Patris Benedicti.

In den auf den B. bezüglichen Schriften werden die Sprüche auf den hl. Benedikt, den Stifter des Benediktinerordens, zurückgeführt: könne man auch den genauen Ursprung des unter Benedikts Namen gesegneten Kreuzes nicht wissen, so ergebe sich doch die Herkunft von dem Heiligen aus den Wirkungen und Nutzbarkeiten. Zur Bekräftigung dessen wird auf ein Ereignis aus dem Jahre 1647 verwiesen: damals sei in Natternberg (einem Schloß, nicht weit vom Kloster Metten in Bayern gelegen) ein Hexennest ausgehoben worden und die Hexen hätten im Verhör bekannt, sie vermöchten nichts über Menschen und Orte, die durch dies Kreuz geschützt seien. Sie hätten auch keine Macht wider das Kloster Metten, weil dort ein solches Kreuz verborgen sei. Die daraufhin angestellten Nachforschungen ließen zunächst nur Benediktuskreuze der üblichen Art zutage kommen, bis man auf eine Handschrift stieß, in der sich ein Bild des Heiligen fand, auf dem die bisher nur als Buchstabenreihen bekannten und daher unverständlichen Verse aufgelöst waren [1]). Dieses Buch, mit Gold und Edelsteinen, vor allem aber mit Reliquien ausgeschmückt (in den Holzdeckeln), sei dann nach Ingolstadt, später nach München an den Kurfürsten gesandt worden und habe an beiden Orten die Approbation erhalten. Es folgen danach die Ausführungen über Verehrung und Gebrauch des Kreuzes durch den hl. Benedikt, ferner die Angaben über den Nutzen der Benediktskreuze, die gegen Teufelswerk, Hexen, zum Schutz der Tiere, beim Melken und Buttern, bei Besessenheit helfen sollen. Man hängt sie um, taucht sie ins Wasser, das man zum Trinken oder Waschen benutzt, heftet sie an die Hauspfosten oder vergräbt sie unter der Schwelle. Auf der andern Seite des Kreuzes stehen 25 Charaktere, der Zachariassegen (s. d.). Den Hauptteil des Schriftchens, das anonym ist, aber von einem Benediktiner stammt, bildet die Benediktion der Kreuze und Medaillen, eine Sammlung von Litaneien und Gebeten usw. [2]).

Auf die Geschichte des Mettener Codex 1 nimmt dann Bezug eine weitere Mettener Handschrift [3]) des 18. Jhs. Der resignierte Abt J. Romanus Senior berichtet dort, daß der nach München ausgeliehene Codex nach vieler Mühe zurückgegeben wurde. Als ihn 1678 die Universität Salzburg zur Einsicht erbat, gab man nur eine Zeichnung des Benediktbildes, und ebenso 1712 im Zusammenhang mit Angriffen eines Klerikers auf die Kreuze und Medaillen, wo der Codex wieder nach München sollte. Der gleiche Abt gab 1682 ein Attestat de venerabili Cruce S. P. Benedicti [4]), in dem er mitteilt, die Prozeßakten von 1647 seien wohl „in hostilibus irruptionibus" verloren gegangen, aber nach Angaben zweier Greise hätte die Verbrennung der Hexen 1622 stattgefunden. Schorno gibt in seinem Auszug 1643. Aus den Widersprüchen erhellt, was man von der Geschichte zu halten hat.

Kritisch sehr wichtig ist für die ganze Erzählung des Büchleins, was Köhler [5]) angibt: „Es hat der Cantzler Adlzreiter seine vortrefflichen Bayrischen Geschichtsbücher mit den herrlichen Thaten Churfürst Maximilians des grossen beschlossen, und hat dessen viele Religions-Ubungen dabey sehr sorgfältig erzehlet. Er hat aber weder von dem A. 1647. vorgegangenen Straubingischen Hexen Process, noch auch von der darauf angestellten Churfürstl. Methenschen St. Benedicts Müntz Untersuchung nicht das geringste gemeldet, und weil er seine Historie aus lauter Archivischen Urkunden geschrieben, so muß er davon nichts im Archiv gefunden haben; dadurch dann der Warheit dieser Geschichte ein großes Zeugnuss abermals abgehet."

Im Jahre 1678 verbot die Indexkongregation das Büchlein „Effectus etc.", vermutlich auch die Medaille [6]). Daher rührt auch die große Seltenheit der Schriftchen, die auch de Vigneul Marville [7]) schon 1725 bezeugt und ebenso Coffinet [8]); es sind nur Abschriften von manchen heute noch erhalten. Zur nämlichen Zeit richtete Thiers [9]) einen scharfen Angriff gegen Schrift und Medaille, die er als abergläubisch bekämpfte. Auf die Angriffe 1712 ist oben hingewiesen. Ein Brief des Erzbischofs von Mecheln vom 10. März 1745 handelt, unter Berufung auf eine Broschüre: Veragten van de medaillen van den H. Benedictus, „De S. Benedicti medaliis prohibitis a card. Thomas Philip" [10]). 1743 wehrt sich Benno Löbel (s. u.) gegen die Äußerung des Büchleins, daß der „erste Ursprung" der Münze nicht feststehe. Der Prager Abt setzte auch 1741 in Rom die Bestätigung der Medaille durch Benedikt XIV. durch; er und seine Nachfolger durften sie allein weihen [11]). Ebenso erhielt Abt Martin Schmidt von Prag 1756 für sich und seine Nachfolger, Äbte, Priore und Mönche seines Visitationsbezirks das Recht privative benedicendi numismata etc. [12]). Das vorgeschriebene Benediktionsexemplar nach einem Druck von Monte Cassino 1844 gibt Guéranger [13]). Die Literatur über das Benediktuskreuz ist sehr umfangreich, besteht aber zum größten Teil nur aus erbaulichen, wissenschaftlich wertlosen Ausführungen, kurzen Notizen und Veröffentlichungen älterer und neuerer Kreuze und Medaillen [14]). Das ganze Material werde ich später ausführlich zusammen mit einer Behandlung des Zachariaskreuzes (s. d.) geben.

[1]) Es ist gemeint Cod. lat. Monac. 8201 (Cod. Mett. 1), eine Zimelie der Münchner Bibliothek vgl. den Catalogus Codd. lat. Bibl. regiae Monac. von C. Halm u. W. Meyer 2, 1 (1874), 7; Bernh. Pez *Thesaurus anecdotorum novissimus* 1 (1721), XLVIII Nr. 69 (mit dem interessanten Reliquienverzeichnis und einer Abbildung des Bildes Benedikts). [2]) Es handelt sich um ein Schriftchen des Namens: *Effectus et virtutes crucis sive numismatis s. patriarchae Benedicti. Item medicamentum spirituale contra morbos et pestem in eodem numismate characteribus expressum, cum addita benedictione. — Permissu superiorum.* Einsiedlen, per Jacobum Ammon, A. 1668. Ein Original ist nicht auffindbar, dagegen besitzt die Bibliothek des Institut Grand Ducal, Sect. hist., Luxemburg, eine Abschrift aus dem Ende des 17. Jh.s (Nr. 76 des Katal., 26 Seiten). Ein zweites Exemplar, von dem gleichfalls ein Original nicht mehr zu finden ist, steht abgedruckt bei Dorotheus Ascianus *Montes pietatis Romanenses historice, canonice, theologice detecti* (Lipsiae 1670), 611—618, erschienen: Cum permissu superiorum. Salisburgi, typis J. B. Mayr, Aulico-Academiae Typographi 1669. Eine Edition Salisburgi 1664 erwähnen Benno Löbel (s. u.) und Piolin (s. u.). Eine verkürzte Ausgabe (ohne die Benediktion) von 1664 im Arzneibuch des W. Schorno SAVk. 15 (1911),

182 in Abschrift; der gleiche Text Fulda 1674 (nach d. Geistl. Schild, Ex. d. Straßburger Bibl. S. 6, vgl. auch Geistlich Schild-Wacht 1705) und in: „*Hilff und Trost der Sterbenden oder: Heylsame Bruderschafft etc. So in ... Wessobrunn ... An. 1734 eingesetzt ist worden*", Ausgaben: Fridtberg in Bayern, A. Gugger; Augspurg, A. M. Heiß, beide o. J.; Kaufbeyren, Stark 1754; lat.: *Auxilium et solatium morientium* etc. Fridtbergae, s. a. Französisch: *Les effets des vertus etc. Extrait de l'Imprimé d'Allemagne*. Paris, Nicolas Bessin 1678, s. Thiers (s. u.), ebenso Troyes, Charles Briden 1700 nach einer Abschrift im Archiv der Société académique etc. du département de l'Aube in deren Mémoires (s. u.). Eine *Benedictio numismatum crucis sanctissimi patris Benedicti* erschien Tegernsee 1665; sie ist rein liturgisch und enthält das Historische nicht. [3]) Cod. lat. Monac. 8250 (Cod. Mett. 50) fol. 21 b vgl. Halm-Meyer *Catal.* 2, 1, 11. [4]) Auxilium et solatium morientium etc. 17 § 5; vgl. auch Chur-Bayerisch-Geistlicher Calender, Vierter Teil Das Rend-Amt Straubing etc. Verlegt durch Josephum Antonium Zimmermann (1752), 245 f. (darnach war der Codex von 1414 vergraben, als man ihn fand). [5]) Johann David Köhlers P.P. *Im Jahr 1734 wöchentlich herausgegebener Historischer Müntz-Belustigung* Sechster Teil. Nürnberg, Christoph Weigel 1734, 105 ff. [6]) Index librorum prohibitorum Innoc. XI. P.M. iussu editus. Usque ad annum 1681. Eidem accedit in fine Appendix usque ad mensem Junij 1704. Romae, Typis Rer. Camerae Apost., 1704. Cum privilegio, p. 173, Catalogue des ouvrages mis à l'index contenant le nom de tous les livres condamnés par la cour de Rome avec les dates des décrets de leur condamnation. Bruxelles (3. éd. 1828), 128. Vermutlich auch in Peignot *Dictionnaire critique litéraire et bibliographique des principaux livres condamnés au feu, supprimés ou censurés*. Paris 1806 (mir unzug.). [7]) *Mélanges d'histoire et de littérature* (4 éd., 1725) 3, 206 ff.; Köhler a. a. O. 105 ff. [8]) Mémoires de la société académique ... du département de l'Aube 29 (1865 Troyes), 265. [9]) Thiers 1, 303 ff. [10]) Revue belge de Numismatique 31 (1875), 278 ff. [11]) Fid. Busum in Stud. u. Mitt. a. d. Benediktiner- und Zisterzienser-Orden 24 (1903), 82 ff. [12]) Rescripta authentica sacrae Congregationis Indulgentiis sacrisque Reliquiis praepositae. Schneider, Ratisbonn 2 (1885), 159 ff. Nr. 199. [13]) Dom Prosper Guéranger *Essai sur l'origine, la signification et les privilèges de la médaille ou croix de Saint-Benoît*. Paris 1890 (11. éd.), 179 ff. [14]) Bucelinus *Benedictus redivivus* (Veldkirch 1679), 207; Benno Löbel (oder Löbl), *Disquisitio sacra numismatica de origine, quidditate, virtute pioque usu numismatum seu crucularum S. Benedicti.* (Wien, Kaliwoda 1743); Migne *Nouvelle Encyclopédie theol.*, 2. sér. 26 (1862) s. v.; Dom Prosper Guéranger *Essai sur l'origine, la signification et les privilèges de la médaille ou croix de Saint Benoît* (Paris, Oudin 1890, 10. Aufl.); P. Laurenz Hecht *Der St. Benediktspfennig* (Einsiedeln u. New-York, Benziger 1858); Ders. *St. Benediktus-Büchlein ... nach dem Französ. d. Dom P. Guéranger* (3. Aufl., Einsiedeln 1877, Benziger); Studien u. Mitteilungen aus dem Benediktiner- und Zisterzienser-Orden 24 (1903), 82 ff. 321 ff.; Monatsschrift f. d. Gesch. Westdeutschlands 7 (1881), 270 ff.; P. Piolin *Recherches sur les origines de la médaille de St. Benoît* Arras 1880 = Revue de l'art chrétien 13 (1880), 5—58; L. Papin Dupont *Über den Ursprung und die wunderbaren Wirkungen der St. Benediktusmedaille*; D. Francesco-Leopoldo Zelli-Jacobuzy *Origine et mirabili effecti della croce o medaglia di S. Benedetto*. Monte Cassino (auch französ. übers. von d'Avrainville, Paris 1860); Magasin pittoresque 9 (1841), 32; Fr. E. Bruckmann *Epistolae itinerariae* (Wolfenbüttel 1737), 11; Revue des sociétés savantes des départements publ. s. l. auspices du ministre de l'instruct. publ. D 9 (1869), 418 ff.; F 5 (1877), 261 ff.; Mémoires de la société académique d'Agriculture, des sciences, arts et belles-lettres du départ. de l'Aube 29 (Troyes 1865), 253 ff.; *The medal or Cross of St. Benedict* (London 1880); Linzer Theol. prakt. Quartalschrift 46 (1893), 876 ff.; P. Corn. Kniel *Die St. Benediktsmedaille* (Ravensburg 1895); (Gabriel Peignot) *Le livre des singularités par G. P. Philomnestre* (1841), 98—100; P. H. Cahier *Charactéristiques des saints dans l'art populaire* (Paris 1867) 1, 112. 219. 254. 282; 2, 549; Illustrierte Zeitung 1853, 30. April Nr. 513; King *Talismans and Amulets*, in: The archaeological Journal 26 (1869), 230; Chevalier *Répertoire des sources historiques du moyen-âge*, Bio-Bibliogr. 518 f.; B. Picart *Cérémonies et coutûmes religieuses de tous les peuples du monde* (Amsterdam 1723), 1, 2, Taf. zu S. 176; F. H. Reusch *Die deutschen Bischöfe und der Aberglaube* (1879), 49 ff.; Publications d. l. soc. p. l. conserv. d. mon. hist. et d. oeuvres d'art dans la province de Luxembourg 4 (Arlon 1856), 55; Revue belge de numismatique 37 (1881), 446 f.; 38 (1882), 640 ff; 40 (1884), 318 ff.; Numismatic Chronicle N. Ser. 3 (1863), 128; Friesenegger *Ulrichskreuze* (1885), 36 ff.; A. J. Corbierre *Numismatique Bénédictine* (Rom 1904), second album (o. J.); Deutsches Archiv f. Gesch. d. Medizin u. medizin. Geographie hrsg. von Rohlfs 8 (1885), 465 ff.; Oberbayr. Archiv f. Gesch. 17 (1857), 39 ff.; 27 (1886), 6. 30; L. Pfeiffer u. C. Ruland *Pestilentia in nummis* (1882); Mitteil. d. numism. Ges. Wien 14 (1918), 89. 120; 15 (1919), Taf. 1 Nr. 1. 3. 4; Blum *Miscellanea* (Luxemburg 1897), 36 = Ons Hémecht 3 (Luxemb. 1897), 260 ff. 319 ff. Hovorka u. Kronfeld 2, 886 f.; Birlinger *Aus Schwaben* 1, 397. 418. 424. 433; Andree-Eysn *Volkskundliches* 100. 126; Panzer *Beitrag* 2, 253. 485 f.; Grimm *Myth.* 3, 505. Jacoby.

beneiden s. Neid.

Benevent. J. Bolte[1]) hat die von den Brüdern Grimm 1821 aus mündlicher Überlieferung aufgezeichnete Sage vom Nußbaum zu B. behandelt. Sie lautet: „Zu B. stand bei einer Höhle ein großer Nußbaum, worunter die Hexen nachts ihre Tänze und Zusammenkünfte hielten. Zu Rom war ein Mann, dessen Frau war auch eine Hexe, ohne daß man es wußte, und war oft nachts in B. Einmal ist er noch nicht eingeschlafen, da sieht er, wie seine Frau aufsteht und den ganzen Leib mit einem gewissen Öl bestreicht und darauf die Zauberworte spricht: Öl, bring mich in der Nacht geschwind / Zu dem Nußbaum von B.! Damit verschwindet sie vor seinen Augen und kommt erst am andern Morgen wieder. Die folgende Nacht paßt der Mann wieder auf und gibt genau Achtung auf die Worte. Kaum ist seine Frau fort, so steht er auch vom Bett auf, streicht sich das Öl an den Leib und spricht die Worte, und in der Minute befindet er sich zu B. unter dem Nußbaum in einer großen Gesellschaft Hexen, darunter auch seine Frau ist. Es geht lustig her, und er wird mit an den Tisch geführt, wo alles vollauf ist. Die Speisen wollen ihm aber nicht schmecken, weil sie alle ungesalzen sind; er bittet seinen Nachbar um ein wenig Salz, der hört aber nicht darauf; er wendet sich zu einem andern, der will sich auch keine Mühe geben; endlich wird ihm von einem dritten etwas gereicht. Wie er das Salz sieht, ruft er aus: ‚Gottlob, daß Salz da ist'! Kaum hat er das Wort Gott gesprochen, so ist alles verschwunden, und er liegt ohne Kleider in der dunklen Höhle von B. Endlich bricht der Morgen an, er sieht nichts als ein einsames Feld und ein paar Ackerleute, die ihm einen Mantel schenken; damit läuft er nach Rom zum Papst und erzählt ihm, was er in der Nacht gesehen und gehört hat. Der Papst läßt den Nußbaum zu B. abhauen, und seit der Zeit gibts keine Hexen mehr."

Das italienische Volk nennt diese Zusammenkunft b.ische Hochzeit. Grimm führt die Sage auf den Glauben an den heiligen Baum der Langobarden zu B. zurück, den der hl. Barbatus im 7. Jh. gefällt habe.

Bolte verweist auf den Bericht des italienischen Juristen Paulus Grillandus[2]), wonach ein sabinischer Bauer eine Frau hatte, die mit dämonischen Mächten in Verbindung stand. Er belauschte sie einmal, wie sie sich zur nächtlichen Ausfahrt salbte. Das nächste Mal wurde er von ihr zum Teufelsfeste mitgenommen, rief aber, als er beim Essen endlich das verlangte Salz bekam: „Hor laudato sia Dio, pure venne questo sale!" Da verschwindet alles vor seinen Augen und er bleibt allein unter dem Nußbaum von B. Nach der Heimkehr verklagt er seine Frau und ihre Genossinnen beim Burgherrn. Dieser läßt alle beteiligten Frauen als Hexen verbrennen.

Der Nußbaum von B. ist, besonders in italienischen Quellen, öfters als Versammlungsort der Hexen genannt (Stellen bei Bolte). Ein Arzt aus B. hat ihm eine Monographie gewidmet: De nuce maga Beneventana. Neapoli 1635 und 1647.

Der Sage liegen verschiedenartige Bestandteile zugrunde: Vom Nußbaum geht nach dem Glauben der alten Griechen und Römer eine schädliche Wirkung aus, die nur teilweise auf physische Gründe zurückgeführt, teilweise wie die Ausstrahlung einer dämonischen Macht erklärt wird[3]). So lag es nahe, unter ihm die Hexen ihre Feste feiern zu lassen. Möglich ist, daß auch die Baumhochzeit mitgewirkt hat[4]). Bei B. mag ein Nußbaum besonders auffällig — der Bericht sagt: bei einer Höhle — gestanden haben. Deshalb mögen die Sagenelemente, die sonst an keinen bestimmten Nußbaum gebunden waren, sich um ihn vereinigt haben.

[1]) ZfVk. 19, 312 ff. [2]) *Tractatus de hereticis et sortilegiis*. Lugduni 1536, Bl. 39 b. qu. 7, 25. [3]) Plut. *Mor*. 647 B; vgl. Plin. *N.H.* 17, 89; Varro *res rust*. 1, 16, 6. [4]) R. Corso *Folklore*. Roma 1923, 58 f.; vgl. La Piê 4 (1923), 151 ff. Fehrle.

Benno, hl., vom hl. Bernward in Hildesheim erzogen[1]), eigentlich Berno, das als Kurzform für die mit Bern gebildeten

Namen gilt, 1066 Bischof in Meißen, gest. dort 16. Juni 1106. Wie viele andere Orte im Mittelalter ihren eigenen Heiligen oder ihre eigenen Heiligen haben mußten und erstrebten, so begehrte auch Meißen einen solchen und förderte seit 1489 mit Eifer B.s Heiligsprechung, die 1523 ausgesprochen wurde [2]). Seine Gebeine wurden 1576 nach München (Frauenkirche) überführt und er selbst dort als Stadtpatron adoptiert, da Meißen lutherisch geworden war. B. entwickelte sich seitdem immer mehr als Patron Bayerns und ist auch Patron Sachsens. In seinem reichen Legendenkranz findet sich eine Variante zum alten Polykratesring-Motiv: Aus seinem Bistum verjagt (Investiturstreit, Heinrich IV.) sollen nach seiner Weisung die Schlüssel zur Domkirche in die Elbe geworfen worden sein. Bei seiner Rückkehr wurden sie in einem Fisch oder an den Flossen eines Fisches wiedergefunden. B. gehört auch zu den Quellenerweckern, woran jetzt noch St. B.s Brunnen (in der Stadt Meißen) erinnert [3]).

[1]) Künstle *Ikonographie* 126. [2]) Hieronymus Emser *Vita S. Bennonis* (1517); AA.SS. 16. Juni 3, 147 (Kanonisation). Gegen diese Luther *Wider den neuen Abgott*; vgl. auch Klingner *Luther*. [3]) Meiche *Sagen* 641—646, wo eine ganze Reihe Legenden mitgeteilt sind. Wrede.

Bensozia s. Herodias.

beräuchern s. räuchern.

Berberitze s. Sauerdorn.

Berchta s. Perchta.

bereden s. besprechen.

Berg. Einleitung. Das einsame, öde [1]) B.land und durch Lage, Form und Wolkenbildungen am Gipfel auffallende B.e werden überall seit alters als Tummel- und Wohnplätze verschiedener Dämonen und Wohnsitze von Göttern angesehen [2]). B.e, auf denen man sich Götterwohnungen dachte, wurden oft an den Himmel verlegt (z. B. Walhall), wobei die b.artigen Wolkenbildungen sicher eine große Rolle gespielt haben. Wilde Naturgeister, die den durch Anstrengung, oft auch durch Hunger geschwächten, zu Halluzinationen neigenden einsamen Wanderer irreführen [3]), bevölkern vor allem die B.e. Vielleicht hat gelegentlich besonders in jüngerer Zeit die B.krankheit [4]), die einen geschwollenen Kopf und Schwindelzustände zur Folge hat, den alten Glauben scheinbar neu bestätigt. In alter Zeit wird man wohl kaum so hoch gestiegen sein, daß die B.krankheit beim Entstehen des Glaubens eine Rolle spielen kann. Teilweise knüpft sich der Glaube an Gräber Ermordeter oder Verunglückter. In flachen Gegenden fällt der Begriff B. und Grabhügel zusammen; Zwergensagen knüpfen sich an vorgeschichtliche Hügelgräber [4a]). Der Erdbestattung entsprechend liegen Totenreiche unter der Erde oder in B.en. Aber auch unabhängig von der Grabstätte gehen Tote in B.e ein (z. B. Helgafell, s. u. 3). Die zahlreichen Glaubensvorstellungen, die sich auf deutschem Gebiet an B.e knüpfen, lassen einen ausgedehnten vorchristlichen B.kult vermuten. Wie er aber im einzelnen beschaffen war, läßt sich für manche weitverbreitete Züge nur aus der ausführlicheren nordgermanischen Überlieferung erschließen.

[1]) Wundt *Mythus u. Religion* 2, 40 f. [2]) Andrian *Höhenkultus* passim; Wundt *Völkerpsych.* 3, 334; Grimm *Myth.* 1, 536; 3, 34. 37. 184 f.; Wolf *Beiträge* 2, 96. [3]) Schönwerth *Oberpfalz* 3, 275 § 45; Stöber *Elsaß* 1 (1852), 46 Nr. 37; Mannhardt 1, 129. 140. [4]) Rochholz *Naturmythen* VII. [4a]) z. B. ags. *beorg* = 1. Hügel, 2. Grabhügel. NdZfVk. 3, 88.

1. B. als Aufenthaltsort von Geistern. Geister auf B.en gelten im allgemeinen als besonders boshaft und gefährlich [5]). Zahlreiche B.e [6]) auf deutschem Gebiet, z. B. der Pilatus [7]) (s. d.), sind als Versammlungsort böser Geister bekannt. Aus diesem Grunde hat auch der Verkehr der Menschen mit dem Teufel hier die größte Wirkung, und die Nekromanten weihen auf hohen, wilden B.en ihr gesegnetes Buch dem Teufel (s. u. 1, c).

a) Hexenb.e. Besonders Hexen halten ihre nächtlichen Versammlungen und Zusammenkünfte mit dem Teufel zu bestimmten Zeiten (s. Hexentage) auf B.en ab (s. Blocksb., Heub., Hexenb.e). Deshalb werden sie auf solchen B.en von jungen Burschen ausgepeitscht [8]), d. h. durch Peitschenlärm vertrieben (s. Hexenpeitschen).

b) Geister auf B.e bannen. Lästige Geister bannt man seit alters in „die wilden B.e", wie es schon in der Ilias heißt [9]), man entsendet den Dämon in die Heimat der Geister. Diese Bannung wurde von den Christen beibehalten [10]), im neueren Volksglauben ist sie sehr häufig bezeugt [11]). Besonders viele Geister sind auf den Feldb. gebannt [12]). Auf den Belchen sind zahlreiche Feldmesser gebannt, die im Leben die Leute betrogen haben. Sie müssen immerzu den B. ausmessen und führen den Wanderer stundenlang irre [13]).

c) B. nicht besteigen. Aus Angst vor Dämonen darf man in Indien [14]), in Bosnien [15]) einen solchen B. nicht besteigen. So wird auch ein ziemlich unklarer und abgeblaßter Bericht aus Südhannover, man dürfe den Zwergenb. nicht besteigen [16]), zu verstehen sein. Die Besteigung des Nekromantenb.es Pilatus war bei hoher Buße und Gefangenschaft verboten. Nach dem Volksbuch von Pilatus (1478) entstand ein heftiges Unwetter, falls jemand die Besteigung versuchte [16a]).

[5]) Z. B. bei den Siamesen: Andrian *Höhenkultus* 122. [6]) Praetorius *Blockesberges-Verrichtung* 1 ff. (Aufzählung); Rochholz *Naturmythen* 93, 27; Sébillot *Folk-Lore* 1, 237. [7]) Lütolf *Sagen* 4. [8]) Schönwerth *Oberpfalz* 1, 316. [9]) Pradel *Gebete* 104. [10]) MschlesVk. 13/14, 27. [11]) Pollinger *Landshut* 99 a; Niderberger *Unterwalden* 2, 53. 82; Jecklin *Volkstüml.* 24; Kuoni *St. Galler Sagen* 35 Nr. 77; 70 Nr. 147. [12]) Baader *Sagen* 8. [13]) Stöber *Elsaß* 1 (1852), 46 Nr. 37. [14]) Crooke *Northern India* 36. [15]) Andrian *Höhenkultus* 342, 345. [16]) Eckart *Südhannover. Sagen* 22 ff. [16a]) Kluge *Bunte Blätter* 76.

2. B.kult. a) Spuren höherer Religionsübung auf B.en. Die alten Isländer bauten ihre Heiligtümer vorzugsweise auf Anhöhen [17]). Bei wichtigen Beschlüssen begaben sie sich auf einen heiligen Hügel [18]). B.e waren im Norden wie in Deutschland Gerichts- und Kultstätten [19]). In Deutschland [20]) und England [21]) sind B.e nach Odin als Wind- und Totengott benannt. Der Zobtenb. ist wahrscheinlich eine Kultstätte der germanischen Dioskuren gewesen [22]). Vielleicht wurde auch der Gewittergott Thor auf B.en verehrt. Direkte Zeugnisse dafür sind nicht erhalten. Das Volk glaubt, der Donner komme aus dem B.e [23]) (s. u. 10). Für den Norden läßt sich ein Zusammenhang zwischen B.kult und bestimmten Göttern nicht nachweisen. Auf eine ähnliche Vorstellung von Odin im B.e wie in Deutschland weisen nur die B.-namen Walhall (s. u. 3). In der von Mythologien [24]) mitunter zum Beweise herangezogenen Stelle, in der sich Odin „der Alte vom B." [25]) nennt, ist B. nur als augenblicklicher Aufenthaltsort Odins aufzufassen [26]).

Die zahllosen Kirchen und Kapellen Deutschlands auf B.en [27]) deuten auf vorchristliche Kultstätten.

b) B.prozessionen. Auf alten Kult weisen auch die B.prozessionen, die häufig um Ostern stattfinden. Oft wird dabei um Regen gebetet [28]), das ist auch auf außerdeutschem Gebiet sehr verbreitet [29]). Aber auch außerkirchliche B.-prozessionen haben sich erhalten (zu Ostern — da konnte man morgens die Sonne tanzen sehen [30]) —, am Mariä Himmelfahrtstag) [31]), wurden aber z. T. zu Kinderfesten [32]), das Verkleiden und das Tanzen alter Leute wurde behördlich verboten [33]).

c) B.feuer. An Fastnacht [34]), zu Ostern [35]), vor allem am Johannistag [36]), auch zu Martini [37]) entfacht man B.-feuer.

d) Steinopfer auf B.en. Wenn ein Kind das erstemal auf eine Alpe steigt, muß es einen Stein aufheben, ihn auf den Steinhaufen, unter dem die wilden Fräulein wohnen, werfen und sagen: „Ich opfere dem wilden Fräulein" [38]). In christlichem Gewande lebt das alte Opfer als Bußübung weiter, schwere Steine werden zu hochgelegenen Wallfahrtsorten geschleppt und zu Hügeln, gewaltigen Wällen aufgeschichtet [39]). Solche Steinopfer sind sehr alt und auf der ganzen Erde üblich [40]). In einer Beichtfrage des Burchard von Worms († 1024) wird verboten, Steine zu Hügeln zusammenzutragen [41]).

e) Opfer um Fruchtbarkeit. Die alten Isländer, wie heute noch die Dänen und Schweden zur Julzeit (s. d.), brachten Hügeln Opfer dar, um Fruchtbarkeit zu erlangen [42]). Die Opfer gelten den Alven, Vegetationsdämonen, in alter Zeit auch Gräbern von Königen, in deren Regierungszeit besonders fruchtbare Jahre waren; diese Fruchtbarkeit sucht man sich durch Opfer zu erhalten [43]).

f) Salbenb.e. Von großer Wichtigkeit für das Verständnis der nordischen Vorstellungen ist der Glaube der Lappen. Sie verehren heilige B.e, in denen die Toten wohnen. Sie dürfen nur in Feiertagskleidern zum hl. B., auf ihm kein Tier töten, nicht da schlafen. Frauen dürfen den B. nicht ansehen [44]). Um ihrer Bewohner willen wurden die B.e mit Opfern geehrt, auf ihnen stand oft ein großer Stein, der mit Blut, vor allem mit Fett eingerieben wurde [45]). Einzelne Züge dieser B.verehrung finden sich auch bei den alten Isländern: für den heiligen B. Helgafell hegte Thorolf so große Verehrung, daß niemand dorthin sehen sollte, ohne sich vorher gewaschen zu haben. Man sollte nichts auf dem B. töten, weder Mensch noch Tier [46]). Fettopfer sind im Norden, z. T. in den Alpenländern, bis in die neuere Zeit üblich geblieben, sie gelten Steinen und Hausgötzen [47]). Aber die in Schweden vorkommenden B.-namen smörkulle, Salbenb. [48]), lassen den Schluß zu, daß solche Opfer früher auch in Schweden auf B.en dargebracht wurden. Im ganzen muß man annehmen, daß die Opfer auf B.en nicht nur Toten, sondern auch Vegetations- und B.dämonen galten und daß sich der germanische B.-kult, wie die angeführten Beispiele zeigen, nicht ausschließlich vom Totenkult ableiten läßt, wie Mogk annimmt [49]).

[17]) Helm *Relig.gesch.* 1, 260 = PBB. 35, 21 ff. [18]) Eyrbyggjasaga 28; Gunnlaugssaga 4; ZfVk. 12, 206. [19]) Grimm *RA.* 2, 421 ff.; vgl. Eyrbyggjasaga 4; Grimm *Myth.* 1, 126. [20]) Meyer *Germ. Myth.* 251. [21]) Hoops *Reallex.* s. v. B.kult. [22]) MschlesVk. 27, 20 ff. [23]) Hoops *Reallex.* s. v. B.kult. Im späteren nordischen Volksglauben steigt Thor als B.-schmied mit Zange und Hammer in der Hand aus dem B. Ek 63. [24]) Meyer *Relig.gesch.* = Golther *Mythol.* 289. [25]) Reginsmál 18. [26]) Detter-Heinzel zu Reginsmál 18 = AfnF. 14, 200. Das von Golther *Mythol.* 298 herangezogene *fjallgautr*, Snorra Edda, Skaldskaparmál 4 Vers 55, bezieht sich nicht auf Odin; es bleibt ein Beiname Odins *fjallgeigupr* Snorra Edda (Arnamagnaeanische Ausg.) 2, 555, einem Fragment aus der Mitte des 14. Jh.s, auf das man kein Gewicht wird legen können. [27]) Lammert 24; Sepp *Sagen* 140 Nr. 43; Höfler *Waldkult* 36 ff.; ZfVk. 5, 207 ff. [28]) ZfVk. 5, 208. [29]) Tylor *Cultur* 2, 261; Andrian *Höhenkultus* 343 ff. [30]) Kuhn *Westfalen* 2, 142 Nr. 412. 413; Meier *Schwaben* 2, 401 Nr. 88. [31]) Meiche *Sagen* 656 Nr. 814; Rochholz *Tell* 12. [32]) Meier *Schwaben* 2, 431; Rochholz *Tell* 12. [33]) Meier *Schwaben* 2, 431. [34]) Fehrle *Volksfeste* 31 ff. [35]) Grimm *Myth.* 1, 511; Fehrle *Volksfeste* 57 f. [36]) Grimm *Myth.* 1, 513. [37]) Schmitz *Eifel* 1, 46. [38]) Wolf *Beiträge* 2, 279; ähnlich Meier *Schwaben* 3, 4. [39]) Andree-Eysn *Volkskundliches* 13 ff. [40]) Andree *Parallelen* 1, 46; Liebrecht *Zur Volksk.* 267 ff. [41]) ZfVk. 12, 209 = Grimm *Myth.* 3, 407 Nr. 195 b. [42]) Fornaldarsögur 2, 132. [43]) Heimskringla 40 f.; vgl. FoF. 12, Heft 2, 15. [44]) Unwerth 8 ff. [45]) Ebd. 10. [46]) Eyrbyggjasaga 4. [47]) NdZfVk. 4 (1926), 12. 13; Mitt. d. Anthr. G. Wien 56, 2. [48]) Fataburen 1910, 193 ff. [49]) Hoops *Reallex.* B.kult; vgl. FoF. 13 (1926), 169 ff.

3. Totenb.e. Besonders zahlreich sind die Zeugnisse, nach denen die Toten in B.en hausen [50]). Im Altnordischen findet sich daher gelegentlich der Ausdruck „in den B. gehen", bzw. „in den B. sterben" [51]). Das in den B.-Gehen wird aber öfter auch von Lebenden berichtet [52]) (s. b.entrückt). Den Felsen, an dessen Fuß er sich auf Island ansiedelte, nannte Thorolf Helgafall (Heiligenb.). Er glaubte nach seinem Tode in ihn einzugehen (er wurde aber nicht in H. begraben) und ebenso alle seine Verwandten [53]). Als sein Sohn Thorstein später ertrank, sah man, wie sich der B. öffnete und seine Insassen am Feuer fröhlich lärmend den Ertrunkenen empfingen [54]). Flosi träumte, der B. öffne sich, ein Mann trete heraus, der die Namen der Leute rief, die dann im bald darauf folgenden Kampfe fielen [55]). Noch heute heißen mehrere B.e in Skandinavien Walhall, d. i. Halle der Schlachttoten [56]). Z. T. auf diesen Vor-

stellungen bauen die über das ganze germanische Gebiet verbreiteten Sagen von Königen, Helden und Heeren, die im B.e fortleben sollen, sich auf, z. T. handelt es sich dabei um B.entrückungen (s. d.). Nach deutschem Glauben ruht der Sturm, d. s. die Seelen, das wilde Heer, im B., z. B. im Harlungen- und Eckartsb. [56a]). Im B. ist das Totenheim (s. Berchta, Holda, Hörselb, Rosengarten, Venusb.). Die Totenschar im B.e kann von Lebenden besucht werden, z. B. im Untersb. [57]). Auch die Heimchen kann man im B. aufsuchen und dann wieder herauskommen [58]), allerdings oft mit verstörtem Aussehen [59]). Ein Wilddieb hat die Toten in einer Nebelkirche auf dem B. Messe halten sehen und hören, er mußte aber neun Tage nachher sterben [60]). Mit diesen Vorstellungen und der vom offenen B. hängt es zusammen, daß man am Karfreitag auf einem B. alle Engel und alle Verstorbenen sehen kann [61]). Soll der Burgbesitzer sterben, so löst sich im B. ein mächtiger Fels und poltert in den Burghof [62]).

[50]) Mannhardt *Germ. Mythen* 240; Meyer *Germ. Myth.* 72; Golther *Mythologie* 88 ff.; Meyer *Mythol. d. Germanen* 43. 126; Meyer *Relig.gesch.* 82; Ranke *Sagen* 95 ff. [51]) Eyrbyggjasaga 4; Landnàmabòk 2, 5. 16; 3, 7. [52]) Neckel *Walhall* 65 ff. [53]) Eyrbyggjasaga 4. [54]) Ebd. 11; ähnlich Njàlssaga 14. [55]) Njàlssaga 133. [56]) Neckel *Walhall* 51 ff. [56a]) Panzer *Heldensage.* [57]) ZfdA. 47, 67 f. [58]) Eisel *Voigtland* 101 Nr. 260. [59]) Schambach u. Müller 397. [60]) Laistner *Nebelsagen* 123 = Pröhle *Harz* 1, 96 ff. [61]) SchwVk. 10, 30. [62]) Kuoni *St. Galler Sagen* 40 Nr. 87.

4. Das B.innere. Im Innern des B.es wird oft eine schöne Wiese, die zur germanischen Unterweltsvorstellung gehört, geschildert [63]). Häufig ist das B.-innere ganz aus Gold und Silber [64]). Diese Vorstellung erklärt sich einerseits aus der wunderbaren Schönheit des Paradieses, oft wird die andere Welt als Gold- oder Glasb. [65]) (s. u. 14) beschrieben, andererseits hängt sie mit dem B.segen, den die Zwerge verwalten (s. 5), zusammen. Durch christliche Umdeutung wird die Hölle in den B. verlegt [66]).

[63]) Kuhn u. Schwartz 217 Nr. 247; Mannhardt *Germ. Mythen* 447; ZfdA. 47, 67 ff.; Neckel *Walhall* 65 ff.; Siuts *Jenseitsmotive* 55 ff. [64]) wie Anm. 63; Bechstein *Thüringen* 2, 215 Nr. 355. [65]) Liebrecht *Gervasius* 152; Wlislocki *Zigeuner* 275. 325. [66]) Wolf *Beiträge* 2, 154; SAVk. 25, 131; besonders Krater feuerspeiender B.e hielt man für Zugänge zur Hölle. Meyer *Aberglaube* 126; Grimm *Sagen* 227 Nr. 283. Außereuropäisch: Andrian *Höhenkultus* 143. 305. 330.

5. Der hohle B. Im hohlen B. wohnen die Zwerge [67]) mitten unter Gold und Edelsteinen [68]) in einem B.-palast [69]) und haben oft ihre Schmiede da [70]). Man kann auch aus dem B. öfter klopfen und hämmern hören, wahrscheinlich werden dann die Schätze anders aufgestapelt [71]). Im Jura begann man im Glauben an die Zwergenwirtschaft, in den Strichenb.en nach Gold zu graben und stellte das Unternehmen aus Angst vor den Erdmännlein wieder ein [72]). Der hohle B. ist auch noch der Sammelplatz von Kobolden, Erd- [73]) oder Graumännchen [74]). In oder auf dem B. kann man sie mit goldenen Kegeln spielen sehen [75]). Aus dem hohlen B. kam früher täglich ein Bulle und weidete mit der Herde [76]). Ein Mann sah einmal eine ganze Stadt im B. liegen [77]). In heilige B.e, z. B. in den Untersb., verlegt der christliche Glaube große Dome [78]), oder einen goldenen Altar [79]). (Tiere, besonders Drachen im B. u. 7 und 15; s. B.werk.)

[67]) Grimm *Myth.* 1, 376; Schambach u. Müller 133 Nr. 149; Mannhardt *Germ. Mythen* 209, 450; Schönwerth *Oberpfalz* 2, 235; Lütjens *Zwerg* 88 ff. 104; Ranke *Sagen* 122 ff. [68]) Kuhn u. Schwartz 217 Nr. 247; Mannhardt *Germ. Mythen* 447. [69]) Sommer *Sagen* 3. [70]) Grimm *Myth.* 1, 379; Ranke *Sagen* 132. [71]) Kühnau *Sagen* 1, 231. [72]) Rochholz *Sagen* 1, 271. [73]) Vernaleken *Alpensagen* 291 Nr. 209. [74]) Eisel *Voigtland* 47 Nr. 105; 48 Nr. 106. [75]) Grimm *Myth.* 2, 796; Bechstein *Thüringen* 2, 109 Nr. 242. [76]) Kuhn *Westfalen* 1, 287 Nr. 333 ff. [77]) Ranke *Sagen* 109. Vgl. Lehmann-Filhés *Isländische Volkssagen* 2, 75 f. [78]) Sepp *Sagen* 3 Nr. 1 = Grohmann 298. [79]) Ebd. = Pröhle *Harz* 156; Witzschel *Thüringen* 1, 190.

6. B.klingeln. Die Musik [80]), manchmal auch den Gesang [81]) der B.männlein kann man hören, mancherorts nennt man es B.klingeln oder Schellenpeter, es kündet gutes Wetter [82]).

[80]) Wossidlo *B.sagen*; Kuoni *St. Galler Sagen* 41. 134; Birlinger *Volkst.* 1, 239 = Rochholz *Sagen* 1, 371. 368; Feilberg *Bjaergtagen* 122. [81]) Bechstein *Thüringen* 2, 179 Nr. 316; Wossidlo *B.sagen.* [82]) Rochholz *Sagen* 1, 371.

7. Schatz im B. Vor allem sind im B.e reiche Schätze verborgen [83]). Der Glaube steht z. T. in engster Verbindung mit den Zwergen, oft aber liegt das Gold in einem versunkenen Schloß [84]). Der Schatz wird von einer Jungfrau, einer weißen Frau, einem schwarzen Hund, mitunter von Drachen behütet. Der Eingang zum B. zeigt sich nur zu bestimmten Zeiten, s. 9 (s. Schatz, Schatzhüter).

[83]) Z. B. Bechstein *Thüringen* 2, 254 Nr. 391; Schmitz *Eifel* 2, 53 ff.; Wossidlo *B.sagen.* [84]) Z. B. Bechstein *Thüringen* 2, 162 Nr. 300; Witzschel *Thüringen* 2, 60 Nr. 71; Kühnau *Sagen* 1, 231.

8. B.öffnen. Zwerge öffnen den B. mit der blauen Blume [85]). Auch Menschen können mit Hilfe der blauen Blume [86]), einer Springwurzel [87]), dem Kraute Lunaria [88]), mit einem Zwergenhut [89]) den B. aufmachen. Eine Kröte öffnet ihn mit den Worten: „Epraim tu dich auf" [90]). Der B. öffnet sich auf das Wort der Venediger [91]), mitunter können nur sie (s. Venediger) den Schatz heben [92]) (s. Schatzheben). Für ihr Musizieren [93]), Flötenblasen [94]) werden manche im B. bewirtet und beschenkt.

[85]) Schambach u. Müller 133 Nr. 149. [86]) ZfdMyth. 3, 384. [87]) Kuhn u. Schwartz 178 Nr. 200, 2; Bechstein *Thüringen* 2, 254 Nr. 391. [88]) Meiche *Sagen* 28 Nr. 27. [89]) Mannhardt *Germ. Mythen* 449 = Wolf *Deutsche Märchen u. Sagen* 13, 67 b. [90]) Müllenhoff *Sagen* 287 Nr. 393; vgl. Sesam öffne dich. [91]) Sommer *Sagen* 66 Nr. 158. [92]) Schönwerth *Oberpfalz* 2, 238. [93]) Bechstein *Thüringen* 2, 14 Nr. 159; Eisel *Voigtland* 98 Nr. 252. [94]) Pollinger *Landshut* 58 c.

9. Der B. steht offen. An bestimmten Stunden, oft über Mittag [95]), um Mitternacht [96]), meist zu heiligen Zeiten [97]), zu Weihnachten, am Karfreitag während der Passion [98]), am Ostersonntag [99]), wenn zum Hochamt geläutet wird (Salzkammergut) [100]), am Walpurgis- [101]) und Johannistage [102]) steht der B., mancherorts nur alle drei [103]) oder sieben [104]) Jahre, offen. Wer da hineingeht, kann so viel Geld nehmen, als er tragen kann [105]). Viele wagen aber nicht im rechten Augenblick zuzugreifen [106]), andere, die sich Geld holen, kommen schwerkrank heraus [107]), manche müssen sterben, wenn sie davon erzählen [108]). Eine Mutter vergaß über dem Gelde ihr Kind im B., erst nach 100 Jahren (gewöhnlich nach 1 Jahr) kam es wieder heraus, es war gut gepflegt und nur um ein Jahr älter geworden [109]). Verwandt ist die Erzählung, ein Schwein einer Herde sei in einen B. gegangen und später wohlgemästet zurückgekommen [110]) (s. B.entrückt). Zu Zeiten öffnet sich der B. und man sieht auf einige Minuten einen Kaufladen [111]).

[95]) Kuhn u. Schwartz 50 Nr. 54; Eisel *Voigtland* 173 Nr. 468. [96]) Bechstein *Thüringen* 2, 80 Nr. 210. [97]) Meiche *Sagen* 740 Nr. 911. [98]) Kühnau *Sagen* 1, 558 = Grohmann *Sagen* 57. [99]) Wossidlo *B.sagen.* [100]) Vernaleken *Mythen* 135. [101]) Bechstein *Thüringen* 1, 219 Nr. 123. [102]) Ebd.; Kuhn u. Schwartz 50 Nr. 54; Vernaleken *Mythen* 109. [103]) Bechstein *Thüringen* 1, 219 Nr. 123. [104]) Ebd. 2, 179 Nr. 316. [105]) Sommer *Sagen* 3; Eisel *Voigtland* 48 Nr. 108; Müller *Siebenbürgen* 93. [106]) Panzer *Beitrag* 2, 198 f.; Bechstein *Thüringen* 2, 80 Nr. 210. [107]) Eisel *Voigtland* 47 Nr. 105. [108]) Ebd. 48 Nr. 106. [109]) Müller *Siebenbürgen* 93; Schönwerth *Oberpfalz* 2, 241; Vernaleken *Mythen* 129. [110]) Kuhn *Westfalen* 1, 327 Nr. 3. [111]) Müller *Siebenbürgen* 95.

10. Wetterb.e. B.e, die durch ihre besondere Lage und Höhe Wolken an ihrem Gipfel ansammeln oder Gewitter teilen, Hut- oder Wetterb.e, gelten als Wetterpropheten. Der Alte zieht seine Kappe über, das bedeutet Regen, sagt man [112]). Vom Kyffhäuser, heißt es z. B.: „Steht Kaiser Friedrich ohne Hut, so wird gewiß das Wetter gut. Ist er mit dem Hut zu sehen, wird das Wetter nicht bestehen" [113]). Solche B.e heißen Hutb.e (s. d.), Eisenhut (Dänemark), Sturmhaube (Steiermark), Nebelhelm (Cumberland) [114]). Auch die zahlreichen Donnersb.e gehören hierher. Man hört im B. arges Brausen und Tosen bevor ein Gewitter ausbricht (s. o. 2 a) [115]). Viele Wetterb.e sind seit alters heilige B.e wie der Kyffhäuser, Brocken, Zobtenb., Untersb. Die Gewitter abwehrende Kraft wird in spä-

terer Zeit einem Stein, der auf dem B. liegt, einem im B.innern schlafenden Einhorn [116]), oft den auf Gipfeln errichteten Kreuzen [117]) zugeschrieben.

[112]) Kuhn *Westfalen* 2, 89 Nr. 276; Witzschel *Thüringen* 1, 275 Nr. 285; 2, 56 Nr. 64; Laistner *Nebelsagen* 244; Baumgarten *Aus der Heimat* 1, 56; Laube *Teplitz* 47; Kühnau *Sagen* 2, 447; Sébillot *Folk-Lore* 1, 249. [113]) Urquell 5, 213. [114]) Rochholz *Naturmythen* 205 ff. [115]) Ranke *Sagen* 96. [116]) BlBayVk. 8 (1920), 24. [117]) Ebd. 22.

11. Personifikation. Gerade Wetterb.e werden leicht personifiziert (s. u. 12 b). Die verschiedenen Lagerungen und Gestalten der Wolken werden Mantel, Kragen, Degen genannt [118]). Bezeichnend sind Namen wie Altvater, Mönch, Jungfrau und zahlreiche B.namen auf -er wie Glockner, Eiger, die wie Personennamen gebildet sind.

[118]) Rochholz *Naturmythen* 205 ff.

12. Ätiologische Sagen: a) B.riesen. Nicht zum eigentlichen Volksglauben, sondern zur Volksdichtung gehören die B.riesen. Aus der Größe gewisser Felsbildungen, die man als Fußspur, Fingereindruck, Wohnstätten, auffaßt, schließt man auf riesische Urheber [119]). Zu diesen Erklärungssagen gehören die verbreiteten Erzählungen von der

b) Entstehung der B.e. B.- und Talbildungen werden als Fußstapfen von Riesen [120]), alleinstehende B.e oft als von Riesen [121]), noch häufiger vom Teufel [122]) (s. d.) geschleudert gedacht. B.e werden auch als versteinerte Riesen (Watzmann) oder Menschen (Frau Hütt) angesehen [123]).

c) B.sturz. Erklärungssagen halten B.stürze für die Strafe einer gottlosen Gemeinde [124]). Auf Volksglauben beruht die Erzählung, ein B.sturz sei von B.-geistern aus Rache an einem Menschen verursacht (s. 15 b) [125]).

[119]) Sydow *Jättarna* 21 ff.; Wundt *Mythus u. Religion* 1, 642 f; Ranke *Sagen* 216. [120]) Sepp *Sagen* 446 Nr. 120 = Schönwerth *Oberpfalz* 2, 263 ff.; Ranke *Sagen* 216. [121]) Sébillot *Folk-Lore* 1, 213 ff. [122]) Eisel *Voigtland* 4 Nr. 5; Sébillot *Folk-Lore* 1, 214. [123]) Golther *Mythologie* 191. [124]) Bechstein *Thüringen* 1, 46; Sébillot *Folk-Lore* 1, 220. [125]) Alpenburg *Sagen* 106 f.

13. Heiligkeit bestimmter B.e wird im Volksglauben anschaulich gemacht durch Erzählungen, er könne nicht abgetragen werden, was tagsüber weggenommen wird, ist am nächsten Morgen wieder da, oder wird von Kröten wieder zusammengetragen [126]). Verbreitet ist die Sage, der hl. B. dulde nicht, daß eine Kirche auf ihm erbaut werde; trotz der Wächter wird bei Nacht der hinaufgeführte Baustoff immer wieder heruntergeschafft [127]). Hierher gehört wohl auch die verbreitete Vorstellung, B.e seien mit Ketten umgeben; die Kette scheint als Umfriedung des heiligen B.es vorgestellt zu werden (s. u. 15 c) [128]).

[126]) Wossidlo *B.sagen.* [127]) Bechstein *Thüringen* 2, 213 Nr. 352. [128]) Mannhardt *Germ. Mythen* 647; Meier *Schwaben* 5 Nr. 3; Panzer *Beitrag* 155; Schönwerth *Oberpfalz* 3, 346; Lütolf *Sagen* 259 Nr. 195; Kühnau *Sagen* 2, 82; Niderberger *Unterwalden* 1, 90.

14. Weltb. und Himmelsstütze. Bei den asiatischen Völkern ist die Vorstellung, im Mittelpunkt der Erde stehe ein hoher B. [129]), auf dem die Gottheit wohnt [130]), der sog. Weltb., weitverbreitet. Das Paradies [131]) liegt auf ihm, er ist von Gold [132]) oder Eisen [133]), das Lebenskraut [134]) wächst da, das Lebenswasser [135]) oder der Göttertrank [136]) quillt aus ihm. Oft wird das Weltzentrum mit der Weltsäule, die den Himmel trägt, mit dem Weltb. vereinigt. Entsprechende Vorstellungen finden sich im altnordischen Himmelsb. (*himinbjörg*), dem Wohnsitze Heimdalls, der der östlichen Vorstellung von der Himmelsstütze entspricht [137]); oder vom Dichtermet, den Odin aus dem B.e holt [138]); oder auf deutschem Gebiet vom B., auf dem der Himmelsvater seit Jahrtausenden thront, und auf dem der hl. Oswald einen Jungbrunnen erweckte [139]). Im Märchen kommt der goldene B., auf dem das Lebenskraut wächst, vor [140]). So entspricht auch die Vorstellung, B.e ruhen auf 4 goldenen Säulen [141]), Pfeilern, Füßen [142]), den Stützen des Himmels bzw. der Weltsäule [143]) (s. Firstsäule), oder den Stützen der Erde [144]). Wie die Erde von verschiedenen Tieren [145]), besonders Fischen [146]), getragen

wird, so sind auch unter dem B. oder in ihm solche Tiere (u. 15). Wahrscheinlich gehört die goldene Ente oder Gans, die auf ihren Eiern unter dem B. sitzen soll, in diesen Vorstellungskreis [147]).

[129]) Holmberg *Baum des Lebens* 33 ff. [130]) Ebd. 37 ff. [131]) Tylor *Cultur* 2, 60 f.; Gunkel *Märchen* 46. 50. [132]) Radloff *Sibirien* 2, 6; in den Himmel verlegt: Holmberg *Baum des Lebens* 39 ff. [133]) Holmberg a. a. O. 52. 65. [134]) Ebd. 64. [135]) Ebd. [136]) Kuhn *Herabkunft* 178. [137]) Studier i nordisk Filologi 16 (1925), 2; 17, 3; Budkavlen 6 (1927), 1 ff. [138]) Snorra Edda Skaldskaparmál 1. [139]) Sepp *Sagen* 16 Nr. 6. [140]) Liebrecht *Gervasius* 152; Sébillot *Folk-Lore* 1, 251; Siuts *Jenseitsmotive* 42 ff. 57. [141]) Sepp *Sagen* 1 Nr. 1. [142]) Ebd. [143]) Ebd. 5 Nr. 1; Holmberg *Baum des Lebens* Reg. unter Weltsäule. [144]) In Norwegen z. T. verbunden mit Weltuntergangsvorstellungen s. 15; Budkavlen 6, 1. 3. [145]) Olrik *Ragnarök* 278. [146]) ObZfVk. 2 (1928), Heft 1. [147]) Sommer *Sagen* 63 Nr. 56.

15. Weltuntergangsvorstellungen. Auch Weltuntergangsvorstellungen sind an zahlreiche B.e geknüpft.

a) Gefesselte Ungeheuer im B. Wenn der in einer B.höhle gefesselte Loki loskommt, so tritt nach nordischer Überlieferung der allgemeine Weltuntergang ein [148]). Wenn in Dänemark der Lindwurm [149]), in Schweden eine gefesselte Kuh [150]) aus dem B. bricht, geht die Welt unter.

b) B.sturz. In örtlich begrenzten Weissagungen heißt es: Wenn der Drache im B. den Schweif bewegt, wird das ganze Dorf verschüttet werden [151]). Drei Drachen höhlen den B. aus, bis er zusammenstürzt [152]).

c) Wasser im B.innern. Wenn es einmal ausbricht, wird die ganze Gegend überflutet [153]). In anderer Fassung heißt es: ganz Thüringen werde einst durch aus dem B.e hervorbrechenden Wein aus verschütteten Kellern überflutet werden [154]). Auf einem B. im Sumpf haust ein Drache; einst wird er aufsteigen und dann wird alles überschwemmt [155]). Zum Teil gehören vielleicht auch die mit Ketten umgebenen B.e hierher (o. 13); auf diese Weise wird der gespaltene Bürgenb. zusammengehalten, oder mit einer Eisenstange. Wenn einmal das Stück in den See fällt, wird die Stadt Luzern untergehen [156]).

[148]) Olrik *Ragnarök* bes. 282. [149]) Ebd. 99. [150]) Ebd. 323 f. [151]) Kuoni *St. Galler Sagen* 75 Nr. 156. [152]) Vernaleken *Alpensagen* 259 Nr. 180. [153]) Kruspe *Erfurt* 1 Nr. 11/1 = Bechstein *Thüringen* 2, 153 Nr. 5; Kunze *Suhler Sagen* 46 f. [154]) Witzschel *Thüringen* 2, 71 Nr. 82. [155]) Ranke *Sagen* 206. [156]) Lütolf *Sagen* 259 Nr. 195.

16. Vorbedeutung. Aus dem Ringb. (Steiermark) sah man früher alle sieben Jahre in der Silvesternacht ein Schwein herauskommen. War es mager und hatte Stoppelhalme im Maul, so bedeutete es sieben Hungerjahre; war es fett und trug goldene Ähren im Rachen, eine segensreiche Zeit [157]).

b.auf. Träumt man, man gehe b.auf, so bedeutet es etwas Gutes, geht man aber abwärts, das Umgekehrte [158]). Das vergebliche B.aufwälzen schwerer Gegenstände gilt als Strafe nach dem Tode für Viehschinder und ähnliche Übeltäter [159]).

[157]) ZföVk. 2, 300 f. [158]) Spieß *Henneberg* 151. [159]) Laistner *Nebelsagen* 41, 43 ff.

Weiser.

Bergentrückt.

1. Geographische Übersicht. — 2. Namen und Stand der B.en. — 3. Gefolge und Heer. — 4. Betätigung im Berg; Schlaf. — 5. Langer Bart. — 6. Die Besucher. — 7. Zeitbegriff im Berg. — 8. Gründe der Entrückung. — 9. Ziel der Entrückung. — 10. Mythische Wurzel: Totenreich im Berg. — 11. Mischung mit anderen Motiven.

1. Allenthalben auf germanischem Boden existieren Sagen, die vom Fortleben Einzelner, Mehrerer oder ganzer Scharen und Heere in Bergestiefen berichten. Wie weit dieser Glaube sich ausdehnt, mag eine knappe, topographische Übersicht lehren. Wir finden ihn: in Schleswig-Holstein [1]) bis nach Dänemark [2]), in Ostfriesland und Niedersachsen [3]), im Harzgebiet [4]), in Westfalen [5]), in Hessen und Nassau [6]), in Thüringen [7]) und in der Provinz Sachsen [8]), in Franken [9]), Schwaben [9a]), Bayern [10]) und Tirol [11]), im Salzburgischen [12]) und im Allgäu [13]), in der Schweiz [14]) und im Elsaß [15]), in Baden [16]) und in der Rheinpfalz [17]), in der Eifel [18]) und im Rheinland [19]).

Ebenso kehren diese Sagen auf dem Kolonialboden wieder: in der Mark Brandenburg [20]) und in Mecklenburg [21]), in Obersachsen [22]), in der Lausitz [23]) und in Niederschlesien [24]), im Sudetengebiet [25]), im Österreichischen [26]) und in Kärnten [27]) bis hin nach Siebenbürgen [28]), auf Rügen [29]), in Pommern [30]) und Ostpreußen [31]). Gerade auf polnischem Boden hat sich der Glaube zäh erhalten: in Oberschlesien [32]), im Posenschen [33]) und bei Krakau [34]).

[1]) Müllenhoff *Sagen* Nr. 504—507; Urquell 2, 42; Meyer *Rendsborg* Nr. 9. [2]) Kronfeld *Krieg* 131; Feilberg in DanSt. 1920, 97 ff. [3]) Lübbing *Fries. Sagen* 85 f.; Schambach u. Müller 328; Kuhn u. Schwartz Nr. 267; Harrys *Niedersachsen* 1 Nr. 2; Kuhn *Westfalen* Nr. 365; Kahlo *Harz* Nr. 131; Mackensen *Nds. Sagen* Nr. 2. 8. 16. 47. [4]) Kuhn u. Schwartz Nr. 208; Pröhle *Harz* 2 f. 28 f.; Voges *Braunschweig* Nr. 19; Kahlo *Harz* Nr. 19; Sieber *Harzlandsagen* 70. [5]) Sepp *Sagen* 619; Kuhn *Westfalen* Nr. 49. 58. 233. 312; Zaunert *Westfalen* 15 f. 38. 69 ff. 82 f. 162 ff. 245. 331. [6]) Lyncker *Sagen* Nr. 6—8. 14; Wolf *Sagen* Nr. 1. 2; Pfister *Hessen* 18; Wehrhan *Hessen-Nassau* Nr. 170. [7]) Witzschel *Thüringen* 1, 126. 143 f. 180. 183 f. 258 f. 265 ff. 269; 2, 1. 74. 108; Bechstein *Thüringen* Nr. 158. 300. 303; Wucke *Werra* ³ Nr. 79. 728; Quensel *Thüringen* 160 f. [8]) Sommer *Sagen* Nr. 60; Kahlo *Nds. Sagen* Nr. 28. 70. 311. [9]) Grimm *Sagen* Nr. 22; Panzer *Beitrag* 2 Nr. 56; Baader *Sagen* Nr. 434. 481. [9a]) *Zimmerische Chronik* 2, 155; Kapff *Schwäb. Sagen* 15 f. [10]) Panzer *Beitrag* 2 Nr. 436; Schöppner *Sagen* Nr. 476; Quitzmann 17 f.; Schönwerth *Oberpfalz* 3, 344 ff. 351 ff. [11]) Alpenburg *Tirol* 232. [12]) Grimm *Sagen* Nr. 28; Panzer *Beitrag* 1 Nr. 15; 2 Nr. 54; Wolf *Beiträge* 59 f.; Vernaleken *Alpensagen* Nr. 49. 50; ZfVk. 1, 215. [14]) Journal des Luxus und der Moden 1805, 38; Vernaleken *Alpensagen* Nr. 231; Lütolf *Sagen* 56 f. 86 f. 91 ff.; Rochholz *Sagen* Nr. 167; Müller *Urner Sagen* 1, 14 f. Nr. 9. 10; Rochholz *Tell* 133 ff.; Sepp *Sagen* Nr. 142; Kuoni *St. Galler Sagen* 134; Niderberger *Unterwalden* 1, 126 f. 129; Herzog *Schweizersagen* 1, 154. 156. 191 f.; 2, 16. 62 f. [15]) Grimm *Sagen* Nr. 21; Stöber *Elsaß* (1852) Nr. 34. 35. 244; Rochholz *Sagen* 1, 379; Meier *Schwaben* Nr. 137. [16]) Baader *Sagen* Nr. 40. 67. [17]) Kuhn u. Schwartz 497 f.; ZfdMyth. 1, 189. [18]) Schmitz *Eifel* 2, 57 ff. [19]) Schell *Berg. Sagen* Nr. 54. 55. 58; Ders. *Rheinland* Nr. 12. 13; Zaunert *Rheinland* 2, 251 f. [20]) Kuhn u. Schwartz Nr. 63. [21]) Bartsch *Mecklenburg* Nr. 440. [22]) Graesse *Sachsen* 1, 516; Meiche *Sagen* Nr. 26—28. 32. 35. 36; Sieber *Sachsen* 313. 315 ff. 342. [23]) Haupt *Lausitz* 1 Nr. 198. 247. 258. 259. 263. 270. 271; 2 Nr. 135; Kühnau *Sagen* 3, 613 f.; Sieber *Sachsen* 315. 317. [24]) Kühnau *Sagen* 1, 537 ff. [25]) Vernaleken *Mythen* 109 ff. 113. 116. 139; Quitzmann 47 f.; Sepp *Sagen* Nr. 142; Grohmann *Sagen* 8 ff.; Egerl. 8, 22; Kühnau *Sagen* 1, 554 f.; Kronfeld *Krieg* 131; Sieber *Sachsen* 151. 315 f. [26]) Journal des Luxus und der Moden 1806, 151 f.; Mailly *Nied.-Öst. Sagen* Nr. 18—20; Heller Nr. 43. 66 c. [27]) Graber *Kärnten* 96 ff. 100 f. [28]) Müller *Siebenbürgen* 29 f. 43 f. [29]) ZfdMyth. 2, 500 ff. [30]) Sepp *Sagen* Nr. 142; Tettau u. Temme Nr. 265; Knoop *Hinterpommern* Nr. 51. [31]) Reusch *Samland* 130. [32]) Knoop *Posen* Nr. 51; Kühnau *Sagen* 3, 519 f.; Ders. *Oberschles. Sagen* Nr. 291. 329. 399. 516; Peuckert *Schles. Sagen* 66. 68 f. [33]) Knoop *Posen* Nr. 52—54. 58—60. Vgl. Clara Viebigs Roman *Das schlafende Heer* (1904). [34]) Vernaleken *Mythen* 121.

2. Wechselnd ist der Name der b.en Person; doch meist ist der Einzelne ein Held, ein Herrscher oder sonst ein Mächtiger der Erde. Häufig heißt er nur: ein Kaiser (so in Österreich, Franken, Thüringen, Harz) [35]), ein König (Posen, Hinterpommern, Sudeten, Rheinland, Fichtelgebirge) [36]), eine Königin (Posen) [37]), ein Herzog (Mähren) [38]), ein Ritter (Österreich, Niedersachsen, Thüringen, Holstein) [39]), der Burg- oder Schloßherr (Oberschlesien, Sudeten, Schweiz, Prov. Sachsen, Thüringen, Westfalen) [40]), der Amtmann (Niedersachsen) [41]), die Bürgermeister (Lausitz) [42]). Auch Heidenkönige (Hinterpommern, Rheinland, Westfalen) [43]) und Riesen (Posen, Sudeten) [44]) werden erwähnt. Doch in sehr vielen Fällen ist dem B.en ein bestimmter Name gegeben, der an historische Persönlichkeiten anknüpft. Kaiser Karl der Große lebt auch da am wirksamsten in der Erinnerung fort (Schweiz, Rheinpfalz, Fichtelgebirge, Franken, Salzburg, Hessen, Westfalen) [45]), auch als *König Karl* oder einfach *der Karle* bezeichnet (Salzburg, Franken, Hessen) [46]); an ihn dachte wohl auch das Volk meist, wenn es von „dem Kaiser" sprach. In katholischen Gegenden wurde Karl der Große in Karl V. umgewandelt, der als Vorkämpfer des katholischen Glaubens im Bewußtsein der Unterschicht fortlebt

(Salzburg) [47]); er heißt mitunter direkt *Karlquintes* (Hessen) [48]) oder *Karl Quint* (Westfalen) [49]). Eine merkwürdige Abspaltung von Karl dem Großen ist der Prinz Karl, der im Fichtelgebirge und in der Schweiz erscheint [50]). Hier liegt wohl eine Erinnerung an den österreichischen Erzherzog Karl vor, welcher Süddeutschland und die Schweiz von der Franzosenherrschaft befreite und Napoleon I. bei Aspern schlug. Nächst Karl dem Großen ist Kaiser Friedrich Barbarossa (Rotbart) der populärste b.e Herrscher (Elsaß, Rheinpfalz, Salzburg, Kärnten, Harz, Prov. Sachsen) [51]). Bei Harzburg sitzt er mit Kaiser Otto und Kaiser Heinrich im Berg [52]). Der Sachse Heinrich I. taucht als Kaiser (!) Heinrich der Vogler bei Goslar und bei Hildesheim auf [53]), während man in Wien von Kaiser Josef spricht [54]) und ein König Otter (Oder) sich im Otterberg (N.-Ö.) verbirgt [55]); sollte bei diesem eine letzte Reminiszenz an den einst mächtigsten böhmischen König Ottokar, den Gegner Rudolfs von Habsburg, nachspuken? Daß Westfalen seinen König Wittekind (Weking), Jever sein Fräulein Maria hat [56]), erscheint ebenso begreiflich wie der Wendenfürst Ziszibor in der Lausitz [57]). Wenn Hermann der Cherusker in westfälischen Bergen schläft [58]), scheint das erst durch gelehrten literarischen Einfluß geweckte Sage zu sein, und wenn gar im Elsaß des 17. Jh.s Ariovist, Armin, Wittekind und Siegfried als gemeinsam entrückte Helden genannt werden, so handelt es sich zweifellos um bewußte barockale Aufschwellung oder gar Erfindung [59]); treten doch gerade diese vier Helden häufig in barocken Dicht- und Romanwerken als Mahner deutscher Vergangenheit und Größe auf. Bayern hat seinen vor dem Staufenkaiser in den Berg fliehenden Welfen Etticho [60]), die Schweiz ihren Wilhelm Tell, der auch in der Dreizahl erscheint (s. u. § 3) [61]). In Schleswig und Dänemark sitzt Holger Danske verzaubert im Berg [62]), der in Dithmarschen zum König Dan verkürzt erscheint [63]). Der im Fichtelgebirge ruhende König Salomon und der in den Nürnberger Schloßbrunnen gebannte Kaiser Nero [64]) gehen wohl auf gelehrte ma.liche Erfindung zurück. Und ebenso wird der b.e Heerführer Goi Magoi in Mähren [65]), in Böhmen zu *Meinhart* umgedeutscht [66]), dem riesigen biblischen Volk der Gog und Magog, das in der ma.lichen Alexandersage eine große Rolle spielt, seine Bezeichnung verdanken. Auch die ritterlichen Herren erscheinen mitunter benamst: so der alte Schlippenbach in der Mark Brandenburg [67]), in der Altmark Hackelberg [67a]), Graf Bodo von Homburg [68]) und der Ritter Till (Tils, Dill) in Niedersachsen [69]). Aus der Legende ist der heilige Dominikus in eine Schweizer Bergentrückungssage hinübergewandert [70]). Hie und da sind es auch einmal Gestalten aus der sozialen Unterschicht, die in den Berg gebannt sind: in Nebra an der Unstrut ein Dienstmädchen (*Schlüsselkathrine*) [71]), im Osnabrückischen ein Schmied [72]), in der Lausitz ein Weber [73]).

[35]) Pröhle *Harz* 28 f.; Sieber *Harzland* 207 f.; Baader *Sagen* Nr. 434; Witzschel *Thüringen* 1 Nr. 270; Heller Nr. 660; Mailly *Nied.-Öst. Sagen* Nr. 19. [36]) Schönwerth *Oberpfalz* 3, 351; ZfdMyth. 1, 189; Schell *Berg. Sagen* Nr. 55; Ders. *Rheinland* Nr. 12. 13; Zaunert *Rheinland* 2, 251 f.; Sieber *Sachsen* 315 f.; Sepp *Sagen* Nr. 142; Tettau u. Temme Nr. 265; Knoop *Posen* Nr. 60. [37]) Ebd. Nr. 59. [38]) Vernaleken *Mythen* 139. [39]) Meyer *Rendsborg* Nr. 9; Bechstein *Thüringen* Nr. 158; Quensel *Thüringen* 161; Kahlo *Nds. Sagen* Nr. 131; Mailly *Nied.-Öst. Sagen* Nr. 18. [40]) Zaunert *Westfalen* 162 ff.; Kahlo *Nds. Sagen* Nr. 28; Sommer *Sagen* Nr. 60; Vernaleken *Alpensagen* Nr. 231; Sieber *Sachsen* 151; Kühnau *Oberschles. Sagen* Nr. 291. 399. [41]) Mackensen *Nds. Sagen* Nr. 2. [42]) Haupt *Lausitz* 1 Nr. 247; Meiche *Sagen* Nr. 35. [43]) Zaunert *Westfalen* 15; Schell *Berg. Sagen* Nr. 58 a; Knoop *Hinterpommern* Nr. 51. [44]) Egerl. 8, 22 (deutliche gelehrte Erfindung mit dem Ziel auf Wodan); Vernaleken *Mythen* 121. [45]) Schönwerth *Oberpfalz* 3, 353 f.; Zaunert *Westfalen* 82 f.; Sepp *Sagen* 619; Panzer *Beitrag* 2 Nr. 56; Grimm *Sagen* Nr. 22. 28; Vernaleken *Alpensagen* Nr. 49. 50; Meier

Schwaben Nr. 137; Kuhn u. Schwartz 497 f. [46]) Lyncker *Sagen* Nr. 6; Pfister *Hessen* 18; Vernaleken *Alpensagen* Nr. 49d und e. [47]) Ebd. Nr. 49 a; Panzer *Beitrag* 2 Nr. 54; Grimm *Sagen* Nr. 28. [48]) Lyncker *Sagen* Nr. 6—8. [49]) Zaunert *Westfalen* 245. [50]) Schönwerth *Oberpfalz* 3, 353; Lütolf *Sagen* 93. [51]) ZfVk. 1, 215; Wolf *Beiträge* 59 f.; Panzer *Beitrag* 1 Nr. 14. 15; Grimm *Sagen* Nr. 28; Sieber *Harzland* 207; Rochholz *Sagen* 1, 379; Stöber *Elsaß* (1852) Nr. 35. 244; Graber *Kärnten* 100 f. [52]) Pröhle *Harz* 2 f.; Kaiser Otto allein im Kyffhäuser und unter dem Quedlinburger Schlosse: Sieber *Harzland* 207. [53]) Schambach u. Müller 328; Kuhn u. Schwartz Nr. 208. [54]) Journal des Luxus und der Moden 1806, 151 f. [55]) Heller Nr. 43; Mailly *Nied.-Öst. Sagen* Nr. 20. [56]) Kuhn *Westfalen* Nr. 312; Zaunert *Westfalen* 69 f. 82; Lübbing *Fries. Sagen* 85 f. [57]) Haupt *Lausitz* 1 Nr. 258; dazu 2, 231. [58]) Zaunert *Westfalen* 16. [59]) Moscherosch *Gesichte Philanders von Sittewald* 2 (1665), 32. [60]) MGH.SS. 6, 761; Schöppner *Sagen* Nr. 476; Quitzmann 17 f. [61]) Journal des Luxus und der Moden 1805, 38; Rochholz *Tell* 133 ff. [62]) Müllenhoff *Sagen* Nr. 504; Kronfeld *Krieg* 131; DanSt. 1920, 97 ff. [63]) Müllenhoff *Sagen* Nr. 505; vgl. Simrock *Mythologie* 200. [64]) Schönwerth *Oberpfalz* 3, 354 f.; Rochholz *Tell* 136; Singer in ZfdA. 35, 177 ff. [65]) Vernaleken *Mythen* 109 ff. 113. 116; Quitzmann 47 f. [66]) Vernaleken *Mythen* 109. [67]) Kuhn u. Schwartz Nr. 63; Schwartz *Mark Brandenburg* Nr. 81. [67a]) Sieber *Harzlandsagen* 70, [68]) Mackensen *Nds. Sagen* Nr. 47. [69]) Harrys *Niedersachsen* 1 Nr. 2; Kuhn *Westfalen* Nr. 365; Kahlo *Harz* Nr. 131. [70]) Rochholz *Tell* 136. [71]) Kahlo *Nds. Sagen* Nr. 70. [72]) Kuhn *Westfalen* Nr. 49; Zaunert *Westfalen* 38. [73]) Sieber *Sachsen* 317.

3. Meist ist dem b.en Herrscher ein Gefolge beigegeben. Dies schläft, gleich dem Herrn, mit oder auf den Pferden, und erwacht nur zu bestimmten Zeiten, um zu spielen oder zu schmausen; an manchen Orten reitet der Herrscher oder Feldherr nachts mit dem Gefolge aus [74]). Oder eine, nicht zahlenmäßig angegebene, Anzahl von Personen ist in den Berg gebannt: entweder Ritter, die sich mit Kegeln, Würfeln, Kartenspielen, Zechen und Schmausen die Zeit vertreiben [75]), oder eine höfische Gesellschaft von Herren und Damen, die sich im Tanze drehen [76]), oder auch überhaupt nur alte Männer, Jünglinge, Jungfrauen, Kinder ohne nähere Bestimmung [77]).

Eine besondere Stellung nimmt unter diesen unbestimmten Mengen das schlafende Heer ein. Der Glaube, daß in irgendeinem Berg ein gewaffnetes Heer, mit oder ohne Anführer, schlafe, findet sich allenthalben und ist in der mannigfachsten Art ausgestaltet worden. Entweder wird nur allgemein von einem schlafenden Heer oder von schlafenden Rittern und Soldaten gefabelt [78]). Mitunter wird dem Heer ein ungenannter König, Feldherr oder Offizier beigegeben [79]) oder über seine Herkunft (Polen vor den Tataren oder Schweden oder Russen fliehend; Reiter von den Hussiten verfolgt; Schweden aus dem 30jährigen Kriege) einiges erzählt [80]). Am häufigsten jedoch wird ein bestimmter Feldherr oder Herrscher an die Spitze des Heeres gestellt: Karl der Große [81]) oder „Prinz Karl" [82]), die Söhne Ludwigs des Frommen [83]), Friedrich Barbarossa [84]), Holger Danske oder „König Dan" [85]), die heilige Hedwig und ihre Söhne [86]), Goi Magoi oder „Meinhart" [87]).

Schließlich gehören noch hierher die b.en Klöster [88]) und Dörfer [89]), die samt ihren ruchlosen Bewohnern in solcher Art bestraft wurden und eine Parallele zu den versunkenen Ortschaften bilden (s. Vineta).

Daneben stehen die B.en in bestimmter Mehrheit. Zunächst treten die „abergläubischen" Zahlen stark hervor: drei [90]), sieben [91]), zwölf [92]), dreißig [92a]) (vgl. auch Zahlen B 3, 7, 12, 30). Für Bösewichter findet sich auffallenderweise zweimal die Zahl zehn [93]). Der Welfe Etticho mit seinen 12 Vasallen liefert einen Beitrag zur Geschichte des „Dreizehnten" [94]).

[74]) Grimm *Sagen* Nr. 28; Panzer *Beitrag* Nr. 56; Witzschel *Thüringen* 1, 267; Pfister *Hessen* 18; Zaunert *Westfalen* 69 f. 82 f.; Mailly *Nied.-Öst. Sagen* Nr. 19. 20; Heller Nr. 43. 66 c. [75]) Bechstein *Thüringen* Nr. 158; Witzschel *Thüringen* 1, 276; Kuhn u. Schwartz Nr. 63; Wucke *Werra* [3] Nr. 79; Meiche *Sagen* Nr. 26; Herzog *Schweizersagen* 1, 191 f.; Kühnau *Sagen* 3, 613 f.; Sieber *Sachsen* 315; Zaunert *Westfalen* 162 ff.; Quensel *Thüringen* 161. [76]) Sieber *Sachsen* 313; Witzschel *Thüringen* 1, 258. [77]) Haupt *Lausitz* 1 Nr. 270; Rochholz *Sagen* Nr. 167; Kapff *Schwäb. Sagen* 15 f. [78]) ZfdMyth. 2, 146; Egerl. 8, 22;

Kühnau *Sagen* 1, 554 f.; Haupt *Lausitz* 2 Nr. 135; Meiche *Sagen* Nr. 36; Baader *Sagen* Nr. 40. 481; Quensel *Thüringen* 160 f.; Lyncker *Sagen* Nr. 14; Wehrhan *Hessen-Nassau* Nr. 170; Kuhn u. Schwartz Nr. 267; Graber *Kärnten* 96 ff.; Schell *Berg. Sagen* Nr. 55; Niderberger *Unterwalden* 1, 126 ff.; Reiser *Allgäu* 1, 297 f.; Witzschel *Thüringen* 1, 183; Urquell 2, 42 f.; Vernaleken *Mythen* 109 ff. [79]) Baader *Sagen* Nr. 434; ZfdMyth. 1, 189; Schönwerth *Oberpfalz* 3, 351 f.; Schell *Rheinland* Nr. 12. 13; Ders. *Berg. Sagen* Nr. 54. 55; Zaunert *Rheinland* 2, 251; Sieber *Sachsen* 315 f.; Knoop *Posen* Nr. 59. 60; Müller *Siebenbürgen* 43 f.; Müllenhoff *Sagen* Nr. 506. 507; Vernaleken *Mythen* 113. 116. [80]) Knoop *Posen* Nr. 51—54. 58; Sieber *Sachsen* 316. 342; Haupt *Lausitz* 1 Nr. 198. [81]) Vernaleken *Alpensagen* Nr. 49 c; Kuhn u. Schwartz 497 f.; Schönwerth *Oberpfalz* 3, 353 ff.; Meier *Schwaben* Nr. 137; Grimm *Sagen* Nr. 26; Lyncker *Sagen* Nr. 6. [82]) Lütolf *Sagen* 93; Schönwerth *Oberpfalz* 3, 353. [83]) Stöber *Elsaß* (1852) Nr. 34. [84]) Panzer *Beitrag* 1, 14 f.; ZfVk. 1, 215; Graber *Kärnten* 100 f. [85]) Müllenhoff *Sagen* Nr. 504. 505; Kronfeld *Krieg* 131. [86]) Kühnau *Sagen* Nr. 1929; Ders. *Oberschles. Sagen* Nr. 329. 516; Peukkert *Schles. Sagen* 68. [87]) Vernaleken *Mythen* 109. 113. 116. [88]) Panzer *Beitrag* 2 Nr. 436; Herzog *Schweizersagen* 2, 16. [89]) Alpenburg *Tirol* 232. [90]) Drei Telle: Journal des Luxus und der Moden 1805, 38; Rochholz *Tell* 133 ff.; Müller *Urner Sagen* 1, 14; Sepp *Sagen* Nr. 142. Ferner: Meiche *Sagen* Nr. 34; Haupt *Lausitz* 1 Nr. 259; Kühnau *Sagen* Nr. 590; Peukkert *Schles. Sagen* 66. Vgl. Weinhold *Festschrift* 138. Die Dreizahl verdoppelt auf sechs Männer: Bechstein *Thüringen* Nr. 300; Witzschel *Thüringen* 2 Nr. 108; Quensel *Thüringen* 161. [91]) Wolf *Sagen* Nr. 2; Haupt *Lausitz* 1 Nr. 263; Meiche *Sagen* Nr. 32. 34; Sieber *Sachsen* 315; ders. *Harzland* 207. [92]) Baader *Sagen* Nr. 67; Kahlo *Harz* Nr. 19; Wolf *Sagen* Nr. 1; Wucke *Werra* [3] Nr. 728; Quensel *Thüringen* 160; Meiche *Sagen* Nr. 28; Graesse *Sachsen* 1, 516; Sieber *Sachsen* 315; Kühnau *Sagen* Nr. 587; Müller *Siebenbürgen* 29 f. [92a]) Sieber *Harzland* 206. [93]) Meiche *Sagen* Nr. 27; Sieber *Sachsen* 317. [94]) S. Anm. 60. Vgl. Weinreich *Triskaidekadische Studien* (1916).

4. Verschieden ist, wie schon angedeutet wurde, die Existenz, welche die Entrückten im Berge führen. Mitunter wird bloß erzählt, daß sie unten um einen Tisch stehen oder sitzen, der hie und da schwarzverhangen ist [95]). Aber auch Tätigkeit herrscht. Die Bewaffneten exerzieren oder lärmen mit ihren Waffen, dann gibt es Krieg [96]). Oder man tanzt, schmaust und zecht [97]), kegelt [98]), würfelt [99]) und kartet [100]). Geizhälse, Räuber oder Münzfälscher müssen (feuriges) Geld zählen [101]), Handwerker ihr Amt ausüben [102]). Dreimal kehrt der schreibende Mann wieder [103]), ohne daß ersichtlich wird, was und wozu er schreibt.

Aber die meisten befällt nach ihrer Entrückung der magische Schlaf. Die Herrscher und Feldherren mit Gefolge und Heer sind sämtlich in Schlaf versenkt, ebenso die Bewohner des entrückten schweizer Dorfes [104]), die drei Telle [105]), die zwölf Tempelritter im Drachenberg bei Meiningen [106]) usw. Manche wachen zu Zeiten von selbst auf [107]), andere müssen daraus geweckt werden [108]). Dies kann aus Versehen und Unachtsamkeit geschehen [109]). Werden sie durch einen Unbefugten aufgestört, so erfolgt ihrerseits die Frage nach der Zeit oder nach bestimmten äußeren Umständen (Raben oder Elstern um den Berg fliegend); ist es noch nicht so weit, versinken sie wieder in Schlaf [110]). Manchmal ist eine Glocke dazu bestimmt, die Schläfer zum letzten Gericht, zur letzten Schlacht zu wecken [111]). Doch auch zum Jüngsten Tag, zum letzten Kampf erwachen manche von selbst [112]). Mitunter können die Schläfer durch einen bestimmten Gruß, eine bestimmte Wahl, ein bestimmtes Tun für immer erweckt und damit erlöst werden [113]).

[95]) Vernaleken *Alpensagen* Nr. 231; Haupt *Lausitz* 1 Nr. 259. 270; Harrys *Niedersachsen* 1 Nr. 2; Kahlo *Harz* Nr. 19. 131; Schmitz *Eifel* 2, 57 ff.; Wolf *Sagen* Nr. 1; Kühnau *Sagen* Nr. 590. [96]) Haupt *Lausitz* 2 Nr. 135; Lyncker *Sagen* Nr. 14; Baader *Sagen* Nr. 40; Lütolf *Sagen* 93; Reiser *Allgäu* 1, 297 f.; Vernaleken *Mythen* 109 f.; Schönwerth *Oberpfalz* 3, 351. 353; Knoop *Posen* Nr. 52 ff.; Panzer *Beitrag* 1, 15. [97]) Zu Anm. 75 und 76 noch folgende Belege: Pröhle *Harz* 2 f. 28 f.; Mailly *Nied.-Öst. Sagen* Nr. 20; Heller Nr. 43; Haupt *Lausitz* 1 Nr. 198; Meiche *Sagen* Nr. 28; Baader *Sagen* Nr. 67. [98]) Pfister *Hessen* 18 f.; Sieber *Sachsen* 315; Quensel *Thüringen* 161; Bechstein *Thüringen* Nr. 158; Witzschel *Thüringen* 1, 267; Baader *Sagen* Nr. 67. [99]) Meiche *Sagen* Nr. 26. 32; Sieber *Sachsen* 315. [100]) Haupt

Lausitz 1 Nr. 247; Kühnau *Sagen* 3, 613 f.; Kuhn u. Schwartz Nr. 63; Witzschel *Thüringen* 2 Nr. 108; Bechstein *Thüringen* Nr. 300; Quensel *Thüringen* 161; Sommer *Sagen* Nr. 60. [101] Haupt *Lausitz* 1 Nr. 263; Meiche *Sagen* Nr. 27. 34. 35; Sieber *Sachsen* 317; Temme *Pommern* Nr. 211. [102] Vgl. Anm. 72 und 73. [103] Haupt *Lausitz* 1 Nr. 271; Kuhn *Westfalen* Nr. 58 (über dem Schreiben eingeschlafen!). 365. [104] Vgl. Anm. 89. [105] Vgl. Anm. 90. [106] Quensel *Thüringen* 160. [107] Kuhn u. Schwartz Nr. 267. 497; Schönwerth *Oberpfalz* 3, 353; Mailly *Nied.-Öst. Sagen* Nr. 18. 19; Heller Nr. 66 c. Bestimmte Zeiten: Panzer *Beitrag* 1, 14 f.; Mackensen *Nds. Sagen* Nr. 47; Zaunert *Westfalen* 15; Kahlo *Nds. Sagen* Nr. 28 (jede Mitternacht). 70 (jede Fastnacht); Zaunert *Westfalen* 82 f. (jede Osternacht); Haupt *Lausitz* 1 Nr. 270 (jede Christnacht); Vernaleken *Mythen* 116 (jedes Jahr einmal); Meier *Schwaben* Nr. 137 (alle 7 Jahre); Lyncker *Sagen* Nr. 6 (alle 7 oder 100 Jahre); Pfister *Hessen* 18 f.; Meyer *Rendsborg* Nr. 9 (alle 100 Jahre). [108] Müllenhoff *Sagen* Nr. 507; Vernaleken *Alpensagen* Nr. 49 c; Kühnau *Oberschles. Sagen* Nr. 516. [109] Müllenhoff *Sagen* Nr. 505; Stöber *Elsaß* (1852) Nr. 34. [110] Journal des Luxus und der Moden 1805, 38; Sepp *Sagen* Nr. 142; Alpenburg *Tirol* 232; Urquell 2, 42 f.; Müllenhoff *Sagen* Nr. 506; Schell *Rheinland* Nr. 12; Ders. *Berg. Sagen* Nr. 55; Zaunert *Rheinland* 2, 251 f.; Quensel *Thüringen* 160 f.; Meiche *Sagen* Nr. 36; ZfdMyth. 2, 146; Knoop *Posen* Nr. 52 f.; Kühnau *Oberschles. Sagen* Nr. 329; Ders. *Sagen* Nr. 1929; Vernaleken *Mythen* 109. Eine Mischung aus eigenem Erwachen und Frage: Kuhn u. Schwartz Nr. 267; Mackensen *Nds. Sagen* Nr. 2. [111] Knoop *Posen* Nr. 51. 54. 59. [112] Panzer *Beitrag* 1, 15; ZfVk. 1, 215; Baader *Sagen* Nr. 40; Sieber *Sachsen* 315 f. 342; Kuhn u. Schwartz Nr. 208; Zaunert *Westfalen* 16. 69 f.; Lütolf *Sagen* 93; Rochholz *Tell* 133 ff.; Müllenhoff *Sagen* Nr. 504; Kronfeld *Krieg* 131. [113] Wehrhan *Hessen-Nassau* Nr. 170; Wucke *Werra*³ Nr. 728; Quensel *Thüringen* 160; Sieber *Sachsen* 151; Kuhn u. Schwartz Nr. 208; Schmitz *Eifel* 2, 57 ff.; Kahlo *Nds. Sagen* Nr. 28; Meiche *Sagen* Nr. 31; Rochholz *Sagen* Nr. 167; Meyer *Rendsborg* Nr. 9.

5. Als Sinnbild des langen Schlafs gilt vielfach der lange Bart, der dem B.en durch oder um den steinernen Tisch gewachsen ist, an welchem er sitzt [114]. Im Elsaß hört man sogar den Bart Barbarossas wachsen, der unter dem Bibelstein bei Sennheim ruht [115]. Die Erlösung oder die letzte Schlacht werden mitunter damit verbunden: wenn der Bart dreimal [116] oder siebenmal [117] oder neunmal [118] um den Tisch gewachsen ist, naht das Jüngste Gericht oder der Entscheidungskampf gegen den Antichristen oder den Türken.

[114] Grimm *Sagen* Nr. 22. 28; Zaunert *Westfalen* 82 f.; Quensel *Thüringen* 160 f.; Kahlo *Harz* 131; Harrys *Niedersachsen* 1 Nr. 2; Pröhle *Harz* 2 f.; Müllenhoff *Sagen* Nr. 505; Pfister *Hessen* 18. Nur lange Bärte: Müller *Siebenbürgen* 29 f. (golden!); Meiche *Sagen* Nr. 28. 36; Rochholz *Tell* 134; Meier *Schwaben* Nr. 137; Wolf *Sagen* Nr. 2. [115] Stöber *Elsaß* (1852) Nr. 35. [116] Grimm *Sagen* Nr. 28; Vernaleken *Alpensagen* Nr. 49 a; Baader *Sagen* Nr. 434; Vernaleken *Mythen* 109 ff.; Quitzmann 47 f.; ZfdMyth. 1, 189; Schönwerth *Oberpfalz* 3, 351; Panzer *Beitrag* 2 Nr. 56; ZfVk. 1, 215. [117] Sepp *Sagen* 619; Schönwerth *Oberpfalz* 3, 355 f. [118] Ebd. 3, 353 f.

6. Manche der Besucher erhalten Schätze oder Gold zum Lohn [119], manche kehren auch nicht wieder [120]. Eine besondere Rolle spielt unter ihnen der Schmied, welcher in den Berg geholt wird, um die Pferde der B.en zu beschlagen; auch er erhält seinen Lohn [121]. An manchen Orten muß heimlich ein Bäckerjunge (oder ein Mädchen) [122] jeden Morgen Brötchen oder Bretzeln in den Berg tragen und wird dafür mit uralten Münzen bezahlt; als er das gelobte Schweigen seinem Meister gegenüber bricht, findet er den Eingang zum Berg nicht mehr [123] oder kommt nicht mehr von dort zurück [124]. In Ostdeutschland verkauft ein Bauer Hafer oder Heu an das schlafende Heer [125].

[119] Meiche *Sagen* Nr. 28. 34. 35; Pfister *Hessen* 18 f.; Panzer *Beitrag* 2 Nr. 56; Kahlo *Harz* Nr. 131; Haupt *Lausitz* 1 Nr. 259. 263. 270; Wehrhan *Hessen-Nassau* Nr. 170; Quensel *Thüringen* 160 f.; Zaunert *Westfalen* 82 f.; Baader *Sagen* Nr. 67; Kühnau *Sagen* 3, 613 f.; Sieber *Sachsen* 313. 315; Pröhle *Harz* 28 f.; Sieber *Harzland* 208; Wolf *Sagen* Nr. 1; Kuhn *Westfalen* Nr. 312; Lyncker *Sagen* Nr. 8. [120] Müller *Siebenbürgen* Nr. 44. Tod nach drei Tagen: Mackensen *Nds. Sagen* Nr. 2; Kapff *Schwäb. Sagen* 15 f.; nach 30 Tagen: Zaunert *Westfalen* 162 f.; nach drei Jahren: Reiser *Allgäu* 1, 297 f.; Rochholz *Tell* 136; nach 33 Jahren: Haupt *Lausitz*

1 Nr. 198. [121]) Schönwerth *Oberpfalz* 3, 351 f.; Sieber *Sachsen* 316. 342; Urquell 2, 42 f.; Schell *Berg. Sagen* Nr. 54; Ders. *Rheinland* Nr. 13; Zaunert *Rheinland* 2, 251f.; Meiche *Sagen* Nr. 36; Kühnau *Oberschles. Sagen* Nr. 329; Ders. *Sagen* 1, 554 f.; 3, 519 f.; Egerl. 8, 22; Knoop *Posen* Nr. 60; Haupt *Lausitz* Nr. 247; Witzschel *Thüringen* 1, 267. [122]) Meier *Schwaben* Nr. 137. [123]) Baader *Sagen* Nr. 434. Vgl. Grimm *Mythol.* 2, 796. [124]) Baader *Sagen* Nr. 481; Panzer *Beitrag* 2 Nr. 56. [125]) ZfdMyth. 2, 146 f.; Knoop *Posen* Nr. 52—54; Kühnau *Oberschles. Sagen* Nr. 329.

7. Manche der Besucher glauben nur wenige Stunden weggewesen zu sein; als sie wieder ans Tageslicht gelangen, sind indes drei Tage [126]), sieben [127]), zehn [128]), hundert [129]) Jahre oder gar mehrere Jahrhunderte [130]) verflossen.

[126]) Baader *Sagen* Nr. 67. [127]) Lyncker *Sagen* Nr. 7; Meiche *Sagen* Nr. 36; Haupt *Lausitz* 1 Nr. 247; Kuhn u. Schwartz Nr. 247. [128]) Schönwerth *Oberpfalz* 3, 351 f. [129]) Vernaleken *Alpensagen* Nr. 49e; Witzschel *Thüringen* 2, 74. 108; Pröhle *Deutsche Sagen* Nr. 220. [130]) Bartsch *Mecklenburg* Nr. 440.

8. Die Gründe der Entrückung gehen mannigfach auseinander. Entweder sollen dadurch Bösewichter, Verbrecher, Raubritter, Gotteslästerer gestraft werden [131]). Auch hohe Herren können deshalb verdammt sein [132]). Oder Herrscher, Feldherren, Ritter mit ihren Scharen flüchten sich in den Berg vor den verfolgenden Feinden [133]). Aus dem Märchen ist der Sage das Motiv der Verzauberung in den Berg einverleibt worden [134]).

[131]) Mackensen *Nds. Sagen* Nr. 2. 16; Meiche *Sagen* Nr. 26. 27; Alpenburg *Tirol* 232; Kahlo *Nds. Sagen* Nr. 28. 70; Schmitz *Eifel* 2, 57 ff.; Vernaleken *Alpensagen* Nr. 231; Zschr. d. Histor. V. f. Niedersachsen 1877, 95 f.; Kühnau *Oberschles. Sagen* Nr. 291. 399; Sieber *Sachsen* 317; Kahlo *Harz* Nr. 131; Bechstein *Thüringen* Nr. 158; Quensel *Thüringen* 161; Zaunert *Westfalen* 38; Meier *Schwaben* Nr. 137; Kühnau *Sagen* 1, 540 ff.; Panzer *Beitrag* 2 Nr. 436; Herzog *Schweizersagen* 2, 16. [132]) Kaiser Karl: Schönwerth *Oberpfalz* 3, 353 f.; Kaiser (!) Heinrich der Vogler: Kuhn u. Schwartz Nr. 208; Graf Bodo von Homburg: Mackensen *Nds. Sagen* Nr. 47. [133]) Lyncker *Sagen* Nr. 6; Grimm *Sagen* Nr. 26; Urquell 2, 42 f.; Sieber *Sachsen* 316. 342; Quitzmann 17 f. 47 f.; Vernaleken *Mythen* 109 ff.; Kühnau *Oberschles. Sagen* Nr. 516; Knoop *Posen* Nr. 51. 58; Schöppner *Sagen* Nr. 476. [134]) Vernaleken *Mythen* 121; Meiche *Sagen* Nr. 32; Müllenhoff *Sagen* Nr. 507; Sieber *Harzland* 207.

9. Dagegen ist das Ziel, die Erlösung oder das Ende der Bergentrückung, stets dasselbe: die Befreiung des Landes von seinen Feinden [135]) oder der Welt vom Türken [136]) oder Antichristen [137]). In letzterem Falle trifft das Ende der Bergentrückung zusammen mit der Schlacht am Birkenbaum oder auf dem Walser Feld und mit dem Jüngsten Tag. Vgl. Kaisersage.

[135]) Für das Deutsche Reich: Grimm *Sagen* Nr. 21 (vgl. oben Anm. 59 und Text dazu); Baader *Sagen* Nr. 67; Schönwerth *Oberpfalz* 3, 353 ff.; Schell *Berg. Sagen* Nr. 55; Ders. *Rheinland* Nr. 12; Zaunert *Westfalen* 16, 82 f. (Modernisierung: „bis Deutschland einig“ !); Sieber *Sachsen* 316. — Österreich: Vernaleken *Alpensagen* Nr. 50. — Stadt Goslar: Kuhn u. Schwartz Nr. 208. — Stadt Löbau: Haupt *Lausitz* 1 Nr. 247. — Schleswig: Müllenhoff *Sagen* Nr. 506. — Böhmen und Mähren: Sieber *Sachsen* 315 f.; Vernaleken *Mythen* 109. 116. — Schweiz: Rochholz *Tell* 133 ff.; Sepp *Sagen* Nr. 142. — Dänemark: Müllenhoff *Sagen* Nr. 504. 505; DanSt. 1920, 97 ff. [136]) Baader *Sagen* Nr. 40; ZfdMyth. 1, 189; Müllenhoff *Sagen* Nr. 507; Kühnau *Oberschles. Sagen* Nr. 516. [137]) Grimm *Sagen* Nr. 28; Vernaleken *Alpensagen* Nr. 49 u. 50; Panzer *Beitrag* 1, 15; ZfVk. 1, 215; Kuhn u. Schwartz Nr. 208; Schönwerth *Oberpfalz* 3, 355 f.; Lütolf *Sagen* 93; DanSt. 1920, 97 ff.

10. Nachdem derart das Material bereitgestellt und analysiert ist, erhebt sich die Frage nach dem mythischen Fundament dieses Glaubens. Rohde [138]) war der Meinung, daß diese b.en Helden an die Stelle alter Göttergestalten getreten seien, denen ewiges Leben in der Erdtiefe von jeher eigen gewesen wäre; die Götter seien vergessen worden, an ihre Stelle Helden getreten. Diese Deutung trifft nicht zu. Denn, wie wir gesehen haben, sind es keineswegs nur Helden, sondern ebensogut Menschen aus mittleren und unteren sozialen Schichten sowie minderwertige und zweifelhafte Gestalten, die in den Bergen sich aufhalten müssen. Vielmehr lehren uns die Vergleiche mit anderen Völkern, daß der

Berg das Totenreich, den Aufenthaltsort der Gestorbenen, in sich birgt. Schon bei den Babyloniern wird der Lichtgott Bel (Marduk) eine bestimmte Zeit des Jahres im Berg, d. i. im Totenland, festgehalten [139]). Nach Herodot 4, 93. 94 glaubten die thrakischen Geten, daß die Toten ihres Stammes zu dem Gott Zalmoxis gelangten, der im Berge sitze. Ewiges Leben nach dem Tode führen viele griechische Sagenhelden in Bergen [140]). Heilige Männer leben entrückt in Bergen fort (wie die christliche Heilige Thekla) und kommen dereinst wieder nach Sagen mohammedanischer Völker [141]); bei den Zulus leben die Toten als Zwerge in der Erde [142]), und bis nach Mexiko hin kennt man b.e Heroen [143]).

Nach dem Hinscheiden verschwinden die Seelen der Toten in den hohlen Bergen und halten sich dort auf. Der Schlaf symboliert das Gestorbensein. Im Berge feiern die Toten Gelage, von dort brausen sie im Sturm als „wütendes Heer" (s. d.) durch die Luft [144]). Wenn man es in den Bergen brodeln oder singen hört [145]), so deutet das auf dieselbe Eigenschaft als Seelenaufenthalt hin. Thorolf Mosterbart hofft mit all seinen Verwandten nach dem Tod in den „Heiligen Berg" *(Helgafell)* einzugehen (Eyrbyggjasaga c. 4 u. 11); auch Snorres Vorfahren nimmt *Helgafell* auf, und in der Haraldssaga geht König Herlaug mit zwölf Mannen in den Hügel, um sich Haralds Alleinherrschaft nicht unterwerfen zu müssen (vgl. oben den Welfen Etticho, Anm. 60 und 94 mit Text). In die Schatzhöhle von Stubbenkammer auf Rügen kehren die 1000 hingerichteten Genossen des Seeräubers Störtebeker, mit dem Kopf unter dem Arm, zurück und zählen ihre Schätze [146]): ebenfalls eine Erinnerung an das Totenreich im Berge. Ein Ritter flucht seinem Kutscher: „Fahr mich zum Teufel!", sofort öffnet sich der Berg und verschlingt das Fuhrwerk mit den Insassen [147]). 1257 sah ein Mönch in Sizilien, wie der verstorbene Kaiser Friedrich II. mit einem glänzenden Gefolge von 5000 Rittern in den Ätna hineinritt [148]). Und es gibt der Berichte noch mehr, nach denen Verstorbene in Bergen verschwinden. An den Tod des U-Bootführers Weddigen glaubte man vielfach nicht in Westfalen, sondern versetzte ihn in einen Berg [149]).

Außerhalb der irdischen Zeit leben die Toten im Berge. Daher stammt die Unwissenheit in der Zeitberechnung, welche der Eindringling hegt (vgl. oben § 7). Daher rührt es, daß manche Besucher nach der Rückkehr dahinsterben (vgl. Anm. 120): sie haben im Totenreich geweilt und können das Licht der Sonne und die Luft der Erde nicht mehr vertragen. Den plauderhaften Bäckerjungen halten die Toten fest (oben § 6 und Anm. 124). Das Kind, welches die schätzegierige Mutter oder Magd im Berge versehentlich zurückläßt, stirbt nach der Wiederfindung [150]), und der glückliche Ausgang der Sage [151]) repräsentiert nur eine verchristlichte Abschwächung des ursprünglichen Gedankens. Im Untersberg begehen die Zwerge den Geburtstag des entrückten Kaisers Karl durch eine feierliche Prozession; der Mensch, welcher dazwischen gerät, wird getötet [152]); denn er ist der Macht des Totenreiches verfallen. In der Prinzenhöhle bei Sundwig versammeln sich um Mitternacht die Toten aller Stände mit Kerzen zur Messe [153]).

An feurigen Getränken, Speisen, Kleidungsstücken erkennt der menschliche Besucher die Versammelten als verdammte Seelen: das heidnische Totenreich ist zum Fegfeuer oder zur Hölle christianisiert [154]).

Auch die als Wache oder zur Begleitung dienenden Hunde, welche typisch chthonische Tiere sind, bezeugen die Unterwelt [155]).

[138]) *Psyche* 1, 124 f. [139]) H. Zimmern Berichte der Sächs. Gesellsch. d. Wissensch. zu Leipzig, Phil.-histor. Kl. 70 (1918), Heft 5. [140]) Rohde *Psyche* 1, 113 ff.; Pauly-Wissowa 1, 2, 1886 ff.; 10, 2, 1504 f.; 11, 2, 2013; Berthold *Unverwundbarkeit* 20 f. [141]) A. v. Kremer *Kulturgeschichtliche Streifzüge auf dem Gebiete des Islams* 50; Ders. *Geschichte der herrschenden Ideen des Islams* 375 ff. [142]) H. Schurtz in: Das Ausland 1891, 43. [143]) Müller *Geschichte der amerikanischen Urreligion* 582. [144]) Meyer *Germ. Myth.* 43; Simrock *Mythologie* 610; Schweda *Wilder Jäger* 59 ff.; Mannhardt *Götter* 149 f.;

Ders. *Germ. Mythen* 263. [145]) Eisel *Voigtland* (1871) Nr. 631; Bechstein *Thüringen* Nr. 316; Quensel *Thüringen* 158. Vgl. auch Venusberg. [146]) Temme *Pommern* Nr. 211. [147]) Kahlo *Nds. Sagen* Nr. 311. [148]) MGH.SS. 18, 568. [149]) Bartsch *Mecklenburg* Nr. 440; Vaterländ. Archiv 2 (Hannover 1820), 251 f.; Mackensen *Nds. Sagen* Nr. 16. 137; Upstalsboomblätter 8, 44 f. [150]) Bechstein *Thüringen* Nr. 303; Quensel *Thüringen* 250; Sieber *Sachsen* 156. 330; Müllenhoff *Sagen* Nr. 472. [151]) Lyncker *Sagen* Nr. 8; Wolf *Sagen* Nr. 2; Künzig Nr. 255; Kühnau *Oberschles. Sagen* Nr. 52. [152]) Vernaleken *Alpensagen* Nr. 49 d. [153]) Zaunert *Westfalen* 331. [154]) Sommer *Sagen* Nr. 60; Herzog *Schweizersagen* 1, 191 f.; Zaunert *Westfalen* 163 f. Vgl. die Ballade der Annette v. Droste-Hülshoff *Das Fegefeuer des westfälischen Adels* (Ausgabe von Arens 2, 16) und die des Börries v. Münchhausen *Das Fegefeuer des hannoverschen Adels im Süntel* (*Das Herz im Harnisch* 1911, 64). [155]) Schönwerth *Oberpfalz* 3, 351; Kuhn *Westfalen* Nr. 365; Kühnau *Sagen* 3, 613 f.; Mailly *Nied.-Öst. Sagen* Nr. 18.

11. Im Laufe der Entwicklung haben die verschiedensten Mischungen und Kreuzungen der Bergentrückungssage mit anderen Motiven stattgefunden: Schätze, (weiße) Jungfrauen, Zwerge sind beigetreten, das Erlösungsmotiv (vgl. Anm. 113 mit Text) hat sich eingedrängt. Das alles darf an dem ursprünglichen Charakter der Bergentrückungssage als mythischen Unterwelt- und Totenglaubens nicht irre machen.

Vgl. ferner Hörselberg, Kaisersage, Kyffhäuser, Rattenfänger, Rodensteiner, Tannhäuser, Venusberg, Wütendes Heer. Stammler.

Berggeister.

I. Bergwerksgeister: 1. Grundlagen. — 2. B. allgemein menschlicher Gestalt. — 3. Bergmönch. — 4. Bergmännchen. — 5. Weibliche B. — II. B. bäuerlicher Art: 1. Bergmännchen. — 2. Bergfräulein, Bergmütter. — 3. Bergriesen. — 4. Bergfeen, Weinbergsgeister.

I. 1. Die oft geheimnisvolle, seltsam belebte Welt des Berginnern von Geistern anthropomorpher Gestalt bevölkert zu glauben, dieser Gedanke lag für den nach einer Erklärung unverständlicher Geräusche suchenden Volksmenschen von jeher nahe. Es muß eine Person sein, die in verlassenen Gängen, in denen niemand sonst weilt, klopft und hämmert, die zu Zeiten, in denen keine Menschenseele im Bergwerk ist, dort herumpoltert, deren Licht plötzlich am Ende des Ganges, wo bestimmt kein Gefährte arbeitet, aufblitzt, die Gruben verschüttet, schlagende Wetter schickt und ihren Lieblingen vergönnt, kostbare Metalladern im Gestein zu finden. Daß es sich dabei um Naturerscheinungen handeln könnte, diese nüchterne Erklärung genügt dem Bergarbeiter nicht; selbst beseelt, beseelt er auch seine Umwelt, und Klopf- und Poltergeräusche können für ihn, der aus seiner eigenen Arbeit weiß, wie solche Geräusche entstehen, nur von einer menschenähnlichen Hand erzeugt werden. Das Geheimnis, das diese Hand und die Person, der sie gehört, umgibt, befruchtet die ausschmückende Phantasie, die nun den B. mit allen bunten und erstaunlichen Farben umkleidet, die ihr nur irgend zu Gebote stehen.

Damit sind die Grundlagen für den Glauben an die B. kurz umrissen. Eine Entwicklung etwa dieses Glaubens aufzeigen zu wollen, wäre vergebliche Mühe: er ist nicht nur alt, sondern er ist ewig; er muß, wo immer ein Bergwerk neu entsteht, aufkeimen; daher gleichen sich auch die B.sagen der verschiedenen Länder so weitgehend. Dabei ist es natürlich, daß an den verschiedenen Orten verschiedene andere Sagenkreise befruchtend und ausschmückend den B.glauben beeinflußt haben: auch in dieser Hinsicht wird eine einheitliche fortlaufende Entwicklungslinie nicht festzustellen sein. So ist auch die Frage nach dem Alter der einzelnen Sagen geklärt: vor der Entstehung des Bergwerks kann es keine B. geben, wie sie auch den Bewohnern der Ebene naturgemäß unbekannt sind. Aber in allen deutschen Gebirgen, in denen Bergbau getrieben wird oder wurde, sind sie zu Hause und treiben ihr gespenstiges Wesen.

2. In den ostdeutschen Mittelgebirgen hat dieser B. zumeist menschengleiche Gestalt; er sieht aus „wie ein richtiger Bergmann, nur hat er rote Augen“ [1]),

oder er nimmt die Gestalt des Steigers [2]), eines Bergamtsobern [3]), eines Markscheiders [4]) an. Sein Licht brennt heller als das anderer Bergleute [5]); zu gelben Lederhosen trägt er große Stulpstiefel und Blechhandschuhe, deren spitze Haken beim Ohrfeigengeben besonders schmerzhaft wirken [6]), oder er trägt zwar dunkle Bergmannstracht, aber weiße Strümpfe, glänzend schwarze Schuhe und einen Napoleonshut; auch hat er einen langen weißen Bart [7]). Im Erzgebirge stellt man sich ihn mit ungewöhnlich großem Kopf und herkulischem Oberleib, jedoch kurzen Beinen vor [8]). Gestalt und Eigenschaften gehen oft ins Riesenhafte, Furchteinflößende [9]); der Herr der Kohlen und Metalle (poln. *Skarbnik* = Schatzmeister) [10]) hat, wenn er zürnt, ein „Maul wie ein Spaten" [11]). Man tut deshalb gut, ihn nicht zu reizen: man soll seinen Namen nicht unter Tage aussprechen und sagt statt dessen lieber nur „Er" (poln. *on*) [12]); wenn er um Feuer bittet, tut man gut, es ihm auf einer Schaufel [13]) oder dem Stiel der Keilhaue [14]) zu reichen, sonst reißt er dem Dienstbeflissenen die Hand ab oder ohrfeigt ihn, daß das Gesicht anschwillt. Wer sich weigert, weiter zu arbeiten, wenn er es befiehlt, den frißt er lebendig auf [15]); wer ihn nicht grüßt, den züchtigt er [16]). Andern Orts wiederum heißt es, daß man seinen Gruß nicht beantworten dürfe [17]). Er hält strenge Zucht im Bergwerk: Eigennutz, Trunkenheit, Wortbruch, Untreue, Faulheit, ganz besonders aber Pfeifen und Fluchen bestraft er streng [18]); trifft man ihn etwa in Steigers Gestalt bei der Arbeit, so darf man diese beileibe nicht tadeln [19]); seinen Befehlen muß man unverzüglich Folge leisten [20]). Zuweilen geht er auch geradezu darauf aus, die Bergleute zu töten, oder er setzt sie so kräftig auf einen Stein, daß alle Rippen krachen [21]). Man kann jedoch, um sicher vor ihm zu sein, auch einen Vertrag mit ihm schließen: man bringt ihm täglich eine Semmel [22]), wehe aber, wenn man dies einmal vergißt: der Tod ist dem Säumigen sicher, den seine Kameraden dann inmitten der vertrockneten Semmeln mit zerschmetterten Gliedern auffinden! Seine Begegnung bedeutet meist Unglück [23]); schon Paracelsus weiß, daß er den Bergleuten den Tod ankündigt [24]). Wen er um Feuer bittet, der muß sterben [25]); andrerseits ist ein dreimaliges Klopfen an der Wand ein gutes Omen [26]). So fehlen auch liebenswürdige Züge dem Bilde nicht: er singt mit hoher, schöner Stimme [27]), zeigt seinen Lieblingen versteckte Metalladern: man braucht nur die Hacke in die Gesteinsöffnung, die sich auf sein Geheiß auftut, zu werfen, so bleibt sie offen [28]); er schenkt auch Zauberschlägel und Zaubereisen armen Häuern als Patengabe [29]), und wem er von seinem Öl abgibt, der braucht seine Lampe nie wieder aufzufüllen [30]). Andere führt er stunden-, tage- oder gar jahrelang durch sein an Schätzen reiches unterirdisches Reich und erlaubt ihnen wohl gar, sich die Taschen mit Gold zu füllen [31]). Zuweilen hält man ihn für den Geist eines alten Bergmannes, der sich — ähnlich wie Hackelbernd — im Tode selbst nicht von seiner geliebten Tätigkeit trennen mochte [32]); so verschwindet er nach Geisterart wohl auch, wenn man an ihn herantritt [33]). Nachts hört man ihn im Bergwerk rumoren [34]), doch ist das Mundloch des Schachtes die Grenze seines Reiches [35]).

Daß dieser ostmitteldeutsche B., dessen einzelne Wesenszüge ihre Herkunft leicht verraten, eine Mischung von Natur- und Seelengeist darstellt, zeigt auch der Umstand, daß er neben seiner menschlichen Gestalt sich zuweilen als Tier (Roß mit feurigen Augen, Fliege, Spinne, Maus) [36]), oder gar als Metall (Gold) [37]), als Flamme oder Feuerrad oder -kugel [38]) zeigt.

[1]) Kühnau *Sagen* 2, 409 f. [2]) Ebd. 2, 419. 420; MschlesVk. 18 (1907), 71; Endt *Sagen* 188 ff. u. ö. [3]) Bechstein *Thüringen* 1, 248. [4]) Kühnau *Sagen* 2, 422 f. [5]) Ebd. 2, 420; Meiche *Sagen* 401. [6]) Kuhn u. Schwartz 207. [7]) Meiche *Sagen* 401. [8]) Endt *Sagen* 188 ff. [9]) Bechstein *Thüringen* 1, 248; Kühnau *Sagen* 2, 410. [10]) Drechsler *Schlesien* 2, 169. [11]) Kühnau *Sagen* 2, 415. [12]) Ebd. 2, 408. [13]) Ebd. 2, 412. [14]) Ebd.; Drechsler *Schlesien* 2, 170. [15]) Kühnau *Sagen* 2, 415. [16]) Endt *Sagen* 188 ff. [17]) Kühnau *Sagen* 2, 409 f. [18]) MschlesVk. 18 (1907), 71; Bräuner *Curiosi-*

täten (1737), 203 f.; Drechsler *Schlesien* 2, 170; Grimm *Sagen* Nr. 3; Kühnau *Sagen* 2, 413. 414 f. 415; Wuttke 47 § 51. [19]) Kühnau *Sagen* 2, 415. [20]) Meiche *Sagen* 400. [21]) Ebd. 402. [22]) Ebd. 401; Grimm *Myth.* 1, 370; Kühnau *Sagen* 2, 426. 427. [23]) MschlesVk. 18 (1907), 71; Kühnau *Sagen* 2, 409 f. 422 f. 424. 416 f. 418 f.; Endt *Sagen* 188 ff.; Drechsler *Schlesien* 2, 170. [24]) Vgl. Meyer *Mythologie der Germanen* (1903), 65. [25]) MschlesVk. 18 (1907), 71. [26]) Endt *Sagen* 188 ff. [27]) Ebd. [28]) Meiche *Sagen* 403; Kühnau *Sagen* 2, 415 f. [29]) Meiche *Sagen* 317. [30]) Drechsler *Schlesien* 2, 171; Kühnau *Sagen* 2, 419. [31]) Ebd. 2, 442. 443. 419; MschlesVk. 13 (1905), 71. [32]) Bechstein *Thüringen* 1, 248; Kühnau *Sagen* 2, 421 f. 408. [33]) Drechsler *Schlesien* 2, 170. [34]) Endt *Sagen* 188 ff. [35]) MschlesVk. 18, 71. [36]) Meiche *Sagen* 403; Drechsler *Schlesien* 2, 170; Kühnau *Sagen* 2, 409. [37]) Kühnau *Sagen* 2, 411. [38]) Ebd. 409.

3. Diesem B. ist der Bergmönch nah verwandt, der im Harz [39]), in Baden [40]), Graubünden [41]), Siebenbürgen [42]) und Sachsen [43]) sein Wesen treibt: auch er meist von übermenschlicher Größe, mit grauem oder weißem Haar, der Unrecht bestraft, besonders Pfeifen, Fluchen und Leuteschinden nicht duldet, dessen Hauch aber auch zuweilen grundlos Bergleute tötet. Seine Erscheinung bringt Unglück, sein Pochen kündigt ein Grubenunglück an. Am Freitag tollt er neckend in den Siebenbürger Bergwerken; verirrten Arbeitern gibt er neues Öl, doch verlangt er, daß sie über seine Hilfe strengstes Schweigen bewahren. Gespenstergleich haust er mit vielen Schicksalsgenossen auch in unterirdischen Klostergängen: mit Totengesichtern hocken da die Bergmönche an langer Tafel, die Wachskerzen schmükken; deutlich zeigt sich hier (Sachsen) [43]) ältere Berggeistsage und jüngere Seelensage vermischt, und fast möchte man annehmen, daß diese Sagenform eine sozusagen volksetymologische Umbildung einer Zeit darstellt, die keine Beziehung mehr zum Bergbau hatte. Auch die Mönchsgestalt scheint aus der ursprünglichen Bergmannstracht, die die Kapuze gegen Feuchtigkeit und zum Schutz gegen herabschlagendes Gestein kennt, entstellt zu sein: aus dem kapuzentragenden Bergmann entwickelt sich, wiederum gleichsam in volksetymologischer Entstellung, der Bergmönch, der somit die sagengeschichtlich jüngere Erscheinungsform darstellen würde [44]).

[39]) Grimm *Sagen* Nr. 3; Eckart *Südhannover. Sagen* 6. 31. 33. [40]) Waibel u. Flamm 2, 250. [41]) Grimm *Sagen* Nr. 3. [42]) Müller *Siebenbürgen* 218. [43]) Grimm *Sagen* Nr. 3; Meiche *Sagen* 307. [44]) Vgl. ferner: Meyer *Myth. d. Germanen* (1903), 63; Simrock *Mythologie* 486; Meyer *German. Mythologie* 128; Böckel *Volkssage* 74.

4. Gleichen oder doch ähnlichen Geistes, aber in der Gestalt an die Zwerge angelehnt und vielfach von deren Wesen beeinflußt, sind die Bergmännchen (Bergteufelchen, Stollen-, Schacht-, Gruben-, Kêwesmännlein). Schwenkfeld schildert sie, die Bewohner der Abendburg, als „kleine graue männdel", kaum drei Spannen lang [45]), und die Beschreibung des Georg Agricola [46]) trifft in ihren Hauptzügen auch heute noch zu: „daemon subterraneus truculentus bergteufel, mitis bergmenlein, kobel, güttel. Oder daemon metallicus bergmenlein, dessentwegen man eine fundige zech liegen läßt" [47]). Auch sie tragen Bergmannstracht mit spitzer Kapuze [48]), auch sie verrichten polternd bergmännische Arbeit [49]), oft freilich nur zum Schein [50]), auch sie töten Knappen, die unziemlich lärmen [51]) und bestrafen eitle Verschwendung streng [52]), warnen vor Gefahr [53]) und zeigen den Tod des Bergknappen durch Pochen oder Erscheinen an [54]), empfangen Opfer, über deren genaue Einhaltung sie eifersüchtig wachen [55]); auch sie werden zuweilen als Totengeister angesehen [56]), und durch das Zeichen des Kreuzes schützt man sich gegen sie [57]). Eine Reihe liebenswürdiger Züge haben sie von den Zwergen übernommen: sie zeigen bereitwilliger als jene zuvor besprochenen B. die Schätze des Berges [58]), besonders gern armen oder kranken, frommen Bergleuten [59]), die ihnen dann wohl gelegentlich ein Ständchen bringen, um belohnt zu werden [60]). Durch den Klang einer Schafglocke können sie herbeigerufen werden [61]); auch Zauberbücher verschenken sie ihren Lieblingen [62]) und weissagen ihnen [63]). Verirrten zeigen sie den rechten Weg [64]); Holz, das zu Gold wird,

ist manchmal ihr Geschenk [65]), und ihr Erscheinen bringt Glück [66]). Wie die Zwerge werden sie vom Glockenklang oder durch die Täppischkeit der Menschen vertrieben [67]), vom Kobold haben sie die Vorliebe für Neckerei und Schabernack [68]), vom Schatzzwerg die Sucht nach Edelmetall, das sie auch wohl stehlen [69]), und mit den Wasserzwergen stehen sie in freundnachbarlichen Beziehungen [70]): es ist deutlich, woher diese Wesenszüge stammen. Zu ihnen gehören auch z. T. die Venedigermännlein (s. d.). Daß sie gelegentlich in Roßgestalt erscheinen [71]), erinnert uns an früher besprochene B.: so zeigt sich auf Schritt und Tritt die Mischung von Bergwerksgeist und Zwerg, und wir werden vom sagengeschichtlichen Standpunkt aus die Bergmännlein für die jüngere Gestaltungsform halten müssen: Berggeist + Zwerg = Bergmännchen. — In der Schweiz soll neuerdings der Glaube an sie schwinden [72]).

[45]) Weinhold *Festschrift* 145. [46]) *De re metallica libri XII* (1657), 704 b. [47]) Vgl. Grimm *Sagen* Nr. 37; DWb. 1, 1515; Schell *Sagen* 527; Heyl *Tirol* 390; Meiche *Sagen* 120. 195 ff. 404; Lütolf *Sagen* 495; Alpenburg *Tirol* 91 f.; ZfVk. 1, 216; Vernaleken *Mythen* 232; Kühnau *Sagen* 2, 430 f. 444. 425 (Gestalt eines kleinen Kindes); Drechsler *Schlesien* 2, 169; Schönwerth *Oberpfalz* 2, 328 f. [48]) Alpenburg *Tirol* 91 f.; Witzschel *Thür.* 1, 192; Meiche *Sagen* 120. 195 ff.; Grimm *Sagen* Nr. 37. [49]) Schönwerth *Oberpfalz* 2, 324. 328 f.; Alpenburg *Tirol* 91 f. [50]) Meiche *Sagen* 120; Grimm *Sagen* Nr. 37. [51]) Lütolf *Sagen* 495. [52]) ZfdMyth. 1, 267 f.; Vernaleken *Alpensagen* 40. [53]) Vernaleken *Alpensagen* 40; Alpenburg *Tirol* 91 f.; Kuoni *St. Galler Sagen* 83; Walliser Sagen 2, 50; 1, 225; Gempeler 5, 104; Kohlrusch *Sagen* 21. 28. 29 f.; Jegerlehner *Sagen* 2, 16. [54]) Wuttke 47 § 51; Grimm *Sagen* Nr. 37. [55]) ZfVk. 14, 258 f.; Grimm *Sagen* Nr. 37; Meiche *Sagen* 404; Jecklin *Volkstümliches* (1916), 188. [56]) Meiche *Sagen* 195 ff. 404; Kuoni *St. Galler Sagen* 83 f.; Kühnau *Sagen* 3, 746 f. [57]) Kohlrusch *Sagen* 321. [58]) Meiche *Sagen* 195 ff. 855 ff. [59]) ebd. 195 ff. 404; Jecklin *Volkstümliches* (1916) 188; ZfdMyth. 1, 266; Kühnau *Sagen* 2, 444. 430 f. [60]) Witzschel *Thüringen* 2, 78. [61]) Alpenburg *Tirol* 123 f. [62]) Meiche *Sagen* 195 ff. [63]) Sepp *Religion* 314 f. [64]) Meiche *Sagen* 326; Alpenburg *Tirol* 91 f. [65]) Meiche *Sagen* 326. [66]) Schönwerth *Oberpfalz* 2, 328 f.; Meiche *Sagen* 120. [67]) Alpenburg *Tirol* 125; Bechstein *Thüringen* 1, 264 ff. [68]) Grimm *Sagen* Nr. 37; Graber *Kärnten* 24; Meiche *Sagen* 143 f. [69]) Schönwerth *Oberpfalz* 2, 324. [70]) Ebd. 2, 180. [71]) Kühnau *Sagen* 2, 425. [72]) SAVk. 21 (1917), 52 f.

5. All diese B. tragen männlichen Charakter. Weibliche Stollengeister sind sehr selten: als feenhafte Mädchen tanzten sie z. B., durch ihr Erscheinen reiche Ausbeute verheißend, vor den Stollen der Chemnitzer Bergwerke [73]). Das märchenhafte Kolorit und die Vereinzeltheit des Auftretens läßt Zweifel an der Echtheit des Zeugnisses nicht unberechtigt erscheinen.

[73]) ZfdMyth. 1, 266 f.

II. 1. Von diesen unter I besprochenen B.n, die den Bergwerken und Bergarbeitern ihre Entstehung und Ausschmückung verdanken, unterscheiden sich sehr deutlich andere, die offensichtlich bäurischer, dörflicher Kultur entstammen. Man darf sich nicht durch manche wesensverwandte Züge irre machen lassen; freilich gehen Beziehungen hinüber und herüber, aber die Unterschiede sind deutlich und schwerwiegend: während jene nur im Berginnern hausen und mit der Ausfahrt des Stollens ihre Macht verlieren, wirken diese hauptsächlich außerhalb der Berge, treten mit Menschen in mannigfachen Wechselverkehr, und nur ihre Wohnung, in die sie höchst selten einmal ein Glückskind mitnehmen, ist im oder am Berge gelegen. So zeigen diese Bergmännchen schon meist durch ihre Tracht, daß sie nicht im Kreise der Bergleute, sondern der Bauern entstanden sind. Eine einheitliche Gattung bilden sie — wieder im Gegensatz zu jenen — nicht; meist kennzeichnen sie sich durch Gewandung und Gesittung als bloße Zwerge, Kobolde oder Hausgeister, und in diesen Artikeln wird also des Näheren von ihnen zu reden sein. Einzig die Almgeisterlein der Alpen haben eine individuellere Ausprägung erhalten: kleine, gesellige und gefällige Gesellen, die verstiegene Kühe retten und aus Dank von den Sennleuten verpflegt werden, die sich auch wohl einmal Almvieh zu Arbeit ausleihen und diesen Dienst reich lohnen durch Geld oder unerschöpfliche Wundergaben, die auch wohl selbst Kuh- oder Gemsenzucht treiben und dann, wie sie überhaupt leicht erregbar und reizbar sind, die Verfolgung ihres Viehs streng und grausam bestrafen. Sie locken wohl auch Wanderer an Abgründe und spielen Menschen und Vieh mancherlei Schabernack, doch zeigt ihr Erscheinen (Tanzen) im allgemeinen ein fruchtbares Jahr an, daher man ihnen denn auch Korn und Verpflegung beim Abzug von der Alm bereitstellt. Andere wieder werden durch Geschenke nach Zwergenart beleidigt und vertrieben. Sie singen gern, aber nicht immer schön; mitten im Heu können sie (wie die Zigeuner) Feuer entzünden, ohne Brandschaden zu stiften. Armen Kindern und Sennen, auch Verirrten, zeigen sie sich oft hilfreich [74]). Die anderen B. sind nur Spielarten anderer Geister, von denen sie meist nur der Name unterscheidet; es genüge hier, die Fülle der Motive und ihre Herkunft anzudeuten:

a) Zwerge: tragen Tarnkappe [75]), Name: „Rotmännlein" [76]), leben in Familien [77]), können keinen Lärm vertragen [78]), daher oft Auswanderung, schenken unscheinbare Kostbarkeiten [79]), helfen Armen durch Geschenke oder Hilfeleistung [80]), entleihen auf Wunsch und gegen strikte zu bezahlenden Lohn kostbare alte Geräte (Braupfanne) [81]), schrecken Kinder [82]), bringen Wanderer zum Verirren [83]), lassen sich nicht schlecht behandeln [84]).

b) Zwergschmiede: in Bergen wohnend, erledigen für menschliche Kunden Reparaturen, die auf einen bestimmten Platz gelegt werden müssen, von wo sie am nächsten Tage gegen Bezahlung abgeholt werden können. Besonders ausgeprägt: der westfälische Grinkenschmied [85]).

c) Schatzzwerge: hüten in Bergen oder Ruinen Schätze [86]), feurige Gestalt [87]), wohnen in prächtigen Palästen oder Sälen [88]), hindern [89]) oder unterstützen [90]) Schatzgräber, können beschworen oder gefangen werden [91]), geben 3 Wünsche auf [92]), haben Zauberbücher [93]), sind verwunschen [94]).

d) Schrat, Alp: Kinderstehlen [95]), Rumpelstilzchenmotiv [96]), Pferdefüße [97]).

e) Hausgeister: nächtliche Hilfe [98]) gegen Lohn [99]); verbunden mit dem Gehöft, mit dessen Vernichtung sie verschwinden [100]); Opfer [101]); besonders ausgeprägt: Napfhans [102]). Zuweilen Annäherung an Teufel: Hilfe gegen Verschreibung der Seele, Überlistung [103]).

[74]) Vgl. Alpenburg *Tirol* 109. 112; Graber *Kärnten* 29 f.; Vernaleken *Alpensagen* 204. 198. 223; Wyß *Reise* 2, 406; Alpenrosen 1826, 15; Kohlrusch *Sagen* 27 f.; Tissot *La Suisse inconnue*; Sartori 2, 83. 154; Herzog *Schweizersagen* 1, 107 ff. 150 f. 70. 71; Kuoni *St. Galler Sagen* 276; Niderberger *Unterwalden* 1, 27 f. 29 ff.; Mannhardt *German. Mythen* 54. 472; Jecklin *Volkstümliches* (1916), 155 f.; SAVk. 2, 2; 8, 297; Vernaleken *Mythen* 310; Grimm *Sagen* Nr. 299. [75]) Kuhn u. Schwartz 297 f.; Kühnau *Sagen* 2, 126 f.; Reiser *Allgäu* 1, 147; mißverstanden: Graber *Kärnten* 28. [76]) Drechsler *Schlesien* 2, 171 (Szarlin). [77]) MschlesVk. 18 (1907), 73; Reiser *Allgäu* 1, 47. [78]) Ebd. [79]) Ebd.; Rochholz *Schweizersagen* 1, 2; Vernaleken *Alpensagen* 179 ff. u. ö. [80]) Kühnau *Sagen* 2, 123. 142 f.; 3, 745 f.; Reiser *Allgäu* 1, 146; Lütolf *Sagen* 54; Graber *Kärnten* 23 ff.; Meyer *German. Mythol.* 127 f. [81]) Meiche *Sagen* 209 ff.; Witzschel *Thüringen* 2, 87. [82]) Rochholz *Sagen* 1, 284. [83]) Birlinger *Volksth.* 1, 293; Kühnau *Sagen* 2, 142 f. [84]) Knoop *Hinterpommern* 33; Meyer *Mythol. d. Germanen* (1903), 81; Graber *Kärnten* 40. [85]) Kuhn *Westfalen* 1, 84; Mannhardt 2, 110; vgl. ferner Simrock *Mythologie* 486; Meyer *German. Mythol.* 131; Grimm *Myth.* 1, 379 [1]; Golther *Myth.* 149. [86]) ZfVk. 1, 216; Herzog *Schweizersagen* 1, 194; Grimm *Myth.* 2, 818 [3]; Meiche *Sagen* 133. 209 ff. [87]) Ebd. 133; Birlinger *Volksth.* 1, 287; Wuttke 47 § 51. [88]) Müller *Siebenbürgen* 52; Meiche *Sagen* 41 f. [89]) Graber *Kärnten* 36 f.; Vernaleken *Mythen* 123. [90]) Graber *Kärnten* 23. [91]) Grimm *Sagen* Nr. 38; Vonbun *Beiträge* 40; Graber *Kärnten* 27 f. 25 f. [92]) Graber *Kärnten* 23. [93]) Grimm *Sagen* Nr. 38; Endt *Sagen* 177. [94]) Vernaleken *Mythen* 123; Meiche *Sagen* 41 f. [95]) SAVk. 24, 192; Heyl *Tirol* 500; Kühnau *Sagen* 2, 126 f. [96]) Lütolf *Sagen* 475 f. [97]) Kühnau *Sagen* 2, 411 f. [98]) SAVk. 23, 206; 21, 197; Kuhn u. Schwartz 312; Rochholz *Sagen* 1, 277; Alpenburg *Tirol* 111 f. [99]) Alpenburg *Tirol* 111 f.; ZfVk. 8, 137. [100]) Alpen-

burg *Tirol* 111 f. [101]) Liebrecht *Zur Volksk.* 276 f. [102]) Kohlrusch *Sagen* 144; „Hauri": ebd. 27; „Die frommen Leute": Rochholz *Sagen* 1, 335. [103]) Graber *Kärnten* 27. 28 f.

2. Zu dieser höchst uneinheitlichen, mannigfach beeinflußten und durchaus unselbständigen Gruppe von B.n gehören auch die Bergfräulein (wilden Frauen, Bergwibli), die in Ruinen oder Bergen wohnen, nächtliche Wanderer irreführen, Schätze hüten, Kinder versorgen, aber auch Kinder stehlen, fleißige Spinnerinnen mit unerschöpflichen Wunderknäueln beschenken [104]). Hier wie dort mischen sich die Züge verschiedenster Herkunft. Sie sind völlig verschieden von den Bergmüttern, reinen Naturgeistern, die durch Brauen, Schießen, Wasserkochen [105]) und lärmendes Umherlaufen [106]) Nebel in Wald und Gebirge erzeugen: dies ihre einzige Betätigung, von der man zu erzählen weiß. Sie sind also lediglich zur Erklärung eines besonderen Naturvorgangs geschaffen und spielen im übrigen keine Rolle im Volksglauben.

[104]) Heer *Altglarner Heidentum* 20; Meier *Schwaben* 1, 14; Vernaleken *Alpensagen* 224; Waschnitius *Perht* 166; Singer *Schweizer Märchen* 1, 23. [105]) Kuhn *Westfalen* 2, 88 = Grohmann 32; Maaß *Mistral* 8, 11. [106]) Reiser *Allgäu* 1, 139 f.

3. Wie die Bergarbeiter sich im Bergmönch, im gespenstigen Steiger, im Bergmännchen Personifikationen des Berginnern zur Erklärung der dortigen geheimnisvollen Geräusche und Vorgänge gebildet haben, so mußte das Äußere der (hohen) Berge, ihre vielfach zerklüftete Gestalt, in die man menschliche Figuren hineinsah, der sie umgebende Nebel, die von ihnen herabpolternden Steinschläge und Lawinen und die schauerlich-geheimnisvolle Einsamkeit ihrer Gipfel die Alm- und Talbewohner zu parallelem Tun anregen. Die letzte Klasse der B., zu der wir somit gelangen, umfaßt die Personifikationen ganzer Berge oder Bergzüge, auch dies Gestalten des Aberglaubens, die überzeitlich sind und überall auftauchen, wo ragende Gipfel der ewigen Primitivität des Volksmenschen eine Beseelung der Natur aufdrängen. So stellen sich die Zeugnisse des lebenden deutschen Volksglaubens neben die altnordischen Bergriesen (*bergrisar, bergbúar, bergjarlar, bergdanir, bergmæri, bergstjórar, bjarga gætir* usw.); schon der heilige Gallus soll in Bregenz ein Zwiegespräch des dortigen „daemo de culmine montis" mit dem Wasserdämon des Bodensees belauscht haben [107]). Wenn wir in den Alpen den Watzmann, Frau Hütt, den Serles [108]), im Voigtland den Katzenveit, im Harz den Gübich, im Riesengebirge den Rübezahl, im Böhmer Bergland Hans Heiling [109]), in den Pyrenäen den „Geist der Pyrenäen" [110]), in Skandinavien den Dovrealten [111]) als Personifikationen von Bergspitzen oder -zügen antreffen — die Aufzählung ließe sich leicht vermehren —, so wissen wir, daß zwischen diesen allen keine andere direkte Beziehung besteht als eben jener eben angedeutete, ewig-menschliche Gestaltungs- und Beseelungstrieb. Diese riesenhaften B. sind unverwundbar, Kugeln gehen durch sie hindurch, und wer sie vernichten will, den stoßen sie in den Abgrund [112]). Sie bewirken Steinschläge und werden Kräutersammlern gefährlich [113]); sie machen das Wetter: wenn sie backen, brauen oder rauchen, nebelt es, und erhalten sie von den Almleuten nicht die gewohnten Opfergaben (Käse, Brot, Schnaps), so stopfen sie sich ihre Tabakspfeifen, und es gibt ein Unwetter [114]). Die Gemsen sind ihre Herde; wer sie jagt, wird verwarnt oder streng bestraft [115]). Sie sind die Obersten aller Geister und Bergschätze [116]), helfen wohl gelegentlich in veränderter, vermenschlichter Gestalt Bedürftigen [117]), bestrafen aber Vorwitzige streng [118]).

Diesen B.n verwandt ist zweifellos der Alber, eine seltsame Mischung von Bergriese und Gelddrache, bald als feuriger Schatzdrache, der sich nur von Gold nährt, bald als täppisch-riesenhafter Almgeist geschildert, dessen schmalzige Füße den Almwiesen Fruchtbarkeit spenden. Er ist sehr häßlich, halb Mensch, halb Pferd; jede Nacht läßt er sich vom Almknecht den Rücken kraulen. Manchmal heißt es auch, daß er hinten hohl sei [119]).

Die Bergkönige Skandinaviens und der mhd. Epik sind wohl als verhöfischte Bergriesen dieser Gattung aufzufassen [120]).

[107]) Wetti *Vita S. Galli* 7 = MG. Scrip. Mer. 4, 261. [108]) Golther *Mythol.* 185 u. ö. [109]) Wuttke 47 § 51; MschlesVk. 18 (1917), 219 ff; Meyer *Relig.gesch.* 101; Kühnau *Sagen* 2, 404 ff. [110]) Sébillot *Folk-Lore* 1, 223 ff. [111]) Meyer *Mythol. d. Germanen* (1903) 240. [112]) So der „Schwarzbart": Vernaleken *Alpensagen* 195. [113]) So der „graue Mann" an der Gonzenwand: SAVk. 25, 230. [114]) Jahn *Opfergebräuche* 321 (Tirol); Laistner *Nebelsagen* 133 f. 307 f.; Meyer *German. Mythol.* 158 f.; vgl. den Artikel „*Alte, der*". [115]) K. V. v. Bonstetten *Schriften* (1793), 118 f.; Grimm *Sagen* Nr. 301; Die Schweiz 3, 142; Herzog *Schweizersagen* 1, 73 ff.; vgl. Schillers Gedicht „*Der Alpenjäger*". [116]) Graber *Kärnten* 31. [117]) Ebd. 24; Kühnau *Sagen* 2, 405 f. [118]) Kühnau *Sagen* 2, 404 f. [119]) Vgl. Waschnitius *Perht* 175. 176; Alpenburg *Tirol* 283 f.; Mannhardt 2, 104; Rochholz *Naturmythen* 27; Hörmann *Tiroler Volksleben* 199 ff.; Quitzmann *Baiwaren* 167. 175; Graber *Kärnten* 31; Grimm *Myth.* 3, 124; Heyl *Tirol* 36. 817; Amersbach *Lichtgeister* 8 f.; Höfler *Waldkult* 27. 134. [120]) Meyer *Mythol. d. Germanen* (1904), 155; Urquell 2, 193; Sepp *Altbair. Sagenschatz* 16; Grimm *Myth.* 1, 386.

4. Kein Heimatrecht auf deutschem Boden haben anscheinend die in Frankreich [121]) und bei den Magyaren [122]) so beliebten Bergfeen, zu deren Geschlecht auch die Bergkönigin Virginal der mhd. Dietrichepen gehört [123]). In einer Kärntner Sage lehrt eine solche Bergfee die Bauern, in deren Dienst sie tritt, das Singen; als sie's gelernt haben, verschwindet sie wieder [124]). Auch diese Sage scheint fremden Ursprungs.

Weinbergsgeister, wie das schweiz. Trubamannli [125]), sind keine vollwertigen mythologischen Gestalten; sie dienen als Kinderschreck und sind nur zu diesem Zweck erfunden worden.

[121]) Sébillot *Folk-Lore* 1, 224. [122]) Wlislocki *Magyaren* 175; Ders. *Volksglauben* 25 ff. [123]) Lütjens *Zwerg* 41. [124]) Graber *Kärnten* 33 f. [125]) SAVk. 25, 238.

Mackensen.

Bergspiegel s. Spiegel.

Bergwerk. Die Überlieferungen der Bergleute, die aus dem alten Erzbergbau herstammen und in den eingesessenen Bergmannsfamilien von Kind auf Kindeskind weitergegeben wurden, bilden ein festgeschlossenes Ganzes, das durch eine Reihe mythischer Züge ein hohes Alter verrät. Hierher gehören: 1. Der Glaube an Berggeister, 2. die Vorstellung von einer Unterwelt, 3. die Walensagen. Häufig tritt auch eine Vermengung mit den Zwergen- und Schatzsagen auf.

Die mühevolle und gefährliche Arbeit in der Grube, wo die Abgeschiedenheit von der Oberwelt und dem Tageslicht einen mächtigen Einfluß auf den Menschen ausübte, machte die Phantasie des Bergmanns für abergläubische Vorstellungen empfänglich. Diese gipfeln im Glauben an den Berggeist [1]) (Bergmönch, s. Berggeister 3), der in verschiedenartiger menschlicher oder tierischer Gestalt, wie auch als Flamme erscheint [2]). Er ist der Herr des Bergsegens und tritt als solcher dem in sein Reich [3]) eindringenden Bergmann bald feindlich [4]) und bald freundlich [4]) entgegen. Seine Gaben behalten jedoch nur solange ihre Unerschöpflichkeit, als der Beschenkte das Geheimnis wahrt [5]); furchtbare Rache jedoch nimmt der Dämon an jenen, die seine Mithilfe bei der Arbeit verraten [6]) oder ihn höhnen wollen [7]). Wenn mehrere Berggeister (Bergmännlein) auftreten, so liegt eine jüngere Vermischung mit der Zwergensage vor, die leicht stattfinden konnte, da auch diese Wesen im Berge wohnend gedacht wurden und ihre Beschäftigung der des Bergmanns gleicht [8]).

Viele Traditionen der Bergleute, die ursprünglich in den Gold- und Silbergruben entstanden sind, lassen deutlich den Einfluß der Schatzsagen erkennen. Diese Beeinflussung erklärt sich aus dem Volksglauben, daß im Berge [1]) große Schätze zu finden sind, nach denen der Schatzgräber wie der auf Edelmetall schürfende Bergmann trachtet. Beiden dient dabei die Wünschelrute [8a]), die dem einen im realen und dem andern im magischen Sinne den Fundort erschließt. Bisweilen öffnet auch der Berggeist vor den Augen des erstaunten Bergmanns eine Gold und Silber bergende Kluft im Gestein [9]), aber wenn dieser nicht mit rascher Hand ein Stück des Gezähes hineinwirft, so schließt sie sich wieder, so wie der sichtbar gewordene Schatz dem Finder entschwindet, wenn er ihn nicht durch einen daraufgeworfenen Gegenstand bannen konnte. Das oftmals vergebliche Suchen des Bergmanns nach der Gold- oder Silberader wurde also im Volksglauben dem Schatzgraben gleichgesetzt und von der Sage mit denselben Einzelheiten ausgeschmückt. Ungehobenes edles Metall im Bergesinnern [10]) leuchtet und glüht wie ein verborgener Schatz [11]) und zuweilen deutet die Erscheinung eines goldenen Tieres [12]) bei beiden auf die Fundstelle hin. Damit stehen die Klumpen gediegenen Goldes in Tierform [13]) in Zusammenhang, deren Auffindung zur Errichtung von B.en Anlaß gab. Hierher gehören auch die goldenen Tiere der Venediger [1]), mit denen sie ihre Gäste aus Deutschland und den Alpen beschenken. Diese Einzelzüge leiten zu der mythischen Vorstellung von einer Unterwelt [14]) zurück, in der alles aus edlem Metall und Gestein besteht, in der auch goldene und silberne Tiere und Pflanzen leben. Der Glaube an ein organisches Wachstum der Erze und Gesteine kehrt noch in den Schriften der Gelehrten des ausgehenden MA. wieder [15]).

Zahlreiche Sagen berichten von der Entstehung der B.e [16]), wobei die zufällige Bloßlegung des Erzganges durch einen glücklichen Finder oder durch ein Tier oft in dem Namen des Schachtes zum Ausdruck kommt. Ein weiterer Sagentyp handelt von der glücklichen Errettung eingeschlossener Bergleute durch den Berggeist oder durch himmlische Mächte [17]). Häufig ist ein ethischer Grundzug zu erkennen, der sich in der Zerstörung eines B.s wegen Gottlosigkeit [18]) oder Frevelmut [18]) der Besitzer und in strenger Bestrafung unwürdiger Bergleute [19]) kundgibt. Der Bergsegen kann auch durch einen Meineid, Zauber oder Fluch [21]) zum Versiegen gebracht werden. (Das Pfeifen und Fluchen ist in der Grube verboten.)

[1]) Siehe das betreffende Stichwort. [2]) Wrubel *Sammlung bergmännischer Sagen* 1883, 29 Nr. 1 ff. [3]) Das Machtgebiet des Berggeistes erstreckt sich auf die unterirdischen Räume und den Schacht bis zur obersten Fahrt (Wrubel a. a. O. 7). [4]) Sein Erscheinen zeigt Erz an (Wrubel a. a. O. 40 Nr. 23; 78 Nr. 44); verkündigt aber auch Unglück (Wrubel 54 Nr. 34. 35). [5]) Wrubel 32 Nr. 9. 10. 14. 16. 18. 21. 33. [6]) Ebd. 46 Nr. 29; 57 Nr. 39; 81 Nr. 47. [7]) Ebd. 29 Nr. 3 mit Literaturangaben. [8]) Wie lebendig der Glaube an die Zwerge und ihre Betätigung war, geht aus der Nachricht hervor, daß Bauern auf Grund alter Sagen und geringer Goldfunde in den Strichenberg einen Stollen zu treiben begannen, aber aus Angst vor der Rache der Erdmännchen die Arbeit wieder einstellten (Rochholz *Sagen* 1, 271 Nr. 184 c). [8a]) Vgl. „Wünschelrute": Heckscher *Volkskunde* 386 Anm. 284; Goethe *Faust* II, 5898 ff. [9]) Wrubel 32 Nr. 9. [10]) Zingerle *Sagen* 326 Nr. 569; vgl. Goethe *Faust* I 3913 ff. [11]) Zingerle 327 Nr. 572 ff. (u. d. Anm.). [12]) Ebd. 254 Nr. 447; 349 Nr. 615; 351 Nr. 620 u. d. Anm.; Wrubel 31 Nr. 6. [13]) J. v. Sparges *Tyrolische Bergwerksgeschichte* 1765, 24. [14]) Kühnau *Sagen* 3, 68; MschlesVk. 8 (1906), 127 ff.; Zingerle *Sagen* 96 Nr. 159 u. Anm. [15]) Wrubel 154 Nr. 43. [16]) Ebd. 19 Nr. 1 ff. [17]) Ebd. 125 Nr. 13; 136 Nr. 22. [18]) Ebd. 143 Nr. 32. 33; 151 Nr. 39; 161 Nr. 49; Müller *Uri* 1, 272 ff. [19]) Wrubel 38 Nr. 19. [20]) Ebd. 145 Nr. 36. [21]) Ebd. 139 Nr. 27.

Auch an dem Bergmannsgruß „Glück auf", der seit 1684 literarisch nachzuweisen ist [22]), haftet der Aberglaube; er ist glückbringend, während der gewöhnliche Gruß „Glück zu" Unheil auf das B. herabbeschwören würde.

Das Leben des Bergmanns entbehrt nicht der Frömmigkeit. Die besondere Schutzpatronin der Bergleute ist die hl. Barbara. Zu Beginn der Schicht wird meist von den Einfahrenden ein Gebet gesprochen. Kirchliche und weltliche Feiern [23]) [24]) vereinigen die Bergleute in althergebrachter Weise zu gemeinsamer Begehung. Die Zunft der Bergleute bildet also seit alters eine geschlossene Körperschaft mit eigenen Sitten und Bräuchen, sowie eigener Sprache, in der die Wörter durchwegs deutscher Herkunft sind. Im Laufe des MA. wurden deutsche Bergknappen zur Einrichtung von B.en [25]) nach Südtirol, Böhmen,

Mähren, Schlesien, Ungarn, Toskana und Schweden [26]) berufen und brachten außer ihrer Fachkenntnis auch ihre Traditionen in die neue Heimat mit, so daß deutscher Einfluß für diese Gebiete als sicher angenommen werden kann. Ein Beispiel hierfür bietet der Berggeist Rübezahl, der, wie aus einer Tiroler Chronik des 17. Jh.s hervorgeht, im Harz heimisch war und von dort durch ausgewanderte Bergleute ins Riesengebirge übertragen wurde [27]).

[22]) Drechsler MschlesVk. 7 (1905), 69 ff.; Kirnbauer in Forschungen u. Fortschritte 4 (1928), 1. [23]) An ihrem Tage (4. Dez.) wurde dem Rauriser Bergmandl von den Bergleuten ein Speise- und Kleideropfer dargebracht. Andree-Eysn *Volkskundliches* 205. [24]) Sartori *Sitte u. Brauch* 2, 167 ff. 205. [25]) John *Erzgebirge* 191. 207. [26]) Klostermann ZfBergrecht 13 (1872), 48 ff. [27]) S. Tunberg *Stora Kopparbergets Historia* 1 (1922), 93; MschlesVk. 7 (1905), 79 ff. Schömer.

Bernardino (Albiceschi) **von Siena.**

Toussaint *Das Leben des hl. B.* Regensburg 1873; Alessio *Storia di S. B. di Siena e del suo tempore.* Mondovi 1899.

B. 1380—1440, Franziskaner, berühmter Bußprediger. Seine Predigten [1]), namentlich die *de Idolatriae cultu* enthalten zahlreiche Zeugnisse [2]) zum ma.lichen Aberglauben, die zwar nicht direkt für Deutschland in Betracht kommen, aber als Vergleichsmaterial von Wert sind.

[1]) Hrsg. von Petrus Rudolph, 4 Bde. Venedig 1591; die italienischen von L. Banchi, 3 Bde., Siena 1880—1888. [2]) Theod. Zachariae *Abergläubische Meinungen und Gebräuche des MA. in den Predigten B.s von Siena* ZfVk. 22, 113—134. 225—244 = *Kl. Schriften* 339—386. Helm.

Bernikelgans s. Baumgans.

Bernhard hl., Abt von Clairvaux, Kirchenlehrer, geb. 1090 bei Dijon aus burgundischem Hochadel, gest. 1153, vielgerühmt und vielgesucht, mit dem Beinamen „Doctor mellifluus" geehrt, Fest 20. August, Haupt im Dom zu Troyes, die andern Überreste zu Fontaines [1]).

[1]) AA SS. 20. Aug. 4, 256 ff.; MG SS. 26, 95 ff.; Migne *Patrologia lat.* 185, 469 ff.; Potthast *Bibliotheca historica* 2, 1206; Der hl. B., *Predigten in altfranzös. Übertragung* (Stuttg. Litt. Ver. Bd. 203); A. Neander *Der hl. B. u. sein Zeitalter* [4] (1891); E. Vacandard *Leben des hl. B. von Clairvaux*, deutsch von M. Sierp (beste Biographie); Kampschulte *Die westfäl. Kirchen-Patrocinien* 181; Korth *Die Kirchenpatrone im Erzb. Köln* 34; Künstle *Ikonographie* 127 bis 130.

1. B. aus Berinhard (bärenstark) ist als Taufname ehedem sehr verbreitet gewesen, z. B. in der Kurzform Bernet, Bernt (Bernd) u. ä., übrigens einer der wenigen altdeutschen Namen, die sich unter hagiologischem Einfluß bis in die Neuzeit hielten [2]).

[2]) Vgl. dazu die allgemeinen Ausführungen bei Nied *Heiligenverehrung u. Namengebung* 17. 26.

2. In einer aus dem Zisterzienserstift Hohenfurt in Böhmen stammenden lateinischen Segensformel für Gebärende wird neben der Geburt Samuels, Johannis d. Täufers, Mariae, Christi und des hl. Remigius auch die des hl. B. als Analogie zu dem Gegenstand der Bitte (leichte Entbindung) erwähnt, freilich nur hier ohne weitere Nachahmung [3]), ein Beweis für das Bestreben der einzelnen Zisterzienserklöster, den Glauben an die Macht ihres großen Ordensheiligen verbreiten zu helfen.

[3]) Franz *Benediktionen* 2, 201. 203.

3. Als Abzeichen (Attribut) führt B. außer andern einen Bienenkorb und wird nebst Ambrosius (s. d.) als Bienenpatron [4]) (s. Biene) aufgeführt. Er hat es freilich als solcher ebensowenig wie Ambrosius zur Volkstümlichkeit bringen können. In Wahrheit führt das Attribut auf B.s große Wirksamkeit als theologischer Schriftsteller und als hinreißender Redner zurück.

[4]) Kerler *Die Patronate der Heiligen* 27.

4. Unter den Taten und Wundern B.s treten Beschwörungen und Heilungen besessener oder dämonischer Menschen sehr hervor [5]). Am Beschwörungswesen selbst besitzt er einen besonderen Anteil. Mehrere Schriftverse, die Psalmen 12, 4. 5 (Illumina oculos meos) und 115, 16 f. (Dirupisti, domine, vincula mea), gehören zu den Psalmenstellen, die angeblich ein Dämon dem hl. B. als kräftige Abwehrmittel gegen Dämonen bezeichnete, in vielen Handschriften und gedruckten Gebetbüchern [6]) aus dem Anfang des

16. Jh.s überliefert. Ein Wettersegen, der aus einem Zisterzienserkloster der Salzburger Gegend stammt und dem 15. Jh. angehört, trägt den Namen des Heiligen wegen des ihm zugeschriebenen Exorzismus: Benedictio beati Bernhardi abbatis contra tempestates [7]).

[5]) Franz *Benediktionen* 2, 551. [6]) Hain *Repertorium bibliographicum** 7507. [7]) Franz a. a. O. 2, 90.

5. Auch die Tierbannung, ein beliebtes Legendenmotiv, kehrt in B.s Vita wieder. Das Wort des Heiligen („Excommunico") genügte, bei der Einweihung des Klosters Foigny lästige Fliegenschwärme zu bannen [8]). Einer förmlichen Beschwörung (Adiuratio) bedurfte es nicht, ebensowenig anscheinend bei der Vertreibung von Mäusen, von der in einer Sage aus Freiburg (Baden) die Rede ist [9]). Hier hatte die bloße Anwesenheit B.s genügt, den Raum, den er bewohnte, für immer von der Plage frei zu machen.

[8]) Franz a. a. O. 2, 144. [9]) Baader *NSagen* (1859), 35.

6. Aus dem Streben des Zisterzienserordens, die Verehrung für den großen Abt von Clairvaux möglichst zu verbreiten, mag der Brauch entstanden sein, B. im Todeskampf [10]) anzurufen, seiner Fürbitte besonders teilhaftig zu werden, wenn die Sterbestunde zwischen 3 und 4 Uhr nachts fallen sollte [11]). Sehr merkbar ist der Brauch in Wochern (Kr. Saarburg), die Hilfe des Heiligen bei Kinderkrämpfen zu erflehen, weshalb die Krankheit im Volksmund entweder Wochernkränkt oder nach dem Heiligen selbst Berenskränkt heißt [12]).

[10]) Fontaine *Luxemburg* 112. [11]) Geistl. Schild 124—126. [12]) Fontaine a. a. O. 107.

7. B.tag zählt am Rhein auch zu den Merk- oder Lostagen für die Landwirtschaft. „Berendsdag as den eschte (ist der erste) Sämann" [13]).

[13]) RheinWb. 1, 624. Wrede.

Berndietrich s. Dietrich von Bern.

Bernhardsminne. Die Sitte, die Minne des heiligen Bernhard von Clairvaux zu trinken [1]), scheint verbreiteter gewesen zu sein, als die dürftigen Zeugnisse ausweisen. Der älteste Beleg, der dem 14. Jh. entstammt [2]), läßt erkennen, daß es üblich war, bereits am frühen Morgen Bernhards Minne auszubringen; woher diese Beschränkung auf eine bestimmte Tageszeit, die bei den Minnen anderer Heiliger völlig unbekannt ist, kommt, läßt sich nicht erklären. Doch scheint die Sitte, die durch die Tätigkeit der Zisterzienser verbreitet wurde, sehr bald Mißstände gezeitigt zu haben: aus dem Frühtrunk wurde ein Gelage, das oft sogar zur Versäumung der sonntäglichen Messe Veranlassung gab. Der hl. Bernhard geriet dadurch in den Ruf, Schutzpatron der Trunkenbolde zu sein, wie denn auch ein Schwank des 15. Jh.s („Ein pantaiding im Himmel") ihm aus diesem Grunde die größte Schuld an der Trunksucht zumißt. Die Zimmernsche Chronik deutet an, daß die B. zeitweise sogar der Beliebtheit der Johannisminne Eintrag getan habe: „Zu unser zeiten wil man an teil orten nit vergüt haben, da man eim Sant Johannessegen darbeut — —, sonder es ist von etlichen hofleuten ein anderer segen darfür uf die ban kommen, haißt Sant Bernhardtssegen. ich hab auch gesehen, das zu unser lebzeiten etliche, do Sant Bernhartsegen so überflüssig angenommen, derhalben unter die ros gefallen, arm und bain des segens wol empfunden haben" [3]). Man nannte diese Sitte „einen Bernhart trinken" [4]) und erhoffte von ihr Schutz gegen Unglücksfälle [5]) und — wie von der Gertruden- und Johannisminne (s. dd.) — einen kurzen und glücklichen Verlauf einer vorgenommenen Reise [6]). Diese letzte Bedeutung der B. ist zweifellos von der Johannisminne, mit der die Minne des Bernhard ja in Wettbewerb stand [7]), herübergenommen. Mit dem Beginn des 18. Jh.s scheint die Sitte auszusterben; der letzte Beleg stammt von 1729 [8]).

[1]) Vgl. den Artikel Minne. [2]) Bei Franz *Benediktionen* 1, 292 f. [3]) Vgl. Böckel *Volkslieder* 39. [4]) Vgl. Goedeke in WeimJb. 6, 30; AltdBl. 1, 413; Zingerle *Johannissegen* 190 Anm. 1. [5]) Vgl. AltdBl. 1, 413: „se hin, trink ein guten Pernhart, das dir kein geluek

schad". [6]) Germania 21, 215: „was, sagt der andere, was schere ich mich um des Hänßl seinen seegen; ich halt mehr auf Bernhards namen, so kommen wir bald wieder zusammen" (Jahr: 1729). [7]) Vgl. Anm. 3 und 6. [8]) *Abrahamisches Gehab dich wohl;* vgl. Anm. 6. Mackensen.

Bernkes Jagd s. wilde Jagd.

Bernstein, Agtstein. Die Griechen nannten das versteinerte Nadelholzharz aus der Tertiärzeit ἤλεκτρον, weil es dieselbe Färbung und Wertschätzung wie diese Goldsilbermischung besaß, die Römer succinum (Saft, Harz) oder mit Herübernahme der altgermanischen Bezeichnung glesum (Glas, Glanz). Die deutsche Bezeichnung war bis ins 18. Jh. (weißer) Agtstein (Achatstein, Achat?); daneben tritt seit dem 13. Jh. ndd. bornstein, börnstein (Brennstein) auf, das dann ins Nhd. als B. übernommen wurde [1]). Glanz, Farbe, Verbrennbarkeit, elektrische Eigenschaft hoben den B. vor anderen Steinen heraus und führten frühzeitig zu dem Aberglauben, er schütze gegen Krankheiten und Dämonen. Seine Verwendung als Gegenzauber war bereits im Altertum verbreitet [2]). Umgehängte Ketten aus B.perlen galten im frühen MA. als Schutzmittel. Kirchliche Verbote bekämpften es als heidnischen Brauch [3]). Noch heute wird in Dänemark ein B.herz den Kindern als Schutz gegen Beschreiung umgehängt [4]). Die bereits im Altertum geübte Sitte, Kindern B.-ketten um den Hals zu legen, lebt heute noch in ganz Deutschland weiter; ursprünglich ein Abwehrmittel, sollen sie jetzt das Zahnen erleichtern [5]). B. gilt besonders als Vorbeugungs- und Heilmittel bei gichtig-rheumatischen Leiden, dem Fluß, dem Reißen und Ziehen in den Gliedern; der Kranke trägt ihn im Ring, als Kette oder im Hemd oder in ein Säckchen eingenäht [6]). In Norddeutschland trägt man ein Stück gelben B. am Halse oder am bloßen Leibe gegen Gelbsucht (similia similibus curantur) [7]). B.ketten gelten auch als wirksam bei Kopfweh, Ohrenfluß, Augenentzündungen und Zahnschmerzen [8]). Überhaupt wird dem B. eine anhaltende Kraft beigemessen, die sich bei übermäßigem Harnen, Samen- und Blutfluß und Durchlauf bewähren soll [9]). Im MA. wurde B. innerlich gebraucht bei Herzzittern, Magenschmerzen, Wassersucht; B.öl wird bei hohlem Zahn und als Abortivum verwendet, B.-rauch als geburtsförderndes Mittel [10]). In Westfalen tragen Frauen und Mädchen B.ketten als Schutz gegen allerlei Übel, vornehmlich Halsbeschwerden [11]); im Kanton Bern trägt man B.halsbänder gegen den Kropf [12]).

Lonicer bringt den Agtstein mit dem ebenfalls gelbfarbenen Luchsstein zusammen und behauptet, er ziehe das Eisen aus den Wunden, sei heilsam bei Gelbsucht, Verstopfung usw. [13]). (Vgl. Luchsstein s. v. Belemnit.)

Sagen des Samlandes, Pommerns und Mecklenburgs zeigen, wie der B. die Phantasie des fabulierenden Volkes lebhaft anregte [14]).

[1]) Plinius *n. h.* 37 § 20 ff.; Schrader *Reallex.*² 1, 94 ff.; Kluge *EtWb.*, s. v. Bernstein und Glas; Fischer *Altertumsk.* 90 f.; Grimm *DWb.* 1, 1526 u. *Myth.* 2, 1019¹; Kauffmann *Altertumsk.* 1, 113; Müller *Nord. Altert.* 2, 110; Much *Heimat d. Indogerm.* 140; Hoops *Reallex.* 1, 260; Bergmann 14 s. v. Agtstein; Hovorka-Kronfeld 1, 59 f. [2]) Plinius a. a. O. § 51; Daremberg-Saglio 2, 535; Meyer *Aberglaube* 258. [3]) SchwVk. 10, 13 (8. Jh.); Grimm *Myth.* 3, 402 u. 407; Saupe *Indiculus* 14; Boese *Superst. Arelat.* 15, 24. 28; 55 cap. 33. [4]) Feilberg *Dansk Bondeliv* 2, 84. [5]) Plinius *n. h.* 37, § 50 = Meyer *Aberglaube* 257; Boese a. a. O. 69 f.; ZföVk. 13 (1907), 113; John *Erzgeb.* 54; Hovorka-Kronfeld 1, 60. [6]) Hovorka-Kronfeld 2, 282; 1, 60; Lammert 269; Schulenburg 100; Most *Encyklopädie* 582. [7]) Wuttke 355 § 531; Stemplinger *Sympathie* 86; vgl. Hovorka-Kronfeld 2, 115 (Rußland). [8]) Hovorka-Kronfeld 2, 785; Lammert 229 u. 232; Frauenzimmerlexikon 42 s. v. Agtstein; Urquell 4 (1893), 211 und 1 (1890), 19. [9]) Zedler 2, 1397; Kenntmanni *Nomenclaturae rer. foss.* (1565), 10. [10]) Hovorka-Kronfeld 1, 164 u. 2, 838; Megenberg *B. d. N.* 384 u. 397; Lonicer 62; Seyfarth 231; Höhn *Volksheilkunde* 1, 99; Staricius *Heldenschatz* (1679), 409; Lammert 169; Franz *Benediktionen* 2, 499; Urquell 5 (1894), 252; Lemke *Ostpreußen* 1, 53. [11]) Sartori *Westfalen* 35; vgl. Meyer *Aberglaube* 258 (Italien). [12]) SAVk. 8, 152 u. 272. [13]) Lonicer 62 f.; vgl. Plinius *n. h.* 37 § 52. [14]) Reusch *Sagen* 52 Nr. 46; Bartsch *Mecklenburg* 1, 390 f.; Jahn *Pommern* 492

Nr. 612 u. 194 Nr. 244; Haas *Rügen* 612. Zu der Bezeichnung des B.s als gelbe Ambra vgl. Ambra und ZfdA. 18 (1875), 409 c. 14. Olbrich.

Berserker, altnord. *ber-* Bär und *serkr* Hemd, also Bärenhäuter (s. d.), gleich dem Werwolf (s. d.) eine Gestaltnahme der in der Ekstase (s. d.) ausgesandten menschlichen Seele. In der altnord. Saga ist B. schon meist verblaßt zum Helden, der sich in „Ekstase" und tierische Raserei, eine Art Amoklaufens von oft krankhafter Entstehung, zu versetzen vermag, oder zum prahlerisch einen jeden herausfordernden Kämpfer, schließlich zum tapfern Streiter überhaupt [1]). In Deutschland findet sich nur die Vorstellung des Werwolfs; die besondere Art des B.tums ist rein nordisch (auch irokeltisch), in Deutschland erst seit Beginn des 19. Jh. bekannt [2]). Doch eine Art wilder Berufskämpfer, ähnlich den altnord. B., erwähnt Tacitus bei den Chatten [3]).

Der B.wut (berserksgangr) entspricht bei den deutschen Germanen noch später einigermaßen die fast berufsmäßige Tollheit mancher leidenschaftlicher Raufer in gewissen Gegenden, besonders in Bayern und Tirol, die gleich den wikingischen B.n um jeden Preis „anbandeln" wollen [4]). Auch tirolische Frauenzimmer können in solche unbändige, wahnsinnige Raserei verfallen und, alles scheltend, mit zerrauften Haaren und zerrissenen Kleidern herumlaufen, eine „Füa" oder „Fuire" [5]). Schon vor Tacitus hat Lucanus den Ausdruck furor Teutonicus geprägt [6]), der um 1100 nach ihm in der lateinisch gebildeten Welt recht geläufig geworden ist und gerne die oft sinnlose Kampfeswut der Deutschen bezeichnet, in Deutschland mit trotzigem Stolz genannt, im Ausland ringsum aber mit verächtlichem Haß, bis diese Wendung im 15. Jh. allmählich wieder in Vergessenheit gerät, um im 19. Jh. eine zweite, politisch-gelehrte Auferstehung zu erfahren [7]). Sie erweist eine der nordischen verwandte Anlage auch der deutschen Germanen.

[1]) Hoops *Reallex.* 1, 260 f.; H. Güntert *Über altisländische B.geschichten.* Progr. Heidelberg 1912, bes. 9. 19. 23. 27; Weiser *Jünglingsweihen* 43—61: Weiser faßt, im Gegensatz zu Güntert u. a., die B. nur als „in Bärenfell gekleidete Krieger" auf und versucht, sie gleich den Chattenhelden als Männerbünde kultischen Ursprungs zu deuten, die einst in Tiermasken das Totenheer darstellten, später zu rein kriegerischen Verbänden wurden, zuletzt durch die Wikingerbünde ersetzt; Golther *Mythologie* 100 ff.; Meyer *Germ. Myth.* 69 § 99; Fischer *Altertumsk.* 119; Mannhardt *Götter* 166; Meyer *Relig.-gesch.* 78. 130; v. d. Leyen *Sagenbuch* 75. 172; Keller *Tiere* 121; MschlesVk. 18 (1917), 14 f.; ZfVk. 7, 342. 347. [2]) Goethes *Werke* 29, 87 (Dichtung und Wahrheit). [3]) *Germania* c. 31; Müllenhoff *Altertumsk.* 4, 418; Weiser a. a. O. 35 ff. [4]) ZfVk. 7, 343. [5]) Vernaleken *Mythen* 45; vgl. schwäb. furen; Furie! [6]) *De bello civ.* 1, 255 f. [7]) E. Dümmler *Über den furor Teutonicus,* Sitzb.Berl. 1897, 116—124; F. Vigener *Bezeichnungen für Volk und Land der Deutschen vom 10. bis zum 13. Jahrhundert.* Heidelberg 1901, 69. 86 ff. 261; vgl. ferner MG.SS. 25, 351 f.; ZfGORh. N. F. 22, 311. Müller-Bergström.

Berthold von Regensburg.

Jac. Grimm *Kleine Schriften* 4, 296—360; Hamberger in ADB. 2, 546—549; K. Rehorn in Germania 26, 316—338; Ant. E. Schönbach *Studien zur Geschichte der altdeutschen Predigt* Stück 2—5. 7. 8 in Sitzb. Wien 142. 147. 151. 152. 154. 155 (1900—1907).

Geb. um 1220 wahrscheinlich zu Regensburg, Schüler des Predigers David von Augsburg, Franziskanermönch zu Regensburg, dann etwa seit 1250 als Wanderprediger in einem großen Teil Deutschlands (Mittelrhein, Oberdeutschland, Schweiz, Österreich, Böhmen, Mähren, Schlesien, Thüringen, Franken) tätig und weit berühmt. Gest. zu Regensburg 1272.

B.s Predigten [1]) sind voll von Zeugnissen zur Volkskunde, die von Schönbach zusammengetragen und z. T. erläutert [2]) sind. Außer Nachrichten über Spielleute, Volkslieder, Sprichwörter und mancherlei Volksbrauch enthalten sie vieles über abergläubische Vorstellungen, die der Bußprediger bekämpft (a. a. O. S. 7—55). Er spricht von Geistern und gespenstischen Tieren, u. a. vom Werwolf, von Wahrsagerei, Wahrsagerinnen und ihrem betrügerischen Treiben, von Hulden und Unhulden, von nächtlichen Dämonen böser und freundlicher Art, von Krankenheilung, von Angang, Orakel und Unglückstagen, von incantatio, Zauber und Besprechung aller Art, Zauber mit Pflanzen (wichtig die Betonie [3])) und Tieren, Bildzauber, Mondzauber, Zauber mit Totenknochen, Gebetzauber (Mordbeten) usw.

Die Frage nach den Quellen all dieser Angaben ist noch nicht voll befriedigend beantwortet. In vielen, ja den meisten Fällen wird B. von Dingen sprechen, die ihm und seinen Hörern aus den Erfahrungen des wirklichen Lebens bekannt waren. Hinzu tritt aber mit Sicherheit in noch nicht festgestelltem Umfang auch Material, das aus literarischer Überlieferung (Beichtbüchern u. a.) stammt [4]).

[1]) Vollständig herausgegeben sind nur die deutschen, von Franz Pfeiffer und Jos. Strobl, 2 Bde., Wien 1862 und 1880; von den weit zahlreicheren lateinischen nur die *Sermones ad religiosas XX* von Hötzl. München 1882. Vgl. ferner dazu Georg Jakob *Die lateinischen Reden des seligen Berthold von Regensburg*. Regensburg 1882; Schönbach *Über eine Grazer Hs. lateinisch-deutscher Predigten* 1890 und desselben *Studien* (s. o.), Stück 2—5. [2]) *Studien* Stück 2. [3]) a. a. O. 35—50. [4]) a. a. O. 121 ff.; Zachariae *Kl. Schr.* 334. Helm.

Berufe. Zu den ältesten B.n, die durch die Eigenart ihres Brauchtums noch an primitive Kulturstufen gemahnen, zählen der Hirt, Fischer und Jäger, wie auch der Bauer, der seit alters in seiner Wirtschaft viele Tätigkeiten ausübt, die mit fortschreitender Besiedelung eigenen Handwerken [1]) zugewiesen wurden.

Alter Glaube und Brauch sind vielen B.n eigen, so daß eine stattliche Anzahl von ihnen in diesem Werke behandelt wird und zwar:

Abdecker (Schinder), Advokat, Amtmann, Arzt, Bäcker, Bader und Barbier, Bauer [2]), Bergmann [3]) s. Bergwerk, Bettler [4]), (Bierbrauer, s. Bier, brauen), Briefträger, Buchdrucker, Dachdecker, Dieb, Dienstboten [5]) (Gesinde), fahrendes Volk, Fährmann, Feilenhauer, Fischer, Förster, Fuhrmann, Gärtner, Gauner, Geistlicher (Pfarrer, Priester), Hausierer (Mausfallenhändler), Hebamme, Hirte (Hüter, Schäfer, Senne) [6]), Jäger [7]), Kaminfeger, Koch [8]), Köhler, Küfer, Küster (Meßner, Sigrist), Landmesser, Maurer [9]), Metzger, Mönch, Müller [10]), Nachtwächter, Nonne, Richter, Scharfrichter (Henker, Nachrichter), Schiffer [11]), Schlosser, Schmied [12]), Schneider [12]), Schreiner, Schuhmacher [13]), Schüler, Soldat [14]) (Heer, Militär), Spielmann, Steinhauer, Taucher, Tischler, Totengräber, Waschfrau (Wäscherin), Weber, Wilderer, Wirt und Zimmermann [14]).

Zahlreiche B. haben sich, oft an die Heiligenlegende anknüpfend, bestimmte Schutzpatrone [15]) erkoren, z. B.: St. Leonhard (u. a.) [2]), Barbara [3]), Martin [4]), Notburga [5]), Isidor [5]), Wendelin [6]), Hubertus [7]), Laurentius [8]), Johannes d. T. [9]), Katharina [10]), Nikolaus [11]), Eligius [12]), Crispinus [13]), Josef [14]).

Die für den künftigen Lebensgang des Kindes wichtige B.swahl suchte man durch Orakel [16]) zu erforschen. Einzelne B. haben Sondersprachen [17]) ausgebildet, denen bei Fischern, Schiffern und Jägern zum Teil magische Bedeutung zukommt (s. Handwerker, Heilige, Orakel, Sondersprachen, Tabu). Volkskundlich wichtig sind die B.sschelten, von denen manche als Deckname für die eigentliche, jedoch anstößig gewordene Bezeichnung dienen [18]).

[1]) s. Handwerker. [2]) bis [14]) Diese Verweise beziehen sich auf die im nächsten Absatz angeführten Schutzpatrone. [15]) Vgl. Andree *Votive* 10 ff.; s. Heilige. [16]) Wuttke 241 § 346; John *Westböhmen* 2; Wettstein *Disentis* 174, 43; Fogel *Pennsylvania* 43 ff.; s. Orakel. [17]) s. Sondersprachen, Tabu. [18]) s. Abdecker, Scharfrichter; Klenz *Schelten-Wb.*[4]. Schömer.

berufen, beschreien. 1. Allgemeines: b. (auch behexen, verhexen, bezaubern, verschreien, bereden, vermeinen [1]), vermälen [2]) u. ä. genannt) bedeutet: be- oder verzaubern (s. a. verhexen), ist also ein Besprechen im bösen, Schaden zufügenden Sinn (s. besprechen, bes. 1 und 'B'.).

Der bloße Wortzauber erscheint hier sehr häufig mit Blickzauber (dem bösen Blick) verbunden, dem mitunter allein schon die Wirkung des B.s zugeschrieben wird.

Die Bezeichnungen besprechen, berufen, beschreien, lassen sich nicht immer streng auseinanderhalten. Mitunter wird

b. auch für Dämonenvertreibung gebraucht [3]), während umgekehrt besprechen auch Be- oder Verzauberung bedeuten kann. Im allgemeinen hat jedoch besprechen neben der umfassenden Bedeutung von Wortzauber überhaupt die besondere von Entzauberung (s. besprechen), während B. für Be- oder Verzaubern gebraucht wird.

[1]) Z. B. Schönwerth *Oberpfalz* 1, 185 ff. 310; 3, 260; Alpenburg *Tirol* 291; Bronner *Sitt' u. Art* 158. [2]) Schönwerth a.a.O. 1, 188 Nr. 13; 3, 260. [3]) Seyfarth *Sachsen* 45; Hovorka-Kronfeld 1, 62.

2. Wie wird berufen? Das B. kann durch böse Worte (Zaubersprüche, abfällige Bemerkungen u. ä. m.), aber auch durch gute Worte, insbes. durch Lob und unvorsichtiges Bewundern erfolgen. Es geschieht also absichtlich wie auch unabsichtlich, ja wider Willen der lobenden Person. Zur Verhütung von Unheil pflegt man daher bei rühmendem Hervorheben von Glück, Gesundheit, Schönheit, Kraft oder guten Eigenschaften irgendwelcher Art, sei es bei andern oder sich selbst, meist ein „unberufen, unbeschrien" (s. d.; vgl. a. u. 5 a) hinzuzufügen. Erfolgt das B. durch bloßes (blinzelndes, von der Seite her, düsteres, scharfes, feindseliges, aber auch bewunderndes) Anschauen, so wird es gleichsam als Ausfluß des bösen Blicks betrachtet, als der gewissermaßen in Worte übersetzte böse Blick [4]). Die Verbindung von Wort- und Blickzauber ist beim B. die denkbar engste.

[4]) Drechsler 2, 258; Alemannia 37 (1909), 4; Wuttke 165 § 224; Krauß *Relig. Brauch* 41.

3. a) Wer beruft? B. kann jeder den andern, wie auch sich selbst. Besonders verstehen es die Hexen, zu deren Haupttätigkeiten es gehört, sowie jene Menschen, die mit dem bösen Blick behaftet sind; daneben alte Weiber, insbesondere, wenn man ihnen morgens, beim Ausgehen begegnet, und unreine oder ungewaschene, sowie auch nicht zum Haus gehörige Personen. Mitunter erscheint diese Fähigkeit an besondere Umstände geknüpft: so beschreit, wer in ein fremdes Haus tritt und unter der Stubentür stehen bleibt, alle Menschen, deren er drinnen ansichtig wird [5]), kann b., wer zweimal Muttermilch getrunken hat [6]), u. dgl. m.

b) Wer wird berufen? B. werden kann jedermann und alles. Ganz besonders gefährdet erscheinen Kinder, vor allem Neugeborene und im Schlafe befindliche, dann Wöchnerinnen, Verlobte, Brautleute, wie überhaupt Personen in Übergangsstadien [7]). Mit besonderer Vorliebe wird auch das Vieh im Stall, besonders Jungvieh, b. und dadurch den Kühen, bzw. Ziegen die Milch entzogen und anderswohin übertragen, „verhext" [8]). Laufende Pferde werden durch B. zum Stehen [9]), bellende Hunde zum Schweigen gebracht [10]). Auch der Wetter- und der Liebeszauber (s. d.) gehört zum Teil hieher (vgl. besprechen 7 b). Aber auch leblose Gegenstände sind dem B.-werden ausgesetzt, z. B. Waffen, Getreide [11]), Butter [12]), trocknende Wäsche, die bis Sonnenuntergang auf den Stangen hängen gelassen wurde — wer sie anzieht, b. alles [13]) u. dgl. m.

[5]) Schönwerth a. a. O. 3, 261 Nr. 5. [6]) Gaßner *Mettersdorf* 19. [7]) Vgl. Sartori *Sitte u. Brauch* 1, 19. 50. 59. 124. [8]) Grimm *Myth.* 3, 409 Nr. 199 d. [9]) Sartori *Westfalen* 74. [10]) ebd. [11]) z. B. Hellwig *Aberglaube* 9. [12]) Grohmann 155. [13]) Grimm *Myth.* 3, 447 Nr. 406; Schönwerth a. a. O. 1, 188 Nr. 15.

4. Die Wirkungen des B.seins machen sich rasch bemerkbar. Kleine Kinder beginnen abzunehmen, gähnen viel und weinen häufig, werden immer schwächer und siechen endlich ganz dahin [14]). Auch Erwachsene werden von allerlei Übeln befallen; insbesondere gelten als beschrien: Hexenschuß, Hitzschlag, Seitenstechen, Gicht u. ä. plötzlich und ohne erkennbare Ursache auftretende Krankheiten und Leiden [15]). Wöchnerinnen verlieren durch B. die Milch und werden schwindsüchtig [16]). In manchen Gegenden ist es geradezu sprichwörtlich, Menschen, deren Aussehen sich plötzlich verschlechtert, zu sagen: „Du siehst aus, wie wenn du b. wärest" [17]). Beschriene Tiere beginnen zu zittern und

zu schwitzen, werden immer magerer, bis sie hinfallen und verenden[18]. Leichtere Symptome sind: Verweigerung der Nahrungsaufnahme, Lockerwerden der Zähne, wodurch sie am Fressen gehindert werden, oder, wenn die Kühe keine, oder auffallend wenig, oder rötliche Milch geben[19]. So verwandelt sich Gesundheit in Krankheit, Glück in Unglück, Gutes in Böses.

[14]) Haltrich *Siebenbürger Sachsen* 259 f. [15]) Seyfarth *Sachsen* 44; vgl. Hellwig *Aberglaube* 9. [16]) Haltrich a. a. O. [17]) Schönwerth a. a. O. 1, 185 Nr. 1. [18]) Drechsler a. a. O. 2, 252; Strackerjan 1, 374. [19]) Schönwerth a. a. O. 1, 310; Lehmann *Sudetend. Volksk.* 118; Hellwig *Aberglaube* 9 u. 11.

5. Die Zahl der Schutzmittel gegen das B. ist außerordentlich groß. Sie lassen sich naturgemäß in 2 Hauptgruppen teilen: in die prophylaktischer und in die therapeutischer Natur. Es kehren die auch gegen andre Übel und Gefahren immer wieder angewendeten zauberischen Mittel hier wieder.

a) Als vorbeugend gilt:

Das Räuchern, insbesondere mit Kehricht aus den 4 Winkeln, Abschabseln von den 4 Tischecken, mit neunerlei Holz [20]) u. dgl. m., das Tragen bestimmter Kräuter, z. B. von Wermut [21]) und verschiedener Amulette, unter denen metallene Gegenstände eine besondere Rolle spielen. So werden dem Kind alte Münzen [22]) um den Hals gehängt, oder am Häubchen über der Stirn aufgenäht, Messer, verrostetes Eisen, Stahl, Scheren [23]) u. ä. m. in die Wiege oder ins Bett gelegt. Als schützend wird auch Korallenpulver oder Korallenschnüre [24]) angesehen, auch sog. ,,Beschreibändchen" [25]), die den Kindern ums Handgelenk gebunden, — gewöhnlich 3 eckige — Stoffsäckchen, die, mit stark riechendem Gewürz, oder Weihrauch oder Getreidekörnern u. dgl. m. gefüllt [26]), auch mit eingesticktem Natternkopf versehen [27]), umgehängt werden; kleine Kinder, besonders Säuglinge, nicht allein zu lassen [28]); das Lecken des Kreuzzeichens [29]) auf die Stirn des Kindes durch die Mutter oder Amme; das Aussprengen von Weihwasser, Kreuze schlagen [30]) und verschiedene, teils obszöne (Dämonenabwehr [31])), teils segnende Redensarten, vor allem aber das apotropäische Ausspucken [32]) des Besuchenden beim Anblick des Säuglings. Die wirksamste Vorbeugung bei gehörtem oder gesprochenem Lob ist die sofortige Verwahrung, das Hinzusetzen von ,,unberufen, unbeschrien" (s. d.) verbunden mit meist 3maligem an den Tisch (besonders die untere Seite der Tischplatte) klopfen (s. abklopfen), ausspucken, an anderes denken, Abwehrworte murmeln, auf das vorher Gelobte schimpfen, Daumen halten, u. ä. m. [33]).

Gegen das B. ist weiters gefeit, wer ein Stück Wäsche verkehrt, oder von links anzieht [34]), wer unter seiner eigenen Tür steht [35]), Brautleute, die sich am Hochzeitstag übers Kreuz waschen [36]), u. dgl. m. Auch Schweigen, Verweigerung der Antwort an fremde Besucher der Wöchnerinnenstube [37]), die Anwendung bildlicher Ausdrücke bei den Verlobungs- und Hochzeitsgebräuchen [38]), dient als Schutzmittel.

b) heilend: Ist das B. bereits erfolgt, sucht man den Schaden teils durch Worte, teils durch Manipulationen, bzw. durch beides, wieder gut zu machen. Hieher gehören:

Verschiedene Zauber- und mehr noch Segensformeln und Gebete, meist wieder mit Ausspucken, Bekreuzen u. ä. m. verbunden. Die Sprüche weisen den charakteristischen Aufbau der Zauberformeln überhaupt (s. d.) auf; nach Aufzählung der verschiedenen Möglichkeiten, durch die das B. erfolgt sein konnte, wird diese, meist unter Anrufung göttlicher Personen, vor allem der hl. Dreifaltigkeit, zum Schwinden aufgefordert [39]). Auch Beschwören und Verwünschen [40]) des B.s wird erwähnt.

Die Wirkung des B.s wird aufgehoben, wenn man dem Beschreienden ins Gesicht sagt, daß er beschrien habe [41]), oder wenn man dem Frevler etwas Böses anwünscht [42]).

Unter den Handlungen begegnet wieder: Räucherung [43]) des Kindes mit neunerlei Holz, Umhängen von Amuletten,

z. B. sog. „Froaszetteln“ [44]), Umhüllung mit dem sog. „Chrisamhemd“ (d. i. ein Hemd, das 3 ehrliche Mütter für ihre Knaben gebraucht haben) [45]), Verwendung von (Pflug-) Eisen [46]), Belecken der Stirn [47]), wiederholtes Spucken [48]) über Kopf und Rücken, auf die Seite, meist mit Hersagen eines Spruches verbunden. Als Heilmittel dient weiters: das Streichen oder Abwischen [49]) von Gesicht, Rücken usw. mit Windeln, nassen, in ekelerregende Substanz getauchten Tüchern [50]), Auflegen von Hühnerdarm [51]), Kot [52]) u. dgl. m., Baden in einem Absud von sog. „Beschrei- und Berufkraut“ [53]) (s. d.), in gekochtem Frauenflachs, Süßholz u. ä. m. [54]), Waschen des Kopfes oder anderer Körperteile in Wasser, in welchem glühende Kohlen gelöscht wurden [55]), Trinken davon [56]), Eingeben von sog. „Äscherchen“ [57]), von Geschabsel, Kehricht aus den 4 Winkeln, Abgeschabtem von den 4 Tischecken [58]), von pulverisierten Teilen der getrockneten Nabelschnur [59]), Riemenstückchen [60]), sowie endlich die Backofenprodezur [61]): das Kind wird 3mal schnell in den Backofen hinein- und wieder herausgelegt. Es stirbt dann entweder bald, oder gedeiht wieder. Dies ist eine uralte, heidnische Sitte, filium in fornacem ponere [62]).

[20]) Grimm *Myth.* 3, 434 Nr. 2; Vernaleken *Alpensagen* 413. [21]) Grimm *Myth.* 3, 442 Nr. 234. [22]) Wittstock *Siebenbürgen* 73 f.; Haltrich a. a. O. [23]) Haltrich a. a. O.; Ploß *Kind* 1, 132 f. [24]) Hovorka-Kronfeld a. a. O. [25]) Drechsler 2, 265. [26]) Haltrich a. a. O.; Wittstock a. a. O.; Seligmann *Blick* 2, 98. [27]) Wittstock a. a. O. [28]) Haltrich a. a. O. [29]) Ebd. [30]) Schönwerth a. a. O. 1, 185 Nr. 4. [31]) Ebd. 186 Nr. 5. [32]) Ebd.; Kuhn u. Schwartz 459 Nr. 438. [33]) Kuhn u. Schwartz 459 Nr. 438; Seligmann a. a. O. 2, 287; Landsteiner *Niederösterreich* 42. Wuttke 282 § 413; 308 § 453. [34]) Grimm a. a. O. 3, 434 Nr. 3. [35]) Schönwerth a. a. O. 3, 261 Nr. 5. [36]) Grimm a. a. O. 3, 450 Nr. 488. [37]) Schönwerth a. a. O. 1, 186 Nr. 7. [38]) Sartori *Sitte u. Brauch* 1, 54; vgl. auch 2, 81 und die dort angeführten Stellen. [39]) Z. B. Urquell 2 (1891), 63. [40]) Grohmann a. a. O. 157. [41]) Ebd. 155. [42]) ZfVk. 23, 134. [43]) Schönwerth a. a. O. 1, 187 Nr. 11. [44]) Ebd. [45]) Ebd. [46]) Haltrich a. a. O. [47]) Schönwerth a. a. O. 1, 186 Nr. 10. [48]) Ebd. [49]) Ebd. Nr. 11, 310; Haltrich a. a. O. [50]) ebd.; Schönwerth a. a. O. 1, 130. [51]) Schönwerth a. a. O. [52]) Ebd. Nr. 13. [53]) Alpenburg a. a. O. [54]) Schönwerth a. a. O. 1, 187 Nr. 11. [55]) Haltrich a. a. O. [56]) Ebd. [57]) Ebd. 260; Wittstock a. a. O. 78; Hillner *Siebenbürgen* 22. [58]) Schönwerth a. a. O. Nr. 11; 1, 310. [59]) Haltrich a. a. O.; Wittstock a. a. O. [60]) Haltrich ebd. [61]) Vernaleken *Alpensagen* 343; Schönwerth a. a. O. 187 Nr. 13. [62]) Schönwerth ebd.

6. Will eine Mutter wissen, ob ihr Kind beschrien ist, so lecke sie an seiner Stirn; ist es b., schmeckt die Stirn gesalzen [63]). Daher lecken Mütter jeden Morgen die Stirn ihres Kindes [64]). Auch stellt man unter seine Wiege ein Gefäß mit fließendem Wasser und wirft ein Ei hinein; schwimmt es oben, dann ist das Kind b., im andern Falle sinkt es unter [65]), oder man steckt ein Messer ins Brot, wird es rostig, ist das Kind b. [66]) u. ä. m.

[63]) Grimm a. a. O. 3, 434 Nr. 2; Schönwerth a. a. O. 186 Nr. 9. [64]) Schönwerth ebd. [65]) Grimm a. a. O. 3, 470 Nr. 966; Hovorka-Kronfeld a. a. O. [66]) Leoprechting *Lechrain* 18.

7. Die Furcht vor dem B.werden läßt sich psychologisch dahin erklären, daß, wie bösen Worten: Bosheitszauber, so Lob und Schmeichelei: versteckter Neid innewohnend gedacht wird. Dieser Gedanke liegt dem Egoismus des Naturmenschen besonders nahe, der, was er lobt, was ihm gefällt, auch besitzen will. Wie Fluch und Segen, so wird auch dem Neid nach allgemeinem Volksglauben unmittelbare Wirkung zugeschrieben. Man fürchtet also, daß das gelobte Kind oder Vieh oder sonstige Stücke des Eigentums infolge des Neides des Lobenden zugrundegehen müßten. Um dies zu verhüten, muß der Lobende die früher erwähnten Vorsichtsmaßregeln beachten [67]).

[67]) vgl. Wuttke 166 § 224; Hellwig *Aberglaube* 9; Strackerjan 1, 47. Dazu Meyer *Relig.gesch.* 139.

8. Zur Literatur (vgl. a. besprechen) sei noch hingewiesen auf Pauly-Wissowa, Art. 'fascinum'; Ploß, Kind 1, 122—136; Wundt, Mythus u. Religion 1, 488 ff.; WS. 7 (1921), 102 ff.; Schnippel O.- u. W.preußen 1, 9 ff.

Perkmann.

Berufkraut (blaue Dürrwurz; Erigeron acer).

1. Botanisches. Korbblütler mit lineallanzettlichen Blättern und blaßrot oder lila gefärbten, innen gelben Blütenköpfen. Die Früchte tragen eine weißliche Federkrone. Häufig an Wegrändern, an Rainen, an Mauern, an sandigen Plätzen usw. [1]). Der Name B. gilt auch noch für eine Anzahl anderer Kräuter, die im Aberglauben gegen das „Berufen" gebraucht werden, so für das Christophskraut (Actaea spicata), die Dürrwurz (Inula conyza), den Frauenflachs (Linaria vulgaris), das Kreuzkraut (Senecio vulgaris), die Sumpfgarbe (Achillea ptarmica), den Wundklee (Anthyllis vulneraria), den Ziest (Stachys recta), s. diese. Im gleichen Sinn wird für die genannten Pflanzen die Bezeichnung 'Beschreikraut' gebraucht.

1) Marzell *Kräuterbuch* 309 f.

2. Ist ein Kind beschrien, so wäscht es die Mutter mit dem Absud des „Beschreikrautes" (welche Pflanze?). Wird die Brühe nach dem Waschen gallertartig, so war das Kind beschrien, bleibt sie klar, so war dem Kind auf andere Weise etwas angetan [2]). Wer B. bei sich hat, dem kann niemand etwas antun. Wenn B. im Stall ist, ist auch das Vieh geschützt [3]). Das kanadische B. (Erigeron canadensis) wird als „Widerruf" zum Räuchern (des behexten Viehs) verwendet (Jena) [4]). Auch in Berliner Apotheken soll diese Art gegen das „Beschreien" verkauft werden. Die Verwendung des kanadischen B.s im deutschen Aberglauben ist insofern bemerkenswert, als diese aus Nordamerika stammende Art sich erst im 18. Jh. bei uns einbürgerte [5]).

2) Witzschel *Thüringen* 2, 251; ähnlich bei den Slowenen: Hovorka-Kronfeld 2, 228 f.; vgl. auch Meyer *Baden* 569. 3) Schulenburg *Volkstum* 162. 4) Irmischia 2 (1882), 38. 5) Über B.er im allgemeinen vgl. Grimm *Myth.* 2, 1000; Hovorka-Kronfeld 1, 61 f.; Seligmann *Blick* 2, 56; Marzell *Pflanzenwelt* 111 f.

3. Gegen den Donner steckt man B. an die Fenster und in die Ställe (Oberösterreich) [6]), oder hängt es unter das Dach oder an den Dachsparren [7]).

6) Hoefer *Etym. Wb. der in Oberdeutschl. üblichen Mundart.* 1 (1815), 146; Baumgarten *Aus der Heimat* 1862, 129. 7) Mitteil. Anhalt. Gesch. 14, 14.

Vgl. auch Dürrwurz. Marzell.

berühren. 1. B. als magische Handlung gedacht, vermittelt den Übergang geheimer, einem überirdischen oder irdischen Wesen, bzw. leblosen Ding, innewohnender Kräfte auf ein anderes und stellt dadurch eine engere Beziehung zwischen diesen beiden, bzw. zwischen einer größern Gemeinschaft, her.

Die magische Kraft (das Orenda) ist nach primitiver Vorstellung etwas Körperliches, eine Art Stoff (Fluidum), der ausstrahlt und sich dem Berührten mitteilt; seine Rezeption glaubt man mitunter sogar durch Gewichtszunahme feststellen zu können [1]). Durch B. kann alles, körperliche und geistige Eigenschaften, übertragen werden, so z. B. auch die Weisheit des Lehrers auf den Schüler [2]); durch B. wird die persönliche Verbindung mit der Gottheit herbeigeführt [3]): „die Heiligkeit ist ein Fluidum, das durch B. übergeht" [4]).

Das B. wird vor allem unmittelbar gedacht, verstärkt wird seine Wirkung durch Essen und Trinken (s. d., vgl. auch Kommunion), kann aber auch mittelbar (durch Anwesenheit im selben Raum) erfolgen [5]).

Die Übertragung des Orenda erfolgt in erster Linie durch die Gottheit, bzw. das von göttlicher Kraft erfüllt gedachte Objekt selbst, weiterhin aber, in logischer Fortführung des Gedankens, auch durch Objekte, die mit jenem in B. gebracht wurden, also mittelbar. Darauf beruht die christliche Praktik der künstlichen Reliquien (s. d.; vgl. auch weihen, segnen). Aus der sakramentalen Bedeutung hat sich die kathartisch-apotropäische entwickelt.

Die magische Kraft geht auf alles über, was mit ihr in B. kommt. So z. B. haben Kleider und Marterwerkzeuge eines Märtyrers [6]), die Fußspur, die er getreten (vgl. den „Herrgottstritt") [7]), ja sogar sein Schatten [8]) Wunderkraft.

Durch gemeinsames B. eines von göttlichem Geist erfüllt gedachten Wesens oder Gegenstandes seitens mehrerer Menschen wird ein Bund dieser Menschen hergestellt [9]). Hieher gehört z. B. die Verwendung des Fürstensteins der Slovenen bei der Herzogswahl [10]) (vgl. a. die Kultsteine der Semiten) [11]), oder die Kettenbildung zwischen Lehrer und Schülern behufs Gedankenübertragung [12]).

[1]) vgl. Reliquien. [2]) ARw. 14, 314 f.; 17, 666 f. [3]) Goldmann *Einführung* 148 und die dort zitierten Stellen. [4]) Smith *Rel. d. Semiten* 155 Anm. 304; Oldenberg *Rel. d. Veda* 332. 482. 498 f.; vgl. ARw. 14, 314 f. [5]) ARw. 14, 314 f.; vgl. Pfister in Pauly-Wissowa 11 (Kultus). [6]) Z. B. Matth. 9, 20; Marc. 5, 25; Luk. 8, 43; Apostelgesch. Act. 19, 12. [7]) z. B. Pfister *Schwaben* 43 f. [8]) Apostelgesch. Act. 5, 15. [9]) Pfister in Pauly-Wissowa ebd. [10]) Goldmann ebd. [11]) Smith ebd. [12]) ARw. 17, 666 f.

2. Die Wirkung des B.s hängt von der Art der rezeptierten Kraft ab.

a) Das B. einer Gottheit bringt nach antikem Glauben den Tod [13]); hier ist das Orenda offenbar zu „stark", als daß es von einem Sterblichen ertragen werden könnte. Ebenso wirkt das B. eines von der Gottheit erfüllt gedachten Objekts (Nerthuswagen und -schiff [14]), Bundeslade der Israeliten [15]), Schmackosterrute [16]) u. ä. m.).

b) Das B. als Heilzauber, prophylaktischer wie auch therapeutischer Art gedacht, liegt den Bräuchen zugrunde, die sich auf den Zweigsegen beziehen (Schlag mit der Lebensrute, s. d.), verschiedenen Gebräuchen bei Geburt, Hochzeit und Tod [17]), Weihe- und Segnungsriten (vgl. Kuß), der Anwendung sympathetischer Mittel in der Volksmedizin [18]) (s. a. Amulett, Reliquien) und tritt am deutlichsten beim Handauflegen hervor (s. d.).

c) Als Schadenzauber verursacht das B. alle erdenklichen Übel und Schäden [19]), Krankheit [20]) und Tod [21]).

Hier sind es besonders bestimmte Wesen, die als Träger des schadenbringenden Orenda immer wiederkehren: Dämonen, geisterhafte Tiere (z. B. Frosch [22]), Kröte [23]), Eidechse [24]), Teufel [25]), Hexe [26])) bzw. in Verruf stehende Personen [27]).

d) Durch B. eines von göttlicher Kraft erfüllten Gegenstandes werden auch Diebe gebannt [28]).

e) Das B. kann auch Zauber [29]) und Heilkraft aufheben [30]), entzaubernd und entweihend wirken (vgl. unten die Verbote).

f) Schließlich wird es als Gegenzauber gegen die Wirkung des bösen Blicks angewendet. Durch B. des Objektes, das er ansieht, verhindert der Besucher eine etwaige schädliche Beeinflussung desselben durch seinen Blick [31]).

[13]) Mannhardt 1, 595 (vgl. den Schlag durch Erlkönigs Tochter! s. a. Schlag). [14]) Tacitus *Germ.* 40; dazu Mannhardt 1, 575. 595. [15]) IV. Mos. 4, 15 u. 19 f.; II. Sam. 6, 6 f.; I. Chron. 14, 9; 16, 13. [16]) Mannhardt 1, 595. [17]) Z. B. Grimm *R.A.* 1, 96 ff. [18]) z. B. Heyl *Tirol* 788 Nr. 147. [19]) z. B. Strackerjan 1, 345; Meyer *Aberglaube* 253; Heyl *Tirol* 795 Nr. 207. [20]) Strackerjan ebd.; Birlinger *Volksth.* 1, 145; ZfdMyth. 2 (1854), 69; Fogel *Pennsylvania* 333 Nr. 1773; Lenggenhager *Sagen* 57; Kühnau *Sagen* 2, 561. [21]) Alemannia 37 (1909), 9; SAVk. 2, 106; Kühnau *Sagen* 2, 562; Meiche *Sagen* 44; Meyer *Aberglaube* 153. [22]) Heyl *Tirol* 787 Nr. 142. [23]) Ebd. [24]) Schönwerth *Oberpfalz* 3, 259. [25]) Kühnau *Sagen* 2, 561. [26]) Seligmann 2, 561. 288; Alemannia 37 (1909), 9; Meyer *Aberglaube* 253; ZfdMyth. ebd.; Lohmeyer *Saarbrücken* 14; Strakkerjan 1, 345. [27]) Seligmann 2, 288. [28]) Wolf *Beitr.* 2, 50; Menschen sich willenlos zu eigen gemacht: Heyl *Tirol* 787 Nr. 142; vgl. dazu Meiche *Sagen* 44. [29]) Grimm *Myth.* 3, 466 Nr. 884. [30]) Lütolf *Sagen* 139; vgl. auch Kuß. [31]) Seligmann 2, 288.

3. Die schädlichen Wirkungen des B.s haben die Aufstellung verschiedener Vorsichtsmaßregeln und Verbote zur Folge gehabt. Träger des göttlichen Numens oder eines Dämons dürfen nicht mit bloßer Hand berührt werden, sonst stirbt der Berührende. Ebenso Gegenstände, die für Geister bestimmt sind, z. B. Nixenspeise, Allerseelenspeise u. ä. Den Körper der Drud darf man nicht anrühren, da sie sonst stirbt [32]) (Entzauberung). Zunder darf man nicht mit den Fingern b., sonst fängt er nicht [33]); gefundene Hufeisen [34]), sympathetische Mittel verschiedener Art [35]) verlieren durch B. ihre Kraft, wiederkehrende Tote entschwinden [36]).

Sieht man an Jemandem einen äußern Schaden, ein Geschwür u. ä. oder beschreibt man dies, so darf man weder sich noch andere an der betreffenden Stelle b., sonst bekommt man dasselbe Leiden [37]).

Unter den Schutzmaßregeln spielt das sofortige Zurückb. als Abwehrzauber eine besondere Rolle [38]). Gegenmaßregeln solcher Art treten im Zauber immer wieder hervor (vgl. den Art. besprechen).

[32]) Schönwerth *Oberpfalz* 1, 217; vgl. dazu Lütolf *Sagen* 481. [33]) Grimm *Myth.* 3, 443 Nr. 270. [34]) Fogel *Pennsylvania* 332 Nr. 1764. [35]) Grimm *Myth.* 3, 466 Nr. 884; Heyl *Tirol* 758 Nr. 41; ZföVk. 9, 216. [36]) Kühnau *Sagen* 2, 91. [37]) Drechsler 2, 264 f. [38]) Seligmann 2, 288.

4. Der Glaube an den B.zauber ist sehr alt und weitverbreitet. Er findet sich bei Natur- [39]) und Kulturvölkern: in Ägypten [40]), Indien [41]), Griechenland [42]), bei Juden [43]), bei Germanen [44]), im alten Christentum [45]) wie im MA. [46]). Er lebt auf im Zeitalter der Renaissance [47]) und später zu Beginn des 19. Jhs. durch die Lehre vom tierischen Magnetismus und ist auch heute noch keineswegs ausgestorben [48]).

Die ursprüngliche Bedeutung des B.-aktes, durch welchen der rezeptierende Teil gänzlich dem Gebenden verfällt, in seine Gewalt übergeht (vgl. oben 2 d mit Anm. 29), hat sich am klarsten bei der Eidablegung erhalten: hier b. der Schwörende den von göttlicher Kraft erfüllt gedachten Stab (s. d.), wodurch er ihr verfällt. Ist er ein Meineidiger, wird er tabu im schlechten Sinne, stirbt. Die magische Kraft nimmt dann Besitz von ihm [49]).

[39]) Lehmann *Aberglaube* 28. [40]) F. Preisigke *Vom göttl. Fluidum nach ägypt. Anschauung* (Papyr. Inst. Heidelb. 1, 1920). [41]) ARw. 14, 314 ff. [42]) Ebd.; ZfVk. 15, 76 u. die dort angeführten Stellen; Pfister Art. *Kultus*, Pauly-Wissowa 11, 2, 2169 ff. [43]) ARw. 17, 666 f. [44]) Tacit. *Germ.* 40; dazu Mannhardt 1, 575. 593. [45]) Z. B. Matth. 9, 20; Mark. 5, 25; Luk. 8, 43; Act. 3, 6 f.; 5, 15; 6, 6; Clemen *Reste* 119. 128. [46]) Stemplinger *Aberglaube* 40 f.; Pfister *Schwaben* 42 ff.; Ders., Pauly-Wissowa a. a. O. 2158. [47]) Sprengel in Ersch-Gruber 1, 192 ff. [48]) Z. B.: B. im Kult zur Weihe und Heilung, im Recht als Sicherung des Eides und der Besitznahme (vgl. Grimm *RA.* 1, 96 ff.; 2, 126 ff. 545 ff.), im Symbol des Backenstreichs (bei der Firmung), des Ritterschlags, wie des Handschlags im Alltag. [49]) Pfister in Pauly-Wissowa a. a. O.

Als Eidzeremonie begegnet uns das B. bei den Indogermanen [50]) und in der Bibel [51]), und für ihre Wichtigkeit spricht auch die Möglichkeit einer Etymologie, die das Schwören geradezu nach dem Anfassen benennt [52]).

[50]) Schrader *Reallex.* 1, 66. [51]) I. Mose 24, 2; 47, 29. [52]) s. a. ARw. 15, 348; vgl. Grimm *RA.* 2, 545 ff. Perkmann.

berußen s. Maske, Ruß.

Beryll (Aquamarin). Griech. βήρυλλος lat. beryllus, mhd. berille, wegen seiner meergrünen Farbe auch Aquamarin genannt. Im MA. setzte man geschliffene durchsichtige Abarten des Halbedelsteins (ebenso wie den vielfach mit ihm verwechselten Bergkristall) in Monstranzen und Reliquienbehälter ein, um den Inhalt sichtbar zu machen. Dies führte durch Beobachtung der optischen Wirkung um 1300 zur Verwendung des B.s zu der nach ihm genannten Brille [1]).

Die Alten schrieben dem B. Heilkräfte bei Augenerkrankungen zu. Er sollte auch die Eigentümlichkeit haben, in den Händen falscher Zeugen schwarz zu werden [2]). Wie der Kristall wurde der durchsichtige B. als Zauberspiegel verwendet, der dem Hineinschauenden die Zukunft enthüllen sollte (vgl. Kristall) [3]). Paracelsus erwähnt wiederholt diese Verwendung des B.s in der Schwarzkunst [4]). Im MA. glaubte man, Wasser, in dem ein B. gelegen, sei gut für die Augen, beseitige, getrunken, den Schlucken, verhindere das Anschwellen der Halsdrüsen und heile Halsentzündungen. Auch andere Heilwirkungen, vor allem bei Krankheiten des Magens und der Leber, wurden ihm beigemessen [5]). Eine gelbgrüne Abart des B.s galt nach dem Grundsatze similia similibus curantur als besonders wirksam gegen Gelbsucht und Leberleiden [6]).

Der B. ist Monatsstein für die im Oktober Geborenen; noch heute wird er als solcher gern getragen. Er soll dem, der ihn trägt, Ansehen verleihen und Liebe und Einigkeit zwischen Eheleuten erhalten [7]).

[1]) Schade s. v. berille 1324 f.; Schrader *Reallex.* 2, 1, 211; Kluge *EtWb.* s. v. Brille; Greef Nic. v. Cusa *de beryllo* = Ztschr. f. ophthalmol. Optik 1917, 42 ff. [2]) Pauly-Wissowa 3, 320 f.; Schrader *Reallex.* a. a. O.; Grimm *Myth.* 2, 1019 f. [3]) Schindler *Aberglaube* 253; Grimm *DWb.* 5, 2483 s. v. Kristall. [4]) Paracelsus 125. 155. 114; vgl. Panzer *Beitrag* 2, 270. [5]) ZfdA. 18 (1875), 431 Nr. 11; Megenberg *Buch der Natur* 375; Marbod 203 f.; Lonicer 60; Zedler 2, 1455 s. v.; Schade a. a. O. [6]) Hovorka-Kronfeld 2, 107. [7]) Lonicer 60; Megenberg a. a. O.; s. Monatssteine u. Th. Körner *Die Monatssteine* Str. 10. Olbrich.

beschreien s. berufen.

Beschreikräuter s. Berufkraut.

Beschwörung, beschwören.

1. Begriff. — 2. B. bei den Primitiven. — 3. B. bei den alten Kulturvölkern. — 4. B. im germanischen Altertum. — 5. Arten der B. — 6. Person des Beschwörers. Vorbereitung. — 7. Hilfsmittel zur B. — 8. B.sformel. a) Magische Kraft der Worte und Namen. b) Magische Kraft der Sprache und Musik. c) Die erzählende Formel. d) Die befehlende Formel. e) Christliche Elemente. — 9. Die begleitenden Handlungen. — 10. Erscheinung der beschworenen Macht. Rück-B. Gefahren der B. — 11. Ort und Zeit der B. — 12. Zweck der B.

1. B. ist die mit magischen Worten und Handlungen erfolgende Herbeirufung einer stärkeren Macht, um diese dem Willen des Beschwörers untertan zu machen. Häufig tritt hinzu ein Sichberufen auf ein noch Stärkeres, z. B.: „Ich beschwöre dich, du Gicht oder Gesicht, bei dem unschuldigen Blut unseres Herrn Jesu Christi“ [1]). Von diesem Gesichtspunkte aus geschah im Deutschen die Wahl des Wortes: b. heißt, jemand unter Anrufung eines heiligen oder geliebten Gegenstandes dringend, inständig bitten [2]). Diese Bedeutung hat das Wort, neben der noch heute gebräuchlichen Bedeutung: beteuern, schon im Ahd. und wird so zugleich mit den Ausdrücken: *munigôn* und *manôn* gebraucht: „Sîs bimunigôt thuruh then himilisgon got, bisuoran thuruh thes forahta, ther alla worolt worahta!“ [3]).

Die B. soll den Willen eines andern mit Gewalt beugen, sie ist ein aufgenommener Kampf. Dadurch unterscheidet sie sich im Prinzip von Besprechung (s. d.) und Segen (s. d.), die, ohne persönliche Auseinandersetzung mit der beschworenen Macht und ohne den großen Hintergrund der Magie nur zu Heilzwekken geübt, stets volkstümliche Zauberhandlungen bleiben, während die Kunst der B. mehr den gesellschaftlich höherstehenden Kreisen, den Alchimisten und „Gelehrten“, zukam und großen Anteil hat an den Geheimwissenschaften des MA.s, über die hinweg ihre Fäden zur Theurgie der Antike und Ägyptens laufen [4]). In der Praxis freilich gehen die genannten Übungen oft ineinander über. Doch haben Besprechung und Segen, wie auch der Exorcismus (s. d.) stets den Zweck, den beschworenen Dämon zu verjagen, während er bei der Bannung (s. d.) festgehalten wird. Die B. ist auch dem Gebet (s. d.) verwandt, doch tritt sie nicht demütig an die Gottheit heran, sondern fordert von ihr oder ruft ihre Hilfe im bevorstehenden Kampfe an [5]).

[1]) Formel aus d. Böhmerwalde s. ZfVk. 1, 210. [2]) Grimm *DWb.* 1, 1607. [3]) Otfr. 4, 19, 47. [4]) Lehmann *Aberglaube* [3] 144. [5]) ZfVk. 5, 4 ff.

2. Die B. ist schon in den niedrigsten Kulturschichten vorhanden. Sie gehört zu den primitivsten menschlichen Affektäußerungen, die den Kultus erst vorbereiten [6]). Durch B. wird ein beliebiges Objekt zum Fetisch erhoben [7]), und sie bleibt stets ein wesentlicher Bestandteil des Fetischkults [8]). Die Intichiumazeremonien der Australier sind B.en der Totem-tiere und -pflanzen [9]). Auf animistischer Stufe ist die B. eine dem Opfer ähnliche kultische Handlung, um Götter oder Dämonen zu gewinnen [10]). Die B. ist dem Primitiven Beherrschung der ihn umgebenden Welt. Nach australischen Mythen haben die Kulturbringer der früheren Zeit die Menschen die B. gelehrt [11]); namentlich die ärztliche Kunst des Primitiven ist reich an B.en [12]), und der Geist des Toten wird durch B. von

den Wohnstätten der Lebenden ferngehalten [13]).

[6]) Wundt *Mythus u. Religion* 2, 62. [7]) Visscher *Naturvölker* 1, 234. [8]) Wundt 1², 310. [9]) Frazer *Totemism* 1, 105 ff. [10]) Wundt 3, 26. 64. 78. 106 u. a. [11])Ebd. 2, 342. [12]) Visscher 2, 462. [13]) Wundt 1², 246.

3. Von den alten Kulturvölkern hatten schon die vorgeschichtlichen Bewohner Mesopotamiens eine reiche B.sliteratur entwickelt [14]), die alten Ägypter besaßen eine ausgebildete Götter-B.skunst [15]), die Juden kannten, obwohl der Grundsatz des AT. war: alles Zauberwesen ist Heidentum, doch Toten- und Dämonen-B. [16]), und besonders reich ist unsere Kenntnis von B.en der Griechen [17]) und Römer [18]). In der hellenistischen Zeit nahm der Neuplatonismus die Götter-B., die Theurgie, in sein philosophisches System auf, ja er machte sie zur Gottesverehrung [19]). Von der Antike hat das Christentum die Praxis der B. übernommen [20]). Das Dämonenb. wurde sogar zu einem Akte des kirchlichen Amtes gemacht [21]), und auch heute noch ist eine der niederen Weihen des katholischen Priesters das Exorzistat.

[14]) Lehmann *Aberglaube* ³ 44 ff.; Soldan-Heppe 1, 16 f. [15]) Lehmann ³ 140 ff. [16]) 1. Buch Samuelis, cap. 26.; Soldan-Heppe 1, 27 ff. [17]) *Odyssee* 11, 23 ff.; Pindar *Pyth.* 4, 214; Platon *Theätet* 149; *Euthydem* 209; Theocrit *Pharmaceutriai*; Apollonius *Argonaut.* 3, 1032. [18]) Ovid *Fast.* 3, 321 ff.; Plinius *nat. hist.* 28, 2; Lucan *Pharsal.* 6, 554 ff.; Virgil *Ecloge* 8. [19]) Lehmann ³ 83 f. 144 f. [20]) Tertull. *Apol.* 23; Stemplinger *Volksmedizin* 50 f. [21]) Döllinger *Lehrb. d. Kirch.* 1, 49.

4. Auch das germanische Altertum kennt B.en, wenn auch nicht auf derselben dämonologischen Grundlage wie der Orient [22]). Der Zauberer der eddischen Havamál rühmt sich, 18 B.sformeln zu wissen [23]); mit Drohung und B. bricht Skirnir Gerdas Widerstand gegen die Vereinigung mit Freyr [24]), in der Eirikssaga stellt die Zauberin einen magischen Kreis von Menschen her und läßt ein Mädchen ein Geisterlied, vardhlok(k)a, singen, das Geister herbeizieht, aus deren Erscheinen sie die Zukunft weissagt [25]). Besonders häufig aber werden Totengeister beschworen [26]). Diese altgermanische B., die sich auch in den beiden Merseburger Zaubersprüchen [27]) und einigen gleichzeitigen angelsächsischen Zauberliedern [28]) widerspiegelt, mischte sich im MA. mit der kirchlichen B.sübung [29]). Aus diesen Quellen fließt also die B.spraktik des deutschen Volkes.

[22]) Lehmann *Aberglaube* ³ 107. [23]) v. 147 bis 164. [24]) Skirnisför, v. 25—36; Meyer *Relig.gesch.* 134. [25]) Ebd. 146 f.; ZfVk. 27, 98 f.; MoM. 1916, 1 ff. [26]) Grimm *Myth.* 2, 1027 f; 3, 368. [27]) Ebd. 2, 1029 f. [28]) Meyer *Mythol. d. Germanen* 33. [29]) Ebd. 33 f. 58 f.

5. Die Arten der B. richten sich nach dem beschworenen Objekt. Es gibt: Krankheits-, Toten-, Geister- und Teufels-B.en, B.en zur Bannung von Dieben und Herbeizitierung geliebter Menschen, B.en von Feuer und Wetter, Haftlieder und ähnliche Formeln zum Öffnen verschlossener Dinge, Waffenb.en, B.en von Tieren, insbesondere Schlangen, und von Pflanzen.

Krankheitsb.en s. ZfVk. 5, 1—40; Wuttke ⁴ § 227 ff.; Birlinger *Aus Schwaben* 1, 442 ff.; Frischbier *Hexenspr.* 27 ff.; Hovorka-Kronfeld 2, 861 ff.; Urquell 2 (1891), 43 ff.; 5 (1894), 225; ZfVk. 8, 56 ff. 379 ff.; Seyfarth *Sachsen* 72 ff.; vgl. Wundt *Mythus u. Religion* 1², 280; s. auch die Artikel Krankheitssegen und besprechen. Zum weiteren s. auch die Artikel Toten-B., Geister-B., Diebssegen, Liebessegen, Feuersegen, Wettersegen, Schlangensegen, Wünschelrute (Segen). Toten-B.en s. Vegtamskvidha, v. 4; Grimm *Myth.* ⁴ 2, 1027 f.; vgl. *Odysee* 11, 23 ff.; Bolland *Acta Sanctor. Mart.* 1, 438. 439; Vitae patrum 2, 37; Klapper *Erzählungen* Nr. 24. 158; ZfVk. 27, 100 f. A. 1.; Kühnau *Sagen* 3, 191 f. 203. 214 f. Geister-B.en s. HessBl. 4, 167 ff.; Birlinger *Aus Schwaben* 1, 360 ff.; Klapper *Schlesien* 236 f.; vgl. Lukian *Philopseudes* cap. 30 u. Plinius *Ep.* 7, 27; Cäsarius v. Heisterbach *Dialogus* 5, 3; Benvenuto Cellini *Selbstbiogr.* übers. v. Goethe 2, c. 1. 2. Teufels-B.en s. Vintler *Pluemen* v. 35 ff.; ZfVk. 9, 271. 361 f.; Klapper *Erzählungen* Nr. 63. 120. 194; Graber *Kärnten* 34 f. 281 f. 289 f. 304 f.; SAVk. 14, 233 f.; Grohmann 211; Kiesewetter *Faust* 499 f.; Kühnau *Sagen* 2, 690. Diebssegen s. Frischbier *Hexenspr.* 112 ff.; Birlinger *Aus Schwaben* 1, 452 f.; Fehrle *Zauber u. Segen* 58 f. Feuersegen s. Frischbier *Hexenspr.* 109 f. Wettersegen s. Grimm *Myth.* 1028; Fehrle ebd. 58; Panzer *Beitrag* 2, 272 Nr. 13; Sébillot *Folk-Lore* 1, 108. Liebessegen s. Frischbier *Hexenspr.* 161 ff.; ZfVk. 8,

398; Drechsler 1, 13; Kühnau *Sagen* 3, 260f.; Meyer *Baden* 167f.; ZfVk. 26, 194ff.; vgl. Krauß *Sitte u. Brauch* 168f. Haftlieder s. Grimm *Myth.* 1029. B. von Schloß und Riegel s. Grimm *Myth.* 1028. B.en der Schatzsucher und -gräber s. Kühnau *Sagen* 3, 772 f. und 769; Graber *Kärnten* 227. 234 f.; Birlinger *Aus Schwaben* 1, 456; Panzer *Beitrag* 2, 279 Nr. 22; Müller-Bächtold *Uri* 1, 276 Nr. 384; vgl. Sébillot *Folk-Lore* 1, 775. Waffen-B. s. Klapper *Schlesien* 233; Ztschr. f. histor. Waffenkunde 8 Heft 1. 2; Frischbier *Hexenspr.* 121 f. B. von Tieren s. Attenhofer *Sursee* 94; *Zimmerische Chronik* hrsg. v. Barack 3 (Stuttgart 1869), 272 ff.; MSD. 8; Frischbier *Hexenspr.* 137 f.; Panzer *Beitrag* 2, 272; SAVk. 14, 214 f.; vgl. auch die feierliche Verfluchung der Würmer zu Lausanne: Anshelm *Berner Chronik* 1 (Bern 1825), 206 und Stettler *Schweitzer Chronic* 1 (Bern 1626), 278; Zbornik za nar. živ. 15, 132—140; Frazer *Totemism* 1, 105 ff. Schlangen-B. s. RhMus. 1905, 315 ff.; vgl. Reitzenstein *Wundererz.* 4; Lukian *Philopseudes* c. 12; Philipp-Acten, Bonnet-Lipsius 102, 39 f. B.sformel beim Ausgraben von Heilkräutern s. Klapper *Schlesien* 99 f.; Birlinger *Aus Schwaben* 1, 458. Beim Abschneiden der Wünschelrute s. MschlesVk. 7 Heft 13, 53 ff.; Birlinger *Aus Schwaben* 1, 455 f.; vgl. Frazer *Totemism* 1, 107.

6. Der Beschwörer selbst eigne sich geistig und körperlich zur B. Er trage ein bestimmtes Gewand, das nach Agrippa von Nettesheim von reiner weißer Leinwand und nach allen Seiten geschlossen sei [30]). Nach dem Aberglauben in Böhmen darf ein Hagelbeschwörer kein gestärktes Hemd anhaben [31]). Auf ehemalige Nacktheit des Beschwörers geht wohl die Forderung im Aberglauben Preußens zurück, die B. entblößten Hauptes vorzunehmen [32]), ferner einige Bräuche im badischen Liebeszauber, wenn das Mädchen nackt oder im bloßen Hemd in der Andreas- oder Thomasnacht ihr Sprüchlein sagt oder die Stube kehrt, um die Erscheinung des Geliebten herbeizubeschwören [33]). Auch wenn nach jütischem Aberglauben ein unheilbar Kranker, während der Priester auf der Kanzel steht, ganz nackt in die Kirche treten muß, dreimal auf die Altarstufen laufen und den Namen der Krankheit laut sagen muß [34]), liegt wohl eine B. des Krankheitsdämons durch einen nackten Beschwörer vor dem Angesichte Gottes, also unter Beistand Gottes, vor. Besonders wichtig ist die geistige Eignung des Beschwörers, der sich vor allem durch Reinheit der Sitten auszeichnen soll [35]). In Sagen aus Kärnten, Südtirol, Schlesien usw. werden ihm vom erschienenen Geiste seine Sünden vorgeworfen [36]), und bei Caesarius von Heisterbach ist das Motiv dahin umgebildet, daß der Dämon eines Besessenen jedem die noch nicht gebeichteten Sünden vorwirft [37]). Ja, dem sündigen Beschwörer kann der beschworene Geist sogar gefährlich werden; so wird bei den Darmstädter B.en von 1717 und 1718 ein Kreis gezogen, „damit wan einer darbey, so nicht in statu gratiae, nicht etwan ihm durch den geist ein schaden geschehe" [38]). Oft wird auch das Rück-B. des gerufenen Geistes schwierig, da sich dieser nur von einem Beschwörer abdanken läßt, von dem er nicht den geringsten Fehltritt weiß. S. darüber unter Rück-B. Der Beschwörer darf auch keine Belohnung annehmen [39]) oder erst nach glücklichem Gelingen der B. [40]). Mit der geistigen Eignung des Beschwörers hängt auch die Vorbereitung zusammen, die zuweilen der B. vorangeht.

Nach einer Hs. der Breslauer Stadtbibliothek aus dem 16. Jh. muß der Beschwörer 7 Tage und Nächte keusch und züchtig leben [41]), und nach den Gerichtsakten von Blankenburg a. d. Sieg gilt 3tägiges Fasten als Vorbereitung zur B. [42]). Diese Anordnungen gehen auf die Magie des MA. zurück, wie Agrippas von Nettesheim ähnliche Forderungen beweisen [43]), und finden sich im Volksglauben dahin weitergebildet, daß einer, der den Teufel b. will, 9 Tage nicht beten und Weihwasser nehmen darf [44]). Die Vorbereitung ist nach Agrippa notwendig, „um die nötige Disposition zu erhalten, einen Geist zu sehen und dessen Gedanken in sich aufnehmen zu können" [45]). Die Zeit der Vorbereitung ist bei ihm gar ein Monat [46]).

Der B. kundig gelten im Volke namentlich gewisse Stände, so die Hirten und die Abdecker [47]). Besonders Frauen sind in dieser Kunst erfahren [48]). In manchen Häusern vererbt sich durch Zauberbücher die Kunst der B.[49]). Auch Geistliche gelten als der B. kundig[50]). Bei Besessenen wandte man sich im MA. lieber an den Geistlichen als an den Arzt[51]). Besonders den katholischen Geistlichen, und unter diesen namentlich den Kapuzinern, traut man geheime Kenntnisse zu und wendet sich an sie auch in protestantischen Gegenden[52]). Zuweilen nimmt der Geisterbeschwörer ein Medium mit in den Kreis, das die dem Beschwörer unsichtbaren Geister wahrnimmt. Bei den Darmstädter B.en ist es ein Mann, der im Quatember geboren ist[53]), in der Magie meist ein reiner, unschuldiger Knabe[54]).

30) Agrippa v. Nettesheim[4] 4, 97. 31) Grohmann 34. 32) Frischbier *Hexenspr.* 26. 33) Meyer *Baden* 168 f.; s. auch Gerhardt *Franz. Novelle* 129. 34) Meyer a. a. O. 575. 35) Für das MA. s. Meyer *Aberglaube* 294. 36) Graber *Kärnten* 35. 169; Müller *Uri* 1, 290 Nr. 405; ZfVk. 9, 77 f.; Kühnau *Sagen* 2, 690. 37) Caesarius v. Heisterbach *Dialogus* 3, 1. 2. 38) HessBl. 4, 169. 39) Urquell 2, 14. 40) Kühnau *Sagen* 3, 203. 41) Klapper *Schlesien* 236. 42) ZfVk. 16, 174. 43) Agrippa v. Nettesheim[4] 4, 95 f. 44) ZföVk. 3, 279 Nr. 9. 45) Agrippa v. Nettesheim[4] 4, 95 f. 46) Ebd. 96. 47) Frischbier *Hexenspr.* 24; HessBl. 15, 18 f. 48) Frischbier *Hexenspr.* 24; vgl. ZfVk. 8, 379 u. Hovorka-Kronfeld 2, 863. 49) Meyer *Baden* 573. 50) Für Frankreich s. Gerhardt *Franz. Novelle* 127 ff. 51) Meyer *Aberglaube* 292 f. 52) Ebd. 295 f.; Frischbier *Hexenspr.* 24 f.; HessBl. 4, 174; Sébillot *Folk-Lore* 1, 108 ff. 53) HessBl. 4, 169. 54) Kiesewetter *Faust* 421 ff.; Brugsch-Pascha *Aus dem Morgenlande* 44.

7. Der Beschwörer verwendet bei seiner B. gewisse Hilfsmittel. In einer Kärntner Sage hält jeder der drei Beschwörer ein Talglicht in der Hand[55]), und in schlesischen Sagen werden schwarze und andere Kerzen zur B. verwendet[56]). Bei der sog. „Jenaischen Conjuration", einer 1715 in einem Rebhäuschen bei Jena um eines angeblichen Schatzes willen vorgenommenen B., wurde ein großes Kohlenfeuer entfacht; als infolge des dabei entstandenen Kohlendampfes mehrere Teilnehmer erstickten und auch die in der folgenden Nacht aufgestellte Totenwache in Ohnmacht fiel, schrieb man dies alles dem Teufel zu[57]). Auch in der Antike nimmt der Geisterbeschwörer ein Licht zu seiner B. mit[58]), und ebenso werden in der gelehrten Magie des MAs. bei der B. Lichter nach den vier Weltgegenden aufgestellt[59]). Licht und Feuer scheinen einen Schutz des Beschwörers darzustellen; daher drehen im Märchen die Gespenster jedem den Hals um, der versucht Feuer zu machen[60]). Das in der ma.lichen Magie, bei Agrippa von Nettesheim[61]) und in Fausts „Höllenzwang"[62]) geforderte Räucherwerk, „eine starke Geißlung der Geister, damit man sie zwingen kann", hat sich vielleicht in einem Brauch des preußischen Landvolkes erhalten, schädliche Tiere im Felde auszuräuchern[63]).

Das wichtigste Hilfsmittel des Beschwörers ist der Kreis. Er hat sich auch der Volksphantasie am schärfsten eingeprägt und fehlt selten in Sagen und Berichten, die eine B. erwähnen. Der Kreis dient zum Schutze des Beschwörers vor den gerufenen Mächten. Besonders bei Geister- und Teufels-B.en tritt oft sinnfällig hervor, wie die Macht der Dämonen am Rand des gezogenen Kreises endet (s. Asyl, Kreis). Meist steht der Beschwörer in dem Kreis, doch kann der Kreis auch der Aufenthalt sein, den der Beschwörer dem beschworenen Dämon anweist, um ihn darin festzuhalten. Bei den Darmstädter B.en wird ein Kreis für den Beschwörer, ein zweiter für den Dämon gezogen[64]). In einer schlesischen B. aus dem 16. Jh. wird der Geist in ein mit Wasser gefülltes Glas beschworen[65]), vgl. Flaschengeister. An Stelle des Kreises findet sich bei nordischen Toten-B.en ein viereckiges Gehege, das zur Verstärkung des Schutzes von neun Linien umzogen wird[66]), und im faerörischen Aberglauben sitzt der Beschwörer auf einem Tierfell[67]). Bei einer spätgriechischen B. gräbt der Beschwörer eine Grube[68]). Zuweilen hat der Beschwörer ein Zauberbuch bei sich, aus dem er die B. abliest[69]) (s. Zauberbuch). Von den Gegenständen, die nach ma.licher Magie der Beschwörer als weitere Hilfsmittel bei sich haben soll, wie heilige Tafeln, Bilder, Szepter, ein

Schwert, Kleider usw. [70]), ist nichts in den Volksglauben übergegangen. Nur im eben erwähnten faerörischen Aberglauben hat der Beschwörer eine Axt und ein Schwert bei sich [71]).

[55]) Graber *Kärnten* 289. [56]) Kühnau *Sagen* 3, 192. 769. 772 f. [57]) Keil *Geschichte d. jenaischen Studentenlebens* 189 ff. [58]) Plinius *Ep.* 7, 27. [59]) Kiesewetter *Faust* 397; Agrippa v. Nettesheim [4] 4, 100. [60]) Bolte-Polívka 1, 25 f. [61]) Agrippa v. Nettesheim 4, 97 ff. [62]) Kiesewetter *Faust* 398 f. [63]) Frischbier *Hexenspr.* 138; vgl. Kiesewetter *Faust* 502 A. 1. [64]) HessBl. 4, 169. [65]) Klapper *Schlesien* 236. [66]) ZfVk. 27, 100 f. A. 1. [67]) Ebd. 103 f. [68]) Lukian *Philopseudes* c. 14. [69]) Kühnau *Sagen* 3, 192. 769. 773; Graber *Kärnten* 289. [70]) Agrippa v. Nettesheim [4] 4, 105. [71]) ZfVk. 27, 103 f.

8. a) Die B. selbst zerfällt in das Hersagen der B.sformel und in die begleitenden Handlungen. Von der B.sformel sei nur soviel erwähnt, als zum Verständnis der B.sformel als magischen Instruments in der Hand des Beschwörers notwendig ist. (Weiteres s. Segen, Besprechung.) Die aus Worten bestehende Formel ist ein starkes und keineswegs geistiges, sondern durchaus materielles Zaubermittel [72]). „Noch stärkere Macht als in Kraut und Stein liegt in dem Wort" [73]), groß ist die Gewalt der verba et incantamenta carminum auch in der Antike [74]), und dem indischen Magier ist die B.sformel eine „mächtige Waffe", mit der er den Beschworenen zwingt: „Die Alâṇḍu und Çalanu (d. s. Würmer) zermalmen alle wir durchs Wort! Mit mächtiger Waffe töt' ich die Alâṇḍu —" [75]) (s. Wort). Nicht selten ist jeder Buchstabe des Zauberwortes das Symbolum eines ganzen Wortbildes, wie dies bei den Abracadabra-, Sator- und ähnlichen Formeln der Fall ist. Doch gibt es auch B.s- und überhaupt Zauberformeln, denen Sinn und Verständlichkeit gänzlich mangeln, deren geheimnisvolle Macht aber für den Abergläubischen gerade in der Unverständlichkeit liegt und die vergleichbar sind dem Zaubergerät, das sonst zu keinem sinnvollen, alltäglichen Gebrauche dient. Solche unverständliche Formeln sind Griechen [76]) und Römern [77]), dem deutschen Volke [78]) und anderen Völkern [79]) bekannt.

Besonders die Namen der beschworenen Macht sind starke Waffen in der Hand des Beschwörers. Wer den Namen kennt, hat Macht über seinen Träger, denn der Name drückt das Wesen des Trägers aus (s. Name). Im täglichen Gebrauch scheut man sich oft, die Namen gewaltiger Mächte zu nennen, daher die Geheimnamen der Dämonen [80]), bei der B. aber wird der Name ausdrücklich genannt und wirkt schon so als B. So zwingt der griechische Magier nur mit „7 heiligen Namen" die Schlangen des ganzen Umkreises herbei [81]). Um sich eines Dämons besonders gut zu versichern, werden alle seine Namen genannt, z. B.: „N. N. ich begreife deine Gicht, die Markgicht, Beingicht, Adergicht, Blutgicht, Fleischgicht" [82]). Mit der möglichst vollständigen Aufzählung der Namen im Zusammenhang steht auch das Nennen von „neunerlei Feuer" und andere Zahlenangaben [83]). Die zu beschwörende Macht wird auch „gefaßt" durch Nennung ihrer Eigenschaften [84]), ihres Geschlechts und ihrer Herkunft [85]), Schilderung ihrer Wirkungen [86]) und Erwähnung ihres Sitzes, weshalb bei Krankheits-B.en zuweilen zahlreiche Körperteile aufgezählt werden [87]). Doch auch der Mensch ist mit seinem Namen innig verknüpft; daher wird bei Krankheits-B.en oft der Name des Kranken genannt und zwar wird er meist an den Anfang gesetzt [88]). Auch die Namen Gottes und andere heilige Namen werden von den „Beschwerern und Segensprechern mißbraucht" [89]), um Gott und andere heilige Mächte zum Beistand in dem aufgenommenen Kampfe anzurufen (s. unten Christliche Elemente).

[72]) Wuttke [4] § 225. [73]) Grimm *Myth.* 1023. [74]) Plinius *nat. hist.* 28, 2. [75]) Julius Grill *Hundert Lieder des Atharva-Veda* 6. [76]) Wessely *Ephesia grammata* 22 Nr. 210. [77]) Cato *De re rustica* 160. [78]) ZfVk. 8, 60 f.; Frischbier *Hexenspr.* 52. 104; ZfVk. 20, 385 Nr. 3, 3 u. 10. [79]) ZfVk. 5, 39 f. [80]) Güntert *Göttersprache* 5 ff. [81]) Lukian *Philopseudes* c. 12. [82]) ZfVk. 1, 209 Nr. 10; s. auch

208 Nr. 6 u. 9; Frischbier *Hexenspr.* 49. 74; Stemplinger *Volksmedizin* 46. [83]) Frischbier *Hexenspr.* 63. 101; ZfVk. 5, 33; ebd. 1, 194 d. 211. [84]) Vgl. die christlichen Litaneien. [85]) ZfVk. 5, 32 f. [86]) Soldan-Heppe 1, 17. [87]) Hovorka-Kronfeld 2, 864; Birlinger *Aus Schwaben* 1, 450; ZfVk. 1, 210 f. [88]) Stemplinger *Volksmedizin* 45 f.; Frischbier *Hexenspr.* 27. 30. 58. 74. 82. 92. [89]) Conrad Wolff Platz *Kurtzer, nothwendiger und wolgegründter Bericht von dem Zauberischen Beschweren und Segensprechen.* Nürnberg 1681, 6 f.

b) Die B.sformel war ursprünglich in gebundener Rede abgefaßt und wurde gesungen (vgl. lat. carmen „Zauberformel", franz. enchanter). So sang in der altnordischen Eirikssaga Gudrid ein Geisterlied [90]); so ist es auch gekommen, daß viele Ausdrücke des Beschwörens und überhaupt des Zauberns von solchen des Singens und Sagens abgeleitet sind [91]). Diese gebundenen, feierlich gefaßten Worte (verba concepta) erklären auch den Zusammenhang alles Zaubers mit der Poesie [92]). Beide Momente, gebundene Rede sowie Verbindung mit Musik, erhöhen die suggestive und damit auch magische Kraft der B. Doch ist jetzt die gebundene Form der B. zumeist der prosaischen gewichen, und ein Singen der B.sformel findet sich nur noch bei den Primitiven [93]). Einen gewissen Ersatz bietet die Monotonie mancher Formeln, die durch Wiederholung von gleichen Worten [94]) oder ähnlichen Wortgruppen [95]) eine suggestive Wirkung ausüben, die die Kraft und Eindringlichkeit der B. in hohem Maße verstärkt.

[90]) Cap. 4; Meyer *Relig.gesch.* 146 f. [91]) Grimm Myth. 2, 1023. [92]) Ebd. [93]) Frazer *Totemism* 1, 105 f. [94]) Substantiva: bên zi bêna, bluot zi bluoda, etc. s. Grimm *Myth.* 2, 1030 f.; Adjectiva: ZfVk. 1, 207 Nr. 4; ZfVk. 8, 384 Nr. 1; Numeralia: Stern *Türkei* 1, 355; Verba: ZfVk. 1, 209 ff.; Klapper *Schlesien* 235. [95]) ZfVk. 1, 203 Nr. 6; Hovorka-Kronfeld 2, 864.

c) Die B.sformel ist als Anrufung und Zwang einer Macht ihrer Natur nach befehlend. Doch ist sie zuweilen auch erzählend, d. h. sie weist, meist am Anfang, einen epischen Teil auf, der dann in die befehlende B. übergeht, doch auch allein vorkommt. Die erzählende Formel, deren klassische Beispiele die 2 Merseburger Zaubersprüche [96]) sind, beruht auf der Anschauung von der Sympathie alles Seins: aus der Erzählung einer früheren Heilung, Diebsbannung usw. leitet sich die magische Kraft für den vorliegenden Fall ab. So hat auch bei den Primitiven die bloße Erzählung schon Zauberwirkung [97]). Wuttke [98]) hält daher die erzählende Form für die ältere, während Hälsig [99]) und Seyfarth [100]) die befehlende für ursprünglicher ansehen. Die Erzählung hat gewisse stereotype Formen angenommen. Gerne wird, namentlich in Krankheits-B.en, ein Dialog gebracht: Gott, Jesus, Maria oder ein Heiliger, die alle den alten Wodan der 2. Merseburger Formel verdrängt haben, begegnen dem Krankheitsdämon [101]), dem Erkrankten [102]), einer erkrankten göttlichen Person [103]), 3 Brüdern, die ein Heilkraut suchen [104]), einer göttlichen Person, die eben heilen geht [105]), dem Beschwörer [106]) usw. Zuweilen wird auch von einem Streit zwischen der Krankheit und einer anderen Sache, wobei die Krankheit verdrängt wird, erzählt [107]). Von magischer Kraft ist auch die Anführung eines Vergleiches [108]), der am häufigsten mit dem ab- und zunehmenden Monde, der auf- und untergehenden Sonne angestellt wird und zwar nach dem Schema: „Wie der Mond abnimmt, so soll die Krankheit abnehmen", oder „wie der Mond zunimmt, so soll umgekehrt die Krankheit abnehmen". Auch der Vergleich setzt eine Sympathie des Seins voraus.

[96]) Grimm *Myth.* 1029 f.; s. auch Fehrle *Zauber u. Segen* 35 ff. [97]) Wundt *Mythus u. Religion* 2, 110. [98]) Wuttke[4] § 226. [99]) *Zauberspruch* 8. [100]) *Sachsen* 73. [101]) Frischbier *Hexenspr.* 59 Nr. 1; Meyer *Baden* 574; Wuttke[4] § 228; Hovorka-Kronfeld 2, 865. [102]) Frischbier *Hexenspr.* 90 Nr. 2; 91 Nr. 3; Hovorka-Kronfeld 2, 863. [103]) ZfVk. 8, 289. [104]) s. Dreibrüdersegen [105]) Frischbier *Hexenspr.* 55 Nr. 11; 57. [106]) Ebd. 83 Nr. 4. [107]) Grimm *Myth.* 1043; Frischbier *Hexenspr.* 57. 80 f.; Meyer *Baden* 574. [108]) Stemplinger *Volksmedizin* 46 f.; Frischbier *Hexenspr.* 61. 95 f. 99 f.; Birlinger *Aus Schwaben* 1, 443. 445. 448. 450; Seyfarth *Sachsen* 94 ff.

d) Die befehlende B.sformel wendet sich direkt an die zu beschwörende Macht und teilt in klaren Worten den Willen des Beschwörers mit: „Ich beswer ewch ruetten pey der macht des vaters ......, das Ir mich firt und laittet“ [109]), „Nun ruffe ich N. dich Hölle, das Höllische Feuer und alle höllischen Quahlen und Martern und euch vorgesetzten der Hölle ... ..., daß ihr alsobald vor meinem Creysse erscheinet“[110]), „Herzwurm und Fruchtwurm und Darmgicht, ich gebiete dir bei Gottes Gericht, daß du dich sollst legen“ [111]), „Ich gebiete dir, Feuer ......, du wollest stille stehen und nicht weiter gehn“ [112]), „Ihr Immen, Wis' und Bienen ... ..., ich gebiete euch und beschwöre euch, daß ihr herunter kommt“ [113]). „Somit beschwöre ich allen Stahl und Eisen, Pulver und Blei ... ..., damit sie mir keinen Schaden noch Leid thun!“ [114]). Noch unmittelbarer ist der bloße Imperativ: „Gang ut nesso mid nigun nessiklinon“ [115]), „Fahr' aus Gicht, alle böse Gesicht“ [116]), „Schwinden, du sollst stille stehen“ [117]). Bei Verletzungen und Verrenkungen taucht eine alte, scheinbar indogermanische Formel immer wieder auf, die ebenfalls befehlend ist: „Bein zu Beine, Blut zu Blute, Glied zu Gliede“ [118])! Namentlich die Krankheits-B.en sind reich an Variationen des Befehls: die Krankheit wird höflich aufgefordert sich zu entfernen, ihr wird zur Sicherheit ein ferner Aufenthaltsort angewiesen (s. Verbannung), der Wald, das Meer, „Unstätten“, d. s. unwirtliche Gegenden, und andere Orte, ihr wird schließlich gedroht [119]). Die Drohung wird weiter zur Beschimpfung, Verwünschung [120]) und Verfluchung: „Du verfluchtes Fieber, ich beschwöre dich ... ...“ [121]). Die magische Kraft des Fluches beweist der Aberglaube in Böhmen, daß einer, der den Teufel b. will, diesen in einem Kreise 24 Stunden lang verfluchen muß [122]).

[109]) MschlesVk. 7, Heft 13, 54. [110]) Kiesewetter *Faust* 406 f. [111]) Seyfarth *Sachsen* 75. [112]) Bartsch *Mecklenburg* 2, 357 f. [113]) Ebd. 2, 452. [114]) Frischbier *Hexenspr.* 121. [115]) Grimm *Myth.* 1032. [116]) Seyfarth *Sachsen* 79. [117]) Ebd. 81; weitere Beispiele s. Fehrle *Zauber und Segen* 6 ff. [118]) Grimm *Myth.* 1030 f.; Grill *Hundert Lieder des Atharva-Veda* 18 Nr. 4, 12. [119]) Seyfarth *Sachsen* 78 ff.; ZfVk. 5, 14 ff.; zur Drohung vgl. Agrippa v. Nettesheim [4] 4, 109. [120]) *Skirnisför* v. 25 ff.; s. Simrock *Mythologie* [4] 62. [121]) Frischbier *Hexenspr.* 55 Nr. 10. [122]) Grohmann 211.

e) Wie in der Antike Dichterverse in die B.sformeln aufgenommen werden [123]), so sind in späterer Zeit Bibelsprüche und christliche Gebete von großer magischer Kraft. Durch das Evangelium Johannis wird das Fieber vertrieben [124]), das Vaterunser, Ave Maria, De Profundis, Avete omnes, Requiem hilft bei Geister-B.en [125]), die Passio Christi heilt den Krampf [126]) und beschwichtigt das Wetter [127]), nach dem Walenbüchlein des Hans Man von Regensburg aus dem Jahre 1615 verhelfen 5 Paternoster, 5 Ave Maria und 1 Credo dem Schatzsucher dazu, den Schlüssel zur Felsentür zu finden [128]). Conr. Wolff Platz [129]) zählt als die „guten und göttlichen Wort“, welche zum „Beschweren und Segensprechen“ benutzt werden, noch folgende auf: „die 7 Wort Christi, da er am Stamm des heiligen Creutz gesprochen, die Uberschrifft, welche Pontius Pilatus an das Creutz oberhalb Christo gehefft hat. Item das Evangelium Johannis am 1. Cap. und andere Sprüch aus dem Evangelisten. Item der Englische Gruß, das Ave Maria, das heilige Vatter Unser und wer kann es alles erzählen Diese gute, gottselige, göttliche Wort?“ Andere christliche Elemente in B.sformeln sind folgende: Bei Krankheits-B.en wird gern das Getauftsein des Kranken betont [130]); denn über den Getauften hat der „heidnische“ Dämon keine Gewalt. Häufig werden auch Glockengeläute und kirchliche Zeremonien erwähnt [131]). Die B. beginnt oft mit einer Anrufung Gottes [132]) und endet „Im Namen G. d. V., d. S. u. d. h. G.“ [133]).

Zahllos aber sind die heiligen Namen und Dinge, die der Beschwörer anruft, um Helfer im B.skampfe zu gewinnen: „Das unschuldige Blut

Christi, die hl. 5 Wunden, das hl. Grab, die Stricke, Bande und Nägel, das Kreuz, Christi Marter, diejenigen die das Kreuz umstanden, die hl. Namen Christi" [134]), „die hl. Dreifaltigkeit, die Menschheit Christi, seine Geburt, Beschneidung, Taufe, seine Predigten, seinen Tod, sein Begräbnis, seine Himmelfahrt, die Gewalt Gottes, der Tag des Urteils" [135]) u. a. m. [136]). Überhaupt alles Christliche ist zur B. gut [137]). Das alles erklärt sich wohl damit, daß sich so manches abergläubische Gemüt über das Sündhafte seines Tuns beruhigt fühlte, wenn es die B. in ein christliches und kirchliches Gewand gehüllt sah. Die Kirche selbst erklärt die Verwendung heiliger Namen und christlicher Gebete zur B. einerseits für Aberglauben und Sünde [138]), andererseits sucht sie die alten Formeln mit christlichem Gehalt zu erfüllen [139]) und sieht nur solche B.en für sündhaft an, die nicht durch Gottes „heiliges Wort" [140]) oder mit „christlichen geistlichen zulässigen Mitteln" [141]) geschehen und wird schließlich mit ihren ma.lichen Benediktionen und Exorcisationen Vorbild für die volkstümlichen B.en [142]).

[123]) Stemplinger *Volksmedizin* 48. [124]) Pisanski *Von einigen Überbleibseln des Heidenthums u. Pabstthums in Preußen*, Königsberg 1756, Nr. 24 § 15. [125]) Gerhardt *Franz. Novelle* 124. [126]) ZfVk. 22, 123 f. [127]) Sébillot *Folk-Lore* 1, 109. [128]) Kühnau *Sagen* 3, 750. [129]) *Bericht v. d. zauberischen Beschweren u. Segensprechen* p. 6 f. [130]) Frischbier *Hexenspr.* 33. 35. 61. 63. 65. 67. [131]) Seyfarth *Sachsen* 91 f.; Frischbier *Hexenspr.* 59 Nr. 1; 101 Nr. 7. [132]) Vgl. Klapper *Schlesien* 236 f. [133]) Seyfarth *Sachsen* 75 ff. [134]) ZfVk. 1, 209 ff. [135]) Klapper *Schlesien* 237. [136]) S. auch ebd. 234 ff.; Schindler *Aberglaube* 114 ff.; Anrufung von Sonne und Mond s. Seyfarth *Sachsen* 93. [137]) ZfVk. 2, 385. [138]) Conrad Wolff Platz *Bericht v. d. Zauberischen Beschweren u. Segensprechen* p. 7 u. 33. [139]) Meyer *Mythologie der Germanen* 31 ff. [140]) ZfVk. 9, 271; vgl. die Rück-B.sformel. [141]) Panzer *Beitrag* 2, 271 Nr. 8. [142]) Schindler *Aberglaube* 114 ff.; Klapper *Schlesien* 234.

9. Die Handlungen, die die B. begleiten, stehen natürlich mit dem Zweck der B. in einem gewissen Zusammenhang, der zuweilen noch deutlich erkennbar ist. So hat Bartels [143]) nach der B.shandlung einer alten sumerischen Formel die darin beschworene Krankheit Tiu als Kopfrose diagnostizieren können. Die Handlung ist nämlich da in der B.sformel selbst überliefert, sie wird vorgesagt und beschrieben, was bei Krankheits-B.en öfters vorkommt. Diese Beschreibung ist entweder ein Bericht darüber, was jetzt während der B. geschieht [144]), oder eine Erzählung, was ein heilender Gott befohlen [145]) oder einst selbst getan. Namentlich letzteres scheint dem Volke eine eigene B.shandlung zu ersetzen, daher die Häufigkeit der erzählenden Formel (s. oben). B.shandlungen finden sich meist bei Krankheits-B.en. Der Krankheitsdämon wird geschlagen, geschnitten, gebunden [146]). Andere begleitende Handlungen sind: Anhauchen, Blasen, Anspeien, Berühren, Handauflegen, Streichen, Kneten, Drücken und namentlich Bekreuzen (s. die betr. Art). Im altgermanischen Zauber schneidet Skirnir während seiner B. Runen [147]). Schatzsucher schlagen unter B. an den Felsen [148]), welchen Berg- und Waldgeister durch bloßes Schwenken des Zauberstabes oder Berühren ohne B. öffnen [149]). Um Gewitter zu b., schlagen im französischen Aberglauben die Winzer mit Rebpfählen auf ihre Kiepen und die Schnitter lassen ihre Sensen klirren [150]). Auch Ähnlichkeitszauber wird mit der B. verbunden [151]). Doch handelt es sich in allen den Fällen, wo die Zauberhandlung in den Vordergrund tritt und nicht dem Spruch, sondern ihr die magische Wirkung zugeschrieben wird, nicht mehr um B., sondern um Zauber. S. die Artikel Schlagen, Lärmzauber, Analogiezauber. Die B. wird mit einem Opfer verbunden in einer von Fausts „Höllenzwang" beeinflußten Sage, nach welcher bei der B. von Zwergen für diese ein Mahl gerichtet wird, das sie anlocken soll [152]).

[143]) Zeitschr. f. Assyriologie 8, 179 ff. [144]) ZfVk. 5, 26 f. 34 ff.; Seyfarth *Sachsen* 84 ff.; Skirnisför v. 34—36; s. Simrock *Mythologie*⁴ 217 f. [145]) ZfVk. 5, 39; Frischbier 47.

146) Seyfarth *Sachsen* 85 u. 87. 147) Skirnisför v. 34—36. 148) Kühnau *Sagen* 3, 773. 149) Ebd. 3, 746; Graber *Kärnten* 112. 150) Sébillot *Folk-Lore* 1, 108. 151) ZfVk. 26, 194 f.; vgl. Krauß *Sitte und Brauch* 168 f. 620, A. 1; Tonpuppe bei Krankheits-B.en s. ZföVk. 8, 240. 152) Kiesewetter *Faust* 280.

10. Im B.skampfe weigert sich oft die beschworene Macht zu gehorchen. Dann wird die B. 2—3mal wiederholt[153], ja auch öfter; denn Beharrlichkeit vermehrt die Kraft und Autorität des Beschwörers[154]. Daher werden viele Formeln gleich 3mal gesprochen. Die Weigerung eines zitierten Dämons zeigt sich auch darin, daß er in seltsamen, furchterregenden Gestalten erscheint: als feurige Kugel[155], in einem Flammenmeer[156], als mächtiger König, von einer Ritterschar umgeben[157], in Tiergestalt[158] und anderen abenteuerlichen Gestalten[159], als Räuber, als Heuwagen[160], als Kutsche, die über den Beschwörer zu fahren scheint oder als Reiter, der ihn überreiten will[161]. Andererseits erscheinen oft auch ungerufene Geister bei einer B.[162].

Bei Geister- und Teufels-B. ist eine Rück-B., d. i. eine ausdrückliche Entlassung des dämonischen Wesens durch den Beschwörer, notwendig. Nach den Lehren der ma.lichen Magie soll sie auch geschehen, wenn kein Geist erschienen ist; denn er kann unsichtbar vorhanden sein und dem aus dem Kreise Tretenden Schaden zufügen[163]. Die Rück-B. geschieht durch Rückwärtslesen der B.sformel[164] oder durch eine eigene Formel, die die Entlassung ausdrückt[165] (s. Abdankung). In der Magie kommt dazu noch Räuchern mit Dingen, deren Geruch dem Geiste widerwärtig ist[166]. Die Rück-B. ist oft sehr schwierig. In einer Kärntner Sage müssen die Beschwörer 3 Tage im Kreise bleiben, da die Geistlichen, die man holt, nicht imstande sind, die Rück-B. auszuführen, weil ihr Gewissen nicht rein ist; erst einem alten Klostergeistlichen gelingt es, den Bösen fortzuschicken[167] (s. oben Sittenreinheit des Beschwörers). In einer andern Kärntner Sage nennt der zitierte Geist selbst den Geistlichen, der ihn wieder wegbringen kann[168]. Häufig findet sich das Motiv, daß Schüler gegen Verbot des Zaubermeisters oder Unberufene in Abwesenheit des Kundigen leichtfertig eine B. vornehmen und die Geister, die sie riefen, nicht mehr los werden können. Von einem Schüler der Magie Ägyptens wird solches erzählt[169], ebenso von Agrippas[170] und Fausts[171] Schülern, und auch heute noch begegnen wir dem Motiv in einigen Alpensagen[172].

Die B. birgt überhaupt große Gefahren für den Beschwörer. Sie ist eben ein Kampf, und wie der Beschwörer dem Dämon droht, ihn zu töten[173], so kann die B. ihm selbst das Leben kosten, wenn er sich entweder zu schwach erweist, wie in den unter Rück-B. genannten Beispielen, oder sich nicht genau an alle B.sregeln und -vorschriften hält. Hagelbeschwörer, die sich nur mit einem Wort versprechen, tötet der Hagel[174], und Geister- und Teufelsbeschwörer, die aus dem Kreise treten, sind verloren[175]. Aber auch der Beschwörer, der keinerlei Verstöße beim B.sritual begangen, schwebt bei der B. in Gefahr. Faust[176] und Wagner[177] werden von den beschworenen Geistern arg bedrängt und nach schlesischem und Tiroler Aberglauben nimmt sich der zitierte Geist einen der Beschwörer mit[178]. Auch Axt und Schwert, die im Färörischen Aberglauben der Beschwörer bei sich hat, waren wohl ursprünglich Verteidigungswaffen des Beschwörers im B.skampfe[179].

153) Klapper *Schlesien* 237; HessBl. 4, 170. 154) Agrippa v. Nettesheim[4] 4, 106 f. 155) Grohmann 1, 211. 156) Kiesewetter *Faust* 499. 157) Klapper *Erzählungen* Nr. 120. 158) HessBl. 15, 19. 159) Soldan-Heppe 1, 148 f.; Kiesewetter *Faust* 102. 502. 160) ZföVk. 3, 279. 161) SAVk. 14, 189. 162) Kronfeld *Krieg* 117 f. 163) Agrippa v. Nettesheim[4] 4, 107 f. 164) ZfVk. 9, 271; Meyer *Baden* 573; Müller-Bächtold *Uri* 1, 221 Nr. 325; G. L. Weisel *Aus dem Neumarker Landestor* 79. 165) ZfVk. 9, 271; Klapper *Schlesien* 237. 166) Agrippa v. Nettesheim[4] 4, 107. 167) Graber *Kärnten* 289. 168) Ebd. 35. 169) Lukian *Philopseudes* cap. 34 ff.; danach Goethes *Zauberlehrling*. 170) Meyer *Aberglaube* 290 f. 171) Kiesewetter *Faust* 499 f.

[172]) Graber *Kärnten* 35; Müller-Bächtold *Uri* 1, 221 Nr. 325; vgl. 276 Nr. 384; ZfVk. 9, 271 f.; s. auch Meyer *Baden* 573. [173]) ZfVk. 1, 208 f. Nr. 9. [174]) Grohmann 34. [175]) Ebd. 211; Cäsarius v. Heisterbach *Dialogus* 5, 3; ZfdMyth. 2, 29; Panzer *Beitrag* 2, 72; vgl. Kiesewetter *Faust* 503. [176]) Widmanns *Faustbuch* von 1681, p. 44. [177]) Kiesewetter *Faust* 502 f. [178]) Kühnau *Sagen* 3, 191 f.; Zingerle *Tirol*[1] 128. [179]) ZfVk. 27, 104; 2, 13 Nr. 15.

11. Der Ort der B. soll ebenfalls beitragen, die B. gelingen zu lassen. Im germanischen Altertum werden Zauberhandlungen meist unter freiem Himmel vorgenommen [180]). Die in der altnordischen Literatur oft erwähnte „útiseta" [181]), das „Draußensitzen", eine Art der Divination (s. d.), die der B. nahekommt, hat sogar den Namen davon erhalten. Auch im deutschen Volke findet sich ein entsprechendes „Sitzen" auf Kreuzwegen und an anderen Orten [182]) und überhaupt Zauberhandlung im Freien [183]). Zu Kreisstehen s. Kreis. Unter freiem Himmel sind die Geister leichter zu zwingen; daher beschwört der Faust des Faustbuches den Teufel erst im Freien, um ihn zur festgesetzten Stunde in seine Behausung zu bestellen. Der Ort der B. soll aber auch der Natur der beschworenen Macht entsprechen [184]). Die Toten-B. erfolgt an den Gräbern und Hügeln der Toten [185]), und gespenstige Orte sind der Geister- und Teufels-B. günstig, da sie der Aufenthaltsort dieser Dämonen sind. Namentlich der Kreuzweg, der schon von alters her [186]) Gespenster beherbergt, ist ein häufiger B.sort. Ein „landtgebott" von 1611 kehrt sich gegen die, „welche bey nächtlicher weil sich auf die creutzstrassen begeben, dasselbs craiss machen, inn denselben die böse geister beschweren" [187]), und im heutigen Volksglauben wird der Teufel meist dort beschworen [188]) s. Kreuzweg. Besonders ein Kreuzweg, der zugleich ein Totenweg ist, d. h. zu Kirchen und also auch Friedhöfen führt [189]), und ebenso Friedhöfe [190]) sind zur B. geeignet. Der Ort der B. soll auch einsam sein, „heimlich" [191]), abgeschieden vom Welttreiben und fremden Blicken unzugänglich" [192]). Daher wird der Teufel zuweilen im Keller [193]) beschworen, auch in einer alten, abgelegenen Scheune [194]). Höhlen als Stätten der B. finden sich bei Primitiven [195]) und im französischen Aberglauben [196]), doch im deutschen nicht. Die Wolfsschlucht des Kind'schen Freischütz ist nur vom Dichter willkürlich gewählt, während die Quellen Kreuzwege haben [197]). Dagegen sind Berggipfel, die sowohl einsam als auch nach allen Seiten frei sind und den Raum beherrschen, als B.sorte in Fausts „Höllenzwang" [198]) und im Wagnerbuche [199]) genannt, und auf dem Pilatus vermeint das Volk heute noch die Kreise der Beschwörer zu sehen [200]).

Die Zeit der B. ist meist die mitternächtige Stunde [201]), zwischen 12 und 1 Uhr [202]), oder 11 und 12 Uhr [203]). Auch vor Sonnenaufgang oder nach Sonnenuntergang wird sie vorgenommen [204]), schließlich aber auch „bey lichte und aller zeit" [205]). Gut ist der Donnerstag [206]) zur B., ferner Tage bei zunehmendem [207]), abnehmendem [208]) oder vollem Mond [209]). Die in Kinds „Freischütz" genannte totale Mondfinsternis [210]) dürfte konstruiert sein. Der B. günstig sind ferner die Weihnachtsnacht [211]), die Osternacht und Osterzeit überhaupt [212]) und die alte Dreizehnte Nacht [213]) (s. Tagewählerei).

[180]) Meyer *Relig.gesch.* 148. [181]) ZfVk. 27, 100 ff. [182]) Ebd. 27, 102. [183]) Frischbier *Hexenspr.* 26. [184]) Vgl. Agrippa v. Nettesheim[4] 4, 104. [185]) Grimm *Myth.* 1027 f. [186]) Hekate am Kreuzweg: Sophokles *fragm.* 491. [187]) Panzer *Beitrag* 2, 272. [188]) Wuttke[4] § 384; Graber *Kärnten* 282. [189]) ZfVk. 2, 13; 27, 104. [190]) ZfdMyth. 2, 29. [191]) Klapper *Schlesien* 237. [192]) Agrippa v. Nettesheim[4] 4, 96. [193]) Graber *Kärnten* 289; vgl. Klapper *Erzählungen* Nr. 120. [194]) Kiesewetter *Faust* 499. [195]) Frazer *Totemism* 1, 105. [196]) Sébillot *Folk-Lore* 1, 478. [197]) Kronfeld *Krieg* 116. [198]) Kiesewetter *Faust* 278. [199]) Ebd. 501 f. [200]) SAVk. 14, 234. [201]) Wuttke[4] § 384. [202]) Graber *Kärnten* 281. 289; Kinds *Freischütz*; Kiesewetter *Faust* 402. [203]) Zingerle *Tirol*[1] 97. 125; ebenso im Vorbild des Kind'schen *Freischütz*, der 1. Novelle des 1810 erschienenen *Gespensterbuches*. [204]) Klapper *Schlesien* 237; Frischbier *Hexenspr.* 26; Kiesewetter *Faust* 502. [205]) Klap-

per *Schlesien* 237; HessBl. 4, 170; Kiesewetter *Faust* 278. 280. [206]) Frischbier *Hexenspr.* 7. 43. 77. [207]) Ebd. 61. 95 f. 99 f. [208]) Ebd. 77. [209]) Widmanns *Faustbuch* v. 1681, p. 43. [210]) 1, 6. [211]) Kühnau *Sagen* 1, 245; 3, 260; ZföVk. 3, 279; Wuttke[4] § 384. [212]) Zingerle *Tirol*[1] 1, 97. 125; Meyer *Baden* 503. [213]) ZfVk. 2, 13.

12. Der Zweck der B. kann sehr verschieden sein, doch finden sich gewisse Motive häufiger wiederholt. B.en werden aus bloßer Neugier vorgenommen [214]), um reich zu werden [215]) und geheime Kräfte in seine Gewalt zu bekommen [216]), oder um Aufklärung über die Zukunft [217]), das Jenseits [218]) oder andere, dem Beschwörer unbekannte Dinge [219]) zu erlangen. Sehr oft bezweckt die B. etwas Negatives, nämlich die Verjagung der beschworenen Macht [220]).

[214]) Kühnau *Sagen* 3, 191. 214 f.; Caesarius v. Heisterbach *Dialogus* 5, 3. [215]) Vintler *Pluemen der tugent* v. 35 ff.; ZfVk. 9, 271. 362; Graber *Kärnten* 35. 281. 289 f.; vgl. Klapper *Erzählungen* Nr. 120. [216]) Klapper *Schlesien* 99 f.; MschlesVk. 7, Heft 13, 53 ff. [217]) Vegtamskvidha v. 4, s. Grimm *Myth.* 1028; vgl. *Odysee* 11, 23 ff. [218]) Kühnau *Sagen* 3, 191. 203; vgl. Klapper *Erzählungen* Nr. 24. [219]) ZfVk. 27, 100 f. A. 1; SAVk. 14, 233 f.; Grohmann 211; vgl. Klapper *Erzählungen* Nr. 194. [220]) Besonders Krankheits-B.en und Dämonen-Exorcismen.

Schusser.

Besen. Der B. ist nicht nur in Deutschland, sondern weit über Europa hinaus Gegenstand reichlichen Aberglaubens. Es leiten sich seine Bedeutungsgrundlagen naturgemäß von der Funktion des Fegens und Abstreifens her, soweit seine praktische Verwendung in Betracht kommt; indes verblieben ihm dabei auch jene Qualitäten, die sich aus seiner Erneuerung aus Baumreisern im Umlauf des Vegetations- und Wirtschaftsjahres bei einer darauf eingestellten Weltanschauung ganz folgerichtig ergeben haben. Wir stecken zunächst den Umfang dieser Beziehungen ab.

1. a) Das Material für den B. sind im deutschen Volksgebiet in erster Linie Birkenruten, doch wird auch die Buche und Tanne herangezogen (Schweiz, Mecklenburg). E. Kunze [1]) hat sogar gemeint, die magischen Eigenschaften des B.s von denen, die dem Birkenreis und der Birke (s. d.) im europäischen Volksglauben zugeschrieben werden, im besonderen und elementar ableiten zu können, wobei er die Birke als Baum des Donar, den B. als sein Symbol auffaßte. Aber mit solchen vereinheitlichenden Ideologien wird man den komplexen und kollektivistischen Gedankengängen, mit denen das Volk arbeitet, nicht gerecht. Schon seit Jahrtausenden tritt zudem der B.aberglaube in weitester Verbreitung auf, im griechisch-römischen Altertum sowohl, wie in China und Japan, wo sich fast Zug um Zug Entsprechungen zum europäischen Aberglauben nachweisen lassen, von auffälligen Gleichungen auch in Indien, Indonesien, im Kongogebiet und bei den Negern Jamaikas ganz zu schweigen. Der deutsche Aberglaube ist somit nur als ein Ausschnitt eines weit verbreiteten Vorstellungskreises aufzufassen, für dessen Zusammenhänge und Verbreitungswege uns vorläufig nur geringfügige Anhaltspunkte vorliegen. Einzelne Anschauungen scheinen allerdings nur in Teilgebieten des deutschen Volksbereichs entwickelt zu sein [2]).

b) Mehrfache Beziehungen ergeben sich zwischen dem Aufstecken von B. in den Feldern, dem Abstreifen und Umschreiten u. dgl. (s. u.) und dem Aufstecken und der Anwendung des Birkengrüns als Lebensrute, Pfingstmai, und es scheint auch der Erwähnung wert, daß in Japan das Wort für B. „hahaki" sich in „haha ki", d. i. „Mutter-Baum" auflösen läßt, was den ganzen Vorstellungskreis dem des Lebensbaumes noch näher angliedern würde [3]). Es geht aber doch zu weit, wenn E. H. Meyer meinte, der gewöhnliche, meist aus Birkenreis gebundene B. sei nichts anderes als die rohere, nicht verkirchlichte Form der Palmen [4]). Er ist vielmehr als Gegenstück dazu anzusehen und darum ihnen in der Wirkung vielfach entgegengesetzt. Er ist der „Kehraus" machende Wisch der Vergangenheit gegenüber dem zukunftverheißenden grünen Reis, darum auch Sinnbild und Attribut winterlicher Gestalten, des Krampus, Knecht Ruprecht usw., denen

Frühling und Sommer mit der Lebensrute und im grünen Laubkleid gegenüberstehen, wenn auch vielfach ein Ineinanderspielen ihrer magischen Beschaffenheit festgestellt werden kann und Eigenschaften des Baumes (Birke) auch am grünen und alten Rutenbündel als wirksam angenommen werden.

Im Faschingsaufzug wird in Tirol, Steiermark, in der Eifel, wie bei den Deutschen Ungarns ein B. vorangetragen; auch kehrt man den Weg mit ihm [5]). Mit kotigen B. werden in Tirol die Zuschauer abgekehrt. Am 1. Mai wird in Baden wie anderwärts unbeliebten oder anrüchigen Mädchen statt des Maibaums der Stallb. vor die Tür oder auf den Dunghaufen gesteckt [6]). Vermengung der Heilwirkung neuer B. mit dem Palmbrauch ist mehrfach eingetreten. Im Lüdenscheidschen werden am ersten Pfingsttage den Kühen weiße B. mit weißem Stiel ans Horn gebunden, manchmal zwei, ein großer und ein kleiner. Mit diesen B. wird in manchen Ortschaften einmal durchs Haus gekehrt, worauf man sie vor, über oder neben der Haus- oder Kuhstalltür aufhängt [7]).

Sie werden mit Eichen- oder Stechpalmenzweigen, sowie mit goldsmeele (Briza) geschmückt. Ähnlich werden im Braunschweigischen zur Fastnacht von den Gaben sammelnden Knechten B. mit Bändern und Schleifen herumgetragen und in der folgenden Nacht als heilkräftig verkauft [8]). In Westfalen gab es unter den Knechten und Mägden des Klosters Welwer eine B.fastnacht. Der Hauptscherz bestand in einem Wettziehen an einem großen B. [9]).

Ungleich dem Maiengrün erscheint der B. nur ganz ausnahmsweise als Abwehrmittel gegen Gewitter [10]), was um so auffälliger ist, als er als Schutzmittel gegen Hexen aller Art eine besondere Rolle spielt. Auch wird das Aufrühren eines Gewitters im Wassertopf mit B. viel seltener vorgenommen als mit Ruten, Reisern u. dgl. [11]).

c) Die Stellung im Übergangsritus von jederlei Art im Menschendasein wird letzten Endes durch den schlesischen B.tanz verdeutlicht. Ein überzähliger Partner im Kreis junger Leute hält einen B. in der Hand und tanzt zunächst allein mit diesem. Plötzlich wirft er ihn weg und ergreift das ihm passende Mädchen, alle andern Paare trachten sich zu finden, der Überzählige behält den B., worauf sich das Spiel bei der nächsten Runde wiederholt [12]). Im deutschen Recht ist ferner das B.tragen eine Ehrenstrafe namentlich für Ehebrecher und scheltende Weiber geworden. Über letztere konnte jedermann auch hinwegschreiten, während sie an der Kirchentür lagen, und sie dabei mit einem B. schlagen. In Holland wurde dem vor Gericht geschleppten Dieb Schere und B. (Sinnbild des Stäupens!) auf den Rücken gebunden [13]).

d) Personifikationen des B.s treffen wir nur vereinzelt an. Man erinnere sich an Goethes Zauberlehrling, bzw. dessen Vorbild aus dem Altertum. Eine Erzählung aus dem Riesengebirge kennt den B. als Helfer einer Bäuerin, an Stelle der im Walpurgistreiben entrückten Magd. In der Oberpfalz erzählt man vom Tanz eines B.s mit der Ofengabel, und im Erzgebirge meint man, daß Verstorbene ihre Strafe unter anderm in B., Strohbündeln (!), Misthaufen ausstehen müssen und daß man sie durch Zerstörung des B.s erlösen kann [14]).

In anderer Art verbindet der deutsche Aberglaube den B. mit Hausgeistern, sofern man den Kehricht als Seelensitz ansieht und meint, daß sich beim Kehren die Geister in den Ruten verfangen und dann in irgendeiner Gestalt (Nadel) sichtbar werden [15]). Nach schlesischer Vorstellung sitzen die armen Seelen mit Vorliebe im Kehrb. Man darf darum nie einen B. werfen noch mit einem harten Gegenstand darauf schlagen [16]).

[1]) IAE. 13 (1900), 81 ff. 125 ff. [2]) Samter *Geburt* 29 ff.; FL. 30, 169 ff.; Anthr. 12/13, 709 f. [3]) Ausland 52 (1879), 908 f.; FL. 30, 201. [4]) *Baden* 97. [5]) Hörmann *Volksleben* 12; ZfVk. 8, 441; Schmitz *Eifel* 1, 20; 2, 41 = Sartori *Sitte u. Brauch* 3, 99; Anz. Ungar. Mus. 6, 145; Kuhn *Westfalen* 2, 168; Reinsberg *Festkalender* 213. Auch in Schottland trägt der Anführer den „Guisars" an manchen Orten einen B. voran, mit dem er hernach einen magischen Kreis ausfegt, in dem er mit

seinen Genossen tanzt: Heckscher 10. [6]) Meyer *Baden* 223; Mannhardt 1, 167. [7]) ZfdMyth. 2 (1857), 86 = Kuhn *Westfalen* 2, 167 = Sartori *Sitte u. Brauch* 3, 195. [8]) Andree *Braunschweig* 238. [9]) Sartori *Westfalen* 146. [10]) Grohmann 37. 38 = Wuttke 131 § 178; 303 § 445; IAE. 13, 93 ff. 145 ff.; Ausland 52, 908 f. [11]) Grimm *Myth.* 2, 897, 910; Liebrecht *Gervasius* 218 (Thiers Nr. 7). [12]) MschlesVk. 21, 175 f. [13]) Grimm *Weist.* 1, 504; ders. *RA.* § 714 g. [14]) Kühnau *Sagen* 3, 102; Eisel *Voigtland* 167; Schönwerth *Oberpfalz* 1, 387; Grohmann 198 = Wuttke § 755. In Japan werden an aufrecht stehenden B., denen man ein Kopftuch, auch Gürtel oder Schürze umbindet, regelrecht Beschwörungen zur Abschaffung lästig werdender Gäste, auch zur Eintreibung von Schulden, wenn sie abgereist sind, sowie zur Übermittlung von Nachrichten entfernter Hausangehöriger vollzogen. FL. 30, 187 f. 193 f. [15]) ZfVk. 11, 263; Messikommer 1, 189. [16]) Drechsler 2, 236.

2. Der neue und der alte B. a) Erneuerung der B. Brachte ein rauher Frühlingstag in der Schweiz nochmals Schnee, so blieben die Kleinen in der Stube, spielten und sangen im Ringelreihen den „Zug ins B.reis", mit einem auf den noch nicht vollendeten Jahresübergang anspielenden Text [17]). Für das praktische Leben gilt Erneuerung in den Jahresanfangszeiten. In Mecklenburg, Westfalen und wohl auch anderwärts schützen B., in den Zwölften gebunden, gegen Hexen, helfen die Milch entzaubern, kurzum bringen Glück [18]). In Böhmen findet die Erneuerung zu Ostern statt, in Oberösterreich auch zu Georgi. In Rom werden zu Johanni neue B. mit der Eigenschaft, Hexen zu vertreiben, verkauft [20]). Um die gleiche Zeit findet das Verbrennen der alten B. in den kultischen Feuern statt, zu Ostern in Oberschlesien wie im wendischen Gebiet [21]), zu Walpurgis („Hexenbrennen") in Tirol, im Erzgebirge, Voigtland, Altenburg, Mecklenburg [22]), zu Johanni in den Sudetenländern, auch in Oberösterreich [23]); in der Eifel erscheinen sie als Fackeln zu Michaeli [24]).

b) Aufstecken von B. Bei den Jahresfeuern schwenkt man die brennenden B. im Kreis, wirft sie in die Luft, der Aberglaube macht sie in Polen zum Teufel, oder Teufelsgefährt bei den Slowenen, in Steiermark usw. [25]). Man schwenkt sie beim nächtlichen Fakkellauf durch die Fluren (Thüringen, Sachsen, Böhmen, Niederschlesien) [26]) und steckt die halbangebrannten Stumpen gleich den Palmbuschen in die Felder, so allgemein in den Sudetenländern zu Johanni, um Ungeziefer ferne zu halten. Dasselbe geschieht auch sonst (Oberösterreich, Böhmen, Lausitz) mit alten B.; in der Lausitz, „damit der böse Anblick nicht schadet" [27]). Bezeichnenderweise sind es außer den Äckern immer wieder die Flachsfelder und die hausnahen, den Weibern überantworteten Krautgärten, denen dieser Schutz zuteil wird. Im Erzgebirge steckt man, wenn Kraut gepflanzt wird, in eine Ecke des Feldes einen B. bis zum Oswaldtage (5. August), so kommen die Raupen nicht hinein, und auch in der Schweiz muß man, wenn man den Kabis und Kohl vor den Graswürmern bewahren will, am Freitag vor Sonnenaufgang vier B.stiele kreuzweise gegeneinander in den vier Ecken des Platzes aufstellen [28]). Weitergehende magische Handlungen sind das Streichen über die Felder (s. u.) und das Umreiten mit dem B. (s. B.ritt). Es knüpft diese B.magie übrigens noch des öftern an Jahresfeiern und Hauptstufen des Menschendaseins an. In der Walpurgisnacht darf man keinen B. im Freien lassen, damit ihn die Hexen nicht brauchen. Auch das Kreuzweislegen der B. vor der Haus- oder Stalltür, auf dem Dunghaufen, wird in manchen Gegenden Deutschlands für diesen Termin, wie das Aufstellen in der Küche zu den Zwölften, besonders hervorgehoben. In Ostpreußen und der Lausitz gilt dies für Johanni [29]). Auf Rügen stellt man sie ohne solche Zeitbeschränkung in die Getreidehaufen, da ziehen die Unterirdischen fort. In Böhmen schützt der B., unter Dach gestellt, gegen Hagel und böses Wetter. Auch bei Sturm stellt man einen B. vors Haus (ähnlich bei rumänischen Zigeunern) [30]). In nördlichen Gauen Deutschlands wird anstatt des sonst üblichen Kranzes oder Bäumchens ein B. auf die Giebelspitze gesteckt. In und bei Hamburg tut man es aber nur, wenn beim Richtfest die Bauleute nicht bewirtet werden [31]). In der Wesergegend bindet man beim Verkauf eines (alten) Schiffes einen alten B. an den Mast [32]). In der englischen Marine führten ihn die Schiffe solchermaßen auch bei kriegerischer Fahrt in den Seeschlachten [33]). Im preußischen Werder wird der vom Altar heimkehrenden Braut zuvörderst ein B. überreicht, ganz so wie in Unterkrain und bei den Slawen Istriens. Der Brauch, der sich auch auf anderes Hausgerät erstreckt, hat Entsprechung auch im Westen, wo der B. ganz besonders bunt ausgeputzt und von einem Knaben oder Mädchen der Brautfuhre vorangetragen wird. Am Niederrhein prangt er, mit bunten Bändern geschmückt, auf dem Kammerwagen selbst (so auch in der französischen Schweiz). In den Niederlanden wiederum wird das „Fürziehen" mit ihm geübt [34]).

Unheilvoll offenbart sich seine Handhabung aus dem B.s t e h e n. Um Schaden tun zu können, stellt man sich auf einen Misthaufen, nimmt einen B., nach oben gekehrt, in die Hand und ruft: „Hier steh ich auf dem Mist und entsage Jesum Christ." In der Thomasnacht stecken die Mädchen in Österreich einen B. in die Erde und stellen die Schuhe unten hin; man findet sie am Morgen nach einer bestimmten Richtung (gegen den Kirchhof zu usw.) verschoben. Auf dem B. stehend kann man losen, oder in Böhmen die Smrt (Drud) den Kranken bearbeiten sehen [35]).

c) Der aufrecht an die Haustür oder vor den Stall gestellte B. gewährt nun auch dem Hause ganz im allgemeinen Schutz. Die vorangestellten Gepflogenheiten des Aufsteckens und aufrechten Tragens, den Palmbuschen analog, erklären zur Genüge die Bedeutsamkeit dieser Stellung, wogegen die Vermutung, es handle sich dabei um eine Abschwächung des Fegeritus, ebensowenig als befriedigend angesehen werden kann, wie die, daß die Hexen, denen diese Abwehr gilt, im B. einfach ihr eigenes Wahrzeichen achten [36]).

d) Als Abwandlung des Aufrechtstellens des B.s an der Tür, aber auch im Winkel der Stube (Schlesien, Rußland), kann das „Kreuzweislegen" zusammen mit einer Axt u. dgl. angesehen werden; auch kommt Verdoppelung der B. an der Türe vor. Alt bedeutungsvoll ist auch das Bestreuen der B. mit Salz (s. u.). Auch der vor den Eingang oder unter das Bett, in, über und unter die Wiege einfach hingelegte B. bewahrt letzten Endes in Deutschland seine Wirksamkeit [37]).

Daß sich das Aufrechtstellen vor der Tür besonders zäh im Haushalt erhalten zeigt, ist wohl nicht zuletzt praktischen Erwägungen zuzuschreiben, die den B. vor unnötiger Abnützung bewahren wollen und so dem Aufrechtstellen über allen Aberglauben hinaus in jedem ordentlichen Haushalt Fortdauer sichern. Schutz wird nach dem alten Aberglauben damit Mensch und Tier (besonders der Wöchnerin und dem Neugeborenen) [38]) gewährt vor Hexen, den Druden und Alpen, vor einer Wöchnerin [39]), schließlich überhaupt vor lästigen Gästen, so Zigeunern [40]). In Westfalen und Niedersachsen verschließt der aufrecht an die Tür gelehnte Besen, oder eine Rute wie auch ein grünes Reis im Türring, in Abwesenheit seiner Bewohner nach altem Herkommen das Haus jedem Fremden [41]).

d) Aus dem Voranstehenden erklärt sich eine ganze Reihe von kleinen Zügen im Hausbrauch, die zugleich auch das Obsoletwerden der Bedeutung veranschaulichen. In Westfalen soll der B. des Abends nicht verkehrt gestellt werden, sonst zieht das die Hexen herbei [42]). Der Segen des Hauses schwindet, wenn der B. in der Stube bleibt (Erzgebirge); man kann nicht schlafen (Bayern). Dagegen hält man ihn in Franken, Hessen und Tirol ständig in der Stube. Einen auf der Straße liegenden B. darf man nicht in die Stube tragen, sonst kommen einem die Hexen bei; ein Fremder bringt damit Zank ins Haus (Erzgebirge) [43]). In ein neues Haus muß man einen alten B. tragen, dann entsteht kein Heimweh; doch ist man auch gegenteiliger Ansicht [44]). Sucht man eine Wohnung und es stehen Schaufel und B. vor der Tür, so bekommt man sie nicht [45]).

In Mecklenburg lockt ein aufrechter B. Hühner zurück; im Rudolstädtischen erfüllt ein an die Raufenkette gebundener B. bei verirrten Rindern den gleichen Zweck. In Pommern wird der B. unter das Butterfaß gelegt (gegen das Verhexen der Butter), auch in der Schweiz braucht man die noch grünen, neuen B. bei der Milch- und Butterwirtschaft [46]).

[17]) SAVk. 25, 120; Züricher *Kinderlieder* Nr. 2572 ff.; Wolf *Beiträge* 1, 120; 2, 127. [18]) Bartsch *Mecklenburg* 2, 231. 248 f.; Kuhn *Sagen* 286 Nr. 79; Ders. *Westfalen* 2, 28 Nr. 75 = Kuhn u. Schwartz 410 Nr. 155 = Sartori *Sitte u. Brauch* 3, 23. [19]) Baumgarten *Jahr u. s. Tage* 23. [20]) Seligmann *Blick* 2, 93. [21]) ZfVk. 1, 233. [22]) ZfdMyth. 2 (1854), 89; Grimm *Myth.* 1, 522; Wuttke § 89; Kuhn und Schwartz 377 Nr. 37, 512; IAE. 13, 151. [23]) Vernaleken *Mythen* 307; Peter *Österr.-Schlesien* 2, 287; Enders *Kuhländchen* 77 = Wuttke § 658; Baumgarten *Jahr u. s. Tage* 26. [24]) Schmitz *Eifel* 1, 44; 2, 45; Kuhn *Westfalen* 2, 99. 135. [25]) Baumgarten *Heimat* 1, 26; Kühnau *Sagen* 2, 31; Strackerjan 2, 233 Nr. 493; Heyl *Tirol* 221 Nr. 31; IAE. 161, Anm. 3; BlfH. 2 (1924), 9 ff. [26]) ZfdMyth. 1, 79; Urquell 6, 155 ff.; Reinsberg *Böhmen* 221 ff. = IAE. 13, 151. [27]) Baumgarten *Jahr u. s. Tage* 24. 28; Reinsberg *Böhmen* 307; Schulenburg *Wend. Volkstum* 117 = Sartori *Sitte u. Brauch* 2, 69; Ausland 52, 908. [28]) Wuttke 425 § 665; SAVk. 21, 51; Frankreich: Liebrecht *Gervasius* 231. 241 (Thiers Nr. 147, 264); Finnland: FFC. Nr. 55, 96 ff. [29]) Bartsch *Mecklenburg* 2, 265; John *Erzgebirge* 197; Urquell 5, 107; ZfVk. 4, 84; 12, 424 ff.; Wuttke § 17. 24. [30]) ZfdMyth. 2, 145; Grohmann 38 Nr. 222; Ausland 52, 909; Wlislocki *Zigeuner* XIII. [31]) IAE. 13, 153; Sartori *Sitte u. Brauch* 2, 7. [32]) Strakkerjan 2, 233. [33]) Heckscher 485. [34]) IAE. 13, 159 f.; Reinsberg 103; ders. *Hochzeitsbuch* 77. 87. 92. 106. [35]) SAVk. 2, 269; Wuttke 333 § 332; Vernaleken *Mythen* 345; ZfVk. 1, 162; Rogasener Familienblatt 3 (1899), 12. Gleichfalls hierher gehört es wohl, wenn es in der talmudischen Tosefta (3. Jahrh. n. Chr.) heißt: „Setze dich auf den Kehrb., damit du Träume habest" (oder): „Setze dich nicht auf den Kehrb., damit du keine Träume habest" — das gehört zu den emoritischen Gebräuchen, womit zugleich Licht auf das Alter des Gebrauches fällt: ZfVk. 3, 32. [36]) Wuttke 330 § 178; IAE. 137. [37]) Wuttke 286 § 420 (allgemein); IAE. 136; Wolf *Beiträge* 1, 226; Grimm *Myth.* 3, 477 Nr. 1007; Kuhn u. Schwartz 215, 494; Bartsch *Mecklenburg* 2, 132; Kühnau *Sagen* 3, 108, 125; Drechsler 1, 188; 2, 177. 250; John *Erzgebirge* 52. 55; ZfVk. 11, 263; Graber *Kärnten* 34; Reiser *Allgäu* 2, 426; Haltrich *Siebenb. Sachsen* 73. So auch in Frankreich, Italien, Zakynthos, Indien, Japan. In China hängt man sie zu Neujahr vor die Tür, begnügt man sich damit, sie zur Wöchnerin hinzulegen u. dgl. mehr. [39]) Grüner *Egerland* 35; Mülhause 3; Meyer *Baden* 36; Wuttke 382 § 581; Höhn *Geburt* 4, 261; Samter *Geburt* 35, 36; Hillner *Siebenbürgen* 28; FL. 30, 202 f. [40]) Drechsler 1, 204. [41]) Vernaleken *Alpensagen* 417 f.; Müller *Isergebirge* 35; Veckenstedt *Sagen* 468; Grohmann Nr. 830. [42]) ZfdMyth. 2 (1854), 861; Wuttke 397 § 609; England in Abwesenheit der Frau auf Hauskamin, im Fenster FL. 30, 181; ZfVk. 5, 416. Ostengl. Abergl.: Stellt man den B. in eine Zimmerecke, so kommt Besuch, FL. 30, 187. [43]) John *Erzgebirge* 35 f.; Panzer *Beitrag* 1, 259. 266 = Wuttke 397 § 610. [44]) Fogel *Pennsylvania* 147 Nr. 166; 148 Nr. 693; Witzschel *Thüringen* 2, 285; Köhler *Voigtland* 429; Spieß *Fränkisch-Henneberg* 148. [45]) Wuttke § 222. [46]) Bartsch *Mecklenburg* 2, 334; Knoop *Hinterpommern* 171; Rochholz *Glaube* 2, 42. [47]) Liebrecht *Gervasius* (Thiers Nr. 308); Samter *Geburt* 36; FL. 30, 202 ff.

3. Überschreiten des B.s. a) Schon in den pythagoräischen Lehren begegnet das Verbot, den B. zu überschreiten [48]). Nach deutschem Volksglauben überschreiten die Hexen keinen B., wohl aber wird es sonst in der verschiedensten Art nicht nur ausgedeutet, sondern auch angewendet. Man darf in dem Glauben, daß die Hexen dieses Tabu streng befolgen, vielleicht die Anschauung lebendig sehen, daß die Hexen eben dem vorchristlichen Gedankenkreis sich durchaus ergeben zeigen. Der Aberglaube betont auch, daß sie an diesem Vermeiden erkennbar werden (Hexenprobe). Des Hexens verdächtigen Personen wirft man deshalb einen B. vor den Zugang; in Polen hält man einen in einen Bären verwandelten Bauern in gleicher Weise vom Hause fern [49]).

Verkehren bzw. Aufrechtstellen des B.s, während die Hexe im Haus ist, hindert diese am Weggehen [50]). Während oben die Hexe daran kenntlich wird, daß sie den B. meidet, einen Umweg macht, einen andern Eingang benützt, ihn aufhebt oder ihn wegstößt [51]), hat der nüchterne Hausverstand des Landvolkes aus dem Hinlegen des B.s aber auch ein Dienstbotenorakel gemacht, bei dem der Sinn des Aberglaubens stellenweise völlig in sein Gegenteil verkehrt ist. So erzählt eine Bauerngeschichte aus dem Voigtland von der Brautschau eines reichen Bauern für seinen Sohn, es sei ihm bekannt gewesen, daß alle Hexen über einen hingelegten B. springen müßten. Das letzte Mädchen, das beim Besuche im Hause dies nicht tat, ihn vielmehr aufhob und in die Ecke stellte, wurde des Sohnes Frau [52]). Ebenso glaubt man in Böhmen und Kärnten, daß der neu einstehende Dienstbote, der einen eigens zu diesem Zweck hingelegten B. nicht liegen läßt, sondern aufhebt und ins Haus trägt, fleißig wird [53]). Zur Begründung dessen, daß Hexen durch den B. aufgehalten werden, spinnt man den Gedanken so aus, daß sie die Ruten des Bündels oder auch die ausgestreuten Salz- oder Hirsekörner zählen müßten, ein Zug, der auch in Sizilien wiederkehrt [54]).

Nur aus Franken belegt ist die Begründung, daß man über einen B. nicht hinwegschreiten solle, sonst können einem die Hexen etwas anhaben [55]). Besonders während der Entbindung darf niemand über einen B. schreiten, sonst gebiert die Frau schwer — genau so in Bombay —, und das Kind wird ein Büttling (bleibt klein mit dickem Kopf); ist aber doch jemand darübergeschritten, so muß er wieder rücklings zurückschreiten [56]). Rücklings über den B. schreitet man in Böhmen auch, um es wieder gut zu machen, wenn man in der Früh ein altes Weib begegnet hat [57]). Geboten ist der Wöchnerin, über den B. zu schreiten, wenn sie zur Vorsegnung das erste Mal in die Kirche geht (Oberösterreich) [58]). Auch wenn der Taufzug in Ostpreußen und Westfalen zur Kirche geht, müssen alle Teilnehmer über einen auf die Schwelle gelegten B. schreiten; ebenso vielfach das Brautpaar in Hessen beim Heraustreten aus dem Hause oder bei der Rückkehr aus der Kirche [59]), in Tirol beim Eintritt ins neue Haus. In Böhmen, Schlesien, Mecklenburg, Siebenbürgen läßt man das Vieh beim ersten Weidegang ebenso wie neugekauftes Vieh oder solches, das man zum Markt treibt, gleichfalls an der Schwelle über einen B. schreiten [60]).

b) Die Hintergründe dieses Aberglaubens dürften verschiedene sein. Scheint es sich in den letzterwähnten Fällen um einen typischen Übergangsritus zu handeln, sofern man üblen Einwirkungen, wenn man sich verändert, damit eine Schranke setzt, so deutet anderseits ein englischer Aberglaube darauf hin, daß hier magische Einwirkungen des B.s selbst in Frage kommen; man befürchtet dort vom Ueberschreiten des B.s unerwünschte Schwangerschaft [61]). Am Rhein herrscht der Glaube, daß man Zahnschmerzen loswerden und auf andere übertragen kann, wenn man einen B. in die Kirche legt; sie gehen auf denjenigen über, der zuerst darüber hinwegschreitet [62]). In Schlesien legt, wer aus Rache einem andern etwas antun will, unter Verwünschungen einen alten B. aus. Schreitet der Betreffende darüber, so wird er krank. Man nennt das die böse Spur [63]). Im Sarganserland stellt man, offenbar mit dem gleichen Hintergedanken, gegen Furunkulose einen B. hinter die Türe, oder einen neugekauften B. des Morgens vor dem Betzeitläuten in die Kirche [64]). Es geht auch hier kaum an, das häufig vorkommende „Kreuzweis"-legen als das primär Wirksame anzusehen; vielmehr hängt der Brauch mit dem Abstreifen (s. d.) zusammen (s. 4 c).

[48]) ZfVk. 3,33; Plutarch *Qu. Rom.* 112. [49]) Frischbier *Hexenspr.* 10; Hüser *Beiträge* 2, 10. [50]) ZfVk. 8, 397; ZfrwVk. 2, 202 f.; Kühnau *Sagen* 3, 129; Birlinger *Volksth.* 1, 329. [51]) ZfVk. 4, 304; ZfrwVk. 3, 202; Strackerjan 1, 422 f.; John *Erzgebirge* 27; Drechsler 2, 236; Wuttke 258 § 376. [52]) Köhler *Voigtland* 646. [53]) John *Westböhmen* 29; Schramek *Böhmerwald* 124; Carinthia 92 (1902), 107. In den französischen Alpen und der Lombardei gehört das Aufheben des B.s durch die Braut zum Hochzeitsbrauch: Reinsberg *Hochzeitsbuch* 104. 254. [54]) SAVk. 2, 270; Kühnau *Sagen* 256; Rochholz *Glaube* 2, 177; Drechsler 1, 30; Schramek *Böhmerwald* 256; FL. 30, 198. [55]) Wuttke 397 § 610. [56]) Ders. 378 § 578;

FL. 30, 201. [57]) Grohmann 220. [58]) Grimm *Myth.* 3, 460 Nr. 746. [59]) Curtze *Waldeck* 376; Mülhause *Hessen* 200; Zingerle *Tirol* 21; Wuttke § 563; Fogel *Pennsylvania* 72 Nr. 245 ff. [60]) Wolf *Beitr.* 120; ZfVk. 8, 391; 23, 182; 26, 61; Bohnenberger 1, 24; Schmitt *Hettingen* 15; Drechsler 2, 103. 236; Schramek *Böhmerwald* 241; John *Erzgebirge* 226; Haltrich *Siebenb. Sachsen* 276 f.; Wuttke 452 § 713; Seligmann 2, 92 f. [61]) FL. 30, 201 (mit Anm.). [62]) Wuttke 130 § 178. [63]) Drechsler 2, 236; ZfVk. 4, 312. [64]) Manz *Sargans* 68.

4. Streichen, Abstreifen, Schlagen. a) Im Flurritus ergeben sich hier mehrfache Übereinstimmungen mit dem Umschreiten und Schlagen mit dem Maienbuschen, Schlagen mit Birkenruten u. dgl. Mit dem Zwölftenb. oder überhaupt einem neuen B. hält man Maulwürfe vom Garten ab (Tirol) und jagt Raupen aus Rüben und Kohl, indem man an einem Freitagmorgen vor Sonnenaufgang (Schweiz), Sonnabend nach Sonnenuntergang (Baden und Mecklenburg), darüber hinwegstreicht; in Solothurn glaubt man damit auch den Mehltau abzuhalten [65]). Im Spreewalde fegt man die Raupen vom Kohl, wenn eine Leiche vorbeikommt und spricht: „Nimm mit, nimm mit" [66]). Im Brandenburgischen werden vor Sonnenaufgang die Obstbäume prophylaktisch mit einem B. umkehrt, so kommen keine Raupen in den Garten [67]). Im Oldenburgischen wird der Kohl zu Johanni gefegt [68]). Nach Berliner Aberglauben bindet man den B. an einen Fuß und zieht ihn so auf dem Acker herum (Abklingen des B.rittes?) [69]). In Westfalen kehrt man das Getreide mit dem Zwölftenb. nach dem Dreschen zusammen, dann kommt kein Brand hinein [70]). Im Unterharz wird es vorsichtiger beim Kalken mit einem neuen B. gewendet. Selbst vor Käsemaden schützt der Besen: „Man lege Birkenlaub oder einen newen Besen auff die Kese" [70a]). Dieser Schutz vor Ungeziefer begegnet auch beim Fegen des Hauses.

b) Bei Mensch und Tier hat das Streichen Heilwirkung. Schon 1584 ist für Mecklenburg das Kurieren von Pferden bezeugt, indem man ihnen mit einer Segensformel über den Leib fegt [71]). In Ostpreußen steckt man einen Kranken unter ein Tischtuch und streicht mit dem B. kreuzweis darüber [72]). In der Priegnitz wird eine Kuh, wenn sie von einem Wiesel ins Euter gebissen wurde, dreimal mit einem Zwölftenb. gestrichen und dieser schweigend unter die Krippe gelegt. Auch wenn die Milch einer Kuh lang ist, heilt man sie in Mecklenburg durch dreimaliges Streichen über den Rücken, der B. wird hinter die Kuh gestellt [73]). In Oldenburg streicht man die Kuh, die kalben soll, mit dem B. über den Rücken, streut kreuzweis Salz darüber und murmelt einen Segensspruch. Hier begegnet sich der Ritus mit dem des Schlagens; die Esten schlagen die Hühner, damit sie Eier legen [75]).

c) Schlagen schafft im übrigen überall Schwundwirkung. Kinder darf man nicht mit Rutenb. schlagen, sonst wachsen sie nicht mehr, magern ab, siechen hin (Westfalen, Baden, Lausitz, Sudetenländer) [76]), Erwachsene heiraten nicht oder bekommen die Auszehrung [77]), das Vieh siecht hin, oder es stirbt Hausherr oder Hausfrau im neuen Jahr [78]). In der Schweiz soll man das Vieh mit einem B. nicht einmal jagen (Bern) [79]). Schweine soll man nicht schlagen, sonst bekommen sie Finnen und es sitzen die Würmer im Speck (Unterharz) [80]). Wohl aber schlägt man den Wechselbalg, der dann schleunigst von den Geistern umgetauscht wird, oder schlägt ein Kind, das Fraisen hat, mit den Worten: „Wie der Gast, so die Bewirtung" [81]). In Bayern schützt das Schlagen („Kindeln") mit B.-reisern die Frauen vor dem Aussätzigwerden [82]). Milch, die gerinnt, schüttet man in Ostpreußen auf drei Schwellen und schlägt mit einem B. solange darauf, bis sie trocken ist [83]). Warzen werden in Böhmen vertrieben, indem man sie mit einem B. streicht, den man vor dem Brotbacken zum Ausfegen des Backofens verwendet hat. In Westpreußen soll man das Streichen dreimal üben und den B. schweigend wieder zurücklegen [84]). So erklärt es sich wohl, wenn in Schwaben (auch im bayrischen Anteil) und in der

Schweiz B. gegen Aißen in Kapellen, namentlich des heiligen Veit, geopfert werden; man trägt sie heimlich hin und steckt sie an einen Ort, wo weder Sonne noch Mond hinscheint, oder legt sie zu Haufen [85]). Auf einen B. zu urinieren und diesen wegzuwerfen, wird Frauen empfohlen bei Schrecken und Brennen in der Vagina [86]). Auch wiid der B. nachgeworfen. Das geschieht auch beim Ausgang zu wichtigen Unternehmungen (Schweiz) [87]). Bei den Wenden soll man jemand, der zum Fischen ausgeht, einen B. nachwerfen, doch so, daß er es nicht merkt [88]). Führt der Abdecker ein Stück gefallenes Vieh zum Hofe hinaus, so soll man ihm einen alten B. nachwerfen, dann führt er nichts mehr aus diesem Haus hinaus [89]). In Schottland wirft man gleicherweise einen alten B. auf das Vieh, wenn man es zum Markte führt [90]). Noch deutlicher wird der Gedanke endgültiger Verabschiedung in Schlesien: einem Fremden, dem man nicht traut, einem unbeschenkten Bettler, der eine Verwünschung ausspricht, muß man einen alten B. oder eine Handvoll Salz nachwerfen oder Wasser kreuzweise hinter ihm hergießen, dann kann man nicht behext werden [91]).

d) Durch den B. wird in Unterfranken bei Urinverhaltung geharnt [92]); ein alter Aberglaube empfiehlt ähnliches, um die Manneskraft wiederherzustellen [93]). In Schlesien werden Kühe, wenn sie ein krankes Euter haben oder blutige Milch geben, in Mecklenburg auch solche die lange Milch geben, durch einen B. gemolken, in Mecklenburg füttert man auch Hühner, die Schaleier legen, durch einen B., d. h. man streut das Futter auf einen solchen [94]). Auch wird in Mecklenburg das Futter durch einen Zwölftenb. gegossen (Krankheitsschutz), ebenso Wasser gegen die Behexung [95]).

5. Fegen s. kehren, Kehricht.

6. Wie die Erneuerung der B. ist auch ihre Vernichtung dem Volksempfinden nach ursprünglich anscheinend so stark im Jahresbrauch verwurzelt, daß ein Abweichen von dieser Ordnung ohne Not mit abergläubischer Scheu und positiver Bedeutsamkeit umgeben wurde.

a) In leicht erklärlicher Gedankenverbindung wurde in Frankreich (Dep. Loire et Cher) das B.brennen auf die Hochzeit übertragen. Es begleitet dort den Abschied der Tochter vom Elternhaus. Alle erreichbaren B. im Dorfe werden auf einen Haufen zusammengeschleppt, und der Brand wird im Reigen umtanzt [96]). In Deutschland heißt es allgemein, man solle alte B. nicht verbrennen, und in Bayern heißt es, wenn man alte B. nicht verbrennt, dann bleibt man vor Rotlauf geschützt [97]). Im Egerlande geht 1823 der Aberglaube bei den Hausmüttern der Stadt und des Landes so weit: sie lassen nicht zu, daß jemand im Haus einen alten B. ganz verbrenne, sondern man muß allzeit das Bundwerk aufschneiden und öffnen; denn sie behaupten, daß in dem B. die armen Seelen zu leiden haben und auf diese Weise erlöst werden [98]). In Schwaben wie in Mecklenburg zieht das B.verbrennen Unglück herbei: die Hexen bekommen Macht, man bekommt „Besuch"; im Berner Oberland gibt es, mit Stallb. geübt, Höllenfeuer. In Schwaben schränkt man das Brennen auf den Herd ein, verbrennt man sie im Ofen, so können Hexen und böse Leute einem etwas antun. In Münchingen wurde noch vor 20 Jahren beim Sieden des Brühwassers ein alter B. verbrannt, um Hexen zu verscheuchen [99]). Anderseits glaubt man in Mecklenburg, Thüringen, Böhmen, Schlesien, man bekäme Besuch von Frauensleuten, wenn man alte B. verbrennt [100]). In Schwaben verbrennt man gegen Frostbeulen einen alten B. bei Nacht ungesehen auf dem Herd und hält den Fuß über das Feuer. Dann wird der Fuß gesund. Mit einem angebrannten B. heilt man in Böhmen auch Warzen. Umrühren des Kotes einer verhexten Kuh, Räuchern und Vergraben des B. bringt der Hexe im Samland sicheres Verderben. In Skandinavien wurde ein Kranker mit einem brennenden B. dreimal der Sonne entgegen umkreist und sein Haar etwas angesengt [101]).

b) Schließlich findet man das Besenverbrennen auch als Windzauber in Frankreich, Norddeutschland wie in

Pommern, wo der Stiel in die Richtung des erwünschten Windes gestellt wird, in Schlesien oder etwa in Oberösterreich um gutes Wetter zu erlangen [102]). Ferner wird der Besen gegen den Wind geworfen (ebenda und in Brandenburg) [103]). Typisch ist im Nordseegebiet wie an der Ostsee schließlich auch das Windmachen dadurch, daß man einen B. vom Schiff aus ins Meer wirft [104]); man wirft ihn nach der Seite, von der man den günstigen Wind herbeiwünscht, und die Schiffer auf der Weser und Elbe (Hamburg) glauben sogar, daß man damit den Wind drehen und einem entgegenfahrenden Schiff abwendig machen könne, was zu allerhand Mißhelligkeiten Anlaß gibt und als unerlaubtes Manöver gilt [105]). Auf sprachliche Beziehungen („Donnerb.", „Himmelsb.") in diesem Vorstellungskreis hat bereits Wuttke hingewiesen [106]).

Früher wurden neue Reisb. auch dadurch eingeweiht, daß man sie über das Feuer hielt, neuerdings ist Einschneiden eines Kreuzes hinzu oder an die Stelle getreten [107]). Schließlich waren und sind wohl noch im Böhmerwald beim Gang zur Christmette alte B. zur Wegbeleuchtung in Gebrauch — ein Sinnbild überwundenen Heidentums [108]).

[65]) B.H.V. 1, 230 Nr. 36; SAVk. 24, 64; Meyer *Baden* 422 = Wuttke 425 § 664; Bartsch *Mecklenburg* 2, 249, 458 = Wuttke 64 § 74, 2; Strackerjan 2, 233; Mitt. Anhalt. Gesch. 14, 18; IAE. 13, 146. [66]) Schulenburg *Wend. Volkstum* 242. [67]) Engelien und Lahn 273. [68]) Strackerjan 1, 76. Ähnliche Riten übt man in Frankreich mit B., die in besonderer Art gebunden werden müssen, auch in Finnland. [69]) ZfVk. 264. [70]) ZfdMyth. 1, 394. [70 a]) „Des deutschen Landmanns Practica" von Grässe. S. 60. [71]) Bartsch *Mecklenburg* 2, 26. [72]) Frischbier *Hexenspr.* 27. [73]) Bartsch *Mecklenburg* 2, 248. [74]) Liebrecht *Gervasius* (Thiers Nr. 197, 264); FFC. Nr. 55, 96 ff. [75]) Strakkerjan 1, 433 Nr. 231; Boecler *Ehsten* 35. 123. [76]) Grimm *Myth.* 3, 475 Nr. 1096; ZfdMyth. 2 (1854), 86; Urquell 3, 41; Kuhn *Westfalen* 2, 189 Nr. 535 a; Meiche *Sagen* 126; John *Erzgebirge* 56; Grohmann 112; Drechsler 1, 211 = Wuttke 393 § 603. [77]) ZföVk. 3, 22. [78]) Bartsch *Mecklenburg* 2, 144; Enders *Kuhländchen* 79; Drechsler 2, 103; John *Erzgebirge* 224; [79]) Rothenbach *Bern* 35. [80]) ZfVk. 8, 307; 10, 209. [81]) Kühnau *Sagen* 2, 158; Urquell 1, 203. [82]) Panzer *Beitrag* 2, 307. [83]) Wuttke § 706. [84]) IAE. 13, 147; Vekkenstedt *Wend. Sagen* 457. [85]) Birlinger *Volksth.* 1, 484 f.; 2, 444; Ders. *Aus Schwaben* 1, 55. 66 f.; Meier *Schwaben* 389 Nr. 54; Lütolf *Sagen* 367; Lammert 206; Höfler *Waldkult* 138. [86]) Rockenphilos. II Nr. 3 = Urquell 4, 141. [87]) Stoll *Zaubergl.* 194. [88]) Schulenburg *Wend. Volkstum* 114. [89]) John *Westböhmen* 242. [90]) Seligmann 2, 93. [91]) Drechsler 2, 251. [92]) Lammert 286. [93]) Jahn *Hexenwesen* 188. [94]) Wuttke § 700; Bartsch *Mecklenburg* 1, 227 ff.; 2, 248. [95]) Bartsch *Mecklenburg* 2, 278. [96]) RTrp. 15, 375. [97]) Panzer *Beitrag* 1, 267; Grimm *Myth.* 3, 458 Nr. 693; 460 Nr. 731; 477 Nr. 388. [98]) ZföVk. 6, 110. [99]) Birlinger *Volksth.* 1, 495; Meier *Schwaben* 2, 498; Meyer *Baden* 334; SAVk. 8, 271; Bartsch *Mecklenburg* 2, 132. [100]) Bartsch a.a.O.; Wuttke 212 § 296; Dähnhardt *Volkst.* 1, 97 Nr. 90; John *Erzgebirge* 33; Drechsler 2, 199. [101]) Birlinger *Volksth.* 1, 485; Grohmann 173; Frischbier *Hexenspr.* 91; ZfVk. 7, 52. [102]) Sébillot *Folk-Lore* 1, 103; Wuttke 302 § 443; Kuhn u. Schwartz 454 Nr. 401; Lemke 2, 289; Heims *Seespuk* 70; IAE. 13, 160; Engelien-Lahn 283; Ausland 52, 882; Drechsler 2, 199; Baumgarten *Aus der Heimat* 1, 57. [103]) Baumgarten a. a. O. 1, 39. [104]) Heims *Seespuk* 70. [105]) Strackerjan 1, 106; 2, 233 Nr. 493; Wuttke § 326; Lübbing *Fries. Sagen* 184. [106]) Wuttke 131 § 178. [107]) Liebrecht *Zur Volksk.* 314. 320. [108]) John *Westböhmen* 20.

7. Die sympathische und homöopathische Medizin machte auch von den Teilen des B.s Gebrauch. In Österreich wird in das zum Schutze bei einer Geburt entzündete Feuer ein Reis des Hausb.s gegeben; auch in den Wundsegen bindet man eines ein (Westfalen) [109]). Jungen, siechen Hunden legt man den Weidenreif eines noch ungebrauchten B.s um den Hals (Schaffhausen) [110]). Wenn ein Mädchen sich eine vom B. eines Essenkehrers heimlich losgelöste Rute in den Schuh steckt, vergnügt es sich trefflich beim Tanze [111]). Neun oder drei Knospen vom (Zwölften-) B. gibt man der Kuh ein, wenn ihre Milch „lang" ist (Mecklenburg, Hessen) [112]).

Die Asche des B.s, auf Flechten gestreut, macht diese schwinden (Siebenbürgen) [113]). B. begegnet als Schimpfwort für alte Weiber in der älteren Studentensprache. Der Volkswitz ist kaum ursprünglich auf die Zusammenstellung gekommen [114]).

[109]) Grimm *Myth.* 3, 460 Nr. 731; Kuhn und Schwartz 438 Nr. 313. [110]) Unoth 184. [111]) John *Erzgebirge* 76. [112]) Bartsch *Mecklenburg* 2, 248, 434; Wuttke § 406. [113]) Wlislocki *Siebenb. Volksgl.* 91. [114]) Schöppner *Bayr. Sagenb.* 2, 228; Schollem *Volkstümliches* Nr. 50; Penthe *Deutscher Slang* 1892 Nr. 7; Rochholz *Glaube* 2, 82. Haberlandt.

Besenginster s. Ginster.

Besenritt. Der B. darf nicht ohne weiteres von den magischen Eigenschaften des Reisbesens, wie wir sie oben (s. Besen) kennengelernt haben, abgeleitet werden. Er ist vielmehr anscheinend ursprünglich an den Gebrauch einer Zaubergerte, eines Stengels oder Stabes geknüpft, wobei sich allerdings der Stiel des Reiserbesens ob dessen vielseitiger und bedeutsamer Wirksamkeit besonders empfohlen haben mag. Dazu kommt dann noch das Besenwerfen, die Vorstellung von fliegenden, feurigen Besen (s. d.) und anderes.

1. a) In besonders ursprünglicher Form begegnen Vorstellungen von einem magisch-kultischen Durch-die-Lüfte-Reiten auf einem Stock noch heute im Osten Europas und in Zentralasien [1]). Auch die indischen Hexen fahren auf Besen durch die Luft [2]). Bei den Baikalburjäten haben die Schamanenstäbe am oberen Ende einen Pferdekopf und am unteren einen Huf, um die schnelle Fortbewegung der Schamanen zu verkörpern, wenn sie zu den Geistern fahren [1]). Die Inselesten behaupten gleichfalls im Besitz von Stöcken zu sein, die sich in Pferde verwandeln, wenn sie auf Locksberrile reiten (wörtliche Entsprechung zum Blocksberg), und der Lappenzauberer reitet auf einem Stock, den er mit Zauberöl bestreicht, so wie die Hexe hiezu eine Zaubersalbe verwendet [3]).

b) Bezüglich der Vorgeschichte des deutschen Aberglaubens sind wir, abgesehen von solchen rezenten Zeugnissen altartiger Vorstellungen, in weiterer Verbreitung kaum über die seinerzeitigen Feststellungen von J. Grimm hinausgelangt, der sagt: „ich kann wirklich nur ein ziemlich altes Zeugnis für das Reiten auf Rohr und Binsen, die sich aber in ein leibliches Pferd verwandeln, beibringen. Guilelmus alvernus pag. 1064: „si vero quaeritur de equo quem ad vectigationes suas facere se credunt malefici, credunt inquam facere de canna per characteres nefandos et scripturas, quas in ea inscribunt et impingunt, dico in hoc, quia non est possibile malignis spiritibus de canna verum equum facere vel formare, neque cannam ipsam ad hanc ludificationem eligunt, quia ipsa aptior sit, ut transfiguretur in equum, vel ex illa generetur equus, quam multae aliae materiae. Fortisan autem propter planitiem superficiei et facilitatem habendi eam alicui videatur ad hoc praeelecta... sic forsan hac de causa ludificationem istam efficere in canna sola et non alio ligno permittuntur maligni spiritus, ut facilitas et vanitas eorum per cannam hominibus insinuetur ... si quis autem dicat, quia canna et calamus habitationes interdum malignorum spirituum sunt. . . ego non improbo."

Schließlich werden in künftige Untersuchungen auch die seit der Antike bekannten Steckenpferdritte in allerlei Festbrauch einzubeziehen sein.

Auch hiefür hat J. Grimm schon die geistige Brücke auf Grund der nordischen Ueberlieferung geschlagen (Sage von Thorsteinn boearmagn, 15. Jh.?): „Thorsteinn lag im Ried verborgen und hörte einen Knaben in den Hügel rufen: „Mutter, reiche mir Krummstab und Bandhandschuhe, ich will auf den Zauberritt (gandreid), es ist Hochzeit unten in der Welt!" Da wurde aus dem Hügel alsbald der krôkstafr gereicht, der Knabe bestieg ihn, zog die Handschuhe an, und ritt wie Kinder pflegen. Thorsteinn nahte sich dem Hügel und rief dieselben Worte: sogleich kam Stab und Handschuh heraus, Thorsteinn stieg auf den Stab und ritt dem Knaben nach. Sie gelangten an einen Fluß, stürzten sich hinein und fuhren zu einer Felsenburg, wo viele Leute an Tafel (sic!) saßen und alle Wein tranken aus Silberbechern, König und Königin waren auf einem goldnen Thron. Thorsteinn, den sein Stock unsichtbar gemacht hatte, erkühnte sich, einen kostbaren Ring und ein Tuch zu ergreifen, verlor aber darüber den Stock, wurde von allen erblickt und verfolgt. Glücklicherweise kam jedoch sein unsichtbarer Reisegefährte auf dem andern Stock, den nun Thorsteinn mit bestieg, und so entrannen beide" (fornm. sög. 3, 176—178).

„Hat auch diese Dichtung kein echtnordisches Gepräge" fährt Grimm fort, „so lehrt sie nichtsdestoweniger, welche Ansicht man im 14. oder 15. Jh. mit solchen Zauberritten verband; kein Teufel tritt dabei auf". Wir dürfen hinzufügen, daß mit dem „Hügel" offenbar ein vorgeschichtlicher Grabhügel gemeint war, wie ihn die Volksüberlieferung ganz richtig auch mit dem Beiwerk zum Festmahl in der Totenwelt ausstattete. „Aber Stab und Stock scheinen erst spätere Behelfe des Hexentums. Weder die Nachtfrauen, noch das wütende Heer, noch die valkyrien bedürfen eines Geräts, um die Lüfte zu durchziehen, den Nachtfrauen wurden schon Kälber und Böcke beigelegt." Hiezu wäre zu bemerken, daß der B. eine schamanistische, nicht aber eine Geisterhandlung ist, wenn sie auch manchen vorzeitlichen Geschlechtern zugeschrieben wurde. Auch die „Guten Leute" schneiden sich aus Gerten Rosse (Erin 1, 136). So bedarf es nur einer Formel, einen Zaunstecken zu wecken, der zum Bock werden und die Geliebte herholen soll, und in bayrischen Akten ist oft des sogenannten Mäuse- oder Fackel- (Ferkel-)Machens erwähnt, wobei von der Hexe ein dunkelgelbes, hartes, unbiegsames, vierbeiniges Gestell mit übergeworfenem Tuch durch Besprechung zum Tier gemacht wird. Auch die irische Sage kennt Binsen und Halme, aus denen, sobald man sie beschreitet, Rosse werden [4]). In neuerer Zeit sind es dann eben Haus- und Wirtschaftsgeräte, die als Fahrzeuge dienen, so nach dem Zeugnis des Stricker oder eines seiner Lands- und Zeitgenossen Hausbesen, auch Ofenstäbe, nach Hartlieb (1455) Bänke, Säulen, Ofengabeln oder Rechen, in Böhmen auch (Ofen-) Krücken oder Spinnrocken [5]). „Besenreiterin" ist aber örtlich geradezu ein Synonym für Hexe geworden [6]).

[1]) Nioradze *Schamanismus* 78 f. [2]) Nature 25 (London 1863). [3]) Ausland 52, 882. [4]) Grimm *Myth.* 2, 906 ff. [5]) Ebd.; Kuhn u. Schwartz 478; Strackerjan 2, 233 Nr. 493; Köhler *Voigtland* 418; John *Westböhmen* 73; W. 130 § 178. [6]) Grimm *Myth.* 2, 895; Heckscher 122, 468 Anm.; JAE. 13, 139.

2. Magie des B.s: In Böhmen umreitet der Bauer am Karfreitag die Wiesen, damit sie die Maulwürfe nicht durchwühlen (etwas anders in Schlesien). Analog bannt man in Serbien zu Weihnachten die Felddiebe [7]).

Gegen Fieber muß man in Ostpreußen auf einem Besen schweigend zu einem Kreuzwege reiten und den B. liegen lassen oder zweimal durch die Stadt reiten, ohne sich umzusehen, dann verliert man es [8]). Um zu „losen" reiten Mädchen vielfach in der Nacht auf einem B. zum Stall, wo die Laute der Tiere den Zukünftigen kennzeichnen. So reiten die Mädchen in Mecklenburg zum Schweinstall (in der Uckermark tun das auch die Burschen), in Ostpreußen (Samland) zum Pferdestall, in Hessen zum Hühnerstall oder sie bleiben hier im Ofenheck [9]). In der Ukraine reitet die Bräutigamsmutter, bevor der Hochzeitszug sich auf den Weg begibt, auf Gabel oder Rechen dreimal um den Backtrog und „tränkt ihr Roß" [10]).

[7]) Grohmann 59; MschlesVk. 1, 52; 4, 63 = W. 416 § 647; Schneeweis 7. [8]) Frischbier *Hexenspr.* 51 = W. 339 § 508; Urquell 3 (1892), 68. [9]) Bartsch *Mecklenburg* 2, 490; Frischbier *Hexenspr.* 163; W. § 341; § 358. [10]) Zelenin *Russ. Vk.* 308. Haberlandt.

Besenstiel wird manchmal in der gleichen Anwendung wie der Besen (s. d.) an und für sich erwähnt. Also: Ein Tier soll man nicht mit einem B. schlagen [1]); der Jäger darf seine Flinte nicht neben einem B. aufhängen oder hinstellen, sie trifft sonst neun Tage nicht [2]). B.e kreuzweise in den Ecken von Kohlpflanzungen schützen diese vor Graswürmern [3]).

[1]) Kohlrusch *Sagen* 341. [2]) Bartsch *Mecklenburg* 2, 128. [3]) SAVk. 21 (1917), 51. Haberlandt.

Besessenheit. Das ganze Altertum war von der sog. B. einzelner Menschen überzeugt, d. h. von dem Glauben, man könne Dämonen durch geschlechtliche Vereinigung oder durch den Genuß ihnen eigentümlicher Objekte in sich aufnehmen, oder dämonische Wesen könnten direkt und von selbst von Menschen Besitz ergreifen. Denselben Glauben treffen wir im NT. an: Hellseherei, Tobsucht, Epilepsie, Stummheit u. dgl. gelten als dämonisch; Jesus treibt wiederholt die „unreinen Dämonen" aus.

Das Christentum übernahm diese Ansichten [1]). Karl, Ludwigs des Deutschen Sohn, galt dem Chronisten als teufelsbesessen [2]). In Frankfurt a. M. steckte eine besessene Magd (1536) Kleidungsstücke, Münzen, Nadeln, Nägel u. dgl. in den Mund [3]). „Ein halbjährig Knäblein, einem Burger zu Lucern ao 1590 gebohren, ward verzauberet durch Hundshaar, in einem Müeßlein gegeben, und also ist es mit dem bösen Geist besessen worden" [4]). Ungeheures Aufsehen erregte ein 12jähriges Mädchen zu Löwenberg in Schlesien, „welche der vermaledeyte Schandteufel 1605 . . . leibhaftig besessen" [5]). Ebenso bekannt wurde 1892 der Fall eines angeblich besessenen Knaben in Wemding (Bayern), den ein Kapuzinerpater exorzisierte, der noch mehr Aufsehen erregte, als die Teufelaustreibung in Unterwalden 1848 [6]); vgl. auch die Heilung der Gottliebin durch Chr. Blumhardt senior [7]).

Von der eigentlichen Geisteskrankheit wird im Volke die B. streng geschieden und gilt für viel schrecklicher [8]). Die B. äußert sich in sehr mannigfaltiger Weise: Der Besessene redet in Sprachen, die er nie erlernt [9]), er heult wie ein wildes Tier [10]), bellt wie ein Hund [11]), weiß künftige und verborgene Dinge [12]), hat Riesenkräfte, weigert sich beharrlich, den Namen Christi oder Gottes auszusprechen [13]), läuft an den glatten Wänden hinauf [14]). Die Hexenprozesse lieferten massenhaftes Material von Besessenen, die andere der Verzauberung beschuldigten. So erklärten mehrere Nonnen des Klosters Unterzell bei Würzburg 1749 durch die aus ihnen redenden Dämonen, die Subpriorin Maria Renata habe durch böse Praktiken den Teufel in sie gezaubert. Die Angeschuldigte wurde verbrannt [15]).

In verschiedener Gestalt nimmt der Teufel von den Besessenen Besitz [16]). Er kommt als Fliege aus den Nasenlöchern eines Exorzisierten [17]), er erscheint als Fledermaus [18]), fährt als „blauer Dunst" aus [19]).

Der Teufel oder der Dämon wird durch Priester gebannt (s. Exorzismus), seitdem die Kirche „das Dämonenbeschwören zu einem Akt des kirchlichen Amtes gemacht und schon im 3. Jh. eine Klasse von Exorzisten zum Klerus gerechnet hat" [20]). Der Teufel kann in Grashalme gebannt werden oder fährt aus Besessenen dahinein (besonders in das Schmielengras), weil er auf diese Weise ins Vieh und durch den Fleischgenuß wieder in Menschen gelangen kann; man darf daher solche Grashalme nicht als Zahnstocher benützen, warnt man in Tirol [21]) und Schwaben [22]).

[1]) Über die kirchliche Auffassung und Behandlung der B.: Franz *Benediktionen* 2, 514; RGG. 1 [2], 948 f.; auch Hovorka-Kronfeld 2, 233. 243. [2]) Pertz *MG.* 1, 495. [3]) Stemplinger *Aberglaube* 83. [4]) Cysat 60. [5]) „Überaus schreckliche Historie" . . . Zu Wittenberg erstlich gedruckt 1605. [6]) Niderberger *Unterwalden* 3, 555. [7]) s. Zündel *Leben Chr. Bl.s.* [8]) Höhn *Volksheilk.* 1, 135. [9]) Schott *Physica curiosa* 4, 7; 4, 9. 1. [10]) Ebd. 4, 9. 2. [11]) So heilte der hl. Bernhard einen solchen (Wilhelmus abbas *Vita S. Bernardi* 2, 3). [12]) Schott a. a. O. 4, 7; 4, 9. 2; Meiche *Sagen* 452 Nr. 590. [13]) Schott 4, 9. 2. [14]) Dies erzählt Weier *de praestig. daemon.* 4, 10 von einer Klosterfrau im Brigittenkloster bei Xanten. [15]) Horst *Zauberbibl.* 3, 165. [16]) Grimm *Myth.* 2, 848; 3, 299. [17]) Acta Benedict. 1, 238; Meiche *Sagen* 57 Nr. 65. [18]) Leoprechting *Lechrain* 133. [19]) So beim Räuber Hardemente im Osnabrückischen: Strackerjan 1, 319. [20]) Döllinger *Reden* 1, 216. [21]) Zingerle *Tirol* 63. [22]) Meier *Schwaben* 247.

Stemplinger.

Besitz. Die Begriffe B. und Eigentum decken sich nicht. Mit B. bezeichnet man das Verhältnis tatsächlicher Herrschaft, welches der Besitzer über Dinge oder Personen ausüben will, ausübt.

Nach moderner Rechtssprache wird es charakterisiert durch den animus possedendi, den „Willen zum B.". Selbstverständlich muß aber dieser Wille auch der Außenwelt gegenüber in sichtbarer und eindeutiger Weise zum Ausdrucke gebracht werden. Dies muß nicht nur zum Schutze des Besitzers geschehen, sondern auch zum Schutze der Fremden. Denn wer sich aus dem B.e eines andern etwas aneignet, kann durch dessen Seelenstoff, der sich an alles Eigen des Menschen anhängt, geschädigt werden. B. und Tabu hängen eng zusammen [1]). Das Besessene steht mit dem Besitzer in magischer Wechselbeziehung, die auch durch den Tod nicht ohne weiteres gelöst wird. Der vergrabene Schatz hält die Seele fest [2]) (s. Animismus II). Ebenso ist der Besitzer bei Lebzeiten und auch noch nach dem Tode mit seinem teuersten B. verbunden, insbesondere Eheleute, Brautleute untereinander, Mutter und Kind, so, daß eine Einwirkung auf das B.tum auch den Besitzer trifft. Die Loslösung des Besitzers vom B. herbeizuführen, wenn man es will, ist gar nicht leicht. Es muß deshalb den Bienen und anderem Hausvieh der Tod von Hausvater und Hausmutter angesagt werden, damit sie nicht sterben, ihnen nicht weiterhin (in das Totenreich) nachfolgen. Wenn ein Toter im Hause liegt, muß man den Leinsamen verkaufen oder vertauschen oder rütteln, oder dem Toten einige Körnlein in den Sarg geben; das Mehl muß man umschaufeln, den Blumentopf von der Stelle rücken, die Bierfässer rühren, alles Mittel, um die Dinge vom Toten zu lösen. Wo man der Natur der Sache nach solche Loslösung nicht vornehmen kann oder will (die tote Wöchnerin und das mitsterbende Kind), muß man dem Toten seinen ganzen B. oder die ihm liebsten, am häufigsten benützten Sachen (Weib, Kind, Knechte, Hausgeräte, Arbeitsmaterial) in das Grab mitgeben. Bei primitiven Völkern wird das Haus, in welchem ein Toter gelegen ist, zerstört [3]). Zur Lösung solcher Verbindung dient z. B. auch der Brauch, ehe man fremden Leuten Milch gibt, oder verkauft, die Kanne, worin man sie fortträgt, zu weihen [4]). Was man am Weg findet (s. finden), soll man deshalb auch nicht ohne weiteres aufheben [5]). In primitiven Verhältnissen entschließt man sich daher nur sehr schwer, fremde Sachen an sich zu nehmen und aufzuheben. Der Fluch, der an einem Haus oder Gegenstande (vgl. das Rheingold) haftet, ergreift nämlich alle Besitzer oder doch eine Reihe von Generationen kraft der oben erwähnten sympathetischen Wechselwirkung [6]). Ein Bananenschnitzelmesser würden viele des besonders starken, ihm anhaftenden Tabus wegen nicht aufzuheben wagen [7]). Deswegen verwendet man zum Zaubern womöglich Erbsachen (s. Erbe), von denen man weiß, daß an ihnen kein hausfremder und daher möglicherweise widriger Stoff hängt.

[1]) Lang *Magic and Religion* 261 und passim. [2]) Lütolf *Sagen* 61 Nr. 22. [3]) Schönwerth *Oberpfalz* 1, 247. [3]) Spencer and Gillen *Northern Tribes of Central Australia* 517 f. [4]) Liebrecht *Zur Volksk.* 315. [5]) Schönwerth 1, 380. [6]) Heyl *Tirol* 168 Nr. 77. [7]) Gutmann *Recht der Dschagga* 423.

2. Das Wesen der B.ergreifung und -festhaltung besteht daher darin, daß der Besitzer das betreffende Objekt mit seinem Seelenstoff erfülle, es tabu mache. Dies geschieht sehr häufig, indem das betreffende Familienzeichen oder ein heiliges Zeichen an dem Tier angebracht wird. So werden Kreuze, wahrscheinlich Abänderungen der früher verwandten Hammerzeichen, aber auch die drei heiligen Namen, Kaspar, Melchior und Balthasar sowohl als Schutz- (s. Abwehrzauber) wie als B.ergreifungszeichen durch die heilige Kraft des Christentums an Haus- und Stalltüren angebracht [8]). Auch das Brot wird mit dem Kreuzeszeichen besegnet. Junge Enten werden durch den Bausch des Gewandes durchgezogen [9]), ehe man sie zum ersten Male zum Bache treibt. Fremde Hühner gewöhnt man ans Haus durch den Spruch: „peleib hie haim als die fut (vulva) pei meinem pain" [10]). Damit die Hühner die Eier nicht verlegen, macht man an Fastnacht ein Nest aus Stroh, steckt es drei-

mal durch die Beine und spricht: „Bleib beim Haus, wie's Bein beim Leib" [11]). Nicht nur zufällig erinnern diese Bräuche so auffallend an Adoptionsriten (s. Adoption); in beiden Fällen soll bisher Fremdes mit dem Seelenstoff des Besitzenden, bzw. des Hauses, erfüllt werden.

In anderen Bräuchen muß sich die B.ergreifung von Grund und Boden vollziehen. Für die älteste Zeit kommt an diesem ein Individualb. überhaupt nicht in Betracht. Der Gemeinb. der Gemeinschaft wird auf die Gottheit zurückgeführt. Gott Thor erwarb den B. der Erde, welchen er den Menschen vermittelt durch den Hammerwurf [12]). Hammerwurf bestimmt daher auch die Mark (Grenze) des anzusiedelnden B.es. Mit dem Werfen des Hammers (Blitzhammer) hängt auch die B.ergreifung durch Feuer, Notfeuer (Blitz) zusammen [13]). Hammer bedeutet ursprünglich Stein, hängt also mit Steinmesser zusammen [14]). Der Messerwurf dient daher demselben Zweck wie der Hammerwurf [15]), eine Vorstellung, die sich auch heute noch im Kinderspiel erhalten hat [16]). Auch Stahl und Schwert fungieren als Symbole dieser Art [17]). Frau Huldra geht einer Herde voran, deren Eigentum der erwirbt, welcher einen Stahl über sie wirft [18]). Auch wer einen Schatz sieht, muß etwas darauf werfen, um ihn dauernd zu erwerben [19]).

Sollen Landstriche aus der im Gemeinb. befindlichen Flur an einzelne Gemeindemitglieder für längere oder kürzere Zeit zur Bebauung oder zu dauernder B.nahme (Allod, Sonnenlehen) überlassen werden [20]), so erfolgt dies durch Einhegung. Diese typische Einhegung geschah in mannigfachen Formen; meist durch Umreiten [21]), durch Umpflügen [22]), auch durch Umgehen [23]), wobei die Zeit, innerhalb welcher die B.nahme erfolgen muß, meist begrenzt ist. So umspannte Dido mit einer Ochsenhaut das Gebiet von Karthago [24]). Nicht hierher gehören die verschiedenen Sagen, in denen ein Streit über die Grenze zwischen benachbarten Kantonen dadurch entschieden werden soll, wo sich die beiden Boten begegnen. Denn dies ist keine eigentliche B.nahme, sondern eine Wette.

Machtsymbol [25]) bei der B.ergreifung ist auch das Aufsetzen des Fußes auf das betreffende Land [26]), ein Ritus, der ebenfalls bei der Adoption vorkommt; auch haftet an der Fußspur der Seelenstoff [27]), so daß die indischen Gurus mit der Fußsohle den Segen erteilen.

[8]) Liebrecht *Zur Volksk.* 311. [9]) Urquell 4 (1898), 143. [10]) Liebrecht a. a. O. 356. [11]) Wuttke § 674. [12]) Mannhardt *Germ. Mythen* 132. [13]) Simrock *Mythol.* 243. [14]) Grimm *Myth.* 1, 165. [15]) Liebrecht *Gervasius* 98 ff. [16]) Rochholz *Sagen* 2, 67. [17]) Goldmann *Einführung* 20 ff. [18]) E. H. Meyer *Germ. Mythol.* 281. [19]) Lütolf *Sagen* 66 Nr. 25. [20]) Max Weber *Agrarverhältnisse des Altertums* im Handwb. der Staatswissenschaften; August Meitzen *Siedlungs- u. Agrarwesen der Germanen*; Karl Lamprecht *Deutsches Wirtschaftsleben im MA.* [21]) Kuhn u. Schwartz 77, 479; Schambach u. Müller 15. 330; Eckart *Südhannov. Sagen* 131. [22]) Müllenhoff *Sagen* 65 Nr. 70. [23]) Grimm *RA.* 1, 119 ff. [24]) Knuchel *Umwandlung* 106. [25]) Hoops *Reallex.* Art. Rechtssymbole. [26]) ZfVk. 4 (1894), 173. [27]) Schönwerth *Oberpfalz* 3, 200.

3. Eine magische Abart der B.ergreifung ist das Ziehen eines Zauberkreises, in den nichts Fremdes, Feindliches eindringen kann (s. Asyl und Abwehrzauber). Der Graf von Wolffstein zieht durch einen Schwertwurf einen magischen Kreis eine halbe Stunde im Umkreis von seinem Schloß, damit der Teufel sich nicht nähern und das ihm verfallene Kind nicht holen könne [28]).

[28]) Ebd. 3, 65 f.

4. Zufolge des Wesens des B.es muß bei jeder Änderung in der Person des Besitzers aufs neue eine B.ergreifung stattfinden. Der Erbantritt geschieht in feierlicher Weise. Ererbtes Land wird auch vom König [29]) feierlich umwandelt und umritten. Bei B.übernahme von Fremden wurde ein besonders ausführliches Zeremoniell geübt, bei dem das Auslöschen und Wiederanzünden des Feuers eine große Rolle spielte [30]). Es wurde dabei besonderes Gewicht darauf gelegt, alle wichtigen Einzelbestandteile besonders in B. zu nehmen, seine Verfügungsgewalt zu zeigen [31]). Der Erwerber eines

Grundstückes mußte sich auf diesem als Herr benehmen, indem er auf dreibeinigem (d. h. altväterlichem, zum Melken wie zu allerlei Zauberbrauch ebenfalls verwendetem) Stuhle dort saß und Gäste bewirtete oder Feuer anzündete. Das Ackergrundstück wird in gleichem Sinne mit einem Pflug oder Wagen befahren. Oder man tritt über die Schwelle des Hauses [32]). Bezieht man ein Haus und will sich vergewissern, daß die früheren Mieter nicht das „Glück" weggenommen haben, so läßt man eine Henne vorher hineinflattern [33]).

[29]) Knuchel *Umwandlung* 107. [30]) ZrwVk. 11 (1914), 222 f. [31]) Strackerjan 2, 222 Nr. 469. [32]) Hoops *Reallex.* 3, 478. [33]) Liebrecht *Zur Volksk.* 358. M. Beth.

besprechen.

1. Begriff. — 2. Bezeichnungen. — 3. Besprechende Personen. — 4. Vorgang. — 5. Zeit und Mittel. — 6. Formeln. — 7. Anwendung. —8. Erklärung. — 9. Geschichte und Literatur.

1. Begriff. B. bedeutet: Ausübung des Wortzaubers (s. a. Wort, Zauberformel, -segen, -spruch, Zauber und Zauberei), vielfach begleitet von Hauch- und Berührungszauber und bildet schon in den ältesten Zeiten einen wesentlichen Bestandteil des Zauberns überhaupt.

J. Grimm schreibt hierüber [1]): „Noch stärkere Macht als in Kraut und Stein liegt in dem Wort [2]) und bei allen Völkern geht aus ihm Segen oder Fluch hervor. Es sind aber gebundene, feierlich gefaßte Worte, wenn sie wirken sollen, erforderlich, Lied und Gesang. Darum hängt alle Kraft der Rede, deren sich Priester, Arzt, Zauberer bedienen, mit den Formen der Poesie zusammen. Ausdrücke des Sagens und Singens treten über in den Begriff des Zauberns, die ἀοιδή wird ἐπαοιδή (Od. 19, 457), ἐπῳδή, sprechen, singen, wird b., besingen, cantare, incantare. Dem Segen gegenüber steht der Fluch, dem Heil der Schade" [3]).

B. kann sowohl bezaubern oder verzaubern (s. a. verhexen), als auch entzaubern bedeuten. Weitaus überwiegend wird es im zweiten (guten) Sinne gebraucht.

A. Unter b. im Sinne von entzaubern (s. a. Zauber, -kunst) versteht man nach antikem wie christlichem Glauben das Vertreiben eines Dämons, der in einem Menschen, Tiere oder Gegenstand hausend als die unsichtbare Ursache eines dort vorkommenden oder von dort ausgehenden Übels angesehen wird.

Als solches ist es das älteste magische Heilverfahren. Denn Krankheit oder Gebrechen aller Art galten, auch wenn die Ursache deutlich erkennbar war, im Volksglauben von jeher als durch einen bösen Geist (Dämon) hervorgerufen, „angehext". Zahlreiche Bezeichnungen, wie: Hexenbanner, Teufelsbanner, Geisterbanner, Hexenmeister u. ä. [4]) für den das B. Ausübenden, sowie das Anreden des Übels mit Schmeichelworten, um die feindlichen Mächte nicht zu erzürnen [5]), weisen auf die Auffassung der Krankheit als Dämonenwirkung noch deutlich hin. Sie zu vertreiben, d. i. den bösen Geist (Dämon) zu überwältigen, bedurfte es daher besonderer, übernatürlicher Mittel: des Zaubers und zwar des entsprechenden Gegenzaubers. Gelang es, den Geist — sei es im Guten, sei es im Bösen — zu entfernen, so erfolgte die Genesung. Die Heilung ist im Grunde also immer ein Kampf [6]), eine Dämonenbändigung bzw. -austreibung, oder eine Dämonenversöhnung, ein „Büßen", wie es der märkische Bauer noch nennt [7]). Nächtliche Beklemmung verursacht der Alp, er heischt ein Opfer, eine „Buße". Dies bezeichnet Lippert [8]) als die älteste Auffassung einer Krankheit und ihrer Heilung.

Besprechung und Zauberspruch wurde als heidnischer Brauch vom Christentum bekämpft, „meist freilich mit dem geringen Ergebnis, daß die Sprüche entweder christianisiert oder durch christliche Gebete und Sprüche ersetzt wurden, oder sich gar völlig unverändert, mehr oder minder verborgen, im Gebrauch erhielten" [9]). Prinzipiell ist zwischen Zauberspruch und Gebet kein Unterschied, da beide Sprüche oder Worte enthalten, die mit wunderbarer Kraft erfüllt sind. Das Heidentum bannt die Dämonen durch Zaubersprüche, das Christentum durch Gebete. Nur daß im Gebet eine höhere Macht angerufen und zur Ausführung des Gewünschten veranlaßt wird, während der Zauberer es aus eigener Machtvollkommenheit unmittelbar erreichen kann [9a]).

[1]) *Myth.* 2 [4], 1023. [2]) Vgl. auch Lehmann *Aberglaube* [3] 101; Stemplinger *Aberglaube* 81 f.; Pfister *Schwaben* 31. [3]) Vgl. Wundt *Mythus u. Religion* 1, 499. [4]) z. B. Höhn *Volksheilkunde* 1, 78; Sartori *Westfalen* 74. [5]) Manz *Sargans* 68. [6]) Pfister a. a. O. 53; Lippert *Christentum* 177; John *Westböhmen* 268; Lauffer *Niederd. Volksk.* 73. 77. 79. [7]) Lippert a.a.O. [8]) ebd. [9]) Pfister in Pauly-Wissowa Suppl. Bd. 4 (1924) ‚Epode'; vgl. dazu: Schönwerth *Oberpfalz* 3, 230; Lammert 28; Hess. Bl. 1 (1902), 2; Fox *Saarl. Volksk.* 300; Stemplinger *Volksmedizin* 50. [9a]) Pfister ebd.

2. Vielerlei Bezeichnungen sind für das B. im Gebrauch, aus denen allein schon die mannigfaltigen Formen, in denen es geübt wird, erkennbar sind. Z. T. tritt aus ihnen der bloße Wortzauber, z. T. der damit verbundene ganze Handlungskomplex hervor; manche Bezeichnungen sind von einem bloßen Bestandteil des Heilverfahrens her genommen.

Bloßer Wortzauber, später allerdings vielfach auch mit Handlung verbunden, liegt folgenden Bezeichnungen zugrunde:

B. (über die Etymologie des Wortes ‚sprechen' (‚b.') s. F. Sommer, Beschreien und B. beim idg. Urvolk) [10]), ansprechen [11]), versprechen [12]); anreden [13]), bereden [14]), reden [15]); abraten [16]), raten [17]); ansegnen [18]), besegnen [19]), segnen [20]), versegnen [21]); daneben verschiedene Dialektformen wie ‚utsiägen' (aussegnen) im Landkreis Dortmund [22]) u. ä.; beten (davon Beter, Beterin) [23]), mit verschiedenen mundartlichen Nebenformen wie ‚biän', wiägbiän' [24]) u. ä.; verbeten [25]); vertreiben (syn. mit verbeten) [26]); festsetzen (syn. mit b., besegnen) [27]); binden (syn. mit segnen und versprechen) [28]); bannen [29]); berufen [30]) (s. a. dieses); pröpeln [31]) (nach J. Grimm [32]): murmeln, verwirrt und unverständlich reden, plappern); bewispeln [33]), pischbern [34]), pespern [35]) (flüstern) u. ä. m.

Auf Handlungen, die das Wort begleiten, deutet eine Reihe von Bezeichnungen hin, die absichtlich ganz allgemein und unbestimmt gehalten sind, wie es im Zauber mit Vorliebe geschieht:

Brauchen (nach J. Grimm [36]): uti, anwenden, üben) im Sinne von ‚zaubern', durch Sympathie heilen, ist besonders im Schwäbischen, aber auch in andern deutschen Gegenden bekannt, davon die Subst. ‚Braucher', ‚Brauchbüchlein' (Büchlein mit solchen Rezepten) [37]), Brauchspruch, Brauchebaum (vgl. unten 4). Das Wort [die nächstliegende Herleitung von ‚gebrauchen', d. i. Sprüche u. ä. gegen Krankheit gebrauchen, vertritt neben Grimm u. a. Massing in Zfrw. Vk. (2, 141, vgl. Helm ebd. 5, 287 f.), während es von Esser (ebd. 5, 102. 207) künstlich von ‚berauchen' = ‚beräuchern' unter Annahme des Beräucherns als ursprünglicher Begleithandlung hergeleitet wird. In jüngster Zeit wird die in den Kreuzn. Heimatbl. 1 (1921) Nr. 12 vom 11. August ausgesprochene Vermutung, wonach deutsch ‚brauchen' mit hebräisch ‚berech', d. i. ‚segnen', zusammenhängen solle, von A. Becker befürwortet [38]). Vgl. dagegen die klare Behandlung bei F. Pfister a. a. O.] wird in mannigfacher Weise angewendet. Niederd. ‚wat brûken' bedeutet: Arznei nehmen [39]), die Kranken ‚lent sich brûche' [40]) (lassen sich brauchen), alte Frauen brauchen den (Dat.!) Leuten, der Sympathiedoktor braucht dem (Dat.!) Kranken [41]).

Pfister [42]) weist auf die verblüffende Übereinstimmung zwischen dem deutschen Wort ‚brauchen' und der entsprechenden Bezeichnung im Griechischen (χρᾶσθαι) hin, die auch neben der gewöhnlichen Bedeutung ‚machen', ‚tun', die magische: weissagen und zaubern hat und gibt eine geniale Interpretation von Od. 8, 79; 5, 396; 10, 64. Ebenda wird auf den Zusammenhang von χρᾶσθαι mit χείρ als dem Organ, mit dem vorzüglich gebraucht wird, hingewiesen.

Für ‚brauchen' wird noch angewendet: (im elsäß. Sundgau) schirmen (mit ‚retten, conservare' zusammengestellt) [43]);

,schurmen' (Breisachisch) aus dem frz. ,charmer' abgeleitet [44]), jüd. ,schormen' = massieren [45]); ,stillen' (ältere Bezeichnung für br. [46]), ferner: dafür tun, was tun, dafür können, an einen Ort gehen u. dgl. unbestimmte Bezeichnungen mehr [47]).

Daneben tritt ,b ü s s e n' (ahd. puozan, betan = emmendare aber auch mederi, dem Übel abhelfen, heilen [48]). Mhd. büezen, bûzen (mit Dat.!): das Kopfweh durch B. heben [49]).

Die buoze (das Zaubermittel) versuochen, Morolf 916. Sühte büezen, Freidank 163, 16; de tene böten (Zahnschmerz stillen) bei J. Grimm [50]). Büßen heißt ,heilen', ,sanare' wie Buße: Heilmittel. Nebenformen: niederd. böten, boeten (im Teuthonista ,zaubern'), mnl:ut boeten = sanare. Gefken boiten, bäute daun = eine Besprechung vornehmen [51]), beuten, altn. byta [52]), bäuten u. a. m.

Von einem T e i l v e r f a h r e n hergenommen sind die Bezeichnungen: anblasen [53]), blasen [54]), Blaser [55]), anhauchen [56]), anpusten [57]), pusten, streichen [58]), von damit verbundenen Hantierungen: messen [59]) u. ä. m.

[10]) WS. 7 (1921), 102 ff. [11]) S c h r a m e k *Böhmerwald* 284, auch ,onsprechen' ebd. 280; ZfrwVk. 5 (1908), 207; J o h n ebd.; S c h ö n b a c h *Berthold v. R.* 35. [12]) S e y f a r t h *Sachsen* 68; H a l t r i c h *Siebenb. Sachsen* 274; ZfrwVk. ebd.; J o h n a. a. O.; S c h u l l e r u s *Siebenb.-Sächs. Volksk.* 41 f. [13]) Vgl. P r e u ß Psych. Forsch. 2 (1922), 170 ff. [14]) S e y f a r t h a. a. O. [15]) S c h u l l e r u s a. a. O. [16]) F r i s c h b i e r *Hexenspr.* 26. [17]) Ebd.; Urquell 1 (1890), 204; S c h u l l e r u s a. a. O. [18]) P a n z e r *Beitrag* 2, 265. 275. [19]) Z a h l e r *Simmenthal* 96; M a n z *Sargans* 61. 68; F r i s c h b i e r a. a. O.; ZfVk. 16 (1906), 170; B r u n n e r *Ostd. Volksk.* 247. [20]) H a l t r i c h a. a. O.; G r ü n e r *Egerland* 36; B a r t s c h 2, 318 f. [21]) H e l l w i g *Aberglaube* 57 f. [22]) S a r t o r i a. a. O. 72. [23]) Allgemein, z. B. S t r a c k e r j a n 1, 78; P f i s t e r a. a. O. [24]) S a r t o r i a. a. O. [25]) J o h n a. a. O. 268; W e i s e l *Landstor* (Beitr. z. sudetend. Volksk. XVII) 35. [26]) W e i s e l ebd. [27]) ZfVk. 16 (1906), 170. [28]) H a l t r i c h a. a. O. [29]) B r u n n e r a. a. O. [30]) H o v o r k a - K r o n f e l d 1, 62; B r u n n e r a. a. O. [31]) S e y f a r t h a. a. O. [32]) G r i m m *DWb.* [33]) S a r t o r i a. a. O. [34]) D i e n e r *Hunsrück* 93. [35]) S c h u l l e r u s a. a. O. [36]) G r i m m *DWb.* [37]) z. B. P f i s t e r a. a. O. [38]) B e c k e r *Pfalz* 137. Vgl. D i e n e r *Hunsrück* 92; F o x *Saarl. Volksk.* 296 ff. [39]) M e y e r *Baden* 563. [40]) Ebd. [41]) P f i s t e r a. a. O.; M e y e r a. a. O.; B a r t s c h a. a. O. [42]) a. a. O. [43]) ZfrwVk. 3 (1908), 207. [44]) M e y e r *Baden* 563. [45]) F o x a. a. O. [46]) B a r t s c h 2, 318 f. [47]) B o h n e n b e r g e r 1, 12; L i p p e r t a. a. O. 177; Z a h l e r a. a. O. 96; E n g e l i e n u. L a h n 251; S e y f a r t h a. a. O. 68. [48]) G r i m m *Myth.* 2 [4], 866. [49]) L e x e r *Mhd.Wb.* u. ,büzen'; s. ZfrwVk. 1908, 207. [50]) *Myth.* 3 [4], 304 f.; vgl. S c h m i t t *Hettingen* 16. [51]) A n d r e e a. a. O.; L a u f f e r a. a. O. [52]) G r i m m *DWb.* [53]) L a u f f e r a. a. O. 84. [54]) H ö h n a. a. O. 72. [55]) Ebd.; B o h n e n b e r g e r 1, 12; P f i s t e r a. a. O. 27 f. [56]) Allgemein, z. B. B o h n e n b e r g e r a. a. O.; P f i s t e r a. a. O. [57]) E n g e l i e n u. L a h n a. a. O.; B r u n n e r a. a. O. [58]) B o h n e n b e r g e r ebd. [59]) B r u n n e r ebd.

3. B e s p r e c h e n d e P e r s o n e n. Nur wenige verstehen die geheimnisvolle Kunst des B.s und erfreuen sich daher sehr starken Zuspruchs [60]). Häufig sind es Schäfer, die durch ihre innige Berührung mit der Natur über die wunderbare Gabe verfügen [61]). Daneben verstehen sich aber auch Schmiede [62]), Metzger [63]), Scharfrichter [64]), Schinder, Hebammen [65]), Bauern [66]), Kapuzinermönche [67]) u. a. m. auf diese Kunst. Solche Leute haben eine förmliche Praxis und daher auch eine Berufsbezeichnung wie: B r a u c h e r [68]), B l a s e r [69]), B ü s s e r [70]), B e t e r [71]) (auf das Analogon im griechischen ἀρητήρ s. bei Beter), oder einfach, wieder möglichst unbestimmt: „d e r M a n n" [72]). Sie halten Sprechstunden ab wie berühmte Ärzte und haben einen ausgedehnten Kundenkreis [73]). Der Ruhm vieler von ihnen ist weit über die Grenzen der Gemarkung hinausgedrungen und lockt oft aus weiter Entfernung Rat- und Heilungsuchende herbei [74]). Es gibt Leute, die nur für dieses oder jenes Übel, andere, die „für alles können" [75]). Das B. kann in der ganzen Gegend oft nur eine Person, die die Formel sehr geheim hält [76]). Man weiß auch in der Umgebung: dieser kann für das, jener für jenes, und die Leute helfen sich gegenseitig aus [77]).

Nach einigen Gewährsmännern besorgen das Brauchen „fast ausschließlich Männer" [78]), nach andern hingegen

„ältere Personen, namentlich Frauen“ [79]), endlich „meist alte Leute beiderlei Geschlechts“ [80]).

Das B. ist eine geheime Kunst, die erblich ist und sich oft durch Generationen in einer Familie forterbt [81]). Der berühmte Bauer von Feichten (Bayern) erweist urkundlich, daß seine Ahnen seit 200 Jahren durch heilkünstlerische Tätigkeit sich auszeichneten [82]). Sie kann aber auch durch Mitteilung übertragen werden, jedoch nur von Mann auf Frau und umgekehrt, wie mitunter auch nur ein Mann „am Weibsbild braucht“ und umgekehrt [83]).

Nach der Meinung mancher dürfen die Formeln nur Jüngern mitgeteilt werden, aber nicht zu vielen, sonst verlieren sie ihre Kraft [84]). Nach Ansicht andrer sind sie „zu stark“, als daß man sie jedem preisgeben könnte [85]). Ihre wunderbare Kraft kommt auch in der Sage zum Ausdruck, daß sie von Göttern oder Heroen den Menschen offenbart worden seien. — Das Brauchen soll den Brauchenden sehr angreifen [86]). Manche sind darum nicht gern geneigt, eine Besprechung vorzunehmen, weil die Gefahr besteht, daß sie selbst vom Übel befallen werden [87]).

Für das B. darf nichts verlangt werden, sonst hilft es nicht [88]). Wohl aber darf der Besprechende das, was man ihm unaufgefordert und freiwillig gibt, annehmen [89]). Früher hieß es allerdings, sie dürfen nicht mit Geld bezahlt, ja nicht einmal bedankt werden [90]). (Ein Heilmittel, für das man dem Geber dankt, hilft nicht) [91]). „Heute schaut man darauf schon weniger, doch wird ihnen vielfach noch das Geld nicht direkt in die Hand gegeben, sondern irgendwo, wo man glaubt, sie finden es leicht, liegen gelassen“ [92]).

[60]) Manz a. a. O. 61; ZfrwVk. 1907, 121; ebd. 1908, 93 und die dort angeführten Stellen. [61]) Lauffer a. a. O.; Pfister a. a. O. 26; ZfVk. 23, 59; Höhn a. a. O. 77; Fox a. a. O. 297. [62]) Höhn ebd.; Fox a. a. O. 297. [63]) Höhn ebd. [64]) Becker a. a. O. 134. [65]) Fox a. a. O.; Höhn ebd. [66]) Höhn ebd. [67]) Sartori *Westfalen* 72. [68]) ZfrwVk. 1908, 206; Höhn a. a. O.; Pfister a. a. O. 24; Bohnenberger a. a. O. [69]) Höhn 72; Pfister ebd. 27; Bohnenberger a. a. O. [70]) Haltrich 258; ZföVk. 6, 115; John a. a. O. 268; Pfister ebd. 31; ZfrwVk. ebd. [71]) Höhn a. a. O. 70; Pfister 29. [72]) Bohnenberger a. a. O.; Höhn ebd. 72. 78. [73]) Höhn ebd.; Bohnenberger ebd. [74]) Bohnenberger a. a. O.; ZfVk. 23 (1913), 290 f.; Urquell 4 (1893), 25 f. [75]) Haltrich a. a. O.; Weisel a. a. O. 76. [76]) ZfrwVk. 1908, 93; SAVk. 17, 63. [77]) Zahler a. a. O. 97. [78]) Bohnenberger a. a. O.; Strackerjan a. a. O. 73; Schramek a. a. O. [79]) Strackerjan a. a. O.; ZfrwVk. 1905, 141; 1913, 194; Andree *Braunschweig* 417; Wrede *Rhein. Volksk.* 132. [80]) Seyfarth a. a. O. 68; Meyer a. a. O. 565. [81]) Allgemein, z. B. Andree a. a. O.; ZfrwVk. 1907, 121; Zahler l. c. u. Anm. 4; Pfister a. a. O. 31; ZfVk. 23 (1913), 290 f.; Diener *Hunsrück* 42. [82]) Bavaria 1, 1, 460. [83]) Meyer a. a. O.; ders. *Volksk.* 266; Frischbier *Hexensp.* 26; ZfrwVk. 1905, 74; ZfVk. 16 (1906), 170; Andree a. a. O.; Strackerjan a. a. O.; Lauffer a. a. O. 85; Wrede *Rhein. Volksk.* 132; Bavaria 4 (1866), 222; Sartori *Westfalen* 72. [84]) Manz a. a. O. 58; Bartsch *Mecklenburg* 2, 323; Zahler a. a. O. 97. [85]) Vgl. Preuß *Relig. u. Mythol.* 1 (1921), 16. [86]) ZfrwVk. 1920, 56. [87]) ZfVk. 7 (1897), 411; Manz a. a. O. 68. [88]) Grimm *Myth.* 975; ZfVk. 1 (1891), 198; 9 (1899), 210; 23 (1913), 290 f.; Manz a. a. O. 59; Strackerjan a. a. O. 1, 72; Seyfarth a. a. O. 70 mit Anm. 2; Zahler a. a. O. 97 und die dort angeführten Stellen. [89]) ZfVk. 1 (1891), 198; Seyfarth a. a. O. [90]) Zahler a. a. O. 97; Strackerjan ebd. [91]) SchweizId. in Zahler a. a. O., Anm. [92]) Zahler a. a. O.; ZfVk. a. a. O.

4. Der Vorgang findet gewöhnlich in Anwesenheit des Patienten (in seinem Haus, beim Arzt, aber auch andernorts, z. B. im Wirtshaus) statt, kann aber auch aus der Ferne erfolgen.

Als Vorbereitung wird mitunter erwähnt: eine Räucherung des Hauses, bzw., wo es sich um Viehkrankheit handelt, des Stalles [94]); das Entzünden eines Feuers am offenen Herd, das mit bestimmten Kräutern, z. B. Wermuth, Fitzbohnenkraut u. ä., genährt werden muß [95]) u. dgl. m.

Anwesende werden meist vorher hinausgeschickt. Wenn sie geduldet werden, müssen sie sich ganz ruhig verhalten, mitunter sogar das Haupt entblößen [96]). Der Erfolg der Behandlung wäre gefährdet, wenn jemand während des B.s hineinredete [97]). Kinder dürfen der Besprechung nicht beiwohnen [98]). Die helfende Person darf auf dem Wege zum Kranken, während sie die Besprechung vornimmt und manchmal sogar beim Weggehen, keinen Menschen anreden und auch nicht grüßen, da die Handlung sonst erfolglos wäre [99]). Auch der Kranke soll während des Vorgangs schweigen und von der Kur, die oft Wochen und Monate in Anspruch nimmt, niemandem etwas mitteilen [100]). So muß alles möglichst unauffällig und geräuschlos vor sich gehen [101]). Das Geheimnis spielt, wie im Zauber überhaupt, so auch hier eine hervorragende Rolle (Verhütung von Gegenzauber).

In unzähligen Formen und Variationen wird das B. geübt. Selten ist es ein bloßes Murmeln [102]) geheimnisvoller Sprüche [103]) und Gebete [104]); meist sind mit dem gesprochenen Wort allerlei Handlungen verbunden. Als solche sind zu nennen:

Anhauchen der leidenden Körperstelle [105]) (s. a. Hauch, hauchen, Atem), Benetzen [106]) und Bestreichen derselben mit Speichel [107]), auch bloßes Berühren [108]), Kneten [109]), Umkreisen der kranken Teile mit den Fingern [110]), Auflegen der Hände [111]) (s. Handauflegung), Messungen [112]) (so z. B. Abzählen des Geäders der Hand des Kranken zur Feststellung des Übels und Heilmittels dagegen) [113]) u. dgl. m. Sehr häufig ist das, gewöhnlich wiederholte, Kreuzschlagen [114]) und Anrufen heiliger Personen [115]), wie sich überhaupt Christliches und Heidnisches in buntem Gemisch teils nebeneinander findet, teils ineinander aufgegangen ist [116]).

Wurde beim B. der Name dessen genannt, ‚für den' gebraucht wurde, so mußte es der richtige Taufname sein, nicht der Ruf- oder der Name, unter dem die Person sonst wohl bekannt war. Deshalb kamen in früheren Zeiten oft die Leute und ließen sich im Kirchbuche nachschlagen, mit welchem Namen die einzelnen Personen in der Taufe belegt waren [117]).

Mehrfach wird erwähnt, daß der Besprecher den Patienten während der Behandlung scharf fixiert [118]); auch erhält dieser mitunter die Aufforderung, dem Arzt ins Auge zu sehen, bis er sein ‚Augen-Mannli' (Spiegelbild im Auge) sieht [119]). In Vilters warf sich ein des Warzenvertreibens Kundiger vor Vornahme der Besprechung in einen mit einem auffallend großen Knopf versehenen Rock, worauf der Patient den Knopf fixieren mußte [120]) (über Mittel zur Förderung der Hypnose vgl. u. 8.). Wo Frauen die Kunst ausübten, bestand sie gewöhnlich darin, daß die Beterin die rechte Hand auf die kranke Stelle legte und betete, oder daß sie, nachdem sie die kranke Stelle berührt hatte, hinausging und draußen betend auf und ab wandelte [121]).

Häufig äußert sich die Vorstellung, daß die Krankheit auf andere, selbst leblose Gegenstände übertragen, so z. B. auf ein Stück Baumstamm, genannt „Brauchebaum" [122]), verpflöckt werden kann [123]) (s. verpflöcken).

Die Behandlung kann auch durch Fernwirkung erfolgen, auf Grund genauer Beschreibung der Art und des Sitzes des Übels [124]).

Spruch und Gebet wirken aber nicht nur gesprochen; sie können, da die ihnen innewohnende magische Kraft auf Gegenstände übertragbar ist, auch in geschriebener Form mit Speise und Trank eingenommen, bzw. als Amulette getragen werden [125]).

Zur Verstärkung der Wirkung dient die Wiederholung [126]). So wird die Behandlung auch mehrmals hintereinander vorgenommen.

[94]) John a. a. O. 268; ZfrwVk. 1908, 208. [95]) ZfrwVk. 1909, 293. [96]) Engelien u. Lahn 251 Nr. 130; Frischbier a. a. O. [97]) Seyfarth a. a. O. 70. [98]) ZfrwVk. ebd. [99]) ZföVk. 13, 121; Wrede *Rhein. Volksk.* 96; Hovorka-Kronfeld 1, 63; ZfrwVk. 1913, 194; nach der Behandlung ist das Reden erlaubt: Strackerjan 1, 73. [100]) Hovorka-Kronfeld a. a. O.; ZfrwVk. 1913, 194. [101]) ZfVk. 16 (1906), 170. [102]) Geschrei und lautes B. zur Vertreibung der Krankheitsdämonen wird erwähnt bei Hovorka-Kronfeld 1, 62. [103]) Schramek a. a. O. 280. 284; ZfrwVk. 1908, 206; Hovorka-Kronfeld 1, 104; Urquell 1 (1890), 204; Seyfarth a. a. O. 68; Manz a. a. O. 61; Höhn 74; ZfrwVk.

1905, 142; 1908, 101; 1909, 293. 107. 121. [104]) ZfrwVk. 1907, 121; 1908, 101; Schramek a. a. O. 284; Strackerjan 1, 73. [105]) ZfrwVk. 1907, 121; 1908, 101; 1909, 293; 1913, 194 mit Anm. 38; ZfVk. 5 (1895), 34. [106]) ZfrwVk. 1908, 101. [107]) ZfVk. ebd.; ZfrwVk. 1905, 142. [108]) Schramek a. a. O. 280; Strackerjan a. a. O. 1, 78; ZfrwVk. 1907, 121; 1908, 101; 1909, 293. [109]) ZfVk. ebd. [110]) Manz a. a. O. 67. [111]) ZfrwVk. 1908, 206; ZföVk. 6 (1900), 115; Strackerjan a. a. O.; Hovorka-Kronfeld 1, 144. [112]) Schramek a. a. O. [113]) Urquell 4 (1893), 25 f. [114]) Lammert 28; ZfrwVk. 1913, 194; Strackerjan 1, 73; ZfVk. ebd.; ZföVk. 6 (1900), 115; Hovorka-Kronfeld a. a. O. [115]) ZfVk. ebd.; Höhn 74; ZfrwVk. 1905, 280. [116]) Andree a. a. O. 303; Lauffer a. a. O. 86; Lammert a. a. O.; ZfrwVk. 1905, 280. [117]) ebd. [118]) Z. B. Manz a. a. O. 61. 67. [119]) Ders. und die dort angeführten Stellen. [120]) Manz a. a. O. 61; vgl. dazu Lehmann a. a. O. 647; Brunner *Ostd. Volksk.* 251. [121]) Strackerjan 1, 78. [122]) ZfVk. 19 (1909), 246. [123]) Hovorka-Kronfeld 1, 184; Lauffer a. a. O. 85. Auf eine Axt „aus dem Glied und ins Holz" ZfVk. 5 (1895), 195; u. Anm. 4; auf ein Beil: Bartsch 2, 111 u. a. m. [124]) Strackerjan 1, 72; ZfVk. 9 (1899), 209. [125]) Pfister in Pauly-Wissowa 11, 2156 (Kultus). [126]) ebd. 2155.

5. Zeit und Mittel. Auch für die Zeit, in welcher eine Besprechung vorgenommen werden soll, gelten verschiedene Bestimmungen. Von ausschlaggebender Bedeutung für die Wirkung ist Phase und Stand des Mondes. Krankhafte Auswüchse werden mit Vorliebe in der Zeit des abnehmenden Mondes zum Schwinden gebracht [127]), auch Zahnschmerz [128]) (Analogiezauber) u. ä. m. Freilich mitunter auch bei zunehmendem Mond [129]). Daneben gilt als günstig für die Besprechung: Vollmond [130]), Neumond [131]) oder ganz allgemein: die zweite Monatshälfte [132]).

Unter den Wochentagen spielt der Freitag [133]) die Hauptrolle, insbesondere die Karfreitagnacht [134]) als besondere Hexennacht.

Als günstigster Zeitpunkt wird überhaupt die Nachtzeit (der Abend nach Sonnenuntergang [135]), der Morgen vor Sonnenaufgang [136]), um Mitternacht) [137]) betrachtet.

Als ein besonders heilkräftiges Mittel zum B. wird der Überrest des Schmalzes gerühmt, „in dem an Fastnacht oder Aschermittwoch die Schmalzküchlein gebacken wurden" [138]). Auch Butter oder ein Becher voll Branntwein, vor der Handlung in die Hand genommen [139]), fördert die Wirkung. Außerdem spielt die Verwendung gew. Kräuter, z. B. des Dills [140]) (vgl. auch oben 4), von Erde aus einem neuen Grabe (Strackerjan a. a. O.), sowie von allerlei Talismanen, sog. „Brauchsteinen" [141]), deren es eine große Zahl gibt, eine Rolle.

[127]) Manz a. a. O. 58; Hovorka-Kronfeld 1, 63; Panzer *Beitr.* 2, 300. [128]) Lauffer a. a. O. 85. [129]) Z. B. Warzen Lauffer ebd. [130]) Strackerjan 1, 78. [131]) Andree a. a. O.; ZföVk. 6 (1900), 115; Hovorka-Kronfeld 1, 144; Diener *Hunsr. Volksk.* 93 f. [132]) Urquell 4 (1893), 25 f. [133]) Andree a. a. O.; ZföVk. a. a. O.; Hovorka-Kronfeld a. a. O.; Höhn a. a. O. 74. 88. 102. 108. [134]) Kapff *Festgebräuche* 2, 14; Haltrich a. a. O. [135]) Lauffer a. a. O.; Schullerus a. a. O.; Andree a. a. O.; Frischbier a. a. O.; Haltrich a. a. O. [136]) Frischbier a. a. O.; Hovorka-Kronfeld a. a. O.; Strakkerjan 1, 72. [137]) Haltrich ebd.; Strackerjan ebd. Zu allen 3 Zeiten wird die Handlung vorgenommen Haltrich ebd.; Strackerjan ebd.; Hovorka-Kronfeld ebd. u. a. [138]) Bohnenberger 1, 24. [139]) Urquell 4 (1893), 8. [140]) Lauffer a. a. O. 86. [141]) ZfrwVk. 1911, 65; Becker *Pfalz* 116; Diener *Hunsrück* 93.

6. Unübersehbar ist die Zahl der B.-formeln, die noch heute im Volke im Umlauf sind. Wie das B. ein Bestandteil des Zauberns, so ist die B.formel ein Teil der Zauberformel, s. daher Beschwörung Sp. 1117 ff. und Zauberformel, Segen.

7. Anwendung. a) Ein Überblick über die Krankheiten und Leiden bei Mensch und Tier, gegen die das B. angewendet wird, zeigt, daß es so ziemlich alle, namentlich auf dem Lande vorkommenden, sind. Am häufigsten werden genannt: Blutungen [142]), Wunden [143]), insbesondere Brandwunden [144]), Brand [145]), Fieber [146]), Rose (Rotlauf) [147]), insbesondere Gesichtsrose [148]), Auswüchse und Hautkrankheiten, wie Flechten [149]), Hautausschlag [150]), Geschwülste [151]), Grind [152]), Räude [153]), Fingerwurm [154]), Zitterrochen [155]), „Schußplattern" [156]), Warzen [157]), Kropf [158]), Leichdorn [159]), dann: Schlangenbiß [160]),

Zahnschmerzen [161]), Augenübel [162]). An inneren Krankheiten und Leiden: Scharbock (Skorbut) [163]), abzehrende Sucht [164]), Wassersucht [165]), Gicht [166]), Muskelzerrung [167]), Knirrband [168]), Brüche [169]), Verstauchungen [170]), Fluß [171]), Nagelfluß [172]), Drüsenschwellungen [173]), Gliederreißen [174]), Kopfschmerz [175]), Magen- und Gedärmegrimmen [176]), Rachitis [177]) und alle übrigen Kinderkrankheiten [178]); Unfälle, z. B. ein im Halse stecken gebliebener Knochen (oder eine Gräte) [179]). — Auch bei Erkrankung des Viehs nimmt man mit Vorliebe seine Zuflucht zum B., z. B. bei Milzbrand [180]), „Wild- und Zwangwürzen" (das sind schmerzhafte Gebilde zwischen den Klauen des Rindviehs, welche die Tiere am Laufen hindern) [181]), geschwollenen Eutern [182]), gegen das „Wambet" der Kühe (d. i. ein Anfall von Wildheit, in dem sie an den Wänden emporspringen) [183]), bei Säuen, die ihre neugebornen Ferkel auffressen [184]) und unzähligem anderm [185]).

b) Andere Fälle, in welchen das B. angewendet wird, zeigen deutlich dessen eingangs erwähnten Doppelsinn und somit die Begriffsgleichheit von B. mit Zaubern überhaupt. Dämonen vertreibung (Entzauberung) bezweckt das B. einer Feuersbrunst [186]), herbeirufen (Ver- oder Bezauberung, s. u. Abschnitt B) das B. von laufenden Pferden, um sie zum Stehen [187]), von bellenden Hunden, um sie zum Schweigen zu bringen [188]); von Waffen, damit sie nicht losgehen [189]); hieher gehört auch der Glaube, sich durch B. unsichtbar machen zu können [190]), der Liebeszauber (s. d.) u. a. m. Das B. von Sturm und Wetter kann sowohl Ver- als auch Entzauberung bezwecken.

[142]) ZfrwVk. 1907, 120; 1913, 194; Meyer *Baden* 566; Manz a. a. O. 72; Strackerjan 1, 72 u. 74; Urquell 3 (1892), 116. 236; Hovorka-Kronfeld a. a. O. 1, 63; Zahler a. a. O. 54; Höhn a. a. O. 69; Schramek a. a. O. 284; ZfdU. 6, 2, 124 ff.; Brunner a. a. O.; Lauffer a. a. O. 85. [143]) ZfrwVk. 1913, 194. [144]) Zahler a. a. O.; Höhn a. a. O.; ZfrwVk. a. a. O.; Wrede *Eifler Volksk.* 94. [145]) ZfdU. ebd.; Urquell a. a. O. 236; Diener *Hunsrück* 93 f. [146]) ZfrwVk. 1907, 120; 1913, 194; Stemplinger *Aberglaube* 82. [147]) Kuhn u. Schwartz 440 Nr. 324; ZfrwVk. 1909, 293; HessBl. 1920, 120; ZfVk. 7 (1897), 411; Kuhn u. Schwartz ebd.; Schnippel *Volksk.* 1, 56. 134. 136. [148]) Meyer *Baden* 566; ZfrwVk. ebd. [149]) ZfrwVk. 1905, 142; Manz *Sargans* 67 u. die dort angeführten Stellen. [150]) ZfrwVk. 1907, 120. [151]) Urquell 1 (1890), 204; Strackerjan a. a. O. 1, 73; ZfVk. 9 (1899), 209; Hovorka-Kronfeld a. a. O.; Diener *Hunsrück* 94. [152]) Zahler a. a. O. 54. [153]) Ebd. [154]) Meyer a. a. O. [155]) Schramek 281. [156]) Meyer ebd. [157]) Manz a. a. O. 58. 61; Zahler ebd.; Lauffer ebd.; Höhn a. a. O. 69; Meyer a. a. O.; Stoll *Suggestion* 414 ff. 542 f. [158]) Zahler ebd.; Bavaria 3, 2 (1865), 944. [159]) Lauffer ebd. [160]) Wuttke 346 § 517. [161]) Stemplinger a. a. O. 82; Zahler ebd.; ZfrwVk. 1913, 194; Manz a. a. O. 57 (und die dort zitierten Stellen). ZfdU. ebd.; Urquell ebd.; Schmitt *Hettingen* 16; Frischbier a. a. O. 100; Lauffer a. a. O. [162]) Meyer a. a. O.; Hovorka-Kronfeld 1, 144; ZföVk. 6 (1900), 115; ZfrwVk. 1908, 206; Zahler a. a. O.; Urquell a. a. O.; ZfdU. a. a. O.; Pfister a. a. O. 27; Stemplinger a. a. O.; Lauffer a. a. O. 84. [163]) Meyer a. a. O. [164]) Engelien u. Lahn 251; Lippert a. a. O. [165]) ZfrwVk. 1907, 120. [166]) Ebd.; Schramek a. a. O. 284; Stemplinger a. a. O.; vgl. Lessiak *Gicht*; Urquell a. a. O.; ZfdU. a. a. O.; Schramek a. a. O.; Diener *Hunsrück* a. a. O. 93. [167]) ZfVk. 5 (1895), 195. [168]) Ebd.; Bartsch 2, 111. [169]) Höhn 69. [170]) Hess. Bl. 1 (1902), 2 ff.; Sartori *Westfalen* 72. [171]) Wuttke 356 Nr. 533. [172]) Meyer a. a. O. [173]) Ebd. [174]) ZföVk. a. a. O.; Hovorka-Kronfeld 1, 144; ZfrwVk. 1908, 206 f. [175]) Ebd.; Hovorka-Kronfeld 1, 144. [176]) ZföVk. a. a. O.; ZfrwVk. a. a. O.; Hovorka-Kronfeld a. a. O.; Höhn 69; Meyer a. a. O. [177]) Höhn a. a. O. [178]) Schullerus a. a. O. 40; Diener *Hunsrück* 93 f.; ZfrwVk. 1913, 194 f.; 1918, 194; Wrede *Rhein. Volksk.* 153. [179]) Urquell 1 (1890), 204. [180]) Fehrle *Baden* 1, 65. [181]) SAVk. 17, 63. [182]) Fehrle a. a. O. [183]) Lauffer a. a. O. 86. [184]) ZfrwVk. 1908, 99; Urquell 3 (1982), 256. [185]) ZfrwVk. 1905, 141 u. 280; 1907, 121; 1908, 13 u. 101; 1918, 194; Meyer a. a. O. 563; Hovorka-Kronfeld 1, 184; Panzer *Beitrag* 2, 265; Schramek a. a. O. 280; ZfdU. a. a. O.; Zahler a. a. O. 54 u. Anm. 4; Urquell a. a. O. [186]) Grimm *DWb.*; Drechsler 2, 141; Lauffer a. a. O.; Mogk *Mythologie* 404: ZfrwVk. 1907, 121; Diener a. a. O. 95. [187]) Sartori a. a. O. [188]) Ebd. [189]) Grimm ebd. [190]) Lauffer a. a. O. 86.

8. Erklärung. Die Tatsache, daß sich das B. bis auf unsere Zeit erhalten konnte und noch weit verbreitet ist, fin-

det ihre Erklärung darin, daß in vielen Fällen wirkliche Heilerfolge damit erzielt wurden [191]). Sie beruhen auf Wesen und Wirkung der Suggestion, die sowohl aus dem Fixieren der Aufmerksamkeit [192]) als aus der übereinstimmenden Angabe erwiesen ist, daß der Glaube an die Heilkraft die unerläßliche Vorbedingung für deren Wirksamkeit sei [193]). Man versteht ja unter Suggestion „eine solche Einwirkung auf einen Andern, daß durch Mitteilung, Überredung, mit und ohne angeschlossenen Befehl, Auftrag usw. sich ein fremdes Erlebnis derart in den geistigen Besitzstand des Suggestiblen einfügt, als ob es ein Selbsterlebtes, Selbsterlittenes, eine durch die Evidenz erwiesene Tatsache sei, welche sogleich oder später bestimmend auf sein Handeln einwirkt" [194]).

Wir sehen vom Volk unwillkürlich die Besprechung mit Zeremonien umgeben, die der Suggestion entgegenkommen. Dahin gehört außer dem Fixieren der Aufmerksamkeit auch das Geheimnis, mit dem man die Formel und die Handlung umgibt [195]). — Die meisten Heilerfolge wurden bei Krankheiten nervöser Art, dann aber auch besonders bei, selbst lebensgefährlichen, Blutungen [196]) und Hautübeln erzielt, wie z. B. bei Warzen, deren Heilbarkeit „mit Umgehung des medikamentösen und chirurgischen Weges durch Suggestivbehandlung auch die exakte Wissenschaft ohne weiteres zugibt" [197]).

Es darf im übrigen nicht übersehen werden, „daß sich die Natur oft auch selbst hilft und Heilung herbeiführt" [198]) und daß wohl die verschiedenen Heilerfolge, nicht aber die unzähligen Nieten bekannt geworden sind, die auch die magische Behandlung zweifellos zurückgelassen hat.

[191]) Vgl. Stoll *Suggestion* 414 ff.; Hellwig *Aberglaube* 74; Zahler a. a. O. 96; ZfrwVk. 1905, 142; 1913, 194 f.; Urquell 3 (1892), 256; Strackerjan a. a. O. 1, 73. [192]) Manz a. a. O. 61. 67; Lehmann a. a. O. 642. [193]) Andree a. a. O.; Seyfarth a. a. O. 70; Manz a. a. O. 58 u. die dort angeführten Stellen; ZfrwVk. 1905, 74. 142; Zahler a. a. O. 96 f.; Strackerjan a. a. O. 1, 78. [194]) Rein *Enz. Hdb. d. Pädag.* 9 ², 73 ff. [195]) Manz a. a. O. 58; Zahler a. a. O. 97 u. die dort angeführten Stellen; ZfrwVk. 1911, 65; SAVk. 17, 63. [196]) Stoll *Suggestion* 542; *Geschlechtsleben* 234; Manz a. a. O. 72. [197]) Manz 61. [198]) Schramek a. a. O. 280.

9. Geschichte und Literatur. Die Geschichte des B.s ist so alt wie die Geschichte des Zaubers überhaupt. Das älteste Zeugnis bietet die B. der Wunde des Odysseus bei Homer (Od. 19, 457). Eine ausgezeichnete und erschöpfende Bearbeitung des griechisch-römischen Materials mit reichen Literaturnachweisen bietet Pfister in seinem Artikel „Epode" in Pauly-Wissowa, Erg.-Bd. 4 (vgl. ders. Artikel „Kultus" § 9, ebd. Bd. 11), worin er als die einzigen zusammenfassenden Behandlungen des antiken Stoffes: Welcker, Kl. Schriften 3, 64 ff. und Abt, Apuleius, erwähnt; vgl. noch: Stemplinger, Sympathie 76 ff. — Bei den Germanen ist das B. nicht etwa als aus dem klass. Altertum übernommen, sondern als bodenständiger Brauch anzusehn, wie überhaupt schon bei den ältesten Natur- und Kulturvölkern Spuren davon nachweisbar sind. Über das B. im germanischen Altertum und MA. vgl. Hälsig, Zauberspruch; s. auch Fox a. a. O. 300. Weitere einschlägige Literatur: Ebermann, Blutsegen; Bartels, Medizin; Stoll, Suggestion; Sudhoff, Hdb. d. Gesch. d. Medizin (1922); Flügel, Volksmedizin; Lessiak, Gicht.

Für das Studium des B.s im MA. und in der Neuzeit bis J. Grimm sei vor allem auf theologische Handbücher, insbesondere auf Hefele, Conziliengeschichte verwiesen.

B. Über B. im Sinne von be- oder verzaubern (vgl. 1) s. berufen, beschreien.

Perkmann.

besprengen s. Wasserguß.

Bestattung s. Begräbnis.

Bestiarien s. Tierbücher.

Besuch, besuchen. 1. Außerordentlich zahlreich sind die Vorzeichen, die kommenden Besuch anzeigen. Fast allgemein verbreitet ist die Meinung, daß die sich putzende Katze Besuch ankünde[1]); wäscht sie sich von vorne, dann kommt ein Mann, wäscht sie sich von hinten, eine alte Frau[2]); leckt sie sich am Schwanz, so kommt ein unwerter Gast, schleckt sie sich aber am ganzen Leib, kratzt mit der Pfote hinter dem Ohr und streicht sich über die Nase, dann kommt werter Besuch[3]) usw. (s. a. Katze). Wenn die Elstern ungewöhnlich lebhaft um das Haus fliegen, bedeutet es die Ankunft eines Bekannten oder Verwandten[4]). Nach der Berner Chronik Justingers sind Heuschreckenzüge und reicher Salmenfang Vorzeichen fremder Gäste[5]). Die Deutschen Pennsylvaniens haben noch die Kenntnis einer Reihe anderer Besuche anzeigender Tiere bewahrt: Wenn morgens eine Spinne gegen einen kommt, kann man B. erwarten[6]). Dasselbe trifft ein, wenn der Hund sich in der Stube wälzt[7]), der Hahn in die Stube kommt[8]) usw. — B. ist ferner zu erwarten, wenn man etwas Spitziges (s. d.) fallen (s. d.) läßt und es dort stecken bleibt, sich „aufspießt“[9]); wenn sich am Stubenboden Splitter ablösen[10]); wenn morgens beim Kehren ein Strohhalm in der Stube liegen bleibt[11]); wenn das Feuer im Ofen prasselt[12]) oder brennende Kohlen oder Scheiter aus dem Ofen fallen[13]). Die Rockenphilosophie (898 Nr. 28)[14]) berichtet: „Wenn sich Abends der Respel am Spanlicht sperret, so kommt des andern Tages ein Gast; und wenn man Salz darauf streuet, so muß sich derselbige Gast am Hindern kratzen“, während „Das Grab des Aberglaubens“ 4 (1778), 246 bezeugt: „Wenn sich eine Krone von allerhand Farben, wie ein Regenbogen, um das Licht zeiget, und die Flamme am Tocht schwarz scheinet: so bedeutet es den B. eines Gastes.“ — Fällt einem während des Kaffeetrinkens das Brot in die Tasse, so kommen Gäste[15]); bei den Deutschen Pennsylvaniens[16]) kündet ein Teeblatt im Tee dasselbe an, die Zahl der Kaffeeringe in der Untertasse, die sich nach dem Kaffeetrinken gebildet haben, gibt die Zahl der Gäste an[17]), usw.[18]).

[1]) Meier *Schwaben* 2, 493 Nr. 306; SAVk. 21 (1917), 59 (mit weiterer Literatur); Reiser *Allgäu* 2, 436 Nr. 110; Alemannia 33 (1905), 303; Fischer *Oststeirisches* 114; Bartsch *Mecklenburg* 2, 131 Nr. 556; Dähnhardt *Volkst.* 1, 97 Nr. 9; John *Erzgebirge* 33; Kuhn *Märk. Sagen* 386 Nr. 87; Müller *Isergebirge* 13; Grimm *Myth.* 1, 422 Anm. 2; 3, 437 Nr. 72 = Rockenphilosophie 95 Nr. 74; de Cock *Volksgeloof* 1, 100 (mit Literatur). [2]) SAVk. 24 (1922), 66; vgl. Bartsch *Mecklenburg* 2, 131 Nr. 556 c; vgl. John *Erzgebirge* 33. [3]) SAVk. 12, 151 Nr. 450; vgl. 12, 279; Stoll *Zauberglaube* 135; Manz *Sargans* 118. [4]) Rank *Böhmerwald* 1, 160; Grohmann 67 Nr. 468; Fischer *Oststeirisches* 114; Grimm *Myth.* 3, 437 Nr. 73 = Rockenphilosophie 97 Nr. 75; 3, 467 Nr. 889; 3, 473 Nr. 1028. [5]) Nach Grimm *Myth.* 2, 951; 3, 328. [6]) Fogel *Pennsylvania* 80 Nr. 288; 95 Nr. 384. [7]) Ebd. 92 Nr. 365 u. 366. [8]) Ebd. 87 Nr. 337. [9]) Alemannia 33 (1905), 303; Meier *Schwaben* 2, 493 Nr. 306; Schmitt *Hettingen* 18; Schönwerth *Oberpfalz* 3, 281; Pollinger *Landshut* 166; Bartsch *Mecklenburg* 2, 131 Nr. 557; Kuhn *Märk. Sagen* 386 Nr. 88; Dähnhardt *Volkst.* 1, 97 Nr. 8; John *Erzgebirge* 33; Köhler *Voigtland* 395; Enders *Kuhländchen* 90; Fogel *Pennsylvania* 94 Nr. 379. [10]) Panzer *Beitrag* 1, 262 Nr. 89; Grimm *Myth.* 3, 437 Nr. 71 = Rockenphilosophie 94 Nr. 73. [11]) Bartsch *Mecklenburg* 2, 132 Nr. 558 a; Dähnhardt *Volkst.* 1, 97 Nr. 7; 2, 86 Nr. 344; Drechsler 2, 199 Nr. 569; Kuhn *Westfalen* 2, 60 Nr. 180; Müller *Isergebirge* 34. [12]) Grohmann 42 Nr. 261. 264; Urquell 4 (1893), 159 Nr. 153. [13]) Urquell 4 (1893), 274 Nr. 16; 4, 74 Nr. 15; John *Erzgebirge* 33. [14]) = Grimm *Myth.* 3, 448 Nr. 435; s. a. weiter 3, 475 Nr. 1094; vgl. Rank *Böhmerwald* 1, 159; Schönwerth *Oberpfalz* 3, 274 § 44, 5. [15]) SAVk. 12 (1908), 279; Pollinger *Landshut* 167. [16]) Fogel *Pennsylvania* 87 Nr. 336 (mit weiterer Literatur). [17]) Ebd. 378 Nr. 2032. [18]) Vgl. weitere Orakel bei Sartori *Sitte u. Brauch* 2, 178; Fogel *Pennsylvania* 81 Nr. 294; Dähnhardt *Volkst.* 2, 86 Nr. 343 f.; John *Erzgebirge* 33. 252; Köhler *Voigtland* 395; Urquell 4 (1893), 74 Nr. 21.

2. Man hat die ganze Woche auf Gäste zu rechnen, wenn am Montag sich ein solcher eingestellt hat[19]); dagegen herrscht auch der Glaube, daß, wenn man jemanden Montag vormittags besucht, man ihm Unglück ins Haus bringe[20]). Wenn man jemanden im Zeichen des Fisches besucht, so regnet es immer[21]).

[19]) Urquell 1 (1890), 46; vgl. Dähnhardt *Volkst.* 1, 97 Nr. 6. [20]) ZfVk. 1(1891), 219 (Obersteiermark). [21]) Fogel *Pennsylvania* 245 Nr. 1273.

3. Wenn man in einen Ort kommt, und die Schafe ziehen zugleich von der Weide ein, so ist man ein willkommener Gast [22]). Stolpert der B. beim Eintritt ins Haus mit dem rechten Fuß, so ist er willkommen; stolpert er mit dem linken, so geht er besser wieder heim [23]). Ein leer entgegenkommender Wagen läßt unsern B. nicht willkommen erscheinen [24]). Will man B. haben, so muß man drei Besen in den Ofen stecken, dann kommt welcher [25]).

[22]) Kuhn u. Schwartz 463 Nr. 468. [23]) Fogel *Pennsylvania* 85 Nr. 324. [24]) John *Erzgebirge* 33. [25]) Dähnhardt *Volkst.* 1, 97 Nr. 10; Drechsler 2, 199 § 569.

4. Es ist eine weitverbreitete Vorschrift, daß der B.er sich setzen muß, und wäre es auch nur für einen Augenblick, weil er sonst die „Ruhe verträgt"; das gilt namentlich dann, wenn eine Wöchnerin und ihr Neugeborenes besucht werden [26]). Der Glaube ist schon aus dem 18. Jh. als verbreitet belegt [27]); wenn man, wie es auch heißt, bei einem B.e das Haus der B.ten schnell wieder verläßt, so nimmt man ihnen den sanften Schlaf [28]). Ein Mädchen darf sich aber gelegentlich eines B.es nicht auf das Kanapee setzen, sonst heiratet es erst in sieben Jahren [29]). — Eine weitere Vorschrift überliefert die Rockenphilosophie (823 Nr. 88): „Wenn jemand bey gehaltener Mahlzeit in die Stube kommt, so soll es mit essen, und solte es auch nur ein einiger Bissen seyn" [30]). Es ist strenge Regel, daß man dem B.e etwas zum Essen und Trinken vorsetzt [31]) (s. u. 6); läßt der B.er das vorgesetzte Essen stehen, so wird schlecht Wetter [32]) oder bekommt er Zahnweh [33]). — Wenn jemand auf B. kommt, wo Federn gerissen werden und hilft nicht, so bekommt er einen Ausschlag [34]). Wenn man abends jemanden besucht, so darf man nicht anklopfen, es würde sehr übel aufgenommen werden; auch ruft niemand herein, es möchten Hexen oder gar der Böse hereintreten [35]).

[26]) Meyer *Baden* 36. 391; Schmitt *Hettingen* 14; Bohnenberger 18; Lammert 91; Rosegger *Steiermark* 64; Fischer *Oststeirisches* 116; Köhler *Voigtland* 424; Drechsler 2, 22; John *Erzgebirge* 55; Hillner *Siebenbürgen* 21; Gaßner *Mettersdorf* 17; Müller *Isergebirge* 34; Grohmann 139 Nr. 1017; Strackerjan 1, 51; Andree *Braunschweig* 405; ZfVk. 24 (1914), 155; ZföVk. 13 (1907), 133; Fogel *Pennsylvania* 51 Nr. 139 f.; 105 Nr. 440 f.; Urquell 3 (1892), 247 Nr. 23; Sartori *Sitte u. Brauch* 2, 176. [27]) Bräuner *Curiositaeten* (1737), 489; Rockenphilosophie 26 Nr. 15 = Grimm *Myth.* 3, 435 Nr. 15; *Grab des Aberglaubens* 4 (1778), 249. [28]) ZfVk. 1 (1891), 219. [29]) ZföVk. 13 (1907), 135. [30]) = Grimm *Myth.* 3, 447 Nr. 407; vgl. auch das Orakel: Rockenphilosophie 622 Nr. 55. [31]) Sartori *Sitte u. Brauch* 2, 177; Birlinger *Aus Schwaben* 2, 379; Meyer *Baden* 347; Grohmann 146 Nr. 1080; Drechsler 2, 22. [32]) Köhler *Voigtland* 395. [33]) Panzer *Beitrag* 1, 258 Nr. 34. [34]) Engelien u. Lahn 273 Nr. 208. [35]) Meier *Schwaben* 2, 492 Nr. 303 = Sartori *Sitte u. Brauch* 2, 177.

5. Ehe die Gäste das Haus verlassen, soll die Hausfrau den Tisch abzuräumen versuchen, damit jenen auf dem Heimwege nichts Übles widerfahre [36]). Geht der B. fort, so muß man an der Tür um ihn herumgehen, ohne ihn zu berühren, damit er das Glück nicht forttrage [37]); es hütet sich der Begleiter, zuerst hinauszukommen, weil dann der B. nicht wieder käme [38]). Schaut der B.er beim Weggehen oft zurück, so lebt er nicht mehr lang [39]). Bei den Siebenbürger Sachsen wirft man Salz auf den Rücken des Gastes, so kann er das Glück nicht aus dem Hause forttragen [40]). In Norwegen öffnet man nach des Gastes Abschied nochmals die Tür, damit dessen Fylgje nachkommen könne [41]).

[36]) John *Erzgebirge* 31. [37]) Wuttke 404 § 624. [38]) Köhler *Voigtland* 424. [39]) SchwVk. 8, 71. [40]) Haltrich *Siebenb. Sachsen* 298. [41]) Meyer *Germ. Myth.* 67; Liebrecht *Zur Volksk.* 323.

6. Wenn in Lippborg (Westfalen) jemand zum ersten Male einen Bauernhof betritt, so werden ihm zwei gekochte Eier vorgesetzt. Hat er keinen guten Eindruck gemacht, so wirft man ihm die Schalen der verzehrten Eier nach, das heißt: „Du brukst mi nich wier int Hus to kuomen." Ein Ei empfängt auf dem Helweg auch derjenige, der einen B., den man erwarten durfte, erst allzu spät macht. Das Geschenk bedeutet eine

scharfe Rüge, die so peinlich empfunden wird, wenn es in Gegenwart vieler Zeugen überreicht wird [42]). Auch das Kind erhält, wenn es an einem Orte seinen ersten B. macht, ein Ei, das sog. „Plauderei" (s. a. Ei). Die Deutschen Pennsylvaniens schmieren dem Kinde, das seinen ersten B. macht, den Gaumen mit Bratenfett aus der Pfanne ein; dann zahnt es leichter [43]).

[42]) Sartori *Westfalen* 130. [43]) Fogel 311 Nr. 1652.

7. Eine besondere Stellung nehmen die B.er einer Wöchnerin ein (s. a. d.). In der Oberpfalz bleiben sie an der Türe stehen und sprechen: „Zayges Christes!", worauf die Wöchnerin: „In Aiwigkeid, Amen!" erwidert. Nun fährt der B., noch immer unter der Türe stehend, fort:

I winsch da Glick in Winkl,
Mach di bal vira
Und afs Gauar wida hinti.

Dann erst tritt er vor. Wer auf B. kommt, darf nicht schwarz gekleidet sein, vor allem nicht die Hebamme; es wäre der Mutter wie dem Kinde zum Tode. Damit bei den B.en nicht Drud, nicht Hexe sich einschleichen könne, steckt in der Tür das Messer und liegt in der Lade das Brot auf dem Gesichte [44]). Wird bei den Siebenbürger Sachsen eine Wöchnerin von einer säugenden Frau besucht, so kann ihr diese die Milch nehmen; um dieses zu verhüten, muß die Besuchende aus ihren Brüsten ein paar Tropfen auf das Bett der Wöchnerin drücken. Unterläßt sie es, sich zu setzen oder irgend etwas (etwa ein entbehrliches Stückchen von ihrer Kleidung) „abzuzupfen" und auf das Wochenbett zu legen, so nimmt sie dem Kinde den Schlaf [45]).

[44]) Schönwerth 1, 158. [45]) Hillner *Siebenbürgen* 21.

S. weiter Fremder, Bettler.

Bächtold-Stäubli.

beten s. abbeten, Amen, Gebet.

Beter. In Württemberg wird der Wunderdoktor gelegentlich auch B. genannt [1]). Diese Bezeichnung ist von einem wesentlichen Bestandteil des Heilens und Zauberns genommen, dem Sprechen der Gebete (s. d.) und Zaubersprüche (s. d.). Die Kenntnis solcher Sprüche ist immer und überall eine Hauptsache für den Zauberer, Medizinmann und Priester. Daher finden wir genau so wie beim württembergischen B. es auch in andern Sprachen, daß die Bezeichnung eines solchen Mannes etymologisch mit einem Wort zusammenhängt, das auf Gebet und Zauberspruch hinweist. So heißt im homerischen Epos [2]) der Priester 'Αρητήρ = der B. (zu ἀράομαι, ἀρά, *orare*). Das Wort γόης (Zauberer) und γοητεία (Zauberei) gehört zu γόος (Geheul), γοάω (klagen), altindisch *havas* (Ruf, Anrufung). Weiter gehören hierher ἐπῳδός und ἐπᾳστής (zu ἐπῳδή Zauberspruch) und θηρεπῳδός (Tierbeschwörer). Letzteres Wort entspricht dem angelsächsischen *wyrmgalere*; denn *galan* (s. auch galstern) heißt singen, insbesondere Zauberlieder singen, *galend* ist der Zauberer, eigentlich der Singer [3]). Genau ebenso im Lateinischen *incantator* der Zauberer von *incantare* besingen. Ebenso sind ὅρκοι die Zaubersprüche, wonach der Zauberer ἐπορκιστής und ἐξορκιστής genannt wird [4]). Weiterhin ist auf das altindische *brahman* zu verweisen, das Zauberspruch und Zauberer, Priester bedeutet [5]). Im Mhd. hieß die Zauberformel *segen*, der Zauberer *sēgener*, die Zauberin *sēgenerin* [6]). Im Altbulgarischen bedeutet *bajati* sprechen und besprechen, *balija* ist der Zauberer [7]). Überall also (einiges andere führt noch Osthoff an) weist hier die Bezeichnung des Zauberers etymologisch auf den Zauberspruch hin [8]). Und wie die aktive Bezeichnung des Zauberers der B. ist, so ist das passiv Besprochene und Angerufene, *Gott*, in seiner Etymologie wahrscheinlich auch als „das angerufene Wesen" *incantatus* zu erklären [9]).

[1]) Höhn *Volksheilkunde* 1, 78; Pfister *Schwaben* 29. [2]) Ilias 1, 11; 5, 78; Pauly-Wissowa 11, 2133. [3]) Pauly-Wissowa Suppl. 4, 323; Jente Anglist. Forsch. 56, 315 f.; Brie Engl. Studien 41, 20 f. [4]) Pauly-Wissowa Suppl. 4, 340. [5]) Osthoff Bezzenbergers Beiträge 24 (1899), 113 ff.; Oldenberg *Weltanschauung der Brahmana-*

Texte 1919, 133 ff. [6]) Osthoff 124. [7]) Ders. 124; Walde *Latein. EWb.* 273 [8]) S. auch Lessiak ZfdA. 53 (1912), 144 f. [9]) Osthoff 191 f.; Delitzsch *Babel und Bibel* 1921, 76. Pfister.

Betglocke. Die Glocke (s. d.) hat nach katholischem Glauben durch die bischöfliche Weihe, die sog. Glockentaufe, besondere Kräfte erhalten, die im Bund mit dem Gebet der Gläubigen apotropäisch gegen Unwetter und böse Geister wirken. Die protestantische Kirche schließt sich diesem Glauben nicht an und kennt deshalb auch nicht den solche Kräfte verleihenden Weiheritus. Gleichwohl vermochte der Protestantismus z. B. das Läuten der Wetterglocke (s. d.), das auf dem Glauben an die apotropäische Kraft der Glocke beruht, nicht völlig abzuschaffen. Und so ist auch heute noch, unabhängig von der Konfession, der Glaube an die magische Kraft der Glocke weit verbreitet. Die zweite Bedeutung der Glocke ist die zeichengebende. Beide Bedeutungen spielen auch bei der B. eine Rolle, d. h. bei dem allgemein verbreiteten Morgen-, Mittag- und Abendläuten (Angelusläuten), das je nach der Gegend zu verschiedenen Zeiten stattfindet. Die Sitte der B. reicht bis ins spätere MA. zurück [1]). Die B. zeigt einmal die Zeit an, Anfang der Schulstunde, Mittagspause, Feierabend und mahnt zum Gebet [2]), aber die der Glocke innewohnende Kraft heiligt auch die Zeit durch ihr Läuten. Insbesondere morgens und abends scheidet die B. den Tag von der Nacht, das Licht von der Dunkelheit und bezeichnet dadurch die gefährliche Zeit des Spuks; s. auch Abend und Morgen.

[1]) Über geschichtliche Entwicklung und kirchliche sowie volkstümliche Anschauung: Otte *Glockenkunde* [2] (1884), 36 ff.; Wetzer u. Welte 1, 846 ff.; 5, 697 ff.; Herzog-Hauck 6, 703 ff.; Pfister *Schwaben* 58 ff.; Klapper *Schlesien* 264. [2]) Meyer *Baden* 530; ZfVk. 6 (1896), 15 f.; Birlinger *Volksth.* 2, 442; Panzer *Beitrag* 2, 12; Heyl *Tirol* 115. 116 f.

S. w. Abend-, Mittag-, Morgenläuten. Pfister.

Bethor, einer der „Olympischen Geister", der Planet Jupiter nach der „olympischen Sprache" (s. Geheimsprachen) [1]). Der Name begegnet in der Clavicula Salomonis (s. d.) [2]), ferner im Buch Arbatel (s. d.) [3]); in der erstern sind die 7 Planetengötter nach altem alchemistischem Schema mit den 7 Metallen verbunden, B.-Jupiter mit dem Zinn [4]). B. ist hebräischen Ursprungs und wohl als בֵּית אוֹר „Lichthaus" (gr. heißt Jupiter Φαέθων „der Leuchtende") zu erklären.

[1]) Kiesewetter *Faust* 2 (1921), 72. [2]) Scheible *Kloster* 3, 200. 210. [3]) Ebd. 3, 243. 246; Agrippa v. Nettesheim 5, 110. 112. [4]) E. O. v. Lippmann *Entstehung und Ausbreitung der Alchemie* (1919), 210 ff. Jacoby.

Betonie (Zehrkraut; Betonica officinalis). 1. Botanisches. Lippenblütler mit unverzweigtem Stengel, eiförmigen, am Rande gekerbten Blättern und purpurroten Blütenähren. Die B. ist besonders in Mittel- und Süddeutschland auf trockenen Waldwiesen, an sonnigen Hängen usw. häufig [1]). Ob die vettonica (betonica) der Antike wirklich unsere Art ist, bleibt sehr zweifelhaft. Vielleicht ist darunter ein verwandter Lippenblütler (Stachys alopecurus?) zu verstehen. Als „weiße B." erscheint in den Kräuterbüchern des 16. Jhs. die Schlüsselblume (Primula officinalis), die ja noch heute im Oberdeutschen als Platenigl, Badenkeli (aus „betonica") usw. bezeichnet wird.

[1]) Marzell *Kräuterbuch* 464.

2. Im klassischen Altertum genoß die „vettonica" als Heilpflanze ein großes Ansehen. Plinius [2]), der ihren Namen von dem Volksstamm der Vettonen in Spanien ableitet, nennt sie „ante cunctas (herbas) laudatissima" und sagt, daß das Haus, in dem sie gepflanzt sei, vor allem Ungemach („a piaculis omnibus") geschützt sei. Wenn die Schlangen in einen Kreis aus B. eingeschlossen sind (vgl. Esche), töten sie sich selbst [3]). Auch das κέστρον des Dioskurides [4]), das der vettonica der Römer entsprechen soll, wird als schlangenwidrig gerühmt. Danach erscheint die B. als ein Apotropaeon. Die noch erhaltene Schrift „De Vettonica", in der

47 Heilkräfte der B. aufgezählt werden, wurde dem Leibarzt des Kaisers Augustus, Antonius Musa, zugeschrieben, ist aber jedenfalls viel jünger. Auch im Pseudo-Apuleius[5]) spielt die B. eine große Rolle. Der „Hortulus" des Mönches Walahfrid von der Reichenau vom Jahre 827[6]) handelt im 20. Kapitel ausführlich von den Heilkräften der „bettonica", die im Klostergarten angepflanzt wurde.

[2]) Plinius *Nat. hist.* 28, 84. [3]) Ebd. 25, 101; vgl. auch Hertz *Abhandl.* 178; auch in handschriftliche Arzneibücher übergegangen: SAVk. 6, 57. [4]) *Mat. med.* 4, 1. [5]) *De medic. herbarum rec.* Ackermann 1788, 128 ff. [6]) Münchn. Beitr. z. Gesch. u. Literat. d. Naturwissensch. u. Medizin. 1. Sonderheft 1926, 19 f.

3. Auf die antike Wertschätzung der B. geht ma.er Aberglaube, der mit der Pflanze getrieben wurde, zurück[7]). Das „Bathoniengraben" (offenbar zu zauberischen Zwecken) wurde im MA. häufig geübt, „patonnyerinn" war die Bezeichnung für Weiber, die sich mit Zauberei abgaben[8]). „Vnd etlich kindent patonicken graben" heißt es in Vintlers „Pluemen der Tugent" (v. 7758)[9]). In alten Gewissensspiegeln wird das „Patonigengraben" als sündhaft verboten (14. Jh.)[10]). Eine „precatio Vettonicae" aus dem 11. Jh. bringt der Cod. Vind. Nr. 93[11]). Die hl. Hildegard (12. Jh.)[12]) empfiehlt die „bethania" gegen Liebe, die durch Zauberworte erregt worden ist. Ebenso deutet eine Bemerkung in einem Gedichte der Klara Hätzlerin (15. Jh.) darauf hin, daß die B. im Liebeszauber verwendet wurde[13]). Auch Albertus Magnus (13. Jh.) berichtet, daß die B. von den „nigromantici" viel gesucht und mit einer Beschwörung des Äskulap gepflückt werde[14]). Ähnlich drückt sich der mittelbar vielfach auf Albertus Magnus zurückgehende Konrad von Megenberg (14. Jh.) aus; er sagt zudem, daß er eine „mairinn" (Meierin) wisse, „die vil mit dem kraut würkt und gar wunderleichen dinch". Er wolle aber davon nicht reden[15]). Die Kräuterbücher des 16. Jhs. kennen die B. nur mehr als Heilpflanze. Heutzutage scheint die B. nirgends mehr im Volksglauben eine Rolle zu spielen[16]), nur hie und da wird sie noch als Heilpflanze gegen Auszehrung usw. verwendet. In einer altenglischen Bearbeitung des Kräuterbuches des Apuleius (vgl. oben) wird die im August ohne Anwendung von Eisen gegrabene B. (ae. bêtônice) gegen nächtliche Visionen empfohlen[17]). Ebenso scheint der altengl. Name þêos wyrt (= Bischofswurz) auf hohe Verehrung hinzuweisen. Wie hoch die B. im Volksglauben der Italiener geschätzt wird, zeigt das Sprichwort „Venda la tonica e compra la betonica" (Verkauf dein Gewand und kauf B.). Zusammenfassend kann gesagt werden, daß die B. ein Schulbeispiel gibt für den gelehrtliterarischen, auf die Antike zurückgehenden Pflanzenaberglauben.

[7]) Hoops *Pflanzennamen* 44 f.; Schrader *Reallex.*² 1, 136. [8]) Schönbach *Berthold v. R.* 35 ff. 138; Franz *Benediktionen* 1, 420; MschlesVk. 15 (1905), 24; 16 (1906), 81. [9]) Vgl. Grimm *Altdeutsche Wälder* 2, 56. 68; ZfVk. 23, 16. [10]) Germania 2 (1837), 64; Grimm *Myth.* 3, 411. [11]) Heim *Incantamenta* 503. [12]) *Physica* 1, 128. [13]) AfdA. 24, 335. [14]) *De Vegetabilibus* 5, 118; 6, 289. [15]) *Buch der Natur.* Hrsg. v. Pfeiffer 386. [16]) Der Naturforscher 2 (1925/26), 81 f. [17]) Grimm *Myth.* 3, 355; Cockayne *Leechdoms* 1, 71; Payne *Engl. Med. in the Anglo-Saxon Times* 1904, 119; Hoops *Pflanzennamen* 47. Marzell.

Betruf. In verschiedenen Alpenländern besteht die Sitte des abendlichen B.es. Der Senne stellt sich dazu auf einen Hügel und ruft durch den Milchtrichter ein Gebet um Schutz der Alpe[1]), das die Form einer Litanei hat, an die auch der singende Tonfall erinnert. Im ganzen wird der Text in gleicher Tonhöhe ausgerufen, stellenweise sinkt die Stimme um eine Terz oder Quart[2]). Die Absicht des B.s ist die Abwehr feindlicher Gewalten, gegen die der Schutz Gottes, Jesu, der Maria und vieler Heiligen angerufen wird für Mensch und Vieh, Hütte und Matte, Grund und Grat[3]). Gefährlich ist es, den B. zu vergessen; der Senne muß es schwer büßen[4]). Auch daß die Kühe nach solcher Versäumnis Kornähren zwischen den Klauen hatten (s. Viehrücken), wird berichtet[5]). Öfter wird dem B. eine Verfluchung angefügt [6]). Als z. B. ein Älpler beim B. einen auf die Alp getriebenen Schimmel von dem Schutz für „Leute und Vieh" ausnahm, lag das Tier am nächsten Morgen tot [7]). Der Text des B.es hat in verschiedenen Gebieten etwas abweichende Gestalt. Ein altertümlicher Text aus dem Oberwallis ist in einer Handschrift vom Ende des 16. oder Anfang des 17. Jhs. erhalten [8]). Gelegentlich treten Züge aus der Sage im B. auf [9]).

Im allgemeinen: Niderberger *Unterwalden* 3, 441 ff.; Vernaleken *Alpensagen* 417; Hoffmann-Krayer 67; Wettstein *Disentis* 162 ff.

[1]) SAVk. 6, 294 ff. (mit reicher schweiz. Lit.); 11 (1907), 251; Manz *Sargans* 89; Hoffmann-Krayer 67; Niderberger *Unterwalden* 2, 42; Alpenburg *Tirol* 77 u. 143; Baumberger *St. Galler Land* 159. [2]) Sartori 2, 149; Niderberger *Unterwalden* 3, 377; ZfVk. 12 (1902), 13; Reiser *Allgäu* 2, 379 f. [3]) SAVk. 11 (1907), 251; Wolf *Beiträge* 2, 149. [4]) Niderberger *Unterwalden* 1, 29; Lütolf *Sagen* 50; SAVk. 2, 252. [5]) Alpsegen aus Sargans: L. Tobler *Schweiz. Volkslieder* 1, 197 f. [6]) Rochholz *Schweizersagen* 1, 326. 387; SAVk. 6, 295. [7]) SAVk. 1, 240. [8]) ZfVk. 8 (1898), 339. [9]) Wolf *Beitr.* 2, 149; SAVk. 2, 295 f. [10]) Hoffmann-Krayer 67 f.

Der schönste unter den deutschen B.en ist der von den Sarganser Alpen:

Ave Maria! usw.
B'hüet's Gott und üser lieb Herr Jesu Christ,
Liber, Hab und Guet und alles, was hier um ist!
B'hüet's Gott und dr lieb heilig Sant Jöri (Georg),
Der wohl hier uf wachi und höri!
B'hüet's Gott und dr heilig Sant Marti,
Der wohl hier uf wachi und warti!
B'hüet's Gott und dr lieb heilig Sant Gall
Mit sinen Gottsheiligen all!
B'hüet's Gott und dr heilig Sant Peter!
Sant Peter! Nimm die Schlüssel wohl in die rechti Hand:
B'schließ wohl uf dem Bären sin Gang,
Dem Wolf dr Zahn,
Dem Luchs dr Chräuel (Klaue),
Dem Rappen dr Schnabel,
Dem Wurm (Drache) dr Schweif,
Dem Stein dr Sprung!
B'hüet üs Gott vor solcher böser Stund,
Daß solche Tierli mögen weder kratzen noch biissen.
So wenig als die falschen Juden unsern liebe Hergott b'schiissen!
B'hüet Gott Alles hier in üserm Ring
Und die liebe Mueter Gottes mit ihrem Chind!
B'hüet Gott Alles hier in üserm Tal,
Allhier und überall.
B'hüet's Gott und das walt Gott und das tue der lieb Gott!
Ave Maria! usw.

S. a. Alpsegen. Stübe.

Bett. 1. Auf den Besitz eines eigenen guten B.es hielt man auf deutschem Volksboden seit alters her ein gutes Stück. Das Capitulare de villis Karls des Großen schreibt es als ständigen Einrichtungsgegenstand vor, und wie man es bei Lebzeiten nicht missen wollte, so begegnet eine B.statt als Beigabe („Sarg") in den frühgermanischen Gräbern von Oberflacht in Württemberg, was gewiß keine vereinzelte Erscheinung bedeutet [1]). Daß auch vorgeschichtliche Gräber selbst von der Volksüberlieferung als „B.en" angesprochen wurden, ist bekannt und der Schritt zu den Steinb.en und Geisterb.en (s. d.) der Sage nicht weit [2]). Die Begründung des Eheb.es im Hause erscheint nicht nur in der antiken Überlieferung der Odyssee als besonders bedeutsam, sondern auch in der germanischen des Nordens, wo das Holz für das Brautb. trocken, aber von lebenden Bäumen gewonnen sein soll [3]).

[1]) Heyne *Wohnungswesen* 56 f. 111 f.; Stephani *Wohnbau* 308 f.; Forrer *Reallex.* s. u. Oberflacht. [2]) Simrock *Myth.* 407; Sébillot *Folk-Lore* 1, 392 ff. [3]) Grimm *Myth.* 2, 933.

2. a) Beim Schlafen, das die Brücke zur Geisterwelt schlägt und das Traumerlebnis auf den Alltag sich auswirken läßt, erscheinen Schutzmittel (Pantoffel verkehrt unterm B., kein leerer Stuhl daneben) zumal aber für das B. von Kindern und sonst gefährdeten Personen angezeigt (vgl. Axt, Besen, Messer, Schneidendes, Spiegel, Drud, Drudenfuß), auch gegen Hexenkränze muß man sich vorsehen [4]). Tief ist hierin das Gebet verwurzelt, das sich gegebenenfalls auf eine Schutzformel beschränkt [5]).

b) Bei Begründung eines neuen Hausstandes wird im Erzgebirge, wie vielfach anderwärts, das B. zuerst in das neue Heim getragen [6]); man darf damit nicht auf dem halben

Wege umkehren, sonst muß man früher oder später in das alte Heim zurück. Auch legt man die B.en, d. h. wohl das B.zeug, erst einmal auf den Tisch oder die Stubendiele[7]). Das Brautb. richten die weiblichen Paten zurecht und jede Handvoll Stroh wird einzeln eingelegt, aufs B. darf nicht geschlagen, nur darüber gestrichen werden, sonst bekommt die Frau Schläge. Träume im neuen B. sind vorbedeutend (heute noch allgemein). Wer zuerst von den Eheleuten aus dem B. steigt, stirbt zuerst[8]).

c) Ähnlich bedeutsam bis in den Glauben der Gebildeten hinein erscheint allenthalben die Orientierung des B.es im Schlafraum, wobei die Art des Hinaustragens des Toten aus der Tür mit dem Kopf oder den Füßen voran zuvörderst für die stets gegensätzlich erwünschte Stellung des B.es zur Tür, bzw. zum Friedhof, der manchmal ausdrücklich genannt wird, maßgebend erscheint[9]). Die Nachrichten widersprechen sich dabei in einigen Landschaften. Das Fußende soll man nicht nach der Tür stellen, noch das B. so tragen in Schlesien, im Erzgebirge, Voigtland, Hessen, im Harz, Braunschweig, Lauenburg[10]), ja man stellt im Erzgebirge das B. eines Sterbenden absichtlich so, um ihm das Sterben zu erleichtern[11]). Dagegen soll in Oldenburg nicht das Kopfende zur Tür stehen, ähnlich in Lübeck, Böhmen, Slawonien, auch in Österreich[12]). In Oldenburg soll der darin Liegende nicht ins Licht schauen, weil Leichen so aufgebahrt werden, in Württemberg das Fußende nicht gegen das Fenster stehen, sonst bekommt man die Auszehrung (1788)[13]).

d) Das B. einer Wöchnerin soll nicht von der Stelle gerückt werden, sonst erhält das Kind im Leben keine Ruhe, bei Kinderkrämpfen der Wöchnerin stellt man das B. über einen Wechsel[14]). Einem Kranken macht es Schmerzen, wenn das B. unter dem Tragbalken in der Stube steht, wohl aber stellt man das B. eines Steibenden (s. sterben) unter den Hauptbalken oder unter den Hausfirst (Glarus); mindestens rückt man es von der Wand weg oder es wird dreimal umgewendet[15]). Man wechselt dem Sterbenden auch das B. (vgl. B.-stroh)[16]). In einem Erbb. kann man nicht sterben (so schon 1786)[17]).

e) An der Gewohnheit des Zubettegehens hält offenbar auch der Geist des Verstorbenen noch zäh in formelhaft festgelegten Fristen fest[18]), man scheut sich — begreiflicherweise — eine Zeitlang, das B. eines Verstorbenen zu benützen[19]). Sagen erzählen von B.en, die einem Geist täglich frisch gemacht werden müssen[20]) und Schläfer, denen die Decke entrutscht, besorgen, daß ein Geist sie ihnen wegziehe[21]).

[4]) Müllenhoff *Sagen* 220 Nr. 304. 558 ff.; ZfVk. 4, 304 f.; Rosegger *Steiermark* 64; Strackerjan 1, 382; 2, 227 Nr. 480; Schell *Berg. Sagen* 132 Nr. 27; Meyer *Baden* 107. [5]) SAVk. 2, 271; 21, 217. [6]) John *Erzgebirge* 105; ZfVk. 6, 256. [7]) John *Erzgebirge* 28. [8]) Grimm *Myth.* 2, 960; 3, 450 Nr. 485. 486. [9]) Wolf *Beiträge* 1, 214; W. 313 § 463; ZfrwVk. 2, 121. [10]) Drechsler 1, 287 f.; 2, 266; John *Erzgebirge* 28. 103; Köhler *Voigtland* 426; Grimm *Myth.* 3, 461 Nr. 779; Andree *Braunschweig* 404. [11]) John *Erzgebirge* 120. [12]) Strackerjan 2, 227; ZfVk. 1, 157; 24, 55; Grohmann 224. [13]) Strackerjan 1, 53; Grimm *Myth.* 3, 457 Nr. 655. [14]) Höhn *Geburt* 4, 260; John *Erzgebirge* 53. [15]) W. 343 § 511; ZfdMyth. 4, 4; Köhler *Voigtland* 440; Grohmann 187; John *Westböhmen* 166. [16]) Urquell 1, 9. [17]) Grimm *Myth.* 3, 459 Nr. 723; Panzer *Beitrag* 1, 259. [18]) Grüner *Egerland* 40. [19]) Grohmann 192. [20]) Rochholz *Sagen* 1, 379; 2, 135; Meiche *Sagen* 228 Nr. 289; 249 Nr. 320; Vernaleken *Alpensagen* 89; Schambach u. Müller 25 f. 331 f.; Kühnau *Sagen* 1, 119; Liebrecht *Gervasius* 112 f. [21]) Schell *Berg. Sagen* 167 Nr. 61; Müller *Siebenbürgen* 59.

3. Der pädagogische Aberglaube gebietet darum, das B. tagsüber nicht offen zu lassen, sonst legt sich ein Geist hinein[22]); einem Kinde macht man damit das Grab auf, in der Osterwoche legt man sich überhaupt ins ungemachte B.[24]). Wenn der Bauer in Island eine Reise macht, darf die Frau sein B. am ersten Abend nicht machen, sonst kommen sie nie wieder zusammen[25]). Werden die B.en abends gemacht, kommt Ungeziefer ins Haus[26]). Unter dem B. darf man nicht fegen, wenn jemand darin liegt, sonst schläft er neun Tage nicht mehr (Lauenburg)[27]). Hand-

werkszeug darf nicht aufs B. gelegt werden, Gegenstände von fremden Personen auf dem B. soll man weglegen, sonst wird einem die Ruhe genommen, Kaufmannsware wird im gleichen Fall nicht verkauft, d. h. die Geister ergreifen von ihnen Besitz [28]). Wenn dem Kinde ein Zahn beim Wechsel früh ausfällt, wirft ihn die Mutter unter die B.statt, damit das Kind kein Zahnweh bekomme, d. h. wohl als Opfer an die Geister [29]). Verkehrt mit beiden Beinen zugleich oder mit dem linken Fuß aus dem B. gestiegen zu sein, ist als ungünstiger Tagesanfang sprichwörtlich geworden [30]). In Angeln muß man sich stets rückwärts zubette legen, was sich wohl auf die dortigen Schrankb.en bezieht [31]).

[22]) ZfVk. 23, 289; W. 286 § 419; 385 § 586. [23]) John *Erzgebirge* 55 = W. 385 § 586. [24]) Kapff *Festgebräuche* 2, 14. [25]) ZfVk. 8, 162. [26]) John *Erzgebirge* 37; vgl. Strackerjan 2, 227 Nr. 480; Fogel *Pennsylvania* 372 Nr. 1994; 364 Nr. 1945; 365 Nr. 1950. [27]) W. 313 § 463. [28]) Liebrecht *Zur Volksk.* 314; Bartsch *Mecklenburg* 2, 132; Köhler *Voigtland* 431; Drechsler 2, 194. [29]) Meyer *Baden* 50. [30]) Grimm *Myth.* 3, 436 Nr. 61; Rogasener Fam.Bl. 3, 40; Andree *Braunschweig* 403; Urquell 1, 65. [31]) ZfVk. 24 (1914), 55.

4. Die B.statt oder B.lade braucht man nur zu rütteln oder zu treten, um die Geister zu wecken, bzw. den Wunschtraum nach dem Zukünftigen herbeizuführen, was besonders in der Thomas- oder in der Andreasnacht von Mädchen, aber auch von jungen Burschen (Baden) geübt wird [32]). Der Spruch: „B.lad (oder B.staffel) i tritt di, — Hl. Thomas i bitt di — laß mir erschein' — den Herzallerliebsten mein", kehrt mit unbedeutenden Abwandlungen von Nord bis Süd wieder.

Die B.lade wird entweder gerüttelt, man stößt dreimal mit den Füßen an das untere Ende, tritt wohl auch auf ein oder zwei herausgezogene und angelehnte, bzw. übers Kreuz gelegte, Kopfbretter, während man den Spruch hersagt [33]). Letzterer für die Oberpfalz und Österreich zuvörderst charakteristische Brauch hält die Erinnerung an die hohen B.stellen des ausgehenden MA. fest, zu deren Besteigung ein Schemel oder Staffel nötig war.

Ganz rationalistisch ist die Gepflogenheit in Schlesien dem nüchternen Arbeitsleben der Gegenwart angepaßt: wenn man sich nicht verschlafen will, muß man mit der großen Zehe so oft an den B.pfosten klopfen, als die gewünschte Stunde ist, zu der man erwachen soll [34]).

[32]) SAVk. 21 (1917), 42; 24 (1922), 65; Meyer *Baden* 168; Urquell 1 (1890), 65. [33]) Vernaleken *Mythen* 336; Baumgarten *Jahr u. s. Tage* 1860, 5; Leoprechting *Lechrain* 205; Schönwerth *Oberpfalz* 1, 141 ff.; Mitt. Anh. Gesch. 14, 18. [34]) Drechsler 2, 265 f. Haberlandt.

betteln. Gebettelten wie gestohlenen und gefundenen Dingen [1]) werden vom Volk besondere Kräfte zugeschrieben, und sie finden in der volkstümlichen Heilkunde häufig Verwendung. Weit verbreitet ist der Glaube, daß man Kindern, die schwer reden lernen, Bettelbrot [2]) oder Bettelbutter [3]) geben solle; das erstere Mittel hilft auch gegen Zahnweh [4]). Drüsen werden mit erbetteltem Speck [5]) geheilt, gegen Abzehrung hilft erbetteltes Fleisch [6]); in einem Ameisenhaufen vergraben, ist erbetteltes Kalbfleisch [7]) für entzündete Augen gut. Gegen Warzen wird erbetteltes (oder gestohlenes) Schweinefleisch [8]) angeraten. Ein aus erbettelten Münzen angefertigter (silberner) Ring [9]), am Finger getragen, hilft wider allerlei Krankheit, besonders gegen Gicht [10]). Diese Krankheit vertreiben auch 3 gebettelte Kartoffeln, am bloßen Leib getragen [10]). Ein Kuchen aus gebetteltem Mehl [11]), auf einen Kreuzweg gelegt, ist ein Mittel gegen Abmagerung. Ohrenschmerz vergeht durch Umschläge mit heißen Brosamen erbettelter Wecken [12]), 3 Schluck erbettelten Weines [13]) vertreiben den Schlucken. Gegen Geschwulst soll der Urin des Kranken in einer erbettelten Schweinsblase [14]) geräuchert werden. Gebettelter Käse [15]) und solches Brot sind gut gegen Eiterungen an der Handfläche (panaritium). Wird das für die Opfergabe bei Krankheiten nötige Geld oder Getreide [16]) erbettelt, so kommt ihm besondere Heilkraft zu.

Gegen das gefürchtete Versiegen der Milch soll man der Kuh Bettelbrot [17]) geben oder 3 Stücke gebetteltes Holz [18]) in die Milchhäfen legen. Ist die Milch fettarm, so wird geraten, Rahm von einer gestohlenen, einer gebettelten und einer gekauften Milch [19]) hineinzuschütten. Bettelbrot [20]) hilft auch, wenn die Büchse „beschissen" ist, und nach der Volkssage benötigt der Schatzgräber zu seinem Vorhaben einen mit solchem Brot [21]) gemästeten Ziegenbock. Manchmal muß auch das zur Erlösung einer armen Seele nötige Geldopfer [22]) zusammengebettelt werden. Ferner heißt es, daß gebettelter Schnittlauch [23]) gut gedeihe, und die Braut soll Glück haben, wenn sie sich die Federn [24]) zum Brautbett erbettelt. Häufig glaubt man durch Anwendung gewisser Zaubermittel die Hexe zum Erscheinen im Hause des Geschädigten zwingen zu können, wo sie sich durch ihr Verlangen, etwas zu erb. oder zu leihen, verraten müsse [25]). Mit vielen volkstümlichen Bräuchen, die meist die Förderung der Fruchtbarkeit bezwecken, sind Heischegänge [26]) der Jugend und bestimmter Berufe verbunden, wobei mit formelhaften Sprüchen und Liedern hauptsächlich Lebensmittel gesammelt und dann gemeinsam verzehrt werden. Auch das Holz für das Sonnwendfeuer wird auf diese Weise zusammengebracht [27]).

s. a. Bettler.

[1]) Vgl. den Artikel „Almosen"; Grimm *Myth.* 2, 952; ZfVk. 14 (1904), 139; Bohnenberger Nr. 1, 25. [2]) Grimm a. a. O. 3, 435 Nr. 13 (aus d. Chemnitzer Rockenphilosophie); Panzer *Beitrag* 1, 261; Wuttke 395 § 606; Alpenburg *Tirol* 350; Drechsler 1, 214; Müller *Isergebirge* 22; Strackerjan 1, 48; Bartsch *Mecklenburg* 2, 53 Nr. 136 (nach Raabe *Plattdeutsches Volksbuch* 35). [3]) Meyer *Baden* 32. [4]) Zahler *Simmental* 90. [5]) Höhn *Volksheilkunde* 1, 139. [6]) Bohnenberger 1, 25; Jühling *Tiere* 345; Schönwerth *Oberpfalz* 3, 258. [7]) Bohnenberger Nr. 1, 25. [8]) a. a. O. 1, 104. [9]) Grimm a. a. O. 3, 446 Nr. 352 (Rokkenphilosophie); Seyfarth *Sachsen* 268. [10]) Wuttke 356 § 534. [11]) a. a. O. 361 § 545. [12]) Lammert 231. [13]) a. a. O. 241. [14]) a. a. O. 204. [15]) Vonbun *Beiträge* 132. [16]) Andree *Votive* 33; Fontaine *Luxemburg* 106; Hovorka u. Kronfeld 1, 335; ZfrwVk. 11 (1914), 174. [17]) Hüser *Beiträge* 2, 26. [18]) Eberhardt *Landwirtschaft* Nr. 3, 18. [19]) a. a. O. Nr. 3, 17. [20]) SAVk. 19 (1915), 229 Nr. 76; Baumgarten *Aus der Heimat* 2, 94 (ähnlich). [21]) Schell *Bergische Sagen* 85 Nr. 4; Eisel *Voigtland* 182 Nr. 484. [22]) Baader *Sagen* 42; vgl. den Artikel „Almosen". [23]) Vonbun *Beiträge* 132. [24]) Wuttke 374 § 568. [25]) Vgl. den Artikel „Hexe". [26]) Vgl. den Artikel „Bettelumzüge"; Meuli in SAVk. 28 (1927), 1 ff.; Panzer *Beitrag* 2, 251; SAVk. 11 (1907), 257; ZfVk. 11 (1901), 462; Meier *Schwaben* 2, 375; Kapff *Festgebräuche* Nr. 2, 18; Meyer *Baden* 116. [27]) Grimm a. a. O. 1, 514. Schömer.

Bettag s. Bußtag.

Bettelumzüge werden zu verschiedenen Zeiten und Gelegenheiten meist von jüngeren, noch nicht ganz selbständigen Personen allein oder in Gruppen unternommen, um unter Absingung herkömmlicher Lieder meist Eßwaren, an deren Stelle auch Geld tritt, einzusammeln und gemeinschaftlich zu verzehren [1]). Oft wollen Geber und Empfänger auf diese Weise ein enges Gemeinschaftsgefühl bekunden, wie z. B. beim Ersatz aufgezehrter Speisen während der Hochzeitsfeier [2]), oder bei der Besteuerung Neuvermählter oder bei Schlachtfesten. Das Einsammeln des Brennstoffes für die verschiedenen Jahresfeuer, wozu jede Haushaltung beizutragen verpflichtet ist, gehört ebenfalls hierher. Auch zur Vergütung für gewisse der Gemeinde geleistete Dienste sind Heischegänge durch die Sitte verstattet. So den Mädchen und Burschen nach der Brunnenreinigung [3]) und den Vertretern einzelner Handwerke und Berufe zu Neujahr und Fastnacht, auch den Frauen bei bestimmten Veranlassungen [4]). Oft ist aber auch der Ertrag von Bettelgängen eine Belohnung für Leistungen, die auf dem Gebiete magischer Hilfe liegen. Dahin gehört die Umführung der Mai- und Pfingstbraut und des Pfingstbutzen und was damit zusammenhängt, sowie das zu verschiedenen Zeiten auf mancherlei Weise geübte Sommereinbringen in Gestalt des Maibusches (wozu vielleicht auch das Spießeinrecken bei der Hochzeit [5]), bei Schlachtfesten, zu Fastnacht [6]) usw. zu rechnen ist) oder in Gestalt eines Tieres [7]). Oft erwerben sich die Bettelnden ein Anrecht auf die Gabe durch den „Schlag mit der Lebensrute" [8]), durch dämonenscheuchenden Lärm mit Klopfen (s. Klopfnacht), Peitschenknallen [9]), Herumstampfen auf den Äckern [10]) u. ä. Manchmal stellen diese Lärmmacher selbst Geister dar, um dadurch um so besser die bösen Mächte verscheuchen zu können und ihre eigenen Anrechte um so stärker zu betonen. Sie sind dann maskiert und oft tritt an die Stelle des Bettelns Raub und Diebstahl. Wenn an einer Tür eine Abweisung erfolgt, so pflegt das mit groben Verwünschungen beantwortet zu werden, und man glaubte einst gewiß an die Möglichkeit ihrer Verwirklichung.

Vgl. die grundsätzlich bedeutungsvolle Arbeit von Meuli *B. im Totenkultus, Opferritual u. Volksbrauch* im SAVk. 28 (1927), 1—38.

1) Sartori *Sitte u. Brauch* 3, 314, Reg. unter „Heischegang". Für das Altertum: Radermacher *Beiträge* 114 f. 2) Sartori 1, 118. 3) Ebd. 3, 174. 207. 4) Ebd. 3, 119; Meiche *Sagen* 963; Wrede *Rhein. Vkde* 245 f.; Sartori *Westfalen* 147. 5) Sartori *Sitte u. Brauch* 1, 73. 6) Ebd. 3, 93 f. 7) Ebd. 3, 50. 96. 127. 140. 155. 269. 8) Ebd. 3, 101. 154 f. 9) Ebd. 3, 11 f. 45. 58. 160. 168. 191. 10) Ebd. 3, 14. 78.

Sartori.

Bettfedern vgl. Bettstroh, Kissen.

Bettler. Der milde Gaben heischende B. spielt im Volksglauben vieler Länder eine große Rolle, die auf alte Überlieferungen zurückführt. Bei den alten Griechen stand er, wie der Gast, unter dem besonderen Schutze des Zeus [1]), und bei den orientalischen Völkern genießt er heute noch gewisse Vorrechte. Der B. erscheint auch in germanischen Ackerbauriten alter und neuer Zeit; so nennt schon der ags. Pflugsegen [2]) aus dem 10. Jh. neben anderen magischen Mitteln von B.n genommenen, unbekannten Samen, dem wohl besondere Eigenschaften zugeschrieben wurden. Der vielgestaltige Vegetationsdämon wird auf deutschem und nordischem Gebiet auch als B. [3]) (armer Mann, arme Frau) vorgestellt, weil ihm durch die Ernte sein Eigentum geraubt wurde. In mehreren deutschen Gegenden ist der (1. vorüberkommende) B. der Empfänger des Pflugbrotes [4]), das im Frühjahr zu Beginn der Pflügezeit auf den Pflug, unter denselben oder in die erste Ackerfurche gelegt wird. Hier zeigt sich ein uralter Fruchtbarkeitsbrauch, denn dieses Brot stellt den künftigen Erntesegen dar, wie aus der schwedischen „såkaka" [5]) und den damit verbundenen Bräuchen noch deutlich hervorgeht. Vielfach wird diese Brotspende heute als Almosen [6]) im christlichen Sinne aufgefaßt, und derselbe Bedeutungswandel hat bei den Armenspenden stattgefunden, die nach Beendigung der Ernte und des Drusches ausgeteilt werden. Es sind ursprünglich alte Opfergaben, die B. und Arme heute stellvertretend empfangen. Sicher ist es ein alter Zug, wenn häufig der 1. des Weges kommende B. die Spende erhalten soll und wenn mit dem Austeilen des Weihnachtsbrotes [8]) an B. in Oberösterreich für die betreffende Magd ein Heiratsorakel verbunden ist. Auch bei dem Allerseelengebäck, das in vielen Gegenden an die Armen verteilt wird, ist ein altes Seelenopfer unverkennbar, dessen ursprünglichere Form in dem mit Speisen besetzten keltisch-germanischen Seelentisch seit 1300 Jahren bekannt ist [9]). Auch zu anderen heiligen Zeiten und bei wichtigen Anlässen wird der Armen und B. gedacht [10]).

1) Daremberg-Saglio 3, 1710. 2) Grimm *Myth.* 2, 1035 ff.; ZfVk. 14 (1904), 139 ff. 3) Die letzte Garbe und der Binder derselben führen diesen Namen. Vgl. Mannhardt *Forschungen* 48 ff.; Frazer 5, 1, 231 ff.; Feilberg *Jysk Ordbog* 3, 581. 4) Jahn *Opfergebräuche* 74 ff.; ZfVk. a. a. O.; Sartori *Sitte und Brauch* 2, 62; manchmal kommt zu dem Brote noch Ei und Geld: John *Westböhmen* 186. 5) Celander *Från Midsommar till Kyndelsmässa* 20 ff. 50 ff. (Västsvensk forntro och folksed). 6) Sartori a. a. O. 2, 60. 7) Vgl. d. Art. „Almosen" 1, 276 ff. 8) Baumgarten *Das Jahr* 9; Höfler *Weihnacht* 21. 9) Nilsson *Studien z. Vorgesch. d. Weihnachtsfestes* ARw. 19 (1919), 122 ff.; Weiser *Jul* 45 ff.; Sartori a. a. O. 3, 262 ff.; vgl. d. Art. „Arme Seelen" 1, 590 ff. 10) Vgl. u. a. die Art. Neujahr, Fastnacht, Ostern, Kirchweih, Weihnachten, Hochzeit, Leichenmahl. Ferner ZfVk. 3 (1893), 53 u. Schrader *Reallex.* 1, 35: Ahnenkultus § 16.

Das Volk sieht in dem B. manchmal einen Glücksbringer, öfter aber einen

Träger von Unheil und richtet sich darnach. Gern gesehen ist er daher während des Hochzeitsessens [11]) oder als Angang [12]) (erste Begegnung) am Morgen, besonders Neujahrsmorgen, doch kann auch das Gegenteil eintreten. Eine übelabwehrende Kraft wird dem Almosen [13]) im allgemeinen, wie insbesondere der Gabe zugeschrieben, die der erste bei wichtigen Anlässen auftretende B. empfängt (Geburt eines Kindes [14]), erstes Bad des Neugeborenen [15]), erste Milch einer jungen Kuh [16]), Viehkauf [17])). Brot, das einem B. geschenkt, um Gotteswillen zurückerbeten und gegen 3 Pfennige umgetauscht wird, schützt das Vieh vor allem bösen Einfluß [18]). Es kommt auch vor, daß der Bauer seinem jungen Hunde von dem ersten des Weges kommenden B. den Namen geben läßt [19]). Ein Kreuzer, als Almosen gegeben, hilft etwas Verlorenes wiederfinden [20]). Aber man darf einem B. weder das Oberste noch das Unterste von einem Brote geben, sonst muß man selbst betteln gehen [21]), und es heißt auch, wenn eine Leiche im Haus ist [22]) oder eine Kuh gekalbt hat [23]), darf kein B. etwas bekommen.

[11]) John *Erzgebirge* 101. [12]) Grimm *Myth.* 2, 942; Sartori a. a. O. 3, 64 Anm. 41 u. 43; Wuttke 208 § 288; Drechsler 1, 48; Müller *Isergebirge* 32. [13]) S. d. Art. „Almosen". [14]) John *Westböhmen* 108; Sartori a. a. O. 2, 170; Seligmann *Blick* 2, 290. [15]) Grimm a. a. O. 3, 460 Nr. 735: Oberösterreich 1787. [16]) Grimm a. a. O. Nr. 736 (1787); ZfVk. 24 (1914), 62; Bohnenberger Nr. 1, 24. [17]) Kuhn *Westfalen* 2, 63 Nr. 192; Sartori a. a. O. 2, 170 Anm. 10. [18]) Alpenburg *Tirol* 349; Seligmann *Blick* 2, 94 u. 290. [19]) Kuhn *Westfalen* 2, 62 (188 a); ZfdMyth. 2, 98; Rochholz *Kinderlied* 294; Wuttke 434 § 680; Sartori a. a. O. 2, 128 Anm. 2. [20]) Birlinger *Volksth.* 1, 125. [21]) Bartsch *Mecklenburg* 2, 135, 587; Drechsler 2, 16; Wuttke 405 § 625. [22]) Grimm a. a. O. 3, 465 Nr. 860; Wuttke 461 § 730. [23]) Grimm a. a. O.; Köhler *Voigtland* 426; ZföVk. 4 (1898), 215.

In vielen Ländern hält man die B. für zauberkundig [24]), man glaubt ihnen, wenn sie sich für Werwölfe ausgeben [25]), auch hütet man die kleinen Kinder und das Vieh vor alten Bettelweibern aus Furcht vor dem bösen Blick [26]). Ein Almosen bietet Schutz gegen solches Unheil, dann kann einem kein B. mehr etwas anhaben [27]), oder ein alter Besen, eine Handvoll Salz soll ihm nachgeworfen, Wasser kreuzweise hinter ihm hergegossen werden [28]). Es gilt aber auch im christlichen Sinne jedes Vergeltsgott des Beschenkten als eine Stufe zum Himmel [29]), und dem Gebet der Armen wird besondere Kraft beigemessen [30]). Zur Ausrüstung des B.s gehören seit alters der Bettelstab [31]) und -sack, denen wie ihrem Träger Zauberkräfte zugeschrieben werden. Gegen schweißige Hände wird empfohlen, an einen Bettelsack [32]) zu greifen; Kropf [33]), Überbein [34]), großer Nabel [35]) (stillschweigend, dreimal kreuzweise) mit einem Bettelstab gedrückt, sollen vergehen, eine störrische Kuh damit geschlagen [36]), soll sich fortan ruhig melken lassen. Der Bettelstab teilt diese Eigenschaft mit dem Wanderstab [37]), von dem er herstammt, und wie bei diesem wird die magische Kraft durch die Entblößung von der Rinde bewirkt. Abergläubische Furcht schützt die Lappen und Fetzen, die von herumziehenden B.n als Verständigungsmittel für die nachkommenden aufgerichtet werden [38]). Die alte Pharmakopöe kennt eine B.salbe [39]) (unguentum mendicorum) und die Volksmedizin, die vor nichts zurückschreckt, empfiehlt eine B.laus als Heilmittel gegen Zahnweh [40]). Von diesem Ungeziefer, das wohl besonders häufig bei B.n vorkommt, heißt es auch, daß es seinen Wirt bei herannahendem Tode verlasse [41]).

[24]) Grimmelshausen *Wunderbarl. Vogelnest* 1672 (Bibliothek d. Litter. Vereins in Stuttgart 66, 698); Seligmann *Blick* 1, 91. 271 u. *Zauberglaube* 125 ff.; Strackerjan 1, 374; ZfVk. 6 (1896), 252 u. 11 (1901), 321; Wuttke 156 § 213. Die slavischen Sprachen zeigen einen interessanten Bedeutungsübergang von B. zu Zauberer: russ. kalěka u. sbkrt. kolduš gegenüber russ. koldovátí (Schrader *Reallex.* 2, 228). [25]) Wuttke 279 § 408. [26]) Strackerjan 1, 373; Wuttke 156 § 213; ZfVk. 11 (1901), 319. 321; Seligmann *Blick* 1, 216. [27]) Zingerle *Tirol* 222; Sartori a. a. O. 170 Anm. 10. [28]) Drechsler 2, 251. [29]) John *Westböhmen* 253. [30]) Meyer *Baden* 347. [31]) Die Bezeichnungen für den B. in den nordischen Sprachen (dän. „stakkel", schwed. „stackare" u. norweg.

„stakkar") gehen auf altnord. „stafkarl", umherziehender B., zurück, von „stafr" in der Bedeutung B.-Stab u. „karl" (alter Mann). S. Falk-Torp *Norweg.-dän. etymol. Wb.* 2. 1146; Hellqvist *Svensk etymol. ordbok* 855. Auch der B. Skiđi kommt mit Bettelstab und Stangen nach Walhall, Skiđarime 104—05. [32]) Drechsler 2, 288 (670). [33]) Ebd. 2, 295. [34]) a. a. O. 294 (676); Wuttke 341 § 508 u. 348 § 521; Seligmann *Blick* 1, 336. [35]) Grimm a. a. O. 3, 474 Nr. 1068; Drechsler 1, 210 (238). [36]) Nach dem Geständnis eines hess. Hexenmeisters i. J. 1628 soll eines „Siechmanns Stecken" verwendet werden: ZfdMyth. 1 (1853), 276; Keller *Grab d. Abergl.* 2, 199; Drechsler 2, 106 (478); Hüser *Beiträge* 2, 27; Panzer *Beitrag* 2, 297; Rothenbach *Bern* 33 Nr. 268. [37]) Amira *Der Stab* 5 ff.; Goldmann DLZtg. 31 (1910), 2565 ff.; Puntschart Mitteil. d. Instit. f. österr. Gesch.-Forsch. 35 (1914), 339 ff. [38]) Schukowitz Globus 74, 5 ff.; Schwicker *Die Deutschen in Ungarn und Siebenbürgen* 384. [39]) Baumgarten *Aus d. Heimat* 1, 153; Hovorka u. Kronfeld 2, 24. [40]) Wuttke 352 § 527. [41]) Männling 337; Meyer *Aberglaube* 138.

Die Gestalt des B.s tritt auch in Sagen und Märchen auf, die häufig eine ethische Tendenz enthalten: Mildtätigkeit [42]) wird belohnt, Hartherzigkeit [43]) schwer bestraft. Volksglaube und -sage stehen auch hier in enger Beziehung zueinander: Der Fluch [44]) des B.s, vor dem man sich in abergläubischer Furcht schützen will, geht in der Sage wirklich in Erfüllung. Aber auch den B., der ohne Not Almosen heischte und dadurch wirklich Bedürftigen die Gabe entzog, ereilt die Strafe; nach seinem Tode kann er keine Ruhe finden [45]). Mehrfach wird der Ursprung frommer Stiftungen zugunsten von Armen und B.n auf ein Gelöbnis [46]) zurückgeführt, das in schwerer Bedrängnis abgelegt wurde. Verspricht der vom Alp Befallene diesem eine bestimmte Gabe, so läßt der Druckgeist von seinem Opfer ab und erscheint am anderen Morgen als B., um das Versprochene zu holen [47]). Andere Sagen berichten, daß Bettelkinder bei der Belagerung eines Schlosses [48]) oder in Pestzeiten geopfert wurden [49]), wohl aus dem Grunde, weil sie rechtlos waren und man für sie keine Buße zu gewärtigen hatte. Dem Namen „Bettelmann" [50]) für einen Felsblock in Schwaben, bei dem sich schon viele Wanderer verirrten, muß eine vergessene Sage zugrunde liegen. Beim Schneien sagt man in Schwaben „es fliegen Bettelleut'" oder „es kommen Bettelbuben" [51]).

s. a. betteln.

[42]) Wolf *Beiträge* 2, 41: Die gutherzige, arme Frau darf bis zum Sonnenuntergang Tuch herabschneiden. [43]) Bolte-Polivka 3, 462: Das aus Geiz zurückgehaltene Brot verwandelt sich in Kröten, von denen die schuldige Frau schrecklich getötet wird; Strackerjan 1, 47: Die reiche Frau, die freventlich eine Ladung Weizen ins Meer schütten läßt, statt sie den Armen zu schenken, verarmt zur Strafe gänzlich und muß selbst betteln gehen; vgl. den Artikel „Bäcker". [44]) Strackerjan 1, 131: Die Geschichte von den 7 Welpches; Vernaleken *Alpensagen* 11 Nr. 4; 22 Nr. 13 b; 28 Nr. 19; 30 Nr. 21; Ranke *Sagen* [2] 241 ff. [45]) SAVk. 2 (1898), 6; auch 11 (1907), 132 dürfte hieher gehören. [46]) S. d. Art. „Almosen" 1, 274 ff.; Pfister *Hessen* 135; Walliser Sagen 2, 25 Nr. 34; Vernaleken *Alpensagen* 253. [47]) Kühnau *Sagen* 3, 135; vgl. d. Artikel „Almosen". [48]) Bohnenberger 1, 21. [49]) Grimm *Myth.* 2, 994. [50]) Birlinger *Volksth.* 1, 165. [51]) Meier *Schwaben* 1, 261. Schömer.

Bettnässer. Die Volksphantasie beschäftigt das lästige Bettnässen [1]) der Kinder ganz besonders. Verschiedene Ursachen werden angegeben. Die Paten dürfen, solange sie das „Dotengeld" in der Tasche haben [2]) (Schweiz, Württemberg) oder den Patenzettel bei sich tragen (Samland) [3]) nicht pissen oder müssen zur Taufe ein frisches Hemd anziehen [4]), sonst wird der Täufling ein B. Fährt der Taufzug über eine Brücke und das Kind schläft, so gibt es einen B. [5]). Kinder dürfen nicht „zündeln", d. h. mit Feuer spielen, sonst können sie das Wasser nicht halten [6]). „Welcher mit einem finger, oder stecken, in die äsch schreibet, oder mit dem feuwer spielet, das ist ein wahrhafftig zeichen, dass er ins beth gebronzt hat, oder wirdts thun", erklärt der Alten Weiber Philosophey [7]). Die Kinder sollen auch nicht mit dem Löwenzahn spielen (Urinaria, franz. Pisse-en-lit) [8]). Wenn man das Kind in einem rinnenden Gefäße badet, mag es später das Wasser nicht halten [9]). Wird das Neugeborene vom Monde beschienen, wird es zum B. [10]).

Verschiedene Mittel dagegen werden genannt. Insbesondere gilt die Maus als spezifisches Gegenmittel [11]). Der B. soll einer lebenden Maus den Kopf abbeißen [12]), oder man fängt Mäuse, tötet und schindet sie, siedet sie weich, nimmt aus dieser Suppe ein Beinchen heraus und gibt dies dem Patienten ein (Isental) [13]). Ein anderes Mittel ist, in ein leeres Grab zu pissen [14]), oder ein Glas mit dem Urin des Kranken einer Leiche ins Grab mitzugeben (Ostfriesland, Oldenburg) [15]), oder einen Totenkopf in den Strohsack des B.s zu stecken (Schwaben) [16]). Im Amt Crailsheim soll der B. seinen Urin in einen Spalt zwischen zwei Steinen im Wasser, wo Leid und Freud (Leichen- und Hochzeitszug) darübergehen, vor Sonnenaufgang machen und 3 Vaterunser dazu beten [17]).

In Steiermark [18]) und im Alemannischen [19]) rufen B. den hl. Vitus (Veit) (s. d.) oder die armen Seelen an.

Im Badischen ruft der B. während der Wandlung in der Christmette seinen Fehler laut in die Kirche hinein und bittet die Anwesenden laut um ihre Fürbitte zum hl. Veit [20]) oder bläst am Freitag vor Sonnenaufgang dreimal ins Schlüsselloch der Kirche oder läßt, während der Prediger den Segen spendet, dreimal sein Wasser kreuzweis an die Kirchentüre [21]).

Nach siebenbürgischem Glauben hilft es dem B., wenn man ihm Taufwasser, das beim Taufen im Taufstein oder Schüsselchen zurückbleibt, fleißig zu trinken gibt oder ihn durch einen Donnerstein pissen läßt [22]). Im schweizerischen Freiamt steht ein „Bettsaierchäppili", in dem für B. gebetet wird und Leute, die daheim solche Patienten haben, pflegen das Kapellchen mit frischen Blumen zu zieren [23]). Im Böhmerwald und bei den pennsylvanischen Deutschen nimmt man zwei Laibe Brot, die beim Backen im Ofen so zusammenkleben, daß sie aneinanderhaften, und zerbricht sie über dem Kopfe des B.s [24]). Ein um 1602 angeklagter Zauberer in Luzern hatte in seinem Inventar eine „Ruthe, womit einer ausgestrichen worden. Sollte verbrannt und die Asche einem Kinde wider das Bettpissen eingegeben werden" [25]).

Gegen Bettnässen dienen weiter Kellerasseln [26]), der Kopf der Weinbergschnecke [27]), Hasenhirn [28]), Urin eines verschnittenen Schweines [29]), die Geschlechtsteile eines Schweins (für Knaben) oder Bären (für Mädchen) [30]). Schon Staricius [31]) empfiehlt 1679 Schweine usw. [32]).

[1]) Lammert 135 f.; Hovorka-Kronfeld 2, 672. [2]) Höhn *Volksheilk.* 1, 116; SAVk. 24, 62; MschlesVk. 9 (1902), 48; Kuhn *Westfalen* 2, 34 Nr. 93. [3]) Urquell 1, 152 Nr. 39; Wuttke § 593; vgl. Strackerjan 1, 53. [4]) Hovorka-Kronfeld 2, 673; Lammert 135. [5]) Seefried-Gulgowski 122. [6]) So in Schlesien, Thüringen, Erzgebirge, Rheinland: Wuttke § 606; Lammert 135; Hillner *Siebenbürgen* 52 Nr. 16; Wolf *Beiträge* 1, 209 Nr. 65; Fogel *Pennsylvania* 359 Nr. 1914; Strackerjan 1, 49; de Cock *Volksgeloof* 1 (1920), 231 Nr. 242; Spieß *Fränkisch-Henneberg* 101; das Zündeln als Ursache des Bettnässens erwähnt bereits Aristoteles (Aul. Gellius *noct. Att.* 19, 4). [7]) ZfdMyth. 3, 312 Nr. 33. [8]) Lammert 135 Anm. 2; Hovorka-Kronfeld 2, 672. [9]) Wettstein *Disentis* 172 Nr. 67; Pollinger *Landshut* 243. [10]) Schönwerth *Oberpfalz* 2, 66. [11]) Stoll *Zaubergl.* 79; Messikommer 1, 173; ZrwVk. 11 (1914), 166; DG. 12, 149; Lammert 135; nach Plinius (30, 47) suchte man in Rom das Bettnässen durch Verabreichung gekochter Mäuse zu heilen. [12]) Wuttke § 540; Reiser *Allgäu* 2, 445; Schönwerth *Oberpfalz* 3, 270; Pollinger *Landshut* 285; Fogel *Pennsylvania* 281 (1480). 282 (1483); Hovorka-Kronfeld 2, 273. [13]) SchwVk. 11, 47; vgl. Stoll *Zaubergl.* 79. [14]) Schönwerth *Oberpfalz* 3, 270; Urquell 3 (1892), 247 Nr. 26; Strackerjan 1, 89 Nr. 98; MschlesVk. 9 (1902), 84; DG. 12, 149; Wuttke § 496: Mecklenburg, Schlesien, Schwaben, Franken; Fogel *Pennsylvania* 281 (1481). [15]) Wuttke § 496. [16]) Hovorka-Kronfeld 2, 273. [17]) Höhn *Volksheilk.* 1, 117. [18]) Fossel 216. [19]) SchwVk. 7, 31; hier betet man:

„Heiligi Sant-Idda
weck mi bi Zite
nöt z'früeh ond nöt z'spot,
Wenn s'Sääche-n-aagoht."

Das Idda ist vielleicht aus „Vite" verdorben; vgl. Fischer *SchwäbWb.* 2, 1030; SchweizId. 1, 1134; Lammert 135 f. [20]) Wuttke § 198; Hoffmann *Ortenau* 113; SchweizId. 7, 146. [21]) Meyer *Baden* 576; dasselbe von Mecklenburg: Bartsch *Mecklenburg* 2, 103. [22]) Haltrich *Siebenbürgen* 268. [23]) SAVk. 21 (1917), 207 f. [24]) Schramek *Böhmerwald* 283; Fogel *Pennsylvania* 283 Nr. 1488. [25]) Lütolf *Sagen* 234 Nr. 168 b. [26]) Stoll *Zaubergl.* 78; s. a. unter Assel Sp. 628. [27]) Stein am Rhein,

mündlich. [28]) Höfler *Organotherapie* 60. [29]) Strackerjan 1, 97. [30]) Fogel *Pennsylvania* 282 Nr. 1482; Lammert 136. [31]) *Heldenschatz* 441 f. [32]) Fogel a.a.O. 282 f. 1484 ff.; Urquell 3 (1892), 15; Lammert 136.
Stemplinger u. Bächtold-Stäubli.

Bettstaffel vgl. Bett.

Bettstroh. Ein Streu- oder Laublager, wie es als Unterlage in der Bettlade, als Füllung von Polstern noch heute vielfach volkstümliche Geltung hat, muß als Lagerstätte für weitaus ursprünglicher angesehen werden, als das Liegen zubett (s. Bett) [1]). Im „Weihnachtsstroh" — wie im Hochzeitsstroh [2]) — sehen wir kultische Bedeutsamkeit daran angesponnen, und auch der Sterbende findet sich mancherorts auf dieses Lager zurück [3]). Erzählt Neocorus (16. Jh.) doch von einem pestkranken Dithmarscher, den die Leute nicht zu pflegen wagten, daß er sich selbst das Stroh geholt, ausgebreitet und sich daraufgelegt habe und alsbald verschieden sei.

In Siebenbürgen und auch anderwärts ersetzt man dem Todkranken das Federbett durch einen Strohsack, auf dem sichs leichter stirbt [4]) (s. sterben). Pflanzen mit übernatürlichen Kräften bezeichnet man als das Lieb-Frauen-B. u. dgl. M. Höfler sieht darin Erinnerung an ein kultisches Streulager für den Geisterbesuch [5]). Löst man nicht die Knoten an den Bändern des B.s, so kann man nicht schlafen [6]). Die Rockenphilosophie meinte auch, man solle das B. nicht verbrennen, sonst hätte man keine Ruhe. Insbesondere soll man dies nicht auf einem Kreuzweg tun, man bekommt sonst die Fallsucht [7]). An Walpurgis zum Nachbarn geworfen, nimmt es die Flöhe mit [8]). Dagegen wird das Stroh, auf dem der Tote gelegen, weitum noch heute auf dem Felde verbrannt, damit der Tote Ruhe habe, ähnlich an der Dorfgrenze, auf dem Grabe; es wird nicht angefaßt, man „verliert" es bei der Rückkehr vom Wagen (s. Leichenstroh) [9]). Steckt man Wische davon auf das Feld, so kommt kein Vogel in die Saat [10]). Hühner, die sich ein Nest aus des Mannes oder Weibes B. machen, werden je nachdem einen Hahn oder Hühner ausbrüten [11]). In einer Sage rettet eine Sechswöchnerin, die auf einen Kirschbaum stieg, Stroh aus dem Wochenbett, das sie in die Schuhe gegeben hatte, vor dem Teufel [12]).

[1]) Weinhold *Frauen* 2, 106. 108. [2]) Schneeweis *Weihnachtsbräuche* 212 f.; Lippert *Christentum* 394 f. [3]) Sartori *Sitte u. Brauch* 1, 126 Anm. 13; Dieterich *Mutter Erde* 25 ff. [4]) Meyer *Volkskunde* 268; W. 457 § 723. [5]) ZföVk. 18, 146 ff. [6]) Grimm *Myth.* 3, 438 Nr. 113. [7]) Ebd. 3, 443 Nr. 268; vgl. W. § 729; Hüser *Beiträge* 2, 29 Nr. 34. [8]) Dähnhardt *Volkstümliches* 2, 78 Nr. 312. [9]) Grimm *Myth.* 3, 464 Nr. 846; Rochholz *Glaube* 1, 179 f.; Vernaleken *Mythen* 312; Schönwerth 1, 251; Knoop *Hinterpommern* 164; Drechsler 1, 293; Bartsch *Mecklenburg* 2, 97; Urquell 3, 300; ZfrwVk. 5, 256 f.; W. § 739. [10]) Meyer *Aberglaube* 226. [11]) Grimm *Myth.* 3, 474 Nr. 1069. [12]) Kühnau *Sagen* 2, 582.
Haberlandt.

Bettzaierli. Einige in Südwestdeutschland (durch junge, schriftliche Verpflanzung auch in Schlesien) [1]) verbreitete Fassungen des Alpdrucksegens (s. d.) reden anstatt des Alps, Trudenkopfes oder dgl. das B. an, das also als Alpdämon gedacht ist [2]). Die Etymologie ist dunkel; weder Fischers [3]) Herleitung aus dem Hebräischen (b'z'r „bedrängen") noch Höflers [4]) Anlehnung an Zarge (= Bettgestell) befriedigen. Da der B.-segen auch gegen das Bettnässen gesprochen wird [5]) und auch vom Alp berichtet wird, daß er „pißt" [6]), ist B. vielleicht als Bettseicherli zu erklären [7])?

[1]) Drechsler 2, 264. [2]) Leoprechting *Lechrain* 26; SAVk. 13, 151 (= AfRw. 13, 160); SchwVk. 12, 47; HessBl. 19 (1920), 126 Anm. [3]) Fischer *SchwäbWb.* 1, 977. [4]) Höfler *Krankheitsn.* 844. [5]) Meyer *Baden* 53. [6]) Laistner *Sphinx* 2, 233. [7]) Zum Lautlichen vgl. das Bettsaierchäppeli im schweizer. Oberfreiamt (SAVk. 21, 207) und die im SchweizId. 7, 146 angeführten Formen.
Ranke.

Bettzeug. Daß Dinge, die mit den physischen Gewohnheiten so verwachsen sind und mit dem körperlichen Ich Tag um Tag in so innige Berührung treten wie das B. zählebigster Beachtsamkeit unterworfen werden, darf nicht wunder nehmen. In Schwaben durften früher die Männer nicht zugegen sein, wenn die Betten mit Federn gefüllt wurden; die alteingelebte Weiberarbeit, die dies vorstellt, hat Tabucharakter gewonnen [1]). Nach schon altdeutscher Gepflogenheit sind es Gänsefedern, auf denen man zu ruhen liebt [2]). Man soll sie aber nicht bei wachsendem Mond ins B. füllen, sonst schliefen sie wieder heraus [3]). Auch aufgelesene Federn soll man nach der Rockenphilosophie nicht nehmen, ein Kind kommt darin nicht zur Ruhe, Eheleute laufen sonst auseinander [4]). Auch Federn von anderm Geflügel (Tauben, Hühner) darf man nicht heranziehen, besonders die des unruhigen Hühnervolkes bringen Zank und Streit, man kann auf ihnen nicht ruhig sterben [5]). Auf neuem ungewaschenem B. zu schlafen, läßt Epilepsie befürchten [6]). In Ungarn soll man B. am Georgstag nicht lüften noch im Freien liegen lassen, damit die Hexen keinen Schaden stiften können [7]), so wie man in Dithmarschen glaubt, daß in den Zwölften oder (pädagogisch!) auch des Abends sonst der Vogel „Kräf" darüber hinwegfliege [8]). Wird das B. der Eheleute am Sonntagsmorgen gelüftet, so gibt es eine Ehescheidung (Island) [9]), kommt es in den Monaten, die ein „r" haben, ins Freie, so stirbt der darin Schlafende eines schnellen Todes [10]) (Erzgebirge). Doch hängt man oder hält man B. zum Fenster, um bei einem Gewitter die Gefahr zu entfernen — aus diesem Grund soll man auch bei einer Feuersbrunst das B. nicht zuerst retten — oder umherlaufende Hühner und Katzen zurückzubekommen [11]). Viele schwarze Kreuzchen oder ins Kreuz gelegte Falten, die man zufällig im Bettuch findet, bedeuten Tod [12]). Ist es aber auch Aberglaube, daß ordentlich geplättete Deckbetten einen offenen und geraden Sinn ergeben, und daß B., in dem jemand verschieden ist, eine Zeitlang aufgehoben und unbenützt gelassen werden [13])?

s. Feder.

[1]) Birlinger *Schwaben* 1, 414. [2]) Heyne *Wohnungswesen* 57. [3]) Grimm *Myth.* 3, 468 Nr. 914. [4]) Ebd. 2, 953; 3, 445 Nr. 346. [5]) Schönwerth *Oberpfalz* 1, 353 f.; ZfVk. 8, 162; Andree *Braunschweig* 291; Grimm *Myth.* 3, 443 Nr. 281; 454 Nr. 593; Wolf *Beiträge* 1, 221; Bartsch *Mecklenburg* 1, 133. 159; Töppen *Masuren* 106. [6]) Hovorka-Kronfeld 2, 226. [7]) ZfVk. 4, 397. [8]) Ebd. 23, 282. [9]) Ebd. 8, 162. [10]) John *Erzgebirge* 38. [11]) Ebd. 26; Meiche *Sagen* 563 Nr. 699; Bohnenberger 1, 21; MschlesVk. (1905), 87 f. [12]) Wolf *Beiträge* 1, 213; W. 213 § 297. [13]) John *Erzgebirge* 54; Höhn *Tod* 7, 322. Haberlandt.

Beulen. Man darf in den Zwölfnächten keine Hülsenfrüchte essen, sonst bekommt man B.; das gleiche hat man zu gewärtigen, wenn man am Himmelfahrtstag näht [1]).

Um B. zu vertreiben, martert man in Böhmen ein Wiesel langsam zutod [2]); in Schwaben heißt es [3]): „Geh zu einem Metzger, der eine Sau metzget, sprich ihn an, aber bitte ihn dreimal um Gottes willen, gebt mir die Blater mitsamt dem Wasser, laß das Wasser auslaufen, hernach laß dem kranken Menschen sein Wasser in die Blater laufen, danach hänge die Blater in den Rauch samt dem Wasser, es hilft gewiß."

Eine B. soll man mit einem Geldstück [4]), mit einem breiten Messer [5]) oder Schlüsselbart [6]) eindrücken; dadurch mag wohl eine sofortige Kompression bewirkt werden, die einen größern Blutaustritt verhindert. Abergläubisch ist es aber, wenn man das Messer kreuzweise darauf drückt [7]), oder wenn man es dreimal tun und dabei ebenso oft auf die Erde spucken muß [8]), wenn man es mit einem „Dreikreuzmesser" ausführen muß, wie die Rockenphilosophie (372 Nr. 25) empfiehlt [9]). In Ostpreußen werden B. mit einem stählernen Messer, überhaupt mit Stahl gestrichen. Dies erregt eine angenehm kühlende Empfindung, und der Druck verteilt zugleich die Beule [10]).

Segen gegen B. s. z. B. Grohmann 182 Nr. 1275; Schulenburg 98.

[1]) Wuttke § 519. [2]) Ebd. § 170. [3]) Hovorka-Kronfeld 2, 394. [4]) Meier *Schwaben* 2, 510 Nr. 418. [5]) ZrwVk. 11, 173; Urquell 4 (1893), 155. [6]) Pollinger *Landshut* 280. [7]) Fogel *Pennsylvania* 286 Nr. 1515. [8]) Liebrecht *Zur Volksk.* 312 Nr. 5. [9]) Grimm *Myth.* 3, 441 Nr. 211. [10]) Urquell 3 (1892), 15. Stemplinger u. Bächtold-Stäubli.

Beutelmann, Personifizierung des Fiebers in Bayern [1]), s. Ritt.

[1]) Schmeller *BayrWb.* 1, 215.
H. Naumann.

Bewegungswahrsagung. Die spontane Bewegung unbelebter Gegenstände wird vielfach als zukunftweisendes Zeichen angesehen. Auch die Antike kannte diese Vorstellung: in Rom galt es als besonders bemerkenswertes Prodigium, wenn sich die heiligen, in der Regia aufbewahrten Lanzen des Mars [1]) oder die heiligen Schilde (ancilia) [2]) bewegten, wenn die Türen eines Tempels [3]) oder eines Gemaches [4]) plötzlich aufsprangen, wenn bei der Götterbewirtung (lectisternium) eine Schüssel hinunterfiel [5]), wenn Waffen auf den Boden fielen oder Mauerzinnen hinunterstürzten [6]). Für diese antiken Vorstellungen bietet der deutsche Aberglaube z. T. genaue Entsprechungen: Das Handwerkszeug des Totengräbers oder des Sargtischlers [7]) oder des Scharfrichters [8]) bewegt sich, wenn neue Arbeit bevorsteht, das Hinabfallen eines heiligen Gerätes beim Abendmahl [9]) oder des Weihwasserkessels [10]), das selbsttätige Aufspringen oder Zuschlagen einer Tür [11]) gilt als unheilvolles, meist als todkündendes Vorzeichen.

Die am häufigsten in diesem Vorstellungskreise auftretende Form der Bewegung ist das spontane Um- oder Auf-die-Erde-fallen vorher feststehender Gegenstände, das als unheilvolles Zeichen angesehen wird, entweder ohne Unterschied des fallenden Gegenstandes [12]) oder mit Bevorzugung gewisser Objekte. Unter diesen tritt besonders häufig das von der Wand fallende Bild [13]) auf, wobei es besonders übel ist, wenn es sich um das Bild eines Kranken [14]) oder um ein Heiligenbild [15]) handelt; schon das bloße Schwanken eines Jesusbildes [16]) ist ein schlimmes Vorzeichen. Desgleichen das Hinabfallen des Spiegels oder Glases [17]), der Uhr [18]), des Wappens in der Kirche [19]). Das Hinabfallen eines Löffels oder anderen Eßgeräts wird meist ebenfalls ungünstig oder gar auf einen bevorstehenden Todesfall gedeutet [20]), doch werden hier bisweilen auch harmlosere Deutungen zugelassen [21]). Todkündend ist ferner das Umfallen des unter dem Hausdach aufbewahrten Besens, mit dem bei der letzten Leiche ausgekehrt worden ist [22]), eines Grabsteins oder eines Totenbrettes [23]), das Hinabfallen eines Kranzes vom Sarge vor einem Hause [24]), der Türklinke [25]), des Ofenrohrs [26]), des Lampenzylinders, wenn er dabei nicht zerbricht [27]), eines Strohbündels vom Boden oder eines Brotes von der Brothänge [28]), der Kette vom Fuhrwerk [29]), ungünstig auch das des Eherings bei der Trauung [30]). Andere Arten unheil- oder todbedeutender Bewegungen sind: das Wackeln von Decksteinen auf einem Erbbegräbnis [31]), das Zuklappen eines Sitzbrettes während der Mettenpredigt [32]), das Herumspringen auf den Tisch gefallener Nähnadeln [33]), die Bewegung des an der Wand aufbewahrten Geschirrs [34]) oder des Pferdegeschirrs im Stall [35]), das Zerspringen von Spiegeln, Fensterscheiben, Lampenzylindern, Trinkgläsern [36]), das Nachsinken der Erde in ein frisches Grab [37]). Eine Neuigkeit kündet nach heutigem Wiener Glauben das Herunterfallen einer festgeschraubten Jalousie [38]). Auch das unvermutete Aufhören einer Bewegung ist ein schlimmes Vorzeichen, so das Stehenbleiben einer Uhr [39]). In vielen Fällen sind die Bewegungen auch mit Geräuschen (s. d.) verbunden.

[1]) Livius 40, 19, 2; vgl. a. 22, 1, 11; 24, 10, 10; Gellius 4, 6. 2; Cassius Dio 54, 17, 2; Obsequens 6. 36. 44. 47. 50. [2]) Ebd. 44 a. [3]) Ebd. 13. [4]) Ebd. 67. [5]) Ebd. 7. [6]) Cicero *ad Att.* 15, 9, 2; *de divin.* 1, 74; Obsequens 48; weiteres s. Schindler *Aberglaube* 215. Auch die spätere Divinationsliteratur kennt diese Form, s. Camerarius *Commentarius de generibus divinationum* (1575), 6. Für die B. bei den Chaldäern vgl. Maury *Hist. des rel. de la Grèce* 2, 442. [7]) Andree *Braunschweig* 376; Bartsch *Mecklenburg* 2, 95; Drechsler 1, 286; Strackerjan 1, 143; SAVk. 21, 32. [8]) Praetorius (1678) in MsäVk 7, 202; Huß *Aberglaube* 21; Kriegk *Deutsche Kulturbilder* (1874) 120. [9]) John *Erzgebirge* 114. [10]) Meyer *Baden* 579. [11]) Drechsler 1, 286; John *Erzgebirge* 113; WZfVk. 32, 85. [12]) Andree *Braunschweig* 372; John a. a. O. 116; MsäVk. 7, 113; MschlesVk. 7, 76 Nr. 65 h. [13]) Drechsler a. a. O.; Fogel *Pennsylvania* 118 Nr. 527; John *Westböhmen* 165; Klapper *Schlesien* 300; vgl. die bekannte Szene in Webers Freischütz. [14]) John *Erzgebirge* 113. [15]) Meyer *Baden* 579. [16]) John a. a. O. [17]) Diener *Hunsrück* 180; Meyer a. a. O.; WZfVk. 33, 13. [18]) John a. a. O. 252. [19]) Birlinger *Schwaben* 1, 275 (aus

der Zimmernschen Chronik 2, 46; 3, 132). [20]) John *Erzgebirge* 31; Andree *Braunschweig* 315. [21]) Fogel *Pennsylvania* 83 Nr. 308: Teelöffel = Ärger, Nr. 309: großer Löffel = bevorstehender Besuch eines großmäuligen Menschen, 94 Nr. 377: Gabel = einer Mannsperson, Nr. 378: Schlachtermesser = eines Pfarrers, Nr. 379: Messer = einer Weibsperson; vgl. WZfVk. 32, 85: Wenn ein Deckel vom Hafen fällt, kommen Gäste. [22]) John *Erzgebirge* 114. [23]) Ders. a. a. O.; John *Westböhmen* 165. 168; Drechsler 1, 286; Klapper *Schlesien* 300. [24]) John *Erzgebirge* 115. [25]) Ebd. 113. [26]) Ebd. [27]) Ebd. 114. [28]) ZfVk. 3, 381; Drechsler a. a. O. 1, 287; WZfVk. 32, 82. [29]) ZfrwVk. 5, 245. [30]) Bodin-Fischart *Dæmonomania* (1698) 78; John a. a. O. 97. [31]) Birlinger *Schwaben* 1, 275 (aus der Zimmernschen Chronik 3, 131). [32]) John a. a. O. 117. [33]) Meyer *Baden* 579. [34]) John a. a. O. 252. [35]) ZrwVk. 5, 245. [36]) Drechsler 1, 286; John a. a. O. 113. 114; WZfVk. 33, 13. [37]) Andree *Braunschweig* 314; Bartsch *Mecklenburg* 2, 97 Nr. 345; Birlinger *Schwaben* 1, 474 Nr. 700; Fogel *Pennsylvania* 126 Nr. 577; Drechsler 1, 286; Manz *Sargans* 122; Meyer *Baden* 595; Rochholz *Glaube* 1, 203; SAVk. 12, 214; 21, 32. [38]) WZfVk. 32, 90. [39]) Drechsler 1, 286; Fogel *Pennsylvania* 118 Nr. 532; John *Erzgebirge* 113; John *Westböhmen* 165.

Der Glaube an die Vorbedeutung zufällig eintretender, spontaner Bewegungen ist in einer Anzahl von Weissagungsarten in ein System gebracht worden, in denen unter Vornahme bestimmter Zeremonien auf magischem Wege Bewegungen lebloser Körper herbeigeführt werden; meist handelt es sich hier um Nachklänge niederer Formen antiker Mantik.

s. Axinomantie, Daktyliomantie, Klidomantie, Koskinomantie, Todesvorzeichen, Wünschelrute. Boehm.

beweinen s. beklagen.

bewundern s. loben.

bezahlen. Nach allgemein verbreiteter Anschauung darf der Zauberer (Braucher, Quacksalber, Zauberer, s. d.) für seine Arbeit keine Bezahlung verlangen, sondern nur annehmen, was man ihm freiwillig schenkt; sonst helfen seine Kuren nichts [1]). Vielleicht beruht auf diesem Glauben derjenige der Deutschen in Pennsylvanien, daß man den Arzt nicht ganz b. dürfe, weil man ihn sonst sofort wieder brauche [2]). In Berlin ging man nach Wuttke (132 § 181) s. Z. um Heiserkeit, bösen Hals, Kehlkopfkrankheit u. dgl. zu heilen, in einen Posamentierladen unter den Linden und forderte ein Stückchen Floretband, man erhielt ein solches schweigend, bezahlte nichts und dankte auch nicht — es soll ein Vermächtnis sein — und machte sich oder einem andern das Bändchen um den Hals, worauf die Schmerzen verschwanden; wenn man bezahlte oder dankte, so wirkte es nicht [2]). Gegen Fieber trinkt man in einem Wirtshaus Wein und geht dann weg, ohne etwas zu sagen und ohne zu zahlen [4]). Eine neugekaufte Katze darf man, soll sie nicht davonlaufen, nicht sofort bezahlen [5]).

[1]) Fogel *Pennsylvania* 382 Nr. 2050; Wuttke 324 § 480. [2]) Fogel 283 Nr. 1490. [3]) Vgl. ähnlich ebd. 337 Nr. 1794. [4]) Haltrich *Siebenb. Sachsen* 272 Nr. 12; Germania 29 (1884), 86 Nr. 2. [5]) Müller *Isergebirge* 13.

s. a. danken, kaufen, verkaufen, feilschen, besprechen, Zauberer. Bächtold-Stäubli.

bezaubern s. verhexen.

Bezoarstein. (Gamskugel.) Persisch *bazahar* „gegen Gift". B.e sind kugelförmige oder ovale Gebilde von der Größe einer Erbse bis zu der eines Taubeneis. Sie finden sich im Magen oder in den Gedärmen verschiedener Säugetiere. Der echte B. stammt von der Bezoarziege. In Deutschland finden sich B.e bei Gemsen und Steinböcken, selten bei Pferden. Sie bestehen aus Haar- und Pflanzenresten, die durch eindringende Salzlösungen Kalk absonderten, der sie steinartig zusammenkittete. B. oder Tränenstein heißen auch die zu festen Massen zusammengeballten Drüsenausscheidungen in den Tränenhöhlen der Rothirsche [1]). Der Stein, der sich in der Blase eines Ochsen befindet, reinigt, gepulvert an sich oder mit Rautensaft vermischt, den Kopf (wohl Gehirn) [2]). Steinchen, manchmal von gelber Farbe, finden sich im Balg des Ochsen; zerkleinert und getrunken, verkleinern sie den Blasenstein, heilen Stöße, werden, mit Betensaft zerrieben, gegen Epilepsie verwendet und stärken das Sehen [3]). Steine in Rossen, nicht genau rund, aber glatt und wie künstlich poliert, gleichen dem B. [4]). Auch in der Blase von Schweinen findet sich manchmal ein Stein von dunkler Wasserfarbe [5]). Alle echten B.e sind nach dem Volksglauben ein unfehlbares Mittel gegen Gift. Viel gerühmt wurden seit jeher die Tiroler „Gamskugeln". Sie gelten dort als wertvoller als jedes andere Schutzmittel wegen ihrer Zauberkraft gegen Gift und böse Geister; auch sollen sie den, der sie bei sich trägt, für vierundzwanzig Stunden hieb- und schußfest machen. Sie werden auch gegen fast alle Krankheiten verwendet. Wirft man eine Gamskugel gegen die Mauer, so kann man durchschauen und alle Geheimnisse des Hauses wissen. Vergoldete B. trug man in einem Beutelchen bei sich, damit sie gegen den Sturm schützten [6]). In der Volksheilkunde wurde der orientalische B. viel verwendet, so gegen Übelwerden, Magenbeschwerden, Ruhr, Schwindelanfälle, Vergiftungen, Pest, Epilepsie u. a.; man bereitete auch eine Bezoartinktur [7]). In den alten Apotheken wurde er (oft verfälscht) dauernd geführt und wegen seiner vielseitigen Wirkungen, auf die das Volk großes Vertrauen setzte, viel begehrt. Heute ist er völlig vergessen [8]). Zu den heilkräftigen B.en rechnete man früher auch den lapis porcinus oder lapis Malacensis, einen seltenen Stein, den die Portugiesen aus Ostindien nach Europa brachten. Er stammte vom Stachelschwein und führte seinen Namen Malacensis nach seiner Heimat [9]).

[1]) Pierer *Universallex.* s. v. Haarballen; Peters *Pharmazeutik* 2, 47 ff.; Gesner *d. f. l.* 160 f. mit Abbildung; Bressl. Samml. 5, 1529 f. u. Regb. 424 f. u. 598 s. v. Haarballen. [2]) Schwenckfelt *Catalogus* 2, 64. [3]) Ebd. 2, 73. [4]) Ebd. 2, 91. [5]) Ebd. 2, 127. [6]) Staricius *Heldenschatz* (1706), 424; Alpenburg *Tirol* 381 f.; Hovorka-Kronfeld 1, 64; Grässe *Jägerbrevier* 1, 210; Jägerhörnlein 132 f.; Bechstein *Mythen* 1, 172 f.; Zedler 3, 1659. [7]) Zedler 3, 1656; Hovorka-Kronfeld 1, 65 u. 2, 836; ZfrwVk. 2 (1908), 100; vgl. Stern *Türkei* 1, 210 f. u. 664 (B. im Orient Amulett und Heilmittel); Hellwig 24 u. 74; Porta *Magie* 252. [8]) Peters a. a. O.; Stemplinger *Sympathie* 40; vgl. ZfdA. 18 (1875), 404 ff. [9]) Zedler 3, 1661 f.; 16, 748; Breßl. Samml. 16, 22 u. 24.

Olbrich.

Bibel.

1. Einleitendes. — 2. Die B. und das deutsche Volk. — 3. Inspiration: Die B. als heiliges Buch. — 4. B. und Volksglaube. — 5. Die B. im Aberglauben. — 6. B.orakel. — 7. B.ordal.

1. Die B., die heilige Schrift der Christenheit, ist das weitaus am meisten verbreitete Buch der Weltliteratur. In etwa 835 Sprachen und Dialekte übersetzt, ist sie, d. h. ihr wichtigster Teil, das NT., ungefähr vier Fünfteln der Menschheit zugänglich [1]). Und ihr Inhalt ist eine einzigartige Macht im geistigen Leben der Völker geworden. Die biblisch-christliche Gedankenwelt ist neben Antike und Germanentum das entscheidende Bildungselement der abendländisch-faustischen Kultur.

Religionsgeschichtlich ist die B. als Quelle von unschätzbarem Wert, weil wir in ihr eine religiöse Entwicklung von der primitiven Stammesreligion der alten israelitischen Nomaden bis zur Höhe der christlichen Erlösungsreligion verfolgen können. Auch an religiös unterwertigen, abergläubischen Vorstellungen ist die B. reich und als Quelle für folkloristische Forschungen sehr ergiebig [2]). Indessen gehen wir darauf nicht näher ein, vielmehr soll im folgenden gezeigt werden, welche Bedeutung der B. in ihrer Gesamtheit für Volksleben und Volkstum zukommt, welche Vorstellungen sich an sie als Gegenstand des Aberglaubens knüpfen.

[1]) Einzelheiten bei R. Kilgour *The Gospel in many years.* London 1925. [2]) J. G. Frazer *Folk-Lore in the Old Testament.* 3 Bde. 1918; P. Saintyves *Essais de Folklore biblique.* Paris 1922.

2. Abgesehen von den Anregungen, Vorwürfen und Motiven, die biblische Stoffe der deutschen Kunst von ihren ersten Anfängen bis zur Gegenwart gegeben haben, ist die B. für das deutsche Volkstum insofern in hervorragendem Maß bedeutsam geworden, als an ihr diejenige deutsche Sprache erwachsen ist, die alle deutschen Stämme mit ihren verschieden gearteten Dialekten als einheitliches Band umschließt: die Schriftsprache der lutherischen B.übersetzung.

Welch hervorragenden Einfluß die B. auf die Volkssprache übt, zeigen die vielen biblischen Redewendungen, die ins Deutsche übergegangen und noch heute gebräuchlich sind, ohne daß man immer daran denkt, woher sie stammen. At.liche Wendungen wie Fleischtöpfe Ägyptens (Ex. 16, 3), ägyptische Finsternis (Ex. 10, 22), der Tanz um das goldene Kalb (Ex. 32, 4 ff.), das gelobte Land (Deut. 34, 4), um ein Linsengericht verkaufen (Gen. 25, 33 f.), sind dem Volksmund ebenso geläufig wie etwa aus dem NT. das Heulen und Zähneklappern (Luk. 13, 28), von Pontius zu Pilatus laufen, sein Licht unter den Scheffel stellen (Matth. 5, 15) oder ein Buch mit sieben Siegeln (Offbg. Joh. 5, 1). Auf Herz und Nieren prüfen ist Psalm 7, 10 entnommen; Krethi und Plethi, häufig gebraucht für Hinz und Kunz, hießen die Leibwächter des Königs David (I. Sam. 30, 14). Wenn ein Vorrat über Erwarten lange ausreicht, spricht man vom nie versiegenden Ölkrüglein der Witwe (I. Kön. 17, 14). Einen ins Tal Josaphat (s. d.) laden bedeutet: die Entscheidung irgendeiner Streitsache dem Gottesgericht überlassen (Joël 3, 7: Gott als Richter der Völker im Tale Josaphat). Viele unserer gebräuchlichsten Namen sind biblischen Ursprungs; genannt seien nur Jakob, Joseph, Maria, Elisabeth, Anna, oder sind biblische Namen zu Bezeichnungen für menschliche Typen geworden; am bekanntesten ist Eva, die mit ihren guten und weniger guten Eigenschaften zum Prototyp des Weibes wurde; ferner der alte Methusalem (Gen. 5, 27), der haarige Esau (Gen. 25, 25), der weise Salomo (I. Kön. 3, 28), der arme Lazarus (Luk. 16, 20), der ungläubige Thomas (Joh. 20, 25). In ähnlicher Weise spricht man vom heuchlerischen Pharisäer (Matth. 23, 13 ff.), von Kainstat, Hiobsbotschaft, Judaslohn. Im Vogtland sagt man von einem, der nie genug kriegen kann, er ist vom Stamme Ham (Dialektform für Haben) oder Nimm (vgl. die Völkertafel Gen. 10). Der Spitzname der eingesessenen Tübinger Weingärtner, „Gogen", wird mit hoher Wahrscheinlichkeit auf den mythischen König Gog (Ezech. 38 f.) zurückgeführt. Das semitische Gog bedeutet soviel wie Nordländer, Barbar, „Rauhbein" — in der Tat ein sinniger und treffender Name, den die allezeit zum Spott geneigten Tübinger Stiftler den derbrassigen Tübinger Bürgern angehängt haben [3]).

[3]) Fischer *SchwäbWb.* 3, 16.

3. Es gehört zum Wesen heiliger Schriften, daß sie für inspiriert, d. h. von Gott eingegeben, gehalten werden. Das Avesta der Perser, die vedische Literatur der Inder, der Koran gelten ihren Gläubigen gleicherweise für göttliche Offenbarung wie etwa den Juden ihr Gesetz und ihre prophetische Literatur. Das werdende Christentum hat jüdisches Erbe übernommen, indem es die Schriften des AT. zur geistgewirkten Offenbarung Gottes machte. Als sich die Bildung des nt.lichen Kanons im 2. Jh. vollzogen hatte, war auch die Lehre von der göttlichen Inspiration der heiligen Schrift fertig. Schüchterne Versuche, verschiedene Grade von Inspiration zu unterscheiden, scheiterten; das ganze MA. hindurch wird die B. als einheitliches Offenbarungsbuch betrachtet. Auch der Reformation ist die Tatsache der Inspiration selbstverständlich. Luthers Stellung ist nicht ganz eindeutig; auf der einen Seite macht er Unterschiede in der Würdigung der biblischen Schriften, erklärt z. B. den Jakobusbrief für eine „strohene Epistel"; auf der anderen Seite kann er sagen: „An einem Buchstaben, ja an einem einzigen Titel der Schrift ist mehr und größeres gelegen, denn an Himmel und Erde" (Erklärung des Galaterbriefs). Calvin hält an der unbedingt göttlichen Lehrautorität der Schrift fest. In der lutherischen Orthodoxie des 17. Jhs. wird die Lehre von der Verbalinspiration (d. h. wörtliche Eingebung) geradezu zum Hauptpunkt der ganzen Dogmatik. Auch heute noch gehört Inspiration zu den dogmatischen Leitbegriffen. Doch scheiden sich hier die Geister der Theologen. Während die rechtsgerichteten Gelehrten mindestens die Personalinspiration (d. h. Erleuch-

tung der biblischen Schreiber) festhalten, lehnt die historisch-kritische Theologie der letztvergangenen Generation jede Lehre von der Schrift schlechthin ab; denn die Schrift als solche ist Menschenwerk, kann demnach nur literarisch beurteilt, nicht aber dogmatisch gewertet werden. Die jüngste Entwicklung, die dialektische Theologie, scheint sich wieder zur Lehrautorität der Schrift als Wort Gottes hinzuwenden. Der Katholizismus hat die Angriffe des Modernismus auf das Inspirationsdogma siegreich abgeschlagen.

4. Das Dogma von der Inspiration der B. durch Gott oder den heiligen Geist wirkt sich naturgemäß im Volksglauben dahin aus, daß die B. als absolut geltende Norm für alles menschliche Tun anerkannt wird. Durch das ganze MA. hindurch bis herauf zur Schwelle der neuen Zeit ist die B. selbstverständliche Richtschnur für das private wie für das öffentliche Handeln, so weitgehend, daß selbst B.stellen zur Rechtfertigung der scheußlichsten Grausamkeiten herhalten müssen. Die offizielle Kirche scheut sich z. B. nicht, die massenhaften Verbrennungen von Weibern, die das Unglück hatten für Hexen gehalten zu werden, unter Berufung auf Ex. 22, 18 („Die Zauberinnen sollst du nicht leben lassen") gutzuheißen. Um ähnliche Mißbräuche der B. für den gemeinen Mann auszuschließen, hat die Kirche vom Ende des 12. Jhs. an das B.lesen unter Kontrolle gestellt. Ein allgemeines B.verbot, von dem vielfach geredet wird, hat es indessen nie gegeben, wenn auch die Zensur verschärft wurde, nachdem Reformatoren und Ketzer sich für ihre häretischen Lehren auf die B. beriefen. Heute wenden sich große Teile des Volkes mit verächtlichem Lächeln von dem Kinderglauben der B. ab. Aber in den Kreisen, die von Überkultur und Zivilisation noch nicht ganz zersetzt sind, also in weiten Schichten des Bauerntums vor allem, gilt die B. als Richtschnur für die Lebenshaltung, wie es bei den Vätern Sitte gewesen ist. In allen Lebenslagen wendet man sich an die B., im Leid um Rat, Trost und Hilfe, in der Freude mit Dank. Dem Bauern ist die B. das Familienbuch, das von Geschlecht zu Geschlecht vererbt wird und damit die Familienchronik, die hinten drin steht, späteren Geschlechtern kündet. An langen Winterabenden sitzt der Bauer hinter dem warmen Ofen und liest seine B. Bauern, welche die B. mehrere Male von Anfang bis zu Ende durchgelesen haben, sind keine Seltenheit, wohl aber solche Theologen! Es ist noch heute in den meisten deutschen, evangelischen Landeskirchen Sitte, daß jedes junge Paar bei der Heirat vom Pfarrer seine Traub. bekommt. Die B. als Hochzeitsgeschenk ist übrigens vereinzelt schon im ausgehenden MA. bezeugt [4]). Die B., zumal ein altes vererbtes Stück, gilt als unantastbar. Man gibt sie nicht gern aus dem Haus [5]). Selbst vor dem Zugriff des Gesetzes ist die B. sicher. Neben einem Tisch und zwei Stühlen bleibt sie beim Verkauf des Hauses Inventar [6]). Diese Vorkehrungen, sich die Hausb. unter allen Umständen zu erhalten, haben ihren Grund nicht so sehr in einer Anwandlung von Pietät, als vielmehr in einer durchaus dinglich-magischen Vorstellung von der Heiligkeit der B., in dem naiven Glauben, mit der B. „den Herrn selbst" realiter zu besitzen [7]). Diese Auffassung bedingt die häufige Verwendung der B. zu abergläubischen Zwecken.

[4]) Falk *Ehe* 10 ff. [5]) Christl. Welt 1908, 450. [6]) ZfVk. 1896, 15. [7]) Christl. Welt 1908, 450.

5. Die B. wird ebenso wie das Gesangbuch oder andere Erbauungsbücher häufig im Zauber zur Abwehr böser Geister und als Heilmittel bei Krankheit [8]) gebraucht. Je älter die B. ist, desto stärkere magische Kräfte birgt sie. Auch herrscht mancherorts der Glaube, daß bestimmte B.drucke besonders wirksam seien. Ein Schatzgräber in Augsburg brauchte zur Hebung eines geheimnisvollen Schatzes neben einer reinen Jungfrau und einem Geistlichen eine Meibomische B. [9]). Aus Kärnten ist überliefert, daß herumziehende Italiener alte Weimarer B.n teuer bezahlen, um sie zu Teufelsbeschwörungen zu benützen [10]).

Ganz allgemein wird die B. zum Geisterbannen verwendet. Wer sein Vieh vor dem Einfluß böser Geister bewahren will, hängt ein Stück von einer B. im Stall auf [11]). B. oder Psalmbuch in der Tasche schützt vor Geistern [12]). Spukgeister werden dadurch gebannt, daß ein Prediger die Nacht mit B.lesen an dem gefährlichen Ort verbringt [13]). In Thüringen geht eine Sage: In einer Hütte im Wald wohnte ein Mann mit seiner Frau. Oft kam ein Feuermann, der immer winkte. Die Leute hatten große Angst. Endlich faßte sich die Frau ein Herz und folgte dem Geist, nahm aber zum Schutz die B. mit. Plötzlich machte der Feuermann halt und deutete auf eine Stelle hin. Da vergrub die Frau die B. und lief nach Hause. Sie erzählte alles ihrem Mann, starb aber noch in derselben Nacht. Der Mann grub an der Stelle, wo die Frau die B. vergraben hatte und fand einen großen Schatz [14]). Eine B. vor dem Schlüsselloch aufgehängt, schützt vor Alpdrücken [15]).

Ungetaufte Kinder bewahrt man vor bösen Geistern, indem man ihnen die B. unterlegt [16]). So sind sie sicher vor Hexen und Zwergen, die sie „verwechseln" könnten [17]). Wenn die Mutter das Kind allein läßt, muß sie die B. auf das Bettchen legen [18]). Justinus Kerner, ein feinfühliger Kenner des schwäbischen Volkslebens, sagt von einer Amme in den „Höllenbildern":

Manches Kind verhexte sie,
Daß es zappelte und schrie,
Bis man schob dem armen Tropf
Eine Bibel untern Kopf [19]).

In Württemberg kommt es vor, daß zum Schutz vor Hexen auf dem Gang zur Taufe ein Blatt aus dem NT. in das Tragkissen gelegt wird [20]), wie überhaupt Blätter aus der B. zu Wunderzetteln aller Art benützt werden [21]). In der Kirchheimer Gegend wird zum Unterlegen gerne das Blatt mit dem Spruch „Ich will Feindschaft setzen zwischen dir und dem Weibe" benützt [22]). Will ein Kind nicht schlafen, liest man ein Kapitel in der B. und läßt sie aufgeschlagen über Nacht liegen. Dann bekommt das Kind Ruhe [23]). Daß die B. aufgeschlagen untergelegt oder überhaupt benützt wird, ist vielfach Vorbedingung für die rechte Wirkung [24]). Aus Marokko wird berichtet: An den ersten 8 Abenden nach der Geburt eines Knaben versammeln sich die nächsten Verwandten im Zimmer der Wöchnerin. Der Vater verschließt sorgfältig die Türen, liest mehrere Stunden lang aus der B. vor und zieht dann mit der Spitze seines Degens einen Kreis um das Bett von Mutter und Kind [25]). Hier ist also ganz deutlich die B. wesentlicher Bestandteil eines Abwehrritus. Gegen Geister und Krämpfe, die als dämonische Wesen gelten, hilft bei kleinen Kindern die B. oder das NT. im Kinderkorb [26]). Auch Erwachsenen legt man bei Krankheit die B. unter, gegen Gicht wird etwa das Kapitel von der Heilung des Gichtbrüchigen aufgeschlagen [27]). Die B. unter dem Kopfkissen hilft der Kindbetterin zu leichter Geburt [28]). Wenn die Wehen beginnen, legt man der Kreissenden die Erbbibel unter [29]).

Der Abwehr von Unheil dient auch der weitverbreitete Brauch, beim Gewitter in der B. zu lesen, um die Gefahr zu bannen [30]). Ein Mann, dessen Küche immer wieder einstürzte, mauerte schließlich eine B. ein [31]) (Bauopfer).

Aber nicht nur zur Verhütung von Unheil, auch zur Erlangung von Heil wird die B. benützt. Der Segen Gottes zieht mit ein, wenn man neben Salz und Brot die B. als erstes in das neue Haus trägt [32]). Ein Kind wird gelehrt und fromm, wenn man es nach der Taufe auf die B. legt [33]), oder wenn man es zum erstenmal auf der B. wickelt [34]). Auch wenn man die B. ins Bettchen oder unter das Kopfkissen legt, wird das Kind fromm [35]). Oder man bindet ihm ein Blatt aus der B. auf die Brust [36]). Die untergelegte B. vermittelt dem Kind Schriftkenntnis [37]) und macht es geschickt [38]). In der Schweiz wurde mit dem ersten Brei ein aus der B. gerissenes Blatt in ganz kleinen Stücken gekocht; dadurch wird das Kind fromm [39]). Dieser höchst primitive Brauch scheint schon im frühen MA. im Schwange gewesen zu sein. Die trullanische Synode von 692 verbietet nicht nur das Vernichten und Zerreißen von B.blättern, sondern auch den Verkauf an solche, die sie vernichten, z. B. Salbenhändler [40]).

Als Besonderheit sei noch erwähnt, daß in der Neckarsulmer Gegend früher den Verstorbenen ein NT. aufs Herz gelegt wurde [41]), als Talisman für eine gute Reise ins Jenseits, vielleicht auch als eine Art Legitimation vor dem göttlichen Richter. In Schlesien legt man dem Sterbenden zur Erleichterung des Todeskampfes eine B. unter das Kissen [42]). Einen ähnlichen Brauch kennen die Deutschen in Pennsylvanien [43]). Dieselbe Rolle wie die B. selbst spielen im Volksglauben allerlei Auslegungs- und Erbauungsbücher, allen voran das „Starkenbuch" (Joh. Friedr. Starks Tägliches Handbuch) und Arndts „Wahres Christentum" [44]).

[8]) Wuttke 455; Seyfarth *Sachsen* 150. [9]) Birlinger *Aus Schwaben* 1, 269. [10]) Wuttke 144. [11]) SAVk. 2, 272. [12]) Zahler *Simmenthal* 41 = Wuttke 144. [13]) Müllenhoff *Sagen* 194 Nr. 266 = 258 Nr. 348 = Kuhn *Westfalen* 1, 357 Nr. 396. [14]) Bechstein *Thüringen* 1, 82 f. [15]) Wuttke 285. [16]) John *Erzgebirge* 52. [17]) Müllenhoff *Sagen* 310 Nr. 421 = Wuttke 383. [18]) Meyer *Baden* 39. [19]) *Werke* (Ausg. Hesse) 2, 247. [20]) Höhn *Geburt* 269. [21]) Eberhardt *Landwirtschaft* 13. [22]) Höhn *Geburt* 262. [23]) ZfrwVk. 1905, 180. [24]) Höhn *Geburt* 262 = Wuttke 483. [25]) Seligmann *Blick* 2, 339. [26]) Meyer *Baden* 40 = John *Erzgebirge* 52 = SchwVk. 10, 4. [27]) Meyer *Baden* 39. [28]) Höhn *Geburt* 265 = Meyer *Baden* 389. [29]) Seyfarth *Sachsen* 150. [30]) Wuttke 305. [31]) ZfEthnologie 1898, 26. [32]) Mündlich aus dem Vogtland; ähnlich John *Erzgebirge* 28. [33]) SchwVk. 10, 37 = SAVk. 24, 62 = Rothenbach *Bern* 14. [34]) Hoffmann-Krayer 25 = Rochholz *Kinderlieder* 282 = Kohlrusch *Sagen* 339. [35]) Höhn *Geburt* 232 = John *Erzgebirge* 52 = Wolf *Beiträge* 1, 207. [36]) Keller *Grab des Abergl.* 5, 69. [37]) Höhn *Geburt* 262. [38]) Rothenbach *Bern* 14 = SAVk. 21 (1917), 39. [39]) SAVk. 24, 61. [40]) Hefele *Conziliengeschichte* 3, 339. [41]) Höhn *Tod* 321. [42]) Drechsler *Schlesien* 1, 290. [43]) Fogel *Pennsylvania* 133. [44]) SAVk. 25, 118; vgl. Bohnenberger 24 und Höhn *Geburt* 133.

6. Ein Kapitel für sich ist das B.orakel, d. h. diejenige zauberische Praxis, die mittels der B. die Zukunft erforschen will. Man schlägt aufs Geratewohl die B. auf und schließt aus der Stelle, auf die das Auge oder der Finger zuerst trifft, auf die Zukunft. Man heißt das im Volksmund „Däumeln". Diese Art des Losorakels aus heiligen Schriften ist uralt; begreiflicherweise, denn die heiligen Bücher eignen sich zum Wahrsagen vermöge der ihnen innewohnenden Heiligkeit und Kraft besonders. Die Chinesen wahrsagen seit Jahrtausenden aus dem uralten „Buch der Wandlungen" (Yih King) [45]), die Mohammedaner aus dem Koran [46]). Von den Griechen wissen wir, daß sie mit Homer orakelten [47]); die Römer benutzten vornehmlich die sibyllinischen Bücher und Vergil (s. d.) [48]); die alten Germanen übten in ähnlicher Weise Runenzauber [49]). Nach der Christianisierung der abendländischen Welt ersetzte die B. die mancherlei Losbücher. Das Wahrsagen mit heidnischen Zauberbüchern verwerfen die Christen [50]); denselben Unfug treiben sie aber unbedenklich mit ihrer B. und suchen diese Übung durch Vergewaltigung von B.stellen wie Luk. 4, 17 (wo es von Christus heißt „Und da er das Buch aufschlug") oder Apostelgesch. 1, 26 (wo der durch Judas' Selbstmord freigewordene 12. Platz unter den Aposteln durch das Los besetzt wird) zu rechtfertigen [51]). Schon im frühen MA. spielt das B.orakel eine hervorragende Rolle, von Geistlichen und Laien wird es gleicherweise geübt [52]). Kirchliche Autoritäten wie Augustin [53]), Hieronymus [54]), Gregor der Große [55]), wandten sich gegen diesen Aberglauben, vom 5. Jh. an wurden auf zahlreichen Synoden Verbote gegen das sortilegium erlassen [56]), Karl der Große bestimmte im Capitularium vom 23. März 789: ut nullus in psalterio vel in euangelio vel in aliis rebus sortire praesumat [57]). Alle diese obrigkeitlichen Maßnahmen waren umsonst. Der Volksglaube ließ sich nicht mit Gewalt brechen. Bei der Installation von Bischöfen und Äbten wurde feierlich das „Prognostikon" nach der B. gestellt [58]). Und selbst ein religiöser Heros wie Franz von Assisi kam zu seiner Ordensstiftung erst auf Grund eines dreifachen B.orakels [59]). Berthold von Regensburg predigt gegen

das „Däumeln“ [60]), auf der Synode von Trier 1310 werden scharfe Maßnahmen gegen die sortes sanctorum, apostolorum vel psalterii beschlossen [61]), das Tridentinum wendet sich gegen den abergläubischen Mißbrauch der heiligen Schrift [62]). Nicht minder lebendig als im katholischen Volk blieb das B.orakel beim evangelischen [63]). In pietistischen Kreisen wird es vielfach geübt, um Gottes Willen zu erforschen und die Heilsgewißheit zu erproben [64]). Die täglichen Losungen der Herrenhuter Brüdergemeinde als abgeklärte Form des B.orakels anzusehen [65]), geht zu weit. Schließlich muß nicht jede gute, christliche Sitte auf einen alten Aberglauben zurückgeführt werden. Warum können die täglichen Losungen nicht aus dem Grundsatz nulla dies sine linea entstanden sein? Sicherlich werden viele Leser die Sprüche als Vorbedeutungen betrachten, aber das ist nicht der Sinn des Losungsbüchleins.

Noch heutigen Tags ist es vielfach üblich, daß man am Neujahrsmorgen die B. aufs Geratewohl aufschlägt und den ersten besten Spruch als zielgebend für das neue Jahr betrachtet [66]). Vor allen wichtigen Entscheidungen wird „der Herr“ in der B. befragt, vor jeder Reise, jedem Geschäft [67]), besonders gern wird an kirchlichen Festtagen gedäumelt [68]). Wenn man von der Kindstaufe aus der Kirche nach Hause kommt, schlägt die Mutter die B. auf; aus dem gedäumelten Vers wird auf das Leben des Kindes geschlossen [69]). An die Entscheidungen des B.orakels glauben die Leute, und mögen sie noch so abenteuerlich sein. Schlägt man etwas vom Tode auf, so ist dies eine Todesvorbedeutung [70]). Aus Regensburg wird von einer Frau im Wochenbett berichtet, daß sie beim Däumeln etwas vom Tod aufschlug; die suggestive Kraft ihres Glaubens war so stark, daß sie bald darnach starb [71]). Um Träume zu deuten, wird mit dem Psalter gedäumelt [73]). Will man ganz präzis zu Werke gehen, so nimmt man nicht den Finger, der doch immerhin gleich mehrere Verse auf einmal zeigen kann, sondern durchsticht eine Lage Blätter mit einer Nadel. Der Vers, auf den die Nadelspitze auftrifft, ist ein zuverlässiger Künder der Zukunft [72]). Besonderer Beliebtheit erfreute sich das B.orakel im Kriege [74]).

[45]) R. Wilhelm *Y Ging* 1 [2], 234 ff. [46]) Vgl. W. Lane *An account of the manners and customs of the Modern Egyptians* Ch. 11. [47]) Soldan-Heppe 1, 98. [48]) Gerhardt *Franz. Novelle* 104. [49]) Saupe *Indiculus* 19 f. = Quitzmann *Baiwaren* 284. [50]) Vgl. Augustin *Konfessionen* 4, 3. [51]) Meyer *Aberglaube* 146; Herzog-Hauck [3] 18, 537. [52]) Vgl. Gregor v. Tours *Hist. Franc.* 4, 16; 5, 14. [53]) *Epist.* 55, 37. [54]) MSG. 25, 1180. [55]) *Epist.* 9, 204. 11, 33. [56]) Mansi *Coll. Conc.* 7, 955; 8, 332; MGLL. III 1, 9 (can. 180). [57]) MGLL. II 1, 64 (can. 20). [58]) Stemplinger *Aberglaube* 52. [59]) *Legenda secunda* des Thomas v. Celano 15. [60]) Schönbach *Berthold v. R.* 33. [61]) Hefele *Conzilien-geschichte* 6, 492. [62]) Sess. 4. [63]) Frickart *Kirchengebräuche* 160 f. [64]) A. Ritschl *Gesch. des Pietismus* 2 (1884 ff.), 160 ff.; 3, 155. [65]) v. Dobschütz in Herzog-Hauck 18, 579. [66]) Messikommer 1, 135. [67]) ZrwVk. 1914, 268 = Wuttke 242 = Stemplinger *Aberglaube* 52. [68]) Wuttke 242. [69]) Rothenbach *Bern* 14. [70]) SAVk. 2, 217. [71]) Keller *Grab des Abergl.* 5, 397. [72]) Pradel *Gebete* 70 f. [73]) Strackerjan 1, 107. [74]) MschlesVk. 1918, 60 f.

7. War bei der bisher besprochenen Form des B.orakels der Inhalt der B. und B.stellen das wesentliche, so soll im folgenden noch kurz die Rede sein von einem B.orakel, bei dem die B. als heiliger, kraftgeladener Gegenstand dazu benutzt wird, um etwas Verborgenes ans Tageslicht zu bringen. Um dies zu ermitteln, nahm man in der Wesselburener Gegend eine B., legte einen Schlüssel hinein und rief die Namen der Verdächtigen auf. Und richtig! bei einem Namen fiel der Schlüssel heraus. Das war der Dieb [75]). In einem andern Fall wird der Schlüssel auf Ps. 50, 18 („Wenn du einen Dieb siehst, so läufst du ihm nach“) gelegt, die B. zugebunden und an einer Schnur aufgehängt. Die Person, zu der der Schlüssel sich hinwendet, ist der Dieb [76]). Oder man hängt die B., in der ein Schlüssel festgebunden ist, an der Decke auf, nennt die Namen aller Hausbewohner. Wenn man den rechten sagt, dreht sich die B. [77]). In Mecklenburg fragt man die aufgehängte B.:

Arfbok, ik frag di
De Worheit sag mi:
Hat N. N. dat un dat verbraken?

Ist der Verdacht unbegründet, so hängt die B. ruhig. Hat man den Namen des Verbrechers getroffen, fällt sie zur Erde [78]). Auf ähnliche Weise sucht man in Westfalen herauszubringen, wer die Kühe verhext hat [79]). Von ausschlaggebender Wichtigkeit ist es, daß man zu diesen B.ordalen alte Erbb.n und Erbschlüssel benutzt, deren Fähigkeiten erprobt sind. Wo der Zauber mit Erbsieb und Erbschlüssel geübt wird, hat die Erbb., die nicht fehlen darf, den Sinn, dem Sieb und dem Schlüssel magische Kraft zu spenden [80]).

Weiter befragt man die Erbb., die mit einem Erbband an einem Erbschlüssel befestigt ist, wieviele Jahre man noch zu leben hat. Die Zahl der Drehungen des Buches gibt die Zahl der Jahre an [81]). Auf dieselbe Weise sucht man zu erkunden, wie lange wichtige Ereignisse noch auf sich warten lassen [82]). Mädchen befragen etwa am heiligen Abend die Erbb., die mit einem Erbband kreuzweise verschnürt am Erbschlüssel hängt, wie lange sie noch ledig bleiben müssen [83]).

[75]) Urquell 2 (1891), 126. [76]) Tylor *Cultur* 1, 128. [77]) Schell *Bergische Sagen* 210. [78]) Bartsch *Mecklenburg* 2, 341. [79]) H. Stahl *Westphälische Sagen* 1831, 127. [80]) Müllenhoff *Sagen* 200 = Wuttke 255. [81]) John *Erzgebirge* 118. [82]) Bartsch *Mecklenburg* 2, 235. [83]) John *Erzgebirge* 152. Rühle.

Bibelamulett [1]). Seit dem christlichen Altertum bis zur Gegenwart galt die Bibel, einzelne Bücher daraus oder einzelne Bibelstellen, als Schutz- und Abwehrmittel. So läßt sich z. B. der Gebrauch des 90. Psalms als B. von den frühchristlichen Papyri bis zum Weltkrieg verfolgen.

s. auch Amulett, Bibel.

[1]) Wilcken Arch. f. Pap. 1, 429 ff.; E. Nestle ZfneutWiss. 7, 96; Deißmann *Licht vom Osten* 32. 167. 297; Eitrem u. Fridrichsen *Ein christl. Amulett auf Papyrus* (Videnskapsselsk. Forhandl. 1921 Nr. 1) 16; Schäfer *Papyri Jandanae* 1 (1912); Franz *Benediktionen* 2, 57. 436; Beißel *Gesch. der Evangelienbücher* (Stimmen aus Maria-Laach Erg.-H. 92—93, 1906), 1 ff.; Pauly-Wissowa 11, 2156 f.; Helm HessBl. 10 (1911), 40 ff.; Pfister *Schwaben* 35; Philol. Wochenschr. 1925, 921 f. Pfister.

Biber (Castor fiber) [1]). 1. Der B. war in früherer Zeit, wie zahlreiche Ortsnamen, z. B. Biberach, Bibern, Bebra, Beverley (England) usw. bezeugen [2]), in Europa stark verbreitet (nur im eigentlichen Griechenland und Italien kam er nicht vor) und seines Pelzes und des B.geils (s. u.) wegen sehr geschätzt; heute ist er bei uns fast ganz ausgerottet. Megenberg [3]) berichtet von ihm, daß der B. „mag niht lang beleiben", er „hab denne den zagel oder den sterz in dem wazzer, wan der geleicht ains visches zagel"; er wurde deshalb von den alten Zoologen meist zu den Amphibien gerechnet [4]).

In der Volksmedizin alter und neuerer Zeit spielt der B. eine sehr große Rolle [5]). „Des B.s renne (d. h. Gerinsel, Coagulum, das in seinem Darme vorkommt) ist für die vallenden suht guot", erklärt Megenberg [6]). Die Galle wird in Westböhmen gegen „Herzschmerz" (d. h. Magenkrampf) verwendet [7]); die Kniescheibe schützt vor Zahnschmerzen [8]); ein Rezeptbuch des 16. bis 17. Jhs. empfiehlt: „Vor die Rothe wehe (Ruhr, Dysenterie): Nim die Leber aus einem Bieber. Zu Stich (zerstich) die woll mit einer grossen Nadell vnnd Lege die In wein, das der wein gar vber die Leber gehet vnnd Lass Eine Nacht darinnen Liegen. vf den Magen thue Sie in einem Netzlein" [9]). Eine Hs. des 16. Jhs. rät: „vor das feber. nim die schoppen (Schuppen) von einem beberschwantz, die polfer das klein, das dringke mit karlebenedigkte wasser" [10]). Das Fleisch hilft gegen Gallfieber [11]), aus den Haaren machte man Hüte, welche gegen Krankheiten schützten [12]). Wie bei uns die Maus mit ihren scharfen Zähnen im Analogiezauber des Zahnens eine große Bedeutung hat, so bei außereuropäischen Völkern der B. mit seinen Zähnen [13]).

[1]) Vgl. im allgem. Ebert *Reallex.* 2, 14 f.; Hoops *Reallex.* 1, 277 f.; Pauly-Wissowa 3, 1, 400 ff.; Schrader *Reallex.* 85. [2]) Hoops 1, 277; Fischer *Altertumsk.*

13; DWb. 1, 1806 f. [3]) *Buch d. Natur* ed. Pfeiffer 127, 9 ff.; vgl. Bräuner *Curiositäten* (1737), 633. [4]) Pauly-Wissowa 3, 1, 400; Bräuner a. a. O. 633; BlpommVk. 4, 60. [5]) Vgl. Pauly-Wissowa 3, 1, 401 f.; Höfler *Organotherapie* 114. 181 usw.; Hovorka-Kronfeld 1, 65 f. [6]) 127, 8 f. [7]) Hovorka-Kronfeld 2, 85. [8]) Jühling 10 = Marshall *Arznei-Kästlein* 28. [9]) Jühling 9 = Höfler *Organother.* 181. [10]) Jühling 9. [11]) Hovorka-Kronfeld 2, 106. [12]) Ebd. 1, 66. [13]) Ebd. 1, 66; Frazer 1, 180.

2. Eine der verbreitetsten naturgeschichtlichen Fabeln des Altertums ist die Geschichte von der Klugheit des B.s: „Wenn er verfolgt wird, beißt er sich seine Hoden selbst ab und opfert sie so seinen Verfolgern, weil er weiß, daß ihm deshalb nachgestellt wird; denn, so glaubte man, die Hodensäcke sind der Sitz des so begehrten Heilmittels, des B.geils“ [14]). Die Geschichte findet sich auch im MA. und geht bis in die neue Zeit hinein [15]). In Wirklichkeit wird das B.geil in besondern Drüsen des männlichen und weiblichen B.s, die im Unterteile der Bauchhöhle neben den Geschlechtsteilen liegen, abgesondert; es ist eine wachsähnliche Masse, von starkem Geruch und bitterem Geschmack, das in der Volksmedizin der Antike, des MAs. und auch der Neuzeit eine große Bedeutung hatte [16]); es enthält größtenteils Harz, dazu etwas ätherisches Öl, Cholesterin, Kastorin, Fette usw. Das beste B.geil kam aus Pontos, Galatien und Afrika; das spanische wurde geringer geschätzt; heute unterscheidet man russisches und englisches B.geil [17]).

„Daz pibergail ist ze vil erznei guot“, schreibt Megenberg [18]), es „macht haiz und trucken und hât die Kraft, daz ez die gaist und die fäuhtin vertreibet, die den krampf machent. ez ist auch nütz den die hend pidment von der krankheit der âdern. sô man wein wellt mit dem b.gail und sich der siech dâ mit salbt und bestreicht und das b.gail pei im helt und dar zuo oft smeckt, daz ist den siechen glidern von dem paralis guot.“ Hugo von Trimberg erklärt im Renner (V. 9933):

Vür gegihte wart nie niht sô guot
Als lützel sorgen und frôer muot,
Dar nâch bringet ein ander heil
Warm ziegel, haber und bibergeil.

Die handschriftlichen und gedruckten Arzneimittelbücher des 16.—19. Jhs. empfehlen das B.geil für mannigfache Leiden: Es wird, schon im Gargantua, zur Erleichterung der Geburt eingegeben [19]), bei Frauenleiden verschiedenster Art, auch nur als Riechmittel, verwendet [20]), es wirkt heilsam bei Impotenz [21]), „so die zung vom Schlag getroffen, lege man jm gepülfferte B.geylin under die zungen“ [22]), es hilft bei Fallsucht [23]) und Wahnsinn [24]), Magenleiden [25]), namentlich Verstopfung [26]) und „Kröten im Bauch“ [27]), bei Kolik [28]), Podagra und Ischias [29]); auch Herzgesperr und Atemnot heilte man mit B.geil [30]), ebenso Zahnweh [31]) usw. [32]). Im Osterspiel von Muri (13. Jh., Vers 43) wird es als Mittel zum Liebeszauber aufgeführt. Auch zur Abwehr der Raubbienen und zur Produktionssteigerung der Bienen ist B.geil ausgezeichnet [33]).

[14]) Pauly-Wissowa 3, 1, 400 f.; Plinius *Nat.Hist.* 32, 12; 8, 47; Höfler *Organother.* 114. [15]) Isidor *Etymol.* 12, 2: castores, quum praesenserint venatorem, ipsi se castrant; Megenberg ed. Pfeiffer 127; Physiologus in Hoffmann *Fundgruben* 1 (1830), 31; lat. Text: *Münchener Texte* ed. Fr. Wilhelm 8 (München 1916), 33 f.; Hugo v. Trimberg *Renner* V. 19 529 ff.; Konrad v. Würzburg MSD. 2, 335; Fridanks *Bescheidenheit* 139, 5 f.; Carus *Zoologie* 124; BlpommVk. 4, 60; Agrippa v. Nettesheim 1, 255; Schatzkammer der Kauffmannschaft 1 (1741), 507: (Es gibt zweierlei B.geil): „eines kommt von dem B. selbst, das andere aus denen sogenannten B.Geilen. Beyde werden ausgeschmolzen und äußerlich wider Nerven-Krankheiten, Glieder-Reissen und Schmerzen, wider Mutter-Weh, fallende Sucht, Schlag, Krampff, etc. gebrauchet; wiewohl das letztere durchdringender, aber auch viel theurer ist.“ [16]) Bräuner *Curiositäten* (1737), 633 f.; Hovorka-Kronfeld 1, 65 f. [17]) Pauly-Wissowa 3, 1, 400; Hovorka-Kronfeld 1, 66. [18]) Ed. Pfeiffer 127. [19]) Fischart *Gargantua* (ed. Alsleben) 156; Jühling 9 (16./17. Jh.); Fossel *Volksmedizin* 88. [20]) Jühling 6. 7. 9; Fossel 55; Hovorka-Kronfeld 1, 164. [21]) Jühling 5. 9 f.; Kräutermann 164; Höhn *Volksheilkunde* 1, 120. [22]) Jühling 5; Fossel 90; Schmidt *Mieser Kräuterbuch* 37 Nr. 13; Hovorka-Kronfeld 2, 247. [23]) Jühling 5. 8. [24]) Urquell 3 (1892), 4. [25]) Jühling 8. 9. [26]) Ebd. 6. (Gesner). [27]) Alemannia 26, 264. [28]) Jüh-

ling 9; Köhler *Voigtland* 353. [29]) Jühling 8. [30]) Ebd. 6. [31]) Ebd. 5. [32]) Ebd. 5. 7. 8. [33]) Urquell 5 (1894), 22 Nr. 11. 12.

Bächtold-Stäubli.

Bibernelle (Pimpinella saxifraga).

1. Botanisches. Doldengewächs mit einfach gefiederten Blättern, deren Fiederblättchen eiförmig und am Rande gezähnt sind. Dolden und Döldchen entbehren der Hüllblätter. Die Blüten sind weiß. Nah verwandt mit der kleinen B. und vom Volk meist nicht weiter unterschieden, ist die große B. (P. magna) mit kantig gefurchtem, oben unbeblättertem Stengel. Beide Arten sind auf trockenen Wiesen, an Rainen und lichten Waldstellen meist nicht selten [1]). Als welsche, schwarze oder Gartenb. wird auch ab und zu der ähnliche Blätter besitzende Wiesenknopf (Sanguisorba officinalis) bezeichnet, der jedoch als Rosengewächs mit der obengenannten B. nicht verwandt ist. Bei den antiken Schriftstellern wird die B. nicht erwähnt [2]). Der Name „pipinella" wird anscheinend zum erstenmal von dem Arzt Benedictus rispus (7. Jh. n. Chr.) erwähnt.

[1]) Marzell *Kräuterbuch* 245 f. [2]) Ders. *Heilpflanzen* 104.

2. Im späten MA. erscheint die B. häufig als Pestpflanze [3]). Ungewöhnlich häufig (besonders im südlichen und östlichen Deutschland) sind Volkssagen, in denen die B., oft zusammen mit anderen Pflanzen wie der Blutwurz („Armetill"), dem Baldrian, dem Wacholder („Kranewitt"), der Eberwurz, der Strenze, bei einer Pestepidemie von einer geheimnisvollen Stimme (einem Vogel, einem Zwerg) als Heilmittel empfohlen wird. Über die B. in der Pestsage haben Treichel [4]), E. Lemke [5]), Hoffmann-Krayer [6]) und in letzter Zeit besonders Marzell [7]) gehandelt. Der Spruch des rettenden Vogels, Zwerges usw. lautet z. B. im Prättigau (Graubünden) [8]):

„Esset Eberwurz und Bibernell,
Damit ihr sterbet nit so schnell!"

in Owen (Schwaben) [9]):

„Bibernell, ist gut für äll".

Im Riesengebirge verrät Rübezahl das Pestmittel mit den Worten [10]):

„Kocht Bibernell und Baldrian
Wird die Pest ein Ende han!"

und in Tempelburg (Kr. Neustettin) ruft die geheimnisvolle Stimme [11]):

„Brûkt Bibernell, brûkt Bibernell,
Dat ji nich stärft so schnell!"

Ähnliche Sagen sind auch im Slavischen bekannt [12]).

[3]) z. B. Brunfels *Kreuterbuch* 1532, 244; Fuchs *New Kreuterbuch* 1543 cap. 232. [4]) *Armetill, Bibernell und andere Pestpflanzen. Eine ethnologisch-botanische Skizze.* 1887. [5]) Brandenburgia 18 (1909), 33 ff. = *Asphodelos* 1 (1914), 65—75. [6]) SchwVk. 1, 19 f. [7]) *Heilpflanzen* 104 ff.; *Bayr. Volksbotanik* 183—187; ZfVk. 35/36, 164—174, an letztgenannter Stelle mit reichlichen Literaturangaben. [8]) Ulrich *Volksbotanik* 30. [9]) Meier *Schwaben* 248. [10]) ZfVk. 11, 141. [11]) Jahn *Pommern* 1886, 38. [12]) Grohmann 14; Krauß *Slav. Volkforschung* 95.

3. Im Busen getragen, gilt die B. als Mittel, die Milch zu vermehren [13]). Die B. soll die Schwangerschaft verhüten, wenn eine Frau sie bei sich trägt [14]). Die Wurzel, einem Mädchen in die Tasche getan, ohne daß es davon weiß, bewirkt, daß es der betreffenden Person nachlaufen muß (vgl. Knabenkraut) [15]). Hier erscheint die B. offenbar wegen des bocksartigen Geruches ihrer Wurzel (der Bock als geiles Tier!) als Aphrodisiacum.

[13]) Stettin: Urquell 6, 172; Ungarn: Temesvary *Geburtshilfe* 108. [14]) Manz *Sargans* 85. [15]) Wartmann *St. Gallen* 56.

4. Das „Pimpinellengraben", wie es früher am Himmelfahrtstag in der Mark stattfand [16]), weist vielleicht darauf hin, daß die B. eine alte Zauberpflanze ist und in Fruchtbarkeitskulten Verwendung fand (vgl. oben ihre Anwendung als Aphrodisiacum, ferner den ebenfalls am Himmelfahrtstag gegrabenen Aronstab, s. d.). Ein aus Oderberg in der Uckermark stammender Alraun (s. d.) war aus der B.wurzel gefertigt, die man zu bestimmter Zeit feierlich auszugraben pflegte [17]). Die Pflanze „bibenella" (ob hier allerdings unser Doldenblütler gemeint ist?) erwähnt die hl. Hildegard [18]) als zauberwidriges Mittel. Als solches gilt die B. auch in England [19]).

[16]) Kuhn *Märk. Sagen* 328 ff. [17]) ZfVk. 19, 127. [18]) *Physica* 1, 131. [19]) Northall *Folk-Rhymes* 1892, 143 = MschlesVk. 16, 34. Marzell.

Bibi[1]) (von 'bibelot'?), eine kleine Figur mit fratzenhaftem Gesicht, die im Kriege Glück bringen soll und während des Weltkrieges viel verkauft wurde.

[1]) Vgl. Kronfeld *Krieg* 75.
Bächtold-Stäubli.

Bibiabinka, Babiabinka, ein Eigenname in Kinderliedern, den Mannhardt, Mythol. Forschungen 464 ff. 656. 663 ff., aus mhd. *babe*, avus, avia, mater[1]) herleitet und dem er den Sinn von *parca* gibt. s. a. Baba.

[1]) DWB. 1, 1057. Bächtold-Stäubli.

biblische Worte im Zauber. Wie man im Altertum Verse aus Homer und Virgil als Amulette und sonst zu magischem Gebrauch benutzte[1]), was auch noch im MA.[2]) und darüber hinaus in neuerer Zeit[3]) üblich war, so hat man auch schon frühzeitig Sprüche und Verse der Bibel in gleicher Weise verwendet. Chrysostomus[4]), Isidor von Pelusium[5]), das Opus imperf. in Matth.[6]) sprechen von kleinen Evangelienzetteln (δέλτια εὐαγγέλια), die man als Schutz trug, Gregor der Große[7]) von einer „lectio sancti evangelii theca persica inclusa". Besonders gern gebrauchte man das Johannesevangelium (s. d.) und die Psalmen (s. d.), die noch heute im Zauber eine große Rolle spielen. Gegen Nasenbluten, Wetterschaden usw. diente Joh. 19, 30: consummatum est[8]); gegen Verrenkung usw. Joh. 19, 36, vgl. Lev. 12, 46, Num. 9, 12: os non comminuetis ex eo[9]). Der Todesschrei Jesu Mt. 27, 46, Mc. 15, 34: Eli, Eli, lamma sabacthani (auch in der griech. Form) begegnet schon in einem koptischen Zaubertext[10]), in einem griech. Wettersegen[11]), dann in lateinischen Exorzismen und Wettersegen[12]), Luk. 1, 79: illuminare his qui etc. in einem Geburtssegen[13]), Luk. 4, 30: Jesus autem transiens etc. als Schutz gegen Feinde in Waffensegen, Geburtssegen usw.[14]). Act. 9, 4: Saule, Saule, quid me persequeris? fand Verwendung gegen Feuerwaffen[15]), Jerem. 10, 2: a signis coeli quae timent gentes etc. gegen Pest und Waffen[16]), Mk. 5, 6—9 gegen Bezauberung des Viehs[17]). Die Beispiele zeigen die weite Verbreitung des Gebrauchs von Bibelworten im Zauber[18]).

[1]) Heim *Incantamenta* 514 ff.; Stemplinger *Aberglaube* 82. [2]) Franz *Benediktionen* 2, 201. 203. [3]) Thiers 1, 362. 363. 378. 406. [4]) Ad pop. Antioch. hom. 19 Migne *P. Gr.* 49, 195; in Matth. hom. 72 Migne *P. Gr.* 58, 669. [5]) Epist. l. 2, 150 Migne *P. Gr.* 78, 604; Opp. Chrysostomi ed. Montfaucon 6 (Paris 1724), 184 des Anhangs. [7]) Ep. 14, 12 Migne *P. lat.* 77, 1316. [8]) Cardanus *De varietate rerum* (Basel 1581), 1042; Ludolphus de Saxonia *Vita Jesu Christi* (Antwerpen 1618), p. 2. c. 63, 127 S. 658; Thiers 1, 361. 377. 413; Delrio *Disquisitiones magicae* (Köln 1679), 492; SAVk. 15 (1911), 179; Seyfarth *Sachsen* 152; John *Westböhmen* 274; Köhler *Voigtland* 409; Germania 24, 73; Bartsch *Mecklenburg* 2, 376; Ons Hémecht Festschrift 18; Ohrt *Trylleformler* 2, 26 Nr. 1128; Hauck *RE.* 1, 475. [9]) Thiers 1, 356. 365; Seyfarth *Sachsen* 174; Wier *De praestigiis daemonum* (Basel 1583), l. 5 c. 4, S. 511; Kiesewetter *Die Geheimwissenschaften* 653; Revue archéologique 1 (1892), 56. [10]) Gnost. Traktat von Turin fol. 9 (Rossi *Cinque manoscritti*, in: Mem. Accad. Tor. ser. 2 vol. 43). [11]) E. Legrand *Bibliothèque grecque vulgaire* 2 (1881), 20 ff. (zu Ps. 102 u. 103). [12]) Franz *Benediktionen* 1, 431; 2, 77. 80; Aufruf 16. [13]) Franz a. a. O. 2, 200. [14]) Wakkernagel *Altdeutsche Predigten* 611; v. d. Hardt *Historia litteraria reformationis* 3 (in einer Synodalrede des 15. Jhs.); Franz a. a. O. 2, 431; Thiers 1, 365. 411; Kiesewetter *Faust* 449; Ders. *Die Geheimwissenschaften* 653; Ohrt *Trylleformler* 2, 70 Nr. 1263; The Reliquary 1893, 201; Württ. Vjh. 13 (1890), 252 Nr. 382. 247 (im Colomansegen). [15]) Thiers 1, 365. [16]) Ders. 1, 355. 378. [17]) Württ. Vjh. 13, 231 Nr. 336. [18]) Vgl. noch Hauck *RE.* 1, 469. 475; Franz *Benediktionen* 1, 469; 2, 90; Kronfeld *Krieg* 95; Franz *Nicolaus von Jawor* 159. 186; Gerhardt *Franz. Novelle* 123; Ganzlin *Sächs. Zauberformeln* 19 Nr. 28; Bischoff *Kabbalah* 2, 191 f.; Seligmann *Blick* 2, 340; Wuttke 72; Meyer *Aberglaube* 103; Lammert 193. 272; Zahler *Simmenthal* 109.
Jacoby.

Biene. 1. B.zucht. In deutschen und überhaupt in germanischen Landen ist die B.nzucht sehr alt. Bestimmte Nachweise reichen bis ins 4. Jh. v. Chr. zurück (Pythias von Massilia), wie auch die Namen ‚B.', ‚Imme', ‚Drohne', ‚B.nmutter', ‚Weisel', ‚Wabe', ‚Huve' echt germanischen Ursprungs sind. Honig, Met und Wachs fanden schon früh Verwendung.

Müllenhoff *Zur Gesch. d. B.nzucht in Deutschland:* ZfVk. 10, 18 ff. (mit Notizen über B.nzucht aus germ. Rechtsquellen; vgl. Müllenhoff *Altert.* 1, 396. 398); A. Gmelin *Die B. von d. Urzeit bis z. Neuzeit,* in: Witzgall *Das Buch von d. B.* Stuttg. 1899 (dazu vgl. AfKultg. 7, 142); Beßler *Gesch. d. B.nzucht.* Ludwigsburg 1886; Heyne *Das deutsche Nahrungswesen.* Leipzig 1901, 214 ff.; Hoops *Reallex.* 1, 277. — Altertum: Pauly-Wissowa 3, 450 ff. — Mittelalter: Thomas Cantimpratensis (13. Jh.) *Liber qui dicitur bonum universale de proprietatibus apium;* Albertus Magnus *De Anim.* (ed. Stadler) Index; ausführlich, aber fast ganz auf antiker Literatur beruhend: Vincentius Bellovacensis *Speculum Naturale* cap. 77—96; Megenberg *Buch d. Natur* (ed. Pfeiffer) 287 ff. Vgl. auch die Literatur am Schluß.

2. Naturgeschichtlicher Aberglaube. a) Entstehung der B. Von der antiken Vorstellung, daß sich die B. aus dem Aas (s. d.) von Rindern bilde [1]), finden sich auch auf deutschem Boden vereinzelte Spuren. Megenberg, Buch der Natur (Pfeiffer) 292: „Ez werdent peinen (B.) aus frischen waltrinder päuchen, die man aurochsen haizt .. aber man muoz die päuch mit mist bedecken, so komment die peinen da von." Ohne Angabe der Quelle Aegidius Albertinus in der ‚Welt Tummel- und Schauplatz' (München 1612) S. 372: ‚man sagt, daß die Impen auß den todten Leibern der Ochssen wachsen / Deswegen pflegt man die Kälber zuschlachten vnd jhr Fleisch vnnd Blut verfaulen zu lassen, auff dass Würm darin wachsen / welche hernacher Flügel vberkommen vnd Impen werden.' Und das Zauberbuch eines Heinrich v. Gerstenbergk enthält die Notiz: „In vielen Gegenden Deutschlands herrscht unter den Landleuten der Glaube, daß, wenn man ein Stück Aas von einem Rindvieh in wohlriechendes Gras, Blumen oder Heu legt, B.n daraus entstünden" [2]).

Die Parthenogenesis der B.n [3]) spricht Fr. Spee in seiner „Trutz Nachtigal" aus:

Sie häuffig sich vermehren,
Doch keusch, ohn heyrath sein;
Ohn lieb sie sich beschwären
Mit süssen Kinderlein.

b) Gestorbene B.n können noch stechen (Pom.) [4]).

c) Die Ansicht, der Weisel sei ein Männchen („König", „Kaiser") herrschte bei den Naturforschern seit Aristoteles bis in die zweite Hälfte des 17. Jhs. [5]). In Unterprechtal (Baden) heißt die Königin „der Meister" [6]). Anderseits schon ags. *beomôdor* „B.nmutter"; mlat. *mater apis;* tschech. *matka* [7]).

d) Nach alter Volksanschauung ist die B. ein Vogel [8]).

e) Von den Drohnen glaubte man, daß sie die B.n ausbrüten (holl. *broetbyen*) [9]).

f) Gut mit Haaren bewachsene B.n haben gute Art [10]).

[1]) Pauly-Wissowa 3, 434. 447; Grimm *Myth.* 2, 579; 3, 202; Globus 39, 221; ZfVk. 10, 19. B.n entstehen aus dem Blut geopferter Stiere oder hausen im Haupt des Onesilos, Küster *Schlange* 63 A. 2 (zit. Weicker *Seelenvogel* 29); ausführlich in einem Vieharzneibuch von 1535 („ausz Varrone, Plinio, Vergilio, Palladio"): Alemannia 3, 73 f. Vgl. die B.n im Aas des von Simson getöteten Löwen: Richter 14, 8. [2]) Schramek *Böhmerw.* 262. [3]) Pauly-Wissowa 3, 334; Franz *Bened.* 2, 135 A. 2 (zit. Ambrosius und Rufinus; vgl. auch Isidorus *Etym.* [Migne *P.L.* 82, 470]); Grimm *Myth.* 3, 202: „wird âne hîleichiu dinc geborn"; Albertus M. *Anim.* 17, 51 ff.; Megenberg (ed. Pfeiffer) 288; vgl. noch Gihr *Meßopfer* 263. [4]) BlPomVk. 9, 174. [5]) Noch Andr. Picus *Von den B.n* (Erfurt 1677), lt. Carus *Zool.* 460. — Vgl. ferner Grimm *Myth.* 2, 580; 3, 203; Pauly-Wissowa 3, 433; ZfVk. 10, 20. In Ägypten wurde das Bild der B. als Hieroglyphe für den König gebraucht: Pauly-Wissowa 3, 447. [6]) Meyer *Baden* 415. [7]) Grimm *Myth.* 2, 580; 3, 203; SAVk. 16, 20. [8]) Sartori 2, 132; vgl. Jes. Sirach 11, 3. [9]) Cock *Volkgeloof* 1, 145. [10]) BlpomVk. 2, 42.

3. Kult und Ehrung. Die Organisation, die lange Zeit rätselhafte Sexualität (s. o. Anm. 3) und der nutzbringende Fleiß der B.n haben naturgemäß zu dem Glauben geführt, daß sie mit höheren, übernatürlichen Eigenschaften begabt seien. Sie können reden (Westf.) [11]), in der Christnacht zwischen 11 und 12 Uhr wachen die B.n auf und kriechen trotz der Kälte aus dem Stock [12]), oder sie singen (Meckl.) [13]) oder summen zum Preise des Erlösers ein Lied (Schles.) [14]). Auch vermögen die B.n zu unterscheiden zwischen guten und

bösen Menschen: Leichtsinnige Weiber (s. u. A. 22—27) und Trinker werden von ihnen gern gestochen, während gute Menschen verschont bleiben (verbr.) [15]; geschminkte Mädchen und Dirnen sind ihnen zuwider [16]. Fluchen und Streiten ist in ihrer Nähe zu vermeiden (Baden, Schwaben, Schweiz) [17]. Fluchende werden gestochen oder haben als Züchter kein Glück (ObPf., Württ., Schwz.) [18], und von einer unfriedlichen Familie ziehen die B.n weg (Bad., Schwb., Pom., Erzgeb.) [19]. Entsteht wegen der B.n Streit, so fallen sie ab (Bad., Pom., Schwz.) [20]. Da man im MA. (wie im Altertum) an eine geschlechtslose Erzeugung der B.n glaubte (s. o. A. 3), was dann weiterhin die B. zum Symbol für die jungfräuliche Geburt des Erlösers machte (s. u. Nr. 9) [21], gilt die B. als besondere Beschützerin der Keuschheit. Keusche Jungfrauen (Meckl.) [22] und Jünglinge werden nicht gestochen (Pos., Bö.) [22], Unzüchtige (s. o. 5) dagegen gehaßt (Schwb.) [24]. Beim Einfangen der B.n muß ein Keusches anwesend sein (Bay.) [25]; Mädchen geben wohl auch ihren Geliebten eine Tugendprobe, indem sie sich zu einem Bienenschwarm stellen (Pos.) [26]. Alles Unreine ist den B.n zuwider [27]. Kommt eine Menstruierende in ihre Nähe, so sterben sie (Schles., Öst.) [28] (ihr Pfleger ist daher stets ein Mann, mit dem ehrenden Namen „Bienenvater“). Überhaupt sind sie gegen üble oder starke Gerüche (Schweiß, Knoblauch u. ä.) sehr empfindlich [29].

B.n sind prophetisch. Dem Herzog Leopold von Österreich verkündeten sie 1386 die Niederlage bei Sempach: „do kam ein imb (Schwarm) geflogen ... ans hertzogen waffen ... das dütet frömbde geste, so redt der gmeine man“ [30]; auch wenn sich die B.n verfolgen und totbeißen, bedeutet das Krieg (Schwz.) [31]. Vor dem Bergsturz von Plurs (Graubünden) flogen alle B.n weg [32]. Seuchen oder Unglück gibt es, wenn die B.n in großer Zahl sterben (ObPf., Schwz.) [33], wenn sie hoch fliegen (Ob.-Öst.) [34] oder sich an einen ungewöhnlichen Ort setzen (Voigtl.) [35]. „So ein mann, auff dem seinen einen binenschwarm findt, in einem baum, so ist es ein böß zeichen, es sey dann, daß er sie behandgabe mit einem stück geldts. wo einer anderst die binen neme, dem würden sie nimmermehr gut thun“ [36]. Anderseits bedeutet das Ansetzen eines fremden Schwarms Glück [37]. S. auch unten Nr. 4, A. 159 ff. Nach einer vereinzelten Angabe ist auch der ein Glückskind, an den im Schlafe eine B. fliegt [38]. Hängt sich ein Schwarm an einen Gartenbaum, besonders an einen dürren Ast, so bedeutet es Tod im Hause [39]; fliegt ein Schwarm fort und kommt in 3 Tagen nicht wieder, so deutet das auf den Tod der Kinder des Hauses (Schwz.) [40]. Den Tod des Imkers zeigen die B.n an, wenn sie unruhig werden und stark summen [41]. Wenn die B.n verderben (Tir.) [42] oder wenn man von schwärmenden B.n träumt, stirbt jemand aus der Familie [43], oder es gibt sonst ein Unglück in ihr [44]. Die B.n merken den Tod des B.nvaters, kommen vors Fenster geflogen und nehmen mit jammernden Tönen Abschied (Schwz.) [45]. „Vorfälle“ im Haus des Meisters sind zu erwarten, wenn die Waben in der Mitte verbunden sind [46]. Feuersbrunst bedeutet es, wenn ein Schwarm sich an ein Haus hängt (Schl., Tir.) [47] oder wenn man von B.n träumt (Pos., Sieb.) [48]. Starke Brut zeigt ein fruchtbares Jahr an (Schwz.) [49]; ebenso, wenn die B.n summen [50]. „Ein B.n-schwarm im Mai / Ist wert ein Fuder Heu; / Doch am Johannestag / Ich keinen geschenkt mehr mag“ (Inntal) [51]; ähnlich im OA. Ellwangen [52], in Pommern (ohne Johannis) [53], im Odenwald [54]. Besonders glückbringend sind Himmelfahrtschwärme (OA. Weinsberg) [55]. Einen strengen Winter gibt es, wenn die B.n ihren Korb dicht verschließen und umgekehrt (Schl., Fland.) [56]. Wenn die B.nvölker den Winter über keine Nahrung haben, so daß sie mit Honig gefüttert werden müssen, so wird es auch den Menschen im nächsten Jahre unglücklich gehen [57]. Alle 7 Jahre gibt es ein gutes Honigjahr, wenn die B.n am Klee saugen, was nur alle 7 Jahre geschehen darf [58]). ‚Stehen die B.n spät auf', so bleibt das Wetter, ‚spannen sie vor' (beeilen sie sich), so ändert es, ‚stürmen sie lang', so gibt es rauhes Wetter (Schwz.) [59]), 'machen die B.n arges Gesumm, gar bald schlägt dann das Wetter um' (Pos.) [60]). Fliegen die B.n morgens hastig aus und kehren schnell wieder, so wetterts bald; sind sie zornmütig und gereizt, so wird es heiß und bleibt einige Tage so [61]). Wenn ein Schwarm sich nicht niederläßt, sondern zum Muttervolk zurückkehrt, steht heißes, trockenes Wetter in Aussicht [62]). Der Beginn der Drohnenschaft wird als das Vorzeichen ungünstiger Witterung betrachtet [63]). Wenn die B.n ihre Drohnen bald töten, rechnet man auf einen schlechten Nachsommer und umgekehrt [64]). Ein Gewitter befürchtet man, wenn die schwärmenden B.n gemeinschaftlich in den Stock zurückkehren und nicht, wie meist, eine natürliche Wasserstelle aufsuchen, sondern von dem bereitgestellten Wasser saugen. Als Anzeichen eines Wetterwechsels oder nahen Sturmwindes betrachtet man das Bemühen der im Kasten befindlichen B.n, diesen an Rißstellen, statt durch das Flugloch, zu verlassen [65]). Wenn die B.n leer zum Bau zurückkehren, so ist Gewittersturm im Anzuge [66]). Manche Parallelen bietet die Antike [67]).

Vereinzelt ist die Voraussage der Kinderzahl: Eine Bauernmagd half einst einer B. auf die Beine. Als die Magd später heiratete, summte ihr eine B. bei der Vorsegnung vor der Kirche ins Ohr: „Sieb'n, sieb'n". Die Bäuerin bekam 7 Kinder [68]). Zu der Prophezeiung der Dichtergabe s. u. Nr. 8 A. 245 ff.

Die übertierisch scheinenden Eigenschaften machen aus der B. ein höheres, ja geradezu heiliges Wesen [69]) (vgl. u. Nr. 4, A. 123 f. und Nr. 7). Hiefür kommt besonders in Betracht, daß sie der Kirche das Wachs für die geweihten Kerzen liefert [70]). Man glaubt sogar, daß sie an Fronleichnam eine Monstranz, an Johannis einen Kelch aus Wachs baue [71]); dazu vgl. unter Nr. 8 die Sage von dem Wachstempel um die Hostie.

Die B.n heißen Herrgotts- oder Marienvögel [72]) und werden mit Ehrfurcht behandelt [73]). Man darf nicht nach ihnen schlagen [74]), oder sie gar töten [75]). Wie von Menschen, sagt man von der B.: sie 'stirbt', 'ißt', 'trinkt' (verbr.) [76]); Leute, die gröbere Ausdrücke brauchen, werden von den B.n gestochen oder haben kein Glück [77]). Vor B.n wird das Haupt entblößt (Schwz.) [78]), die Christnacht wird ihnen angezeigt (Schles.) [79]), ebenso das Neujahr durch Schießen (Odenw.) [80]); an Lichtmeß, wo ja die Wachsweihe gefeiert wird, klopft man an die Körbe mit dem Spruch: „Bineli freued-ich (euch), Lichtmess ist do" (Bad.) [81]), und im preuß. Kreise Braunsberg sagt man den B.n sogar alle Feiertage an [82]). Der Tod [83]) des B.nvaters [84]) oder anderer Familienglieder [85]) wird den B.n gemeldet. Gewöhnlich geschieht diese Meldung durch (meist dreimaliges) Klopfen [86]) an den B.nstöcken und Sprechen eines Spruches (Prosa oder Vers) [87]), die Stöcke werden auch angerührt [88]), von der Stelle gerückt oder geschüttelt [89]), „gelüpft" [90]); in Posen wird 3mal in das Flugloch geblasen [91]). Geschieht die Ansage nicht, so sterben die B.n [92]), leiden Schaden [93]), ziehen weg [94]), oder es stellt sich ein Unglück ein [95]), oder es gibt „Meisterb.n" [96]). Seltener werden die Stöcke zum Zeichen der Trauer mit einem schwarzen Läppchen oder Flor versehen [97]). In einem Fall war die Folge der Unterlassung die Geburt eines taubstummen Kindes [98]). Zuweilen geschieht das Klopfen, Rücken, Lüpfen der Stöcke auch, wenn die Leiche das Haus verläßt, über die Dachtraufe hinaus kommt [99]). Im Tirol heißt es: Wenn eine Leiche bei einem Hause vorübergetragen wird, muß man die B.nstöcke umkehren, sonst werden sie „malefiziert" [100]). Ebenda werden die B.n zur Seelenmesse eingeladen [101]). Wenn der Hausvater gestorben ist, muß sich der neue Hausherr den B.n vorstellen [102]).

Hier sei auch die Gewohnheit und der Glaube einer Witwe in Neckargartach (Heilbronn) angeführt, welche, so oft sie in ihren B.nstand geht, sagt: „Der Heinrich (Name ihres verstorbenen Mannes) ist bei mir", dann tun ihr, wie sie glaubt, die B.n nichts, vergesse sie es aber zu sprechen, so werde sie unfehlbar gestochen [103]).

In Forstweiler (Ellwangen) werden die B.n nach Eintritt des Todes aus dem Haus geschafft, weil sie sonst keinen Honig mehr geben oder gar zugrunde gehen; auch in Fachsenfeld (Aalen) werden sie an einen andern Ort gebracht, und nur, wenn dies nicht möglich ist, sollen sie gelüpft werden [104]).

Die Pennsylvania-Deutschen glauben, daß, wenn einer nicht sterben könne, man zur Erleichterung des Todes die B.nstöcke rücken solle [105]). In der Schweiz: Nachdem der Hausvater den B.n seinen nahen Tod angezeigt, verlassen die B.n ihre Stöcke [106]) B.n, deren Herr gestorben, soll man nicht kaufen, denn sie sterben ihrem Herrn nach (ObPf., Pos.) [107]). Brautleute werden den B.n mit einem Spruche vorgestellt (Westf.) [108]); auch von einer Hochzeit erhalten sie Kunde [109]) und die B.nstöcke werden mit einem roten Tuche geschmückt (Bay., Bö.) [110]). Die junge Frau stellt sich den B.n vor [111]). Überhaupt werden ihnen Familienereignisse (auch Geburten) gemeldet [112]). B.n, die man sich schenken läßt, gedeihen nicht; denn das ist eine Mißachtung [113]), anderwärts sollen im Gegenteil B.n nicht gekauft (s. o. Anm. 107) oder verkauft werden; geschenkte oder geerbte B.n gedeihen am besten [114]); namentlich aber hat man Unglück mit B.n, deren Besitzer innert Jahresfrist gestorben ist [115]). Jedenfalls darf beim Kauf nicht betrogen oder gefeilscht werden (verbr.) [116]). Bei geizigen Menschen gehen die B.n ein [117]), und wer B.n stiehlt, hat Unglück, wird durch Krankheit bestraft, kann nicht ruhig sterben oder muß gar nach dem Tode umgehen (Westf., Pom.) [118]). Wenn ein B.nkorb gestohlen ist, und man hat noch etwas von dem Werg aus dem Korbe, so legt man dieses mit etwas Quecksilber in ein Glas oder in einen hohlen Knochen, pfropft das Behältnis fest zu und wirft es in ein fließendes Wasser. Dann wird der Dieb fortan von Angst und Unruhe gequält. Um das Mittel mit Sicherheit anwenden zu können, nehmen B.nhalter aus jedem Korb etwas Werg und stellen es in einer Reihe auf, damit, wenn ein Korb gestohlen wird, das Werg gleich zur Hand ist [119]). Die Pennsylvania-Deutschen sagen umgekehrt, man solle B.n stehlen, damit die eigenen gedeihen (s. a. Nr. 4 Anm. 52) [120]). Im bad. Bauland gedeiht ein gefundener Schwarm (doch s. Nr. 4 Anm. 152) nicht, wenn man ihn nicht dem rechtmäßigen Besitzer zurückgibt [121]). Während man einen bevölkerten B.nstock über die Straße trägt, soll man sich weder umsehen, noch ein Wort sprechen, noch einen Gruß erwidern, sonst fliegen die B.n fort [122]).

[11]) Kuhn *Westf.* 2, 65. [12]) Fogel *Pennsylv.* 216. [13]) Wossidlo *Meckl.* 2 Nr. 1062. [14]) Drechsler 2, 86; vgl. Gregor *Folk-Lore of the N.-E. of Scotland* 1881, 147; Henderson *Folk-Lore* (1879) 311. [15]) ZfVk. 10, 18; Meiche *Sagen* 567; vgl. Sébillot 3, 318. [16]) Hovorka-Kronfeld 1, 67. [17]) Meyer *Baden* 414; Urquell 6, 20; Kirchhofer *Wahrheit und Dichtung* (Zürich 1824) 359; SchweizId. 1, 235; SAVk. 2, 223; vgl. Ons Volksleven 11, 32; Sébillot 3, 317 f. [18]) Schönwerth *Oberpf.* 1, 354; Lütolf *Sagen* 358; SAVk. 2, 223; 16, 20; Eberhardt *Landw.* Nr. 3, 21; Germania 36, 385; vgl. Sébillot 3, 318. [19]) Meyer *Baden* 414; Urquell 6, 20; Eberhardt l. c.; Meier *Schwaben* 1, 223; SAVk. 25, 216; Knoop *Hinterpom.* 175; BlPomVk. 2, 42; John *Erzgeb.* 121; streitsüchtige Klosterbrüder: Meyer *Abergl.* 154; vgl. Henderson a. a. O. 309; Leather *Folkl. of Herefordshire* (1912) 28. [20]) Schmitt *Hettingen* 15; BlPomVk. 6, 74; SchweizId. 4, 909. [21]) Pauly-Wissowa 3, 434; Franz *Bened.* 2, 135. [22]) Wossidlo *Meckl.* 3 Nr. 1188. [23]) Wuttke § 284. [24]) Birlinger *Vt.* 1, 127; Germania 36, 385; schon bei Aelian 5, 11; vgl. Gregor *N.-E. Scotland* 147; Sébillot 3, 318; Fehrle *Keuschheit* 56 ff. 101. 156. 209. [25]) Panzer *Beitr.* 2, 173. [26]) Urquell 6, 20. [27]) Alemannia 39, 45; vgl. Sébillot 3, 320. [28]) Drechsler 2, 86. [29]) Schon im Altertum: Pauly-Wissowa 3, 453. — Ferner: Meyer *Abergl.* 154; Hovorka-Kronfeld 1, 67; ZföVk. 4, 216; [30]) Liliencron *Hist. Volksl.* 1, 125; vgl. Grimm *Myth.* 2, 951 (Plin. 11, 18; Cassius Dio 54, 33; Julius Obsequens *de prodig.* 1, 132); vgl. weiter: Kronfeld *Krieg* 193. 195; Stemplin-

ger *Abergl.* 32; Hopf *Tierorakel* 205 f. Auch allg. auf das Herannahen von Fremden deutend: Vergil *Aen.* 7, 64 f.; σειρήν (Wildbiene) μὴν φίλον ἀγγέλλει, ξεῖνον δὲ μέλισσα. Photios s. v. σειρήν. [31]) Lütolf *Sagen* 358; Jos. Ineichen Luzern, hs. [32]) Rochholz *Naturmythen* 84 (nach B. Anhorn *Zornzeichen Gottes* a. 1665). [33]) Schönwerth 1, 355; Lütolf *Sagen* 358. [34]) Baumgarten *Aus d. Heimat* 1, 109. [35]) Köhler *Voigtl.* 587; ZfVk. 9, 337 (Engl.). Schon in der Antike bedeutet es Unheil, wenn sich ein Schwarm irgendwo, aber besonders an einem Altar, anhängte, Hopf *Tierorakel* 205. [36]) ZfdMyth. 3, 311. [37]) Meyer *Baden* 415; Fogel *Pennsylv.* 102. 217; ZfVk. 9, 337. Vgl. Sébillot *Folk-Lore* 3, 308. [38]) Stemplinger *Abergl.* 50. [39]) SchwVk. 5, 1; Meiche *Sagen* 11. [40]) Rochholz *Glaube* 1, 148; vgl. Livius 21, 46; Tacitus *Ann.* 12, 64; Henderson *Folk-Lore* 309. [41]) Höhn *Tod* 308. [42]) Zingerle *Tirol* 45; Höhn *Tod* 308; Lammert 100; SAVk. 25, 283. [43]) Knoop *Tierkult* 4. [44]) Veckenstedts Zs. 3, 395; Rogas. Fam.bl. 2, 48. [45]) SchweizId. 1, 235. [46]) Jos. Ineichen Luzern, hs. [47]) Grimm *Myth.* 3, 439, Nr. 160 (aus Rockenphilos.). 3, 328 (Claudian); Wuttke § 284; Drechsler 2, 86; Zingerle *Tirol* 91; Hopf *Tierorakel* 207. [48]) Knoop *Tierwelt* 4; Wlislocki *Siebenb.* 185; ZfVk. 4, 86; Rogas. Fam.bl. 2, 48; Veckenstedts Zs. 3, 395. [49]) Lütolf *Sagen* 358. [50]) Drechsler *Haustiere* 10; guten Honigertrag: ZöVk. 6, 174. [51]) Zingerle *Tirol* Nr. 1331; vgl. Rolland *Faune* 3, 266 (Engl.). [52]) Eberhardt *Landw.* 22. [53]) BlPomVk. 2, 42. [54]) Hmtl. 11, 41, wo auch Trinitatis- und Jakobischwärme als glücklich bezeichnet werden. [55]) Eberhardt l. c. [56]) Drechsler 2, 86; Wander *Sprichw.* 1, 373 Nr. 38; Ons Volksleven 11, 31; „Habent autem industriam apes praesentiendi hyemem et qualitates eius et praesentiendi pluvias. Huius autem signum est, quoniam ante pluviam non evolant longe ab alveari.“ Albertus M. *Anim.* 8, 183. [57]) Drechsler 2, 86. [58]) SAVk. 21, 58. [59]) SchweizId. 1, 231. [60]) Knoop *Tierw.* 4; vgl. Megenberg (ed. Pfeiffer) 289. [61]) Bartsch *Meckl.* 2, 206 [62]) DG. 14, 277. [63]) BlPomVk. 2, 27. [64]) Hopf *Tierorakel* 205. [65]) Müller *Isergebirge* 15. [66]) BlPomVk. 2, 26; ZfVk. 10, 211. [67]) Pauly-Wissowa 3, 447; Hopf *Tierorakel* 204; Gruppe *Griech. Myth.* 801 ff. [68]) Reiterer *Ennstalerisch* 100. [69]) Kolbe *Hessen* 27; Schlosser *Galgenmännlein* 99; Antike: Pauly-Wissowa 3, 447; Sonstiges: Dähnhardt *Nat. Sag.* 1, 127. [70]) SAVk. 16, 20; Blass *Die B.* 2; Franz *Benediktionen* 2, 709 (Register). [71]) Schmitz *Eifel* 1, 40. 43; Fontaine *Luxemb.* 119; Schell *Berg. Sagen* 521; Hmtl. 11, 41; vgl. RTrp. 17, 219. [72]) Meier *Schwaben* 1, 223. [73]) Sartori *Sitte* 2, 132 (mit Literatur). [74]) SAVk 16, 20. [75]) Drechsler *Haustiere* 10 (man verfällt dem Teufel); Rochholz *Kinderlied* 319 (Kinder bekommen graue Haare). [76]) Sartori *Sitte* 2, 132; Schmitt *Hettingen* 15; Leoprechting 80; Eberhardt *Landw.* Nr. 3, 21; Panzer *Beitr.* 2, 173; Schönwerth 1, 354; Birlinger *Vt.* 1, 126; DG. 5, 200; Meyer *Baden* 414; Drechsler 2, 85; Knoop *Tierw.* 3; Grohmann 84; John *Westböhmen* 214; Lütolf 358; SchweizId. 1, 235; 4, 909; SAVk. 16, 20. [77]) Rochholz *Kdl.* 333; Rothenbach 36. [78]) Schweiz.Id. 4, 909; SAVk. 16, 20. [79]) Drechsler 1, 38; 2, 86. [80]) Hmtl. 11, 40. [81]) Meyer *Baden* 415; Fehrle *Volksfeste* 29. [82]) Meyer *Vkde* 216. [83]) Todansagen überhaupt, und den B.n insbesondere: Sartori in ZrwVk. 1, 39 (mit reicher Lit.). [84]) Grimm *Myth.* 3, 202 (auch aus England); Birlinger *Aus Schw.* 1, 400; Dirksen *Meiderich* 49; Flügel *Volksmed.* 80; Frischbier *Hexenspruch* 132; Höhn *Tod* Nr. 7, 324; Hovorka-Kronfeld 1, 67; Knoop *Tierwelt* 3; Köhler *Voigtl.* 254; Kuhn *Westfalen* 2, 47. 65; Kuhn u. Schwartz 435; Kühnau *Sagen* 3, 470; Lammert 105; Maack *Lübeck* 57; Meyer *Baden* 414; Schönwerth 1, 248; Strackerjan 2, 175. 215; Woeste *Mark* 52; Wolf *Beitr.* 2, 450 (Westf.); Wrede *Rhein.Vkde* 136; Wuttke *Sächs. Vkde* 565; Zeitschriften Deutschl.: Alem. 27, 240 (Baden); BlPomVk. 2, 27; DG. 14, 277; Urquell 1, 10 (Ditmarschen); Veckenstedts Zs. 3, 395 (Posen); ZfVk. 4, 327 (Rheinl.); 16, 174 (Rheinl.); ZrwVk. 2, 195; 4, 273; 5, 247; 9, 444. — Andrian *Altaussee* 118; Baumgarten *Aus der Heimat* 1, 109; Grüner *Egerland* 60; Haltrich *Siebenb.* 295; Hartmann *Dachau* 228; John *Oberlohma* 161; Ders. *Westböhmen* 214; Vernaleken *Mythen* 314; Wittstock *Siebenb.* 60. — SchweizId. 4, 909; Hoffmann-Krayer 43; Lütolf *Sagen* 358; Rothenbach 36; Vonbun *Beiträge* 114; SAVk. 15, 11; 12, 154; 13, 182; 16, 20; 25, 215; ZfMyth. 4, 180 (Luzern; Unterwalden). — Vgl. Sébillot *Folk-Lore* 3, 315; Ders. *Paganisme* 231; Henderson *Folk-Lore* (1879) 309; Leather *Folk-Lore of Herefordshire* (1912) 28. [85]) Höhn *Tod* Nr. 7, 324; Meyer *Baden* 414; Sartori *Westf.* 196; Alemannia 25, 43; BlPomVk. 2, 43; ZrwVk. 4, 121. 273; ZfdA. 3, 366 (Thür.); Vernaleken *Alpens.* 401; Stauber *Zürich* 1, 28; SAVk. 8, 274; 10, 279; Fogel *Pennsylv.* 216. 217. Frankreich: Wolf *Beitr.* 2, 456; Meyer *Abergl.* 232 (n. Grimm *Myth.*); SAVk. 25, 282 (franz. Berner Jura). [86]) Höhn; Knoop; Kuhn *Westf.*; Kuhn und Schwartz; Lammert; Meyer *Baden*; Schönwerth; Wolf; Wrede; Alemannia 27, 240; DG. 14, 277; ZfVk. 16, 174; ZrwVk. 4, 273; 5, 247; Grüner; Haltrich;

John *Westböhmen*; Vernaleken *Mythen*; Wittstock; SAVk. 16, 20. [87]) Kuhn *Westf.*; Kuhn u. Schwartz; Meyer *Baden*; Wolf; Woeste; Wrede; Wuttke *Sachsen*; Urquell 5, 21; 6, 20; ZfVk. 10, 16; 16, 174; ZrwVk. 5, 247; Grüner; John *Oberlohma*. [88]) BlPomVk. 2, 27; ZrwVk. 4, 273. [89]) Flügel; Höhn; Maack; Meyer *Baden*; Strackerjan 2, 175; Alemannia 25, 43; ZfdA. 3, 366 (Thür.). ZrwVk. 2, 195; 4, 121; John *Westböhmen*; SchweizId. 4, 909; Hoffmann-Krayer; Lütolf; Rothenbach; Stauber; SAVk. 12, 154; 25, 215; ZfdMyth. 4, 180; Fogel. Vgl. Brand *Pop. Ant.* 2 (1841), 183. [90]) Birlinger; Höhn; Hartmann; SchweizId. 4, 909; Rothenbach; SAVk. 10, 279; 13, 182; 15, 11. [91]) Veckenstedts Zeitschr. 3, 395. [92]) Grimm; Birlinger; Dirksen; Frischbier; Höhn; Hovorka-Kronfeld; Knoop; Kühnau; Lammert; Maack; Strackerjan 2, 215; Alemannia 27, 240; ZfVk. 4, 327; 5, 455 (Bay.); 16, 174; ZrwVk. 2, 195; 4, 273; 5, 247; ZfdA. 3, 366 (Thür.); Grüner; Haltrich; John *Oberlohma*; Vernaleken *Mythen*; SchweizId. 4, 909; Hoffmann-Krayer; Rothenbach; Stauber; SAVk. 8, 274; 12, 154; 13, 182; 15, 11; 16, 20; Meyer *Abergl.*; Brand *Pop. Ant.* 2 (1841), 183. [93]) Höhn; Lammert (ihr Honig unbekömmlich); Sartori *Westf.*; Rothenbach; Fogel. [94]) Kuhn u. Schwartz; Kühnau *Sag.* 3, 470; Vernaleken *Alpensagen*; SchweizId. 4, 909; Lütolf; Vonbun; ZfMyth. 4, 180; Sébillot; Leather. [95]) Haltrich. [96]) SchweizId. 4, 909. 911. [97]) Frischbier; Hovorka-Kronfeld; Kühnau; BlPomVk. 2, 43; Meyer *Abergl.* 232; Wolf *Beitr.* 2, 456; ZrwVk. 1, 47 (mit Lit.); HmtKiel 24, 300; Volkskunde 23, 124. Vgl. Sébillot 3, 315; SAVk. 13, 182 (franz. Schweiz). [98]) Strackerjan 2, 215. [99]) Meyer *Baden* 414; Hoffmann *Ortenau* 19; Panzer *Beitr.* 2, 303; Pollinger *Landshut* 299; ZfVk. 5, 455 (Bay., wo aber die B.n, durch die Störung gereizt, über den Leichenzug herfallen; ein ähnlicher Vorfall bei Brand *Pop. Ant.* 2 [1841], 183 f.); DG. 5, 200 (Oberpfalz); 12, 147 (Mainburg); Fogel *Pennsylv.* 134 Nr. 615. [100]) Heyl *Tirol* 781 Nr. 101. [101]) Zingerle *Tirol* 49. [102]) Höhn *Tod* 324. [103]) Ebd. [104]) Ebd. [105]) Fogel 132. [106]) SAVk. 16, 20. [107]) Schönwerth 355; Knoop *Tierw.* 3; schon Coler 1645 (Rochholz *Glaube* 1, 148). [108]) Woeste *Mark* 53; Sartori *Westf.* 196; Weinhold *Frauen* 1, 382; BlPomVk. 2, 43. [109]) ZrwVk. 1, 48. [110]) ZfVk. 10, 16; Grohmann 84. Vgl. Sébillot *Folk-Lore* 3, 315 (bei Geburt, Hochzeit, reicher Ernte wird der Stock rot oder weiß geschmückt). [111]) Fehrle *Volksfeste* 99. [112]) Meyer *Baden* 414; Höhn *Tod* 324. Vgl. Sébillot *Folk-Lore* 3, 315. [113]) ZfVk. 10, 225; Urquell 6, 20; Curtze *Waldeck* 402; BlPomVk. 2, 25; England: Wolf *Beitr.* 2, 456. [114]) Schönwerth 1, 355; Knoop *Tierw.* 3; ZrwVk. 2, 208; vgl. Brand *Pop. Ant.* 2 (1841), 183; ZfdMyth. 2, 419. [115]) Rothenbach 36 Nr. 306. [116]) Sartori *Sitte* 2, 132; Knoop *Hinterpommern* 175; BlPomVk. 2, 42; Birlinger *Aus Schw.* 1, 399; Schönwerth 1, 355; Meyer *Baden* 414. [117]) Grohmann 233. [118]) Frommann *Mundarten* 6, 49; Urquell 5, 21; Kuhn *Westf.* 2, 65; Strackerjan 2, 175; Eckart *Südhann. Sg.* 57; BlPomVk. 2, 25. Vgl. Henderson *Folk-Lore* 309. [119]) Strackerjan 1, 122 f.; ähnlich, mit Varianten: Bartsch *Meckl.* 2, 331 f. [120]) Fogel 217 Nr. 1099. [121]) Schmitt *Hettingen* 15. [122]) Wuttke § 671; ZrwVk. 2, 208; SchweizId. 4, 910.

4. Pflege. Damit die B.n gedeihen und reichen Ertrag liefern, muß man sie vor Gefahren schützen und um ihr Wohl besorgt sein. So werden sie der Fürbitte der Heiligen (s. 3, Anm. 69) empfohlen, wie sie schon im römischen Altertum und anderwärts unter dem besonderen Schutze von Göttern standen (Pan, Priapus, Mellona) [123]). Ihr Hauptpatron ist Ambrosius (s. d.) [124]), in Luxemburg Johannes d. T. zu Gentingen [125]). Daher werden auch Votiv-B.n aus Eisen (Böhmerwald), Votivkörbe aus Blech (Oberbayern), Votivwaben aus Wachs (Tirol) dargebracht [126]). Als Grabbeigabe sind goldene B.n im Grabe des fränkischen Königs Childerich in Doornik gefunden worden [127]). Zum Schutze gibt es manche Vornehmungen. Bevor die B.n am „Gertrudatag" (17. März) ausgestellt werden, besprengt man den Stock mit Dreifaltigkeitswasser; auf das Bodenbrett legt man gerade vor das Flugloch Dreikönigssalz [128]). An Lichtmeß werden die Stöcke mit brennenden Kerzenlichtern umschritten [129]), an Ostern mit Osterwasser besprengt [130]); neue Stöcke werden mit Weihwasser besprengt und mit Weihrauch beräuchert [131]). Palmsonntagspalmen werden auf die B.nstöcke gesteckt [132]), ebenso geweihte Zweige von Fronleichnam [133]). Auch sonstiger Blumenschmuck (s. u. Anm. 189) mag dem Schutze dienen oder als Ehrung aufgefaßt werden [134]). Damit sie der Ha-

bicht nicht hole, soll man die B.n am Aschermittwoch mit Speiseresten füttern [135]), um sie vor Ameisen zu schützen, Fischeingeweide vor das Flugloch legen [136]), gegen Raub-b.n (über diese s. u. Anm. 191 ff.) bestreiche man das Flugloch mit Biestmilch (Colostrum) oder Zimmt, oder füttere die B.n mit Honig, dem Bibergeil, Kampfer, Pfeffer beigemischt ist [137]). Damit sie nicht die Ruhr bekommen, gebe man ihnen Honig mit Menschen- oder Ochsenhaaren [138]). Totenhaare werden in den Korb geflochten [139]), ein „Krötenstein" (versteinerter Seeigel) unter oder in den Korb gelegt [140]).

Gedeihen. Bekommt man einen Stock aus dritter Hand, so muß man beim Heimtragen recht laufen, damit er fleißig arbeitet [141]) (s. o. 3, Anm. 122). Wenn die B.n mit einem Andern zur Hälfte gehalten wurden, so haben sie bessere Art (Pom.), das Gegenteil glaubt man in Schlesw. [142]). Eine Hornisse, in Stücke gerissen und unter den Honig gemischt, veranlaßt die B.n zum Ansetzen recht vieler Weiselzellen [143]). Wessen B.n durch eine Wolfsgurgel fliegen, der bekommt fette Schwärme [144]) (s. u. 193). Am Karfreitag werden die Körbe mit Schrotmehl (s. u. Anm. 174) umstreut, das bringt Glück, am Karsamstag schüttelt oder begießt man beim 'Auferstehen der Glocken' die Stöcke, damit sie schwer werden (Bö.) [145]). Gereinigt werden die Stöcke an Petri Stuhlf., was in Mecklenburg scherzhaft als P. „Stuhlfege" gedeutet wird [146]); in Ungarn gilt, daß B.n, deren Körbe am Karfreitag geputzt werden, reichlichen Honigertrag bringen [147]). Nach dem „klugen Hausvater" von Becher (1708) muß man, um viele B.n zu bekommen, die Bruten mit Menschenfett bestreichen, das man vom Scharfrichter erhalten hat [148]). Stirbt jemand im Hause, so muß man der Leiche etwas aus dem B.nstock mit in den Sarg legen, dann geraten die B.n und werden nicht gestohlen (Old.) [149]); anderseits heißt es, wenn man einem Sterbenden Honig gebe, so sterben die Bienenstöcke aus (Bad., Bay., Schl.) [150]). Glück hat man in der B.nzucht, wenn man Honig verschenkt (doch s. u. Anm. 190) [151]), aber auch wenn man den ersten B.nstock stiehlt (vgl. o. 3, Anm. 120, aber auch 118) oder einen auf dem Felde gefundenen B.nschwarm einstockt (doch s. o. 3, Anm. 121); wer dagegen später B.n stiehlt, hat Unglück [152]).

Gestohlene B.n erlangt man zurück, indem man Wachs vom Stande an ein Mühlrad, eine Altarkerze und einen Perpendikel streicht (Rhl.?, Meckl.) [153]) oder von dem 'Rast' (Werg) eines gestohlenen B.nstocks unter die Mühlenwelle legt [154]) oder etwas Werg aus dem Korb mit Quecksilber in ein Glas oder einen hohlen Knochen legt und in ein fließendes Wasser wirft (Old.) [155]). Wenn im Gifhornischen (Braunschweig) B.nkörbe gestohlen werden, so nehmen alte Imker den an der Stelle des gestohlenen B.nkorbes zurückbleibenden Müll (Strohabfälle usw.) und hängen ihn in einem Säckchen in den Herdrauch. Nun vergeht der Dieb an der Auszehrung [156]). Aus dem germanisierten Wendland sind 2 Rezepte des 18. Jhs. überliefert: „Wenn dir ein immenstock gestohlen ist, so mußt du dich bemühen, daß du einen nagel krigst, der auf einer (!) kirchhof ausgegraben von einen sarg. dieser nagel wird auf der stelle, wo der gestohlene stock gestanden, vor der sonnen aufgang eingeschlagen, bis es der dieb nicht mehr aushalten kann, wenn er nicht sterben wil. — Auf eine ander art . .: so suche zusammen das schrottels oder die todten immen, die auf der stelle ligen; aber nicht mit blossen händen angefasset, in einen läppchen gemachet, einem todten im sarg unter die arme geleget, so muss der dieb vergehen, wie der stock im zaun. meldet er sich aber, so kann er wider geholfen werden, so muss er drei messer-spitzen voll erden von den (!) grab, wo es eingebracht, einnehmen und solches drey mal; die erde muss vor der sonnen aufgang geholet werden" [157]).

Besondere Aufmerksamkeit wird dem Schwärmen gewidmet, d. h. dem

Ausziehen der alten Königin mit ihrem Schwarm, wenn im Stock eine neue Königin mit einem Neuvolk herangewachsen ist. Bei den sich an das Schwärmen knüpfenden Anschauungen ist es unmöglich, Wahnglauben und Erfahrungsglauben zu scheiden, wie hier auch die Imker selbst vielfach in ihren Meinungen auseinandergehen.

Über Vorbedeutungen schwärmender B.n s. o. Nr. 3 Anm. 30 ff. Gehen die B.n beim Schwärmen durch, so bedeutet das ein schlechtes Honigjahr [158]). Wenn man am Christabend die B.nstöcke an einen andren Ort trägt oder sie schüttelt, so werden sie zwar viel Honig haben (Meckl.), aber nicht schwärmen (Böhmen) [159]). Die B.n schwärmen gern im Sternbild der Wage [160]). Um sie frühzeitig zum Schwärmen zu bringen, bestreicht man die Körbe im Mai mit Schafmilch [161]), daß sie schon vor Pfingsten schwärmen, wirft man vor Ostern eine Handvoll Ameisen in den Stock [162]), daß sie „gut" schwärmen, bespritzt man sie am 1. Mai mit Ziegenmilch (Pom.) [163]). Wenn man beim ersten Füttern der B.n etwas Erde unter den Futterhonig mischt, so verhütet man dadurch, daß der künftige Schwarm sich an einen zu hohen Gegenstand setzt (Dötl.). Künstlicher heißt es in Visbeck: Wenn ein Imker am Gründonnerstag morgen vor Sonnenaufgang seine B.n füttert und etwas Erde von einem Maulwurfshaufen, welcher in der letzten Nacht aufgeworfen ist, in das Futter gibt, so fliegen ihm im ganzen Jahre keine B.n weg, und seine B.n setzen sich beim Schwärmen niedrig [164]). Zum gleichen Zweck müssen die Korbspieten nicht hoch von Stämmen und Bäumen abgeschnitten werden, sondern stets an der Erde [165]).

Am Dreieinigkeitsfeste gehen die Schwärme meist durch; gelingt es aber doch, einen zu fassen, so sind es die besten Honigb.n, da sie auch den Rotklee befliegen können (vgl. u. 8 A. 238) [166]).

An Petri Stuhlfeier oder Lichtmeß soll der B.nvater nicht verreisen, sonst schadet er den B.nvölkern oder sie ziehen aus [167]).

Sehr verschieden sind die Mittel, das Wegfliegen des Schwarms aus dem Besitztum des B.nvaters zu verhindern [168]). Am häufigsten ist das Erzeugen von Geräuschen: sei es nun ein „fein Getöne", sei es der Lärm auf metallenen Geräten (s. Becken), seien es gar Schüsse [169]). Zuweilen wirft man Erde [170]), Sand [171]), den Staub von der Spur einer Schlange [172]) unter die B.n, oder Wasser in die Luft [173]), dabei wird manchmal ein Zaubersegen gesprochen (s. Bienensegen). In Masuren nimmt man zur Vermeidung des Wegflugs einen Teller Schrotmehl vor Sonnenaufgang, umwandelt damit die B.nstöcke, indem man das Mehl in den B.ngarten streut und den Spruch sagt: „Ihr B.n und Königinnen, setzt euch auf eures Herren Acker und Wiesen, wie es der Herr Christus geboten, zum Sammeln von Wachs und Honig. Im Namen . . . † † †" (s. o. Anm. 145) [174]).

Verbreitet ist das Einlegen von Wurzeln weißer oder blauer Lilien in die Stöcke [175]) oder man bestreicht den Stock mit Thymian [176]) oder Fenchel [177]). Der Korb, in dem die B.n gefaßt werden, muß vorher mit Kümmel- oder Haberstroh ausgebrannt und mit Quendel, Honig und süßer Milch eingerieben werden [178]). In Schleswig (?) wird von einer Steinaxt der abgeschabte Staub in den schwärmenden Stock geschüttet, oder es wird Beifuß in den Stock oder Stahl darauf oder eine ungebrauchte Nähnadel darein gelegt, oder vor das Flugloch wird Mist von einem 'Fährkalb' (Stierkalb?) geschmiert (Schlesw. ?) [179]). Wenn eine junge Kuh das erste Kalb kriegt, so nimm die Nachgeburt und ziehe damit dreimal um das B.nschauer herum, so können die B.n nicht wegziehen [180]). In Dithmarschen steckt man ein Brotmesser dicht vor dem Korbe in die Erde, mit der Schneide dem Korbe zugekehrt [181]). Wenn die B.n recht hoch fliegen oder sich zum Wegfliegen anschicken, kehrt man den Brotlaib um (und steckt ein Messer hinein [Pennsylv.]), so kommt der Schwarm zurück (Baden, ObPf., Rhl., Schwaben, Pennsylv.)[182]. Ist der Schwarm unruhig, so nimmt man in Dörnbach (Mittenberg) den Backofenwisch, steckt ihn umgekehrt in den Backofen und schlägt drei Kreuze; dann setzt sich der Schwarm[183]. Im Oberamt Mergentheim nimmt man zu diesem Zweck 3 Ziegel vom Dache des B.nhauses heraus[184].

Gegen die tückischen Dämonen richtet sich das Entblößen des Hintern und zwar muß das, um wirksam zu sein, von einem Weibe geschehen[185], oder man ziehe das Hemd aus und blicke dem Schwarm durch den Ärmel nach (Siebenb.)[186].

Rinde einer Eiche, die vom Blitz getroffen ist, im Garten aufgehängt, verhindert das Wegfliegen des Schwarms über den Zaun (Schlesw.)[187]. An Mariä Verkünd. werden die toten B.n gesammelt, am Karfreitag vor Sonnenaufgang an jeder Ecke des Gartens vergraben, dann fliegen die B.n beim Schwärmen nicht weg (Pom.)[188]. Jeder Stock, aus dem ein 'Bien' schwärmt, wird mit einem Kränzchen aus Feldblumen geschmückt (Bad.; vgl. o. Anm. 134)[189]. Ein einfaches Mittel das Durchgehen zu verhindern ist es auch, das Verschenken des Honigs zu unterlassen (OA. Weinsberg) (doch s. o. Anm. 113)[190].

Es kommt vor, daß B.n in fremden Stöcken auf Honigraub ausgehen („Raubb.n"). Um das zu veranlassen, werden die Stöcke an Silvester zwischen 11 und 12 Uhr angerührt oder Habichtsfedern hineingelegt[191], oder es wird im Flugloche die Luftröhre eines Marders (Pomm.)[192] oder Fuchses (Brandenb.)[193] so befestigt, daß die B.n beim Aus- und Einfliegen durchkriechen müssen, oder man nehme einen kleinen Handbohrer („Frittbôr"), stecke denselben in das Flugloch und drehe damit, je nachdem die B.n rauben sollen oder nicht, vorwärts oder rückwärts (Pom.)[194]. In Mecklenburg hält man einen Fuchskopf im Schauer (B.nhütte)[195]. In Polen glaubt man, daß B.n, welche im Rachen eines getöteten Wolfs nisten, ungemein stark seien, in andere B.nstöcke einbrechen und den Honig rauben[196]. Zum Schutz vor Raubb.n vgl. oben Anm. 137. Rezepte zum Rauben aus dem 18. Jh. s. MsäVk. 3, 120. 140 f.

Die B.n sterben (s. o. 3, Anm. 92. 104, 107; 4, Anm. 150), wenn der B.nvater gestorben ist (Obpf.)[197], oder wenn er eine Leiche berührt hat (Polen)[198]; auch soll der Schreiner nicht gleichzeitig einen Sarg und einen B.nkasten machen (Württ.)[199]. Wenn sich die B.n an dürres Holz setzen, so sterben sie bald (Bern)[200], ebenso, wenn sie auf die letzten Herbstblumen fliegen[201]. Um einem weisellosen Volke zu einer Königin zu verhelfen, nehme man eine tote Königin, zerstoße diese fein in einem Mörser, rühre etwas Honig und Wasser auf einer Untertasse zusammen und schütte die pulverisierte Königin dazu. Dieses Futter reiche man den B.n, welche sich sofort beruhigen, und in 8 Tagen ist Brut im Stock (Pom.)[202].

[123]) Pauly-Wissowa 3, 454. Über Götter in B.ngestalt und B.ngötter s. Grimm *Myth.* 2, 580 f.; 3, 203. [124]) Kerler *Patronate* (1905) 37. [125]) Fontaine *Luxemb.* 107. [126]) Andree *Votive* 155; ZföVk. 10, 132. [127]) Grimm *Myth.* 2, 580; abgebildet in Eccard *Fr. Or.* 1, 39. 40. [128]) Birlinger *Aus Schw.* 1, 400. [129]) Reinsberg *Böhmen* 40 A. 1. [130]) Knoop *Hinterpommern* 179. [131]) Schramek *Böhmerw.* 243. [132]) Mannhardt 1, 289 (nach Kuhn *Westf.* 145); Sartori *Westf.* 196; Urquell 5, 21; John *Westböhmen* 214. Französ. Vogesen: Sauvé 110. [133]) John *Westböhmen* 83; Schramek *Böhmerwald* 156; Sartori 3, 220 (nach Els. Jahrb. 10, 229). Vogesen: Sauvé 166. [134]) Meyer *Baden* 415; Eberhardt *Landw.* 22. [135]) Bohnenberger 20. [136]) BlPomVk. 2, 42. [137]) Urquell 5, 22. Ein Rezept gegen Raubb.n: MsäVk. 3, 117. [138]) Urquell 5, 23. [139]) Ebd. 4, 98. [140]) Ebd. 6, 20; BlPomVk. 2, 42. [141]) Schönwerth 1, 355. [142]) Urquell 6, 20; BlPomVk. 2, 42; vgl. Grimm *RA.* 2, 138. [143]) Urquell 5, 22. [144]) Haltrich *Sieb.* 295; Wlislocki *Sieb.* 122; vgl. Wlislocki *Magyaren* 150. [145]) John *Westböhmen* 63. 214. [146]) Bartsch *Meckl.* 2, 253. [147]) ZfVk. 4, 395. [148]) BlPomVk. 2, 26. [149]) Wuttke § 671 (nach Strackerjan 1, 68). [150]) ZfVk. 5, 213; Meyer *Baden* 414; Drechsler 2, 86; vgl. SAVk. 14, 291. [151]) Grimm *Myth.* 3, 476 Nr. 1102; Drechsler 2, 86. [152]) Urquell 5, 21; s. a. Nr. 3 A. 120. [153]) Urquell 3, 249; Bartsch *Meckl.* 2, 331.

[154]) Urquell 5, 22. [155]) Strackerjan 1, 123. [156]) Andree *Braunschw.* 406. [157]) MsäVk. 3, 141 f. [158]) Meyer *Baden* 415. [159]) Bartsch *Meckl.* 2, 228; Grohmann 84. [160]) Fogel *Pennsylv.* 216 Nr. 1094. [161]) Amersbach *Grimmelshausen* 2, 59. [162]) Wlislocki *Magyaren* 149. [163]) BlPomVk. 2, 26. [164]) Strackerjan 1, 67; Urquell 4, 243. [165]) Urquell 5, 22. — Ein Rezept aus d. 18. Jh.: MsäVk. 3, 140. [166]) Eberhardt *Landwirtsch.* 22. [167]) Heßler *Hessen* 2, 383; ZrwVk. 2, 208; Fogel *Pennsylv.* 216. [168]) Vermischtes in ZfVk. 7, 359. [169]) Panzer *Beitr.* 2, 173. 388 (mit antiker Lit.); Schönwerth 1, 355; Birlinger *Aus Schw.* 2, 526; Birlinger *Volkstüml.* 1, 126; Messikommer 1, 22; BlPomVk. 2, 26 (1708); DG. 14, 277 (Odenwald); Alemannia 15, 114; Fogel *Pennsylv.* 217 Nr. 1098; Fr. Spee *Trutz Nachtigal*: „Her, her nun pfann und becken, / Schlagt auf, dass gütlich kling, / Und laßt den Schwarm erschröcken, / Daß nit er gar entspring. / Schlagt auff tingtang: ting-tyren: / Ting-tang: ting-tyrentang! / Laß ihm noch baß hoffieren / Mit lindem becken-klang." — Mittelalter: Est autem communis opinio, quod strepitus delectat apes exeuntes: et ideo in emissione examinis custodes plaudunt manibus et tinnitum faciunt conpercussione aeramentorum, bei Albertus M. *Anim.* 8, 179; Die peinen fräwent sich, wenn man die hend ze samen klopfet, und wenn man klingelt mit gesmeid, so sament si sich, bei Megenberg (Pfeiffer) 292; Lex Bajuv. (Mon. Germ. Leges 3, 333). Altertum: Panzer l. c.; Pauly-Wissowa 3, 447. Vgl. Aubrey *Remaines of Gentilisme* (Ausg. von 1881) 15. 87; Sébillot *Folk-Lore* 3, 319; Rolland *Faune* 3, 266 f. [170]) BlPomVk. 2, 26 (1708). 44. Bei den Angelsachsen: Fischer *Angelsachsen* 21. Römer: Vergil *Georgica* IV, 87; Plinius *NH.* XI, 58. [171]) ZfVk. 7, 359. [172]) Agrippa v. N. 1, 215. [173]) ZfVk. 7, 359. [174]) Toeppen *Masuren* 102. [175]) Eberhardt *Landw.* 22; Urquell 5, 22; 6, 21; BlPomVk. 2, 26; SAVk. 25, 155. [176]) Fr. Spee *Trutz Nachtigal*: „Der stock soll sein bestriechen / Mit edlem Thymian; / Wans nur das Kräutlein riechen, / Sie gern sich halten lan." [177]) SAVk. 27, 89. [178]) Eberhardt *Landw.* 22. [179]) Urquell 5, 22. [180]) Engelien und Lahn 273. [181]) Urquell 6, 21. [182]) Schönwerth 1, 355; ZrwVk. 2, 208; Meier *Schwaben* 2, 514; Pollinger *Landshut* 157; Hmtl. 11, 41; Fogel *Pennsylv.* 217 Nr. 1097. [183]) DG. 14, 277; Hmtl. 11, 41. [184]) Eberhardt *Landw.* 22. [185]) Liebrecht *Z. Volksk.* 355 f. (nach Germ. 1, 109); Eberhardt *Landw.* 22; Weinhold *Ritus* 45; Jahn *Pommern* 17; BlPomVk. 2, 26; 6, 75; Wlislocki *Siebenb.* 121; ZfVk. 11, 428. [186]) Wlislocki *Siebenb.* 121. [187]) Urquell 6, 21. [188]) Ebd. 6, 71; BlPomVk. 2, 26. [189]) Meyer *Baden* 415. Die Angelsachsen hingen die Bienenwurz (beowyrt, Kalmus) an den B.nkorb, um das Schwärmen zu verhindern: Fischer *Angelsachsen* 32. [190]) Eberhardt *Landw.* 22. — Rezepte aus dem 18. Jh.: MsäVk. 3, 141. [191]) BlPomVk. 2, 26; Schulenburg *Wend. Sagen* 267 (Habichtsflügel). [192]) BlPomVk. 2, 42. [193]) Engelien und Lahn 273. [194]) BlPomVk. 2, 42; 6, 72. [195]) Bartsch *Meckl.* 2, 160. [196]) Urquell 3, 272. [197]) Schönwerth 1, 248. [198]) Urquell 3, 53. [199]) Höhn *Tod* 332. [200]) Rothenbach 36 Nr. 307. [201]) MsäVk. 3, 117. [202]) Bienenwirtschaftl. Centralbl. 29 (1893), 278, zit. in: BlPomVk. 2, 25, wo auch auf Becher *Kluger Hausvater* 1 (1708), 156 verwiesen ist.

5. Zauber. Am Karfreitag wird der Zweig von einem Baume, an welchen sich ein Schwarm angesetzt hatte, abgeschnitten und aufgehoben. Beim Markttreiben wird das Vieh damit gepeitscht, dann stellen sich viele Käufer ein (Voigtl., Schles.) [203]). Er dient auch zum Liebeszauber [204]): im Voigtlande nehmen Mädchen Stücke davon mit auf den Tanzboden, um viele Tänzer zu finden [205]). Wer vor Gericht eine ungerade Zahl B.n bei sich trägt, findet sein Recht (wo?) [206]). Wenn man den ersten Schmetterling, den man im Frühjahr sieht, fängt und durch das Armloch des Rockes fliegen läßt, so fängt man im Sommer einen B.nschwarm [207]).

B.nzüchter stehen im Rufe, zaubern zu können (Old.) [208]) und mit dem Teufel im Bunde zu stehen, der ihnen zu einer reichen Honigernte verhilft (Braunschw.) [209]). Hatte eine Hexe, bevor sie ergriffen wurde, eine B.nkönigin gegessen, dann konnte sie der Tortur widerstehen [210]). Hexen, wenn man sie in der Kirche sieht, sind oben wie B.nkörbe gestaltet (Old.) [211]).

Auf (nicht deutschen) Amuletten ist zuweilen eine B. dargestellt [212]).

Über Bienensegen s. d.

[203]) Köhler *Voigtl.* 371. 412; Drechsler 2, 86. 108. 220. [204]) Drechsler l. c. (ohne nähere Angaben). [205]) Köhler l. c. 417. [206]) Urquell 5, 21. [207]) Strackerjan 1, 124. [208]) Ebd. 1, 60; 2, 176. [209]) Andree *Braunschw.* 398. [210]) Wolf *Beitr.* 2, 455 (n. Wier *De praestigiis daemonum* VI c. 7). [211]) Strackerjan 1, 420; 2, 175. [212]) Seligmann *Blick* 2, 13 (zu Fig. 24 in Bd. 1, 180). 152 (zu Fig. 120 in Bd. 2, 101).

6. Volksmedizin. B.nstich ist nach allgemeiner und wohl kaum abergläubischer Ansicht [213]) gut gegen Rheumatismus und Gicht [214]). Auf Überbeine lege man tote, zerquetschte B.n (Tir., Schwz.) [215]). Ein Dutzend lebende B.n in Wasser gekocht, heilen die Magenkrankheit kleiner Kinder (Pom.) [216]). Waben sind gut gegen Geschwülste (ObÖst.) [217]). Bei Geschwüren empfiehlt Bock als Zugpflaster die B.narznei, die aus dem Kitt hergestellt ist, mit dem die B.n an den Standbrettern die Öffnungen verstopfen [218]). Gegen Haarausfall (?): „nim B.n, tödte sie vnnd tuncke sie vnnd reibe sie zu pulver, darnach temperier sie mitt honig vnnd salbe damitt die glatzende stadt" (Stelle) [219]). Eine Frau, die eine B. ißt, wird nicht schwanger (Pom., Schwz.) [220]) (vgl. o. 3 Anm. 21), in Pommern aber auch umgekehrt: Wenn eine unfruchtbare Frau B.n verzehrt, wird sie bald schwanger [221]). Flieder, der über B.nstöcken wächst, ist besonders heilkräftig (nordisch?) [222]). Im Fiebersegen: 'Die B.n ohne Lungen' usw. (Pom.) [223]). — Gegen B.nstich soll man dreimal an den — (penis?) greifen (Wend.) [224]). Sonst werden als Mittel genannt: Tabaksaft oder Erde, mit Speichel vermischt [225]), Zigarrenasche oder Erde oder Ohrenschmalz mit Speichel [226]), schwarze Erde oder Kuhkot auflegen, oder mit dem eigenen Urin waschen [227]), Tabak oder mit Urin vermischter Ton [228]), den Stachel ausziehen und die B. auf dem Stich zerquetschen [229]), Schöllkrautmilch auflegen [230]). Während man gestochen wird, soll man nicht lachen, sonst bleibt der Stachel stecken [231]).

In älterer Zeit mag es auch ein Volksglauben gewesen sein, daß sich der Bär von der B. schröpfen ließ [232]).

[213]) Hovorka-Kronfeld 1, 67 f. [214]) Höfler *Volksmed.* 153; Jühling *Tiere* 88 f.; 6. u. 7. Buch Mosis 42; Buck *Volksmedizin* 42; Höhn *Volksheilkunde* 142; ZrwVk. 10, 186; BlPomVk. 2, 27. [215]) Jühling *Tiere* 88; ZfVk. 8, 176; SAVk. 10, 268. [216]) Jühling 89; BlPomVk. 2, 43. [217]) Baumgarten *Aus d. Heimat* 1, 109. [218]) Urquell 3, 69. [219]) Jühling 88. [220]) BlPomVk. 6, 74; Messikommer 1, 176. [221]) Jühling 88; vgl. dieses Wb. 1, 530 s. v. Aphrodisiaca. [222]) Grimm *Myth.* 2, 979. [223]) Wuttke § 227. [224]) Schulenburg 267. [224]) Manz *Sargans* 70. [226]) Pollinger *Landshut* 280. [227]) Schmidt *Kräuterb.* 48. [228]) Fogel *Pennsylv.* 290 Nr. 1535. [229]) 6. u. 7. Buch Mosis 43. [230]) Fogel 289 Nr. 1532. [231]) Rosegger *Steiermark* 66. [232]) Grimmelshausen *Simplizissimus* 2. B. 12. Kap.

7. Seelentier [233]). Die menschliche Seele erscheint nach dem Tode als B. (Schwb.) [234]); als solche wandert sie in 24 Stunden zum Himmel (Sieb.) [235]). Auch aus lebenden Körpern, namentlich von Hexen, fliegt sie zeitweilig aus, währenddessen der Körper leblos liegt (Schwz.) [236]).

Vgl. Hexe, Hummel, Seele.

[233]) Allgemeines: Weicker *Seelenvogel* 29; Aly *Volksmärchen* 147; Meyer *Germ. Myth.* 63; Norden *Aeneis VI* 17¹. 306; ARw. 16, 353; ZfVk. 15, 2. [234]) Wuttke § 62. [235]) Wlislocki *Sieb.* 185; Wittstock *Sieb.* 60. [236]) Rochholz *Glaube* 1, 147; Kohlrusch *Sagen* 245; Herzog *Schweizersagen* 1, 128; Jecklin *Volkstüml.* 1, 59; Fient *Prättigau* 250. Vgl. Wlislocki *Sieb.* 184 (Mücke).

8. Legende und Sage. Die B. ist das einzige Lebewesen der Schöpfung, das unverwandelt aus dem Paradies übriggeblieben ist [237]). Das Vermeiden des Rotklees wird, mit unwesentlichen Varianten, nach einer weit verbreiteten Legende dadurch erklärt, daß Gott wegen ihrer Sonntagsarbeit die B. mit dem Verbot, den süßen Rotklee auszubeuten, bestraft habe (Schwb., Sachs., Schl., Pos., OPr., Pom., Meckl., Öst., Schwz.) [238]). Die B.n hat Jesus erschaffen, indem er ein Hölzchen in einen Korb warf. Petrus wollte es ihm nachmachen, da entstanden Wespen (ObÖst.) [239]); nach einer deutschböhmischen Legende hat Jesus eine Made in einen hohlen Stamm gesetzt, woraus die B. entstand [240]).

Verbreitet ist die Legende von der Hostie, um die die B.n eine Kapelle (var.: einen Altar, einen Behälter) aus Wachs bauen [241]). Nach der einen Version ist die Hostie von einer Frau (var.: einem Klosterbruder) zur Mehrung des Honigertrags in den B.nstock gelegt [242]), nach der andern von einem Diebe weggeworfen worden [243]). Nach einer schweizerischen Alpensage machen B.n in einer Höhle Waben so groß wie Stadttore, nach griech. Sage einen Tempel aus Wachs und Federn, und im Märchen „Die beiden Wanderer" (Grimm Nr. 107) ein Schloß aus Wachs [244]).

Dagegen scheint die Legende von Ambrosius [245]), auf dessen Lippen sich B.n gesetzt haben und ihre antiken Vorbilder [246]) auf deutschem Boden nicht vorzukommen; eine schwedische Version erwähnt Grimm [247]).

In dem Märchen von der „B.nkönigin" (Grimm Nr. 62) setzt sich diese auf den Mund desjenigen Mädchens, das Honig gegessen hat.

Alt scheint die Sage von den B.n, welche den Feind angreifen oder abwehren. Eine belagerte Stadt wird befreit, indem B.nkörbe auf die Angreifer geschleudert werden [248]). Die Nonnen des Klosters Beyenburg setzten B.nkörbe vor das bestürmte Kloster, und als diese von den angreifenden Rittern umgestoßen werden, vertreiben die gereizten Bienen den Feind [249]), nach einer andern Fassung waren die Feinde Schweden [250]). Andernorts sind es Pfarrhäuser, die verteidigt werden [251]). Seltener ist es der belagernde oder angreifende Feind, welcher B.nkörbe in die Stadt oder auf den Gegner schleudert [252]). Die Festung „Der Hohe Schwarm" hat ihren Namen von den B.n, die bei der Gründung aus der umgehauenen Eiche flogen [253]). Nach einer alten Sage, die in das Jahr 770 verlegt wird, habe ein armer Mann einmal einen B.nkorb mit Honig gestohlen und dem Kloster St. Gallen als Weihegabe gebracht; aber der Honig wurde in eine harte Masse verwandelt [254]).

In einem B.nkorbe befindet sich verzaubertes Gold der Zwerge [255]). Ein B.nkorb mit darinhängendem Fuchsschwanz dient als Glocke [256]). B.n wohnen im Turmhelm des Doms von Regensburg [257]). In Röttingen (Bay.) sitzt seit dem Schwedenkrieg hinter einem Steinwappen ein B.nstock, der „Schweden-Bien" genannt [258]). Der Frühling erscheint in Gestalt einer B. Dazu findet sich eine Parallele bei Pausanias [259]). Andere antike Mythen s. bei Pauly-Wissowa 3, 448 f. und Roscher, Lex. 2, 2641 (mit Literatur). Außerdeutsche B.nlegenden und -sagen auch bei Dähnhardt, Natursagen 1 (Altes Test.) 2 f. 42 f. 127—130. 166 f. 215. 231. 333 f.; 2 (N. Test.), 129. 225. 285; 3, 158. 170. 189. 214. 250. 467 f.; 4, 200. 203. 208. 266 ff.

[237]) Dähnhardt *Natursagen* 1, 215 (Grimm *Myth.* 755; H. Leo *Die malbergische Glosse* 119; Leoprechting *Lechr.* 80). [238]) Dähnhardt *Natursagen* 3, 306; Müllenhoff *Natur* 68; Baessler *Legenden* 488 ff.; Knoop *Hinterpom.* 87; BlPomVk. 2, 42; Bartsch *Meckl.* 2, 160; Meier *Schwaben* 1, 222; Alemannia 16, 73; Germania 36 (1891), 385 (Steiermark); Peter *Oesterreichisch-Schlesien* 2, 32; SchweizId. 4, 910; Kuoni *St. Gallen* 57; Estermann *Rickenbach* 188; SAVk. 21, 57 f. [239]) Baumgarten *Aus d. Heimat* 1, 108. Vgl. Dähnhardt *Nat. S.* 1, 167; Sébillot *Folk-Lore* 3, 300. [240]) ZfdU. 14, 416. [241]) S. namentlich Klapper *Erzählungen* 82 (deutscher Text). 288 (lat. Text nach der Breslauer Hs. I. F. 115, aus dem 14. Jh.), wo 10 mittelalterliche Quellen angegeben sind; AnSpr. 118 (1907), 335; W. Menzel *Christl. Symbolik* 1, 130. Die Geschichte soll auf einem Bild in S. Antonio zu Padua dargestellt sein (Müller und Mothes *Archäol. Wb.* 1, 195). [242]) Klapper l. c.; Meyer *Abergl.* 183 f. (n. Thomas Cantimpratensis *Bonum universale de proprietatibus apum* II, 40, 1); Wolf *Beitr.* 2, 452 (n. Caesarius v. Heist. *Dial.* 2, 172 [Dist. IX, c. VIII] und Montanus *Die Vorzeit der Länder Cleve-Mark* usw. 2 [1837], 191, der auch von Grässe *Preußen* 1 Nr. 7 und Bechstein *Dt. Sagenb.* 100 benutzt ist); Zaunert *Rheinland* 1, 213 f. Vgl. auch Wolf 2, 451. [243]) Grimm *Myth.* 3, 202 (nach ZfdA. 7, 533; Predigermärchen 10, 12; Boyes *Rod. de Habsb.* 257); Panzer *Beitr.* 2, 8 (n. Ichtersheim *Elsäss. Topogr.* 2 [1710], 19.) 381; Wolf *Beitr.* 2, 435; Strackerjan 2, 7 f.; Schell *Bergische Sagen* 349. Ähnlich Henderson *Folk-Lore* 310. [244]) Grimm *Myth.* 2, 580; 3, 202; Siecke *Götterattribute* 209. [245]) S. dieses Wb 1, 360 (s. v. Ambrosius); Paulini *Vita S. Ambrosii* 3 (vgl. die Sage von Sophokles: Pauly-Wissowa 3, 448); *Passional* (ed. Köpke) 241, 24 ff. [246]) Pauly-Wissowa 3, 447; Panzer *Beitr.* 2, 385; Usener *Kl. Schr.* 4, 400 f.; Stemplinger *Antiker Abergl.* 9. 50 (auch hl. Isidorus, Dominicus und Rita). [247]) *Myth.* 3, 202. [248]) Liebrecht *Zur Volksk.* 75 (erwähnt Kuhn *Westf.* 1, 161; Baader *Sagen* 157 [„Muckensturm"]; Simrock *Rheinland* [4] 326 [nicht eingesehen];

Widukind *Res gestae Saxon.* l. II c. 23); Schultz *Höf. Leben* 2, 437 (nach *Ann. Austriae* 1289). [249]) Schell *Berg. Sag.* 170. [250]) Ebd. 171. [251]) Müllenhoff *Sagen* 81; Grässe *Preuß. Sg.* 1, 427. [252]) Liebrecht l. c. 75 (nach *Chevalier au Cygne* v. 26793 ff.; Ellis *Specimens of Early English Metrical Romances* 299); Schultz *Höf. Leben*[2] 2, 401 (nach *Guil. Tyrius* V, 9; *Godefr. de Bouillon* v. 26887); Sébillot *Folk-Lore* 4, 313. [253]) Witzschel *Thüringen* 1, 203. [254]) Birlinger *Volkst.* 1, 431 (n. Goldast *Alem. rer. script.* I, 260; Ruckgaber *Gesch. v. Rotweil* 1, 20. [255]) Strakkerjan 1, 494. [256]) Ebd. 2, 426. [257]) Panzer *Beitr.* 2, 477. [258]) Schöppner *Sagen* 3, 71. [259]) Dazu die Parallele aus Pausanias. Panzer *Beitr.* 2, 477.

9. Symbolik[260]). Wegen ihrer vermeintlich ungeschlechtlichen Erzeugung ist die B. das Sinnbild der Keuschheit[261]). (s. o. Nr. 3 A. 22 f.) und der jungfräulichen Geburt des Erlösers[262]) (s. o. Nr. 3 A. 21), wegen ihrer staatlichen Organisation das der einigen Gemeinde[263]). Schon Ambrosius vergleicht die Kirche mit einem B.nkorb, und dieses Bild hat sich bis in die neuere Literatur erhalten[264]). In die Antike reicht zurück der Vergleich der Sterne mit goldenen B.n[265]).

[260]) Verschiedenes: Pauly-Wissowa 3, 446 f.; Roscher *Lex.* 2, 2641 (mit Literatur); Menzel *Christl. Symbolik* 1, 130. [261]) Fehrle *Keuschheit* 57 f. [262]) Franz *Benediktionen* 2, 135. [263]) Pauly-Wissowa 3, 446. [264]) Vgl. die Lit. in ob. Anm.; Ph. v. Marnix *De Biënkorf der Heilige Roomsche Kercke* (1569); darnach Fischart *Binenkorb des Heyl. Römischen Imenschwarms* (1579). [265]) Schwartz *Volksglaube* 23 f.; ders. *Studien* 118.

10. Recht. Das B.nrecht enthält nichts für den Aberglauben Bemerkenswertes, sondern betrifft vorwiegend eigentums- und besitzrechtliche Fragen, von denen diejenige nach dem Eigentum des sich niederlassenden Schwarms im Brennpunkte steht[266]). Nach den alten Bußordnungen sollen B.n, die einen Menschen getötet haben, selbst getötet werden[267]).

[266]) Brunner *Rechtsgesch.* 2 (1892), 639. 641. 644 A. 49; Amira *Germ. Recht*[3] 203; Heusler *Privatrecht* 2, 194; Grimm *RA.* 2, 135 f.; ZfVk. 10, 225 f. (N.-Österr.); Sartori 2, 132; Birlinger *Aus Schw.* 2, 526; Alemannia 15, 114. [267]) Friedberg 17.

Allg. Lit. J. Witzgall *Das Buch von der B.* Stuttg. 1899; J. de Soignie *L'Abeille à travers les âges.* Bruxelles 1900; Maeterlinck *Vie des abeilles* (1901); Schrader *Reallex.* 85. 1012; Archiv f. B.nkunde. Neumünster i. H. 1919 ff. Vgl. ob. Lit. zu 1.

Volkskunde: Allg.: Grimm *Myth.* 2, 579; Rolland *Faune* 3, 252 ff.; Haberland *B. und Honig im Volksglauben*: Globus 39 (1881), 220. 235. 268; J. Ph. Glock *Die Symbolik der B.n u. ihrer Produkte in Sagen, Dichtung, Kultus, Kunst und Bräuchen der Völker.* 2. A. Heidelberg 1891; Urquell 3, 95. 205. 249; 4, 50. 66. 98. 144. 243; 5, 21. 280; 6, 20. 70. 140; Ons Volksl. 4, 85; 11, 31. Ägypten: Arch. f. B.nkunde III, H. 1/2. Antike: Robert-Tornow *De apium mellisque apud veteres significatione et symbolica et mythologica.* Berl. 1893; Pauly-Wissowa 1, 68; 3, 431 ff.; Roscher *Lex.* 2, 2641 (beide mit reicher Lit.). Bei Aristoteles: Arch. f. B.nkunde 1, H. 6; bei Varro u. Virgil, ebd. 2, H. 7; bei Columella u. Plinius, ebd. 3, H. 8. Antike Beziehungen zu Maria: Panzer *Beitr.* 2, 382 ff. Eine gute Zusammenfassung der antiken Anschauungen bei H. O. Lenz *Zoologie d. alten Griechen und Römer* (1856) 562—599. — Deutschland: Blaas *Die B. in der deutschen Volkssitte und Meinung.* Progr. v. Stockerau in NÖsterr. 1883 (nicht erhältl.); G. Deile *Aus dem Immenheim.* Progr. Realgymn. Erfurt 1911 (populär); Hoops *Reallex.* 1, 277 ff. England: Bergen *Animal and Plant Lore* 1899. Frankreich: Sébillot *Folk-Lore* 3, 315 ff. Slaven: Vinogradov *Abergläubisches aus der B.nzucht* (*russ.*). Kostroma 1905; Blümml: ZföVk. 5, 187 ff. (tw. wörtlich = Krauss: Urquell 3, 95 ff.). — Vermischtes, namentlich Mythen, bei Gubernatis *Tiere* 506 ff. Hoffmann-Krayer.

Bienenfresser, Immenwolf, Seeschwalbe, Spint, Merops apiaster (Linn.). Da dieser Vogel erst im 16. Jh. nördlich der Alpen beobachtet worden ist[1]), lassen sich abergläubische Vorstellungen von ihm auf deutschem Sprachgebiet nicht mit Sicherheit nachweisen. Gesner hat über ihn, aus unbekannter Quelle, die volksmedizinische Notiz: „er ist dienstlich für die bösen bläst (Winde) im leyb. Sein gall mit baum öl auß vnzeytigen oliven vermischt, machet das haar seer schwartz".

Verwechslungen des Merops mit dem Specht (s. d.), speziell mit dem Grünspecht (s. d.), sind im MA. vielfach vorgekommen[3]). Albertus Magnus[4]) übernimmt mit dem Namen Merops die auf ihn bezügliche äußere und biologische Beschreibung der antiken Naturforscher (Aristoteles [5]), Aelian [6]), Plinius [7])), identifiziert ihn aber mit dem Grünspecht. Der Bericht Konrads v. Megenberg [8]) über den Merops, den er mit „Baumhäckel" verdeutscht, beruht mittelbar auf Plinius [9]), der aber den Picus Martius (s. Specht) und nicht den B. meint.

[1]) Brehm[4] 8, 159 f. [2]) *Vogelbuch* 1582 fol. 160 b. [3]) Diefenbach *Glossarium lat.-germ.* (1857) S. 358 c; Merops.: specht, groner speht, poumheckel usw.; Suolahti *Vogelnamen* 33. [4]) *De anim.* 23, 128. Auch Isidor *Etym.* 12, 7, 34 beruht wohl auf Aristoteles. [5]) *Hist. An.* 9, 13. (40). [6]) *De an.* 11, 30. [7]) *N. H.* 10, 51, 1; Vincenz v. Beauvais *Speculum naturale* l. 16 c. 106 stimmt zu Plinius und zitiert insbesondere Isidor u. Jorath. [8]) *Buch d. Natur* ed. Pfeiffer 380. [9]) *N. H.* 10, 20. Hoffmann-Krayer.

Bienensegen. Diese wollen verhindern, daß die Bienen fortziehen oder sich zu hoch ansiedeln, und mahnen sie zu fleißiger Arbeit [1]). Daß schon die Antike Bienensprüche verwendete, ist wahrscheinlich [2]). Im MA. sind die B. fast durchgängig von christlichem Gepräge und sicher von Klosterleuten, den Imkern jener Zeiten, verfaßt. Nur ein altenglischer, stabreimender Spruch ist nichtchristlich [3]). Gern wird die Produktion von Wachs für geweihte Lichter betont. Kirchlich rezipiert wurde aber im Westen keiner von diesen recht volkstümlich gefaßten Segen [4]). Von lat. Texten liegen zwischen 800—1200 fünf vor; zwei vom 9. Jh. bezeichnen den Weiser als weiblich (*mater*) gegen die von der Antike ererbte Anschauung; in dem einen steht u. a. „non te in altum levare nec longe volare" und „habeo bona vasa parata"; in dem anderen u. a.: „mater matricula, qui ceram candidam facis et lumen ueracis ante dominum portacis" [5]). Eine Formel des 10. (?) Jh. sagt: „Uos estis ancille domini, vos faciatis opera domini" etc. [6]); ein paar Texte sind aus dem 14. Jh.

Ältester deutscher Text ist der liebliche „Lorscher B.", 10. Jh.[7]), der die Immen, des Gebotes S. Marias eingedenk, heimkommen heißt und in die Worte ausläuft: „sizi vilu stillo, uuirki godes uuillon".

Von diesem und von wenigen Texten um 1500 abgesehen sind aber die meisten deutschen B. erst in den letzten Jh. aufgezeichnet, vorwiegend im protestantischen Norddeutschland; diese Fassungen sind kürzer und dürftiger als die alten. Eine Form ohne kirchl. Gepräge ist die folgende: „Bien' und Wies' — setzt euch an Baum und Ries — setzt euch an Lov und Gras — und traget ein Honig und Wachs" [8]). Ein Zusatz kann noch immer den kirchlichen Brauch des Wachses hervorheben, z. B. „damit alle Kirchen und Klöster gezieret werden" [9]) (ähnlich in französischen [10]) und dänischen [11]) B.) oder „zu Mariä Wachslicht" [12]). Erst im 15. Jh.[13]) wird in den B. der Honig genannt, doch wird nie sein alter kultischer Gebrauch (für die Neugetauften) erwähnt, dagegen öfters sein weltlicher Nutzen, z. B. „den Honig für Menschenspeis — das Wachs zu Gottes Ehr und Preis" [14]), oder „dat Wass fö de Hilligen un Honnig fö uns Kinne" [15]).

Ein besonderes Motiv ist Biene und Paradies: „Die Bienen und Wiese(n) — die kommen aus dem Paradiese" [16]), oder „. . . fliegt nach dem Paradis' . . . holet Honig und Wass" [17]). Hier klingen die alten Vorstellungen von der Heiligkeit und Frömmigkeit der Bienen (s. d.) nach. Ein französischer B. schildert die Geburt der Bienen aus den Wassertropfen, die am Jordan von Jesus fielen [18]); in finnischen Zauberliedern soll die Biene aus Gottes Keller oder aus dem Himmel Salbenhonig holen [19]).

Einige B. betonen die Macht Marias über die Biene; man vergleiche, daß auch die lieblichen und heilsamen Kräuter unter ihrem Schutze stehn. Der Lorscher Segen: „sizi, sizi, bina, inbot dir sancte Marja". 16. Jh.: „Maria stund auf eim sehr hohen berg; sie sach einen suarm bienen kommen phliegen . . . sie sazt im dar ein fas, das Zent Joseph hat gemacht" [20]). Die Biene darf nicht ohne Gottes und Marias Genehmigung ausfliegen [21]).

[1]) Müllenhoff ZfVk. 10, 16 ff.; Franz *Benediktionen* 2, 135 ff.; bes. wichtig Ebermann in Festschrift für Ed. Hahn (Stuttg.

1917) 332 ff. (nebst Nachtrag in Mitt. z. Gesch. d. Medizin 19, 267 f.) mit vielen Texten und Hinweisen. [2]) Urquell 6, 141. [3]) Zupitza in Angl. 1, 190; Grendon in JAmFl. 22, 168. 216; Meissner in Angl. 40, 375 ff. [4]) Byzant. kirchl. Text, 15. Jh.: Urquell 3, 205 verdeutscht. [5]) Neues Archiv für ältere deutsche Geschichtsforsch. 8, 357; SitzbWien 69, 35 f. Das Motiv „Nicht zu hoch", deutsch Ebermann l. c. 338 Nr. 23. [6]) MSD. 2, 92; vgl. Gallee *Die altsächsischen Sprachdenkmäler* 208; ZfdA. 52, 17. [7]) MSD 1, 34 Nr. XVI. Erläut. u. Lit. Pfeiffer SitzbWien 52, 3; MSD. 2, 90 ff.; Kögel *Gesch. d. deutschen Lit.* I, 2, 154 ff.; Steinmeyer 396 f.; Grienberger PBB. 45, 415 ff. [8]) Urquell 6, 21; vgl. 5, 22; Kuhn *Westfalen* 2, 208 Nr. 592; Germania 1, 109. [9]) Wolf *Beiträge* 2, 451; Nds. 15, 306. Flämisch: ZfdA. 7, 533. [10]) Sébillot *Folk-Lore* 3, 319. [11]) Ohrt *Danm.Tryllefml.* Nr. 736 f. [12]) Frischbier *Hexenspruch* 131. — Vgl. noch BlPommVk. 9, 3 (J. 1539). [13]) MschlesVk. 13 (1905) 28 lat. [14]) Andree *Braunschweig* 387; Strackerjan 1, 125 Nr. 146; Jahn *Hexenwahn* 142. [15]) BlPommVk. 2, 43; Urquell 6, 21; Woeste *Mark* 53. [16]) Bartsch *Mecklenburg* 2, 451 Nr. 2073; Strackerjan 1, 78; BlPommVk. 2, 27; Jahn *Hexenwahn* 142. [17]) Bartsch *Mecklenburg* 2, 450 Nr. 2071; BlPommVk. 2, 43. [18]) Rolland *Faune* 13, 32. [19]) Krohn *Magische Ursprungsrunen der Finnen* (FFC. Nr. 52) 267. [20]) Grimm *Myth.* 3, 371 (J. 1570); vgl. Wlislocki *Sieb. Volksgl.* 125. [21]) ZfVk. 2, 86. Ohrt.

Bier.

1. Geschichtliches. — 2. B. u. Brauen in der Mythologie. — 3. Das Brauen der Vegetationsdämonen. — 4. B. und Hexe. — 5. Abwehrmittel gegen den Schadenzauber der Hexen. — 6. Mittel gegen Sauerwerden. — 7. Gebräuche und Aberglauben beim Ausschenken. — 8. Gebräuche und Aberglauben beim B.-trinken. — 9. B. bei Rechtsgeschäften. — 10. Allerlei Aberglaube. — 11. B.opfer. — 12. B. bei Hochzeit und Schwangerschaft. — 13. B. im Liebeszauber. — 14. B. im Schadenzauber. — 15. Bier im Wider-, Schieß-, Diebeszauber. — 16. B. in Volksmedizin und Heilzauber.

1. Geschichtliches[1]). Auf Grund von Hehns Forschungen [2]) und der bis zu intimen [3]) Einzelheiten bekannten Bedeutung des B.es in der ägyptischen [4]) und babylonisch-assyrischen [5]) Kultur, wobei uns vor allem der Ethnograph Hekataeus v. Milet als ältester Zeuge für die Ägypter [6]), Thraker und Phryger [7]) hilft, ist erwiesen, daß das B., dessen Domäne heute im Norden und Nordosten Europas zu suchen ist, einst von Osten über Ägypten und Spanien zu den Kelten und Germanen kam [8]). Die Spanier und Gallier [9]) hatten zu des Plinius Zeiten eine hohe Vollkommenheit in der Bereitung eines Weizengetränkes erreicht, das cerevisia bei den Galliern genannt wird und bei den Numantinern celia, später (9. Jh.) hören wir von cerbesia [10]). Über das B. der Kelten gibt Julianus Apostata [11]) in einem erhaltenen Epigramm ein interessantes Urteil ab [12]). Abgesehen von der ganz allgemein gehaltenen Notiz des Pytheas von Massilia [13]) bietet Tacitus' Germania das erste Zeugnis für einen aus Getreide bereiteten Gärtrank bei den Germanen [14]): potui humor ex hordeo aut frumento in quandam similitudinem vini corruptus. Die B.bereitung mit Hopfenzusatz lernten die Germanen in der Zeit der Völkerwanderung von den Slaven kennen [15]). Das deutsche Wort B. steht zuerst als 'beor' in der Zusammensetzung 'peorfaȥ' = cadus in dem rhabanischen Glossar [16]); es drang in das slavische Sprachgebiet und ins Romanische ein, wo es die bodenständigen Ausdrücke verdrängte (bière, birra). Bei den Ostfranken stieg das B. erst allmählich zu der Stellung empor, die es im MA. bekam [17]). Daß aber die Bedeutung des B.s als Volksgetränk und Nahrung auch bei den Deutschen im frühesten MA. größer war als Schrader [18]) meint, scheint die berühmte Brot-B.-Vermehrung in der Vita Columbani anzudeuten, wo Brot und B. als die Nahrung bezeichnet werden [19]), wie diese Vorstellung etwa heute in holsteinischen [20]) Wendungen lebendig ist. B. ist ja auch in der lex Alamannorum tributum der servi an die Kirche [21]). Wenn die Ansprüche der Beamten in der Karolingerzeit geregelt werden, so wird immer B. erwähnt, so im Capitulare: tractoria de coniectu missis dando (829) [22]); bei Fastenvorschriften finden wir B. neben Fleisch, so in einem Brief des Erzbischofs Richolfus von Mainz an den Suffraganbischof Egino v. Konstanz (810) [23]); sonst ist bei schwerer Buße Enthaltung von cervisa mellita vorgeschrieben [24]).

[1]) Die 1913 gegründete Gesellschaft für die Geschichte und Biblio-

graphie des Brauwesens hat bisher 3 Hefte herausgegeben: *Bier und Bierbereitung bei den Völkern der Urzeit.* Berlin 1926 ff.; eine Art Vorarbeit ist die von F. Schoellhorn, dem Begründer dieser Gesellschaft f. d. G. u. B. d. B., verfaßte *Bibliographie des Brauwesens,* I. Teil, 1926, gedruckt als Manuskript bei Benziger in Einsiedeln. [2]) Hehn *Kulturpflanzen* [5] 141 ff.; Schrader *Reallex.* 88—92; Hoops *Reallex.* 1, 279 ff.; Schrader *Sprachvergleichung* 2, 253—4; Pauly-Wissowa 5, 457 ff.; Weinhold *Frauen* 2, 57—61; Coler *Oeconomia* 20; Ebert *Reallex.* 2, 20 ff. [3]) Zeitschr. f. ägypt. Spr. u. Altert. 28, 66 ff.; 17, 79; Meißner *Babylonien und Assyrien* 1 (1925), 406. 419; Ausland 64, 929 ff.; Ebert l. c. 2, 21—22. [4]) Pauly-Wissowa 5, 457—60; Aeg. Zeitschr. 17, 79. [5]) Meißner l. c. 1, 239—41; 2, 70. [6]) fr. 323 = Jakoby *Fragm. hist. Graec.* 1, 41. [7]) fr. 154 = Jakoby l. c. 1, 27; Schrader *Sprachvergleichung* 2, 254. [8]) Hehn l. c. 141—142. [9]) Ders. l. c. 143—44; Pauly-Wissowa 5, 462 bis 463; Ausland 64, 931; Isidor *Origines* 20, 3, 18; Vinzenz v. Beauvais l. XII. c. 109. [10]) Pauly-Wissowa 5, 463—64. [11]) Anthologia Palatina IX, 368 = 3, 1, 338 Z. 10 ff. Stadtmüller. [12]) Übersetzung bei Hehn l. c. 147; Fischer *Altertumsk.* 58 bis 59. [13]) bei Strabo 4, 201. [14]) c. 23; [15]) Ausland 64, 613—16 (mit Lit.); Globus 60 Nr. 24, wo Argumente für und wider erörtert werden; Hoops *Waldbäume* 614 ff.; 649 ff.; Hehn l. c. 473—480; Heyne *Hausaltertümer* 2, 341 ff.; Annalen d. hist. V. f. d. Niederrhein 85, 133 ff.; weitere Literatur bei Schöllhorn (s. A. 1) 34 ff. [16]) Steinmeyer-Sievers *Ahd. Glossen* 1, 83; die ganze Frage ist von Güntert *Göttersprache* 150 ff. eingehend geprüft und entschieden worden gegen Schrader in Hoops *Reallex.* 1, 279—80. [17]) Lehrreich ist hier eine Stelle im zweiten Buch der *Causae et curae* der hl. Hildegardis, ed. Kaiser (L. 1903) 150, 16 ff.; vgl. 169, 16 ff. [18]) Hoops *Reallex.* 1, 279. [19]) MG Scr. rer. Merov. 4, 84 Z. 11: ait (Columbanus zu den ackernden Mönchen): Sit vobis a Domino conlata refectio; minister ait: non sunt nobis amplius quam duo panes et paulolum cervisae. [20]) Mensing *Schleswig-Holst. Wb.* 1, 525 (vgl. 265): den Beerpott höger hangen = den Brotkorb höher hängen; vgl. Meiche *Sagen* 135 Nr. 179. [21]) MG leg. sect. I tom. 5, 1, 82 Z. 15. [22]) Ebd. II tom. 2, 11 Z. 6. [23]) l. c. tom. 1, 249 Z. 26. [24]) l. c. tom. 2, 189 Z. 19; 242 Z. 26; 244 Z. 16; 245 Z. 20—21.

2. Wie das Backgeschäft überträgt der Germane auch das Braugeschäft auf die kosmisch-mythologischen Vorstellungen; denn backen und brauen gehören zusammen [25]) und sind wichtige Geschäfte der Hausfrau [26]), und zu dem, womit sich die Phantasie immer beschäftigen muß, sieht sie überall Analoga. Natürlich soll nicht behauptet werden, daß jedes witzige Bild in das Gebiet der kosmischen Mythologie fällt.

Die Wolken am Himmel sind ein gewaltiger Braukessel, in dem Thor beim Gewitter braut, der herabströmende Regen ist das Wolkenb. (vgl. Wolkenwasser = Milch) [27]); oder die Riesen brauen in einem gewaltigen Kessel B. [28]); solch einen Kessel nimmt Thor dem Riesen Hymir im Gewitterkampfe ab; dieser Kampf zwischen Thor und dem Riesen spielt besonders beim Gastmahl der Asen eine Rolle; Thor muß mit Tyr zusammen den gewaltigen Braukessel des Riesen Hymir holen, damit man B. brauen kann; es gelingt ihm mit Hilfe von Tyrs Mädchen, sich als den stärkeren zu zeigen, und er stülpt den Kessel über den Kopf und geht zu den Asen zurück [29]). Die Verbindung von Gewittervorgängen und Backen = Brauen erkennen wir besonders in Wetterregeln und volkstümlichen Wettersprüchen. Der Mecklenburger sagt: Wenn der Scharpenwewer [30]) am Abend brummt, trägt er „Süerborn" (= Hefe zum Brotbacken), es wird heiß; brummt er aber am Morgen, so trägt er „Brugborn" (= Hefe zum B.brauen), „denn ward't denn' Dag noch regen, wil he brugen will" [31]); in Schleswig [32]) sagt man im Volkswitz: „de Voß bruut Beer", wenn abends die Nebel steigen; in der Oberpfalz brauen beim Nebel die Berge [33]); in Waldheim hat Petrus „de B.teppeln umgeschmissen", wenn ein Gewitter donnert [34]); wenn der Nebel steigt, braut die Hexe [35]). Zu beachten ist auch, daß die Wolken einen Goldschatz in sich bergen [36]), und daß der Braukessel der Riesen mit Gold gefüllt ist [37]).

[25]) In Mecklenburg backen und brauen die Unterirdischen: Bartsch *Mecklenburg* 1, 41 Nr. 61; interessant ist, daß die Litauer, wie Prätorius *Deliciae Prussiae* 32 erwähnt, einen Gott Raugupatis verehrten, der „hilft, wenn das bier wohl giret, der teich wohl säuret"; er heißt auch „Herr des Sauerteiges": Usener *Götternamen* 100, vgl. 85. [26]) Vgl. den alten Brautspruch in Bartsch *Mecklenburg* 2, 65 Nr. 236; vgl. Mensing *Schleswig-Holstein. Wb.* 1, 536 ff. In einem finni-

schen Epos ist die Erfindung des Bierbrauens schön beschrieben; zur Gährung verwendet man zuerst vergeblich Schaum des Bären, zuletzt Honigseim: Rochholz *Glaube* 1, 28 bis 29. [27]) Mannhardt *Germ. Mythen* 92 ff. 101. 103—104. 235; vgl. 234.; Kuhn *Herabkunft* 64. 164 ff.; Edda 50 (Simrock); Schwartz *Studien* 153—154; Pfannenschmid *Erntefeste* 138. 429—30; vgl. Rochholz *Glaube* 1, 29. 267. [28]) Meyer *Germ. Mythen* 89 ff.; vgl. den B.saal in Okolni in der Voluspa Strophe 43 = 8 Simrock; in der Olaf Trygja-Saga wird dem Odin B. gegeben und den Asen zugetrunken: Kloster 9, 193. [29]) Simrock *Mythologie*⁴ 263—65; E. H. Meyer *Myth. d. Germanen* (1903) 238 ff.; Mogk *Mythologie*; Ders. *Relig.gesch.* 91 ff.; Schwartz *Mythologie* (1860) 201. 223. 226; Edda Hymiskvidha 46 ff. Simrock; Kloster 9, 309; Meyer *Germ. Mythol.* 145; das Brauen nehmen die Götter überhaupt sehr wichtig: Weinhold *Altnordisches Leben* 153. [30]) Bartsch *Meckl.* 2, 187 Nr. 897 a. [31]) Ders. 2, 210 Nr. 1044. [32]) Mensing *Schleswig-Holst. Wb.* 1, 537; vgl. Meier *Schwaben* 1, 264 Nr. 296: die Hasen oder Füchse backen; ebenso im Rheinland: den Foss braut: Müller *Rhein. Wb.* 1, 929; vgl. Schwartz *Mythologie* 223. [33]) Schönwerth *Oberpfalz* 2, 133 Nr. 15, 1; ebenso in Obersachsen Müller-Fraureuth *Wb.* 1, 146. [34]) Müller-Fraureuth 1, 106. [35]) Z.f.Völkerpsychol. 18, 399. [36]) Meyer *Germanische Mythol.* 91. [37]) Ders. 89; vgl. Schwartz *Myth.* 248. 273.

3. Entsprechend dem kosmischen Braugeschäft der Riesen brauen auch die Vegetationsdämonen B. Verbreitet ist die Sage, daß die Zwerge, Bergmännlein, Hollen, die grauen Männlein, ihren Braukessel herleihen; als Lohn verlangen sie gewöhnlich eine Semmel und eine Silbermünze wie die Bergmännlein auf dem Stromberge in der sächsischen Lausitz; fast immer wird die gute Freundschaft dadurch zerstört, daß einer die Semmel herausnimmt und einen Dreck hineinlegt [39]); in Pommern [40]) wird ein weniger feiner Lohn verlangt: ein Brot und eine Flasche B.; auch hier hört die Freundschaft auf, als jemand zum Schabernack Brot und B. fortnimmt; zu betonen ist, daß z. B. in der Lausitzer Sage das Brauen und Backen der Zwerge zusammen erzählt werden [41]). In Mecklenburg leihen die Unterirdischen die Braupfanne und bringen sie blank geputzt zurück [42]). Knechte bekommen auf dem Acker B. und Brot [43]); im Voigtland haben die grauen Männlein eine Braupfanne mit B. [44]); in der sächsischen Schweiz trinken die Querxe B. und schieben Kegel [45]). Die Osenberger Zwerge in Oldenburg [46]) kaufen vom warmen Hausgebräu; ein Männlein, das über den Durst getrunken hat, läßt den Krug stehen [47]), an dem der Segen des Hauses hängt; ähnliches wird aus Pinnow in Mecklenburg berichtet [48]). In Oldenburg [49]) naschen die Zwerge B., in Schleswig-Holstein [50]) lecken sie als Kröten [51]) (vgl. Butter und Milch) das verschüttete B. auf oder stehlen für den Kranken ,,Pingel" B. vom Faß [52]); in Husum [53]) stehlen die Puke vom Gebräu, auf Sylt [54]) die ,,Önnerkens", die, von der Bäuerin beim B.hahnen ertappt, zum Dank, daß sie unbelästigt bleiben, bewirken, daß die B.-tonne nie leer wird. Im Voigtland schützen sich die, welche im Keller B. holen, mit Dost und Dorant gegen die b.gierigen Kobolde [55]). So trinkt die wilde Jagd [56]) in Thüringen einem Manne die B.flasche aus, welche nie leer wird (vgl. Goethes Getreuer Eckart) [57]), und die Weiber aus Frau Holles [58]) Zug lassen die B.kanne nie versiegen. Im Voigtland trinkt die Percha den Mädchen das B. aus; zum Dank läßt auch sie das B. nie ausgehen; als aber das Geheimnis verraten wird, ist der Krug leer [59]). Die Elben verlangen das B. [60]) als ständiges Opfer (vgl. auch 11 b), wie der B.wetzel [61]) im Riesengebirge, der alles zusammen wirft, wenn er sein B. nicht bekommt, ebenso der B.esel [62]) (s.d.); diese treten wie die Kobolde und Elfen in Eselsgestalt auf und hocken dreibeinig auf dem Rücken der Wirtshaushocker [63]); und den Studenten in der Mühle zu Rinteln [64]) geht es sehr übel, als sie dem Kobold das B. austrinken (vgl. den Chimmeke, Milch). Zu den Elben gehören auch die herumgeisternden Seelen Verstorbener, die nach der Labe des Lebens lechzen (vgl. Butter, Milch). Im Anfang des 19. Jhs. bettelte in Ratibor ein Gespenst B. von den Vorübergehenden und trank gierig [65]); in Schwaben geht der ,,B.appel" um [66]); daher fängt man Geister gerne in B.flaschen, weil sie nach B. gieren, wie ein Geistlicher in

Cament die Seele einer Geizigen in einer B.flasche fing [67]); daß in Bayern und im Voigtland ein Geist als B.faß herumpoltert, ist nicht erstaunlich [68]). Die weiße Frau im Kloster Lehnin spukt im Brauhaus, und wenn es mit dem B. nicht geheuer ist, gibt man ihr die Schuld [69]); im Voigtland hockt ein Gespenst den b.holenden Mägden auf [70]). Sonst hören wir von geisterhaften Brauereien [71]), oder man deutet Gesteinbildungen als Braupfannen [72]). Wenn wir an die goldgefüllten Braukessel der Wolkenriesen denken, so paßt es auch zum Bilde der Erdmännlein, daß diese in der Johannisnacht im Herrlaberg [73]) bei Langenbielau Braukessel mit Gold zeigen, oder im Stromberg [74]); freilich überwiegt hier die Vorstellung von den die Metallschätze der Erde bearbeitenden und hütenden Zwergen; Schätze in Braupfannen finden sich sehr häufig, so der Schatz in einer großen Brauhütte bei Königsmartha [75]); ein Brauer in Vogtsdorf hatte den Bund mit dem Teufel und eine ganze Braupfanne voll Gold [76]).

[38]) Kühnau *Sagen* 2, 72 Nr. 739 = Meiche *Sagen* 210 Nr. 276 [1]; vgl. Haupt *Lausitz* 1, 37 Nr. 39; Rochholz *Sagen* 1, 365; Witzschel *Thüringen* 2, 87 Nr. 107; Kuhn *Westfalen* 1, 200 Nr. 224. [39]) Kühnau *Sagen* 2, 67 Nr. 733 = Meiche *Sagen* 337 Nr. 438 vgl. Rochholz *Sagen* 1, 282 Nr. 1095. [40]) BlpomVk. 3, 38 Nr. 18; Knoop *Hinterpommern* 32 ff. [41]) Meiche l. c. 210; vgl. Bartsch *Meckl.* 1, 80. [42]) Ders. 1, 80—81. 82. 89. [43]) Ders. 1, 41 Nr. 61, vgl. backen. [44]) Eisel *Voigtland* 43 Nr. 94. [45]) Meiche *Sagenb. d. sächs. Schweiz* 21 Nr. 8. [46]) Grimm *Sagen* 30 Nr. 43; vgl. die Unterirdischen in Mecklenburg: Bartsch l. c. 1, 80 Nr. 88. [47]) Bartsch l. c. 1, 88 Nr. 94; vgl. Müllenhoff *Sagen* [2] 310 Nr. 464. [48]) Bartsch l. c. 1, 80 Nr. 88. [49]) Strakkerjan 2, 226 Nr. 476. [50]) Müllenhoff *Sagen* 343 Nr. 508. [51]) Sonst als dreibeinige Hasen: Mannhardt *Germ. Mythen* 411; Bartsch *Meckl.* 1, 168 Nr. 207; Eisel l. c. 120 Nr. 311—12; 139 Nr. 371; 140 Nr. 376; 141 ff.; 289—290 Nr. 726. [52]) Müllenhoff l. c. 310 Nr. 464; vgl. 309 Nr. 463. [53]) Ders. 352 Nr. 518. [54]) Ebd. 355 Nr. 521. [55]) Eisel *Voigtland* 31 Nr. 61; 53 Nr. 118; vgl. 85. [56]) Witzschel *Thür.* 1, 189 Nr. 184. [57]) Eckart mit seinem Zug begegnet b.holenden Kindern; die Weiber des Zuges trinken das B. aus, das nicht mehr versiegt: Waschnitius *Perht* 106. 174. [58]) Witzschel 2, 76 Nr. 89 = 1, 189 Nr. 184. [59]) Eisel *Voigtland* 104 Nr. 264. [60]) Über Gebäcknamen als Reste alter Opfer an Kobolde: NddZfVk. 1926, 14. [61]) Kühnau *Sagen* 2, 50 Nr. 710. [62]) H. L. Fischer *Aberglauben* (1790) 65; noch heute im Voigtland: Eisel l. c. 123 Nr. 318. [63]) Mannhardt *Germ. Mythen* 411. [64]) Grimm *Sagen* 52—53 Nr. 73. [65]) Kühnau *Sagen* 1, 210 Nr. 198. [66]) Birlinger *Schwaben* 1, 227; Fischer *Schwäb. Wb.* 1, 1101; vgl. den Kophamel in Mecklenburg: Bartsch l. c. 1, 168 Nr. 207. [67]) Kühnau *Sagen* 1, 463 Nr. 491; ferner 1, 1—2. 117 Nr. 129. 465—66. 469. 483. 489; 3, 215; vgl. MschlesVk. 13—14 (1911—1912) 113 ff. 98 ff.; Leoprechting *Lechrain* 76 erzählt, wie ein Branntweingeist in einer Flasche täglich einen Groschen für eine Halbe erhält; vgl. Rochholz *Sagen* 1, 186; Künzig *Badische Sagen* 8 Nr. 11; 11 Nr. 19; 16 Nr. 32. [68]) Pollinger *Landshut* 128—129. [69]) Schwartz *Sagen d. Mark Brandenburg* [7] (1921) 78, 44. [70]) Eisel l. c. 85, vgl. 31 Nr. 61; 53 Nr. 118; Mannhardt *Germ. Mythen* 411. [71]) Kühnau *Sagen* 3, 565 Nr. 1969; Eisel *Voigtland* 66 Nr. 156; vgl. Rochholz *Sagen* 1, 365. [72]) Kühnau 2, 621, 1271. [73]) Ebd. 2, 84, 747. [74]) Ebd. 3, 618, 2020. [75]) Ebd. 3, 620 ff., 2022; vgl. 3, 565; sonstige Belege für Schätze in Braupfannen: 1, 240, 9. 243; 3, 166, 1546. 557, 1969. 613, 2019. 622, 2025. 738 ff., 2147; Meiche *Sagen* 135, 179. 691, 855. 703, 871. 718, 889. 738, 908; Meiche *Sagenbuch d. sächs. Schweiz* 55 Nr. 46; sehr häufig im Voigtland: Eisel l. c. 43 Nr. 94; 47 Nr. 105—106; 74 Nr. 185; 81 Nr. 208; 173 Nr. 468; vgl. Index 403; Tharsander *Schauplatz* 1 (1737), 537; Schindler *Aberglaube* 143; Waschnitius *Perht* 125; Schatz im Brauhaus: Eisel l. c. 147 Nr. 402; 185 Nr. 492; Müllenhoff 102, 118; 583, 600; Mannhardt *G. M.* 193; Köhler *Voigtland* 56; Haas *Rügensche Sagen* [5] 36, 65; Pröhle *Harz* [2] 217; Meyer *Germ. Myth.* 102 § 137; vgl. Bartsch 1, 247, 322; Künzig *Sagen* 93, 249. [76]) Kühnau 2, 665 ff. Nr. 1298.

4. Wie sehr die Hexen nach dem stärkenden Seelen- und Geistertrunk verlangen, zeigt eine Wismarer Sage [77]): Eine Milchhexe war durch Verpflöckung (s. d.) herbeizitiert; der Gegenzauber war aber machtlos, sobald es ihr gelungen war, von dem im Hause stehenden B.humpen zu trinken. Eine Mecklenburger Hexe bekennt 1576 [78]), „und hetten (beim Hexenmahl) roth bier getrunken uth glesern"; ein Jahr später sagt eine Hexe aus, es habe Magdeburgisches und Garlebesches B. gegeben [79]); nach Oberpfälzer [80]) Glauben finden die B.- und Weinreste, die

man im Glase stehen läßt, beim Hexenmahl Verwendung. Auch nach dem Aberglauben in Schleswig-Holstein trinken die Hexen beim Mahl B.; in der Johannisnacht verbrennt man die Hexen, indem man warmes B. trinkt und den Hexen zuruft: „Kommt her, ihr alten Hexen ins Feuer"[81]; nach dem „höllischen Proteus" trinken die Hexen die B.fässer leer[82]. Praetorius berichtet, daß Werwölfe = Hexen ganze Fässer B. und Meth aussaufen[82a]; durch Austrinken eines mit Bier gefüllten Glases und durch ein Zauberwort wird ein Mann zum Werwolf[82b]. Wie die Milchhexen treiben sie mit B. allerlei Schadenzauber; so wird eine Hexe in Eberswalde[83] wegen Zauberei mit B. und Molke angeklagt; nach dem Aberglauben in Mecklenburg machen die H. das B. sauer und die Milch lang[84]; nach Gockelius werden die B.sieder durch die Ligaturen der Hexen in ihrem Handwerk behindert[85]; eine andere wurde zum Feuertod verurteilt, weil sie fliegende Geister ins Brauhaus sandte. In Leobschütz[86] verbrannte man 1581 zwei Frauen, welche volle Fässer mit B. aus den Kellern der Bürger gezogen hatten, darauf eine Luftfahrt gemacht und sie auf den Turmspitzen ausgesoffen hatten; eine Königsberger[87] Hexe fährt mit andern Weibern als Katze in Braukübeln auf der Pregel, bis sie der Braubursche mit dem Kreuzzeichen zwingt, sich ins Gebräu zu stürzen; in einer andern Brauerei in Königsberg schlug immer das Gebräu um, bis die Hexe als Katze entlarvt wurde und zwar wieder von einem Brauburschen, der ein Sonntagskind war[88]. Ein alter Braubursche verhexte aus Rache zu Brambach[89] durch ein Gartenkraut das B., daß es als braune Eiszapfen am Balken hing, und ein Schwarzkünstler verzauberte zu Freystadt[90] das B., daß es wie ein Ballen Wolle in den Sparren hing. Zu Budissin[91] in der Lausitz suchte eine Wirtin (1677) ihrer Konkurrentin die Gäste zu entziehen (vgl. Milchhexe), indem sie sich Kehricht vom Kegelloch und der Hausschwelle verschaffte. Der Brechschmied, ein Zauberer im Isergebirge[92], holte auf Grund einer Wette in seinem Mantel in Münchengrätz ein Faß B.; aber unterwegs zog ihn der Teufel aus der Luft herunter und soff mit ihm das Faß aus. Wie bei der Milch muß man sich auch beim B. an Hexentagen in Acht nehmen, so bei den Esten am Thomastage[93].

77) Bartsch 1, 117, 135. 78) Bartsch 2, 9; ebenso eine hessische Hexe (1597): ZfdMyth. 2, 66; vgl. Praetorius *Blockesb. Verrichtung* 576. 79) Ebd. 2, 13; vgl. 9 u. 20. 80) Schönwerth *Oberpfalz* 3, 179, 8. 81) Müllenhoff *Sagen*² 229 Nr. 336. 82) Francisci *Der höllische Proteus* (Nürnberg 1690) 279. 82a) l. c. 148. 82b) l. c. 269. 83) Soldan-Heppe 1, 488. 84) Bartsch l. c. 2, 244 Nr. 1266; vgl. 148 Nr. 1283. 85) Gockel *Tractatus polyhistoricus magicomedicus curiosus* (1699) 63. 86) Kühnau *Sagen* 3, 6, 1352; 7, 1353. 87) Reusch *Samland* 130, 1. 88) Ebd. 130, 2. 89) Meiche *Sagen* 494, 643. 90) Kühnau 3, 197—8, 1569. 91) Haupt *Lausitz* 1, 195, 228 = Meiche 493, 641. 92) Kühnau 3, 239, 6. 93) Boecler *Ehsten* 93.

5. Gegen solchen Schadenzauber legt man in Schlesien schon im 16. Jh. eine von einer Schlange selbst abgestreifte Haut unter das Faß und wirft eine Schnur roter Korallen (vgl. Milch) in das verhexte B.[94]. Auch sonst treibt man allerlei Zauber, um das B. vor Hexerei zu bewahren, es wohlschmeckend zu erhalten und Käufer (Gäste) anzuziehen: „Eines Gehangenen Finger im B.fass aufgehängt schafft dem B. guten Abgang" (aus der neuen Bunzlauischen Monatsschrift 1792)[95]; ebenso zieht ein Lappen mit dem Blut eines armen Sünders im B. die Kundschaft an[96], oder gar das membrum virile eines Gehängten (!)[97]. Harmloser ist das Glückssäckchen, das die geschäftstüchtige Wirtin zu Budissin unter das Schenkfaß legt[98]. In der berühmten Sage vom Wunderblut zu Zehdenick wird erzählt, daß 1249 ein Weib, das einen B.-schank hatte, „eine geweihete Hostie genommen, in Wachs gedrückt und vor ihrem B.fasse vergraben, im Aberglauben, daß sie so die Güte ihres B.es mehre und die Leute ihr B. lieber holen und trinken würden"[99]. Nach schwäbischem Aberglauben hat jeder B.brauer einen B.-molch bei sich, der das B. säuft, es wieder von sich gibt und es so berauschend

macht; noch 1873 wurde ein Ravensburger Braumeister deswegen verrufen und mußte sich in der Zeitung wehren [100]).

[94]) Drechsler 2, 255. Als erster empfiehlt dieses Mittel Justus Stengel: *Bewerte B.künste; welcher Maßen das B. in diesem Lande allerhand auffmerkungen.* Erffurdt 1616, cap. 4; Stengel rät das Mittel gegen die Bezauberung gottloser Leute; auf Knaust und Stengel beruhen Colers Darlegungen. [95]) Grimm *Myth.* 3, 474, 1065; Eckart *Südhannov. Sagenbuch* 83—85; Eisel *Voigtland* 277, 698; Drechsler 2, 239; vgl. Schönbach *Berthold v. R.* 148—49; 50—51; vgl. Bräuner *Curiositäten* (1737) 236 ff.; nach Schweizer Aberglauben wird das B. dadurch schmackhaft: SAVk. 1900, 2. [96]) Strack *Blut* 45. [97]) Drechsler 2, 239; aus Männling 301; ebenso im Voigtland: Eisel l. c. 277 Nr. 698. [98]) Meiche 493, 641. [99]) Schwartz *Sagen d. Mark Brandenburg*[7] 146, 97. [100]) Fischer *Schwäb.Wb.* 1, 1103.

6. Gegen das Sauerwerden des B.es erwähnen schon die B.schriftsteller des 16. u. 17. Jhs. verschiedene Mittel [101]). Stengel befaßt sich besonders mit den Mitteln gegen saures und verdorbenes B., „denn man findet bißweilen lose Leute, die einem ein Bubenstück tun" [102]); wenn das B. im Bottich nicht gärt, so soll man eine heiße, neue Pflugschar hineintun oder einen heißen Kieselstein [103]); viele Mittel schöpft Stengel aus Knaust, so das Hineinhängen eines Haferbüschels. Die Gefahr des Sauerwerdens tritt vor allem bei Gewittern ein; schon Coler [104]) rät, zum B. Brennesseln zu legen, wenn ein Gewitter heraufzieht; und auch in der Rockenphilosophie heißt es [105]): „beim Brauen lege man einen Strauß großer Brennesseln aufs Faß, so schadet kein Donner dem B."; in Mecklenburg [106]) legt man einen Besen auf das B., „dei in de Twölften bunnen is". Nach Stengel soll man reine Tücher auf den Bottich und darauf Salz, Kieselsteine und Lorbeerblätter legen [107]). Wenn ein Toter im Haus ist, besonders wenn der Brauer stirbt, muß man in der Oberpfalz die Fässer rühren oder dreimal daran klopfen, damit das B. nicht abstehe [108]). Um schlechtes B. wieder schmackhaft zu machen, soll man nach Staricius [109]) zerstoßenen Weizen mit der Hefe vermengen und ins Faß schütten; nach dem schlesischen Wirtschaftsbuch (1712) soll man frischgebackenes Hausgerstenbrot auf den Spund legen [110]); in Pommern hängt man gegen Faßgeschmack ein Bündel Weizen ins Faß [111]); und dasselbe Neustettiner Zauberbuch rät prophylaktisch: „wirf einen spannlangen Kienspan in das B., wenn es noch warm ist oder tue ein Ei von demselben Tage hinein und mache den Spund fest mit Lehm zu" [112]).

[101]) Coler (407 c. 59) empfiehlt Nelkenöl; vgl. Krünitz *Enzyklopädie* 5, 201; Knaust führt 63 ff. verschiedene Mittel an: wenn B. „abfelt oder sich verkehret", frisches Gerstenbrot auf den Spund; wenn das B. sauer ist, ein Büschel reifen Haber ins B. gehenkt; Centaurien und Bertram verhüten das Sauerwerden. [102]) l. c. cap. 3 u. 8. [103]) l. c. cap. 4. [104]) Coler 32; Stengel cap. 8 empfiehlt Auflegen von Lorbeer. [105]) Grimm *Myth.* 3, 445, 336; aus der Rockenphilosophie schreibt Fischer ab: Fischer *Aberglauben* 73; „bei entstehendem Gewitter legt man zum B. ein Stück Eisen, Nesseln oder andere Dinge": Tharsander *Schauplatz* 2, 311; Mannhardt *Germ. Myth.* 101; Keller *Grab* 2, 147 ff. (mit Erklärung!); Sartori *Sitte und Brauch* 2, 16 u. 32; Bartsch 2, 133, 578 und 189, 907; Mannhardt l. c. 101 bis 102; Witzschel *Thüringen* 2, 276, 1; Drechsler 2, 210; Rochholz *Glaube* 2, 43. [106]) Bartsch 2, 249, 1283 f. u. g. [107]) l. c. cap. 8. [108]) Schönwerth 1, 248, 13. [109]) *Heldenschatz* 572 ff. [110]) Drechsler 2, 15 = Wirtschaftsbuch 657; ebenso Knaust 63; vgl. auch: J. W. Guldenschreiber *Ein schönes herzliches und Nützliches auch Bewertes Weinbüchlein* . . . (Ettlingen 1607) 96; Guldenschreiber schreibt Knaust zum Teil wörtlich ab. [111]) Schon Knaust p. 65 rät, ein Bündel von 35 Weizenkörnern ins Faß zu legen. [112]) BlPomVk. 4, 7 f.

7. Gebräuche und Aberglaube beim Ausschenken des B.es. Als noch jeder Haushalt das Recht hatte, zu brauen, wechselte das Recht, B. auszuschenken, von Haus zu Haus: Reihenschank; Köhler [113]) und John [114]) beschreiben diese Sitte genau; nach John war man im Erzgebirge an keinen Tag gebunden, in Blomberg (Lippe) [115]) wechselte man gewöhnlich am Montag; die Reihenfolge bestimmte der Brauausschuß durch das Los; manche verkauften dies; wer an der Reihe war, steckte das B.reis zum Dachfenster heraus, einen Kranz [116]) aus Blech oder Holz, auf dem ein B.glas aufgemalt war (im Rheinland:

B.wisch [117]), in Horn [118]) bei Dortmund war es ein Hülsenbusch, in Lippe [119]) ein Strohbusch, in Preußen ein B.zweig (Tannen- oder Fichtenstrauß) [120]), in Schlesien der B.kegel [121])); die Frist betrug 20 Tage, dann wurde das Haus „übersteckt" (in Lippe wechselte die Brauereigerechtigkeit jede Woche [122]); die Preise [123]) waren genau vorgeschrieben. Ebenso war beim Wirtschaftsbetrieb die Zeit vorgeschrieben, bis zu der B. getrunken werden durfte; sobald die B.-glocke ertönte, durfte nichts mehr ausgeschenkt werden [124]). In der sächsischen Schweiz [125]) durfte jeder Bürger, dessen Frau ein Kind geboren hat, sechs Wochen lang ausschenken; das Zeichen war ein Strohwisch. Wie wichtig das B.ausschenken war, zeigt der Streit (1450) im Voigtland [126]). Solche, die zum erstenmal B. schenkten, gaben etwas zum Besten. Dafür mußte jeder Gast auf den Ofen steigen und dabei wurde er wacker mit „Schleußen gepeitscht"; dieses hieß das Ofenbesteigen [127]) (Thüringen); „wer B. schenkt, lege die erste Losung unter den Zapfen, bis ausgeschenkt ist" [128]); ebenso findet sich in der Rockenphilosophie auch folgender Rat: wer die erste Kanne B. aus dem Faß bekommt, soll geschwind fortlaufen, so geht dies B. bald ab [129]). Die Rockenphilosophie rät [130]) auch: Wer aus einer mitten in einem Ameisenhaufen gewachsenen Birke einen hölzernen Schlauch oder Hahn drehen läßt und zapft Wein oder B. hindurch, der wird geschwind ausschenken; derselbe Glaube lebt noch in Thüringen [131]). Wenn ferner eine reine Jungfrau das erste B. vom Faß holt, geht es gut ab; vgl. auch die in 6 aufgezählten Mittel [132]) (siehe Backen). Genau schrieben die Gesetze richtiges Maß beim Ausschenken vor [133]). Welchen Wert das Volk auf die Ehrlichkeit beim B.brauen und Ausschenken legt, beweisen die Sagen, die wir in den Gegenden, wo das B. als Volksnahrung eine große Rolle spielt, finden; das Ethos dieser Sagen ist den Strafen der geizigen Brotschänder sehr ähnlich; die städtische Taberne zu Glatz hatte einen Brauer angestellt, der greulich fluchte und furchtbar betrog; der liebe Gott konnte das Treiben nicht mehr dulden, und zur Strafe mußte der unehrliche Brauer nach dem raschen Tode herumgeistern [134]). Im Braunauer Ländchen nennt man die dämonischen Gespenster „unehrlicher Wirte" „B.esel" [135]) (s. d.); sie gehen in furchtbarer Gestalt um und lärmen und brechen jedem das Genick, der sich in ihre Nähe wagt [136]); natürlich gibt es auch in Bayern unehrliche Wirte; so geht der Braumeister der Schloßkellerei zu Oberköllnbach [137]), der falsches Maß ausschenkte, nachts im Schloßkeller um und sagt immer: „Zehn Daumen sind auch ein Maß." Interessant ist zum Vergleich eine Sage aus Duisburg, welche Caesarius v. Heisterbach in seinem Dialogus miraculorum erzählt [138]): „In Episcopatu Coloniensi opido imperiali, quod Duseburg dicitur, vidua quaedam cervisiam braxare ac vendere solebat. (Als ihr Haus vom Feuer bedroht ist), omnia sua vasa, quibus cervisiam emptoribus mensurare solebat, ad ostium domus contra flammas ponens . . . sic oravit dicens: Domine Deus iustus et misericors, si unquam aliquem hominum his mensuris decepi, volo ut domus haec comburatur" . . . . das Haus wird gerettet, während alles ringsum abbrennt. Nach Maennling läßt der Teufel einer gewinnsüchtigen B.schenkin Hufeisen aufschlagen [139]).

113) *Voigtland* 208 ff.; aus Knaust 64 vgl. 65; bei Stengel cap. 6. 114) *Erzgebirge* 217—219; vgl. Wuttke *Sächs.Vk.* 448; Heyne l. c.; JAFl. 15, 40—44; Globus 82, 19. 115) ZrwVk. 4, 226. 116) Das war auch das Wirtshauszeichen: ZfVk. 17, 195 ff. (m. Lit.); MschlesVk. 1900, Heft 7, 13 ff.; Sartori *Sitte u. Brauch* 2, 185. 117) Müller *RheinWb.* 1, 681. 118) ZrwVk. l. c. 119) l. c. Nach einer alten Vorschrift (1450) mußte in Arnsberg der B.wisch (Strohbusch an einem Stock) ausgesteckt werden: Pick *Aachen* 8 ff. 120) Frischbier *PreußischesWb.* 1, 83 nach Hennigs *Preuß.Wb.* 1785. 121) MschlesVk. 1900 Heft 7, 13 ff.; 1698 wurden in Döbeln die grünen Reiser durch hölzerne oder blecherne ersetzt: Merbitz *Chronica Doebelensia* 1727 bei Müller-Fraureuth 1, 106. 122) ZrwVk. l. c. 123) Lammert 43; Köhler l. c.; John l. c. 124) Heyne l. c. 1, 302 A. 304; Lammert 43; Hovorka-Kronfeld 2, 349. 125) Meiche *Sagenbuch d. sächs. Schweiz* 119—20. 126) Eisel *Voigtland* 312 Nr. 791.

[127]) Witzschel Thür. 2, 287 Nr. 125. [128]) Grimm *Myth.* 3, 447 Nr. 394. [129]) Ebd. 440 Nr. 164 (vgl. § 6) = Fischer l. c. 212. [130]) 2. Hundert p. 263—66 = Grimm l. c. 437 Nr. 98. [131]) Witzschel l. c. 2, 277 Nr. 13. [132]) Fischer *Abergl.* 212. [133]) Lammert l. c. [134]) Kühnau *Sagen* 1, 581—615; vgl. die Sage vom umgehenden Weinfälscher und der ungerechten Müllerin bei Künzig *Bad. Sagen* 14 Nr. 28; 15 Nr. 51. [135]) Müller-Fraureuth 1, 105. [136]) Kühnau l. c. 1, 144—46 Nr. 156. [137]) Pollinger *Landshut* 95. 96; ebenso in Kärnten Graber *Kärnten* 194 Nr. 256; der Wucherer in der Bergischen Sage mißt als Geist nach dem Tode Getreide: Schell *Berg. Sagen* 92 Nr. 16. [138]) X, 31 = II, 240 Stange; Schell *Berg. Sagen* 465, 2; ebenso bittet die braxatrix zu Köln: Sancti Apostoli, si unquam vobis digne fideliterque servivi, custodite domum meam et vasa vestra: VIII 62 = 2, 134—5 Stange. [139]) Maennling 390.

8. B.trinken: Wer das B. bis auf den letzten Tropfen austrinkt, trinkt seine und eines andern Kraft [140]); andererseits sammeln, wie wir sahen, die Hexen alle B.reste (Oberpfalz). Wenn man den Schaum vom B.glas, bevor man trinkt, nicht abbläst, so haben die Hexen Gewalt über den Trinker [141]); wenn man beim B.-trinken den „Hetscher" bekommt, steckt man das Messer ins Glas und läßt es ziehen [142]). „Bist du auf der Hochzeit und dein Glas ist noch nicht leer, so laß nichts zugießen, sonst gibt es unglückliche Liebe" (Pommern) [143]). Damit kommen wir zu den Orakeln: Zeigt sich beim Einschenken von B. oder Wein ein Schaumring, so bedeutet das Glück [144]). Wirft ein Mädchen in einer Gesellschaft B. um, so bekommt sie ohne Heirat ein Kind [145]). Über die Zeit, da das B.trinken besonders anschlägt, weiß das Journal 1790 aus dem Saalfeldischen zu berichten [146]): „Wer Neujahrstag zum B. geht, verjüngt sich und wird roth" (Anfangsfruchtbarkeitsaberglaube vgl. die Lucia-Bier-Bowle in Schweden 11 c); in Westböhmen geht man an Neujahr „aufs neue Blut" [147]); an Fastnacht trinkt man in Norddeutschland viel B., um ein langes Leben zu erhalten [148]). Im Egerland trinkt man am Aschermittwoch B., damit die Gerste gerät [149]).

[140]) Grohmann 226 Nr. 1604. [141]) Hovorka-Kronfeld 2, 350. [142]) Pollinger *Landshut* 278—9. [143]) BlPomVk. 4, 48 Nr. 18, 1. [144]) Wolf *Beiträge* 1, 218 Nr. 191. [145]) Grohmann l. c. 223 Nr. 1566; ZfVölkerpsychol. 18, 362. [146]) Grimm *Mythol.* 3, 452 Nr. 527. [147]) John *Westböhmen* 28. [148]) W. 454 vgl. 97. [149]) Egerl. 4, 36.

9. Der feierliche B.trunk bei Rechtsgeschäften: B. oder Wein dürfen bei einem wichtigen Rechtsakt (auch Verbrüderungszeremonien) [150]) nicht fehlen [151]); im Altnordischen heißt die bei der Verlobung übliche Bewirtung „Befestigungsb." (*festar-ol*), im Angelsächsischen „Brautb." (*bryd-ealu*, neuenglisch *bridal* „Verlobung"), im Trierischen *lovel-beer, jevel-beer*, in Hessen Weinkauf [152]); Knoop hat aus M. v. Normanns Wendisch-Rügianischem Landgebrauch (1530) nachgewiesen, daß man mit dem „Weddelb." eine Wette oder einen Pfandvertrag bekräftigte [153]): „Thom Weddelb. gehört Nemand, ahne de Parte und de Börgen, sonst mögen se van beiden Siden Fründe bidden; Drünke sonst yemand ungebeden, deit Unrecht, möste ok dat B. op sin Andeel betalen." In einer schlesischen Quelle des 17. Jhs. machen zwei Verbrecher aus, daß sie sich nicht verraten wollen: „die giessen B. auff den Tisch und tippen ein" [154]). In Ingerda (Albenburg) gibt es jedes Jahr nach dem Dorfgericht einen B.trunk [155]). Im Erzgebirge gibt man beim Grundstückkauf B. zum besten [156]), und in Schwaben gibt es B. bei der feierlichen Einholung der neuen Dienstboten am „Büntelistag" [157]).

[150]) In Ägypten gab es ein Freundschaftsb.: Veröffentl. d. Ges. f. Gesch. des Brauwesens 1. Heft, 43. [151]) Über Wein und B. bei Eidopfern und Verbrüderungszeremonien: Kircher *Wein* 22. 80. 86. [152]) ZföVk. Suppl. 7 (1911), 5. [153]) BlPomVk. 3, 37. [154]) MschlesVk. 11 (1909), 208—9; über das Stupfen mit den Fingern: Grimm *RA.* 2, 146—47. [155]) ZfVölkerpsychol. 18, 383. [156]) John *Erzgebirge* 17. [157]) Birlinger *Schwaben* 2, 334—5.

10. Allerlei Aberglaube: Träumen von B. bedeutet im Rheinland Streit [158]); Coler in seinem Traumbuch erwähnt das B. nicht. Wasser, das man zum Brauen braucht, soll man nicht Wasser heißen, sonst wird das B. schlecht, man muß es „Lon" heißen (Dänisch) [159]).

Wenn der Hausherr stirbt, muß man nach der Rockenphilosophie die B.fässer im Keller rücken [160]).

[158]) ZrwVk. 1915, 58. [159]) J. M. Thiele *Den danske Almnes overtroiske Meninger* 49 Nr. 225. [160]) Fischer l. c. 268.

11. B.opfer: a) In der vita Columbani [161]) wird erzählt, daß der Heilige zu den Südschwaben kam: „repperit eos sacrificium profanum litare velle vasque magnum, quam vulgo cupam vocant, qui XX modia amplius minusve capiebat, cervisa plenum in medio positum"; und Laricius [162]) „de deis Samotigarum" berichtet von den Litauern: „Rauguzemapati offerunt posteaque ebibunt primum vel cervisae vel aquae mulsae et dolio haustum quem nulaidimos cognominant." Bis zum Ende des 17. Jhs. brachten die Einwohner der Hebriden den Meeresgeistern ein Opfer dar; an Allerheiligen braute man Starkb., und der Priester goß davon mit einem Gebet ins Meer [163]). Als ein Opfer an den Wasserdämon ist wohl der Brauch auf den Orkneyinseln gedacht: die Schiffer besprengen ihre Boote, wenn sie sie am Peterstag zu neuer Fahrt rüsten, mit B. [164]). Die bei Telemarken aufbewahrten Donnersteine werden jeden Julabend mit B. übergossen [165]). B.opfer für die in Bäumen wohnenden Geister werden im Norden erwähnt [166]); für die Zeit 1526—1530 wird von einem unbekannten Autor über ein Opfer der Letten berichtet, das sie in Gestalt von B. und Brot unter einem Holunderbaume dem Erdgott Puschkaitis darbrachten [167]). Den Brunnendämonen opfern im wendischen Mollen [168]) die Frauen das erste Glas B. vom Faß. Gelegentlich des Bockopfers tranken, wie Waisselius [169]) berichtet, die alten Preußen B. aus Hörnern; und Sepp [170]) führt auf den Opfertrank beim Opfern des Antlaßwidders das Bockb. zurück; bis zum Jahre 1854 trank man in der Jachenau im Iserwinkel beim Schlachten des Widders stark gebrautes B.; mit Unrecht aber vergleicht Sepp das Epigramm Julians (vgl. § 1), wo dieser das B. der Kelten wegen des Geschmackes als Bock bezeichnet. Wahrscheinlicher ist die von Kluge [171]) und Weigand [172]) verteidigte Herleitung: Der Name findet sich seit dem 16. Jh. gekürzt aus „Aimbock" = B. aus Einbeck [173]); Harring [174]) lobt den „Bock" neben dem Stettiner B.

Verbreitet über die ganze Erde und bei den Völkern der alten und neuen Welt ist das B. als Totenopfergabe; den Sinn dieser Opfer beleuchtet ein Brauch der Permier in Rußland am besten: man gießt in eine Höhlung des Grabes B. und ruft: „Trink, Trink, wie Du früher getrunken hast [175])." Material für dieses weit verbreitete Opfer bietet reichlich Sartori, Die Speisung der Toten; schon in einer altbabylonischen Inschrift lesen wir [176]) zur Zeit von Urukagina (2900 v. Chr.): „Wenn ein Leichnam ins Grab gelegt wurde, für sein Getränk 3 Urnen sikaru (= Rauschtrank aus Getreide), für seine Nahrung 80 Brote"; und in Phrygien sind B.-service als Totengaben gefunden worden [177]); der Ägypter redet den Toten an: „Empfange dein Brot, das nicht vertrocknet und dein B., das nicht sauer wird" [178]) (Pyramideninschrift v. Sakkára um 3100 v. Chr.). Bei den Nordgermanen finden wir unter den üblichen Julopfern für die Toten-Vegetationsgeister auch das B.opfer; da stellt man im festlich gereinigten und gastlich offenen Hause für die Verstorbenen das „Engelsbier" [179]) auf den Weihnachtstisch und für die Alfen eine Oese B. neben die Speise [180]). In Schweden bekommen am Julabend die Wichte B. und Milch von einer schwarzen Kuh [181]); ein norwegischer Bauer ließ an Weihnachten für das Huldrefolk B. und Essen auf einen Birkenhügel tragen; am andern Morgen war alles leer [182]). Beim Begräbnis war das B.opfer besonders bei den hannoverschen Wenden üblich (um 1700), bei denen überhaupt das B. in Kult und Fest eine große Rolle spielte: nachdem man auf Kopf, Brust und Füße des Toten B. gegossen hat, wirft man nach dem Toten „sein warm B.topf"; nach dem Begräbnis spenden die Angehörigen B.; auf die letzte leere Tonne setzt man 2 Lichter, ein Glas B. und eine Semmel für das Seelchen [183]); die Litauer [184]), die auch sonst viele Gebräuche mit den Wenden gemeinsam haben, setzen dem Toten Brot und eine Flasche B. zu Häupten, ähnlich die Liven [185]). Bei den Esten goß man, bevor der Tote aus dem Hause getragen wurde, eine Kanne B. vor die Tür als „Kolls Gabe" [186]). Alte Totenopfer leben im Leichenschmaus fort [187]): in der Oberpfalz [188]) gibt es beim Leichentrunk Leichenbrot und B.[189]), je mehr man trinkt, um so besser ist es für den Toten; das ist eine uralte Anschauung, daß, je mehr man ißt und auf das Wohl der Toten trinkt, „plenius recreantur inde mortui" [190]); nach altem preußischen Brauch [191]) trank man in der Totenstube mit Schalen B. aus dem Backtrog, trank auch dem dabeisitzenden Toten zu mit den Worten: „Warum bist du denn gestorben . . . ?" „Setzten auch zu den Gräbern der Verstorbenen Brodt und eine Flasche Bier, damit die Seele nicht Hunger noch Durst leiden dürfe" (Maennling l. c.). Noch heute gibt es bei den Ostpreußen einen Leichenschmaus mit Kuchen und B.[192]); die Oldenburger [193]) versammeln sich nach der Beerdigung beim „Tröstelb." [194]), auf Sylt [195]) hieß früher der Leichenschmaus „Ehrb.", ein Beweis, welche Rolle das B. beim Totenmahl spielte, wenn das ganze Mahl davon seinen Namen hat; im Voigtland vereinigt die B.suppe die Leidtragenden [196]); in Westschleswig [197]) trinkt man am Schluß des Leichenmahles auf das Wohl der seligen Leiche und löffelt schweigend das Warmb. aus; bei den Letten [198]) wird beim Leichentrank etwas B. auf die Erde gegossen.

c) B. im Fruchtbarkeitsopfer: Eine Verbindung von Fruchtbarkeits- und Anfangszauber haben wir am Luciatag in Schweden; da tritt, wie Hammarstedt [199]) erzählt, die Luzienbraut mit dem ersten Hahnenschrei in die Wohnstube und bringt eine Bowle von Starkb.; je mehr man trinkt, um so üppiger wird das folgende Jahr. „Credentes quod hoc illis Kalendae Jan. praestare possint, ut per totum annum convivia illorum in tali abundantia perseverent", sagt ja Caesarius von Arles [200]) von den „mensulae" in der Neujahrsnacht. Das älteste norwegische Gesetz bestimmt, daß man an Allerheiligen und am heiligen Abend das B. Christo segnen soll und der heiligen Jungfrau, um einen guten Jahrwuchs zu erhalten [201]); sogar die Pferde bekamen früher vom Julb., wie sie vom Julbrot erhielten [202]). Opfer an Bäume kennt man im Norden ebenfalls: am Donnerstag opfert man unter Gebet einem bestimmten beim Hofe stehenden Laubbaum Milch und B., um das Unglück abzuhalten [203]). Fruchtbarkeitsübertragende B.spenden treffen wir auch beim Maibaum und Erntemaien. Wenn in Schönfeld (Bezirk Falkenau) der Maibaum gefällt wird, übergießt man die Säge mit B.[204]); die Wenden opferten beim Aufrichten des Kreuzbaumes an Mariä Himmelfahrt [205]) und des Kronenbaumes an Johanni [206]) gewaltige Mengen B., beim Kreuzbaumsetzen besprengten sie das Vieh mit B.[207]). Im Rheinland führt man beim feierlichen Einfahren des Erntemais ein Faß Beub.[208]) mit, oder man begießt den Maien mit B. und Wein [209]); in Schweden bindet man in die erste Garbe eine B.flasche [210]). Münchhausen beschreibt ein Opfer im Schaumburgischen, wo nach dem letzten Sensenschlag neben Milch und Branntwein auch B. geopfert wurde, das man auf die Erde goß [211]); der schwedische Bauer [212]) stellt, schon wenn die Saat reift, Grütze und B. schweigend vor Sonnenaufgang aufs Feld. Auf alten Opferspenden beruht das Pfingstb. beim Aufrichten der Pfingsttanne in Mecklenburg [213]), die B.gabe an den Graskönig in Stotternheim (Thüringen) [214]), das auf einem Hügel abgehaltene B.fest in Gödewitz [215]). Das Erntefest heißt direkt „Weizenb." [216]), Ernteb. [217]) (in Lauenstein, auch sonst [218])); in Anhalt [219]) gibt es am Martinsfest immer Bitterb. In Thüringen brauen die Dorfburschen das Kirmesb., und die Mädchen tragen es in ein Faß [220]). In Altenmuhr [221]) (Unterfranken) wird beim Kirchweihbegraben ein Kutterkrug mit B. feierlich vergraben, um im nächsten Jahr wieder ausgegraben und getrunken zu werden; in Schalkhausen wird beim „Körbe"-Begraben ein Faß B. eingescharrt [222]).

161) MG. scr. rer. Merov. IV, 102, 15 ff.; Weinhold *Frauen*[3] 2, 58; Saupe *Indiculus* 14; Hoops 283; Lippert *Religionen d. europ. Kulturvölker* 1881, 176; Kircher *Wein* 4; Grimm *Myth.* 1,45—46; Kloster 9, 193; 12, 242—43. Im heiligen Opferb. ruht der Gott: Chantepie 2, 579. 162) Usener *Götternamen* 100, vgl. 85. 163) Heckscher 137. 164) Kuhn *Westfalen* 2, 122; Sartori *Sitte und Brauch* 3, 90 A. 18. 165) Mannhardt *Germ. Mythen* 101. 166) Ebd. 59—60. 167) Ebd. 63. 168) Globus 81, 271. 169) *Chronica alter Preusscher, Eifflendischer und Curlendischer Historien* 1599; bei Tetzner *Slaven* 383 A. 1. 170) Sepp *Religion* 144 ff. 171) Kluge *Studentensprache* 22. 172) *Wb.* 1, 260; vgl. Schmeller *Bayr.Wb.* 1, 204. 173) Nach der Sage hat Einbeck den Namen davon, daß ein Kind, das eingemauert wurde, einen Zwieback erhielt und sagte: Nur ein Back?: Schambach und Müller 17 Nr. 23, 1. 174) *Faust im Gewande der Zeit* (1831) 67. 175) Globus 71, 372 ff. bei Sartori *Totenspeisung* 39 [1—2]; vgl. die Weiber am Nyassa, die mächtige B.krüge ausschütten und den Häuptlingsseelen zurufen: Schlaft wohl, ihr Götter, schlaft wohl: Sartori 38[1]; bei den Bagananoa führt eine Röhre auf den Schädel des Toten, durch die man ihm B. hinabträufelt: Ausland 48, 668; vgl. Lippert *Der Seelenkult in seiner Beziehung zur althebräischen Religion* 29 ff.; Liebrecht *Zur Vk.* 399, 6; Globus 71, 380; ARw. 12, 89. Eine Verbindung von Ernte- und Totenfest feiern die Bari in Ostafrika; sie stellen beim Erntefest Krüge B. auf das Grab und trinken sie später aus: Tylor *Cultur* 2, 35; Sartori 1, 53; auch die Russen schütten nach der großen, pompösen Zeremonie des Leichenmahles B. aufs Grab: Globus 71, 372 ff.; vgl. das Hahnenb. bei den Tschuwaschen: Globus 63, 324; Sartori 34 f. 19[2]. 176) Vorderasiatische Bibliothek I, 1, 47; Meißner l. c. I, 239; Lit. auch bei Sartori 37—38. 177) ARw. 8, 153. 178) Deutsche Rundschau 84, 266. 179) Globus 72, 375; HessBl. 5 (1906), 31. 35. 180) Mannhardt *Germ. Mythen* 725; ZfVk. 1900, 199—200; vgl. HessBl. 5 (1906), 31: *Julbier*; ZfVölkerpsychol. 18, 371; Rochholz *Glaube* 1, 324. 181) ZfVk. 1900 l. c. 182) Ebd. 1898, 138. 183) Globus 81, 271; Sartori *Totenspeisung* 26[2], vgl. 24[2]. 184) Globus 69, 375; vgl. 73, 114; Sartori l. c. 12[1]; ebenso Maennling 372 von den Preußen. 185) Sartori l. c.; Schwenk *Mythol. der Slaven* 302. 186) Boecler *Ehsten* 58; Kloster 12, 243. 187) Ausland 1874, 682. 188) Schönwerth l. c. 1, 257 § 5; vgl. Pollinger *Landshut* 300; berühmt ist das Leichenb. in Belgien (Brabant): Ausland 1874, 472; Sartori 23[2]. 189) Die Bauern in Skjave hielten früher das „Grabb." vor dem Friedhof ab, eine Art Übergang vom Grabopfer zum Leichenschmaus: Sartori 19[2]. 190) ZfVk. 1902, 496; Rochholz *Glaube* 1, 306. 191) Tetzner *Slaven* 23 mit Lit.; Ausland 1874 Nr. 1, 211; vgl. Kloster 9, 193. 192) Globus 75, 146. 193) Strackerjan 2, 131 ff.; Meyer *Myth. d. Germanen* 116 ff.; ZfVk. 1903, 268 ff.; über die Ostfriesen: Globus 8, 346; Sartori 25[1]. 194) Die Skandinavier halten ein Erbb. ab.: Sartori 37[1]. 68[1]; vgl. 19[2]; über Erbb.: Arch. f. Anthropologie NF. 6, 96; E. H. Meyer *Mythologie* 213; vgl. 73. 195) Jensen *Nordfries. Inseln* 348; Sartori 24[2]; Rochholz *Glaube* 1, 302; vgl. das Grabb. in Schweden A. 189. 196) Köhler *Voigtland* 256. 197) Sartori 6[2]. 198) Ebd. 24[1]; Ausland 1874 Nr. 1, 213. 199) *Sveriger Rike* 3, 6, 477 ff.; ZfVk. 1902, 436. 200) MG. Script. Merov. 3, 479 A. 6; vgl. Radermacher *Beiträge* 106. 201) ARw. 19, 140; vgl. Höfler *Weihnachten* 29. 202) Globus 72, 375. 203) ZfVk. 8, 141—142. 204) John *Westböhmen* 75. 205) Kloster 9, 290 ff.; vgl. die B.spende in Thüringen: Sommer *Sagen* 149; Rochholz *Glaube* 2, 294. 206) Vgl. das B.heischen am Johannistag: Baumgarten *Jahr* 27. 207) Ausführlich wird diese Sitte von dem Obersuperintendenten Hildebrand in einem Visitationsbericht vom Jahre 1672 beschrieben, zitiert v. Tetzner im Globus 81, 269—71; Ders. *Slaven* 382 bis 385; Mannhardt *W. F.* 1, 173—74; Kuhn *Märkische Sagen* 331 ff. 208) Mannhardt l. c. 1, 200; Müller *Rhein.Wb.* 678; vgl. das Maisb.fest der Indianer: ZfEthnol. 49 (1917), 31. 209) Mannhardt 215. 210) Ebd. 211) Jahn *Opfergebräuche* 167—68; dem „Aswald" opfert man Brosamen und B.: Rochholz *Glaube* 1, 333. 212) ZfVk. 1898, 135. 213) Bartsch *Meckl.* 2, 275 Nr. 1411; das Pfingstgelage hieß Lümmelb. ebd. 2, 284 Nr. 1424 A. 214) Witzschel *Thür.* 2, 204—5 Nr. 14. 215) Jahn *Opfergebräuche* 316 = Sommer *Sagen* 149—50; vgl. das Fest an Himmelfahrt im Mansfeldischen: Kloster 9, 290—91. 216) So in Österreich: ZföVk. 10 (1904), 109. 217) Gewöhnlich wird auch das schon von Frank *Altes und neues Mecklenburg* 1, 57 erwähnte Wodelb. oder Weddelb. als Ernteb. mit Wodan zusammengebracht (Meyer *Germanische Mythen* 255; Bartsch l. c. 2, 301 Nr. 1480); dagegen hat Knoop (BlPomVk. 3, 20—21. 36 ff.) das Weddelb. als den feierlichen Trank nachgewiesen, mit dem man ein Rechtsgeschäft oder eine Wette feiert; vgl. § 9; Jahn l. c. 164. 170. 218) Pfannenschmid *Erntefeste* 420 ff.; vgl. BlPomVk. 3, 90. 219) ZfVk. 10, 90. 220) Witzschel *Thür.* 2, 323 Nr. 3; vgl. Eisel *Voigtland* 299 Nr. 757. 221) Pfannenschmid l. c. 306 f., nach Panzer *Beitr.* 2, 243 ff.; Sartori *Sitte und Brauch* 3, 255 A. 61; vgl. 254 A. 58. 222) Pfannenschmid l. c. 307.

12. B. bei Hochzeit[223]) und Schwangerschaft. Das B., von dem Kraft ausströmt (Brood un suur Beer gifft'n starken Minschen)[224]), das für

den nordischen Bauern wie das Brot zur Nahrung gehört, überträgt schon in den Frühjahrsgebräuchen, wie wir sahen, Fruchtbarkeit, und so spielt es auch besonders auf Grund dieser Eigenschaft in den Hochzeitsgebräuchen eine Rolle. Natürlich soll nicht gesagt werden, daß jedes B.gelage bei der Hochzeit ein Fruchtbarkeitsopfer ist; oft gibt es B. an Stelle des teueren Weines („B.hochzeiten") [225], oder es ist eben einfach der beliebteste Festtrank; nach Zimmermann ist B.-hochzeit = mariage par conscience [226]. Bei der Mahlzeit (der Esten) geht man mit dem B. vorsätzlich verschwenderisch um und gießt es bald hier bald dahin aus, damit auch bei dem neuen Ehepaar Überfluß eintrete [227]; die Rockenphilosophie berichtet [228]: „Vor der Trauung soll der Bräutigam das B.faß anzapfen und den Zapfen zu sich stecken, sonst können ihm böse Leute etwas antun" (Kraftspender als Apotropaion). Andererseits sollen die Brautleute nach Ch. Weise [229] den Zapfen vom ersten B. und Wein in Acht nehmen; in der Altmark [230] trinkt der Brautvater der Braut mit einem Glas B. zu, die Braut gießt den Rest über den Kopf; auf dem Heimweg bittet die Brautjungfer den Bräutigam um ein Glas B. (Saalfeld [231] 1790). Bei Bautzen [232] läßt die Braut die Gäste aus Milchgefäßen B. trinken. In Pommern setzt man dem Brautpaar feierlich B. vor [233]. In der Oberpfalz [234] wird der Braut, wenn sie den Brautsprung über den Tisch macht, ein Glas B. nachgegossen, das heißt man das Jungfernwasser. Eigenartig ist das B.stehlen in Schleswig-Holstein [235]: Die glückliche junge Mutter verteidigt einen Krug heißes B. mit einem Knüppel gegen die Junggesellen, die ihr das B. zu rauben suchen. Eine Wöchnerin durfte bei den Wenden (um 1700) nicht in die Fußstapfen eines Mörders treten; um keinen Schaden zu nehmen, trank sie B., das der Mörder zuvor in der Hand hatte [236]. Bei den Wenden gibt es zur Feier der Kindstaufe das „Paggeleitzenb." [237], die Mecklenburger nennen die Kindstaufe Kindelb.[238]. Das erste Warmb. für die Wöchnerin darf niemand kosten, es muß mit den Fingern versucht werden, sonst bekommt sie Leibreißen [239]. Geht die Wöchnerin das erstemal zur Kirche, so wirft man ihr auf der Diele den Topf nach, aus dem sie die sechs Wochen über Warmb. getrunken hat [240].

223) Vgl. den berühmten Vers des „Liubene" bei Steinmeyer-Sievers *Ahd. Sprachdenkmäler* 401 Nr. LXXXII, 1. 224) Mensing *Schleswig-Holst.Wb.* 1, 525. 225) Sartori *Sitte und Brauch* 1, 91. 226) Brevinus Noricus Fago-Villanus *Den allzuabergläubischen Christen* (1721) 310; vgl. Goedecke *Grundriß* 3, 242. 227) Grimm *Myth.* 3, 488 Nr. 14. 228) Ebd. 446 Nr. 354 = H. L. Fischer *Aberglauben* 134; Kloster 12, 208. 229) Grimm *Myth.* 3, 469 Nr. 942. 230) Kloster 12, 176. 231) Grimm l. c. 3, 451 Nr. 514. 232) Kloster 12, 168; in England verkauft die Braut das Brautb.: Imago 1, 459; vgl. die Wotjäken: ZfVölkerpsychol. 18, 385. 233) Temme *Pommern* 338. 234) Schönwerth l. c. 1, 110. 235) Mensing l. c. 1, 268. 236) Globus 81, 271. 237) Tetzner *Slaven* 380. 238) Bartsch l. c. 1, 237 Nr. 308. 239) Grimm l. c. 3, 461 Nr. 765. 240) Ebd. 3, 467 Nr. 885.

13. B. im Liebeszauber. Wenn in Kottbus [241] das Mädchen heimlich ins B.glas des Geliebten speit, so gewinnt sie ihn für sich; gießt in Böhmen ein Bursche Fledermausblut ins B., das ein Mädchen trinkt, so ist ihm das Mädchen verfallen [242].

241) Strack *Blut* 31. 242) Grohmann 203 Nr. 1455.

14. Im Schadenzauber spielt das B. als Medium oft in den Hexenprozessen eine Rolle: In einem Prozeß in Schlawe (1538) wird die Bürgermeisterin angeklagt, ihrer Stieftochter ein dickes schwarzes B. „Momye" gesandt zu haben, worauf diese in Raserei ausbrach [243].

243) M. v. Stojentin *Aus Pommerns Herzogssagen* (Stettin 1910) 4; Soldan-Heppe 1, 491; vgl. 287.

15. B. im Gegenzauber, Schieß- und Diebeszauber: Im Gegenzauber verwendet man das B. in Preußen: wenn ein Kind beschrien ist, so gieße man auf die Stelle des Hemdes, wo das Herz ist, B., verbrenne den herzförmig ausgeschnittenen Stoff zu Asche und gebe das dem Kind in Wasser [244] zu trinken. Nach böhmischem Aberglauben kann man den Spund eines B.fasses im

Schießzauber verwenden, indem man heimlich einen Splitter hinter das Zentrum der Scheibe steckt [245]). In einem Prozeß zu Wohlau (1661) kamen furchtbare Einzelheiten über Verbrecheraberglauben (Diebeskerzen!) zutage; u. a. hatten die Unmenschen die Herzen von 3 genotzüchtigten Mädchen pulverisiert und in B. getrunken und andern zu trinken gegeben, teils um sich beherzt und fest zu machen, teils im Glauben, daß die, welche davon getrunken, ihnen nachlaufen würden, um sie dann zu ermorden [246]).

[244]) Seligmann *Blick* 1, 304. [245]) John *Westböhmen* 324. [246]) MschlesVk. 1919, 110.

16. B. in Heilkunde und Heilzauber: 400 Jahre bevor Knaust und Coler über die heilsame Kraft des B.es schreiben, preist die hl. Hildegard in ihren causae et curae das B.[247]): „cerevisia autem carnes hominum incrassat et pulchrum colorem faciei eius praestat propter fortitudinem et bonum sucum frumenti" [248]); für einen homo de gutta paralysi [249]) fatigatus empfiehlt sie [250]): „cerevisiam de hordeo aut de siligine ieiunus bibat"; im Kapitel de amentia heißt es [251]): „. . . cerevisiam bibat (der Kranke), quae destitutos humores et sensus ipsius in rectitudinem continent et furorem amentiae ab ipso evertunt." Coler, welcher das „feine Büchlein des Herrn H. Knaust" ausgiebig benutzt [252]), schreibt schon den gewöhnlichen B.en Heilkraft [253]) zu: der Güstrower „Knysenak" ist gut gegen Stein, Hamburger B. mit frischer Butter genossen macht eine schöne glatte Haut und verhütet den Stein [254]); ebenso erhält man eine schöne Haut, wenn man sich mit Weißb. wascht; „ein Brei von Brot und B. gekocht und feist mit Butter und Öl gemacht und gewermet und des Morgens nüchtern gegessen . . erweichet den Leib und machet gelinde sanffte Stulgänge [255]); im „andern Teil" der oeconomia erwähnt Coler den Wundertrank: warmes Hamburger B. und Maienbutter [256]). Besonders nahrhaft ist das Erfurter B. [257]); dann aber kennt er eine Reihe von Kräuterb.en [258]), die gegen bestimmte Leiden verordnet werden, so z. B. das Wermutb.[259]): „es stärket den Magen, macht Lust zu essen, treibt die Bilem durch, den Urin ab, vertreibt die Verstopfung der Leber und Miltzes, vertreibt und tödtet die Würm mit seiner Bitterkeit, hindert die Fäule, fördert die menses; ist auch ein guter Trank den Febrizianten und Wassersüchtigen, sonderlich wann die febres beginnen abzunehmen; so heilt jede Art der cerevisiae medicatae besondere Krankheiten: Salbeyenb.[260]) „stärket Haupt und Magen . . . nimbt das Zittern der Kniescheiben, Beyfußb. ist gut für Frauenleiden, Roßmarinb. ist den „Melancholicis und Cordiacis" sehr gut, Lavendelb. stärket das Mark im Rückgrat und die Nieren, Melissenb.[261]) „machet aus traurigen und melancholischen Leuten fröhliche Leute, Haselwurtzb. „ist gesund . . . den Geelsüchtigen und Podagrischen Leuten, den es nimbt den Tartarium, der sich zwischen die Gelenke gelegt hat"; „Wacholderb.[262]) ist gut . . . zu Mängel der Nieren und Blasen und provoziert den Weibern menstrua gewaltig"; so zählt Coler an die 20 Sorten auf, meist mit Angabe der Zubereitungsart. Gegen die medizinische Überschätzung des B.es schreibt Homeyer seine Dissertation; „mit Gottes Hilfe" legt er dar, wie die „Bachivisia" für verschiedene Krankheiten schädlich ist, so für Fieberkranke (s. § 3—5), bei Nephritis, Kolik und Podagra (s. § 6) [263]).

Im Henkenhagener Arzneibuch [264]) wird für ein Geschwür folgendes Rezept empfohlen: Betonienblätter und Kümmel in altem B. gekocht [265]); dasselbe Arzneibuch empfiehlt Disteln in B. gesotten gegen Gicht [266]). Im zweiten Teil der Oeconomia verordnet Coler ferner: Warmes B. mit Butter oder Tormentill als Wundtrank [267]), B. mit Eichenblättern gegen Dyssenterie [268]), Eberraute in B. gesotten gegen die aufsteigende Mutter [269]); Fischer [270]) kennt Feuerstein in B. gekocht gegen Rose, im Rheinland [271]) kennt man Leberkraut in B. abgekocht gegen Stein; die Magyaren [272]) empfehlen neun Flaschen B. mit neun Süßigkeiten gegen Syphilis. Im Elsaß gebrauchen Mädchen das Jungb. zum Abtreiben [273]). Gegen

Bettnässen brät man nach mecklenburgischem Aberglauben eine Maus zu Pulver und gibt das Pulver in warmem B. zu trinken [274]). Auch gegen katarrhalische Erkrankungen [275]) verordnet die Volksmedizin mit heißem Stahl erwärmtes B., die Mädchen verwenden das Tropfb. zum Haarkräuseln [276]); die Viehmedizin kennt B. als Mittel gegen Bluthamen der Pferde. Ein Arzneibuch vom Niederrhein (15. Jh.) rät [277]): „nem bechelen eyn loit gewicht inde ein krusen guets biers, werme dat e wenich inde guyst de perde in den hals; dat dö dicke, so wirt eme bas." Coler empfiehlt, das Euter der Kuh mit B. einzureiben [278]). Im Heilzauber finden wir z. B. in einem Hexenprozeß zu Mecklenburg das B. erwähnt (1584) [279]): eine Hexe rät, Herzspannkraut in einer Kanne B. zu sieden gegen Schwulst; gegen Magenbeschwerden gießt man auf ein glühendes, halbes gefundenes Hufeisen B. und trinkt es [280]). Gegen Abzehrung verschreibt in Mecklenburg [281]) die Volksmedizin morgens nüchtern B., welches über eine Adder, einen Schweinigel und eine Kröte abgezogen ist oder über Urtica dioica gestanden hat (auch gegen Würmer) [282]). Eine Krankheit, welche das Volk kaltem B. zuschreibt, ist unter dem Namen „B.tripper" bekannt [283]).

247) Lib. II de cerevisia = 150, 16 ff. Kaiser vgl. 114, 24. 248) In einem etymologischen Werk des 13. Jhs. heißt es: cerevisium quasi dicitur Cereris vis in aqua: Schmeller *Bayr.Wb.* 1, 265. 249) In demselben Werk heißt es: homines habitantes in locis, ubi est cerevisia, raro incurrunt paralysim et lepram: Schmeller l. c. 250) l. c. 114, 32 ff. Kaiser. 251) l. c. 169, 16 ff. K. 252) Coler l. c. 20. 253) Über die Volksansicht von der Heilkraft des B.s vgl. Finder *Vierlande* 2, 254. 254) Coler l. c. 23. 255) l. c. 24; vgl. Krünitz 5, 38—39. 256) p. 244. 257) Coler l. c. 22. 258) Ebd. 24 ff. 259) Ebd. 25; Knaust 67. 260) Knaust 68. 261) Coler 26. 262) Ein Wachholderb. als Ernteb. wird jetzt noch in Pommern gebraut: BlPomVk. 4, 71. 263) *Dissertatio inauguralis medica de cerevisiae potu in nonnullis morbis insalubri et adverso* v. P. G. Homeyer. Magdeburg 1743. 264) BlPomVk. 3, 69; die römischen Mediziner verschrieben gegen geschwollene Drüsen Umschläge v. Attichblättern mit B.hefe: Pauly-Wissowa 5, 464. 265) BlPomVk. 8, 128 Nr. 107. 266) Ebd. 136 Nr. 115. 267) *Oeconomia* 2. Teil, 244. 268) Ebd. 2, 206. 269) Ebd. 2, 213. 270) Fischer l. c. 180. 271) ZrwVk. 1923—24, 37. 272) Wlislocki *Magyaren* 143. 273) Anthropophyteia 2, 260. 274) Bartsch *Meckl.* 2, 102 Nr. 1377. 275) Hovorka-Kronfeld 2, 19 ff.; auch in der römischen Medizin gegen Husten: Pauly-Wissowa 5, 464. 276) Stoll *Zauberglauben* 96; Krünitz 5, 38—39. 277) ZfVk. 1916, 199. 278) Coler l. c. 407 cap. 59. 279) Bartsch l. c. 2, 16. 280) Seligmann *Blick* 1, 275. 281) Bartsch l. c. 2, 118 Nr. 459. 282) Vgl. Pauly-Wissowa 5, 464. 283) Höhn *Volksheilkunde* 115 ff.

Eckstein.

Bieresel. Spuk in Tiergestalt (drei- oder vierbeiniger Esel) nach Art der Dorftiere (s. d.). In Thüringen, Sachsen und im Voigtland hockt der B. verspäteten Wirtshausgästen und Betrunkenen auf (s. Aufhocker), kommt aber auch ins Wirtshaus und trinkt den Gästen das Bier aus [1]). Sein Gelächter ist sprichwörtlich (Voigtland). Bei Torgau schafft er wie ein Kobold Bier ins Haus und verrichtet andre Hausarbeit, verlangt dafür jeden Abend sein Glas Bier und poltert, wenn es ihm entgeht [2]). In Deutschböhmen heißen die Geister gewissenloser Schankwirte, die im Wirtshaus als Poltergeister umgehen, B.; Beschreibung: grauer Ochse mit dickem rotem Menschenkopf und riesigen Hörnern; Begegnung mit dem B. bringt geschwollenes Gesicht und Fieber oder Tod [3]).

1) Rockenphilosophie V, 37; Witzschel *Thüringen* 1, 120; Bechstein *Thüringen* 1, 128. 204; Meiche *Sagen* 57 f. (= Grässe *Sachsen* 1 Nr. 313; 2 Nr. 709); Eisel *Voigtland* 123 Nr. 318. 2) Kuhn und Schwartz 423 Nr. 221; vgl. 203 Nr. 225, 2. 3) Kühnau *Sagen* 1, 146; Laube *Teplitz* 103 Nr. 2.

Ranke.

Biereule s. Pirol.

Bild (= B.) und **Bildzauber** (= Bz.) [1]).

1. B. und primitive Kultur. Ebensowenig wie heute ein primitives Volk existiert, das keine Religion besitzt, gibt es ein Volk, das nicht die Anfänge einer bildenden Kunst kennt. Wir finden eine solche daher bereits im Paläolithikum. Und zwar dient die primitive bildliche Darstellung einem dreifachen Zweck: A. Sie ist entsprungen dem ästhetischen Bedürfnis; sie dient der Freude, der Unterhaltung, dem Schmuck; der Spieltrieb macht sich hier geltend, oft

auch die Langeweile. In diese Klasse der B.er gehören u. a. die zahlreichen sog. Petroglyphen, die sich in allen Erdteilen, zum Teil auch aus neuester Zeit, finden [2]). — B. Die bildliche Darstellung hat im praktischen und logischen Bedürfnis ihren Grund; sie dient der Mitteilung. Das Mitteilungsb. gibt eine ausgeführte Darstellung, und aus ihm entwickelt sich durch Abkürzung und dadurch, daß lediglich einiges Wesentliche hervorgehoben wird, die Bilderschrift (s. d.). Beispiele bei den nordamerikanischen Indianern, den Azteken, in der vorhieroglyphischen ägyptischen Schrift [3]) usw. — C. Die bildliche Darstellung geht aus dem metaphysischen Bedürfnis hervor und gehört dem Gebiet der Religion und Magie an. Als älteste B.er fallen in diese Gruppe die eiszeitlichen Höhlenb.er, die dem Analogiezauber (s. d. Anm. 22) dienen, und die sog. Inselidole (s. B.opfer Anm. 7), ferner die menschlichen B.er, meist in Wohnstätten des Paläolithikums und Neolithikums gefunden, die als Träger der „Kraft“ des Verstorbenen aufzufassen sind, die Vorläufer etwa der chinesischen und römischen Ahnenb.er [4]); denn als Götterb.er möchte ich diese steinzeitlichen B.er nicht auffassen. — Gelegentlich bewirkt die zentripetale Kraft der Religion, d. h. diejenige Kraft der Religion, die ursprünglich profane Dinge und profane Kulturfaktoren in den Bereich der Religion zieht, auch, daß bildliche Darstellungen der unter A. und B. genannten Gruppe in die Sphäre der Religion gerückt werden. Im folgenden sind also im wesentlichen die bildlichen Darstellungen der dritten Gruppe zu berücksichtigen.

[1]) Zur gesamten Vorstellung: v. Negelein ARw. 5 (1902), 1 ff.; Pfister Bayerischer Heimatschutz 23 (1927), 29 ff. Speziell über die Vorstellungen vom Götterbild: Clerc *Les théories relatives aux cultes des images* 1915; Pauly-Wissowa 11, 2143. [2]) Andree *Parallelen* 1, 258 ff.; Danzel *Anfänge der Schrift* (Beitr. z. Kultur- u. Univ.-Gesch. 21, 1912), 11 ff. [3]) Jensen *Gesch. der Schrift* 1925, 13 ff. [4]) Pauly-Wissowa 11, 2145.

2. B. und Religion. Da das B. sowohl in der Religion als auch im Aberglauben eine Rolle spielt und beide Gebiete hier, wie auch sonst, nicht ganz scharf zu trennen sind, ist zunächst zu sehen, welche Bedeutung das B. in der Religion hat. Unter Religion verstehe ich das in Handlungen (d. h. im Kultus) oder in Erzählungen (d. h. im Mythus) oder in künstlerischer Gestaltung (d. h. in der bildenden Kunst) oder in begrifflicher Reflexion (d. h. in der Theologie) sich äußernde Verhältnis des Menschen zu einer nach dem Glauben des Menschen in irgendwelchen Wirkungen sich kundtuenden oder offenbarenden Kraft oder zu solchen Kräften [5]). Die mannigfache Bedeutung, die das B. in der Religion hat, läßt sich in drei Gruppen gliedern:

A. Das B. ist ein krafterfüllter (orendistischer) Gegenstand; es ist also tabu oder heilig; es ist (zum mindesten für primitive Religiosität) selbst ein „Gott“. Dabei kann das B., wenn es eine Person darstellt, entweder einen Menschen darstellen; dann ist es im primitiven Glauben ein Doppelgänger dieses Menschen und ist zugleich Träger seiner Kraft, wie z. B. bei den oben genannten steinzeitlichen menschlichen Figuren; auch im Bz. tritt uns diese Anschauung entgegen. Oder das B. gibt einen anthropomorphen Gott wieder und enthält ebenfalls die Kraft dieses Gottes. — Da das B. Doppelgänger des Abgebildeten ist und über dieselbe Kraft wie das Abgebildete verfügt, so sind auch Nachbildungen heiliger B.er ebenso wundertätig wie diese selbst, zumal wenn man sie mit dem Urbild in Berührung gebracht hat, so daß dessen Kraft auf das Abbild übergehen konnte [6]). So werden auch gerne Nachbildungen heiliger B.er als Amulett (s. d.) getragen. Ebenso erhält ein Brot (s. d.) oder Gebäck (s. d.) wunderbare Kraft, wenn es mit einem heiligen Bild verziert ist und kann etwa als Medizin eingenommen werden [7]). Götzenb.er aus Teig wurden z. B. durch das Konzil von Leptinae (743) verboten [8]). Und wie das ganze B. so ist auch der einzelne Teil desselben krafterfüllt, so daß man etwa abgeschabte Holzspäne eines Heiligenb.es als Medizin einnehmen kann (u. Anm.

39 f.). Das Verhältnis des Menschen zum „heiligen“ B., insbesondere zur Kraft des B.es, äußert sich in dreifacher Art: 1. Im Mythus; es werden B.wunder erzählt; s. u. Nr. 4. — 2. Im Kultus; es werden irgendwelche Handlungen, die sich auf das B. beziehen, vorgenommen; s. u. Nr. 5. — 3. In der begrifflichen Reflexion; es wird theoretisch der B.erdienst erörtert, begründet oder verworfen, was bis zum B.erstreit und B.ersturm führen kann; s. u. Nr. 6.

B. Das B. wird als Opfer der Gottheit dargebracht; s. Art. B.opfer Nr. 1 und 2. — Bei diesen beiden Gruppen ist das B. selbst das Wesentliche.

C. Nicht das B. an sich ist die Hauptsache, sondern der Gegenstand, der durch das ad hoc angefertigte B. dargestellt wird. Das B. ist Ersatz für das Dargestellte. So spielt das B. in der Religion eine Rolle als Ersatzopfer; s. Art. B.opfer Nr. 3.

[5]) Pfister *Schwaben* 97; BlBayVk. 10 (1925), 47. [6]) Pollinger *Landshut* 77 f.; Fox *Saarländ. Volksk.* 254 f.; Klapper *Schlesien* 35; s. u. Nr. 5 A. [7]) Pollinger 83. [8]) Fehr *Der Aberglaube und die kathol. Kirche des MA.s.* 1857, 74 f.; Widlak *Synode v. Liftinae* 33; Weinhold *Frauen* 2 [2], 61.

3. B. und Aberglaube. Was von dieser dreifachen Bedeutung des B.es in der Religion auch als Aberglaube aufzufassen ist, hängt zum Teil von der Stellung des Beurteilenden ab. Der Rationalist, der B.erstürmer, wird jeden B.erglauben als Aberglauben bezeichnen; dem gläubigen Anhänger einer Religion, die die Kraft des B.es anerkennt, ist das B. ein Gegenstand seiner religiösen Verehrung. Dazu kommt, daß auch der kirchlich gebilligte Glaube an B.er und der kirchlich gebilligte Gebrauch von B.ern nicht selten im volkstümlichen Glauben und Brauch derart sich ändert, daß das Gebiet der Religion unmerklich verlassen und das Gebiet des Aberglaubens betreten wird. Bei dieser unsichern Abgrenzung ist es das Beste, das oben gegebene System kurz durch Beispiele zu erläutern, zumal durch solche, die der volkstümlichen Überlieferung entnommen sind.

Dazu kommt nun aber noch ein weiterer B.erglaube, der unbestritten dem Gebiet des Aberglaubens angehört, der eigentliche Bz. Wir haben gesehen, daß das B. als solches selbst eine Rolle im Glauben spielen kann, aber auch als Ersatz für etwas Wirkliches, das durch das B. dargestellt wird. Dies letztere ist auch beim Bz. der Fall. Das B. vertritt hier in irgendwelchen Handlungen, die mit ihm vorgenommen werden, einen Gegenstand, den es darstellt, in der Regel ein Lebewesen, Mensch oder Tier. Es dient als Mittel, um einen Zweck zu erreichen, der das Dargestellte betrifft; s. u. Nr. 7.

So haben wir also der Reihe nach zu betrachten:

1. Das heilige B. in der Legende.
2. Das heilige B. im Kult.
3. Das heilige B. in der theologischen Erörterung.
4. Das B. als Opfer. (Ist im Art. B.-opfer behandelt; s. a. B.stock.)
5. Das B. als Ersatzopfer. (Ist im Art. B.opfer behandelt; s. a. B.stock.)
6. Das B. im Bz.

Bei den vier ersten Punkten ist das B. an sich das Wesentliche und die Hauptsache, bei den zwei andern tritt das B. für die Wirklichkeit ein. Das heilige B., von dem zuerst zu handeln ist, kann je nach der Religion, der es angehört, das B. eines Gottes, einer göttlichen Person, eines Heros oder Heiligen sein, aber auch ein heiliges Zeichen (Symbol, sagt man gewöhnlich) wie die Doppelaxt bei den Hethitern und in der altkretischen Kultur, oder die Darstellung einer Szene aus der heiligen Überlieferung, aus dem Mythus oder der Legende. Bei heiligen B.ern ist die Kraft [9]) das wesentliche, die sich in Wirkungen und Offenbarungen äußert, von denen die Legende erzählt, an die der Kult sich richtet und die in den theologischen Erörterungen verteidigt und angegriffen wird; s. auch Bildstock, Götterb., Heiligenb.

[9]) Pfister *Reliquienkult* 2, 531 f. 615 f.; Pauly-Wissowa 11, 2143.

4. Das heilige B. in der Legende. In ihr wird das B. und seine Kraft gefeiert; Legende ist ideeller Kult.

Es werden B.erwunder berichtet. Häufig ist schon der Ursprung des B.es von der Legende verklärt. Das B. ist vom Himmel gefallen oder von Engeln vom Himmel herabgetragen; es ist überhaupt nicht von Menschenhänden gebildet [10]); es ist in einem Baum gefunden worden [11]), von Tieren gezeigt worden [12]); es ist von selbst herbeigeschwommen [13]); es zeigt den Ort an, meist durch Tiere, wo es aufgestellt werden soll [14]), und kehrt, hinweggebracht, wieder an seinen alten Ort zurück und darf nicht von hier entfernt werden [15]), oder es hat sonstwie wunderbaren Ursprung [16]). Ganz ähnliche Sagen erzählt man auch von Glocken und andern heiligen Gegenständen. Ferner berichten Sagen von solchen B.ern, daß sie, verspottet oder mißhandelt, sich an dem Missetäter rächen und ihn bestrafen [17]), daß sie sich bewegen, sich umwenden, mit dem Finger oder den Augen winken [18]), daß ihnen ein Bart wächst [19]), daß sie bluten [20]), schwitzen oder Blut schwitzen [21]), weinen [22]), sprechen [23]), singen [24]), schreien [25]), im Feuer nicht verbrennen [26]), vom Wetter nicht getroffen werden. Mit letzterer Eigenschaft hängt der Glaube zusammen, daß B.er vielfach das Unwetter abhalten, daher man gelegentlich auch beim Herannahen eines solchen ein heiliges B. ins Freie stellt [27]). Zu allen diesen Sagenmotiven lassen sich Parallelen aus allen Zeiten stellen [28]). — Über B.er, mit denen nach der Sage das Schicksal eines Hauses oder einer Stadt verknüpft ist, s. Talisman.

[10]) v. Dobschütz *Christusbilder* (Texte u. Unters. zur Gesch. der altchristl. Lit. 3, 1899), mit viel Material; Müllenhoff *Sagen* 121 f. [11]) Birlinger *Volksth.* 1, 374. 380; Meiche *Sagen* 631 Nr. 777; Panzer *Beitr.* 2, 15; Meier *Schwaben* 323; Wolf *Niederl. Sagen* 264; Reiser *Allgäu* 1, 388 f.; Pauly-Wissowa 3, 157. [12]) Birlinger *Schwaben* 1, 69; *Volksth.* 1, 387 ff.; Pfister *Reliquienkult* 1, 231; 2, 440; Reiser *Allgäu* 1, 384 ff. [13]) Birlinger *Schwaben* 1, 58; *Volksth.* 1, 379 f. 389 f. 416 f.; Pfister *Reliquien* 1, 211 ff.; Günter *Buddha in d. abendl. Legende* 156 f.; Meiche 259; Heyl *Tirol* 45; Panzer 2, 4 f.; Schambach und Müller 26; Oberholzer *Thurgau* 64. [14]) Birlinger *Volksth.* 1, 403 f. 413 f.; Günter *Buddha* 174 f.; Ders. *Die christl. Legende* 81 f.; Pfister *Schwaben* 62 f.; Panzer 2, 14 f.; Wolf *Niederl. Sagen* 267. 423 f.; Ders. *Beiträge* 1, 152; Heyl 114 f. 324; Reiser 1, 378 ff.; Schmidt *Kultübertr.* 94 ff.; Ritz Bayer. Heimatschutz 22 (1926), 82 ff.; Pollinger 74 f.; Müllenhoff *Sagen* 111 ff. 114 f. [15]) Birlinger *Schwaben* 1, 61 ff. 64 ff.; *Volksth.* 1, 374. 399 ff. 418. 421; Panzer 2, 39; Pfister *Schwaben* 59 ff.; Wolf *Niederl. Sagen* 265. 270 f.; Reiser 1, 387 f. 403 ff.; Heyl 327 f. 442. 550 f.; Bartsch *Mecklenburg* 1, 351 f.; Köhler *Voigtland* 610; Eisel *Voigtland* 201 f.; s. auch Art. B.stock, Anm. 11. [16]) Birlinger *Schwaben* 1, 65; *Volksth.* 1, 416; Kühnau *Sagen* 2, 101; Reiser *Allgäu* 1, 389 ff.; Wolf *Niederl. Sagen* 265 f.; Ders. *Beitr.* 1, 153; Heyl 549 f.; Panzer 2, 39; Müllenhoff 115. [17]) Birlinger *Schwaben* 1, 81 f.; *Volksth.* 1, 423 f. 426 f. 428 ff.; Meier *Schwaben* 1, 291 f.; Wolf *Niederl.* 416. 657 f.; Reiser 1, 379; Eisel 199 ff.; Heyl 556; Meiche 256. 267; Strackerjan 2, 263; Müllenhoff 126 f. [18]) Birlinger *Volksth.* 1, 376. 378. 428; Wolf *Beitr.* 2, 257 f.; Ders. *Niederl.* 420 f. 657; Eisel 200; Heyl 42 f.; Pollinger *Landshut* 72 f. 89; Saintyves *Les reliques et les images légendaires* 1912. [19]) Pollinger 72; Heyl 398 f. [20]) Birlinger *A. Schwaben* 1, 81; *Volksth.* 1, 427; Wolf *Niederl.* 416; Müllenhoff *Sagen* 126 f.; Rochholz *Glaube* 1, 48. [21]) Birlinger *Schwaben* 1, 79; Meiche 252 f.; Rochholz *Sagen* 2, 128; Müllenhoff 124. [22]) Birlinger *A. Schw.* 1, 58 f. 64; *Volksth.* 1, 379; Jörger *Vals* 14. [23]) Wolf *Niederl. Sagen* 271. 425 f.; Becker *Pfalz* [3] 140 f.; Schwankhaft: Bolte-Polivka 3, 120 ff. [24]) Birlinger *Volksth.* 1, 374. [25]) Ders. *Volksth.* 1, 427 f.; Eisel 200. [26]) Birlinger *A. Schw.* 1, 66 f.; *Volksth.* 1, 425; Panzer 2, 9; Reiser 1, 391 f.; Lütolf *Sagen* 530 f.; Herzog *Schweizersagen* 2, 247 f.; Becker *Pfalz* [3] 141. [27]) Birlinger *Volksth.* 1, 192. 195 f.; Pfister *Schwaben* 62 f. [28]) Beispiele aus dem Altertum: Welcker *Griech. Götterlehre* 2, 121 ff.; Weinreich *Heilungswunder* 146; Pauly-Wissowa 11, 2143. Aus dem MA.: Meyer *Aberglaube* 178 ff.

5. Das heilige B. im Kult. Es werden irgendwelche Handlungen vorgenommen, die sich auf das heilige B. und seine Kraft beziehen, und mit diesen Handlungen wird ein bestimmter Zweck verfolgt, der vierfacher Art sein kann:

A. Die Kraft des B.es strahlt von ihm aus wie ein Fluidum, und diese Kraft ist übertragbar [29]). Insbesondere durch Berührung kann diese Kraft übertragen werden. Man berührt also das B., ein Gestus beim Beten, der weit verbreitet ist [30]). Oder das B. wird geküßt: Auch der Kuß (s. d.) als sakrale Handlung hat ursprünglich den Zweck, solche Kraft zu übermitteln, sich anzueignen, wenn das Geküßte über die heilige Kraft verfügt, zu übergeben, wenn der Küssende sie besitzt [31]). Oder man trägt das heilige B. bei sich [32]); dann wirkt es ebenfalls stärkend oder übelabwehrend, s. Amulett, Heiligenb. Zeichnet man sich das B. oder Charaktere (s. d.) oder Zauberzeichen (s. d.) auf den eigenen Körper, so hat das dieselbe Bedeutung; s. Tätowieren. Natürlich kann man solche Zeichen und B.er auch an andern Gegenständen, Haustüren, Ställen usw. anbringen, um diese zu „weihen" oder um Böses von ihnen abzuwehren (s. Amulett, Talisman). Ferner kann man B.er, Zauberzeichen usw. essen oder in Wasser aufgelöst trinken, um sich ihre Kraft zuzufügen [33]). Und schließlich können B.er umhergetragen oder -gefahren werden (s. Prozession, Umgang), damit das von ihnen ausgehende Fluidum sich heiligend auf die Umgebung verbreitet [34]). — Was hier von B.ern allgemein gesagt ist, gilt auch im Besonderen für das Heiligenb. (s. d.). Kranken bindet man ein solches um den Hals, insbesondere das B. des Heiligen, der für die betr. Krankheit besonders hilfreich ist (Bayern) [35]). Kleinen Kindern legt man Heiligenb.er ins Tragkissen, damit sie brav werden und gut lernen [36]) oder zum Schutz gegen Hexen [37]). In Bayern werden vielfach bei Wallfahrtskirchen kleine Heiligenb.er verkauft, die bei Krankheiten verschluckt werden, „um durch die besondere, dem betreffenden Heiligen innewohnende Kraft die Heilung herbeizuführen. Zu Mariazell in Steiermark werden derartige verkauft, welche das Gnadenb. der dortigen Muttergottes zeigen. Es sind Abdrücke von einem alten Holzstock, auf dem mehrere der ungefähr 2 cm im Geviert enthaltenden B.chen vereinigt sind. Man schneidet sie je nach Bedarf mit der Schere ab und verschluckt sie [38])." Im Badischen gibt man gelegentlich Holzspäne von einem Heiligenb. dem Kind im Brei zu essen [39]). Denn auch ein Teil des B.es ist von derselben Kraft erfüllt wie das ganze. So ist wohl auch die Stelle aus der Aberglaubenliste des Tirolers Hans Vintler [40]) um die Wende des 14. zum 15. Jh. zu erklären, wo es kurz heißt: „etleich die sneiden ainen span aus unsers herren marter." Wozu dieser Span aus dem Kruzifix verwendet wird, wird hier nicht gesagt; aber diesem Brauch liegt sicher der Glaube zugrunde, daß auch ein kleiner Teil eines B.es wie auch der einer Reliquie (s. d.) mit der gleichen Kraft wie das ganze erfüllt ist. In einem Hexenprozeß von 1546 kam zur Sprache als Mittel, sich unsichtbar zu machen: Die eine Angeklagte bohrte einem Kreuzb.e die Augen aus und sagte, wenn sie diese Augen bei sich habe, könne niemand sie sehen [41]). Die Congregatio S. Officii hat in der Sitzung vom 29. Juli 1903 entschieden, daß es gestattet sei, *parvas imagines chartaceas Beatæ Mariæ Virginis in aqua liquefactas vel ad modum pillulae involutas ad sanitatem impetrandam deglutire*, falls jeder Aberglaube und die Gefahr eines solchen dabei ausgeschlossen sei [42]). Bei allen diesen Bräuchen gilt der Zweck, die Kraft des B.es auf sich selbst oder auf etwas andres zu übertragen, sich selbst oder etwas andres mit der Kraft des B.es zu vereinigen. Wir nennen dies den s a k r a m e n t a l e n Zweck.

Die Übertragbarkeit der Kraft des B.es ermöglicht es auch, diese Kraft in irgendwelchen Gegenständen, etwa Tuchlappen, einzufangen, die man mit dem heiligen B. in Berührung gebracht hat und die hierdurch „geheiligt", d. h. ebenfalls mit heiliger Kraft erfüllt werden. So haben z. B. die Polynesier Götterb.er, die als Sitz wunderbarer Kräfte gelten. Bei einem Fest werden sie aus ihrem Tempel herausgetragen, die Priester legen rote Vogelfedern, die ihnen von den Leuten übergeben werden, in eine Höhlung der B.er. Hier saugen sie sich gewissermaßen voll an der Kraft dieser B.er und können dann als ebenfalls krafterfüllte Substanzen (Amulette, Fetische) mit nach Hause genommen werden [43]); vgl. die „angerührten" Amulette o. S. 384 und den Art. Reliquien.

B. Eben ist uns bereits die apotropäische Bedeutung des B.es begegnet. Wenn man ein B. anhängt, kann es stärkend und übelabwehrend wirken (s. Amulett). So nagelt der Bauer das B. des heiligen Leonhard an seine Stalltür [44]), wie man im Altertum das B. der Epona in den Ställen aufstellte oder anmalte [45]). Heilige B.er jagen den Teufel in die Flucht, und schreckhafte B.er wirken ganz besonders apotropäisch [46]). Über B.er auf Nothemden s. d. Art. Ebenso wirken auch B.er von Stierköpfen oder Stierhörnern, die man am Dach des Hauses anbringt, übelabwehrend (s. Stier).

C. Ferner werden den B.ern Opfer dargebracht [47]), um die Gottheit milde zu stimmen, ihr zu danken, sie der Bitte geneigt zu machen. Diese Opfer können auch im Darbringen von Kleidern [48]) bestehen, oder man zündet Lichter vor ihnen an [49]). Zu diesem Kult gehört auch das Baden der Götterb.er [50]). Aber andrerseits, wenn man mit dem B. unzufrieden ist, beschimpft und mißhandelt man es auch. Solches geschah besonders mit dem B. des heiligen Urbanus, das man am Festtag des Heiligen, wenn es schönes Wetter war, hoch ehrte, bei schlechtem Wetter aber wurde es ins Wasser geworfen und beschimpft [51]). Ähnliches findet sich auch sonst häufig [52]).

D. Schließlich können mit dem heiligen B. Handlungen vorgenommen werden, die man als Zwangsriten bezeichnen kann. In der Regel handelt es sich dabei um einen Analogiezauber (s. d.). Das Baden der B.er kann zwar einen euergetischen Zweck haben genau so wie das Bekleiden des B.es (s. oben C). Aber wenn man das B. mit Wasser begießt, es im Wasser untertaucht, ist mit dieser Handlung häufig auch ein Analogiezauber, speziell ein Regenzauber (s. d.), verbunden. Besonders im MA. und später noch wurden solche Zauberhandlungen zum Zwecke des Regenzaubers, besonders in Frankreich und Spanien unter kirchlichen Formen, vorgenommen [53]). Im Salzkammergut werden gelegentlich auch heilige B.er ins Wasser geworfen, um eine Feuersbrunst zu löschen [54]). Auch die Strohpuppen (s. d.), die Winterdämonen (s. d.) u. a. verkörpern oder dem Todaustreiben (s. d.) und ähnlichen Handlungen dienen, sind hier zu nennen.

[29]) Pauly-Wissowa 11, 2158 f. 2169 ff.; Pfister *Reliquienk.* 2, 529 ff. [30]) Pauly-Wissowa a. a. O.; Appel *De Romanor. precat.* (RVV. VII, 2, 1909), 192 ff. [31]) Pauly-Wissowa a. a. O.; Clemen *Neutestamentl. Studien f. Heinrici* 1914, 29, 1; Panzer 2, 39; Birlinger *Aus Schwaben* 1, 294 Nr. 325; s. Amulett Anm. 83. [32]) Birlinger *Schwaben* 1, 430; Altgermanisch: Golther *Mythologie* 247. 605. [33]) Pauly-Wissowa 11, 2171 ff.; ZföVk. 10 (1904), 107 f.; SAVk. 21 (1917), 49, 7; s. Art. Bilderhändler. [34]) Grimm *Myth.* 1, 88. 176; Meyer *Religgesch.* 40. 200; Wolf *Niederl. Sagen* 428 f.; Klapper *Schlesien* 271; Fehr *Der Aberglaube und die kathol. Kirche des MA.s* 76; Widlak *Synode* 33 f. [35]) ZfVk. 8, 399. [36]) Meyer *Baden* 26. 37 f. [37]) Höhn *Geburt* 269. [38]) Andree *Votive* 21; ZföVk. 13 (1907), 111. [39]) Meyer *Baden* 38. [40]) Vintler ed. Zingerle (1874) v. 8229 f.; ZfVk. 23 (1913), 135; Grimm *Myth.* 3, 420. [41]) ZfVk. 7 (1897), 189. [42]) Franz *Benediktionen* 2, 454. [43]) Visscher *Naturvölker* 1, 241 ff. [44]) Andree *Votive* 52. [45]) Pauly-Wissowa 6, 228 ff. [46]) Seligmann *Zauberkraft* 218 f. 314. 371; Ders. *Blick* 2, 304 ff. 311 ff. 327. [47]) Birlinger *Aus Schwaben* 1, 295 Nr. 329. [48]) Eisel 200; Niderberger *Unterwalden* 3, 437 ff.; Meiche 265; Altgermanisch: Golther *Mythologie* 602 ff.; s. auch Art. Bildmädchen. [49]) Birlinger *Schwaben* 1, 295 f. [50]) Fehrle *Keuschheit* 171 ff.; Gesemann *Regenzauber* 90 ff. [51]) Jahn *Opfergebräuche* 220 ff.; Birlinger *Schwaben* 2, 162; *Volksth.* 1, 452 f.; Panzer *Beitr.* 2, 43 f. 282; Grimm *Myth.* 2, 640. [52]) Jahn 222, 1, 295 f.; Wolf *Beitr.* 2, 109. 380; Birlinger *Volksth.* 1, 453; Rochholz *Sagen* 2, 253 f. [53]) Franz *Benediktionen* 2, 18 f.; Frazer 1, 307 ff.; Wolf *Niederl. Sagen* 694. [54]) ZföVk. 10 (1904), 107 f.

6. Das heilige B. in der theologischen Erörterung. Solche ist für uns hier nur insoweit von Interesse, als die mit B.ern verbundenen Vorstellungen als Aberglaube bekämpft oder als berechtigter Glaube verteidigt werden. Der Kampf gegen den B.erdienst läßt sich schon durch die ganze antike Kulturwelt verfolgen [55]), wurde von den christlichen Kirchenvätern aufgenommen [56]) und durch das ganze MA. bis zur Neuzeit fortgesetzt, wobei das Christentum den

heidnischen B.ern selbst wieder christliche entgegenstellte, deren Kult aber seinerseits wieder von vielen Christen verworfen wurde [57]).

[55]) Clerk a. a. O.; Borries *Quid veteres philosophi de idolatria senserint*. Diss. Göttingen 1918; Geffcken ARw. 19 (1916 bis 1919), 286 ff. [56]) H. Koch *Die altchristl. Bilderfrage nach den literar. Quellen* (Forsch. zur Rel. u. Lit. des A. und N.T. 10, 1917). [57]) Herzog-Hauck 3, 217 ff. 221 ff.; Wetzer und Welte 2, 812 ff. 821 ff.

7. Der Bz. Er beruht auf dem Glauben an den innigen, bis zur Identifikation gehenden Zusammenhang von B. und Dargestelltem. Dabei ist zweierlei zu unterscheiden: Entweder bewirkt die bildliche Darstellung allein für sich schon den gewünschten Vorgang (so etwa bei den Jagddarstellungen); oder es wird eine Handlung mit dem B. vorgenommen, die zum Gewünschten in Beziehung steht und es hervorbringen soll. In ersterem Fall (genauer besprochen o. Sp. 389 f.) ist die bildliche, in letzterem Fall (kürzer besprochen o. Sp. 394 f.) ist die mimische Darstellung die Hauptsache: Was man mit dem B. vornimmt, geschieht auch mit dem Dargestellten. Dieser letztere Glaube äußert sich in verschiedenen Handlungen und Erscheinungen und war zu allen Zeiten lebendig. Wir betrachten ihn hier im einzelnen; s. auch Atzmann (1, 671).

A. Schadenzauber. Beispiel aus dem älteren MA. in der Historia Scotorum B. XI des Boethius: Als König Duffus krank war und langsam hinsiechte, fand man in einem Schlosse bei Fontes Moraviae zwei Weiber, welche ein wächsernes B. des Königs verfertigt hatten; die eine hielt dasselbe an einem Bratspieß über ein brennendes Feuer, die andere sang dazu Zauberlieder; die rechtzeitige Entdekkung der beiden Zauberinnen rettete dem König das Leben [58]). — Paracelsus [59]): „Etliche Zauberer machen B.er in Gestalt eines Menschen, den sie vermeinen und in Gedanken haben, schlagen einen Nagel in die Fußsohlen; also ist der Mensch unsichtbar getroffen und trägt den Nagel unsichtbar in seinem Fuße.“ Hierfür gibt es zahllose weitere Beispiele aus allen Zeiten [60]), wozu man viele Seiten Literatur anführen könnte (s. auch die Art. Defixion, Rachepuppe, Schadenzauber, Vergraben). Gelegentlich wird dabei das B. ausdrücklich auf den Namen des betreffenden Menschen, dem der Zauber gilt, getauft, oder es werden einige Haare der zu verzaubernden Person in das Wachs eingeknetet. Das B. braucht nicht eigens zum Zwecke des Zaubers verfertigt zu sein; so [61]) hat eine Frau auf dem Hunsrück zur Zeit des Kulturkampfs die B.er Wilhelms I. und Bismarcks aus Zorn mit einer Rute gepeitscht (zur Mitternachtsstunde der Dreifaltigkeitsnacht). Das B. braucht natürlich auch nicht photographisch getreu zu sein; es genügt eine Andeutung, etwa 3 Nägel in einen Baum geschlagen, von denen je einer dem Kopfe, der Brust und dem Bauch gilt [62]). Schließlich kann man auch ein totes Tier, besonders eine Krähe, wie eine menschliche Leiche kleiden, durch eine Art von Taufe mit dem Namen der betreffenden Person belegen und damit den Schadenzauber ausüben [63]) oder gar nur (persisch) den Fettschwanz eines Schafes dazu nehmen [64]). Von den Freimaurern (s. d.) wird häufig in Sagen erzählt, daß von jedem Mitglied ein B. in der Loge hänge; wenn es wackle, so sei dies ein Zeichen, daß das betr. Mitglied den Bund verrate. Dann werde dies B. mit einem Schwert durchbohrt, und sofort sterbe dann der Schuldige [65]). — Auch um einen Dieb zu entdecken und ihn zu zwingen, den Raub zurückzubringen, kann der Bz. angewandt werden [66]).

B. Liebeszauber. Bei Rache wegen verschmähter Liebe handelt es sich nicht um eigentlichen Liebeszauber, sondern um Schadenzauber, dessen Formen hierbei auch angewandt werden. Beispiel aus der Oberpfalz: Von ihren Geliebten betrogene Mädchen zünden zur Mitternachtszeit unter allerlei Beschwörungen eine Kerze an und stechen dann mit Nadeln in dieselbe hinein, während sie dabei ausrufen: „Ich stech' das Licht, ich stech' das Licht, ich stech' das Herz, das ich liebe.“ Dann muß der Ungetreue sterben. Ähnlicher Schadenzauber mit dem B. des

Geliebten aus Wachs oder Stroh in Japan [67]). — Richtiger Liebeszauber: Etliche machen sich B.er aus Erde, Wachs, Edelsteinen oder Mischungen von gewissen Dingen, taufen dieselben mit dem Namen der Person, der sie Liebe einflößen wollen, und dieses zwar mit denselben Zeremonien, welche die Priester bei der wirklichen Taufe gebrauchen, nur daß sie dabei den Teufel anrufen und beschwören; auch fügen sie dazu noch gotteslästerische, schändliche Worte. Alsdann schmelzen sie dieselben, und zu gleicher Zeit wird das Herz des bis dahin nicht Liebenden, dessen Namen das B. trägt, mit Liebe entzündet [68]). — Andere Form [69]): Liebende verfertigten Wachsb.er und gaben diesen den Namen der geliebten Person. Man öffnete alsdann die Brust des B.es, verfertigte aus irgendeinem vorgeschriebenen Material ein Herz und verschloß dieses unter allerlei Zauberformeln in das betreffende B. — Arabisch: Man macht zwei Wachskerzen und gibt ihnen die Gestalt zweier Menschen. Dann vergräbt man sie insgeheim. Wenn dies nun so geschieht, daß ihre Gesichter einander zugewendet sind, dann neigen sich die dargestellten Personen einander in Liebe zu; wenn sie einander den Rücken kehren, dann hört die Liebe der beiden auf [70]). — Auch solcher Bz. als Liebeszauber ist weit verbreitet [71]).

C. Heilzauber. „Andere, wann etwa ein Mensch beschädiget worden, so machen sie ein B. von Wachs, darüber drey Messen an dreyen Freytagen gelesen werden; hat nun der Mensch den Schaden im Auge, so stechen sie es in die Augen, ist's aber an den Schenkeln, Armen oder anderswo, so stechen sie auch das B. daselbst hin; darauf müsse dann die Hexe wider helffen und den Schaden wegnehmen" [72]). Auch Paracelsus kennt den Heilzauber durch Wachsb.er [73]). Andere Art: Ist ein Kind krank, so wird ein Abdruck von ihm aus Brotteig gemacht und in den Backofen geschoben; dann wird es gesund; weit verbreitet [74]). Man nennt dies kranke Kinder „backen" (s. d.).

D. Lekanomanteia. Eine besondere Art der Lekanomanteia (s. d.) wird im Eingang des in der gesamten Weltliteratur, auch im MA. bekannten Alexanderromans geschildert, in den einzelnen Rezensionen freilich verschieden [75]). Wenn der ägyptische König Nektanebos von einer feindlichen Flotte angegriffen wurde, setzte er Wachsmodelle von Schiffen und Menschen unter Zaubersprüchen [76]) in eine Wasserschüssel. Dann versenkte er die B.er und ebenso ging auch die feindliche Flotte unter; nach andrer Version zogen seine B.er gegen den Feind.

E. Abbildungsfurcht. Da der Bz. als Schadenzauber allgemein verbreitet ist, so findet sich auch häufig die Furcht, sich abbilden oder photographieren (s. d.) zu lassen. Denn der Besitzer des B.es hat den Abgebildeten in seiner Gewalt oder, wie es auch ausgedrückt wird, das B. raubt die Seele. Diese Scheu ist bei Naturvölkern wie in Europa lebendig [77]). Diese Furcht findet sich auch in der Form, daß man sich nicht malen lassen soll, sonst muß man sterben [78]). Oder: Wer sein eigenes B. zeichnet, stirbt bald [79]). Oder: Wenn sich Familien zusammen photographieren lassen, muß ein Glied der Familie in nächster Zeit sterben [80]). Insbesondere soll man Kinder unter einem Jahr nicht abbilden lassen, sonst sterben sie [81]). S. auch Spiegel.

F. B. an der Wand. Auf dem Glauben an die engen Beziehungen der Person zu ihrem B. beruht der Glaube, daß das Herabfallen des B.es eines Kranken dessen Tod anzeigt [82]) oder allgemein Unglück bedeutet [83]). Auch glaubt man gelegentlich, daß die B.er Verstorbener blaß werden und „absterben" [84]). Die Sitte, bei einem Todesfall B.er und Spiegel (s. d.) zu verhängen oder umzukehren, „damit die Seele ungehindert entweiche" [85]), schafft die Kraft des Toten oder die Seele dadurch aus dem Haus, daß man das B. oder Spiegelb. beseitigt.

G. Daher soll man auch den Teufel (s. d.) nicht an die Wand malen, sonst kommt er [86]). Er ist mit seinem B. eng verbunden. Vgl. die Geschichte von dem Maler, der ein B. des Teufels malte und dadurch in Unannehmlichkeiten geriet, die ihn fast zum Galgen brachten [87]).

Nachtrag: Es ist weit verbreiteter Glaube, daß gerade Bilder von hohem Alter über besondere Kraft verfügen [88]). Aber wie ist der Glaube [89]) zu verstehen, daß B.er erst 60 Jahre nach ihrer Herstellung Kraft erhalten?

[58]) Meyer *Aberglaube* 261; ZfVk. 23 (1913), 14. [59]) Schindler *Aberglaube* 350 f. [60]) Viel bei Abt *Apuleius* 82 ff.; dazu Globus 79, 109 ff.; Philol. 61 (1902), 61 ff.; SAVk. 2, 270; ZfdMyth. 1 (1853), 6. 242; ZfVk. 7, 252; 9, 332 f.; 12, 10; 13, 440 f.; 23, 14; ARw. 5, 8 ff.; 14, 223; 19, 286 ff.; MschlesVk. 13/14, 525 ff.; 17, 35; Arch. f. Anthrop. 34 (1912), 104 f; Bartsch *Mecklenburg* 2, 355 Nr. 1664; Seyfarth *Sachsen* 50 ff.; Kühnau *Sagen* 3, 195; Drechsler *Schlesien* 2, 257. 261; Strackerjan *Oldenburg* 1, 376; Panzer *Beitr.* 2, 272 f.; Schindler *Aberglaube* 132 ff.; Meiche *Sagen* 488 f.; Stemplinger *Aberglaube* 69 ff.; Groß *Handbuch* 1, 542; Andree *Parallelen* 2, 8 ff.; Grimm *Myth.* 2, 913 f.; Müllenhoff *Sagen* 223; Pfister *Schwaben* 45 f.; Gesta Roman. c. 102, übers. von Grässe 1, 181; 2, 266; Hansen *Zauberwahn* 252. 260; Ders. *Hexenwahn* 702. [61]) ZfrwVk. 4 (1907), 118 f. [62]) John *Erzgebirge* 27; Seyfarth *Sachsen* 53; ZfrwVk. 1905, 291. [63]) Bartsch *Mecklenburg* 2, 329. [64]) ZfVk. 13 (1903), 441. [65]) Seyfarth *Sachsen* 53; Meiche *Sagen* 576; Urquell 3 (1892), 4 f.; MschlesVk. 12 (1905), 68; Schönwerth *Oberpfalz* 3, 171 f.; Müller-Bächtold *Uri* 1, 245; Andree *Parallelen* 2, 9. [66]) Seyfarth 53; Jacoby ARw. 16, 122 ff.; 18, 586 ff.; Preisendanz Hess.Bl. 12, 139 ff.; Arch. f. Anthrop. 34 (1912), 104; v. Künssberg JbhistVk. 1 (1925), 91. [67]) Urquell 3 (1892), 84 f. [68]) Delrio *Disquisitiones magicae* 364 bei Wolf *Niederl. Sagen* 367 f.; vgl. ZfVk. 23 (1913), 14. [69]) Anhorn *Magiologia* bei Meyer *Aberglaube* 263. [70]) ZfVk. 13 (1903), 441. [71]) Kuhnert Rhein. Mus. 40 (1894), 34 ff.; Abt *Apuleius* 239 f.; Fahz *Doctrina magica* 19 f.; Dedo *De antiquor. superstit. amatoria.* Diss. Greifsw. 1904, 23 ff.; Stemplinger *Aberglaube* 70 f. [72]) Hartmann *Greuel des Segensprechens* (1680) 95 bei Ebermann ZfVk. 23 (1913), 14. [73]) Stemplinger *Aberglaube* 71; Hecker *Tanzwut* 19 f. [74]) Drechsler 1, 211; Klapper *Schlesien* 289. [75]) Ausfeld *Der griech. Alexanderroman* 30 ff.; Pauly-Wissowa 11, 2178 f. Ähnliches: Arch. f. Anthropol. 39 (1912), 97. [76]) Pauly-Wissowa Suppl. 4, 335. [77]) Tylor *Culture* (engl. Ausg.) 2 [4], 169 ff.; Lubbock *Entstehung der Civilisation* 17 ff.; Andree *Parallelen* 2, 18 ff.; Levy-Brühl *Das Denken der Naturvölker* 32; ARw. 5, 10 f.; Seligmann *Zauberkraft* 221 f.; Samter *Geburt* 135, 2; Seyfarth *Sachsen* 54; ZfVk. 1 (1891), 152; Groß *Handbuch* 1, 524, 2. [78]) Köhler *Voigtland* 423. [79]) Bartsch *Mecklenburg* 2, 126. [80]) Seyfarth 54. [81]) Ebd.; Drechsler 1, 212; Wolf *Beiträge* 1, 206; ARw. 5, 24. [82]) John *Erzgebirge* 113; Fogel *Pennsylvania* 118 Nr. 527. [83]) Strackerjan 1, 38; 2, 233; Egerl. 3 (1899), 59; Grohmann 219. [84]) Meyer *Baden* 581. [85]) Drechsler 1, 290 f.; Negelein ARw. 5, 33; Fogel *Pennsylvania* 135 Nr. 618. [86]) ARw. 5, 11 f. [87]) Vernaleken *Mythen* 378 f. [88]) Pfister *Reliquienk.* 1, 340 ff. [89]) ZfVk. 11 (1901), 277; 19 (1909), 145.

Pfister.

Bilderhändler, Verkäufer von heiligen oder magischen Bildern, die sie häufig im Umherziehen oder auch an Wallfahrtsorten feilhalten. Ein solcher B., der aufgegriffen wurde, hatte einen ganzen Sack voll Hexenmittel, darunter geschnitzte hölzerne Bildchen, mit Ton überzogen und vergoldet, die man in Mörsern zerstoßen mit einer gewissen Tinktur einnehmen sollte [1]). Eine andere Person, die fast immer auf der Wanderschaft von einem Wallfahrtsort zum andern war, trug Pilgerstäbe, Weihwasser, Zellerrauch usw. bei sich und machte auch ein gutes Geschäft mit Amuletten, besonders Bildern, von denen eines als Krankheitsschützer verschluckt werden mußte [2]).

s. auch Bild.

[1]) SAVk. 21 (1917), 49. [2]) ZföVk. 10 (1904), 107 f.

Pfister.

Bilderschrift. Alle eigentlichen Buchstabenschriften (Alphabete) haben sich durch Vermittlung der altsemitischen Schrift aus der ägyptischen Hieroglyphenschrift entwickelt [1]). Diese ist keine reine B., aber sie ist aus einer B. durch Hinzutreten phonetischer Konsonantenzeichen und der Determinative entstanden. So ist also eine B. die Urmutter der uns bekannten Alphabete. Soweit wir die ägyptische B. kennen, wurde durch sie eine Geschichte oder ein Vorgang zwar durch ein Bild erzählt, aber nicht durch ein den Vorgang vollkommen darstellendes Mitteilungsbild, sondern in mehr oder minder abgekürzter, konventioneller, symbolischer Weise, so daß das Bild nur von dem ganz zu deuten war, der die Symbolik kannte. Diese B. gibt also nicht Worte und Sätze, sondern einen Gedankeninhalt ideographisch wieder, der an keine bestimmte Sprache gebunden, sondern in jeder Sprache ablesbar ist. Dieser ägyptischen B. ging wohl auch die Verwendung eigentlicher Mitteilungsbilder, die wir von andern Völkern her kennen (s. Bild § 1), voraus [2]). Die B. wird auch heute noch gelegentlich von schreibungewandten Bauern gebraucht [3]), auch die „Zinken" der Zigeuner und Gauner sind solche piktographische Zeichen [4]), ebenso die Eigentumszeichen und die Bau- oder Hausmarken (s. d.). Die B. kann auch magischen Zwecken dienen, etwa dem Analogiezauber (s. d.), indem man durch das in der B. Dargestellte etwas Analoges in Wirklichkeit erreichen will, oder sie kann apotropäisch oder Kraft zufügend wirken. S. auch Danzel Über magisches und mitteilendes Zeichnen im Globus 98 (1910), 357 ff. und Art. Bild, Bildzauber.

[1]) Sethe GGN. 1916, 118 ff.; Ders. *Der Ursprung des Alphabets* 1926; Gardiner ZDMG. 77 (1923), 92 ff.; Jensen *Gesch. der Schrift* (1925), 99 ff. [2]) Erman *Die Hieroglyphen* 1917; Bonnet *Aegypt. Schrifttum* 1919; Pauly-Wissowa 8, 1468 ff.; Jensen 19. 40 ff. [3]) Petsch Mitth. u. Umfr. zur bayr. Vk. 5 (1899), 4. [4]) Groß *Handbuch* 1 [6], 406 ff.; Friederichs HessBl. 24 (1925), 106 ff. Pfister.

Bildflachs s. Bildmädchen.

Bildmädchen heißen die Trägerinnen der in Prozessionen verwandten heiligen Bilder. — Bericht [1]) aus Warburg (Westfalen): Hier wurde von altersher am Feste der heiligen Lucia in ihrer Kapelle Flachs geopfert. Im Jahre 1652 wurde dieser Brauch auf die Altstädter Pfarrkirche übertragen, wo sich das Flachsopfer bis in die neue Zeit erhielt. Am 5. Februar, dem Tag der heiligen Agathe, oder an dem darauffolgenden Sonntag wurde das Bild dieser Heiligen von den B. in Prozession um die Kirche getragen und auf dem Kreuzaltar spinnreifer Flachs geopfert, der zum Besten der Kirche verkauft wurde. Ursprünglich war dieser „Bildflachs" zur Ausstattung der Statuen bestimmt. In der Erinnerung lebt noch fort, daß die B. ihren besonderen Ball hatten. Die Sitte des Flachsopfers ist in Warburg erloschen, hat sich aber in nahe gelegenen Ortschaften teilweise noch erhalten. Dabei kommen auch die Prozessionen mit den B. vor. So werden in Wormeln die Bilder der Mutter Gottes, der Agathe und der Katharina getragen, in Hohenwepel die Statuen der Mutter Gottes und der heiligen Margaretha. Häufig haben dabei die B. auch die Aufgabe, den Flachs bzw. Geld in den Häusern zu sammeln. In Perkelsheim soll früher auch ein Ball der B. stattgefunden haben, jetzt werden sie vom Pfarrer auf den Nachmittag zum Kaffee eingeladen. Ähnliches auch in andern Orten in Westfalen. — Auch sonst werden die bei Prozessionen das heilige Bild (s. d.) tragenden Mädchen Bildjungfern genannt. Dazu gewählt zu werden gilt als große Ehre, davon ausgeschlossen zu sein als Schande. Hieran knüpft sich manche Legende [2]).

Wohl ähnlich sind die Rosenkranzjungfern von Clara Viebig, eine gleichnamige Novelle (s. SchwId 1, 1249). Im kathol. Appenzell heißen sie auch Täfeli- oder Geheimnis-Jumpfere (fehlen im Id.). Sie tragen bei Prozessionen (namentlich bei der Monatsprozession zu Ehren der Mutter Gottes) Tafeln, Schilde, an denen eine Kerze angebracht ist, und auf denen je eines der 15 „Geheimnisse" des Rosenkranzes abgebildet ist. In Lunkhofen: Sterne-Meitli, in Boswil: Chränzli-Meitli.

s. Jungfräulichkeit, Keuschheit, Mädchen.

[1]) Hüser ZfrwVk. 7 (1910), 31 ff. [2]) Drechsler 1, 132 f. Pfister.

Bildopfer.

1. Begriffsbestimmung. Unter Opfer (s. d.) im engern und eigentlichen Sinn verstehe ich lediglich das sog. Geschenkopfer, d. h. die Darbringung einer Gabe an eine Gottheit. Zweck des Opfers ist ursprünglich, die Kraft der Gottheit zu stärken, damit diese Kraft dem Menschen ganz besonders nutzbar ist. Die Gottheit ist auf das Opfer angewiesen; das Opfer hat also euergetische Bedeutung. Dann entwickelt sich daraus

der Zweck, die Gottheit zu erfreuen und milde zu stimmen oder ihr zu danken. So haben wir insbesondere Wunsch- und Dankopfer zu unterscheiden [1]). Unter Opfergaben in diesem Sinn fallen auch die Votive (s. d.) als Dankopfer und die Weihgeschenke als Wunschopfer. Denn beide Ausdrücke, Votive und Weihgeschenke, werden z. B. in Süddeutschland vom Volke gar nicht gebraucht, sondern beides wird als „Opfer" bezeichnet [2]). Unter B. ist also die Darbringung eines Bildes an eine Gottheit, das Geschenk eines Bildes zu verstehen. Dabei ist zweierlei zu unterscheiden (s. auch Bild und Bildzauber § 2): Das Bild kann entweder selbst seinen Wert in sich haben; es stellt selbst für sich als Bild ein Geschenk an die Gottheit dar. Oder: Das durch das Bild Dargestellte soll eigentlich der Gottheit dargebracht werden, und das Bild gibt den Ersatz für das Wirkliche. So haben wir also das B. als Votiv und Weihgeschenk und das B. als Ersatzopfer. Über Opfer dagegen, die man den heiligen Bildern selbst darbringt, s. Art. Bild § 5.

[1]) Pauly-Wissowa 11, 2180 ff. [2]) Andree *Votive* 1.

2. Das Bild als Votiv und Weihgeschenk. Das Bild wird als Opfer dargebracht, entweder um die Gottheit oder den Heiligen geneigt zu machen (Weihgeschenk als Wunschopfer), oder es wird als Votivgabe und Dankopfer, weil vorher gelobt, nach der Erfüllung des Wunsches gegeben. Über derartige Gaben des katholischen Volkes in Süddeutschland hat Andree ausführlich gehandelt und zahlreiche Abbildungen beigefügt. Bei dieser Art des B.s kann man folgendes unterscheiden:

a) Das eigene Bild der Gottheit bzw. des Heiligen wird gestiftet. Dies war im griechisch-römischen Altertum der Fall wie heute noch. Ein großer Teil der Bildstöcke (s. d.) sind solche B., die etwa auf Grund eines Gelübdes errichtet sind.

b) Es wird ein Bild aus der heiligen Überlieferung, dem Mythus, der Legende der Gottheit geweiht. Auch solche πίνακες, Votivtafeln, gab es im Altertum wie heute.

c) Das Bild des Menschen, der bittet oder dankt, wird der Gottheit dargebracht. Häufig wurde dabei, besonders im MA., soviel Material zu dem Bild verwendet, als der weihende Mensch schwer war. S. auch Gewicht, Wägen, Würdinger.

d) Bilder von Körperteilen werden als B. dargebracht. Beispiele aus der kretischen [3]) wie aus der altgriechischen [4]) Kultur wie aus der Neuzeit [5]). S. auch Gebärmutter, Kröte.

e) Bilder von Tieren werden geweiht, um Gesundheit und Vermehrung des Viehstandes zu erreichen [6]). S. auch Leonhard.

Selbstverständlich können B. auch als Dankopfer oder sonst aus frommer Gesinnung heraus dargebracht werden, die vorher nicht durch Gelübde versprochen waren. S. auch Bildstock.

[3]) Bilderatlas zur Rel.gesch. 7 Abb. 25. [4]) Holländer *Plastik und Medizin* 1912, 175 ff.; Kutsch *Heilgötter* 6. 15 f. 48 ff. 124 ff.; Stengel *Kultusaltertümer* [3] 92, 7. [5]) Andree a. a. O.; Heyl *Tirol* 554; Pollinger *Landshut* 73. 79. 81; Grimm *Myth.* 1, 65 f.; 2, 986 f. [6]) Panzer *Beitr.* 2, 24 ff.; Jahn *Opfergebr.* 51; Pollinger a. a. O.; Heyl a. a. O.; Blau ZföVk. 10, 1904, 129 ff.

3. Das B. als Ersatzopfer. Das Bild (s. d.) gilt für das Dargestellte. Die prähistorischen Inselidole wurden als Opfergaben den Toten mit in die Gräber gegeben, damit diese im Jenseits Sklavinnen hätten [7]). So wurden häufig blutige Opfer durch B. ersetzt und Papierfiguren statt der Dinge selbst dargebracht [8]).

[7]) W. Müller *Nacktheit u. Entblößung* 61 f.; Karo ARw. 12, 359 f.; Heckenbach *de nuditate* 19 ff. [8]) Smith-Stübe *Rel. der Semiten* 316; Helm *Relig.gesch.* 1, 51 f.; Chantepie [4] 1, 331; 2, 145. 161; Andree 99; Schwenn *Menschenopfer* 197; Eisler ARw. 13, 625 f. Pfister.

Bildstock. Der B. im engern Sinn ist eine Holz- oder Steinsäule mit dem Bilde Christi oder eines Heiligen, im Freien aufgestellt. Da es jedoch mannigfache ähnliche Wahrzeichen an Wegen und Straßen, auf Feldern und im Wald, auf Anhöhen und an Friedhofsmauern gibt, Bilder oder Kreuze, die verschiedenen

Zwecken dienen und aus verschiedenen Gründen errichtet sind, so seien die wichtigsten Gruppen hier kurz zusammengestellt. Es finden sich hierfür u. a. die Namen B., Bußkreuz, Cholerastein, Denkstein, Feldkreuz, Franzosenkreuz, Gedächtniskreuz, Hagelstein, Hussitenkreuz, Kreuzstein, Malefizkreuz, Marterl, Memorienkreuz, Pestkreuz, Pfaffenkreuz, Rabenkreuz, Rebellionskreuz, Schauerkreuz, Schwedenkreuz, Steinkreuz, Sühnekreuz, Tartarenkreuz, Wallfahrerstein, Wetterstein, Zigeunerstein usw., Namen, die oft unterschiedslos für die verschiedenen Gattungen gebraucht werden. Vielfach haben sich Sagen an diese Bildwerke angeschlossen, die, häufig nicht richtig, den Grund ihrer Erstellung angeben oder von Erscheinungen und Wundern, die sich bei ihnen ereigneten, berichten. Wir können folgende Hauptarten solcher Bildwerke unterscheiden:

1. Heilige Bilder, B. im engeren Sinn, Christus oder Heilige oder Szenen aus der heiligen Überlieferung darstellend, oder lediglich ein Kreuz. Häufig weisen Inschriften auf ihre Bedeutung hin, welche zu Gebet und Frömmigkeit auffordern oder selbst ein Gebet enthalten. Oft ist auch Stifter und Jahreszahl genannt [1]). Manchmal stellt ein solches Bild auch einen Stationspunkt eines alten Wallfahrtsweges dar [2]).

[1]) Heuft ZfrwVk. 1909, 284 ff.; 1911, 59 ff.; Pollinger *Landshut* 47 ff.; Fox *Saarland* 249 f. [2]) Köhler *Voigtland* 598 Nr. 249; Meiche *Sagen* 927 Nr. 1130; Kühnau *Sagen* 1, 311 Nr. 284.

2. Sühnekreuze [3]), meist einfache steinerne Kreuze (s. d.), Monolithe, in der Regel ohne weitere Zeichen, manchmal aber auch mit Jahreszahl, Inschrift oder figürlichen Zeichen. Sie sind, wie erhaltene Urkunden lehren und wie häufig im Volksbewußtsein noch lebendig ist [4]), vom Mörder zur Sühne seiner Tat errichtet, meist an der Stelle der Mordtat, manchmal aber auch an der Straße, um die Vorübergehenden zum Gebet für den Ermordeten aufzufordern. Das älteste, sicher datierbare Sühnekreuz findet sich bei Varmissen im Hannoverschen mit der Jahreszahl 1260; im 14.—16. Jh. sind sie besonders häufig. — Hier haben wir wahrscheinlich den letzten Rest eines uralten Glaubens, nach welchem gewaltsam ums Leben Gekommene noch ganz besonders auf die Hinterbliebenen wirken und ihnen schaden können, daher sie vielfach einen besonderen Toten- und Heroenkult erhielten. Hat der Ermordete sein Recht nicht bekommen, d. h. ist, was germanische wie griechische Anschauung verlangte, die Blutrache nicht ausgeübt worden, so irrt der Geist des Erschlagenen ruhelos und zürnend umher. Nur durch einen Seelenkult oder, abgeschwächt, durch ein Sühnekreuz als Opfer kann sein Groll beschwichtigt werden [5]). Gelegentlich herrscht noch der Brauch, an solchem Kreuz einen Zweig niederzulegen [6]). Die Sühnekreuze sind über ganz Deutschland, Österreich, die Schweiz, Oberitalien, Frankreich und England verbreitet.

[3]) Fr. Wilhelm MVerBöhm. 39 (1901), 195 ff.; Andree-Eysn ZföVk. 3 (1897), 65 ff.; Raich in Katholik 84 (1904), 42 ff.; Neumann *Steinkreuze*; Nägele Württemb. Jbb. f. Statistik 1913, 377 ff. und ZfVk. 1912, 253 ff., wo weitere Lit.; DG an vielen Stellen; Lammert 113; Eisel *Voigtland* 288; Klapper *Schlesien* 49 f.; Frauenstädt *Blutrache u. Totschlagsühnen im deutschen Mittelalter* 1881. [4]) Birlinger *Volksth.* 1, 173 Nr. 267. [5]) Pfister *Schwaben* 77 ff. [6]) Bartsch *Mecklenburg* 1, 455 f.

3. Erinnerungsbilder und Unfallkreuze, die an ein Unglück erinnern, das an dem Ort stattgefunden hat, wo der B. steht, oft als Marterl im engeren Sinn bezeichnet. Vielfach ist eine bildliche Darstellung des Unglücksfalles angebracht, ebenso Inschriften, die Name, Zeit und Art des Unglücks angeben [7]).

[7]) Pollinger *Landshut* 50 ff.; Eisel *Voigtland* 287. 291; Müllenhoff *Sagen* 83 f.; Neumann a. a. O. 8.

4. Denksteine für Gefallene, nach der Überlieferung häufig an der Stätte ihres Grabes errichtet. Solche B.e werden besonders oft auf die Zeit des Dreißigjährigen Kriegs zurückgeführt [8]). Vielfach führen sie die Bezeichnung Schwedenkreuze oder Franzosenkreuze [9]).

In letzter Linie sind alle diese Bildzeichen Opfer, die Gott, den Göttern, Heiligen, den Seelen der Ermordeten oder Verunglückten dargebracht wurden. Häufig wird es ausdrücklich berichtet, daß sie zum Dank für Hilfe oder Heilung errichtet wurden [10]); s. auch Bildopfer. Da aber die eigentlichen B.e in der Regel mit einem Bilde Christi oder eines Heiligen geschmückt sind, so werden sie vielfach selbst aus Opfern zu Heiligtümern, bei denen gebetet und Gelübde abgelegt werden. Der wirkliche Grund für die Errichtung des einzelnen B.s läßt sich oft nicht mehr mit Sicherheit feststellen. Um so mehr haben sich volkstümliche Sagen dieser B.e bemächtigt, die gelegentlich wohl das Richtige treffen können, in ihrer Mehrzahl aber keine historische Überlieferung bieten [11]). So kehrt häufig die Sage von der verfolgten Jungfrau wieder, die sich zu Tode stürzt [12]). Vielfach weiß auch die Überlieferung von mancherlei Spuk zu erzählen, der sich an solchen B.en ereignete [13]), oder der sich dann einstellte, wenn man das Bild weggeschafft hatte, und erst wieder aufhörte, wenn es am alten Platze wieder stand [14]). Über Bildlegenden s. auch Bild § 4.

[8]) Birlinger *Volksth.* 1, 171 Nr. 266; Pollinger 53 f.; Köhler 594 ff.; Meiche 921 Nr. 1120; ZfrwVk. 9, 298; Eisel *Voigtland* 63. 283. [9]) Nägele a. a. O. 400. [10]) ZfrwVk. 7, 112 f.; Birlinger *Volksth.* 1, 375 f. [11]) Nägele a. a. O. 400. [12]) Meiche 914 ff.; Grimm *Sagen* Nr. 142. 321; Pfister *Reliquienk.* 1, 360. [13]) Kühnau 1, 60 ff. 307 ff.; Meiche 921 Nr. 1120. [14]) Kühnau 1, 58 Nr. 59; Meiche 244 Nr. 312; 246 Nr. 315; 258 Nr. 335 f.; 268 Nr. 345; 270 Nr. 348; 930 Nr. 1135; Birlinger *Volksth.* 1, 297; Kuhn und Schwartz 167 f. 171 f. Pfister.

Bildzauber s. Bild.

Billeweis s. Bilwis, Sibylle Weis.

Bilsenkraut (Hyoscyamus niger).

1. Botanisches. Zu den Nachtschattengewächsen (Solanazeen) gehörige, stark narkotisch wirkende, widrig riechende Giftpflanze, deren Stengel und Blätter mit klebrigen Drüsenhaaren besetzt sind. Die trichterförmige Blütenkrone besitzt einen fünflappigen Saum, ist schmutzig gelb und von violetten Adern durchzogen. Die Frucht ist eine mit einem Deckel aufspringende Kapsel, die zahlreiche Samen enthält. Das B. wächst zerstreut und meist unbeständig auf Schuttstellen, an Dorfstraßen, an Mauern usw. Seine Verbreitung verdankt das aus dem Osten stammende B. vielleicht z. T. den herumziehenden Zigeunern, die unsere Pflanze zu verschiedenen „Zauberkünsten" benutzt haben mögen [1]).

[1]) Marzell *Kräuterbuch* 346 f.

2. Das B. ist sicher eine der ältesten den Indogermanen bekannte und von ihnen benutzte Gift- und Zauberpflanze [2]). Als Mittel gegen Zahnschmerzen, als welches es sich vom Altertum bis in die heutige Volksmedizin nachweisen läßt, erscheint es nach v. Oefele bereits in einem altbabylonischen Rezept [3]). Da der Genuß des B.es Sinnestäuschungen, Halluzinationen und andere Erregungszustände hervorruft, tritt es als ein Bestandteil der mittelalterlichen „Hexensalben" auf (vgl. Stechapfel): Die während der akuten Vergiftung erfolgten Halluzinationen (Fliegen in der Luft, Verwandlung in Tiergestalt) mögen nach dem Aufhören der Giftwirkung von dem Betreffenden als tatsächlich erlebt geglaubt worden sein [4]).

[2]) Hoops *Reallex.* 1, 284; Schrader *Reallex.*[2] 1, 146; Fonahn *Histor. Bemerkn. om bulmeurten.* In: Pharmacia 2 (Kristiania 1905), 197—205. 213—217. 224—227; Tschirch *Pharmakognosie* 3, 293 f.; Marzell *Heilpflanzen* 165—170. [3]) Höfler *Botanik* 91. [4]) Vgl. auch Fühner *Solanazeen als Berauschungsmittel.* In: Arch. f. exper. Pathologie u. Pharmakologie 11 (1925), 281—294.

3. Burchard von Worms († 1024) berichtet von einem Regenzauber, der anscheinend im Anfang des 11. Jhs. in Hessen oder am Rhein bei großer Dürre geübt wurde: Ein nacktes Mädchen mußte mit dem kleinen Finger der rechten Hand B. (belisa) ausreißen und es an die kleine Zehe des rechten Fußes binden. Das „Regenmädchen" wurde dann zum nächsten Fluß geführt, mit dessen Wasser besprengt und dabei wurden Beschwörungen gesungen, um Regen zu erlangen [5]).

Noch im Jahre 1825 sollen in einem Dorfe am Rhein abergläubische Landleute den erwünschten Regen dadurch herzuzaubern versucht haben, daß sie B.-stäbchen in eine Quelle tauchten und dann die daran haftenden Wassertropfen auf den heißen Sand sprengten [6]). Höfler [7]) vermutet, daß toxische Gehörhalluzinationen (Rauschen im Ohr, Geräusch des niederströmenden Regens) nach dem Genuß von B. der Grund waren, die Pflanze im Regenzauber zu verwenden.

[5]) Friedberg *Bußbücher* 101 = Mannhardt 1, 330 f. = Grimm *Myth.* 1, 493; 3, 410 f. = Hansen *Hexenwahn* 41 = Gesemann *Regenzauber* 18 = FL. 18, 278. [6]) Montanus *Volksfeste* 141. [7]) *Botanik* 91.

4. Auch sonst erscheint das B. vielfach als Zaubermittel. In einem pommerschen Hexenprozeß v. J. 1538 bekennt eine Hexe, daß sie es einem Mann „angetan“ habe, indem sie ihm Erde vom Grabe des ertrunkenen Scharfrichterssohnes zusammen mit Knochen von einem Totenschädel, B.-samen, Salz und ihren Genitalhaaren heimlich in die Schuhe gelegt habe. Der Bezauberte habe ihr dann immer nachlaufen müssen [8]). Nach Goslarschen Hexenprozeßakten bewirken die zwischen zwei Liebende gesäten B.samen, daß die beiden sich hassen; vor einen Laden gestreut, machen die B.samen, daß die Leute eifrig die Waren kaufen [9]). Als „Jägerglaube aus den Vogesen“, um das Wild anzulocken, wird berichtet, daß man den Saft des B.es mit dem Fett und Blut der zu erjagenden Tierart mischen und diese Salbe in die Erde vergraben müsse, dann käme eine Stunde später das betreffende Wild herbeigelaufen [10]). Dieser Aberglaube geht wohl auf das „Buch der Versammlung“ usw. des (Pseudo-) Albertus Magnus [11]) zurück.

[8]) Ztschr. f. Kulturgesch. 2. Erg.-Heft 1898, 21. [9]) Ztschr. d. Harzvereins f. Gesch. u. Altertumskunde 35 (1902), 415. 420. [10]) Sébillot *Folk-Lore* 3, 487. [11]) Straßburg 1508, cap. 8.

5. In der Sympathiemedizin erwähnt schon der Arzt Alexander von Tralleis (am Pontus; 6./7. Jh.) in seiner medizinischen Kompilation [12]) das B. als Mittel gegen Podagra und Rheumatismus. Es muß vor Sonnenuntergang, ohne daß man die Wurzel berührt, mit einer Beschwörung gegraben werden. Nach einem brandenburgischen Rezept aus dem 16. Jh. wird das am Johannistag geholte B. in einem Topf in die Erde vergraben und Öl dazu gegossen. In der Christnacht um Mitternacht wird der Topf ausgegraben; das Öl hilft dann gegen Gicht [13]). Uralt ist das Mittel, durch Räucherung mit B.samen bei Zahnschmerz die „Würmer in den Zähnen“ zu töten [14]). Empirisch erklärt sich dieses Mittel aus der narkotischen, schmerzstillenden Wirkung des B.rauches. Um die Maden bei Schweinen zu vertreiben, warf noch um 1870 der Hirte im Anhaltischen einen B.stengel über den Kopf mit den Worten: „Murri, Murri, Murri!“ [15]). Nach einer Schweizer Sage soll ein Zwerg die Heilkraft des B.es (vgl. Bibernelle) verkündet haben [16]).

[12]) Hrsg. v. Th. Puschmann 2 (1878), 584. [13]) Urquell 3, 194. [14]) Marzell *Heilpflanzen* 167; Reichborn-Kjennerud *Laegeurter* 83; Hovorka u. Kronfeld 2, 838 f. [15]) Wirth *Beiträge* 6/7, 33 f. [16]) ZfdMda. 1907, 55 = SchweizId. 4, 1219.

6. Als apotropäisches Mittel wird das B. am Johannistag zwischen 11 und 12 Uhr gesammelt und damit das behexte Vieh geräuchert [17]). Zu dem gleichen Zweck wird in Tirol das in der Dreißgenzeit gesammelte B. verwendet [18]), oder es wird am Johannistag an alle Türen der Stallungen gesteckt (Ermland) [19]), auch in die Eckständer des Hauses wird es verpflockt (Holstein) [20]) und in die Ecken der Scheune gestellt gegen Mäusefraß [21]). Das letztgenannte Mittel dürfte insofern eine empirische Grundlage haben, als die Mäuse durch den widrigen Geruch des B.es abgehalten werden.

[17]) Bartsch *Mecklenburg* 2, 291. [18]) Alpenburg *Tirol* 284. [19]) Neue Preuß. Provinzialbl. 6 (1848), 230. [20]) Die Heimat 19 (1909), 27. [21]) Wirth *Beiträge* 6/7, 7.

Marzell.

Bilwis.

I. Namensformen u. Verbreitung (Singer). II. Wesen. 1. Naturdämon. 2. Zauberer, Hexe. 3. Korngeist. 4. Willweissen, Bielmann. (Mackensen).

I. Namensformen und Verbreitung. Das Wort hat die zweite Lautverschiebung mitgemacht: es lautet mittelniederländisch *beluwitte*, *beelwitte* [1]), clevisch *belewitte*(*n*) [2]). Aus einem nd. Dialekt hat es wohl das altpreußische und das litauische *pilwitus*, *pilwitte* [3]) übernommen; denn eine Entlehnung des Deutschen aus dem Litauischen oder Slavischen, woran man auch gedacht hat, ist wohl ausgeschlossen: das verschobene *t* würde auf die Entlehnung vor der Lautverschiebung, das unverschobene *p*, das mit *b* wechselt, auf eine solche nach derselben weisen. Auch die Entlehnung ins Baltische anzunehmen, macht allerdings gewisse Schwierigkeiten, da deutsches *b* daselbst sonst nicht als *p* erscheint: man wird für den gebenden nd. Dialekt eine volksetymologische vorgängige Umgestaltung zu *filuwit* voraussetzen müssen, weil eben deutsch *f* in slavobaltischen Lehnwörtern als *p* erscheint. Außer diesen Belegen aus dem Nordosten und Nordwesten des deutschen Sprachgebiets ist das Wort in unverschobener Form nirgends erhalten. Doch dürfte es nur eine Substantivierung des im Altenglischen erhaltenen Adjektivs *bilewit* sein, dessen Bedeutung man etwa mit 'wohlwollend' wiedergeben kann [4]), das wohl ursprünglich ein Epitheton ornans der heidnischen Götter, in den poetischen Denkmälern der christianisierten Angelsachsen zunächst auf den Christengott, dann auf seine Engel übertragen wurde, anderwärts mit Euphemismus (vgl. Eumeniden: Erinnyen) auf schadenbringende Naturdämonen.

Das Produkt der Verschiebung ist zunächst hochdeutsches *bilwiz* mit kurzem *i* und spirantischem *z*. So reimt Wolfram, der zuerst im zweiten Jahrzehnt des 13. Jhs. das Wort belegt, es in seinem Willehalm 324, 6 auf *biz*, Biß [5]). Auch in Bertholds von Regensburg Predigten II, 70, 32 schreibt die Hs. *pilwis*: das *p* für *b* im Anlaut ist nur oberdeutsche Orthographie. In einer Weimarer Hs. des Jahres 1483 [6]) heißen eine Art Hexen *Bilbisse*, wobei der weit verbreitete Übergang von *lw* zu *lb* zu beachten ist. Unsicher in Beziehung auf die Quantität des zweiten Vokals sind die Lesungen im Ackermann aus Böhmen, im Münchener Nachtsegen [7]), bei Eiselein [8]). Das einfache *bilwiss* ist in der Vergangenheit noch für das schwäbische Gebiet [9]) nachgewiesen, noch lebend in Bayern [10]) und im Egerland [11]), häufiger in Komposition: *Bilwisschnitter*, *-schneider* [12]), auch *Bilversschnitter* [13]), *Bilwes-* und *Bilfesschnitt* im Böhmerwald [14]), umgedeutet zu *Pulverschnitt* in Niederbayern [15]), *Bilwis-*, *Pilbisbaum* schon bei Thomas Ebendorfer zu Ende des 14. Jhs. [16]), *pilwiszoten* bei Kaspar von der Rhön im Heldenbuch [17]). Im ungrischen Bergland ist der Name zu *Pilwins* und *Bolwesch* entstellt [18]), zu *bulwehs* in einer Variante des oben genannten Segens [19]).

Man begreift leicht, daß der in der Sprache isolierte zweite Bestandteil des Wortes Anlaß zu Umdeutungen gab. Entweder wurde das *z* als Affricata gefaßt oder das *i* gelängt. Das erste und damit die Anlehnung an das geläufige Wort *witze*, Witz, schon in der einen der Hss. des Willehalm, dann in einem Nürnberger Fastnachtspiel des 15. Jhs. [20]), wo das Wort auf *blitz* reimt. Hans Sachs bildet ein Wort *pilbitzen* vom Verwickeln der Haare [21]). Eine Hs. vom Jahre 1454 gibt einen Plural *pilwitzen* [22]). In neuerer Zeit finden wir die Form in Bayern, Steiermark, Sachsen und am Niederrhein [23]). Entstellt zu *Perlebitz*, *Berlewitz*, *Berlewitchen*, *Berlepiffchen* in Kurhessen [24]), zu *Bärlefäks* in Siebenbürgen [25]). In Komposition *Bilwitzreiter* [26]), *Bilwizschneider* in Oberbayern [27]). Anderseits wird der zweite Teil durch Verlängerung des *i* an 'weiß' oder 'weise' angelehnt: so reimt es schon um die Mitte des 15. Jhs. bei Hermann von Sachsenheim auf *prîs* [28]), und ein Meistergesang des Michel Beheim hat *pilweisen* [29]). Gryphius hat im Horribilicribrifax *pileweissin*, dialektischer in der Dornrose *Büleweesse* weiblich, *Püleweesser* männlich. Anno 1699 nennt Lehmann [30]) *Bielweisen* oder *Bulweisen*. In der Lausitz erscheinen 1529, 1567 und 1582 *Bilweisen* [31]), in der Mark 1656 *Bihlweissen* [32]), in einer Olmützer Hs. nach 1513 *Pylweiszen* [33]), in Glatz 1579 *Pil-*

weissen [34]), in einer Dresdener Hs. des 16. Jhs. *Pielweiszen* [35]), in einer schwäbischen *Bihlweisen* [36]). Die oberpfälzische und tirolische Form *Willeweis* [37]) zeigt im Anlaut *w* für *b*, was sonst nur bei fremdsprachigen Eigennamen eintritt [38]), und was Laistner geistreich durch Annahme einer Verschmelzung mit der Gestalt der *Sybilla weis*, der *Sibylla sapiens* erklärt. Älter als diese Anlehnungen des zweiten Teils ist die an *wiht*, Wichtelmännchen, die der Steiermärker Albrecht von Scharfenberg schon in der zweiten Hälfte des 13. Jhs. in seinem Titurel 4116 durch den Reim auf *pflihten* belegt [39]).

Wieder einfach lautlich ist der Übergang von *lw* zu *lm*: wir finden ihn in Bayern, speziell in der Oberpfalz, in Böhmen, Sachsen, Thüringen, Voigtland in *Bilmes - Bilmers - Bilmen - Bilm - Bilets-Bilmaz - Bilmizschnitter* [40]). Anderseits wird *Bilwes* zu *Bils* synkopiert und dann entweder das *s* vor dem zweiten Kompositionsglied ausgeworfen [41]) oder volksetymologisch das Wort durch Anlehnung an Bilsensamen usw. zu *Bilsen* erweitert [42]), dieses später neuerdings zu *Binsen* umgedeutet [43]). Entstellungen sind *Bilgen-Biber-Hilpertschneider* [44]), selten sind ganz abweichende Namen wie *Bockschneider, Bockreiter* [45]), *Getreideschneider* [46]), *Johannesschnitter* [47]), *Durchschnittler* [48]).

Heutzutage sind Wort und Begriff hauptsächlich im deutschen Osten, in Bayern, Sachsen, Schlesien, Thüringen lebendig. Man hat daraus schließen wollen, daß es aus dem Slavischen entlehnt sei. Mit Unrecht; denn, wie aus obigen Zusammenstellungen erhellt, galt Wort und Begriff in älteren Zeiten auch am Westrand des deutschen Sprachgebietes. Es erweist sich sonach als ein 'Randwort', was darauf schließen läßt, daß es in noch früheren Zeiten auf dem ganzen deutschen Gebiete gegolten habe und nur die mittleren Schichten eingestürzt sind [49]). Noch später ist auch der westliche Rand teilweise abgebröckelt, so daß es jetzt vor allem auf den Osten beschränkt ist. Dem skandinavischen Norden ist die Gestalt fremd, wenn man nicht in dem guten Ratgeber *Bilvisus* der Hagbardsage eine umgestaltende Erinnerung an dieselbe sehen will [50]).

1) Verdam *Mnl.Wb.* 72. 2) Diefenbach-Wülcker 247. 3) Usener *Götternamen* 83 f. 92. 98; Frischbier *Preuß. Wb.* 2, 144. 4) Grein *Sprachschatz* 54 f.; Bosworth-Toller 1, 101. 5) Von den Hss. schreibt die eine *pilbiz*, die andere *bilwitz*, obwohl sie das Reimwort *bissz* schreibt. 6) Keller *Fastnachtspiele* 1463. 7) ZfdA. 24, 70. 80; 41, 337. 80. 8) Wander *Sprichwörter-Lexikon* 3, 1346. 9) *Schwäb.Wb.* 1, 1117. 10) Pollinger *Landshut* 116 f.; Leoprechting *Lechrain* 192. 11) Sommert *Egerland* 118. 12) Oberpfalz, bayr. Franken, Erzgebirge: Wuttke §§ 378. 438. 661. 13) Eisel *Voigtland* 209 Nr. 550. 14) Grimm *Mythol.* 393. 15) Panzer *Beitrag* 1, 240. 16) Schönbach ZfVk. 12, 6; Schmeller *Bayr.Wb.* 2, 1037 f. 17) *Mhd.Wb.* 1, 127. 18) Schröer *Beiträge zu einem Wb. d. Mundarten des ung. Berglandes.* 19) Grimm *Mythol.* 391. 20) Keller *Fastnachtspiele* 1, 255, 20. 21) Grimm *Mythol.* 393. 22) Diefenbach-Wülcker *Hoch- und niederd.Wb.* 247. 23) Schmeller a. a. O.; Unger *Steirischer Wortschatz* 84; Wuttke *Sächs.Vk.* 325; Montanus *Volksfeste* 83 b. 24) Vilmar *Idiotikon von Kurhessen* 295. 25) Schullerus *Siebenbürgisch-sächs.Wb.* 1, 409. 26) Bronner 148. 27) Höfler *Wald- und Baumkult* 148. 28) Schleier: *Altswert* 244, 12 ff. Da ihm bereits *z* und *s* im Auslaut zusammengefallen sind, läßt sich über die Art der Anlehnung nichts Näheres aussagen. 29) Wackernagel *Lesebuch* 1009. 30) *Histor. Schauplatz der natürlichen Merkwürdigkeiten in dem meißnischen Obererzgebirg.* Leipzig 1699. 31) Haupt *Lausitz* 1, 68 Nr. 70. 32) Colerus *Hausbuch.* 33) ZfVk. 12, 181. 34) Kühnau *Sagen* 3, 12. 35) Schönbach Wiener Sitzber. 142, 1900, 132. 36) *Schwäb.Wb.* 6, 1654. 37) Zingerle *Sagen* 286 Nr. 517; Heyl *Tirol* 271 Nr. 85; 411 Nr. 97; 415 Nr. 100; Laistner *Nebelsagen* 315. 38) *Wastl, Wabi* für Sebastian, Barbara. 39) So wird daselbst 2534 auch *bilwiht* für *pilwit* zu lesen sein. 40) Schönwerth *Oberpfalz* 1, 420 f.; 2, 535; Leoprechting *Lechrain* 19 f.; Hasl *Bilmerschnitt*, Bayerwald 16 (1918), 29 ff.; Kratzer *Bilmenschnitt*, Bayerland 30, 363 ff.; Rabe *Pilmschnitter*, Urdsbrunnen 1885, 18 ff.; Volkskunst u. Volkskunde 9 (1911), 85. Grohmann 16; John *Erzgebirge* 134. 225; Ders. *Westböhmen* 185. 198. 199. 255. 261. 267; John *Oberlohma* 162; Rank *Böhmerwald* 1, 160; Sommert *Egerland* 118 ff.; Müller-Fraureuth *Wb. d. obersächs. u. erzgebirg. Mundarten* 1, 108; Bechstein *Thüringer Sagenbuch* 2, 59; Grimm *Mythol.* 445; Eisel *Voigtland* 209 Nr. 550; Köhler *Voigtland* 373. 374. 412. 422. 41) *Billschneider*: Panzer *Beitrag* 2, 210. 214; Jahn *Opfergebräuche* 112; *Billenschnitt* im Erzgebirge Zs. f. hd. Mund-

arten 1, 44; *Bielmann*: Panzer *Beitrag* 2, 210. 536; Schulenburg 95. [42]) *Bilsenschneider, -schnitter:* fürs Erzgebirge bereits bezeugt durch Fischer *Aberglauben* 1793, fürs Magdeburgische durch Zerrenner *Ackerpredigten* 1783, s. Rochholz *Naturmythen* 30 f. Gegenwärtig: Landsteiner *Niederösterreich* 53; Müller-Fraureuth a. a. O. 1, 108; Seyfarth *Sachsen* 43; Hertel *Thüringischer Sprachschatz* 68; Grimm *Myth.* 3, 452 Nr. 523. [43]) *Binsenschneider-schnitter*: John *Erzgebirge* 134. 225; Eisel *Voigtland* 209. 211 Nr. 550. 552; Witzschel *Thüringen* 2, 221. Rudolstadt bei H. Leo *Aus meiner Jugendzeit.* Gotha 1880, 8; Dürringleina in Thüringen: ZfVk. 21 (1911), 286. [44]) Grimm *Myth.* 445; Panzer *Beitrag* 2, 211. [45]) Leoprechting *Lechrain* 19; ZfVk. 9 (1890), 252. [46]) Meyer *Aberglaube* 246; Meiche *Sagen* 288 f. Nr. 377. [47]) Witzschel 2, 292 Nr. 149, vgl. 220 Nr. 57. [48]) Panzer *Beitrag* 2, 209 ff. 241. [49]) Jud *Probleme der altromanischen Wortgeographie*, Zs. f. rom. Phil. 38, 19; Singer *Verlorene Worte*, Zs. f. hd. Mundarten 1924, 226. [50]) Laistner *Sphinx* 2, 267 ff.; Herrmann *Die Heldensagen des Saxo Grammaticus* 494 f. Singer.

II. 1. Die rätselhafte Figur des B. hat seit den Anfängen der mythologischen Forschung Interesse bei berufenen und unberufenen Deutern gefunden; eine endgültige Erklärung ist bisher nicht gefunden, und es fragt sich auch, wie weit sich eine solche überhaupt finden läßt. Jedenfalls zeigt die historische Untersuchung, daß eine einheitliche Entwicklungslinie nicht nachgewiesen werden kann; je weiter und je genauer wir die Gestalt des B. rückwärts verfolgen, um so deutlicher sehen wir, wie äußere Einflüsse, Kontaminationen mit anderen Sagengestalten und volksetymologische Umdeutungen zu der verwirrenden Fülle der Züge beitragen, die den B. im Volksglauben der letzten Jahrhunderte umkleidet.

Das Bild, das uns die ältesten Zeugnisse von ihm vermitteln, ist ziemlich einheitlich. In Wolframs Willehalm heißt es [51]):

si wolten, daz kein pilwiz
si dâ schüzze durh diu knie.

Zu diesem ältesten Zeugnis stellt sich eine Stelle des Cod. Vindob. 2817 [52]):

dâ kom ich an bulwechsperg gangen,
dâ schôz mich der bulwechs,
dâ schôz mich die bulwechsin,
dâ schôz mich als ir ingesind.

Eine zweite Wiener Handschrift vom Jahre 1387 ist noch deutlicher [53]): „vel sepe contigit, quod, qui sagittam Dyane patitur, quod dicitur in vulgari pilwizzschos, stuppam vel excipiunt, quod dyabolus occulte inmisit ad deceptionem videntium". In ganz ähnlicher Weise heißt es bei Eißlein [54]): *der pilwiss hat ihn geschossen.* Es kann kein Zweifel sein: in der frühesten Gestalt, in der wir den B. sehen, ist er ein menschenfeindlicher Naturdämon, männlichen und weiblichen Geschlechts, der durch seine Geschosse Krankheiten verbreitet. Beschwörende Zaubersegen sind im Umlauf, die den angeschossenen Spuk bannen sollen [55]), und mit bekannter besänftigender Methode nennt man ihn „gut", während er doch „ungut" ist [56]). Er wohnt meist in Bergen [57]), gelegentlich auch in Bäumen, denen man Kleider oder gar Kinder zur Abwehr oder um die Zukunft zu erforschen, opfert [58]). Er hat auch Alpcharakter: Berthold von Regensburg stellt ihn neben die *nahtvaren* [59]), und wie ein Alp verwirrt und verzottet er das Haar des Schläfers [60]); man tut daher gut, beim Nachtsegen um Schutz vor ihm zu flehen [61]). Er tritt allein, mit seinem Weib oder in Scharen auf; in nichts unterscheidet er sich in unsern frühesten Belegen, die fast alle ins bayrisch-österreichische Gebiet weisen, von andern tückischen Naturdämonen [62]).

[51]) 324, 6. [52]) 71 a bei Grimm *Myth.* 1, 392. [53]) Bei Schönbach *Berthold v. R.* 133. [54]) Bei Wander 3, 1348. [55]) Vgl. ZfdA. 24, 70: „Der heilig christ selb gieng weter und wint. Er genietet sich ellender ding. Er chom gegangen hin vil verre Ze dem pilwizen berge. Do chomen die übelen wip und benamen im sinen lip." Folgt die Heilung durch den Segen der Mutter Gottes. [56]) Vgl. Rüdiger *Irregang und Girregar* (v. d. Hagen *Gesamtabenteuer* Nr. 55) v. 1002 ff.: „er solde sin ein gutir und ein pilewiz geheizen". [57]) Vgl. unter Anm. 52, 55. [58]) Thomas Ebendorfer von Haselbach *De decem praeceptis* (15. Jh.): qui vestes suorum puerorum offerunt ad arbores vocatas pilbispawm, queritur quo, cum offerunt non Deo, sed malis spiritibus, ut circa eos volitent, ut dicunt; ZfVk. 12, 6 f.; vgl. Schmeller *Bay.Wb.* 2², 1037: *so man ein kind oder ein gewandt opfert zu aim pilbispawm und daselbs lugel machen und das pilbis ist nit anders dan der tewfel.* [59]) Wasch-

nitius *Perht* 169 f.; Schönbach *Berthold v. R.* 21; Berthold v. Regensburg 2, 70. [60]) C. v. d. Röhn *Heldenbuch* 156 b: sein part het manchen pilwisszoten; Grimm *Myth.* 3, 137; Sachs braucht *pilmitz* = verworrene Haarlocke. [61]) Vgl. einen Münchner Nachtsegen: ZfdA. 41, 45 f.; eine B.beschwörung: Meyer *Germ. Myth.* 76: procul recedant sompnia et noxia phantasmata. [62]) Im jüngeren Titurel wurden v. 4116 *bilwihte* = lärmmachende Dämonen, v. 2534 *pilwite* = schnelle Geister, beide Male in Gemeinschaft mit den *chrabas*, genannt, ohne daß mehr über ihr Wesen ersichtlich wäre; Hans Sachs erwähnt *pilmitzen in der nasen* = Schleimkrusten? Höfler *Krankheitsnamen* 810.

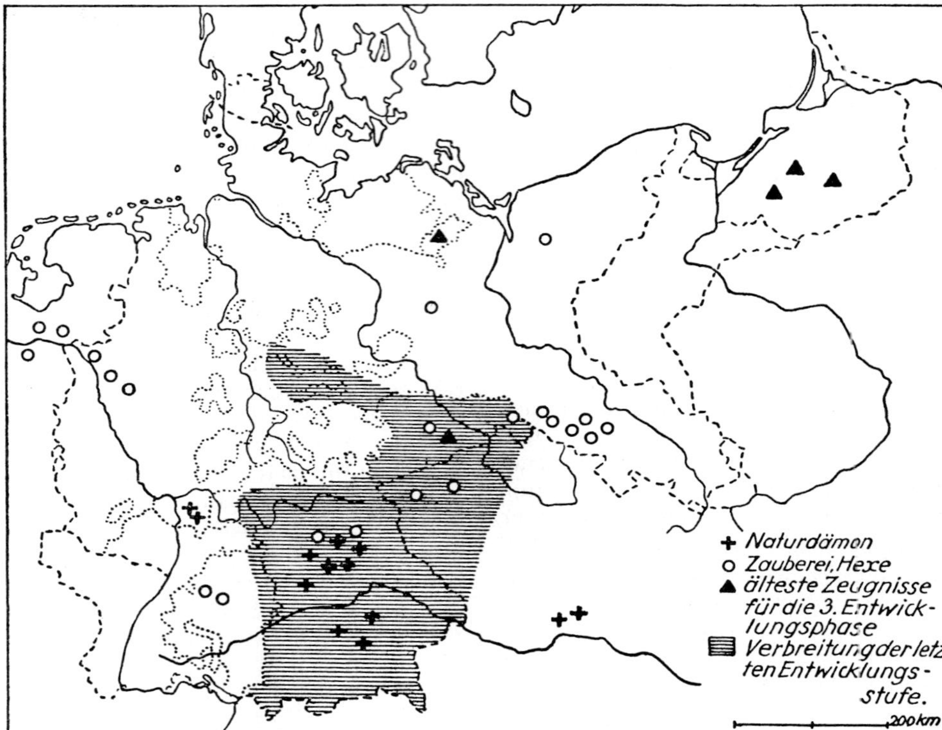

2. Vom 14. Jh. ab beobachten wir, wie christliche Umdeutung und theologische Abneigung — man könnte hier sehr gut von einer *interpretatio christiana* sprechen — aus dem Dämon einen Zauberer, eine Hexe machen: dadurch kommen neue, von jenen nachmythischen Sagenkreisen entlehnte Motive zu dem alten Bilde. In dieser Gestalt begegnet uns der B. — fast nur in weiblicher Gestalt — seit dem 14. Jh. am Niederrhein *(beluwitte, beelwitte, belewitte, billewits)* u. ä.[63]); der Ackermann von Böhmen stellt diesen weiblichen B. den Zauberinnen zur Seite: Bock- und Krückenritt ist beiden gemeinsam [64]). In ganz ähnlicher Weise stellen die Gesetze des Hochmeisters Konrad v. Jungingen (1394) die männlichen *pilwitten* zu den Schwarzkünstlern und Zauberern [65]). Bei Hermann von Sachsenheim, der im „Schleier" die *bilwiz* auch *unholde* genannt werden läßt (244, 12 ff.), ist kaum ein Unterschied zu den Hexen festzustellen; die Fastnachtsspiele stellen *perchten, bilbissen* und *truten* gleich, denen allen die Brockenfahrt gemeinsam ist [66]); so wird der Name B. auch Schimpfwort für üble Weiber [67]). Michel Beham läßt kleine Kinder zu *pilweissen* werden [68]); liegt hier eine Verwechslung damit vor, daß die B. nach Hexenart Kinder verzaubern und vertauschen [69])? Hexen-

brauch ist es auch, wenn die B. es Kühen antun (man schützt sich und die Kühe davor durch zauberische Hausrezepte), wenn sie Milch stehlen [70]). Christian Lehmann spricht es geradezu (1699) aus: „die hexen werden bielweisen genannt" [71]). Einige schlesische Ratsprotokolle des 16. Jhs. erzählen von Fällen, in denen Frauen und Männer, weil sie *pilwissen* = Zauberer, Hexen, gewesen, zum Tode verurteilt wurden [72]); Gryphius bedient sich wiederholt des Wortes in gleichem Sinne [73]); aus der Mark besitzen wir aus der Mitte des 17. Jhs. ein völlig paralleles Zeugnis. Wenn Montanus uns berichtet, daß am Polterabend am Niederrhein alle Ritzen und Lücken des Hauses gegen die *pilwitze* verstopft wurden [74]), dürfen wir wohl auch hier die gleiche Anschauung voraussetzen: der Naturgeist ist zur Hexe, zum Schwarzkünstler geworden; die neuen Züge, die er nun aufweist, hat er von diesen Figuren übernommen.

Ein Blick auf die Karte lehrt, daß es von jenen älteren Wirkungskreisen ganz verschiedene Gebiete sind, in denen diese Umformung um sich griff: während der Naturgeist im bayrischen Gebiet seine besondere Ausprägung erhielt, sind es hier zwei andere Kulturkreise, die die Umwandlung des Naturgeistes zum Zauberer, zur Hexe zeigen: das Rheinland, besonders der Niederrhein, und das Land um Erzgebirge und Sudeten, von denen dann wenige Ausstrahlungen nach Norden ausgingen. Dies seltsame Verhältnis, das vor einer gründlichen Aufarbeitung des gesamten volkskundlichen Quellenmaterials, von der wir heute noch sehr weit entfernt sind, nicht gedeutet werden kann, ist keinesfalls durch Zufall zu erklären; es genüge hier die Feststellung der Tatsache.

[63]) Vgl. Grimm *Myth.* 1, 391 f.; 3, 137; Diefenbach-Wülcker 247; Verdam *Mnd.Wb.* 72. In Kurhessen notiert Vilmar S. 295 Namen, die vielleicht hierher gehören (perlebitz, berlewitchen, pilsenbaum u. ä.) [64]) VI, 13: die bilwis und die zauberinne kunnen vor uns nicht beleiben, sie hilfet nicht, das sie reiten auf den krucken, das sie reiten auf den bocken. [65]) Frischbier *Preuß.Wb.* 2, 144: auch wellen und gebieten wir, daß alle zauberer, weydeler, pilwitten, schwarzkünstler undt wie diese gottslesterer megen genandt werden usw. [66]) Keller 3, 1463; DWb. 2, 30. [67]) Ebd. 1, 250. [68]) Wakkernagel *Lesebuch* 1009: etlich glaben daz kline kind ze pilweissen verwandelt sind, auch wie die schreczlin so geswind uf vich reiten und varen. [69]) Vgl. Schmeller 2, 1037: quidam credunt permutari infantes et eos laedi a pilwiz. [70]) Ein solches Rezept des 15. Jhs. aus Olmütz s. ZfVk. 22, 180; weitere vom Jahre 1656 bei Kuhn *Märkische Sagen* 375 (Vieh am Walpurgisabend mit in Urin gekochtem Meerkraut waschen), ferner bei Schönbach *Berthold v. R.* 132 (Dresdener Hs. des 16. Jhs.: in der Fastenzeit Haselzweig an Melkkübel hängen, Stückchen vom Galgen unter Kuhstallschwelle vergraben, drei Dinge von der als B. verdächtigten Person borgen und diese mit Haselrute peitschen). [71]) Zf. s. hd. Mundarten 1, 44. [72]) 1567: Lauban (Haupt *Lausitz* 1, 68 = Kühnau *Sagen* 1, 149 f.); 1597: Glatz (Kühnau *Sagen* 3, 12); 1529: Schweidnitz, 1582: Sagan (Grimm *Myth.* 1, 392). [73]) Z. B. *Horribilicribrifax* Akt V; *Dornrose* Akt I u. III. [74]) *Volksfeste am Niederrhein* 83 b; eine Stelle aus einem schwäb. Lagerbuch von Horb (*Schwäb.Wb.* 1, 111): „gehn bilwiss usshin" ist unklar. Vgl. auch Crusius *Ann. Suev.* 1, 303: „Du brächtests nit zuwegen, wann du schon so klug wärest als pipis oder bibbis" bei Laistner *Nebelsagen* 318.

3. Vom 16. Jh. ab taucht ein neues Element in der B.sage auf, und zwar weisen die ältesten Zeugnisse in den Osten. Die preußische Kirchenagende von 1530 identifiziert den *piluuytus* mit Ceres, versteht also zweifellos einen weiblichen Korngeist unter dem Wort. Wenig später nennt ein Lycker Pfarrer (Jan Malecki) den *piluitus* einen *deus divitiarum*, faßt ihn also als männlichen Geist, der Reichtum bringt. Hundert Jahre später setzt Praetorius in seinen Deliciae Prussicae die Pilwitten den slav. Kaukuczus = Heinzelmännchen gleich [75]). Die Chemnitzer Rockenphilosophie (III, 172) endlich erwähnt eine „art hexenschnitt, so auf dem felde geschen soll", ein Zeugnis, das zwar nicht den Namen B. erwähnt, aber inhaltlich voll hierher gehört. Am Ende des 18. Jhs. ist das Bild deutlich: dem *pilzerschnitter* fällt der Getreidezehnt zu [76]); in Bayern wird ein *hexengetraidschnitt* erwähnt [77]), in Thüringen gehen abergläubische Leute in der Johannisnacht, kleine Sicheln an den Füßen, durch die Felder und vermeinen, sie könnten dann das ganze Jahr

ohne Brotsorgen leben [78]). Die Entwicklung ist deutlich: der zum Zauberer, zur Hexe gewordene B. hat sich auf ostdeutschem Boden mit Korngeist- und Hausgeistmotiven vermengt, die sehr bald das alte Bild überwuchern, ohne es doch ganz verdunkeln zu können.

So können wir die einzelnen Elemente, aus denen sich seine Gestalt im Volksglauben der letzten 120 Jahre zusammensetzt, deutlich unterscheiden. Erasmus Alberus erzählt von Weibern, die mit Huldas Heer fahren, Sicheln an den Händen [79]): hier ist Hexe und Korngeist deutlich vergemeinschaftet. Im allgemeinen ist der B. des neueren Volksglaubens ein Mensch mit übernatürlichen Kräften, d. h. ein Zauberer oder eine Hexe, der fremde Felder durchquert und das Korn mit Sicheln oder sichelförmigen Scheren, die er an den Zehen befestigt hat, abschneidet [80]), entweder für sich selbst [81]) oder für andere [82]); das Korn fliegt ihm sofort zu, oder ein Teil hebt sich, nachdem es ausgedroschen ist, von der Tenne des Besitzers und schwebt zu ihm oder seinem Dienstherrn [83]). Er braucht auch nur drei Ähren von einem Felde zu nehmen [84]) oder den Raum, dessen Ertrag er sich anzueignen wünscht, zu umkreisen [85]), oder er geht unsichtbar oder nackt auf Stelzen seinem Gewerbe nach [86]). Er ist lang, hager und sehr häßlich [87]) oder im Gegenteil kurz und dick [88]); im gleichen Ort hielten ihn die einen für einen Vogel, die andern für einen unbekannten Bauern [89]). Oft wird sein Verhältnis mit dem Teufel ausdrücklich betont; er reitet auch auf einem Bock, oder ein Bock geht hinter ihm her [90]); Rauch steigt hinter ihm auf, und wo er lang ging, ist das Korn versengt. Bei seinen Raubgängen murmelt er Zaubersprüche [91]). Er geht nur zu bestimmten Zeiten: Johanni [92]), Walpurgis [93]), Pfingsten [94]), Ostern [95]), Georgi [96]), Veitstag [97]), Peter und Paul [98]), Karfreitag [99]), Karsamstag [100]), Pfingstsamstag [101]), Medardus [102]), Dreifaltigkeitstag, und auch da nur zu gewisser Stunde: früh vor Sonnenaufgang [103]), beim Glockenläuten [104]), um die 6. Stunde [105]), vor dem Avemarialäuten [106]); darum läutet man an solchen Tagen nur ganz kurz, denn mit dem Verstummen der Glocken erlischt seine Zauberkraft [107]). Man erkennt ihn an seiner Glatze und der hohen, spitzen Stirn [108]); ist er aber unsichtbar, so kann man durch allerlei Mittel versuchen, seinen unsichtbarmachenden Zauber zu zerstören: man soll in der Kirche auf neunerlei Holz knien, so sieht man alle B.e des Ortes, oder man gehe Ostern oder Pfingsten vor Sonnenaufgang betend über die Felder, so belauscht man sie bei der Arbeit [109]). Man bearbeite schweigend 7 Reisigbündel mit dem Dreschflegel; der Fremde, der dann in die Scheune kommt, ist der B. [110]). Man setze sich zu Trinitatis oder Johannis, wenn die Sonne am höchsten steht, mit einem Spiegel auf der Brust auf einen Holunderstrauch, so sieht man den B. [111]). Den gleichen Erfolg erzielt man, wenn man sich ein viereckig ausgestochenes Stück Rasen oder einen Maulwurfshügel verkehrt auf den Kopf setzt [112]). Spricht man dann den B. zuerst an, so muß dieser sterben [113]); gelingt es ihm jedoch, der Anrede zuvorzukommen, so stirbt der Horcher [114]). Manchmal trägt auch der B. einen Spiegel auf der Brust; wer sich in diesem schaut, muß sterben [115]). Sehr viele Mittel gibt es, den Schaden vom Felde abzuwenden: man vergrabe an den vier Ecken des Feldes kleine Kreuzchen [116]), benutze bei der Bestellung einen Pflug aus Ebereschenholz, das am Karfreitag vor Sonnenaufgang geschnitten ist [117]), sage beim Säen einen frommen Spruch [118]), schieße am Ostermontag vor Sonnenaufgang über die Felder [119]), beginne beim Säen mit dem 2. Ackerbeet [120]), nehme einige späterhin an den Ecken der Felder auszusäende Körnchen Karsamstags mit in die Kirche [121]), stecke den Ehering beim Säen an [121]), stecke geweihte Palmkätzchen aufs Feld [123]), umgehe segnend die Felder und besäe die Ränder zuerst [124]), besprenge die Felder mit Dreikönigswasser oder vergrabe Antlaßkreuz und -eier [125]), pflüge nach beendeter Frühjahrs- und Herbstbestellung noch dreimal rund um das Feld [126]), werfe dem B. ein Messer mit drei Kreuzen auf der Klinge entgegen oder schieße mit der Flinte über ihn hinweg [127]) oder spreche den Zauberspruch, den der B. gebrauchte, rückwärts nach [128]). Man nehme die Stoppeln der vom B. abgeschnittenen Halme und hänge sie in den Rauchfang: wenn sie verdorrt sind, ist der B. tot [129]). Wo der B. erst im Herbst seinen Raub holt (s. o.!), sucht man die eingebrachte Ernte durch Verbrennung der ersten Garbe samt dem in sie eingebundenen Antlaßkränzel und Palmzweig [130]), oder indem man sie mit Dreikönigswasser oder -salz oder Pfingsttaufwasser besprengt, für sich zu retten [131]); man zieht auch wohl den ersten Erntewagen verkehrt ins Stadel[132]). Besondere Vorsicht ist dann beim Dreschen geboten [133]).

In allen diesen Zügen lassen sich deutlich die einzelnen Elemente, die zur Bildung der B.sage beigetragen haben und die wir oben andeuteten (Abs. II 1, 2), unterscheiden. Der menschenfeindliche Naturdämon, der in Höhlen wohnt, wohin man ihm Kuchen oder ein weißes Huhn als Opfer bringt, ist in einer bayrischen Bielmannsage noch deutlich erkennbar [134]); die Messer an den Füßen, die er trägt, stammen freilich, wie wir sahen, aus jüngerer Zeit. In voigtländischen Sagen wiederum ist die Beziehung zum alten Zauberer- und Hexenglauben noch stärker gewahrt: wenn der Bilmschnitter durch eine Viehherde geht, geben die Kühe Blut statt Milch [135]); eine Binsenschneiderin verzaubert in kurzer Zeit sieben Kühe [136]). Über das ganze Gebiet aber zieht sich, in ziemlicher Einheitlichkeit, die neue Form des B., die wir als das Ergebnis einer langen und mannigfach beeinflußten Entwicklung erkannten. Wir können es auf eine Formel bringen: B. = Naturdämon > Zauberer (Hexe) + ostischer Korngeist; das umrankende und verwirrend bunte Beiwerk ist den verschiedensten angrenzenden Sagenkreisen entlehnt.

Dabei müssen wir uns, wie mir scheint, bescheiden. Eine etymologische Deutung des Namens, oft und stets mit unbefriedigendem Ergebnis versucht, scheint angesichts der Fülle der Namenvarianten, die mit den frühesten Belegen einsetzt, ausgeschlossen. Vergessen wir doch auch nicht, daß auch unsere ältesten Zeugnisse den B. wahrscheinlich nicht in ursprünglicher Gestalt zeigen: wie viel mag volksetymologische Entstellung an den Namen schon in vorliterarischer Zeit, d. h. ehe sie uns das erstemal begegnen, verändert haben! Erwähnt sei hier nur, daß außer den mit B. zusammenhängenden Namen (z. B. *bielmann*, *bulmuz*, *bilmerschnitter*, *binsenschnitter*, *bilgenschneider* usw.) auch Synonyma wie *hilpert-*, *wolfs-*, *wegele-*, *durch-*, *hexen-*, *bocks-*, *johannisschnitt(er)* auftauchen, alle bedingt durch die letzte, dritte Phase der Entwicklung. Wo die Erinnerung an den B. schwand, hat sich doch die Bezeichnung Binsenschnitzerweg, Bilsen-, Wolfs- usw. -schnitt für leere Streifen in den Getreidefeldern erhalten.

[75]) Diese Belege bei Usener *Götternamen* 83 f. 92. 98. [76]) Fischer *Aberglauben* 2 (1793), 124. [77]) Eckartshausen *Entdeckte Geheimnisse der Zauberey* (1790), 140. [78]) Witzschel *Thüringen* 2, 292 aus den Jahren 1796 bis 1804. [79]) Bei Grimm *Myth.* 1, 394. [80]) Eisel *Voigtland* 209; Panzer *Beitrag* 2, 211; 1, 240; Dähnhardt *Volkstümliches* 2, 82; Bavaria 2, 251; Ranke *Volkssagen* 283; John *Oberlohma* 162; Meyer *Germ. Myth.* 132; Wuttke 268 § 394; Rochholz *Schweizersagen* 2, XLVII f. = Leoprechting *Lechrain* 20; John *Westböhmen* 198, 267; Schönwerth *Oberpfalz* 1, 428 ff. = Laistner *Sphinx* 2, 262 ff.; Köhler *Voigtland* 343; Witzschel *Thüringen* 2, 221; Hertel *Thür. Sprachschatz* 68; Bronner *Sitt und Art* 146 ff.; Meiche *Sagen* 287; MdBlfVk. 2 (1927): Umfrage über B. [81]) Schönwerth *Oberpfalz* 1, 427; Bronner *Sitt und Art* 146 ff.; John *Westböhmen* 185, 198 f.; Mannhardt 1, 210; Panzer *Beitrag* 2, 209 f.; Wuttke 268 § 394; Köhler *Voigtland* 373, 374; Rank *Böhmerwald* 1, 160. [82]) Grimm *Myth.* 3, 452 (Saalfeld); John *Westböhmen* 198; Unger *Steir. Wortschatz* 84; Grohmann 16. [83]) Belege unter 81 und 82. [84]) John *Westböhmen* 185. [85]) Schönwerth *Oberpfalz* 1, 428. [86]) Ebd.; Wuttke 268 § 394; Weinhold *Ritus* 25 u. ö.; siehe unter 81 und 82. [87]) Panzer *Beitrag* 2, 210 f. [88]) Meiche *Sagen* 288. [89]) John *Erzgebirge* 225; als Hirsch: Witzschel *Thüringen* 2, 221. [90]) Quitzmann *Baiwaren* passim; Mannhardt 2, 176 ff.; Sartori 2, 72; Leoprechting *Lechrain* 20; Meyer *Germ. Myth.* 132 u. ö. [91]) Seligmann 1, 156;

Meiche *Sagen* 288. [92]) Hoops *Reallex.* 1, 284 f.; Meyer *Germ. Myth.* 121. 132; Wuttke 268 § 394; Witzschel *Thüringen* 2, 221; Panzer *Beitrag* 1, 240; 2, 210. 214. 240; Meiche *Sagen* 288 f.; Meyer *Myth. der Germ.* (1903), 164; Pollinger *Landshut* 220 f. 116. 117; Köhler *Voigtland* 343; Bronner *Sitt und Art* 146 ff.; Eisel *Voigtland* 209; daher auch in Thüringen „Johannesschnitter": Witzschel *Thüringen* 2, 220. [93]) Eisel *Voigtland* 209; Bronner *Sitt und Art* 146 ff.; Meiche *Sagen* 288 f. [94]) Köhler *Voigtland* 373; Panzer *Beitrag* 2, 211. [95]) Ebd. 2, 211; Pollinger *Landshut* 117. [96]) Pollinger 213. [97]) Wuttke 268 § 394. [98]) Ebd. [99]) Höfler *Ostern* 12. [100]) John *Westböhmen* 198, 261. [101]) Ebd. [102]) John *Erzgebirge* 225. [103]) Eisel *Voigtland* 209. [104]) Pollinger *Landshut* 116 f. 220 f.; Panzer *Beitrag* 1, 240; 2, 210; Wuttke 268 § 394; ZfVk. 7, 362; Leoprechting *Lechrain* 19 ff. [105]) Meiche *Sagen* 288. [106]) Panzer *Beitrag* 2, 214. [107]) Vgl. unter 104. [108]) Leoprechting *Lechrain* 10; Wuttke 268 § 394. [109]) Schönwerth *Oberpfalz* 1, 429. [110]) Witzschel *Thüringen* 2, 221; Köhler *Voigtland* 374. [111]) Thüringen: Grimm *Myth.* 1, 392; Sommert *Egerland* 119. [112]) Panzer *Beitrag* 1, 240 f.; ZfVk. 9, 252; Leoprechting *Lechrain* 21; Rochholz *Sagen* 2, XLVIII = Panzer *Beitrag* 2, 536 f.; Bavaria 1, 320; Sommert *Egerland* 118 f.; Wuttke 259 § 378. [113]) Bavaria 1, 320; anzer *Beitrag* 2, 536 f.; 1, 240 f.; Wuttke 268 § 394; Eisel *Voigtland* 209 f.; Meyer *Aberglaube* 229 (thür.); Köhler *Voigtland* 374 (thür.); Grimm *Myth.* 1, 394; Pollinger *Landshut* 117; John *Erzgebirge* 225. [115]) Seligmann 1, 178. [116]) Eisel *Voigtland* 209 f.; John *Westböhmen* 255; Volkskunst und Volkskunde 9, 85; Panzer *Beitrag* 2, 535; Meiche *Sagen* 287. 288. [117]) Leoprechting *Lechrain* 21. [118]) Bronner *Sitt' und Art* 146 ff. [119]) Hoops *Reall.* 1, 284 f.; Pfingsten: Panzer *Beitrag* 2, 210 f. = Meyer *Germ. Myth.* 137; kreuzweis schießen: Dähnhardt *Volkstümliches* 2, 82. [120]) John *Oberlohma* 162; Ders. *Westböhmen* 185. [121]) John *Erzgebirge* 225. [122]) Schönwerth *Oberpfalz* 1, 399. [123]) John *Westböhmen* 267; Rochholz *Naturmythen* 30 f.; Höfler *Waldkult* 133; Schönwerth *Oberpfalz* 1, 412; Panzer *Beitrag* 2, 210 f. [124]) Meiche *Sagen* 287. [125]) Bavaria 2, 251; Sommert *Egerland* 118; Karsamstagskohle: ebd. [126]) Köhler *Voigtland* 412. [127]) Bechstein *Thüringen* 2, 59. [128]) Pollinger *Landshut* 117. [129]) Meiche *Sagen* 287; Köhler *Voigtland* 374; Eisel Ebd. 209 f.; Sommert *Egerland* 118. [130]) Jahn *Opfergebräuche* 112. 158; Panzer *Beitrag* 2, 214. [131]) Leoprechting *Lechrain* 21, 192 f. [132]) Ebd. [133]) Vgl. Pollinger *Landshut* 117; Panzer *Beitr.* 2, 210; John *Westböhmen* 255; Wuttke 424 § 661; Bechstein *Thüringen* 2, 62; Hoops *Reall.* 1, 284 f.; Meiche *Sagen* 288. [134]) Panzer *Beitrag* 2, 210; oft wiederholt. [135]) Köhler *Voigtland* 388. [136]) Eisel ebd. 211.

4. Die Wilweisen Tirols, verwunschene hilfreiche, zukunftskundige Weiblein, die wohl auch als letzte Angehörige eines verwunschenen Geschlechts gelten und ihre Kinder mit Menschenkindern vertauschen [137]), gehören nicht hierher, ebensowenig wie der wendische Bielmann = weißer Star [138]).

[137]) Heyl *Tirol* 411. 271. 415 f.; Zingerle *Sagen* 288; Laistner *Nebelsagen* 315; Schönbach *Berthold v. R.* 24. [138]) Schulenburg 95. Mackensen.

Binde s. Band.

Bindebrief, namentlich aus dem 17. Jh. belegt, doch z. T. bis heute erhalten, wird zum Namens- oder Geburtstag überreicht. „Wir pflegen unsere Geburtstage freudig zu begehen", schreibt Samuel v. Butschky, Pathmos (1677), S. 5 [1]), „schicken einander in gutem Anwunsche Bündebrieflein, geschenkte Bändlein". Wenzel Scherffer, Gedichte (1652), 253 sagt in einem „Schutz- und B. im Namen einer Frauen gesetzet, als sie einen fürnehmen Obristen an seinem Namenstag 1639 beschankte":

„Möcht ich doch auch etwas finden,
Euer Gnaden mitzubinden [2])."

In Baden [3]) hängte man früher die B.e dem Gefeierten an die Kleider (s. anhängen) oder warf sie ihm um den Hals, die Helsete oder Würgete. Daher stand auf solchem Glückwunschzettel:

„Ich binde dich nicht mit Seil und Bast,
Sondern mit diesem Brieflein fast" (= fest).

Auf den nordfriesischen Inseln wurde früher am Petritage Leuten, die Peter hießen, von den Kindern ein B. ins Haus getragen. Derselbe lautet:

„Heute ist es Peters Tag,
Da man Peter binden mag
Wir binden ihn nicht mit Seil oder Bast,
Sondern mit diesem Brieflein fast."

Der Gebundene mußte sich mit einem Schilling zu Kuchenwerk lösen, „und so scheint", meint Chr. Jensen [4]), „der Gebrauch eine Beziehung zum Amte Petri zu binden und zu lösen gehabt zu haben". Die Dienstboten in Angeln kennen eine seltsame Art dieser B.e: Man macht in einen seidenen Faden viele feste Knoten und sendet ihn einem Freunde, dessen Name an dem Tage im Kalender steht, in einem Briefe. Gelingt es dem Empfänger, die Knoten zu lösen, so ist er frei, sonst muß er sich durch Kaffee und Kuchen oder durch eine Bowle Punsch loskaufen. Ähnliche Bräuche finden sich in England [5]).

Neben diesen Namens- und Geburtstagsgebräuchen findet sich der B. auch in den Erntebräuchen (s. binden II) [6]).

Vgl. zu diesen Bräuchen Angebinde 1, 435, wo es in Anm. 1 Hanuš und nicht Hornus heißen soll; Mannhardt *Germ. Mythen* 698 ff.; Reuschel *Volkskunde* 2, 33; W. Spangenberg *Anbinde- oder Fangbriefe*, hrg. v. Behrend (Lit. Ver. CCLXII 1914); Els.Jb. 30, 109; BlpommVk. 9, 138.

[1]) DWb. 2, 31. [2]) Vgl. Drechsler 1, 219, wo noch weitere Literatur. [3]) Meyer *Baden* 107. [4]) Jensen *Nordfries. Inseln* 357; Sartori 3, 90. [5]) Maack *Lübeck* 82 f. [6]) Vgl. auch die sog. Bindelieder, z. B. Drechsler 1, 219; ZfVk. 4, 85; 7, 153; Meier *Schwaben* 2, 446; Maack *Lübeck* 82; Pfannenschmid *Erntefeste* 94. 399 f. usw.

Bächtold-Stäubli.

binden.

I. Allgemeines: Unter allen abergläubischen Vornahmen, die den Verkehr mit Mächten, die nicht von dieser Welt sind, bezwecken und den daraus entwickelten kultischen Vorschriften gehören B. und Lösen (s. d.) zu den bedeutsamsten. Alle Mittel, die eine übernatürliche Fernwirkung schaffen, heißen schlechthin vincula [1]). Bei der großen Wichtigkeit, die man diesen Vorstellungen beilegt, sieht der Kultus oft die peinlichste Beseitigung alles Bindenden oder auch den Gebrauch von bestimmten B.-mitteln vor, wie besonders die Arbeit von Heckenbach [2]) zeigt. Je nach den besonderen Formen der entsprechenden Handlungen vergleiche man die Art. Band, bannen, Faden, Fessel, Knoten u. a. Hier soll nur von der prinzipiellen Bedeutung jedweden B.s die Rede sein; bei der ungeheueren Masse des Materials kann nur ein kleiner Ausschnitt gegeben werden. B. ist ein Analogiezauber, indem jedes Festhalten, Behindern oder Vereinigen durch ein konkretes B. dargestellt und zauberisch hervorgerufen wird. B. kann etwas Wünschenswertes am Entweichen verhindern, etwas Gefürchtetes in seiner Bewegungsfreiheit aufhalten und zwei zusammengehörige oder aufeinander bezogene Dinge zusammenbringen oder zusammenhalten. Die Handlung kann das Nichtlösenkönnen mit verschiedener Stärke betonen. Das stärkste Band ist wohl die Fessel, die ein Vonselbstlösen praktisch unmöglich machen soll. Auch der Knoten kann, wenn er fest angezogen oder mehrfach (3fach oder 7fach o. ä.) angebracht ist, stark b. Da es sich anderseits nicht um ein reales B. handelt, treten alle jene Ersatzerscheinungen in ihr Recht, die man zu Unrecht als Symbole zu bezeichnen pflegt, die für den Zaubergläubigen aber vollen realen Wert besitzen. So kann ein schwacher Faden durch die ihm innewohnende Zauberkraft genügen; wertvolles Material vor allem auch unter Band. Selbst eine zauberkräftige Handlung oder Haltung, in weiterer Abschwächung das gesprochene oder geschriebene Wort, können dieselbe Wirkung haben. Wir nähern uns damit dem Bereiche des Zauberkreises, des Ringes, der Schlange, die sich in den Schwanz beißt, u. ä. Symbole.

a) Hemmung einer Bewegung: So werden Defixionspuppen umschnürt oder dem zu Behexenden etwas Umschnürtes ins Bett gelegt (s. Defixion), so wird der Tote, dessen Wiederkehr man fürchtet, gebunden (s. Fessel). In diesem Bereiche hat das Netz- und Schlingenmotiv eine über die ganze Erde verbreitete Ausbildung erfahren [3]). Besonders Krankheiten, d. h. die sie veranlassenden Dämonen, werden gern so gehemmt [4]). Gegen Malaria etwa werden entweder Schultern und Lenden mit Binden umwickelt oder auch nur der linke kleine Finger (für dessen Bedeutung vgl. Finger) mit der inneren Eihaut, oder der Kranke trägt den Strick eines Gehenkten um den Hals, das schon kein B. mehr, sondern nur die örtliche Nähe einer Schlinge ist [5]); die ältesten Zeugnisse gerade dafür sind schon altassyrisch [6]). In ähnlicher Weise kann Gefangenschaft durch ein dingliches Symbol, wie durch das Tragen eines Ringes ersetzt werden (Prometheusmotiv) [7]) und dieses wieder durch die bloße Handlung des Umkreisens. Dahin gehören gewisse Formen des Abb.s (s. d.) in der Volksmedizin, aber auch jeder Flurumgang und viele andere Umwandlungen in Kult, Magie und Rechtsbrauch [8]). Dafür nur zwei Beispiele: Das Vieh löst sich nicht, wenn man des Abends um den Tisch geht; ein Trunkenbold bleibt daheim, wenn man mit seinem Hut dreimal den Rauchmantel umkreist [9]). Endlich genügt das bloße Wort in den zahlreichen Diebssegen (s. d.), die den Dieb am Fortlaufen hindern sollen [10]). Wie das einfache B., so wirkt auch jedes Verschränken. Einen Zwang übt das in Deutschland verbreitete, aber schon im römischen Altertum bezeugte Daumendrücken aus [11]). Auch das Falten der Hände oder Kreuzen der Arme bedeutet in den meisten Fällen eine Hemmung. Bei der Geburt des Herakles sitzen die Geburtsdämonen mit verschlungenen Händen da, um so die „Entbindung" unmöglich zu machen [12]), während umgekehrt die ausgestreckte Hand die Entbindung befördert [13]). Diese üble Folge des Händefaltens war in Rom bei allen offiziellen Akten verboten [14]). Der christliche Gebetsritus dürfte in irgendeiner Weise damit zusammenhängen. Soweit man sich auf die Vollständigkeit der Zeugnisse aus älterer Zeit verlassen kann, scheinen sie zu lehren, daß das Zusammenlegen der Hände alt ist in Indien. Die Haltung vor dem byzantinischen Kaiser mit gekreuzten Armen bezeichnete sicher eine Selbstfesselung. Unter Karl d. Gr. kommt das Händefalten im Verkehr mit dem Lehensherrn in gleichem Sinne vor. Dieser Ritus scheint um das Jahr 1000 von der weltlichen Obrigkeit auf den Herrgott übertragen zu sein [15]). Der Schluß Heilers freilich [16]), daß sich hier altgermanischer Brauch erhalten habe (er denkt an die Selbstfesselung der Semnonen, s. Fessel), ist nicht ganz zwingend, da am Hofe Karls auch ein byzantinischer Brauch nicht ausgeschlossen ist. Vor allem aber hat der christliche Brauch mindestens Umdeutungen erfahren [17]). Der Gedanke, durch das Falten die anwesend gedachte Gottheit zu binden (etwa wie beim Daumendrücken) hat immer nahe gelegen. Die Wollbinde spielt im antiken Kultus eine große Rolle [18]); auch pflegen nicht bloß wir das Gebet mit einem bindenden Worte abzuschließen (s. Amen). Verpflichtende Kraft hat auch der Zwiesel (s. d.), die Form des griechischen Kerykeions [19]). Der antike Kult verwendet im gleichen Sinne den in sich zurücklaufenden Kranz, aber auch die Guirlande und Schlingpflanzen wie den Epheu [20]). Eine schöne Sammlung zum B. und Lösen göttlicher Mächte bietet Eusebios praep. ev. V 8 u. 9.

b) Vereinigende Kraft: Die letzten Beispiele haben bereits in den Bereich hinübergeführt, wo das B. eine Vereinigung zum Ziele hat. Schon Tylor bringt Beispiele dafür, daß ein einfacher Strick genügt, um den Zauberarzt mit dem Kranken in wirksame Verbindung zu bringen [21]). Das kann ebenso gut heilsame wie schädliche Wirkung haben. Auch die Hexe bindet ihr Opfer mit einem Faden und erlangt dadurch wirksame Verbindung [22]). Alt ist die Vorstellung, Gegenstände durch sichtbare Verbindung der Gottheit besonders ans Herz zu legen (s. Faden). Liebrecht [23]) erwähnt den französischen Brauch der Dedikation einer 'ceinture de cire', der sich bis ins Jahr 658 zurückverfolgen läßt (weiteres unter Angebinde). Etwas anders scheint die Vorstellung zu sein, wenn in Hessen das Patenkind zu Beginn oder bei Beendigung der Schulzeit eine rotseidene Schnur um den Hals gebunden und auf den Rücken der Länge nach angenestelt bekommt [24]) (s. auch Lebensfaden). Endlich beruhen auf wirksamer Bindung ebensowohl die römischrechtliche obligatio — hier verleihen die solemnia verba der Bindung des Schuldners volle Kraft — wie die päpstliche Schlüsselgewalt nach den Worten bei Matth. 18, 18: Was ihr auf Erden b. werdet, das soll auch im Himmel gebunden sein. Wie bei der Eheschließung überhaupt Bindebräuche regelmäßig auftreten, so vereinigt die christliche Form derselben mit dem bindenden Symbol des Ringes und der bindenden Handlung des Ineinanderlegens der Hände das bindende Wort, wozu im katholischen Ritus noch die sakramentale Handlung des Verbindens oder Umwickelns der Hände mit der Stola kommt. Ein besonderes Gebiet des B.s ist der Liebeszauber, der eine geliebte Person herbeiziehen oder festhalten soll (s. d.) [25].

[1]) Mannhardt *Zauberglaube* 53 ff. [2]) Heckenbach *de nuditate.* [3]) Scheftelowitz *Schlingenmotiv.* [4]) Stemplinger *Volksmedizin* 56. [5]) Hovorka-Kronfeld 2, 340 ff. [6]) Ebd. 878. [7]) Grimm *RA.*[4] 255. [8]) Knuchel *Umwandlung.* [9]) Ders. 35. [10]) SAVk. 2, 264; Haltrich *Siebenb. Sachsen* 274; Sammlung bei Schindler *Aberglaube.* [11]) Plinius *Naturgesch.* 28, 25; Horaz *Epist.* 1, 18, 66. [12]) Ovid *Metam.* 9, 299 ff.; Usener *Kl. Schr.* 4, 87; Gonzenbach *Sizil. Märchen* 2, 210. [13]) Weinreich *Heilungswunder* 9. [14]) Plinius *Naturg.* 28, 59. [15]) Sittl *Gebärden* 175 f. [16]) Heiler *Gebet* 100 f. [17]) Vgl. z. B. Monatsschr. f. Gesch. d. Judentums 34, 43. [18]) Pley *de lanae usu.* [19]) Pauly-Wissowa 11, 335 f. [20]) Köchling *de coronarum vi* 9 ff. [21]) *Anfänge* 1, 116. [22]) Zachariae *Kl. Schr.* 229; Pradel *Gebete* 75; vgl. Luc. 13, 16 und den Choral: Ich lag in schweren Banden (P. Gerhard). [23]) *Z. Volksk.* 309. [24]) Kolbe *Hessen* 159; vgl. das hier abgedruckte Kinderlied: Storch, Storch, Steiner. [25]) Vgl. vor allem Ploss *Weib* 1, 436; Abt *Apuleius* 71.

II. B. im besonderen Sinne: Die mannigfache Bedeutung des B.s erschwert die Deutung desjenigen Brauches, der speziell „B.“ genannt wird. Es handelt sich um einen Akt, der vorwiegend beim Kornschnitt, aber auch bei einigen Erntebräuchen und sonst vorgenommen wird. Es ist nicht sicher, ob alle diese Riten von vornherein dieselbe Erklärung zulassen. Beim Kornschnitt (beim Dreschen scheint seltenere, sekundäre Übertragung zu sein) wird ein am Acker zufällig vorübergehender Fremder oder der Herr oder Verwalter oder jemand aus seiner Familie von den Schnittern in örtlich wechselnder Weise mit einem Strohseil gebunden und muß sich durch das Versprechen eines Trinkgeldes lösen. Der Brauch ist seit dem 17. Jh. nachzuweisen, offenbar aber viel älter und heute noch weitverbreitet. Wir kennen ihn aus Westpreußen [26]), Pommern [27]), Mecklenburg[28]), Lübeck [29]), Oldenburg [30]), Hannover [31]), Braunschweig [32]), Westfalen [33]), Rheinprovinz [34]), dem Erzgebirge [35]), Böhmerwald [36]) und Egerland [37]), Schlesien [38]), vereinzelt aus Baden (Tauberbischofsheim) [39]) und der Schweiz [40]). Für Hessen wird er ausdrücklich in Abrede gestellt [41]), für Bayern und Tirol fehlt es an Zeugnissen, vgl. aber die unten erwähnten anderen Bindebräuche. Das B. geschieht mit einem Strohband [42]), an dem sich gelegentlich noch Ähren befinden müssen [43]), um den Arm oder die Hände oder die Füße, so daß der Betreffende sogar umfällt [44]). Die Mäher streichen wohl dazu ihre Sensen [45]) oder es wird ein Hut auf die Sensen gesetzt [46]). Dazu wird regelmäßig ein Heischespruch aufgesagt.

Mannhardt hat zuerst auf diese Bräuche aufmerksam gemacht [47]) und daran erinnert, daß sie irgendwie mit dem im Kornbock verkörperten Erntesegen zusammenhängen müssen. Es scheint, daß man in dem Vorübergehenden den Dämon zu erkennen glaubte, der entweichen will, da der Kornschnitt seinen Tod bedeutet. Mannhardt hat bereits auf den Lityerses des griechischen Altertums hingewiesen und auf Bräuche, wo der Erwischte ins Wasser geworfen wird, und hält es für möglich, daß der Gebundene einst getötet worden sei. Diese Deutung wird durch die festgestellten Bräuche nicht eindeutig als richtig erwiesen [48]). Vor allem hat man auf die unten aufgeführten ähnlichen Vornahmen bei anderen Gelegenheiten hingewiesen [49]). Aber auch das älteste Erntelied, das wir besitzen, der Lityerses des Theokrit [50]), weist in etwas anderer Richtung. Lityerses ist der phrygische Kornbock [51]). Die 7 kurzen Strophen bitten Demeter, für den Griechen die Kornmutter, um Fruchtbarkeit, ermuntern zur Arbeit, raten, wie die Ernte am reichsten ausfällt, und sprechen von Hunger und Durst. In letzterem Punkte stimmt dieses

Lied mit den Arbeitsliedern der Neger überein, und tatsächlich ist das Ziel des norddeutschen Brauches immer ein Heischen. Es gibt Anhaltspunkte, daß auch beim Heischen gebunden wird, vgl. unten und im Rhodischen Schwalbenlied [52]). Aber das erklärt nicht alles. Der damit verbundene Wasserzauber ist doch nur verständlich, wenn er mit dem Dämon selbst vorgenommen wird, so wie man sich etwa des Nöcks oder des Silen bemächtigt, die sich durch Prophezeien loskaufen. Es gewinnt also den Anschein, als seien hier zwei Vorstellungsreihen kontaminiert, das Ergreifen des flüchtigen, im vorübergehenden Fremden erkannten Kornbockes und das B. des Herrn als Heischebrauch. Auf die Möglichkeit der Mehrdeutigkeit solcher Riten muß immer wieder hingewiesen werden [53]). Es ist merkwürdig, daß diesen Vorübergehenden, der seine Bemerkungen macht, schon Theokrit erwähnt, und daß dessen Worte die Deutung zulassen, daß der Erntesegen nicht eigentlich in den Ähren vorhanden ist, sondern (wahrscheinlich in Gestalt des Kornbocks) noch aus der reifen Ähre entweichen kann. Deshalb darf man ihn nicht entweichen lassen.

Das scheint auf andere Erntevorgänge übertragen zu sein. Beim Rapsdreschen, das auf dem Felde in Segeltüchern geschieht, wird der Herr auf ein solches Segeltuch gesetzt [54]). Beim Hanf- oder Flachsbrechen ist das B. eines Zuschauers belegt aus Westfalen [55]), Tirol [56]), vom Bodensee [57]), aus dem Böhmerwald [58]). Man sieht allerdings nicht recht ein, wie das Schnüren von dort auf den Besucher eines Bauplatzes übertragen sein soll, der dort gebunden wird in Baden [59]), Allgäu [60]), Böhmen [61]), in der Eifel [62]), in Westfalen [63]) und in Schlesien [64]). Die Schnürsprüche gehören nicht weniger zum Repertoire eines Zimmermanns wie die Richtsprüche [65]). Mit der Ernte hat dieser Brauch unmittelbar nichts zu tun. Man könnte ihn für ein bloßes Heischen halten, wie anderswo das „Schnüren" der Kinder, die im Erzgebirge den Weg mit einer Schnur sperren [65]), wenn nicht dieser Brauch wahrscheinlich von einem alten Hochzeitsbrauch hergeleitet wäre. Denn in Schlesien und Hessen (mdl). wird dies besonders vor dem Brautwagen geübt [67]) und es ist wohl keine bloß äußerliche Ähnlichkeit, wenn das B. auch am Namenstage in Schlesien [68]), am Rhein [69]) und in Hessen [70]) belegt ist. Hier kann der Spruch durch einen Bindebrief (s. d.) ersetzt werden. Die weite Verbreitung dieser Bräuche zeigt, daß sie einst allgemein gewesen sind. Das wird kaum auf sekundärer Übertragung beruhen, sondern es muß ein gemeinsamer Gedanke diese Gelegenheiten vereinigen, die alle einen neuen Anfang bedeuten, die Ernte ebenso gut wie der Neubau, Hochzeit und Namenstag. Es ist nicht ausgeschlossen, daß man da Dämonen gegenwärtig dachte, die man festhalten oder gefangennehmen wollte. Daß besonders bei einem unfertigen Hause der Teufel sein Spiel treibt, zeigen zahlreiche Bausagen, wie etwa die vom Magdeburger Dom; nur beim Kornschnitt scheint sich mit diesen allgemeinen Vorstellungen die besondere des festzuhaltenden Kornbockes verbunden zu haben. Erst die Verdunkelung der ursprünglichen Absicht hat in allen Fällen den Heischebrauch in den Vordergrund treten lassen, der heute allein im Bewußtsein des Volkes lebt.

[26]) Urquell 1, 20. [27]) mdl. [28]) Bartsch *Mecklenburg* 2, 486 f. [29]) Maack *Lübeck* 80 f. [30]) Strackerjan 2, 128. [31]) Krüger *Landw. Bindebräuche* 15, 208; Kück *Lüneburger Heide* 75 f.; Pfannenschmid *Erntefeste* 398 f. [32]) Andree *Braunschweig* 363. [33]) ZfrwVk. 1909, 192. [34]) Ebd. 4, 53. [35]) John *Erzgebirge* 221. [36]) Schramek *Böhmerwald* 232. [37]) John *Westböhmen* 192. [38]) Drechsler 2, 62; ZfVk. 12, 337 f.; MschlesVk. 8, 70. [39]) Meyer *Baden* 436. [40]) Stauber *Zürich* 2, 79. [41]) mdl. [42]) Vgl. Anm. 35, 36, 37 u. ö. [43]) Vgl. Anm. 38 und 29. [44]) ZfrwVk. 1, 1910, 43. [45]) Sartori 2, 77. [46]) Bartsch *Mecklenburg* 2, 487 f. [47]) *Korndämonen* 34 f.; Pfannenschmid *Erntefeste* 400. [48]) Sartori 2, 77. [49]) Samter *Geburt* 162 ff. [50]) 10, 42—55. [51]) Pauly-Wissowa 13, 806 f. [52]) Anthol. lyrica VI C 32, 16. [53]) Abt *Apuleius* 71. [54]) Kuhn und Schwartz 400. [55]) ZfrwVk. 1909, 192; 1910, 43 f. [56]) Heyl *Tirol* 795 Nr. 211. [57]) Lachmann *Ueberlingen* 280 f. [58]) Schramek *Böhmerwald* 235. [59]) Meyer

Baden 378. [60]) Reiser *Allgäu* 2, 395 f. [61]) Sartori a. a. O. [62]) Ebd. [63]) Ebd. [64]) Drechsler 1, 258. [65]) Rowald *Bauleute* 69; ZföVk. 10, 109; ZfrwVk. 1908, 173. [66]) John *Erzgebirge* 206. [67]) Drechsler *Schlesien* 1, 258. [68]) Ebd. 1, 219. [69]) Wrede *Rhein.Vk.* 118. [70]) Hess. Chronik 9 (1920), 166 (Beleg für 1620). Aly.

Bindfaden s. Faden.

Bindnagel Pflock von 1—1½ Fuß Länge, an beiden Enden zugespitzt, bestimmt, das Garbenband zu einer Schleife zu binden. Das B.holz ist ein Zaubergegenstand, der die Garben vor Ungeziefer, die Scheunen besonders vor Mäusen schützt. Es muß vor Sonnenaufgang oder in der heiligen Nacht 12 Uhr in drei aufwärts geführten Schnitten unberufen in den drei höchsten Namen im Walde geschnitten werden. Mit dem B. wird auch, durch rasches Drehen mit einem Seil, Feuer gebohrt [1]).

[1]) Birlinger *Aus Schwaben* 1, 386; *Volksthüml.* 1, 334. 466; Fischer *Schwäb.Wb.* 1, 1121. Heckscher.

Binse (Juncus-Arten).

1. Botanisches. Die B.n, bei uns durch eine Anzahl von Arten vertreten, sind gekennzeichnet durch meist borsten- oder pfriemenförmige, stielrunde Blätter und die sechsblättrige, unscheinbare Blütenhülle. Die B.n bewohnen meist feuchte Standorte [1]).

[1]) Marzell *Kräuterbuch* 400 f.

2. Nach einer verbreiteten Sage sind die Spitzen der B.n(blätter) deshalb dürr, weil der Herrgott damit den Blindschleichen die Augen ausgestochen hat [2]). Mit den B.n darf man sich nicht die Zähne ausstochern, weil man sonst den Teufel bekommen kann, der in diese dürren Grashalme gebannt ist [3]).

[2]) Meier *Schwaben* 247 = Dähnhardt *Natursagen* 3, 20; vgl. ebd. 2, 322; ferner Handtmann *Märk. Heide* 43; Teirlinck *Folk-Lore flamand* 1893, 37. [3]) Meier *Schwaben* 247.

3. B.n, deren markige Stengel man zu Dochten für Tranlampen benutzt, darf man nur zur Zeit des Vollmondes pflükken, da sie dann voll Mark sind, bei abnehmendem Monde sind sie leer (Dithmarschen) [4]). Das gleiche gilt von den zum Anbinden des Hopfens verwendeten B.n, die bei abnehmendem Mond hohl und daher leicht zerreißbar wären [5]).

[4]) Dbot.Monatsschrift 4 (1886), 45; ebenso Altpreuß. Monatsschr. N.F. 31, 444. [5]) Marzell *Bayer. Volksbot.* 102. Marzell.

Binsfeld, Peter, Suffraganbischof zu Trier. Schrieb 1589 einen Traktat *de confessionibus maleficorum et sagarum* [1]), worin er die Wahrheit der Hexenvorstellung zu erweisen sucht.

[1]) Gedruckt Trier 1596; vgl. Soldan-Heppe 2,21 f. Helm.

Birke (Betula verrucosa).

1. Botanisches. — 2. Mythologisches. B. als hexenabwehrend. — 3. B. als „Lebensrute". B. vertreibt Ungeziefer. — 4. B. im Ameisenhaufen. — 5. Volksmedizinisches. — 6. B. als Orakelbaum. — 7. Schlacht am B.nbaum.

1. Botanisches. Die Weißb., die an ihrer weißen Rinde und an den rautenförmigen Blättern ohne weiteres zu kennen ist, wird bei uns fast überall, besonders auf trockenem Boden, angetroffen. Die verwandte Moorb. (B. pubescens, B. odorata) unterscheidet sich von der Weißb. dadurch, daß die jungen Zweige und Blätter weichbehaart sind [1]). In der antiken Volkskunde spielte die B. kaum eine Rolle, da sie in Südeuropa selten ist.

[1]) Marzell *Kräuterb.* 88 f.

2. Die B. ist ein von den nördlichen Indogermanen (besonders auch von den Slaven) seit alters hochverehrter Baum [2]). In Skandinavien wurde B.n geopfert [3]). Die von der Axt verletzte B. jammert wie ein menschliches Wesen [4]). Als Baum des Frühlings liefert sie die „Lebensrute" (s. d.) [5]). Diese verleiht dem Vieh Gesundheit, vertreibt Ungeziefer [6]) und schützt vor Hexen. Ab und zu tritt der B.besen (s. Besen) an die Stelle der B.nzweige [7]). Vielfach steckt man am Walpurgisabend B.nzweige an die Stalltüren oder auf die Düngerstätten, um den Hexen den Eintritt zu verwehren [8]). Im Volk wird diese hexenabwehrende Wirkung der B. öfter damit begründet, daß die Hexen die Blättchen der aufgestellten B.enzweige zählen müßten und es dabei Tag werde [9]). Wenn eine Kuh gekalbt hat, nagelt man drei B.n-

zweige an die Stalltür (Mittelfranken) [10]) oder man schlägt einen Nagel aus B.nholz auf die Stelle, auf die das Kalb gefallen ist, so tief in die Erde, daß er nicht gesehen wird; das schützt gegen die Hexen [11]). Bei den Südslaven wird unter dem Lager der Kuh, deren Milch versiegt ist, ein B.nkeil in den Boden geschlagen. Ebendort wird die auf frischer Tat ertappte Hexe mit einem B.nbesen geschlagen, dann kann sie nicht mehr zaubern [12]). Wenn die Milch der verhexten Kuh mit B.nruten geschlagen wird, dann kommt am nächsten Tag die Hexe [13]). Wenn eine junge Fahrkuh aus dem Stalle geleitet wird, so muß sie über eine vor die Stalltür gelegte B.nrute schreiten [14]).

[2]) ARw. 2, 1—41. [3]) ZfVk. 8, 142. [4]) Mannhardt 1, 34; vgl. Baum. [5]) Kuhn *Herabkunft d. Feuers* 189; Mannhardt 1, 261. [6]) Marzell *Volksleben* 46 f. [7]) Vgl. Kunze *Der Birkenbesen ein Symbol des Donars.* In: Internat. Arch. f. Ethnogr. 13 (1900), 81—97. 125—161. Eine fleißige, aber unkritische Arbeit, die zu dem Ergebnis kommt, daß der B.nbesen eines der vorzüglichsten Symbole des germanischen Donnergottes war und zwar deswegen, weil er eine bündelartige Vereinigung von Ruten der dem germanischen Blitzschleuderer geweihten B. darstellt. Vgl. dazu ZfVk. 10, 454. [8]) Knoop *Pflanzenwelt* 11, 54; MschlesVk. 13, 86; Köhler *Voigtland* 427; Schönwerth *Oberpfalz* 3, 183. 314; Fischer *Schwäb.Wb.* 4, 1398 = Kapff *Festgebräuche* 60. [9]) Schönwerth *Oberpfalz* 1, 314; MschlesVk. 13, 86 = Kühnau *Sagen* 3, 69. [10]) Marzell *Bayer. Volksbot.* 203. [11]) Haltrich *Siebenbürger Sachsen* 277. [12]) Krauß *Slav. Volksforschung* 74. [13]) John *Westböhmen* 203. [14]) Diener *Hunsrück* 97.

3. Besonders im Bayerischen und Böhmerwald wird am 1. Mai das Vieh mit einer B.nrute ausgetrieben, die mit Palmzweigen usw. geschmückt ist (vgl. Palm, Wacholder). Der Schlag mit dieser Rute („Lebensrute") soll das ganze Jahr ein Haustier vor tödlicher Verwundung schützen [15]). Um das Vieh gesund zu erhalten, schlägt man es in Slavonien mit B.nreisern [16]). Auch in Finnland wird vor allem ein B.nzweig als Peitsche für das Vieh benutzt, im Herbst wird er in die Decke des Kuhstalls gesteckt, um die Kühe zu beschützen [17]). Fegt man mit einem B.nbesen, der am Weihnachtsabend beim Geläut der Glocken geschnitten ist, den Kühen den Rücken, so bleiben alle Läuse und Krankheiten dem Vieh fern [18]). Mit einem in den Zwölften aus B.nreisern gebundenen Besen fegt man das Ungeziefer aus der Stube [19]). Steckt man in der Fastnacht B.n in den Hof, daß das Vieh sich daran reibt, so bleibt es vom Ungeziefer frei [20]). Mit den an Petri Kettenfeier vor Sonnenaufgang geschnittenen B.nbesen wird die Stube gekehrt, dann kommen keine Flöhe hinein [21]). Wer an Aschermittwoch mit B.nruten recht viele Hiebe bekommt, hat das ganze Jahr keine Flöhe [22]). Das gleiche gilt im Ermland von der „Osterrute" [23]). Übrigens sind auch die frischen B.nblätter (wegen des starken Geruches?) ein Mittel gegen Flöhe [24]), und in Pommern dienen Räucherungen mit den Blättern der B. (besonders der an Pfingsten als „Maie" verwendeten), um angehextes Ungeziefer zu vertreiben [25]). Damit der Kohl nicht von Erdflöhen befallen wird, steckt man „Maien", über die der Segen dreimal gesprochen ist, an Pfingsten ins Kappesland (Kohlfeld) (Rheingau im 17. Jh.) [26]). Ähnlich nimmt man gegen die Raupen auf dem Kohl einen B.nzweig, der an Pfingsten als „Maie" gedient hat, umgeht damit dreimal das Feld und spricht:

„Rupen packt ju.
De Mån geit weg
De Sunn kümmt" [27]).

Zu dem gleichen Zweck wird der Kohl mit B.nruten geschlagen (Provinz Sachsen, Nordthüringen) [28]), oder die „Maie" wird um das Feld getragen [29]). M. Luther [30]) verspottet den Aberglauben, mit den bei der Prozession am Markustag (25. April) herumgetragenen „Maien" über die Erbsen- und Bohnenäcker zu fegen, damit die Vögel den Früchten nicht schaden können. Die Ratten vertreibt man, indem man während des Glockenläutens um das Haus läuft, mit einer Birkenrute an jede Tür klopft und dabei ruft: „Hallo, Hallo, zur Kirche!" (Mark Brandenburg) [31]). Auch vor dem Einschlagen des Blitzes sollen die Fronleichnams- bzw. Pfingstbirken schützen [32]). In vielen der oben angeführten Beispiele läßt sich der Übergang der Gesundheit und Kraft spendenden B.nrute in das Apotropaeum deutlich verfolgen.

[15]) Rank *Böhmerwald* 1, 123; vgl. John *Westböhmen* 211; Marzell *Bayer. Volksbot.* 59; Alemannia 23, 48. [16]) Krauß *Slav. Volksforschung* 75. [17]) FFC. 30, 94. [18]) Bartsch *Mecklenburg* 2, 227. [19]) Wirth *Beiträge* 6—7, 18. [20]) Drechsler 2, 217. [21]) Pfister *Hessen* 164. [22]) Niederlaus. Mitteil. 1 (1888), 276. [23]) Philipp *Beitr. z. Erml. Volkskde.* 1906, 135. [24]) Wirth *Tiere* 26. [25]) Balt. Studien 33, 145. [26]) Ztschr. f. Kulturgesch. 2, 188. [27]) Kuhn *Märk. Sagen* 382. [28]) Veckenstedts Zs. 4, 388; ZfVk. 10, 212. [29]) Wirth *Beiträge* 6—7, 18. [30]) Werke, hrsg. v. Buchwald u. a. Volksausgabe [2] Berlin 1898, 7, 64 = Klingner *Luther* 118. [31]) ZfVk. 1, 188. [32]) MschlesVk. 4, 63; Baumgarten *Aus der Heimat* 1862, 64; Sartori *Westfalen* 161.

4. Wer aus einer B., die in einem Ameisenhaufen gewachsen ist, hölzerne Schläuche und Hähne dreht und damit Wein oder Bier verzapft, der wird geschwind ausschenken [33]). Vielleicht soll hier eine Parallele zwischen dem Gewimmel des Ameisenhaufens und dem schnellen Ausschenken gezogen werden?

[33]) Rockenphilosophie 2 (1707), 163 = Grimm *Myth.* 3, 437.

5. In der Volksmedizin werden Krankheiten wie Gicht [34]) und Fieber [35]) auf die B. übertragen bzw. darin verknotet. 1678 verknotete ein Hexenmeister Zettel in eine B., so daß eine Frau in 14 Tagen sterben mußte [36]). Seinem Feinde kann man schaden, wenn man zur Mitternachtsstunde drei neue Nägel in eine B. einschlägt (Nassau im 17. Jh.) [37]). Gegen das kalte Fieber uriniert man auf Blätter einer Hängeb.; sind diese verdorrt, so ist auch die Krankheit geschwunden [38]). Mit B.nruten werden die Warzen vertrieben; sobald die Reiser verfault sind, sind auch die Warzen verschwunden [39]). Gegen Warzen bricht man von einer B. neun Zweigchen weg und schlägt damit die Warzen, wenn es zur Kirche läutet [40]). Mit einem Holzsplitter von einer Fronleichnamsb. stochert man den schmerzenden Zahn und vergräbt den Splitter auf einem Kreuzweg [41]). Gegen irgendwelche Schäden wird eine B. angebohrt, der Saft getrunken und das Bohrloch mit einem Zapfen verspundet. Wie dieser anwächst, so heilt der Schaden [42]). Um die verlorene Manneskraft wieder zu erhalten, uriniert man auf einen Kranz aus B.nzweigen [43]). Das Trinken des B.nsaftes macht gesund und in der Ehe fruchtbar [44]). Dagegen bekommen die Kinder, die den B.nsaft viel lecken, Kopfläuse [45]) (vgl. Ampfer). Die getrockneten Blätter der Pfingstmaien geben einen Tee gegen Rheumatismus [46]). Eine besondere Rolle spielt in der Volksmedizin der B.nbesen. Die mit einem B.nbesen abgekehrten Spinnweben sind, übergelegt, gut für das „Vergicht" (Tirol im 18. Jh.) [47]). Gegen Aißen bettelt man einen B.nbesen, opfert ihn in der Kirche und betet für die armen Seelen (bayr. Schwaben) [48]), auch opfert man den Besen dem hl. Rochus [49]), gegen Bettnässen dem hl. Sigismund [50]), gegen Drüsen dem hl. Fulgentius (Basler Jura) [51]). Der ins Bett genommene B.nbesen ist gut gegen Wadenkrampf [52]); schon Megenberg (14. Jh.) schreibt [53]): „pirkenholz wer daz pei im tregt, daz ist für den krampf guot". Im 17. Jh. erscheint das B.nholz deshalb als „lignum nervinum"; es muß zu diesem Zwecke im Juli am Gervasiustage gefällt werden [54]). Vielleicht liegt dem Aberglauben eine Homöopathie zwischen den beim leisesten Windzug zitternden B.nblättern und den im Krampf zitternden Gliеden zugrunde [55]).

[34]) ZfrwVk. 5, 227. [35]) Töppen *Masuren* 44; Treichel *Westpreußen* 9, 74. [36]) Kühnau *Sagen* 3, 9. [37]) Zeitschr. f. Kulturgesch. N. F. 3 (1896), 225. [38]) Mnböhm. Exc. 20, 134. [39]) Schramek *Böhmerwald* 282. [40]) Schulenburg 103. [41]) Höser *Volksheilkunde* 24. [42]) Bohnenberger 103. [43]) Jahn *Hexenwesen* 356. [44]) Grohmann 102. [45]) Schulenburg *Wend. Volkstum* 163. [46]) ZfrwVk. 12, 259; vgl. SAVk. 15, 242. [47]) Bay.Hefte 1, 230. [48]) Marzell *Bayer. Volksbot.* 166. [49]) Bodenseebuch 2 (1915), 118. [50]) Martin u. Lienhart *Elsäß.Wb.* 2, 98. [51]) SAVk. 11, 233. [52]) Strackerjan 1, 85. [53]) *Buch der Natur* hrsg. v. Pfeiffer 331. [54]) Fabricius *De signatura plantarum* 1653, 34. [55]) Marzell *Heilpflanzen* 47.

6. Die B. als Orakelbaum. Drei vor dem Johannistag geholte B.nzweige,

von denen der erste seine Rinde behält, der zweite halb und der dritte ganz geschält sind, werden von den Mädchen am nächsten Morgen unter dem Kopfkissen hervorgezogen und zeigen dann, ob sie einen reichen, mittelmäßig begüterten oder einen armen Mann erhalten (Posen) [56]. Das in der Neujahrsnacht als Eheorakel aus dem Holzstoß gezogene B.nscheit, bedeutet, daß das Mädchen einen Soldaten als Mann bekommt [57]. Wessen „Pfingstmaie" in der Kirche umfällt, der stirbt im gleichen Jahr (Nassau im 17. Jh.) [58]. — Als Witterungsorakel bedeutet es einen strengen Winter, wenn die B.nblätter lang am Baum bleiben [59].

[56]) MschlesVk. 13, 46 = Knoop *Pflanzenwelt* 9, 92. [57]) Rußwurm *Sagen aus Haspal* 1861, 153. [58]) Zeitschr. f. Kulturgesch. N.F. 3 (1896), 223. [59]) Gottsched *Flora prussica* 1703, 26; Wilde *Pfalz* 19; Wirth *Beiträge* 6/7, 14; auch in Rußland spielt die B. als Orakel für Witterung, Saat und Ernte eine wichtige Rolle: Yermoloff *Volkskalender* 113. 195. 249.

7. Als Baum, an dem die Entscheidungsschlacht am Weltende geschlagen wird, wird (besonders in Westfalen) auch die B. genannt [60].

Vgl. auch Baum, Birnbaum.

[60]) Kuhn *Westfalen* 1, 206 ff.; Sartori *Westfalen* 53; Beucker *Die Entscheidungsschlacht des europ. Krieges am B.baum*. Dortm. 1917.

Marzell.

Birkenbaumschlacht s. Schlachtenbaum, Endschlacht.

Birnbaum (und Birne) (Pirus communis).

1. Botanisches. Der B. ist zur Blütezeit an den reinweißen Blüten und den roten (nicht gelben) Staubbeuteln vom Apfelbaum ohne weiteres zu unterscheiden [1]. Reste von Holzbirnen finden sich bereits in den steinzeitlichen Pfahlbauten der Schweiz und Italiens. Die Kultursorten der Birnen lernten die Deutschen (und Kelten) durch die Römer, die Skandinavier durch die Angelsachsen kennen [2].

[1]) Marzell *Kräuterbuch* 103. [2]) Hoops *Reallexikon* 1, 288.

2. In kultischer und mythologischer Beziehung tritt der B. und seine Frucht viel weniger als der Apfelbaum (bzw. Apfel) hervor. Zeugnisse von heidnisch verehrten B.en sind selten [3]. Im Wallfahrtsort Mariabirnbaum bei Sielenbach (Oberbayern) wurde „Unsere liebe Frau unterm B." verehrt [4], vielleicht als Rest eines alten Fruchtbarkeitskultes (vgl. unten). In verschiedenen Volkssagen spielen B.e eine Rolle: ein gefällter Holzb. blutet [5], der Alp drückt zuerst einen Menschen, dann einen B. [6], ein B. grünt zum Zeichen für einen unschuldig Hingerichteten [7] usw. Am bekanntesten ist die Sage vom „Birnbaum auf dem Walserfeld" (vgl. Baum, Birke), dessen Blühen die große Weltschlacht verkünden soll [8].

[3]) Grimm *Myth.* 62; Höfler *Waldkult* 73. 94; Schulenburg *Die Verehrung des B.es* usw. In: Niederlausitzer Mitteil. 17, 84—100. [4]) Panzer *Beitrag* 2, 14; Höfler *Waldkult* 94 ff. [5]) Rochholz *Sagen* 1, 69 ff.; vgl. Baum. [6]) Kühnau *Sagen* 3, 143. [7]) Ebd. 3, 282. [8]) Grimm *Sagen* 16; Freisauff *Salzburg* 165 ff.; Merkel *Kaiser Friedrich Rotbart am Untersberg und der B. auf dem Walserfeld*. In: Abhandl. d. liter. Ver. in Nürnberg 1862, 129 bis 139; Andree-Eysn *Der B. auf dem Walserfeld*. In BayHefte 2, 185—188.

3. Im OA. Backnang (Württemberg) gab es einen alten B. („Hexenbaum"), dessen Zweige, am Karsamstag geholt und in die Raufe gehängt, die Hexen vertreiben sollten [9]; auch in Böhmen [10] und in Frankreich [11] gilt der B. als zauberbrechend.

[9]) Eberhardt *Landwirtschaft* 13. [10]) Grohmann 135. [11]) Seligmann *Blick* 2, 56.

4. Wie der Apfel (s. d.), so erscheint auch die Birne (bzw. der B.) als Fruchtbarkeitssymbol. Wenn die B.e schlecht tragen, dann sieht es schlecht für die heiratsfähigen Mädchen des Hofes aus [12]. Gibt es viele Birnen, so gibt es im nächsten Jahre viele Mädchen [13]. Überhaupt gilt häufig der B. (im Gegensatz zum Apfel, der das männliche Geschlecht symbolisiert) als weiblich [14]. Wenn die Nachgeburt unter einen B. kommt, so folgt ein Mädchen [15]. Auch das erste Badwasser der weiblichen Kinder

wird unter einen B. geschüttet [16]). Als „Kleinkinderbaum" (s. Baum, Esche, Holunder) erscheint der B. in der Schweiz [17]) und in Siebenbürgen [18]). Am Weißen Sonntag trägt man die kleinen Kinder unter einen B., damit sie groß und stattlich werden [19]). In der Silvester- oder Christnacht schüttelt das Mädchen den Ast eines B.s; aus welcher Richtung dann ein Hund bellt, aus der wird der Zukünftige kommen [20]). Um die Zukunft zu erforschen, klopft man in der Thomasnacht an einen B., der dann von dem redet, was das kommende Jahr bringt [21]). Will man wissen, ob einem der ferne Geliebte treu ist, so geht man unter einen B. und sucht die abgefallenen Birnen: so viele man findet, so oft hat er bereits ein anderes Mädchen geküßt [22]). In Oberfranken werden getrocknete Birnschnitze am Weihnachtsabend als Liebesorakel verwendet [23]). Auch in Bosnien ist der B. ein Fruchtbarkeitssymbol [24]).

[12]) Huntemann *Die plattdeutschen Namen unserer Kulturgewächse* usw. 1913, 75. [13]) Egerl. 10, 132. [14]) Vgl. Marzell *Bayer. Volksbot.* 156; dagegen Aigremont *Pflanzenwelt* 1, 70. [15]) Bohnenberger 17. [16]) Baumgarten *Aus d. Heimat* 1862, 128. [17]) Rochholz *Sagen* 1, 87. [18]) Hillner *Siebenbürgen* 17 = Gaßner *Mettersdorf* 5. [19]) Baumgarten *Aus der Heimat* 1862, 128. [20]) Engelien u. Lahn 241 = Drechsler *Schlesien* 1, 4, ähnlich auch im Erzgebirg: Wuttke 252; vgl. auch Pflaumenbaum. [21]) Kapff *Festgebräuche* 50. [22]) Urquell N.F. 1, 278. [23]) Marzell *Bayer. Volksbot.* 10. [24]) Urquell 3, 276.

5. In der Volksmedizin werden Krankheiten auf den B. übertragen bzw. in diesen verpflockt. So stand an der heiligen Quelle am Schauerberg (Fichtelgebirge) ein heiliger B., in den unzählige Namen eingeschnitten waren; der ganze Stamm, selbst viele Äste waren verbohrt und verpflockt, wodurch man sich von Krankheit zu befreien glaubte [25]). Das „Reißen" [26]), Zahnschmerzen [27]), die Gicht [28]) werden auf den B. übertragen, indem man diesen umfaßt oder dreimal um ihn herumläuft. Das Fieber verliert man, wenn man rückwärts unter einen wilden B. geht [29]). Der Auswurf des Schwindsüchtigen wird in einen B. (bei weiblichen Kranken in einen Apfelbaum) verbohrt (obere Nahe) [30]). Blätter vom B. (bei Frauen vom Apfelbaum) stillen das Nasenbluten [31]). Birnen erschweren die Niederkunft der Gebärenden [32]), offenbar ein aus antiker Quelle (Dioskurides?) stammender Aberglaube. Konrad von Megenberg [33]) schreibt: „welheu fraw piren auf ir hab, wenn si gepern schüll, der werd ir gepurt gar swaer".

[25]) G. Schmitt *Aus dem Fichtelgebirg* (1896), 94. [26]) Seyfarth *Sachsen* 202. [27]) Kuhn und Schwartz 441; ZfrwVk. 11, 171; ZfVk. 6, 216. [28]) Bei Männern; Frauen müssen einen Apfelbaum umfassen: Bartsch *Mecklenburg* 2, 404. [29]) Grohmann 164. [30]) ZfrwVk. 2, 284. [31]) Schönwerth *Oberpfalz* 3, 246. [32]) Meyer *Aberglaube* 61; Jühling *Tiere* 269. [33]) *Buch der Natur* hrsg. von Pfeiffer 340.

6. Der Dieb muß das Gestohlene zurückbringen, wenn man morgens vor Sonnenaufgang drei oder fünf Huf- oder Sargnägel mit einer Beschwörung in den B. schlägt (vgl. Wacholder) [34]).

[34]) ZfVk. 346; Schönwerth *Oberpfalz* 3, 213; MVerBöhm. 18 (1880), 157.

7. Träumt man von gelben Birnen, so bedeutet das einen Todesfall in der nächsten Verwandtschaft [35]).

[35]) Wuttke 228 § 325. Marzell.

Birnbrot. Das B. oder Kletzenb. [1]), ein Früchtebrot (vgl. Plumpudding) [2]) mit eingebackenen Birnen oder Hutzeln, ist ein besonders in Süddeutschland beliebtes Weihnachtsb. [3]). Die oberbayrische Bäuerin weissagt aus dem Aufgehen des Teiges [4]); in der Schweiz versammelt sich die Familie am Altjahrsabend um Nidel und B. [5]); in St. Vit ißt man an Weihnachten mit Vorliebe Brotscheiben mit Birnscheiben belegt, daher nennt man die Birnen Baumschinken [6]). Besonders feierlich und vorbedeutend ist das Anschneiden des B.s (vgl. Anschneiden A. 149). Im Allgäu geht man zum „Singatholen" [7]), in Rauris und sonst „in d'Scherzen" [8]). Der Anschnitt ist für den Burschen ein wichtiges Liebespfand und wird ihm von den andern Burschen abgejagt. In Steiermark ißt man das Kletzenb. nach der Mette; die Hausfrau drückt den Schlüsselbart hinein, sonst ruht kein Segen darauf [9]). Wer in Baden „Bierewecke" vor Weihnachten ißt, bekommt Eselsohren [10]) (Ettenheim).

[1]) Lütolf *Sagen* 554, 565; Reiser *Allgäu* 2, 25, 29; Köhler *Voigtland* 250; Sepp *Altbayr. Sagenschatz* 611 Nr. 166 (phantastisch!); Ders. *Religion* 22 ff.; Höfler *Weihnachten* 21. 29. 73—74; Ders. *Fastengebäcke* 11; über Kletzenb. vgl. Grimm *DWb.* 5, 1254. [2]) Höfler *Weihnachten* 29—30. [3]) Birlinger *Volksth.* 2, 69; in Saulgau Spende ans Gesinde: Birlinger l. c. 7; vgl. Birlinger *Schwaben* 2, 11—12: „und sol im och ze Wihennächten weder Bimenzelten (= Birnenz.?) . . . senden" (Konstanzer Verbot v. 1460). [4]) Leoprechting *Lechrain* 210—11; Höfler *Weihnachten* 28; W. 300; Knoop *Hinterpommern* 178; Globus 42, 105; vgl. Backen 250; 240—42. [5]) Herzog *Volksfeste* 204—05. [6]) ZfrwVk. 17 (1920), 53. [7]) Reiser l. c. 2, 26—27; Bavaria 2 b, 830. [8]) Höfler *Weihnachten* 73; Bavaria 1 a, 387. [9]) ZföVk. 1, 249. [10]) Ochs *Bad.Wb.* Zettelkasten. Eckstein.

Bissen [1]). Mit der Vorstellung, daß der Mensch bei der Einnahme der Speisen am wehrlosesten den bösen Geistern und jedem Schadenzauber (vgl. Essen) preisgegeben ist [2]), hängen die meisten Gebräuche und Vorsichtsmaßregeln zusammen, welche sich auf den B. beziehen als die natürlichste und kleinste Mengebezeichnung fester Speisen; zugleich aber haftet an dem abgebissenen Stück das persönliche Fluidum des Menschen (vgl. A. 13—15).

1. B. und Essen: Ein zur Erde gefallener B. wird als schlimme Vorbedeutung bei fast allen Völkern aufgefaßt, dieser Glaube besteht auch für die Antike [3]) und die heutigen Primitiven [4]); fällt jemand ein guter B. zur Erde, so war er ihm nicht gegönnt [5]); dasselbe sagt man auch, wenn der B. drückt [6]); wenn an der Sklavenküste [7]) der König dem Gast den besten [8]) B. in den Mund steckt, darf dieser ihn weder fallen lassen, noch berühren. Bei den alten Preußen [9]) gehörten die zur Erde gefallenen B. den armen Seelen; die Südslaven [10]) werfen einige B. von jeder Speise auf den Weihnachtsklotz; bei den Juden [11]) darf man beim Essen nicht sprechen, damit der B. nicht in die falsche Kehle kommt. Wer Brot isset, davon ein anderer gebissen hat, wird dem andern feind und gram [12]). Maennling [13]) stellt dem entgegen, daß man „einem Hund einen angebissenen B. Brot oder seinen Speichel reichet, nur damit man solchen per Sympathiam verbinde, daß er uns liebe und anhänge"; die Rockenphilosophie berichtet [14]): Steckt man eine Gans dreimal durch die Beine und gibt ihr drei B. gekautes Brot mit den Worten: „Lauf hin in Gottes Namen" zu fressen, so kehrt sie wieder heim. In Schweden [15]) gibt man dem Hund einen B. Weihnachtsbrot.

[1]) Grimm *DWb.* 2, 47; Imago 1927, 244. [2]) Haberland in: Z. f. Völkerpsych. 18 (1888), 13 ff. 22. 149; Frazer II³ 117 ff. zählt die ängstlichen Vorsichtsmaßnahmen beim Essen der afrikan. Könige auf. [3]) Plinius *Nat. hist.* XXVIII, 27 = IV, 284—85 (Mayhoff); (vgl. Brosamen A. 21—23); Arch. f. Latein. Lexikogr. XV, 114; Samter *Familienfeste* 108—09 und ARw. 10, 373, dagegen Wissowa in ARw. 7, 45; Rohde *Psyche* I⁶ 245; Haberland l. c. 13 ff. 359. [4]) Haberland l. c. 13 ff. 169. [5]) Kehrein *Nassau* 2, 255, 66; Meiche *Sagenbuch der sächs. Schweiz* 125, 50; Witzschel *Thüringen* 2, 295, 170: wenn der B. aus dem Mund, der Hand oder von der Gabel fällt. [6]) Panzer *Beitrag* 1, 266; Meier *Schwaben* 512, 430; Birlinger *Schwaben* 1, 413, 20; Haberland l. c. 359; vgl. Witzschel *Thüringen* 2, 285, 102. [7]) Haberland l. c. 169; vgl. 22; vgl. 149. [8]) Bei den Hiongnu erhielten die jungen Helden als Ehrung die besten B.; vgl. Haberland l. c. 141; der Araber steckt auch dem Gast die besten B. in den Mund: l. c. 169—70. [9]) Rohde *Psyche* 1, 245; Arch. f. Anthrop. N. F. 6 (1907), 95. [10]) Haberland l. c. 14; vgl. 360. [11]) Buxtorf *Judenschul* 289; Haberland l. c. 263; die Brahmanen müssen bei den Opfern die Ehrenbissen zu gleicher Zeit schlucken; in Indostan glaubt man, daß Gott dem Adam, als er vom Apfel essen wollte, an die Kehle griff und daß ihm der B. im Halse stecken blieb: Maennling 34; Haberland l. c. 142. [12]) Rokkenphilosophie 2. Hundert 279—81 c. 54 = Grimm *Myth.* 3, 439, 146; Maennling 304; in Japan dürfen zwei Menschen denselben B. nicht mit den Eßstäbchen anfassen, sonst gibt es Streit: Anthropos 7 (1912), 398. [13]) Maennling l. c. [14]) 3. Hundert 23 c. 7 = Grimm *Myth.* 3, 441, 195. [15]) Höfler *Weihnachten* 25 mit Lit.

2. Der erste B. Nach dem Aberglauben in Mähren [16]) kommt das Fieber meist mit dem ersten B. (vgl. den ersten Brei des Kindes) oder dem ersten Löffel

Suppe; in Westböhmen [17]) darf man den ersten B. Brot vom neuen Getreide nicht direkt in den Mund stecken, sondern man muß dabei mit der rechten Hand um den Kopf langen; unterläßt man das, so tritt Teuerung ein. Wer etwas Eßbares findet, der werfe nach ostfriesischem Glauben den ersten B. weg, sonst könnten die Hexen schaden (Grimm 3, 477, 1120). Wichtig ist der erste B., den man bei Tagesbeginn zu sich nimmt. Früh morgens, ehe man einen B. Brot genommen hat, soll man nichts in den Mund nehmen (Rockenphilosophie) [18]); der nüchterne B., durch den sich der Este vor dem Kuckuck schützt, heißt „Kuckucksmundvoll", bei den Schweden spricht man vom „Vogelb." [19]). In Pommern [20]) werden die ersten B., welche Braut und Bräutigam aus dem Hochzeitsbrot herausbeißen, aufgehoben. In Mecklenburg [21]) ist der erste „Hochtidenbeten" von großer Bedeutung: Die Brautleute beißen von der Hochzeitssemmel ein tüchtiges Stück an der Spitze ab; dieses Stück wird nach der Hochzeit nochmal gebacken, daß es nicht schimmelt; ist jemand krank, so bekommt er ein Stückchen davon als Heilbrot. In Thüringen steckt die Braut dem Bräutigam 3 B. Brot in den Rock, damit es nie an Brot fehlt [22]). Bei den Esten schneidet der Diener des Bräutigams einen kleinen B. von einem ganzen Brot, bestreicht ihn mit Butter und steckt ihn der Frau in den Mund; das verschafft den Kindern einen glatten Mund [23]).

[16]) Grohmann 163 Nr. 1147. [17]) Ders. 144—45 Nr. 1068. [18]) 3. Hundert 129 c. 53 = Grimm 3, 442, 236. [19]) Haberland l. c. 23; ZfdMythol. 3 (1855), 263. 279. 403. [20]) Kloster 12, 169; bei den Slaven steckt die Slonka der Braut von jedem Gericht den ersten B. in den Mund: l. c. 164. [21]) Bartsch *Mecklenburg* 2, 66, 238. [22]) Witzschel *Thür.* 2, 233, 65. [23]) Grimm 3, 488, 18 u. 24.

3. Im Heilzauber finden wir von der Rockenphilosophie folgendes Rezept empfohlen [24]): Für das Fieber: drei B. gestohlen Brot in zwei Nußschalen gespien und das Brieflein geschrieben: Kuh wilt du zu Stalle, Frörer so geh Du zu Walle. Gockelius [25]) erwähnt gegen Viehbezauberung: Nimm Weyhrauch und Myrrhen und rothen Knoblauch, zerstoße es alles untereinander an einem Donnerstag nachmittag, wenn das Vieh ausgehet, alsdann nimm einen neugebakkenen Laib Brot und schneid etliche B. davon und thue in jedes ein wenig von selbigem darein, darauf auch ein wenig Salz gestreut.

[24]) 2. Hundert 365—69 c. 93 = Grimm 3, 440, 183; Fischer *Aberglauben* (1790) 178, wie das meiste aus der Rockenphilosophie abgeschrieben. [25]) *Tractatus polyhistoricus* 1699, 102—3; vgl. Lütolf *Sagen* 177, 113, i.

4. Aus den Saturnalia des Prätorius haben wir ein Augurium mit B. [26]): Einige kaufen Christnachts für drei Heller Semmel, teilen sie in drei B. und verzehren sie durch drei Gassen, in jeder Gasse ein Stück; in der dritten Gasse wird man den Liebsten sehen. Erasmus Francisci berichtet in seinem Höllischen Proteus (Nürnberg 1690), p. 815, daß in Wien drei Edeljungfrauen auf den Rat einer Köchin vom Mittag- und Abendessen einige B. aufhoben und diese am Abend „nebst einem Trünklein Weins" auf den Tisch stellten, um die zukünftigen Cavaliere zu zitieren (vgl. Essen).

[26]) Grimm 3, 470, 959.

5. Über Brotb. im Rätsel siehe Urquell [27]).

[27]) 4 (1893), 251.

6. Der geweihte B. [28]): Über die Geschichte des Gottesurteils mit dem g. B. (iudicium panis et casei, iudicium offae oder offa iudicialis) siehe Brot. Hier soll nur auf die Vorbereitung und die Hauptzüge dieser Zeremonie eingegangen werden. Das Material liegt in der Ausgabe von Zeumer [29]) in den Monumenta vor, ein guter Index hilft das Gewünschte leicht finden:

Das Gerstenbrot muß trocken sein und der Käse von Ziegenmilch gewonnen [30]); nach einem Codex des 14. Jhs. muß sogar der Priester mit dem Diakon das Gerstenmehl mit Weihwasser anmachen und unter Gebeten backen [31]); die B. wiegen gewöhnlich 9—12 [32]) denarii = 41 gr [33]). Soll das iudicium stattfinden, so möge der Priester sein Meßkleid anlegen und eine Messe mit besonderem Gebet zelebrieren

— gewöhnlich liegen die B., in ein Leintüchlein eingeschlagen, auf der rechten Seite des Altares [34]) — finita missarum sollempnitate adportetur caseus et panis ordeaceus et inscribatur in eo oratio dominica [35]) — oder pater noster [36]) — et presentetur ante altare in patena argentea. Res enim, quae furata sunt, inscribantur in breviculo uno, simul et nomina eorum quibus furta imputantur [37]); eine andere Formelsammlung [38]) beschreibt, unter welchen Zeremonien und Gebeten der B. gereicht wird: Et panem et caseum insimul debes ponere in os suum et facere duas cruces de tremulo et unam ponere sub pedem eius dextrum et aliam crucem sacerdos manu sua super caput eius teneat et furtum illud scriptum in tabula super caput illius iacere. Et quando ipsum panem in os eius mittis, debes coniurationem subscriptam dicere. Einen Rest dieses Gottesurteils haben wir bekanntlich in der Verwünschung: Der B. möge mir im Halse stecken bleiben [39]).

[28]) Grimm *RA.* 2, 597; Ders. *Myth.* 2, 929; Matthias *Gottesurteile* 5; Glitsch *Gottesurteile* 30—31, Übersetzung von MG. legum sectio V (formulae) 645, 40—646; Kloster 12, 1097; weitere Literatur siehe Brot; Schindler *Aberglaube* 232; Pollinger *Landshut* 164. [29]) MG. leg. sectio V (formulae). [30]) Panis ordeatius esse debet siccus et caseus caprinus: Zeumer l. c. 650, 1 ff.; vgl. Tharsander *Schauplatz* 2, 279—82. [31]) Zeumer 691, 12 ff. [32]) l. c. 629, 18; 688, 10; 10 denarii: 671, 23. [33]) l. c. 645, 40; 690, 22. [34]) 646, 1 ff. [35]) 671, 22. [36]) 688, 9. [37]) 668, 40 ff. [38]) 688, 8 u. 671, 25 ff. [39]) Grimm *DWb.* 2, 47; Pollinger l. c.; vgl. Brot; Wander *Sprichwörterlex.* 1, 386. Eckstein.

bitten s. betteln.

Bittersüß (Alpranken, Hinschkraut, Mausholz; Solanum dulcamara).

1. Botanisches. Nachtschattengewächs (Solanazee) mit verholztem, windendem Stengel und herz-eiförmigen Blättern. Die violette Blumenkrone ist fünfzipfelig und radförmig ausgebreitet. Die Frucht ist eine rote Beere. Der Stengel schmeckt bittersüßlich. Das B. wächst nicht selten in feuchten Hecken, unter Gebüsch, an Ufern [1]).

[1]) Marzell *Kräuterbuch* 431.

2. Der Name Alpranke (der aber auch für das Geißblatt und für die Mistel gilt) wird mit „Alp" (Dämon) in Verbindung gebracht [2]). Nach anderen soll der Name daher rühren, weil man mit dem am Johannistag gesammelten Samen der „Alfranke" (ob wirklich Solanum dulcamara?) den „Alf" [3]) zu heilen suchte [4]). Im 17. Jh. wurde B. den Kindern gegen „Zauberei" in die Wiegen gelegt [5]). Ist die Milch verhext, so daß sie sich nicht buttern läßt, so muß man sie durch die Stengel der Alpranke gießen [6]). Die Wenden geben die Pflanze den Kühen, damit diese besser Milch geben und die Sahne besser zusammengeht [7]). Im Ermland ist das B. ein Bestandteil des Kräuterbüschels [8]). Bei den Ruthenen in Galizien steht das B. als „matryguina" (= Mandragora, vgl. Alraun) in zauberischem Ansehen [9]).

[2]) Grimm *Myth.* 1, 371; 3, 126. 360; Hoops *Pflanzennamen* 49; vgl. auch Volkskunde 20, 52 f. [3]) Blutgeschwür an Händen und Füßen, vgl. Höfler *Krankheitsnamen* 13. [4]) Kuhn *Westfalen* 2, 54. [5]) Schroeder *Med.-chym. Apotheke* 1693, 977; vgl. auch Montanus *Volksfeste* 140. [6]) Urquell 5, 282; ZfrwVk. 10, 271. [7]) Schulenburg 229. [8]) Philipp *Beitr. z. ermländ. Volkskunde* 1906, 125. [9]) Hoelzl *Galizien* 158.
Marzell.

Bittgang.

1. Bei den Alten. — 2. In der christlichen Kirche. — 3. Heutiger Brauch. — 4. Bittwoche.

1. B.e sind zunächst alle Gebetsprozessionen, die das Herabflehen von Heil in irgendeiner Form zum Zweck haben. Solche Prozessionen finden sich bei allen Völkern der Erde. Doch hat der Sprachgebrauch den Ausdruck „B." allmählich beschränkt auf diejenigen Umzüge, die mit der Landwirtschaft in Verbindung stehen. Derartige Flurbegehungen, die dem Gedeihen der Feldfrüchte dienen sollen, sind uralt. Sie sind als Bittopfer aus dem Beschwörungsopfer hervorgegangen [1]), das dem Schutzdämon des Ackers dargebracht wird zur Versöhnung seines Zornes über die vermeintliche Verletzung seines Hoheitsrechtes durch den die Erde schürfenden Ackerbauern [2]). Besonders deutlich sind solche B.e in der

römischen Religion erkennbar. Im Mai werden die Ambarvalien zu Ehren der Flurgöttin Dia Dea, die später mit Ceres verschmilzt, gefeiert. Es sind Flurumgänge zur Reinigung und Entsühnung der Felder, wobei als Priester die Arvalbrüder (fratres arvales von arvus = Ackerland) fungieren [3]. Sinn ihres Gottesdienstes und ihrer Opfer ist die Fürbitte für das Gedeihen der Felder [4]. Ihr Bittgesang, das Arvallied, ist uns als eines der ältesten lateinischen Sprachdenkmäler erhalten [5], jedoch nicht recht verständlich. Offenbar ist der Text mit alten, sinnlosen Zauberworten durchsetzt. In alter Zeit wurde tatsächlich die ganze Flur in feierlicher Prozession umschritten, wobei auch als rein praktischer Grund die Festsetzung der Flurgrenze eine Rolle spielte. Als der Grundbesitz sich stark vergrößerte, wurde der Umgang um die ganze Flur aufgelöst in eine Anzahl Opfer, die an den Grenzstellen gebracht wurden. Am 25. April wurden in Rom die Robigalia gefeiert. Um den Rost von den Getreidefeldern abzuwehren, fand ein Zug zum Hain des Robigus statt, wo ein Hunde- und Schafopfer dargebracht wurde. Galten diese Robigalia dem Schutz des sprossenden Getreides, so die vom 28. April bis 3. Mai gefeierten Floralia dem Schutz des blühenden Getreides, wie überhaupt dem Wachstum der Blumen [6].

Auch die Germanen kannten Flurbegehungen und -b.e. Zu Mittwinter feierten sie ein Bittopfer, um für die Felder Fruchtbarkeit zu erflehen. Die Schweden brachten den Sühneber dar zur Versöhnung der unterirdischen Götter, damit sie Mißwachs, Mäusefraß u. a. Schäden abhielten [7]. Die Nerthus-Umfahrt, von der Tacitus berichtet [8], trägt unverkennbar die Züge einer Flurprozession; Nerthus wird als befruchtende Göttin durch die Felder gefahren [9]. Der Indiculus superstitionum notiert unter can. 28: de simulacro quod per campos portant [10]. Dieser Brauch, die Götterbilder durch die Felder zu schleppen, hat seine Wurzel in dem primitiven Grundsatz des pars pro toto. Man glaubt, das Bild berge die göttliche Kraft ebenso wie die Gottheit selbst. Diese Kraft soll durch den Umzug auf die Saaten und Fluren zu gutem Gedeihen übertragen werden. In Gallien pflegten die Bauern noch zur Zeit Gregors des Großen Götzenbilder, mit weißen Tüchern umhüllt, durch die Fluren zu tragen [11]. Ebenso wurde das Bild der Muttergottheit Berecinthia auf einem Wagen pro salvatione agrorum et vinearum herumgeführt [12].

[1]) Helm *Religgesch.* 1, 49. [2]) Wundt *Mythus u. Religion* 1, 554. [3]) Pauly-Wissowa 1, 1796. [4]) Ebd. 2, 1472. [5]) Cod. inscr. lat. 1, 28. [6]) Wissowa *Religion* 196. [7]) Simrock *Mythologie* 506. [8]) *Germ.* 40. [9]) Meyer *Religgesch.* 204 ff. [10]) Saupe *Indiculus* 32. [11]) Sulpicii Severi *Vita S. Martini* cap. 12. [12]) MGSS. rer. Merov. I, 2, 793.

2. Die christliche Kirche, der Bittprozessionen schon aus ihrem israelitisch-jüdischen Erbe [13]) her geläufig waren, hat die Bräuche bei Feldbegehungen, die sie vorfand, verchristlicht. Derartige Sitten als heidnischen Aberglauben auszurotten, hat sie gar nicht erst versucht; vielmehr hat sie sich mit der ihr in allen Situationen eignenden Anpassungsfähigkeit an die gegebenen Tatsachen gehalten und an vorhandene Vorstellungen angeknüpft. Die Prozession heißt in der christlichen Frühzeit litania, wohl von dem monotonen, aber gerade in seiner Monotonie ergreifenden Wechselgesang. Im Jahr 325 hatte Konstantin das Christentum zur Staatsreligion erhoben; und schon ein Menschenalter später hat Papst Liberius (352—366) an Stelle der römischen Robigalien eine Feldprozession zum heiligen Markus auf den 25. April festgesetzt (litania maior) [14]. An die Stelle der alten Ambarvalien treten die litaniae minores, die um Christi Himmelfahrt gefeiert werden.

Im Volksglauben gilt der heilige Mamertus als Erfinder der christlichen Flurprozessionen [15]. Richtig ist daran soviel, daß er als Bischof von Vienne im 5. Jh. die Sitte der Begehungen neu belebt hat [16]. Die Synode von Orléans ordnete für das fränkische Reich die drei Tage vor Himmelfahrt als Bittage (rogationes) an [17]. Gregor der Große gab genaue Vorschriften für die Handhabung des Zeremoniells [18]). Ein Kapitular aus der Zeit Karls des Großen verordnet, die B.e sollen demütigen und bußfertigen Herzens nach vorhergegangener Messe vollführt werden; aller Scherz und Unfug habe zu unterbleiben [19]). Von besonderem Interesse ist eine uns erhaltene Verordnung der Äbtissin Marksvith im westfälischen Kloster Schildesche aus dem Jahr 940, weil sie neben einem anschaulichen Bild von dem Flurumgang selbst in der Terminologie direkt an das altrömische Vorbild anknüpft: Statuimus ut annuatim secunda feria Pentecostes spiritu Sancto cooperante eundem Patronum in Parochiis vestris longo ambitu circumferentes et domos vestras lustrantes et pro gentilicis Ambarvali in lacrymis et et varia devotione vos ipsos mactetis et ad refectionum pauperum eleemosynam comportetis: et in hac curti pernoctantes super reliquias vigiliis et cantibus solennizetis ut praedicto mane determinatum e vobis ambitum pia lustratione complentes ad monasterium cum honore debito reportetis. Confido autem de Patroni huius misericordia quod sic ab eo gyrade terrae semina uberius provenient et variae aëris inclementiae cessent [20]). Durch das ganze MA. herauf sind die B.e im Schwange. Die Reformation legt auf jede Art von Prozessionen keinen Wert. Luther hält nicht viel davon, da sie ja doch in ein großes Saufen ausarten. Wenn man die Flurprozession doch begeht, so soll es mit Fleiß geschehen nach 1. Tim. 4, 5: Die Kreatur wird geheiligt durch Gottes Wort und Gebet [21]). Die reformierten Kirchen haben alle Begehungen radikal abgelehnt. Einige lutherische Kirchenordnungen (z. B. die mecklenburgische von 1540) haben die alten Umgänge beibehalten [22]). Doch wurden in den evangelischen Kirchen die Umgänge mehr und mehr abgemildert und zu Ernte-Bettagen umgewandelt [23]).

[13]) Vgl. RGG.[1] 2, 872. [14]) Usener *Weihnachtsfest* 294 ff. [15]) Albers *Jahr* 215. [16]) Sidonii Apollin. *epist.* 5, 14; 7, 1. [17]) Lippert *Christentum* 643. [18]) *Vita* 1, 42. [19]) Baluze *Capitularia regum Francorum* 2 (1677), 1376. [20]) Eckhart *Commentarii de Rebus Franciae Orient.* 1 (1729), 437; vgl. Jahn *Opfergebräuche* 147; Franz *Benediktionen* 2, 9. [21]) *Sermon von dem gepeet und procession* (1529) Weimarer Lutherausg. 2, 178. [22]) Herzog *RE.*[3] 3, 249. [23]) Pfannenschmid *Erntefeste* 391.

3. Beim katholischen Landvolk Deutschlands sind die B.e noch heute allenthalben in der Übung [24]). Dabei ist die Abzweckung in den verschiedenen Gegenden je nach Klima verschieden. Steht in trockenen Gegenden die Bitte um Regen im Vordergrund, so in feuchten die Bitte um Sonnenschein. Vielfach wird um Schonung vor Hagel und Unwetter gefleht. Bei den Umzügen werden die geläufigen christlichen Lieder gesungen, die sich an Jesus und die Heiligen wenden. Lokal zugeschnittene Gesänge, wie der von den Lobensteinern überlieferte:

„Greiz, Schleiz und Lobenstein
Bitten dich um Sonnenschein.
Und wollen die andern auch was haben,
So mögen sie dirs selber sagen [25])"

sind verhältnismäßig selten. In Weingegenden wird zur Zeit der Rebenblüte das Bild des Rebenheiligen Urban in feierlicher Prozession durch die Weinberge getragen [26]). Vielerorts werden bei den Flurbegehungen die Haustiere mitgeführt, um sie nach dem Volksglauben gleichfalls des göttlichen Segens teilhaftig werden zu lassen. Doch ist das schwerlich der ursprüngliche Sinn. Vielmehr haben wir hierin einen Überrest vom heidnischen Mitführen der Opfertiere.

Wohl die bekannteste Flurprozession der Gegenwart ist der Weingartner Blutritt am Tag nach Christi Himmelfahrt, dem sog. Blutfreitag. Seit Ende des 15. Jhs. nachweisbar, stand der Brauch bis Anfang des 19. Jhs. in hoher Blüte, wurde dann durch behördliche Maßnahmen so gut wie ausgerottet, bis der Blutritt durch königliches Dekret 1849 wieder freigegeben wurde. Heutigen Tages ist der Blutfreitag das größte Volksfest Oberschwabens. Bauern und Knechte aus weiter Runde beteiligen sich daran zu Pferd. Über das Zeremoniell im einzelnen gibt die noch heute im wesentlichen gültige Prozessionsordnung von 1778—81

Aufschluß: Die Feierlichkeit nimmt ihren Anfang am Freitag in der Früh um 6 Uhr. Die Mönche gehen zum Blutaltar, wo der Pater Custos, mit Chorrock und Stola angetan, das heilige Blut in einem silbernen Behältnis um den Hals hängt. Unter Gesang, Glockengeläut und Böllerschüssen steigt der Custos im äußeren Klosterhof, wo die Reiter ihn erwarten, zu Pferd. Dann bewegt sich der Zug in genau vorgeschriebener Rangordnung durch den Flecken in die umliegenden Felder, Musik erklingt, Standarten wehen. Während des Zuges werden viermal die heiligen Evangelien abgelesen und die Feldfrüchte mit dem heiligen Blut gesegnet, damit sie Gott vor Ungewitter bewahre. Unterdessen werden in der Kirche Messen gelesen, Beichten abgenommen, bis dann das heilige Blut von dem Konvent der Mönche nach dem Umzug feierlich eingeholt wird. Mit dem heiligen Blutamt findet die Feierlichkeit dann ihren Abschluß [27]).

[24]) Panzer *Beitrag* 2, 83 ff.; Wuttke *Sächs. Volksk.* 307 ff.; Köhler *Voigtland* 629; Kapff *Festgebräuche* 15; Eberhardt *Landwirtschaft* 5; Wrede *RheinVk.* 189; Meyer *Baden* 505; Fontaine *Luxemburg* 42 f.; Strackerjan 2, 79; John *Westböhmen* 76. 87; Schramek *Böhmerwald* 152; Reiser *Allgäu* 2, 354; Hoffmann-Krayer 94; SAVk. 2, 125; Hörmann *Tiroler Volksleben* 86 ff.; Sartori *Sitte und Brauch* 3, 164; MschlesVk. 9, 176; Egerl. 5, 30; 8, 13; Sébillot *Folk-Lore* 4, 480. [25]) Köhler *Voigtland* 629. [26]) Jahn *Opfergebräuche* 221. [27]) Vgl. P. Alb. Schmitt *Die Benediktinerabtei Weingarten* (1924), 101 ff.

4. Die Zeit, in der die B.e abgehalten werden, ist nicht ganz einheitlich: entweder am Markustag (25. April) oder in der Himmelfahrtswoche. Entscheidend ist, daß die Umgänge in der Frühlingszeit stattfinden, wenn die Natur zu neuem Leben erwacht. Die Himmelfahrtswoche heißt auch „Bittwoche", in Bayern „Schauerwoche" (Schauer = Hagel) [28]). Am Lechrain werden vom ersten Freitag nach der Heiligkreuz-Erfindung (3. Mai) an Schauermessen gelesen, wobei während der Wandlung die Wetterkerzen angezündet werden. Von jedem Haus geht mindestens eine Person zu diesen Messen [29]). In Baden heißt der Freitag nach Himmelfahrt der Hageltag [30]).

Charakteristisch sind auch die norwegischen Bezeichnungen. Der 23. April heißt *förste gangsdag* = erster Prozessionstag, der Markustag (25. April) heißt *store gangsdag* = großer Prozessionstag. An diesen Tagen arbeiten die Bauern nicht, damit die aus der Erde hervorkriechenden Würmer der Saat nicht schaden [31]). Ähnlich glaubt man in Mecklenburg, daß die in der Bittwoche gepflanzten Vietsbohnen mit schwarzen Köpfchen aus der Erde kommen [32]), d. h. also nicht gedeihen. Überhaupt begegnen wir häufig der Vorstellung, daß die Bittzeit unheilbringend ist. Das mag damit zusammenhängen, daß in diesen Tagen die bösen Geister besonders gereizt sind. Vor allem Heiraten in der Bittwoche bringt Unglück [33]). Ja, nicht einmal an dem den Bittagen vorhergehenden „Bittsonntag" lassen sich Brautpaare von der Kanzel verkünden [34]). Auch waschen darf man nicht in der Bittwoche, sonst stirbt der Hausherr [35]).

vgl. Flurumritt.

[28]) Pfannenschmid *Erntefeste* 371 f. [29]) Leoprechting *Lechrain* 177 f. [30]) Meyer *Baden* 505. [31]) Pfannenschmid *Erntefeste* 372. [32]) Strackerjan 1, 54; 2, 79. [33]) John *Westböhmen* 70; Strackerjan 2, 191. [34]) John *Westböhmen* 70. 129. 260. [35]) SchwVk. 4, 12. Rühle.

blasen (und hauchen). Das B. hängt aufs Engste mit der Vorstellung von Seele oder Geist als Lufterscheinung zusammen [1]). Das unsichtbare Agens des Luftzuges wird zu einer Form des Geistes, griechisch Pneuma (s. Geist, hl.), um so mehr, als Leben und Atmen vielfach einander gleichgesetzt wird. Daher werden Geister im Winde gegenwärtig gedacht (s. Wind). Daraus erwächst die doppelte Bedeutung des B.s im Aberglauben: 1. Anb., d. h. Übertragung des eigenen Pneumas auf einen anderen, Erzeugung einer sichtbaren oder unsichtbaren Wirkung durch B., 2. Fortb., d. h. Überwindung eines fremden Pneumas durch B., Beseitigung einer von diesem hervorgerufenen Erscheinung. Man spricht geradezu von einer B.kunst [2]); ein solcher Künstler heißt Blaser; man rühmt von ihm: Er kann b. [3]).

[1]) Eisler *Weltenmantel* 2, 786; Hellwig *Aberglauben* 9; Köchling *de coronarum vi* 55; Lippert *Christentum* 351; Pradel *Gebete* 84; Reuschel *Volksk.* 2, 24; Schwenn *Menschenopfer* 90; Stemplinger *Sympathie* 75; Storfer *Jungfräul. Mutterschaft* 86; Wundt 4, 420; Alemannia 37, 8; ZföVk. 1, 288. [2]) Becker *Pfalz* 136. [3]) Pfister *Schwaben* 27.

1. Zunächst besitzt der Gott oder Dämon diese Macht. Die primitive Anschauung steckt in Gen. 2, 7: Gott bläst dem Menschen den Odem und damit die Seele ein. In der griechischen Anthropogonie ist diese Anschauung nur bei den Orphikern nachzuweisen; körperliches Gedeihen schafft das Anhauchen Demeters [4]); aber in Sparta heißt der Liebhaber eines Knaben, der ihm den rechten Geist einflößt, εἰσπνήλας „der Einbläser" [5]). Auch Namenstausch, d. h. Übertragung eines neuen Wesens, ist mit B. verbunden [6]). Vergeistigt und doch an das fühlbare Anb. gebunden ist der Vorgang schon im Johannesev. 20, 22: Er blies sie an und spricht zu ihnen: Nehmet hin den hl. Geist. Das ist in den Taufritus übergegangen, nachweisbar schon bei Augustin [7]), dann in der katholischen Lehre [8]) und bei Luther noch 1523, nicht mehr 3 Jahre später, wo er es auch verwirft, den Kindern bei Krankheiten in den Hals zu b.[9]) (s. Kuß und Speichel). Wenn jemand nach Empfang der Kommunion, also vom göttlichen Pneuma gesättigt, einem kleinen Kind nüchtern in den Mund haucht, lernt es früh reden [10]).

Im Aberglauben überwiegt die Furcht vor schädlichem Anhauch. Man spricht von Malaria, „böser Luft"; eine Krankheit „fliegt uns an", und Goethes Wagner läßt alle 4 Winde unsere Gesundheit bedrohen [11]); aber manches Unwohlsein ist auch wieder fort, „wie weggeb.". Manche Krankheitsnamen sind davon hergeleitet [12]) (vgl. Anwat). Aber auch das Neue Testament kennt schon die ἀκάθαρτα πνεύματα oder πνεύμα ἀσθενείας [13]). Von besonderer Kraft ist der Hauch dämonischer Wesen, so der Berchta [14]), der Elben [15]), der weißen Frau [16]), der Holzweiblein [17]), der Zwerge [18]), des Berggeistes [19]), des sog. Wanzenschneiders [20]); er ist zumeist tödlich [21]) oder wenigstens betäubend [22]). Des Teufels Anhauch läßt die Menschen erblinden [23]); des Drachen Hauch zerstört alles Lebende [24]). Manchmal erscheint in Thüringen ein weißes Reh, das bei Nacht einem Reiter aufs Pferd springt und durch den bloßen Odem seine Haare plötzlich weiß werden läßt [25]). Wen der gespenstige Jäger anbläst, der bekommt einen geschwollenen Kopf [26]); wenn man Kinder anbläst, bekommen sie Ausschlag [27]); wenn man in ein Vogelnest schnauft, faulen die Eier [28]). In Mecklenburg darf man nicht in den Backofen b., sonst backt das Brot ab [29]). Diese Wirkung wurde später von den Dämonen auf die Hexen übertragen, ihr Hauch ist giftig [30]), faszinierend [31]), manchmal tödlich [32]). Ein Zauberbegabter vermag sogar durch bloßes Anhauchen und den entsprechenden Zauberspruch dem Nächsten alle Kraft und Mannbarkeit zu nehmen [33]). Anb. durch einen Geist [34]), Teufel [34]) oder Wiesel, Katze, Hermelin [35]) (s. Name, Wiesel) ist ein Widerspiel zu dem belebenden Anhauche Gottes. Verwandt ist der Ausdruck: Einem das Lebenslicht (s. d.) ausb. So ist B. allgemein zum Schadenzauber geworden in Tirol: „So ein B. vergiftet die Luft" [36]). Man darf daher auch den Kindern nicht in den Brei b.[37]). Das Anb. Berchtas macht blind, das entspricht der in griechischer Mythologie häufigen Strafe der Blindheit (Teiresias, Phineus) [38]); dies „die Augen ausb." kennt Hans Sachs vom Teufel [39]), ebenso wie Goethe im Faust von Frau Sorge und der Verf. vom Weihnachtsmann [40]). Auch die Seele ausb. wird gesagt, weshalb der Jäger mit „Dunst" schießt [41]). Sehr bedenklich ist es, wenn zweie gegeneinander ins Feuer b.[42]); ins Feuer zu b. ist überhaupt unter Umständen zu vermeiden, Beispiele bei Primitiven bei Frazer, wo die Erklärung nicht eindeutig ist [43]).

[4]) Hymn. Hom. 5, 238. [5]) Kallimachos F. 169. [6]) ZfVk. 4, 104. [7]) *Ep.* 105; Nider-

berger *Unterwalden* 3, 13; Stemplinger *Volksmedizin* 54. [8]) *Lehrbuch der kathol. Religion.* München 1886. [9]) Klingner *Luther* 114; Kohlrusch 339; Kuhn und Schwartz 431 Nr. 270; Seligmann 2, 216; Wuttke § 599. § 606; [10]) Peter *Österr.-Schlesien* 2, 211; ZrwVk. 1, 59. [11]) *Faust* I im Osterspaziergang. [12]) Lessiak *Gicht* 153; ZfVk. 8, 393. [13]) l.c. 13, 11. [14]) Meyer *Germ. Myth.* 276; Grimm *Myth.* 2, 1120. [15]) Meyer *Germ. Myth.* 120. [16]) Sommer *Sagen* 22 Nr. 17. [17]) Meiche *Sagen* 352 Nr. 411. 461. [18]) Grimm *Myth.* 1, 381; Kohlrusch 273. [19]) Grimm *Sagen* 2 Nr. 2. [20]) Rochholz *Sagen* 2, 151. [21]) Hertz *Abhandl.* 190. [22]) Kohlrusch 25. [23]) Eisel *Voigtland* 6 Nr. 8. [24]) Heyl *Tirol* 484 Nr. 50. [25]) Wuttke § 59. [26]) Reiser *Allgäu* 1, 35; Schönwerth *Oberpfalz* 1, 267; Kuoni *St. Galler Sagen* 63. [27]) Reiser 2, 232. [28]) Fogel *Pennsylvania* 385 Nr. 2068 f. [29]) Bartsch *Mecklenburg* 2, 136. [30]) Meyer *Aberglaube* 253. [31]) Lammert 82. [32]) Meyer *Abergl.* 253; Birlinger *Aus Schwaben* 1, 143. [33]) Drechsler 2, 262; Frischbier *Hexenspr.* 6; Geistl. Schild 167; Hovorka-Kronfeld 1, 64; Kuhn *Westfalen* 2, 1?1 Nr. 542; Wolf *Beiträge* 1, 257; Wuttke § 627 = 399. [34]) Kuoni 54 f.; ZfdMyth. 2, 71 für das Jahr 1633. [35]) Sittl *Gebärden* 121; Ranke *Sagen* 213; Schönwerth *Oberpfalz* 2, 298. [36]) Alpenburg *Tirol* 348, 267. [37]) Rockenphilosophie 53 Nr. 37; Birlinger *Aus Schwaben* 1, 293. [38]) Grimm *Myth.* 1, 229; 3, 89. [39]) Ders. *DWb.* unter „ausblasen". [40]) *Faust* II 5 gegen Ende; Weihnachtsgeister schon Rockenphilosophie 6, 353. [41]) Grimm *DWb.* unter „ausblasen 1". [42]) Grohmann 42, 263. [43]) Frazer 2, 136. 256, aus Taylor *New Zealand* 165.

2. In der Vorstellung des Wegb.s kreuzt sich die bisher besprochene Reihe mit dem Fortb. einer Flocke, antik Zeichen der Verachtung [44]) und der physiologischen Tatsache, daß B. auf eine schmerzhafte Stelle, zumal wenn sie angefeuchtet ist (s. lecken), den Schmerz lindert. Auf der Grenze steht der Kindervers: „Heile heile Segen, drei Tag Regen, drei Tag Schnee, tut dem Kindchen nicht mehr weh", der in vielen Fassungen überliefert ist [45]). Wie konkret das zu verstehen ist, lehrt der Zusatz: Da fliegt's fort [46]), oder daß man gleichzeitig mit der Hand darüberstreicht, als nähme man etwas fort. Ins Abergläubische übersetzt kann man alle Krankheiten, die angeb. sind, wieder fortb.[47]). Wir kennen das schon aus den Zauberpapyri von ägyptischen Zauberern des Altertums und von den Arabern [48]). Damit verbinden sich gern die bekannten Riten: Nennung der 3 hl. Namen, B. übers Kreuz, Zeit des abnehmenden Mondes oder Sonnenuntergangs u. ä.[49]). Das gilt zunächst von Brandverletzungen [50]), dann von ähnlich aussehenden wie Rotlaufen der Füße [51]), Fieber [52]) oder Rose [53]). Bezeichnend ist der aus Aschaffenburg belegte Glaube, daß dann zwar Blasen entstehen, das kann man nicht hindern, daß aber die Verbrennung nicht zur Auszehrung führe [53]). Ein Beleg von 1792 weiß noch, daß man dabei nicht auf einen andern zub. darf [54]). Weiterhin kommen Beulen in Frage [55]), die dann nicht anschwellen [56]), Zahnweh [57]) und Schnittwunden [58]), wo bestimmte Verse das Blut stillen [59]). Kühner ist die Anwendung bei einem gebrochenen Bein, das gleichzeitig besprochen wird (s. besprechen). Ähnliches kennen die Magyaren [60]). Aber noch um 1850 hat ein Quacksalber in Halle solche Kuren gemacht [61]). Hier ist das heilende Pneuma das entscheidende, das belebende Wirkung hat [62]). Etwas anders ist die Vorstellung, wenn eine Störung im Sehfeld weggeb. wird [63]). Bei Mensch und Vieh hilft es gegen drohende Erblindung, zuweilen mit gewiß ganz nützlichen Räucherungen verbunden [64]). Gelbsucht wird in Mosbach i. B. weggeb.[65]); es hilft auch gegen Gichter [66]) und Halskrankheiten [67]), beim Vieh gegen Kolik [68]), wobei die Bezeichnung „vent du chrétien" sehr hübsch zeigt, daß man sich die Kolik als „vent du diable" vorstellt.

An Stelle des B.s kann auch ein Fächeln mit einem Blasebalg, Wedel oder Meßbuch treten, letzteres schon bei San Bernardino da Siena um 1400 [69]). Das hilft allgemein gegen jede *fascinatio*, wie bei den Wakambo gegen den bösen Blick [70]). Eine ominöse Stelle ist der Brotanbiß, auf den man b. soll [71]) (umgekehrt verbietet schon Plinius, das auf den Boden gefallene Brot abzub., weil der Lar von ihm Besitz ergriffen hatte [72])). Dasselbe gilt vom Wasser bei Nacht [73]), dem fremden Löffel [74]). Bei Brunnen schützt B. vor Gift [75]), bei Glas gegen Liebeszauber[76]). Haucht man ein Glas dreimal an (unter Anrufung der Dreifaltigkeit), dann zerspringt es, wenn der Inhalt schädlich war[77]). Bei Karten bringt es Glück[78]). Selbst im Mützchen des Neugeborenen kann in Mecklenburg der Teufel sitzen, weshalb die Amme hineinbläst[79]). Daran knüpfen sich allgemeinere, zauberische Wirkungen. Man kann Schlösser aufb.[80]). Und selbst das durchaus reale *afflavit deus et dissipati sunt* bekommt einen besonderen Klang, wenn man an den renommierenden Soldaten bei Plautus[81]) oder die Märchen von den großen Windmachern[82]) denkt. Wenn der Bettnässer oder Fiebernde ins Schlüsselloch der Kirchtüre bläst oder die Schwangere in eine Flasche, so wird damit der störende Geist eingesperrt[83]).

[44]) Sittl *Gebärden* 97. [45]) z. B. Birlinger *Volksth.* 1, 210 f.; Seyfarth *Sachsen* 245; Drechsler 2, 280. [46]) Ebd. [47]) Bartels *Medizin* 127 ff.; Laistner *Nebelsagen* 204. 307; Lessiak *Gicht* 153; Alemannia 37, 8; Birlinger *Aus Schwaben* 1, 441; ZfdMyth. 4, 118. 416. 973; ZfVk. 1, 202. [48]) Celsus bei Origenes *in Cels.* 1, 68; Dieterich *Abraxas* 141; Reinfried *Buchari* 40 ff. [49]) ZfVk. 8, 201; Bartsch *Mecklenburg* 2, 416; Frischbier *Hexenspr.* 86 u. s. [50]) Lammert 209; Bartsch *Mecklenburg* 2, 387; ZfrwVk. 1, 205 usw.; Bartsch *Mecklenburg* 2, 385; Lammert 211; SAVk. 2, 210. [51]) Lammert 221 f.; Pollinger *Landshut* 287. [52]) Wuttke 354 § 530. [53]) Bartsch *Mecklenburg* 2, 416; Kuhn *Märk. Sagen* 377; Frischbier *Hexenspr.* 82; ZfVk. 17, 451. [54]) ZfVk. 16, 172. [55]) Seyfarth *Sachsen* 245. [56]) ZfVk. 8, 56. [57]) Ebd. 203; Birlinger *Aus Schwaben* 1, 392; Rockenphilosophie 70 Nr. 54. [58]) Kuhn *Westfalen* 2, 198 Nr. 556. [59]) ZfVk. 7, 57; Schulenburg 96; Birlinger *Volkst.* 1, 480; Hovorka-Kronfeld 2, 371; Lammert 191. 193. 202; Romanusb. 17; Schramek *Böhmerwald* 269. [60]) ZfVk. 5, 35. [61]) ZfrwVk. 2, 96; vgl. Lammert 213. [62]) Agrippa v. Nettesheim 1, 277. [63]) Grimm *Myth.* 3, 472 Nr. 1009; Pfister *Schwaben* 27; ZfrwVk. 1, 58; Drechsler 2, 281; Grimm *Myth.* 3, 501 Nr. 33; Schmitt *Hettingen* 19; Wuttke § 525. [64]) Drechsler 2, 297. [65]) Meyer *Baden* 566. [66]) Becker *Pfalz* 136. [67]) Manz *Sargans* 76; Klingner *Luther* 124; andere Krankheiten vgl. 23. 29; Lammert 125; Grimm *Myth.* 3, 466 Nr. 873; Urquell 2, 44; Frischbier *Hexenspr.* 50; Lammert 204; Urquell 2, 177; Höhn *Volksheilk.* 1, 100; Rochholz *Kinderlied* 334; SAVk. 8, 149. [68]) ZfVk. 24, 149; Müllenhoff *Sagen* 511 Nr. 50. [69]) ZfVk. 22, 133 f. [70]) Seligmann 2, 217. [71]) Drechsler 2, 15. [72]) Plin. *nat. hist.* 28, 27. [73]) Grohmann 44. [74]) Drechsler 2, 12; Seligmann 2, 216 f.; Bohnenberger Nr. 1, 15; Meier *Schwaben* 2, 258; Reiser *Allgäu* 2, 448; Wuttke § 251. [75]) Schönwerth *Oberpfalz* 2, 172. 212. [76]) Manz *Sargans* 143. [77]) Meyer *Baden* 170. [78]) Urquell 5, 259. [79]) Wuttke 378 § 573. [80]) Heyl *Tirol* 73. 111. 123; Schönwerth *Oberpfalz* 3, 55 f. [81]) *Miles glor.* 17: *legiones difflavisti spiritu.* [82]) Grimm *KHM.* Nr. 71. [83]) Meyer *Baden* 575; Bartsch *Mecklenburg* 2, 103; Wuttke s. 33; Hillner *Siebenbürgen* 25 Nr. 1. Aly.

Blasenstein. Gesner beschreibt eine Anzahl Steine, die sich in der Blase von Kranken befanden und durch Medikamente herausgetrieben wurden, auch die Breslauer Sammlungen handeln ausführlich darüber[1]). Ein Aberglaube ist mit dem B. nicht verbunden. Eigenartig sind nur die vom Volk angewendeten Heilmittel. So soll vor allem genossener Rettich den Stein auflösen, woran das Tiroler Landvolk fest glaubt[2]). Im Altertum brauchte man gegen den B. die Blase eines Schweines gleichen Geschlechts; bei Harnverhaltung wurde eine Schweinsblase, die die Erde nicht berührt hatte, auf das Glied gelegt[3]).

[1]) Gesner *d. f. l.* 146 f. (mit Abbild.); Bressl. Samml. Regb. 332 f. [2]) Müllenhoff *Natur* 71 Nr. 114. [3]) Höhn *Volksheilkunde* 1, 116. Olbrich.

Blasius, hl.

1. Sein Tag ist der 3. Februar, der Tag nach Mariä Lichtmeß, dem Feste der Kerzenweihe. B. (Basilius), ein sehr volkstümlicher Heiliger, gehört zu den 14 Nothelfern und wird dargestellt mit zwei gekreuzten Kerzen in der Hand. Er erlitt um 316 den Märtyrertod und wurde, da er den Sohn einer Witwe rettete, der an einer Gräte (Kröte)[1]) zu ersticken drohte, Patron der Kehlkopf- und Halsleidenden. Als solcher soll er schon 550 angerufen worden sein[2]). Kranke und alle, die sich vor Halsweh sichern wollen, werden an seinem Tage vom Geistlichen „eingeblaselt", indem er

ihnen kreuzweise vor Gesicht und Kinn oder an die beiden Seiten des Halses geweihte Kerzen hält, das „Blasilicht“ [3]), oder sie anbläst [4]). Wer dabei zuletzt an die Reihe kommt, bleibt das ganze Jahr der „Bläse“ und wird ausgelacht [5]). Im Böhmerwald wird an diesem Tage der Segen mit zwei gekreuzten Kerzen erteilt [6]). Auch wenn einem ein Knochen im Halse stecken geblieben ist, wird B. angerufen [7]). In England heilt man Zahnweh durch Berührung des Zahnes mit der Kerze, die auf dem Altar der ihm geweihten Kirche gestanden hat. Dieselben Kerzen sind gut für Halsschmerzen und Viehkrankheiten [8]). Vielleicht wird hier die Schätzung des Heiligen durch den Anklang seines Namens an engl. blaze = Flamme, Lichtschein unterstützt [9]), wie im deutschen Sprachgebiet durch den an „blasen“. Sonst wird B. auch gegen eiternde Geschwüre (bei den Siebenbürger Sachsen) [10]) und gegen Kolik zu Hilfe gerufen [11]). Übrigens gelten auch Blasibrunnen [12]), Blasiwasser [13]) und Blasiwein [14]) als heilkräftig.

[1]) Meyer *Baden* 496. [2]) Lammert 25; Meyer *Baden* 496. [3]) Sartori 3, 87; Grimm *Myth.* 3, 467 (899); Wrede *Rhein. Vk.* 243; Ders. *Eifler Vk.* 206; Wüstefeld *Eichsfeld* 45; Hoffmann-Krayer 124; Höhn *Volksheilk.* 1, 85; Rochholz *Sagen* 1, 376. [4]) Hovorka u. Kronfeld 1, 207. [5]) Birlinger *Volksth.* 1, 470; Usener *Religionsgesch. Untersuch.* 1, 315. [6]) Schramek *Böhmerwald* 133. [7]) Hovorka u. Kronfeld 2, 9. 10. [8]) Courtney *Cornish feasts and folk-lore* 20. [9]) Nork *Festkal.* 151. [10]) ZfVk. 5, 5. [11]) Ebd. 24, 157. Auch gegen Blasenkrankheiten: Mackensen *Name u. Mythos* 27. [12]) ZfVk. 1, 294; Birlinger *A. Schw.* 1, 188; Reinsberg *Böhmen* 43. [13]) ZfVk. 1, 294; Franz *Benediktionen* 1, 106. 202 ff. [14]) ZfVk. 1, 294; Birlinger *A. Schw.* 1, 420.

2. B. wird als Schutzpatron der Haustiere verehrt, was durch eine Legende begründet wird [15]). Auch das Vieh wird mit geweihtem Wachs „gewürgt“ [16]). Zum Schutz der Schweine schnitt man den Namen des B. in den Hirtenstab [17]) oder schrieb ihn auf einen Zettel [18]). St. Blasen-Wasser gab man im 14.—15. Jh. den jungen Hühnern und Gänsen zu trinken, damit sie der Fuchs nicht hole [19]). In Schwaben werden am B.tage die Pferde in die B.kapellen geführt und gesegnet. Manchmal genügte es schon, wenn das Pferd während der heiligen Handlung nur draußen vor der Stalltür stand. In Rottenburg ließ man die Pferde in der Schmiede zur Ader [20]). In Villars führt man Pferde, die von Kolik befallen sind, auf einem nach dem h. B. benannten Gelände um einen Stein [21]). Im 16. Jh. wurde er zum Schutze der Herden gegen Wölfe angerufen [22]). Die Kühe schützt er vor dem Verwerfen [23]). Auch in Italien ist B. Viehpatron [24]) und vor allem bei den slavischen Völkern wie schon bei den byzantinischen Griechen [25]). Vielleicht ist er, weil auch die Schafe seinem Schutze unterstehen — nach mittelalterlicher Küchenregel soll man am B.-tage Lämmer essen [26]) —, in England Patron der Wollhändler und Wollarbeiter geworden [27]); andere führen das darauf zurück, daß er im Gefängnisse mit eisernen Kämmen zerkratzt worden sei [28]).

[15]) Nork *Festkal.* 152; Mansikka *Ostslaven* 1, 368. [16]) Meyer *Baden* 496; vgl. 408. [17]) Meyer *Abergl.* 251 f. [18]) ZfVk. 23, 125; Rochholz *Sagen* 1, 376; Agrippa v. Nettesheim 5, 43. [19]) Grimm *Myth.* 3, 417 (20). [20]) Birlinger *Volksth.* 2, 20 f. [21]) Sébillot *Folk-Lore* 1, 340. [22]) Ebd. 3, 36. [23]) Ebd. 3, 81. [24]) Trede *Heidentum* 3, 105. [25]) Mansikka *Ostslaven* 1, 388 f. [26]) Wüstefeld *Eichsfeld* 237. [27]) Mansikka 389. [28]) Nork *Festkal.* 151.

3. Wie das Agathabrot, so schützt auch das am B.feste geweihte Brot die Äcker vor Ungeziefer und Menschen und Vieh vor Krankheit [29]). Nach dem „Einblasigen“ werden auf dem Blasienberge bei Innsbruck Brötchen verteilt. Wer an Halsweh leidet, braucht nur ein Stück davon abzubeißen und zu verzehren. Die Brötchen sind zu diesem Zwecke mit 5—6 Einkerbungen versehen [30]). In Faimingen werden sog. „Bubenschenkel“ an Arme verteilt [31]).

[29]) Birlinger *A. Schw.* 1, 421; ZfVk. 14, 432; Sartori *Sitte u. Br.* 3, 87. [30]) Andree *Votive* 85; Höfler *Fastnacht* 15. [31]) ZfVk. 14, 431 f.; 15, 319.

4. Die volksetymologische Verbindung von B. und blasen hat manche Beziehungen des Heiligen zum Winde hergestellt oder gefördert[32]. Er ist Patron der Windmüller und „Blasisten" (d. h. der auf Blasinstrumenten spielenden Musikanten), so gut wie der Bäcker[33]. Am B.tage darf nicht gesponnen werden, sonst zerreißt der Wind das Dach[34]. Die Esten halten den Tag für unglücklich zum Fischen und Seefahren[35]. In Steiermark werden recht viele Krapfen gegessen, damit die Winde das Dach nicht herunterwerfen[36]. In Böhmen streut man Salz, Mehl und Asche in den Wind. Tut dies ein Sonntagskind, so ist die Wirkung desto sicherer: der Wind legt sich dann bald[37]. In Neuern betet man ein Vaterunser für den h. B., daß der Wind den Flachs nicht hebe[38].

[32]) Panzer *Beitr.* 2, 453. [33]) ZfVk. 14, 432. [34]) Baumgarten *Jahr u. s. Tage* 18. [35]) Boecler *Ehsten* 91. [36]) ZfVk. 14, 432. [37]) Schramek *Böhmerwald* 133. [38]) John *Westb.* 197.

5. Daß mit der Zeit um Lichtmeß der Weihnachtsfestkreis abschließt und nun in der Ahnung des Volkes der Vorfrühling emporzusteigen beginnt, zeigt sich auch darin, daß der B.tag die kommende Witterung bestimmt. Es heißt: „Der h. B. macht den Winter us"[39]; „St. Blas' und Urban ohne Regen folgt ein guter Weinsegen"[40]; „Weht es S. B., so gibt es im Jahr viel Wind"[41]. In Mecklenburg trug der Schäfer ein Bündel Erbsenstroh auf eine Anhöhe. Trieb der Wind es weg, so glaubte er, es werde ein gutes Frühjahr, weil das Stroh nun überflüssig sei[42]. Hier und da beginnen die Frühlingsbegehungen. In Münstereifel zogen die Wollweber auf den Radberg und rollten von dessen Gipfel ein Rad herunter. Auf der Straße vergnügte man sich damit, die Pritsche zu schlagen. In Köln „sagte" oder „jagte" man den B., und die Zunftgenossen sammelten den B.[43]. In Recklinghausen ist das Blesemjagen üblich[44]. In Luxemburg betteln am Vorabend Scharen von Kindern „um ein Wachslicht", nehmen aber alles, was man ihnen gibt[45]. Auch bei den Siebenbürger Sachsen finden solche Heischegänge der Knaben am Vorabend statt, deren Erträge am B.tage gemeinschaftlich verzehrt werden[46].

[39]) Hörmann *Volksleben* 40. [40]) Meyer *Baden* 442. [41]) ZfVk. 24, 58 (Holstein). [42]) Bartsch 2, 253. Ebenso in Holstein an Lichtmeß: ZfVk. 24, 58. [43]) Wrede *Rhein. Vk.* 243 f. [44]) Alt-Recklinghausen 7 (1926), 48. [45]) Fontaine 18 f. [46]) Fronius *Siebenbürgen* 44; Schullerus *Siebenbürgen* 140 f.

Sartori.

Blasiussegen. Der hl. Blasius gilt als Viehpatron[1], Wetterpatron[2] und als Helfer gegen Halskrankheiten[3]. Schon im 6. Jh. kennt der Arzt Aëtius von Amida[4] eine Besegnung im Namen des Blasius zur Entfernung eines Knochens aus dem Halse. In einer Hs. des 12. bis 13. Jhs. steht eine lateinisch-deutsche Formel gegen Kehlschwellung[5], in einer andern des 14. Jhs. eine solche gegen Blutung[6], in einer weiteren wird Blasius gegen Viehkrankheiten angerufen[7]: „Es war ein gutt Stund, do Gott geborn wahr, also seye diss auch. Es komme der lieb St. Blasius mit seinem rechten Vir (?), er hube uff seine gebendeite handt, er segnete ihme die schöll und hauchen blatt und geschwell und alle ungefelle und den Zap u. blat und breunt und alle ungemach und zwo und siebentzig suchten, who dern ein darunder ist, behuet die Gott u. der heilig kirst" (danach Kerzenrauch in den Mund blasen im Namen des Vaters usw. Amen). Man schützte auch das Vieh vor Wölfen durch einen Stab, in dem ein Zettel mit des Heiligen Namen steckte und den man bei der Herde aufrichtete[8]. St. Blasiuswasser[9] gab den Tieren Gedeihen und Schutz[10].

[1]) Franz *Benediktionen* 1, 202 ff. 271; 2, 129 f. 139; Acta Sanct. Boll. Febr. 1, 341; Schönbach *Analecta Graeciensia* 7, 32; Birlinger *Volkstümliches* 2, 20 f. [2]) Franz a. a. O. 2, 17. 101. 104. [3]) Ders. a. a. O. 1, 202. 459; Fontaine *Luxemburg* 18. 109; Wuttke 95; Sartori *Sitte u. Brauch* 3, 87; E. H. Meyer *Deutsche Volksk.* 254; Wrede *Rhein. Vk.* 173; ZföVk. 4 (1898), 143; John *Oberlohma* 147. [4]) Heim *Incantamenta* 525 Nr. 174; Franz a. a. O. 1, 459. [5]) Franz a. a. O. 1, 459 Anm. 2. [6]) Ons

Hémecht Festschrift 14 f. [7]) Luxemburger Hexenprozeß von 1614 (Ms. 222 des Archivs der Histor. Sektion des Großh. Instituts). [8]) Delrio *Disquisitiones magicae* (Köln 1679), 971; Thiers 1, 359; Zimmermann *Bezaar* f. 76 b (hd.); Agrippa v. Nettesheim 5, 43, alle nach Joh. Trithemius *Liber octo quaestionum ad Maximilianum Caesarem.* verf. 1508 (Acht fragstuckg, Ingolstadt 1555). [9]) Franz a. a. O. 1, 202. [10]) Grimm *Myth.* 3, 417; Birlinger *Volkstümliches* 2, 20 f. Jacoby.

Bläßhuhn (Fulica atra *Linn.*), ahd. *belihha, belihho,* mhd. *belche,* frühnhd. *belchinen, bölhinen* (Pluralform) u. ä.; außerdem 15 andere Benennungen [1]).

Aus dem häufigen Erscheinen des B.s schließt man auf einen frühen Winter [2]), wie es schon im Altertum als Wetterprophet galt [3]).

Volksmedizin: Das Herz eines B.s wurde gegen Epilepsie roh gegessen, eine Vorschrift, die Gesner [4]) verzeichnet, aber wohl der antiken Literatur entnommen hat [5]).

[1]) Brehm *Tierleben*[4] 7, 182; Suolahti *Vogelnamen* 302; SchweizId. 4, 379. 1193; Fischer *Schwäb.Wb.* 1, 832; 4, 1754. [2]) SchweizId. 4, 1193 (Thurgau). [3]) Wenn die Wasserhühner des Morgens schreien, verkünden sie Sturm. Plinius *NH.* 18, 87. „So die Bölhinen frü singend / bedeütet es ein vngewitter: item so sy ausz dem wasser fliegend / so sy jre flügel schwingend / so verkündend sy wasser. So sy sich aber undertunckend / vnnd jre flügel erschwingend / gebend sy ein anzeigung eines winds." Gesner *Tierbuch* XXI a. Weiteres bei Aldrovandus *Ornithologia* 3 (1613), 41 (Praesagia). [4]) *Tierbuch* XXII, darnach Jühling *Tiere* 244. [5]) Ulysses Aldrovandus l. c. 42: Scribit ex plurimorum relatis Aretaeus illustris ille, ac nobilis Capadocum medicus, quem Paulus Crassus interpretatus est, vulturis cerebrum, et crudae fulicae cor, et domesticos feles comesos epilepsiam discutere, sed graece legitur aethyiae, id est mergi. Hoffmann-Krayer.

Blatt s. Phyllomantie.

Blattern [1]). Seit Einführung der Schutzpockenimpfung haben die B. im Volke auch ihre Bedeutung verloren. Immerhin erhielt sich einiges volksmedizinisch Bedeutsame. So soll man, heißt es in Franken [2]), von B. befallene Kinder durch einen Seiher blicken lassen, dann erblinden sie nicht. Im Ennstal [3]) hält man viel auf die unter das Krankenbett gelegte Sperrkette, welche das „Gift" anziehen soll. Ebendort trägt man auch ein Stück roten Schwefels um den Hals, hängt Zwiebel- und Knoblauchkränze im Zimmer auf. Außerdem gibt es verschiedene B.-segen.

[1]) Höfler *Krankheitsnamen* 49. [2]) Lammert 126. [3]) Hovorka-Kronfeld 2, 746. Vgl. auch Martin in Fortschritte der Therapie 1927 Nr. 11. Stemplinger.

Blatternstein s. Pockenstein.

Blattläuse (Aphis), mit Honig vermengt, kamen gegen 'Ohrenzwang' zur Anwendung. Auch gegen Zahnweh wurde der äußere Gehörgang mit einem Gemenge aus Rosenöl u. B.n eingerieben [1]).

[1]) Jühling *Tiere* 99. Bächtold-Stäubli.

blau.

1. Vorbemerkung. Die etymologischen Zusammenhänge des Wortes sind nicht sicher geklärt [1]). Die Farbentöne laufen von hellb. (Wasser und Eis, Stahl, Blei) bis zu dunkel- und schwarzb.[2]) (Wolke, Nacht, Sonnenfinsternis), nicht selten bis zu schwarz: anord. hrafnblár, blár sem Hel; Verg. Georg. I, 453 „caeruleus pluviam denuntiat igneus Euros" wird ahd. glossiert „ceruleus, niger [synonym!] color plâwiu". Hervorzuheben sind von Gegenständen wechselnder Färbung neben Himmel, Auge, Kleidung besonders die Hautfarbe blutunterlaufener Körperstellen und der in Verwesung übergehenden Leichen, die Färbung des Feuers [3]). So taucht in den Sagen der Zug auf, daß ein Gerippe erst b., dann grün anlief [4]). Die Feuerfarbe aber finden wir auch bei Krankheiten („es brennt wie Feuer") wieder: Rotlauf heißt auch B.-feuer („et Blo" [5])). Von vornherein sei also hingewiesen auf den Bedeutungswandel vieler Farbennamen [6]), auf das Schwanken in der Bestimmung von grün und b., das vielfache Zusammentreffen von b. und schwarz, b. und rot (B.- und Rotkohl). Sprüche wie „Blo un rut es Bauremud" mahnen überdies zur Vorsicht im Hinblick auf das Hineinphantasieren von Farben in ge-

wisse Vorstellungen und Erscheinungen (Anthropomorphismus) wie bei der Beurteilung farbiger Sinnestäuschungen.

[1]) Kluge *EtWb.* s. v. (zu flavus); vgl. Falk-Torp *Norw.-dän. etym. Wb.* 1, 78; Hirt *Etymol. nhd. Spr.* 239 (zu μέλας). [2]) Schönwerth *Oberpfalz* 3, 176: b. gilt dem Volke stets als dunkelb. [3]) Schwentner *Sprachgesch. Untersuch. über Gebrauch u. Bedeutung d. altgerm. Farbenbezeichnungen* (Göttingen 1915), 69 ff. [4]) Meiche *Sagen* 182 Nr. 249. [5]) *Rhein.Wb.* 1, 761. [6]) Kluge a. a. O.; Grimm *DWb.* s. v. b.; Schrader *Reallex.*[2] 1, 148 ff. (blau) u. 296 ff. (Farbe).

Volksglauben.

2. Feuer und Licht erscheinen bald rot, bald b., bald b. und rot in einem. Da ist zunächst Blitz (s. d.) = B.feuer[7]); man vergleiche im Sprachgebrauch: die Verstärkung blitzb., den Vergleich „b. wie en Gewidder“[8]), die Flüche „Potz B.feuer“[9]) und „donners blösken help!“[10]). Es macht Kreuzblitzer, daß einem das b.e Feuer vor den Augen herumfliegt[11]). Der Teufel ruft bei herannahendem Gewitter: „Nun ist's Zeit, daß ich mich fortpacke; denn da kommt der mit der b.en Peitsche“[12]). Der Dunnerpiel (s. Donnerkeil), ein Steinchen von grauer oder b.er Farbe, besitzt Heilkraft und wird für das einzige Mittel gegen Krämpfe gehalten[13]). Viele Pflanzen, wegen ihrer b.en (noch mehr natürlich wegen ihrer roten) Blüte mit dem Blitz in Beziehung gebracht, sind blitzabwehrend oder -anziehend, worauf mehrfach schon die Volksnamen hindeuten: Wetterbleaml, Donnerrebe, Hausanzünder usw.[14]). Viola odorata verliert nach dem ersten Donner den Geruch und wird zum Hundsveilchen[15]).

[7]) Fischer *Schwäb.Wb.* 1, 1207. [8]) *Rhein-Wb.* 1, 759. [9]) Schärtlins Fluch; vgl. a. Hans Sachs *Fastnachtsp.* 3, 127 und Goethe (Weim. Ausg.) 13, 1, 273. [10]) Grimm *Myth.* 1, 148 und 3, 66. [11]) Schönwerth *Oberpfalz* 2, 124; vgl. Meiche *Sagen* 640. [12]) Reusch *Samland* 95 Nr. 81, 5. Der Blitz wird an einem weißen und einem b.en Wollfaden gehalten: Sébillot *Folk-Lore* 1, 106. [13]) BlpomVk. 10, 85. [14]) Grimm *Myth.* 2, 1014 und 3, 357; Bohnenberger 22; Marzell *Kräuterbuch* 270 f. 277. 474 und *Volksbotanik* 132 ff; Weißenburger Hmtbüch. 1 (1921), 48 (Glockenblume). [15]) Marzell *Kräuterb.* 474.

3. Auf Vorstellungen von Seele und Fegefeuer wie auf wirkliche Naturerscheinungen mannigfacher Art („b.es Holz“, = in der Dunkelheit leuchtendes, vermodertes Holz[16])) oder entsprechende Sinnestäuschungen gehen die vielfältigen Lichtgestalten des Volksglaubens zurück[17]): die bläulich, „wie von einem Spanlicht“ schimmernden und tanzenden Flämmchen der Irrlichter, all die verwunschenen und verbannten Geister, die Seelen der Bösewichter wie der Unglücklichen, das in b.en Lichtschein gehüllte Geisterschiff der Meeresküste[18]). Feuermänner (Landsknechte), leuchtend wie eine Fakkel, ruft man an: „He, Landsmann, bal raud, bal b. . . . .“[19]). Das „Sengwarder Licht“ zeigt sich nachts als Mann mit b.en Strümpfen, feurigem Oberkörper und einem Dreimaster auf dem Kopf[20]) (man sieht das Feuer von unten auf nach b., rot und Rauch z. T. der Tracht gemäß ausgedeutet). Zu den Füßen eines aufrechten Gerippes kommt ein kleines b.es Lichtlein aus dem Erdreich hervor, steigt bis zur Brust, verbreitet sich über den ganzen (vorher in seinen Umrissen von der Phantasie konzipierten) Körper zur großen heitern Flamme, bis endlich alles miteinander erlischt[21]). Auch der Drak oder Drache, der nachts als b.er Streifen den Rauchfang ein- und auszieht[22]), zeigt häufig rot und b.: entweder sind die beiden Farben auf seine verschiedenen Körperteile verteilt (Kopf helleuchtend, Schwanz oder Flügel b. usw.[23])), oder aber er trägt rot: Gold, b.: Getreide oder Unglück[24]). Wir erkennen ihn, auch wenn als Teufel bezeichnet wird, was in Gestalt eines feurigen Wiesbaums daherstreicht und sich als b.er Gickel auf das Dach niederläßt[25]). Auch auf Kobolde wird die b.e Farbe gelegentlich übertragen[26]). Wenn in den Rahen ein b.liches Licht auf- und abtanzt, kommt bald der Klabautermann und holt sein Opfer[27]). Im Getöse der Wilden Jagd zuckt todbringend das b.e Flämmchen empor, und den Hunden schlägt b.liche Glut aus dem Rachen[28]) (anders B.hütel; s. d.). Auch der Berg-

geist kommt in grauem Gewande mit b.lichem Lichte oder schwebt als b.e Flamme im Schacht auf und ab; wen er erwürgt, dessen Gesicht ist b.[29]. Der Alp zieht wie die Pest als b.er Rauch durchs Schlüsselloch[30]; b.e Lippen gelten als Alpmerkmal[31]. Die Zwerge tragen zu roten Hosen b.e Jacken oder umgekehrt[32] (sind lichtb. oder stahlgrau gekleidet);[33] man sieht von ihnen nur den großen b.en Edelstein, den sie auf den Kappen haben, so daß bei Nacht lauter b.e Flämmchen auf der Wiese zu tanzen scheinen[34]. Ähnlich stellt sich der norwegische Nisse graugekleidet dar, mit roter Pechhaube, ein b.es Licht bei Nacht tragend[35]. Ein b.er Mantel kommt bei elbischen Wesen vor[36], wie das Ellefolk auch Vieh von b.er Farbe hat[37]. — Selbst b.e Tiergespenster kommen vor[38].

[16]) *Rhein.Wb.* 1, 760. [17]) Ranke *Volkssagen* 55 ff. [18]) Lübbing *Fries. Sag.* 150 f. [19]) Schönwerth *Oberpfalz* 2, 98. Zwei feurige Männer mit einem b.en Ring am Kopf: Börner *Im Bannkreis des Hesselbergs* (1927), 134. [20]) Strackerjan 1, 220 f. = ZfVk. 4, 414. [21]) Lütolf *Sagen* 133 Nr. 67. [22]) Kuhn u. Schwartz 421 Nr. 208; BlpomVk. 4, 94. [23]) Schönwerth *Oberpfalz* 1, 393; Wirth *Beiträge* 1, 10. 15. [24]) Grimm *Myth.* 3, 492 Nr. 1; vgl. ebd. 491 Nr. 102 und Ranke *Volkssagen* 159 ff. [25]) Wolf *Sagen* 75 Nr. 115. [26]) BlpomVk. 10, 36 (ein alter Mann in roter Jacke und b.en Strümpfen verkauft Hausgeister); ebd. 10, 78; Wirth *Beiträge* 1, 11; Zingerle *Tirol* 55 Nr. 470 (Pütze als b.e Flämmchen). [27]) Urquell 1 (1890), 135. [28]) Graber *Kärnten* 84 Nr. 99; Knoop *Hinterpommern* 131; Meiche *Sagen* 426 Nr. 561; vgl. 844 Nr. 1047. [29]) Andree-Eysn *Volkskundl.* 207; Kühnau *Sagen* 2, 410. 414; Meiche a. a. O. 405. [30]) Grabinski *Sagen* 40 f. [31]) MschlesVk. 7 (1905), 100. [32]) BlpomVk. 8, 2. [33]) Thiele *Folkesagn* 2, 194. [34]) Kühnau a. a. O. 2, 149. [35]) Grimm *Myth.* 1, 420. [36]) Unwerth *Totenkult* 152; b. als Farbe übernatürl. Wesen: Feilberg *Ordbog* 4, 52. [37]) Thiele *Folkesagn* 2, 177. [38]) Fox *Saarland* 287; Andree *Braunschweig* 379.

4. Im Walenbericht sieht einer den andern „ganz b. unter dem Angesicht von der großen Glut der Metallen“[39]; die Falschmünzerhöhle wird von b.em Feuer erleuchtet[40]. Wo die b.e Flamme brennt, liegt ein Schatz, gehütet von dem Teufel oder den armen Seelen; oder sie ist selber der Schatz, der gerade blüht. Wer so ein Geldfeuer sieht, muß etwas hineinwerfen: es u. a. mit einer neuen b.en Schürze bedecken[41]. Die Schatzblüte wird, wie Ranke[42] überzeugend dargetan hat, zu der (recht häufig b.en) Wunderblume, die den Zugang zu unermeßlichen Schätzen (im Totenberg) erschließt (s. Schatzblume, -feuer) und zum Symbol romantischer Dichtung und Malerei geworden ist. Auch nimmt die b.e Flamme die Gestalt eines grauen Männchens an mit einem großen Schlüssel in der Hand[43]. B.e Zwetschgen, noch betaut, wandeln sich in der Tasche zu Talern[44]. Vom Kreuzweg blickt man nach der b.en Flamme aus[45], sucht nach ihr während des Gottesdienstes am Palmsonntag (= B.ostertag?)[46]. Volksetymologisch wird die Schatzsage benutzt zur Herleitung des Namens Plauen < Blauen[47]. Geht es auf natürliche Gesteinsfärbung zurück, wenn der Totenberg als „b.er Felsen“ bezeichnet wird[48]?

[39]) Meiche *Sagen* 895 Nr. 1101. [40]) Schönwerth *Oberpfalz* 2, 407. [41]) Annalen d. hist. Ver. Niederrhein 52 (1891), 44 Nr. 4 = Korth *Jülich* 123 Anm. 1. [42]) *Volkssagen* 114. 239 ff. 285 f. [43]) Meiche a. a. O. Nr. 928. [44]) Schönwerth a. a. O. 2, 260. [45]) Wlislocki *Sieb. Volksgl.* 50. [46]) Jirasek Hmtkde Hohenelbe (1907), 661. [47]) Meiche a. a. O. 813 Nr. 994. [48]) Graber *Kärnten* 109 Nr. 128.

5. Der schwarze Tod (vgl. frz. morbleu), die Pest (s. d.), zuerst als roter, b. getupfter Flecken unter dem Herzen sichtbar[49], zieht als b.er Dunst oder Rauch, b.es Wölklein oder Flämmchen heran[50]; sie heißt geradezu *et b.ə Flämmche*[51]. Sie wird u. a. verkündet durch eine b.e Taube[52]; die Einbeere, wegen ihrer b.schwarzen Früchte Pestbeere genannt, feit dagegen[53]. Auch wird im 11. Jh. die b.e Farbe für das Antoniterkreuz (Thau) doch wohl zur Dämonenabwehr gewählt worden sein[54].

[49]) Schönwerth *Oberpfalz* 3, 19. [50]) Grimm *Myth.* 2, 990; Zimmermann *Volksheilkunde* 17. 95; Jahn *Pommern* Nr. 47. 48. 50; Haas *Pom. Sag.*[4] Nr. 119; BlpomVk. 4, 50; Böckel *Volkssag.* 32 (m. Lit.); Eisel *Voigtland* Nr. 456—58; Mei-

che *Sagen* 806; ZfrwVk. 4, 218; Müller *Urner Sag.* 1, 56 Nr. 85, 3; Schönwerth 3, 16; vgl. 3, 19 (Pest zieht in neugebackenes Brot und macht Rinde blau). Nach schwed. Glauben erscheint die Pestfrau in b.em Mantel: Unwerth *Totenkult* 152. [51]) *Rhein.Wb.* s. v. blau. [52]) Strackerjan 2, 115. [53]) Marzell *Volksbotanik* 157. 175 u. ZfVk. 24 (1914), 6 (m. Lit.). [54]) HessBl. 11 (1912), 53.

6. Wie zu erwarten, wird nun die b.e Farbe nicht selten auch mit Wasserdämonen (s. a. grün, rot) in Beziehung gesetzt [55]). Der Nix erscheint am ganzen Leibe b. [56]); er ist gelbkraus von Haar und bläulich von Augen [57]), wie auch das ganze Geschlecht, hervorgegangen aus der Verbindung von Mensch und Wasserfrau, kenntlich ist an dem besonderen B. der Augen [58]). Das Meerweib trägt über schneeweißem Rock en ljusblå tröja [59]), ein rotes Leibchen mit b. eingefaßten Puffärmeln [60]); der Wassermann läuft in b.er Hose und roten Strümpfen [61]) oder als Junge in b.er Hose, roter Jacke und grüner Mütze umher [62]). Erwähnt sei, daß die Mexikaner solche Kinder, die sie gewissen, im Meere stehenden Felsen opferten, in b.e Gewänder kleideten [63]). Was am Körper von Wasserleichen, vielleicht schon beim kalten Baden an der eigenen Haut beobachtet wurde, schrieb man natürlich auch Wasserdämonen zu: die Leichname Ertrunkener findet man „ganz voll b.er Flecken", ein Anzeichen der Ertränkung durch den Nix [64]). Ein vom Nickelmann geschnappter Knabe erschien am ganzen Leibe tief korn [blumen]-b. [65]). Um die Füße der ertrunkenen Braut prägten sich in b.en Flecken deutlich die Finger menschlicher Hände aus vom Griff des Wassermanns [66]); sie taucht in b.er Nixentracht aus der Flut empor [67]). Kein Wunder also, wenn b. im Abwehrzauber gegen Wasserdämonen erscheint (s. § 11).

[55]) Das Meer wird bezeichnet als b.es Pferd, b.e Stute oder Kuh: Sébillot *Folk-Lore* 2, 10; gefallene Engel als blue men im Meer: Campbell *Highlands* 199. [56]) Meiche *Sag.* 359 Nr. 471. [57]) Grimm *Sag.* Nr. 65. [58]) Schönwerth *Oberpfalz* 2, 213; vgl. ebd. 224 (Märchenzug: Wasserfrau wirft b.en Sand). [59]) Hyltén-Cavallius 1, 245. [60]) MschlesVk. H. 9, 20. [61]) Haupt-Schmaler *Wend. Volksl.* 1, 64 Nr. 34. Ein Kerl mit b.em und gelbem Strumpfe steigt aus dem Bach: Grimm *Myth.* 1, 498 (estnisch). [62]) MschlesVk. H. 10, 26; vgl. 55. [63]) ZfVk. 23 (1913), 264. [64]) Grimm *Sag.* Nr. 307; vgl. 54; Meiche *Sag.* 375 Nr. 494. [65]) Kuhn u. Schwartz 174 Nr. 197, 4. [66]) Meiche a. a. O. 387 Nr. 508. [67]) Ebd. 359 Nr. 471.

7. Himmelsgottheiten sind bei allen Völkern schwerlich denkbar ohne das Attribut der b.en Farbe [68]). — Christus wurde auf Palmsonntag-Umzügen mit b.em Mantel dargestellt [69]). Und Maria, die Himmelskönigin, in der bildlichen Darstellung mehrfach in b.em Mantel oder Schleier auftretend, wird geradezu die „b.e Frau" genannt [70]). Sie sitzt in der Sonne, in der Hand ein b.es Kreuz oder Schwert [71]); das Kind auf ihrem Arm trägt ein weißes Kreuz an b.em Bande [72]). Sterben die Kinder nacheinander in früher Jugend weg, so geloben die Eltern, ihr nächstes bis zum 14. Jahre b. zu kleiden, Maria zu Ehren [73]) (s. u. § 11).

[68]) Siecke *Götterattribute* 159. Über Odins Mantel (z. B. Grimnismǫl: i feldi blám) s. Much *Der german. Himmelsgott* 37; anders: Unwerth *Totenkult* 74. 150 ff. [69]) Zingerle *Tirol* 146 Nr. 1263. [70]) Schönwerth *Oberpfalz* 3, 67; vgl. 312. 317. [71]) Ebd. 362. [72]) Fox *Saarland* 253. [73]) Seligmann *Blick* 2, 246 (Baden). Ein ähnliches Gelübde einer breton. Amme (blau und weiß) erzählt Chateaubriand: SchwVk. 1, 71. Kinder, die am Marientag nach Johanni in die Blaubeeren gehen wollen, warnt man vor Maria: Schulenburg *Wend. Volksth.* 141 = Marzell *Kräuterb.* 484.

8. Wie stark auch die b.e Farbe mit allem Teufels-, Hexen-, Zauber-, Diebes-, Lügen- und Blendwerk verbunden ist („he lüggt, dat em de blage Damp ut'n Nacken treckt" [74])), scheint doch der Teufel in Person (abgesehen von gewissen Redewendungen) [75]), nur selten b., desto häufiger schwarz, rot, grün ausgestattet. Nur einmal finde ich die Bezeichnung „B.mantel" für ihn, weil er einen b.en Mantel trägt [76]), während blámaðr, wie er anord. zuweilen heißt, zugleich die gewöhnliche Übersetzung von „Aethiops" ist. B.er Dunst ist der Teufel wie die Pest [77]); als b.licher Dunst zischt der in die Flasche gebannte böse Geist heraus [78]); als schwarzer Kerl zählt

der Teufel bei b.em Licht Geld [79]; er stellt ein b.es Fläschchen auf den Tisch, als er die bösen Ritter holt, und das Schloß kracht zusammen [80]; wem er das Genick umdreht, der trägt ein b.es Halsband [81]. Unheimlich erscheint das B. in der gespenstischen Kirche: alle Lichter brennen mit b.er Flamme, die auch aus dem Kelch zuckt und dem Prediger aus dem Munde schlägt [82]. — Durchaus typisch ist b.e Gewandung für Z a u b e r e r und H e x e n. Schon die Völven zogen in dunkelb.em Mantel umher [83]. Von drei sagenhaften Zauberjungfrauen ist die im b.en Gewand am meisten gefürchtet und am schwersten zu bannen [84]. Nach Prozeßakten wurden 1482 u. 1486 Frauen „in einem bösen bläwen mantel" oder Rock als Hexen gefänglich eingezogen [85]. Der Gefolterte sagt aus, wie sein „Bul" „ein gesteift b. Kröeß" getragen [86]. In b.en, rotgestreiften Röcken, ein Halbstrumpf rot, der andre schwarz — „so haben die Alten allemal die Hexen beschrieben" [87]. Man sagt, „he kann hexen un b. farwen" [88]. Die Zauberkraft scheint an ein b.es Steinchen gebunden, das die Hexe in der Tasche trägt [89]; vor Gebrauch des Zauberspiegels breitete man vorerst ein b.-seiden Tuch mit allerhand eingestickten wunderlichen Bildern über eine Tafel [90]. Zu Walpurgis sind Tiere und nackte Hexen um ein b.lichtes Feuer versammelt [91]; eine „schweflichte b.e Flamme" leuchtet ihnen bei der üblichen Ausfahrt [92]. Die Wetterhexe läßt aus einer Grube seltsamen b.en Dunst aufsteigen, bis der ganze Himmel mit dunklem Gewölk überzogen ist [93]. Wem die Hexe schaden will, wirft sie b.en Sand ins Gesicht [94]; mit einer b.en Laterne kommt sie ans Bett der Wöchnerin, das Kind zu verzaubern [95]. Wenn das Vieh von dem üppigen Klee der bezauberten Wiese frißt, gibt es Milch so b. wie Indigo [96]; in den polnischen Brüchen wächst eine b.e Sternblume, mit der alte Weiber und Zigeuner die Kühe verhexen [97]. B.e Milch scheint überall ein Zeichen dafür zu sein, daß die Kuh verhext ist [98]. Die Hexen erkennt, wer Walpurgis einen Kranz von b.em Gundermann aufsetzt und so zur Kirche geht [99]. Brachte man einem Geisterbeschwörer „ungefreute" Kinder, so schloß er aus dem b.en Schein verbrannter Haare, daß die Kleinen von lebenden Leuten verderbt waren, aus dem schwarzen hingegen, daß das Übel von bösen Geistern und durch Zauberei verursacht war [100]. Und dann kommt der Gegenzauber (s. § 11—15).

[74]) M e n s i n g *Schlesw.-Holst.Wb.* 1, 376. [75]) Z. B. *Rhein.Wb.* 1, 762. [76]) Bauern-Philosophie 1, 170 f.; „Blaustrumpf" für Teufel in S c h i l l e r s *Räubern* II, 3 geht nach K l u g e *EtymWb.* 57 auf schwäb Blaustrumpf für Angeber, Verleumder zurück: im 17./18. Jh. mußten die Gerichtsdiener vielfach b.e Strümpfe tragen. Wohl von der b.en Seeräuberflagge her heißt „das b.e Laken führen" soviel wie Dieberei treiben; vgl. G r i m m *DWb.* 2, 83; v. L i l i e n c r o n *Histor. Volksl.* 4, 46 Nr. 436; E r k - B ö h m e Nr. 1497 f.; JbndSpr. 18, 15 f.; L ü b b i n g *Fries. Sag.* 80. [77]) S t r a c k e r j a n 2, 115. [78]) S t ö b e r *Elsaß* 1, 106 Nr. 147. [79]) S c h a m b a c h u. M ü l l e r 162 Nr. 178. [80]) S t ö b e r *Elsaß* 1, 54 Nr. 74. [81]) Z. B. H a r r y s *Niedersachsen* 2, 24. [82]) Ebd. 14. [83]) M o g k *Myth.*² 174; vgl. Eiríks saga rauða (ed. Storm); M a n n h a r d t *Germ. Mythen* 382 Anm. 6; [84]) H e y l *Tirol* 410 f. Nr. 96. [85]) ZfVk. 7 (1897), 327. [86]) F o x *Saarland* 246. [87]) M ü l l e r *Urner Sagen* 1, 135 f. Nr. 188; vgl. ebd. 163 Nr. 240, 2; S c h ö n w e r t h *Oberpfalz* 3, 175. [88]) M e n s i n g *Schlesw.-Holst.Wb.* 1, 376. [89]) MschlesVk. H. 13 (1905), 89. [90]) A n h o r n *Magiologia* 518 (nach Joh. Rist?) = T h a r s a n d e r 3, 171. Noch in R a i m u n d s *Verschwender* 1, 11 tritt die Fee Cheristane „in ein lichtb.es Gewand gehüllt" mit dem Zauberstabe auf. [91]) S c h ö n w e r t h *Oberpf.* 1, 384. [92]) G r i m m e l s h a u s e n (ed. Borcherdt) 1, 128; vgl. A m e r s b a c h 1, 30. [93]) S c h e l l *Berg. Sagen* 266 Nr. 25 = R a n k e *Volkssag.* 21. [94]) S c h ö n w e r t h a. a. O. 3, 176. [95]) SAVk. 13, 88. [96]) M e i c h e *Sagen* 606. [97]) G r i m m *Myth.* 2, 1005 Anm. 1; über eine andere wunderwirkende Pflanze: ebd. 1017. [98]) Z. B. F i s c h e r *Abergl.* 138 f.; C u r t z e *Waldeck* 405. [99]) G r i m m *Myth.* 3, 449 Nr. 463; vgl. 2, 1014; ähnl. Balt. Stud. 33 (1883), 145 Nr. 273. [100]) L ü t o l f *Sagen* 237 Nr. 172.

V o r b e d e u t u n g, A b w e h r - u n d H e i l z a u b e r.

9. Durchweg ist die b.e Farbe von bösester V o r b e d e u t u n g. Wenn die Kerze (das Feuer) b. brennt, ist es ein Todeszeichen; die Neger glauben den Teufel nahe [101]. Ebenso deuten T r ä u m e von b.en Pflaumen auf baldige Todesfälle hin [102]. Im A n g a n g galt eine Person in b.em

Kleid im 17. Jh. für ungünstig [103]). Beim Losziehen zu Neujahr bedeuten b.e „Plëtz“ (Zeuglappen), daß man im folgenden Jahr in die Hölle kommt [104]); mit b.en Karten angeben bringt im Whistspiel Glück [105]). Aus der Reihe fällt nur, daß ein günstiges Ereignis bevorsteht, wenn die weiße Frau eine b.e Blume trägt [106]) (es sind hier zwei weiße Frauen zusammengefallen). Zu der ältesten und verbreitetsten Schicht der hierher gehörigen Vorstellungen gehört es offenbar, wenn b.e Flecken am Körper (morgens beim Erwachen!) als *Dødningekneb* aufgefaßt werden, die den nahe bevorstehenden Tod von Verwandten oder Freunden anzeigen [107]); sie führen auch sonst bezeichnende Namen: „Kummermosen“ [108]), „Totenbäumchen“, „Duadenläddschen“, „Kißfatt“ (Sarg) [109]), „Kirchhofblümlein“ [110]) usw. Besonders achtet man bei Kindern darauf und prophezeit solchen, die b.e Adern auf der Stirn oder zwischen den Augen haben, kein langes Leben [111]). — Nur weniges noch mag kurz berührt werden. B.es Blut beim Aderlaß bedeutet nach der Kalenderweisheit Milzweh oder Melancholie [112]). Das adligb.e Blut scheint ursprünglich durch die hellere Hautfarbe und das durchschimmernde Venenblut des Adels gegenüber der maurischen Bevölkerung in Spanien veranlaßt zu sein [113]). Vom vielen Wassertrinken wird spaßhaft behauptet, bekomme man b.e Därme; dazu sei erinnert an B.sucht = Bleichsucht [114]). — Wenn im Spätherbst die Wolken stahlb. überlaufen, ist es die Blüte des Schnees [115]). Gutes Wetter prophezeit der Bauer, wenn man am Himmel soviel B. sieht, wie zu einem Paar Hosen gehört [116]). Auf Weibertreue deutet es, wenn man im Frühling zuerst eine b.e Blume sieht [117]) (auf Grund der bekannten Farbensymbolik) [118]).

[101]) Bergen *Superstitions* 125 Nr. 1167 u. 147 Nr. 1451. Ind. Belege für die Unglücksbedeutung der b.en Farbe s. Wiener Zs. f. d. Kde. des Morgenl. 17 (1903), 222 f. [102]) ZfVk. 30/32 (1920—22), 151; ähnl. ZfrwVk. 4, 110. [103]) Amersbach *Grimmelshausen* 2, 75. [104]) SchweizId. s. v. b. [105]) Strackerjan 2, 115. [106]) ZfdMyth. 3, 173. [107]) Thiele *Folkesagn* 166 Nr. 657 (m. Lit.) = Grimm *Myth.* 3, 483 Nr. 144. [108]) Lütolf *Sagen* 553 Nr. 553. [109]) ZfrwVk. 10, 166. [110]) Höhn *Tod* 313. [111]) S. hier Art. Augenbraue; ferner: Schönwerth 1, 180; MschlesVk. H. 14, 74; Jensen *Nordfries. Inseln* 304; Bergen *Superstit.* 34 Nr. 122 usw. [112]) ZfrwVk. 10, 230; Pollinger *Landshut* 273 f.; SchweizId. a. a. O. [113]) Paul *DWb.* 85; Haberlandt *Deutschösterreich* (1927), 197; Günther *Rassenkunde* ³ 54. [114]) Fischer *Schwäb.Wb.* s. v. b.; vgl. SchweizId. a. a. O. [115]) Schönwerth 1, 135. [116]) Z. B. Thiele *Folkesagn* 22, 111; Sébillot *Folk-Lore* 1, 131 (Marias Mantel). [117]) Hmtl. 11, 135. [118]) Lit. s. ZfVk. 23, 146; vgl. a. Bergen *Superst.* 26 f. 30. 33; Mensing *Schlesw.-Holst.Wb.* 1, 376 (blaulacht). B. als Neidfarbe geht wohl auf lat. lividus zurück. Zur Verwandlung in eine b.e Blume: Wegwarte: Erk-Böhme 1, Nr. 10; Heine *Werke* (ed. Elster) 1, 90 Nr. 62; Bolte-Polivka 1, 501 ff.; vgl. 2, 125 f. u. 3, 259; Greth im Busch: Marzell *Volksbotanik* 229. Weitere Märchenmotive: das b.e Licht Bolte-Polivka 2, 535 ff.; das b.e Band Asbjörnsen o. Moe 293 Nr. 58; Helge-Hal im b.en Berg: Bergh *Folke-Eventyr* (1879—82) 2, Nr. 42; der b.e Widder Ellekilde *Danske Folkeaeventyr* (1928) 53.

10. Feuer glaubte man stillen zu können, indem man einen b.en Lappen hineinwarf und dazu sprach:

Jeg staaer paa Jorden, hin grønne,
Og seer til Himlen, hin skiønne!
Vi see den Ild at giøre.
O milde Gud Fader, Søn og Helligaand!
Christus tog over sig kappen blaa,
Slaa over Ilden og forbyd den længer at gaa! [119]).

Auch warf man eine b.e Kornblume über das Haus [120]).

[119]) Thiele *Folkesagn* 33 Nr. 141. [120]) ZfrwVk. 1, 152.

11. Schon das neugeborene Kind legt die Hebamme in einem b.en Tuche unter den Tisch [121]). Man bindet abends die Tür mit einem b.en Schürzenbande zu (zur Sicherung gegen kinderraubende Wassermenschen oder Hexen) [122]); man tut in die Wiege ein Band aus b.er Schafwolle (gegen Hexen) [123]) oder Orant, b.en [!] Daust usw. (zum Schutz gegen den Nickert) [124]). Kinder wie Tiere tragen am Halse b.e Perlen [125]). Einem beschrienen Kinde legt man ein b.es Papierpflaster über den Magen, das man nach drei Tagen unter einem Holunder vergräbt [126]). Ist das Kind vom bösen Blick einer Hure getroffen worden, so

muß am Schluß einer längeren Abwehrbehandlung seine Brust mit Pflaumen gerieben und mit einem Stück Zuckerhutpapier bedeckt werden [127]. Wenn ein Kind gefallen ist oder sich gestoßen hat, drückt die Mutter dreimal kreuzweise mit dem Zipfel einer b.en Schürze auf die Stelle, damit sich keine „Brausche" bildet [128]. Einem stark hustenden Kinde schenkt die Patin ein b.seidenes Band, das dann der Mutter Gottes geopfert wird [129]. Gegen die Bräune (s. d.) wickelt man die Kinder in ein b.es Tuch [130] oder knüpft ihnen einen b.en Wollfaden um den Hals [131]. Die Sympathie der b.en Farbe wird angerufen gegen den gefürchteten Keuchhusten, weithin B.-husten [132] genannt, weil die Gesichter im Erstickungsanfalle b. anlaufen. Ein Mädchen, das den b.en Husten hatte, gelobte, Maria zu Ehren ständig b.e Kleider zu tragen, niemals rote, die ihr doch besonders gut standen [133] (s. § 7). Auch hängt man „unberaffelt" einem Muttergottesbild ein b.es Band um den Hals [134] oder ans Gitter [135]; man trägt ein gestohlenes b.es Band, trinkt Tee aus b.en Kleeblumen, trinkt aus einem gestohlenen b.en Glas, ißt aus b.em Geschirr, küßt einen Neger [136], atmet den Dampf von b.en Kartoffeln ein [137]. Über ein in Krämpfen liegendes Kind breitet man ein b.es Leinentuch [138], hüllt es in eine b.e Schürze [139], legt ihm in „Ostertauf" getauchtes b.es Zuckerhutpapier auf die Brust [140]. Oder man verbrennt ein Stück von einer b.en Leinenschürze und gibt dem Kind die Asche ein, darf es aber nur mit der b.en Schürze anfassen [141].

[121]) Grohmann 107 Nr. 769. [122]) Witzschel *Thüringen* = Sartori *S. u. Br.* 2, 24; W § 581 = Meyer *Baden* 40. [123]) Ploß *Kind* 1, 135; Seligmann *Blick* 2, 246. [124]) Kuhn u. Schwartz 431 Nr. 266. Auch gegen die Wöchnerin können die Nicker vor dem b.en Orant nichts ausrichten: ebd. 94 f. Nr. 106; vgl. zu Dost u. Dorant Marzell SAVk. 23, 172 f. [125]) Strackerjan 1, 373. Eine Menge von Belegen sind, besonders für den nahen Osten, zusammengetragen von Seligmann in seinen Schriften; vgl. a. ZfVk. 23 (1913), 263 ff.; SAVk. 17, 15; Wiener Zs. f. Kde d. Morgenl. 17, 223 f; Schurtz *Tracht* 85 f. (Neger). [126]) Drechsler 1, 209. [127]) ZfVk. 11 (1901), 328 (dän.). [128]) MdBlfVk. 2 (1927), 98; ähnl. HessBl. 6 (1907), 58. [129]) Meyer *Baden* 35. [130]) Wettstein *Disentis* 172 Nr. 10. [131]) W § 537 = Seligmann *Blick* 2, 246 (Mecklenburg); vgl. Hovorka-Kronfeld 2, 697 f. [132]) Mittel dagegen: Fogel *Pennsylvania* 336 ff. Nr. 1781 bis 1806. [133]) Mündl. aus dem Schwarzwald; vgl. W. § 424. [134]) Meyer *Baden* 571. [135]) Zimmermann *Volksheilkunde* 29. [136]) Fogel a. a. O. Nr. 1790. 1786. 1797. 1804. 1791 f.; Blauklee (Trifolium melilotus coerulea), geschätzt bei Brustkrankheiten: Müller *Kräuterbuch* (1871), 324. [137]) Zimmermann a. a. O. [138]) Lammert 125; Kolbe *Hessen* 75. [139]) Meyer *Baden* 40 = W. § 542 = Zimmermann a. a. O. 49. [140]) Meyer a. a. O. 37 = Zimmermann a. a. O. [141]) Andree *Braunschweig* 421.

12. Wenn jemand durch Hexerei krank ist, soll man drei dreieckige Papierblätter, zwei schwarze und eins halb rot und halb b., in den Schornstein hängen; der Hexe werden dann auf ihrem gewöhnlichen Wege die Augen und Zähne ausgerissen [142]. Leichtbewegliche Deckengehänge mit roten und b.en Glanzpapierstückchen zeigen durch ihre „Unruh" die Gegenwart von Hexen an; auch ein ausgeblasenes Ei, beklebt mit roten oder b.en Seiden- oder Papierstückchen, hing man an die Stubendecke oder an einem Pferdehaar vor die Stalltür, um die Hexen am Eintritt zu hindern [143]. Ein Kranker durfte nur unter einer Bettdecke von b.gedruckter Leinwand liegen; auf entzündete Stellen band man eine neue, b.-gefärbte, leinene Schürze; auch die Kamillensäckchen machte man aus b.em Leinen [144].

Gegen ein „Geschwürr am Halß" legte man, auf Zuckerhutpapier gestrichen, eine bestimmte Mischung auf [145]; gegen Halsweh wurde während der Nacht der Hals mit einem b.en Strumpf umwunden [146], oder man trug ein b.es Schnürlein [147], ein indigob.es Seidenband [148]. B.en Rittersporn gegen angezauberte Krankheiten in die Schuhe zu legen, wird empfohlen [149]. B.e Kornblumen stillen das Blut [150]; eine am Fronleichnamstag mit der Wurzel ausgeraufte b.e Kornblume soll das Nasenbluten stillen, „wenn man sie in der holen Hand so lange an dieselbe hält, bis sie erwärmt ist" [151]. Ein Arzneibuch verordnet: „Nimm ein Stück b. Laken, je höher die Färbe je besser es ist; brenne es zu Pulver; ein wenig von diesem Pulver in die Nase gezogen, stillet das Bluten der Nase" [152]).

[142]) MschlesVk. H. 14, 74 (poln.). [143]) Andree-Eysn *Volkskundliches* 93. 82. [144]) HessBl. 6 (1907), 58. [145]) ZfrwVk. 12 (1915), 116. [146]) HessBl. a. a. O. [147]) Zingerle *Tirol* 29 Nr. 187. [148]) Höhn *Volksheilkunde* 1, 84. [149]) Haltrich *Abergl.* 297. [150]) Bartsch *Mecklenburg* 2, 372 Nr. 1740. [151]) Fischer *Abergl.* 228; vgl. Marzell *Kräuterb.* 381; Scheffel *Ekkehard* Kap. 22 (vgl. Zimmermann *Volksheilk.* 85). [152]) BlpomVk. 8, 158.

13. Neben b.en Steinen (s. Saphir, Lasur) wurden, wie die wenigen herausgehobenen Beispiele zeigen sollen, namentlich b.e Pflanzen und Früchte in Fülle und mannigfacher Hinsicht akzessorisch oder ausschließlich wegen ihrer Farbe zu Abwehr und Heilung herangezogen. Der leicht adstringierenden, Geschwülste und Oedeme aufreißenden, Geschwüre zurückbildenden Heilkraft der Indigopflanze, die schon bei den Ägyptern den Zunamen „vor Schaden bewahrend" trug [153]), und des daraus gewonnenen, mit purpurner Flamme brennenden, b.en Farbstoffes — von wundervoll b.en (Indigo)Steinen und ihren glücklichen Findern wissen Sagen zu berichten [154]) — gedenken Dioskurides, Plinius, die Araber u. a.[155]); und ebenso bekannt ist, daß sich schon die alten Britannier mit dem altheilkräftigen Waid [156]) b. bemalten (s. Tätowierung): „atque hoc horribiliores sunt in pugna aspectu" [157]).

Natürlich sind viele b. blühende Pflanzen wie Vergißmeinnicht, Rittersporn, Kornblumen besonders zu Augenwässern verwendet worden [158]). Im Egerland blikken die Mädchen durch b.e Kornblumenkränze mit den Worten: „Johannesfeuer, guck, guck! Stärk' mir meine Augen . . ." [159]), was schon 1520 Joh. Boemus aus Franken ganz ähnlich vom Rittersporn erzählt [160]). „Rittersblumen dry in jungfrawenwachs gewirckt und an den Hals gehenkt . . . .: seyn augen blyben gesunt die wyle der mensch lebet" [161]). Ein Büschlein Rittersporn auch hing man über die Tür der Stube, um darin sehen zu können [162]).

Neben Kornblumen [163]) fanden noch Veilchen [164]), Wegwarte [165]) und Teufelsabbiß [166]) mannigfache Verwendung. Wer die Augenkrankheit hat, gehe in b.er Schürze den Schafen beim Austrieb entgegen [167]). Ein Quacksalber verkaufte eine Augensalbe, von der ein Teil in b.es Zuckerpapier eingewickelt war [168]). Umgekehrt schützt man sich in Ländern, wo B.äugige fremdartig wirken, wo man sie für gefährlich hält, ja tötet — der Teufel ist im Orient b.äugig — gegen den bösen Blick dieser b.en Augen durch die b.e Farbe [169]). B.e Augen, heißt es, sehen weiter als braune [170]). Und noch etwas Vereinzeltes sei hier angeführt: die Hochzeitsmesse muß möglichst laut gesungen werden, dann gibt es in der Ehe lauter Buben mit b.en Augen [171]).

[153]) Brugsch-Pascha *Aus dem Morgenlande* 20. [154]) Heyl *Tirol* 379 f. Nr. 58 u. 651 f. Nr. 121. [155]) Schrader *Reallex.* 1, 539; Pauly-Wissowa 9, 2, 1367 f.; Blümner *Technologie der Griech. u. Röm.* 1^2, 255. [156]) Schrader a. a. O. 2, 626 f. Über Meletelle, die Göttin der b.en Farbe: Praetorius *Deliciae pruss.* 32. [157]) Caesar *De bell. Gall.* V, 14. Die Belege für Tätowierung in Alteuropa sind bequem zusammengestellt: Schrader a. a. O. 2, 511. [158]) Schlern 1 (1920), 270. [159]) Land 18 (1910), 422 = Marzell *Heilpflanzen* 207. [160]) Vgl. Schmidt *Volkskunde* 103 f.; nach Francks *Weltbuch* 51 b, zitiert Grimm *Myth.* 1, 514 f.; Marzell *Heilpflanzen* 207; ZfVk. 24, 16. [161]) Gart der Gesuntheit 1507, 50 a = ZfVk. a. a. O. [162]) ZfVk. a. a. O. [163]) BlpomVk. 7, 102; Grohmann *Böhmen* 98 = Marzell *Kräuterbuch* 381; Oberpfalz 7 (1913), 216 = Marzell *Volksbotanik* 179; Kuhländchen 9 (1927), 137. [164]) Witzschel *Thüringen* 2, 285 = Marzell a. a. O. [165]) ZfVk. 24, 16. [166]) Panzer *Beitrag* 2, 205; gegen allen Zauber: Balt. Stud. 33 (1883), 145. [167]) Grohmann 174 Nr. 1234 (tschech.) = W. § 524. [168]) Stoll *Zauberglaube* 86. [169]) SAVk. 17 (1913), 15; ZfVk. 23 (1913), 263 f.; Frobenius *Atlantis* 2, 241; in Arabien gibt es Leute, die einen großen Abscheu vor der b.en Farbe haben: Maennling 113. [170]) Zingerle *Tirol* 48 Nr. 423. [171]) Hager *Chiemgau* (1927), 273.

14. „Inschott" (Milchversatz in der Brust) bespricht man:

De Inschott dei plagt di,
De blag Schört dei schad't di,
De Inschott dei verswinnt,
De blag Schört gewinnt [172]).

Nach einer bekannten Pflanzensage gab ein Waldfräulein einer kreißenden Tagelöhnersfrau die schöne b.e Blume „Nimmerweh" zu essen [173]). Wer am Ostermorgen die drei ersten Veilchen verspeist, bekommt das kalte Fieber nicht [174]), es hilft auch gegen den Biß toller Hunde [175]); Gundermann, ins Badwasser getan, heilt alles Reißen [176]); Kornblumentee wird gegen Wassersucht empfohlen [177]). Zu dem bekannten Warzenzauber mit der Knotenschnur verwendet man b.seidene Bänder und versucht es so auch gegen Hühneraugen [178]).

Gegen Magenschmerzen legt man einen erwärmten b.leinenen Lappen auf den Leib [179]); gegen Ohrenweh schreibt man seinen Namen mit b.er Kreide an die große Glocke im Kirchturm [180]). Gegen Zahnweh windet man einen warmen b.en Lappen um den Kopf [181]); zum Festmachen der Zähne benutzt man Salz und eine b.e Schürze [182]). Kopfschwären behandelt man mit einer Mischung, zu der auch ein Teelöffel voll geschabten b.en Dachziegel gehört, oder man legt einen in Rüböl getränkten b.leinenen Lappen auf [183]). Bei Kopfweh ziehe man den Saft von b.en Lilien (Iris germanica) in die Nase [184]), oder man binde b.es Papier an den Kopf, das man vorher mit einer Nadel durchstochen und mit Weihrauch bestreut hat [185]); man trage eine Wegwurzel an b.em Bande [186]). Dem vom Schlag Getroffenen hält man ein angebranntes Band von einer b.en Schürze unter die Nase [187]). Ein Fieberkranker wickelt einen b.en Wollfaden neunmal um die Zehe des linken Fußes und bindet ihn dann unter Hersagen eines Spruches um einen Holunder [188]).

Das Mieser Kräuterbuch rezeptiert gegen Rotlauf (s. § 1): „Nim b.es Papier, thue ein wenig Rockenmehl darauf und lege es über oder streiche Silberklett Sälbel [189]) darüber und nim ein paar mal ein zu schwitzen." Oder man legt auf die kranke Stelle b.es Zuckerhutpapier, das auch mit Bleiweiß und Baumöl eingerieben wird [190]).

[172]) Bartsch *Mecklenburg* 2, 435 Nr. 2016 = MdBlfVk. 2, 100. [173]) Panzer *Beitrag* 2, Nr. 357 = Ranke *Volkssag.* 172 = Marzell *Volksbotanik* 228. [174]) Bartsch *Mecklenburg* 2, 261; Fogel *Pennsylvania* 273 Nr. 1426. [175]) Mülhause 24. [176]) Balt. Stud. 33 (1883), 145. [177]) Kuhländchen 9 (1927), 137. [178]) Zimmermann *Volksheilkunde* 73. 75. [179]) ZfrwVk. 1 (1904), 95. [180]) Pollinger *Landshut* 287. [181]) ZfrwVk. 14 (1917), 184. [182]) Bartsch *Mecklenburg* 2, 148. [183]) ZfrwVk. 1, 202. [184]) Drechsler 2, 309. [185]) Hovorka-Kronfeld 2, 194. [186]) Pollinger a. a. O.; vgl. Marzell *Heilpflanzen* 185. [187]) Grohmann 184 Nr. 1292 = W. § 533. [188]) W. § 488 = Weinhold *Neunzahl* 32 = Hovorka-Kronfeld 2, 878f. [189]) Schmidt denkt S. 61, Anm. 207 an eine Klettenart; allein es ist Silberglätte-Salbe gemeint, vgl. im folg. Rezept Bleiweiß. [190]) Pollinger *Landshut* 280.

15. Fand man im Magen verendeter Tiere rote Zeuglappen, war also die Hexe schuld, dann sicherte der Abdecker vor seiner Hexenabwehrprozedur zunächst alle Fenster mit einem b.wollenen Faden und verstopfte auch die Schlüssellöcher damit [191]). B.en Rittersporn muß man über die Stalltüre (s. o. § 12) stecken; dann sprechen die Truden: „Hier sind b.e Rittersporn, hier haben wir unsere Spur verlorn" [192]). Um das Vieh vor Krankheiten zu schützen, legt man in der Neujahrsnacht eine Axt in die Viehkrippe, umwickelt mit einer b.en Schürze [193]). Man läßt das Vieh drei blühende Blumen fressen, worunter auch die b.e, daß es nicht in den Berg verführt werde [194]). Beim ersten Austrieb im Frühling soll man die Kühe durch einen Kranz von Gundermann (s. d.) melken [195]), auch über Beil und Feuerstahl, in eine b.e Schürze gewunden, schreiten lassen [196]) und ähnlich verfahren, wenn man gekauftes Vieh zuerst in den Stall führt [197]). Das schlimme Euter einer Kuh überstreicht man mit einer b.en Schürze [198]), die auch bei der Besprechung der Würmer eine Rolle spielt [199]). Ist das Euter einer Kuh behext, soll man ihr drei Kränzlein von Gundelreben zu fressen geben und einen jeden Strich dreimal hinten durch die Füße melken [200]). Die Erstlingsmilch einer Kuh muß man, mit einer b.en Schürze zugedeckt, aus dem Stalle tragen [201]). — Schafen, die sich nicht

begatten lassen sollten, band man ein Stück b.e Schurzleinwand vor die Geschlechtsteile; ebenso den Böcken nach der Deckzeit [202]). Hunden gab man gegen die Seuche, mit Butter vermischt, neun Ellen b.e, mit Indigo gefärbte, gesponnene Wolle in drei Dosen ein [203]). Die brütende Gans bedeckt man mit einer b.en Schürze, damit sie die Eier nicht ausschreie [204]). Hühner zu gewöhnen, läßt man sie ebenfalls über eine b.e Schürze gehen und sagt: „Geh hinaus in Adamsgarten, heute Abend will ich deiner erwarten" [205]). Unter den Bienenkorb lege man eine Wurzel von b.en Lilien [206]).

[191]) Voges *Braunschweig* 83 f. Nr. 72. [192]) Haltrich *Abergl.* 297. [193]) Seligmann *Blick* 2, 17 = MdBlfVk. 2, 100. [194]) Grimm *Myth.* 3, 360. [195]) Ebd. 3, 449 Nr. 462; vgl. 2, 1014; ähnl. Balt. Stud. 33, 145. [196]) Grimm *Myth.* 3, 460 Nr. 752; vgl. Mannhardt *Germ. Mythen* 10 ff.; Rochholz *Glaube* 2, 275; Bauern-Philosophie 2, 76; Mülhause 61. [197]) ZfrwVk. 2, 293. [198]) Bartsch *Mecklenburg* 2, 152. [199]) Kolbe *Hessen* 90 f. [200]) Albertus Magnus 2, 32 = Marzell *Kräuterb.* 352; ähnl. MschlesVk. H. 6, 34; ZfrwVk. 12, 70. [201]) Mülhause 59; vgl. ZfVk. 11, 329. [202]) Wirth *Beiträge* 4/5, 15 = MdBlfVk. 2 (1927), 98. [203]) Bartsch *Mecklenburg* 2, 138. [204]) Globus 34, 77 (Böhmen); man legt ihr Gundermann unter, sie vor Zauber zu schützen: Drechsler 2, 93. [205]) Meyer *Baden* 413; Dt. Volksliedarchiv A 15600; Schmitt *Hettingen* 15; ZföVk. 8, 175. [206]) BlpomVk. 5, 107; ähnl. Eberhardt *Landwirtsch.* 22.

16. Lein säe man aus b.er Schürze [207]) oder am Tage Mariä Bekleidung (?) [208]), man binde Fastnacht eine b.e Leinwandschürze um [209]); wenn die Veilchen lange Stiele haben, wird auch der Flachs lang [210]).

[207]) Bartsch *Mecklenburg* 2, 163 Nr. 765; John *Westböhmen* 196. 251 = Sartori *S. u. Br.* 3, 110; Schönwerth *Oberpf.* 3, 176. [208]) W. § 657. [209]) Spieß *Obererzgeb.* 10 = John *Erzgeb.* 191; Drechsler 1, 12. [210]) Marzell *Kräuterb.* 474.

Sitte und Brauch [211]).

17. In Basel ziert man bei der Taufe Knaben mit rosa, Mädchen mit b.en Schleifen, in Zürich ist es gerade umgekehrt [212]); erhält der Täufling nicht die richtigen Armbändchen — Knaben b., Mädchen rot — stirbt er bald [213]). B. ist mitunter die Farbe der Jungfrauen: sie tragen eine Kappe mit b.en Bändern [214]); der Hochzeitsbitter trägt weiß-b.e Bänder (weiß-rote, wenn die Braut nicht mehr Jungfer ist) [215]); im „Dans der maegdekens" für eine gestorbene Gespielin spielt das Sargtuch von b.er Seide eine Rolle [216]); auf Rügen wurde die Braut durch eine b.e Schürze gekennzeichnet [217]). Darum hängten die Mädchen zum Zeichen ihrer Heiratslust gerade eine b.e Schürze vor die Tür [218]). Vielleicht ist zu vergleichen, wenn anderwärts die Frau (der Mann) eine b.e Hose (Schürze) vors Haus hängt, sobald die Ehehälfte mehr als einen Tag auf eine fremde Kirmes gegangen ist [219]). Oder wenn man dem Mädchen eine b.e Hose vors Fenster hängte, sobald ihm der Bräutigam untreu geworden [220]). Anderseits gilt b. auch für Verheiratete: sie tragen als Hochzeitsgäste b.e (Ledige rote) Markierung [221]); sind Braut und Bräutigam ledig, trägt man ihnen zwei Stangen mit roten Bändern voran, andernfalls ist ein Band oder sind beide Bänder b., je nachdem einer oder beide verwitwet sind [222]). Vielerorts besteht unter mancherlei Begründung ein ausdrückliches Verbot für die Braut, in b.em Kleide zu heiraten [223]); nur Müllersleute lieben eineweg das B.e [224]). Abwehr also wird es sein, wenn die Braut doch während der Trauung eine alte b.e Schürze unterbinden soll [225]). Geiger hat bereits darauf hingewiesen — Trauerfarbe (s. d.) ist ja ursprünglich überhaupt Gegenzauber —, daß es Abwehr sein wird, wenn gerade für Ledige, Wöchnerinnen und Kinder vielfach b.e Särge, Leichentücher, Grabkreuze usw. verwendet werden; oder wenn der Grund des Hochzeitbettes b. bemalt wird [226]). In der Oberpfalz soll am Ende eines jeden Zuges (nicht nur bei Leichenbegängnissen, sondern auch bei Feldumgängen, Wallfahrten usw.) ein altes Weib in b.em Schurze gehen; „die letzte vom Zuge muß ein b.es Fürtuch sein", ist das Sprichwort [227]). Für das Trauergeleit ist mit Recht an einen Rest der Klagewei-

ber gedacht worden, aber da die Vorschrift für jeden Zug gilt, hat sie wohl auch Abwehrbedeutung: es soll sich nichts mehr anschließen. Denselben Sinn, wenn auch verdunkelt, scheint mir die Tiroler Meinung zu haben, bei jeder Prozession sei zuletzt ein altes Weib mit einer b.en Schürze, und das ist eine Hexe[228]). Wenn in Estland — das sei zum Vergleich herangezogen — der Leichenzug unter einem Baume haltmacht, bindet man einen b.en, roten oder gelben Wollfaden um den Stamm[229]).

[211]) Auf den b.en Montag, den B.ostertag, die b.en sechs Wochen usw. gehe ich nicht ein. [212]) Freundl. Mitteilung von Frau Marguerite Bächtold-Stäubli; der Brauch ist (mit wechselnden Farben) allgemein bekannt. [213]) John *Erzgeb.* 61. [214]) Fox *Saarland* 97. [215]) Sartori *S. u. Br.* 1, 63. [216]) Erk-Böhme Nr. 1060. [217]) Wilh. Müller *Gedichte* (ed. Hatfield) 284 (wohl nach Grümbkes Darstellung von Rügen). [218]) Haas u. Worm *Mönchgut* 82; Sartori *S. u. Br.* 2, 35. Vgl. a. Haas *Plattd. Volksl. aus Pommern* Nr. 15; Wilh. Müller a. a. O. 279. Es gibt ein Gasthaus „Blaue Schürze“ bei Nimtitz (Sachsen). [219]) Fontaine *Luxemburg* 91 = Sartori 2, 35. [220]) Fontaine a. a. O.; Traditionisme 1906, 135. [221]) SAVk. 20, 158; Sartori 1, 81 (im südl. Luxemburg haben dagegen die jungen Leute ein b.es Band am Arm). [222]) Schönwerth *Oberpf.* 1, 80. [223]) WZfVk. 32 (1927), 79; John *Erzgeb.* 94; John *Westböhmen* 144. 250; Dt. Hmt. 4, 151; Wirth *Beiträge* 2/3, 35; ZfVk. 8 (1898), 398. [224]) ZfVk. 21, 256; Schönwerth 1, 69 Nr. 7 = Sartori 1, 69. [225]) Grimm *Myth.* 3, 449 Nr. 456 (Rockenphilosophie). Über b. neben rot im Hochzeitsbrauch s. E. H. Meyer *Der bad. Hochzeitsbr. des Vorspannens* im Freiburger Univ. Festprogr. 1896, 53. 56. 48 u. Zachariae *Zum altind. Hochzeitsritual* in WZfdK. d. Morgenl. 17, 135 ff. [226]) SAVk. 20, 157 f. [227]) Schönwerth *Oberpfalz* 1, 255 u. 3, 175 f.; vgl. Sartori 1, 147. [228]) Zingerle *Tirol* 60 Nr. 516. [229]) Boecler *Ehsten* 69 = Sartori 1, 149 Anm. 26.

18. Ein Weib klagt dem großen Stein am Rathaus ihr unseliges Geschick (Ofenbeichte): da wird der Stein, ursprünglich rot, aus Mitleiden dunkelb.[230]). Gerade noch kenntlich ist in dieser Sage der alte Gerichtsstein, an den man in Köln und anderen rheinischen Orten den Verurteilten stieß, ihn dem Tode zu weihen: „Ich stüssen dich an de b.e Stein; do küs ze Lebdag no Vadder un Moder nit mih heim“[231]). Er wird seine ursprüngliche Bedeutung als Kultstein in den Verhältnissen des Ahnenkultus haben[232]), während für das Beiwort b. auch in diesem Falle (s. § 4) auf die natürliche Färbung (z. B. Basalt) verwiesen werden kann[233]).

Bei dem Fehlen einer kritisch-umfassenden Untersuchung über die Bedeutung der b.en Farbe und deren Quellen — von einer wird man nicht sprechen können — kann zum Schluß nur noch ergänzend betont werden, eine wie alte und starke Wurzel aus dem Totenglauben heraufführt. Unholde Beobachtungen am lebenden und toten Menschenleib, die das Gemüt außerordentlich erregen, wurden in Beziehung gesetzt zu Erscheinungen der Natur und der Vorstellungswelt (Seele). Wer denkt bei der eigentümlich verhüllenden Kraft der b.en Farbe[234]) nicht alsbald an den Totengott Odin, den Unwerth in Parallele setzt zu Rota, dem entsprechenden Gott der Lappen, von denen er den Zug erzählt, daß sie in der Nähe ihrer heiligen Totenberge ehrfurchtsvoll jedes b.e Kleidungsstück ablegen[235]).

[230]) Kuhn u. Schwartz 249 f. Nr. 279. [231]) *Rhein. Wb.* 1, 761. [232]) John Meier im Sonntagsbl. der Basler Nachr. Nr. 50 vom 12. 12. 1926. [233]) Mansikka *Der „b.e stein“ in der finnischen volkstrad.* geht auf die Farbe nicht ein: Finn.-ugr. Forschungen 11 (1911), 1 ff. [234]) Nur was von der b.en Farbe bedeckt ist, kann von dem Hellseher nicht gesehen werden: Liebrecht *Gervasius* 83 Anm. 18. [235]) Unwerth *Totenkult* 8. Über „Blåkulla-dödsgudinnan“ s. *Festskrift til Feilberg* 537 ff. Schewe.

Blaubeere s. Heidelbeere.

Blauhütel, eine ganz lokale Bezeichnung des wilden Jägers, bezeugt nur in einer einzigen Sage aus der sächs. Lausitz, wonach der grausame jagdlustige Burgherr v. Biberstein vom Schönauer Hutberg bei Bernstadt, nach seinem Tode zur Nachtjägerei verdammt, den Namen Bl. im Munde der Leute führte[1]). Zur Lösung des Problems, ob etwa in diesem Namen eine ältere mythologische Vorstellung, nämlich die Wodans mit einer Kontamination aus dessen breitem Hut (s. Breithut) und blauem Mantel fortlebt[2]), bietet die Sage selbst die Hand. Sie berichtet von einem alten Bild in der Kirche zu Schönau, darauf zu sehen sei, wie der Landvogt den Burgherrn zur Rede stellt, der in der Hand den gefürchteten blauen Hut hält und von Jägern und Jagdhunden umgeben ist. Daß dies Gemälde sich auf unsern mythischen Gegenstand wirklich bezog, ist kaum anzunehmen; es mag eine Fürstenbegegnung oder dgl. gewesen sein. Die Schönauer Kirchengemeinde aber bezog es auf ihren Nachtjäger und abstrahierte aus dem Bilde dessen ganz lokalen Namen. Dies ist wohl wahrscheinlicher als ein Zusammenhang mit Wodan. Der Hutberg selbst bleibt wohl aus dem Spiel.

[1]) Haupt *Lausitz* 1, 122; Kühnau *Sagen* 2, 447; Meiche *Sagen* Nr. 561, 1047. [2]) E. H. Meyer *German. Mythol.* 237.

H. Naumann.

Blech, blechern. Im alten Herzogtum Berg gehen Sagen um, nach welchen Geister in B.schuhen umgehen, die ihnen zu bestimmten Zeiten erneuert werden müssen [1]). Der ewige Jäger hat dort und in der Rheinprovinz überhaupt oft einen eisernen Stock und ist mit einem blechernen Hute bekleidet, und heißt deshalb der b.e Jäger [2]).

s. a. wilder Jäger.

[1]) Schell *Bergische Sagen* 76 Nr. 8; 313 Nr. 41. [2]) Ebd. 505 Nr. 23; ZfdMyth. 3 (1855), 53. 54.

Bächtold-Stäubli.

Blei [1]). Im Altertum und MA. benutzte man B. zum Kühlen und Niederdrücken. Megenberg sagt: B. beseitigt durch seinen Druck Schmerzen auf einige Zeit [2]). Bei Reißen in den Gliedern wurde B. zum Aufbinden empfohlen [3]). Überbeine wurden durch daraufgedrücktes B. beseitigt; als besonders dazu geeignet galten breitgeschlagene, schon oft benutzte B.kugeln, vor allem wenn sie aus geschossenem Wild herausgeschnitten waren; solche verwendete man auch gegen Rotlauf und, unter die Zunge gelegt, gegen Zahnweh [4]). Auf Geschwülste legte man B.platten, um sie zu zerteilen; bucklige Leute schnürten die Chirurgen in B.platten ein, um den Buckel zurückzudrängen [5]). B.verbindungen wurden trotz ihrer Giftigkeit früher innerlich gegen Krankheiten verwendet. Das überaus giftige B.weiß gebrauchte man noch Anfang des 19. Jhs. bei Fluß im Bein, faulem Fleisch in Wunden, Warzen usw. [6]). Bei der Verwendung des B.s im Altertum spielte auch der Aberglaube eine Rolle, indem man auf dem Körper getragenen B.platten magische Wirkungen zuschrieb. Aber nicht nur bei den Griechen und Römern, sondern auch bei den Germanen galten mit magischen Zeichen und Worten beschriebene B.-täfelchen als Zaubermittel bei Beschwörungen [7]). Solche kreisrunde B.-amulette trug man im MA. gegen die Pest [8]). In das Gebiet des Vernagelns (s. d.) von Krankheiten fällt der von Nicolaus von Jauer (1355—1435) erwähnte Brauch, bei Zahnschmerzen B.-nägel in die Wand zu schlagen [9]). Der solchem Aberglauben vielleicht zugrunde liegende Gedanke, daß das B. das Gift an sich zieht, spiegelt sich in einer Tiroler Drachensage wieder [10]). Im Elsaß nagelt man ein Stück geweihtes B. an die Stalltür als Schutz gegen Hexerei [11]).

B. im Orakel s. Bleigießen.

[1]) Schrader *Sprachvergleichung*² 1, 151; *Reallex.*² 1, 194 ff.; Pauly-Wissowa 3, 1, 56 ff.; Bergmann 97. [2]) Plin. *n. h.* 34 § 166; Megenberg *B. d. N.* 413. [3]) Zahler *Simmenthal* 85. [4]) Schmidt *Mieser Kräuterbuch* 50 (Deutsch-Böhmen); Huß *Aberglauben* 5 Nr. 15; Staricius *Heldenschatz* (1706), 474 Nr. 8; Hovorka-Kronfeld 1, 73; Fossel *Volksmedizin* 11. [5]) Zedler s. v. 2, 139; vgl. Plin. *n. h.* 34 § 166. [6]) Hovorka-Kronfeld 1, 164; Lonicer 51; Peters *Pharmazeutik* 2, 96 u. 99 letzte Zeilen. [7]) Pauly-Wissowa 3, 1, 564; Dieterich *Kl. Schr.* 44; Saupe *Indiculus* 14 f.; Pradel *Gebete* 147; Abbildungen Hov.-Kr. 1, 26. [8]) HessBl. 20 (1921), 2 ff. (1400); Agrippa *d. occ. phil.* 3, 308 u. 4, 419. [9]) MschlesVk. 21 (1919), 100; vgl. 74. [10]) Heyl *Tirol* 492 Nr. 54. [11]) Stöber 6 Nr. 3.

Olbrich.

Blei (Fisch) s. Brachsme.

bleichen. Schauerwetter sind zu erwarten, wenn man vor Georgi Leinwand bleicht oder die Bleichtücher nur auf grünem Wasen ausbreitet. In alter Zeit hat man um Linz solche Leinwand weggenommen und verbrannt; hätte man es nicht getan, wäre ein großes Sterben unter die Leute gekommen [1]). — Zahlreich kommen in Sagen Wäsche b.de Geister vor [2]).

[1]) Baumgarten *Aus der Heimat* 1, 61; andere Bleich-Tabutage s. ebd. 1, 18 Nr. 5. [2]) Meiche *Sagen* 369 Nr. 487; Kühnau *Sagen* 2, 68; Grimm *Myth.* 2, 804; Witzschel *Thüringen* 1, 287 Nr. 5; Laistner *Nebelsagen* 99 f. 140. 165. 172.

Bächtold-Stäubli.

Bleichsucht [1]). Als das beste Mittel gegen B. der Mädchen gilt in Niederösterreich, einen Draht aus reinem Dukatengold um den Hals zu legen [2]). In der Oberpfalz [3]) rät man, sich von einem Gesunden ins Gesicht spucken zu lassen; in Niederbayern [4]) legt man einen Totenknochen der B.igen unters Bett. In Franken und Steiermark [5]) sticht die Patientin vor Sonnenaufgang im Freien ein Stück Rasen aus, uriniert hinein und setzt das Rasenstück wieder auf.

[1]) Höfler *Krankheitsnamen* 702. [2]) Hovorka-Kronfeld 2, 262. [3]) Schönwerth *Oberpf.* 3, 270. [4]) Pollinger *Landshut* 284. [5]) Hovorka-Kronfeld 2, 262. 263.

Stemplinger.

Bleigießen. In ganz Deutschland ist seit alters der Brauch verbreitet, in der Zeit der geweihten Nächte geschmolzenes Blei (oder Zinn) in eine Schüssel zu gießen, um aus den sich im Wasser bildenden Figuren die Zukunft zu erfahren [1]). Freybe vermutet, daß die Thomasnacht (21. Dez., der kürzeste Tag; s. d.), die im Süden heute noch besondere Bedeutung hat, den Mittelpunkt bildete, von dem aus der Brauch sich rückwärts auf den Andreasabend, vorwärts auf den Christ-, Silvester- und Dreikönigsabend verschob [2]). Nach Grimm ist das B. vielleicht griechischer Herkunft [3]); dagegen spricht, daß aus dem Altertum nichts Gleiches bekannt ist. Andere wollen es mit dem Loszauber der Germanen zusammenbringen [4]).

Erhöhte Bedeutung wird dem B. beigemessen, wenn es durch den Kamm eines Kreuzschlüssels, d. h. dessen Bart ein Kreuz bildet, oder durch einen Erbschlüssel oder durch den Griff einer Erbschüssel oder aus einem Erblöffel durch einen Erbschlüssel in eine Erbschüssel geschieht [5]). Aus den Figuren, die sich bilden, sucht man sein Schicksal im nächsten Jahr zu erraten, wobei manchmal noch eine Kartenlegerin befragt wird. Sterne sollen z. B. Glück, Kreuze Leiden, Männchen oder Sackformen Reichtum, Tierchen Tod bedeuten (Schweiz) [6]). Auch sucht man aus den verschiedenen Gestalten den künftigen Beruf derer, die sie gegossen haben, zu ermitteln; so bedeuten Nadeln oder Nägelchen das Handwerk eines Schneiders oder Schusters, baumartige Formen den Beruf eines Gärtners, Landmannes, Försters usw. [7]). Vor allem spielt das Liebesleben beim B. eine große Rolle; es ist das Eheorakel und maßgebend für alle Heiratsfragen [8]). Aus Buchstaben, die das Blei bildet, will man den Anfangsbuchstaben des Vornamens des künftigen Freiers erraten [9]), aus anderen Gebilden den Stand des künftigen Gatten; bilden sich z. B. Hämmer, so erhält das Mädchen einen Handwerker zum Manne usw. [10]). Ein Kranz bedeutet Heirat in Jahresfrist, ein Sarg den Tod [11]).

[1]) Albers *Das Jahr* 297 u. 345; Rehm *Volksfeste* 45; Bronner *Sitt' u. Art* 17; MschlesVk. 21 (1919), 82; ZfVk. 22 (1912), 128; SAVk. 21 (1917), 43; Fogel *Penns.* 64 ff. und 202; Agrippa v. N. 1, 274; Meyer *Aberglauben* 285; MschlesVk. 17 (1915), 52; Andree *Parallelen* 2, 10; Hauffen *Gottschee* 66; Frauenzimmerlexikon 228; vgl. Frazer 10, 242. [2]) Freybe *Volksabergl.* 59 f.; vgl. Meyer *Baden* 166; Wuttke 241 § 345; Thomasnacht (s. Thomastag): Meyer ebd.; Vernaleken *Mythen* 352; Meier *Schwaben* 1, 456 Nr. 189; Panzer *Beitrag* 1, 256; vgl. Fontaine *Luxemburg* 4; Andreasabend (s. Andreastag): Urquell N. F. 1 (1897), 71; Lachmann *Überlingen* 396 f.; Birlinger *Volksth.* 1, 341; John *Westböhmen* 2; Meiche *Sagen* 359 Nr. 471; Lütolf *Sagen* 103 f. u. a.; Weihnachten (s. d.): Heyl *Tirol* 764 Nr. 66; John a.a.O. 19 u.a.; vgl. Schulenburg *Wend. Volkst.* 129; Neujahrsnacht (s. Neujahr): Andree *Braunschweig* 328; Hoffmann *Ortenau* 48; SAVk. 19, 21; ZfVk. 14 (1904), 424; Fox *Saarland* 403; John a. a. O. 25; Bartsch *Mecklenburg* 2, 234 Nr. 1219; Köhler *Voigtland* 378; Strackerjan 1, 109; vgl. Schulenburg a. a. O. 132 (Wenden); Wolf *Beiträge* 1, 122 (Belgien); Dreikönige (s. d.): Heyl *Tirol* 753 Nr. 10; Matthiasnacht (23. 2.) (s. d.): Lauffer *NddVk.* 87; Heßler *Hessen* 2, 94. 176 u.

535. [3]) Grimm *Myth.* 2, 937; Lehmann *Aberglauben* 182; vgl. Pauly-Wissowa 3, 561 ff. [4]) Vgl. Freybe a. a. O. 55; Klapper *Schlesien* 251. [5]) Wuttke 241 § 345; Grimm *Myth.* 3, 454 Nr. 579; Meier *Schwaben* 1, 468 f. Nr. 225; Birlinger *Volkst.* 1, 342 Nr. 4; Pfister *Hessen* 162; Witzschel 2, 176 Nr. 43; Andree *Braunschweig* 355; Lauffer a. a. O. 87; John *Westböhmen* 2; Huß *Aberglauben* 6 Nr. 4; Laube *Teplitz* 37; Witzschel *Thüringen* 2, 176 Nr. 43; Dähnhardt *Volkst.* 1, 77; Kapff *Festgebräuche* 4; ZfdMyth. 1 (1853), 87; Jahn *Hexenwesen* 169 Nr. 572; vgl. Wolf *Beitr.* 1, 122 (Belgien). [6]) Vernaleken *Alpensagen* 344 Nr. 9; SchwVk. 3, 90. [7]) Grimm *Myth.* 3, 342 Nr. 96; Vernaleken *Mythen* 348; Witzschel *Thüringen* 2, 178 Nr. 55; Bartsch *Mecklenburg* 2, 234; Strackerjan 2, 118 Nr. 345 u. 1, 109. [8]) Grimm *Myth.* 3, 437 Nr. 97 u. 323; Birlinger *Aus Schwaben* 2, 413; Reiser *Allgäu* 2, 29 Nr. 4; Keller *Grab d. Abergl.* 1, 162 ff. 166; Urquell 1 (1890), 103. [9]) ZfrwVk. 3 (1906), 81 und 64. [10]) Reiser a. a. O. 2, 29; Stöber *Elsaß* 1, 25 Nr. 18; Kehrein *Nassau* 258 Nr. 112; Finder *Vierlande* 2, 54 u. 183; Alemannia 25, 52 (Siegelau); Witzschel a. a. O. 2, 178 Nr. 55; Meier *Schwaben* 454 Nr. 186; SchwVk. 2, 9; vgl. 3, 87; John *Erzgebirge* 140; Lauffer a. a. O. 87; Kapff a. a. O.; Köhler *Voigtland* 366; Heyl *Tirol* 764 Nr. 66; Hörmann *Tir. Volksl.* 204 u. 231. [11]) Drechsler 1, 7; Meyer *Baden* 199; John a. a. O.; Alemannia a. a. O.; vgl. Heyl *Tirol* 765 Nr. 66 und Frischbier *Hexenspr.* 166 (Zinngießen).

An magischer Kraft gewinnt das B., wenn das Mädchen beim Brunnen rücklings Wasser schöpft, das ausgelassene Blei hineingießt und, während des Giessens und bis das Wasser gefriert, durch ein Röhrchen hineinbläst (Schweiz) [12]). In Niederösterreich stellen sich die Burschen in der Thomasnacht auf ein am Boden gezeichnetes Kreuz vor der Tür ihres Mädchens, mit dem Rücken an die Tür gelehnt, und werfen das gegossene Blei dreimal gegen das Tor; dann vergraben sie es an einem Zaune, an dem das Mädchen oft vorbeigeht. Dort bleibt es bis Silvester liegen. Aus dem Ton, den das geworfene Blei hervorrief, und der Farbe des ausgegrabenen Bleis schließen sie auf Treue oder Untreue ihres Mädchens. Doch ist bei diesen Handlungen größte Vorsicht vonnöten; denn der Teufel achtet genau auf jeden dabei begangenen Fehler [13]). In Ostpreußen muß, wer sein Schicksal erfahren will, die Schüssel über seinen Kopf halten und ein anderer das Zinn hineingießen; manchmal wird dazu fließendes Wasser gefordert [14]). Das Zinn- (Blei-) gießen zu dem Zwecke, künftige oder vergangene Dinge zu erkennen, wurde als Zauberei den Christen kirchlich untersagt [15]). Heute ist das Zinn- und B. eine meist scherzhafte Unterhaltung und ein Zeitvertreib am Silvesterabend. Einst aber spielte es im Hexenhammer eine unheimliche Rolle; man wollte dadurch herausbekommen, ob der betreffende Kranke vom bösen Blick getroffen war, und unter Umständen auch, wer ihn verhext hatte [16]). Uralt ist die Beschwörung der die Kinder plagenden Würmer durch B.; auch gegen Hauptschmerzen wurde es früher verwendet [17]).

[12]) SAVk. 21 (1917), 43 f. [13]) Vernaleken *Mythen* 341 und 350 f. [14]) Wuttke 241 § 345; Töppen *Masuren* 64. [15]) Grimm *Myth.* 3, 432 Nr. 96; MschlesVk. 21 (1919), 82; Töppen a. a. O. 61 [1]. [16]) Seligmann 1, 256; Scheible *Kloster* 2, 225; vgl. Knoop *Hinterpommern* 163; vgl. ZfVk. 10 (1909), 418 (Norw.); Hovorka-Kronfeld 2, 690 f.; Jahn *Hexenwesen* 194 Nr. 773; Hesemann *Ravensberg* 112; vgl. Andrian *Altaussee* 137. [17]) ZfVk. 22 (1912), 128; Grohmann 161; Egerl. 5 (1901), 4.

Zu dem Bleigießen bei anderen Völkern vgl. Tetzner *Slaven* 193; Krauß *Sitte u. Brauch* 181; ZfVk. 4 (1894), 318 (Ungarn); Liebrecht *Gervasius* 246 Nr. 329 (Frankreich). Olbrich.

blenden (s. a. blind). Bei der zauberhaften Blendung ist zu unterscheiden zwischen körperlichem B., das zur Erblindung des Auges führt, und geistigem B., das nur eine vorübergehende Täuschung der Sinne bedeutet.

1. Körperliches B. wird zunächst nach allgemein menschlicher Ansicht durch den bösen Blick (s. d.) hervorgerufen, wie er ausgeht von Augenkranken, alten Frauen, Hexen und Zauberern überhaupt [1]). Auch die Begegnung eines Geistes kann zur Erblindung führen [2]). Wenn einmal einem Scharfrichter nachts um elf von einer acht Tage zuvor Hingerichteten in die Augen geblasen (s. d.) wird, so daß diese erkranken, zeigt sich eine Art rächender Strafe [3]). B. ist als alte germanische Verstümmelungsstrafe nicht sehr gebräuchlich gewesen [4]). Aber

als Strafwunder begegnet B. dennoch sehr häufig in der deutschen Volkssage. Es scheint hier ein Einfluß der Antike vorzuliegen, in der B. als eines der gewöhnlichsten Strafwunder auftritt, meist zur Bestrafung eines unerlaubten Anblicks, der aus Vorwitz oder Neugier ein göttliches Wesen gekränkt hat, das dann straft, womit gesündigt worden [5]). In gleicher Weise zieht frevelhafte Beobachtung der Berchta, des wilden Heeres, des wilden Jägers, des Teufels, schließlich auch des Hexentanzes (s. d.), oft durch ein Schlüsselloch oder einen Erbschlüssel versucht, Blendung durch Anblasen (s. blasen) nach sich, die genau nach einem Jahr am gleichen Ort, zur gleichen Zeit durch den wiederkehrenden Dämon gelöst werden kann [6]). Beim B. ruft zuweilen eine Geisterstimme dem Späher etwas zu wie: „Deck d'Luck'n zua" oder: „Streich dem da die Spältle zu!" (und nach einem Jahr: „Streich dem da auch die Spältle wieder auf!") [7]). Auch andere Beleidigungen höherer Gewalten können durch B. gerächt werden, so die Verunreinigung von Nixenwäsche [8]), die Verhöhnung des Weinwunders in der Christnacht [9]). Hierher gehört auch der Glaube, daß einem, der mit dem Finger auf einen Stern zeigt, der Stern ins Auge fällt, so daß er blind wird [10]); heidnische Westfalen sind einst wegen der Mißhandlung eines christlichen Heiligen plötzlich geblendet worden, bis die Taufe sie wieder geheilt [11]). Mythische Blendung spielt in die Vertreibungsschelte des Winters herein, wie sie in der Rheinpfalz noch immer üblich ist: „Summerdag, Staab aus, Blost em Winter die Aache (Augen) aus!" (s. Sommer und Winter), vielleicht verwandt mit den verschiedenen antiken Blendungsmythen von Lykurgos, Orion, Polyphem [12]). Weit verbreitet ist schließlich die Sage des um seines Wunderwerkes willen geblendeten Künstlers, der so kein zweites ähnliches mehr schaffen können soll, welche Mär sich an viele Uhren, Orgeln, Schnitzbilder geheftet hat [13]). B. als Strafzauber durch Ausschlagen eines gemalten Auges (hellenistischen Ursprungs) s. Dieb § 5 d.

[1]) Seligmann *Blick* 1, 91. 197 f.; Ders. *Zauberkraft* 341; Grimm *Myth.* 3, 318. [2]) Eisel *Voigtland* 96, 132; Beobachtung eines Irrlichts, einer Fledermaus macht blind: Sébillot *Folk-Lore* 1, 159; 3, 14. [3]) Eisel 90 f. [4]) Grimm *RA.* 2, 295 f. (*RA.*[3] 707 f.); Hoops *Reallex.* 1, 294; Kondziella *Volksepos* 73. 175; Klapper *Erzählungen* Nr. 76 f. [5]) Weinreich *Heilungswunder* 56 f. 147. 189 ff.; Aly *Märchen* 217 f. 66. [6]) Waschnitius *Perht* 18 (Steiermark). 30 (Tirol). 99 (Thüringen). 153; Grimm *Myth.* 1, 229; Reiser *Allgäu* 1, 47 f.; Eisel *Voigtland* 6. 104; Mackensen *Nds. Sagen* 93 Nr. 118, I; Hüser *Beiträge* 2, 14 Nr. 22; Mannhardt *Germ. Mythen* 668 f. (dänisch); Sébillot a. a. O. 2, 117. [7]) Waschnitius *Perht* 153; Grimm *Myth.* 3, 89; Meier *Schwaben* 136. [8]) Eisel *Voigtland* 36. [9]) Bindewald *Sagenbuch* 233; Sébillot 2, 374. [10]) Grohmann 32. [11]) Schell *Bergische Sagen* 9. [12]) Usener *Kl. Schr.* 4, 254 f. 300 f.; Meyer *Baden* 86; vgl. Siecke *Götterattribute* 137. 166; Schwartz *Volksglaube* 212; Ders. *Studien* 248; Grimm *Myth.* 2, 792 Anm. 1. [13]) Hertz *Elsaß* 115. 262 (Straßburg); Grohmann *Sagen* 61 (Prag); Sepp *Sagen* 579 Nr. 158; Meier *Schwaben* 2, 354 Nr. 391 (Blaubeuren).

2. Ein geistiges B., eine zeitweilige Verwirrung der Sinne, ist Zauberwerk. Viel Wunderwerk ist nur „Blenderey dess läidigen Satans" [14]). Spukende Geister suchen durch Blendwerk in die Irre zu führen [15]). Zauberer vermögen eine ganze Menge zu b., gegen solches Blendwerk schützt nur das Tragen von Heilkräutern (s. d.) oder eines vierblättrigen Kleeblatts [16]). Diebe b. die Leute, indem sie sie durch eine Diebskerze (s. Dieb § 6) in Schlaf versenken [17]). Schon 1410 rügt Vintler: „ettlich die lütt plendent mit ainer hand von dem galgen" [18]). Man kann auch einen Mörder b., daß er wieder zu dem Ermordeten kommen muß: „so mach ein feur von diehrem eichenholz und würff in daß große hitz und nimb das bluoth, so von ihm geronnen und verkehr dem gestorbenen die schuh, den rechten an den linkhen fuoß, so wirt der mörter blindt und vermeint, er wate im wasser und kombt wider zue dem ermörten" [19]).

Vgl. Auge IV, 2 (Augen verblenden).

[14]) Anhorn *Magiologia* 46. 249 ff. [15]) Reiser *Allgäu* 1, 65. 93. 125. 285. [16]) Bindewald *Sagenbuch* 133 f.; Meiche *Sagen* 515 Nr. 660. [17]) Heyl *Tirol* 108 Nr. 73. [18]) *Blume der Tugend*, Grimm *Myth.* 3, 424. [19]) Alemannia 2, 138 f. Müller-Bergström.

Blendstein. B.e sollen nach dem Volksaberglauben den, der sie bei sich trägt, unsichtbar machen. Im Oberinntal, in der Oberpfalz, Böhmen und Schlesien glaubt man, solche Steinchen fänden sich im Neste der Zeisige und machten dies unsichtbar. Man sieht aber den Schatten des Nestes und kann, wenn man sich die Stelle genau merkt, hinaufsteigen und den Stein herausnehmen. Man kann auch, wenn man ein Zeisignest entdeckt hat, ein Junges herausnehmen und mit einem Faden an einem nahen Baum aufhängen. Dann fliegt der alte Zeisig ans Meer, holt dort den B. und steckt ihn dem jungen in den Schnabel, damit man diesen nicht sehen kann; man kann ihn dann herausnehmen, da der Faden sichtbar bleibt (vgl. Rabenstein). Wer ihn oder das ganze Nest bei sich trägt, ist für alle unsichtbar. Im Vintschgau und in Westfalen vermeint man, solche B.e im Neste des Eichelhähers zu finden [2]), in der Grafschaft Glatz außer im Zeisignest auch in dem des Finken (Finkenstein) [3]). Auch das „Gimmatsteinchen", das man nach Tiroler Aberglauben einem Vöglein durch Hersagen eines Zauberspruches abjagt, macht unsichtbar [4]). Vielleicht auch das Steinchen, das im Magen einer Bachstelze liegen soll [5]). Im „wunderbaren Vogelnest" benutzt Grimmelshausen den uralten Glauben an unsichtbar machende Steinchen, um den Nachweis zu liefern, daß der Besitz und die Benutzung solcher Zaubermittel durchaus verwerflich sei und den Eigentümer in zeitliches und ewiges Verderben stürze [6]) (vgl. Rabenstein).

Veranlassung zu dem Aberglauben an die unsichtbar machende Kraft des Zeisig- und Hähersteines gab wohl der Umstand, daß ein Zeisignest schwer zu finden ist [7]), und der Häher seine Neststelle so geschickt auswählt, daß sie selbst einem geübten Auge nicht auffällt [8]). Eine andere Deutung bei Grimm, Sagen 1 Nr. 86.

vgl. Rohrsperlingstein.

[1]) Wuttke 317 f. § 473; Drechsler 2, 228 Nr. 603; Schönwerth *Oberpfalz* 3, 208; Liebrecht *Gervasius* 111; Vonbun *Beiträge* 113; Amersbach *Grimmelshausen* 2, 56 f.; Alpenburg *Tirol* 387; Zingerle Tirol 90 f. Nr. 769. 770; Kuhn *Studien* 1, 190. [2]) Kuhn *Westfalen* 2, 77 Nr. 23; ZfdMyth. 1 (1853), 236. [3]) Drechsler a. a. O. [4]) Heyl *Tirol* 795 Nr. 215 (vgl. altnord. Gimstein = Edelstein). [5]) Bergmann s. v. Bachstelzenstein; vgl. Maurer *Isl. Sagen* 183. [6]) Amersbach a. a. O. 1, 4. [7]) ZfVk. 8 (1898), 169. [8]) A. u. K. Müller *Wohnungen, Leben und Eigentümlichkeiten der höheren Tierwelt* (1869), 368. Olbrich.

Blick, böser s. Auge, Spalte 685 ff.

blind, Blindheit s. Augenkrankheiten, Spalte 708 ff. 710. 711.

Blindschleiche.

1. Biologisches. Die [1]) harmlose B. (anguis fragilis), eine fußlose Eidechse, gilt dem Volke als Schlange [2]). Als solche galt sie auch den Alten, weshalb man sie bei den antiken Autoren nicht konstatieren kann [3]), denn die serpentes caeci des Plinius (IX, 11, 6) lassen sich nicht auf die B. beziehen. Den Juden galt sie als unrein (3. Mos. 11, 30). Man hält sie allgemein für blind [4]) (wegen der schwer wahrnehmbaren Augen), häufig auch für giftig, so z. B. in Oberösterreich, wo das Tier auch Haselwurm (s. d.) heißt (vgl. holl. hazelworm). Wer darauf tritt, dem schneidet oder schießt es durch den Leib [5]). Die Blindheit wird ätiologisch gedeutet. Sie wird als eine Strafe aufgefaßt, besonders für ruchloses Verhalten gegen die hl. Maria, die das Tier mit seinem Bisse bedrohte [6]). Oder es heißt in französischen und deutschen Gegenden (Westfalen), die ursprünglich einäugige B. habe der gleichfalls einäugigen Nachtigall ihr Auge geliehen und dieses nicht mehr zurückerhalten [7]). Auch erscheint die Blindheit von Gott oder der hl. Jungfrau verhängt als Prophylaxe gegen die Gefährlichkeit des Tieres [8]). Doch wußte schon der alte Geßner, daß die B. nicht giftig sei [9]). Immerhin läßt noch Shakespeare im Macbeth (IV, 1) die Hexen unter anderen Ingredienzien aus dem Tierreich auch den „Stachel" der B. (the blindworm's sting) in den Zauberkessel werfen. — Nach schleswigischem Volksglauben kann die B. in der Mittagsstunde sehen [10]). Bei Harburg glaubt man, das Tier könne seine Blindheit auf den Menschen übertragen [11]). Ruft auf der

Geest zwischen Stade und Harburg jemand: „de Hartwurm!", so rennt alles aus dem Wege, selbst ein Fuder Heu weicht ihm aus, denn „he springt", und wenn einer auf ihn tritt oder über ihn fährt, „dem springt he vör de boß (Brust) und he werd blind" [12]. In Tirol sagt der Bauer von der B.: „Wenn die Ludern sehen könnten, wär' der Reiter am Pferd nit sicher vor ihnen" [13]. Im Spreewald glaubt man, die B. habe neun Augen, aber brauche davon nur eines, und zwar nicht das beste. Sie bekommt nur einmal ein Junges, das sich aus der Mutter herausbeißt, die dann stirbt [14]. Auch für taub gilt die B., so in Holstein [15], in Mecklenburg [16] und auf der Insel Rügen [17]. In Tirol heißt es, sie sei gebrechlich, so zwar, daß sie in Stücke bricht, wenn sie sich im Zorn streckt [18]. Ähnliches wird aus Mecklenburg berichtet [19] (vgl. die Namen Bruchschlange, Glaswurm, span. culebra vidriosa, serpiente quebradiza, katal. serp de vidre). Mancherorts hält man die B. für gutartig, wenn sie nicht geplagt wird. Wird sie gereizt, so beißt sie neun Wunden, von der jede ein Jahr zur Heilung braucht. Ist die letzte geheilt, so stirbt der Gebissene [20]. Schließlich schreibt man dem Tier auch wahrsagende Kräfte zu [21].

1) Oberösterr. auch das B: Baumgarten *Aus der Heimat* 1, 120; nach Nemnich 1, 308 der Blindschleicher, blinder Schlicher im Schweizerdeutsch des 17. Jhs. nach SAVk 15, 183, vgl. ahd. *plintsliho*; in Mecklenburg *Blennling*: Natur u. Schule 6 (Leipz. 1907), 501. 2) Noch Grimm *DWb.* 2, 126 definiert sie als „blinde, giftige Schlange", in jedem Wort ein Irrtum. 3) O. Keller *Antike Tierwelt* 2, 303. 4) Auch bei anderen Völkern: vgl. die Namen engl. *blind-worm*, holl. *blinde slang*, schwed. *blind-orm*, lat. *caecilia*, griech. τυφλίνος (diese beiden nur vermutungsweise auf die B. bezogen), analog die Namen des Tieres in den slavischen Sprachen: Edlinger *Tiernamen* s. v. B. und Nemnich 1, 308). Zu den französischen Namen *orvet* (< lat. *orbus*), *aveugle*, *borgne* usw. vgl. Rolland *Faune pop.* 11, 30 f. Die sehr interessanten italienischen Analoga (*bissa-sguèrssa*, *bissa-orba* usw.) findet man zusammengestellt und erläutert bei Garbini *Antroponimie* 266 ff. 5) Baumgarten a. a. O. 6) Drechsler 2, 223; SchweizId. 9, 9; Reiser *Allgäu* 2, 438; Birlinger *Aus Schwaben* 1, 381; Heyl *Tirol* 785 Nr. 126; Schneller *Wälschtirol* 246, 70 ff. — Im Dép. Gironde glaubt man, der Biß der B. schade nur am Freitag, daher heißt sie dort *dibendres* < *dies Veneris* (Gomis *Zoologia* Nr. 1573; vgl. auch Meyer-Lübke *REWb.* Nr. 9197). 7) Nach Rolland und Dähnhardt bei de Cock *Volksgeloof* 135 Anm. 1. 8) Grohmann 82; Urquell 3, 218; de Cock a. a. O.; Meier *Schwaben* 1, 244. 9) Hovorka u. Kronfeld 1, 78. 10) Urquell 2, 27. 11) ZfdMyth. 2, 295. 12) Nach Schiller *Tier- u. Kräuterbuch* 1, 2, bei Sloet *De Dieren* 303. 13) Dalla Torre *Tiernamen* 22. 14) Sloet a. a. O. 15) Hovorka-Kronfeld 1, 78. 16) Bartsch *Mecklenburg* 2, 181. 17) Daher die Namen holl. *doofworm* (*doof* = taub), de Cock *Volksgeloof* 135 Anm. 1 u. engl. *deaf adder* (Nemnich 1, 747). 18) Dalla Torre *Tiernamen* 22. 19) Bartsch *Mecklenburg* 2, 484 f., 181. 20) Sloet *De Dieren* a. a. O. 21) Hopf *Tierorakel* 43.

2. In der Volksmedizin spielt die B. keine unbedeutende Rolle. Entweder wird das ganze Tier oder häufiger dessen Kopf in einem Säckchen um den Hals getragen, und zwar gegen Gelbsucht [22], Rotlauf [23], Trunksucht [24], Lungenleiden [25], beim Zahnen [26].

22) Jühling 167. 23) ebd. 162. 163; Lammert 220; SchweizId. 9, 9; SAVk. 15, 183; Schönwerth *Oberpfalz* 3, 256; Wuttke 398. 24) SchwVk. 2, 78. 25) ZföVk. 13, 130. 26) Manz *Sargans* 55; SchweizId. 9, 9.

3. Zaubermittel. Der Kopf der B., in eine Jagdflinte geladen, verleiht Treffsicherheit (s. Schießzauber) [27]. Eine im Rauchfang getrocknete B. kann als Zauberstab verwendet werden [28]. Wer beim Kegeln gewinnen will, muß am Peter- und Paultage eine B. töten und sie mit Erbsen vergraben. Wenn diese gewachsen sind, soll man davon zum Kegeln in die Tasche nehmen. So viele Erbsen man nimmt, so viele Kegel trifft man [29].

27) Brandenburgia 1916, 76; Sloet *De Dieren* 303; Strackerjan 1, 116; ZfVk. 8, 172; Wuttke 116 § 153; Alpenburg *Tirol* 357; Messikommer 1, 189. 28) Urquell 3, 238. 29) Hoffmann-Krayer 164; SchweizId. 9, 9.

4. Sonstiger Aberglaube: „Wenn d'Hägäse (Eidechse) oder B. über de Weg springet, na regnet's bald [30]."

Im Siegerland und anderwärts heißt es, die B. sterbe, wenn sie getötet wird, erst nach Sonnenuntergang vollends [31] (der

Schwanz des getöteten Tieres zuckt nämlich noch einige Zeit). Der Körper einer toten B. bewegt sich noch einen vollen Monat lang in der Erde und verwandelt sich dann in eine Otter [32]). Wer das ganze Tier bei sich trägt oder davon ißt, kann sich nach Tiroler Glauben unsichtbar machen und selbst die Sprache der Pflanzen verstehen und dadurch erfahren, wozu sie nützlich sind [33]). — Wenn in einer hessischen Sage [34]) ein Fäßlein voll B.n sich in Gold verwandelt, so führt wohl folgende Gedankenreihe: B. > Schlange > Drache > Schätzehüter zum Verständnis dieses Symbols. Möglich ist auch eine rationelle Deutung: die Vorstellung des Goldes, hervorgerufen durch die leuchtenden Reflexe auf der Haut des Tieres [35]). Wenn ein unverheirateter Mann drei B.n zusammengerollt liegen sieht, so kann er hoffen, daß er eine ruhige und stille Frau bekommen wird. Wenn ein verheirateter Mann drei B.n findet, die sich in eins zusammengewunden haben, so glaubt er, daß seine Frau einen Sohn gebären wird; denn man hält die B.n für böse, des Weissagens kundige Tiere (Polnische Dörfer bei Gnesen) [36]).

[30]) Fischer *SchwäbWb.* 1, 1205. [31]) Natur u. Schule 6, 50. [32]) Urquell a. a. O. (Polen). [33]) Sloet *De Dieren* 303. [34]) Wolf *Sagen* 119. [35]) Vgl. den ital. Namen *lucignola*: Garbini *Antroponimie* 2, 1370. [36]) Knoop *Tierwelt* 4 f. Nr. 31; Veckenstedts Zs. 3 (1891), 395. Riegler.

Blitz.

I. Mythologisches. — II. Der B. im deutschen Volksglauben und die germanische Religion. 1. Sagen u. ä. a) Auf Donar-Gott-Vater zurückgehende B.sagen. b) B.sagen, in denen Naturdämonenglaube enthalten ist. 2. B.zauber im heutigen Volksglauben. a) Den Menschen schädigende Pflanzen und Tiere usw. b) Donar-Thor als Schutzgott im B.zauber. Pflanzen, Tiere, Stoffe. — III. Christlich-antiker B.aberglaube in Deutschland. — IV. In seiner Herkunft zweifelhafter B.volksglaube. — V. Erfahrungstatsachen als Ausgangspunkt für B.-aberglauben.

I. Mythologisches. a) Naturdämonenglauben. Die noch primitiven Zeiten angehörige Erkenntnis der Abhängigkeit des Menschenlebens vom Wetter führte den Menschen hinaus aus dem sich dicht um ihn drängenden Seelenglauben in die unendliche Weite der Luftregion, die sehr bald zu einem alles Denken beherrschenden Mittelpunkt mythischer Phantasie wird. Außer Gewölk und Wind spielt vor allem das Gewitter (s. d.) bei der Bildung der Naturmythologie eine bedeutende Rolle. Die atmosphärischen Erscheinungen begreift man als irdische Naturgegenstände, z. B. als Berge oder Flüsse, dann bei steigender menschlicher Kultur als Geräte und Waffen, bis eine ganze mythische Landschaft ausgebildet ist, die von mythischen Menschen und Tieren bevölkert ist [1]).

Dem B. kommt in dieser mythischen Himmelslandschaft der Germanen meist entweder die Bedeutung einer Brücke oder einer Waffe zu. Auch als Schlange, springender Geißbock und Horn wird der B. angesehen [2]). Andere Vorstellungen sind die glühender Geschosse; als solche macht er alle Wandlungen menschlicher Kultur vom rohen Stein und der Keule der Urzeit durch Hammer, Beil, Speer bis zum vom Helden geführten Goldschwert [3]). Auch als Peitsche, Rute und Kugel in der Hand mythischer Gestalten dient der B. Dann wieder ist er die Eisenstange, die ein Trollweib — so erzählt ein nordisches Märchen — hinter einem Mädchen her schleudert [5]), oder auch der Schlüssel zu in Gewölben und Burgen (Wolken) verborgenen Schätzen, weil der B. die Wolken spaltet [6]) (das irdische Abbild ist die Haselnußgerte, s. u.). In einem schwedischen Märchen sind die B.e oder ihre Zacken die in die Burgmauer (Wolke) geschlagenen Eisenkeile, an denen der Bräutigam hochklettern muß, wenn er ein in der Burg eingeschlossenes Mädchen sich zur Gattin erobern will [7]); in der Edda ist das Wetter- und B.leuchten die Lohe, in der die Burgen (Wolken) der Riesen erglühen [8]).

b) Ziu. Donar-Thor (menschengestaltiger Götterglaube). Bei der Weiterentwicklung des Glaubens vom Naturdämonenglauben zum menschengestaltigen Götterglauben wandelt sich der B. als Waffe, die von

Riesen und Elfen geschleudert, Krankheit und Verwüstung bringt, in das Attribut des höchsten Himmelsgottes [9]), der, um Adams von Bremen Charakteristik des germanischen Gottes Thor anzuführen, „in der Luft herrscht, Donner und B.e verwaltet, ferner die Winde und Regengüsse, das heitere Wetter und die Ackerfrüchte" [10]), und der der Menschheit und der Erde ein Schutz- und Segensgott ist. Nunmehr wird der B. zu einem segenspendenden Werkzeug; aus des Gottes Hand geschleudert wirft er jene Riesen nieder und schützt der Menschen Handel und Wandel. Wir kennen Märchen, in denen Thor ein dämonisches Wesen verfolgt, das er mit dem B. für seine bösen Taten bestraft (s. II b).

Dieser Thor ist schon früh, vor allem bei den West- und Nordgermanen, an die Stelle des altgermanischen Obergottes Ziu getreten. Trotz der Absplitterung schimmert auch in der Überlieferung über Ziu noch das Bild des indogermanischen Gewittergottes, mit dem auch Zeus, Jupiter und Digespitä in einer Linie stehen [11]), deutlich durch. Das charakteristische Zeichen des Gottes ist die B.waffe, die ihm die Alfar schmieden, um ihm die ewige Herrschaft zu sichern, wie ähnlich die Kyklopen in der griechischen Mythologie dem Zeus den B. anfertigen. Die Waffe des Gottes ist in ältesten Zeiten ein dreikantiger Stein [12]) oder Hammer und „wird vom Gotte gegen Unholde geschleudert, die den für Götter und Menschen so erquicklichen Sommerregen in einem Kessel oder Berge neidisch zurückhalten" [13]). Man verehrt den als Kriegs-, Rechts- und Ackergott angebeteten Ziu vor allem in der Eiche, weil sie den B. anzieht; in Gotland hämmert man, wenn der Regen ausbleibt, mit schweren Thorshämmern; die Symbolik dieser Handlung ist klar: da der B. die Wolken spaltet, gewinnt man den Regen durch symbolisches Schwingen der göttlichen B.waffe [15]). Die Hauptverehrungsstätte des Gottes war der Eichenhain im Gebiet der Mark Brandenburg. Er lag im Suevenland, und stand in der Obhut des mächtigsten deutschen Stammes, der sich über ganz Mitteldeutschland ausbreitete. Hier thronte der alte Gewittergott, dem man nur gefesselt nahen durfte [16]).

Weitaus stärker wird die Feuernatur des germanischen Gewittergottes bei seinem Sohn, Donar-Thor, hervorgehoben, der Ziu ganz verdrängte und vor allem im Westen verehrt wurde, und dem man bis zum Jahre 1000 die meisten Tempel unter allen germanischen Gottheiten im Norden weihte [17]). Auch Thor schwingt den B.hammer; er fährt auf einem Wagen, den die beiden Böcke Tanngniostr und Tanngrisnir, „Zahnknirscher", ziehen [18]). Die Böcke sind wohl mythische Ausdeutung der springenden und knatternden B.e. Auf die Vorstellung des B.bockes gehen manche der noch in unsern Tagen Kindern bekannten Märchen zurück, in denen ein Goldbock vor einem Wagen, der geraubt wird, eine Rolle spielt; dies scheint eine letzte Erinnerung an die von Thor-Donar um ihrer bösen Absichten willen verfolgten Riesen- und Naturunholde (s. u. II b). Auch der rote Bart Donars weist auf seine Feuernatur und B.natur genügsam hin; so spiegeln die Thorgeschichten der Edda im Grunde die mannigfachen und eindrucksvollen Gewittererscheinungen des Nordens wieder. Vor allem im Sommer entfaltet der Gott, wenn lange Dürre die Menschen gequält hat, seine Kraft in B.en und Wetterleuchten: er spendet als segnender Himmelsherr das von Riesen und Drachen, die er im Kampfe besiegt, zurückgehaltene Naß.

Dieser Gott ist der kriegerisch-männliche Vorkämpfer der Menschen; der Vorstellung blieb das Volk noch lange nach der Christianisierung treu; manche Volksbräuche beim Gewitter sind nur aus der engsten Verbundenheit des Germanen mit seinem Donar zu erklären. Alles, was irgendwie der Form nach dem Donarhammer zu gleichen schien, hatte in dem Volksglauben schon der ältesten Zeiten segensreiche Wirkung. Pflanzen, wie die Haselrute, symbolisierten den B. und waren Donar heilig; an ihre glückbringende Wirkung glaubt man noch heute. Nicht anders geht es einer Masse Tieren, vor allem Vögeln, den Störchen, Hähnen usw., die mit ihrem Schnabel dem B., mit ihrer roten Farbe der Feuernatur des Donar-Thor entsprechen [18]). Doch führt das bereits in das Gebiet des heutigen Volksglaubens.

[1]) Meyer *Germ. Myth.* 80. [2]) Ebd. 81. 100/101. [3]) Ders. *Mythologie der Germanen* 145. [4]) Ebd. [5]) Mannhardt *Germ. Myth.* 434. [6]) Ebd. 203. 341. [7]) Ebd. 212 Anm. 3. [8]) Meyer *Germ. Myth.* 88/89. [9]) Ders. *Mythol. d. Germ.* 356. [10]) Mon. Germ. hist. SS. T. VII 379, 17 ff. [11]) Meyer *Mythol. d. Germ.* 159 ff. [12]) Helm *Religgesch.* 187 ff. [13]) Meyer *Mythol. der Germ.* 341. [14]) Die Erklärung dafür ist, daß der B. Bäume mit dicker und rauher Borke, da sie in ihren Ritzen Regenwasser festhalten, am ehesten zur Erdung benutzen kann. [15]) Meyer *Mythol. d. Germ.* 341. [16]) Ebd. 342. [17]) Ebd. 348. [18]) Ebd. 349. [19]) Ebd. 357.

II. Der B. im deutschen Volksglauben und die germanische Religion. Der Volksglaube von heute zeigt in ungemein starker Weise das Nachwirken germanischer Religion, deren Vorstellungen zwar zuweilen christianisiert sind, aber doch deutlich ihren Ursprung aus dem Donar-Ziuglauben verraten. Auch aus dem Naturdämonenglauben, dem der B. die Waffe in der Hand menschenfeindlicher böser Geister ist und dessen Nachwirken im Volksglauben zum B. gleichfalls noch spürbar ist, hat sich manches die Übertragung ins Christliche gefallen lassen müssen; wie an Stelle des germanischen Acker- und Fruchtbarkeitsgottes Donar, der die Menschen beschirmt, Gott-Vater trat, rückt an die Stelle der bösen Geister der Teufel.

1. Sagen u. ä.

a) Auf Donar, Gott-Vater geht offenbar eine B.sage zurück, in der erzählt wird, daß der B. den Menschen straft, der Brot (s. d.) mit Füßen tritt, eine Krume wegwirft oder Kügelchen aus Brot dreht [20]); denn Thor-Donar als Gott der Feldfrucht rächt mit dem B. jede Beleidigung und Mißachtung des Korns. Später wird Gott-Vater dem Donar als Feldgott substituiert, wie Maria die Göttin Freya als Feld- und Korngöttin ersetzt (s. Atmosphäre 2): ein bekanntes Zeugnis ist die Tiroler Sage von der Frau Hütt (s. d.), deren Sohn sich einst eine Tanne zum Steckenpferd knicken wollte, dabei aber in einen Morast stürzte. Als er schwarz wie ein Köhler und heulend heimkam, wies Frau Hütt einen Diener an, den Buben mit weichen Brotkrumen sauber zu waschen. Kaum aber hatte dieser damit begonnen, so zog ein schweres schwarzes Gewitter auf, das den ganzen Himmel bedeckte. Plötzlich schlug grell der B. ein, ein furchtbarer Donner folgte — als es darauf klar wurde, war die Gegend in eine Wüste verwandelt, in deren Mitte Frau Hütt versteinert stand [21]). Auch andere Vergehen werden durch B.schlag gestraft. Im Wendischen existiert ein Märchen, in dem ein Ludk vorkommt, dessen Genossenschaft „Sünde“ getan hat, wofür jedes Jahr der B. ein Opfer fordert [22]). Kirchenraub, Sonntagsschändung, Meineid, Undank gegen Gott, Zauberei [23]), kurz alles, was die soziale Ordnung der menschlichen Gemeinschaft, die sich zu Gott als ihrem Schutzherrn bekennt, zu zerstören oder zu schädigen imstande ist, wird durch B.schlag gesühnt. In diesen Zusammenhang gehören noch zwei Sagen. Die eine stammt aus Hessen [24]): „Am Samstag vorm Pfingstenfeste des Jahres 1670 stieg ein Wetter auf. Eine Bäuerin aus Obersuhl nahm eine Ackes, drohete damit gen oben, machte wohl auch sonst allerhand Gaukelei, die Wolken zu zerteilen. In dem Augenblicke traf sie ein B., fuhr durch ihren Zopf, als wäre selber von einer Büchsenkugel durchlöchert, berührte auch ihren Schoß und zeichnete sie allda — tötete sie aber wunderbarlich nicht. Also daß sie erkennete und lebenslang sich darnach entsinnen möchte: Gott lasse sein nicht spotten“. Die andere, der vorigen ähnliche Sage stammt aus dem nordöstlichen Böhmen (Braunauer Ländchen) [25]): Im Dreißigjährigen Kriege verfolgte eine Abteilung des Lichtensteinschen Korps einen dänischen Hauptmann mit seiner Geliebten, die sich vor der Verfolgung der Kaiserlichen in die Felsenstadt zu einem protestantischen Priester gerettet hatten. Indes werden sie entdeckt, und schon will ein Verfolger den Hauptmann und seine Geliebte erschlagen, als ein fürchterlicher B. und Donnerschlag einen Felsen löste und den Verfolger mit sich in die Tiefe riß. Der Anführer der Krieger, des Hauptmanns Vater, erkannte Gotteshand, segnete das Paar und ließ in den herabgestürzten Felsen den Spruch eingraben: „Hier strafte Gott und warnte." Derartige Sagen sind über das ganze deutsche Sprachgebiet verbreitet [26]). Ganz christlich ist dann die Anschauung, daß, wo sich jemand entleibt hat, im gleichen Jahre in der Umgebung der B. einschlage. Hier liegt die christliche Verdammung des Selbstmordes zugrunde [27]).

Der Volksglaube läßt den Menschen die Sünde tun durch einen in ihm hausenden bösen Geist [28]). So sind es in Wahrheit die bösen Geister, die von Gott im Gewitter verfolgt werden, damit sie die menschliche Gemeinschaft nicht schädigen und Recht und Sitte aufrecht erhalten bleiben. Auch dies ist ein letzter Rest uralter germanischer Mythologie von Thor-Donar. So ist der vom B. Erschlagene ein Bösewicht: Aus dem schwäbischen Ertingen wird die Anschauung mitgeteilt, daß ein vom B. Getöteter der Leute Lob nicht habe [29]). Wenn es dagegen in Böhmen als ein besonderes Glück gilt, vom B. erschlagen zu werden und man darin ein Seligwerden des Menschen sieht [30]), wenn man ebenda der Ansicht ist, daß dem Toten, bei dessen Begräbnis es blitzt und donnert, der Himmel zugesichert sei [31]), so geht das auf andere Wurzeln zurück und nähert sich vielmehr dem antiken, vor allem römischen Glauben, daß der B. von Gott Erkorenes weiht und heiligt. In Rom wurden Orte, in die der B. eingeschlagen hatte, als gottberührt und heilig dem Verkehr entzogen und eingehegt [32]). Verwandt mit den böhmischen Anschauungen ist der Glaube des Erzgebirges, daß der Tod eines Familienmitgliedes dadurch angezeigt werde, daß der B. im Hausgarten den Gipfel eines Baumes herunterschlägt [33]). Wie der B. als Warnungszeichen in der Hand Gottes ist, ist er auch Weissagungszeichen. In Tirol bedeutet ein dicht neben einem einschlagender B. bevorstehende Hochzeit: es liegt ein Weissagungszeichen Thors vor, der wie Gott des Feldes, so auch Gott der Hochzeit ist [34]).

Lebendiger Glauben an die Allgewalt des Himmelsgottes und seine Sorge um der Menschen Wohlergehen läßt den B. zum heiligen Warnungszeichen und zur strafenden Waffe werden. Gott spricht durch ihn mit den Menschen. So wird es klar, daß man teilweise in dem Aufsetzen eines B.ableiters aus Eisen auf das Haus einen Frevel sieht, da ein solches Tun einen Eingriff in die Rechte Gottes bedeutet [35]).

b) Sagen, die auf den Naturdämonenglauben zurückgehen, gibt es nur noch in ganz geringer Zahl. Diese Sagen sehen den B. als Waffe (Kugel, Peitsche, Eisenstange) in der Hand eines bösen Geistes an, der mit derselben die Menschen, mit denen er in Berührung kommt, zu schädigen sucht: einige dieser Sagen s. I.

Der Sieg des Donarglaubens über den Naturdämonenglauben [36]) brachte Erzählungen vom Siege Donars über die bösen Riesen in Umlauf. Manche Sage bildete sich, in denen Donar den Unholden ihre Waffe, die sie nur zum Unrechttun gebrauchten, abjagte. In einem dänischen Märchen erobert der ausziehende Held (Donar) in einem Riesenhaus von einem Riesenweibe ein Licht (= B.), das ohne Leuchter brennt, indem er sie in einen Brunnen stürzt usw.[37]). In dem schwedischen Märchen vom Pinkel besitzt ein Riesenweib einen Goldbock (Bock als B. betrachtet s. I b). Der Bock hat goldene Hörner, an denen kleine Glocken befestigt waren, die einen schönen Klang gaben, wenn das Tier sich bewegte. Er mußte nachts immer in der eigenen Stube der Riesin schlafen. Pinkel, der nachher die Königstochter heiratet, erobert diesen Bock [38]). Derartige Sagen gibt es noch massenhaft; immer wieder sind es Goldschätze (Harfen, Böcke, Schwerter, Hügel, Felle, Pelze, Lampen, Pferde), die die Riesen oft zu Unrecht verbergen (meist symbolisieren sie den B.) und die zu erobern die rechttuenden Helden (Donar) ausziehen, wobei die Riesen sich zur Wehr setzen [39]). Schon in der Edda begegnet der Riese Thrymr (= Donner); er hat Thors Hammer gestohlen und tief in der Erde verborgen. Er begehrt die Wasserfrau Freyja, an deren Stelle Thor als Weib verkleidet zu ihm kommt, worauf ihm der Hammer auf den Schoß gelegt wird. Als sich Thrymr lüstern naht, ergreift der Gott den Hammer und erschlägt den Riesen samt seinen Genossen [40]). Deutung: Durch den Diebstahl des B.s hat der Riese dem Thor die Möglichkeit genommen, für die Befruchtung der Erde durch Gewitterregen zu sorgen. Im Kampfe (Gewitter) jagt der Gott seine Waffe dem Unhold ab und erschlägt ihn [41]). Die parallele Sage der Griechen vom Kampfe des Zeus mit Typhon [42]) ist bekannt.

Nach einer andern Version des Mythus kommt Thor zu einem Riesen, um ihm drei Haare, die gleichfalls den B. bedeuten, auszureißen. Dieser alte, schon von Saxo überlieferte [43]) Mythus, dessen Inhalt ohne weiteres verständlich ist, schimmert noch heute in der Volkssage vom Jüngling durch, der auszog, um drei goldene Haare eines bösen Dämons, Riesen oder Drachens (bzw. christianisiert des Teufels) zu erbeuten.

Nach mancherlei Fährnis findet der Jüngling den Bösen, der einen Schlüssel geraubt, einen Baum und Brunnen unfruchtbar gemacht hat, und zieht ihm die drei Haare aus. Nachdem er durch diese Schwächung [44]) (das Haar ein Symbol für den B., der dem Riesen abgejagt wird) gezwungen wurde, die Ursache jener Unfruchtbarkeit anzugeben, tötet der Jüngling den Riesen. Der Schlüssel wird gefunden, der Baum trägt wieder, der Brunnen fließt erneut [45]). An der Deutung des Schlüssels ist kein Zweifel: es ist der von Thor verlorene B., der wiedergewonnen wird, wie in der Eddasage der geraubte Hammer.

Auch diese Sagen haben sich die Übertragung ins Christliche gefallen lassen müssen. Noch heute erzählt man in Mecklenburg von den Guten oder Engeln, die den Teufel mit dem B. verfolgen [46]).

[20]) Mitteil. Anhalt. Gesch. 14, 16. [21]) *Deutsche Sagen*, ges. v. Gebr. Grimm, nacherz. von R. Münchgesang. Reutlingen (Enßlin und Laiblin) 61 f. [22]) Schulenburg *Wendisch. Volkstum* 172. [23]) Kirchenraub: Meiche *Sagen* 124 Nr. 161; ZfVk. 7 (1897), 272; Sonntagsschändung: Bechstein *Thüring. Sagen* 1, 45; Meineid: Müller *Siebenbürgen* 154; Undank gegen Gott (seitens der Wöchnerin, die ihren ersten Ausgang nicht in die Kirche macht): Höhn *Geburt*, 266; Zauberei s. w. u. [24]) Pfister *Hessen* 133. [25]) Kühnau *Sagen* 3, 457 f. [26]) ZfVk. 9 (1899), 385 aus Stillfried in Österreich. [27]) Wuttke 475 § 756. [28]) Grohmann 36 Nr. 203. [29]) Birlinger *Volksth.* 1, 194. [30]) Grohmann 36 Nr. 204. [31]) Stemplinger *Aberglaube* 28. [32]) Stellen bei Wissowa *Religion* 107. [33]) John *Erzgebirge* 115. [34]) Meyer *Germ. Myth.* 213. [35]) Panzer *Beitrag* 2, 297; Sartori *Sitte u. Brauch* 2, 12; SAVk. 21 (1917), 45. [36]) Helm *Religgesch.* 198. [37]) Mannhardt *Germ. Mythen* 212. [38]) Ebd. 176. [39]) Ebd. 175. [40]) Thrymskvida 1 ff. (Übs. in der Thuleausgabe: Edda 2, 11 ff.). [41]) Mannhardt *Germ. Mythen* 179 f.; Helm *Religgesch.* 200 f. [42]) Hesiod *Theog.* 820—868. [43]) Mannhardt *Germ. Myth.* 203; Jegerlehner *Sagen* 1, 135 Nr. 29; 2, 304. [44]) Schwartz *Ursprung d. Myth.* 143 f. [45]) Wolf *D. Hausmärchen* 184; Müllenhoff *Sagen* 427 ff. Nr. 13. [46]) Meyer *Myth. der Germanen* 356.

2. B.zauber im heutigen Volksglauben. Indes haben die meisten der heute noch im Volksmunde verbreiteten Meinungen über den B. einen mehr praktischen als moralischen Inhalt. Das führt hinüber in das Gebiet des Zaubers. Zauberei liegt mehr oder weniger allen im folgenden aufgezählten Bräuchen zugrunde. Auch hier dominiert die germanische Religion. Wie bei allem Zauber ist das ganze Pflanzen- und Tierreich, sind Mineralien, Metalle und Stoffe eingeteilt in solche, die den B. anziehen und solche, die ihn abwehren. Alle abwehrenden Kräfte stehen meist unter Donars Schutz; alle anziehenden gehen auf den germanischen Naturdämonen glauben und seine Anschauung vom B. als Waffe in der Hand der menschenfeindlichen Wesen zurück. So liegt im tiefsten Grunde auch diesen Zaubervorstellungen der alte mythische Kampf Donars gegen die Riesen zugrunde.

a) Den Menschen schädigende Pflanzen, Tiere usw.

In erster Linie ist es gefährlich, gewisse Pflanzen zu brechen oder Tiere zu fangen und ins Haus zu bringen, da diese Handlung den mit der Pflanze oder dem Tiere in Sympathie stehenden Dämon ins Haus zieht und B.schlag verursacht. So wird aus Österreich berichtet, daß man bei Gefahr des B.es die Männertreu oder Donnerblume genannte Pflanze nicht pflücken darf: ins Haus gebracht, verursacht sie B.schlag [47]). Aus Kärnten hören wir, daß man Feuerlilien wegen drohenden B.schlages nicht abreißen darf [48]). In Westböhmen wird es streng gemieden, Holz eines vom B. getroffenen Baumes ins Haus zu nehmen, da sonst der B. dort einschlüge [49]). Ebenda kann man Einschlagen des B.es verschulden oder veranlassen, wenn man Reisig, das der Regen im Walde zusammengeschwemmt hat, im Hause verbrennt. Es scheint sich um Holz zu handeln, das vom Gewitterregen berührt ist und dadurch in eine Beziehung zu der bösen Natur des dämonischen B.es getreten ist [50]). Ähnliches gilt unter den Tieren vom Hirschkäfer [51]), den die Heidebewohner für gefährlich halten. Man nennt ihn dort Fürbouter oder Füerklemmer (= Feueranzünder). Man warnt zuweilen die Kinder, das Tier ins Haus zu bringen, da es während des Gewitters mit seinen Zangen feurige Kohlen auf das Strohdach tragen und den B. anziehen soll. In Westböhmen ist die Ansicht verbreitet, daß ein Wöchnerinnenkleid den B. anziehe. Die Deutung ist unklar. Ist die Wöchnerin als unrein angesehen? Auch darf die Wöchnerin in Westböhmen nicht nähen bis zur Vorsegnung, weil Kleider, die in dieser Zeit gefertigt seien, der Trägerin den Tod durch B.schlag bringen würden [52]). Macht die Wöchnerin hingegen ihren ersten Ausgang nicht zur Kirche, so erschlägt sie der B., weil es ein Undank gegen Gott ist, s. o. Weiter vertreten die den Menschen feindlichen B.e Eulen und Fledermäuse. Um das Haus vor B.schlag zu bewahren, nagelt man Eulen, Eulenflügel oder Fledermäuse an die Haustüren [53]).

b) Donar-Thor als Schutzgott im B.zauber. Gegen diese bösen Geister setzt der Mensch sich zur Wehr, indem er sich unter Donar-Thors Schutz stellt und als äußeres Zeichen seiner Zugehörigkeit zum Himmels- und Hausgotte eine dem Gotte heilige Pflanze oder ein Tier usw. als Amulet (s. B.amulett, B.baumhölzer) bei sich trägt bzw. auf sein Haus setzt. Diese b.abwehrenden Pflanzen, Tiere, Hölzer usw., die wir im folgenden durchgehen, haben alle auch ihrerseits eine Beziehung zum B., den sie als Schutzwaffe Donars symbolisieren.

Pflanzen: Weitaus am verbreitetsten ist der Glaube an die b.abwehrende Kraft des Haselnußstrauches [54]), vor allem der Palmkätzchen [55]), besonders wenn die Zweige in der Kirche am Palmsonntag geweiht sind. (Auch wirklichen Palmzweigen wohnt, wenn sie kirchlich geweiht sind, apotropäische Kraft inne). Man legt die Palmzweige in die Stube (Österreich) [56]); in den Niederlanden verbrennt man sie [57]), ebenso in der Heide [58]); ähnlich berichtet Leoprechting vom Lechrain, daß ein am Palmsonntag kirchlich geweihter und bei Unwetter ins Herdfeuer geworfener Palmbusch vor B. schützt [59]). Aus Grüt bei Geltwil (Schweiz) wird berichtet, daß hinter einem Häuschen noch Oktober 1913 ein am Palmsonntag des gleichen Jahres gesegneter Palmzweig mit drei Stechpalmenkränzen an einen Pfosten des Gartenzauns genagelt war [60]). Der Zweig soll dort bis zum folgenden Frühjahr bleiben, um dann durch einen neuen ersetzt zu werden [61]). Die Lechtaler essen am Palmsonntag drei von einem Palmboschen stammende Kätzchen mit dem Glauben, durch diese Zeremonie den B. fernzuhalten [62]).

In Achau (Allgäu) brechen viele Leute von den Bäumen, die am zweiten Fronleichnamfest die Kirche schmükken (meist sind es Buchen oder Espen), Zweige ab, um sie an die Fensterscheiben zu heften und so das Haus vor B. zu schützen [63]). Ähnliches berichtet Wuttke von der b.abwehrenden Kraft der von der

15. [60]) SAVk. 21 (1917), 202. [61]) Vgl. John *Erzgebirge* 205: Gegen B. wird das Haus zu Johannis mit Kränzen behängt; s. a. Kapff *Festgebräuche* Nr. 2 ,16 (Kranzmotiv). [62]) Reiser *Allgäu* 2, 108; ZfVk. 23 (1913), 117. [63]) Reiser *Allgäu* 2, 147; vgl. Schramek *Böhmerwald* 156. [64]) Wuttke 304 § 448. [65]) Blunt *Ursprung religiöser Zeremonien u. Gebräuche der röm.-kath. Kirche*. Leipz. und Darmst. (1826) 186. [66]) Mitteil. Anhalt. Gesch. 14, 15. [67]) Meyer *Germ. Myth.* 197. [68]) Ebd. 218. [69]) Ebd. [70]) Ebd. [71]) Mannhardt 1, 229. [72]) John *Erzgebirge* 26. [73]) Jelmstorf Kr. Ülzen: Kück *Wetterglaube* 142. [74]) Mannhardt 1, 220. [75]) Kapff *Festgebräuche* 2, 19; s. a. 16. [76]) Kück *Wetterglaube* 148. [77]) Strackerjan 2, 109. [78]) Kück *Wetterglaube* 146. [79]) Urquell N. F. 1 (1897), 268. [80]) Vgl. Kück *Wetterglaube* 145 ff. [81]) Grimm *Mythol.* 1, 168. [82]) ZfVk. 19 (1909), 429. [83]) Kück *Wetterglaube* 149; Heimatklänge aus dem Kreis Burgdorf 5, 21. [84]) Kück a. a. O. [85]) Meyer *Germ. Mythol.* 110; Ders. *Mythol. der Germ.* 357. [86]) Ders. *Germ. Myth.* 111. [87]) ZfVk. 8 (1898), 340. [88]) Kück *Wetterglaube* 148; Strackerjan 2, 109. [89]) ZfVk. 21 (1911), 259. [90]) Hopfner *Offenbarungszauber* 1, § 437. [91]) Meyer *Baden* 361. [92]) Strackerjan 2, 178. [93]) Lüneburger Heide: Kück *Wetterglaube* 154. [94]) Boll *Offenbarung* 28: Zitat aus Cat. cod. astr. VII, 179, 24. [95]) Kück *Wetterglaube* 150 ff. [96]) ZfVk. 15 (1905), 315. [97]) Meyer *Germ. Myth.* 217. [98]) Egerl. 4 (1900), 33. [99]) Schramek *Böhmerwald* 237. [100]) SchwVk. 5, 2 (Baselland).

III. Christlich-antiker B.-aberglaube. Wo wir christlichen oder auch durch das Christentum mitgebrachten antiken B.vorstellungen begegnen, faßt man den B. als bösen Dämon auf, den man mit allerlei Zauberhandlungen vom Hause fernhalten muß. In erster Linie soll man sich beim B.en bekreuzigen, ferner nicht unter der Türe stehen bleiben, Fenster und Türen schließen [101]), „daß der Glast den Auge nit wehtuet" (Hebel) [102]). Es muß wohl daran gedacht sein, daß Gott sich im B. und Donner offenbart und es profan ist, dann nach ihm neugierig zu schauen oder nach ihm zu zeigen, denn wer nach dem B. mit dem Finger zeigt, dem wird derselbe verletzt [103]) (Öhlstorf, Kr. Winsen, Lünebg. H.). Andrerseits faßt man ihn als bösen Dämon, der vor dem Kreuzeszeichen weicht wie der Teufel. Der Glaube an die b.abwehrende Kraft des Kreuzzeichens ist in ganz Süd- und Mitteldeutschland, der Schweiz, Böhmen und Schlesien verbreitet [104]). In Böhmen legt man Schaufeln kreuzweise übereinander [105]).

Ein bekanntes Abwehrmittel alles Zauberglaubens ist das Rezitieren von heiligen Sprüchen, d. h. Bibel- und Gesangbuchversen. Vor allem die Naturpsalmen mit Schilderungen Gottes im Gewitter haben beschützende Wirkung, weil der Inhalt dieser Verse stark die Donarfigur der germanischen Mythologie stützt [106]). In die gleiche Sphäre gehören die Himmelsbriefe [107]), die den Träger wie gegen Stich und Hieb, so auch gegen B.schaden schützen sollen. Endlich gewisse b.beschwörenden Charakter tragende Worte, die beim Aufleuchten des B.es zu sprechen sind und den Schutz Christi erflehen: „Helf is Gott" oder (bezeichnend!) „Helf is Gott un verzeih is Gott" [108]). Ähnlich im Kanton Schaffhausen: „Helfis Gott" [109]). Im Bergischen hat sich ein alter Spruch erhalten: „Jises Wahles! Herus Wahles! Jodes Wahles!", dessen Wortsinn indes unklar ist [110]).

Die Deutung des B.ens in einem religiös-christlichen Sinne ist mir nur aus dem Südosten Deutschlands und aus Böhmen (s. o. Sp. 1414) bekannt. Das B.en wird dort als Öffnen des Flammenhimmels angesehen. „Wenn es blitzt, tut sich der Himmel ganz auseinander, dann wird er frei", heißt es bei den Wenden [111]); „wenn es blitzt, dann öffnet Gott ein Fenster oder eine Türe des Himmels" (Böhmen) [112]). In Böhmen glaubt man auch, die Helligkeit des B.es entspreche der Helligkeit des Himmels; beim Öffnen des Flammenhimmels vermochte man Engelchöre zu sehen [113]). Zu dem letzten Glauben ist als Parallele zu notieren, daß man in jüdischen Schriften der nachtalmudischen Zeit die Engel als B.e bezeichnet [114]).

Rein antiker B.aberglaube hat sich nur sehr wenig erhalten, trotzdem im späten MA. [115]) und der Reformationszeit die antiken, vor allem etruskischen B.lehren verbreitet waren, wie die weitläufigen Auseinandersetzungen bei Conrad v. Megenberg [116]), die im wesentlichen aus Plinius [117]) stammen — dieser wieder excerpierte für die abergläubischen Vorstellungen den Etrusker Caecina [118]), — beweisen. Auch das Wetterbüchlein (s. d.) von 1549 bietet einiges: „Werden aber mer plitzem gesehen dann donner gehôrt, so wirt der wind von dem tail, da die plitzen hergeen" [119]); vgl. Cat. cod. astr. IV 129, 5: (ε)ἰ ἐν καρκίνῳ βροντήσῃ, ἄνεμοι μεγάλοι πνεύσουσι. Beziehungen zwischen B.richtung und Erdgegend spielen in der etruskischen B.literatur eine große Rolle [120]). Von sonstigen B.weissagungen ist wenig bekannt: in Schlesien prophezeit man aus B.wahrnehmung in der Kirschblütezeit ein kirschenarmes Jahr [121]), während man in Württemberg im Gegenteil darin ein Zeichen für großen Obstreichtum sieht (so in Geislingen) [122]).

Antik scheint mir aber ein Berner Brauch zu sein: Gegen B.schlag, heißt es da, muß man bei einem Gewitter ein Leintuch mit drei Zipfeln unter die Dachtraufe halten [123]), dazu vgl. Geoponica I, 16: ἱπποποτάμου δέρμα κατόρυξον ἐντὸς τοῦ χωρίου, καὶ οὐ πεσεῖται κεραυνὸς ἐκεῖσε: hier wohnt einer Haut b.abwehrende Kraft inne.

Ob die Sitte, durch Geräusch den B. zu bannen (s. Wetterläuten), wie man einen Dämon bannt, dem antiken Zauberglauben entstammt [124]) oder aus einem allen Völkern in einer Stufe gemeinsamen Zauberglauben heraus bei uns bodenständig war, vermag ich nicht zu entscheiden. Man neigt dazu, sie als antik anzusehen. Pauken, Klappern und Bekken sind bei der Zeremonie von hervorragender Bedeutung [125]). Seit dem MA. verwendet man geweihte Glocken zur Abwehr der B.dämonen. Viele Glockeninschriften sagten dies von ihren Glocken aus: Waldenburgertal: ad fugandos daemones; St. Martino zu Ponte Valentino: huius campanae sonus vincit tempestates, daemones repellit. Die Glokke des Erfurter Doms (1497) rühmt sich der B.- und Dämonenabwehr: fulgur arcens et daemones malignos. Schaffhausen (sog. „Schillerglocke") und St. Johann (Schweiz): fulgura frango [126]).

[101]) ZfVk. 11 (1901), 152; Bartsch *Mecklenburg* 2, 205. [102]) *Statthalter v. Schopfheim* Z. 6. [103]) Kück *Wetterglaube* 145; vergl. Alemannia 24, 155. Selbst nach B. wolken zu deuten ist gefährlich: Schramek *Böhmerwald* 236. [104]) John *Westböhmen* 239; ZföVk. 13 (1907), 134; Urquell 3 (1892), 108; Manz *Sargans* 87. [105]) Wuttke 304 § 448. [106]) Kück *Wetterglaube* 145. [107]) Strackerjan 2, 109; Kück *Wetterglaube* 149 f. [108]) Südbaden: Hebel *Statthalter v. Schopfheim* Z. 5; Meyer *Baden* 363. [109]) Unoth 188; SAVk. 11 (1907), 230. [110]) Montanus *Vorzeit* 1, 21. [111]) Schulenburg *Wend. Volksth.* 164. [112]) Grohmann 36 Nr. 205. Dort aus slavischer Mythologie erklärt; vgl. aber Chantepie de la Saussaye *Lehrb. der Relig.* 2, 509 f. [113]) Grohmann 37 Nr. 208. [114]) ZfVk. 7 (1897), 237. [115]) Vgl. auch Einhard *Vita Caroli* c. 32: der B. schlägt vor dem Tode Karls d. Gr. ins Aachener Münster. [116]) Megenberg *Buch der Natur* 76 ff. [117]) Plin. *nat. hist.* II, 112. 135. [118]) Ebd. II, 137—148; vgl. Pauly-Wissowa 7, 2441 ff. [119]) Wetterbüchlein Ausg. v. 1510, S. 9 Mitte. [120]) Pauly-Wissowa 7, 2442. [121]) Urquell 3 (1892), 108. [122]) Eberhardt *Landwirtschaft* Nr. 3, 13; ZfVk. 4 (1894), 400. [123]) SAVk. 7, 139. [124]) Stemplinger *Aberglaube* 86. [125]) Ebd. [126]) Ebd.

IV. In seiner Herkunft zweifelhafter Aberglaube. Wuttke berichtet aus Baden u. der Lausitz: „Solange ein Kind im Hause ist, welches noch nicht sprechen kann", schlägt der B. nicht ein [127]). Verwandt ist die Scheu des B.-dämons (?) vor einem Leichenzug in Dimbach-Weinsberg (Württemberg) [128]). Höhn, der die letztgenannte Anschauung beibringt, glaubt, die B.sicherheit eines Leichenzuges auf das dabei stattfindende dämonenabwehrende Glockengeläute zurückführen zu können [129]). Wichtig ist auch der Glaube der Erzgebirgler, daß das Haus eines, der in der Passionswoche begraben wurde, vor B.schlag behütet ist [130]).

[127]) Wuttke 305 § 448. [128]) Höhn *Tod* Nr. 7, 345. [129]) S. oben unter III Ende. [130]) John *Erzgebirge* 128.

V. Als Erfahrungstatsache endlich ist es aufzunehmen, wenn von der apotropäischen Wirkung des Eisens gesprochen wird. Es kann kaum Aberglaube in Betracht kommen, wenn man im Allgäu gegen B.schlag unweit vom Hause eine Sense aufstellt [131]). Diese stellt in ihrer Art einen primitiven Blitzableiter dar (dem wirklichen B.glauben ist das Aufstellen eines B.ableiters ein Eingriff in die Rechte Gottes s. o. II, 1, a). Nicht anders scheint man die Gewohnheit mancher Gegenden werten zu dürfen, die Messern, Gabeln, Beilen oder Scheren b.abwehrende Kraft zuschreiben [132]) oder deren Bewohner wie im Berner Gebiet gegen B.schlag ein Besteck unter die Dachtraufe legen [133]). Das Vertrauen in die schützende Wirkung dieses Tuns scheint sich doch aus der Erfahrung, daß Eisen den B. ableitet, zu erklären. Mit andern Worten: es ist kein Volksglauben bei diesen Bräuchen im Spiel, da sie nach ihren Wurzeln keinen Zusammenhang mit religiösem Gefühl haben.

[131]) Reiser *Allgäu* 2, 430. [132]) Stemplinger *Aberglaube* 81. [133]) SAVk. 7, 139. Stegemann.

Blitzamulette sind entweder Donnersteine (sog. Grummelsteine) = versteinerte Belemniten und Echineten, die als Thorhämmer flur- und hausbeschützende Kraft haben (s. Blitz II, 2, b) oder Blitzbaumhölzer (s. d.). Ein anderes B., dessen Wurzeln kaum in der germanischen Mythologie zu suchen sein dürfte, beschreibt Stoll: „Drei junge Kleeblätter, drei junge Erdbeerblätter, jedes an sich wieder dreiteilig und am Johannistag (s. d.) gepflückt, müssen in ein weißes viereckiges Täschchen eingenäht werden. Das Täschchen muß mit einem Kreuzstich (!) vernäht sein“ [1]).

[1]) Stoll *Zauberglaube* 170. Stegemann.

Blitzbaumholz nennt man die von blitzgetroffenen Bäumen stammenden Späne. Obgleich es in Westböhmen [1]) heißt, man dürfe Holz von einem blitzgetroffenen Baume nicht im Hause aufbewahren (verbrennt man gar solches B., so läuft einem das Feuer aus dem Ofen heraus) [2]), weil es den Blitz ins Haus ziehe (s. Blitz II, 2, a), ähnlich wie man in der Oberpfalz von dem weiteren Gebrauch von blitzgetroffenem Ackergerät warnt [3]), gelten B. er doch in den meisten deutschen Gegenden als Schutz, nicht nur gegen den Blitz selbst, sondern auch gegen andere Übel, vor allem Krankheiten. Die Erklärung des einzelnen B.zaubers ergibt sich meist aus der germanischen Mythologie. So ist außerordentlich weit der Brauch verbreitet, durch Eingraben [4]) eines solchen B.es oder durch Eintreiben desselben in den Pflug [5]) die Felder vor Unkraut (Disteln) zu schützen. Damit ist eine speziell württembergische Anschauung verwandt, daß B. vor Würmern sicher sei (O. A. Marbach) [6]). Besonders gern werden B.er als Mittel gegen Zahnschmerz verwendet. Wir kennen den Brauch aus der Mark, Westfalen, Böhmen, Pfalz, Voigtland, Sachsen und Litauen [7]). Man fertigt sich beispielsweise (in Bayern) Zahnstocher an aus dem Holz eines im Frühjahr zuerst vom Blitz getroffenen Baumes [8]). Die gleiche Heilkraft für kranke Zähne haben Zahnbürsten [9]), die aus solchem Holze hergestellt sind. Ein Zettel, der 1811 von einem Bauern in der Nähe von Leipzig geschrieben worden ist, enthält folgende interessante Anweisung: „Für Zahnschmerzen. Man nehme von einem Stück Holz, das der Donner Blitz berieret hat, es mag von einem Baume oder sonst woher es wolle .... ein Stück wie eine halbe welsche Nuß groß und nehme es in den Mund auf den Zahn. Dieses hilft ganz gewis, bis auf eine Viertelstunde kann man wohl brauchen, bei mir hat es aber viele Mal in fünf Minuten geholfen, welches ich gewis bei 100ten selbst getan habe, mir aber keinen Nutzen gebracht hat. ist sehr probat. 1. III. 1811 Heinrich Schmidt“ [10]). Weiter bannt man Zahnschmerz durch Einnageln (s. vernageln) von Holzstiften aus B. Dieselben werden unter Beobachtung gewisser Formeln am Karfreitag vor Sonnenaufgang in einen Baum geschlagen (Voigtland) [11]). Weiter heilen B.er Krämpfe, Gicht und Brüche [12]). Im Voigtlande vernagelt man zur Bannung der Krankheit das B. [13]), in Sachsen vergräbt man es. Einem bruchkranken Kinde legt man einen Splitter von einer Weide, in die der Blitz geschlagen hat, dreimal drei Tage lang auf und vergräbt ihn an einem abgelegenen Ort, wo niemand hinkommen kann [12]).

Auch in anderer Weise ist der Besitz von B. sehr von Nutzen. Wer solche

Späne mit sich trägt, erlangt große Stärke (Böhmen)[14], in das Heft eines Schwertes eingeschlossen, verleihen sie diesem die Kraft, jedes andere Schwert in Stücke zu schlagen[15]. Pappelholz, vom Blitz getroffen, schützt den Soldaten vor feindlichen Kugeln, hinter eine Schießscheibe gelegt, kann der Schütze dieselbe nicht treffen[17]. Holzhauer im Voigtlande machen aus B. Keile, um beim Holzspalten Erleichterung zu haben; so ist ihnen Donar behilflich, wie der Name Donnerkeile für dieses Hilfsmittel beweist[18].

Zum Schluß sei noch ein wotjakischer Glaube notiert: Wenn Du das von Inmar blitzgetroffene Holz zu einer Kirez-Harfe (halbkreisförmige Harfe) verarbeitest, wird die Harfe gutklingend sein[19].

[1]) John *Westböhmen* 240. [2]) Böhmen: Wuttke 97 § 121. [3]) Ebd. 14 § 11. [4]) Sartori *Sitte und Brauch* 2, 64; Wuttke 415 § 646 (ebd. 99 § 121). [5]) ZfVk. 14 (1904), 137. 146. [6]) Bohnenberger Nr. 1, 23. [7]) Mark: Woeste *Mark* 54; Westfalen usw.: Wuttke 97 § 121; Voigtland: Köhler *Voigtland* 413 f.; Sachsen: Seyfarth *Sachsen* 249; Litauen: Frischbier *Hexensp.* 103. [8]) Lammert 236. [9]) Wuttke 351 § 526. [10]) Seyfarth *Sachsen* 249. [11]) Köhler *Voigtland* 413 f. [12]) Krämpfe: Hovorka u. Kronfeld 2, 208; Gicht: ZfVk. 21 (1911), 259; Bruch: John *Erzgebirge* 110. [13]) Köhler *Voigtland* 413 f. [14]) Grohmann 40 Nr. 239. [15]) Wolf *Beiträge* 1, 67. [16]) SAVk. 19, 217. [17]) SAVk. 19, 217; Mitteil. Anh. Gesch. 14, 9. [18]) Köhler *Voigtland* 417. [19]) Urquell 4 (1893), 89. Stegemann.

Blitzfeuer. Ist es trotz aller Schutzmittel nicht möglich gewesen, das Einschlagen des Blitzes zu verhüten, so entsteht das B. Es hat die unheimliche Eigenschaft, mit Wasser nicht gelöscht werden zu können. Übergießt man es mit Wasser, so kann man Gefahr laufen, wie es bei den Wenden heißt, den Blitzbrand noch zu vergrößern[1]. Zu löschen ist ein B. nur durch saure Milch oder durch Jauche, ferner durch Blut, Salz oder Bier[2]. Für das Letztere ist die Erklärung wohl darin zu suchen, daß man dem Blitz als Attribut Donars ein Fruchtbarkeitsopfer darbringen muß, um den Gott zu versöhnen. In Schwaben glaubt man, daß ein B. überhaupt nicht zu löschen sei, ebenda ist (wie ähnlich auch in Böhmen und Schlesien) die Ansicht verbreitet, daß der Blitz das B. nur selbst wieder auslöschen kann, indem auf den ersten sogleich ein zweiter, sog. kalter Streich folgt[3]. Der Glaube, daß B. nicht durch Wasser gelöscht werden kann, ist vielleicht (?) auf eine naturwissenschaftliche Theorie des Aristoteles, die über Plinius und Seneca im MA. in Deutschland Eingang fand[4], zurückzuführen. Aristoteles vertrat nämlich die Ansicht, daß der Blitz in den regenschwangeren Gewitterwolken entsteht, indem die in ihnen eingeschlossenen Feuerausstrahlungen der Erde durch das Aneinanderstoßen der Gewitterwolken frei werden und zur Erde niederfahren[5]. Die Feuerausstrahlungen sind demnach durch den Wasserdampf der Wolken nicht beeinflußt.

[1]) Schulenburg *Wend. Volksth.* 164. [2]) Sartori *Sitte u. Brauch* 2, 18; Birlinger *Aus Schwaben* 1, 401; Urquell 4 (1893), 89; ZfVk. 16 (1906), 171; Schulenburg *Wend. Volksth.* 125. [3]) Meier *Schwaben* 2, 502 Nr. 354; 1, 258 Nr. 289, 1; Grohmann 37 Nr. 215; Drechsler 2, 138. [4]) Megenberg *Buch der Natur* (ed. Pfeiffer) gibt seitenweise die aristotelischen Lehren aus Plinius wieder. [5]) O. Gilbert *Die metereologischen Theorien des griech. Altertums* 629 f. Stegemann.

Blitzsteine (Strahlsteine). B. sind alle bei einem Gewitter vom Himmel angeblich herabfallenden Steine, wie Donnerkeil, Belemnit, Echenit (s. d.). Im besonderen versteht man unter B.n spitzige Quarzkristalle, die sich in Bäumen vorfinden sollen, in die der Blitz schlug[1]. In Kärnten glaubt man noch heute, beim Gewitter fielen kleine Bergkristalle vom Himmel herab[2]. Gesner berichtet, in manchen Gegenden der Schweiz werde der Kristall von den Leuten „Strahlstein" genannt, da sie überzeugt seien, er falle vom Blitz herab oder werde durch ihn erzeugt; die Gestalt des Kristalls habe diesen Aberglauben veranlaßt[3], vielleicht auch die Beobachtung, daß der Quarz, mit Stahl geschlagen, Funken gibt.

s. a. Blitzfeuer.

[1]) Meier *Schwaben* 1, 254; Schönwerth *Oberpfalz* 2, 124 Nr. 4; Wuttke 91 § 111; Stemplinger *Aberglaube* 63. [2]) Mannhardt *Germ. Myth.* 109⁴ = ZfdMyth. 3 (1855), 29, 11. [3]) Gesner *d. f. l.* 66; vgl. Bergmann 534 (Strahlstein); Bohnenberger 23; Lütolf *Sagen* 385.
Olbrich.

Blocksberg.

1. Name. Der Brocken gilt seit dem 17. Jh. hauptsächlich als Versammlungsort der Hexen und wird als solcher meist B. genannt. Der Brocken ist als höchste Erhebung des Harzes weithin sichtbar und durch besondere Wolkenbildungen [1]) am Gipfel (Wetterprophet, s. Berg 10) auffallend. Auf dem baumlosen Gipfel ragen hohe Felsen empor, zwischen denen ein angeblich nie versiegender Quell hervorsprudelt. Hier soll die wilde Jagd ihr Spiel treiben [2]). Auch die Höhlenbildungen haben dazu beigetragen, daß man den Berg seit alter Zeit als Sammelplatz böser Geister und als Verwünschungsberg angesehen hat. Der ältere an dem Berge haftende und bei den Anwohnern gebräuchliche Name ist Brocken. Die Bezeichnung B. ist auch außerhalb des Harzes — in der Oberpfalz [3]), bei Ansbach [4]), im Bergischen [5]), für zahlreiche Hügel in Schleswig-Holstein [6]), in Hinterpommern [7]), in Ost- und Westpreußen [8]), bei Budapest [9]) — gebräuchlich, stets für Berge, die als Verwünschungsberge und Sammelpunkt von allerlei Unholden gelten [10]). Im Braunschweigischen wünscht man etwas nicht ins Pfefferland, sondern auf den B. [11]). Ob im Münchner Nachtsegen (Anfang des 14. Jhs.), der ältesten bekannten Erwähnung, der *brochelsberg* als Aufenthaltsort (Verbannngsort) [12]) nächtlicher Geister und Hexen oder als Versammlungsplatz der Hexen im späteren Sinne aufzufassen ist, wird aus der Stelle nicht klar. In einem Beichtbuche (Hs. aus dem Ende des 14. Jh.) wird der *brockesberg* schon als Hexenversammlungsort erwähnt [13]). J. Grimm nimmt an, daß B. durch Übergang des *r* in *l* aus Brocksberg — vgl. *Broccenbergus* (1581) und *Bloccenbergus* (1588) [14]) — entstanden ist und sich mit dem schwedischen Blåkulla nicht berührt [15]). Eine Etymologie der Namen ohne mythologische Beziehungen deuten Grimm (DWb s. v. Brocken), ähnlich (aber ausführlicher) Grienberger [15a]) an.

[1]) Praetorius *B.* 82 ff.; Sahlgreen in NoB. 1915, 128 ff. [2]) Behrens *Hercynia curiosa* (1703), 136; vgl. Meyer *Religgesch.* 68. [3]) Schönwerth *Oberpfalz* 1, 383 Nr. 17. [4]) Ebd. 3, 178. [5]) Schell *Berg. Sagen* 131 Nr. 21. [6]) Müllenhoff *Sagen* 564 Nr. 570. [7]) Knoop *Hinterpommern* 68. [8]) ZfdMyth. 3, 321; Frischbier *Hexenspr.* 1 f. [9]) Wlislocki *Magyaren* 112. [10]) Andree *Braunschweig* 274 = Zs. d. Harzver. 3, 827. [11]) Ebd. 274. [12]) ZfdA. 41, 343. [13]) Grimm *Myth.* 879, fälschlich ins 15. Jh. verlegt; s. MschlesVk. 17, 44. [14]) ZfdMyth. 3, 321. [15]) Grimm *Myth.* 878 Anm. 2. Zu Blåkulla NoB. 1915, 100 ff. [15a]) ZfdA 41, 344.

2. Zeit. Prätorius gibt als B.zeiten Johannis, Allerheiligen, 1. Mai, Fastnacht, St. Michael, Weihnacht, 25. März an [16]). Im neueren Volksglauben fahren die Hexen vor allem in der Walpurgisnacht (die Nacht zum 1. Mai) [17]), dann in der Johannisnacht [18]), zu Weihnachten [19]), St. Michael [20]), in der Neujahrsnacht [21]), zu nicht näher bezeichneten, aber jährlich wiederkehrenden Zeiten [22]) auf den B. (s. Hexentage).

[16]) Praetorius *B.* 513. [17]) Andree *Braunschweig* 274; Müllenhoff *Sagen* 212; Pollinger *Landshut* 213; Schönwerth *Oberpfalz* 1, 383 Nr. 17; Kuhn *Westfalen* 2, 155 Nr. 434; Frischbier *Hexenspr.* 1 f. [18]) Strackerjan 1, 386. [19]) Frischbier *Hexenspr.* 1 f. [20]) Kuhn u. Schwartz 375 f. [21]) Knoop *Hinterpommern* 68. [22]) ZfVk. 4, 214.

3. B.fahrt. Die Hexen reiten auf Böcken, Ziegen, Kälbern, Säuen, Wölfen, Katzen, Hunden, Rocken, Ofenkrücken, Ofen-, Mist-, Heugabeln, Schaufeln, Besen, Raufen, Backmulden, Kleidern, Bürsten, Hüten, Mänteln [23]), auf Elstern [24]), häufig auf Menschen (s. Hexenzaum), auf einem schwarzen dreibeinigen Pferd [25]), auf dem Satan [26]), durch den Schornstein ihres Hauses ausfahrend mit Windeseile auf den B. Darauf anspielend sagt man beim unvorsichtigen Handhaben scharfer Geräte oder bei stumpfen nicht mehr gebrauchsfähigen Gegenständen: darauf könnten die Hexen nach dem B. reiten [27]). Oft schmieren sie sich oder die Gegenstände mit der Hexensalbe (s. d.) dazu

ein [28]) und sagen: oben aus und nirgend an [29]) (s. Hexenfahrt). Mitunter heißt es, nur der Teufel hätte sie hingeführt [30]). Eine ganze Gesellschaft fährt, sich in aller Teufel Namen auf eine Schwinge setzend, fort [31]). Unterwegs ruhen sie an Dornhecken aus, brechen die Spitzen des Weißdorns aus und essen sie [32]). Während die Hexe auf der Fahrt ist, liegt an ihrer Stelle ein Baumstrunk oder Besen im Bett [33]). Nach anderer Überlieferung fährt nur die Seele der Hexe aus, ihr Körper liegt wie tot im Bett [34]).

[23]) Praetorius *B.* 295. [24]) Kuhn u. Schwartz 378 Nr. 46. [25]) Frischbier *Hexenspr.* 1 f. [26]) Bartsch *Mecklenburg* 2, 23. [27]) Maack *Lübeck* 98. [28]) Praetorius *B.* 295. [29]) Ebd. 301. [30]) Bartsch *Mecklenburg* 2, 17. [31]) Urquell 3, 101. [32]) Kuhn *Westfalen* 2, 155 Nr. 434. [33]) Niderberger *Unterwalden* 2, 154. [34]) Müllenhoff *Sagen* 564 Nr. 570; Vernaleken *Alpensagen* 128; Strackerjan 1, 131; vgl. Klapper *Schlesien* 216.

4. Teilnehmer. Oft werden junge Mädchen überredet mitzufahren, um dem Teufel neue Anhänger zu verschaffen. Diese müssen sich dann meist in ein Buch eintragen (s. Hexenzunft), werden aber oft durch die Nennung des Namens Gottes oder Jesus gerettet. Noch im vorigen Jahrhundert (1860 und 1872) meldeten sich in mehreren Gemeinden in Dalarne (Schweden) bis zu 83 Kinder, die angeblich von älteren Frauen auf den B. mitgenommen worden waren, bei den Pfarrern [35]). In der Zeit der Hexenprozesse lauteten viele Anschuldigungen dahin, die Betreffenden seien auf dem B. gesehen worden. Im nördlichen Deutschland wurde aber Ende des 17. Jhs. nachgeforscht, ob eine Anschuldigung auf gutem Grunde beruhe oder nur auf teuflischer Verblendung, wozu auch die Beschuldigung gehörte, jemand auf dem B. gesehen zu haben [36]). Als Teilnehmer der B.fahrten werden alte Leute, unverständige Kinder, Weiber, Männer, geringen und hohen Standes, Kaiser, Fürsten, Freiherren, Edelleute, Päpste, Bischöfe, Priester und Doctores aller Fakultäten genannt [37]). Eine Versammlung sei so groß gewesen, daß bei der Verteilung von einem Hinten Erbsen auf jeden nur eine gekommen sei (Ülzener Hexenprozeß 1611) [38]). Außerdem gibt es zahlreiche Geschichten von Neugierigen, die Hexen bei der Ausfahrt belauschen, sich mit der Salbe schmieren und den Spruch falsch nachsagen: oben aus und überall an, sich deshalb halb oder ganz totschlagen, oder seltener schließlich doch auf dem B. ankommen [39]) (s. Hexenfahrt). Solche Eindringlinge müssen, besonders wenn durch die Nennung Gottes die ganze Hexenversammlung verschwunden ist, oft sehr weit wandern, um wieder in ihre Heimat zurückzukommen [40]). Um die B.-fahrt mitmachen zu können, braucht man im Braunschweigischen nur zu sagen: Ik verswâre ûsen Hergott un glǒwe an düssen pott [41]). Die B.fahrt wird jetzt natürlich oft ins Scherzhafte gezogen, so ruft man am 1. Mai den Frauen zu: Na biste ôk hûte nacht up'n B. west [42])?

[35]) Svenska Landsmål 1922 H. 2, 9 ff. [36]) Soldan-Heppe 2, 228. 246. [37]) Praetorius *B.* 129. [38]) Soldan-Heppe 2, 106. [39]) ZfrwVk. 1906, 201. [40]) Bräuner *Curiositäten* 44 ff. = Praetorius *B.* Kap. 1; Kuhn u. Schwartz 154, 217. [41]) Andree *Braunschweig* 276. [42]) Ebd. 274.

5. Abwehr. Zu Walpurgis werden alle Besen und Ofengeräte versteckt [43]), damit sie die Hexen nicht als Reittier benützen können. Ebenso werden Ziegen und Böcke aus dem Stalle genommen und irgendwo zusammengesperrt. Eggen werden mit den Spitzen nach oben aufgestellt, Maien gesetzt, Fenster und Türen mit Kräutern besteckt, Kreuze an die Stalltüren gezeichnet [44]). Wenn die Hexen schon nichts anderes mitnehmen, so Späne von der Tür zum Feueranmachen [45]). Zur Abwehr dient auch das sog. B.reiten verkleideter Knaben, die auf Besen reitend durch die Straßen toben [46]) (s. Hexenschutz, -vertreiben).

[43]) Kuhn u. Schwartz 35. [44]) Fehrle *Volksfeste* 63. [45]) Mannhardt *Germ. Mythen* 25 = Praetorius *B.* 437. [46]) Bartsch *Mecklenburg* 2, 264 f.; Fehrle *Volksfeste* 63.

6. Hexen sehen. Man kann die auf den B. fahrenden Hexen sehen, wenn man einen Kranz von Tausendguldenkraut aufsetzt, oder einen Kreis aus

Schlangenhaut um sich legt, oder Kopf und Leib mit Dost und Baldrian umwindet [47]), oder aus einem ziemlich verfaulten Sarg ein Gestell macht und sich damit auf dem B. unter eine Egge stellt [48]), wenn man sich in der Geisterstunde an einem Kreuzweg verbirgt [49]).

[47]) Meyer *Germ. Myth.* 141 = Pröhle *Harzsagen* 39 f. [48]) Knoop *Hinterpommern* 68. [49]) Andree *Braunschweig* 274.

7. B.fest (s. Hexenfest). Ein Teich mit grünem Wasser geht um den B., und es schwimmt eine goldene Krone darauf, aber es ist nur des Teufels Trug [50]). Auf dem B. ist ein Teich mit Karpfen [51]) und anderen Fischen [52]). Neben der nie versiegbaren Quelle steht ein muldenförmig ausgehöhlter Granitblock, der sog. Teufelsnapf. Nach dem Ritte kühlen sich die Hexen in diesem Waschbecken. Der Teufel besprengt sie auch daraus zum Anfang und vor dem Heimritt mit Wasser [53]). Mitten auf dem Feld steht ein Thron mit einem Bock, den alle Anwesenden auf das Hinterteil küssen müssen [54]). Die Hexe, die als letzte kommt, muß sich vom Teufel als Hackblock, auf dem er seine Würste bereitet, benützen lassen [55]). Die Hexen erzählen dem Teufel ihre Taten [56]) und erhalten Ratschläge von ihm [57]). Mit dem Teufel und anderen bösen Geistern treiben sie Unzucht [58]).

a) Essen. Man setzt sich auf Grasbänke, die in die Erde gegraben sind, es stehen Kirschen, Äpfel, Birnen da [59]), der Tisch ist mit Gras bestreut [60]). Ochsen werden geschlachtet und Wein wird getrunken [61]). Braten und Bier trägt der Schwarze selbst auf [62]). Aber auch Wischtücher werden gebraten und gegessen [63]). Das Mahl wird ohne Salz genossen [64]). Mitgenommene Speisen erweisen sich am nächsten Tag als Kot [65]).

b) Tanz. Wenn eine Hexe beim Tanzen hinfällt, sagt der Teufel: du wirst dieses Jahr brennen [66]), oder nun mußt du sterben [67]). Eine Hexe stellt der Teufel auf den Kopf, sie muß als Lichthalter dienen, die anderen tanzen um sie herum [68]). Es wird auf einer gespannten Leine linksherum [69]), oder mit dem Gesicht nach außen getanzt [70]). Es heißt, die Hexen müßten auf dem B. den Schnee wegtanzen [71]) oder wegkehren [72]).

c) Musik. Gute Musikanten werden gerne auf den B. mitgenommen. Das Instrument, das sie erhalten, scheint den Spielern besonders gut zu klingen, erbitten sie es sich zum Mitnehmen, ist es hinterher ein toter Kater [73]). Auf dem Schwanz einer lebenden Katze [74]), auf einer Trommel, einem Schweinskopf [75]) wird musiziert; es wird gepfiffen und posaunt [76]).

Das Fest dauert drei Stunden, bis 12 Uhr [76a]) oder bis zum Hahnenschrei [77]) (eine Frau wurde um 1 Uhr wieder zurückgebracht) [78]) oder zwölf Tage [79]). S. Berg, Brocken, Hexenabwehr, -austreiben, -berg, -fahrt, -sabbat, -salbe, -schutz, -tanz, -zaum, -zusammenkunft.

[50]) Bartsch *Mecklenburg* 2, 27. [51]) Ebd. 2, 26. [52]) Ebd. 2, 19. [53]) Pfannenschmid *Weihwasser* 108 = Brederlow *Der Harz*² 299. [54]) Praetorius *B.* 205 mit Abbildung. [55]) Ebd. 35. [56]) Ebd. 392. [57]) Pollinger *Landshut* 109. [58]) Praetorius *B.* 83. 85; Pollinger *Landshut* 109. [59]) Bartsch *Mecklenburg* 2, 19. [60]) Ebd. 2, 10. [61]) Ebd. 2, 17. [62]) Ebd. 2, 20. [63]) Ebd. 2, 264. [64]) Praetorius *B.* 279. [65]) Andree *Braunschweig* 277. [66]) Bartsch *Mecklenburg* 2, 20. [67]) Ebd. 2, 10. [68]) Ebd. 27. 29. [69]) Frischbier *Hexenspr.* 1 f. [70]) Pfannenschmid *Weihwasser* 108. [71]) Kuhn u. Schwartz 35. [72]) ZfVk. 9, 234. [73]) Andree *Braunschweig* 277. [74]) Bartsch *Mecklenburg* 1, 115 f.; Knoop *Hinterpommern* 68. [75]) Frischbier *Hexenspr.* 1 f. [76]) Bartsch *Mecklenburg* 2, 16. [76a]) Pröhle *Unterharz* 118 Nr. 311. [77]) Praetorius *B.* 520. [78]) Bartsch *Mecklenburg* 2, 16. [79]) Kuhn u. Schwartz 375.

Weiser.

Blockziehen, eine Belustigung, die in Süddeutschland und in der Schweiz an bestimmten Tagen der Faschingszeit oder in ihrer Nähe vorgenommen wird, am Montag nach Invocavit (Blochmäntig, Blöchlitag, Blochfest), am Donatustage, am „unsinnigen Pfinztag" (Donnerstag vor Aschermittwoch) u. a. Sie besteht darin, daß die Burschen einen Baumstamm aus dem Walde holen, bekränzen und schmücken, auf einen Wagen oder Schlitten laden und unter Jauchzen und Schreien durchs Dorf führen. Auf dem

Block sitzt der Leiter des Festes, oder ein Narr läuft darauf hin und her. Rundum tummeln sich allerlei Masken[1]). In Naunders (Tirol) bohrt man ein Loch hinein und setzt ein verziertes Bäumchen hinein. Der Block wird dem Landrichter oder dem Geistlichen verehrt[2]). Das Ganze ist eigentlich eine Form der Maibaumeinholung, ein Zauber, der die Fruchtbarkeit des Frühlings übermitteln soll. Manchmal wird das Fest nur begangen, wenn längere Zeit oder während des Faschings keine Hochzeit stattgefunden hat[3]), und mitunter werden die Mädchen, die das Jahr über nicht unter die Haube gekommen sind, zum B. verurteilt[4]). Dann soll wohl der Vertreter der vegetativen Fruchtbarkeit auch die der Menschen günstig beeinflussen. Im St. Galler und Appenzeller Lande sammeln die Jünglinge Sägeblöcke und fahren sie in die Sägemühle oder den Müllern und Zimmerleuten vors Haus und lassen sie sich mit Wein abkaufen[5]).

[1]) Sartori *Sitte u. Brauch* 3, 103 f. [2]) Panzer *Beitr.* 2, 246. [3]) Sartori 3, 104 A. 58. In Steiermark am Ostermontag: Rosegger *Steiermark* 238 ff. [4]) Sartori 3, 104 A. 59. [5]) Vernaleken *Alpensag.* 353; SAVk. 11, 253 f.; Rochholz *Naturmythen* 6. Sartori.

Blödsinniger s. Geisteskrankheit.

bloß. Die Auswahl der hier zu behandelnden Fälle ist ganz zufällig abhängig von dem willkürlichen Gebrauch der Epitheta „bloß" und „nackt"; das Entblößen eines Körperteiles beruht auf der aus rituellen, oft auch moralischen Gründen beschränkten Nacktheit des Körpers bei Trauer[1]), Buß- und Krankheitswallfahrten, Zauber- und Gegenzauberhandlungen der verschiedensten Art. Während nach Andree[2]) z. B. 1518 eine Wallfahrt nackend und mit ausgebreiteten Armen gelobt wurde, kennen wir zwei Fälle, wo man mit nackten Knien um den Altar geht (vgl. barfuß 2). Bei Zauberhandlungen spielt besonders das Entblößen oder Verhüllen der Hand eine Rolle: Will man in der Lotterie[3]) gewinnen, so muß man vor Georgi einen Schmetterling mit bloßer Hand fangen, und dann setze man das Datum und die Zahl der schwarzen Flecken, die er hat; häufiger ist das Verbot, mit bloßer Hand eine Zauberhandlung vorzunehmen: Beim Pflücken gewisser Pflanzen zu Zauberzwecken tritt oft zum Gebot der Barfüßigkeit (s. barfuß) noch die Auflage, beim Pflücken die Hand mit einem (weißen) Tuch zu umwickeln[4]): auf diese Weise pflückt in Böhmen der Bursche das vierblätterige Kleeblatt[5]), das er dem Mädchen in die Schuhe legt; nach einem Liebeszauber[6]) darf man den grünen Laubfrosch, den man zum Zauber braucht, nicht mit bloßer Hand anfassen. Im Gegenzauber darf man das unter der Schwelle versteckte Liebeszaubermittel[7]) nicht mit bloßer Hand anrühren, sondern muß es in ein altes Tuch hüllen und ins Wasser werfen; dagegen muß das Mädchen das Kleeblatt[8]) mit bloßer Hand aus dem Schuh nehmen und herauswerfen, damit der Zauber aufhört. Die Wurzeln eines ausgegrabenen Baumes, den man versetzen will, darf man nicht mit bloßer Hand berühren, sonst gedeiht er nicht[9]). Ein säugendes Weib soll das Herz nicht entblößen[10]), damit die Milch nicht erkalte und das Kind keinen Schaden nehme; sie soll auch nicht mit bloßen Füßen den Boden berühren[11]). Nach Zimmermann herrschte zu seiner Zeit der Aberglaube, man dürfe nach dem Abendmahle drei Tage nicht mit bloßen Füßen auf den Boden treten[12]), nicht mit bloßem Haupte gehen, sondern eine weiße Haube aufsetzen. Im Heilzauber[13]) treffen wir gegen Fieber die Vorschrift an, vor Sonnenaufgang auf dem Rasen auf bloßen Knien 3 Tage dreimal 3 Vaterunser und Ave-Maria zu beten.

s. barfuß, barhaupt, nackt.

[1]) Samter *Geburt* 111. [2]) *Votive* 31 bis 32; vgl. Krauß *Relig. Brauch* 42; Juvenal erwähnt das Rutschen auf nackten Knien zum Zeichen der Buße: *Satire* VI, 525 bis 526 = 154 Jahn-Bücheler-Leo. [3]) Grohmann 85, 617. [4]) Vgl. ders. 91, 639 u. 92, 640; für die Römer gilt dieselbe Vorschrift: Plinius *Nat. hist.* 24, 103 = IV 88, 7 Mayhoff; vgl. Dieterich *Der Ritus der verhüllten Hände*

in *Kleine Schriften* 440—448; Bächtold in SAVk. 20, 6 ff. [5]) Grohmann l. c. 92, 640; ebenso im Schadenzauber: Grohmann 200, 1403. [6]) ZfdMyth. 3 (1855), 328. [7]) Grohmann 209, 1451. [8]) Ders. 92, 640. [9]) Ders. 143, 1055. [10]) Buxtorf *Judenschul* 151. [11]) Grohmann 115, 859; vgl. barfuß A. 48 u. 49; Seligmann *Blick* 1, 93. [12]) Brevinus Noricus 4 f.; siehe bedecken. [13]) Hovorka u. Kronfeld 2, 337; vgl. barfuß A. 66 u. 67. Eckstein.

blühen.

1. Wenn ein (Obst-)Baum im Jahr (Herbst) zum zweitenmal, oder wenn er überhaupt zu einer ungewöhnlichen Zeit, blüht, so gilt dies als Zeichen, daß ein Familienmitglied bald stirbt [1]). Es bedeutet Krieg, wenn ein Kirschbaum zweimal blüht [2]). Blüht eine vereinzelte Blume auf unfruchtbarem Boden, so fällt die nächste Ernte reichlich aus [3]).

[1]) Höhn *Tod* 309; ZrwVk. 4, 271; 5, 245; vgl. auch Hauswurz. [2]) Grimm *Myth.* 3, 477. [3]) ZfdMyth. 2, 418.

2. Kinder dürfen nicht zur Zeit der Baumblüte entwöhnt werden, sonst bekommen sie weißes Haar [4]). Ein Kind, das zur Zeit der Baumblüte geboren wird, bekommt frühzeitig weiße Haare [5]).

[4]) Grimm *Myth.* 3, 461; Wuttke 393 § 601; Fogel *Pennsylvania* 46. 49. [5]) John *Erzgebirge* 50. Marzell.

Blume.

1. Ebenso wie die Bäume (s. d.) so gelten im Volksglauben auch die B.n nicht selten als „beseelt" [1]). Im Volkslied werden Menschen in B.n verwandelt [2]), die Seele erscheint als B. [3]). Aus dem Blute bzw. dem Grabe unschuldig Getöteter wachsen B.n [4]). Am hl. Abend werden die B.nstöcke (ebenso wie die Bäume) beschenkt [5]); auch Neujahr wünscht man den B.nstöcken an [6]). Sieht man einen B.stock mit neidischen Augen an, so stirbt er ab [7]). Eine Wöchnerin (die ja als unrein gilt) darf keine B.n begießen [8]). Besonders deutlich zeigt sich der Glaube an die Beseeltheit der B.n in verschiedenen Bräuchen beim Tod eines Menschen. Die B.n des Verstorbenen gehen ein [9]); sie werden daher bei einem Todesfalle geschüttelt oder in ihren Töpfen von der Stelle gerückt [10]) oder aus dem Sterbezimmer hinausgetragen [11]). Umgekehrt stirbt auch jemand, wenn die B.n im Zimmer eingehen [12]). Man muß dem Toten sämtliche B.nspenden mitgeben, sonst holt er sie sich [13]). Die dem Toten geschenkten B.nstöcke setzt man teils auf den Grabhügel, teils pflegt man sie daheim. Damit sie nicht eingehen, werden sie 4 Wochen lang mit einem schwarzen Bändchen umwunden [14]).

[1]) Grimm *Myth.* 2, 689 f.; Meyer *Religgesch.* 97. [2]) Böckel *Handbuch* 57. [3]) Hocker *Volksglaube* 233. [4]) Koberstein *Über die in Sage und Dichtung gangbare Vorstellung von dem Fortleben abgeschiedener menschlicher Seelen in der Pflanzenwelt.* In: Weimar. Jahrb. 1 (1854), 73—100, dazu Nachtr. v. Reinh. Köhler ebd. 479—483; Golther *Myth.* 90; Berthold *Unverwundbarkeit* 53; Bechstein *Thüringen* 2, 3 f. [5]) John *Erzgebirge* 163. [6]) Fogel *Pennsylvania* 214. [7]) ZfrwVk. 2, 207. [8]) Höhn *Geburt* 266. [9]) Maack *Lübeck* 54 ff. [10]) Bartsch *Mecklenburg* 2, 89; Schönwerth *Oberpfalz* 1, 248; Meier *Schwaben* 489; Meyer *Baden* 584; Stauber *Zürich* 1, 28; Fogel *Pennsylvania* 131. [11]) Andree *Braunschweig* 315; Höhn *Tod* 232. [12]) SAVk. 12, 150. [13]) ZfVk. 13, 390. [14]) John *Erzgebirge* 129.

2. Einer besonderen Beachtung werden die Grabesb.n (s. d.) teilhaftig. Sie gehören dem Toten und dürfen nicht gepflückt werden, sonst erscheint einem der Tote im Traum [15]) oder streckt die Hand aus dem Grabe [16]). Wenn man an den Grabesb.n riecht, verliert man den Geruch [17]). Wenn man B.n von einem fremden Grabe pflückt, so bekommt man Kopfschmerzen und schwere Träume [18]), nimmt man sie mit nach Hause, kann man von der nämlichen Krankheit, an der der Tote gestorben ist, befallen werden [19]). Bei den Wanderzigeunern gilt es sogar als todbringend, B.n von einem Grabe zu pflücken [20]). Vielfach gelten B.n überhaupt als Todeszeichen: einem Kinde unter einem Jahre darf man keine B.n geben, sonst stirbt es [21]), auch verliert es sonst den Geruch (Erzgebirge) [22]). Bei einer Taufe dürfen frische B.n nicht als Schmuck verwendet werden, das hieße dem Kind B.n aufs Grab streuen [23]). Wenn kleine Kinder mit B.n spielen, dann werden sie nicht alt [24]). Solange

man kleinen Kindern keine B.n in die Hände gibt, können sie sich in der Handfläche wie in einem Spiegel betrachten, nachher nicht mehr [25]). Auch dem Kranken darf man keine B.n bringen, sonst wird es schlimmer mit ihm [26]). B.n einer Wöchnerin geschickt, werden Nägel zu ihrem Sarg [27]).

[15]) Schramek *Böhmerwald* 248. [16]) Marzell *Bayer. Volksbot.* 70. [17]) Panzer *Beitrag* 1, 262; Lammert 232; Urquell 3, 41. 200; 4, 52; Marzell *Bayer. Volksbot.* 70. [18]) SAVk. 8, 269. [19]) Marzell *Bayer. Volksbot.* 70. [20]) ZfVk. 10, 133. [21]) Drechsler 1, 212; ZfVk. 3, 149; Spieß *Fränkisch-Henneberg* 100; SchwVk. 10, 32; Höhn *Geburt* 277; man denkt hier wohl an die B.n als Schmuck der Kinderleiche. [22]) Wuttke 394 § 604. [23]) ZfrwVk. 2, 183. [24]) Engelien u. Lahn 250. [25]) SAVk. 15, 10; SchwVk. 10, 37; vgl. auch Rochholz *Kinderlied* 318. [26]) Strackerjan[2] 1, 55; 2, 185; Drechsler 2, 283. [27]) Strackerjan[2] 1, 55.

3. Orakel mit B.n werden vor allem in Liebesangelegenheiten befragt. Das Auszupfen der Strahlblüten der Wucherblume (s. d.) gibt den Stand der Liebe kund. Auch sonst werden B.n (z. B. Werfen eines B.nkranzes) als Eheorakel benutzt [28]). Ein Kranz von neunerlei B.n wird an Johanni unter das Kopfkissen gelegt, dann träumt das Mädchen vom Bräutigam [29]). Ebenso erkennt man den Zukünftigen, wenn man sich in der Nacht vom Pfingstsonntag auf -montag einen Kranz von neunerlei B.n aufs Haupt setzt [30]). Träume von B.n bedeuten Freude [31]), aber auch Trennung einer Bekanntschaft [32]). Weiße B.n künden den bevorstehenden Tod (s. Rose).

[28]) Grimm *Myth.* 2, 936; 3, 464; MschlesVk. 13, 46; Frazer 11, 52 ff. 61. [29]) Köhler *Voigtland* 376; Drechsler 1, 145. [30]) Meyer *Baden* 165. [31]) Urquell 1, 203; Gaßner *Mettersdorf* 46. [32]) Meyer *Baden* 165.

4. In vielen Sagen wird die Wunderb. genannt, mit deren Hilfe man verborgene Schätze finden kann. Dabei wird meist erzählt, daß der Finder der Schätze vergißt, die B. wieder mitzunehmen, obwohl ihm eine Stimme zuruft: „Vergiß das Beste nicht!" Dann kann er den Eingang zur Schatzhöhle nicht mehr finden [33]). Der Besitz der Wunderb. macht geistersichtig [34]). Vgl. auch Farn, Schlüsselblume.

[33]) Grimm *Sagen* 169; Mannhardt *Germ. Mythen* 153; Schambach u. Müller 133; Eisel *Voigtland* 195 f.; Wolf *Beitr.* 2, 242 f.; Pfister *Hessen* 19; Bechstein *Thüringen* 1, 212; Panzer *Beitrag* 2, 159; Birlinger *Volksthüml.* 1, 78 f. (mit weiteren Literaturangaben); Baader *N.-Sagen* 77; Rochholz *Sagen* 1, 261. [34]) Sommer *Sagen* 4.

5. Gartenb.n, die am Gründonnerstag oder Karfreitag gesät wurden, erhalten schöne Farben oder werden gefüllt [35]). Auch Ableger nimmt man am Gründonnerstag von den B.n [36]). B.n, bei Vollmond gesät bzw. gesteckt, werden gefüllt („voll"), bei abnehmendem Monde werden sie einfach [37]), vgl. auch Levkoie, Nelke.

Vgl. noch blühen, Heilkräuter, Pflanzen.

[35]) Wuttke 73. 426; Marzell *Bayer. Volksbot.* 23; Schmitt *Hettingen* 13; Meyer *Baden* 502 f.; Reiser *Allgäu* 2, 116; Fogel *Pennsylvania* 197. 205 f. [36]) Wuttke 73. [37]) Ders. 58. Marzell.

Blümlisalp. Die Sagen vom Untergange einer Alp wegen Sünde sind im Alpengebiete außerordentlich verbreitet [1]).

s. a. Vergletscherung.

[1]) Jegerlehner *Sagen* 2, 8 Nr. 11 u. Anm. S. 309; Kuoni *St. Galler Sagen* 123 f.; Wyss *Reise* 2, 902; Vonbun *Beiträge* 133 f.; Rochholz *Naturmythen* 224 ff.; Ranke *Volkssagen* 234; Simrock *Mythologie* 433; Sébillot *Folk-Lore* 1, 217; SAVk. 19, 89 ff. Bächtold-Stäubli.

Blut [1]). Das B. verkörpert nach alter, schon bei Moses (V, 12, 23; III, 17, 11) geäußerter Ansicht das Lebensprinzip; entfließt das B., entschwindet das Leben, sah schon der Urmensch und zog daraus den Schluß.

Diese primitive Anschauung kehrt wieder in den vielen Sagen von der Stimme des B.es [2]). Wenn das Kind seinen rechtmäßigen Vater sucht, der angeblich tot ist, so holt man aus seinem Grab einen Knochen und läßt des Kindes B. auf des angeblichen Vaters Knochen fließen. Saugts der Knochen auf, so war der Tote der Vater, sonst nicht [3]). Dieselbe Sympathie zwischen Mutter und Kind verrät die Tiroler Sage von Andreas, dem Kind von Rinn; es wurde 1459 von Juden getötet und zur selben Zeit fiel der Mutter auf dem Felde ein B.stropfen (s. d.) auf die Hand; von schrecklicher Ahnung herumgetrieben fand sie ihr langgesuchtes Kind endlich am sog. Judenstein [4]). Auch bei Ehegatten zeigt sich die Seele des B.es.: So erzählt man in Oldenburg von zwei Ertrunkenen, deren Leichen unkenntlich wurden. Da brachte man eine davon mit einer der hinterbliebenen Witwen in Berührung und siehe, der Leiche floß warmes B. aus der Nase; so ward ihr Mann erkannt [5]). Demselben Gedankenkreis entspringt die B.probe beim sog. Bahrrecht (s. Gottesurteil) und die Sage von dem b.enden Knochen (s. d.) eines Erschlagenen. Ist nun das B. die Verkörperung der Persönlichkeit, so bringt jede künstliche Vermischung verschiedener B.substanzen eine Seelen- und B.sverwandtschaft. Auf diesem Glauben beruht die B.sbrüderschaft (s. d.). Damit hängt der Aberglaube zusammen, mit B. könne man sich dem Teufel verschreiben, d. h. mit ihm einen Bund schließen. So schneiden sich, sagt der sächsische Aberglaube [6]), Leute, welche mit dem Bösen einen Pakt schließen wollen, in den Finger und schreiben mit dem B. ihren Namen auf einen Zettel. Mit andern Worten: sie überliefern symbolisch ihre Seele dem Teufel.

In dem B.e liegt die Seelenkraft. Aus diesem andern Grund war das B.-trinken üblich; denn man glaubte, „durch das Trinken des B.es könne man die seelische Kraft des Menschen oder Tieres gewinnen" [7]). Davon erzählt schon das Nibelungenlied, V. 2054: „Dâ von gewan vil krefte ir etliches lip." Von den Ungarn schreibt die Chronik des Abtes Regino von Prüm: „Sie trinken B., verschlingen als Heilmittel die in Stücke zerteilten Herzen derer, die sie zu Gefangenen gemacht" [8]). Daher rührt auch die Sitte, das B. gewisser Tiere zu trinken. So trinkt der obersteirische Jäger das B. des frisch aufgebrochenen Wildes, um sich eine „feste Brust" zu erhalten [9]). Ochsenb. mit Wein und Honig gemischt ist ein altgermanischer Krafttrank [10]).

Moses verbot umsonst das B.trinken [11]); auch der Koran untersagt den Genuß des B.es [12]); ebenso kämpfen die Bußverordnungen des MA.s aufs heftigste dagegen. Ein Zweig dieses Aberglaubens blühte bis in die Neuzeit herein, das B.-trinken im Liebeszauber. Das Poenitentiale Parisiense (18) sagt: „Wer sein B. um der Liebe wegen einen Mann oder eine Frau trinken macht, soll 3 Jahre büßen." Diese Beichtvorschrift [13]) wurde so streng eingehalten, daß eine damit zusammenhängende Bestimmung häufig wiederkehrt: Sanguinem sine voluntate sugere e dentibus non est peccatum [14]). Noch heute wird das B. im Liebeszauber getrunken: Im Badischen schreibt der Bursche nicht bloß den ersten Brief an sein Mädchen mit B., er tröpfelt ihr auch davon in den Wein, während das Mädchen ihr Menstrualb. (s. d.) zu gleichem Zweck gebraucht [15]). In Hessen, Böhmen, Oldenburg schneidet sich das Mädchen in der letzten Jahresstunde in den Finger, mischt 3 Tropfen in einen Trank und gibt diesen dem Geliebten [16]); im Wendischen läßt das Mädchen Tropfen des Fingerb.es in ein Bierglas oder in einen Apfel oder eine Semmel tropfen, damit sie der Bursche trinkt oder ißt [17]); auch in der Steiermark will auf diese Weise das Mädchen die Untreue des Geliebten verhüten [18]).

Weil dem B. eine besondere Kraft innewohnt, sind besonders die Toten darauf aus, damit gestärkt zu werden; diesem Glauben entsprang der entsetzliche Glaube an Vampire (s. Nachzehrer).

Andrerseits hat das B.opfer die Bedeutung, das Orenda (s. Orendismus) der Götter und Dämonen wieder aufzufrischen; später verblaßte es zu der Meinung, man erfreue und versöhne sie damit (s. Opfer) [19]).

Ganz besonders aber ist das B. zu Heilzwecken dienlich und wirksam [20]). In den „sieben weisen Meistern" des MA.s lesen wir, daß „der Meister den kranken König Alexander mit dem B.e seiner 5 Kinder wusch"; „da ward er auf einmal frisch und ganz gesund". In der „Curiösen Hausapotheke" (1700 S. 40) lesen wir von einem „Elixier vitae" aus dem Geblüt eines jungen Menschen gemacht, das alte Männer wieder verjünge, Sterbenden noch die Kraft verleihe, ihr Testament aufzusetzen. Wer warmes B. über einen unsichtbaren Schmerzensort fließen läßt, heilt ihn, heißt es in Schwaben [21]). In Sachsen bestreicht man sich die Warzen mit dem B. eines andern, dann verschwinden sie [22]). Das Berliner Tageblatt vom 11. November 1891 brachte eine Zuschrift aus Elbing in der Kassubei, wonach die Nachbarn einer kranken Frau von einem Anverwandten derselben warmes, rotes B. forderten und nicht eher nachließen, als bis er sich in den Mittelfinger schnitt [23]).

Oft wird auch das eigene B. in der Volksmedizin verwendet [24]).

Der Glaube, daß Menschenb. den Aussatz (s. d.) heile [25]), kam vom Orient ins Abendland; so rät ein Jude dem aussätzigen König Richard von England, sich zur Lösung von der Krankheit im frischen B. eines neugeborenen und getöteten Kindes zu baden [26]). Der Grundgedanke des armen Heinrich beruht auf dieser Vorstellung [27]). Gegen Kinderkrämpfe sticht sich in Bayern der Vater in den Finger und gibt dem Patienten drei B.stropfen auf den Mund [28]); das gleiche tut der Neustettiner Vater wider die Staupe bei kleinen Kindern [29]).

Aber auch das B. gewisser Tiere ist heilkräftig [30]), zunächst der Opfertiere, wie heute noch bei den Naturvölkern [31]). Dioskurides (II 97) hebt bei den einzelnen Tieren die Heilwirkungen hervor. Abgesehen von den Opfertieren, die durch die Zuweisung an Götter ohnehin mit einem außerordentlichen Orenda ausgestattet werden, werden einzelne Tiere wegen ihrer besonderen Eigenschaften bevorzugt (s. d. einzelnen Tiere); noch Hufeland empfiehlt frisches Tierb. gegen Epilepsie. Einige Beispiele: Wer die Augenbrauen mit Fledermausb. bestreicht, sieht nachts so gut wie bei Tag. Bocksb. ist gut für Impotente. Die Wechselbeziehungen sind offensichtlich [32]).

Insbesondere wurde das B. Hingerichteter (s. d.) geschätzt [33]). Mit B. einem gesunden Jüngling im Mai durch Aderlaß entzogen — dasselbe Prinzip — wurde das oleum rectificatum hergestellt und damit wieder ein balsamus antipodagricus (gegen Gicht) und ein spiritus antiepilepticus (gegen Fallsucht).

Eine bedeutende Rolle spielt der B.-zauber. Zunächst ist's ein mächtiges Abwehrmittel gegen Dämonen und Hexen. In Rom beschmierte man die Pfosten der Haustüren deswegen mit B. und Fett.

Der Ritus der B.taufe wurde durch orientalische Kulte weit verbreitet und gelangte so zu den Germanen [34]). Nach mittelalterlichem Glauben hielt das B. der Hyäne, eines schwarzen Hundes, das Menstruationsb., auf die Türpfosten gestrichen, alle Hexen fern [35]); das B. des Basilisken schützte überhaupt vor jedem Zauber [36]) — eine Übertragung antiken Dämonenglaubens auf die Hexen. Am 13. Juli 1784 wurden in Hamburg zwei Weiber gerädert, welche einen Juden umgebracht hatten, „um sein B. zur Bannung des Teufels und zu anderen Hexereien zu brauchen" [37]). Ein mit Uterinb. getränktes Hemd, heißt es in Franken [38]), macht fest gegen Hieb und Stich und stillt, in die Flammen geworfen, Feuersbrünste. In der Lausitz heißt es, Suppe aus dem Herzb. ungeborener Kinder mache stichfest [39]). Wenn eine Flinte behext ist, bestreicht man sie mit dem B. eines erschossenen Tieres (Böhmen) [40]). In Mittelfranken glaubte man, das B. aus den Genitalien eines unschuldigen Knaben aufgefangen und mitgetragen mache bei Diebstählen unsichtbar [41]). Als die Stadt Crossen am 27. Juni 1481 abbrannte, blieb nur die Sakristei stehen, weil man das B. eines eiligst abgestochenen Kalbes hineingoß [42]).

Die Hexe verliert aber auch ihre Macht, wenn man ihr B. entzieht. Wenn man also in Schweden [43]) auf eine Person den Verdacht hat, sie habe den bösen Blick und könne hexen, dürfe man sie nur bis aufs B. schlagen und jede Gefahr sei vorüber. Dasselbe glaubt man in England und Schottland [44]).

Mit dem B. eines Menschen kann auch Schadenzauber getrieben werden [45]). Darum darf man z. B. Aderlaßb.

nicht in ein fließendes Wasser schütten, sonst können Hexen damit Unfug treiben [46]; wenn z. B. Vögel davon fressen, wird der Patient schwermütig oder verrückt [47]. Will man einer Person schaden, so eignet man sich unvermerkt etwas B. von ihr an und schmiert dies auf die linke Fußsohle eines Toten kurz vor der Beerdigung; dann magert die Person immer mehr ab und stirbt bald [48]. Stellt man Aderlaßb. in einem Gefäß in den heißen Ofen, so muß der Patient heftige Fieberschmerzen erdulden [49]. Es sind das lauter Belege für den festen Glauben, daß im B. die Lebenskraft des betreffenden Menschen oder Tieres wohnt.

Zweifellos sind schon viele Morde [50] aus B.aberglauben begangen worden; im MA. beschuldigte man insbesondere die Juden dieses Verbrechens [51]. In Ungarn glaubt man heute noch, die Juden raubten jedes Jahr im Herbst eine christliche Jungfrau oder ein christliches Kind, welches sie dann mit ihren Gebetriemen erdrosseln; dann zapfen sie das B. ab, mit dem sie die Genitalien ihrer Kinder einschmieren, damit sie fruchtbar würden [52]. Juden müssen sich in Christenb. waschen, heißt es in Oldenburg [53]. Oder, sagte eine siebenbürgische Zigeunerin, die Juden gäben christlichen Weibern B. unschuldiger Kinder — mit einem Geheimmittel vermischt — ein, damit sie unfruchtbar würden. Daß die Frage der jüdischen Ritualmorde immer noch nicht verschwunden ist, lehren Prozesse neuerer Zeit [54].

Daß unschuldig vergossenes B. sich durch wunderbare Erscheinungen äußert, ist ein uralter, weitverbreiteter Glaube. Vergossenes B. schreit zu Gott um Rache, sagt die Bibel [55]: „Die Erde gibt das B. wieder". In einer großen Zahl von Sagen kehrt der Zug wieder, daß B.flecken unschuldig Ermordeter sich nicht mehr austilgen lassen. So weiß die Zimmernsche Chronik (II 262) zu melden, daß an den „zwe Scheffellin" (lanceola), womit Graf von Sonnenberg 1511 ermordet worden war, „die Masen des Schweiß (Blut) nit megen ausgeputzt oder ausgefegt werden, da hat kein Arbeit an geholfen"; ebenso (I 333), daß „das unschuldig B. des alten Grafen (v. Kirchberg) etlich hundert Jahr uf der Stegen gesehen worden, das es nit megen außgedilket werden und also pliben ist bis um 1400". Auf den Färöerinseln heißt es, wo unschuldig B. vergossen wurde, wächst kein Gras mehr oder nur rotes, daß Quellen ausbleiben, die mit solchem Blut in Berührung kommen [56]. In amerikanischen Kreisen kursiert der B.zauber besonders stark. Auf einer neuschottischen Bark hatte um das Jahr 1870 die Besatzung den Kapitän nebst Familie, die Steuerleute, den Koch und Zimmermann umgebracht und dann das Schiff verlassen. Später suchte man die B.flecken durch Abhobeln der Bretter, ja durch neue Bretter zu entfernen, vergebens; die Flecken erschienen sofort wieder [57].

Aber auch die B.spuren der vom Teufel geholten Menschen bleiben erhalten [58]. Einen Herrn von Hagemeister (Mecklenburg) entführte der Teufel in einer stürmischen Nacht durch die Decke des Wohnzimmers; von ihm sah man nie mehr eine Spur; nur der große B.fleck an der Zimmerdecke zeigte die Stelle seiner Höllenfahrt an [59]. In einer Luzerner Sage fährt der Teufel mit einem Frevler durchs Fenster, daß das B. an den Scheiben hängen bleibt und nicht mehr abgewaschen werden kann [60].

Der B.kultus, der aus dem Heidentum bewußt oder unbewußt im MA. weitergepflegt wurde, erklärt auch die verschiedenen B.wunder. Dazu gehört in erster Linie, daß sich das B. unschuldig Hingerichteter in Milch verwandelt; das bekannteste Beispiel gibt Grimm in seiner Sagensammlung (Nr. 97) von der Gemahlin Kaiser Ottos III. Aber auch die Heiligenlegende verwendet das Motiv: so floß z. B. Milch aus den Wunden der Märtyrerin Martina und aus dem Halse der hl. Katharina.

Daß verletzte Heiligenbilder b.en, ist ein oft erwähntes Wunder [61]; ebenso daß durchstochene Hostien b.en [62]. Im MA. wurden auch viele Legenden von b.schwitzenden Christusstatuen erzählt, z. B. zu Walpersbach am Stainfeld (Österreich); der Geschichtschreiber dieses Kirchleins (Joh. Rasch 1588) führt viele andere derartige Beispiele auf und die vielen Kirchen „zum hl. B." (B.kirchen) waren ehemalige Wunderstätten [63]). Am meisten Aufsehen verursacht heute noch das Wunderb. des hl. Januarius in der Kathedrale zu Neapel [64]).

Endlich hat das B. prophetische Bedeutung. In der Schweiz sagt man [65]), B. von Verbrechern, das am zweiten Januar fließt, künde Teuerung an. Träumt man von B., so bedeutet das Feuer, heißt es in Dithmarschen [66]), so wird ein B.s-verwandter bald sterben, sagt man in Thüringen [67]). Dagegen ist's ein gutes Zeichen in Polen, wenn man träumt, man trinke B. oder sammle solches [68]).

[1]) Das grundlegende Werk ist L. Strack *Das Blut im Glauben u. Aberglauben der Menschheit* [7] (München 1900); vgl. Wundt *Mythus und Religion* 1, 578; 2, 484; Hastings 2, 714 ff. [2]) Vgl. Germania 7 (1862), 413: „das schreiende Blut". [3]) Hovorka-Kronfeld 1, 87. [4]) SchweizVk. 5, 28. [5]) Strackerjan 1, 34. [6]) Seyfarth *Sachsen* 39; ausführlicher berichtet darüber Wuttke § 381; Strackerjan 2, 180. [7]) Wundt *Elemente der Völkerpsychologie* 207. [8]) Hovorka-Kronfeld 1, 80. Als der Herzog von Montmorenci 1632 in Toulouse hingerichtet wurde, tranken Soldaten sein Blut, um sich seine Tapferkeit anzueignen (Chateaubriand *Mém. d'outre tombe* 3, 120). Als 1649 der Jesuit Jean de Brébeuf von den Irokesen zu Tod gemartert nicht ein einzigesmal zuckte, kamen die Indianer von allen Seiten herbei, um die Tapferkeit eines solchen Feindes mit seinem Blut einzuschlürfen (Parkman *Jesuits in North America* 389). Ein verwundeter Somali trinkt sein eigenes Blut im Glauben, die entströmende Lebenskraft dadurch wieder zu ersetzen (Ph. Paulitschke *Ethnogr. Nordafrikas* 186). [9]) Hovorka-Kronfeld 2, 29. [10]) Ebd. 1, 79. [11]) 3. Mos. 17, 11. [12]) Sure 6, 146—47. [13]) Schönbach *Berthold v. R.* 135. [14]) Friedberg 49. [15]) Meyer *Baden* 171. [16]) Wuttke § 552. [17]) Schulenburg *Wend. Volkst.* 117. [18]) Reiterer *Ennstalerisch* 100. [19]) Strack 10 ff. [20]) Ebd. 27 ff. [21]) Buck *Volksmedizin* 44. [22]) Seyfarth *Sachsen* 276. [23]) Ähnliche „Heidenbräuche" werden vom nördlichen Italien erzählt (Andree *Parallelen* 1, 18). [24]) Strack 40 ff. [25]) Ebd. 36 ff. [26]) Marbachs Volksbücher (1841), 22. [27]) P. Cassel *Symbolik des B.s u. der Arme Heinrich.* 1882; D. Med. Wochenschrift 44 (1918), 918 f.; Martin *Badewesen* 203. [28]) Hovorka-Kronfeld 1, 81. [29]) Ebd. [30]) Strack 55 ff. [31]) Bartels *Medizin* 197. [32]) Stemplinger *Volksmedizin* 62. [33]) Strack 43 ff. [34]) Belege bei Grimm *Myth.* 1, 49. [35]) Hovorka-Kronfeld 1, 79. [36]) Seligmann 2, 217. [37]) Geiger *Gesch. d. Juden* 5 (1892), 398. [38]) Lammert 147. [39]) Haupt *Lausitz* 1, 204. [40]) Wuttke § 714. [41]) Lammert 84. [42]) *Schles. Merkwürdigk.* (1742), 28. [43]) Urquell 3 (1892), 1. [44]) Seligmann 2, 218. [45]) Zu Verbrechen verwendetes B.: Strack 71 ff. [46]) Drechsler 2, 249. [47]) Liebrecht *Zur Volksk.* 332. [48]) Urquell 3 (1892), 268 f. [49]) Bartsch *Mecklenburg* 2, 383. [50]) Strack 58 ff. 71 ff. [51]) Ebd. 85 ff. [52]) Urquell 3 (1892), 93. [53]) Strackerjan 1, 451 Nr. 247. [54]) Urquell 3 (1892), 94. [55]) 1. Mos. 4, 10; Jesai. 26, 21. [56]) Urquell 3 (1892), 5; vgl. Waibel und Flamm 1, 189. [57]) Urquell 4 (1893), 134. [58]) Haupt *Lausitz* 102. [59]) Bartsch *Mecklenburg* 1, 104; Graber *Kärnten* 295 ff; vgl. weiter Gräße *Preuss. Sagen* 38 Nr. 25; Urquell 3 (1892), 5; SchwVk. 5, 29. [60]) Wolf *Beitr.* 2, 18. [61]) Müllenhoff *Sagen* 126 Nr. 165. [62]) Strack 34 ff.; Scheible *Kloster* 12, 1048; ADB. 19, 369 von Ludecus Math., der eine Geschichte der Hostienblutsverehrung zu Wilßnagk schrieb. [63]) Vgl. auch Friedberg 60. Zu den Reliquien des Passionsb.es s. Wetzer und Welte [2] 2, 928 ff. [64]) Unter den älteren Nachrichten ist am objektivsten Fleck *Wissenschaftl. Reise durch Italien* II, 1, 117 ff. [65]) Kohlrusch *Sagen* 339. [66]) ZfVk. 20 (1910), 387. [67]) Höhn *Tod* 311. [68]) Urquell 3 (1892), 147.

Stemplinger.
(mit Nachträgen von E. Hoffmann-Krayer).

Blüte s. blühen.

Blutegel.

1. Biologisches. Ähnlich wie den Aal (s. d.) glaubt das Volk auch den zu den Ringelwürmern gehörigen B. (Hirudo medicinalis) aus Pferde- oder Weiberhaaren entstanden, die lange im Wasser lagen [1]). Als imaginärer Gehirnwurm hat er im Gehirn des Menschen seinen Sitz (s. Wurm) und verursacht Geistesstörungen [2]). Das realistische Vorbild dieses imaginären Egels ist natürlich nicht der B., sondern der zu den Saugwürmern gehörige Leberegel (Distomum hepaticum), der zwar nicht im Gehirn, wohl aber — wie schon der Name sagt — in der Leber verschiedener Haustiere schmarotzt und, wenn er sich vermehrt, namentlich bei Schafen, die sogenannte Egelseuche oder Leberfäule erzeugt [3]). Es gibt übrigens einen wirklichen Gehirnwurm, d. i. die

Larve eines Bandwurms, der bei Schafen die Drehkrankheit hervorruft (s. Wurm). Auf diesen pathologischen Egel bezieht sich bayrisch egeln im Sinne von „besinnungslos sein", „taumeln", „phantasieren" [4]). Aber auch im Unterleibe des Menschen kann er sich einnisten und als „Feuerigel" („Igel" hier = Egel) Hitze und Kolik verursachen. Im Dorfe Langenholdinghausen (Siegerland), heißt er *âbißdîr*, d. h. Anbeißtier, in anderen Dörfern derselben Gegend *bloddîr* „Bluttier" [5]).

[1]) Urquell 4, 159. [2]) Höfler *Krankheitsnamen* 109; WS. 7, 135. [3]) Marzell *Pflanzennamen* 172 Nr. 76. [4]) Schmeller *Bay-Wb.* 1, 52. [5]) J. Heinzerling *Wirbellose Tiere* (Siegen 1879).

2. Volksmedizin. Der B. spielt schon in der Medizin des Altertums eine sehr bedeutende Rolle. Bei den alten Juden wurden gegen Milzanschwellung getrocknete B. in den Wein gelegt und getrunken [6]). 63 v. Chr. finden wir ihn als gewöhnliches Mittel zur Blutentziehung [7]) bei vielerlei Krankheiten, wie Pleuritis, Epilepsie, Hundswut. Plinius erzählt von einem Mann, der sich B. an die Knie gelegt hatte [8]). Bediente man sich so des Tieres einerseits als Heilmittels, so galt es andrerseits als lebensgefährlich. Viele klassische Schriftsteller wie Cassianus, Columella, Plinius geben Mittel an für den Fall, daß ein Mensch oder ein Stück Vieh beim Trinken einen B. verschluckt [9]). Im vorrömischen Germanien war der heilmäßige Gebrauch des B.s nicht üblich, wenn auch das Tier selbst, ahd. *egala* mhd. *egele, egel* wohl schon bekannt war [10]). Wann man anfing, ihn zu Heilzwecken zu gebrauchen, läßt sich nicht feststellen. So viel ist sicher, daß sowohl Ärzte wie Laien davon überzeugt waren, der B. sauge das ungesunde Blut weg, wie dies aus Stellen bei Thomas von Chantimpré und Konrad von Megenberg hervorgeht [11]). Bei den Nordgermanen war der Aderlaß durch B. sehr beliebt, worauf noch heute im Englischen der Name des B.s hinweist: *lech* < altengl. *læce* „Heilender, Arzt" [12]). Die Verwendung des Tieres zur Blutentziehung erhält sich nicht nur in der Volks-, sondern auch in der wissenschaftlichen Medizin bis in die neuere Zeit. Welcher Mißbrauch mit dem „Egelsetzen" getrieben wurde, ist allgemein bekannt. Die Beliebtheit des B.s erklärt sich aus dem Glauben, mit dem Blute schwände jede Unreinigkeit aus dem Körper [13]). Hauptsächlich wandte man das Tier bei Lungenentzündungen oder sonstigen großen Entzündungen an [14]). Bei Zahnschmerzen setzte man den Egel in den Mund, sonst auch in den Schlund, ja selbst in die Vagina [15]). Dem Herzen durfte das Tier nicht nahe kommen, da man sonst befürchtete, es sauge das „Herzblut" aus [16]). Auch gegen Haarausfall [17]) und Warzen [18]) verwendete man den Egel.

[6]) Hovorka-Kronfeld 2, 268. [7]) Daher heißt der B. im Altgriech. βδέλλα von βδάλλειν „saugen", lat. *sanguisuga*, das das altital. *hirudo* verdrängte. Vgl. die steirischen Namen *Blutsugel*, *Blutsutzel* (Unger-Khull). [8]) Keller *Antike Tierwelt* 2, 502 f. [9]) Keller a. a. O. [10]) Hoops *Reallex.* 1, 295. [11]) Ebd. [12]) Schütte *Dänisches Heidentum* 143. [13]) Hovorka-Kronfeld 1, 88. [14]) ZföVk. 9, 241. [15]) Hovorka-Kronfeld 2, 389. [16]) Ebd. 2, 26. [17]) Staricius *Heldenschatz* 480 f.; ZfVk. 8, 179. [18]) Stemplinger *Sympathie* 15.

3. Sonstiger Aberglaube. In Oldenburg hält man das Tier als Wetterpropheten in Wasserflaschen (Ruhe = gutes Wetter, Unruhe = schlechtes Wetter) [19]). Ähnliches wird aus Mecklenburg berichtet [20]). Von B.n zu träumen ist ein gutes Zeichen, es deutet auf pekuniären Gewinn [21]). Das Schrätteli (Alp) kann auch die Gestalt eines B.s annehmen [22]).

[19]) Strackerjan 2, 17 Nr. 402. [20]) Bartsch *Mecklenburg* 2, 206. [21]) Urquell 1, 203 Nr. 3. [22]) Laistner *Sphinx* 1, 44.

Riegler.

Blutkugel. Unter B.n versteht der Jäger Zaubergeschosse, die, losgefeuert, Blut haben müssen. Sie treffen, selbst blindlings in den Wald abgeschossen, das Wild; finden sie keines vor, so sausen sie gegen den Schützen und treffen diesen [1]). Nach Tiroler Aberglauben muß man die B. in der Christnacht auf einem Kreuzwege zur Mitternachtsstunde gießen, ohne sich von dem dabei auftretenden Teufelsspuk schrecken zu lassen [2]). Ein ausführliches Rezept zur Herstellung von B.n ist uns aus Westböhmen überliefert [3]). In Steiermark verbindet sich die Anschauung von den B.n in der Form mit dem Glauben an Freikugeln (s. d.), daß man annimmt, letztere müßten noch am Tage ihrer Ladung auf „etwas von Fleisch und Blut" abgeschossen werden; wenn nicht, gehe der Schuß auf den Jäger selbst und überliefere ihn dem Teufel [4]). In rheinischen Sagen [5]) unterscheidet sich die B. nur noch durch ihren Namen von einer Freikugel.

[1]) Joh. Ludw. Hartmann *Neue Teufels-Stücklein* (Frankfurt 1678), 35; Der Gewehrgerechte Jäger (Stuttgart 1762), 239; vgl. noch Hartmann a. a. O. 19 = Grässe *Jägerbrevier* [2] (Wien 1869), 154; Fr. Kind *Freischützbuch* (Leipzig 1843), 223. [2]) Zingerle *Tirol* 193. [3]) ZföVk. 11, 174 = John *Westböhmen* [2] 325 unten. [4]) Andrian *Altaussee* 132. [5]) Schell *Bergische Sagen* [2] 250 Nr. 668; Gottfried Henßen *Neue Sagen aus Berg und Mark* (Elberfeld 1927), 77; desgleichen in einer Ueberlieferung aus der Schweiz: SchwVk. 17 (1927), 66. Seemann.

Blutregen. Unter B. (auch Wunderregen, Staubregen usw. genannt) ist ein meist rötlich gefärbter Staubfall zu verstehen, der sich aus Kieselsäure, Tonerde, Eisen- und Kupferoxyden in feinsten Teilen zusammensetzt. Er ist ein Verwitterungsprodukt der Sahara, wo er durch ungeheuere Winde in einer Ausdehnung von ca. 10 Breitengraden aufgewirbelt und im westlichen Küstengebiet Afrikas niedergeschlagen wird. Durch hohen Luftdruck wird zuweilen ein Teil dieser Staubmassen in hohe Regionen emporgehoben, hier von andern von S. nach N. streichenden Winden mitgerissen und über Südeuropa, gelegentlich auch über Nordeuropa abgelagert, zuweilen mit Regen untermischt, aber auch trokken. Nach Verdunstung des Wassers bleiben vom Staubregen die Staubsubstanzen in rötlicher oder gelblicher Farbe zurück. Diesem durch Passatstaub gebildeten B. steht der durch Tiere hervorgerufene B. gegenüber, der dadurch hervorgerufen wird, daß Bienen und Schmetterlinge beim Ausfliegen bzw. Auskriechen aus der Puppe einige Tropfen Blut lassen. Ferner veranlaßt das massenhafte Auftreten der Blutalge sowie der Wundermonade roten Flüssigkeitsfall [1]).

Der B. ist als Prodigium von allen antiken Völkern, den Arabern und den Völkern des abendländischen MA.s anerkannt worden. Vor allem den Römern galt, wie aus der zu vielen Jahren römischer Geschichte von Livius gegebenen Prodigienliste hervorgeht (XXII 1; XLIII 13), der B. — meist übrigens mit Meteorfall und Erdbeben verbunden — als Wunderzeichen des Himmels, das entweder den Zorn der Gottheit ankündigte oder Krieg bzw. ein anderes Unglück als dem Staate drohend ansagte (vgl. die Prodigien bei Caesars Ermordung: Ovid. Met. XV 788: saepe inter nimbos guttae cecidere cruentae).

Die erste Nachricht von einem B. in Deutschland stammt aus dem Jahre 640. Auch in Deutschland wurde B. im allgemeinen als böses Wunderzeichen Gottes aufgefaßt. Mit Weihungen und frommen Stiftungen suchte man den Zorn Gottes zu versöhnen. Da so die Kirche diesen Wunderzeichen Beachtung zu schenken scheint, wird der an den B. anknüpfende deutsche Aberglaube auf antiken Einfluß zurückgehen und mit der Christianisierung nach Deutschland gekommen sein. Auch für die Deutschen bezeichnete B. vor allem kommenden Krieg. Als Guis nach Spanien auszog, regnete es Blut, wie wir in den Chansons de geste lesen. Erasmus Franziscus „Luftkreys" berichtet zum Jahre 1668, daß auf den in dieser Zeit beobachteten B. der Krieg zwischen Deutschland und Frankreich gefolgt sei. — Ob die Verse in Schillers Wallenstein: „Und aus den Wolken blutigrot, hängt der Herrgott den Kriegsmantel runter" hierher gehören, bezweifle ich; ich möchte sie lieber auf das Krieg kündende Abendrot (s. Abendröte) deuten.

Außer Krieg und Blutvergießen weissagte man aus niedergefallenem B. gelegentlich auch die Pest. In diesem Sinne deutete man den 1646 in Schäßburg in Siebenbürgen niedergegangenen B. Den 1349 in Süddeutschland und Österreich beobachteten B. sühnte man in Kelheim a. Donau, wie Lycostenes in seinen

Prodigia berichtet, durch einen steinernen Tempel, den man „zum heiligen Blute" benannte, wohl mit Beziehung des B.s auf das Blut Christi. Gelegentlich begegnet sogar die Nachricht, daß man die Erscheinung, zumal mit Blitz, Donner und Sturm wahrgenommen, als Ankündigung des jüngsten Gerichts auffaßte.

Die Vorstellungen sind bis auf unsere Zeit unverändert im Volksmunde weiter überliefert worden. Aus Böhmen-Mähren und andern deutschen Gebieten ist immer die Vorstellung vom Krieg und Blutvergießen als Folge von B. zu belegen [2].

[1]) Ehrenberg *Passatstaub u. B.* in Abhdl. Berl. Ak. 1847; Hellmann und Meinardi *Der große Staubfall vom 9.—12. 3. 1901.* Abhdl. Berl. Ak. 1901; HandWb. d. Naturwiss. 1 (Jena 1912), 623 s. v. Passatstaub. Einzelbeobachtungen lokaler Art in Meteorol. Zeitschrift 1903. [2]) Viel Material zu datierten B.-erscheinungen findet man bei Ehrenberg l. c., ferner bei Lycostenes *Prodigia* (stets in Verbindung mit Krieg). Ich verweise auf die Notizen zu folgenden Jahren (die Angaben in der Klammer bezeichnen den Ort, wo der B. beobachtet wurde): 541 (Gallien), 1114 (Oberitalien), 1165 (Dall [England]), 1137 (ohne Ortsangabe), 1531 (Lissabon) 1539 (Belgien), 1542 (bei Warendorf [Westfalen]), 1552 (Frankreich). Vgl. auch Amersbach *Grimmelshausen* 2, 73 (mit vielen Zitaten); Keller *Grab des Aberglaubens* 3, 167 f.; 4, 90 ff.

Stegemann.

Blutsauger s. Nachzehrer.

Blutsbrüderschaft.

1. Der blutsfremde Gott Loki, der in die Gemeinschaft der Asen Aufzunehmende, wird Odins Blutsbruder [1]).Denn Blutmischung bildete bei den Germanen wie auch anderswärts das gebräuchliche Zeremoniell des Friedens- oder Freundschaftsschlusses (s. Frieden) [2]). Die zugrunde liegende Vorstellung ist uralt. Ein Blutbund umschließt die Volksgemeinschaft [3]) und umfaßt auch den Gott des Stammes [4]), von welchem die Helden und Könige oft direkt abzustammen glauben, ein Glaube, der auf totemistischer Stufe am deutlichsten ausgeprägt erscheint [5]). Gemeinsame sakramentale Mahle, bei welchen ein Opfertier (häufig der Gott selbst) verzehrt und sein Blut getrunken wird, dienten der Erinnerung und Verstärkung dieses Blutbandes. Wer nun in ein enges Friedens- und Freundschaftsverhältnis mit einer Einzelperson, einer Sippe oder einem Volke treten will, muß künstlich gleichen Blutes gemacht werden, eben durch den Blutbund, der das wichtigste und älteste Element der Gruppenbildung gewesen ist [6]).

[1]) Simrock *Mythologie* 14. [2]) Ebd. 226; Visscher *Naturvölker* 2, 151. [3]) Hartland *Primitive Paternity* 1, 258 ff.; Wundt *Mythus u. Religion* 1, 431, 578. [4]) Reuterskiöld *Speisesakramente* 16. 76; 1. Mose 34, 15f. [5]) v. Gennep *Le problème du totemisme.* [6]) Gutmann *Recht der Dschagga* 252 ff.; Urquell 3 (1892), 82; Herodot 4, 70; Schwenn *Menschenopfer* 198.

2. Da nach animistischer Anschauung (s. Animismus) auch kleinste Teile den Seelenstoff übertragen, insbesondere beim Blut in jedem einzelnen Tröpfchen „die Seele", das „Leben" [7]) stecken kann [8]), so genügt schon der Austausch einer verhältnismäßig kleinen Blutmenge, um das Band der Bluteinheit um die Wahlbrüder herzustellen.

Als einseitiger Blutbund, wobei der andere Partner ein übernatürliches Wesen ist, ist die Beschneidung zu werten [9]). Beim zweiseitigen Bund besteht oft die Sitte, gegenseitig einige Tropfen Blutes zu trinken, ursprünglich ohne jede Beimischung [10]), später meist mit Wein [11]) vermengt. Ein Nachklang dieses Brauches ist das „Bruderschafttrinken", wobei noch in späterer Zeit studentische Kreise des Blutzusatzes nicht vergaßen. Einen einseitigen Blutbund schließt auch der Teufel mit dem Menschen, der sich mit seinem eigenen Blute in des Teufels Buch (das Gegenstück zu dem göttlichen Buch des Lebens) eintragen muß (Faust).

Echt germanisch ist der Ritus, daß beide Freunde ihr Blut in eine Grube zusammenrinnen lassen, daß es sich mit der Erde (ist die Erde hier der dritte Bundespartner?) vermische [12]). Oervarodd und Hjalmar treten unter den Rasen und lassen ihr Blut in ihrer Fußspur zusammenfließen. Solche Fußspur zeigt dann, je nachdem sie sich mit Erde, Wasser oder Blut füllt, das Ergehen des andern [13]). B. erzeugt das engste Freundschaftsband, das bis über den Tod verpflichtet [14]).

Wollen zwei Freunde in die Ferne sich Nachricht geben, so lassen sie in gegenseitig gemachte Narben Blut voneinander träufeln; wenn einer in vorher verabredeter Zeichengebung in die Narbe sticht, spürt es dann der andere.

[7]) 2. Mose 4, 25 [8]) Rochholz *Glaube* 1, 40 ff. [9]) Lippert *Christentum* 25. 83. [10]) Urquell 3 (1892), 83. [11]) Lippert *Christentum* 687; Ciszewski *Künstl. Verwandtschaft* 60 ff.; Kircher *Wein* 79. [12]) Grimm *RA*. 1, 265 ff. [13]) Rochholz *Glaube* 1, 52. [14]) E. H. Meyer *German. Mythol.* 72; vgl. im allgemeinen: Hellwald *Ethnogr. Rösselsprünge* 327 ff.; Hammarstedt *Brorskål och blodsfärbund* in Fataburen 1908, 220 ff.; Strack *Blut* 22 ff.

M. Beth.

Blutschande ist eine Verletzung der von der Gesellschaft vorgeschriebenen Regeln der geschlechtlichen Beziehungen, insbesondere eine Übertretung der Eheverbote zwischen Verwandten gewisser Grade, wobei freilich der Kreis bei verschiedenen Völkern sehr verschieden weit gezogen wird. Schon die Primitiven legten der Korrektheit der sexuellen Beziehungen den größten Wert bei.

1. Die ganze totemistische Organisation ist auf der Voraussetzung aufgebaut, daß der Stamm mit seinen verschiedenen Unterabteilungen den Kosmos repräsentiert und daß es zur Erhaltung des Gleichgewichtes der Natur notwendig ist, daß immer ein Glied der einen Stammeshälfte ein Glied der anderen Stammeshälfte heirate, bzw. mit ihm in geschlechtliche Beziehung trete, damit der entsprechende magische Einfluß auf den Kosmos ausgeübt werde [1]). Tritt im Gegenteil ein Mitglied des Stammes in geschlechtliche Verbindung mit einem anderen Mitglied, das zu heiraten ihm verpönt ist, so ist die Folge davon ein vernichtender Einfluß auf die Harmonie des Weltalls, insbesondere auf die Wohlfahrt des Stammes [2]). Solche B. wird bei den primitiven Völkern mit grausamsten Mitteln ausgetilgt: die Frevler werden verbrannt [3]), ertränkt [4]), lebendig begraben [5]). Auch aus Irland sind Sagen überliefert, daß Münster im 3. Jh. unserer Zeitrechnung von einem schweren Mißwachs und anderem Unglück heimgesucht worden sei, und zwar infolge der von dem König mit seiner Schwester begangenen B. Diese konnte nur dadurch gesühnt werden, daß die zwei Sprossen dieser unheiligen Verbindung verbrannt und ihre Asche ins Wasser geworfen wurde [6]). Eine andere irische Legende erzählt von der B. des Cairbre Musc mit seiner Schwester. Hier mußten die Sprossen wohl außer Land gebracht werden, konnten aber durch einen merkwürdigen Ritus Entsühnung finden [7]).

Auch nach deutschem Glauben bringt B. Unglück, nicht nur denen, die sie begehen, sondern auch denen, welche nach ihnen z. B. dasselbe Haus bewohnen [8]). Die Strafe der B. war der Tod durch Einmauern [9]). Über das Grab hinaus finden solche Frevler keine Ruhe [10]). Eine bezeichnende Sage erzählt, daß die Köpfe der Grabfiguren auf dem Leichenstein eines solchen Geschwisterpaares immer wieder verschwunden seien [11]).

[1]) Beth *Die Exogamie bei den Naturvölkern.* Bericht der anthropologischen Gesellschaft (1912). [2]) Frazer *Psyches Task* 44 ff.; Sophocles *Oedipus Tyrannus* 22 ff. 95 ff.; [3]) Leviticus 20, 14; C. H. W. Johns *Babylonian and Assyrian Laws, Contracts and Letters* 54 und 56. [4]) G. J. van Dongen *De Koeboes*, Bijdragen tot de Taal-, Land- en Volkenkunde van Neederlandsch-Indië (1910), 293. [5]) G. A. Wilken *Verspreide Geschriften* 2, 481 f. [6]) P. W. Joyce *Social History of Ancient Ireland* 2 (London 1903), 512 ff. [7]) John Rhys *Celtic Heathendom* (London and Edinburgh 1888), 308 ff. [8]) Strackerjan 1, 46. [9]) Grohmann *Sagen* 42. [10]) Schell *Bergische Sagen* 405 Nr. 20. [11]) Grimm *DS*. 253 Nr. 357.

2. Die Gruppe jener Menschen, welche zueinander in einem solchen Verhältnis gedacht werden, daß eine geschlechtliche Beziehung zwischen ihnen ausgeschlossen werden soll, umfaßt bei totemistisch-exogamischen Stämmen sowohl Menschen, welche nach unseren Begriffen in einem ebenfalls die Ehe ausschließenden Verwandtschaftsverhältnis, wie auch solche, welche überhaupt nicht in einer Blutsverwandtschaft, sondern nur in einer totemistischen Verwandtschaft zueinander stehen. Andererseits kann es dort geschehen, daß Verbindungen gebilligt werden, welche nach unseren Begriffen ganz unmöglich sind, so daß der Großvater mit der Enkelin oder die Groß-

mutter mit dem Enkel in geschlechtliche Beziehungen treten können [12]). Aber nicht nur solche Totemverwandtschaft schafft Ehehindernisse, sondern auch das Blutband (s. Blutsbrüderschaft) durch Bündnis ohne wirkliche Verwandtschaft [13]), ja die zufällige Berührung mit dem Blute des anderen [14]). Weiterhin wird auch das Band, welches durch Schwägerschaft eintritt, als ein geschlechtliche Beziehungen ausschließendes sehr häufig aufgefaßt [15]). Auch die Milchbruderschaft wirkt bisweilen in dieser Richtung [16]). Bei den Südslaven ist Blutverwandtschaft Ehehindernis bis zum achten bzw. neunten Grad, eine nahezu Verwandte zu heiraten, bringt Unglück über das ganze Haus, verkrüppelte Kinder gelten noch heute dort als Strafe dessen.

[12]) Spencer and Gillen *Native Tribes of Central Australia* 63, 73; Westermarck *History of Human Marriage* 2, 40 ff. [13]) Hartland *Primitive Paternity* 1, 261. [14]) Ebd. [15]) Westermarck *History of Human Marriage* 151 ff. [16]) Krauß *Sitte u. Brauch* 14. [17]) Ebd. 172. 197. 221.

3. Andererseits aber gibt es genug Berichte von Verbindungen, welche wir als blutschänderisch auffassen würden. Eine der bekanntesten ist die von den Beziehungen Lots mit seinen Töchtern [18]), zwischen Smyrna und Myrha [19]). Diese Verbindungen sind zum Teile sicherlich dadurch erklärlich, daß gerade im Mittelmeerkulturkreis sich ziemlich lang die Endogamie (s. Mutterrecht) erhalten haben muß, welche in Ägypten bis in unsere Zeitrechnung hinauf im Königshause die Regel blieb [20]). Aber auch in streng exogamischen Ländern wird bei gewissen Feierlichkeiten und zu gewissen Zwecken, so insbesondere bei den magischen Fruchtbarkeitsriten und bei den Jünglings- und Mädchenweihen die sonst so strenge Trennung zwischen den verbotenen Graden aufgehoben und gerade die sonst verbotenen Beziehungen müssen zum magischen Zweck vollzogen werden. Freilich wird hiebei ein Verkehr zwischen wirklichen Blutsverwandten in unserem Sinne bisweilen noch immer vermieden [21]). Aber auch diese Regel gilt nicht ausnahmslos, und es ist eine ganze Reihe von Fällen überliefert, wo zur Erzielung eines besonderen Effektes auf der Jagd [22]) oder bei anderen Gelegenheiten [23]) ein Akt wirklicher B. verübt werden muß. Auch in der deutschen Mythologie spielt die B. in der Wölsungensage eine eigentümliche Rolle, indem sie sowohl die höchste Blüte als auch den Untergang des Geschlechts herbeiführt.

[18]) Genesis 19, 30—48; Gunkel *Genesis* 217 f. [19]) Roscher *Lexikon* 1, 69. [20]) Wilken *Die Ehe zwischen Blutsverwandten*, Globus 59, 8. 20. 35; Ernst Kornemann *Die Stellung der Frau in der vorgriechischen Mittelmeerkultur* (Orient und Antike, Heft 4) 1927. [21]) Spencer and Gillen *The Native Tribes of Central Australia* 92 ff. 97 ff.; Dies. *The Northern Tribes of Central Australia* 136. [22]) Frazer *Psyches Task* 57. [23]) Ebd. 59.
M. Beth.

Blutschink. Tiergestaltiger Wasserdämon in Tirol und Kärnten, erscheint als Bär, auch halb Bär, halb Mensch. Seinen Namen hat der B. nach seinen stets blutigen Füßen. Man warnt vor ihm die Kinder [1]). — Der B. überfällt die Menschen im Schlaf, würgt sie und schleppt sie in den See [2]). — Der Vergleich mit Grendel liegt nahe [3]).

[1]) ZfdMyth. 1, 237; 3, 30 Nr. 21. [2]) Alpenburg *Tirol* 58 ff. 421; Heyl *Tirol* 791 Nr. 179. [3]) Simrock *Mythol.* 418; Laistner *Nebelsagen* 90.
Ranke.

Blutsegen [1]). Segen, die rinnendes Blut (aus Wunden, Nase, menses) stillen sollen (s. Wundsegen). Einige Segen werden bald als B.-, bald als Wundsegen verwendet. Deutsche und (christl.-) lateinische B.- und Wundsegen liegen durch tausend Jahre vor; ein deutscher aus dem 10. Jh. ist der Trierer: „Christ uuarth giuund" usw.[2]) (die Sprachform weist vermutlich auf eine ältere Vorlage); ein lateinischer um 900 der sog. „Jordansegen" (s. d.). — Die Hauptmotive lassen sich zum Teil nach dem Prinzip des zugrunde liegenden (ausdrücklichen oder latenten) Vergleiches ordnen.

[1]) Lit. s. Wundsegen. [2]) ZfdA. 52, 171.

1. Vergleich des Stehens (Wasser o. a. stand oder steht, Blut steht). So schon in einigen Blutsprüchen aus dem klass. Altertum, z. B. „sisti debere cruo-

rem, ut lapis ille (ein Mühlstein) viae solitos iam destitit orbes" [3]); solche einfache Vergleiche sind aber in deutschen B. (und Wundsegen) sehr selten; fast immer gilt der Vergleich einem biblischen oder fiktiven Vorfall. Das Blut soll stehen

a) wie der Jordan (s. Jordansegen).

b) Wie Christus am Kreuze [4]), z. B. „Blude, du mußt stille stan, wie Jesus am Kreuze stand" [5]). Dieser weithin bekannte [6]) Segen ist urspr. sicher lateinisch, in dürftigen Reimen, verfaßt: „Stans (Sta) sangwis in te — sicut stetit Jesus in se, stans sangwis fixus — sicut J. stetit crucifixus, st. s. in tua vena (vena tua) — sicut J. stetit in morte sua (auch: in sua pena)", von 1349 [7]). Fast in derselben lat. Form war er vom 14. bis ins 19. Jh. auch in Deutschland üblich. Deutsche Fassungen liegen seit dem 16. Jh. vor, gew. in gekürzter Form [8]). Das „stetit, stand" will natürlich sagen: (Jesus) „stand fest", wohl anstatt zu fliehen, oder: statt seiner früheren freien Beweglichkeit. Einige spätere Varianten setzen „mane" für „sta" oder sagen (Chr. ist) „gestanden mit hertten banden" [9]). Das Bild an sich, J. „stand", entspricht der bis um 1250 in der Kunst und noch viel später in der Andachtsliteratur üblichen Darstellung (resp. Ausdrucksweise), nach welcher Jesus am Kreuze nicht „hängt", sondern auf einem Fußbrett festgenagelt steht. In einigen modernen Formen, wo dies nicht mehr verstanden wurde, ist dann das „Stehen" auf die Wunden übergeführt, z. B. „Blut, stehe still . . . wie . . . Christi hl. fünf Wunden am Kreuze still standen" [10]).

c) „Zu Hierusalem im Dohme dar steiht ein rosenen blome: so stil als die steith, so schal (soll) dith bluth" (J. 1584) [11]); der Segen scheint auf Norddeutschland begrenzt; hierzu paßt sehr wohl, daß hinter demselben nach Ebermann [12]) die norddeutsche Fassung des Rätsels vom Ei liegt: „To Wittenborg in'n Doom, dar steit 'ne gäle Bloom" usw. (ganz anderer Schluß). Der Segner denkt wohl an eine „Blutrose" auf Jesu Grab (vgl. Dreirosensegen).

d) Drei Brunnen. „In dem heiligen Jordan do stene drei edelen brunnen; der ein flos, der ander gos, der dritt stunde still; also verstehe" (usw.), 16. Jh. [13]), mit dem Anfang „In Gottes Reich stehen" später durch ein gedrucktes Buch verbreitet [14]) (die älteste bekannte Fassung, 15. Jh., scheint von den Dreiblumensegen beeinflußt) [15]). — Liegen die zwei Jordanquellen, über die im MA. öfters geschrieben wurde, dahinter?

[3]) Serenus Sammonicus *De medicina* v. 651 (Poetae latini minores ed. Baehrens III). [4]) Lit.: Ebermann *Blutsegen* 75 ff.; Ohrt *Vrid og Blod* 128 ff. [5]) Bartsch *Mecklenburg* 2, 375 Nr. 1754. [6]) Ital.: Pradel *Gebete* 24; ndl.: Ebermann *Blutsegen* 77; engl.: Glyde *The Norfolk Garland* 39; nord.: Ohrt *Danmarks Trylleformler* 1 Nr. 100; Bang *Norske Hexeformularer* Nr. 1255; finnisch: Levón *Verensulkusanat* 58 ff. [7]) Schönbach HSG. Nr. 848; vgl. z. B. Birlinger *Aus Schwaben* 1, 514; Thiers *Traité* 1, 469. [8]) Urquell N.F. 2, 102 und (als Wurmsegen) Bartsch *Mecklenburg* 2, 25 (16. Jh.); Jahn *Pommern* 69; Kuhn und Schwartz 438 usw. [9]) Schönbach HSG. Nr. 918. [10]) Wuttke § 230. [11]) Bartsch *Mecklenburg* 2, 18. Andere Belege: Ebermann *Blutsegen* 110 ff. [12]) Ebermann ebd. [13]) Urquell N. F. 2, 105. [14]) Z. B. Württ-Vjh. 13, 218 Nr. 258. [15]) Ebermann 70. 107.

2. Gleichheit im Wirken oder Verlauf (Heilung damals, Heilung jetzt o. ä.).

a) Elias: epischer deutscher Segen, im 14.—16. Jh. belegt. Elias „saz in der ainöde" und rief zu Gott wegen seines Nasenblutens: „betwing dicz pluot, als du betwunge den Jordan, ê daz dich S. Johans dar us tauffet" [16]). Vgl. 1. Kön. 19, 4 mit 20, 37 f. oder vgl. 1. Kön. 17, 1 (Luc. 4, 25)?

b) Der Name Veronica will an die Geschichte des blutflüssigen Weibes, Matt. cap. 9, erinnern; mit dieser Person wurde nämlich Veronica (das Weib mit dem Schweißtuch Jesu) schon in den Gesta Pilati [17]) gleichgesetzt. Als B. fast nur in (byzant. [18]) u.) lat. gefaßten Texten; in einer Trierer Hs. schon im 10. Jh. „nomen Beronice" mit Zitierung von Matt. 9, 21 [19]).

c) Hierher gehört weiter das Wort „Consummatum est" oder „Es ist vollbracht", (lat.) vom 14. Jh. an [20]); alte

Aufzeichnungen von „Christus wund und wieder gesund", gew. als Wundsegen (s. d.); endlich Dreifrauen-, Dreiblumen-, Dreirosensegen, Philipp von Flandern (Tumbo?) (s. diese).

[16]) MSD. 2, 275 f.; vgl. AfdA. 1865, 350; Urquell N.F. 2, 105; Jühling *Tiere* 288 usw.; anders griech.: Catalogus codd. astrol. VI App., 88. [17]) Evang. Nicodemi A cap. 7. [18]) Nicolai Myrepsi (13. Jh.) *Medicamenta*, trad. Fuchs (Basel 1549), 118. [19]) Steinmeyer 392; Franz *Benediktionen* 2, 510 f.; vgl. Schönbach HSG. Nr. 730. 1009. [20]) Vgl. Jacoby in Ons Hémecht 1924, 18; auch Germania 24, 73 (15. Jh.); Bartsch *Mecklenburg* 2, 376 Nr. 1764.

3. Gegensatz. a) Christi Blut — dieses Blut: „Ich beudt ... bei dem hl. rosenfarben bluet, das ... Christo durch sein hl. fünf wunden wndt (lies: wudt „watete, floß"), das du still stest ..." [21]), 16. Jh.; eine Parallele aus dem 14. Jh.[22]) hat diese Pointe nicht.

b) Adams Blut — Christi Blut [23]), vgl. Röm. 5, 9. 12. 17. Von der hl. Hildegard im 12. Jh. empfohlen und vermutlich auch verfaßt: „In sanguine Adae orta est mors, in sanguine Christi extincta est mors; in eodem s. Chr. impero tibi" etc. [24]). Verdeutschungen 15.—19. Jh.; auch englisch [25]).

c) Wasser steh — Blut geh[26]) (nach Joh. 19, 34?). Lat. vereinzelt im 14. Jh. „Sanguis (sc. *Veronicae*, von der der Anfang des Segens spricht?) obstitit, unda perfluit" [27]).

Deutsch viele aber späte Aufzeichnungen; entweder kurz: „Bl. steh, W. geh"; oder mit epischer (recht ungeschickter) Einleitung, wie „Ich ging durch eine Gasse, da fand ich Blut u. Wasser" [28]); auch „... Christus ging über die Brücke, das Blut floß wie Wasser" [29]).

4. Ohne Vergleich einer heilkräftigen Macht wird erwähnt. Hier ist bes. zu merken: Die „glückselige(n) Stunde(n)" oder Orte (s. d.)

s. a. Blutstein, Blutstillen.

[21]) Urquell N.F. 2, 103. [22]) ZfdA. 13, 216. [23]) Lit. Ebermann *Blutsegen* 78 ff. mit Belegen; Franz *Benediktionen* 2, 511 f. [24]) Franz ebd.; vgl. Schönbach HSG. Nr. 921 (14. Jh.). [25]) Dalyell *The darker superstitions of Scotland* 320. [26]) Lit.: Ebermann *Blutsegen* 64 ff. mit Belegen. [27]) Schönbach HSG. Nr. 730. [28]) Kuhn *Westfalen* 2, 197 Nr. 555. [29]) Engelien u. Lahn 251.

Ohrt.

Blutstein (Hämatit). Griech. αἱματίτης (τὸ αἷμα = Blut), mhd. emathites, nhd. B., in der Bergmannssprache „Roter Glaskopf". Der echte B. ist ein Konglomerat, dessen Hauptbestandteil Roteisenstein ist. Seine schwarze Außenseite gleicht geronnenem Blute, man glaubte deshalb, er sei daraus entstanden. In Leonberg heißt er „Geronnenblutstein". Wird der Stein abgeschabt oder zerstampft, so tritt seine innere blutrote Farbe hervor, die ihm den Namen B. verschaffte [1]) und nach dem Grundsatze similia similibus curantur Veranlassung zu dem Aberglauben gab, der Stein sei ein treffliches Mittel bei Blutungen jeder Art [2]). Diese Meinung herrschte bereits im Altertum, geht durch das ganze MA. hindurch und reicht bis in die neuere Zeit hinein [3]). Man verwendete ihn bei Nasenbluten, vor allem aber bei starken Uterusblutungen der Frauen [4]). Bei diesen Blutbesprechungen wird er entweder in der rechten Hand getragen [5]) oder aufgelöst getrunken [6]). Am Lechrain gehört er zum Handwerkszeug der Hebammen, die ihn, abgeschabt und aufgelöst, der Wöchnerin eingeben [7]). Auch wenn eine Frau die Menstruation verloren hat, soll man ihr gepulverten B. eingeben [8]). In der Volksheilkunde wird der Stein außer gegen Blutungen, Blutgerinnsel, Frauenleiden auch bei Magen- und Nierenbeschwerden u. a. verwendet [9]). In das Magische gehört es, wenn man den blutigen Schaden unter Hersagen eines Zauberspruches mit dem roten B. bestreicht, oder über einem Gewächse mit ihm das Kreuzeszeichen macht und neunmal mit ihm über die Stelle fährt [10]). Die gelegentliche Wirkung des echten Hämatits als blutstillendes Mittel steht mit seinem Eisengehalt in Verbindung; Eisenverbindungen sind ja noch heute blutstillende Mittel [11]). Als B. gelten auch der Blutachat, roter Marmor, der rote Jaspis; in der Steiermark und Oberösterreich werden diese Steine als Amulett gegen den Rotlauf getragen [12]).

[1]) Quenstedt 617; Bergmann 102; Bohnenberger 1, 23. [2]) Gesner *d. f. l.* 149; Lammert 196; Pollinger *Landshut* 282; ZfVk. 23 (1913), 256; Stemplinger *Sympathie* 46; vgl. Maurer *Isländ. Sagen* 184. [3]) Pauly-Wissowa 7, 2215 f.; Plin. *n. h.* 36, § 144 f.; Megenberg *Buch der Natur* 382; Lonicer 59; Schade 1331 f. s. v. ematites; De Mély 201. 179. 185; Zedler 4, 269 f. s. v. Blutstein; Grimm *DWb.* 2, 192 f. [4]) Zedler a. a. O.; Heimatgaue 1 (1919), 50; Andree-Eysn 139; ZföVk. 13 (1907), 102; HessBl. 20 (1921), 33. [5]) Lammert 167; Hovorka-Kronfeld 2, 468 f.; ZföVk. a. a. O.; Fossel *Volksmedizin* 147. [6]) Alemannia 31, 181 Nr. 15. [7]) Leoprechting *Lechrain* 92. [8]) Alemannia a. a. O.; ZföVk. a. a. O. [9]) Megenberg a. a. O.; Peters *Pharmazeutik* 2, 109; Zedler a. a. O.; Lemke 1, 54. [10]) Drechsler 2, 288; Hovorka-Kronfeld 2, 395; Fossel a. a. O. 157. [11]) Grabinski *Mystik* 72. [12]) Staricius *Heldenschatz* (1706), 467; ZföVk. a. a. O. 103 und 112 f.; Zachariä *Kl. Schr.* 348. Über den Blutstein als „Schreckstein" s. dort u. Hovorka-Kronfeld 2, 680; Seligmann 2, 30. Olbrich.

Blutstillen. Blutungen zu stillen, gehört zu den wichtigsten Heilmethoden. Das erste Bestreben zielt stets darauf hin, den ausströmenden „Lebensgeistern" Einhalt zu tun, indem man das Entweichen des kostbaren Lebenssaftes einzudämmen sucht. Die meisten Vorschriften der volkschirurgischen Blutstillung beziehen sich auf die am wenigsten gefährliche Gewebeblutung; spritzende Blutgefäße kommen ja meist nur bei schwereren Verletzungen vor.

Die Volksmedizin kennt eine sehr große Zahl b.der Mittel; viele derselben aus dem Pflanzen-, Tier- und Steinreich mögen tatsächlich wirksam sein, viele andere aber abergläubischen (analogischen) Anschauungen entspringen [1]). In Landshut z. B. legt man auf die blutende Stelle eine Kupfermünze, und verwendet man Blutstein oder Hundszunge [2]), anderwärts einfach etwas Rotes z. B. Blutstein (s. d.) [3]), Gauchheil (mit roter Blüte) (s. d.) [4]), in Böhmen bindet man einen Groschen oder Öhr auf die Wunde, auf die ein Marienbild geprägt ist [5]), usw. Das „Artzney-Büchlein vor Carl Ludwig Schneidemann Ao 1768 in Pforzheim" empfiehlt: „Nim einen Kuchen Lumpen, je schmoziger er ist je besser es ist, diesen verbrenne zu Aschen, nim und streue sie in die Wunden so stehet das Blut zur Hand und wann man ein Roß schneidet und das Blut nicht kan gestilt werden, so ist es gewiß gut. Oder auch vor Menschen und Vieh: Schreibe untenstehende Buchstaben mit seinem eigenen Blut an die Stirn es seye Menschen oder Vieh: I. N. R. I." [6]). In der Grazer Gegend schreibt man mit dem Blute o i p u l k (s. d.) auf die Stirne. Wiederum um Landshut fängt man, wenn die Menstruation (im übrigen s. d.) krankhaft auftritt und der Blutverlust zu groß ist, einen Löffel voll des Blutes auf und verschluckt das Blut, und, wenn bei Geburten (s. d.) ein so starker Blutverlust eintritt, daß Gefahr für das Leben besteht, muß man drei Löffel voll davon auffangen und das Blut der Gebärenden eingeben [7]). „Were es", schreibt Staricius [8]), „daß man das Blut nit stillen köndte / am Menschen oder Viehe / so nimb einen Keyl aus einer Sprossen von einer Leiteren / oder sonst einen Keyl / da ein fuß eines Schemels / oder eine Banck ist mit eingepflöckt / besudel den Keyl mit dem Blut / schlage ihn umgekehret widerumb in das Loch / da er vorhin gesteckt / so gestehet das Blut / das ist gar gewiß / unnd ist mir ein guter Freund bekandt / der mit Verwunderung vieler Leut einem Landherrn in Mähren ein Roß durch diß Mittel bey den Leben erhalten / so nach dem Schnitt 3. gantzer Tag geblutet hat". Ein weitverbreitetes Mittel ist, daß man ein Stück von einem Obstbaumzweige aufwärts abschneidet, dies an die frische Wunde hält, so daß das Blut daran kleben bleibt, und es dann an einen Ort des Hauses legt, wo es ganz finster ist; dann hört die Blutung auf [9]). Wer im Allgäu am Karfreitag vor Sonnenaufgang mit einem Streich ein „eldernes" Ästle abhaut, kann damit b.; er braucht das Ästle nur auf die Wunde zu legen [10]), oder: Man suche am Karfreitag vor Sonnenaufgang Froschlaich und reibe damit eine Hand ein, so erhält man in derselben die Kraft,

Blut zu stillen; man braucht mit dieser Hand nur die blutende Körperstelle zu bestreichen [11]). Nasenbluten (s. d.) wird im Baulande (Hettingen) [12]) gestillt, wenn man das Blut auf zwei übers Kreuz gelegte Strohhälmchen tropfen läßt. Ebenda werden Blutungen von Wunden gestillt mit einem Steinchen, das man unter der Dachtraufe wegnimmt und mit dem man die blutende Stelle in den drei höchsten Namen umfährt; das Steinchen muß genau an seinen früheren Ort wieder zurückgebracht werden. Die Deutschen in Pennsylvanien glauben, daß man B. könne, indem man das Taschenmesser aus dem einen Sack des Rockes in den andern tue [13]), oder indem man die Wand starr und ohne zu blinzeln anschaut und von fünfzig bis drei rückwärts zählt [14]). In der Oberpfalz verwendet man zum B. „alte Ehe", d. h. Leichenfett aus Gräbern, Öl aus Regenwürmern, Froschhaut usw. [15]), in Pommern „ein kleines Beinlein von einem Menschen" [16]).

s. a. Blutsegen, Geburt, Menstruation, Nasenbluten, verpflöcken.

[1]) Hovorka-Kronfeld 2, 369 ff. [2]) Pollinger 282. [3]) Wuttke § 477. [4]) Hovorka-Kronfeld 2, 371. [5]) Huß *Aberglaube* 18 Nr. 9. [6]) Weinhold *Festschrift* 117 Nr. 12. [7]) Pollinger 282. [8]) *Heldenschatz* (1679), 123 f. [9]) Kuhn-Schwartz 437 Nr. 308. [10]) Reiser 2, 116 Nr. 25. [11]) Ebd. Nr. 26. [12]) Schmitt 16; vgl. auch Kuhn *Märk. Sagen* 384 Nr. 65. [13]) Fogel 289 Nr. 1528. [14]) Ebd. 304 Nr. 1615 (schon 1820 belegt). [15]) Schönwerth 3, 233 ff.; Hovorka-Kronfeld 2, 371. [16]) Jahn *Hexenwesen* 163 Nr. 535, nach Egypt. Geheimn. 2, 7. Bächtold-Stäubli.

Blutstropfen.

1. „Nach einer besonders in Schwaben vielfach kreisenden Meinung sind im Gehirne an ganz feinen Fäden „drei B. aufgehangen", welche eine Reihe von Leiden hervorrufen. Fällt ein B. herab, so entsteht Schwindel, welchen ein Aderlaß beseitigt. Fällt der zweite herab, so wird der Betreffende vom Schlage „gerührt", „berührt" und, nach der seitlichen Richtung des Tropfens, die eine oder andere Körperhälfte gelähmt, wo noch ein ergiebiger Aderlaß gemacht werden muß. Fallen aber alle drei Tropfen zugleich herab, dann hat „der Schlag getroffen", und um diese Gefahr, in welcher alle Menschen wegen der zarten Fäden, die plötzlich zerreißen können, sich befinden, fernzuhalten, muß periodisch zur Ader gelassen werden" [1]). Im Kanton Bern herrscht der Glaube: Über den Augen in der Stirne hangen an einem Knöchlein drei B., davon fällt der erste ab nach Verlauf der Kindheit, der zweite, wenn die Jugend vorüber ist, der dritte beim Tode [2]). Eine Frau, die den Boden scheuerte, hielt sich plötzlich die Hände vors Gesicht und blieb einige Zeit ganz unbeweglich; als man sie frug, was sie habe, antwortete sie, sie habe sich in den drei höchsten Namen besegnen müssen, denn die drei höchsten B. seien „fürers gfalle" [3]). Ähnlich heißt es in Tirol: Im Kopfe hangen drei B. Fällt jener, der rechts ist, wird die rechte Seite gelähmt; fällt der linke Tropfen, ist die linke Seite lahm. Das Fallen des mittleren bringt den Tod [4]). Wenn das Ohr klingt, sagt man im Voigtlande, so hängt in demselben ein B. an einem Haar; fällt er herunter, so trifft einen der Schlag; man muß deshalb beim Klingen des Ohres ein Vaterunser beten [5]). Solcher Glaube scheint alt zu sein; denn schon Geiler schreibt im Evangelibuch: „Sie sagen das der brest im hirn sei, vnd die ederli, die zuo dem hirn gond, wenn sie gantz verstopffet sein von wuost, so werd sant Veltins siechtag daruß, so sprechet ir, es hangen drei tropffen am hirn" [6]). Aus diesen Anschauungen konnte Schadenzauber entspringen, wie im westfälischen Segen z. B.: „Einem die Kraft zu nehmen:

Ich N. N. thu dich anhauchen,
Drei Blutstropfen thu' ich dir entziehen,
Den ersten aus deinem Herzen,
Den andern aus deiner Leber,
Den dritten aus deiner Lebenskraft,
Damit nehme ich dir deine Stärke und Mann-
[schaft.
Habi Massa denti lantien [7]).

Damit kontaminiert sich sehr oft der Segen von den hl. (drei) B. Christi (s. Christus in der Segen) [8]).

[1]) Lammert 225 = Hovorka-Kronfeld 2, 245; Fossel *Steiermark* 89. [2]) Rochholz *Glaube* 1, 40 = Liebrecht *Zur Volksk.* 352 Nr. 19. [3]) SAVk. 7, 139 Nr. 95. [4]) Zingerle *Tirol* 48 Nr. 420. [5]) Köhler *Voigtland* 397. [6]) Rochholz *Glaube* 1, 41 = Liebrecht a.a.O. [7]) Kuhn *Westfalen* 2, 191 Nr. 542; vgl. Wolf *Beiträge* 1, 257 Nr. 20; Grimm *Myth.* 3, 505 Nr. XLIX; Hocker *Volksglaube* 220 Nr. 15; Haltrich *Siebenb.* 275 Nr. 3. [8]) Kuhn *Westfalen* 2, 196 Nr. 548; Losch *Balder* 141 f.

2. Drei B. sind entsprechend dem oben skizzierten, aber abgeschwächten Glauben auch vorbedeutend: Den Schleitheimer Wildschützen Strauhannes warnten drei B., die er schwitzte, davor, an das Freischießen nach Donaueschingen zu gehen, wo er gerichtet werden sollte [9]). Wer das „Steinenkreuz" bei Rüdlingen, das zwei Brüder setzten, welche die Reformation getrennt hatte, entfernen will, dem schießen drei B. aus der Nase, d. h. er stirbt [10]).

Der alte Glaube entwickelt sich aber noch weiter: Fast allgemein heißt es, daß, wenn einem Familiengliede drei B. aus der Nase tröpfeln oder ihm ein solcher auf die Hand fällt, jemand aus der Familie oder der Freundschaft stirbt oder gestorben ist [11]). Drei aus der Nase fallende B. bedeuten auch einfach „was sonderlichs" [12]); einem Mädchen zeigen sie, daß ihm der Schatz untreu ist [13]). Drei B. am Messer beim Essen sind im isländischen Märchen dem einen Bruder ein Zeichen, daß der andere in Gefahr schwebt oder gar tot ist [14]).

[9]) Unoth 1, 127 f. = Herzog *Schweizersagen* 2, 240 f. [10]) Unoth 1, 128 f. [11]) Urquell 4 (1893), 19; Gassner *Mettersdorf* 81; Peter *Österr.-Schles.* 2, 246; Drechsler 1, 288; Lammert 99; Strackerjan 1, 34; Rothenbach *Bern* 45 Nr. 419; ZfdMyth. 2, 100; häufig auch in Sagen z. B. Heyl *Tirol* 18 Nr. 14; Zingerle *Sagen* 194 Nr. 323; Grimm *Sagen* Nr. 353; Müllenhoff *Sagen* 184 Nr. 251. [12]) Grimm *Myth.* 3, 477 Nr. 1130. [13]) Bartsch *Mecklenburg* 2, 58 Nr. 182; Wolf *Beiträge* 1, 210 Nr. 77. [14]) Urquell 3 (1892), 5.

3. Drei B. des Vaters oder des Paten dem Säugling eingegeben heilen ihn von Gichtern [15]) (vgl. Spalte 1437), im Samlande verwendet man dafür 3 B. von einer Sau, die zum ersten Male geferkelt hat, oder aus dem linken Ohre eines schwarzen Schafes [16]). Um ihre Zauberkraft, Feuersbrünste zu löschen, auf die Tochter zu übertragen, tropfte die Siebenbürgerin ihrer auf freiem Felde nackt vor ihr liegenden Tochter drei B. in die linke, offene Hand [17]). Drei B., dem andern auf irgendeine Weise eingegeben, spielen auch eine Rolle im Liebeszauber [18]) (s. d.).

s. a. Freischütz, Hostie, verpflöcken.

[15]) Lammert 125; ZrwVk. 2 (1905), 181. [16]) Frischbier *Hexenspr.* 73, 22. [17]) Wlislocki *Siebenb. Volksgl.* 81 = Weinhold *Ritus* 35. [18]) SchwVk. 12 (1922), 66 (Beleg von 1588); SAVk. 7, 132 Nr. 7; Germania 37 (1892), 118 Nr. 34 (Lüneburger Heide); Drechsler 1, 231. Bächtold-Stäubli.

Blutwurst [1]). B. aus Hafergrütze (Brot), Rosinen, Korinthen, Gewürz und Fett mit Ochsen- oder Schweineblut ist in Schleswig-Holstein [2]) ein beliebtes Wintergericht, in Ostpreußen [3]) ißt man an Weihnachten B. und Backobst, im Rheinland [4]) den Bönek, eine Speise aus Blut, Mehl und Leber. Daß die Wertschätzung der B. auf die Heiligkeit und Heilkraft [5]) des Blutes der Opfertiere zurückgeht, möchte Höfler [6]) vermuten; für bestimmte Fälle mag es zutreffen, und folgender Glaube könnte darauf hinweisen, wenn nicht auch von andern Fastnacht- und Frühlingsspeisen die Heilkraft betont würde (vgl. Bratwurst, Brei, Bretzel): Am Fastnachtdienstag gibt man abends dem Vieh in der Oberpfalz [7]) B. oder gebratenes Blut, damit es keine Blattern im Maul bekommt; wer in Bayern, Franken und Niederdeutschland vor Sonnenaufgang Hirsebrei und B. ißt, hat das ganze Jahr Geld und ist fieberfrei [8]); wer in Westböhmen und auch in Bayern nüchtern B. ißt, der ist gegen Rotlauf [9]) geschützt und gegen Flohstiche [10]).

[1]) Grimm *DWb.* 2, 197. [2]) Mensing *Schleswig-Holstein. Wb.* 1, 399. [3]) Höfler *Weihnachten* 13. [4]) ZfrwVk. 1905, 39; Höfler l. c. 18. [5]) Jahn *Opfergebräuche* 317 bis 318; Seligmann *Blick* 2, 217. [6]) *Organotherapie* 247 A. 1. [7]) Schönwerth *Oberpfalz* 1, 311, 8. [8]) Höfler *Fastnacht* 30; Panzer *Beitrag* 2, 304; W. §§ 453. 97. [9]) John *Westböhmen* 41; Jühling *Tiere* 181; Seligmann l. c.; Höfler *Fastnacht* 28. [10]) Bavaria 2, 300. Eckstein.

Blutwurz (Armetill, Birkwurz, Tormentill; Potentilla erecta, P. tormentilla).

1. Botanisches. Rosenblütler aus der Gattung der Fingerkräuter mit schwarzbraunem, innen rötlichem Wurzelstock, drei- bis fünfzähligen Blättern und gelben vierblättrigen (nicht fünfblättrigen!) Blüten. Die B. ist häufig an lichten Waldstellen, an Waldrändern und in Mooren. In der Volksmedizin wird sie gegen Durchfall, Blutfluß usw. häufig gebraucht [1]).

[1]) Marzell *Kräuterbuch* 469; ders. *Heilpflanzen* 67.

2. In Hessen [2]) wird die B. am Himmelfahrtstag (vgl. Aronstab, Katzenpfötchen) zusammen mit „Manneskraft" (s. Nelkenwurz), in der Provinz Sachsen [3]) in der Johannisnacht gepflückt, was auf zauberische Verwendung (Liebeszauber?) schließen läßt. Auch auf Island wird die B. („blodrot") zu magischen Künsten gebraucht [4]). Das Tragen der Wurzel soll im Riesengebirge [5]) vor Zauber bewahren. Auch Alraune (s. d.) sollen aus der B. geschnitzt worden sein.

[2]) Kolbe *Hessen* 90. [3]) Veckenstedts Zs. 3, 308. [4]) Maurer *Isländ. Volkssagen* 1860, 179. [5]) Schreiber *Wiesen* 110.

3. In der Sympathiemedizin gilt die B. vorzüglich als ein Mittel gegen ansteckende Krankheiten (Pest usw.). Gegen diese wird sie angehängt [6]), auch kommt sie in die „Auge-Bündeli" [7]). Wenn eine Jungfer ihre Zeit (menses) nicht hat, soll sie ein Stück Mannshemd zu Zunder brennen, mit gleichviel Pulver vom Tormentillkraut, Hauswurz und Lilienöl mischen und einnehmen [8]). Auch Besegnungen der B. („crementilla") aus dem 15. Jh. sind bekannt [9]). Öfter wird die Tormentille (Armetill) zusammen mit der Bibernelle (s. d.) im „Pestspruch" genannt.

[6]) Manz *Sargans* 84. [7]) Schw.Id. 4, 1364. [8]) Zauberbüchlein der Iglauer Sprachinsel: ZföVk. 3, 277. [9]) Schönbach *Berthold v. R.* 148; MschlesVk. 13, 25. Marzell.

Bobole s. Poppele, Boppelgebet.

Bochselnächte s. Klopfnächte.

Bock s. Ziegenbock.

Bocksmahrte s. Mahr.

Bocksschnitt s. Bilwis.

Boden s. Erde.

Bodensee. Ein Fußgänger oder Reiter soll über den gefrorenen B. gegangen sein, ohne es zu wissen, daß die glatte Fläche der See sei. Als man ihn am Ufer darüber aufklärte, fiel er vor Schreck über die bestandene Gefahr um und war tot.[1])

Die Sage, die durch G. Schwabs Gedicht namentlich weiter bekannt wurde, wird auch von anderen Seen erzählt.

Im B. soll ein Nebelmännlein wohnen (s. Nebelmännchen), im sog. Löchle, einem Fleck, der bei größter Kälte niemals zugefriert.

Nach einer schwedischen Volkssage steht der B. in geheimnisvoller Verbindung mit dem Wettersee.[2]).

[1]) Paul Beck *Eine Quelle für Gustav Schwabs Gedicht: Der Reiter und der Bodensee* in Alemannia 34, 225 ff.; vgl. weiter ZfVk. 18, 91. 305 f.; Lachmann *Überlingen* 26 ff. [2]) Laistner *Nebelsagen* 78. 258. Fehrle.

Bodin, Jean.

F. von Bezold *Jean Bodin als Okkultist und seine Démonomanie*, Hist. Zeitschr. 105 (1910), 1—64; Ders. *Aus Mittelalter und Renaissance* (1918), 294 ff.

Der bekannte französische Philosoph (1530—1596). Er stellte sich in dem von Agrippa von Nettesheim (s. d.) und Joh. Weier (s. d.) eingeleiteten Kampf gegen die Hexenverfolgungen ganz auf den Boden der herrschenden Wahnvorstellungen. Von Jugend auf hatte er Informationen über Zauberei und Hexenwesen gesammelt, war dadurch zu der Überzeugung von der Realität dieser Dinge gekommen und faßte den Entschluß, mit dem ganzen Gewicht seines Ansehens diese Realität auch literarisch zu begründen und zugleich schärfste Maßnahmen gegen diese todeswürdigen Verbrechen zu fordern. Dies geschah in dem zuerst französisch geschriebenen Werk über die Dämonologie der Hexen [1]). Weiers Gegenargumente wurden in einem Anhang eifrig bekämpft. In den Beispielen ist reiches Material zur Geschichte der Hexenprozesse enthalten; deshalb ist bei der internationalen Verbreitung der Erscheinung das Werk des Franzosen von allgemeiner Bedeutung.

Wie viele andere galt auch B. seinen Zeitgenossen selbst als Schwarzkünstler, dem z. B. ein Dämon dienstbar gewesen sein soll [2]).

In Deutschland wurde B.s Werk bekannt durch die Übersetzung [3]) Joh. Fischarts (s. d.).

[1]) *Traité de la démonomanie des sorcières*. Paris 1580; lateinisch (von Franziscus Junins) *De magorum demonomania et opinionum Jo. Wieri confutatio*. Basel 1581. [2]) Bezold in Hist. Zs. 105, 2 Anm. 1. [3]) *De Demonomania magorum. Vom ausgelassenen, wütigen Teufelsheer der Besessenen, Unsinnigen, Hexen und Hexenmeister, Unholden, Teufelsbeschwerer, Wahrsager, Schwarzkünstler, Vergifter, Nestelverknipfer usw.* Straßburg 1581; Hauffen in Euphorion 4, 1—16. 251—261. Helm.

Boel [1]), **Booel** [2]), auch **Baël** [3]), Name des 7. Engels, des Planeten Saturn. Schon in den hellenistischen Zauberpapyri wird der Name genannt: ὁ ἔσωθεν, ὁ κύριος Βουήλ κτλ. [4]) und „der du thronst innerhalb der sieben Pole .... dein Name ist Βαρβαριήλ· Βαρβαραϊήλ· θεὸς Βαρβαραήλ· Βήλ· Βουήλ“ [5]). Danach ist es Dehnung aus Βήλ, der babyl.-assyr. Form des Namens Baal [6]); Baal wurde in der Tat mit Κρόνος, Saturn identifiziert [7]). Es dürfte Partizip von בָּעַל „herrschen“ sein, בּוֹעֵל „der Regierende“, κύριος, als Deutung von בַּעַל „Herr“; palmyrenisch hieß der Gott בול Βώλ, auch Βόλ [8]); weniger wahrscheinlich ist Zusammensetzung aus der Kürzung des בעל in ב oder בו, wie wir sie aus Eigennamen (בורפא, ברפא = Bôl-rapha [9]), במלך und במלקרת = Βομίλκας Βουμίλκας [10]) kennen und אֵל = Gott. Baël ist wohl aram. Aussprache des Partizips בָּעֵל. In einer Lekanomantie wird der Name Βελζεβούλ-Belzebul (s. d.) geschrieben Βερζεβουήλ [11]) (Βερ = Βελ mit Wechsel der Liquidae ρ und λ, wie oft); das ist wohl zu deuten als בְּעֵל זֶה בּוֹעֵל „Bel, das ist der Herrschende“; vgl. der Teufel = der Fürst dieser Welt Joh. 12, 31. 14, 30. 16, 11 usw. Als préposé au 7e trône céleste ou à la 2e partie du 4e parvis céleste kommt nach Schwab [12]) ein Engel בואל vor, was Schwab als „in ihm (בו) ist Gott“ erklärt; man kann dafür auf Ex. 23, 21 verweisen: „Mein Name ist in ihm (dem Engel)“, aber vielleicht ist es auch nur andere Orthographie für בועל mit Vertauschung von ע und א, die nicht selten ist. Castelli [13]) nennt einen syrischen Namen בואלא, den er erklärt „i. q. Lacon. Βέλα, Sol“ vgl. dazu die Hesychiusglosse [14]): Βέλα, ἥλιος καὶ αὐγή. Baal — Bêl ist auch Sonnengott [15]). Nicht zu verwechseln ist damit der Engelname Βαηλ auf einem koptischen Fresko [16]), dessen Bildung auf dem Alphabet beruht.

[1]) Scheible *Kloster* 3, 325 (im Buch Semiphoras Salomonis Regis). [2]) Agrippa v. Nettesheim 4, 148 (im Heptameron des Petrus von Abano). [3]) Kiesewetter *Faust* 2 (1921), 108 (in Wiers *Pseudomonarchia Daemonum*). [4]) Wessely 1, 69 Z. 972. [5]) Ebd. 1, 70 Z. 1030 f.; vgl. auch Hopfner *Offenbarungszauber* 2 (1924), § 216. 219. 264. 295. [6]) Hauck *RE*. 2, 324. [7]) Ebd. 2, 331 333; Movers *Die Phönizier* 1 (1841), 185 ff. [8]) Hauck *RE*. 2, 324. [9]) v. Baudissin *Adonis und Esmun* (1911), 318. [10]) M. A. Levy *Phönizisches Wörterbuch* (1864), 10. [11]) ARw. 12 (1909), 149. [12]) *Vocabulaire* 193. [13]) Castelli-Michaelis *Lexicon Syriacum* (1788), 85. [14]) Movers a. a. O. 1, 169. [15]) Hauck *RE*. 2, 330 ff. [16]) Dornseiff *Alphabet* 143. 168. Jacoby.

Bögg (alemann. Form). Die Bedeutungen sind: 1. Popanz, Schreckgespenst: gemein-schweiz. *B.* [1]), Lungern (Kt. Unterwalden) (Nacht-) *Bökel* [2]). 2. Maske: a) an Fastnacht: gemein-schweiz. *B.* [3]), daneben *Brögg* [4]); bei Seb. Brant: böuck: „jnn böucken wisz“ [5]); Zusammensetzungen: *Blätzli-, Rölleli-B.* [6]); Eifel *Bokert* [7]) und *(Fastnacht-) Boak* [8]); bayr. (?) *(Fasnacht-) Böck* [9]); b) am Sechseläuten (s. d.) in Zürich [10]). 3. Die den Winter darstellende Strohpuppe, die am Sechseläuten auf öffentlichem Platze verbrannt wird [11]). 4. Trockener Nasenschleim [12]); vgl. dazu deutsch *Popel*, dän. *Bussemand*, in denen auch Bedeutung 1., 2. u. 4. enthalten ist. Vielleicht gehört hieher die Bedeutung: 5. Nachteule, Uhu: im kärnt. Lesachtal *pöggl*, im Tirol *bögl* [13]). Etymologisch wird B. weder zu *Bock* [14]) noch zu *Pauke* [15]) gehören, sondern symbolisch einen furchterregenden Laut ausdrücken, wie *Bölimann, Baubutz, (Bo-) Bau, Bobé, Babo, Butzibau, Baubau* u. v. a. Zu Bed. 5. vgl. lat. *bubo*, gr. βύας.

[1]) SchweizId. 4, 1083. [2]) Lütolf *Sagen* 125. [3]) SchweizId. 4, 1082 f. (Luzern anno 1417 und weiteres); SAVk. 1, 186 (Basel anno 1418); Lütolf 34; Vernaleken *Alpens*. 363. [4]) SAVk. 1, 184. [5]) *Narrenschiff* 110 b, 7 (dazu Zarncke in s. Ausg. 469). [6]) SAVk. 1, 184. [7]) ZfdMa. (Frommann) 6, 13, wo auch nl. *bokene* „phantasma, spectrum" erwähnt wird. [8]) Schmeller *BayWb*. 1, 205; ZrwVk. 12, 103. [9]) Schmeller l. c. [10]) Vernaleken *Alpens*. 361, nach Senn *Charakterbilder* 2 (1871), 151. [11]) Schw. Id. 3, 1512; 4, 1083; SAVk. 1, 178; 11, 239; Hoffmann-Krayer 137; Senn l. c. [12]) SchweizId. 4, 1083 u. Anm. [13]) Frommann *Dt. Mda*. 4, 493. 54. [14]) Rochholz *Sagen* 2, 201. [15]) Zarncke zu Brants *Narrenschiff* 464. Hoffmann-Krayer.

Bohemus (Boemus), Johann, geboren zu Aub in Franken um 1485, Theologe und Humanist, 1515 Deutschordensprediger zu Ulm, später (nach 1522) lutherisch, gest. 1535 zu Rothenburg o. d. Tauber. Über eine frühe Verwechslung mit einem älteren Joh. Behaim, Cantor zu Ulm, vgl. Schmidt a. a. O. 80 ff.

Schmidt *Volksk*. 2, 60—107.

B. schrieb, außer einigen verlorenen Werken, Briefe und Carmina, darunter ein volkskundlich interessantes Gedicht über die vier Jahreszeiten [1]). Sein Hauptwerk Omnium gentium mores leges et ritus [2]) ist eine Völkerkunde, für die er das Material einigen alten und neueren Schriftstellern, soweit Deutschland insbesondere Schwaben, Franken und Sachsen in Betracht kommt, aber auch eigener Erfahrung verdankt. Das dritte Buch dieses Werkes ist eine Darstellung des deutschen Volkes in seinen Lebensverhältnissen, eine systematische Darstellung der deutschen Volkskunde. In das Gebiet des Aberglaubens fallen seine Angaben über Nixen, Teufels- und Hexenabwehr und allerlei abergläubische Bräuche des Volkslebens.

B.s Werk war mehrere Generationen wohl bekannt [3]); auf seinem volkskundlichen Teil fußt [4]) sehr stark, oft in wörtlicher Übertragung, Seb. Franck (s. d.) und durch diesen indirekt auch Seb. Münster (s. d.).

[1]) Schmidt a. a. O. 66—68. [2]) Zuerst gedruckt 1520. [3]) Schmidt verzeichnet S. 147 f. bis zum Jahre 1620 nicht weniger als 43 Drucke. [4]) Ders. a. a. O. 119 ff.; vgl. ZfVk. 3, 369—372. Helm.

Böhme, Jakob. B., der philosophus Teutonicus, geb. 1575 in Alt-Seidenberg OL., † 16. 11. 1624 zu Görlitz, jüngster Sohn eines Bauern, erlernte das Schuhmacherhandwerk, das er in Görlitz bis etwa 1613 ausübte; später lebte er von gelegentlicher Arbeit und von Unterstützungen seiner Anhänger. Seit 1600 verkehrt er mit Schwärmern und Pansophen und hat 1600 seine Erleuchtung, nachdem er schon einmal sieben Tage entzückt gewesen sein soll. Bei dieser Erleuchtung 1600 sieht er durch das Äußere ins Zentrum, durch den Schein ins Wesen der Dinge (s. Signatur). Ein Melancholicus, zergrübelte er sich über den Gegensatz Gut und Böse, Gott und Teufel, bis er Gott erkannte an allen Kreaturen, sowohl an Kraut und Gras, wer der sei und wie der sei und was sein Wille sei. 1612 schrieb er diese seine Erkenntnisse im Buch „Morgenröte" nieder, das aber nicht vollendet wurde. Der Rat nahm ihm das Manuskript fort. Doch war es vorher von einem pansophisch interessierten Edelmann abgeschrieben worden. Er geriet nun in dessen Kreis, wurde mit den Büchern der Paracelsus, Weigel bekannt; ein Alchimist, Balthasar Walter, teilte ihm aus der Kabbala, die er selbst nicht lesen konnte, mit. Die späteren Schriften (drei Prinzipien, dreifaches Leben usw.) zeigen den Einfluß dieser Studien. Endlich ringt er sich durch zum Christosophen, der in Gottes Herz stille ruht, dessen Begier nur noch auf metaphysische Erkenntnis gerichtet ist. Den Alchimisten vom Schlage des Staricius wurde er ein Spott. Einer seiner adligen Freunde ließ eine Schrift B.s drucken; der Konflikt von 1613 wiederholte sich; B. wurde auf Betreiben der Geistlichkeit vor den Rat gefordert und ihm bedeutet, er möge sich beiseite machen. Die seelische Erschütterung dieser Wochen ist wohl die Hauptursache seines Todes gewesen [1]).

Schon zu Lebzeiten hat man gemunkelt, B. habe einen Geist, den er seinen Anhängern durch Einblasen übermittle, wobei er sich auf den Novizen lege, Glied auf Glied [2]). Ebenso wußten seine Anhänger, und er selbst glaubte es, daß er die Natursprache [3]) verstünde, in der die Eigenschaften der Dinge im Namen und Wort gekennzeichnet seien. Den Glauben Paracelsi an Gespenster, magische Künste, an elementarische Wesen, teilte er [4]); er war Alchimist [5]) und hielt die Astrologie hoch [6]). Eine Übersicht über das, was wir heut Aberglauben zu nennen pflegen, in B.s Schriften, habe ich gegeben [7]).

Die schönsten und bekanntesten B.-Sagen [8]) hat Abraham von Franckenberg, sein Schüler, 1651 in einer erneuten Ausgabe der von ihm verfaßten Vita gegeben: der Gang in den hohlen Berg (nicht die Landeskrone, sondern der Burgberg von Seidenberg [9]), die Begegnung mit dem Fremden und der Schuhkauf [10]), das Simon-Maguserlebnis [11]), B. weissagend bei David v. Schweinitz in Seifersdorf bei Liegnitz 1622/23 [12]); sein Tod bei himmlischer Musik [13]), — Sagen, wie sie zwar mehr oder weniger allen Propheten eigen sind, von Franckenberg aber pansophisch gewendet.

Heut erinnert man sich nur noch des Propheten B.[14]), obwohl er fast nie prophezeit hat, außer auf Drängen seiner Freunde [15]). Da man aber solche Propheten für von Gott inspiriert hält, schimmert noch etwas vom theosophischen Sinn seines Lebens durch [16]).

[1]) Festschrift d. Stadt Görlitz z. 300. Todestage 1924; Peuckert *Das Leben Jakob Böhmes* 1924; ders. *Rosenkreutzer* 1928, 256 bis 294. [2]) Peuckert *Leben* 63. [3]) Ebd. 60 ff. [4]) Ebd. 161 ff. Vgl. MschlesVk. 27, 99—130. [5]) Ders. *Leben* 56 ff. 86 f. 164 ff.; A. v. Harleß *J. Böhme u. d. Alchimisten* 1870 ist nicht immer zuverlässig. [6]) Vgl. *Morgenröte*, Einleitung. [7]) Peuckert *Leben* 156 ff. [8]) Einige davon sind abgedruckt: Haupt *Lausitz* 1, 265 ff. = Kühnau *Sagen* 3, 522 ff. = Peuckert *Schlesien* 73 f. [9]) Peuckert *Leben* 109 ff.; die Angabe, es sei die Landeskrone gewesen (Kühnau 3, 557 f. = Haupt *Lausitz* 1, 219) ist falsch; Goedsche *Riesengebirge* 3 mit 1575 als Jahr des Eingangs in die Höhle vollends unsinnig. B. wurde 1575 geboren! Vgl. auch Sepp *Altbayr. Sagenschatz* 1 f. Nr. 1. [10]) Peuckert *Leben* 12 f.; vgl. 8. [11]) Ebd. 64; vgl. 8. [12]) Ebd. 138 f. 181 f. [13]) Ebd. 142 f. [14]) Ebd. 154 Nr. 3. [15]) Ebd. 6 ff. [16]) Man vgl. auch spätere Legenden aus dem Kreise seiner Anhänger: Peuckert *Leben* 148 ff. Peuckert.

Bohne (Vicia faba und Phaseolus vulgaris).

1. Botanisches. Die meist im Großen auf Feldern angebaute Saub. (Vicia faba) ist eine der ältesten Ackerfrüchte der Indogermanen, während die aus Südamerika stammende Gemüseb. (Phaseolus vulgaris) erst seit dem 16. Jh. in Deutschland bekannt ist [1]). Unter der „B.“ der Antike sind die Saub. bzw. Vigna-Arten zu verstehen. Bei volkskundlichen Angaben wird häufig zwischen Sau- und Gemüseb.n kein Unterschied gemacht.

[1]) Marzell *Kräuterbuch* 193. 234.

2. Die B. spielt im antiken Totenkult eine große Rolle. Ihr Genuß war den Pythagoreern verboten [2]). In romanischen Ländern spielt die B. im Volksglauben eine größere Rolle, wie sich nach ihrer Verwendung im Seelenkult der alten Römer erwarten läßt [3]). Zur Zeit der fränkischen Christianisierung wurde die B. auch bei den Germanen ein häufiges Traueressen (z. B. in der Karwoche). In Wälschtirol ist die B.nsuppe eine Allerseelenspeise [4]). Auf die B. als Totenspeise geht vielleicht auch der Glaube in Kärnten zurück, daß die „Saligen“ gern B.n essen [5]). An das antike Speiseverbot für B.n erinnert der deutsche Volksglaube, daß man in den „Zwölften“ keine B.n (und andere Hülsenfrüchte wie Erbsen und Linsen, s. d.) essen dürfe, sonst bekomme man Geschwüre [6]). Andrerseits heißt es aber: Wer am Weihnachtsabend keine B.n ißt, wird zum Esel [7]). Auch aphrodisische Bedeutung scheint die B. im Altertum gehabt zu haben, worauf vielleicht die B.nlieder, -feste usw. Bezug nehmen [8]).

[2]) Vgl. F. Boehm *De symbolis Pythagoreis* 1905, 14 ff.; Wissowa *Religion* 235; Clemen *Pers. Religion* 188 f.; Wiener Zs. f. Kunde d. Morgenl. 15, 187—212; Fleckeisens Jahrb. 16. Suppl.-Band 1888, 784; Wächter *Reinheit* 102. [3]) ZfrwVk. 11, 34. [4]) Schneller *Wälschtirol* 238; vgl. auch Sartori *Sitte und Brauch* 3, 362. [5]) Graber *Kärnten* 55. [6]) Hovorka u. Kronfeld 2, 392. [7]) Praetorius *Philosophia Colus* 1662,

226 (für Leipzig angegeben); Rockenphilosophie 3 (1707), 216; vgl. Grimm *Myth.* 3, 443; Mannhardt *German. Mythen* 412. [8]) ZfVk. 14, 272; 27, 35—48; Becker *Pfälzische Vk.* 117; Rochholz *Sagen* 1, 243.

3. Saat und Gedeihen der B.n. Durch das ganze deutsche Sprachgebiet ist der Glaube verbreitet, daß die B.n am Bonifaziustag (5. bzw. 14. Juni) gesteckt werden müssen (etymologischer Aberglaube!), sonst werden noch genannt der Gründonnerstag („dann erfrieren sie nicht") (Ravensburg), Karfreitag (Schweiz), Gordianstag (10. Mai) [9]), Mariä Verkündigung [10]), der Markustag [11]), die drei Tage vor Christi Himmelfahrt („dann steigen sie mit Christus in die Höhe") [12]), der Abend vor Himmelfahrt [13]). Was die Sternbilder betrifft, so ist günstig das der Wage („da werden die B.n dick und voll") [14]), der Zwillinge [15]), der Jungfrau [16]). Vielfach wird jedoch das letztgenannte Sternbild für ungünstig gehalten, weil die B.n „dann immer blühen und keine Früchte ansetzen" (s. Erbse) [17]). Zu vermeiden ist auch das Sternbild des Krebses, denn sie werden darin „krebsig" [18]). Im Steinbock gesetzt, werden die B.n hart [19]). Auch im zunehmenden „Lichte" (Mond) gesetzt, blühen die B.n immerfort [20]). Viele B.n gibt es, wenn sie zu einer „hohen Stunde" (zwischen 11 und 12 Uhr Vormittag), oder wenn sie in ungerader Zahl gesteckt werden (ganz Deutschland). Beim B.nstecken muß man recht viel lügen [21]), vgl. Kümmel, Pilz, Zwiebel. Am Backtag dürfen keine B.n gepflanzt werden [22]).

[9]) ZfrwVk. 12, 241. [10]) SchweizId. 4, 1310. [11]) ZfrwVk. 12, 129. [12]) Follmann *Wb. der deutsch-lothring. Mundarten* 1909, 505. [13]) Fischer *SchwäbWb.* 3, 1592. [14]) Wilde *Pfalz* 29; Fogel *Pennsylvania* 196; vgl. Kartoffel. [15]) Fischer *SchwäbWb.* 1, 1287. [16]) SAVk. 15, 7; Fogel *Pennsylvania* 196. [17]) Marzell *Bayer. Volksbot.* 100; Fischer *SchwäbWb.* 1, 128; JbElsLothr. 8, 179; Alemannia 19, 166; Fogel *Pennsylvania* 205. [18]) Bartsch *Mecklenburg* 2, 203; Andree *Braunschweig* 412; Veckenstedts Zs. 1, 399; ZfrwVk. 6, 184. [19]) Wilde *Pfalz* 29; vgl. Kartoffel. [20]) Wrede *Eifel. Vk.*[2] 176; bei den alten Römern mußten die B.n im Vollmond gesteckt werden: Pauly-Wissowa 1, 40. [21]) Ferk *Steiermark* 39. [22]) Fogel *Pennsylvania* 188.

4. Orakel. Bekommt eine B. weiße oder gelbe Blätter, so bedeutet das einen Todesfall in der Familie [23]), ein Glaube, der vom Auftreten weißer Blätter bei vielen Kulturpflanzen gilt, vgl. z. B. Klee, Kohl. B.n, die über die Stäbe hinauswinden, sollen ebenso hohen Schnee anzeigen (Gottschee) [24]). Um zu erfahren, welche Nummern beim Lotteriespielen Glück haben, werden mit Nummern versehene B.n neben einem Sarg eingegraben (z. B. eine Kapsel mit 90 B.n neben dem Sarg einer 90jährigen Frau) und nachher die Glücksnummern aus ihnen herausgelost (Kt. Zürich) [25]). Am Neujahrstag steckt man Saub.n für sich und die Geliebte unter den Balken der Stubendecke. Grünen beide, so erfolgt die Hochzeit, verdorren beide, so tritt der Tod zwischen das Paar, grünt eine B. und die andere verdorrt, so stirbt eines, das andere heiratet anderwärts (preuß. Samland) [26]). Träumt man von B.n, so gibt es Not und Zwietracht [27]) oder es stirbt jemand in der Familie (Kroaten in Niederösterreich) [28]).

[23]) Weit verbreitet, z. B. Bartsch *Mecklenburg* 2, 124; Pröhle *Harzbilder* 82; Stoll *Zauberglaube* 136; ZfVk. 5, 98; 30/32, 150; ZfrwVk. 5, 245; SAVk. 21, 202. [24]) ZföVk. 15, 176, ähnlich auch Wartmann *St. Gallen* 55. [25]) SchweizId. 4, 1311. [26]) Neue Preuß. Prov.-Bl. 1848, 219. [27]) Ryff *Traumbuch* 1551, 59. [28]) ZföVk. 3, 216.

5. In der sympathetischen Medizin dienen die B.n (ebenso wie die Erbsen, s. d.) vorzüglich zum Vertreiben der Warzen (Vergleich in der Gestalt!), indem man diese mit B.n (oder deren Hülsenschalen) reibt und die B.n dann unter der Dachtraufe vergräbt [29]). Auf ähnliche Weise werden die Hühneraugen durch Reiben mit B.nblättern vertrieben [30]). Den „Fingerwurm" (panaritium) heilt man durch Bähung mit einer ungeraden Zahl dicker B.n (Vicia faba) [31]). Gegen Zahnweh trägt man eine B. am Hals, in die man eine Kopflaus verbohrt hat [32]).

[29]) Z. B. ZfrwVk. 4, 301; 11, 28. 167; Fogel *Pennsylvania* 318. [30]) ZfVk. 7, 288. [31]) Urquell 4, 154 = ZfrwVk. 11, 167. [32]) Staricius *Heldenschatz* (1679), 27; als „Tiroler" Volksmedizin: ZfVk. 8, 177.

6. Verschiedenes. Als Mittel um Schätze zu sehen [33]), sich unsichtbar [34]) oder stichfest [35]) zu machen, dienen B.n, die auf einer in die Erde vergrabenen (schwarzen) Katze (bzw. aus deren Augen) gewachsen sind (wohl aus einem alten Sympathiebuch; vgl. Erbse, Knoblauch). Um jemand tot zu beten, muß man 7 Wochen lang jeden Morgen und Abend um die gleiche Zeit in den drei heiligen Namen drei dürre B.n über die Achsel auf den Mist werfen; so wie die B.n verfaulen, muß die betreffende Person auch verfaulen [36]).

[33]) ZfdMyth. 3, 331. [34]) Vonbun *Beitrag* 106. [35]) SAVk. 19, 217. [36]) SchweizId. 4, 1311.
Marzell.

Bohnengeld. Auf Thomas und Cyrill (7. u. 8. März?) nahm man, wie Cysat berichtet, um die Wende des 16. Jhs. in Luzern „das Bonengelt uff, uff der Hoffbrugk". Ein Stadtknecht hielt in einem Geschirr Bohnen. Wer nun für die in der Schlacht für das Vaterland Gefallenen beten wollte, nahm eine Bohne und legte dafür ein Geldstück hinein. Das gesammelte Geld gab man der Frau eines Schultheißen, und diese verteilte es unter andächtige Weibspersonen, um Gott für solche Abgestorbenen zu bitten [1]). Hier gilt die Bohne wohl als Totenspeisung. Wer in Venedig und den dalmatinischen Küstenstädten am Allerseelentage einem Bekannten begegnet, der bittet ihn, ihm etwas für die Toten zu geben, worauf er gewöhnlich eine Bohne (oder eine Feige) erhält [2]). s. auch Bohnensonntag.

[1]) SAVk. 14, 278. [2]) ZfVk. 14, 273.
Sartori.

Bohnenkäfer (Bruchus), im obern Illergebiet „Bohnenstier" genannt. Nach dem Analogieglauben ist es dort verboten, die Bohnen im Zeichen des Stiers zu legen, weil sonst der „Bohnenstier" hineinkommt [1]).

[1]) Reiser *Allgäu* 2, 353.
Bächtold-Stäubli.

Bohnenkönig. Nach einem bis in die erste Hälfte des 16. Jhs. zurückzuverfolgenden Brauche, der namentlich in Frankreich, Belgien, Elsaß, Deutschland und England geübt wird [1]), backt man am Dreikönigstage oder seinem Vorabend in einen Kuchen eine Bohne hinein, und wer in einer Familie oder größeren Gesellschaft beim Zerteilen das Stück mit dieser erhält, wird „König", wählt sich eine Königin (wenn diese nicht auf die gleiche Weise bestimmt wird) und hat gewisse Vorrechte, namentlich beim Tanze [2]). Statt der Bohne nimmt man oft eine Münze oder andere Dinge. Nicht selten wird der „König" auch durch Zettel oder sonstige Lose erwählt. Der B. wird emporgehoben und muß mit Kreide ein Kreuz oder die Namen C. M. B. an die Balken in Haus und Stuben schreiben, was alle Übel und bösen Geister abwehren soll [3]).

Man hat in der Bohne eine Erinnerung an Seelenspeisung gesehen, die sich in ein Geldopfer verwandelt habe [4]). Sie ist jedenfalls mit dem Brauche in Deutschland von außen eingeführt worden und wohl nur ein Losmittel, wie auch sonst oft [5]). Der B. ist wahrscheinlich eine Abart des Narrenkönigs der Saturnalien und ähnlicher Gestalten.

In Viersen (Rheinl.) wird das Bohnenfest von den Bruderschaften, z. B. den Schützen, am Ende der Ernte gefeiert [6]). In Ostpreußen ist der Brauch zu der Meinung abgeblaßt, daß die Jungfrau, die die Bohne im Kuchen trifft, die erste sei, die freien werde [7]).

[1]) ZfVk. 14, 271. [2]) Sartori *Sitte und Brauch* 3, 74 f.; Wrede *Rhein. Volksk.* 239 f.; ders. *Eifeler Volksk.* 205; ZfrwVk. 11, 30 ff.; Frazer 9, 313 ff. [3]) Jahn *Opfergebr.* 279; ZfVk. 14, 270; Hoffmann-Krayer 122; Nork *Festkal.* 63; Frazer 9, 314. [4]) ZfVk. 14, 272 f.; Nork *Festkal.* 64; ZfrwVk. 11, 32 f. [5]) Volkskunde 12, 169. [6]) ZfrwVk. 11, 31. [7]) ZfVk. 7, 316. Sartori.

Bohnensonntag. So heißt im Luxemburgischen der erste Sonntag in der Fastenzeit (Invocavit) [1]). Desgleichen in Solothurn, weil man an diesem Tage allen Personen, die zum Gottesdienste in St. Ursen Münster kamen, zum Gedächtnis der Erhebung der thebäischen Legion eine Bohne gab, um dafür etwas zu beten [2]) (vgl. Bohnengeld).

Am Sonntag Lätare (Sonntag nach Mittfasten) müssen in Luxemburg die im letzten Jahre Verheirateten allen Hochzeitsgästen, die noch ein Stück des Strumpfbandes besitzen, das der Braut während des Hochzeitsmahles geraubt wurde, die sog. Fastenbohnen, d. h. frischgebackene Bretzeln, verabreichen. Auch die Kinder singen vor den Wohnungen der jungen Eheleute und erhalten dafür Fâschtebuonen, d. h. Bretzel und Geld. Auch der Sonntag Lätare heißt daher „Fastenb.". An der Mosel und Sauer heißt er dagegen Bratzelesonndéch, weil die Burschen ihren Mädchen Bretzeln schenken [3]).

[1]) ZfrwVk. 11, 35. [2]) Vernaleken *Alpensag.* 371. [3]) Fontaine 32. Sartori.

Bölimann. Poltergeist und Kinderschreck in der Schweiz [1]). Der B. sitzt (als ursprünglicher Korndämon?) [2]) im Getreidefeld und lauert den Kindern auf, poltert auch als Kobold nachts im Haus [3]); dem Heu- oder Strohdieb pflanzt man einen riesigen B. mit Stroh- und Heubündeln aufs Dach; desgl. dem ehrvergessenen Mädchen [4]). Name: von schweiz. *bolen* = poltern, werfen (ahd. *bolōn*) [5]); doch s. a. Bögg (Schluß).

[1]) Lütolf 125 Nr. 59 b; Rochholz *Sagen* 2, 198 f.; SAVk. 22, 246. [2]) Singer *Märchen* 1, 24. [3]) SchweizId. 4, 271. [4]) Ebd. [5]) Ebd. Ranke.

Bolsternacht s. Klopfnacht.

Bonifatius I, hl., Märtyrer in Tarsus auf Sizilien, enthauptet 307 nach einer Passio, deren romanhaft-dichterische Schilderung erst viel spätere Überlieferung ist, Fest 14. Mai [1]). Dieser italische B. aus der Zeit Diokletians bildet mit Pancratius (12. Mai) und Servatius (13. Mai) die Gruppe der sogenannten Lateiner [2]), der gestrengen Herren, der Eisheiligen, der Eismänner [3]), deren Tage wegen der häufig um diese Zeit eintretenden Spätfröste mit Recht sehr gefürchtet sind, weil die Hoffnungen auf mancherlei Ernte dann zerstört werden. Auch die Redensart „Vor Servaz kein Sommer — nach Bonifaz kein Frost" [4]) weist auf die natürliche Erscheinung und ihre Verknüpfung mit den Lateinern hin. Vgl. auch die Redensart: „Ein guter Servatius macht einen guten Bonifacium" [5]). Um den Flachs recht hoch zu erhalten, werden „in Bonndorf (Überl.) zur Aussaat auch die drei Fazi (B., Pankratius und Servatius), der 11.—13. Mai, gewählt, weil sie die längsten Männer gewesen seien" [6]); der Brauch würde also in das Gebiet des Analogiezaubers hineingehören. In welcher Überlieferung die Vorstellung von der Länge und somit die Analogie beruht, ist freilich nicht zu erkennen.

[1]) Nork *Festkalender* 346; Günter *Legenden-Studien* 22—23. 41. 83. [2]) Hoffmann-Krayer 162. [3]) Reinsberg *Böhmen* 237. [4]) Leoprechting *Lechrain* 178 (1855); nach dem Neuen Prager Kalender von 1854, 20: Vor Servatius kein Sommer, nach Servatius kein Frost. Im RheinWb. 1, 868 „kene (kein) Rif no Servaz, kene Schni no Bonifaz" (Bonn-Dransdorf) auf Bonifatius 5. Juni bezogen. [5]) Meisinger *Hinz und Kunz* 88. [6]) Meyer *Baden* 421. Die Reihenfolge der Eisheiligen wie der Maitage weicht von der sonst üblichen ab. Wrede.

Bonifatius II, hl., Märtyrer, Apostel Deutschlands, ursprünglich Wynfreth (Winfrid), ungefähr um 675 im Königreich Wessex (Südengland) aus angelsächsischem Adel geb., versuchte zum ersten Male 716 als Mönch die Friesen zu bekehren, am 15. Mai 719 von Papst Gregor II. zum Apostolischen Missionar ernannt und mit dem römischen Namen des hl. Märtyrers B.[1]) geschmückt, dessen Fest am Tage vorher (14. Mai) gefeiert worden war, seitdem rastlos als Bekehrer und strenger Eiferer gegen die germanische Volksreligion wirksam in Thüringen und Friesland, im Lahn- und Hessengau, an der Sachsengrenze, in Franken und Bayern, dazwischen zum Missionserzbischof und Metropolitan für die östlichen (germanischen) Gebiete berufen, Bischof von Mainz seit 746, ermordet auf seiner letzten Friesenfahrt am 5. Juni 754 unweit der heutigen Stadt Dokkum, Fest 5. Juni [2]).

[1]) Levison Neues Archiv 33 (1908), 9—14 überzeugend zu der Frage: Wann und weshalb wurde Wynfreth Bonifatius genannt? [2]) Hauck *Kirchengeschichte Deutschlands*[4] 1, 320—594, mit vollständiger Literaturangabe bis 1904; G. Schnürer *Bonifatius* (Welt-

geschichte in Charakterbildern) 1909; Laux *Der heilige Bonifatius*. Freiburg i. Br. 1922, mit ausführlicher, kritischer Behandlung der Quellen (Vitae usw.), der neueren Literatur und strittiger Einzelfragen 271—283 bzw. 284 bis 297.

1. Unter den Werken des hl. B. sind die Briefe [3]) von ihm (und an ihn) wegen ihres hohen Quellenwertes ganz besonders zu nennen, zumal da sie manchen Einblick in die germanische Volksreligion gestatten. Wir erfahren aus ihnen von Göttern allgemein und hören von Jupiter [4]), wohl einer interpretatio für Donar, vgl. u. 2, Donareiche = arbor Jovis. Mehrfach ist die Rede vom Götterkult mit Opfern und Opferspeisen, vom Genuß des Fleisches bestimmter Tiere, vorzüglich der Pferde [5]), die in dem Antwortschreiben des Papstes Gregor III. v. J. 732 besonders als unrein und verabscheuungswert bezeichnet werden, weiter von Totenopfern und Leichenmahlen, von „gotteslästerlichen" Feuern (Niedfyor), vom Osterfeuer, von Zauberei und Beschwörung, Losdeutung und Wahrsagerei, Amuletten und von anderm mehr. Das im April 742 einberufene erste fränkische Nationalkonzil, das sogenannte Concilium Germanicum, schritt unter besonderer Mitwirkung des hl. B. gegen diese Dinge mit strengen Verboten ein.

[3]) Laux a.a.O.; Tangl *Die Briefe des hl. B.* in Auswahl übersetzt (GddV. Bd. 92) 1912; Muus *Altgerm. Relig.* (1914), 6. [4]) Tangl a.a.O. 40, Brief des Papstes Gregor III. v. J. 732 als Antwort auf Anfragen des hl. B. „,. . . solche, die von einem Priester getauft sind, der daneben dem Jupiter opfert oder Opferfleisch ißt, [sollen] wieder getauft werden". [5]) Ders. a. a. O. 40. 193. Über die tiefeingewurzelte germanische Sitte des Pferdeopfers und Pferdeessens, die hier zugrunde liegt: Grimm *Myth.* 2, 546; 1, 272; 2, 877; Golther *Mythologie* 565.

2. An des Heiligen Wirksamkeit, vorzüglich an die Zerstörung von Götzenbildern, an Taufen und Predigten und an die Errichtung von Kirchen knüpft sich ein reicher Legendenkranz. Hierhin gehört zu allererst der berühmte Bericht, wie B. die Donareiche (arbor Jovis) im Hain von Geismar wunderreich fällt [6]). Die meisten Legenden enthalten bekannte und beliebte Motive, z. B. die Bannung lästiger Tiere [7]), den grünenden Stab [8]), bestrafte Hartherzigkeit durch Verwandlung von Brot (des Geizigen) in Stein [9]), die Fußspur im Stein [10]), die von einem Vogel gebrachte Wunderspeise [11]), die Erweckung von Quellen [12]) durch Hufschlag des Rosses oder den Stab des Heiligen oder an der Stelle seines Martyriums, und andere. Besondere Gruppen bilden die Legenden, in denen die Entstehung von Kirchen, z. B. die auf dem sagenumsponnenen Christenberg bei Wetter, sowie die Benennung von Berghöhen, z. B. des höchsten Gipfels des Vogelsberges als Taufstein und der Herchenhainer Höhe als B.kanzel, auf B. zurückgeführt werden [13]). Neue Sagen woben sich in späteren kriegsreichen Zeiten um ihn, z. B. im Siebenjährigen Kriege [14]).

Das sehr verbreitete Legendenmotiv, dem gemäß die Reliquien von Heiligen an einem bestimmten Ort, an der gewünschten oder ausgewählten Grabstelle ruhen wollen, findet sich auch in den Berichten über die Übertragung der Gebeine des heiligen B. Weder in Utrecht, dem Stützpunkt der Friesenmission, an den sie zunächst gelangten und wo sie sehr begehrt wurden, noch in Mainz, das als sein Bischofssitz weit mehr Ansprüche geltend machte, konnten sie aus dem Schiff genommen oder festgehalten werden, da der Heilige in Fulda bestattet sein wollte [15]).

[6]) Aus der Vita Bonifatii. Vgl. dazu Köhler *Bonifatius in Hessen* in Ztschr. f. Kirchengesch. 25 (1904), 204; v. d. Leyen *Sagenbuch* 1, 24; Meyer *Religgesch.* 288; Sagen über Zerstörung anderer Bäume und Abgötter bei Witzschel *Thüringen* 1, 24. 25. [7]) Grimm *Sagen* 209 Nr. 290. Vgl. dazu Günter *Die christliche Legende* 57. 63. 82; ferner andere Heilige hier, z. B. Bernhard; Frenken *Wunder u. Taten der Heiligen* 212. Die in der von Grimm und Witzschel *Thüringen* 22 Nr. 15 angezogenen Sage erwähnten Vögel (Raben, Dohlen, Krähen) erinnern an die Dohlen, Krähen und Störche, deren Fleisch für den Genuß verboten sein soll, s. Tangl a. a. O. 193. [8]) Witzschel *Thüringen* 1, 23 Nr. 16. [9]) Wolf *Beiträge* 2, 37. [10]) Grimm *Sagen* 145 Nr. 180; Lynker Sagen Nr. 266; Birlinger *Volksth.* 1, 409. [11]) Witzschel a. a. O. 23 Nr. 16. [12]) Wolf *Beiträge* 1, 133; Ders. *Niederländische Sagen* 28 Nr. 19; Witzschel

a. a. O. 1, 26; Birlinger *Volksth.* 1, 408. Vgl. auch Pfannenschmid *Weihwasser* 91. [13]) Bindewald *Sagenbuch* (1873), 19. 20. [14]) Lyncker a. a. O. Nr. 264. [15])Vita s. Sturmii (geschr. um 820) auctore Eigilio, MG. SS. 2, 372; Beissel *Heiligenverehrung* 1, 43.

3. Aus der legendären Überlieferung gelangte B. in die mythologische. Wie der getreue Eckart als Warner dem wilden Heer voranschreitet, so reitet B. dem wilden (Nacht-) Jäger als guter Geist zur Seite und mahnt ihn zur Umkehr oder schreitet ihm und seinem wilden Gefolge voran, offenbar gelehrte oder pseudogelehrte Übertragung oder Identifizierung[16]).

[16]) Meiche *Sagen* 422. 424 Nr. 555 u. 556; Mannhardt *Germ. Mythen* 94; Meyer *Germ. Myth.* 258.

4. Dem B.tage maß man in der Landwirtschaft gewisse Bedeutung zu. Ganz seltsam erscheint die Meinung, alles Vieh, das an diesem Tage zur Welt komme, werde verunglücken [17]). Da man in dem Namen B. das Wort Bohne (s. d.) wiederzufinden glaubte, galt der B.tag als am besten geeignet für das Bohnensetzen, an sich begreiflich, weil um diese Zeit Nachtfröste nicht mehr zu fürchten sind [18]).

[17]) Hüser *Beiträge* 2, 26. [18]) Eberhardt *Landwirtschaft* Nr. 3, 2; Rochholz *Naturmythen* 7; Fogel *Pennsylvania* 199 Nr. 976; ZfrwVk. 12 (1916), 129; RheinWb. 1, 837; SAVk. 25, 72. Wrede.

5. Kleine rundliche Steine, die abgelösten fossilen Stielglieder eines Haarsterns (Encrinas liliiformis), die sich häufig in der Muschelkalkformation fin den, werden in Thüringen B.pfennige genannt, weil der Heilige einst alles Gold und Geld der Thüringer zu Stein verwünscht hatte und darauf jeder Pfennig zu einer Linse wurde [19]).

[19]) Bechstein *Thüringen* 2, 263; MschlesVk. 2, Heft 3 (1896), 69; Bail *Mineralogie* (Leipzig 1884), 90. Bächtold-Stäubli.

Boppelgebet. Die Seelenmutter zu Küßnacht, gegen die 1573 ein Prozeß wegen Hexerei angestrengt wurde, verwendete bei ihren Beschwörungen ein Gebet, B. oder der „starke Bopfart" genannt [1]); auch ihre Jüngerin Verena Lisibach verrichtete für Verstorbene Gebete, namentlich das B., das auch unter dem Namen „der starke Bopfart" bekannt war [2]). Nach dem Luzerner Thurmbuch 1573 ist der st. B. oder das B. ein Gebet, womit man „die lüt sollt ze tod bëtten" [3]). Poppart [4]) oder Pophart [5]) ist nach Fischart, Gargantua 25 ein Klopfgeist; dort stehen nebeneinander: rumpelstilt (Rompele stilt) oder der pophart (Poppart), jenes der „Klopfgänger" von stelt, stilt, stelze, Stelze vgl. Bach-, Wasserstelze [6]) und rumpeln = poltern, Pophart eigentlich der „starke Poppe" (rumpelstilt ist auch aus Grimms Märchen Nr. 55 bekannt). Auch als Popel, Pöpel, Poppele, Böppel, Popelmann, Poepelmann, Poperlein, livländ. Bubbul, wird der Poltergeist bezeichnet [7]), von popeln, boppeln = klopfen, poltern, bullern, zittern u. ä.[8]). Nach Grimm und Weigand [9]) hängt damit auch Popanz = Pophans zusammen, während Kluge [10]) die Ableitung aus czech. bubak empfiehlt. Es wird erklärt als larva, terriculamentum [11]), Butze, Wichtel usw. [12]), im Schwäbischen als Teufel [13]). Appellativ begegnet der „starke Boppe, Poppe" (so heißt auch ein Basler Dichter) [14]) für einen starken Mann, Großsprecher, Schwelger [15]). Man wird danach das B. als ein Gebet zu deuten haben, mit dem die als Klopfgeister umgehenden Seelen der Abgestorbenen erlöst werden [16]) und das vielleicht auch durch die Beschwörung von Geistern zum Totbeten (s. d.) Lebender benutzt wurde.

[1]) Dettling *Hexenprozesse* 17. [2]) a. a. O. 22. [3]) SchweizId. 2, 1645. [4]) Scheible *Kloster* 8, 309. [5]) DWb. 7, 2001; Grimm *Myth.* 1, 418; Ders. *Grammatik* 3, 707. [6]) F. Kluge *EtWb.* (1915), 436. 30. [7]) Panzer *Beitrag* 2, 107; Baader *Sagen* Nr. 5; Ders. *NSagen* Nr. 2; Meier *Schwaben* 76; Scherz *Glossarium German. med. aevi* ed. J. J. Oberlin (1784), 1235; J. H. Campe *Wb. d. deutsch. Spr.* 3 (1809), 673; DWb. 7, 2000. [8]) DWb. 7, 2001; Grimm *Myth.* 1, 418; Martin u. Lienhart *Elsäss.Wb.* 2 (1907), 70. [9]) Grimm *Myth.* 1, 418 A. 2; Weigand *DWb.* 2 (1910), 451. [10]) Kluge a. a. O .349. [11]) *DWb.* 7, 200; Scherz a. a. O.; Weigand a. a. O. [12]) E. H. Meyer *Mythologie der Germanen* (1903), 213 f. 218. [13]) Campe a. a. O. [14]) Wackernagel *Altdeutsches Handwörterbuch* (1878), 40. [15]) Ders. a. a. O.; Lexer *MhdWb.* 2 (1876), 285. [16]) Dettling a.a.O. 17. Jacoby.

borgen s. leihen.

Borggabe. „Wie von der weißen Frau, die dem Landvolk Speisen verordnet, so erzählt man von einer Frau B., die dürftigen Menschen Geld und Getreide gab oder borgte, wenn sie zu ihrer Höhle gingen und riefen: gnädige Frau B. [1]“

[1]) So Grimm *Myth.* 3, 89 ohne Quellenangabe; weiteres Material fehlt. H. Naumann.

bös. Im Denken des schlichten Volkes ist alles, was sich auf den Begriff des Bösen bezieht, praktisch bestimmt. Das einfache Denken fühlt mit untrüglicher Sicherheit heraus, daß das Böse das moralisch Gesetzwidrige, also das Verabscheuenswerte sei. Das ist ein sicherer Besitz einfacher Gemüter, weil das Volk gewillt ist, seine Pflicht, seine Schuldigkeit unter allen Umständen zu erfüllen [1]). Doch hält man sich frei von einer Überspannung, indem praktisch nach dem Grundsatz gehandelt wird, daß Neigungen erst da verwerflich werden, wo sie die Erfüllung der Pflicht hindern [2]). Eine philosophische Begriffsbildung [3]) lehnt das schlichte Denken durchaus ab. Die praktischen Motive genügen zur Bestimmung der Handlung. — Aus früheren heidnischen Zeiten lebt im Volke die Idee, daß das Böse eine dem Menschen übelwollende Macht, die Macht der Dämonen sei. Wenn auch diese Auffassung nicht mehr klar vorhanden ist, so lebt sie doch in den Vorstellungen vom bösen Sämann, der durch das Licht der Fackeln vertrieben werden muß [4]), ferner in den Worten mancher Beschwörungsformeln, z. B.: Böse Augen sahen dich, Falsche Herzen gönnens dir, Jesus Christus helfe dir [5]), und in manchen Handlungen, die beim Übergang vom Winter zum Frühling, etwa um die Fastenzeit, beobachtet werden. Das Böse wird hier gleich dem Schädlichen gesetzt, wobei die naive Meinung zum Vorschein kommt: Was dem Menschen schadet, ist böse, was ihm nützt, ist gut. Auf anderem Gebiete liegt es indes, wenn in Tirol der Satz gilt: Wenn eine Mutter ihrem Kinde etwas Böses anwünscht, vermag keine Kraft mehr, das Kind davon zu befreien. Die Vorstellung ist ursprünglich nach der Wirkung des Zaubers gedacht, doch ist sie moralisch nach dem Gesetz der Vergeltung weitergebildet [6]).

Das Böse, das Widrige, das Unheilbringende und der Böse hängen eng zusammen. Der Glaube an das Böse entwickelte sich zum Begriff der b.en persönlichen Macht [7]). Der Glaube an den Teufel ist noch lebendig im Volk. Er ist der b.e Feind. „An dieser Gestalt des mittelalterlichen Teufels wiederholt sich im wesentlichen die Entwicklung der Tiergötter und Tierdämonen vom Tier zum Menschen“ [8]). Ohne Zweifel ist der Teufel dem Volke eine Gestalt, die aus Furcht und Spott gemischt ist. Aber während die Satansvorstellungen des Alten Testamentes unbestimmt verschwinden, so trägt der Teufel im deutschen Volke sehr bestimmte Züge und ist an bestimmten Zeichen zu erkennen [9]). Die Personifizierung des Bösen nach Art des Hexenglaubens [10]) findet sich in der Vorstellung vom b.en Weibe Slaczona [11]), an den b.en Blick, oder im Glauben an den b.en Wind [12]) Siarkan. Solche Vorstellungen sind im Osten lebendiger als im Westen. Doch fehlt es nicht an Sagen, daß manche Menschen von starkem Willen und weitreichender Macht dem Volke wie eine Verkörperung des Bösen, des Teufels, erscheinen konnten [13]).

[1]) Boette *Kants Erziehungslehre.* Diss. Langensalza 1899, 92 u. 79. [2]) Ders. *Religiöse Volkskunde* 7—13. [3]) Rohde *Psyche* 2, 429; Agrippa v. Nettesheim 5, 333 ff. [4]) Jahn *Opfergebräuche* 340. [5]) Frischbier *Hexenspr.* 31; Bartsch *Mecklenburg* 2, 16. [6]) Heyl *Tirol* 803 Nr. 263. [7]) Meyer *Abergl.* 348. [8]) Wundt *Mythus u. Relig.* 1, 376; Meyer *Abergl.* 237. [9]) ZfVk. 7 (1897), 192; ZfdMyth. 2 (1854), 337. [10]) Grimm *Myth.* 3, 434. [11]) Kühnau *Sagen* 2, 47 f. [12]) Hovorka u. Kronfeld 2, 247 f.; Bartels *Medizin* 41. [13]) Kühnau *Sagen* 3, 162. Boette.

böser Blick s. Auge, Spalte 685 ff., Verhexung (Segen).

Bosheitszauber s. Schadenzauber.

Bosselnächte s. Klopfnächte.

Botanomantie, Kräuterweissagung (βοτάνη = Kraut).

Die für die Antike nicht zu belegende Bezeichnung findet sich ohne weitere Erklärung bei Agrippa [1]); eine unklare Beschreibung bietet sein Schüler Pictorius[2]): man schrieb unter freiem Himmel auf Salbeiblätter unter Zauberformeln die Namen der befragenden Person und der Sache und glaubte auf diese Weise einen Diebstahl aufzuklären. Der Anonymus in Agrippas Werken [3]) nennt andere Kräuter [Verbena = Eisenkraut, Valeriana = Baldrian, Pervinca = Bärwurz (?), Filix = Farn, Lunaria = Silberblatt], bringt aber keinerlei spezielle Angaben über die Methode, sondern führt nur einige Stellen aus der antiken Literatur an [4]), in denen diese Kräuter bei magischen Handlungen vorkämen. Auch Delrio's Schilderung [5]), der zu den bei der B. verwendeten Pflanzen noch die Tamariske und die Feige hinzufügt, ist unklar; deutlicher berichten Bodin [6]) und besonders Boissard [7]): Auf Salbei- oder Feigenblätter, die man unter freiem Himmel nebeneinander legte, schrieb man den Namen der fraglichen Person oder Sache und setzte sie dem Wehen des Windes aus. Aus den nicht verwehten, z. T. an andere Stellen versetzten Blättern und Buchstaben kombinierte man die Antwort, also eine der Tephramantie (s. d.) verwandte Methode. Ob es sich um einen wirklich geübten Brauch oder um eine bloße Gelehrtenkonstruktion handelt, ist nicht festzustellen; die späteren Kompilatoren folgen, soweit sie sich nicht auf bloße Registrierung und Worterklärung beschränken [8]), der Beschreibung bei Bodin und Boissard [9]). Nur vereinzelt und nicht unter dem Namen B. findet sich ein Hinweis auf die bereits im Altertum bekannte mantische Bedeutung des Knallens von auf den Arm oder die Hand geschlagenen Blumenblättern [10]). Unter der Bezeichnung Phyllo- und Sykomantie (s. d.) beschrieb man andere mit Pflanzen geübte Wahrsagungsmethoden.

Es ist wohl anzunehmen, daß man ursprünglich unter B. jede mit Hilfe von Kräutern vorgenommene Mantik und nicht jene in ihrer tatsächlichen Ausführung schwer vorstellbare Schreibmethode verstand. So verurteilt schon im 15. Jh. ein Traktat des Thomas von Haselbach die, „qui querunt futura et occulta in herbis" [11]). Solche Zukunftsdeutungen aus Erscheinungen der Pflanzenwelt waren im Altertum und sind auch noch heute verbreitet; am häufigsten ist der Glaube, daß weiße, chlorophyllose Pflanzen auf dem Felde oder im Garten Unheil bedeuten [12]), andere Vorstellungen der Art knüpfen sich an den Mauerpfeffer (s. d.), der geradezu Prophetenkraut genannt wird, und andere Sedumarten, sowie das Johanniskraut (s. d.). Liegt z. B. ein Kranker im Hause, so wird ein Bündelchen Mauerpfeffer mit einem Faden an die Stubendecke gehängt: wächst und blüht er fort, so wird der Kranke gesund, wird er dürr, so stirbt er [13]). Zwei Exemplare von Sedum Teluphium werden von Verliebten in eine Mauer gepflanzt: wachsen sie aufeinander zu, so gilt es als glückliches Zeichen [14]). Am Johannistag pflückt man Johanniskraut oder Sedum: wessen Stengel zuerst verdorrt, der stirbt zuerst [15]). Oder man pflückt Hypericum am Johannisabend, legt es in ein weißes Tuch und zerdrückt es: ist der Saft rot, so bedeutet es glückliche Liebe, „ist die Liebe alle, kommt die grüne Galle!" [16]). Auch die Begonie [17]), Brennessel [18]), Orchis [19]), Petersilie [20]), Calla [21]) und der Flieder [22]) geben Vorzeichen; näheres s. bei den einzelnen Pflanzen. Diese Meinungen, vielleicht auch das bekannte Blumenzupforakel (s. Blume), mag der gelehrte Erfinder der Bezeichnung B. im Sinne gehabt haben.

Vgl. a. Daphno-, Phyllo- und Sykomantie.

[1]) *Opera* ed. Bering 1, 529. [2]) *De speciebus Magiae* 1559 cap. XVI p. 67, bei Agrippa *Op.* 1, 486, Dt. Ausg. Berlin 1916, 4, 177; vgl. a. Cardanus *De Sapientia* IV, Op. Lugd. 1663, 1, 566 a; Rabelais *Gargantua* 3 cap. 25, Dt. Ausg. v. Gelbke 1, 399, vgl. Gerhardt *Franz. Novelle* 110. [3]) *Opera* ed. Bering 1, 6, 692, Dt. Ausg. 5, 362. [4]) Ovid. *Metam.* VII 224 ff.; Lucan. *Phars.* VI, 438 ff.; Vergil. *Buc.* 8, 65 f. Die Verbena, im Altertum oft als Sammelbegriff für Zauberkräuter gebraucht, zeigt dem Arzt, ob sein Patient am Leben bleiben wird: Hs. des 13./14. Jhs. im Archiv f. d. Gesch. d. Medizin 12, 83. [5]) *Disqu. mag.* lib. IV cap. 2 quaest. 7 sect. 1, Mainz 1603, 2, 176. [6]) *Démonomanie* (Lyon 1598) 97. [7]) In dem posthum 1605 veröffentlichten *Tractatus de divinatione*

(Ausg. v. J. 1615) p. 97. [8]) Zanchius *De divinatione* (1610) 36; Pfuel *Electa Physica* (1665) 148; Fabricius *Bibliogr. antiqu.*[3] (1760), 597. [9]) Bulengerus *Opusc.* Lugd. 1621, 215; Neuhusius *Divinatio sacra* (Amst. 1658) 333; Potter *Antiquities* 1 (Oxford 1697), 321; Freudenberg *Wahrsagekunst* 39. [10]) Theokr. 3, 28 f.; Potter a. a. O.; Fabricius a. a. O. [11]) ZfVk. 12, 8. [12]) Meyer *Baden* 576 f.; Stauber *Zürich* 1, 30; Frankenland 2 (1915), 240. [13]) Witzschel *Thüringen* 2, 291 Nr. 146; Geßmann *Pflanze* 44. [14]) ZfrwVk. 3, 64 Nr. 10, verboten durch ein Edikt des Großen Kurfürsten v. J. 1669, ähnliches Verfahren mit zwei Kohlstauden ebd. Nr. 11 und 12, 85. [15]) John *Erzgebirge* 117. [16]) ZfrwVk. 12, 85. [17]) Meyer *Baden* 576. [18]) Marzell in Naturwiss. Wochenschr. N.F. 10 (1911), 405. [19]) Heyl *Tirol* 190. [20]) Unoth 1, 188. [21]) ARw. 12, 576 [22]) Wiener ZfVk. 33, 7. Boehm.

Bovist (Lycoperdon-Arten).

1. Botanisches. Pilze (Ordnung der Bauchpilze) mit kugeligem oder eiförmigem Fruchtkörper, deren Inneres bei der Reife in die einen braunen Staub darstellenden Sporen verfällt. Verschiedene Arten sind auf trockenen Wiesen, auf Grasplätzen oder in Wäldern häufig [1]).

[1]) Marzell *Kräuterbuch* 310.

2. Die B.e wachsen an den nächtlichen Tanzplätzen der Hexen [2]) (vgl. Pilz). In England heißen die B.e „Elfenknöpfe“. Wenn sie im Innern schwarz werden, hat der Teufel seine Hand aufgelegt und die Elfen vertrieben [3]). Deutsche Volksnamen wie Hexeneier, -staub, Trudengakele (= Trudenei), Teufelsfist für den B. (bzw. den Sporenstaub) weisen auf ähnliche Anschauungen hin.

[2]) Buck *Volksmedizin* 71. [3]) Bartels *Pflanzen* 11.

3. Allgemein glaubt man bei uns [4]), daß der in die Augen geratene Sporenstaub der B.e blind mache [5]).

[4]) Auch in Dänemark: Feilberg *Ordbog* 3, 972, auf Island: ZfVk. 8, 450, in England: Bartels *Pflanzen* 11. [5]) Z. B. Strackerjan *Oldenburg* 2, 132; Wilde *Pfalz* 196; ZföVk. 11, 52; Martin u. Lienhart *ElsWb.* 1, 146; Wartmann *St. Gallen* 47.

4. Als Sympathiemittel wird der B. zum Vertreiben verschiedener Krankheiten verwendet (Nordböhmen) [6]). Gegen Gelbsucht ißt der Kranke einen Eierpfannkuchen, in den B.pulver gebacken ist [7]).

[6]) ZföVk. 13, 132. [7]) Hovorka u. Kronfeld 2, 113. Marzell.

Böxenwolf s. Werwolf.

Brachse s. Brassen.

Brachvogel, Regenvogel, Kieloch, Doppelschnepfe u. a.[1]), im Münsterlande Wehlop, Broder Dirk [2]); Numenius arquatus *Bodd.*[3]). Conr. Gesner [4]) sagt über ihn: „Die Teutschen vmb Oppenheim / nennend disen also („Brachvogel“) vom Brachmonat / zů welcher zeyt er dann kumpt: wiewol ein anderer vogel kleiner dann diser / auch also genennt wird (Numenius phaeopus) [5]) .... Etliche nennend den Rägenvogel (windvogel) oder wättervogel / darvmb dasz man sich eines winds vnd vngewitters ausz seiner zůkunfft (Erscheinen) versieht“. Der Glaube, daß sein Ruf Regen oder Unwetter verkünde, ist auch heute noch verbreitet [6]). Nach einer bretonischen Legende haben B. der heiligen Familie vor der Seefahrt nach Ägypten Sturm verkündet und erhielten zur Belohnung von Jesus die Vergünstigung, daß ihr Nest von den Knaben unauffindbar sei [7]). In England bedeutet ihr unheimlicher Ruf, der wie ein heulendes Bellen klingt, sogar den Tod [8]), und wird mit der wilden Jagd in Verbindung gebracht [8]).

In Nordthüringen wird sein Ruf zur Erntezeit ausgelegt als „Kornriep, Kornriep“ [9]).

Nach dem estnischen Glauben werden die alten Jungfern (s. d.) zu B.n, wie in andern Gegenden die Kiebitze (s. d.) [10]).

Von manchen wird der Charadrius (s. d.) als B. bezeichnet [11]), doch wohl mit Unrecht; freilich gehen in älterer und neuerer Zeit verschiedenartige Vögel unter diesem Namen [12]).

[1]) Suolahti *Vogelnamen* 281; Grimm *Myth.* 2, 562; Rolland *Faune pop.* 2, 351; Swainson *British Birds* (1886) 200. [2]) Strackerjan 2, 167. [3]) Brehm *Tierleben*[4] 7, 286 ff. [4]) *Vogelbuch* 1582, 23. [5]) Ebd. 107 b. [6]) Grimm *Myth.* 2, 562; Hopf *Tierorakel* 171; Swainson l. c. 200. [7]) Sébillot *Folk-Lore* 3, 170 f. Auch in England fahren die Fischer nicht gern

hinaus, wenn sie ihren Ruf hören: Swainson 201. [8]) Swainson 201. [9]) ZfVk. 10, 210. [10]) Tobler *Kl. Schr.* (1897), 140. [11]) Z. B. ZfdMyth. 1, 319; Höfler *Organother.* 131. [12]) Suolahti 281; DWb. 2, 288 f.
Hoffmann-Krayer.

Brand [1]) (einer Wunde). B. ist im Volksausdruck ein sehr dehnbarer Begriff: „kalter" B. in der Hauptsache Krebs, wirkliche Gangraena „heißer" B.[2]); aber auch Ruhr, Fieber, Knochenfraß u. dgl. heißt B.[3]).

Das beste Mittel dagegen sind B.-segen (s. d.).

[1]) Höfler *Krankheitsnamen* 66. [2]) So Hovorka-Kronfeld 2, 414 u. Grimm *DWb.* 2, 295; das SchweizId. (2, 99; 3, 240) bezeichnet Gangrän als „kalten Brand". [3]) Wuttke § 476. Stemplinger.

Brand s. Feuersbrunst, Getreide.

Brandader heißt ein unfruchtbarer Fleck auf dem Acker, wo das Getreide keine Körner ansetzt und trocknet [1]). Bei den Wenden heißt sie „Dyter bernatowy puc", d. h. Dieter Bernhardts Weg [2]).

s. Dietrich v. Bern, Bilwis.

[1]) DWb. 2, 296. [2]) Haupt *Lausitz* 1, 124 Nr. 138 = Kühnau *Sagen* 2, 446.
Bächtold-Stäubli.

Brandopfer ist unter diesem Namen aus dem Alten Testament bekannt, wo es auch Ganzopfer heißt, weil gewöhnlich ganze Tiere auf dem Altar verbrannt wurden, damit der Gott Jahweh es verzehre [1]), in späterer Zeit, um ihm einen „süßen Geruch" zu bereiten [2]). Solche B. wurden in vielen Religionen vollzogen. Da die Opfer jedoch ursprünglich feuerlos waren, so gehört das Verbrennen nicht wesentlich zum Opfer, sondern verleiht ihm eine bestimmte Eigentümlichkeit [3]). Das Feuer hat nämlich 1. eine sublimierende Kraft: das Stoffliche der Opfergabe wird durch das Feuer so verfeinert, daß es „gleichsam auf dem Wagen des Feuers" zum Himmlischen emporgetragen und mit ihm vermischt wird [4]); oder das den himmlischen Göttern Gehörige wird, wie die in gereinigter Dampfform aufsteigende verfeinerte Materie zeigt, durch das Feuer unsterblich gemacht [5]); 2. eine apotropäische Kraft, sofern es das Unheilvolle abwendet; in diesem Sinne wurden auch Speisen, von denen eine Gottheit genossen hatte, wegen der nunmehr mit ihrer Wesenheit berührten oder beteilten Bestandstücke für unheilvoll angesehen und deshalb ins Feuer geworfen. Es werden aber auch 3. die Sinnbilder der Unheilsdämonen selbst verbrannt, damit der Dämon selbst ausgetilgt werde. Das Feuer vernichtet überhaupt am wirksamsten gefährliche Substanzen und ist daher das reinigende Element, die reinigende Gewalt an sich, stärker in dieser Beziehung als Wasser, das von ihm nach und nach verdrängt wird.

Überreste von diesen religiösen Kulten der B. finden sich in den Volksbräuchen, zum Teil freilich so sehr verwischt, daß nicht mehr zu ermitteln ist, welcher Sinn des B.s zugrunde gelegen war, so daß wir in der Regel nur durch vermutendes Schlußverfahren die Grundbedeutung des Näheren zu vermitteln vermögen.

Bei Feuersbrünsten wird in Siebenbürgen Brot in die Flamme geworfen, um sie zu stillen [6]), in Tirol Nudeln und Krapfen [7]), in Belgien und der Oberpfalz ein am Ostertag gelegtes Ei, das rückwärts in die Flamme geschleudert werden muß [8]), auch eine dreifarbige Katze [9]). In Hessen hilft gegen die Feuersbrunst das dem Feuer übergebene Bettuch einer Wöchnerin oder das Hemd einer reinen Magd [10]). Um die Scheunen und die Felder vor Brandschaden im vorhinein zu schützen, wirft man in Böhmen, wenn man vom neuen Korn das erstemal bäckt, ein Stück des Gebäckes ins Feuer [11]).

Ähnliche Bräuche des Opferns ins Feuer verbinden sich mit den verschiedenen Feuerriten, die in der Bevölkerung bewahrt worden sind. Im Elsaß soll es noch vorkommen, daß beim Osterfeuer eine lebendige Katze in die Flamme geschleudert wird, angeblich zu dem Zweck, die Hexen zu verjagen; ursprünglich mag es sich hier um die Verbrennung des Winterdämons gehandelt haben, damit der

Frühlingsgeist ungehindert seinen Einzug halten kann [12]).

Zahlreich sind die B. gegen Hagelschaden in Verwendung. In der Rheinpfalz zündet die Jugend noch heute an vielen Orten am Sonntag Invocavit eine von ihr angefertigte Puppe aus Erbsenstroh zusammen mit einem strohumwickelten Faßreifen auf einer Anhöhe an und läßt das brennende Rad herablaufen, um auf diese Weise dem ganzen von der Anhöhe erspähbaren Umkreise und sonderlich den vom Feuerrade durchlaufenen Fluren Schutz gegen jeglichen Wetterschaden zu verschaffen [13]). Das ist eine der mannigfachen Formen des Hagelfeuers oder Halfeuers. Weiter nördlich am Rhein, in der Gegend von Düsseldorf, wird die Puppe zur Fastnachtszeit aus ungedroschenen Kornhalmen gemacht und verbrannt. Zu Dhorn und Pier im Kreise Düren wird ein Mann als Erbsenbär verkleidet und seine Erbsenhülle verbrannt [14]), oder ein Knabe wird als Winter eingekleidet und seine Hülle dann unter Jubel und Tanz verbrannt [15]). Im Nassauischen fällt man am Faschingsmontage drei Fichtenstämme und stellt sie auf einem Sandhügel pyramidenförmig aneinander, hängt oben einen verschlossenen Korb mit einer lebendigen Katze oder einen Strohmann auf und zündet das ganze am Dienstag unter Vaterunserbeten mit Strohfackeln an, unter dem Rufe: ,,Wir verbrennen den Hâl'', d. i. den Hagel, zur Erzwingung eines fruchtbaren Jahres [16]). Ähnlich werden Katzen auf Holzpfählen in den Vogesen verbrannt [17]). Beim Amechtfest (s. d.) in Luxemburg wird ein Erntefeuer angezündet, indem eine in einem Korbe befindliche lebende Katze verbrannt wird [18]), während in anderen Gegenden des Rheinlandes ein leerer Korb verbrannt wird (offensichtlich also eine Herabmilderung des Ritus) [19]). Das Verbrennen des lebenden Tieres, der unausgedroschenen Korngarbe zeigt deutlich, daß es sich um alte Opferbräuche handelt, die sich in Bräuche umgewandelt haben, deren Opfercharakter zum Teil dem Bewußtsein entschwunden ist. Ehemals wurde beim Frühlingsfeuer dem Dämon des Winters oder des Frühlings geopfert, oder der Winterdämon zugunsten des Frühlingsdämons — in jedem Falle, um die volle Entfaltung der Spriessungskräfte zu ermöglichen. Daß das Opfer des Winters oder für den Winter sich auf den Gott Wodan bezogen haben mag, ist durchaus wahrscheinlich; noch heute wird hie und da dem ,,Helljäger'' eine Kuh herausgelassen zur Zeit der wilden Jagd [20]), und man erzählt davon, daß ,,das nachtfahrende Volk'', d. i. Wodans wilde Jagd, die schönste Kuh aus den Ställen des Ortes heraushole und bis auf die Knochen verzehre [21]). Gegen den Bilmesschnitt und den Hagelschaden hilft aber, wie sonst die Verbrennung oder Aufpfählung der letzten Garbe, so auch ein durch die erste Garbe gebundenes und geweihtes Brot oder Antlassei oder Antlaßkranzl, wenn diese Dinge ins Feuer geworfen werden [22]). Wie diese letzterwähnten ist auch im wesentlichen apotropäischer Ritus das Verbrennen der Strohhexe oder des ,,Alten Weibes'' oder des Winters Großmutter in Schwaben am Fastensonntag, dem Funkensonntag. Die Reste der verbrannten Puppe werden in der Nacht auf den Flachsacker gesteckt. Woher der Wind während des Brennens der Hexe weht, daher weht er das ganze Jahr. In der Richtung, in welche die Hexe fällt, nehmen die Gewitter das ganze Jahr hindurch ihre Richtung, ohne zu schlagen. Die Saat wird gegen Blitz und Hagel auf diese Weise geschützt [23]). Ähnliches Fastnachtfeuer ist in Baden [24]) und der Schweiz [25]) aus früherer Zeit bekannt.

Wenn in Meißen und Thüringen das Volk um das Johannisfeuer tanzt und singt, schleudert einer einen Pferdekopf in die Flamme, um die ,,Hexen'' zu zwingen, von dem Feuer zu nehmen und daran zugrunde zu gehen [26]). Auch aus dem Bergischen Lande wird das Hineinwerfen des Pferdekopfes bekundet [27]). Nicht sicher ist, daß dieses B. ursprünglich etwa zur Abwehr von Viehseuchen, vor allem unter den Pferden, veranstaltet wurde, wobei dann die

Darbringung des Hauptes des Tieres als Gabe für die Gottheit an heiliger Stätte, auf dem Dachfirst, zu gelten hätte. Wenn man beim Johannisfeuer das Haupt des Pferdes verbrennt, so wird man im Auge behalten, daß die reinigende und vertreibende Kraft des Feuers [28]) das Tier des Wodan, der zum Dämon des Winters und der Eiswinde geworden war, damit die Kraft des Wodan selbst, den Widerpart des sprießenden Lenzes, vernichtet. Aus der Grafschaft Mansfeld und der Mark wird berichtet, daß Tierknochen verbrannt wurden [29]). Noch 1462 klagt Bischof Gebhard von Halberstadt, daß die Leute einer Art Gottheit, dem „guten Lubben" auf dem Berge Schochwitz Tierknochen darreichen [30]). Bedenkt man, daß in alter Religion die Knochen und unverzehrbaren Teile der Opfertiere deshalb verbrannt wurden, weil sie von den Göttern übrig gelassen, aber doch berührt und somit mit ihrer Wesenheit infiziert waren, so wird auch dieser übriggebliebene Ritus ursprünglich eine ähnliche Bedeutung gehabt haben und der Rest eines alten heidnischen B.s sein. In vielen Gegenden Mittel- und Süddeutschlands wird von den Kindern während der Ostertage das Osterfeuer oder der Bockshorn unterhalten. In Braunschweig und Lüneburg wurde ebenfalls im 17. Jh. draußen vor den Städten und Flecken der „Bockshorn oder das abgöttische Osterfeuer" vorgenommen und noch jetzt steckt man im Oberharz am Abend des ersten Ostertages einen Scheiterhaufen an, in den man früher lebende Eichhörnchen warf. Das Volk glaubte, daß die Raupen und Insekten von den Obstbäumen und Feldern dadurch vertrieben werden [31]). Am Johannistag wird nach Sebastian Francks „Weltbuch" ein Simetfeuer gemacht und Kräuter wie Beifuß und Rittersporn hineingeworfen mit den Worten: „Es gehe hinweg und werde verbrannt mit diesem Kraut all mein Übel" [32]). In Österreich, in Steiermark und auch in Schwaben werden unter ähnlichen Sprüchen dem Feuer Blumen übergeben [33]). Es sind lauter Kräuter, denen große Heilkraft zugeschrieben wird, und darin, daß man sie den Göttern und Geistern zurückgibt, bekundet sich der alte religiöse (mystische) Gedanke der Reziprozität, der Wechselbeziehung und Wechselwirkung zwischen göttlicher und menschlicher Kraft und Wesenheit. Thietmar von Merseburg und Adam von Bremen erwähnen eine Reihe von Sühneopfern zur Sühnung des Landes, wobei „Hunde und Hühner an Stelle von Habichten" verwendet werden [34]).

Einige B.-Bräuche nehmen sich wie Darbringungen an die Elemente aus. So das Verbrennen von Faschingskrapfen in Österreich zur Fastnacht wie eine Spende an die Erde [35]); ähnlichen Sinnes ist vielleicht die schwedische Lichtmeßsitte, daß auf den Gütern vom „dricka Eldborgs skål" Kuchen und Getränke übrig bleiben, um ins Feuer geworfen zu werden [36]). Auch die Erstlingsopfer, deren schon eines erwähnt wurde, mögen zum Teil einen solchen Sinn gehabt haben. Die erste Garbe wird bisweilen, mit einem Tropfen Wein bespritzt, in Niederbayern und Mittelfranken zuerst auf den Wagen geladen, ausgedroschen und dann im Ofen verbrannt. Gewöhnlich heißt es, „damit der Bilmesschneider den Saaten keinen Schaden tun kann". Der christliche Geist hat freilich dieses Opfer zu einem Dankopfer an Gott umgebildet, wie aus dem Spruche hervorgeht: „Gott wird uns wohl bewahren. Das ist unsere erste Garben" [37]). Zu erwägen ist, ob nicht die Besprengung der Garbe mit Wein gleichfalls einen spezifisch christlichen Zug des Volksgedankens bedeutet: Brot und Wein. Auch sonst werden die erste Garbe oder die zuerst ge schnittenen Halme verbrannt [38]). In Loching in Oberbayern wurde ein rotes Gründonnerstagsei, ein Kranzl, geweihtes Salz, alles mit einigen Tropfen Johanniswein besprengt, in ein Päckchen zusammengebunden, in die erste Garbe gelegt und nach dem Dreschen ins Feuer geworfen [30]).

Der Darbringung der Erstlinge im B. reiht sich das Verbrennen der vom Flachs- und Hanfbrechen übrigbleibenden Werghaufen durch die Mädchen unter jubelndem Umtanzen an (Allgäu, Oberbayern) [40]). Als Empfänger dieses Opfers müssen, nach Jahn [41]), Berchta, Freya, Holda angesehen werden, auf die auch der heilige Tanz hinweist. Ein ausgesprochenes Opfer des Erstlings des gesponnenen Flachses, des Hàrs, findet sich in Tirol und Elsaß für die „Waldfrau", wobei das Hàr im Ofen verbrannt wird. Die Waldfrau kann wieder nur jene Göttin sein, und der noch gebrauchte Name „das Opfer spinnen" zeigt, wie nachhaltig hier der Gedanke des Opfers geblieben ist [42]).

Die Verwendung des B.s bei Viehseuchen und Krankheiten ist sicherlich zumeist aus der Vernichtung des Dämons durch das Feuer hervorgegangen. Bei Rinderkrankheit wird in Northamptonshire ein Feuer angezündet und dabei ein Kalb getötet, um die Herde vor dem gänzlichen Untergang zu bewahren [43]). In der Eifel wird bei einer Schweineseuche eines der gefallenen Tiere verbrannt, worauf die noch gesunden Tiere zu dieser Stelle getrieben werden, damit sie die Asche zusammen mit Hafer fressen [44]). Ähnlich wird auf dem Hunsrück ein gefallenes Tier auf einem Kreuzwege verbrannt und die Asche den anderen Tieren eingegeben [45]). In der Gegend von Speyer wurde noch gegen Ende des 18. Jhs. bei raschem Sterben von Geflügel und Schweinen ein Feuer im Backofen angezündet und eins der befallenen Tiere hineingeworfen. Nach dem Volksglauben wird dabei die Hexe mitverbrannt [46]). Das ist in der Tat ein genaues Überbleibsel des Gedankens, daß der Krankheitsdämon selbst mit dem Tiere zusammen vernichtet wird. Nicht unerwähnt möge sein, daß die Erinnerung an altheidnische Opferriten auch darin sich deutlich bewahrt hat, daß an vielen Orten noch bis in die jüngste Zeit das anzuzündende (Mai-, Johannis-) Feuer auf primitive Weise vor sich gehen muß, entweder durch Aneinanderreiben trockener Hölzer oder zumindest durch Stahlschlag am Feuerstein [47]).

[1]) 1. Mose 15, 10 f.; Richter 6, 19. [2]) 1. Mose 8, 21; 3. Mose 3, 16. [3]) Gruppe *Griech. Mythol. u. Religgesch.* 2, 729 f. [4]) Eustathius *Kommentar z. Ilias* 1, 52. [5]) Porphyrius *Opera* 2, 5. [6]) Panzer *Beitrag* 2, 527; Bavaria 3, 1, 322 und 340. [7]) Zingerle *Tirol* 288 Nr. 933. [8]) Wolf *Beiträge* 1, 288 Nr. 333. [9]) Wuttke § 300. [10]) Wolf *Beiträge* 1, 236 Nr. 423; Ders. *Sagen* 129. 200. [11]) Jahn *Opfergebräuche* 249. [12]) Birlinger *Volksth.* 2, 82. 106; Meier *Schwaben* 395. [13]) Bavaria 4, 2, 356; Grimm *Myth.* 594. [14]) Mannhardt *Baumkultus* 499. [15]) Montanus *Volksfeste* 24 f. [16]) Kehrein *Nassau* 142 ff. [17]) Mannhardt *Baumkultus* 515. [18]) Gredt *Das Amecht* (1871), 56. [19]) Montanus 52. 55. [20]) Kuhn u. Schwartz Nr. 310, 3. [21]) Jahn *Opfergebräuche* 103. [22]) Panzer *Beitrag* 2, 214 und 535. [23]) Birlinger *Schwaben* 1, 384, 41. 54. 58. 62; Ders. *Volksth.* 2, 108 f. 133 f.; Panzer 2, 240. [24]) Birlinger *Schwaben* 2, 31. [25]) Vernaleken *Alpensagen* 316 f.; Rochholz *Sagen* 1, 159. [26]) Grimm *Myth.* 585; Jahn 40. [27]) Montanus 34. [28]) Jahn 41. [29]) Kuhn *Märk. Sagen* 311. 323. [30]) Jahn 41. [31]) Ders. 123; Pröhle *Harzsagen* 284 f.; *Harzbilder* 63. [32]) Jahn 43. [33]) Baumgarten *Aus der Heimat* 1, 29; Montanus *Volksfeste* 33; Vernaleken *Mythen* 307. [34]) Jahn 68. [35]) Baumgarten *Heimat* 1, 15. [36]) Jahn 120. [37]) Panzer 2, 211 ff.; Bavaria 3, 2, 937. [38]) Jahn 160. [39]) Zingerle *Tirol* Nr. 926; Panzer 2, 207. 362; 212, 379. [40]) Bavaria 3, 2, 969 f.; Rochholz *Sagen* 2, XLI f. [41]) Jahn 203. [42]) Ders. 204. [43]) Ders. 25. [44]) Schmitz *Eifel* 1, 99. [45]) Wuttke § 235. [46]) Jahn 25; Kuhn *Westfalen* 2, 138 A. [47]) Jahn 133 f.

K. Beth.

Brandpilze s. Getreide.

Brandsegen [1]) werden teils gegen Brandwunden, teils gegen den „Brand" (s. d.) als Krankheit verwendet; ersterenfalls können sie mit dem Spruch „Du sollst nicht ecken" usw. (o. ä.) verbunden sein (s. Wundsegen), letzterenfalls besprechen sie öfters den „kalten" und den „warmen" Brand; selten ist der Zweck das Stillen einer Feuersbrunst (s. u. 1). Die B., besonders die meisten nicht-epischen, tragen vielfach das Gepräge mündlicher Überlieferung und damit reicher Differenzierung im einzelnen, namentlich im Schluß. Neben zahlreichen wenig vertretenen Formen sind folgende die üb lichsten:

[1]) Lit.: Seyfarth *Sachsen* 102.

1. Der Heilige und der Brand, episch.

a) Ältester Beleg, kurz nach 1400: „Für den prand. Unser her gieng uber land, da sach er riechen (od. rauchen) ainen brand, uff huob er sin hand, er segnet den brand, daz er usroch" [2]. Der Text mag urspr. als Feuersegen verfaßt sein (?), wird aber vom 16. Jh. an durch Zusätze oder in Überschrift gewöhnlich als „B." im obigen Sinne bezeichnet, z. B. (16. Jh.): Vnser l. Fraw ginge ... vff hube sie ir schneweis handt ... sie sprach Brandt du solt aus richen vnd ... werden glat als ein aichel (am Rande: äiche) vnd am dritten tage anheben zu heilen" [3]. Wenige Varianten gelten der Feuersbrunst [4]. — Die Normalform des epischen Teiles war bis heute im Gebrauch, also mit diesen Hauptzügen (jedoch nicht immer alle erhalten): Eine gute Macht (Gott, Christus, Maria, auch zwei, z. B. Gott und Petrus) geht über Land, sieht (findet) einen Brand, hebt die Hand, segnet ihn [5].

b) Häufig hat sich das Begegnungsschema eingenistet (s. Segen § 5), seltener so, daß sich zwei Heilige oder ein Heiliger und ein Leidender begegnen [6], öfter als Begegnung mit der bösen Macht, dem Brande selbst [7].

Tiefer umgestaltend wirkt der sehr häufige Umtausch der Aussage „sah einen Brand" mit „hatte (trug o. dgl.) einen Brand in der Hand"; derselbe bewirkt Wegfall der Zeile vom Aufheben der Hand (oft auch derjenigen vom Segnen, Stillen des Brandes), z. B. „Gott der Herr ging über Land und hatte einen Brand in der Hand; Br. brenn nicht" usw.[8]. Ist hier an das Prinzip „similia similibus" gedacht? (In einer späten Aufzeichnung [9]) trägt Maria einen „Himmelbrand", Königskerze). Endlich trägt in einigen späten Varianten dieses Typus die hl. Person statt des Brandes einen „Brandbrief" oder ein Buch (auch einen Stock) zur Stillung des Brandes [10]).

2. Laurentiussegen (s. d.).

[2]) Birlinger *Aus Schwaben* 1, 459. [3]) Schönbach HSG. Nr. 194 (vgl. ZfVk. 5, 294). [4]) ZfdMyth. 1, 279; ZfdA. 32, 250 (beide um 1595); Mitteil. Anhalt. Gesch. 14, 12. [5]) Z. B. ZfVk. 7, 66; Meier *Schwaben* 2, 517; Müllenhoff *Sagen* 517; vgl. SAVk. 2, 260; ZfrwVk. 4 (1909), 289; Mone *Übersicht der niederländischen Volksliteratur* 336. [6]) Birlinger *Aus Schwaben* 1, 462 f.; vgl. ZfdMyth. 1, 279; ZfrwVk. 1, 206; Köhler *Voigtland* 405; Frz.: Thiers *Traité* 1 (1720), 471. [7]) BlPommVk. 1, 110 Nr. 10; ZfVk. 7, 67; Köhler *Voigtland* 403. [8]) Seyfarth *Sachsen* 107. Vgl. ebd. 106; ZfdMyth. 1, 279; ZfdA. 32, 250; Köhler *Voigtland* 404; Bartsch *Mecklenburg* 2, 283 Nr. 1802 f.; John *Erzgebirge* 104; Birlinger *Volksth.* 1, 211. [9]) Panzer *Beitrag* 2, 13. [10]) Z. B. Jahn *Pommern* 86; Alemannia 25, 239. 241.

3. Besprechungen, fast lauter späte Aufzeichnungen. a) Die kalte Hand (Hand des Segners, Totenhand, oder beides); bes. in Norddeutschland vertreten. Einzelformen: „Kalt ist die Hand, kalt ist das Wasser (usw.) ... der Sand ... der Brand" [11]). „Brand, ik boet di, Mannes Dodenhand fot di" [12]). „Raut ist da Krebs (d. h. der kalte Brand), kolt is döi Tautnhand, damit stült ma(n) an kaltn Brand" [13]) (vorausgehn kann „Hoch ist der Himmel"; dann fehlt aber oft die Zeile von der Hand). Auch episch geformt, z. B.: „Ich ging mal einst an den Strand, da fand ich eines Mannes Totenhand, damit vertrieb ich diesen Brand" [14]) (s. Leiche). Der Spruch von der kalten Hand will, mit Anhauchen oder kühlender Handauflegung begleitet, suggestiv wirken. Vgl. noch Marias (später auch: Jesu) schneeweiße Hand oben u. 1. Ähnliches bes. im Finnischen, z. B.: „Reif-Mann, Eis-Frau ziehen Reif-Schlitten ... tragen noch Eisblock in der Hand" usw.[15]). Wohl auch auf den Orkney-Inseln: „A dead wife out of the grave arose, and through the sea she swimmed" usw.[16]). Weniger deutlich in beliebtem englischem Segen, z. B.: „There came two Angels from the East, the one brought Fire, the other brought Frost. Out Fire, in Frost" [17]). Vgl. dagegen im römischen Spruch gegen Brandwunden: „Ferrem (*ferrum*?) candens linguam restringat, ne noceat" [18]).

b) „Brand, fall in den Sand, und nicht in Fleisch". In dieser oder ähnlicher Form in fast allen deutschen Gauen beliebt [19]). Die Worte „Brand, fall in den Sand" schon 1602 beurkundet [20]).

c) „Weich aus, Brand, und ja nicht ein, du seiest kalt oder warm, so laß das Brennen sein" usw. Weit verbreitet in obiger Form des Romanusbüchleins [21]).

Auf seltenere Formen [22]) kann hier nicht eingegangen werden.

[11]) Strackerjan 1, 76. [12]) ZfVk. 7, 65. [13]) Hovorka u. Kronfeld 2, 402 (Böhmen). Vgl. ZfVk. 7, 64 f.; Bartsch *Mecklenburg* 2, 387 Nr. 1811 ff.; 391 f. Nr. 1831 ff. [14]) ZfVk. 7, 64; Bartsch *Mecklenburg* 2, 390 Nr. 1824. [15]) Hästesko *Län-sisuomalainen loitsurunous* 36. [16]) County Folk-Lore (London) 3, 146. [17]) Notes and Queries V 2 (London 1858 bis 59), 84. [18]) Heim *Incantamenta* 501. [19]) ZfVk. 7, 63 f.; Bartsch *Mecklenburg* 2, 389 Nr. 1820; Urquell 1, 186; Kuhn *Westfalen* 2, 200 f. Nr. 567 f.; Engelien u. Lahn 256 f.; ZfVk. 1, 190 (Tirol). [20]) Panzer *Beitrag* 2, 13. [21]) Romanusbüchlein 15. [22]) So ZfVk. 5, 27; Frischbier *Hexenspruch* 41; Strackerjan 1, 76 Nr. 80; Hovorka u. Kronfeld 2, 419; Wuttke § 235; ZfrwVk. 1905, 286; ZfdA. 7, 536 Nr. 14. S. auch Judas in den Segen. Ohrt.

Brandwunde. B.n heilt man gern homöopathisch; z. B. hält man die verbrannte Stelle an ein heftiges Feuer [1]) oder reibt sie mit einer Kohle von einem abgebrannten Hause oder streut ein Pulver davon auf oder nimmt es ein [2]). Auch Befeuchten mit Branntwein wird geraten [3]). Im Zürcher Gebiet wird die Anrufung des hl. Lorenz empfohlen, der bekanntlich auf einem Rost gebraten worden sein soll [4]). In der Lausitz schmiert man das Ofenloch mit Butter ein [5]), in der Oberpfalz legt man das vordere Viertel einer Kröte auf [6]).

Vielfach braucht man gegen B.n den Brandsegen (s. d.).

[1]) Hovorka-Kronfeld 2, 416. [2]) Wuttke § 477. [3]) Hovorka-Kronfeld 2, 417. [4]) Messikommer 1, 173. [5]) Haupt *Lausitz* 1, 62. [6]) Schönwerth *Oberpf.* 3, 266. Stemplinger.

Branntwein [1]).

1. Die Kunst der B.destillation kam vom Orient über Italien [2]) nach Europa und Deutschland [3]); wie bei den arabischen Ärzten, so spielt er auch im Arzneischrank der deutschen Ärzte seit dem 14. Jh. eine große Rolle [4]). Aber sehr bald wird er auch als Genuß- und Berauschungsmittel geschätzt, und schon 1496 muß z. B. der Nürnberger Rat [5]) den Sonntagsverkauf wegen der schädlichen Wirkung auf die Gesundheit verbieten. Besonders seit dem 16. Jh. ist der Genuß des B.s in Verbindung mit dem Abnehmen des Hausbieres [6]) sehr verbreitet [7]); in den Vierlanden [8]) wird 1753 das Brennen untersagt. Zedler [9]) führt Belege für den übermäßigen B.genuß im 16. und 17. Jh. an. Auch jetzt huldigt man z. B. im badischen Kinzigtal und im Renchtal sehr dem B. [10]).

[1]) Über aqua vitae: Du Cange 1, 339; Grimm *DWb.* 2, 305 (vinum stillatum); Werner *Über zwei Handschriften der Stadtbibliothek in Zürich.* Diss. Zürich 1904, 155: De vino stillato: Mester Ypokrates .... nennet in den win des Lebens (Sammelmappe des Gallus Kemly, geb. 1417). Im Schwäbischen heißt B. „Brennts": Birlinger *Volksth.* 2, 69; über Herstellung der verschiedenen B.-Arten: Coler *Oeconomia ruralis* 60 ff.; 29/30; Zedler *Universallex.* 4, 1088—91; Übersicht bei: Heyne *Hausaltertümer* 2, 380 ff.; über die Geschichte des B. in Schleswig-Holstein: Lorenzen in: Die Heimat 1 (1891), 233—39; für Baden: Meyer *Baden* 3. 341; nach Kohl *Nordwestdeutsche Skizzen* 2 (Bremen 1864), 191 sind die Schwarzbrotländer auch die ausgesprochenen B.länder, vgl. ZfVk. 1899, 291. [2]) 1320 wird gebranntes Wasser aus Modena in Deutschland gegen die Pest eingeführt: Lammert 44; Hovorka-Kronfeld 2, 350; Genueser führten 1398 in Rußland unter andern Waren auch B. ein: Die Heimat 1 (1891), 237 f.; über B. in Rußland: Zelenin *Russische Volksk.* 127. [3]) Heyne l. c.; Fischer *Altertumsk.* 60; in einem Frankfurter Statut zum erstenmal 1360 erwähnt: Finder *Vierlande* 2, 254; vgl. Fontaine *Luxemburg* 102. [4]) Hovorka-Kronfeld 2, 350; Heyne l. c.; Fischer l. c. [5]) Heyne l. c.; ein ähnliches Verbot 1537 im dithmarsischen Landrecht: Heimat l. c. 234 f. [6]) Heimat l. c. 234. [7]) Heyne l. c.; Coler l. c. 60 ff. [8]) Finder l. c. [9]) l. c. 4, 1086. [10]) Meyer *Baden* 3. 341; im Kinzigtal brannte man schon im 17. Jh. Kirschwasser: ZfdGesch. d. Oberrheins 13, 260 ff.; Meyer l. c. 384; vgl. Fontaine l. c.; für die Zeit J. Gotthelfs: SAVk. 18 (1914), 185; über die verschiedenen Bezeichnungen des B.s im Schweizer Volksmund: SchwVk. 10, 12.

2. B. als Opfer für Kobolde und andere Geister. B. ist der gierig ersehnte Trank der Seelen-,

Vegetations- und Hausgeister (vgl. Bier). In Jütland [11]) gießt man die letzten Tropfen Schnaps auf den Boden; in Schweden [12]) will der Hauskobold am Julabend auf dem Platz des Hausherrn sein Glas Schnaps sehen. Diesem für seinen Herrn Butter und Milch und Geld heranschleppenden Hauskobold entspricht der Spiritus familiaris am Lechrain [13]), ein Käfer, der in einem Glas mit scharfem Branntwein aufbewahrt ist. In Zell [14]) sollen einmal am Dreikönigsabend drei „Pechtrne" mit Schnaps bewirtet worden sein. Zu Windisch-Bleiberg [15]) naschte ein Zwerg aus der B.flasche eines Bergmannes, bis er von einem Liter B. berauscht am Boden liegen blieb; entdeckt, versprach er dem Bergmann, er werde ihm eine Goldader für ein Fläschchen B. zeigen. Auch der Waldmann [16]) im Rosental berauscht sich mit Schnaps, den eine Bäuerin in die Milch schüttet; der „wilde Mann" im Sagwald [17]) trinkt ein ganzes Fäßchen B. Den pommerschen Kobold [18]) lockt der B. an.

[11]) L. Weiser in NiederdZfVk. 1926, 14. [12]) l. c. 4. [13]) Leoprechting *Lechrain* 76; in Hausen a. d. Möhlin badet eine Bauersfrau täglich ihr Geldmännlein, eine Kröte, in einem Glas Rotwein: Waibel-Flamm 2, 268; über Geist im Glase vgl. Bier, Geist; Künzig *Badische Sagen* 8. 11. 19. 16. 32; Meiche *Sagenbuch d. sächs. Schweiz* 37, 22 u. Bolte-Polivka 2, 414—16; in Schlesien erscheint der Teufel als Käfer in einer Flasche den Holzhauern und holzt den Wald ab: Grabinski *Sagen* 25 f. [14]) Graber *Kärnten* 94, 115. [15]) l. c. 42, 49. [16]) l. c. 79, 94. [17]) l. c.; Heyl *Tirol* 240 Nr. 2. [18]) BlpommVk. 4, 56.

3. B. als Totenopfer: Vor allem verlangen die Totengeister nach diesem Lebenstrank; in Ostpreußen [19]) trinkt man bei der Leichenwache keinen B.; denn man glaubt, daß der Geist des Toten die Finger hineinstecke und davon koste; bei den Kassuben [20]) in Pommern legt man den Säufern eine Flasche B. in den Sarg; in Königsberg [21]) legt man heimlich eine Flasche B. dem Sarge bei, um in den Himmel zu kommen, ähnlich in Ungarn [22]), in Kurland [23]) und Schweden [24]). In Schönborn [25]) bei Neustadt an der Orla gossen früher die Verwandten, die das Grab aushoben, von dem bei dieser Arbeit genossenen B. in das fertige Grab; bei den Letten [26]) wird am Grabe Erbsenbrei gereicht und B. ins Grab gegossen. In Ablösung dieses Opfers wird am Rhein [27]) bei der Totenwache und beim Begräbnismahl B. gereicht, auf Sylt [28]) bekommen die Sargleger B., in Westschleswig [29]) gingen bei der Sarglegung Mädchen mit Sirup-B. herum und reichten den Anwesenden einen Löffel davon; im Stubaital [30]) (Tirol) erhalten die Leichenwächter B.

[19]) Urquell 2, 80; Sartori *Totenspeisung* 8 [1]. 59 [2]; die Bulgaren glauben, daß die Totenseelen als Vampyre während der Fastenzeit B. trinken: Stern *Türkei* 1, 381; auf Formosa gießt man B. in den Mund des erbeuteten Chinesenkopfes: Globus 77, 68; Sartori l. c. 44 [1]. [20]) Temme *Pommern* 337; Sartori l. c. 12 [2]. [21]) Urds-Brunnen 7, 154. [22]) Vernaleken *Mythen* 312. [23]) Sartori l. c. 12 [1]. [24]) l. c. 12 [2]; Weinhold *Altnord. Leben* 493; vgl. Sartori l. c. 3 [2]. 5 [1]. 2 [2]. [25]) Witzschel *Thüringen* 2, 258, 69; in der Ukraine gießt man am Thomassamstag B. in den Grabhügel: Urquell 6, 26; Sartori l. c. 52 [2]; an der Wolga gießt man B. ins Grab und sagt: „Da hast du B.! trink! möge er bis zu dir gelangen": Sartori l. c. 19 f.; vgl. 21 f.; vgl. Sartori 39 [1]. 53 [2]. 9 [1]. 13 [1]; Globus 74, 272; Sartori 10 [2]. [26]) Globus 82, 368; Sartori 19 [2]; beim Leichenschmaus gießen die Letten B. auf den Boden: Sartori 24 [1]; die Zigeuner trinken bei dieser Gelegenheit B.: Sartori 6 [1]; vgl. 18 [2]. 23 [1]. [27]) Müller *RheinWb.* 1, 911. [28]) Jensen *Nordfriesische Inseln* 337 ff.; Sartori 6 [2]. [29]) Feilberg *Dansk Bondeliv* 2, 106; Sartori 6 [2]. [30]) ZfVk. 1893, 175.

4. B. als Vegetationsopfer: Nach dem Bericht von v. Münchhausen tröpfelten die Schnitter im Schaumburgischen [31]) vor 150 Jahren nach dem letzten Sensenschlag B. auf den Ackerboden für den Wôld. Wenn der Bauer in Marksuhl [32]) am ersten Dienstag im Mai den Lein sät, findet er als Frühstück neben Eierkuchen B. im Leinsack; das Frühstück muß er, auf seinem Acker sitzend, verzehren; in Mecklenburg [33]) suchen die Mähder an dem Tag des Roggenschnittes die B.flaschen in einem mit Wasser gefüllten Zuber zu erhaschen, der vor dem Herrenhaus steht. Am Fastnachtmontag gibt es, wenn die Lechrainer [34]) mit dem Dreschen fertig sind, zu den „Loos-

kuechel" B.; in Tirol [35]) feiern die Sennen die letzten 8 Tage auf der Alm bei Melkermus und Schnaps; der „Brautträger" (Träger der letzten Getreidegarbe) wird in Tirol mit Schnaps und Honig festlich bewirtet [36]). Beim Kirmesbegraben wird in Thüringen [37]) ein Loch gegraben und B. hineingeschüttet oder eine Flasche mit B. wird vergraben; im Saarland [38]) ist B. das bevorzugte Kirmesgetränk.

[31]) Jahn *Opfergebräuche* 168. [32]) Witzschel *Thüringen* 2, 218, 36. [33]) Leoprechting *Lechrain* 166. [34]) Zingerle *Tirol* 173, 1454. [35]) l. c. 174, 1455. [36]) Bartsch *Mecklenburg* 2, 487; ganz klar ist das Opfer im Regierungsbezirk Gumbinnen, wo in die letzte Garbe eine Flasche mit B. oder Bier gebunden wird, die man beim Dreschen leert: Mannhardt 1, 215 mit weiteren Parallelen aus Dieppe und Schweden; vgl. Strackerjan 2, 78, 362. [37]) Witzschel l. c. 331, 9; vgl. Pröhle *Harzbilder* 54; Schmitz *Eifel* 1, 50; Mannhardt 1, 411. [38]) Fox *Saarland* 424.

5. B. und Jahresfeste: Am heiligen Abend trinkt man in Schlesien [39]) Schnaps, damit einem der Ärger im nächsten Jahr nichts schadet; das heißt man den Wurm „begießen"; im Erzgebirge [40]) trinkt man drei Schluck B., um gesund zu bleiben; in Schlesien wird das Schnapstrinken, um den Wurm zu ersäufen, auch auf den letzten [41]) Tag des Jahres gelegt. Wenn man in der Oberpfalz [42]) an Fastnacht Schnaps trinkt, beißen einen die Schnaken nicht, auch in Westböhmen [43]); im Böhmerwald [44]) schüttet der Knecht dem Vieh am Fastnachtdienstag B. in die Ohren, um den Mißbildungen am Huf vorzubeugen; in Tirol [45]) finden wir B. als Spende für den Faßreiter am Fastnachtdienstag.

[39]) Drechsler 1, 30. [40]) John *Erzgebirge* 156; John *Westböhmen* 17. [41]) Drechsler l. c. 1, 45; vgl. ZfrwVk. 1907, 10. [42]) DG. 13, 183. [43]) John *Westböhmen* 41; Sartori *Sitte u. Brauch* 3, 112 A. 93. [44]) Schramek *Böhmerwald* 136. [45]) Zingerle l. c. 136, 1196.

6. B. und Familienfeste: Wie bei den Sippenfesten und Hochzeitsfeierlichkeiten der Südslaven [46]), so spielt der B. auch in Deutschland besonders bei den Werbe- und Vermählungsgebräuchen eine große Rolle. Wenn auch die Stärkung des Tirolerburschen [47]), der beim Fensterln von seinem Schatz B. bekommt, eine einfache, rein menschliche Erklärung finden kann, so ist die Bedeutung des B.s als Fruchtbarkeitssymbol bei den mecklenburgischen Bräuchen klar: Wenn die Brautleute zur Kirche fahren, reichen die Brautjungfern jedem Begegnenden ein Glas oder eine Flasche B. [48]). Bei der Rückkehr von der Trauung hielt man früher an der Grenzscheide bei Kritzkow [49]) an, aß wagenradgroße Kringel und trank B. aus einer Gießkanne. In Thüringen [50]) nehmen die Brautleute auf dem Wege zur Trauung eine Bouteille B. mit und lassen jeden Begegnenden trinken; weist jemand den B. zurück, so wird die Ehe unglücklich. In Westfalen [51]) reichte früher der Brautvater der Braut neben Brotrinde ein Glas B., die Braut warf das Glas B. über den Kopf weg auf die Erde. Im Saalfeldischen eilte früher eine Brautjungfer dem von der Trauung heimkehrenden Hochzeitszug voraus und bot dem Bräutigam ein Glas Bier oder B., dieser leerte das Glas aus und warf es rückwärts; zerbrach das Glas, so war es gut [52]). Bei der Werbung im Westerwald [53]) gibt der Bursche beim ersten Versuch der Annäherung Geld, damit das Mädchen Schnaps im Gasthaus hole; dieser Brauch ist wohl in der Vorliebe dieser ärmlichen Bevölkerung für B. begründet. In Ostpreußen [54]) flicht sich die Braut einen Groschen ins Haar und kauft dafür nach der Trauung B. und trinkt ihn aus; dann wird der Mann nie mehr als für einen Groschen trinken. Wenn an der Saar die junge Mutter beim „Kindches - Kafe" eingeweibert ist, muß sie den Freundinnen Zucker und Schnaps spenden [55]).

[46]) Dreimal gebrannter B. ist im Volkslied der größte Genuß: Krauß *Volksforsch.* 336 v. 22; zum Sippenfest lädt man zu einem Glas B. ein: Krauß *Sitte u. Brauch* 53; bei der Werbung (Krauß l. c. 375, 366), beim Brautlager (l. c. 225), bei der Hochzeit (l. c. 376) finden wir den B. in symbolischen Zeremonien. [47]) Zingerle *Tirol* 13, 108; die Südslavinnen verwenden Menstruationsblut in B. zum Liebeszauber: Anthropophyteia 5, 251, 18. [48]) Bartsch *Mecklenburg* 2, 62 Nr. 217. [49]) l. c. 83 Nr. 266. [50]) Witzschel *Thür.* 2, 233 Nr. 68. [51]) Grimm *Myth.* 3, 466, 884.

[52]) Grimm 3, 451, 514. [53]) ZfVk. 1903, 382. [54]) W. 562. [55]) Aubin-Frings-Müller *Kulturströmungen und Kulturprovinzen des Rheinlandes* (Bonn 1926), 191; eine B.-Spende der Frauen haben wir auch beim Frauenbier in Nordhastedt: Heimat 2 (1892), 44.

7. B. und Brüderschaft: Wie bei Bier und Wein, so schließt man auch bei B. Verträge und Freundschaften ab. Nach einem schlesischen Zeugnis aus dem 17. Jh. machen zwei Bauern, die ein Verbrechen begangen haben, aus, daß sie sich nicht verraten; „sie gießen Bier auff den Tisch und tippen ein"; wenn jetzt noch zwei Männer zusammen Schnaps trinken, so halten sie das Glas empor und schauen sich an und lassen die Fingerspitzen sich berühren [56]); das Anstoßen mit den Fingern und Tipfen ist als Rechtsgebrauch auch sonst belegt [57]). Wenn bei den Kleinrussen zwei Männer ewige Brüderschaft schließen wollen, so schwören sie vor dem Heiligenbild Treue und trinken Schnaps; sie heißen Schnapsbrüder [58]).

[56]) MschlesVk. 11 (1909), 208—9. [57]) Grimm *RA.* 2, 146—47. [58]) Ciszewski *Künstl. Verwandtschaft* 55.

8. B.trinken: In Schlesien [59]) ist es Sitte, nach jedem Schluck sich zu schütteln und das Gesicht zu verziehen. Um einem B.trinker das Laster abzugewöhnen, gibt es verschiedene Mittel: ein Bauer in Wien probierte folgendes Rezept aus: er legte eine Nadel, mit der ein sezierter Körper zugenäht wurde [60]), in B. und trank davon; die Medici raten, Mäuse, Frösche oder Aale in B. zu ersäufen und davon dem Saufbruder vorzusetzen [61]); nach einem drastischen Rezept in Mecklenburg [62]) soll man im Munde eines Toten B. 24 Stunden lassen und davon dem Trinker geben; nach Fischer [63]) gibt man dem Säufer B. zu trinken, der durch einen Totenlappen geseiht ist; über andere ähnlich schmackhafte Mittel, die auch die Berauschung verhindern, siehe Hovorka-Kronfeld [64]).

[59]) Drechsler l. c. 2, 24. [60]) Zedler *Universallex.* 4, 1086. [61]) l. c.; vgl. AfdA. 27, 220. [62]) Bartsch *Mecklenburg* 2, 355 Nr. 1668 a; Sartori *Sitte u. Brauch* 2, 32. [63]) Fischer *Aberglauben* (1790), 270; Hovorka-Kronfeld 2, 350. [64]) 2, 350.

9. B. im Zauber: Wenn ein Mädchen einem Burschen gefallen will, muß es an einem Sonntag im Fasching mit der Mutter in Sonntagskleidern eine Tollkirschwurzel ausgraben und an Stelle der Wurzel Brot, Salz und B. in die Erde legen; auf dem Heimweg muß es die Wurzel auf dem Haupte tragen und darf mit niemand streiten [64a]). Im Schadenzauber wird B. als Medium der Hexen erwähnt: 1672 wurde eine Hexe zu Burkhardsfelden [65]) beschuldigt, einen Mann durch B. und eine Frau durch Sauerkraut zu Tode gehext zu haben; ein andermal wird ein Mann durch B. des Verstandes beraubt [66]). Im Waffenzauber gebraucht man B. z. B. in Mecklenburg [67]): „Nimm Blei und Kupfer nach Deinem Wohlgefallen, mache eine Kugel daraus und lösche sie in spiritus vini ab"; diese Kugel geht durch alle Harnische. Eine Art Liebeszauber treffen wir in Württemberg; um frisch eingestelltes Vieh an das alte zu gewöhnen, reibt man allen das Maul mit Schnaps ein [68]), ähnlich bei den Deutsch-Amerikanern [69]).

[64a]) ZföVk. 1897, 117. 174. [65]) Soldan-Heppe 2, 87. [66]) l. c. 1, 287. [67]) Bartsch 2, 347 Nr. 1632. [68]) Eberhardt *Landwirtschaft* Nr. 3, 15. [69]) Fogel *Pennsylvania* 158 Nr. 748.

10. B. im Heilzauber und in der Volksmedizin [70]): Wie alles Kraftspendende [71]) wird der B. als Lebenswasser zum Apotropaion und Abwehrer der Krankheitsdämonen. Rein apotropäisch ist der Vogelschluck in Schweden; man nimmt morgens zuerst einen Schluck B., um sich vor bösem Einfluß zu schützen [72]). Vor der Taufe wird das Kind in der Wetterau am Kopf mit B. gewaschen, damit die Hexen keine Gewalt haben [73]). Früher wurde B., mit Wachholder und andern Kräutern angesetzt, vor allem gegen die Pest und Seuchen verwendet, jetzt noch B. mit „Kranewit" gegen alle ansteckenden Krankheiten am Lechrain [74]); eine Handschrift des Schultheißen von Frickenhausen (1320) empfiehlt gebranntes Wasser, aus Modena eingeführt, gegen die Pest [75]). Nach Mylport [76]) ist der B. (aqua-vit)

„schleimiger Brust und Magen am bequemsten, der Lebersüchtigen aber ärgster Feind und Widersacher". Zedler zählt mit Quellenangabe die unzähligen Tugenden des Spiritus vini auf [77]). Allgemein wendet man (Wachholder-, Enzian- [78]), Arnika-) B. oder Kornschnaps, Kirschwasser gegen erkälteten Magen und Kolik an [79]), „item, welcher mensch den steyn in der blasen hat", „item wer alle monat eyn mal trinkt gebranthen weyn, so stirbt der wurm, der den menschen wechst bey dem herczen [80])"; im Winter nüchtern ein Löffel aqua vitae mit Zucker und Brot erhält Hirn und Leber gesund [81]). B. schützt vor Schlag [82]), auch gegen Fieber nach Schnapsrausch [83]) (!), in Schlesien trinkt man gegen Fieber ein Glas B. und geht am selben Tage über neun Raine [84]). Gegen Epilepsie [85]) zieht man Katzen- oder Hasenkot über B. ab oder 7 Hasenknochen, 7 Krebssteine usw., oft wird B. als Mittel gegen Zahnweh erwähnt [86]). Äußerlich gebraucht man B. zum Einreiben [87]), „wer trube und rothe augen hatt" [88]), bei Magenweh [89]), für Aufschläge bei Brandwunden und Kontusionen [90]), hier bes. Franzb. [91]), diesem mischt man Rotstein bei und reibt den Kopfwirbel bei Gelbsucht ein [92]). Ohrensausen vertreibt man in Schlesien, indem man die noch heiße Kruste eines neugebackenen Brotes mit B. begießt und ans Ohr hält [93]). Gockel verwendet B. bei einem Haupthäublein gegen Besessenheit [94]), oder Knoblauch mit B. auf den Kopf gebunden gegen zauberische Unsinnigkeit [95]). Verhängnisvoll ist die verbreitete Ansicht, daß die Schwangere B. trinken müsse, damit das Kind [96]) schön werde oder um die Entbindung zu erleichtern [97]). Bei der Kopfblutgeschwulst [98]) der Kinder macht man B.-Aufschläge, bei Soor (Aphthae) [99]) reinigt man die Mundhöhle mit B. Allgemein ist der heilsame Glaube, man dürfe den Kindern keinen B. geben, weil sie sonst nicht wachsen [100]). Wenn in Schleswig-Holstein eine Kuh gekalbt hat, bekommt sie eine Sechslingsschale (= Schale, die früher einen Sechsling kostete) B. und Brotkrumen [101]); um das Bullen zu verhindern, gibt man der Kuh einen Schluck B. oder Essig [102]).

[70]) Darüber Hovorka-Kronfeld 2, 350/51; Höfler *Volksmedizin* 129; Romanusbüchlein 49 ff.; Arzneibuch aus dem 15. bis 16. Jh.: Wie man den branntweyn nutzen soll, ediert bei Jühling *Tiere* 283 ff.; Bartholomaeus Vogter *Wie man alle gepresten und Krankheiten des menschl. leibs . . . vertreiben soll, mit ausgebranten Wassern*. Augsburg 1541; Heinr. Mylport *Gründliche u. nützliche Erklärung, anderer Teil, was wohl vom Gebrauch des Branntеweins zu halten*. Breslau 1624 c. 1; Coler *Oeconomia* 30—31; Zedler *Universallexikon* 4, 1083 ff.; viele Tränklein und Tinkturen mit B. erwähnt auch der württembergische Arzt Eberhard Gockel *Tractatus polyhistoricus, magicomedicus curiosus* (Anhang: Geheime Artzneymittel p. 135 ff.) Frankf. Leipz. 1699; H. Braunschweig *Ars destillandi oder Diestellier-Kunst*. Frankf. 1610; Joh. Jac. Bräuner *Arczney-Mittel* s. v. Branntwein; Schultz *Höfisches Leben* 2, 256. [71]) Im dänischen Märchen stärkt sich Hans Meernixensohn, als er Erich bekämpfen soll, mit einem Backofen Brot, einem Viertel Butter (siehe Butter § 4), einer Tonne Bier und einem Anker B.: ZfVölkerpsychol. 18 (1888), 5. [72]) ZfdMyth. 3 (1855), 247 u. 403. 263; ZfVölkerpsychol. 18 (1888), 23; vgl. Jühling *Tiere* 284. [73]) W. 591. [74]) Leoprechting *Lechrain* 96; nach einer slavonischen Sage sind Essig, Wachholder und B. die besten Mittel gegen Pest: Krauß *Volksforschungen* 102. 356; dagegen Zedler 4, 1086. [75]) Lammert 44. 256; Finder *Vierlande* 2, 254—55; Hovorka-Kronfeld l. c. 350. [76]) l. c. c. 1. [77]) l. c. 1083 f. [78]) Hörmann *Volkstypen* 152 f. [79]) Höhn *Volksheilkunde* 1, 102; Lammert 44; Manz *Sargans* 78; Lammert 252 ff.; Schramek *Böhmerwald* 281; Coler l. c. 31. [80]) Jühling l. c. 284; vgl. A. 40—41. [81]) Coler l. c. 30 f.; vgl. Jühling l. c. [82]) Coler l. c. 30 f. [83]) Hovorka-Kronfeld 2, 332: ὁ τρώσας ἰάσεται. [84]) Drechsler 2, 303. [85]) Bartsch l. c. 2, 106 Nr. 393; ein noch abstruseres Mittel bei Strack *Blut* 18: die Asche einer Krähe, einer Turteltaube, 2 Lot gebrannte Hirnschale eines Gehängten, 2 l. Löwenkot in B. [86]) Müller *RheinWb*. 1, 911; Pollinger *Landshut* 281 f.; ZfrwVk. 1 (1904), 93; 14 (1917), 183; Zedler l. c. 1087 mit Literatur. [87]) Höhn *Volksheilkunde* 1, 137; Meyer *Baden* 388; Romanusbüchlein 50—52. [88]) Jühling l. c. 284. [89]) ZfrwVk. 1 (1904), 95. [90]) Zahler *Simmenthal* 214; Lammert 214; Hovorka-Kronfeld 2, 374. [91]) Romanusbüchlein 49 bis 52: innerlich gegen Kolik, äußerlich zum Einreiben von Schläfen, Auswaschen der Wunden, Vollfüllen der Ohren, bei Geschwülsten; Werner l. c. zitiert aus Kemlys Sammelmappe: sin geschwolsch weschen damit. [92]) ZfrwVk. 1 (1904), 96. [93]) Drechsler 2,

298. [94]) l. c. 154. [95]) l. c. 170. [96]) Meyer l. c. 388; Lammert 161; Höhn *Geburt* Nr. 4, 257. [97]) Meyer l. c.; Stern *Türkei* 1, 311 erwähnt B. als Stärkungsmittel für Entbundene; vgl. 1, 185. [98]) Lammert 115. [99]) l. c. 121. [100]) Fischer *SchwäbWb.* 1, 1402; Knoop *Hinterpommern* 158, 28; Reiser *Allgäu* 2, 233; Zingerle *Tirol* 8, 57; ZfrwVk. 10 (1913), 182; ZfEthnologie 15 (1883), 85 (Berlin). [101]) ZfVk. 1914, 61 Nr. 19; Mensing *Schleswig-Holst.Wb.* 1, 506. [102]) Heimat 37 (1927), 113, 21 (Lübeck).

Eckstein.

Brassen masc., Brachs (m) e (n), Blei, Sunnfisch, Lesch, Klesch; Abramis brama *L.* Der in die Familie der Karpfen gehörige Süßwasser-B. hat im neuzeitlichen Aberglauben des deutschen Sprachgebiets keine Bedeutung. Die Kaschuben sagen von dem „Bressen" aus, er sei dem Teufel verschrieben: man könne häufig beobachten, wie er vom Satan scharenweise im See herumgetrieben werde [1]).

Gesner widmet in seinem Tierbuch (deutsch 1575) dieser Art nur 3 Seiten [2]), während er die zu der Unterordnung Stachelflosser gehörigen B. („Brachßfische") in zahlreichen Arten zur Darstellung bringt [3]). Die bei ihm erwähnten biologischen und medizinischen Anschauungen dürften aber zumeist auf antiker Überlieferung beruhen. Wir führen sie in Kürze an.

Brand-B., Sparus Melanurus. Medizin: schärft das Gesicht; seine Brühe ist gut für das Bauchgrimmen oder „Mûter vertreyben" (22 a).

Brauner Meer-B., Cantharus lineatus. Biologisches: „Dise fisch söllend eyfferen umb jre weyber / sich artig paren / keine frömbde lieben / auch gantz grausam ein yeder vmb die seine kempffen: auch reinigkeit stetigklich halten" (22 b). Med.: „Gesotten bewegt er den stûlgang" (23 a).

Gold-B., Chrysophrys aurata. Biolog.: trägt Stein im Kopf (23 b). Med.: „hilft denen so vergifft / oder gifftig honig gefrässen haben" (23 b).

Spar-B., „Sparus stagni marini", eine Species der Sparidae. Med.: leicht zu verdauen, „bewegt den harn" (24 a).

Geiß-B., Sparus Sargus. Biol.: Von dem Geruch der Ziegen angezogen (24 b; nach Aelian 1, 23. 424 u. Oppian 4, 308). Med.: „Die zän von den fischen angetragen / nemmend hin allen Schmertzen der zänen. Sein fleisch sol ein gebürliche speyß seyn den wassersüchtigen" (25 a).

Kleiner roter Meer-B., „Erythrinus Rubellio" (Sparus erythrinus *L.*?). Med.: Gut für das Fieber, „gestellend den bauchfluß / bewegend zû vnkünschheit. In weyn ertrenckt / der selbig getruncken / sol bringen ein ver druß weyn zetrincken" (25 b).

Großer roter Meer-B., Pagrus vulgaris. Med.: „Die gall von den fischen wirdt vnder etliche arztneyen gemischt / wider die stächenhaar der augbrawen" (26 a).

Zahn-B., Dentex vulgaris. Med.: Gibt „gesund schön geblüet / vnd macht einen satten stulgang" (26 b).

Fleck-B., „Acarnan" (?). Med.: „gut geblüet" (26 b).

Münch-B., „Orphus" (? vgl. Plin. NH. 9, 54; Ovid. hal. 104). Med.: „Sy werdend gelobt zû den Kranckheiten so von heisser / scharpffer / beyssender/gälsüchtiger feuchte entspringend" (27 a).

Meerschatten, „Umbra" (Umbrina cirrhosa? Sciaena nigra? vgl. Varr. LL. 5. 77; Ov. hal. 111; Col. 8, 16, 8; Auson. Mos. 90). Biol.: Stein im Kopf (28 a). Med.: Die Steine „werdend in silber vnd gold eyngefasset / getregt als ein sonder secret wider das bauch grimmen vnd die Mûter / doch söllend sy nitt kaufft / sonder geschenckt worden seyn" (28 b).

Lat-B., „Latus" (Sciaena?). Med.: „gebärend ein gût geblüet" (29a).

Meerrabe, „Coracinus" (Sparus chromis). Med.: „Das Fleisch der fischen ist krefftig wider den stich der Scorpionen aufgelegt. Sein gall in die augen geschmiert / nimpt hin die tünckle / finstere der augen / die fläcken vnd anmäler / stelt die flüß der augen (vgl. Plin. NH. 32, 24, 1). Die stein auß seinem Kopff pflägt man in gold vnd silber eynzefassen / welche krafft söllend haben wider den stich der seyten / das or damit berüert / auch bauchgrimmen vnd mů̊ter / söllend hindern die stein der nieren / vnd so sy gewachsen / außtreyben / gepülffert vnd eyngegeben" (29 b).

Auch die Angaben von Höfler[4]) über die volksmedizinische Verwendung des B.nkopfs gegen Geschwüre, Hühneraugen, Feigwarzen und einer Sulze von Schnauzen-B. (Sparus smaris) gegen Ähnliches beruhen auf antiken Quellen (Dioscurides, Plinius, Marcellus Sidetes u. a.).

[1]) Seefried-Gulgowski 102. [2]) Fol. 165 ff. [3]) Fol. 21 a—32b. [4]) *Organotherapie* 147 f.

Hoffmann-Krayer.

Braten [1]). B. ist der Hauptbestandteil der Festspeise und für den einfachen Mann auf dem Lande der Inbegriff alles Festlichen und Köstlichen, z. B. der Weihnachts-[2]) und Osterb.[3]), der B. beim Erntefest[4]) und Hochzeitsfest[5]); Lichtb.[6]) ist ein Herbstfest der Handwerker auf Rügen gewesen, „Brotisgiger" heißt in Schlatt[7]) bei Staufen der an Festen aufspielende Musikant; auch die auf B. sich beziehenden Sagen[8]) und Sprichwörter[9]) beweisen diese Hochschätzung des B.s; das an das Brustbein des Gansb.s an Martini[10]) sich knüpfende Orakel deutet auf den einstigen Opfercharakter der Handlung des B.s. Wie die Zwerge und Unterirdischen backen und kochen, so ist auch B. ihre Lieblingsbeschäftigung: Auf Rügen[11]) duftet es in der Nähe eines Hünengrabes nach Schweineb.; der dort ackernde Knecht bekommt von den Zwergen B. vorgelegt (vgl. Backen, Brot, Kuchen); den Farnröder[12]) Neujahrssängern reicht ein Männlein B.; dieser wird bei dem, der davon ißt, zu Gold (vgl. Brot, Kuchen); die wilde Jagd zu Schönermark[13]) gibt dem Bauern eine Ochsenkeule; in Mecklenburg[14]) versieht ein Unterirdischer das Geschäft des B.wenders in der Herrschaftsküche; dieses Geschäft war nach einer von Grimm[15]) zitierten Urkunde (1454) früher ein besonderes Ehrenamt. Auch ein besonderer Glaube knüpft sich an die B.geräte: in Tirol[16]) läßt die Bäuerin den Pfannknecht nach dem Gebrauch nicht leer auf dem Feuer, sonst müssen die armen Seelen darauf braten. Die Siebenbürger Sachsen legen den Bratspieß apotropäisch in den Ofen, um den Schaden vom Kind abzuwehren[17]). In Lichtenberg[18]) bei Ruppin gebraucht man das in der Pfanne haftende B.fett als Einreibemittel gegen Herzgespann der Kinder; nach Ekkehards[19]) benedictiones ad mensas war Bärenb. heilkräftig.

[1]) Grimm *DWb.* 2, 309 f.; Graff *Summarium Heinrici* in Steinmeyer-Sievers; Ekkehard *Benedictiones ad mensas* v. 117—135 in Mitt. d. antiquar. Gesellsch. Zürich 1846—47, 110 f. 118 f.; Heyne 2, 290 ff.; Schultz *Das höfische Leben* 1, 55. 384; Ders. *Alltagsleben* 145; Weinhold *Frauen* 2, 69. [2]) Leoprechting *Lechrain* 208. [3]) Der Osterbraten wird in Tirol geweiht: Zingerle *Tirol* 150, 1295. [4]) Meyer *Baden* 434. [5]) Der Hochzeitsbraten in Thüringen wird am Ehrentisch vom Schulmeister zerlegt: Witzschel *Thüringen* 2, 237, 68; in Bayern bekommt die Braut vom Schweinebraten stets das Schwänzlein: DG. 13, 95; bei den Südslaven ist der B. als Fruchtbarkeitssymbol bedeutsam: vor dem Brautlager legt man einen Teller mit Wurst und einer gebratenen Henne auf den Schoß der Braut: Krauß *Sitte und Brauch* 460. [6]) Jahrb.d.Ver.f.ndd. Sprachforschung 1875, 111; Bremer Wb. 2, 889; BlpommVk. 3, 165 ff; Weiberb. heißt ein Fest für die Frauen zu Berghausen bei Speier: Bavaria 4 b, 388. [7]) Meyer l. c. [8]) Die Greifswalder heißen Lammsbraten, weil sie 1429 dem dänischen Admiral Lammsbraten sandten: Temme *Pommern* 162, 121; den bekannten Brotsagen (vgl. Brot) anzugliedern, ist eine Erzählung bei Klapper (343, 142): Der Sohn verweigert dem hungernden Vater den B., der B. wird zur Kröte. [9]) Grimm l. c.; ZfVk. 1915, 301. [10]) Grimm *Myth.* 3, 445, 341 (vgl. 433); 468, 911. [11]) Haas *Pommersche Sagen* [4] 30, 59. [12]) Witzschel l. c. 1, 125, 123; dagegen kann der chinesische Wassergeist keinen B. riechen: Maennling 128. [13]) Schwartz *Sagen der Mark Brandenburg* 129, 81. [14]) Bartsch *Mecklenburg* 2, 469 Nr. 660; vgl. Bolte-Polivka 2, 298. [15]) *RA.* 1, 487; vgl. Grimm *DWb.* 2, 311; Schultz *Alltagsleben* 144—45; vgl. Walliser Sagen 123 Nr. 96; über B. als Apparat: Zedler *Universallexikon* 4, 1122; Grimm l. c. [16]) Heyl *Tirol* 783, 111; vgl. Zingerle *Tirol* 38, 306. [17]) Müller *Siebenbürgen* (1857), 44. 60. [18]) ZfVk. 1897, 288, 6. [19]) l. c. v. 119 = p. 110, 119.

Eckstein.

Bratwurst [1]). B.e werden in Anhalt [2]) bei den Weihnachts- und Neujahrsumzügen spendiert, meist zusammen mit

Hirsebrei; in der Gegend von Hilchenbach [3]) (Arnsberg) setzen die Wirte den Stammgästen B.e vor. In Saalfeld darf man am Weihnachtsabend nicht spinnen, sonst gibt es lauter B. [4]). An Maria-Lichtmeß [5]) muß man in Baden und Hessen Hirsebrei und eine lange B. essen, damit der Flachs recht gut gerät (vgl. Brei). An Fastnacht gehört B. zu den besonders beliebten Speisen:

Ezt chund die lustig Fasnachtzit,
Wos Brotwürst regnet und Chüechli schnit [6]).

Im 16. und 17. Jh. trug man große Riesenwürste bei den Umzügen herum [7]). Im Pfingstzug reitet Luther mit ein paar B.en, welche er zu zahlen vergaß [8]). Der Stelle bei Tharsander [9]), wo die Zauberer sich in Katzen verwandeln und die B. auffressen, darf man wohl keine besondere Bedeutung beimessen (vgl. Wurst). Nach Rochholz [10]) legt man in Galizien den Verstorbenen B. in den Sarg neben Getreidekörnern. Über die B. im Märchen: Bolte-Polivka [11]).

[1]) Zur Geschichte der B.: Heyne *Hausaltertümer* 2, 294; Steinmeyer-Sievers *Ahd. Glossen* 3, 613, 27 ff.; Grimm *DWb.* 2, 313; A. Schultz *Das höfische Leben* 1, 384; Conrad v. Würzburg *Von alten Wibes List* bei F. H. v. d. Hagen *Gesamtabenteuer* 1, 196 v. 37 ff.; am Mittwoch vor Michaeli 1480 errichtete der Magistrat der Stadt Gerolshofen eine Bratwürste-Ordnung über Beschaffenheit und Preis der B.e: Archiv des historischen Vereins f. d. Untermainkreis 3 (1836), 1. Heft, 162; Lammert 41; Coler *Oeconomia* 1, 78, 468. [2]) Hartung in ZfVk. 1896, 429—31. Im Kalender des K. v. Dankrotsheim lesen wir: Do kam der heilige Sylvester und braht ein brotwurst in der hende: Schmeller *Bayr. Wb.* 1, 271; zum Sammeln der Würste bei Umzügen: Jahn *Opfergebräuche* 88. 104. [3]) Kuhn *Westfalen* 2, 111, 331; Sartori *Sitte u. Brauch* 3, 54; ZrwVk. 1907, 10. [4]) Praetorius *Blocksberg* 457. [5]) ZfVk. 1905, 317 f.; Meyer *Baden* 274; W. 95. 658. [6]) Der Kanton St. Gallen, Denkschrift zur Feier seines hundertjährigen Bestandes (St. Gallen 1903) 626; Rockenphilosophie 2. Hundert, 336. [7]) Höfler *Fastnacht* 28. 61. [8]) Bavaria 1a, 376. [9]) Tharsander *Schauplatz* 2, 475. [10]) *Glaube* 1, 325. [11]) 1, 204 ff. 3, 558 ff. Eckstein.

Brauch und Sitte. Die eigentliche Volkssitte hat zum größten Teile ihre Wurzel in der Religion (im weitesten Sinne), oder ist doch früher oder später eine enge Verbindung mit ihr eingegangen. Sie ist, wie man gesagt hat, „der Kultus des täglichen Lebens geworden" [1]). Darum können S. u. B. zu einer so zwingenden Macht werden, daß ein Verstoß gegen sie als „Sünde" betrachtet wird. Diese Anschauung hat nicht bloß etwa ein Volk wie die Batak, für die jeder, der „etwas tut, was noch nie da war", ein Verbrecher gegen Götter und Ahnen ist [2]); auch in Tirol heißt es, wenn jemand eine neue Mode aufbringt, muß er nach dem Tode so lange herumleiden, bis die Mode wieder abgekommen ist [3]).

Vielen Bräuchen liegen freilich am letzten Ende bloße äußerliche Reaktionen gegen starke Gefühlsreize zugrunde [4]). Sobald aber die Reflexion in Tätigkeit tritt, stellen sich magisch-religiöse Beweggründe ein, die dann entweder die Abwehr der bösen Mächte oder die Herbeiführung von Fruchtbarkeit und Gedeihen im Auge haben und die, wenn der Glaube zur Anerkennung von Dämonen und Göttern vorgeschritten ist, deren Gunst zu gewinnen und Feindseligkeit zu brechen trachten. Namentlich alle Übergänge im menschlichen Leben, in der Arbeit, in den Zeitabschnitten des Jahres pflegen von magisch-religiösen Formen umkleidet zu werden [5]) (s. Trennungsritus, Übergangsritus). Dabei macht sich eine starke Neigung zur Häufung der zauberischen Mittel geltend [6]). Groß ist auch die Macht des Beharrens in diesen Bräuchen, die sich durch allen Wandel des religiösen Bekenntnisses hindurch zu halten vermögen [7]), wenn ihnen auch oft ein anderer Sinn untergeschoben wird [8]).

[1]) Sartori *Sitte u. Brauch* 1, 7 ff. [2]) Warneck *D. Relig. der Batak* 114. 129. [3]) Zingerle *Tirol* 53 (453). [4]) Vierkandt im Globus 92, 21 ff. [5]) A. van Gennep *Les rites de passage*. Paris 1909. [6]) Helm in SAVk. 20, 177 ff.; Sartori 1, 8 f. [7]) Andree in ZfVk. 21, 113 ff. [8]) Sartori 1, 11 ff. Sartori.

Brauchbüchlein. Die B. sind meist geschriebene und von Geschlecht zu Geschlecht überlieferte Bücher, die Heil- und Zaubermittel, Segen und Beschwörungsformeln usw. enthalten [1]). Das Wort

„brauchen" wird im Sinne von „besegnen, besprechen" verwendet [2]) und kann zurückgehen auf den Sondersinn des Wortes, wie er sich etwa aus einem Satze: „das man kein Zauberei, abersegen noch beschwerung, der creaturen soll prauchen" [3]) ergibt, oder auf das jüdischdeutsche „Broche, Broiche, Bruche" aus בְּרָכָה berakha „Segen, Glück" [4]).

[1]) Fehrle *Feste* 83. [2]) Wuttke 166 § 225; Becker *Pfalz* (1925), 134. 137; A. Lambs *Über den Aberglauben im Elsaß* (1880), 51; Martin-Lienhart *ElsWb.* 2 (1904), 179; Meyer *Deutsche Volksk.* (1898), 266. [3]) Grimm *DWb.* 2, 317. [4]) Martin-Lienhart a. a. O.; Becker a. a. O. 137. Dagegen vgl. BlBayrVk. 11 (1927), 64. Jacoby.

brauchen s. besprechen.

brauen.

1. Das Bierb.[1]) war ebenso Ehrenaufgabe der Hausfrau [2]) wie das Backen (s. d.): Als die beiden Weiber des Königs Alrek von Hördaland zankten, veranstaltete der König einen Wettbewerb im Bierb.; die jüngere siegte, da ihr Odin seinen Speichel zum Gären des Bieres gab [3]); auch sonst wird erwähnt, wie der Götterspeichel das Bier zum Schäumen bringt; nach der Sage der Esten brachte Noa das Bier mit dem Schaume des Ebers zum Gären [4]). Die Braut betet in Mecklenburg beim Eintritt ins Haus [5]):

Help Herr Gott!
Wenn ik bru, so hew ik Bier,
Wenn ik back, so hew ik Brot
Wenn ich starw, so bun ik dot.

Mit diesem Gebet will die eben getraute Hausfrau Gelingen und Glück erflehen für ihre Haupttätigkeiten: Backen und B.; wo wir in Schleswig-Holstein Aufzählungen von wichtigen Hausgeräten haben, werden immer die Braugeräte angeführt [6]). Natürlich ging das gewerbsmäßige Braugewerbe immer mehr auf Männer über, aber auch hier überwogen die Frauen oft, und sogar kirchliche Behörden mit Braurecht hatten braxatrices angestellt, wie die Erzählung von der wunderbaren Rettung des Hauses der braxatrix ecclesiae sanctorum Apostolorum bei Caesarius v. Heisterbach zeigt [7]); doch finden wir schon im Capitulare de villis Karls des Großen (um 800) unter der Aufzählung der Handwerker, welche der iudex in seinem Dienstbereich haben soll, sicavatores, id est qui cervisam .... facere sciant [8]); für die Pfalz soll der iudex gutes Malz (bracios) stellen „et simul veniant magistri qui cervisam bonam ibidem facere debeant" [9]). Noch bis zum 15. Jh. weist Bücher [10]) für Frankfurt ein Überwiegen der Frauen im Braugewerbe nach. Im Norden haben wir 1282 das erste Edikt, das den Hausbesitzern das Braurecht zuerkennt [11]). In Westfalen braute bis ins 19. Jh. jede Hausfrau ihr eigenes Bier [12]). Im MA. blüht neben dem Hausb. ein bedeutendes Braugewerbe, das B. wird Privilegium der Klöster, Städte [13]) und Adligen [14]), eines der frühesten Privilegien ist das Grutrecht, das Otto II. am 11. April 999 der bischöflichen Kirche von Utrecht verleiht und das von Heinrich II. 1002 erneuert wird [15]); seit dem 13. Jh. entbrennt zwischen den durch gutes Bier berühmten Städten ein rühriger Wetteifer [16]); die Bierbrauer mußten als Abgabe den Bierpfennig [17]) (Ravensburg 1639) oder Bierheller [18]) (Aulendorf 1680) entrichten; neben diesen Einnahmen war vor allem das Grutmonopol, vergeben an Städte, Klöster und Adelige, eine gute Einnahmequelle [19]); der Hauptsitz des Grutbierb.s waren die Klöster; seit 1300 drängt aber das Hopfenbier das Grutbier zurück [20]); auch viele Dörfer hatten öffentliche Brauhäuser [21]); die Bauern brauten bis in die jüngste Zeit besonders zur Ernte [22]), bei Hochzeiten und Taufen [23]) ihr Bier selbst, oft nur aus Mohrrüben, Zucker und Hopfen [24]); schon Liubene braute sein Grutbier, als er seine Tochter verheiratete [25]). Über die Braueреianlagen der Klöster sind wir durch den St. Galler Plan sehr gut unterrichtet [26]); wie die Bauern Schleswig-Holsteins noch heute b., darüber gibt Mensing [27]) eine kurze Schilderung mit den volkstümlichen Bezeichnungen der Braugeräte, bei Jostes steht alles Wünschenswerte über Westfalen [28]).

Knaust befaßt sich weniger mit dem B. des Bieres [29]), dagegen geht Stengel näher auf die Braumaßregeln, auf Behandlung der Fässer und Lagerung des Bieres ein [30]), aus beiden schöpft Coler [31]).

1) In einer litauischen Version der Wechselbalgsage staunt der Wechselbalg die Hausfrau beim Brauen von alus an: ARw. 6 (1903), 160. 2) Weinhold *Frauen* 3 2, 5. 9; Hoops *Reallex.* 1, 283. 3) Altnordische Sagabibliothek herausg. v. G. Cederschiöld, H. Gering und E. Mogk, Heft 14: *Halfs-Saga* v. A. Le Roy Andrews. Halle 1909, 69—71. 4) Ebert *Reallex.* 2, 21; ZfVk. 1906, 392—93; bei den Göttern spielen das B. und die Braukunst eine große Rolle: Edda: Die Sage von Hymir = 46 ff. Simrock u. Oegirs Trinkgelage = 52 ff. Simrock; vgl. Veröffentlichungen der Gesellschaft für die Geschichte und Bibliographie des Brauwesens: Bier und Bierbereitung bei den Völkern der Urzeit 1, Babylonien u. Aegypten (Berlin 1926) 24 ff. 5) Bartsch *Mecklenburg* 2, 65, 236; Finder *Vierlande* 1, 168. 6) Mensing *Schlesw.-H.Wb.* 1, 536 ff.; Fischer *Schwäb.Wb.* 1, 1367 (Augsburg 1324). 7) *Dialogus miraculorum* VIII, 62 = II, 134—135 Strange; vgl. X, 31 = II, 240 Strange. 8) MG. legum sectio II tom. I, 87, 18. 9) l. c. 88, 38 bis 39; vgl. 86, 11. 10) Bücher *Frauenfrage im Mittelalter* 2 80, II. 11) Weinhold *Altnordisches Leben* 153. 12) Jostes *Westfälisches Trachtenbuch* 81; Sartori 2, 32; vgl. Wuttke *Sächs. Volksk.* 188. 13) Heyne *Hausaltertümer* 2, 341 ff.; vgl. Bier A. 1; Schulte in den Annalen des hist. Vereins f. d. Niederrhein, Heft 85, 130 ff.; Wuttke *Sächs. Volksk.* 156. 14) AKultg. 1919, 4; auch andere Güter: Wuttke l. c. 448; 457—59. 15) MG. Diplomata regum et imperatorum II, 739, 17/18 = III, 18, 5. 16) Heyne l. c. 349 ff. 17) Fischer *SchwäbWb.* 1, 1104. 18) l. c. 1103. 19) Schulte l. c. 133—139. 20) Ders. 140. 21) Heyne l. c. 1, 195. 22) Mensing l. c.; Jostes l. c.; Blpomm-Vk. 4, 71. 23) Finder *Vierlande* 2, 207; ZfVk. 1893, 399 (Saterland). 24) ZfVk. 1901, 469 (Mark); Ebert *Reallex.* 2, 21. 25) Steinmeyer *Ahd. Sprachdenkmäler* (1916), 401 Nr. 82, 1. 26) Heyne l. c. 2, 343. 27) l. c. 536 ff. 28) Jostes l. c. 78 ff. 29) Knaust *Fünff Bücher von der Göttlichen und Edlen Gabe, der Philosophischen, hochthewren und wunderbaren Kunst, Bier zu brawen.* 1573; hier wird die spätere Erfurter Ausgabe 1614 (Exemplar in der Frankfurter Stadtbibliothek) zitiert: p. 8 ff. u. 14 ff. 30) *Bewerte Bierkünste; welcher Maßen das Bier in diesem Lande allerhand auffmerkungen ..... beschrieben* durch Justum Stengel, Erffurdt 1616; cap. 1—6; Stengel bringt auch viele Mittel gegen Schadenzauber böser Leute. 31) Coler 20 ff.; 31 ff.

2. Das B., vor allem das B. der Hausfrau im Norden, wird infolge der Angst vor Dämoneneinwirkung und vor dem bösen Blick gehässiger Nachbarn zu einer mit Vorsichtsmaßregeln umrahmten Zeremonie, wie das Backen; beide Geschäfte stören die bösartigen Kobolde, diese werden beschuldigt, wenn das Brot oder das Bier nicht gerät; in Niederdeutschland heißt schlecht gebackenes Brot Quarges back (Quarg = Zwerg) und mißratenes Bier Quargesbier [32]); nach sächsischem Aberglauben wohnt die Braukatze [33]) im Brauhaus, ein Kobold, der aber besonders die Nachtwächter ärgert (vgl. Bier 4—5), und schon die alten Ägypter hatten ihren Bierdämon [34]); die Litauer verehrten einen besonderen Gott, „Raugupatis, der gott, der die gehr hilfft, wenn das bier wol giret, der teich wol säuret", nach Matthäus Praetorius [35]), und Lasicius berichtet [36]): Rauguzemapati offerunt posteaque ebibunt primum vel cervisiae vel aquae mulsae e dolio haustum. Heute wird Nikolaus [37]) von den Bierbrauern verehrt; in Flandern verehrt man den Gambrinus [38]) (s. d.); bei den Esten durfte man am Thomastag nicht b., weil sonst der schwarze Thomas im Küwen saß und das Gebräu verdarb [39]). Als Gegenmittel gegen Schadenkobolde legt man in Gotland ein Steinbeil in den Braukessel [40]); die Braugefäße werden aus Vogelbaumholz gemacht [41]) (vgl. Butter und Milch); der Kessel wird in Norwegen geweiht, bevor das Malz hineinkommt [42]). In Schleswig [43]) legte man beim B. ein Holzkreuz auf den Bottich und streute auf jedes Ende Salz gegen Verrufen des Bieres; Stengel [44]) empfiehlt gegen Donner, reine Tücher auf den Bottich zu legen und ins Gebräu Salz, Kieselsteine und Lorbeerblätter; auch stellte man einen Querbaum in die Türe, um Unreine fern zu halten, die das Bier verderben konnten [45]). Stengel [46]) bringt schon die Ansicht, daß eine foemina menstrualis das Bier sauer werden lasse, und in Thüringen heißt es: Wenn eine Frau die Menstruation hat, soll sie keine Brauerei betreiben, sonst schlagen Bier (s. Milch), Wein und Essig um [47]). Feilberg berichtet, wie sehr die nordische Hausfrau [48]) beim Bierb. (wie beim Backen) den bösen Blick fürchtet; eine Hexe kann bewirken, daß das Bier von Ungeziefer wimmelt; kommt eine verdäch-

tige Person, so deckt man rasch den Bottich zu [49]); der Schwede steckt beim Eintritt eines Fremden einen Feuerbrand in die Bierpfanne [50]). Ist ein Braugefäß in Estland beschrien, so läßt man ein Pferd darauf nießen [51]), ist es vom bösen Blick besehen, so rührt man mit dem Stock eines Bettlers darin [52]). „Beim B. lege man einen Strauß großer Brennesseln aufs Faß, so schadet kein Donner dem Bier", sagt die Rockenphilosophie [53]); diese rät auch: „beim B. gesungen, gerät das Bier" [54]) (vgl. Bier § 7). Ehe man die Bierhefe in die Maische legt, wird sie mit einem grünen Eichenzweige bestrichen [55]); wenn man die Hefe ins Bier wirft, muß man kreischen, damit das Bier gärt [56]). Wenn das Bierb. mißlingt, trifft Unglück ein [57]).

[32]) NddZfVk. 1926, 5; Lauffer *Ndd. Volksk.* 79. [33]) Meiche *Sagen* 53, 53. [34]) Sphinx 15, 130 ff.; ARw. 17, 208; über Bier im Götterkult der Babylonier vgl. die A. 3 zizierte Abhandlung. [35]) S. 32; Usener *Götternamen* 100. [36]) Joh. Lasicii Poloni *de diis Samogitarum libellus* hg. v. W. Mannhardt. Riga 1868, 122; Usener l. c. [37]) Albers *Das Jahr* 311. [38]) Ableitung von Herzog Jan primus von Brabant ist bestechend: Monatsschrift f. d. Gesch. Westdeutschlands 4 (1878), 88—89; K. G. Andersen *Über deutsche Volksetymologie* [5] 241; aber wahrscheinlicher ist die Herleitung von cambrarius: Thes. L. L. s. v. cambarius; Schulte l. c. 145—146; Heyne l. c. 2, 371 f.; natürlich ist eine spätere volksetymologische Verbindung mit Jan primus nicht ausgeschlossen, vgl. Coler 20 ff.; über Dionysos als Gott des Bieres vgl. Frazer 5, 1, 2 A. 1; Classical Review 15 (1901), 23. [39]) Boecler *Ehsten* 93; in Norwegen darf man am Sonnwendtage nicht backen und b., weil sich sonst der Rost im Brauhause umdrehen würde: Liebrecht *Zur Volksk.* 315, 32. [40]) Montelius *Kulturgeschichte Schwedens* 69; NddZfVk. 1926, 5 A. 1. [41]) *Germ. Mythen* 101. [42]) Liebrecht l. c. 315, 30. [43]) Mensing l. c. 537 mit Literatur; ZfVk. 1914, 56, 28; vgl. Liebrecht l. c. 315, 31; Heckscher 383; Seligmann *Blick* 2, 16. [44]) l. c. cap. 8; vgl. Coler l. c. 406 c. 58. [45]) Mensing l. c. 1, 537; vgl. A. 43. [46]) l. c. cap. 8. [47]) Witzschel *Thüringen* 2, 278 Nr. 24. [48]) Aus ähnlichen abergläubischen Motiven wird bei den Birmanesen das B. zur heiligen Aufgabe: Zwei Weiber werden ausgelost; sie dürfen nichts Saueres essen und keinen Geschlechtsverkehr haben, sonst wird das Bier sauer: Frazer 2 [3], 200. [49]) ZfVk. 1901, 306; 321—22; Feilberg *Dansk Bondeliv* 1 [3], 89 ff.; Seligmann *Blick* 1, 236; vgl. Sartori *Sitte u. Brauch* 2, 32. [50]) Mannhardt *GM.* 101. [51]) Seligmann 1, 289. [52]) Ders. 1, 336. [53]) Grimm *Mythologie* 3, 445, 336; vgl. Bier A. 134—135; Sartori 2, 16 A. 34; vgl. A. 42 a. [54]) Grimm l. c. 3, 445, 347. [55]) Strackerjan 1, 126; W. 717; Seligmann l. c. 2, 60; Sartori 2, 32; vgl. Strackerjan 2, 226, 477. [56]) Knoop *Hinterpommern* 183; BlPommVk. 4, 71; Sartori 2, 32. [57]) Urquell 4 (1893), 159, 145.

3. Weniger romantisch und nicht abergläubisch, aber nicht weniger gewissenhaft war die Sorge der Stadtbehörden beim B.; nach den Nürnberger Polizeigesetzen wurde der Braumeister vereidigt; ungenießbares Bier schüttete der Henker öffentlich aus [58]); in Schwaben mußte der Bierküster [59]) das Gebräu besichtigen und prüfen (Verordnung von 1543); schlechtes Bier wurde durch die Polizei ausgerufen [60]); daher die Redensart: einander das Bier verrufen = einander schlecht machen (Augsburger Verord. v. J. 1552). Die Bierbrauer haben ihre besonderen Zunftgepflogenheiten, besonders die Brauburschen [61]), wenn sie auf Wanderschaft eine Gabe heischen.

[58]) Peters *Pharmazeutik* 2, 209 ff. [59]) Fischer *SchwäbWb.* 1, 1103. [60]) Ders. 1, 1104. [61]) Lachmann *Überlingen* 313; MschlesVk. 1897 Heft 4, 61; Erl. Hmtblt. 3 (1920), 154. Eckstein.

braun. Für den Ursprung der Farbenbezeichnung b. im entsprechenden Tierfell sprechen älteste und häufigste Verwendung wie auch Etymologie: zur nämlichen Wurzel gehören „Meister Braun" (s. Bär) und Biber (s. d.); vgl. auch φρύνη (s. Kröte) [1]).

Vorbedeutung. Alte Bauernbeobachtung schließt aus dem Winterpelz der Tiere auf das Eintreten rauher Witterung. Behalten im Spätherbst die Wiesel lange Zeit ihren b.en Pelz, wird der Winter mild; färbt sich der Pelz aber bald weiß, gibt es einen strengen Winter mit viel Schnee [2]). Aus dem Brustbein der Martinsgans, gegen das Licht gehalten, kann man schließen, wie der Winter werden wird: weiße Flecken deuten auf Schnee, b.e (seltener: rote) auf Frost und Kälte, und zwar so, daß der vordere (am

Halse) bzw. der hintere Teil des Brustbeins die Winterzeit vor bzw. nach Weihnachten bezeichnet [3]). Die Bauernregel weiß das auch in Reimen auszudrücken:

Ist's Brustbein der Gans b.,
Wirst du viel Kälte schaun,
Ist's aber weiß,
Viel Schnee und Eis [4]).

Schon 1455 klagt der Leibarzt des Herzogs Albrecht von Bayern: „Vorzeiten giengen die alten pawren uff den ainöden damit umb, nun ist der ungelaub gewachsen in küngen fürsten und dem ganzen adel, die an sölich sach gelauben [5])." — Begegnet man einem Schimmel und einem B.en, sieht man heut noch seinen Geliebten [6]).

Volksmedizinisches. Man nagle eine b.e Schnecke mit hölzernem Hammer an den Türpfosten; sobald sie vertrocknet, dörren auch die Warzen ab [7]). Gegen die „häutige" Bräune (s. d.) [8]) kocht man sieben rote Schnecken in Weinessig und bindet den darein getauchten Leinlappen möglichst warm um den Hals mit den Worten:

Tod und Bräune gingen durch das Land,
Da begegnete ihnen der göttliche Heiland
Und jagte sie über die Felder
In alle Wälder [9]).

Der Saft der Brunelle (s. d.), auch „Braunheil" genannt, ist als Gurgelwasser ein altbewährtes Mittel gegen Bräune und Mundfäule [10]); auch gegen Frauenleiden [11]) und als Augenwasser [12]) fand die Pflanze Verwendung. — Mit Braunkohl — wer dies verbreitete Gericht zu Weihnachten nicht ißt, bekommt Eselsohren — füttert der Knecht am Heiligabend oder in der Silvesternacht die Pferde, möglichst mit gestohlenem, um das ganze Jahr wohlgenährte, glänzende Tiere zu haben [13]); deutlich wird gesagt: jede Kuh und auch jedes Pferd bekam ein Blatt Braunkohl, die Schweine dagegen nicht [14]).

Verschiedenes. B.e Augen behalten im Tode ihr Licht, blaue brechen [15]). Sonst ist die Wertschätzung b.er und blauer Augen landschaftlich natürlich sehr verschieden [16]). — Auf Rügen unterscheidet man neben weißen und schwarzen auch b.e Unterirdische [17]). — In Besprechungsformeln spielt die b.e Farbe eine geringe Rolle einmal zur Bezeichnung der erkrankten Tiere, dann um ja keinen der in Betracht kommenden, durch die Farbe zu kennzeichnenden Krankheitsdämonen zu übersehen (Schlangen, Würmer, Rotlauf) [18]). — Oft schwankt b. nach schwarz (s. Trauerfarbe), rot (s. a. Anm. 8) und gelb, wie ja die Einzelsprachen das B. oft im Hinblick auf diese Farben benennen [19]). Dafür noch einige Beispiele. Wer träumt, er sehe viel schwarze oder b.e Dinge, hat viel schwarze Galle oder Melancholie im Leibe [20]). Die Zigeuner vernageln gegen Feuer b.e Kugeln an den Hauptbalken der Scheune [21]). Gelbsucht wird von Gegenständen gelber, b.er oder schwarzer Farbe angezogen oder auf dieselbe übertragen [22]). Vereinzelt gegenüber gelb (s. d.) heißt es: wer b.e Finger bekommt, stirbt bald [23]). Wo der Bilmschnitter ging, sind die Halme ganz b. [24]).

[1]) Schwentner *Untersuch. über Gebrauch u. Bedeutg. d. altgerm. Farbenbezeichn.* 56 ff.; Schrader *Reallex.*² 1, 161; Kluge *EtWb.* 67. Mhd. kann b. auch violett und purpurrot bedeuten. [2]) Pollinger *Landshut* 229 und 230; vgl. Zingerle *Tirol* 92 Nr. 785 und 118 Nr. 1055. [3]) Thiele *Folkesagn* 11 Nr. 53 (m. Lit.); Wirth *Beiträge* 4/5, 19 und 40; ZfrwVk. 10, 22; Fogel *Pennsylvania* 238 f. Nr. 1233 (m. Lit.); Grimm *Myth.* 3, 445 Nr. 341 (Rockenphilos.) und 468 Nr. 911; Steiner *Tiere* 2, 245; Tettau u. Temme 279 Nr. 15; rot: Jahrb. d. Ver. f. mecklenb. Gesch. u. Altertumskde 9 (1844), 219 (m. Lit.); Balt-Stud. 33 (1883), 123; Curtze *Waldeck* 403 Nr. 164 (m. Lit.); Kuhn u. Schwartz 455 Nr. 414. [4]) BlpomVk. 8, 118 Nr. 16; vgl. a. Nr. 17 und 18. [5]) Grimm *Myth.* 3, 433. [6]) Müller *RheinWb.* 1, 930. [7]) Grimm *Myth.* 3, 471 Nr. 975. [8]) Im allgem. bezeichnete man mit Bräune eine ganze Anzahl von Krankheitserscheinungen, nicht nur Halserkrankungen; man „beutete" die Kopfrose noch 1905: „O Braun, wo webst du? . . . Ich will Kräuter suchen und dich vertreiben." (ZfrwVk. 5, 94.) Bräune = Rotlauf: Arndts *Schrift.* 3, 512 f. (bei Heckscher 126. 140). [9]) Meyer *Baden* 575 = Zimmermann *Volksheilkde* 30. [10]) Müller *Kräuterbuch* (1871), 528 f.; Frischbier *Preuß. Wb.* 105; SchweizId. 5, 652; SchwVk. 7, 10 (15. Jh.); Marzell *Kräuterb.* 275. [11]) Zahler *Simmenthal* 68 f. Ist dabei etwa an die Gleichung mit mhd. briune (vulva) zu denken? [12]) SchwId. 5, 187. [13]) Kuhn *Märk. Sag.* 379 Nr. 27; Abergl. und Sympathie in d. Alt-

mark (Bismark 1894), 6; Engelien u. Lahn 239; Wirth *Beitr.* 4/5, 13; 6/7, 5. [14]) ZfVk. 1 (1896), 430. [15]) Zingerle *Tirol* 48 Nr. 423. [16]) Vgl. z. B. Fischer *SchwäbWb.* 1, 1180 und SchweizId. 5, 647. [17]) E. M. Arndt (ed. Meisner u. Geerds) 5, 104; vgl. dazu und zu den schottischen „brownies" Grimm *Myth.* 1, 368; 3, 125; Heckscher Reg.; B. als Farbe übernatürl. Wesen: Feilberg *Ordbog* 4, 67. [18]) ZfVk. 1895, 29; BlpomVk. 7, 114 Nr. 12; 117 Nr. 5. [19]) Schrader a. a. O. [20]) Megenberg *Buch der Natur* 41. [21]) Fischer *Aberglaube* 280 f. [22]) Lammert 248. [23]) Reiser *Allgäu* 2, 314. [24]) Schönwerth *Oberpfalz* 1, 428; vgl. a. die Hexentanzringe (gelb und rot). Schewe.

Bräune. Für Angina und Diphtheritis gab es früher die Bezeichnung „Häutige B." [1]).

Zunächst gilt die Homöopathie: Man bindet ein mit Butter bestrichenes blaues Zuckerpapier um den Hals des kranken Kindes (Unterfranken) [2]) oder ein blaues Tuch (Schweiz) [3]). In Mecklenburg bewahrt man sich vor der B., wenn man einen blauen Wollfaden um den Hals gebunden trägt [4]). In Tirol hängt man dem Kranken einen roten Faden, mit dem eine Kreuzotter erwürgt wurde, um den Hals [5]).

Oder man macht einen Umschlag aus einem frischen, in Wein oder Milch gekochten Schwalbenneste [6]) oder aus dem Hirn einer schwarzen Katze [7]); oder man ißt am Palmsonntag Palmkätzchen [8]). Als Heilpatrone gelten St. Blasius [9]) und Jodocus [10]).

[1]) Höfler *Krankheitsnamen* 65; Höhn *Volksheilk.* 1, 139; Hovorka-Kronfeld 2, 697; Hoops *Reallex.* 1, 311. [2]) Hovorka-Kronfeld ebd. [3]) Wettstein *Disentis* 172. [4]) Busch *Volksabergl.* 76. [5]) ZfVk. 8, 172. [6]) Staricius *Heldenschatz* (1679), 523; Schwalbennester empfehlen schon Celsus (4, 4) u. Plinius (30, 4). [7]) Wuttke § 537. [8]) Fossel *Steiermark* 99; Schönwerth *Oberpfalz* 3, 262. [9]) Schlicht *Bayrisch Land und Volk* 72; Fontaine *Luxemburg* 19; [10]) Wrede *Eifler Volksk.* 65. Stemplinger.

Braunwurz (Scrophularia nodosa).

1. Botanisches. Einen halben bis einen Meter hohes, zu den B.gewächsen (Skrofulariazeen) gehöriges Kraut mit vierkantigem Stengel und gegenständigen, eiförmigen Blättern. Die Blüten sind schmutzig-braun. Die B. wächst häufig an Gräben, Bächen und im feuchten Gebüsch [1]).

[1]) Marzell *Kräuterb.* 359 f.

2. Die am Hals getragene B. soll ein gutes Mittel gegen Kröpfe sein [2]). Sie wird gegen Skropheln verwendet, und zwar muß sie zu diesem Zweck zwischen den beiden Frauentagen gesammelt sein [3]). Jedenfalls gab der knollig verdickte Wurzelstock der B. Anlaß zu diesem Aberglauben (signatura rerum!). Aus dem gleichen Grunde (oder wegen der Ähnlichkeit der Blüten) wird die B. gegen Blutgeschwüre in der Tasche getragen [4]), ferner wird sie beim Bluthamen der Kühe gebraucht [5]). Früher scheint überhaupt die B. häufig zu sympathetischen Kuren gebraucht worden zu sein, denn Bock [6]) schreibt, daß die „Weiber seltzamer superstition" damit treiben. In der mährischen Walachei gebrauchen die Schafhirten die Pflanze gegen Verzauberung [7]).

[2]) Z. B. Tabernaemontanus *Kräuterbuch* 1731, 930; ZföVk. 6, 111; vgl. Ampfer. [3]) Satter *Gottschee* 18. [4]) Wartmann *St. Gallen* 71; in Bosnien wird die B. auf Karbunkel aufgelegt: Wiss. Mitt. Bosn. Herceg. 7, 363. [5]) Krüger *Mecklenburg* 77. [6]) *Kräuterbuch* 1551, 71 r. [7]) ZföVk. 13, 24. Marzell.

Braut (= B.), **Bräutigam** (= Bg.).

1. Bedeutung des Brautstandes. — 2. In Erwartung der Brautzeit. — 3. Gewinnung der Braut. — 4. Das glückhafte Brautpaar. — 5. Das gefährdete Brautpaar. — 6. Allerlei Aberglauben im Hinblick auf die Ehe. — 7. Fortwirkendes Brautglück in der Ehe. — 8. Braut als Glückstitel, Maibraut. — 9. Gottes- und Teufelsbraut.

1. Der B. stand gilt als ein Stand des Glückes, verleiht tieferes Lebensgefühl, erhöhte Lebensmacht. Der Volksglaube sucht das Wann und Wie dieser Glückszeit zu erkennen, sie herbeizuführen, ihren Segen für Gegenwart und Zukunft auszunutzen und ihre Gefahren abzuwehren. B.zeit ist mehr noch als Geburt der Gegenpol zu Sterbezeit; die Wege, auf denen B. und Bahr kommen, sind bedeutungsvoll. Selbst die Kirche, wo sie den weltlichen Sinn gemeistert und das wahre Leben ins Jenseits verlegt hat, führt die Seelen als Bräute dem himmlischen Bg.

zu, so dem Volksglauben das tiefbegründete Recht auf eine besondere Beachtung der B.zeit als einer Zeit der notwendigen Erlösung des Ich im Du nachdrücklich bestätigend.

„Dat is man 'ne ulle slechte Dirn, de kenen Broegam hett", sagt man in der Lüneburger Heide [1]). Wie in Indien heute auch die untersten Kasten, vornehmlich aus abergläubischer Furcht vor der „Schande", ein unverheiratetes Mädchen im Hause zu haben, immer mehr zu den Kinderheiraten übergehen [2]), so duldet auch bei uns der Volksglaube keine Ledigen (s. d.) [3]), daher gibt man dem unverlobt verstorbenen Jüngling eine schwarz-verschleierte „B." mit ins Trauergefolge [4]) und ledig gestorbenen Mädchen, ja selbst Kindern, den B.kranz ins Grab, oder man richtet zum Leichenbegängnis dem Toten die versäumte Hochzeit zu [5]). Andererseits glaubt man, daß Mädchen, die als Bräute sterben, auf Kreuzwegen so lange tanzen, bis ihnen der Bg. nachgestorben ist [6]). Der alte Aberglaube an die bindende Gewalt des gegebenen Versprechens und an die Notwendigkeit seiner Erfüllung, weniger aus sittlicher Freiheit als aus der zwingenden Wirkungskraft des gesprochenen Wortes selbst (vgl. Wikingergelübde, Weissagungen und Verwünschungen im anord. Schrifttum), zeigt sich hier noch wirksam. Ihren vor tausend Jahren gefallenen Verlobten erneuern nach französischer Sage die „Dames des Prés" alljährlich einmal das einst gegebene Gelöbnis [7]), und eine andere Sage deutet drei menschenähnliche Felsenriffe als drei treue Bräute, die hier einst am Meerstrand auf ihre Verlobten vergeblich warteten [8]). Das Märchen erzählt von verzauberter B. oder verzaubertem Bg. in Tiergestalt, die durch Treue erlöst werden, von vergessener und untreuer B.[9]). Eine B., die sich verschwur: „Wenn ich einen anderen denn Dich nehme, so hole mich der Teufel auf der Hochzeit", wird, da sie es dennoch tut, vom Teufel pünktlich abgeholt [10]), und Volkslieder singen vom höllischen Reiter, der die untreue B. in seinen ewigen Unfrieden entführt [11]).

[1]) Kück *Lüneburg* 154. [2]) Jolly *Recht u. Sitte* 58; [3]) Naumann *Gemeinschaftskultur* 38 ff. [4]) Laube *Teplitz* 33. [5]) SchwVk. 11, 13 ff. [6]) Rochholz *Sagen* 1, 291. [7]) Sébillot *Folk-Lore* 2, 204. [8]) Ebd. 2, 95. [9]) Tegethoff *Amor u. Psyche* 27 ff. 50 ff. [10]) Meiche *Sagen* 466. [11]) Erk-Böhme 1, 625—631.

2. Wenn um das Haus die Schwalben fliegen, wird bald ein Mädchen darin B.; denn über jeder B., sie mag sein, wo sie will, fliegen die Schwalben [12]). In Dithmarschen glaubt man eine heimliche B. im Hause, wenn das Schüssel-Aufwaschwasser kocht [13]). In Weingarten (Schwaben) gibt's eine B. im Haus, wenn an einem Gefäß ein hölzerner Reifen springt [14]). Brennen drei Lichter in einer Stube, so wird ein Mädchen B.[15]), und wen's in der Nase juckt, der „riecht" eine B. oder erfährt sonst eine große Neuigkeit [16]).

Zerbrechen beim Nähen viele Nadeln, so wird das Mädchen B., noch ehe das Kleid abgetragen ist [17]). Bleibt ein Zweiglein am Kleid eines Mädchens hängen, so wird sie bald B.[18]); ein junges Mädchen, das Trauzeuge ist, wird binnen Jahresfrist B.[19]), desgleichen, wenn es beim Essen zwischen zwei Schwestern oder zwei Brüdern oder an der Tischecke zu sitzen kommt [20]). Hierher gehören auch die vielfachen Versuche bei Mädchenzusammenkünften (Flachsrupfen, Spinnen, B.kaffee u. a.), die nächste B. herauszubekommen. Wer in seinem Anteil (Kuchen u. a.) einen bestimmten, versteckten Gegenstand findet, wird die nächste B. Beim B.kranzaustanzen pflegt in Niederschlesien die B. mit verbundenen Augen einer Gefährtin den Kranz aufzusetzen, und diese ist dann die nächste B.[21]). Wer beim Zerreißen des Kranzes die erste Blume bekommt [22]) oder ein Stück vom Brautschleier erhascht [23]), hofft selbst bald solchen Schmuck zu tragen. Und Stücke vom B.kuchen, der über dem Kopf der B. zerbrochen und unter die Mädchen verteilt wird, legen sich die Heiratslustigen unter das Kopfkissen, um den Zukünftigen im Traum zu sehen [24]). Von der Thomasnacht bis zur Weihnacht brauchen die Mädchen nur ein Wachskerzchen in den Schuhen zu tragen und es dann während der Mette anzuzünden, und der zukünftige Bg. stellt sich ihnen zur Seite [25]). Besonders sind die Andreas-, Matthias- und Thomasnacht (s. d.) geeignet zu solcher Bg.schau. Nacktheit und Wasser (Quell, fließendes, stehendes Wasser, Waschschüssel) [26]), aber auch Kranz, Laub und Lichter u. a. spielen dabei eine wesentliche Rolle [27]). Dem Mädchen, das sich im Bache wäscht, über den „B. und Bahr" ziehen, und sich mit nassem Gesicht ins Bett legt, wird im Traum der Zukünftige erscheinen, es abzutrocknen [28]). Die Vielfältigkeit dieser B.orakel und Vorstellungen vom Bg. als Traumgast macht vollständige Angabe unmöglich (s. a. Liebesorakel). Bedeutungsvoll ist der letzterwähnte Wunschtraum vom Zukünftigen als eine Wurzel des Märchentypus von Amor und Psyche [29]), in klassischer Dichtung verklärt durch Kleists Käthchen von Heilbronn (IV, 2).

[12]) Grohmann 71. [13]) ZfVk. 24 (1914), 55. [14]) Birlinger *Aus Schw.* 1, 415. [15]) Unoth 183 Nr. 61. [16]) Ebd. 184 Nr. 93. [17]) Ebd. 183 Nr. 55. [18]) SchwVk. 3, 74. [19]) Strackerjan 1, 31. [20]) Meier *Schwaben* 2, 506. [21]) Drechsler 1, 277; John *Erzgebirge* 101. [22]) ebd. [23]) Ebd. 102. [24]) Mannhardt *Forschungen* 361. [25]) Franzisci *Kärnten* 32. [26]) Kuhn *Westfalen* 2, 123 ff. [27]) ZfrwVk. 3, 63 ff. [28]) Franzisci *Kärnten* 32. [29]) Tegethoff *Amor u. Psyche* 85.

3. Die Worte „B." und „Bg.", heute bei uns vorwiegend auf die Verlobten angewandt, bezeichneten ursprünglich nur die B.leute am Hochzeitstage, daneben dann auch die Jungverheirateten. Erst im späten MA. kommt der Gebrauch der Worte für die „Verlobten" auf, in England und Skandinavien bleibt er überhaupt unbekannt [30]). Gleichwohl sind nach altgermanischer Sitte „Verlöbnis und Vermählung" durchaus nicht „eins" [31]); die anord. Quellen berichten viel volkskundlich Beachtliches über die B.zeit [32]), die durch bösen Zauber gestört, durch Treue geheiligt wird. Die Form der B.-gewinnung, der B.kauf (s. Verlobung), — das Wort „Kauf" gemäß der Bedeutung des anord. kaupa genügend weit gefaßt [33]), — hat als Unterhandlung zwischen Bg., bzw. Werber, und B., bzw. deren Sippenvertreter, in geschichtlicher Zeit keine wesentliche Änderung erfahren, und ist nur in Zeiten, wo eine strenge sittliche Ordnung und hohe Persönlichkeitsgeltung der Frau (wie im heidnischen Island) durch Sittenverfall und Herabsetzung der Frau abgelöst wird, von freier Übereinkunft zu rohem Geschäft ausgeartet.

Der B.preis kann im Altgermanischen, wo jeder Gabentausch innerlich bindende Kraft hatte [34]), nur die nötige Gegenleistung der Sippe des Bg.s zur Vollendung des mit der Verlobung bedingten Sippenbündnisses gewesen sein [35]). „Es kann also nicht davon die Rede sein, daß der germanische Vater seine Töchter an die Schwiegersöhne verhandelt habe" [36]). Der in der B.zeit beliebte Austausch von Geschenken verrät gleichfalls nur das Bestreben, „ein künstliches Verwandtschaftsverhältnis zwischen den beiden Familien zu begründen und so fest wie möglich zu knüpfen" [37]).

Der B.raub (s. Verlobung) ist bei germanischen Völkern nicht als Entwicklungsstufe nachweisbar, sondern war immer nur eine je nach der herrschenden Gesellschaftsordnung und dem Stand der Sitten in verschiedenem Umfange mögliche Trotzhandlung abgewiesener oder aussichtsloser Bewerber, die im heidnischen Norden von Menschen und Gottheit (Thor) geahndet wurde. Wir deuten die im Volksbrauch fortlebenden B.-kaufbräuche und B.raubspiele falsch, wenn wir diese Bräuche als Reste einer „barbarischen" Sitte betrachten, und wir können die Glücksmacht, die der Volksglaube gerade der B. zuschreibt, und die sorgende Liebe, mit der die sie umgebende Gemeinschaft sie auf dem Wege zur Hochzeit begleitet, nicht verstehen, wenn wir sie statt aus ererbter Achtung vor jenem heidnischen „sanctum et providum" aus Veredelung durch christliche Zucht erklären. Der B.lauf, ursprünglich der Zug des Bg.s mit der B. ins eigene Heim [38]), später vielfach ein feierlicher Umzug, wurde schließlich vielerorts ein Wettlaufspiel am Hochzeitstage (s. d.). Auch die merkwürdige Sitte der B.sschau, im alten Testament erwähnt, am byzantinischen Hofe im 8. und 9. Jh. bezeugt, von da mit dem Byzantinismus und der orientalischen Bewertung der Frau an abendländische Höfe übertragen [39]), ist auf germanischem Boden fremd. Die in der Snorra-Edda mitgeteilte Sage von der Riesentochter Skadi, die sich aus der Schar der Götter einen Gatten nach den schönsten Füßen wählen darf, und so statt dem erhofften Baldr den Njörd bekommt, zeigt im Gegenteil eine Art Bg.sschau, die sich aber freilich ebensowenig als altgermanische Sitte nachweisen läßt. Ländliche B.märkte am Himmelfahrtstage, wie jener aus Kindleben bei Gotha bezeugte [40]), sind entsprechend zu beurteilen.

[30]) Hoops *Reallex.* 1, 510. [31]) Müllenhoff *Altertumskunde* 4, 304. [32]) Vgl. Kormákssaga, Gunnlaugssaga, Bjarnarsaga Hítdœlakappa u. a. [33]) G. Neckel *Altgerm. Kultur* 45; [34]) V. Grönbech *Vor Folkeaet i oldtiden* 3, 60 ff. [35]) Amira *N. O. R.* 1, 533 ff.; 2, 659 ff. [36]) Neckel *Altgerm. Kultur* 45. [37]) Bächtold *Hochzeit* 1, 232 ff. [38]) Hoops *Reall.* 1, 511. [39]) Dieterich *Byzanz* 10. [40]) Mannhardt 1, 449.

4. Der im Germanischen so wichtige Glücksbegriff [41]), „ein Punkt im Herzblatt germanischen Lebens" [42]), hilft den Aberglauben an die besondere Glückhaftigkeit von B. und Bg. erklären. Dem B.paar mit seiner vereinigten und erhöhten Glücksmacht, die nach der Hochzeit hin ständig sich zu vermehren scheint, kann, wie man im Allgäu glaubt, selbst die Wilde Fahrt nichts anhaben [43]). Gern wählt man aus demselben Grunde ein B.paar zu Paten [44]) und glaubt, das getaufte Kind werde nun besonders viel Glück haben [45]). Wenn einem ein B.paar begegnet, hat man Glück [47]), andererseits schließt man, wenn einem Hochzeitszug ein anderes B.paar begegnet, auf frühe Trennung der geschlossenen Ehe durch den Tod [47]). In Basel soll als altes Heilmittel gegen Überbeine empfohlen worden sein, das Überbein reibend auf ein B.paar zu blicken, und diesem durch einen Spruch das Übel anzuwünschen, d. h., es damit aus der Welt zu schaffen [48]). Sagen und Märchen knüpfen sich gern an diese Zeit übernormaler Lebensmacht. Das Fräulein von Karpfenstein (Grafschaft Glatz) erscheint alle hundert Jahr einmal einer B., und diese zieht aus der Art der Erscheinung Schlüsse auf den Ausfall der Ehe [49]). Und nach einer Thüringer Sage ging ein armes B.paar, auf sein Glück vertrauend, zur „Prinzessin" in den Kyffhäuser, dort Teller und Schüsseln zum Hochzeitsschmaus zu leihen, und kam nach kurzweiliger Bewirtung — 200 Jahre später — wieder ans Licht der Sonne [50]).

[41]) Grönbech *Vor Folkeaet* I. [42]) A. Anwander *Die Religionen der Menschheit* 128. [43]) Reiser *Allgäu* 1, 45. [44]) Meyer *Baden* 22. [45]) Höhn *Geburt* 207; ZfVk. 23, 279. [46]) Dähnhardt *Volkst.* 2, 89. [47]) John *Erzgebirge* 96. [48]) SchwVk. 4, 46. [49]) Kühnau *Sagen* 1, 233 ff. [50]) Bechstein *Thüringen* 2, 252.

5. Man sagt, „B.leute dürfen einander nicht zu sehr lieben, sonst gibt es eine unglückliche Ehe" [51]). Wieweit hier Lebenserfahrung, wieweit „Angst vor dem Neid des Schicksals" den Aberglauben gebildet hat, bleibe dahingestellt. Im allgemeinen gilt nicht schon der B.stand, sondern erst Hochzeitstag und Hochzeitsnacht (s. d.) dem Aberglauben als eine besonders gefährliche Zeit, die dem Neid des Schicksals und der Macht der bösen Geister besonders ausgesetzt ist. Zumal die Vermummung der B. und das Vertauschen der B. (bei Primitiven [52]) und dann besonders auf slavischem Gebiet) [53]) gehören hierher. In der Angst davor, daß Feinde der B. sie „berufen" und zur Ehe untauglich machen könnten, zieht sich die bulgarische B. schon tagelang vor der Hochzeit abends sorgsam zurück [54]), und auch der Bg. wird dort vielfach in den letzten Tagen von ähnlicher Angst an das Herdfeuer gebannt und darf nichts arbeiten [55]). Die Angst vor der Behexung (besonders vor der „impotentia ex maleficio") ist auch in Deutschland, besonders am Hochzeitstage, vielerorten groß gewesen (s. Hochzeit und Geschlechtsverkehr). Nach einem Schweizer Brauch soll der Bg. zwei Wochen vor der Hochzeit die Dachtraufe nicht überschreiten, und die Sage weiß von einem, der das Gebot über-

trat und heimwärts dann von einem Dämon übel zugerichtet wurde [56]). Ob man zum Vergleich auf gewisse Tabu-Vorstellungen Primitiver verweisen darf, wonach der Bg. kurz vor der Hochzeit (Malabar) oder das B.paar eine gewisse Zeit nach der Hochzeit (Borneo) [57]) den Boden nicht berühren darf, ist angesichts der Tatsache, daß Tabu-Vorstellungen auf germanischem Gebiete nicht einwandfrei bezeugt sind, von vornherein zweifelhaft.

[51]) Wuttke 367 § 553. [52]) Frazer *Totemism* 4, 256 ff. [53]) Usener *Kl. Schr.* 4, 94 f. [54]) Strauß *Bulgaren* 88. [55]) Ebd. 63. [56]) Rochholz *Sagen* 2, 24. [57]) Frazer 10, 5.

6. Künftiges Glück und Unglück, vor allem in der erhofften Ehe, hängen von allerlei Zufälligkeiten, aber auch vom Beobachten oder Außerachtlassen bestimmter Vorschriften ab [58]). Sprichwörter wie: „Langer B.stand — kurzes Ehglück" oder: „Aus einem langen B.-stand wird kein Ehstand", mahnen zur baldigen Heirat [59]). Nach Mitternacht kann eine B. vor einem Haus, in dem keine Mannsperson ist, erfahren, wie sich der Bg. in der Ehe geben wird [80]). Wünscht die B. einem Wiegenkind Böses, so stirbt sie im ersten Kindbett [61]), und macht sie einem Kind ein unfreundliches Gesicht, so bekommt sie selbst böse Kinder [62]). Das B.paar — oder nur die B. — darf an den Sonntagen des Aufgebotes die Kirche vielerorts nicht besuchen (Münsterland [63]), Mecklenburg [64]) u. a. O.), sonst wird die Ehe nicht glücklich [65]), oder es gibt viel ehelichen Streit [66]). Bisweilen dürfen selbst die Verwandten nicht beim Aufgebot zugegen sein [67]). Teilnahme des B.-paares an einer Beerdigung hat baldige Trennung der künftigen Ehe durch frühen Tod zur Folge [68]).

Allerlei Vorschriften knüpfen sich an die Vorbereitungen der Hochzeit (s. d.). Die Ausstattungswäsche darf die B. nicht mit dem künftigen Frauennamen zeichnen, sonst geht die Partie auseinander [69]). Beim Nähen des B.hemdes darf die B. nicht eher aufhören, als bis es fertig ist, sonst stirbt sie beim ersten Kind [70]), — und wenn sie einst Glück bei den Gänsen haben will, muß sie es im Gänsestall anziehen [71]). Sturmwetter bei der B.wäsche bedeutet Unfrieden in der Ehe [72]). Dem Bg. ist jeder Blick in das Zimmer, in dem der B.staat angefertigt wird, streng verwehrt [73]), und die B. darf sich ihm nicht vor der Zeit im B.staat zeigen, sonst gibt es eine unglückliche Ehe [74]).

Vom B.kleid, das unbedingt ein neues sein muß [75]), darf kein Flick fortkommen [76]); auch meint man (Bern), daß es Unglück bringt, wenn eine B. ihr B.-kleid selbst näht [77]). Auch den Hochzeitskuchen darf sie bisweilen nicht selbst backen [78]); überhaupt darf, besonders auf slavischem Gebiet, weder B. noch Bg. bei der Zubereitung der Hochzeitsspeisen helfen [79]). Aber man schenkt der B., wenn sie selbst (oder der Hochzeitslader) die Gäste einlädt, aus jedem Haushalt eine Schnitte Brot für die erste Suppe in der Ehe, um ihr damit ein glückliches Eheleben zu sichern [80]).

Wichtig ist das Wetter am Hochzeitstag (s. d.), denn Regen in den B.kranz bedeutet zwar bisweilen (und wohl ursprünglich) Glück, Reichtum und Kindersegen [81]) (s. d.), meist aber Tränen und Unglück [82]). Deshalb soll nach allgemeinem Brauch die Braut die Katzen gut füttern [83]). Dabei an eine Beziehung zur altgermanischen Göttin Frigg = Freyja zu denken [84]), weil in spätnordischer Mythologie die Katzen als Zugtiere von Freyjas Wagen auftreten, erscheint sehr gesucht.

Von allen den Kleidungsstücken und Gegenständen, die, von der B. am Hochzeitstage getragen, ihre abergläubische Bedeutung außer durch die Trägerin durch den festlichen Tag gewinnen, B.-band (s. Band), B.gürtel, B.haube, B.-hemd, B.kleid, B.ring (s. Trauring), B.-schleier, B.schuhe, B.schürze, B.seide, spielt der B.kranz eine besondere Rolle. Er muß mit Fröhlichkeit gebunden werden, wenn die Ehe gedeihen soll [85]), er muß frisch ins Haar kommen [86]); bekommt die B. zwei Kränze, so muß sie beide in einen zusammenbinden [87]) und Getreide aller Art soll, kommende Fruchtbarkeit wirkend, hineingeflochten werden [88]).

Dieser Schmuck, als Ehrenzeichen am Ehrentag, steht nur Würdigen zu. Mit der Drohung: „Wer einen B.kranz aufsetzt, ohne B. zu sein, wird nie B.“, verhütet der Aberglaube jeden Mißbrauch [89]). Da die Sitte dieses B.kranzes (u. der B.krone) wahrscheinlich durch die Kirche vermittelt wurde [90]), um sich über germanisches und slavisches Gebiet gleichmäßig zu verbreiten, lag seine Anwendung als Tugendzeichen aus erzieherischen Gründen nahe: Der „gefallenen B.“ ist er verwehrt, und die fromme Nachbarschaft wacht gern darüber, daß keine ihn trägt, die ihn nicht verdient. „Das Kränzel reißen die Buben ihr, und Häckerling streuen wir vor die Tür!“ (Faust I, Am Brunnen). Nach einer Sage aus Polnisch-Oberschlesien sprachen die Leute einst einer tugendsamen B. auf dem Wege zur Trauung die Berechtigung, den Kranz zu tragen, ab. „Da möge er verdorren“ rief sie, und warf ihn fort. Aber er grünte an der Kirchhofsmauer viele Jahre lang [91]) (vgl. a. August Strindberg: Die Kronb.). Es ist in diesem Zusammenhange bedeutsam, daß aus Östergötland der Aberglaube bekannt ist, daß ein Mädchen, das einmal die Pfingstb. (s. d.) gespielt hat, nie eine wirkliche B.-krone tragen wird [92]). (Weiteres s. u. Trauung und Hochzeit.)

Eine reizvolle Dramatisierung des verbreiteten Volksliedes: „Es trieb ein Schäfer oben rein“ [93]), im Anhaltischen beim Mädchentanz aufgeführt [94]), läßt den Teufel der B., die durch ihr verstecktes und vom Schäfer gefundenes Kind als des Kranzes unwürdig erwiesen wird, denselben wieder zum Vergnügen der Zuschauer abjagen.

58) Meyer *Aberglaube* 219. 59) Wittstock *Siebenbürgen* 91. 60) Strackerjan 1, 109. 61) Rochholz *Kinderlied* 316. 62) Ebd. 316. 63) Strackerjan 2, 193. 64) Bartsch *Mecklenburg* 2, 58. 65) Birlinger *Volksth.* 2, 342; John *Erzgebirge* 89; John *Westböhmen* 255. 66) Wuttke 369 § 559. 67) Andree *Braunschweig* 298. 68) John *Erzgebirge* 89. 69) Urquell 1, 12. 70) ZfrwVk. 5, 117. 71) Bartsch *Mecklenburg* 2, 60. 72) Ebd. und Andree *Braunschweig* 296. 73) ZfrwVk. 5, 119. 74) Ebd. 75) SAVk. 8, 268. 76) Urquell 1, 12. 77) SAVk. 7, 132. 78) Wuttke 369 § 560. 79) Tetzner *Slaven* 258. 80) Höhn Nr. 5, 14 (1). 81) Wuttke 371 § 563; Drechsler 2, 149. 82) Andree *Braunschweig* 304; Urquell 3, 165; Strackerjan 2, 199 u. a. 83) Dirksen *Meiderich* 48; ZfVk. 4, 326; Strackerjan 1, 21 u. a. 84) Simrock *Mythol.* 601. 85) Bartsch *Mecklenburg* 2, 60. 86) Ebd. 87) Andree *Braunschweig* 304. 88) Bartsch *Mecklenburg* 2, 60. 89) SAVk. 7, 134. 90) ZfVk. 12, 473. 91) Kühnau *Sagen* 3, 283. 92) Mannhardt 1, 432 ff. 93) Erk-Böhme Nr. 212 a—f. 94) ZfVk. 7, 88.

7. Auch in der Ehe (s. d.) sucht sich die Frau und Mutter die Glückskräfte ihrer B.zeit und besonders des Hochzeitstages noch nutzbar zu machen. Sorgsam werden B.hemd, Schürze, Band, Strümpfe, Schuhe, Kranz, Strauß u. a. aufbewahrt; die in diesen Dingen geborgenen Heilskräfte sollen die einstige Trägerin und Urheberin dieser Kräfte bis ins Grab begleiten [95]). Das B.band der Mutter muß zur ersten Windel genommen werden [96]); das Halstuch der einstigen Braut heilt jetzt das Kind von Beschwerden [97]), bes. von „Gichtern“ [98]). Das von Krämpfen gequälte Kind erlöst die Mutter, indem sie es mit ihrem Brautkleid zudeckt [99]). Streifen davon, um die Handwurzel gebunden, heilen die Fraisen bei den Kindern [100]). Auch zieht die Bäuerin, um Flachs zu säen, einen Teil ihrer Hochzeitskleidung an [101]).

Der B.kranz, der Gebärenden in die Bettdecke genäht, befördert die Geburt; dem Kinde aufgelegt, erleichtert er das Zahnen [102]) und vertreibt Fieber, Krämpfe [103]) und jedes Gebrechen [104]). Auch zu Viehkuren ist er zu gebrauchen [105]), und die Milch, durch den B.kranz geseiht, gerinnt nicht [106]). Sein rasches Vergilben kündigt baldigen Tod [107]).

Ähnliche Heilkraft hat außer dem Trauring (s. d.) auch der B.schleier [108]) und die B.schürze [109]). In Siebenbürgen (Propstdorf) muß der Täufling in die B.-schürze gewickelt und mit dem B.tuch zugedeckt werden [110]). Auch die Zöpfe der „B.wocken“ können „als Heilmittel gegen das kalte Fieber“ gelten [111]). Und von den B.schuhen glaubt man hier und da, daß sie, solange sie nicht zerrissen sind, die Frau vor Schlägen schützen [112].

[95]) Gaßner *Mettersdorf* 84; Höhn *Tod* Nr. 7, 320. [96]) Kuhn *Märk. Sagen* 364. [97]) Wuttke 360 § 542. [98]) Meyer *Baden* 40. [99]) Frischbier *Hexenspr.* 73; Hovorka u. Kronfeld 2, 206. [100]) Grohmann 182; Schramek *Böhmerwald* 284. [101]) John *Westböhmen* 196. [102]) Drechsler 1, 279. [103]) John *Erzgebirge* 53. [104]) Wuttke 360 § 542. [105]) Ebd. 375 § 569. [106]) Wuttke 448 § 406. [107]) Höhn *Tod* Nr. 7, 313. [108]) Seyfarth *Sachsen* 274 u. a. [109]) Meyer *Baden* 40; Drechsler 1, 211; Wuttke 360 § 542. [110]) Wittstock *Siebenbürgen* 82. [111]) Andree *Braunschweig* 302. [112]) ZfVk. 4, 160.

8. In teilweise übertragener Bedeutung erscheint der Glückstitel „B." in mancherlei Volkssitten. Wir haben vielleicht bei den vielfältigen Frühlingsbräuchen die mimische Darstellung einer himmlischen oder dämonischen Hochzeit (s. d.), die bis zum symbolischen Beilager (s. d.) als Fruchtbarkeitszauber getrieben werden kann; aber die Tatsache ist beachtenswert, daß sich der deutsche Volksglaube dabei oft mit dem B.paar oder der B. begnügt, und also mehr an die der B. als solcher innewohnende Glücksmacht, als an eine grobe Beziehung zwischen menschlicher und „natürlicher" Fruchtbarkeit denkt. Ein „B.paar", nicht ein Ehepaar, sucht man „im Grünen" [113]) und holt es im fröhlichen Zug ins Dorf [114]). Oft sind dabei zur Erhöhung des Vergnügens (oder im Anklang an die Sitte des B.vertauschens [s. o. 5] zur Irreführung dämonischer Angriffe) die Rollen vertauscht, die B. stellt ein Bursche, den Bg. ein Mädchen dar [115]). Oft, besonders bei den „Mädchentänzen", sind beide B.leute Mädchen [116]). Ledig müssen die Spieler dieser Posse immer sein. Oft ist es auch nur die B. (s. Maib., Pfingstb.), die von Haus zu Haus ihren segnenden Umgang hält [117]), oder man trägt eine schön geschmückte Puppe als „B." umher [118]), wie man auf den Hebriden (am 2. Februar) die aus einer Hafergarbe hergestellte Puppe als B. willkommen hieß und sich von ihrer Gunst gute Ernte und glückliches Jahr versprach [119]). Innere Beziehungen zum Grundgebet anord. Bauernfrömmigkeit: „til ars ok fridar" [120]) (um gute Ernte und Frieden) und zum saatensegnenden Umzug der Gottheit (Nerthus — Freyr) wie auch zum altgermanischen Glauben an die besondere Eignung des weiblichen Geschlechtes zur Vermittelung des Heiligen sind hier offenbar vorhanden. Beachtenswert ist die vereinzelte Darstellung einer verlassenen B.[121]) oder eines von seiner B. verlassenen Burschen [122]).

In Westböhmen bekommt das Mädchen, das zum Fest beim Johannisfeuer den schönsten Kranz beigesteuert hat, den Glückstitel „B." [123]), oft heißt die letzte, für das Glück des nächsten Jahres bedeutungsvolle Garbe die B. [124]), oder sie muß von einer B. gebunden werden, die dann als Roggen-, Weizen- oder Haferb. ausgeschmückt und gefeiert wird. Auch im letzten Büschel Flachs sitzt die „B." [125]), oder es heißt „Bg.", und gehört jener Brechlerin, die am letzten Brecheltage zuerst fertig war [116]); und im Chiemgau bindet ein Mädchen in eines der letzten Flachsbündel ein als „B." bezeichnetes Geschenk von Äpfeln, Birnen, Nüssen oder Zigarren für den zu erwählenden „Hochzeiter" (Brechelb.) [127]). — Auch die hübsche Sitte des B.einläutens in einigen Alpentälern gehört hierher. Wer das letzte Bündel in die Scheune bringt, „hat die B. gekriegt" und wird gefeiert [128]). Daß auch diese Sitten, wie auch die Ehrungen der schlesischen Weizenb., der deutsch-ungarischen Ernteb. usw. „auf der mythischen Grundlage des Dankes gegen die mütterliche Erde beruhen" [129]), also in altheidnische Frömmigkeit zurückweisen, ist möglich, wenn man auch jede direkte Anknüpfung an eine bestimmte mythologische Gestalt besser vermeidet.

Wie sehr aber noch religiöses Gefühl an den Maib.bräuchen beteiligt ist, beweisen die „B.pfade", die man am Himmelfahrtstage mit Blumen und Grün von Tür zu Tür legt oder streut [130]), zugleich eine Erinnerung an das Einholen der Maib. und eine Huldigung an den Auferstandenen.

[113]) Mannhardt 1, 431 ff. [114]) Ders. 1, 607; Sommer *Sagen* 151 f.; Sar-

t o r i *Sitte u. Brauch* 3, 204—205. [115]) ZfVk. 7, 88. [116]) Ebd. 7, 87 ff. [117]) Mannhardt 1, 437. [118]) Drechsler 1, 71. [119]) Mannhardt 1, 436. [120]) Grönbech *Vor Folkeaet* 4, 48 f. [121]) Mannhardt 1, 435. 446ff. [122]) Ebd. 1, 434. [123]) John *Westböhmen* 86. [124]) Mannhardt *Forschungen* 173. [125]) Ebd. 112. [126]) Schramek *Böhmerwald* 235. [127]) ZfVk. 16, 322. [128]) ZfdMyth. 3, 340. [129]) Quitzmann *Baiwaren* 122. [130]) Urquell 2 (1891), 174; Reuschel *Volkskunde* 2, 57.

9. Das alttestamentliche Bild von der Ehe Israels mit seinem Gott und von der Hurerei mit anderen Göttern [131]) hat ebenso wie der himmlische ἱερὸς γάμος der Griechen und ihre gottesbräutlichen Mysterien [132]) auf altgermanischem Gebiete aus einleuchtenden Gründen (s. Geschlechtsverkehr) kein Gegenstück. Daher hat , ob auch alte Kirchenschriftsteller argumentierten, daß die Kirche nicht nur B., sondern Fleisch Christi sei — damit die Forderung der Ehelosigkeit ihrer Diener begründend [133]) —, ob auch die fromme Andacht vor der unerkannten Erotik des Hohenliedes und seine Deutung als „unio mystica" die Grenzen zwischen Sinnlichem und Übersinnlichem stark verwischten und mittelalterliche Nonnen ihres Seelenbg.s Umarmungen „erlebten" [134]), sich doch bei uns die Vorstellung vom nur erwartenden B.stand der Seele gegen die andere vom sinnlichen Einswerden mit der Gottheit siegreich behauptet. Dieser abendländische Begriff der Gottesb. gehört aber in keiner Weise in das Gebiet des Aberglaubens. Auch eine „Liebesgeschichte des Himmels" im astralmythologischen Sinne (weißes und schwarzes Mondmädchen als B. des Sonnengottes u. a.) [135]) ist nur mit Gewalt dem wenig astrologischen Germanentum aufzudrängen und spielt deshalb im Volksglauben keine Rolle.

Die Teufelsb. dagegen (s. Teufel) erscheint hier und da. Wenn der Wirbelwind einherbraust, so sagt man, darin fahre die B., die sich der Teufel von der Erde holt (bes. in Böhmen) [136]). In Masuren meint man, „der Teufel fährt zur Hochzeit", in Rußland sieht man im Wirbelwind den Tanz des Waldgeistes mit seiner B. In Deutschland hieß die Erscheinung seit alters auch Windsb., Pfaffenhure, Concubina sacerdotis [137]), und der wilde Jäger, der verkommene Wodan, jagt noch hier und da seine B. im sturmgepeitschten Wald [138]); es ist gefährlich, dem Brautzug dieser unholden Geister zu begegnen [139]). Nach sächsischen Sagen [140]) sucht sich der Teufel auch gern ein braves Mädchen als B. durch außerordentliche Hilfeleistung zu verdienen, wird aber gleich jenem Riesen, der den nordischen Göttern um Freyjas Hand die Burg baute [141]), schließlich geprellt.

[131]) Dieterich *Mithrasliturgie* 131. [132]) Ebd. 124 f. [133]) Harnack *Lehre der zwölf Apostel* 44 f. [134]) S. u. a. Weinhold *Frauen* 69. [135]) Siecke *Liebesgeschichte des Himmels* bes. 7 ff. [136]) Grohmann 35; Mannhardt 2, 96. [137]) Mannhardt 2, 96. [138]) Ebd. 1, 445. [139]) Ebd. 2, 39. [140]) Meiche *Sagen* 462 f. Nr. 600. [141]) In. E. c. 41. Kummer.

Braut in Haaren s. Schwarzkümmel.

Brautbad s. Hochzeitsbad.

Brautball s. Ballspiel.

Bräutigamskraut s. Erdrauch.

bräutlen, Bräutlingsbaden. Dem B. oder Bb., besonders in Sigmaringen bekannt, müssen sich alle seit Jahresfrist verheirateten Männer unterziehen. Im Fastnachtszug und als Teufel und Hexen vermummt ziehen die Bräutler, den Narren voran, durchs Dorf, holen den jungen Ehemann aus seiner Wohnung oder einem Versteck und führen ihn zum Rohrbrunnen, ihn nach dreimaligem Umgang hineinzuwerfen. Wählt er auf die Frage: „Wasser oder Wein" das letztere, so muß er für das ihm ersparte Bad die Zeche im Wirtshaus bezahlen [1]).

Dieser Fastnachtsscherz, teilweise auf den Hochzeitstag und den jeweiligen Bräutigam übertragen [2]) (s. Hochzeitsbad), hat sicher nicht von je den ihm beigelegten sittlich-religiösen Sinn, daß der junge Mann nun „alles Unmännliche ablegen und ein rechter und ehrenfester Bürger werden soll" [3]), — wohl kaum aber auch eine Beziehung zum Regenzauber und Vegetationsritus [4]), sondern gehört eher zu den Festen der Knabenweihe [5]) (s. d.).

[1]) Birlinger *Volkst.* 2, 49 ff. [2]) Ebd. 2, 46. [3]) Ebd. 2, 45. [4]) Mannhardt 1, 488 ff. [5]) Gesemann *Regenzauber* 74. Kummer.

brechen s. zerbrechen.

Brechomantie. Wahrsagung aus dem Regen (βρέχειν = regnen). Gelehrte Bezeichnung der aus dem Regen (s. d.) gefolgerten Witterungs- und sonstigen Voraussagen [1]). Als ὑετόμαντις wird die Krähe bei Euphorion (3. Jh. v. Chr.) und der Regenbogen bei Olympiodoros (6. Jh. n. Chr.) bezeichnet [2]). Der 2. Teil des auguralwissenschaftlichen Werkes des Königs Sargon war anscheinend den Vorbedeutungen der Regengüsse gewidmet [3]).

[1]) Fabricius *Bibliogr. antiqu.*[3] (1760) 597. [2]) Meineke *Analecta Alexandrina* (1843) 105; Scheidweiler *Euphorionis fragmenta* (Diss. Bonn 1908); Lenormant *Magie und Wahrsagekunst der Chaldäer* [2]. Jena 1878, 455. Boehm.

Brei.

1. Der B. war besonders im Altertum und MA. die Hauptnahrung der germanischen und überhaupt der ackerbautreibenden Völker; viele Umstände weisen darauf hin, daß die B.nahrung [1]) älter ist als das Brot, das zunächst nichts anderes als in Asche gerösteter Getreideb. war [2]) (vgl. Brot); so bedeutet B. überhaupt Nahrung [3]). Nach Plinius war die Hauptnahrung der Germanen Haferb.[4]): Primum omnium frumenti vitium avena est et hordeum in eam degenerat sic ut ipsa frumenti sit instar, quippe cum Germaniae populi serant eam neque alia pulte vivant; und im Rheinland [5]) war Haferb. bis 1850 die Hauptnahrung der Bauern, ähnlich der „Brie" in Schleswig-Holstein [6]). In der Edda wird der B. besungen [7]), und nach der Sage des Saxo Grammaticus bekommt Baldr durch einen Zauberb. gewaltige Kräfte [8]). Unter den auffallend vielen Gottheiten, die Prätorius aufzählt, finden wir auch Wurszkaitis, den Gott der Milchspeisen [9]).

[1]) Auch für die Römer bezeugt Plinius, daß sie vor dem Brot die B.nahrung gekannt haben: *Nat. hist.* XVIII, 83 = III, 165, 15 Mayhoff: pulte autem, non pane vixisse longo tempore Romanos manifestum est; Blümner *Römische Privataltertümer* [3] 162. [2]) Schrader *Reallex.* 111; Fischer *Altertumsk.* 56; Weinhold *Frauen* [2] 2, 58—59; ZfVk. 1904, 265; 1905, 318; Beilage zur allgemeinen Zeitung 1901 Nr. 271, 2; Lippert *Christentum* 421. [3]) Freidank 58, 22 = 120 Bezzenberger; 83, 27 = 143 B.; Brant *Narrenschiff* 13, 2 = 15 Zarncke, vgl. 323; Weinhold l. c.; Kloster 6, 1078; Bolte-Polivka 2, 438 A. 1; Summarium Henrici bei Steinmeyer-Sievers *Ahd. Glossen* 3, 284, 21; 306, 24; Graff *Ahd. Sprachsch.* 3, 261; Heyne *Hausaltert.* 2, 266 u. 323; Grimm *DWb.* 2, 353—4; die Beliebtheit der B.nahrung beweisen auch die B.sagen: Müllenhoff *Sagen* [2] 71, 78; Bartsch *Mecklenburg* 1, 340, 464; Lütolf *Sagen* 381, 359; Heimat 2 (1892), 88; Schambach-Müller 178, 3; Müller *Siebenbürgen* 106, 143 (Ausgabe 1857); Haas *Rügen* [7] 26, 46; im Märchen essen Königin und Magd von demselben B. und gebären Söhne: Bolte-Polivka 1, 545; in Siebenbürgen heißt der Welschkornb., seitdem Paulus und Lukas damit bewirtet wurden (Philemon-Baucis-Motiv), Palukes: Müller *Siebenbürgen* 133, 173. [4]) *H. N.* XVIII, 149 = III, 183, 19 ff. Mayhoff; Kloster l. c.; vgl. Weinhold *Altnordisches Leben* 150; Ebert *Reallex.* 5, 17 ff.; Höfler *Weihnachten* 18; Schrader l. c. 320 ff.; über Hirseb.: Hoops *Reallex.* 2, 529 ff.; Hoops *Waldbäume* 235. 323. 355; Lütolf 380, 359; in Süddeutschland heißt die Hirse B.: Hehn *Kulturpflanzen* [6] 545; Archiv für Anthropologie N. F. 6 (1907), 101; Meyer *Baden* 273 ff.; Pfannenschmid *Erntefeste* 603; Coler *Oeconomia* 47; Ebert *Reallex.* 5, 327 ff.; nach Ekkehards *Benedictiones ad mensas* ist Hirseb. für Fieberkranke schädlich: v. 173—74 = Mitteil. der Antiquarischen Gesellschaft Zürich 3 (1846—47), 112. Für die Römer vgl. Wünschs berühmten Aufsatz: Glotta 2 (1909—10), 219—230; Blümner *Technologie und Terminologie der Gewerbe und Künste bei Griechen und Römern* 1 [2] (L. 1912), 95—96. [5]) Wrede *Rhein. Volksk.* 197. [6]) Mensing *Schlesw.-Holst. Wb.* 1, 519; in Tirol gibt es jetzt das Mues zum Frühstück: ZfVk. 1894, 78. [7]) Weinhold *Altnordisches Leben* 150. [8]) Ausgabe v. P. Herrmann 2, 231. [9]) *Deliciae pruss.* 25; Usener *Götternamen* 104.

2. Wie bei den Römern [10]), so ist auch bei uns diese Hauptkraftnahrung die gegebene Opferspeise für Götter, Hausgeister, Kobolde und Vegetationsgeister; letztere backen und kochen ja selbst gern (s. backen); in Oberhessen sagt man den Kindern, das Hünnelche koche am Hünnsteine Hirseb. [11]). In Schwaben kochen die Engel dem Kind B. [11a]).

a) Allgemeine Opfer für Hausgeister: Vor allem im Norden ist dieser Kult noch sehr lebendig; Jahn [12]) hat die Literatur für seine Zeit vollständig zusammengestellt; zur Charakteristik dieser Hausgeister vergleiche man Feilberg [13]) und Lily Weiser [14]). Der Nische Puk in Husum [15]) half bei der Heuernte und wollte dafür seine Butter im B. haben; als er sie einst nicht fand, drehte er der Kuh den Hals herum. Da haben wir alle charakteristischen Züge dieser nach der Seelenspeise gierigen Seelen- und Hausgeister; sie werden boshaft, die als Heinzelmännchen gutartig im Hause helfen, sobald sie ihre Butter [16]) in B. und Grütze oder gar den B. nicht finden; der Onnerbänkis [17]) auf Amrum verschwindet, als die Frau die Butter vergißt; in Schweden und Norwegen erhält der Niß besonders am Julabend [18]) seine Grütze mit Honig. Auch Zwerge essen B. und machen den Rest zu Gold [19]); man opfert ihnen in den Zwölften [20]); die Billeweiß im Görtschitztal bekommt von der Bäuerin „Sterz" gekocht [21]); der hungernde Waldmann erhält vom Bauern Milchsuppe; ein andermal verbrennt er sich durch heißen B. die Hand [22]). Die unsichtbaren Zwerge in Kohnsen essen den Hochzeitsreisb. auf [23]). In Baabe auf Rügen bitten die „witten Wiwer" um Hochzeitsgrütze [24]). Auch der Wechselbalg will B., verschwindet aber, sobald Schuhsohlen anstatt Speck darin sind [25]). Ins Dämonische hinüber spielt die Erscheinung des Drachen im Erzgebirge, der Hirseb. bekommt und dafür Geld in die Schüssel legt [26]), oder er bringt Hirseb. an das Fenster [27]) (vgl. die Butterschlepper und -speier, s. Butter). So schleppt der Skratek [28]) in Görz (Steiermark) Geld herbei und alles, was man wünscht, indem er als glühender Besen durch die Luft saust; man muß ihm aber aufs Fenster Hirseb. stellen. Die Alraunwurzel, welche goldausbrütende Kraft besitzt, verliert diese Eigenschaft, wenn man sie nicht in Wein badet und mit Milchb. füttert [28a]). Nach Schweizer Prozeßakten (1454) macht eine Hexe aus wenig Hirse viel B. [29]); das nähert sich dem Motiv des Märchens vom Töpflein, das überkocht [30]). Im Blankenhäger Forst in Mecklenburg muß einem schatzhütenden Geist B. geopfert werden; als einer einen Topf mit steifer Grütze hinstellt, ist am andern Morgen Schatz und Topf verschwunden [31]).

b) Besonders an hohen Festen bekommen die Vegetations- und Seelengeister ihren Teil vom Festmahl, namentlich B.[32]). Die Hauptkultzeit fällt in die Rauchnächte, die ausgesprochene Domäne der Seelen- und Wachstumsdämonen, und da ist es fast ausschließlich die Perchta, der man Versöhnungs- und Huldigungsopfer darbringt.

α. Opfer in der Zeit der Rauchnächte: Während am Nikolausfest [33]) das B.opfer fehlt, opfert man im Bergischen [34]) den Zwergen in den heiligen Nächten B. Dagegen berichtet Fischer, der gewöhnlich die Rockenphilosophie abschreibt: wer in den Zwölften Erbsen ißt, wird krank [35]), und in der Christnacht darf man keine Erbsen, Linsen oder andere Früchte essen, sonst bekommt man Krätze und Schwären [36]), ebenso an Karfreitag [37]). Über das B.opfer an Weihnachten hat Höfler [38]) ausführlich gehandelt. Im Pinzgau [39]) ißt am Bachabend (24. 12.) die ganze Familie das „Bachlkoch"; wer bei diesem heiligen Kultmahl fehlt, dem zürnt die Perht; mit dem Rest des Koches tritt die Bäuerin unter die Bäume und ruft: „Bäum' eßt's"; auch Heyl [40]) berichtet von einem schneeweißen Weihnachtsb.; in Oldenburg [41]) treffen wir Milchreis mit Rullken (Röllchen aus Rindfleisch usw.); in Pommern [42]) gibt es am ersten Feiertag Buchweizengrütze, Fleisch und Mehlklöße, in Anhalt am zweiten Tag Hirseb. und Bratwurst [43]); in Schottland erhält jedes Familienmitglied am Weihnachtsmorgen süßen Haferb.[44]); in Neuhaus (Böhmen) muß jeder Bettler Semmelmilch essen [45]). In Glatz (Schlesien) hebt man Semmelmilchb. für „die Engel" auf [46]). Sogar die Tiere nehmen am Kultsegen teil: 1793 gab man den Hühnern Hirseb., damit sie viel Eier legten [47]). Wer am Neujahr Hirseb. ißt, hat das ganze Jahr Geld [48]). Am heiligen Abend des neuen Jahres muß man Polse [49]) (Zemmede) [50]) essen, sonst reißt die Werre den Bauch auf und füllt Kieselsteine hinein, und die Perht zürnt denen, welche am Silvesterabend nicht Grütze und Hering essen [51]). In Thüringen essen viele Leute an Neujahr Klöße und Hering, weil sonst die Perchta den Bauch aufschneidet und mit Pflugschar und Röhmkette zunäht [52]). Im Voigtland wird die Rache der Werre auch auf Dreikönig übertragen; sie füllt den Bauch mit Häckerling und näht ihn mit Pflugschar und Kette zu [53]). Über die B.opfer an Lichtmeß handelt Höfler [54]); in Hessen und Baden muß man Hirseb. und eine lange Bratwurst verzehren, damit der Flachs gut gerate [55]).

β. Der Hirseb. spielt auch an Fastnacht [56]) eine Rolle, daneben das Fastenmus [57]) aus Frühlingsgemüsen. Wer (nach dem Journal) im Ansbachischen Hirseb. aß, dem ging das Geld nicht aus [58]); und die Rockenphilosophie rät: Fastnacht Hirsen gegessen, quillt das Geld [59]); ein gereimter Index superstitionum sagt [59a]):

Wer an Fastnacht Hirseb. ißt,
Dem wächst das Geld auf dem Mist.

Vor Sonnenaufgang muß man Hirseb. und Blutwurst essen, das schafft Geld und bewahrt vor Fieber [60]). In Hessen [61]) ißt man Erbsenb. und Schweinsrippchen; die abgenagten Knochen steckt man in den Leinsamen, um diesen durch die Opferreste fruchtbar zu machen; auch im Egerland [62]) ißt man an Fastnacht Erbsenb.; in Thüringen [63]) muß man an Fastnacht, Aschermittwoch und Donnerstag B., Schmalzkrapfen und Sauerkraut mit Schweinefleisch essen und die Knochen [64]) in den Samenlein stecken. Am vierten Fastensonntag ißt man in England Weizenb. gegen Saatunglück [65]).

γ. Der Genuß von Erbsenb. am Gründonnerstag [66]) ist segensreich für das Gedeihen der Erbsen (Böhmen); nach A. John [67]) bringt bei den Westböhmen Linsenb.genuß an diesem Tage Geld (vgl. Neujahr). Nach Chr. Weises Drei Erznarren muß man an Aschermittwoch „gelbe muß" essen, sonst wird man vor Martini zum Esel [68]). Berühmt ist die B.-stiftung der weißen Frau zu Neuhaus in Böhmen, der Perhta von Rosenberg [69]); diese baute als Witwe ein Schloß und versprach den Arbeitern einen süßen Brei, wenn sie den Bau zu Ende führten (= festl. Mahlzeit) [70]); sie hielt ihr Wort und machte eine Stiftung, daß alljährlich die Rosenberge den Armen B. spenden sollten; in Teltsch wurde eine gleiche B.-stiftung zuletzt 1783 erfüllt [71]); die Perhta hält sehr auf die Erfüllung dieser Stiftung, und als einst im Dreißigjährigen Krieg die Schweden das Schloß eroberten und die B.spende unterblieb, machte sie einen großen Tumult [72]); diese weiße Frau v. Rosenberg ist auf irgendeine Weise mit der Perhta und dem B.opfer an diese zusammengebracht worden; eine genau ebenso motivierte Holunderb.stiftung haben wir zu Spachendorf [73]). Ähnlich wie in Neuhaus wurde auch zu Strakoniz in Böhmen ein uraltes B.opfer für Seelen- und Vegetationsgeister durch die Stiftung eines früheren Vorfahren der Besitzer motiviert [74]). Am Osterdienstag ißt man in Westböhmen B. aus Milch und Semmeln, um sich gegen Mückenbisse bei der Heuarbeit zu schützen [75]).

c) B. als Wind- und Vegetationsopfer: Ein B.opfer am Sonnwendfest erwähnt Jahn [76]); in der Oberpfalz streut ein Sonntagskind, wenn der Wind stark weht, eine Handvoll Mehl für den Wind und sein Kind ins Freie für einen B. [77]); in Munderkingen stellte eine Frau schwarzes Mus zum Dach hinaus, um die Windhunde zu füttern [78]). In Bayern [79]) und am Niederrhein genießt man nach dem Flachsbrechen Hirseb. und Mehlkuchen. Bei einem Maivegetationsfest in Selva (Schweiz) essen die Kinder auf einer Anhöhe süße Polenta; dann singen sie ein Lied: „Der Gedanke an die Rahmpolenta wird uns Mut und Kraft stärken"; zum Schluß fällen sie eine Lärche und hängen den Mehlsack in die Krone [81]). Als Abschluß der Almtätigkeit feiern die Sennen im Unterinntal die Schoppwoche, wobei es Braten, Melkermus und Schnaps gibt [82]).

d) B. als Totenopfer: Während wir in Rußland [83]), bei den Albanesen [84]) und in Limburg [85]) deutliche Beweise von B.opfern für die Toten haben, finden wir in Deutschland [86]) nur spärliche Reste: In Mecklenburg [87]) wird beim Leichenschmaus Erbsenb. aufgetragen, in der Priegnitz [88]) Hirseb.; Heulgrütze [89]) heißt ein pommersches Begräbnismahl. Die Deutsch-Österreicher zwischen Brenta und Dreve stellten bis zur Zeit Josefs II. am Allerseelentag Bohnenb. in hölzernen Töpfen auf das Grab der Angehörigen; der B. blieb mehrere Stunden und wurde dann an die Armen verteilt mit der Begründung, daß die Toten nichts genießen wollten [90]); bei den Letten bekommen die Toten von der Grütze ihren Teil [91]); in Dänemark [92]) treffen wir auch die Grütze beim Totenmahl an der Grabstätte.

e) B. als Hochzeitsfestspeise: Diese uralte Kraftnahrung, insbesondere der Hirseb., fehlt bei keiner Festmahlzeit und spielt bei der Hochzeit als Fruchtbarkeitssymbol eine große Rolle [93]); die Absicht, mit dem Hirseb. Fruchtbarkeit zu übertragen, ist ganz klar, wenn z. B. die Brautleute mit Hirseb. beworfen werden [94]) (vgl. das Überschütten mit Reis und Getreide); in Westböhmen [95]) wird der Hirseb. in der Stube herumgeschleudert, das bedeutet für die Brautleute Glück in der Ehe (Opfer, das apotropäisch wirkt, da alles, was Fruchtbarkeit und Kraft spendet, apotropäisch [95a]) wirkt); in Thüringen liest man am Sonntag vor der Hochzeit Hirse für den Hochzeitsb., in Hessen Erbsen [96]); im Saarland gibt es als Nachtisch beim Hochzeitsmahl stets Reisb.[97]).

[10]) Plinius *N. H.* XVIII 19 = Mayhoff: et hodie sacra prisca atque natalium pulte fritilla conficiuntur; der Opferb. wird zum heilkräftigen Zauberbrei: Wünsch l. c. 226—228; Wissowa *Religion* ² 411; Liebrecht *Zur Volksk.* 259; vgl. Frazer 3 (2), 112. 176 u. A. 95 a: B. als Apotropaion. [11]) HessBl. 1, 10; Höfler *Fastnacht* 31; in einer altenglischen Sage wird ein Kind von zwei blondhaarigen Zwergen mit safrangefärbtem B. bewirtet: Haupt's Zeitschr. 6, 534; Rochholz *Glaube* 2, 269; in Frankreich löscht man auf dem Felde das Feuer nicht aus, damit die Jungfrau dem Jesuskind seinen B. kochen kann: RTrp. 18, 122 Nr. 4. [11a]) Birlinger *Volksth.* 1, 198, 313, 1. [12]) *Opfergebräuche* 290 f. A. 2. [13]) Hess. Bl. 5 (1906), 31. [14]) NddZfVk. 4 (1926), 4. [15]) Müllenhoff *Sagen* ² 343, 507; vgl. 351, 517. 353, 518. 337, 499; Mensing l. c. 1, 460; Weiser l. c. 9. [16]) ZfVk. 1898, 130 ff. 138. [17]) Müllenhoff l. c. 354, 520, 2. [18]) Weiser l. c. 3; Feilberg l. c.; vgl. die schwedische Sage bei Weinhold *Weihnachtsspiele* 15; Rochholz *Glaube* 2, 48. [19]) Schell *Bergische Sagen* 254, 4. Die schweizer Erdmännchen essen gern Ziberlisturm, dafür besorgen sie das Vieh: Lütolf *Sagen* 474, 436 a und b; vgl. 369, 335. [20]) l. c. 374, 13 a. [21]) Graber *Kärnten* 66, d. [22]) l. c. 75, 85 u. 86. [23]) Schambach-Müller 124, 146, 1. [24]) Haas *Rügen* ⁵ 44, 79. [25]) Schwartz *Sagen der Mark Brandenburg* ⁷ 67, 39. [26]) Meiche *Sagen* 303, 394; W. 49; Köhler *Voigtland* 360, 422; W. 126. Eine Frau in einem Dorfe bei Hohnstein wird von 2 Knechten beobachtet, wie sie zum Drachen sagt: „Matzel, Matzel, hier steht deine Semmelmilch, gieb die Wurst her"; als es am andern Tag Milchbrei und Wurst gibt, verlassen die beiden den Dienst: Meiche *Sagenbuch der sächsischen Schweiz* 19, 5. [27]) Meiche *Sagen* 303, 393. [28]) Krauß *Volkforschungen* 88 A. 1. [28a]) Rochholz *Glaube* 1, 8. [29]) SAVk. 1899, 36. [30]) Curtze *Waldeck* 170, 29; Bolte-Polivka 2, 438; das gleiche Motiv in der Erzählung von der überkochenden Milchsuppe: Kloster 9, 946—7. [31]) Bartsch *Mecklenburg* 2, 471, 665. [32]) Grimm *Myth.* 1, 48; vgl. Jahn l. c. 290. [33]) ZfVk. 1902, 83. [34]) Schell *Bergische Sagen* 374, 13 a; ZföVk. 9 (1903), 18. [35]) Fischer *Aberglauben* (L. 1790), 337; vgl. Braunschweiger Anzeiger 1760, p. 1392 = Grimm *Myth.* 1, 226 A. 3; vgl. Brevinus Noricus 444; Rochholz *Glaube* 2, 47. [36]) Fischer 330 = Rockenphilosophie 1. Hundert c. 57, p. 86; Witzschel *Thüringen* 2, 174, 26; vgl. 156, 8; bei Grimm 3, 436, 56. 458, 687. 463, 814; Sartori *Totenspeisung* 59 A. 2; Schwartz *Sagen der Mark Brandenburg* ⁷ 70, 40; an einer andern Stelle heißt es aber: Wer an Weihnacht- oder Christabend keine Bohnen isset, der wird zum Esel: 3. Hundert c. 94, p. 215 ff. = Grimm 3, 443, 274; wer in Anhalt in den Zwölften Hülsenfrüchte ißt, wird taub: ZfVk. 1896, 430; in Thüringen muß man Linsen und Fische essen: Witzschel *Thüringen* 2, 187, 85. [37]) Wolf *Beiträge* 2, 324; Höfler *Ostergebäcke* 13. [38]) Höfler *Weihnachten* 16—20; Grimm *Myth.* 1, 226—27. [39]) Andree-Eysn *Volkskundl.* 160; Archiv f. Anthropologie 3 (1904), 125; Höfler *Weihnachten* 18; Panzer *Beitrag* 2, 515; im Norden erhält der Niss am Julabend Honig u. Grütze: HessBl. 5 (1906), 31; Höfler *Weihnachten* 19; vgl. 17; vgl. den Segen des Grünkohlgerichtes (vgl. A. 67) und das Märchen bei Kuhn *Märk. Sagen* Nr. 130; Kloster 9, 496 f.; Wei-

ser l. c. 3. 40) Heyl *Tirol* 764, 65. 41) Hoops *Sassenart* 23. 42) BlpommVk. 3, 184. 43) ZfVk. 1896, 430. 44) Höfler l. c. 72. 45) l. c. 19. 46) l. c. 20; in Böhmen stellt man den Mäusen (Elben) Erbsenbrei hin: Vernaleken *Mythen* 315. 47) Tille *Weihnachten* 179; Meyer *Baden* 273. 48) Meiche *Sagenbuch der sächsischen Schweiz* 124, 38; ZfVk. 1896, 432; Höfler *Weihnachten* 16 f.; ZföVk. 9 (1903), 188 f.; ZfVk. 1904, 265; W. 451; Meyer l. c.; Lütolf *Sagen* 381, 359; Kuhn-Schwartz 408, 145. 49) Eisel *Voigtland* 104, 262 A.; Grimm *Myth.* 1, 226 A. 1; 3, 29; Meyer *Germ. Myth.* 275; Kloster 9, 458; zur Gastrotomie: Kloster 9, 841 f.; Waschnitius *Perht* 155; ZföVk. 1896, 303. 50) Grimm l. c. 227; Witzschel *Thüringen* 2, 173, 13; Eisel l. c. Beim Kindstaufschmaus wird der Mann gezwungen, die Schüssel mit Brotzemmede zu leeren: Witzschel l. c. 251, 68. 51) Kloster 9, 457 f.; Grimm l. c. 226; in Hessen Hering u. Haferb.: Bastian *Elementargedanke* 1, 21; W. 25; Witzschel *Thüringen* 2, 187, 82; Mühlhause 119. 229; bei den Römern mußte man am 1. 6. Schweinefleisch mit Bohnen und Spelt essen, damit nicht die Eingeweide verletzt werden: Ovid *Fast.* 6, 181 ff.; Pauly-Wissowa 1, 45. 52) Witzschel *Thür.* 2, 134, 166; Grimm 3, 452, 525; Linsen und Fische essen bringt Geld: Witzschel 2, 187, 85. 53) Weinhold *Weihnachtsspiele* 25; Grimm l. c. 1, 227; Eisel l. c.; ZfVk. 1904, 265; Grimm *Sagen* 197, 268; Simrock *Mythologie* 394—95; Kloster 9, 458; vgl. die Sage von der Berchtra in Kärnten: wer am Perchtentag keinen Mohnkuchen ißt, dem schneidet die Percht den Bauch auf: Graber *Kärnten* 91, 111. 54) ZfVk. 1905, 317 f. 55) ZfVk. 1905, 317—18; Meyer *Baden* 274; W. 95 u. 658, vgl. Bratwurst. 56) Darüber ausführlich: Höfler *Fastnacht* 30 ff. 57) Höfler l. c. 72; M. J. Koch *Coniecturae de spiris pistoriis vulgo von Bretzeln.* Dresdae 1733 (Exemplar in München): nach dem Todaustreiben bekamen die Knaben Bretzeln und *elixa legumina* p. 12. 58) Grimm *Myth.* 3, 458, 682; Haupt *Lausitz* 320; Lütolf *Sagen* 381, 359; Mannhardt *Germ. Myth.* 152; Höfler l. c. 30; Bolte-Polivka 3, 438 A. 59) Grimm l. c. 442, 225 = Rokkenphilosophie 3. Hundert c. 40, p. 102—104. 59a) Brevinus Noricus 444; vgl. Rochholz *Glaube* 2, 49. 60) Höfler *Fastnacht* 30; W. 453. 97; Panzer *Beitrag* 2, 304. 61) Mühlhause *Hessen* 111. 322; W. 98; Jahn l. c. 104—5 mit Literatur. In Marksuhl steckt man ebenfalls Knochen und Rippen des an Fastnacht verzehrten Schweinefleisches in den Leinsack: Witzschel *Thür.* 2, 218, 36. 62) Höfler l. c. 2. 63) Witzschel *Thüringen* 2, 189, 11; vgl. Kuhn-Schwartz 411, 161: Schweinskopf in den Zwölften u. Grünkohl; dazu das Märchen bei Kuhn *Märk. Sagen* Nr. 130; Kloster 9, 496 f. 64) In Österreich steckt man nach dem Pfingstritt die Knochen des geopferten Schafes ins Korn: Vernaleken *Mythen* 306, 28; Mannhardt 1, 400; vgl. A. 51. 65) Höfler l. c. 89 f.; vgl. Erbsenb.: 90 f. u. 96; vgl. das B.opfer für die Erdgeister nach der Aussaat bei den Tschuwaschen: Globus 63, 322. 66) Reinsberg *Böhmen* 93; Höfler *Ostergebäcke* 3; ebenso bringt der Genuß von Linsenb. (nach dem Journal für Pforzheim) am Karfreitag Geld: Grimm 3, 454, 586. 67) *Westböhmen* 61; Höfler l. c.; vgl. den Gründonnerstagsb. aus 9 Kräutern: Rochholz *Glaube* 2, 43; vgl. A. 39. 68) Grimm 3, 469, 940, vgl. A. 36. 69) Sage und Quellen ausführlich bei Kühnau *Sagen* 1, 98—105 Nr. 115; Grimm *Sagen* 197, 267; Kloster 7, 70; 9, 475, vgl. 458 u. 496; Lippert *Christentum* 421 f.; E. H. Meyer *Germ. Mythologie* 285; Grimm *Myth.* 1, 232; Simrock *Mythologie* 394—95; Tharsander *Schauplatz* 1 (1737), 280; vgl. Kloster 9, 628; Höfler *Ostergebäcke* 3; genaue Schilderung der Mahlszene im *Höllischen Proteus* (vgl. A. 70) 84—89. 70) Simrock l. c.; die Mahlzeit besteht aus folgenden Speisen: „erstlich wird ein dreipfündiges Brot aufgelegt, hernach eine Suppe von Bier oder anderer Brühe aufgesetzt, . . . demnächst zweyerlei Speisen von Karpffen und endlich der sogenannte süße Brey . . . . . und zuletzt jedwedem auch sieben Pretzel von Semmel-Meel" nach: *Der höllische Proteus* durch Erasmum Franscisci (Nürnberg 1690) 85 ff. 71) Kloster 9, 628. 72) Bräuner *Curiositäten* 531 f.; Kühnau l. c. 104 f. 73) Kühnau l. c. 2, 138, 5. 74) Kloster 9, 839 f.; Lippert l. c. 422. 75) John *Westböhmen* 69; Höfler *Ostergebäcke* 61 und 63. 76) Jahn *Opfergebräuche* 60. 77) Schönwerth *Oberpfalz* 2, 105, 1. 78) Birlinger *Schwaben* 1, 191 u. Nr. 301; Rochholz *Gaugöttinnen* 22. 79) Jahn l. c. 200; vgl. das B.opfer der Tschuwaschen nach der Aussaat: A. 65. 80) Ebd. 202. 81) Herzog *Volksfeste* 242 f. 82) Zingerle *Tirol* 226, 1790. 83) Der Tote bekommt eine Portion Reis- oder Weizenb.: Tylor *Cultur* 2, 35; Kloster 12, 472; Sartori *Totenspeisung* 68; vgl. 2—3. 4. 61 f.; vgl. Höfler im Arch. f. Anthropol. N. F. 3 (1904), 99; N. F. 6 (1907), 101; vgl. Globus 66, 43 ff.; Sartori l. c. 50 A. 1. 84) Arch. f. Anthr. N. F. 3 (1904), 99; vgl. N. F. 6 (1907), 101; Globus 80, 381. 85) Sartori l. c. 23. 86) Beilage zur Allgemeinen Zeitung 1901 Nr. 271, 2; Arch. f. Anthr. N. F. 6 (1907), 101. Am Lechrain opfert man an Allerseelen auf dem Seitenaltar Muesmehl: Leoprechting *Lechrain* 199 (Seelnapf). 87) Kloster 9, 194; Rochholz *Glaube* 2, 47. 88) Kloster l. c. 89) BlpommVk. 3, 112. 90) Zingerle *Tirol* 226, 1790; Rochholz *Glaube* 1, 318; vgl. 303. 91) Sartori l. c. 24; Globus 82, 367. 370. 92) Archiv f. Anthrop. N. F. 6, 95. 93) Darüber ausführlich: Höfler in ZföVk. Suppl.

7 (1911), 13—16; Meyer *Baden* 273 f.; für das Rheinland: ZrwVk. 10 (1913), 87; Sartori *Sitte u. Brauch* 1, 92; vgl. Hirseb. als besondere Festspeise an Mariä Geburt in Unterfranken: Bavaria 4a, 254. [94]) Düringsfeld *Hochzeitsbuch* 125, 187. [95]) John *Westböhmen* 153; dieselbe Sitte in Mähren: Kloster 12, 187; vgl. 205 f.; vgl. Höfler l. c. 14 u. 16. Bei den Serben prophezeit man am Vorabend des Barbaratages aus den Formen des aufkochenden B.s über den Ertrag des Erntejahres: Krauß *Relig. Brauch* 165 f.; vgl. das B.orakel bei den Magyaren: Wlislocki *Magyaren* 83. [95a]) Interessant ist, wie man in Afrika sich mit Mehlb. (weiße Farbe!) beschmiert, wenn man auf die Reise geht, und wenn man zurückkehrt: Frazer 3 (2), 112. 176; vgl. A. 10; für die weiße Farbe, mit der man sich apotropäisch bestreicht: ZfVk. 1913, 158. [96]) Düringsfeld l. c. 149. 251. [97]) Fox *Saarland* 365. Der Kirchweihtag heißt an der Eifel B.tag (Schmitz *Eifel* 1, 51), weil es früher am Kirmestag auf dem Maifelde B. gab; in Eupen gibt es nach dem Martinsfeuer B. und Waffeln: Pfannenschmid *Erntefeste* 504.

3. B.orakel: Diese beweisen, wenn es noch nötig ist, den Opfercharakter des Festb.s [98]). Im Papierkodex aus der Bibliothek zu St. Florian lesen wir [99]): Item an dem vaschangtag, so werfeyt sy prein an die dillen, velt er herab, so stirbt er des jars. Für Dreikönig berichten Krainz und Höfler von einer Sitte in Steiermark: die Dirne, deren Löffel im Milchb. während der Nacht herunterfällt oder die Lage verändert, muß sterben [100]). Am Andreasabend gehen die Mädchen mit einem Löffel Hirseb. vor die Türe; wer zuerst von den ledigen Burschen vorbeigeht, der wird der Zukünftige [101]). In Tirol essen die Mädchen am Weihnachtsabend auf 9 Türschwellen gesalzenes Mus, wobei sie 9 Hüte auf dem Kopf haben; darnach achten sie auf das Geräusch im Mohnmörser [102]).

In Schweden stellen die Mädchen beim „Jungfernb." Orakel an, ob sie in demselben Jahre noch Bräute werden [103]). In der Rockenphilosophie lesen wir [104]): „Ißt eine ledige Jungfrau das Angebrannte vom B. aus dem Topf, so regnet's auf ihrer Hochzeit und so es regnet, werden die neuen Eheleute reich." Ißt eine Magd gesotten Milch oder B. aus der Pfanne, so regnet's bald und sie bekommt einen Mann sauer wie Sauerkraut [105]). Wer nach norwegischem Aberglauben zuerst aus der B.schüssel ißt, wird nicht selig oder stirbt von den Mitessenden zuerst [106]).

[98]) Vgl. das B.orakel der Serben und Magyaren: A. 95; wenn in der Bukowina der Maisb. verschüttet wird und sich in zwei Hälften teilt, stirbt jemand: ZföVk. 1897, 20, 98. [99]) Grimm *Myth.* 3, 415 F. 2; Jahn *Opfergebräuche* 117; Höfler *Fastnacht* 30. [100]) ZföVk. 2 (1896), 303; Weinhold *Weihnachtsspiele* 26; ZfVk. 1904, 265. [101]) Meyer l. c.; vgl. Witzschel *Thüringen* 2, 178 f.; 179; vgl. Ebert *Reallex.* 5, 18. [102]) Zingerle *Tirol* 194, 1590. [103]) Höfler *Hochzeit* 16. [104]) 3. Hundert c. 10, p. 31—34 = Grimm 3, 441, 198. [105]) Grimm 3, 462, 803; ZfVölkerpsych. 18 (1888), 272. [106]) Liebrecht *Z. Volksk.* 337, 186; vgl. ZfVölkerpsychol. l. c. 167.

4. Besondere Gebräuche, meist abergläubischen Ursprungs, sind mit dem (ersten) B. [107]) des Kindes verbunden: Die Furcht vor allerlei Schadenzauber (diese Gefahr ist beim Essen [108]) besonders groß) veranlaßt z. B. die Esten [109]), den ersten B. mit einem fünfästigen Stab umzurühren (die Zahl fünf schützt vor allem Übel). Nach Zwickauer [110]) Aberglaube darf der erste B. nicht kalt geblasen werden, sonst verbrennt sich das Kind den Mund an der heißen Suppe. Gibt man einem Säugling zuerst statt des B.s von einem roten gebratenen Apfel zu essen, so bekommt er rote Backen [111]) (Rockenphilosophie). Im Aargau [112]) muß man immer der Katze (Hauskobold?) vom Kinderb. übrig lassen; schnüffelt sie hungrig am Pfännchen herum, so bekommt das Kind den Schnupfen. In der Schweiz [113]) kocht man ein aus der Bibel gerissenes Blatt in kleinen Stückchen im ersten B., damit das Kind fromm wird (vgl. Essen); singt man beim ersten B., so lernt das Kind schön singen [114]). Gegen das Jüdel bläst man Eier in den B. und hängt die Schalen an die Wiege [115]).

[107]) Rochholz *Kinderlied* 291 f. [108]) Vgl. „Essen" u. Frazer 2 [3], 117 ff. [109]) Seligmann *Blick* 2, 259 f. [110]) Fischer *Aberglauben* (1790) 203 = Rockenphilosophie 1. Hundert, c. 37, p. 61 f. = Grimm 3, 435, 37; Köhler *Voigtland* 437; ZfVölkerpsychol. l. c. 256; auch in Schwaben: Birlinger *Volksth.* 1, 392. [111]) 4. Hundert c. 9, p. 259—61 = Grimm 3, 444, 288.

[112]) Rochholz l. c. 291; ZfVölkerpsychol. l. c. 15. [113]) SAVk. 24 (1923), 61; Döller *Speisegesetze* 168; Ezechiel 2, 8—3, 4; Hefele *Conziliengesch.* 3, 339. [114]) SAVk. 24, 61. [115]) Fischer l. c. 204 = Rockenphilosophie 1. Hundert c. 63, p. 98 = Grimm 3, 436, 62.

5. B. in Heilzauber und Volksmedizin: Anthimus berichtet in seinem Brief an den Frankenkönig Theuderich [116]): Fit etiam de hordeo opus bonum, quod nos graece dicimus alfita, latine [117]) vero polentam, Gothi vero barbarice fenea, magnum remedium cum vino calido temperatum. Die Äbtissin Hildegard empfiehlt in ihren Physica einen Speltb. gegen allgemeine Schwäche und zur Blutauffrischung [118]): accipe integra grana speltarum et ea in aqua coque, sagimine addito aut vitello ovi ... et da hoc infirmo comedendum et eum, ut bonum et sanum unguentum, interius sanat; ähnlich wirkt der cap. 4 beschriebene Gerstenb.; Weizenb.[119]) mit Eiweiß empfiehlt Hildegard als Pflaster für Hundebisse; ähnliche Rezepte gibt der von diesem Werk beeinflußte Vinzenz v. Beauvais in seinem Speculum naturale [120]). Im Aargau [121]) gebraucht man Erbsenb., der beim Johannisfeuer gekocht ist, als Salbe bei Verletzungen. Gegen Durchfall [122]) der Kinder gebrauchte man früher aufgewärmten Hirseb. Im Saarland [123]) nimmt man 1 Pfund Mehl an den Wallfahrtsort mit und kocht dort B., der besondere Kraft hat. Die Magyaren [124]) kennen einen B. aus Bohnen, Linsen und Hirse mit den Knospen von 9 Bäumen zusammengekocht als Mittel gegen Syphilis. Gockel[125]) erwähnt unter seinen abstrusen Arzneimitteln gegen Bezauberung der Kinder: Kräuterpulver auf B. gestreut und 30 Tage dem Kind gegeben. Natürlich mischt man dem B. gelegentlich Sympathie- oder Antipathiemittel bei [126]).

[116]) Anthimi *de observatione ciborum epistula* ed. Rose (L. 1877) 18, 7 ff. [117]) Plinius *Nat. hist.* XXII, 127 = III, 480, 14 Mayhoff sagt: pulte corpus augetur; er erwähnt auch Heilb. gegen morbus regius: XX, 52 = 3, 317, 18 Mayhoff vgl. XXVII, 49 = IV, 244, 22 M.; über den Heilb. in der Antike vgl. die klassische Abhandlung von Wünsch in Glotta l. c.; vgl. Theodorus Priscianus = *Pseudo-Theodori Additamenta* XLVI, p. 295, 3 Rose gegen Gicht: mense Martio alicam coctam cum absinthio aut cum carceno accipiat quasi jeiunus: HessBl. 5 (1906), 167; Höfler *Fastnacht* 72; über Speltb. vgl. Hildegard bei Migne 197, 1131 c. 5 u. Vinzenz über alica: lib. XII, c. 59; zu alica: Joh. Placotomus (Brettschneider) *De tuenda bona valetudine, libellus Eobani Hessi commentariis doctissimis illustratus* (Exemplar in München) 61 f. [118]) St. Hildegardis *Liber subtilitatum diversarum naturarum creaturarum* c. 5 = Migne *Patrologia latina* 197, 1131. [119]) l. c. 1129—30 c. 1; über Hafer als Heilmittel vgl. c. 3 p. 1130—31; über Hirse urteilt Hildegard sehr abfällig: l. c. 1133 c. 9. [120]) Vincentii Bellovacensis *Opera: speculi naturalis* tom. I, liber XII, c. 54—56: amylum; c. 91: Gerstenb.; c. 108: Weizenb.; c. 63 bis 64: Erbsenb.; c. 60: Haferrezepte. [121]) Rochholz *Sagen* 2, 227; Jahn l. c. 44. [122]) Oesterlen *Handbuch der Heilmittellehre* 1861, 598; Höfler *Fastnacht* 31. [123]) Fox *Saarland* 323. [124]) Wlislocki *Magyaren* 143 f. [125]) Gockelius *Tractatus polyhistoricus* (1699), 102. [126]) Gockel l. c. 112.

6. Sonstiges: Wenn man von Hirse- und Reisgemüse träumt, bedeutet das Armut und Dürftigkeit [127]). Im Schadenzauber finden wir B. in Thüringen: Um die Sperlinge auf das Weizenfeld eines Feindes zu locken, kaut man fünf Weizenkörner zu B. und spuckt diesen auf den Acker des Feindes [128]).

[127]) *Traumbuch* Artemidori *des griechischen Philosophi, sampt einer Erinnerung Philippi Melanchthonis.* Straßburg 1624, 183 f. [128]) Witzschel *Thüringen* 2, 214, 7.

Eckstein.

Breithut. Eine mythische Figur dämonischer Art mit breitem Hut, B. oder Langhut genannt, erscheint in mancherlei Form: als Hockaufgeist [1]), als gespenstischer Baum oder Baumklotz [2]), und auch Zwerge können so erscheinen [3]). Besonders aber erscheint der gespenstische Jäger, der Nachtjäger gern in dieser Gestalt. Das Problem ist dann, ob hier von einem Fortleben Wodans im deutschen Volksglauben die Rede sein kann oder ob die Dinge so liegen, daß Wodan, der nach nordischen Zeugnissen gleichfalls öfters dämonisch mit breitkrämpigem Hut erscheint und deshalb auch *Sîđhöttr*, der Breithütige, heißt [4]), vielmehr selbst die vielleicht ältere und verbreitetere Rolle des mythischen B.s hier zeitweilig mit übernommen hatte.

Zuweilen trägt der breite Hut merkbar jüngere modische Züge und verbindet sich an dem Gespenst mit Kniehosen, langen weißen Strümpfen, Schnallenschuhen und weitem Rock; der Dämon sitzt im Feuer, beschäftigt sich mit Goldmünzen oder verschenkt glühende Kohlen, die sich in Goldstücke verwandeln [5]). Es handelt sich dann um weitverbreitete Sagenzüge, die mit Wodan sicherlich nichts zu tun haben und um Gespenster, die, wie das oft der Fall ist, in Trachten des 17./18. Jhs. erscheinen. Diese Sagen sind wohl hier abzusondern. Aber es erscheint auch der Nachtjäger, der schwarze Mann [6]), der einäugige Kopflose [7]), der alte bösartige tote Burgherr, der Nachts mit vier schwarzen kopflosen Pferden daherrast [8]), den Kinder gelegentlich im Spiel nachahmen [9]), der allgäuische Jägerhansl und Schimmelreiter [10]) mit breitkrämpigem Hut, als Langhut oder B., und hier ist die Beziehung zu Wodan in der Form eines Fortlebens des Gottes stets mit großer Sicherheit angenommen worden [11]). Prüft man diese Sicherheit, so kann sie sich mit einiger Unangreifbarkeit wohl nur darauf stützen, daß im Aargauischen die Form des Wodansnamens *Muot* oder *Muet* direkt in Verbindung mit dem B. erscheint. So wird der Herr des wilden Heeres *der Muet mit dem breit Huet* genannt [12]), so begegnet die Verbindung in dem aargauischen Rätsel: *der Muot mit dem Breit huot hat mehr Gäste als der Wald Tannenäste*, dessen Auflösung der Sternenhimmel ist [13]). Hier mag also die direkte Beziehung zu dem Gotte wirklich noch vorliegen, wiewohl natürlich völlig unverstanden, so daß von einem Fortleben des Gottes selbst doch nicht die Rede sein kann, nur von einem Fortleben seines unverstandenen Namens und eines Zuges seiner Erscheinung. Eine ältere, verbreitetere dämonische breithutige Figur mag indessen dieser einzelnen Seite des Gottes sowie den eingangs erwähnten Erscheinungsformen sehr wohl gemeinsam zugrunde liegen.

(S. noch Blauhütel.)

[1]) Kühnau *Sagen* 1, 511; Birlinger *Volksth.* 1, 9 f. [2]) Birlinger a. a. O.; danach Mannhardt 1, 41. [3]) E. H. Meyer *Germ. Myth.* 127. [4]) Die nordischen Zeugnisse bei Grimm *Myth.* 1, 121. [5]) Vernaleken *Mythen* 11, 32. [6]) Ebd. 30. [7]) Grimm *Sagen* 129; Sepp *Sagen* 160 f. [8]) Birlinger a. a. O.; Meier *Schwaben* 1, 23. 18. [9]) Birlinger u. Meier *Schwaben* a. a. O. [10]) Herrmann *Deutsche Mythologie* 306; vgl. Drechsler 2, 156; Birlinger *Aus Schwaben* 1, 97. [11]) Birlinger und Meier a. a. O.; E. H. Meyer *Germ. Myth.* 231. 237 f.; Sepp *Sagen* 160; Quitzmann 24 f.; Weinhold *Weihnachtsspiele* 14; Vonbun *Beiträge* 73; Golther *Mythol.* 285 f. [12]) Rochholz *Sagen* 1, 122. 124; E. H. Meyer *Germ. Myth.* 231. [13]) Rochholz a. a. O.; Herrmann *Deutsche Mythologie* 306.

H. Naumann.

brennen s. Feuersbrunst.

brennende Männer s. feurige Männer.

Brennessel (Urtica-Arten).

1. Botanisches. — 2. B. als antidämonisches Mittel besonders im Stallzauber. — 3. Beziehungen zu Blitz und Donner. — 4. B. als Aphrodisiacum. — 5. B. als Orakelpflanze. — 6. B. als Kultspeise. — 7. Volksmedizinisches.

1. Botanisches. Die große B. (U. dioica) ist wegen ihrer mit Brennhaaren besetzten Blätter allgemein bekannt. Die unscheinbaren Blüten stehen büschelig an herabhängenden Spindeln. An Zäunen und Hecken, aber auch an feuchten Waldstellen ist die große B. überall häufig. Die kleine B. (U. urens), auch Hitter- oder Eiternessel genannt, hat eiförmige, nicht zugespitzte Blätter. Sie wächst fast immer in der Nähe der menschlichen Siedelungen (an Mauern, auf Schutt, auf bebautem Boden) [1]). Die der Brennhaare entbehrenden Taubnesseln haben als Lippenblütler botanisch mit der B. nichts zu tun; sie gleichen dieser lediglich in der Form der Blätter. Die Taubnessel spielt (im Gegensatz zur B.) im Aberglauben nur eine untergeordnete Rolle. Die volkskundliche Stellung der B. wurde schon verschiedentlich behandelt [2]).

[1]) Marzell *Kräuterbuch* 356 ff. [2]) O. Koenen *Über die B. im Volksglauben.* In: 40. Ber. d. westfäl. Prov.-Ver. f. Wissensch. u. Kunst 1911—12, 7—9; Marzell *Die B. im Volksglauben.* In: Natw. Wochenschr. N. F. 10 (1911), 401—406; Ders. *Heilpflanzen* 48 bis

50; Ders. *Volksleben* 63—65; B. P. van der Voo *De brandnetel als tooverplant.* In: Vragen v. d. dag 30 (1915), 321—326; J. L. Holuby *Die B. bei den Slovaken des Trentschiner Komitates.* In: DbotMonatsschr. 14 (1896), 138—140.

2. Ebenso wie stachlige oder dornige Pflanzen (s. Dornstrauch) gilt die B. seit alters als antidämonisch [3]). Aus der alten Zauberliteratur (Hermes Trismegistos?) stammt die Angabe, daß B.n mit „Tausendblatt" (Schafgarbe?) in der Hand gehalten gegen alle „Forcht und Fantasey" (teuflische Anfechtungen) schütze [4]). Auch das Rezept eines alten Sympathiebuches: „Wär Neßlen Würtzen bei im treit, so mag kein Wurm schaden" [5]), dürfte hierher gehören. Vor allem gilt die B. als antidämonisches Mittel im Stallzauber. Ziegen sind vor dem „Andaun" (Behexen) sicher, wenn man ein Büschel B. im Stall aufhängt [6]). Wenn dem Vieh etwas angetan ist, schlage B., Taubnessel und Natternesselwurz (?) mit einem Stein breit, gehe damit zum Vieh und streiche es dreimal im Namen Gottes vom Maul bis zur Schwanzwurzel und werfe dann die Wurzel hinter sich weg [7]). Ein Amulett gegen das „Verschreien" enthielt neben einem Strohhalm und einer Hahnenfeder ein B.blatt [8]). B.n werden in der Walpurgisnacht (vgl. Dornsträucher) auf den Düngerhaufen gesteckt und mit einem Stock geschlagen; die Hexen spüren diesen Schlag und haben dann keine Macht mehr über das Vieh (Deutsches Westböhmen) [9]). Nach altem isländischem Aberglauben läßt der Hexenmeister von seinem Treiben ab, wenn man ihn mit B.n peitscht [10]). Der russische Bauer hängt in der Johannisnacht an die Fenster und Stalltüren B.n [11]). Auch in Finnland [12]) und in Ungarn [13]) schützen die B.n das Vieh vor Verzauberung. Vielfach wird die B. auch im Milchzauber verwendet. Wenn sich die Butter nicht ausrühren ließ, geißelte man das Butterfaß mit B.n. War dann die Butter gewonnen, so wurde die Buttermilch in ein Loch gegossen, darauf ein Pfahl geschlagen und die gebrauchte Nesselrute daneben vergraben (17./18. Jh.) [14]). In einem siebenbürgischen Hexenprozeß v. J. 1641 wird berichtet, daß die Milch der Kuh auf eine B.staude geschüttet und dann die Pflanze geschlagen wurde; die Hexe, die das Vieh verzaubert habe, müsse dann erscheinen [15]). Wenn die Butter nicht zusammengehen will, hole man eine Nessel und spreche beim Holen:

„Grüß dich Gott, Nesselstrauch,
Hast 50 und sein (oder „kein") Rauch (?),
Gieb mir den besten, laß mich aufschließen,
der Zauberin ihr Schloß,
Daß ich kann herausnehmen Butterkloß,
Das helfe mir Gott † † †" [16]).

In die zur Käsebereitung bestimmte Milch wird am Weihnachtsabend eine B.wurzel gelegt und das Ganze an Dreikönig in den Mist gegossen, dann kann die Milchwirtschaft durch Behexung nicht geschädigt werden [17]). Auch bei den Wenden [18]) und bei den Slowaken [19]) dient die B. im Milchzauber. Die Praxis einer Berliner Milchhändlerin, an einem heißen Sommertag die Milch durch Einlegen von B.n vor dem Sauerwerden zu bewahren (vgl. unten d. B. als Mittel gegen das Sauerwerden des Bieres), führte i. J. 1902 zu einer Klage wegen Lebensmittelfälschung. Die Angeklagte wurde jedoch freigesprochen, weil sie „ein allgemein geübtes Verfahren" in Anwendung brachte [20]). Im Agrarzauber wird beim Setzen des Kohles (Krautes) eine B.staude in die Erde gesteckt und mit einem Stein angedrückt, das bewahrt den Kohl vor Raupenfraß [21]), oder man steckt gegen Vogelfraß in eine Ecke des Feldes einen B.stock und einen Besenstiel mit den Worten:

„Da Krah, das ist dein
Und was ich steck', das ist mein!" [22])

Andrerseits ist aber auch die B. eine Pflanze der Hexen, die pflücken sie zu ihren Zaubertränken [23]). Von den Zusammenkünften der Hexen auf Kreuzwegen geben die dort stehenden B.n Kunde [24]).

[3]) Mannhardt *Germ. Mythen* 102. [4]) Albertus Magnus 1508, cap. 2; Mizaldus *Centuriae* IX (1592), 91; Alpenburg *Tirol* 397 (kein Tiroler Volksglaube). [5]) Zahler *Simmental* 170. [6]) Andree *Braunschweig* 386. [7]) Loebe *Altenburg* 448 = Veckenstedts Zs. 2, 360. [8]) Andrian *Altaussee* 153. [9]) Schaffende Arbeit 5 (1917), 448. [10]) Olafsen *Reise durch Island.* 1

(1774), 10. [11]) Ausland 1835, 1301; Yermoloff *Volkskalender* 295. [12]) FFC. 30 (1919), 57. [13]) ZfVk. 4, 401. [14]) MVerBöhm. 18 (1880), 204. [15]) KblndLkde 5 (1883), 100. [16]) MsächsVk. 2, 359; Wirth *Beiträge* 6/7, 32. [17]) Grohmann 139. [18]) Schulenburg *Wend. Volkstum* 162. [19]) DbotMonatsschr. 14 (1896), 139. [20]) Teichert in Milchzeitung, Leipzig 1903. [21]) Frischbier *Naturkunde* 326; ebenso in Estland: FFC. 32, 31; an Stelle der B. wird auch die stechende Distel genommen: Mannhardt 1, 15. [22]) Spieß *Obererzgebirge* 28; John *Erzgebirge* 220. [23]) Knoop *Pflanzenwelt* 11, 80. [24]) John *Erzgebirge* 133.

3. B. und Blitz (Donner, Gewitter) werden oft miteinander in Verbindung gebracht. „Wenn man Bier brauet, soll man einen guten Strauß B.n auf den Rand des Bottichs legen, so schadet der Donner dem Bier nicht" [25]). Eine rationalistische Erklärung dieses besonders in Mecklenburg häufigen Aberglaubens versucht bereits Paulli [26]), ebenso Keller [27]). Möglicherweise hemmen tatsächlich die in der B. vorhandenen chemischen wirksamen Stoffe (Ameisensäure, Glykoside?) die Entwicklung der Essigsäure- (Bacterium aceti usw.) und der Milchsäurebakterien (vgl. oben die Verwendung der B. im Milchzauber), die vor allem bei schwüler Witterung (also vor Gewitter) ihre Tätigkeit entfalten (Oxydation des Alkohols zu Essigsäure). In der Antike legte man Lorbeerblätter zum Wein, damit dieser bei Gewitter nicht umschlägt [28]). Es bestehen jedoch sicher auch Beziehungen der B. (wegen des Brennens) zum Blitz (Feuer) [29]), daher auch der niederdeutsche Volksname „Dunnernettel" [30]). Wo B.n stehen, schlägt der Blitz nicht ein [31]). Am Gründonnerstag (Tag des Gewittergottes!) gesammelte B.n, auf dem Dachboden verwahrt, schützen das Haus vor Blitzschlag [32]). Wenn es donnert, legt man den Eiern des Bruttieres Stahl und B.n unter, damit die Eier nicht taub werden [33]). Eine Beziehung zum Blitz (Feuer) ergibt sich auch, wenn am russischen Johannisfest über Feuer und Nesseln gesprungen wird [34]).

[25]) Rockenphilosophie 1707, 4, 364 = Grimm *Myth.* 3, 445; ebenso Danneil *Wb. der altmärk.-plattd. Mda.* 1859, 43; Bartsch *Mecklenburg* 2, 133; Knorrn *Pommern* 145; Drechsler 2, 210. [26]) *Quadripartitum botanicum* 1667, 519. [27]) *Grab des Aberglaubens* 2 (1785), 144. [28]) Geoponica 7, 11. [29]) Mannhardt *Germ. Myth.* 102; Drechsler 2, 210. [30]) Auch bei den Mordwinen ist die B. die „Donnernessel": Journ. de la Soc. Finno-Ougrienne 12 (1894), 9. [31]) Baumgarten *Aus d. Heimat* 64; dagegen gilt in Mittelfranken die B. als blitzanziehend: Marzell *Bayer. Volksbot.* 134. [32]) Steierer Slovenen: ZföVk. 4, 148. 152; ebenso angeblich in Ungarn und Piemont: Gubernatis *Myth. des plant.* 2, 271. 274. [33]) Treichel *Westpreußen* 12, 426. [34]) Yermoloff *Volkskalender* 292.

4. Die B. gilt schon in der Antike als aphrodisisches (bzw. Fruchtbarkeits-)Mittel. Der Genuß des Samens reizt zum Beischlaf [35]), vierfüßigen Tieren, die sich begatten wollen, reibt man die Genitalien mit B.n ein [36]), was auch ins ma.-liche Schrifttum übergegangen ist [37]). Von einem mannstollen Mädchen sagt man im Rheinischen, „dat let och en de Brennessle" [38]). Die B.samen gelten in Schwaben als fruchtbarmachend [39]). Um Liebe zu erwecken („ad amorem conciliandum") berührt man die zu gewinnende Person mit einer am Johannistag unter Hersagung von drei Ave Maria ausgegrabenen B.wurzel, die unter das Altartuch gelegt wird [40]). In der Mark schwenkte das liebesdurstige Mädchen einen abends gebrochenen Nesselbusch vor Lippen und Augen mit den Worten:

„Kruskopp, treck den Kruskopp ran,
Huch, wat's allewiel fleddern kann!"

(Krauskopf [= Nessel], locke den Krauskopf [= Burschen] heran, ach, wie das jetzt flattern kann). Der besprochene Nesselbusch wurde dann auf die Türschwelle gelegt, die der Bursche am nächsten Morgen überschreiten mußte [41]). Auch die mohammedanischen Mädchen in Bosnien und in der Herzegowina benutzen die am Vorabend des Georgitages gesteckte B. als Liebesorakel [42]). Vielfach gibt man den Hühnern den im Dreißiger gesammelten [43]) B.samen, damit sie recht gut legen [44]). Auch ist die B.wurzel ein Trächtigkeitsmittel [45]).

[35]) Dioskurides *Mat. med.* 4, 93. [36]) Plinius *Nat. hist.* 22, 36. [37]) Z. B. „diu nezzel erwecket die unkäusch": Megenberg *Buch der Natur* hrsg. v. Pfeiffer 423. [38]) Müller *Rhein. Wb.* 1, 969. [39]) Lam-

mert 158. [40]) Fromann *de Fascinatione* 1675, 704; vgl. auch Anz. f. Kunde d. Vorzeit 1854, 190; Alemannia 17, 240; ferner Franz *Frater Rudolfus* 426 in MschlesVk. 17, 34. [41]) Handtmann *Märk. Heide* 149. [42]) Wiss. Mitt. Bosn. u. Herceg. 3, 564; 4, 469; 7, 339. [43]) Marzell *Bayer. Volksbot.* 58. [44]) Z. B. MsächsVk. 2, 359; Wirth *Beiträge* 6/7, 33; Drechsler 2, 210. [45]) Eberli *Thurgau* 184.

5. Die B. als Orakelpflanze. In den alten Arznei- bzw. Sympathiebüchern ist das Rezept zu finden, um zu sehen, ob ein Kranker stirbt oder am Leben bleibt: Der Harn des Kranken wird auf grüne Nesseln gegossen. Bleiben diese frisch, so wird der Kranke am Leben bleiben, verdorren sie, so wird der Kranke sterben (12./13. Jh.) [46]), oder es wird unter das Bett des Kranken ein Topf mit Nesseln gestellt, bleiben sie grün, so wird er genesen, verwelken sie, so stirbt er [47]). Einer Nessel wird ein Zettel mit dem Namen der Hausfrau angehängt und die Pflanze dann in eine mit feuchtem Sand gefüllte Strohschüssel gesetzt. Am 1. Mai vor Sonnenaufgang sieht man nach: ist die Nessel verwelkt, stirbt die Hausfrau im Lauf des Jahres [48]). Wachsen im Sommer und Herbst die B.n recht hoch, so gibt es einen strengen Winter [49]). Blühen die Nesseln bald, so muß man bald säen; wie sie blühen, so fällt auch die Dinkelsaat aus, haben sie oben die meisten Samen, so wird die letzte Winterfrucht die beste [50]). Wenn im Frühjahr die B.n mit durchlöcherten Blättern (infolge von Insektenfraß?) emporwachsen, so wird es im Sommer Hagelschlag geben [51]). Wenn die Nesseln mit weißen Blättern (vgl. Bohne, Erbse, Kohl) am Haus oder Gartenzaun wachsen, so verkündigen sie einen Trauerfall [52]). Auch sonst wird die B. mit dem Tod in Verbindung gebracht, wie die aargauische Redensart: „er ist i d'Nessla cho" (= sterben), beweist [53]).

[46]) Pfeiffer *Arzneibücher* 135; Oefele *Angebliche Practica des Bartholomäus* 1894, 95 b; Weckerus *De Secretis* 1701, 124; Wolf *Beiträge* 1, 251; vgl. auch Albertus Magnus[20] Toledo 4, 14. [47]) Grimm *Myth.* 3, 474; Drechsler 2, 210. [48]) Reinsberg *Böhmen* 207. [49]) Fischer *SchwäbWb.* 6, 858; ZföVk. 10, 53. [50]) Fischer *SchwäbWb.* 1, 1402. [51]) SAVk. 2, 280. [52]) Höhn *Tod* 308. [53]) SchweizId. 4, 805; in Frankreich ist „jardin aux orties" (Nesselgarten) eine Bezeichnung für Friedhof.

6. Die B. als Kultspeise. Als Frühlingspflanze ist die B., bzw. das aus ihr hergestellte Gemüse, eine Kultspeise, die Gesundheit und Kraft verleihen soll [54]). Bereits Plinius [55]) erwähnt die im Frühjahr hervorsprießende Nessel als kultische Speise („multis etiam religioso in cibo"), die für das ganze Jahr die Krankheit fernhält. B.n sind ein häufiger Bestandteil der Gründonnerstagssuppe [56]). Ein Gemüse von Nesseln, die am Gründonnerstag geholt sind, schützt vor Geldmangel [57]). Unter den siebener- bzw. neunerlei Kücheln oder Krapfen (Kultspeise), die in Süddeutschland, Tirol usw. am Johannistag gebacken werden, befinden sich meist auch Nesselkücheln [58]). Wer ein gutes Jahr haben will, muß am ersten Januar B.kuchen essen [59]).

[54]) Höfler *Botanik* 78. [55]) *Nat. hist.* 21, 93. [56]) Z. B. Drechsler 2, 210. [57]) Marzell *Bayer. Volksbot.* 23. [58]) ZföVk. 16, 92; ZfdMyth. 3, 339; Heimatgaue. Linz 1 (1919 bis 20), 292; Marzell *Bayer. Volksbot.* 49; Mannhardt *Germ. Myth.* 102. [59]) Leithäuser *Berg. Pflanzennamen* 10.

7. In der sympathetischen Medizin wird die B. häufig benutzt, um das Fieber zu bannen. Plinius [60]) schreibt, daß die Wurzel der Herbstnessel („autumnalis urtica") aufgebunden das drei- und viertägige Fieber heile, wenn man beim Ausgraben den Namen des Kranken nenne und hinzufüge, wessen Sohn der Kranke sei. Mit verschiedenen Segensformeln (z. B. Nessel ich klage dir — Meine 77erlei Fieber plagen mich" usw. oder „Ich streue den Samen durch Christi Blut, es ist für 77erlei Fieber gut" usw.) wird Salz auf die Nessel („unter der Dachtraufe") gestreut. Vielfach heißt es, das Fieber vergehe, wenn die B. daraufhin vertrockne (osmotische Wirkung des auf die Blätter gestreuten Salzes!) [61]). Um Gliedwasser (Synovitis?) zu heilen, bespreche man die B.:

B. ich will dich behalten
Für das faule Fleisch
Und für die Mutter und für das Gliedwasser

Inwendig und auswendig
Daß du heilest allen Schmerz und alle Schäden.

(„Aus einem gedruckten Zauberbuch")[62]. Eine an Gebärmutterkrebs Leidende soll B.samen vor Sonnenaufgang nach den vier Himmelsrichtungen streuen und sie wird genesen (Oberbayern)[63]. Wenn man Nesselsucht (Similia similibus!) hat, so trinkt man Tee von B.n (Lunden)[64] oder läßt seinen Harn auf B.n[65]. Bei den Marchfeld-Slowaken gilt letztgenanntes Mittel als wirksam gegen Unterleibsbeschwerden[66], in den Vogesen gegen Gelbsucht[67]. Für „Hitze und Brand" bei Mensch und Vieh dient zusammen mit Schneckenschalenmehl und gepulvertem Schädelstück zerkleinerte B.wurzel, die unter der Dachtraufe gewachsen und an Maria Himmelfahrt (oder im Mai am ersten Tag des Krebses vor Sonnenaufgang) gesammelt sein muß[68]. Das Öl, in dem vor Sonnenaufgang gepflückte B.n abgesotten werden, schützt die Glieder vor dem Erfrieren[69]. Vielfach wird die B. gegen Viehkrankheiten verwendet. Gegen Würmer und Maden beim Vieh knickt man drei Stengel der B. und spricht jedesmal:

Nettel knick di
Dat de oll Soeg (bzw. schwart Schap usw.)
De Purrik (= Wurm) rut geht[70].

Gegen die Mauche bricht man durch den Zaun drei B.n und spricht dazu:

Die ist for den Ochs
Die andere ist for den Fuß
Die dritte ist, die heilen muß (Birkenfeld)[71].

Hat ein Tier die Fußfäule, so schneidet man ein Stück Rasen aus, nimmt drei Nesseln, zieht sie dem Tier zwischen den Zehen durch, macht einen Schnitt in das Rasenstück, steckt die B. hinein und stellt alles über die Feuergrube und läßt es verdorren (Emmental)[72]. Die B. dient ferner zum „Verstellen" des Blutes beim Vieh[73]. Hat man sich mit B.n gebrannt, so reibt man die schmerzende Stelle mit „Heimina" (Chenopodium bonus Henricus) und spreche:

Nomini Patri
Neßje machund Blattre
Mit Heimina rib'n,
Das tüets sus vertrib'n (Wallis)[74].

Ähnliche Beschwörungen sprechen die von B.n Gebrannten in England, wo die schmerzende Stelle meist mit den Blättern der großen Ampferarten gerieben wird[75]. Ein „wahrhafter" Jüngling oder eine solche Jungfrau können B.n angreifen, ohne sich zu brennen[76]. Die B.n brennen nicht, wenn man beim Berühren den Atem anhält (häufiger Volksglaube)[77]. Kein „deutscher" Volksglaube (sondern wohl aus alten Sympathiebüchern stammend) ist die Probe, um zu sehen, ob ein Mädchen noch Jungfrau ist: Man läßt es auf B.n pissen; verdorren die Pflanzen, so ist das Mädchen keine Jungfrau mehr[78]. Hängt damit vielleicht die schweizer Redensart zusammen: „Die Dochter hat villicht in die Nessle brunzelt" (d. h. einen Fehltritt begangen)[79]? Verdorrt die Nessel, auf die der Harn der Frau geschüttet wird, so ist diese unfruchtbar[80].

60) *Nat. hist.* 22, 38. 61) ZfVk. 7, 69; Jahn *Hexenwesen* 258; Engelien u. Lahn 259; Geschichtsbl. f. Stadt u. Land Magdeburg 16 (1881), 250; Marzell *Bayer. Volksbot.* 160; Höhn *Volksheilkunde* 1, 155; auch in England: Germania 7 (1846), 429. 62) Jahn *Hexenwesen* 268. 63) Originalmitteil. 64) Urquell 4, 279; Reichborn-Kjennerud *Laegeurter* 49. 65) Drechsler 2, 288. 66) D. Land 5 (1897), 384. 67) Sébillot *Folk-Lore* 3, 497 = Rolland *Flore pop.* 10, 16. 68) Wartmann *St. Gallen* 80 = SchweizId. 4, 805. 69) Handschr. Brauchbuch aus Schlesien: Drechsler 2, 210; das Mittel geht zurück auf eine Schrift des mittelniederdeutschen Magister Bartholomaeus: Höfler *Botanik* 77 f. 70) Bartsch *Mecklenburg* 2, 459. 71) ZrwVk. 8, 71; ähnliche Besegnungen gegen Viehkrankheiten auch bei den Siebenbürger Sachsen: Haltrich *Siebenbürgen* 270, den transsilvanischen Zeltzigeunern: Ethnol. Mitt. aus Ungarn 1 (1887), 144 f. und den Kroaten in Niederösterreich: ZföVk. 3, 214. 72) SAVk. 15, 8. 73) Wilde *Pfalz* 32. 74) SchwVk. 4, 15; einen anderen Segen: Pfälz. Museum 43 (1926), 60. 75) Grimm *Myth.* 3, 507; Germania 7 (1846), 429; Dyer *Folk-Lore of plants* 1889, 298; Gutch *County folkl. of Yorksh.* 1912, 70; MschlesVk. 16, 12. 76) Baumgarten *Aus der Heimat* 1862, 129. 77) Auch in der franz. Schweiz: SAVk. 25, 283. 78) Vgl. Gubernatis *Myth. des plant.* 2, 273 f. 79) SchweizId. 4, 805. 80) Ebd. 4, 1415; vgl. damit den Glauben der Schwaben, daß die Empfängnis verhindert wird, wenn die Frau nach dem Beischlaf den Harn auf B.n läßt: D. bot. Monatsschr. 14 (1896), 139.

Marzell.

Brephomantie, Kinderwahrsagung (βρέφος = Kind). Gelehrte Bezeichnung der Wahrsagung aus den Eingeweiden von Kindern, s. Anthropomantie, Paedomantie.

[1]) Fabricius *Bibliogr. antiqu.*[3] (1760), 597. Boehm.

Bretzel.

1. Herkunft und Name dieses Gebäckes sind verschieden [1]) gedeutet worden; Koch [2]), A. v. Preter [3]), Höfler [4]) und F. Nork [5]) zählen die zum Teil lächerlichen Einfälle auf; v. Preter [6]) und Gräter [7]) deuten dieses Gebildbrot aus dem Sonnenrad [8]), wobei Preter noch auf das ptolemäische Münzzeichen verfällt (!) [9]); selbst ein Feind aller haltlosen Kombinationen wie A. Dieterich [10]) hielt den Zusammenhang der B. mit dem Sonnenrad für möglich; ihn leitete offenbar der Gedanke, daß sich die Verwendung dieses Gebäckes beim Lätare-Umzug am besten so erkläre. Höfler [11]) hat in einer besonderen Abhandlung das sprachliche und bildlich-monumentale Material und die literarischen Zeugnisse zusammengestellt und die B. als Teigsubstitut des früher dem Grabe beigelegten Totenschmuckes (Armring, Halsring und Spange) gedeutet. Das Glossarium Lindenbrogi (10./11. Jh.) erklärt [12]): brecita: crustulum, genus panis oleo conspersus, in medio concavus et tortus. Diese Glosse fand nach den Angaben des Arevalo (1747/1824), eines spanischen Kommentators, Mazzocchi (1684/1771) in einer Handschrift der Origines [13]) XX c 2 des Isidor v. Sevilla (570/636): crustula diminutivum est a crusta: panis oleo conspersus in medio concavus et tortus [14]). Daraus kann man schließen, daß — was man bis jetzt nur vermuten konnte — die B. vor der Entstehung der deutschen Klöster im Süden bekannt war; oder der Autor des Glossarium Lindenbrogi übertrug die bei Isidor gefundene Erklärung der crustula einfach auf die B.; als Form dieser crustula torta ist wohl die der Marburger Neujahrskringel anzunehmen [15]); auch Ekkehard [16]) erwähnt eine torta panis in seiner benedictio ad mensas; dagegen suchen wir bei ihm auffallenderweise das „brachiolum" vergebens. Eine andere Glosse (10. Jh.) lautet [17]): prezitella: collyridam [18]) panis, oder wir lesen [19]): prezita: colliridam (12. Jh.), oder crustula [20]); auch das bekannte Summarium Henrici zitiert [21]): crustula: brezita, brezitella. Als erster leitete Wachter [22]) das Wort von brachile [23]) ab, dachte also an Arm, Armschmuck. Besser ist die Beziehung zu brachiale [24]), die auch Wachter freiläßt, und bracellus [25]) zu bracchium gehörig, vgl. ital. bracciatello; Höfler zieht noch das Beugel- [26]) und Kringelgebäck [27]) heran und kommt so auf die Deutung, daß die B. eine alte Totengabe ist und die bekannten den Toten beigelegten Ringe und Spangen ersetzt. Zwei Stellen hat Höfler nicht beachtet, Grimm [28]) und Du Cange [29]) zitieren sie: in den Gesta abbatum Trudonensium (Kloster St. Trond im Haspengau) werden die Fastengerichte der Mönche aufgezählt [30]): Quatuor diebus nativitatis Domini, paschae et pentecostes ad prandium duas portiones piscis . . . et ad cenam prima die placentam cum bracchiolo; und die direkte Bezeichnung bracellus finden wir in den veteres consuetudines Floriacensis coenobii, wobei bracellus gedeutet wird: signum . . . . ut de duobus bracchiis facias unum ponendo super aliud. Daraus ist klar, daß man das Gebäck als „Ärmchen" [31]) deutete; B. gehört sprachlich einwandfrei zu bracellus und das ahd. brezitella zu ital. bracciatello [32]). Die Annahme, daß dieses klösterliche Fastengebäck ein von den Mönchen in frommer Phantasie als „Ärmchen" gedeutetes ursprüngliches Totengebildbrot und eine Ablösung der armillae und spirae ist, scheint manche Wahrscheinlichkeit für sich zu haben. Auch die Abbildungen [33]) sprechen zunächst nicht dagegen. Es ist kein Gebildbrot, das die Hausfrau zubereitet, sondern erscheint immer als „genus pistorii operis" [34]); daraus schloß man, daß die B. aus dem Süden eingeführt wurde [35]).

[1]) Von den älteren Autoren sind besonders zu erwähnen Jo. Georgii ab Eckhart *commentarii de rebus Franciae orientalis et epi-*

scopatus Wirceburgensis tom 1 (1729), 435: tempore ieiunii quadragesimalis panis tortilis coquitur, quem Braetzel hoc est armillam nominamus; nam Barbaro-Latinis brachile et brachiale Gallice bracelet, Italice braccialetto denotat armillam. Panem hunc alii bracellum alii brachiolum ... vocant; er zitiert dann die von Du Cange 1, 729 zu bracellus und 730 zu brachiolum erwähnten Stellen u. möchte die B.n als ligamina superstitiosa erklären (vgl. 419). Da haben wir schon die ganze Argumentenreihe, die wir bei Höfler antreffen werden, der dieses Buch aus der von ihm benutzten Literatur wohl gekannt hat, aber nicht zitiert. [2]) M. Johannis Christiani Kochii *Coniecturae de spiris pistoriis, vulgo von Bretzeln.* Dresdae 1733; in dieser wohl ältesten Spezialabhandlung über die Bretzeln erwähnt der Verfasser nach langatmigen Untersuchungen über „spira" die Ableitungen von preculae und Brechen (11—12) und deutet selbst (21 ff.) das Gebäck als „figura crucis"; ein Exemplar der seltenen Schrift ist in München. Die Ableitung des Wortes B. von preculae und pretiola bringt auch: Brevinus Noricus Fago-Villanus *Den in vielen Stücken allzu abergläubigen Christen* ... Leipzig 1721, p. 139 (in München); vgl. Praetorius *Blockesbergs Verr.* 491. [3]) Mitteilungen der K. K. Zentralkommission zur Erforschung und Erhaltung der Baudenkmale (Wien 1869) 14, 5; Höfer *Etymologisches Wb.* 1, 115; Koch *Dissertatio de spiris pistorum* 22; zu brettstel: Grimm *DWb.* 2, 378; Kloster 7, 135 A. [4]) Beilage zur Allgemeinen Zeitung 1901 (München) Nr. 272, 6; Arch. f. Anthropol. N. F. 3 (1905), 104, im folgenden zitiert: Höfler *Brezel*; ZföVk. 9 (1903), 195 f.; Deutung des Wortes angenommen v. Kluge *EWb.*[10] 73 und Paul *DWb.*[3] 92; Grimm *DWb.* 2, 378—79; Höfler *Fastengebäcke* 72. 91 ff.; *Ostergebäcke* 19; Becker *Frühlingsfeiern* 17; Frischbier *Preußisches Wb.* 2, 179; Fischer *Schwäb.Wb.* 1, 1412 ff.; Müller-Fraureuth *Wb. der obersächsischen und erzgebirgischen Mundarten* 1, 152; Adelung *Wb.* 1, 1192. [5]) Kloster 7, 133 ff.; noch Albers *Das Jahr* 123 leitet Brezel von „pretiolum" ab; Höfler *Fastengebäcke* 88; Koch 14; zu brätstelle vgl. Pfannenschmid *Erntefeste* 495. [6]) l. c. 5—6. [7]) Iduna u. Hermode h. v. Gräter 1814 Nr. 5, 18—20. [8]) Höfler *Weihnachten* 42 ff. [9]) Ders. *Brezel* 104. [10]) ARw. 8, Beiheft 102 A. 1; ebenso Fox *Saarland* 417; Rochholz *Glaube* 2, 157; Kolbe *Hessen* 36. [11]) *Brezel* = Arch. f. Anthr. N. F. 3, 94—110; vgl. die Rezension von Lauffer: ZfVk. 16 (1906), 234 bis 235; Hoops *Reallex.* 1, 152. [12]) Graff *Ahd. Sprachschatz* 3, 317. [13]) Lobeck *Aglaophamos* 2, 1074 Ax. [14]) Abgedruckt bei Migne *Patrol. lat.* 82, 1044 N. 18. [15]) Höfler *Brezel* 106 Nr. 22. [16]) *Benedictiones ad mensas Immoni abbati de sancto Gregorio fratri germano compacte roganti* in Mitt. d. antiquar. Gesellschaft Zürich 3 (Zürich 1846—47), 106, v. 8. [17]) Graff l. c. [18]) Im *Glossarium Aynardi* ist collirida mit bracidelli erklärt: *Corpus glossariorum latinorum* ed. Goetz 5, 618, 18; vgl. *Thesaurus linguae latinae* 3, 1667; *corpus gloss.* lat. ed Goetz 5, 380, 25: panis collyri: panis quadrangulus. [19]) Graff l. c. [20]) l. c. [21]) Steinmeyer-Sievers *Ahd. Glossen* 3, 153. [22]) v. Preter l. c. 5; Wachter *Glossarium germanicum* 212. [23]) bracile ist ein Gewandstück = zona, es kommt von braca: *Thesaurus linguae latinae* 2, 2162 und 2154; Isidor *Origines* 19, 33, 5; Du Cange 1, 731; MGS. 10, 315, 7; daher paßt die von Lippert *Christentum* 604—5 und andern zitierte Stelle aus der lex salica nicht: H. Geffken *Lex Salica* (L. 1898) 27 § 10. 141. [24]) Du Cange 1, 729 armilla; vgl. Tobler-Lommatsch *Altfranzösisches Wb.* 1, 1104: bracel u. bracelet. [25]) Du Cange 1, 729 circuli ex auro. [26]) *Brezel* 95 f.; 109; v. Preter l. c. 5 f. [27]) Dazu paßt die Glosse des Murmellius (im *Pappa puerorum* cap. *de cibi generibus*) sehr gut: spira: bretschel oder ring, genus pistorii operis; vgl. Steinmeyer-Sievers l. c. 3, 153; 617, 42; 1, 414: colliridam-halstan als Glosse zur Vulgata 2. Reg. 6, 19; vgl. Hoops *Reallex.* 1, 152; Arculata, spirae und circuli, στρεπτοί sind auch in der Antike belegt: Lobek *Aglaophamos* 2, 1073—75; arculata (= fibulae) dicebantur circuli, qui ex farina in circulis fiebant (Festus 16 = 15, 10 Lindsay); circuli sind Ringe aus Mehl, Käse und Wasser: Varro *Lingua latina* 5, 106 = 33, 17 Goetz-Schoell; in Schwaben heißen die Neujahrsb.n Neujahrsringe: Meier *Schwaben* 470, 228; zu den στρεπτοί vgl. Demosthenes *Kranzrede* 260; Athenaeus 4, 130 d = 1, 296, 8 Kaibel; Bekker *Anecdota* 1, 302; unseren B.n sind wohl die arculata am meisten zu vergleichen. [28]) *DWb.* 2, 379. [29]) 1, 729. [30]) MG. Hist. scriptores tom. 10, 314, 40. [31]) Vgl. Wuttke *Sächs. Volksk.* 304; John *Erzgebirge* 190; Fischer *Altertumsk.* 57; Kloster 7, 134; Heyne *Nahrungswesen* 277; A. Schultz *Das höfische Leben* 1 (1889), 395; J. L. Frisch *Deutsch-Lat. Wb.* (1741), 136: spira pistoria panis figuram bracchiorum plicatorum habens; Adelung *Wb. der hochdeutschen Mundarten* 1, 1073. [32]) M. Krämer *Dictionarium Teutsch-Italiänischer Sprache* 3, 297 f. [33]) Höfler *Brezel* 105 ff.; zwei Abbildungen bietet uns die Äbtissin Herrad von Landsperg in ihrem *Hortus deliciarum* auf dem Bilde, das Esther und Mardochai an festlicher Tafel schmausend darstellt: Engelhard *Herrad von Landsperg* Tafel 4; Henne am Rhyn *Kulturgeschichte* 1 (1886), 205; A. v. Preter l. c.; Weinhold *Frauen*[2] 2, 60; Heyne *Nahrungswesen* 272—277; A. Schultz l. c. 376; vgl. Kloster 6, 1081 u. Abbild. 157 u. 159. Eine andere Abbildung zusammen mit andern Gebildbroten bei Johann Placotomus

(= Brettschneider) *De tuenda bona valetudine, libellus Eobani Hessi, commentariis doctissimis illustratus* p. 62; vgl. Wrede *Rhein. Volksk.* 196. 237. [34]) Murmellius l. c.; Reiser *Allgäu* 2, 86, 305; John *Erzgebirge* 190; Koch l. c. 11. 13. 22 ff. [35]) Wuttke *Sächs. Volksk.* 304; Globus 80, 96.

2. Die Domäne der B. ist die Fastenzeit[36]) vor Ostern oder erweitert die Zeit von Neujahr[37]) bis Ostern. Sie kommt besonders häufig als Schmuck der bei den Frühjahrsriten umhergetragenen Baumsymbole[38]) (Lätare)[39]) neben andern Gebildbroten (z. B. Vögeln)[40]) und Eierschalen vor; und dazu paßt auch die Rolle der B. im Fruchtbarkeitsritus des Schlages mit der Lebensrute, wobei sich die Mädchen durch B.n loskaufen[41]); das will aber zur B. als Substitut der Grabgaben gar nicht passen; besonders eine z. B. in Schwaben[42]) gebackene besondere Art der B., der „Funkenring", den das Mädchen am Funkensonntag ihrem Burschen schenkt, ist doch niemals Substitut einer den Toten beigelegten Armspange gewesen, obwohl gerade diese nicht geflochtene Gebäckart der Armbandform äußerlich am ähnlichsten ist. Wir werden später sehen, wie B.n allgemein als Liebeszeichen verschenkt werden. Daß die B. auch als Totengabe vorkommt — das wäre für die Fundierung der Höflerschen Theorie besonders wichtig — zeigt ein Brauch, der früher im Wertachgebiete geübt wurde, wo man „Seelenbrezgen" an den Grabkreuzen aufhängte[43]); im Erzgebirge bekommen die Träger nach dem Begräbnis B.n[44]); in Bayern gibt es beim Totenmahl B.n[45]), Bier und Brot.

[36]) Höfler *Brezel* 96 ff.; *Fastengebäck* 80 ff. 68; John *Erzgebirge* 190. 219; Wuttke *Sächs. Volksk.* 304. [37]) Köhler *Voigtland* 170. [38]) Becker l. c. 17; Mannhardt 1, 155 ff. 157, 223, 288. [39]) Nach Koch (12) erhielten die Kinder, nachdem sie an Laetare die larva mortis de stramine facta verbrannt hatten, nach der Zeremonie B.n als Geschenk neben elixa legumina; Bavaria 2 a, 273; 4 b, 358. [40]) C. C. van de Graft in Die maandelijksche Bladen 7, 3 ff.; Becker l. c. 17. [41]) Mannhardt 1, 545—46. [42]) Birlinger *Volkstüml.* 2, 63—64. [43]) Ders. *Schwaben* 2, 136; Globus 80, 96; Beilage zur allg. Zeitung 1901 Nr. 272, 6; Sartori *Totenspeisung* 68—69; Höfler *Brezel* 102; Grimm *DWb.* 10, 1, 6; E. H. Meyer *Deutsche Volkskunde* 115.

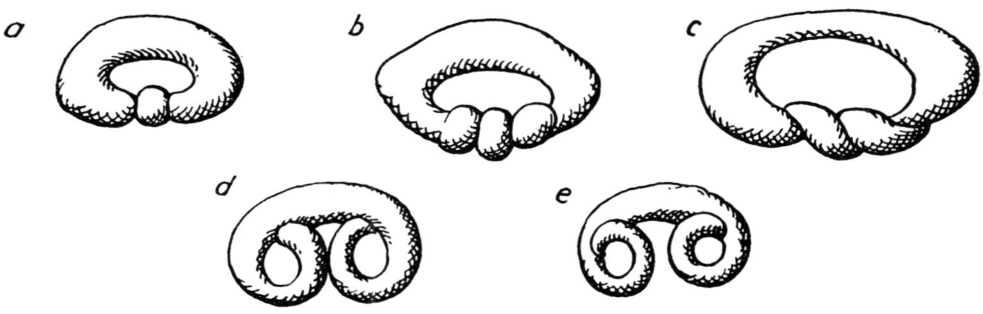

a) u. b) Formen im Vatic. 3867. c) Nördlinger Brezgen[50]).
d) u. e) Formen bei Herrad v. Landsperg[51]).

[44]) John *Erzgebirge* 127. [45]) Leoprechting *Lechrain* 252; vgl. Grimm *DWb.* 10, 1, 6.

3. Gegen die Höflersche Theorie und die auf Eckhart fußende Erklärung der B. als Totenschmucksubstitut kann man zusammenfassend kurz folgendes vorbringen:

a) Das Wort halstan, mit dem collyridam in einer alten Glosse erklärt wird (vgl. A. 27), hat mit ags. heals nichts zu tun[46]), also fällt die Beziehung zu Halsring und damit das Hauptargument Höflers.

b) Wieso kommt die B. als Totengebildbrot in die Frühlingsriten?

c) Warum genügt die Deutung der Mönche als bracchiolum = Ärmchen nicht?

d) Die Behauptung, daß wir unter den Abbildungen der römisch-christlichen Gebildbrote keine B.form finden, daß wir es also mit einem erst in den Klöstern aufgekommenen Fastengebäck zu tun haben, kann nicht aufrecht erhalten werden. Wir besitzen nämlich eine Abbildung aus der frühchristlichen Kulturepoche, die rund 700 Jahre älter ist als das Zeugnis mit Illustration, welches wir der Herrad v. Landsperg verdanken. Neben den typischen runden Kreuzbroten [47]), die uns bes. auf Skulpturen begegnen (Fisch mit Broten), fällt eine Szene auf, die uns eine illustrierte Handschrift, der cod. Vaticanus 3867 (5. Jh.), bietet [48]); dargestellt ist eine Mahlzeit des Äneas und der Dido; auf dem Tischchen liegt ein Fisch, und am Rand im Halbkreis sehen wir 3 Gebildbrote, von denen besonders das mittlere der aus dem hortus deliciarum bekannten Form entspricht; zu betonen ist, daß auch bei Herrad v. Landsperg Fisch und Brote auf dem Tischchen liegen; wir haben es also mit einem nach Form und Inhalt durchgehenden Motiv zu tun [49]).

Da haben wir also eine feste Überlieferungskette vom 5. Jh. über die mittelalterlichen Klöster bis auf unsere Zeit; darnach wäre die B. ein antik-christliches Kultgebäck (vielleicht die arculata, vgl. A. 28), das als Fastengebäck (in Ring- und Ärmchenform) übernommen wurde.

[46]) Kluge erwähnt in seinem *Angelsächsischen Lesebuch* 183 'halstan' s. v. ‚healstan' ohne Beziehung zu heals, ebenso O. Gröger in seinen *Ahd. Komposita.* [47]) Abbildungen bei Dölger ΙΧΘΥΣ III Tafel XXXVII Nr. 6; XXXIX Nr. 3; XL Nr. 4; XLII Nr. 3 u. 4; LI; LVI Nr. 1; LVII Nr. 2 u. 3; LVIII; LXI Nr. 1; LXIII; LXXII; LXXVIII Nr. 7 u. 8; LXXX Nr. 4; XCI Nr. 1; die Hauptformen sind ⊗ oder ⊛; vgl. Jahreshefte des österreichischen Archäol. Institutes in Wien 17 (1914), 2. Heft 95 Tafel 70; 150 Tafel 135; ARw. 15, 160 Tafel 1 Nr. 6. [48]) Abbildung bei Dölger l. c. Tafel LII; vgl. ARw. 15, 160 Tafel 1 Nr. 6: vielleicht sind hier die 3 länglichen Gegenstände auf dem Tisch auch Gebildbrote dieser Art; Jos. Wilpert *Die Malereien der Katakomben Roms.* Freiburg 1903, 292; Tafelband Tafel 133; Wendland *Hellenistisch-römische Kultur*² 428 Abb. 4. [9]) Auch ein Bild des Codex Egberti (10. Jh.) hat dieses Sujet: Heyne 2, 272. [50]) Höfler *Brezel* 106 Nr. 19; Ders. *Fastnacht* 92 Fig. 47. [51]) Vgl. die Krackeling in Friesland: Höfler *Brezel* Nr. 31.

4. Neujahrsb.n [52]): Besonders in Baden [53]) schenken die Burschen beim Neujahransagen dem Schatz B.n; diese darf man am Kaiserstuhl [54]) und im Elsaß [55]) vor Dreikönig nicht anschneiden; Neujahrsb.n schenken die Paten [56]) den Kindern oder diese den Lehrern [57]), die Bäcker [58]) den Kunden. In München teilte der B.reiter in der Neujahrsnacht B.n aus [59]). Zwischen Neujahr und Fastnacht liegt der Sebastianstag [60]); die B.-händler hatten neben dem Stand den B.-baum; man glaubte, daß der hl. Sebastian die B.n segne; daher kaufte jeder Bauer für Familie und Gesinde Sebastiansb.n; man vergnügte sich mit dem B.reißen; für die Bäcker war B.tanz; nach diesem wurden die B.n an Musikanten, Mädchen und Kinder verteilt.

[52]) Höfler ZföVk. 9 (1903), 194; *Brezel* 103; ZrwVk. 16 (1919), 47—49; Bavaria 3 b, 354. [53]) Meyer *Baden* 201. 235; Schmitt *Hettingen* 20: eine B. aus Stroh wird dem Mädchen ans Haus gehängt, das den Burschen mißleidig ist; Meier *Schwaben* 470, 228. [54]) Meyer l.c. 201. [55]) JbElsaß-Lothr. 7, 202. [56]) Birlinger *Schwaben* 2, 18; Wrede *RheinVk.* 238—39; Fox *Saarland* 404. [57]) Meyer l. c. 71. [58]) Ders. 494; Meier l. c. 470, 228; vgl. Wrede l. c. über das Herauskarten der Nb.: ZrwVk. 16 (1919), 47 u. 49; 13 (1916), 213 f.; Meyer *Baden* 71—72; Müller *RheinWb.* 1, 993. [59]) ZföVk. 9 (1903), 195; Radermacher *Beiträge* 107 A. 1; vgl. die Wallerb.n: v. Preter l. c. 5; ZföVk. l. c.; Schmeller *BayrWb.* 1, 376. [60]) DG. 14, 145. 146 ff.

5. B.n der Fastenzeit [61]): Im Allgäu [62]) und im Erzgebirge [63]) wechseln die Bäcker mit der „Bretzget" ab; Koch [64]) bezeugt (1733), daß nur „tempore quadragesimali" die B.n gebacken werden. Im Augsburger Jareinmal (um 1750) lesen wir [65]):

Man hört in Reimen hübsch und fein
Den Sommer und den Winter streiten,
Welch'r besser sei zu diesen Zeiten.
Auch nimmt jetzt mancher für den G'schlier
Ein Fasten-Pretzen zu dem Bier.

In der Gegend von Aschersleben [66]) heißt es: Wer die Fastenb.n verachtet, bekommt Eselsohren [67]). Das hat doch wohl den tieferen Sinn: Dieses spezielle Festgebäck bringt Glück und Gesundheit, wie die andern Fruchtbarkeitssymbole, mit denen zusammen die B. den Frühlingsbaum schmückt (vgl. Lätare- und Gründonnerstagsb.); die Fastnachtsspeisen [68]) sind zudem als Frühlingsspeise (vgl. A. 78) von großer Bedeutung und mit Opfern verbunden; nach Praetorius (Verrichtung 112. 115) vertreiben B.n an Fastnacht, Gründonnerstag und Dreikönig Hexen (vgl. A. 60).

Was in Anhalt [69]) Spiel ist, das Schenken der Fastenb. am Aschermittwoch für das Ausstäuben mit Ruten, war ursprünglich das Gegengeschenk für eine Fruchtbarkeitsübertragung; bei Hall in Tirol peitscht ein maskierter Bauer die Buben durch und wirft B.n unter die Kinder [70]). In Württemberg verteilen die Narren an Fastnacht B.n [71]). Eine große Rolle spielt dieses Gebildbrot beim Vegetationsritus an Invocavit; in Schwaben [72]) schenkt das Mädchen am „Funkensonntag" dem Burschen den Funkenring; beim Mädchenverschreiben an der Mosel [73]) brechen die Paare nach altem Brauch die B.; auch für das Rheinland [75]) sind solche uralte Gebräuche speziell für Fastnachtsdienstag und Lätare bezeugt: die Mädchen sandten (1579) den Burschen B.n, und die Burschen stifteten Würzwein. Noch heute kaufen die Burschen den Mädchen an Lätare B.n; lehnt das Mädchen diese ab, so bedeutet das eine Absage [75]). In Böhmen [76]) hängt man am Vorabend des „Fuchssonntages" B.n (Bängeln) in die Äste der Bäume; zu den Kindern sagt man: Der Fuchs [77]) hat die B.n verloren; die Kinder essen die B.n prophylaktisch gegen Zahnweh; also ruht auch hier Segen und Heilkraft auf der Opfergabe an die Vegetationsdämonen [78]). Am Gregoriustag, der in der Rhön der B.tag heißt, erhalten seit alter Zeit die Schulkinder B.spenden [79]); diese Gregoriusb.n erwähnt schon Koch [80]): „patroni pueris in diligentiae praemium spiras dabant"; in Donaueschingen [81]) bekommen die Schulkinder vormittags B.n, und am Nachmittag ist Volksbelustigung; über ein altes Schulfest am Gregoriustag mit B.verteilung berichtet Vulpius in seinen Curiositäten [82]). An Lätare, dem „Bretzgensonntag" im Allgäu [83]) und sonst [84]), „sollen ... die Pretzel zuerst gebacken seyn, welche sie unter die Kinder außgetheilet und ihnen Anlaß gegeben fleißig zu beten oder precari und preculas oder precationes sonderlich umb selbige Zeit abzulegen, daher sie auch sollen benahmet seyn" [85]); im Rheinland ist am Sonntag nach Halbfasten B.ziehen zwischen Lehrer und Schülern [86]). An Lätare tragen nach dem Papistenbuch [87]) die Knaben Fastenb.n an langen Stecken herum. Diese Frühlingsbräuche sind in der Pfalz und am Rhein noch besonders lebendig, kein geringerer als A. Dieterich [88]) hat diesen Ritus eingehend untersucht. Früher und auch jetzt an manchen Orten trieben die Knaben, „die B. in der Linken und einen hölzernen Degen in der rechten Hand, den Winter aus" [89]); in Eisenach war früher der „Sommer" mit B.n und Eierschalen geschmückt [90]); in Luxemburg heißt der Sonntag Lätare Fastenbohnensonntag; die Verheirateten müssen allen Gästen, die ein Stück vom Strumpfband der Frau geraubt haben, B.n geben [91]). In Baden finden wir das B.-umtragen auch an Judica [92]). Am Palmsonntag sind die Palmen [93]) in Tirol zuweilen mit B.n geziert, und beim Umzug ist der Zaum, den Christus auf dem Esel sitzend hält, mit einem Dutzend B.n geschmückt [94]). Bei Altenrieth (Schwaben) wird ein B.markt [95]) abgehalten, wobei die Burschen den Mädchen ganze Schürzen voll B.n schenken, dafür bekommen sie an Ostern Ostereier [96]); beim „Bratzeltanz" in Ottenhausen bei Neuenbürg holt der Bursch nur die Auserwählte zum Einzeltanz [97]). Im Gothaischen erhalten die Schulkinder an diesem Tag B. von den Jungverheirateten [98]). In der Gründonnerstagsnacht bringen die Burschen in Marbach den Mädchen B.n ans Fenster [99]); wenn die Mädchen nüchtern davon essen, bekommen sie das Fieber nicht, und solange die B. nicht schimmelt, ist die Liebe echt [100]) (vgl. die oben erwähnte Kraft der Fastenb. als Kultspeise und den Genuß des Eis) [101]); daß man am Gründonnerstag B.n gegen Fieber ißt, erwähnt schon J. Prätorius [102]), ebenso die Rockenphilosophie [103]); nach Prätorius hing man dieses Kultgebäck im Hause gegen Fieber und Zauberei auf, so noch heute in Braunschweig [104]). B.n als Geschenk der Paten am Gründonnerstag sind 1601 am Rhein (Rüdesheim) bezeugt [104 a]).

61) Höfler *Brezel* 98 ff. 103 ff.; ZföVk. 9 (1903), 80 ff. 91 ff. An der Elbe gibt es nach dem Fastenbeten B.n: Meiche *Sagenbuch der sächsischen Schweiz* 115; Preter l. c. 62) Reiser *Allgäu* 2, 86; vgl. Fischer *SchwäbWb.* 1, 1413. 63) John *Erzgebirge* 190. 64) l. c. 20. 23; für Sachsen: Müller-Fraureuth l. c. 1, 152. 65) Birlinger *Schwaben* 2, 148. 66) Mannhardt *Germ. Myth.* 25. 412; Wolf *Beiträge* 1, 79; Jahn *Opfergebräuche* 117. 145; W. 97. 67) Wer in Waldeck am Gründonnerstag kein „Grünes" ißt, bekommt Eselsohren: Curtze *Waldeck* 398, 134; Jahn l. c. 145; Bechstein 1, 161; im Rheinland muß man Lauch essen: ZrwVk. 18 (1921), 36. 68) Jahn l. c. 116 f.; Höfler *Brezel* 103. 69) ZfVk. 1897, 75; Mannhardt 1, 545; über die Ablösung des Schlages durch die B. an Aschermittwoch: Bavaria 2 a, 273. 70) Mannhardt 1, 269; Zingerle *Tirol* 139; im Rheinland finden wir das B.-schleudern unter die Kinder am Fastnachtsonntag: Müller *RheinWb.* 1, 993, nachmittags ist Wettlauf, wobei der Sieger eine Bretzel erhält; vgl. SAVk. 1 (1897), 190 ff. 71) Kapff *Festgebräuche* Nr. 2, 11; für die schles. Fastnachtb.n: Mschles Vk. 1906 H. 15, 145. 72) Birlinger *Volksth.* 2, 63 f.; *Schwaben* 2, 62 ff.; Mannhardt 1, 539; Höfler *Fastengebäcke* 80 f.; *Brezel* 99 f.; Meier *Schwaben* 383, 25; vgl. Fox *Saarland* 418. 73) Mannhardt 1, 453; vgl. Fontaine *Luxemburg* 32; ZfVk. 1915, 301. 74) Wrede *RheinVk.* 248—49. 75) Müller l. c. 994; für das Saarland: Fox *Saarland* 343: am Lehenfest gibt das Mädchen dem Burschen eine B. als Liebeszeichen. 76) Reinsberg *Festl. Jahr* 68; Höfler *Brezel* 98; Ders. *Fastengebäcke* 73. 77) Über Opfer an den Fuchs: Jahn *Opfergebräuche* 118; Meier *Schwaben* 375, 9. 78) Über Opfergaben für Vegetationsdämonen an Fastnacht: Jahn l. c. 116. 79) Höfler *Brezel* 100; Ders. *Fastengebäcke* 87 f.; vgl. Vulpius *Curiositäten* im Kloster 7, 207; Hilscher wollte allen Ernstes den Namen der B.n davon ableiten, daß die Praeceptores am Gregorsfest den Schülern B.n schenken (*Österlicher Aberglaube* 20; v. Preter l. c. 5); Adelung 1, 1073 wies auf „preciuncula": Die Schüler, meint er, mußten für die B.n beten: Koch l. c. 13 f.; Kloster 7, 135 A.; vgl. A. 86; in Tirol gibt es Wein, Brot und Käse: Zingerle *Tirol* 142, 1231. 80) l. c. 14. 81) Alemannia 22, 145. 82) Kloster 7, 206 f; vgl. B.examen: Müller-Fraureuth 1, 152. 83) Reiser *Allgäu* 2, 112; vgl. 105; Höfler *Brezel* 100. 84) Meyer *Baden* 90 ff. 85) Praetorius *Blockes-Berges Verrichtung* (L. 1668) 491; über die Ableitung von precari vgl. A 2. 86) Müller l. c. 993. 87) Höfler *Brezel* 100; Koch l. c. 12—13; Höfler *Fastengeb.* 92. 88) *Kl. Schr.* 324—352 = ARw. 8 (1905), Beiheft 82 ff.; Becker *Frühlingsfeiern* 17; Meyer l. c. 87. 90 ff.; Höfler *Brezel* 100; Ders. *Fastengebäcke* 88. 92; Bavaria 4 b, 358. 89) Dieterich l. c. 325; auch am „Fähnleinstag" = St. Gregoritag hatten früher die Knaben Holzsäbel: Höfler *Fastengebäcke* 88. 90) Mannhardt 1, 156 f. 91) Fontaine *Luxemburg* 32; vgl. den Brauch im Gothaischen: Meyer l. c. 116. 92) Meyer l. c. 116; Höfler *Brezel* 101. 93) Zingerle *Tirol* 146, 1260; Mannhardt 1, 288; Höfler l. c. 94) Zingerle 147, 1263; Hörmann *Volksleben* 50 ff. 95) Meier *Schwaben* 385, 36; Birlinger *Schwaben* 2, 65, 10; Meyer l. c. 116; Sartori *Sitte u. Brauch* 3, 136. 96) Meier l. c. 393, 67; vgl. Müller *RheinWb.* 1, 994. 97) Kapff *Festgebräuche* 19; vgl. Müller l. c. 98) Meyer l. c. 116. 99) Birlinger *Schwaben* 2, 71—72; Meyer *Baden* 501. 100) Meier l. c. 387, 40; 388, 48; vgl. Witzschel *Thüringen* 2, 195, 10. 101) Meier 386, 39 u. 389, 55; Jahn l. c. 138 f. 102) *Blockes-Berges Verrichtung* 214; Höfler *Brezel* 101; Ders. *Ostern* 9 f.; Seyfarth *Sachsen* 270; Maennling 193. 103) Grimm *Myth.* 3, 436, 44; ZfVk. 1891, 191 e 1 (Brandenburg); Mannhardt *Germ. Mythen* 134; Keller *Grab des Aberglaubens* 5, 375; Jahn l. c. 145 mit Literatur; Fischer *Aberglauben* (L. 1790), 228, schöpft fast alles aus der Rockenphilosophie; auch wer am Gründonnerstag fastet, ist fieberfrei; Fischer l. c. 217 = Rockenphilosophie 1. Hundert c. 87, p. 130. 104) Andree *Braunschweig* 341. 104a) ARw. 24, 174; AfKulturg. 2 (1895), 183 ff. 185.

6. An Ostern [105]), Johanni [106]), der Kirchweih [107]) und Martini [108]), an Weihnachten [109]), am Konfirmationstag [110]) und an der Hochzeit [111]) spielen die B.n eine weniger wichtige Rolle. Zu erwähnen ist noch ein eigenartiger Brauch in Möschlitz (Voigtland) [112]): man stellt hier die Gemeindebeamten durch Handschlag und Einhändigung von zwei Fastenb.n an, wie man etwa bei Wein und Bier Kontrakte abschließt. Ein eigentümliches Zeugnis über den medizinischen Wert der B. bringt Koch [113]).

105) Höfler *Brezel* 103; Ders. *Ostern* 18. 45 ff. 66. 106) Albers *Das Jahr* 250. 107) Meyer *Baden* 235—36; Bavaria 4 b, 387;

Höfler *B.* 102. [108]) Höfler *B.* 102—3; Meyer *Baden* 71 (Geschenk an die Paten). [109]) Höfler *Weihnachten* 43; ZrwVk. 2 (1905), 161; Köhler *Voigtland* 171; Kapff *Festgebräuche* 8; am Lechrain gibt es am 1. Weihnachtstag nach der Vesper B. u. Bier: Leoprechting *Lechrain* 209; vgl. Güntert *Kalypso* 242. [110]) Meyer *Baden* 117; vgl. B.spende beim Kirchgang: Witzschel *Thüringen* 2, 312. [111]) Höfler ZföVk. 1911 Suppl. 7, 39 ff.; *Brezel* 102; In Mecklenburg aß man früher an der Grenzscheide zweier Dörfer bei der Rückkehr von der Trauung Kringel, so groß wie Wagenräder, und trank Branntwein: Bartsch *Mecklenburg* 2, 83, 266; über B. und Rad: v. Preter l. c. 5 mit Literatur; Grimm *DWb.* 2, 378 f. [112]) Köhler *Voigtland* 230; ZfVölkerpsychol. 18 (1888), 384. [113]) l. c. 23 f. Eckstein.

Breve (Zimmerische Chron.; tirol. *Brefe*, bayr.-österr. Alpen *Breferl*, steir. auch *Brefel*, kärnt. *Brefile*, schwäb. (16. Jh.?) ‚Brevi-Zettel').

1. Amulett mit geweihten Sachen, welches man den Kindern umhängt [1]). 2. Gedenkpfennig, Anhängsel, Wallfahrtsandenken, Amulett, Agnus Dei usw. [2]). 3. Ein Kindern umgehängtes Amulett, Talisman, bestehend aus einem geweihten viereckigen kleinen Pölsterchen [3]).

Auch mhd. ‚brievelin' ist aus Glossen in der Bedeutung „Amulett" bezeugt [4]). Die Zimmerische Chronik kennt B. als Zaubermittel [5]), und in einer schwäbischen Quelle des 17. (?) Jhs.[6]) heißt es: „Von den Brevi-Zettel. Seynd gut, und werden gebraucht, so wohl zum bey sich tragen, alsz zu legen, und einzugraben."

Das Breferl ist heute noch in lebendem Brauch im bayerisch-österreichischen Alpengebiet [7]), und als Sache, wenn auch nicht als Wort, weit über dieses Gebiet hinaus, wie süddeutsche und schweizerische Volkskundemuseen lehren. Sowohl kleine kissen- und taschenförmige Amulette mit religiösen Zetteln und Dingen, als auch (meist neunteilige) Faltzettel mit in Kupfer gestochenen Heiligenbildern, Segen usw. und aufgeklebten Dingen (Kreuzchen, Samen, Kräutern u. dgl.) werden Breferl genannt. Zuweilen sind unter einzelne Heiligenbildchen noch weitere Schutzzettel eingeschoben [8]), oder der mittlere Teil mit den aufgeklebten Dingen ist von einem Heiligenbild bedeckt [9]). Das bei Andree-Eysn abgebildete B. enthält: 1. St. Franziscus Seraphicus, 2. ein Doppelkreuz mit den Initialen des Zachariassegens (s. d.) und des Benedictussegens (s. d.) nebst den Pestpatronen St. Sebastian u. Rochus, Unterschrift ‚contra pestem', darunter gelegt: Dreikönigszettel (s. d.), 3. St. Antonius von Padua, 4. St. Ignatius, darunter: lat. Gebet gegen Dämonen und in dieses eingeschlagen die Früchte von Widerton (Polytrichum commune), 5. St. Johannes von Nepomuk, darunter: Pestblatt [10]), 6. St. Franciscus Solanus, 7. Anastasiushaupt (s. d.), darunter: Agathenzettel (s. d.), 8. Jacobus de Marchia, 9. (im Mittelfeld) kleine Sebastianspfeile, Kreuzesnägel, Gnadenmünzen, Nepomukszunge, Fetzchen von Heiligengewändern, Benedictuskreuz, Agnus Dei, Palmkätzchen, Same von Lithospermum arvense, rotes Tuchfleckchen (gegen Hexen), dreieckiges Zettelchen mit lat. Gebet. Darüber gelegt: Marienbildchen (Kupferstich).

[1]) Schöpf *Tirol. Idiotikon* (1866), 56. [2]) Unger u. Khull *Steir. Wortschatz* (1903), 113. [3]) Lexer *Kärnt.Wb.* (1862), 40. [4]) Lexer *Mhd. Wb.* 1, 353. [5]) 2, 380; nach Fischer *Schwäb.Wb.* 1, 1413. [6]) *Carnifex exarmatus*, bei Birlinger *Aus Schwaben* 1, 431. [7]) Andree-Eysn *Volkskdl.* 67 ff. 100. [8]) Z. B. ein Pestblatt, ebd. 69. [9]) Ebd. 67. [10]) Genaue Beschreibung ebd. 69 f. Hoffmann-Krayer.

Brief. Ein B. ist, wie die griechische Bezeichnung ἐπιστολή, lateinisch *epistula* lehrt, zunächst ein mündlicher Auftrag. Diese Form ist nur bei Primitiven nachweisbar, wo die Kunst des Schreibens noch unbekannt ist. So töteten die Geten (in Thrakien) alle 4 Jahr einen Menschen als Boten an ihren Gott Zalmoxis, nachdem sie ihm die erforderlichen Aufträge gesagt hatten [1]). Sehr bald schreibt man dem Boten seinen Auftrag auf. Dadurch verbinden sich damit alle abergläubischen Vorstellungen, die an dem geschriebenen Wort haften. Solche Zettel — B., lateinisch *breve*, ist in der Erinnerung des Volkes ein kurzes Schriftstück — verleihen dem gesprochenen Worte Dauer und intensive Wirkung. Diese Anschauung ist älter als die Schrift; jedes Amulett (s. d.) spricht durch Bild oder Buchstaben [2]. Aber ein Fülle von Anwendungsmöglichkeiten ist daraus erwachsen, seit man mit Worten seine Absicht deutlicher auszusprechen gelernt hatte.

Das Altertum kennt vornehmlich den B. an die Unterirdischen, um einen Feind zu verfluchen (s. Defixion). Das MA. benutzt sowohl eigentliche Briefe (Auftrag, Mitteilung an eine höhere Macht) als auch amulettartige Zettel und andere Gegenstände mit Worten, Buchstaben oder Zeichen in mannigfachen Nöten. Das erstreckt sich von der Zeit, da die Schrift den Germanen bekannt wurde und in den Runen (s. d.) frühzeitig abergläubische Verwendung fand, bis in die Gegenwart. Ältester Beleg zufällig bei Beda [3]. Jüngste Belege in der Literatur um 1900 [4], ohne daß ein Aufhören dieses Glaubens anzunehmen ist. Die besondere Wirksamkeit in Beziehung auf eine bestimmte Person erhält der Brief durch Berührung, indem man ihn auf der bloßen Haut trägt oder indem er auch bloß im Hause des Betr. sich befindet [5]. Eine besonders intensive Sympathie besitzt natürlich der blutgeschriebene B., den die Faustsage [6] aus der Zauberpraxis übernommen hat (s. Blut). Besonders hervorstechende Anwendungsbereiche sind der Blutsegen zum Stillen von Blutung [7], eine intensivere Form des Besprechens (s. Blutsegen , besprechen). Daraus dürfte sich der kugelfest machende B. erst sekundär entwickelt haben, den man als „Anhängzettel" (s. d.) um den Hals trägt [8] oder in eine Wunde einheilen läßt oder verschluckt [9]. Es ist das die sog. Passauer Kunst (s. d.), die 1611 aufgekommen sein soll [10]. Wie zäh dieser Glaube im Volke wurzelt, zeigt eine Züricher Handschrift von 1393, wo solche B.e nur verstattet werden, wenn sie Glaubensbekenntnis und Paternoster, d. h. christliche Texte, enthalten [11]. Konnte man sie nicht ganz verbieten, so zog man ihnen ein christliches Mäntelchen an. Es gab und gibt auch gedruckte Briefe, die für sehr verschiedenartige Sachen (Geburt [12], Liebeszauber [13], Fieber [14], kalten Brand [15])) angewandt werden. Ein schwacher Nachhall dieses schriftlichen Verkehrs mit den Unterirdischen, für den schließlich auch das Mene mene tekel ein Beleg sein dürfte, ist der B. an das Christkindchen, wie vielerorts der Weihnachtswunschzettel der Kinder genannt wird [16].

Andererseits knüpfen sich an den gewöhnlichen B., der soviel Gutes und Schlechtes enthalten kann, mannigfache Vorstellungen. Ein B. kommt, wenn sich die Katze hinter den Ohren wäscht [17], wenn ein Floh auf der Hand sitzt [18], wenn das Licht eine Schnuppe (Rose, Stern, Butzen) hat [19] oder einen zettelähnlichen Lappen [20], oder wenn die Lampe flackert [21], oder wenn man von einem Pferde (= reitender Bote) träumt [22]. Ein B. im Häubchen macht ebenso wie das Buch unter dem Kopf ein Kind klug [23]. Daß ein B. rasch und allen Schwierigkeiten zum Trotz befördert wird, erfüllt die Phantasie der Sage; so ist der B. am Pfeil ein altes und verbreitetes Wandermotiv [24]; auch Geister werden durch einen rasch beförderten B. erlöst [25]; der Uriasb. [26] ist bekannt. Weiteres unter Bindeb., Freib., Gesundb., Hausb., Himmelsb., Michaelsb.e, Schutzb., Sonntagsb., Brevi-Zettel.

1) Herodot 4, 94. 2) Plinius *NH.* 28, 29. 3) *Hist. gentis Angl.* 4, 22 bei Franz *Benediktionen* 2, 299, 3. 4) Kondziella *Volksepos* 159 f. 5) John *Westböhmen* 278. 6) Deutsche Volksbücher, herausg. von R. Benz 1912: *Historia von D. Johann Fausten* 13. 7) Jühling *Tiere* 282; Seyfarth *Sachsen* 173. 8) Kronfeld *Krieg* 87. 9) Ebd. 10) Hovorka-Kronfeld 2, 370. 11) Grimm *Myth.* 3, 413. 12) ZfdMyth. 2, 77. 13) Im Volkslied: Ein Brieflein schrieb sie mir usw.; s. auch Defixion. 14) Alemannia 27, 114. 15) Bartsch *Mecklenburg* 2, 390. 16) Verf. mündl. 17) SchwVk. 10, 36. 18) Fischer *Oststeierisches* 114; Fogel *Pennsylv.* 91 Nr. 356. 19) Spieß *Fränkisch-Henneberg* 151; Woeste *Mark* 57 Nr. 28; Meier *Schwaben* 2, 504; ZfVk. 11, 448. 20) SAVk. 21, 141. 21) ZfVk. 24. 55. 22) Fogel *Pennsylv.* 78 Nr. 281. 23) Hillner *Siebenbürgen* 52 Nr. 17. 24) Rochholz *Tell* 28; vgl. Aly *Märchen* 51. 145. 187. 25) Schmitz *Eifel* 2, 13; dazu auch Strackerjan 2, 279. 26) Gunkel *Märchen* 132; Aly *Märchen* 136, 2; ältester Beleg Homer *Ilias* 6. Gesang V. 155 ff.

Aly

Briefträger. Der B. wird wie der Bettler, Glöckner oder Totengräber am Neujahrsmorgen als schlechter Angang betrachtet [1]).

In einer schlesischen Sage verhindert der Teufel in Gestalt eines B.s einen Bauer an der Gewinnung eines Schatzes [2]).

[1]) Sartori *Sitte u. Brauch* 3, 64 Anm. 41. [2]) MschlesVk. H. 16 (1906), 94; Kühnau *Sagen* 3, 692. Schömer.

Brigitta, hl.

1. Die h. B., geboren in Schottland oder Irland (Ulster), war (die erste) Nonne in Irland. Sie soll um 521 gestorben sein. Ihr Tag ist der 1. Februar, der Tag vor Mariä Lichtmeß. Das, sowie der Anklang ihrer englischen Namensform Bride (Bridget) an bright = Glanz, hat wohl ihre Beziehungen zum Feuer unterstützt. Über ihrem Wohnhause soll sich oft eine Flamme gezeigt haben, und bei dem Kloster Kildare soll ihr ewiges Feuer unterhalten worden sein [1]). Ihre Kirche lag unter einem Eichenbaum, und Frazer nimmt an, daß sie an die Stelle einer früheren Göttin getreten sei [2]). Zahlreiche Mirakel werden von ihr erzählt [3]). In Frankreich zeigt man Spuren ihrer Füße, Kniee und Hände [4]). Auf den westlichen britischen Inseln gilt sie als Frühlingskünderin. Am 1. Februar legt die Hausfrau eine Puppe aus Hafer in einen Korb und einen Knittel daneben, und alle heißen Bride willkommen. Am andern Morgen sieht man nach der Herdasche, und wenn man den Eindruck von Brides Knittel darin gewahrt, so gilt das als Vorzeichen guter Ernte und eines gesegneten Jahres [5]). In der Erzdiözese Köln und im Bistum Trier, wo B. seit dem 10. Jh. Kirchen und Kapellen hat, vertraut man ihr besonders die Kühe an, und in den Legenden von ihr spielen die Haustiere eine große Rolle [6]). Die Bauern bei Lüttich holen von ihren Kapellen geweihte Erde für sich und ihr Vieh, um die Ställe vor bösem Zauber zu schützen [7]). Im 15. Jh. hinderte ein Gebet zur Sainte Bride allzu gewaltsame Bewegungen der Kühe beim Melken [8]). Auch in Tirol hilft ein Gebet zu ihr (und Kirchhofserde) gegen „Vermeinung" des Viehes [9]). Das Hersagen ihres Stammbaumes sichert (in England) gegen Verwundung und bösen Blick [10]). Die „Brigittenkrone" beten schützt vor allen Teufeln [11]). Sie füllt die leeren Scheunen mit Getreide und ist Nothelferin für gebärende Frauen [12]). Vielleicht sind Züge von ihr (und von der h. Elisabeth) auf die Sage von der Gattin des Ritters von Hohinrot übergegangen [13]).

[1]) Nork *Festkal.* 140 f. [2]) 2, 240. 242. [3]) Lady Wilde *Ancient legends of Ireland* 222 f.; Rochholz *Naturmythen* 255 ff.; HessBl. 10, 72. [4]) Sébillot *Folk-Lore* 1, 366. 372. 376. [5]) Sartori *Sitte u. Br.* 3, 85. [6]) Wrede *EifelerVk.* 84; *RheinVk.* 333; in Belgien: v. Heurck u. Boekenoogen *Histoire de l'imagerie populaire flamande* 50 f. 363. [7]) Sébillot 1, 209. [8]) Ebd. 3, 110. [9]) Alpenburg *Tirol* 362; Seligmann *Blick* 2, 326. [10]) Seligmann 2, 351. [11]) Birlinger 1, 44. [12]) ZfVk. 15, 314. [13]) Baader *NSagen* 55 f.

2. Eine zweite B. war eine königliche Prinzessin aus Schweden, machte sich durch viele Offenbarungen bekannt und starb 1373 auf der Rückreise von Jerusalem. Man hat 8 Bücher von ihren Weissagungen. Verwechslungen mit der irischen B. kommen vor [14]).

[14]) Vgl. z. B. v. Heurck u. Boekenoogen a. a. O. 50 f. Sartori.

Brigittengebet. Der schwedischen Heiligen Brigitta [1]) wurde schon im 15. Jh. ein apokryphes Gebet bzw. ein Zyklus von 15 Gebeten zugeschrieben, der eine Offenbarung an sie, die hl. Elisabeth (vermutlich die Visionärin E. von Schönau † 1164) [2]) und die hl. Mechthild (M. von Magdeburg † 1280 oder M. von Hackeborn † 1310, beide Visionärinnen) [3]) durch Jesum über seine Passion enthält (quindecim orationes de passione domini — revelate a domino Jesu — sancte Brigitte, regine Suecie) [4]). Es werden darin alle Wunden, Schläge, Martern des Heilands mit genauen Zahlenangaben aufgezählt und dem Ganzen, das als Amulett getragen wurde („Kleiner Seelenschatz, allezeit bey sich zu tragen"), eine Fülle von Gnaden und Schutz vor allerlei Übel zugeschrieben. Wie der Himmelsbrief (s. d.), die Länge Christi (s. d.) u. ä. Zettel soll das Gebet 1555 (was aber zu seinem früheren Auftreten nicht paßt) im hl. Grab zu Jerusalem gefunden worden sein. Auch die Zusammenstellung der 3 Frauen zeigt zeitliche Widersprüche, die den apokryphen Charakter des Schutzzettels ohne weiteres erkennen lassen. Die Kirche hat das Gebet frühzeitig auf den Index gesetzt und verurteilt [5]), ohne daß sie dadurch verhindern konnte, daß es bis heute umläuft und benutzt wird [6]). Auch nach China hat es, wohl durch die Jesuiten, den Weg gefunden und seine Spuren in einem taoistischen Leben Jesu vom Jahre 1701 n. Chr. hinterlassen [7]).

[1]) Hauck *RE.* 3, 239. [2]) a. a. O. 5, 308. [3]) a. a. O. 12, 482 ff. [4]) Trierer Hd. von 1570 Liturg. Hdd., Verzeichnis Heft 4 (1897), 53; Salicetus *Antidotarius animae* (Straßburg 1490, Grüninger, 14 ff.; Thiers 4, 65; Dorothei Asciani *Montes pietatis Romanenses historice, canonice, theologice detecti* (Lipsiae 1670) 401 § 123 nach einer Edition Trident 1648; *Geistl. Schild* 109; A. Lambs *Über den Aberglauben im Elsaß* (1880), 74. [5]) Analecta Ecclesiastica Roman. 3 (1895), 353 Indulg. Nr, 665; Thiers 4, 25; SAVk. 17 (1913), 186 f. [6]) Z. B. in einer italienischen Lettera di Gesù Cristo, gedruckt zu Fiorenzuola d'Arda 1893, Tip. Pennaroli. [7]) Zeitschr. für Missionskunde u. Relig.wiss. 40 (1925), 285 f. Jacoby.

Brocken. Als höchste und weithin sichtbare Erhebung des Harzes, durch auffallende Wolkenbildungen am Gipfel, durch großartige Felsen und Höhlen die Phantasie anregend, ist der B. seit Alters von zahlreichen Sagen umwoben (s. Berg). Die älteste bekannte Erwähnung des B. (*brochilsberg*) als Aufenthaltsort und Sammelplatz böser Unholde und Hexen steht im Münchner Nachtsegen (14. Jh.) [1]). Seit dem 17. Jh. ist der Name Blocksberg (s. d. 1.) für den B. als Versammlungsplatz der Hexen gebräuchlich geworden. Doch wird auch, besonders im Harz selbst, von der B.fahrt der Hexen oft am 12. Mai, an dem die Hirten im Harz ins Gebirge ziehen, erzählt.

1. B.fahrt. Am 12. Mai [2]) reiten die Hexen auf Enten, Gänsen, Mulden, Ofengabeln, Mistgrepen [3]), auf einem Puterhahn [4]) auf den B., oder ein Schluck aus einem kleinen Glase versetzt sie im Augenblick dahin [5]). In der Walpurgisnacht springen die Spitzen des Weißdorns ab, daran ist die B.fahrt schuld (s. Blocksberg 3) [6]). Auch Fremde können mitfahren, ein Mädchen nahm ihren Bräutigam mit [7]) (s. Blocksberg 4). Wenn man Kopf und Leib mit Dost und Baldrian umwindet, kann man die Hexen auf den B. fahren sehen [8]) (s. Blocksberg 6). Auf dem B. müssen die Hexen den Schnee wegtanzen [9]) (s. Blocksberg 7 b). Das Fest wird ähnlich wie das Blocksbergfest geschildert (s. Blocksberg 7). Auch ein Hexenaltar, -brunnen und -waschbecken wird erwähnt. „Beim Hexenaltar sieht man am 1. Mai Besen, Katzen und Hunde und den Tanz der Erwachsenen mit Fakkeln. Unter dem Hexenaltar soll sich ein unterirdischer Gang befinden; eine Art Licht, Kobolz genannt, kommt zuweilen darunter vor" [9a]) (s. u. 5).

[1]) ZfdA. 41, 301 ff. [2]) Pröhle *Unterharz* 118 Nr. 311; 121 Nr. 316. [3]) 119 Nr. 312. [4]) 119 Nr. 313. [5]) 120 Nr. 314. [6]) 117. [7]) 119, Nr. 313. [8]) 119 Nr. 312. [9]) 117. [9a]) 121 Nr. 315.

2. Tanzwiese. Am frühen Morgen des 12. Mai kamen Leute auf den B.; da hörten sie schon Musik von oben. Aber es waren nur Katzen, die spielten und zechten. Als die Leute davon in der Hütte erzählten, stürzten die Katzen herein und wollten sie zerreißen [10]).

[10]) Pröhle *Unterharz* 121 Nr. 316.

3. Brunnen. Aus dem Brunnen auf dem B. (vgl. Blocksberg 1 und 7) soll Wein quellen [11]).

[11]) Pröhle *Unterharz* 122 Nr. 318.

4. Brautklippe. Am 1. Mai, wenn die Hexen den B. bekränzen, wird die sogenannte Brautklippe, hauptsächlich von Beerensucherinnen, unter Singen von Liebesliedern bekränzt. Dadurch werden sie Glück beim Aufsuchen der Beeren haben [12]).

[12]) Pröhle *Unterharz* 136 Nr. 347.

5. Licht. Im Juli brennt zuweilen ein Licht auf dem B., das bedeutet Krieg [13]).

[13]) Pröhle *Unterharz* 122 Nr. 317.

6. B.-Gespenst. Die Erscheinung des B.gespenstes, der Schatten des Beobachters oder anderer Personen auf einer Nebelwand [14]), liegt folgenden Er-

zählungen zugrunde: Alle Jahre zu einer gewissen Zeit läßt sich das B.gespenst, eine Riesengestalt, sehen. Es vertreibt die Leute vom B. und ist eine Frau [15]). Ein Hirt sah in einem besonders trockenen Sommer einen riesigen Mann über den B. schreiten, dessen Schritte das Gras versengten [16]).

[14]) MtdöAlpenver. 1890, 49; ZAlpV. 1880, 121. [15]) Pröhle *Unterharz* 136 Nr. 348. [16]) Kuhn u. Schwartz 179 Nr. 201.

7. Außerdem knüpfen sich Sagen von Venedigern, verborgenen Schätzen, von der Springwurzel, von Werwölfen, der Johannisblume, verschiedenen Spukgestalten, vom Teufel und von einem Wunschsumpf, an den B. [17]).

[17]) Pröhle *Unterharz* 122—135.

Vgl. Berg, Blocksberg, Venediger. Weiser.

Brombeere (Rubus fruticosus).

1. Botanisches. Die B. (botanisch in eine große Anzahl von Arten gegliedert) ist überall häufig im Gebüsch, in Hecken und in Wäldern. Die Beeren sind schwarz, bei der auf Äckern zu findenden Kratzbeere (R. caesius) blau bereift. Die Schößlinge vieler Arten hängen bogig über und bewurzeln sich dann meist im Herbst an der Spitze (vgl. unten das „Durchkriechen") [1]).

[1]) Marzell *Kräuterbuch* 132.

2. Das Durchkriechen (s. d.) durch einen (an der Spitze bewurzelten, vgl. oben) B.schößling schützt vor Krankheit und Verzauberung. Das Mittel wird angewendet (an drei Freitagen), wenn ein Kind nicht gehen lernen will [2]), gegen Eißen (am Karfreitag vor Sonnenaufgang) [3]), gegen Husten [4]). Auch von Eheleuten, die durch Zauber einer Dorfhexe einander spinnefeind geworden sind, wurde das Mittel angewendet (17. Jh.) [5]). Besonders häufig findet sich das Durchkriechen durch einen B.schößling in England [6]) und in Frankreich [7]). Bei den Slowaken Ungarns ist das dreimalige Durchkriechen ein Mittel gegen Alpdrücken [8]).

[2]) Grimm *Myth.* 3, 463. [3]) SAVk. 2, 260; 15, 5; als Mittel gegen Schwären schon genannt im *Tractatus v. Erkanntnus der Magnet. Ursachen usw. beschrieben durch einen Naturae Curiosum.* Frankf. a. M. 1701. [4]) Fogel *Pennsylvania* 294. [5]) Seyfarth *Sachsen* 209. [6]) Schon in einem angelsächs. Arzneibuch angegeben als Mittel gegen Ruhr: Cockayne *Leechdoms* 2, 291; ferner Frazer *Balder* 1, 242; 2, 180; FL. 13, 172; Bartels *Pflanzen* 10, 19; Sterne *Sommerblumen* 1884, 189. [7]) Vor allem auf keltischem Boden: Höfler *Kelten* 29; Sébillot *Folk-Lore* 3, 385; vgl. auch Mannhardt 1, 226. 237. [8]) Dbot-Monatsschr. 10 (1892), 82.

3. Die „Walridersken" [9]) setzen sich in einen B.strauch, der dann verdorrt [10]). Offenbar liegt hier die Vorstellung zugrunde, daß die B. vom Alp gedrückt wird. Andrerseits dient der B.strauch zum Erkennen und zum Vertreiben (s. Dornsträucher) der Hexen. Wenn man an Pfingsten einen Kranz von B.wurzeln in den Hut legt, so erscheinen einem die Hexen mit einem Achtelfaß auf dem Kopf [11]) (vgl. Gundermann). Ein angelsächsisches Rezept gegen Verzauberung enthält neben anderen pflanzlichen Mitteln B.(-zweige?), die unter das Altartuch gelegt und über die neun Messen gelesen werden müssen [12]). Ein im Halbkreis gebogener, an beiden Enden bewurzelter (vgl. oben!) B.zweig über der Stalltür schützt das Vieh vor Verhexung (Frankreich) [13]). Das Einfüllen der Federn in das Ehebett geschieht durch einen aus B.-zweigen geflochtenen Rost, dann sind die Eheleute vor Hexerei geschützt (Slowaken Nordungarns) [14]).

[9]) Meyer *Germ. Mythen* 118. [10]) Strakkerjan 1, 390. [11]) Ders. 1, 342; Aus dem Posener Land 3 (1908), Nr. 11; vgl. auch ZfVk. 3, 389. [12]) Cockayne *Leechdoms* 2, 139. [13]) Rolland *Flore pop.* 5, 187. [14]) D-botMonatsschr. 10 (1892), 82.

4. Nach Bartholomaei (24. August) darf man keine B.n mehr essen und man sagt, der „Barthel habe sie voll gemacht" (= mit seinem Kot verunreinigt) [15]). „Wenn Bartholomäus over de Brambeere gekropen es, dann ös der Worm drin" [16]).

[15]) Kuhn u. Schwartz 400, 516; HessBl. 22, 9; der Glaube ist besonders häufig in England: Wolf *Beiträge* 1, 55; FL. 16, 454; Dähnhardt *Natursagen* 1, 203. Ganz ähnliche Anschauungen gehen auch über die Heidelbeere (s. d.). [16]) Müller *Rhein. Wb.* 1, 903.

5. Um die Tauben an den Schlag zu fesseln, muß man am Gründonnerstag vor Sonnenaufgang stillschweigend einen B.strauch holen und ihn ins Gegitter flechten [17]). Hier liegt vielleicht der Gedanke zugrunde, daß die stachligen B.ranken die Tauben festhalten sollen.

[17]) Witzschel *Thüringen* 2, 195.

6. Um B.sträucher (Rubus caesius) vom Acker zu entfernen, dengle man die Pflugschar am Karfreitag vor Sonnenaufgang und pflüge dann damit das Land [18]). In Frankreich muß man zu dem gleichen Zweck die B.sträucher am Vorabend von Mariae Himmelfahrt ausreißen [19]).

[18]) Witzschel *Thüringen* 2, 195. [19]) Rolland *Flore pop.* 5, 183.

7. Wie von anderen Baum- und Strauchfrüchten (vgl. z. B. Buche, Eberesche, Eichel, Hasel) heißt es auch von den B.n, daß ihr zahlreiches Auftreten einen harten Winter verkünde [20]). Viele B.n im Herbst versprechen eine gute Roggenernte [21]) oder ein reiches Weinjahr [22]) (vgl. Efeu). B.n deuten einen Trauerfall in der Familie (wohl wegen der schwarzen Farbe) an [23]).

[20]) Strackerjan² 2, 120; Drechsler 2, 218; Knoop *Hinterpommern* 181. [21]) Strackerjan² 1, 28. [22]) Wilde *Pfalz* 35. [23]) Höhn *Tod* 311. Marzell.

Brosamen. Für die heilige Verehrung der B. und die kultliche Bedeutung derselben als Opfer und Apotropaion gilt genau dasselbe, was über Brot gesagt ist.

1. Wer die B. nicht achtet, achtet die Brocken nicht [1]). Schon Ekkehard IV hat in seiner interessanten Benedictio ad mensas einen besonderen Abschnitt „super fragmenta" [2]) eingefügt:

Nil leve nil vanum violet tot fragmina panum.
Fratrum fragmentis assit manus omnipotentis.

In der Schweiz sagt man: lieb haben es klys Brösemli [3]). Wenn man Brotkrumen wegwirft, ohne daß die Hühner sie fressen können, ist das eine Sünde [4]) oder der Segen des Hauses verschwindet [5]); wenn die Kinder mit ihnen wüsten, müssen sie alle B. nach dem Tode mit blutenden Augen suchen [6]); wer sie schändet, wird mit Hunger und Mangel von Gott gestraft [7]); wer auf dem Kirchweg essend B. fallen läßt, muß sie nach dem Tode sammeln [8]); findet man ein unter den Tisch gefallenes Krümchen nicht, so betet man (in Hessen) ein [9]) oder drei [10]) Vaterunser; in Rumänien [11]) küßt man jedes heruntergefallene Stücklein Brot. Besonders in Tirol achtet man ängstlich darauf, kein Brosämchen auf dem Boden liegen zu lassen; denn alle verunehrten B. sammelt der Teufel in einem Sack und schlägt diesen dem Schänder auf dem Todbett um die Ohren [12]); er backt daraus einen Laib Brot, den der Frevler glühend essen muß [13]), oder wirft sie diesem glühend ins Gesicht [14]), oder wirft den aus den B. gebackenen Laib in die Wagschale der Sünden [15]), oder jede Brotkrume, die unbeachtet auf dem Boden liegen bleibt, wird in der Hölle zu einem glühenden Scheit [16]); nach dem Aberglauben in Nassau muß einer bald sterben, sobald er ein Krümchen Brot aus dem Munde fallen läßt [17]). Die Sage von der Frau Hütt [18]), welche ihre beschmutzten Kinder mit B. und Semmelkrumen reinigen läßt, zeigt, wie schwer die Schänder der B. bestraft werden; die badische Sage [19]) berichtet, daß die Einwohner einer Stadt beim Titisee versanken, weil sie dem Vieh B. fütterten und die Brotkruste als Schuh benutzten (siehe Brot § 7b). Wenn man auf Brotkrumen tritt, müssen die armen Seelen leiden [20]), oder die B., über die man fährt, schreien so laut, daß man taub wird [21]). Schon in einer Schrift des Humanisten Giraldi [22]) aus Ferrara wird ein angebliches symbolum Pythagoreum überliefert: minuta panis pedibus conculcare turpe.

[1]) Zingerle *Tirol* 37, 304. [2]) Veröffentlicht von Keller in den Mitt. d. antiquar. Gesellschaft Zürich 3 (1846—47), 107 v. 29 f.; über tot steht die Glosse sacra. [3]) SchweizId. 5, 804. [4]) Reiser *Allgäu* 2, 447, 233. [5]) John *Erzgebirge* 30. [6]) Drechsler 2, 15; vgl. MschlesVk. 1897, 8; W. 458; genau so in Böhmen: Grohmann 103, 716. [7]) Lütolf *Sagen* 554, 563; vgl. Bronner *Sitt' u. Art* 203. [8]) Bartsch *Mecklenburg* 2, 136, 593; vgl. Heyl *Tirol* 815, 322. [9]) Staub *Brot* 10 A. 2; vgl. Fischer *Aberglauben*

(1790), 239. [10]) Mühlhause 56; Landsteiner *Niederösterreich* 69. [11]) Frazer 7, 1 [3], 13; dasselbe in Böhmen: Grohmann 102, 714. [12]) Zingerle *Tirol* 37, 299; Heyl l. c. 815, 322. [13]) Zingerle l. c. 37, 297; Heyl l. c.; W. 458 [14]) Zingerle l. c. 37, 298; W. 548. [15]) Zingerle l. c. 300; nach böhmischem Aberglauben nimmt der Satan die Seele, sobald die verunehrten B. mehr wiegen als der Mensch: Grohmann 103, 715; W. 458. [16]) Baumgarten *Jahr* 7. [17]) Kehrein *Nassau* 2, 269, 238; fällt dem Serben beim Brechen des Weihnachtskuchens ein Stück zu Boden, so bedeutet das einen Todesfall: ZfVölkerpsychol. 18 (1888), 360. [18]) Literatur siehe Brot (Brotsagen); ausführlich bei Alpenburg *Tirol* 239—40; vgl. Kloster 9, 540; Grimm *Sagen* 174, 233; Ranke *Volkssagen* 230. [19]) Waibel-Flamm 2, 123—24. [20]) Grohmann 103, 717. W. 458; vgl. 769; Heckscher 2, 378 (Salzkörner). [21]) Grohmann l. c. 103, 718. [22]) *Philosophi Pythagorae symbolorum interpretatio*: symbolum Nr. 18 ediert v. Boehm in ZfVk. 1915, 26 u. 21 f.

2. Als Opfer kommen die B. den armen Seelen zugute, denen man auch sonst die Abfälle vom Tische opfert; diese Vorstellung ist schon antik und allgemein. Bekannt ist das symbolum Pythagoreum [23]): *τὰ πεσόντ' ἀπὸ τῆς τραπέζης μὴ ἀναιρεῖσθαι*, das gehörte alles den Heroen oder Totenseelen; die Römer [24]) spendeten das den Laren, sie verbrannten von jeder Mahlzeit eine Abgabe im Herdfeuer [25]). Schon Frater Rudolphus [26]) tadelt, daß man den Hausgeistern auf dem Herde opfert; in Krems [27]) warfen früher die alten Weiber täglich etwas von jeder Speise ins Herdfeuer für die armen Seelen; in Schleswig-Holstein [28]) bekommen die Unterirdischen die B., welche vom Tisch fallen; die alten Preußen [29]) vergruben nach dem großen Dorffest B. und Knochen. In der Oberpfalz [30]) sammelt man die Woche über die B. im Tischtuch [31]) und verbrennt sie am Samstag für die armen Seelen. „Welcher (nach der alten Weiber Philosophey, 1612) des abends das tischtuch lässet liegen, auff dem tisch gedecket und die mäus darauff kommen und essen die brosam, der wird schwartze zähn kriegen und werden ihm faul" [32]). In Tirol sagt man, wenn eine B. zur Erde fällt [33]):

Arme Seelen rappet,
Daß 's der Tuifel nit dertappet.

Am Treffelstein (Oberpfalz) stellt man Weihwasser mit B. am Allerseelentag aufs Grab [34]). Wie man Mehl und Brot dem Sturm und Wind opfert (Sturm und Wind = Seelengeister) [35]), so auch B.; in der Schweiz [36]) und in Baden [37]) legt man gegen Sturm und Gewitter B. vor das Fenster; 1675 wird in Tirol ein Topf mit B. und Speiseresten auf die Torsäule in der Dreikönigsnacht gesetzt [38]), „dem windt damit zufuedern, daß selbiger das ganze Jahr hindurch seine (des Bäckermeisters) Gründt und sachen kheinen schaden zuefüegen mögen". Nach altem Tiroler [39]) Aberglauben muß man gegen Donner in drei Rauchnächten die „Brotpresln" im Tischtuch sammeln (Opfer und Apotropaion). Im Schaumburgischen streuten die Weiber beim Erntefest vor 140 Jahren B. auf die Stoppelfelder, gerade wie sie eine Libation von Bier oder Branntwein darbrachten (Fruchtbarkeitsopfer). Opferaugurium finden wir in Elbestal-Zell [41]), wo die Großdirn mit B. und Speiseresten auf dem Weizenfeld Eheaugurien anstellt; in Pommern [42]) schließt man aus B. und Speiseresten auf das kommende Jahr. In Frankreich erprobt man mit B. die Güte des Wassers [43]).

[23]) Athenaeus 10, 427 E: τοῖς τετελευτηκόσι τῶν φίλων ἀπένεμον τὰ πίπτοντα τῆς τροφῆς ἀπὸ τῶν τραπεζῶν; vgl. Diogenes Laertius 8, 34 = 212, 19 ff. Cobet; alle Stellen bei Rohde *Psyche* 1, 245 A. 1; Boehm *De symbolis Pythagoreis* (1905), 26 f.; Ders. ZfVk. 1915, 26; Usener *Götternamen* 249 (Euripides fr. 667 = 3, 179—80 Nauck); Dölger *Ichthys* 2, 514 A. 1; Samter *Familienfeste* 108 f.; ARw. 7, 45; dagegen 10, 373; NddZfVk. 1926, 14; Pauly-Wissowa 1, 91; ZfVölkerpsychol. 18 (1888), 13 ff.; MschlesVk. 1908, Heft 19, 9 f.; Archiv f. Anthropol. N.F. 6 (1907), 95. [24]) Plinius *Nat. hist.* 28, 27 = 4, 284—85 Mayhoff: Cibus etiam e manu prolapsus reddebatur utique per mensas vetabantque munditiarum causa deflare et sunt condita auguria quid loquenti cogitantive id acciderit, inter execratissima, si pontifici accidat dicis causa epulanti; in mensa utique id reponi adolerique ad Larem piatio est; ZfVölkerpsychol. 18, 359. [25]) Servius zu *Aeneis* 1, 730 = Servii Grammatici *Commentarii* ed. Thilo-Hagen 1, 204, 1 ff.: apud Romanos etiam cena edita sublatisque mensis primis silentium fieri solebat, quoad ea, quae de cena libata fuerant, ad focum ferrentur

et in ignem darentur; vgl. Pauly-Wissowa 1, 30. [26]) MschlesVk. 1915, 36 Nr. 43, vgl. 51 u. 1908 Heft 19, 13. [27]) Landsteiner *Niederösterreich* 32; Lippert *Christentum* 441; Sartori *Totenspeisung* 47 b; was vom Beerdigungsschmaus der Altletten zu Boden fiel, gehörte den armen Seelen: Ausland 1874 Nr. 1, 213; vgl. Boehm l. c. 27 (Frankreich). In Schlesien läßt man am Christabend Speisereste für die armen Seelen stehen: Peter *Österreichisch-Schlesien* 274; ZfVölkerpsychol. 18, 372; oder die armen Seelen essen die Vorräte auf: MschlesVk. 1903 Heft 9, 26; vgl. ZfVölkerpsychol. l. c. 13 f.; Schönwerth *Oberpfalz* 1, 286; ZfVölkerpsychol. l. c. 267. [28]) Müllenhoff *Sagen*² 343, 508; NddZfVk. 1926, 3; in der Oberpfalz die Holzfräulein: Bavaria 2, 238; ZfVölkerpsychol. 18 (1888), 373 u. 13 f. 15 (Chinesen). [29]) Tetzner *Slaven* 384 A.; vgl. Rohde *Psyche* 1, 245 A. 1; auch Frater Rudolphus l. c. wettert gegen das Eingraben von Opfern für die „Stetewaldiu". In novis domibus sive quas de novo intrare contigerit ollas plenas rebus diversis diis penatibus, quos Stetewaldiu vulgus appellat, sub terra in diversis angulis et quandoque fodiunt retro larem. [30]) Schönwerth *Oberpfalz* 1, 284 f.; 403, 3; 2, 88 Nr. 4; allgemein: MschlesVk. 1908, Heft 19, 9 f.; Archiv f. Anthropol. N. F. 6 (1907), 95; Rochholz *Glaube* 1, 323; ZfVölkerpsych. 18 (1888), 373; vgl. 366 (Brotreste vom Paschafest verbrannt); vgl. 370 (Reste vom Manenkuchen, Bramanen); Zingerle l. c. 37, 301; Drechsler 2, 12. 139; W. 458; ZföVk. 1897, 116; John *Westböhmen* 247; Baumgarten *Jahr* 7; Grohmann 41, 257; 198; 1392: damit die armen Seelen Kühlung erhalten; vgl. W. 430; Sartori l. c. 47 b; Lippert *Christentum* 441; NddZfVk. 1926, 16; dazu die A. 22 zitierte Literatur; sonst siehe Artikel „Arme Seelen". [31]) In Graubünden sammelt man die B. in einem über dem Tisch hangenden Korb: Staub *Brot* 13; vgl. Rochholz *Sagen* 1, 303; auch bei Regensburg wirft man die B. ins Feuer: Bavaria 2, 305. [32]) ZfdMyth. 3, 316, 82. [33]) Zingerle l. c. 37, 300; vgl. Liebrecht *Zur Volksk.* 399 ff.; Boehm l. c. 26; Beilage zur Allg. Zeitung 1901 Nr. 271, 1 f. [34]) Schönwerth l. c. 1, 283; Sartori l. c. 54 a; Bavaria 2, 312; Lippert *Christentum* 441; vgl. die Esten: Kloster 12, 243. [35]) Beil. z. Allg. Zeitung 1901 Nr. 271, 2; Meyer *Baden* 367; Höfler *Weihnachten* 27 ff.; Jahn *Opfergebräuche* 57. [36]) Wettstein *Disentis* 174, 45. [37]) Schmitt *Hettingen* 17. [38]) Jahn *Opfergebräuche* 59 f.; ZfVk. 1897, 195 f. [39]) BayHfte 1 (1914), 230 Nr. 34 (18. Jh.). [40]) Jahn l. c. 168. [41]) Baumgarten *Jahr* 9; Höfler *Weihnachten* 21 f.; vgl. ZfVölkerpsychol. 18, 268 f.: weitere Augurien mit B. u. Speiseresten. [42]) BlPommVk. 3, 185. [43]) Sébillot 2, 215: si les miettes de pain etées sur l'eau vont tranquillement et vite au fond, on peut en boire en toute confiance; vgl. 2, 298.

3. Besondere Kraft haben die B. des Weihnachtsfestbrotes: „die prosen, die ze weihnachten uber werden, di gib ze essen dem, der tob von hunden oder anders" [44]) (13. Jh.). Nach Maennling [45]) haben die B., die man am Christabend „bey die Wurtzeln der Bäume schüttet, die Kraft, sie tragend zu machen". Die B. gibt man zwecks Übertragung von Fruchtbarkeit auch dem Vieh [46]). Die Rockenphilosophie berichtet [47]): „wo man weihnachten das tischtuch nach der mahlzeit auf die bloße erde ausschüttet unter freiem himmel, da wächst brosamkraut" (B. volksetymologisch als Brotsamen gedeutet nach Höfler [48])). Das Tischtuch, worauf gegessen wurde, räuchere man mit abgefallenen B. und wickle das Kind hinein [49]).

[44]) Sitzber. Wien. 71, 488; Höfler *Weihnacht* 25. [45]) Maennling 201; Heckscher 398; Drechsler *Haustiere* 16; in Schweden B. vom Julbrot: Globus 72, 375; Höfler l. c. 27. [46]) Schönwerth 403, 2; W. 458; Reiser *Allgäu* 2, 447, 233; dagegen Waibel-Flamm 2, 123 f.; Kühnau *Sagen* 2, 32, 685 (Skrzolek vertrieben); auch die Bramanen geben die Reste des Manenkuchens dem Vieh: ZfVölkerpsychol. 18, 370. [47]) Grimm *Myth.* 3, 446, 369; Zingerle l. c. 187, 1547: wenn man B. vom hl. Abend in der hl. Nacht sät, geht das Brösmenkraut auf (Zillertal); vgl. 188 Nr. 1548: sät man in der hl. Nacht B., gehen sie auf; ZfdMyth. 2, 422, 64; Birlinger *Schwaben* 1, 382; Fogel *Pennsylvania* 261, 1362; Staub *Brot* 55 (B. werden zu Blumen), vgl. 148. [48]) Höfler l. c. 27. [49]) Land ob der Enz, Journal: Grimm 3, 460, 743.

4. Wie durch Brot, so erhalten die Hexen [50]) auch durch B. Macht über die Menschen; zu Semlin mußte einer, der verhexte Krumen aß, die für die Hühner bestimmt waren, Eier legen [51]).

[50]) Kühnau *Brot* 29; W. 458. [51]) Kuhn-Schwartz 106, 121, 2; vgl. Bolte-Polivka 3, 365.

5. Als Apotropaion sind B. ebenso wirkungsvoll wie Brot: Nach dem Journal 1786 trug man im Ansbachischen [52]) „drei brodkrummen, drei Salzkörner, drei Kohlen bei sich wider zauber"; um immer Geld zu haben trägt

man 3 B. bei sich [53]); in England [54]) legt man gegen bösen Blick 3 B. ins Kopfkissen (vgl. Brot); nach der Rockenphilosophie [55]) soll man die drei Christabende alle B. aufheben; „sie sind gut, wenn man sie einem eingibt, dems geteuscht hat"; auch in Ungarn [56]) sind die B. vom Weihnachtsbrot besonders übelabwehrend und glücksbringend für das Haus und die Hühner; wenn die Hühner verlegen, stiehlt man 3 Strohbänder, macht ein Nest und legt 3 Federchen und 3 B. vom oberen Brotrand hinein [57]); am Lechrain [58]) verpflöckt man 3 Brösele Osterbrot u. a. in der Stalltürschwelle, um das Vieh zu enthexen. Wenn die Butter nicht zusammengehen will, legt man 3 B. unter das Faß (Mergentheim) [59]) oder wirft 3 B. in den 3 höchsten Namen hinein [60]) (vgl. Milchhexe). Damit der Schatz in seiner wahren Gestalt erscheint, wirft man B. auf ihn, so auf den Schatz unter der Hochburg [61]), der in Gestalt von Bohnenschoten gesonnt wird. Auch im Schießzauber wirken B. bannlösend: „Wenn ein Hase Männlein macht und deshalb die Flinte nicht losgeht, soll man B. hineinladen [62]); der Jägerbursche aus Makkensen lädt 3 Brotkrumen in die Flinte und erlöst ein verzaubertes Reh durch zwei Schüsse [63]); wenn man mit Brotkrumen nach Gewitterhexen schießt, fallen sie in Menschengestalt tot zur Erde [64]). Wie das Brot, so wirken auch die B. apotropäisch und reinigend: Ungesundes Wasser verliert die Kraft, wenn man B. hineinstreut [65]).

Im Schadenzauber werden die B. ebenfalls erwähnt: Im Jahre 1675 gestand ein Bäckermeister in Steiermark, daß er „zur Kirchtagszeit vor Aufgang der Sonne Staub und B. aus den Fenstern zusammengewischt und vor sein Haus gestreut habe, damit seine Wirtschaft gedeihe und die des Nachbarn Schaden leide" [66]).

[52]) Grimm *Myth.* 3, 459, 713; Staub l. c. 55; 3 Brotbrosmen als Amulett in der Schweiz: SchweizId. 5, 806. [53]) W. 633. [54]) Seligmann *Blick* 2, 94. [55]) Grimm l. c. 449, 446. [56]) Höfler *Weihnacht* 26. [57]) SAVk. 24, 65. [58]) Leoprechting *Lechrain* 28. [59]) Eberhardt *Landwirtschaft* 18. [60]) Birlinger *Volksth.* 1, 497, 23; Fogel *Pennsylv.* 376, 2020; W. 707 dagegen 708. [61]) Waibel-Flamm 2, 328; vgl. Schönwerth l. c. 1, 405, 10; Rochholz *Sagen* 1, 143, 226; Baumgarten *Jahr* 7; W. 640. [62]) Zingerle l. c. 92, 787; vgl. Kühnau *Brot* 27; Strackerjan 2, 224, 475; 1, 473, 252; W. 415; vgl. Wettstein *Disentis* 175, 54: gegen verhexte Tiere wird die Flinte mit Brot geladen. [63]) Eckart *Südhannov. Sagenb.* 204. [64]) ZfVk. 1893, 389; vgl. Weinhold *Ritus* 14. [65]) Bavaria 2, 305; vgl. Sébillot 3, 215; 2, 298. [66]) ZfVk. 1897, 195.

Eckstein.

Brosamkraut s. Mutterkraut.

Brot.

A. 1.—3. Name, Ursprung, Art. — B. B. im Volksglauben und in der Sage. 4—6. Das heilige B. 7. B.schänder und Geizige. 8. Blutendes B. — C. B. im Aberglauben und Zauberritus. I. 9. bis 11. Weihnachts-, Neujahrsopferfest, Julfest. 12.—15. Acker- und Saatriten. 16. Opfer für Wasserdämonen. 17. Auffindung Ertrunkener. 18. Opfer für Wind- und Wetterdämonen. 19. Opfer für Feuer. II. 20. B. und Salz. 21. B. als Apotropaion. 22.—30. B. als (apotropäisches) Opfer. III. 31.—34. B. im Liebes-, Schaden-, Schieß- usw. Zauber. 35.—38. B. im Heilzauber (s. Heilb.e). IV. 39.—43. B.orakel. — D. B. in Liebe, Ehe und Familie. 44. Allgemeines. 45. Hochzeitsb. (s. d.) 46. Taufb. (s. d.) 47. Tod u. B. (s. Totenopfer). 48. Heimwehbrot (s. d.). 49. Kind, 1. Schulgang (s. d.). 50. Vieh angewöhnen. 51.—57. B.zeremonie. 58. B. im Traum.

A. 1. Name, Ursprung, Art. Das älteste germanische Wort ist Laib [1]); der Name B. findet sich zuerst in der Zusammensetzung bîebrot [2]). Die Verwandtschaft von B. mit Brauen [3]) lehnen Paul und Kluge ab und neigen eher zu Sievers Ableitung von ags. bread. Eine Vorstufe des gebackenen B.es ist der heute noch im Norden sehr geschätzte Brei aus bestimmten Fruchtarten. Brei bedeutete früher wie B. so viel wie Speise [5]). Als dann die Germanen und überhaupt die indogermanischen Völker den gekochten oder rohen Brei in der heißen Asche buken oder rösteten [6]), entstand so das flache, ungesäuerte [7]) Fladenb. [8]) (derbes B.) [9]). Im Rigsmal der Edda nimmt die alte Edda einen Laib aus der Asche, schwer und klebricht und voll von Kleien [10]). Später kam das erhabene B. auf (Panis fermentatus), mit Hilfe eines Gärungsmittels gebacken [11]).

[1]) Kluge *EtWb.*[10] 290; Paul *DWb.*[3] 93; Hoops *Reallex.* 1, 330—31; Hehn *Kulturpflanzen*[6] 540—41; Grimm *DWb.* 2, 399 bis 400. [2]) Graff *Ahd. Sprachschatz* 3, 232; Lexer *Mhd. Wb.* 1, 266. [3]) Höfler *Fastengebäcke* 32; ders. *Ostern* 27; ZföVk. 1903, 189 ff.; Schrader *Reallex.* 111 ff. [4]) Weinhold *Frauen* 2, 52—53; Wissowa *Religion*[2] 145; ZfVk. 1904, 265; Blümner im Handbuch v. Iwan Müller 4, 2, 2[3] p. 162; O. Benndorf im Eranos Vindobonensis 375; Schrader *Reallex.* 111; Mommsen *Römische Gesch.*[8] 19; ZfVk. 1904, 265; ZföVk. 9 (1903), 18. [5]) Freidank 83, 27: „Ist dem Toren Brei zur Hand, was kümmert ihn das Vaterland?" Grimm *DWb.* 2, 354; vgl. Kloster 6, 1078. [6]) Die Zubereitung kann man sich etwa so vorstellen, wie die schwedische Kavallerie im MA. ihre B.e in der Asche röstete: Argovia 1886, 57; Bartholomäus Carrichter *Der Teutschen Speiskammer* (Straßburg 1614), 100; vgl. Schullerus *Siebenbürgen* 76; Klapper *Erzählungen* 252, 19: panis cinereus; für die Antike: Pauly-Wissowa 11, 2, 2090 ff. [7]) Über die kultliche Verwendung des ungesäuerten B.es vgl. Jacoby ARw. 13 (1910), 559; Gihr *Meßopfer*[19] 456—57; der flamen dialis in Rom durfte kein gesäuertes B. berühren: Frazer 2, 13 mit Lit.; Ekkehard IV *Benedictiones ad mensas* = Mitt. d. antiquar. Gesellsch. Zürich III (1846—47), v. 17 p. 106: azima signetur cruce paschaque commemoretur; vgl. MG. script. Meroving. 4, 266 Z. 6 = 297 Z. 17: panes azymi (= non fermentati: Isidor *Origines* XX, 2, 15 (Lindsay). [8]) ZföVk. 1914, 23—35 m. Lit.; Schrader l. c.; Hoops l. c.; Benndorf l. c. [9]) Graff *Ahd. Spr.* 2, 291; Steinmeyer-Sievers *Ahd. Glossen* 3, 153 (*summarium Heinrici*, XII. Jahrh.); Murmellius *Pappa puerorum*: de cibi generibus (Ausgabe von Gervasius Sopherus Brisacensis 1517): *panis subcinericius*; vgl. auch die B.arten, welche Ekkehard IV *benedictiones ad mensas* aufführt v. 10—28 (p. 106—107 und 117): panis frixus, „gebregelt in oleo vel butyro"; p. fermentatus; p. de spelta; p. triticeus; p. sigalinus; p. de hordeo; p. de avena; p. subcineritius; vgl. Isidor *Origines* XX, 2, 15 (Lindsay). [10]) Neckel 276 f.; Simrock *Edda* XV, 4 = p. 97; Kloster 6, 1079; vgl. Grimmelshausen *Simplizissimus* 1, c. 9. [11]) Weinhold *Frauen*[3] 2, 52 ff.; Höfler *Ostern* 27—28; Graff l. c. 2, 291 bis 292; Heckscher 1, 292—93 und 525 bis 526; ZfVk. 1914, 369; Staub *B.* 129 u. ö.; Hehn[6] 540 ff.; Blümner l. c. 74 ff.; Fischer *Altertumsk.* 57; Glotta 15, 62; A. Maurizio *Die Getreidenahrung im Wandel der Zeiten.* Zürich 1916; ZfVk. 1917, 163. 260; ZföVk. 1914, 23 ff.; E. Hahn *Unser tägliches B. im Wandel der Völker und Zeiten* Lübecker Blätter 60, 106 ff.; Müllenhoff *Altertumsk.* 4 (1920), 150 ff.; Heyne *Hausaltertümer* 2, 270 ff.; Lippert *Kulturgeschichte d. Menschheit* 1, 588; 2, 194 ff.; Coler 13 ff. (B.arten); Weinhold *Altnordisches Leben* 149 f. Über bayr. B.arten, B.sitten: Erlanger Heimatblätter 4 (1921), 185 ff. 189 ff. 193; vgl. auch Alte und neue Welt, Einsiedeln 1922, 506—510. Über B. und B.arten ist auch der Anfang der Physica der Äbtissin Hildegard interessant = Migne *Patr. lat.* 197, 1130 ff.; über Notb.e, die man in Zeiten der Not zubereitet, Kräuter- und Rindenb.e vgl. Höfler *Engel-, Not-, Hungerb.* in ZföVk. 20 (1914), 77—84; Kloster 6, 237; auch Coler 20. Zu den russischen Hungerb.en vgl. ZfEthnol. 1892, 506 ff. Über frühere B.formen vergleiche man die Abbildung bei Joh. Placotomus (= Brettschneider) *De tuenda bona valetudine, libellus* Eobani Hessi *commentariis doctissimis illustratus* p. 62; dazu Kloster 6, 1081 (Abbild. 157 und 159). 1096; Carrichter l. c. 93 ff. 96—104; über christliche B.arten s. Dölger *Ichthys.*

2. Am meisten Kraft hat nach deutschem Volksglauben das Schwarz-Hausbackenb.[12]); die Seele des Hauses sitzt im grauen oder schwarzen Haus- oder Heimb.[13]); das Weißb. wird noch in vielen Gegenden, z. B. im Schwarzwald, wie ein Leckerbissen gegessen [14]). Aber auch das gewöhnliche B. ist ein Leckerbissen: „disen sumer hât er si gekowen gar für b.[15])". Auf Island heißt ein Kuchenfest 'B.mahlzeit'[16]). Die Flitterwochen heißen im nl. 'witteburetsweke'[17]), in Westfalen 'Stubenwiäken'[18]) (vgl. Kaswochen in Kärnten)[19]). Mathias Kramer[20]) berichtet (1676), daß man von einem Ehegatten, der mit dem andern nicht fürlieb nehmen wolle, sagt, er wolle Beckenb. (= Weißb.) essen; also Hausb. Symbol für Familie und Ehe; dies hat auch mehr Gehalt als das Beckenb.

Beckebroud macht Backe doud,
Bauernbroud macht Backe roud [21]).

[12]) Grimm *Sagen* 176 Nr. 236; Strakkerjan 2, 225; Eifelvereinsblatt 29, 31—32; MschlesVk. 1906, Heft 15, 145; Krauß *Südslaven* 658. [13]) Meyer *DVolksk.* 209; Wrede *RheinVk.* 194; vgl. Plinius *N. H.* 22, 138; Petronius *Satiren* c. 66. [14]) Birlinger *Schwaben* 2, 380; Meyer *Baden* 371. [15]) Weinhold *Frauen* 1, 212. [16]) ZfVk. 1896, 390. [17]) Weinhold l. c. 2, 1. [18]) Sartori *Westfalen* 110; vgl. „Wääkwochen": Wrede *EifelerVk.* 169; ders. *Rheinische Vk.* 184. [19]) Staub *B.* 9. [20]) M. Kramer *Dictionario tedesco-italiano* 1 (Nürnberg 1676), 753. [21]) Schmitt *Hettingen* 16; vgl. Frischbier *Preuß. Wb.* 1, 110; besondere Kraft hat die B.-rinde: Müller *Rhein. Wb.* 1, 1018; vgl. A. 423.

3. Als vegetatives Fruchtbarkeitssymbol des Ackerbauers, als Substitut der konzentrierten Kraft, wobei noch besonders die Symbolik der Gottesgabe B.[22]) im Vaterunser [23]) für Nahrung einwirkt (vgl. Psalm 41, 10), bedeutet das B. die tägliche Nahrung [24]): Versöhnungsb. = Versöhnungsmahlzeit [25]); Tränenbrot = Leichenmahl [26]). In weiterer Entwicklung ist B. = Leben [27]):

Nun hab ich mich getan vom B.,
seht, Lieber, seht, ich bin steintot [28]).

Bei den Südslaven ist das B. besonders hoch gehalten als Symbol der Familie, der Nahrung und Existenz: Bei der Teilung einer Hausgemeinschaft zerschneidet der bisherige Hausvorstand einen Laib B. in so viel Teile, als Partien da sind; von jetzt an muß jede Familie ihr eigenes B. erwerben und essen [29]); zu ergänzen ist diese symbolische Bedeutung des B.es durch die Zeremonie beim Sippenmahl mit Orakel, von Krauß genau beschrieben [30]).

[22]) B. und Wein ist ein Geschenk Gottes, welches dieser jährlich aus der Erde hervorsprießen läßt: Anhorn *Magiologia* (1675), 789 (Psalm 104, 14—15); das gilt besonders für die Völker, bei denen B. und Wein die einfachste Form der Mahlzeit ausmachen, z. B. bei den Griechen und Römern: Glotta 15, 64; ARw. 14, 25 ff.; Bastian *Elementargedanke* 1, 121. [23]) Mathaeus 6, 11; Lucas 11, 3. [24]) Staub *B.* 1—6. 11 A. 3. 47; Grimm *DWb.* 1, 400; Höfler *Ostern* 49; Kramer l. c. 2, 1178; W. v. Eschenbach *Parzival* 803, 26; Weinhold *Frauen* 1, 212; Gryphius *Peter Squenz* p. 22 (Ausgabe v. 1663); Heckscher 1, 466. [25]) Staub l. c. 18; vgl. das Anbieten von B. als Zeichen der Versöhnung in Italien: Manzoni *I promessi sposi* cap. 4; vgl. Diels *Vorsokratiker* [2] 1, 279 Z. 43: bei B. versammeln sich die Freunde, jetzt die Barbaren (= Diogenes Laertius 8, 35 = 212, 31 ff. Cobet); vgl. Pauly-Wissowa 1, 50. [26]) Wittstock *Siebenbürgen* 108. [27]) Grimm *DWb.* 1, 400—401; Staub l. c. 2; Krauß *Südslaven* 55 (Märchen). [28]) Gryphius *Peter Squenz* p. 36 = p. 37 Neudrucke; M. Kramer l. c. 3, 300; vgl. die Redensarten: Sein (letztes) B. ist ihm gebacken und avoir ses carottes cuites = er muß sterben; G. Wustmann *Sprichwörtliche Redensarten* [3] 85. [29]) Krauß *Südslaven* 128. 55. [30]) Ebd. 55—57; vgl. ZfVölkerpsychol. 18, 377 ff.

B. B. im Volksglauben und in der Sage.

4. Das heilige B. Dieses letzte und beste Produkt (die letzte Gabe, der letzte Bissen B., überhaupt alles, was zuletzt übrig bleibt, hat die größte Kraft) [31]) des Getreides ist für alle, besonders die ackerbautreibenden Völker aller Kulturstufen, das Symbol konzentrierter Kraft und die lebenserhaltende Speise [32]). Der vitalistische Mensch sieht in ihm die Vereinigung aller Fruchtbarkeit der Erde; im Seelen- und Dämonenkult ist es die beste Gabe der chthonischen Geister und Fruchtbarkeitsdämonen [33]); später wird es zum heiligen Geschenk der Götter; als Lebensbringer dringt es in die Kulte ein [34]).

[31]) Reuterskiöld *Speisesakramente* 115; ZfVk. 1891, 189; Pauly-Wissowa 11, 2185; Beer *'Απαρχαί*. Würzburg 1913; NiederdZfVk. 1926, 15. [32]) Reuterskiöld 115—125; Glotta 2, 226—228. [33]) Kühnau *B.* 5 ff. [34]) Reuterskiöld 122; ARw. 7, 114 ff.

5. Im deutschen Volksglauben lagern die verschiedenen Schichten der B.verehrung und des B.kultes über- und durcheinander: der Pflugritus zeigt ältestes Gut [35]). Der Kraftvermittler B. bekommt das Kreuzzeichen [36]), die kirchlichen Weihen, welche nun der Träger dieser Kraft werden [37]). Das Christentum macht sich die dem heidnischen Ackerbauer innewohnende Scheu vor dem Fruchtbarkeitserhalter und -spender dienstbar: Christus, das B. des Lebens [38]), der Weizen auf dem Acker Marias [39]) in der mittelalterlichen Mystik, wird zum Schirmherr der Gottesgabe [40]); diese ist seit der Speisung der 5000 geweiht. Daher sättigt nach Männling (216—17) das Lätareb. am meisten. Dieses Wunder wirkt auf die Legenden ein, so haben wir dieses Motiv in der Tiroler Sage vom Bruder Batho [42]) und in den B.wundersagen des Dialogus miraculorum des Caesarius von Heisterbach, welcher zum Jahre 1197 berichtet, daß kleine Teiglaibe im Ofen zu großen B.en aufgingen [43]). Zu vergleichen ist auch die Sage vom Wundermehl bei Freiberg anläßlich einer Teuerung [44]), die Speisung eines verirrten Kindes in Baden [45]), die Sage vom frommen Bäcker in Thüringen [46]); auch in der Vita Co-

lumbani ist eine Episode eingefügt, wo der hl. Columban B. und Bier vermehrt nach dem Vorbild Christi [47]).

[35]) Mannhardt 1, 158. [36]) Heckscher 1, 135 ff.; 2, 393 ff. [37]) Franz *Benedictionen* 1, 262—278 und 2, 138; Reuterskiöld 121; Haas *Rügen* 44; Müller *RheinWb.* 1, 1015. [38]) Gunkel *Märchen* 58 f. [39]) In den mittelalterlichen Predigten ist Maria der Acker, welcher durch Gottes Tau Korn trägt: Schönbach *Predigten* 3, 217, 6; ZföVk. 1912, 138; vgl. die Madonna mit der Weizenähre: Sepp *Sagenschatz* 617—619. [40]) Mannhardt 1, 230—243; Reutersskiöld 121 ff.; Fontaine *Luxemburg* 37; ARw. 13, 558 ff.; Lippert *Christentum* 209. [41]) Meyer *Baden* 372. [42]) Heyl *Tirol* 561, 14; über Engel- und Wunderb.e: ZföVk. 20 (1914), 77—79. [43]) IV, 65 = I, 23, 4 Strange; vgl. Klapper *Erzählungen* 344, 4. [44]) Meiche *Sagen* 625, 770; vgl. 660, 818; vgl. Kühnau *Sagen* 3, 455, 1835. [45]) Waibel-Flamm 2, 106; vgl. Haupt *Lausitz* 1, 253, 314: Engel speist Kinder mit Wunderb. [46]) Bechstein *Thüringen* 280, 146. [47]) MG. script. Meroving. IV, 84, 11 ff.; vgl. Haupt *Lausitz* 1, 278, 367.

6. Diese Gottesgabe [48]), in ältester Zeit Opfer auf dem Tisch als Hausaltar [49]), 'dat leiwe B.', ('uns Herrgott ist dor baben') [50]), das tägliche B.[51]), Gottes Speise [52]), ist so heilig und verehrungswürdig, daß man in seiner Gegenwart nicht fluchen darf [53]). Wenn man die Himmelsgabe fallen läßt, muß man sie küssen und um Verzeihung bitten [54]). Im Rheinland sagt man, wenn das Kind B. fallen läßt: 'Das Herrgöttcher kommt' [55]). In Dänemark heißt es, eine fromme Mutter soll ihre Kinder dazu anhalten, herabgefallenes B. aufzuheben und zu küssen [56]); wer auf B. tritt, hat Unglück [57]); nach dem Glauben in Nassau muß er bald sterben [78]). Auf jeder Mißachtung steht die schwerste Strafe [59]). Wenn man drei Tage nicht an Gott denkt und kein Weihwasser nimmt und sich am zehnten Tage auf einen Laib B. setzt, so ist man dem Teufel verfallen [60]). Auch B.reste und B.krümchen (s. Brosamen) dürfen nicht weggeworfen werden [61]). In einem Indiculus der Humanistenzeit, welcher auf Vorschriften der Pythagoräer zurückgeht (Plinius XXVIII, 27 = Diog. Laertius VIII, 34), lesen wir: minuta panis pedibus conculcare, turpe [62]). Darauf geht eine Stelle der Magiologia: Abergläubische Leute halten es für ein Unglück, wenn einer ein Stück B. fallen läßt und das wiederaufgehobene „nicht auf alte heidnische pythagoreische Weise mit diesen Worten: 'O du heiliges B.' küßt" [63]). B.reste werden im Feuer den armen Seelen [64]) geopfert [65]). Mit B.kugeln spielen [66]), ja schon sie formen [67]), ist ein Sakrileg. Schimmliges B. muß man essen [68]) (pädagogisch), verdorbenes verbrennen [69]); wer mit B. wirft, kommt nicht in den Himmel [70]).

[48]) Bronner *Sitt u. Art* 203; Finder *Vierlande* 2, 222; Schönwerth *Oberpfalz* 1, 403 ff.; Rosegger *Steiermark* 1, 61 ff.; Reiser *Allgäu* 2, 447; Kühnau *Brot* 5; Landsteiner *Niederösterreich* 69; Sartori *Sitte u. Brauch* 2, 32; Globus 42, 76 ff.; SAVk. 5, 92; Lessing *Sinngedichte* Nr. 109; Drechsler 2, 14 ff.; Meyer *Baden* 371 ff.; Rosegger *Steiermark* 1, 61—66; Unoth 1, 453; Buxtorf *Judenschul* 191; SchwVk. 5, 92; Meiche *Sagen* 607, 749; Grohmann 102 ff. [49]) ZfEthnolog. 34, 62 ff. 65; ZfVk. 25, 341; Pauly-Wissowa 1, 49. [50]) Bartsch *Mecklenburg* 2, 134; Frischbier *Hexenspruch* 122 ff.; Ders. *PreußWb.* 1, 110. [51]) Mülhause 55 ff.; Frischbier *PreußWb.* 1, 110. [52]) Bolte-Polivka 3, 461—63; Germania 1857, 247; Meiche *Sagen* 607, 749. [53]) Kühnau *B.* 5; vgl. Frazer 7, 1, 13; vgl. BlpommVk. 4, 73; B. verschwenden ist Sünde: Fox *Saarland* 399. [54]) Drechsler 1, 287 und 2, 14; Grohmann 102—03, 714—718; Fischer *Aberglauben* (1790), 239; Kühnau *B.* 5; Reiser *Allgäu* 2, 447; Sartori *Sitte u. Brauch* 2, 33; Schönwerth *Oberpfalz* 1, 403; Urquell 4, 116; Vernaleken *Mythen* 41 ff.; Laistner *Nebelsagen* 302 ff.; Zingerle *Tirol* 36, 289; W. 458; Globus 42, 90 ff.; Staub *B.* 10; Wettstein *Disentis* 174, 38; ZfVk. 1893, 27; 1894, 291; 1895, 416; Köhler *Voigtland* 395; Frazer 7, 1, 13; Buxtorf 191; vgl. denselben Glauben in Spanien: Bibliotheca de las traditiones populares 1 (Sevilla 1883), 256, 153. [55]) Müller *RheinWb.* 1, 1015; ähnlich in Braunschweig: Andree 402. [56]) J. M. Thiele *Den danske Almues overtroiske Meninger* 41, 181. [57]) l. c. 41, 180; wer auf B tritt, wird am linken Ohre taub: Grohmann 103, 719. [58]) Kehrein *Nassau* 269, 238; über die ehrfurchtsvolle Behandlung vgl. BlpommVk. 4, 73; vgl. Oberholzer *Das B. im Glauben und Aberglauben unseres Volkes*: Alte und neue Welt (Einsiedeln) 1922, 506—10. Nach Berliner Glaube zieht es schwere Strafe nach sich, wenn man B.reste wegwirft: ZfEthnol. 15, 91. [59]) ZfVk. 1894, 291; Staub *B.* 10; Andree

Braunschweig 402; Heyl *Tirol* 815, 322; Strackerjan 1, 49; Wolf *Beiträge* 1, 218. [60]) Baumgarten *Heimat* 2, 103. [61]) Liebrecht *Zur Volksk.* 399; Zingerle *Tirol* 37 Nr. 297—300; Grohmann 102—03; ZrwVk. 1913, 244; Drechsler 2, 12 und 15; Lütolf *Sagen* 554, 563; Globus 42, 90; Urquell 4, 118; ZfVk. 1914, 56; W. 458; Heyl *Tirol* l. c.; Strackerjan 1, 49. [62]) ZfVk. 1915, 22 und 26; vgl. Buxtorf *Judenschul* 191: angelum nomine Nabel huic muneri propositum esse, ut illos observet, quibus panis in terram excidit, ita ut pedibus conculcetur: illos enim in paupertatem conicit. [63]) Anhorn *Magiologia* 147. [64]) Mannhardt 1, 81—82; Grohmann 198, 1392. [65]) Wenn die armen Seelen die Brosamen nicht holen, freut sich der Teufel darüber: Zingerle *Tirol* 37 Nr. 297—301. [66]) Staub 10; W. 458; Temme *Pommern* 340; Lütolf *Sagen* 554 Nr. 563; Strackerjan 1, 49; John *Erzgebirge* 31; in Mecklenburg werden Hirtenknaben, die mit B.kugeln spielen, zu Stein: Bartsch 1, 427 Nr. 599. [67]) SAVk. 1925, 103. [68]) Ebd. [69]) Grohmann 103, 717. 727; Schramek *Böhmerwald* 254; vgl. Frazer 7, 1, 13. [70]) Strackerjan 1, 49.

7. Entsprechend der heiligen Verehrung und dem Kulte, welchen das Volk mit dem B.e treibt, berichtet die Volkssage [71]) von der furchtbaren Bestrafung der B.schänder [72]). So frevelt der böhmische Winddämon Banadietrich, der so fromm und tugendsam, daß ihm der Wind (Wetterdämon!) den Mantel trug; als er aber wegen eines Vergehens sich das Mißfallen Gottes zuzog, beschloß er die größte Sünde zu begehen und B. in seine Schuhe zu legen, um so die Gottesgabe mit Füßen zu treten. Ganz parallel geht die Sage, nach der Friesland überschwemmt wurde, weil ein Priester die Hostie mit Füßen trat [73]) und ein Friese die Hostien verschüttete. Als Strafe mußte Banadietrich bis zum jüngsten Tage jagen [74]). Nach anderer Version entführte ihn ein Wagen in die Luft (Siebengestirn) [75]). Noch berühmter ist die Sage von Vinetas Untergang, dessen Einwohner die Mauerlöcher mit B. ausbesserten [76]). Es gibt viel ätiologische Wandersagen, welche sich, natürlich mit einigen Kompromissen, inhaltlich und geographisch, in vier Gruppen zerlegen lassen:

a) In einem vorwiegend norddeutsch-schlesisch-österreichischen Kreis besudeln oder schlagen Hirtenbuben aus Unzufriedenheit über das einfache schwarze Hausb. die Gottesgabe, oder Fuhrmänner verwenden es als Brücke und Radschuh; zur Strafe wird der Frevler in Stein verwandelt (Ausdeutung bizarrer Gebirgsformen), er versinkt oder muß umherirren. So erzählt man sich von den Hirtensteinen bei Kieslingswalde (Glatz) [78]): Die b.schändenden Hirtenbuben werden zu Stein. Vom Versinken berichten die vielen Versionen über den Moosbruch bei Reihwiesen (Oberschlesien) [79]), wo auch die Strafen gehäuft werden. Auch die sagenhafte Stadt Niniveh bei Greifswald geht zugrunde und versinkt, weil eine Frau B. in einen Wasserlauf warf [80]).

b) In einer süddeutsch-rheinischen Gruppe (vgl. die Alpensagen über Schändung von Butter und Käse) [81]) verunehren namentlich Ritterfräulein oder ganze Gemeinschaften in Luxus und Übermut das B., indem sie darauf gehen und Tümpel damit anfüllen [82]). Als Strafe folgt Versinken und Entstehung eines Sees. Oft klingt das alte Philemon-Baucis-Motiv an, das jedoch in Frankreich ins Christliche übersetzt rein sich findet [83]). In einer Sage in Pommern [84]) bittet ein Bettler vergebens um B.; er verflucht das Schloß, welches versinkt. In Tirol wird erzählt, wie ein zauberhafter Bettler (Anklang an die christliche Version) nur von einer alten Witwe aufgenommen wird; das ganze Dorf versinkt [85]). Die Schloßbewohner bei St. Georgen (Baden) ließen sich eine Eisbahn aus Salz herstellen und gingen bei schlechtem Wetter in ausgehöhlten [86]) B.laiben [87]). Die Bewohner der Burg Althornberg forderten das Strafgericht Gottes heraus, indem sie am Weihnachtsabend tanzten und sich Batzenwecke unter die Füße banden [88]). Laistner deutet diese Sagen meteorologisch [89]). Spärlicher berichten darüber böhmisch-schlesische [90]), niederrheinische [91]) und holsteinische [92]) Sagen. Sogar die Notdurft verrichten die Frevler ins ausgehöhlte B. [93]). Auch das Reinigen der Kinder mit B. [94]) und Ähren [95]) gehört zu diesen Ursprungssagen. Die Sage, die erklärt, weshalb die Getreidehalme nur oben Ähren tragen, hat in Schlesien die Version, daß der Engel Gabriel die Strafe vollzieht. In Frankreich wird eine Frau, welche den Tisch mit B. abwischt, von Jesus und dem Erzengel Gabriel bestraft [96]). In Tirol sagt man zu den Kindern: Spart euere Brosamen für die Armen, damit es euch nicht geht wie der Frau Hütt. Diese ließ durch einen Diener ihr Kind mit Brosamen reinigen und wurde zur Strafe versteinert [97]). Von einer andern Strafe für dieses Verbrechen erzählt die oberpfälzische Sage [98]).

c) In den Zeiten der Hungersnot wird diese Hauptnahrung den Armen versagt [99]). Das B. wird zu Stein [100]) (und blutet) oder zu Schlangen [101]), oder der Geizige wird von Mäusen aufgefressen [102]). Diese Sagen finden sich überall. In der Thüringischen Sage sitzt nach dem Tode des Vaters, dem die Kinder das B. verweigern, eine Kröte auf dem B.schrank. Das B. mit der Kröte wird in Stein gezeigt am Rathaus zu Neustadt [103]). Auch im Volkslied hören wir oft von der unbarmherzigen reichen Schwester, welche der armen Schwester B. für die sechs Kinder verweigert [104]):

Und als der Herr aus der Kirche kam,
Wollt er aufschneiden das B.:
Das B. war wie die Steine,
Das Messer von Blut so rot.

Die steinernen Laibe werden sogar noch gezeigt [105]). Anderseits hat die Versteinerung des B.es in der Sage einen guten Zweck: Als der mildtätige Torwart Seemoser vom Freisinger Dom das für die Armen bestimmte B. dem geizigen Bischof Gerold zeigen sollte, verwandelte sich das B. in Stein [106]).

d) In der Schweiz, in Schlesien und in Kärnten wird die Gottesgabe in schweren Zeiten den Schweinen gegeben [107]); oder es wird zu Wuchergeschäften benutzt, so vom Metzger von Horb in Schwaben [108]); zur Strafe muß der Geizige herumgeistern (als Schwein) [109]).

[71]) Sieghardt *Nordbayr. Brotsagen u. Sitten*, Erl. Hmtbl. (1920), 185 ff. 189 ff. 193; vgl. SAVk. 11, 49. 20. [72]) Kühnau *B.* 5 ff.; Globus 42, 91—92; vgl. auch Kornfrevler- und Wucherer und ihre Strafe: SAVk. 17 (1913), 133—34; Temme *Pommern* 130 Nr. 94; Künzig *Badische Sagen* 13 Nr. 25. [73]) Caesarius *Dialogus* 2, 4 c. 3; 2, 209 c. 55. [74]) ZfVk. 1894, 291; vgl. Grohmann *Sagen* 75 ff. 79. 90. 95; Laistner *Nebelsagen* 302 ff.; E. H Meyer *Germ. Mythologie* 237; Drechsler 2, 15. [75]) Rochholz *Sagen* 2, LIV. [76]) Raumer *Insel Wollin* (1851) 24; vgl. Grimm *Sagen* 177 Nr. 238 bis 39; Ranke *Sagen* 236. [77]) Kühnau 1, 575; 3, 327—330. 331 ff. 335. 336—37. 338. 374. 388. 391—93. 396; Böckel *Volkssage* 104; Grabinski *Sagen* 12—13; Kühnau *B.* 5; ZfVk. 1902, 68. vgl. 67; Kuhn *Märk. Sagen* 248; Ders. *Märk. Märchen* 233; Ders. *Westfalen* 1, 287 Nr. 336; 308 Nr. 348; Kuhn-Schwartz 109. 475. 482 A.; Grimm *Sagen* 176 Nr. 236; Temme *Altmark* 100; Müllenhoff *Sagen* ² 153 Nr. 227; Bartsch *Meckl.* 1, 427. 429; ZfVk. 1897, 103. [78]) Kühnau *Sagen* 3, 393 bis 397; vgl. 1, 576; 2, 202. 610; 3, 336. 340. 374; in seinem Index (= *Sagen* 4, 112—113) bietet Kühnau eine gute Übersicht über die Art der Freveltaten; Ders. *Brot* 5; ZfVk. 1897, 193; zum Spielen mit B.kugeln oder B.kegeln vgl. Bartsch *Meckl.* 1, 427. 599; Schell *Berg. Sagen* 349 Nr. 53; Kuhn-Schwartz 54 Nr. 57. [79]) Kühnau *Sagen* 3, 371—82; vgl. 1, 575 ff. [80]) Haas *Rügensche Sagen* ⁵ 134 Nr. 234; vgl. 135 Nr. 236. [82]) Waibel-Flamm 2, 75—77. 123—25. 294—95. 333 bis 335; Ochs *Badisches Wb.* 1, 127; Reiser *Allgäu* 1, 233; vgl. Graber *Kärnten* 245 ff.; Alpenburg *Tirol* 191 Nr. 61; Engelien u. Lahn 1, 64. [83]) Ovid *Metam.* l. VIII v. 610—698; vgl. Sébillot 2, 392 bis 394: Jesus wird als Bettler überall abgewiesen, nur eine alte Frau nimmt ihn auf; diese und ihre Ziege werden zu Stein, das Dorf versinkt. [84]) BlpommVk. 3, 38 Nr. 18. [85]) Alpenburg *Tirol* 233, 4 (Lago santo); nach einer Siebenbürgischen Sage bittet der Heiland eine Frau um B.; als diese ihn abweist, wird sie zur Schildkröte: Müller *Siebenbürgen* 128 Nr. 168; nach Shakespeare *Hamlet* IV, 5 wird eine Bäckerstochter, die dem Heiland B. verweigert, zur Eule; vgl. Kloster 9, 384 ff., nach der schlesischen Sage bittet ein Berggeist um B. und tötet, abgewiesen, den Frevler: MschlesVk. 1906 Heft 15, 110. [86]) Köhler *Kl. Schr.* 1, 437 A. [87]) Waibel-Flamm 2, 75—77; nach einer Pommerschen Sage wird eine Prinzessin, die den Armen B. verweigert und auf Salz Schlitten fährt, vom Blitz getötet und die Stadt bei Werben versinkt: Temme *Pommern* 207 Nr. 164; auch die Nonnen bei Bergen versinken, weil sie auf Salz Schlitten fahren: Haas *Rügensche Sagen* ⁵ 85 Nr. 147. [88]) Ochs *Bad. Wb.* 1, 127. [89]) Laistner *Nebelsagen* 246 ff. 302 ff.; Grohmann 32 Nr. 178; Kuhn-Schwartz 475 Nr. 57; Bedenken gegen Laistners Methode äußert mit Recht: R. M. Meyer *Religgesch.* 34. 624. [90]) Kühnau *Sagen* 3, 370 ff.; 2, 498. 507;

Mschles. Vk. 1908 Heft 20, 84; Grimm *Sagen* 176 Nr. 235 und 237; Peter *Österreichisch-Schlesien* 88; Grohmann *Sagen* 78. [91]) Schell *Berg. Sagen* 552 Nr. 25; 553 Nr. 28; Kuhn *Westfalen* 168 Nr. 174 a; Grimm *Sagen* 174 Nr. 234. [92]) Müllenhoff *Sagen*[2] 153 Nr. 226; Montanus *Volksfeste* 1, 218. [93]) Kühnau *Sagen* 3, 337 Nr. 1717; vgl. Grabinski *Sagen* 13; Bolte-Polivka 3, 417; nach einer niedersächsischen Sage bestreicht die Gräfin das B. mit Kot: Schambach u. Müller 51 Nr. 71. [94]) Grimm *Sagen* 174, 233; Alpenburg *Tirol* 122. 238, 11. 239—40; Reiser *Allgäu* 1, 239 und 263; Tettau und Temme 208—209; Kuhn *Westfalen* 1, 287; Ders. *Märk. Sagen* 81; Laistner *Nebelsagen* 159 und 303. [95]) Lütolf *Sagen* 376 Nr. 348; Witzschel *Thüringen* 2, 34, 25; in der schlesischen und oberpfälzischen Version reinigt die Frau das Kind mit B.: Grabinski *Sagen* 13; Schönwerth *Oberpfalz* 1, 408, 20; zur Literatur: Bolte-Polivka 3, 417—20; vgl. die Berchtesgadener Ährensage bei Sepp *Sagenschatz* 617 ff. Nr. 169. [96]) Sébillot 3, 448. [97]) Grimm *Sagen* 233; Alpenburg 238, 11; 240, 1; Ranke *Volkssagen* 230; Böckel *Volkssage* 104. Nach einer türkischen Sage wird die Frau, die ihr Kind mit B. reinigt, in eine Schildkröte verwandelt, das Kind in einen Affen: Stern *Türkei* 1. 15. 399 ff.; in den Cevennen reinigt kein Mädchen den Teller mit einer B.rinde, sonst regnet es am Hochzeitstag: ZfdMyth. 2, 418, 12. [98]) Schönwerth 1, 408, 20. [99]) Meier *Schwaben* 1, 319, 361; Pollinger *Landshut* 84 mit A.; Grimm *Sagen* 180, 240; Graber *Kärnten* 251, 340; Müllenhoff *Sagen*[2] 151—52 Nr. 224 und 225; Waibel-Flamm 2, 92; vgl. die Sage von der geizigen Schloßjungfrau bei Künzig *Bad. Sagen* (L. 1925) 4, 7 und ebenda vom geizigen Kaufmann und der geizigen Müllerin: 14, 27 und 15, 50; die Bergische Sage weiß von der hartherzigen Bäuerin zu berichten (Schell 84, 3) und dem Getreidewucherer Schell 92, 16. [100]) Pollinger *Landshut* 84; Grimm *Sagen* 180, 240; Kloster 9, 982 ff.; hier spielt ebenfalls wie in den oben erwähnten Sagen das Philemon-Baucis-Motiv herein, indem der Heilige bei der armen Witwe in einer großen Stadt um Almosen bittet; vgl. Rochholz *Glaube* 1, 50. [101]) Waibel-Flamm 2, 79—80; ZfdMyth. 1, 243; Klapper *Erzählungen* 343, 13 ff. bringt eine Sage, nach der der Braten, der aus Hartherzigkeit vom Sohn vor dem Vater verborgen wird, sich in Kröten verwandelt; für Brot: Bolte-Polivka 3, 462 A. 1; 168 A. 1. [102]) Grimm *Sagen* 181, 241; Liebrecht *Zur Volksk.* 1 ff.; Sepp *Religion* 308 ff.; in einer Sage Mecklenburgs wird ein Bauer, der B. verweigert, von Ratten in einem Haus auf einem See verfolgt: Bartsch 1, 299, 398. [103]) Witzschel *Thüringen* 1, 233, 234. [104]) Erk-Böhme 1, Nr. 209 a—f mit Anmerk.; Bolte-Polivka 3, 461 f. zu Nr. 205; 462 A. 1; Müllenhoff *Sagen*[2] 152—53, 224—25; BlpommVk. 4, 122—24 mit Literatur; Niderberger *Unterwalden* 1, 32 ff. [105]) Meier *Schwaben* 1, 319, 361; Pollinger *Landshut* 84 m. A.; Kloster 9, 982; ein anderes Motiv liegt dem steinernen B. auf dem Wappen im Friedhof zu Hofen bei Cannstatt zugrunde; Birlinger *Volkstüml.* 1, 155, 241; vgl. Arch. f. Anthropol. N. F. 4 (1906), 148. In der Sage vom frommen Bäcker wird das B. zu Hobelspänen vor den Augen des Abtes: Bechstein *Thüringen* 1, 281; Witzschel 1, 146, 142. Dieses Motiv ist vor allem aus der Legende von der Landgräfin Elisabeth von Thüringen bekannt; die mildtätige Fürstin antwortet auf die Frage, was im Korbe sei: „Herr, Blumen"; und im Korbe sieht der Landgraf Blumen: Bechstein l. c. 1, 171; auffallend dasselbe in Frankreich: Sébillot 3, 440—42; das B. der Verena verwandelt sich in einen Kamm: Rochholz *Gaugöttinnen* 96. 121—22. [107]) Rochholz *Sagen* 2, 136, 362; SAVk. 1925, 125; Staub *B.* 5—6; Kühnau *Sagen* 1, 116; dagegen 2, 32 Grabinski *Sagen* 24; Meier *Schwaben* 269 Nr. 301; vgl. Graber *Kärnten* 166, 215; Schell *Berg. Sagen* 84, 3. [108]) Meier *Schwaben* 1, 275, 309; Rochholz *Sagen* 2, 137, 363; nach der badischen Sage verlangt ein Priester im Kloster zu Ottersweier einen Acker für einen Laib B.: Künzig *Bad. Sagen* 8 Nr. 11. [109]) Graber *Kärnten* l. c.; Stöber *Elsaß* 2, 96, 131; Künzig l. c. 4, 7; 14, 27; 15, 50; vgl. 14, 28; vgl. Schell *Berg. Sagen* 84, 3 und 92, 16.

8. Das blutende B.[110]): Diese Wandersage, beeinflußt durch die Erzählungen von der blutenden Hostie [111]), treffen wir in zwei grundverschiedenen Versionen:

a) In der schlesischen Sage von der Schändung des lieben B.es durch die Kühjungen bei Reihwiesen wird das B., wie wir gesehen haben, zu Stein; aber eine Variation der Sage berichtet auch, daß Blut heraustropfte und eine Stimme erscholl: „Weil du meine Gabe mit Peitschenhieben entwürdigt hast, so sollst du zur Strafe ... umherirren" [112]). In der Kärntner Sage von der Kirche zum heiligen Blut zu Wolfsberg (1338) stechen die Juden die Hostien mit Messern, worauf Blut fließt [113]). In Niederbayern wird aus dem Jahr 1908 ein Fall erzählt, wo eine Hostie das Bier blutig färbte [114]).

b) Eine andere, in Oberdeutschland[115]), Schleswig [116]), Sachsen [117]) und Dortmund [118]) auftauchende Sage erscheint immer in Verbindung mit Mißwachs (feuchtes Jahr), Krieg [119]), Hungersnot oder der damit verbundenen Hartherzigkeit. So berichtet Thietmar [120]) von Merseburg aus seiner Zeit (11. Jh.): Als einmal während einer mühvollen Ernte die ermüdeten Schnitter sich erheben wollten, sahen sie, wie ein eben angeschnittener Laib B. Blut vergoß. Im Jahre 1016 floß bei einem Landmann in Meißen [121]) Blut aus dem B.; es folgt Krieg und vergossenes Menschenblut. Auch aus dem B. der Hartherzigen fließt Blut: im Volkslied von der unbarmherzigen Schwester wird in drei Variationen [122]) das B. zu Stein und das Messer blutig, eine Bearbeitung [123]) spricht nur vom blutenden B.e, und damit stimmt eine spanische Ballade auffallend überein, vom Lokalkolorit abgesehen und vom Schlusse [124]):

Tomo, un pan y lo partio,
Lollo que sangue vertia!

Rochholz [125]) erklärt den Ursprung dieser Sage aus der Eigenart eines Bacterium prodigiosum. Diese Bakterien sollen in neuester Zeit (1841 in Paris, 1869 in Chemnitz) als blutrot stinkende Masse auf dem B. nachgewiesen worden sein, in oberdeutscher Mundart spricht man von Speiseblut [126]). Zu vergleichen ist eine Lausitzer Blutwundersage, nach welcher 1616 auf Äckern und Kornhalmen Blut gefunden wurde und ein erkalteter Mehlbrei mit Blut bedeckt war [127]). Blut, als Analogieorakel blutiger Kriege, fließt aus Holz [128]), aus einem Fuhrmannslöser [129]). Eine Parallele zur bretonischen Sage 'Le pain changé en une tête de mort', bietet die deutsche Sage nicht [130]).

[110]) Zur Literatur: Bolte-Polivka 3, 461—63; Tharsander *Schauplatz* 1 (1737), 305. [111]) Argovia 1886, 48—53 dazu Caesarius *Dialogus* 2, 183, c. 25, wo die geschändete Hostie in sanguinem coagulum verwandelt ist; vgl. das Wunderblut zu Wilsnack: W. Schwartz *Sagen und alte Geschichten der Mark Brandenburg* [7] (B. 1921) 173, 116, dazu Caesarius *Dialogus* 9, c. 16 = 2, 178 Strange; auch in einer Mecklenburger Sage blutet die geschändete Hostie: Bartsch 1, 355, 483; vgl. Heyl *Tirol* 678, 154, wo aus der gestochenen Hostie Blut fließt; zur Literatur: Strack *Blut* 35—36; Tharsander l. c. 1, 317; Brevinus Noricus (1721), 4 ff.; Franzisci *Der höllische Proteus* (1690) 47 ff. [112]) Kühnau *Sagen* 1, 576 = 3, 374; vgl. Bartsch *Mecklenburg* 1, 427, 599. In Pommern sagt man: Wenn man mit dem Messer ins B. sticht, sticht man dem lieben Gott ins Herz: Temme *Pommern* 340; vgl. ZfVölkerpsychol. 18, 279. [113]) Graber *Kärnten* 404 Nr. 559; 333 Nr. 467; in mittelalterlichen Erzählungen durchbohren Juden das Christusbild, worauf Blut fließt: Klapper *Erzählungen* 307, 12 und 324, 13; Heyl *Tirol* 678, 154; Kloster 12, 323 ff. 1048. [114]) DG. 10, 15. [115]) Rochholz *Glaube* 1, 50; Argovia 1886, 48 ff.; vgl. Schöppner *Sagenbuch* Nr. 882 und Reiser *Allgäu* 1, 419. [116]) Müllenhoff *Sagen* [2] 151 Nr. 224. [117]) Meiche *Sagen* 637, 789; 633, 779; vgl. Wolf *Niederländ. Sagen* Nr. 153. [118]) Grimm *Sagen* Nr. 240. [119]) Literarisch verwertet von Löns *Werwolf* c. 1. [120]) Meiche l.c. 633, 779 = MG.SS. 3, 858, 40. [121]) Ders. l. c. 637, 789. [122]) Erk-Böhme 1, Nr. 209 a—c. [123]) Ebd. Nr. 209 d. [124]) Abh. Wiener Akad. phil.-hist. Kl. 31 (1859), 143—45; vgl. Bolte-Polivka 3, 462. [125]) Argovia 1886, 60—65; vgl. Strack *Blut* 35—36 mit Literatur. [126]) Argovia 1886, 60. [127]) Kühnau *Sagen* 3, 429, 1797. [128]) Meiche *Sagen* p. 638 (im J. 1636). [129]) Ebd. l. c. 622, 766 (im J. 1587). [130]) Köhler *Kl.Schr.* 1, 154.

C. Das B. im Aberglauben und Zauberritus. I. Abergläubische Vorstellungen und rituelle Zauberhandlungen, welche auf der Eigenschaft des B.es als Opfer und als Opfersubstitut beruhen (über die Gebildb.e dieser Kultzeiten s. Gebildb.e) und als Übertragungsmedium.

9. Weihnachts-, Neujahrsopferfest, Julfest. Uralte Wachstumsfruchtbarkeitsriten haben sich in diesen Rauchnächten mit versöhnenden Opfern für die Seelendämonen verbunden, und beides lebt in Opfern für das Christkindchen und die heiligen Personen der christlichen Weihnachtszeit weiter (s. Speiseopfer). Die Fruchtbarkeitsdämonen werden zur Percht, Frau Holle, ja zur Diana [132]). Die Opfergabe dieser Opfer (der Weihnachtstisch als Opferaltar bleibt im Norden bis Dreikönig für die Speisung der Geister gedeckt) [133]) ist vorzugsweise das B., neben Brei im Norden [134]). Höhepunkt ist das ,,heilige Mahl" am Weihnachtsabend [135]) (s. d.).

[131]) ZföVk. 1903, 15 ff. 186 ff.; Höfler *Weihnachten* 1—6. 10. 74; W. 74 ff.; Reuterskiöld 118 ff.; für den Einfluß der rö-

mischen Neujahrsgebräuche: Schneider im ARw. 20, 82—87 m. Lit. [132]) Prätorius *Weihnachtsfratzen* 395, 403. [133]) Schubert *Reisen* 3, 202; Globus 72, 375; Feilberg in HessBl. 5 (1906), 35. 28 ff.; Männling 205. [134]) Höfler *Weihnachten* 18—19. 29 bis 30. [135]) Ders. l. c. 13—14; ZfVk. 1894, 78.

10. Der älteste Beleg für das B.-Opfer an Weihnachten in Deutschland ist eine Stelle in der sog. Homilia sancti Augustini de sacrilegia, der Predigt eines Heidenmissionars [136]). „Quicumque in Kalendas Januarias mensas panibus et aliis cybis ornat et per noctem ponet et diem ipsum colit et auguria aspicet . ." Etwas später fallen die Capitula cum italicis episcopis deliberata [137]): „ut nullus Kalendis Januariis . . aut mensas cum lapidibus in domibus praeparare . . nisi voluerint ad ecclesiam panem offerre, simpliciter offerant, cum aliqua de ipsa impia commixtione" (offenbar Opferb., mit besonderm Ritus zubereitet). Nach der Sage ist es ein ausnehmend fein schmeckendes B., das man gemeinsam verzehrt [138]). Bereits im 12. Jh. wird es aus Weißmehl hergestellt [139]). Als B.-Substitut früherer Tieropfer hat es neben der einfachen Laibform mannigfaltige Gebildformen (s. Gebildb.e) von Tieren, welche auch beim Ackerritus [141]) eine Rolle spielen. Neben diesen Festgebäcken darf das Hausb. nicht fehlen, sonst geht der Segen aus dem Haus [142]). Es darf am hl. Abend nicht aus dem Hause getragen werden [143]).

[136]) ARw. 20, 110; ein B.opfer an Quellen, dargebracht an Neujahr, erwähnt auch Martin von Braga vgl. A. 268. [137]) MG. leg. 2 tom., 202 Z. 21; ZfVk. 1904, 262 ff. [138]) Höfler l. c. 24; Baumgarten *Jahr* 8. [139]) Höfler l. c. 30. [140]) Ebd. 6. 59 u. passim; Globus 72, 371 ff.; Nilsson *Jahresfeste* 50; Reuterskiöld 116—118; ZfVk. 1902, 437—39. [141]) Reuterskiöld l. c.; s. Gebildb.e. [142]) Drechsler 1, 33. 35; John *Erzgebirge* 155. [143]) John l. c. 114.

11. Durch Größe zeichnen sich besonders die Spaltgebäcke aus, so das 24 Pfund schwere Julbrot der Dänen [144]) und das westfälische Mittwinterb.[145]). Das Gesinde bekommt in Schwaben Weiß- und Birnb.[146]) (s. Birnb.). In Baden bekommen die Hausgenossen das Mettenb.[147]).

Viele Beispiele zeigen, wie das Christentum auch beim B.-Opfer die alten Gebräuche übernimmt (das beweisen vor allem die Gebildb.e). Die hl. drei Könige übernehmen die Rolle der tres illae sorores (Parcae = Nornen). Im Frankenwald stellt der Bauer vor dem Bettgehen einen Krug Wasser und einen B.laib auf den Tisch und lädt die heiligen Dreikönige ein [147a]); dasselbe stellte früher der Bauer im Kanton Bern den Hausgeistern hin [147b]). Sebastian Frank (1567) erzählt von einem ähnlichen Opfer, erweitert auf Christus und Maria mit Augurium [147c]). An andern Orten schlägt man ein Stück B. für Christus [147d]) ein, und zwar in ein weißes Tuch (s. weiß und Speiseopfer). Eine schlagende Parallele zu diesem B.-weihnachtsopfer in Deutschland, das auf antik-römischen Brauch zurückweist, hat Usener im böhmischen Brauch des largum sero aufgezeigt: man stellt B.e mit Messern für die Götter hin, ut in noctibus veniant di et comedant [147e]). Im flandrischen Volksliede backen die drei Könige selbst B. in der Bäckerei [147]); in Steiermark [149]) ziehen die Dreikönigssängerinnen gabenheischend umher; und in Obersteiermark erhalten die Perchten neben Milch auch B.[150]), von dem man zuvor gekostet hat. In Schlesien bleibt nach dem Mahl B. und ein Pfennig auf dem Tisch liegen, damit man im nächsten Jahr nicht Mangel habe [151]).

Die Haustiere, welche sonst kein B. erhalten sollen, bekommen am hl. Abend B. und Pfeffernüsse oder B.schnitten mit Salz bestreut in Schlesien [152]) oder Julb. im Norden [153]). Im Allgäu besprengt man dieses B. noch mit Weihwasser [154]). Diese Spende an das Hausvieh wird in Ungarn in naiver Bedingung mit dem Windopfer verbunden [155]). In Bayern bekommt das Vieh nach der Mette oder während derselben Kletzenb. oder B.[156]). In Steiermark drückt die Frau in das nach der Mette genossene Kletzenb. vor dem Backen einen Schlüsselbart ein; sonst läßt die Percht das B. verbrennen oder es ruht kein Segen darauf [157]). In Mecklenburg füttert man dem Vieh Neujahrsb., „Liwb.". Dasselbe tat man früher in Frankreich, um der Kuh das Kalben zu erleichtern [158]. In Muggensturm (Baden) erhalten an Dreikönig alle Glieder der Familie und das Vieh B. und Salz, beides geweiht [159], im Erzgebirge bekommen die Pferde und Kühe B.schnitten mit Salz und Zwiebeln [160], in Österreich am Stephanstag B. mit geweihtem Salz [161]. Auf dem Kultb. ruht reichster Segen. Es ist heilig und besonders schmackhaft, verdirbt und schimmelt nicht, zumal vom Christtau benetzt [162]. „Das B. so auff Weihnachten gebacken wird, soll sich sehr lang halten" (1663) [163]. Es hat wunderbare, durch die Weihen der Kirche [164] besonders zauberhafte Heil- und andere Kräfte [165], z. B. im Krieg [166]. Im 13. Jh. gab man die „Brosen, die ze Weihnachten über werden dem, der tol von hunden oder anders" [167]. Besonders das Mettenb. ist ein Heilmittel (Pfalz) [168], in Schlesien der Christstriezel [169] und das vom Christtau benetzte [170] B. (wie die Christgarbe [171] bis 1523 in Stralsund). Schon Gervasius v. Tilbury schreibt über die alten Britannier: „sed et de pane nocte illa (natalis Domini) sub dio composito compertum habeo, quod febricantibus proderit, si tamen adsit fides, quae operatur" [172]. Dasselbe bei den Deutschamerikanern [173] und in Nassau [174]. Dieses gesegnete Kultb. wirkt apotropäisch: mit Honig beschmiert oder Dill bestreut wurde es in Mitteldeutschland im 17. Jh. gegen Verzauberung angewandt [175]. Coler schreibt: „B., welches an Weihnachten gebacken ist, hält sich bis Pfingsten, gibt aus, soll dem Haus sehr schutzlich sein, schimmelt nicht; in Wälschland gibt man es den Kindern am St. Paulstag, um sie vor Schlangenbissen zu bewahren." Und ein alter Tiroler Aberglaube meint [178]: „Ein laib Weinachtb. über den thenn heibn, bleibn keine Mäus' mehr, ist gut firs fieber." In Schweden [179] schützt das Julb., in Frankreich [180] das in den drei Weihnachtsmessen geweihte B. vor Unglück im Krieg.

Als Opfer für die Vegetationsdämonen streicht die Bäuerin in Tirol und Mähren die mit Teig beklebten Finger an den Bäumen [181] ab. Im Kreise Allenstein steckt man Neujahrsgebäck ins Stroh, mit dem man die Bäume umwickelt [182]; in Pommern neben Backobst und Geld vor allem B.[183]. In Österreich füttert man die Erde mit einem daumenförmigen (Phallus?) [184] B., und an der Nahe ist das Opfer für die Fruchtbarkeitsgeister dem Christkind geschenkt worden [185]. Oft sind diese Opfer durch B.-Spenden an Arme oder Kinder abgelöst, so nach dem Rastetter Hofrecht von 1378 [186], wonach das aus den ausgescharrten Teigresten hergestellte Mutschellaiblein, das für die Hausgeister bestimmt ist (vgl. backen), den Armen gegeben wurde. Vielleicht ist auch der Chiemgauer Mettenlaib, den der Meßmer für langes, dämonenabwehrendes Läuten erhält, eine Ablösung der die Dämonen vertreibenden Opfer in der Christnacht [187]. Werden die Vegetationsgeister nicht gespeist, so rächen sie sich durch Schadenzauber und verursachen eine Mißernte [188].

In Elbestalzell kann man mit dem Störilaib den Bräutigam (die Braut) herbeizaubern [189], die Großdirn stellt mit den Speiseresten Liebesauguria an [190], mit B., Kohle und Kränzlein auguriert man in Egerland [191].

Alle Arten von Opfer- und Kultgebräuchen (Geschenke, Augurien, abgelöste Opfer in Form von Armenspenden, Vegetationsspenden und Fruchtbarkeitsriten) kristallisieren sich um den Weihnachtsstöri; dieser ist so gewissermaßen das Muster eines Gemeinschaftsopfers und Kultb.s [192]. Baumgarten hat folgende Gebräuche unterschieden [193]: Neben dem Störilaib backt man 1. einen kleinen Laib, den der erste Arme bekommt (die Großmutter reicht ihn mit einem Geldstück, einem Ei und Fleisch), 2. mehrere Laibchen für das Vieh, 3. vier bis fünf daumenförmige B.e für Luft, Wasser, Feuer, Erde. Am Abend vor Dreikönig steckt man ein B. auf einen Baum, ein anderes wirft man in die Hauslache, 4. Brosamen, Abfälle und Backofenwisch trägt die Großdirn in einem Tischtuch auf das Weizenfeld; in der Richtung, wo sie einen Mann sieht, heiratet sie.

Die verschiedenen Spaltgebäckarten des Weihnachtfestb.s und die andern Gebildformen werden unter Gebildb. aufgezählt.

[144]) Höfler l. c. 31. [145]) Ebd. l. c. 29—31; Sartori *Westfalen* 137; K. Ch. L. Schmidt *Idiotikon* 43. [146]) Birlinger *Volkstüml.* 1, 7; Herzog *Volksfeste* 204—205; Höfler l. c. 29; ZföVk. 9 (1903), 18. [147]) Meyer *Baden* 488; Höfler l. c. 24. [147a]) Bavaria 3, 1, 309; Jahn l. c. 279; Höfler *Weihnachten.* 31. [147b]) SAVk. 1897, 219; über das Julb. im Norden vgl. NddZfVk. 1926, 14 ff. [147c]) Jahn l. c. 279; vgl. Weihnachtsgebildb.e, Bohnenkönig; zur Erweiterung auf Christus und Maria vgl. Usener *Kl. Schr.* 4, 428. [147d]) John *Erzgebirge* 156; in Schlesien für die Engel: Grabinski *Sagen* 51. [147e]) Usener *Religionsgeschichtliche Untersuchungen* 2 (189), 46 ff.; ARw. 20, 376 ff.; vgl. ZfVk. 1904, 265 ff.; Tille *Weihnachten* 49; Höfler l. c. 31; über B.opfer in den Rauchnächten handelt ausführlich Höfler: ZföVk. 9 (1903), 18—20; ZfVk. 1904, 258. [148]) ZfVk. 1904, 263; NdlTVk. 8, 3; 11, 124. [149]) ZföVk. 1896, 304. [150]) Jahn *Opfergebräuche* 283; ZfdMyth. 4, 300; Weinhold *Weihnachtsspiele* 25; ZfVk. 1904, 266 ff.; im Mölltal bekommt die Percht an Dreikönig B. und gefüllte Nudeln; wenn sie davon genießt, gibt es ein gutes Jahr: Graber *Kärnten* 91 Nr. 111. [151]) Drechsler 1, 35; Fehrle *Feste* 15; an manchen Orten läßt man das B. für die Engel liegen: Grabinski *Sagen* 51. [152]) Drechsler 35—36; Ders. *Haustiere* 13; Brunner *Ostd. Volksk.* 208; vgl. ZfVk. 1902, 438; vgl. Bavaria 2 a, 302. [153]) Höfler l. c. 25—26. 12; Sartori *Sitte u. Brauch* 3, 32 A. 34; Boecler *Ehsten* 93; W. 683. 692; Jahn *Opfergebräuche* 118; Bartsch *Mecklenburg* 2, 24; Meyer *Baden* 488; Zahler *Simmenthal* 47. [154]) Höfler l. c. 25. [155]) Ebd. 26. [156]) Baumgarten *Jahr* 11; BayHfte. 1 (1914), 230 Nr. 35; vgl. BlpommVk. 3, 184; in der Pfalz das „Gelecker": geweihtes B. u. Salz: Bavaria 2 a, 302. [157]) ZföVk. 1, 249. [158]) Bartsch *Meckl.* 2, 241 Nr. 1253 ff.; Liebrecht *Gervasius* 228 Nr. 106; 239 Nr. 243; 233 Nr. 160. [159]) Meyer *Baden* 494. [160]) John *Erzgebirge* 162; auch bei den Schwaben im Banat erhalten die Pferde am ersten Weihnachtstage B.: Bell *Banat* = D. Deutschtum im Ausland (1926), 124. [161]) ZföVk. 1, 251. [162]) Jahn *Opfergebräuche* 280—81; Birlinger *Schwaben* 1, 382; Strackerjan 2, 224; W. 175; Höfler l. c. 24; Baumgarten *Jahr* 8; Liebrecht *Gervasius* 233 Nr. 160. [163]) Höfler l. c. 23. [164]) Franz *Benediktionen* 1, 593—94. [165]) Höfler l. c. 25—28; Globus 72, 375; Jahn l. c. 277; John *Erzgebirge* 154; Seyfarth *Sachsen* 269. [166]) Globus 72, 375; Seligmann *Blick* 2, 329. [167]) Sitzb. Wiener Akad. phil. hist. Kl. LXXI 488. [168]) Höfler l. c. 24. [169]) Drechsler 1, 34 Nr. 27; Schramek *Böhmerwald* 116. [170]) W. 78; Höfler l. c. 24. 26; im Rheinland essen es Vieh und Menschen ZrwVk. 16 (1919), 55. [171]) Mannhardt 1, 233; Heckscher 2, 397—98. [172]) Liebrecht *Gervasius* 2 c. XII de rore coeli; vgl. Tharsander *Schau-Platz* 1, 86. [173]) Fogel *Pennsylvania* 261 Nr. 1362. [174]) Kehrein *Nassau* 2, 259 Nr. 116; vgl. BayHfte. 1 (1914), 233 Nr. 65. [175]) Höfler l. c. 26. 27—28. [176]) Coler l. c. 13 c. 3. [177]) Schneller *Wälschtirol* 240 [37]. [178]) BayHfte. 1 (1914), 233, 65; vgl. Thiers bei Liebrecht *Gervasius* 237, 210: B., gesegnet in den drei Weihnachtsmessen, heilt alle Krankheiten. [179]) Globus 72, 375; vgl. 373. [180]) Seligmann *Blick* 2, 329. In Frankreich backte man nach Thiers vor Noël ein gros pain, le pain de calende; man schnitt es in Stücke und machte auf die Stücke mit dem Messer 3 oder 4 Kreuze; diese Stücke bewahrte man als heilkräftig auf; der Rest wird für den jour des rois aufgehoben: Liebrecht *Gervasius* 232, 153. [181]) Höfler l. c. 27; W. 431; Globus 72, 375. [182]) Höfler *Neujahrsgebäcke* = ZföVk. 1903, 201. [183]) BlpommVk. 7, 89. [184]) Jahn *Opfergebräuch.* 279; Männling 201; Baumgarten *Heimat* 1, 42; Ders. *Jahr* 9 ff. [185]) Sartori *Sitte und Brauch* 3, 47 A. 110; Höfler l. c. 32 vgl. 17. [186]) Höfler l. c. 21. 27. 17—18; Grimm *RA.* 1, 497; ZfVk. 1904, 262—63; vgl. SAVk. 1898, 69. 142: nach einem Legat von 1762 werden les miches de noël an die Armen verteilt. [187]) DG. 13, 182 ff. [188]) Höfler l. c. 22; ZfVk. 1897, 188. [189]) Höfler l. c. 22; Baumgarten *Jahr* 9. [190]) Höfler l. c. 21—22. [191]) Ebd. 25; vgl. Sartori *S. u. B.* 3, 36. [192]) Höfler l. c. 21 ff. [193]) Baumgarten *Jahr* 9 ff.; ZfVk. 1904, 259 ff.; vgl. Naumann *Gemeinschaftskultur* 72 ff.

12. Acker- und Saatriten: Als Fruchtbarkeitssymbol eignet sich das Jul- und Weihnachtsb. besonders für die private Pflug- und Säezeremonie; Jahn (Opfergebräuche) betont zu sehr den Opfercharakter dieser heiligen Handlungen; dagegen hebt Reuterskiöld (Speisesakramente) mit Recht die zentrale Bedeutung des Übertragungszaubers im Bewußtsein der Menschen hervor; beide Vorstellungen verschlingen sich hier. Das Kultb. der Rauchnächte erhält und bewahrt die Fruchtbarkeit (Analogiezauber und Übertragungszauber), der magische Zauber, in dem es verwendet wird, zwingt die Erde zur Fruchtbarkeit [194]), wie das Julb., das in den Saathaufen gesteckt wird, die Körner keimkräftig erhält [195]). In Ost-

preußen bindet man in einen Zipfel des Säetuches B., Geld, Salz und F e n c h e l (Musterbeispiel für die Verbindung von Fruchtbarkeitsübertragung, Opfer und Apotropaion), dann gedeiht die Saat [196]). Sogar das Säetuch wird auf den Opfertisch am Weihnachtsabend gelegt [197]), und ein bayrischer Beichtspiegel (1468) berichtet [198]), daß man eine Pflugschar unter den Weihnachtstisch legte, um die Geräte für die Ackerbestellung recht fruchtbar zu machen. Um auch auf sich selbst, das Gesinde und das Vieh den Segen zu übertragen, bewahrt der Bauer vom Festb. für Mensch und Tier einen Teil auf; so berichtet der pommersche Bürgermeister Wessel (um 1500): „Dadt nyejar dadt se backeden, dadt wart thom dele vorwaret beth de meyer meyen wolden, so ethen se darvon; meneden se konden sick denne nen verdrot dhon" [199]). Als Kraftb. wird es besonders beim Pflügen an Menschen und Hausvieh ausgeteilt [200]); in St. Gallen bekommen nach dem ersten Pflügen alle Beteiligten ein Stück B.[201]), das an Ort und Stelle gegessen wird. Der erste Pfluggang und das Ziehen der ersten Furche ist für den ackerbautreibenden Germanen eine heilige Handlung [202]) mit Opfer an die A l l m u t t e r [203]) oder später an die W a c h s t u m s d ä m o n e n, das teils aus Korn [204]), welches über den Pflug geschüttet wird, teils aus B. besteht, wenn irgend möglich aus dem aufbewahrten Festb. [205]). Daß diese Zeremonie gemeingermanisch war, können wir aus einer alten Ackerbuße ersehen, welche um das Jahr 1000 aufgezeichnet ist, ein Musterbeispiel dafür, wie Christliches auf Altheidnisches aufgepfropft wurde; E. H. Meyer hat dieses Dokument interpretiert [206]). Nachdem der Pflug besonders geweiht ist, heißt es (l. c. 131): „Nimm dann jeder Art Mehl und ein Mann backe einen Laib von der Breite der innern Handfläche und knete ihn mit Milch und heiligem Wasser und lege ihn unter die erste Furche ....."; Meyer führt (139—144) die modernen Parallelen an [207]); die Opferspende ist in Baden und Schwaben durch eine Spende an Kinder und Arme abgelöst („G l ü c k s b.", „Meneb.") [208]). In Baden ist das erste Pflügen noch eine Zeremonie [209]). Eine Sage kündet von der tieferen Bedeutung des „Glücks"- oder „Meneb.es" beim Pflugritus: Ein Bauer verweigerte einst das Meneb. für die Menebuben, welche die Pflugtiere trieben; als er aber allein mit den Ochsen das Feld pflügte, fielen diese tot um [210]). Man legt auch unter den ausfahrenden Pflug ein B., so in Böhmen [211]); alle diese B.e erhalten meistens die Armen [212]); besonders segen- und fruchtspendend ist geweihtes B.; so heißt es im carnifex exarmatus, daß „das in festis St. Blasii und St. Agathae geweihte B. gut ist vor die Aeckher, auf welchen die Früchtengewaechs wegen den Ungeziefer Schaden leyden" [213]). In den Niederlanden spielt das St. Pauls-Brötchen als Pflugb. und Apotropaion gegen Würmer eine Rolle [214]). Auch das dem Körneraugurium ähnliche B.a u g u r i u m fehlt nicht: „Bleibt die Schüssel mit Mehl, B. und einem Ey unversehrt, so ist es ein gutes Zeichen für die Ernte; die Schüssel wird dann unter die Armen verteilt, damit sie beten für das Gedeihen der Saat; die Gabe heißt P f l u g s b." [215]).

[194]) B a u m g a r t e n *Jahr* 9. [195]) Globus 72, 375; M ä n n l i n g 205: Die Schweden backen an Weihnachten Kuchen und mischen davon unter das Getreide, damit der Acker fruchtbar wird; vgl. J. G. ab E c k h a r t *Commentarii de rebus Franciae orientalis et episcopatus Wirceburgensis* 1 (1729), 409 ff. [196]) J a h n *Opfergebräuche* 332; W. 652. [197]) W. 652. [198]) ZfVk. 1904, 144. 259. [199]) F r a n z W e s s e l s *Schilderung des kathol. Gottesdienstes in Stralsund* (Stralsund 1837) 4; J a h n l. c. 162. 281; BlpommVk. 5, 55; ZföVk. 1903, 201. [200]) Globus 72, 375: ZfVk. 1914, 141; Höfler l. c. 39; R e u t e r s k i ö l d 117; D u C a n g e 7, 491—92 (simulacrum). [201]) SAVk. 11 (1907), 251. [202]) S a r t o r i *Sitte u. B.* 2, 54. 60 ff.; W. 428 ff. [203]) D i e t e r i c h *Mutter Erde* [2] 97 ff. 107 ff. [204]) F i s c h e r *Angelsachsen* 7. [205]) Globus 72, 375; H ö f l e r *Ostern* 50; D u C a n g e l. c. [206]) ZfVk. 1904, 130 ff. [207]) J a h n *Opfergebräuche* 74 ff. 77; M a n n h a r d t 1, 158. 317. 538 ff.; R e u s c h e l *Volkskunde* 2, 30. [208]) M e y e r *Baden* 119. 417; ZfVk. 1904, 139. [209]) M e y e r l. c. 417. [210]) L a c h m a n n *Überlingen* 442 ff. [211]) G r o h m a n n 143 Nr. 1056: in Mähring an der bayrischen Grenze legt man unter den ersten Pflug ein Ei und ein Stück B., das man dem ersten Bettler gibt; vgl. 1057: ein Ei u. B. aufs Feld gelegt, damit es gute Früchte bringt. [212]) M e y e r

l. c. 140; Meyer *Baden* 417; Jahn l. c. 75. [213]) Birlinger *Schwaben* 1, 421. [214]) Höfler *Fastnacht* 14; eine ähnliche fruchtbarkeitsübertragende Bedeutung hatte nach Höfler der Meinradswecken für die Winzer (?) l. c. 12; in Rußland bindet man B., das an Mariä Verkündigung geweiht ist, an das Saatgefäß: Höfler *Fastnacht* 97 ff. [215]) Schönwerth *Oberpfalz* 1, 400 Nr. 2; Jahn l. c. 75. 76—78.

13. Analogiezauber beim Ritus der ersten Flachs-, Hirseaussaat [216]): Parallel zur Pflug- und Säezeremonie wird auch hier neben Samen oder Eiern B. geopfert; von den Festb.en wird das Antoniusb. bevorzugt [217]); vom Weihnachtsfestessen werden für Bauer und Gesinde Eierkuchen aufbewahrt und beim Säen verzehrt [218]) (s. Ei).

[216]) Haltrich *Siebenbürgen* 299. [217]) Sartori *Sitte u. B.* 2, 112; W. 175; Jahn 194 ff. 204; Janus 7, 234—236. [218]) Jahn l. c. 196.

14. B. beim Ernteritus: B. wird als Fruchtbarkeitssymbol in die erste [219]) oder letzte Garbe gebunden (Jahn [220]) faßt diese Zeremonie zu einseitig als reines Opfer auf, dagegen Reuterskiöld [221]) und wieder anders Mannhardt [222]) und Frazer [223])) oder stellvertretend in die letzten (drei) Halme [224]); in La Palisse (Dép. de l'Allier) hängt man an die Spitze der im letzten Getreidefuder aufgestellten Tanne einen Mann aus Brotteig, der nach Ernteschluß unter das Volk verteilt wird [225]) (siehe Gebildb.e § 3); auch in die drei Ähren für den Oswald steckt man B. [226]) und in Bayern [227]) für die Waudlhunde. Nach der Rügenschen Sage verzehrt der Roggenwolf gern das Frühstück- und Vesperb. der Schnitter, das diese vergebens verbergen [228]). Schnitterb. bekommt in der Schweiz jeder Schnitter nach der Sichellöse [228 a]). Nach der Kärntner Sage läßt ein Bauer für die Saligen Ähren liegen; diese backen B. daraus, das nie ausgeht [229]). Dieselben Fruchtbarkeitsriten schließen die Flachs- [230]) und Heuernte [231]) ab; ein reines Opfer haben wir beim Weideschluß auf der Alm, wo man B., Milch und Käse für die Vegetations- und Fruchtbarkeitsdämonen zurückläßt [232]).

[219]) W. 438; in Pommern wird in die letzte Hafergarbe das Vesperb. gebunden: BlpommVk. 3, 31; NiederdZfVk. 1926, 15. [220]) l. c. 163 bis 193. [221]) *Speisesakramente* 112 ff. [222]) *Wald- u. Feldk.* 1, 158. 209. 217; Ders. *Forschungen* 21 ff. 30. 35 ff. [223]) 1, 2, 46 ff.; 8, 51. [224]) Sartori *Sitte u. Br.* 2, 88; Mannhardt 1, 209; Jahn l. c. 158. 160. 172. 180. 248; W. 433 ff. [225]) Liebrecht *Zur Vk.* 437; Mannhardt l. c. 1, 205. Dieses Gebildb. hat Zauberkraft, wie das am Palmen angebrachte B.: Fehrle *Feste* 54; vgl. Bretzel; bei den Römern heilen die am Oktoberroß angehängten Be: Chantepie de la Saussaye 2, 424; vgl. 435. [226]) Mannhardt l. c. 1, 209; Jahn l. c. 176; W. 434. [227]) Jahn l. c. 165. [228]) Haas *Rügensche Sagen* [5] 64 Nr. 114. [228a]) SAVk. 24, 102. [229]) Graber *Kärnten* 56 Nr. 63. [230]) Jahn l. c. 197—204; W. 435. [231]) Jahn l. c. 205—206. [232]) Ebd. 321—22; Rochholz *Sagen* 1, 384; Alpenburg *Tirol* 13. 104.

15. Vom neuen Mehl bringt man ein Erstlingsopfer dar (schon bei den Römern die mola salsa) [233]), um den Segen des ersten Teiles der Hauptnahrung zu erzwingen (Anfangszauber) (vgl. die reispflanzenden Völker) [234]); an der Wolga [235]) verteilt der Priester das neue B. mit einer Zeremonie unter die Dorfgemeinde, verbunden mit Segensspruch; Chateaubriand erzählt Ähnliches vom Herbstfest der Natchez [236]) am Mississippi, welche die ersten Maiskolben auf dem Altare opfern und aus dem neuen Mehl ungesäuertes B. bereiten, um es in feierlicher communio zu genießen. Jn Langenbielau [237]) in Schlesien bereitet man aus dem Mehl der letzten Garbe einen Laib, der Zauber- und Heilkraft hat und unter die Familie verteilt wird. Mannhardt [238]) hat (Oktoberroß) den römischen Gebrauch, das Haupt des Pferdes mit einem B.kranz zu schmükken, in Parallele zu deutschen Gebräuchen so gedeutet, daß das Oktoberroß den Getreidegott symbolisieren soll (ihm folgt Frazer) [239]), dagegen Wissowa [240]) und Höfler [241]). Das Opfer aus dem neuen Mehl ist jetzt durch die Armenspende abgelöst; in Westfalen stellte man in alter Zeit bei der ersten „Backete" vom neuen Korn „Liewe Keuken" her, die man an Nachbarn und Verwandte verteilte [242]), in Siebenbürgen [243]), der Schweiz [244]) jetzt noch an Ortsarme; in der Stargarder Gegend werden vom neuen Mehl halbmondförmige

Brötchen gebacken, worauf eine Kirsche eingedrückt ist [245]). Die ganze Familie nimmt am Opfer teil, so in Schottland, wo man für den Erzengel einen großen Kuchen backt, von dem jeder in dem Hause bekommt [246]); wie hier an die Stelle der Fruchtbarkeitsdämonen ein Heiliger tritt, so hat die kath. Kirche überhaupt dieses Erstlingsopfer in der benedictio panis novi [247]) in ihren Kult aufgenommen; dieses B. bringt Gesundheit. Prätorius zählt unter den auffallend vielen Göttern der Preußen und Litauer auch „Skalsa" auf, die Göttin des Getreidesegens, welcher vom ersten ausgedroschenen Getreide B.e gebacken werden; einen Teil bewahrt man in der Vorratskammer auf als Gewähr für den Segen des Hauses [248]). Eine oberpfälzische Sage erklärt, warum man Hund und Katze des Hauses das Erstlingsopfer darbringt [249]). Auch das Augurium fehlt nicht: Wenn man in Böhmen zum erstenmal vom neuen B. ißt, steckt man es mit der rechten rückwärts um den Kopf gedrehten Hand in den Mund; geschieht dies leicht, so wird ein billiges Jahr, sonst kommt Teuerung [250]); in Böhmen opfert man ein Stück vom neuen B. dem Feuer, damit das B. nicht verbrennt [251]).

[233]) Wissowa *Religion* ² 159; in Griechenland brachte man an den Thargelien den θαργηλὸς ἄρτος als Erstlingsopfer dar: Athenaeus 3, 114 a; Pauly-Wissowa 11, 2, 2097; vgl. Bavaria 4, 381; ZfVölkerpsychol. 18, 18. [234]) ARw. 9, 268; auf Celebes ist das Essen des ersten Reises eine heilige Zeremonie: Frazer 5, 2, 54. 55—56. [235]) Frazer 5, 2, 51; vgl. das Fest der Litauer: Frazer 5, 2, 49—50. [236]) Ebd. 136; dazu 360. [237]) Drechsler 2, 67; Frazer 5, 1 ³, 148—149; Mannhardt *Forschungen* 334 ff.; in Schlesien herrscht der Glaube, daß man vom neuen B. nicht viel essen darf, sonst wird man nicht recht satt: ZfVölkerpsychol. 18, 18. [238]) *Forschungen* 156—201; bes. 169 ff. 281 ff.; diese B.e haben Heilkraft: Chantepie de la Saussaye-Bertholet 2, 424, vgl. 435. [239]) Frazer 5, 2 ³, 42—43. [240]) *Religion* 145. [241]) BayHfte. 1914, 151—52. [242]) Sartori *Westfalen* 110; Frazer 8, 136 ff. [243]) Jahn l. c. 249. [244]) Staub *B.* 60 ff. [245]) BlpommVk. 3, 149; 4, 73. [246]) Jahn l. c. 250. 332 A. [247]) Franz *Benediktionen* 1, 268—69. [248]) Prätorius 68; Usener *Götternamen* 101; [249]) Schönwerth *Oberpfalz* 1, 408 Nr. 20; vgl. A. 94—96. [250]) W. 339; Jahn l. c. 249; Grohmann 144—45 Nr. 1069. [251]) Grohmann 103 Nr. 721.

16. B. als Opfer für Wasserdämonen: Das Wasser ist nicht nur das reinigende apotropäische Element [252]), sondern auch der Sitz von Dämonen (Wasser entgiftet man durch B.) [253]), namentlich von Fruchtbarkeitsdämonen, welche mit Vorliebe an Quellen [254]) verehrt werden. Schon der Indiculus [255]) cap. 11 erwähnt die Opferquellen, gegen die auch die admonitio generalis [256]) sich wendet (789), welche auch schon die bei solchen Gelegenheiten angestellten Augurien verdammt [257]). Die Sagen (auch französische) [258]) weisen darauf hin, daß man ursprünglich den Wassergeistern Menschen opferte, besonders bei Wasserbauten [259]). „Am Himmelfahrtstage verlangt die Enz bei Vaihingen und Bietigheim einen Laib B., ein Schaf und einen Menschen als Opfer, weshalb sich an diesem Tage niemand badet" [260]); nach den meisten Sagen ist der Johannistag [261]) der Opfertag [262]). Das jetzige B.-opfer (auch antik) [263]) ist also ein Substitut für Menschen- oder Tieropfer; nach dem Dämonenglauben empfangen bestimmte Wassermänner oder Nixen das Opfer, der Diemelnix bekommt B., der Nickelman einen schwarzen Hahn, einen Hund und eine Katze [264]). Diese B.opfer an Quellen fand schon Burchard von Worms vor: Venisti .... ad fontes vel ad lapides [265]) vel ad arbores ... aut panem aut aliquam oblationem detulisti aut ibi comedisti aut aliquam salutem corporis [266]) aut animae ibi requisisti [267]). Der älteste früh-mittelalterliche Beleg für B.opfer (an Neujahr) an Quellen steht bei Martin v. Braga († 580) de correctione rusticorum [268]): Vulcanalia et Kalendas observare, mensas ornare, lauros ponere, pedem observare, effundere in foco super truncum frugem et vinum et panem in fontem mittere, quid est aliud nisi cultura diaboli. Ein schönes Beispiel für die Ablösung alter B.riten durch kirchliche Zeremonien haben wir in Österreich an der Salzach, wo der Geistliche nach feierlicher Prozession geweihte Hostien in den Fluß wirft [269]). Der ursprüngliche Opfergedanke ist zugunsten der dämonenabwehrenden Kraft des B.es in den Hinter-

grund getreten, wenn in Schlesien neunmal geweihtes Johannisb., in die Kleider genäht, gegen den Wassermann[270]) schützt, auch sonst belegt [271]). Anderseits verlangt der Wassermann B. für bestimmte Dienste [272]). Wichtel versprechen für die Überfahrt über das Wasser B.[273]). Andere Opfer richten sich an das Wasser als Fruchtbarkeitsfaktor im großen Backofen der Natur. Wasserfräulein backen in Baden [274]) Kuchen und geben den Mähdern Pflaumkuchen. Im Elsaß legt man in der Silvesternacht eine Waffel und Flachs auf den Brunnenstock [275]), eine schlagende Parallele zu der Braga-Stelle. An alte Quellopfer gemahnt auch der Kuchenritt in Schwaben [276]). Noch vor 70 Jahren warfen die Kinder in den Ilkenborn bei Sievershausen B., Zwieback und Blumen; und ebenso ließen die Mütter ihre Kinder in den Reinhardsbrunnen bei Göttingen Kuchen werfen, als Gabe für die ungeborenen Kinder [277]). B.- und Kuchenopfer, mit denen man sich von Übeln befreien oder vor solchen bewahren will, kennt man besonders in Frankreich [278]). Zu vergleichen ist die Sitte in St. Georgskirchen [279]), wo man am Georgitag (da sammelt man auch Tau) B. in einen Brunnen taucht und dem Vieh gibt; apotropäisch aber ist es, wenn man am selben Tag dem Pferde etwas vom Palmbusch und etwas B. gibt [280]); dagegen hat der Brauch in Schöten bei Apolda offenbar den Sinn, daß man durch das Essen des in den Brunnen getauchten B.es an der Kraft des Frühlingstaues, -wassers teilnehmen will [281]). Den Opfercharakter beweisen auch die Jahres- und Liebesauguria, so wirft man Gebäck ins Wasser (vgl. A. 263) und prophezeit aus dem Wasserstand [282]); typische B.auguria über Schicksal, Liebe und Treue haben wir besonders in Frankreich [283]).

[252]) Seligmann *Blick* 2, 234—37; Döller *Speisegesetze* 148 ff. 156 ff. 259 ff.; Franz *Benediktionen* 1, 43 ff.; Höfler *Volksmedizin* 43 ff. [253]) Lammert 46. [254]) Döller l. c. 259 ff.; Jahn *Opfergebräuche* 118 ff. 140 ff. 151; Sébillot 2, 216 ff.; vgl. Lütolf *Sagen* 24 ff. [255]) MGleg 2, 1, 223 Z. 11; vgl. Z. 26—28; Hefele *Conzilieng.* 3², 505—511; Saupe *Indiculus* 15. [256]) MGleg. 2, 1, 59 c. 65. [257]) Vgl. das Capitulare MG. l. c. 104, 5. [258]) Sébillot 2, 170—171. [259]) Grimm *Myth.* 1, 37 A. 2; Sébillot 2, 170. [260]) Meier *Schwaben* 400 Nr. 86 und 87; H. L. Fischer *Aberglauben* 309. [261]) Johanni in Thüringen: Witzschel *Thür.* 2, 212 Nr. 35. [262]) Meier *Schwaben* 429 Nr. 121—22; Birlinger *Volkst.* 1, 133 Nr. 202; Grimm *Myth.* 1, 409; Schell *Bergische Sagen* 392 Nr. 40; Haas *Pommersche Sagen*⁴ 36; Kühnau *B.* 9 ff.; Stöber-Mündel *Sagen des Elsaßes* 1, 40; Meyer *Baden* 506—507; Weinhold *Quellen* 56 u. ö.; Frazer 7, 2, 28; 1, 2³, 157 ff.; Sébillot 2, 170 ff. 382; W. 43. 429. [263]) Sepp *Religion* 293; Pausanias X 8, 10 und VII, 23, 3 (hier ist die Frage, ob nicht der andere Zweck, nämlich unterirdische Verbindungen herzustellen, die Hauptsache war). [264]) Jahn *Opfergebräuche* 151; W. 429; Grohmann l. c. 50 Nr. 318. [265]) Sébillot 4, 64. 51 ff. [266]) Ebd. 2, 297. 302. 321. 382. [267]) Schmitz *Bußbücher* 2, 424 c. 66; Pfannenschmid *Erntefeste* 31; Franz *Benediktionen* 1, 44; Grohmann 43; ARw. 20, 120. [268]) c. 16 = p. 30 Caspari; über Pirmin vgl. OberdZfVk. 1927, 99. 105. [269]) DG. 12, 109. Beim Gebet um Regen werfen die Tschuwaschen B.laibe ins Wasser: Globus 63, 323. [270]) Drechsler 2, 16. 167. 256. 316; auch Kümmelsuppe und B. vertreibt den Wassermann (rein apotropäisch!): Taubmann *Nordböhmen* 45. [271]) Kühnau *Sagen* 2, 218 ff.; Haupt *Lausitz* 1, 53 ff.; W. 429; Fogel *Pennsylvania* 138 Nr. 631. [272]) Keller *Grab* 5, 306; W. 576; Schönwerth *Oberpf.* 1, 406 Nr. 11; Grohmann *Sagen* 1, 153; Kühnau *B.* 39; Ders. *Sagen* 2, 326. [273]) Kühnau *B.* 39. [274]) Alemannia 1897, 12. [275]) Jahn *Opfergebräuche* 285. 117 bis 118. 140. 204; Höfler *Weihnachten* 27; Sébillot 1, 476; 2, 297. 302. 320—21; Kühnau *B.* 10. 13 ff.; MschlesVk. 1901, 38; Sepp *Religion* 293 ff.; Meier l. c. 400 Nr. 87; Mannhardt 1, 245; Heckscher 1, 137. 395 A. 311. [276]) Meier l. c. 421 Nr. 105. [277]) Schambach u. Müller 60 Nr. 81; Sepp *Religion* 293; Sébillot 1, 476. [278]) Sébillot 2, 297; im 17. Jh. opferte man Butterb.: 2, 302; dem Brunnen von Champsac opferten Magenkranke: 2, 320 bis 321; vor allem schützt in Wasser getauchtes B. (vorher ein Evangelium lesen) gegen Hundswut: 2, 273. 319; 3, 136. [279]) Baumgarten *Jahr* 24. [280]) l. c. [281]) Witzschel *Thür.* 2, 212 Nr. 35. [282]) Jahn *Opfergebr.* 327. [283]) Sébillot 2, 215, 223. 243—44. 253. 294.

17. Eine interessante Mischung von Opfer an die Wasserdämonen und Sympathiezauber ist das auch bei sehr vielen andern Völkern verbreitete Aufsuchen Ertrunkener (s. d.) durch B.[284]).

284) Liebrecht *Z. Volksk.* 344 ff.; W. 175. 371; Haltrich *Siebenbürgen* 299; Meyer *Baden* 507—508; MschlesVk. 1902, 21 ff. 53. 87 ff.; ZfVk. 1907, 372—373; Wittstock *Siebenbürgen* 64; ZfEthnol. 1902, 62 A. 6; Wolf *Beiträge* 1, 236; Sébillot 2, 384 bis 385.

18. B.opfer für Wind- und Wetterdämonen: Die atmosphärischen Dämonen, welche B. backen (Backgeräusch = Gewitter siehe backen: der liebe Gott schmeißt beim Gewitter mit der B.kruste) [285]), sollen andererseits durch B.opfer versöhnt werden [286]). In Österreich füttert man die Windgeister mit Störib.[287]). In Tirol steigt man am Gregoritag auf einen Baum, windet es nicht, so gibt man den Kindern B. (Ablösung) [288]); auch opfert man am Abend vor Dreikönig dem Wind einen Laib B. und spricht dazu:

Söh, Wind, da hast Du das Dein,
Laß ma Du a das Mein [289]).

Am Blasitag [290]) stellt man in Steiermark für den Wind Milch und B. vor das Haus, oder man opferte 1675 in der „reichen Nacht" Brosamen und Speisereste auf einer „Thorsäule", „den Wind damit zu fuedern" [291]); am Bachlabend legt man ein Stück B. für den Wind auf den Zaunpfahl [292]). In Schlesien legt man der Melusine B. und Mehl aufs Fenster [293]). Eine Erinnerung an alte prophylaktische Opfer lebt noch in vielen Flurprozessionen weiter, so im Kanton Luzern [294]). Auch Auguria werden angestellt: so legt man in Niederösterreich am 20. Dezember Mehl und Salz auf den Dachfirst; nimmt der Wind das Opfer an, so sind keine Stürme zu fürchten, sonst muß man sich vor Stürmen hüten [295]). Sind die Wind- und Gewitterdämonen entfesselt, so legt man B.krumen vor das Fenster [296]), im Rheinland [297]) ein Stück B. ins Fenster, in Tirol „zwei B.läden kreuzweise" auf den Weg [298]), im Emmental Messer und Gabel kreuzweise und darauf B., alles in die Dachtraufe [299]); hier ist das Opfer zum Apotropaion gegen die Hexen geworden (Kreuz). Schon Cäsarius v. Heisterbach erzählt, daß von einer Frau in Eudenich eine Hostie gegen Hagel eingegraben wurde, offenbar als Apotropaion [300]). In der Oberpfalz teilen die Juden das Gewitter, indem sie ein B. zerteilen [301]), den Laib wieder zusammenkleben und unter Zauberformeln rücklings in den Ofen schieben (Analogiezauber) [302]). Bei Sonnenfinsternis werden Brosamen [303]) und Palmen [304]) ins Feuer geworfen. Auch B.korb [305]) und B.schaufel [306]) vertreiben die Winddämonen [307]) (vgl. backen), ebenso der Backtrog [308]) (a. 1895). Anhorn [309]) erwähnt in seiner Magiologia die B.schüssel als Apotropaion gegen Hagel; noch jetzt benützt man in Böhmen die B.-schüssel gegen den Wind bei Feuersbrunst [310]), in Heidenhein (Baden) gegen Hagel [311]).

285) Müllenhoff *Sagen*² 377 Nr. 555; Mensing *Schleswig-Holst.Wb.* 1, 530; Kuhn-Schwartz 475 A. 57; wenn es donnert, schüttelt der Herrgott das B. in die Truhe: Heyl *Tirol* 796 Nr. 220; Kloster 9, 932; vgl. Kühnau *B.* 20 ff.; Laistner *Nebelsagen* 247—249. 286) Kühnau *B.* 24 ff.; Meyer *Baden* 200 ff.; Wlislocki *Magyaren* 62. 63; Caminada *Friedhöfe* 112; mit Vorsicht ist Rochholz' Deutung zu lesen: *Gaugöttinnen* 22 ff. 287) Höfler *Weihnachten* 27. 288) Zingerle *Tirol* 142 Nr. 1234. 289) Jahn *Opfergebräuche* 59 bis 60; Birlinger *Schwaben* 1, 402; vgl. Archiv f. Anthr. N. F. 3 (1905), 125. 290) ZföVk. 2, 307. 291) Jahn l. c. 59—60. 292) Andree-Eysn *Volkskundl.* 160. 293) Drechsler 2, 160 Nr. 540; vgl. Höfler in ZföVk. 9 (1903), 186—87. 294) Jahn l. c. 149 ff. 295) Jahn 95; der Wind ist ein gefräßiger Dämon: nach Prätorius schüttete zu Bamberg ein altes Weib einen Sack Mehl in die Luft und sagte: „Lege Dich lieber Wind, bring' das Deinem Kind": Grimm *Myth.* 1, 529; Mannhardt *Germ. Myth.* 754; Frazer 1³, 1, 327 A. 5. 296) Wettstein *Disentis* 174 Nr. 45; Schmitt *Hettingen* 17. 297) Müller *Rheinisches Wb.* 1, 1015; Caminada l. c. 112. 298) ZfdMyth. 2, 421 Nr. 53; Zingerle *Tirol* 61 Nr. 529 oder zwei lange B.e kreuzweise auf den Tisch: W. 444; Jahn l. c. 49. 299) SAVk. 15 (1911), 6. 300) *Dialogus* IX, c. 25 = 2, 183 Strange. 301) Schönwerth l. c. 2, 119 Nr. 6; vgl. Schell *Berg. Sagen* 104 Nr. 47; Haltrich *Siebenbürgen* 299. 302) Jahn l. c. 59; W. 449. 303) Schönwerth l. c. 2, 55 Nr. 2, wenn es im Ofen saust, wirft man Mehl u. B. hinein in Gottes Namen für die armen Seelen: Ebd. 2, 88 Nr. 4. 304) W. 449. 305) Jahn l c. 59; W. 445, vgl. backen. 306) Drechsler 2, 58; Baumgarten *Heimat* 1, 64. 307) Grohmann l. c. 42 Nr. 269—70. 308) BlpommVk. 3, 188. 309) Anhorn *Magiologia* (1675), 702. 310) W. 443. 311) Meyer *Baden* 361.

19. Ganz parallel zum Windopfer ist das B.opfer bei Feuersbrünsten[312]) (s. d.) zu verstehen (neben dem Tieropfer)[313]); wie der erste Laib, der beim Backen in den Ofen kommt, vor dem Wetter schützt[314]), so gebraucht man auch das B., welches unter Hersagen der drei höchsten Namen in den Backofen (s. d. und backen) geschoben wird, prophylaktisch gegen die Feuersgefahr[315]) oder „gewichenes"[316]) oder gepiptes[317]) B. In Schlesien[318]) stürzt man bei einem Feuer in der Nachbarschaft den Tisch um und legt auf jeden Fuß ein Stückchen B.; man opfert dem Feuer die Brosamen (s. d.) vom Tisch[319]), und wenn man aus neuem Korn B. backt[320]), weil die Feuermännlein B. verlangen[321]). Eine Hexe im oberen Murtale[322]) sagte 1602 aus: Die Leute sollen am Ostersonntag ein Stück Weizenb. auf den Scheiterhaufen vor das Haus legen, dann schadet kein Wetter. In Thüringen macht man mit dem Laib B. einen Umgang um das brennende Haus[322a]). In ausgebrochenes Feuer wirft man einen warmen[323]) Laib B.[324]), besonders wirkungsvoll (unter Anrufung der drei heiligen Namen) ist gepiptes[325]) B., geweihtes[326]) B., oder Festb.[327]), Weihnachtsb.[328]), insbesondere Agathenb.[329]), das man noch jetzt in der Bar auf dem Speicher aufhängt; nach der Legende soll die heilige Agathe die Stadt Catania vor dem Ätna geschützt haben[330]); erwähnt werden auch Weihnachtsbrötchen (Wickelkinder)[331]); eine „Sechswöchnerin"[332]) muß ein neugebackenes B. unter Zaubersprüchen ins Feuer werfen, ohne die Erde zu berühren (s. barfuß). Besondere Kraft gegen das Feuer schreibt das Volk den Judenmatzen[333]) zu oder B. mit hebräischen Zeichen[334]). Überhaupt heben die alten Aberglaubenwerke gerade die Juden als Feuerbeschwörer hervor. Anhorn[335]) führt mehrere Fälle auf, wo man einen Zettel mit „*Magen David*" beschrieb und in ein B. backte, das man ins Feuer warf; mit solchem B. soll ein Jude an einem Fürstenhof das Feuer gelöscht haben; Zimmermann[336]) erörtert auch mehrere Fälle dieser Art, wo Juden mit B. dem Feuer Einhalt geboten haben sollen; Tharsander[337]) berichtet auch, daß die Juden einen Zauberzettel (Zauberwort: „*Aghel.i*", s. Agla) ins B. backten und damit Brände löschten. Eine Bergische Sage[338]) berichtet, wie die Krutscheider bei einer furchtbaren Feuersbrunst einen Juden holten, der als Zauberer verschrien war; der warf ein B. unter Gemurmel rückwärts in die Glut, die sofort erlosch. Der Rat, nach dem B.opfer rasch davonzulaufen, ist häufig gegeben[339]). Ganz besondere Zauberkraft schrieb man der Hostie[340]) zu. Auch die Backgeräte[341]) spielen eine Rolle. Wenn bei einer Feuersbrunst das B. mitverbrennt, brennt es bald wieder[342]) (Schles. Erzgeb.). Ein pädagogischer Aberglaube liegt wohl dem Verbot zugrunde, das B. ins Feuer zu werfen, weil man sonst hungere[343]).

Zu erwähnen sind noch B.opfer an Himmelfahrt[344]), am St. Georgsabend[345]), B.opfer an Sträuchern und Bäumen[346]): Wenn ein Mädchen einem Burschen gefallen will, geht es an einem Sonntag im Fasching mit ihrer Mutter ins Feld, gräbt eine Tollkirschwurzel aus und legt in das Erdloch B., Salz und Branntwein; auf dem Heimweg hält sie die Wurzel über den Kopf und darf mit niemand streiten. B.opfer werden in manchen Fällen abgelöst durch B.stiftungen[347]).

[312]) Kühnau *B.* 10 ff.; Staub *B.* 112 ff. ARw. 13, 530. [313]) Grohmann l. c. 41 Nr. 258 A.; Schönwerth l. c. 2, 85: eine Katze mit schwarzen, roten und weißen Streifen (= Feuerkatze) oder einen warmen Laib B. [314]) Birlinger *Schwaben* 1, 402. [315]) Panzer *Beitrag* 2, 527. [316]) Meyer *Baden* 498. [317]) Birlinger *Schwaben* 1, 324; Höfler *Ostern* 26; s. backen. [318]) ZfVölkerpsychol. 18, 264; gegen Feuersgefahr liegt in 4 Winkeln B.: Rochholz *Glaube* 2, 121. [319]) Drechsler 2, 139; Grohmann l. c. 41 Nr. 257; vgl. Schönwerth l. c. 2, 88 Nr. 4. [320]) W. 620; Grohmann l. c. 41 Nr. 256; vgl. Panzer *Beitr.* 2, 214 Nr. 385; vgl. 535; Jahn *Opfergebr.* 120; Drechsler l. c. 2, 139. [321]) Schönwerth l. c. 2, 94 § 17 Nr. 2; Drechsler l. c. 2, 139—40. [322]) ZfVk. 1897, 190. [322a]) Witzschel *Thüringen* 2, 293, 156. [323]) Schönwerth l. c. 2, 85. [324]) MschlesVk. 1897, 63; Grohmann 41 Nr. 258; Jahn l. c. 12; Baumgarten *Jahr* (1860) 30; ZföVk. 8, 113 = Drechsler 2, 140; Haltrich *Siebenbürgen* 309; Schell *Berg. Sagen* 104 Nr. 47. [325]) Bohnenberger 1, 25; Panzer *Beitrag* 2, 527. [326]) Schön-

werth l. c. 2, 84 § 12 (dreimal geweiht); 85 (Priester wirft ausgehöhlten Laib ins Feuer, das er segnet); W. 618; Meyer *Baden* 375. [327]) Höfler *Ostern* 26. [328]) Bavaria 3, 1, 340. [329]) Meyer l. c. 375. 498; Drechsler 2, 139; W. 618. [330]) Franz *Benediktionen* 1, 272 ff.; Künstle *Ikonographie der Heiligen* 37—38; wer in diesem Buch Material für die Volkskunde sucht, ist enttäuscht; dafür stößt der Verf. in seiner überheblichen Kritik an Soltau und Usener offene Türen ein. [331]) Höfler *Weihnachten* 76. [332]) Grimm *Myth.* 3, 173. [333]) Schönwerth l. c. 2, 85—86. 87 Nr. 4; W. 618; in Hettingen bewahrt man Judenmatzen im Haus auf gegen Blitz: Schmitt *Hettingen* 18; ebenso in Schwaben: Birlinger *Volkstüml.* 1, 195 Nr. 308. 5. [334]) Meyer l. c. 377; Bischoff *Kabbalah* 2, 194 ff.; W. 618; vgl. J. H. Fischer l. c. 169. [335]) Anhorn *Magiologia* 796; vgl. Männling 193. [336]) Brevinus Noricus l. c. 103—107. [337]) Tharsander l. c. 2, 413. 336. 371 ff. [338]) Schell *Berg. Sagen* 104 Nr. 47; vgl. Haltrich *Siebenbürgen* 299. [339]) MschlesVk. 1896, 48; Schönwerth l. c. 2, 85—86; Grohmann l. c. 41 Nr. 258; Meyer l. c. 377; W. 443. [340]) Staub *B.* 15 A. 1; Hefele *Conzilieng.* 4, 672; Drechsler 2, 140; Thiers *Traité* 2 (Paris 1741), 314 ff. [341]) Schönwerth l. c. 2, 84, c. 12; 86 Nr. 1; Grohmann l. c. 42 Nr. 269; 43 Nr. 270; W. 443. [342]) W. 295. [343]) Wettstein *Disentis* 174 Nr. 37. [344]) Heyl *Tirol* 757 Nr. 35; vgl. B.opfer an Lichtmeß: Meyer *Baden* 499. Über B.opfer bei den Persern: Chantepie de la Saussaye 2, 250; über die heilige Verehrung der Opferb.e bei den Ägyptern: ders. 1, 490; zum wunderbaren Opferb. im Gral: Rochholz *Glaube* 1, 33; vgl. A. 233. [345]) Heyl l. c. 758. [346]) ZföVk. 1897, 117, 174; über Baumopfer siehe: Höfler *Waldkult* 54, 58. [347]) Reiser *Allgäu* 2, 307; Niderberger *Unterwalden* 1, 144; vgl. A. 186; Höfler *Weihnachten* 21.

II. Das B. wirkt apotropäisch.

20. B. und Salz sind seit alters und bei allen Völkern [348]), besonders bei den Russen [349]) und Germanen [350]), offenbar auf Grund urgemeinsamer Anschauungen, als kraftspendende und konservierende Stoffe nicht nur der Gegenstand größter Verehrung, sondern auch die sichersten Abwehrmittel gegen alle bösen Geister und Übel. „Brot und Salz segnet Gott" [351]). Im Simmental sagt man: „Es kamen 3 ding vom Himmel herab, das eine das war die sunnen, das andere war der mon, dann 3 das was das heilig däglich brot, dass schlug alle bösse gichte und gesüchte dott" [352]). Sobald der Mensch empirisch festgestellt hat, daß diese Nahrungsmittel die Gesundheit erhalten und fördern, haben sie für ihn apotropäische Kräfte; denn kraftspendende Wirkung und Abwehr des Bösen sind nicht zu trennen. An Stelle des B.es tritt bei den Reis pflanzenden und verehrenden Völkern der Reis [353]). B. und Salz sind (wie Wein) beim Hexenmahl meist ausgeschlossen [354]), B. als Gottesgabe und Element des Abendmahles. In den Hexenprozessen wird erzählt, daß gelegentlich beim Mahl B. und Wein gereicht wurden, „aber", so sagt eine Hexe in Langwies bei Davos aus [355]), „der Wein habe gesellet" [356]), das B. aber „habe nit ein imen (= Beigeschmack, belegt für Davos, jetzt ausgestorben) [357]) ghan, wie anderß Brod, sondern ein imen, dergleichen sie an B. nie gesehen"; ein andermal ist das B. wie „roßzorten" [358]) gewesen. In einem Steiermärker Prozeß (1673) sagt eine Hexe: Der Wein habe wie Rosenwasser geschmeckt und das B. habe sich am andern Tag in ein Stück Schwein verwandelt [359]); ein andermal schmeckt das Birnb. wie „Küchli-Rinda" [360]), B. wird zu „roßkot" [361]), die Speisen sind Teufelstrug, „Kogebein und Mist" [362]); eine Mecklenburger Hexe bekam „swartz broth, wer süße gewesen" [363]); oder das B., in dem das Salz fehlt, ist aus schwarzer Hirse zubereitet [364]). Die Hexe ist Feindin des B.es [365]) und hat keine Macht darüber, besonders wenn es mit dem Kreuz gezeichnet ist [366]). Die größte Macht hat das Hausb., Grau-Schwarzb. [367]), und davon schreibt man wieder der Rinde [368]) die größte Wirkung zu. Nach einer Barnimer [369]) Sage bannt Salz die Hexen sicher; nach einem Grimmschen Märchen [370]) hat der Teufel über B. keine Macht; geweihtes B. und Salz retten in der badischen Sage vom Spuk auf dem Schloß von Münzesheim den tapferen Hecheler vor dem Geist [371]). Dem Kind legt man B. und Salz in die Windel [372]), um es vor Dämonen zu schützen.

B. und Salz schützt vor Drachen und Hexen [373]); wäscht man das Geld in reinem Wasser und legt B. und Salz dazu, so können es der Drache und böse Leute nicht holen [374]); im Stall hängt man B. und Salz gegen Hexen auf [375]), und nach Coler [376]) schützt es gegen Krankheit und Ansteckung. Auch hier hat der christliche Glaube und Aberglaube uraltes Gut überdeckt und oft verschüttet; über die abergläubische Verehrung des kirchlich geweihten B.es und Salzes handelt vor allem Franz [377]). „Also getaufft B. soll helfen wider die Anfechtung der Teuffel, bevorab wenn Saltz dabey ist" [378]); B. und Salz, an Dreikönig geweiht, hilft in Baden gegen Krankheit [379]). Die Schänder von B. und Salz werden, wie die B.schänder, furchtbar bestraft [380]). B. und Salz bietet man dem Gaste[381]) an, bringt es auch selbst zu Besuch mit [382]), legt man dem Täufling vor der Taufe und auch sonst in die Windel [383]) (Norddeutschland Wetterau, Böhmen, Siebenb., Speier), in der Schweiz vertritt der Käse [384]) das Salz. B. und Salz nimmt man in die neue Wohnung [385]) mit und trägt es als Amulett bei sich, um sich vor Zauber zu schützen [386]): „B. und Salz bei sich getragen sichert wider Zauberei", sagt die Rockenphilosophie[387]). B. und Salz steckt die Braut in die Schuhe [388]), man sieht darin ein Mittel gegen böse Hunde [389]) (Oberpf.), es wird in Siebenbürgen gegen die Wetterdämonen [390]) verwendet, in der Volksmedizin gegen Fieber [391]); das Volk sagt: Salz und B. macht Backen rot [392]). Gegen Viehverhexung kennt man im Egerland folgendes Mittel: man schneidet von einem frischen Laib B. drei Stücklein und gibt diese, mit Salz bestreut, dem Vieh [393]).

[348]) Wissowa 159; Döller *Speisegesetze* 31 ff.; Plinius *Hist. nat.* 30, 101; Samter *Geburt* 51—61; Seligmann 2, 33 ff. 37 ff. 93 ff.; Hehn l. c. 27; Buxtorf 186. [349]) ZfVk. 1905, 147—149; im Kriege trugen viele Russen in der Gefangenschaft Säckchen mit B. und Salz als Amulette am Hals: ZfrwVk. 13 (1916), 80; vgl. Bischoff *Kabbalah* 2, 194 ff. [350]) Seligmann l. c.; Wilutzki *Recht* 2, 145; Drechsler 2, 13. 101. 110; Heckscher 1, 126 f; 2, 378 f.; ZfVk. 1905, 145. [351]) Grimm *Sagen* 460, 566. [352]) Zahler *Simmental* 107; ZfVk. 1904, 267. [353]) Döller l. c.; Seligmann l. c. [354]) Grimm *Myth.* 2, 877; Anhorn *Magiologia* 644; Soldan-Heppe 1, 204. 285; Schönwerth l. c. 3, 179, 8; Lütolf 174, 223; Schreiber *Hexenprozesse* 66 ff.; aus einem Prozeß in Baden (1614): ZfVk. 1904, 418, 3; Waibel-Flamm 2, 48; Niderberger *Unterwalden* 2, 161; Birlinger *Schwaben* 1, 132 (1600 Rottenburg); 141, 16 (1601); 144, 17 (1601); 148, 28; Baumgarten *Jahr* 7; HessBl. 4 (1905), 210, 4; über ein hessisches Zeugnis aus dem Jahre 1597: ZfdMyth. 2, 67; Lütolf l. c. 204, 135. 174, 112; Gockel 11; ArchfAnthr. N.F. 3 (1904), 97 f.; vgl. Graber 225, 306. Aus einem Hexenprozeß 1335 zu Toulouse (bei Hansen *Hexenwahn* 453, 4) erfahren wir auch, daß Salz mangelte. [355]) Schmid-Sprecher 47. [356]) Gesellen — nach Essig schmecken: SchweizId. 1, 530. [357]) Ebd. 1, 222. [358]) Ebd. [359]) ZfVk. 1897, 193. [360]) Schmid-Sprecher 133. [361]) l. c. 201. [362]) l. c. 212. [363]) Bartsch *Mecklenburg* 2 ,10 (1576). [364]) Tharsander 2, 454. [365]) Kühnau *B.* 26 ff.; Seligmann 2, 94; Lütolf 204; Baumgarten *Heimat* 2, 124; Ders. *Jahr* 15; Staub 54 ff.; Samter l. c. 153; Bartsch l. c. 2, 36; wenn das B. schimmelt, ist die Hexe daran schuld: Grabinski *Sagen* 39. [366]) Schönwerth 3, 179; Heckscher 135 ff.; nur B. kann man gefahrlos aufheben, da das Böse keine Macht darüber hat: W. 452; Alpenburg *Tirol* 264; dagegen Birlinger *Volkstüml.* 1, 322, 521. [367]) Kühnau l. c.; Seyfarth *Sachsen* 299 ff.; Schönwerth 1, 405; Meyer *Baden* 371 ff.; Müller *RheinWb.* 1, 1018. [368]) Staub 54; W. 175. 451. 576. 619. 682; Jahn *Opfergebräuche* 160; Grimm *Myth.* 3, 455, 612; Drechsler 1, 177; ZfrwVk. 1905, 208; John *Erzgebirge* 31. 38. 66; SAVk. 2 (1898), 271, 181: wenn man von der oberen Rinde etwas in die Tasche steckt, ist man vor Verhexung sicher. [369]) Schwartz *Sagen usw. d. Mark Brandenburg* [7] 115, 70. [370]) Bolte-Polivka 3, 187—88. [371]) Künzig *Bad. Sagen* 70, 200; vgl. Bartsch 2, 26. [372]) Grimm *Mythol.* 3, 453, 564; Samter *Geburt* 153 A. 3; Birlinger *Volkstüml.* 2, 447, 419; Franz *Benediktionen* 1, 228. [373]) Fischer l. c. 123. [374]) Grimm *Mythol.* 3, 434, 6. [375]) Scultetus 127—29; Praetorius *Blocksberg* 116. 118. 119. 121. 124. [376]) *Oeconomia* 2, 288. [377]) Franz l. c. 1, 223 ff. 262. 271; 2, 138; Seligmann 2, 332 ff.; Wrede *RheinVk.* 256. [378]) Prätorius *Phil.* 58. [379]) W. 79; Meyer *Baden* 494. [380]) Waibel-Flamm 2, 76. [381]) ZfVk. 1892, 185; Grohmann 146, 1080—81. [382]) Urquell 1890, 46. [383]) W. 175. 414. 591; Grimm *Myth.* 2, 923 und 3, 453, 564; Hillner *Siebenbürgen* 38 Nr. 1; für andere Völker: Döller 31; über B. als Apotropaion bei Wöchnerinnen und Kindern: Höfler ZföVk. 1909, 91—94. [384]) Staub 54. [385]) Haas *Volkskunde* 43; Globus 91, 336; Seligmann 2, 37—38; Grimm *Myth.* 3, 442, 238; Wrede *RheinVk.* 69. [386]) W. 413, 414; Bohnenberger 1, 3. 24; Grohmann l. c. 156. 1128. 1129. [387]) Grimm

Myth. 3, 440, 182; J. H. Fischer 138. [388]) W. 562. [389]) W. 450. [390]) Schuster *Mythologie* 428. [391]) W. 499; ZfVk. 1905, 137; ARw. 7, Beiheft 33 ff. [392]) Staub 31. [393]) ZföVk. 6 (1900), 124.

21. B. [394]): In den Hexenprozessen wird oft das „gottgesegnete B." als Apotropaion erwähnt; so sagt eine Graubündner [395]) Hexe aus, „als der Böse ihr mal stark zugesetzt, habe sie B. aus dem Sack genommen und darin gebissen, da sei alles vor ihr verschwinnen, wie daz gestüb in der sunnen"; interessant ist auch die moderne Verwendung von B. als Übelabwehrer beim Ballbesuch, wovon Wünsch [396]) berichtet; wenn der Bauer ausgeht, steckt er B. zu sich: „A weng a Brad is a guata Gfört" [397]). Besondere apotropäische Kraft hat das sogenannte Hexenb. oder der Hexenzelten (Schweiz), in welches Kräuter gebacken sind und das mit Weihwasser geweiht ist [398]); allgemein wurden früher die von der Kirche geweihten [399]) B.e zu Zauberzwecken mißbraucht, besonders die Heiligenb.e (Agathen- und St. Blasib.) [400]) und Osterb.e [401]). „Von Brodrinde drey Kreuze geschnitten und am Ostermorgen in der Kirche geweiht und dann unter Stalltür und Barren gelegt, hilft gegen bösen Zauber" [402]). Auch das im Namen Gottes gepipte B. schützt das Haus vor den Hexen (vgl. backen); interessant, wie hier die Hexen an Stelle der Vegetationskobolde treten [403]); man schützt sich auch, indem man ein Messer ins B. steckt und es so in den Schrank legt [404]); Bettlerb. [405]) dient als Amulett fürs Vieh. Um das Haus und die eigene Person prophylaktisch vor Hexen zu schützen, steckt man ein Stück der oberen B.rinde ein [406]) oder bricht zwei zusammengebackene B.e auf dem Kopf [407]) oder trägt (mit der hl. Dreizahl): drei Brosamen, drei Salzkörner [408]), dazu drei Kohlen [409]), gegen bösen Blick B. und Käse [410]) bei sich; besonders schützt man sich so nach Sonnenuntergang [411]) und vor Tagesgrauen; daher steckt man beim Schlafengehen ein Stück B.rinde in die Tasche gegen das „Antun" (Schweiz) [412]), auch in Schweden [413]) ißt man morgens nüchtern B. [414]); Bähschnitten [415]) sind vor allem wirksam; hier möge auch eine interessante Variation des bekannten Spruches der Holzweiblein: Erzähl' keinen Traum usw. erwähnt werden, der dem Geist eines erschlagenen Bergmannes in den Mund gelegt wird: Und röste kein B. [416]); nüchtern B. essen schützt auch gegen den Wassermann [417]) (vgl. Bissen). Drei Brosamen im Geldbeutel schützen vor Schadenzauber [418]) (Berg., Bö.); einer ins Haus eintretenden Hexe gibt man ein Stück B. mit drei Körnern Salz [419]). Ist eine Hexe in der Stube gefangen, so verklebt man das Schlüsselloch mit B. [420]); eine ganze Hexenbeschwörung in neuerer Zeit aus der Ortenau lesen wir in der Alemannia [421]); geht man über Feld, so trägt man gegen das Antun drei Stückchen B. bei sich [422]); überhaupt: wer gern B.rinde ißt, den verläßt das Glück nicht (Bö.) [423]). Wenn man zum B. noch einen heiligen Gegenstand hinzufügt, ist die Wirkung um so schärfer; so stecken die Bauern bei Pestalozzi (Lienhard u. Gertrud) B., Psalter und Testament zu sich, um vor dem Teufel sich zu schützen [424]).

[394]) Seligmann 2, 37 ff. 93 ff.; Franz l. c. 1, 262; Globus 42, 76 ff.; Bayernland 39, 20; W. 175. 411. 452; Meier *Schwaben* 1, 250, 278; Meyer *Baden* 371 ff.; Krauß *Volkforsch.* 71; Alpenburg 349—50; Schindler *Aberglaube* 349; Sébillot 1, 162; Schramek *Böhmerw.* 254; John *Westböhmen* 247. [395]) Schmid-Sprecher 57. [396]) Glotta 2, 398. [397]) Baumgarten *Jahr* 7; dagegen 15 (Kreisstehen). B. in der Tasche schützt vor Bezauberung und Heimweh: Rochholz *Glaube* 2, 118. 308; Bavaria 4 b, 405; dem armen Soldaten in der Fremde bringt das Graumännlein B., an dem er nur zu riechen braucht, wenn er Hunger hat: Curtze *Waldeck* 56. [398]) Staub 55; Janus 7, 302; Landsteiner *Niederösterreich* 69. [399]) Geweihtes B. gegen Zauber: Schönwerth 3, 220; gegen Malefiz bringt die Apotheca spiritualis (zitiert bei Birlinger *Schwaben* 1, 426) folgende Mittel: äußerlich zwei Bäuschlein mit geweihter Asche und Sand, innerlich benediziertes B. oder St. Johannwein in benediziertem B. angefeuchtet. Das vom Geistlichen geweihte B. schimmelt nach Jahren nicht: Alemannia 25, 53. [400]) Das in festo St. Agathae geweihte B. ist gut 1 in Feuersbrünsten, 2. wenn man Unglück leidet in Schmelzöfen, 3. in schwermütig und verzweifelten Gedanken, 4. wenn die Kinder durch malefizischen Atem oder zauberischen Anblick am Wachstum oder an den Gliedern Schaden leiden,

5. das Brandmal der Hexen zu vernichten: Birlinger *Schwaben* 1, 421; gegen zweifelhafte Zustände zerstoßenes Agathab.: l. c. 424; zum Einnehmen wird angeraten gegen philtrum amatorium: Agathab. neben andern Mitteln wie Benedikten- und Tausendguldenkraut: l. c. 426: gegen Malefiz bei Erwachsenen: St. Agathab., parum auri, thuris et Myrrhae, cardo benedict; über Agathab. in der bayrischen Pfalz: Bavaria 1a, 367; Franz l. c. 1, 262. 268 bis 278; vgl. eine bayrische Kirchenvorschrift Argovia 5, 347; Seligmann 2, 333. [401]) Schönwerth 1, 405, 10; Leoprechting *Lechrain* 28 ff. [402]) Schönwerth l. c.; J. Scultetus *Gründlicher Bericht von Zauberey Zauberwesen* 127. 129; Hoffmann-Krayer 124. 149; vgl. Karfreitagsb. gegen Viehschelm: Alpenburg *Tirol* 350; Carrichter *Von gründlicher Heilung* (Straßburg 1551), 30 erwähnt als Mittel gegen Viehbezauberung ein Stück neugebackenes B. und Knoblauch mit Weihwasser; vgl. Gockel 102 f.; nach Lütolf *Sagen* 177, 113 schützt Meisterwurz, ein Stück geweihte Kerze und ein Bißchen B. vor Hexen. [403]) Witzschel *Thür.* 2, 265, 18; vgl. die Verwendung des B.stempels ARw. 21, 230; 23, 160; Pfälzer Museum 36, 58; 37, 57. [404]) SAVk. 1898, 271, 177; eine drastischere Methode bei Sébillot 1, 162; mit geweihtem B. kann man auch die Glocken der versunkenen Stadt läuten hören: Ders. 2, 454. [405]) Alpenburg 350, vgl. A. 483. [406]) SAVk. 2, 271; Vernaleken *Alpensagen* 418; bes. bei Festen: Rogas. FamBlatt 2 (1898), 48. [407]) ZrwVk. 1905, 200. [408]) Staub 55. [409]) Grimm *Myth.* 3, 459, 713; W. 414; Seligmann 2, 98; Bavaria 2 a, 305. [410]) Seligmann 2, 48. 94; Staub 54; Jacoby in ARw. 16 (1913), 560 ff.; Anthropophyteia 10, 55. [411]) Seligmann 2, 94; Meyer *Baden* 372. [412]) Staub l. c.; Landsteiner l. c. 69. [413]) ZfdMyth. 3, 430. [414]) Grimm *Myth.* 3, 442, 236; ZfVölkerpsych. 18, 24; ZfdMyth. 3, 403; Urquell 5 (1894), 227. [415]) Grimm *DWb.* 1, 1080; Taubmann *Nordböhmen* 45. 49. 52; Anthropophyteia 3, 39, 29. [416]) Schambach-Müller 238, 247. [417]) Grohmann l. c. 163; der Este ißt morgens nüchtern B., so ist er vor dem Kuckuck geschützt: ZfVölkerpsych. 18, 263. [418]) W. 175; John *Westböhmen* 247. [419]) Grimm *Myth.* 3, 454, 570; Seligmann 2, 37. [420]) Jecklin *Volkstüml.* 2, 144. [421]) Alemannia 23, 32; Leoprechting *Lechrain* 87; noch interessanter ist eine Stallbeschwörung mit Osterb.: 28 ff.; mit B. und Salz stört man auch den Hexeneinfluß beim Buttermachen: Lütolf 225, 159; damit die Pferde nicht gestohlen werden oder krank werden, geben ihnen die Zigeuner unter Zauberformeln B. und Salz und spucken ihnen 7mal in die Augen: SAVk. 15 (1911), 116. [422]) Staub l. c.; Baumgarten *Heimat* (1869), 6; Unoth 1, 181, 32; Schönwerth l. c. 1, 405, 9; Meyer *Baden* 372; Birlinger *Volkstüml.* 1, 493; ein ganz modernes Beispiel für B. als Amulett im Ballsaal: Glotta 2, 398; vgl. A. 396. [423]) Grohmann l. c. 104. 732. [424]) Staub l. c. 55; Baumgarten *Heimat* 2, 104—105; Jägerhörnlein 130; vgl. Globus 93, 336 (Salz und Bibel neben Salz u. B.); vgl. ZfdM. 4, 5. 43: Psalmbuch in der linken, ein Stückchen frisches B. in der rechten Hand und Salz in der Westentasche.

22. Die Auffassung des B.es als Opfergabe ist noch ganz deutlich, wenn ein Bäcker in Franken täglich drei Weißb.e in den Schornstein wirft und spricht: Herr Teufel, sie sind Dein [425]); ein apotropäisches Gegenopfer bringt der Schlesier dar, der glaubt, daß der Meineid nichts schade, wenn man während des Schwures ein Stück B. im Munde hat und dann ausspuckt; so kann sich der Teufel nicht des Meineidigen bemächtigen [426]); in Süddeutschland dient zu diesem Zweck eine geweihte Hostie [427]).

[425]) W. 438. [426]) Drechsler 2, 17; ARw. 12, 61; Gerichtssaal 66 (1905), 84 ff.; man trägt auch das B. unter der Achsel und gibt es dem Hund: MschlesVk. (1906), Heft 15, 111. [427]) Gerichtssaal l. c.

23. Ist jemand behext, so hilft B. mit dem Kreuzzeichen [428]) oder neun Stückchen B. und neun Kohlen [429]), besonders aber stellt man mit B. ein Augurium darüber an, ob jemand behext ist oder nicht; Leoprechting beschreibt z. B. den Apparat, der augurialisch und apotropäisch in diesem Falle ins Werk gesetzt wird [430]).

[428]) Seligmann l. c. [429]) W. 413; Grohmann 156 Nr. 1129; Boecler *Ehsten* 19; Liebrecht *Gervasius* 320; Bavaria 3, 935. [430]) *Lechrain* 18—19; nach Gockel l. c. 75 ist jemand verhext, wenn ihm das B. zuwider ist.

24. B. im Bannzauber: Mit B.-krumen und B.kugeln kann man Hexen schießen, so daß sie in Menschengestalt zu Boden fallen (Ostfriesl., Schw., Schles.) [431]), man kann den Werwolf [432]), den Heidelbeermann (Frk.) [433]), einen Fischkobold [434]) zwingen, die wahre Gestalt zu zeigen; B. schützt vor dem wilden Jäger [435]) und dem wilden Heer [436]); denn das Wildheer in Schwaben [437]) und Mutter Gauerken [438]) in Mecklenburg bringen Unheil und Krankheit; B., auf verhextem Feld oder dem Hexenplatz vergraben,

macht die verhexte Erde wieder fruchtbar [439]); es reinigt das von Krankheitsdämonen verhexte Wasser [440]); nach altem Aberglauben im Ansbachischen sieht man in der Walpurgisnacht alle Hexen mit Melkkübeln auf dem Kopf, wenn man drei Getreidekörner, die man im B. gefunden hat, bei sich trägt [441]).

[431]) Kühnau *B.* 27; ZfVk. 1893, 389; W. 415; Strackerjan 2, 224, 475; vgl. 1, 473, 252; Wettstein *Disentis* 175, 54: B. in die Flinte gesteckt. [432]) Toeppen *Masuren* 32; W. 408; Sébillot 1, 286. [433]) W. 436. [434]) Peter *Oesterreichisch-Schlesien* 4; Meyer *Baaen* 372. [435]) Baumgarten *Jahr* 7 f.; ders. *Heimat* 2, 118. [436]) Wolf *Beiträge* 2, 159; Meyer *Baden* 372. [437]) Meier *Schwaben* 1, 138. [438]) Bartsch 1, 25. [439]) Staub 54—55; Rochholz *Sagen* 2, 169; Herzog *Schweizersagen* 2, 180. [440]) W. 175. [441]) Grimm *Myth.* 3, 458, 685.

25. B. und Nahrungsmittel: „Beim Verkauf süßer Milch (siehe Milch) geben manche ein Stückchen B. in diese, um sie vor Verzauberung zu schützen" (Bö.) [442]), auch in Schlesien [443]), vor allem schützt B. auch die Butter vor Verhexung [444]) (siehe Butter).

[442]) Schramek *Böhmerwald* 241. [443]) Drechsler 2, 111. [444]) W. 408; Birlinger *Volkstüml.* 1, 497; Seligmann 2, 38.

26. B. gegen Krankheitsdämonen: Im Luzerner Pestbüchlein steht (1611), daß alle Präservativmittel mit Anken, Salz und B. zu essen seien [445]); dem Vieh gibt man in den Rauchnächten geweihtes B., Salz und Kreide [446]); B. erhält in Westfalen und Luxemburg das Vieh beim Austrieb [447]), in Österreich B. in Stephaniwasser getaucht [448]).

[445]) Staub 56; Quitzmann *Baiwaren* 138; Schönwerth 3, 19. [446]) W. 682; Drechsler 2, 105. [447]) W. 175; Fontaine *Luxemburg* 64; vgl. A. 375—76. [448]) ZföVk. 1, 251.

27. B. als Apotropaion beim Schatzgraben: Hier sind die Dämonen besonders tätig, man schützt sich durch B. [449]); „wer wolle, daß ihme, indem er einen Schaz außgrabe, kein Schaden widerfahre, der müsse B. bey sich haben; denn der Teufel habe manchmalen selber bekennet, er könne denen keinen Schaden zufügen, die B. bey sich haben" [450]); e contrario darf man kein Brot mitnehmen, um die Geister nicht zu verscheuchen [451]). Wenn man den Schatz sieht (wenn er glüht), wirft man rasch eine B.rinde darüber [452]), um seine Rückkehr in die Geisterwelt zu verhüten, oder süßes Marktb. [453]); wenn eine schöne Jungfrau den Schatz unter einer Schutzgestalt (Böhmen) sonnt, wirft man rasch Brosamen oder Schwarzb. darauf, damit der Schatz in wahrer Gestalt erscheint [454]). Am wirksamsten ist es natürlich, wenn man, wie die beiden Schatzheber in Schlierstadt, drei Bröcklein B. und Weihwasser im Namen Gottes verwendet [455]).

[449]) Grimm *Myth.* 3, 441, 218; Heckscher 2, 380. [450]) Anhorn *Magiologia* 858; Tharsander 1, 539. [451]) Meyer *Aberglaube* 290. [452]) Grimm *Myth.* 3, 455. 612 (aus dem Journal); vgl. 2, 811; nach Graber *Kärnten* 107 Nr. 126 gibt man dem schatzhütenden Hund einen Laib B. mit einem Messer darin. [453]) Rochholz *Sagen* 1, 240. [454]) Ebd. 1, 143, 226; Waibel-Flamm 2, 328; Schönwerth 1, 405, 10. [455]) Künzig *Bad. Sagen* 96, 256.

28. Umgekehrt ist das B. in den Händen der Hexen und Dämonen ein Mittel für den Schadenzauber, da es zugleich ein Schutz und ein kostbarer Teil des Menschen selbst ist, mit dessen Besitz sie auch den Menschen selbst in ihre Gewalt bekommen, und wenn es auch nur eine B.krume ist [456]). Dem Teufelsb. fehlt das Scherzchen [457]), vom Hexenb. betont eine Hexe in Graubünden [458]) seinen besonderen Geschmack. Die Hexe schielt sehnsüchtig nach dem B., sogar im Kinderlied [459]). Wie im Milchzauber die Hexen Milch stehlen, so kann man auch durch des Teufels Hilfe B. an sich ziehen, so die behexten Schweizerbuben [460]). Nach einer pommerschen Sage verfällt eine Frau, die der Hexe B. bringt, dieser und dem Teufel, vergeblich gewarnt von drei Tauben [461]); mit B.-krumen, welche vom Weihnachtstisch fallen, machen die Hexen Zauber [462]) (Ungarn); damit die bösen Dämonen keine Gewalt über das B. bekommen, darf man es nicht auf den bloßen Boden legen, sonst wird man wahnsinnig [463]).

[456]) Kühnau *B.* 29; W. 458. Wenn eine Hexe einer Person B. gibt, hat sie Gewalt über sie: MschlesVk. 1905 Heft 13, 89. 90 ff. [457]) Schönwerth *Oberpfalz* 1, 135—36. [458]) Schmid-Sprecher 47. [459]) Staub 55. [460]) SAVk. 2 (1898), 274, 5. [461]) Jahn *Pommern* 337 ff. [462]) Wlislocki *Magyaren* 84. [463]) Zingerle 37 Nr. 303; Reiser *Allgäu* 2, 447; Grohmann 103, 725. 169, 1194; ZfVölkerpsychol. 18, 255; Schönwerth 1, 405, 10.

29. B. und Fruchtbarkeitsdämonen: Ganz anders stellen sich die Vegetationsdämonen, Seelengeister, Elben, Zwerglein, auch bergentrückte Helden zu dem B. als letzte und beste Gabe der Erde [464]); hier haben wir Reste alter Fruchtbarkeitsanschauungen; für die Seelengeister ist es natürlich die ersehnte Haupt- und Kraftspeise, die sie im Leben genossen haben, nach der sie jetzt im Tode lechzen; vgl. § 10 u. 11, Bier, Butter. Diese Geister, deren Lieblingsbeschäftigung das Backen ist [465]) (siehe backen), bei der man sie nicht stören darf [466]), geben dem Menschen B. [467]), oder sie stehlen es. Dem Backofenfeste in Lüthorst [468]) (Niedersachsen) wohnten früher Zwerge bei, die in der Not B. liehen und dafür Zwergenb. gaben; aber die Leute hatten keine Ruhe und Rast mehr; bei Selbitz (Bayreuth) lieh einst ein Zwergweiblein ein B. von einem Bauern und gab dafür einen Laib [469]). Die Kobolde verlangen, wenn sie B. geben, Dankbarkeit und belohnen diese mit Gold, wie die Graumännlein bei Landshut [470]), die Berggeister in Fränkisch-Gmünd [471]) oder die Holzweiblein in Sachsen [472]); in Schlesien [473]) erhalten die Zwerglein Milch, B. und einige Pfennige (Fruchtbarkeitsopfer), in Schwaben die Erdmännlein Kuchen [474]). Die „guten Leutchen" helfen in Kärnten beim Roggenschnitt und bekommen dafür B. und Käse [475]), die Bergmännlein im Stromberg (Lausitz) verlangen Weißb. für das Ausleihen der Braupfanne [476]); auch die Hausgeister verlangen B., so der Nisebok in Schleswig [477]). Das Lichtmeßgebäck ist speziell für die Hausgeister als Opfer gedacht [478]); die Letten hatten einen eigenen Gott des Hauses und Hofes, dem sie in Hainen auch B. opferten [479]). Interessant ist, wie in Sachsen Puppen aus Alraunwurzeln (Hausgötzen) gebadet und durch B.opfer geehrt werden [480]) (vgl. Butter A. 327). Das Koboldmännchen besorgt für Kuchen das Vieh [481]) (Schwaben); die wilde Jagd dankt für B. dadurch, daß sie das B. nicht mehr ausgehen läßt [482]). Die Krone der Königsschlange bekommt man, wenn man warmes B. auf ein rotes Tuch legt (Kärnten) [482 a]).

[464]) Kühnau *B.* 29—35; Mannhardt 1, 75. [465]) Bartsch 1, 31; Hoffmann-Krayer in ZfVk. 1915, 119; vgl. 116. [466]) Sébillot 4, 28. [467]) Bartsch 1, 591; Kloster 9, 192. 540; die Unterirdischen geben dem Knecht B. (siehe backen), wenn er pflügt: Bartsch 1, 41, 61. 80; dem kranken Knecht geben sie B.suppe: Ders. 1, 82, 90; der Puk in Rügen verwandelt den Aschenkuchen der armen Frau in schönes Weißbrot: Haas *Rügensche Sagen* [5] 93, 163. [468]) Schambach-Müller 120, 143. [469]) Grimm *Sagen* 29, 34; diese Zwerge haben sehr christliche Grundsätze; denn sie verschwinden, als die Leute fluchen und die Bauern vor der Kirche den Acker besuchen; vgl. 213, 298; Mannhardt 1, 103; 92 A. 1; vgl. dagegen Graber l. c. 65 Nr. 72, 5. [470]) Kühnau *Sagen* 2, 202; vgl. Temme *Pommern* 302, 254. [471]) Grimm *Mythol.* 2, 796. [472]) Meiche *Sagen* 342—43. [473]) Kühnau *B.* 37; Kloster 9, 200; Grimm *Sagen* Nr. 34. 37. 154; Meiche l. c. 211. [474]) Meier *Schwaben* 1, 64; Waibel-Flamm 2, 182; Haupt *Lausitz* 1, 37; die schlesischen Erdmännlein geben dem Heulpeter Steinb. und Steinbutter: Kühnau *Sagen* 2, 131, 765; Müllenhoff [2] 300 Nr. 445. 447; aber der „Bölima" gibt den unfolgsamen Kindern B. aus Hobelspänen: Rochholz *Sagen* 2, 182, 407. [475]) Graber *Kärnten* 64, 72; vgl. Lütolf 475, 436 d. [476]) Kühnau *Sagen* 2, 73, 739; Haupt *Lausitz* 1, 37. [477]) Müllenhoff [2] 337, 499; NiederdZfVk. 1926, 14 ff.; vgl. Rochholz *Glaube* 2, 135. [478]) Höfler *Fastnacht* 14—15. [479]) Usener *Götternamen* 108; Mannhardt 1, 52 ff.; zu diesem B.-opfer an Bäumen vgl. auch das B.- und Weinopfer beim Kräutergraben: Plinius 24, 11; Grimm *Mythol.* 2, 1010. [480]) Meiche 301, 391; NddZfVk. 1926, 12. 13 ff. [481]) Birlinger *Schwaben* 1, 257 f.; nach preußischem Aberglauben quält die Mahr das Vieh nicht, wenn man abends auf dem Tisch B. liegen läßt: Tettau-Temme 286; W. 194; ZfVölkerpsychol. 18, 372; vgl. Sébillot 3, 91. [482]) W. 17; Bartsch 1, 24 f.; vgl. 1, 23, 26; Müllenhoff [2] 388, 574; Kloster 9, 103; Müllenhoff l. c. 355, 521; MschlesVk. 1906 Heft 15, 110; vgl. Niederberger *Unterwalden* 1, 36; Zingerle *Sagen* 26, 31; Mannhardt 1, 103; Sébillot 2, 109. 392; 4, 29; oft werden die von den Zwergen

geschenkten B.e zum Talisman: Haupt *Lausitz* 2, 27, 34; oder die Waschweiblein geben einen Laib voll Gold zurück: Witzschel l. c. 1, 225, 223. [482a]) ZfdMyth. 3, 30, 24.

30. Dem Alp verspricht man ein B.-opfer [483]); beim Alp, dessen Rücken wie ein Teigtrog ist [484]), wird das Opfer meist zum Apotropaion wie beim Wassermann; man verspricht ihm ein Stück B.[485]), ein Weichb.[486]), neugebackenes B.[487]), ein Brotel [488]), eine Schnitte [489]), ein Kleinbrotel [490]); beim Begraben der Elben gibt ihnen die Hexe unter anderm auch B. mit ins Grab [491]), für die Beziehung des B.es zur Vegetation ist eine Oberpfälzer Sage lehrreich: wo der Regenbogen zu Boden geht, liegt ein Laib B. und Geld [492]); von einem seltsamen B.opfer für einen Höllenhund berichtet Schell [493]); Wodans Seelenhunde fallen in die Backstube ein und schlürfen Teig [494]).

[483]) Kühnau *Sagen* 3, 122, 129 ff.; Grohmann 26, 130; vgl. B. u. Wechselbalg: BlpommVk. 10, 375. [484]) Grimm *Mythol.* 3, 504, 42. [485]) Kühnau *Sagen* 3, 109. 133. Gegen das Toggeli bettelt man in drei Nachbarhäusern ein Stück B. und legt das in die Wiege: ZfdMyth. 4, 112. [486]) Kühnau 3, 121. [487]) l. c. 3, 135. 122. [488]) l. c. 3, 111. 117; MschlesVk. 1905 Heft 13, 99; Janus 7 (1902), 304. [489]) Kühnau 3, 113; ein Butterb. 3, 125. [490]) l. c. 3, 114. 117. 129. 131—132; ein apotropäisches Opfer an den Werwolf haben wir in Frankreich: Sébillot 1, 286. [491]) Grimm l. c. [492]) Schönwerth 2, 129—30. [493]) ZrwVk. 1905, 91. [494]) Höfler *Neujahr* 202.

III. B. im Zauber [495]) (Fruchtbarkeitszauber siehe Acker- und Ernteriten und Auguria).

31. a) Im Liebeszauber: Auf eine ältere gemeinsame Stelle muß man aus folgenden Bußvorschriften schließen: Einmal lesen wir im Poenitentiale Arundel [496]) (9. Jahrh.): si qua piscem in puerperio suo mortuum vel panem super nates [497]) (vases cod.) confectum suas vel menstruum sanguinem suum [498]) marito suo ad manducandum vel ad bibendum dederit, V annos graviter poeniteat [499]). Weiter überliefert uns der Korrektor Burchardi [500]) († 1024): Fecisti quod quaedam mulieres facere solent? Prosternunt se in faciem et discoopertis natibus iubent, ut supra nudas nates conficiatur panis, et eo decocto tradunt maritis suis ad comedendum. Hoc ideo faciunt ut plus exardescant in amorem illarum. Si fecisti, duos annos per legitimas ferias poeniteas. Ein anderes Liebesb. wurde hergestellt, indem man Körperteile hinein backte; Frater Rudolfus [501]) berichtet uns von solchen Kuchen: tortulas dant eis, ad quas de omnibus crinibus sui corporis et de sanguine suo apponunt. Solche Haarbrötchen kennen auch die Esthen [502]). Wie man im Mittelalter das Körperfluidum mit den supra nates confecti panes wirken ließ, so gibt in Braunschweig [503]) der Bursch seinem Mädchen ein Stück B. heimlich zu essen, das mit dem Schweiß [504]) der Achselhöhle durchtränkt ist; ein noch weniger appetitliches Zauberb. ist in Mecklenburg [505]) im Brauch. Um den ungetreuen Ehemann wieder an sich zu fesseln, kocht die Frau am grünen Donnerstag aus 3 Stückchen B. (aus 3 Ehen) eine Suppe und gibt sie dem Mann [506]). Für die Südslaven erwähnt Krauß [507]) B. und Salz im Liebeszauber; in Bayern mischt man jetzt noch Blut, Nägel und Haare unter die Speisen, um Gegenliebe zu erzeugen [508]). Auch hier hat geweihtes B. besondere Kraft: man weiht zwei B.e, die zuerst in den Backofen kamen, unbemerkt auf dem Altar und gibt sie dann der Person, deren Gunst man erringen will [509]); in der Bukowina verwendete man B. und Salz im Liebeszauber [510]).

[495]) Anthropophyteia 10, 54 ff. behandelt Krauß ausführlich das B. im Zauber. [496]) Schmitz l. c. 1, 459 c. 81. [497]) ARw. 1927, 332—337 mit modernen Parallelen. [498]) Katamenienblut auch sonst in den Pönitentialen im Liebeszauber: Schmitz l. c. 2, 448, 176, vgl. 1, 429; ARw. 1927, 335—336 mit Lit.; Hovorka-Kronfeld 2, 172. 175; Döller 50—54. 56 ff.; Bartsch *Mecklenburg* 2, 353, 1657; Pollinger *Landshut* 247 f.; Andree *Braunschweig* 297. [499]) Schmitz 1, 314, c. 90. [500]) Ebd. 2, 447, c. 173; Wasserschleben 661, c. 161; Grimm *Myth.* 2, 922; 3, 409 f.; Friedberg 67. 87; Weinhold *Ritus* 48. Krauß bringt in den Anthropophyteia 5, 245 Nr. 3 d eine schlagende Parallele: Die Südslavinnen kneten den Rundkuchen, mit dem sie den Mann verrückt machen wollen, auf ihren nates; vgl. 5, 244 ff.; 6, 225 ff. [501]) MschlesVk. 1915, 33 f. Nr. 30; Theol. Quartalschr. 1906, 425; ARw. 20, 417 ff.; Hovorka-Kronfeld 2, 172. 178—79; RVV.

4, 180; Bavaria 2a, 270; Pollinger l. c.; Grimm *Mythol.* 2, 923; Wlislocki *Magyaren* 50; ZfVk. 1907, 73 f. [502]) Grimm l. c.; vgl. Krauß *Südslaven* 168; Anthropophyteia 3, 165—68. [503]) Andree *Braunschweig* 297; vgl. Grimm *Sagen* 97, 116; ARw. 1927 l. c. [504]) MschlesVk. 1915, 41; ZfVk. 1891, 182 Nr. 3; Grohmann 209, 1452; Hovorka-Kronfeld 2, 169. 179; Stoll *Zauberglaube* 70 ff.; SAVk. 2 (1898), 268, 155; 9 (1905), 154: Küchlein mit Haaren und Nägeln (a. 1504). [505]) Bartsch 2, 58, 183; Hovorka-Kronfeld 2, 170. [506]) Höhn *Volksheilk.* 1, 120. [507]) Krauß *Volkforsch.* 169. [508]) Pollinger l. c.; Bavaria 2a, 270; Meyer *D. Volkskunde* 167. [509]) ZföVk. 1897, 119, 226. Nach den Akten eines Prozesses in Altenburg (1927) aß eine von ihrem Liebhaber verlassene Kuhmagd ein von einem Wunderdoktor geweihtes Stück B.: Frankfurter Zeitung v. 24. 8. 1927 erstes Morgenbl. [510]) l. c. 117, 174.

32. b) Im Schadenzauber. Das älteste Zeugnis für die Verwendung des B.es im Schadenzauber bietet uns der Korrektor Burchardi [511]) (= Regino II c. 5): Fecisti ligaturas et incantationes [512]) et illas varias fascinationes quas nefarii homines, subulci vel bubulci et interdum venatores faciunt, dum dicunt diabolica carmina super panem et super herbas et super quaedam nefaria ligamenta et haec aut in arbore abscondunt aut in bivio aut in trivio proiciunt ut aut sua animalia vel canes liberent peste et a clade et alterius perdant? Auch für den Liebeszauber erwähnt der Korrektor ein Schadenzauberb.[513]): Fecisti quod quaedam mulieres facere solent? Deponunt vestimenta sua et totum corpus nudum melle inungunt, et sic mellito suo corpore supra triticum in quodam linteo in terra deposito sese hac atque illac saepius revolvunt [514]) et cuncta tritici grana, quae humido corpore adhaerent, cautissime colligunt et in molam mittunt et retrorsum contra solem a molam circuire faciunt et sic in farinam redigunt et de illa farina panem conficiunt et sic maritis suis ad comedendum tradunt, ut comesto pane marcescant et deficiant; dasselbe Zauberb. wird nach der Lesart des cod. Vind. 926 [515]) auch als Liebeszauberb. verwendet wie das oben erwähnte: conficiunt posterioribus prementes et sic maritis suis dant ad edendum, ut ab eis amplius amentur; genau denselben Zauber mit Hafer berichtet Schell aus dem Bergischen [516]). B., heimlich in die Federbetten eingenäht, bringt Unglück und Tod [517]); die Magyaren [518]) kennen ein Schadenzauberb., mit dem Samen des Mannes beschmiert. Ein ganz anderer Schadenzauber ist in Gegenden mit viel Milchwirtschaft sehr geläufig: Wenn man B. in die Milch schneidet, statt es zu brocken, so schneidet man der Kuh das Euter [519]) (die Milch) oder den Rahm [520]) ab, oder die Mutter Gottes weint [521]). Wenn man das B. in die Milch schneidet und es taucht ein Stück nicht unter, so setzt sich die Drud darauf, und wer es ißt, den quält sie [522]); wenn man B. ißt und dabei von jungen Vögeln spricht, so gehen diese ein [523]). Schadenzauber mit B. wird in den Hexenprozessen oft erwähnt; B. ist ja das gegebene Medium, um damit Präparate einzugeben: eine Schweizer Hexe (1528, Luzern) spritzt Krötengift auf B.[524]); die medizinische Fakultät in Rostock untersuchte 1681 einen Fall, wo eine Hexe B. mit Fett einem Mann gab, der nach dem Genuß Uebelkeit verspürte [525]).

[511]) Schmitz 2, 423 c. 63; Wasserschleben 644, c. 94; Grimm *Mythol.* 3, 404, 43; Regino bei Migne *Patr. Lat.* 132, 284 Nr. 44; Friedberg 26—27. [512]) Schmitz 1, 463, c. 94. [513]) Ebd. 2, 451 c. 193; Wasserschleben 664, 179; Weinhold *Ritus* 49. [514]) Hovorka-Kronfeld 2, 169. [515]) Schmitz 2, 452; ZfVk. 1907, 74. [516]) ZrwVk. 1906, 62, 5. [517]) Fall aus dem Jahre 1730: ZfVk. 1894, 61; Wlislocki *Magyaren* 84. [518]) Wlislocki l. c. 133; vgl. die Pönitentialen: Schmitz 2, 445, 166; 541, 191; vgl. 1, 314, 90; Grohmann 209, 1454; Stern *Türkei* 2, 320. [519]) Eberhardt *Landwirtschaft* 18; Pollinger *Landshut* 164; Drechsler 2, 16; Birlinger *Volkst.* 1, 495; ZfdMyth. 4, 48; Grohmann 104, 733; Schönwerth 1, 334; SAVk. 1917, 34; W. 458. 705. [520]) Meier *Schwaben* 2, 498, 324; Panzer *Beitr.* 1, 264; W. 705. [521]) Birlinger *Schwaben* 1, 410; Rochholz *Glaube* 1, 50. [522]) Grohmann 25, 125; W. 403; ZfVölkerpsychol. 18, 278. [523]) Drechsler 2, 16; W. 458. [524]) SAVk. 3 (1899), 192. [525]) Bartsch *Mecklenburg* 2, 34. Nach Praetorius *Blockesberg* 246 macht eine Hexe mit vergiftetem B. Schadenzauber; ungewiß ist, ob auch das in einem Frankfurter Prozeß (1494) erwähnte Mittel

für Schadenzauber bestimmt war (Hansen l. c. 594, 16 ff.): Recipe kole quinte, 1 firtel von eyn appel in der appoteken, solich uff eyn snyd brots geleet.

33. c) Im Jäger-, Schieß- und Waffenzauber: B. ins eigene Blut getaucht [526]), besonders geweihtes Festb., macht kugelfest „gfrorn": In diesem Glauben wird das Lammlb., zusammengeknetet mit dem Blute eines während der Christmette abgestochenen Lammes, von den Pustertaler Wildschützen gegessen [527]), ebenso Osterkuchen [528]) mit Lammblut; wie man Hexen mit B.krumen schießen [529]) kann (s. Brosamen), so steckt man B. in die Flinte gegen verhexte Tiere (Hasen) [530]). Auf eine Elster, welche einem nachfliegt (= Hexe), darf man nicht mit gewöhnlicher Ladung schießen, sondern muß B. darunter mischen [531]). Wenn das Gewehr gebannt („g'leidwärchet") ist, legt man im Sarganser Land Agathenb. unter den Lauf [531 a]); sogar Waffen konnte man mit Osterb. zauberkräftig machen [532]). Zschokke erwähnt im „Adderich im Moos" c. 20 (= Werke IV, 161), daß der Degen sicher sticht, wenn er vorher in warmes B. gesteckt wird.

[526]) Grohmann 205, 1427; W. 475. [527]) ZfdMyth. 3, 343; Alpenburg l. c. 358. 381; Zingerle *Tirol* 75, 627; Höfler *Weihnachten* 63; Ders. *Ostern* 29; Globus 42, 77. [528]) W. 475; Sepp *Religion* 142. [529]) Weinhold *Ritus* 14. [530]) Wettstein *Disentis* 175, 54; Meier *Schwaben* 1, 250. 278. [531]) SAVk. 2 (1898), 219. 47; vgl. Soldan-Heppe 2, 40. 140 ff.; SAVk. 1925, 136. [531a]) SAVk. 1925, 288. [532]) Freytag *Bilder a. deutscher Vergangenheit* 2 (1859), 73; Franz *Benediktionen* 2, 299 ff.

34. d) Durch geweihtes B. werden sogar nach einer Handschrift (1390) Gefangene befreit [533]): Item ist dir ein frind gefangen: Man näht einen gemischten Bissen B. in den Achselbesatz eines Hemdes und sendet dieses dem Gefangenen; das Mittel ist bei Friedrich [534]) dem Schönen probiert worden, als er in Trausnitz gefangen saß (1322). Dieser Aberglaube, der in diesen strenggläubigen Kreisen durch die kirchliche B.weiheformel (ut sit contra universas cunctorum inimicorum insidias auxilium et lutamen) [535]) noch gestützt wurde, war offenbar auch in Frankreich gebräuchlich; denn J. B. Thiers [536]) berichtet darüber; man muß nüchtern eine B.kruste essen, auf der die Worte stehen: Senozam, Gozoza, Gober usw.

[533]) Argovia 5, 70; Germania 21, 80; Staub 55; vgl. A. 539. [534]) Argovia 5, 346 f. [535]) Ebd. 347; vgl. Franz *Benediktionen* 1, 270: salvos fac eos in omni periculo. [536]) Liebrecht *Gervasius* 253 Nr. 418.

35. e) Sonstiger Zauber: Anhorn schreibt in seiner Magiologia [537]): Es ist Aberglaube, dafür zu halten, wann einer ein von einem Aussätzigen gebetteltes Stück B. esse, könne einem solchen niemand mehr kein Almosen mehr versagen, ob ers gleich weder wert noch dürftig sei. Als einer den Stein der Weisen finden wollte, setzte er nach Anhorn einen umständlichen B.zauber ins Werk: Einer, der in der Christnacht um die Gnade betete, den Stein der Weisen zu finden, hörte die Worte: „B., B., B."; hierauf knetet er Mehl mit Maientau und macht daraus große runde B.e; die Rinde schenkt er den Armen, die heiße Krume destilliert er [538]). Eine Hexe gestand 1602, daß ihr der Teufel einen Zettel in B. gebacken gab, wodurch sie Schlösser öffnen konnte [539]). Auch zum Lösen des Bannes wird B. erwähnt: Der verzauberte Kater in Malchow wird erlöst, weil ihn die Frau mitnahm und mit B. speiste [539 a]).

[537]) *Magiologia* 149. [538]) l. c. 905—907. [539]) ZfVk. 1897, 190. [539a]) K. Rosenow *Sagen des Kreises Schlawe* 71, 78.

36. f) Diebesbannzauber: Die Verwendung des B.es im Diebeszauber geht auf das iudicium offae (panis adiurati) zurück; das Ordal mit B. und Käse war ursprünglich kirchlich anerkannt; es entartete aber immer mehr zu einer abergläubischen Zeremonie, welche die Kirche schließlich streng verfolgen mußte. Während Patetta [540]) in seinem Werk über das Gottesurteil behauptet, daß nur die „leges anglo-sassoni" diese Institution kennen, beweist Jacoby [541]) in einem grundlegenden Aufsatz, daß das iudicium offae christlichen Ursprunges ist; Jacoby erweist den Zusammenhang zwischen

Abendmahlsprobe und der Probe mit dem geweihten Bissen, die in Anlehnung an abergläubische Verwendungen der Eucharistie entstand. Beim iudicium offae (offa = bizzo) [542]) oder offa iudicialis wird dem Angeklagten, der fast immer ein Dieb ist, unter Gebeten und Beschwörungen trockenes Gerstenb. und Schafs- oder Ziegenkäse gereicht; auf das B. (oft auch auf den Käse) setzt man eine Inschrift [543]) (Psalmzitat oder Vaterunser, aber auch andere Buchstaben); kann der Angeklagte den Bissen hinunterschlucken, so ist er unschuldig, bleibt ihm der Bissen im Halse stecken, so ist er schuldig; daher kommt die Verwünschungsformel: Das Stück B. soll mir den Tod bringen, wenn ich die Unwahrheit gesagt (Baden und öfters) [544]); und die Rockenphilosophie sagt: wer gestohlen Käse oder B. ißt, bekommt das Schlucken davon [545]); die Zeremonien und Formeln sind alle im fünften Band der MG legum sectio 629 ff. zusammengestellt, auch für die Probe mit dem hängenden B. [546]); der Gang des Ordals ist immer ungefähr also [547]): incipit probatio a cunctis furtis probandis: Antequam incipias, canitur missa de sancta Trinitate ... Domine.... te invocamus, ut, quicumque de isto furto culpabilis est, aponatur ei panis et caseus, ut te iubente constringantur fauces illius et guttur eius claudatur, ut qui istud furtum comisit, antea removat quam pertranseat, ut sciat, quod tu es deus .... Daß Ordale mit Erfolg durchgeführt wurden, ist erwiesen, und nur so kann man die Zähigkeit begreifen, mit der diese Zeremonie sich hielt [548]). Nach Hartlieb war zu dessen Zeit (das Buch ist 1455 geschrieben) das Käseordal noch im Volke üblich [549]). Auch Bartsch berichtet davon, wie man einst in Mecklenburg einen Dieb mit Käse überführte [550]): Ein Familienbuch aus dem Jahre 1566 schreibt vor: Auf einen weißen Käse schreibt man die Worte: + deus + meus + max + pax + vivax; der Dieb kann den Käse nicht essen, wird im Gesicht wie eine Kornblume, und sein Mund schäumt wie der eines Bären. In einem isländischen Zauberbuch vom Jahre 1664 ist bei Diebstahl das B.-Käseordal angeraten; man soll auf B. oder Käse die Worte makk, rakk, fenakk ritzen und dem Verdächtigen geben [551]). Es ist wohl kein Zweifel, daß die wichtige Rolle des B.es im Diebesordal auf dessen Verwendung im Diebesbannzauber eingewirkt hat. Anhorn erwähnt einen Zauber, um Entwendetes zu bekommen: Wann einer bey einem Becken ein B. ohne Reden kauffte, dasselbige in ein Gut-Leut- oder Siechenhaus trage, daselbst auf den Tisch lege und widerumb hinweggehe, niemanden grüße, keinem grüßend danke .... dem solle .... was ihme entwendet worden, widerumb zu hauß kommen [552]). Eine Genfer Prozeßurkunde, zitiert bei Hansen 526, bietet das Geständnis einer Hexe (10. Mai 1401), die von Bestohlenen um den Zauber ersucht wurde: Sie zitiert den Teufel in einer Kammer; darin steht ein Tisch, bedeckt mit einem Tuch, und B. darauf; auf einen Zauberspruch erscheint der Teufel und nennt den Tag des Diebstahles. Die Szene hat Ähnlichkeit mit dem A. 572 erwähnten Augurialzauber (vgl. Essen); dieser Zauberapparat kann völlig unabhängig vom B.ordal entstanden sein. Schon Hartlieb warnt [553]) vor einem im Liebeszauber geläufigen Sympathiezauber, der wohl auch vom iudicium offae kaum beeinflußt ist: es ist aber ain ungelaub, wann man ain verlust tuet, so sind lüt, die beswern ein prot und stechen darein driu messer in driu crütz und ain spindel und ainen enspin daran und halten das zwain person uf den ungenannten vinger und beswert bei den hailigen zwölfboten. Um den Dieb zu zwingen, das Gestohlene zu bringen, ist folgender Sympathiezauber in der Schweiz, in Mecklenburg (hier mit kurzer Beschwörung, ebenso in Pommern) und öfters belegt [554]):

„Nim 3 Bröcklein B r o d und drey Sprätlein (= Prise, kleines Maß) Salz und 3 Bröcklein Schmalz: mache eine Starke glut, und Lege alle Stücke darauf und Sprich dise Worte drey mahl dazu und bleibe allein: Ich lege dir Dieb oder Diebin, Brod, Salz und Schmalz auf die

Glut, wegen deiner Sünde und Übermuth. ich lege es Dir auf die Lung Leber und Herzen, das dich ankommt ein großer Schmerzen, es Sol dich anstosen eine grosse Noth, als wen es dir thät der bitere Tod; es Solen dir alle adern Krachen und Todes Schmerzen machen, das du keine Ruhe nicht hast, bis du das gestohlene bringst, und hinthust wo du es gestohlen hast; dis 3 mal gesprochen und jedesmahl die 3 höchsten Namen dazu gesprochen."

Um vom Dieb zu träumen, bindet man B. und Knoblauch unter den Arm (Pommern) [555].

[540]) Patetta *Le Ordalie* 202; Franz *Benediktionen* 2, 358. [541]) Jacoby *Der Ursprung des Judicium offae* im ARw. 13 (1910), 524—566; Franz *Benediktionen* 2, 335 ff. 341 ff. 358 ff.; Grimm *RA.* 2, 597; Kloster 12, 1097. [542]) Steinmeyer-Sievers *Ahd. Glossen* 3, 154 (Summarium Henrici). [543]) Dieterich *Abraxas* 159. [544]) Meyer *Baden* 372; Pollinger *Landshut* 164; Staub *B.* 54; A. de Cock *Oude Gebruiken* 112 ff. [545]) Grimm *Myth.* 3, 440, 188 = Fischer 213; bleibt einem das B. im Halse stecken, so soll man davon in beide Ohren tun: Tharsander 3, 489. [546]) Franz l. c. 2, 360 ff. [547]) MG. leg. sectio 5, 633, 33 ff. [548]) Jacoby l. c. 563—66; Schindler *Aberglaube* 232; vgl. W. v. Eschenbach *Parzival* 803, 26; Männling 283—84; in der Weltliteratur finden wir das iudicium offae bei Boccaccio: In der 6. Geschichte des 8. Tages seines *Decamerone* werden anstatt Käse und B. Weißwein mit Ingwerpillen zum iudicium verwendet, durch das zum Scherz der Bestohlene selbst als Dieb eines Schweines erwiesen werden soll; in Rußland Proben mit Kreuzb.: Franz l. c. 2, 336. [549]) Grimm *Myth.* 3, 428, cap. 51. [550]) Bartsch *Mecklenburg* 2, 340, 1624; vgl. ARw. 13, 539 bis 542. [551]) ZfVk. 1903, 271, 10. [552]) Anhorn *Magiologia* 771—72; vgl. 786: von 9 Häusern mit bloßen Gebärden . . . B. . . . betteln . . . . [553]) Grimm *Myth.* 3, 428, cap. 50. [554]) SAVk. 1898, 266, 144; Bartsch *Mecklenburg* 2, 339, 1623; ZfVk. 1905, 145; BlpommVk. 4, 47, 13; W. 241. 643; eine andere Zaubermethode mit B. gibt Thiers *Traité* bei Liebrecht *Gervasius* 222, 38; Thomas (*Welsh fairy book* p. 296) erwähnt eine Art B.orakel, um den Namen des Diebes festzustellen: man wirft B. ins Wasser und nennt die Namen der vermuteten Diebe; das B. sinkt, sobald man den Namen des wahren Diebes nennt; dasselbe Orakel bei Sébillot 2, 223 (vgl. B.orakel); vgl. das B.-Weinopfer bei Männling 291. [555]) BlpommVk. 4, 120, 5; vgl. ZfVk. 1903, 271, 10.

37. g) B. im Heilzauber s. Heilb.e

IV. Verwendung des B.es zu Augurien. Tief in den alten Ritus und das Zauberwesen hinein führt uns das mit dem Festb. angestellte Augurium besonders in den Rauchnächten [556]).

38. a) Weihnachts- und Neujahrsaugurien (Opferweissagung und Anfangszauber), beeinflußt vom gewaltigen römischen Augurial- und Anfangsritus [557]), werden schon beim Backen angestellt (s. backen), besonders aber beim Weihnachtskultb. Ein sehr altes Zeugnis haben wir in einem Papierkodex des 14. Jhs. zu St. Florian in Oberösterreich [558]): Item in der letzten Rauchnacht (d. i. am Dreikönigsabend) tragent sy ain ganczen laib und ches umb das haus und peissent darab. Als manig pissen man tan hat, so vil schober wernt im auf dem veld. Aus dem Messer, welches man ins B. steckt, weissagt man ein trockenes oder feuchtes Jahr [559]) oder man auguriert, je nachdem die Percht vom B. und den Nudeln ißt oder nicht [560]). Sebastian Frank (bei Jahn l. c.) berichtet in seinem Weltbuch, daß man am Dreikönigstag in einen „guten leckkuchen oder lebzälten" einen Pfennig hineinbackte; beim Verteilen bekamen Christus, Maria und die drei Könige je ein Stück; wer von den Hausgenossen das Stück mit dem Pfennig erhielt, wurde König und schützte das Haus durch Kreuze an den Balken vor Unglück (vgl. auch Neujahrsgebäcke). Wenn bei den Wenden die Hausfrau zum erstenmal backt, macht sie in das schönste B. soviel Löcher, als Seelen zur Familie gehören, und schüttet in jedes Loch ein paar Salzkörner; wessen Loch nach dem Backen schwarz ist, der stirbt zuerst; ist es aufgesprungen, so wird er krank; ist es sehr breit, so wandert er aus [560a]).

[556]) Man kann hier in weiterem Sinne die Zeit vom Andreastag bis Dreikönig zusammenfassen: vgl. ZföVk. 9 (1903), 15 ff. Für die Silvesterb.orakel der Russen vgl. Globus 63, 77. [557]) ARw. 20, 86 ff. u. ö.; Radermacher *Beiträge* 100 ff. [558]) Jahn *Opfergebräuche* 280; Grimm *Myth.* 3, 418, 33; über Neujahrsauguria, mit B. unter drei oder zwölf Dingen, wobei B. Zufriedenheit bedeutet und Wohl-

stand vgl. Dähnhardt *Volkstüml.* 1, 28 Nr. 53; am Klöpfelabend in Tirol orakelt man mit B., Hafer und Erde: Zingerle *Tirol* 183 Nr. 1519. [559]) Jahn l. c.; W. 329; Drechsler 1, 26—27. [560]) W. 437; Graber *Kärnten* 91, 111: wenn die Percht ißt, gibt es ein gutes Jahr; vgl. Jahn l. c. 279. 288. [560a]) Schulenburg *W. V.* 133.

39. b) B.auguria im Liebeszauber. Die meisten Orakel stellen die Mädchen in der Andreasnacht [561]) an, daneben auch in der Thomasnacht, Christ- und Neujahrsnacht. Eine Sage zeugt von dem hohen Alter dieser mit dem alten Opferritus zusammenhängenden Weissagung [562]): Das Mädchen geht mit einem Stück Rinde einer Semmel in der Christnacht ins Bett, nachdem es die Rinde tagsüber unter dem rechten Arm [563]) getragen hat, und sagt: „Jetzt hab' ich mich gelegt und B. bei mir, wenn doch mein feins Lieb käme und äße mit mir." Ist am Morgen die Semmel abgenagt, so bringt das Jahr die Heirat. Im Emmental betteln die Mädchen Mehl aus drei Häusern und backen B. davon; mit diesem sehen sie den Schatz im Traum; es genügt auch, B. und Käse auf den Tisch zu stellen [564]). In Bayern [565]) legt man B.kügelchen in einen Kreis; wessen Kügelchen eine Gans zuerst frißt, dieses Mädchen heiratet zuerst; man kann so erfahren, ob man im kommenden Jahr heiratet, indem man mit dem Störilaib [566]) Auguria anstellt, oder ob man den Geliebten zum Mann bekommt [567]); ja sogar über Beruf und Namen des Zukünftigen kann man das B.orakel befragen, indem man B.kugeln ins Wasser wirft, und ihn im Traum zitieren [567]). Eine Kärntner Sage erzählt, daß die Mädchen auf Grund eines Zaubers mit B. und Messer nackt (vgl. Weinhold, Ritus) ihren Zukünftigen schauen könnten und erwähnt einen Fall, wo das „Leas'ln" sich bewährte [569]). In Frankreich auguriert man aus dem „flottement" der ins Wasser geworfenen B.stückchen [570]), auch die Ehemänner orakeln so, ob die Frau treu ist [571]). Ein eigentümliches Orakel stellte eine Züricher Meistersfrau an, welche auf 4 Tische je ein B. und ein Maß Wein setzte; sie sprach die Einsegnungsworte des Abendmahles und sah als Vision den Tod ihres alten Mannes und die Heirat mit einem jungen Burschen [572]) (s. essen). Wenn man im B. ein Roggenkorn findet und es auf die Türschwelle legt, wird man den heiraten, der zuerst darauf tritt [573]).

[561]) Grimm *Sagen* 95, 114; Weinhold *Ritus* 6; Ders. *Frauen* 1, 261; John *Westböhmen* 247; Brevinus Noricus 10—11; Bräuner *Curiositäten* 87 ff.; Tharsander 1, 84. [562]) Grimm *Sagen* 6 f. Nr. 115 und 116; *Mythol.* 3, 470, 957; vgl. Witzschel 1, 209, 208; eine ähnliche Einladung bei Tharsander 1, 84. [563]) Vgl. Liebeszauber A. 504. [564]) SAVk. 15 (1911), 3. [565]) Pollinger *Landshut* 195; Hovorka-Kronfeld 2, 176. [566]) Höfler *Weihnachten* 21—22. [567]) Urquell 1890, 12. [568]) Drechsler l. c. 1, 7. 13. 49; John *Westböhmen* 2; Staub 56; vgl. Wlislocki *Magyaren* 88. [569]) Graber l. c. 201, 268; vgl. Tharsander 1, 84. [570]) Sébillot 2, 243—44. 223. [571]) l. c. 253. [572]) Staub *B.* 56. [573]) Mensing l. c. 529.

40. c) Brautb.augurium [574]): Die Zürcher Kirchensynode [575]) klagt 1861 darüber, daß man das Brautb. zur Weissagung mißbrauche; man gab dem Brautpaar bei der Rückkehr von der Trauung, B. und der Teil, dessen B. zuerst schimmelte, mußte zuerst sterben (vgl. Hochzeitsb.). Dieses Orakeln aus dem Hochzeitsb. ist verbreitet, man weissagt sogar, je nachdem das „Köppl" unten oder oben schimmelt, für den „incubus" und die „succuba" [576]). In Westfalen sagte man früher nach Weddigen: schimmelt die Rinde des aufbewahrten Hochzeitsb.es, so steht eine unzufriedene Ehe bevor [577]).

[574]) Vgl. das Brautb.orakel in Rumänien: Stern *Türkei* 2, 12—13. [575]) Staub l. c. 53. [576]) Höfler *Hochzeit* 18; Baumgarten *Jahr* 7; dasselbe in Frankreich: Sébillot 2, 251. 194. [577]) Grimm *Mythol.* 3, 466, 883.

41. d) Auch bei der Pflugzeremonie und mit dem aus dem neuen Korn gebackenen B. stellt man Augurien an (s. backen). Bäckt man das erste B. aus neuem Korn, so werden in einen Laib vier Ähren gesteckt, davon jede ein Vierteljahr bezeichnet; je verbrannter eine Ähre ist, desto teuerer wird der durch sie bezeichnete Zeitabschnitt [578]).

e) Nächst diesen Opferaugurien stehen die täglichen Omina aus der Art des B.abschneidens, Lage der Brosamen und andern Begleiterscheinungen des B.-gebrauches im Leben; diese Vorbedeutungen [579]) beziehen sich auf das Auffinden von Korn [580]) im B., was Glück bedeutet; wer im B. gebackene Getreidekörner findet, kann die Hexen erkennen [581]), oder man hat einen hungrigen Freund [582]) zu erwarten, wenn man „doppelt abschneidet", man auguriert über Wünsche [583]); wenn man fünf B.kügelchen dreimal so wirft, daß ein Kreuz entsteht, erfüllen sich alle Wünsche [584]); man befrägt das B. über Teuerung, Glück und Unglück [585]), man findet sogar eine Bedeutung dahinter, wenn ein Stück B. in den Kaffee fällt [586]); wenn das B. auf der braunen Seite liegt, bedeutet das Unglück und Streit (vgl. § 53). Wer die kleine Seite einer B.schnitte bestreicht, heiratet einen Witwer oder gibt eine schlechte Stiefmutter [587]); bestreicht jemand in Gedanken ein zweites B., ehe das erste aufgezehrt ist, so ist Besuch zu erwarten [588]).

[578]) John *Erzgebirge* 31. [579]) Grimm *Mythol.* 2, 937. [580]) John *Erzgebirge* 30. [581]) Schindler *Aberglaube* 290. [582]) Prätorius *Phil.* 166; Wolf *Beiträge* 218; Mensing l. c. 429. [583]) W. 328; Meier *Schwaben* 2, 504, 367. [584]) Curtze *Waldeck* 373, 15. [585]) Panzer *Beitr.* 1, 266; SAVk. 1917, 44; Alemannia 33, 303; Lammert 99. [586]) SAVk. 7, 133; 12, 214. 279. [587]) Mensing l. c. 528; Fogel *Pennsylvania* 369, 1974. [588]) Mensing l. c.

42. f) Endlich beziehen sich eine Reihe von Vorzeichen auf Gedeihen des B.-getreides und B.preises. Den Wachtelruf deutet der Bauer [589]): Gib mer Brod, 's het kei Nod; wenn man im Frühjahr die ersten erblickten Kornähren durch den Mund zieht oder die abgestreiften Ähren verzehrt, wird man an B. nicht Mangel haben [590]) (Fruchtbarkeitszauber mit Augurium). „Großi Mutten (Erdschollen), großi Stücki Brod" sagt der Schweizer [591]); in Mecklenburg [592]) muß an „Nijorsabend dat Gasselgeschir unnert Dak bröcht war'n, süs gerät 't B. nich in dat Jor." In Ostpreußen [593]) dürfen die Kinder an einem Fuß nicht unbekleidet sein, sonst kommen sie nie zu B. (=Lebensunterhalt). B.preisorakel [594]) stellt man an aus der Beobachtung der Bahn des Heerewagens [595]) (= Bär) bei Rorschach, aus dem Ruf der Wachtel [596]), aus dem Spielen der Kinder [597]), aus der Punktierung des Pferdewürmchens [598]), aus der Rükkenlage des B.es [599]) (vgl. § 53); wenn die Kinder mit dem Finger im B.e bohren oder mit dem Messer hineinstechen, gibt es eine Teuerung [600]).

[589]) Staub 19. [590]) W. 126; Drechsler 2, 43. [591]) Staub 53. [592]) Bartsch *Mecklenburg* 2, 230, 1197 b. [593]) W. 606. [594]) Staub 52 ff. [595]) Ders. l. c. [596]) l. c.; Müller *RheinWb.* 1, 1015. [597]) Urquell 3 (1892), 39; Müller l. c. [598]) John l. c. 31. [599]) Urquell 1892, 40; Engelien u. Lahn 271. [600]) Enders *Kuhländchen* 80.

43. g) In Holstein gesteht eine Hexe (1584): „Sie habe drei Bissen B. gebissen, von dem B.e, das Donnerstags gebacken in tausend † Namen, habe Wasser gefüllt in deren Namen, die Bissen auf das Wasser aus dem Munde fallen lassen, den Satan beschworen, er solle ihr sagen bei dem Brote und Wasser, ob der Abwesende lebend oder tot sei; wenn lebend, so liefe das B. rund umher, wenn tot, gingen die Bissen zu Grunde" [601]).

[601]) Bartsch *Mecklenburg* 2, 21; im 17. Jh. stellte man auf diese Weise in Frankreich Orakel an: Sébillot 2, 223.

D. B. in Liebe, Ehe und Familie.

44. Die Verbindung der die Fruchtbarkeit der Erde bedingenden Vegetationsvorgänge mit dem B.kultus läuft mit Opferriten und andern Vorstellungen (vor allem Versöhnung der Geister) [602]) in der Bedeutung des B.es für Liebe, Ehe und Familie zusammen; das Zeugen und Werden in der Natur und das menschliche Fruchtbarkeits- und Liebesleben werden durch Analogie verbunden [603]), Backen (s. d.), Wachstum, Zeugen und Gebären in Bildern und Redewendungen gleichgesetzt [604]); dazu kommt die Vorstellung von B. als Symbol der Kraft, der Speise, des Haussegens, der Hausehre (vgl. A. 20) und die übelabwehrende Kraft dieses Hauptnahrungs-

mittels; denn nirgends sind die übelwollenden Dämonen gefährlicher als bei der Liebe und Hochzeit[605]), so verbindet sich hier Fruchtbarkeits- und Übertragungszauber (sonst Überschütten mit Reis und Weizen)[606]) und Analogiezauber mit apotropäischer Kraft, zugleich soll das B.opfer die alten Hausgeister versöhnen und die neuen gewinnen.

[602]) ZfVk. 1915, 337, 8. [603]) Kühnau *B.* 14. 20 ff.; Jahn *Opfergebräuche* 31; vgl. backen. [604]) Staub 38—39; Drechsler 1, 181, 206; Kühnau *B.* 20—21; Höfler *Neujahr* 198. [605]) Döller 74—76. 153 ff.; Bartsch 1, 63—65; Höfler *Hochzeit* 22, 58. [606]) Ilbergs NJ. 27 (1911), 501; Höfler l. c. 58; Globus 60 (1891), 354; Kloster 12, 187. 195 f.; vgl. Temme *Altmark* 74; Kloster 9, 492; RVV. 14, 3, 13—14; B. und Korn über die Braut ausgeworfen: SAVk. 1, 49 ff. 20 ff.; man legt auch Getreidekörner in die Schuhe der Braut: Kloster 9,4 92.

45. B. bei der Hochzeit s. Hochzeitsb.

46. B. bei der Taufe s. Taufb.

47. Tod u. B. s. Totenopfer.

48. Heimwehb. (s. d.).

49. Kind (s. d.), 1. Schulgang (s. d.).

50. Ganz dieselbe Vorstellung wie beim Heimwehb. und Gewöhnb. liegt zugrunde, wenn man dem Vieh, das ja, abgesehen vom segenbringenden Weihnachtskultb., die Gottesspeise nicht erhält[607]), beim Wechsel des Besitzers B. gibt[608]); einer neu eingestellten Kuh oder einem sonstigen in die Hausgemeinschaft neu aufgenommenen Tier gibt man geweihtes[609]) (Schwab., Bay., Lux.) oder gewöhnliches B.[610]), oft mit Weihsalz[611]) (apotropäisch wie auch das geweihte B.); klar ist die apotropäische Bedeutung auch in Dänemark, wo das neue Stück Vieh Schwarzb. und ein Stückchen Eberesche erhält[612]). Beim Ausscheiden aus der Hausgemeinschaft gibt der Verkäufer dem Tier B. mit (Heimwehb.!), welches das Tier oder der Käufer verzehrt[613]) (Frk., Oberpfalz, Westf., Bad.), Glücksb. in Baden[614]), Winneb. in Westfalen[615]). An dieses B. knüpft sich oft ein Augurium für Vieh und Käufer[616]). Um das Vieh beim Austreiben zusammenzuhalten und an die Weide zu gewöhnen, bekommt es B.[617]) vom „Gewöhngetreide"; apotropäischen Sinn hat das B. und das geweihte Salz beim ersten Austrieb oder Anspann gegen giftige Kräuter und böse Dämonen[618]). Die Mittel für das Gewöhnen von Hunden und Schweinen erinnern an den Liebeszauber: Man durchtränkt das B. mit dem Schweiß[619]) des Hausherrn unter der Achsel (Wetterau, Westf., Schles.) oder im Stiefel (Böh.). In Pommern[620]) verwendet man auch ein Stück Kringel, auf das man dreimal gespuckt hat, oder man schabt etwas von der Zunge ab und gibt es auf B. dem Hunde; um zwei Kühe aneinander zu gewöhnen, gibt man jeder ein Stück B. mit ein paar Haaren der andern[621]). Damit sich die Kuh nach dem Kalbe nicht zu tot schreit, reißt man dem Kalb drei (Büschel) Haare aus und gibt diese im B. der Kuh zu fressen[622]). Der St. Florianer Papierkodex enthält auch diese Notiz: item so aine ain chalb verchauft, so sneyt sy dem chalb das wedl ab, ab seinem swenczl, und des hars ab dem rechten arm, und gibts der chue ze essen, so rert sy nicht noch dem chalb[623]). Hunden gibt man die B.marke zu fressen, damit der Dieb ihnen das Bellen nicht nehmen kann[624]); natürlich wirkt das Weihnachtsb. besonders apotropäisch mit Knoblauch[625]). Hennen gibt man B., damit sie sich angewöhnen und gut legen[626]); Abendmahlsb. schützt gegen den Habicht[627]); wenn die Hühner verlegen, so stiehlt[628]) man einige Strohbänder, macht ein Nest davon und legt drei Federchen und drei B.krumen (von der oberen Rinde) hinein[629]).

[607]) Drechsler 2, 16. [608]) Sartori 2, 141 ff.; Globus 42, 89. [609]) Pollinger *Landshut* 155; Eberhardt *Landwirtschaft* 18; Fontaine *Luxemburg* 64. [610]) W. 175; 679; Staub 54; Strackerjan 1, 124; Birlinger *Schwaben* 1, 403; Meier *Schwaben* 498; Bartsch 2, 144, 640, hier zusammen mit Kreuzdorn rein apotropäisch. [611]) Eberhardt und Birlinger l. c. [612]) ZfVk. 1912, 185. [613]) W. 690 und 687; Hüser *Beiträge* 2, 26; Bayernland 29, 20; Bavaria 2 a, 300. [614]) Meyer 373. [614]) Sartori *Westfalen* 112. [616]) John *Westböhmen* 211 und 247—48; W. 690. [617]) John l. c. 211 u. 248. [618]) Eberhardt *Landwirtschaft* 19; Bartsch *Mecklenburg* 2, 167, 793

aus dem Jahre 1572; Schramek *Böhmerwald* 238 und 254; W. 175. 693; Birlinger *Volkst.* 1, 122; ausführlich Heimat 37 (1927), 111, 2; 112, 3; Brevinus Noricus 352 ff. [619]) W. 687. 679; Drechsler 2, 16—17. 96; Köhler *Voigtland* 429; John *Erzgebirge* 233; ZrwVk. 1909, 269; Drechsler *Haustiere* 10. [620]) BlpommVk. 7, 44; Drechsler 2, 16—17; Sébillot 3, 109 (16. Jh.); in Frankreich gibt man auch, um die Ratten zu vertreiben, diesen B. vom Nachbarhaus, dann ziehen die Tiere in dieses Haus um: Sébillot 3, 31. [621]) Pollinger *Landshut* 155; ZrwVk. 2, 293; Sartori *Sitte und Brauch* 2, 141. [622]) W. 699; Grohmann 137, 995; Drechsler 2, 102; Ders. *Haustiere* 7. [623]) Grimm *Myth.* 3, 417, 21. [624]) W. 680; Kuhn *Märk. Sagen* 381, 42. Über den zauberhaften Zweck der B.marke und des B.stempels: ARw. 21, 230; 23, 160; Pfälz. Museum 36 (1919), 58 und 37 (1920), 57; Witzschel *Thüringen* 2, 265, 18. [625]) Drechsler 2, 209; W. 680; Bartsch *Meckl.* 2, 243, 1262 b; Sartori 3, 32. [626]) Meier *Schwaben* 514, 441; Grimm *Mythol.* 3, 455 Nr. 616; Grohmann Nr. 1045; ZfVölkerpsychol. 18, 205; Birlinger *Schwaben* 1, 400; Wolf *Beiträge* 1, 221. [627]) SAVk. 24, 65. [628]) Theol. Quartalschr. 1906, 419—20. [629]) SAVk. 24 (1923), 65.

51. Als Gottesgabe, als Opfergabe, als Apotropaion und Symbol des Hausglückes und der Familie (der Besuch erhält, um dem Haus Glück und Segen zu bringen, Hausb; vgl. anschneiden) [630]) wird das B. im Hause mit feierlichem Zeremoniell [631]) umgeben. Es ist der besonderen Hut des Hausherrn anvertraut; dieser schneidet den Laib an (s. anschneiden), dieser bricht das B. [632]); es ist das bevorzugte Opfer für die Hausgeister [633]).

[630]) Grohmann 146, 1080—1081; vgl. Lammert 234; bei den Südslaven B. und Salz: Krauß *Sitte und Brauch* 647; vgl. A. 348 ff. [631]) John *Erzgebirge* 31; Buxtorf *Judenschul* 186. 191. 236; SAVk. 1906, 114; Erlanger Heimatblätter 4 (1921), 185 ff. 189 ff. 193(bayr. B.sitten). [632]) Krauß *Sitte und Brauch* 88. [633]) B.opfer an Zenopatis: Usener *Götternamen* 105; vgl. § 29; bevor die Esten vom B. genießen, opfern sie ein Stücklein den Hausgeistern: Boecler *Ehsten* 129; vgl. Grimm *Mythol.* 3, 431, 97.

52. B. und Tisch: Man deckt den Tisch nicht, ohne zugleich B. aufzulegen, widrigenfalls soll man einen Zipfel des Tischtuches überschlagen [634]); man darf es aber nicht auf den bloßen Tisch legen; vor allem soll man einen ganzen Laib nicht unaufgeschnitten (Messer im ange schnittenen B. schützt gegen Hexen und Teufel) [635]) vom Tisch tragen, sonst gehen die Leute hungrig davon [636]), e contrario an Weihnachten [637]) (Erzgeb.): „wer von der mahlzeit aufsteht, soll das brot, davon er gegessen, nicht liegen lassen; nimmt es ein anderer und wirft es über den Galgen, so kann jener dem Galgen nicht entgehen" [638]); wer den letzten Bissen B. einem Hund oder einer Katze gibt, dem schwinden die Kräfte [639]). Wenn man verreist, muß man das B. vom Tisch nehmen und in den Schrank legen [640]).

Wenn man das B. über Nacht auf dem Tisch liegen läßt, weinen die armen Seelen [641]); man steckt ein Messer hinein [642]) und muß es einwickeln [643]), denn es will schlafen; als Symbol des Hauses und Apotropaion darf es über Nacht nicht ausgehen [644]), sonst gibt es Unglück [645]), vor allem nicht an Weihnachten [646]). In Pommern holt man, wenn ein B. aufgegessen, sofort einen ganzen Laib, damit die Engelkens B. finden, wenn sie über Nacht ins Haus kommen [647]).

[634]) Rockenphilosophie: Grimm *Myth.* 3, 435, 16; J. H. Fischer l. c. 239; vgl. John *Erzgebirge* 30. [635]) Schönwerth 1, 405, 10; Heckscher 128 ff.; Pauly-Wissowa 1, 50—51; Chantepie de la Saussaye 2, 357; vgl. anschneiden; Staub 55; Liebrecht *Gervasius* 100 A. 2; dagegen die Ruthenen, welche das B. nur brechen vgl. Beilage z. allgem. Literaturzeitung 1903 Nr. 202, p. 462. [636]) Rockenphilosophie: Grimm *Mythol.* 3, 436, 63; Meier 2, 498, 327; John *Erzgebirge* 30; W. 457, dagegen Grohmann 104, 729—30; das B. muss immer angeschnitten in der Lade liegen: Rochholz *Glaube* 2, 118. [637]) John *Erzgebirge* 154; vgl. Grohmann 104, 729—30. [638]) Grimm *Myth.* 3, 440, 168; J. H. Fischer l. c. 152; ZfVölkerpsychol. 18, 369; Urquell 1890, 185; John *Erzgebirge* 31; oder Zahnschmerzen (paedag.?) Grimm *Myth.* 3, 458, 701 (aus dem Journal); W. 458. [639]) Müller *Isergebirge* 34; dagegen Schönwerth 1, 408, 20; Hildegard warnt in ihren *Physika* (de cane) B. zu essen, in das ein Hund gebissen hat, weil man damit sich vergiften kann: Migne *Patrologia lat.* 197, 1328. [640]) Sartori *S. u. B.* 2, 51; Köhler *Voigtland* 429. [641]) Schönwerth 1, 404, 7; W. 458. 769. [642]) Staub 55; zur Erklärung vgl. Liebrecht *Gervasius* 100 A. 2; vgl. dagegen A. 674 ff. [643]) Grohmann 104, 735; Bronner *Sitt' u. Art* 205; Bux-

torf *Judenschul* 236; W. 458. [644]) ZfVk. 1891, 189; John *Erzgebirge* 30; Köhler *Voigtland* 425; Schönwerth 1, 404—405, 7. [645]) Grohmann 104, 736; Alemannia 33 (1905), 300; W. 175; vgl. ZfrwVk. 15 (1918), 88. [646]) W. 293. [647]) BlpommVk. 3, 150.

53. Wie man B. legen muß: 1. Nicht auf das Bett, sonst ruht die Arbeit (päd.) [648]); 2. nicht auf den Rücken [649]) (vgl. Messer) [650]) (früher war das Legen des B.es auf den Rücken die Strafe für Edelleute) [651]); zur Sonderbundszeit fiel einem Schweizer Soldaten das B. auf den Rücken: „Jetz hed's gfählt", sagte er, „mir ligged uf em Rügge, bevor 's Obig isch"; allgemein hat das Liegen des B.es auf dem Rücken üble Vorbedeutung; man darf das B. nicht auf die obere (runde) schwarze Seite legen [652]):

a) sonst kommen die Hexen oder der Teufel ins Haus [653]), der Tod [654]), der Scherge [655]) holt es;

b) es weinen die Mutter Gottes [656]) oder die Engel im Himmel [657]), oder die armen Seelen [658]) leiden;

c) Unglück kommt ins Haus [659]), ein Schiff ist in Not [660]), es ertrinkt einer [661]);

d) es gibt Streit im Haus [662]);

e) das B. gedeiht nicht [663]);

f) man muß noch sieben Jahre ledig bleiben [664]); wenn ein junger Mann das B. verkehrt auf den Tisch legt, bekommt er eine „sygelig" Frau [665]). Wenn ein Kind ins Feuer (Wasser) fällt, muß man zuerst das auf dem Rücken liegende B. wenden und dann das Kind retten [666]).

Andererseits wirkt B., verkehrt gelegt, apotropäisch gegen Hexen und Drude und deren Einfluß:

a) die Hexe, die ins Haus eingedrungen ist, wird gebannt [667]);

b) schwärmende Bienen werden zurückgehalten [668]);

c) allgemein kehren entlaufene Tiere zurück [669]).

3. Das B. darf nicht über den Tischrand ragen, sonst bricht eine Krankheit aus [670]).

4. Das B. darf nicht mit dem angeschnittenen Teil gegen die Türe schauen, weil sonst das Glück oder die Nahrung aus dem Hause geht [671]). Es muß gegen Sonnenaufgang schauen und dem Herrgott ins Gesicht [672]). Aber auch diese Lage wehrt Hexen im Hause ab [673]). Man darf kein Messer aufs B. legen [674]) und keines hinein stecken:

a) Sonst sticht man Christus oder die Engel [675]), es fließt Blut [676]) (vgl. blutendes B.);

b) die armen Seelen weinen [677]);

c) man hat Unglück [678]);

d) man bekommt Zahnweh [679]).

Messer im B. wehrt, besonders auf offenem Feld [680]), ebenfalls böse Dämonen [681]) ab und hält Bienen zurück [682]).

[648]) ZfVk. 1891, 189 (Brandenburg). [649]) Praetorius *Phil.* 32; Bronner *Sitt' u. Art* 206; Bartsch 2, 135, 591; Globus 42, 104—105; Grabinski *Sagen* 34; Fox *Saarl. Vk.* 308. 399; Schönwerth 1, 404, 5; Grimm *Myth.* 3, 443, 278; Ders. *RA.* 1, 713; Staub 56 ff.; John *Oberlohma* 161; Grohmann 104, 731; Kuhn *Märk. Sagen* 387, 94; Landsteiner *Niederöst.* 69; Laube *Teplitz* 52; Meyer *Baden* 226; Panzer *Beitrag* 2, 295; Sartori *S. u. B.* 2, 34; Schmitt *Hettingen* 17; DG. 5, 214; Schmitz *Eifel* 1, 68; Vernaleken *Alpensagen* 418; ZfVk. 1892, 187; 1914, 56; vgl. Lares 4, 57; SAVk. 21, 28 ff. [650]) ZrwVk. 1905, 199; Buxtorf *Judenschul* 193; ZfVölkerpsychol. 18, 274 ff.; W. 460. [651]) Grimm *RA.* 2, 304; Staub 57 A. 1. [652]) ZföVk. 1897, 116. [653]) Grimm *Myth.* 3, 453, 548; Reiser *Allgäu* 2, 447, 229; SAVk. 25 (1925), 283; HessBl. 15, 130 Nr. 29; ZfdMyth. 1, 243; John *Erzgebirge* 30; ZrwVk. 1905, 199—200; Müller *Rhein. Wb.* 1, 1015. [654]) Heyl *Tirol* 783, 114. [655]) Zingerle 36, 287; böse Leute haben darüber Gewalt: SAVk. 12 (1908), 280. [656]) Schramek *Böhmerwald* 254; John *Westböhmen* 247; Fontaine *Luxemburg* 102; Staub 157. [657]) Reiser *Allgäu* 2, 447, 229; Fogel *Pennsylvania* 373, 2004. [658]) Drechsler 1, 310; Schönwerth 1, 288, 15; Müller *RheinWb.* 1, 1015; Grabinski *Sagen* 34. [659]) Andree *Braunschweig* 402; Bartsch 2, 135, 591 (oder die Frau bekommt das Regiment: Bartsch 2, 136, 592); ZfEthnol. 15, 91; Schönwerth 1, 404; Wolf *Beiträge* 1, 218; John *Erzgebirge* 30; Grohmann 104, 731; Staub 57; Urquell 1892, 40; Engelien und Lahn 271; ZfVk. 1895, 416. [660]) Mensing *Schleswig-HolstWb.* 1, 529. [661]) Kehrein *Nassau* 2, 269, 239. [662]) Pollinger *Landshut* 164; Fogel *Pennsylvania* 378, 2030; Rogasener Familienbl. 3, 1899, 40; Unoth 1, 186, 124; W. 457; ZfVk. 1891, 189; Bartsch 2, 136, 592. [663]) W. 457; ZfdMyth. 4, 413. [664]) Alemannia 1905, 302. [665]) Thiele l. c. 41, 182. [666]) Müller *RheinWb.* 1. 1015; Schmitz *Eifel* 1, 68; ZfVölkerpsychol. 18,

276. 667) Grimm *Myth.* 3, 459, 720; Bronner *Sitt u. Art* 206; Lütolf *Sagen* 226 g; Schönwerth 1, 158, 13; 215, 4; 3, 175; W. 415; man verliert den Schlickser: Kehrein *Nassau* 2, 268 Nr. 228. 668) Meier *Schwaben* 2, 514, 445; Fogel *Pennsylvania* 217, 1097; Schönwerth 1, 355; Pollinger *Landshut* 157; W. 671; Eberhardt *Landwirtschaft* 3, 22. 669) Bartsch 2, 334, 1612. 670) ZfVk. 1891, 189; Drechsler 2, 14. 671) Praetorius *Phil.* 32; Andree *Braunschweig* 402; Mensing 1, 529; MschlesVk. 1906 Heft 15, 113; Bartsch 2, 136, 592; Drechsler 2, 15; John *Erzgebirge* 30; Strackerjan 1, 53; 2, 224, 475; Deutsches Volksliedarchiv A. 65892; Urquell 1890, 47; ZrwVk. 1905, 200; Finder *Vierlande* 2, 222; Grimm *Myth.* 3, 444, 298; W. 457; Seligmann 1, 236; ZfVk. 1914, 55; für Weihnachten vgl. John *Erzgebirge* 155. 672) Schönwerth 1, 404, 5. 673) Ebd. 3, 175. 674) Vgl. Buxtorf *Judenschul* 191: nullum illi vas imponitur. 675) Grohmann 104, 737 u. 739; W. 457; Heyl *Tirol* 18, 13; Birlinger *Volkstüml.* 1, 494; Temme *Pommern* 340. 676) Heyl l. c.; ZfVölkerpsychol. 18, 279. 677) W. 457. 767; Schönwerth 1, 404, 6. 678) Schönwerth 3, 280. 679) Grohmann 104, 741; W. 457. 680) Schönwerth 1, 405, 10. 681) Ders. 1, 405; 3, 175; Leoprechting *Lechrain* 18; vgl. A. 463. 682) Fogel *Pennsylvania* 217, 1097.

54. Über die heilige Handlung des Anschneidens s. anschneiden; man schließt auf Charakter[683]), Schicksal[684]), Fortkommen[685]), Eheaussichten[686]). Am Christtag darf man kein B. anschneiden usw.[687]).

683) Grimm *Myth.* 3, 437, 99; Brevinus Noricus 122—26; J. H. Fischer l. c. 200; Bechstein *Thür.* 2, 185; Drechsler 2, 14; Grohmann 226, 1601; John *Westböhmen* 247 f. 251; Pollinger *Landshut* 164; Schramek *Böhmerwald* 254; Strackerjan 1, 37; 2, 224. 475; W. 317; Alemannia 1905, 304. 684) Globus 42, 105; Drechsler l. c.; Bronner *Sitt u. Art* 205—206; Sartori *Sitte u. Brauch* 2, 33; Staub 57 ff.; John *Erzgebirge* 30; John *Westböhmen* 247; Urquell 1890, 185; Dähnhardt *Volkstüml.* 1, 97, 5; Schultz *Alltagsleben* 148. 685) Schramek 254. 686) ZfVk. 1913, 280 ff.; Köhler *Voigtland* 395; Andree *Braunschweig* 402. 687) Brevinus Noricus 186.

55. Besondere Vorsicht ist geboten, wenn man B. ausgibt oder verschenkt[688]), besonders warmes B. (ist der Gier und Gewalt der Dämonen ausgesetzt)[689]) darf man nicht ausgeben, weil sonst jemand stirbt[690]), man muß es mit Salz gegen Schabernack schützen[691]); warmes B. dient aber auch dazu, um angehexte Wunden zu heilen[692]). Kindern gibt man vom frischgebackenen B. nur dann, wenn sie vorher ein Vaterunser gebetet haben[693]); auch „ken Knust ut'n Hus"[694]); geschenktes oder ausgeliehenes B. muß man einhüllen[695]) oder vorher ein Stück abschneiden[696]); man soll kein angebissenes Stück B. ausgeben, weil man die Kraft ausgibt[697]), und keinem Bettler das Endstück[698]).

688) Sartori *Sitte u. Brauch* 2, 34; am Freitag darf man kein B. ausleihen: Brevinus Noricus 219 f. 689) Frischbier *Hexenspruch* 123; Birlinger *Volkstüml.* 1, 494. 690) Strackerjan 1, 38; 2, 224, 475; W. 620; Bartsch l. c. 2, 135. 588. 691) Frischbier l. c.; ZfVk. 1905, 145. 692) Alemannia 41 (1913), 6 (Hexenprozeß von 1563). 693) Zingerle *Tirol* 9, 77. 694) Bartsch l. c. 2, 135, 587 a, b u. c; Sartori l. c.; John *Erzgebirge* l. c.; Mensing l. c. 1, 529; MschlesVk. 1906 H. 15, 113 (Ränftel). 695) Drechsler 2, 16. 696) ZfVk. 1891, 189; Schulenburg *Wend. Volkst.* 117; W. 625; John *Erzgebirge* 30; Köhler *Voigtland* 426; Urquell 1890, 47. 178; man muß den Knust behalten, sonst gibt man das Glück aus dem Haus: BlpommVk. 3, 106. 697) Prätorius *Phil.* 122; W. 458; vgl. ZfVk. 1891, 189. 698) W. 625.

56. Angebotenes B. muß man ganz aufessen[699]), für geliehenes darf man sich nicht bedanken[700]); bekommt man Magendrücken, so ist das B. nicht gegönnt[701]), ebenso, wenn einem das B. aus der Hand fällt[702]). Angebissenes B.[703]) darf man nicht essen und kein gefundenes[704]) (dagegen ist gefundenes B. in Böhmen und Tirol segenbringend)[705]), in Tirol muß man ein Kreuz darüber machen[706]); schimmliges B. (pädagog.) macht nach der Rockenphilosophie reich und alt[707]), schafft weiße Zähne[708]), eine gute Stimme[709]), helle Augen[710]), bringt Geld[711]) und Segen ins Haus[712]) und heilt Krankheiten[713]).

699) Schönwerth l. c. 1, 404, 8; Grimm *Myth.* 3, 458, 701; Panzer *Beitr.* 1, 258; Brevinus Noricus 73. 700) Drechsler 2, 23, 383; W. 625. 701) Meier *Schwaben* 2, 512, 430; Reiser *Allgäu* 2, 447; Witzschel l. c. 2, 285, 102. 702) Curtze *Waldeck* 417, 227; ZfVk. 1902, 178, 122; Zingerle *Tirol* 36, 291; ZfVölkerpsychol. 18, 359. 703) Grimm *Myth.* 3, 439, 146; 449, 448;

W. 458; ZfVk. 1891, 189; ZfVölkerpsychol. 18, 158. [704]) Drechsler 2, 249; W. 458; Birlinger *Schwaben* 1, 410. [705]) Grohmann 103, 720; Alpenburg *Tirol* 264; John *Erzgebirge* 31; vgl. W. 454. [706]) Zingerle *Tirol* 37, 296. [707]) Grimm *Myth.* 3, 443, 272; Wolf *Beitr.* 1, 218; Drechsler l. c. 2, 15. 265; Haltrich *Siebenbürgen* 299; Lammert 97; Bartsch l. c. 2, 136, 594; 135, 589; Panzer *Beitr.* 1, 258; W. 454. [708]) Meier *Schwaben* 2, 508, 403; Birlinger *Volkst.* 1, 498, 28. [709]) Schönwerth l. c. 1, 406, 14; Bohnenberger Nr. 1, 24; Birlinger *Schwaben* 1, 410; Bayernland 29 (1917), 20; Zingerle l. c. 36, 290. [710]) Seyfarth *Sachsen* 269; Köhler *Voigtland* 433; John *Westböhmen* 248. [711]) Andree *Braunschweig* 402; Müller *RheinWb.* 1, 1015. [712]) Bartsch l. c. 2, 135, 589. [713]) Grohmann l. c. 104, 738; W. 175.

57. Teile des B.es: Das letzte von den Naturprodukten, die letzte Garbe, hat die größte Kraft, so auch in Braunschweig der letzte Bissen B. [714]); in Mecklenburg und Schleswig-Holstein spielen die beiden Knuste eine besondere Rolle [715]); in Westfalen und Schleswig heißt das obere Knüstchen beim Anschneiden der Lachknust, das andere der griene Knust [716]); ein Stück aus der Mitte des Leibes geschnitten, heißt in Böhmen Witfrau oder Witmann; wer davon ißt, bekommt eine Witfrau oder einen Witmann [717]); wer den Anschnitt ißt, wird geizig [718]); für die Mädchen knüpft sich an das Knauzessen allerlei erotischer Aberglauben [719]), sie bekommen starke Brüste, sie gebären nur Knaben, wenn sie heiraten (vgl. anschneiden und Birnb.).

[714]) ZfVk. 1891, 189; W. 458; Sartori *Sitte u. Brauch* 2, 34; John *Erzgebirge* 30. [715]) ZfVk. 1913, 281; 1914, 55—56; Mensing l. c. 1, 529. [716]) Grimm *Myth.* 3, 471, 984; Mensing l. c. [717]) John *Westböhmen* 251. [718]) Panzer *Beitr.* 1, 267; W. 457. [719]) Höfler *Weihnachten* 28—29; wenn die Mädchen die Knauzen essen, bleibt ihnen der Schatz treu: Birlinger *Schwaben* 1, 415; Kühnau *Sagen* 1, 584; Knoop *Hinterpommern* 158; Mensing l. c. 529; Rochholz *Sagen* 2, 319, 495 (B.rinde); Grabinski *Sagen* 47; vgl. das Anschneiden des Bodenscherzes an Sebastian: Höfler *Fastnacht* 11.

58. Interessanter Aberglaube knüpft sich auch sonst an das B.[720]); so legt man das Träumen von B. als Glück oder Unglück aus[721]). Im Traumbuch des Johann Lewenklaw sind die Träume über Nahrung zusammengestellt; über B. sagt er: Wann einem traumet, wie er gar brühheiß B. esse, so wird er Reichtum mit Angst erlangen wegen des Feuers, nach dem das B. sehr heiß gewesen; isset er kalt B. mit Käse, so wird er Reichtum und Wohlfahrt haben usw. [722]). Wem die Zähne weit auseinander stehen, der muß sein B. in der Ferne suchen [723]). Wenn ein Armer seine Schuld bezahlen will, muß er so viel Vaterunser beten, als Grashalme das ihm gegebene B.stücklein bedecken; weil sie das nicht können, sagen sie „Gott lohn's" [724]). Auf eine Wallfahrt nimmt man B. mit; aber man darf nichts davon zurückbringen, sonst schleppt man eine Krankheit ins Haus [725]). Geht man irgend wohin zum Zwirnen des Garnes, muß man den Korb, worin die Spulen sind, zudecken und ein Stück B. hineinlegen [726]) (apotrop. Schutz?). In Schwedisch-Finnland [727]) darf man nicht das Mehl vom B. blasen, sonst gehört es dem Troll. Wenn man beim B.essen von jungen Vögeln spricht, gehen diese ein [728]). Den Kehricht darf man nicht über die Türschwelle kehren, sonst kehrt man das B. hinaus [729]). Aberglaube knüpft sich auch an das B.messer: Liegt es auf dem Rücken [730]), so geht die Nahrung fort oder die armen Seelen leiden [731]); schneidet man Bäume mit dem B.messer, so werden sie brandicht [732]); ein B.messer verwendet man auch bei der Beschwörung, sobald ein Pferd das Hufeisen verloren hat [733]): item ain pfärd, das ein isen verliert, so nim ain brotmesser und umbschnit im den huf an den wenden von ainer fersen zue der ander . . . In Mecklenburg darf die Schwangere und die Wöchnerin nicht vor dem B.schrank stehen, sonst wird das Kind heißhungrig [734]). Der Zürcher Spruch: „Wer Käse ohne B. ißt, bekommt Läuse" ist bei Staub [735]) erklärt; nach schleswig-holsteinischem Aberglauben muß man Eier mit B. essen, sonst bekommt man kaltes Fieber [736]). Wenn man B. ißt, woran die Mäuse genagt haben, bekommt man gute Zähne [737]).

[720]) ZfVk. 1914, 56; John *Erzgeb.* 224; Drechsler 2, 235. [721]) Caminada *Fried-*

höfe 112; Urquell 1 (1890), 203, 4; Drechsler 2, 203. [722]) *Traumbuch Apomasaris* von Joh. Lewenklaw (Frankfurt 1655) im Anhang zur *Oeconomia ruralis* v. J. Coler p. 50; bei den Juden der Bukowina bedeutet Träumen von B. Glück: Globus 80, 159; vgl. das *Traumbuch Artemidori* (Straßb. 1624) 184, 66. [723]) Mensing l. c. 1, 729; Meiche *Sagenb. d. sächs. Schweiz* 127 Nr. 77. [724]) Grimm *Myth.* 3, 472, 994. [725]) Drechsler 2, 235. [726]) Caminada *Friedhöfe* 112. [727]) Hembygden 6, 84. [728]) Drechsler l. c. 2, 16. [729]) Mensing l. c. 1, 530. [730]) ZfVk. 1914, 57, 50. [731]) Grabinski *Sagen* 34. [732]) Drechsler 2, 81 aus dem schlesischen Wirtschaftsbuch (1712), p. 212. [733]) Grimm *Myth.* 3, 502, 36. [734]) Bartsch 2, 41, 47 a; 43, 64. [735]) *B.* 8. [736]) Mensing l. c. 1, 529. [737]) Grabinski *Sagen* 46. Zu diesem Sympathieaberglauben vgl. Sébillot 3, 51.

Eckstein.

Bruch [1]). „Leibschäden" kommen namentlich bei der ländlichen Bevölkerung sehr häufig vor.

Zunächst suchte man prophylaktische Mittel dagegen. In Süddeutschland heißt es allgemein: Eier, am Gründonnerstag gelegt, noch mehr aber Karfreitagseier, schützen vor Leibesschaden und B. [2]).

B.e heilt man mittels Durchziehen (s. d.), Verbohren (s. d.), Verknüpfen (s. d.), Wegschwemmen (s. d.), Verpflanzen (s. d.) in sog. B.stöcke. Seltener ist, daß man b.leidenden Kindern den Leib mit Glockenschmieröl der Kirchen einreibt [3]) oder besondere Segen (s. d.) anwendet.

[1]) Höfler *Krankheitsnamen* 75; Hovorka-Kronfeld 2, 478; Hoops *Reall.* 1, 331. [2]) Wuttke § 85. 87; Hovorka-Kronfeld 2, 479. [3]) Wuttke § 193.

Stemplinger.

Bruchkraut s. Fetthenne.

Brücke.

1. Primitivem Glauben gemäß hat jeder Fluß seine Gottheit. Wird durch eine B. oder einen Steg die natürliche Grenze, welche der Fluß bildet, aufgehoben, so muß die Flußgottheit durch einmalige oder regelmäßig wiederkehrende Opfer besänftigt werden. Dadurch wird die B. unter ihren Schutz gestellt und wird ihrerseits heilig [1]). Spuren dieser Anschauung finden sich noch in der altrömischen Religion; denn der „Pontifex" (zusammengesetzt aus pontem und facere) scheint ursprünglich nicht nur B.n-„Baumeister" gewesen zu sein, sondern als Priester auch gleichzeitig die Aufgabe gehabt zu haben, den Gott des überbrückten Flusses durch besondern Kult zu verehren resp. zu besänftigen [2]).

Es ist nicht erstaunlich, wenn sich auch im deutschen Volksglauben noch Überreste dieser Anschauungen finden. Wie manche Rechts- und Zauberhandlungen (über letztere s. unten 3) an resp. auf der Grenze (s. d.) zu geschehen haben, kommt es auch vor, daß sie bei oder auf der B. erfolgen müssen. In Niederdeutschland hatte sich bis ins 18. Jh. die alte Sitte verbreitet, feierliche Feste, Mahlzeit und Trinkgelag, auf der B. zu halten [3]). An Stelle alter Flußgötter wurden Standbilder Heiliger [4]) (s. Nepomuk) in Mitten der B.n errichtet, und die letzten Nachfahren dieser Flußdämonen stellen vielleicht manche der Geister dar, die sich um und unter der B. aufhalten (s. u. 2). Daß beim Bau von B.n Opfer dargebracht werden mußten, davon weiß auch die Sage zu berichten [5]). Das weitverbreitete kindliche B.nspiel scheint eine Reminiszenz an diese B.nbauopfer zu sein [6]). Die Schwierigkeit der Errichtung mancher B.n führte dazu, sie nur als Werk des Teufels erklären zu können (s. Teufelsb.).

[1]) Hastings 2, 848 ff. [2]) Ebd. 855; Wissowa *Religion* 503 [2]. [3]) Grimm *Myth.* 2, 419; Liebrecht *Zur Volksk.* 435 f. [4]) Vgl. z. B. Meiche *Sagen* 433 Nr. 572. [5]) Grimm *Myth.* 1, 37; ZfEthnol. 1898, 10; Krauß *Relig. Brauch* 161 ff. [6]) Hastings 2, 852; Böhme *Kinderlied* 522 ff. Nr. 289 ff.

2. B.n sind gefürchtete Geisterorte. Zunächst sind es Wassergeister oder ihnen ähnliche Gespenster, die dort ihr Wesen treiben und die voraussichtlich Abkömmlinge der alten Fluß- und B.ngötter sind; über sie s. bei Wassermann. Daneben finden sich auf, unter und bei den B.n andere Geister, für welche die B.n bzw. Flüsse (und Gewässer überhaupt) die Grenzen ihres Reviers (s. Geisterort, -revier) darstellen. Sie halten sich gerne dort auf, weil sie dann die über die B. kommenden Menschen durch ihr ganzes Revier begleiten, sie entweder möglichst lange plagen oder

ihnen Anlaß zur Erlösung geben können. Aus diesen Gründen wollen Geister oft unter eine B. (ohne Joch) gebannt werden [7]).

Zahlreiche Sagen wissen von solchen Geisterb.n zu erzählen, wo man nachts nicht weiter kommt, irregeführt, mißhandelt, gedrückt usw. wird [8]). Die Geister zeigen sich oft als Lichter [9]) oder sie erscheinen als Kopflose [10]); die auf Erlösung (s. d.) hoffenden niesen (s. d.) [11]) oder geben ihre Sehnsucht auf andere Weise kund [12]) (Traum vom Schatz auf der B.) [13]). Vielfach hat der Geist die Gestalt eines Hundes (B.nhund) [14]) oder einer Katze (B.nkatze) [15]) oder anderer Tiere [16]). Auch bekannte Geistergestalten machen B.n und ihre Nähe unsicher, so der Schimmelreiter [17]), die Feuermänner [18]), die weiße Frau [19]), das Graumännchen [20]), der Wechselbalg [21]). Manche Geister führen den Namen des Baches oder Flusses, so z. B. das Hirschbach-, das Kübeles- und Tonesbüchelweible im Allgäu [22]); mancherorts kommen eigentliche „B.nmännchen" und -„fräuli" vor [23]). Wenn der wilde Jäger über die B. zieht, steht auf der B. ein Mann, der die Leute warnt, über die B. zu gehen [24]). Wohl zum Schutz vor allen dieser Geistern und zu ihrer Seelen Heil soll, wer über eine B. geht, ein Vaterunser beten (anno 1787) [25]).

[7]) Meiche *Sagen* 146 Nr. 194; Schönwerth *Oberpfalz* 3, 116 Nr. 2. [8]) John *Erzgebirge* 131; Birlinger *Aus Schwaben* 1, 207 Nr. 13; Kohlrusch *Sagen* 135 f. Nr. 5; Wolf *Beiträge* 2, 302; Baader *NSagen* (1859), 16; SAVk. 25, 133; Reiser *Allgäu* 1, 121 f.; Heyl *Tirol* 594 Nr. 54; Waibel und Flamm 1, 302 f.; 2, 126 f.; Meier *Schwaben* 1, 85 Nr. 94; 1, 277 Nr. 312; Müllenhoff *Sagen* 246 Nr. 337; Lachmann *Überlingen* 65; Kuoni *St. Galler Sagen* 25; Leoprechting *Lechrain* 117 f.; Schell *Berg. Sagen* 523 Nr. 59. [9]) SAVk. 21 (1917), 175; Witzschel *Thüringen* 1, 123 f. [10]) Reiser *Allgäu* 1, 308 Nr. 396; Heyl *Tirol* 321 Nr. 138; 223 Nr. 34; Witzschel *Thüringen* 1, 199 Nr. 194; Köhler *Voigtland* 523 Nr. 119; Kühnau *Sagen* 1, 332 Nr. 320; 1, 338 f. Nr. 328. [11]) SAVk. 25, 233 f.; Jecklin *Volkst.* (1916), 367; Stöber *Elsaß* 1, 58 Nr. 78; Ranke *Volkssagen* 48. [12]) Knoop *Hinterpommern* 135 Nr. 275. [13]) Jegerlehner *Sagen* 2, 272 Nr. 30 und 328, Anm. dazu (mit Lit.); Knoop *Schatzsagen* 5 Nr. 3. [14]) Waibel u. Flamm 2, 264 (Dorftier); Jegerlehner *Sagen* 2, 211; Reiser *Allgäu* 1, 283 Nr. 348; Panzer *Beitrag* 1, 147 f. Nr. 165; Strackerjan 2, 314. 323; Schambach u. Müller 195 Nr. 212, 1; Kuhn *Westfalen* 1, 355 Nr. 393; Grohmann *Sagen* 234 f.; Kühnau *Sagen* 1, 324 f. Nr. 303; 1, 326 Nr. 306; 1, 329 Nr. 312; 1, 331 Nr. 318. [15]) Reiser *Allgäu* 1, 276 f. Nr. 334. [16]) Ebd. 1, 294 Nr. 370 (weißes Roß); Kühnau *Sagen* 1, 326 f. Nr. 308 (Ziegenbock). [17]) Graber *Kärnten* 88. [18]) Pollinger *Landshut* 133 i. [19]) Kuhn *Westfalen* 1, 339 Nr. 375. [20]) Eisel *Voigtland* 44 Nr. 97; Schulenburg *Volkstum* 82. [21]) Schell *Berg. Sagen* 351 f. Nr. 54; 459 Nr. 65; Bräuner *Curiositäten* 9. [22]) Reiser 1, 122; 1, 123 f. Nr. 123; 1, 121 Nr. 119. [23]) Meiche *Sagen* 938 Nr. 1147; Verhandl. d. histor. Vereins v. Oberpfalz und Regensburg 68 (1918), 173 ff.; Kuoni *St. Galler Sagen* 254 f. [24]) Kühnau *Sagen* 2, 477 f. Nr. 1087. [25]) Grimm *Myth.* 3, 454 Nr. 595.

3. B.n sind weiter berüchtigte Hexenorte; vor allem betreiben die Hexen dort ihr zauberhaftes Buttern [26]). Eine Hexe, die ihrer Tochter das Hexen nicht lehren wollte, wurde deshalb jeden Mittag zwischen 11 und 12 Uhr vom Teufel unter einer B. mit Drahtruten gepeitscht [27]). Hexen können sich erlösen, wenn sie unter einer B. stehen, sobald ein Täufling über sie getragen wird. Aus dem Kinde wird aber nach 14 Jahren entweder eine Hexe oder ein Hexenmeister [28]). — Auf und unter B.n, vor allem solchen, über die Hochzeits- und Leichenzüge gehen, wird allerlei Zauber getrieben. Wer am Sonnwendabend den Mut und das erforderliche Glück hat, nachts zwischen 11 und 12 Uhr unter einer solchen B. neun kleine Kegel und eine Kugel aus einem Holze auszuschneiden, der muß beim Kegelschieben gewinnen; er braucht dann nur in der einen Hand so viel von jenen Kegeln zu halten als er mit der andern umwerfen will (Kärnten) [29]). Karfreitagswasser muß man im Isergebirge unterhalb einer B., über die im Laufe des Jahres eine Leiche getragen wurde, schöpfen [30]); der Weg zum Holen des Osterwassers (s. d.) muß im Erzgebirge über eine B. führen, über welche die letzte Leiche getragen wurde [31]). Wasser, unter einer B. geschöpft, über die ein Brautpaar und ein Leichenzug geschritten wa-

ren, heilt vom „Vermanten" [32]). Das Mädchen, das sich in Steiermark an Weihnacht, beim Kirchgang, unter einer B., worüber man die Leichen in den Kirchhof trägt, wäscht und, ohne sich abzutrocknen, zur Kirche geht, wird dort von ihrem Zukünftigen abgetrocknet [33]). Um sich von Warzen zu befreien, stellt man sich unter eine B., über die ein Leichenzug geht, und streicht die Warzen kreuzweise mit einem Läppchen, das man dann hinter sich wirft mit den Worten: „Nimm sie mit usw." (Sachsen) [34]), oder man geht, wenn die Totenglocke läutet, mit einem Bekannten über eine B., und dieser muß auf die Warzen spucken (Böhmen) [35]). Besonders reich ist hierher gehöriger Aberglaube in Böhmen: Jemand, der das Fieber hat, darf nicht über eine B. gehen, ohne dreimal ins Wasser zu spucken, sonst kann er nie vom Fieber geheilt werden [36]). Wenn eine Wöchnerin zum ersten Male ausgeht, und sie muß über eine B., so soll sie, sobald sie die B. betritt, einige Geldstücke in das Wasser werfen, damit der Wassermann ihr Kind nicht ins Wasser ziehe [37]). Kommt ein Kind tot auf die Welt, so schneidet sein Vater einem neugeborenen Kalbe den Kopf ab, stellt sich mit diesem auf eine B., wirft den Kalbkopf über den seinen weg ins Wasser und eilt dann, ohne sich umzusehen, nach Hause. Das totgeborene Kind wird dann lebendig [38]). Eine Erblindete erhielt von einer Kärntner Zauberin einen Lederring um den bloßen Leib, ihr Vater drei Nähte. „Wenn sie über eine B. kämen, über die man Tote führte, sollten sie jedesmal eine Naht hinterrücks in den Bach werfen. Das taten sie getreulich, und die Tochter wurde wieder sehend" [39]). Nach einer siebenbürgischen Sage wurde ein Mann, der mit einer andern Frau davongelaufen war, durch eine Hexe wieder zu seinem Weibe zurückgezwungen; doch bald verließ er sie wieder; um aber zu verhüten, daß er nicht ein zweitesmal zurückgezaubert werden könnte, soll er bei jeder B. einen Kreuzer gelassen haben [40]). Bei der Erlösung eines Geistes darf man erst, wenn man über die dritte B. gegangen ist, in den Sack schauen, sich umsehen, am Blumenstrauß riechen usw. [41]). Fährt in der Kaschubei der Taufzug über eine B., so darf das Kind nicht schlafen, sonst wird es ein Bettnässer [42]). Ein Segen für Stillen des Blutes aus Swinemünde lautet:

Ich ging über eine B., worunter drei Ströme [liefen,
der erste hieß Gut usw.

[26]) Kühnau *Sagen* 3, 41 f. Nr. 1398; 3, 54 Nr. 1413; Peter *Oesterr.-Schlesien* 2, 72 f. [27]) Eckart *Südhannover. Sagen* 126. [28]) Kuoni *St. Galler Sagen* 120 Nr. 243. [29]) ZfdMyth. 4, 412 Nr. 12. [30]) Müller *Isergebirge* 26. [31]) John *Erzgebirge* 194. [32]) Graber *Kärnten* 203 Nr. 271; vgl. ZfVk. 11 (1901), 328 (gegen bösen Blick, nordisch); FL. 8, 92. [33]) ZfdMyth. 2, 29. [34]) Seyfarth *Sachsen* 214. [35]) Grohmann 171 Nr. 1211. [36]) Ebd. 164 Nr. 1152. [37]) Ebd. 115 Nr. 858; vgl. Meyer *Baden* 11 f. [38]) Grohmann 106 Nr. 755; Ders. *Sagen* 1, 135. [39]) Graber *Kärnten* 215 Nr. 292. [40]) Müller *Siebenbürgen* 144 Nr. 207. [41]) Pröhle *Unterharz* 107 f. Nr. 262. 269. [42]) Seefried-Gulgowski 122. [43]) Kuhn u. Schwartz 438 Nr. 315.

4. Mythologisches. Ein Bestandteil alter und weltverbreiteter Jenseitsvorstellungen sind der Fluß, der vor dem Eingang zur Unterwelt (Hölle) (s. d.) dahinfließt, und die B., über die die Toten zu gehen haben [44]). Diese Anschauung findet sich auch im alten Norden [45]); sie kam, wie neuerdings angenommen wird, dorthin aus dem hellenistisch-römischen Kulturkreise [46]). Eine letzte Spur von dieser „Seelenb." wird in den Zwergensagen gesehen, in denen der Übergang über einen Fluß beim Auszug der Zwerge sich sehr häufig findet [47]). Milchstraße (s. d.) und Regenbogen (s. d.) erscheinen in der Lieder-Edda und der Snorri-Edda als „schwankende Zitterstraße", als Himmelsb., über die die Seelen der Gefallenen nach Walhall ziehen [48]). Ob zwischen der goldenen B. des Kinderlieds [49]) und der gläsernen [50]), wie sie auch in Märchen sich finden, und diesen alten mythischen Vorstellungen irgendwelche Beziehungen bestehen, bleibe dahingestellt; solche Zusammenhänge wurden von Forschern romantischer Richtung auch in den ledernen B. gesehen, von denen Sage und alte Überlieferungen berichten [51]).

In Prophezeiungen von der Zukunftsschlacht und vom Weltende kommen B.n ebenfalls vor. Wenn die B. zu Köln fertig sein wird, wird gleich Kriegervolk darüber ziehen, verkündete der Jannes-Pitter (Johann Peter Knopp), und Spielbernd (Johann Bernhard Rembold) (beides Rheinländer): Zu Mondorf an der Siegmündung wird man die B. bauen über den Rhein; geschieht es oberhalb der Sieg, dann können die Leute glücklich sein; geschieht es aber unterhalb, dann wehe dem bergischen Lande! Dann gehe man auf die linke Rheinseite, weil es auf der rechten nicht taugt, und nehme ein Brot mit; hat man es aber aufgegessen, so ist es Zeit, schnell zurückzugehen, weil es auf der linken Seite nicht taugt [52]).

[44]) Hastings 2, 852 ff. [45]) Grimm *Myth.* 2, 692 ff.; Neckel *Walhall* 51 ff. [46]) Schröder *Germanentum* 34 ff. [47]) Grimm *Myth.* 2, 696 f.; Kuhn *Myth. Stud.* 2, 70 ff.; Mannhardt *Germ. Mythen* 363. [48]) Schröder a. a. O. 33; Grimm *Myth.* 1, 295 f.; 2, 610 ff.; Meyer *Germ. Myth.* 190 f.; Liebrecht *Gervasius* 90 ff. [49]) Böhme *Kinderlied* 523 f. Nr. 290 ff.; Meyer *Germ. Myth.* 134; ZfdMyth. 2, 190 f.; Sepp *Altbayr. Sagenschatz* 640 ff. Nr. 175. [50]) Meyer *Germ. Myth.* 135; Mannhardt *Germ. Mythen* 330 f. [51]) Rochholz *Sagen* 2, 216 f. Nr. 428; Laistner *Nebelsagen* 102. 178. 250 f.; Birlinger *Volksth.* 1, 175 Nr. 272; 1, 237 f. Nr. 365; Lütolf *Sagen* 257 f.; Panzer *Beitrag* 1, 354. [52]) Zaunert *Rheinland* 2, 248 f.; Schell *Berg. Sagen* 489 Nr. 51.

5. Über die Lügenb. s. lügen.

Bächtold-Stäubli.

Bruder ist bei allen Völkern die Bezeichnung für die engste kollaterale Verwandtschaftsbeziehung, mag diese durch Gemeinsamkeit der Totems [1]) oder Gemeinsamkeit des Blutes hergestellt sein. Hiebei gelten als „Brüder" bisweilen nur Söhne derselben Mutter [2]), bisweilen nur Söhne desselben Vaters [3]). Im griechischen wurde offenbar das alte φρήτηρ, welches die Verwandtschaft durch den Vater bezeichnete, durch den Ausdruck ἀδελφός, d. i. die demselben Mutterschoß Entsproßenen verdrängt, vielleicht als die vaterrechtlich organisierten einwandernden Stämme sich mit mutterrechtlichen Ureinwohnern berührten [4]).

B. nennen sich oft aber auch alle derselben Altersklasse [5]) angehörigen Mitglieder einer Gruppe, im übertragenen Sinne alle jene, welche im Sinne der Gleichberechtigung und Gleichstellung (s. Vater) einander besonders enge verbunden sind (s. Blutsbrüderschaft, Wahlbrüderschaft), sei diese Verbindung durch persönliche Gesellung oder durch Gleichheit des Berufes [6]) oder Amtes [7]) zustande gekommen. So nennen sich die Priester untereinander B. (4. Mos. 8, 26). Frater, d. i. B., heißt der dienende Bruder in den katholischen Orden. In weiterer Abschwächung verwendet dieses Wort der Volksmund, wie in der Geschichte vom „Bruder Lustig" [8]), den „Brüdern Wohlgemut" [9]) im Schwertsegen oder in der Wendung „B. Petrus", die dem Paulus beigelegt wird [10]).

[1]) Spencer and Gillen *The Native Tribes of Central Australia* 57. [2]) Hartland *Primitive Paternity* 1, 263 ff. [3]) Wilutzky *Recht* 2, 172 ff. [4]) P. Kretschmer Glotta 2, 201 ff.; Schrader *Reallex.* 1, 169. [5]) Schurtz *Altersklassen*, passim; Gutmann *Recht der Dschagga* 321 ff. [6]) Jeremias *Das Alte Testament im Lichte des Alten Orients* 361. [7]) Ebd. 200. [8]) Grimm *KHM.* Nr. 81 [9]) SAVk. 21 (1917), 235. [10]) Grimm *KHM.* 5, 148.

Brüdertum bedeutete einst die engste Schicksalsgemeinschaft [11]) (die Goldkinder, das Heldenpaar Baltram und Sintram), Haus- und Vermögensgemeinschaft [12]), wie sie heute noch bei den Südslaven vorherrscht [13]). Um innerhalb derselben noch eine hierarchische Schichtung zu ermöglichen, wird meist schon bei primitiven Völkern dem älteren B. [14]) eine Vorrangstellung eingeräumt. „Auf das Wort Deines älteren B.s wie auf das Wort eines Greises mögest Du Dein Ohr richten" [15]), heißt es. Andererseits spiegelt das deutsche Märchen vielfach eine Bevorzugung des Jüngsten (s. d. und Erbe).

Das Brüdermotiv spielte einst im Mythos [16]) ebenso wie im Kultus [17]) eine große Rolle zur Bezeichnung der inneren Verbundenheit scheinbar gegensätzlicher Gestaltungen; so sind Zeus, Poseidon und Hades, die Götter des lichten Himmels, der Meeres-Feuchte und des dunklen Erdinnern Brüder (s. Zwillinge). Deshalb sind Brüder zur Ausübung mancher magischen

Prozeduren , wie z. B. zur Entzündung von Notfeuern [18]) und zum ,,Durchziehen" [19]), besonders berufen, Vorstellungen, welche vielleicht Übertragung von der Idee der Himmelsmacht von Zwillingen auf nacheinander geborene Brüder bilden [20]).

[11]) Grimm *KHM.* 5, 144; Lüttich *Zahlen* 16; Losch *Balder* 15. [12]) Schrader *Reallex.* 1, 247 ff. [13]) Krauß *Sitte und Brauch* 64 ff.; Wilutzky *Recht* 2, 102 ff. [14]) Spencer and Gillen *The Northern Tribes of Central Australia* 79; Gutmann *Recht der Dschagga* 320. [15]) A. Jeremias a. a. O. 584. [16]) P. W. Schmidt 1, 310 ff. 377 ff. [17]) Dieterich *Mithrasliturgie* 149. [18]) Grimm *Myth.* 3, 174; Bartsch *Mecklenburg* 2, 150 f. [19]) Grimm *Myth.* 2, 976. [20]) Golther *Myth.* 214 ff.

Eben deshalb bedeutet es höchste Tragik [21]), Zusammenbruch aller sozialen Ordnung, eines der Zeichen der Götterdämmerung [22]), wenn die allgemeine Entsittlichung soweit geht, daß Brüder einander ermorden, ebenso wie Brüdermord Kennzeichen der Endzeit [23]), des Jüngsten Tages [24]) ist.

Andererseits ist das Motiv der feindlichen [25]), kämpfenden, sich gegenseitig vernichtenden Brüder in fast allen Religionen und Sagenkreisen anzutreffen. Sicherlich bietet sehr häufig historisches Geschehen die Unterlage der mannigfachen [26]) B.morderzählungen, in Germanien [27]) sowohl als im Orient. Die ägyptische Mythologie ist beherrscht von der Idee des B.mordes des Seth an Osiris. Nach dem Alten Testament ist der erste Mord ein B.mord, bekämpfen sich die Brüder (Zwillinge) Jakob und Esau schon im Mutterleibe; Josef wird von seinen Brüdern verkauft; dem Jotham stellen seine Brüder nach dem Leben. In der griechischen Sage begegnen u. a. die feindlichen Brüder Herakles und Iphikles, Eteokles und Polyneikes, Atreus und Thyest; in Rom Romulus und Remus, in Germanien Fafnir und Regin usw.[28]). Der B.mord Hödurs an Baldur wird von dem dritten B. Wali sogleich gerächt; er ist Angelpunkt der kosmischen Geschehnisse.

Im allgemeinen scheint gegen einen B. Blutrache nicht geübt worden zu sein, mag er auch den Vater oder den Gatten getötet haben [29]); doch kann dies, wo es sich um eine Verletzung der Rechte der Schwester durch ihren B. handelt, auch so zu erklären sein, daß der B., insbesondere nach dem Tode des Vaters, aber auch schon vorher, der natürliche Beschützer seiner Schwester war [30]), dessen Schutz ihr auch in das Haus des Gatten folgte [31]). Nach germanischem Rechte stand B.mord nicht unter strengerer Strafsanktion wie anderer Mord [32]); erst die Kirche setzte besonders harte Buße darauf [33]). So wurde dem Herrn von Burgwall als Buße auferlegt, die Kirche zu Hatten zu bauen [34]).

Ursache der Feindschaft ist meist Herrschsucht, Habsucht [35]) oder Eifersucht [36]), sei es auf Braut [37]), Gattin [38]) oder die gemeinsame Schwester [39]), ein Motiv, das nach orientalischer Überlieferung auch bei Abels Ermordung mitgespielt haben soll [40]). Als Gipfelpunkt der Tragik empfindet das Volk den unfreiwilligen, gegenseitigen B.mord [41]), besonders wenn die Brüder im Krieg auf verschiedenen Seiten gedient hatten.

Der B.mörder geht als feuriger Mann [42]) oder auch als Irrlicht [43]) um.

[21]) Wundt *Mythus und Religion* 2, 277. [22]) Simrock *Mythologie* 115. 221. [23]) Marc. 13, 12. [24]) Meyer *Religgesch.* 17. [25]) Sébillot *Folk-Lore* 4, 454. [26]) Meyer *Religgesch.* 106; SAVk. 25, 51; Rochholz 2, 74; Herzog *Schweizersag.* 2, 24. [27]) Strackerjan 2, 219 Nr. 462. [28]) Bugge *Heldensagen* 310. [29]) Simrock *Mythologie* 135. [30]) Schrader *Reallex.* 1², 169. [31]) O. Hoffmann *Die Verwandtschaft mit der Sippe der Frau* (Breslauer Festschrift) 1911, 179; Gutmann *Recht der Dschagga* 10, 164 ff. [32]) Wilda *Strafrecht* 714 ff. [33]) Friedberg 10. [34]) Strackerjan 2, 297. [35]) Birlinger *Volkst.* 1, 257. [36]) Kuhn *Westfalen* 1, 245 Nr. 279. [37]) Birlinger *Volksth.* 1, 257. [38]) Grimm *KHM.* 5, 103. [39]) Schell *Berg. Sagen* 560 Nr. 41. [40]) Jeremias a. a. O. 106 f. [41]) Stöber *Elsaß* 1, 103 Nr. 141; Strackerjan 2, 288. [42]) Kuoni 107. [43]) Ebd. 77. M. Beth.

Bruderschaft. Die Organisation primitiver Gesellschaften wird nicht nur durch den Blutsverband bestimmt, sei er agnatisch [1]), agnatisch territorial [2]), rechne er nach der Mutter [3]), oder werde er religiös mystisch bedingt [4]). Eine gleich enge Verbindung, die B., kann auch zwischen Unverwandten zufällig entstehen oder bewußt herbeigeführt werden [5]). Durch Zufall entsteht B. z. B. durch gemeinsame Pilgerschaft nach dem Kloster des hl. Johannes von Rila oder nach dem Grabe Christi, durch ein gemeinsames Bad im Jordan, zwischen im gleichen Monat geborenen oder im selben Wasser getauften Kindern, zwischen Sippen, welche den gleichen Schutzheiligen feiern [6]), durch Teilnahme an den gleichen Mysterien [7]), durch Annahme der Bitte einer sich in Not befindlichen Person, die sogenannte „Notbrüderschaft" [8]), durch Milchgemeinschaft und Erziehungsgemeinschaft (Pflegebrüderschaft) [9]), durch einen weisenden Traum [10]). Oft ist der Partner ein überirdisches Wesen [11]); so neigt sich Kara schwesterlich zu Helgi.

Daneben wird B. meist durch mit Absicht und unter bedeutsamen Zeremonien abgeschlossene Einzelbündnisse begründet. Bei den Germanen findet man besonders die drei Formalakte des Gangs unter dem Rasenstreifen, der Vermischung des Blutes und der Ableistung des Eidschwures, unter welchen der Eidschwur eine besonders bedeutsame Rolle spielte [12]). Gemeinsames Genießen eines Trunkes Wein, mit oder ohne Blutzusatz [13]), an Stelle des primitiveren unvermischten Bluttrunks, Intervention eines Geistlichen, kirchliche Einsegnung, Festsetzung bestimmter Tage für die Abschließung der B., was auch auf religiösen Einschlag deutet [14]), und andere Motive [15]) können hinzukommen (s. Wahlbrüderschaft), doch bleibt der Gedanke der künstlichen faktischen, magisch herbeigeführten Blutsgemeinschaft vorherrschend [16]), welcher Unverletzlichkeit zukam [17]), bis ins Kinderspiel [18]). Die rechtliche Tragweite der B. ist oft sehr weitreichend [19]), selbst Gütergemeinschaft herrscht oft zwischen den „Brüdern".

[1]) Schrader *Indogermanen* 101 f. [2]) Ebd. 38 ff. [3]) Kornemann *Die Stellung der Frau in der vorgriechischen Mittelmeerkultur* (1927), 23 ff. [4]) Lévy-Bruhl *Das Denken der Naturvölker* (Wien 1921), 70 ff.; Frazer 12, 197; Visscher *Naturvölker* 2, 557. [5]) Kondziella *Volksepos* 154 f. [6]) Ciszewski *Künstliche Verwandtschaft* 4 ff.; Krauß *Sitte und Brauch* 619 ff. [7]) Perdelwitz *I. Petrusbrief* 80. [8]) Ciszewski 71 f. [9]) ZfVk. 3 (1893), 103 ff. [10]) Urquell 2 (1891), 50. [11]) Strauß *Bulgaren* 53. [12]) ZfVk. 3 (1893), 105 f. [13]) Kircher *Wein* 83 f. [14]) Ciszweski 41 ff.; Krauß *Sitte u. Brauch* 630; ZfVk. 20 (1910), 144. [15]) Urquell Nf. 1 (1897), 253 ff.; v. Gennep *Rites de passage* 72 Anm. 1. [16]) ZfVk. 3 (1893), 103. [17]) Rochholz *Sagen* 2, 48. [18]) Urquell 2 (1891), 49. [19]) ZfVk. 3 (1893), 105.

2. Auf einer anderen, wenn auch verwandten Grundlage beruhen die männerbundartigen B.en [20]). Sie gliedern sich bisweilen nach Berufen, wie die B.en der Bergknappen [21]), die B. der Kästräger in Hagenau am See [22]); oder sie dienen Wohltätigkeitsbestrebungen [23]). Diese Gebilde zeigen einen offenbaren Zusammenhang mit den germanischen Gilden [24]).

Eine Zwangsgenossenschaft, nach Stand bzw. Alter gegliedert, ist die B. der konfirmierten unverheirateten Burschen in Siebenbürgen [25]). Die Aufnahmebräuche versinnbildlichen, daß die Aufgenommenen sich unter allen Umständen der strengen Zucht zu fügen haben, s. a. Knabenschaft.

Eine Parallele bilden die schweren Mannbarkeitsprüfungen bei den Primitiven, sowie das B.sband, welches alle zur selben Altersklasse gehörigen Männer umschließt, noch enger aber diejenigen, welche zugleich die Riten durchmachten [26]). Eine losere, moderner anmutende Form unter einem selbstgewählten Führer wurde in Afrika entwickelt [27]), die den Übergang zu Wahlbrüderschaftsbildungen zeigt.

[20]) Niderberger *Unterwalden* 3, 457 ff. [21]) John *Erzgebirge* 202. 210. [22]) Sartori 2, 188. [23]) de la Chenelière *Les Charités en Normandie* in RTrp. 6, 423. [24]) Meyer *Baden* 527. [25]) Fronius *Siebenbürgen* 8, 48 ff.; Wittstock *Siebenbürgen* 81 ff. [26]) Gutmann *Recht der Dschagga* (1926), 309 ff.; Schurtz *Altersklassen* passim. [27]) Frobenius *Die atlantische Götterlehre* (Jena 1926), 37 f.

M. Beth.

Brunelle s. Knabenkräuter.

Brünhild. 1. Zu der problematischen Gleichung Br. = Dornröschen s. d. Hier handelt es sich um das Vorkommen des

Namens B. in der Naturnamengebung in Deutschland (und Frankreich) und damit um Zeugnisse für ihre Existenz im Volksglauben. Diese Zeugnisse sind: 1. das Brunhildenbett auf dem Feldberg im Taunus, belegt in einer Urkunde des Erzbischofs Bardo von Mainz vom Jahre 1043: et inde in medium montem veltberc ad eum lapidem qui vulgo dicitur lectulus Brunihildę[1]); 2. ad Brunhildenstein aus der Markbeschreibung des Klosters Bleidenstatt, Zeit des Willegis 975—1011, zurückzuführen bis 812, betrifft einen Fels in der Nähe von Wörsdorf, die jetzige 'Hohe Kanzel' von Engenhahn, welches 10 km nördlich Wiesbaden liegt[2]); 3. die Brunihiltwisi in einer Wormser Urkunde von 1141[3]) und viell. der Brůnhiltegraben in einer Wormser Urkunde von 1355[4]); 4. der Brûnoldesstuol bei Bad Dürkheim in einer Amorbacher Urkunde von 1360[5]); 5. der Pierre Brunehaut im Felde bei Tournai[6]) und 6. vielleicht der Breundelstein bei bayr. Wasserburg[7]). Besonders die Komposition mit -bett, -stein, -stuhl macht eine Beziehung auf die B. der Heldensage wahrscheinlich. Hat das 9.—12. Jh. riesenhafte Felsbetten auf Bergen nach Br. benannt, so ist damit bezeugt, daß das Motiv von B.s Zauberschlaf und Erlösung, die Figur der schlafenden Kampfjungfrau auf der Felsenburg und die Erweckungssage, vor der Abfassung und Kodifizierung der Epen, die das Motiv nicht mehr kennen, in Deutschland, besonders in der Rhein-Maingegend, volkstümlich war[8]). — Wie der Name Brunhille in einen Blutstillsegen neueren Datums aus der Mark Brandenburg geraten ist[9]), ist damit freilich noch nicht erklärt.

[1]) Sauer *Cod. dipl. Nassoicus* 1, 61 Nr. 117 = Boehmer *Regesta archiep. Magunt.* 1, 172; W. Grimm *Heldensage*[3] 169. [2]) Sauer 1, 14 Nr. 46; vgl. 1, 15 ff. = Guden *Cod. dipl.* 1, 479; Schliephake *Gesch. von Nassau* 1, 471 Nr. 4; 1, 114 ff. 120 ff. 406 ff. [3]) Boos *Wormser Urkunden* 2, 717. [4]) Ders. 2, 322, 13. [5]) Henning ZfdA. 49 (1907), 482; Sprater Pfälz. Museum 36, 34—37; Sprater u. Becker *Der B.stuhl bei Bad D.* 1917. [6]) K. Hofmann MSB. 1871, 675 f.; Sébillot *Folk-Lore* 4, 329. [7]) Sepp *Sagen* 96. [8]) John Meier PBB. 16 (1892), 81; W. Braune PBB. 23 (1898), 246 ff.; Henning ZfdA. 49 (1907), 480; früher W. Müller *Mythologie d. dt. Heldensage* 85. [9]) ZfVk. 1 (1891), 195.

2. Auf die Merowingerkönigin B.e indessen sind vielleicht die bei Sébillot[10]) undatiert notierten Bezeichnungen de Brunehaut zu beziehen, die in Frankreich Römerstraßen, Schlösser, Türme tragen (falls nicht ein Mannsname Brunehaldus zugrunde liegt); auch die Milchstraße heißt in Nordfrankreich und Belgien chaussée de Brunehaut, ndl. ver Broeneldenstraete[11]). Aus dem 14. Jh. belegt ist der Name der Straße de Cameraco usque ad mare Witsantum mit calceria Brunechildis, ausdrücklich auf die Königin bezogen[12]). Vgl. noch Pharaild.

[10]) Sébillot *Folk-Lore* 4, 102. 329. [11]) Verdam *Mnd. Woordenb.* 7, 2278; Grimm *Myth.* 1, 326; 3, 106; Meißner ZfdA. 56 (1919), 83. [12]) Johannis Longi *Chronicon S. Bertini* (MG. SS. XXV 759); Grimm *Kl. Schriften* 8, 498; Meißner a. a. O. H. Naumann.

Brunnen.

1. Abgrenzung des Gebiets. — 2. Heilende und wunderbare Kraft. — 3. Wunderbare Spenden. — 4. Weissagung. — 5. Schädliche Wirkung. — 6. Dämonen und Gottheiten. — 7. Heilige. — 8. Eingang in die Unterwelt und Hölle. — 9. Entstehungssagen. — 10. Kultische Bräuche und Verehrung.

1. Abgrenzung des Gebiets. „B." bedeutet im Deutschen sowohl die Quelle[1]) als die künstlich gefaßte oder mechanisch erschlossene Wasserader. Wenn seit dem 16. Jh. in der nhd. Schriftsprache „Quelle" u. „B." geschieden werden, so ist das nie volkstümlich geworden; wir betrachten daher beide gemeinsam. Anderseits ist „B." ein Teil des Gebietes „Wasser" u. berührt sich somit vielfach mit „Meer", „See", „Teich", „Strom", „Fluß", „Bach" (s. dd.). Wir haben hier in erster Linie von dem Glauben zu reden, der sich an die Quelle als den Ursprung des Wassers und den B. als wichtigen Teil einer Siedlung knüpft.

[1]) Grimm *Myth.*[3] 550; DWb. 2, 433 f.

2. Heilende u. wunderbare Kraft. Der Glaube an die Heilkraft des B.wassers knüpft sich an natürliche Beobachtungen: das Wasser reinigt, der

Trunk frischen Quellwassers erquickt, manche Quelle (Mineralquelle) bietet heilende Bäder und heilenden Trunk. Somit sind es meist ganz bestimmte B., denen man diese Kraft zuschreibt. Das Volk glaubt jedoch öfters an die Heilkraft des B.wassers überhaupt zu bestimmten heiligen Zeiten, besonders zu Beginn eines neuen Abschnittes, an Neujahr, an den beiden Sonnwendfesten (Johannis und Weihnachten), am 1. Mai, an Fastnacht (s. auch Osterwasser, Pfingstwasser), oder an den Tagen bestimmter Heiliger, an Peter und Paul, am Maria-Magdalenentag, an Jakobi, im Allgäu auch am Mange-(Magnus-)tag (6. Sept. [2])). „Wasser, zu heiliger Zeit, mitternachts, vor Sonnenaufgang, in feierlicher Stille geschöpft, führt noch späterhin den Namen *heil(a)-wâc, heilwæge*" (s. d.) [3]). Das Wasser ist da am heilkräftigsten, wo es unmittelbar aus dem Schoß der Mutter Erde hervorquillt; besonders wird dies von fließendem B.wasser betont [4]). Bestimmte B. helfen gegen bestimmte Krankheiten: gegen Fieber [5]) (vereinzelt heilt Fieber dasselbe B.wasser, durch das man es sich zugezogen hat) [6]), Lausweh, Zahnweh, Reißen im Kopf [7]), Augenleiden [8]), Hundebiß [9]), Sommersprossen [10]), Kröpfe [11]), den weißen Fluß der Frauen [12]), Unfruchtbarkeit der Frauen [13]); sie schaffen Kindbetterinnen Erleichterung [14]), sind gut für kranke Kinder [15]); das Hänschesbörnchen bei Vadenrod (Hessen) verhilft zu besonderer Schlauheit [16]). Der Gesundbrunnen bei Dünschenberg (Mecklenburg) tat den Ärzten solchen Abbruch, daß sie einen Schäfer zwangen, seinen Hund hineinzuwerfen; die Heilkraft des Wassers hörte auf [17]). Der B., der aus der mütterlichen Erde hervorquillt, liefert auch die kleinen Kinder (s. Kinderb.).

[2]) Reiser *Allgäu* 2, 165. [3]) Grimm *Myth.*³ 551. [4]) Sittewald *Aberglauben* 804 [5]) Grohmann 163; Meyer *Baden* 41; Birlinger *Aus Schwaben* 1, 192; ZfVk. 5, 212. [6]) Hovorka u. Kronfeld 2, 335. [7]) Ebd. [8]) SAVk. 8, 146. [9]) Sébillot *Folk-Lore* 2, 245. [10]) Rochholz *Drei Gaugöttinnen* 60 f. [11]) Panzer *Beitrag* 2, 295. [12]) Wolf *Beiträge* 2, 186 f. [13]) Weinhold *Quellen* 25; ZfrwVk 1905, 249; HessBl. 16, 7. [14]) Köhler *Voigtland* 366. [15]) Rochholz a. a. O. 60. [16]) HessBl. 16, 8. [17]) Bartsch *Mecklenburg* 1, 357.

3. Wunderbare Spenden. Aber der B. gibt nicht nur gewöhnliches Wasser. Im Kalotaszeger Bezirk holen sich die Mädchen in der Dämmerung am B. „goldenes" Wasser. Wer sich damit wäscht, wird schön. Aber der Neid gönnt diese Gabe den Genossinnen nicht: die erste, die dort ist, wirft Spreu hinein, so daß die andern kein goldenes Wasser bekommen können [18]). Die Tatsache, daß in manchen Landstädten beim Empfang des neuen Landesfürsten aus dem Marktb. Wein floß, ließ den Wunsch entstehen, der B. möge dieses edle Naß selbsttätig spenden. So schöpft man Wein aus dem B., wenn man nicht hineinsieht, in der Christnacht [19]) oder in der Osternacht um 12 Uhr [20]) (s. Wasser u. Wein). Aus dem B. der heiligen Hunna im Elsaß floß in einem armen Jahre aus allen Röhren Wein [21]) (auch das Märchen kennt einen Marktb., aus dem Wein fließt) [22]). Einen Milchb. kennt das Elsaß [23]). Aus einem B. bei Cronweißenburg quoll „Karchsalb" und Wagenschmiere [24]).

[18]) ZfVk. 4, 319. [19]) Sittewald *Aberglaube* 804; Drechsler 1, 23; Kapff *Festgebräuche* 9 Nr. 2. [20]) HessBl. 16, 8. [21]) Wolf *Beitr.* 2, 5. [22]) Grimm *KHM.* 29. [23]) Stöber *Elsaß* 1, 38 Nr. 57. [24]) Rochholz *Sagen* 2, 242.

4. Weissagung. Neben diesem Wunderbaren haftet dem B. noch manch Geheimnisvolles an: er wirft das Spiegelbild zurück, und in der Dunkelheit scheint es oft ein anderes zu sein; er führt hinab in das Reich der Unterirdischen (s. 8); er versiegt plötzlich oder läuft über, oder die Quelle ändert ihren Lauf: deshalb schreibt man ihm die Gabe der Weissagung zu. 731 verbot Papst Gregor III. in seinem Erlaß an die Fürsten und an das Volk der germanischen Provinz die fontium auguria [25]). Durch Trinken erfährt man die Zukunft: wer in der Weihnachtszeit während des Zusammenläutens der ersten Messe an drei B. unangeredet trinkt, aber noch während des Läutens in die Kirche kommt und über die rechte Ahsel zurückschaut, sieht sein Zukünftiges (Wol-

perdingen bei St. Blasien), und Heiratslustige trinken aus einem B. Wasser und warten bei der Kirchtüre: wer zuerst herauskommt, ist Braut oder Bräutigam [26]). In der Westschweiz muß ein Bursche aus 7, 9 oder 11 B. je drei Schluck Wasser trinken, im Simmental muß dies zwischen 11 und 12 Uhr nachts geschehen, im Emmental dürfen dabei keine B.leitungen überschritten werden: dann sieht er die ihm bestimmte Frau vor der Kirchentür stehen [27]). — Die Eisfiguren des gefrorenen Wassers, in einem Geschirr aus 3 oder 7 laufenden B. beim Betzeitläuten des heiligen Abends geholt und unter die Dachtraufe gestellt, zeigen am Schluß der Engelmesse anderen Tages den Stand des Zukünftigen [28]). In Böhmen wirft man in der Karwoche Kreuzchen aus Zweigen geschnitzt in den B., um die Zukunft zu erraten [29]). — Ein anderes Mittel ist das B.sehen. Dem Mädchen zeigt sich so der Zukünftige am heiligen Abend [30]), in der Neujahrsnacht [31]), am Silvesterabend (es muß sich aber mit einem Brautschleier und einem Licht, das bei einer Trauung gebrannt hat, ausrüsten), am Andreasabend in der Dämmerung [32]), in der Andreasnacht um 12 Uhr (es sieht aber zugleich den Teufel) [33]), im Elsaß in gewissen B. zwischen 11 und 12 Uhr [34]). Wenn man an 11 B. Wasser trinkt, dabei aber jedesmal rücklings zum B. tritt, erscheint beim 11. B. das Bild des Zukünftigen [35]). Wäscht sich das Mädchen zwischen 11 und 12 Uhr nachts an drei Morgenb. (die nach Morgen fließen), dann steht er an der Kirchentür mit einem Tüchel in der Hand, sie abzutrocknen [36]). Zuweilen erfährt man auch anderes, wenn man in den B. sieht. Eine Weibsperson, die in den B. sah, hörte Musik, weinen, lachen, „und noch anderes muß sie gesehen und gehört haben, weil sie ganz blaß und krank in die Stube zurückkam" [37]). — Weit verbreitet, bes. in Oberdeutschland, sind die Hungerb.: sie fließen nur dann, wenn ein unfruchtbares Jahr bevorsteht [38]). Seltener zeigt ein B., der ganz voll ist, ein fruchtbares Jahr an [39]). — Den Tod verkündet der B. eines adligen Stammhauses in Franken: wenn jemand aus dem Geschlecht sterben soll, versiegt auf einige Wochen sein Wasser [40]); bei einem andern fränkischen Geschlecht wird bei bevorstehendem Todesfall der Quell durch einen unbekannten Wurm getrübt [41]). Verlangt ein Kranker nach Wasser aus dem Ehlborn zu Gambach (Hessen), so ist dies ein Zeichen des nahen Todes [42]). Verändert der B. seinen Lauf, so wird bald eine große Schlacht im Lande geschlagen [43]). — Über die unmittelbare Weissagung des B.geistes s. 6 (s. auch „Wasserorakel").

[25]) Weinhold *Quellen* 28. [26]) Meyer *Baden* 199. [27]) SchwVk. 3, 88. [28]) Meyer a. a. O. 199. [29]) Grohmann 49. [30]) ZföVk. 4, 146. [31]) Bartsch *Mecklenburg* 2, 238. [32]) Hovorka u. Kronfeld 2, 177. [33]) Meier *Schwaben* 2, 454. [34]) Urquell NF. 1, 71. [35]) SAVk. 8, 267 f. [36]) ZfVk. 8, 250. [37]) Vernaleken *Mythen* 346. [38]) Grimm *Myth.*³ 557 f.; Birlinger *Volksth.* 1, 141; Lammert 47 f.; Reiser *Allgäu* 1, 236; Meier *Schwaben* 1, 262. [39]) Ebd. 1, 263. [40]) Grimm *Sagen* Nr. 104. [41]) Lammert 47. [42]) HessBl. 16, 22. [43]) Rein *Brunnen im Volksglauben* 122.

5. Schädliche Wirkung. Aber auch Unheil kann der B. bringen. Hier sind ebenfalls wieder natürliche Beobachtungen der Ausgangspunkt: ein kalter Trunk schädigt den erhitzten Menschen, mancher B. hat ungesundes Wasser, verunreinigte B. bringen Krankheit; der überlaufende B. richtet Schaden an, mancher hat durch Sturz in den B. sein Ende genommen. Vor fremdem Wasser (in anderen Dörfern) soll man sich in acht nehmen, es verursacht leicht Krankheiten, bes. Hautausschlag; wer aus dem Krockeborn bei Allmenrod (Hessen) trinkt, bekommt Grinder [44]), wer aus dem Kropfb. bei Grieningen (Bayern) trinkt, einen Kropf [45]). Das Vieh erkrankt, wenn man an Sonntagen den B.trog auswäscht [46]). Die Hühner vertragen die Eier, wenn die Hausfrau an Fastnacht zum B. geht [47]). Unglück in der Familie ruft es hervor, wird am ersten Weihnachtstage und Neujahr Wasser aus dem B. geholt [43]). Tödlich wirkt die Berührung des schwarzen Wassers eines B.s am Fuße des Radelsteins in Böhmen; an heißen Tagen kommt dichter Nebel aus ihm hervor, und

daraus entsteht Hagel und Unwetter [49]). Über einen B. darf man kein Haus bauen, da sonst bald jemand darin stirbt [50]). Die letzten Beispiele führen uns schon zum Glauben an den B.dämon (s. 6.).

[44]) HessBl. 7 f. [45]) Panzer *Beitrag* 2, 295. [46]) SAVk. 21 (1917), 42. [47]) Wuttke 83 § 98. [48]) Bartsch *Mecklenburg* 2, 314. [49]) Grohmann *Sagen* 255. [50]) Urquell 1, 9.

6. Dämonen und Gottheiten. Diese wunderbaren Eigenschaften, die dem B. anhaften, die guten wie die bösen, haben schon in alter Zeit den Glauben an im B. waltende Wesen veranlaßt. Die B.dämonen vermischen sich jedoch vielfach mit anderen: Wasserfrauen, die die Menschen besuchen und ihnen helfen, aber vor 12 Uhr zu Hause sein müssen, Wassermänner, die die Menschen schrecken und zu sich hinabziehen (der „Hakenmann" zieht Kinder mit einem Haken hinunter); solche, die auf dreimaligen Anruf das Wasser überlaufen lassen und der rufenden Person den Tod bringen, sind für den B. nicht bezeichnend (s. Wasserelben, Wasserfräulein, Wassergeist, Wassermann). Häufig herrscht hier auch die Vorstellung, daß Seen, Flüsse und B. durch unterirdische Gänge miteinander verbunden sind, so daß der B. für den Wassergeist nur ein Ausgang zur Oberwelt ist (vgl. Mörikes „Historie von der schönen Lau"). Die Tatsache spielt mit herein, daß von manchen B. unterirdische Gänge ihren Anfang nehmen. — Andere B.dämonen sind unterirdische Gottheiten, da der B. der Eingang zur Unterwelt ist (s. 8). Besonders deutlich wird dies bei Holda oder Holla (s. d.), in deren unterirdisches Reich es durch den B. geht und die auch Kinder schenkt (s. „Kinderb."). Bei Frischborn (Hessen) heißt ein B. „Frau-Rolle-Loch" (entstellt aus „Frau-Holle-Loch") [51]). Zum Wesen der Unterirdischen paßt auch das Weissagen der B.geister [52]) (und der Wassergeister überhaupt, vgl. Hagen und die Meerfrauen im Nibelungenlied). — Und schließlich vermengen sich die B.-geister öfters mit verwünschten Gestalten. Manchmal hüten sie auch Schätze, die schwer zu heben sind. Veranlassung zu diesem Glauben mögen mancherlei Funde gegeben haben; in Kriegszeiten wurde Geld und Gut, mitunter auch die Kirchturmglocke in B. und Seen versenkt (s. Schatz, Glocke). — Die B.gottheiten sind, dem nährenden, reinigenden und heiligenden Wesen des Wassers entsprechend, meist weiblich [53]). Die badenden Jungfrauen sind ein Zeichen für gutes Heuwetter, d. h. die Nebel und Wolken haben sich gesenkt. Während diese auch an Flüssen und Seen zu Hause sind, gehören die waschenden Jungfrauen vielleicht enger zum B. „Die Handlung des Waschens selbst dieser geisterhaften Weiber ist von dem Plätschern des Wassers abgeleitet" [54]). Der Nebel veranlaßt wieder die Vorstellung, daß sie ihre Leinenwäsche an den Nußhecken trocknen, wie beim Seileborn am Roteberg (Hessen) [55]). — Altertümliche B.geister sind Tiere im B., Kröte, Krebs, Forelle u. a., die den B. rein halten [56]); giftige Dünste, die dem B. entsteigen, kommen von einem giftspeienden Lindwurm [57]) (s. Lindwurm; vgl. auch die Kröte im B. bei Grimm KHM. 29). — Böse B.geister sind auch die Frauen im B. in der Gegend von Merklin (Böhmen), die Fieber über die Menschen bringen. Will man sich davon befreien, so muß man das ausgezogene Hemd zu einer bestimmten Stunde der Nacht über das Dach werfen; gelingt dies auf den ersten Wurf, ist man fieberfrei, muß der Wurf wiederholt werden, so verliert sich das Fieber erst nach einiger Zeit. Man darf sich aber inzwischen nicht nachts im Freien blicken lassen, denn der Geist lauert einem auf, um sich zu rächen (beruht auf der Erfahrung, daß der Aufenthalt abends im Freien in Sumpfgegenden gefährlich ist) [58]). — In manchen Gegenden nimmt es der B.geist übel, wenn man in den B. hineinblickt; er zieht einen hinunter [59]), bedeckt einen mit einem Ausschlag oder schlägt einen über den Kopf [60]); wer in Trachenberg (Schlesien) in der Christnacht um 12 Uhr in den B. sieht, wird von den Nixen hinabgezogen [61]). Erwähnt sei hier noch der Mimirsb. der Edda, wiewohl es fraglich bleiben muß, wie viel davon auf alten Volksglauben zurückgeht.

[51]) HessBl. 16, 22. [52]) Weinhold *Quellen* 28 f. [53]) Ebd. 17. [54]) Ebd. 22. [55]) HessBl. 16, 35. [56]) Ebd. 8 f. [57]) Panzer *Beitrag* 1, 233 f. Andere solche Tiere: Weinhold a. a. O. 25; Basilisk: Mailly *Niederösterreich* 27 Nr. 61. [58]) Hovorka u. Kronfeld 2, 330. [59]) Müller *Siebenbürgen* 34 f. [60]) SAVk. 25, 50. [61]) Drechsler 1, 23.

7. Heilige. Die christliche Kirche konnte diesen B.dämonen gegenüber zweierlei Stellung einnehmen: sie konnte sie bekämpfen oder durch Heilige ersetzen. Der heilige Remaclus vertrieb ein heidnisches Wasserweib aus einem B.[62]). Meist ließ sich aber das Volk seine B.-geister nicht nehmen, und so treffen wir zahlreiche B.heilige, den heidnischen B.-frauen entsprechend meist heilige Jungfrauen [63]), neben bekannten Heiligen wie Hedwig, Walburgis u. a. zuweilen „drei Jungfrauen“ [64]). Hier liegt die Beziehung nahe zu den drei Schicksalsschwestern, die am B. spinnen (vgl. auch die drei Nornen der Edda an Mimirs B.). Im Salzburger Land und in Tirol verdrängten die Geistlichen die alten B.heiligen durch die Notre Dame de Lourdes [65]). Die Muttergottes gibt Mariabrunn den Namen [66]), sie tränkt die mutterlosen Kinder im Milchb.[67]), sie sitzt mit dem heiligen Johannes im B. und geigt und spielt mit den Kindern [68]).

[62]) Rochholz *Drei Gaugöttinnen* 130. [63]) ZfVk. 11, 201. [64]) Grohmann 47; Wolf *Beitr.* 2, 187. [65]) Meyer *Baden* 533. [66]) Wolf *Beitr.* 2, 415. [67]) Stöber *Elsaß* 1, 38 Nr. 57. [68]) Wolf a. a. O. 1, 165.

8. Eingang in die Unterwelt und Hölle. Die gewaltige, unheimliche Tiefe vieler B. vergrößert die Volksphantasie ins Ungemessene, die christliche Kirche verwandelt das unterirdische Reich, in das sie führen, in die Hölle und die unheimlichen Wesen, die dort weilen und durch den B. heraufkommen, in Teufelsgestalten. Das „Schiffsloch“ bei Nieder-Florstadt (Hessen) ist so tief, daß eine Kirche mit ihrem Turm hineingehen soll [69]); bei Volkartshain (Hessen) ist ein tiefer B.; die Bauern schütteten einmal hundert Wagen voll Steine hinunter, und man merkte nicht, wo sie hinkamen [70]). In Ried bei Petersbrunn (Oberbayern) hat man einen B. so tief gegraben, daß die Arbeiter den Hahn krähen hörten [71]), in Graustein hörten die grabenden Arbeiter Gänse schreien [72]). Der Escherb. in Kreutzendorf (Schlesien) ließ sich nicht zuschütten, in seiner grundlosen Tiefe sah man alle möglichen Gestalten [73]) (s. auch unergründlich). Namen wie Erdmännlisbronnen [74]), Wichtelb. [75]), Doggelib. [76]) weisen auf die Unterwelt, Teufelsborn heißt ein B. in Zell (Hessen) [77]), zahlreiche B. werden als Eingang zur Hölle betrachtet [78]). In Holsterschlag in Böhmen entstiegen dem Kellerb. grünröckige Männer mit einem Pferdefuß, also Teufel [79]). Der B. erscheint als „helle“ in dem mhd. Gedicht „Reinhart Fuchs“ [80]).

[69]) HessBl. 16, 10. [70]) Ebd. 56. [71]) Panzer *Beitrag* 2, 135. [72]) Schulenburg *Wendisches Volksthum* 168. [73]) Kühnau *Sagen* 3, 304 f. [74]) Zimmernsche Chronik 4, 229. [75]) Zeitschr. f. hess. Gesch. 7, 210. [76]) Rochholz *Sagen* 1, 270. [77]) HessBl. 16, 59. [78]) Weinhold *Quellen* 23 f. [79]) Grohmann *Sagen* 167. [80]) Altdeutsche Textbibl. 7 V. 910.

9. Entstehungssagen. Die heilige Scheu, die man vor der Wunderkraft des B.wassers und den B.gottheiten und -heiligen empfand, veranlaßte mancherlei Sagen über Entstehung der B. Das Älteste ist vielleicht, daß man sie durch den Blitz des Himmels ins Dasein treten läßt, dann ist es der Speer oder Stab eines Helden oder Heiligen, der die Quelle hervorsprudeln läßt, auch durch Gebet entsteht sie, manchmal auch durch den Hufschlag eines Rosses oder eines anderen Tiers; ein Drache wühlt sie auf, eine Taube läßt einen Tropfen aus dem Schnabel fallen, der den Fels aushöhlt und mit Wasser anfüllt. Meist veranlaßt Wassersnot die Entstehung, mitunter ist sie ein göttliches Zeichen zur Bestätigung einer Tatsache [81]). Hervorgerufen sind solche Sagen z. T. wohl auch durch die „B.schmecker“ [82]); schon die Alten spürten Quellen durch magische Mittel auf; es ist nicht immer die Wünschelrute (s. d.).

[81]) Zahlreiche Belege für all diese Sagen bei Weinhold *Quellen* 4 ff. [82]) SAVk. 3, 174.

10. Kultische Bräuche und Verehrung. Die Heiligkeit des B.s

veranlaßt verschiedene Bräuche. Die ungeheure Wichtigkeit, die der B. seit alters für Mensch und Vieh, für die ganze Siedlung hat, macht es zur Pflicht, für seine Reinhaltung zu sorgen. Daher finden alljährlich B.reinigungen statt, meist zu Pfingsten oder zu Johannis [83]), im schwäbischen Rottenburg am Dienstag nach Trinitatis; dort mußte der zuletzt in die Nachbarschaft Gekommene in den B. steigen und helfen ausputzen; waren mehrere neue Nachbarn da, so wurde gelost, jeder B.nachbar stiftete einen Kreuzer, ein Trinkgelage schloß sich an [84]). Anderswo tun es die jungen Leute: die Burschen reinigen die B. und streuen Salz hinein, die jungen Mädchen müssen dann mit ihren Schürzen den Burschen die Füße abtrocknen [85]). Die Mädchen entfernen mit ihren Händen den Schlamm (in Böhmen [86]) und in der Eifel) [87]). An den beiden Sonnwenden wird der B. bedeckt, daß ihn der Drache nicht vergifte oder verunreinige [88]), auch bei Sonnenfinsternissen, weil während dieser Zeit Gift fällt [89]), und bei Mondfinsternissen [90]). Weiterhin muß der B. geschützt werden gegen böse Geister, die das Wasser unrein und schädlich machen für Menschen und Vieh, in den Zwölften: man schießt in der Christnacht und Silvesternacht ein Feuergewehr in den B. ab [91]). In den synodalen Statuten der Diözese von Meaux heißt es: „Die Quellen sollen durch einen Riegel verschlossen und bewacht werden wegen der Zauberei" [92]). Auch Feuerbrände wirft man in der Christnacht in den B. zum Schutz gegen Hexen, oder ein nacktes Mädchen wird hinabgelassen und wirft Stahl und Feuerstein hinein, um das Haus gegen Blitz zu schützen [93]). Der B. versiegt, wenn eine „unreine" Frau daraus schöpft: während sie in der Periode ist [94]), während der Schwangerschaft [95]), in den sechs Wochen nach der Niederkunft [96]); im Voigtland muß sie vorher ein kleines Geldstück hineinwerfen [97]), andernorts drei Brotrinden [98]) oder eine Handvoll Salz [99]); das Wasser wird rot, wenn die Wöchnerin schöpft [100]), es bekommt Ungeziefer [101]), sie selbst wird außerdem lausig [102]), das Kind wird ein Bettnässer [103]). — „Wer in eine Quelle spuckt, speit dem lieben Gott ins Gesicht" [104]). Kinder dürfen keine Steine in den B. werfen, „denn es ist Gottes Auge darin" [105]). Auch sonst wird Achtung vor der Heiligkeit des B.s verlangt. Wer dem B. in Glotterbad „Wasser" sagte, mußte ein Fuder Wein zahlen [106]). Wie vielerorts dem Vieh, wird in Schlesien dem B. der Tod des Hausherrn angesagt [107]). Eine neu aufziehende Magd muß in den B. sehen, um recht lange bei der Herrschaft zu bleiben [108]). — Dem B.dämon müssen Opfer gebracht werden, daß er keinen Schaden anrichtet und weiterhin Gutes spendet. Selten fordert er alljährlich ein Menschenopfer, wie der B. am Mainzer Tor in Friedberg [109]); sonst verlangen dies Flußgeister. Gelegentlich haben wir noch die Ablösung des Menschen durch ein Tier [110]); wenn der überquellende B. durch ein schwarzes Tier, das hineingeworfen wird, sich beruhigt, klingt wiederum der Glaube an die Unterirdischen an (s. auch Menschenopfer, Tieropfer, Wasseropfer). Bei der Vernichtung des Heidentums in Böhmen wurden ausdrücklich die Opfer am B. verboten, die man zu Frühlingsbeginn darzubringen pflegte [111]). — Die Hauptsorge ist, daß der B. nicht versiege. Deshalb wirft man Geld hinein am heiligen Abend [112]) und zur Wintersonnenwende [113]), die Wöchnerin tut es beim Kirchgang [114]), und wenn sie zum erstenmal zum B. geht [115]). Sonst spendet man Speisen. Im Böhmerwald steckt man am Fasttag vor dem Weihnachtsfest Brot in die B.röhre, dann geht das Wasser das ganze Jahr nicht aus [116]); in den neugegrabenen B. wirft man Salz [117]), ebenso in den B. zur Osterzeit [118]), an Weihnachten Salz [119]), Brosamen [120]), Honig [121]), von jeder Speise einen Löffel voll auf einem besonderen Teller [122]); auf Käseopfer weisen Namen wie „Käseb." [123]). Teilweise vermischt sich bei diesen Bräuchen die Opferhandlung mit einer Zauberhandlung. — An der Hochzeit wirft bei den Esten die Braut Geld und Bänder in den B. [124]), in Bulgarien speit sie eine Münze hinab und schüttet Hirse hinein [125]); bei Tauberbischofsheim wirft die Hebamme ein Stück Zucker in den B., damit die Frau ein Kind bekommt (Kinderb.!). — Auch zwecks Heilung von Krankheit müssen dem B. Opfer gebracht werden: neben Geld häufig Metallgegenstände, besonders gebogene Nadeln, die an die Fibeln erinnern, die den Nymphen geopfert wurden [126]), dem Quell des heiligen Quirinus getrocknetes Schweinefleisch gegen Augen- und Hautkrankheiten [127]). Bei Krankheiten kommen öfters noch andere Bräuche in Frage. In Unterfranken wird der Fieberkranke zur Ader gelassen, ein reines Tüchlein mit dem Blute benetzt und in den B. gelegt: so wird das Fieber des Kranken gekühlt [128]). Hat eine Wöchnerin keine Milch, netzt eine alte Frau ein Weizenkringel des Morgens an drei B., wobei sie nicht reden darf, damit die badenden Nymphen sie nicht gewahren. Dies Weizengebäck ißt die Wöchnerin, damit ihre Milch fließe wie das Wasser vom B. [129]). — Hierher gehören auch die vielen Brunnenwallfahrten und der Umgang um den B.: dreimal (auch sechs-, neun- oder zwölfmal) muß der B. umgangen oder umritten werden von Osten nach Westen [130]), drei Vaterunser werden dabei gebetet [131]), dreimal wird der Mund dabei voll Wasser genommen. Wer die Wallfahrt in Stellvertretung übernimmt, wäscht sich den Körperteil, an dem der Kranke leidet [132]). Die Kranken hängen Kleidungsstücke (wohl die des kranken Körperteils) an Bäume und Büsche und lassen sie zurück [133]). — Auch Zaubersprüche werden am B. gesprochen zur Behebung von Krankheiten: gegen Fieber [134]), gegen Zahnschmerzen (das Zahnweh soll in den B. fallen) [135]); ein krankes Roß wird bespritzt und besprochen [136]) (s. auch Heilzauber). Treibt der Hirt am Pfingsttage zum erstenmal das Vieh auf die Weide, führt er es erst zum B. und schreit ihm ins Ohr: „Kommt wieder nach Haus!" [137]). Oder er betet mit abgezogenem Hut am B. [138]). — Auch der Dorf- oder Stadtb. wird an vielen Orten umwandelt und umritten (wie die Heilquelle, s. o.), und zwar an Neujahr, Fastnacht, Pfingsten [139]); manchmal auch beim Kirchweihfest [140]). Es handelt sich hier um einen Fruchtbarkeitszauber, der — in Oberdeutschland z. T. bis in die Gegenwart — mit der B.tauche verbunden ist, einem alten Regenzauber (s. d. u. Wasserguß). Zwei ledige Burschen oder der jüngstverheiratete Mann mußten am Aschermittwoch in den Marktbrunnen springen, dann rannten sie unter die Menge und küßten einige Mädchen [141]). In Scheer und Sigmaringen wurden an Silvester oder am Fastnachtmontag die im letzten Jahre Neuvermählten in den B. getaucht [142]). Als Gesellentaufe finden wir den Brauch in Bayern: die freigesagten Gesellen waschen so alle Unarten der Lehrlinge von sich ab [143]). Am Aschermittwoch springt der Fastnachtsnarr in den B. (in Waldshut bis 1869 üblich); heute wird vielfach statt dessen eine Strohpuppe verbrannt oder ersäuft (am Montag nach Aschermittwoch geschah dies in Zürich) [144]) (s. Fastnacht begraben); der „Pfingstdreck" in St. Georgen mußte in allen B.trögen ein Bad nehmen. Eine Spur der B.tauche hat sich in dem Hildesheimer Maigrafenritt „über den B." noch erhalten [145]). — Ein anderer Fruchtbarkeitszauber ist das B.schmükken. Im Mai [146]) oder an Ostern [147]) oder an Pfingsten [148]) wird der B. mit Blumen und Kränzen geschmückt, ein Baum wird an Neujahr [149]) oder am 1. Mai auf den B.-rand gesteckt [150]); mancherorts wird das Vieh am 1. Mai aus dem bekränzten B. getränkt [151]). Die Fruchtbarkeit des Baums soll auf den B. übertragen werden, daß das Wasser nicht versiegt (s. Maien). — Aus B.reinigen, B.tauche und B.-schmücken sind somit vielerorts B.feste entstanden, die heute noch vielfach bestehen, ohne daß die Bräuche noch verstanden werden. Bisweilen finden sie bei der Wahl des neuen B.herrn statt, und das anschließende Gelage, manchmal verbunden mit nachfolgendem Tanz, ist die Hauptsache geworden [152]).

[83]) Weinhold *Quellen* 34. [84]) Birlinger *Volksth.* 2, 205. [85]) ZfVk 7, 93. [86]) Grohmann 52. [87]) Schmitz *Eifel* 1, 99. [88]) Wolf *Beiträge* 2, 387. [89]) Panzer *Beitrag* 2, 315; Wuttke 301 Nr. 442; Grohmann 28. [90]) Sartori 2, 27. [91]) Bartsch *Mecklen-*

burg 2, 226. 244. [92]) Seligmann 1, 237. [93]) Wuttke 68 § 78; ZfVk. 4, 402; Sartori 3, 232. [94]) Birlinger *Aus Schwaben* 1, 192. [95]) Wuttke 376 § 571; Höhn *Geburt* Nr. 4, 258. [96]) Panzer a.a.O. 1, 259; Kühnau *Sagen* 2, 690. [97]) Köhler *Voigtland* 437. [98]) Wuttke 379 § 576. [99]) Drechsler 1, 204f. [100]) HessBl. 16, 28f. [101]) Bohnenberger Nr. 1, 3. 21. [102]) Lammert 173. [103]) Höhn a.a.O. Nr. 4, 266. [104]) Rochholz *Drei Gaugöttinnen* 131. [105]) Wuttke 14 § 12. [106]) Meyer *Baden* 569. [107]) Drechsler 1, 291. [108]) Ebd. 2, 149. [109]) HessBl. 16, 21. [110]) Liebrecht *Zur Volksk.* 335. [111]) Vgl. Grohmann 74f. [112]) John *Erzgebirge* 163. [113]) Grohmann 50. [114]) John a.a.O. 65. [115]) Wuttke 293 § 429; Köhler *Voigtland* 419. [116]) Schramek *Böhmerwald* 114. [117]) Sartori 2, 27. [118]) Birlinger a.a.O. 2, 82. [119]) Schramek a.a.O. 116. [120]) John *Westböhmen* 16. [121]) Drechsler 1, 40; Sartori 2, 27. [122]) Grohmann 50. [123]) Sepp *Sagen* 331; Rochholz a.a.O. 6. [124]) Wuttke 292 § 428. [125]) Meyer *Baden* 11. [126]) Weinhold a.a.O. 60. [127]) Ebd. 41. [128]) Lammert 198. [129]) ZfVk. 4, 146. [130]) Sébillot 2, 245. 295; Moore in: FL. 5, 224. [131]) Müller *Siebenbürgen* 216. [132]) Sébillot 2, 277. [133]) Hovorka u. Kronfeld 1, 268. [134]) Grohmann 163. [135]) Wuttke 336 § 501. [136]) Drechsler 2, 114. [137]) Kuhn u. Schwartz 389. [138]) Meyer *Baden* 138. [139]) Knuchel *Umwandlung* 90. [140]) Mannhardt 1, 430. [141]) Birlinger *Volksth.* 2, 30ff. [142]) Mannhardt 1, 488. [143]) Panzer a.a.O. 1, 229. [144]) Vernaleken *Alpensagen* 364. [145]) Mannhardt 1, 377. [146]) SAVk. 2, 16f. 11, 36. [147]) Sartori 3, 152. [148]) Meyer a.a.O. 157; ZfVk. 14, 421. [149]) Mannhardt 1, 241. [150]) Sartori *Sitte u. Brauch* 3, 70. [151]) Meyer a.a.O. 220. [152]) Wolf a.a.O. 1, 229f.; NddZfVk. 4, 245ff. Hünnerkopf.

Brüste [1]). Volle B. werden gerne gesehen; im Niederbayrischen [2]) wendet man, um solche zu bekommen, Weihwasser an; im Österreichischen [3]) stellen sich Mädchen, die vollbusig werden wollen, nachts bei Vollmond unverhüllt ans Fenster und sagen:

„Herr Man (Mond)
Schein mei Brust an,
Daß 's wird wie ein Essigkrug,
Hab i mei Lebtag Brust genug."

Die Brustdrüsenentzündung gehört zu den gefürchtetsten Erkrankungen von Wöchnerinnen. Es wird geraten, den rechten Schurzzipfel oben in das Schurzband zu stecken oder Milch aus der Brust auf ein heißes Bügeleisen zu träufeln [4]). Bei Brustschwellungen (Einschuß) soll der Mann früh morgens einen Feldstein nehmen, dreimal das Kreuzzeichen über die B. machen, dann den Stein wieder genau einsetzen, wie er vorher lag [5]). Gegen Brustwarzen verwendet man im Ennstal sog. Menschenschmalz, d. h. aus Frauenmilch bereitete Butter [6]). Bei Wochenbettfieber glaubt man in Bayern, „daß die Spinn der Kranken zum Kopf gestiegen sei" [7]). Häufig findet man Votivb. (s. Votiv) in Wallfahrtskapellen [8]).

[1]) Hovorka u. Kronfeld 2, 606. [2]) Pollinger *Landshut* 248. [3]) ZföVk. 3, 7. [4]) Hovorka u. Kronfeld 2, 606. [5]) Wuttke § 495. [6]) Hovorka u. Kronfeld 2, 607. [7]) Ebd. [8]) Andree *Votive* 117. Stemplinger.

brüten. Von Bedeutung ist der Tag, an dem man die Henne ansetzt. Am Ostermorgen zwischen 11 und 12 Uhr gesetzte Eier geben Hühner, die jedes Jahr die Farbe wechseln, Gründonnerstag gesetzte geben bunte Hühner [1]). Die Küken gedeihen gut, wenn man die Eier an einem Kirchtag unterlegt [2]), am Sonntag während des Läutens [3]), zwischen 11 und 12 Uhr, wenn der Pastor den Segen spricht [4]), wenn die Leute die Kirche verlassen [5]): solche Hühner laufen nicht auseinander [6]). Günstig ist es, Hennen Freitag mittags 11 Uhr [7]) oder an allen Wochentagen von 11 bis 12 Uhr anzusetzen [8]). Morgens um 6 Uhr und mittags um 12 Uhr gesetzte Eier geben lauter Hennenküken [9]). Der Sophientag gilt als günstig, der Valentinstag als ungünstig für den Brutbeginn [10]). Man muß die Eier bei neuem [11]) oder wachsendem Lichte ansetzen [12]) und zwar in ungerader Zahl [13]), dann gibt es mehr Hennen- als Hahnenküken [14]). Bevor man die Henne setzt, muß man die Eier in eine Mütze, am besten die eines Juden, legen [15]). Will man Hühner mit einem Schopf haben, muß man beim Ansetzen einen hohen Hut tragen [16]) oder der Henne einen solchen wie auch eine große Mütze aufstülpen [17]). Legt man einen Reifen um das Brutnest, so nehmen die Küken später keinen Schaden [18]). Wenn man Eier setzt, darf man bei Tisch nicht davon reden, sonst kommen sie nicht aus [19]). Will man mehr Hennen als Hähne haben, so muß man das Brutnest von Stroh machen, das man aus einem Frauenbett zieht, in einem Neste von Männerbettstroh ausgebrütetes Geflügel wird männlich [20]). Aus einem Neste, auf dem eine Gans brütet, darf man keinen Strohhalm ziehen, sonst verderben die Eier [21]), wie man überhaupt Geflügelnester nicht mit der Hand berühren darf, weil sonst die Hennen nicht hineingehen [22]). Der brütenden Gans wird Quendel untergelegt [23]). Besonders empfindlich ist die keimende Frucht gegen Lärm. Wo das Geflügel brütet, darf nicht mit Peitschen geknallt und mit Wagen gerasselt werden [24]). Während des Gewitters stellt man einen großen Kessel neben die Nester, der den Schall auffangen soll [25]). In der Brutzeit darf kein Nagel in die Wand geschlagen werden und ist alles Schießen verboten [26]). Hühner b. leicht, wenn man sie mit den Resten füttert, die nach der Frühlingssaat im Sack bleiben [27]).

[1]) Heckscher *Hann. Volksk.* 1, § 79. [2]) Spieß *Fränkisch-Hennebergisch* 152. [3]) John *Erzgebirge* 234. [4]) Fogel 183. [5]) Drechsler 2, 87; Grimm *Myth.* 3, 18. [6]) Heckscher *Hann.Vk.* 1, § 79. [7]) Birlinger *Aus Schwab.* 1, 473. [8]) Fogel 183. [9]) Ebd. 180. [10]) Drechsler 2, 87; John *Westböhmen* 216. [11]) Grohmann 141; Drechsler 2, 88. [12]) Leoprechting *Lechrain* 150. [13]) Bartsch *Mecklenburg* 2, 159; Schmitt *Hettingen* 15; Alemannia 27, 241; Fogel 183. [14]) John *Erzgebirge* 234. [15]) Toeppen *Masuren* 101. [16]) Reiser *Allgäu* 2, 79; Drechsler 2, 88. [17]) Drechsler 2, 88. [18]) Ebd. 2, 85. [19]) Fogel 183. [20]) Bartsch *Mecklenburg* 2, 159; Drechsler 2, 88. [21]) Grohmann 140. [22]) Fogel 180. [23]) Grohmann 140; Drechsler 2, 88. [24]) Heckscher 124, 369; Bartsch *Mecklenburg* 2, 158. [25]) Heckscher 370. [26]) Ebd. 370 = Birlinger *Aus Schwaben* 1, 403. [27]) Meyer *Baden* 411. Heckscher.

Bryonia s. Zaunrübe.

Buccomantie (Mundwahrsagung, bucca = Mund). Eine um die Mitte des 19. Jhs. von dem Zahnarzt Rogers nach antikem Muster geprägte Bezeichnung für „die Kunst, die Vergangenheit, Gegenwart und Zukunft eines Menschen auf Grund der Betrachtung seines Mundes zu erkennen", also einer Unterabteilung der Physiognomonik [1]).

[1]) William Rogers *La Buccomancie* (Paris 1851); nach dem Französischen bearb. von H. Gauß (Weimar 1853, mit Abb.) Boehm.

Buch.

1. Neben der Bibel (s. d.), dem Gebet- und Gesangb. (s. d.) spielt auch das gewöhnliche B. eine Rolle in Glaube und Brauch des Volkes; es ist in manchen Fällen einfach an die Stelle derselben getreten. So legt man gegen das Berufen in Siebenbürgen ein B. in die Wiege unter das Hauptkissen des Kindes; es hilft auch gegen den Alp [1]). Gegen Krankheit steckt man die ererbten (handschriftlichen) Hefte (Büchlein) mit Rezepten und Segen dem Patienten unter den Kopf [2]). Das Beisichtragen von Zauberbüchlein (wie z. B. des Geistlichen Schildes) sichert „vor allen Feinden, sie seien sichtbar oder unsichtbar und auch den, der dieses Büchlein bei sich hat, der kann ohne den ganzen Fronleichnam Jesu Christi nicht ersterben, in keinem Wasser ertrinken, in keinem Feuer verbrennen, auch kann kein unrecht Urteil über ihn gesprochen werden" [3]). — Meist verwendet man jedoch heute die heiligen Bücher (Bibel, Gebet- und Gesangb.), wenn man sich gegen Gefahr schützen oder Unheil abwehren will, mit dem gewöhnlichen B. (oft muß es aber ein „Erbb." sein) verfolgt man andere Zwecke: In Westböhmen steckt man vor dem Gang zur Taufe zwei Messer oder zwei Gabeln oberhalb der Tür in den Türstock und legt ein B. darauf; dann lernt das Kind leichter lesen [4]); die Siebenbürger glauben, daß ein Kind gelehrig wird, wenn man ihm ein B. unter das Köpfchen legt oder wenn man ihm einen Brief in sein Häubchen steckt [5]); in Pommern lassen die Angehörigen das neugeborene Kind bald nach der Geburt in ein B. sehen; dann lernt es später sehr gut [6]). Das erste B. soll ein Kind von seinen Paten bekommen [7]). Das sind zweifellos sekundäre Abwandlungen des ursprünglichen Schutzmittels. — Weit verbreitet ist der Glaube, daß, wenn man

etwas auswendig lernen will, man abends das B. unter das Kopfkissen legen müsse[8]). Läßt man ein B. nachts offen liegen, so vergißt man alles, was man daraus gelernt hat[9]). — Schon die Rockenphilosophie[10]) erklärt: „Wenn ein Bräutigam seiner Braut ein B. kauft oder schenkt, so wird dadurch die Liebe verblättert"; der Glaube ist noch heute weitverbreitet[11]). — Kirchlich gelehrten Ursprungs, aber volkstümliche Übung geworden, ist das dem Bibelorakel (s. d.) entsprechende B.orakel, das uns aus dem MA.[12]) und der Neuzeit[13]) viel belegt ist: man öffnet wahllos ein B. und glaubt aus dem, worauf das Auge zuerst fällt, die Zukunft zu erkennen. — Wie Erbbücher (Bibel, Gebetb.) so dienen auch gewöhnliche oder aber Zauberbücher zur Entdeckung eines Diebes: man nahm im obern Nahetal ein B. und ging morgens vor Sonnenaufgang ins Freie, schlug dann in dem B. Blatt für Blatt herum und nannte bei jedem Blatt den Namen eines des Diebstahls Verdächtigen. Sobald der Name des wirklichen Diebes genannt wurde, schlug das Blatt von selbst herum, wenn sich auch sonst kein Lüftchen regte[14]).

[1]) Haltrich *Siebenb. Sachsen* 260 Nr. 3; Seligmann *Blick* 2, 302. [2]) Seyfarth *Sachsen* 149. [3]) Geistl. Schild. 170 f. [4]) John *Westböhmen* 263. [5]) Hillner *Siebenbürgen* 52 Nr. 17; vgl. auch Rochholz *Kinderlied* 282; Höhn *Geburt* 278; Fogel *Pennsylvania* 37 Nr. 46 ff. [6]) Urquell 5 (1894), 279. [7]) Fogel 37 Nr. 45 ff. [8]) Bartsch *Mecklenburg* 2, 314 Nr. 1536; Strackerjan 1, 114; Drechsler 2, 267; Urquell 1 (1890), 165 Nr. 59; Sartori *Sitte u. Brauch* 1, 45; Fogel *Pennsylvania* 360 Nr. 1920; Lammert 92. [9]) Fogel a. a. O. 365 Nr. 1953; vgl. Liebrecht *Z. Volksk.* 331 Nr. 159 (Norwegen). [10]) 106 Nr. 83 = Grimm *Myth.* 3, 437 Nr. 80. [11]) Panzer *Beitrag* 1, 261 Nr. 72; Köhler *Voigtland* 438; Drechsler 1, 232. [12]) ZfVk. 11 (1901), 277 f.; MschlesVk. 21 (1919), 83 f. Nr. 19. [13]) Wuttke 242 § 349. [14]) ZfrheinVk. 2 (1905), 298.

2. In einer unterfränkischen Schatzsage gesteht der schatzhütende Geist: „Den Schatz kann nur derjenige heben, welcher das B. des Lebens mitbringt und anwendet; das wird im Kloster der schwarzen Karmeliter in Würzburg aufbewahrt." Weil aber die Karmeliter das B. nur gegen ein Pfand von zehntausend Gulden herausgeben wollten, die Schatzgräber aber diese Bürgschaft nicht leisten konnten, ist der Schatz noch heute ungehoben[15]). Nach Cäsarius von Heisterbach (VII, 38) halten Enoch und Elias das B. des Lebens; wird die letzte weiße Seite desselben gefüllt, so ist der Untergang der Welt gekommen[16]). In einer niedersächsischen Sage besitzt der Teufel ein B. des Lebens[17]).

[15]) ZfdMyth. 1 (1853), 303 f. [16]) Kaufmann *Caesarius* 142. [17]) Harrys *Sagen Niedersachsens* Nr. 33. Über das Buch des Lebens vgl. Hastings 2, 792 ff.; Gunkel *Märchen* 104.

3. Die grüne Jungfer auf dem Hausberge kann nur erlösen, wer das B. lesen kann, das ihre und des Schlosses Geschichte enthält. Doch ist es in so alter Schrift geschrieben, daß noch niemand es zu lesen vermochte. Wenn aber einst jemand das B. wird lesen können, so wird sich das Schloß aus dem Berg auf den Gipfel desselben heben und die Jungfer wird erlöst sein[18]). Bergentrückte haben oft ein B. bei sich[19]).

Über vom Himmel gefallene Bücher s. Himmelsbriefe.

[18]) Sommer *Sagen* 17 Nr. 12. [19]) Wolf *Beiträge* 2, 70. Bächtold-Stäubli.

Buchdrucker (Schriftgießer und Schriftsetzer). Bei den B.n hat sich noch ein Rest der alten Gesellenweihe[1]) erhalten, die seit dem MA. in vielen Handwerken üblich war und die letzten Endes auf uralte, primitive Jünglingsweihen zurückgeht. Es ist dies das sog. „Gautschen"[2]), wobei der Lehrling nach Beendigung seiner Lehrzeit von den in derselben Offizin arbeitenden Gesellen in einem mit Wasser gefüllten Gefäß oder mittels nasser Schwämme gründlich befeuchtet wird. Zur Bestätigung wird ihm ein sog. „Gautschbrief" ausgestellt, den (der Prinzipal und) alle Gehilfen unterzeichnen, wofür der neue Geselle ihnen einen Trunk spenden muß.

In früherer Zeit wurde die Aufnahme in den Gesellenstand von einem Spiel, der „Depositio cornuum"[3]), begleitet, wofür aber in diesem Falle nicht der verwandte Handwerksbrauch, sondern die akademische Deposition, der sich die jungen Studenten an der Universität unterziehen mußten, das nächste Vorbild abgab. Diese Beeinflussung erklärt sich aus den Beziehungen der B., denen eine gewisse Bildung und die Kenntnis der alten Sprachen nicht fehlen durften, zu den Universitätskreisen. Angehörige dieses Berufes waren an den Hochschulen eingeschrieben, und heute erinnert noch der Titel Universitätsb. an diese Verbindung.

Der junge Geselle, der nach seinem mit Hörnern versehenen Hut „Cornut" (Gehörnter) genannt wurde, mußte erst eine Reihe grotesker und beschämender Zeremonien über sich ergehen lassen, bevor er der Aufnahme in den neuen Stand würdig erachtet wurde. Wie bei anderen derartigen Bräuchen sollte er durch fingiertes Behauen, Behobeln, Befeilen, Haar- und Bartscheeren, Zahnreißen, durch Ohrfeigen, Abschlagen des Cornutenhutes, Beichte und Taufe symbolisch zu einem neuen Menschen gemacht werden.

Aus dem 17. und 18. Jh. sind mehrere Depositionsspiele für B. erhalten, von denen das älteste aus dem Jahre 1621 von dem Danziger B. Paulus de Vise stammt, nach welchem der Dichter Joh. Rist sein Stück von 1655 verfaßte.

Daß die B.kunst einst von einem gewissen Nimbus umgeben war, zeigt die früher allgemeine Verwechslung des Mainzer B.s Joh. Fust mit Dr. Joh. Faust, wovon sich (neben der Beziehung auf die B.schwärze) die scherzhaften Bezeichnungen Schwarzkünstler und schwarze Kunst für die B. und ihre Tätigkeit herleiten dürften [4]).

[1]) Z. B. die Lehrlings- und Gesellenweihe zünftiger Handwerke, das Hänseln der Kauf- und Fuhrleute, die Wehrhaftmachung der Jäger vgl. Schade Weimar. Jahrbuch 4, 258 ff.; 6, 292 ff.; Otto *D. altd. Handwerk* [4] 113 ff. [2]) SchweizVk. 7, 17 ff.; W. Fabricius *Die akad. Deposition* 1895, 65 Anm. [3]) Schade a. a. O. 6, 369 ff.; Gädertz Akad. Blätter 1884, 385 ff.; Fabricius a. a. O.; Klenz *Die deutsche Druckersprache* 1900, 62 ff. [4]) Klenz a. a. O. 96. Schömer.

Buche (Rot-, Waldb.; Fagus silvatica).

1. Botanisches. Die B., leicht kenntlich an der glatten silbergrauen Rinde, hat ihr Hauptverbreitungsgebiet im westlichen Europa (etwa bis zur Linie Königsberg-Kaukasus). In der Urzeit war sie wegen ihrer ölhaltigen Früchte (Bucheckern) ein wichtiger Nahrungsbaum. Schon in der vorgeschichtlichen Zeit hat sich die B. auf Kosten der Eiche weit ausgebreitet [1]). Die Rotb. darf nicht mit der zu den Birkengewächsen gehörigen Weißb. (Hainb.; Carpinus betulus), die etwas gefaltete, am Rande scharf gezähnte Blätter hat, verwechselt werden [2]).

[1]) Hoops *Reallex.* 1, 344. [2]) Marzell *Kräuterb.* 88. 97.

2. Die Sage kennt verschiedene wunderbare B.n, so Hexenb.n, unter denen die Hexen tanzten [3]) und Blutb.n (botanisch ist darunter die var. purpurea mit rötlichen Blättern zu verstehen) [4]). Unter der Zauberb. in Unter-Seeland (Kärnten) wurde den Vorübergehenden allerhand Schabernack angetan [5]). Auch in der christlichen Legende spielt oft die B. eine Rolle (Wallfahrtsort, heiliger Baum usw.) [6]). In Westfalen ist die B. der „Kleinkinderbaum" (vgl. Esche), aus dem die kleinen Kinder geholt werden [7]). Vielleicht schimmert hier noch die Anschauung von der B. als einem Fruchtbaum durch, vgl. die Volksmeinung in der Franche-Comté: Wenn es viele Buckeckern gibt, wird es viele uneheliche Kinder geben [8]) (s. Hasel). Gehört auch der Glaube hieher, daß neugeborenen Mädchen, die in einer buchenen Wanne gebadet werden, später einmal die Männer sehr nachlaufen (Stettin) [9])? Oder denkt man an einen Vergleich der glatten glänzenden Buchenrinde mit der Haut der Mädchen?

[3]) Z. B. Meier *Schwaben* 195. [4]) Herzog *Schweizersagen* 1, 251; SchweizId. 4, 982. [5]) Graber *Kärnten* 21. [6]) Höfler *Waldkult* 73 ff.; Schöppner *Sagen* 1, 274; Gredt *Luxemburg* 273. 278. [7]) Urquell 5, 287; Schell *Berg. Volksk.* 108; Sartori *Westfalen* 77. [8]) Beauquier *Faune et Flore* 2, 63. [9]) Urquell 5, 279.

3. Weit verbreitet ist der Volksglaube, daß die B.n nicht vom Blitz getroffen

werden, und daß man sich daher bei einem Gewitter unter einer B. unterstellen könne („doch die Buchen mußt du suchen") [10]. Es ist übrigens durch die wissenschaftlichen Untersuchungen des Botanikers E. Stahl [11]) festgestellt, daß die B. (z. B. im Gegensatz zur Eiche) von starken Blitzschäden meist verschont bleibt. Besonders die B.n (vgl. Birke), die an Fronleichnam zum Schmuck der Altäre gedient haben, sollen vor Blitz schützen [12]).

[10]) Z. B. Grimm *Myth.* 3, 64; SchweizId. 4, 980; ZfrwVk. 1908, 227; Marzell *Bayer. Volksbot.* 138; ebenso in den Ardennen und in Lothringen: Sébillot *Folk-Lore* 3, 381. [11]) *Die Blitzgefährdung der verschiedenen Baumarten* 1912, 52. [12]) Reiser *Allgäu* 2, 147; Andrian *Altaussee* 125.

4. Ein B.nblatt mit T bezeichnet [13]), einem Menschen oder Vieh eingegeben, heilt allen Schaden und schützt vor Behexung [14]). Kniet man an Weihnachten während der Mitternachtsmesse auf ein neues buchenes Stühlchen, worauf noch niemand kniete, so sieht man die Hexen [15]) (vgl. neunerlei Holz). Hat das Vieh Läuse, so besiebt man es mit gebrannter Zwölften-B.nasche [16]).

[13]) T als Schutzmittel vgl. Andree-Eysn *Volkskundliches* 65. [14]) Montanus *Volksfeste* 118. [15]) JbElsaß-Lothr. 10, 237. [16]) Bartsch *Mecklenburg* 2, 152.

5. B.nholz, im Neumond gehauen, ist dauerhaft und wird vom Wurm nicht leicht zerfressen [17]) oder die Nachtriebe treiben, wenn es im zunehmenden Mond geschlagen worden, besser und kräftiger aus [18]).

[17]) Bartsch *Mecklenburg* 2, 200. [18]) Wilde *Pfalz* 37.

6. In der Volksmedizin wird die B. nur wenig verwendet. Die hl. Hildegard [19]) bringt eine „Beschwörung" gegen Gelbsucht, in der die B. eine Rolle spielt. Durch das „ungebohrte" Loch einer alten B. bei Fischbach (Pfalz) steckte man „rauhliche" Kinder, die nicht gedeihen wollten [20]) (vgl. Durchziehen). Ein Absud von dem Holz der Wunderb. bei Kattenbuch (BA. Weissenburg in Bayern) sollte bei schwangeren Weibern die Geburt eines Knaben, der Absud von dem Holz der Linde aber die eines Mädchens bewirken [21]).

[19]) *Physika* 3. 26. [20]) Becker *Pfalz* 136. [21]) Jäckel *Oberfranken* 178.

7. Am Mittag des Johannistages tun sich die Bucheckern auf, und wenn es dann regnet, werden die Früchte taub [22]). Andrerseits heißt es aber gerade im Gegenteil, daß die B.nmast gut werde, wenn es am Johannistage regne [23]). Viele Bucheckern im Herbst bedeuten einen folgenden strengen und harten Winter [24]) oder ein Mäusejahr [25]), daher der Schweizer Spruch: „Vil Buech, vil Fluech" [26]). Wenn die B. bald austreibt, dann gibt es eine frühe Ernte [27]), oder so lang der B.nwald vor oder nach Georgi (23. April) grün wird, so lang vor oder nach Jakobi (25. Juli) fällt die Ernte [28]). Wenn die B.n zuerst unten ausschlagen, so steigen die Getreidepreise, grünen sie aber zuerst oben, so sinken die Preise [29]). Will man wissen, wie der kommende Winter wird, so schneide man an Allerheiligen (1. November) einen Span aus einer B.: Ist er trocken, so gibt es einen trockenen, warmen Winter, ist der Span naß, so folgt ein sehr kalter Winter (in verschiedenen Gegenden) [30]).

[22]) Kuhn *Westfalen* 2, 176; Bartsch *Mecklenburg* 2, 271; Andree *Braunschweig* 410; JbElsaß-Lothr. 10, 231. [23]) Kuhn und Schwartz 393; Bartsch *Mecklenburg* 2, 292. [24]) SchweizId. 4, 983; Wilde *Pfalz* 37; vgl. auch Eberesche, Esche, Hasel. [25]) SchweizId. 4, 983; ebenso in Ungarn: Verh. d. Ver. f. Natur- u. Heilkunde zu Preßburg. NF. 7 (1887-91), 100. [26]) SchweizId. 4, 983. [27]) Fischer *Schwäb.Wb.* 2, 828. [28]) Ebd. 3, 374. [29]) Birlinger *Aus Schwaben* 1, 412; SchweizId. 4, 980. [30]) Bereits bei Colerus *Oeconomia oder Hausbuch* 1 (1604), 206; ferner ZfVk. 10, 211; Wrede *Rhein.Vk.* 90; Wirth *Pflanzen* 14; Heimatblätter 1 (Kufstein 1923 bis 1924) H. 11, 9; Yermoloff *Volkskalender* 457.

Marzell.

Buchfink s. Fink.

Buchsbaum (Buxus sempervirens).

1. Botanisches. Strauch mit lederartigen, eiförmigen immergrünen Blättern und kleinen unscheinbaren gelblichweißen Blüten. Die Heimat des B.s ist das südliche und westliche Europa, im südlichen Mitteleuropa kommt er an ein-

zelnen Stellen wild vor. Sonst wird der B. häufig in Gärten, Anlagen und in Friedhöfen angepflanzt [1]). Den Germanen der Urzeit war der B. anscheinend nicht bekannt [2]).

[1]) Marzell *Kräuterbuch* 138. [2]) Hoops *Reallex.* 1, 347—349.

2. Die Zweige des B.s bilden besonders im westlichen Deutschland einen häufigen Bestandteil des Palms (s. d.) und teilen mit diesem die antidämonischen Eigenschaften [3]). Der B. vertreibt den Teufel, weshalb ein niederdeutscher „Gart der Gesundheit" (Ortus Sanitatis) [4]) berichtet: „Bußboem verdryfft den duvel dat he neene stede mach in dem huße. vnde darumme leth men an velen enden gemeynliken bußboem wyghen up dem Palmdach meer wen ander kruet" [5]). Das Kräuterbuch des Hieronymus Bock v. J. 1546 bildet neben dem Holzschnitt des B.s den davoneilenden Teufel ab. Vielleicht hängt damit auch die sprichwörtliche Redensart zusammen „einen Ketzer mit B. bestecken und dem Pluto (Teufel) zum Neujahr schenken" [6]). Die geweihten B.zweige schützen vor Blitzgefahr [7]), bewahren das Vieh vor Krankheit und bösem Zauber (Aargau) [8]). Der B. bringt Glück, daher stecken ihn die Burschen bei der Aushebung zu sich, um frei zu werden, oder nehmen davon ein Ästchen, wenn sie eine Reise tun, zu sich (Siebenbürgen) [9]).

[3]) Z. B. Franz *Benediktionen* 1, 487; Mannhardt 1, 287; Diener *Hunsrück* 230. [4]) Lübeck 1520. [5]) Schiller *Tierbuch* 2, 23; ebenso im Ortus Sanitatis, deutsch, Mainz 1485, Kap. 70. [6]) Grimmelshausen *Simpl.* 3. Buch, 5. Kap.; vgl. auch Wander *Sprichwörterlexikon* 1, 500. [7]) Leithaeuser *Berg. Pflanzennamen* 11. [8]) SchweizId. 4, 999; ebenso in Frankreich: Sébillot *Folk-Lore* 3, 381; Rolland *Flore pop.* 9, 247 f. [9]) Schullerus *Pflanzen* 88.

3. Als Orakelpflanze wird der B. am Matthiastage (24. Febr.) [10]) von den Mädchen benutzt: Wenn sie mit verbundenen Augen an den auf den Tisch gelegten B.zweig kommen, so werden sie noch in demselben Jahr Braut [11]). An Weihnachten oder Neujahr werden in einen mit Wasser gefüllten Teller so viele B.blätter gelegt, als Familienmitglieder vorhanden sind, und jedes Blatt wird mit dem Namen eines solchen bezeichnet. Wessen Blatt am Morgen grün ist, bleibt gesund, ein fleckiges Blatt bedeutet Krankheit, ein schwarzes Tod [12]). Wölbt sich das auf einen heißen Ofen oder in die heiße Feuerstelle gelegte B.blatt, so kommt der Soldat gut vom Krieg nach Hause, schrumpft es zusammen, so wird er verwundet, wird es schwarz, so stirbt er [13]). Die bulgarischen Mädchen legen zwei B.blätter auf den warmen Herd; kommen die beiden Blätter beim Trocknen und Rollen zusammen, so bedeutet dies baldige Heirat [14]). Auch in Frankreich sind Orakel mit den auf den heißen Ofen gelegten B.blättern gebräuchlich. Es wird hier besonders auf das Knistern der eintrocknenden Blätter geachtet [15]).

[10]) Orakeltag in Liebesangelegenheiten vgl. Sartori *Sitte u. Brauch* 3, 90. [11]) Heßler *Hessen* 2, 93. [12]) Schullerus *Pflanzen* 84. [13]) Ebd. 89. [14]) Arnaudoff *Bulgar. Festbräuche* 1917, 21. [15]) Sébillot *Folk-Lore* 3, 296; Rolland *Flore pop.* 9, 248.

4. In der Sympathiemedizin werden „Fieberpackerln" benutzt, die 72 B.blätter [16]) enthalten. Sie werden vom Kranken abends um den Hals gehängt und dann morgens weggenommen [17]) oder nach dem „Abzählen" (s. zählen) von 72 bis 1 in fließendes Wasser geworfen [18]). Die Blätter des als „Palm" geweihten B.s werden gegen starkes Fieber gekaut [19]). In die vom Boden aufgenommene und in einen Topf geworfene Fußspur eines Menschen wird B. gepflanzt. Wie dieser wächst, so muß der Mensch vergehen [21]). Unter einem B. schlafen gilt als gefährlich [21]). „Paternoster" (Rosenkränze), Löffel oder Messerhefte aus B.holz benehmen die Lust zur Unkeuschheit [22]).

[16]) Zur Zahl „72" vgl. ZfVk. 23, 69 f. [17]) Fossel *Volksmedizin* 130. [18]) Andrian *Altaussee* 134. [19]) Wilde *Pfalz* 38; übrigens wurden die B.blätter in der älteren Medizin gegen Wechselfieber verwendet. [20]) Schiller *Tierbuch* 2, 23. [21]) Buck *Volksmedizin* 33; der B. enthält tatsächlich giftige Alkaloide. [22]) Ortus Sanitatis, deutsch, Mainz 1485, Kap. 70.

Marzell.

Buchstabe. Die einzelnen B.n des Alphabets (s. d.) dienen in mannigfacher Weise zu Zauber und Symbolik. Anregung dazu kann kommen von antiken Zaubervorschriften, von dem A und O und anderen geheimnisvollen Wörtern in der Bibel, aus der Kabbala, vom Runenzauber oder gelegentlichen Anlässen, indem bestimmte Wörter, Sätze oder Sprüche mit den betreffenden B.n anfingen. Oft handelt es sich natürlich um einfachen Humbug, und die Hexenmeister setzen irgend etwas geheimnisvoll Aussehendes hin. Denn seit den frühsten Zeiten, schon bei den alten Ägyptern, „war die Unverständlichkeit der Worte die Vorbedingung für die Zauberkraft der Formel“ [1]).

Unsprechbare B.nzusammenstellungen, denen nur schwer ein Sinn abzugewinnen ist, werden empfohlen für sehr verschiedenartige Zauberhandlungen, zur Blutbesprechung [2]). „Vor das Reissen“ empfehlen die „Neunzig Geheimnisse“ sechs Zeilen, in denen, nur leise verstellt, u. a. sich die Worte „die Dummen werden nicht alle“ verbergen. Sie müssen auf einen Zettel geschrieben, neun Tage angehängt und ins fließende Wasser getragen, dem Wasser entgegengeworfen werden [3]). Wenn ein Vieh bezaubert ist, so nagle über die Stalltüre I + I, von weiteren Kreuzen umgeben [4]). Auf dem Tridentinum trugen geistliche Herren gegen die Pest den Zachariassegen (s. d.):

+ Z. + D. I. A. + B. I. Z.
+ S. A. B. + Z. H. G. F.
+ B. F. R. S. [5]).

Gegen Krampf soll ein ähnlich beschriebenes Papier in ein Stücklein ungebleichtes Tuch eingeschlagen und in einer ungeraden Stunde umgehängt werden (in Berghüllen-Blaubeuren) [6]). Ein Himmelsbrief enthält dergleichen Zeichen [7]). Um „immer viel Glück zu haben“, soll man bestimmte Buchstaben bei sich tragen [8]), und aus Württemberg wird empfohlen: „Wer die sieben Buchstaben: A. M. U. L. E. T. S. (also: Amulets!) auf der rechten Seite trägt, der kann von keinem bösen Menschen betrogen werden“ [9]). Auch soll man das Papier oder die andern Gegenstände, auf die die B.n geschrieben sind, verzehren [10]).

Wie solche B.nzusammenstellungen zu verstehen sind und woher sie jeweils stammen, ist naturgemäß oft nicht oder schwer zu sagen. Aus dem antiken Zauber stammen die dort κλίματα genannten Figuren. Ein Zauberwort, etwa abracadabra (s. d.), wird immer wieder um einen B.n an einer oder beiden Seiten verkürzt Zeile unter Zeile hingeschrieben, so daß ein Dreieck entsteht, an dessen unterer Spitze sich nur das a noch befindet (Schwindeformel) [11]). Auch das bekannte B.nquadrat aus sator arepo tenet opera rotas (s. d.), das die Kräfte der verschiedenen Gruppierungen dieser Wörter entfesselt [12]), stammt aus antiker Zeit, ebenso Pentagramme (s. d.), Hexagramme (s. d.), die mitunter durch B.n geziert vorkommen [13]).

Aus der Bibel begegnet außer dem AO das INRI (s. d.) als Zauberschutz [14]), das Ananisapta (s. d.), z. B. als Tiroler Hausspruch [15]), u. a. m.

Kabbalistische Umdeutung von B.n zu Zahlen scheint im deutschen Volksglauben kaum vorzukommen, und unmittelbares Fortleben des Runenzaubers ist natürlich schwer zu beweisen; beides kann aber jederzeit auftauchen und ist bei Entzifferung rätselhafter B.nreihen mitunter vielleicht heranzuziehen.

B.n sind ferner sicherlich oft als Wortanfang für damit gemeinte Worte, Verse, Sprüche hingeschrieben, vgl. z. B. oben das zweimalige I wohl für Jesus. So mögen oft kirchliche Benediktionen dahinterstecken [16]), oder Zeilen aus Losbüchern [17]), wie sie in vielen Literaturen entstanden sind.

[1]) Hälsig *Zauberspruch* 20. [2]) Bartsch *Mecklenburg* 2, 381. [3]) Seyfarth *Sachsen* 155; Ganzlin 21 Nr. 39. [4]) Romanusb. 35. Ein ähnlicher Viehschutz: Frischbier *Hexenspr.* 13—14; Ganzlin 19 Nr. 30. [5]) Geistl. Schild 19. [6]) Höhn *Volksheilkunde* 1, 129. [7]) Ganzlin 15. [8]) Köhler *Voigtland* 410. [9]) Wuttke 179 § 244. [10]) Seyfarth *Sachsen* 152; Andrian *Über Wortaberglauben.* Korresp.Bl. d. dt. Ges. f. Anthropol., Ethn. u. Urgesch. 27 (1896), 112 Nr. 10. [11]) Dornseiff *Alphabet* 63 ff.;

Wuttke a. a. O. [12]) Dornseiff ebd. 79 mit Nachtr. Dort Übersicht über die Erklärungsversuche. Dazu noch Friedenthal *Menschheitskunde*. Leipzig 1927, 102; Wuttke 180. [13]) Wuttke 179. [14]) Ebd. [15]) HessBl. 20 (1921), 6; ZfVk. 1 (1891), 104, zur Art der dortigen Deutung (Notarikon): Dornseiff *Alphabet* 137. [16]) Dornseiff *Alphabet* 78. [17]) Ebd. 152 ff. Dornseiff.

Buchweizen (Fagopyrum esculentum).

1. Botanisches. Der B. ist ein Knöterichgewächs mit pfeil- bis herzförmigen Blättern und weißen oder rötlichen Blüten. Seine Früchte sind dreikantige Nüßchen. Er wird in manchen Gegenden (z. B. Ostpreußen, Nordwestdeutschland, Tirol) auf dürftigem Sand- oder Heideboden gebaut. Seine Heimat ist das mittlere Asien. Erst gegen Ende des Ma.s kam er nach Europa [1]).

[1]) Marzell *Kräuterbuch* 213 f.

2. Im westlichen Deutschland liefert der B. ein Festgebäck, so am Donnerstag vor Fastnacht [2]) oder am Martinitag [3]). Am Neujahrstag muß man den Kühen B.stroh zu fressen geben, daß sie bald trächtig werden [4]). Hier scheint der B. ähnlich wie die Hirse (s. d.) ein Fruchtbarkeitssymbol zu sein.

[2]) Wrede *Eifel*² 206; ebenso im Vlämischen: Höfler *Fastnacht* 38; Rolland *Flore pop.* 9, 271. [3]) Pfannenschmid *Erntefeste* 216. [4]) Bartsch *Mecklenburg* 2, 233.

3. Über Saat und Gedeihen des B.s findet sich nur wenig deutscher Aberglaube. Am Weihnachtsabend taucht man ein Fichtenreis in Weihwasser und steckt es über Nacht ins Freie. Hat das Reis am Christtag viel Eisperlen, so wird der B. der ersten Aussaat recht gut, sind keine Eisperlen daran, so wird die B.saat nicht gut ausfallen. In entsprechender Weise gilt Silvester als Orakel für die zweite und Dreikönig für die dritte Aussaat (Steiermark) [5]). Das Orakel scheint südslavischer Herkunft zu sein [6]). Der B. soll ausgesät werden am Urbanstag [7]), am Siebenschläfertag (27. Juni) [8]), bei Mondenschein [9]). Wie die Vizebohnen (Phaseolus vulgaris) geraten, so gerät auch der B.[10]). Wenn es viel donnert und blitzt, so setzt der B. wenig Korn an (Frankfurt a. O.) [11]).

[5]) ZföVk. 6, 173. [6]) Schneeweis *Weihnachtsbräuche* 131. [7]) Dithmarschen: ZfVk. 24, 58; Posen: Rogasener Familienblatt 1 (1897), 18. [8]) Freiburg i. B.; Pennsylvanien: Fogel *Pennsylvania* 202. [9]) Strackerjan 1, 106. [10]) Ders. 2, 130. [11]) Wander *Sprichwörterlexikon* 1, 674; in der Basse-Bretagne glaubt man das Gegenteil: Rolland *Flore pop.* 9, 182.

4. Der Fieberkranke schüttelt eine Handvoll B. zwischen den Händen und streut ihn dann aus; geht der B. auf, so verschwindet das Fieber [12]).

[12]) Strackerjan 1, 74. Marzell.

Buckliger. Der Angang krüppelhafter Menschen (Lahmer, Einäugiger, Blinder, B.) galt schon im Altertum als unheilvoll [1]). Das Christentum rottete diesen Glauben nicht aus; so gelten Bucklige als „von Gott gezeichnet", denen man aus dem Wege gehen soll [2]); deswegen denkt man sich auch die Hexen hinkend und buckelig [3]).

Gegen den Buckel schneidet man in Deutschböhmen von einer kräftigen vollbelaubten Eiche im Frühjahr bei zunehmendem Mond einen Ast mit einem Schnitt ab, bestreicht damit den Buckel und bewahrt den Ast an einem kühlen und dunklen Ort auf [4]).

[1] Grimm *Mythol.* 2, 942; Stemplinger *Abergl.* 45. [2]) Wuttke § 307. [3]) Heyl *Tirol* 305 N. 122. [4]) Hovorka-Kronfeld 2, 471. Stemplinger.

Buddejäger s. Ewiger Jäger.

Buddemann s. Scheuche.

Bühne s. Schauspieler.

Buko. In einem weitverbreiteten, ursprünglich niederdeutschen Kinderliede wird ein B., meist mit einer näheren Ortsangabe (von Halberstadt, Halle, Bremen u. ä.), aufgefordert, dem Kinde Geschenke mitzubringen [1]). — Damit ist wohl ein hilfreicher Hausgeist gemeint, der mit kinderfreundlichen historischen Persönlichkeiten (Bischof Bucco von Halberstadt) vermengt wurde [2]). Andere denken an den Marienkäfer (coccinella septempunctata) [3]), obgleich es unklar erscheint, weshalb dieser als Geschenkspender auftreten soll. Ob alte mythologische Erinnerungen zugrunde liegen, ist zweifelhaft [4]).

[1]) Reichste Variantensammlung bei Wossidlo *Mecklenburg* 3, 30 ff. 298 ff. Dazu Ergänzungen durch Deiter Korrbl. f. nd. Sprachf. 34, 36 f.; Mensing *Schleswig-Holstein.Wb.* 1, 565 ff. [2]) ZfrwVk. 1905, 316. [3]) Wossidlo a. a. O. 302 f. [4]) Grimm *Myth.* 2, 552. Stammler.

Bulle s. Stier.

Bullkater, zu *Bull*, vgl. mhd. *bullen*, *büllen* „heulen" (vom Winde), bellen, brüllen. Nächstverwandt sind Worte wie *bullern*, „bollern, poltern". *Kater* oder Katze ist eine gängige Bezeichnung für Wetterwolken.

I. Grundvorstellung. B. ist ursprünglich (in Norddeutschland heute noch) die am Himmel aufziehende schwarze Wind- und Gewitterwolke, ein Relikt germanischen Naturdämonenglaubens [1]). In der Provinz Sachsen nennt man die Gewitterwolken Murrkater oder Schwarze Kater („da kommt ein schwarzer Kater herauf", „da steht ein Murrkater", Liegnitz: „Ach die grauen Wolken, das sind die rechten Katzen") [2]).

[1]) Meyer *Germ. Myth.* 104. [2]) Mannhardt 2, 173 A.

II. Abgeleitete Vorstellungen. Infolge der mannigfachen Einwirkungen der Wetterwolken (Gewitterregen usw.) auf das menschliche Leben hat der B. in mehrfacher Form als Dämon der Fruchtbarkeit (in Tier- und Menschengestalt) bei den Deutschen und einem Teil der West- und Nordfranzosen Gestalt gewonnen.

1. B. als Korndämon. Aus dem Empfinden des Naturmenschen für die das Korn befruchtende Wirkung des Gewitterregens ist die Übertragung der Bezeichnung B. auf einen im Korn wohnenden Fruchtbarkeitsdämon leicht verständlich. Die Vorstellung von der Katze bleibt erhalten. So spricht man davon, daß „der Kornkater im Korn geht" [3]) (Kr. Buttstädt). Die langen Wellenlinien, die besonders beim aufziehenden Gewitter der Wind durch die großen Getreidefelder Norddeutschlands jagt, versteht man als eine Regung der Korndämonen. So spricht man davon, daß „die Windkatzen im Getreide laufen, die Wetterkatzen im Korn sind" (Umgebung Bremens, Lüneburger Heide). Mäht man das Getreide, so heißt es im Kreise Freistadt (Schlesien), „man hasche den Kater". Beim Dreschen heißt ebenfalls in Schlesien (Grünberg) der, der den letzten Flegelschlag tut, „der Kater" [4]). Dieser Anschauung liegt wohl der Gedanke zugrunde, den Getreidesegen einer Ernte zum eigenen Nutz und Frommen festhalten und genießen zu wollen.

[3]) Nach einigen Erklärern ist der Ausdruck dann gebraucht, wenn man das oft über Heide, Wiesen und großen Feldern im Hochsommer zu beobachtende Flimmern der heißen Luft wahrnimmt: Kück *Wetterglaube* 136; s. Wetterkatze. [4]) Die gleichen Vorstellungen von den Korndämonen in Katzengestalt existieren in Westfrankreich, wo man z. B. in der Umgebung von Vesoul beim Abernten des letzten Halmes sagt: nous tenons le chat par la queue, vgl. Mannhardt 2, 173 A.

2. B. als Bullemann (böser Mann, heimtückisches Gespenst). Andrerseits hat die mit dem Aufziehen von Wetterwolken drohende Gewittergefahr und das unberechenbarem Blitzschlag gegenüber sich äußernde Ohnmachtgefühl des Menschen den B. zu einem bösen Mann werden lassen, dessen Stimme dumpf wie das ferne Grollen des Donners tönt [5]). Mit der Drohung seines Kommens schreckt man vor allem Kinder [5]); vgl. die verwandte Vorstellung von der Holzkatze, einem katzengestaltigen Walddämon, den man in Eisfeld (Meiningen) kennt: sind unfolgsame Kinder auf dem Felde, so schreckt man sie mit dem Rufe „die Holzkatze kommt" [6]). Um den in der Ferne grollenden Donner nachzuahmen, schlägt man in Mecklenburg so gegen die Türe, daß es ein dumpfes Geräusch gibt, oder ruft ein langgezogenes grausiges „buu", indem man hinzusetzt: „hürst du, de B. kümmt" [7]).

[5]) Bartsch *Mecklenburg* 2, 127. [6]) Mannhardt 2, 172 A. 3. [7]) Bartsch *Mecklenburg* 2, 127. Dieser Glaube ist auf Mitteldeutschland und Norddeutschland beschränkt. Ich trage daher große Bedenken, ohne weiteres mit dem B. genannten Gespenst den südd.

„Bullemann" zusammenzustellen, von dem Reiser *Allgäu* 1, 83 f. berichtet, daß derselbe sich überall in Schluchten, Tobeln, unter Brücken zumal vor dem Hereinbruch der Nacht aufhalte, um Kinder, die kein reines Gewissen haben, zu ängstigen.

3. Mischvorstellungen. Endlich seien einige Volksanschauungen vom B. erwähnt, in denen der getreidespendende Dämon und der böse Mann verbunden erscheinen. Hieraus ergibt sich auch noch eine andere Möglichkeit der Erklärung, wie B. zu einem Gespenst wurde. Um das Korn vor dem unnützen Betreten durch Kinder zu schützen, macht man die Kleinen bei Probstei (Umgebung von Kiel) glauben, „der B. sitze im Korn" [8]). Der B. im Korn ist launisch: ein fauler Schnitter beklagt seine Mühen mit der verpönten Formel, „die Katze wolle ihm auf den Buckel springen" [9]). Mit diesem Betonen des Bösartigen im Korndämon steht wohl der gelegentlich bezeugte Brauch in Zusammenhang, nach dem Ausdreschen der letzten Halme auf dem Gutshofe eine Katze totzuschlagen, eine übrigens auch in Nordfrankreich bekannte Sitte. (Umgebung von Amiens: On va bouffer [tuer] le chat). Aus dem andern Erntebrauch, der das Einführen des Korndämons zum Segen des Hauses darstellt (s. u.), entwickelte sich die Anschauung vom B. als lebenspendendem, aber auch ängstigendem Dämon, die wir noch am Anfang des vorigen Jahrhunderts in Schweden bezeugt haben in dem Erscheinen des B.s zur Weihnachtszeit [10]), vielleicht heute noch gefeiert im Kreise Franzburg, Reg.-Bez. Stralsund [11]). Am Weihnachtsfeste, dem alten Julfest, kommt ein Mann mit fürchterlicher Maske auf einem Ziegenbocke in die Häuser; in der Hand führt er eine Rute. Dieser Brauch muß in engstem Zusammenhang mit einem aus Schlesien bezeugten Erntebrauch stehen [12]): Hier schmückt man den Schnitter, der zuletzt fertig wird — auch er erhält den Namen „Kater" —, mit Roggenhalmen, grünen Reisern und einem langen Schwanze. Hinter diesem „gehaschten Kater" ziehen alle Erntearbeiter zum Hof ein. Der Kater muß bei dem Zuge alle in Sicht kommenden Personen, namentlich Kinder, mit Rutenschlägen (die Rute ist die Wachstum verleihende Lebensrute s. u.) vertreiben. So liegt vermutlich auch dem Umgehen des B.s an Weihnachten ein Rest alten Segens- und Erntezaubers (Donarkult?) zugrunde; über die Rute s. o.; der Ziegenbock ist doch wohl der Blitz (s. d.) [13]), aus dessen erstem Erscheinen beim Jahresanfang die Fruchtbarkeit geweissagt wurde (s. Blitz). — Unter dem Einfluß des Christentums ist der alte B. allmählich verdrängt worden. Man begann ihn einfach zu ersetzen durch den Heiligen des 6. Dezember, St. Niklas, der aber ganz den Charakter des alten Erntedämons angenommen hat [14]). Die Süßigkeiten, die er bringt, deuten die Fruchtbarkeit des kommenden Jahres an [15]) (dann übertragen, daß alles im Jahre wohl vonstatten gehe; letztere Auffassung leitet sich aber sicher von den antiken Neujahrsbräuchen her) [16]), die Rute in seiner Hand ist die das Wachstum fördernde Lebensrute [17]) wie bei dem B. genannten Weihnachtsgespenst [18]).

[8]) Mannhardt 2, 173 A. [9]) Ebd. 2, 173 A. [10]) E. M. Arndt *Erinnerungen aus Schweden*. Berl. 1818, 366. Die Erklärung als Stierkater ist sicher falsch: Mannhardt 2, 174 A. oben. [11]) Mannhardt ebd. [12]) Ebd. 2, 173 A. [13]) Meyer *Germ. Myth.* 100 f. 110; Mannhardt 2, 173 f. [14]) Mannhardt 2, 184 A. 2 (sehr eingehend). Macht sich hier die Einführung des gregorianischen Kalenders geltend? Vgl. Art. Bauernregeln. [15]) Meyer *Germ. Myth.* 101. In Schwaben formt man das Gebäck zu Tieren (Springerle), hauptsächlich Böcken (s. Habergeiß). [16]) Ovid *Fast.* I 185—189; Bilfinger *Das germ. Julfest* 58 ff. [17]) Mannhardt 2, 187 A. [18]) Vgl. auch Meyer *Germ. Myth.* 101 unten.

4. Metaphorisch wird B. in Redensarten gebraucht, in denen ebenfalls die Anschauungen des Erntedämons und des Gewitterdämons noch deutlich erkennbar nachwirken [19]). Alle drei Zeugnisse stammen aus Norddeutschland: „1. Sick to 'n B. maken" sagt man, wenn man einen zornigen und grausamen Charakter beschreiben will; 2. „se hebben mal ens bullkatert", wenn man das Weihnachtsfest etwas wild gefeiert hat [20]); 3. „Morgen frouh könnt s' de Wērkatten danzen hören" in der Lüneburger Heide

von dem Katzenjammer d. h. Schädelbrummen (Kater!) am folgenden Tage nach übermäßigem Alkoholgenuß [21]).

Vgl. Atmosphäre, Wolke.

[19]) E. M. Arndt *Nebenstunden* 442; Hinweis bei Heckscher 212. [20]) E. M. Arndt *Nebenstunden* 443; Heckscher ebd. [21]) Kück *Wetterglaube* 138.

Außerdem manches bei Heckscher 174. 175 aus E. M. Arndts *Schriften* mit Ergänzungen der modernen Parallelen (z. T. falsch) 426. Bullemann und Butzemann gehören ihrem Ursprung nach so wenig zusammen wie Bullemann und Bullkater. Stegemann.

Bumann, auch Bukerl, Bomann (Quedlinburg), Bäumann (Köln). Kinderschreck (s. d.) in Niederdeutschland, ,,schwarzer Mann" ohne deutlich umrissene Gestalt. ,,Der B. haust in Wassergräben, Tümpeln, Brunnen oder in dunklen Winkeln des Kellers, Stalles, Bodens; zuweilen reitet er auch auf einem großen Pferd umher, eine große Rute in der Hand, dann dürfen die Kinder nicht mehr draußen spielen, sondern müssen ins Bett" [1]). Schreiende Kinder werden bedroht: B kümt un nimt di mit, stickt di in Sack! [2]) Der Name stammt aus der Kinderstube (bū ist Schrecklaut) [3]). — Dem ndd. B. entspricht in Oberdeutschland der Böli- und Bullemann (s. Bullkater II, 2) und Butzemann (s. d.).

[1]) Mensing *Schlesw.-Holst.Wb.* 1, 578. [2]) Müllenhoff *Sagen*² 545 zu Nr. 499. [3]) Mensing *Wb.* 1, 556. Im übrigen vgl. noch z. B. Richey *Id. Hamburgense* 28; *Brem.Wb.* 1, 153; Strackerjan 1, 422; Ndd. Jahrb. 29, 145 (Quedlinbg.); Hönig *Köln* 13. 22; andre Literatur s. Heckscher 426. Ranke.

Bündelchen. Unter Bündele, Bünteli versteht man in Süddeutschland und in der Schweiz Säckchen mit amulettähnlichen Dingen; sie finden im Heil- und Abwehrzauber Verwendung und kommen unter anderen Bezeichnungen auch im übrigen Deutschland vor. Es handelt sich dabei um eine Häufung der Zaubermittel [1]); Gegenstände, deren jeder für sich schon bei bestimmten Gelegenheiten als zauberkräftig gilt, werden, ebenso wie Kräuter und aufgeschriebene Segensformeln, zusammengetan. Mit jedem neuen Ding erhöht sich die Kraft des Ganzen, und der Träger oder Besitzer sichert sich auf diese Weise gewissermaßen ein Universalmittel gegen alle Unglücksfälle, die ihn, seine Familie und seine Habe heimsuchen könnten.

Amuletthäufungen von Tier-, Pflanzen- und Mineralteilen finden sich schon in Gräbern der Bronzezeit [2]). Gregor von Tours erzählt von einem Betrüger, der statt spanischer Reliquien einen Sack voll merkwürdiger Dinge bei sich führte: Wurzeln und Kräuter, Maulwurfszähne, Mäuseknochen, Bärenklauen und -fett [3]). 1715 kam zu Jena in einer Gerichtsverhandlung über eine Schatzgräberei, die mit dem Tode zweier der Beteiligten endete, eine ganze Mustersammlung verschiedenartigster Amulette zutage. Darunter waren auch zwei B., und zwar eine hölzerne länglich rund gedrechselte Büchse mit drei Inschriftsiegeln, zehn in Papier gewickelten Pfennigen, einem ,,böhmischen" Diamanten, einem beschriebenen Zettel, einem Fetzen von einem weißen Wieselfell, einem Messingstück mit magischen Zeichen und etwas Baumwolle, sowie ein viereckiges ledernes Beutelchen, an einem Riemen um den Leib zu tragen, mit einer in den Anfang des Johannisevangeliums gewickelten Glückshaube, einem Bleisigillum mit Inschrift, einem Bild des heiligen Nikolaus, einem Stück Leinwand mit Menstrualblut, einem Zettel mit des Schatzgräbers Geburtsstunde, vier kleinen Korallenzinken, zwei Stückchen Hyazinth und einem Stückchen Lapislazuli [4]). Um 1800 pflegten die Mönche des Klosters Beurig in den Dörfern Lebensmittel gegen sogenannte ,,Deibelsgäschel" einzutauschen. Eine solche Teufelspeitsche [5]) galt als Abwehrmittel gegen alle Angriffe des Bösen und bestand aus einer Unterlage mit neun Bildfeldern auf der Vorder- und zwei auf der Rückseite, ferner dem Allerheiligsten: einer Madonnenstatue aus Gips und andern Kleinamuletten, und schließlich noch einem, mannigfaltige Kräuter enthaltenden, zusammengefalteten Papier mit denselben Heiligen wie auf den Bildern und der Unterschrift: Contra Maleficiam Contra Ignem Pestem et Tempestatem [6]). Volkstümliche Arzneibücher des 18. Jh. empfehlen B. gegen die verschiedensten inneren und äußeren Krankheiten sowie als Mittel, kugelfest oder beliebt zu werden [7]). Dieser Abwehrzauber durch Amuletthäufungen hat sich bis in die Gegenwart hinein erhalten. In Böhmen hängt man der Wöchnerin ein solches Päckchen an einer Schlinge um den Hals [8]). In Oberbayern gebraucht man gegen Krankheiten, besonders gegen Krämpfe, die Frais- und Gichtbeten, mit einem roten Faden zusammengebundene Amulette verschiedener Art [9]). Dabei kann das einzelne Glied einer solchen Kette wiederum aus einem B. bestehen, wie die „Fleischlis-Täfala" im Frankenwald, ein etwa einen Quadratzoll großes messingblechumrandetes Ledersäckchen mit höckerigem Inhalt (Wurzel oder Samen) [10]). Im Samland bindet man der Wöchnerin und ihrem Kinde B. an, die Tharant, Baldrian, Kreuzkümmel, Teufelsdreck, Knoblauch, Salz, Brot, Stahl und Geld enthalten [11]). In Baden tut man Papierstreifen mit Bibelsprüchen hinein [12]); in der Schweiz sollen „dreiergattig" (dreierlei) Sachen darin sein [13]); ein altes Simmenthaler Mittel zur Gewöhnung der Säuglinge an die Mutterbrust empfiehlt dreifach Rauten, Immergrün und Allermannsharnisch, daraus ein „bündelin gemacht und dem kind daß Mul gereiben der Mutter daß Büppy (Brustwarze) und der Mutter angehenkt" [14]). Sind in den meisten dieser Beispiele Gegenstands- und Wort- oder Zeichenamulette in dem B. miteinander vereint, so treten die letzteren auch allein in der Häufung auf. Schon die Anschauung, daß ein geschriebenes oder gedrucktes Zauberbuch mit seinen verschiedenartigen Rezepten und Anweisungen als Ganzes abwehrkräftig sei gegen allerlei Übel, weist darauf hin, daß neben dem gelegentlichen Gebrauch des einen oder andern Segens das Buch selbst als Kollektivschutz gewertet wurde. Und ebenso ist es mit gewissen Haus- oder Schutzbriefen, die aus einer Reihe von Einzelsegen und -bitten zusammengesetzt und mit den Bildern von Schutzpatronen für ganz verschiedene Fährnisse geschmückt sind [15]).

Je nach dem besonderen Zweck des B.s ist seine Verwendung eine andere. Denkt man ganz allgemein an die Beschirmung des Hofes und seiner Insassen, so hängt man es wie den Schutzbrief im Hause auf, nagelt es an die Tür oder Schwelle des Stalles [1]) oder verwahrt es sonstwie. Ist es in erster Linie auf den Schutz eines Einzelmenschen abgesehen, so trägt es der Eigentümer bei sich und zwar auf dem bloßen Leibe [16]). Dem Kranken bindet man's um den Hals [12]) [8]) [11]) [17]); einem Kindlein wurde es in solchem Falle „am dritten Tag Neumond vor Sonnenaufgang angelegt und am 9. Tag wieder vor Sonnenaufgang abgenohmen und in ein Rührendt Waser geworfen" [18]) oder auch ungeöffnet vergraben [12]). Den Inhalt darf der Kranke nicht kennen [7]); deshalb kann er auch das B. nicht öffnen, ohne es zu zerstören [10]).

Sofern man ein B. nicht ererbt hat, muß man es schon vom Nachbarn oder gar aus dem nächsten Dorfe entleihen [10]). Quacksalber halten es auch wohl feil [7]), doch kann man es meistens nur erhalten von solchen Leuten, denen man auch sonst übernatürliche Kräfte beimißt [12]) oder vielleicht gar eine Verbindung mit dem Teufel nachsagt. Bei dem Gebrauch aber soll man sich durch nichts abschrecken lassen. Als man einst im Kanton Zürich ein solches B. einem behexten Kinde in die Tasche tat, krachte es durchs ganze Haus, und als das Kind es herausnahm und fortwarf, flog es in der Stube herum, daß man es kaum wieder einfangen konnte. Daraufhin nähten es die Eltern dem Kinde ins Futter, und die Krankheit verging [19]).

S. Amulett, Breve.

[1]) Helm *Die Häufung der Zaubermittel* in SAVk. 20, 177 ff. Vgl. Amulett [59]). [2]) Ebd. 177.

[3]) Gregor v. Tours *Historia Francorum* lib. 9, cap. 6. [4]) SAVk. 20, 179. [5]) Ebd. 28, 81 ff. [6]) ZfrwVk. 7, 1 ff. Ganz ähnliche „Gweichtel" einer Fraiskette mit Abb. bei Villiers-Pachinger *Amulette und Talismane*. München (1927), Taf. 8. [7]) Messikommer 1, 174 f. [8]) John *Westböhmen* 105 ff. 273. [9]) Andree-Eysn *Volkskundl.* 144 ff. 136. [10]) Flügel *Volksmedizin* 54. [11]) Urquell 1, 133. [12]) Meyer *Baden* 564. [13]) SAVk. 21, 48 f. [14]) Zahler *Simmenthal* 59. [15]) Vgl. Andree-Eysn *Volkskundl.* 67 ff. [16]) SAVk. 21, 54. [17]) HessBl. 25, 194 ff. [18]) SAVk. 2, 262. [19]) SAVk. 2, 273. Freudenthal.

bunt s. Farbe.

Burchard von Worms.

Vita Burchardi episcopi ed. Waitz MG. SS. 4, 829—846; neu herausg. von H. Boos *Quellen der Wormser Geschichte* 3 (1893), 97 bis 127.

Herm. Grosch *Burchard I., Bischof zu Worms*. Diss. Jena 1895; H. Boos *Geschichte der rheinischen Städtekultur* 1, 253—309; Wattenbach 1 [7], 397—399; A. M. Königer *Burchard I. von Worms und die deutsche Kirche seiner Zeit* 1905.

1. Geboren um 960 im Hessengau, Schüler des Albert von Gembloux zu Lobbes, später Kanonikus zu Mainz und Probst des Viktorstifts; Bischof von Worms seit 1000, gestorben 1025.

Als Bischof ausgezeichnet durch seine rege Tätigkeit, die allen Gebieten der Verwaltung und kirchlichen Einrichtung zugute kam. Ihr verdankt auch sein Hauptwerk seine Entstehung, das er mit Hilfe Alberts und wohl auch anderer Mitarbeiter in den Jahren zwischen etwa 1011 und 1023 verfaßte [1]), die *Decretorum libri viginti* [2]).

[1]) Grosch 55. [2]) Zuerst gedruckt Köln 1548; jetzt bei Migne *Patr. lat.* 140, 537 1058.

2. B.s Werk war die bis dahin vollständigste Sammlung kirchlicher Satzungen, die in einem wenn auch nicht immer geschickten doch übersichtlichen System zusammengestellt sind. Die Sammlung umfaßt, mit Ausnahme des Dogmatischen, die ganze Menge der in der kirchlichen Praxis begegnenden Fragen, besonders auch die Poenitentialbestimmungen.

Vom Aberglauben wird dabei an verschiedenen Stellen gehandelt [3]). Buch I enthält in Kapitel 94 die Bußfragen, die der Bischof oder sein Vertreter bei der Bereisung der Diözese stellen soll; die Fragen 9. 42—45. 49—52 und 54 beziehen sich auf abergläubische Bräuche. Das ganze Buch X (*de incantatoribus et auguribus*) wendet sich gegen Zauberei und Wahrsagung. Das Buch XIX mit dem Titel *Corrector et Medicus* [4]) enthält in Kap. 5 siebenundvierzig Bußfragen, die sich mit Aberglauben befassen; hinzu kommt noch Kap. 152.

[3]) Gesammelt abgedruckt bei Grimm *Myth.* 3, 404—411. [4]) Separatdruck von Kap. 5 bis 33 (mit anderer Zählung als bei Migne); von Wasserschleben *Bußordnungen* 624 bis 676. Kritische Ausgabe von Kap. 1—33 bei H. J. Schmitz *Die Bußbücher und das kanonische Bußverfahren* (Düsseldorf 1898) 407 bis 467 (mit vorausgestellter Untersuchung 381 ff.). Die den Aberglauben betreffenden Abschnitte aus Kap. 5 mit besonderer Zählung auch bei Friedberg *Bußbücher* 82 bis 101. Es entsprechen sich bei Friedberg bzw. Schmitz jeweils die folgenden Nummern: Fr. 1—11 = Schm. 60—70; 12—14 = 90—92; 15—20 = 94—99; 21—24 = 101—104; 25—29 = 149—153; 30—37 = 166—173; 38—40 = 175—177; 41—43 = 179—181; 44—45 = 185—186; 46—47 = 193—194.

3. B.s Werk ist eine Kompilationsarbeit [5]). Er nennt selbst zu Beginn einige seiner Hauptquellen: Kirchenväter, ältere Canonessammlungen (wichtig der Pseudo-Isidor), Konzilsakten, Papstdekrete, das Poenitentiale Romanum, Poen. Theodori und Poen. Bedae. Andere treten hinzu [6]): Regino von Prüm (s. d.), Martin von Bracara, Hrabanus Maurus (s. d.), Caesarius von Arelat (s. d.), u. a. Meist nennt B. außerdem vor jedem Kapitel seine Quelle, wenn auch nicht immer richtig, doch gewiß kaum, wie Grosch annahm, absichtlich unrichtig [7]). Es ergibt sich daraus [8]), daß auch seine Angaben über den Aberglauben für deutsche Verhältnisse nur bedingten und sehr verschiedenen Wert haben, da das meiste aus älteren auch außerdeutschen Vorlagen nachzuweisen ist. Eine Ausnahme bildet ein Teil des Materials in Buch XIX. Zwar ist auch dieses als Ganzes eine Erweiterung [9]) der Canones des römischen Konzils von 743. Aber hier hat B. in kleineren Änderungen des Wortlauts und

größeren Zusätzen offenbar auf den heimischen Brauch Rücksicht genommen. Hierbei handelt es sich um die folgenden abergläubischen Bräuche und Anschauungen [10]) (die beigegebenen Nummern verweisen auf Friedberg): Neujahrsbräuche (3. 24; vgl. auch Schneider a. a. O.), Zauber und Besprechung beim Spinnen (5), Zauber mit Leichen und Leichenteilen (17), mit Herdfeuer und -rauch (16. 21), Krankheitserregung (38) und -heilung (16. 41), Liebes- und Impotenzzauber (35—37. 39. 45. 46), Regenzauber (47), Hexen (34), nächtliche Entrückung (34. 35), Behexung der Haustiere (32. 33), Orakel mit Bibelstellen (8), Angang (25), Wahrsagung über Krankheitsausgang (22), Totenopfer (15), Totenbannung (42. 43), sonstige Totenbräuche (18), dämonische Wesen (23), Waldweiber (28), Werwolf (27), Hulda und nachtfahrende Frauen (11. 12), Schicksalsfrauen (27), Geisterbannung durch Hahnenschrei (26), Speisung von Seelen und Dämonen (29), Quell-, Baum- und Steinkult (15).

[5]) Grosch 57 f.; E. Diederich *Das Dekret des Bischofs Burchard von Worms. Beiräge zur Geschichte seiner Quellen.* Diss. Breslau 1908 (nicht ausreichend). [6]) Vgl. Boese *Superst. Arel.* 53—56; Fed. Schneider ARw. 20, 362 f. [7]) Alb. Hauck *Über den liber decretorum B.s von Worms.* Sitzb. Leipzig 46 (1894), 65 ff. [8]) Vgl. Schönbach Sitzb. Wien 14, 7, 125. [9]) Schneider a. a. O. 360 ff. [10]) Herausgehoben bei Friedberg a. a. O. 82 ff. Helm.

Burchard (s. Burkhard) **von Würzburg.**

Vita Burchardi. AA. SS. Oct. VI, 557—594; Hahn ADB. 3, 564—566.

B. I., erster Bischof von Würzburg, gest. 754. Das ihm zugeschriebene Homiliarium [1]) enthält einige Predigten mit Mahnungen gegen Zauber, Lose und Wahrsagung (Nr. 19. 23. 25), gegen heidnische Opfer und Kultstätten (Nr. 23) und gegen Neujahrsbräuche (Nr. 3). Diese Predigten scheinen von Caesarius von Arelat (s. d.) abhängig zu sein [2]).

[1]) Im Auszug bei Eckhart *Commentaria de rebus Franciae orientalis* 1 (Würzburg 1729), 837—847. [2]) Boese *Superst. Arelat.* 36—37. Helm.

Burgbrennen heißt in der Eifel und in Luxemburg das Abbrennen der Feuer am ersten Sonntag in den Fasten, vereinzelt auch am Sonntag vor Fastnacht oder an Halbfasten [1]). Das Wort Burg bedeutet (wie in dem kurzen Sigurdliede der Edda) den hochgetürmten Scheiterhaufen. In Herscheid bei Prüm setzt man auf das die Burg krönende Kreuz eine Strohkatze [2]). Die Glaubensvorstellungen, die man mit diesen Feuern verbindet, sind die gleichen wie bei den Fastnachtsfeuern überhaupt.

[1]) Schmitz *Eifel* 1, 21; 2, 148 f.; Fontaine 28 ff.; Sartori *Sitte und Brauch* 3, 108 f.; Wrede *RheinVk.* 251 ff.; *EifelerVk.* 210 f. [2]) Wrede *EifelerVk.* 210. Sartori.

Burkhard (s.a. Burchard), hl., angelsächsischer Herkunft, einer der bekanntesten Schüler und vertrautesten Mitarbeiter des hl. Bonifatius, erster Bischof von Würzburg (741) und Erbauer des Salvatordomes dort, deshalb auch mit einem Kirchenmodell in der Rechten abgebildet, gest. 2. Februar 754, Fest am 14. Oktober, dem Tage der Translatio seiner Gebeine (1033) in die ihm zu Ehren erbaute Kirche (Burkhardi - Kirche zu Würzburg) [1]). Der B.tag sowie die ganze B.-woche galten als ungünstig für die Saat, da sie in die Zeit fallen, in der „die Seelen besonders rührig" sind [2]). Im Hennebergschen war in der B.woche ein besonderes Gebäck üblich, der Borkelsweck („Zwick"), ein langes, schmales, keilförmiges Brot aus mürbem oder einfachem Teig mit vielen Querfurchen. Man brachte es auch vom B.markt in der B.woche als Patenbrot mit. In Meiningen wünschten sich den B.weck Kinder und junge Leute oder wußten ihn sich zu verdienen [3]). Das Brot wird als „Sippe-Opferbrot" aufgefaßt und in die Reihe der Kultbrote zu Beginn des neuen Wirtschaftsabschnittes um St. Michael gestellt [4]). Ursprünglich stammen die hier aufgeführten Volksmeinungen und Bräuche vom Michaelstage her, verbanden sich aber seit Einführung des Gregorianischen Kalenders mit dem B.tag und der B.woche. Das ist deutlich zu erkennen an der Verlegung der sog. Muswiese, eines Volksfestes zu Musdorf bei Roth am See (Schwaben), und des Michaelsmarktes in die B.woche.

Am Mittwoch dieser Marktwoche tanzen die Metzger dort um ein großes Feuer, das wiederum auf die Michaelsfeuer hinweist [5]). Noch an andern Orten wurde oder wird der B.tag durch Feste mit Schmausereien gefeiert [6]).

[1]) Die ältere Vita Burchardi in MG. SS. XV, 47 ff. Die jüngere Lebensbeschreibung (*Vita S. Burchardi*) mit einer Untersuchung über den Heiligen neu herausgeg. von Bendel (Paderborn 1912); Hefner *Das Leben des hl. Burchard von Würzburg*. SA. a. d. Archiv d. Ver. f. Unterfranken und Aschaffenburg 45 (1903), 5—63; Samson *Die Heiligen als Kirchenpatrone* 154—155. [2]) Keller *Grab des Aberglaubens* 2, 191; Köhler *Voigtland* 378; Wuttke 418 § 651. [3]) Spieß *Fränkisch-Henneberg* 100. [4]) ZfVk. 11 (1901), 197 (mit Abbildung). [5]) Meier *Schwaben* 1, 450; nach diesem Reinsberg-Düringsfeld *Das festliche Jahr*² (1898), 378. [6]) Meisinger *Hinz und Kunz* 12—13. Wrede.

Bürstenorakel. Eine hsl. in Rheinau erhaltene Predigt [1]) bekämpft folgenden Neujahrsbrauch: „Es sint súntlich frŏwen, die nemen zwo búrsten und legent si crútzwis úber enander an die glůt; und ist das sich die búrsten rimpfend gegen enănder, so sŏllent zwei zesamen komen, die enander holt sind; und sŏliche ketzerliche ziperwerk tribent si uff die zit."

[1]) SAVk. 26, 281. Boehm.

Busch, brennender, der aber durch das Feuer nicht verzehrt wird, zeigt die Stelle an, wo ein Schatz liegt und gehoben werden kann [1]). Aus einem B. im Kt. Baselland stieg eine Rauchwolke, aber nirgends war Feuer zu sehen; als Zauberworte über ihn gesprochen wurden, war ein Gepolter hörbar und hörte das Rauchen auf [2]). Wohl entlehnt aus 2. Mose 3, 2.

[1]) Eckart *Südhannov. Sagen* 133; Meiche *Sagen* 726 Nr. 898. [2]) Lenggenhager *Sagen* 61. Bächtold-Stäubli.

Buschmännchen, identisch mit Zwergen. Mit einer typischen, viel zitierten Zwergensage verbunden, erscheint der Name, soweit bekannt, nur bei Haupt [1]); sie stammt aus Königshain bei Görlitz (es sei an den bes. in Görlitz verbreiteten Namen Buschmann, Puschmann erinnert). Buschmann s. wilder Jäger.

[1]) Haupt *Lausitz* 1, 40 (danach Mannhardt 1, 92; Kühnau *Sagen* 2, 74; Wolf ZfdMyth. 4, 212; Grässe *Preußen* 401). H. Naumann.

Buschgroßmutter, Buschweibchen, eine Walddämonenfigur primitivster Art, von den Mythologen des 19. Jhs. in viel zu hohe Sphären gerückt. Die Hauptquellen, auf denen im wesentlichen auch die Darstellung bei Grimm, Mannhardt, Simrock, E. H. Meyer [1]) beruht, findet man heute bei Grohmann, Vernaleken, Meiche, Kühnau, Eisel [2]) verzeichnet. Im 19. Jh. scheint der Glaube sich auf Thüringen, Sachsen, Deutsch-Böhmen, Schlesien zu beschränken. Die niemals sämtlich zugleich bezeugten, hier aber zusammengetragenen Züge der Dämonin sind: sie wohnt im tiefsten Wald, läßt sich nur alle 100 Jahre sehn, ist ein steinaltes, runzliges, kleines, tiefgebücktes, häßliches Weiblein mit langem, schneeweißem, verwildertem, verlaustem Haar, mit Moos auf den Füßen, mit Stock, Schürze, Hucke auf dem Rücken. Von ihrem Herdfeuer steigt der Nebel auf, der an den Bergen hängt. Sie will gekämmt und gelaust sein. Willfährigen und Guten ist sie gut und belohnt sie mit Laub, das zu Gold wird, oder mit unerschöpflichem Garnknäul. Sie ist böse gegen Böse und Spötter, ihr Anhauch bringt Ausschlag, sie hockt auf. Völlige Bosheit gegen beerenpflückende Kinder oder gegen Hirten, deren Kühen sie die Milch ausmelkt, ist ein besonderer Zug [3]), zu dem der dämonische Eisenkopf [4]) paßt. Sonst ist das unberechenbare Zugleich von Bösartigkeit und Güte ein grade besonders bezeichnender primitiver Zug. Aus Siebenbürgen werden noch eigentümliche Züge erwähnt: der Walache kennt eine Buschmutter, bald altes Weib, bald schöne Jungfrau, vermummt, mit stieren Augen, bei Mondschein an dunklen Stellen im Walde auftauchend [5]). Aber ebenso oft erscheint die Dämonin kollektivisch [6]), als Horde von Busch-, Wald-, Holz-, Moosweibchen, Buschrülpen mit denselben Zügen, zu denen noch 'Plotschfüße' und wimmernde Sprache kommen, vom Nachtgeist, wilden Jäger oder Teufel gehetzt, vor dem dann ein durch Gebet oder Kreuz zufällig geheiligter Baumstumpf ihre einzige Rettung ist. Holzfällern, Hirten, erfrierenden Jägern, armen Alten und Kranken sind sie hilfreich, sie geben den Leuten von ihrem im Berg gebackenen Kuchen, sie treten mit den Ackerleuten in Brottausch ein; sie verschwinden, wenn der Wald sich lichtet oder wenn die Obrigkeit den Holzsammlern und Streuholern die Wälder sperrt, denn sie lieben den Verkehr mit den Menschen. — Ganz vereinzelt findet sich schließlich auch die Vorstellung von einer Horde mit Führerin, Moosfräulein und B.[7]). Aber der im 19. Jh. gern gebrauchte Begriff Königin der Moosfräulein[8]) oder gar die Identifizierung mit den großen altgerm. Göttinnen[9]) erscheint für diese außerordentlich primitive und landschaftlich beschränkte Dämonenfigur ganz unangebracht. Solche Beziehung scheint sich im wesentlichen auf den etwas romantischen Bericht Bergemanns[10]) von 1836 aus Schlesisch-Löwenberg zu stützen, der von schönen, verliebten, launenhaften Holzjungfern redet und der ihnen eine Königin mit Krone und Hofdamen zuschreibt. Die Gesellschaft sonnt sich zur Mittagsstunde am Bergeshang und lustwandelt an schönen Morgen und Abenden.

[1]) Grimm *Myth.* 1, 400; Mannhardt 1, 86; Simrock *Mythologie* 440; E. H. Meyer *Germ. Myth.* 159. [2]) Grohmann *Sagen* 132 = Vernaleken *Mythen* 242; Meiche *Sagen* Nr. 460. 461; Kühnau *Sagen* 2, 187; Eisel *Voigtland* 105. [3]) Kühnau *Sagen* 2, 187. [4]) E. H. Meyer *Germ. Myth.* 159. [5]) Müller *Siebenbürgen* 206. [6]) Meiche *Sagen* Nr. 459. 460; MschlesVk. 10 (1908), 18; Kühnau *Sagen* 2, 190; 2, 187; 2, 193; 2, 185; 2, 189; Taubmann *Nordböhmen* 15, 16. [7]) Grimm *Myth.* 1, 400. [8]) Mannhardt *Germ. Mythen* 478; Simrock *Mythologie* 440. [9]) Kuhn u. Schwartz 481. [10]) Jetzt bei Kühnau *Sagen* 3, 811.
H. Naumann.

Bussard [1]), namentlich Mäusebussard, auch Mauser (ahd. *mûsâri*, mhd. *mûser* und *mûzære* [2])), vielleicht ursprünglich *mûs-aro* „Mäuse-Aar“, Buteo buteo *Linn.* [3]).

1. Biologischer Aberglaube. Im griechischen Altertum wurde der B. τριόρχης genannt, weil man glaubte, er besitze drei Hoden[4]). Conr. Gesner[5]) erwähnt diese Überlieferung, stellt aber ihre Unrichtigkeit fest. Seine Faulheit hat zu der sprichwörtlichen Redensart geführt: „Du sitzest wie ein B.“, weil er „nit ab statt weycht / ob man schon zwey oder drey mal nach jm geschossen hat“ [6]); auch Albertus Magnus sagt von ihm „pigri volatus“, „trägen Fluges“ [7]), was freilich zu den Schilderungen Brehms nicht stimmen will.

[1]) Dieser Name, der aus dem afranz. *bussart* stammt, wurde auf deutschem Gebiet zuerst von Conr. Gesner *Hist. avium* (1555) gebraucht, im deutschen Vogelbuch (1582) fol. 142 b: Bushard. [2]) Benecke glaubt in seiner Anmerkung zu Hartmanns *Iwein* V. 284 die beiden Formen auch in der Bedeutung trennen zu sollen. [3]) Suolahti *Vogelnamen* 352 ff.; Brehm *Tierleben*[4] 6, 380; Swainson *Folk-Lore of British Birds* 133; Rolland *Faune pop.* 2, 11 ff.; Albertus Magnus *De anim.* 23, 29; *brobuxen*, d. i. wohl = *brōchbuxen*, *brōch* = *bruoch* „Moor“; s. Suolahti 354 f. [4]) Plinius *N. H.* 10, 9, 1. [5]) *Tierbuch* 1582, Fol. 142 b f. [6]) Ebd. 143 a. [7]) *De Animal.* 23, 29.

2. Schon im Altertum galt der B. als vorbedeutend, und zwar, nach Plinius[8]), in günstigem Sinne. Auf deutschem Sprachgebiet wird mehrfach von der Vorbedeutung des B.s gesprochen; doch scheint er hier vorwiegend Unglück zu bedeuten. Die älteste Stelle in dem St. Trudperter „Hohen Lied“ (12. Jh.)[9]) läßt uns über den Sinn im unklaren: „derwerder des fiur sehennes oder des hant sehennes odir der agelsteren oder des musares odir so dich din ore iucket odir din ouge . . .“ Stellen aus Hartmanns von Aue „Erek“ und Wirnts von Grafenberg „Wigalois“ zitiert Grimm in seiner Mythologie[10]); eine andere findet sich bei Berthold von Regensburg[11]): „sô geloubent etelîche an den miusearn. sô ist dem der hase übern wec geloufen.“ In England verkündet der B. Regen und Sturm[12]).

[8]) *NH.* 10, 9, 1; s. a. Hopf *Tierorakel* 96. [9]) Herausg. v. Haupt 95, 15. [10]) 2, 939: *Erek* V. 8130; dazu Anm. von Jos. Haupt in seiner Ausgabe; *Wigalois* V. 6187. [11]) Herausg. von Pfeiffer 1, 265, 4. [12]) Swainson l. c. 133.

3. Volksmedizin. Der Genuß

des B.fleisches macht wahnsinnig (Schwaben) [13].

[13]) Jühling *Tiere* 248 (nach Buck *Volksmedizin* 52).

4. Sagen ätiologischer Art über den B. sind nur auf außerdeutschem Boden überliefert [14]).

[14]) Dähnhardt *Natursagen* 3, 11 ff. 256; 4, 54. Hoffmann-Krayer.

Bußbücher s. Poenitentiale.

Buße (eigentl. „Besserung") bedeutet ursprünglich nur Abtragung einer Schuld, rechtlich die Ablösung der nach dem Grundsatz der Vergeltung verschuldeten Strafe durch Zurückführung des Schadens auf den Geldwert. In dieser rein materiellen Bedeutung hat sich das Wort B. bis auf den heutigen Tag erhalten. Wie es im mosaischen Recht hieß: „Auge um Auge, Zahn um Zahn" (Exod. 21, 23—25), so bestimmten die Leges XII tab. (7, 9): si membrum rupsit, ni cum eo pacit, talio esto. Eine Parallele dazu bildet die deutsche Viehb. für genommenes Wild, während sonst in Deutschland eine weniger strenge Auffassung herrschend wurde (Wergeld) [1]). Folglich bezeichnet büßen die Handlung der Abtragung einer Schuld. Einen Nachhall einer solchen Kulthandlung haben wir in der im norddeutschen und im süddeutschen Sprachgebiet belegten Verwendung von büßen in der Bedeutung von besprechen (s. d.), heilen. So nennt der märkische Bauer das Besprechen einer Krankheit büeten [2]); in Hettingen (Baden) versteht man unter „die Zähne büßen", die Zähne segnend umfahren [3]). Kirinsb. heißt in der Ortenau und im Elsaß eine Skrofelkrankheit an Armen, Füßen oder im Gesicht [4]). Um sie zu heilen, muß nicht nur der Kranke allerhand strenge Übungen vornehmen, sondern seine ganze Verwandtschaft muß 40 Tage lang beten und fasten. Ein eigener Bußzettel verzeichnet die Zeichen der Krankheit und gibt Verhaltungsmaßregeln. Hierher gehört auch die (in Baden) weit verbreitete Redensart de gluste biesse = seinen Willen erfüllt bekommen. Endlich bedeutet alemann. büetze (bietze) = nähen, flicken, ausbessern, womit der verbreitete Familienname Albietz (also = Flickschuster) zusammenhängt [5]).

Das Büßen einer Krankheit ist ein Kultakt, der die Vertreibung oder Versöhnung des Krankheitsdämons zum Ziel hat. So ist auch bei der Kirinsb. der hl. Quirinus als der zürnende Dämon aufgefaßt, der die Krankheit gesandt hat, die ihm deshalb auch abgebüßt werden muß. In der Leibs Artzney des Georg Pictorius (1566) ist 156 b und 159 b die Rede von den B.närzten (die heilgen schender und bůssenärtzt), d. h. von Betrügern, die von den Heiligen die Herkunft der Krankheiten herleiten.

Der Begriff B. in seiner zunächst rein materiellen Bedeutung als Ersatzleistung für eine Schuld — buzer (Büßer) heißen um 1360 nach dem Villinger Stadtrecht 25 die Räte als Richter über Unfug [6]) — tritt auch in der kirchlichen Bußpraxis des Ma.s in Erscheinung, wenn z. B. nach den Bußbüchern bei Körperverletzungen die Arztkosten bezahlt werden sollen, was im Unvermögensfall durch einjähriges Fasten ersetzt werden kann. Die schweren Auswüchse aber, die in der kirchlichen Bußpraxis des Ma.s, namentlich in der Verwendung der Bußgelder, zutage traten, haben mit Aberglauben nichts zu tun, sondern sind als offenkundige Mißbräuche anzusehen. Als Hauptwerk hierüber ist an Stelle des ganz unkritischen Friedberg, Bußbücher, in erster Linie Herm. Jos. Schmitz, Die Bußbücher und die Bußpraxis der Kirche, 1883 und 1898, zu benützen.

Im Anschluß an die Buß- und Bittfahrten, die im frühen Ma. reuige Sünder an besondere Gnadenstätten (Rom, Palästina u. a.) ausführen mußten, entstanden wohl auch die harten B.n und Kasteiungen, die bei Wallfahrten bis ins 17. Jh. üblich waren und in Einzelfällen noch in der jüngsten Zeit fortwucherten [8]). So tat in Tirol ein früherer Hexenmeister aufrichtig B. und hob seine Augen nie mehr zum Himmel empor, sondern senkte den Kopf ständig so zur Erde, daß er nach ein paar Jahren einen Buckel bekam, daß man darauf hätte reiten können [9]). In

Bayern war das Schleppen schwerer Holzkreuze in Nachahmung der Kreuztragung Christi nach einem oft weit entfernten Gnadenort sehr beliebt. Die Bußübung war vor allem nachts vorzunehmen, wobei man sich auf den Knien fortzubewegen hatte. Dieses Rutschen auf den Knien ist ein uralter, schon vom römischen Heidentum geübter Brauch. So stieg Julius Cäsar nach seiner Rückkehr aus dem Feldzug gegen Scipio und Cato auf den Knien die Treppe zum Tempel des Juppiter Capitolinus hinauf (Dio Cassius XIV 21). Die blutenden Knie beweisen, wie ernst man diese Bußübung nahm (Juvenal Sat. VII 525). Daß die Erduldung körperlicher Schmerzen dabei die Hauptsache war, zeigt auch das Gelübde, das im Jahre 1446 ein Mann für die Heilung seiner geisteskranken Frau dem hl. Leonhard gelobte und erfüllte: eine sechs Pfund schwere eiserne Kette und eine eiserne Figur trug er auf bloßem Leib in fünf Tagereisen nach Imhenhofen. Noch im Jahre 1904 trug der etwa 70jährige „Jochei" (Joachim Hasenknopf) in Obersalzberg bei Berchtesgaden Tag und Nacht eine 36 Pfund schwere Eisenkette mit 7 cm langen Gliedern um den Leib (Andree, Votive Fig. 5). Auch ganz nackt, die Arme oft in Kreuzform ausgespannt, machten die Männer in früheren Zeiten ihre Bußfahrten. Aber auch die Wallfahrt „in Wolle" oder „im härenen Gewand" galt als Bußverschärfung [10]). Andere machten die Wallfahrt auf Erbsen, die sie sich in die Schuhe getan hatten.

Was in diesem Leben nicht gebüßt wurde, muß nach dem Tode gesühnt werden (s. Arme Seelen). Die Strafe steht dann meist in enger Beziehung zu dem einstigen Vergehen [11]). So wandert der Grenzfrevler die Grenze auf und ab und trägt den Markstein auf seiner Schulter; Knappen eines Goldbergwerks, die Sonntags, statt den Gottesdienst zu besuchen, mit goldenem Kegelspiel spielten, müssen nach dem Tod alljährlich am Vorabend des hohen Frauentags, wie auch am Festtag selbst, das goldene Kegelspiel aus dem Grund des Wassers heraufholen, in welches das Bergwerk versank, und müssen oben kegeln, bis die Sonne untergegangen ist [12]). Manche solcher Büßer können von mutigen Menschen erlöst werden [13]). Aber Siechtum, ja sogar Tod ist manchmal der Lohn für die Erlösung eines büßenden Geistes [14]). Oft ist der B. eine zeitliche Grenze, 100 Jahre oder gar Jahrhunderte, gesetzt [15]), in anderen Fällen dauert sie bis zum Jüngsten Tag oder gar in alle Ewigkeit [16]). Die bekanntesten Büßergestalten des griechischen Altertums sind Tityos, dessen Leib zwei Geier zerhacken, Tantalos, der trotz der herrlichen Früchte, die zum Greifen nah über ihm hängen, und trotz des klaren Wassers, dessen Spiegel ihm fast die Lippen netzt, ewig hungern und dürsten muß, und Sisyphos, der einen gewaltigen Felsblock ohne Unterlaß einen Berg hinaufwälzt, um ihn kurz vor dem Ziel immer wieder in die Tiefe rollen zu sehen. Zum Unterschied von den wesenlosen Schatten müssen die Seelen dieser Büßer volles und dauerndes Bewußtsein besessen haben, um die Strafe überhaupt empfinden zu können [17]). Merkwürdigerweise spielt das Sisyphosmotiv auch im deutschen Volksglauben eine Rolle: Ein ungetreuer Hirt ließ die Kuh einer armen Frau absichtlich in einen Abgrund stürzen und jauchzte darüber vor Freude. Nun muß er nach seinem Tod die Kuh mit Ächzen und Stöhnen den steilen Berg hinaufschleppen. Ist er oben angelangt, so fällt ihm das Tier wieder hinunter, und er muß dazu jauchzen [18]).

[1]) Grimm *RA.* 2, 210; Lippert *Christentum* 22 f. 339; Frazer 12, 409; Sébillot *Folk-Lore* 4, 474. [2]) Lippert *Christentum* 22 f. 177. [3]) Ochs *Bad.Wb.* handschr. [4]) SchweizId. 4, 1751; 5, 1305. [5]) Ochs *Bad.Wb.* handschr. [6]) Ebd. [7]) Lippert *Christentum* 340 f. [8]) Andree *Votive* 33 f. [9]) Heyl *Tirol* 670 Nr. 146; vgl. 667 Nr. 143. [10]) Andree *Votive* 28 ff. [11]) Ranke *Sagen* 46; Niderberger *Unterwalden* 2, 99. [12]) Heyl *Tirol* 271 Nr. 84. [13]) Kühnau *Sagen* 1, 252. 255. 410. 581; Sébillot *Folk-Lore* 1, 125. [14]) SAVk. 11 (1907), 134. [15]) Meiche *Sagen* 225 Nr. 284; 411 Nr. 543. [16]) Grimm *Sagen* 120 Nr. 143; 122 Nr. 146; Ranke *Sagen* 46. [17]) Rohde *Psyche* 1, 61 f. 318, 4. [18]) Kuoni *St Galler Sagen* 168 Nr. 302; Ranke *Sagen* 46. Mengis.

Bußordnungen, -spiegel s. Poenitentiale.

Bußtage und Bettage als besondere kirchliche Feiertage sind aus der Not geboren. Nach dem Vorbild des Alten Testaments („Versöhnungstag" Lev. 16) werden sie angeordnet in gefährlichen Zeiten, bei Seuchen, Kriegsgefahr, Teuerung. Dabei ist charakteristisch, daß es sich um behördliche Maßnahmen, weniger um den spontanen Ausdruck gesteigerter Religiosität handelt. So haben z. B. Theodosius der Große und Karl der Große B. angeordnet. Die erste evangelische Bettagsfeier wurde 1532 in Straßburg gehalten. Die Schrecken des 30jährigen Krieges ließen die B. höhere Bedeutung gewinnen. In Hessen z. B. gab es von 1632—48 jährlich nicht weniger als 64 Bettage. Die evangelischen Landeskirchen haben mit Ausnahme des Elsaß alle ihren Buß- und Bettag, doch herrscht keine Einheitlichkeit in der Gestaltung, die einen machen einen Sonntag zum B., die andern einen Werktag. Ende des vorigen Jahrhunderts hat man in 28 Landeskirchen 47 verschiedene B. an 24 über das ganze Jahr verteilten Tagen gezählt [1]).

Die Einrichtung des Buß- und Bettags hat im Volk keinen festen Fuß gefaßt. Im Grunde ist ein besonderer B. mit dem Wesen des evangelischen Christentums auch nicht recht vereinbar, denn nach Luther soll das ganze Leben eine ständige Buße sein. Indessen sind sich die wenigsten Menschen des Bußernstes dieser Forderung bewußt. Der Durchschnittschrist denkt ans Buße tun erst, wenn es ihm schlecht geht; und dann tut er Buße, nicht aber an dem Tag, für den es ihm von der Kirche vorgeschrieben ist. So kann man sagen, daß Buß- und Bettag im Volksleben kaum eine andere Rolle spielen als der gewöhnliche Sonntag. Der B. steht unter dem Gebot der Sonntagsheiligung. Jede nicht lebensnotwendige Arbeit ruht. Man darf nicht nähen, sonst bekommt man schlimme Finger [2]); nicht einmal ein Weizenfeld darf man betreten, sonst kommt der Brand in den Weizen [3]) — Gebote, die der Furcht vor der Rache des durch Sabbatschändung verletzten Gottes entspringen.

[1]) RGG.[1] 1, 1494 ff. [2]) Bartsch *Mecklenburg* 2, 256. [3]) Mitt. Anhalt. Gesch. 14, 20.
Rühle.

Butte I f., Butt m. (Rhombus), spez. Steinbutt, Turbot (Rhombus maximus). Legenden und Tiergeschichten zur Erklärung des schiefen Mauls, der Einseitigkeit und der Stummheit hat Dähnhardt in den „Natursagen" zusammengestellt [1]). Sie sind teilweise identisch mit den Geschichten von der Flunder, Scholle (s. d.); z. B. als der Barsch der Steinb. mitteilte, daß der Hering zum König der Fische gewählt worden sei, zog sie den Mund schief und sprach: „Is de Hiring ook 'n Fisch?" Währenddessen krähte der Hahn, und deshalb blieb der Steinb. der Mund schief stehn.

Im Märchen von dem Fischer und seiner Frau (Grimm Nr. 19) ist es eine B., die der Fischersfrau die Wunschgeschenke verschafft. Sie wird mit dem Vers herangerufen:

Manntje, Manntje, Timpe Te,
Buttje, Buttje in der See,
myne Fru de Ilsebill
will nich so as ik wol will [2]).

Volksmedizin. „Das fleisch obgenannter fischen (Dornbutt und Glattbutt) zerstossen / ausz hungwasser (Honigwasser) getruncken / ist nutz denen so den ritten (Schüttelfieber) habend" [3]). s. a. Scholle.

[1]) Legenden: schiefes Maul: 2, 253 (Norw. Isl.); 3, 25 (Estl.); Einseitigkeit: 2, 269 (Estl.); Stummheit: 2, 253 (Estl.); Tiergeschichten: schiefes Maul 3, 24 (Meckl., nach Wossidlo *Mecklenb.* 2, 23); 4, 195—97 (Pom., Holl., Vlaml., Engl.). [2]) Vgl. Bolte-Polivka 1, 138 ff., wo auch andere Fische genannt werden. [3]) Gesner *Fischbuch* 1575, 51 b.
Hoffmann-Krayer.

Butte II f., auch Wechselb., Wasserb. = Wechselbalg (s. d.). Die Bezeichnung scheint auf fränkisch-oberpfälzisches Gebiet beschränkt [1]), ist aber etymologisch kaum von ndd. adj. *butt* „klumpig, stumpf", m. *butt(je)* „kleiner Knirps" [2]) und damit von hd. *butz* (s. d.) zu trennen, bedeutet also ursprünglich Klotz, kurze, dicke Gestalt [3]) (anders Laistner: von mnd. *buten* = tauschen [4]) und Höfler: von *bütte* = Bauch) [5]).

[1]) ZfdPh. 3, 333; Panzer *Beitrag* 2, 101; Lammert 142; Schönwerth *Oberpfalz* 1, 190 Nr. 9; 194 Nr. 18; Bavaria 3, 1, 308; 2, 935. [2]) Mensing *Schlesw.Holst.Wb.* 1, 600 f. [3]) Falk u. Torp *Etym.Wb.* 1, 119 s. v. *bussemann.* [4]) Laistner *Nebelsagen* 335 und ZfdA. 32, 159 [5]) Höfler *Krankheitsn.* 86. Ranke.

Butter.

1. Geschichtliches. — 2. Heiligkeit der B. und Strafe der Schänder. — 3. B. und Vegetationserscheinungen. — 4. bis 7. Die B.hexe. — 5. u. 6. B.raub. — 7. Schadenzauber beim Buttern. — 8. Gegenzauber. — 9. B.hexe und Schmetterling. — 10. Das Buttern. — 11. Zeit des Butterns. — 12. Vorsichtsmaßregeln beim B.verkaufen. — 13. Maien-, Bartholomäusb. — 14. B.opfer. — 15. B. im Schadenzauber und als Apotropaion. — 16. B. im Fruchtbarkeitszauber. — 17. B. im Heilzauber und in der Volksmedizin. — 18. B.sieden. — 19. Allerlei Aberglaube. — 20. B.reime.

1. Geschichtliches [1]): Die älteste Nachricht über dieses wichtige Produkt der milchwirtschafttreibenden Völker bringt uns Hekataios von Milet, welcher in seiner περίοδος τῆς Εὐρώπης von den Paioniern berichtet [2]): ἀλείφονται δὲ ἐλαίῳ ἀπὸ γάλακτος; das Wort selbst überliefert der Verfasser des Werkes über die Krankheiten, welches unter dem Namen des Hippokrates geht [3]): Die Skythen gewinnen aus Stutenmilch ein Fett, ὃ βούτυρον καλέουσιν. Die Kunde von der B. brachten offenbar die Kolonialgriechen [4]) aus dem Pontos nach der Heimat, wo man statt tierischer Fette das Olivenöl zum Kochen gebrauchte [5]). Auch die Römer [6]) gebrauchten die B. sehr wenig; die Barbaren galten ihnen [7]) wie den Griechen [8]) als „B.esser", besonders war die B. die Nahrung der Reichen [9]); daneben diente die B. vor allem als Salbe [10]). Zu diesem Zweck wurde sie auch ursprünglich bei den Germanen benutzt; sie heißt ja ahd. chuosmero [11]) (noch jetzt in Skandinavien „Schmeer"), und die in Südwestdeutschland jetzt noch für B. übliche Bezeichnung Anken [12]) (ahd. ancho) hängt mit unguentum zusammen; es ist auch kein Zufall, daß Plutarch [13]) von den kleinasiatischen keltischen Galatern berichtet, ihre Frauen salbten sich mit B., dasselbe wissen wir von den Burgundionen [14]). Als Nahrungsmittel drang die B. erst spät in Mittel- und Oberdeutschland durch [15]).

[1]) Zur Geschichte der B. vgl.: Hehn *Kulturpflanzen* 153 ff.; Pauly-Wissowa s. v. B. (3, 1089—1092); Andree *Braunschweig* 245 ff.; Schrader *Reallex.* 121 ff.; Hoops *Reallex.* 1, 364 ff.; Weinhold *Frauen* 2, 50 ff.; Lippert *Kulturgesch.* 1, 538—39; Fischer *Altertumsk.* 55; Martiny *Molkerei*; Ders. *Kirne u. Girbe.* Bremen 1895; Sartori 2, 144; Walter *Medizinische u. oeconomische Abhandlung vom B.* Erlangen 1751; Martiny *Die B.bereitung*, Schr. d. milchwirtschaftl. Ver. Nr. 1, Danzig 1874; Müllenhoff *Altertumsk.* 4 (1920), 348; Schultz *Alltagsleben* 148 ff.; Herdi *Käse* 3 ff. 11. 24. 31. 34; Höfler *Volksmedizin* (1883) 139 ff.; Wirth *Beiträge* 4—5, 5 ff.; interessant sind auch die Abschnitte über B. bei Coler und Johann Placotomus (Brettschneider): *De tuenda valetudine, libellus Eobani Hessi commentariis doctissimis illustratus* 67; über B. bei den Russen: Zelenin *Russ. Volksk.* 127 ff.; über das B.geschäft im Kt. Bern: SAVk. 13 (1909), 5 ff.; vgl. 9 (1905), 182. 264 ff.; über die Geschichte der B.bereitung in Holstein: Heimat 37 (1927), 108 ff. [2]) fr. 154, Jakoby; vgl. Herodot 4, 2. [3]) Pauly-Wissowa 3, 1089. [4]) Hehn[6] 157. [5]) Ebd. 158 und Schrader l. c.; Martiny *Molkerei* 30—31; ZfEthnol. 1894, 9. [6]) Blümner *Röm. Privataltert.* (1911), 191; Pauly-Wissowa 3, 1090. [7]) Plinius 28, 133; Blümner l. c. [8]) Athenaeus 4, 131 b; Pauly-Wissowa 3, 1090; Hehn[6] 153. [9]) Plinius l. c.; Schrader l. c. 123; Martiny *Kirne u. Girbe* 21 ff.; Weinhold *Frauen* 2, 50. [10]) Pauly-Wissowa l. c.; Schrader l. c.; Hehn[6] 156; Hoops l. c. [11]) Hehn[6] 156; Graff *Ahd. Spr.* 1, 345; Grimm *DWb.* 2, 582. [12]) Grimm l. c.; Paul *DWb.*[3] 23; Kluge *EWb.*[10] 19; Schrader l. c.; Hoops l. c.; Weinhold *Frauen* 2, 50; Ochs *Bad. Wb.* 1, 53. [13]) Plutarch *adversus Colot.* 4 = Bernadakis; Hehn[6] 157. [14]) Sidonius Apollinaris *carm.* 12, 6; Hehn[6] 157; Fischer *Schwäb. Wb.* 1, 1566. [15]) Martiny *Kirne u. Girbe* 121 ff.

2. Wie das Brot, so ist die B. bei den B. und Käse produzierenden Völkern und Stämmen heilig, und der B.schänder wird wie der Brotschänder in der Sage mit schwerer Strafe verfolgt; von solchen Strafgerichten wissen besonders die Kärntner Sagen zu berichten: An der Stelle, wo heute die Hochalmspitze [16]) sich erhebt,

waren einst blühende Auen, die den Bewohnern Milch und goldene B. spendeten [17]; aber die Älpler wurden übermütig, und am Sonntag schoben die Burschen mit Käsekugeln nach Butterkegeln; zur Strafe versanken die Auen und ihre Bewohner in der Erde, an der Stelle erhob sich die Hochalmspitze; entweder kegeln übermütige Almer [18]) mit Käsekugeln nach B.kegeln, oder Knappen [19]), die das Gold frech gemacht hat, treiben dieses frevelhafte Spiel; der Hirte auf der Blümlisalp baut eine Treppe aus Käse und reinigt sie mit Milch [20]); ein Orkan verschüttet das Haus, der Senn geht als Geist um. Auch das Philemon-Baucis-Motiv wird in einer Sage des Vispertales angeschlagen: Der Herrgott bittet eine Bäuerin um B.; als diese eine Gabe hartherzig verweigert, wird das Dorf verschüttet [21]); das Haus eines B.zauberers wird verschüttet, an seiner Stelle steht der „Ankenstein" [22]). Ankenfälscher müssen, wie die Nahrungsfälscher überhaupt, umgehen und herumgeistern, so der Choli im Sennhof [23]). Zu diesen Sagen gehört auch die Erzählung, nach der seit dem Fluch eines zauberhaften Bettelmannes die B. beim Einsieden von da an, wo der Schaum im Sieden ist, bis zu dem Punkt, wo sie genug gesotten hat, im „Abgehen" ist [24]).

[16]) Graber *Kärnten* 239, 327. [17]) Sagenhafter B.reichtum herrschte auch auf dem Ober-Heidacherhof in Tirol: Heyl *Tirol* 625, 90; über andere B.sagen in der Schweiz: SAVk. 16 (1912), 137. [18]) Heyl. 240, 328; 241, 329; Alpenburg *Tirol* 230, 1; 409, 12. [19]) Alpenburg 241, 330. Auch eine Sage Mecklenburgs berichtet von der Schändung von B., Brot und Käse: Bartsch 1, 94. 107. [20]) Grimm *Sagen* ⁴ 84, 92. [21]) Ders. 244, 344. [22]) ZfEthnol. 1894, 15. [23]) Rochholz *Sagen* 2, 144. 370 b. [24]) Herzog *Schweizersagen* 1, 127 = Jecklin *Volkstüml.* (1916) 331; Grimm *Sagen* 244 Nr. 344; Kloster 9, 981.

3. Wie das Bild des Brotbackens bei der Bezeichnung der atmosphärischen Vorgänge im Sprachschatz und im Wortwitz des deutschen Volkes geläufig ist, so überträgt auch die Phantasie der Stämme, welche ihren Unterhalt durch B.- und Käsehandel bestreiten, analoge Bilder aus dem B.geschäft (vergleichen kann man ein Rätsel der Südslaven [25]), wonach die Sonne ein B.ball ist) auf die Wetter- und Vegetationserscheinungen [26]) (vgl. auch Milch). Der Tau ist die Himmelsmilch, welche auf die Erde geträufelt wird, mit Maientau treiben die Hexen B.zauber [27]); wenn es regnet und hagelt, sagt man in Schweden [28]): jetzt sind die Hexen am B.n; in Estland erbittet man in einem rhythmischen Zauberlied Rahm vom Himmel aus den Wolken [29]); am Steinhudermeer sagt man, wenn es donnert: use Herrgott mangelt [30]); die Kornmutter [31]) zerstampft die Kinder in einem eisernen B.faß; die Zwerge erblickt man beim B.n und am B.faß [32]), sie verschenken B.brote [33]), die Heinzelmännchen [34]) schenken einem kranken Mann B.milch, dieser gesundet; wenn die „Salige" in Tirol [35]) b.t, gibt es noch einmal so viel B.; in Frankreich [36]) bringen die Zwerge kostbare B. in die Hütten der Armen; die schlesischen Erdmännlein machen [37]) Steinbrot und Steinb.; in Schleswig [38]) singen die Kinder an Stellen, wo die Unterirdischen nach der Sage b.ten: Rummel, rummel tut, smiet'n Bodderbroot herut. Die Zwerge wohnen in B.bergen [39]); im „B.faß" [40]) (einem Granitfelsen bei Leuchtenberg in der Oberpfalz) rührt der Teufel seine B. [41]). Riesen bauen B.kuppen [42]) oder schleppen Schmalz in Kraxen über die Berge [43]); die Alraune heißen in Schweden [44]) B.-bringer; ein Pilz in England heißt Troll-b. [45]), auch ein Beweis für die Verbindung Elfen = B.; eine Abart der Vegetationselben ist der Puk im Holsteinischen, ein Hausgeist, welcher für seine kleinen Dienste ein Stück B. in der Grütze haben will [46]).

[25]) Krauß *Religiöser Brauch* 18. [26]) Über das Buttern der Elemente: Kuhn *Herabkunft* 12 ff. 111. 161. 204. 247; Schwartz *Studien* 290; die Figur im Monde deutet man als eine Predigersfrau, die den Sonntag durch Buttern entheiligte und nun ewig mit dem B.faß im Mond stehen muß: Mensing *Schleswig-Holst. Wb.* 1, 463; Müllenhoff *Sagen* ² 549; 306—07; bei den Indern ist die Verbindung Vegetationsgötter-B. sehr häufig: Oldenberg *Religion des Veda* ² 70—71. 116. 330. 444; Martiny *Molkerei* 4 ff. 7 ff. [27]) Mannhardt *Germ. Myth.* 4—5; Martiny *Molkerei* 4—11; ZfEthnol. 1894, 7—9. 13 ff.; in Frankreich hat das Wasser der B.teiche b.vermehrende Kraft: Sébillot 2, 462 u. 3, 83.

[28]) Mannhardt *Forschungen* 309 A. 3. [29]) Bücher *Arbeit u. Rhythmus* 107—108; Martiny *Molkerei* 5. [30]) Kuhn l. c. 14. [31]) Mannhardt *Forschungen* 309. [32]) Müllenhoff *Sagen* 306, 458; Laistner *Nebelsagen* 234; Kühnau *Sagen* 1, 75. 89; Panzer *Beitrag* 1, 101, 121; Eisel *Voigtland* 96, 244. [33]) Müllenhoff l. c.; vgl. 316, 475. [34]) Gander *Niederlausitz* 44 Nr. 111. 155. [35]) Zingerle *Kinder- und Hausmärchen* (Innsbruck 1852) 55; Mannhardt *Germ. Mythen* 52. [36]) Sébillot 1, 231. [37]) Kühnau 2, 31. [38]) Mensing l. c. 1, 462; Müllenhoff *Sagen*² 543. [39]) Müllenhoff 306, 458; Kühnau 2, 131, 765; Rochholz *Sagen* 2, 224, 435; Pröhle *Harzsagen* 2, 96; Andree *Braunschweig* 90; E. H. Meyer *Germ. Mythologie* 126; vgl. die B.teiche in Frankreich: Sébillot 2, 462 u. 3, 83. [40]) Bei Frauenstein heißt ein Fels B.-töpfchen: Meiche *Sagen* 826, 1015; vgl. des Teufels B.faß auf Rügen: Haas *Rügen* 67, 119. [41]) Panzer *Beitrag* 1, 101. 121. [42]) Witzschel *Thüringen* 1, 255, 266. [43]) Laistner *Nebelsagen* 54—55, aus Alpenburg 31; vgl. Meiche *Sagen* 826, 1015. [44]) Mannhardt *German. Mythen* 53. [45]) Ders. 54; in Frankreich dürfen die Kühe keine Pilze fressen, weil diese von den tireurs de beurre stammen: Sébillot 3, 482. [46]) Müllenhoff l. c. 354, 520; 349, 515; 343, 507; 340, 502; Mensing l. c. 1, 40; so auch der nordische Niß: ZfVk. 1898, 130 ff. 138; vgl. den shetländischen Hausgeist: Heckscher 88; das „Koberchen" bei Dresden verschafft dagegen reichlich B.: Meiche *Sagen* 298, 387; NddZfVk. 1926, 3. 4; Alpenburg *Tirol* 113, 24: das Gerlos-Manndel bittet um B. und gibt dafür Lehmkugeln, die zu Gold werden: Kühnau *Sagen* 3, 125.

4. Die B.hexe [47]) oder Bihlweise (nach Coler) [48]). Sie giert sehr nach B., weil sie besonders zu den fetten Mahlzeiten [49]) B. braucht. Hier laufen zwei Vorstellungen zusammen: Einmal führt ein direkter Weg von den b.nden Vegetationsdämonen zu den Hexen, die mit B. Zauber treiben [50]); diese Verwandtschaft zwischen Vegetationsgeistern und Hexen zeigt klar die Holsteinische Geschichte von den Unterirdischen, die B.-brot anbieten; dieses wird kohlschwarz und aufgequollen, ähnlich wie die Hexenb. zu einer übelriechenden Masse wird [51]); wenn die „Salige" b.t, gibt es wie bei der B.hexe eine doppelte B.menge [52]); im „B.-faß" bei Leuchtenberg b.t ausgerechnet der Teufel [53]); dann aber ist dies hochwichtige Geschäft der Hausfrau wie das Backen von allerhand Aberglaube umrahmt, welcher der Furcht vor schädigenden Dämonen entspringt; wir unterscheiden zwei Arten von B.hexen: a) die einen ziehen große B.mengen auf Kosten anderer an sich; b) andere bewirken durch Schadenzauber, daß die B. anderer Frauen nicht zusammengeht [54]).

[47]) Schwartz *Die B.hexe von Wagnitz* in ZfEthnol. 1894, 1—19; Müller in ZrwVk. 10 (1913), 267 ff.; Grimm *DWb.* 2. 585; Martiny *Molkerei* 19 ff.; Fogel *Pennsylvania* 177 ff.; W. 217 u. 417; Grimm *Myth.* 2, 897; Quitzmann *Baiwaren* 226; vgl. B.hase: Bartsch *Mecklenb* 2, 39. 37. [48]) Martiny l. c. 32; Coler *Oeconomia*; Klingner *Luther* 77. Die Billeweis in Kärnten bietet einem Bauern B., Honig und Weißbrot an, wenn er bei ihr bleibe: Graber *Kärnten* 66 c. [49]) Schwartz l. c. 16—17; W. 217; Martiny *Molkerei* 22; Bronner *Sitt' u. Art* 157; Leoprechting *Lechrain* 10. 19; um eine ins Haus kommende Hexe glücklich wieder hinauszubekommen, muß man ihr B. oder Fett geben: Birlinger *Volksth.* 1, 327. 536; die südslavische Hexe braucht zum Fliegen Stutenb.: Krauß *Relig. Brauch* 117; Ders. *Volkforschungen* 73 ff.; die Hexensalbe besteht u. a. aus Gallenkraut und B.: Mannhardt l. c. 36 A 4. [50]) Mannhardt *Germ. Myth.* 54. [51]) Müllenhoff 317, 475; vgl. 306, 458 und 311, 467. [52]) Mannhardt l. c. 52. [53]) Panzer *Beitrag* 1, 101, 121; vgl. Haas *Rügen* 67, 119. [54]) Schmid-Sprecher 60; Hansen *Hexenwahn* 210; 260, 24; 288, 25; vgl. 289, 26 ff.; 570—71: Prozeß 1458 in Konstanz; 584—85: 1486 Prozeß in Tiersberg (Baden); 597; 612 Nr. 257.

5. ad. a) In den Hexenprozessen spielt der Vorwurf, daß eine Person Milch an sich zieht [55]) und viel B. [56]) macht, eine große Rolle. Eine Graubündener Hexe rühmt sich, ihr gebe es mehr als „die Krine Schmaltz von der gebseten" [57]), und bereits im Poenitentiale des Burchard von Worms werden die Hexen erwähnt, welche Milch und Bienen vom Nachbar zu sich zaubern [58]). Fecisti .... ut si vicinus eius lacte vel apibus abundaret, omnem abundantiam lactis et mellis .... ad se et sua animalia ... e suis fascinationibus et incantationibus se posse convertere credant? Literarische Verwertung findet dieser Aberglaube schon in der Aberglaubenliste von Vintlers [59]) Pluemen der Tugent v. 7731—2:

Und etlich stelen auß den Kübeln
Das schmaltz, die weyl mans ruert.

Die Mittel, mit denen die B.hexen, die immer auffallend viel B. zu Markt tragen [60]), die B. aus andern Häusern herzaubern [61]), sind mannigfaltig: Ein roter Lappen [62]) unter dem B.faß, die erste Spitzweide [63]) beim Almauftrieb, ein Zauberspruch [64]) aus dem Hexenbuch [65]) bewirken, daß das B.faß sich rasch füllt. Die österreichische B.hexe stellt ihr B.-faß auf den Wechsel (die Stelle, wo die Dielen zusammenstoßen) [66]). Nach altem württembergischen Aberglauben bekommt man viel B., wenn man das B.faß auf eine Handzwehl (Handtuch) stellt und einen Haarkamm darunter legt [67]); die B.hexe von Tegerfelden hat unter dem Kübel einen Kamm und murmelt: Us jedem Hus en Löffel [68])! Die B.hexe b.t am Sonntag [69]), sie stiehlt die B. mittels des Zauberschlüssels [70]). In der Oberpfalz rührt eine Bäuerin nach der Sage nackt die B. mit dem Spruch [71]):

Rühr di, Küberl, rühr di,
Von hier bis nach Ram (Rom)
Von jedem Haus a Tröpfl,
Kimd denna -r- ebbas zam.

In dem B.topf der B.hexe zu Wagnitz sitzt eine „Muggel" (Kröte) [72]). In einer Brandenburgischen Sage gewinnt eine B.hexe zu Lenzen mit einem gegabelten Haselzweig, an dem eine Kröte in die Rinde eingeschnitten ist, viel B. [73]); in Fleischwangen (Schwaben) schlägt man, wenn es beim B.n keine B. gibt, eine Kröte tot und hängt sie im Stall auf [74]). Die Hildesheimer B.hexe hat ein „Düweletgen" (= Kröte) [75]).

Sehr verbreitet, besonders in Schlesien und im Allgäu, ist folgende Sage [76]): Ein Schneider [77]), Kaufmann [78]), Schuhmacher [79]), Knecht [80]), einmal auch ein Liebhaber [81]), Gymnasiasten [82]), beobachten die B.hexe, welche (nackt [83]) oder nur mit einem Hemd [84]) bekleidet) mit Zaubersalbe [85]) oder Zauberpulver [86]) oder einem Kamm unter dem Kübel [87]) riesige B.-mengen bekommt; der Beobachter macht die Zauberzeremonie nach, worauf der Teufel die Unterschrift verlangt; meistens wird der Teufelsbann mit dem Namen Jesu [88]) oder Jesu von Nazareth [89]) zuschanden gemacht; überhaupt wird Hexenb. durch Dreifaltigkeitswachs [90]), die Einwirkung Gottes [91]) oder das Kreuzzeichen [92]) und indem man sie im Namen Gottes anschneidet [93]), zu Pferde- und Kuhdreck. So prüft nach einer sächsischen Sage (um 1650) ein Soldat die B. einer B.hexe, indem er sie auf ein Messer mit drei Kreuzen spießt; die Butter wird zu Kuhfladen [94]). Häufig kehrt der Zug in den Sagen wieder, daß ähnlich dem Motiv im Zauberlehrling, der, welcher die abgelauschte Zauberzeremonie nachahmt, die Zauberformel nicht genau sagt und der rauschenden B.fülle nicht Einhalt gebieten kann [95]). Die B.hexen b.n auch am Bach [96]) neben dem Haus, aus welchem sie die B. herausziehen oder auf einer Brücke [97]); einmal verrät auch das Töchterlein der B.hexe das Zauberöl dem Sennen [98]), der vom Teufel geholt wird; das „Hagsbergweible" [99]) sitzt auf einem Tannenstrunk und b.t; in Böhmen b.t der Geist der verstorbenen B.hexe [100]); einem Priester, der den Zauberspruch der Hexe nachsagt, fließt die B. aus dem Ärmel [101]). Ein Rest des Aberglaubens von der B.hexe steckt noch in den B.arbeitsliedern [102]), welche die Mädchen beim B.n herleiern, ohne an den ursprünglichen Sinn zu denken: Ein Liedchen, welches im Rheinland [103]) gerade so gut belegt ist, wie bei den Deutschamerikanern [104]), singt man noch in Diersheim [105]) (Bad.):

Butter dich, butter dich,
's gibt kein größ're Hex' als ich.

[55]) Zingerle *Tirol* 39, 325. [56]) Hansen l. c. 303, 29; 536, 30: die Milch gab keinen Nutzen; Schmid-Sprecher 59—60 und 40 (aus dem J. 1657). [57]) Schmid-Sprecher 40. [58]) Schmitz 2, 446, 168; Hansen l. c. 42; Koeniger 236; dazu eine Predigtstelle: Schönbach *Berthold v. R.* 30; Grimm *Myth.* 2, 837; 3, 409; Grohmann 135, 980. [59]) ZfVk. 1913, 6 und 117. [60]) Kühnau *Sagen* 3, 58, 1418; Ochs *Bad. Wb.* (Diersheim) Zettelkatalog. [61]) Strackerjan 2, 225, 476; W. 216; Praetorius *Blocksberg* 95 bis 148 (Hexen stehlen B.). [62]) ZfdMyth. 2 (1854), 303; Mannhardt *Germ. Myth.* 16 ff.; Knoop *Hinterpommern* 130, 264. Eine badische Sage veröffentlicht Müller: Christl. Familienblatt 1925 Nr. 39, Beilage des Achener und Bühler Boten 1925 Nr. 85; Festschrift Cimbria. Dortmund 1926, 106; Müller *Rh. Wb.* 1, 267. Zum roten Tuch unter dem Faß kommt meist der Spruch: Aus jedem

Haus ein Löffelchen: Hüser *Beiträge* 2, 21, 62; vgl. Kuhn *Westfalen* 2, 224, 5; DG. 15, 206; Birlinger *Volkstüml.* 1, 307, 493 A. 1; andere Mittel: Lütolf *Sagen* 210. 354. [63]) ZfVk. 1895, 408. [64]) Urquell N. F. 1 (1897), 20; Alpenburg *Tirol* 289 ff.; Tharsander 2, 371; ZfVk. 1908, 183, 5; Müller *RheinWb.* 1. 267 [65]) Kühnau 3, 70, 1429; MschlesVk. 1905, Heft 13, 88—89. 90 ff. [66]) ZföVk. 1907, 132. [67]) Grimm *Myth.* 3, 457, 667. [68]) Stephan *Askanische Vk.* 112. 258—59; Rochholz *Sagen* 2, 169, 393; Herzog *Schweizersagen* 2, 179—80; vgl. A. 62. [69]) ZfdMyth. 2 (1854), 73, 5; vgl. Mensing l. c. 1, 463. [70]) Heyl *Tirol* 294, 112. [71]) Schönwerth *Oberpfalz* 1, 372; 376 ff. 382, 15; Bavaria 2, 249. 382; ZföVk. 1897, 115. Ein Vogelvers, der in Villingen der Wildtaube zugeschrieben wird, heißt nach Ochs *Bad. Wb.* Zettelkatalog:

Bi z'Rom gsi,
ha B. kauft,
isch dier gsi.

Im Hotzenwaldreim steht Bern für Rom: Weinhold *Ritus* 43; vgl. Bücher *Arbeit u. Rhythmus* 108. Die B.hexen zu Völs entziehen der Bäuerin mit folgendem Spruch die B. (Alpenburg 290):

Die Bäurin schlegelt den B, juchhe!
Doch macht sie koan B., koan B., o weh!
Sie buttert und schlegelt und schlegelt, o Graus—
Statt d'n B. im Kübel — a gräuliche Maus.

[72]) Schwartz l. c. 7, 17; Schambach u. Müller 166. 184; 167, 185. [73]) Schwartz *Brandenburg*[7] 176—78 Nr. 119. [74]) Birlinger *Volksth.* 1, 488 Nr. 46. [75]) Schambach-Müller 167. [76]) Schwartz l. c. 10 ff. [77]) Kühnau 3, 26, 1379; 3, 79, 1436; Rochholz *Sagen* 2, 169 und 188; Schönwerth 1, 369 ff.; ZfVk. 1900, 51—52; Landsteiner *Niederösterreich* 59 ff.; Endt *Sagen u. Schwänke* 192; diese Sage ist auch in Baden bekannt: Müller l. c. Nr. 25; vgl. Baader *Sagen* (1851) Nr. 107. 135. 294. [78]) Kuhn *Westfalen* 2, 224, 5; vgl. Hüser *Beiträge* 2, 21, 62. [79]) Reiser *Allgäu* 1, 183. 185, 3. 195. [80]) Kühnau 3, 43, 1400. [81]) Ebd. 3, 86, 1441. [82]) Ebd. 3, 48, 1404. [83]) Schönwerth 1, 369 und 372; ebenso bei den Südslaven: Krauß *Relig. Brauch* 55—56; Weinhold *Ritus* 43—44; W. 217; Anthropophyteia 6, 207—08. [84]) Kühnau 3, 86, 1441. [85]) Ebd. 3, 26, 1379; 3, 43, 1400; Schönwerth 1, 369 ff. und 372 ff. [86]) Kühnau 3, 48, 1404; Landsteiner *Niederöst.* 59 ff.; Pröhle *Unterharz* 164, 426; Urquell 5 (1894), 282. [87]) Rochholz *Sagen* 2, 169; vgl. A. 67. [88]) Kühnau 3, 48, 1404; vgl. Kuhn-Schwartz 26, 32 und Knoop *Hinterp.* 130 f. [89]) Kühnau 3, 26, 1379; Landsteiner *Niederöst.* 59 ff.; Kuhn *Westfalen* 2, 224, 5; Hüser *Beiträge* 2, 21, 62. [90]) Leoprechting 10. [91]) Kühnau 3, 46; vgl. Urquell N. F. 1 (1897), 20. [92]) Kühnau 3, 81; Endt *Sagen* 192; vgl. Grohmann 95, 662; vgl. A. 106. [93]) Kühnau *Sagen* 3, 79, 1436, vgl. 46; vgl. Bartsch 1, 288, 381. [94]) Meiche *Sagen* 484, 629; vgl. Waibel-Flamm 2, 50; vgl. Meiche l. c. 232, 342; Kruspe *Erfurt* 2, 88 ff.; Pröhle *Unterharz* 164, 426; Hexenb. sinkt im Wasser: Fischer *Aberglaube* 124. [95]) Müllenhoff[2] 240, 355; Schönwerth 1, 371; Rochholz 2, 169; Schwartz l. c. 15; Bartsch 1, 120, 141. [96]) Mannhardt *Germ. Myth.* 27; Müllenhoff *Sagen* 239, 355; in Finistère bildet die Bachgrenze eine Schranke für die Macht der B.hexerei: Sébillot 2, 373; in Mecklenburg buttert die Hexe, so oft nebenan die Bäuerin buttert; sie wird dadurch zitiert, daß sich die Bäuerin aufs Faß setzt: Bartsch 1, 119, 139. Die Erzählung in Sprengers Hexenhammer und die Ansicht von Trithemius bei Rochholz *Gaugöttinnen* 74 f. [97]) Kühnau 3, 41, 1398; 54, 1413; Rochholz *Gaugöttinnen* 74. [98]) Reiser *Allgäu* 1, 185, 2. [99]) Ebd. 1, 112—113. [100]) Kühnau 3, 76. [101]) Martiny *Molkerei* 30. [102]) Bücher *Arbeit u. Rhythmus* 107 f.; Müller l. c. A. 62. [103]) Müller *Rh. Wb.* 1, 268; Wrede *Rhein. Vk.* 135; Ders. *Eifeler Vk.* 93; Müller *Rhein. Wb.* 1, 1170 und 1185. [104]) Fogel *Pennsylvania* 177, 849. [105]) Ochs *Bad. Wb.*, Zettelkatalog; ein anderer Spruch in Brandenburg: Schwartz *Brandenburg*[7] 177 Nr. 119:

Botter botter dick,
Botter jrot Stück.

Für Schlesien: Mschles Vk. 1905, H. 14, 23; bekannt ist der Spruch in der Oberpfalz: Schönwerth 1, 382, 15. 372. 376.

6. Eine Gruppe von Sagen berichtet von B. schleppenden Hausgeistern [106]) (vgl. A. 46; 72—75), welche der Hexe B. verschaffen; es ist der „Teufel", welcher in Sachsen als Quarkdrache [107]), in Baden als Knöpflekröte [108]), welche Knöpfle scheißt, in Schleswig als Roggenkatze [109]) für seine Hexen stiehlt. Eine alte Frau in Schleswig-Holstein [110]) hatte einen Hausgeist auf dem Boden, dem sie nur zu sagen brauchte: „Matt'n schiet Bodder"; diese B. speienden Hausgeister sind vor allem im Norden [111]) (Schweden und Norwegen) bekannt; in Schweden sagt man zum Alraun [112]):

Butter und Käse sollst Du mir bringen,
Und dafür soll ich in der Hölle brennen.

Diese b.raubenden Hauskobolde sind eine Vorstufe der B.hexen, denen sie dienstbar sind. In einem Gruober [113])

Hexenprozeß (1653) sitzt der Teufel als Kröte auf dem Schmalzfaß; diese sitzt nach der niedersächsischen Sage im B.-topf [114]) oder unter dem B.faß [115]), sie spritzt in der Oberpfalz [116]) B. in die Pfanne, nach einer Schweizer [117]) Version „chotzet ein Hund Anken"; Schwartz [118]) erklärt diesen Aberglauben meteorologisch; dieser Deutung haften die Vorzüge und Schwächen an, welche Laistners Buch „Nebelsagen" hat; auf Grund von ein paar wirklich treffenden Deutungen werden alle möglichen Erscheinungen in dieselbe Zwangsjacke gepreßt. Singulär ist der Braunschweiger [119]) Aberglaube, daß die Hexen in Gestalt von Hermelinen die Milch und den Kühen den Nutzen rauben und daß man, um das B.n zu fördern, das Euter mit Hermelinpelz reiben muß; das ist der Sympathiezauber [120]): ὁ τρώσας καὶ ἰάσεται; die Römer hängten den Kühen gegen den Biß der Spitzmaus und die daraus entstehende Geschwulst eine tote Spitzmaus um [121]).

Um B.segen zu erzwingen, treiben die B.hexen vor allem mit dem Maientau Zauber; sie heißen in Holstein Daustriker [122]); „Maimorgen muß es getaut haben [123]), dann gibt es ein gutes B.jahr"; an einem Maimorgen nahm im Holsteinischen [124]) eine Hexe vor Sonnenaufgang auf den Feldern der Nachbarn den Tau mit großen Tüchern auf und sammelte ihn in eine Kruke; davon nahm sie jedesmal einen Löffel voll, wenn sie b.n wollte und goß ihn ins Faß, indem sie dabei sprach: „Ut elk Huus en Lepel vull!"; der Tau als Himmelsmilch vermehrt die B.[125]); allgemein kann nach ostfriesischem [126]) Aberglauben „die hexe dem vieh dadurch schaden, daß sie auf seiner Weide den Tau vom Grase streicht". Mit diesem Tauzauber hängt offenbar ein Gegenzauber zusammen, welchen man in Holstein von zwei Knechten erzählt [127]): Sie wälzten sich in der Johannisnacht nakkend im Tau, und sie konnten daraufhin in der Kirche die Milch- und B.hexen erkennen, indem jede eine Milchbütte auf dem Kopfe trug. Genau dieselben Vorstellungen von der Zauberkraft des Maientaues für die B.gewinnung treffen wir in Frankreich [128]). Am gefährlichsten sind die B.hexen in der Walpurgisnacht [129]) und am Johannisabend [130]) (24. 6.), wo die Hexen auch sonst frei walten können; daher töteten die Frauen Irlands [131]) nach einer Nachricht des 16. Jhs. am 1. 5. alle Hasen auf ihrem Gebiet, weil sie diese als milchraubende Hexen ansahen; in Deutschland legt man einen Besen vor die Stalltür [132]) und trifft sonstige Gegenmaßnahmen [133]); einen prophylaktischen Zauber an Walpurgis finden wir im Bezirksamt Wunsiedel, wobei man Feuereisen und Kamm verwendet; auf diese beiden Apotropaia stellt man das B.faß, in welches drei Steine gelegt werden; diese übergießt man mit heißem Wasser [134]). In Böhmen reinigen die Hausfrauen am Karsamstag das B.faß im Bach [135]); von einem großen prophylaktischen Zauberapparat am Georgstag (23. 4.) berichtet Seligmann [136]). In Schlesien gruben früher die Bauern am Johannistag „Totentöpfe" aus und goßen Milch darein, um den B.-gewinn zu vermehren [137]); ähnlichen Aberglauben treibt man in Holstein [138]) mit den Urnen alter Gräber, die man für Töpfe der Unterirdischen hält. Im Voigtland reiten die Hexen in der Walpurgisnacht auf dem B.stößel [139]). In der Oberpfalz streichen sie am Johannistag Tau und erhalten die Milch von jenen Kühen, welche das Gras der abgestreiften Wiesen fressen [140]). In Österreich rühren die B.-hexen am Georgitag unter der Traufe, damit sie immer Milch haben [141]); im Egerland reibt man mit gestohlener Milch das Euter der Kühe ein (1. 5. oder Samstag und Sonntag) [142]); nach skandinavischem Aberglauben stehlen die Hexen am Gründonnerstag die Milch [143]).

[106]) Am bekanntesten ist der B.schlepper als Drache in Thüringen: Witzschel 2, 276, 2; 270, 55; 1, 323, 336; Steffchen bringt B. und Rahm zum Kuchenbacken: 2, 292, 150; über Stöpgen: Brevinus Noricus 196 ff.; Schambach-Müller 163, 182 (Stöpke). Läßt der Drache den Raub fallen, so sieht man eine stinkende, milchige Masse, das Drachenschmalz: Schönwerth 1, 394. 396; Grohmann 23, 107; Rochholz *Gaugöttinnen* 75; vgl. A. 90 ff.; wenn man den Namen des Heilandes ruft, läßt er alles fallen: Grimm *Myth.* 3, 452, 520; über B.schlepper vgl. ferner:

Schwartz *Brandenburg* 60, 34; 131, 83; Meiche *Sagenbuch der sächsischen Schweiz* 18, 5; ZföVk. 1900, 125 (Egerland); ZfVk. 1892, 78 ff.; vgl. Speck, Eier. [107]) Meiche *Sagen* 314, 413; vgl. 304, 395; 298, 387; vgl. ZföVk. 1900, 125. [108]) Waibel-Flamm 2, 166 bis 167; Künzig *Sagen* 63, 184; 65, 189; vgl. den Knödelhund in der Oberpfalz: Schönwerth 1, 377, 7; vgl. Rochholz *Sagen* 2, 172, 396. [109]) Müllenhoff² 222, 327. [110]) Mensing 1, 460; Urquell 6, 194; Meiche 298, 387; ZfVk. 1892, 80; vgl. Künzig l. c. In Mecklenburg bringt der Drache B. (Bartsch 1, 260. 337), ebenso in Thüringen (Witzschel 2, 292, 150); andere B.bringer sind hasengestaltig (vgl. Milch): Mannhardt *Germ. Mythen* 52—53; vgl. Bartsch *Mecklenburg* 2, 39, 37. In Brandenburg buttert ein dreibeiniger Hase für die Frau: Schwartz *Brandenburg* 7, 131, 83; bei Erfurt hat eine Bäuerin ein kleines rotes Männlein, das sie unter das B.faß stellt: Kruspe *Erfurt* 2, 88 ff.; in Mecklenburg finden wir den Dümmling im B.faß: Bartsch 2, 478, 39. [111]) NddZfVk. 1926, 4 mit Literatur; ZfVk. 1892, 78—80. [112]) Mannhardt l. c. 56. [113]) Schmid-Sprecher 36; vgl. Hansen *Hexenwahn* 535, 11 ff. [114]) Schambach-Müller 166, 184; Schwartz l. c. 1; Grimm *DWb.* 2, 585. [115]) Schambach-Müller 167, 185, vgl. p. 359. [116]) Schönwerth *Oberpfalz* 1, 376, 6. [117]) SAVk. 1925, 138, 96. [118]) l. c. 8 f. 17 ff. [119]) Andree *Braunschweig* 401; vgl. Drechsler 2, 106, 478. [120]) Pauly-Wissowa 1, 36. [121]) Columella 6, 17, 5. [122]) Müllenhoff² 240; Grimm *Myth.* 2, 897; 3, 477, 1118; 311; Rochholz *Gaugöttinnen* 72—73; Mannhardt *Germ. Myth.* 5. [123]) Müllenhoff² 239, 355, 2; Mannhardt l. c.; W. 88. [124]) Müllenhoff l. c.; W. 88; vgl. Schönwerth *Oberpfalz* 3, 172, 27; Bronner *Sitt' u. Art* 157; Rochholz *Gaugöttinnen* 74—76. [125]) Mannhardt l. c. 5—7. 27; vgl. Sébillot 1, 95; 2, 241. [126]) Grimm *Myth.* 3, 477, 1118. [127]) Müllenhoff² 230, 338; Schindler *Aberglaube* 291; in Braunschweig erkennt man die B.hexe durch die Erbegge an den B.fässern: Andree 381; vgl. Kuhn-Schwartz 378, 45. [128]) Sébillot 2, 439; 3, 85. [129]) Kuhn-Schwartz 393 ff.; Drechsler 1, 109; Frazer 1, 2, 52. 127; 6, 267; 7, 1, 154; Bronner *Sitt' u. Art* 156—58. Ähnlich ist das Gegenmittel in Bayern (Bavaria 2a, 309): Am 1. 5. geht die Bäuerin aufs Feld, streicht dreimal mit der Sichel in die Luft und schneidet drei Grashalme ab und sagt:

O du guter Walberntau
Bringe mir, soweit ich schau,
In jedem Hälmlein Gras
Ein Tröpflein Schmalz.

Panzer *Beitrag* 2, 301; Rochholz *Gaugöttinnen* 62. 74. [130]) Die Esten bitten in einem Zauberlied am Johannistag um B. so gelb wie die Sonne: Frazer 7, 1, 176—77; 180 und 185; bes. 1, 2, 127 A. 2 und A 3. mit Literatur und 7, 2, 74. [131]) Frazer 1, 2, 53; heute umwinden die Iren das B.faß am 1. 5. mit einem Kranz aus den Zweigen des Vogelbeerbaums: Frazer 1, 2, 52—53. [132]) Kuhn *Herabkunft* 163; ZfVk. 1891, 181; Kuhn-Schwartz 393 ff. [133]) Sartori 3, 170 A. 3; Kühnau *Sagen* 3, 39, 1394; Andree 381; Witzschel *Thüringen* 2, 262 ff.; Kehrein *Nassau* 2, 258, 110. [134]) DG. 12, 148; vgl. Bücher *Arbeit u. Rhythmus* 108. [135]) Grohmann 46, 296; in Schlesien b.t die Bäuerin am Karfreitag vor Sonnenaufgang nackt: Drechsler 2, 105; vgl. Krauß *Relig. Brauch* 55; Weinhold *Ritus* 43—44. [136]) Seligmann *Blick* 2, 378; vgl. Krauß *Relig. Brauch* 127. [137]) Drechsler 2, 240, 617. [138]) Müllenhoff 302, 450. [139]) Frazer 6, 160 und 7, 2, 73—74. [140]) Schönwerth 3, 172, 27. [141]) Baumgarten *Jahr* 24. Daß Hexen auf dem Dach b.n, erwähnt besonders Praetorius *Blocksberg* 455. [142]) ZföVk. 6 (1900), 124. [143]) Mannhardt l. c. 27.

7. ad. b). Die Hexen — das böse Weib Slaczona [144]) (Lausitz) — bewirken, daß der Rahm nicht zu B. wird [145]); in den Hexenprozessen werden die Frauen besonders auch des B.schadenzaubers angeklagt: Die Milch gab keinen Nutzen [146]), eine Graubündner Hexe sperrt das „Achen" [147]); eine andere wird vernommen, weil „der raum sich nit wellen achen, sondern uber das Kübli us wellen" [148]); eine dritte tut Pulver in das „Achkübeli, daß es inen nit habe geachet" [149]). Vor 70 Jahren gab es im Stift zu Einsiedeln ein „Teufelaustreibungskollegium" für und gegen das „Ankenmachen" [150]). Schon der Schweizer Ausdruck: „'s Anke isch mer g'nô", deutet auf die Ansicht vom fremdem bösem Einfluß aufs B.n [151]); wie ernst man die Gefährlichkeit dieser B.hexen nahm, zeigt eine Stelle aus einem Gerichtsakt des 15. Jh.: modus tollendi maleficium impedimenti Butyrizationis, correptionis lactis; es folgt Oremus und Exorzismus [152]). Einen von den Hexen gerne angewandten Schadenzauber erwähnt das Journal [153]) und die Rockenphilosophie [154]): Man zählt die Reifen am B.faß von unten aufwärts und wieder von oben herab; es genügt sogar, daß eine böse Frau ins B.faß schaut [155]); den bösen Blick fürchtet man vor allem in Schles-

wig-Holstein [156]), viel Material bietet Seligmann [157]); nach einer schlesischen [158]) Sage ist es ratsam, das B.faß nicht ins Freie zu stellen, weil sonst die Hexe hineinlangt und das Faß verzaubert; in der Neißer und Leobschützer Gegend reiten die Hexen des Nachts das Dorf entlang und verhexen das B.geschäft [159]); sie reiten auf dem B.faß auf den Blocksberg [160]); sie waschen ihre B.fässer an Karfreitagmitternacht [161]); gefährlich ist auch das Loben oder „Überrufen“ des B.fasses während des B.ns [162]): tritt eine zum B.-faß und überruft sie mit den Worten: „Das ist ein schön Faß Milch!“ so schäumt die Milch und bringt wenig B.; man entgegne: „Wäre dein groß Maul nicht, so geriete sie noch besser“; nach isländischem Aberglauben vereitelt ein Stückchen Zucker das B.n, offenbar ein empirischer Spruch [163]). Es gibt auch böse Leute, welche die B. „festmachen“, daß sie unzerschneidbar ist wie Stahl [164]). So macht nach Tharsander [165]) ein Zauberer die B. fest, daß kein Messer hindurchgeht. Behexte B. erkennt man daran, daß sie schäumt und stinkt [166]). Literarisch verwendete z. B. Hölty [167]) in seiner Ballade Leander und Ismene den Schadenzauber mit dem B.faß:

Sie hexte Froschlaich, Ruß und Haar
ins Butterfaß des Küsters.

In Frankreich läßt Cyrano von Bergerac [168]) in einem seiner Lettres diverses (1654) Agrippa von Nettesheim seine Künste proklamieren, darunter auch einen Spruch für B.schadenzauber: „Nolite fieri“. Luther glaubt offenbar an die Existenz der B.hexen: possunt butyrum, lac, caseum aliis furari [169]); und kein geringerer als Shakespeare verwendet diesen Glauben an den Schadenzauber der Vegetationskobolde und Hexen im Sommernachtstraum, wo die Elfe dem Troll seine Untaten vorhält (II, 1, 32 ff.):

So bist Du jener schlaue Poltergeist,
— — — — — — — — — — — — — —
Durch den der Brau missrät und mit Verdruß
Die Hausfrau atemlos sich b.n muß [170]).

[144]) Kühnau *Sagen* 2, 48, 707. [145]) Schramek *Böhmerwald* 258; vgl. Fogel *Pennsylvania* 179, 860 und Zingerle 39, 325. Nach Wierus *Opera omnia* (Amsterdam 1660) *de diabolo* c. 12 bewirkt der Teufel, daß die Milch nicht buttert. [146]) Hansen *Hexenwahn* 536, 30; die Milch bleibt „galt“: SAVk. 1898, 109; Meiche *Sagen* 306; 399; auf dem Hexenplatz berichtet eine Hexe dem Teufel, daß sie das B.n verhinderte: SAVk 1925, 287. [147]) Schmid-Sprecher 40; vgl. 171. [148]) Ebd. 41; vgl. 87; ebenso in Böhmen: Grohmann 138, 1013; dazu 155, 1120 und 156, 1132; eine Luzerner Hexe bewirkte, daß, wenn man einen halben Tag ankte, ein Schum oben war: SAVk. 1899, 96. 103. 112. [149]) Schmid-Sprecher 54—55; vgl. 139. 150—51; Thiers erwähnt einen französ. Schadenzauber: 3mal aufs B.faß schlagen mit Psalmspruch: Liebrecht *Gervasius* 252, 399. [150]) Rochholz *Sagen* 2, 153; vgl. 171. [151]) SchweizId. 1, 344. [152]) Niederberger *Unterwalden* 3, 554 ff. [153]) Grimm *Myth.* 3, 461, 759. [154]) Ebd. 3, 444, 286; vgl. Müllenhoff [2] 239, 355; in Pommern zählt man als Gegenzauber von unten nach oben: BlPommVk. 3, 107; ZfVk. 1914, 56, 25; Schönwerth *Oberpfalz* 1, 337; Knoop *Hinterpommern* 171; Engelien u. Lahn 273, 210; Martiny 22. [155]) ZfVk. 1901, 322 vgl. 307 ff.; Bartsch *Meckl.* 2, 136, 599; Martiny 22. [156]) Wenn eine alte Frau ins B.faß schaut, kann man nicht „afboddern“: Mensing 1, 463, vgl. 464. 470; die Gegenzaubermittel gegen den bösen Blick sind 470—71 aufgezählt; vgl. Urquell 5 (1894), 282. [157]) Seligmann 2, 484: B. und B.faß. [158]) Kühnau *Sagen* 3, 72, 1432; Drechsler 2, 253. [159]) Kühnau l. c. 41, 1397; vgl. Andree *Braunschweig* 381. [160]) Laistner *Nebelsagen* 234. [161]) Kühnau 3, 50, 1409. [162]) Grimm *Myth.* 3, 463, 823. dazu 2, 897; ZfVk. 1914, 56, 18; Urquell 5 (1894), 281 ff. [163]) ZfVk. 1903, 271. [164]) Meiche *Sagen* 559, 693. [165]) Tharsander 2, 700. [166]) ZfVk. 1914, 56, 18; W. 391; Klingner *Luther* 77; in Böhmen läuft diese B. beim Auslassen über den Topf: Grohmann 138, 1013; vgl. A. 90 ff. u. 106. [167]) Martiny 22; Grimm *DWb.* 2, 584; vgl. Frenssen *Jörn Uhl* cap. 25. [168]) ZfVk. 1904, 414 = Sébillot 3, 87. [169]) Klingner l. c. 77. [170]) Ackermann *Shakespeare* 123.

8. Gegen diesen Schadenzauber läßt der Volksaberglaube eine stattliche Front von Gegenzaubermitteln [171]) aufmarschieren. Wir finden eine ganze Skala vom einfachsten Gegenmittel bis zum feierlichen rituellen Gegenzauber [172]): wenn der Rahm nicht brechen will, wirft man Brotbröcklein [173]) in den drei höchsten Namen hinein oder Salz [174]) oder Salz und Brot [175]) als Apotropaia; man legt auch alte [176]) B. ins Faß oder solche von einer neumelkigen [177]) Kuh oder Bar

tholomäusb.[178]) oder B. aus der Kreuzwoche [179]); man pfeift [180]) wohl auch ins B.faß oder gießt die Milch durch die „Ranken der Alfranken“ [181]). Der Aberglaube kennt noch wirksamere Abwehrmittel: Das verhexte Faß zu Lewin (Schlesien) wird entzaubert, indem man dasselbe mit Seife ausschmiert und kochendes Wasser hineingießt und mit einer glühenden Eisenstange hineinfährt [182]). In einem Graubündner Hexenprozeß halfen sich die Leute, denen man das Schmalzen sperrte, damit, daß sie ein Roßeisen „ins Feuer legten und rot werden ließen und dann in den drei heiligen Namen in das Kübeli legten und ankten; da sei Trina Müller an die Türe gekommen und habe rätz angestoßen, sie aber rätz geanket“ [183]); als das B.n nicht geraten wollte, ging nach einer Tiroler [184]) Sage der Bauer zu einem, der die Zauberbücher kannte [185]); auf dessen Rat stellte die Bäuerin den B.kübel unter die Dachtraufe [186]) und stieß während des Schlagens einen glühenden Spieß in das Faß, worauf der Schadenkobold einen Seufzer ausstieß und entwich; in einer Kärntner [187]) Sage wirft man glühende Nägel (Eisen) [188]) ins Faß. In Württemberg [189]) wird ein Segen mit drei Nägeln auf den Boden des Fasses genagelt; in Tirol [190]) gießt man Weihwasser, welches am Sonntag neunmal gekocht ist, in den Kübel und gräbt in den Boden folgendes Zeichen ein:

a	g
l	a

(s. Agla). Man brennt I. N. R. I. am B.kübel ein[191]). In Schleswig [192]) fährt man mit einer glühenden Eisenstange hinein, im Allgäu steckt man glühende Teile der Pflugschar ins Rührfaß [193]), in Oldenburg eine glühende Mistgabel [194]); überhaupt verwendet man die apotropäische Kraft des Metalls [195]) im Gegenzauber, um das B.n zu ermöglichen. Die Rockenphilosophie rät [196]): ein weib, das butter rühren will, soll ein dreikreuziges messer ans fass [197]) stecken, so gerät die butter; in Friesland [198]) steckt man Messer um den Deckel des B.fasses, in der Oberpfalz [199]) wirft man einen Ehetaler ins Faß; in Baden [200]) eine Kupfermünze (Benedictuspfennig), in Mecklenburg [201]) einen Erbschlüssel, in Tirol [202]) eine glühende Eisenkette; im Rheinland tunkt die Bäuerin ein Markstück, den Ehering ins Drehfaß [203]). Ererbte Sachen werden beim Abwehrzauber bevorzugt: In Thüringen [204]) muß man Milch in einem neuen Topf kochen und etwas von der Milch auf einer Erbschaufel mit der Erbsichel schlagen; das muß man dreimal tun; beachtenswert ist hier die Häufung der Apotropaia: Stahl, Ererbtes [205]), Feuer — Dreiheit! Oder man legt in der Oberpfalz unter das Faß ein Stück Eisen [206]), eine Feuerzange [207]), in Dithmarschen [208]) einen Sargnagel, in der Mark kreuzweise zwei Stricknadeln [209]), in Mecklenburg [210]) einen Feuerstahl. Auch das Journal berichtet aus dem Saalfeldischen: will das B.n nicht fort, so legen sie Feuerstahl oder Messer unters Faß [211]); in Schlesien steckt man das Küchenmesser in die Tasche [212]); man wirft auch einen Kieselstein ins B.faß, welchen man am Ostermorgen von einem Kreuzweg geholt hat [213]); oder in Mecklenburg [214]) soll man an „Maidag un Johanninacht ne Schal mit Melk na'n Krüzweg dreg'n un'n Kreis mit drei Krüzen dor rüm maken, denn wart't beter.“ Besonders häufig ist der Widerzauber mit apotropäischen Holzarten: ein in Graubünden angeklagter Hexenmeister, „der Pfründ“, rät [215]): „Wenn einer nicht schmalzen könne, soll er den Rahm ins Kübeli schütten, ein groß Feuer machen, das Kübeli zwischen die Beine nehmen und etliche Züge tun und es mit drei in demselben Jahr gewachsenen, in den heiligen drei Namen gebrochenen Haselschossen in des Teufels Namen schmützen.“ In Braunschweig beschleunigt ein im Frühjahr abgeschnittener und geweihter, gabelförmiger Haselzweig das B.n [216]); in Schwaben legt man drei Reiser vom Besen und einen Kamm unters Faß [217]); in Schweden verwendet man die Flugesche, am Himmelfahrtstage geschnitten, gegen B.verhexung [218]). Nach der Bunzlauischen Monatsschrift [219]) peitscht man das B.faß mit einer Weidenrute [220]), die aber nicht mit dem Messer geschnitten werden darf, im Egerland mit Dornzweigen [221]). Am meisten Verwendung findet der Vogelbeerbaum [222]); prophylaktisch umwindet die irische Bäuerin [223]) am 1. 5. das B.faß mit einem Kranz aus den Zweigen des Vogelbeerbaumes; mit einem solchen Zweig umwindet sie den Griff des B.stößels [224]) beim B.n; in Schleswig [225]) war früher der Stiel des Stößels aus dem Holz des Vogelbeerbaumes gemacht, ebenso in Schottland [226]); auf Rügen [227]) macht man ihn aus Kreuzdorn, in Frankreich [229]) aus Ginster; in der Oberpfalz [230]) verfertigt man den Rührstecken aus Wacholderholz [231]), woran das Wild die Rinde mit dem Geweih abgestoßen hat; die B.dirne schneidet das Holz am Walperntag; hier peitscht [232]) man auch die Milch mit Schlehen oder Hagedorn; gegen den Milchraub verbrennt man die Haut [233]), heute noch „Hexe" genannt. Oft muß ein Hexenmeister [234]) einen Gegenzauber inszenieren, wie der Thiseheiri von Schweissingen [235]); in Tirol [236]) besprengt man den Schwengel der größten Kirchenglocke auf der rechten Seite mit Rahm; der erste Schlag trifft die Hexe; in der Oberpfalz [237]) reinigt man das Geschirr mit Schmiedzunder oder räuchert den Stall aus, in Mecklenburg [238]) hantiert man mit den bekannten drastisch-unappetitlichen Apotropaia; in Bayern [239]) legt man Knoblauch, geweiht am Dreikönigstag, ins B.faß mit einem Spruch; nach einem Mittel der Zuger Mönche [240]) schürt man während des B.ns unter einem umgestürzten Kessel Feuer [241]). Um die Hexen [242]) zu überlisten, welche die Reifen zählen, zählt man die Reifen von oben nach unten oder legt einen Zwirnsfaden unter das Eisenband um das Faß [243]) oder bindet eine Schürze [244]) um das Faß oder legt einen roten [245]) Lappen darunter. In Tirol schoß ein Mann in den Treibkübel und tötete die Hexe [246]). Zuweilen fährt man das B.faß auf einem Wagen im Galopp bis zur Grenze der Feldmark [247]) und dann wieder zurück [248]). Um sich vor dem Schadenzauber eines Hexenmeisters zu schützen, gibt man ihm Schmalz auf einem Stück Brot (Apotropaion) [249]). Schließlich treffen wir auch noch das Verpflöcken [250]) als Gegenmittel an: In Mecklenburg [251]) verpflöckt man Menschenkot in drei Löchern des B.stabes, in Böhmen [252]) Rahm im „Hackeklotz", im Allgäu sticht man Wasen aus, gießt Rahm in das Loch und legt den Wasen wieder darauf [253]). In Schleswig [254]) legt man einen Donnerkeil neben das B.faß (vgl. Milch); man legt auch wohl anderswo die Wurzel des Kreuzkrautes [255]) in den Rahm, in Tirol den „Höllenbrand" unter das Faß [256]); in Pommern [257]) gibt man den Kühen Branntwein, der von geborgtem Geld gekauft ist, damit sie b.reiche Milch geben; in Siebenbürgen läßt man zu demselben Zweck die Kühe an Salz lecken und vergräbt dies unter der Gemeindetürschwelle [258]).

Um den Urheber des Schadenzaubers zu entdecken, hängt man am Bodensee [259]) das B.faß ins Kamin. Es ist nicht verwunderlich, daß dem von diesem festen Ring von Zauberriten umgebenen B.faß selbst Zauberkraft zugeschrieben wird, wie dem Faß von Poppendorf in Steiermark, welches dem, der das Ohr an die Öffnung legt, die Zukunft verkündet [260]). Am Thomastag — in der Thomasnacht b.t man in Westfalen [261]) und backt Kuchen — geht man nach Baumgartens zuverlässiger Mitteilung zum B.faß und hört hinein, um zu orakeln („Leiralosn") [262]). Daher ist das B.faß der Stolz der (Eifeler) [263]) Hausfrau [264]); sie gibt es nie her, sonst wird ihr der Rock gestohlen [265]).

171) Martiny l. c. 26 ff. 172) Frischbier *Hexenspruch* 124; Sartori *Sitte u. B.* 2, 144—45. 173) Birlinger *Volksth.* 1, 497; auch bei den Deutschamerikanern belegt: Fogel *Pennsylvania* 376, 2020; dagegen Grohmann 139, 1015, wonach kein Brotkrümechen ins B.faß fallen darf. 174) Wrede *Eifeler Vk.* 93—94; Liebrecht *Gervasius* 220, 24. 175) SchweizId. 1, 344 = Lütolf *Sagen* 225 d; Meier *Schwaben* 177, 15. 176) ZfrwVk. 1913, 271—72; Urquell 5 (1894), 282. 177) ZfrwVk. 1919, 272. 178) Ebd. 17 (1920), 44; vgl. 13 (1916), 142. 179) Wrede *Eifeler Vk.* 94; Müller *Rhein. Wb.* 1, 1170; ZfrwVk. 1913, 271. 180) Wrede l. c. 181) Urquell l. c. 182) Kühnau *Sagen* 3, 72, 1432; Drechsler 2, 105; vgl. einen ähnlichen Zauber: Drechsler 2, 254, 634 und 111, 484; Fogel *Pennsylvania* 179, 861; Zingerle *Tirol* 64, 554. 183) Schmid-

Sprecher 54—55, vgl. 87. [184]) Heyl *Tirol* 227, 38; 801, 250; Zingerle 64, 554; noch jetzt bei den Deutschamerikanern: Fogel 178, 853; vgl. Mannhardt *Germ. Myth.* 17. [185]) ZfVk. 1901, 307—08. [186]) Wer in den Rauchnächten unter der Dachtraufe rührt, dem kann keine Hexe schaden: Baumgarten *Jahr* 14. [187]) Graber *Kärnten* 221, 298; in Böhmen verwendet man eine glühende Gabel: Grohmann 139, 1018. [188]) Noch 1850 in den Vierlanden belegt: Heckscher 383; Vonbun *Beiträge* 82; auf den Shetlandinseln wirft man rotglühende Steine ins B.faß: Heckscher 530. [189]) Eberhardt *Landwirtschaft* Nr. 3, 18; man legt auch das Schellenaß unter das Faß: Birlinger *Schwaben* 1, 399. [190]) Alpenburg *Tirol* 362; Zingerle 39, 324. Im Grießtal in Tirol benediziert der Pfarrer das B.faß, wenn es am Geweihten fehlt: ZfVk. 1894, 79. [191]) Zingerle 39, 326. [192]) ZfVk. 1914, 56, 24; Mensing 1, 470f. [193]) Reiser *Allgäu* 2, 440, 157. [194]) Strakkerjan 1, 347; Fogel 178, 852; W. 708; Fischer *Oststeirisches* 125. [195]) In Frankreich verwendet man eine Steinaxt: Sébillot 4, 75; vgl. Pauly-Wissowa 1, 50—51; Liebrecht *Gervasius* 100. [196]) Grimm *Myth.* 3, 437, 70; ebenso Maennling 301; Fischer *Aberglaube* 124; noch heute bei den Deutschamerikanern belegt: Fogel 177, 851; vgl. Heckscher 383; mit einem Messer, welches 3 Kreuze gehabt, prüft einer (um 1650) in Leipzig die Hexenb.: Meiche *Sagen* 484, 629; in Böhmen entzaubert man die Teufelsb. mit Weihwasser: Grohmann 95, 662; vgl. Zingerle 39, 324. [197]) Drechsler 2, 254, 635. [198]) Müllenhoff² *Sagen* 228, 335. [199]) Schönwerth 1, 338; oder einen Silbergulden: Schramek *Böhmerwald* 240; Seligmann 2, 22; Lütolf *Sagen* 225, 159d. [200]) Meyer *Baden* 403; Schmitt *Hettingen* 17; Fischer *Schwäb. Wb.* 1, 1565; Haas *Rügener Vk.* 43; Eberhardt *Landwirtschaft* Nr. 3, 18; Bartsch *Mecklenburg* 2, 137, 603; Zingerle 39, 322: am B.kübel soll ein Benediktuspfennig sein; im Saarland legt man einen Benediktuspfennig ins Wasser, das die Kühe saufen: Fox *Saarland* 281. Nach dem carnifex exarmatus ist der Benediktuspfennig gut, wenn die Kühe rote Milch oder keinen Rahm geben: Birlinger *Schwaben* 1, 428. [201]) Bartsch 2, 136, 596; Fischer *Schwäb. Wb.* 1, 1565; Heckscher 383; Drechsler 2, 255, 635; Seligmann 2, 7—9. [202]) Heyl *Tirol* 801, 250. [203]) ZfrwVk 1913, 272; Drechsler 2, 254, 634. [204]) Witzschel 2, 271, 64; Schell *Berg. Sagen* 51 [205]) Grimm *Myth.* 2, 928; 3, 441, 202; 470, 954. [206]) Schönwerth 1, 394; DG. 12, 148. [207]) Schönwerth 1, 338; W. 707; eine Ofenzange: Bavaria 2a, 303. [208]) ZfVk. 1914, 56, 23; Bartsch 2, 355, 1670; Mensing 1, 60. 471; Seligmann 2, 14. 18. [209]) ZfVk. 1891, 185. [210]) Bartsch 2, 136, 596; Haas *Rügener Vk.* 43; Seligmann 2, 15; in Oldenburg legt man unter das B.faß ein Hufeisen mit ungerader Löcherzahl, das schweigend vor Sonnenaufgang geschmiedet ist: Seligmann 1, 75; über das heilige Schweigen: RVV. 20, Heft 2, 102. [211]) Grimm *Myth.* 3, 452, 529; vgl. Rochholz *Glaube* 2, 230; Baader *Sagen* Nr. 107; in Waldeck Messer oder Gabel: Curtze *Waldeck* 390, 104. [212]) Drechsler 2, 111; vgl. 254, 635. [213]) Bücher *Arbeit u. Rhythmus* 108; Seligmann 1, 281—82; 2, 378; Drechsler 2, 111, 484; vgl. ZföVk. 1897, 115. [214]) Bartsch 2, 136, 597; 147, 661 b. [215]) Schmid-Sprecher 91; Bücher l. c. 108; Martiny l. c. 27; W. 142; vgl. Kühnau *Sagen* 1, 249; 3, 263 bis 264; Seligmann 1, 286; im Egerland mit Dornhecke geschlagen: ZföVk. 6 (1900), 124; zu Hasel als Apotropaion vgl. Bolte-Polivka 3, 477 Nr. 210. [216]) Andree *Braunschweig* 246; Heckscher 386; ZfVk. 1901, 9; Krauß *Slav. Volksforsch.* 74—75 A. 1. [217]) Fischer *Schwäb. Wb.* 1, 1565; Kühnau *Sagen* 4, 108. [218]) Meyer *Germ. Myth.* 84—85; vgl. Mannhardt 1, 11 und 56. [219]) Grimm *Myth.* 3, 475, 1058; Drechsler 2, 111, 484. [220]) Mannhardt 1, 270. 288—89; in der Schweiz soll man mit einer „Ruthe" dreimal an die Krippe schlagen: Lütolf *Sagen* 222, 157. [221]) Bücher l. c. 108; ZföVk. 1900, 124; vgl. Grohmann 139, 1016: Schläge mit Dornstöcken; Bartsch 1, 117, 135; 2, 38, 27; 144, 640; ZfVk. 1891, 185. [222]) Mannhardt *Germ. Mythen* 17ff.; W. 145; Frazer 7, 2, 281; 1³, 2, 53; Mannhardt 1, 271—72. 298. [223]) Frazer 1³, 2, 52—53. [224]) Ders. l. c. 53 A. 1. [225]) Müllenhoff² 239, 355, 1; Mannhardt l. c. 18; nach anderem Bericht ist in Holstein die Scheibe aus diesem Holz: Urquell 5 (1894), 192. [226]) Frazer 1³, 2, 53. [227]) Haas *Rügener Vk.* 43; Heckscher 395; Strackerjan 1, 427, 229; Bücher l. c.; W. 707; Kuhn *Herabkunft* 204; auch in Pommern macht man den B.stab aus Kreuzdorn: Temme *Pommern* 342. [228]) Witzschel *Thüringen* 184, 181. [229]) Sébillot 3, 386. [230]) Schönwerth 1, 337; W. 707; am Lechrain aus dem Holz des Kranewit (= Wachholder): Leoprechting 96; Martiny 27—28. [231]) Mannhardt 1, 265. 267; Bavaria 2a, 303: außerdem stellt man das Rührfaß auf die Ofenzange und wirft geweihtes Salz ins Faß; BlPommVk. 4, 102, 6; Höfler *Waldkult* 113; Kuhn l. c.; Zingerle 108, 931. [232]) Sonst schlägt man die Milch mit Messern: Wrede *Rhein. Vk.* 135; vgl. A. 204 und 182. [233]) Schönwerth 1, 394; Brunner l. c. 156—57; Bayr. Hefte 1914, 233, 64 (alter Tiroler Aberglaube); Urquell 5 (1894), 282. [234]) SAVk. 21 (1917), 215; hier wirft der Meister etwas in die Lire und zitiert die Hexe, vgl. ZfVk. 1901, 319; ein Bauer an der Wupper geht zur weisen Frau von Hagen; er muß der Kuh etwas eingeben und dem Tier über den Rücken streichen; die Hexe wird auch hier zitiert: Schell *Berg. Sagen* 168, 70 [235]) Rochholz *Sagen* 2, 153, 378; die irische Hexe geht dreimal gegen die Sonne um das B.faß: Heckscher 328. [236]) Heyl *Tirol* 801, 250; auf Wangerooge macht man mit Rahm 4 Kreuze auf die Haustür: Mannhardt *Germ. Mythen* 25. [237]) Schönwerth 1, 338. [238]) Bartsch 2, 136, 598; vgl. ZfVk. 1914, 56, 19; in Schleswig verrichtete man früher die Notdurft in das B.faß: Mensing 1, 470—71; dieses drastische Mittel erwähnt auch Luther gegen Milchzauber: Klingner 38. 78; Keller *Grab* 5, 320—21; Birlinger *Schwaben* 1, 409; Zingerle 65, 555; Praetorius *Blocksberg* 148; Gockel *Tractatus polyhistoricus* (F. u. L. 1699) 114 f. [239]) Pollinger *Landshut* 158; Martiny 28. [240]) Rochholz *Sagen* 2, 111, 395, vgl. 188; vgl. Schambach-Müller 175, 3. [241]) In Norwegen setzt man eine Tasse Rahm aufs Feuer: ZfVk. 1901, 323; vgl. Fischer *Oststeirisches* 126; im Muotatal (Schweiz) wirft man der Katze (= Hexe) heiße B. ins Gesicht, worauf eine Bäuerin Brandwunden bekommt: SAVk. 1898, 109; in Mecklenburg tötet man die Hexe, indem man die Milch anzündet: Bartsch 1, 120, 140. [242]) Drechsler 2, 111, 484; BlPommVk. 3, 107. [243]) Müllenhoff[2] 239, 255, 1; ZfVk. 1891, 185; 1914, 56, 25; Schwartz *Brandenburg*[7] 176—77 Nr. 119; Bartsch 2, 39, 38; Urquell 5 (1894), 282; Heimat 37, 113, 24; Mensing l. c. 1, 470; Bavaria 2 a, 303. [244]) Engelien u. Lahn 273, 210; Mensing 1, 470—71. [245]) Knoop *Hinterpommern* 171, 149; Simrock *Mythologie* 154 bis 155. 558; Kühnau *Sagen* 4, 175; in Holstein wird, wenn man nicht „abboddern" kann, ein rotes Tuch übers Faß gelegt: Mensing 1, 470—71; Urquell 5 (1894), 192; vgl. BlPommVk. 3, 150; Seligmann 1, 331; Rochholz *Sagen* 2, 172, 396 A; Ders. *Glaube* 2, 230; Baader *Sag.* Nr. 107; Mülhause 56 ff. [246]) Heyl *Tirol* 40, 53; Vonbun *Beiträge* 82 ff.; Drechsler 2, 111, 484; Mensing l. c. 1, 470—71; derselbe Glaube in Nordamerika bei den Deutschamerikanern (Kaiserslautern): Fogel *Pennsylvania* 179, 857. [247]) In Irland holt man einen Mund voll Wasser am Gemarkungsbach: Mannhardt *Germ. Mythen* 27—28; ZfrwVk. 1913, 270; über die Heiligkeit der Grenze: Pfister in Pauly-Wissowa 11, 2, 2147. [248]) Urquell 5 (1894), 282; W. 708; BlPommVk. 3, 150. [249]) ZfdMyth. 1 (1853), 236, 9. [250]) W. 708. 490. [251]) Bartsch 2, 136, 598. In Tirol verpflöckt man Pulver in die Krippe: Zingerle 41, 347; oder man hat ein Amulett (Konzeptionszettel) in das B.faß eingespundet: Rochholz *Glaube* 2, 168; in der Schweiz sorgt man prophylaktisch für B. durch das Ankenmilchbohren: Rochholz l. c. 2, 150. [252]) Grohmann 232, 1676, vgl. 134, 978; diese Stelle meint wohl Wuttke 708, vgl. A. 250. [253]) Reiser *Allgäu* 2, 440, 155; in Mecklenburg b.t man in einem Zaunpfahlloch: Bartsch 2, 355, 1669. [254]) Mannhardt *Germ. Mythen* 22; diesen apotropäischen Fruchtbarkeitsfetisch bestreicht man in Telemarken am Donnerstag mit B.: Mannhardt l. c. 23; NddZfVk. 1926, 12; ARw. 18, 594; Sébillot 4, 75: wenn die B. weggezaubert ist, frottiert man das Euter mit einer Steinaxt. [255]) Mannhardt l. c. 24. [256]) Zingerle 105, 902; die Orobanche oder Sonnenwurz macht die Kuh fruchtbar, daher ist sie auch apotropäisch: Frank v. Frankenau *Flora Francica rediviva oder Kräuterlexikon* (L. 1716) 419. [257]) BlPommVk. 4, 46. [258]) Haltrich *Siebenbürg. Sachsen* 277, 6; im Egerland gibt man dem Vieh 3 Stückchen frischen Brotes, mit Salz bestreut: ZföVk. 6 (1900), 124; in der Schweiz „Stryten" kreuzweis unter die Krippe: Lütolf *Sagen* 22[illegible], 157. [259]) Lachmann *Überlingen* 393; vgl. Fischer *Schwäb. Wb.* 1, 1565. [260]) Vernaleken *Mythen* 343, 47. [261]) Kuhn *Westfalen* 2, 100, 308. [262]) Baumgarten *Jahr* 5. [263]) Wrede *Eifeler Vk.* 48. [264]) Andree *Braunschweig* 245—46. [265]) Bohnenberger Nr. 1, 19.

9. Wie die Hexen und B.kröten [266]), so wird auch die verhexte B. verbrannt [267]), um den Schadenzauber unschädlich zu machen, meistens an einem Kreuzweg [268]), dann erscheint die Seele der B.hexe als Maikäfer, den man ohne Strafe töten kann; überhaupt erblickt der Volksglaube die Seelen der Hexen oft in den Schmetterlingen [269]), in welchen die Phantasie auch die Elfengeisterlein und den Alp [270]) vermutet, ein Beweis für die nahe Beziehung der Hexen zu den Elfen; als B.-vogel [271]) oder als Motte [272]) nascht die B.-Hexe an Milch und B. Ein B.händler tötet einen Falter und damit die B.hexe, welche in dieser Gestalt die B. verzauberte [273]). Von den Hexen gestohlene B. kann wieder entdeckt werden, wenn man einige Halme vom Strohdach über die Tür legt und anzündet [274]). Als es bei einem Mann nicht b.n will, zündet er zufällig einen Strohhalm an der Kerze an; sofort ist der Zauber gebrochen, und eine Hexe hat die Finger verbrannt [275]).

[266]) Schambach-Müller 169, 185 vgl. A. 72. [267]) Klingner *Luther* 77; im Aargau verbrennt man Stroh unter einem Füllen: Rochholz *Sagen* 2, 279; Ders. *Glaube* 2, 149; in Niedersachsen kocht man auf den Rat des Scharfrichters den Rahm: Schambach-Müller 175, 3. [268]) Strackerjan 1, 358; Frazer 7[3], 1, 322; W. 417. [269]) Grimm *Myth.* 2, 905; ZfdMyth. 3, 176 Nr. 5; Mannhardt 1, 329; speziell die Seele

der B.hexe denkt man sich als B.vogel: Frischbier *Preußisches Wb.* 1, 123—124; Müller-Fraureuth *Obersächsisches Wb.* 1, 178; 2, 245 (Molkendieb); Grimm *DWb.* 2, 586; Krauß *Slav. Volksforsch.* 57; Kühnau *Sagen* 1, 156; Mensing 1, 466 (Bodderliker = Schmetterling). 463 (Bodderfleeg = Schmetterling); Böhme *Kinderlied* 177—78; Müllenhoff² 509, 652, 2; Marienkäfer: Mannhardt *Germ. Mythen* 347. 353. 397 bis 398; bekommt Milch- u. B.opfer: 355, vgl. 246. 251. [270]) Grimm *Sagen* 74, 80; Kühnau *Sagen* 3, 106. [271]) Mannhardt *Germ. Mythen* 54; vgl. die A. 269 zitierte Literatur; die Grundvorstellung ist die Seele der Verstorbenen als Seelenvogel; sie ist nach der B. als Lebens- und Kraftsymbol lüstern; eine Abart ist der b.raubende Vegetationsdämon: Güntert *Kalypso* 224—225. [272]) Drechsler 2, 253—54. [273]) Güntert l. c. [274]) Frazer 1³, 2, 53; W. 708; vgl. die Rockenphilosophie: Grimm *Myth.* 3, 447, 389 [275]) Vonbun *Beiträge* 82; Strohhalm ist Verwandlungsform von Alp und Hexe: Kühnau *Sagen* 3, 109. 115. 121. 124—25. 127—28.

10. Das B.n: Bei dieser dauernden Abwehrbereitschaft der die Milchgeschäfte verwaltenden Hausfrau gegen die Anfechtungen und den Schadenzauber der B.hexen wird das B.geschäft selbst zur Zeremonie: Die Bäuerin [276]) tut vor dem Anrühren etwas Weihwasser [277]) ins Faß oder einige Körner Salz [278]) und macht drei Kreuze ans Faß [279]); besonders in der Oberpfalz bedarf es umständlicher Vorbereitungen [280]): Die Bäuerin stellt sich mit dem Rücken gegen die Tür, legt beide Arme übers Kreuz vor die Brust und faßt mit gekreuzten Armen den Rührstecken; sie wischt auch den Rührstecken mit einem Armsünderlappen ab. Auf der Stelle, wo das B.faß steht, macht man in Holstein [281]) ein Kreuz; in Pommern legt man unter das B.faß eine Mannshose [282]). Das Faß darf nicht unter dem Stubenbalken" [283]) stehen, e contrario: „auch stelle man sich mit dem B.faß unterm Balken" [284]). Größte Vorsicht übt man vor dem „Versehen"; wer schielt [285]), darf nicht zugegen sein; die B.gefäße [286]) darf nicht jeder sehen; vor allem darf man ein neues [287]) B.faß nicht auf der Straße sehen lassen; ebenso darf man das Milchgerät nicht nach Sonnenuntergang draußen lassen [288]); zu Beginn des B.ns spricht man in Rottweil:

Im Namen der heil. Dreifaltigkeit,
Daß sich Milch und B. voneinander scheid [289]).

Beim Rühren muß man nur in einer Richtung [290]) drehen, sonst dreht man wieder auf; während des B.ns darf man nicht ins B.faß sehen [291]). Bekommt die Bäuerin während des wichtigen B.geschäftes Besuch, so soll die Fremde nach Hettinger Aberglauben [292]) (auch in Schleswig) mitstoßen, damit die Butter rasch zusammengeht; in Böhmen [293]) muß sich der Besuch setzen; tritt hier ein fremder Mann in die Stube, so schlägt die Magd dessen Mütze am B.faß ab [294]); wie schon betont, darf man die B. nicht loben lassen [295]); bei Itzehoe darf man keine Sumpfdotterblume mit ins Haus nehmen, sonst gibt es keine B. [296]).

[276]) Eine menstruierende Frau darf in Frankreich nicht b.n: Sébillot 3, 87; vgl. Frazer 7, 1, 22. 80. 84; ders. *Totemism* 2, 534. [277]) Fischer *Schwäb. Wb.* 1, 1565; Schönwerth *Oberpfalz* 1, 337; vgl. Alpenburg *Tirol* 362. [278]) Wrede *Rhein. Vk.* 135; in der Oberpfalz Dreikönigsalz: Schönwerth l. c.; Mensing 1, 471. [279]) Drechsler 2, 111, 484; W. 707. [280]) Schönwerth l. c.; Bavaria 2 a, 303; vgl. Stephan *Askanische Vk.* 112, 258 f. [281]) ZfVk. 1914, 56, 22. [282]) ZfrwVk. 1913, 270. [283]) ZfVk. 1914, 56, 21; ZfrwVk. 1913, 270; W. 707; Drechsler 2, 111, 484; Mensing l. c. [284]) ZfrwVk. 1913, 271. [285]) Bartsch *Mecklenburg* 2, 136, 599; Seligmann 1, 235; Mensing l. c. 464; Urquell 6, 193 ff. Trägt man in der Oberpfalz das B.faß über die Gasse, so verdeckt man es: Bavaria 2 a, 303. [286]) ZfrwVk. 1913, 271; Urquell 5 (1894), 282; ZfVk. 1901, 322 und 327; Seligmann 1, 235. [287]) W. 706. [288]) Mensing l. c. 70 (afkarnen); in Schlesien behext eine B.hexe das B.faß, das vor der Türe steht: MschlesVk. 1905, Heft 13, 92. [289]) Fischer *Schwäb. Wb.* 1, 1565; ein anderer Spruch in Niederbayern: ZfrwVk. 1913, 270. [290]) Fogel *Pennsylvania* 177, 848 (Heidelberg). [291]) Grohmann 138, 1014; Martiny 12; W. 708. [292]) Schmitt *Hettingen* 17; wenn in Waldeck das B.n nicht geraten will und es kommt Besuch und stößt dreimal schweigend, gibt es sofort B.: Curtze *Waldeck* 391, 105; Meyer *Baden* 403; Mensing 1, 471; Urquell 5 (1894), 192; ZfrwVk. 1913, 272. [293]) Grohmann 139, 1017. [294]) Ebd. 146, 1079. [295]) Mensing 1, 471. [296]) Ders. 1, 70 (afkarnen).

11. Über die Zeit [297]) des B.ns herrschen Ansichten, die sich scharf widersprechen: Am Tage vor und nach Vollmond darf im Rheinland nicht geb.t wer-

den [298]). Neumond [299]) wird in Böhmen, die Ebbe an der Küste der Bretagne bevorzugt; in der Oberpfalz soll man an den ersten drei Freitagen [300]) des Monates b.n, weil da die Hexen selbst nicht ausrühren; auch in Mecklenburg [301]) glaubt man: „Das B.n am Freitag bringt die beste und schönste B."; in Schlesien soll man am guten Freitag vor Sonnenaufgang b.n [203]); Zimmermann berichtet: wenn die Bauernweiber das erstemal wieder eine Kuh melken und sie b.n drei Freitage hinter einander aus, dann können die Hexen dem Vieh nicht schaden [303]). Dagegen soll in Schwaben [304]) das B.n am Mittwoch und Freitag unterbleiben, und nach der schlesischen [305]) Überlieferung sagt eine Hexe zu Braunau (1617) aus: sie habe sich mit Freitagsb. geschmieret und mit andern Hexen zu Katzen verwandelt; gegen den Mittwoch [306]) spricht sich auch der Aberglaube in Gernsbach im Speierschen aus, wie das Journal berichtet: ein Weib, das Mittwochs B. plumpt, ist eine Hexe; aber in Hinterpommern [307]) sind Mittwoch und Sonnabend B.tage; am Sonntag [308]) rühren die Hexen; die Figur im Monde ist nach braunschweig. Aberglauben ein Mädchen, welches dorthin versetzt wurde, weil es am Sonntag [310]) b.te. Vor allem erhält man in der Walpurgisnacht [311]) viel B.; auch über das B.n am Karfreitag [312]) und Himmelfahrtstag [313]) herrschen abergläubische Ansichten. Nach rheinischem [314]) Aberglauben soll die B. morgens um 3 Uhr gedreht werden, nach schlesischem vor Sonnenuntergang [315]), nach nordischem am Abend [316]). Die Billeweiß [317]) im Görschitztal weissagen dem Volke: Wenn die Bäuerinnen nachmittags B. rühren und die Hühner nachmittags Eier legen, werden schlechte Zeiten kommen. „Von derselben Kuh darf man in einer Woche nicht zweimal B. machen, sonst bekommen die Hexen Gewalt über sie" [318]). Bei Gewitter b.t es sich schlecht [319]).

297) Buch *Wotjäken* 50. 154: russische B.-woche. 298) ZfrwVk. 1913, 271. 299) Grohmann 135, 980; über den Einfluß der Ebbe s. Sébillot 2,20. 300) Schönwerth 1, 337; W. 707; Bavaria 2 a, 303; Rochholz *Glaube* 2, 52—53: am Freitag b.n die Hexen nicht. 301) Bartsch 2, 217, 1132. 302) Drechsler 2, 111, 484. 303) Fischer *Schwäb. Wb.* 1, 1565. 304) Kühnau *Sagen* 3, 21, 1370. 305) Brevinus Noricus 223. 306) Grimm *Myth.* 3, 453, 567; Mannhardt *Germ. Myth.* 16. 307) Knoop *Hinterpommern* 171, 145. 308) ZfdMyth. 2 (1854), 73, 5. 309) Andree *Braunschweig* 246. In Schleswig-Holstein wird eine Predigersfrau so bestraft: Mensing 1, 463; Müllenhoff² 549; Urquell 1, 85. 310) Grimm *Myth.* 2, 597 ff.; Grohmann 28—31; Krauß *Südslaven* 12 ff.; Schönwerth 3, 137, 16. 311) W. 89. 312) Müller *Isergebirge* 27; sie ist besonders heilsam: Drechsler 2, 235, 611. 313) Kuhn *Westfalen* 2, 159, 446. 314) ZfrwVk. 1913, 271. 315) Drechsler 2, 254, 634; 111, 484. 316) Graber *Kärnten* 65, 73. 317) ZfVk. 1898, 138. 318) W. 707. 319) Müller *Rhein. Wb.* 1, 1184; vgl. Fischer *Schwäb. Wb.* 1, 1565: wenn die B. nicht zusammengeht, gibt es Regen: Grohmann 38, 225.

12. Wenn der B.wecken [320]) geraten ist, wobei sich die Kirnerin rühren muß — „denn de boter kömt schier, wenn se schwet süht" [321]) — und gepfundet wird, so macht man auf das vollgestrichene Pfundmaß in Mecklenburg [322]) zwei kreuzweise Eindrücke mit der Kelle; die niederrheinische [323]) Hausfrau drückt, wenn sie die B. im Topf einmacht, ein Kreuz in die Oberschicht ein; beim B.verkauf übt die Bäuerin vom Nahetal [324]) die gleiche Vorsicht wie beim Milchverkauf: die gekaufte B. muß sofort nach Hause getragen werden, ohne daß man noch in ein anderes Haus eintritt; sonst würden die Kühe, von denen die B. stammt, verhext werden. Die schlesische Bäuerin verkauft nach Sonnenuntergang keine B. [325]). Die erste B. darf nicht verkauft oder verschenkt werden, sonst gibt man den Nutzen der Kuh fort; die B. darf nur verdeckt über die Straße getragen werden [316]); wenn man B. verschenkt, muß dafür Brot und Salz gegeben werden [327]).

320) Über die Form: J. Placotomus *De tuenda bona valetudine, libellus Eobani Hessi commentariis doctissimis illustratus* p. 67. 321) ZfrwVk. 1913, 272. 322) Bartsch 2, 136, 600; vgl. ZfVk. 1896, 388. In Brandenburg wird die B. gegen den Teufel mit Doppelkreuz geritzt: O. Stephan *Askanische Vk.* 112; vgl. Urquell 5 (1894), 282 A. 323) Der Niederrhein 1880, 112; ZfrwVk. 1913, 272. 324) ZfrwVk. 1905, 203; vgl. Heckscher 379; eine alte Rottweiler Satzung sagt: Wer dem Henker und dem Schinder abkouffet hat Schmalz oder

Unschlitt, dem soll die Zunft verboten sein ein Jahr: Birlinger *Schwaben* 2, 445. [325]) Drechsler 2, 253, 633 = Grimm *Myth.* 3, 473, 1023 (aus der bunzlauischen Monatsschrift 1791); Heckscher 379 aus Richter (1702). [326]) W. 709; Seligmann 2, 280; vgl. Bavaria 2 a, 303. [327]) ZföVk. 1897, 183, 298 (Bukowina).

13. B. mit besonderer Eigenschaft: Schon Coler [328]), bei dem sich sehr gute Beobachtungen neben abstrusestem Zeug finden, begründet die besondere Kraft der „Mayenb." [329]) damit, daß die Kühe da die besten Kräuter fressen [330]); zu dieser rein empirischen Feststellung gesellt sich der am 1. Mai besonders lebhafte Glaube an die Tätigkeit der Hexe, also auch der B.hexe; in Schwaben spielt der Maianken, die Maib. eine große Rolle; im Allgäu [331]) wird am 1. 5. in jedem Haus Maib. gerührt; diese wird, mit grünen Kräutern dekoriert, mittags nach dem Essen aufgetragen, und jedermann streicht sich davon aufs Brot (siehe B.opfer); auch in Tirol [332]) ißt man Maib. in Menge, und in der Meraner [333]) Gegend ist es Sitte, am Pfingstsamstag nach dem Nachtessen die Maib. auszuschnellen. Im Aargau ist schon 1223 die Ankenschnittenprozession erwähnt, ein Flurumritt am Himmelfahrtstag, wobei man den Pferden Ankenschnitten ins Maul stößt, damit sie gesund bleiben [334]). Am Lech [335]) ist das B.n am 1. 5. sogar vorbedeutend: am 1. 5. soll man recht schmalzen, dann hat man das ganze Jahr Schmalz im Haus; in Hessen [336]) gibt man den Kühen am Walpurgisabend B.blumen, damit die B. das ganze Jahr schön gelb ist. Von der Frühjahrsb. hat auch die B. der Kreuzwoche [337]) eine besondere (Heil-) Kraft, in Finistère [338]) schreibt man der B. pendant la semaine des Rogations ebenfalls eine besondere Eigenschaft zu. In Tirol (Pitztal) ist die B., die um Johanni gerührt wird, heilsam und wird aufbewahrt [339]). Coler [340]) hebt auch die B. hervor, welche man im „Ohst" (= August) einlegt; das ist die Bartholomäusb. [341]) (24. 8.) oder der im alemannischen Süden als heilkräftig gepriesene Bartholomäusanken [342]), den man nicht verkauft und der sich jahrelang hält [343]); er hat den Namen davon, daß der Apostel Bartholomäus zur Salbung seiner Wunden nach B. verlangte [344]).

[328]) Coler *Oeconomia* 1, 403. 410 c. 66; ders. *Astrologia* 61 und 59; Barthol. Carrichter *Der Teutschen Speiskammer* (1614) 63; Lammert 206 A 1; vgl. Müllenhoff 239, 355, 2; Staricius *Heldenschatz* (1679), 129; Rochholz *Gaugöttinnen* 23 bis 24. [329]) Auch in Frankreich: Sébillot 3, 88. [330]) Man soll den Kühen im Mai Nesseln füttern: Coler *Astrologia* 59. [331]) Reiser *Allgäu* 2, 138, 8; Birlinger *Schwaben* 2, 93; ders. *Volkst.* 2, 95, 126; Lammert 206; Hillner *Siebenbürgen* 50, Fehrle *Feste* 63. [332]) Hörmann *Volksleben* 95; vgl. Sartori 3, 191 und 217. [333]) Pfannenschmid *Erntefeste* 488. [334]) Mannhardt 1, 399—400; Rochholz *Gaugöttinnen* 24. 78; vgl. das Maibutterausschnellen an Pfingsten bei Meran: Zingerle *Tirol* 161 Nr. 1368. [335]) Leoprechting *Lechrain* 177; vgl. Schulenburg *W. Volksth.* 76; John *Westböhmen* 73; in Tirol geht man zum Maibutteressen aufs Land: Zingerle l. c. 155 Nr. 1313; im Zillertal wird an Fasching Fastnachtsb. aufgetragen; wird das unterlassen, so zieht Not ins Haus: Zingerle 138 Nr. 1208. [336]) Hessler *Hessen* 2, 327 ff.; Sartori 3, 182 A. 57. [337]) Müller *Rhein. Wb.* 1, 1170; ZfrwVk. 1913, 271; Schmeller *Bayr. Wb.* 1, 311. [338]) Sébillot 3, 88; Grimm *DWb.* 5, 2201. [339]) Zingerle 160, 1362. [340]) l. c. 410. [341]) ZfrwVk. 1913, 271; A. Baumgarten *Jahr* 29—30; Müller *Rhein. Wb.* 1, 1170; Mensing 1, 240. [342]) Meyer *Baden* 403. 509; ZfVk. 1898, 439; Sartori 3, 244. [343]) Ochs 1, 121; vgl. Müller *Rhein. Wb.* 1, 484; Wander *Sprichwörterlex.* 1, 521, B. Nr. 4. [344]) Meyer l. c. 403; in Schleswig heilt man mit Barrameesbodder Wunden: Mensing l. c.

14. Das B.opfer: In Norwegen [345]) opfert man noch heute der Sonne B.; B. als Fruchtbarkeitssymbol opfert man den Vegetationsdämonen; im Riesengebirge [346]) finden wir unter den Opfergaben für Wind [347]) auch B.; dem Alp [348]) verspricht man B. und Käse. Über die Opfer an die Hausgeister und Vegetationskobolde vgl. § 3 u. A. 46; über das B.opfer für Hausgötzen handelt L. Weiser [349]); in Telemarken [350]) wird der Donnerkeil jeden Donnerstag mit B. bestrichen; wie die alte germanische [351]) Gewohnheit, die Göttersymbole mit Fett zu bestreichen, im Christentum fortlebte, zeigt eine bis ins 17. Jh. in Bayern geübte Sitte, das Karfreitagskruzifix mit Eiern und Schmer

zu bestreichen [352]). Diese Opfer für die Fruchtbarkeitsgeister sind in der Laufener [353]) Gegend abgelöst durch Gaben an die Kirche [354]): Bis zur Mitte des 19. Jhs. opferten dort die Bäuerinnen B. auf dem Altar als Dank für den Wettersegen; diese Gabe brachten die Gläubigen besonders gern dar, wenn der Pfarrer im Rufe stand, wettergerecht zu sein; und eine Ablösung zweiten Grades fand statt, indem man die B. später in den Pfarrhof brachte. Über B. als Votivgabe gegen Kropfleiden (1591) und als Opfer für St. Leonhard gegen B.zauber siehe Andree [355]). Als Erstlingsopfer von der wunderkräftigen Maib. — als Dank für die Benediktion, welche der Pfarrer dem Vieh spendete — bringt man im Allgäu [356]) einen B.ballen ins Pfarrhaus, auf welchen man den Namen Jesu eingepreßt hat; die erste B. von der Milch der Erstlingskuh wird in Ostpreußen [357]) dem Hospital [358]) gespendet, in Österreich, Schlesien und Westböhmen für die Kirchenlampe [359]). Die Kirche [360]) selbst segnet die Frühlingsb. am Ostersamstag schon im MA. Auch zum Erntedankopfer verwendet man B.: im Oberamt Leutkirch [361]) brachten die Bauern dem heiligen Martin B. und Eier dar; zur Speisung der Alpendämonen läßt man in Tirol [362]) bei der Abfahrt von der Alm neben Brot und Käse [363]) auch B. zurück. Auch zur Ablösung des Hausbauopfers ist das B.opfer belegt [364]). B. als Opfer an Allerheiligen für die armen Seelen kennt man in Böhmen [365]), B. als Totenopfer während des Seelenamtes in Graubünden [366]). Am Vorabend des Allerseelentages wird in Tirol (Alpach) nach dem Rosenkranz eine mit Schmalz gefüllte Lampe auf den Herd gestellt, damit sich die armen Seelen mit dem Fett die Wunden lindern [367]). Im Zillertal wird am Samstag nach dem Krapfenbacken ein Stück B. auf den Dreifuß gelegt, damit sich die armen Seelen die Brandwunden schmieren können [368]). Wird Schmalz aus dem Kessel verschüttet, so schenkt man das den armen Seelen [369]) (wie die Brosamen und Speiseabfälle).

B. ist das Fruchtbarkeitssymbol und die Speise des Lebens, nach der die Seele am meisten verlangt; das ist bei den Bulgaren [370]) wohl der Grund, warum sie der herumirrenden Seele drei Tage lang B. und Wein in die Sterbekammer stellen; die Hindu [371]) begießen die Leiche mit B., Milch und Honig; die Chewsuren [372]) legen den Toten B.gebäck auf die Brust; bei den Ditmarschen [373]) und auf Jütland [374]) finden wir die Ablösung durch B.brotspende an die Gäste.

[345]) Helm *Religgesch.* 1, 187; ZfVk. 1898, 143; Meyer *Religgesch.* 106 A. 1. 417 A. 1; vgl. Frazer 7, 1, 180; vgl. das Kinderliedchen an die Sonne bei Meyer *Germ. Mythen* 389 d; die Sonne wird bei den Südslaven mit einem B.-ball verglichen: Krauß *Relig. Brauch* 18; die Indier opfern dem Indra B.: Mannhardt *Germ. Mythen* 4. [346]) Grohmann 3, 12. [347]) Über B.opfer an Wasserdämonen: Oldenberg *Religion des Veda* [2] 118. 352. 418. 444; für Frankreich: Sébillot 2, 302; vgl. 3, 83; 2, 289. 439. 462; über B. als Vegetationsopfer unter Eichen bei den Litauern vgl. Chantepie de la Saussaye-Bertholet-Lehmann 2, 536; in den Niederlanden opfert man dem Kabouterchen B. und Eier: Wolf *Niederl. Sagen* Nr. 560; Kloster 9, 200. [348]) Lippert *Christentum* 452; B.brot: Kühnau *Sagen* 3, 125 Nr. 1494; vgl. 1495; B.brot für den Wolf beim Getreidemähen: Jahn *Opfergebräuche* 179. [349]) NddZfVk. 1926, 12 und 13—14 mit Literatur; B.fladen an Paulibekehrstag in Niederland deutet Höfler *Fastnacht* 13 als Opfer; über B.opfer an Marienkäfer: Mannhardt *Germ. Mythen* 355; Alraunwurzel-Puppen werden mit Öl gesalbt: Meiche *Sagen* 302, 392; vgl. 391 (Brotopfer). [350]) Mannhardt *Germ. Mythen* 29. [351]) Grimm *Myth.* 1, 51. [352]) Quitzmann *Baiwaren* 247; Panzer *Beitr.* 2, 281; vgl. Saussaye-Bertholet *Lehrbuch der Religionsgeschichte* 1, 183; vgl. Rochholz *Glaube* 1, 319. [353]) DG. 11, 215. [354]) Lippert l. c. [355]) *Votive* 165; auch die Bulgaren bringen B. in die Kirche als Opfergaben bei Krankheitsfällen: Strauß *Bulgaren* 99. [356]) Birlinger *Volksth.* 2, 95, 126; Reiser *Allgäu* 2, 138, 9. [357]) Toeppen *Masuren* 100; Jahn *Opfergebräuche* 303; Sartori 2, 145 A 19; W. 424. [358]) Das erste Kalb gehört dem Hospital: Sartori 2, 138. [359]) Jahn *Opfergebräuche* 304; John *Westböhmen* 211; Drechsler 2, 101; Sartori 2, 145. In Frankreich opfert man diese B. der Jungfrau Maria: Sébillot 3, 83; vgl. 3, 36. [360]) Franz *Benediktionen* 1, 592. [361]) ZfdMyth. 1, 441 ff.; Jahn l. c. 320. [362]) Alpenburg *Tirol* 104, 13; Jahn l. c. 321. [363]) Rochholz *Sagen* 1, 384. [364]) Rosegger *Steiermark* 10; vgl. ZfEthnol. 1898, 26; Tettau u. Temme 98; Grimm *Sagen* 145, 179; vgl. 494; Frischbier *PreußWb.*

1, 124; Seligmann 2, 292. [365]) Grohmann 198, 1391. [366]) Hoffmann-Krayer 48; vgl. SAVk. 14, 79—80; Caminada *Friedhöfe* 121—22; SAVk. 15 (1911), 227 ff. [367]) Zingerle *Tirol* 176 Nr. 1470; vgl. Rochholz *Glaube* 1, 324; ZföVk. 1906, 150 bis 151; in Bayern wird am Allerseelentage dem Kloster u. a. ein Wachsstock und ein B.-ballen geschenkt: Rochholz *Glaube* 1, 319; die Brahmanen reiben die Toten mit B. ein: Rochholz l. c. 1, 235. [368]) Zingerle l. c. 124 Nr. 1124. [369]) Ders. 56 Nr. 476. [370]) ZfVk. 1901, 20 ff.; Sartori *Totenspeisung* 42 [2]; ARw. 24, 291 ff.; Strauß *Bulgaren* 101 [371]) Sartori l. c. 11. [372]) Globus 76, 209; Sartori l. c. 12[1]. [373]) Urquell 1, 48 ff.; Sartori l. c. 24[2]; vgl. ZföVk. 4 (1898), 114; Sartori l. c. 25[2]. [374]) Feilberg *Dansk Bondeliv* 1, 359 ff.; Sartori l. c. 6[2].

15. B. im Schaden- und Gegenzauber (abgesehen vom Schadenzauber beim B.n): eine Graubündner [375]) Hexe (1702) „gesteht": ins Schmalz habe sie ein „löchly gemacht und pulver ingelegt und ordentlich vermacht; habe er dies Schmalz wäggenommen, wissy aber nit, wär davon thot". In einem Hexenprozeß (1486) gesteht die Köchin des Junkers Hans Röder von Diersburg, dessen Kind beseitigt werden soll [376]): Sie habe die Kunhin geheißen, B.[377]) und Milch zu nehmen und das Kind des Junkers damit zu bestreichen und zu salben, damit es zu Gott fahre und man seiner abkomme. Eine Schweizer Hexe macht einen Knaben mit einem B.brot krank [378]). Eine bayrische Hexe tötete die Nachbarin, indem sie das mit drei Nägeln durchbohrte Herz einer Kuh in B. sott und es in den Lech warf [379]). Im Gegenzauber wird B. in Verbindung mit Brot gebraucht [380]). Auch im iudicium offae findet B.brot offenbar als Substitut [381]) für Käse Verwendung: 1618 unterwirft sich eine Lincolner Hexe dem Ordal mit B.brot und erstickt [382]). B. als Fruchtbarkeitssymbol ist natürlich apotropäisch; in einer bei Gockel erwähnten Salbe gegen Zauberei findet sich B. aus Pferdemilch [383]). Wenn in der Schweiz ein geschälter Haselzweig, mit frischer B. gesalbt, ins Faß gehängt wird gegen den schimmlichen Geschmack, so ist wohl auch hier der apotropäische Zweck primär [384]).

[375]) Schmid-Sprecher 151. [376]) Freiburger Diözesan-Archiv 15 (1882), 97—98; Hansen *Hexenwahn* 585. [377]) Eckstein Z. Gesch. Oberrheins 1927, 635—36. [378]) SAVk. 1927, 34; vgl. Bartsch *Mecklenburg* 2, 18 (27. 7. 1584); 34, 12 (1681); Andree *Braunschweig* 383; W. 395. [379]) Leoprechting *Lechrain* 43. [380]) Ders. 18. [381]) Negelein in ZfEthnol. 1902, 61. [382]) ARw. 13, 531; Soldan-Heppe 1, 386. 399 ff. [383]) *Tractatus polyhistoricus* 149; die Ovampo streichen sich, um sich beim Essen vor Schadenzauber zu schützen, B. zwischen die Augen: ZfVölkerpsychol. 18, 150. [384]) Lütolf *Sagen* 371 Nr. 340 d.

15. B. in Fruchtbarkeits- und Liebeszauber: B. als reinigendes- und Fruchtbarkeitssymbol war schon in der Antike bekannt: Bei den Babyloniern [385]) wirkte sie reinigend; und Athenäus erzählt, daß die aus Lybien zurückkehrende Aphrodite [386]) die Gegend um den Eryx mit B.duft erfüllte. Daß man auch damals schon die B. bei Hochzeiten besonders bevorzugte, geht aus einer Stelle des Anaxandrides [387]) hervor, nach der an einer thrakischen Hochzeitstafel (382 v. Chr.) b.essende Männer saßen. Heute wird in Makedonien [388]) der Braut B. gereicht, mit der sie die Schwelle (vgl. Fett) bestreicht [389]), in Böhmen [390]) und bei den Südslaven [391]) wird sie beim Liebeszauber verwendet. Im Rheinland [392]) wird die B. beim Hochzeitsmahl von Braut und Bräutigam angeschnitten. In Schleswig bringen die Nachbarn am Tag vor der Hochzeit (Bodderbeersdag) einen B.ballen von 8 bis 10 Pfund [393]). In Mecklenburg stand früher ein aus B. geformter Hahn auf der Hochzeitstafel [394]); in Schleswig [395]) führt die zuletzt verheiratete Frau mit der B., auf der ein Stäbchenkreuz [396]) ist, einen Tanz auf; vgl. auch die B.zeremonien bei der Hochzeit der Esten [397]). Einen offenbaren Fruchtbarkeitsritus haben wir in der Schweiz [398]), wo das Kind nach dem ersten Bade mit B. eingerieben wird (vgl. Fett). Zum Fruchtbarkeitszauber tritt die Analogie in einem mecklenburgischen [399]) Gebrauch: „Ist ein Mädchen geboren, so wird ein B.faß in die Stube gebracht, die Händchen des Kindes an den B.stab gelegt und so einige Male auf und nieder geführt. Dann bekommt das Kind im späteren Leben immer schnell und leicht B.;

nach einer andern Version findet die Zeremonie vor der Taufe statt [400]). Ein Musterbeispiel für einen Übertragungszauber mit B. haben wir in Schleswig-Holstein [401]): auf einer nicht ergiebigen Weide vergräbt man ein Messinghorn, mit B. gefüllt, mit den Worten: gel blank Bodder; über den Fruchtbarkeitsritus der Ankenschnittenprozession im Aargau siehe § 13.

[385]) ARw. 17, 401 und 408 A. 5. [386]) Athenaeus 9, 395 a; Pauly-Wissowa 3, 1091 oben. [387]) Athenaeus 4, 131 b; Pauly-Wissowa 3, 1090. [388]) Stern *Türkei* 1, 107. [389]) Nach Plinius 18, 135. 142 bestrich die Braut die Pfosten apotropäisch mit Fett. [390]) Grohmann 210, 1459. [391]) Krauß *Slav. Volkforsch.* 166—67. [392]) ZfrwVk. 12 (1915), 46. [393]) Mensing 1, 461; das Hochzeitsfest heißt „Bodderkösten“: Heimat 37, 114 ff. [394]) Bartsch 2, 66, 239. [395]) Mensing 1, 465. [396]) Höfler *Weihnachten* 69. [397]) Grimm *Myth.* 3, 488, 18; Boecler *Ehsten* 40. [398]) Hoffmann-Krayer 24; antik: Plinius 11, 239. [399]) Bartsch 2, 42, 53. [400]) Ders. 2, 44, 71. [401]) Mensing 1, 464.

17. B. im Volksmedizin- und Heilzauber: Schon die Skythen [402]) glaubten, daß B., auch in kleinen Mengen genossen, Hunger und Durst stille und besondere Kräfte verleihe, während die Griechen [403]) B. für schädlich hielten und noch halten. Dagegen gilt bei uns die B. als Kräftigungsmittel, besonders in Tirol [404]). Nach einer Schweizer Erzählung werden drei Brüder durch B.genuß riesenstark [405]). Schon Coler [406]) rühmt Maienb.[407]) als Arznei und Wundtrank, weil sie ungesalzen von innen heraus heilt; des Morgens nüchtern gegessen, nützt sie gegen „Stich eines giftigen Wurmes und gegen Pestilenz“ [408]). Als Wundsalbe wird vor allem die „Neuntagb.“ (Maib. von erstkalbenden Kühen in den ersten 9 Tagen bereitet) geschätzt [409]). Auch im „Ohst“ (August) eingelegte B. ist heilkräftig; in der Eifel [410]) rühmt man B. aus der Kreuzwoche [411]) und Bartelmisb. [412]) große Heilwirkung nach, in Deutsch-Killmes (Westböhm.) solcher B., die vom hl. Abend aufbewahrt wird [413]); der Schlesier [414]) gebraucht Karfreitagsb. bei Verletzungen, und der Deutschamerikaner [415]) sieht ungesalzene B. für Wunden als gutes Mittel an; der Märker [416]) schwört auf ungesalzene Gründonnerstagsb. Besonders gerne gebraucht man B., oft mit Zutaten, als Salbe für alle möglichen Schäden, wie schon die Inder [417]) die Wunden der Elefanten mit B. behandelten, während die römischen [418]) Ärzte sie bei gynäkologischen Entzündungen empfahlen. Die heilige Hildegard kennt B. nur als Salbe; in den Physica erwähnt sie eine Salbe gegen Kopf- und Augenweh [419]): accipe folia et corticem ipsius (Fickbaum) et ea modice contunde et in aqua valde coque et tunc etiam arvinam ursi et parum minus de angssmêre (wohl angosmêre?) et sic fac unguentum; in den causae et curae erfahren wir von einer Salbe aus fenum graecum und B. (Kusmalz) gegen tumor in virilibus [420]). In Schlesien [421]) mit Spitzwegerichsaft gemischt, in Bayern [422]) auf ein Salatblatt gestrichen, dient die B. als Wundsalbe. Im Schweizer Jura verwendet man B. und Salz mit einem Zauberkreis gegen Verrenkung [423]). Gegen Brandschaden ist das Dreimonatsschmalz [424]) als unfehlbares Mittel bekannt; es wird aus Mai-, Juni- und Julib. zu gleichen Teilen und feinem Baumöl [425]) zubereitet; in Tirol wird Junib. als heilsam aufbewahrt [426]). In Württemberg [427]) ist Schmalz der Holderküchle von Sommerjohanne heilkräftig; bei Wassersucht [428]), bei Krupp [429]), bei Gesichtsrose [430]) angewandt, heilt die B. durch Sympathiezauber im Lippischen [431]) „Frostballen“, in Württemberg [432]) läßt man dagegen heißes Schmalz auf ein Eisstück tropfen; im Rheinland [433]) vertreibt das aus ungesalzener B. fließende Wasser rote Flecken am Kinn. Insbesondere gilt B.schnitte als Heilmittel namentlich als Medium, um zauberkräftige Formeln zu essen (vgl. essen) [434]): Wenn man in Pommern das Fieber hat, muß man vom Pfarrer oder sonst einem vornehmen Herrn ein B.brot fordern und fortgehen, ohne sich zu bedanken; gegen Hundswut zeichnet man in Liebenthal (Schles.) [435]) auf eine fettgeschmierte B.schnitte folgendes Kästchen mit einer Stecknadel:

X	S	X	M	X
6	X	6	X	5
X	SSS	C	X	6
6	X	SSS	C	X

Das Brot schneidet man in drei Teile und gibt es im Namen Gottes usw. In Mecklenburg bekommen die Hunde an Weihnachten, Neujahr und Dreikönigabend B.brot mit geschabtem Silber gegen Tollwut [436]). Anhorn erwähnt in seiner Magiologia, daß die „segner" gewisse Zeichen auf (Brot und) B. machen und das den Kranken geben [437]). Man kaut B.brot gegen Geschwüre [438]) und böse Brust [439]); gegen Fieber ißt man im Kreise Schweidnitz [440]) ein B.brot im Namen der hl. Dreifaltigkeit mit einer Zauberformel; in Mecklenburg [441]) verzehrt man ein B.brot, auf das mit dem Finger geschrieben ist:

Fieber bleib aus,
Ich bin nicht zu Haus.

B.ruß wurde als Augenarznei gebraucht [442]); B.dämpfe werden bei Schwindsucht eingeatmet [443]). B.milch vom Kübel vertreibt alle Übel [444]); gegen Kopfschmerzen trinkt man am Christabend [445]) B.milch; man gebraucht sie als Schönheitsmittel [446]), auch gegen Flechten [447]); aber in Holstein [448]) macht B.milch träge, und in der Oberpfalz [449]) bekommt der, welcher im Winter B.milch trinkt, im Frühjahr den „Schüttler". In der Viehmedizin [450]) gibt man der Kuh beim Kalben B.brot mit Salz; in der Schweiz schmierte man (1563) den Leib des Hundes mit B.[451]). In einer von Schönbach [452]) exzerpierten Handschrift (17.—18. Jh.) finden wir die Notiz: wenn eine Frau ihre Katze nicht verlieren will, so schmiere sie ihr die Tatzen des Abends mit B., das paßt zu dem A. 436 erwähnten antiken Aberglauben.

[402]) Plinius 11, 284; 25, 82—83. [403]) Hermann *Privataltertümer* ³ 229; Soranus 258, 7 ff. (Rose): den Kindern soll man keine B. geben; vgl. Usener *Kleine Schr.* 4, 415 f.; dagegen ist bei Anthimus B. für Phthisiker verboten: § 77 = p. 20 Rose. [404]) ZfVk. 1984, 111. [405]) SAVk. 1898, 12; im dänischen Märchen erhält ein Junge durch 36 Löffel Brei mit B. die Kraft von 36 Männern: Grundtvig *Dänische Volksmärchen* 2 (L. 1878—79), 221; vgl. 82; die Tiroler Riesen saufen ungeheuere Kübel mit B.milch aus: Alpenburg 39, 16. [406]) Coler 410 c. 66; in Holland aß man B. und Käse gegen Stein: 411 c. 68. [407]) Auch in England: Vincent Stuckey Lean *Collections of proverbs* 2 (Bristol 1902—04), 506; vgl. Sébillot 3, 88. [408]) Coler *Prodromus* 61, vgl. 59; Rochholz *Gaugöttinnen* 23—24; Carrichter l. c. 63 ff.; bei Maennling 259 wird als Schutz vor Krankheiten empfohlen: Maikäfer in B. gebacken. [409]) Hovorka-Kronfeld 2, 360. [410]) Wrede *Eifeler Vk.* 96; ZfrwVk. 1913, 271; vgl. 1915, 134. [411]) In Frankreich le beurre des Rogations: Sébillot 3, 88. [412]) Wander *Sprichwörterlex.* 1, 521, B. Nr. 4; Müller *RheinWb.* 1, 1170; ZfrwVk. 18 (1921), 57; in Schleswig heilt die Barrameesbodder Wunden: Mensing 1, 240; vgl. A. 344. [413]) John *Westböhmen* 17. [414]) Drechsler 2, 235, 611; 1, 85, 90. [415]) Fogel *Pennsylvania* 297, 1570. [416]) ZfVk. 1891, 180. [417]) Strabo 15, 705; Aelian *Historia animalium* 13, 7; vgl. heute die Balima: Frazer *Totemism* 2, 334. [418]) Pauly-Wissowa 3, 1091—92; Galen 6, 272 bezeichnet sie als φάρμακον. [419]) Migne *Patr. lat.* 197, 1227 c. 14. [420]) *Causae et curae* ed. Kaiser p. 181, 29; vgl. 197, 30; 202, 17; MG. scriptores rer. Merovingarum 4, 63, 20 (vita Columbani). [421]) Drechsler 2, 209—10. [422]) Lammert 206; im Saarland B. und Honig gegen Geschwüre: Fox *Saarland* 306; in der Schweiz (1557) gegen Biß: SchweizId. 4, 1915. [423]) SAVk. 1923, 80. [424]) Ebd. 8, 153. [425]) Vgl. Hildegard *causae et curae* 202, 17 Kaiser; 166, 17; 195, 15. [426]) Zingerle 160, 1362. [427]) Bohnenberger Nr. 1, 24. [428]) SchweizId. 4, 1915 (zum Jahr 1563). [429]) Manz *Sargans* 76. [430]) ZfrwVk. 1904, 102; vgl. Grohmann 159, 1140. [431]) ZfrwVk. 1912, 72. [432]) Bohnenberger Nr. 1, 19. [433]) ZfrwVk. 1904, 98. [434]) Temme *Pommern* 342; vgl. Rochholz *Gaugöttinnen* 23. 24. 74. [435]) Drechsler 2, 291, 674; vgl. 303 und 307; Seyfarth *Sachsen* 174; ein Schäfer in der Neumark schrieb auf B.brot die Satorformel und verkaufte kleine Stücke davon gegen Tollwut: ARw. 13, 531; Verh. d. Berl. Ges. f. Anthrop. 1883, 248. [436]) Bartsch 2, 138, 611 und 615; 227, 1182; im antiken Aberglauben gewöhnt man die Hunde durch B.lecken ans Haus: Pauly-Wissowa 1, 50. [437]) Anhorn *Magiologia* 787; Bartsch 2, 394. [438]) Urquell 4 (1898), 153; ZfrwVk. 1904, 101; 1913, 189. [439]) Urquell l. c. [440]) Drechsler 2, 303; vgl. 282; Bartsch 2, 449, 2064 bis 2065. [441]) Bartsch 2, 394, 1842 d. [442]) Grimm *DWb.* 2, 586 oben. [443]) Hovorka-Kronfeld 2, 60. [444]) Heyl *Tirol* 802, 257; ZfVk. 1893, 175; vgl. 47 und 50; Wander *Sprichwörterlex.* 1, 525; Hovorka-Kronfeld 1, 136; BlPommVk. 10, 95, 51. [445]) W. 536; John *Erzgebirge* 154. [446]) John *Erzgebirge* 154; ZfrwVk. 1913, 188; Sébillot 3, 88. [447]) ZfrwVk. 1914, 164.

[448]) ZfVk. 1914, 57, 55. [449]) Lammert 260; Hovorka-Kronfeld 2, 324. [450]) John *Erzgebirge* 227; ZfVk. 1913, 182 (Isergebirge); W. 696; bei Lübeck kennt man abgekochte Schafgarbe, in B. eingeknetet gegen Eutererkrankung: Heimat 37, 113, 18. [451]) SchweizId. 4, 1915. [452]) *Berth. v. Regensburg* 151; ZfdMyth. 3, 315, 75.

18. Das B.brot, von Cysat [453]) als Leckerbissen (vgl. B.woche = Flitterwoche) [454]) bezeichnet, im Sprichwort [455]) aber zuweilen gering eingeschätzt, schenken die Unterirdischen [456]) (vgl. § 3 A. 33), es wird auch zum Schaden- (vgl. § 15) und, wie wir eben sahen, zum Heilzauber verwandt. Auch im Ackerfruchtbarkeitsritus spielt es eine Rolle: Im Erzgebirge [457]) ißt man B.schnitte beim Stecken des Samens, damit das Kraut fett wird (Analogiezauber), in Westfalen [458]) macht es den Flachs üppig. Im Kanton Luzern hat B.brot besonders am Himmelfahrtstag Zauberkraft [459]). An diesem Tage findet auch der fruchtbarkeitbringende Flurumritt, die Ankenschnittenprozession statt, wobei die B.schnitten zauber- und heilkräftig sind (vgl. § 13). In Westfalen ist ein B.brot das Zeichen der Absage [460]) bei der Werbung; wird dem Bewerber gar „schwarze B." [461]) (Zwetschgenmus) gereicht, so braucht er erst recht nicht wiederzukommen. Essen Kinder ihre B.-schnitte auf der Straße [462]), so schwindet der Segen des Hauses. Träumen [463]) von B.brot zeigt das Eintreffen eines Briefes an (Ostpreußen). Alte B. muß gedrückt werden, wenn das B.brot schmecken soll [464]).

[453]) Cysat 29, 83, 1, 3 und 4. [454]) Grimm *DWb.* 2, 587. [455]) Ebd. 2, 584. [456]) Müllenhoff 306, 458, vgl. Nr. 475. [457]) John *Erzgebirge* 225; Sartori 2, 68. [458]) Kuhn *Westfalen* 2, 185, 518. [459]) Jahn *Opfergebräuche* 149—50. [460]) JbnddSprachf. 1877, 131; Höfler *Hochzeit* 5—6; Meyer *Baden* 256. [461]) Hottenroth *Nassauische Volkstrachten* 38. [462]) John *Erzgebirge* 30. [463]) Urquell 1 (1890), 204, 20; vgl. Träumen von B.milchtrinken = Unglück: RVV. 11, 325. [464]) Urquell 1 (1890), 185, 18.

19. B. sieden: Einst kam Christus zu einer Frau, welche B. ausließ; auf seine Frage, was sie in der Pfanne habe, sagte sie: „Nichts", weil sie glaubte, es sei ein Schmalzbettler; da sagte der Herr:

Weil die Sache nichts soll sein,
Wird sie sieden halbe ein.

Daher geht beim Schmalzsieden immer ein Teil verloren [465]). Wenn ausgelassene B. nicht gerinnt [466]) (Oberpfalz) oder eine Vertiefung [467]) hat (Mark), stirbt jemand aus der Familie; beschrieene B. läuft beim Sieden alle aus dem Topf [468]).

[465]) Reiser *Allgäu* 1, 360, 454; vgl. oben A. 24. [466]) Lammert 100; W. 297. [467]) ZfVk. 1891, 184, 6. [468]) Grohmann 138, 1013.

20. Allerlei Aberglauben: Für ein gutes oder schlechtes B.jahr hat man drastisch-scherzhafte und ernstgemeinte Augurien: Ech han Jöck an Arsch, et git e got Bodderjar [469]); danzen de Möcken em Janner, so ed et foder un de Botter rar [470]); Tau am Maimorgen deutet auf ein gutes B.jahr [471]), regnet es, dann wird die B. bitter [472]); viele Marienkäfer [473]) sagen ein gutes B.jahr an; wenn es über die kahlen Bäume donnert, haben die Hexen kein B.jahr [474]). Fällt das B.-brot auf die B.seite, so gibt es Regen (oder man hat schon eine Sünde getan) [475]), wenn es auf die ungeschmierte Seite zu liegen kommt, so wird das Wetter gut [476]); wer viel B. ißt [477]), den stößt die Kuh (sympathetisch und pädagogisch); an Fastnacht [478]) darf man nicht viel B. essen, sonst stoßen einen die Kühe; man soll nicht B. zum Hängefleisch essen [479]) (pädagog.). Im Isergebirge legt man in die erste Tränke nach dem Kalben einen Plättbolzen, damit die B. im Sommer hart wird [480]).

[469]) Müller *RheinWb.* 1, 1178; ebenso bei den Deutschamerikanern: Fogel *Pennsylvania* 83, 306; ZfdMyth. 3, 17[illegible]; vgl. Vonbun *Beiträge* 107; Mensing l. c. 464. [470]) Müller 1, 1174. [471]) Müllenhoff l. c. 239, 355, 2; Mensing 1, 464. [472]) Mensing 1, 460. [473]) Ders. 1, 464; den Maikäfer bittet man um B.: Mannhardt *Germ. Mythen* 356; vgl. § 9. [474]) Bartsch 2, 204, 998. [475]) Grimm *Myth.* 3, 472, 998. [476]) Mensing 1, 462; vgl. 460: gleitet die B. vom Messer ab, so gibt es Regen: Bartsch 2, 211, 1061. [477]) John *Erzgebirge* 31. [478]) W. 97; Martiny *Molkerei* 13; in der Fastenzeit war früher B. verboten: Höfler *Weihnachten* 45; durch die B.briefe ist die B. in der Fastenzeit erlaubt: Höfler *Fastnacht* 72; Grimm *DWb.* 2, 584: B.briefe; Sartori *Sitte u. Brauch* 3, 118 A 125. [479]) ZfVk. 1898, 157 (Island). [480]) Ebd. 1913, 182.

21. Von den B.reimen der Kinder nehmen die meisten auf die Hilfe der Dämonen Bezug, so der Aargauer Reim [481]):

Schidi-Schidi Anke
Im Barthli wemmer danke . . .

Andere bringen das Rätsel von der Rose auf weißem Schnee [482]). Ein Villinger Vogellied, das das Gurren der Wildtaube nachahmt, ist oben (§ 5) bei den Versen zitiert, die man zum Buttern singt.

[481]) Rochholz *Sagen* 1, 337. [482]) Strackerjan 2, 225, 496; Andree *Braunschweig* 246.
Eckstein.

Butterblume s. Hahnenfuß.

Buttervogel (s. Schmetterling). Dieser Ausdruck (vgl. engl. butterfly) ist mythisch zu werten wie die Synonyma Butterhex, Milchtrud, Milchzauberin, Molkentöfer (Milchzauberer) deutlich zeigen. Zugrunde liegt der weit verbreitete Glaube, daß die Hexen sich in Schmetterlinge verwandeln, um besser ihrem Gelüste nach Milch und Butter fröhnen zu können (Näheres siehe bei Schmetterling).
Riegler.

Butz. Mhd. *butze* [1]), in der Schweiz daneben die etymologisch verwandten Formen *bōz* und *būz* [2]).

[1]) MhdWb. 1, 286; Grimm *Myth.* 1, 418. [2]) SchweizId. 4, 1994 f. 1999 f., vgl. 2003 f.

1. Schreckgestalt, Kobold. Früher anscheinend auf dem ganzen hd. Sprachgebiet verbreitet [3]); heute ist B. im Alpengebiet Bezeichnung für alle Arten von Gespenstern, umgehenden Geistern und Dämonen [4]); es gibt: „Hausb., Kellerb., Tobelb., Alpb., Waldb. usw.“ [5]); Bütze sind „Wichte, Elbe, Zwerge, Feld-, Holz-, Wasserleute usw.; man sagt: da huse en B., da tüeis butza“ [6]); auch der Teufel ist ein B. [7]).

[3]) DWb. 2, 588. [4]) SchweizId. 4, 2004; Jecklin *Volkstüml.* 544 f.; Vonbun *Sagen* [2] 57 ff.; Schmeller *BayrWb.* 1, 316; Alpenburg *Tirol* 131 ff.; Zingerle *Sagen* 732 s. v. Pütze; Lexer *KärntWb.* 337. [5]) Jecklin a. a. O. [6]) Vonbun a. a. O. [7]) Ebd.; SchweizId. 4, 1995. 2010 f.

2. B. bezeichnet auch die den B. (s. o. 1) darstellende vermummte Person [8]); das Maskenlaufen heißt darum auch *butzengehn* oder *butzenlaufen* (swd.) [9]), vgl. auch Pfingstb. (s. d.).

[8]) Fischer *SchwäbWb.* 1, 1570. [9]) SAVk. 2, 145; SchweizId. 4, 2003; Davoser Landbuch 38; Reiser *Allgäu* 2, 61; Birlinger *Volkst.* 2, 455; Kapff *Festgebräuche* 2, 13.

3. B. und Bützele ist das (vom B. gebrachte?) im Wachstum zurückgebliebene Kind oder Tier [10]) (s. *Butte*) und das Knötchen in der Haut (Pustel), „das von einem B. einem angeblasen wird“ [11]) (?); desgl. der verhärtete Nasenschleim [12]) (s. a. Bögg).

Etymologisch gehört B. entweder als obd. Form zum ndd. *Butte* (s. d.), bedeutet also ursprünglich „Klotz, kleines Wesen“; oder es gehört, mit jenem nur mittelbar verwandt, in der ursprünglichen Bedeutung „Klopfgeist, Poltergeist“ zu ahd. **piozan*, mhd. *bôzen* „schlagen“ [13]).

[10]) SchweizId. 4, 2004; Jecklin *Volkst.* 544; Birlinger *Wb.* 85; Müller-Fraureuth 1, 179; Schmeller *Bayr. Wb.* 1, 316, 318. [11]) Jecklin a. a. O.; Höfler *Krankheitsn.* 87; SchweizId. 4, 2001. [12]) SchweizId. 4, 2005; Fischer *SchwäbWb.* 1, 1569; Schmeller *BayrWb.* 1, 317. [13]) Grimm *Myth.* 1, 419 f.; Hertz *Elsaß* 74 u. Anm.; anders Laistner ZfdA. 32, 145 ff.
Ranke.

Butze(n)mann, auch *bôzemann* (hess.) [1]). Schreckgestalt, „schwarzer Mann“ (s. Kinderschreck) und (wie Butz) die sie darstellende Maske und die Vogelscheuche. Ableitung von Butz (s. d.), aber sehr viel weiter verbreitet als dies [2]). Die gleichen Bedeutungen hat *Butzemäckeler* [2]), *B.-graale* (= -grauchen) [4]), *B.bercht, B.mummel, B.wubele* [5]), *Butzibau* [6]). — Ins ndd. ist B. als *Bus(s)emann*, (*Buschemann, Buselmann, Büsemann*) übernommen [7]) und in der gleichen Form auch ins dänische gedrungen [8]). Dem schweiz. *Butzibau* entspricht ostpr. *Buschebau* [9]).

[1]) Vilmar *Wb.* 50; Crecelius *Wb.* 231. [2]) DWb. 2, 595; Reiser *Allgäu* 1, 83; Kapff *Festgebr.* 6; Rietschel *Weihnacht* 114; Birlinger *Volksthüml.* 2, 23; Fischer *Schwäb.Wb.* 1, 1574; Müller-Fraureuth 1, 178; Albrecht *Leipzig* 97; JbnddSpr. 29, 196 (Quedlinburg); Schambach *Wb.* 37; Frischbier *Wb.* 1, 124; weitere Lit. bei Heckscher 426 zu 96. [3]) Meier *Schwaben* 1, 149. [4]) Ebd. [5]) Birlinger *Wb.* 84 f. [6]) Jecklin *Volkstüml.* 545; Stalder 1, 251; SchweizId. 4, 896. [7]) Strackerjan 1, 419; Schambach *Wb.* 37; Mensing 1, 592, 593 f. [8]) Falk u. Torp 1, 119. [9]) Frischbier *Wb.* 1, 122.
Ranke.